박문각 취밥러 시리즈

산업안전 산업기사

필기 이론

저자프로필

김용원 교수

Profile

37년 강의 경력
1989년 오프라인 현장 강의 시작
2003년 인터넷 동영상 강의 시작

현, 온라인 교육기관 '산업안전에듀' 대표
현, 울산대학교 산업대학원 안전관리전공 겸임교수
현, 온라인 교육기관 '배울학' 산업안전 대표교수
현, 한국폴리텍대학 석유화학공정기술원 외래교수
현, 한국폴리텍대학(울산캠퍼스, 동부산캠퍼스) 외래강사
현, (사)한국방폭협회 산업안전 기술자문위원
현, 울산시 전문경력인사지원센터(NCN) 연구위원
현, 울산안전발전협회 전문위원

대표적인 기업체 강의

삼성전자, 삼성반도체, 삼성디스플레이, LG디스플레이, 포항 포스코, 고려아연, 조선업퇴직자 재취업교육(현대, 삼성, 대우중공업), 쌍용C&E, 이마트, 울산북구청, 울산대산학협력단, 호서대산학협력단, 포항폴리텍산학협력단 등

자격사항

- 산업안전기사 [한국산업인력공단]
- 수질환경기사 [한국산업인력공단]
- 산업위생관리기사 [한국산업인력공단]
- 건설안전기사 [한국산업인력공단]
- 건설안전산업기사 [한국산업인력공단]
- 인간공학기사[한국산업인력공단]
- 소방안전관리자 2급 [한국소방안전원]
- 교원자격증(중등2급 정교사) [교육부장관]
- 직업능력개발훈련교사(산업안전관리3급) [지방고용노동청]
- 직업능력개발훈련교사(평생직업교육3급) [지방고용노동청]
- 요양보호사자격증 [대구광역시장]

머리말

산업현장의 예상치 못한 사고와 재해 그리고 각종 재난으로부터 안전을 지키는 일은 누구 한사람의 힘으로 해낼 수 있는 일이 아니다. 국가를 비롯하여 사업주, 관리자, 근로자 한사람 한사람 그리고 국민 모두의 관심과 참여와 노력이 필요한 일이라 할 수 있겠다.

여러가지 문제가 있음에도 불구하고 중대재해 처벌법이 2021년 제정되어 시행된 것은 근로자와 국민의 안전을 위해서는 반드시 긍정적인 부분이 있으리라 생각한다.
아울러 2년간의 유예기간을 두었던 50인 미만 사업장에 대해서도 2024년부터 확대적용됨에 따라 산업현장 뿐만 아니라 대한민국 전체가 안전에 대한 새로운 인식의 전환이 시작되었다고 볼 수 있다.

이제는 근로자뿐만 아니라 국민모두가 위험을 볼 수 있는 지식과 능력을 갖출 수 있어야 하며, 특별히 산업현장에서 주도적으로 안전을 이끌어 가야할 산업안전(산업)기사의 역할이 더욱 중요해졌으며, 그 수요 또한 급격히 증가하고 있는 현실이다.

필자는 이러한 상황을 감안하여 37년 동안의 강의 경험과 유능하신 전문가들의 자료를 참고하여 산업안전(산업)기사 자격증 시험을 준비하는 모든 수험생들이 빠르고 쉽게 합격할 수 있는 필수 내용으로 본 교재를 구성하였다.

필자가 나름대로 많은 준비기간과 세심한 주의를 기울여 집필하였으나 전문적이고 방대한 분량의 산업안전을 완벽하게 정리하기에는 아직도 부족함이 많다고 생각한다.
따라서, 산업안전을 위해 애쓰고 노력하는 현장의 선후배 안전관리자 및 보다나은 안전관리를 위해 끊임없이 연구하고 수고하는 여러 교수님들의 아낌없는 지도와 편달을 바라며, 항상 수험생의 입장에서 생각하고 고민하여 부족한 부분들은 계속 수정, 보완해 나갈 것을 약속한다.

출판의 기회를 주신 박문각 관계직원 여러분께 마음깊이 감사드리며, 처음부터 끝까지 이 길을 시작하시고 인도하신 분이 여호와 하나님이심을 고백하며, 모든 영광을 임마누엘의 하나님께 돌립니다.

산업안전산업기사 시험정보

산업안전산업기사란?

- **자격명:** 산업안전산업기사
- **관련부처:** 고용노동부
- **시행기관:** 한국산업인력공단
- **직무내용:** 제조 및 서비스업 등 각 산업현장에 배속되어 산업재해 예방계획의 수립에 관한 사항을 수행하며, 작업환경의 점검 및 개선에 관한 사항, 유해 및 위험방지에 관한 사항, 사고사례 분석 및 개선에 관한 사항, 근로자의 안전교육 및 훈련에 관한 업무 수행

산업안전산업기사 응시료

- **필기:** 19,400 원
- **실기:** 34,600 원

산업안전산업기사 출제 과목

구분		내용
시험과목	필기	1. 산업재해 예방 및 안전보건교육 2. 인간공학 및 위험성 평가관리 3. 기계·기구 및 설비 안전관리 4. 전기 및 화학설비 안전관리 5. 건설공사 안전관리
	실기	산업안전관리실무

산업안전산업기사 검정방법

필기	문제형식	객관식 4지 택일형
	문항수	100문항(과목당 20문항)
	시험시간	2시간 30분(과목당 30분)
실기	문제형식	복합형(필답형, 작업형)
	시험시간	필답형 1시간/작업형 1시간

산업안전산업기사 합격기준

- **필기:** 100점을 만점으로 하여 과목당 40점 이상, 전과목 평균 60점 이상
- **실기:** 100점을 만점으로 하여 60점 이상

저자가 알려주는 합격 꿀TIP

1. 응용문제에도 당황하지 않도록 충분한 이론 개념 학습하기!
2. 본인에게 주어진 시간에 따라 효과적인 학습 방법 찾기!
   HOW? 주어진 시간이 적으면, 핵심사항에 대한 암기 위주로 공부하기
   주어진 시간이 충분하면, 이론에 대한 개념을 충분히 학습하기
3. 기출문제를 다양하게 풀어봄으로써 출제경향과 이론 개념 다지기!

산업안전산업기사 접수절차

01 큐넷 접속 및 로그인

• 한국산업인력공단 홈페이지 큐넷(www.q-net.or.kr) 접속
• 큐넷 홈페이지 로그인(※회원가입 시 반명함판 사진 등록 필수)

02 원서접수

• 큐넷 메인에서 [원서접수] 클릭
• 응시할 자격증 선택 후 [접수하기] 클릭

03 장소선택

• 응시할 지역을 선택 후 조회 클릭
• 시험장소 확인 후 선택 클릭
• 장소 확인 후 접수하기 클릭

04 결제하기

• 응시시험명, 응시종목, 시험장소 및 일시 확인
• 해당 내용에 이상이 없으면,
검정수수료 확인 후 결제하기 클릭

05 접수내용 확인하기

• 마이페이지 접속
• 원서접수관리 탭에서 원서접수내역 클릭 후 확인

CBT수검 가이드

01 CBT 시험 웹체험 서비스 접속하기

처음 방문하셨나요?
큐넷 서비스를 미리 체험해보고
사이트를 쉽고 빠르게 이용할 수 있는
이용 안내, 큐넷 길라잡이를 제공.

큐넷 체험하기 | CBT 체험하기 클릭
이용안내 바로가기 | 큐넷길라잡이 보기
멀티미디어 실기시험 체험하기
전문자격시험체험학습관바로가기

❶ 한국산업인력공단 홈페이지 큐넷(www.q-net.or.kr)에 접속하여 로그인 한 후, 하단 CBT 체험하기 클릭합니다.

*q-net에 가입되지 않았으면 회원가입을 진행해야 합니다. 회원가입 시, 반명함판 크기의 사진 파일(200kb 미만) 필요합니다.

❷ 튜토리얼을 따라서 안내사항과 유의사항 등을 확인합니다.

*튜토리얼 내용 확인을 하지 않으려면 '튜토리얼 나가기'를 클릭한 다음 '시험 바로가기'를 클릭하여 시험을 시작할 수 있습니다.

02 CBT 시험 웹체험 문제풀이 실시하기

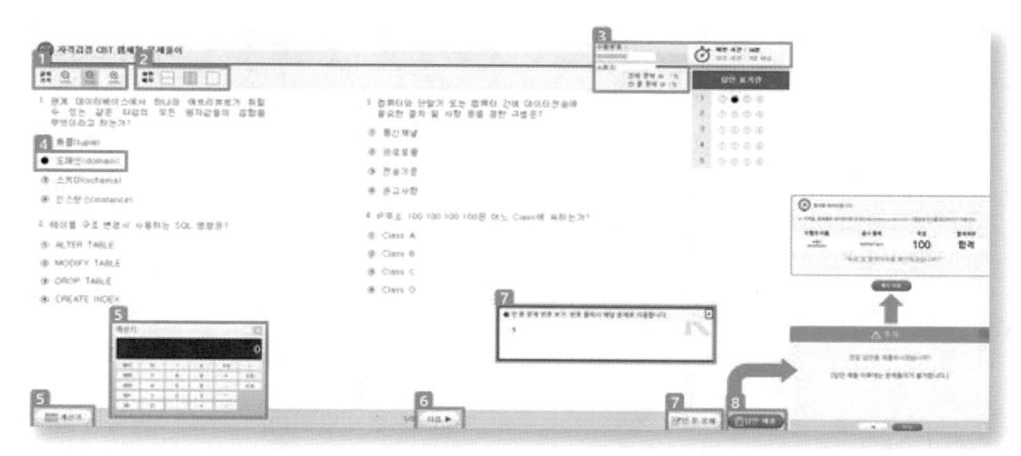

❶ 글자크기 조정: 화면의 글자 크기를 변경할 수 있습니다.
❷ 화면배치 변경: 한 화면에 문제 배열을 2문제/2단/1문제로 조정할 수 있습니다.
❸ 시험 정보 확인: 본인의 [수험번호]와 [수험자명]을 확인할 수 있으며, 문제를 푸는 도중에 [안 푼 문제 수]와 [남은 시간]을 확인하며 시간을 적절하게 분배할 수 있습니다.
❹ 정답 체크: 문제 번호에 정답을 체크하거나 [답안 표기란]의 각 문제 번호에 정답을 체크합니다.
❺ 계산기: 계산이 필요한 문제가 나올 때 사용할 수 있습니다.
❻ 다음▶: 다음 화면의 문제로 넘어갈 때 사용합니다.
❼ 안 푼 문제: ❸의 [안 푼 문제 수]를 확인하여 해당 버튼을 클릭하고, 풀지 않은 문제 번호를 누르면 해당 문제로 이동합니다.
❽ 답안제출: 문제를 모두 푼 다음 '답안제출' 버튼을 눌러 답안을 제출하고, 합격 여부를 바로 확인합니다.

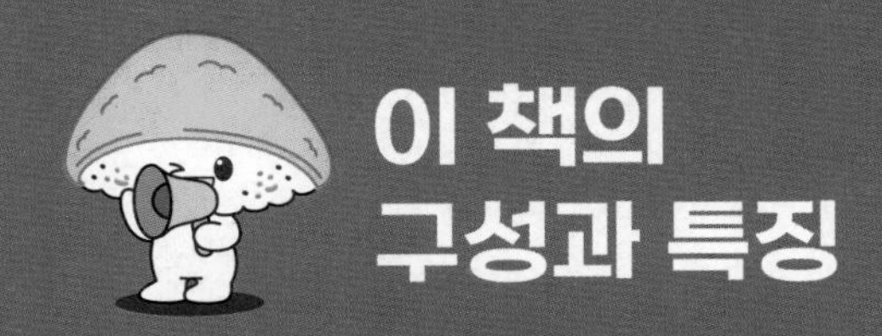

이 책의 구성과 특징

이론 본문 구성

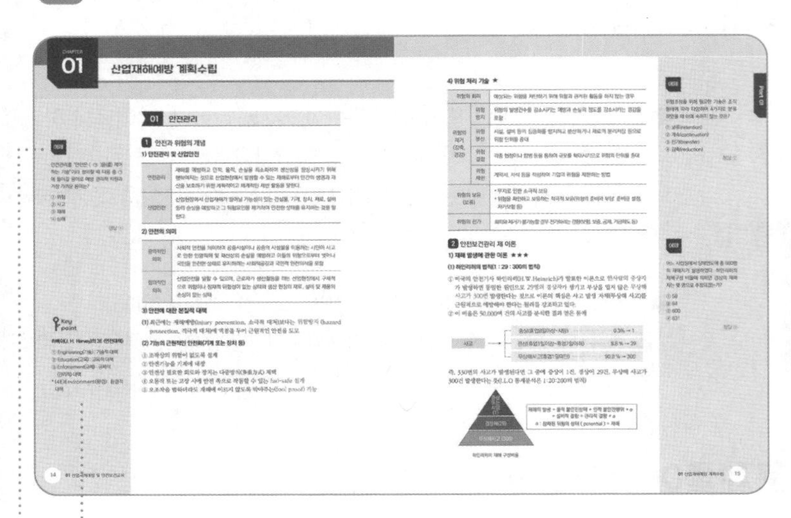

핵심이론

전문 교수진이 최신 시험에 출제된 핵심적인 내용을 엄선하였습니다. 복잡하고 방대한 이론을 간략화, 도식화하여 쉽게 이해할 수 있고, 중요 내용을 중심으로 효과적으로 학습할 수 있습니다.

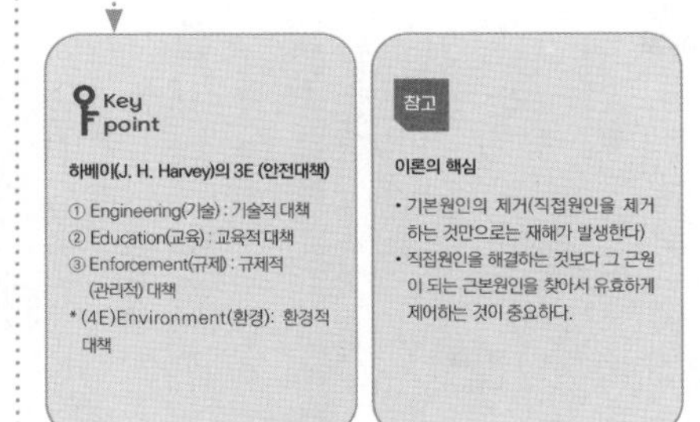

Key point
하베이(J. H. Harvey)의 3E (안전대책)
① Engineering(기술) : 기술적 대책
② Education(교육) : 교육적 대책
③ Enforcement(규제) : 규제적 (관리적) 대책
* (4E)Environment(환경) : 환경적 대책
참고
이론의 핵심
• 기본원인의 제거(직접원인을 제거하는 것만으로는 재해가 발생한다)
• 직접원인을 해결하는 것보다 그 근원이 되는 근본원인을 찾아서 유효하게 제어하는 것이 중요하다.

날개 구성

보충 및 심화개념은 'key point'와 '참고'로 따로 분리해서 정리하였습니다.

일러스트 삽화

학습 내용을 쉽게 이해할 수 있도록 일러스트 삽화를 수록하였습니다.

예제

이론과 연계된 문제를 바로 풀어볼 수 있도록 이론과 함께 예제를 수록하였습니다. 예제 풀이를 통해 이론 내용을 잘 학습하였는지 수험생 스스로 점검할 수 있습니다.

예제

안전관리를 "안전은 (㉠)을(를) 제어하는 기술"이라 정의할 때 다음 중 ㉠에 들어갈 용어로 예방 관리적 차원과 가장 가까운 용어는?

① 위험
② 사고
③ 재해
④ 상해

정답 ①

1 안전과 위험의 개

1) 안전관리 및 산업안전

안전관리	재해를 예방 행하여지는 산을 보호하
산업안전	산업현장에 등의 손상을 한다.

2) 안전의 의미

중요도 표시

시험 전에 꼭 확인해야 하는 주요단어와 문장은 색깔로 표시하였으며, 별표로 중요한 단원을 표시하여 수험생들이 효과적으로 학습할 수 있도록 구성하였습니다.

문제 본문 구성

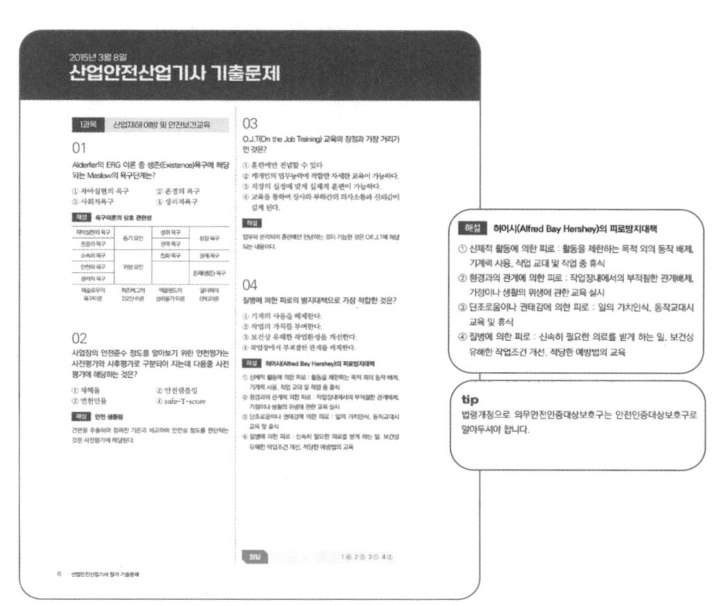
2015년 3월 8일

산업안전산업기사 기출문제

해설 허어시(Alfred Bay Hershey)의 피로방지대책

① 신체적 활동에 의한 피로 : 활동을 제한하는 목적 외의 동작 배제, 기계력 사용, 작업 교대 및 작업 중 휴식

② 환경과의 관계에 의한 피로 : 작업장내에서의 부적절한 관계배제, 가정이나 생활의 위생에 관한 교육 실시

③ 단조로움이나 권태감에 의한 피로 : 일의 가치인식, 동작교대시 교육 및 휴식

④ 질병에 의한 피로 : 신속히 필요한 의료를 받게 하는 일, 보건상 유해한 작업조건 개선, 적당한 예방법의 교육

tip

법령개정으로 의무안전인증대상보호구는 안전인증대상보호구로 알아두셔야 합니다.

10개년 기출문제

기출 유형의 문제로 학습 내용을 복습하며 출제 경향과 문제 유형을 파악함으로써 실전에 대비할 수 있습니다.

자세한 해설

맞춤형 해설로 문제와 답을 쉽게 이해할 수 있으며, 부족한 부분이 무엇인지 확인할 수 있습니다.

해설 속 tip

해설 외에도 해당 문항에서 학습하면 좋을 추가 내용을 수록하여 문제에 대한 이해도를 높이고, 관련 개념을 학습할 수 있도록 하였습니다.

부록 구성

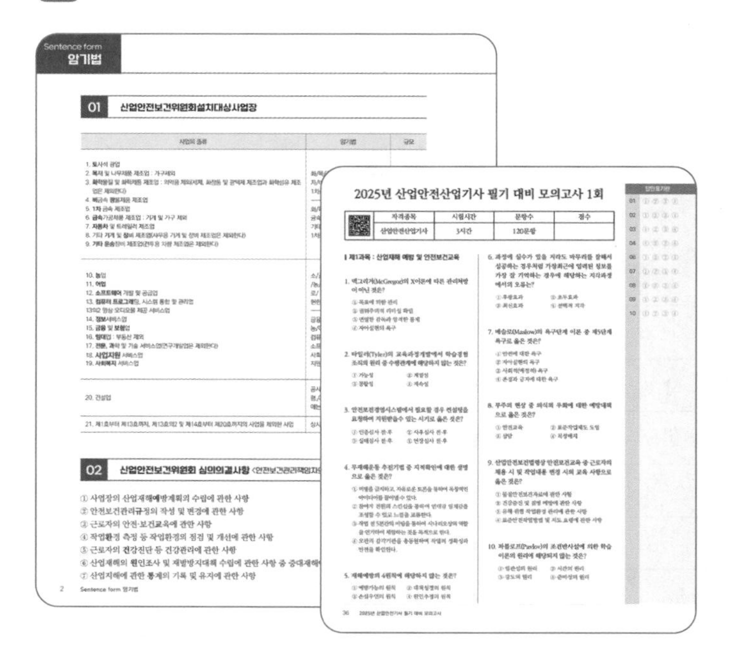
Sentence form

암기법

01 산업안전보건위원회설치대상사업장

02 산업안전보건위원회 심의의결사항

2025년 산업안전산업기사 필기 대비 모의고사 1회

핵심내용100선 (sentence form 암기법)

핵심내용 100선을 엄선하여 문장을 읽기만 해도 암기 내용이 머리에 쏙쏙 들어오는 "Sentence form 암기법"을 수록하였습니다.

Final 모의고사

수험생들이 스스로 역량을 확인할 수 있도록 최신 경향의 실전 모의고사로 최신 기출 유형을 파악하며 실전 시험에 대비할 수 있습니다.

CONTENTS

목차

Study check 표 활용법

스스로 학습 계획을 세워서 체크하는 과정을 통해 학습자의 학습능률을 향상시키기 위해 구성하였습니다.
각 단원의 학습을 완료할 때마다 날짜를 기입하고 체크하여, 자신만의 3회독 플래너를 완성시켜보세요.

산업안전 산업기사

과목별 기출경향

- 법령내용이 가장 많이 포함된 과목으로, 대부분 암기해야 하는 내용이지만 다른 과목과 연계되는 부분이 많아 중요한 과목
- 법령과 이론 위주의 내용으로 구성되어, 전체과목 중 가장 고득점하기 쉬운 과목
- 안전관련이론, 보호구, 안전보건표지, 산안법상의 교육의 종류는 출제빈도가 높은 단원

과목별 예상 출제비율

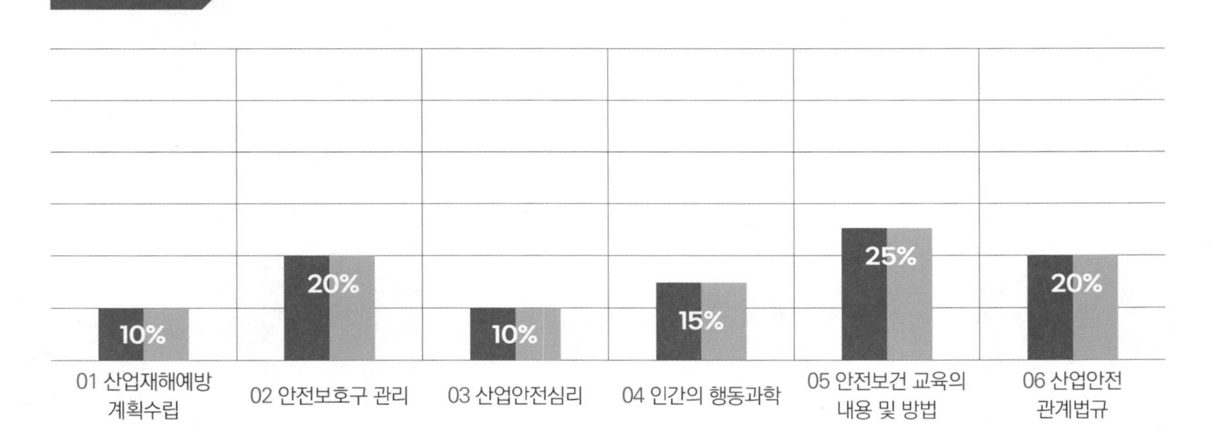

01

산업재해예방 및 안전보건교육

CHAPTER 01

산업재해예방 계획수립

01 안전관리

1 안전과 위험의 개념

1) 안전관리 및 산업안전

안전관리	재해를 예방하고 인적, 물적, 손실을 최소화하여 생산성을 향상시키기 위해 행하여지는 것으로 산업현장에서 발생할 수 있는 재해로부터 인간의 생명과 재산을 보호하기 위한 계획적이고 체계적인 제반 활동을 말한다.
산업안전	산업현장에서 산업재해가 일어날 가능성이 있는 건설물, 기계, 장치, 재료, 설비 등의 손상을 예방하고 그 위험요인을 제거하여 안전한 상태를 유지하는 것을 말한다.

2) 안전의 의미

광의적인 의미	사회적 안전을 의미하며 공중시설이나 공중의 시설물을 이용하는 시민이 사고로 인한 인명피해 및 재산상의 손실을 예방하고 이들의 위험으로부터 벗어나 국민을 안전한 상태로 유지하려는 사회적공감과 국민적 안전의식을 포함
협의적인 의미	산업안전을 말할 수 있으며, 근로자가 생산활동을 하는 산업현장에서 구체적으로 위험이나 잠재적 위험성이 없는 상태와 생산 현장의 재료, 설비 및 제품의 손상이 없는 상태

3) 안전에 대한 본질적 대책

(1) 최근에는 재해예방(injury prevention, 소극적 대처)보다는 위험방지 (hazard protection, 적극적 대처)에 역점을 두어 근원적인 안전을 도모

(2) 기능의 근원적인 안전화(기계 또는 장치 등)

① 조작상의 위험이 없도록 설계
② 안전기능을 기계에 내장
③ 안전상 필요한 회로와 장치는 다중방식(多重方式) 채택
④ 오동작 또는 고장 시에 안전 쪽으로 작동할 수 있는 fail-safe 설계
⑤ 오조작을 범하더라도 재해에 이르지 않도록 막아주는(fool proof) 기능

예제

안전관리를 "안전은 (㉠)을(를) 제어하는 기술"이라 정의할 때 다음 중 ㉠에 들어갈 용어로 예방 관리적 차원과 가장 가까운 용어는?

① 위험
② 사고
③ 재해
④ 상해

정답 ①

Key point

하베이(J. H. Harvey)의 3E (안전대책)

① Engineering(기술) : 기술적 대책
② Education(교육) : 교육적 대책
③ Enforcement(규제) : 규제적 (관리적) 대책
* (4E)Environment(환경): 환경적 대책

4) 위험 처리 기술 ★

<table>
<tr><td colspan="2">위험의 회피</td><td>예상되는 위험을 차단하기 위해 위험과 관계된 활동을 하지 않는 경우</td></tr>
<tr><td rowspan="4">위험의 제거 (감축, 경감)</td><td>위험 방지</td><td>위험의 발생건수를 감소시키는 예방과 손실의 정도를 감소시키는 경감을 포함</td></tr>
<tr><td>위험 분산</td><td>시설, 설비 등의 집중화를 방지하고 분산하거나 재료의 분리저장 등으로 위험 단위를 증대</td></tr>
<tr><td>위험 결합</td><td>각종 협정이나 합병 등을 통하여 규모를 확대시키므로 위험의 단위를 증대</td></tr>
<tr><td>위험 제한</td><td>계약서, 서식 등을 작성하여 기업의 위험을 제한하는 방법</td></tr>
<tr><td colspan="2">위험의 보유 (보류)</td><td>• 무지로 인한 소극적 보유
• 위험을 확인하고 보유하는 적극적 보유(위험의 준비와 부담: 준비금 설정, 자가보험 등)</td></tr>
<tr><td colspan="2">위험의 전가</td><td>회피와 제거가 불가능할 경우 전가하려는 경향(보험, 보증, 공제, 기금제도 등)</td></tr>
</table>

2 안전보건관리 제 이론

1) 재해 발생에 관한 이론 ★★★

(1) 하인리히의 법칙(1 : 29 : 300의 법칙)

① 미국의 안전기사 하인리히(H.W.Heinrich)가 발표한 이론으로 한사람의 중상자가 발생하면 동일한 원인으로 29명의 경상자가 생기고 부상을 입지 않은 무상해 사고가 300번 발생한다는 것으로 이론의 핵심은 사고 발생 자체(무상해 사고)를 근원적으로 예방해야 한다는 원리를 강조하고 있다.

② 이 비율은 50,000여 건의 사고를 분석한 결과 얻은 통계

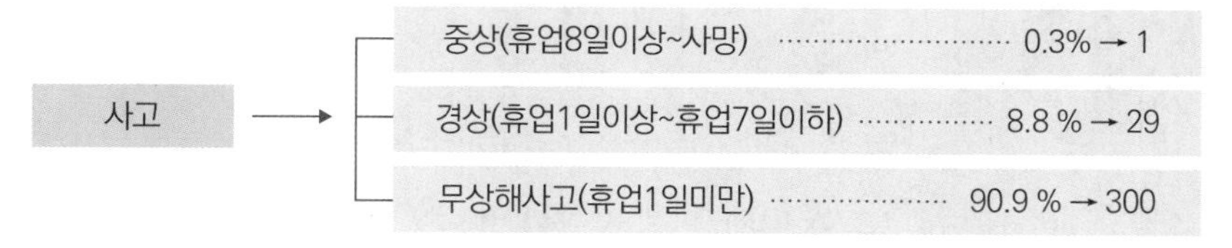

즉, 330번의 사고가 발생된다면 그 중에 중상이 1건, 경상이 29건, 무상해 사고가 300건 발생한다는 뜻(I.L.O 통계분석은 1:20:200의 법칙)

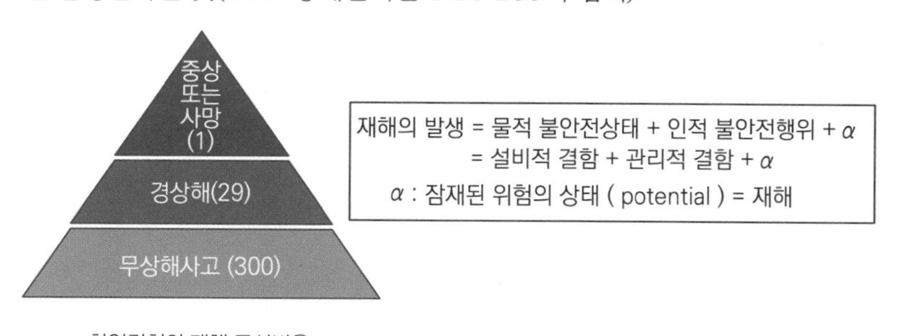

하인리히의 재해 구성비율

예제

위험조정을 위해 필요한 기술은 조직 형태에 따라 다양하며 4가지로 분류하였을 때 이에 속하지 않는 것은?

① 보류(retention)
② 계속(continuation)
③ 전가(transfer)
④ 감축(reduction)

정답 ②

예제

어느 사업장에서 당해연도에 총 660명의 재해자가 발생하였다. 하인리히의 재해구성 비율에 의하면 경상의 재해자는 몇 명으로 추정되겠는가?

① 58
② 64
③ 600
④ 631

정답 ①

Key point

아차사고(near miss) : 작업자의 불안전한 행동이나 작업환경 및 설비의 불안정한 상태 등으로 인한 잠재위험요인이 인적 또는 물적 손실을 직접적으로 발생하지 아니한 잠재적 사고

예제

하인리히의 재해발생과 관련한 도미노 이론으로 설명되는 안전관리의 핵심 단계에 해당되는 요소는?

① 외부환경
② 개인적 성향
③ 재해 및 상해
④ 불안전한 상태 및 행동

정답 ④

참고

이론의 핵심

- 기본원인의 제거(직접원인을 제거하는 것만으로는 재해가 발생한다)
- 직접원인을 해결하는 것보다 그 근원이 되는 근본원인을 찾아서 유효하게 제어하는 것이 중요하다.

(2) 버드의 법칙

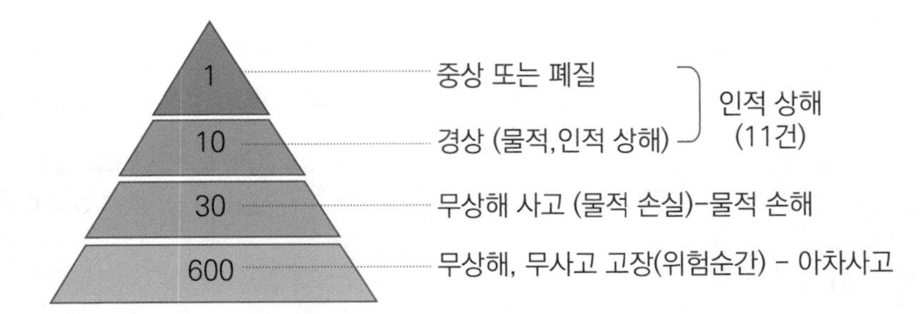

(3) 하인리히(H.W.Heinrich)의 도미노 이론(사고연쇄성)

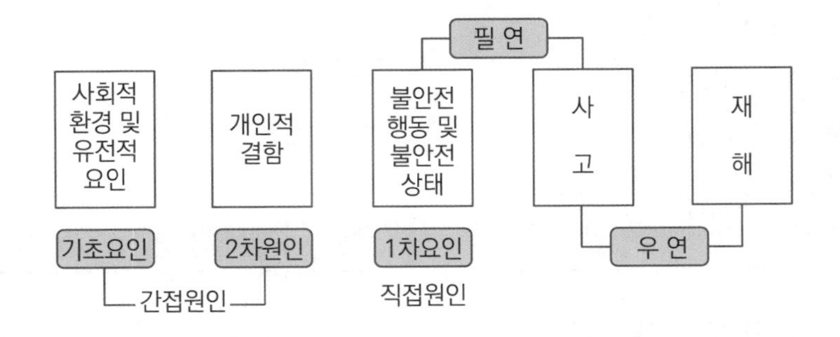

도미노이론의 핵심은 직접원인을 제거하여 사고와 재해에 영향을 못 미치도록 하는 것

(4) 버드(Bird)의 최신의 도미노(domino) 이론

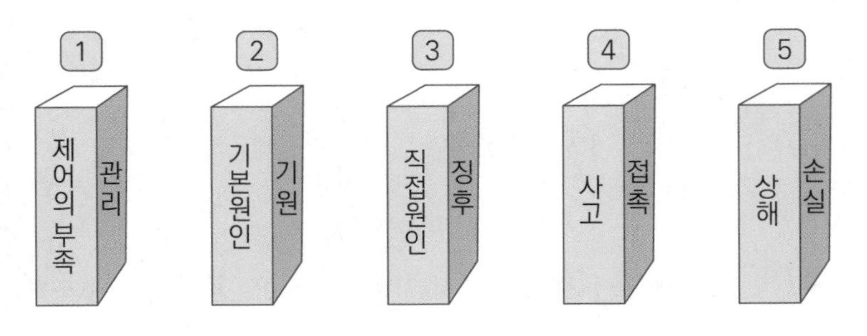

▲ 최신의 재해 연쇄(Frank E. Bird Jr)

기원	내용
개인적 요인	지식 및 기능의 부족, 부적당한 동기부여, 육체적 또는 정신적인 문제 등
작업상의 요인	기계설비의 결함, 부적절한 작업기준, 부적당한 기기의 사용방법, 작업체제 등

▲ 기본적 원인(배후적 원인)–기원

(5) 아담스(Adams)의 사고 요인과 관리 시스템

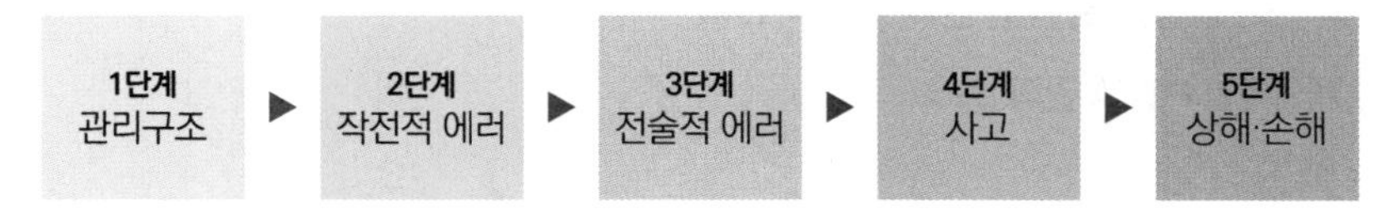

2) 재해예방에 관한 이론 ★★★

(1) 하인리히의 재해예방의 4원칙

손실우연의 원칙	사고에 의해서 생기는 상해의 종류 및 정도는 우연적이라는 원칙
예방가능의 원칙	재해는 원칙적으로 예방이 가능하다는 원칙
원인계기의 원칙	재해의 발생은 직접원인으로만 일어나는 것이 아니라 간접원인이 연계되어 일어난다는 원칙
대책선정의 원칙	원인의 정확한 분석에 의해 가장 타당한 재해예방 대책이 선정되어야 한다는 원칙

* 재해예방의 핵심은 우연적인 손실의 방지보다 사고의 발생 방지가 우선
* 모든 재해는 반드시 필연적인 원인에 의해서 발생
* 직접원인에는 그것이 존재하는 이유가 있으며, 이것을 간접원인 또는 2차원인이라 함

(2) 하인리히의 재해예방 5단계 (사고예방의 기본원리)

제1단계	안전관리조직	• 경영자의 안전목표 설정 • 안전의 라인 및 스텝조직 • 안전활동 방침 및 계획수립	• 안전관리자등의 선임 • 조직을 통한 안전활동 전개
제2단계	사실의 발견	• 안전사고 및 활동기록의 검토 • 안전점검 및 사고조사 • 안전토의 및 회의	• 작업분석 및 불안전요소 발견 • 관찰 및 보고서의 연구 • 근로자의 건의 및 여론조사
제3단계	평가 및 분석	• 불안전 요소의 분석 • 사고보고서 분석 • 작업공정의 분석 • 안전수칙 및 안전기준의 분석	• 현장조사 결과의 분석 • 인적 물적 환경조건의 분석 • 교육과 훈련의 분석
제4단계	시정책의 선정	• 인사 및 배치조정 • 교육 및 훈련의 개선 • 규정 및 수칙의 개선	• 기술적인 개선 • 안전행정의 개선 • 이행독려의 체제 강화
제5단계	시정책의 적용 (3E 적용단계)	• 교육적 대책실시 • 규제적 대책실시 • 결과의 재평가 및 개선	• 기술적 대책실시 • 목표설정 실시

참고

전술적 에러

• 재해의 직접원인을 관리 시스템 내의 불안전 행동과 불안전 상태에 두고 이것을 강조하기 위하여 전술적 에러로 설명

• 전술적 에러는 작전적 에러의 영향으로 발생하며, 작전적 에러는 감독자 및 관리자의 관리적인 잘못에 기인한 것으로 아담스는 관리상 잘못으로 인한 개념을 강조하고 있다.

예제

다음 중 재해예방의 4원칙에 관한 설명으로 틀린 것은?

① 재해의 발생에는 반드시 원인이 존재한다.
② 재해의 발생과 손실의 발생은 우연적이다.
③ 재해예방을 위한 가능한 안전대책은 반드시 존재한다.
④ 재해는 원인 제거가 불가능하므로 예방만이 최우선이다.

정답 ④

3 생산성과 경제적 안전도

1) 생산성 향상을 위한 안전의 효율적 관리

(1) 체계적인 PDCA 관리 Cycle

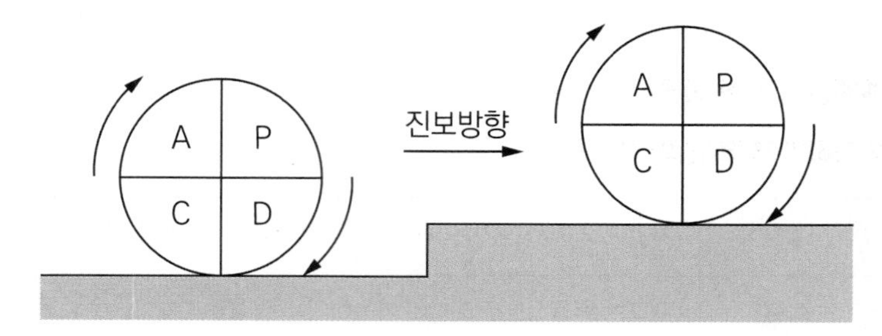

(2) 안전 우선의 정책은 생산성 향상과 연결되며 품질개선에도 바람직한 영향을 미치게 된다.

2) 안전제일의 유래

1906년 미국의 철강회사(U.S Steel.co)의 게리(E.H.Gary)회장이 주도한 안전운동(안전제일은 품질과 생산에 직결되는 적극적인 의미를 포함)

초기방침	개선방침
생산(제1)	안전(제1)
품질(제2)	품질(제2)
안전(제3)	생산(제3)

참고

녹십자의 기원

- 안전운동의 상징적 표시
- 안전운동의 근본
- 미국은 청색바탕에 백십자 그리고 적십자가 있으므로 우리나라는 녹십자를 사용

4 재해예방 활동 기법

1) 무재해의 정의 ★

① 무재해라 함은 무재해운동 시행사업장에서 근로자가 업무에 기인하여 사망 또는 4일 이상의 요양을 요하는 부상 또는 질병에 이환되지 않는 것을 말한다.
② 다만, 다음의 어느 하나에 해당하는 경우에는 무재해로 본다.
   ㉠ 업무수행 중의 사고 중 천재지변 또는 돌발적인 사고로 인한 구조행위 또는 긴급 피난 중 발생한 사고
   ㉡ 출·퇴근 도중에 발생한 재해
   ㉢ 운동경기 등 각종 행사 중 발생한 재해
   ㉣ 특수한 장소에서의 사고 중 천재지변 또는 돌발적인 사고 우려가 많은 장소에서 사회통념상 인정되는 업무수행 중 발생한 사고
   ㉤ 제3자의 행위에 의한 업무상 재해
   ㉥ 업무상 질병에 대한 구체적인 인정기준 중 뇌혈관질환 또는 심장질환에 의한 재해
   ㉦ 업무시간 외에 발생한 재해. 다만, 사업주가 제공한 사업장 내의 시설물에서 발생한 재해 또는 작업개시 전의 작업준비 및 작업종료 후의 정리정돈 과정에서 발생한 재해는 제외한다.
   ㉧ 도로에서 발생한 사업장 밖의 교통사고, 소속 사업장을 벗어난 출장 및 외부기관으로 위탁교육 중 발생한 사고, 회식 중의 사고, 전염병 등 사업주의 법 위반으로 인한 것이 아니라고 인정되는 재해
③ 요양이란 부상 등의 치료를 말하며 재가, 통원 및 입원의 경우를 모두 포함한다.

2) 무재해운동의 3요소(기둥) ★★★

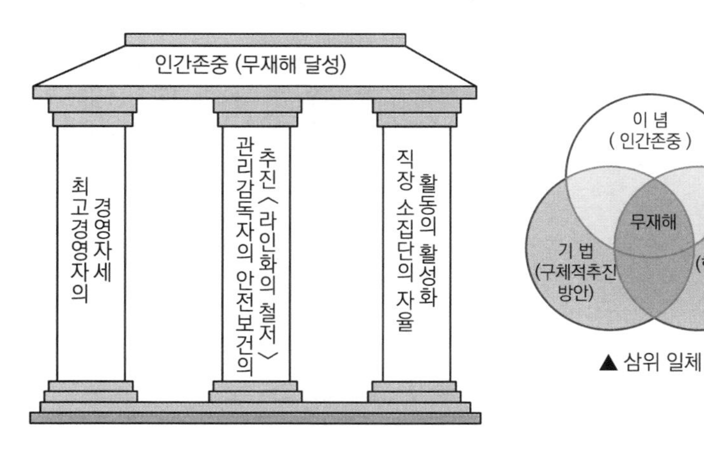

▲ 삼위 일체

예제

무재해운동 추진의 3요소에 관한 설명이 아닌 것은?

① 모든 재해는 잠재요인을 사전에 발견·파악·해결함으로써 근원적으로 산업재해를 없애야 한다.
② 안전보건은 최고경영자의 무재해 및 무질병에 대한 확고한 경영자세로 시작된다.
③ 안전보건을 추진하는 데에는 관리감독자들의 생산활동 속에 안전보건을 실천하는 것이 중요하다.
④ 안전보건은 각자 자신의 문제이며, 동시에 동료의 문제로서 직장의 팀 멤버와 협동 노력하여 자주적으로 추진하는 것이 필요하다.

정답 ①

예제

다음 중 무재해운동의 기본이념 3원칙에 해당되지 않는 것은?

① 모든 재해에는 손실이 발생하므로 사업주는 근로자의 안전을 보장하여야 한다는 것을 전제로 한다.
② 위험을 발견, 제거하기 위하여 전원이 참가, 협력하여 각자의 위치에서 의욕적으로 문제해결을 실천하는 것을 뜻한다.
③ 직장 내의 모든 잠재위험요인을 적극적으로 사전에 발견, 파악, 해결함으로써 뿌리에서부터 산업재해를 제거하는 것을 말한다.
④ 무재해, 무질병의 직장을 실현하기 위하여 직장의 위험요인을 행동하기 전에 예지하여 발견, 파악, 해결함으로써 재해발생을 예방하거나 방지하는 것을 말한다.

정답 ①

예제

위험예지훈련에 있어 브레인 스토밍법의 원칙으로 적절하지 않은 것은?

① 무엇이든 좋으니 많이 발언한다.
② 지정된 사람에 한하여 발언의 기회가 부여된다.
③ 타인의 의견을 수정하거나 덧붙여서 말하여도 좋다.
④ 타인의 의견에 대하여 좋고 나쁨을 비평하지 않는다.

정답 ②

3) 무재해운동의 3대 원칙 ★★★

무의 원칙	무재해란 단순히 사망재해나 휴업재해만 없으면 된다는 소극적인 사고가 아닌, 사업장 내의 모든 잠재위험요인을 적극적으로 사전에 발견하고 파악·해결함으로써 산업재해의 근원적인 요소들을 없앤다는 것을 의미한다.
선취(해결)의 원칙	무재해운동에 있어서 안전제일이란 안전한 사업장을 조성하기 위한 궁극의 목표로서 사업장 내에서 행동하기 전에 잠재위험요인을 발견하고 파악·해결하여 재해를 예방하는 것을 의미한다.(안전제일의 원칙)
참가의 원칙	무재해운동에서 참여란 작업에 따르는 잠재위험요인을 발견하고 파악·해결하기 위하여 전원이 일치 협력하여 각자의 위치에서 적극적으로 문제해결을 하겠다는 것을 의미한다.(참여의 원칙)

4) 브레인 스토밍(Brain Storming) (1939년 A.F.Osborn) ★★

정의	자유분방하게 진행하는 토의식 아이디어 창출법으로 편안한 분위기에서 연상되는 사고를 대량으로 발표해 나가는 방식으로 주제나 대책결정에 있어 다양한 아이디어 창출을 유도할 수 있다.
B.S의 4원칙	① 비판금지 – 「좋다」 또는 「나쁘다」라고 비판하지 않는다. ② 자유분방 – 자유로운 분위기에서 편안한 마음으로 발표한다. ③ 대량발언 – 내용의 질적인 수준보다 양적으로 많이 발언한다. ④ 수정발언 – 타인의 발표내용을 수정하거나 개조하여 관련된 내용을 추가 발표하여도 좋다.
B.S의 기본 전제	① 질보다 양(많을수록 질적이고 창의적인 아이디어가 나올 가능성이 크다) ② 판단은 나중에(판단을 유보하고 제시된 아이디어를 모두 수용한다)

5) 무재해 실천 기법(위험예지) ★★

1인 위험 예지 훈련	위험요인에 대한 감수성을 향상시키기 위해 원포인트 및 삼각위험예지 훈련을 통합한 활용기법으로 한 사람 한 사람이 같은 도해로 4라운드까지 1인 위험예지훈련을 실시한 후 리더의 사회로 결과에 대하여 서로 발표하고 토론함으로 위험요소를 발견 파악한 후 해결능력을 향상시키는 훈련
터치 앤 콜 (Touch and Call)	스킨쉽(Skin Ship)을 통한 팀구성원 간의 일체감 및 연대감을 조성하고 위험요소에 대한 강한 인식과 더불어 사고예방에 도움이 되며 서로 피부를 맞대고 구호를 제창함으로서 진한 동료애를 느끼고 안전에 동참하는 참여 정신을 높일 수 있다.(고리형, 포개기형, 어깨동무형)
지적 확인	① 작업 공정이나 상황 가운데 위험요인이나 작업의 중요 포인트에 대해 자신의 행동은 「...좋아!」라고 큰 소리로 제창하여 확인하는 방법 ② 인간의 감각기관을 최대한 활용함으로 위험 요소에 대한 긴장을 유발하고 불안전 행동이나 상태를 사전에 방지하는 효과 ③ 인간의 부주의, 착각, 방심 등으로 인한 오조작이나 판단미스로 인한 사고를 예방하기 위해 실시하는 방법 ④ 인간의 의식을 강화하고 오류를 감소하며, 신속정확한 판단과 대책을 수립할 수 있으며, 대뇌활동에도 영향을 미쳐 작업의 정확도를 향상시키는 방법
T.B.M (Tool Box Meeting) 위험예지훈련	① 즉시 즉응법이라고도 하며 현장에서 그때그때 주어진 상황에 즉응하여 실시하는 위험예지활동으로 단시간 미팅훈련이다. ② 10분 정도의 시간으로 10명 이하의 소수인원으로 편성한다.(5~7인 최적인원) ③ 5단계 진행요령 : 도입→점검정비→작업지시→위험예측→확인
STOP 기법 (Safety Training Observation Program)	① 미국의 듀퐁회사에서 개발한 것으로 현장의 관리자 및 감독자에게 효율적인 안전관찰을 실시할 수 있도록 훈련하는 과정(안전관찰 훈련과정) ② 안전관찰 사이클 결심 (decide) → 정지 (stop) → 관찰 (observe) → 조치 (act) → 보고 (report)
안전확인 오지 운동	① 무지 : 마음의 준비 ② 인지 : 복장의 정비 ③ 중지 : 규정과 기준 ④ 약지 : 점검정비 ⑤ 소지 : 안전확인
원포인트 위험예지	위험예지훈련 4라운드 중에서 1R을 제외한 2R, 3R, 4R을 원포인트로 요약하여 실시하는 기법으로 2~3분 내에 실시하는 현장활동용
삼각위험 예지	쓰는 것이나 말하는 것이 미숙한 작업자를 대상으로 실시하는 기법으로 현상파악과 위험의 포인트를 △형으로 표시하여 팀의 합의를 이끌어내는 기법

예제

다음 중 위험예지훈련에 있어 Touch and call에 관한 설명으로 가장 적절한 것은?

① 현장에서 팀 전원이 각자의 왼손을 맞잡아 원을 만들어 팀 행동목표를 지적 확인하는 것을 말한다.
② 현장에서 그때 그 장소의 상황에서 즉응하여 실시하는 위험예지활동으로 즉시즉응법이라고도 한다.
③ 작업자가 위험작업에 임하여 무재해를 지향하겠다는 뜻을 큰소리로 호칭하면서 안전의식수준을 제고하는 기법이다.
④ 한 사람 한 사람의 위험에 대한 감수성 향상을 도모하기 위한 삼각 및 원포인트 위험예지훈련을 통합한 활용기법이다.

정답 ①

예제

위험예지훈련의 문제해결 4라운드에 속하지 않는 것은?

① 현상파악
② 본질추구
③ 대책수립
④ 원인결정

정답 ④

6) 4라운드 진행 방법 ★★

준비	인원이 많을 경우 서브팀 구성	서브팀 인원 4~6명 역할 분담(리더선정, 서기, 발표자 등) 필요한 도구 배포
도입	전원기립, 리더인사 및 개시선언	정렬, 분위기조성, 개인 건강 확인 등 도해배포
1라운드	현상파악 〈어떤 위험이 잠재하고 있는가?〉	잠재위험 요인과 현상발견(B.S실시) (5~7 항목으로 정리) (~해서, 때문에 ~ㄴ다)
2라운드	본질 추구 〈이것이 위험의 포인트이다!〉	가장 중요한 위험의 포인트 합의 결정(1~2항목) 지적확인 및 제창(~해서 ~ㄴ다. 좋아!)
3라운드	대책 수립 〈당신이라면 어떻게 하겠는가?〉	본질 추구에서 선정된 항목의 구체적인 대책 수립(항목당 3~4가지 정도)(BS실시)
4라운드	목표설정 〈우리들은 이렇게 하자!〉	• 대책수립의 항목 중 1~2가지 등 중점 실시 항목으로 합의 결정 • 팀의 행동목표 → 지적확인 및 제창 (~을 ~하여 ~하자 좋아!)
확인	리더의 사회로 결과에 대한 정리	원 포인트 지적확인(~~ 좋아!) 터치 앤 콜 (Touch and Call) (무재해로 나가자 좋아!)
발표 및 강평	팀별로 실시	1R~4R 순서대로 읽는다. 상대팀 발표 듣고 강평(Comment)

5 KOSHA GUIDE

1) 코샤가이드의 정의

(1) 법령에서 정한 최소한의 수준이 아니라, 좀 더 높은 수준의 안전보건 향상을 위해 참고할 광범위한 기술적 사항에 대해 기술하고 있으며 사업장의 자율적 안전보건 수준향상을 지원하기 위한 기술지침

(2) KOSHA GUIDE는 법적 구속력은 없으나, 법령에서 정한 최소한의 수준이 아니라, 좀 더 높은 수준의 안전보건 향상을 위해 참고할 광범위한 기술적 사항에 대해 기술하고 있다.

2) 기술지침 번호부여 및 분류기호

(1) 기술지침에는 GUIDE 표시, 분야별 또는 업종별 분류기호, 공표순서, 제·개정년도의 순으로 번호를 부여

(2) 예시

가이드 표시	분야별 또는 업종별분류기호	공표순서	제·개정년도
KOSHA GUIDE	M −	1 −	2020

6 안전보건예산 편성 및 계상

중대 산업 재해	예산 편성 시 평가 항목	① 설비 및 시설물에 대한 안전점검비용 ② 근로자 안전보건교육 훈련비용 ③ 안전관련 물품 및 보호구 등 구입비용 ④ 작업환경 측정 및 특수건강검진 비용 ⑤ 안전진단 및 컨설팅 비용 ⑥ 위험설비 자동화 등 안전시설 개선비용 ⑦ 작업환경 개선 및 근골격계질환 예방비용 ⑧ 안전보건 우수사례 포상 비용 ⑨ 안전보건지원을 촉진하기 위한 캠페인 비용
중대 시민 재해	관계 법령에 따른 예산 편성	① 인건비 : 원료·제조물 안전관리 업무 / 시설·설비 유지보수 업무 수행 인력의 인건비 ② 시설장비확보·유지관리비 : 원료·제조물 취급시설 등의 안전과 정비·점검을 위한 신규 시설 및 장비 확보비용, 기존 시설 및 장비의 보수 등을 위한 비용 ③ 안전검검비용 : 정기안전점검, 정밀안전진단, 긴급안전점검 등의 비용 ④ 기타비용 : 재해발생 및 우려시 안전조치비, 계획수립, 안전교육, 관련 서류작성 및 보관 등의 행정비용
	유해·위험 요인 점검 및 대응을 위한 예산	① 유해·위험요인의 점검 및 대응을 위한 인력 및 조직을 갖추고 업무를 부여하기 위한 비용(인건비 등) ② 유해·위험요인이 발견 또는 신고 접수된 경우 긴급안전점검, 긴급 안전조치, 정비·보수·보강 등 개선을 위한 비용 ③ 시설의 기능유지, 안전관련 시설 및 설비의 설치 비용 ④ 중대시민재해 발생에 대비한 재해대응 절차도, 이용자를 위한 비상 대피지도 등의 제작·개선 비용 ⑤ 중대시민재해 발생시 원인 개선을 위한 종사자 교육 또는 이용 자안내 조치 비용 ⑥ 안전관리에 필요한 물품·보호구 및 장비 구입 비용

02 안전보건관리 체제 및 운용

1 안전보건관리조직 구성

1) 재해예방을 위한 안전관리 조직

조직의 목적	① 모든 위험요소의 제거 ② 위험요소 제거의 기술 수준 향상 ③ 재해예방 대책의 향상 ④ 단위당 예방비용의 저감
조직의 구비 조건	① 회사의 특성과 규모에 부합되게 조직화될 것 ② 조직의 기능이 충분히 발휘될 수 있는 제도적 체계를 갖출 것 ③ 조직을 구성하는 관리자의 책임과 권한을 분명히 할 것 ④ 생산라인과 밀착된 조직이 될 것

예제

직계-참모식 조직의 특징에 대한 설명으로 옳은 것은?

① 소규모 사업장에 적합하다.
② 생산조직과는 별도의 조직과 기능을 갖고 활동한다.
③ 안전계획, 평가 및 조사는 스탭에서, 생산기술의 안전대책은 라인에서 실시한다.
④ 안전업무가 표준화되어 직장에 정착하기 쉽다.

정답 ③

2) 안전관리 조직의 형태 ★★

구분	라인형 조직	Staff형 조직	Line-Staff형 조직
	직계식(直系式) 계선식(界線式) (Line system)	참모식(參謀式) 막료식(幕僚式) (Staff system)	직계·참모식 (Line-Staff system)
장점	① 안전보건관리와 생산을 동시에 수행 ② 명령과 보고가 상하관계 뿐이므로 간단명료(모든 권한이 포괄적이고 직선적으로 행사) ③ 명령이나 지시가 신속정확하게 전달되어 개선조치가 빠르게 진행 ④ 별도의 안전관리 요원을 두지 않아 예산절약의 효과	① 안전전담부서(Staff)의 참모인 안전관리자가 안전관리의 계획에서 시행까지 업무추진(고도의 안전활동 진행) ② 안전기법 등에 대한 교육훈련을 통해 조직적으로 안전관리 추진(안전에 관한 업무의 표준화. 정착화) ③ 경영자의 조언과 자문역활(안전보건 업무에 대하여 조언자 역할) ④ 안전에 관한 지식, 기술 축적 및 정보 수집이 용이하고 신속 ⑤ 사업장 특성에 맞는 안전보건대책 수립용이	① 라인에서 안전보건 업무가 수행 되어 안전보건에 관한 지시 명령 조치가 신속, 정확하게 전달, 수행 ② 안전보건의 전문지식이나 기술축적 용이(당해 사업장에 적합한 대책수립 가능) ③ 스탭에서 안전에 관한 기획, 조사, 검토 및 연구를 수행
단점	① 안전보건에 관한 전문지식이나 기술이 결여되어 안전보건관리가원만하게 이루어지지못함(고도의 안전관리 기대불가) ② 생산라인의 업무에 중점을 두어 안전보건관리가 소홀해 질 수 있음 ③ 안전에 관한 전문 지식이나 정보 불충분	① 생산계통의 기능과 상반된 견해차이 등으로 안전 활동 위한 협력이 부족 ② 안전지시의 이원화로 명령계통의 혼란초래(응급조치 곤란, 통제수단복잡) ③ 안전에 대한 이해가 부족할 경우 안전대책의 현장 침투 불가 ④ 안전과 생산을 별개로 취급(생산부분은 안전에 대한 책임과 권한 없음)	① 라인과 스탭 간에 협조가 안될 경우 업무의 원활한 추진 불가 ② 스텝의 기능이 너무 강하면 권한의 남용으로 라인에 간섭 → 라인의 권한약화 → 라인의 유명무실 ③ 명령계통과 조언, 권고적 참여가 혼돈될 가능성

구분	라인형 조직	Staff형 조직	Line-Staff형 조직
	직계식(直系式) 계선식(界線式) (Line system)	참모식(參謀式) 막료식(幕僚式) (Staff system)	직계·참모식 (Line-Staff system)
기타 (특징)	① 안전보건관리업무(PDCA 사이클 등)를 생산라인(production line)을 통하여 이루어지도록 편성된 조직 ② 생산라인에 모든 안전보건관리기능을 부여(업무가 생산 위주라 안전에 대한 전문지식이나 기술습득시간 부족) ③ 전문적인 기술을 필요로 하지 않는 100인 미만의 소규모 사업장에 적합	① 근로자 100~1,000명 정도의 중규모사업장에 적합 ② 안전에 관한계획안의 작성, 조사,점검 결과에 의한 조언, 보고의 역할(스스로 생산 라인의 안전업무를 행할 수 없음) ③ F.W.Taylor의 기능형(functional)조직에서 발전 → 분업의 원칙을 고도로 이용 → 책임과 권한이 직능적으로 분담	① 라인형과 스탭형의 장점을 절충한 이상적인 조직 ② 안전 보건 업무를 전담하는 스탭을 두고 생산 라인의 부서의 장으로 하여금 안전보건 담당(안전보건대책 : 스탭에서 수립 → 라인을 통하여 실천) ③ 라인에는 생산과 안전에 관한 책임과 권한이 동시에 부여(안전보건 업무와 생산 업무의 균형 유지) ④ 근로자 1,000명 이상의 대규모 사업장에 적합 ⑤ 우리나라 산업안전 보건법상의 조직형태 ⑥ 안전과 생산이 유리될 우려가 없어 운용이 적절하면 이상적인 조직

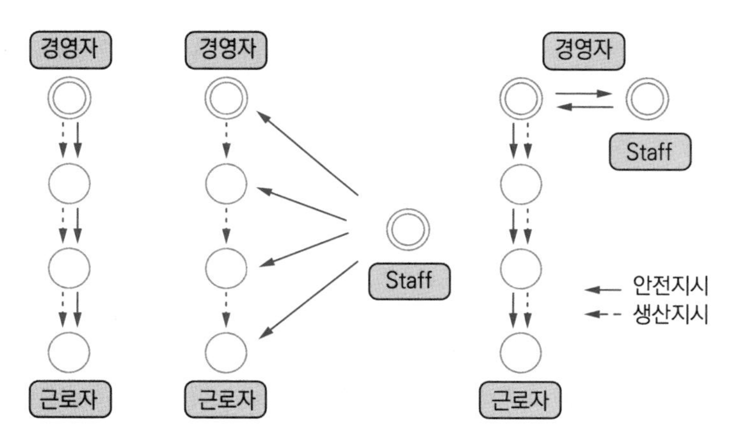

▲ 관리조직의 기본

2 산업안전보건 위원회 운영

1) 의결사항 및 대상 사업장

(1) 심의의결사항 ★★

① 사업장의 산업재해예방계획의 수립에 관한 사항
② 안전보건관리규정의 작성 및 변경에 관한 사항
③ 근로자에 대한 안전·보건교육에 관한 사항
④ 작업환경 측정 등 작업환경의 점검 및 개선에 관한 사항
⑤ 근로자의 건강진단 등 건강관리에 관한 사항
⑥ 산업재해의 원인조사 및 재발방지대책 수립에 관한 사항 중 중대재해에 관한 사항
⑦ 산업재해에 관한 통계의 기록 및 유지에 관한 사항
⑧ 유해하거나 위험한 기계·기구와 그밖의 설비를 도입한 경우 안전 및 보건 관련 조치에 관한 사항
⑨ 그 밖에 해당 사업장 근로자의 안전 및 보건을 유지·증진시키기 위하여 필요한 사항

(2) 산업안전보건위원회를 설치·운영해야 할 사업의 종류 및 규모

사업의 종류	규모
1. 토사석 광업 2. 목재 및 나무제품 제조업; 가구제외 3. 화학물질 및 화학제품 제조업; 의약품 제외(세제, 화장품 및 광택제 제조업과 화학섬유 제조업은 제외한다.) 4. 비금속 광물제품 제조업 5. 1차 금속 제조업 6. 금속가공제품 제조업 : 기계 및 가구 제외 7. 자동차 및 트레일러 제조업 8. 기타 기계 및 장비 제조업(사무용 기계 및 장비 제조업은 제외한다) 9. 기타 운송장비 제조업(전투용 차량 제조업은 제외한다)	상시 근로자 50명 이상
10. 농업 11. 어업 12. 소프트웨어 개발 및 공급업 13. 컴퓨터 프로그래밍, 시스템 통합 및 관리업 13의2. 영상·오디오물 제공 서비스업 14. 정보서비스업 15. 금융 및 보험업 16. 임대업 ; 부동산 제외 17. 전문, 과학 및 기술 서비스업(연구개발업은 제외한다.) 18. 사업지원 서비스업 19. 사회복지 서비스업	상시 근로자 300명 이상
20. 건설업	공사금액 120억원 이상(「건설산업기본법 시행령」에 따른 토목공사업에 해당하는 공사의 경우에는 150억원 이상)
21. 제1호부터 제13호까지, 제13호의2 및 제14호부터 제20호까지의 사업을 제외한 사업	상시 근로자 100명 이상

예제

산업안전보건법상 산업안전보건위원회의 사용자위원에 해당되지 않는 사람은?(단, 각 사업장은 해당하는 사람을 선임하여야 하는 대상 사업장으로 한다.)

① 안전관리자
② 해당 사업장 부서의 장
③ 산업보건의
④ 명예산업안전감독관

정답 ④

2) 구성 및 회의 진행

(1) 위원 구성 ★★★

구분	산업안전 보건위원회 구성위원(사용자위원은 상시 근로자 50명 이상 100명 미만을 사용하는 사업장일 경우 ⓜ 호를 제외하고 구성할 수 있다)	건설업의 도급사업에서 안전·보건에 관한 노사 협의체로 구성할 경우[공사금액 120억원(토목공사업은 150억원) 이상인 건설업]	건설업의 도급사업에서 안전·보건에 관한 협의체를 산업안전보건위원회로 구성할 경우(다음 사람 포함)
사용자위원	㉠ 해당 사업의 대표자 ㉡ 안전관리자 1명 ㉢ 보건관리자 1명 ㉣ 산업보건의(선임되어 있는 경우) ⓜ 해당 사업의 대표자가 지명하는 9명 이내의 해당 사업장 부서의 장	㉠ 도급 또는 하도급 사업을 포함한 전체사업자의 대표자 ㉡ 안전관리자 1명 ㉢ 보건관리자 1명(선임대상 건설업에 한정) ㉣ 공사금액이 20억원 이상인 공사의 관계 수급인의 각 대표자	도급인 대표자, 관계 수급인의 각 대표자 및 안전관리자
근로자위원	㉠ 근로자대표 ㉡ 근로자대표가 지명하는 1명 이상의 명예산업안전감독관(위촉되어 있는 사업장의 경우) ㉢ 근로자대표가 지명하는 9명 이내의 해당 사업장의 근로자(명예 감독관이 근로자위원으로 지명되어 있는 경우 그 수를 제외)	㉠ 도급 또는 하도급 사업을 포함한 전체 사업의 근로자 대표 ㉡ 근로자 대표가 지명하는 명예산업안전감독관 1명, 다만 위촉되어 있지 않은 경우 근로자 대표가 지명하는 해당 사업장 근로자 1명 ㉢ 공사금액이 20억원 이상인 공사의 관계수급인의 각 근로자 대표	도급 또는 하도급 사업을 포함한 전체사업의 근로자 대표, 명예산업안전감독관 및 근로자대표가 지명하는해당 사업장의 근로자

(2) 회의

종류	㉠ 정기회의 : 분기마다 위원장이 소집 ㉡ 임시회의 : 위원장이 필요하다고 인정할 때에 소집
의결	근로자위원 및 사용자위원 각 과반수의 출석으로 시작하고 출석위원 과반수의 찬성으로 의결
회의록 기록사항(작성, 비치)	㉠ 개최일시 및 장소 ㉡ 출석위원 ㉢ 심의내용 및 의결·결정사항 ㉣ 그 밖의 토의사항

3 안전보건 경영 시스템

1) 안전보건경영시스템(KOSHA-MS)이란? ★

(1) 사업주가 자율적으로 해당 사업장의 산업재해 예방하기 위하여 안전보건관리체제를 구축하고 정기적으로 위험성평가를 실시하여 잠재 유해·위험 요인을 지속적으로 개선하는 등 산업재해예방을 위한 조치사항을 체계적으로 관리하는 제반 활동을 말한다.

(2) 사업주가 자율경영방침에 안전보건정책을 반영하고, 이에 대한 세부 실행지침과 기준을 규정화하여, 주기적으로 안전보건계획에 대한 실행 결과를 자체평가 후 개선토록 하는 등 재해예방과 기업손실감소 활동을 체계적으로 추진토록 하기 위한 자율안전보건체계를 안전보건경영 시스템이라 한다.

(3) 구성요소

Step 01	Step 02	Step 03	Step 04	Step 05
자체평가	안전보건 방침	계획수립 및 실행	점검 및 시정조치	경영자 검토

 지속적 개선

2) 안전보건경영시스템 인증

(1) 적용범위

① 모든 사업 또는 사업장, 국가·지방자치단체 및 공공기관, 지방직영기업, 지방공사 및 지방공단
② 건설업의 경우 건설공사를 발주 또는 시공하는 사업·사업장으로서 사업주가 인증 신청을 하는 경우 적용하되, 다음과 같이 구분하여 적용할 수 있다.
㉠ 발주기관
㉡ 종합건설업체
㉢ 전문건설업체

(2) 인증 절차 ★

신청서 접수	① 공단 일선기관의 장이 접수(서류보완이 필요한 경우 15일 이내 보완 요구) ② 인증이 취소된 사업장 : 다시 신청하는 경우 인증취소일로부터 1년간 접수 제한
계약	접수한 날로부터 15일 이내 상호합의하여 계약 인증 취소 사업장 : 다시 신청하는 경우 심사일수를 최대 1/2 까지 단축하여 계약 가능
심사팀의 구성	① 일선기관장은 적합한 심사원으로 심사팀을 구성하고 운영하여야 하며, 인증심사의 경우 실태심사에 참여한 심사원이 1명 이상 포함되도록 노력하여야 한다. ② 심사팀 구성 시 공단 직원(선임심사원 포함)중 1명을 심사팀장으로 지정하여 해당 심사 업무를 총괄하도록 하여야 한다.
실태 심사	일선기관장은 인증기준에 따라 실태심사를 실시하고 안전보건경영시스템 심사결과서를 작성하여 사업장에 송부
컨설팅 지원	일선기관장은 사업장에서 안전보건상의 문제점을 해결하기 위하여 실태심사 전·후에 컨설팅을 요청하는 경우 컨설턴트로 하여금 컨설팅을 하도록 할 수 있다.
인증 심사	① 일선기관장은 실태심사 결과 적합판정을 내리거나 부적합 사항의 보완이 완료된 후 인증기준에 따라 인증심사를 실시 ② 심사팀의 인증심사 결과 인증기준에 적합한 경우 또는 부적합 시 보완이 완료된 경우에는 인증 여부의 결정을 위하여 다음의 해당서류를 이사장에게 보고하여야 한다. ㉮ 해당 사업장의 신청서 ㉯ 실태심사 결과서 ㉰ 인증심사 결과서
인증 여부의 결정	① 이사장은 인증위원회의 심의·의결을 거쳐 인증 여부 결정 ② 인증 여부의 결정 요건 ㉮ 인증기준에 적합한 경우 ㉯ 규칙에서 정한 절차에 따라 인증심사 업무를 수행한 경우 ㉰ 인증을 신청한 날을 기준으로 최근 1년간 안전보건에 관하여 사회적인 물의를 일으키지 아니한 경우 ③ 인증 유효기간 : 인증일로부터 3년
인증서 교부	이사장은 인증이 결정된 날부터 15일 이내에 인증서와 인증패 교부
사후 심사	일선기관장은 인증사업장을 매 1년 단위로 사후심사
연장 심사	① 인증 유효기간은 인증일로부터 3년으로 하며, 매 3년 단위로 그 기간을 연장 ② 인증기준 적합·부적합 여부에 따른 조치 ㉮ 적합 : 연장 승인에 따른 인증서 재발급 등 조치 ㉯ 부적합 : 연장 불가 사유를 해당 인증사업장에 문서로 통보

예제

안전보건경영시스템 인증에 관한 사항으로 틀린 것은?

① 인증이란 관련 규칙에서 정하는 기준에 따른 인증심사와 인증위원회의 심의·의결을 통하여 인증기준에 적합하다는 것을 객관적으로 평가하여 한국산업안전보건공단 이사장이 이를 증명하는 것을 말한다.
② 컨설팅이란 사업장의 안전보건경영시스템 구축·운영과 관련하여 안전보건 측면의 실태파악, 문제점 발견, 개선대책 제시 등의 제반 지원 활동
③ 인증심사란 인증 신청 사업장에 대한 인증의 적합 여부를 판단하기 위하여 인증기준과 관련된 안전보건경영 절차의 이행상태 등을 현장 확인을 통해 실시하는 심사를 말한다.
④ 연장심사란 인증서를 받은 사업장에서 인증기준을 지속적으로 유지·개선 또는 보완하여 운영하고 있는지를 판단하기 위하여 인증 후 매년 1회 정기적으로 실시하는 심사

정답 ④

예제

안전보건경영시스템 인증신청 사업장에 대하여 인증심사를 실시하기 전에 안전보건경영 관련 서류와 사업장의 준비상태 및 안전보건경영활동 운영현황 등을 확인하는 심사에 해당하는 것은?

① 실태심사
② 인증심사
③ 사후심사
④ 연장심사

정답 ①

4 안전보건 관리규정

1) 포함되어야 할 내용 ★★

① 안전 및 보건에 관한 관리조직과 그 직무에 관한 사항
② 안전보건교육에 관한 사항
③ 작업장의 안전 및 보건관리에 관한 사항
④ 사고 조사 및 대책 수립에 관한 사항
⑤ 그 밖에 안전 및 보건에 관한 사항

2) 안전보건관리규정의 작성대상 사업의 종류

사업의 종류	규모
1. 농업 2. 어업 3. 소프트웨어 개발 및 공급업 4. 컴퓨터 프로그래밍, 시스템 통합 및 관리업 4의2. 영상·오디오물 제공 서비스업 5. 정보서비스업 6. 금융 및 보험업 7. 임대업; 부동산 제외 8. 전문, 과학 및 기술 서비스업(연구개발업은 제외한다) 9. 사업지원 서비스업 10. 사회복지 서비스업	상시 근로자 300명 이상을 사용하는 사업장
11. 제1호부터 제4호까지, 제4호의2 및 제5호부터 제10호까지의 사업을 제외한 사업	상시 근로자 100명 이상을 사용하는 사업장

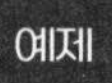

안전보건경영시스템의 인증 취소 사유에 해당하지 않는 것은?

① 거짓 또는 부정한 방법으로 인증을 받은 경우
② 정당한 사유 없이 사후심사 또는 연장심사를 거부·기피·방해하는 경우
③ 공단으로부터 부적합사항 대하여 3회 이상 시정요구 등을 받고 정당한 사유 없이 시정을 하지 아니하는 경우
④ 안전보건 조치를 소홀히 하여 사회적 물의를 일으킨 경우

정답 ③

예제

산업안전보건법령상 안전보건관리규정에 반드시 포함되어야 할 사항이 아닌 것은?

① 재해코스트 분석방법
② 사고 조사 및 대책 수립
③ 작업장 안전 및 보건관리
④ 안전 및 보건 관리조직과 그 직무

정답 ①

CHAPTER

02 안전보호구 관리

01 보호구 및 안전장구 관리

1 보호구의 개요

1) 보호구의 정의

① 보다 적극적인 방호원칙을 실시하기 어려울 경우, 근로자가 에너지의 영향을 받더라도 산업재해로 이어지지 않도록 하기 위해 개인 보호구를 사용한다.
② 보호구는 상해를 방지하는 것이 아니라 상해의 정도를 최소화시키기 위해 인간 측에 조치하는 소극적인 안전대책이다.
③ 근로자가 직접 착용함으로 위험을 방지하거나 유해물질로부터의 신체보호를 목적으로 사용하며 재해방지를 대상으로 하면 안전보호구(안전대, 안전모, 안전화, 안전장갑), 건강장해 방지를 목적으로 사용하면 위생보호구(각종 마스크, 보호복, 보안경, 방음보호구, 특수복 등)로 구분하기도 한다.

2) 보호구의 구비조건

① 착용 시 작업이 용이할 것(간편한 착용)
② 유해 위험물에 대한 방호성능이 충분할 것(대상물에 대한 방호가 완전)
③ 작업에 방해요소가 되지 않도록 할 것
④ 재료의 품질이 우수할 것(특히 피부접촉에 무해할 것)
⑤ 구조와 끝마무리가 양호할 것(충분한 강도와 내구성 및 표면 가공이 우수)
⑥ 외관 및 전체적인 디자인이 양호할 것

3) 안전인증기관의 확인

확인 사항	① 안전인증서에 적힌 제조 사업장에서 해당 유해·위험 기계 등을 생산하고 있는지 여부 ② 안전인증을 받은 유해·위험 기계 등이 안전인증기준에 적합한지 여부 ③ 제조자가 안전인증을 받을 당시의 기술능력·생산체계를 지속적으로 유지하고 있는지 여부 ④ 유해·위험 기계 등이 서면심사 내용과 같은 수준 이상의 재료 및 부품을 사용하고 있는지 여부
확인 주기	① 안전인증을 받은 자가 안전인증기준을 지키고 있는지를 2년에 1회 이상 확인 ② 다음 각 호에 모두 해당하는 경우에는 3년에 1회 확인 ㉠ 최근 3년 동안 안전인증이 취소되거나 안전인증표시의 사용금지 또는 개선명령을 받은 사실이 없는 경우 ㉡ 최근 2회의 확인 결과 기술능력 및 생산 체계가 고용노동부장관이 정하는 기준 이상인 경우

4) 대상 보호구별 작업장 ★

안전모	물체가 떨어지거나 날아올 위험 또는 근로자가 추락할 위험이 있는 작업
안전대	높이 또는 깊이 2미터 이상의 추락할 위험이 있는 장소에서 하는 작업
안전화	물체의 낙하·충격, 물체에의 끼임, 감전 또는 정전기의 대전에 의한 위험이 있는 작업
보안경	물체가 흩날릴 위험이 있는 작업
보안면	용접 시 불꽃이나 물체가 흩날릴 위험이 있는 작업
절연용 보호구	감전의 위험이 있는 작업
방열복	고열에 의한 화상 등의 위험이 있는 작업
방진마스크	선창 등에서 분진이 심하게 발생하는 하역작업
방한모·방한복·방한화·방한장갑	섭씨 영하 18도 이하인 급냉동어창에서 하는 하역작업
기준에 적합한 승차용 안전모	물건을 운반하거나 수거·배달하기 위하여 이륜자동차 또는 원동기장치 자전거를 운행하는 작업
기준에 적합한 안전모	물건을 운반하거나 수거·배달하기 위해 자전거 등을 운행하는 작업

2 보호구의 종류별 특성

1) 안전모

(1) 안전모의 구조

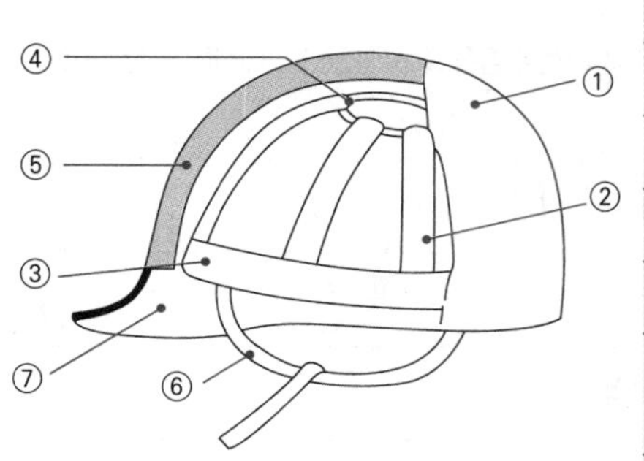

▲ 안전모의 구조

번호	명칭	
1	모체	
2	착장체	머리받침끈
3		머리고정대
4		머리받침고리
5	충격흡수재 (자율안전확인에서는 제외)	
6	턱끈	
7	모자챙(차양)	

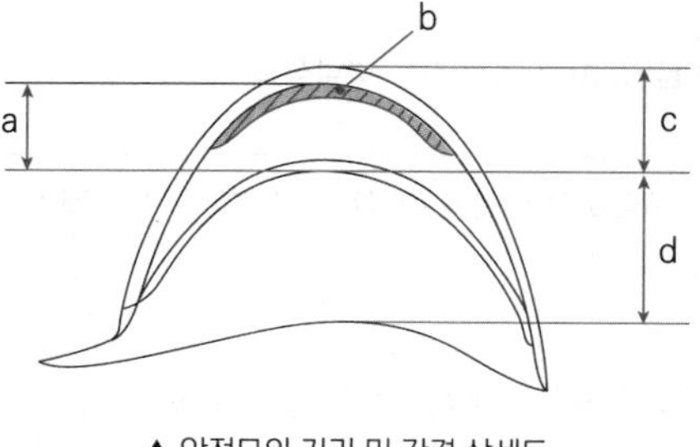

▲ 안전모의 거리 및 간격 상세도

번호	명칭
a	내부 수직거리
b	충격흡수제
c	외부수직거리
d	착용높이

(2) 추락 및 감전 위험방지용 안전모의 종류 ★★★

종류(기호)	사용 구분	비고
AB	물체의 낙하 또는 비래 및 추락에 의한 위험을 방지 또는 경감시키기 위한 것	
AE	물체의 낙하 또는 비래에 의한 위험을 방지 또는 경감하고, 머리부위 감전에 의한 위험을 방지하기 위한 것	내전압성 (주1)
ABE	물체의 낙하 또는 비래 및 추락에 의한 위험을 방지 또는 경감하고, 머리부위 감전에 의한 위험을 방지하기 위한 것	내전압성

참고

(주1) 내전압성이란 7,000볼트 이하의 전압에 견디는 것을 말한다.

예제

안전모의 종류 중 물체의 낙하 및 비래에 의한 위험을 방지 또는 경감하고, 머리부위 감전에 의한 위험을 방지하기 위한 것은?

① A형
② AB형
③ AE형
④ AF형

정답 ③

2) 안전대

(1) 안전대의 종류 및 등급 ★★★

사용 구분	종류
벨트식 안전그네식	1개 걸이용
	U자 걸이용
	추락방지대(안전그네식에만 적용)
	안전블록(안전그네식에만 적용)

(2) 안전대의 구조

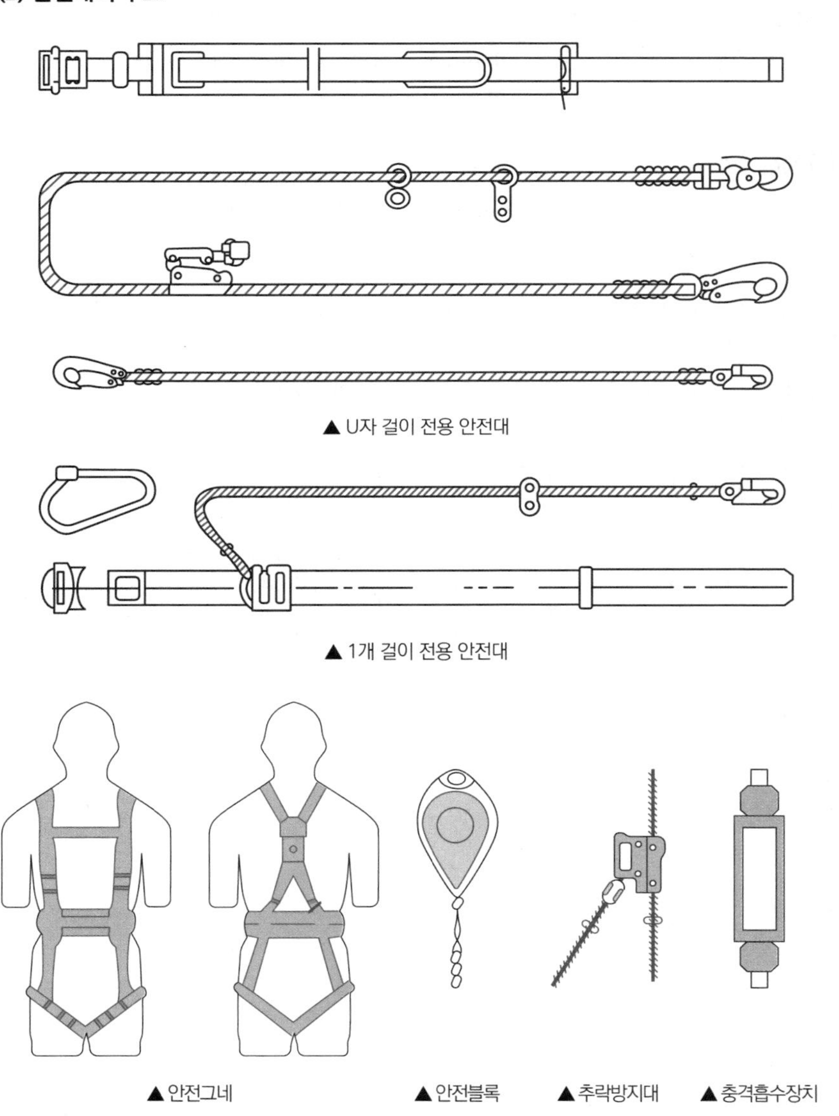

▲ U자 걸이 전용 안전대

▲ 1개 걸이 전용 안전대

▲ 안전그네 ▲ 안전블록 ▲ 추락방지대 ▲ 충격흡수장치

예제

벨트식, 안전그네식 안전대의 사용구분에 따른 분류에 해당되지 않는 것은?

① U자 걸이용
② D링 걸이용
③ 안전블록
④ 추락방지대

정답 ②

1. "추락방지대"란 신체의 추락을 방지하기 위해 자동잠김장치를 갖추고 죔줄과 수직구명줄에 연결된 금속장치
2. "신축조절기"란 죔줄의 길이를 조절하기 위해 죔줄에 부착된 금속의 조절장치
3. "안전블록"이란 안전그네와 연결하여 추락발생시 추락을 억제할 수 있는 자동잠김장치가 갖추어져 있고 죔줄이 자동적으로 수축되는 장치
4. "보조죔줄"이란 안전대를 U자걸이로 사용할 때 U자걸이를 위해 훅 또는 카라비너를 지탱벨트의 D링에 걸거나 떼어낼 때 잘못하여 추락하는 것을 방지하기 위한 링과 걸이설비연결에 사용하는 훅 또는 카라비너를 갖춘 줄모양의 부품
5. "수직구명줄"이란 로프 또는 레일 등과 같은 유연하거나 단단한 고정줄로서 추락발생시 추락을 저지시키는 추락방지대를 지탱해 주는 줄모양의 부품
6. 본 교재에서 사용되는 낙하거리의 용어
   가. "억제거리"란 감속거리를 포함한 거리로서 추락을 억제하기 위하여 요구되는 총 거리
   나. "감속거리"란 추락하는 동안 전달충격력이 생기는 지점에서의 착용자의 D링 등 체결지점과 완전히 정지에 도달하였을 때의 D링 등 체결지점과의 수직거리

--나머지 생략--

(3) 최하사점 ★

추락방지용 보호구인 안전대는 적정길이의 로프를 사용하여야 추락 시 근로자의 안전을 확보할 수 있다는 이론

$$H > h = \text{로프길이}(l) + \text{로프의 신장(율)길이}(l \times a) + \text{작업자의 키} \times \frac{1}{2}$$

h : 추락 시 로프지지 위치에서 신체 최하사점까지의 거리(최하사점)
H : 로프지지 위치에서 바닥면까지의 거리

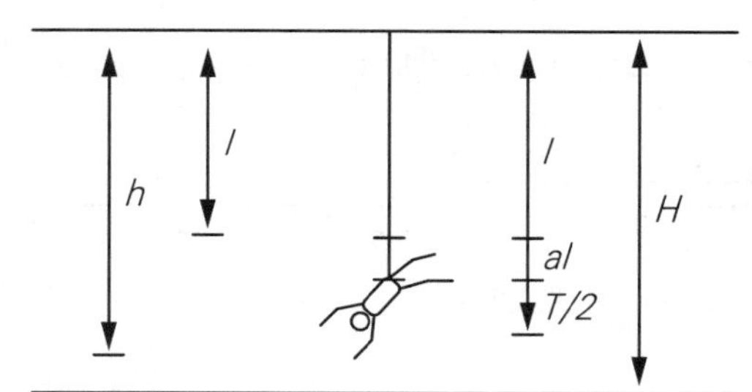

3) 안전화

(1) 안전화의 종류 및 구분

종류	성능 구분
가죽제 안전화	물체의 낙하, 충격 또는 바닥으로 날카로운 물체에 의한 찔림 위험으로부터 발을 보호하기 위한 것
고무제 안전화	물체의 낙하, 충격 또는 바닥으로 날카로운 물체에 의한 찔림 위험으로부터 발을 보호하고 내수성을 겸한 것
정전기 안전화	물체의 낙하, 충격 또는 바닥으로 날카로운 물체에 의한 찔림 위험으로부터 발을 보호하고 아울러 정전기의 인체 대전을 방지하기 위한 것
발등 안전화	물체의 낙하, 충격 또는 바닥으로 날카로운 물체에 의한 찔림 위험으로부터 발 및 발등을 보호하기 위한 것
절연화	물체의 낙하, 충격 또는 바닥으로 날카로운 물체에 의한 찔림 위험으로부터 발을 보호하고 아울러 저압의 전기에 의한 감전을 방지하기 위한 것
절연장화	고압에 의한 감전을 방지하고 아울러 방수를 겸한 것
화학물질용 안전화	물체의 낙하, 충격 또는 날카로운 물체에 의한 찔림 위험으로부터 발을 보호하고 화학물질로부터 유해위험을 방지하기 위한 것

(2) 안전화의 등급

작업 구분	사용 장소
중작업용	광업, 건설업 및 철광업에서 원료취급, 가공, 강재취급 및 강재 운반, 건설업 등에서 중량물 운반작업, 가공대상물의 중량이 큰 물체를 취급하는 작업장으로서 날카로운 물체에 의해 찔릴 우려가 있는 장소
보통작업용	기계공업, 금속가공업, 운반, 건축업 등 공구 가공품을 손으로 취급하는 작업 및 차량사업장, 기계 등을 운전조작하는 일반작업장으로서 날카로운 물체에 의해 찔릴 우려가 있는 장소
경작업용	금속선별, 전기제품 조립, 화학제품 선별, 반응장치 운전, 식품 가공업 등 비교적 경량의 물체를 취급하는 작업장으로서 날카로운 물체에 의해 찔릴 우려가 있는 장소

예제

보호구 자율안전확인 고시상 사용구분에 따른 보안경의 종류가 아닌 것은?

① 차광보안경
② 유리보안경
③ 플라스틱보안경
④ 도수렌즈보안경

정답 ①

4) 보안경

(1) 종류 및 사용 구분 ★★

① 자율안전확인

종류	사용 구분
유리 보안경	비산물로부터 눈을 보호하기 위한 것으로 렌즈의 재질이 유리인 것
플라스틱 보안경	비산물로부터 눈을 보호하기 위한 것으로 렌즈의 재질이 플라스틱인 것
도수렌즈 보안경	비산물로부터 눈을 보호하기 위한 것으로 도수가 있는 것

② 안전인증(차광보안경)

종류	사용 구분
자외선용	자외선이 발생하는 장소
적외선용	적외선이 발생하는 장소
복합용	자외선 및 적외선이 발생하는 장소
용접용	산소용접작업등과 같이 자외선, 적외선 및 강렬한 가시광선이 발생하는 장소

(2) 일반구조

① 보안경에는 돌출 부분, 날카로운 모서리 혹은 사용 도중 불편하거나 상해를 줄 수 있는 결함이 없을 것
② 착용자와 접촉하는 보안경의 모든 부분에는 피부 자극을 유발하지 않는 재질을 사용할 것
③ 머리띠를 착용하는 경우, 착용자의 머리와 접촉하는 모든 부분의 폭이 최소한 10mm 이상 되어야 하며, 머리띠는 조절이 가능할 것

5) 내전압용 절연장갑(안전장갑)

(1) 절연장갑의 등급 및 표시 ★

등급	최대사용전압		등급별 색상
	교류 (V, 실효값)	직류(V)	
00	500	750	갈색
0	1,000	1,500	빨강색
1	7,500	11,250	흰색
2	17,000	25,500	노랑색
3	26,000	39,750	녹색
4	36,000	54,000	등색

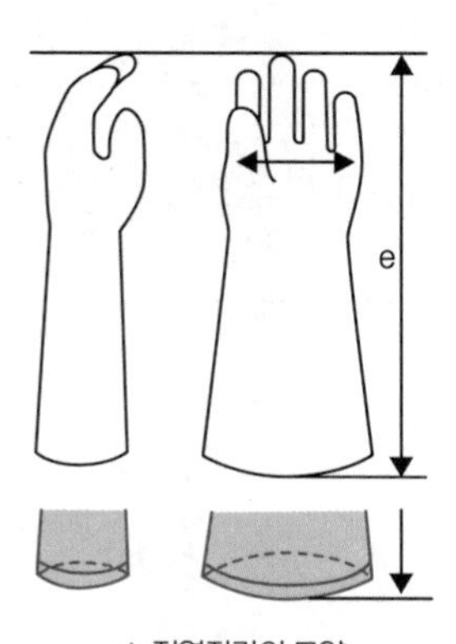

▲ 절연장갑의 모양
(e : 표준길이)

6) 화학물질용 안전장갑

(1) 일반구조 및 재료

① 안전장갑에 사용되는 재료와 부품은 착용자에게 해로운 영향을 주지 않아야 한다.
② 안전장갑은 착용 및 조작이 용이하고, 착용상태에서 작업을 행하는데 지장이 없어야 한다.
③ 안전장갑은 육안을 통해 확인한 결과 찢어진 곳, 터진 곳, 구멍난 곳이 없어야 한다.
④ 안전장갑의 치수에 따른 최소길이(생략)
⑤ 안전장갑의 등급은 투과저항과 그 성능수준으로 한다.

7) 보안면

(1) 사용 구분

일반보안면 (자율안전)	작업 시 발생하는 각종 비산물과 유해한 액체로부터 얼굴(머리의 전면, 이마, 턱, 목 앞부분, 코, 입)을 보호하기 위해 착용하는 것
용접용 보안면 (안전인증)	용접작업 시 머리와 안면을 보호하기 위한 것으로 통상적으로 지지대를 이용하여 고정하며 적합한 필터를 통해서 눈과 안면을 보호하는 보호구

(2) 용접용 보안면의 형태

형태	구조
헬멧형	안전모나 착용자의 머리에 지지대나 헤드밴드 등을 이용하여 적정위치에 고정, 사용하는 형태 (자동용접필터형, 일반용접필터형)
핸드실드형	손에 들고 이용하는 보안면으로 적절한 필터를 장착하여 눈 및 안면을 보호하는 형태

8) 방진마스크

(1) 형태 및 구조 분류 ★

종류	분리식		안면부 여과식	사용 조건
	격리식	직결식		
형태	전면형	전면형	반면형	산소농도 18% 이상인 장소에서 사용
	반면형	반면형		

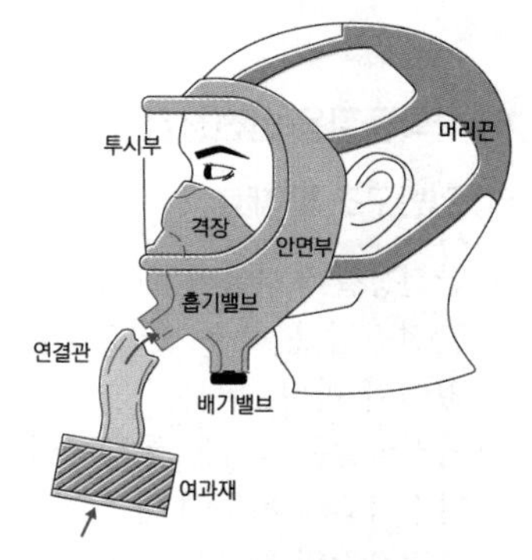

▲ 격리식 전면형

(2) 등급 및 사용 장소 ★★

등급	특급	1급	2급
사용 장소	• 베릴륨 등과 같이 독성이 강한 물질들을 함유한 분진 등 발생 장소 • 석면 취급 장소	• 특급 마스크 착용 장소를 제외한 분진 등 발생 장소 • 금속흄 등과 같이 열적으로 생기는 분진 등 발생 장소 • 기계적으로 생기는 분진 등 발생 장소(규소 등과 같이 2급 마스크를 착용하여도 무방한 경우는 제외)	특급 및 1급 마스크 착용장소를 제외한 분진등 발생 장소

* 단, 배기밸브가 없는 안면부 여과식 마스크는 특급 및 1급 장소에서 사용금지

(3) 방진마스크의 구비조건 ★

① 여과 효율이 좋을 것
② 흡배기 저항이 낮을 것
③ 사용적이 적을 것
④ 중량이 가벼울 것
⑤ 시야가 넓을 것
⑥ 안면 밀착성이 좋을 것
⑦ 피부 접촉 부위의 고무질이 좋을 것

예제

다음 중 방진마스크의 구비 조건으로 적절하지 않은 것은?

① 흡기밸브는 미약한 호흡에 대하여 확실하고 예민하게 작동하도록 할 것
② 쉽게 착용되어야 하고, 착용하였을 때 안면부가 안면에 밀착되어 공기가 새지 않을 것
③ 여과재는 여과성능이 우수하고 인체에 장해를 주지 않을 것
④ 흡·배기 밸브는 외부의 힘에 의하여 손상되지 않도록 흡·배기 저항이 높을 것흡·배기 밸브는 외부의 힘에 의하여 손상되지 않도록 흡·배기 저항이 높을 것

정답 ④

9) 방독마스크

(1) 종류 ★★

종류	시험 가스	정화통 외부측면 표시색
유기화합물용	시클로헥산(C_6H_{12})	갈색
	디메틸에테르(CH_3OCH_3)	
	이소부탄(C_4H_{10})	
할로겐용	염소가스 또는 증기(Cl_2)	회색
황화수소용	황화수소가스(H_2S)	회색
시안화수소용	시안화수소가스(HCN)	회색
아황산용	아황산가스(SO_2)	노란색
암모니아용	암모니아가스(NH_3)	녹색

* 복합용 및 겸용의 정화통 : ① 복합용[해당가스 모두 표시(2층 분리)]
② 겸용[백색과 해당가스 모두 표시(2층 분리)]

(2) 등급 및 사용 장소 ★

등급	사용 장소
고농도	가스 또는 증기의 농도가 100분의 2(암모니아에 있어서는 100분의 3) 이하의 대기 중에서 사용하는 것
중농도	가스 또는 증기의 농도가 100분의 1(암모니아에 있어서는 100분의 1.5) 이하의 대기 중에서 사용하는 것
저농도 및 최저농도	가스 또는 증기의 농도가 100분의 0.1 이하의 대기 중에서 사용하는 것으로서 긴급용이 아닌 것

(3) 방독마스크 흡수제의 유효 사용시간

$$유효사용시간 = \frac{표준유효시간 \times 시험가스농도}{공기중유해가스농도}$$

예제

공기 중 사염화탄소의 농도가 0.2%인 작업장에서 근로자가 착용할 방독마스크 정화통의 유효시간은 얼마인가? (단, 정화통의 유효시간은 0.5%에 대하여 100분이다)

① 200분 ② 250분 ③ 300분 ④ 350분

정답

②

예제

다음 중 보호구 안전인증기준에 있어 방독마스크에 관한 용어의 설명으로 틀린 것은?

① "파과"란 대응하는 가스에 대하여 정화통 내부의 흡착제가 포화상태가 되어 흡착능력을 상실한 상태를 말한다.
② "파과곡선"이란 파과시간과 유해물질의 종류에 대한 관계를 나타낸 곡선을 말한다.
③ "겸용 방독마스크"란 방독마스크(복합용 포함)의 성능에 방진마스크의 성능이 포함된 방독마스트를 말한다.
④ "전면형 방독마스크"란 유해물질 등으로부터 안면부 전체(입, 코, 눈)를 덮을 수 있는 구조의 방독마스크를 말한다.

정답 ②

참고

방독마스크는 산소농도가 18% 이상인 장소에서 사용하여야 하고, 고농도와 중농도에서 사용하는 방독마스크는 전면형(격리식, 직결식)을 사용해야 한다.

예제

다음 중 방독마스크의 성능기준에 있어 사용 장소에 따른 등급의 설명으로 틀린 것은?

① 고농도는 가스 또는 증기의 농도가 100분의 2 이하의 대기 중에서 사용하는 것을 말한다.
② 중농도는 가스 또는 증기의 농도가 100분의 1 이하의 대기 중에서 사용하는 것을 말한다.
③ 저농도는 가스 또는 증기의 농도가 100분의 0.5 이하의 대기 중에서 사용하는 것으로서 긴급용이 아닌 것을 말한다.
④ 고농도와 중농도에서 사용하는 방독마스크는 전면형(격리식, 직결식)을 사용해야 한다.

정답 ③

10) 방음 보호구

(1) 종류 및 등급

<table>
<tr><th>종류</th><th>등급</th><th>기호</th><th>성능</th><th>비고</th></tr>
<tr><td rowspan="2">귀마개</td><td>1 종</td><td>EP-1</td><td>저음부터 고음까지 차음하는 것</td><td rowspan="2">귀마개의 경우 재사용 여부를 제조 특성으로 표기</td></tr>
<tr><td>2 종</td><td>EP-2</td><td>주로 고음을 차음하고 저음(회화음 영역)은 차음하지 않는 것</td></tr>
<tr><td>귀덮개</td><td>-</td><td>EM</td><td></td><td></td></tr>
</table>

11) 송기마스크의 종류 및 등급

<table>
<tr><th>종류</th><th colspan="2">등급</th><th>구분</th></tr>
<tr><td rowspan="3">호스마스크</td><td colspan="2">폐력흡인형</td><td>안면부</td></tr>
<tr><td rowspan="2">송풍기형</td><td>전동</td><td>안면부, 페이스실드, 후드</td></tr>
<tr><td>수동</td><td>안면부</td></tr>
<tr><td rowspan="3">에어라인마스크</td><td colspan="2">일정유량형</td><td>안면부, 페이스실드, 후드</td></tr>
<tr><td colspan="2">디맨드형</td><td>안면부</td></tr>
<tr><td colspan="2">압력디맨드형</td><td>안면부</td></tr>
<tr><td rowspan="2">복합식
에어라인마스크</td><td colspan="2">디맨드형</td><td>안면부</td></tr>
<tr><td colspan="2">압력디맨드형</td><td>안면부</td></tr>
</table>

12) 전동식 호흡보호구의 분류 및 성능기준

<table>
<tr><td rowspan="3">분류</td><td>전동식
방진마스크</td><td>분진 등이 호흡기를 통하여 체내에 유입되는 것을 방지하기 위하여 고효율 여과재를 전동장치에 부착하여 사용하는 것(산소농도 18% 이상인 장소에서 사용)</td></tr>
<tr><td>전동식
방독마스크</td><td>유해물질 및 분진 등이 호흡기를 통하여 체내에 유입되는 것을 방지하기 위하여 고효율 정화통 및 여과재를 전동장치에 부착하여 사용하는 것(등급 및 사용 장소는 방독마스크와 동일)</td></tr>
<tr><td>전동식 후드 및
전동식보안면</td><td>유해물질 및 분진 등이 호흡기를 통하여 체내에 유입되는 것을 방지하기 위하여 고효율 정화통 및 여과재를 전동장치에 부착하여 사용함과 동시에 머리, 안면부, 목, 어깨부분까지 보호하기 위해 사용하는 것(산소농도 18% 이상인 장소에서 사용)</td></tr>
</table>

13) 보호복

(1) 방열복의 종류 및 구조

종류	착용 부위
방열 상의	상체
방열 하의	하체
방열 일체복	몸체(상·하체)
방열 장갑	손
방열 두건	머리

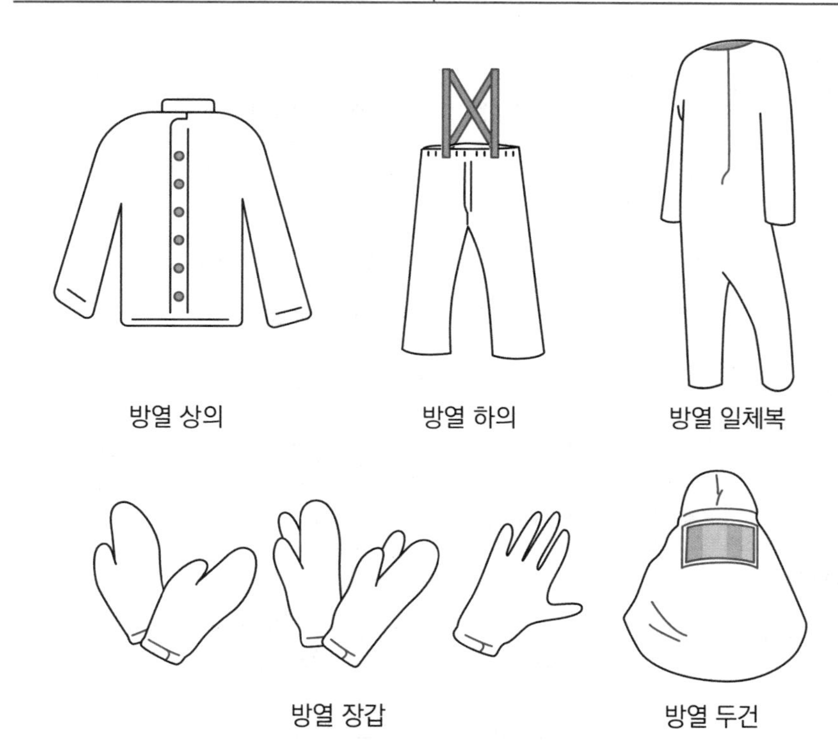

예제

다음 중 안전모의 성능시험에 있어서 AE, ABE종에만 한하여 실시하는 시험은?

① 내관통성시험, 충격흡수성시험
② 난연성시험, 내수성시험
③ 내관통성시험, 내전압성시험
④ 내전압성시험, 내수성시험

정답 ④

3 보호구의 성능기준 및 시험방법

1) 안전모

(1) 안전모의 성능 ★★★

구분	항목	시험 성능 기준
시험 성능 기준	내관통성	AE, ABE종 안전모는 관통거리가 9.5mm 이하이고, AB종 안전모는 관통거리가 11.1mm 이하이어야 한다.(자율안전확인에서는 관통거리가 11.1mm 이하)
	충격 흡수성	최고전달충격력이 4,450N을 초과해서는 안되며, 모체와 착장체의 기능이 상실되지 않아야 한다.
	내전압성	AE, ABE종 안전모는 교류 20kV에서 1분간 절연파괴 없이 견뎌야 하고, 이때 누설되는 충전전류는 10mA 이하이어야 한다.(자율안전확인에서는 제외)
	내수성	AE, ABE종 안전모는 질량증가율이 1% 미만이어야 한다.(자율안전확인에서는 제외)
	난연성	모체가 불꽃을 내며 5초 이상 연소되지 않아야 한다.
	턱끈풀림	150N 이상 250N 이하에서 턱끈이 풀려야 한다.
부가 성능 기준	측면 변형 방호	최대 측면변형은 40mm, 잔여변형은 15mm 이내이어야 한다.
	금속 용융물 분사 방호	• 용융물에 의해 10mm 이상의 변형이 없고 관통되지 않아야 한다. • 금속 용융물의 방출을 정지한 후 5초 이상 불꽃을 내며 연소되지 않을 것 (자율안전확인에서는 제외)

(2) 내수성 시험 ★

시험 안전모의 모체를 20~25℃ 의 수중에 24시간 담가놓은 후, 대기 중에 꺼내어 마른천 등으로 표면의 수분을 닦아내고 다음 식으로 질량증가율(%) 산출

$$질량\ 증가율(\%) = \frac{담근후의\ 질량 - 담그기전의\ 질량}{담그기전의\ 질량} \times 100$$

예제

안전인증 대상 보호구 중 AE, ABE종 안전모의 질량증가율은 몇 % 미만이어야 하는가?

① 1%
② 2%
③ 3%
④ 5%

정답 ①

2) 안전대

(1) 안전대 시험성능기준

① 완성품의 정하중 성능

구분	명칭	시험 하중	성능 기준
완성품	벨트식	15kN(1,530kgf)	1. 파단되지 않을 것 2. 신축조절기의 기능이 상실되지 않을 것
	안전그네식	15kN(1,530kgf)	시험몸통으로부터 빠지지 말 것

② 완성품 및 부품의 동하중 성능

명칭	성능 기준
벨트식 -1개걸이용 -U자걸이용 ※보조죔줄	1. 시험몸통으로부터 빠지지 말 것 2. 최대전달충격력은 6.0kN 이하이어야 함 3. U자걸이용 감속거리는 1,000mm 이하이어야 함
안전그네식 -1개걸이용 -U자걸이용 -추락방지대 -안전블록 ※보조죔줄	1. 시험몸통으로부터 빠지지 말 것 2. 최대전달충격력은 6.0kN 이하이어야 함 3. U자걸이용, 안전블록, 추락방지대의 감속거리는 1,000mm 이하이어야 함 4. 시험 후 죔줄과 모형몸통간의 수직각이 50° 미만이어야 함
안전블록(부품)	1. 파손되지 않을 것 2. 최대전달충격력은 6.0kN 이하이어야 함 3. 억제거리는 2,000mm 이하이어야 함
충격흡수장치	1. 최대전달충격력은 6.0kN 이하이어야 함 2. 감속거리는 1,000mm 이하이어야 함

3) 안전화

(1) 정전기 안전화의 성능기준

구분	사용 작업장	대전 방지 성능(저항)
1종	착화 에너지가 0.1mJ 이상의 가연성물질 또는 가스(메탄, 프로판 등)를 취급하는 작업장	0.1MΩ<R<100MΩ
2종	착화 에너지가 0.1mJ 미만의 가연성물질 또는 가스(수소, 아세틸렌 등)를 취급하는 작업장	0.1MΩ<R<10MΩ

(2) 내전압성 시험

절연화	14,000 볼트에 1분간 견디고 충전전류가 5mA 이하일 것
절연장화	20,000 볼트에 1분간 견디고 이때의 충전전류가 20mA 이하일 것

4) 보안경의 시험성능기준

항목	성능 기준
시야 범위	수평 22.0mm, 수직 20.0mm 이상이어야 한다(자율 동일).
표면	표면에 기포, 발포, 반점, 성형자국, 구멍, 침전물 등이 없어야 한다(자율 동일).
내충격성	필터(자율 : 필터 보안경 하우징 및 프레임)에 파손이나 변형이 없어야 한다.
차광능력	정해진 차광능력치에 적합해야 한다.
내식성	부식이 없어야 한다(자율 동일).
내발화, 관통성	발화 또는 적열이 없어야 하고 관통 시간은 5초 이상이어야 한다.
투과율	89% 이상(자율에만 해당)

참고

〈분진포집효율(P)〉

$$P(\%)=\frac{C_1-C_2}{C_1}\times 100$$

C_1 : 여과재 통과 전의 염화나트륨 농도

C_2 : 여과재 통과 후의 염화나트륨 농도

5) 방진마스크의 성능기준

	종류	등급	염화나트륨(NaCl) 및 파라핀오일(Paraffin oil) 시험(%)
여과재 분진 등 포집 효율	분리식	특급	99.95% 이상
		1급	94.0% 이상
		2급	80.0% 이상
	안면부 여과식	특급	99.0% 이상
		1급	94.0% 이상
		2급	80.0% 이상

	종류	유량(L/min)	차압(Pa)
안면부 배기 저항	분리식	160	300 이하
	안면부 여과식	160	300 이하

	형태	부품	시야(%)	
			유효시야	겹침시야
시야	전면형	1안식	70 이상	80 이상
		1안식	70 이상	20 이상

* 안면부 내부의 이산화탄소 농도가 부피분율 1% 이하일 것

6) 방독마스크

(1) 시험 성능 기준

구분	형태		유량(L/min)	차압(Pa)
안면부 흡기저항	격리식 및 직결식	전면형	160	250 이하
			30	50 이하
			95	150 이하
		반면형	160	200 이하
			30	50 이하
			95	130 이하
안면부 배기저항	격리식 및 직결식		160	300 이하

구분	형태		누설률(%)
안면부 누설률	격리식 및 직결식	전면형	0.05 이하
		반면형	5 이하

구분	형태		질량(g)
정화통 질량	격리식 및 직결식	전면형	500 이하
		반면형	300 이하

구분	형태		시야(%)	
			유효시야	겹침시야
시야	전면형	1안식	70 이상	80 이상
		2안식		20 이상

(2) 시험가스의 분진포집효율

① 특급 : 99.95%　② 1급 : 94.0%　③ 2급 : 80.0%

7) 송기마스크의 시험성능기준

<table>
<tr><td rowspan="6">안면부
누설율</td><td>종류</td><td colspan="2">등급</td><td>누설율(%)</td><td>종류</td><td>등급</td><td>누설율(%)</td></tr>
<tr><td rowspan="3">호스
마스크</td><td colspan="2">폐력흡인형</td><td>0.05 이하</td><td rowspan="4">에어라인
마스크</td><td>일정 유량형</td><td rowspan="4">0.05 이하</td></tr>
<tr><td rowspan="2">송풍기형</td><td>전동</td><td>2 이하</td><td rowspan="2">디맨드형</td></tr>
<tr><td>수동</td><td>2 이하</td></tr>
<tr><td rowspan="2">복합식
에어라인
마스크</td><td colspan="2">디맨드형</td><td rowspan="2">0.05 이하</td><td>압력디맨드형</td></tr>
<tr><td colspan="2">압력디맨드형</td><td>페이스실드
또는 후드</td><td colspan="2">5 이하</td></tr>
<tr><td rowspan="3">일정유량형
에어라인
마스크의
공기공급량</td><td colspan="3">등급별 구분</td><td>공기
공급량
(L/min)</td><td rowspan="3">송풍기형
호스마스크의
분진포집효율</td><td>등급</td><td>효율(%)</td></tr>
<tr><td colspan="3">안면부</td><td>85 이상</td><td>전동</td><td>99.8 이상</td></tr>
<tr><td colspan="3">페이스실드 및 후드</td><td>120 이상</td><td>수동</td><td>95.0 이상</td></tr>
</table>

4 안전보건표지의 종류·용도 및 목적

1) 안전보건표지

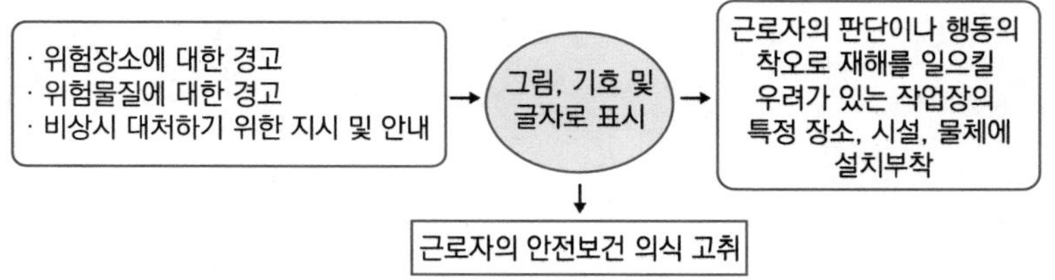

2) 목적

유해위험한 기계기구나 취급장소에 대한 위험성을 사전에 표시로 경고하여 예상되는 재해를 사전에 예방하고자 설치함

3) 안전보건표지의 종류와 형태 ★★★

1 금지표지	101 출입금지	102 보행금지	103 차량통행금지	104 사용금지	105 탑승금지	106 금연
107 화기 금지	108 물체이동 금지	2 경고표지	201 인화성물질 경고	202 산화성물질 경고	203 폭발성 물질 경고	204 급성독성물질 경고
205 부식성물질 경고	206 방사성물질 경고	207 고압전기 경고	208 매달린물체 경고	209 낙하물경고	210 고온경고	211 저온경고
212 몸균형상실 경고	213 레이저광선 경고	214 발암성·변이 원성·생식 독성·전신 독성·호흡기 과민성 물질 경고	215 위험장소 경고	3 지시표지	301 보안경 착용	302 방독마스크 착용
303 방진마스크 착용	304 보안면착용	305 안전모착용	306 귀마개착용	307 안전화착용	308 안전장갑착용	309 안전복착용
4 안내표지	401 녹십자표지	402 응급구호표지	403 들것	404 세안장치	405 비상용기구	406 비상구
407 좌측비상구	408 우측비상구					

예제

다음 중 산업안전보건법령상 안전·보건표지에 있어 금지표지의 종류가 아닌 것은?

① 금연
② 접촉금지
③ 보행금지
④ 차량통행금지

정답 ②

예제

안전표지의 종류와 분류가 올바르게 연결된 것은?

① 금연 – 금지표지
② 낙하물 경고 – 지시표지
③ 안전모 착용 – 안내표지
④ 세안장치 – 경고표지

정답 ①

<table>
<tr>
<td rowspan="2">5
관계자 외
출입금지</td>
<td>501
허가대상물질 작업장</td>
<td>502
석면취급/
해체 작업장</td>
<td>503
금지대상물질의
취급 실험실 등</td>
</tr>
<tr>
<td>관계자외 출입금지
(허가물질 명칭)
제조/사용/보관 중
보호구/보호복 착용
흡연 및 음식물 섭취 금지</td>
<td>관계자외 출입금지
석면 취급/해체 중
보호구/보호복 착용
흡연 및 음식물
섭취 금지</td>
<td>관계자외 출입금지
발암물질 취급 중
보호구/보호복 착용
흡연 및 음식물
섭취 금지</td>
</tr>
<tr>
<td>6
문자
추가시
예시문</td>
<td>휘발유화기엄금</td>
<td colspan="2">• 내 자신의 건강과 복지를 위하여 안전을 늘 생각한다.
• 내 가정의 행복과 화목을 위하여 안전을 늘 생각한다.
• 내 자신의 실수로써 동료를 해치지 않도록 하기 위하여 안전을 늘 생각한다.
• 내 자신이 일으킨 사고로써 오는 회사의 재산과 과실을 방지하기 위하여 안전을 늘 생각한다.
• 내 자신의 방심과 불안전한 행동이 조국의 번영에 장애가 되지 않도록 하기 위하여 안전을 늘 생각한다.</td>
</tr>
</table>

4) 안전보건표지의 기본모형 ★★

번호	기본모형	규격비율	표시사항
1		$d \geqq 0.025L$ $d_1 = 0.8d$ $0.7d < d_2 < 0.8d$ $d_3 = 0.1d$	금지
2		$a \geqq 0.034L$ $a_1 = 0.8$ $0.7a < a_2 < 0.8a$	경고
		$a \geqq 0.025L$ $a_1 = 0.8a$ $0.7a < a_2 < 0.8a$	
3		$d \geqq 0.025L$ $d_1 = 0.8d$	지시
4		$b \geqq 0.0224L$ $b_2 = 0.8b$	안내
5		$h < l$ $h_2 = 0.8h$ $l \times h \ 0.0005L^2$ $h - h_2 = l - L_2 = 2e_2$ $l/h = 1,4,2,4,8$ (4종류)	안내
6	A / B / C 모형 안쪽에는 A, B, C로 3가지 구역으로 구분하여 글씨를 기재한다.	1. 모형 크기(가로 40cm, 세로 25cm 이상) 2. 글자 크기(A : 가로 4cm, 세로 5cm 이상, B : 가로 2.5cm, 세로 3cm 이상, C : 가로 3cm, 세로 3.5cm 이상	관계자 외 출입금지
7	A / B / C 모형 안쪽에는 A, B, C로 3가지 구역으로 구분하여 글씨를 기재한다.	1. 모형 크기(가로 70cm, 세로 50cm 이상) 2. 글자 크기(A : 가로 8cm, 세로 10cm 이상, B, C : 가로 6cm, 세로 6cm 이상)	관계자 외 출입금지

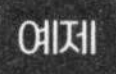

산업안전보건 법령상 안전·보건표지의 종류 중 기본모형(형태)이 다른 것은?

① 방사성 물질 경고
② 폭발성 물질 경고
③ 인화성 물질 경고
④ 급성 독성 물질 경고

정답 ①

5) 안전보건표지의 제작 기준

① 종류별로 기본모형에 의하여 용도, 형태 및 색채 등의 구분에 따라 제작해야 한다.
② 표시내용을 근로자가 빠르고 쉽게 알아볼 수 있는 크기로 제작해야 한다.
③ 안전보건표지 속의 그림 또는 부호의 크기는 안전보건표지의 크기와 비례해야 하며, 안전보건표지 전체 규격의 30퍼센트 이상이 되어야 한다.
④ 쉽게 파손되거나 변형되지 아니하는 재료로 제작해야 한다.
⑤ 야간에 필요한 안전보건표지는 야광물질을 사용하는 등 쉽게 알아볼 수 있도록 제작해야 한다.

6) 색의 종류 및 표시사항

색명	적색	황적색	황색	녹색	청색	백색	적자색
표시사항	① 방수 ② 정지 ③ 금지	위험	주의	① 안전안내 ② 진행유도 ③ 구급구호	① 조심 ② 지시	① 통로 ② 정리정돈	방사능

5 안전보건표지의 색채 및 색도기준 ★★★

색채	색도기준	용도	사용례	형태별 색채기준
빨간색	7.5R 4/14	금지	정지신호, 소화설비 및 그 장소, 유해행위의 금지	바탕은 흰색, 기본모형은 빨간색, 관련부호 및 그림은 검은색
		경고	화학물질 취급장소에서의 유해·위험 경고	바탕은 노란색, 기본모형·관련부호 및 그림은 검은색(주1)
노란색	5Y 8.5/12	경고	화학물질 취급장소에서의 유해·위험 경고 이외의 위험경고, 주의표지 또는 기계 방호물	
파란색	2.5PB 4/10	지시	특정행위의 지시 및 사실의 고지	바탕은 파란색, 관련 그림은 흰색
녹색	2.5G 4/10	안내	비상구 및 피난소, 사람 또는 차량의 통행표지	바탕은 흰색, 기본모형 및 관련부호는 녹색, 바탕은 녹색, 관련부호 및 그림은 흰색
흰색	N9.5		파란색 또는 녹색에 대한 보조색	
검은색	N0.5		문자 및 빨간색 또는 노란색에 대한 보조색	

(주 1) 다만, 인화성물질경고·산화성물질경고·폭발성물질경고·급성독성물질경고·부식성물질경고 및 발암성·변이원성·생식독성·전신독성·호흡기과민성물질경고의 경우 바탕은 무색, 기본모형은 빨간색(검은색도 가능)

(참고 1) 허용오차범위 $H=\pm2$, $V=\pm0.3$, $C=\pm1$ (H는 색상, V는 명도, C는 채도)

(참고 2) 출입금지표지의 색체 : 글자는 흰색바탕에 흑색 다음 글자는 적색

- ○○○제조/사용/보관 중 - 석면취급/해체중 - 발암물질 취급중

PART 01

예제

다음 중 산업안전보건법상 "화학물질 취급장소에서의 유해·위험 경고"에 사용되는 안전·보건표지의 색도기준으로 옳은 것은?

① 7.5R 4/14
② 5Y 8.5/12
③ 2.5PB 4/10
④ 2.5G 4/10

정답 ①

CHAPTER 03

산업안전심리

01 산업심리와 심리검사

1 심리검사의 종류

1) 산업 심리학의 정의와 목적

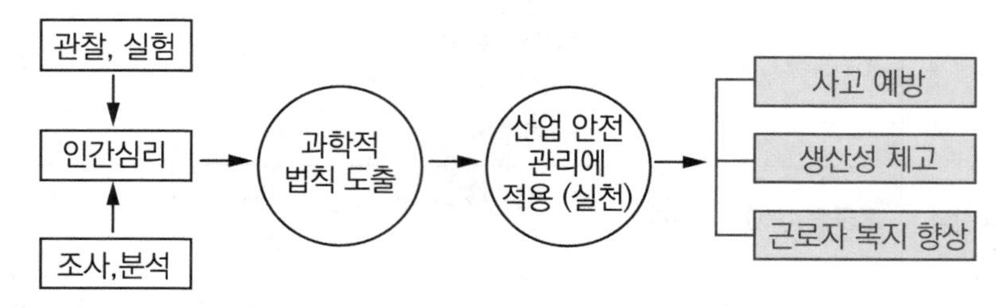

2) 심리검사의 분류 및 종류

(1) 실시방법 및 측정내용에 따른 분류

측정방법	① 속도검사	② 역량검사
실시방법	① 개인검사	② 집단검사
검사도구	① 지필검사	② 수행검사
측정내용	① 인지적 검사	② 정서적 검사

(2) 심리검사의 종류 ★

<table>
<tr><td rowspan="5">지능
검사</td><td>비네
(Alfred Binet)
검사</td><td colspan="2">① 정상적인 아동과 학습지진아를 구분하기 위한 최초의 아동용 지능검사(1905년. 프랑스. 비네-시몬검사)
② 기억, 상상력, 이해력, 판단력 등 다양한 능력 측정</td></tr>
<tr><td>윌리엄 스턴
(William Stern)</td><td colspan="2">IQ(Intelligence Quotient. 지능지수)개념 처음 제안
(정신연령/생활연령)×100</td></tr>
<tr><td>스탠퍼드-비네
검사</td><td colspan="2">① 루이스 터먼(Lewis Terman)이 비네검사방법을 미국에 맞게 수정한 언어중심의 개인(아동용) 지능검사
② 생활연령에 의해 정신연령을 비교하는 지능지수(IQ)를 이용한 검사</td></tr>
<tr><td>Army-α, Army-β</td><td colspan="2">군입대자들의 정신능력과 적성을 평가하기 위한 집단심리 검사</td></tr>
<tr><td>웩슬러(David
Wechsler)검사</td><td colspan="2">① 지능은 지적요인 뿐만아니라 성격적요인도 관여하는 종합적인 능력으로 판단(개인지능검사)
② 다차원적인 평가가 가능한 검사도구로 개발(언어검사와 동작검사로 구분)</td></tr>
<tr><td rowspan="5">성격
검사</td><td rowspan="3">자기보고형
성격검사
(객관적 지필검사)</td><td>MMPI</td><td>다면적인성검사 : 비정상적인 행동이나 징후를 파악하고 진단하기 위한 평가도구로 제작</td></tr>
<tr><td>CPI</td><td>정상인을 측정 대상으로 제작. 일상적인 행동양식, 감정, 태도 등 측정</td></tr>
<tr><td>MBTI</td><td>① 카를 융(Carl Jung)의 이론을 바탕으로 고안한 성격유형 검사도구
② 4가지 측정지표인 외향(E)-내향(I), 감각(S)-직관(N), 사고(T)-감정(F), 판단(J)-인식(P)을 통해 16가지 성격유형으로 분류</td></tr>
<tr><td rowspan="2">투사형 성격검사</td><td>로르샤흐
검사</td><td>내적감정, 욕구와 충동 등을 투사하는 방법으로 성격을 진단하는 방법(잉크반점검사)</td></tr>
<tr><td>TAT</td><td>주제통각검사. 생활관련 그림카드를 제시하고 그 반응을 분석하는 방법</td></tr>
<tr><td rowspan="3">적성
검사</td><td rowspan="2">홀랜드 검사</td><td>구분</td><td>진로발달검사, 진로탐색검사, 진로적성검사</td></tr>
<tr><td>분류
(6가지유형)</td><td>실재적유형, 탐구적유형, 예술적유형, 사회적유형, 기업적유형, 관습적유형</td></tr>
<tr><td>다중지능 검사</td><td>분류체계</td><td>언어지능, 논리수학지능, 음악지능, 공간지능, 자연지능, 개인내지능, 대인지능(인간친화)</td></tr>
<tr><td rowspan="2">흥미
검사</td><td>Strong 직업흥미
검사</td><td colspan="2">직업적 활동에 대한 개인의 반응을 측정하여 그 개인이 가진 흥미가 특정직업을 가진 집단과 유사하다고 해석</td></tr>
<tr><td>Kuder흥미검사</td><td colspan="2">서로 다른 개인별 흥미를 파악하여 같은 연령집단의 흥미와 비교한 수준을 제공</td></tr>
</table>

예제

근로자의 직무적성을 결정하는 심리검사의 특징에 대한 설명으로 틀린 것은?

① 특정한 시기에 모든 근로자들을 검사하고, 그 검사점수와 근로자의 직무평정 척도를 상호 연관시키는 예언적 타당성을 갖추어야 한다.
② 검사의 관리를 위한 조건, 절차의 일관성과 통일성에 대한 심리검사의 표준화가 마련되어야 한다.
③ 한 집단에 대한 검사응답의 일관성을 말하는 객관성을 갖추어야 한다.
④ 심리검사의 결과를 해석하기 위해서는 개인의 성적을 다른 사람들의 성적과 비교할 수 있는 참조 또는 비교의 기준이 있어야 한다.

정답 ③

참고

Y-G(矢田部-Guilford) 성격검사

① A형 (평균형)	조화적, 적응적
② B형 (우편형)	정서 불안정, 활동적, 외향적(불안전, 적극형, 부적응)
③ C형 (좌편형)	안정 소극형(온순, 소극적, 안정, 내향적, 비활동)
④ D형 (우하형)	안정 적응 적극형(정서 안정, 활동적, 사회 적응, 대인 관계 양호)
⑤ E형 (좌하형)	불안정, 부적응 수동형 (D형과 반대)

예제

다음 중 Y·G 성격검사에서 "안전, 적응, 적극형"에 해당하는 형의 종류는?

① A형
② B형
③ C형
④ D형

정답 ④

3) 심리검사의 구비조건(기준) ★★

표준화	검사관리를 위한 절차가 동일하고 검사조건이 같아야 한다.
객관성	검사결과의 채점에 있어 공정한 평가가 이루어져야 한다.
규준	검사결과의 해석에 있어 상대적 위치를 결정하기 위한 척도
신뢰성	검사 결과의 일관성을 의미하는 것으로 동일한 문항을 재측정할 경우 오차값이 적어야 한다.
타당성	검사에 있어 가장 중요한 요소로 측정하고자 하는 것을 실제로 측정하고 있는가를 나타내는 것

2 심리학적 요인

인지적 요인	주어진 문제를 해결하는데 필요로 하는 능력, 지식, 지능뿐만 아니라 자극을 수용하고 활용하는 모든 과정에 관여하는 지각, 판단 등을 포함하는 요인을 말한다.
정서적 요인	정서는 자극에 대한 반응으로 나타나는 현상을 말하며, 감정이나 생각, 성격 또는 행동 등과 관련된 심리적, 정신적 상태이다. 종류에는 공포, 두려움, 기쁨, 분노, 슬픔, 애정, 혐오, 행복 등 매우 다양한 형태로 나타난다.
사회적 요인	사회구성원으로 각자가 소속된 직장 및 조직에서 활동하고 생활하는 데 영향을 줄 수 있는 요인으로 소속감, 책임감, 집단행동, 리더십, 역할, 욕구 등 매우 다양한 요인들이 포함된다,

3 지각과 정서

1) 지각

(1) 지각의 정의

① 외부의 자극이나 정보를 주관적으로 분석하고 해석하는 과정
② 이미 학습한 내용 및 경험을 바탕으로 주어진 대상에 의미를 부여해 가는 과정
③ 지각의 과정 : 대상 선택 → 자극의 정리 및 조직화 → 해석하여 판단

(2) 지각 과정에서의 오류 ★★

상동적 태도	사람을 평가할 때 그 사람이 가지고 있는 특성을 기초로 하지 않고 그 사람이 속해 있는 집단의 특성을 바탕으로 평가하려는 경향(고정관념이나 편견에 의한 판단)
선택적 지각	외부에서 주어지는 다양한 자극과 정보 중에서 지각하는 사람이 필요로 하는 일부만 받아들여 지각하는 현상(보고싶은 것만 보고, 듣고싶은 것만 듣게되는 현상)
후광효과	현혹효과라고도 하며, 어떤 사람의 한가지 특성이 그 사람의 다른분야 또는 전체적인 평가에도 영향을 미치는 현상(첫인상으로 그 사람의 전체를 평가하려는 경향)
대조효과	사람을 평가할 때 다른 사람과 비교하여 평가하는 것으로 면접 시 바로 앞의 면접자와 대조하여 평가하는 오류 현상
주관의 객관화	다른 사람을 평가할 때 자신의 주관적인 감정이나 성격 및 특성과 비교하여 평가하려는 경향(주관적 투사)
초두효과	나중에 입력된 정보보다 먼저 입력된 정보가 더 큰 영향을 미치게 되는 현상(첫인상이 중요한 이유)
최신효과	초두효과와 반대개념으로 가장 최근에 입력된 정보를 가장 잘 기억하는 경우(과정에 실수가 있을지라도 마무리를 잘해서 성공하는 경우)

2) 정서

(1) 정서의 정의

① 내적 외적 자극에 대한 반응으로 신체적, 생리적 현상을 동반하며, 감정, 기분 등과 관련

② 개인이 느끼는 주관적인 반응으로 희로애락 등의 감정으로 표현되는 심리적 기제

(2) 정서의 유형 ★

기쁨	만족한 상태이거나 기분이 좋을 경우 느끼는 정서로 웃음, 환호 등으로 표현된다.
공포	안전하지 못한 위험한 상태에 처할 경우 나타나는 정서로 그 대상을 회피하려는 경향이 있고, 대응할 준비가 부족할 경우 증대된다,
불안	미래에 발생할지 모르는 어떤 상황에 대한 공포반응의 한 형태이며, 두통이나 혈압상승 등의 생리적인 현상을 유발하기도 한다.
분노	어떠한 목적을 추구하고자 하는 행동이나 의지를 방해받는다고 느낄 경우 나타나는 정서로 자기 스스로 통제가 힘든 경우 공격적인 행동으로 나타나기도 한다.
애정	인간의 정서 중에서 가장 중요한 정서에 해당된다. 대상에 대해 친밀감을 느끼며, 아끼고 소중히 여기는 마음을 가진다.
질투	애정이 상실되었거나 누군가에게 빼앗겼을 때 나타나며, 서로 다투거나 미워하고 싫어하는 정서로 표현된다.
호기심	새로운 것이나 모르는 것에 대해 알고 싶어하는 정서로 적극적인 탐구활동을 유발한다.(알지 못하는 새로운 정보에 대한 불확실성을 해소하려는 욕구)

예제

지각 과정에서의 오류에 관한 설명 중 틀린 것은?

① 상동적 태도는 사람을 평가할 때 그 사람이 가지고 있는 특성을 기초로 하지 않고 그 사람이 속해 있는 집단의 특성을 바탕으로 평가하려는 경향을 말한다.
② 후광효과는 어떤 사람의 한 가지 특성이 그 사람의 다른 분야 또는 전체적인 평가에도 영향을 미치는 현상을 말한다.
③ 최신효과는 나중에 입력된 정보보다 먼저 입력된 정보가 더 큰 영향을 미치게 되는 현상을 말한다.
④ 대조효과는 사람을 평가할 때 다른 사람과 비교하여 평가하는 것으로 면접 시 바로 앞의 면접자와 대조하여 평가하는 오류 현상을 말한다.

정답 ③

4 동기·좌절·갈등 ★

1) 동기

(1) 동기의 정의

① 어떤 행동을 시작하게 하는 내적인 요인
② 행동을 일으키고, 행동의 방향을 결정하여, 행동을 지속하게 하는 요인

(2) 내적동기와 외적동기

① 내적 동기 : 개인이 가지고 있는 흥미, 만족감, 성취감, 호기심 등에 의해 발생되는 동기 (외적요인에 관계없이 지속력이 강하다)
② 외적 동기 : 어떤 일의 결과가 가져다줄 보상이나 상벌 또는 경쟁, 협동 등에 의한 동기 (외적요인이 없을 경우 지속력이 약하다)
③ 내적 동기를 통해 일을 추진하는 것이 바람직한 방법이긴 하나 외적 동기는 내적 동기를 일으키는 중요한 역할을 할 수 있는 요인이므로 서로 보완하는 작용이 필요하다.

(3) 하이더(Heider)의 귀인이론

① 어떤 행동이나 결과에 대한 원인이 무엇인지? 분석하고 판단하는 과정을 설명하는 이론
② 원인에 대한 정확한 분석은 향후 앞으로의 행동이나 새로운 목표를 진행하게 하는 동기로 작용하게 된다.

내적 원인	행위자의 능력, 성격, 지능, 노력 등 내부적인 요소가 원인
외적 원인	상황이나 환경 등 외부적인 요소가 원인

2) 좌절

(1) 좌절의 개념

원하는 것이나 목표로 하는 것을 얻지 못하거나, 어떤 일이나 목표달성이 실패했을 경우 느끼게 되는 분노와 불안 등의 불쾌한 감정

(2) 좌절-공격성 이론

목적 달성을 위한 행동이 어떤 방해요인에 의해 좌절될 경우 분노가 발생하고 이 분노가 원인이 되어 공격적인 행동이 나타난다는 이론

3) 갈등

(1) 갈등의 개념

개인이나 집단 또는 조직에서 추구하는 목표나 의사결정 과정에서 견해 차이로 인해 서로 대립하거나 충돌하는 현상

(2) 갈등의 유형

① 좌절갈등
  ㉠ 욕구를 충족하려는 행동이 장애물에 의해 차단되어 목표에 도달할 수 없는 경우 발생
  ㉡ 목표달성의 좌절로 인한 반응으로 공격, 도피, 합리화, 투사 등의 각종 방어기제가 나타남

② 목표갈등 ★
  ㉠ 긍정적인 결과와 부정적인 결과를 줄 수 있는 둘 이상의 목표 사이에서 쉽게 결정하지 못하는 갈등.
  ㉡ 갈등상황의 3가지 기본형(레윈 K.Lewin)
    ㉮ 접근-접근형 갈등 : 둘이상의 목표가 모두 다 긍정적 결과를 가져다 줄 경우 선택상의 갈등
    ㉯ 접근-회피형 갈등 : 어떤 목표가 긍정적인 면과 부정적인 면을 동시에 가지고 있을 때 발생하는 갈등
    ㉰ 회피-회피형 갈등 : 둘 이상의 목표가 모두 다 부정적인 결과를 주지만 선택해야만 하는 갈등

③ 역할갈등
  ㉠ 각자에게 주어진 다양한 역할은 그 역할에 따라 서로 다른 요구와 기대를 갖게 되는데, 이런 중복되는 역할에서 발생하는 피할 수 없는 갈등
  ㉡ 역할갈등의 유형
    ㉮ 역할내 갈등 : 역할 집합 내에서 상대방과의 상호작용 과정에서 발생하는 갈등
    ㉯ 역할간 갈등 : 서로 다른 역할 집합으로부터 요구하는 기대가 다를 경우 발생하는 갈등

5 불안과 스트레스 ★

1) 불안의 개념

① 불안은 직접적인 관찰이 힘들고 발생하는 원인이 다양하기 때문에 관점에 따라 주관적인 견해들이 있을 수 있다.
② 불안은 생활하는 과정에서 학습에 의해 발생하기도 하고 대인관계 및 개인의 열등의식, 또는 정서적인 긴장이 해결되지 못하고 축적되어 발생하기도 한다.

2) 스트레스의 개념

① 외부에서 주어지는 압력이란 뜻의 스트레스는 일상생활에서 받게되는 다양한 자극에 대한 반응을 말하며, 여러 가지 현상을 동반하는 심리적, 신체적, 정서적 긴장상태를 의미한다.
② 부정적인 용어로 많이 사용되지만, 어떻게 조절하고 적용하는가에 따라 긍정적인 영향으로 작용하기도 한다.
③ 정도가 지나치게 심각하거나 장기간 노출될 경우 질병을 유발하는 등, 건강상의 문제가 발생할 수도 있다.

레윈(K.Lewin)의 갈등상황의 기본형 중에서 어떤 목표가 긍정적인 면과 부정적인 면을 동시에 가지고 있을 때 발생하는 갈등에 해당하는 것은?

① 역할내 갈등
② 접근-접근형 갈등
③ 접근-회피형 갈등
④ 회피-회피형 갈등

정답 ③

예제

불안과 스트레스에 관한 사항으로 틀린 것은?

① 불안은 직접적인 관찰이 힘들고 발생하는 원인이 다양하기 때문에 관점에 따라 주관적인 견해들이 있을 수 있다.
② 외부에서 주어지는 압력이란 뜻의 스트레스는 일상생활에서 받게 되는 다양한 자극에 대한 반응을 말하며, 여러 가지 현상을 동반하는 심리적, 신체적, 정서적 긴장상태를 의미한다.
③ 부정적인 용어로 많이 사용되지만, 어떻게 조절하고 적용하는가에 따라 긍정적인 영향으로 작용하기도 한다.
④ 스트레스는 삶의 활력소 및 집중력 증가 등 긍정적인 영향을 주는 디스트레스(distress)와 정서적 불안감 등 부정적인 영향을 주는 유스트레스(eustress)로 이중성을 가지고 있다.

정답 ④

3) 스트레스 요인

불안, 좌절, 갈등과 같은 심리적, 사회적인 요소와 직장 내 업무와 관련한 문제, 건강과 질병의 문제, 아직 발생하지 않은 일에 대한 걱정과 염려뿐만 아니라 여행이나 승진 등과 같은 긍정적인 상황들도 스트레스의 요인이 될 수 있어 그 종류는 매우 다양하다.

환경	사회적 환경, 경제적 환경, 기능 및 기술적인 환경, 직장내 작업환경 등
조직	조직의 구성과 형태, 조직의 역할, 책임감, 업무내용, 리더십 등
사람	가족, 개인생활, 건강, 개인의 습관, 성격, 개성 등

4) 스트레스의 구분

자극으로 보는 스트레스	승진시험, 과중한 업무, 불량한 작업환경, 산업재해 등 스트레스를 일으키는 상황
반응으로 보는 스트레스	불안, 분노, 걱정, 염려 등 심리적인 반응과 피로, 두통, 불면증, 근육통 등 신체적, 생리적인 반응 등
상호작용으로 보는 스트레스	자극과 반응의 상호작용으로 발생하며, 상황에 대한 해석과 평가결과에 따라 스트레스 반응이 결정

5) 스트레스의 이중성

디스트레스 (distress)	① 스스로 대처할 수 있는 능력 초과 ② 부정적인 영향 ③ 저항력을 낮춰 질병유발 ④ 삶의 질 저하 ⑤ 분노, 우울 등 정서적 불안감 및 두통, 피로, 집중력 저하 등
유스트레스 (eustress)	① 기분 좋은 긴장감 ② 긍정적인 영향 ③ 저항력을 높여 건강증진 ④ 삶의 활력소 ⑤ 집중력 증가 및 동기부여

6) 스트레스 해소방법

① 충분한 수면(편안한 휴식)
② 즐길 수 있는 취미생활(운동, 독서, 요리, 영화 및 음악감상, 여행 등)
③ 균형 잡힌 식단(필수영양소를 포함한 다양한 식단)
④ 긍정적인 사고와 원만한 대인관계 등

02 직업적성과 배치

1 직업적성의 분류

직업적성의 종류	내용
기계적 적성	① 손과 팔의 솜씨 – 신속, 정확한 능력 ② 공간시각능력 – 형상이나 크기를 정확히 판단 ③ 기계적 이해능력 – 공간시각능력, 지각속도, 기술적 지식 등이 결합된 것
사무적 적성	요구사항 : ① 지능 ② 지각속도 ③ 정확성 사무적성이 높을수록 사무 또는 행정 계통의 직무 희망

2 적성검사의 종류

1) 적성검사의 종류

대상 항목		① 지능 ② 형태 식별 능력 ③ 운동 속도 ④ 시각과 수동작의 적응력 ⑤ 시각과 수동작의 적응력
유형별 분류	시각적 판단 검사	① 언어식별 검사(vocabulary) ② 형태 비교 검사(form matching) ③ 평면도 판단 검사(two dimension space) ④ 공구 판단 검사(tool matching) ⑤ 입체도 판단 검사(three dimension space) ⑥ 명칭 판단 검사(name comparison)
	정확도 및 기민성 검사 (정밀성 검사)	① 교환 검사(place) ② 회전 검사(turn) ③ 조립 검사(assemble) ④ 분해 검사(disassemble)
	계산에 의한 검사	① 계산 검사(computation) ② 수학 응용 검사(arithmatic reason) ③ 기록 검사(기호 또는 선의 기입)
	속도 검사	타점 속도 검사(speed test)
	직무 적성도 판단 검사	설문지법, 색채법, 설문지에 의한 컴퓨터 방식

2) 적성검사의 주요소(9가지 적성요인)

① 지능(IQ) ② 수리 능력 ③ 사무능력
④ 언어 능력 ⑤ 공간 판단력 ⑥ 형태 지각 능력
⑦ 운동 조절 능력 ⑧ 수지 조작 능력 ⑨ 수동작 능력

3) 적성발견방법

자기이해 (Self-understanding)	① 자기이해방법 ㉠ 자신 스스로 이해하는 방법 ㉡ 외부로부터의 측정이나 진단 ② 자기 이해가 힘든 이유 자기방위기구의 작용 등 → 직업상담의 필요성
개발적경험 (exploratory experiences)	① 다양한 직업경험의 효과 ㉠ 자신의 흥미·성격·적성·능력 등의 발견 ㉡ 내적인 능력의 탐색 기회제공 ② 자유로운 시간의 활용과 다양한 경험을 토대로 적성을 발견해 나가는 것이 중요
적성검사	① 적성검사는 자기 이해를 위한 효율적인 방법 중의 하나 ② 종류 ㉠ 특수직업 적성검사 : 특정직무에서의 요구되는 능력파악 ㉡ 일반직업 적성검사 : 직업분야에서의 발전가능성 파악

3 직무분석 및 직무평가

1) 직무분석

(1) 정의

① 인사관리 및 생산관리 등에 사용하기 위한 목적으로 직무에 관련된 중요한 정보를 수집하고 체계적으로 분석하여 정리하는 과정
② 직무명세서는 직무수행에 필요한 지식 능력 등에 관한 인적자질이나 경력을 체계적으로 상세히 기술

(2) 직무 관련 개념

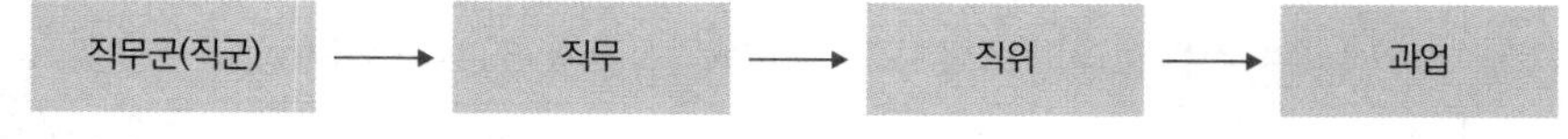

(3) 직무분석의 대표적인 방법 ★

관찰법	가장 일반적인 방법으로 직무 담당자의 직무 수행과정을 직접 관찰하여 기록하는 방법으로 가장 보편적이고 효과적인 방법
면접법	직무 담당자와 면접을 통하여 분석하는 방법으로 육체적인 작업과정뿐만 아니라 정신적인 부분도 파악 가능
설문지법	설문지를 작성하여 기술하게 함으로 직무에 관련된 구체적이고 세분화된 항목작성이 가능
결정적 사건 기법 (critical incident technique)	중요사건 기록법이라고도 하며, 직무 담당자가 작업환경에서 결정적으로 잘한 사건이나 또는 결정적으로 실수한 사건들을 관찰하여 그 원인이나 원인이 될 수 있었던 장비, 행위 및 다른 사람에 관한 사항 등을 서면이나 구두로 보고한 후 분석하고 분류하는 방법
작업기록법	직무 담당자가 작성하는 작업일지나 작업관련 기록들을 바탕으로 정보를 수집하고 직무를 분석하는 방법

(4) 직무기술서 및 직무명세서의 요건

직무기술서	① 명확성 ② 간결성 ③ 완전성 ④ 일관성 등
직무명세서	① 적성 ② 지식 ③ 능력 ④ 성격 ⑤ 경험 ⑥ 기술 등

2) 직무평가

(1) 직무평가의 의의

① 서로 다른 직무에 관한 상대적인 가치를 결정하여 그 가치에 맞는 임금수준을 결정하는 요소로 직무평가가 필요하다.
② 조직에서 직무의 중요성, 전문성, 위험성 및 기술력, 책임감, 문제해결력, 작업조건 등을 평가하여 상대적인 가치를 정한다.
③ 동일한 가치를 가진 직무라면 동일한 임금이 적용되고, 상대적으로 가치가 더 높은 직무라면 더 많은 임금을 책정하게 된다.

(2) 직무평가의 요소 및 목적

요소	① 숙련(Skill) ② 노력(Effort) ③ 책임(Responsibility) ④ 직무조건(Job condition) 등
목적	① 임금관리 ② 채용 및 배치 ③ 승진 및 이동 ③ 직무관리 ④ 경력관리 ⑤ 교육훈련 등

(3) 직무평가의 방법

비계량적 평가	서열법	가장 쉬운 직무로부터 가장 어려운 직무 순으로 서열을 정하여 평가하는 방법으로 간단하고 신속하게 진행할 수 있으나 직무의 수가 많거나 내용이 복잡할 경우 비효율적
	분류법	직무등급표를 미리 작성하여 작성된 분류기준과 비교하여 평가하는 방법으로 이해하기 쉽고 간단하지만 변화에 대한 융통성이 부족하고 분류기준도 명확하게 정하기 어려움(서열법보다 좀더 발전한 형태)
계량적 평가	점수법	직무에 대한 평가요소에 등급을 정하고 그 등급에 따른 점수를 부여해 점수의 합계로 평가하는 방법(가장 많이 사용되는 방법)
	요소 비교법	직무의 상대적인 가치를 임금액으로 결정하는 방법으로, 평가요소별로 임금액을 정하여 해당 직무를 서열화하고 임금액을 배분하여 합산하면 해당 직무의 임금액이 결정되는 방법(점수법을 개선한 방법)

4 선발 및 배치

1) 선발과 배치의 목적

산업 및 조직심리학의 한 분야이며, 선발, 배치, 승진 등을 위한 측정방법을 개발하고 개인의 기술력과 적성에 맞는 직무를 발견하여 배치하는 것을 목적으로 한다.

2) 인사선발

(1) 의의

조직의 목표를 달성하기 위해 직무와 조직에 적합한 인원을 지식, 기술, 능력 등의 기준으로 채용하는 과정

(2) 측정도구 ★

신뢰성	측정결과의 일관성을 말하며, 선발을 위한 측정도구는 오류가 없고 일관성 있는 결과를 나타낼 수 있어야 한다.
타당성	측정도구가 실제로 측정하고자 하는 것을 정확하게 측정하는 정도를 나타내는 것으로, 직무수행에 필요한 정확한 정보를 제공할 수 있어야 한다.(측정결과의 정확성) ① 관련기준타당성(예측타당도, 현재타당도) ② 내용타당성 ③ 구성타당성
일반화능력	측정결과가 다른 상황에서도 적용될 수 있는지를 나타내는 일반화를 의미한다.
실용가치	선발과정에서 발생하는 비용보다 고용으로 인한 기업의 경제적인 가치가 더 크게 발생할 수 있어야 한다.
법적요건충족성	선발과정이 법적인 규정을 준수하고 관련된 기준을 위반하지 않아야 한다.

(3) 선발관리

접근방법	직무중심 접근법/능력중심 접근
선발률	선발예정자수/총지원자수
기초율	우수인력수/전체채용인력수

예제

시스템의 평가척도 중 시스템의 목표를 잘 반영하는가를 나타내는 척도를 무엇이라 하는가?

① 신뢰성
② 타당성
③ 측정의 민감도
④ 무오염성

정답 ②

3) 인력배치

(1) 배치의 원칙 ★

① 적재적소의 원칙
② 능력주의 원칙
③ 균형주의 원칙

(2) 적성배치 시 고려사항

① 작업의 성질과 작업의 적정한 양을 고려하여 배치
② 기능의 정도를 파악하여 배치
③ 공동 작업 시에는 팀워크의 효율성을 증대시킬 수 있도록 인간관계를 고려하여 배치
④ 질병자의 병력을 조사하여 근무로 인한 질병 악화가 생기지 않도록 배치
⑤ 법상 유자격자가 필요한 작업은 자격 및 경력을 고려하여 배치

▲ 적성배치에 고려해야 할 기본사항

5 인사관리

정의	조직의 목표달성을 위한 → 인사활동, 인적자원 확보, 보상, 유지개발 → 계획, 조정, 지휘, 통제하는 관리 체제
인사관리의 주요기능	① 조직과 리더 ② 선발(선발시험 및 적성검사 등) ③ 배치(적성배치포함) ④ 직무(작업)분석 ⑤ 직무(업무)평가 ⑥ 상담 및 노사 간의 이해
원만한 인사관리의 효과	① 개인의 만족감 ② 장기적인 근속 ③ 출근율 향상 ④ 근로의욕증진 ⑤ 품질 및 생산성 향상 등

예제

다음 중 적성배치에 있어서 고려되어야 할 기본 사항에 해당되지 않는 것은?

① 적성검사를 실시하여 개인의 능력을 파악한다.
② 직무 평가를 통하여 자격수준을 정한다.
③ 인사권자의 주관적인 감정요소에 따른다.
④ 인사관리의 기준 원칙을 준수한다.

정답 ③

03 인간의 특성과 안전과의 관계

1 안전사고 요인

1) 안전사고 요인(정신적 요소) ★

① 안전의식의 부족
② 주의력의 부족
③ 방심(放心) 및 공상(空想)
④ 개성적 결함 요소

㉠ 과도한 자존심 및 자만심
㉡ 다혈질(多血質) 및 인내력 부족
㉢ 약한 마음
㉣ 도전적 성격(挑戰的 性格)
㉤ 감정의 장기 지속성
㉥ 경솔성
㉦ 과도한 집착성
㉧ 배타성
㉨ 게으름

⑤ 판단력의 부족 또는 그릇된 판단
⑥ 정신력에 영향을 주는 생리적 현상

㉠ 극도의 피로
㉡ 시력 및 청각 기능의 이상
㉢ 근육 운동의 부적합
㉣ 육체적 능력의 초과
㉤ 생리 및 신경 계통의 이상

2) 불안전한 행동

(1) 불안전한 행동의 직접원인

① 지식부족 ② 기능 미숙 ③ 태도 불량 ④ 인간 에러

(2) 불안전한 행동의 배후요인

인적 요인	망각	학습된 행동이 지속되지 않고 소실되는 현상(지속되는 것은 파지)
	소질적 결함	$B=f(P \cdot E)$ 적성배치를 통한 안전관리대책 필요
	주변적 동작	의식외의 동작으로 인한 위험성 노출
	의식의 우회	① 공상 ② 회상 등
	지름길 반응	지름길을 통해 목적장소에 빨리 도달하려고 하는 행위
	생략행위	① 예의 범절과 태만심의 문제 ② 소정의 작업용구 사용 않고 가까이 있는 용구로 변칙사용 ③ 보호구 미착용 ④ 정해진 작업순서를 빠뜨리는 경우 등
	억측판단	자기멋대로 하는 주관적인 판단
	착오(착각)	설비와 환경의 개선이 선결조건
	피로	① 능률의 저하 ② 생체의 타각적인 기능의 변화 ③ 피로의 자각 등의 변화

예제

사고요인이 되는 정신적 요소 중 개성적 결함 요인에 해당하지 않는 것은?

① 과도한 집착력
② 도전적인 마음
③ 방심 및 공상
④ 다혈질 및 인내심 부족

정답 ③

외적 (환경적) 요인 (4M)	인간관계요인 (Man)	인간관계 불량으로 작업의욕침체, 능률저하, 안전의식저하 등을 초래
	설비적(물적)요인 (Machine)	기계설비 등의 물적조건, 인간공학적 배려 및 작업성, 보전성, 신뢰성 등을 고려
	작업적 요인 (Media)	① 작업의 내용, 방법, 정보 등의 작업방법적 요인 ② 작업을 실시하는 장소에 관한 작업환경적 요인
	관리적 요인 (Management)	안전법규의 철저, 안전기준, 지휘감독 등의 안전관리 ① 교육훈련 부족 ② 감독지도 불충분 ③ 적성배치 불충분

2 산업안전 심리의 요소

1) 산업안전 심리의 5대 요소 ★

① 기질 ② 동기 ③ 습관 ④ 습성 ⑤ 감정

2) 색의 심리 및 생리적 작용

색채와 원근감각	① 명도가 높은 것은 진출 ② 명도가 낮은 것은 후퇴
색채와 크기감각	① 명도가 높을수록 크게 보임 ② 명도가 낮을수록 작게 보임
색채와 온도감각	① 적색은 따뜻함 ② 청색은 차가움
색채와 안정감	상하로 구성할 때 명도가 높은 것은 위로, 낮은 것은 아래로 배치
색채와 경중	① 명도가 높으면 가볍게 느껴짐 ② 명도가 낮으면 무겁게 느껴짐
색채와 자극	① 황색을 경계로 녹색, 청색, 자색으로 갈수록 한색계라 하여 침착함 ② 반대로 주황에서 빨강으로 갈수록 난색계라 하여 강한자극
색채와 생물학적 작용	① 적색은 신경에 대한 흥분작용, 조직 호흡면에서 환원작용 촉진 ② 청색은 신경에 대한 진정작용, 조직 호흡면에서 산화작용 촉진

예제

다음 중 산업재해의 기본원인 4M에서 "Media"에 해당되는 것은?

① 직장의 인간관계
② 설비의 점검, 정비의 부족
③ 적성배치의 불충분
④ 작업방법의 부적절

정답 ④

3 착상심리

1) 인간 판단의 과오

① 인간의 생각은 항상 건전하고 올바르다고만 볼 수는 없다.
② 착상심리란 관례적으로 많은 사람이 믿고 있는 것으로 남녀 1,400명을 대상으로 한 실험은 판단상의 과오를 잘 보여주고 있다.

2) 대표적인 착상심리의 예

잘못 생각하는 내용(착상심리)	남(%)	여(%)
1. 무당은 미래를 예측할 수 있다.	20	21
2. 인간의 능력은 태어날 때부터 동일하다.	21	24
3. 여자는 남자보다 지력이 열등하다.	11	8
4. 아래턱이 마른 사람은 의지가 약하다.	20	22
5. 눈동자가 자주 움직이는 사람은 정직하지 못하다.	23	36
6. 민첩한 사람은 느린 사람보다 착오가 많다.	26	26
7. 얼굴을 보면 지능 정도를 알 수 있다.	23	29

예제

다음 중 착오요인과 가장 관계가 먼 것은?

① 정보 부족
② 동기부여의 부족
③ 정서적 불안정
④ 자기합리화

정답 ②

4 착오 ★★

1) 착오요인

종류	내용	
인지과정 착오	① 생리적,심리적 능력의 한계 (정보수용능력의 한계)	착시현상 등
	② 정보량 저장의 한계	처리가능한 정보량 : 6bits/sec
	③ 감각차단 현상(감성 차단)	정보량 부족으로 유사한 자극 반복 (계기비행, 단독비행 등)
	④ 심리적 요인	정서불안정, 불안, 공포 등
판단과정 착오	① 합리화 ② 능력부족 ③ 정보부족 ④ 환경조건불비	
조작과정 착오	작업자의 기술능력이 미숙하거나 경험 부족에서 발생	

2) 착오의 메커니즘

① 위치의 착오 ② 순서의 착오 ③ 패턴의 착오 ④ 형(形)의 착오 ⑤ 기억의 착오 등

3) 인간의 오류유형

① 착오(Mistake) ② 실수(Slip) ③ 건망증(Lapse) ④ 위반(Violation)

5 착시 ★

물체의 물리적인 구조가 인간의 감각기관인 시각을 통하여 인지한 구조와 현저하게 일치하지 않은 것으로 보이는 현상

Müler·Lyer의 착시	가 나	(가)가 (나)보다 길게 보인다.
Helmholz의 착시	가 나	(가)는 세로로 길어 보이고 (나)는 가로로 길어 보인다.
Herling의 착시	가 나	(가)는 양단이 벌어져 보이고 (나)는 중앙이 벌어져 보인다.
Poggendorff의 착시	가 다 나	(가)와 (다)가 일직선으로 보인다. (실제는 (가)와 (나)가 일직선)
Köhler의 착시		우선 평행의 호를 보고, 바로 직선을 본 경우 직선은 호와의 반대방향으로 휘어져 보인다(윤곽 착시).
Zöller의 착시		세로의 선이 수직선인데 휘어져 보인다.

예제

인간의 착각현상 중 버스나 전동차의 움직임으로 인하여 자신이 승차하고 있는 정지된 차량이 움직이는 것 같은 느낌을 받는 현상은?

① 유도운동
② 자동운동
③ 가현운동
④ 플리커현상

정답 ①

6 착각현상(운동의 시지각)

1) 종류(착각은 물리현상을 왜곡하는 지각현상) ★★★

자동운동	① 암실 내에 정지된 작은 광점이나 밤하늘의 별들을 응시하면 움직이는 것처럼 보이는 현상 ② 발생하기 쉬운 조건 ㉠ 광점이 작을수록 ㉡ 시야의 다른 부분이 어두울수록 ㉢ 광의 강도가 작을수록 ㉣ 대상이 단순할수록
유도운동	① 실제로는 정지한 물체가 어느 기준물체의 이동에 유도되어 움직이는 것처럼 느끼는 현상 ② 출발하는 자동차의 창문으로 길가의 가로수를 볼 때 가로수가 움직이는 것처럼 보이는 현상
가현운동	① 정지하고 있는 대상물이 빠르게 나타나거나 사라지는 것으로 인해 대상물이 운동하는 것으로 인식되는 현상 ② 영화영상기법, β운동

2) 간결성의 원리

(1) 정의

① 최소의 에너지로 원하는 목적을 달성하려고 하는 경향
② 착각, 착오, 생략 등으로 인한 사고의 심리적 요인

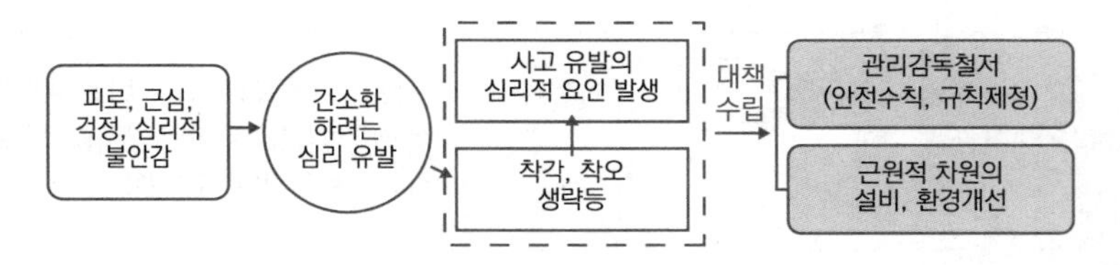

(2) 정보처리 과정에서의 간결성의 원리(미확인)

① 단락(생략)에 의한 경우
② 다른 out put 영역에서 지시가 빠져버리는 경우
③ Feed back이 안되고 통제되지 않는 경우
④ 「…을 하지 않으면 안 된다」고 생각했을 뿐 실제로는 그것을 한 것으로 착각하는 경우

(3) 물건의 정리[게슈탈트(군화)의 법칙] ★

분류	내용	도해
근접의 요인	근접된 물건끼리 정리	○○ ○○ ○○ ○○
동류의 요인	가장 비슷한 물건끼리 정리	● ○ ● ○ ● ○
폐합의 요인	밀폐된 것으로 정리	
연속의 요인	연속된 것으로 정리	(a) 직선과 곡선의 교차 (b) 변형된 2개의 조합

예제

다음 중 시각심리에서 형태 식별의 논리적 배경을 정리한 게슈탈트(Gestalt)의 4법칙에 해당하지 않는 것은?

① 연속성
② 접근성
③ 폐쇄성
④ 보편성

정답 ④

CHAPTER 04

인간의 행동과학

01 인간관계

1 인간관계

1) 관리방식

종래의 관리방식	① 전제적 방식 : 권력이나 폭력에 의한 생산성 향상 방식 ② 온정적 방식 : 가족주의적 관리방식(보호심이나 은혜 등) ③ 과학적 관리방식 : 생산능률 향상을 위해 능률의 논리를 경영관리의 방법으로 체계화
인간관계 관리 방식	① 종업원을 경영의 협력자로 생각하며, 한사람의 주체성을 가진 개인으로 파악. 항상 종업원의 입장에서 이해하려고 노력 ② 종업원의 경영 참여 기회제공·자율적인 협력 체제 형성 ③ 능률증진이나 생산성 향상에서 벗어나 종업원의 모랄 앙양 및 경영에 관한 자율적인 협력에 동기 부여

2) 테일러(F.W Taylor)의 과학적 관리법의 한계 ★

긍정적인 면 (생산성 향상)	시간과 동작연구(motion and time study)를 통하여 → 인간 노동력을 과학적으로 합리화 → 생산능률향상에 이바지
부정적인 면 (인간성 무시)	① 이익분배의 불균형성 ② 경영자에 의한 계획의 실시로 경영 독재성 ③ 노동조합의 반대요소(상반된 견해) ④ 인간을 기계화하여 인적 요소(개인차)의 무시 ⑤ 부적절한 표집사용 및 단순하고 반복적인 직무에만 적절

참고

종래의 관리방식의 문제점

① 종업원을 기계로 취급
② 물적, 기술적, 제도적 조직에 편중, 인간의 심리적 집단 무시
③ 능률주의, 생산성향상, 이윤추구에 집중 종업원의 모랄 경시

Key point

인간관계 관리방식은 메이요의 두 가지 이론을 함께 고려

① 테크니컬 스킬즈(technical skills) : 사물을 처리함에 있어 인간의 목적에 유익하도록 처리하는 능력
② 소시얼 스킬즈(social skills) : 사람과 사람 사이의 커뮤니케이션을 양호하게 하고 사람들의 요구를 충족시키면서 모럴을 앙양시키는 능력

* 근대산업사회에서는 테크니컬스킬즈가 중시되고 소시얼스킬즈가 경시되었다.

3) 호오돈실험과 인간관계 ★★

① 시카고에 있는 서부전기회사의 호오돈공장에서 메이요(G.Elton Mayo)와 레슬리스버어거(F.J Roethlisberger)교수가 주축이 되어 3만명의 종업원을 대상으로 종업원의 인간성을 과학적 방법으로 연구한 실험

순서	실험 내용	결과
제1차 실험	조명실험(조명도가 작업능률에 미치는 영향)	생산성 향상의 요인은 될 수 있으나 절대적 요인 아님
제2차 실험	여러 가지 조건 제시(휴식, 간식제공, 근로시간단축 등)	예상과 상이한 결과
제3차 실험	면접실험(인간적인 면 파악)	개인의 감정이 중요한 역할
제4차 실험	뱅크의 권선작업 실험	비공식조직의 존재와 중요성 인식
결론	조직내에서 인간관계론에 대한 중요성 강조 및 비공식적인 조직 중시 → 생산능률향상을 가져올 수 있다.	

② 생산성 및 작업능률향상에 영향을 주는 것은 물리적인 환경조건(조명, 휴식 시간, 임금 등)이 아니라 인간적 요인(비공식집단, 감정 등)의 인간관계가 절대적인 요인으로 작용한다.

2 사회행동의 기초

1) 부적응의 유형

망상인격	자기주장이 강하고 빈약한 대인관계
순환인격	울적한 상태에서 명랑한 상태로 상당히 장기간에 걸쳐 기분변동
분열인격	자폐적, 수줍음, 사교를 싫어하는 형태. 친밀한 인간관계 회피
폭발인격	갑자기 예고없이 노여움 폭발, 흥분 잘하고 과민성, 자기행동의 합리화
강박인격	양심적, 우유부단, 욕망제지, 타인으로부터 인정받기를 지나치게 원함(완전주의)
기타	히스테리인격, 소극적 공격적 인격, 무력인격, 부적합인격, 반사회인격 등

예제

의식수준 5단계 중 의식수준이 가장 적극적인 상태이며 신뢰성이 가장 높은 상태로 주의집중이 가장 활성화되는 단계는?

① Phase 0
② Phase Ⅰ
③ Phase Ⅱ
④ Phase Ⅲ

정답 ④

Key point

암시가 일어나기 쉬운 조건

① 수량이 큰 경우
② 위광(prestige)에 의한 경우

2) 의식수준의 단계 ★★★

단계(phase)	의식 상태	주의 작용	생리적 상태	신뢰성	뇌파 패턴
제 0단계	무의식, 실신	0(zero)	수면, 뇌발작	0(zero)	γ파
제 Ⅰ 단계	의식 흐림(subnormal), 의식 몽롱함	활발치 못함(inactive)	단조로움, 피로, 졸음, 술취함	낮다(0.9 이하)	θ파
제 Ⅱ 단계	이완상태(relaxed) 정상(normal) 느긋한 기분	passive, 마음이 안쪽으로 향함, 수동적	안정 기거, 휴식 시, 정례 작업 시(정상작업 시) 일반적으로 일을 시작할 때 안정된 행동	다소 높다(0.99~0.99999)	α파
제 Ⅲ 단계	상쾌한 상태(clear) 정상(normal) 분명한 의식	active, 앞으로 향하는 주의. 시야도 넓다. 능동적	판단을 동반한 행동, 적극활동시 가장 좋은 의식수준상태. 긴급 이상 사태를 의식할 때	매우 높다(0.999999 이상)	β파
제 Ⅳ 단계	과긴장 상태(hypernormal, excited)	판단정지, 주의의 치우침(주의의 일점집중 현상)	긴급방위반응. 당황해서 panic(감정 흥분 시 당황한 상태)	낮다(0.9 이하)	β파 또는 전자파

3 인간관계 메커니즘 ★★★

동일화	다른 사람의 행동양식이나 태도를 투입하거나 다른 사람 가운데서 자기와 비슷한 것을 발견하게 되는 것(자녀가 부모의 행동양식을 자연스럽게 배우는 것 등)
투사	자기 마음속의 억압된 것을 다른 사람의 것으로 생각하게 되는 것(대부분 증오, 비난 같은 정서나 감정이 표현되는 경우가 많다)
커뮤니케이션	여러 가지 행동 양식이 기호를 매개로 하여 한 사람으로부터 다른 사람에게 전달되는 과정으로 언어, 손짓, 몸짓, 표정 등(형태는 하향식, 상향식, 수평적, 대각적인 방향)
모방	다른 사람의 행동이나 판단을 표본으로 하여 그것과 같거나 비슷한 행위로 재현하거나 실행하려는 것(어린아이가 부모의 행동을 흉내 내는 것 등)
암시	다른 사람으로부터의 판단이나 행동을 무비판적으로 논리적, 사실적 근거 없이 받아들이는 것(다수 의견이나 전문가, 권위자, 존경하는 자 등의 행동이나 판단 등)

4 집단행동

1) 집단역학에서의 개념(집단의 효과) ★★

집단 규범 (집단 표준)	① 집단의 행동을 규제하는 틀을 의미하며 자연발생적으로 성립 ② Sabotage, Soldiering : 작업방법이나 노움(norm)의 변경 등에 대한 저항으로 나타나는 현상
집단 목표	공식적인 집단은 집단이 지향하고 이룩해야 할 목표를 설정해야 한다.
집단의 응집력	집단에 머무르게 하고 집단 활동의 목표달성을 위한 효율을 극대화하는 것
집단 결정	구성원의 행동사항이나 구조 및 시설의 변경을 필요로 할 때 실시하는 의사결정(집단 결정을 통하여 구성원의 저항심을 제거하고 목표 지향적 행동 유지)

2) 집단 연구 방법

(1) 집단 역학적 접근 방법

집단이란 유사성이 있는 구성원의 모임이나 집합체가 아니라 구성원의 상호의존성에 의해 형성되므로 상호의존성에 관하여 연구하는 접근 방법

(2) 사회 측정적 연구방법 ★

① 집단 내에서 개인상호간의 감정상태와 관심도를 측정 → 집단구조와 사회적 관계의 관련성 연구
② 소시오메트리 : 사회 측정법으로 집단에 있어 각 구성원 사이의 견인과 배척관계를 조사하여 어떤 개인의 집단 내에서의 관계나 위치를 발견하고 평가하는 방법(집단의 인간관계를 조사하는 방법)
③ 소시오그램(교우도식) : 소시오메트리를 복잡한 도면(상호간의 관계를 선으로 연결)으로 나타내는 것

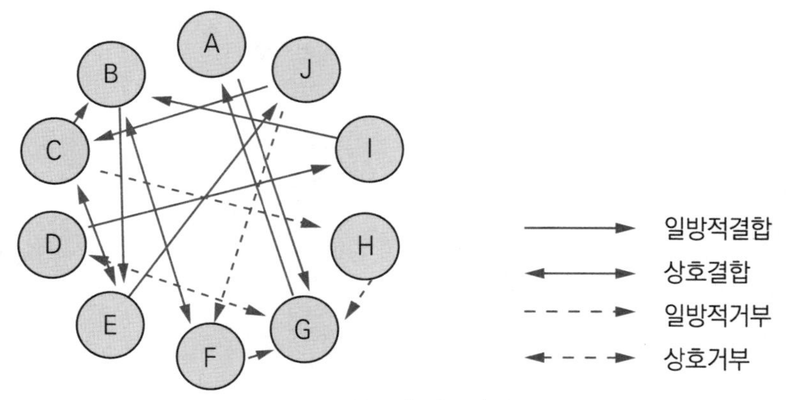

▲ 소시오그램(교우도식)

④ 소시오그램의 유용성
㉠ 하위집단 발견 → 집단의 구조 파악, 해체·집단 내 개인 위치변경에 도움
㉡ 고립자와 상호 배척자 발견 → 교육과 지도를 통하여 원만한 인간관계 형성 및 유지 → 사기진작 및 만족도 향상

예제

집단의 기능에 관한 설명으로 틀린 것은?

① 집단의 규범은 변화하기 어려운 것으로 불변적이다.
② 집단 내에 머물도록 하는 내부의 힘을 응집력이라 한다.
③ 규범은 집단을 유지하고 집단의 목표를 달성하기 위해 만들어진 것이다.
④ 집단이 하나의 집단으로서 역할을 수행하기 위해서는 집단 목표가 있어야 한다.보류(retention)

정답 ①

예제

인간관계 관리기법에 있어 구성원 상호간의 선호도를 기초로 집단 내부의 동태적 상호관계를 분석하는 방법으로 가장 적절한 것은?

① 그리드 훈련(grid training)
② 소시오매트리(sociometry)
③ 집단역학(group dynamic)
④ 감수성 훈련(sensitivity training)

정답 ②

예제

비통제의 집단행동 중 폭동과 같은 것을 말하며, 군중보다 합의성이 없고, 감정에 의해서만 행동하는 특성은?

① 패닉(Panic)
② 모방(Imitation)
③ 모브(Mob)
④ 심리적 전염(Mental Epidemic)

정답 ③

예제

인간의 행동특성과 관련한 레빈(Lewin)의 법칙 중 P가 의미하는 것은?

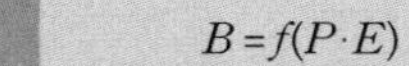

$$B = f(P \cdot E)$$

① 심리에 영향을 미치는 작업환경
② 인간의 행동
③ 심리에 영향을 주는 인간관계
④ 사람의 경험, 성격 등

정답 ④

4) 집단역학에서의 행동

통제 있는 집단행동	① 관습 ② 제도적 행동 ③ 유행
비 통제의 집단행동	① 군중(Crowd) ② 모브(mob) ③ 패닉(panic) ④ 심리적 전염(mental epidemic)

5 인간의 일반적인 행동특성

1) 레윈(K. Lewin)의 행동법칙 ★★★

(1) 인간의 행동

$$B = F(P \cdot E)$$

B : Behavior(인간의 행동)
F : function(함수관계) P·E에 영향을 줄 수 있는 조건
P : person(연령, 경험, 심신상태, 성격, 지능 등)
E : Environment(심리적 환경 - 인간관계, 작업환경, 설비적 결함 등)

〈레윈의 이론〉
인간의 행동(B)은 인간이 가진 능력과 자질 즉, 개체(P)와 주변의 심리적 환경(E)과의 상호함수관계에 있다.

(2) 인간의 행동은 다양하게 변할 수 있는 인간측 요인 P와 환경측 요인 E에 의해서 나타나는 현상이므로 행동(B)은 항상 변할 수 있다. 따라서 인간행동의 위험성을 예방하기 위해서는 인간측의 요인과 함께 환경 측의 요인도 함께 바로 잡아야 한다.

2) 인간의 동작 특성

외적 조건	① 동적조건(대상물의 동적인 성질로써 최대요인) ② 정적조건(높이, 폭, 길이, 두께, 크기 등) ③ 환경조건(기온, 습도, 조명, 분진 등의 물리적 환경조건)
내적 조건	① 생리적 조건(피로,긴장 등) ② 경력 ③ 개인차

3) 인간의 심리적인 행동 특성 ★

(1) 주의의 일점집중

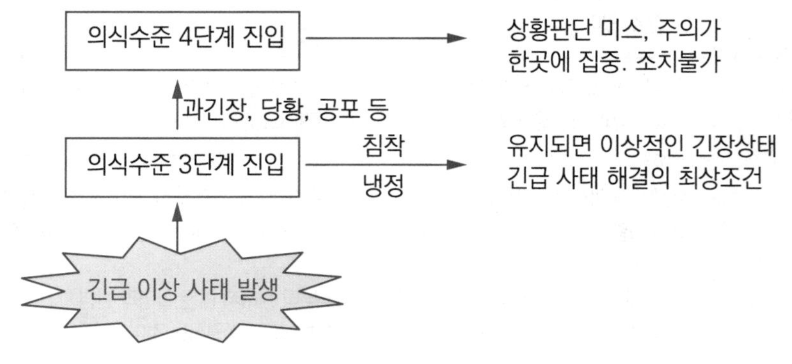

(2) 리스크 테이킹(risk taking)

① 객관적인 위험을 자기 편리한 대로 판단하여 의지결정을 하고 행동에 옮기는 현상
② 안전태도가 양호한 자는 risk taking 정도가 적다.
③ 안전태도 수준이 같은 경우 작업의 달성 동기, 성격, 일의 능률, 적성배치, 심리상태 등 각종요인의 영향으로 risk taking의 정도는 변한다.

4) 적응의 기제 ★★★

(1) 기본유형

공격적 행동	책임전가, 폭행, 폭언 등
도피적 행동	퇴행, 억압, 고립, 백일몽 등
방어적 행동	승화, 보상, 합리화, 동일시, 반동형성, 투사 등

Key point

실수 및 과오의 원인
① 능력 부족
② 주의 부족
③ 환경조건부적당

예제

다음 중 인간이 자기의 실패나 약점을 그럴듯한 이유를 들어 남의 비난을 받지 않도록 하며 또한 자위도 하는 방어기제를 무엇이라 하는가?

① 합리화
② 투사
③ 보상
④ 전이

정답 ①

(2) 대표적인 적응의 기제

억압	현실적으로 받아들이기 곤란한 충동이나 욕망 등(사회적으로 승인되지 않는 성적욕구나 공격적인 욕구 등)을 무의식적으로 억누르는 기제(예 : 근친상간) → 자신의 생각을 의식적으로 억누르는 억제와는 다른 개념
반동형성	① 억압된 욕구나 충동에 대처하기 위해 정반대의 행동을 하는 기제 ②「귀한 자식 매 한대 더 때리고 미운 자식 떡 하나 더 준다.」
공격	① 욕구를 저지하거나 방해하는 장애물에 대하여 공격(욕설, 비난, 야유 등) ② 공격을 하여 벌을 받거나 더 큰 욕구저지의 가능성이 있을 경우. 공격대상이 달라질 수 있다.
동일시	무의식적으로 다른 사람을 닮아가는 현상으로 특히 자신에게 위협적인 대상이나 자신의 이상형과 자신을 동일시함으로 열등감을 이겨내고 만족감을 느낌
합리화	자신이 무의식적으로 저지른 일관성 있는 행동에 대해 그럴듯한 이유를 붙여 설명하는 일종의 자기 변명으로 자신의 행동을 정당화하여 자신이 받을 수 있는 상처를 완화시킴 ① 신 포도형 : 목표달성 실패시에 자기는 처음부터 원하지 않은 일이라 변명 ② 달콤한 레몬형 : 현재의 상태 과시, '이것이야말로 내가 원하는 것이다'라고 변명
퇴행	처리하기 곤란한 문제 발생 시 어릴 때 좋았던 방식으로 되돌아가 해결하고자 하는 것으로 현재의 심리적 갈등을 피하기 위해 발달 이전 단계로 후퇴하는 방어의 기제
투사	받아들일 수 없는 충동이나 욕망 또는 실패 등을 타인의 탓으로 돌리는 행위
도피	① 육체적 도피 : 무조건 결근을 하여 조직이나 직장으로부터 도피 ② 구실상의 도피 : 두통이나 복통 등을 구실 삼아 작업현장에서 도피 ③ 공상적 도피 : 억압된 욕구를 상상의 비현실적 세계에서 충족시키는 경우 (백일몽)
보상	자신의 결함으로 욕구충족에 방해를 받을 때 그 결함을 다른 것으로 대치하여 욕구를 충족하고 자신의 열등감에서 벗어나려는 행위
승화	① 욕구가 좌절되었을 때 욕구충족을 위해 보다 가치 있는 방향으로 전환하는 것 ② 성적욕구 등이 예술, 스포츠 등으로 전환되는 것은 좋은 예이다.
백일몽	현실적으로 충족시킬 수 없는 욕구를 공상의 세계에서 충족시키려는 도피의 한 형태(복권 당첨되어 사업을 번창시키는 계획 등)
망상형	지나친 합리화의 한 형태로써 축구선수가 꿈인 학생이 감독선생님이 실력을 인정해주지 않는 것을 자신이 훌륭한 감독이 되는 것을 지금의 감독 선생님이 두려워하여 자신을 인정하지 않는다고 생각

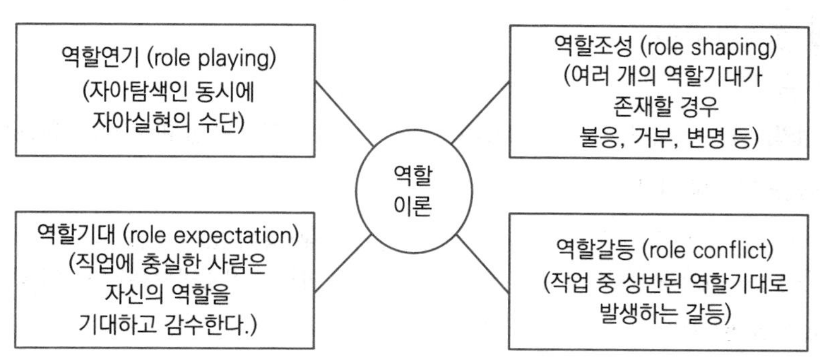

▲ Super.D.E의 적응과 역할이론

02 재해 빈발성 및 행동과학

1 사고 경향

1) 사고의 경향설(Greenwood)

① 사고의 대부분은 소수의 근로자에 의해 발생되었으며, 사고를 낸 사람이 또다시 사고를 발생시키는 경향이 있다.

② 성격

㉠ 사고 경향성인 사람 : 소심한 사람, 도전적 성격

㉡ 사고 경향성이 아닌 사람 : 침착하고 숙고형

2) 작업표준(표준안전 작업방법)

개념	작업의 안전, 능률 등을 고려하여 작업내용, 작업조건, 사용재료, 사용설비, 작업방법 및 관리, 이상발생 시 처리방법 등에 관한 기준을 규정하는 것으로 작업기준이라고도 한다.
목적	안전과 능률의 향상 및 품질, 관리, 생산 등의 효율성 증대
종류	기술기준(공정별로 품질 및 안전에 영향을 줄 수 있는 기술적 요인에 대한 요구조건), 작업순서, 작업지도서, 작업지시서, 작업요령 등

2 성격의 유형

1) 성격

(1) 정의 : 환경에 대한 개인의 적응을 특징짓는 비교적 일관성 있고 독특한 행동양식

(2) 공통적인 고려사항

① 포괄성 - 개인의 특성, 능력, 신념, 태도, 동기, 습관 등이 모두 포함
② 독특성 - 사람은 누구나 다른 사람과 비교하여 알아볼 수 있는 독특한 특징이 있다.

(3) 성격의 결정요인

① 생물학적 요인 - 신생아 때부터의 성질인 기질상의 차이가 있다는 것은 유전적 요인이 영향
② 환경적 요인(경험) - 다양한 환경적 요인이나 개인마다 다른 경험에 의해서 성격이 형성

2) 성격의 유형론

(1) Kretchmer의 체격 유형론

① 체격과 성격과의 밀접한 관련성을 주장
② 분류

비만형	조울성기질(조울증), 감정과 기분의 변화가 주기적으로 변동, 쾌활, 외향적
세장형	분열성기질, 대인적·사회적 접촉 기피, 내향적, 회피적

(2) Sheldon의 체격 유형론

① 성격 형성에 생물학적 인자가 결정적인 역할을 한다고 주장
② 분류

내배엽형	비만형, 이완된 자세, 사교적, 깊은 잠, 반응이 느림
중배엽형	골격과 근육이 발달, 자기주장적 , 권력과 모험 추구, 공격적, 정열적
외배엽형	가늘고 긴 형, 감각기관과 신경계통발달, 금욕주의, 예민, 사교회피, 만성적피로

(3) Jung의 향성론

① 성격에만 유형이 있는 것이 아니라 심리적 특징에도 유형이 있다고 주장(심리 유형론)
② 분류

외향적	심리적에너지가 외부로 지향. 개방적. 사교적. 새로운 변화에 적응, 공격지향적, 판매직 등 실외근무 선호.
내향적	심리적에너지가 내부세계로 지향. 비사교적. 자폐적 성향. 주관적인 사고, 고독을 즐기는 경향

③ 융은 외향성과 내향성에 추가하여 정신의 합리적인 기능(사고와 감정)과 비합리적 기능(직관과 감각)의 4가지 기능을 포함한 8가지 유형으로 분류하였다.
④ 융의 심리 유형론은 마이어스에 의해 고안된 16가지의 성격유형인 MBTI의 기초 개념이 되었다.

3 재해 빈발성 ★★

1) 재해 빈발설

기회설	개인의 문제가 아니라 작업 자체에 위험성이 많기 때문 → 교육훈련실시 및 작업환경개선대책
암시설	재해를 한번 경험한 사람은 정신적으로나 심리적으로 압박을 받게 되어 상황에 대한 대응능력이 떨어져 재해가 빈발
빈발 경향자설	재해를 자주 일으키는 소질적 결함요소를 가진 근로자가 있다는 설

2) 재해 누발자 유형

미숙성 누발자	① 기능 미숙 ② 작업환경 부적응
상황성 누발자	① 작업자체가 어렵기 때문 ② 기계설비의 결함 존재 ③ 주위 환경상 주의력 집중 곤란 ④ 심신에 근심 걱정이 있기 때문
습관성 누발자	① 경험한 재해로 인하여 대응능력약화(겁쟁이, 신경과민) ② 여러 가지 원인으로 슬럼프(slump)상태
소질성 누발자	① 개인의 소질 중 재해원인 요소를 가진 자(주의력 부족, 소심한 성격, 저 지능, 흥분, 감각운동부적합 등) ② 특수성격소유자로서 재해발생 소질 소유자

예제

상황성 누발자의 재해유발원인과 거리가 먼 것은?

① 작업의 어려움
② 기계설비의 결함
③ 주의력의 산만
④ 심신의 근심

정답 ③

4 동기부여

1) 동기부여(Motivation)방법

① 안전의 근본이념을 인식시킨다.
② 안전 목표를 명확히 설정한다.
③ 결과의 가치를 알려준다.
④ 상과 벌을 준다.
⑤ 경쟁과 협동을 유도한다.
⑥ 동기 유발의 최적수준을 유지하도록 한다.

예제

매슬로우의 욕구단계이론에서 편견없이 받아들이는 성향, 타인과의 거리를 유지하며 사생활을 즐기거나 창의적 성격으로 봉사, 특별히 좋아하는 사람과 긴밀한 관계를 유지하려는 인간의 욕구에 해당하는 것은?

① 생리적 욕구
② 사회적 욕구
③ 안전에 대한 욕구
④ 자아실현의 욕구

정답 ④

2) 동기부여이론

(1) 매슬로우(Abraham Maslow)의 욕구(위계이론) ★★★

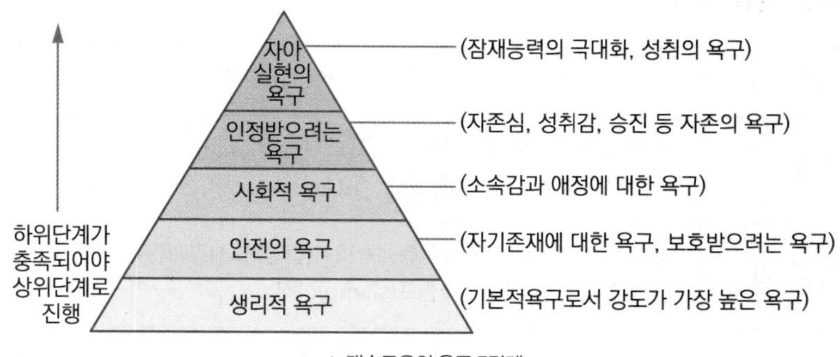

▲ 매슬로우의 욕구 5단계

(2) 맥그리거(D.McGregor)의 X,Y이론 ★

① X, Y이론

X이론	Y이론
인간불신감	상호신뢰감
성악설	성선설
인간은 본래 게으르고 태만, 수동적, 남의 지배받기를 즐긴다.	인간은 본래 부지런하고 근면, 적극적, 스스로 일을 자기 책임하에 자주적
저차적 욕구(물질 욕구)	고차적 욕구(정신 욕구)
면접실험(인간적인 면 파악)	개인의 감정이 중요한 역할
명령, 통제에 의한 관리	목표통합과 자기통제에 의한 관리
저개발국형	선진국형
뱅크의 권선작업 실험	비공식조직의 존재와 중요성 인식
보수적, 자기본위, 자기방어적 어리석기 때문에 선동되고 변화와 혁신을 거부	자아실현을 위해 스스로 목표를 달성하려고 노력
조직의 욕구에 무관심	조직의 방향에 적극적으로 관여하고 노력
권위주의적 리더십	민주적 리더십

② X, Y이론의 관리처방

X 이론의 관리처방(독재적 리더십)	Y이론의 관리처방(민주적 리더십)
① 권위주의적 리더십의 확보 ② 경제적 보상체계의 강화 ③ 세밀한 감독과 엄격한 통제 ④ 상부책임제도의 강화(경영자의 간섭) ⑤ 설득, 보상, 벌, 통제에 의한 관리	① 분권화와 권한의 위임 ② 민주적 리더십의 확립 ③ 직무확장 ④ 비공식적 조직의 활용 ⑤ 목표에 의한 관리 ⑥ 자체 평가제도의 활성화 ⑦ 조직목표달성을 위한 자율적인 통제

(3) 허즈버그의 두 요인이론 (동기, 위생 이론) ★★

위생요인(직무환경, 저차적욕구)	동기유발요인(직무내용, 고차적욕구)
① 조직의 정책과 방침 ② 작업조건 ③ 대인관계 ④ 임금, 신분, 지위 ⑤ 감독 등 (생산 능력의 향상 불가)	① 직무상의 성취 ② 인정 ③ 성장 또는 발전 ④ 책임의 증대 ⑤ 도전 ⑥ 직무내용자체(보람된직무) 등 (생산 능력 향상 가능)

요인 \ 욕구	욕구 충족되지 않을 경우	욕구 충족될 경우
위생요인 (불만 요인)	불만 느낌	만족감 느끼지 못함
동기유발요인 (만족 요인)	불만 느끼지 않음	만족감 느낌

(4) 알더퍼의 ERG 이론 ★★

생존(존재) 욕구(E)	유기체의 생존과 유지에 관련, 의식주와 같은 기본욕구포함 (임금, 안전한 작업조건)
관계욕구(R)	타인과의 상호작용을 통하여 만족을 얻으려는 대인 욕구 (개인간 관계, 소속감)
성장욕구(G)	개인의 발전과 증진에 관한 욕구, 주어진 능력이나 잠재능력을 발전시킴으로 충족(개인의 능력 개발, 창의력 발휘)

* 매슬로우와 알더퍼 이론의 차이점 : ERG 이론은 위계적 순위를 강조하지 않음.

예제

다음 중 데이비스(K. Davis)의 동기부여 이론에서 관련등식으로 옳은 것은?

① 상황×태도=동기유발
② 지식×기능=인간의 성과
③ 능력×동기유발=물질적 성과
④ 지식×동기유발=경영의 성과

정답 ①

Key point

결론적으로 경영에 있어 인간의 역할은 매우 중요한 부분을 차지하고 있으며, 이러한 인간적인 부분에 중대한 영향을 미치는 요소가 동기유발(motivation)이다.

(5) 데이비스의 동기 부여 이론 ★★★

인간의 성과 × 물적인 성과 = 경영의 성과

① 지식(knowledge) × 기능(skill) = 능력(ability)
② 상황(situation) × 태도(attitude) = 동기유발(motivation)
③ 능력(ability) × 동기유발(motivation) = 인간의 성과(human performance)

(6) 맥클랜드(Mcclelland)의 성취동기이론

① 특징
㉠ 성취 그 자체에 만족한다.
㉡ 목표설정을 중요시하고 목표를 달성할 때까지 노력한다.
㉢ 자신이 하는 일의 구체적인 진행상황을 알기를 원한다(진행상황과 달성결과에 대한 피드백)
㉣ 적절한 모험을 즐기고 난이도를 잘 절충한다.
㉤ 동료관계에 관심 갖고 성과 지향적인 동료와 일하기를 원한다.

② 성취동기이론의 모델

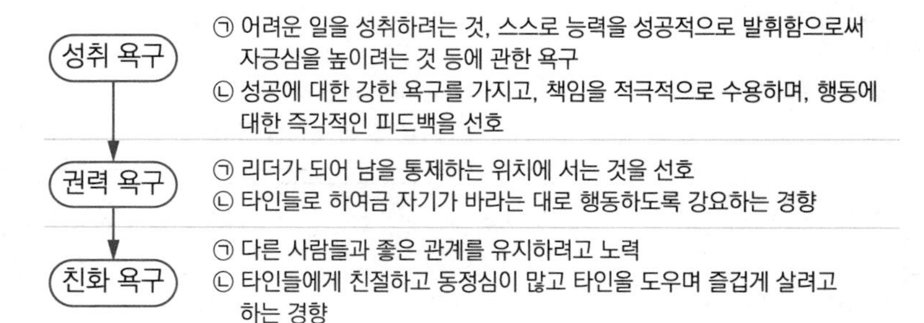

[욕구이론의 상호 관련성] ★★★

매슬로우의 욕구이론	허즈버그의 2요인 이론	맥클랜드의 성취동기 이론	알더퍼의 ERG 이론
자아실현의 욕구	동기 요인	성취 욕구	성장 욕구
존중의 욕구		권력 욕구	
소속의 욕구		친화 욕구	관계 욕구
안전의 욕구	위생 요인		존재 욕구
생리적 욕구			

3) 직무 만족

(1) 직무 만족도가 높은 개인적 특성

① 연령에 따라 증가
② 유색인종보다 백인
③ 여성보다 남성
④ 직무수준과 직무연한에 따라 증가

(2) 직무 만족도는 성격에 관해서는 연관성이 없고 지능과는 무관(직무자체가 하려는 의욕이 생기는 것이며 지능에 따라 의욕이 변하는 것은 아니라고 가정)

5 주의와 부주의

1) 주의 ★★★

(1) 주의의 특성

선택성	동시에 두 개 이상의 방향에 집중하지 못하고 소수의 특정한 것에 한하여 선택한다.
변동성	고도의 주의는 장시간 지속할 수 없고 주기적으로 부주의 리듬이 존재한다.
방향성	한 지점에 주의를 집중하면 주변 다른 곳의 주의는 약해진다(주시점만 인지).

(2) 작업상황에 따라서 주의력의 집중과 배분이 적절하게 이루어져야 휴먼에러 예방에 효과적

2) 부주의 ★

(1) 부주의의 개념(특성)

① 부주의는 불안전한 행위나 행동뿐만 아니라 불안전한 상태에서도 통용
② 부주의란 말은 결과를 표현
③ 부주의에는 발생원인이 있다.
④ 부주의와 유사한 현상 구분 - 착각이나 인간능력의 한계를 초과하는 요인에 의한 동작실패는 부주의에서 제외

(2) 부주의의 원인 및 대책

구분	원인	대책
외적 원인	① 작업, 환경조건 불량	환경정비
	② 작업 순서 부적당	작업순서조절
	③ 작업 강도	작업량, 시간, 속도 등의 조절
	④ 기상 조건	온도, 습도 등의 조절
내적 원인	① 소질적 요인	적성배치
	② 의식의 우회	상담
	③ 경험 부족 및 미숙련	교육
	④ 피로도	충분한 휴식
	⑤ 정서 불안정 등	심리적 안정 및 치료

예제

주의의 특성에 관한 설명 중 틀린 것은?

① 한 지점에 주의를 집중하면 다른 곳에의 주의는 약해진다.
② 장시간 주의를 집중하려 해도 주기적으로 부주의의 리듬이 존재한다.
③ 의식이 과잉상태인 경우 최고의 주의집중이 가능해진다.
④ 여러 자극을 지각할 때 소수의 현란한 자극에 선택적 주의를 기울이는 경향이 있다.

정답 ③

참고

부주의는 무의식행위나 그것에 가까운 의식의 주변에서 행해지는 행위에 한정

예제

작업을 하고 있을 때 걱정거리, 고민거리, 욕구불만 등에 의해 다른데 정신을 빼앗기는 부주의 현상은?

① 의식의 중단
② 의식의 우회
③ 의식수준의 저하
④ 의식의 과잉

정답 ②

(3) 부주의 현상 ★★★

의식의 단절(중단)	의식수준 제0단계(phase0)의 상태(특수한 질병의 경우)
의식의 우회	의식수준 제0단계(phase0)의 상태(걱정, 고뇌, 욕구불만 등)
의식수준의 저하	의식수준 제1단계(phaseI)이하의 상태(심신 피로 또는 단조로운 작업 시)
의식의 혼란	외적조건의 문제로 의식이 혼란되고 분산되어 작업에 잠재된 위험요인에 대응할 수 없는 상태(자극이 애매모호하거나, 너무 강하거나 약할 때)
의식의 과잉	의식수준이 제4단계(phaseIV)인 상태(돌발사태 및 긴급이상사태로 주의의 일점 집중현상 발생)

03 집단관리와 리더십

1 리더십의 유형

1) 리더십의 개요

(1) 개념

① 일반적으로 공통의 목표를 달성하기 위해 모든 사람들이 따라올 수 있도록 영향을 주는 것
② 리더십이란 주어진 상황에서 목표달성을 위해 리더와 추종자 그리고 상황에 의한 변수의 결합으로써 아래와 같은 함수로 표현

$$L=f(l, f, s)$$

L : leadership, l : leader(리더), f : follower(추종자), s : situation(상황)

(2) 인간행동 변용(변화) ★

① 변용의 메카니즘

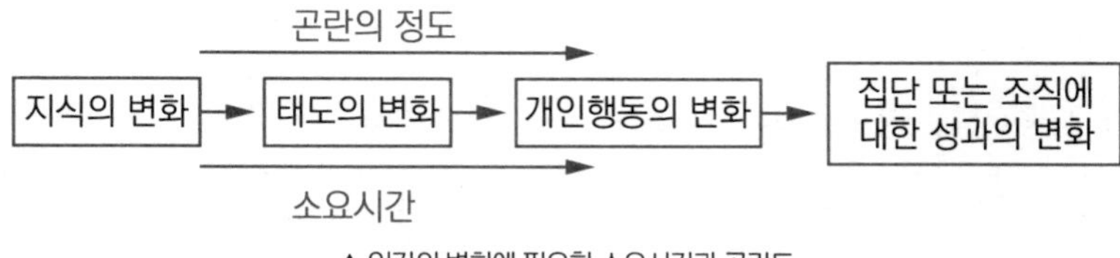

▲ 인간의 변화에 필요한 소요시간과 곤란도

② 변용의 전개과정

(3) 지도자에게 주어진 세력(권한)의 역할 ★★★

조직이 지도자에게 부여하는 세력	보상 세력 (reward power)	적절한 보상을 통해 효과적인 통제를 유도(임금, 승진 등)
	강압 세력 (coercive power)	적절한 처벌을 통해 효과적인 통제를 유도(승진 탈락, 임금삭감, 해고 등)
	합법 세력 (legitimate power)	조직에서 정하고 있는 규정에 의해 주어진 지도자의 권리를 합법화
지도자자신이 자신에게 부여하는 세력 (부하직원들의 존경심)	준거 세력 (referent power)	지도자가 추구하는 계획과 목표를 부하직원이 자신의 것으로 받아들여 공감하고 자발적으로 참여
	전문 세력 (expert power)	조직의 목표달성에 필요한 전문적인 지식의 정도. 부하직원들이 전문성을 인정하면 지도자에 대한 신뢰감이 향상되고 능동적으로 업무에 스스로 동참

2) 리더십의 유형 ★

유형	개념	특징
독재적 (권위주의적) 리더십 (맥그리거의 X이론 중심)	① 부하직원의 정책 결정에 참여거부 ② 리더의 의사에 복종 강요(리더중심) ③ 집단성원의 행위는 공격적 아니면 무관심 ④ 집단구성원 간의 불신과 적대감	리더는 생산이나 효율의 극대화를 위해서 완전한 통제를 하는 것이 목표
민주적 리더십 (맥그리거의 Y이론 중심)	① 집단토론이나 집단결정을 통하여 정책결정 (집단중심) ② 리더나 집단에 대하여 적극적인 자세로 행동	참여적인 의사결정 및 목표 설정(리더와 부하직원간의 협동과 상호 의사소통이 필요)
자유방임형 (개방적) 리더십	① 집단 구성원(종업원)에게 완전한 자유를 주고 리더의 권한 행사는 없음 ② 집단 성원간의 합의가 안될 경우 혼란야기 (종업원 중심)	리더는 자문기관으로써의 역할만하고 부하직원들이 목표와 정책수립

예제

다음 중 리더가 가지고 있는 세력의 유형이 아닌 것은?

① 보상세력(reward power)
② 합법세력(legitimate power)
③ 전문세력(expert power)
④ 위임세력(entrust power)

정답 ④

2 리더십과 헤드십

1) 리더십 기법의 형태

독재적인 리더십	① 부하를 강압적으로 지배하고, 인위적인 술수를 사용 ② 관대한 대우를 할 수 있으나 의사결정권은 경영자가 가짐 ③ 조직의 목표가 바로 개인의 목표
자유방임적 리더십	① 의사 결정의 책임을 부하들에게 전가 ② 문제 해결의 속도 느리고 업무회피현상 ③ 자신감 갖고 문제해결을 시도하는 경우도 있음
통합적(참여적) 리더십	① 경영자는 상위계층의 경영자 또는 기업외부와 교량역할 ② 부하들의 당면문제를 해결할 수 있도록 지원하는 역할 ③ 발생할 수 있는 갈등은 건전하고 창조적인 방향 ④ 독재적 스타일에서는 비 건설적이며 과업성과 감소

2) 직업상담(카운셀링)

(1) 상담순서

① 5단계

장면구성 → 내담자 대화 → 의견재분석 → 감정표출 → 감정의 명확화

② 3단계

경청·주목 → 공감적 반응 → 바람직한 행동으로 지도

(2) 상담방법 ★

① 비 지시적 카운셀링(로져스 C.R.Rogers) : 문제를 피상담자 스스로 해결할 수 있는 기회제공(상담자는 경청 및 격려위주)
② 지시적 카운슬링 : 상담자의 문제해결에 상담자가 적극적인 역할
(경청 → 결정 → 동기부여)
③ 절충적 카운셀링(협조적 카운슬링) : 비 지시적 카운셀링과 지시적 카운셀링 병용
(상담자 및 피상담자의 상호 대등관계)

(3) 개인적 상담기술 ★

① 직접 충고 : 작업태도가 불량하거나 안전수칙을 이행하지 않는 작업자를 대상으로 작업현장에서 많이 활용
② 설득적 방법
③ 설명적 방법

3) 헤드십(Headship)

(1) 헤드십의 개념

집단내에서 내부적으로 선출된 지도자를 리더십이라 하며, 반대로 외부에 의해 지도자가 선출되는 경우 헤드십이라 한다.

(2) 헤드십과 리더십의 구분 ★★★

구분	권한부여 및 행사	권한 근거	상관과 부하와의 관계 및 책임귀속	부하와의 사회적 간격	지휘 형태
헤드십	위에서 위임하여 임명. 임명된 헤드	법적 또는 공식적	지배적 상사	넓다	권위주의적
리더십	아래로부터의 동의에 의한 선출. 선출된 리더	개인능력	개인적인 영향 상사와 부하	좁다	민주주의적

3 사기와 집단역할 ★

1) 집단적응(집단행동의 기본형태)

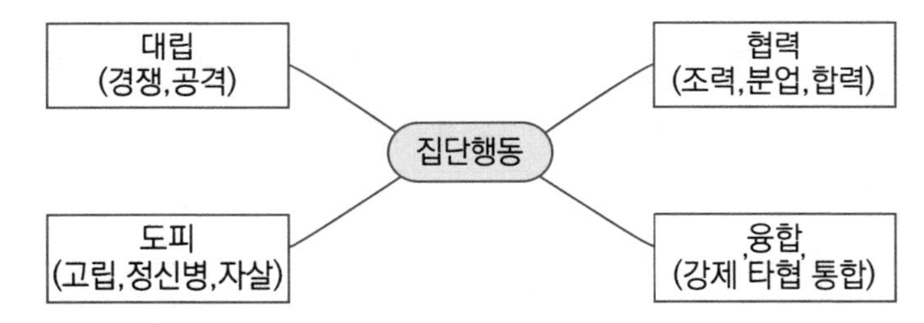

2) 모랄 서베이의 주요방법

① 통계에 의한 방법(결근, 지각, 사고율 등)
② 사례 연구법
③ 관찰법
④ 실험연구법
⑤ 태도 조사법(의견조사) - 질문지법, 면접법, 집단토의법 등

예제

다음 중 헤드십에 관한 내용으로 볼 수 없는 것은?

① 지휘의 형태는 권위주의적이다.
② 부하와의 사회적 간격이 좁다.
③ 권한의 부여는 조직으로부터 위임 받는다.
④ 권한에 대한 근거는 법적 또는 규정에 의한다.

정답 ②

04 생체리듬과 피로

1 피로의 증상 및 대책

1) 개념

(1) 정의

여러 가지 원인에 의해 신체적 혹은 정신적으로 지치거나 약해진 상태로서 작업능률의 저하, 항상성의 혼란 등이 일어나는 상태

(2) 종류

급성·만성	급성피로	보통의 휴식에 의해 회복되는 것으로 지속기간이 6개월 미만
	만성피로	특별한 질병없이 충분한 휴식에도 불구하고 6개월 이상 피로감을 느끼게 되는 현상
정상·병적	정상(생리적)피로	휴식과 수면으로 회복이 가능한 피로
	병적 피로	축적된 피로로 인하여 병적인 증세로 발전
육체적·정신적	육체적 피로	육체적으로 근육에서 일어나는 피로(신체피로)
	정신적 피로	정신적 긴장에 의한 중추 신경계의 피로

(3) 피로의 3증상 ★

구분	주관적 피로	객관적 피로	생리적(기능적) 피로
현상	① 피로감을 느끼는 자각증세 ② 지루함과 단조로움, 무력감 등을 동반 ③ 주위 산만, 불안초조, 직무수행불가	① 작업성적의 저하(생산의 양과 질의 저하) ② 피로로 인한 느슨한 작업자세로 나타나는 하품, 잡담, 기타 불필요한 행동으로 인한 손실시간증가로 실동률 저하	• 작업능력 또는 생리적 기능의 저하 • 생리적, 기능적 피로를 대상으로 검사하기 위해 인체의 생리상태를 검사 ① 말초신경계에 나타나는 반응의 패턴 ② 정보수용계 또는 중추신경계에 나타나는 반응의 패턴 ③ 대뇌 피질에 나타나는 반응의 패턴
대책	적성배치, 작업조건의 변화, 작업환경개선	충분한 휴식시간으로 실동률을 높여야 한다.	충분한 휴식으로 피로 회복

▲ 피로의 근원

(4) 피로의 3대 특징

① 능률의 저하
② 생체의 타각적인 기능의 변화
③ 피로의 자각 등의 변화 발생

2) 피로에 대한 대책

(1) 충분한 휴식 ★★

① 작업의 성질과 강도에 따라서 휴식시간이나 회수가 결정되어야 한다
② 휴식시간 산출공식(작업에 대한 평균에너지 값은 4kcal/분이라 할 경우 이 단계를 넘으면 휴식시간이 필요)

$$R=\frac{60(E-4)}{E-1.5}$$

- R : 휴식시간(분)
- E : 작업 시 평균 에너지 소비량(kcal/분)
- 60분 : 총작업 시간
- 1.5kcal/분 : 휴식시간 중의 에너지 소비량

(2) 허어시(Alfred Bay Hershey)의 피로방지대책(피로의 성질에 따른 경감법칙)

① 신체적 활동에 의한 피로 : 활동을 제한하는 목적 외의 동작 배제. 기계력 사용. 작업 교대 및 작업 중 휴식
② 정신적 노력에 의한 피로 : 충분한 휴식 및 양성 훈련
③ 신체적 긴장에 의한 피로 : 운동이나 휴식을 통하여 긴장 해소
④ 정신적 긴장에 의한 피로 : 용의주도하고 현명하며 동정적인 작업계획 수립 및 불필요한 마찰 배제
⑤ 환경과의 관계에 의한 피로 : 작업장 내에서의 부적절한 관계 배제, 가정이나 생활의 위생에 관한 교육 실시
⑥ 영양 및 배설의 불충분 : 조식, 중식 등의 관습 감시. 건강식품 준비. 신체 위생에 관한 교육, 운동의 필요성에 관한 홍보
⑦ 질병에 의한 피로 : 신속히 필요한 의료를 받게 하는 일, 보건상 유해한 작업조건 개선, 적당한 예방법의 교육
⑧ 기후에 의한 피로 : 온도, 습도, 환기량의 조절
⑨ 단조로움이나 권태감에 의한 피로 : 일의 가치인식, 동작교대 시 교육 및 휴식

예제

휴식 중 에너지소비량은 1.5kcal/min이고, 어떤 작업의 평균 에너지 소비량이 6kcal/ min이라고 할 때, 60분간 총 작업시간 내에 포함되어야 하는 휴식시간은 약 몇 분인가? (단, 기초대사를 포함한 작업에 대한 평균 에너지소비량의 상한은 5kcal/min이다.)

① 13. 3
② 11.3
③ 12.3
④ 10.3

정답 ①

2 피로의 측정법

1) 피로의 측정 방법 및 항목(피로 판정법)

① 생리적 방법　　② 심리적 방법　　③ 생화학적 방법

2) 생리학적 측정법(생리적인 변화) ★

정적 근력 작업	에너지 대사량과 맥박수의 상관성, 근전도(EMG) 등
동적 근력 작업	에너지 대사량, 산소소비량 및 호흡량, 맥박수, 근전도 등
신경적 작업	매회 평균호흡진폭, 맥박수, 피부전기반사(GSR) 등
심적 작업	프릿가값 등

- 근전도(EMG:electromyogram) : 근육이 수축할 때 근섬유에서 생기는 활동전위를 유도하여 증폭 기록한 근육활동의 전위차(말초신경에 전기자극)
- ENG(electroneurogram) : 신경활동 전위차
- 심전도(ECG:electrocardiogram) : 심장 근육의 전기적 변화를 전극을 통해 유도, 심전계에 입력, 증폭, 기록한 것
- 피부전기반사(GSR:grlvanic skin reflex) : 작업부하의 정신적 부담이 피로와 함께 증대하는 현상을 전기저항의 변화로서 측정, 정신 전류현상이라고도 한다.
- 플리커값 : 정신적 부담이 대뇌피질에 미치는 영향을 측정한 값

3) 타각적 방법

플리커(Flicker)법	융합한계빈도(crifical fusion frequency of flicker) : CFF법이라고도 한다. 사이가 벌어진 회전하는 원판으로 들어오는 광원의 빛을 단속시켜 연속광으로 보이는지 단속광으로 보이는지 경계에서의 빛의 단속주기를 플리커 치라고 하여 피로도검사에 이용
연속색명 호칭법 (color naming test) (blocking 검사)	정신 활동을 계속 하는 것이 일시적으로 저해되는 현상(blocking저지 현상)을 이용한 검사

3 작업강도와 피로 ★★

1) 작업강도(에너지 대사율 R. M. R)

$$RMR = \frac{\text{작업시 소비에너지} - \text{안정시 소비에너지}}{\text{기초대사시 소비에너지}} = \frac{\text{작업대사량}}{\text{기초대사량}}$$

- 작업 시 소비에너지 : 작업 중에 소비한 산소의 소비량으로 측정
- 안정 시 소비에너지 : 의자에 앉아서 호흡하는 동안 소비한 산소의 소모량
- 기초대사량(BMR) : 체표면적 산출식과 기초대사량 표에 의해 산출

예제

에너지 대사율(Relative Metabolic Rate)에 관한 설명으로 틀린 것은?

① 작업대사량은 작업 시 소비에너지와 안정 시 소비에너지의 차로 나타낸다.
② 기초대사량은 의자에 앉아서 호흡하는 동안에 측정한 산소소비량으로 구한다.
③ 산소소비량을 측정할 때 더글라스백(Douglas bag)을 이용한다.
④ RMR은 작업대사량을 기초대사량으로 나눈 값이다.

정답 ②

2) RMR에 의한 작업강도단계

0~2RMR	경작업	정신작업(정밀작업, 감시작업, 사무적인 작업등)
2~4RMR	중작업(中)	손끝으로 하는 상체작업 또는 힘이나 동작 및 속도가 작은 하체작업
4~7RMR	중작업(重), 강작업	힘이나 동작 및 속도가 큰 상체작업 또는 일반적인 전신 작업
7RMR 이상	초중작업	과격한 작업에 해당하는 전신작업

* RMR7 이상은 되도록 기계화하고 RMR10 이상은 반드시 기계화.

4 생체리듬 ★

1) 생체리듬(Biorhythm)의 종류 및 특징

육체적(신체적)리듬 (Physical cycle)	몸의 물리적인 상태를 나타내는 리듬으로 질병에 저항하는 면역력, 각종 체내 기관의 기능, 외부환경에 대한 신체의 반사작용 등을 알아볼 수 있는 척도로써 23일의 주기
감성적 리듬 (Sensitivity cycle)	기분이나 신경 계통의 상태를 나타내는 리듬으로 창조력, 대인관계, 감정의 기복 등을 알아볼 수 있으며 28일의 주기
지성적 리듬 (Intellectual cycle)	집중력, 기억력, 논리적인 사고력, 분석력 등의 기복을 나타내는 리듬으로 주로 두뇌활동과 관련된 리듬으로 33일의 주기

5 위험일

1) 3가지의 리듬을 안정기(+)와 불안정기(-)를 교대로 반복하면서 사인(sine)곡선을 그리며 반복되는데 (+)에서 (-)로 또는 (-)에서 (+)로 변하는 지점을 영(zero)또는 위험일이라 한다.

2) 위험일은 평소보다 뇌졸중이 5.4배, 심장질환의 발작이 5.1배, 자살은 6.8배나 높게 나타난다고 한다.

3) 바이오리듬의 변화

① 주간감소, 야간증가 : 혈액의 수분 염분량
② 주간상승, 야간감소 : 체온, 혈압, 맥박수
③ 특히 야간에는 체중감소, 소화불량, 말초신경기능저하, 피로의 자각증상 증대 등의 현상이 나타난다.
④ 사고발생률이 가장 높은 시간대
㉠ 24시간 업무 중 : 03~05시 사이
㉡ 주간 업무 중 : 오전 10~11시, 오후 15~16시 사이

예제

다음 중 바이오리듬(생체리듬)에 관한 설명으로 틀린 것은?

① 안정기(+)와 불안정기(-)의 교차점을 위험일이라 한다.
② 육체적 리듬은 신체적 컨디션의 율동적 발현, 즉 식욕, 활동력 등과 밀접한 관계를 갖는다.
③ 감성적 리듬을 33일을 주기로 반복하며, 주의력, 예감 등과 관련되어 있다.
④ 지성적 리듬은 "I"로 표기하며 사고력과 관련이 있다.

정답 ③

CHAPTER 05

안전보건 교육의 내용 및 방법

01 교육의 필요성과 목적

1 교육목적

법령에서의 목적	사업장 내 유해·위험요인 및 산재예방을 위한 안전 및 보건조치 등을 사업주 등이 근로자에게 교육하여 근로자가 안전하게 업무를 수행할 수 있도록 하기 위함
안전교육의 목적	① 인간정신의 안전화 ② 행동의 안전화 ③ 환경의 안전화 ④ 설비와 물자의 안전화

2 교육의 개념

1) 안전교육의 지도 원칙(8원칙) ★

① 피교육자 중심 교육(상대방의 입장에서)
② 동기부여를 중요하게
③ 쉬운 부분에서 어려운 부분으로 진행
④ 반복에 의한 습관화 진행
⑤ 인상의 강화(사실적 구체적인 진행)
⑥ 오관(감각기관)의 활용

오관의 효과치	이해도
① 시각 효과 : 60% ② 청각 효과 : 20% ③ 촉각 효과 : 15% ④ 미각 효과 : 3% ⑤ 후각 효과 : 2%	① 귀 : 20% ② 눈 : 40% ③ 귀+눈 : 60% ④ 입 : 80% ⑤ 머리+손, 발 : 90%

⑦ 기능적인 이해(Functional understanding)(요점위주로 교육)
　㉠ 「왜 그렇게 하지 않으면 안되는가」에 대한 충분한 이해가 필요(암기식, 주입식 탈피)
　㉡ 기능적 이해의 효과
　　㉮ 기억의 흔적이 강하게 인식되어 오랫동안 기억으로 남게 된다.
　　㉯ 경솔하게 판단하거나 자기방식으로 일을 처리하지 않게 된다.
　　㉰ 손을 빼거나 기피하는 일이 없다.
　　㉱ 독선적인 자기만족이 억제된다.
　　㉲ 이상 발생 시 긴급조치 및 응용동작을 취할 수 있다.
⑧ 한 번에 한 가지씩 교육(교육의 성과는 양보다 질을 중시)

예제

안전보건교육의 교육지도 원칙에 해당되지 않은 것은?

① 피교육자 중심의 교육을 실시한다.
② 어려운 것부터 쉬운 것으로 시작한다.
③ 5관을 활용한다.
④ 동기부여를 한다.

정답 ②

2) 기억

(1) 기억의 3가지 구성요소(3가지 저장고 모형)

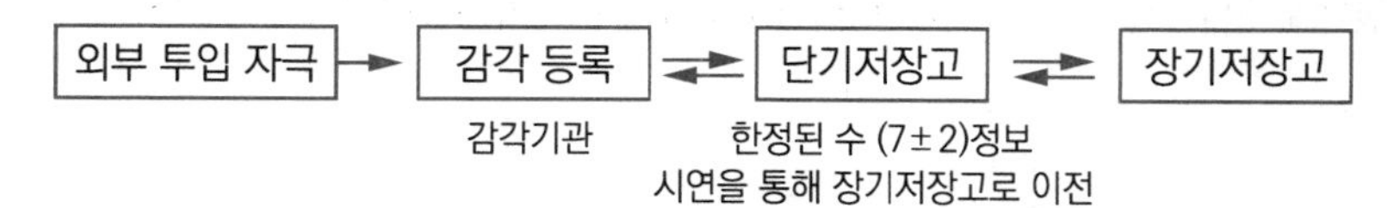

(2) 정보처리과정

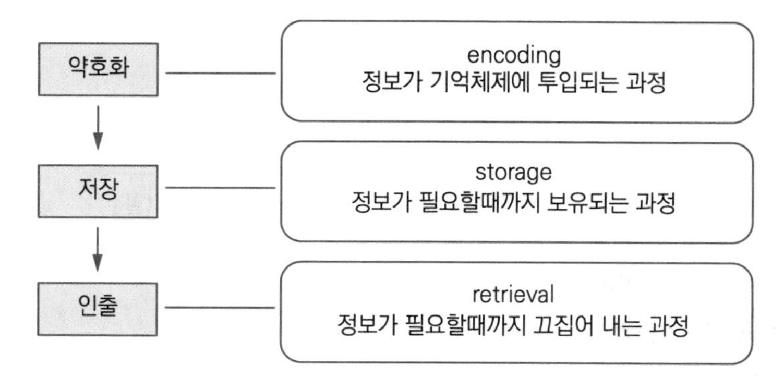

(3) 기억의 과정 ★★

기명	어떠한 자극을 받아들여 그 흔적을 대뇌에 기억시키는 첫 번째 단계
파지	기명으로 인해 발생한 흔적을 재생이 가능하도록 유지시키는 기억의 단계
재생	과거에 경험이 파지된 상태로 존재하다가 어떠한 필요에 의해 의식의 상태로 떠오르는 단계
재인	과거에 경험했던 상황과 비슷한 상태에 부딪히거나, 지금 나타난 현상이 과거에 경험한 것과 같다는 것을 알아내는 단계

3) 망각

(1) 정의 : 약호화된 정보를 인출할 능력이 상실된 것

(2) 망각의 원인

① 자연 쇠퇴설 : 학습한 시간이 경과되어 기억흔적이 쇠퇴하여 자연히 일어남

② 간섭설 : 전·후 학습자료간에 상호간섭에 의해 일어남

㉠ 순행간섭(proactive inhibition) : 먼저 한 학습 때문에 뒤에 한 학습에 혼란

㉡ 역행간섭(retroactive inhibition) : 뒤에 한 학습 때문에 먼저 한 학습에 혼란 (학습순서에 따른 자료의 배열이 중요, 비슷한 과제를 계속 학습하지 않는 것이 효과적)

예제

기억의 과정 중 과거의 학습경험을 통해서 학습된 행동이 현재와 미래에 지속되는 것을 무엇이라 하는가?

① 기명(memorizing)
② 재생(recall)
③ 파지(retention)
④ 재인(recognition)

정답 ③

예제

과거에 경험하였던 것과 비슷한 상태에 부딪혔을 때 떠오르는 것을 무엇이라 하는가?

① 재생
② 기명
③ 파지
④ 재인

정답 ④

예제

다음 중 망각을 방지하고 파지를 유지하기 위한 방법으로 적절하지 않은 것은?

① 적절한 지도계획 수립과 연습을 한다.
② 학습하고 장시간 경과 후 연습을 하는 것이 효과적이다.
③ 학습한 내용은 일정한 간격을 두고 때때로 연습시키는 것도 효과가 있다.
④ 학습 자료는 학습자에게 의미를 알도록 질서 있게 학습시키는 것이 좋다.

정답 ②

예제

학습지도의 원리에 있어 다음 설명에 해당하는 것은?

학습자가 지니고 있는 각자의 요구와 능력 등에 알맞은 학습활동의 기회를 마련해주어야 한다는 원리

① 개별화의 원리
② 자기활동의 원리
③ 직관의 원리
④ 사회화의 원리

정답 ①

예제

타일러(Tyler)의 교육과정개발에서 학습경험 조직의 원리에 해당하지 않는 것은?

① 계속성
② 계열성
③ 통합성
④ 가능성

정답 ④

(3) 에빙하우스(H. Ebbinghaus)의 망각 곡선 ★

기억한 내용은 급속하게 잊어버리게 되지만 시간의 경과와 함께 잊어버리는 비율은 완만해진다(오래되지 않은 기억은 잊어버리기 쉽고 오래된 기억은 잊어버리기 어렵다).

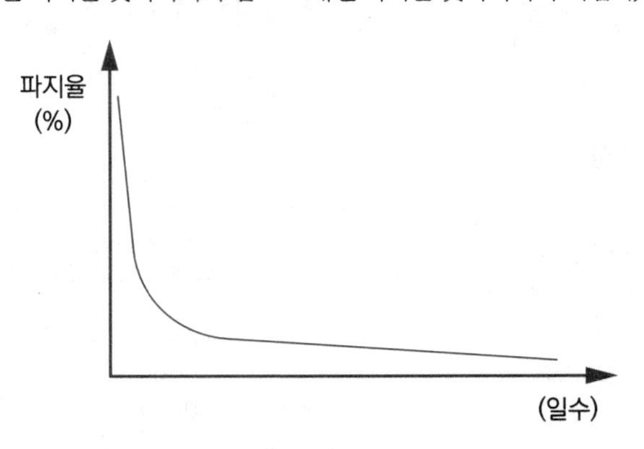

3 학습지도 이론

1) 학습지도의 원리 ★★★

자발성의 원리	• 학습자의 내적동기가 유발된 학습을 해야 한다는 원리 • 문제해결학습, 프로그램 학습 등
개별화의 원리	• 학습자의 요구 및 능력 등의 개인차에 맞도록 지도해야 한다는 원리 • 특별학급편성, 학력별 반편성 등
사회화의 원리	• 함께하는 학습을 통하여 공동체의 사회화를 도와주는 원리 • 지역사회학교, 분단학습 등
통합의 원리	• 전인교육을 위한 학습자의 모든 능력을 조화적으로 발달시키는 원리 • 교재의 통합 • 생활지도의 통합 등

* 기타 : 직관의 원리, 목적의 원리, 생활화의 원리, 과학성의 원리, 자연화의 원리 등

2) 학습경험 선정과 조직의 원리(Tyler의 교육과정개발) ★★

학습경험 선정의 원리	① 기회의 원리 ② 만족의 원리 ③ 가능성의 원리 ④ 다활동의 원리(일목표 다경험) ⑤ 다성과의 원리(일경험 다목표) 등
학습경험 조직의 원리	① 수직관계(계속성, 계열성) ② 수평관계(통합성)

4 교육심리학의 이해

1) 교육심리학의 연구방법

관찰법	① 자연관찰법 : 현재 있는 상태에서 변인을 조작하지 아니하고 관찰하는 방법 ② 실험적 관찰법 : 사전에 미리 대상, 목적, 방법 등을 계획하고, 변인을 조작하여 관찰하는 방법
실험법	관찰하려는 대상을 교육목적에 맞도록 인위적으로 조작하여 나타나는 현상을 관찰하는 방법
질문지법	연구하고자 하는 내용이나 대상을 문항으로 작성한 설문지를 통해 알아보는 방법
면접법	연구자와 연구대상자가 직접 만나서 내적인 감정, 사고, 가치관, 심리상태 등을 파악하는 방법
평정법	대상자의 행동특성에 대한 결과를 조직적이고 객관적으로 수집하는 방법
투사법	다양한 종류의 상황을 가정하거나 상상하여 대상자의 성격을 측정하는 방법
사례연구법	대상자에 관한 여러 가지 종류의 사례를 조사하여 문제의 원인을 진단하고 적절한 해결책을 모색하는 방법

2) 학습이론 ★★

이론	종류	내용	실험	학습의 원리 및 법칙
S-R 이론	조건반사(반응)설 (pavlov)	행동의 성립을 조건화에 의해 설명. 즉, 일정한 훈련을 통하여 반응이나 새로운 행동의 변용을 가져올 수 있다.(후천적으로 얻게 되는 반사작용)	개의 소화작용에 대한 타액 반응 실험 ① 음식 → 타액 ② 종 → 타액 음식 → 타액 ③ 종 → 타액	① 일관성의 원리 ② 강도의 원리 ③ 시간의 원리 ④ 계속성의 원리
	시행 착오설 (Thorndike)	학습이란 맹목적으로 탐색하는 시행착오의 과정을 통하여 선택되고 결합되는것(성공한 행동은 각인되고 실패한 행동은 배제)	문제상자 속에 고양이를 가두고 밖에 생선을 두어 탈출하게 함 (반복될수록 무작위 동작이나 소요 시간 감소)	① 효과의 법칙 ② 연습의 법칙 ③ 준비성의 법칙
	조작적 조건 형성이론 (skinner)	어떤 반응에 대해 체계적이고 선택적으로 강화를 주어 그 반응이 반복해서 일어날 확률을 증가시키는 것	스키너 상자 속에 쥐를 넣어 쥐의 행동에 따라 음식물이 떨어지게 한다.	① 강화의 원리 ② 소거의 원리 ③ 조형의 원리 ④ 자발적 회복의 원리 ⑤ 변별의 원리

예제

학습이론 중 자극과 반응의 이론이라 볼 수 없는 것은?

① Kohler의 통찰설
② Thorndike의 시행착오설
③ Pavlov의 조건반사설
④ Skinner의 조작적 조건화설

정답 ①

예제

다음 중 조건반사설에 의거한 학습이론의 원리가 아닌 것은?

① 강도의 원리
② 일관성의 원리
③ 계속성의 원리
④ 시행착오의 원리

정답 ④

예제

다음 중 학습전이(transfer)의 조건이 아닌 것은?

① 학습의 정도
② 시간적 간격
③ 학습의 평가
④ 학습자와 태도

정답 ③

인지이론(형태이론)	통찰설(Kohler)	문제해결의 목적과 수단의 관계에서 통찰이 성립되어 일어나는 것(내적·외적 전체 구조를 새로운 시점에서 파악)	① 우회로 실험(병아리) ② 도구사용 및 도구 조합의 실험(원숭이와 바나나)	① 문제해결은 갑자기 일어나며 완전하다. ② 통찰에 의한 수행은 원활하고 오류가 없다. ③ 통찰에 의한 문제해결은 상당기간 유지된다. ④ 통찰에 의한 원리는 쉽게 다른 문제에 적용된다.
	장이론(Lewin)	학습에 해당하는 인지구조의 성립 및 변화는 심리적 생활공간(환경영역, 내적·개인적 영역, 내적 욕구, 동기 등)에 의한다.		장이란 역동적인 상호관련체제(형태 자체를 장이라 할 수 있고 인지된 환경은 장으로 생각할 수도 있다)
	기호-형태설(Tolman)	어떤 구체적인 자극(기호)은 유기체의 측면에서 볼 때 일정한 형의 행동결과로서의 자극대상(의미체)을 도출한다.		형태주의이론과 행동주의이론의 혼합(수단-목표와의 의미관계를 파악하고 인지구조를 형성)

3) 전이현상 ★

(1) 의의 및 종류

학습결과가 다른 학습에 도움이 될 수도 있고 방해가 될 수도 있는 현상

정적전이(적극적) (Positive transfer)	부적 전이(소극적) (Negative transfer)
이전학습(선행)의 결과가 이후학습(후행)에 촉진적 역할(수평적, 수직적 전이로 구분)	선행학습 결과가 후행학습에 방해 역할

(2) 학습전이의 조건(영향요소)

① 과거의 경험 ② 학습방법 ③ 학습의 정도
④ 학습태도 ⑤ 학습자료의 유사성 ⑥ 학습자료의 제시방법
⑦ 학습자의 지능요인 ⑧ 시간적인 간격의 요인 등

02 교육방법

1 교육훈련기법 ★★★

강의법	안전지식의 전달방법으로 특히 초보적인 단계에 대해서는 효과가 큰 방법
시범	기능이나 작업과정을 학습시키기 위해 필요로 하는 분명한 동작을 제시하는 방법
반복법	이미 학습한 내용이나 기능을 반복해서 말하거나 실연토록 하는 방법
토의법	10~20인 정도로 초보가 아닌 안전지식과 관리에 대한 유경험자에게 적합한 방법
실연법	이미 설명을 듣고 시범을 보아서 알게 된 지식이나 기능을 교사의 지도 아래 직접 연습을 통해 적용해 보는 방법
프로그램 학습법	학습자가 프로그램 자료를 가지고 단독으로 학습하도록 하는 방법
모의법	실제의 장면이나 상황을 인위적으로 비슷하게 만들어두고 학습하게 하는 방법
구안법 (project method)	참가자 스스로가 계획을 수립하고 행동하는 실천적인 학습활동 학습목표(목적) 결정 → 계획 수립 → 실행(활동) → 평가

2 안전보건 교육방법

1) 교육방법 ★

(1) 하버드 학파의 5단계 교수법

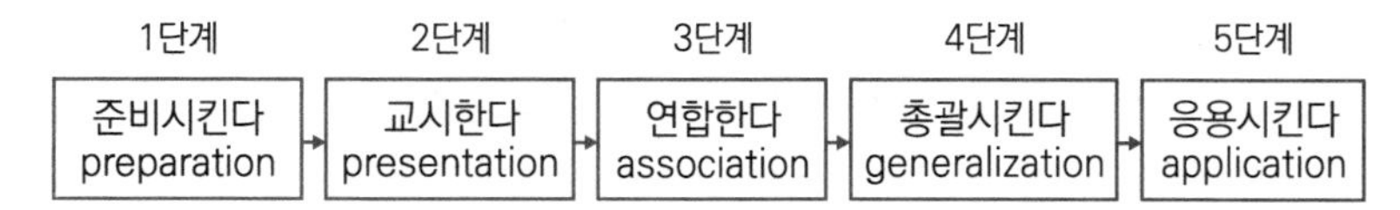

(2) 교시법의 4단계

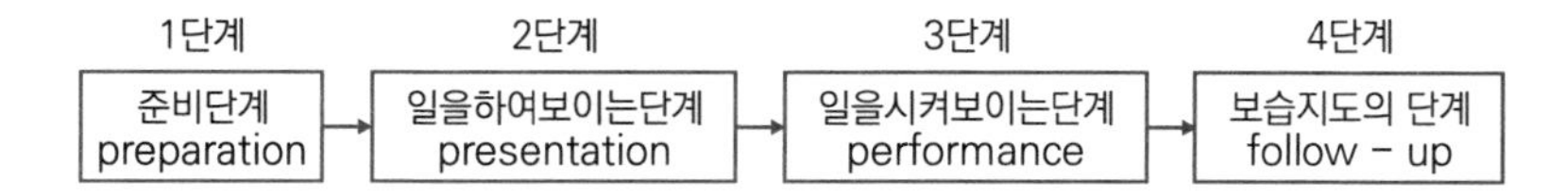

(3) 수업단계별 최적의 수업방법

도입단계	강의법, 시범법
전개, 정리단계	반복법, 토의법, 실연법
정리단계	자율 학습법
도입, 전개, 정리단계	프로그램학습법, 학생상호학습법, 모의학습법

2) TWI 등 ★★★

종류	교육대상자	교육 내용
TWI (Training with industry, 기업내, 산업내 훈련)	관리감독자	① Job Method Training(J.M.T) : 작업방법훈련(작업개선법) ② Job Instruction Training(J.I.T) : 작업지도훈련(작업지도법) ③ Job Relations Training(J.R.T) : 인간관계훈련(부하통솔법) ④ Job Safety Training(J.S.T) : 작업안전훈련(안전관리법)
MTP (Management Training Program)	TWI보다 약간 높은 관리자 (관리문제에 치중)	① 관리의 기능 ② 조직의 원칙 ③ 조직의 운영 ④ 시간관리 ⑤ 학습의 원칙
ATT (American Telephone&Telegram Co)	대상계층이 한정되어 있지 않다. (훈련을 먼저 받은 자는 직급에 관계없이 훈련을 받지 않은 자에 대해 지도원이 될 수 있다.)	① 계획적인 감독 ② 인원배치 및 작업의 계획 ③ 작업의 감독 ④ 공구와 자료의 보고 및 기록 ⑤ 개인작업의 개선 ⑥ 인사관계 ⑦ 종업원의 기술향상 ⑧ 훈련 ⑨ 안전 등
ATP (Administration Training program)	초기에는 일부 회사의 톱 매니지먼트에 대해서 시행하던 것이 널리 보급된 것이다.	① 정책의 수립 ② 조직(조직형태, 경영부분, 구조 등) ③ 통제(품질관리, 조직통제적용, 원가통제적용 등) 및 운영(운영조직, 협조에 의한 회사운영)

예제

기업 내 정형교육 중 TWI(Training Within Industry)의 교육 내용에 있어 직장 내 부하 직원에 대하여 가르치는 기술과 관련이 가장 깊은 기법은?

① JMT(Job Method Training)
② JIT(Job Instruction Training)
③ JRT(Job Relation Training)
④ JST(Job Safety Training)

정답 ②

3) O.J.T ★★

(1) 교육의 형태 및 방법

O. J. T(현장 개인지도) (On the Job Training)	현장에서의 개인에 대한 직속상사의 개별교육 및 지도
Off. J. T(집합교육) (Off the Job Training)	계층별 또는 직능별(공통대상) 집합교육
교육지원 활동	자아개발 또는 상호개발의 방법

(2) OJT의 특징

① 직장의 현장 실정에 맞는 구체적이고 실질적인 교육이 가능하다.
② 교육의 효과가 업무에 신속하게 반영된다.
③ 교육의 이해도가 빠르고 동기부여가 쉽다.
④ 개인의 능력과 적성에 알맞은 맞춤교육이 가능하다.
⑤ 교육으로 인해 업무가 중단되는 업무손실이 적다.
⑥ 교육경비의 절감효과가 있다.
⑦ 상사와의 의사소통 및 신뢰도 향상에 도움이 된다.

4) Off. J. T ★★

(1) 정의

계층별 또는 직능별로 공통된 교육목적을 가진 근로자를 현장이외의 일정한 장소에 집결시켜 실시하는 집체 교육으로 집단교육에 적합한 교육형태

(2) 특징

① 한 번에 다수의 대상자를 일괄적, 조직적으로 교육할 수 있다.
② 전문분야의 우수한 강사진을 초빙할 수 있다.
③ 교육기자재 및 특별교재 또는 시설을 유효하게 활용할 수 있다.
④ 다른 분야 및 타 직장의 사람들과 지식이나 경험의 교환이 가능하다.
⑤ 업무와 분리되어 면학에 전념하는 것이 가능하다.
⑥ 교육목표를 위하여 집단적으로 협조와 협력이 가능하다.
⑦ 법규, 원리, 원칙, 개념, 이론 등의 교육에 적합하다.

예제

다음 중 교육훈련 방법에 있어 OJT(On the Job Training)의 특징이 아닌 것은?

① 훈련 효과에 의해 상호 신뢰이해도가 높아진다.
② 개개인에게 적절한 지도 훈련이 가능하다.
③ 다수의 근로자들에게 조직적 훈련이 가능하다.
④ 직장의 실정에 맞게 실제적 훈련이 가능하다.

정답 ③

예제

다음 중 학습목적을 세분하여 구체적으로 결정한 것을 무엇이라 하는가?

① 주제
② 학습목표
③ 학습정도
④ 학습성과

정답 ④

예제

다음 중 일반적인 교육의 3요소에 포함되지 않는 것은?

① 평가
② 내용
③ 대상
④ 강사

정답 ①

3 학습목적의 3요소

1) 학습의 목적과 성과 ★

학습의 목적	구성 3요소	① 목표(학습목적의 핵심, 달성하려는 지표) ② 주제(목표달성을 위한 테마) ③ 학습정도(주제를 학습시킬 범위와 내용의 정도)
	진행 4단계	① 인지(to acquaint) → ② 지각(to know) → ③ 이해(to understand) → ④ 적용(to apply)
학습 성과	개념	학습목적을 세분화하여 구체적으로 결정하는 것으로 구체화된 학습목적을 의미한다.
	유의할 사항	① 주제와 학습정도가 반드시 포함 ② 학습목적에 적합하고 타당할 것 ③ 구체적으로 서술하고, 수강자의 입장에서 기술할 것

2) 교육의 3요소 ★★★

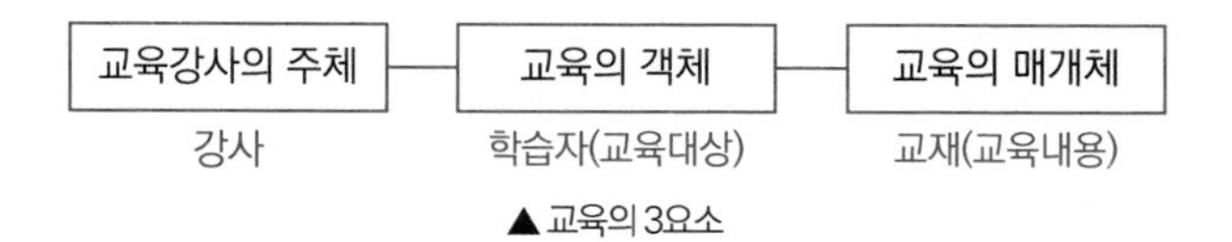

▲ 교육의 3요소

교육의 주체	① 형식적인 교육에 있어서의 주체는 강사, 비형식적으로는 부모, 선배, 사회지식인 등 ② 수강자가 자율적으로 학습할 수 있도록 자극과 협조 ③ 강사로서의 전문적인 자질과 능력을 구비
교육의 객체	① 형식적인 교육에 있어서 수강자가 객체이나, 비형식적으로는 미성숙자 및 모든 학습 대상자 ② 수강자의 잠재능력을 개발하기 위한 차별화된 교육이 필요
교육의 매개체	① 매개체인 교육내용은 교육의 수단으로 역사적인 기록 및 경험적 요소를 포함 ② 비 형식적인 교육에서는 교육환경, 인간관계 등

4 교육방법의 4단계

1) 교육방법의 4단계(기본모델) ★★

단계	구분	내용
제 1 단계	도입	학습자의 동기부여 및 마음의 안정
제 2 단계	제시	강의순서대로 진행하며 설명. 교재를 통해 듣고 말하는 단계(확실한 이해)
제 3 단계	적용	자율학습을 통해 배운 것 학습. 상호학습 및 토의 등으로 이해력 향상
제 4 단계	확인	잘못된 이해를 수정하고, 요점을 정리하여 복습

2) 기능 교육의 4단계

1단계 학습할 준비 → 2단계 작업에 대한 설명 → 3단계 작업을 시켜본다 → 4단계 가르친 후 보충지도

5 교육훈련의 평가방법

1) 평가방법의 종류

종류	지식 교육	기능 교육	태도 교육
관찰	보통	보통	우수
면접	보통	불량	우수
노트	불량	우수	불량
질문	보통	불량	보통
시험	우수	불량	보통
테스트	우수	우수	불량

2) 교육훈련 평가의 4단계 ★

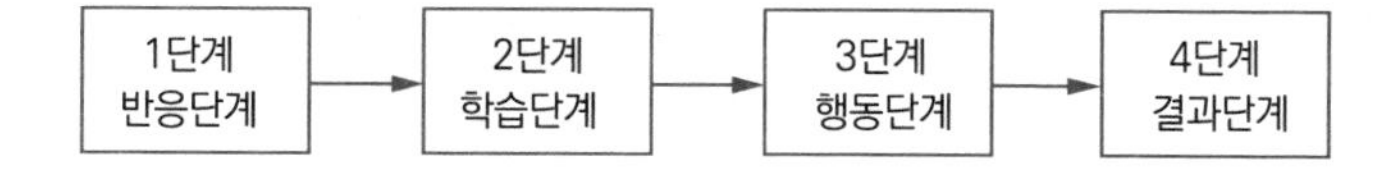

PART 01

03 교육 실시 방법

1 강의법

1) 강의식(lecture method)의 장·단점 ★

장점	① 가장 오래된 전통 교수방법으로 안전지식의 전달방법으로 유용하다. ② 집단적 지도법으로 많은 인원(최적인원40~50명)을 단시간에 교육할 수 있으며, 교육내용이 많을 경우에 효율적인 방법이다. ③ 교육 준비가 간단하며 언제 어디서나 가능하다. ④ 적절한 학습기자재의 활용은 동기유발 및 교과과정의 이해력을 높일 수 있다. ⑤ 수업의 도입이나 초기단계에 적용하는 것이 효과적이다. ⑥ 새로운 지식에 대한 체계적인 교육과 개념정리에 유리하다.
단점	① 교육대상자가 어느 정도 지식을 갖고 있는 경우 효과를 기대하기 힘들다. ② 교사 중심으로 진행되어 수강자는 완전히 수동적인 입장이며 참여가 제약된다. ③ 수강자의 학습 진척 상황이나 성취정도를 점검하기 곤란하다. ④ 교재위주의 교육으로 현실과 무관한 지식의 암기에 그치기 쉽다.

2) 문답식(일문일답식)

장점	① 수강자의 적극적인 참여로 응용력이나 표현력의 향상을 기대할 수 있다. ② 교육 내용이 명확하고 강의식에 의한 학습 효과 테스트에 유용하다.
단점	① 전혀 알지 못하는 새로운 범위에 적용하는 것은 불가능하다. ② 학습할 수 있는 범위가 좁고 한정되어 있다.

3) 문제제시식(problem presentation method)

① 주어진 과제에 대처시키는 문제 해결적인 방법
② 재생시키기 위한 방법(tape recorder, slide, video 등을 사용)

2 토의법

1) 특징

① 쌍방적 의사 전달방식으로 최적인원은 10~20명 수준
② 기본적인 지식과 경험을 가진 자에 대한 교육이다(관리감독자 등)
③ 실제적인 활동과 직접경험의 기회를 제공하는 자발적인 학습의욕을 높이는 방식이다.
④ 태도와 행동의 변용이 쉽고 용이하다.

2) 장단점

장점	① 수강자의 학습참여도가 높고 적극성과 협조성을 부여하는데 효과적이다. ② 타인의 의견을 존중하는 태도를 가지고 자신의 의견을 변화시킬 수 있다. ③ 스스로 사고하는 능력과 표현력 및 자발적인 학습의욕을 향상시킬 수 있다. ④ 결정된 사항은 받아들이거나 실행시키기 쉽다.
단점	① 토의에 임하기 전 토의 내용에 대한 충분한 사전 준비가 필요하다. ② 결정의 과정이 신속하지 않아 진행시간이 길어지고 인원이 제한적이다. ③ 구성원들의 관심이 부족할 경우 형식적인 토의가 되기 쉽다.

3) 토의법의 유형 ★★★

(1) 자유토의법

정해진 기준이 있는 것이 아니라 참가자가 주어진 주제에 대하여 자유로운 발표와 토의를 통하여 서로의 의견을 교환하고 상호이해력을 높이며 의견을 절충해 나가는 방식

(2) panel discussion(workshop)

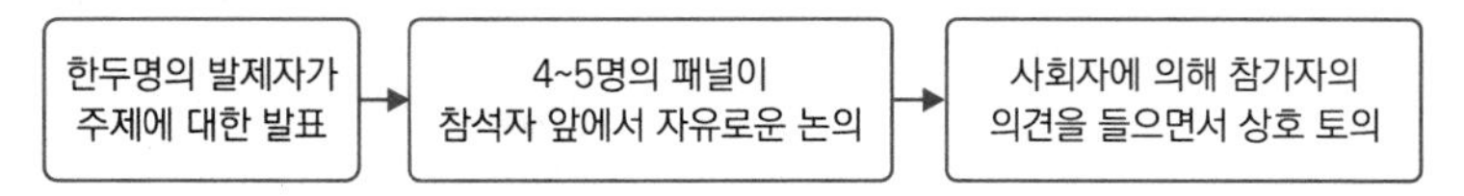

(3) symposium

발제자 없이 몇 사람의 전문가가 과제에 대한 견해를 발표한 뒤 참석자들로부터 질문이나 의견을 제시토록 하는 방법

(4) forum(공개 토론회)

① 사회자의 진행으로 몇사람이 주제에 대하여 발표한 후 참석자가 질문을 하고 토론해 나가는 방법
② 새로운 자료나 주제를 내보이거나 발표한 후 참석자로 하여금 문제나 의견을 제시하게 하고 다시 깊이 있게 토론해 나가는 방법

(5) buzz session(버즈세션)

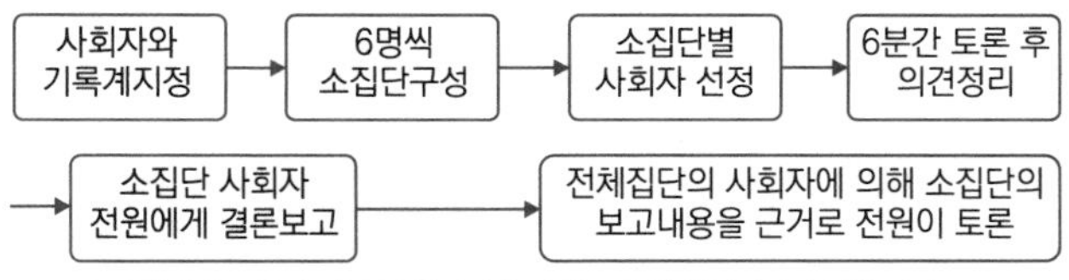

* 6-6회의라고 하며, 다수의 참가자를 전원 토의에 참여시키기 위한 방법

4) 회의방식 응용 ★

	role playing(역할연기법)	case method(사례연구법)
특징	참석자가 정해진 역할을 직접 연기해 본 후 함께 토론해보는 방법(흥미유발, 태도변용에 도움)	사례 해결에 직접 참가하여 해결해 가는 과정에서 판단력을 개발하고 관련사실의 분석 방법이나 종합적인 상황 판단 및 대책 입안 등에 효과적인 방법
장점	① 통찰능력과 감수성이 향상 ② 각자의 단점과 장점을 쉽게 파악 ③ 사고력 및 표현력이 향상 ④ 흥미를 갖고 적극적으로 참가	① 흥미가 있어 학습동기유발 ② 사물에 대한 관찰력 및 분석력 향상 ③ 판단력과 응용력 향상
단점	① 다른 방법과 병행하지 않으면 효율성 저하 ② 높은 수준의 의사결정에는 효과미비 ③ 목적이 불명확하고 철저한 계획이 없으면 학습에 연계 불가능	① 발표를 할 때나 발표하지 않을 때 원칙과 규칙의 체계적인 습득 필요 ② 적극적인 참여와 의견의 교환을 위한 리더의 역할필요 ③ 적절한 사례의 확보곤란 및 진행방법에 대한 철저한 연구 필요

참고

과제에 관한 결론의 도출보다 참가자의 다양한 의견이나 사고방식을 이해하고 그것들을 과제에 적용하여 보다 구체적이고 체계적인 결론을 유도해 내기 위한 방법

예제

다음 중 참가자에 일정한 역할을 주어 실제적으로 연기를 시켜봄으로써 자기의 역할을 보다 확실히 인식할 수 있도록 체험학습을 시키는 교육방법은?

① Role playing
② Brain storming
③ Action playing
④ Fish Bowl playing

정답 ①

3 실연법

적용단계	주의해야 할 점
① 수업의 중간이나 마지막 단계에 효과적 ② 학교수업이나 직업훈련 시 유사환경에서 연습이 필요한 경우	① 충분한 시설이나 철저한 자료의 준비 ② 교육전 현장에 대한 확실한 안전확보 ③ 단순상황에서 복잡한 상황으로 진행할 수 있도록 수업계획 수립 ④ 교사대 수강자의 비율이 높아지는 것에 대한 대비

4 프로그램 학습법

적용단계	주의해야 할 점
① 수업의 전 단계에서 적용가능 ② 수강자의 개인차가 최대한 조절되어야 할 경우 ③ 기본개념학이나 논리적인 학습이 필요할 때 효과적	① 프로그램 학습은 자신의 조건에 맞추어 스스로 하는 학습임을 주지 ② 학습과정의 철저한 점검이 필요 ③ 수강자의 사회성이 결여되기 쉬운 점에 대한 대책 강구 ④ 새로운 프로그램의 개발에 노력

5 모의법

적용단계	주의해야 할 점
① 수업의 전 단계에서 적용가능 ② 실제상황에서 수업이 곤란하거나 위험한 경우	① 사전에 수업상황에 대한 충분한 설명 후 수업을 진행 ② 쉬운 것에서부터 단계적으로 실제 상황에 적응하도록 진행 ③ 높은 교사대 수강자의 비, 시설유지비, 교육비 등에 대한 대책 강구

6 시청각 교육법

1) 정의

시청각 교재(TV, VTR, 슬라이드, 사진, 그림, 모형 등)를 최대한 활용하여 교육효과를 향상시키기 위한 방법

2) 필요성

① 교수의 효율성 향상
② 교수의 개인차로 인한 평준화 유지
③ 현실적인 지각 경험이 있을 경우 높은 이해력 향상
④ 사물에 대한 정확한 이해는 사고력 향상 및 올바른 태도 형성에 도움
⑤ 대규모 인원에 대한 대량 수업 체제 확립 가능

3) 특징

① 흥미가 있어 학습의 동기유발에 유리
② 인상을 강화시킬 수 있어 학습 효과 우수
③ 작성에 경비 및 시간이 소요되며 교재확보 및 이동에 불편

04 안전보건교육계획 수립 및 실시

1 안전보건교육의 기본방향 ★

1) 사고사례 중심의 안전교육

① 이미 발생한 사고사례를 중심으로 동일한 재해 및 유사재해의 재발방지
② 근로자들에게 불필요한 긴장을 초래하지 않도록 교육대상, 시기, 방법 등에 주의가 필요

2) 안전작업을 위한 교육

① 표준동작이나 표준작업을 위한 안전교육의 기본으로 체계적이고 조직적인 교육 실시가 필요
② 이론적인 교육보다 실습이나 현장교육에 중점을 두어 효율성 있는 교육이 될 수 있도록 관심 필요

3) 안전의식 향상을 위한 교육

① 안전을 향한 욕망이 더욱 높아질 수 있도록 안전의식을 향상하는 교육이 필요
② 교육이 교육으로만 끝나지 않도록 세밀한 추후지도로 교육의 지속성 유지

예제

안전교육의 내용에 있어 다음 설명과 가장 관계가 깊은 것은?

교육대상자가 그것을 스스로 행함으로 얻어진다. 개인의 반복적 시행착오에 의해서만 얻어진다.

① 안전지식의 교육
② 안전기능의 교육
③ 문제해결의 교육
④ 안전태도의 교육

정답 ②

2 안전보건교육의 단계별 교육과정 ★★★

지식교육 (제1단계)	지식교육의 단계	도입(준비) → 제시(설명) → 적용(응용) → 확인(종합,총괄)
기능교육 (제2단계)	특징	교육대상자가 스스로 행하는 반복적 시행착오에 의해서만 가능하다.
	기능교육의 3원칙	① 준비 ② 위험작업의 규제 ③ 안전작업의 표준화
태도교육 (제3단계)	기본과정 (순서)	청취 → 이해 납득 → 모범 → 평가(권장) → 장려 및 처벌
추후지도	특징	① 지식-기능-태도 교육을 반복 ② 정기적인 OJT 실시

3 안전보건 교육계획

1) 교육계획 수립

계획 수립 절차(단계)	① 교육의 필요성 및 요구사항 파악 ③ 교육의 준비 및 실시	② 교육내용 및 교육방법 결정 ④ 교육의 성과 평가
계획 수립 시 고려(포함)사항	① 교육목표 ③ 교육과목 및 교육내용 ⑤ 교육기간 및 시간	② 교육의 종류 및 교육대상 ④ 교육장소 및 교육방법 ⑥ 교육담당자 및 강사

2) 교육준비 ★

▼ 단계별 시간 배분(단위시간 1시간일 경우)

구분	도입	제시	적용	확인
강의식	5분	40분	10분	5분
토의식	5분	10분	40분	5분

3) 교육계획의 실시(강의계획의 4단계)

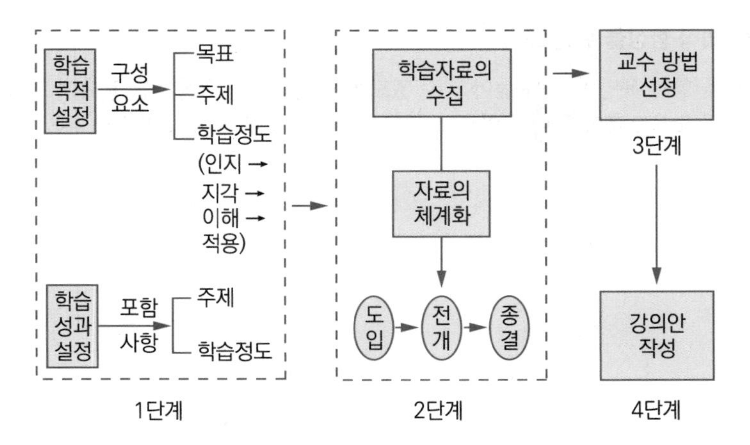

05 교육내용

1 근로자 정기 안전 보건교육 내용

1) 교육의 종류 및 대상별 교육시간 ★★★

(1) 근로자 안전 보건교육

<table>
<tr><th>교육과정</th><th colspan="2">교육대상</th><th>교육시간</th></tr>
<tr><td rowspan="3">가. 정기교육</td><td colspan="2">사무직 종사 근로자</td><td>매반기 6시간 이상</td></tr>
<tr><td rowspan="2">그 밖의 근로자</td><td>판매업무에 직접 종사하는 근로자</td><td>매반기 6시간 이상</td></tr>
<tr><td>판매업무에 직접 종사하는 근로자 외의 근로자</td><td>매반기 12시간 이상</td></tr>
<tr><td rowspan="3">나. 채용 시 교육</td><td colspan="2">일용근로자 및 근로계약기간이 1주일 이하인 기간제 근로자</td><td>1시간 이상</td></tr>
<tr><td colspan="2">근로계약기간이 1주일 초과 1개월 이하인 기간제 근로자</td><td>4시간 이상</td></tr>
<tr><td colspan="2">그 밖의 근로자</td><td>8시간 이상</td></tr>
<tr><td rowspan="2">다. 작업내용 변경 시 교육</td><td colspan="2">일용근로자 및 근로계약기간이 1주일 이하인 기간제 근로자</td><td>1시간 이상</td></tr>
<tr><td colspan="2">그 밖의 근로자</td><td>2시간 이상</td></tr>
<tr><td rowspan="3">라. 특별교육</td><td rowspan="2">일용근로자 및 근로계약기간이 1주일 이하인 기간제 근로자 : 특별교육 대상 작업별 교육에 해당하는 작업 종사 근로자</td><td>타워크레인 작업 시 신호업무 작업에 종사하는 근로자 제외</td><td>2시간 이상</td></tr>
<tr><td>타워크레인 작업 시 신호업무 작업에 종사하는 근로자에 한정</td><td>8시간 이상</td></tr>
<tr><td colspan="2">일용근로자 및 근로계약기간이 1주일 이하인 기간제 근로자를 제외한 근로자 : 특별교육 대상 작업별 교육에 해당하는 작업 종사 근로자에 한정</td><td>-16시간 이상(최초 작업에 종사하기 전 4시간 이상실시하고, 12시간은 3개월 이내에서 분할하여 실시가능)
-단기간 작업 또는 간헐적 작업인 경우에는 2시간 이상</td></tr>
<tr><td>마. 건설업 기초 안전·보건교육</td><td colspan="2">건설 일용근로자</td><td>4시간 이상</td></tr>
</table>

예제

산업안전보건법령상 근로자 안전·보건교육의 교육시간에 관한 설명으로 옳은 것은?

① 사무직에 종사하는 근로자의 정기교육은 매반기 6시간 이상이다.
② 관리감독의 지위에 있는 사람의 채용시교육은 2시간 이상이다.
③ 일용근로자 및 근로계약기간이 1주일 이하인 기간제근로자의 채용시교육은 4시간 이상이다.
④ 건설 일용근로자의 건설업기초안전보건교육은 8시간 이상이다.

정답 ①

(2) 관리감독자 안전보건교육

교육과정	교육시간
가. 정기교육	연간 16시간 이상
나. 채용 시 교육	8시간 이상
다. 작업내용 변경 시 교육	2시간 이상
라. 특별교육	16시간 이상(최초 작업에 종사하기 전 4시간 이상 하고, 12시간은 3개월 이내에서 분할 실시 가능)
	단기간 작업 또는 간헐적 작업인 경우 2시간 이상

(3) 안전보건관리책임자 등에 대한 교육

교육대상	교육시간	
	신규	보수
안전보건관리책임자	6시간 이상	6시간 이상
안전관리자, 안전관리전문기관의 종사자	34시간 이상	24시간 이상
보건관리자, 보건관리전문기관의 종사자	34시간 이상	24시간 이상
건설예방전문지도기관의 종사자	34시간 이상	24시간 이상
석면조사기관의 종사자	34시간 이상	24시간 이상
안전보건관리담당자	—	8시간 이상
안전검사기관, 자율안전검사기관의 종사자	34시간 이상	24시간 이상

(4) 관리책임자에 대한 교육(직무교육)

① 신규교육 : 채용된 후 3개월(보건관리자가 의사인 경우 1년) 이내에 직무를 수행하는데 필요한 교육
② 보수교육 : 신규교육 이수 후 매 2년이 되는 날을 기준으로 전후 6개월 사이에 보수교육

2) 근로자 정기 교육 내용 ★★★

교육 내용
• 건강증진 및 질병 예방에 관한 사항 • 유해·위험 작업환경 관리에 관한 사항 • 산업안전 및 사고 예방에 관한 사항 • 산업보건 및 직업병 예방에 관한 사항 • 직무스트레스 예방 및 관리에 관한 사항 • 위험성 평가에 관한 사항 • 산업안전보건법령 및 산업재해보상보험 제도에 관한 사항 • 직장내 괴롭힘, 고객의 폭언 등으로 인한 건강장해 예방 및 관리에 관한 사항

예제

산업안전보건법상 안전보건관리책임자 등에 대한 교육시간 기준으로 틀린 것은?

① 보건관리자, 보건관리전문기관의 종사자 보수교육 : 24시간 이상
② 안전관리자, 안전관리전문기관의 종사자 신규교육 : 34시간 이상
③ 재해예방 전문지도기관의 종사자 신규교육 : 24시간 이상
④ 안전보건관리책임자의 보수교육 : 6시간 이상

정답 ③

3) 채용 시 교육 및 작업내용 변경 시 교육 내용 ★★★

교육 내용
• 물질안전보건자료에 관한 사항 • 기계·기구의 위험성과 작업의 순서 및 동선에 관한 사항 • 정리정돈 및 청소에 관한 사항 • 작업 개시 전 점검에 관한 사항 • 사고 발생 시 긴급조치에 관한 사항 • 산업보건 및 직업병 예방에 관한 사항 • 직무스트레스 예방 및 관리에 관한 사항 • 위험성 평가에 관한 사항 • 산업안전 및 사고 예방에 관한 사항 • 산업안전보건법령 및 산업재해보상보험 제도에 관한 사항 • 직장내 괴롭힘, 고객의 폭언 등으로 인한 건강장해 예방 및 관리에 관한 사항

4) 특별교육 대상 작업별 내용 ★

작업명	교육 내용
〈공통내용〉 제1호부터 39호까지의 작업	채용 시의 교육 및 작업내용 변경 시의 교육과 같은 내용
〈개별내용〉 1. 고압실내작업(잠함공법이나 그 밖의 압기공법으로 대기압을 넘는 기압인 작업실 또는 수갱 내부에서 하는 작업만 해당한다)	• 고기압 장해의 인체에 미치는 영향에 관한 사항 • 작업의 시간·작업방법 및 절차에 관한 사항 • 압기공법에 관한 기초지식 및 보호구 착용에 관한 사항 • 이상발생시 응급조치에 관한 사항 • 그 밖에 안전·보건 관리에 필요한 사항
2. 아세틸렌 용접장치 또는 가스집합용접장치를 사용하는 금속의 용접·용단 또는 가열작업(발생기·도관 등에 의하여 구성되는 용접장치만 해당한다.)	• 용접 흄·분진 및 유해광선 등의 유해성에 관한 사항 • 가스용접기, 압력 조정기, 호스 및 취관두등의 기기점검에 관한 사항 • 작업방법·순서 및 응급처치에 관한 사항 • 안전기 및 보호구 취급에 관한 사항 • 화재예방 및 초기대응에 관한사항 • 그 밖에 안전·보건 관리에 필요한 사항
3. 밀폐된 장소(탱크 내 또는 환기가 극히 불량한 좁은 장소를 말한다)에서 하는 용접작업 또는 습한 장소에서 하는 전기용접 작업	• 작업순서·안전작업 방법 및 수칙에 관한 사항 • 환기설비에 관한 사항 • 전격방지 및 보호구 착용에 관한 사항 • 질식시 응급조치에 관한 사항 • 작업환경점검에 관한 사항 • 그 밖에 안전·보건 관리에 필요한 사항
⋮	(일부 생략)
17. 전압이 75볼트 이상인 정전 및 활선 작업	• 전기의 위험성 및 전격방지에 관한 사항 • 당해 설비의 보수 및 점검에 관한 사항 • 정전작업·활선작업 시의 안전작업 방법 및 순서에 관한 사항 • 절연용 보호구 및 활선작업용 기구 등의 사용에 관한 사항 • 그 밖에 안전·보건 관리에 필요한 사항
⋮	(일부 생략)

예제

산업안전보건법령상 근로자 안전·보건 교육 중 채용 시의 교육내용에 해당되지 않는 것은? (단, 기타 산업안전보건법 및 일반 관리에 관한 사항은 제외한다.)

① 사고 발생 시 긴급조치에 관한 사항
② 산업보건 및 직업병 예방에 관한 사항
③ 기계·기구의 위험성과 작업의 순서 및 동선에 관한 사항
④ 작업공정의 유해·위험과 재해 예방 대책에 관한 사항

정답 ④

예제

다음 중 산업안전보건법상 근로자 안전·보건교육에 있어 탱크 내 또는 환기가 극히 불량한 좁은 밀폐된 장소에서 용접작업을 하는 근로자에게 실시하여야 하는 특별안전·보건교육의 내용에 해당하지 않는 것은?

① 환기설비에 관한 사항
② 안전기 및 보호구 취급에 관한 사항
③ 질식 시 응급조치에 관한 사항
④ 작업환경 점검에 관한 사항

정답 ②

작업명	교육 내용
34. 밀폐공간에서의 작업	• 산소농도 측정 및 작업환경에 관한 사항 • 사고시의 응급처치 및 비상시 구출에 관한 사항 • 보호구 착용 및 보호장비 사용에 관한 사항 • 작업내용·안전작업방법 및 절차에 관한 사항 • 장비·설비 및 시설 등의 안전점검에 관한 사항 • 그 밖에 안전·보건 관리에 필요한 사항
⋮	(일부 생략)
37. 석면해체·제거작업	• 석면의 특성과 위험성 • 석면해체·제거의 작업방법에 관한 사항 • 장비 및 보호구 사용에 관한 사항 • 그 밖에 안전·보건관리에 필요한 사항
38. 가연물이 있는 장소에서 하는 화재위험작업	• 작업준비 및 작업절차에 관한 사항 • 작업장 내 위험물, 가연물의 사용·보관·설치 현황에 관한 사항 • 화재위험작업에 따른 인근 인화성 액체에 대한 방호조치에 관한 사항 • 화재위험작업으로 인한 불꽃, 불티 등의 흩날림 방지조치에 관한 사항 • 인화성 액체의 증기가 남아 있지 않도록 환기 등의 조치에 관한 사항 • 화재감시자의 직무 및 피난교육 등 비상조치에 관한 사항 • 그 밖에 안전·보건관리에 필요한 사항
39. 타워크레인을 사용하는 작업 시 신호업무를 하는 작업	• 타워크레인의 기계적 특성 및 방호장치 등에 관한 사항 • 화물의 취급 및 안전작업방법에 관한 사항 • 신호방법 및 요령에 관한 사항 • 인양 물건의 위험성 및 낙하·비래·충돌재해 예방에 관한 사항 • 인양물이 적재될 지반의 조건, 인양하중, 풍압 등이 인양물과 타워크레인에 미치는 영향 • 그 밖에 안전·보건관리에 필요한 사항

2 관리감독자 안전보건 교육 내용 ★★★

1) 정기교육

교육 내용
• 산업안전 및 사고 예방에 관한 사항 • 산업보건 및 직업병 예방에 관한 사항 • 위험성평가에 관한 사항 • 유해·위험 작업환경 관리에 관한 사항 • 산업안전보건법령 및 산업재해보상보험 제도에 관한 사항 • 직무스트레스 예방 및 관리에 관한 사항 • 직장 내 괴롭힘, 고객의 폭언 등으로 인한 건강장해 예방 및 관리에 관한 사항 • 작업공정의 유해·위험과 재해 예방대책에 관한 사항 • 사업장 내 안전보건관리체제 및 안전·보건조치 현황에 관한 사항 • 표준안전 작업방법 결정 및 지도·감독 요령에 관한 사항 • 현장근로자와의 의사소통능력 및 강의능력 등 안전보건교육 능력 배양에 관한 사항 • 비상시 또는 재해 발생 시 긴급조치에 관한 사항 • 그 밖의 관리감독자의 직무에 관한 사항

2) 채용 시 교육 및 작업내용 변경 시 교육

교육
• 산업안전 및 사고 예방에 관한 사항 • 산업보건 및 직업병 예방에 관한 사항 • 위험성평가에 관한 사항 • 산업안전보건법령 및 산업재해보상보험 제도에 관한 사항 • 직무스트레스 예방 및 관리에 관한 사항 • 직장 내 괴롭힘, 고객의 폭언 등으로 인한 건강장해 예방 및 관리에 관한 사항 • 기계·기구의 위험성과 작업의 순서 및 동선에 관한 사항 • 작업 개시 전 점검에 관한 사항 • 물질안전보건자료에 관한 사항 • 사업장 내 안전보건관리체제 및 안전·보건조치 현황에 관한 사항 • 표준안전 작업방법 결정 및 지도·감독 요령에 관한 사항 • 비상시 또는 재해 발생 시 긴급조치에 관한 사항 • 그 밖의 관리감독자의 직무에 관한 사항

3) 특별교육 대상 작업별 내용

작업명	교육 내용
〈공통내용〉	채용시 교육 및 작업내용 변경시 교육과 같은 내용
〈개별내용〉	특별교육 대상 작업별 교육내용(공통내용은 제외)과 같음

예제

산업안전보건법령상 근로자 안전·보건교육 중 관리감독자 정기안전·보건교육의 교육내용이 아닌 것은?

① 작업공정의 유해·위험과 재해 예방대책에 관한 사항
② 산업보건 및 직업병 예방에 관한 사항
③ 유해·위험 작업환경 관리에 관한 사항
④ 작업 개시 전 점검에 관한 사항

정답 ④

CHAPTER 06

산업안전 관계법규

01 산업안전보건법령

1 유해위험 작업에 대한 조치사항

1) 유해위험 작업에 대한 근로시간 제한

잠함 또는 잠수작업 등 높은 기압에서 하는 작업 : 1일 6시간, 1주 34시간 초과 금지

2 도급사업의 안전보건 조치사항

1) 대상 사업장

사무직에 종사하는 근로자만 사용하는 사업을 제외한 사업

2) 도급인의 안전조치 및 보건조치

(1) 도급인은 관계수급인 근로자가 도급인의 사업장에서 작업을 하는 경우에 자신의 근로자와 관계수급인 근로자의 산업재해를 예방하기 위하여 안전 및 보건 시설의 설치 등 필요한 안전조치 및 보건조치를 하여야 한다.

(2) 다만, 보호구 착용의 지시 등 관계수급인 근로자의 작업행동에 관한 직접적인 조치는 제외한다.

3) 도급에 따른 산업재해 예방조치(도급인의 이행사항) ★★

(1) 도급인과 수급인을 구성원으로 하는 안전 및 보건에 관한 협의체의 구성 및 운영

① 도급인 및 그의 수급인 전원으로 구성

② 협의사항

㉠ 작업의 시작 시간

㉡ 작업 또는 작업장 간의 연락 방법

㉢ 재해발생 위험이 있는 경우 대피 방법

㉣ 작업장에서의 위험성평가의 실시에 관한 사항

㉤ 사업주와 수급인 또는 수급인 상호 간의 연락 방법 및 작업공정의 조정

③ 매월 1회 이상 정기적으로 회의 개최(결과기록 보존)

(2) 작업장의 순회점검

점검횟수	대상사업
2일에 1회 이상	① 건설업 ② 제조업 ③ 토사석 광업 ④ 서적, 잡지 및 기타 인쇄물 출판업 ⑤ 음악 및 기타 오디오물 출판업 ⑥ 금속 및 비금속 원료 재생업
1주일에 1회 이상	2일에 1회 이상의 사업을 제외한 사업

(3) 관계수급인이 근로자에게 하는 안전보건교육을 위한 장소 및 자료의 제공 등 지원
(4) 관계수급인이 근로자에게 하는 안전보건교육의 실시 확인
(5) 다음 각 목의 어느 하나의 경우에 대비한 경보체계 운영과 대피방법 등 훈련
① 작업장소에서 발파작업을 하는 경우
② 작업장소에서 화재·폭발, 토사·구축물 등의 붕괴 또는 지진 등이 발생한 경우
(6) 위생시설 등 고용노동부령으로 정하는 시설의 설치 등을 위하여 필요한 장소의 제공 또는 도급인이 설치한 위생시설 이용의 협조
(7) 같은 장소에서 이루어지는 도급인과 관계수급인 등의 작업에 있어서 관계수급인 등의 작업시기·내용, 안전조치 및 보건조치 등의 확인
(8) (7)호에 따른 확인결과 관계수급인 등의 작업 혼재로 인하여 화재·폭발 등 위험이 발생할 우려가 있는 경우 관계수급인 등의 작업시기·내용 등의 조정

4) 도급사업에 있어서의 합동 안전보건 점검

(1) 점검반 구성

① 도급인(같은 사업 내에 지역을 달리하는 사업장이 있는 경우 그 사업장의 안전보건관리책임자)
② 관계수급인(같은 사업 내에 지역을 달리하는 사업장이 있는 경우 그 사업장의 안전보건관리책임자)
③ 도급인 및 관계수급인의 근로자 각 1명(관계수급인의 근로자의 경우 해당 공정에만 해당)

(2) 점검 실시 횟수

실시 횟수	대상 사업
2개월에 1회 이상	① 건설업 ② 선박 및 보트 건조업
분기에 1회 이상	①, ② 사업을 제외한 사업

5) 노사 협의체 구성 및 운영 ★

(1) 설치대상 사업

공사금액 120억원(건설산업기본법 시행령에 따른 토목공사업은 150억원) 이상인 건설업

(2) 노사 협의체의 협의사항

① 산업재해 예방방법 및 산업재해가 발생한 경우의 대피방법
② 작업의 시작시간 및 작업 및 작업장 간의 연락방법
③ 그 밖의 산업재해 예방과 관련된 사항

6) 위생시설의 설치 등 협조

1) 휴게시설 2) 세면·목욕시설 3) 세탁시설 4) 탈의시설 5) 수면시설

3 건강진단

1) 종류 및 실시 시기 ★

종류	실시 시기
일반 건강진단	사무직에 종사하는 근로자에 대하여는 2년에 1회 이상, 그 밖에 근로자에 대하여는 1년에 1회 이상
특수 건강진단	특수건강진단대상 유해인자별로 정한 시기 및 주기에 따라 실시
배치 전 건강진단	특수건강진단대상업무에 해당하는 작업에 배치하기 전
수시 건강진단	특수건강진단대상유해인자에 의한 직업성천식·직업성피부염 기타 건강장해를 의심하게 하는 증상을 보이거나 의학적 소견이 있는 근로자 중 보건관리자 등이 사업주에게 건강진단 실시를 건의한 근로자
임시 건강진단	특수건강진단 대상 유해인자 또는 그 밖의 유해인자에 의한 중독여부, 질병에 걸렸는지 여부 또는 질병의 발생원인 등을 확인하기 위해 필요하다고 인정되는 경우

2) 특수건강진단의 시기 및 주기

구분	대상 유해인자	시기	주기
		배치 후 첫 번째 특수 건강진단	
1	N,N-디메틸아세트아미드, N,N-디메틸포름아미드	1개월 이내	6개월
2	벤젠	2개월 이내	6개월
3	1,1,2,2-테트라클로로에탄, 사염화탄소, 아크릴로니트릴, 염화비닐	3개월 이내	6개월
4	석면, 면 분진	12개월 이내	12개월
5	광물성 분진, 목재 분진, 소음 및 충격소음	12개월 이내	24개월
6	제1호부터 제5호까지의 규정의 대상 유해인자를 제외한 특수건강진단 대상 유해인자의 모든 대상 유해인자	6개월 이내	12개월

4 유해위험 방지 계획서

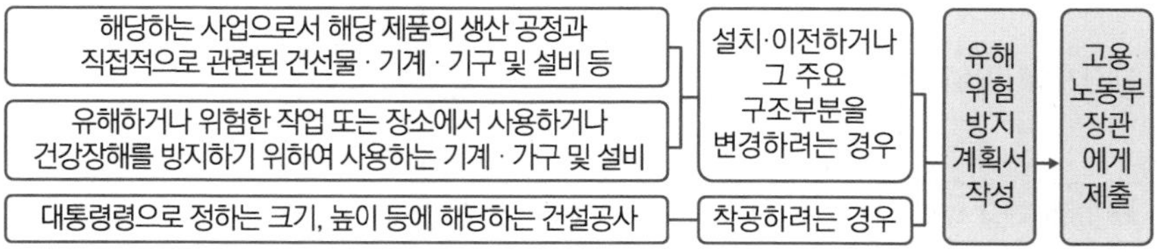

대상	경우		
해당하는 사업으로서 해당 제품의 생산 공정과 직접적으로 관련된 건선물 · 기계 · 기구 및 설비 등	설치·이전하거나 그 주요 구조부분을 변경하려는 경우	유해위험방지계획서 작성	→ 고용노동부장관에게 제출
유해하거나 위험한 작업 또는 장소에서 사용하거나 건강장해를 방지하기 위하여 사용하는 기계 · 기구 및 설비	설치·이전하거나 그 주요 구조부분을 변경하려는 경우		
대통령령으로 정하는 크기, 높이 등에 해당하는 건설공사	착공하려는 경우		

1) 대상사업장 및 제출서류

(1) 대상 사업장 ★★

전기 계약용량이 300킬로와트 이상인 다음의 사업

① 금속가공제품(기계 및 가구는 제외)제조업
② 비금속 광물제품 제조업
③ 기타 기계 및 장비 제조업
④ 자동차 및 트레일러 제조업
⑤ 식료품 제조업
⑥ 고무제품 및 플라스틱제품 제조업
⑦ 목재 및 나무제품 제조업
⑧ 기타 제품 제조업
⑨ 1차 금속제조업
⑩ 가구 제조업
⑪ 화학물질 및 화학제품 제조업
⑫ 반도체 제조업
⑬ 전자부품 제조업

(2) 제출서류(제조업 등 유해위험방지계획서. 작업시작 15일 전까지 공단에 2부 제출) ★

① 건축물 각 층의 평면도
② 기계·설비의 개요를 나타내는 서류
③ 기계·설비의 배치도면
④ 원재료 및 제품의 취급, 제조 등의 작업방법의 개요
⑤ 그 밖에 고용노동부장관이 정하는 도면 및 서류

예제

다음 중 제조업의 유해·위험방지계획서 제출 대상사업장에서 제출하여야 하는 유해·위험방지계획서의 첨부서류와 가장 거리가 먼 것은?

① 공사개요서
② 건축물 각 층의 평면도
③ 기계·설비의 배치 도면
④ 원재료 및 제품의 취급, 제조 등의 작업방법의 개요

정답 ①

예제

다음은 유해·위험방지계획서의 제출에 관한 설명이다. ( )안의 내용으로 옳은 것은?

> 산업안전보건 법령상 제출대상 사업으로 제조업의 경우 유해·위험방지계획서를 제출하려면 관련 서류를 첨부하여 해당 작업 시작 (㉠)까지, 건설업의 경우 해당 공사의 착공 (㉡)까지 관련 기관에 제출하여야 한다.

① ㉠ : 15일 전, ㉡ : 전날
② ㉠ : 15일 전, ㉡ : 7일 전
③ ㉠ : 7일 전, ㉡ : 전날
④ ㉠ : 7일 전, ㉡ : 3일 전

정답 ①

2) 대상기계기구 설비 및 제출서류 ★★

대상기계기구 설비	① 금속이나 그 밖의 광물의 용해로 ② 화학설비 ③ 건조설비 ④ 가스집합 용접장치 ⑤ 근로자의 건강에 상당한 장해를 일으킬 우려가 있는 물질로서 고용노동부령으로 정하는 물질의 밀폐·환기·배기를 위한 설비
제출서류(해당 작업 시작 15일 전까지 공단에 2부 제출)	① 설치장소의 개요를 나타내는 서류 ② 설비의 도면 ③ 그 밖에 고용노동부장관이 정하는 도면 및 서류

3) 대상 건설업 ★★★

① 다음 각목의 어느 하나에 해당하는 건축물 또는 시설 등의 건설, 개조 또는 해체공사
  ㉠ 지상 높이가 31미터 이상인 건축물 또는 인공구조물
  ㉡ 연면적 3만 제곱미터 이상인 건축물
  ㉢ 연면적 5천 제곱미터 이상인 시설로서 다음의 어느 하나에 해당하는 시설
    • 문화 및 집회시설
    • 판매시설, 운수시설
    • 종교시설
    • 의료시설 중 종합병원
    • 숙박시설 중 관광숙박시설
    • 지하도 상가
    • 냉동, 냉장 창고시설
② 최대 지간 길이가 50미터 이상인 다리의 건설 등 공사
③ 연면적 5천 제곱미터 이상인 냉동, 냉장창고 시설의 설비공사 및 단열공사
④ 다목적댐, 발전용댐, 저수용량 2천만톤 이상의 용수전용댐 및 지방 상수도 전용댐의 건설 등 공사
⑤ 터널의 건설 등 공사
⑥ 깊이 10미터 이상인 굴착공사

5 공정안전보고서

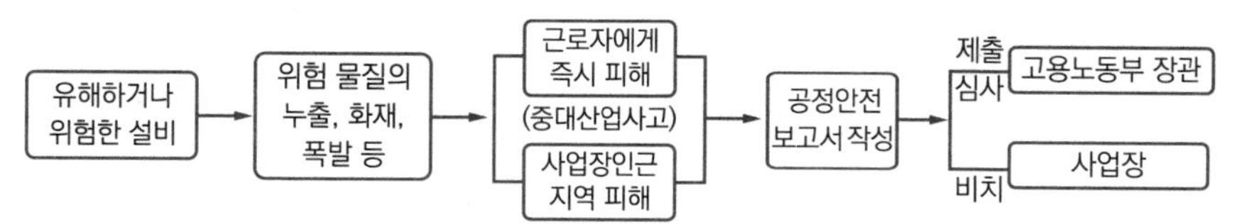

1) 공정안전보고서 제출대상 ★

(1) 다음 사업장의 보유설비

① 원유정제 처리업
② 기타 석유정제물 재처리업
③ 석유화학계 기초화학물 질제조업 또는 합성수지 및 기타 플라스틱물질 제조업
④ 질소 화합물, 질소 인산 및 칼리질 화학비료 제조업 중 질소질 비료 제조
⑤ 복합비료 및 기타 화학비료 제조업 중 복합비료 제조(단순혼합 또는 배합에 의한 경우는 제외)
⑥ 화학살균 살충제 및 농업용 약제 제조업(농약 원제 제조만 해당)
⑦ 화약 및 불꽃제품 제조업

(2) 유해위험물질을 규정량 이상 제조·취급·저장하는 설비

▼ 유해·위험물질 규정량

번호	물질명	규정량(kg)	번호	물질명	규정량(kg)
1	인화성 가스	제조취급 : 5,000 저장 : 200,000	12	불화수소	1,000
2	인화성 액체	제조취급:5,000 저장:200,000	13	염화수소	10,000
3	포스겐	500	14	황화수소	1,000
	---이하 생략---			---이하 생략---	

① 인화성가스란 인화한계 농도의 최저 한도가 13퍼센트 이하 또는 최고 한도와 최저 한도의 차가 12퍼센트 이상인 것으로서 표준압력(101.3kPa)하의 20℃에서 가스 상태인 물질을 말한다.
② 인화성액체란 표준압력(101.3kPa)하에서 인화점이 60℃이하이거나 고온·고압의 공정운전조건으로 인하여 화재·폭발위험이 있는 상태에서 취급되는 가연성물질을 말한다.
③ 두 종류 이상의 유해·위험물질을 제조·취급·저장하는 경우에는 유해·위험물질별로 가장 큰 값($\frac{C}{T}$)을 각각 구하여 합산한 값(R)이 1 이상인 경우 유해위험설비 로 본다.

$$R=C_1/T_1+C_2/T_2+\cdots\cdots+C_n/T_n$$

주) C_n : 유해·위험물질별(n) 규정량과 비교하여 하루동안 제조·취급·저장할 수 있는 최대치 중 가장 큰 값
T_n : 유해위험물질별 규정량

참고

유해 위험설비 제외대상

1. 원자력 설비
2. 군사시설
3. 사업주가 해당 사업장 내에서 직접 사용하기 위한 난방용 연료의 저장설비 및 사용설비
4. 도매·소매 시설
5. 차량 등의 운송설비
6. 「액화석유가스의 안전관리 및 사업법」에 따른 액화석유가스의 충전·저장시설
7. 「도시가스사업법」에 따른 가스공급시설
8. 그 밖에 고용노동부장관이 누출·화재·폭발 등으로 인한 피해의 정도가 크지 않다고 인정하여 고시하는 설비

예제

산업안전보건법에서 정한 공정안전보고서의 제출대상 업종이 아닌 사업장으로서 유해·위험물질의 1일 취급량이 염화수소 5,000kg, 인화성가스 2,000kg인 경우 공정안전보고서 제출대상 여부를 판단하기 위한 R 값은 얼마인가? (단, 유해·위험물질의 규정량은 표에 따른다.)

유해·위험물질명	규정량(kg)
인화성 가스	5,000
염화수소	10,000

① 0.9
② 1.2
③ 1.5
④ 1.8

정답 ①

예제

다음 중 산업안전보건법상 공정안전보고서에 포함되어야 할 사항과 가장 거리가 먼 것은?

① 공정안전자료
② 비상조치계획
③ 평균안전율
④ 공정위험성 평가서

정답 ③

2) 공정안전보고서 내용 ★★★

포함 사항	세부 내용
공정 안전 자료	가. 취급·저장하고 있거나 취급·저장하고자 하는 유해·위험물질의 종류 및 수량 나. 유해·위험물질에 대한 물질안전보건자료 다. 유해하거나 위험한 설비의 목록 및 사양 라. 유해하거나 위험한 설비의 운전방법을 알 수 있는 공정도면 마. 각종 건물·설비의 배치도 바. 폭발위험장소 구분도 및 전기단선도 사. 위험설비의 안전설계·제작 및 설치관련 지침서
공정 위험성 평가서 및 잠재위험에 대한 사고예방·피해 최소화 대책	가. 체크리스트(Check List) 나. 상대위험순위 결정(Dow and Mond Indices) 다. 작업자 실수분석(HEA) 라. 사고예상 질문분석(What-if) 마. 위험과 운전분석(HAZOP) 바. 이상위험도 분석(FMECA) 사. 결함수 분석(FTA) 아. 사건수 분석(ETA) 자. 원인결과 분석(CCA) 차. 가목 내지 자목까지의 규정과 같은 수준 이상의 기술적 평가기법
안전 운전 계획	가. 안전운전지침서 나. 설비점검·검사 및 보수계획, 유지계획 및 지침서 다. 안전작업허가 라. 도급업체 안전관리계획 마. 근로자 등 교육계획 바. 가동전 점검지침 사. 변경요소 관리계획 아. 자체감사 및 사고조사계획 자. 그 밖에 안전운전에 필요한 사항
비상 조치 계획	가. 비상조치를 위한 장비·인력보유현황 나. 사고발생 시 각부서·관련기관과의 비상연락체계 다. 사고발생 시 비상조치를 위한 조직의 임무 및 수행절차 라. 비상조치계획에 따른 교육계획 마. 주민홍보계획 바. 그 밖에 비상조치 관련사항

3) 공정 안전 보고서의 절차

(1) 제출절차

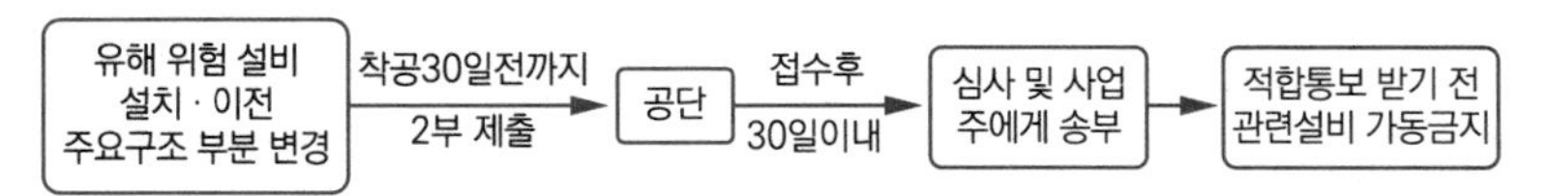

(2) 공정안전보고서 이행상태의 평가

고용노동부 장관은 공정안전보고서의 확인(신규로 설치되는 유해하거나 위험한 설비의 경우에는 설치 완료 후 시운전 단계에서의 확인) 후	1년이 지난 날부터 2년 이내에 공정안전보고서 이행 상태의 평가
이행상태 평가 후	4년마다 이행상태평가

다만, 다음의 경우 1년 또는 2년마다 실시할 수 있다.

1. 이행상태평가 후 사업주가 이행상태평가를 요청하는 경우
2. 사업장에 출입하여 검사 및 안전·보건점검 등을 실시한 결과 변경요소 관리계획 미준수로 공정안전보고서 이행상태가 불량한 것으로 인정되는 경우 등 고용노동부장관이 정하여 고시하는 경우

6 관리감독자의 유해위험 방지업무

작업의 종류	직무 수행 내용
1. 프레스 등을 사용하는 작업	가. 프레스등 및 그 방호장치를 점검하는 일 나. 프레스등 및 그 방호장치에 이상이 발견되면 즉시 필요한 조치를 하는 일 다. 프레스등 및 그 방호장치에 전환스위치를 설치했을 때 그 전환스위치의 열쇠를 관리하는 일 라. 금형의 부착·해체 또는 조정작업을 직접 지휘하는 일
2. 목재가공용 기계를 취급하는 작업	가. 목재가공용 기계를 취급하는 작업을 지휘하는 일 나. 목재가공용 기계 및 그 방호장치를 점검하는 일 다. 목재가공용 기계 및 그 방호장치에 이상이 발견된 즉시 보고 및 필요한 조치를 하는 일 라. 작업 중 지그 및 공구 등의 사용상황을 감독하는 일
3. 크레인을 사용하는 작업	가. 작업방법과 근로자 배치를 결정하고 그 작업을 지휘하는 일 나. 재료의 결함유무 또는 기구 및 공구의 기능을 점검하고 불량품을 제거하는 일 다. 작업 중 안전대 또는 안전모의 착용상황을 감시하는 일
⋮	(일부 생략)
18. 석면 해체·제거작업	가. 근로자가 석면분진을 들이마시거나 석면분진에 오염되지 않도록 작업방법을 정하고 지휘하는 업무 나. 작업장에 설치되어 있는 석면분진 포집장치, 음압기 등의 장비의 이상 유무를 점검하고 필요한 조치를 하는 업무 다. 근로자의 보호구 착용 상황을 점검하는 업무
⋮	(일부 생략)

작업의 종류	직무 수행 내용
20. 밀폐공간 작업	가. 산소가 결핍된 공기나 유해가스에 노출되지 않도록 작업 시작 전에 해당 근로자의 작업을 지휘하는 업무 나. 작업을 하는 장소의 공기가 적절한지를 작업 시작 전에 측정하는 업무 다. 측정장치·환기장치 또는 공기호흡기 또는 송기마스크 등을 작업 시작 전에 점검하는 업무 라. 근로자에게 공기호흡기 또는 송기마스크 등의 착용을 지도하고 착용 상황을 점검하는 업무

7 운용요령

1) 사업장 안전보건관리체제

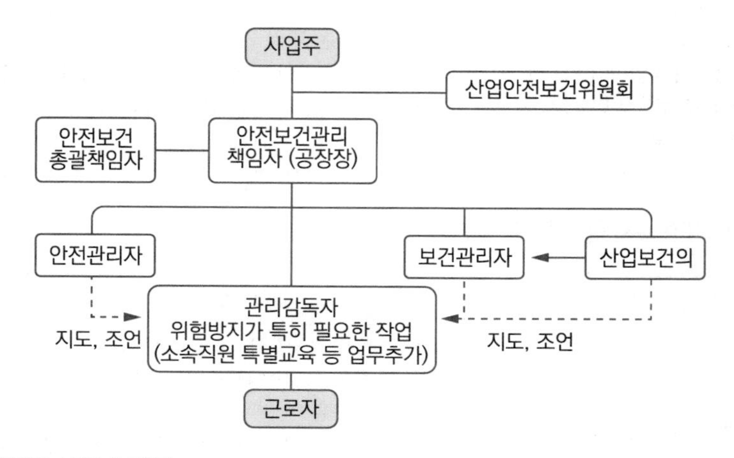

2) 직책별 선임과 직무

(1) 안전보건관리 책임자

① 업무(안전관리자 및 보건관리자를 지휘감독) ★★
- ㉠ 사업장의 산업재해예방계획의 수립에 관한 사항
- ㉡ 안전보건관리규정의 작성 및 변경에 관한 사항
- ㉢ 근로자에 대한 안전·보건교육에 관한 사항
- ㉣ 작업환경 측정 등 작업환경의 점검 및 개선에 관한 사항
- ㉤ 근로자의 건강진단 등 건강관리에 관한 사항
- ㉥ 산업재해의 원인조사 및 재발방지대책 수립에 관한 사항
- ㉦ 산업재해에 관한 통계의 기록 및 유지에 관한 사항
- ㉧ 안전장치 및 보호구 구입 시 적격품 여부 확인에 관한 사항
- ㉨ 그 밖에 근로자의 유해·위험방지조치에 관한 사항으로서 고용노동부령이 정하는 사항

예제

산업안전보건법상 안전보건관리책임자의 업무에 해당되지 않는 것은? (단, 그 밖에 근로자의 유해·위험 예방조치에 관한 사항으로서 고용노동부령으로 정하는 사항은 제외한다.)

① 근로자의 안전·보건교육에 관한 사항
② 사업장 순회점검·지도 및 조치에 관한 사항
③ 안전보건관리규정의 작성 및 변경에 관한 사항
④ 산업재해의 원인 조사 및 재발방지 대책 수립에 관한 사항

정답 ②

② 관리 책임자를 두어야 할 사업의 종류 및 규모

사업의 종류	규모
1. 토사석 광업 2. 식료품 제조업, 음료 제조업 3. 목재 및 나무제품 제조업; 가구 제외 4. 펄프, 종이 및 종이제품 제조업 5. 코크스, 연탄 및 석유정제품 제조업 6. 화학물질 및 화학제품 제조업; 의약품 제외 7. 의료용 물질 및 의약품 제조업 8. 고무제품 및 플라스틱제품 제조업 9. 비금속 광물제품 제조업 10. 1차 금속 제조업 11. 금속가공제품 제조업 ; 기계 및 가구 제외 12. 전자부품, 컴퓨터, 영상, 음향 및 통신장비 제조업 13. 의료, 정밀, 광학기기 및 시계 제조업 14. 전기장비 제조업 15. 기타 기계 및 장비 제조업 16. 자동차 및 트레일러 제조업 17. 기타 운송장비 제조업 18. 가구 제조업 19. 기타 제품 제조업 20. 서적, 잡지 및 기타 인쇄물 출판업 21. 해체, 선별 및 원료 재생업 22. 자동차 종합 수리업, 자동차 전문 수리업	상시 근로자 50명 이상
23. 농업 24. 어업 25. 소프트웨어 개발 및 공급업 26. 컴퓨터 프로그래밍, 시스템 통합 및 관리업 26의2. 영상·오디오물 제공 서비스업 27. 정보서비스업 28. 금융 및 보험업 29. 임대업; 부동산 제외 30. 전문, 과학 및 기술 서비스업(연구개발업은 제외한다) 31. 사업지원 서비스업 32. 사회복지 서비스업	상시 근로자 300명 이상
33. 건설업	공사금액 20억원 이상
34. 제1호부터 제26호까지, 제26호의2 및 제 27호부터 제33호까지의 사업을 제외한 사업	상시 근로자 100명 이상

(2) 관리감독자

<table>
<tr><td>정의</td><td>사업장의 생산과 관련되는 업무와 그 소속직원을 직접 지휘 감독하는 직위에 있는 사람</td></tr>
<tr><td>업무
내용</td><td>① 사업장내 관리감독자가 지휘·감독하는 작업과 관련된 기계·기구 또는 설비의 안전·보건점검 및 이상유무의 확인
② 관리감독자에게 소속된 근로자의 작업복·보호구 및 방호장치의 점검과 그 착용·사용에 관한 교육·지도
③ 해당 작업에서 발생한 산업재해에 관한보고 및 이에 대한 응급조치
④ 해당 작업의 작업장 정리·정돈 및 통로 확보에 대한 확인·감독
⑤ 사업장의 다음 각 목의 어느 하나에 해당하는 사람의 지도·조언에 대한 협조
㉠ 안전관리자 또는 안전관리자의 업무를 안전관리전문기관에 위탁한 사업장의 경우에는 그 안전관리전문기관의 해당 사업장 담당자
㉡ 보건관리자 또는 보건관리자의 업무를 보건관리전문기관에 위탁한 사업장의 경우에는 그 보건관리전문기관의 해당 사업장 담당자
㉢ 안전보건관리담당자 또는 안전보건관리담당자의 업무를 안전관리전문기관 또는 보건관리전문기관에 위탁한 사업장의 경우에는 그 안전관리전문기관 또는 보건관리전문기관의 해당 사업장 담당자
㉣ 산업보건의
⑥ 위험성평가에 관한 다음 각 목의 업무
㉠ 유해·위험요인의 파악에 대한 참여
㉡ 개선조치의 시행에 대한 참여
⑦ 그 밖에 해당 작업의 안전 및 보건에 관한 사항으로서 고용노동부령으로 정하는 사항</td></tr>
</table>

(3) 안전관리자

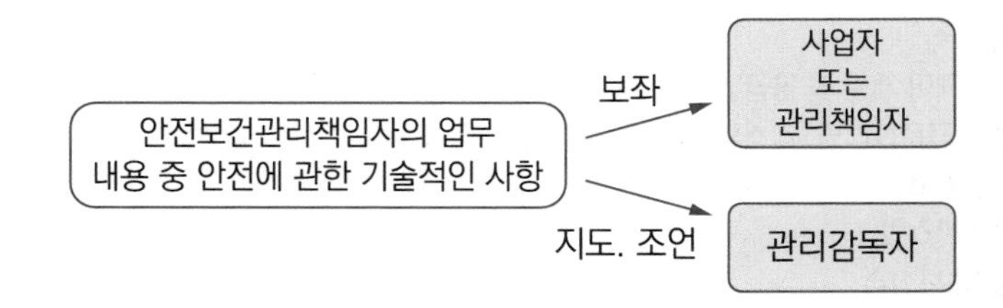

① 안전관리자를 두어야 하는 사업장의 상시근로자 수, 안전관리자 수 ★

사업의 종류	사업장의 상시근로자 수	안전관리자의 수
1. 토사석 광업 2. 식료품 제조업, 음료 제조업 3. 섬유제품 제조업; 의복 제외 4. 목재 및 나무제품 제조업; 가구 제외 5. 펄프, 종이 및 종이제품 제조업 6 코크스, 연탄 및 석유정제품 제조업 7. 화학물질 및 화학제품 제조업; 의약품 제외 8. 의료용 물질 및 의약품 제조업 9. 고무 및 플라스틱제품 제조업 10. 비금속 광물제품 제조업 11. 1차 금속 제조업 12. 금속가공제품 제조업; 기계 및 가구 제외	상시근로자 50명 이상 500명 미만	1명 이상

사업의 종류	사업장의 상시근로자 수	안전관리자의 수
13. 전자부품, 컴퓨터, 영상, 음향 및 통신장비 제조업 14. 의료, 정밀, 광학기기 및 시계 제조업 15. 전기장비 제조업 16. 기타 기계 및 장비 제조업 17. 자동차 및 트레일러 제조업 18. 기타 운송장비 제조업 19. 가구 제조업 20. 기타 제품 제조업 21. 산업용 기계 및 장비 수리업 22. 서적, 잡지 및 기타 인쇄물 출판업 23. 폐기물 수집, 운반, 처리 및 원료 재생업 24. 환경 정화 및 복원업 25. 자동차 종합 수리업, 자동차 전문 수리업 26. 발전업 27. 운수 및 창고업	상시근로자 500명 이상	2명 이상
28. 농업, 임업 및 어업 29. 제2호부터 제21호까지의 사업을 제외한 제조업 30. 전기, 가스, 증기 및 공기조절 공급업(발전업은 제외) 31. 수도, 하수 및 폐기물 처리, 원료 재생업(제23호 및 제24호에 해당하는 사업은 제외) 32. 도매 및 소매업 33. 숙박 및 음식점업 34. 영상·오디오 기록물 제작 및 배급업 35. 라디오 방송업 및 텔레비전 방송업 36. 우편 및 통신업 37. 부동산업 38. 임대업; 부동산 제외 39. 연구개발업40. 사진처리업 41. 사업시설 관리 및 조경 서비스업 42. 청소년 수련시설 운영업 43. 보건업 44. 예술, 스포츠 및 여가 관련 서비스업 45. 개인 및 소비용품수리업(제25호에 해당하는 사업은 제외) 46. 기타 개인 서비스업	상시근로자 50명 이상 1천명 미만. 다만, 제37호의 사업(부동산 관리업은 제외)과 제40호의 사업의 경우에는 상시근로자 100명 이상 1천명 미만으로 한다.	1명 이상
47. 공공행정(청소, 시설관리, 조리 등 현업업무에 종사하는 사람으로서 고용노동부장관이 정하여 고시하는 사람으로 한정) 48. 교육서비스업 중 초등·중등·고등 교육기관, 특수학교·외국인학교 및 대안학교(청소, 시설관리, 조리 등 현업업무에 종사하는 사람으로서 고용노동부장관이 정하여 고시하는 사람으로 한정)	상시근로자 1천명 이상	2명 이상

사업의 종류	사업장의 상시근로자 수	안전관리자의 수
49. 건설업	50억원 이상(관계수급인은 100억원 이상)~120억원 미만(토목공사업은 150억원 미만)	1명 이상
	120억원 이상(토목공사업은 150억 이상)~800억원 미만	1명 이상
	800억원 이상 1,500억원 미만	2명 이상
	1,500억원 이상 2,200억원 미만	3명 이상
	2,200억원 이상 3,000억원 미만	4명 이상
	3,000억원 이상 3,900억원 미만	5명 이상
	3,900억원 이상 4,900억원 미만	6명 이상
	4,900억원 이상 6,000억원 미만	7명 이상
	6,000억원 이상 7,200억원 미만	8명 이상
	7,200억원 이상 8,500억원 미만	9명 이상
	8,500억원 이상 1조원 미만	10명 이상
	1조원 이상	11명 이상 [매 2,000억원(2조원 이상부터는 매 3,000억원) 마다 1명씩 추가]

② 전담안전관리자 및 안전관리자의 업무 등 ★★★

전담안전관리자 선임대상사업장	① 안전관리자를 두어야 하는 사업 중 상시근로자 300명 이상을 사용하는 사업장 ② 건설업의 경우에는 공사금액이 120억원(토목공사업에 속하는 공사는 150억원) 이상인 사업장
안전관리자 증원 교체 임명 대상사업장(보건관리자, 안전보건관리 담당자 동일하게 적용)	① 해당 사업장의 연간 재해율이 같은 업종의 평균재해율의 2배 이상인 경우 ② 중대재해가 연간 2건 이상 발생한 경우(해당 사업장의 전년도 사망만인율이 같은 업종의 평균 사망만인율 이하인 경우는 제외)

안전관리자 증원 교체 임명 대상사업장(보건관리자, 안전보건관리 담당자 동일하게 적용)	③ 관리자가 질병이나 그 밖의 사유로 3개월 이상 직무를 수행할 수 없게 된 경우 ④ 화학적 인자로 인한 직업성질병자가 연간 3명 이상 발생한 경우. (이 경우 직업성질병자 발생일은 요양급여의 결정일로 한다.)
안전관리자의 업무	① 산업안전보건위원회 또는 안전·보건에 관한 노사협의체에서 심의·의결한 업무와 해당 사업장의 안전보건관리규정 및 취업규칙에서 정한 업무 ② 안전인증대상 기계 등과 자율안전확인 대상 기계 등 구입 시 적격품의 선정에 관한 보좌 및 지도·조언 ③ 위험성평가에 관한 보좌 및 지도·조언 ④ 해당 사업장 안전교육계획의 수립 및 안전교육 실시에 관한 보좌 및 지도·조언 ⑤ 사업장 순회점검·지도 및 조치의 건의 ⑥ 산업재해 발생의 원인 조사·분석 및 재발 방지를 위한 기술적 보좌 및 지도·조언 ⑦ 산업재해에 관한 통계의 유지·관리·분석을 위한 보좌 및 지도·조언 ⑧ 법 또는 법에 따른 명령으로 정한 안전에 관한 사항의 이행에 관한 보좌 및 지도·조언 ⑨ 업무수행 내용의 기록·유지 ⑩ 그 밖에 안전에 관한 사항으로서 고용노동부장관이 정하는 사항

(4) 보건관리자

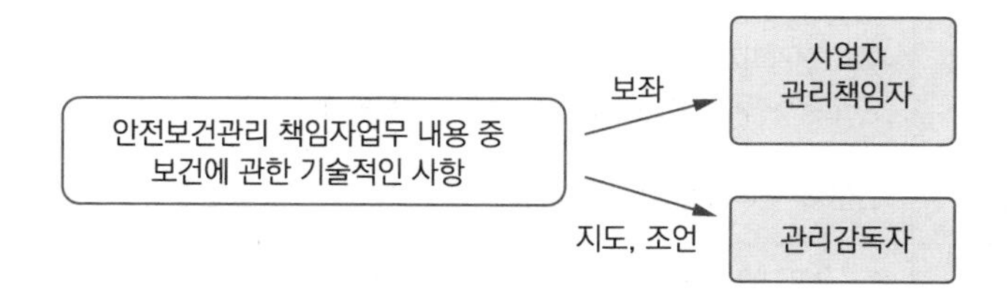

(5) 산업보건의

선임대상 사업장	상시 근로자 50명 이상을 사용하는 사업으로서 의사가 아닌 보건관리자를 두는 사업장
자격요건	의료법에 의한 의사로서 산업의학전문의, 예방의학전문의 또는 산업보건에 관한 학식과 경험이 있는 자
직무	① 건강진단실시 결과의 검토 및 그 결과에 따른 작업배치·작업 전환 또는 근로시간의 단축 등 근로자의 건강보호조치 ② 근로자의 건강장해의 원인조사와 재발방지를 위한 의학적 조치 ③ 그밖에 근로자의 건강유지 및 증진을 위하여 필요한 의학적 조치에 관하여 고용노동부장관이 정하는 사항

예제

다음 중 산업안전보건법령상 안전관리자의 직무에 해당되지 않는 것은? (단, 그 밖에 안전에 관한 사항으로서 고용노동부장관이 정하는 사항은 제외한다.)

① 업무수행 내용의 기록·유지
② 근로자의 건강관리, 보건교육 및 건강증진 지도
③ 안전분야에 한정된 산업재해에 관한 통계의 유지·관리를 위한 지도·조언
④ 법 또는 법에 따른 명령이나 안전보건관리규정 중 안전에 관한 사항을 위반한 근로자에 대한 조치의 건의

정답 ②

예제

다음 중 안전관리자 증원 교체임명 대상 사업장에 해당하지 않는 것은?

① 해당 사업장의 연간 재해율이 같은 업종의 평균재해율의 2배인 경우
② 중대재해가 연간 2건 발생한 경우
③ 관리자가 질병이나 그 밖의 사유로 4개월 직무를 수행할 수 없게 된 경우
④ 화학적 인자로 인한 직업성질병자가 연간 2명 발생한 경우

정답 ④

(6) 안전보건총괄책임자 ★★★

정의	도급인은 관계수급인 근로자가 도급인의 사업장에서 작업을 하는 경우에는 그 사업장의 안전보건관리책임자를 도급인의 근로자와 관계수급인 근로자의 산업재해를 예방하기 위한 업무를 총괄하여 관리하는 안전보건총괄책임자로 지정
대상 사업장	① 관계수급인에게 고용된 근로자를 포함한 상시 근로자가 100명(선박 및 보트 건조업, 1차 금속 제조업 및 토사석 광업의 경우에는 50명) 이상인 사업 ② 관계수급인의 공사금액을 포함한 해당 공사의 총공사금액이 20억원 이상인 건설업
직무	① 위험성 평가의 실시에 관한 사항 ② 산업재해가 발생할 급박한 위험이 있거나, 중대재해가 발생하였을 때에는 즉시 작업의 중지 ③ 도급 시 산업재해 예방조치 ④ 산업안전보건관리비의 관계수급인 간의 사용에 관한 협의·조정 및 그 집행의 감독 ⑤ 안전인정대상기계 등과 자율안전확인대상기계 등의 사용 여부 확인

(7) 안전보건관리담당자

안전·보건에 관하여 사업주를 보좌하고 관리감독자에게 조언·지도하는 업무 수행

선임대상 사업의 종류 및 규모	상시 근로자수가 20명 이상 50명 미만인 다음의 사업장에 1명 이상 선임 ① 제조업 ② 임업 ③ 하수, 폐수 및 분뇨 처리업 ④ 폐기물 수집, 운반, 처리 및 원료 재생업 ⑤ 환경 정화 및 복원업
자격요건 (해당사업장 소속근로자)	① 안전관리자의 자격을 갖출 것 ② 보건관리자의 자격을 갖출 것 ③ 고용노동부장관이 정하는 안전·보건교육을 이수하였을 것
겸임	안전보건관리 업무에 지장이 없는 범위에서 다른 업무를 겸할 수 있다.
업무	① (근로자)안전·보건교육 실시에 관한 보좌 및 지도·조언 ② 위험성평가에 관한 보좌 및 지도·조언 ③ 작업환경측정 및 개선에 관한 보좌 및 지도·조언 ④ 건강진단에 관한 보좌 및 지도·조언 ⑤ 산업재해 발생의 원인 조사, 산업재해 통계의 기록 및 유지를 위한 보좌 및 지도·조언 ⑥ 산업안전·보건과 관련된 안전장치 및 보호구 구입 시 적격품 선정에 관한 보좌 및 지도·조언

8 안전보건 개선계획 ★★★

수립 대상 사업장	① 산업재해율이 같은 업종의 규모별 평균 산업재해율보다 높은 사업장 ② 사업주가 필요한 안전조치 또는 보건조치를 이행하지 아니하여 중대재해가 발생한 사업장 ③ 직업성 질병자가 연간 2명 이상 발생한 사업장 ④ 유해인자의 노출기준을 초과한 사업장
포함되어야 할 사항	① 시설 ② 안전·보건관리체제 ③ 안전·보건교육 ④ 산업재해예방 및 작업환경 개선을 위하여 필요한 사항
안전보건 진단을 받아 개선 계획을 수립해야 하는 사업장	① 산업재해율이 같은 업종 평균 산업재해율의 2배 이상인 사업장 ② 사업주가 필요한 안전조치 또는 보건조치를 이행하지 아니하여 중대재해가 발생한 사업장 ③ 직업성 질병자가 연간 2명 이상(상시근로자 1천명 이상 사업장의 경우 3명 이상) 발생한 사업장 ④ 그 밖에 작업환경불량, 화재·폭발 또는 누출사고 등으로 사업장 주변까지 피해가 확산된 사업장으로서 고용노동부령으로 정하는 사업장

예제

다음 중 산업안전보건법령에 따라 사업주가 안전, 보건조치의무를 이행하지 아니하여 발생한 중대재해가 연간 1건이 발생하였을 경우 조치하여야 하는 사항에 해당하는 것은?

① 보건관리자 선임
② 안전보건개선계획의 수립
③ 안전관리자의 증원
④ 물질안전보건자료의 작성

정답 ②

안전보건진단을 받아 안전보건개선계획을 수립해야 하는 대상 사업장에 해당하지 않는 것은?

① 산업재해율이 같은 업종 평균 산업재해율의 2배 이상인 사업장
② 사업주가 필요한 안전조치 또는 보건조치를 이행하지 아니하여 중대재해가 발생한 사업장
③ 상시근로자 1천명 이상 사업장의 직업성 질병자가 연간 2명 이상 발생한 사업장
④ 그 밖에 작업환경 불량, 화재·폭발 또는 누출사고 등으로 사업장 주변까지 피해가 확산된 사업장으로서 고용노동부령으로 정하는 사업장

정답 ③

산업안전 산업기사

과목별 기출경향

- 위험성평가 관련 내용은 과목 및 출제기준 변경으로 신설된 사항이므로 기본적인 개념과 절차, 위험성 감소대책에 관한 내용이 중요
- 최근 신출문제 등 난도 높게 출제되는 경향이 있어 출제비중이 높은 핵심적인 내용 중심으로 정리가 필요함
- 개별적인 내용에서 포괄적인 내용의 보기들이 출제되므로 단순암기가 아닌 개념을 이해하는 학습방법이 필요함

과목별 예상 출제비율

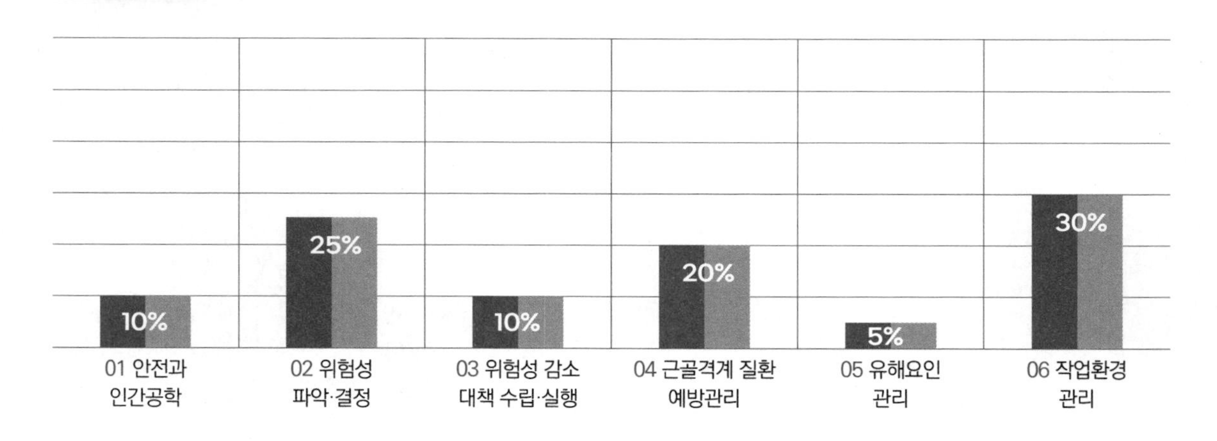

02

인간공학 및 위험성 평가관리

CHAPTER 01

안전과 인간공학

01 인간공학의 정의

1 정의 및 목적

1) 정의

(1) 인간이 편리하게 사용할 수 있도록 기계 설비 및 환경을 설계하는 과정을 인간공학이라 한다(인간의 편리성을 위한 설계).

(2) 표기 방법

① Ergonomics(그리스어의 ergon과 nomics의 합성어) : 「ergon(노동 또는 작업, work) + nomos(법칙 또는 관리, laws) + ics(학문 또는 학술)」인간의 특성에 맞게 일을 수행하도록 하는 학문
② Human Factor (인간요소) : 미국을 중심으로 사용
③ Human Engineering
④ Human Factors Engineering : 미국에서 가장 많이 사용

2) 목적

(1) 인간의 행동이나 능력 및 신체적인 특성을 고려한 작업환경과 시스템의 조화로운 설계

(2) 인간-기계 시스템의 효율성을 증대시키기 위한 기계기구 등의 효율적인 사용을 위한 설계

배치, 작업방법, 기계설비, 작업환경 등에서 근로자의 신체적 특성이나 행동이 고려된 시스템 디자인 ▶ 인간, 기계 및 작업 환경의 조화 극대화 ▶ 안전 및 작업능률 향상

2 배경 및 필요성

1) 배경

Taylor의 과학적관리법 (인간을 선발 훈련하여 적용) 기계 위주의 설계	▶	2차 세계대전 (인간의 능력과 한계를 고려) 인간 위주의 설계	▶	안전관리 인식의 변화 (인간공학적 작업 및 제품설계) 체계의 효율성 강조

2) 필요성

① 재해예방 및 안전성 향상
② 쾌적한 작업환경 조성
③ 생산성 및 품질 향상
④ 비용절감 등

3 작업관리와 인간공학

1) 작업관리의 개요 ★

(1) 작업의 구분

공정	⇒	단위작업	⇒	요소작업	⇒	동작요소	⇒	서블릭

(2) 작업관리의 정의

① 작업의 경제적인 면과 효율성에 영향을 줄수 있는 모든 요소 및 전반적인 사항을 검토하고 체계적으로 조사, 연구하여 생산성을 향상시키기 위한 모든 과정
② 작업현장에서 발생하는 비효율적인 부분과 불필요한 부분을 지속적으로 수정하고 개선해 가는 활동

2) 작업순서 작성방법

단계	작성방법
1	단위작업 결정(작업의 시작과 종료를 명확히 한다)
2	요소작업으로 분해(준비작업, 본작업, 뒤처리작업)
3	기본동작으로 분해(작업순서안을 작성)
4	작업순서안 검토 및 결정

4 사업장에서의 인간공학 적용분야

사업장에서의 인간공학의 효과	① 성능의 향상 ② 인력자원의 효율적인 활용 ③ 사고 및 오작동 등의 손실요인 감소 ④ 훈련비용의 절감
사업장에서의 인간공학 적용분야	① 작업설계와 조직의 변경 ② 작업관련 근골격계 질환 ③ 제품의 사용성 평가 ④ 육체작업 환경의 설계 ⑤ 핵발전소 제어실 설계 ⑥ 고기술 제품의 인터페이스 디자인

02 인간기계 체계

1 인간-기계 시스템의 정의 및 유형

1) 정의

주어진 입력으로부터 원하는 출력을 생성하기 위한 인간과 기계 및 부품의 상호작용으로 주목적은 안전의 최대화와 능률의 극대화 및 재해예방

2) 체계의 성격(자동제어의 종류)

개회로(Open loop control, Sequence control)	정의	지시대로 동작, 수정불가능, 정해진 순서에 따라 제어를 차례로 행하는 것
	분류	① 시한제어 : 제어의 순서와 제어 시간이 기억되어 정해진 제어 순서를 정해진 시간에 수행 ② 순서제어 : 제어 순서만이 기억되고 시간은 검출기에 의해 이루어지는 형태 ③ 조건제어 : 검출기의 종류에 따라 제어명령이 결정되는 형태
	효과	① 인원 대폭 감소 ② 같은 물건의 품질 균일화 ③ 생산 속도 증가 ④ 위험 방지 및 작업장 환경청결
폐회로(Closed loop control, feed back control, 궤환작업)	정의	① 제어결과를 측정하여 목표로하는 동작이나 상태와 비교하여 잘못된 점을 수정하여 나가는 제어방식(스스로 연속적인 조종 수행) ② 출력측의 일부를 입력측으로 돌리는 조작에 의해 제어량을 측정하여 기준치와 비교하여 오차를 자동으로 수정하여 항상 일정한 상태를 유지하는 방식(자동체계 및 감시체계)
	분류	① 서어보 기구(Serbo mechanism) : 물체의 위치, 방향, 자세 등의 기계적 변위 제어 ② 프로세서 제어(Process Control) : 온도, 유량, 압력, 습도, 밀도 등의 제어 ③ 자동조절(Automatic Regulation) : 전압, 주파수, 속도 등의 제어

3) 인간기계 시스템의 유형

(1) 유형 ★★★

수동 시스템	인간의 신체적인 힘을 동력원으로 사용하여 작업통제(동력원 및 제어 : 인간, 수공구나 기타 보조물로 구성) : 다양성 있는 체계로 역할 할 수 있는 능력을 최대한 활용하는 시스템
기계 시스템	① 반자동시스템, 변화가 적은 기능들을 수행하도록 설계(고도로 통합된 부품들로 구성되며 융통성이 없는 체계) ② 동력은 기계가 제공, 조정장치를 사용한 통제는 인간이 담당
자동 시스템	① 감지, 정보처리 및 의사결정 행동을 포함한 모든 임무 수행(완전하게 프로그램 되어야 함) ② 대부분 폐회로 체계이며, 신뢰성이 완전하지 못하여 감시, 프로그램 작성 및 수정 정비유지 등은 인간이 담당

(2) 인간전달함수의 결정

① 입력의 협소성　② 불충분한 직무묘사　③ 시점적 제약성

2 시스템의 특성

1) 인간 기계 기능 체계도 ★

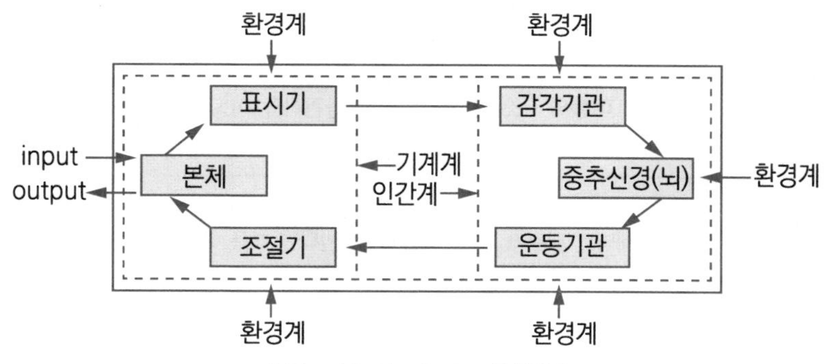

▲ Man-Machine System의 체계도

예제

인간-기계 시스템에 관한 설명으로 틀린 것은?

① 수동시스템에서 기계는 동력원을 제공하고 인간의 통제 하에서 제품을 생산한다.
② 기계시스템에서는 고도로 통합된 부품들로 구성되어 있으며, 일반적으로 변화가 거의 없는 기능들을 수행한다.
③ 자동시스템에서 인간은 감시, 정비, 보전 등의 기능을 수행한다.
④ 자동시스템에서 인간요소를 고려하여야 한다.

정답 ①

예제

인간-기계 통합 체계의 인간 또는 기계에 의해서 수행되는 기본 기능의 유형에 해당하지 않는 것은?

① 감지
② 환경
③ 행동
④ 정보보관

정답 ②

2) 체계의 기본기능 및 업무 ★★

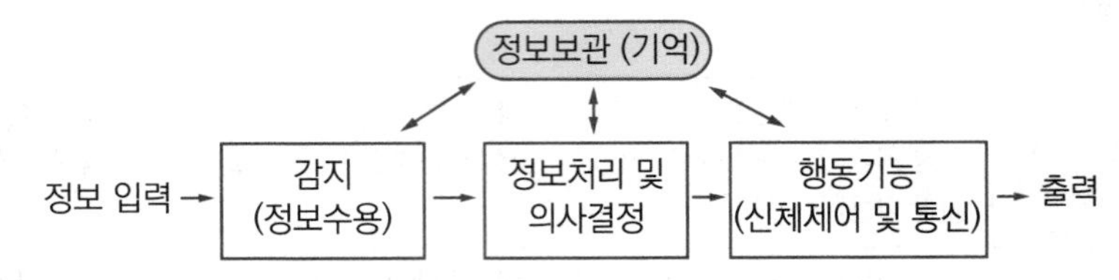

▲ 인간-기계체계의 인간의 기본기능의 유형

입력(Input)	① 원하는 결과를 얻기 위한 재료(물질 및 물체, 정보, 에너지 등)
감지 (Sensing)	① 정보입수의 과정 ② 인간의 감지기는 - 5관(감각기관) ③ 기계의 감지기는 - 전자, 사진장치, 자동개폐장치, 음파탐지기
정보보관 (Information storage)	① 인간 - 기억 ② 기계 - 펀치카드, 자기테이프, 기록, 자료표, 녹음테이프 ③ 저장방법 - 부호화, 암호화
정보처리 및 의사결정 (Information Processing Decision)	① 정보처리란 감지한 정보를 수행하는 여러 종류의 조작을 말한다. ② 인간의 심리적 정보처리 단계 ㉠ 회상 ㉡ 인식 ㉢ 정리(집적) ③ 프로그램 방법 ㉠ 치차(gear) ㉡ 캠(cam) ㉢ 전기전자회로 ㉣ 레버(lever) ㉤ 컴퓨터 ④ 인간의 정보처리 능력의 한계 - 0.5초
행동기능 (Action function)	① 결심, 결정된 결과에 따라 인간은 행동, 기계는 작동함 ② 물리적 행위 - 조정장치작동, 물체물건취급, 이동, 변경, 개조 행위 ③ 통신 행위 - 음성, 신호, 기록, 기호 등의 통신행위
출력 (Output)	① 제품의 변화, 제공된 용역(service), 전달된 통신과 같은 체계의 성과나 결과 ② 문제되는 체계가 많은 부품을 포함한다면 부품 하나의 출력은 다른 부품의 입력으로 작용

03 체계설계와 인간요소

1 목표 및 성능명세의 결정

1) 체계설계 시 고려사항

(1) 신체의 역학적 특성 및 인체측정학적인 특성

제품의 모양과 크기 등 물리적 특성에 관한 설계 시 필요

(2) 인간 요소적인 면 고려

사용자의 행동에 관한 특성 및 기기의 사용방법이나 순서 등

(3) 감성적인 특성에 관한 정보

즐거움과 기쁨 그리고 만족을 누릴 수 있는 인간의 감성적인 면

2) 체계 성능명세의 결정

① 체계의 성능명세란 목표달성을 위해 해야 하는 것을 상세하게 기록하는 것(체계의 설계 전 목적이나 존재 이유 등)
② 사용자 집단의 기술적인 면이나 특수한 환경적인 면 등을 고려
③ 사용상 필요로 하는 기능적인 면을 고려

3) 인간공학 연구 및 체계개발에 있어서의 기준(종속변수) ★★★

(1) 기준의 유형

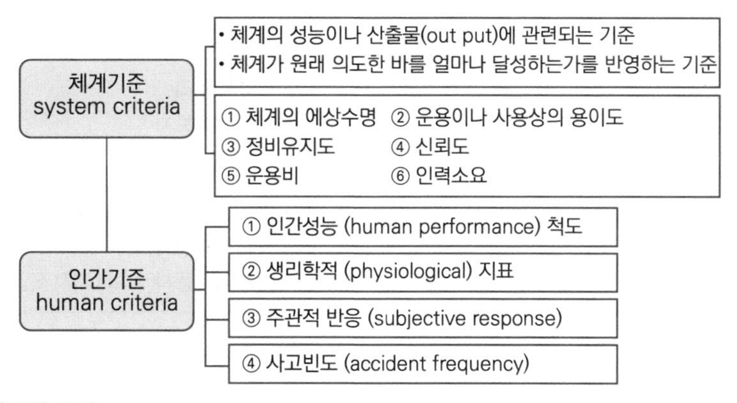

(2) 기준의 요건

적절성 (relevance)	기준이 의도된 목적에 적합하다고 판단되는 정도
무오염성	측정하고자 하는 변수 외의 영향이 없도록
기준척도의 신뢰성 (reliability of criterion measure)	척도의 신뢰성 즉 반복성(repeatability)
민감도 (sensitivity)	기대되는 차이에 비례하는 단위로 측정 가능

Key point

체계설계 과정의 주요단계

제1단계 : 목표 및 성능명세의 결정
제2단계 : 체계의 정의
제3단계 : 기본설계
제4단계 : 계면(인터페이스)설계
제5단계 : 촉진물 설계
제6단계 : 시험 및 평가

예제

인간-기계시스템의 설계 원칙으로 볼 수 없는 것은?

① 배열을 고려한 설계
② 양립성에 맞게 설계
③ 인체특성에 적합한 설계
④ 기계적 성능에 적합한 설계

정답 ④

인간공학 연구에 사용되는 변수의 유형

- 독립 변수 : 조명, 기기의 설계(design), 정보경로(channel), 중력
- 종속 변수(기준.Criterion) : 독립변수의 가능한 '효과'의 척도(반응시간 등)

예제

인간공학의 연구방법에서 인간-기계 시스템을 평가하는 척도로서 인간기준이 아닌 것은?

① 사고빈도
② 인간성능 척도
③ 객관적 반응
④ 생리학적 지표

정답 ③

예제

일반적으로 연구조사에 사용되는 기준 중 기준척도의 신뢰성이 의미하는 것은?

① 보편성
② 적절성
③ 반복성
④ 객관성

정답 ③

4) 체계분석 및 설계에 있어서 인간공학의 가치

① 성능의 향상
② 훈련비용의 절감
③ 인력 이용률의 향상
④ 생산 및 보전의 경제성 증대
⑤ 사고 및 오용으로부터의 손실 감소
⑥ 사용자의 수용도 향상

2 기본 설계

1) 체계의 형태가 갖추어지는 단계

2) 주요 인간공학 활동

(1) 기능할당(인간, 하드웨어, 소프트웨어) ★★★

① 인간과 기계의 기능비교(상대적 재능)

구분	인간이 기계보다 우수한 기능	기계가 인간보다 우수한 기능
감지기능	• 저에너지 자극감지 • 복잡 다양한 자극형태 식별 • 예기치 못한 사건 감지	• 인간의 정상적 감지 범위 밖의 자극 감지 • 인간 및 기계에 대한 모니터 기능 • 드물게 발생하는 사상 감지
정보저장	많은 양의 정보를 장시간보관	암호화 된 정보를 신속하게 대량보관
정보처리 및 결심	• 관찰을 통해 일반화 • 귀납적 추리 • 원칙적용 • 다양한 문제해결(정상적)	• 연역적 추리 • 정량적 정보처리
행동기능	과부하 상태에서는 중요한 일에만 전념	• 과부하 상태에서도 효율적 작동 • 장시간 중량작업 • 반복작업, 동시에 여러 가지 작업가능

예제

다음 중 인간이 기계보다 우수한 능력이 아닌 것은?

① 문제해결에 독창성 발휘
② 경험을 활용한 행동방향 개선
③ 단시간에 많은 양의 정보기억과 재생
④ 상황에 따라 변화하는 복잡한 자극의 형태 식별

정답 ③

예제

다음 중 기계와 비교하여 인간이 정보처리 및 결정의 측면에서 상대적으로 우수한 것은?

① 연역적 추리
② 관찰을 통한 일반화
③ 정량적 정보처리
④ 정보의 신속한 보관

정답 ②

② 구체적인 기능의 비교

인간이 기계보다 우수한 기능	기계가 인간보다 우수한 기능
① 매우 낮은 수준의 자극도 감지(감각기관) ② 수신상태가 불량한 음극선관(CRT)의 영상처럼 배경 '잡음' 이 심해도 자극(신호)을 감지 ③ 갑작스런 이상현상이나 예상치 못한 사건을 감지 ④ 많은 양의정보를 장기간 보관(기억) ⑤ 항공사진의 被사체나 음성처럼 상황에 따라 변하는 복잡한 자극형태 식별 ⑥ 보관된 정보를 회수(상기)하며, 관련된 수많은 정보 항목들을 회수(회수신뢰도는 낮다.) ⑦ 다양한 경험을 토대로 의사결정(상황에 따른 적응적 결정 및 비상시 임기응변 가능) ⑧ 운용 방법(mode of operation)실패시 다른 방법 선택 ⑨ 귀납적인 추리(관찰을 통하여 일반화) ⑩ 원칙을 적용, 다양한 문제 해결 ⑪ 주관적인 추산과 평가 ⑫ 전혀 다른 새로운 해결책 찾아냄 ⑬ 과부하 상황에서는 상대적으로 중요한 활동에만 전심 ⑭ 다양한 종류의 운용 요건에 따라 신체적인 반응을 적응	① 인간의 정상적인 감지 범위 밖의 자극을 감지(X선, 레이더파, 초음파 등) ② 연역적 추리(자극이 분류한 어떤 급에 속하는가를 판별하는 것처럼) ③ 사전에 명시된 사상이나 드물게 발생하는 사상을 감지 ④ 암호화된 정보를 신속하게 대량으로 보관 가능 ⑤ 구체적인 지시에 의해 암호화된 정보를 신속하고 정확하게 회수 ⑥ 정해진 프로그램에 의해 정량적인 정보처리 ⑦ 입력 신호에 신속하고 일관성 있게 반응 ⑧ 반복 작업의 수행에 높은 신뢰성 ⑨ 상당히 큰 물리적인 힘을 규율있게 발휘 ⑩ 장기간에 걸쳐 원만한 작업 수행(인간은 피로누적) ⑪ 물리적인 양을 계수 하거나 측정 ⑫ 여러 개의 프로그램된 활동 동시 수행 ⑬ 과부하 상태에서도 효율적으로 작동 ⑭ 주위가 소란해도 효율적으로 작동

▶ 상대적 장점의 요약 : 인간은 융통성 있으나 일관성 있는 작업수행이 어려우며, 기계는 일관성 있는 작업수행 가능하나 융통성이 없다.

③ 인간 기계 비교의 한계점

㉠ 일반적인 인간과 기계의 비교가 항상 적용되지 않는다.
㉡ 상대적인 비교는 항상 변하기 마련이다.
㉢ "최선의 성능"을 마련하는 것이 항상 중요한 것은 아니다.
㉣ 기능의 수행이 유일한 기준이 아니다.
㉤ 기능의 할당에서 사회적인 또 이에 관련된 가치들을 고려해 넣어야 한다.

(2) 직무분석(job analysis)

직무분석의 목적(설계단계)	① 보다 개선된 설계를 위하여 필요 ② 최종 설계에서의 명세(description) 마련
운용 순서도 (OSD)	① 직무 수행시 인간과 장비간의 상호작용을 도식적으로 묘사 ② 표준부호
직무분석 기법	① 관찰법 ② 면접법 ③ 설문지에 의한 방법 ④ 혼합방식

(3) 작업설계(인간의 가치기준) 시 고려할 사항

① 높은 수준의 작업만족도를 위해 → 수평적 작업 확대(job enlargement : 비슷한 업무 추가 및 단순반복성 제거하여 능률향상 기여) 및 수직적 작업 윤택화(job enrichment)의 개념에 관심 집중
② 인간요소적 접근방법 : 주로 능률이나 생산성을 강조
③ 작업설계 시의 딜레마(dilemma) → 작업능률과 작업만족의 기회 동시제공

예제

인간공학의 중요한 연구과제인 계면(interface)설계에 있어서 다음 중 계면에 해당되지 않는 것은?

① 작업공간
② 표시장치
③ 조종장치
④ 조명시설

정답 ④

3 계면설계

1) 계면설계 요소 ★

① 인간·기계 계면
② 인간·소프트웨어 계면
③ 포함사항
㉠ 작업공간 ㉡ 표시장치
㉢ 조정장치 ㉣ 제어(console) ㉤ 컴퓨터 대화(dialog) 등

4 촉진물 설계

1) 만족스러운 인간 성능을 향상시킬 보조물에 대한 계획

2) 포함사항

① 지시 수첩 ② 성능 보조자료 ③ 훈련도구와 계획

5 시험 및 평가

1) 평가의 의의

체계개발의 산물이 계획된 대로 작동하는지 알아보기 위해 산물들을 측정하는 것

2) 인간 요소적 평가

인간 성능에 관련된 산물의 적정성을 판단하기 위한 검토과정

실험절차	시험조건	피 실험자	충분한 반복횟수
성능척도(기준)가 있을 것	체계가 사용 될 때의 조건과 최대한 같도록	체계를 사용하게 될 사람과 같은 유형의 사람	믿을만한 결과를 위한 반복적인 관찰

6 감성공학

1) 정의

인간의 감성과 이미지를 설계요소에 접목시켜 감성을 만족시킬 수 있는 상품을 설계하는 기술

2) 감성공학과 인간 interface(계면)의 3단계 ★★

신체적(형태적) 인터페이스	인간의 신체적 또는 형태적 특성의 적합성 여부(필요조건)
지적 인터페이스	인간의 인지능력, 정신적 부담의 정도(편리 수준)
감성적 인터페이스	인간의 감정 및 정서의 적합성 여부(쾌적 수준)

04 인간요소와 휴먼에러

1 인간실수의 분류

1) 휴먼에러(인간실수)의 분류

(1) 스웨인(A.D.Swain)의 독립행동에 의한 분류 ★★★

생략에러(Omission error)	필요한 직무나 단계를 수행하지 않은(생략) 에러
착각수행에러 (Commission error)	직무나 순서 등을 착각하여 잘못 수행(불확실한 수행)한 에러
순서에러(Sequential error)	직무 수행과정에서 순서를 잘못 지켜(순서착오) 발생한 에러
시간적에러(Time error)	정해진 시간내 직무를 수행하지 못하여(수행지연)발생한 에러
불필요한 수행에러 (Extraneous error)	불필요한 직무 또는 절차를 수행하여 발생한 에러(과잉행동에러)

(2) 행동 과정을 통한 분류

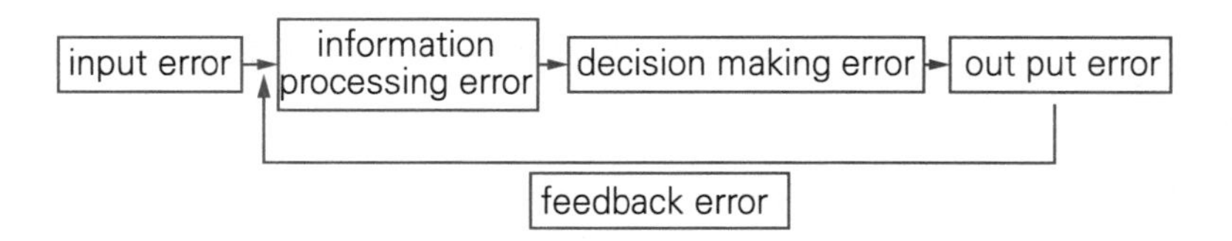

(3) 대뇌의 정보처리 에러

① 인지 과정 착오 : 확인 미스
② 판단 과정 착오 : 기억에 대한 실패
③ 조작 과정 실수 : 동작 도중의 실수

참고

인간기계시스템의 계면에서의 조화성은 3단계 인터페이스에서 이루어져야 한다.

예제

다음 중 인간-기계 인터페이스(human-machine interface)의 조화성과 가장 거리가 먼 것은?

① 인지적 조화성
② 신체적 조화성
③ 통계적 조화성
④ 감성적 조화성

정답 ③

(4) 원인의 레벨적 분류 ★★

Primary error	작업자 자신으로부터 발생한 에러(안전교육으로 예방)
Secondary error	작업형태, 작업조건 중에서 다른 문제가 발생하여 필요한 직무나 절차를 수행할 수 없는 에러
Command error	작업자가 움직이려 해도 필요한 물건, 정보, 에너지 등이 공급되지 않아서 작업자가 움직일 수 없는 상황에서 발생한 에러

(5) 리즌(Reason)의 분류 ★★★

의도되지 않은 행동 (숙련기반에러, Skill-based error)	실수(Slip)	부주의에 의한 실수
	건망증(Lapse)	기억실패에 의한 망각
의도된 행동	착각 (Mistake)	규칙기반에러(Rule-based error)
		지식기반에러(Knowledge-based error)
	위반 (Violation)	일상, 상황, 고의

2) 인간실수의 지향적 분류(Swain의 분류) ★★★

① 부작위 실수(omission error) : 직무의 한 단계 또는 전체 직무를 누락시킬 때 발생
② 작위 실수(commission error) : 직무를 수행하지만 잘못 수행할 때 발생(넓은 의미로 선택 착오, 순서 착오, 시간 착오, 정성적 착오 포함)

3) Human Error와 System Performance의 관계

(1) 시스템 성능과 인간과오의 관계

$$SP = F(HE) = HE \times K$$

여기서, SP : system performance, HE : Human Error, F : 함수, K : 상수

(2) 결과

$K \fallingdotseq 1$	Human Error가 System Performance에 중대한 영향을 일으키는 것
$K < 1$	Human Error가 System Performance에 대하여 잠재적인 Effect 내지 Risk를 주는 것
$K \fallingdotseq 0$	Human Error가 System Performance에 대하여 아무런 영향을 주지 않는 것

예제

라스무센(Rasmussen)의 인간행동 분류에 기초한 휴먼에러의 유형이 아닌 것은?

① 숙련기반에러(Skill-based error)
② 실행기반에러(Commission-based error)
③ 규칙기반에러(Rule-based error)
④ 지식기반에러(Knowledge-based error)

정답 ①

예제

안전교육을 받지 못한 신입직원이 작업 중 전극을 반대로 끼우려고 시도했으나, 플러그의 모양이 반대로는 끼울 수 없도록 설계되어 있어서 사고를 예방할 수 있었다. 다음 중 작업자가 범한 에러와 이와 같은 사고 예방을 위해 적용된 안전설계 원칙으로 가장 적합한 것은?

① 누락(omission) 오류, fool proof 설계원칙
② 누락(omission) 오류, fail safe 설계원칙
③ 작위(commission) 오류, fail safe 설계원칙
④ 작위(commission) 오류, fool proof 설계원칙

정답 ④

4) 의식 레벨의 5단계(에러 포텐셜의 단계구분) ★★★

Phase	의식의 상태 및 수준	주의의작용	생리적 상태	신뢰성	실수가능성
O	무의식, 실신, 의식단절	Zero	수면, 뇌발작	Zero	▪
I	의식둔화, 의식수준저하	Inactive	피로, 단조로움, 졸음	0.9 이하	빈발
II	Normal Relaxed 정상생활	Passive 마음의 내향성	안정기거, 휴식 시, 정상작업 시,	0.99~ 0.99999	일상 시 작업
III	Normal Clear 주의집중	Active 적극적, 주의의 폭이 넓음	적극 활동 시	0.999999 이상	최소
IV	Hypernormal Excited 주의의 일점집중현상	일점에 집중 판단 정지	긴급방위반응 panic	0.9 이하	최대

예제

의식의 레벨(phase)을 5단계로 구분할 때 의식의 신뢰도가 가장 높은 단계는?

① phase I
② phase II
③ phase III
④ phase IV

정답 ③

2 행태적 특성

1) 휴먼에러

(1) 분류

직접적, 간접적 분류	① 직접적 휴먼에러 ② 간접적 휴먼에러
행태적 분류	① 행동과정 ② 확인과정
원인적 분류	① 실수 ② 착오 ③ 위반

(2) 행태적 요소

① 연령 ② 성별 ③ 지능 ④ 능력 ⑤ 지식 ⑥ 숙련도 ⑦ 경험 ⑧ 신체조건 등

2) 휴먼에러의 행태적 분류

행동과정에서의 분류	① 불완전한 행동 : 규정에 따라 행동은 했으나 불완전하게 행동 ② 부적절한 행동 : 행동은 했으나 규정에 맞지 않는 행동 ③ 불이행한 행동 : 행동을 하지 아니함
확인과정에서의 에러	① 불완전한 확인 : 규정에 따라 확인은 했으나 불완전하게 확인 ② 부적절한 확인 : 확인은 했으나 규정에 맞지 않는 확인 ③ 불이행한 확인 : 확인을 하지 아니함

예제

5000개의 베어링을 품질검사하여 400개의 불량품을 처리 하였으나 실제로는 1000개의 불량 베어링이 있었다면 이러한 상황의 HEP(Human error probability)는?

① 0.12
② 0.08
③ 0.04
④ 0.16

정답 ①

3 인간실수 확률에 대한 추정기법

1) 인간실수의 측정

(1) 이산적 직무에서의 인간실수 확률 ★★

① 인간실수 확률(human error probability : HEP) : 특정한 직무에서 하나의 착오가 발생할 확률(할당된 시간은 내재적이거나 명시되지 않음)

$$HEP = \frac{\text{인간의 실수 수}}{\text{전체실수 발생기회의 수}}$$

② 직무의 성공적 수행확률(직무신뢰도)

$$1 - HEP$$

2) 인간실수 확률에 대한 추정기법 ★★

(1) 위급 사건 기법(critical incident technique : CIT)

① 위급 사건의 정보화 자료 : 예방수단 개발의 귀중한 실제 결함이나 행태적 특이성 반영 단서 제공
② 정보 수집을 위한 면접 : 위험했던 경험들을 확인
㉠ 사고나 위기 일발
㉡ 조작실수
㉢ 불안전한 조건과 관행 등

(2) 직무위급도 분석 (pickrel, et al.의 실수효과 심각성의 4등급)

① 안전 ② 경미 ③ 중대 ④ 파국적

(3) THERP(Technique for Human Error Rate Prediction)

① 인간실수율 예측기법(THERP)은 인간신뢰도 분석에서의 HEP에 대한 예측기법
② 인간신뢰도 분석 사건나무
㉠ 분석하고자 하는 작업을 기본적 행위로 분할하여 각 행위의 성공 또는 실패 확률을 결합하여 성공확률을 추정하는 정량적 분석방법

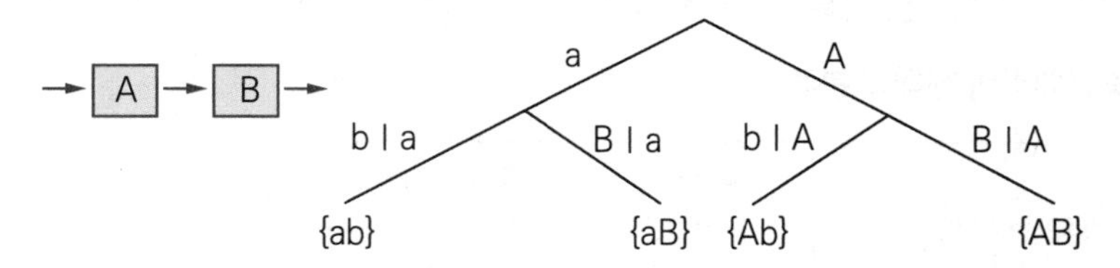

㉡ A가 먼저 수행되고 B가 수행되므로 작업 B에 대한 확률은 모두 조건부로 표현
㉢ 소문자는 작업의 성공, 대문자는 작업의 실패
㉣ 각 가지에 성공 또는 실패의 조건부 확률이 주어지면 각 경로의 확률계산 가능

(4) 조작자 행동나무(operator action tree : OAT)

① OAT접근방법 : ㉠ 감지   ㉡ 진단   ㉢ 반응
② 기본적 OAT

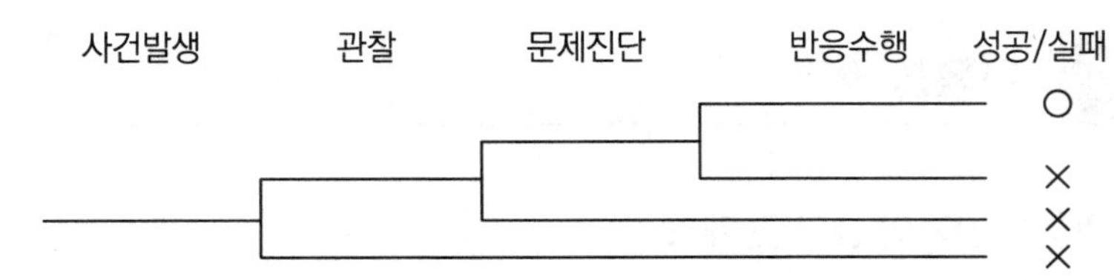

(5) 간헐적 사건의 결함나무 분석(fault tree analysis : FTA)

기초결함 집합의 영향이 논리적 AND나 OR gate를 통해 명시된 전체체계 실패에 이를 때까지 전파

(6) 인간신뢰도 예측을 위한 컴퓨터 모의실험

① Monte Carlo 모의실험
② 확정적 모의실험

4 인간실수 예방기법

인적요인	① 소집단 활동(위험예지활동) ② 작업의 모의훈련 ③ 작업에 관한 교육훈련과 작업 전 회의
설비 및 작업 환경적 요인	① 인체 측정치의 적합화 ② 위험요인의 제거 ③ Fool proof, Fail safe 시스템 ④ 경보시스템 정비 ⑤ 정보의 피드백 ⑥ 가시성 고려 ⑦ 양립성 고려
관리적 요인	① 안전에 관한 분위기 조성 ② 환경, 시스템 등이 인간의 특성에 맞는지 점검 및 분석하고 지속적으로 개선 유지

CHAPTER 02

위험성 파악 · 결정

01 위험성 평가

1 위험성 평가의 정의 및 개요

1) 정의 ★

위험성 평가	사업주가 스스로 유해·위험요인을 파악하고 해당 유해·위험요인의 위험성 수준을 결정하여, 위험성을 낮추기 위한 적절한 조치를 마련하고 실행하는 과정
유해·위험요인	유해·위험을 일으킬 잠재적 가능성이 있는 것의 고유한 특징이나 속성
위험성	유해·위험요인이 사망, 부상 또는 질병으로 이어질 수 있는 가능성과 중대성 등을 고려한 위험의 정도

2) 개요

(1) 위험성 평가의 특징

① 산업재해를 사전에 예방하는 자기규율 예방체계의 핵심수단
② 사업주와 근로자가 함께 참여하여 개선해 가는 과정
③ 위험성의 수준을 판단하고 결정만 하는 것이 아니라 개선대책을 수립하고 시행하는 지속적인 과정

(2) 위험성 평가의 실시

① 사업주는 건설물, 기계·기구·설비, 원재료, 가스, 증기, 분진, 근로자의 작업행동 또는 그 밖의 업무로 인한 유해·위험 요인을 찾아내어
② 부상 및 질병으로 이어질 수 있는 위험성의 크기가 허용가능한 범위인지를 평가하여야 하고,
③ 그 결과에 따라 법에 따른 명령에 따른 조치를 하여야 하며,
④ 근로자에 대한 위험 또는 건강장해를 방지하기 위하여 필요한 경우에는 추가적인 조치를 하여야 한다.

(3) 위험성 평가의 절차 ★★★

사전준비	① 실시규정 작성 ② 위험성 수준과 그 수준을 판단하는 기준 확정 ③ 허용가능한 위험성의 수준 확정 ④ 사업장 안전보건정보 활용(재해사례, 재해통계, 작업표준, 작업절차, MSDS, 작업환경 측정 등에 관한 정보)
유해·위험요인 파악	방법 : ① 사업장 순회 점검(특별한 사정이 없으면 포함) ② 근로자들의 상시적 제안 ③ 설문조사·인터뷰 등 청취조사 ④ 안전보건 체크리스트 ⑤ MSDS 등 안전보건자료에 의한 방법 등
위험성 결정	① 위험성 수준 판단 및 결정 ② 허용가능한 위험성의 판단 및 결정
위험성 감소대책 수립 및 실행	위험성의 수준, 영향을 받는 근로자 수 및 다음 순서를 고려하여 대책 수립 및 실행 ① 위험한 작업의 폐지·변경, 유해·위험물질 대체 등의 조치 또는 설계나 계획 단계에서 위험성을 제거 또는 저감하는 조치 ② 연동장치, 환기장치 설치 등의 공학적 대책 ③ 사업장 작업절차서 정비 등의 관리적 대책 ④ 개인용 보호구의 사용
위험성 평가 실시 내용 및 결과에 관한 기록 및 보존	① 위험성 평가 대상의 유해·위험요인 ② 위험성 결정의 내용 ③ 위험성 결정에 따른 조치의 내용 ④ 그 밖에 위험성 평가의 실시내용을 확인하기 위하여 필요한 사항으로서 고용노동부장관이 정하여 고시하는 사항(위험성 평가를 위해 사전조사 한 안전보건정보, 그 밖에 사업장에서 필요하다고 정한 사항) * 보존기간 : 3년간 보존
위험성 평가의 공유	다음 사항을 게시 또는 작업전안전점검회의(TBM)등의 방법으로 공유 ① 근로자가 종사하는 작업과 관련된 유해·위험요인 ② 유해·위험요인의 위험성 결정 결과 ③ 유해·위험요인의 위험성 감소대책과 그 실행 계획 및 실행 여부 ④ 위험성 감소대책에 따라 근로자가 준수하거나 주의하여야 할 사항

Key point

상시근로자 5인 미만 사업장(건설공사의 경우 1억원 미만)의 경우 사전준비는 생략할 수 있다.

예제

위험성 평가 절차로 옳은 것은?

① 사전준비 → 위험성 결정 → 유해위험요인 파악 → 위험성 감소대책 수립 및 실행 → 위험성 평가 실시내용 및 결과에 관한 기록 및 보존
② 사전준비 → 유해·위험요인 파악 → 위험성 결정 → 위험성 감소대책 수립 및 실행 → 위험성 평가 실시내용 및 결과에 관한 기록 및 보존
③ 사전준비 → 유해·위험요인 파악 → 위험성 결정 → 위험성 평가 실시내용 및 결과에 관한 기록 및 보존 → 위험성 감소대책 수립 및 실행
④ 사전준비 → 위험성 결정 → 유해·위험요인 파악 → 위험성 평가 실시내용 및 결과에 관한 기록 및 보존 → 위험성 감소대책 수립 및 실행

정답 ②

2 평가대상 선정 ★

위험성 평가 대상	① 위험성 평가의 대상이 되는 유해·위험요인은 업무 중 근로자에게 노출된 것이 확인되었거나 노출될 것이 합리적으로 예견 가능한 모든 유해·위험요인(다만, 매우 경미한 부상 및 질병만을 초래할 것으로 명백히 예상되는 유해·위험요인은 평가 대상에서 제외) ② 사업장 내 부상 또는 질병으로 이어질 가능성이 있었던 상황(아차사고)을 확인한 경우에는 해당 사고를 일으킨 유해·위험요인을 위험성 평가의 대상에 포함 ③ 중대재해가 발생한 때에는 지체 없이 중대재해의 원인이 되는 유해·위험요인에 대해 위험성 평가를 실시하고, 그 밖의 사업장 내 유해·위험요인에 대해서는 위험성 평가 재검토를 실시
위험성 평가 대상 선정	사업장의 공정, 작업, 장소, 기계·기구, 물질, 부품, 작업행동, 가스, 분진 등을 꼼꼼히 살펴보고, 그간 있었던 산업재해나 아차사고 등을 고려하여 위험성 평가 대상을 선정

3 평가항목

위험성 평가 항목	① 평가항목을 작성할 때는 위험한 상황에 노출되는 현장 근로자의 아차사고, 위험을 느꼈던 순간 등 경험을 반영하도록 하고, 우리 사업장의 안전보건 자료 등도 참고 ② 체크리스트 항목을 가지고 현장을 점검하다가 누락된 사항이 발견 되면, 수시로 평가항목을 추가하여 지속적으로 활용

4 관련법에 관한 사항

1) 위험성 평가 방법(한 가지 이상 선정) ★★★

① 위험 가능성과 중대성을 조합한 빈도·강도법
② 체크리스트(Checklist)법
③ 위험성 수준 3단계(저·중·고) 판단법
④ 핵심요인 기술(One Point Sheet)법
⑤ 그 외 공정안전보고서 위험성 평가 기법[위험과운전분석(HAZOP), 결함수분석(FTA), 사건수분석(ETA) 등]

2) 위험성 평가의 실시시기 ★★★

최초평가	사업장 성립(사업개시·실 착공일) 이후 1개월 이내 착수
수시평가	기계·기구 등의 신규 도입·변경 등으로 인한 추가적 유해·위험요인에 대해 실시
정기평가	매년 전체 위험성 평가 결과의 적정성을 재검토하고, 필요시 감소대책 시행
상시평가	월·주·일 단위의 주기적 위험성 평가 및 결과 공유·주지 등의 조치를 실시하는 경우 수시·정기평가를 실시한 것으로 간주

예제

위험성 평가의 실시시기에 관한 설명으로 틀린 것은?

① 사업이 성립된 날(사업 개시일, 실착공일)로부터 3개월이 되는 날까지 위험성 평가의 대상이 되는 유해·위험요인에 대한 최초 위험성 평가의 실시에 착수하여야 한다.
② 기계·기구 등의 신규 도입·변경이나, 중대산업사고 또는 산업재해 발생 등으로 인한 추가적인 유해·위험요인이 생기는 경우에는 해당 유해·위험요인에 대한 수시 위험성 평가를 실시하여야 한다.
③ 매월·매주·매 작업일마다 주기적으로 상시적인 위험성 평가를 이행하고, 결과 공유·주지 등의 조치를 실시하는 경우 수시평가와 정기평가를 실시한 것으로 본다.
④ 최초 위험성 평가의 결과에 대한 적정성을 1년마다 정기적으로 재검토(정기평가)한 후 필요시 위험성 감소대책을 수립하여 실행하여야 한다.

정답 ①

3) 위험성 평가 인정

인정신청 대상 사업장	① 상시 근로자 수 100명 미만 사업장(건설공사 제외) ② 총 공사금액 120억원(토목공사는 150억원) 미만의 건설공사
인정심사 항목	① 사업주의 관심도 ② 위험성 평가 실행수준 ③ 구성원의 참여 및 이해 수준 ④ 재해발생 수준

02 시스템 위험성 추정 및 결정

1 시스템 위험성 분석 및 관리

1) 위험성의 분류 ★★★

범주 I	파국적(catastrophic : 대재앙)	인원의 사망 또는 중상, 또는 완전한 시스템 손실
범주 II	위기적(critical : 심각한)	인원의 상해 또는 중대한 시스템의 손상으로 인원이나 시스템 생존을 위해 즉시 시정조치 필요
범주 III	한계적(marginal : 경미한)	인원의 상해 또는 중대한 시스템의 손상 없이 배제 또는 제어 가능
범주 IV	무시(negligible : 무시할만한)	인원의 손상이나 시스템의 손상은 초래하지 않는다.

2) 시스템 안전공학

(1) 시스템이란(체계의 특성) ★★

① 여러 개의 요소, 또는 요소의 집합에 의해 구성되고(집합성)
② 그것이 서로 상호관계를 가지면서(관련성)
③ 정해진 조건하에서
④ 어떤 목적을 달성하기 위해 작용하는 집합체(목적 추구성)

(2) 시스템 안전이란

어떤 시스템에서 기능, 시간, 코스트 등의 제약조건하에서 설비나 인원 등이 받을 수 있는 상해나 손상을 최소화시키는 것

예제

시스템의 성능 저하가 인원의 부상이나 시스템 전체에 중대한 손해를 입히지 않고 제어가 가능한 상태의 위험 강도는?

① 범주 1 : 파국적
② 범주 2 : 위기적
③ 범주 3 : 한계적
④ 범주 4 : 무시

정답 ③

Key point

시스템의 구성 요소

일하는 사람과 재료, 부품, 기계, 설비 등

시스템이 목적하는 기능

① 정보의 전달
② 물건 또는 에너지의 생산
③ 사람, 물건, 에너지의 이송 등

예제

시스템의 수명주기 중 PHA기법이 최초로 사용되는 단계는?

① 생산단계
② 정의단계
③ 개발단계
④ 구상단계

정답 ④

(3) 시스템의 수명주기 ★★

단계	안전관련활동
구상 (concept)	시작단계로 시스템의 사용목적과 기능, 기초적인 설계사항의 구상, 시스템과 관련된 기본적 사항 검토 등(PHA)
정의 (definition)	시스템개발의 가능성과 타당성 확인, SSPP 수행, 위험성 분석의 종류 결정 및 분석, 생산물의 적합성 검토, 시스템 안전 요구사양 결정 등
개발 (development)	시스템개발의 시작단계, 제품생산을 위한 구체적인 설계사항 결정 및 검토, FMEA진행 및 신뢰성공학과의 연계성 검토, 시스템의 안전성 평가, 생산계획추진의 최종결정 등
생산 (production)	품질관리 부서와의 상호협력, 안전교육의 시작, 설계변경에 따른 수정작업, 이전 단계의 안전수준이 유지되는지 확인 등
배치 및 운용 (deployment)	시스템 운용 및 보전과 관련된 교육 실행, 발생한 사고, 고장, 사건 등의 자료수집 및 조사, 운용활동 및 프로그램 절차의 평가, 안전점검기준에 따른 평가 등
폐기 (disposal)	정상적 시스템 수명후의 폐기절차와 긴급 폐기절차의 검토 및 감시 등 (시스템의 유해위험성이 있는 부분의 폐기절차는 개발단계에서 검토)

(4) 시스템 안전 달성(시스템 안전 설계 원칙) 단계 ★

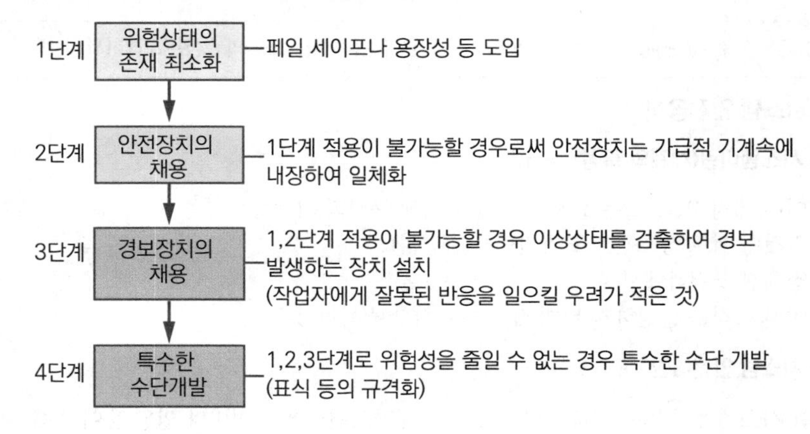

3) 위험요소 및 운전성 검토(Hazard & Operability Review : HAZOP)

(1) 검토의 원리 및 개념 ★

① 위험 및 운전성 검토 - "합성경험"을 제공하는 방법
② 5~7명의 각 분야별 전문가와 안전기사로 구성된 팀원들이 상상력을 동원하여 유인어(guide-word)로서 위험요소를 점검(공정에 존재하는 위험 요소들과 공정의 효율을 떨어뜨릴 수 있는 운전상의 문제점을 찾아내어 그 원인을 제거하는 방법)
③ 용어정리

의도(Intention)	어떤 부분이 어떻게 작동될 것으로 기대된 것을 의미
이상(Deviations)	의도에서 벗어난 것을 의미하며 유인어 적용으로 얻어진다.
원인(Causes)	이상이 발생하게 된 원인, 이상이 발생하거나 현실적인 원인이 있을 경우 의미 있는 것으로 취급
결과(Consequences)	이상이 발생할 경우 그것으로 인한 결과
위험(Hazard)	손상이나 부상 또는 손실을 초래할 수 있는 결과
유인어(Guide Words)	간단한 말로 창조적인 사고를 유도하고 자극하여 이상발견을 위해 의도를 한정하기 위해 사용

(2) 목적

① 원하지 않는 결과를 초래할 수 있는 공정(화학공장)상의 문제여부를 확인하기 위해 체계적인 방법으로 공정이나 운전방법을 상세하게 검토해 보기 위함
② 위험요소를 예측하고 새로운 공정에 대한 가동문제를 예측하는데 사용

(3) 유인어 ★★★

① 설계의 각 부분의 완전성을 검토(test)하기 위해 만들어진 질문들이 설계의도로부터 설계가 벗어날 수 있는 모든 경우를 검토해 볼 수 있도록 하기 위한 것
② 유인어의 의미

가이드 워드		정 의
No, Not or None	없음	설계의도에 완전히 반하여 변수의 양이 없는 상태(설계의도의 완전한 부정)
More	증가	변수가 양적으로 증가되는 상태(정량적 증가)
Less	감소	변수가 양적으로 감소되는 상태(정량적 감소)
Reverse	반대	설계의도와 정반대로 나타나는 상태(설계의도의 논리적인 역)
As well as	부가	설계의도 외에 다른 변수가 부가되는 상태(성질상의 증가)
Parts of	부분	설계의도대로 완전히 이루어지지 않는 상태(성질상의 감소)
Other than	기타	설계의도대로 설치되지 않거나 운전 유지되지 않는 상태(완전한 대체의 필요)

예제

다음 중 HAZOP 기법에서 사용하는 가이드워드와 그 의미가 잘못 연결된 것은?

① Other than : 기타 환경적인 요인
② More/Less : 정량적인 증가 또는 감소
③ Part of : 성질상의 감소
④ As well as : 성질상의 증가

정답 ①

4) 위험분석 및 작업표준

(1) 작업표준

① 작업표준의 목적
　㉠ 위험요인 제거
　㉡ 손실요인 제거
　㉢ 작업의 효율화

② 작업표준의 작성순서

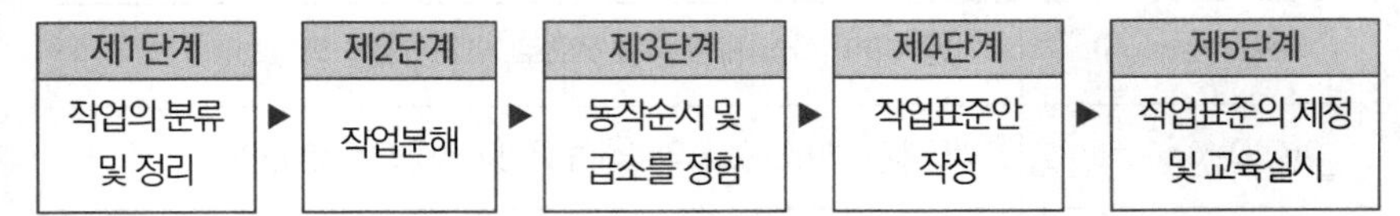

③ 작업표준의 4가지 조건
　㉠ 안전　　㉡ 능률
　㉢ 원가　　㉣ 품질

(2) 작업분석 ★

정의	작업자를 중심으로 한 작업공정을 표준화하기 위하여 일정의 기호를 사용하여 작업, 이동, 검사 등을 분석하는 것(작업공정 분석표)
목적	① 작업공간의 개선　② 작업순서의 개선 ③ 작업자의 작업동작 개선　④ 표준작업의 제도화
방법 (E.C.R.S)	① Eliminate(제거)　② Combine(결합) ③ Rearrange(재조정)　④ Simplify(단순화)

(3) 위험률 및 치명성 분석

① 위험률 : 현장에서 발생하는 여러 종류의 위험에 대하여 그 위험성의 정도를 정량적으로 표현하기 위해 사용하는 방법

위험률＝사고발생빈도×손실(위험의 크기)

② 치명성 분석 : 주어진 시간에서 최정상 사건의 확률과 관련된 부정적 유틸리티의 기대치(작업손실일수)

치명성(C)＝P(확률)×E(사건의 기대 비용)

2 위험 분석기법

1) 예비 사고 분석 (Preliminary Hazards Analysis : PHA) ★★

(1) PHA는 모든 시스템 안전 프로그램의 최초단계의 분석으로서 시스템 내의 위험 요소가 얼마나 위험한 상태에 있는가를 정성적으로 평가하는 것이다.(공정 또는 설비 등에 관한 상세한 정보를 얻을 수 없는 상황에서 위험물질과 공정 요소에 초점을 맞추어 초기위험을 확인하는 방법)

(2) PHA의 목적

시스템 개발 단계에 있어서 시스템 고유의 위험상태를 식별하고 예상되는 재해의 위험 수준을 결정하는 것이다.

(3) PHA의 실시방법

시기	가급적 빠른 시기 즉 시스템 개발 단계에 실시하는 것이 불필요한 설계변경 등을 회피하고 보다 효과적으로 경제적인 시스템의 안전성을 확보할 수 있다.
기법	① 체크리스트에 의한 방법 ② 경험에 따른 방법 ③ 기술적 판단에 기초하는 방법
목표 달성	① 시스템에 관한 주요한 모든 사고식별(대략적인 말로 표시, 발생확률미고려) ② 사고를 초래하는 요인식별 ③ 사고가 생긴다는 가정하에 시스템에 발생하는 결과를 식별하여 평가 ④ 식별된 사고를 4가지 범주(카테고리)로 분류 (㉠ 파국적 ㉡ 위기적(중대) ㉢ 한계적 ㉣ 무시가능)

2) FHA

(1) Fault Hazard Analysis의 정의

① 복잡한 시스템에서는 몇 개의 공동 계약자가 서브 시스템을 분담하고 통합 계약업자가 그것을 통합하는 경우가 있는데 FHA는 이런 경우의 서브 시스템의 분석에 사용되는 분석법이다.

② 내용적으로는 FMEA를 간소화한 것으로 생각할 수 있으나 FMEA와 비교하면 통상 대상으로 하는 요소는 그것이 고장난 경우에 직접 재해 발생으로 연결되는 것 밖에 없다.

(2) FHA의 기재사항

① 서브 시스템의 요소
② 그 요소의 고장형
③ 고장형에 대한 고장률
④ 요소 고장 시 시스템의 운용형식
⑤ 서브 시스템에 대한 고장의 영향
⑥ 2차 고장
⑦ 고장형을 지배하는 뜻밖의 일
⑧ 위험성의 분류
⑨ 전 시스템에 대한 고장의 영향
⑩ 기타 추가 사항

예제

다음 중 시스템 내에 존재하는 위험을 파악하기 위한 목적으로 시스템 설계 초기 단계에 수행되는 위험분석 기법은?

① SHA
② FMEA
③ MORT
④ PHA

정답 ④

예제

시스템 위험분석 기법 중 고장형태 및 영향분석(FMEA)에서 고장 등급의 평가요소에 해당되지 않는 것은?

① 고장발생의 빈도
② 고장의 영향 크기
③ 기능적 고장 영향의 중요도
④ 영향을 미치는 시스템의 범위

해설 고장등급의 결정방법(평가요소)

다음의 평가요소 중 선택하여 고장 평점을 계산하고 등급을 결정
C_1 : 기능적 고장의 영향의 중요도
C_2 : 영향을 미치는 시스템의 범위
C_3 : 고장 발생의 빈도
C_4 : 고장 방지의 가능성
C_5 : 신규 설계의 정도

정답 ②

예제

FMEA에서 고장의 발생확률 β가 다음 값의 범위일 경우 고장의 영향으로 옳은 것은?

[$0.10 \le \beta < 1.00$]

① 실제 손실이 예상됨
② 손실의 영향이 없음
③ 실제 손실이 발생됨
④ 손실 발생의 가능성이 있음

정답 ①

3) FMEA

(1) 고장형과 영향 분석(Failure Mode and Effect Analysis)의 개요 ★★★

시스템 안전 분석에 이용되는 전형적인 정성적 귀납적 분석방법으로 시스템에 영향을 미치는 전체요소의 고장을 형별로 분석하여 그 영향을 검토하는 것(각 요소의 1형식 고장이 시스템의 1영향에 대응)

(2) 시스템에 영향을 미치는 요소 고장의 분류

① 개로 또는 개방의 고장
② 폐로 또는 폐쇄의 고장
③ 기동의 고장
④ 정지의 고장
⑤ 운전계속의 고장
⑥ 오동작의 고장 등

(3) FMEA의 특징 ★

① CA(criticality analysis) 와 병행하는 일이 많다.
② FTA보다 서식이 간단하고 적은 노력으로 특별한 훈련 없이 분석이 가능하다.
③ 논리성이 부족하고 각 요소간의 영향 분석이 어려워 동시에 두 가지 이상의 요소가 고장날 경우 분석이 곤란하다.
④ 요소가 통상 물체로 한정되어 있어 인적원인의 규명이 어렵다.
⑤ 시스템 안전 해석 시에는 시스템에서 단계나 평가의 필요성 등에 의해 FTA 등을 병용해 가는 것이 실재적인 방법이다.

(4) FMEA의 실시절차

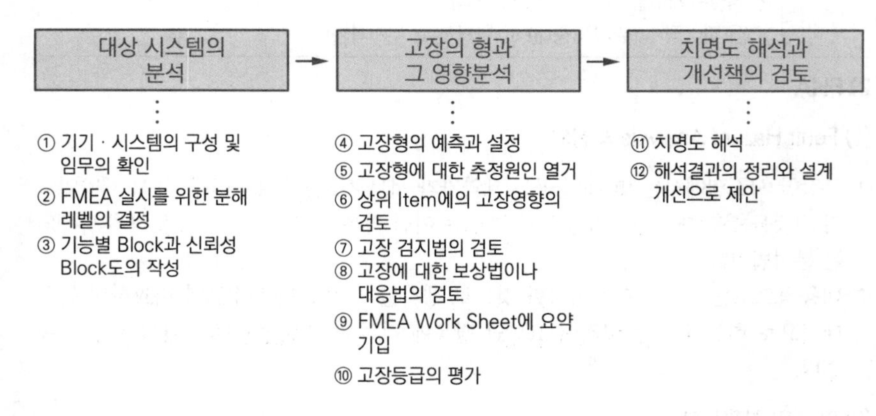

(5) 고장의 영향 분류 ★

영향	발생확률(β)
실제의 손실	$\beta = 1.00$
예상되는 손실	$0.10 \le \beta < 1.00$
가능한 손실	$0 < \beta < 0.10$
영향없음	$\beta = 0$

4) ETA(Event Tree Analysis)

(1) 정의 ★

① 사상의 안전도를 사용한 시스템의 안전도를 나타내는 시스템 모델의 하나로 귀납적이기는 하나 정량적인 해석 기법(초기사건으로 알려진 특정한 장치의 이상 또는 운전자의 실수에 의해 발생되는 잠재적인 사고결과를 정량적으로 평가·분석하는 방법)
② 종래의 지나치기 쉬웠던 재해의 확대요인의 분석 등에 적합

(2) 이벤트 트리의 작성법 ★★

① 시스템 다이어그램에 의해 좌에서 우로 진행
② 각 요소를 나타내는 시점에 있어서 통상 성공사상은 상방에, 실패사상은 하방에 분기
③ 분기마다 그 발생확률을 표시
④ 최후에 각각의 곱의 합으로 해서 시스템의 신뢰도 계산
⑤ 분기된 각 사상의 확률의 합은 항상 1이다.

(3) 디시젼 트리가 재해의 분석에 사용되는 경우에는 이벤트 트리(Event Tree)라고 부를 때도 있다. 이 경우 트리는 재해의 발단이 된 요인에서 출발해 2차적 요인이나 안전수단의 성부 등에 따라서 분기해 최후에 재해 사상에 도달

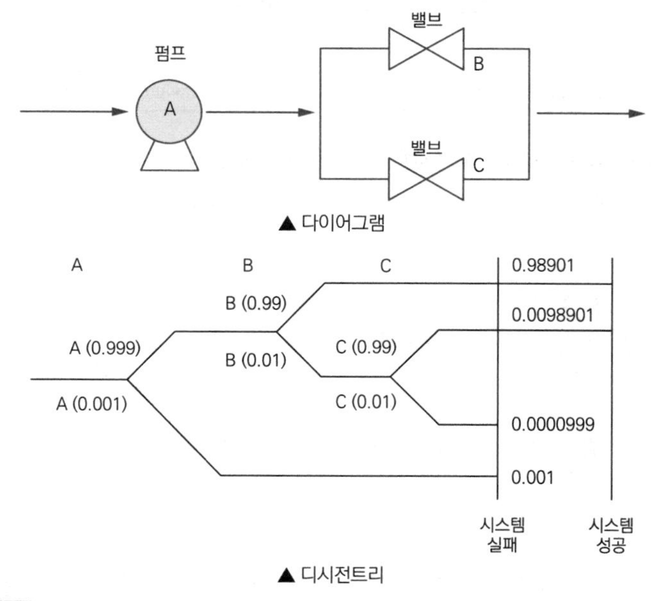

▲ 다이어그램

▲ 디시전트리

예제 **ET의 작성**

①번 부품이 고장난 것을 전제로 시스템이 작동할 확률을 구하시오.
(단, 고장날 확률은 ②번 0.3 ③번 0.1 ④번 0.2 ⑤번 0.4 이다)

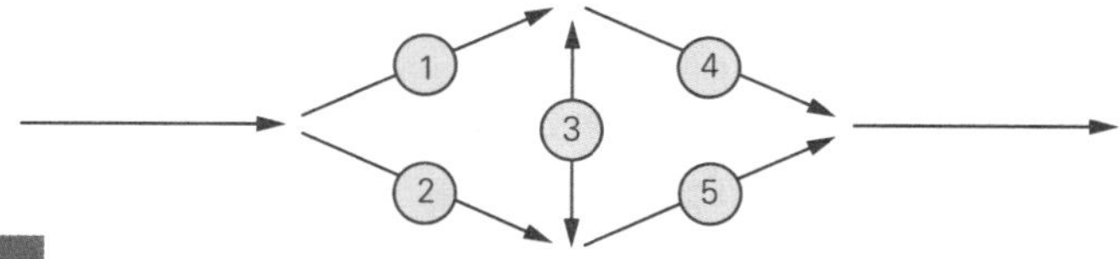

풀이

ET를 작성하여 계산하면
P(시스템 가동)=(0.7×0.9×0.8)+(0.7×0.9×0.2×0.6)+(0.7×0.1×0.6)=0.6216

예제

사고의 발단이 되는 초기 사상이 발생할 경우 그 영향이 시스템에서 어떤 결과(정상 또는 고장)로 진전해 가는지를 나뭇가지가 갈라지는 형태로 분석하는 방법은?

① FTA
② ETA
③ FHA
④ PHA

정답 ②

예제

인간-기계 체계에서 인간의 과오에 기인된 원인 확률을 분석하여 위험성의 예측과 개선을 위한 평가 기법은?

① PHA
② FMEA
③ THERP
④ MORT

정답 ③

5) THERP(Technique For Human Error Rate Prediction)

(1) 개요 ★★★

① 시스템에 있어서 인간의 과오를 정량적으로 평가하기 위해 개발된 기법(Swain 등에 의해 개발된 인간실수 예측기법)
② 인간의 과오율의 추정법 등 5개의 스텝으로 구성
③ 기본적으로 ETA의 변형으로 루프, 바이패스를 가질 수 있고 맨머신 시스템의 국부적인 상세한 분석에 적합

(2) 구성 5단계

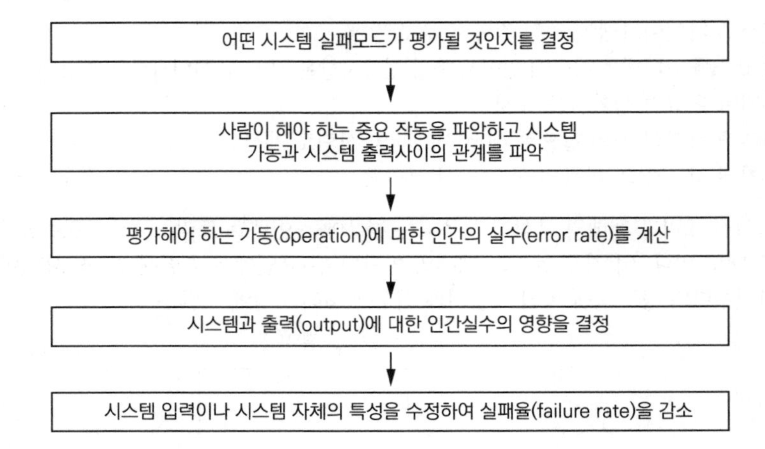

어떤 시스템 실패모드가 평가될 것인지를 결정
사람이 해야 하는 중요 작동을 파악하고 시스템 가동과 시스템 출력사이의 관계를 파악
평가해야 하는 가동(operation)에 대한 인간의 실수(error rate)를 계산
시스템과 출력(output)에 대한 인간실수의 영향을 결정
시스템 입력이나 시스템 자체의 특성을 수정하여 실패율(failure rate)을 감소

6) MORT(Management Oversight and Risk Tree)

(1) 1970년 이래 미국에너지 연구개발청(ERDA)의 Johnson에 의해 개발

(2) 방법

① MORT란 이름을 붙인 해석 트리를 중심으로 하여 FTA와 동일한 논리기법 사용
② 관리, 설계, 생산, 보전 등의 광범위하게 안전을 도모하는 것

(3) 목적

원자력 산업과 같은 대부분 상당히 높은 안전을 요하는 곳에서 보다 고도의 안전을 달성하는 것

(4) 의의

개발의 대상이 원자력 산업이지만 처음으로 산업안전을 목적으로 개발된 시스템안전 프로그램

3 결함수 분석법

1) 정의 및 특징 ★★

(1) FTA의 정의

① Fault Tree Analysis의 약자로서 결함수법, 결함관련 수법, 고장의 나무 해석법 등으로 번역(사고의 원인이 되는 장치의 이상이나 고장의 다양한 조합 및 작업자 실수 원인을 연역적으로 분석하는 방법)
② 1962년 미국 벨 전화국 연구소의 H.A Watson에 의해 개발되었으며 연역적인 방법으로 추론
③ 미사일의 발사 제어시스템의 연구에 관하여 처음 고안되었으며 미사일의 우발사고를 예측하는 문제해결에 공헌(Mearns)
④ 미 항공 우주국(NASA)에서 우주선 설계에 광범위하게 적용되어 오다가 원자력 산업을 시작으로 산업안전 분야에 소개
⑤ 분석자는 시스템과 공장 그리고 여러 가지 장비의 실패단계에 대하여 명확하게 알고 있어야 정확한 분석이 가능

(2) FTA의 특징

① 분석에는 게이트, 이벤트, 부호등의 그래픽 기호를 사용하여 결함단계를 표현하며, 각각의 단계에 확률을 부여하여 어떤 상황의 실패확률계산 가능
② 연역적이고 정량적인 해석방법
③ 상황에 따라 정성적 해석뿐만 아니라 재해의 직접원인 해석도 가능하며 복잡한 시스템의 상세해석 등 융통성이 풍부

(3) 결함수 분석법의 활용 및 기대효과

① 사고원인 규명의 간편화
② 사고원인 분석의 일반화
③ 사고 원인 분석의 정량화
④ 노력, 시간의 절감
⑤ 시스템의 결함 진단
⑥ 안전점검표 작성

2) 논리기호 및 사상기호 ★★★

번호	기호	명칭	설명
1		결함사상 (사상기호)	기본 고장의 결함으로 이루어진 고장상태를 나타내는 사상 (중간사상)
2		기본사상 (사상기호)	더 이상 전개되지 않는 기본인 사상 또는 발생 확률이 단독으로 얻어지는 낮은 레벨의 기본적인 사상
3		생략사상 (최후사상)	정보부족 해석기술의 불충분 등으로 더 이상 전개할 수 없는 사상. 작업진행에 따라 해석이 가능할 때는 다시 속행한다.
4		통상사상 (사상기호)	통상의 작업이나 기계의 상태에서 재해의 발생원인이 되는 사상(통상발생이 예상되는 사상)
5	(IN)	이행(전이) 기호	FT도상에서 다른 부분에의 이행 또는 연결을 나타냄. 삼각형 정상의 선은 정보의 전입 루-트를 뜻한다.
6	(OUT)	이행(전이) 기호	5와 같다. 삼각형의 옆선은 정보의 전출을 뜻한다.
7	출력 입력	[AND] 게이트 (논리기호)	모든 입력사상이 공존할 때만이 출력사상이 발생한다. (논리곱)
8	출력 입력	[OR] 게이트 (논리기호)	입력사상중 어느 것이나 존재할 때 출력 사상이 발생한다. (논리합)
9	출력 조건 입력	제약(억제) 게이트 (논리기호)	입력사상중 어느 것이나 이 게이트로 나타내는 조건이 만족하는 경우에만 출력사상이 발생한다. 조건부확률
10		배타적 OR 게이트 (Exclusive OR gate)	OR 게이트의 특별한 경우로서 입력 사상 중 오직 한 개의 발생으로만 출력사상이 생성되는 논리게이트
11		우선적 AND 게이트 (Priority AND gate)	AND 게이트의 특별한 경우로서 입력사상이 특정 순서별로 발생한 경우에만 출력사상이 발생하는 논리게이트

(1) 게이트 기호

(a) AND 게이트

(b) OR 게이트

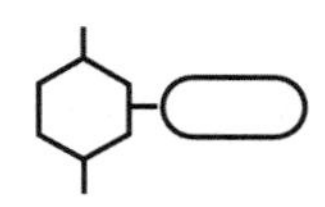
(c) 억제게이트

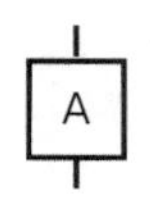

(d) 부정게이트

① AND게이트에는 「·」를 OR게이트에는 「+」를 표기하는 경우도 있다.
② 억제게이트 : 수정기호를 병용해서 게이트 역할
③ 부정게이트 : 입력사상의 반대사상이 출력

(2) 수정 게이트

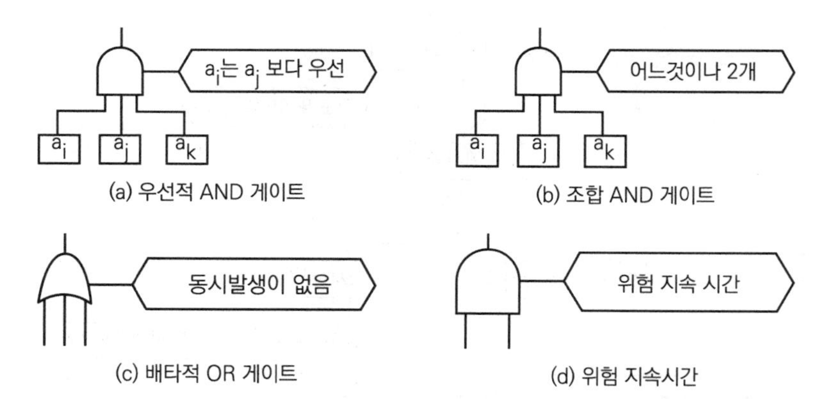

(a) 우선적 AND 게이트 (b) 조합 AND 게이트

(c) 배타적 OR 게이트 (d) 위험 지속시간

① 우선적 AND게이트 : 입력사상중 어떤 사상이 다른 사상보다 앞에 일어났을 때 출력사상이 발생한다.
② 조합 AND게이트 : 3개 이상의 입력사상 중 어느 것이나 2개가 일어나면 출력이 발생한다.
③ 배타적 OR게이트 : OR게이트인데 2개 또는 그 이상의 입력이 존재하는 경우에는 출력이 발생하지 않는다.
④ 위험지속기호 : 입력사상이 생겨 어떤 일정한 시간이 지속했을 때 출력이 발생한다. 만약 지속되지 않으면 출력은 발생하지 않는다.

3) FTA에 의한 재해사례 연구순서 ★

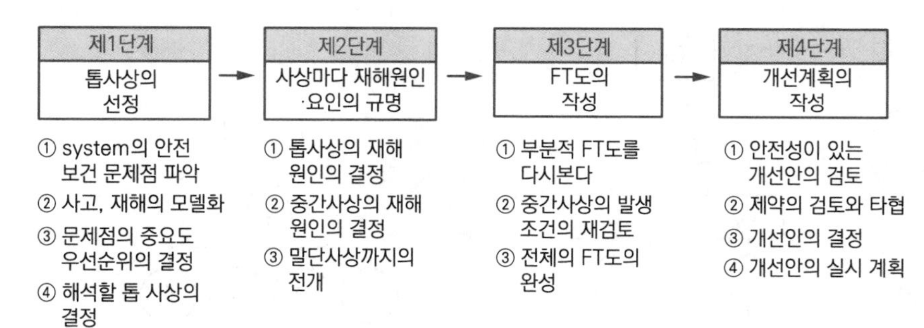

참고

FT(Fault Tree)의 작성

해석하려는 재해(Top event, 정상사상, 목표사상) 작성
↓
그 아랫단에 재해의 직접 원인인 불안전 행동이나 불안전 상태(결함사상) 나열, 정상사상과 게이트로 연결
↓
결함사상의 직접 원인인 사상을 아래에 작성, 결함사상과 게이트로 연결(더 이상 전개되지 않을 때까지 반복)

4) 추락재해에 대한 FT작성의 예

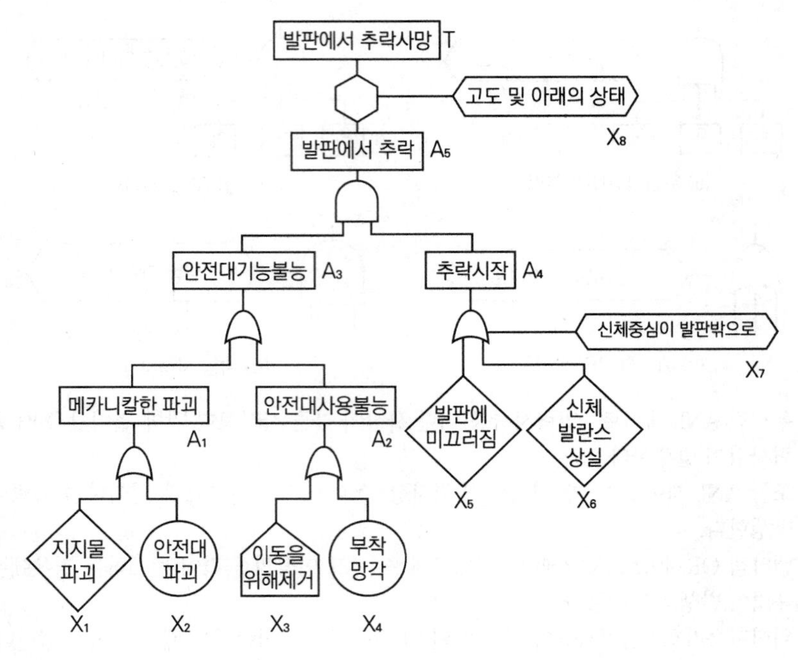

5) FT의 간략화 및 수정

(1) 간략화

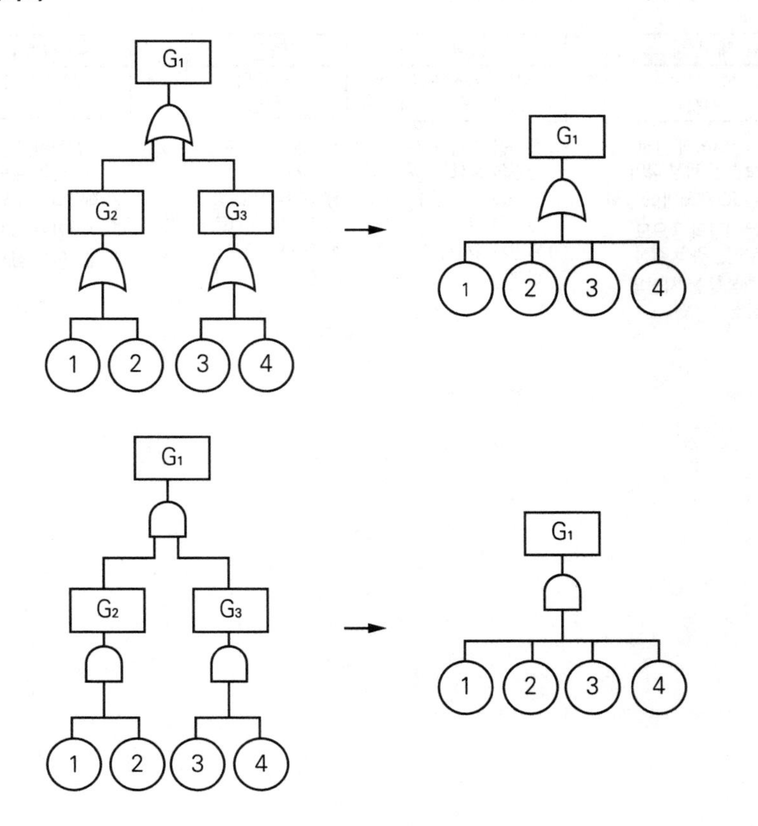

(2) Tree의 수정

정상사상(top 사상) : 급수 정지

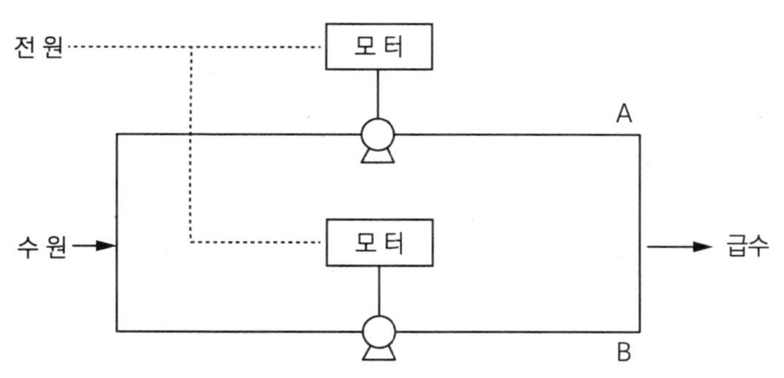

※ 전제조건 : 수원 정지, 배관 폐쇄, 모터고장은 고려하지 않는다.

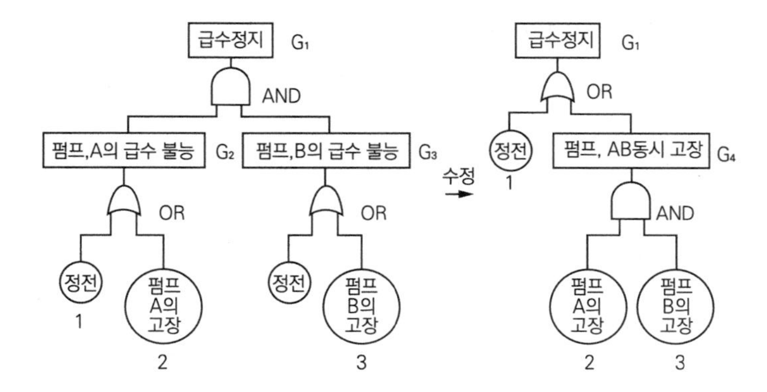

예제 FTA에 의한 재해분석 및 평가

다음과 같은 회로도와 신뢰성 블록선도로 표현되는 시스템에서 「모터 시동 불가능」을 정상사상으로 하는 FTA를 분석하시오.(표시한 숫자는 요소의 고장확률)

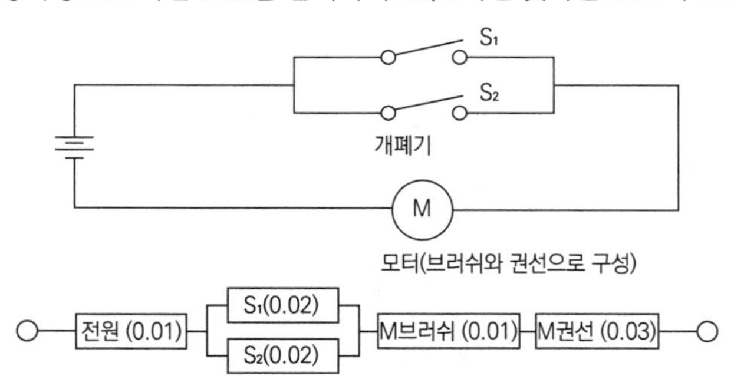

풀이

FT도를 작성하여 고장발생 확률을 계산하면[정상사상을 P(모터시동불가능)로 하고, 결함사상은 P_1 (전류안 흐름), P_2 (스위치 고장), P_3 (모터의 고장)이며, 기본사상을 전원고장, 스위치 S_1 고장,S_2 스위치 고장, 모터브러쉬고장, 모터권선고장으로 하여 FT도를 작성한다.]

$P_2 = 0.02 \times 0.02 = 0.0004$

$P_1 = 1-(1-0.01)(1-0.0004) = 0.01$

$P_3 = 1-(1-0.01)(1-0.03) = 0.0397$

$\therefore P = 1-(1-0.01)(1-0.0397) = 0.049$

참고

시스템 분석기법 활용

구분	FTA	ETA
기법의 활용	설계단계에서의 위험성 평가가 목적이지만 재해사례 분석에 활용	고장에 따른 영향의 사전해석이 목적이지만 재해사례분석에 활용
재해 사례 분석 특징	① 분석의 수법이 정형화, 도형화 ② 분석과정에서 요인을 간과할 우려 미비 ③ 현실 가능한 잠재요인도 분석가능 ④ 분석된 결과는 제3자가 이해하기 편리	① 재해의 진행과정을 도해로 추적 ② 재해의 확대요인에 대한 분석 가능 ③ 유사사고의 예방대책 수립이 편리

예제

FT에서 두 입력사상 A와 B가 AND 게이트로 결합되어 있을 때 출력사상의 고장발생확률은?(단, A의 고장률은 0.6, B의 고장률은 0.2이다.)

① 0.12
② 0.40
③ 0.68
④ 0.80

정답 ①

4 정성적, 정량적 분석 ★★★

1) 불 대수의 대수법칙

동정법칙	A + A = A, AA = A
교환법칙	AB = BA, A + B = B + A
흡수법칙	A(AB) = (AA)B = AB A + AB = A∪(A∩B) = (A∪A)∩(A∪B) = A∩(A∪B) = A A(A + B) = (AA) + AB = A + AB = A
분배법칙	A(B + C) = AB + AC, A + (BC) = (A + B)·(A + C)
결합법칙	A(BC) = (AB)C, A + (B + C) = (A + B) + C

예제

다음 FT도에서 G의 고장 발생확률을 구하시오.

(단, 발생확률은 ① : 0.1 ② : 0.2 ③ : 0.3 ④ : 0.4이다)

풀이

$G = G_1 \times G_2$

G_1 = ① × ② = 0.1 × 0.2 = 0.02

G_2 = 1−(1 − ③)(1 − ④) = 1−(1 − 0.3)(1 − 0.4) = 0.58

∴ G = 0.02 × 0.58 = 0.0116

2) 미니멀 컷셋과 미니멀 패스셋

(1) 정의

미니멀 컷셋	① 컷셋의 집합중에서 정상사상을 일으키기 위하여 필요한 최소한의 컷셋을 미니멀 컷셋이라 한다(시스템의 위험성 또는 안전성을 나타냄). ② 미니멀 컷셋은 시스템의 기능을 마비시키는 사고요인의 최소집합이다.
미니멀 패스셋	그 안에 포함되는 모든 기본사상이 일어나지 않을 때 처음으로 정상사상이 일어나지 않는 기본사상의 집합인 패스셋에서 필요 최소한의 것을 미니멀 패스셋이라 한다(시스템의 신뢰성을 나타냄).

예제

결함수 분석의 컷셋(cut set)과 패스셋(path set)에 관한 설명으로 틀린 것은?

① 최소 컷셋은 시스템의 위험성을 나타낸다.
② 최소 패스셋은 정상사상을 일으키는 최소한의 사상 집합을 의미한다.
③ 최소 패스셋은 시스템의 신뢰도를 나타낸다.
④ 최소 컷셋은 반복사상이 없는 경우 일반적으로 퍼셀(Fussell)알고리즘을 이용하여 구한다.

정답 ②

(2) 미니멀 컷을 구하는 법

① AND게이트 : 컷의 크기를 증가
② OR게이트 : 컷의 수를 증가
③ 정상사상에서 차례로 하단의 사상으로 치환하면서 AND케이트는 가로로, OR게이트는 세로로 나열(기본사상에 도달했을 때 이들의 각행이 미니멀 컷이 된다.)
④ 아래와 같이 구한 Fussell의 알고리즘에 의해 구한 BICS(Boolean Indicated Cut Sets)는 진정한 미니멀 컷이라 할 수 없으며 이들 컷속의 중복사상이나 컷을 제거해야 진정한 미니멀 컷이 된다.

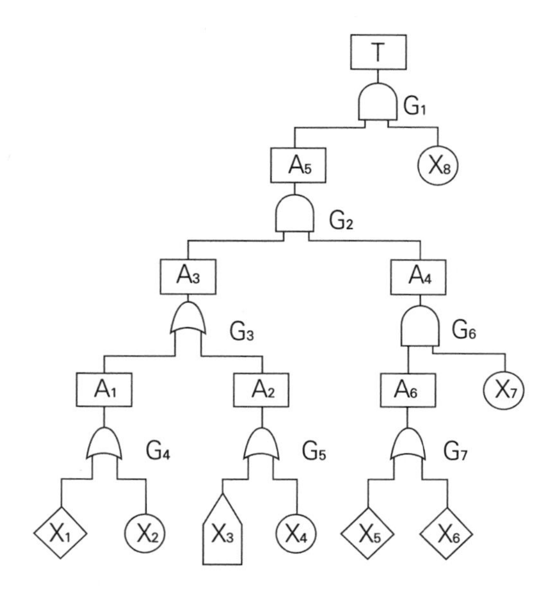

위의 FT를 이용하여 미니멀 컷셋를 구하면

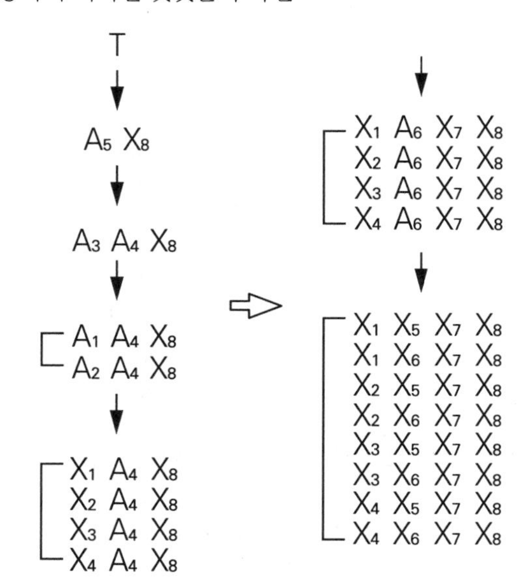

다음 FT도에서 최소컷셋(Minimal cutset)으로만 올바르게 나열한 것은?

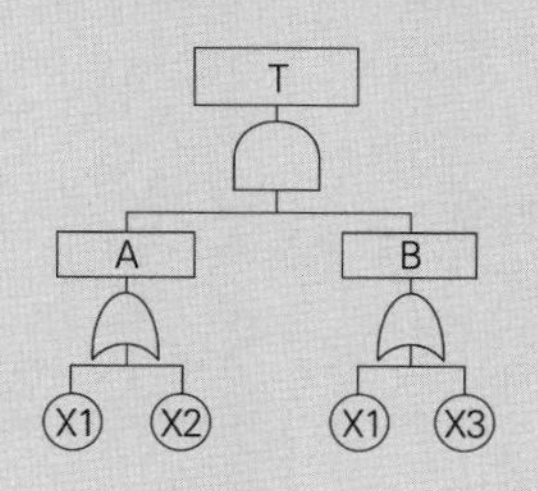

① $[X_1]$
② $[X_1]$, $[X_2]$
③ $[X_1, X_2, X_3]$
④ $[X_1, X_2,]$,$[X_1, X_3]$

정답 ①

(3) 쌍대 FT와 미니멀 패스 구하는 법

① 쌍대 FT란 원래 FT의 이론곱은 이론합으로 이론합은 이론곱으로 치환해 모든사상은 그것들이 일어나지 않는 경우에 대해 생각한 FT이다.

② 쌍대 FT에서 미니멀 컷을 구하면 그것은 원래 FT의 미니멀 패스가 된다.

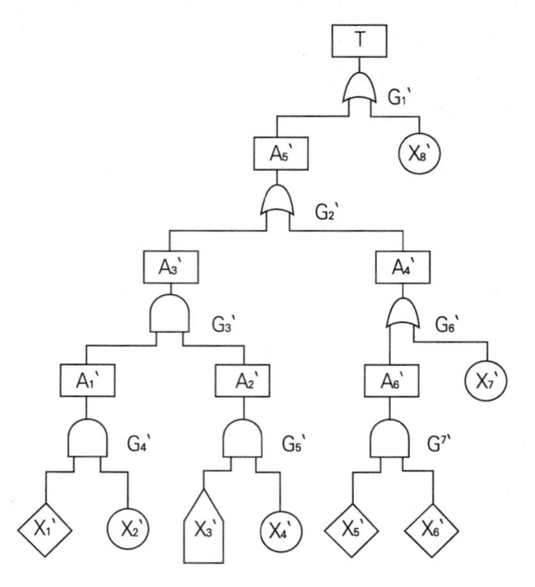

이 쌍대 결함수의 최소 컷셋을 구하면

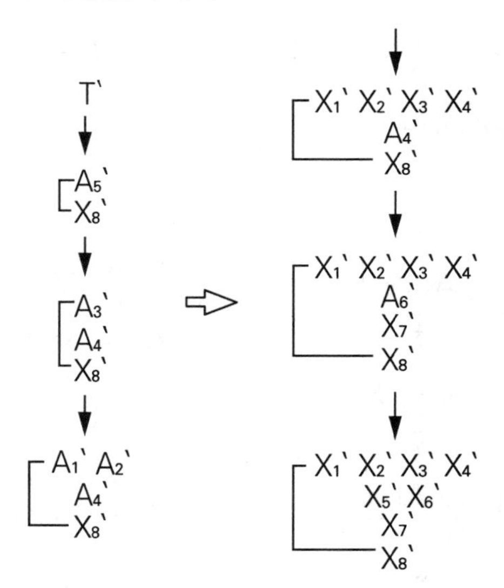

따라서 원래의 FT 미니멀 패스로서 다음의 4조를 얻을 수 있다.

$X_1'\ X_2'\ X_3'\ X_4'$
$X_5'\ X_6'$
X_7'
X_8'

예제

그림의 FT도에서 최소 패스셋(minimal path set)은?

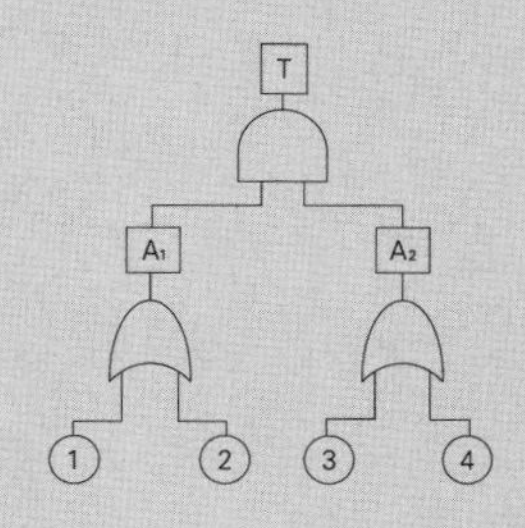

① {1,3}, {1,4}
② {1,2}, {3,4}
③ {1, 2, 3}, {1, 2, 4}
④ {1, 3, 4}, {2, 3, 4}

정답 ②

5 신뢰도 계산

1) 인간 및 기계가 갖는 신뢰성 ★

인간	① 주의력 ② 의식수준(㉠ 경험연수 ㉡ 지식수준 ㉢ 기술수준) ③ 긴장수준(일반적으로 에너지 대사율, 체내수분 손실량 등 생리적 측정법으로 측정)
기계	① 기계의 재질 ② 기계의 기능 ③ 기계의 작동방법

2) 신뢰도 계산 ★★★

(1) 인간-기계 체계의 신뢰도

시스템의 신뢰도(RS) = 인간의 신뢰도(RH) × 기계의 신뢰도(RE)

① 직렬 연결 ② 병렬 연결

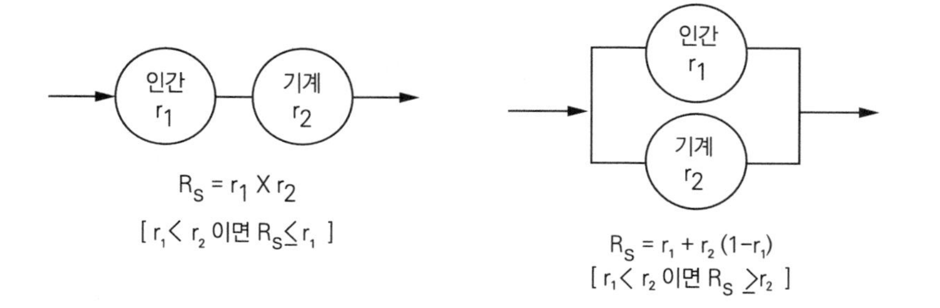

(2) 시스템(설비)의 신뢰도

① 직렬(series system)

$$R = R_1 \times R_2 \times R_3 \times \cdots\cdots \times R_n = \prod_{i=1}^{n} R_i$$

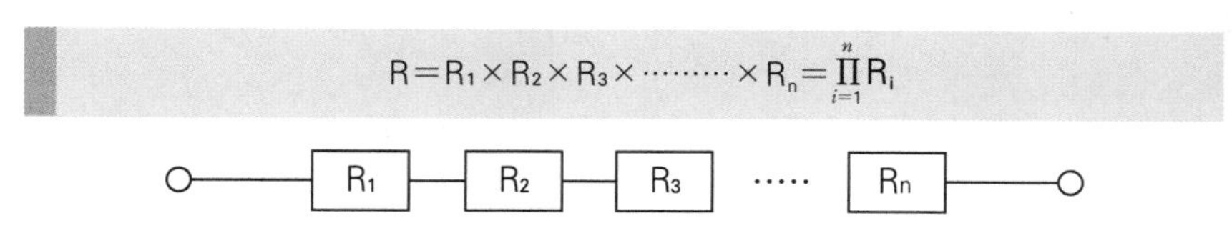

② 병렬(페일세이프티 : fail safety)

$$R = 1-(1-R_1)(1-R_2)\cdots\cdots(1-R_n) = 1-\prod_{i=1}^{n}(1-R_i)$$

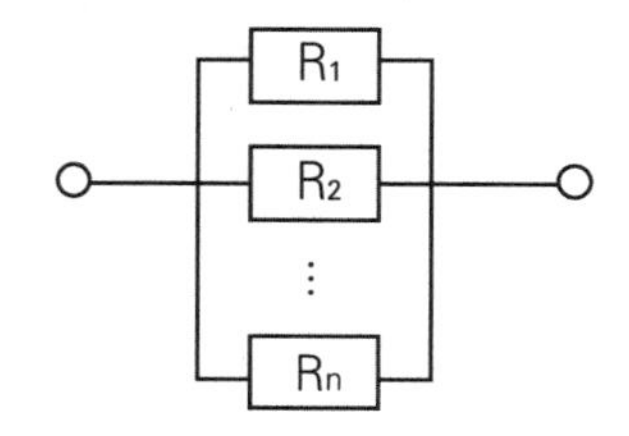

예제

인간의 신뢰성 요인 중 경험연수, 지식수준, 기술수준에 의존하는 요인은?

① 주의력
② 긴장수준
③ 의식수준
④ 감각수준

정답 ③

예제

그림의 부품 A, B, C로 구성된 시스템의 신뢰도는? (단, 부품 A의 신뢰도는 0.85, 부품 B와 C의 신뢰도는 각각 0.9이다)

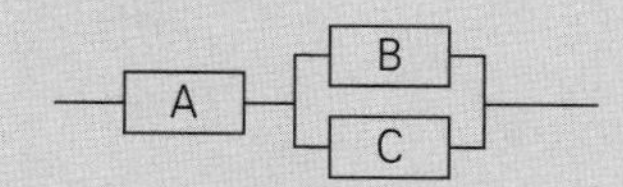

① 0.8525
② 0.8425
③ 0.8515
④ 0.8415

정답 ④

예제

신호 표시기에 등이 4개(적색, 녹색, 황색, 화살표)가 있고 그중 하나에만 불이 켜지는 경우 정보량은?

정답 $\log_2 4 = 2\text{bit}$

예제

인간이 절대 식별할 수 있는 대안의 최대 범위는 대략 7이라고 한다. 이를 정보량의 단위인 bit로 표시하면 약 몇 bit가 되는가?

① 2.8
② 3.0
③ 3.2
④ 2.6

정답 ①

3) 인간의 정보처리

(1) 정보의 측정단위 ★★★

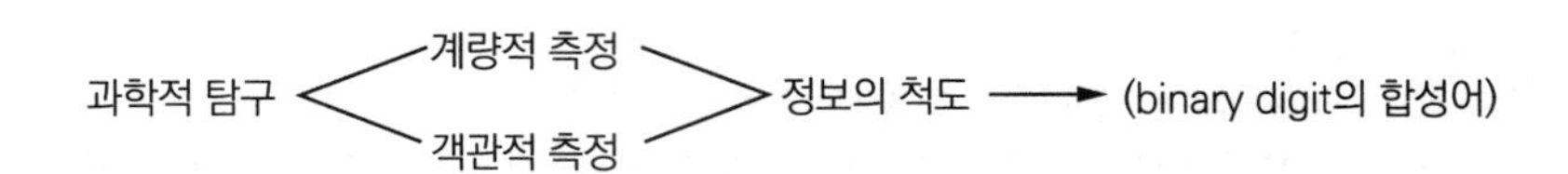

① bit란 : 실현가능성이 같은 2개의 대안 중 하나가 명시되었을 때 얻을 수 있는 정보량
② 정보량 : 실현가능성이 같은 n개의 대안이 있을 때 총 정보량 H는

$$H = \log_2 n$$

이것은 각 대안의 실현 확률(n의 역수)로 표현할 수도 있다.(실현확률을 P라고 하면)

$$H = \log_2 \frac{1}{P}$$

(2) 자극과 반응에 관련된 정보량

① 손실 : 입력정보가 손실되어 출력에 반영
② 소음 : 불필요한 소음정보가 추가되어 반응으로 발생

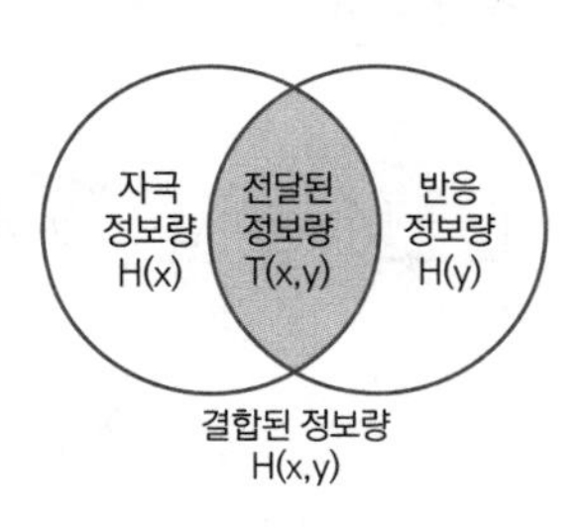

4) 신뢰도 및 불신뢰도의 계산

(1) 계산방법

① 신뢰도는 시점 t에 있어서의 생존확률이라고 볼 수 있으므로 초기의 총수를 N, 시점 t에서의 잔존수를 $n(t)$라 하면, 시점 t에서의 생존확률 $R(t)$는

$$R(t) = \frac{n(t)}{N}$$

② 따라서 시점 t까지의 고장난 것의 누적확률인 불신뢰도 $F(t)$는

$$F(t) = 1 - \frac{n(t)}{N}$$

③ 그러므로 ★

$$R(t) + F(t) = 1$$

(2) 고장률 함수 ★★★

① 고장률 함수

$$\lambda(t)=\frac{f(t)}{R(t)}=\frac{\text{시간 }t\text{와 }(t+\Delta t)\text{ 간의 고장개수}}{(t\text{시점의 생존개수})\cdot\Delta t}$$

$$\text{평균고장률}(\lambda)=\frac{r(\text{그 기간중의 총고장수})}{T(\text{총동작시간})}$$

② 고장률이 사용시간에 관계없이 일정할 경우

$$R(t)=\exp[-\lambda t]=e^{-\lambda t}$$

(3) 욕조곡선 ★★★

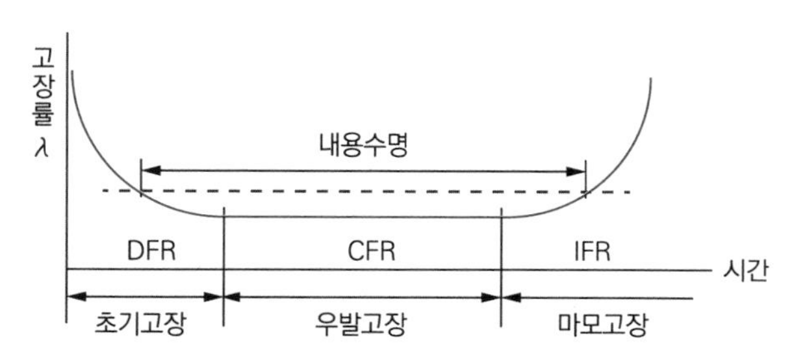

▲ 기계의 고장률(욕조곡선)

초기고장	품질관리의 미비로 발생할 수 있는 고장으로 작업 시작전 점검, 시운전 등으로 사전예방이 가능한 고장 ① debugging 기간 : 초기고장의 결함을 찾아서 고장률을 안정시키는 기간 ② burn in 기간 : 제품을 실제로 장시간 사용해보고 결함의 원인을 찾아내는 방법
우발고장	예측할 수 없을 경우 발생하는 고장으로 시운전이나 점검으로 예방불가 (낮은 안전계수, 사용자의 과오 등)
마모고장	장치의 일부분이 수명을 다하여 발생하는 고장(부식 또는 마모, 불충분한 정비 등)

예제

다음 중 욕조곡선에서의 고장 형태에서 일정한 형태의 고장률이 나타나는 구간은?

① 초기 고장구간
② 우발 고장구간
③ 피로 고장구간
④ 마모 고장구간

정답 ②

예제

프레스에 설치된 안전장치의 수명은 지수분포를 따르며 평균수명은 100시간이다. 새로 구입한 안전장치가 50시간 동안 고장 없이 작동할 확률(A)과 이미 100시간을 사용한 안전장치가 앞으로 100시간 이상 견딜 확률(B)은 약 얼마인가?

① A : 0.368, B : 0.368
② A : 0.368, B : 0.607
③ A : 0.607, B : 0.368
④ A : 0.607, B : 0.607

정답 ③

(4) 평균수명과 신뢰도와의 관계 ★★★

① 평균수명은 평균고장률 λ와 역수 관계

$$\lambda = \frac{1}{MTBF}$$

② 만약, 고장확률밀도 함수가 지수분포인 부품을 평균수명만큼 사용한다면

$$\text{신뢰도} R(t=MTBF) = e^{-\lambda t} = e^{-\frac{MTBF}{MTBF}} = e^{-1}$$

예제

부품 10,000개를 10,000시간 가동중에 5개의 불량품이 발생하였다. 다음을 각각 구하시오.)

1. 고장률은 얼마인가?
2. MTBF는 얼마인가?

풀이

1. 고장률 $= \frac{5}{10,000 \times 10,000} = \frac{5}{10^8} = 5 \times 10^{-8} / \ h$

2. MTBF $= \frac{1}{5 \times 10^{-8} / \ h} = 2 \times 10^7 h$

(5) 인간신뢰도 ★★

① 이산적 직무에서의 휴먼에러 확률

㉠ 휴먼에러 확률(HEP) $= \frac{\text{인간오류의 수}}{\text{전체오류발생 기회의 수}}$

㉡ 직무를 성공적으로 수행할 확률=1−HEP

② 요원중복

㉠ 요원후원(back up)이 예상될 경우 (추가감시의 중복효과 고려)

㉡ 운전자 한 사람의 성능 신뢰도가 R_1이라면 2인조 인간 신뢰도 R_2

$$R_2 = 1 - (1 - R_1)^2$$

(6) 고유 신뢰성 설계기술(신뢰성 증가 방법) : 가장 중요시되는 것은 설계기술

① 리던던시 설계(여분의 구성품을 더 설치하여 신뢰성을 높이는 방법)
㉠ 병열리던던시 : 처음부터 여분의 구성품이 주 구성품과 함께 작동
㉡ 대기리던던시 : 여분의 구성품은 대기상태, 주 구성품 고장 시 기능인계
② 디레이팅
표준부품이 제품의 구성부품으로 사용될 경우 부하의 정격값에 여유를 두는 설계
③ 부품의 단순화와 표준화
④ 최적재료의 선정
⑤ 내환경성 설계
⑥ 인간공학적 설계와 보전성 설계(Fail safe와 Fool proof)

구분	Fail safe 설계	Fool Proof 설계
정의	인간 또는 기계의 조작상의 과오로 기기의 일부에 고장이 발생해도 다른 부분의 고장이 발생하는 것을 방지하거나 또는 어떤 사고를 사전에 방지하고 안전 측으로 작동하도록 설계하는 방법	바보 같은 행동을 방지한다는 뜻으로 사용자가 비록 잘못된 조작을 하더라도 이로 인해 전체의 고장이 발생되지 아니하도록 하는 설계방법
적용예	퓨즈(fuse), elevator의 정전시 제동장치 등	카메라에서 셔터와 필림 돌림대의 연동(이중 촬영 방지)

PART 02

예제

기계설비에 대한 본질적인 안전화 방안의 하나인 풀 프루프(Fool Proof)에 관한 설명으로 거리가 먼 것은?

① 계기나 표시를 보기 쉽게 하거나 이른바 인체공학적 설계도 넓은 의미의 풀 프루프에 해당된다.
② 조작순서가 잘못되어도 올바르게 작동한다.
③ 인간이 에러를 일으키기 어려운 구조나 기능을 가진다.
④ 설비 및 기계장치 일부가 고장이 난 경우 기능의 저하는 가져오나, 전체 기능은 정지하지 않는다.

정답 ④

CHAPTER 03 위험성 감소 대책 수립 · 실행

01 위험성 감소 대책 수립 및 실행

1 위험성 개선대책(공학적·관리적)의 종류

1) 위험성 감소대책 수립 및 실행

(1) 위험성의 수준, 영향을 받는 근로자 수 및 다음 순서를 고려하여 대책수립 및 실행 ★★

① 위험한 작업의 폐지·변경, 유해·위험물질 대체 등의 조치 또는 설계나 계획 단계에서 위험성을 제거 또는 저감하는 조치
② 연동장치, 환기장치 설치 등의 공학적 대책
③ 사업장 작업절차서 정비 등의 관리적 대책
④ 개인용 보호구의 사용

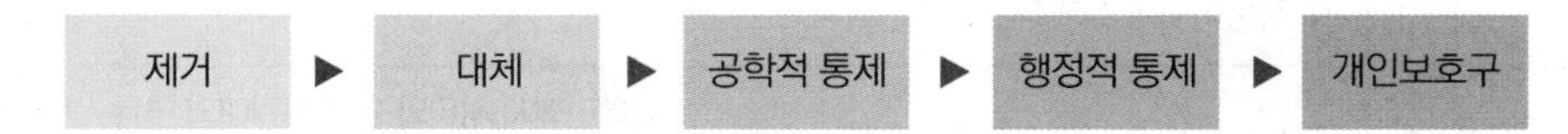

(2) 개선대책(공학적·관리적)의 종류

공학적 방법	① 인터록 ② 안전장치 ③ 방호문 ④ 국소배기장치 설치 등
관리적 방법	① 작업매뉴얼을 정비 ② 출입금지·작업허가 제도를 도입 ③ 근로자들에게 주의사항을 교육하는 등

(3) 3대 재해 유형별 대책

재해 유형	공학적 대책	관리적 대책
추락	① 작업발판 설치 ② 안전난간 설치 ③ 추락방호망 설치 ④ 전도방지 조치 등	① 특별교육 ② 작업전 관리감독 ③ 2인 1조 작업 ④ 작업계획서 작성 ⑤ 유도자 배치 등
끼임	① 기동스위치 잠금장치 ② 안전블록 사용 ③ 방호장치 ④ 방호덮개 ⑤ 울타리 설치 등	① 전원투입금지 표지판 설치 ② 정비작업 절차 수립 ③ 작업허가제 운영 ④ 작업전 작동여부 점검 등
부딪힘	① 지게차 후방경보장치 및 경광등 설치 ② 스마트 안전장치 사용 ③ 안전통행로 설치 등	① 작업계획서 작성 ② 작업지휘자 배치 ③ 유도자 배치 ④ 출입통제 등

2 허용가능한 위험수준 분석

1) 위험성 평가에서의 위험성의 분류 ★★

수용가능한 위험성	문제가 되지 않는 상태의 위험성으로 위험성이 매우 적어 안전한 상태라 할 수 있는 상태의 위험성(이상적인 상태)
허용가능한 위험성	기계·설비·비용 등 현실적인 요소를 반영하여 위험성을 통제, 관리하여 합리적으로 실행가능한 수준까지 낮추어 대다수가 받아들이는 상태의 위험성
허용 불가능한 위험성	사고 및 재해 발생의 위험성이 있어 허용할 수 없는 상태의 위험성으로 위험성 감소 대책을 수립·시행해야 함

2) 허용가능한 위험수준 분석 ★

(1) 근로자 참여

① 유해·위험요인의 위험성 수준이 높은지 낮은지 판단하는 기준을 마련할 때는 사업장에서 위험에 직접 노출되는 근로자가 반드시 참여해야 한다.
② 사업장에서 허용가능한 위험성의 수준이 어떤 수준인지를 결정할 때에도 위험에 직접 노출되는 근로자들의 참여가 필수적이다.

(2) 허용가능한 위험성의 수준

위험성의 수준	① 최소한 법에서 정한 기준 이상으로 설정 ② 일반 상식 수준에서 재해를 발생시키지 않거나, 경미한 재해가 드물게 일어나는 수준으로 정하도록 권할 수 있음
위험성의 수준 기준	① 법적인 기준, 사고로 이어질 가능성과 그 크기 등을 고려하여 판단 ② 위험성의 수준이 높게 나타나는 경우, 반드시 위험성 감소대책을 마련·시행 ③ 위험성의 수준과 허용가능한 위험성의 수준은 법령 개정, 사업장 환경, 기술발전 등에 따라 변화할 수 있음
수준을 높게 분류하여야 하는 경우	① 「산업안전보건법」 등에서 규정하는 사항을 만족하지 않는 경우 ② 중대재해나 건강장해가 일어날 것이 명확하게 예상되는 경우 ③ 많은 근로자가 위험에 노출될 것이 예상되는 경우 ④ 동종업계 등에서 발생한 중대재해와 연관이 있는 유해·위험요인 등

3 감소대책에 따른 효과 분석 능력

감소대책 수립 시 주의사항	① 새로운 위험성 유무 확인, 위험성 감소조치 전의 위험성보다 크지 않은지 확인. ② 작업자의 판단에만 의존하거나 미흡한 조치 등으로 위험성을 낮게 판단하고 있지는 않은지 확인 ③ 작업성, 생산성의 지장 유무, 품질에 영향은 없는지 확인 ④ 모든 단계에서 현장의 노하우, 새로운 아이디어를 적극적으로 활용
감소대책 실행 후 조치	① 해당 공정 또는 작업의 위험성의 수준이 사전에 자체 설정한 허용 가능한 위험성의 수준인지를 확인 ② 확인 결과, 위험성이 자체 설정한 허용 가능한 위험성 수준으로 내려오지 않는 경우에는 허용가능한 위험성 수준이 될 때까지 추가의 감소대책을 수립·실행 ③ 중대재해, 중대산업사고 또는 심각한 질병이 발생할 우려가 있는 위험성으로, 수립한 위험성 감소대책의 실행에 많은 시간이 필요한 경우에는 즉시 잠정적인 조치 강구

CHAPTER 04

근골격계 질환 예방관리

01 근골격계 유해요인

1 근골격계 질환의 정의 및 유형

1) 정의 ★★★

반복적인 동작, 부적절한 작업자세, 무리한 힘의 사용, 날카로운 면과의 신체접촉, 진동 및 온도 등의 요인에 의하여 발생하는 건강장해로서 목, 어깨, 허리, 상·하지의 신경·근육 및 그 주변 신체조직 등에 나타나는 질환

2) 근골격계 질환의 발전단계

제1단계		제2단계		제3단계
• 작업시간내 통증이나 피로감 호소 • 하루정도의 휴식으로 회복	▶	• 작업시간부터 통증발생 • 하루가 지나도 통증 지속 • 작업수행능력 감소	▶	• 작업수행 불가 • 작업 및 휴식시간 통증지속 • 통증으로 수면장애

3) 근골격계 질환 유형 ★

부위	유형
허리부위	① 요부염좌 ② 근막통 증후군 ③ 추간판 탈출증 ④ 척추분리증 등
어깨부위	① 근막통 증후군 ② 상완이두 건막염 ③ 극상근 건염 ④ 견봉하점액낭염
목부위	① 근막통 증후군 ② 경추자세 증후군
손과 목부위	① 수근관 증후군(손목터널 증후군) ② 방아쇠 손가락 ③ 결절종 ④ 척골관 증후군 ⑤ 수완진동 증후군
팔꿈치 부위	① 외상과염(테니스 엘보우) ② 내상과염(골프 엘보우) ③ 척골관 증후군 ④ 지연성 척골 신경마비 등

4) 근골격계 질환의 원인 ★★★

① 부적절한 작업자세
② 무리한 반복작업
③ 과도한 힘
④ 부족한 휴식시간
⑤ 신체적 압박(접촉스트레스)
⑥ 차가운 온도나 무더운 온도의 작업환경
⑦ 진동공구 취급작업

예제

다음 중 근골격계질환의 인간공학적 주요 위험요인과 가장 거리가 먼 것은?

① 부적절한 자세
② 무리한 힘
③ 다습한 환경
④ 단시간 많은 횟수의 반복

정답 ③

2 근골격계 부담 작업의 범위

1) 용어의 정의 ★

단기간 작업	2개월 이내에 종료되는 1회성 작업
간헐적인 작업	연간 총 작업일수가 60일을 초과하지 않는 작업
하루	근로기준법에 따른 1일 소정근로시간과 1일 연장근로시간 동안 근로자가 수행하는 총 작업시간
4시간 이상 또는 2시간 이상	"하루" 중 근로자가 근골격계부담작업을 실제로 수행한 시간을 합산한 시간

2) 근골격계 부담 작업의 범위 ★★

(1) 하루에 4시간 이상 집중적으로 자료입력 등을 위해 키보드 또는 마우스를 조작하는 작업

(2) 하루에 총 2시간 이상 목, 어깨, 팔꿈치, 손목 또는 손을 사용하여 같은 동작을 반복하는 작업

(3) 하루에 총 2시간 이상 머리 위에 손이 있거나, 팔꿈치가 어깨위에 있거나, 팔꿈치를 몸통으로부터 들거나, 팔꿈치를 몸통뒤쪽에 위치하도록 하는 상태에서 이루어지는 작업

(4) 지지되지 않은 상태이거나 임의로 자세를 바꿀 수 없는 조건에서, 하루에 총 2시간 이상 목이나 허리를 구부리거나 트는 상태에서 이루어지는 작업

(5) 하루에 총 2시간 이상 쪼그리고 앉거나 무릎을 굽힌 자세에서 이루어지는 작업

(6) 하루에 총 2시간 이상 지지되지 않은 상태에서 1kg 이상의 물건을 한손의 손가락으로 집어 옮기거나, 2kg 이상에 상응하는 힘을 가하여 한손의 손가락으로 물건을 쥐는 작업

(7) 하루에 총 2시간 이상 지지되지 않은 상태에서 4.5kg 이상의 물건을 한 손으로 들거나 동일한 힘으로 쥐는 작업

(8) 하루에 10회 이상 25kg 이상의 물체를 드는 작업

(9) 하루에 25회 이상 10kg 이상의 물체를 무릎 아래에서 들거나, 어깨 위에서 들거나, 팔을 뻗은 상태에서 드는 작업

(10) 하루에 총 2시간 이상, 분당 2회 이상 4.5kg 이상의 물체를 드는 작업

(11) 하루에 총 2시간 이상 시간당 10회 이상 손 또는 무릎을 사용하여 반복적으로 충격을 가하는 작업

02 인간공학적 유해요인 평가

1 OWAS ★★★

1) OWAS(Ovako Working-posture Analysis System) 개요

목적	근력을 발휘하기에 부적절한 작업자세를 구별해내기 위해 개발한 방법
특징	① 관찰에 의해서만 작업자세 평가(관찰적 작업자세 평가기법) ② 작업으로 인한 위해도를 쉽고 간단하게 조사 ③ 배우기 쉽고 현장에서의 적용성이 뛰어남 ④ 작업자세를 너무 단순화하여 세밀한 분석 곤란 ⑤ 정성적분석만 가능 ⑥ 작업자세가 구체적이지 못함
자세분류	① 상지(팔) ② 하지(다리) ③ 허리 ④ 하중

2) 작업자세 수준

Action Level	평가내용
수준 1	근골격계에 특별한 해를 끼치지 않아 아무런 문제가 없는 작업
수준 2	근골격계에 약간의 해를 끼쳐 가까운 시일 내에 추가적인 조사 및 자세 교정이 필요한 작업
수준 3	근골격계에 직접적인 해를 끼쳐 가능한 빨리 개선 및 자세 교정이 필요한 작업
수준 4	근골격계에 매우 심각한 해를 끼쳐 즉시 개선 및 자세 교정이 필요한 작업

2 RULA ★★★

1) RULA(Rapid Upper Limb Assessment)의 개요

목적	① 어깨, 팔목, 손목, 목 등 상지에 초점을 맞추어서 작업자세로 인한 작업부하를 쉽고 빠르게 평가하기 위해 개발된 방법 ② 나쁜작업자세로 인한 상지의 장애를 가진 작업자의 비율을 쉽고 빠르게 파악하는 방법 제시
특징	① 작업자세의 위험성을 정량적으로 평가(근육의 사용정도와 사용빈도로 산출) ② OWAS보다 합리적인 방법이지만, 상지분석에 초점을 두고 있어 전신작업자세 분석에는 한계 ③ 근육피로, 정적 또는 반복적인 작업, 작업에 필요한 힘의 크기 등에 관한 부하평가 및 나쁜작업자세의 비율을 쉽고 빠르게 파악

예제

유해요인 평가 방법 중 OWAS(Ovako Working-posture Analysis System)에 관한 설명으로 틀린 것은?

① 관찰에 의해서 작업자세를 평가한다.
② 작업자세를 너무 단순화하여 세밀한 분석은 곤란하다.
③ 어깨, 팔목, 손목, 목 등 상지에 초점을 맞추어서 작업자세로 인한 작업부하를 쉽고 빠르게 평가하기 위해 개발된 방법이다.
④ 근력을 발휘하기에 부적절한 작업자세를 구별해내기 위해 개발한 방법이다.

정답 ③

예제

근골격계부담작업에 대한 인간공학적 유해요인 평가방법의 설명으로 가장 거리가 먼 것은?

① OWAS는 허리, 팔, 다리 하중으로 작업자세를 구분하여 표현한다.
② OWAS는 들기작업에 대한 들기지수를 계산하여 작업의 위험성을 예측할 수 있다.
③ RULA는 어깨, 팔목, 손목, 목 등 상지에 초점을 맞추어서 작업자세로 인한 작업부하를 쉽고 빠르게 평가하기 위해 개발된 방법이다.
④ 다양한 자세가 필요한 간호사 등의 근골격계 부담작업에 대한 유해요인을 조사하는 도구로는 REBA가 가장 적절하다.

정답 ②

2) 조치단계

조치단계	최종점수	조치내용
1	1~2점	수용가능한 적절한 작업
2	3~4점	계속 추적 관찰을 필요로 하며, 가능하면 작업자세 전환 및 개선이 필요한 작업
3	5~6점	계속적 관찰과 가능하면 빠른 작업자세 전환 및 개선이 필요한 작업
4	7점 이상	정밀조사와 즉각적인 작업자세 전환 및 개선이 필요한 작업

3 REBA ★★★

1) REBA(Rapid Entire Body Assessment)의 개요

목적	① 근골격계질환과 관련한 위해인자에 대한 개인작업자의 노출정도를 평가하기 위한 목적 ② RULA에 비해 예측하기 힘든 다양한 자세(간호사 등)가 필요한 서비스업에서의 전체적인 신체에 대한 부담정도와 위해인자에 노출되는 정도를 분석하기 위한 목적
특징	① 신체부위별로 정적, 동적, 빠른 움직임이나 부자연스러운 자세가 원인이 되는 근육활동을 점수화 ② 기존의 평가도구들의 단점을 보완하여 신뢰도와 정밀도 향상
평가대상 작업요소	① 반복성 ② 정적작업 ③ 힘 ④ 작업자세 ⑤ 연속작업시간 등

2) 조치단계

조치단계	REBA점수	위험단계	조치사항
0	1	무시	필요없음
1	2~3	낮음	필요할지도 모름
2	4~7	보통	필요함
3	8~10	높음	곧 필요함
4	11~15	매우 높음	즉시 필요함

03 근골격계 유해요인 관리

1 작업관리의 목적

1) 작업관리의 개요 ★★

(1) 목적

① 효율적인 작업관리
② 작업방법 및 조건의 개선
③ 생산성 향상 등

(2) 정의

생산성 향상을 목표로 작업을 검토하고 분석하여 경제성과 효율성에 영향을 줄 수 있는 요소들을 체계적으로 조사하고 연구하는 활동

(3) 작업의 구분

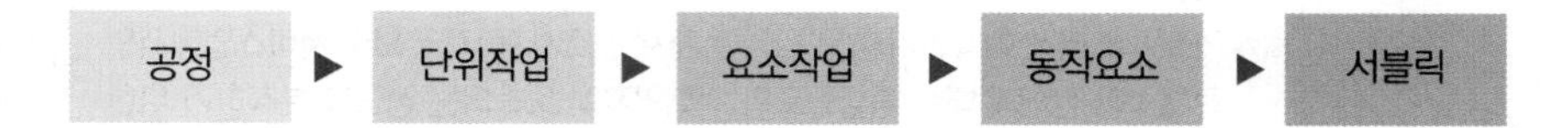

2) 작업관리 연구기법

공정분석	공정과 단위작업에 국한
작업분석	단위작업에서 요소동작까지
동작분석	동작요소와 서블릭(Therblig)

2 방법연구 및 작업측정

1) 작업연구 ★★

(1) 방법연구(동작연구)

① 경제적인 작업방법을 검토하여 표준화된 작업방법을 개발하는 분야
② 공정분석(제품흐름분석 등), 작업분석(작업장배치 등), 동작분석(동작경제원칙, 서블릭 분석 등)

(2) 시간연구(작업측정)

① 표준화된 작업방법으로 작업을 할 경우 소요되는 표준시간을 측정하는 분야
② 직접측정법(스톱워치법, Work Sampling 등), 간접측정법(표준자료법, 실적자료법 등)

3 문제해결절차

연구대상선정 (인간적, 기술적, 경제적) ▶ 작업방법분석 (서블릭) ▶ 분석자료검토 (ECRS) ▶ 개선안 수립 (공정도에 기록) ▶ 개선안 도입 (현재안과 비교) ▶ 확인과 재발방지

4 작업개선안의 원리 및 도출방법

1) 서어블릭(therblig) ★★★

(1) 정의

① 길브레스가 정의한 개념으로 인간이 행하는 손동작에서 분해 가능한 최소한의 기본 단위동작을 말한다.

② 손동작의 목적에 따라 기본동작을 18가지로 구분한 것으로 현재는 17가지가 사용된다[F(find:찾아냄)제외

(2) 서어블릭의 분류

효율적인 therblig	기본적인 동작	빈손이동, 운반, 쥐기, 내려놓기, 미리놓기
	동작의 목적을 가지는 동작	사용, 조립, 분해
비효율적인 therblig	정신적 또는 반정신적 동작	찾기, 고르기, 바로놓기, 검사, 계획
	정체적인 부분의 동작	불가피한 지연, 피할 수 있는 지연, 휴식, 잡고있기

PART 02

예제

서블릭을 이용한 분석방법에서 비효율적인 동작에 해당하는 것은?

① 잡고있기(H)
② 조립(A)
③ 사용(U)
④ 빈손이동(TE)

정답 ①

(3) 서어블릭의 기호

서어블릭	영문 표기	심 볼	설 명
찾기(Search)	Sh		물건을 찾고 있는 눈의 모양 (목표위치를 알고자 할 때)
고르기(Select)	St		목표물을 향해 손을 뻗는 모양 (여러개의 물건 중 선택해야할 경우)
쥐기(Grasp)	G		물건을 잡기 위해 손을 벌린 모양 (손으로 잡는 경우)
빈손이동 (Transport empty)	TE		비어있는 손의 모양 (빈손으로 물건을 잡을려고 할 때)
운반 (Transport loaded)	TL		손으로 대상물을 쥐고 있는 모양 (물건을 손으로 움직이는 경우)
잡고있기(Hold)	H	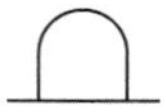	자석에 대상물이 붙어있는 모양 (대상물을 고정시키는 경우)
내려놓기 (Release load)	RL		손에 잡고있는 물건을 떨어뜨리는 모양 (소요시간이 가장 짧은 경우)
바로 놓기(Position)	P		손으로 잡고 있는 물건의 위치를 정하는 모양 (의도한 위치로 대상물을 조절하는 경우)
미리놓기 (Pre-position)	PP		볼링의 표적인 핀 모양 (다음 작업을 위해 정위치)
검사(Inspect)	I		볼록렌즈모양으로 눈을 나타냄 (육안으로 불량여부검사)
조립(Assemble)	A		둘 이상 여러 부품이 결합된 모양 (두개이상을 하나로 통합)
분해 (Disassemble)	DA		하나의 부품이 제거된 모양 (하나를 두 개이상으로 분리하는 경우)
사용(Use)	U		Use의 첫 글자 모양 (목적에 맞게 대상물을 사용)
불가피한 지연 (Un-avoidable delay)	UD	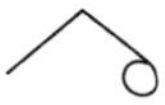	예측못한 상황에서 앞으로 넘어진 모양 (의도하지 않은 상황으로 지연)
피할 수 있는 지연 (Avoidable delay)	AD	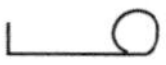	의도적으로 드러누운 모양 (부주의, 게으름 등 예방 가능한 지연)
계획(Plan)	Pn		손을 이마에 대고 생각하는 모양 (동작을 위한 정신적인 사고 과정)
휴식(Rest for overcoming fatigue)	R		휴식을 위해 앉아 있는 모양 (허용된 휴식시간)

2) 동작경제의 원칙(Barnes) ★★★

신체의 사용에 관한 원칙 (Use of the human body)	① 두 손의 동작은 같이 시작하고 같이 끝나도록 한다. ② 휴식시간을 제외하고는 양손이 동시에 쉬지 않도록 한다. ③ 두 팔의 동작은 동시에 서로 반대방향으로 대칭적으로 움직이도록 한다. ④ 손과 신체의 동작은 작업을 원만하게 처리할 수 있는 범위 내에서 가장 낮은 동작 등급을 사용하도록 한다. ⑤ 가능한 한 관성을 이용하여 작업을 하도록 하되 작업자가 관성을 억제하여야 하는 경우에는 발생되는 관성을 최소화 하도록 한다. ⑥ 손의 동작은 원활하고 연속적인 동작이 되도록 하며, 방향이 급작스럽게 크게 변화하는 모양의 직선동작은 피하도록 한다. ⑦ 탄도 동작은 제한되거나 통제된 동작보다 더 신속하고 용이하며 정확하다. ⑧ 가능하다면 쉽고도 자연스러운 리듬이 작업동작에 생기도록 작업을 배치한다. ⑨ 눈의 초점을 모아야 작업을 할 수 있는 경우는 가능하면 없애고 불가피한 경우에는 눈의 초점이 모아져야 하는 두 작업 지점간의 거리를 최소화한다.
작업장의 배치에 관한 원칙 (Arrangement of the workplace)	① 모든 공구나 재료는 제 위치에 있도록 한다. ② 공구재료 및 제어기기는 사용위치에 가까이 두도록 한다. ③ 중력 이송원리를 이용한 부품상자나 용기를 이용하여 부품을 부품사용장소에 가까이 보낼 수 있도록 한다. ④ 가능하다면 낙하식 운반방법을 사용한다. ⑤ 공구나 재료는 작업조작이 원활하게 수행되도록 그 위치를 정한다. ⑥ 작업자가 잘 보면서 작업을 할 수 있도록 한다. 이를 위해서는 적절하게 조명을 해 주는 것이 첫 번째 요건이다. ⑦ 작업자가 작업 중 자세의 변경, 즉 앉거나 서는 것을 임의로 할 수 있도록 작업대와 의자높이가 조정되도록 한다. ⑧ 작업자가 좋은 자세를 취할 수 있도록 의자는 높이 뿐만 아니라 디자인도 좋아야 한다.
공구 및 설비 디자인에 관한 원칙 (Design of tools and equipments)	① 치구나 발로 작동시키는 기기를 사용할 수 있는 작업에서는 이러한 기기를 활용하여 양손이 다른 일을 할 수 있도록 한다. ② 공구의 기능은 결합하여서 사용하도록 한다. ③ 공구와 자재는 가능한 한 사용하기 쉽도록 미리 위치를 잡아준다. ④ 각 손가락이 서로 다른 작업을 할 때에는 작업량을 각 손가락의 능력에 맞도록 분배해야 한다. ⑤ 레버, 핸들 및 통제기기는 작업자가 몸의 자세를 크게 바꾸지 않더라도 조작하기 쉽도록 배열한다.

예제

다음 중 동작경제의 원칙과 가장 거리가 먼 것은?

① 두 손의 동작은 같이 시작하고 같이 끝나도록 할 것
② 두 팔의 동작은 동시에 같은 방향으로 움직일 것
③ 급작스런 방향의 전환은 피하도록 할 것
④ 가능한 한 관성을 이용하여 작업하도록 할 것

정답 ②

3) 대안의 도출방법 ★★

<table>
<tr><td rowspan="2">브레인스토밍
(Brain
Storming)</td><td>① 비판금지 ② 자유분방 ③ 대량발언 ④ 결합과 개선</td></tr>
<tr><td>① 질보다 양을 추구 ② 판단은 나중에 하고 모든 아이디어를 수용</td></tr>
<tr><td>ECRS의 원칙</td><td>① Eliminate(제거) ② Combine(결합)
③ Rearrange(재배열) ④ Simplify(단순화)</td></tr>
<tr><td>SEARCH 원칙</td><td>① Simplify operations (작업의 단순화)
② Eliminate unnecessary work and material (불필요한 작업이나 자재의 제거)
③ Alter sequence (순서의 변경)
④ Requirement (요구조건)
⑤ Combine operations (작업의 결합)
⑥ How often(자주, 몇 번인가?)</td></tr>
<tr><td>5W1H</td><td>① Why(필요성) ② What(목적) ③ When(순서)
④ Where(장소) ⑤ Who(작업자) ⑥ How(방법)</td></tr>
<tr><td rowspan="2">마인드멜딩
(Mindmelding)</td><td>구성원들의 창조적인 생각으로 많은 대안을 도출하기 위한 방법</td></tr>
<tr><td>① 각자가 검토할 문제에 대해 메모지에 서술
② 각자가 작성한 메모지를 오른쪽 사람에게 전달
③ 메모지를 받은 사람은 문제의 해법을 생각하여 서술하고 다시 오른쪽 사람에게 전달
④ 가능한 해가 나열된 종이가 본인에게 올 때까지 ③단계를 반복</td></tr>
</table>

CHAPTER 05

유해요인 관리

01 물리적 유해요인 관리

1 물리적 유해요인 파악

1) 물리적 인자의 분류기준

소음	소음성난청을 유발할 수 있는 85데시벨(A) 이상의 시끄러운 소리
진동	착암기, 손망치 등의 공구를 사용함으로써 발생되는 백랍병·레이노 현상·말초 순환장애 등의 국소 진동 및 차량 등을 이용함으로써 발생되는 관절통·디스크·소화장애 등의 전신 진동
방사선	직접·간접으로 공기 또는 세포를 전리하는 능력을 가진 알파선·베타선·감마선·엑스선·중성자선 등의 전자선
이상기압	게이지 압력이 제곱센티미터당 1킬로그램 초과 또는 미만인 기압
이상기온	고열·한랭·다습으로 인하여 열사병·동상·피부질환 등을 일으킬 수 있는 기온

2 물리적 유해요인 노출기준

1) 소음의 노출기준(충격소음제외) ★★★

1일 노출시간(hr)	8	4	2	1	1/2	1/4
소음강도 dB(A)	90	95	100	105	110	115

2) 충격소음의 노출기준 ★★

1일 노출회수	100	1,000	10,000
충격소음의 강도 dB(A)	140	130	120

Key point

115dB(A)를 초과하는 소음 수준에 노출되어서는 안 됨

참고

① 최대 음압수준이 140dB(A)를 초과하는 충격소음에 노출되어서는 안 됨
② 충격소음이라 함은 최대음압수준에 120dB(A) 이상인 소음이 1초 이상의 간격으로 발생하는 것을 말함

3) 고온의 노출기준

(단위 : ℃, WBGT)

작업강도 / 작업휴식시간비	경작업	중등작업	중작업
계 속 작 업	30.0	26.7	25.0
매시간 75%작업, 25%휴식	30.6	28.0	25.9
매시간 50%작업, 50%휴식	31.4	29.4	27.9
매시간 25%작업, 75%휴식	32.2	31.1	30.0

① 경작업 : 200kcal까지의 열량이 소요되는 작업을 말하며, 앉아서 또는 서서 기계의 조정을 하기 위하여 손 또는 팔을 가볍게 쓰는 일 등을 뜻함
② 중등작업 : 시간당 200~350kcal의 열량이 소요되는 작업을 말하며, 물체를 들거나 밀면서 걸어다니는 일 등을 뜻함
③ 중작업 : 시간당 350~500kcal의 열량이 소요되는 작업을 말하며, 곡괭이질 또는 삽질하는 일 등을 뜻함

3 물리적 유해요인 관리대책 수립 ★

소음	① 소음성난청 등의 건강장해 발생 우려가 있을 경우 조치사항 ㉮ 해당작업장의 소음성 난청 발생원인조사 ㉯ 청력손실을 감소시키고 청력손실의 재발을 방지하기 위한 대책 마련 ㉰ 제㉯호에 따른 대책의 이행 여부 확인 ㉱ 작업전환 등 의사의 소견에 따른 조치 ② 기계기구 등의 대체, 시설의 밀폐·흡음 또는 격리 등 소음감소 조치 ③ 근로자 개인 전용의 청력보호구 지급하여 착용 ④ 청력보존 프로그램을 수립하여 시행
진동	① 방진장갑 등 진동보호구 지급하여 착용하고 진동 기계·기구는 상시 점검 및 보수 등 관리 ② 해당 진동 기계·기구의 사용설명서 등을 작업장 내에 비치 ③ 진동작업 근로자에게 알려야할 사항(유해성 등의 주지) ㉮ 인체에 미치는 영향과 증상 ㉯ 보호구의 선정과 착용방법 ㉰ 진동 기계·기구 관리방법 ㉱ 진동 장해 예방방법
고압 작업	① 호흡용 보호구, 섬유로프, 그 밖에 비상시 피난시키거나 구출하기 위한 용구 구비 ② 연락 또는 필요한 조치를 하기 위한 감시인 상시 배치 및 통화장치 설치 ③ 관리감독자에게 휴대용압력계·손전등, 이산화탄소 등 유해가스농도측정기 및 비상시에 사용할 수 있는 신호용 기구를 지니도록 조치 ④ 관계근로자가 아닌 사람의 출입을 금지하고 그 내용을 보기쉬운 장소에 게시
이상 기온	① 고열·한랭 또는 다습작업이 실내인 경우 냉난방 또는 통풍 등을 위하여 적절한 온도·습도 조절장치 설치 ② 실내에서 고열작업을 하는 경우 고열을 감소시키기 위한 환기장치설치, 열원과의 격리, 복사열 차단 등 필요한 조치 ③ 열경련·열탈진 등 건강장해 예방을 위해 작업시간 단계적 증가 및 온도계 등의 기기 비치 ④ 휴게시설 및 탈의시설, 목욕시설, 세탁시설, 작업복을 말릴수 있는 시설 설치 ⑤ 다량의 고열물체를 취급하거나 매우 더운 장소에서 작업할 경우 방열장갑과 방열복 착용하도록 지급 ⑥ 다량의 저온물체를 취급하거나 현저히 추운장소에서 작업할 경우 방한모, 방한화, 방한장갑 및 방한복 착용하도록 지급
방사선	① 방사선 물질의 밀폐, 차폐물의 설치, 국소배기장치의 설치, 경보시설의 설치 ② 건강장해 예방을 위해 방사선 관리구역 지정하고 관련사항 게시 ③ 방사성물질 취급 작업실 안의 벽·책상 등의 구조 ㉮ 기체나 액체가 침투하거나 부식되기 어려운 재질로 할 것 ㉯ 표면이 편평하게 다듬어져 있을 것 ㉰ 돌기가 없고 파이지 않거나 틈이 작은 구조로 할 것 ④ 방사성물질이 흩날림으로 신체의 오염 우려가 있는 경우 보호복, 보호장갑, 신발덮개, 보호모 등의 보호구 착용하도록 지급(분말, 액체 상태 방사성물질에 오염된 지역일 경우 호흡용보호구) ⑤ 세면·목욕·세탁 및 건조를 위한 시설을 설치하고 필요한 용품과 용구 비치 ⑥ 담배를 피우거나 음식물을 먹지 않도록 하고 그 내용을 보기쉬운 장소에 게시

02 화학적 유해요인 관리

1 화학적 유해요인 파악

1) 화학물질 분류기준

물리적 위험성	폭발성물질, 인화성가스, 인화성액체, 인화성고체, 에어로졸, 물반응성물질, 산화성가스, 산화성액체, 산화성고체, 고압가스, 자기반응성물질, 자연발화성액체, 자연발화성고체, 자기발열성물질, 유기과산화물, 금속부식성물질(16종)
건강 및 환경 유해성	급성독성물질, 피부 부식성 또는 자극성물질, 심한 눈 손상성 또는 자극성물질, 호흡기과민성물질, 피부과민성물질, 발암성물질, 생식세포 변이원성물질, 생식독성물질, 특정 표적장기 독성물질(1회노출), 특정 표적장기 독성물질(반복노출), 흡인유해성물질, 수생환경유해성물질, 오존층 유해성물질(13종)

2 화학적 유해요인 노출기준

1) 화학물질의 노출기준

일련번호	유해물질의 명칭		화학식	노출기준			
				TWA		STEL	
	국문표기	영문표기		ppm	mg/m^3	ppm	mg/m^3
1	가솔린	Gasoline	-	300	-	500	-
2	개미산	Formic acid	HCOOH	5	-	-	-
3	게르마늄 테트라하이드라이드	Germanium tetrahydride	GeH_4	0.2	-	-	-
4	고형 파라핀 흄	Paraffin wax fume	-	-	2	-	-
5	곡물분진	Grain dust	-	-	4	-	-
6	곡분분진	Flour dust(Inhalable fraction)	-	-	0.5	-	-
7	과산화벤조일	Benzoyl peroxide	$(C_6H_5CO)_2O_2$	-	5	-	-
8	과산화수소	Hydrogen peroxide	H_2O_2	1	-	-	-
	이하 생략(일련번호 731번 까지)						

2) 용어의 정의 ★

(1) "시간가중평균노출기준(TWA)"이란 1일 8시간 작업을 기준으로 하여 유해인자의 측정치에 발생시간을 곱하여 8시간으로 나눈 값을 말하며, 다음 식에 따라 산출한다.

$$\text{TWA 환산값} = \frac{C_1 \cdot T_1 + C_2 \cdot T_2 + \cdots + C_n T_n}{8}$$

(2) "단시간노출기준(STEL)"이란 15분간의 시간가중평균노출값으로서 노출농도가 시간가중평균노출기준(TWA)을 초과하고 단시간노출기준(STEL) 이하인 경우에는 1회 노출 지속시간이 15분 미만이어야 하고, 이러한 상태가 1일 4회 이하로 발생하여야 하며, 각 노출의 간격은 60분 이상이어야 한다.

(3) "최고노출기준(C)"이란 근로자가 1일 작업시간동안 잠시라도 노출되어서는 아니되는 기준을 말하며, 노출기준 앞에 "C"를 붙여 표시한다.

3) 혼합물의 노출기준 ★

(1) 화학물질이 2종 이상 혼재하는 경우 유해작용은 가중되므로 노출기준은 다음식에 따라 산출하되, 산출되는 수치가 1을 초과하지 아니하는 것으로 한다

(2) 산출식(C : 화학물질 각각의 측정치, T : 화학물질 각각의 노출기준)

$$\frac{C_1}{T_1} + \frac{C_2}{T_2} + \cdots\cdots + \frac{C_n}{T_n}$$

3 화학적 유해요인 관리대책 수립 ★

물반응성 물질·인화성 고체 취급	물과의 접촉을 방지하기 위해 완전 밀폐된 용기에 저장 또는 취급, 빗물 등이 스며들지 아니하는 건축물 내에 보관 또는 취급
가솔린이 남아 있는 설비에 등유 등의 주입	① 미리 그 내부를 깨끗하게 씻어내고 가솔린의 증기를 불활성 가스로 바꾸는 등 안전한 상태로 되어 있는지를 확인한 후에 작업 ② 다만, 접속선이나 접지선 연결하여 전위차 줄이거나, 등유, 경유를 주입하는 경우 주입관 선단 높이를 넘을 때까지 주입속도 초당 1미터 이하로 하는 경우는 예외
폭발 또는 화재 등의 예방	인화성 액체의 증기, 인화성 가스 또는 인화성 고체의 증기·가스 또는 분진에 의한 폭발, 화재 예방을 위해 환풍기, 배풍기 등 환기장치설치(가스 검지 및 경보 성능을 갖춘 가스 검지 및 경보 장치 설치)
관리대상 유해물질을 취급	① 유해물질의 가스·증기 또는 분진의 발산원을 밀폐하는 설비 또는 국소배기장치 설치 ② 실내작업장의 바닥에 불침투성의 재료를 사용하고 청소하기 쉬운 구조 ③ 취급설비의 뚜껑·플랜지·밸브 및 콕 등의 접합부에 개스킷을 사용하는 등 누출 방지조치 ④ 유해물질이 샐 우려가 있는 설비에 대하여 원재료의 공급을 막거나(긴급차단장치) 불활성가스와 냉각용수 등을 공급하기 위한 장치 설치 ⑤ 흡연 또는 음식물의 섭취 금지 및 그 내용을 보기 쉬운 장소에 게시 ⑥ 세면·목욕·세탁 및 건조를 위한 시설 설치 및 필요한 용품과 용구를 갖출 것
유기화합물	① 탱크 내부에서의 세척 및 페인트칠 업무 : 송기마스크 착용 ② 환기장치 내의 기류가 확산될 우려가 있는 물체를 다루는 유기화합물 취급업무 및 증기 발산원을 밀폐하는 설비를 개방하는 업무 : 송기마스크나 방독마스크 착용
금속류, 산알칼리류, 가스상태 물질류 등 취급	호흡용 보호구를 근로자에게 지급하여 필요시 착용하도록 하고, 공동으로 사용하여 질병이 감염될 우려가 있는 경우 개인 전용의 것을 지급
허가대상 유해물질을 제조하거나 사용하는 작업장	① 흡연 또는 음식물 섭취 금지 및 그 내용을 보기 쉬운 장소에 게시 ② 작업장소와 격리된 장소에 평상복 탈의실, 목욕실 및 작업복 탈의실을 설치하고 필요한 용품과 용구를 갖추어야 함.(입구에서 순서대로 입장, 끝난후 반대 순서로 출구로 나옴) ③ 긴급 세척시설과 세안설비를 설치, 사용하는 경우 배관 찌꺼기와 녹물 등이 나오지 않고 맑은 물이 나올 수 있도록 유지

03 생물학적 유해요인 관리

1 생물학적 유해요인 파악

1) 생물학적 인자의 분류기준

혈액매개 감염인자	후천성면역결핍증(AIDS), B형·C형간염바이러스, 매독바이러스 등 혈액을 매개로 다른 사람에게 전염되어 질병을 유발하는 인자
공기매개 감염인자	결핵·수두·홍역 등 공기 또는 비말감염 등을 매개로 호흡기를 통하여 전염되는 인자
곤충 및 동물매개 감염인자	쯔쯔가무시증, 렙토스피라증, 유행성출혈열 등 동물의 배설물 등에 의하여 전염되는 인자 및 탄저병, 브루셀라병 등 가축 또는 야생동물로부터 사람에게 감염되는 인자

2 생물학적 유해요인 노출기준

유해물질명	시료채취		권장분석법	검사값	표시단위	구분
	종류	시기		노출기준		
디클로로메탄	혈액	당일	혈액가스분석	3.5	%	2차
아세톤	소변	당일	HS GC-FID	80	mg/L	2차
이황화탄소	소변	당일	HPLC-UVD	0.5	mg/g crea	권장
납 및 그 무기화합물	혈액	수시	AAS	30	ug/dL	1차
카드뮴과 그 화합물	혈액	수시	AAS	5	ug/L	1차
질산	혈액	수시	혈액가스분석	1.5	%	권장
- 이하생략 -						

3 생물학적 유해요인 관리대책 수립

감염병 예방조치	① 감염병 예방을 위한 계획의 수립 ② 보호구 지급, 예방접종 등 감염병 예방을 위한 조치 ③ 감염병 발생 시 원인 조사와 대책 수립 ④ 감염병 발생 근로자에 대한 적절한 처치
유해성 등의 주지 (근로자에게 알릴 사항)	① 감염병의 종류와 원인 ② 전파 및 감염 경로 ③ 감염병의 증상과 잠복기 ④ 감염되기 쉬운 작업의 종류와 예방방법 ⑤ 노출 시 보고 등 노출과 감염 후 조치
가검물 등에 의한 오염 방지 조치	보호앞치마, 보호장갑 및 보호마스크 등의 보호구 착용
혈액매개 감염	혈액매개 감염의 우려가 있는 작업을 하는 경우에 세면·목욕 등에 필요한 세척시설을 설치
혈액노출 우려 작업 보호구	① 혈액이 분출되거나 분무될 가능성이 있는 작업 : 보안경과 보호마스크 ② 혈액 또는 혈액오염물을 취급하는 작업 : 보호장갑 ③ 다량의 혈액이 의복을 적시고 피부에 노출될 우려가 있는 작업 : 보호앞치마
공기매개 감염병 환자와 접촉하는 경우	① 결핵균 등을 방지할 수 있는 보호마스크 착용 ② 감염의 위험이 높은 근로자는 전염성이 있는 환자와의 접촉 제한 ③ 가래를 배출할 수 있는 결핵환자에게 시술하는 경우 환기가 이루어지는 격리실에서 할 것 ④ 임신한 근로자는 풍진·수두 등 선천성 기형을 유발할 수 있는 감염병 환자와 접촉 제한
공기매개 감염병 환자에 노출된 근로자에 대한 조치	① 공기매개 감염병의 증상 발생 즉시 감염 확인을 위한 검사를 받도록 할 것 ② 감염이 확인되면 적절한 치료를 받도록 조치 ③ 풍진, 수두 등에 감염된 근로자가 임신부인 경우에는 태아에 대하여 기형 여부를 검사받도록 할 것 ④ 감염된 근로자가 동료 근로자 등에게 전염되지 않도록 적절한 기간 동안 접촉을 제한하도록 할 것
곤충 및 동물 매개 감염병 고위험작업을 하는 경우	① 긴 소매의 옷과 긴 바지의 작업복을 착용 ② 감염병 발생 우려가 있는 장소에서는 음식물 섭취 제한 ③ 작업장소와 인접한 곳에 오염원과 격리된 식사 및 휴식 장소 제공 ④ 작업 후 목욕을 하도록 지도 ⑤ 곤충이나 동물에 물렸는지를 확인하고 이상증상 발생 시 의사의 진료를 받도록 할 것 ※ 진료를 받아야 하는 증상 : ① 고열·오한·두통 ② 피부발진·피부궤양·부스럼 및 딱지 등 ③ 출혈성 병변

01 인체 계측 및 체계제어

1 인체 계측 및 응용원칙

1) 인체측정학의 정의

신체 치수를 기본으로 신체 각 부위의 무게, 무게중심, 부피, 운동범위, 관성 등의 물리적 특성을 측정하여 일상생활에 적용하는 분야를 인체측정학이라 한다.(의자, 책상, 작업대, 작업 공간 등)

2) 인체 계측 방법 ★

구조적 인체 치수 (정적 인체 계측)	① 신체를 고정시킨 자세에서 피측정자를 인체 측정기 등으로 측정 ② 여러 가지 설계의 표준이 되는 기초적 치수 결정 ③ 마르틴 식 인체 계측기 사용 ④ 종류 ㉠ 골격치수 – 신체의 관절 사이를 측정 ㉡ 외곽치수 – 머리둘레, 허리둘레 등의 표면 치수 측정
기능적 인체 치수 (동적 인체 계측)	① 동적 치수는 운전을 위해 핸들을 조작하거나 브레이크를 밟는 행위 또는 물체를 잡기위해 손을 뻗는 행위 등 움직이는 신체의 자세로부터 측정 ② 신체적 기능 수행 시 각 신체부위는 독립적으로 움직이는 것이 아니라, 부위별 특성이 조합되어 나타나기 때문에 정적 치수와 차별화 ③ 소마토그래피 (somato graphy) : 신체적 기능 수행을 정면도, 측면도, 평면도의 형태로 표현하여 신체 부위별 상호작용을 보여주는 그림

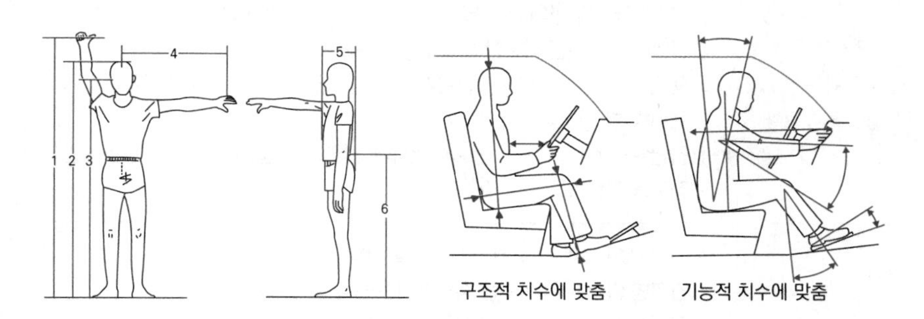

3) 인체 계측 자료의 응용 원칙 ★★★

(1) 극단적인 사람을 위한 설계

① 극단치 설계(인체 측정 특성의 극단에 속하는 사람을 대상으로 설계하면 거의 모든 사람을 수용가능)

구분	최대 집단치	최소 집단치
개념	대상 집단에 대한 인체 측정 변수의 상위 백분위수(percentile)를 기준으로 90, 95, 99%치가 사용	관련 인체 측정 변수 분포의 하위 백분위수를 기준으로 1, 5, 10%치가 사용
사용 예	① 출입문, 통로, 의자 사이의 간격 등의 공간 여유의 결정 ② 줄사다리, 그네 등의 지지물의 최소 지지중량(강도)	선반의 높이 또는 조정장치까지의 거리, 버스나 전철의 손잡이 등의 결정

② 효과와 비용을 고려 : 흔히 95%나 5%치를 사용

(2) 조절 범위

① 장비나 설비의 설계에 있어 때로는 여러 사람이 사용 가능하도록 조절식으로 하는 것이 바람직한 경우도 있다.
② 사무실 의자의 높낮이 조절, 자동차 좌석의 전후조절 등
③ 통상 5%치에서 95%치까지의 90% 범위를 수용대상으로 설계

(3) 평균치를 기준으로 한 설계

① 특정 장비나 설비의 경우, 최대 집단치나 최소 집단치 또는 조절식으로 설계하기가 부적절하거나 불가능할 때
② 가게나 은행의 계산대 등

다음 중 인체 측정 자료를 이용하여 설계하고자 할 때 적용기준이 잘못 연결된 것은?

① 의자의 높이 - 조절식 설계기준
② 안내 데스크 - 평균치를 기준으로 한 설계기준
③ 선반 높이 -최대 집단치를 기준으로 한 설계기준
④ 출입문 - 최대 집단치를 기준으로 한 설계기준

정답 ③

2 신체반응의 측정 ★

1) 산소소비량 측정

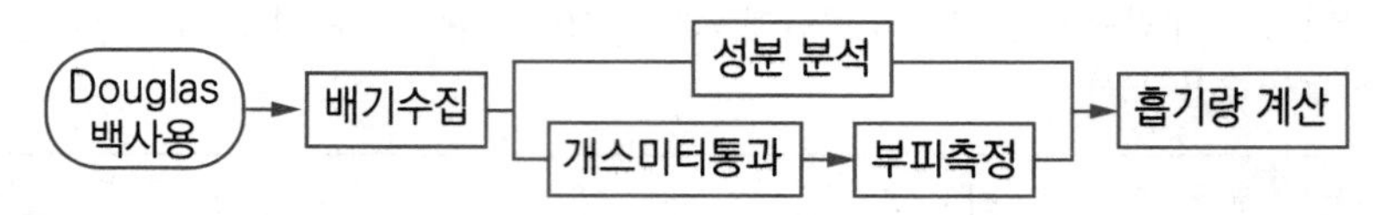

성분	산소	이산화탄소	질소
흡기	21%	0	79%
배기	O_2%	CO_2%	–

흡기부피를 V_1, 배기부피를 V_2 (분당배기량)라 하면 $79\% \times V_1 = N_2\% \times V_2$

$$V_1 = \frac{(100 - O_2\% - CO_2\%)}{79} \times V_2$$

$$\text{산소소비량} = (21\% \times V_1) - (O_2\% \times V_2)$$

참고

1 liter의 산소소비=5kcal

2) 점멸 융합 주파수(flicker fusion frequency)

(1) 시각 혹은 청각의 계속되는 자극이 점멸하지 않고 연속적으로 느껴지는 주파수
→ 피질의 기능으로 중추신경계의 피로 즉, 정신피로의 척도로 사용

(2) 정신적으로 피곤한 경우 주파수 값이 내려감

3 표시장치 및 제어장치

1) 시각적 표시장치

(1) 눈의 구조 및 기능 ★

구조	기능	모양
각막	최초로 빛이 통과하는 곳, 눈을 보호	
홍채	동공의 크기를 조절해 빛의 양 조절	
모양체	수정체의 두께를 변화시켜 원근 조절	
수정체	렌즈의 역할, 빛을 굴절시킴	
망막	상이 맺히는 곳, 시세포 존재	
맥락막	망막을 둘러싼 검은 막, 어둠상자 역할	

모양체, 홍채, 동공, 각막, 망막, 수정체, 유리체, 맹점, 시신경

예제

눈의 구조에서 0.2~0.5mm의 두께가 얇은 암흑갈색의 막으로 색소세포가 있어 암실처럼 빛을 차단하면서 망막내면을 덮고 있는 것은?

① 각막
② 맥락막
③ 홍채
④ 공막

정답 ②

(2) 시각 전달 경로 ★

빛 → 각막 → 동공 → 수정체 → 유리체 → 망막 → 시세포 → 시신경 → 대뇌

(3) 망막 ★

시세포	황반	망막의 중심부로 시세포가 밀집하여 상이 뚜렷하게 맺히는 곳
	맹점	시신경이 지나가는 부분으로 시세포가 없어 상이 맺혀도 보이지 않는 경우
감광요소	원추체(cone)	밝은 곳에서 기능, 색구별, 황반에 집중
	간상체(rod)	조도 수준이 낮을 때 기능, 흑백의 음영 구분, 망막주변

(4) 암조응(Dark Adaptation) ★★

① 밝은 곳에서 어두운 곳으로 갈 때 → 원추세포의 감수성 상실, 간상세포에 의해 물체 식별

② 완전 암조응 - 보통 30~40분 소요(명조응은 수초 내지 1~2분)

(5) 시력의 척도 ★

① 최소 가분 시력(간격해상력)

> 시각 $= L/D(\text{rad}) = L \times 57.3 \times 60/D$(분)
>
> 시력 = 1/시각

여기서, L : 시선과 직각으로 측정한 물체의 크기(글자일 경우 획폭 등)

D : 물체와 눈 사이의 거리

57.3과 60 : radian 단위를 분으로 환산하는 상수

② 시력 측정 종류

㉠ Landolt ring (기하학적 형태의 표적)

㉡ Snellen letter(문자)

예제

다음과 같이 4m 거리에서 Landolt ring을 1.2mm까지 구분할 수 있는 사람의 시력은 얼마인가?

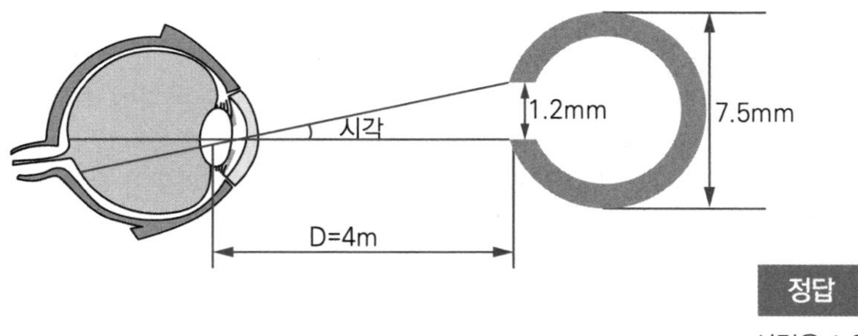

정답

시력은 1.0

예제

다음 중 망막의 원추세포가 가장 낮은 민감성을 보이는 파장의 색은?

① 적색
② 청색
③ 회색
④ 녹색

정답 ③

예제

란돌트(Landolt) 고리에 있는1.5mm의 틈을 5m의 거리에서 겨우 구분할 수 있는 사람의 최소분간시력은 약 얼마인가?

① 0.1
② 0.3
③ 0.7
④ 1.0

정답 ④

예제

표시값의 변화 방향이나 변화 속도를 관찰할 필요가 있는 경우에 가장 적합한 표시장치는?

① 동침형 표시장치
② 계수형 표시장치
③ 묘사형 표시장치
④ 동목형 표시장치

정답 ①

예제

다음 중 정성적 표시장치를 설명한 것으로 적절하지 않은 것은?

① 연속적으로 변하는 변수의 대략적인 값이나 변화추세, 변화율 등을 알고자 할 때 사용된다.
② 정성적 표시장치의 근본 자료 자체는 정량적인 것이다.
③ 색채 부호가 부적합한 경우에는 계기판 표시 구간을 형상 부호화하여 나타낸다.
④ 전력계에서와 같이 기계적 또는 전자적으로 숫자가 표시된다.

정답 ④

(6) 정량적 표시장치 ★★★

① 동적 표시장치의 기본형(정량적 동적)

아날로그 (Analog)	정목동침형 (지침이동형)	정량적인 눈금이 정성적으로 사용되어 원하는 값으로부터의 대략적인 편차나, 고도를 읽을 때 그 변화방향과 율등을 알고자 할 때
	정침동목형 (지침고정형)	나타내고자 하는 값의 범위가 클 때, 비교적 작은 눈금판에 모두 나타내고자 할 때
디지털 (Digital)	계수형 (숫자로 표시)	• 수치를 정확하게 충분히 읽어야 할 경우 • 원형 표시장치보다 판독오차가 적고 판독시간도 짧다. (원형 : 3.54초, 계수형 : 0.94초)

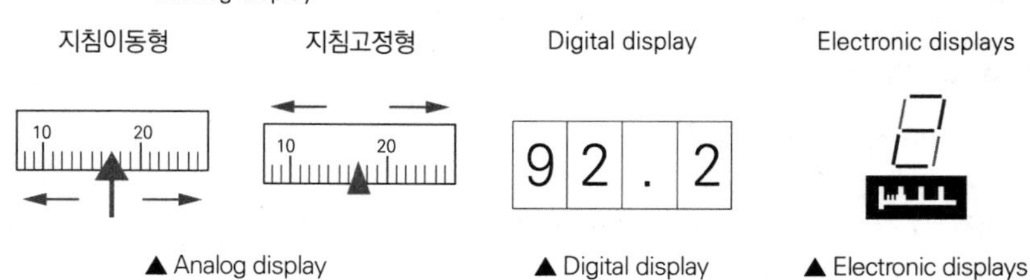

▲ Analog display ▲ Digital display ▲ Electronic displays

② 표시값이 계속 변하는 경우나 변화방향이나 변화속도 관찰 시에는 아날로그 표시장치가 유용
③ 일반적으로 원형 또는 반원형 눈금이 많이 사용되지만, 경우에 따라서는 수직, 수평형이 더 유리
④ 지침의 설계
 ㉠ 뾰족한 지침 사용 (선각이 20°정도)
 ㉡ 지침의 끝은 작은 눈금과 맞닿게 하되 겹치지는 않도록
 ㉢ 원형 눈금일 경우 지침은 선단에서 눈금의 중심까지 색칠
 ㉣ 시차를 없애기 위해 지침을 눈금면과 밀착

(7) 정성적 표시장치 ★

① 온도 압력 속도처럼 연속적으로 변하는 변수의 대략적인 값이나 또는 변화추세율 등을 알고자 할 때
② 정량적 자료를 정성적 판독의 근거로 사용할 경우
 ㉠ 변수의 상태나 조건이 미리 정해놓은 몇 개의 범위 중 어디에 속하는가를 판정할 때 (휴대용 라디오 전지상태)
 ㉡ 적정한 어떤 범위의 값을 일정하게 유지하고자 할 때 (자동차 속력)
 ㉢ 변화 추세나 율을 관찰하고자 할 때(비행고도의 변화율)

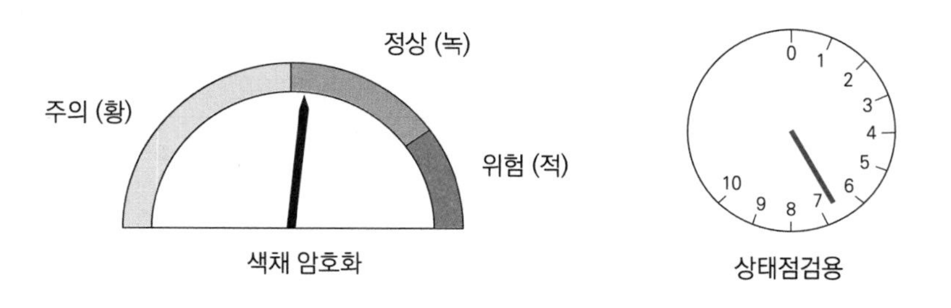

색채 암호화 상태점검용

(8) 묘사적 표시장치 ★

① 목적
위치나 구조가 변하는 항공기 표시장치 등과 같이 배경에 변화되는 상황을 중첩하여 나타내는 표시장치로, 효과적인 상황파악을 위해 사용된다.

② 비행 자세 표시장치

항공기 이동형	지평선 이동형
지평선 고정, 항공기가 움직이는 형태. outside-in(외견형). bird's eye 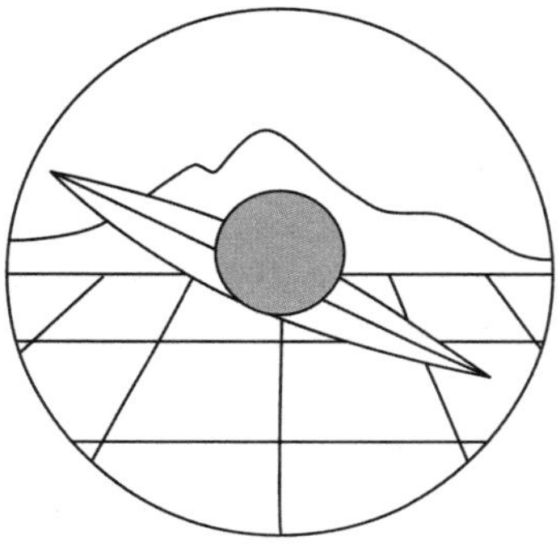	항공기 고정, 지평선이 움직이는 형태. inside-out(내견형). pilot's eye 대부분의 항공기 표시장치 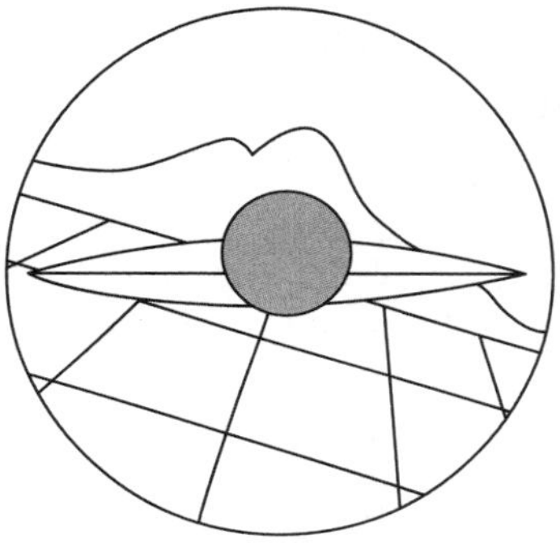

(9) 부호의 유형 ★★

묘사적 부호	사물이나 행동을 단순하고 정확하게 묘사(위험표지판의 걷는 사람, 해골과 뼈 등)
추상적 부호	전언의 기본요소를 도식적으로 압축한 부호(원개념과 약간의 유사성)
임의적 부호	이미 고안되어 있는 부호이므로 학습해야 하는 부호(표지판의 삼각형 : 주의표지, 사각형 : 안내표지 등)

예제

시각적 부호의 유형과 내용으로 틀린 것은?

① 임의적 부호 – 주의를 나타내는 삼각형
② 명시적 부호 – 위험표지판의 해골과 뼈
③ 묘사적 부호 – 보도 표지판의 걷는 사람
④ 추상적 부호 – 별자리를 나타내는 12궁도

정답 ②

예제

신호검출이론(SDT)에서 두 정규분포 곡선이 교차하는 부분에 판별기준이 놓였을 경우 Beta 값으로 맞는 것은?

① Beta=0
② Beta<1
③ Beta=1
④ Beta>1

정답 ③

보충강의 신호 검출 이론

1. 개념

인간이 자극을 감지하여 신호를 판단할 경우 잡음이나 소음이 있는 상황에서 이루어질 때, 잡음이 신호검출에 미치는 영향을 다루는 이론을 신호검출이론(SDT)이라고 한다.

2. 신호유무의 판정 반응 및 오류 ★★

판정 / 자극	신호 유(S)	신호 무(N)
소음(N)+신호(S)	Hit 적중(긍정) P{S|S}	Miss 탈루(누락) P{N|S}
소음(N)	False Alam 오경보(허위) P{S|N}	Correct Rejection 정기각(부정) P{N|N }

3. SDT의 의의

(1) 잡음이 섞인 신호의 분포는 잡음만의 분포와 명확히 구분이 되어야 하며, 중첩이 부득이한 경우 어떠한 과오가 좀더 묵인 할 수 있는지 결정하여 관측자의 판정기준에 도움이 되도록 한다.

(2) 잡음이 발생할 경우 신호검출의 역치(threshold value)가 상승하며, 신호가 정확히 전달되기 위해서는 신호의 강도가 이 역치의 상승분을 초과해야 한다.

* 역치 : 자극에 대하여 어떠한 반응을 일으키는데 필요한 최소한의 자극의 세기이며, 역치가 작을수록 예민하다.(조작자는 오차가 인식 역치를 넘을 때까지는 반응하지 못한다)

4. SDT의 응용

① 소리의 파형, 빛, 레이다영상 등의 시각신호 및 다른 종류의 신호에도 청각과 동일하게 적용

② 응용분야 : 음파탐지, 품질검사 임무, 증인증언, 의료진단, 항공교통통제 등 광범위하게 적용

2) 청각적 표시장치

(1) 음의 특성 ★★

① 인간의 가청 주파수 : 20~20,000Hz
② 음의 강도 척도 : bel의 1/10인 decibel(dB)

$$\text{dB 수준} = 20\log_{10}\left(\frac{P_1}{P_0}\right)$$

P_1 : 음압으로 표시된 주어진 음의 강도,

P_0 : 표준치(1000Hz 순음의 가청 최소음압)

③ 거리에 따른 음의 강도 변화

$$\text{dB 수준으로는 } dB_2 = dB_1 - 20\log\left(\frac{d_2}{d_1}\right)$$

(2) 귀의 구조 ★

구조		기능	
외이	귓바퀴	소리를 모음	
	외이도	소리의 이동 통로	
중이	고막	소리에 의해 최초로 진동하는 얇은 막	
	이소골(청소골)	고막의 소리를 증폭시켜 내이(난원창)로 전달(22배 증폭)	
	유스타키오관	외이와 중이의 압력 조절	
내이	달팽이관	(임파액으로 차 있음) 청세포가 분포되어 있어 소리 자극을 청신경으로 전달	
	전정 기관	위치감각	평형 감각 기관
	반고리관	회전감각	

(3) 음량의 수준 ★★★

① Phon과 Sone 및 인식소음 수준

Phon의 음량 수준	① 정량적 평가를 위한 음량 수준 척도 ② 어떤음의 Phon 값으로 표시한 음량 수준은 이음과 같은 크기로 들리는 1000Hz순음의 음압 수준(dB)
Sone에 의한 음량	① 다른 음의 상대적인 주관적 크기 비교 ② 40dB의 1000Hz 순음의 크기(=40Phon)를 1sone ③ 기준음보다 10배 크게 들리는 음은 10sone의 음량

② Phon과 Sone의 관계

$$sone\text{치} = 2^{(phon\text{치} - 40)/10}$$

* 음량 수준이 10 Phon 증가하면 음량(Sone)은 2배로 증가된다.

예제

경보사이렌으로부터 10m 떨어진 곳에서 음압수준이 140dB이면 100m 떨어진 곳에서 음의 강도는 얼마인가?

① 100dB
② 110dB
③ 120dB
④ 140dB

정답 ③

예제

음압수준이 120dB 인 경우 1000Hz에서의 phon 값과 sone 값으로 옳은 것은?

① 100phon, 64sone
② 100phon, 128sone
③ 120phon, 128sone
④ 120phon, 256sone

정답 ④

예제

한 사무실에서 타자기의 소리 때문에 말소리가 묻히는 현상을 무엇이라 하는가?

① masking
② CAS
③ phone
④ dBA

정답 ①

예제

정보 전달용 표시장치에서 청각적 표현이 좋은 경우가 아닌 것은?

① 시각 장치가 지나치게 많다.
② 메시지가 복잡하다.
③ 즉각적인 행동이 요구된다.
④ 메시지가 후에 재참조되지 않는다.

정답 ②

(4) Masking(차폐) 효과 ★★

① 음의 한 성분이 다른 성분에 대한 귀의 감수성을 감소시키는 상황으로 한쪽음의 강도가 약할 때 강한음에 가로막혀 들리지 않게 되는 현상
② 복합 소음(소음 수준이 같은 2대의 기계 : 3dB 증가)
　㉠ (0－1)＝3dB 증가, (2－3)＝2dB 증가, (4－9)＝1dB 증가
　㉡ 10 이상 차이는 Masking 효과가 나타난다.
　㉢ 음압수준 ＝ $10\log(10^{L_1/10}+10^{L_2/10}+\cdots+10^{L_n/10})$ dB

(5) 청각 장치와 시각 장치의 비교 ★★★

청각 장치 사용	시각 장치 사용
① 정보가 간단하다.	① 정보가 복잡하다.
② 정보가 짧다.	② 정보가 길다.
③ 정보가 후에 재참조되지 않는다.	③ 정보가 후에 재참조된다.
④ 정보의 내용이 시간적 사상을 다룬다.	④ 정보의 내용이 공간적인 위치를 다룬다.
⑤ 정보가 즉각적인 행동을 요구한다(긴급할 때).	⑤ 정보가 즉각적인 행동을 요구하지 않는다.
⑥ 수신장소가 너무 밝거나 암조응 유지가 필요시	⑥ 수신장소가 너무 시끄러울 때
⑦ 직무상 수신자가 자주 움직일 때	⑦ 직무상 수신자가 한곳에 머물 때
⑧ 수신자가 시각계통이 과부하상태일 때	⑧ 수신자의 청각 계통이 과부하상태일 때

① 청각적 표시장치가 시각적 장치보다 유리한 경우
　㉠ 신호음 자체가 음일 때
　㉡ 무선거리 신호, 항로 정보 등과 같이 연속적으로 변하는 정보를 제시할 때
　㉢ 음성통신 경로가 전부 사용되고 있을 때

(6) 경계 및 경보신호 선택시 지침 ★★

① 귀는 중음역에 가장 민감하므로 500~3,000Hz의 진동수를 사용
② 고음은 멀리가지 못하므로 300m 이상 장거리용으로는 1,000Hz 이하의 진동수 사용
③ 신호가 장애물을 돌아가거나 칸막이를 통과해야 할 때는 500Hz 이하의 진동수 사용
④ 주의를 끌기 위해서는 변조된 신호를 사용
⑤ 배경소음의 진동수와 다른 신호를 사용하고 신호는 최소한 0.5~1초 동안 지속
⑥ 경보효과를 높이기 위해서 개시시간이 짧은 고강도 신호 사용
⑦ 주변 소음에 대한 은폐효과를 막기 위해 500~1,000Hz 신호를 사용하여, 적어도 30dB 이상 차이가 나야 함.

(7) 인간의 감지능력(Weber의 법칙) ★

변화감지역	① 특정 감각의 감지능력은 두 자극 사이의 차이를 알아낼 수 있는 변화감지역(JND : Just Noticeable Difference)으로 표현 ② 변화 감지역이 작을수록 변화를 검출하기 쉽다.
Weber의 법칙	① 감각기관의 기준자극과 변화감지역의 연관관계 ② 변화감지역은 사용되는 기준자극의 크기에 비례 $\text{Weber비} = \dfrac{\text{변화감지역}}{\text{기준자극 크기}}$ ③ Weber 비가 작을수록 분별력이 뛰어난 감각이다.

예제

Weber비가 0.02라면

① 100g의 물체에 대하여 무게의 변화를 감지하려면 최소 몇 g 이상되어야 하는가?

정답

2g

② 같은 방법으로 20kg의 물체에 대해서도 구해 보자

정답

400g

3) 촉각 및 후각적 표시장치

(1) 피부감각

압각	압박이나 충격이 피부에 주어질 때 느끼는 접촉감각
통각	피부 및 신체 내부에 아픔을 느끼는 감각
열각 (온각, 냉각)	피부의 온도보다 높은 또는 낮은 온도를 갖는 대상에 자극되어 일어나는 감각

* 감각점의 분포도 : 통점 〉 압점 〉 냉점 〉 온점

(2) 조정장치의 촉각적 암호화 ★★★

① 형상을 구별하여 사용하는 경우
② 표면촉감을 사용하는 경우
③ 크기를 구별하여 사용하는 경우

예제

"음의 높이, 무게 등 물리적 자극을 상대적으로 판단하는데 있어 특정 감각기관의 변화감지역은 표준자극에 비례한다"라는 법칙을 발견한 사람은?

① 핏츠(Fitts)
② 드루리(Drury)
③ 웨버(Weber)
④ 호프만

정답 ③

예제

정보가 촉각적 암호화 방법으로만 구성된 것은?

① 점자, 진동, 온도
② 초인종, 점멸등, 점자
③ 신호등, 정보음, 점멸등
④ 연기, 온도, 모스(Morse)부호

정답 ①

(3) 형상 암호화된 조정장치 ★

만져봐서 식별되는 손잡이

다회전용 | 단회전용 | 이산멈춤 위치용

용도와 관련된 형상으로 식별되는 손잡이

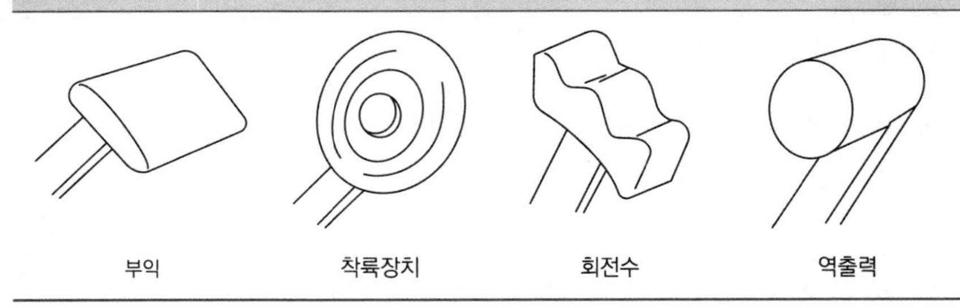

(4) 후각적 표시장치

① 후각의 특징
- ㉠ 후각상피 : 코의 윗부분에 위치
- ㉡ 자극원 : 기체상태의 화학물질
- ㉢ 사람의 감각기관 중 가장 예민하고 빨리 피로해지기 쉬운 기관
- ㉣ 후각의 전달 경로

> 기체상태의 화학물질 → 후각상피(후세포) → 후신경 → 대뇌

② 후각적 표시장치

표시장치로서의 활용은 저조	① 심한 개인차 ② 코막힘 등으로 민감도 저하 ③ 가장 피로해지기 쉬운 기관 ④ 냄새의 확산 통제가 곤란
경보 장치로 활용	① gas 회사의 gas 누출 탐지(부취제) ② 광산의 탈출 신호용

예제

후각적 표시장치에 대한 설명으로 틀린 것은?

① 냄새의 확산을 통제하기 힘들다.
② 복잡한 정보를 전달하는데 유용하다.
③ 코가 막히면 민감도가 떨어진다.
④ 냄새에 대한 민감도의 개인차가 있다.

정답 ②

4) 제어장치 ★★★

(1) 통제기의 종류

개폐에 의한 조작기	① 누름버튼(Push button) : 손(hand) 발(foot) ② 똑딱 스위치(toggle switch) ③ 회전선택스위치(rotary switch)
양의 조절에 의한 조작기	① 노브 (knob)　② 크랭크 (crank) ③ 레버 (lever)　④ 손핸들 (hand wheel) ⑤ 페달(pedal)　⑥ 커서 위치조정(cusor positioning) : 마우스, 트랙볼 등
반응에 의한 통제	① 계기신호　② 감각에 의한 통제

(2) 통제기의 특성

연속적인 조절이 필요한 형태	① knob ② crank ③ handle ④ lever ⑤ pedal
불연속적인 조절이 필요한 상태	① hand push button　② foot push button ③ toggle switch　④ rotary switch
안전장치와 통제장치	① push button의 오목면 이용 ② toggle switch의 커버설치 ③ 안전장치와 통제장치는 겸하여 설치하는 것이 효율적

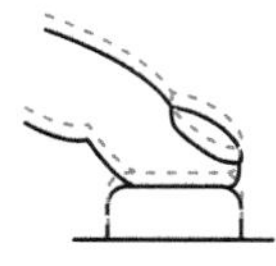

Hand push button

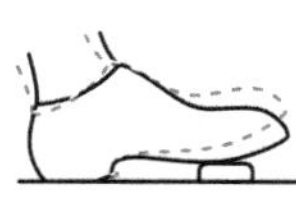

Foot push button

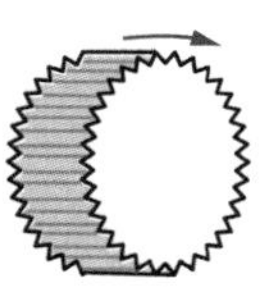

Knob

Lever

(3) 조정장치의 식별

암호화의 목적	판별성(빠르고 신속하게 조정장치를 식별하는 용이성)을 향상시키기 위하여 암호화하며, 반드시 표준화하는 것이 필요하다.
암호체계 사용상의 일반적 지침	① 암호의 검출성 (detectability)　② 암호의 변별성 (discriminability) ③ 부호의 양립성 (compatibility)　④ 부호의 의미 ⑤ 암호의 표준화 (standardization)　⑥ 다차원 암호의 사용(multidimensional)

참고

toggle switch 및 push button의 설치는 중심선으로부터 30° 이하를 원칙으로 하며, 25° 위치일 때가 가장 작동시간이 짧다.

예제

다음 통제용 조종장치의 형태 중 그 성격이 다른 것은?

① 푸시 버튼(push button)
② 토글스위치(toggle switch)
③ 로터리선택스위치(rotary select switch)
④ 노브(knob)

정답 ④

4 통제표시비 ★★★

1) 조종-표시장치 이동비율(control display ratio) C/D비 또는 C/R비

(1) 조정장치의 움직인 거리(회전수)와 표시장치상의 지침이 움직인 거리의 비

(2) 종류

① 선형 조정장치가 선형 표시장치를 움직일 때는 각각 직선변위의 비(제어표시비)

$$C/D\text{비} = \frac{\text{조종장치(제어기기)의 이동거리}}{\text{표시장치(표시기기)의 반응거리}}$$

② 회전 운동을 하는 조정장치가 선형 표시장치를 움직일 경우

$$C/D\text{비} = \frac{(a/360) \times 2\pi L}{\text{표시장치의 이동거리}}$$

L : 반경(지레의 길이), a : 조정장치가 움직인 각도

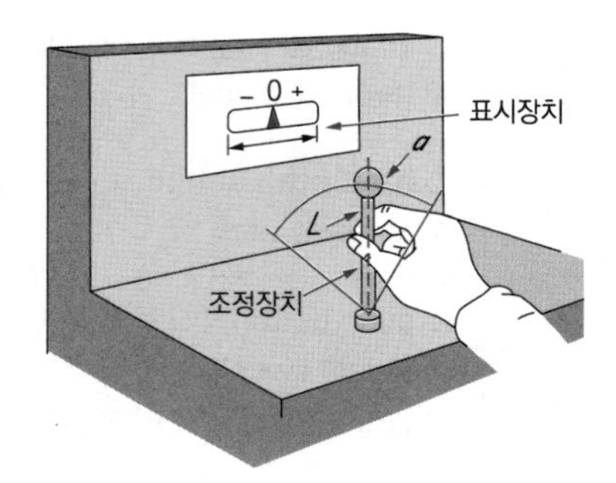

③ Knob의 C/R비는 손잡이 1회전 시 움직이는 표시장치 이동거리의 역수로 나타낸다.

(3) 최적 C/D 비

① 이동 동작과 조종 동작을 절충하는 동작이 수반
② 최적치는 두 곡선의 교점 부근
③ C/D비가 작을수록 이동시간은 짧고, 조종은 어려워서 민감한 조정장치이다.

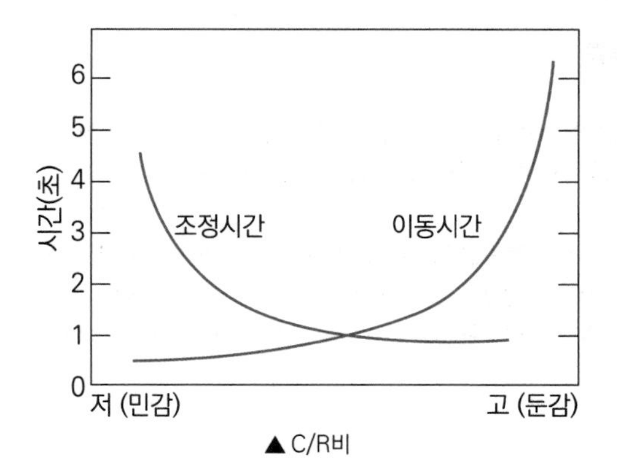

▲ C/R비

2) 조종 반응비율(통제표시비) 설계 시 고려사항

계기의 크기	계기의 조절시간이 짧게 소요되는 사이즈 선택, 너무 작으면 오차발생 증대되므로 상대적으로 고려
공차	짧은 주행시간 내에 공차의 인정범위를 초과하지 않는 계기 마련
목측거리	눈의 가시거리가 길면 길수록 조절의 정확도는 감소하며 시간이 증가
조작시간	조작시간의 지연은 직접적으로 조종반응비가 가장 크게 작용(필요할 경우 통제비 감소조치)
방향성	조종기기의 조작방향과 표시기기의 운동방향이 일치하지 않으면 작업자의 혼란 초래(조작의 정확성 감소)

5 양립성(compatibility) ★★★

1) 종류

공간적(spatial) 양립성	표시장치나 조정장치에서 물리적 형태 및 공간적 배치
운동(movement) 양립성	표시장치의 움직이는 방향과 조정장치의 방향이 사용자의 기대와 일치
개념적(conceptual) 양립성	이미 사람들이 학습을 통해 알고 있는 개념적 연상
양식(modality) 양립성	직무에 알맞은 자극과 응답의 양식의 존재에 대한 양립성. 예) 소리로 제시된 정보는 말로 반응하게 하고, 시각적으로 제시된 정보는 손으로 반응하는 것이 양립성이 높다.

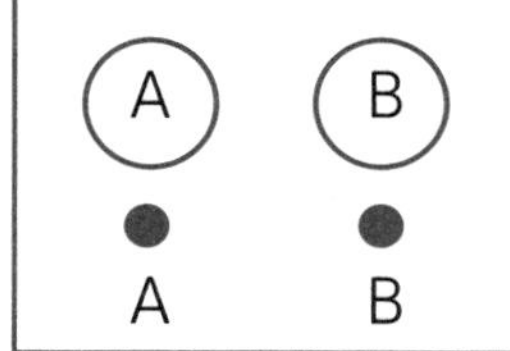

▲ 공간적 양립성

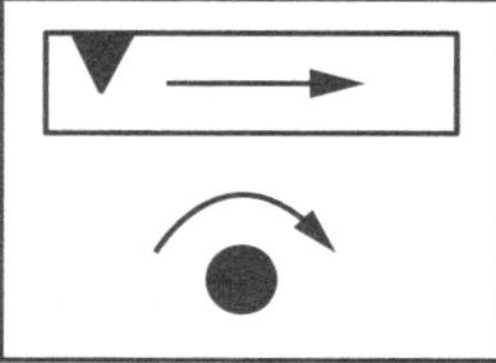
▲ 운동 양립성

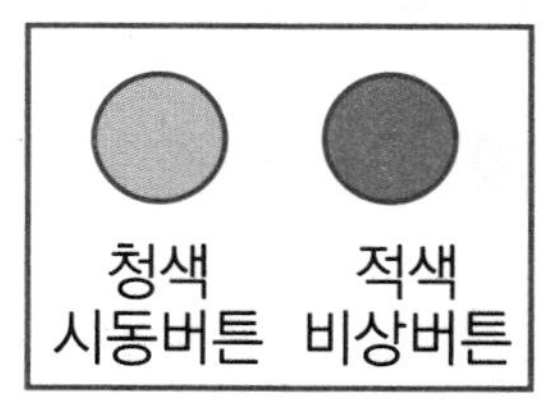

▲ 개념적 양립성

예제

다음 중 통제표시비(control/display ratio)를 설계할 때 고려하는 요소에 관한 설명으로 틀린 것은?

① 계기의 조절시간이 짧게 소요되도록 계기의 크기(size)는 항상 작게 설계한다.
② 짧은 주행시간 내에 공차의 인정범위를 초과하지 않는 계기를 마련한다.
③ 목시거리(目示距離)가 길면 길수록 조절의 정확도는 떨어진다.
④ 통제표시비가 낮다는 것은 민감한 장치라는 것을 의미한다.

정답 ①

예제

6개의 표시장치를 수평으로 배열할 경우 해당 제어장치를 각각의 그 아래에 배치하면 좋아지는 양립성의 종류는?

① 운동 양립성
② 공간 양립성
③ 개념 양립성
④ 양식 양립성

정답 ②

예제

손이나 특정 신체부위에 발생하는 누적 손상장애(CTDs)의 발생인자와 가장 거리가 먼 것은?

① 무리한 힘
② 장시간의 진동
③ 다습한 환경
④ 반복도가 높은 작업

정답 ③

6 수공구 ★

1) 수공구로 인한 부상

부상을 가장 많이 유발하는 도구		칼, 렌치(wrench), 망치
누적 외상병 (cumulative trauma disorders : CTD)	정의	외부의 스트레스에 의해 장기간 동안 반복적인 작업이 누적되어 발생하는 부상 또는 질병
	종류	① 손목관 증후군 ② 건염 ③ 건피염 ④ 테니스 팔꿈치(tennis elbow) ⑤ 방아쇠 손가락(trigger finger) 등
	CTD의 원인	① 부적절한 자세 ② 무리한 힘의 사용 ③ 과도한 반복작업 ④ 연속작업(비휴식) ⑤ 낮은 온도 등

2) 수공구 설계원칙

손목을 곧게 펼 수 있도록	손목이 팔과 일직선일 때 가장 이상적
손가락으로 지나친 반복동작을 하지 않도록	검지의 지나친 사용은 「방아쇠 손가락」증세 유발
손바닥면에 압력이 가해지지 않도록 (접촉면적을 크게)	신경과 혈관에 장애(무감각증, 떨림현상)
기타	① 안전측면을 고려한 디자인 ② 적절한 장갑의 사용 ③ 왼손잡이 및 장애인을 위한 배려 ④ 공구의 무게를 줄이고 균형유지 등

02 신체활동의 생리학적 측정법

1 신체반응의 측정

동적 근력작업	에너지 대사량(R.M.R), 산소 섭취량, CO_2배출량과 호흡량, 심박수, 근전도(E.M.G) 등을 측정
정적 근력 작업	에너지 대사량과 심박수와의 상관관계 또는 시간적 경과, 근전도 등을 측정
신경적 작업	매회 평균 호흡 진폭, 심박수(맥박수), 피부전기반사(G.S.R)등을 측정
심적 작업	플리커 값 등을 측정

2 신체역학

1) 신체부위의 운동

(1) 기본동작 ★★

굴곡(flexion) : 관절에서의 각도가 감소
신전(extension) : 관절에서의 각도가 증가

내전(內轉)(adduction) : 몸 중심선으로 향하는 이동
외전(外轉)(abduction) : 몸 중심선으로부터 멀어지는 이동

내선(內旋)(medial rotation) : 몸 중심선으로 향하는 회전
외선(外旋)(lateral rotation) : 몸 중심선으로부터 회전

회내(pronation) : 몸 또는 손바닥을 아래로 향하는
회외(supination) : 몸 또는 손바닥을 위로 향하는

(2) 신체골격구조(206개의 뼈로 구성)

뼈의 역할	① 신체 중요부분 보호 ② 신체의 지지 및 형상 유지 ③ 신체활동 수행
뼈의 기능	① 골수에서 혈구세포를 만드는 조혈 기능 ② 칼슘, 인 등의 무기질 저장 및 공급 기능

2) 완력

① 밀고 당기는 힘의 측정
② 팔을 앞으로 뻗었을 때 최대이며, 왼손은 오른손보다 10% 정도 적다.

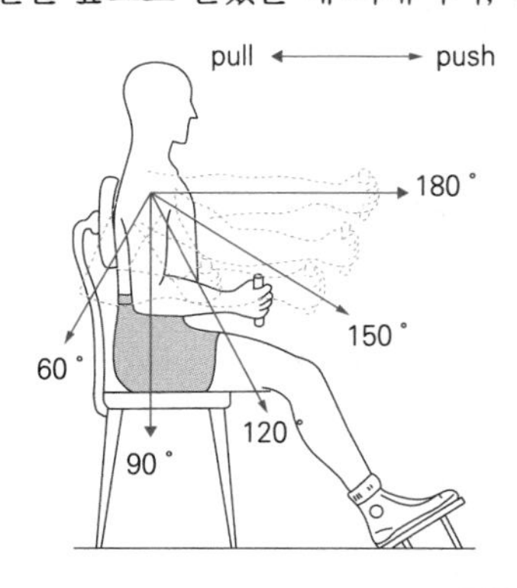

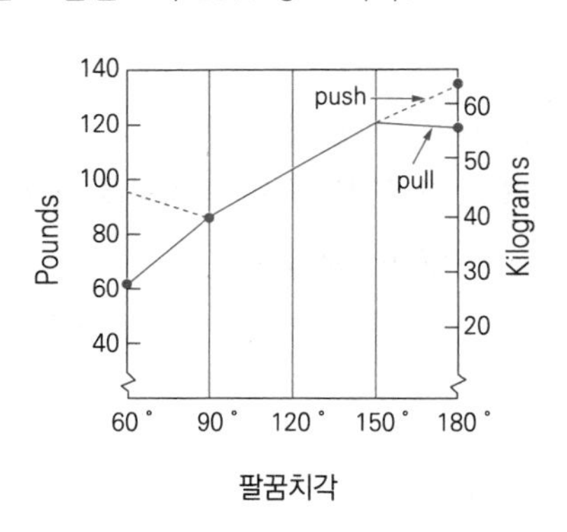

▲ 밀고 당기는 힘의 평균치

예제

다음 중 신체 부위의 운동에 대한 설명으로 틀린 것은?

① 내전(adduction)은 신체의 외부에서 중심선으로 이동하는 신체의 움직임을 말한다.
② 굴곡(flexion)은 부위간의 각도가 증가하는 신체의 움직임을 말한다.
③ 외전(abduction)은 신체 중심선으로부터 이동하는 신체의 움직임을 말한다.
④ 외선(lateral rotation)은 신체의 중심선으로부터 회전하는 신체의 움직임을 말한다.

정답 ②

예제

다음 중 완력검사에서 당기는 힘을 측정할 때 가장 큰 힘을 낼 수 있는 팔꿈치의 각도는?

① 90°
② 120°
③ 150°
④ 180°

정답 ③

예제

에너지 대사율(Relative Metabolic Rate)에 관한 설명으로 틀린 것은?

① 작업대사량은 작업 시 소비에너지와 안정 시 소비에너지의 차로 나타낸다.
② RMR은 작업대사량을 기초대사량으로 나눈 값이다.
③ 산소소비량을 측정할 때 더글라스백(Douglas bag)을 이용한다.
④ 기초대사량은 의자에 앉아서 호흡하는 동안에 측정한 산소소비량으로 구한다.

정답 ④

예제

건강한 남성이 8시간 동안 특정 작업을 실시하고, 산소소비량이 1.2L/분으로 나타났다면 8시간 총 작업시간에 포함되어야 할 최소 휴식시간은?(단, 남성의 권장 평균에너지소비량은 5kcal/분, 안정 시 에너지소비량은 1.5kcal/분으로 가정한다)

① 107분
② 117분
③ 127분
④ 137분

정답 ①

3 신체활동의 에너지 소비

1) 에너지 소모량산출

(1) 에너지 대사율(R.M.R : relative metabolic rate) ★★

① 작업강도 단위로서 산소 호흡량을 측정하여 에너지의 소모량을 결정하는 방식이다.

$$\text{R.M.R} = \frac{\text{작업대사량}}{\text{기초대사량}} = \frac{\text{작업시의 소비에너지} - \text{안정시의 소비에너지}}{\text{기초대사량}}$$

② 기초대사량

$$\text{기초대사량} = \text{A} \times x$$

여기서, A : 체표면적 (cm²)

$\text{A} = H^{0.725} \times W^{0.425} \times 72.46$ <H : 신장(cm), W : 체중(kg)>

x : 체표면적당 시간당 소비 에너지

(2) 에너지 대사율 (R.M.R)에 따른 작업의 분류 ★

RMR	0~1	1~2	2~4	4~7	7 이상
작업	초경작업	경작업	중(보통)작업	중(무거운)작업	초중(무거운)작업

2) 휴식시간 ★★★

작업의 평균 에너지값이 Ekcal/분일 경우 60분간의 총 작업시간 내에 포함되어야 할 휴식시간 R(분)

$$R(\text{분}) = \frac{60(E-5)}{E-1.5}$$

4 동작의 속도와 정확성

1) 반응시간(자극이 있은 후 동작을 개시할 때까지의 총시간)

(1) 단순 반응과 선택반응시간

① 단순 반응시간 - 하나의 특정한 자극 발생 시 : 0.15~0.2초
② 선택 반응시간 - 자극의 수가 여러 개일 때(결정을 위한 중앙처리시간 포함)

대안수	1	2	3	4	5	6	7	8	9	10
반응시간(초)	0.20	0.35	0.40	0.45	0.50	0.55	0.60	0.60	0.65	0.65

(2) 예상

단순반응 및 선택반응시간은 자극을 예상하고 있는 경우의 실험실 자료이며 자극을 예상하고 있지 않을 경우의 반응시간은 0.1초 정도 증가

(3) 동작시간(동작을 실행하는데 걸리는 시간)

① 동작의 종류와 거리에 따라 차이
② 조종 활동에서의 최소치는 약 0.3초

총반응시간(정보처리능력의 한계)=반응시간+동작시간=0.5초

2) 맹목위치 동작

(1) 근육 운동 지각으로부터의 궤환 정보에 의존

(2) 정확도에 관한 실험

정확	정면 방향	표적의 높이는 하단	오른손
부정확	측면 방향	표적의 높이는 상단	왼손

(3) 눈으로 보지 않고 조작하는 조정장치 및 기계장치의 배치 → 정면에 가깝고 어깨보다 낮은 수준

03 작업공간 및 작업자세

1 부품배치의 원칙

1) 부품배치의 원칙 ★★★

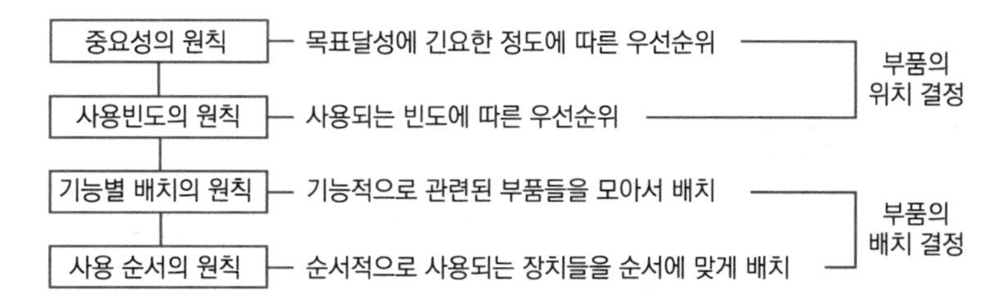

2) 부품의 위치 및 배치

(1) 부품의 일반적 위치

시각적 표시장치	정상시선 주위의 10°~15°반경을 갖는 원(정상시선은 수평하 15°정도)
수동 조정장치	힘을 요하는 조정장치 : 손을 뻗어 잡을 수 있는 최대거리(파악한계)
족동 조정장치	발판의 각도가 수직으로부터 15~35°인 경우 → 답력이 가장 크다.

참고

감각 기관별 반응시간

① 청각 : 0.17초
② 촉각 : 0.18초
③ 시각 : 0.20초
④ 미각 : 0.29초
⑤ 통각 : 0.70초

참고

사정효과 (range effect)
① 보지 않고 손을 움직일 경우 짧은 거리는 지나치고 긴 거리는 못 미치는 경향(거리효과)
② 작은 오차에는 과잉반응하고 큰 오차에는 과소반응

예제

다음 중 작업장에서 구성요소를 배치하는 인간공학적 원칙과 가장 거리가 먼 것은?

① 선입선출의 원칙
② 사용빈도의 원칙
③ 중요도의 원칙
④ 기능성의 원칙

정답 ①

예제

다음 중 layout의 원칙으로 가장 올바른 것은?

① 운반 작업을 수작업화 한다.
② 인간이나 기계의 흐름을 라인화 한다.
③ 중간 중간에 중복 부분을 만든다.
④ 사람이나 물건의 이동거리를 단축하기 위해 기계 배치를 분산화 한다.

정답 ②

(2) Lay out의 원칙 ★★

① 인간과 기계의 흐름을 라인화
② 집중화(이동거리 단축, 기계배치의 집중화)
③ 기계화(운반기계활용, 기계활동의 집중화)
④ 중복부분제거(돌거나 되돌아 나오는 부분제거)

2 활동분석

1) 기준 및 자료수집

활동에 대한 기준	① 빈도 ② 순서 ③ 상호관계 ④ 중요도 ⑤ 소요시간 ⑥ 주관적인 안락 ⑦ 편의성 ⑧ 선호도 등
자료수집	• 기존 시스템 개선 : ① 안구 운동 기록 ② 활동사진 분석 ③ work sampling ④ 경험자와의 면접 또는 질문서 등 • 새로운 시스템 설계 : ① 설계도 ② 실체모형 등

2) 활동 자료의 이용

(1) 상호관계를 나타내는 링크(link)

통신 링크	① 시각 ② 청각 ③ 촉각
제어 링크	① 조종(제어)
운동(동작)링크	① 안구 운동 ② 손, 발 운동 ③ 신체 운동

3 개별작업공간 설계지침

1) 앉은 사람의 작업공간 ★

작업공간 포락면	한 장소에 앉아서 수행하는 작업활동에서 작업하는데 사용하는 공간
파악한계	앉은 작업자가 특정한 수작업 기능을 편히 수행할 수 있는 공간의 외곽한계

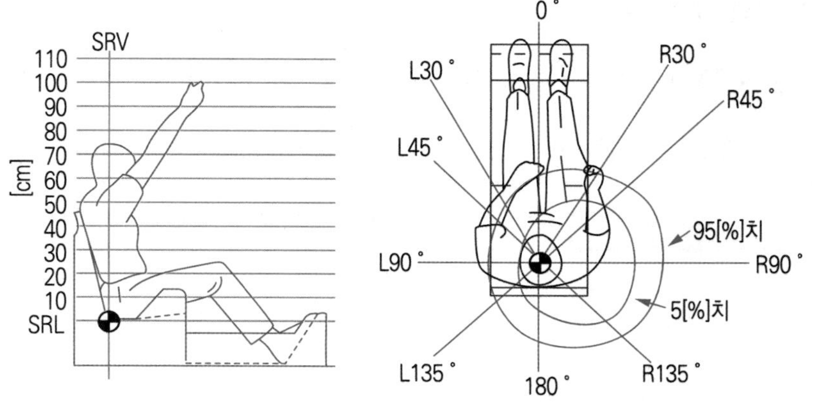

▲ 앉은 작업자의 공간포락면과 파악한계

2) 작업대(work surface)

(1) 수평작업대 ★★

정상작업역 (표준영역)	위팔을 자연스럽게 수직으로 늘어뜨리고, 아래팔만으로 편하게 뻗어 파악할 수 있는 영역
최대작업역 (최대영역)	아래팔과 위팔을 모두 곧게 펴서 파악할 수 있는 영역

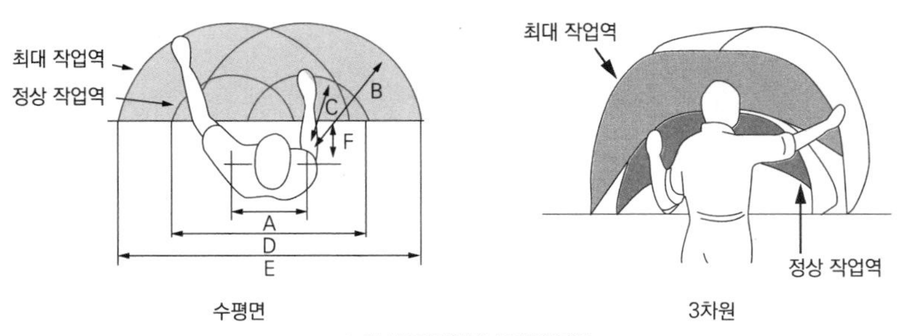

▲ 정상 작업역과 최대작업역

(2) 작업대 높이

최적높이 설계지침	① 작업면의 높이는 상완이 자연스럽게 수직으로 늘어 뜨려지고 전완은 수평 또는 약간 아래로 비스듬하여 작업면과 적절하고 편안한 관계를 유지 할 수 있는 수준 ② 작업대가 높은 경우 : 앞가슴을 위로 올리는 경향, 겨드랑이를 벌린 상태 등 ③ 작업대가 낮은 경우 : 가슴이 압박 받음, 상체의 무게가 양팔꿈치에 걸림 등
착석식(의자식) 작업대 높이	① 조절식으로 설계하여 개인에 맞추는 것이 가장 바람직 ② 작업 높이가 팔꿈치 높이와 동일 ③ 섬세한 작업(미세부품조립 등) 일수록 높아야 하며(팔꿈치 높이보다 5～15cm) 거친작업에는 약간 낮은 편이 유리 ④ 작업면 하부 여유공간이 가장 큰 사람의 대퇴부가 자유롭게 움직일 수 있도록 설계 ⑤ 작업대 높이 설계 시 고려사항 ㉠ 의자의 높이 ㉡ 작업대 두께 ㉢ 대퇴 여유
입식 작업대 높이	① 경조립 또는 이와 유사한 조작작업 : 팔꿈치 높이보다 5～10cm 낮게 ② 섬세한 작업일수록 높아야 하며, 거친작업은 약간 낮게 설치 ③ 고정높이 작업면은 가장 큰 사용자에게 맞도록 설계(발판, 발받침대 등사용) ④ 높이 설계 시 고려사항 ㉠ 근전도(EMG) ㉡ 인체 계측(신장 등) ㉢ 무게중심 결정(물체의 무게 및 크기 등)

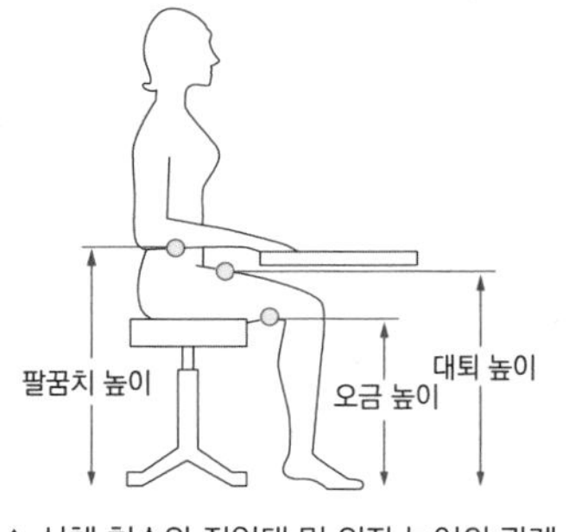

▲ 신체 치수와 작업대 및 의자 높이의 관계

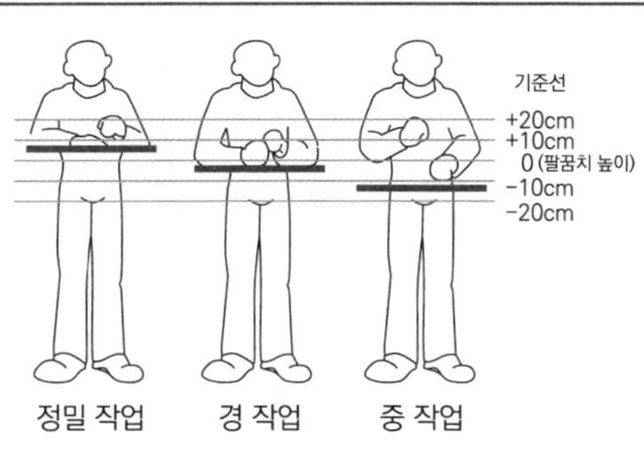

▲ 팔꿈치 높이와 작업대 높이의 관계

예제

다음 중 좌식 평면 작업대에서의 최대 작업영역에 관한 설명으로 가장 적절한 것은?

① 윗팔과 손목을 중립자세로 유지한 채 손으로 원을 그릴 때 부채꼴 원호의 내부 영역
② 자연스러운 자세로 위팔을 몸통에 붙인 채 손으로 수평면상에 원을 그릴 때 부채꼴 원호의 내부지역
③ 어깨로부터 팔을 펴서 어깨를 축으로 하여 수평면상에 원을 그릴 때 부채꼴 원호의 내부지역
④ 각 손의 정상작업영역 경계선이 작업자의 정면에서 교차되는 공통영역

정답 ③

예제

서서하는 작업의 작업대 높이에 대한 설명으로 틀린 것은??

① 경작업의 경우 팔꿈치 높이보다 5~10cm 낮게 한다.
② 중작업의 경우 팔꿈치 높이보다 10~20cm 낮게 한다.
③ 정밀작업의 경우 팔꿈치 높이보다 약간 높게 한다.
④ 부피가 큰 작업물을 취급하는 경우 최대치 설계를 기본으로 한다.

정답 ④

예제

의자 설계의 일반적인 원리로 가장 적절하지 않은 것은?

① 일정한 자세를 계속 유지하도록 한다.
② 디스크가 받는 압력을 줄인다.
③ 요부전만(腰部前灣)을 유지한다.
④ 등근육의 정적 부하를 줄인다.

정답 ①

3) 의자설계 원칙 ★★★

(1) 의자의 설계원칙

체중 분포	① 대부분의 체중이 엉덩이의 좌골결절 (ischial tuberosity)에 실려야 편안 ② 체중 분포는 등압선으로 표시
의자 좌판의 높이	① 대퇴부의 압박 방지를 위해 좌판 앞부분은 오금 높이 보다 높지 않게 설계 (치수는 5%치 사용) ② 좌판의 높이는 개인별로 조절할 수 있도록 하는 것이 바람직 ③ 사무실 의자의 좌판과 등판 각도 ㉠ 좌판각도 : 3° ㉡ 등판각도 : 100°
의자 좌판의 깊이와 폭	① 폭은 큰 사람에게 맞도록, 깊이는 대퇴를 압박하지 않도록 작은 사람에게 맞도록 설계 ② 의자가 길거나 옆으로 붙어있는 경우 팔꿈치 폭 고려 - 95%치 사용(콩나물 효과)
몸통의 안정	① 체중이 좌골결절에 실려야 몸통의 안정이 유리 ② 등판의 지지가 미흡하면 압력이 한쪽에 치우쳐 척추병의 원인 - 좌판과 등판의 각도와 등판의 굴곡이 중요

(2) 의자 설계 시 고려해야 할 사항

① 등받이의 굴곡은 요추의 굴곡(전만곡)과 일치해야 한다.
② 좌면의 높이는 사람의 신장에 따라 조절 가능해야 한다.
③ 정적인 부하와 고정된 작업자세를 피해야 한다.
④ 의자의 높이는 오금의 높이보다 같거나 낮아야 한다.

04 작업측정

1 표준시간 및 연구

1) 작업측정 및 표준시간 ★★

(1) 개요

작업측정	작업수행에 소요되는 시간을 연구하고 측정하여 효율적인 관리를 함으로 생산성 향상 및 원가절감 등을 기대
표준시간	표준화된 작업조건하에서 정해진 작업방법으로 숙련된 작업자가 여유를 고려한 정상적인 작업속도로 작업수행에 필요한 시간

(2) 표준시간의 구성

• 표준시간＝정미시간 (작업시간, 준비 및 마무리 시간)
＋여유시간(인적 및 비인적 여유시간)

(3) 표준시간의 산정방법

① 자료나 경험에 의한 방법
② 직접측정방법(시간연구법, Work sampling)
③ 간접측정방법(표준자료법, PTS법 등)

2) 시간연구법 ★

(1) 측정방법 및 기록방법

측정방법	① Stop watch ② 전자식 타이머 ③ VTR camera 등
기록방법	① 계속법 ② 반복법

(2) 요소작업 분할 원칙(충분한 관측회수 확보)

① 작업의 진행 순서에 따라 측정범위내에서 가능한 작게 분할한다.
② 규칙적인 요소작업과 불규칙적인 요소작업으로 분할한다.
③ 작업자 작업과 기계 요소작업으로 구분하여 분할한다.
④ 상수요소작업과 변수 요소작업으로 구분하여 분할한다.

3) 레이팅과 정미시간 ★★

(1) 개요

레이팅	관측한 작업속도를 기준의 작업속도와 비교하여 관측시간치를 정상적인 작업속도의 시간으로 보정하는 과정(수행도 평가)
정미시간	관측시간을 레이팅 계수로 보정하여 보통의 속도로 변환시켜 주는 것으로 정규작업시간

(2) 레이팅 방법(종류)

속도평가법	① 레이팅 계수=기준속도/실제작업속도 ② 정미시간=관측시간치의 평균×레이팅계수
웨스팅하우스 (westinghouse) 시스템	① 평준화법 : 숙련도, 노력, 작업환경, 일관성 4가지 측면에서 평가한 평가계수를 합산하여 레이팅 계수를 구함 ② 정미시간=관측 시간치의 평균×(1+leveling 계수의 합)
객관적평가법	① 1차적으로 속도만을 평가하고, 2차적으로 작업 난이도를 평가 ② 정미시간=관측시간치의 평균×속도평가계수×2차 난이도 조정계수
합성평가법	① PTS에 의한 시간치와 관측시간치의 비율을 구하여 레이팅계수 산정 ② 레이팅 계수=PTS를 적용한 시간치/관측시간치의 평균

예제

작업측정에 관한 다음 설명 중 틀린 것은?

① 레이팅은 관측한 작업속도를 기준의 작업속도와 비교하여 관측시간치를 정상적인 작업속도의 시간으로 보정하는 과정이다.
② 정미시간은 반복생산에 불가피하게 발생되는 여유시간을 포함한다.
③ 표준화된 작업조건하에서 정해진 작업방법으로 숙련된 작업자가 여유를 고려한 정상적인 작업속도로 작업수행에 필요한 시간을 표준시간이라 한다.
④ 표준자료법, PTS법 등은 표준시간의 산정방법에서 간접측정방법에 해당한다.

정답 ②

예제

레이팅 방법 중에서 작업속도에 의한 평가와 작업 난이도를 평가한 계수를 단계적으로 실시하는 방법은?

① 속도 평가법
② 웨스팅하우스 시스템법
③ 객관적 평가법
④ 합성 평가법

정답 ③

4) 여유시간 ★

일반 여유	인적여유	생리적, 심리적 요구에 의한 지연시간 보상
	피로여유	정신적, 육체적 피로 회복을 위한 여유시간
	불가피한 지연여유	설비의 보수유지, 기계의 정지, 조장의 작업지시 등(작업자와 상관없이 발생)
특수여유		기계 간섭 여유, 소로트 여유, 조(소집단) 여유

2 work sampling의 원리 및 절차

1) work sampling의 개요 ★

(1) 정의

간헐적으로 랜덤한 시점에서 기계 및 작업자를 순간적으로 관측하여 가동상태를 파악하고 축적된 자료를 토대로 특정 작업에 대한 시간 등의 비율을 추정하는 기법

(2) 장점 및 단점

장점	① 순간적인 관측으로 작업에 대한 방해가 적다. ② 작업상황이 평상시대로 반영될 수 있다. ③ 한명 또는 여러명의 관측자가 여러명의 작업자나 기계 동시에 관측 가능하다. ④ 자료수집이나 분석 시간이 적게 소요된다. ⑤ 특별한 측정 장치를 필요로 하지 않는다.
단점	① 시간연구법보다는 상세하지 않다. ② 짧은 주기나 반복작업인 경우 적합하지 않다. ③ 작업방법이 바뀌는 경우 전체적인 연구를 다시 해야 한다.

예제

Work sampling에 관한 장단점으로 가장 거리가 먼 것은?

① 순간적인 관측으로 작업에 대한 방해가 적다.
② 자료수집이나 분석 시간이 적게 소요된다.
③ 작업방법이 바뀌는 경우 전체적인 연구를 다시 해야 한다.
④ 시간연구법보다 상세한 방법이다.

정답 ④

2) work sampling의 원리 및 절차

(1) sampling의 원리 ★

① 작업자나 작업시간에 따라 편향되지 않도록 sampling은 무작위로 한다.
② 작업의 변동성을 고려하여 sampling의 빈도는 충분한 횟수로 시행한다.
③ 다양한 작업과 전반적인 활동상황을 포괄할 수 있는 대표성을 지녀야 한다.
④ 성격이 다른 계층이 존재할 경우 계층을 구분하여 sampling할 필요가 있다.

(2) work sampling 종류 및 오차의 유형

종류	① 단순 랜덤 샘플링(Simple Random sampling) ② 계층별 샘플링(Stratified sampling) ③ 계통 샘플링(Systematic Sampling) ④ 군집 샘플링(Cluster sampling)
오차의 유형	① 샘플링 오차 ② 편기오차 ③ 대표성의 결여 문제 등

(3) work sampling의 절차

① 목적을 명확하게 정의
② 신뢰 수준 및 허용오차 결정
③ 대상 그룹 선정 및 작업자에게 취지 설명
④ 샘플링 계획, 관측횟수, 관측시점 등 관측계획 수립
⑤ 관측계획에 따라 랜덤하게 관측 실시
⑥ 데이터를 분석하고 결과를 해석하여 비율 추정
⑦ 이상치가 있을 경우 제거하고 새로운 비율 추정
⑧ 결과 정리 및 보고

3 표준자료(MTM, Work factor) ★

1) 표준자료

(1) 개요

표준시간을 산정하는 간접측정방법으로, 과거에 측정한 기록을 바탕으로 동작에 영향을 주는 요인을 검토하여 작성한 함수식, 표, 그래프 등으로 동작시간을 예측하는 기법

(2) 장점 및 단점

장점	① 현장에서 시간을 직접 측정하지 않고도 표준시간을 산정하므로 비용 절감 ② 레이팅이 필요하지 않음 ③ 작업방법이 변경되어도 작업방법만 파악되면 표준시간 산정 가능 ④ 사용법이 정확할 경우 일관성 있는 표준시간 산정 가능
단점	① 직접 표준자료 구축할 경우 초기비용이 큰 부담 ② 세밀한 작업내용 분석 및 예측이 필요 ③ 적합한 시스템을 선정하는데 많은 노력이 필요

2) PTS(Predetermined Time Standard)

(1) 개요

① 작업을 기본동작으로 분류하고 그 동작의 성질과 조건에 따라 이미 정해진 기준 시간치를 구하여 작업의 정미시간을 산정하는 기법
② 표준자료법에서 요소동작이 therblig의 기본동작에 해당하는 경우 가능

(2) 특징

① 직접 작업자를 대상으로 작업시간을 측정하지 않아도 된다.
② 레이팅이 필요하지 않아 표준시간의 일관성이 증대된다.
③ 현장을 관찰하지 않아도 작업대 배치 및 작업방법이 파악되면 표준시간산출이 가능하다.
④ 분석에 시간이 많이 소요되고 표준자료 작성을 위한 초기비용이 많이 든다.

예제

작업시간을 새로이 측정하지 않고 과거에 측정한 기록을 바탕으로 동작에 영향을 주는 요인을 검토하여 작성한 함수식, 표, 그래프 등으로 동작시간을 예측하는 기법은?

① 워크샘플링
② 표준자료법
③ 시간연구법
④ 속도평가법

정답 ②

3) Work Factor

(1) 개요

① 인간의 작업은, 그 작업의 구성요소인 동작을 하는 신체 부위, 동작의 크기, 동작을 제약하는 외적조건에 따라, 동작에 소요되는 객관적으로 적정한 시간이 존재한다는 전제에서 시작
② 신체부위별 움직인 거리인 기초 동작과 중량, 동작의 난이도에 따른 Work Factor에 따라 기준 시간치를 결정하는 기법
③ 작업을 요소동작으로 미리 분석하여 표준시간을 정해두고, 필요한 동작의 시간치를 찾아서 표준시간을 산정하는 방식

(2) Work Factor의 단위

1WFU＝0.0001분＝0.006초

4) MTM

(1) MTM(Methods-Time-Measurement)의 개요

① 작업방법이 정해지면, 그 작업의 시간이 결정된다는 것으로 작업 또는 작업방법을 기본동작으로 분석하고, 기본동작에 관하여 성질과 조건에 맞는, 미리 정해진 요소 시간치를 적용하여 작업시간을 파악하는 방법
② WF분석법과 동일한 관점에서 실시되지만, 시간표에서 각 요소동작을 케이스(작업 조건이 주는 곤란성)와 타입(상태·속도 등)에 따라 더 세분하고, 각각에 대하여 동작의 크기(거리·각도)마다 시간치를 표시
③ 기본동작은 손·눈·신체동작으로 분류하고, 동작의 거리·중량·난이도나 목적물의 상태 등의 조건을 근거로 이를 기호화하여 정해진 시간치를 적용

(2) MTM의 단위

1 TMU＝10^{-5} 시간＝0.036초

05 작업환경과 인간공학

1 빛과 소음의 특성

1) 반사율과 휘광

(1) 반사율

① 반사율 공식

$$\text{반사율}(\%) = \frac{\text{광도}(fL)}{\text{조도}(fc)} \times 100$$

② 추천반사율 ★

바닥	가구, 사무용기기, 책상	창문 발(blind), 벽	천정
20~40%	25~45%	40~60%	80~90%

③ 실제로 얻을 수 있는 최대 반사율 : 약 95% 정도

(2) 휘광(Glare)

① 영향
㉠ 성가신 느낌 ㉡ 불편함 ㉢ 가시도 저하 ㉣ 시성능 저하

② 휘광의 처리 ★

광원으로부터의 직사휘광 처리	① 광원의 휘도를 줄이고 수를 늘린다. ② 광원을 시선에서 멀리 위치시킨다. ③ 휘광원 주위를 밝게 하여 광도비를 줄인다. ④ 가리개(shield), 갓(hood), 혹은 차양(visor)을 사용한다.
창문으로부터의 직사휘광 처리	① 창문을 높이 단다. ② 창위(옥외)에 드리우개(overhang)를 설치한다. ③ 창문에 수직 날개(fin)를 달아 직(直)시선을 제한한다. ④ 차양(shade) 혹은 발(blind)을 사용한다.
반사휘광의 처리	① 발광체의 휘도를 줄인다. ② 일반(간접)조명수준을 높인다. ③ 산란광, 간접광, 조절판(baffle), 창문에 차양(shade)등을 사용한다. ④ 반사광이 눈에 비치지 않게 광원을 위치시킨다. ⑤ 무광택 도료, 빛을 산란시키는 표면색을 한 사무용 기기, 윤을 없앤 종이 등을 사용한다.

예제

다음 중 실내 면(面)의 추천 반사율이 가장 높은 것은?

① 천정
② 벽
③ 가구
④ 바닥

정답 ①

예제

광원으로부터 직사휘광을 처리하기 위한 방법으로 틀린 것은?

① 광원의 휘도를 줄인다.
② 가리개나 차양을 사용한다.
③ 광원을 시선에서 멀리 한다.
④ 광원의 주위를 어둡게 한다.

정답 ④

예제

반사형 없이 모든 방향으로 빛을 발하는 점광원에서 6m 떨어진 곳의 조도가 240lux라면 3m 떨어진 곳의 조도는?

① 150lux
② 192.2lux
③ 960lux
④ 3000lux

정답 ③

예제

산업안전보건법에 따라 상시 작업에 종사하는 장소에서 보통작업을 하고자 할 때 작업면의 최소 조도(lux)로 맞는 것은?

① 75
② 150
③ 300
④ 750

정답 ②

2) 조도와 광도

(1) 조도 ★★★

① 물체의 표면에 도달하는 빛의 밀도(표면밝기의 정도)로 단위는 lux(meter candle)를 사용하며, 거리가 멀수록 역자승 법칙에 의해 감소한다.

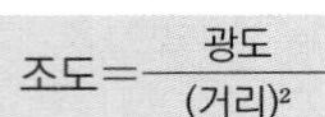

$$조도 = \frac{광도}{(거리)^2}$$

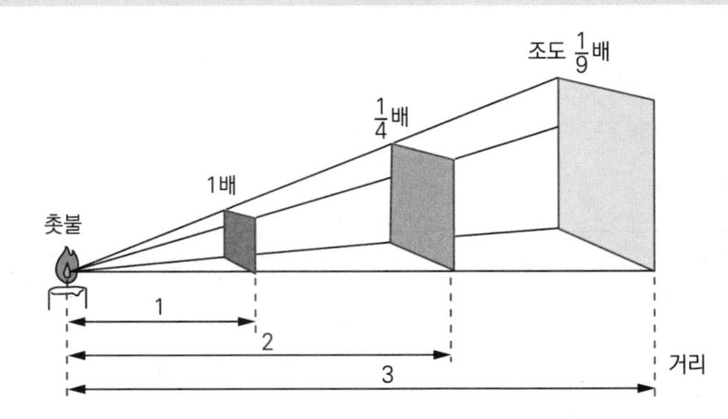

② 조도의 척도

foot-candle(fc)	1cd의 점광원(1루멘의 빛)으로부터 1foot 떨어진 구면에 비치는 빛의 양(밀도) 1lumen/ft^2 미국에서 사용하는 단위
lux	1cd의 점광원(1루멘의 빛)으로부터 1m 떨어진 구면에 비치는 빛의 양(밀도) 1lumen/m^2 국제표준단위로 일반적으로 사용.

③ 작업장의 조도 기준

초정밀 작업	정밀 작업	보통 작업	그 밖의 작업
750 럭스 이상	300 럭스 이상	150 럭스 이상	75 럭스 이상

(2) 광량

광원에 의해 발산된 루멘치로 측정하고, 단위는 촉광(candela : cd)을 사용하며 1cd의 광원은 12.57루멘을 발산한다.

(3) 광도 ★

① 단위면적당 표면에서 반사 또는 방출되는 광량을 말하며, 주관적 느낌으로서의 휘도에 해당되나 휘도는 여러 가지 요소에 의해 영향을 받는다.
② 광도의 단위

Lambert(L)	완전 발산 또는 반사하는 표면이 1cm 거리에서 표준 촛불로 조명될 때의 조도와 같은 광도
millilambert (mL)	1L의 1/1,000로서, 1foot-Lambert와 비슷한 값을 갖는다.
foot-Lambert (fL)	완전 발산 또는 반사하는 표면이 1fc로 조명될 때의 조도와 같은 광도
nit(cd/m^2)	완전 발산 또는 반사하는 평면이 πlux로 조명될 때의 조도와 같은 광도

3) 대비 ★

(1) 표적과 배경의 밝기 차이를 말하며, 광도대비 또는 휘도대비란 표면의 광도와 배경의 광도의 차를 나타내는 척도이다(광도는 반사율로 바꾸어 적용할 수 있다.)

(2) 대비 공식

$$대비(\%)=\frac{배경의\ 광도(L_b)-표적의\ 광도(L_t)}{배경의\ 광도(L_b)}\times 100$$

4) 소음과 청력손실

연속 소음 노출	일시적인 노출은 수 시간 혹은 며칠 후 보통 회복되지만 노출이 계속됨에 따라 회복량이 줄어들어 영구손실로 진행
청력손실의 성격	① 청력손실의 정도는 노출되는 소음 수준에 따라 증가한다. ② 청력손실은 4,000Hz에서 가장 크게 나타난다. ③ 강한 소음은 노출기간에 따라 청력손실을 증가시키지만 약한 소음의 경우에는 관계없다.
강한 소음으로 인한 생리적 영향	① 말초 순환계 혈관 수축 ② 동공팽창, 맥박강도, EEG 등에 변화 ③ 부신 피질 기능 저하 ④ 기타 : 혈압상승, 심장박동수 및 신진대사증가, 발한촉진, 위액 및 위장 운동 억제 등

5) 소음노출한계

(1) 손상 위험기준

① 강렬한 음에는 수초동안밖에 견디지 못함(130dB은 10초간)
② 90dB 정도에 장기간 노출되면 청력장애 유발

(2) 소음 투여량(noise dose) ★★

① OSHA(미 노동부 직업안전 위생국)의 소음의 부분 투여(80dB-A이하 무시)

$$부분투여(\%)=\frac{실제노출시간}{최대허용시간}\times 100$$

② 허용노출수준 : 100%의 소음 투여량(총 소음 투여량은 부분투여의 합)

(3) OSHA 허용소음노출 ★★★

음압수준 (dB-A)	80	85	90	95	100	105	110	115	120	125	130
허용시간	32	16	8	4	2	1	0.5	0.25	0.125	0.063	0.031

예제

조도가 400럭스인 위치에 놓인 흰색 종이 위에 짙은 회색의 글자가 씌어져 있다. 종이의 반사율은 80%이고, 글자의 반사율은 40%라 할 때 종이와 글자의 대비는 얼마인가?

① -100%
② 50%
③ -50%
④ 100%

정답 ②

예제

2개 공정의 소음수준 측정 결과 1공정은 100[dB]에서 2시간, 2공정은 90[dB]에서 1시간 소요될 때 총 소음량(TND)과 소음설계의 적합성을 올바르게 나타낸 것은?

① TND=약 0.83, 적합
② TND=약 0.93, 적합
③ TND=약 1.03, 부적합
④ TND=약 1.13, 부적합

정답 ④

예제

"강렬한 소음작업"이라 함은 90dB 이상의 소음이 1일 몇 시간 이상 발생되는 작업을 말하는가?

① 2시간
② 4시간
③ 10시간
④ 8시간

정답 ④

(4) 소음작업의 기준 ★★★

소음작업	1일 8시간 작업을 기준으로 85데시벨 이상의 소음이 발생하는 작업
강렬한 소음작업	① 90데시벨 이상의 소음이 1일 8시간 이상 발생되는 작업 ② 95데시벨 이상의 소음이 1일 4시간 이상 발생되는 작업 ③ 100데시벨 이상의 소음이 1일 2시간 이상 발생되는 작업 ④ 105데시벨 이상의 소음이 1일 1시간 이상 발생되는 작업 ⑤ 110데시벨 이상의 소음이 1일 30분 이상 발생되는 작업 ⑥ 115데시벨 이상의 소음이 1일 15분 이상 발생되는 작업
충격소음작업	소음이 1초 이상의 간격으로 발생하는 작업으로서 다음에 해당하는 작업 ① 120데시벨을 초과하는 소음이 1일 1만회 이상 발생되는 작업 ② 130데시벨을 초과하는 소음이 1일 1천회 이상 발생되는 작업 ③ 140데시벨을 초과하는 소음이 1일 1백회 이상 발생되는 작업

(5) 소음관리(소음통제 방법)

① 소음원의 제거 - 가장 적극적인 대책
② 소음원의 통제 - 안전설계, 정비 및 주유, 고무 받침대 부착, 소음기 사용 등
③ 소음의 격리 - 씌우개(enclosure), 방이나 장벽을 이용(창문을 닫으면 10 dB 감음 효과)
④ 차음 장치 및 흡음재 사용
⑤ 음향 처리제 사용
⑥ 적절한 배치(lay out)

2 열교환 과정과 열압박

1) 열교환 ★

(1) 열교환 방법

$$S=M-E\pm R\pm C-W$$

여기서, S : 열축적(열이득 및 열손실량)　M : 대사열　E : 증발열
C : 대류열,　R : 복사열　W : 한일
S=0 → 열 평형상태

(2) 열손실율

37℃ 물 1g 증발시 필요에너지 2410J/g (575.5cal/g), $R=\frac{Q}{t}$
여기서, R : 열손실율　Q : 증발에너지　t : 증발시간(sec)

2) 열압박 지수(heat stress index)

(1) 열 평형을 유지하기 위해 필요한 증발량 E_{req}(소요증발 열손실)

$$E_{req}(\text{Btu/hr})=M(\text{대사})+R(\text{복사})+C(\text{대류})$$

예제

1일 호흡에서 600g 수분이 증발한다. 이때 열 손실율을 구하시오.

정답 $R=\frac{Q}{t}=\frac{600\times2410}{24\times60\times60}$
$=16.7\text{Watt}$

(2) 열압박의 생리적 영향 ★

① 직장온도는 가장 우수한 피로 지수이다.
② 직장온도는 38.8℃만 되면 기진하게 된다.
③ 체심온도를 증가시키는 작업조건이 지속되면 저체온증 유발(정상적인 열방산 곤란)

3) 습구 흑구 온도지수(WBGT) ★★★

① 옥외(태양광선이 내리쬐는 장소)
WBGT(℃)=0.7×자연습구온도(Twb)+0.2×흑구온도(Tg)+0.1×건구온도(Tdb)
② 옥내 또는 옥외(태양광선이 내리쬐지 않는 장소)
WBGT(℃)=0.7×자연습구온도(Twb)+0.3×흑구온도(Tg)

3 진동과 가속도

1) 진동의 영향 ★

진동의 생리적 영향	① 단기간 노출시 → 약간의 과도호흡, 심전수 증가, 혈액이나 내분비 화학적성질은 불변 → 생리적 영향 미약 ② 장기간 노출시 → 근육긴장의 증가
전신진동이 성능에 끼치는 영향	① 진동은 진폭에 비례하여 시력 손상 (10~25Hz의 경우 가장 극심) ② 진동은 진폭에 비례하여 추적능력을 손상(5Hz이하의 낮은 진동수에서 가장 극심) ③ 안정되고 정확한 근육 조절을 요하는 작업은 진동에 의해 기능저하 ④ 반응시간, 감시(monitoring), 형태 식별(pattern recognition) 등 주로 중앙 신경처리에 달린 임무는 진동의 영향 미약

2) 가속도

(1) 가속도는 물체의 운동변화율(중력가속도는 9.8 m/sec^2)
(2) 성능에 미치는 영향 : 읽기, 반응시간, 추적 및 제어 임무, 고도의 정신기능 등에 악영향

(3) 감속에 의한 2차충돌 보호

① 좌석벨트(속박용구)
② 에어백(충돌 시 팽창)
③ 접어지는(collapsible) 운전대 등

4 실효온도와 Oxford지수 ★★★

1) 실효온도[체감온도, 감각온도(Effective Temperature)]

① 영향인자
㉠ 온도
㉡ 습도
㉢ 공기의 유동(기류)
② ET는 영향인자들이 인체에 미치는 열효과를 하나의 수치로 통합한 경험적 감각지수
③ 상대 습도 100% 일 때 건구온도에서 느끼는 것과 동일한 온감

Key point

불쾌지수
- 섭씨=(건구온도+습구온도)×0.72+40.6
- 화씨=(건구온도+습구온도)×0.4+15
- 70 이하일 때는 모든 사람이 불쾌를 느끼지 않는다.
- 70 이상일 때에는 불쾌를 느끼기 시작한다.
- 80 이상은 모든 사람이 불쾌를 느낀다.

PART 02

예제

다음 중 실효온도(Effective Temperature)에 관한 설명으로 틀린 것은?

① 실제로 감각되는 온도로서 실감온도라고 한다.
② 체온계로 입안의 온도를 측정한 값을 기준으로 한다.
③ 온도, 습도 및 공기 유동이 인체에 미치는 열효과를 나타낸 것이다.
④ 상대습도 100%일 때의 건구온도에서 느끼는 것과 동일한 온감이다.

정답 ②

예제

건습구온도계에서 건구온도가 24℃이고, 습구온도가 20℃일 때 Oxford 지수는 얼마인가?

① 20.6℃
② 21.0℃
③ 23.0℃
④ 23.4℃

정답 ①

예제

적절한 온도의 작업환경에서 추운 환경으로 변할 때, 우리의 신체가 수행하는 조절작용이 아닌 것은?

① 직장온도가 약간 올라간다.
② 피부의 온도가 내려간다.
③ 발한(發汗)이 시작된다.
④ 혈액의 많은 양이 몸의 중심부를 순환한다.

정답 ③

2) Oxford 지수

습건(WD) 지수라고도 부르며, 습구온도(W)와 건구온도(D)의 가중 평균치로 정의

$$WD = 0.85W + 0.15D$$

5 이상환경 및 노출에 따른 사고와 부상

1) 온도변화에 대한 신체의 조절작용 ★★

적정온도에서 고온환경으로 변화	① 많은 양의 혈액이 피부를 경유하여 온도 상승 ② 직장 온도가 내려간다. ③ 발한이 시작된다.
적정온도에서 한랭환경으로 변화	① 피부를 경유하는 혈액의 순환량이 감소하고 많은 양의 혈액이 몸의 중심부를 순환 ② 피부 온도는 내려간다. ③ 직장 온도가 약간 올라간다. ④ 소름이 돋고 몸이 떨리는 오한을 느낀다.

2) 추위의 영향

생리적 영향	① 체심 및 피부온도 저하 ② 장시간 노출시 동상, 심할 경우 사망 ③ 장갑 등 보호조치 필요
성능에 미치는 영향	① 손 피부온도에 의한 수작업에 영향 ② 큰 동작보다 손가락의 기민성이 가장 민감 ③ 한계 온도 : 13~18℃

6 사무/ VDT작업 설계 및 관리

1) 개요

(1) 용어의 정의

① "영상표시단말기"란 음극선관(Cathode, CRT)화면, 액정 표시(Liquid Crystal Display, LCD)화면, 가스플라즈마(Gasplasma)화면 등의 영상표시단말기를 말한다.
② "영상표시단말기 작업으로 인한 관련 증상(VDT 증후군)"이란 영상 표시단말기를 취급하는 작업으로 인하여 발생되는 경견완증후군 및 기타 근골격계 증상·눈의 피로·피부증상·정신신경계증상 등을 말한다.

2) 작업관리

(1) 작업기기의 조건

① 화면에 나타나는 문자·도형과 배경의 휘도비는 작업자가 용이하게 조절할 수 있을 것
② 단색화면일 경우 색상은 일반적으로 어두운 배경에 밝은 황·녹색 또는 백색문자를 사용하고 적색 또는 청색의 문자는 가급적 사용하지 않을 것
③ 키보드의 경사는 5도 이상 15도 이하, 두께는 3센티미터 이하로 할 것
④ 작업자의 손목을 지지해 줄 수 있도록 작업대 끝면과 키보드의 사이는 15센티미터 이상을 확보하고 손목의 부담을 경감할 수 있도록 적절한 받침대(패드)를 이용할 수 있을 것

(2) 작업자세

① 시선은 화면상단과 눈높이가 일치할 정도로 하고 작업 화면상의 시야는 수평선상으로부터 아래로 10도 이상 15도 이하에 오도록 하며 화면과 근로자의 눈과의 거리는 40센티미터 이상 확보
② 윗팔은 자연스럽게 늘어뜨리고, 작업자의 어깨가 들리지 않아야 하며, 팔꿈치의 내각은 90도 이상이 되어야 하고, 아래팔은 손등과 수평을 유지하여 키보드 조작
③ 의자에 앉을 때는 의자 깊숙히 앉아 의자등받이에 등이 충분히 지지되도록 할 것
④ 무릎의 내각은 90도 전후가 되도록 하되, 의자의 앉는 면의 앞부분과 영상표시단말기 취급근로자의 종아리 사이에는 손가락을 밀어 넣을 정도의 틈새가 있도록 하여 종아리와 대퇴부에 무리한 압력이 가해지지 않도록 할 것
⑤ 영상표시단말기 취급근로자의 발바닥 전면이 바닥면에 닿는 자세를 하되, 그러하지 못할 때에는 발 받침대를 조건에 맞는 높이와 각도로 설치할 것

3) 작업환경관리

(1) 조명과 채광

① 작업실내의 창·벽면 등을 반사되지 않는 재질로 하여야 하며, 조명은 화면과 명암의 대조가 심하지 않도록 하여야 한다.
② 작업장 주변환경의 조도

화면의 바탕색상	검정색 계통	흰색 계통
조도기준	300럭스 이상 500럭스 이하	500럭스 이상 700럭스 이하

③ 화면을 바라보는 시간이 많은 작업일수록 화면 밝기와 작업대 주변 밝기의 차이를 줄이고, 작업 중 시야에 들어오는 화면·키보드·서류 등의 주요 표면 밝기를 가능한 한 같도록 유지하여야 한다.

(2) 눈부심 방지

① 지나치게 밝은 조명·채광 또는 깜박이는 광원 등이 직접 영상표시단말기 취급근로자의 시야에 들어오지 않도록 하여야 한다.
② 작업면에 도달하는 빛의 각도를 화면으로부터 45도 이내가 되도록 조명 및 채광을 제한하여야 한다.
③ 화면상의 문자와 배경과의 휘도비(Contrast)를 낮추어 눈부심을 방지하도록 하여야 한다.

(3) 작업실 안의 온도 및 습도

온도	18도 이상 24도 이하 유지
습도	40퍼센트 이상 70퍼센트 이하 유지

참고 **작업환경관리의 기본원칙**

제거·대체	① 유해성 낮은 물질로 대체 ② 위험한 작업·공정·시설의 폐지 또는 변경 ③ 위험성 제거 또는 저감 등 가장 효과적인 방법
공학적 대책	① 전체·부분 공정 밀폐 ② 물질의 격리 ③ 시설의 격리(원격조정, 자동화 등) ④ 공정 또는 작업자 격리 ⑤ 국소배기장치 설치 및 전체환기 등
행정적 대책	① 작업절차서 정비 ② 교육 및 훈련 ③ 작업시간 변경·작업량 조절·작업인원 복수 배치 ④ 순환배치 등 관리적 대책
개인용 보호구	① 호흡기 보호 ② 청력보호 ③ 피부보호 등 최후의 수단

06 중량물 취급 작업

1 중량물 취급작업

1) 중량물 취급 시의 위험방지

(1) 중량물 취급

중량물을 운반하거나 취급하는 경우에 하역운반기계·운반용구를 사용하여야 한다.

(2) 중량물의 구름 위험방지(드럼통 등)

① 구름멈춤대, 쐐기 등을 이용하여 중량물의 동요나 이동을 조절할 것
② 중량물이 구를 위험이 있는 방향 앞의 일정거리 이내로는 근로자의 출입을 제한할 것. 다만, 중량물을 보관하거나 작업 중인 장소가 경사면인 경우에는 경사면 아래로는 근로자의 출입을 제한해야 한다.

2) 작업시작전 점검사항 및 작업계획서 내용

(1) 반복하여 계속적으로 중량물 취급 작업할 때 작업시작 전 점검사항

① 중량물 취급의 올바른 자세 및 복장
② 위험물이 날아 흩어짐에 따른 보호구의 착용
③ 카바이드·생석회(산화칼슘) 등과 같이 온도상승이나 습기에 의하여 위험성이 존재하는 중량물의 취급방법
④ 그 밖에 하역운반기계 등의 적절한 사용방법

(2) 중량물 취급작업 시 작업계획서 내용 ★

① 추락위험을 예방할 수 있는 안전대책
② 낙하위험을 예방할 수 있는 안전대책
③ 전도위험을 예방할 수 있는 안전대책
④ 협착위험을 예방할 수 있는 안전대책
⑤ 붕괴위험을 예방할 수 있는 안전대책

3) 중량물을 인력으로 들어올리는 작업에 대한 조치사항

중량물의 제한	과도한 무게로 인하여 근로자의 목·허리 등 근골격계에 무리한 부담을 주지 않도록 최대한 노력
작업 시간과 휴식시간 등의 배분	근로자가 취급하는 물품의 중량·취급빈도·운반거리·운반속도 등 인체에 부담을 주는 작업의 조건에 따라 작업시간과 휴식시간 등을 적정하게 배분
5킬로그램 이상의 중량물을 인력으로 들어올리는 작업 시 조치사항	① 주로 취급하는 물품에 대하여 근로자가 쉽게 알 수 있도록 물품의 중량과 무게중심에 대하여 작업장 주변에 안내표시를 할 것 ② 취급하기 곤란한 물품은 손잡이를 붙이거나 갈고리, 진공빨판 등 적절한 보조도구를 활용할 것
작업자세 등	무게중심을 낮추거나 대상물에 몸을 밀착하도록 하는 등 근로자에게 신체의 부담을 줄일 수 있는 자세에 대하여 알려야 한다.

2 NIOSH Lifting Equation ★★★

1) NIOSH의 들기 작업지침

(1) 들기 작업에 대한 권장무게한계를 산출하여 작업의 위험성을 예측하고 인간공학적인 작업방법을 통해 작업자의 직업성 요통을 사전에 예방하기 위한 지침

(2) 들기 작업에만 적용
반복, 밀기, 당기기 등과 같은 작업의 평가에 적용곤란

2) 권장무게한계(RWL : Recommended Weight Limit)

$$RWL(kg) = 23 \times HM \times VM \times DM \times AM \times FM \times CM$$

기호	HM	VM	DM	AM	FM	CM
정의	수평계수	수직계수	거리계수	비대칭계수	빈도계수	커플링계수

3) 들기지수(LI : Lifting Index)

LI=실제작업 무게 / 권장무게 한계

예제

근골격계 질환 예방을 위한 유해요인 평가방법 중에서 중량물의 권장무게한계(RWL)를 계산할 수 있는 방법은?

① OWAS
② REBA
③ RULA
④ NIOSH Lifting Equation

정답 ④

산업안전 산업기사

과목별 기출경향

- 재해조사 관련 이론 및 재해율, 안전검사, 안전인증, 자율안전확인 등의 내용이 1과목에서 3과목으로 이동했으며, 여전히 출제빈도가 높음
- 전문적인 지식보다는 기계의 방호장치 및 안전기준에 관한 개념 위주로 출제되므로 고득점이 가능한 과목
- 각종 기계의 일반적인 안전과 페일세이프와 풀프루프 등은 실기에서도 적용되는 중요한 개념이므로 확실한 이해가 필요함

과목별 예상 출제비율

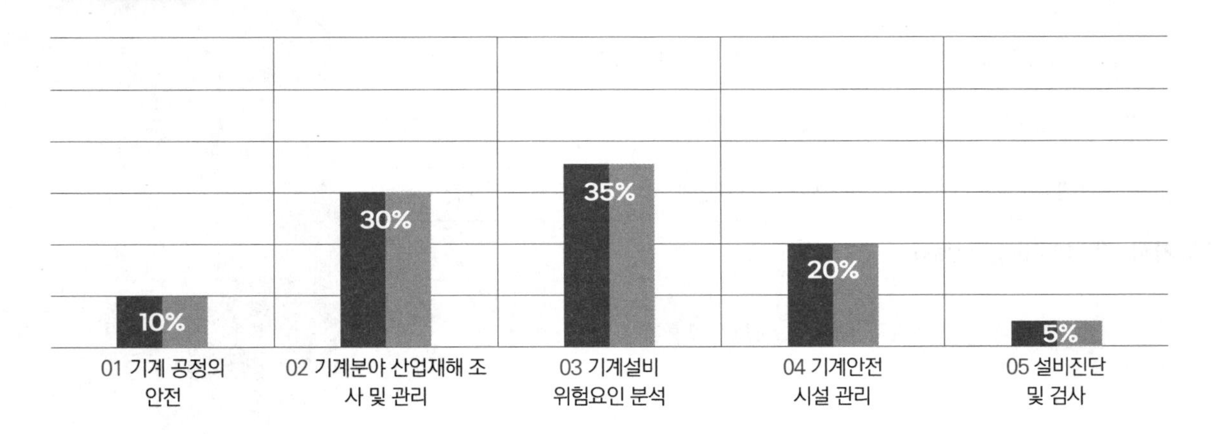

03

기계·기구 및 설비 안전관리

기계 공정의 안전

01 기계 공정의 특수성 분석

1 설계도(설비도면, 장비사양서 등) 검토

1) 개요

(1) 설계도 검토의 필요성

① 설계도의 검토는 품질확보에 결정적인 영향을 줄 수 있는 핵심적인 사항
② 설계도의 문제점은 공정, 품질, 원가관리 등에 영향을 줄 수 있는 요인
③ 설계도의 검토는 전문적인 지식과 경험을 통한 정밀성이 필요하므로 설계지침을 비롯한 설계에 관한 충분한 사전지식 필요

(2) 설계도 검토

① 설계도면 및 시방서 등 관련도서의 목록
② 구조도면 등 구조검토서의 검토
③ 설계도면의 검토
④ 시방서의 검토

2 파레토도, 특성요인도, 클로즈 분석, 관리도 ★★★

1) 파레토도(Pareto diagram)

관리 대상이 많은 경우 최소의 노력으로 최대의 효과를 얻을 수 있는 방법(분류 항목을 큰 값에서 작은 값의 순서로 도표화하는데 편리)

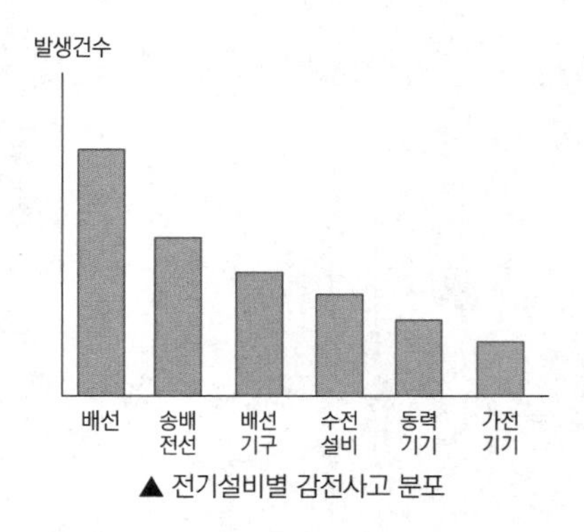

▲ 전기설비별 감전사고 분포

2) 특성요인도

특성과 요인관계를 어골상으로 세분하여 연쇄관계를 나타내는 방법 (원인요소와의 관계를 상호의 인과관계만으로 결부)

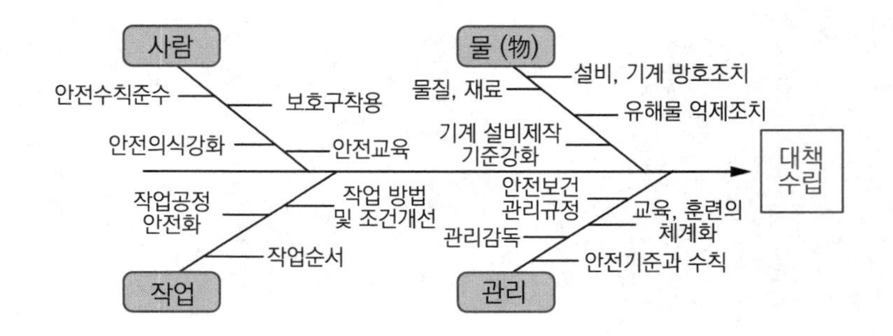

예제

사고 조사를 할 때 사고결과에 대한 원인 요소 및 상호의 관계를 인과(因果)관계로 결부하여 나타내는 통계적 원인 분석 방법은?

① 관리도
② 특성요인도
③ 클로즈분석
④ 파레토도

정답 ②

3) 크로스(Cross)분석

두 가지 또는 그 이상의 요인이 서로 밀접한 상호관계를 유지할 때 사용되는 방법

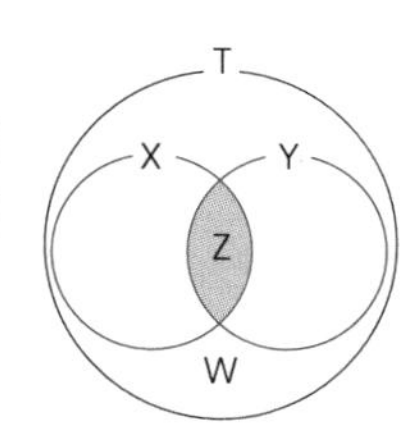

T : 전체 재해건
X : 인적원인으로 발생한 재해건수
Y : 물적원인으로 발생한 재해건수
Z : 두 가지 원인이 함께 겹쳐 발생한 재해건수
W : 물적원인 인적원인 어느 원인도 관계 없이 일어난 재해

4) 관리도

재해 발생건수 등의 추이파악 → 목표관리 행하는데 필요한 월별재해 발생 수의 그래프화 → 관리 구역 설정 → 관리하는 방법

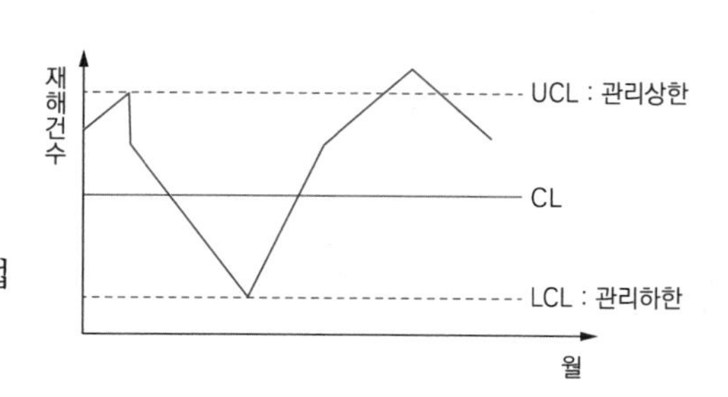

3 공정의 특수성에 따른 위험요인 ★

유해·위험요인 파악 방법	① 사업장 순회점검(특별한 사정이 없으면 포함) ② 근로자들의 상시적 제안 ③ 설문조사·인터뷰 등 청취조사 ④ 안전보건 체크리스트 ⑤ MSDS 등 안전보건자료에 의한 방법 등
위험확인방법	① 기계공장에 대한 위험과 운전분석기법(M-HAZOP) ② 사고예상질문 분석기법(What - if method) ③ 이상위험도 분석기법(FMECA) ④ 결함수 분석기법(FTA) ⑤ 이벤트트리 분석기법(ETA)
위험감소 절차	① 설계에 의한 위험요인제거 또는 위험성감소 ② 방호조치 및 보조보호조치에 의한 위험성감소 ③ 잔존위험성에 대한 사용정보의 제공에 의한 위험성감소

4 설계도에 따른 안전지침

위험성 판단	① 위험도를 산정한 후 위험수준 감소가 필요한지 또는 안전한지 위험성 판단 수행 ② 위험수준 감소가 필요하면 적절한 안전조치를 선정하고 적용 ③ 다른 추가적인 위험이 발생하는지 검토 ④ 위험수준 감소 목표에 도달했는지, 위험성을 비교하여 성과 확인
위험수준 감소 방법 및 조건	① 위험성 감소 대책(물질 대체, 안전가드 설치) ② 안전가드 선택 고려사항(무효화 가능성, 피해의 크기, 요구되는 직무수행 방해정도) ③ 기계사용자를 위한 각종 정보 및 안전작업 요구사항 등을 명확하게 기술 ④ 기계 사용중 발생가능한 위험성에 대해 충분한 정보 제공 ⑤ 개인보호구 착용에 관한 필요한 사항 제공
위험성 비교	① 유사한 기계에 대한 안전성 ② 사용자와 작업방법 ③ 위험과 위험요소 ④ 사용조건

5 특수 작업의 조건

1) 공정관리계획

정의	① 입력되는 원재료를 사용하여 출력되는 제품으로 변환시키는 과정을 공정이라 하며, 이러한 과정을 통제하여 목표로 하는 품질의 제품이 생산되도록 하는 관리 ② 계획된 시간과 조건에 따라 목표로 하는 수량의 제품을 생산하기 위한 가장 효율적 이고 경제적인 모든 활동을 관리하는 것
목표	① 생산속도의 향상을 통한 생산성 증대 ② 기계설비의 가동률 향상 ③ 제품의 품질향상 및 납기준수
기능	① 계획기능 ② 통제기능 ③ 감사기능

2) 공정분석 ★

원재료가 제품으로 출하될 때까지의 작업경로별 시간과 거리 등을 기호를 사용하여 보기 쉽게 계통적으로 나타내는 것으로 가공, 운반, 검사 및 정체 공정으로 분석한다.

6 표준안전작업절차서

개념	① 안전작업절차는 작업안전분석(JSA), 작업위험분석(JHA), 안전작업방법 기술서(SWMS)와 같은 표준화된 안전작업 수행 방법을 위험성평가에 기반하여 기술한 절차서를 말한다. ② 작업 수행 시 발생하는 재해 위험성을 감소하기 위하여 위험요인, 위험성평가, 위험관리 방법을 기술한다.
내용	① 작업수행 방법에 대한 설명 ② 안전·환경 위험성에 대한 기술 및 작업의 확인 ③ 안전한 작업을 위한 관리조치에 관한 사항 기술 ④ 준수해야 할 법령, 기준, 지침 등 기술 ⑤ 장비, 안전 작업방법에 대한 교육 등에 대한 기술 ⑥ 안전작업절차는 관리적인 대책이므로 근본적인 대책(제거, 대체, 격리, 기술적 대책 등)을 먼저 고려
개발 단계	① 작업과 활동에 대한 정보수집 및 관찰 ② 관련 법적 요구사항에 대한 검토 ③ 기본적인 업무순서 기록 ④ 단계별 잠재적인 위험요인 기록 ⑤ 위험요인 제거 및 관리방법 적용 및 조치

7 공정도를 활용한 공정분석 기술

1) 공정분석

개요	재료나 제품이 현장에서 만들어지는 경로와 과정을 처리되는 순서에 따라 정해진 기호를 사용하여 나타냄으로 공정의 흐름을 쉽게 파악하고 개선을 위한 분석에 활용
공정도	제품이 어떤 조건에서 어떤 과정을 통해 제조되는지 간결하고 명확하게 기호로 표현하는 방법
공정도 종류	① 작업공정도 ② 조립공정도 ③ 흐름공정도 ④ 흐름선도 등

2) 공정 도시 기호 ★★★

요소 공정	기호의 명칭	공정기호	뜻
가공	가공	○	원료, 재료, 부품 또는 제품의 모양, 성질에 변화를 주는 과정
운반	운반	○ ⇨	원료, 재료, 부품 또는 제품의 위치에 변화를 주는 과정
정체	저장	▽	원료, 재료, 부품 또는 제품을 계획에 따라 저장하고 있는 과정
	지체	D	원료, 재료, 부품 또는 제품이 계획과는 달리 지체되고 있는 상태
검사	수량 검사	□	원료, 재료, 부품 또는 제품의 양 또는 개수를 계량하여 그 결과를 기준과 비교하여 차이를 아는 과정
	품질 검사	◇	원료, 재료, 부품 또는 제품의 품질특성을 시험하고, 그 결과를 기준과 비교하여 로트의 합격, 불합격 또는 개개 제품의 양호, 불량을 판정하는 과정

예제

공정도시기호의 기호와 내용이 올바른 것은?

① ○ : 원료, 재료, 부품 또는 제품을 계획에 따라 저장하고 있는 과정
② ⇨ : 원료, 재료, 부품 또는 제품의 모양, 성질에 변화를 주는 과정
③ ▽ : 원료, 재료, 부품 또는 제품의 위치에 변화를 주는 과정
④ □ : 원료, 재료, 부품 또는 제품의 양 또는 개수를 계량하여 그 결과를 기준과 비교하여 차이를 아는 과정

정답 ④

PART 03

예제

기계요소에 의해서 사람이 어떻게 상해를 입느냐에 대한 5가지 요소(사고 체인의 5요소)에 해당하지 않는 것은?

① 함정(trap)
② 충격(impact)
③ 결함(flaw)
④ 접촉(contact)

정답 ③

예제

기계설비의 본질적 안전화를 위한 방식 중 성격이 다른 것은?

① 고정 가드
② 인터록 기구
③ 압력용기 안전밸브
④ 양수조작식 조작기구

정답 ③

02 기계의 위험 안전조건 분석

1 기계의 위험요인

1) 위험 요소(사고체인의 5요소) 분류 시 체크 사항 ★★

1요소 : 함정(Trap)	기계의 운동에 의해 트랩점이 발생할 수 있는가?
2요소 충격(Impact)	운동하는 기계요소와 사람이 부딪쳐 사고가 날 가능성은 없는가? ① 고정된 물체에 사람이 충돌 ② 움직이는 물체가 사람에 충돌 ③ 사람과 물체가 동시에 움직이면서 충돌
3요소 접촉(Contact)	날카로운 부분, 뜨겁거나 차가운 부분, 전류가 흐르는 부분에 접촉할 위험은 없는가? (움직이거나 정지한 모든 기계설비 포함)
4요소 얽힘 또는 말림 (Entanglement)	머리카락, 옷소매나 바지, 장갑, 넥타이, 작업복 등이 가동 중인 기계설비에 말려들 위험은 없는가?
5요소 튀어나옴(Ejection)	기계부분이나 가공재가 기계로부터 튀어나올 위험은 없는가?

2 본질적 안전 ★★★

안전기능이 기계 내에 내장되어 있을 것	기계의 설계 단계에서 안전기능이 이미 반영되어 제작
풀 프루프(fool proof)	① 인간의 실수가 있어도 안전장치가 설치되어 사고나 재해로 연결되지 않는 구조 ② 바보가 작동을 시켜도 안전하다는 뜻
페일 세이프(fail safe)의 기능을 가질 것	① 고장이 생겨도 어느 기간 동안은 정상기능이 유지되는 구조 ② 병렬 계통이나 대기 여분을 갖춰 항상 안전하게 유지되는 기능

3 기계의 일반적인 안전사항과 안전조건

1) 원동기·회전축 등의 위험방지 ★★★

기계의 원동기·회전축·기어·풀리·플라이휠·벨트 및 체인 등의 위험 부위	① 덮개 ② 울 ③ 슬리브 ④ 건널다리(안전난간 및 미끄러지지 않는 구조의 발판 설치)
회전축·기어·풀리 및 플라이휠 등에 부속되는 키·핀 등의 기계요소	① 묻힘형 ② 해당부위 덮개

(1) 덮개 또는 울등을 설치해야 하는 경우

① 연삭기 또는 평삭기의 테이블, 형삭기 램 등의 행정끝이 근로자에게 위험을 미칠 우려가 있는 경우
② 선반 등으로부터 돌출하여 회전하고 있는 가공물이 근로자에게 위험을 미칠 우려가 있는 경우
③ 압력용기등에 부속하는 원동기·축이음·벨트·풀리의 회전 부위 등 근로자가 위험에 처할 우려가 있는 부위
④ 종이·천·비닐 및 와이어로프 등의 감김통 등에 의하여 근로자가 위험해질 우려가 있는 부위
⑤ 근로자가 분쇄기등의 개구부로부터 가동 부분에 접촉함으로써 위해를 입을 우려가 있는 경우

> * 분쇄기등의 가동 중 덮개 또는 울 등을 열어야 하는 경우 해야 할 조치사항
> 1. 근로자가 덮개 또는 울 등을 열기 전에 분쇄기등의 가동을 정지하도록 할 것
> 2. 분쇄기등과 덮개 또는 울 등 간에 연동장치를 설치하여 덮개 또는 울 등이 열리면 분쇄기등이 자동으로 멈추도록 할 것
> 3. 분쇄기등에 광전자식 방호장치 등 감음형 방호장치를 설치하여 근로자의 신체가 위험한계에 들어가게 되면 분쇄기등이 자동으로 멈추도록 할 것

(2) 덮개를 설치해야 하는 경우

① 원심기(원심력을 이용하여 물질을 분리하거나 추출하는 일련의 작업을 하는 기기)
② 분쇄기등을 가동하거나 원료가 흩날리거나 하여 근로자가 위험해질 우려가 있는 경우

> * 분쇄기등의 가동 중 덮개를 열어야 하는 경우 해야 할 조치사항
> [분쇄기등의 가동 중 덮개 또는 울 등을 열어야 하는 경우 해야 할 조치사항]에서 울을 제외한 내용과 동일한 조치

2) 기계의 동력차단장치

(1) 동력으로 작동되는 기계에 설치해야 하는 동력차단장치

① 스위치
② 클러치
③ 벨트 이동장치

(2) 절단·인발·압축·굽힘 등을 하는 기계의 동력차단장치

근로자의 작업위치 이동 없이 조작할 수 있는 위치에 설치

예제

기계의 원동기, 회전축 및 체인 등 근로자에게 위험을 미칠 우려가 있는 부위에 설치해야 하는 위험방지 장치가 아닌 것은?

① 덮개
② 건널다리
③ 슬리브
④ 클러치

정답 ④

3) 기타 안전조치

① 동력으로 작동되는 기계의 정비·청소·급유·검사·수리·교체 또는 조정 작업 또는 그 밖에 이와 유사한 작업을 할 때에 근로자가 위험해질 우려가 있으면 해당 기계의 운전 정지. 다만, 덮개가 설치되어 있는 등 기계의 구조상 근로자가 위험해질 우려가 없는 경우에는 그렇지 않다.
② 분쇄기 등을 가동하거나 원료가 흩날리거나 하여 근로자가 위험해질 우려가 있는 경우 해당 부위에 덮개 설치
③ 동력으로 작동되는 기계에 근로자의 머리카락 또는 의복이 말려 들어갈 우려가 있는 경우에는 해당 근로자에게 작업에 알맞은 작업모 또는 작업복 착용
④ 날·공작물 또는 축이 회전하는 기계 취급 시 : 근로자의 손에 밀착이 잘되는 가죽 장갑 등과 같이 손이 말려 들어갈 위험이 없는 장갑 사용

예제

기계설비의 안전조건 중 외관의 안전화에 해당되는 조치는?

① 고장 발생을 최소화하기 위해 정기 점검을 실시하였다.
② 강도의 열화를 생각하여 안전율을 최대로 고려하여 설계하였다.
③ 전압강하, 정전 시의 오작동을 방지하기 위하여 자동제어 장치를 설치하였다.
④ 작업자가 접촉할 우려가 있는 기계의 회전부를 덮개로 씌우고 안전색채를 사용하였다.

정답 ④

4) 기계의 안전조건 ★★

(1) 외관상의 안전화 ★★★

① 가드 설치(기계 외형 부분 및 회전체 돌출 부분)
② 별실 또는 구획된 장소에 격리(원동기 및 동력 전도 장치)
③ 안전 색채 조절(기계 장비 및 부수되는 배관)

급정지 스위치	적색	대형 기계	밝은 연녹색	기름 배관	암황적색
시동 스위치	녹색	증기 배관	암적색	물 배관	청색
고열을 내는 기계	청녹색, 회청색	가스 배관	황색	공기 배관	백색

(2) 작업의 안전화

안전 작업을 위한 설계 요건	① 안전한 기동 장치와 배치 ② 정지 장치와 정지 시의 시건장치 ③ 급정지 버튼, 급정지 장치 등의 구조와 배치 ④ 작업자가 위험 부분에 근접할 때 작동하는 검출형 안전 장치의 사용 ⑤ 연동장치(interlock)된 커버 사용
인간공학적 견지의 배려 사항	① 기계에 부착된 조명이나 기계에서 발생되는 소음 등의 검토 개선 ② 기계류 표시와 배치를 바르게 하여 혼돈이 생기지 않도록 할 것 ③ 작업대나 의자의 높이 또는 형을 알맞게 할 것 ④ 충분한 작업공간 확보(평상작업, 보수, 점검 시) ⑤ 작업 시 안전한 통로나 계단을 확보할 것

(3) 작업점의 안전화

① 자동제어
② 원격제어 장치
③ 방호장치

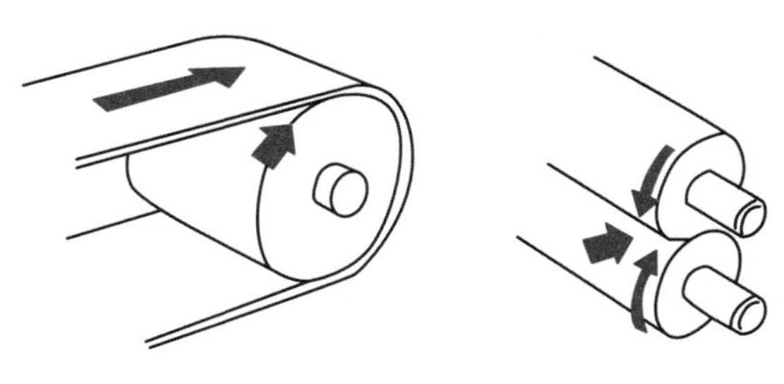

▲ 작업점

(4) 기능상의 안전화(자동화된 기계설비) ★

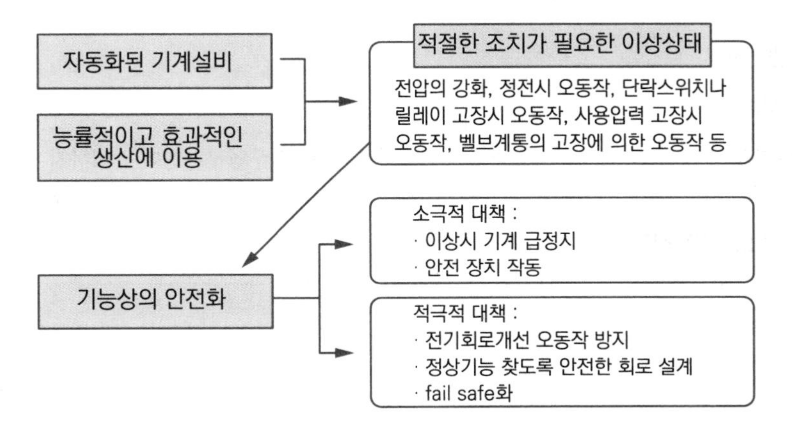

(5) 구조부분의 안전화 ★★★

설계상의 안전화	① 가장 큰 원인은 강도산정(부하예측, 강도계산)상의 오류 ② 사용상 강도의 열화를 고려하여 안전율을 구한다. ■ 안전율 구하는 방법 $\text{안전율}F_1 = \frac{\text{극한강도}}{\text{최대설계응력}} = \frac{\text{파괴하중}}{\text{최대사용하중}}$
재료선정의 안전화	① 재료의 필요한 강도 확보 – 재료의 조직이나 성분에 결함이 없는 것으로 ② 양질의 재료 설정 – 가공조건이나 사용조건에 맞지 않아 일어나는 사고 방지
가공 시의 안전화	① 재료부품의 적절한 열처리 – 강도와 인성 부여 (열처리 불량 시 파괴 현상) ② 용접구조물의 미세균열이나 잔류응력에 의한 파괴 방지 – 작업방법 준수 및 철저한 품질 관리 ③ 기계 가공 시 응력 집중 방지 – 안전한 설계 및 응력 분산 가능한 구조로 제작

예제

고장의 발생상황 중 부적합품 제조, 생산과정에서의 품질관리 미비, 설계 미숙 등으로 일어나는 고장은?

① 초기고장
② 마모고장
③ 우발고장
④ 품질관리고장

정답 ①

참고

안전여유=극한강도－허용응력
(극한하중 - 정격하중)

예제

허용응력이 1[kN/mm²]이고, 단면적이 2mm²인 강판의 극한하중이 4,000N이라면 안전율은 얼마인가?

① 2
② 4
③ 5
④ 50

정답 ①

예제

안전계수가 5인 체인의 최대설계하중이 1000N이라면 이 체인의 극한하중은 약 몇 N인가?

① 200
② 2000
③ 5000
④ 12000

정답 ③

(6) 보전 작업의 안전화(고장률의 기본모형) ★★★

초기 고장	감소형(DFR : Decreasing Failure Rate)	디버깅기간, 번인 기간
우발 고장	일정형(CFR : Constant Failure Rate)	내용 수명
마모 고장	증가형(IFR : Increasing Failure Rate)	정기진단(검사)

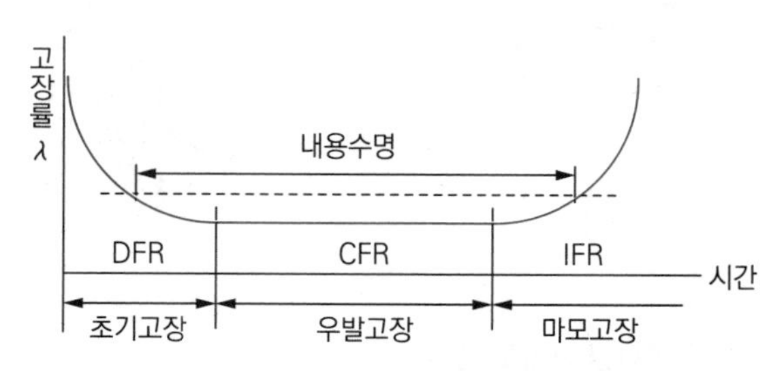

▲ 기계의 고장률(욕조곡선)

5) 안전율

(1) 정의

기계부품에 가해지는 여러 가지 하중으로 인하여 파괴 또는 영구변형이 발생하지 않도록 하기 위하여 부하의 정격값에 여유를 두는 것으로 기초강도와 허용응력의 비로 표현

(2) 기초강도의 결정 ★

재료의 조건	기초 강도
연성재료(상온에서 정하중 작용)	극한강도 또는 항복점
취성재료(상온에서 정하중 작용)	극한강도
고온에서 정하중 작용	크리프 강도
반복응력 작용	피로한도

(3) 안전율의 산정 방법

$$안전율=\frac{기초강도}{허용응력}=\frac{최대응력}{허용응력}=\frac{파괴하중}{최대사용하중}=\frac{극한강도}{최대설계응력}=\frac{파단하중}{안전하중}$$

(4) 하중의 종류 ★★

① 종류

정하중		정지상태에서 힘을 가했을 때 변화하지 않는 하중 또는 서서히 변화하는 하중
동하중 (하중의 크기가 수시로 변화)	반복하중	하중이 주기적으로 반복하여 작용하는 하중
	교번하중	하중의 크기 및 방향이 변화하는 인장력과 압축력이 서로 연속적으로 거듭되는 하중
	충격하중	비교적 짧은 시간에 급격히 작용하는 하중(안전율을 가장 크게)

② 하중에 따른 안전율의 크기 순서

충격하중 > 교번하중 > 반복하중 > 정하중

4 유해위험 기계기구의 종류, 기능과 작동원리

예초기	엔진으로 구동되는 금속 또는 플라스틱 재질의 절단날을 이용하여 잡초, 잡목, 작은 나무 또는 이와 유사한 성질의 초목을 자르는 예초기
원심기	원심력을 이용하여 액체 속의 고체 입자를 분리하거나 비중이 서로 다른 혼합액을 분리하기 위한 목적으로 쓰이는 동력에 의해 작동되는 원심기
공기압축기	① 토출압력이 0.2MPa 이상으로서 몸통 내경이 200밀리미터 이상이거나 그 길이가 1,000밀리미터 이상인 것 ② 토출압력이 0.2MPa 이상으로서 토출량이 분당 1세제곱미터 이상인 것
금속절단기	동력으로 작동되는 톱날을 이용하여 냉간금속을 절단하는 기계
지게차	포크, 램(ram)등의 화물적재 장치와 그 장치를 승강시키는 마스트(mast)를 구비하고 동력에 의해 이동하는 지게차
포장기계	동력으로 작동되는 포장기계 중 진공포장기 및 랩핑기

예제

기계부품에 작용하는 하중에서 일반적으로 안전 계수를 가장 크게 취하는 것은?

① 반복하중
② 충격하중
③ 교번하중
④ 정하중

정답 ②

5 기계 위험성

기계적 위험	① 파손위험 ② 파단위험 ③ 절단위험 ④ 말림위험 ⑤ 충격위험 ⑥ 찔림 또는 압착위험 ⑦ 마찰과 마멸위험 등
전기적 위험	① 활선에 접촉하는 직접접촉 ② 고장이나 파손에 위한 간접접촉 ③ 고전압 접근 ④ 정전기 현상 등
열에 의한 위험	① 화재 폭발 또는 열원에 의한 극고온이나 극저온에 접촉 ② 고온이나 저온의 작업환경에 의한 건강장애
소음에 의한 위험	① 청각장애 기타 생리적 질병 ② 음향신호 또는 대화에 간섭
진동에 의한 위험	① 손으로 기계공구를 사용하여 발생되는 신경성 및 혈관 질환 ② 전신진동에 노출, 나쁜자세에서 노출
방사선에 의한 위험	① 저주파수, 라디오파, 마이크로파 ② 적외선, 가시광선, 자외선 ③ X선, 감마선 ④ 알파선, 베타선, 전자선, 이온선, 중성자 ⑤ 레이저
물질에 의한 위험 등	① 유해가스, 분진, 흄, 먼지의 흡입 ② 화재·폭발 위험 ③ 생물학적 또는 미생물학적 위험

6 기계 방호장치 ★★★

1) 방호장치의 분류

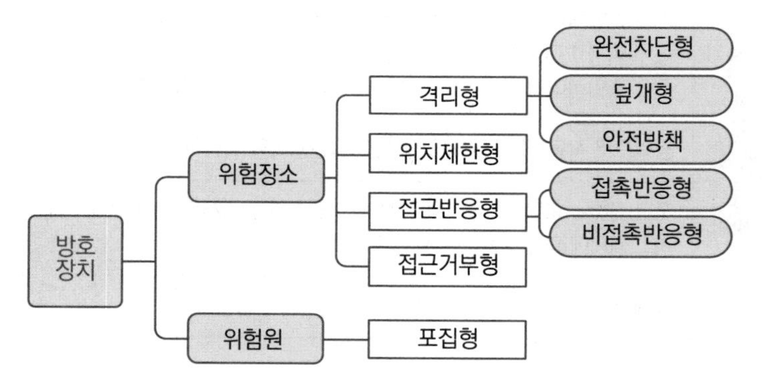

2) 방호방법

(1) 격리형 방호장치

① 작업점과 작업자 사이에 장애물을 설치하여 접근을 방지(차단벽이나 망 등)
② 종류

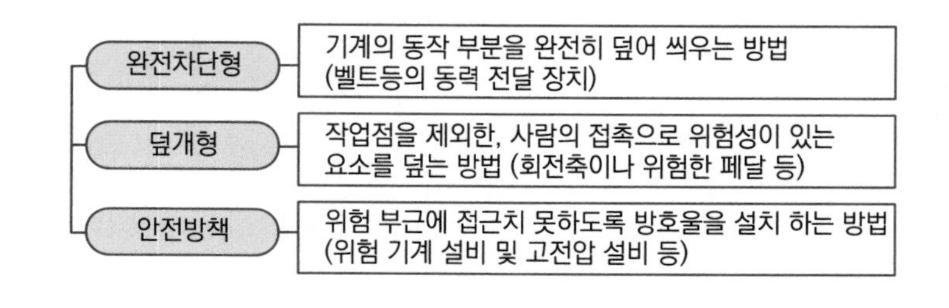

예제

다음 중 위험한 작업점에 대한 격리형 방호장치와 가장 거리가 먼 것은?

① 안전방책
② 덮개형 방호장치
③ 포집형 방호장치
④ 완전차단형 방호장치

정답 ③

(2) 위치 제한형 방호장치

① 기계의 조작장치를 일정거리 이상 떨어지게 설치하여 작업자의 신체 부위가 위험 범위 밖에 있도록 하는 방법
② 프레스의 양수 조작식 방호 장치
안전거리(S)=1.6t (t : 급정지 소요시간, ms)

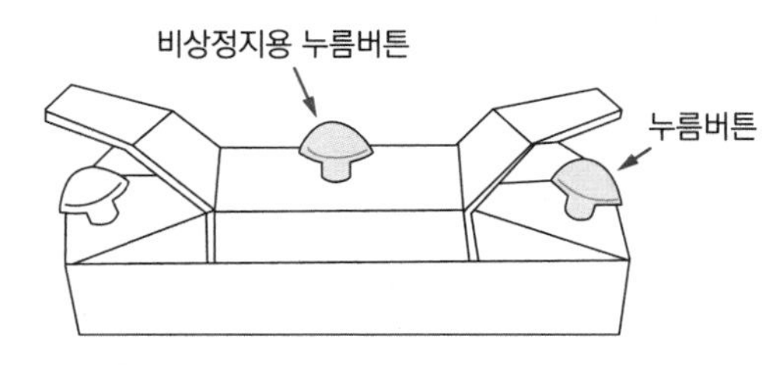

▲ 프레스의 양수 조작식 방호장치

(3) 접근 거부형 방호장치

① 위험 범위 내로 신체가 접근할 경우 방호장치가 신체부위를 밀거나 당겨서 위험한 범위 밖으로 이동시키는 방법
② 프레스의 수인식 및 손쳐내기식 방호장치

(4) 접근 반응형 방호장치

① 위험 범위 내로 신체가 접근할 경우 이를 감지하여 즉시 기계의 작동을 정지시키거나 전원이 차단되도록 하는 방법
② 프레스의 광 전자식

(5) 포집형 방호장치

① 위험원에 대한 방호장치
② 연삭숫돌의 파괴 또는 가공재의 칩이 비산할 경우 이를 방지하고 안전하게 칩을 포집하는 방법

(6) 감지형 방호장치

이상온도, 이상기압, 과부하 등 기계의 부하가 안전한계치를 초과하는 경우에 이를 감지하고 자동으로 안전상태가 되도록 조정하거나 기계의 작동을 중지시키는 방호장치

예제

다음 중 위치제한형 방호장치에 해당되는 프레스 방호장치는?

① 수인식 방호장치
② 광전자식 방호장치
③ 양수조작식 방호장치
④ 손쳐내기식 방호장치

정답 ③

예제

다음 중 목재 가공기계의 반발예방장치와 같이 위험장소에 설치하여 위험원이 비산하거나 튀는 것을 방지하는 등 작업자로부터 위험원을 차단하는 방호장치는?

① 접근 반응형 방호장치
② 감지형 방호장치
③ 위치 제한형 방호장치
④ 포집형 방호장치

정답 ④

PART 03

예제

산업안전보건법상 유해·위험방지를 위한 방호조치를 하지 아니하고는 양도, 대여, 설치 또는 사용에 제공하거나, 양도·대여를 목적으로 진열해서는 아니 되는 기계·기구가 아닌 것은?

① 예초기
② 진공포장기
③ 원심기
④ 롤러기

·정답 ④

7 유해위험기계기구 종류와 기능

1) 대상 기계·기구 및 방호조치 ★★★

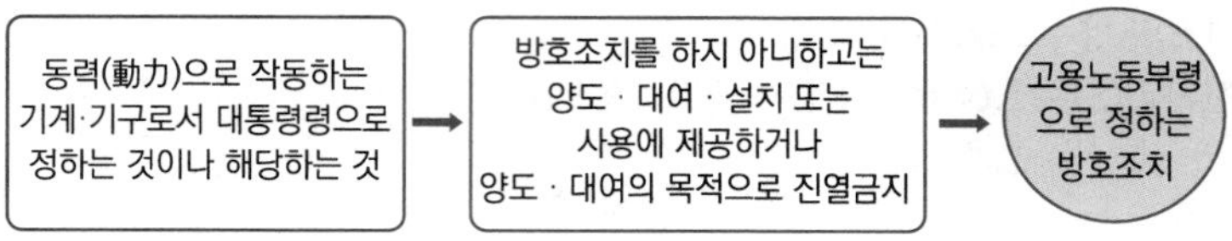

동력(動力)으로 작동하는 기계·기구로서 대통령령으로 정하는 것이나 해당하는 것 → 방호조치를 하지 아니하고는 양도 · 대여 · 설치 또는 사용에 제공하거나 양도 · 대여의 목적으로 진열금지 → 고용노동부령으로 정하는 방호조치

대상 기계·기구	방호장치
1. 예초기	날접촉예방장치
2. 원심기	회전체 접촉 예방장치
3. 공기압축기	압력방출장치
4. 금속절단기	날접촉예방장치
5. 지게차	헤드가드, 백레스트, 전조등, 후미등, 안전벨트
6. 포장기계(진공포장기, 래핑기로 한정)	구동부 방호 연동장치
1. 작동부분에 돌기 부분이 있는 것	묻힘형으로 하거나 덮개를 부착할 것
2. 동력전달 부분 또는 속도조절 부분이 있는 것	덮개를 부착하거나 방호망을 설치할 것
3. 회전기계에 물체 등이 말려 들어갈 부분이 있는 것	회전기계의 물림점(롤러나 톱니바퀴 반대방향의 두 회전체에 물려 들어가는 위험점)에는 덮개 또는 울을 설치할 것

2) 방호조치를 해체하려는 경우 안전조치 및 보건조치

1. 방호조치를 해체하려는 경우	사업주의 허가를 받아 해체할 것
2. 방호조치를 해체한 후 그 사유가 소멸된 경우	지체없이 원상으로 회복시킬 것
3. 방호조치의 기능이 상실된 것을 발견한 경우	지체없이 사업주에게 신고할 것

8 설비 보전의 개념

1) 보전(maintenance)

(1) 정의

설비 또는 제품의 마모와 열화현상에 대하여 수리 가능한 시스템을 사용 가능한 상태로 유지시키고 고장이나 결함을 회복시키기 위한 기술적, 관리적 제반활동

(2) 보전작업의 형태

서비스	주유, 청소, 유효수명부품의 교체
점검 및 검사	규모와 형태에 따라 점검, 검사 또는 분해 세부검사로 분류
시정조치	수리, 조정, 교환

(3) 보전의 분류 ★

예방보전(PM)	계획적으로 일정한 사용기간마다 실시하는 보전으로 PM에 대하여 항상 사용 가능한 상태로 유지
사후보전(BM)	기계설비의 고장이나 결함등이 발생했을 경우 이를 수리 또는 보수하여 회복시키는 보전활동
개량보전(CM)	설비를 안정적으로 가동하기 위해 고장이 발생한 후 설비자체의 체질 개선을 실시하는 보전방식
보전예방(MP)	설비의 계획단계 및 설치 시부터 고장 예방을 위한 여러 가지 연구가 필요하다는 보전방식

2) 예방보전

예방보전(PM) : 상시 또는 정기적으로 감시하여 고장 및 결함을 사전에 검출	시간기준보전(TBM)	돌발적인 고장이나 프로세스의 에러 등을 예방하기 위하여 보전주기에 의해 실시
	상태기준보전(CBM)	고장이나 예상되는 부분에 계측장비 등을 설치하여 이상현상을 미리 검출하여 설비의 상태에 따라 보전주기나 방법을 결정
	적응보전(AM)	설비의 노후나 생산환경 등 주변의 여건도 고려하여 설비 상태를 파악, 보전하는 경우

3) 보전예방(Maintenance Prevention : MP) ★

정의	설비의 계획·설계 단계에서 보전에 관한 정보와 신기술을 활용하여 신뢰성, 안전성, 조작성, 보전성, 경제성 등이 우수한 설비를 설계하고, 정상가동 중 발생하는 열화 손실 등을 사전에 방지하기 위한 활동
목표	사용 중 불량을 발생시키지 않는 설비를 설계하기 위해 설비의 설계, 제작 단계에서 연구하고 검토하여 궁극적으로 보전활동이 불필요한 설비를 설계하는 것을 목표로 한다.

PART 03

예제

설비보전 방식의 유형 중 궁극적으로는 설비의 설계, 제작 단계에서 보전 활동이 불필요한 체계를 목표로 하는 것은?

① 보전예방(maintenance precention)
② 예방보전(preventive maintenance)
③ 사후보전(break-down maintenance)
④ 개량보전(corrective maintenance)

정답 ①

4) 교체

(1) 예방보전을 철저히 시행하여도 부품의 사용시간이 증가하면 고장률 또한 증가하게 되어 결국은 부품을 교체하는 것이 효율적인 경우가 발생한다.

(2) 교체방법

수명 교체 (age replacement)	① 부품고장 시 즉시 교체하고, 고장이 발생하지 않을 경우 교체주기에 맞추어 대상부품을 교체하는 방법 ② 수명교체는 부품의 수명에 관한 정보를 사전에 확보하고 있어야 한다는 불편함이 있다.
일괄 교체 (block replacement)	① 부품에 고장이 발생하지 않더라도 교체주기에 맞추어 일괄적으로 새 부품을 교체하는 방법으로 고장 발생 시에는 언제든지 개별교체를 한다. ② 수명교체에 비해 교체비용이 증가하므로 가격이 낮은 다수의 부품을 보전할 때 주로 사용한다.

5) MTBF ★★★

(1) 정의

평균수명으로, 시스템을 수리해 가면서 사용하는 경우 MTBF(mean time between failure)라고 한다.

(2) 평균수명(MTBF)과 신뢰도와의 관계

① 평균수명은 평균고장률 λ와 역수 관계

$$\lambda = \frac{1}{MTBF},\ \text{고장률}(\lambda) = \frac{\text{기간중의 총고장수}(r)}{\text{총동작시간}(T)}$$

② 만약, 고장확률밀도 함수가 지수분포인 부품을 평균수명만큼 사용한다면

$$\text{신뢰도}R(t = MTBF) = e^{-\lambda t} = e^{-\frac{MTBF}{MTBF}} = e^{-1}$$

예제

한 화학공장에는 24개의 공정제어회로가 있으며, 4000시간의 공정 가동 중 이 회로에는 14번의 고장이 발생하였고, 고장이 발생하였을 때마다 회로는 즉시 교체 되었다. 이 회로의 평균고장시간(MTTF)은 얼마인가?

① 8240시간
② 7571시간
③ 6857시간
④ 9800시간

정답 ③

6) MTTF ★★★

(1) 평균수명으로서 MTBF와 다른점은 시스템을 수리하여 사용할 수 없는 경우 MTTF (mean time to failure)라고 한다.(계산하는 방법은 MTBF와 동일)

(2) 평균 수명(기대시간)

MTTF(mean time to failure)	시스템을 수리하여 사용할 수 없는 경우
MTBF(mean time between failure)	시스템을 수리해 가면서 사용하는 경우

(3) 계의 수명[요소의 수명(MTTF)이 지수분포를 따를 경우]

① 병렬계

$$MTTF_s = \frac{1}{\lambda_o} + \frac{1}{2\lambda_o} + \cdots + \frac{1}{n\lambda_o}$$

$$MTTF_s = MTTF\left(1 + \frac{1}{2} + \frac{1}{3} + \cdots + \frac{1}{n}\right)$$

② 직렬계

$$MTTF_s = \frac{1}{\lambda_s}$$

$$MTTF_s = \frac{MTTF}{n}$$

7) 보전성(maintainability)

(1) 정의

주어진 조건에서 규정된 기간에 보전을 완료할 수 있는 성질 또는 능력을 보전성이라 하며 이 성질을 확률로 나타낼 경우 보전도 라고 한다.

(2) 보전성의 척도

① 평균수리시간(mean time to repair : MTTR) ★

$$MTTR = \frac{1}{\text{평균수리율}(\mu)}$$

고장 발생 시 수리하는데 소요된 시간 ti(i는 고장순번)를 집계하면

$$MTTR = \frac{\sum_{i=1}^{n} t_i}{n}$$

② 평균정지시간(MDT)
설비의 보전을 위해 설비가 정지된 시간의 평균을 평균정지시간이라 하며 다음 식에 의해 구한다.

$$MDT = \frac{\text{총보전작업시간}}{\text{총보전작업건수}}$$

예제

수리하여 사용이 가능한 시스템에서 고장과 고장 사이의 정상적인 상태로 동작하는 평균시간을 무엇이라 하는가?

① MDT
② MTBF
③ MTTR
④ MTMR

정답 ②

예제

평균고장시간이 4×10^8시간인 요소 4개가 직렬체계를 이루었을 때 이 체계의 수명은 몇 시간인가?

① 16×10^8
② 4×10^8
③ 8×10^8
④ 1×10^8

정답 ④

예제

설비보전에서 평균수리시간의 의미로 맞는 것은?

① MTBF
② MTTR
③ MTTF
④ MTBP

정답 ②

8) 가동성(availability)

구분	정의	공식
작동준비성	시스템이 언제라도 작동할 준비가 되어 있음을 나타내는 척도	$\frac{\text{작동가능시간}}{(\text{작동가능시간}+\text{고장시간})}$
(운용)가동성	시스템이 어떤 기간중에 기능을 발휘하고 있을 시간의 비율	$\frac{\text{작동시간}}{(\text{작동시간}+\text{고장시간})}$
고유가동성	실제로 시스템고장탐지 및 수리시간은 시스템고유의 보전성 설계에 기인하므로 고장 시간을 탐지 및 수리시간 만으로 표현할 경우	$\frac{\text{작동시간}}{(\text{작동시간}+\text{고장탐지 및 수리시간})}$

9 기계의 위험점 조사능력

회전 운동 및 동작	① 접촉 및 말려듬 ② 회전체 자체 위험 ③ 고정부와 회전체 사이에 끼임. 협착	플라이휠, 축, 풀리 등	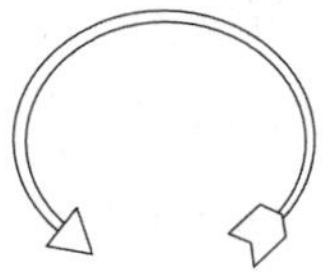
횡축 운동 및 동작	운동부와 고정부 사이에 위험 형성	작업점과 기계적 결합 부분	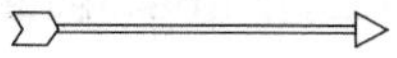
왕복 운동 및 동작	운동부와 고정부 사이에 위험 형성	운동부 전후좌우에 안전조치 필요 (프레스, 세이퍼 등)	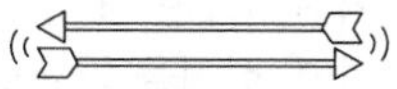

10 기계 작동 원리 분석 기술

1) 절삭운동

운동방향	가공표면에 평행한 방향으로 절삭되며 운전동력의 대부분을 차지한다.
바이트와 가공물의 운동 관계	① 일정한 위치에 공구를 고정하고 가공물을 회전시키는 운동 ② 가공물을 고정하고 공구를 움직여서 작업하는 방법 ③ 가공물과 공구를 동시에 운동시키는 방법
공구에 의한 가공	① 선삭 ② 평삭 ③ 드릴링 ④ 밀링

2) 이송운동(feed motion)

개요	절삭되는 표면을 증가시키기 위한 운동으로 절삭운동과는 직각 방향으로 진행
원칙	① 1회 이송량은 공구폭보다 작게 ② 절삭운동방향과 직각으로 하고, 가공면과는 평행 또는 직각 ③ 이송운동은 일반적으로 규칙적으로 진행

CHAPTER 02

기계분야 산업재해 조사 및 관리

01 재해조사

1 재해조사의 목적 ★

1) 목적

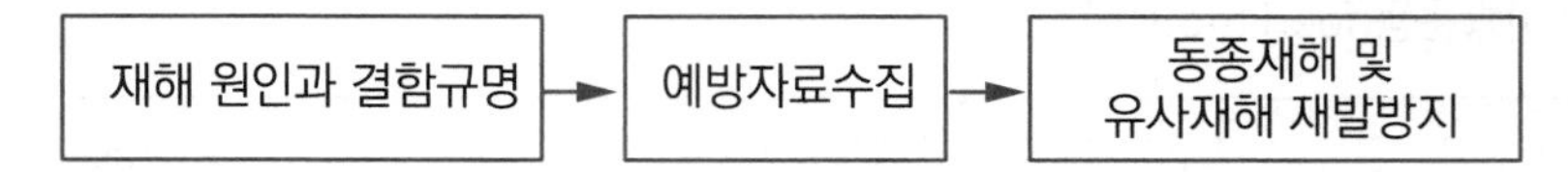

2) 용어의 정의

사고(事故 Accident)	재해를 야기시키는 원인(행동행위)
	① 원하지 않는 사상 (Undesired Event) : 산업현장에서 발생하는 사망, 상해사건, 화재, 폭발, 근로시간 상실 및 단축예방 가능한 각종 에너지 및 원자재의 손실, 기계장비의 과도한 마모, 오염 물질의 방출, 혐오감을 줄 수 있는 악취, 제품의 불량, 시설의 훼손등을 모두 사고로 보는 합리적인 정의 ② 비능률적 사상(Unefficient event) : 뉴욕대학 Cutter박사(안전학과장) ③ 변형된 사상(Strained event) : 물체가 변형되는 것처럼 심리적으로 인간이 견딜 수 있는 스트레스의 한계를 넘어선 사상
재해 (loss, injury)	사고의 결과로 발생하는 인명의 상해나 재산상의 손실을 가져 올 수 있는 계획되지 않거나 예상하지 못한 사건
	• 상해 : 인명의 상해를 수반하는 경우 • 아차사고(무재해사고, near miss, near accident) : 인명상해나 물적손실 등 일체의 피해가 없는 사고, 위기일발(Close Calls) → 버드(Frank E. Bird Jr 미국의 보험학자)는 위험순간으로 정의
산업재해	① 산업안전보건법상 : 노무를 제공하는 사람이 업무에 관계되는 건설물·설비·원재료·가스·증기·분진 등에 의하거나 작업 또는 그 밖의 업무로 인하여 사망 또는 부상하거나 질병에 걸리는 것 ② 통제를 벗어난 에너지의 광란으로 인하여 발생한 인명과 재산상의 피해현상
산안법상 재해의 기준	산업재해로 사망자가 발생하거나 3일 이상의 휴업이 필요한 부상을 입거나 질병에 걸린 사람이 발생한 경우
중대재해	① 사망자가 1명 이상 발생한 재해 ② 3개월 이상의 요양이 필요한 부상자가 동시에 2명 이상 발생한 재해 ③ 부상자 또는 직업성 질병자가 동시에 10명 이상 발생한 재해

예제

산업안전보건법상 중대재해에 해당하지 않는 것은?

① 사망자가 2명 발생한 재해
② 6개월 요양을 요하는 부상자가 동시에 4명 발생한 재해
③ 부상자 또는 직업성 질병자가 동시에 12명 발생한 재해
④ 3개월 요양을 요하는 부상자가 1명, 2개월 요양을 요하는 부상자가 4명 발생한 재해

정답 ④

3) 산업재해의 통상적 분류

통계적 분류	사망	업무로 인하여 목숨을 잃게 되는 경우
	중상해	부상으로 인하여 8일 이상 휴업을 하는 경우
	경상해	부상으로 인하여 1일 이상 7일 이하의 휴업을 하는 경우
국제 노동 기구에 의한 분류(ILO)	사망	안전사고 혹은 부상의 결과로서 사망한 경우
	영구전노동 불능 상해	부상결과 근로자로서의 근로기능을 완전히 잃은 경우(신체장해 등급 제1급~제3급)
	영구일부 노동불능 상해	부상결과 신체의 일부. 즉, 근로기능의 일부를 상실한 경우 (신체장해등급 제4급~제14급)
	일시전노동 불능 상해	의사의 진단에 따라 일정기간 근로를 할 수 없는 경우(신체장해가 남지 않는 일반적 휴업재해)
	일시일부 노동불능 상해	의사의 진단에 따라 부상 다음날 혹은 그 이후에 정규근로에 종사할 수 없는 휴업재해 이외의 경우 (일시적으로 작업시간 중에 업무를 떠나 치료를 받는 정도의 상해)
	구급처치상해	응급처치 혹은 의료조치를 받아 부상당한 다음 날 정규근로에 종사할 수 있는 경우

2 재해조사 시 유의사항 ★

1) 조사상 유의사항

① 사실을 수집한다. 그 이유는 뒤로 미룬다.
② 목격자가 발언하는 사실 이외의 추측의 말은 참고로 한다.
③ 조사는 신속히 행하고 2차 재해의 방지를 도모한다.
④ 사람, 설비, 환경의 측면에서 재해요인을 도출한다.
⑤ 제 3자의 입장에서 공정하게 조사하며, 그러기 위해 조사는 2인 이상이 한다.
⑥ 책임추궁보다 재발방지를 우선하는 기본태도를 견지한다.

2) 조사방법 및 유의사항

대부분의 사업장에서 사용하는 양식은 4M(Man, Machine, Media, Management)의 원칙에 근거

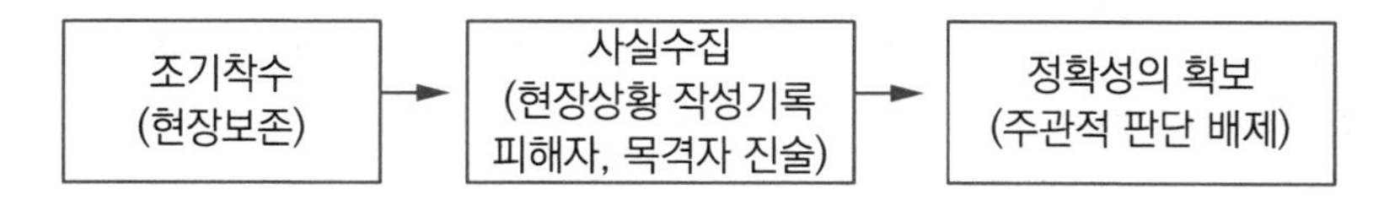

예제

국제노동기구(ILO)에서 구분한 "일시전노동 불능"에 관한 설명으로 옳은 것은?

① 부상의 결과로 근로기능을 완전히 잃은 부상
② 부상의 결과로 신체의 일부가 근로기능을 완전히 상실한 부상
③ 의사의 소견에 따라 일정 기간 동안 노동에 종사할 수 없는 상해
④ 의사의 소견에 따라 일시적으로 근로시간 중 치료를 받는 정도의 상해

정답 ③

예제

다음 중 산업재해가 발생하였을 때 〈보기〉의 각 단계를 긴급처치의 순서대로 가장 적절하게 나열한 것은?

보기

① 재해자 구출 ② 관계자 통보
③ 2차재해 방지 ④ 관련 기계의 정지
⑤ 재해자의 응급처치 ⑥ 현장보존

① ① → ④ → ② → ⑤ → ③ → ⑥
② ② → ① → ④ → ⑤ → ③ → ⑥
③ ④ → ① → ⑤ → ② → ③ → ⑥
④ ⑤ → ① → ④ → ③ → ② → ⑥

정답 ③

예제

산업안전보건법상 사업주는 산업재해로 사망자가 발생한 경우 해당 산업재해가 발생한 날부터 얼마 이내에 산업재해조사표를 작성하여 관할 지방고용노동청장에게 제출하여야 하는가?

① 1일
② 7일
③ 15일
④ 1개월

정답 ④

3 재해발생 시 조치사항 ★★

1) 재해발생 시 조치순서

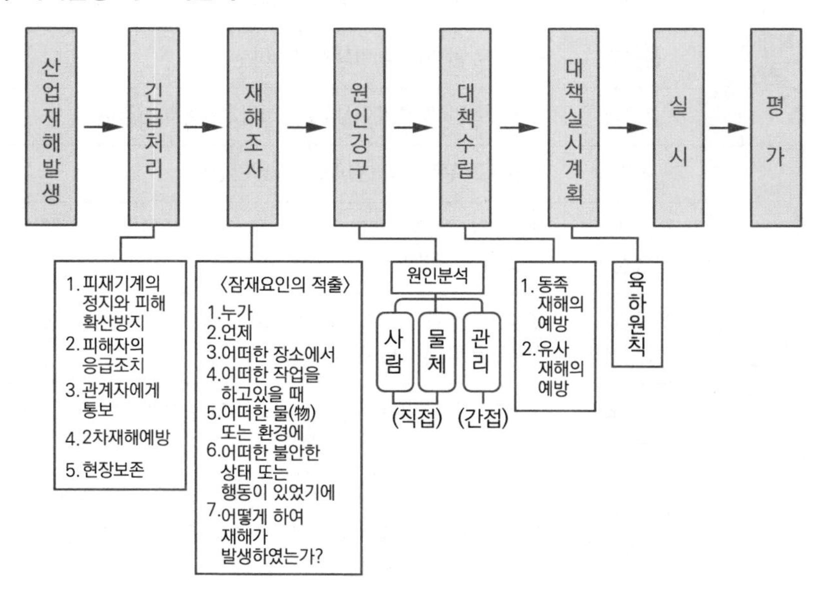

2) 산업재해 발생보고 ★★

(1) 산업재해 보고방법 및 내용

산업재해 보고	대상재해	산업재해로 사망자가 발생하거나 3일 이상의 휴업이 필요한 부상을 입거나 질병에 걸린 사람이 발생한 경우
	보고방법	재해가 발생한 날부터 1개월 이내에 산업재해조사표를 작성하여 관할 지방 고용노동관서의 장에게 제출
산업재해 발생 시 기록 보존해야 할 사항		① 사업장의 개요 및 근로자의 인적사항 ② 재해발생의 일시 및 장소 ③ 재해발생의 원인 및 과정 ④ 재해 재발방지 계획
중대재해 발생 시 보고	보고방법	중대재해발생사실을 알게된 때에는 지체없이 관할지방고용노동관서의 장에게 전화·팩스 또는 그 밖에 적절한 방법으로 보고(다만, 천재지변 등 부득이한 사유가 발생한 경우에는 그 사유가 소멸된 때부터 지체 없이 보고)
	보고사항	① 발생개요 및 피해 상황 ② 조치 및 전망 ③ 그 밖의 중요한 사항

(2) 사업장의 산업재해 발생건수 등 공표대상 사업장

① 산업재해로 인한 사망자(사망재해자)가 연간 2명 이상 발생한 사업장
② 사망만인율(연간 상시근로자 1만명당 발생하는 사망재해자 수의 비율)이 규모별 같은 업종의 평균 사망만인율 이상인 사업장
③ 중대산업사고가 발생한 사업장
④ 산업재해 발생 사실을 은폐한 사업장
⑤ 산업재해의 발생에 관한 보고를 최근 3년 이내 2회 이상하지 않은 사업장
※ ①호부터 ③호에 해당하는 사업장은 해당 사업장이 관계수급인의 사업장으로서 도급인이 관계수급인 근로자의 산업재해 예방을 위한 조치의무를 위반하여 관계수급인 근로자가 산업재해를 입은 경우에는 도급인의 사업장의 산업재해발생건수등을 함께 공표한다.

4 재해의 원인 분석 및 조사기법 ★

1) 사고의 본질적 특성

사고의 시간성	사고는 공간적인 것이 아니라 시간적이다.
우연성 중의 법칙성	우연히 발생하는 것처럼 보이는 사고도 알고 보면 분명한 직접원인 등의 법칙에 의해 발생한다.
필연성 중의 우연성	인간의 시스템은 복잡하여 필연적인 규칙과 법칙이 있다하더라도 불안전한 행동 및 상태, 또는 착오, 부주의 등의 우연성이 사고발생의 원인을 제공하기도 한다.
사고의 재현 불가능성	사고는 인간의 안전의지와 무관하게 돌발적으로 발생하며, 시간의 경과와 함께 상황을 재현할 수는 없다.

2) 재해 발생 원인

(1) 사고발생의 메커니즘

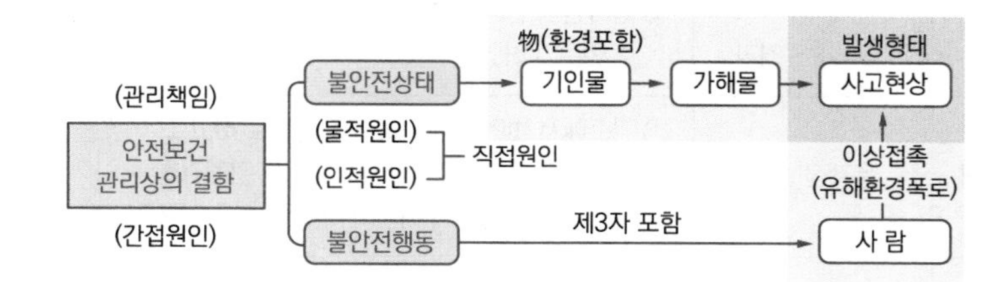

▲ 재해발생의 구조

(2) 재해의 발생형태(등치성 이론)

구분	내용
단순자극형	상호 자극에 의하여 순간적으로 재해가 발생하는 유형으로 재해가 일어난 장소와 그 시기에 일시적으로 요인이 집중(집중형이라고도 함)
연쇄형	하나의 사고 요인이 또 다른 사고 요인을 일으키면서 재해를 발생시키는 유형(단순 연쇄형과 복합 연쇄형)
복합형	단순 자극형과 연쇄형의 복합적인 발생유형

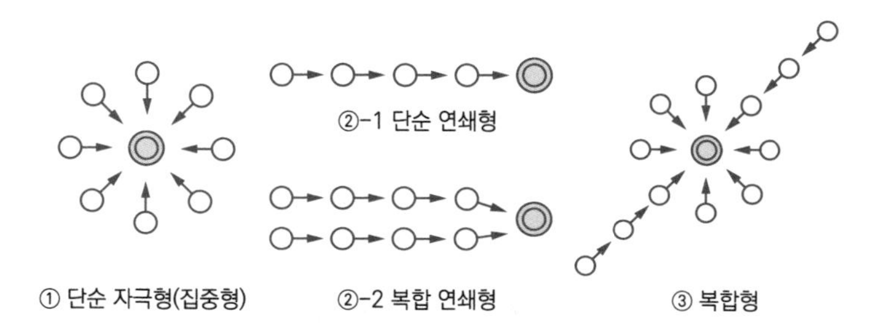

예제

다음 중 산업 재해의 발생 유형으로 볼 수 없는 것은?

① 지그재그형
② 집중형
③ 연쇄형
④ 복합형

정답 ①

예제

재해사례연구 순서로 옳은 것은?

재해 상황의 파악 → (㉠) → (㉡)
→ 근본적 문제점의 결정 → (㉢)

① ㉠ 문제점의 발견, ㉡ 대책수립, ㉢ 사실의 확인
② ㉠ 문제점의 발견, ㉡ 사실의 확인, ㉢ 대책수립
③ ㉠ 사실의 확인, ㉡ 대책수립, ㉢ 문제점의 발견
④ ㉠ 사실의 확인, ㉡ 문제점의 발견, ㉢ 대책수립

정답 ④

3) 재해사례 분석절차(연구순서)

<table>
<tr><th>순서</th><th colspan="2">구분</th><th>내용</th></tr>
<tr><td>전제조건</td><td colspan="2">재해상황 파악</td><td>① 발생일시, 장소 ② 업종, 규모 ③ 상해 상황
④ 물적피해 ⑤ 가해물, 기인물 ⑥ 사고의 형태
⑦ 피해자 특성 등</td></tr>
<tr><td rowspan="4">제1단계</td><td rowspan="4">사실의 확인</td><td>사람에 관한 사항</td><td>① 작업명과 그 내용 ② 공동작업자의 역할
③ 재해자 인적 사항 ④ 불안전 행동 유무 등</td></tr>
<tr><td>물(物)에 관한 사항</td><td>① 레이아웃 ② 물질, 재료 ③ 복장, 보호구
④ 방호장치 ⑤ 불안전 상태 유무</td></tr>
<tr><td>관리에 관한 사항</td><td>① 안전보건 관리 규정 ② 작업표준 ③ 관리 감독상황
④ 순찰, 점검, 확인 ⑤ 연락, 보고 등</td></tr>
<tr><td>재해발생 까지의 경과</td><td>① 객관적인 표현
② 육하원칙·언제·누가·어디서·무엇을·왜·어떻게·할 것인가·할 수 있는가·하였는가</td></tr>
<tr><td>제2단계</td><td colspan="2">문제점 발견</td><td>① 기준에서 벗어난 사실을 문제점으로 하고 그 이유를 명확히
② 관계 법규, 사내규정, 안전수칙 등의 관계검출
③ 관리자 및 책임자의 직무. 권한 등에 대하여 평가, 판단</td></tr>
<tr><td>제3단계</td><td colspan="2">근본적 문제점의 결정(재해원인)</td><td>① 파악된 문제점 중 재해의 중심적 원인을 설정
② 문제점을 인적, 물적, 관리적인 면 결정
③ 재해 원인 결정(관리적 책임에 비중)</td></tr>
<tr><td>제4단계</td><td colspan="2">대책의 수립</td><td>① 동종재해 예방대책 ② 유사재해 예방대책
③ 대책의 실시 계획 수립(육하원칙)</td></tr>
</table>

02 산재분류 및 통계분석

1 산재 분류의 이해

1) 재해 분류

(1) 상해 종류별 분류 ★

분류 항목	세부항목
1. 골절	뼈가 부러진 상해
2. 동상	저온물 접촉으로 생긴 동상상해
3. 부종	국부의 혈액순환의 이상으로 몸이 퉁퉁부어 오르는 상해
4. 찔림(자상)	칼날 등 날카로운 물건에 찔린 상해
5. 타박상(좌상)	타박·충돌·추락 등으로 피부표면 보다는 피하조직 또는 근육부를 다친 상해(삐임)
6. 절단	신체부위가 절단된 상해
7. 중독, 질식	음식·약물·가스 등에 의한 중독이나 질식된 상해
8. 찰과상	스치거나 문질러서 벗겨진 상해
9. 베임(창상)	창, 칼 등에 베인 상해
10. 화상	화재 또는 고온물 접촉으로 인한 상해
11. 뇌진탕	머리를 세게 맞았을 때 장해로 일어난 상해
12. 익사	물등에 익사된 상해
13. 피부병	직업과 연관되어 발생 또는 악화되는 피부질환
14. 청력장해	청력이 감퇴 또는 난청이 된 상태
15. 시력장해	시력이 감퇴 또는 실명된 상해
16. 기타	1~15항목으로 분류 불능 시 상해명칭 기재

(2) 재해 발생 형태별 분류 ★★★

분류 항목	세부 항목
떨어짐	사람이 인력(중력)에 의하여 건축물, 구조물, 가설물, 수목, 사다리 등의 높은 장소에서 떨어지는 것(높이가 있는 곳에서 사람이 떨어짐)
넘어짐	사람이 거의 평면 또는 경사면, 층계 등에서 구르거나 넘어지는 경우(사람이 미끄러지거나 넘어짐)
깔림·뒤집힘	기대어져 있거나 세워져 있는 물체 등이 쓰러져 깔린 경우 및 지게차 등의 건설기계 등이 운행 또는 작업 중 뒤집어진 경우(물체의 쓰러짐이나 뒤집힘)
부딪힘·접촉	재해자 자신의 움직임·동작으로 인하여 기인물에 접촉 또는 부딪히거나, 물체가 고정부에서 이탈하지 않은 상태로 움직임(규칙, 불규칙)등에 의하여 부딪히거나, 접촉한 경우
맞음	구조물, 기계 등에 고정되어 있던 물체가 중력, 원심력, 관성력 등에 의하여 고정부에서 이탈하거나 또는 설비 등으로부터 물질이 분출되어 사람을 가해하는 경우(날아오거나 떨어진 물체에 맞음)

예제

다음 중 산업재해조사표를 작성할 때 기입하는 상해의 종류에 해당하는 것은?

① 소음노출
② 유해광선 노출
③ 중독·질식
④ 이상온도 노출·접촉

정답 ③

분류 항목	세부 항목
끼임	두 물체 사이의 움직임에 의하여 일어난 것으로 직선 운동하는 물체 사이의 끼임, 회전부와 고정체 사이의 끼임, 로울러 등 회전체 사이에 물리거나 또는 회전체·돌기부 등에 감긴 경우(기계설비에 끼이거나 감김)
무너짐	토사, 적재물, 구조물, 건축물, 가설물 등이 전체적으로 허물어져 내리거나 또는 주요 부분이 꺾어져 무너지는 경우(건축물이나 쌓여진 물체가 무너짐)
압박·진동	재해자가 물체의 취급과정에서 신체특정부위에 과도한 힘이 편중·집중·눌려진 경우나 마찰 접촉 또는 진동 등으로 신체에 부담을 주는 경우
신체반작용	물체의 취급과 관련없이 일시적이고 급격한 행위·동작, 균형상실에 따른 반사적 행위 또는 놀람, 정신적 충격, 스트레스 등
부자연스런 자세	물체의 취급과 관련없이 작업환경 또는 설비의 부적절한 설계 또는 배치로 작업자가 특정한 자세·동작을 장시간 취하여 신체의 일부에 부담을 주는 경우
과도한 힘·동작	물체의 취급과 관련하여 근육의 힘을 많이 사용하는 경우로서 밀기, 당기기, 지탱하기, 들어올리기, 돌리기, 잡기, 운반하기 등과 같은 행위·동작
이상온도 노출·접촉	고·저온 환경 또는 물체에 노출·접촉된 경우
유해·위험물질 노출·접촉	유해·위험물질에 노출·접촉 또는 흡입하였거나 독성동물에 쏘이거나 물린 경우
소음 노출	폭발음을 제외한 일시적·장기적인 소음에 노출된 경우
유해광선 노출	전리 또는 비전리 방사선에 노출된 경우
산소결핍·질식	유해물질과 관련 없이 산소가 부족한 상태·환경에 노출되었거나 이물질 등에 의하여 기도가 막혀 호흡기능이 불충분한 경우
화재	가연물에 점화원이 가해져 비의도적으로 불이 일어난 경우를 말하며, 방화는 의도적이기는 하나 관리할 수 없으므로 화재에 포함
폭발	건축물, 용기내 또는 대기중에서 물질의 화학적, 물리적 변화가 급격히 진행되어 열, 폭음, 폭발압이 동반하여 발생하는 경우
전류접촉	전기설비의 충전부 등에 신체의 일부가 직접 접촉하거나 유도전류의 통전으로 근육의 수축, 호흡곤란, 심실세동 등이 발생한 경우 또는 특별고압 등에 접근함에 따라 발생한 섬락 접촉, 합선·혼촉 등으로 인하여 발생한 아크에 접촉된 경우

2) 가해물과 기인물 ★★

(1) 기인물 : 재해발생의 주원인이며 재해를 가져오게 한 근원이 되는 기계, 장치, 물(物) 또는 환경등(불안전상태)

(2) 가해물 : 직접 사람에게 접촉하여 피해를 주는 기계, 장치, 물(物) 또는 환경 등

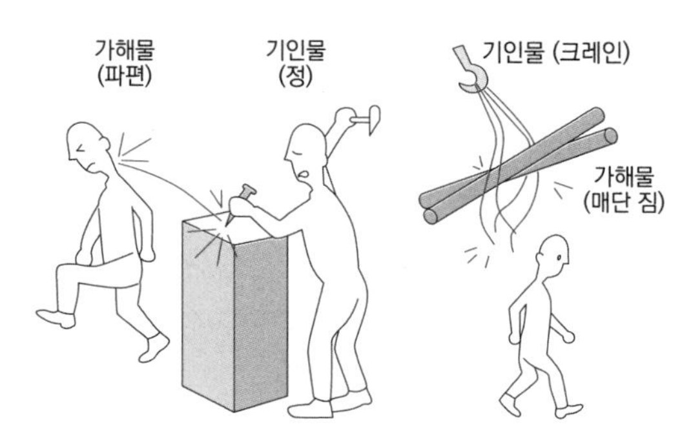

▲ 기인물과 가해물

3) 불안전 행동과 상태(직접 원인) ★

구분	내용
불안전한 행동의 분류	① 물질 및 기계·설비의 부적절한 사용·관리 ② 작업수행 불량 및 절차의 미준수 ③ 구조물·공구 등의 위험한 방치 ④ 불안전한 작업자세　⑤ 작업수행 중 과실 ⑥ 복장 보호구의 잘못사용　⑦ 불필요한 행위 및 동작 또는 무모한 행동 ⑧ 기타 분류불능
	위험장소의 접근, 안전방호장치의 기능제거, 복장·보호구의 잘못 사용, 기계·기구의 잘못 사용, 운전 중인 기계장치의 손질, 불안전한 속도조작, 위험물 취급 부주의, 불안전 상태 방치, 불안전한 자세동작, 감독 및 연락 불충분, 기타
불안전한 상태의 분류	① 물체 및 설비자체의 결함　② 방호조치의 부적절 ③ 작업통로 등 장소의 불량 및 위험　④ 물체, 기계설비 등의 취급상 위험 ⑤ 작업환경 등의 결함　⑥ 작업공정·절차의 결함 ⑦ 보호구 성능 및 착용상태 불량　⑧ 작업상 기타 잠재위험 요인 ⑨ 기타 분류 불능
	물 자체의 결함, 안전방호장치의 결함, 복장·보호구의 결함, 물의 배치 및 작업장소 불량, 작업환경의 결함, 생산공정의 결함, 경계표시·설비의 결함, 기타

4) 간접원인(관리적 원인) ★

구분	내용
기술적 원인	① 건물·기계등의 설계불량　② 생산공정의 부적당 ③ 구조·재료의 부적합　④ 점검 및 보존 불량
교육적 원인	① 안전지식 및 경험의 부족　② 작업방법의 교육 불충분 ③ 경험 훈련의 미숙　④ 안전수칙의 오해 ⑤ 유해위험 작업의 교육 불충분
작업관리상의 원인	① 안전관리조직 결함　② 작업지시 부적당 ③ 작업준비 불충분　④ 인원배치(적성배치) 부적당 ⑤ 안전수칙 미제정　⑥ 작업기준의 불명확

예제

다음의 재해사례에서 기인물에 해당하는 것은?

> 기계작업에 배치된 작업자가 반장의 지시를 받기 전에 정지된 선반을 운전시키면서 변속치차의 덮개를 벗겨 내고 치차를 저속으로 운전하면서 급유하려고 할 때 오른손이 변속치차에 맞물려 손가락이 절단되었다.

① 덮개
② 급유
③ 변속치차
④ 선반

정답 ④

2 재해 관련 통계의 정의

개념	① 근로자가 업무와 관련하여 사망 또는 부상을 입거나 질병에 걸린 재해자를 수량적으로 집계한 것을 산업재해 통계라 함. ② 산업재해 발생 현황을 파악하여 정부의 정책 방향을 정하고, 효과적인 재해 예방을 위한 정보제공 및 안전성적 평가자료로 활용
목적	① 안전성적 평가자료 ② 재해예방대책 자료
통계 작성내용	① 재해율 ② 사망만인율 ③ 휴업재해율 ④ 강도율 ⑤ 도수율 ⑥ 재해조사 대상 사고사망자수

3 재해관련 통계의 종류 및 계산

1) 재해율

(1) 재해율

① 산재보험적용근로자수 100명당 발생하는 재해자수의 비율(통상의 출퇴근으로 발생한 재해는 제외함)

② 구하는 식

$$\text{재해율} = \frac{\text{재해자수}}{\text{산재보험적용근로자수}} \times 100$$

(2) 연천인율 ★

① 근로자 1,000명당 년간 발생하는 재해자수

② 구하는 식

$$\text{연천인율} = \frac{\text{연간재해자수}}{\text{연평균근로자수}} \times 1,000$$

(3) 도수율, 빈도율(Frequency Rate of Injury : FR) ★★★

① 산업재해의 빈도를 나타내는 단위

② 근로자의 수나 가동시간을 고려한 것으로 재해 발생 정도를 나타내는 국제적 표준 척도로 사용

③ 1,000,000 근로시간당 재해발생 건수

④ 구하는 식

$$\text{빈도율(F.R)} = \frac{\text{재해건수}}{\text{연근로시간수}} \times 1,000,000$$

참고

$$\text{휴업재해율} = \frac{\text{휴업재해자수}}{\text{임금근로자수}} \times 100$$

예제

500명의 근로자가 근무하는 사업장에서 연간 30건의 재해가 발생하여 35명의 재해자로 인해 250일의 근로손실이 발생한 경우 이 사업장의 재해 통계에 관한 설명으로 틀린 것은?

① 이 사업장의 도수율은 약 25이다.
② 이 사업장의 강도율은 약 0.21이다.
③ 이 사업장의 연천인율은 7이다.
④ 근로시간이 명시되지 않을 경우에는 연간 1인당 2,400시간을 적용한다.

정답 ③

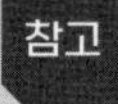
참고

1. 빈도율과 연천인율과의 상관관계

(근로자 1인당 연간 근로시간을 2,400시간으로 계산)
도수율(빈도율)=연천인율/2.4,
연천인율=도수율×2.4

2. 사망 및 영구전 노동불능 상해의 근로손실 일 수(7,500일) 산출 근거

- 재해로 인한 사망자의 평균연령 : 30세
- 근로 가능한 연령 : 55세
- 1년간 근로 일 수 : 300일

따라서, 근로손실일수=25년×300일=7,500일

(4) 강도율(Severity Rate of Injury : SR) ★★★

① 재해의 경중(강도)의 정도를 손실일수로 나타내는 통계
② 근로시간 합계 1,000시간당 요양재해로 인한 근로손실 일수
③ 구하는 식
총요양근로손실일수는 요양재해자의 총 요양기간을 합산하여 산출하되, 사망, 부상 또는 질병이나 장해자의 등급별 요양근로손실일수는 아래의 표와 같다.

$$\text{강도율(S.R)} = \frac{\text{총요양근로손실일수}}{\text{연근로시간수}} \times 1,000$$

④ 우리나라의 근로손실일수 산정기준
㉠ 사망 및 영구 전 노동불능(신체 장해 등급1~3급) : 7,500일
㉡ 영구일부 노동불능(요양근로손실일수 산정요령)

구분	사망	신체 장해자 등급											
		1~3	4	5	6	7	8	9	10	11	12	13	14
근로손실 일수	7,500	7,500	5,500	4,000	3,000	2,200	1,500	1,000	600	400	200	100	50

㉢ 일시 전 노동불능 : 휴업일수×300/365

(5) 사망만인율 ★★★

① 사망만인율이란 산재보험적용근로자수 10,000명당 발생하는 사망자수의 비율
② 구하는 식

$$\text{사망만인율} = \frac{\text{사망자수}}{\text{산재보험적용근로자수}} \times 10,000$$

③ 사망자 수에서 제외되는 경우
사업장 밖의 교통사고(운수업, 음식숙박업은 사업장 밖의 교통사고도 포함)·체육행사·폭력행위·통상의 출퇴근에 의한 사망, 사고발생일로부터 1년을 경과하여 사망한 경우

2) 환산 재해율

(1) 환산 도수율(F)과 환산 강도율(S) ★★

① 평생근로(10만 시간)하는 동안 발생할 수 있는 재해건 수(환산 도수율)
② 평생근로(10만 시간)하는 동안 발생할 수 있는 근로손실일 수(환산 강도율)
③ 구하는 식

- 환산강도율(S) = 강도율 × $\frac{100,000}{1,000}$ = 강도율 × 100(일)
- 환산도수율(F) = 도수율 × $\frac{100,000}{1,000,000}$ = 도수율 × $\frac{1}{10}$ (건)
- $\frac{S}{F}$ = 재해 1건당의 근로손실일수

예제

다음 중 강도율에 관한 설명으로 틀린 것은?

① 사망 및 영구전노동불능(신체장해등급 1~3급)은 손실일수 7500일로 한다.
② 신체장해 등급 제14급은 손실일수 50일로 환산한다.
③ 영구일부노동불능은 신체 장해등급에 따른 손실일수에 300/365을 곱하여 환산한다.
④ 일시전노동불능은 휴업일수에 300/365을 곱하여 손실일수를 환산한다.

정답 ③

참고

건설업의 경우

$$\text{상시근로자수} = \frac{\text{연간 국내 공사실적액} \times \text{노무비율}}{\text{건설업 월평균임금} \times 12}$$

예제

베어링을 생산하는 사업장에 300명의 근로자가 근무하고 있다. 1년에 21건의 재해가 발생하였다면 이 사업장에서 근로자 1명이 평생 작업 시 약 몇 건의 재해를 당할 수 있겠는가? (단, 1일 8시간씩 1년에 300일을 근무하며, 평생근로시간은 10만 시간으로 가정한다.)

① 1건
② 3건
③ 5건
④ 6건

정답 ②

예제

재해의 빈도와 상해의 강약도를 혼합하여 집계하는 지표를 무엇이라 하는가?

① 강도율
② 안전활동률
③ safe-T-score
④ 종합재해지수

정답 ④

3) 기타 재해 관련 공식 ★★★

(1) 종합재해지수(frequency severity indicator : FSI)

① 재해의 빈도의 다소와 상해의 정도의 강약을 종합하여 나타내는 방식으로 직장과 기업의 성적지표로 사용

$$FSI = \sqrt{도수율(FR) \times 강도율(SR)}$$

(2) Safe-T-Score

① 과거의 안전성적과 현재의 안전성적을 비교 평가하는 방식
② 안전에 관한 중대성의 차이를 비교하고자 사용하는 방식
③ 구하는 식

$$Safe-T-Score = \frac{F.R(현재) - F.R(과거)}{\sqrt{\frac{F.R(과거)}{근로총시간수(현재)} \times 1,000,000}}$$

④ 결과 : +이면 나쁜 기록이고, −이면 과거에 비해 좋은 기록

- +2.00 이상 : 과거보다 심각하게 나쁨
- +2.00에서 −2.00 사이 : 과거에 비해 심각한 차이 없음
- −2.00 이하 : 과거보다 좋아짐

(3) 안전활동률

① 1,000,000시간당 안전활동 건수(안전활동의 결과를 정량적으로 표시하는 기준)
② 구하는 식

$$안전활동률 = \frac{안전활동건수}{총근로시간수} \times 10^6$$

③ 안전활동 건수에 포함되어야 할 항목
㉠ 실시한 안전개선 권고수
㉡ 안전 조치한 불안전 작업수
㉢ 불안전 행동 적발수
㉣ 불안전 물리적 지적 건수
㉤ 안전회의 건수
㉥ 안전 홍보 건수

예제

하인리히의 재해손실비 산정 방식에서 직접비로 볼 수 없는 것은?

① 직업재활급여
② 간병급여
③ 생산손실급여
④ 장해급여

정답 ③

3 재해 손실비의 종류 및 계산

1) 하인리히(H.W.Heinrich) 방식 (1:4원칙) ★★★

(1) 직접비와 간접비

직접비는 법적으로 지급되는 산재보상비이며, 간접비는 그이외의 비용.

직접비	요양급여, 휴업급여, 장해급여, 유족급여, 간병급여, 장례비 등
간접비	인적손실, 물적손실, 생산손실, 임금손실, 시간손실 등

(2) 직접손실비용 : 간접손실비용=1 : 4 (1대4의 경험법칙)

$$재해손실비용 = 직접비 + 간접비 = 직접비 \times 5$$

2) 버드(F. E. Bird's Jr)의 방식(간접비의 빙산원리)

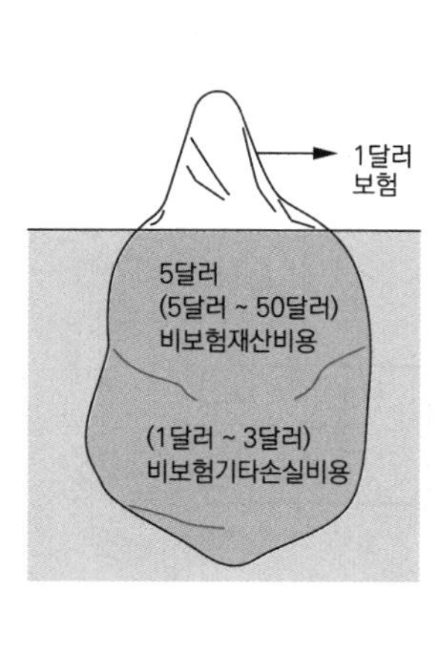

직접비(1)	간접비(5)	
보험비	비보험 재산손실비용	비보험 기타손실비용
상해사고와 관련되는 의료비 또는 보상비	쉽게 측정 (보험미가입) ① 건물 손실 ② 기구 및 장비손실 ③ 제품 및 재료손실 ④ 조업 중단 및 지연	양 측정 곤란 (보험 미가입) ① 시간조사 ② 교육 ③ 임대등
1	5~50	1~3

3) Simonds and Grimaldi 방식 ★★

(1) 총 재해 비용 산출방식

총 재해 비용 산출방식＝보험 Cost+비 보험 Cost
＝산재보험료＋A×(휴업상해건수)＋B×(통원상해건수)
＋C×(응급처치건수)＋D×(무상해사고건수)

* A, B, C, D (상수)는 상해정도별 재해에 대한 비보험 코스트의 평균액 (산재 보험금을 제외한 비용)
* 사망과 영구전노동불능상해는 재해범주에서 제외됨

▼ 재해사고의 분류

분류	내용
휴업상해	영구부분 노동불능, 일시전 노동불능
통원상해	일시부분 노동불능, 의사의 조치를 요하는 통원상해
응급처치	20달러 미만의 손실 또는 8시간 미만의 휴업손실 상해
무상해사고	의료조치를 필요로 하지 않는 경미한 상해, 사고 및 무상해 사고 (20달러 이상의 재산손실 또는 8시간 이상의 손실사고)

(2) 손실비용 세부항목변수

보험 cost	비보험 cost
① 보험금 총액 ② 보험회사의 보험에 관련된 제경비와 이익금	① 작업 중지에 따른 임금손실 ② 기계설비 및 재료의 손실비용 ③ 작업 중지로 인한 시간 손실 ④ 신규 근로자의 교육훈련비용 ⑤ 기타 제경비

예제

산업재해 손실액 산정 시 직접비가 2000만원일 때 하인리히 방식을 적용하면 총 손실액은?

① 2000만원
② 8000만원
③ 1억원
④ 1억 2000만원

정답 ③

예제

시몬즈(Simonds)의 재해코스트 산출 방식에서 A, B, C, D는 무엇을 뜻하는가?

총재해 코스트＝
보험코스트＋(A×휴업상해건수)＋(B×통원상해건수)＋(C×응급조치건수)＋(D×무상해사고건수)

① 직접손실비
② 간접손실비
③ 보험 코스트
④ 비보험 코스트 평균치

정답 ④

03 안전점검 · 검사 · 인증 및 진단

1 안전점검의 정의 및 목적

1) 안전점검

(1) 목적

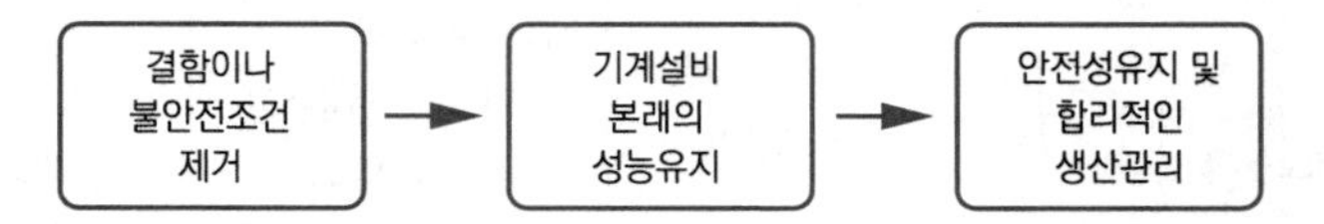

(2) 정의

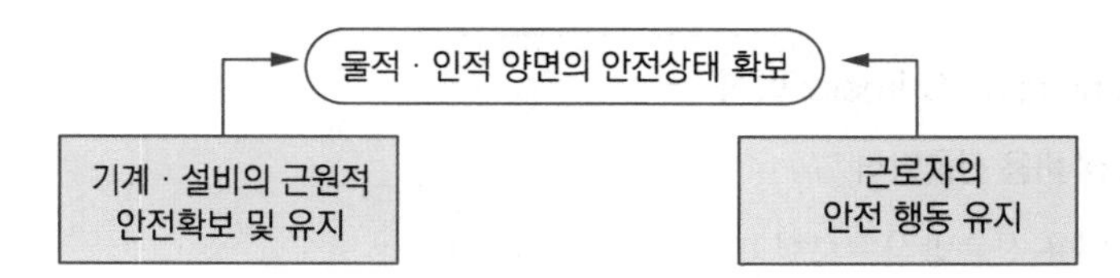

2 안전점검의 종류 ★★

점검 주기에 의한 구분	일상점검(수시 점검, 작업시작 전 점검)	작업 시작 전이나 사용 전 또는 작업 중에 일상적으로 실시하는 점검. 작업담당자, 감독자가 실시하고 결과를 담당책임자가 확인
	정기점검 (계획점검)	1개월, 6개월, 1년 단위로 일정기간마다 정기적으로 점검 (외관, 구조, 기능의 점검 및 분해검사)
	임시점검	정기점검 실시 후 다음 점검시기 이전에 임시로 실시하는 점검 (기계, 기구, 설비의 갑작스런 이상 발생 시)
	특별점검	• 기계, 기구, 설비의 신설변경 또는 고장, 수리 등을 할 경우. • 정기점검기간을 초과하여 사용하지 않던 기계설비를 다시 사용하고자 할 경우. • 강풍(순간풍속 30m/s초과) 또는 지진(중진 이상 지진) 등의 천재지변 후
점검 방법에 의한 구분	외관점검 (육안 검사)	기기의 적정한 배치, 부착상태, 변형, 균열, 손상, 부식, 마모, 볼트의 풀림 등의 유무를 외관의 감각기관인 시각 및 촉감 등으로 조사하고 점검기준에 의해 양부를 확인
	기능점검(조작검사)	간단한 조작을 행하여 봄으로 대상기기에 대한 기능의 양부 확인
	작동점검 (작동상태검사)	방호장치나 누전차단기 등을 정하여진 순서에 의해 작동시켜 그 결과를 관찰하여 상황의 양부 확인
	종합점검	정해진 기준에 따라서 측정검사를 실시하고 정해진 조건 하에서 운전시험을 실시하여 기계설비의 종합적인 기능 판단

예제

다음 중 안전점검 종류에 있어 점검주기에 의한 구분에 해당하는 것은?

① 육안점검
② 수시점검
③ 형식점검
④ 기능점검

정답 ②

3 안전점검표의 작성

1) 포함항목

① 점검대상　② 점검부분　③ 점검항목　④ 실시주기
⑤ 점검방법　⑥ 판정기준　⑦ 조치

4 안전검사 및 안전인증

1) 안전검사

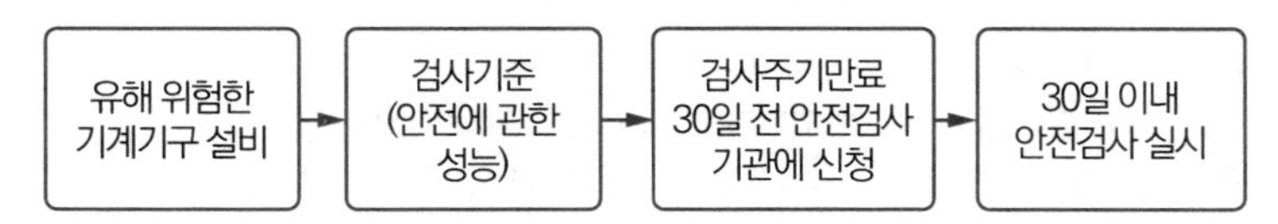

(1) 안전검사 대상 유해·위험기계 ★★★

① 프레스
② 전단기
③ 크레인(정격하중 2톤 미만 제외)
④ 리프트
⑤ 압력용기
⑥ 곤돌라
⑦ 국소배기장치(이동식 제외)
⑧ 원심기(산업용만 해당)
⑨ 롤러기(밀폐형 구조제외)
⑩ 사출성형기[형 체결력 294킬로뉴튼(kN) 미만 제외]
⑪ 고소작업대(화물자동차 또는 특수자동차에 탑재한 것으로 한정)
⑫ 컨베이어
⑬ 산업용 로봇
⑭ 혼합기
⑮ 파쇄기 또는 분쇄기

(2) 안전검사의 주기 ★★★

크레인(이동식크레인 제외), 리프트(이삿짐운반용리프트 제외) 및 곤돌라	사업장에 설치가 끝난 날부터 3년 이내에 최초 안전검사를 실시하되, 그 이후부터 2년마다(건설현장에서 사용하는 것은 최초로 설치한 날부터 6개월마다)
이동식크레인, 이삿짐운반용리프트, 고소작업대	자동차 관리법에 따른 신규 등록 이후 3년 이내에 최초 안전검사를 실시하되, 그 이후부터는 2년마다
프레스, 전단기, 압력용기, 국소배기장치, 원심기, 롤러기, 사출성형기, 컨베이어, 산업용 로봇, 혼합기, 파쇄기 또는 분쇄기	사업장에 설치가 끝난 날부터 3년 이내에 최초 안전검사를 실시하되, 그 이후부터 2년마다(공정안전보고서를 제출하여 확인을 받은 압력용기는 4년마다)

(3) 자율검사 프로그램에 따른 안전검사(유효기간 : 2년) ★

구분	내용
절차	사업주가 근로자 대표와 협의 → 검사방법, 주기 등을 충족하는 검사프로그램 → 안전에 관한 성능검사 → 안전검사 받은 것으로 인정
인정 요건	① 검사원을 고용하고 있을 것 ② 검사를 할 수 있는 장비를 갖추고 이를 유지·관리할 수 있을 것 ③ 안전검사 주기의 2분의 1에 해당하는 주기(크레인 중 건설현장 외에서 사용하는 크레인의 경우에는 6개월)마다 검사를 할 것 ④ 자율검사프로그램의 검사 기준이 안전검사기준을 충족할 것

예제

크레인, 리프트 및 곤돌라는 사업장에 설치가 끝난 날부터 몇 년 이내에 최초의 안전검사를 실시해야 하는가?

① 6개월
② 1년
③ 2년
④ 3년

정답 ④

예제

산업안전보건 법령에 따라 자율검사 프로그램을 인정받기 위한 충족 요건으로 틀린 것은?

① 관련법에 따른 검사원을 고용하고 있을 것
② 관련법에 따른 검사 주기마다 검사를 할 것
③ 자율검사프로그램의 검사기준이 안전검사 기준에 충족할 것
④ 검사를 할 수 있는 장비를 갖추고 이를 유지·관리할 수 있을 것

정답 ②

산업안전보건법령상 프레스의 작업 시작 전 점검 사항이 아닌 것은?

① 슬라이드 또는 칼날에 의한 위험방지 기구의 기능
② 프레스의 금형 및 고정볼트 상태
③ 전단기의 칼날 및 테이블의 상태
④ 권과방지장치 및 그 밖의 경보장치의 기능

정답 ④

2) 작업시작전 점검사항 ★

작업의 종류	점검 내용
1. 프레스 등을 사용하여 작업을 할 때	가. 클러치 및 브레이크의 기능 나. 크랭크축·플라이휠·슬라이드·연결봉 및 연결나사의 풀림유무 다. 1행정 1정지기구·급정지장치 및 비상정지장치의 기능 라. 슬라이드 또는 칼날에 의한 위험방지 기구의 기능 마. 프레스의 금형 및 고정볼트 상태 바. 방호장치의 기능 사. 전단기의 칼날 및 테이블의 상태
2. 로봇의 작동범위에서 그 로봇에 관하여 교시 등(로봇의 동력원을 차단하고 행하는 것을 제외한다)의 작업을 할 때	가. 외부전선의 피복 또는 외장의 손상유무 나. 매니퓰레이터(manipulator)작동의 이상유무 다. 제동장치 및 비상정지장치의 기능
3. 공기압축기를 가동할 때	가. 공기저장 압력용기의 외관상태 나. 드레인 밸브의 조작 및 배수 다. 압력방출장치의 기능 라. 언로드밸브의 기능 마. 윤활유의 상태 바. 회전부의 덮개 또는 울 사. 그 밖의 연결부위의 이상유무
4. 크레인을 사용하여 작업을 할 때	가. 권과방지장치·브레이크·클러치 및 운전장치의 기능 나. 주행로의 상측 및 트롤리가 횡행하는 레일의 상태 다. 와이어로프가 통하고 있는 곳의 상태
5. 이동식 크레인을 사용하여 작업을 할 때	가. 권과방지장치나 그 밖의 경보장치의 기능 나. 브레이크·클러치 및 조정장치의 기능 다. 와이어로프가 통하고 있는 곳 및 작업장소의 지반상태
6. 리프트(자동차 정비용 리프트 포함)를 사용하여 작업을 할 때	가. 방호장치·브레이크 및 클러치의 기능 나. 와이어로프가 통하고 있는 곳의 상태
7. 곤돌라를 사용하여 작업을 할 때	가. 방호장치·브레이크의 기능 나. 와이어로프·슬링와이어 등의 상태
8. 양중기의 와이어로프·달기 체인·섬유로프·섬유벨트 또는 훅·샤클·링 등의 철구(와이어로프 등)를 사용하여 고리걸이 작업을 할 때	와이어로프 등의 이상유무
9. 지게차를 사용하여 작업을 할 때	가. 제동장치 및 조종장치 기능의 이상유무 나. 하역장치 및 유압장치 기능의 이상유무 다. 바퀴의 이상유무 라. 전조등·후미등·방향지시기 및 경보장치 기능의 이상유무
10. 구내운반차를 사용하여 작업을 할 때	가. 제동장치 및 조종장치 기능의 이상유무 나. 하역장치 및 유압장치 기능의 이상유무 다. 바퀴의 이상유무 라. 전조등·후미등·방향지시기 및 경음기 기능의 이상유무 마. 충전장치를 포함한 홀더 등의 결합상태의 이상유무

작업의 종류	점검 내용
11. 고소작업대를 사용하여 작업을 할 때	가. 비상정지 및 비상하강방지장치 기능의 이상유무 나. 과부하방지장치의 작동유무(와이어로프 또는 체인구동방식의 경우) 다. 아웃트리거 또는 바퀴의 이상유무 라. 작업면의 기울기 또는 요철유무 마. 활선작업용 장치의 경우 홈·균열·파손 등 그 밖의 손상유무
12. 화물자동차를 사용하는 작업을 하게 할 때	가. 제동장치 및 조종장치의 기능 나. 하역장치 및 유압장치의 기능 다. 바퀴의 이상유무
13. 컨베이어 등을 사용하여 작업을 할 때	가. 원동기 및 풀리기능의 이상유무 나. 이탈 등의 방지장치기능의 이상유무 다. 비상정지장치 기능의 이상유무 라. 원동기·회전축·기어 및 풀리 등의 덮개 또는 울 등의 이상유무
14. 차량건설기계를 사용하여 작업을 할 때	브레이크 및 클러치 등의 기능
15. 이동식 방폭구조 전기 기계·기구를 사용할 때	전선 및 접속부 상태
16. 근로자가 반복하여 계속적으로 중량물을 취급하는 작업을 할 때	가. 중량물 취급의 올바른 자세 및 복장 나. 위험물이 날아 흩어짐에 따른 보호구의 착용 다. 카바이드·생석회(산화칼슘) 등과 같이 온도상승이나 습기에 의하여 위험성이 존재하는 중량물의 취급방법 라. 그 밖에 하역운반기계 등의 적절한 사용방법
17. 양화장치를 사용하여 화물을 싣고 내리는 작업을 할 때	가. 양화장치의 작동상태 나. 양화장치에 제한하중을 초과하는 하중을 실었는지 여부
18. 슬링 등을 사용하여 작업을 할 때	가. 훅이 붙어있는 슬링·와이어링 등이 매달린 상태 나. 슬링·와이어링 등의 상태(작업시작 전 및 작업 중 수시로 점검)
19. 용접·용단 작업등의 화재위험작업을 할 때	가. 작업준비 및 작업절차 수립 여부 나. 화기작업에 따른 인근 가연성 물질에 대한 방호조치 및 소화기구 비치 여부 다. 용접불티 비산방지덮개 또는 용접방화포 등 불꽃 · 불티 등의 비산을 방지하기 위한 조치 여부 라. 인화성 액체의 증기 또는 인화성 가스가 남아있지 않도록 하는 환기 조치 여부 마. 작업근로자에 대한 화재예방 및 피난교육 등 비상조치 여부

예제

산업안전보건법령상 컨베이어를 사용하여 작업을 할 때 작업시작 전 점검사항으로 가장 거리가 먼 것은?

① 원동기 및 풀리(pulley) 기능의 이상 유무
② 이탈 등의 방지장치 기능의 이상 유무
③ 유압장치의 기능의 이상 유무
④ 비상정지장치 기능의 이상 유무

정답 ③

3) 안전인증

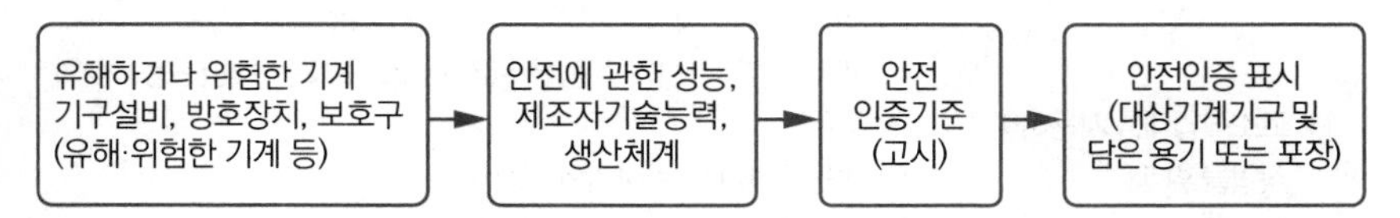

(1) 안전인증 대상 기계 등 ★★★

구분	내용
기계 또는 설비	① 프레스 ② 전단기 및 절곡기 ③ 크레인 ④ 리프트 ⑤ 압력용기 ⑥ 롤러기 ⑦ 사출성형기 ⑧ 고소 작업대 ⑨ 곤돌라
방호장치	① 프레스 및 전단기 방호장치 ② 양중기용 과부하방지장치 ③ 보일러 압력방출용 안전밸브 ④ 압력용기 압력방출용 안전밸브 ⑤ 압력용기 압력방출용 파열판 ⑥ 절연용 방호구 및 활선작업용 기구 ⑦ 방폭구조 전기기계·기구 및 부품 ⑧ 추락·낙하 및 붕괴 등의 위험방지 및 보호에 필요한 가설기자재로서 고용노동부장관이 정하여 고시하는 것 ⑨ 충돌·협착 등의 위험방지에 필요한 산업용 로봇 방호장치로서 고용노동부장관이 정하여 고시하는 것
보호구	① 추락 및 감전 위험방지용 안전모 ② 안전화 ③ 안전장갑 ④ 방진마스크 ⑤ 방독마스크 ⑥ 송기마스크 ⑦ 전동식 호흡보호구 ⑧ 보호복 ⑨ 안전대 ⑩ 차광 및 비산물 위험방지용 보안경 ⑪ 용접용 보안면 ⑫ 방음용 귀마개 또는 귀덮개

참고

① 기계 또는 설비에 해당하는 대상은 주요구조부분을 변경한 경우에도 동일하게 적용된다.
② 다만, 설치이전 하는 경우에 안전인증을 받아야할 대상은 크레인, 리프트, 곤돌라이다.

예제

다음 중 산업안전보건법령상 안전인증 대상 기계 및 설비에 해당하지 않는 것은?

① 연삭기
② 압력용기
③ 롤러기
④ 고소(高所) 작업대

정답 ①

(2) 안전인증 면제 대상

① 연구개발을 목적으로 제조 수입하거나 수출을 목적으로 제조하는 경우
② 고용노동부장관이 정하여 고시하는 외국의 안전인증기관에서 인증을 받은 경우
③ 다른 법령에 따라 안전성에 관한 검사나 인증을 받은 경우로서 고용노동부령으로 정하는 경우

(3) 안전인증의 취소 및 사용금지 또는 개선 대상 ★

① 거짓이나 그 밖의 부정한 방법으로 안전인증을 받은 경우
② 안전인증을 받은 유해·위험한 기계 등의 안전에 관한 성능 등이 안전인증기준에 맞지 아니하게 된 경우
③ 정당한 사유 없이 안전인증기준 준수여부의 확인(확인주기 : 3년 이하의 범위)을 거부, 기피 또는 방해하는 경우

(4) 안전인증 심사의 종류 및 방법 ★★

종류		심사기간
예비 심사		7일
서면 심사		15일(외국에서 제조한 경우 30일)
기술능력 및 생산체계 심사		30일(외국에서 제조한 경우 45일)
제품심사	개별 제품심사	15일
	형식별 제품심사	30일(방폭구조전기기계기구 및 부품과 일부 보호구는 60일)

4) 자율안전 확인

(1) 신고절차

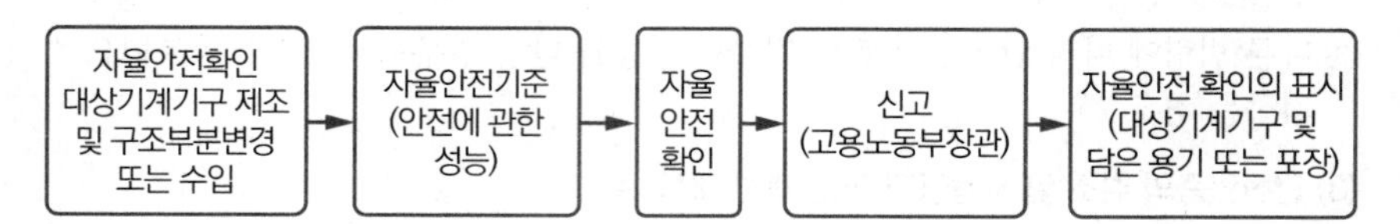

(2) 자율안전 확인 대상 기계 등 ★★★

구분	내용
기계 또는 설비	① 연삭기 또는 연마기(휴대형은 제외) ② 산업용 로봇 ③ 혼합기 ④ 파쇄기 또는 분쇄기 ⑤ 식품가공용기계(파쇄·절단·혼합·제면기만 해당) ⑥ 컨베이어 ⑦ 자동차 정비용 리프트 ⑧ 공작기계(선반, 드릴기, 평삭·형삭기, 밀링만 해당) ⑨ 고정형 목재가공용 기계(둥근톱, 대패, 루타기, 띠톱, 모떼기 기계만 해당) ⑩ 인쇄기
방호장치	① 아세틸렌 용접장치용 또는 가스집합 용접장치용 안전기 ② 교류아크 용접기용 자동전격 방지기 ③ 롤러기 급정지장치 ④ 연삭기 덮개 ⑤ 목재가공용 둥근톱 반발예방장치와 날접촉 예방장치 ⑥ 동력식 수동대패용 칼날 접촉방지장치 ⑦ 추락·낙하 및 붕괴 등의 위험방지 및 보호에 필요한 가설기자재(안전인증대상 기계기구에 해당되는 사항 제외)로서 고용노동부장관이 정하여 고시하는 것
보호구	① 안전모(안전인증대상보호구에 해당되는 안전모는 제외) ② 보안경(안전인증대상보호구에 해당되는 보안경은 제외) ③ 보안면(안전인증대상보호구에 해당되는 보안면은 제외)

예제

다음 중 산업안전보건법상 자율안전확인대상 기계 또는 설비에 해당하지 않는 것은?

① 원심기
② 인쇄기
③ 산업용 로봇
④ 컨베이어

정답 ①

5) 안전인증의 표시

안전인증 대상기계 등의 안전인증 및 자율안전 확인	안전인증 대상기계 등이 아닌 유해·위험한 기계 등의 안전인증(임의 안전인증 대상)

6) 안전인증 및 자율안전 확인 제품의 표시 ★

안전인증 제품	자율안전 확인 제품
① 형식 또는 모델명 ② 규격 또는 등급 등 ③ 제조자명 ④ 제조번호 및 제조연월 ⑤ 안전인증 번호	① 형식 또는 모델명 ② 규격 또는 등급 등 ③ 제조자명 ④ 제조번호 및 제조연월 ⑤ 자율안전확인 번호

5 안전진단

정의	고용노동부장관은 추락·붕괴, 화재·폭발, 유해하거나 위험한 물질의 누출 등 산업재해 발생의 위험이 현저히 높은 사업장의 사업주에게 안전보건진단기관이 실시하는 안전보건진단을 받을 것을 명할 수 있다.
종류	① 종합진단 ② 안전진단 ③ 보건진단
결과보고서에 포함사항	① 산업재해 또는 사고의 발생원인 ② 작업조건·작업방법에 대한 평가 등
기관의 평가 기준	① 인력·시설 및 장비의 보유 수준과 그에 대한 관리 능력 ② 유해위험요인의 평가·분석 충실성 등 안전보건진단 업무 수행능력 ③ 안전보건진단 대상 사업장의 만족도

예제

보호구 자율안전확인 고시상 자율안전 확인 보호구에 표시하여야 하는 사항을 모두 고른 것은?

ㄱ. 모델명　ㄴ. 제조번호
ㄷ. 사용기한　ㄹ. 자율안전확인 번호

① ㄱ, ㄴ, ㄷ
② ㄱ, ㄴ, ㄹ
③ ㄱ, ㄷ, ㄹ
④ ㄴ ,ㄷ ,ㄹ

정답 ②

PART 03

CHAPTER 03

기계설비 위험요인 분석

01 공작기계의 안전

1 절삭가공기계의 종류 및 방호장치

1) 선반

(1) 선반작업

절삭운동으로 공작물을 회전시키고 절삭공구(바이트)에 이송운동을 시켜 가공하는 공작기계

(2) 작업의 종류

선반에서는 기어(gear)절삭을 하지 못한다(기어절삭은 밀링머신에 특수장치를 부착하거나 밀링머신의 한 종류인 호빙머신 등으로 가공한다).

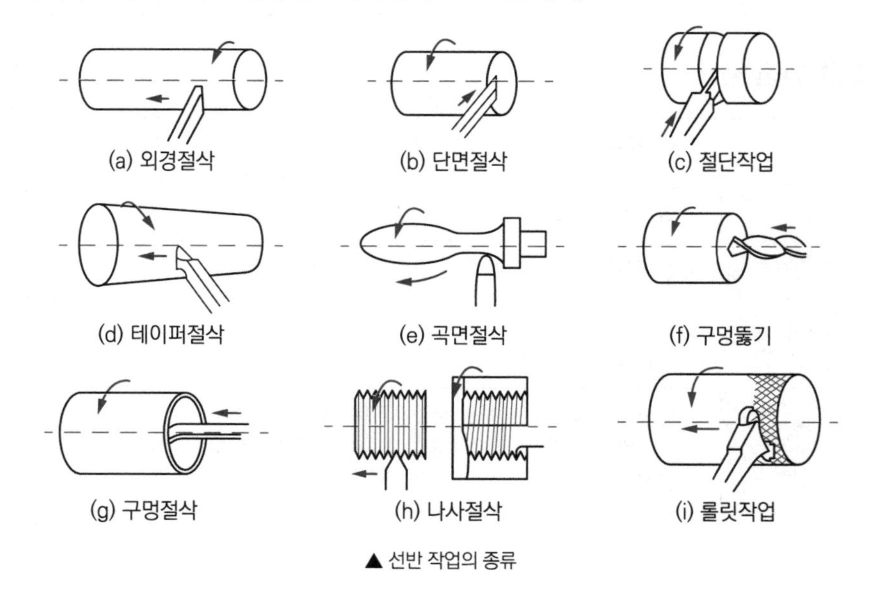

▲ 선반 작업의 종류

(3) 선반의 종류

① 보통 선반(3S선반)

가장 널리 사용되는 선반으로 베드, 주축대, 왕복대, 심압대, 이송장치 등으로 구성되어 있으며 기본작업으로 슬라이딩(Sliding) 단면절삭(Surfacing) 및 나사절삭(Screw Cutting)작업

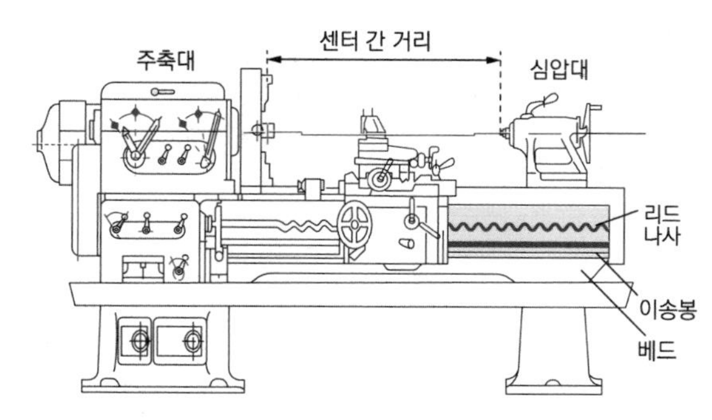

▲ 보통선반

② 터릿 선반

여러 가지 절삭작업이 복합적으로 이루어지는 작업을 할 경우, 그때마다 공구를 교환하는 비능률적인 요소를 해결하기 위해 특수한 공구대를 사용해서 공정순서에 따라 공구를 설치하고 순차적으로 공구가 가공위치에 오도록 제작된 선반

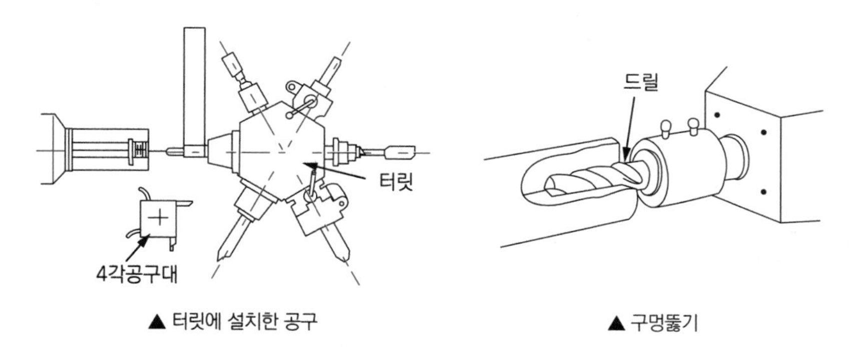

▲ 터릿에 설치한 공구

▲ 구멍뚫기

(4) 선반의 크기 표시 ★

보통선반, 탁상선반, 모방선반, 공구선반 등	① 베드위의 스윙 ② 양 센터 사이의 최대거리 및 왕복대위의 스윙
자동선반, 차축선반	공작물의 최대지름 및 최대길이
정면선반	베드위의 스윙 또는 면판의 지름 및 면판에서 왕복대까지의 최대거리

(5) 주요 구조 부분

① 주축대(head stock)

② 심압대(tail stock)

③ 왕복대(carriage)

④ 베드(bed)

예제

선반의 크기를 표시하는 것으로 틀린 것은?

① 주축에 물릴 수 있는 공작물의 최대 지름
② 주축과 심압축의 센터 사이의 최대 거리
③ 왕복대 위의 스윙
④ 베드 위의 스윙

정답 ①

예제

선반에서 일감의 길이가 지름에 비하여 상당히 길 때 사용하는 부속품으로 절삭 시 절삭저항에 의한 일감의 진동을 방지하는 장치는?

① 칩 브레이커
② 척 커버
③ 방진구
④ 실드

정답 ③

(6) 선반의 각종 기구 ★

맨드릴	풀리, 기어와 같이 구멍을 먼저 가공한 후 그 구멍을 기준으로 바깥지름을 구멍과 직각으로 절삭하고자 할 때 사용
척	공작물을 고정하는 죠(jaw)가 있어서 이것으로 공작물을 물어서 고정하는 원통형의 일종의 바이스로써 주축끝에 고정하여 지지 및 회전시키는 기구(단동척, 복동척, 연동척 등)
방진구	공작물이 단면의 지름에 비해 길이가 너무 길 경우(일감의 길이가 직경의 12배 이상) 자중 또는 절삭저항에 의해 굽어지거나 가공 중 발생하는 진동을 방지하기 위해 사용하는 지지구(고정식, 이동식)

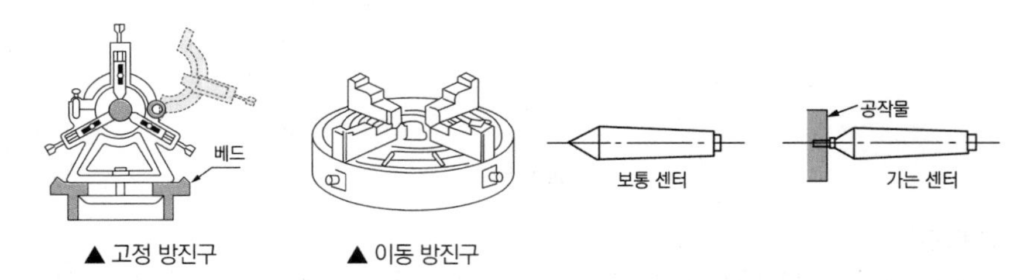

▲ 고정 방진구 ▲ 이동 방진구

(7) 선반의 방호 장치 ★★★

실드(Shield)	공작물의 칩이 비산되어 발생하는 위험을 방지하기 위해 사용하는 덮개
척 커버 (Chuck Cover)	척에 고정시킨 가공물의 돌출부에 작업자가 접촉하여 발생하는 위험을 방지하기 위하여 설치하는 것으로 인터록 시스템으로 연결
칩 브레이커	길게 형성되는 절삭 칩을 바이트를 사용하여 절단해주는 장치
브레이크	작업 중인 선반에 위험 발생 시 급정지시키는 장치

(8) 선반 작업 시 유의사항 ★★

① 긴 물건 가공 시 주축대 쪽으로 돌출된 회전가공물에는 덮개설치
② 바이트는 짧게 장치하고 일감의 길이가 직경의 12배 이상일 때 방진구 사용
③ 절삭중 일감에 손을 대서는 안되며 면장갑 착용금지
④ 바이트에는 칩 브레이커를 설치하고 보안경착용
⑤ 치수 측정 시 및 주유, 청소 시 반드시 기계정지
⑥ 기계 운전 중 백기어 사용금지
⑦ 절삭 칩 제거는 반드시 브러시 사용
⑧ 리이드스크류에는 몸의 하부가 걸리기 쉬우므로 조심
⑨ 가공물장착 후에는 척 렌치를 바로 벗겨 놓기

2) 밀링

(1) 밀링 머신

① 밀링 머신은 원판이나 원통의 둘레에 돌기가 많은 날을 가진 밀링 커터(milling cutter)를 회전시켜 공작물을 이송하여 절삭하는 공작기계이다.
② 수평과 수직의 평면 절삭, T형 절삭들을 빠르고 정밀하게 가공할 수 있으며, 특수장치를 부착하면 기어가공, 비틀림 홈 가공 등을 할 수 있다.

(2) 밀링 절삭 방법 ★

구분	상향절삭(Up-Cutting)	하향절삭(Down-Cutting)
개념	밀링 머신의 상향 절삭이란 밀링커터의 회전 방향과 공작물의 이송 방향이 반대인 절삭	밀링 머신에서 하향절삭이란 밀링커터의 절삭 방향과 공작물의 이송방향이 같은 절삭
장점	① 칩이 절삭을 방해하지 않는다 ② 절삭이 순조롭다 ③ 백래시가 제거된다	① 공작물의 고정이 간단하다 ② 커터날의 마모가 적다 ③ 절삭면이 정밀하다 ④ 커터날의 가열이 적다
단점	① 공작물을 확실하게 고정해야 한다 ② 커터의 수명이 짧다 ③ 동력의 소비가 크다 ④ 절삭면이 거칠다	① 칩이 끼여 절삭을 방해한다 ② 아버(arbor)가 휘기 쉽다 ③ 백래시 제거장치가 필요하다

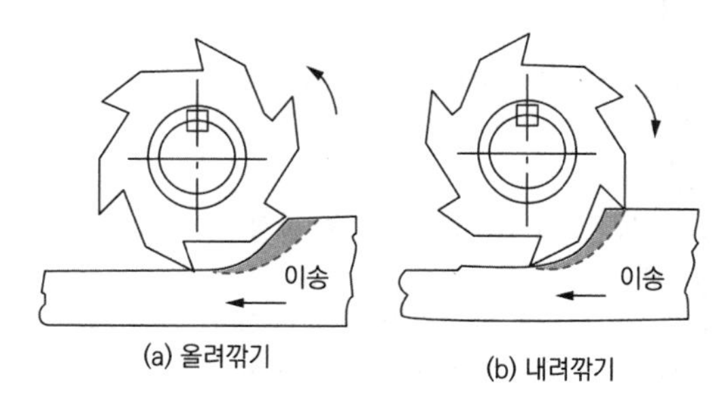

▲ 밀링의 절삭방향

(3) 방호장치

밀링커터의 회전으로 작업자의 소매가 감겨 들어가거나 칩이 비산하여 작업자의 눈에 들어갈 수 있으므로 상부의 아암에 적합한 덮개를 설치한다.

(4) 작업 시 안전대책 ★★

① 상하이송장치의 핸들은 사용 후 반드시 빼둘 것
② 가공물 측정 및 설치 시에는 반드시 기계정지 후 실시
③ 가공중 손으로 가공면 점검금지 및 장갑 착용금지
④ 밀링작업의 칩은 가장 가늘고 예리하므로 보안경 착용 및 기계정지 후 브러시로 제거
⑤ 급속이송은 백래시(backlash)제거장치가 작동하지 않음을 확인한 후 실시

예제

밀링 작업 시 안전 수칙에 관한 설명으로 틀린 것은?

① 칩은 기계를 정지시킨 다음에 브러시 등으로 제거한다.
② 일감 또는 부속장치 등을 설치하거나 제거할 때는 반드시 기계를 정지시키고 작업한다.
③ 면장갑을 반드시 끼고 작업한다.
④ 강력 절삭을 할 때는 일감을 바이스에 깊게 물린다.

정답 ③

3) 플레이너와 세이퍼

(1) 플레이너(Planer)

개념	공작물을 테이블에 설치하여 왕복 운동시키고 바이트를 이송시켜 공작물의 수평면, 수직면, 경사면, 홈곡면 등을 절삭하는 공작기계
크기 표시	공작물의 최대 폭×높이×길이(테이블의 최대 행정)
작업 시 안전대책	① 테이블의 이동범위를 나타내는 안전 방호울을 세워 재해를 예방한다. ② 바이트는 되도록 짧게 나오도록 설치한다. ③ 일감은 견고하게 장치한다. ④ 일감 고정 작업 중에는 반드시 동력 스위치를 꺼놓는다. ⑤ 절삭 행정 중 일감에 손을 대지 말아야 한다.

(2) 세이퍼(Shaper) ★

개념	주로 소형 공작물을 절삭하는 공작기계이며 램에 설치된 바이트가 왕복운동을 하여 평면, 홈, 곡면, 기어 등을 절삭하는 기계, 플레이너와 더불어 주로 평면을 가공하는 것이다. (플레이너보다 작은 공작물의 가공)
안전 장치	플레이너와 동일 ① 울타리(방책·방호울) ② 칩 받이 ③ 칸막이 ④ 가드

(3) 세이퍼 작업 시 안전대책

① 바이트는 잘 갈아서 사용해야하며, 가급적 짧게 물리는 것이 좋다.
② 가공 중 다듬질 면을 손으로 만지는 것은 위험하다.
③ 보호 안경을 착용하여야 한다.
④ 램은 필요 이상 긴 행정으로 하지말고, 일감에 알맞은 행정으로 조정하도록 한다.
(공작물 전 길이 보다 20~30mm 정도 길게)
⑤ 에이프런(apron)을 돌리기 위하여 해머로 치는 것은 위험하다.
⑥ 작업 중에는 바이트의 운동 방향에 서지 않도록 한다.(측면작업)
⑦ 시동하기 전에 행정 조정용 핸들을 빼 놓도록 한다.(테이블 이송 핸들)

> **예제**
>
> 셰이퍼(shaper)의 안전장치로 볼 수 없는 것은?
>
> ① 울타리(방책)
> ② 칩받이
> ③ 칸막이
> ④ 시건장치
>
> 정답 ④

4) 드릴링 머신(Drilling machine)

(1) 드릴링 머신

주축이 회전하고 공구는 주로 드릴을 사용하여 구멍 뚫기를 하는 공작기계로써 공작물을 정지하고 주축에 고정된 드릴이 동시에 절삭과 이송운동을 한다.

(2) 방호장치

① 방호울(가드) ② 브러쉬
③ 재료의 회전방지장치 ④ 투명 플라스틱 방호판 등

(3) 일감 고정 방법 ★★★

① 바이스 : 일감이 작을 때
② 볼트와 고정구 : 일감이 크고 복잡할 때
③ 지그(jig) : 대량생산과 정밀도를 요구할 때

> **예제**
>
> 드릴작업 시 가공재를 고정하기 위한 방법으로 적합하지 않은 것은?
>
> ① 가공재가 작을 때는 바이스로 고정한다.
> ② 가공재가 길 때는 방진구를 이용한다.
> ③ 가공재가 크고 복잡할 때는 볼트와 고정구로 고정한다.
> ④ 대량생산과 정밀도가 요구될 때는 지그로 고정한다.
>
> 정답 ②

(4) 작업 시 안전대책 ★

① 일감은 견고히 고정, 손으로 잡고 하는 작업금지
② 드릴 끼운 후 척 렌치는 반드시 빼둘 것
③ 장갑 착용 금지 및 칩은 브러시로 제거
④ 구멍 뚫기 작업 시 손으로 관통확인 금지
⑤ 구멍이 관통된 후에는 기계 정지 후 손으로 돌려서 드릴을 뺄 것
⑥ 일감설치, 테이블고정 및 조정은 기계 정지 후 실시
⑦ 보안경 착용 및 안전덮개(shield)설치
⑧ 이동식 전기 드릴은 반드시 접지해야 하며, 회전 중 이동금지
⑨ 얇은 재료는 흔들리기 쉬우므로 나무판을 받치고 작업
⑩ 큰 구멍은 작은 구멍을 뚫은 후 작업
⑪ 구멍이 거의 다 뚫렸을 때 일감이 드릴과 함께 회전하기 쉬우므로 주의

5) 연삭기

(1) 자생작용 및 구성요소

자생작용	마멸 → 파쇄 → 탈락 → 생성
구성요소	① 숫돌입자 ② 결합제 ③ 기공

(2) 연삭기 재해 유형

상해 형태	① 그라인더면에 접촉 ② 연삭분이 눈에 튀어 들어가는 경우 ③ 그라인더 몸체 파열 ④ 가공물을 떨어뜨리는 경우
숫돌의 파괴 원인★	① 숫돌의 회전 속도가 너무 빠를 때 ② 숫돌 자체에 균열이 있을 때 ③ 숫돌에 과대한 충격을 가할 때 ④ 숫돌의 측면을 사용하여 작업할 때 ⑤ 숫돌의 불균형이나 베어링 마모에 의한 진동이 있을 때 ⑥ 숫돌 반경 방향의 온도 변화가 심할 때 ⑦ 플랜지가 현저히 작을 때 ⑧ 작업에 부적당한 숫돌을 사용할 때 ⑨ 숫돌의 치수가 부적당할 때

예제

다음 중 드릴 작업 시 가장 안전한 행동에 해당하는 것은?

① 작은 구멍을 뚫고 큰 구멍을 뚫는다.
② 작업 중에 브러시로 칩을 털어 낸다.
③ 장갑을 끼고 작업한다.
④ 드릴을 먼저 회전시키고 공작물을 고정한다.

정답 ①

예제

다음 연삭숫돌의 파괴원인 중 가장 적절하지 않은 것은?

① 숫돌의 회전속도가 너무 빠른 경우
② 플랜지의 직경이 숫돌 직경의 1/3 이상으로 고정된 경우
③ 숫돌 자체에 균열 및 파손이 있는 경우
④ 숫돌에 과대한 충격을 준 경우

정답 ②

(3) 연삭기 구조면에 있어서의 안전대책 ★★

① 구조 규격에 적당한 덮개를 설치할 것
② 플랜지의 직경은 숫돌직경의 1/3 이상인 것을 사용하며 양쪽을 모두 같은 크기로 할 것 (플랜지 안쪽에 종이나 고무판을 부착하여 고정시, 종이나 고무판의 두께는 0.5~1mm정도가 적합하며, 숫돌의 종이라벨은 제거하지 않고 고정)
③ 숫돌 결합 시 축과는 0.05~0.15mm 정도의 틈새를 둘 것
④ 칩 비산 방지 투명판(shield), 국소배기장치를 설치할 것
⑤ 탁상용 연삭기는 워크레스트와 조정편을 설치할 것
(워크레스트와 숫돌과의 간격은 : 3mm 이하)
⑥ 덮개의 조정편과 숫돌과의 간격은 5mm 이내
⑦ 작업 받침대의 높이는 숫돌의 중심과 거의 같은 높이로 고정
⑧ 숫돌의 검사 방법
㉠ 외관 검사
㉡ 타음 검사
㉢ 시운전 검사
⑨ 최고 회전속도 이내에서 작업할 것

$$v = \frac{D \times \pi \times n}{60 \times 1000}$$

v : 원주속도(m/s)
n : 회전속도(rpm)
D: 연삭숫돌의 외경(mm)

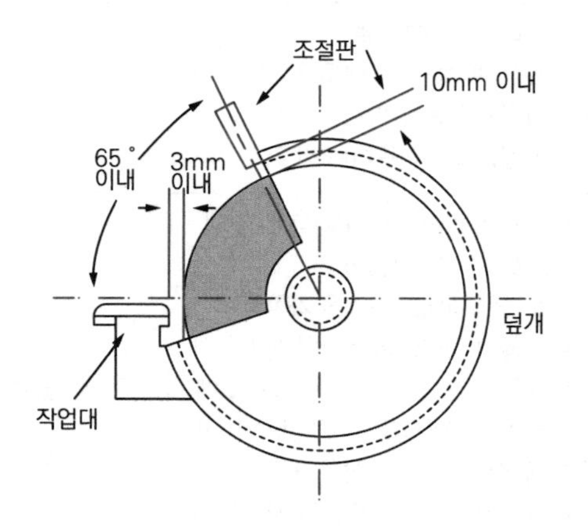

▲ 연삭기의 덮개

예제

연삭기에서 연삭숫돌차의 바깥지름의 250mm일 경우 평형플랜지의 바깥지름은 약 몇 mm 이상이어야 하는가?

① 62
② 93
③ 84
④ 114

정답 ③

(4) 연삭기 덮개의 설치방법 ★★

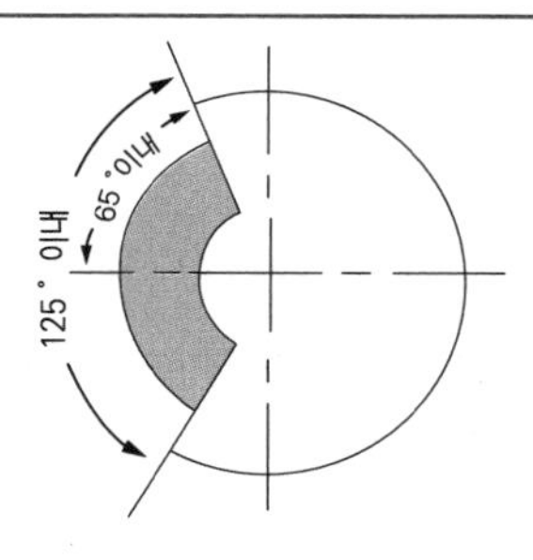 ① 일반연삭작업 등에 사용하는 것을 목적으로 하는 탁상용 연삭기의 덮개 각도	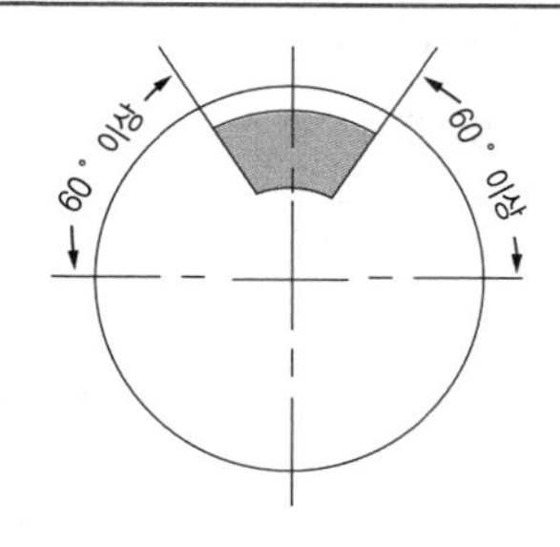 ② 연삭숫돌의 상부를 사용하는 것을 목적으로 하는 탁상용 연삭기의 덮개 각도
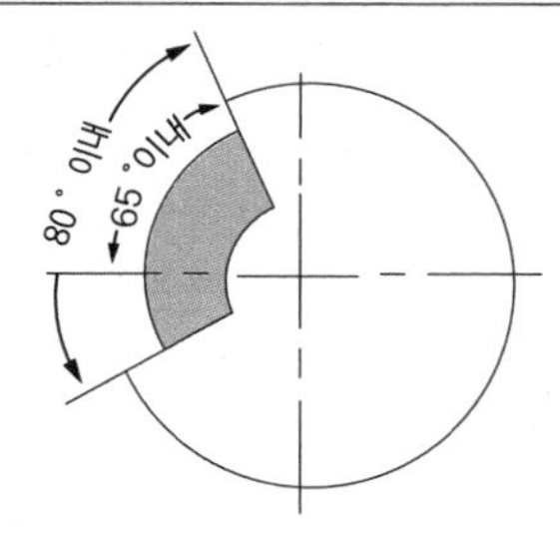 ③ ① 및 ② 이외의 탁상용 연삭기, 기타 이와 유사한 연삭기의 덮개 각도	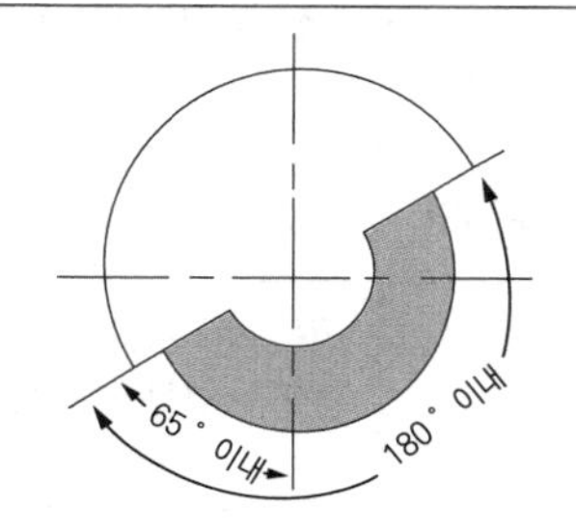 ④ 원통연삭기, 센터리스연삭기, 공구연삭기, 만능연삭기, 기타 이와 비슷한 연삭기의 덮개 각도
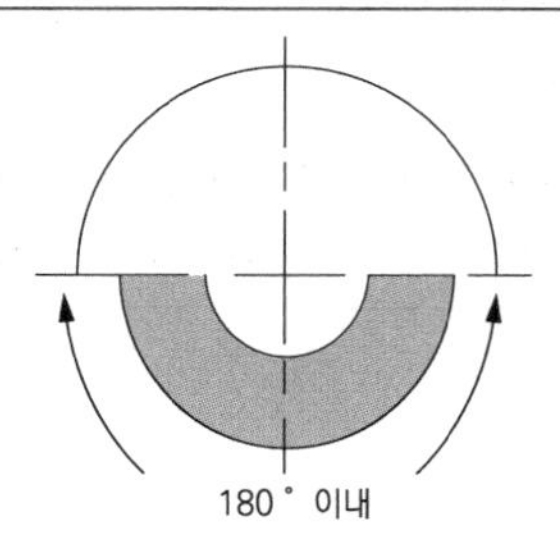 ⑤ 휴대용 연삭기, 스윙연삭기, 스라브연삭기, 기타 이와 비슷한 연삭기의 덮개 각도	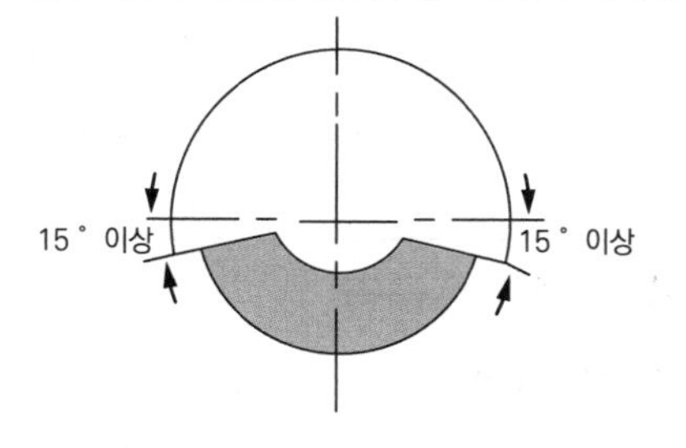 ⑥ 평면연삭기, 절단연삭기, 기타 이와 비슷한 연삭기의 덮개 각도

(5) 연삭숫돌의 안전기준 ★★★

① 덮개의 설치 기준 : 직경이 50mm 이상인 연삭숫돌
② 작업 시작하기 전 1분 이상, 연삭 숫돌을 교체한 후 3분 이상 시운전(숫돌파열이 가장 많이 발생하는 경우는 스위치를 넣는 순간)
③ 시운전에 사용하는 연삭 숫돌은 작업시작 전 결함유무 확인 후 사용
④ 연삭숫돌의 최고 사용회전속도 초과 사용금지
⑤ 측면을 사용하는 것을 목적으로 하는 연삭숫돌 이외의 연삭숫돌은 측면 사용금지

예제

연삭숫돌의 상부를 사용하는 것을 목적으로 하는 탁상용 연삭기의 안전덮개 노출각도로 다음 중 가장 적합한 것은?

① 60° 이내
② 65° 이내
③ 90° 이내
④ 125° 이내

정답 ①

PART 03

예제

연삭숫돌을 사용하는 작업의 안전수칙으로 잘못된 것은?

① 작업시작 전 1분 이상, 연삭숫돌을 교체한 후 3분 이상 시운전을 통해 이상 유무를 확인한다.
② 측면을 사용하는 목적으로 하는 연삭숫돌 이외는 측면을 사용해서는 안 된다.
③ 연삭숫돌의 최고사용회전속도를 초과하여 사용해서는 안 된다.
④ 회전 중인 모든 연삭숫돌에는 반드시 덮개를 설치하여야 한다.

정답 ④

예제

다음 중 소성가공을 열간가공과 냉간가공으로 분류하는 가공온도의 기준은?

① 융해점 온도
② 공석점 온도
③ 공정점 온도
④ 재결정 온도

정답 ④

예제

용접부에 생기는 잔류응력을 없애려면 어떤 열처리를 하면 되는가?

① 담금질
② 뜨임
③ 풀림
④ 불림

정답 ③

예제

다음 중 정 작업 시의 작업안전수칙으로 틀린 것은?

① 정 작업 시에는 보안경을 착용하여야 한다.
② 정 작업을 시작할 때와 끝날 무렵에는 세게 친다.
③ 정 작업으로 담금질된 재료를 가공해서는 안 된다.
④ 철강재를 정으로 절단 시에는 철편이 날아 튀는 것에 주의한다.

정답 ②

2 소성가공 및 방호장치

1) 소성가공의 개요 ★

(1) 소성가공 방법

구분	냉간가공(cold working)	열간가공(hot working)
정의	재결정온도 이하의 온도에서 하는 가공	고온가공, 재결정온도 이상의 온도에서 하는 가공
특징	① 가공면이 아름답고 정밀한 형상의 가공면 ② 가공경화로 강도가 증가되며 연신율은 감소 ③ 냉간가공의 일종으로 상온보다 약간 높은 온도에서 소성가공하는 것을 온간가공이라 하여 구분	① 거친 가공에 적당 ② 재결정온도 이상으로 가열하므로 가공이 쉽다. ③ 산화로 인하여 정밀한 가공은 곤란

(2) 강의 열처리

담금질 (quenching)	고온으로 가열한 후 물 또는 기름 속에서 급랭시켜 재료의 경도와 강도를 높이는 열처리 방법(취성이 나타나는 단점)
뜨임 (tempering)	담금질한 강의 단점을 보완하기 위한 작업으로 적당한 온도까지 가열한 후 공기 중에서 서서히 냉각시켜 인성을 부여하는 열처리 방법
풀림 (annealing)	재료를 일정온도까지 가열한 후 노 내에서 서서히 냉각시켜 재료를 연화시키고 내부응력을 제거하는 열처리 방법
불림 (normalizing)	재료를 적당한 온도로 가열한 다음 공기 중에서 냉각시켜 결정조직을 미세화하고 내부변형을 제거하여 조직이나 성질을 표준화하는 열처리 방법

2) 단조(단조용 공구)

(1) 해머(hammer)

① 수공구에 의한 재해 중 가장 많으며 해머의 두부는 열처리로 경화하여 사용
② 작업 시 안전수칙
  ㉠ 해머에 쐐기가 없거나 자루가 빠지려고 하는 것, 부러질 위험이 있는 것은 사용금지
  ㉡ 해머의 본래 사용목적 이외의 용도에는 절대로 사용금지
  ㉢ 해머는 처음부터 힘을 주어 치지 않는다.
  ㉣ 녹(부식)이 발생한 것은 녹이 튀어 눈에 들어갈 수 있으므로 반드시 보호안경착용
  ㉤ 장갑을 착용하면 쥐는 힘이 적어지므로 장갑착용 금지

(2) 정

① 재료를 절단 또는 깎는데 사용하며, 타격하는 순간 5°만큼 공작면에 뉘고 다시 세워서 타격한다(칩으로 인한 눈의 상해 가능성).
② 안전수칙
  ㉠ 정 작업을 할 때에는 반드시 보안경을 착용해야 한다.
  ㉡ 정으로는 담금질 된 재료를 절대로 가공할 수 없다.
  ㉢ 자르기 시작할 때와 끝날 무렵에는 되도록 세게 치지 않도록 한다.

(3) 줄(file), 스패너 작업 안전수칙

줄	① 줄은 반드시 자루를 끼워서 사용 ② 해머 대용으로 사용금지 ③ 용접한 줄은 부러지기 쉬우므로 사용금지 ④ 줄은 용도외에 사용금지
스패너	① 스패너가 벗겨져서 손을 다치거나 높은 곳에서의 낙하주의 ② 몽키(monkey)스패너는 위험부분의 파손이 잘 일어나므로 고정측에 보다 많은 힘이 걸리도록 스패너를 건다. ③ 파이프렌치(pipe wrench)는 파이프 전용이므로 볼트나 너트 조임에 사용금지 ④ 스패너, 렌치는 바르게 끼우고 몸쪽으로 당겨서 사용

3) 프레스 가공(전단가공의 예)

블랭킹	판재를 펀치로 뽑기하는 작업을 말하며 그 제품을 블랭크(blank), 남은 부분을 스크랩(scrap)이라 한다.	
노칭	재료의 가장자리를 직선 또는 곡선상으로 절단하여 따내는 가공	
트리밍	펀치(punch)와 다이(die)로써 드로오잉(drawing) 제품의 플랜지(flange)를 소요의 형상과 치수로 잘라내는 것이며, 2차 가공에 속한다.	
세이빙	뽑기하거나 전단한 제품의 단면이 아름답지 않을 때 클리어런스가 작은 펀치와 다이로 매끈하게 가공	

예제

수공구 취급 시의 안전수칙으로 적절하지 않은 것은?

① 렌치는 올바르게 끼우고 몸 쪽으로 당기지 않는다.
② 해머는 처음부터 힘을 주어 치지 않는다.
③ 줄의 눈이 막힌 것은 반드시 와이어 브러시로 제거한다.
④ 정으로는 담금질 된 재료를 가공하여서는 안 된다.

정답 ①

예제

다음 중 프레스 금형을 부착, 해체 또는 조정 작업을 할 때에 사용하여야 하는 장치는?

① 안전방책
② 안전블록
③ 수인식 방호장치
④ 손쳐내기식 방호장치

정답 ②

예제

프레스작업에서 재해예방을 위한 재료의 자동송급 또는 자동배출장치가 아닌 것은?

① 롤피더
② 그리퍼피더
③ 플라이어
④ 셔블 이젝터

정답 ③

예제

프레스기의 안전대책 중 손을 금형 사이에 집어넣을 수 없도록 하는 본질적 안전화를 위한 방식 (no-hand in die)에 해당하는 것은?

① 수인식
② 광전자식
③ 방호울식
④ 손쳐내기식

정답 ③

02 프레스 및 전단기의 안전

1 프레스 재해방지의 근본적인 대책

1) 프레스의 작업점에 대한 방호방법 ★★

이송장치나 수공구 사용	송급장치	① 1차가공용 송급장치 : 롤피더(Roll feeder) ② 2차가공용 송급장치 : 슈트, 푸셔피더(Pusher feeder), 다이얼피더(Dial feeder), 트랜스퍼피더(Transfer feeder) 등 ③ 슬라이딩 다이(Sliding die)
	배출장치	공기분사장치, 키커, 이젝터 등 설치
	수공구	① 누름봉, 갈고리류 ② 핀셋트류 ③ 플라이어류 ④ 마그넷 공구류 ⑤ 진공컵류
방호장치 사용	일행정 일정지식	양수조작식
	행정길이	수인식(50mm 이상), 손쳐내기식 40mm 이상
	슬라이드 작동 중 정지가능	감응형, 안전블록(슬라이드 불시작동방지)
	페달의 불시작동 방지	페달의 U자 덮개 사용

2) 방호장치 설치기준

(1) No-Hand-in-Die Type(작업 시 금형 사이에 손이 들어갈 필요가 없는 구조)

① 금형 사이에 손을 넣을 수 없는 구조
   ㉠ 안전 울 설치 : 금형 부위에 울을 설치하여 작업점을 제외한 개구부의 틈새를 8mm 이하로 유지
   ㉡ 안전금형 : 슬라이드가 상사점에 위치해 있을 때, 금형의 상형과 하형 틈새 및 가이드 포스트와 부쉬(bush) 틈새가 8mm 이하
② 금형 사이에 손을 넣을 필요가 없는 구조
   재료의 송급·배출을 자동화 또는 안전한 로봇 이용

(2) Hand-in-Die Type(작업 시 금형 사이에 손이 들어감) ★★★

금형 안에 손이 들어가지 않는 구조 (No-Hand-in-Die Type)	금형 안에 손이 들어가는 구조 (Hand-in-Die Type)
1. 안전울이 부착된 프레스 2. 안전 금형을 부착한 프레스 3. 전용 프레스 4. 자동 송급, 배출기구가 있는 프레스 5. 자동 송급, 배출장치를 부착한 프레스	1. 프레스기의 종류, 압력능력, SPM 행정길이, 작업방법에 상응하는 방호 장치 가. 가드식 나. 수인식 다. 손쳐내기식 2. 정지 성능에 상응하는 방호장치(급정지기구 부착) 가. 양수조작식 나. 감응형, 광전자식

3) 방호장치별 설치기준 ★★

(1) 게이트가드(gate guard)식

① 슬라이드의 하강 중에 안으로 손이 들어가지 못하도록 해야 하며, 가드를 닫지 않으면 슬라이드를 작동시킬 수 없는 구조
② 작동방식에 따라 하강식, 상승식, 도립식, 횡슬라이드식 등

(2) 양수조작식

① 2개의 누름버튼을 위험한계에서 안전거리 이상 격리하여 설치
② 양손을 동시 조작해야만 슬라이드 작동 또는 슬라이드 작동 중 손을 누름버튼에서 뗄 경우 즉시 복귀

양수조작식	① 급정지기구 갖춘 마찰식 프레스에 적합. 1행정1정지식 ② 누름버튼에서 손을 뗄 경우 급정지기구 작동, 손이 형틀의 위험한계에 도달할 때까지 슬라이드 정지 ③ 유공압밸브식(B-1), 전기버튼식(B-2)
양수기동식	① 급정지기구 없는 확동식 클러치 프레스에 적합 ② 누름버튼에서 손이 떠나 위험한계에 도달하기 전 슬라이드가 하사점에 도달 ③ SPM 120 이상인 프레스에 주로 사용

(3) 손쳐내기식(push away, sweep guard)

① 슬라이드에 캠 등으로 연결된 손쳐내기식 봉에 의해 위험한계내의 손을 쳐내는 방식
② SPM 100 이하, 슬라이드 행정길이 약 40mm 이상의 프레스에 사용가능
③ 양수조작식 방호장치 병용 가능

(4) 수인식(Pull out)

① 확동식 클러치를 갖는 크랭크 프레스기에 적합
② 작업자의 손과 수인기구가 슬라이드와 직결되어 연속낙하로 인한 재해방지
③ SPM 100 이하, 행정길이 50mm 이상 프레스에 사용가능
④ 양수조작기구 병용 가능

예제

프레스기에서 슬라이드 행정길이가 몇 mm 이상일 때 손쳐내기식 방호장치를 사용해야 하는가?

① 10mm
② 20mm
③ 40mm
④ 80mm

정답 ③

(5) 광전자식(감응형)

① 슬라이드 하강중 신체의 접근을 검출기구가 감지하여 슬라이드를 정지시키는 방식
② 감응방식에 따라 초음파식, 용량식, 광선식 등

▼ 광전자식 방호장치의 종류

구분	종류	용도
광전자식 방호장치	A – 1	프레스 또는 전단기에서 일반적으로 많이 활용하고 있는 형태로서 투광부, 수광부, 컨트롤 부분으로 구성된 것으로서 신체의 일부가 광선을 차단하면 기계를 급정지시키는 방호장치
	A – 2	급정지기능이 없는 프레스의 클러치 개조를 통해 광선 차단 시 급정지시킬 수 있도록 한 방호장치

③ 시계가 차단되지 않아 양호하지만 friction 클러치에만 사용가능하므로 확동식 클러치를 갖는 크랭크 프레스에는 부적합
④ 클러치나 브레이크의 기계적 고장에 의한 이상 행정시 효과가 없다.(굽힘 가공 등 2차 가공에 적합)

4) 양수조작식 방호장치의 설치방법 ★★

(1) 방호장치 설치방법

① 정상동작표시등은 녹색, 위험표시등은 붉은색으로 하며, 쉽게 근로자가 볼 수 있는 곳에 설치
② 슬라이드 하강 중 정전 또는 방호장치의 이상 시에 정지할 수 있는 구조
③ 방호장치는 릴레이, 리미트스위치 등의 전기부품의 고장, 전원전압의 변동 및 정전에 의해 슬라이드가 불시에 동작하지 않아야 하며, 사용전원전압의 ±(100분의 20)의 변동에 대하여 정상으로 작동
④ 1행정1정지 기구에 사용할 수 있어야 한다.
⑤ 누름버튼을 양손으로 동시에 조작하지 않으면 작동시킬 수 없는 구조이어야 하며, 양쪽버튼의 작동시간 차이는 최대 0.5초 이내일 때 프레스가 동작
⑥ 1행정마다 누름버튼에서 양손을 떼지 않으면 다음 작업의 동작을 할 수 없는 구조
⑦ 램의 하행정중 버튼(레버)에서 손을 뗄 시 정지하는 구조
⑧ 누름버튼의 상호간 내측거리는 300mm 이상
⑨ 누름버튼(레버 포함)은 매립형의 구조(다만, 그림과 같이 개구부에서 조작되지 않는 구조의 개방형 누름버튼(레버 포함)은 매립형으로 본다)

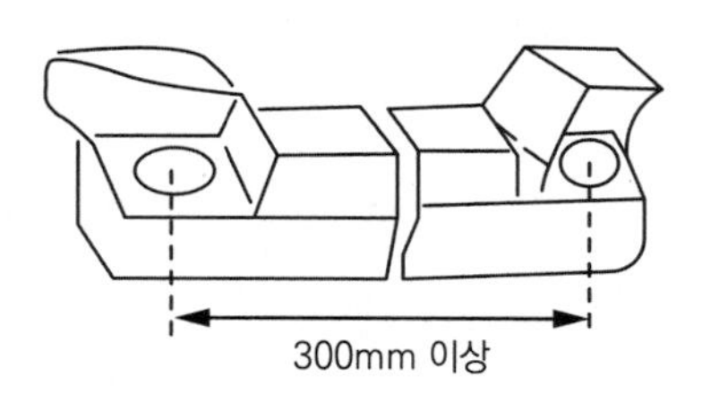

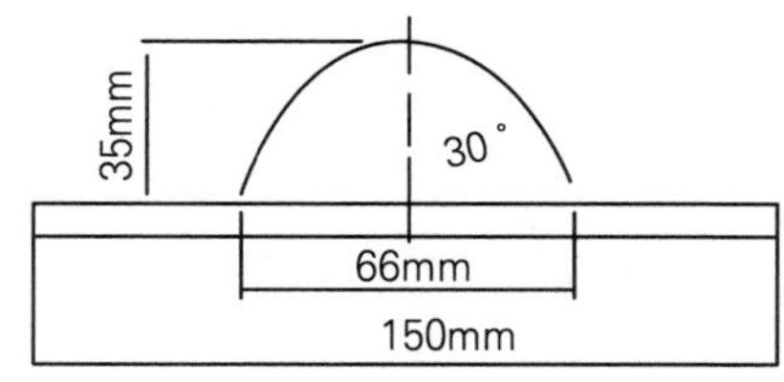

▲ 비 매립형의 구조

예제

프레스에 사용하는 양수조작식 방호장치의 누름버튼 상호간 최소 내측 거리는 얼마인가?

① 100mm 이상
② 200mm 이상
③ 300mm 이상
④ 500mm 이상

정답 ③

(2) 설치 안전거리

① 양수조작식(D : 안전거리)

$$D(mm)=1600\times(Tc+Ts)$$

Tc : 방호장치의 작동시간[즉 누름버튼으로부터 한 손이 떨어졌을 때부터 급정지기구가 작동을 개시할 때까지의 시간(초)]

Ts : 프레스의 급정지시간[즉 급정지기구가 작동을 개시했을 때부터 슬라이드가 정지할 때까지의 시간(초)]

② 양수기동식의 안전거리(D_m : 안전거리)

$$D_m(mm)=1.6T_m$$

T_m : 양손으로 누름단추 누르기 시작할 때부터 슬라이드가 하사점에 도달하기까지 소요시간(ms)

$$T_m=\left(\frac{1}{\text{클러치 맞물림 개소수}}+\frac{1}{2}\right)\times\frac{60000}{\text{매분 행정수}}(\text{ms})$$

예제

클러치 프레스에 부착된 양수조작식 방호장치에 있어서 클러치 맞물림 개소수가 4군데, 매분 행정수가 300SPM일 때 양수조작식 조작부의 최소 안전거리는? (단, 인간의 손의 기준 속도는 1.6 m/s로 한다.)

① 180mm
② 240mm
③ 340mm
④ 360mm

정답 ②

예제

프레스 방호장치에 대한 설명으로 틀린 것은?

① 게이트식 방호장치는 가드를 닫지 않으면, 슬라이드가 작동되지 않아야 한다.
② 손쳐내기식 방호장치는 행정길이가 40mm 이상, 행정수가 100spm 이하의 프레스에 사용한다.
③ 수인식 방호장치는 행정길이가 50mm 이상, 행정수 100spm 이하의 프레스에 사용한다.
④ 감응형 방호장치는 슬라이드 작동 중 정지가능하고, 슬라이드 작동 중에는 가드를 열 수 없는 구조이어야 한다.

정답 ④

5) 가드식, 수인식, 손쳐내기식 방호장치의 설치방법 ★

가드식(C)	① 가드는 금형의 착탈이 용이하도록 설치 ② 가드에 인체가 접촉하여 손상될 우려가 있는 곳은 부드러운 고무 등을 입혀야 한다. ③ 게이트 가드 방호장치는 가드가 열린 상태에서 슬라이드를 동작시킬 수 없고 또한 슬라이드 작동 중에는 게이트 가드를 열 수 없어야 한다.
수인식(E) (확동식 클러치형)	① 손목밴드(wrist band)의 재료는 유연한 내유성 피혁 또는 이와 동등한 재료사용 ② 손목밴드는 착용감이 좋으며 쉽게 착용할 수 있는 구조 ③ 수인끈의 재료는 합성섬유로 직경이 4mm 이상 ④ 수인끈은 작업자와 작업공정에 따라 그 길이를 조정할 수 있어야 한다.
손쳐내기식(D) (확동식 클러치형)	① 슬라이드 하행정거리의 3/4 위치에서 손을 완전히 밀어내어야 한다. ② 손쳐내기봉의 행정(Stroke) 길이를 금형의 높이에 따라 조정할 수 있고 진동폭은 금형폭 이상이어야 한다. ③ 방호판과 손쳐내기봉은 경량이면서 충분한 강도를 가져야 한다. ④ 방호판의 폭은 금형폭의 1/2 이상이어야 하고, 행정길이가 300mm 이상의 프레스기계에는 방호판 폭을 300mm로 해야 한다. ⑤ 손쳐내기봉은 손 접촉 시 충격을 완화할 수 있는 완충재를 붙이는 등의 조치가 강구되어야 한다. ⑥ 부착볼트 등의 고정금속부분은 예리한 돌출현상이 없어야 한다.

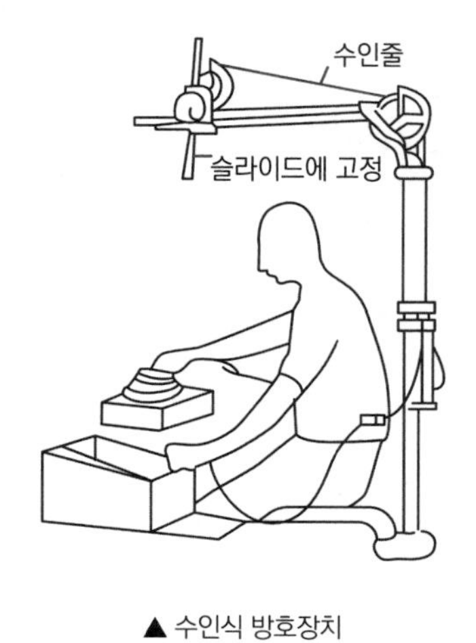

▲ 수인식 방호장치

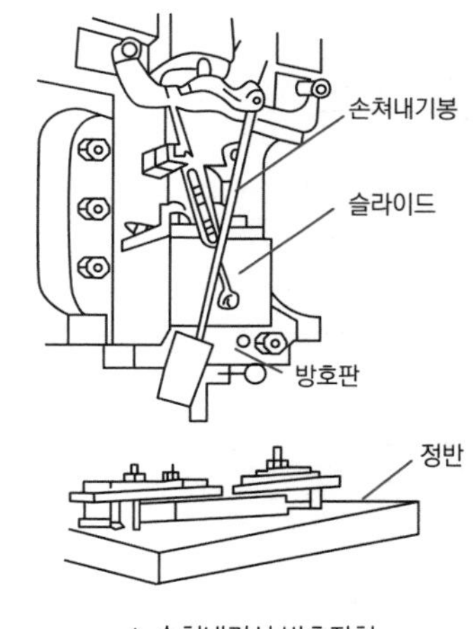

▲ 손쳐내기식 방호장치

6) 광전자식 방호장치

(1) 방호장치 설치방법 ★

① 정상동작표시램프는 녹색, 위험표시램프는 붉은색으로 하며, 쉽게 근로자가 볼 수 있는 곳에 설치
② 슬라이드 하강 중 정전 또는 방호장치의 이상 시에 정지할 수 있는 구조
③ 방호장치는 릴레이, 리미트스위치 등의 전기부품의 고장, 전원전압의 변동 및 정전에 의해 슬라이드가 불시에 동작하지 않아야 하며, 사용전원전압의 ±(100분의 20)의 변동에 대하여 정상으로 작동
④ 방호장치의 정상작동 중에 감지가 이루어지거나 공급전원이 중단되는 경우 적어도 두개 이상의 독립된 출력신호 개폐장치가 꺼진 상태
⑤ 방호장치의 감지기능은 규정한 검출영역 전체에 걸쳐 유효
⑥ 방호장치에 제어기(Controller)가 포함되는 경우에는 이를 연결한 상태에서 모든 시험을 한다.
⑦ 방호장치를 무효화하는 기능이 있어서는 안 된다.

(2) 안전거리 ★★

광전자식 방호장치와 위험한계 사이의 거리(안전거리 : D)는 슬라이드의 하강속도가 최대로 되는 위치에서 다음 식에 따라 계산한 값 이상이어야 한다.

$$D(mm)=1600\times(Tc+Ts)$$

Tc : 방호장치의 작동시간[즉 손이 광선을 차단했을 때부터 급정지기구가 작동을 개시할 때까지의 시간 (초)]
Ts : 프레스의 최대정지시간[즉 급정지기구가 작동을 개시했을 때부터 슬라이드가 정지할 때까지의 시간 (초)]

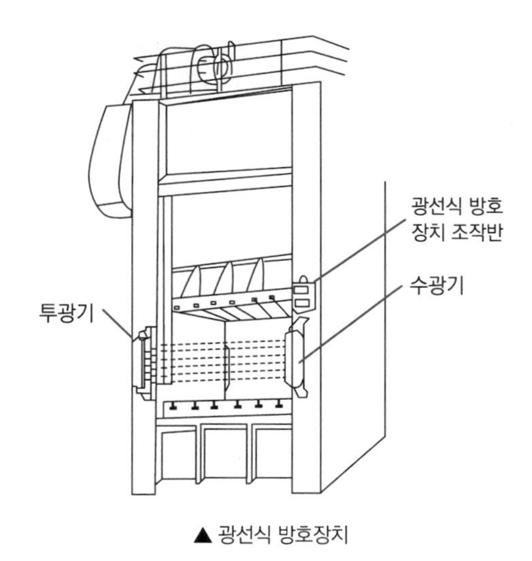

▲ 광선식 방호장치

예제

프레스 광전자식 방호장치의 광선에 신체의 일부가 감지된 후로부터 급정지기구 작동시까지의 시간이 30ms이고, 급정지기구의 작동 직후로부터 프레스기가 정지될 때까지의 시간이 20ms라면 광축의 최소설치거리는?

① 80mm
② 90mm
③ 100mm
④ 150mm

정답 ①

PART 03

2 금형의 안전화

1) 금형 안전화와 울

(1) 금형 사이에 신체 일부가 들어가지 않도록 다음 부분의 간격이 8mm 이하가 되도록 설치

① 상사점 위치에 있어서 펀치와 다이, 이동 스트리퍼와 다이, 펀치와 스트리퍼사이 및 고정 스트리퍼와 다이 등의 간격이 8 mm 이하이면 울은 불필요

② 상사점 위치에 있어서 고정 스트리퍼와 다이의 간격이 8 mm 이하이더라도 펀치와 고정 스트리퍼 사이가 8 mm 이상이면 울 설치

(2) 울의 설치

① 금형 사이에 작업자의 신체의 일부가 들어가지 않도록 울 설치

② 울로 인하여 작업의 방해를 받지 않도록 울의 소재를 투명한 플라스틱 또는 타공망이나 철망 등을 이용

③ 적절한 내구성과 견고성 유지를 위해 사용재료는 금속재인 경우 두께가 1.5 mm 미만인 소재도 사용가능하나 경금속은 2.0 mm 이상

④ 울을 쉽게 제거할 수 없도록 여러 개의 나사로 체결하는 것이 바람직하며, 조임볼트는 밖에서 안으로, 위에서 아래로, 1개보다는 2개를 이용하여 조여야 하고 볼트의 머리는 공구를 사용할 공간이 충분하도록 금형고정판 부위에 너무 가깝지 않도록 한다.

⑤ 울에 설치된 송급 및 배출구 부위의 뚜껑이나, 덮개 등 개폐장치에는 인터록 장치 설치

(3) 금형 사이에 손을 넣을 필요가 없도록 로울피더 등의 자동송급 장치와 공기분사 장치, 키커, 이젝터 등의 자동배출장치를 설치

2) 금형 파손에 의한 위험방지

(1) 부품의 조립요령

① 맞춤 핀을 사용할 때에는 억지끼워맞춤으로 한다. 상형에 사용할 때에는 낙하방지 대책

② 파일럿 핀, 직경이 작은 펀치, 핀 게이지 등 삽입부품은 빠질 위험이 있으므로 플랜지를 설치하거나 테이퍼로 하는 등 이탈 방지대책

③ 쿠션 핀을 사용할 경우에는 상승시 누름판의 이탈방지를 위하여 단붙임한 나사로 견고히 조임

④ 가이드 포스트, 샹크는 확실하게 고정

예제

금형의 안전화에 관한 설명으로 틀린 것은?

① 금형을 설치하는 프레스의 T홈 안길이는 설치 볼트 직경의 2배 이상으로 한다.
② 맞춤 핀을 사용할 때에는 헐거움 끼워맞춤으로 하고, 이를 하형에 사용할 때에는 낙하방지의 대책을 세워둔다.
③ 금형의 사이에 신체 일부가 들어가지 않도록 이동 스트리퍼와 다이의 간격은 8mm 이하로 한다.
④ 대형 금형에서 생크가 헐거워짐이 예상될 경우 생크만으로 상형을 슬라이드에 설치하는 것을 피하고 볼트등을 사용하여 조인다.

해설

맞춤 핀을 사용할 때에는 억지 끼워맞춤으로 하고, 상형에 사용할 때에는 낙하방지의 대책을 세워둔다.

정답 ②

(2) 헐거움 방지 등

헐거움 방지	볼트 및 너트는 헐거움 방지를 위해 스프링 와셔, 로크 너트, 키, 핀, 용접, 접착제 등을 적절히 사용
편하중 대책	금형의 하중 중심은 편하중 방지를 위해 원칙적으로 프레스의 하중 중심과 일치하도록 함
운동범위 제한	① 금형내의 가동부분은 모두 운동하는 범위를 제한. ② 누름, 노크 아웃, 스트리퍼, 패드, 슬라이드 등과 같은 가동부분은 움직였을 때는 원칙적으로 확실하게 원점으로 되돌아가야 한다
낙하방지 등	① 상부 금형내에서 작동하는 패드가 무거운 경우에는 운동제한과는 별도로 낙하방지 ② 금형에 사용하는 스프링은 압축형 ③ 스프링 등의 파손에 의해 부품이 비산될 우려가 있는 부분에는 덮개 설치

03 기타 산업용 기계 기구

1 롤러기 ★★★

1) 방호장치의 설치방법

① 급정지 장치 중 로우프식 급정지 장치 조작부는 롤러기의 전면 및 후면에 각각 1개씩 수평으로 설치하고 그 길이는 로울의 길이 이상이어야 한다.
② 로우프식 급정지 장치 조작부에 사용하는 줄은 사용 중에 늘어나거나 끊어지기 쉬운 것으로 해서는 아니된다.
③ 급정지 장치의 조작부는 그 종류에 따라 다음에 정하는 위치에 설치하고 또 작업자가 긴급시에 쉽게 조작할 수 있어야 한다.

조작부의 종류	설치 위치	비고
손조작식	밑면으로부터 1.8m 이내	위치는 급정지 장치의 조작부의 중심점을 기준으로 함
복부 조작식	밑면으로부터 0.8m 이상 1.1m 이내	
무릎 조작식	밑면으로부터 0.4m 이상 0.6m 이내	

④ 급정지 장치는 롤러기의 가동장치를 조작하지 않으면 가동하지 않는 구조의 것이어야 한다.

PART 03

참고

(가) 손으로 조작하는 로프식
① 수직접선에서 5cm 이내 위치
② 직경 4mm 이상의 와이어로프 또는 직경이 6mm 이상이고 절단하중이 2.94kN 이상의 합성섬유 로프 사용
(나) 복부 조작식
조작부는 로프보다 강철봉 또는 막대에 의해 복부의 압력을 정확하게 브레이크 계통에 전달할 수 있을 것
(다) 무릎 조작식
정해진 범위 내의 어느 부분에 닿아도 급정지 장치가 작동할 수 있도록 직사각형의 판조작부 사용

예제

롤러기의 방호장치 설치 시 유의해야 할 사항으로 거리가 먼 것은?

① 앞면 롤러의 표면속도가 30m/min 미만인 경우 급정지 거리는 앞면 롤러 원주의 1/2.5 이하로 한다
② 손으로 조작하는 급정지장치의 조작부는 롤러기의 전면 및 후면에 각각 1개씩 수평으로 설치하여야 한다.
③ 작업자의 복부로 조작하는 급정지 장치는 높이가 밑면에서 0.8m 이상 1.1m 이내에 설치되어야 한다.
④ 급정지장치의 조작부에 사용하는 줄은 사용 중 늘어져서는 안되며 충분한 인장강도를 가져야 한다.

정답 ①

예제

롤러의 급정지를 위한 방호장치를 설치하고자 한다. 앞면롤러직경이 36cm이고 분당회전속도는 50rpm이라면 급정지장치의 정지거리는 최대 몇 cm 이내이어야 하는가?

① 40cm
② 45cm
③ 50cm
④ 60cm

정답 ②

예제

롤러기의 급정지장치는 무부하에서 최대 속도로 회전시킨 상태에서 규정된 정지거리 이내에 당해 롤러를 정지시킬 수 있어야 한다. 앞면 롤러의 직경이 30cm, 원주속도가 20m/min 이라면 급정지거리는 얼마 이내이어야 하는가?

① 앞면 롤러 원주의 1/4
② 앞면 롤러 원주의 1/2.5
③ 앞면 롤러 원주의 1/3
④ 앞면 롤러 원주의 1/2

정답 ③

2) 성능조건

앞면 롤러의 표면 속도(m/분)	급정지 거리
30 미만	앞면 롤러 원주의 1/3 이내
30 이상	앞면 롤러 원주의 1/2.5 이내

$$\text{표면속도}V = \frac{\pi DN}{1000}(\text{m/분})$$

D : 롤러 원통의 직경 : mm, N : rpm

2 원심기

1) 원심기의 사용방법

(1) 기능

고속으로 회전하는 드럼 또는 바스켓을 세워 축에 부착된 기계로 농도가 불균일한 액체의 분리 및 고체 원료에서 액체를 분리하거나 추출하는 등의 작업을 행한다.

(2) 안전한 사용방법

① 내용물을 꺼내거나 정비, 청소, 수리 등의 작업 시 기계의 운전정지
② 내용물을 자동으로 꺼내거나 운전중 정비, 청소, 수리 등을 할 경우에는 안전한 보조기구 사용 및 위험한 부위 방호조치

2) 방호장치

(1) 법적인 방호장치 : 덮개
(2) 최고 사용회전수를 초과하여 사용금지

3 아세틸렌 용접장치 및 가스집합 용접장치

1) 아세틸렌 가스의 발생원리 및 성질 ★

$$CaC_2 + 2H_2O = C_2H_2 + Ca(OH)_2 + 31872cal$$

(1) 발생원리

① 카아바이드는 석회석과 석탄 또는 코크스를 원료로 혼합하여 가열하면 칼슘과 탄소의 화합물 생성
② 카아바이드에 물을 작용하면 아세틸렌가스가 발생하고 소석회가 남는다.

(2) 성질 및 위험성

성질	① 탄소와 수소의 화합물로 불안정한 가스이며, 공기보다 가볍다. ② 순수한 아세틸렌은 무색, 무취이다. ③ 석유(2배), 아세톤(25배) 등에 잘 용해된다.
위험성	① 505~515℃ 정도에서 폭발한다. ② 아세틸렌 15%, 산소 85%정도에서 폭발성이 크다. ③ 1.5kg/cm² 이상되면 위험하고, 2kg/cm² 이상으로 압축하면 폭발(법규정 : 1.3kg/cm² 초과금지) ④ 구리, 은, 수은 등과 접촉하면 폭발성 화합물을 만든다.

예제

다음 중 아세틸렌을 용해가스로 만들 때 사용되는 용제로 가장 적합한 것은?

① 아세톤
② 메탄
③ 부탄
④ 프로판

정답 ①

2) 아세틸렌 발생기

(1) 종류

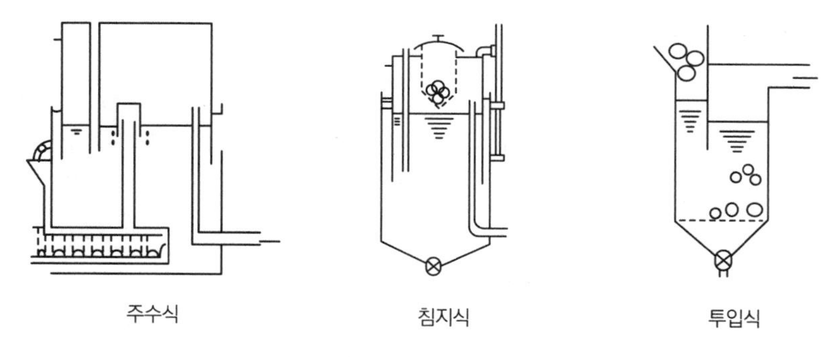

▲ 아세틸렌 가스 발생기의 종류

주수식 발생기	카바이드에 물을 작용시키는 방식
투입식 발생기	다량의 물에 카바이드를 소량 투하하는 방식
침지식 발생기	카바이드 통에 든 카바이드가 수실의 물에 잠겨서 발생시키는 방식

(2) 아세틸렌 용접장치의 압력제한 ★

금속의 용접용단 또는 가열작업을 하는 경우에는 게이지 압력이 127킬로파스칼을 초과하는 압력의 아세틸렌을 발생시켜 사용해서는 아니 된다.

예제

산업안전보건법령상 용접장치의 안전에 관한 준수사항 설명으로 옳은 것은?

① 아세틸렌 용접장치의 발생기실을 옥외에 설치할 때에는 그 개구부를 다른 건축물로부터 1m 이상 떨어지도록 하여야 한다.
② 가스집합장치로부터 3m 이내의 장소에서는 화기의 사용을 금지시킨다.
③ 아세틸렌 발생기에서 10m 이내 또는 발생기실에서 4m이내의 장소에서는 흡연행위를 금지시킨다.
④ 아세틸렌 용접장치를 사용하여 용접작업을 할 경우 게이지 압력이 127kPa을 초과하는 아세틸렌을 발생시켜 사용해서는 아니 된다.

정답 ④

예제

아세틸렌 용접장치의 안전기사용 시 준수사항으로 틀린 것은?

① 수봉식 안전기는 지면에 대하여 수평으로 설치한다.
② 수봉부의 물이 얼었을 때는 더운 물로 용해한다.
③ 중압용 안전기의 파열판은 상황에 따라 적어도 연 1회 이상 정기적으로 교환한다.
④ 수봉식 안전기는 1일 1회 이상 점검하고 항상 지정된 수위를 유지한다.

정답 ①

3) 설치장소 및 취급상 주의사항

(1) 발생기실의 설치장소 및 구조 ★★★

발생기실의 설치장소	① 전용의 발생기실에 설치 ② 건물의 최상층에 위치하여야 하며, 화기를 사용하는 설비로부터 3m를 초과하는 장소에 설치 ③ 옥외에 설치한 경우에는 그 개구부를 다른 건축물로부터 1.5m 이상 떨어지도록 할 것
발생기실의 구조	① 벽은 불연성 재료로 하고 철근콘크리트 또는 그 밖에 이와 동등하거나 그 이상의 강도를 가진 구조로 할 것 ② 지붕과 천정에는 얇은 철판이나 가벼운 불연성 재료를 사용할 것 ③ 바닥면적의 16분의 1 이상의 단면적을 가진 배기통을 옥상으로 돌출시키고 그 개구부를 창이나 출입구로부터 1.5m 이상 떨어지도록 할 것 ④ 출입구의 문은 불연성 재료로 하고 두께 1.5mm 이상의 철판이나 그 밖에 그 이상의 강도를 가진 구조로 할 것 ⑤ 벽과 발생기 사이에는 발생기의 조정 또는 카바이드 공급 등의 작업을 방해하지 않도록 간격을 확보할 것

(2) 토치 취급상 주의사항

① 토치를 함부로 분해하지 말 것
② 팁이 과열된 때는 산소만 다소 분출시키면서 물속에 넣어 냉각시킬 것
③ 점화시 아세틸렌 밸브 열고 점화 후 산소 밸브를 열어 조절
④ 작업 종료후 또는 역화·역류발생 시에는 산소밸브를 먼저 잠근다.
⑤ 용접팁이 막혔을 경우에는 줄이나 팁 크리이너로 청소할 것

4) 방호장치(수봉식 안전기)

저압용 수봉식 안전기	① 게이지 압력이 0.07(kg/cm²) 이하의 저압식 아세틸렌 용접장치 ② 주요부분은 두께 2mm 이상의 강판을 사용하여 내부압력에 견디도록 할 것 ③ 유효수주는 25mm 이상으로 유지하여 만일의 사태에 대비하도록 할 것
중압용 수봉식 안전기	① 압력 0.07~1.3(kg/cm²)의 중압식 아세틸렌 용접장치 및 가스집합 용접장치 ② 도입부는 수봉식으로 하고 유효수주는 50(mm) 이상일 것
취급상 주의점	① 수봉식 안전기는 1일 1회 이상 점검하고 항상 지정된 수위를 유지해 둘 것 ② 수봉부의 물이 얼었을 때는 더운물로 용해할 것. 자주 얼 경우에는 에틸렌글리콜이나 글리세린 등과 같은 부동액을 첨가하여도 된다. ③ 수봉식 안전기는 지면에 대해 수직으로 설치할 것 ④ 건식 안전기는 아무나 함부로 분해하거나, 수리하지 말 것

5) 용접장치의 관리 ★

아세틸렌 용접장치의 관리	① 발생기실에는 관계근로자가 아닌 사람이 출입하는 것을 금지할 것 ② 발생기에서 5m 이내 또는 발생기실에서 3m 이내의 장소에서는 흡연, 화기의 사용 또는 불꽃이 발생할 위험한 행위를 금지시킬 것 ③ 아세틸렌 용접장치의 설치장소에는 소화기 한 대 이상을 갖출 것
가스집합 용접장치의 관리	① 가스용기를 교환하는 경우에는 관리감독자가 참여한 가운데 할 것 ② 가스장치실에는 관계 근로자가 아닌 사람의 출입을 금지할 것 ③ 가스집합장치로부터 5m 이내의 장소에서는 흡연, 화기의 사용 또는 불꽃을 발생할 우려가 있는 행위를 금지할 것 ④ 가스집합장치의 설치장소에는 소화설비 중 어느 하나 이상을 갖출 것 ⑤ 해당 작업을 행하는 근로자에게 보안경과 안전장갑을 착용시킬 것
동의 사용제한	용해 아세틸렌의 가스집합 용접장치의 배관 및 부속기구는 구리나 구리 함유량이 70% 이상인 합금 사용 금지

6) 안전기(역화방지기) 설치방법 및 성능시험 ★★★

아세틸렌 용접장치	① 취관마다 안전기설치. 다만, 주관 및 취관에 가장 가까운 분기관마다 안전기를 부착한 경우에는 그러하지 아니하다. ② 가스용기가 발생기와 분리되어 있는 아세틸렌 용접장치에 대하여 발생기와 가스용기 사이에 안전기 설치
가스집합 용접장치의 배관	① 플렌지·밸브·콕 등의 접합부에는 개스킷을 사용하고 접합면을 상호 밀착시키는 등의 조치를 할 것 ② 주관 및 분기관에는 안전기를 설치할 것(이 경우 하나의 취관에 2개 이상의 안전기를 설치)

7) 금속의 용접·용단, 가열에 사용되는 가스 등의 용기취급 시 준수사항 ★

① 다음의 장소에서 사용하거나 해당 장소에 설치·저장 또는 방치하지 아니하도록 할 것
  ㉠ 통풍이나 환기가 불충분한 장소
  ㉡ 화기를 사용하는 장소 및 그 부근
  ㉢ 위험물 또는 인화성 액체를 취급하는 장소 및 그 부근
② 용기의 온도를 섭씨 40도 이하로 유지할 것
③ 전도의 위험이 없도록 할 것
④ 충격을 가하지 않도록 할 것
⑤ 운반하는 경우에는 캡을 씌울 것
⑥ 밸브의 개폐는 서서히 할 것
⑦ 용해아세틸렌의 용기는 세워둘 것
⑧ 사용하는 경우에는 용기의 마개에 부착되어 있는 유류 및 먼지를 제거할 것
⑨ 사용전 또는 사용중인 용기와 그 밖의 용기를 명확히 구별하여 보관할 것
⑩ 용기의 부식·마모 또는 변형상태를 점검한 후 사용할 것

예제

산업안전보건법령에 따른 가스집합용접장치의 안전에 관한 설명으로 옳지 않은 것은?

① 가스집합장치에 대해서는 화기를 사용하는 설비로부터 5m 이상 떨어진 장소에 설치해야 한다.
② 가스집합 용접장치의 배관에서 플랜지, 밸브 등의 접합부에는 개스킷을 사용하고 접합면을 상호 밀착시킨다.
③ 용해아세틸렌을 사용하는 가스집합 용접장치의 배관 및 부속기구는 구리나 구리 함유량이 60% 이상인 합금을 사용해서는 아니 된다.
④ 주관 및 분기관에 안전기를 설치해야 하며 이 경우 하나의 취관에 2개 이상의 안전기를 설치해야 한다.

정답 ③

예제

다음 중 아세틸렌 용접 시 역류를 방지하기 위하여 설치하여야 하는 것은?

① 청정기
② 안전기
③ 발생기
④ 유량기

정답 ②

4 보일러 및 압력용기

1) 보일러의 구조와 종류

본체	내부에 물을 넣어서 외부에서 연소열을 이용하여 가열, 정해진 압력의 증기를 발생하는 몸체
과열기	본체에서 발생하는 포화온도 이상으로 재가열 하여 과열증기로 만드는 장치
절탄기 (economizer)	본체에 넣어진 물을 가열하기 위하여 연도에서 버려지는 배기연소가스의 여열을 이용하기 위한 장치
공기예열기	연소실로 보내는 연소공기를 연도에서 버려지는 연소가스가 갖고 있는 여열로 예열하기 위한 장치

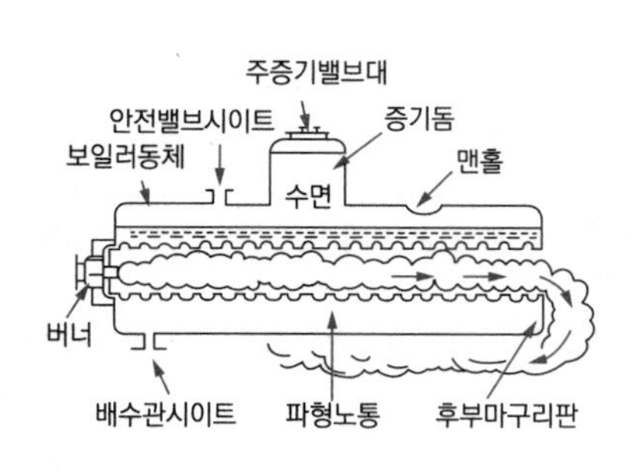

▲ 원통 보일러

▲ 수관 보일러

2) 보일러의 취급 시 이상현상

(1) 이상현상의 종류 ★★★

플라이밍 (priming)	보일러수가 극심하게 끓어서 수면에서 계속하여 물방울이 비산하고 증기부가 물방울로 충만하여 수위가 불안정하게 되는 현상
포밍 (foaming)	보일러수에 불순물이 많이 포함되었을 경우, 보일러수의 비등과 함께 수면 부위에 거품층을 형성하여 수위가 불안정하게 되는 현상
캐리오버 (carry over)	보일러에서 증기관 쪽에 보내는 증기에 대량의 물방울이 포함되는 경우로 프라이밍이나 포밍이 생기면 필연적으로 발생. 캐리오버는 과열기 또는 터빈 날개에 불순물을 퇴적시켜 부식 또는 과열의 원인이 된다.
워터햄머 (water hammer)	증기관 내에서 증기를 보내기 시작할 때 해머로 치는 듯한 소리를 내며 관이 진동하는 현상. 워터햄머는 캐리오버에 기인한다.

(2) 캐리오버의 발생원인 ★

① 보일러의 구조상 공기실이 적고 증기수면이 좁을 때
② 주 증기를 멈추는 밸브를 급히 열었을 경우
③ 기수분리장치가 불완전할 경우
④ 보일러 수면이 너무 높을 때
⑤ 보일러 증기 부하가 과대한 경우
⑥ 보일러수가 농축된 경우

예제

보일러수에 유지류, 고형물 등에 의한 거품이 생겨 수위를 판단하지 못하는 현상은?

① 역화
② 캐리오버
③ 프라이밍
④ 포밍

정답 ④

3) 보일러 안전장치의 종류 ★★★

고저수위 조절장치	① 고저 수위 지점을 알리는 경보등·경보음 장치 등을 설치 – 동작상태 쉽게 감시 ② 자동으로 급수 또는 단수 되도록 설치
압력방출 장치	① 보일러 규격에 맞는 압력방출장치를 1개 또는 2개 이상 설치하고 최고사용압력(설계압력 또는 최고허용압력) 이하에서 작동되도록 한다. ② 압력방출장치가 2개 이상 설치된 경우 최고사용압력 이하에서 1개가 작동되고, 다른 압력방출장치는 최고사용압력 1.05배 이하에서 작동되도록 부착 ③ 매년 1회 이상 교정을 받은 압력계를 이용하여 설정압력에서 압력방출장치가 적정하게 작동하는지 검사후 납으로 봉인(공정안전보고서 이행상태 평가 결과가 우수한 사업장은 4년마다 1회 이상 설정압력에서 압력방출장치가 적정하게 작동하는지 검사할 수 있다) ④ 스프링식, 중추식, 지렛대식(일반적으로 스프링식 안전밸브가 많이 사용)
압력제한 스위치	보일러의 과열방지를 위해 최고사용압력과 상용압력 사이에서 버너연소를 차단할 수 있도록 압력 제한 스위치 부착 사용
화염검출기	연소상태를 항상 감시하고 그 신호를 프레임 릴레이가 받아서 연소차단밸브 개폐

4) 압력용기

(1) 압력용기의 정의

압력용기(PRESSURE VESSEL)란 용기의 내면 또는 외면에서 일정한 유체의 압력을 받는 밀폐된 용기를 말한다.

(2) 압력용기의 종류

갑종 압력용기	① 설계압력이 게이지 압력으로 0.2메가파스칼(MPa)을 초과하는 화학공정 유체 취급 용기 ② 설계압력이 게이지 압력으로 1메가파스칼(MPa)을 초과하는 공기 또는 질소 취급용기
을종 압력용기	그 밖의 용기

예제

상용운전압력 이상으로 압력이 상승할 경우 보일러의 파열을 방지하기 위하여 버너의 연소를 차단하여 열원을 제거함으로써 정상압력으로 유도하는 장치는?

① 압력방출장치
② 고저수위 조절장치
③ 압력제한 스위치
④ 통풍제어 스위치

정답 ③

예제

보일러의 압력방출장치가 2개 이상 설치된 경우, 최고 사용압력 이하에서 1개가 작동되고, 남은 1개의 작동압력은?

① 최고사용압력의 1.05배 이하
② 최고사용압력의 1.1배 이하
③ 최고사용압력의 1.25배 이하
④ 최고사용압력의 1.5배 이하

정답 ①

참고

파열판이란 입구측의 압력이 설정 압력에 도달하면 파열되면서 유체가 분출되도록 설계된 금속판 또는 흑연제품의 안전장치를 말한다.

(3) 압력용기의 방호장치 ★★

회전부의 덮개 또는 울 설치	원동기, 축이음, 벨트, 풀리의 회전부위 등 근로자에게 위험을 미칠 우려가 있는 부위

안전밸브 등의 설치 (압력용기 및 설치 대상 설비 동일하게 적용)	① 과압으로 인한 폭발 방지를 위해 설치
	② 다단형 압축기 또는 직렬로 접속된 공기압축기
	  - 각 단 또는 각 공기압축기별로 안전밸브 등을 설치
	③ 보호하려는 설비의 최고사용압력 이하에서 작동(다만, 안전밸브등이 2개 이상 설치된 경우에 1개는 최고사용압력의 1.05배(외부화재를 대비한 경우에는 1.1배) 이하에서 작동되도록 설치할 수 있다.
	④ 안전밸브의 검사주기(압력계를 이용하여 설정압력에서 안전밸브가 적정하게 작동하는지 검사후 납으로 봉인하여 사용)
	  ㉮ 화학공정 유체와 안전밸브의 디스크 또는 시트가 직접접촉이 가능하도록 설치된 경우 : 2년마다 1회 이상
	  ㉯ 안전밸브 전단에 파열판이 설치된 경우 : 3년마다 1회 이상
	  ㉰ 공정안전보고서 이행상태 평가결과가 우수한 사업장의 안전밸브의 경우 : 4년마다 1회 이상

최고사용 압력의 표시	식별이 가능하도록 최고사용압력, 제조년월일, 제조회사명 등을 각인 표시된 것 사용

5 산업용로봇

1) 산업용로봇의 정의

매니 플레이트와 제어 및 기억장치를 갖고 있으며 이러한 기억장치의 정보 등에 의해 매니 플레이트의 신축, 굴신, 상하이동, 좌우이동 또는 선회 동작 또는 이들의 복합동작을 자동적으로 실시할 수 있는 기계로써 현재 교육을 비롯하여 산업 및 의학 전반에 걸쳐 다양하게 적용되고 있다.

2) 산업용 로봇의 종류

(1) 입력 정보 교시에 의한 분류

종류	특성
고정시퀀스 로봇	미리 설정된 순서와 조건 그리고 위치에 따라 동작이 각 단계를 차례로 거쳐 나가는 매니플레이터이며 설정한 정보의 변경을 쉽게 할 수 없는 로봇
가변시퀀스 로봇	미리 설정된 순서와 조건 그리고 위치에 따라 동작이 각 단계를 차례로 거쳐 나가는 매니플레이터이며 설정한 정보의 변경을 쉽게 할 수 있는 로봇
플레이백형 로봇	인간이 매니플레이터를 움직여서 미리 작업을 지시하여 그 작업의 순서, 위치 및 기타의 정보를 기억시키고 이를 재생함으로써 그 작업을 수행하는 로봇
수치제어용 로봇	순서, 위치 기타의 정보가 수치화 되어 있어, 그 정보에 의해 지령 받은 작업을 할 수 있는 로봇
학습제어 로봇	작업의 경험 등을 바탕으로 하여 필요한 작업을 행하는 학습제어기능을 갖는 로봇

(2) 동작 형태에 의한 분류

종류	특성
원통좌표 로봇	팔의 자유도가 주로 원통좌표 형식인 매니 플레이터
직각좌표 로봇	팔의 자유도가 주로 직각좌표 형식인 매니 플레이터
다관절 로봇	팔의 자유도가 주로 다관절인 매니 플레이터
극좌표 로봇	팔의 자유도가 주로 극좌표 형식인 매니 플레이터

3) 산업용로봇의 안전관리 ★★★

(1) 교시 등의 작업 시 안전조치 사항

① 다음 각목의 사항에 관한 지침을 정하고 그 지침에 따라 작업을 시킬 것
  ㉠ 로봇의 조작방법 및 순서
  ㉡ 작업중의 매니퓰레이터의 속도
  ㉢ 2명 이상의 근로자에게 작업을 시킬 경우의 신호방법
  ㉣ 이상을 발견한 경우의 조치
  ㉤ 이상을 발견하여 로봇의 운전을 정지시킨 후 이를 재가동시킬 경우의 조치
  ㉥ 그 밖에 로봇의 예기치 못한 작동 또는 오조작에 의한 위험을 방지하기 위하여 필요한 조치
② 작업에 종사하고 있는 근로자 또는 그 근로자를 감시하는 사람은 이상을 발견하면 즉시 로봇의 운전을 정지시키기 위한 조치를 할 것
③ 작업을 하고 있는 동안 로봇의 기동스위치 등에 작업중이라는 표시를 하는 등 작업에 종사하고 있는 근로자가 아닌 사람이 그 스위치 등을 조작할 수 없도록 필요한 조치를 할 것

(2) 운전 중 위험 방지 조치

① 높이 1.8m 이상의 울타리 설치
② 컨베이어 시스템의 설치 등으로 울타리를 설치할 수 없는 일부 구간
  - 안전매트 또는 광전자식 방호장치 등 감응형 방호장치 설치

▲ 산업용 로봇의 안전장치

예제

다음 중 산업용 로봇의 운전 시 근로자 위험을 방지하기 위한 필요조치로서 가장 적합한 것은?

① 미숙련자에 의한 로봇 조종은 6시간 이내에만 허용한다.
② 근로자가 로봇에 부딪칠 위험이 있을 때에는 안전매트 및 높이가 1.8m 이상인 울타리(방책)를 설치한다.
③ 조작 중 이상 발견 시 로봇을 정지시키지 말고 신속하게 관계 기관에 통보한다.
④ 급유는 작업의 연속성과 오동작 방지를 위하여 운전 중에만 실시하여야 한다.

정답 ②

6 목재가공용 기계

1) 목재가공용 둥근톱 ★★★

(1) 방호장치의 종류(날 접촉예방장치 및 반발예방장치)

구분	종류	구조
둥근톱 덮개	가동식 날접촉 예방장치	덮개, 보조덮개가 가공물의 크기에 따라 상하로 움직이며 가공할 수 있는 것으로 그 덮개의 하단이 송급되는 가공재의 윗면에 항상 접하는 구조이며, 가공재를 절단하고 있지 않을 때는 덮개가 테이블면까지 내려가 어떠한 경우에도 근로자의 손 등이 톱날에 접촉되는 것을 방지하도록 된 구조
	고정식 날접촉 예방장치	작업 중에는 덮개가 움직일 수 없도록 고정된 덮개로 비교적 얇은 판재를 가공할 때 이용하는 구조
둥근톱 분할날	겸형식 분할날	분할날은 가공재에 쐐기작용을 하여 공작물의 반발을 방지할 목적으로 설치된 것으로 둥근톱의 크기에 따라 2가지로 구분
	현수식 분할날	

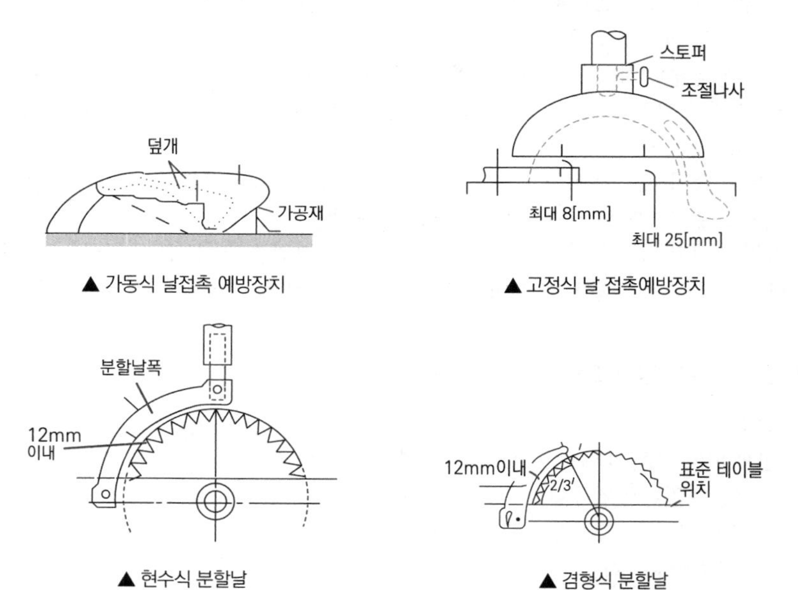

▲ 가동식 날접촉 예방장치

▲ 고정식 날 접촉예방장치

▲ 현수식 분할날

▲ 겸형식 분할날

(2) 분할날의 설치기준

① 분할 날의 두께는 둥근톱 두께의 1.1배 이상이어야 한다.
$1.1t_1 \leq t_2 < b$ (t_1 : 톱두께, t_2 : 분할날두께, b : 치진폭)

② 견고히 고정할 수 있으며 분할날과 톱날 원주면과의 거리는 12mm 이내로 조정, 유지할 수 있어야 하고 표준 테이블면 상의 톱 뒷날의 2/3 이상을 덮도록 하여야 한다.

③ 재료는 KSD 3751 STC 5(탄소공구강) 또는 이와 동등 이상의 재료를 사용하여야 한다.

예제

다음 중 목재가공용 둥근톱 기계의 방호장치인 반발예방장치가 아닌 것은?

① 반발방지발톱(finger)
② 분할날(spreader)
③ 반발방지롤(roll)
④ 가동식 접촉예방장치

정답 ④

예제

둥근톱 기계에서 분할날의 설치에 관한 사항이다. 옳지 않은 것은?

① 둥근톱의톱날지름이500mm일경우 분할날의 최소길이는 약 262mm 이다.
② 분할날과 톱날 원주면과의 거리는 12mm 이내로 조정, 유지해야 한다.
③ 분할날은 표준테이블면상의 톱의 후면날의 1/3 이상을 덮도록 하여야 한다.
④ 둥근톱의 두께가 1.20mm이라면 분할날의 두께는 1.32mm 이상이어야 한다.

정답 ③

2) 동력식 수동 대패기

(1) 방호장치(칼날 접촉방지장치) ★★

▼ 대패기계 덮개

구분	종류	용도
대패기계	가동식 덮개	대패날 부위를 가공재료의 크기에 따라 움직이며 인체가 날에 접촉하는 것을 방지해 주는 형식
	고정식 덮개	대패날 부위를 필요에 따라 수동조정하도록 하는 형식

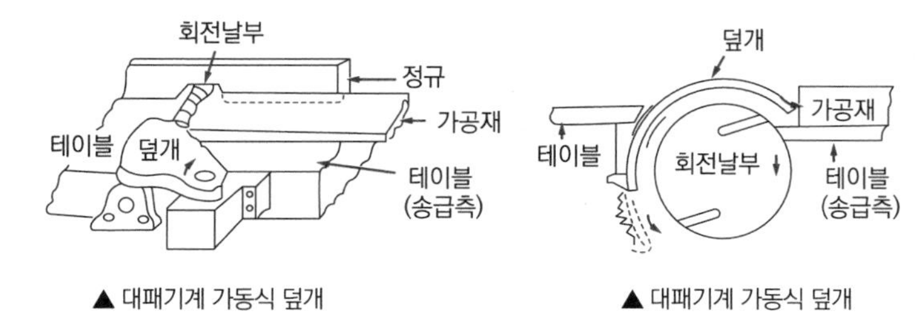

▲ 대패기계 가동식 덮개 ▲ 대패기계 가동식 덮개

(2) 방호장치의 성능시험

① 가동식 방호장치는 스프링의 복원력상태 및 날과 덮개와의 접촉유무를 확인한다.
② 가동부의 고정상태 및 작업자의 접촉으로 인한 위험성 유무를 확인한다.
③ 날접촉 예방장치인 덮개와 송급테이블면과의 간격이 8mm 이하이어야 한다.
④ 작업에 방해의 유무, 안전성의 여부를 확인한다.

7 고속 회전체

고속회전체(원심분리기 등의 회전체로 원주속도가 매초당 25m 초과)의 회전시험시 파괴로 인한 위험방지	전용의 견고한 시설물내부 또는 견고한 장벽 등으로 격리된 장소에서 실시(또는, 견고한 덮개설치 등)
고속회전체의 회전시험 시 미리 비파괴검사 실시 하는 대상	회전축의 중량이 1톤 초과하고 원주속도가 매초당 120m 이상인 것

8 사출성형기

1) 사출성형기의 방호장치 ★★

① 게이트 가아드 또는 양수조작식의 방호장치(신체의 일부가 말려드는 것 방지)
② 게이트 가아드는 반드시 연동구조로 할 것
③ 히터 등의 가열부위 또는 감전의 우려가 있는 부위에는 방호덮개 설치

예제

산업안전보건법령상 고속회전체의 회전시험을 하는 경우 미리 회전축의 재질 및 형상 등에 상응하는 종류의 비파괴검사를 해서 결함유무(有無)를 확인하여야 하는 고속회전체 대상은?

① 회전축의 중량이 0.5톤을 초과하고, 원주속도가 15m/s 이상인 것
② 회전축의 중량이 1톤을 초과하고, 원주속도가 30m/s 이상인 것
③ 회전축의 중량이 0.5톤을 초과하고, 원주속도가 60m/s 이상인 것
④ 회전축의 중량이 1톤을 초과하고, 원주속도가 120m/s 이상인 것

정답 ④

04 운반기계 및 양중기

1 지게차

1) 취급 시 안전대책

(1) 지게차 작업에 따른 위험 요인

위험물	위험 유발 요인
물체의 낙하	① 물체적재의 불안정 ② 부적합한 보조구(Attachment)선정 ③ 미숙한 훈련조작 ④ 급출발 급정지
보행자 등과의 접촉	① 구조상 피할 수 없는 시야의 악조건 ② 후륜주행에 따른 후부의 선회반경
차량의 전도	① 미 정지된 요철바닥 ② 취급하물에 비해 소형의 차량 ③ 물체의 과적재 ④ 고속 급회전

(2) 지게차의 안전성 ★★★

지게차의 안정성을 유지하기 위해서는 아래 그림과 같은 조건의 경우는,

$$Wa \leq Gb$$

W : 화물의 중량
G: 지게차의 중량
a : 앞바퀴부터 하물의 중심까지의 거리
b : 앞바퀴부터 차의 중심까지의 거리

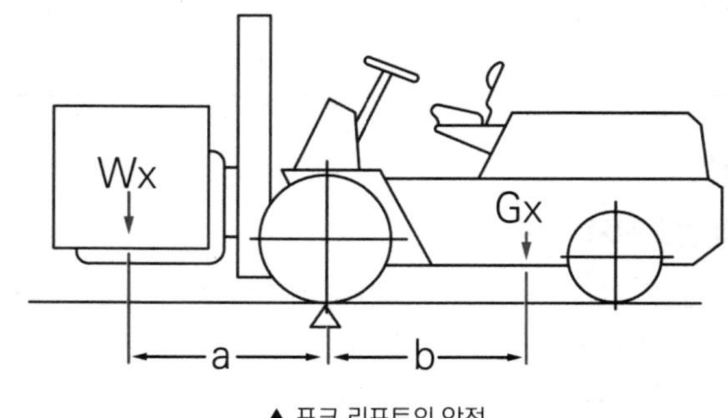

▲ 포크 리프트의 안전

예제

지게차로 중량물 운반시 차량의 중량은 30kN, 전차륜에서 하물중심까지의 거리는 2m, 전차륜에서 차량중심까지의 최단거리를 3m라고 할 때, 적재 가능한 하물의 최대중량은 얼마인가?

① 15kN
② 25kN
③ 35kN
④ 45kN

정답 ④

(3) 들어올리는 작업 및 주행 시의 안전기준

들어올리는 작업 시 안전기준	① 지상에서 5~10cm 지점까지 들어올린 후 정지할 것 ② 하물의 안전상태, 포오크에 대한 편심하중 및 기타 이상이 없는가를 확인할 것 ③ 마스크는 후방향쪽으로 경사를 줄 것 ④ 지상에서 10~30cm의 높이까지 들어 올릴 것 ⑤ 들어올린 상태로 출발, 주행 할 것
주행 시의 안전기준	① 하물을 적재한 상태에서 주행할 때에는 안전속도로 할 것 ② 비포장도로, 좁은 통로, 언덕 등에서의 급 출발이나 급브레이크는 피할 것 ③ 항상 전후좌우에 주의할 것 ④ 선회를 할 때에는 속도를 줄이고 하물의 안정과 후부차체가 주변에 접촉되지 않도록 주의하고 천천히 운행할 것 ⑤ 적재하물이 크고 현저하게 시계를 방해할 때에는 다음의 방법으로 운행 ㉠ 유도자를 붙여 차를 유도시킬 것 ㉡ 후진으로 진행할 것 ㉢ 경적을 울리면서 진행할 것 ⑥ 창고 등의 출입구 또는 높이가 낮은 장소를 운전할 때에는 노면의 요철, 경사, 연약 지반 등에 세심한 주의를 할 것 ⑦ 경사면을 주행할 때에는 특히 다음의 규정을 준수할 것 ㉠ 경사면을 오를 때에는 포크의 선단 또는 파렛트의 아랫부분이 노면에 접촉되지 않는 범위에서 가능한 한 지면 가까이 놓고 주행할 것 ㉡ 경사면을 따라 횡방향으로 주행하거나 방향 전환을 하지 말 것 ㉢ 경사면을 내려갈 때에는 후진 운전을 하고 엔진 브레이크를 사용할 것

지게차 운전 시의 안전사항에 해당되지 않는 것은?

① 짐을 들어 올린 상태로 출발, 주행하여야 한다.
② 적재하물이 크고 현저하게 시계를 방해할 때에는 유도자를 붙여 차를 유도시키는 등의 조치를 취해야 한다.
③ 짐을 싣고 내리막길을 내려갈 때는 전진으로 천천히 운행할 것
④ 철판 또는 각목을 다리대용으로 하여 통과할 때는 반드시 강도를 확인할 것

정답 ③

예제

무부하 상태 기준으로 구내 최고속도가 20km/h인 지게차의 주행시 좌우 안정도 기준은?

① 37% 이내
② 25% 이내
③ 18% 이내
④ 6% 이내

정답 ①

예제

지게차의 헤드가드가 갖추어야 할 조건의 설명으로 옳은 것은?

① 헤드가드의 강도는 지게차의 최대하중의 2배가 되는 등분포하중에 견딜 수 있을 것(4ton을 넘는 값에 대해서는 4ton으로 함)
② 상부틀의 각 개구의 폭 또는 길이가 20cm 미만일 것
③ 운전자가 앉아서 조작하는 방식의 지게차는 운전자 좌석의 상면에서 헤드가드의 상부틀의 하면까지의 높이가 1.5m 이상일 것
④ 운전자가 서서 조작하는 지게차는 운전석의 바닥면에서 헤드가드의 상부틀의 하면까지의 높이가 2.5m 이상일 것

정답 ①

2) 안정도 ★★★

안정도	지게차의 상태	
하역작업 시 전후 안정도 4% 이내 (5톤 이상은 3.5%)		위에서 본 상태
주행시의 전후 안정도 18% 이내		
하역작업 시의 좌우 안정도 6% 이내		위에서 본 상태
주행시의 좌우 안정도 (15 + 1.1V)% 이내 V : 최고속도(km/hr)		

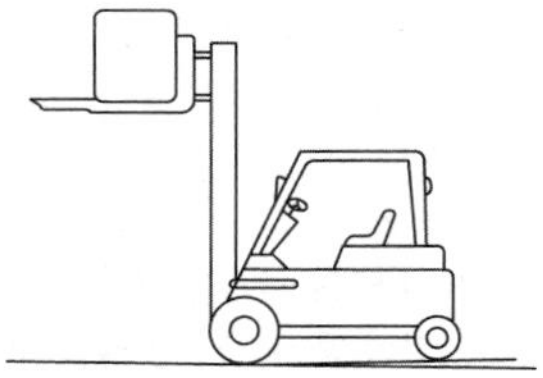

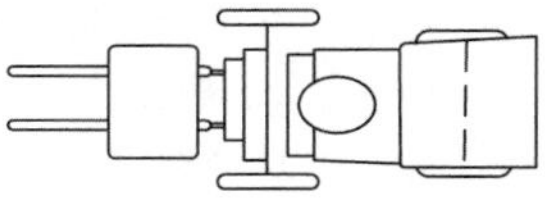

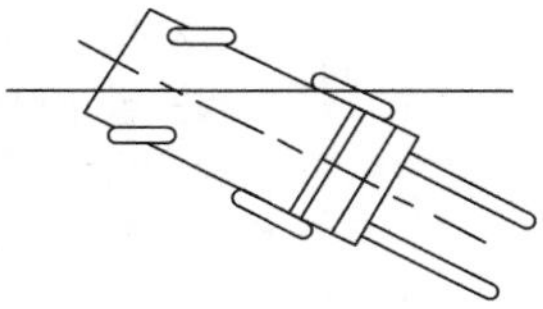

$$안정도=\frac{h}{l}\times 100\%$$

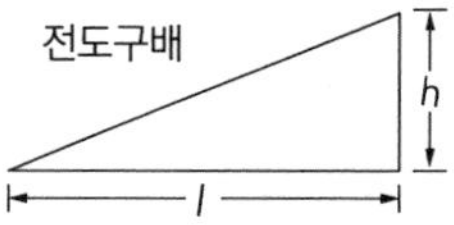

전도구배 (h, l)

3) 헤드가드 ★★★

① 강도는 지게차의 최대하중의 2배 값(4톤을 넘는 값에 대해서는 4톤으로 한다)의 등분포정하중에 견딜 수 있을 것
② 상부틀의 각 개구의 폭 또는 길이가 16cm 미만일 것
③ 운전자가 앉아서 조작하거나 서서 조작하는 지게차의 헤드가드는 한국산업표준에서 정하는 높이 기준 이상일 것

4) 취급 시 안전대책

전조등 및 후미등	① 필요한 조명이 확보된 경우를 제외하고는 전조등, 후미등을 갖추지 아니한 지게차 사용금지 ② 작업중 위험을 예방하기 위하여 후진경보기·경광등 또는 후방감지기를 설치 하는 등 후방을 확인할 수 있는 조치
백레스트	마스트의 후방에서 화물이 낙하할 위험이 없는 경우를 제외하고는 백레스트를 갖추지 아니한 지게차 사용 금지
팔레트 또는 스키드의 안전 기준	① 적재하는 화물의 중량에 따른 충분한 강도를 가질 것 ② 심한 손상, 변형 또는 부식이 없을 것
좌석 안전띠 착용	앉아서 조작하는 방식의 지게차를 운전하는 근로자 착용

2 컨베이어

1) 안전조치사항 ★★

이탈 등의 방지 (정전, 전압강하 등에 의한 화물 또는 운반구의 이탈 및 역주행 방지장치)	역전방지장치 및 브레이크	기계적인 것 : 라쳇식, 롤러식, 밴드식, 웜기어 등
		전기적인 것 : 전기브레이크, 슬러스트브레이크 등
	화물 또는 운반의 이탈 방지장치	컨베이어 구동부 측면에 롤러형 안내가이드 등 설치
	화물 낙하 위험시	덮개 또는 낙하방지용 울 등 설치
비상정지장치부착	근로자의 신체의 일부가 말려드는 등 근로자가 위험해질 우려가 있는 경우 및 비상시에 즉시 정지할 수 있는 장치	
낙하물에 의한 위험방지	화물이 떨어져 근로자가 위험해질 우려가 있는 경우 덮개 또는 울 설치	
통행의 제한	① 운전 중인 컨베이어 등의 위로 근로자를 넘어가도록 하는 경우 건널다리 설치 ② 동일선상에 구간별 설치된 컨베이어에 중량물을 운반하는 경우 충돌에 대비한 스토퍼를 설치하거나 작업자 출입금지	
트롤리 컨베이어	트롤리와 체인 및 행거가 쉽게 벗겨지지 아니하도록 확실하게 연결	

예제

컨베이어에 설치하는 방호장치 중 가장 거리가 먼 것은?

① 이탈 및 역주행 방지 장치
② 조속기
③ 비상정지장치
④ 건널다리

정답 ②

참고

- 리프트 : 동력을 사용하여 사람이나 화물을 운반하는 것을 목적으로 하는 기계설비
- 승강기 : 건축물이나 고정된 시설물에 설치되어 일정한 경로에 따라 사람이나 화물을 승강장으로 옮기는데 사용되는 설비

예제

산업안전보건법에서 정한 양중기의 종류에 해당하지 않는 것은?

① 리프트
② 호이스트
③ 곤돌라
④ 컨베이어

정답 ④

3 양중기

1) 양중기의 정의 ★★

구분		정의
크레인(호이스트 포함)		동력을 사용하여 중량물을 매달아 상하 및 좌우(수평 또는 선회)로 운반하는 것을 목적으로 하는 기계 또는 기계장치를 말하며, "호이스트"란 훅이나 그 밖의 달기구 등을 사용하여 화물을 권상 및 횡행 또는 권상동작만을 하여 양중하는 것을 말한다.
이동식크레인		원동기를 내장하고 있는 것으로서 불특정 장소에 스스로 이동할 수 있는 크레인으로 동력을 사용하여 중량물을 매달아 상하 및 좌우(수평 또는 선회)로 운반하는 설비로서 「건설기계관리법」을 적용 받는 기중기 또는 「자동차관리법」에 따른 화물·특수자동차의 작업부에 탑재하여 화물운반 등에 사용하는 기계 또는 기계장치를 말한다.
리프트	건설용 리프트	동력을 사용하여 가이드레일(운반구를 지지하여 상승 및 하강 동작을 안내하는 레일)을 따라 상하로 움직이는 운반구를 매달아 사람이나 화물을 운반할 수 있는 설비 또는 이와 유사한 구조 및 성능을 가진 것으로 건설현장에서 사용하는 것
	산업용 리프트	동력을 사용하여 가이드레일을 따라 상하로 움직이는 운반구를 매달아 화물을 운반할 수 있는 설비 또는 이와 유사한 구조 및 성능을 가진 것으로 건설현장 외의 장소에서 사용하는 것
	자동차 정비용 리프트	동력을 사용하여 가이드레일을 따라 움직이는 지지대로 자동차 등을 일정한 높이로 올리거나 내리는 구조의 리프트로서 자동차정비에 사용하는 것
	이삿짐 운반용 리프트	연장 및 축소가 가능하고 끝단을 건축물 등에 지지하는 구조의 사다리형 붐에 따라 동력을 사용하여 움직이는 운반구를 매달아 화물을 운반하는 설비로서 화물자동차 등 차량 위에 탑재하여 이삿짐 운반 등에 사용하는 것(적재하중이 0.1톤 이상인 것으로 한정)
곤돌라		달기발판 또는 운반구·승강장치 그 밖의 장치 및 이들에 부속된 기계부품에 의하여 구성되고, 와이어로프 또는 달기강선에 의하여 달기발판 또는 운반구가 전용의 승강장치에 의하여 오르내리는 설비
승강기	승객용 엘리베이터	사람의 운송에 적합하게 제조·설치된 엘리베이터
	승객화물용 엘리베이터	사람의 운송과 화물 운반을 겸용하는데 적합하게 제조·설치된 엘리베이터
	화물용 엘리베이터	화물운반에 적합하게 제조·설치된 엘리베이터로서 조작자 또는 화물취급자 1명은 탑승할 수 있는 것(적재용량이 300킬로그램 미만인 것은 제외)
	소형화물용 엘리베이터	음식물이나 서적 등 소형 화물의 운반에 적합하게 제조·설치된 엘리베이터로서 사람의 탑승이 금지된 것
	에스컬레이터	일정한 경사로 또는 수평로를 따라 위·아래 또는 옆으로 움직이는 디딤판을 통해 사람이나 화물을 승강장으로 운송시키는 설비

2) 방호장치의 종류

(1) 양중기의 방호장치의 종류 ★★★

방호장치의 조정 대상	① 크레인 ② 이동식 크레인 ③ 리프트 ④ 곤돌라 ⑤ 승강기
방호장치의 종류	① 과부하방지장치 ② 권과방지장치 ③ 비상정지장치 및 제동장치 ④ 그 밖의 방호장치(승강기의 파이널 리미트 스위치, 속도조절기, 출입문 인터록 등)

3) 양중기의 안전기준 ★★★

(1) 크레인 작업 시 조치 및 준수사항(근로자 교육내용)

① 인양할 하물(荷物)을 바닥에서 끌어당기거나 밀어내는 작업을 하지 아니할 것
② 유류드럼이나 가스통 등 운반 도중에 떨어져 폭발하거나 누출될 가능성이 있는 위험물용기는 보관함(또는 보관고)에 담아 안전하게 매달아 운반할 것
③ 고정된 물체를 직접 분리·제거하는 작업을 하지 아니할 것
④ 미리 근로자의 출입을 통제하여 인양중인 하물이 작업자의 머리 위로 통과하지 않도록 할 것
⑤ 인양할 하물이 보이지 아니하는 경우에는 어떠한 동작도 하지 아니할 것(신호하는 사람에 의하여 작업을 하는 경우는 제외)

(2) 폭풍 등에 의한 안전조치사항

풍속의 기준	내용	시기	조치사항
순간풍속이 초당 30m 초과	폭풍에 의한 이탈방지	바람이 불어올 우려가 있는 경우	옥외에 설치된 주행크레인의 이탈방지 장치 작동 등 이탈방지를 위한 조치
	폭풍 등으로 인한 이상유무 점검	바람이 불거나 중진 이상 진도의 지진이 있은 후	옥외에 설치된 양중기를 사용하여 작업하는 경우 미리 기계 각 부위에 이상이 있는지 점검
순간풍속이 초당 35m 초과	붕괴 등의 방지	바람이 불어올 우려가 있는 경우	건설용 리프트의 받침의 수를 증가시키는 등 붕괴방지조치
	폭풍에 의한 무너짐 방지		옥외에 설치된 승강기의 받침의 수를 증가시키는 등 무너지는 것을 방지하기 위한 조치

4) 양중기의 와이어로프 등

(1) 와이어로프의 안전계수 ★★★

근로자가 탑승하는 운반구를 지지하는 달기와이어로프 또는 달기체인의 경우	10 이상
화물의 하중을 직접 지지하는 경우 달기와이어로프 또는 달기체인의 경우	5 이상
훅, 샤클, 클램프, 리프팅 빔의 경우	3 이상
그 밖의 경우	4 이상

예제

리프트의 안전장치에 해당하지 않는 것은?

① 권과방지장치
② 속도조절기(조속기)
③ 과부하방지장치
④ 비상정지장치

정답 ②

예제

건설작업용 리프트에 대하여 바람에 의한 붕괴를 방지하는 조치를 한다고 할 때 그 기준이 되는 최소 풍속은?

① 순간 풍속 10m/sec 초과
② 순간 풍속 15m/sec 초과
③ 순간 풍속 30m/sec 초과
④ 순간 풍속 35m/sec 초과

정답 ④

예제

양중기의 와이어로프 등 달기구의 안전계수 기준으로 옳은 것은? (단, 화물의 하중을 직접 지지하는 달기와이어로프 또는 달기체인의 경우)

① 3 이상
② 4 이상
③ 5 이상
④ 6 이상

정답 ③

(2) 와이어로프의 절단방법

① 절단하여 양중 작업 용구 제작 시 : 반드시 기계적인 방법으로 절단(가스용단 등 열에 의한 방법 금지)
  ㉠ 기계적인 방법 ㉡ 유압식 절단 ㉢ 숫돌절단 방법
② 아크, 화염, 고온부 접촉 등으로 인하여 열 영향을 받은 와이어로프 사용금지(강도저하)

(3) 양중기 와이어로프 및 체인 등의 사용금지 조건 ★★★

양중기 와이어로프	① 이음매가 있는 것 ② 와이어로프의 한 꼬임(스트랜드)에서 끊어진 소선(필러선 제외)의 수가 10% 이상(비자전로프의 경우에는 끊어진 소선의 수가 와이어로프 호칭지름의 6배 길이 이내에서 4개 이상이거나 호칭지름 30배 길이 이내에서 8개 이상)인 것 ③ 지름의 감소가 공칭지름의 7%를 초과하는 것 ④ 꼬인 것 ⑤ 심하게 변형되거나 부식된 것 ⑥ 열과 전기충격에 의해 손상된 것
양중기 달기체인	① 달기체인의 길이가 달기체인이 제조된 때의 길이의 5%를 초과한 것 ② 링의 단면지름이 달기체인이 제조된 때의 해당 링의 지름의 10%를 초과하여 감소한 것 ③ 균열이 있거나 심하게 변형된 것

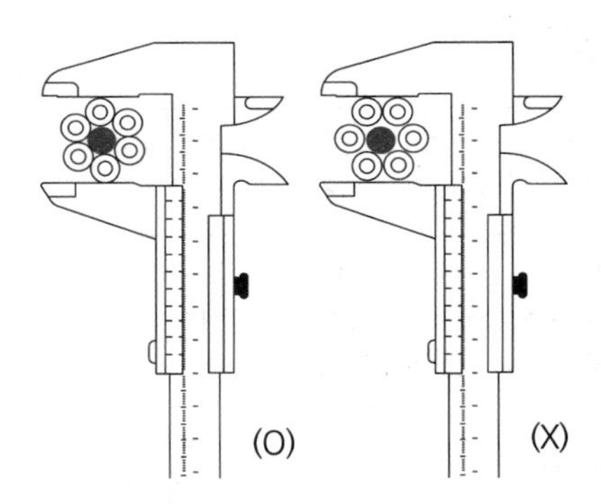

▲ 와이어 로프의 직경 측정법

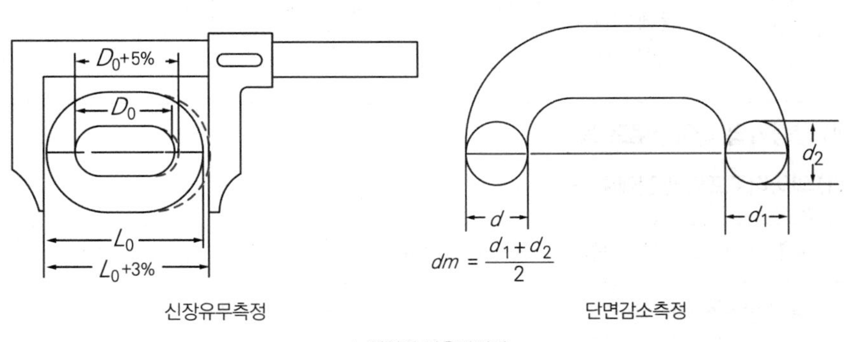

▲ 체인의 사용판정법

예제

다음 중 양중기에서 사용하는 와이어로프에 관한 설명으로 틀린 것은?

① 와이어로프 1줄의 파단강도가 10톤, 인양하중이 4톤, 로프의 줄 수가 2줄이면 안전율은 5이다.
② 와이어로프의 지름감소가 공칭지름의 7% 정도 절단된 것은 사용할 수 있다.
③ 달기 체인의 길이 증가는 제조 당시의 7%까지 허용된다.
④ 양중기에서 사용되는 와이어로프는 화물 하중을 직접 지지하는 경우 안전계수를 5 이상으로 해야 한다.

정답 ③

(4) 와이어로프의 구성 ★

① 구성요소
　㉠ 소선(wire)
　㉡ 가닥(strand)
　㉢ 심(core) 또는 심강
② 와이어로프의 구성 표시 방법

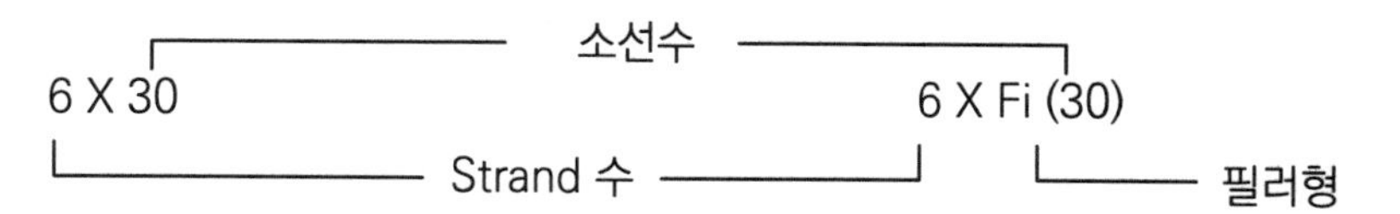

(5) 와이어로프의 꼬임 ★★

구분	보통꼬임(Ordinary lay)	랭꼬임(Lang's lay)
개념	스트랜드의 꼬임 방향과 로프의 꼬임방향이 반대로 된 것	스트랜드의 꼬임방향과 로프의 꼬임방향이 동일한 것
특성	① 소선의 외부길이가 짧아 쉽게 마모 ② 킹크가 잘 생기지 않으며 로프자체변형이 적음 ③ 하중에 대한 큰 저항성 ④ 선박, 육상 등에 많이 사용되며, 취급이 용이	① 소선과 외부의 접촉길이가 보통꼬임에 비해 길다 ② 꼬임이 풀리기 쉽고, 킹크가 생기기 쉽다 ③ 내마모성, 유연성, 내피로성이 우수

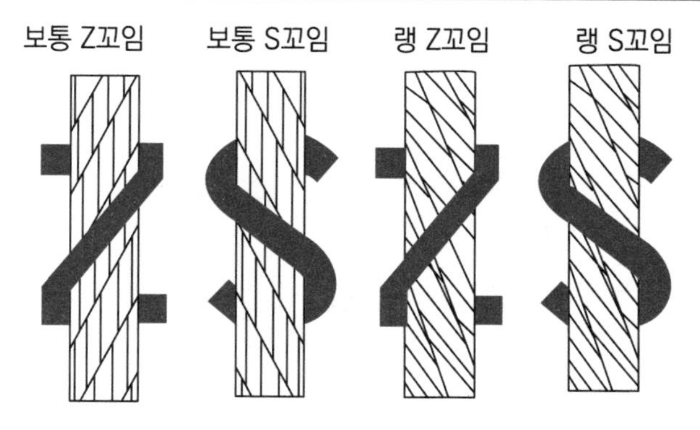

▲ 와이어 로프 꼬는 방법

예제

크레인용 와이어로프에서 보통꼬임이 랭꼬임에 비하여 우수한 점은?

① 킹크의 발생이 적다.
② 수명이 길다.
③ 내마모성이 우수하다.
④ 소선의 접촉 길이가 길다.

정답 ①

(6) 클립 수와 간극 및 클립 고정법

로프의 직경(mm)	클립수	클립의 간격(mm)	장치 방법
9 ~ 16	4	80	(○)
18	5	110	
22.4	5	130	
25	5	150	(×)
28	5	180	
31.5	6	200	
35.5	7	230	(×)
37.5	8	250	

(7) 와이어로프에 걸리는 하중 ★★

① 와이어로프의 안전율

$$안전율\ (S) = \frac{로프의\ 가닥수(N) \times 로프의\ 파단하중(P) \times 단말고정이음효율(nR)}{안전하중(최대사용하중,\ W) \times 하중계수(C)}$$

② 와이어로프에 걸리는 하중계산

와이어로프에 걸리는 총하중	총하중 (W)=정하중(W_1)+동하중 (W_2) 동하중 $(W_2) = \frac{W_1}{g} \times a$ [g : 중력가속도(9.8m/s²) a : 가속도(m/s²)]
슬링와이어로프의 한 가닥에 걸리는 하중	하중 $= \frac{화물의\ 무게(W_1)}{2} \div \cos\frac{\theta}{2}$

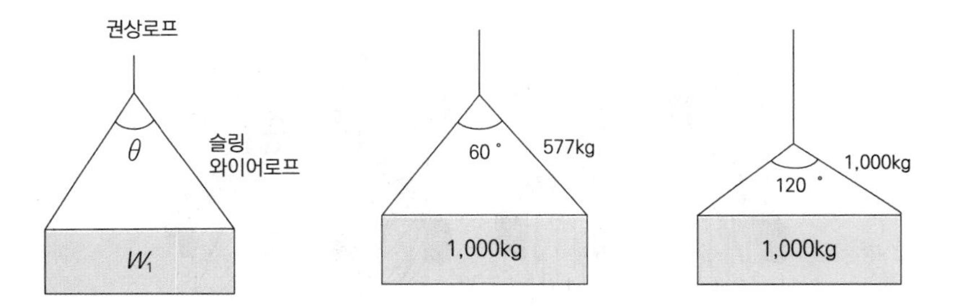

예제

크레인 작업 시 3ton의 중량을 걸어 10m/s²의 가속도로 감아올릴 때 로프에 걸리는 총 하중은 약 몇 kgf인가?

① 6061
② 4052
③ 3000
④ 8459

정답 ①

예제

차량계하역운반기계를사용하는작업에 있어 고려되어야 할 사항과 가장 거리가 먼 것은?

① 작업지휘자의 배치
② 유도자의 배치
③ 갓길 붕괴 방지 조치
④ 안전관리자의 선임

정답 ④

4 운반기계

1) 차량계하역 운반기계의 안전기준 ★★★

종류	지게차·구내운반차·화물자동차 및 고소작업대
작업계획서 내용	① 해당 작업에 따른 추락, 낙하, 전도, 협착 및 붕괴 등의 위험 예방대책 ② 차량계 하역운반기계 등의 운행경로 및 작업방법
작업지휘자 지정	화물자동차를 사용하는 도로상의 주행작업은 제외한다.
제한속도의 지정	최대제한속도가 시속 10킬로미터 이하인 것을 제외한다
전도 등의 방지	① 유도자 배치 ② 부동침하 방지조치 ③ 갓길의 붕괴방지조치
화물적재시의 조치	① 하중이 한쪽으로 치우치지 않도록 적재할 것 ② 구내운반차 또는 화물자동차의 경우 화물의 붕괴 또는 낙하에 의한 위험을 방지하기 위하여 화물에 로프를 거는 등 필요한 조치를 할 것 ③ 운전자의 시야를 가리지 않도록 화물을 적재할 것
탑승 제한	승차석 외의 위치에 근로자 탑승금지(화물자동차 제외)
운전위치 이탈시의 조치	① 포크, 버킷, 디퍼 등의 장치를 가장 낮은 위치 또는 지면에 내려 둘 것 ② 원동기를 정지시키고 브레이크를 확실히 거는 등 차량계 하역운반기계등, 차량계 건설기계의 갑작스러운 이동을 방지하기 위한 조치를 할 것 ③ 운전석을 이탈하는 경우에는 시동키를 운전대에서 분리시킬 것. 다만, 운전석에 잠금장치를 하는 등 운전자가 아닌 사람이 운전하지 못하도록 조치한 경우는 그러하지 아니하다.
차량계 하역운반 기계의 이송	① 싣거나 내리는 작업은 평탄하고 견고한 장소에서 할 것 ② 발판을 사용하는 경우에는 충분한 길이·폭 및 강도를 가진 것을 사용하고 적당한 경사를 유지하기 위하여 견고하게 설치할 것 ③ 가설대 등을 사용하는 경우에는 충분한 폭 및 강도와 적당한 경사를 확보할 것 ④ 지정운전자의 성명·연락처 등을 보기 쉬운 곳에 표시하고 지정운전자 외에는 운전하지 않도록 할 것
수리 등의 작업 시 작업지휘자 준수사항	① 작업순서를 결정하고 작업을 지휘할 것 ② 안전지지대 또는 안전블록 등의 사용상황 등을 점검할 것
단위화물의 무게 100kg 이상 화물취급시 작업지휘자 준수사항	① 작업순서 및 그 순서마다의 작업방법을 정하고 작업을 지휘할 것 ② 기구와 공구를 점검하고 불량품을 제거할 것 ③ 해당 작업을 하는 장소에 관계근로자가 아닌 사람이 출입하는 것을 금지할 것 ④ 로프 풀기 작업 또는 덮개 벗기기 작업은 적재함의 화물이 떨어질 위험이 없음을 확인한 후에 하도록 할 것

예제

차량계하역운반기계에서화물을싣거나 내리는 작업에서 작업지휘자가 준수해야할 사항과 가장 거리가 먼 것은?

① 작업순서 및 그 순서마다의 작업방법을 정하고 작업을 지휘하는 일
② 기구 및 공구를 점검하고 불량품을 제거하는 일
③ 당해 작업을 행하는 장소에 관계근로자 외의 자의 출입을 금지하는 일
④ 총 화물량을 산출하는 일

정답 ④

예제

차량계 하역운반기계에 화물을 적재할 때의 준수사항과 거리가 먼 것은?

① 하중이 한쪽으로 치우치지 않도록 적재할 것
② 구내운반차 또는 화물자동차의 경우 화물의 붕괴 또는 낙하에 의한 위험을 방지하기 위하여 화물에 로프를 거는 등 필요한 조치를 할 것
③ 운전자의 시야를 가리지 않도록 화물을 적재할 것
④ 제동장치 및 조정장치 기능의 이상 유무를 점검할 것

정답 ④

예제

차량계 하역운반기계의 운전자가 운전위치를 이탈하는 경우 조치해야 할 내용 중 틀린 것은?

① 포크 및 버킷을 가장 높은 위치에 두어 근로자 통행을 방해하지 않도록 하였다.
② 원동기를 정지시켰다.
③ 브레이크를 걸어두고 확인 하였다.
④ 경사지에서 갑작스런 주행이 되지 않도록 바퀴에 블록 등을 놓았다.

정답 ①

2) 구내 운반차 및 화물자동차

구내 운반차	사용시 준수사항	① 주행을 제동하거나 정지상태를 유지하기 위하여 유효한 제동장치를 갖출 것 ② 경음기를 갖출 것 ③ 운전자석이 차실내에 있는 것은 좌우에 한개씩 방향지시기를 갖출 것 ④ 전조등과 후미등을 갖출 것(작업을 안전하게 하기 위하여 필요한 조명이 있는 장소에서 사용하는 구내운반차는 제외) ⑤ 구내운반차가 후진 중에 주변의 근로자 또는 차량계하역운반기계등과 충돌할 위험이 있는 경우에는 구내운반차에 후진경보기와 경광등을 설치할 것
화물 자동차	승강설비 설치	바닥으로부터 짐 윗면까지의 높이가 2미터 이상인 화물자동차에 짐을 싣는 작업 또는 내리는 작업을 하는 경우 근로자의 추가위험을 방지하기 위해 근로자가 바닥과 적재함의 짐 윗면 간을 오르내리기 위한 설비 설치
	섬유로프 등의 사용금지	① 꼬임이 끊어진 것 ② 심하게 손상 또는 부식된 것
	섬유로프 등의 작업시작 전 조치사항(사업주)	① 작업순서와 순서별 작업방법을 결정하고 작업을 직접 지휘하는 일 ② 기구와 공구를 점검하고 불량품을 제거하는 일 ③ 해당 작업을 하는 장소에 관계근로자가 아닌 사람의 출입을 금지하는 일 ④ 로프 풀기 작업 및 덮개 벗기기 작업을 하는 경우에는 적재함의 화물에 낙하위험이 없음을 확인한 후에 해당 작업의 착수를 지시하는 일
	화물 빼내기 금지	화물을 내리는 작업을 하는 경우 쌓여 있는 화물의 중간에서 화물빼내기 금지

예제

화물취급 작업 시 준수사항으로 옳지 않은 것은?

① 꼬임이 끊어지거나 심하게 부식된 섬유로프는 화물운반용으로 사용해서는 아니 된다.
② 섬유로프 등을 사용하여 화물취급 작업을 하는 경우에 해당 섬유로프 등을 점검하고 이상을 발견한 섬유로프 등을 즉시 교체하여야 한다.
③ 차량 등에서 화물을 내리는 작업을 하는 경우에 해당 작업에 종사하는 근로자에게 쌓여 있는 화물의 중간에서 필요한 화물을 빼낼 수 있도록 허용한다.
④ 하역작업을 하는 장소에서 작업장 및 통로의 위험한 부분에는 안전하게 작업할 수 있는 조명을 유지한다.

정답 ③

3) 고소작업대 설치 등의 조치

설치 기준	① 작업대를 와이어로프 또는 체인으로 올리거나 내릴 경우에는 와이어로프 또는 체인이 끊어져 작업대가 떨어지지 아니하는 구조여야 하며, 와이어로프 또는 체인의 안전율은 5 이상일 것 ② 작업대를 유압에 의해 올리거나 내릴 경우는 작업대를 일정한 위치에 유지할 수 있는 장치를 갖추고 압력의 이상저하를 방지할 수 있는 구조일 것 ③ 권과방지장치를 갖추거나 압력의 이상상승을 방지할 수 있는 구조일 것 ④ 붐의 최대 지면 경사각을 초과 운전하여 전도되지 않도록 할 것 ⑤ 작업대에 정격하중(안전율 5 이상)을 표시할 것 ⑥ 작업대에 끼임·충돌 등 재해를 예방하기 위한 가드 또는 과상승방지장치를 설치할 것 ⑦ 조작반의 스위치는 눈으로 확인할 수 있도록 명칭 및 방향표시를 유지할 것
설치시 준수 사항	① 바닥과 고소작업대는 가능하면 수평을 유지하도록 할 것 ② 갑작스러운 이동을 방지하기 위하여 아웃트리거(outrigger) 또는 브레이크 등을 확실히 사용할 것
이동시 준수 사항	① 작업대를 가장 낮게 내릴 것 ② 작업자를 태우고 이동하지 말 것(다만, 이동중 전도 등의 위험 예방을 위하여 유도하는 사람을 배치하고 짧은 구간을 이동하는 경우에는 작업대를 가장 낮게 내린 상태에서 작업자를 태우고 이동할 수 있다.) ③ 이동통로의 요철상태 또는 장애물의 유무 등을 확인할 것
사용시 준수 사항	① 작업자가 안전모·안전대 등의 보호구를 착용하도록 할 것 ② 관계자가 아닌 사람이 작업구역에 들어오는 것을 방지하기 위하여 필요한 조치를 할 것 ③ 안전한 작업을 위하여 적정수준의 조도를 유지할 것 ④ 전로(電路)에 근접하여 작업을 하는 경우에는 작업감시자를 배치하는 등 감전사고를 방지하기 위하여 필요한 조치를 할 것 ⑤ 작업대를 정기적으로 점검하고 붐·작업대 등 각 부위의 이상 유무를 확인 할 것 ⑥ 전환스위치는 다른 물체를 이용하여 고정하지 말 것 ⑦ 작업대는 정격하중을 초과하여 물건을 싣거나 탑승하지 말 것 ⑧ 작업대의 붐대를 상승시킨 상태에서 탑승자는 작업대를 벗어나지 말 것. 다만, 작업대에 안전대 부착설비를 설치하고 안전대를 연결하였을 때에는 그러하지 아니하다.

예제

건축물의 층고가 높아지면서, 현장에서 고소작업대의 사용이 증가하고 있다. 고소작업대의 사용 및 설치기준으로 옳은 것은?

① 작업대를 와이어로프 또는 체인으로 올리거나 내릴 경우에는 와이어로프 또는 체인의 안전율은 10 이상일 것
② 작업대를 올린 상태에서 항상 작업자를 태우고 이동할 것
③ 바닥과 고소작업대는 가능하면 수직을 유지하도록 할 것
④ 갑작스러운 이동을 방지하기 위하여 아웃트리거(outrigger) 또는 브레이크 등을 확실히 사용할 것

정답 ④

CHAPTER 04

기계안전시설 관리

01 안전시설 관리 계획하기

1 기계 방호장치

1) 작업점 가드의 설치

(1) 설치 기준 ★

① 충분한 강도를 유지할 것
② 구조가 단순하고 조정이 용이할 것
③ 작업, 점검, 주유시 등 장애가 없을 것
④ 위험점 방호가 확실할 것
⑤ 개구부등 간격(틈새)이 적정할 것

(2) 개구부 간격 ★★

① ILO기준

$$y=6+0.15x\ (x<160\text{mm})\ (\text{단, } x\ \geq 160\text{mm일 때, } y=30\text{mm})$$

x : 개구면에서 위험점까지의 최단거리(mm)
y : x에 대한 개구부 간격(mm)

② 위험점이 대형기계의 전동체(동력전도부분)인 경우

$$y=\frac{X}{10}+6\text{mm}\ (\text{단, } X<760\text{mm에서 유효})$$

(3) 가드에 필요한 공간 [공간 함정(Trap) 방지를 위한 최소틈새]

신체부위	몸	다리	발과 팔	손목	손가락
트랩 방지 위한 최소 틈새	500mm	180mm	120mm	100mm	25mm
트랩의 예					

예제

동력전달부분의 전방 50cm 위치에 설치한 일방 평행 보호망에서 가드용 재료의 최대 구멍크기는 얼마인가?

① 56mm
② 45mm
③ 68mm
④ 81mm

정답 ①

예제

개구면에서 위험점까지의 거리가 50mm 위치에 풀리(pully)가 회전하고 있다. 가드(Guard)의 개구부 간격으로 설정할 수 있는 최댓값은?

① 9.0mm
② 13.5mm
③ 12.5mm
④ 25mm

정답 ②

2) 가드의 종류별 특징

(1) 고정형 가드

① 완전 밀폐형 : 덮개나 울 등을 동력 전달부 또는 돌출 회전물에 고정 설치하여 작업자를 위험장소로부터 완전히 격리 차단하는 방법
② 작업점용 : 재료나 부품을 송급하거나 배출할 때 작업에 방해를 주지 않으면서 작업자가 위험점에 접근하지 못하도록 하는 구조(일차 가공 작업)

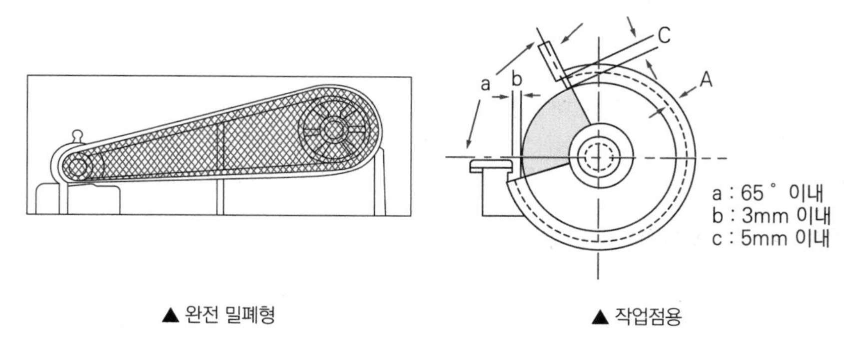

▲ 완전 밀폐형 ▲ 작업점용

(2) 자동형(연동형)

작업의 상황에서 가드를 개방해야만 하는 경우, 기계가 작동 중인 상태로 가드를 개방하거나 가드를 개방한 상태에서 기계를 작동시키는 작업자의 실수(불안전한 행동)를 방지하기 위하여 기계적, 전기적, 유공압적 방법에 의한 inter Lock 장치가 부착된 가드를 설치

(3) 조절형

위험구역에 맞도록 적당한 모양으로 조절하는 것으로 기계에 사용하는 공구를 바꿀 때 주로 사용(칼날접촉 예방장치, 날 접촉 예방장치 등)

2 안전작업 절차

1) 안전작업 절차에 관한 책임

안전보건관리책임자	관리대상인 사업장 내·외 모든 지역에서 안전작업절차가 실행되도록 해야 함
안전보건담당부서	지침의 작성, 유지 및 관련 도구, 양식 등 개발관련 교육과정 제공하고, 안전작업절차의 개발 및 사용을 감사
근로자	모든 근로자는 담당 작업에서 실행해야 하는 안전작업절차를 준수

2) 안전작업절차서

개요	① 작업안전분석(JSA), 작업위험분석(JHA), 안전작업방법 기술서(SWMS)는 표준화된 안전작업 수행 방법을 위험성평가에 기반하여 기술한 절차서. ② 작업수행시 발생하는 재해 위험성의 감소를 보장하기 위해 위험요인, 위험성평가, 위험관리 방법을 기술(작업수행 인원에 대한 안전이 목적)
포함 내용	① 작업수행방법에 대한 설명 ② 안전, 환경 위험성에 대한 기술 ③ 작업 시 관리조치에 대한 기술 ④ 준수해야할 법령, 기준, 지침 등 기술 ⑤ 장비 및 장비 운용자의 자격, 안전 작업방법에 대한 교육 등에 관한 기술 ⑥ 안전, 환경에 위험성이 있다고 평가되는 작업의 확인 ⑦ 안전, 환경적으로 보장된 작업을 수행하기 위해 필요한 조치에 관한 기술

3) 안전작업절차서의 개발단계

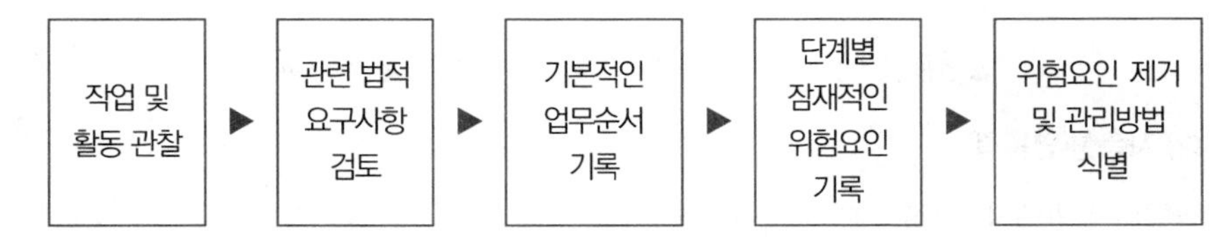

3 공정도를 활용한 공정분석

1) 공정분석

개요	재료나 제품이 현장에서 만들어지는 경로와 과정을 처리되는 순서에 따라 정해진 기호를 사용하여 나타냄으로 공정의 흐름을 쉽게 파악하고 개선을 위한 분석에 활용
공정도	제품이 어떤 조건에서 어떤 과정을 통해 제조되는지 간결하고 명확하게 기호로 표현하는 방법
목적	공정의 구성이나 공정의 상호관계를 명확히 함으로 생산기간, Layout 및 전반적인 시스템의 문제점을 파악하여 개선하기 위한 목적으로 실시하는 분석기법

2) 공정 도시 기호 ★★★

요소 공정	기호의 명칭	공정기호	설명
가공	가공	○	원료, 재료, 부품 또는 제품의 모양, 성질에 변화를 주는 과정
운반	운반	○ ⇨	원료, 재료, 부품 또는 제품의 위치에 변화를 주는 과정
정체	저장	▽	원료, 재료, 부품 또는 제품을 계획에 따라 저장하고 있는 과정
	지체	D	원료, 재료, 부품 또는 제품이 계획과는 달리 지체되고 있는 상태
검사	수량 검사	□	원료, 재료, 부품 또는 제품의 양 또는 개수를 계량하여 그 결과를 기준과 비교하여 차이를 아는 과정
	품질 검사	◇	원료, 재료, 부품 또는 제품의 품질특성을 시험하고, 그 결과를 기준과 비교하여 로트의 합격, 불합격 또는 개개 제품의 양호, 불량을 판정하는 과정

4 Fool Proof

1) Fool-proof의 개념 ★★★

(1) 해당 기계 설비에 대하여 사전지식이 없는 작업자가 기계를 취급하거나 오조작을 하여도 위험이나 실수가 발생하지 않도록 설계된 구조를 말하며본질적인 안전화를 의미한다.

(2) 위험 부분을 방호하는 덮개나 울 그리고 이동식 가드의 인터록 기구 등이 반드시 설치되어 있어야 한다.

(3) 「실패가 없다」 「바보라도 취급한다」라는 뜻으로 정리하면,

① 정해진 순서대로 조작하지 않으면 기계가 작동하지 않는다.

② 오조작을 하여도 사고가 나지 않는다

예제

공정도시기호에서 기호▽ 의 설명으로 맞는 것은?

① 원료, 재료, 부품 또는 제품을 계획에 따라 저장하고 있는 과정

② 원료, 재료, 부품 또는 제품의 모양, 성질에 변화를 주는 과정

③ 원료, 재료, 부품 또는 제품의 위치에 변화를 주는 과정

④ 원료, 재료, 부품 또는 제품의 양 또는 개수를 계량하여 그 결과를 기준과 비교하여 차이를 아는 과정

정답 ①

예제

기계의 각 작동 부분 상호간을 전기적, 기구적, 유공압장치 등으로 연결해서 기계의 각 작동 부분이 정상으로 작동하기 위한 조건이 만족 되지 않을 경우 자동적으로 그 기계를 작동할 수 없도록 하는 것은?

① 과부하방지장치
② 인터록기구
③ 트립기구
④ 오버런기구

정답 ②

2) 대표적인 Fool proof의 기구 ★★★

종류	형식	기능
가드 (Guard)	고정 가드 (Fixed Guard)	개구부로부터 가공물과 공구 등을 넣어도 손은 위험영역에 머무르지 않는 형태
	조절 가드 (Adjustable Guard)	가공물과 공구에 맞도록 형상과 크기를 조절하는 형태
	경고 가드 (Warning Guard)	손이 위험영역에 들어가기 전에 경고를 하는 형태
	인터록 가드 (Interlock Guard)	기계가 작동 중에 개폐되는 경우 정지하는 형태
록기구 (Lock 기구)	인터록 (Interlock)	기계식, 전기식, 유공압입식 또는 이들의 조합으로 2개 이상의 부분이 상호 구속되는 형태
	키이식 인터록 (Key Type Interlock)	열쇠를 사용하여 한쪽을 잠그지 않으면 다른 쪽이 열리지 않는 형태
	키이 록 (Key lock)	1개 또는 상호 다른 여러 개의 열쇠를 사용하며, 전체의 열쇠가 열리지 않으면 기계가 조작되지 않는 형태
오버런기구 (Over run 기구)	검출식 (Detecting)	스위치를 끈 후 관성운동과 잔류전하를 검지하여 위험이 있는 동안은 가드가 열리지 않는 형태
	타이밍식 (Timing type)	기계식 또는 타이머 등을 이용하여 스위치를 끈 후 일정 시간이 지나지 않으면 가드가 열리지 않는 형태
트립 기구 (Trip 기구)	접촉식 (Contact type)	접촉판, 접촉봉 등으로 신체의 일부가 위험영역에 접근하면 기계가 정지 하는 형태
	비접촉식 (No-Contact type)	광선식, 정전용량식 등으로 신체의 일부가 위험 영역에 접근하면 기계가 정지 또는 역전복귀 하며, 신체일부가 위험영역에 들어갔을 경우 기계가 기동하지 않는 형태
밀어내기기구 (Push & Pull 기구)	자동가드	가드의 가동부분이 열렸을 때 자동적으로 위험지역으로부터 신체를 밀어내는 형태
	손을 밀어 냄 손을 끌어당김	위험한 상태가 되기 전에 손을 위험지역으로부터 밀어내거나 끌어당겨 제자리로 오게 하는 형태
기동방지 기구	안전블록	기계의 기동을 기계적으로 방해하는 스토퍼 등으로써 통상 안전 블록과 함께 사용하는 형태
	안전 플러그	제어회로 등으로 설계된 접점을 차단하는 것으로 불의의 기동을 방지하는 형태
	레버록	조작레버를 중립위치에 놓으면 자동적으로 잠기는 형태

5 Fail Safe ★★★

1) Fail Safe의 정의

인간 또는 기계의 조작상의 과오로 기기의 일부에 고장이 발생해도 다른 부분의 고장이 발생하는 것을 방지하거나 사고를 사전에 방지하고 안전 측으로 작동하도록 설계하는 방법

2) 구조적 Fail Safe

다경로 하중 구조	중복구조, 병렬구조, m out of n 구조라고도 하며, 하중을 전달하는 첫 번째 부재가 파손되어도 두 번째가 안전하면 파괴되는 일 없이 안전하게 작동
분할구조	조합구조라 하며 하나의 부재를 둘 이상으로 분할하여 분할부재를 결합하여 부재의 역할이 이루어지도록 함. 파괴가 되어도 분할부재 한 쪽만 파괴되고 전체 기능에는 이상이 없도록 한 구조
교대구조	대기 병렬구조로써 하중을 받고 있는 부재가 파괴될 경우 대기 중이던 부재가 하중을 담당하게 되는 구조
하중 경감구조	일부 부재의 강도를 약하게 하여 파손이 되더라도 다른 쪽 부재로 하중이 이동하면서 치명적인 파괴를 예방하는 구조

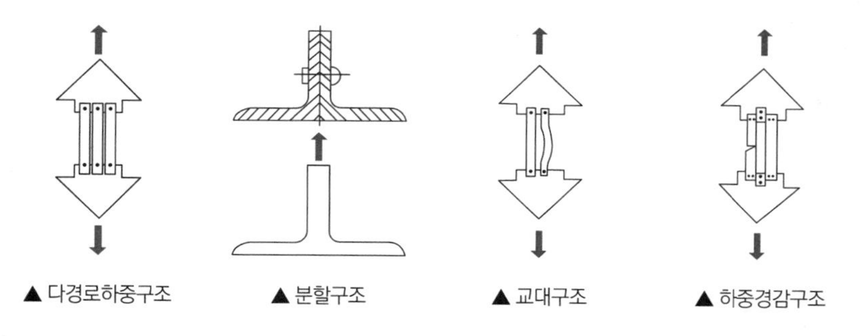

▲ 다경로하중구조 ▲ 분할구조 ▲ 교대구조 ▲ 하중경감구조

3) Fail Safe의 기능면에서의 분류(3단계)

Fail-passive	부품이 고장났을 경우 통상기계는 정지하는 방향으로 이동(일반적인 산업기계)
Fail-active	부품이 고장났을 경우 기계는 경보를 울리는 가운데 짧은 시간동안 운전 가능
Fail-operational	부품의 고장이 있더라도 기계는 추후 보수가 이루어질 때까지 안전한 기능 유지(병렬구조 등으로 되어 있으며 운전상 가장 선호하는 방법)

예제

다음 중 기계 또는 설비에 이상이나 오동작이 발생하여도 안전사고를 발생시키지 않도록 2중 또는 3중으로 통제를 가하도록 한 체계에 속하지 않는 것은?

① 다경로하중구조
② 하중경감구조
③ 교대구조
④ 격리구조

정답 ④

예제

페일 세이프(fail safe) 기능의 3단계 중 페일 액티브(fail active)에 관한 내용으로 옳은 것은?

① 부품고장시 병렬계통방식이 작동되어 안전기능이 유지된다.
② 부품고장시 기계는 정지방향으로 이동한다.
③ 부품고장시 추후 보수까지는 안전기능을 유지한다.
④ 부품고장시 기계는 경보를 울리나 짧은 시간내 운전은 가능하다.

정답 ④

예제

부품에 고장이 있더라도 플레이너 공작기계를 가장 안전하게 운전할 수 있는 방법은?

① fail – operational
② fail – active
③ fail – passive
④ fail – soft

정답 ①

02 안전시설 설치하기

1 안전시설물 설치기준

1) 안전시설 관리 계획 수립

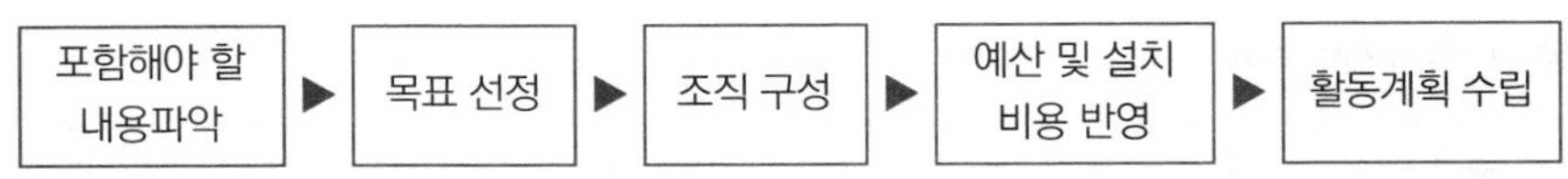

2) 안전시설 설치 시 안전에 관한 유의사항

① 설치 기준의 절차에 따라 수행
② 설치시 안전을 위한 개인보호구 착용
③ 관련 법령, 기준, 지침을 분석하여 사업장 상황에 맞게 적용
④ 위험예방을 위한 안전조치를 적극적으로 제시 및 반영

3) 안전시설물 설치기준의 예시 ★

(1) 강관비계의 구조(준수사항)

비계기둥의 간격	띠장 방향에서는 1.85미터 이하, 장선 방향에서는 1.5미터 이하로 할 것
띠장 간격	2.0미터 이하로 할 것
비계기둥	비계기둥의 제일 윗부분으로부터 31미터되는 지점 밑부분의 비계기둥은 2개의 강관으로 묶어 세울 것
적재하중	비계기둥 간의 적재하중은 400킬로그램을 초과하지 않도록 할 것

(2) 말비계의 조립 시 준수사항

① 지주부재의 하단에는 미끄럼 방지장치를 하고, 근로자가 양측 끝부분에 올라서서 작업하지 않도록 할 것
② 지주부재와 수평면의 기울기를 75도 이하로 하고, 지주부재와 지주부재 사이를 고정시키는 보조부재를 설치할 것
③ 말비계의 높이가 2미터를 초과하는 경우에는 작업발판의 폭을 40센티미터 이상으로 할 것

4) 안전시설물 설치 시 주의사항

① 작업하중에 의해 붕괴되지 않도록 설치
② 비계기둥이 좌굴 등에 의해 파괴되지 않도록 설치
③ 흔들리거나 작업에 방해되지 않도록 작업성 확보
④ 설치, 해체가 용이하고, 설치비가 적정한 경제성 확보

▲ 안전시설물 설치

예제

말비계를 조립하여 사용하는 경우의 준수사항으로 옳지 않은 것은?

① 지주부재의 하단에는 미끄럼 방지장치를 할 것
② 지주부재와 수평면과의 기울기는 85° 이하로 할 것
③ 말비계의 높이가 2m를 초과할 경우에는 작업발판의 폭을 40cm 이상으로 할 것
④ 지주부재와 지주부재 사이를 고정시키는 보조부재를 설치할 것

정답 ②

2 안전보건표지 설치기준

1) 안전보건표지 개요 및 설치

개요	유해하거나 위험한 장소·시설·물질에 대한 경고, 비상시에 대처하기 위한 지시·안내 또는 그 밖에 근로자의 안전 및 보건 의식을 고취하기 위한 사항 등을 그림, 기호 및 글자 등으로 나타낸 표지
설치	① 근로자가 쉽게 알아볼 수 있는 장소·시설 또는 물체에 설치하거나 부착 ② 흔들리거나 쉽게 파손되지 않도록 견고하게 설치하거나 부착 ③ 안전보건표지의 성질상 설치하거나 부착하는 것이 곤란한 경우에는 해당 물체에 직접 도색할 수 있다.

2) 안전보건표지의 사용방법

금지표지	둥근모양, 흰색배경, 빨간색 글자 및 대각선(표지영역의 최소 35%를 차지하는 빨간색 부분)에 검정색 픽토그램 사용
경고표지	삼각형 모양, 검은색 글자가 있는 노란색 바탕에 검정색 픽토그램(표지영역의 최소 50%를 차지하는 노란색 부분)
화학물질 경고표지	마름모 모양, 흰색배경, 검정색 픽토그램
경고표지/ 지시표지	둥근모양, 파란색 배경에 흰색그림(문자영역의 최소 50%를 차지하는 파란색 부문)
안내표지	직사각형 또는 사각형, 녹색배경에 흰색그림 문자(표지영역의 50%를 차지 하는 녹색부문) 비상탈출 표지의 경우 탈출방향과 화살표의 위치가 모순되지 않도록 주의
소방표지판	직사각형 또는 사각형, 빨간색 배경에 흰색그림문자(표지영역의 최소 50%를 차지하는 빨간색 부문)

3) 화재 안전표지

(1) 개요

① 화재 발생 시 대피통로, 비상구 및 소화장비의 위치 등에 관한 정보 제공
② 심볼 및 픽토그램 등의 발광표지 혹은 청각신호로 나타냄

(2) 색상

빨간색	소화장비 : 위치 및 확인
녹색	비상구 : 문, 출구, 대피통로 등

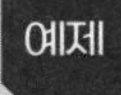

지게차의 방호장치에 해당하는 것은?

① 버킷
② 포크
③ 마스트
④ 헤드가드

정답 ④

3 기계 종류별 안전장치 설치기준 ★

1) 지게차

전조등 및 후미등	① 전조등 : 광도 1만 5천 칸델라 이상 11만 2천5백 칸델라 이하, 좌우 1개씩, 등광색은 백색, 점등시 차체의 다른부분에 의해 가려지지 않도록 설치 ② 후미등 : 광도 2칸델라 이상 25칸델라 이하, 뒷면 양쪽, 등광색은 적색, 중심선에 좌우대칭되게 설치
헤드가드	① 강도 : 최대하중 2배의 값(4톤을 넘는 경우 4톤)의 등분포 정하중에 견딜수 있을 것 ② 상부틀 각 개구의 폭 또는 길이 : 16cm 미만
백레스트	① 외부충격이나 진동등에 의해 탈락 또는 파손되지 않도록 견고하게 부착 ② 최대하중을 적재한 상태에서 마스트가 뒤쪽으로 경사지더라도 변형 또는 파손이 없을 것
좌석안전띠	① 앉아서 조작하는 방식 : 안전인증을 받은 제품, 국제적으로 인정되는 규격에 따른 제품 등으로 쉽게 잠그고 풀 수 있는 구조 ② 운전자 보호 : 착용시에만 전·후진 할 수 있도록 인터록 시스템을 구축하고 착용하지 않고 시동할 경우 경고등 또는 경고음을 발하는 장치 설치
그 밖의 안전장치	① 안전지주 또는 안전블록 ② 후사경 ③ 룸미러 ④ 포크위치표시 ⑤ 후진경보기, 경광등 또는 후방감지기 ⑥ 안전문 ⑦ 경음기 및 방향지시기 등

2) 컨베이어

이탈 및 역주행 방지장치	정전, 전압강하 등에 의한 화물 또는 운반구의 이탈 및 역주행 방지
덮개 또는 울	① 동력전달부분 ② 신체의 일부가 말려드는 위험이 있는 부분
건널다리	① 바닥면 등으로부터 90cm 이상 120cm이하에 상부난간대 ② 바닥면과의 중간에 중간난간대 설치
낙하방지 설비	작업장 바닥 또는 통로의 위를 지나고 있는 컨베이어에 설치
비상정지스위치	연속한 비상정지스위치를 설치하거나 적절한 장소에 설치

3) 양중기

양중기 방호장치	① 과부하 방지장 ② 권과 방지장치 ③ 비상정지장치 및 제동장치 ④ 유압을 동력으로 사용하는 양중기는 압력 방출장치 ⑤ 훅걸이 사용 시 훅해지 장치
구동부 방호장치	① 고정식 덮개(볼트, 너트로 고정)를 설치, 필요한 경우 플라스틱 또는 적절한 구멍 크기의 철망 사용이 가능 ② 안전덮개와 인터록 기능 설치 ③ 양중작업 중에는 안전덮개를 열 수 없는 구조 ④ 운전중 덮개가 열릴 경우 작동이 중지되는 트립(Trip) 시스템

제어반 안전조치	① 제어스위치는 기능을 표시하고 색깔로 구분 ② 비상정지 제어장치는 푸쉬버튼(Push button)식으로 운전석에서 손이 닿는 범위 내 설치

4 기계의 위험점 분석 ★★★

협착점 (Squeeze-point)	왕복 운동하는 운동부와 고정부 사이에 형성(작업점이라 부르기도 함)	① 프레스 금형 조립부위 ② 전단기의 누름판 및 칼날부위 ③ 선반 및 평삭기의 베드 끝 부위
끼임점 (Shear-point)	고정부분과 회전 또는 직선운동부분에 의해 형성	① 연삭숫돌과 작업대 ② 반복동작되는 링크기구 ③ 교반기의 교반날개와 몸체사이
절단점 (Cutting-point)	회전운동부분 자체와 운동하는 기계 자체에 의해 형성	① 밀링 컷터 ② 둥근톱 날 ③ 목공용 띠톱 날 부분
물림점 (Nip-point)	회전하는 두 개의 회전축에 의해 형성(회전체가 서로 반대방향으로 회전하는 경우)	① 기어와 피니언 ② 롤러의 회전 등
접선 물림점 (Tangential Nip-point)	회전하는 부분이 접선방향으로 물려 들어가면서 형성	① V벨트와 풀리 ② 기어와 랙 ③ 롤러와 평벨트 등
회전 말림점 (Trapping-point)	회전체의 불규칙 부위와 돌기 회전 부위에 의해 형성	① 회전축 ② 드릴축 등

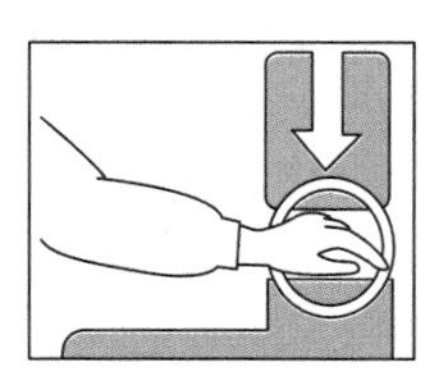

▲ 협착점

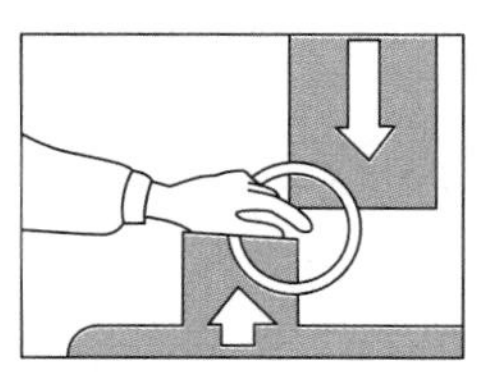
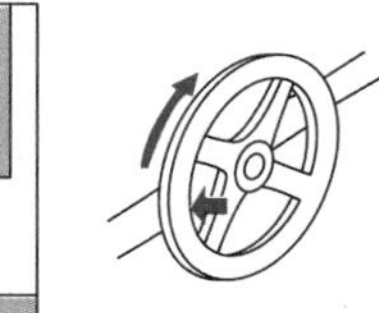

▲ 끼임점

▲ 절단점

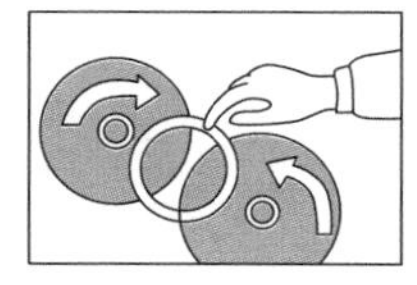
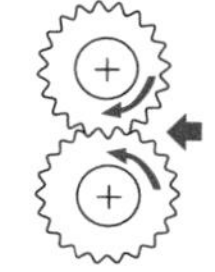

▲ 물림점

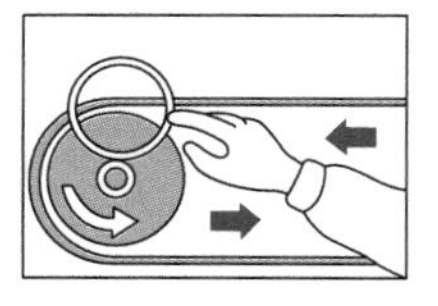

▲ 접선 물림점

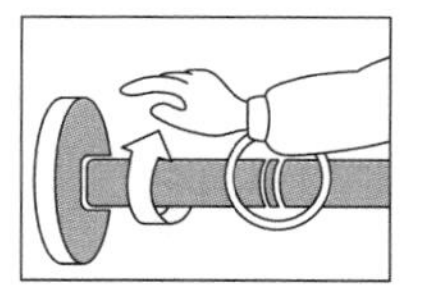

▲ 회전 말림점

PART 03

예제

기계운동의 형태에 따른 위험점 분류에 해당되지 않는 것은?

① 끼임점
② 회전물림점
③ 협착점
④ 절단점

정답 ②

예제

회전축, 커플링에 사용하는 덮개는 다음 중 어떠한 위험점을 방호하기 위한 것인가?

① 절단점
② 접선물림점
③ 회전말림점
④ 협착점

정답 ③

03 안전시설 유지·관리하기

1 KS B 규격과 ISO 규격 통칙에 관한 지식

1) 방호조치의 기본원칙

방호조치의 기본	① 위험점에 접근하거나 위험구역내에 진입하는 것을 방지할 수 있는 방호장치 설치 ② 위험점에 접근하거나 위험구역내에 진입한 자가 상해를 입기 이전에 위험을 제거 또는 감소시키는 장치·수단·방법을 강구
방호조치에 관한 장치 및 대책	① 신뢰성이 높아야 함 ② 페일 세이프기능이 강구된 구조 ③ 사고 사례를 방호조치에 활용하는 노력 필요

2) 공작기계의 방호 통칙

① 가공상 필요한 부분을 제외하고 톱니 모양, 예리한 모서리, 돌기물 등의 위험부분이 없어야 함
② 누구든지 방호장치 및 방호대책의 효력을 정당한 이유 없이 상실시킬 수 없음
③ 관리자는 작업자에 대해 방호조치에 관한 교육훈련 실시 및 방호조치에 관한 감독 철저
④ 작업자는 지켜야할 안전수칙에 따라 작업
⑤ 방호장치 또는 방호대책이 기능을 잃을 우려가 있을 경우 별도의 방호조치 강구
⑥ 보전, 점검, 수리, 조정 등의 작업 중 부주의하게 운전 개시되지 않도록 조치
⑦ 개조·개선을 실시한 경우 새로운 위험 가능성에 대한 방호장치 또는 방호대책 강구
⑧ 방호장치는 충분한 강도를 가져야 하며, 방호조치는 인간공학적인 고려에 의해 안전성 확보
⑨ 전압, 정전, 그밖의 이상 발생 시 위험을 방지할 수 있는 페일 세이프 등의 기능 구비 등

2 유해 위험기계기구 종류 및 특성 ★

예초기	날 접촉 예방장치	① 두께 2밀리미터 이상 ② 절단날의 회전범위를 100분의 25(90°) 이상 방호할 수 있고, 절단날의 밑면에서 날접촉 예방장치의 끝단까지의 거리가 3밀리미터 이상인 구조로서 조작자 쪽에 설치
원심기	회전체접촉 예방장치	① 회전통에 설치되는 덮개는 내부 물질이 비산되어 충격이 가해지더라도 변형 또는 파손되지 않을 정도의 충분한 강도 ② 개방 시 회전운동이 정지되며, 덮개를 닫은 후 자동으로 작동되지 않고 별도의 조작에 의하여 회전통이 작동되도록 회로를 구성
공기 압축기	압력방출장치	① 공기 토출구의 차단밸브를 닫아도 용기의 압력이 설정압력 이하에서 작동하는 구조의 언로드밸브 ② 안전밸브의 요건 ㉮ 안전인증(KCs)을 받은 것일 것 ㉯ 내후성이 좋고 장기간 정지하여도 밸브시트에 접착되지 않을 것
금속 절단기	날접촉예방장치	① 가공재의 크기에 따라 절단날의 노출정도를 조절할 수 있는 구조 ② 연동식 날접촉 예방장치는 개방 시 기계의 작동이 정지되는 구조
지게차	헤드가드	최대하중의 2배(4톤을 넘는 값에 대해서는 4톤으로 한다)에 해당하는 등분포정하중에 견딜 수 있는 강도
	백레스트	포크에 적재된 화물이 마스트의 뒤쪽으로 떨어지는것 방지
	안전벨트	① 인증받은 제품, 국제적으로 인정되는 규격에 따른 제품과 동등하거나 이상이라 인정하는 제품 ② 사용자가 쉽게 잠그고 풀 수 있는 구조
포장 기계	구동부방호 연동장치	구동부, 고열발생, 칼날 주변 등 부위에 개방 시 기계의 작동이 정지되는 구조

예제

산업안전보건법상 유해·위험방지를 위한방호조치를 하지 아니하고는 양도, 대여,설치 또는 사용에 제공하거나, 양도·대여를 목적으로 진열해서는 아니 되는 기계·기구가 아닌 것은?

① 예초기
② 진공포장기
③ 원심기
④ 롤러기

정답 ④

예제

산업안전보건법령에 따른 유해하거나 위험한 기계·기구에 설치하여야 할 방호장치를 연결한 것으로 옳지 않은 것은?

① 포장기계 – 헤드가드
② 예초기 – 날 접촉 예방장치
③ 원심기 – 회전체 접촉 예방장치
④ 금속절단기 – 날 접촉 예방장치

정답 ①

CHAPTER
05 설비진단 및 검사

01 비파괴검사의 종류 및 특징

▼ 비파괴검사의 종류별 특징 ★

시험 방법	적용 원리	적용 특성	주 적용 예
방사선 투과검사	투과선량차에 의한 필름 농도차	재료특성 및 형상 특성 영향이 적다	복잡한 형상, 조립품
초음파 탐상검사	초음파의 반사 및 투과	탄성체 매끈한 표면 필요	용접부, 주조품, 단조품
액체침투 탐상시험	액체의 표면장력과 모세관 현상에 의한 액체침투	거친 표면 및 다공성 재료 적용불가	철강, 비철, 비금속재료
자분 탐상시험	누설 자장에 자분부착	자성재료만 적용	철강 재료

▼ 결함위치에 따른 분류 ★★★

표면 결함 검출을 위한 비파괴 시험	내부 결함 검출을 위한 비파괴 시험
① 육안검사 ② 자분 탐상시험 ③ 액체침투 탐상시험 ④ 와전류 탐상시험	① 방사선 투과시험 ② 음향 방출시험 ③ 초음파 탐상시험

1 육안검사(Visual Inspection)

① 원칙적으로 맨눈으로 보고 확인하는 것이지만 필요할 경우 계측기기를 사용
② 확대경, 전용게이지 등을 사용하여 균열, 핏트 등의 유무 확인
③ 용접부의 돋움살의 높이나 언더컷의 깊이 등을 측정하기도 한다.

2 누설검사

① 시험체의 내부와 외부의 압력차를 만들어 유체가 결함을 통해 흘러 들어가거나 나가는 것을 검지하는 방법
② 압력용기, 배관 등의 검사에 유효한 비파괴검사방법
③ 검사할 물체를 기름 속에 오래 담가두면 결함이 있는 부위에 기름이 검지되는데 이것을 건져내어 깨끗이 처리한 후 기름이 새어나오는 상태를 확인하여 결함의 깊이 및 크기를 추정하는 것도 누설시험의 한 방법

예제

다음 중 기계 설비에서 재료 내부의 균열 결함을 확인할 수 있는 가장 적절한 검사 방법은?

① 육안검사
② 초음파 탐상검사
③ 피로검사
④ 액체침투 탐상검사

정답 ②

3 침투검사(P.T)

1) 정의

① 시험물체를 침투액속에 넣었다가 다시 집어내어 결함을 맨눈으로 판별하는 방법
② 침투액에 형광물질을 첨가하여 더욱 정확하게 검출할 수도 있다.(형광시험법)

2) 염색 침투 탐상제

(1) 사용방법

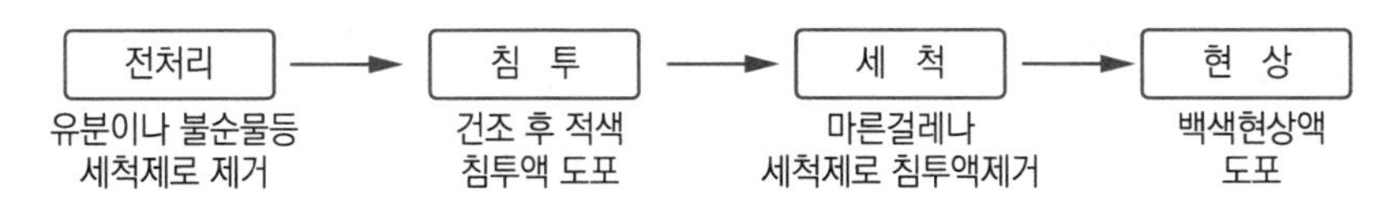

(2) 염색 침투 탐상제의 구성

① 세척액(450cc 3개)
② 침투액(450cc 1개)
③ 현상액(450cc 2개)

4 초음파검사(U.T)

1) 원리

높은 주파수(20,000Hz 이상)의 음파, 즉 초음파의 펄스(pulse)를 탐촉자로부터 시험체에 투입시켜 내부 결함을 반사에 의해 탐촉자에 수신되는 현상을 이용하여, 결함의 소재나 결함의 위치 및 크기를 비파괴적으로 알아내는 방법으로써 결함 탐상 이외에 기계가공에서 초음파 구멍 뚫기, 초음파 절단, 초음파 용접 작업등에 사용되고 있다.

2) 종류

반사식	검사할 물체에 극히 짧은 시간에 충격적으로 초음파를 발사하여 결함부에서 반사되는 신호를 받아 그 사이의 시간지연으로 결함까지의 거리 측정
투과식	검사할 물체의 한쪽면의 발진장치에서 연속으로 초음파를 보내고 반대편의 수신장치에서 신호를 받을 때 결함이 있을 경우 초음파의 도착에 이상이 생기는 것으로 결함의 위치와 크기들을 판정(50mm 정도까지 적용)
공진식	발진장치의 파장을 순차로 변화하여 공진이 생기는 파장을 구하면, 결함이 존재할 경우 결함까지 거리가 파장의 1/2의 정수배가 될 때에 공진이 생기므로 결함위치를 파악(보통 결함의 깊이 측정에 사용, 결함이 옆으로 있을 때 적합)

예제

현장에서 사용 중인 크레인의 거더 밑면에 균열이 발생되어 이를 확인하려고 하는 경우 비파괴검사방법 중 가장 편리한 검사 방법은?

① 초음파탐상검사
② 방사선투과검사
③ 자분탐상검사
④ 액체침투탐상검사

정답 ④

예제

다음 중 설비의 내부에 균열 결함을 확인할 수 있는 가장 적절한 검사방법은?

① 초음파탐상검사
② 액체침투탐상검사
③ 육안검사
④ 피로검사

정답 ①

3) 탐촉자의 개수에 따른 분류

1탐촉자 방식	한 개의 검출기가 송신용과 수신용으로 겸용(일반적인 방법)
2탐촉자 방식	두 개의 검출기 사용, 한쪽을 송신용 다른쪽을 수신용으로 사용 (용접부의 옆으로 갈라진 곳 검출)
다탐촉자 방식	4개 이상의 탐촉자 사용(원자로, 압력용기 등)

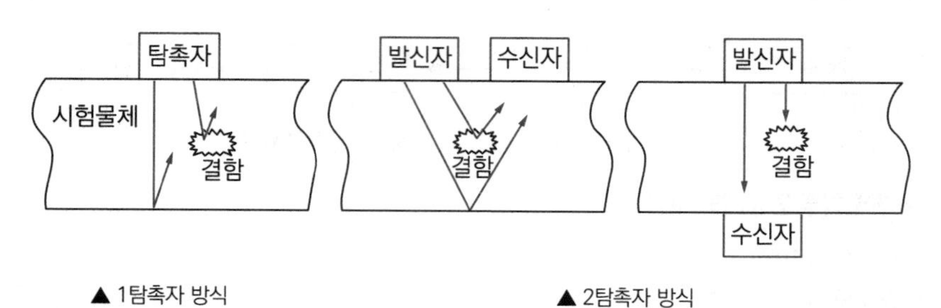

▲ 1탐촉자 방식 ▲ 2탐촉자 방식

예제

강자성체의 결함을 찾을 때 사용하는 비파괴시험으로 표면 또는 표층(표면에서 수 mm 이내)에 결함이 있을 경우 누설자속을 이용하여 육안으로 결함을 검출하는 시험법은?

① 와류탐상시험(ET)
② 자분탐상시험(MT)
③ 초음파탐상시험(UT)
④ 방사선투과시험(RT)

정답 ②

5 자기 탐상검사(M.T)

1) 원리

강자성체(Fe, Ni, Co 및 그 합금)에 발생한 표면 크랙을 찾아내는 것으로, 결함을 가지고 있는 시험에 적절한 자장을 가해 자속(磁束)을 흐르게 하여, 결함부에 의해 누설된 누설자속에 의해 생긴 자장에 자분을 흡착시켜 큰 자분 모양으로 나타내어 맨눈으로 결함을 검출하는 방법(시험물체가 강자성체가 아니면 적용할 수 없지만 시험물체의 표면에 존재하는 균열과 같은 결함의 검출에 가장 우수한 비파괴 시험방법)

2) 자분탐상 방법

직각 통전법	시험품의 축에 대해 직각인 방향에 직접 전류를 흘려서 전류 주위에 생기는 자장을 이용하여 자화 시키는 방법
극간법	시험품의 일부분 또는 전체를 전자석 또는 영구자석의 자극 간에 놓고 자화시키는 방법
축 통전법	시험품의 축 방향의 끝단에 전류를 흘려, 전류 둘레에 생기는 원형 자장을 이용하여 자화시키는 방법
자속 관통법	시험품의 구멍등에 철심을 놓고 교류 자속을 흘림으로써 시험품 구멍 주변에 유도 전류를 발생시켜, 그 전류가 만드는 자장에 의해서 시험품을 자화시키는 방법

6 음향검사

1) 정의

재료가 변형될 때에 외부응력이나 내부의 변형과정에서 방출하게 되는 낮은 응력파를 감지하여 공학적인 방법으로 재료 또는 구조물의 균열 등 결함을 탐지하는 기술방법

2) 음향검사의 특징

① 작용하중을 증가시키면서 서브 크리티칼 크랙(Subcritical crack)성장의 탐지
② 일정 하중하에서의 크랙 성장의 탐지
③ 연속적인 음향검사의 모니터링을 통하여 교반하중으로 인한 성장의 탐지
④ 간헐적인 과도응력을 이용하여 교반하중으로 인한 크랙 성장의 탐지 및 응력, 부식, 연구에 음향검사를 이용

7 방사선 투과검사(R.T)

1) 원리 및 방법

① X－선이나 γ－선 등의 방사선은 물질을 잘 투과하기 쉬우나 투과 도중에 흡수 또는 산란을 받게 되어, 투과 후의 세기는 투과 전의 세기에 비해 약해지며 이 약해진 정도는 물체의 두께, 물체의 재질 및 방사선의 종류에 따라 달라진다.
② 검사하고자 하는 물체에 균일한 세기의 방사선을 조사시켜 투과한 다음 사진 필름에 감광시켜 현상하면, 결함과 내부 구조에 대응하는 진하고 엷은 모양의 투과 사진이 생긴다.
③ 이와 같은 투과 사진을 관찰하여 결함의 종류, 크기 및 분포 상황 등을 알아내는 시험이 방사선 투과시험이다.

2) 방사선 투과시험 방법

구분	방법
직접촬영	X선, γ선의 투과상을 직접 X선 필름에 촬영하는 방법
간접촬영	X선, γ선의 투과상을 형광판이나 가시상으로 바꾸어, 간접적으로 V카메라의 필름에 촬영하는 방법
투과법	X선, γ선의 투과상을 형광판 또는 형광증 배관에 의해 가시상으로 바꾸어 맨눈 또는 카메라 등으로 관찰하는 방법

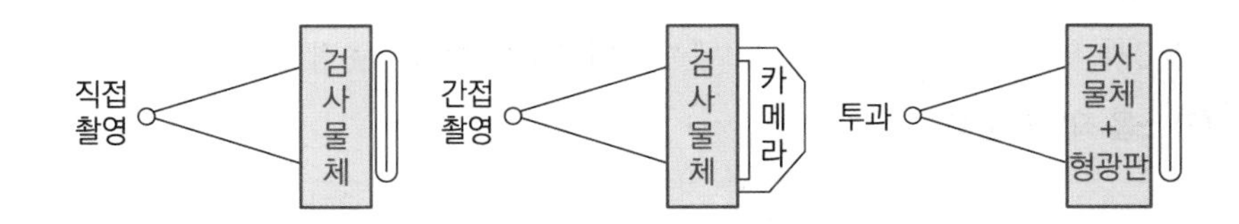

예제

다음 중 방사선 투과검사에 가장 적합한 활용 분야는?

① 변형을 측정
② 완제품의 표면결함 검사
③ 재료 및 용접부의 내부결함 검사
④ 재료 및 기기의 계측 검사

정답 ③

02 소음·진동 방지 기술

1 소음방지 방법

1) 소음의 정의

소음이라 함은 일반적으로 기계·기구·시설 기타 물체의 사용으로 인하여 발생하는 강한 소리를 말하며, 인간의 쾌적한 생활환경을 해치는 소리, 또는 원하지 않는 소리 등으로 각자의 심신상태, 환경조건에 따라 모든 소리가 주관적인 판단에 의해 소음이 될 수 있다.

2) 소음의 영향

생리적 영향	교감신경과 내분비계통을 흥분(맥박증가, 혈압상승, 근육의 긴장, 혈액성분과 소변의 변화, 타액과 위액분비억제, 부신호르몬의 이상분비 등)
심리적 영향	불쾌감과 소음으로 인한 수면 방해, 사고나 집중력 방해, 두뇌작업이나 노동의 악영향, 대화나 텔레비전 청취 방해 등 일상생활 방해로 인한 초조감
신체적 영향	동맥경화, 위궤양, 태아의 발육저하 등
청력 손실	일시적 또는 영구적 난청현상 발생

3) 소음 노출 한계 ★★★

(1) OSHA의 표준허용 소음

소리수준 (dBA)	80	85	90	95	100	105	110	115	120	125	130
허용시간 (hour)	32	16	8	4	2	1	0.5	0.25	0.125	0.0630	0.031

(2) 부분적 소음 노출 분량의 계산

$$\text{부분적 소음 노출분량} = \frac{\text{소리수준에서 실제 소모된 시간}}{\text{소리수준에서 최대허용 가능한 시간}}$$

4) 소음에 의한 건강장해 예방 ★★★

(1) 소음 작업이란

1일 8시간 작업을 기준으로 85데시벨 이상의 소음이 발생하는 작업

(2) 소음 작업의 종류

구분	강열한 소음작업						충격소음작업(소음이 1초 이상의 간격으로 발생하는 작업)		
소음기준 (dB)	90 이상	95 이상	100 이상	105 이상	110 이상	115 이상	120 초과	130 초과	140 초과
1일 발생시간 및 발생횟수	8시간 이상	4시간 이상	2시간 이상	1시간 이상	30분 이상	15분 이상	1만회 이상	1천회 이상	1백회 이상

예제

산업안전보건법령에서 정한 물리적 인자의 분류 기준에 있어서 소음은 소음성 난청을 유발할 수 있는 몇 dB(A) 이상의 시끄러운 소리로 규정하고 있는가?

① 85
② 90
③ 100
④ 115

정답 ①

참고

청력보존 프로그램을 수립하여 시행해야 하는 대상

① 근로자가 소음작업, 강렬한 소음작업 또는 충격소음작업에 종사하는 사업장
② 소음으로 인하여 근로자에게 건강장해가 발생한 사업장

예제

"강렬한 소음작업"이라 함은 90dB 이상의 소음이 1일 몇 시간 이상 발생되는 작 업을 말하는가?

① 2시간
② 4시간
③ 8시간
④ 10시간

정답 ③

예제

국내 규정상 최대 음압수준이 몇 dB(A)를 초과하는 충격소음에 노출되어서는 아니 되는가?

① 110
② 120
③ 130
④ 140

정답 ④

2 진동방지 방법

1) 진동작업 ★

진동작업에 쓰이는 기계기구의 종류	① 착암기 ② 동력을 이용한 해머 ③ 체인톱 ④ 엔진컷터 ⑤ 동력을 이용한 연삭기 ⑥ 임팩트 렌치 ⑦ 그밖에 진동으로 인하여 건강장해를 유발할 수 있는 기계·기구
보호구 착용	방진장갑 등 진동 보호구 착용
근로자에게 알려야 할 사항(유해성 등의 주지)	① 인체에 미치는 영향과 증상 ② 보호구의 선정과 착용방법 ③ 진동 기계·기구 관리 및 사용 방법 ④ 진동장해 예방방법

2) 신체 장해

(1) 전신장해

원인	트랙터, 트럭, 버스, 기차 흙파는 기계, 헬리콥터 및 각종 영농기계 탑승시
예방법	㉠ 노출시간의 단축(1일 2시간 초과금지) ㉡ 진동 완화 위한 기계설계

(2) 부분장해 ★

원인		㉠ 전기톱, 착암기, 압축해머, 병타해머, 분쇄기, 산림용 농업기기 등 ㉡ 손가락을 통해 작용. 팔꿈치관절 및 어깨관절 손상 및 혈관 신경계 장해 유발
증상	직접적 진동	㉠ 뼈, 관절, 신경근육, 인대, 혈관 등 연부조직 이상 ㉡ 관절연골의 괴저, 천공 등 기형성 관절염 가성 관절염 및 점액낭염 등
	간접적 진동	㉠Raynaud's Phenomenon : 혈관신경계 이상으로 혈액순환이 안되어 Raynaud 현상유발 (손가락의 말초혈관 운동장해) 손가락 창백해지고 동통 추위 노출시 더욱 악화되어 Dead Finger 또는 White Finger(백납병)라는 병이 된다. ㉡ Raynaud's Disease : Raynaud 현상이 혈관의 기질적 변화로 협착 또는 폐쇄될 경우 손가락 피부의 괴저가 일어나기도 하는데 이것을 Raynaud병이라 한다.(기질적 변화가 있을 때)

3) 진동 대책

국소 진동(hand transmitted vibration)	① 진동공구에서의 진동 발생을 감소 ② 적절한 휴식 ③ 진동공구의 무게를 10kg 이상 초과하지 않게 할 것 ④ 손에 진동이 도달하는 것을 감소시키며, 진동의 감폭을 위하여 장갑(glove) 사용
전신 진동 대책(근로자와 발진원 사이의 진동대책)	① 구조물의 진동을 최소화 ② 발진원의 격리 ③ 전파 경로에 대한 수용자의 위치 ④ 수용자의 격리 ⑤ 측면 전파 방지 ⑥ 작업시간 단축(1일 2시간 초과금지)

산업안전보건법령상 사업주가 진동 작업을 하는 근로자에게 충분히 알려야 할 사항과 거리가 가장 먼 것은?

① 인체에 미치는 영향과 증상
② 진동기계·기구 관리방법
③ 보호구 선정과 착용방법
④ 진동재해 시 비상연락체계

정답 ④

산업안전 산업기사

과목별 기출경향

- 과락 과목으로 분류되는 과목이므로 반드시 득점해야 할 내용을 구분하여 집중하는 학습자세가 필요함
- 전문적인 기술보다는 안전에 관한 기본적인 사항을 이해하는 것이 필요하므로, 생각보다 쉽게 접근할 수 있는 과목
- 학습범위가 광범위하므로 꼭 필요한 핵심내용을 잘 구분하여 실수하지 않고 득점하는 전략이 필요함

과목별 예상 출제비율

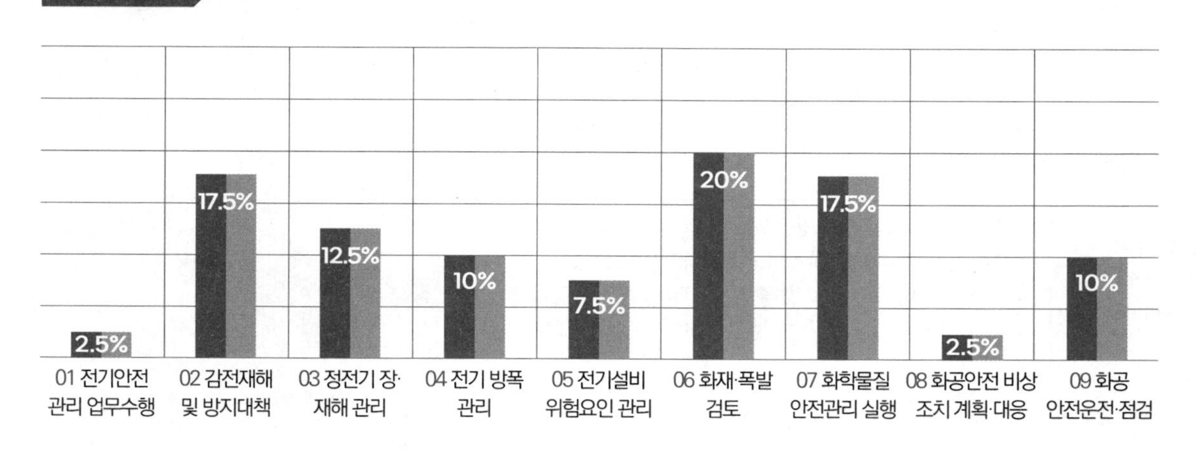

04

전기 및 화학설비 안전관리

CHAPTER 01

전기안전관리 업무수행

01 전기안전관리

1 배(분)전반

1) 배전반, 분전반의 기구 및 전선의 시설기준

① 노출된 충전부가 있는 배전반 및 분전반은 취급자 이외의 사람이 쉽게 출입할 수 없는 장소에 설치
② 한 개의 분전반에는 한 가지 전원(1회선의 간선)만 공급
③ 주택용 분전반의 구조는 충전부에 직접 접촉할 우려가 없어야 하며, 점검이 용이한 구조일 것

2) 배선 및 이동전선으로 인한 위험방지

① 배선 등의 절연피복손상 방지조치
② 통로 바닥에서의 전선 등 사용금지
③ 습윤한 장소의 이동전선 등은 충분한 절연효과 있는 것 사용
④ 꽂음 접속기의 설치 및 사용 시 준수사항
㉠ 서로 다른 전압의 꽂음 접속기는 서로 접속되지 아니한 구조의 것을 사용할 것
㉡ 습윤한 장소에 사용되는 꽂음 접속기는 방수형 등 그 장소에 적합한 것을 사용할 것
㉢ 근로자가 해당 꽂음 접속기를 접속시킬 경우에는 땀 등으로 젖은 손으로 취급하지 않도록 할 것
㉣ 해당 꽂음 접속기에 잠금장치가 있는 경우에는 접속 후 잠그고 사용할 것

3) 옥내 전로의 대지전압

① 백열전등 또는 방전 등에 전기를 공급하는 옥내 전로의 대지전압은 300V 이하(대지전압 150V 이하는 적용제외)로 한다.
② 주택의 옥내전로의 대지전압은 300V 이하로 한다.

4) 아크를 발생하는 기구의 시설

목재의 벽 또는 천장 기타의 가연성 물체로부터 이격거리

기구 등의 구분	이격거리
고압용의 것	1m 이상
특고압용의 것	2m 이상(사용전압이 35kV 이하의 특고압용의 기구 등으로서 동작할 때에 생기는 아크의 방향과 길이를 화재가 발생할 우려가 없도록 제한하는 경우에는 1m 이상)

예제

고압용 또는 특별고압용의 개폐기·차단기·피뢰기 기타 이와 유사한 기기로서 동작시에 아크가 생기는 것은 목재의 벽 또는 천장, 기타의 가연성 물체로부터 이격하여야 하는데 다음 중 고압용과 특별고압용의 이격거리로 알맞은 것은?

① 고압용 : 0.8m 이상, 특별고압용 : 1.0m 이상
② 고압용 : 1.0m 이상, 특별고압용 : 2.0m 이상
③ 고압용 : 2.0m 이상, 특별고압용 : 3.0m 이상
④ 고압용 : 3.5m 이상, 특별고압용 : 4.0m 이상

정답 ②

2 개폐기

1) 종류

부하 개폐기	평상시의 부하전류(정격전류) 정도의 전류를 개폐하는 장치로서 차단기와 병용하면 경제적(종류는 오일스위치, 나이프스위치, 각종저압스위치 등)
저압 개폐기	저압회로에 사용하는 개폐기
전자 개폐기	전자 접촉기와 과부하 보호장치 등을 하나의 용기 내에 수용한 것으로 전동기 회로 등의 개폐에 사용
제어 개폐기	전력개폐기에서 원격으로 다른 장치를 제어하기 위한 제어, 계측측정, 보호계전, 혹은 조정장치를 포함하는 전력개폐기의 한 형태
제한 개폐기 (limit switch)	어떤 위험이 생길 때 자동적으로 정지시킬 목적으로 사용하는 개폐장치
주상 개폐기	배전선로의 지지물에 설치되는 유입개폐기 및 배전전압기의 1차측에 설치하여 변압기 보호를 위해 사용하는 애자형 개폐기의 총칭
주상 유입 개폐기 (P. O. S)	① 선로의 개폐가 절연유를 매질로 하여 동작하는 개폐기로서 전주에 설치하여 전주아래에서 조작로프에 의해 개폐되도록 한 구조 ② 고압 개폐기로 배전선의 개폐, 타계통으로의 변환, 접지사고의 차단, 부하전류의 차단 및 콘덴서의 개폐등에 사용 ③ 반드시 「개폐」 표시가 있어야 함. ④ 교류 1,000V 이상 7,000V 이하의 고압 전선로

2) 단로기 ★★★

(1) 고압 또는 특고압 회로로부터 기기를 분리하거나 변경할 때 사용하는 개폐장치로써 단지 충전된 전로(무부하)를 개폐하기 위해 사용하며, 부하전류의 개폐는 원칙적으로 할 수 없는 개폐장치

(2) 단로기 사용방법

① 단로기를 끊을 경우 : 차단기를 개로한 후에 끊는다.

② 단로기를 넣을 경우 : 차단기를 폐로하기 전에 넣는다.

(3) 인터록 장치

차단기가 개로상태가 아니면 단로기를 조작할 수 없도록 또는 사람의 실수로 인하여 단로기를 조작하지 않도록 차단기와 단로기는 전기적, 기계적인 연동장치로 설치

PART 04

예제

단로기를 사용하는 주된 목적은?

① 변성기의 개폐
② 이상전압의 차단
③ 과부하 차단
④ 무부하 선로의 개폐

정답 ④

예제

변압기의 내부고장을 예방하려면 어떤 보호계전방식을 선택하는가?

① 차동계전방식
② 과전류계전방식
③ 과전압계전방식
④ 과부하계전방식

정답 ①

3 보호 계전기 ★

보호 계전기 (protective relay)	단락이나 접지사고 및 과부하등으로 인한 이상사태 발생 시 그 현상을 검출하여 신속하게 계통으로부터 분리되도록 지령을 내리는 목적을 가진 기구
과부하 계전기 (overload relay)	미리 설정된 과부하 즉, 기기가 다룰 수 있는 정상적인 부하가 넘는 경우 동작하는 계전기. 주회로의 손상을 방지하기 위해 사용.(선로의 과부하 및 단락 검출용)
과전류 계전기 (OCR)	동작기간 중에 계전기를 흐르는 전류가 설정값과 동일하거나 또는 넘었을 경우 동작하는 계전기(단락 또는 과부하 보호용 계전기의 한 종류)
과전압 계전기 (OVR)	전압의 크기가 일정치 이상으로 될 경우 동작하는 계전기
반한시 계전기 (inverse time limit relay)	계전기를 동작시키는 에너지가 설정값을 넘어 증가함에 따라 동작시간이 감소하는 시한 특성을 갖는 계전기
비율차동 계전기 (RDR)	총입력 전류와 총출력 전류간의 차이가 총입력 전류에 대하여 일정비율 이상 되었을 때 동작하는 계전기
전압차동 계전기 (DVR)	복수 개 전압들간의 차전압이 일정값 이상으로 되었을 때 동작하며 모선 보호용으로 사용되는 계전기
차동 계전기 (DFR)	피보호 설비에 유입하는 입력의 크기와 유출되는 출력의 크기와의 차이가 일정한 값 이상이 되면 동작(변압기의 내부고장 보호용)
한류 계전기 (CLR)	전류가 설정한계를 넘지 못하도록 억제하는 것으로 동일 또는 별도의 전기회로를 가지고 있는 장치를 동작시키기 위해 회로 접점을 개폐하도록 하는 장치
한시 계전기(TLR)	계전기에 입력을 가하거나 제거 했을 때 계전기의 동작시간을 지연시키는 계전기

4 과전류 및 누전차단기

1) 정의

배선용차단기, 퓨즈, 기중차단기와 같은 과부하 전류 및 단락전류를 자동차단하는 기능을 갖춘 차단기

2) 차단기의 종류 ★

가스 차단기 (GCB)	• 공기대신 아크가 안정적이고 절연내력과 소호능력이 뛰어난 불활성가스인 육불화황의 압축가스를 이용하는 차단기. • 저소음이며 과전압의 발생이 적어 고전압, 대전류 차단에 적합
공기 차단기 (ABB)	강력한 압축공기를 불어 접점사이에 발생한 아크를 냉각시켜 회로를 차단하는 것으로 별도의 압축공기 설비에 주의가 필요(기중 차단기 : ACB)
누전 차단기 (ELCB)	누전사고가 발생했을 때 지락전류에 의해 감전, 화재와 기기의 손상 등을 방지하기 위해 설치하는 차단기(동작원리는 전압동작형과 전류동작형)
배선용차단기 (MCCB. NFB)	과전류에 대하여 자동차단하는 브레이크를 내장한 것으로 과부하 및 단로 등의 이상 상태시 자동으로 전류를 차단하는 기구
유입 차단기 (OCB)	전로의 차단이 절연유를 매질로 하여 동작하는 차단기
진공 차단기 (VCB)	진공중의 높은 절연내력을 이용, 아크 생성물을 급속한 확산을 이용하여 소호하는 차단기로서 차단시간이 짧고 구조가 간단하여 보수용이

예제

다음 차단기는 개폐기구가 절연물의 용기 내에 일체로 조립한 것으로 과부하 및 단락사고 시에 자동적으로 전로를 차단하는 장치는?

① OCB
② VCB
③ MCCB
④ ACB

정답 ③

3) 유입(OCB) 차단기의 투입 및 차단순서

(1) 유입 차단기의 작동순서 ★★★

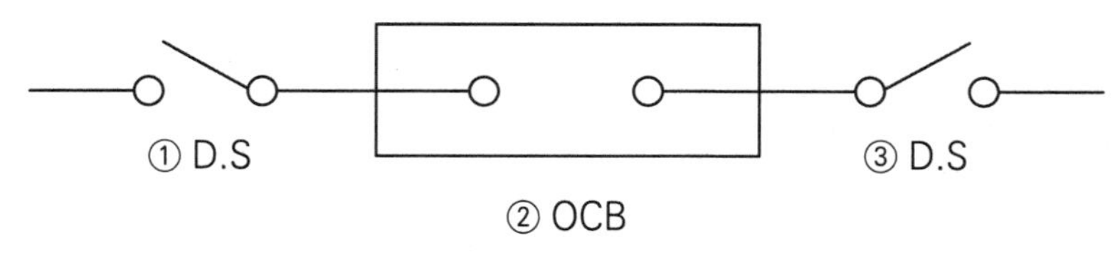

• 투입 순서 : ③ - ① - ②
• 차단 순서 : ② - ③ - ①

(2) By-pass 회로 사용 시 유입 차단기의 작동 순서

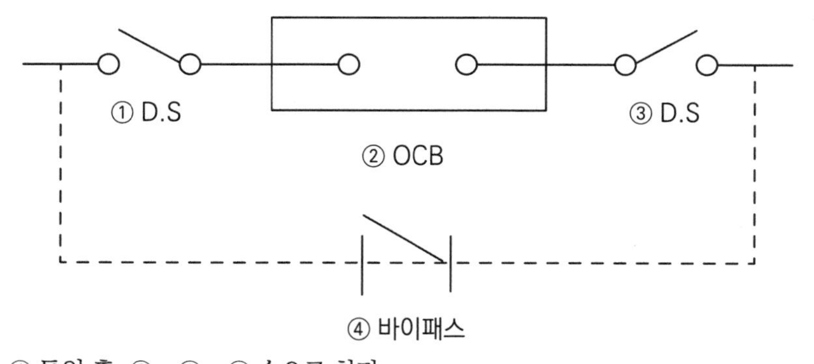

④ 투입 後, ② - ③ - ① 순으로 차단

4) 퓨즈

(1) 정의

전기회로에서 규정보다 큰 과전류가 흐를 경우 전류의 열작용에 의해 용단됨으로 회로, 기기를 전원으로부터 분리시켜 보호하는 장치

(2) 종류

고리 퓨즈	연 합금의 선 또는 판의 양단에 동의 고리를 납땜이나 기타의 방법으로 접착하거나 또는 아연판을 정공하여 그 양단을 고리형으로 한 것
방출 퓨즈	동작시에 발생하는 절연성 분해가스의 분출에 의해 소호하는 방식의 고압 전력용 퓨즈
비포장 퓨즈	포장 퓨즈 이외의 퓨즈로서 방출형 퓨즈 포함
실 퓨즈	납 또는 납과 주석의 합금으로 되어있는 퓨즈이며 5A인 것은 로젯, 리셉터클, 점멸기내에 사용 가능
통형 퓨즈	가용체를 싼 퓨즈의 일종으로 통속에 아연판제의 가용체를 넣은 것이 많이 사용되고 있으며, 통속에 소호작용을 가진 가스를 넣은 것도 있다.
포장 퓨즈	600V 이하의 회로에 사용하는 통형퓨즈, 플러그 퓨즈 등이 여기에 해당
한류 퓨즈	단락전류 제한용. 단락전류를 신속히 차단하며 또한 흐르는 단락전류의 값을 제한하는 성질을 가지는 퓨즈

5) 누전 차단기의 종류 ★★

구분	동작시간	구분	정격감도전류[mA]
고속형	정격감도전류에서 0.1초 이내 (감전보호용은 0.03초 이내)	고감도형	5, 10, 15, 30
		중감도형	50, 100, 200, 500, 1000
		저감도형	3, 5, 10, 20[A]
반한시형	정격감도전류에서 0.2~1초 정격감도전류의 1.4배에서 0.1~0.5초 정격감도전류의 4.4배에서 0.05초 이내	고감도형	5, 10, 15, 30
시연형	정격감도전류에서 0.1초~2초	고감도형	5, 10, 15, 30
		중감도형	50, 100, 200, 500, 1000
		저감도형	3, 5, 10, 20[A]

6) 누전 차단기의 점검

(1) 누전차단기 점검

① 전기기계 기구를 사용하기 전 누전차단기의 작동상태점검
② 이상 발견시 즉시 보수하거나 교환

예제

전기회로 개폐기의 스파크에 의한 화재를 방지하기 위한 대책으로 틀린 것은?

① 가연성 분진이 있는 곳은 방폭형으로 한다.
② 개폐기를 불연성 함에 넣는다.
③ 과전류 차단용 퓨즈는 비포장 퓨즈로 한다.
④ 접촉부분의 산화 또는 나사풀림이 없도록 한다.

정답 ③

(2) 누전차단기 접속 시 준수사항 ★★★

① 전기기계·기구에 접속되어 있는 누전차단기는 정격감도전류가 30mA 이하이고 작동 시간은 0.03초 이내일 것(다만, 정격전부하전류가 50A 이상인 전기기계·기구에 접속되는 누전차단기는 오작동을 방지하기 위하여 정격감도전류는 200mA 이하로, 작동 시간은 0.1초 이내로 할 수 있다.)
② 분기회로 또는 전기기계·기구마다 누전차단기를 접속할 것
③ 누전차단기는 배전반 또는 분전반내에 접속하거나 꽂음접속기형 누전차단기를 콘센트에 접속하는 등 파손이나 감전사고를 방지할 수 있는 장소에 접속할 것
④ 지락보호전용 기능만 있는 누전차단기는 과전류를 차단하는 퓨즈나 차단기 등과 조합하여 접속할 것

7) 누전차단기의 선정시 주의사항

(1) 사용목적에 따른 누전차단기의 선정기준(고감도형) ★

선정기준(목적)	구분	
	동작시간에 따른 종류	감도전류에 따른 종류
감전보호를 목적으로 하는 경우 (분기회로마다 사용하는 것이 좋다)	고속형	고감도형
보호협조를 목적으로 사용하는 경우	시연형	
불요동작을 방지한 감전보호의 경우	반한시형	

(2) 장소에 따른 설치방법 ★★

장소	설치방법
물기 있는 장소 이외의 장소에 시설하는 저압용의 개별 기계기구에 전기를 공급하는 전로	인체감전보호용 누전차단기(정격감도전류가 30mA 이하, 동작시간이 0.03초 이하의 전류동작형)
주택의 전로 인입구	인체감전보호용 누전차단기를 시설할 것. 다만, 전로의 전원측에 정격용량이 3kVA 이하인 절연변압기(1차 전압이 저압이고 2차 전압이 300V 이하인 것)를 사람이 쉽게 접촉할 우려가 없도록 시설하고 또한 그 절연변압기의 부하측 전로를 접지하지 아니하는 경우에는 그러하지 아니하다.
욕조나 샤워시설이 있는 욕실 또는 화장실 등 인체가 물에 젖어있는 상태에서 전기를 사용하는 장소에 콘센트를 시설하는 경우	인체감전보호용 누전차단기(정격감도전류 15mA 이하, 동작시간 0.03초 이하의 전류동작형의 것) 또는 절연변압기 (정격용량 3kVA 이하인 것)로 보호된 전로에 접속하거나, 인체감전보호용 누전차단기가 부착된 콘센트 시설
의료장소의 전로	정격 감도전류 30mA 이하, 동작시간 0.03초 이내의 누전차단기 설치

인체의 저항이 500Ω 이고, 440V 회로에 누전차단기(ELB)를 설치할 경우 다음 중 가장 적당한 누전차단기는?

① 30mA, 0.1초에 작동
② 30mA, 0.03초에 작동
③ 15mA, 0.1초에 작동
④ 15mA, 0.03초에 작동

정답 ②

예제

욕조나 샤워시설이 있는 욕실 등 인체가 물에 젖어있는 상태에서 전기를 사용하는 장소에 인체감전보호용 누전차단기가 부착된 콘센트를 시설하는 경우 누전차단기의 정격감도전류 및 동작시간은?

① 15mA 이하, 0.01초 이하
② 15mA 이하, 0.03초 이하
③ 30mA 이하, 0.01초 이하
④ 30mA 이하, 0.03초 이하

정답 ②

PART 04

8) 누전 차단기의 적용범위 ★★★

(1) 적용범위(감전방지용 누전차단기 설치대상 장소)

① 대지전압이 150V를 초과하는 이동형 또는 휴대형 전기기계·기구
② 물 등 도전성이 높은 액체가 있는 습윤장소에서 사용하는 저압(1.5천볼트 이하 직류전압이나 1천볼트 이하의 교류전압)용 전기기계·기구
③ 철판·철골위 등 도전성이 높은 장소에서 사용하는 이동형 또는 휴대형 전기기계·기구
④ 임시배선의 전로가 설치되는 장소에서 사용하는 이동형 또는 휴대형 전기기계·기구

(2) 적용제외

① 「전기용품 및 생활용품 안전관리법」이 적용되는 이중절연 또는 이와 같은 수준 이상으로 보호되는 구조로 된 전기기계·기구
② 절연대 위 등과 같이 감전 위험이 없는 장소에서 사용하는 전기기계·기구
③ 비접지방식의 전로

예제

누전에 의한 감전위험을 방지하기 위하여 누전차단기를 설치하여야 하는데 다음 중 누전차단기를 설치하지 않아도 되는 것은?

① 절연대 위에서 사용하는 이중 절연구조의 전동기기
② 임시배선의 전로가 설치되는 장소에서 사용하는 이동형 전기기구
③ 철판 위와 같이 도전성이 높은 장소에서 사용하는 이동형 전기기구
④ 물과 같이 도전성이 높은 액체에 의한 습윤 장소에서 사용하는 이동형 전기기구

정답 ①

9) 누전차단기의 시설 ★★

(1) 시설대상

금속제 외함을 가지는 사용전압 50V를 초과하는 저압의 기계기구로서 사람이 쉽게 접촉할 우려가 있는 곳에 시설하는 것에 전기를 공급하는 전로에는 자동으로 전로를 차단하는 장치 설치

(2) 누전차단기 시설 제외 대상

① 기계기구를 발전소·변전소·개폐소 또는 이에 준하는 곳에 시설하는 경우
② 기계기구를 건조한 곳에 시설하는 경우
③ 대지전압이 150V 이하인 기계기구를 물기가 있는 곳 이외의 곳에 시설하는 경우
④ 전기용품 및 생활용품안전관리법의 적용을 받는 2중 절연구조의 기계기구를 시설하는 경우
⑤ 전로의 전원측에 절연변압기(2차 전압이 300V 이하인 경우)를 시설하고 또한 절연변압기의 부하측의 전로에 접지하지 아니하는 경우
⑥ 기계기구가 고무·합성수지 기타 절연물로 피복된 경우
⑦ 기계기구가 유도전동기의 2차측 전로에 접속되는 것일 경우
⑧ 전기욕기(電氣浴器)·전기로·전기보일러 등 절연할 수 없는 경우
⑨ 기계기구내에 누전차단기를 설치하고 또한 기계기구의 전원연결선이 손상을 받을 우려가 없도록 시설하는 경우

5 정격차단용량 ★★

1) 정격차단전류 및 정격차단용량

정격차단전류 (kA)	단락사고로 발생한 큰 전류를 차단할 수 있는 기준으로 차단기가 견딜수 있는 전류량을 말한다. 이 값이 클수록 차단기의 내구성이 좋다.
정격차단용량 (MVA)	정격차단용량은 정격전압에 따른 차단용량을 나타내는 것으로 다음식으로 구한다. $\sqrt{3} \times$ 정격전압$(V) \times$ 정격차단전류(I_s)

2) 단락보호장치의 차단용량

정격차단용량은 단락전류보호장치 설치 점에서 예상되는 최대 크기의 단락전류 보다 커야한다. 다만, 전원측 전로에 단락고장전류 이상의 차단능력이 있는 과전류차단기가 설치되는 경우에는 그러하지 아니하다.

3상용 차단기의 정격전압은 170kV이고 정격차단전류가 50kA일 때 차단기의 정격차단용량은 약 몇 MVA인가?

① 5000
② 10000
③ 15000
④ 20000

정답 ③

6 전기안전관련 법령

전기사업법	전기사업에 관한 기본제도를 확립하고 전기사업의 경쟁과 새로운 기술 및 사업의 도입을 촉진함으로써 전기사업의 건전한 발전을 도모하고 전기사용자의 이익을 보호하여 국민경제의 발전에 이바지함을 목적으로 한다.
전기안전관리법	전기재해의 예방과 전기설비 안전관리에 필요한 사항을 규정함으로써 국민의 생명과 재산을 보호하고 공공의 안전을 확보함을 목적으로 한다.
전기안전관리자의 직무에 관한 고시	「전기안전관리법」 규정에 따른 전기안전관리자의 직무에 관한 세부적인 사항을 정함을 목적으로 한다.
전기설비기술기준	발전·송전·변전·배전 또는 전기사용을 위하여 시설하는 기계기구·댐·수로·저수지·전선로·보안통신선로 그 밖의 시설물의 안전에 필요한 성능과 기술적 요건을 규정함을 목적으로 한다.
한국전기설비규정	전기설비기술기준 고시에서 정하는 전기설비의 안전성능과 기술적 요구사항을 구체적으로 정하는 것을 목적으로 한다.
산업안전보건법	산업 안전 및 보건에 관한 기준을 확립하고 그 책임의 소재를 명확하게 하여 산업재해를 예방하고 쾌적한 작업환경을 조성함으로써 노무를 제공하는 사람의 안전 및 보건을 유지·증진함을 목적으로 한다.
산업안전보건기준에 관한 규칙	「산업안전보건법」에서 위임한 산업안전보건기준에 관한 사항과 그 시행에 필요한 사항을 규정함을 목적으로 한다.

CHAPTER 02

감전재해 및 방지대책

01 감전재해 예방 및 조치

1 안전전압

1) 안전전압의 정의 ★

(1) 전기적인 충격으로 인한 감전의 위험성은 전류의 크기, 통전시간, 통전경로, 전원의 종류 및 전압과 인체의 조건 등이 영향을 주는 요소.

(2) 감전의 위험으로부터 안전한 범위의 전압을 안전전압이라 하며, 산업안전보건법에서 30V 이하로 규정.

(3) 감전을 방지하기 위한 전기 기계·기구의 조작 시 등의 안전조치 및 접지, 충전부 방호, 절연 등에 관한 규정은 대지전압이 30볼트 이하인 전기기계·기구·배선 또는 이동전선에 대해서는 적용하지 아니한다.

2) 국가별 안전전압

국가명	안전전압(V)	국가명	안전전압(V)
영국	24	체코	20
독일	24	프랑스	24(AC), 50(DC)
일본	24~30	한국	30
벨기에	35	네덜란드	50
스위스	36	오스트리아	60(0.5초) 110~130(0.2초)

예제

우리나라의 안전전압으로 볼 수 있는 것은 약 몇 V 인가?

① 30V
② 50V
③ 60V
④ 70V

정답 ①

2 허용접촉 및 보폭전압

1) 인체가 전원에 접촉하는 형태

직접접촉	① 충전된 충전부에 신체의 일부가 직접 접촉하여 전압이 인가되는 형태 ② 활선작업 중 발생하는 부주의나 정전작업 중 타인이 전원스위치를 투입할 때 발생
간접접촉	① 충전되어 있지 않은 기기의 금속체 외함들이 누전된 상태에서 신체의 일부가 외함과 접촉하여 전압이 인가되는 형태 ② 전선의 피복 절연 손상이나 아크의 발생에 의하여 나타나는 현상 ③ 누전된 기기의 외함과 누전되지 않은 경우의 식별이 맨눈으로 불가능하기 때문에 접촉할 가능성이 높으므로, 안전에 관한 대책수립이 반드시 필요함.

2) 허용 접촉전압(전원과 인체의 접촉으로 인하여 인체에 인가되는 전압)

(1) 접촉전압 ★★★

① 인체의 손과 다른 신체의 일부사이에 인가되는 위험전압
② 허용 접촉전압

종별	접촉 상태	허용접촉전압
제1종	• 인체의 대부분이 수중에 있는 경우	2.5V 이하
제2종	• 인체가 현저하게 젖어있는 경우 • 금속성의 전기기계장치나 구조물에 인체의 일부가 상시 접촉되어 있는 경우	25V 이하
제3종	• 제1종, 제2종 이외의 경우로 통상의 인체상태에 있어서 접촉전압이 가해지면 위험성이 높은 경우	50V 이하
제4종	• 제1종, 제2종 이외의 경우로 통상의 인체상태에 있어서 접촉전압이 가해지더라도 위험성이 낮은 경우 • 접촉전압이 가해질 우려가 없는 경우	제한없음

(2) 보폭전압

① 인체의 양발 사이에 인가되는 전압
② 접지에 의해 대지로 전류가 흐를 때 접지극 주위의 지표면이 전위분포를 갖게 되어 양발 사이에 전위차 발생

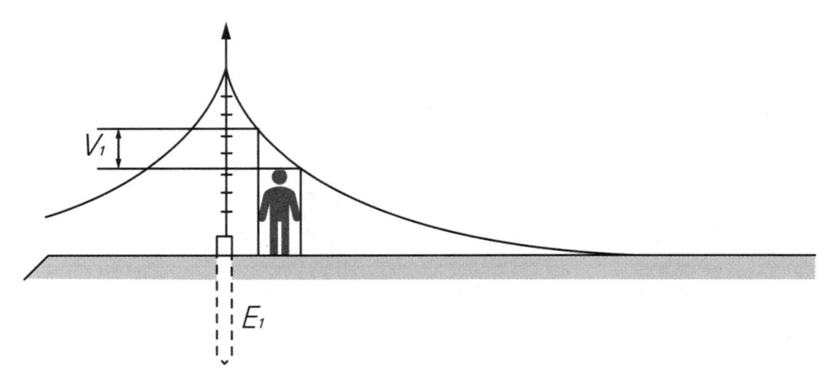

▲ 보폭전압이 인가된 상태

예제

인체가 현저히 젖어있는 상태이거나 금속성의 전기·기계 장치의 구조물에 인체의 일부가 상시 접촉되어 있는 상태에서의 허용접촉전압으로 옳은 것은?

① 2.5V 이하
② 25V 이하
③ 50V 이하
④ 75V 이하

정답 ②

PART 04

3 인체의 저항

1) 옴(ohm)의 법칙 ★★★

$$I=\frac{E}{R},\ E=IR$$

I=전류(A), R=저항(Ω)
E=전압(V)

2) 인체의 전기저항

피부저항	내부조직 저항	발과 신발 사이 저항	신발과 대지저항	인체의 전기저항
2500Ω	300Ω	1500Ω	700Ω	5000Ω

- 위 조건시 습기가 많을 경우 1/10로 감소
- 위 조건시 땀에 젖어 있는 경우 1/12로 감소
- 위 조건시 물에 젖어 있는 경우 1/25로 감소★
- 전압이 높아지면 피부저항은 감소한다.
- 전원전압이 200V일 때 인체에 흐르는 전류는 40mA로 위험. 이때 손, 신발이 젖는 경우 0.3초 이내에 사망 가능

02 감전재해의 요인

1 감전요소

1) 1차적 감전 요소(위험도 결정조건) ★★★

통전 전류의 크기	인체에 흐르는 전류의 양에 따라 위험성이 결정되므로 비록 저압의 전기라 하더라도 취급에 있어 주의하여야 한다.
통전 경로	사람의 심장은 왼쪽에 있으므로 왼손으로 전기 기구를 취급하면 전류가 심장을 통해 흐르게 되어 오른손으로 사용할 경우 보다 더욱 위험하다.
통전 시간	심실세동전류는 통전시간에 크게 관계되며, 시간이 길수록 위험하다. $\left(I=\frac{165}{\sqrt{T}}(\mathrm{mA})\right)$
전원의 종류	전압이 동일한 경우에도 교류는 직류보다 위험하다.

2) 2차적 감전 요소 ★★

인체의 조건	땀에 젖어있거나 물에 젖어있는 경우 인체의 저항이 감소하므로 위험성이 높아진다.
전압	전압값도 인체의 저항값의 변화요인이므로 위험하다.
계절	여름에는 땀을 많이 흘리는 계절이므로 인체저항값이 감소하여 위험성이 높아진다.

예제

인체가 100V 전로에 접촉되었을 경우 접촉저항이 500Ω이고, 인체저항이 500Ω일 때 인체에 통과하는 전류는 몇 [mA]인가?

① 250
② 200
③ 150
④ 100

정답 ④

예제

Dalziel의 심실세동전류와 통전시간과의 관계식에 의하면 인체 전격시의 통전시간이 4초이었다고 했을 때 심실세동전류의 크기는 약 몇 mA인가?

① 42
② 83
③ 165
④ 185

정답 ②

예제

다음 중 전격의 위험을 가장 잘 설명하고 있는 것은?

① 통전 전류가 크고, 주파수가 높고, 장시간 흐를수록 위험하다.
② 통전 전압이 높고, 주파수가 높고, 인체 저항이 낮을수록 위험하다.
③ 통전 전류가 크고, 장시간 흐르고, 인체의 주요한 부분을 흐를수록 위험하다.
④ 통전 전압이 높고, 인체저항이 높고, 인체의 주요한 부분을 흐를수록 위험하다.

정답 ③

3) 통전 경로별 위험도 ★★

통전 경로	위험도	통전 경로	위험도
왼손 - 가슴 오른손 - 가슴 왼손 - 한발 또는 양발 양손 - 양발 오른손 - 한발 또는 양발	1.5 1.3 1.0 1.0 0.8	왼손 - 등 한손 또는 양손 - 앉아 있는 자리 왼손 - 오른손 오른손 - 등	0.7 0.7 0.4 0.3

4) 전기 에너지에 의한 발열

(1) Joule의 법칙 ★

$$Q = I^2 RT$$

여기서, Q(J), I(A), $R(\Omega)$, T(sec)

(2) 전기에너지에 의한 주위 가연물의 탄화

① 보통 목재의 착화온도 : 220~270℃
② 탄화된 목재의 착화온도 : 180℃

5) 감전사고시의 응급조치

(1) 구조 순서

① 피재자가 접촉된 충전부나 누전되고 있는 기기의 전원 차단
② 피재자를 위험지역으로부터 신속히 이탈
③ 2차 재해 방지조치

(2) 증상의 관찰

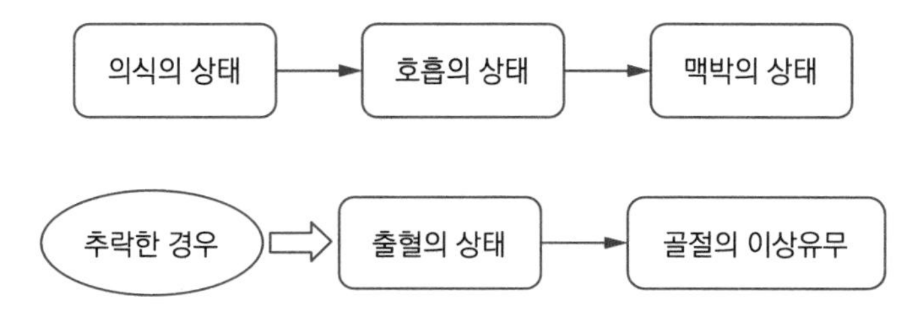

(3) 응급처치

호흡정지에서 인공호흡 개시까지의 시간(분)	소생률(100명당)	사망률(100명당)
1	95	5
2	90	10
3	75	25
4	50	50
5	25	75

예제

다음 중 인체의 통전 경로별 위험도가 가장 큰 것은?

① 왼손-오른손
② 왼손-등
③ 오른손-가슴
④ 오른손- 왼발

정답 ③

예제

저항이 0.2Ω인 도체에 10A의 전류가 1분간 흘렀을 경우 발생하는 열량은 몇 cal인가?

① 64
② 144
③ 288
④ 386

정답 ③

(4) 아크(감전)에 의한 화상

제1도 화상	• 비교적 화상 부위가 좁고 피부가 벌겋게 부었을 정도 • 기름, 바세린, 아연화 연고 등을 바르고 가제를 대어 식힌다.
제2도 화상	• 벌겋게 부은 피부에 수포 발생 • 수포가 터지지 않도록 붕산연고를 가제에 발라 붙인다(기름 바른 가제도 가능).
제3도 화상	• 부위가 넓고 피하에까지 변화가 미쳐 피부의 외피가 벗겨지고 헐거나 문드러진다. • 붕산연고를 가제에 바르거나 우유를 발라 가능한 빨리 의사의 치료
제4도 화상	• 화상 부위가 넓고 피부뿐만 아니라 근육, 심줄, 뼈에까지 변화가 미친 경우이거나 피부가 검게 된 것

2 감전 사고의 형태

1) 충전부 감전회로

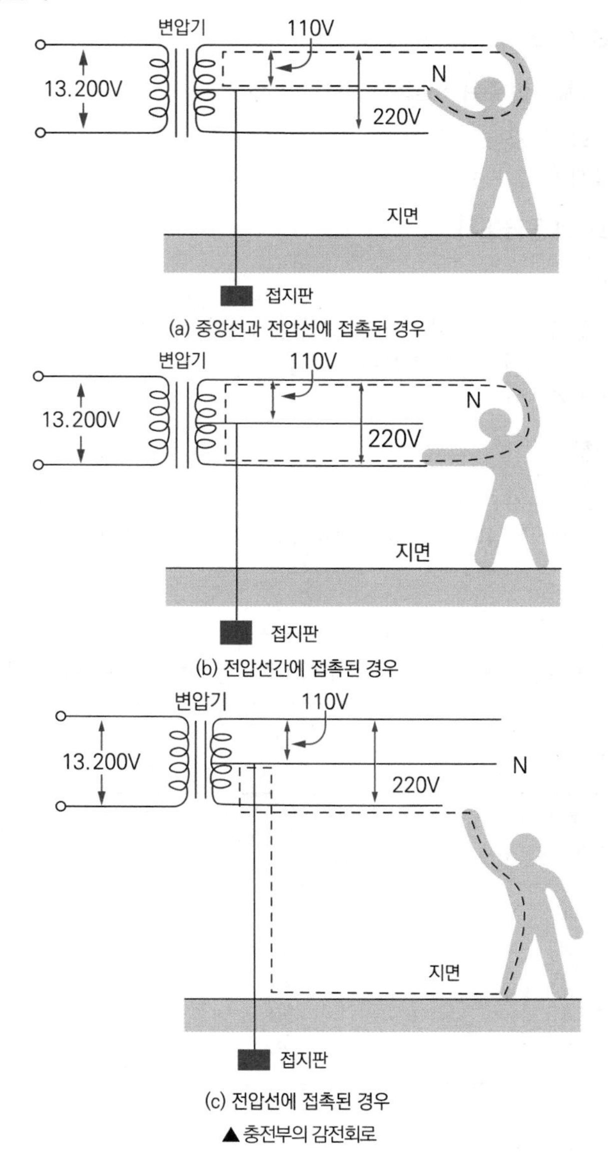

▲충전부의 감전회로

양쪽손이 모두 충전부에 접촉	직접 접촉 중 가장 위험한 경우로써 양손이 모두 충전부에 접촉되어 인체 → 전압선(중성선) → 변압기의 저압측으로 감전전류가 흐르게 된다.
인체가 하나의 전압선에 접촉	① 인체 → 대지 → 변압기의 저압측으로 감전전류가 흐르게 된다. ② 고전압에서 저전압으로 변성하는 변압기의 2차측 중성선에 접지하여 감전회로가 형성되었기 때문에 감전이 발생(접지하지 않으면 감전사고가 안 일어남) ③ 고압과 저압의 혼촉에 의한 위험방지를 위해 접지하도록 규정(비접지 방식으로 할 경우 변압기의 1차와 2차간의 절연파괴 및 고·저압 혼촉이 발생하면 저압측에 고압이 인가되어 부하설비파손 및 인체에도 위험 초래)

2) 비충전부 감전회로

① 전기기계 기구의 금속제 외함·금속제 외피 및 철대 등의 비충전부에는 감전방지를 위하여 반드시 접지를 하여야 한다.
② 전기기기의 정상 운전중 내부의 코일과 접지된 외부의 비충전부 사이에 절연이 파괴되면 사람이 기계기구에 접촉되었을 경우 인체를 통해 감전전류가 흐르게 된다.

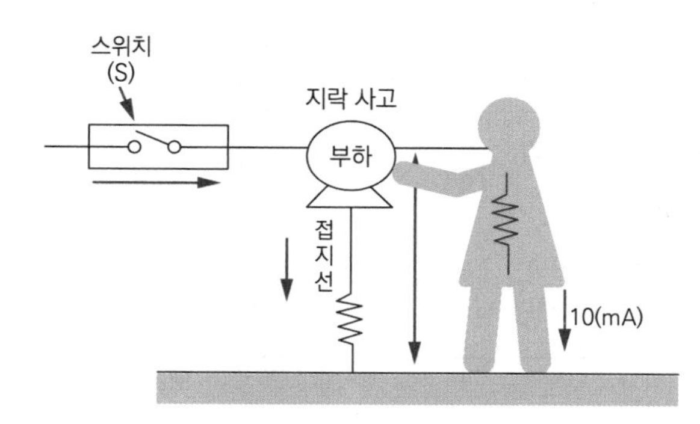

▲ 감전회로

3) 감전사고에 대한 안전대책 ★★★

(1) 직접 접촉에 의한 방지대책(충전 부분에 대한 감전 방지)

① 충전부가 노출되지 않도록 폐쇄형 외함이 있는 구조로 할 것
② 충전부에 충분한 절연효과가 있는 방호망이나 절연덮개를 설치할 것
③ 충전부는 내구성이 있는 절연물로 완전히 덮어 감쌀 것
④ 발전소·변전소 및 개폐소 등 구획되어 있는 장소로서 관계근로자가 아닌 사람의 출입이 금지되는 장소에 충전부를 설치하고, 위험표시 등의 방법으로 방호를 강화할 것
⑤ 전주 위 및 철탑 위 등 격리되어 있는 장소로서 관계근로자가 아닌 사람이 접근할 우려가 없는 장소에 충전부를 설치할 것

예제

전기시설의 직접 접촉에 의한 감전방지 방법으로 적절하지 않은 것은?

① 충전부는 내구성이 있는 절연물로 완전히 덮어 감쌀 것
② 충전부가 노출되지 않도록 폐쇄형 외함이 있는 구조로 할 것
③ 충전부에 충분한 절연효과가 있는 방호망 또는 절연 덮개를 설치할 것
④ 충전부는 관계자 외 출입이 용이한 전개된 장소에 설치하고 위험표시 등의 방법으로 방호를 강화할 것

정답 ④

예제

저압 전기기기의 누전으로 인한 감전 재해의 방지대책이 아닌 것은?

① 보호접지
② 안전전압의 사용
③ 비접지식 전로의 채용
④ 배선용차단기(MCCB)의 사용

정답 ④

예제

다음 중 정전작업 시 조치사항으로 부적합한 것은?

① 개로된 전로의 충전여부를 검전기구에 의하여 확인한다.
② 개폐기에 시건장치를 하고 통전금지에 관한 표지판은 제거한다.
③ 예비 동력원의 역송전에 의한 감전의 위험을 방지하기 위한 단락접지 기구를 사용하여 단락 접지를 한다.
④ 전력케이블의 잔류전하를 방전한다.

정답 ②

(2) 간접 접촉에 의한 방지대책

보호절연	누전 발생기기에 접촉되더라도 인체 전류의 통전 경로를 절연시킴으로 전류를 안전한계 이하로 낮추는 방법
안전 전압 이하 기기 사용	안전기준의 적용에서 제외되는 30V 이하인 전기기계·기구의 사용
접지	누전이 발생한 기계 설비에 인체가 접촉하더라도 인체에 흐르는 감전전류를 억제하여 안전한계 이하로 낮추고 대부분의 누설 전류를 접지선을 통해 흐르게 하므로 감전사고를 예방하는 방법
누전차단기의 설치	전기기계 기구 중 대지전압이 150볼트를 초과하는 이동형 또는 휴대형 등에 설치하며 누전을 자동으로 감지하여 0.03초 이내에 전원을 차단하는 장치
비접지식 전로의 채용	전기기계·기구의 전원측의 전로에 설치한 절연변압기의 2차 전압이 300V 이하이고 정격용량이 3kVA 이하이며 절연 변압기의 부하측의 전로가 접지되어 있지 아니한 경우
이중절연구조	충전부를 2중으로 절연한 구조로서 기능절연과는 별도로 감전 방지를 위한 보호 절연을 한 경우 (누전차단기 없이 보통 콘센트사용가능)

4) 정전 전로에서의 전기작업

(1) 전로차단 ★★★

근로자가 노출된 충전부 또는 그 부분에서 작업함으로써 감전될 우려가 있는 경우에는 작업에 들어가기 전에 해당 전로를 차단하여야 한다.

전로차단 절차	① 전기기기 등에 공급되는 모든 전원을 관련 도면, 배선도 등으로 확인할 것 ② 전원을 차단한 후 각 단로기 등을 개방하고 확인할 것 ③ 차단장치나 단로기 등에 잠금장치 및 꼬리표를 부착할 것 ④ 개로된 전로에서 유도전압 또는 전기에너지가 축적되어 근로자에게 전기위험을 끼칠 수 있는 전기기기 등은 접촉하기 전에 잔류전하를 완전히 방전시킬 것 ⑤ 검전기를 이용하여 작업 대상 기기가 충전되었는지를 확인할 것 ⑥ 전기기기 등이 다른 노출 충전부와의 접촉, 유도 또는 예비동력원의 역송전 등으로 전압이 발생할 우려가 있는 경우에는 충분한 용량을 가진 단락 접지기구를 이용하여 접지할 것
전로차단의 예외	① 생명유지장치, 비상경보설비, 폭발위험장소의 환기설비, 비상조명설비 등의 장치·설비의 가동이 중지되어 사고의 위험이 증가되는 경우 ② 기기의 설계상 또는 작동상 제한으로 전로차단이 불가능한 경우 ③ 감전, 아크 등으로 인한 화상, 화재·폭발의 위험이 없는 것으로 확인된 경우
감전위험 방지	전로차단 예외 규정의 각호 외의 부분 본문에 따른 작업 중 또는 작업을 마친 후 전원을 공급하는 경우에는 작업에 종사하는 근로자 또는 그 인근에서 작업하거나 정전된 전기기기 등(고정 설치된 것으로 한정)과 접촉할 우려가 있는 근로자에게 감전의 위험이 없도록 준수해야 할 사항 ① 작업기구, 단락 접지기구 등을 제거하고 전기기기 등이 안전하게 통전될 수 있는지를 확인할 것 ② 모든 작업자가 작업이 완료된 전기기기 등에서 떨어져 있는 지를 확인할 것 ③ 잠금장치와 꼬리표는 설치한 근로자가 직접 철거할 것 ④ 모든 이상 유무를 확인한 후 전기기기 등의 전원을 투입할 것

(2) 정전 작업 시 5대 안전수칙

① 작업 전 전원차단
② 전원투입방지
③ 작업장소의 무전압 여부 확인
④ 단락접지
⑤ 작업장소의 보호

(3) 작업 중, 종료 후 조치사항 ★

작업 중	작업 종료 후
• 작업지휘는 작업지휘자가 담당한다. • 개폐기에 대한 관리를 철저히 한다. • 단락접지 상태를 수시로 확인한다. • 근접활선에 대한 방호상태를 유지한다.	• 작업기구, 단락 접지기구 등을 제거하고 전기기기 등이 안전하게 통전될 수 있는지를 확인할 것 • 모든 작업자가 작업이 완료된 전기기기 등에서 떨어져 있는지를 확인할 것 • 잠금장치와 꼬리표는 설치한 근로자가 직접 철거할 것 • 모든 이상 유무를 확인한 후 전기기기 등의 전원을 투입할 것

5) 충전전로에서의 전기작업(충전전로 취급 및 인근에서의 작업) ★★★

(1) 충전전로를 정전시키는 경우에는 정전전로에서의 전기작업에 따른 조치를 할 것

(2) 충전전로를 방호, 차폐하거나 절연 등의 조치를 하는 경우에는 근로자의 신체가 전로와 직접 접촉하거나 도전재료, 공구 또는 기기를 통하여 간접 접촉되지 않도록 할 것

(3) 충전전로를 취급하는 근로자에게 그 작업에 적합한 절연용 보호구를 착용시킬 것

(4) 충전전로에 근접한 장소에서 전기작업을 하는 경우에는 해당 전압에 적합한 절연용 방호구를 설치할 것. 다만, 저압인 경우에는 해당 전기작업자가 절연용 보호구를 착용하되, 충전전로에 접촉할 우려가 없는 경우에는 절연용 방호구를 설치하지 아니할 수 있다.

(5) 고압 및 특별고압의 전로에서 전기작업을 하는 근로자에게 활선작업용 기구 및 장치를 사용하도록 할 것

(6) 근로자가 절연용 방호구의 설치·해체작업을 하는 경우에는 절연용 보호구를 착용하거나 활선작업용 기구 및 장치를 사용하도록 할 것

(7) 유자격자가 아닌 근로자가 충전전로 인근의 높은 곳에서 작업할 때에 근로자의 몸 또는 긴 도전성 물체가 방호되지 않은 충전전로에서 대지전압이 50kV 이하인 경우에는 300cm 이내로, 대지전압이 50kV를 넘는 경우에는 10kV당 10cm씩 더한 거리 이내로 각각 접근할 수 없도록 할 것

예제

가공전선 또는 충전전로에 접근하는 장소에서 시설물의 건설 해체 등의 작업을 함에 있어서 작업자가 감전의 위험이 발생할 우려가 있는 경우에 감전방지 대책으로 적절하지 않은 것은?

① 당해 충전전로를 이설한다.
② 감전의 위험을 방지하기 위하여 울타리(방책)를 설치한다.
③ 당해 충전전로에 절연용 보호구를 설치한다.
④ 감시인을 두고 작업을 감시하도록 한다.

정답 ③

예제

다음 중 산업안전보건법상 충전전로를 취급하는 경우의 조치사항으로 틀린 것은?

① 고압 및 특별고압의 전로에서 전기작업을 하는 근로자에게 활선작업용 기구 및 장치를 사용하도록 할 것
② 충전전로를 취급하는 근로자에게 그 작업에 적합한 절연용 보호구를 착용시킬 것
③ 충전전로를 정전시키는 경우에는 전기작업 전원을 차단한 후 각 단로기 등을 폐로 시킬 것
④ 근로자가 절연용 방호구의 설치·해체작업을 하는 경우에는 절연용 보호구를 착용하거나 활선작업용 기구 및 장치를 사용하도록 할 것

정답 ③

(8) 유자격자가 충전전로 인근에서 작업하는 경우에는 다음 각 목의 경우를 제외하고는 노출 충전부에 다음 표에 제시된 접근한계거리 이내로 접근하거나 절연 손잡이가 없는 도전체에 접근할 수 없도록 할 것

① 근로자가 노출 충전부로부터 절연된 경우 또는 해당 전압에 적합한 절연장갑을 착용한 경우
② 노출 충전부가 다른 전위를 갖는 도전체 또는 근로자와 절연된 경우
③ 근로자가 다른 전위를 갖는 모든 도전체로부터 절연된 경우

충전전로의 선간전압(단위 : 킬로볼트)	충전전로에 대한 접근한계거리(단위 : 센티미터)
0.3 이하	접촉금지
0.3 초과 0.75 이하	30
0.75 초과 2 이하	45
2 초과 15 이하	60
15 초과 37 이하	90
37 초과 88 이하	110
88 초과 121 이하	130
121 초과 145 이하	150
145 초과 169 이하	170
169 초과 242 이하	230
242 초과 362 이하	380
362 초과 550 이하	550
550 초과 800 이하	790

〈참고 1〉 절연이 되지 않은 충전부나 그 인근에 근로자가 접근하는 것을 막거나 제한할 필요가 있는 경우에는 울타리(방책)를 설치하고 근로자가 쉽게 알아볼 수 있도록 하여야 한다. 다만, 전기와 접촉할 위험이 있는 경우에는 도전성이 있는 금속제 울타리(방책)를 사용하거나, 충전전로에서의 표에 정한 접근한계거리 이내에 설치해서는 아니된다.

〈참고 2〉 참고 1에서의 조치가 곤란한 경우에는 근로자를 감전위험에서 보호하기 위하여 사전에 위험을 경고하는 감시인을 배치하여야 한다.

6) 충전전로 인근에서의 차량·기계장치 작업 ★★

(1) 충전전로 인근에서 차량, 기계장치 등의 작업이 있는 경우

차량 등을 충전전로의 충전부로부터 300cm 이상 이격시켜 유지시키되, 대지전압이 50kV를 넘는 경우 이격시켜 유지하여야 하는 거리(이격거리)는 10kV 증가할 때마다 10cm씩 증가시켜야 한다. 다만, 차량 등의 높이를 낮춘 상태에서 이동하는 경우에는 이격거리를 120cm 이상(대지전압이 50kV를 넘는 경우에는 10kV 증가할 때마다 이격거리를 10cm씩 증가)으로 할 수 있다.

(2) 충전전로의 전압에 적합한 절연용 방호구 등을 설치한 경우

이격거리를 절연용 방호구 앞면까지로 할 수 있으며, 차량 등의 가공 붐대의 버킷이나 끝부분 등이 충전전로의 전압에 적합하게 절연되어 있고 유자격자가 작업을 수행하는 경우에는 붐대의 절연되지 않은 부분과 충전전로 간의 이격거리는 충전전로에서의 전기작업 표에 따른 접근 한계거리까지로 할 수 있다.

(3) 다음 각 호의 경우를 제외하고는 근로자가 차량 등의 그 어느 부분과도 접촉하지 않도록 울타리(방책)를 설치하거나 감시인 배치 등의 조치를 하여야 한다.
① 근로자가 해당 전압에 적합한 절연용 보호구 등을 착용하거나 사용하는 경우
② 차량 등의 절연되지 않은 부분이 접근 한계거리 이내로 접근하지 않도록 하는 경우

3 전압의 구분 ★★★

전원의 종류	저압	고압	특고압
교류[AC]	1,000V 이하	1,000V 초과 7,000V 이하	7,000V 초과
직류[DC]	1,500V 이하	1,500V 초과 7,000V 이하	

4 통전 전류의 세기 및 그에 따른 영향

1) 전류에 따른 인체의 영향 ★★★

분 류	인체에 미치는 전류의 영향	통전 전류 (60Hz 교류에서 성인남자)
최소감지전류	전류의 흐름을 느낄 수 있는 최소전류	60Hz에서 성인남자 1mA
고통한계전류	고통을 참을 수 있는 한계전류	60Hz에서 성인남자 7~8mA
마비한계전류	신경이 마비되고 신체를 움직일 수 없으며 말을 할 수 없는 상태	60Hz에서 성인남자 10~15mA
심실세동전류	심장의 맥동에 영향을 주어 심장마비 상태를 유발	$I=\frac{165}{\sqrt{T}}$ mA

2) 심실 세동 전류

(1) 심실 세동을 일으키면 통전 전류가 멈춘다 해도 자연회복은 어려우며, 그대로 방치하면 수분이내에 사망에 이르게 되므로 즉시 인공 호흡 실시

(2) 통전 시간과 전류의 관계식 (위험 한계 에너지)
인체의 전기저항을 500Ω으로 가정하면,

$$Q=I^2RT[J/S]=\left(\frac{165\sim185}{\sqrt{T}}\times10^{-3}\right)^2\times500\times T=13.61\sim17.11[J]$$

(3) 상용주파수(60Hz)에 의해 감전되는 경우 주로 심장의 중추를 통과하는 전류량에 의해 사망하는 경우가 많으며, 흉부수축으로 인한 질식이나 호흡중추부로 흘러 호흡기능 장애를 발생하여 사망에 이르는 경우도 있다.

예제

다음 중 전압의 분류가 잘못된 것은?

① 저압-1,000볼트 이하의 교류전압
② 고압-1,000볼트 초과 7천볼트 이하의 교류전압
③ 저압-1,500볼트 이하의 직류전압
④ 특고압-1만볼트를 초과하는 직류전압

정답 ④

Key point

가수전류와 불수전류

가수전류는 인체가 자력으로 이탈할 수 있는 전류를 말하며, 60Hz 정현파 교류에 의한 가수전류(이탈전류 또는 마비한계전류)는 10~15mA이고, 불수전류는 자력으로 이탈할 수 없는 전류를 말한다.

예제

상용주파수 60Hz 교류에서 성인 남자의 경우 고통한계 전류로 가장 알맞은 것은?

① 15~20mA
② 10~15mA
③ 7~8mA
④ 1mA

정답 ③

예제

감전사고로 인한 전격사의 메카니즘으로 가장 거리가 먼 것은?

① 흉부수축에 의한 질식
② 심실세동에 의한 혈액순환기능의 상실
③ 내장파열에 의한 소화기계통의 기능상실
④ 호흡중추신경 마비에 따른 호흡기능 상실

정답 ③

03 절연용 안전장구

1 절연용 안전보호구

1) 절연용 안전모

Key point

(주) : 내전압성이란 7,000V 이하의 전압에 견디는 것을 말한다.

종류(기호)	사용구분	비고
AE	물체의 낙하 및 비래에 의한 위험을 방지 또는 경감하고, 머리부위 감전에 의한 위험을 방지하기 위한 것	내전압성(주)
ABE	물체의 낙하 또는 비래 및 추락에 의한 위험을 방지 또는 경감하고, 머리부위 감전에 의한 위험을 방지하기 위한 것	내전압성

2) 안전화의 일반구조

정전기 안전화	① 안전화는 인체에 대전된 정전기를 걸창을 통하여 대지로 누설시키는 전기회로가 형성될 수 있는 재료와 구조로 할 것 ② 걸창은 전기저항변화가 적은 합성고무 사용 ③ 안창이 도전로가 되는 경우에는 적어도 그 일부분에 걸창보다 전기저항이 적은 재료 사용 등
절연화	저압전기를 취급하는 작업을 행할 때 전기에 의한 감전으로부터 신체를 보호하기 위해 사용
절연 장화	고압전기를 취급하는 작업을 행할 때 전기에 의한 감전으로부터 신체를 보호하기 위해 사용

3) 절연용 보호구 등의 사용

① 다음 각 호의 작업에 사용하는 절연용 보호구, 절연용 방호구, 활선작업용 기구, 활선 작업용 장치에 대하여 각각의 사용목적에 적합한 종별·재질 및 치수의 것을 사용
- ㉠ 노출 충전부가 있는 맨홀 또는 지하실 등의 밀폐공간에서의 전기작업
- ㉡ 이동 및 휴대장비 등을 사용하는 전기작업
- ㉢ 정전전로 또는 그 인근에서의 전기작업
- ㉣ 충전전로에서의 전기작업
- ㉤ 충전전로 인근에서의 차량·기계장치 등의 작업

② 절연용 보호구 등이 안전한 성능을 유지하고 있는지를 정기적으로 확인

③ 사업주는 근로자가 절연용 보호구등을 사용하기 전에 흠·균열·파손, 그 밖의 손상 유무를 발견하여 정비 또는 교환을 요구하는 경우에는 즉시 조치

2 절연용 안전방호구

1) 절연용 방호구

종류	목적	사용 범위
절연관 (방호관)	고·저압전선로의 충전부를 방호하여 작업자 감전보호	① 충전중인 고·저압 전선로에 접촉 또는 근접 ② 작업중 고·저압부분의 혼촉 우려 ③ 고·저압 충전중인 선로에 접근
고무판	충전부 작업중 접지면을 절연, 인체가 통전경로가 되지 않도록 하기 위해 사용	① 배전반내에서의 계전기등 점검, 보수작업 ② 배전반 및 스위치조작시 노출 충전부가 있는 경우 ③ 절연내력 시험
점퍼 호오스	고·저압 전선로를 방호하여 작업자의 전기적 격리 유지	① 고·저압선로 접촉 및 접근작업 ② 고·저압부분 혼촉우려 ③ 활선선로 또는 기기에 접근
선로커버, 애자커버	고·저압선로 또는 애자의 방호용으로 사용	절연관과 동일
컷아웃 스위치커버	컷아웃스위치 개방 후 내부 충전부에 접촉하는 위험방지	컷 아웃 스위치 개방 후 접근작업 시 안전확보
고무 블랭킷	충전중인 설비 접근작업 시 오접촉 등의 위험방지	① 충전중인 전기설비에 접근 ② 충전중인 모선 등에 물체가 접촉할 우려 ③ 기기 충전부와 작업자 접촉 우려

2) 검출용구

종류	사용범위
저압 및 고압용 검전기	① 보수작업 시 저압 또는 고압 충전 여부 확인 ② 고·저압 회로의 기기 및 설비 등의 정전 확인 ③ 기기의 부속부위 고·저압 충전여부 확인
특고압 검전기	① 특고압 기기 및 설비의 충전여부 확인 ② 특고압회로의 충전여부 확인
활선 접근 경보기(전기 작업자의 착각이나 오판 등으로 충전된 기기나 전선로에 근접 시 경고음 발생)	① 정전작업 장소에 활선 구간이 공존하는 경우 ② 활선 근접 작업 시 ③ 기타 착각, 오판단 등으로 감전위험 예상시

3) 활선장구

활선 시메라	① 충전중인 전선의 변경 및 장선작업 ② 애자 교환 등을 활선작업으로 할 경우
활선 커터	충전된 고압전선의 절단작업에 사용
조작봉	① D.S 조작봉 : 단로기 개폐시에 사용(66KV 이하의 D.S 개폐시) ② 컷 아웃 스위치 조작봉 : 고압 컷아웃 스위치 개폐시 섬광에 의한 화상 등 재해방지
점퍼선	고압 이하의 활선 작업 시 부하전류를 일시적으로 측로로 통과시키기 위해 사용
기타	디스콘 스위치 조작봉, 활선 작업대, 주상 작업대, 활선 작업차 등

예제

활선장구 중 활선시메라의 사용 목적이 아닌 것은?

① 충전 중인 전선을 장선할 때
② 충전 중인 전선의 변경작업을 할 때
③ 활선작업으로 애자 등을 교환할 때
④ 특고압 부분의 검전 및 잔류전하를 방전할 때

정답 ④

정전기 장 · 재해 관리

01 정전기 위험요소 파악

1 정전기 발생 원리

1) 정의

정전기란 전하의 공간적 이동이 적고 전계의 영향은 크나 자계의 영향이 상대적으로 미미한 전기전하를 말한다.

2) 정전기의 성질

(1) 역학 현상

전기적인 작용에 의해 대전체 가까이에 있는 물체를 끌어당기거나 반발하게 하는 성질

(2) 정전유도현상

① 대전체 가까이에 절연된 도체가 있을 경우 전기력에 의한 자유전자의 이동으로 대전체 쪽의 도체 표면에는 대전체와 반대의 전하가, 반대쪽에는 같은 전하가 대전되는 현상
② 정전유도현상

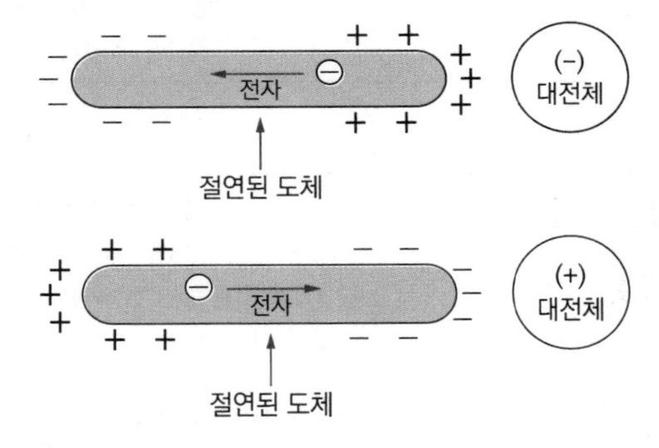

2 정전기의 발생현상 ★★★

1) 정전기 발생형태

(1) 접촉 분리

① 2가지 물체의 접촉으로 물체의 경계면에서 전하의 이동이 생겨 정 또는 부의 전하가 나란하게 형성되었다가 분리되면서 전하분리가 일어나 극성이 서로 다른 정전기가 발생
② 마찰, 박리, 충돌 및 액체의 유동에 의한 정전기가 여기에 해당된다.

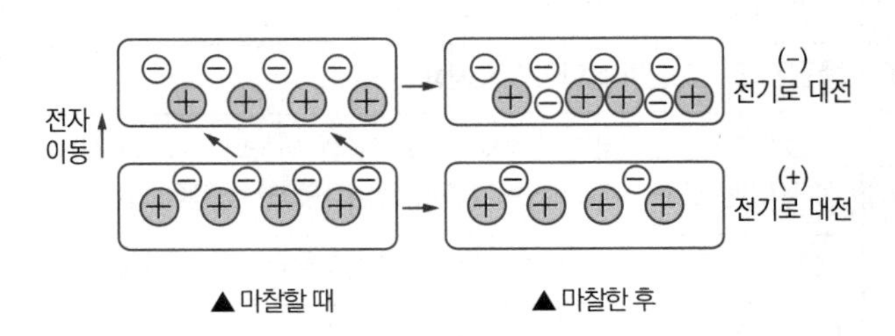

▲마찰할 때 ▲마찰한 후

예제

다음 중 정전기의 발생요인으로 적절하지 않은 것은?

① 도전성 재료에 의한 발생
② 박리에 의한 발생
③ 유동에 의한 발생
④ 마찰에 의한 발생

정답 ①

(2) 물체의 파괴

① 물체가 파괴되면 파괴후의 물체에서 정 및 부의 전하 불균형이 생기고 정전기가 발생한다.
② 고체의 분쇄, 액체의 분열 등에 의한 정전기가 여기가 해당된다.

(3) 정전유도에 의한 발생

대전하지 않은 절연도체 가까이 대전체를 접근시킬 때 나타나는 현상

2) 정전기 발생현상

마찰대전	① 두 물질이 접촉과 분리과정이 반복되면서 마찰을 일으킬 때 전하분리가 생기면서 정전기가 발생 ② 고체 액체류 및 분체류에서의 정전기 발생이 여기에 해당
박리대전	① 상호 밀착해 있던 물체가 떨어지면서 전하 분리가 생겨 정전기가 발생 ② 접착면의 밀착정도, 박리속도 등에 의해 영향을 받으며 일반적으로 마찰대전보다 큰 정전기가 발생
유동대전	① 액체류를 파이프 등으로 수송할 때 액체류가 파이프 등과 접촉하여 두 물질의 경계에 전기 2중층이 형성되어 정전기가 발생 ② 액체류의 유동속도가 정전기 발생에 큰 영향을 준다.
분출대전	① 분체류, 액체류, 기체류가 단면적이 작은 개구부를 통해 분출할 때 분출물질과 개구부의 마찰로 인하여 정전기가 발생. ② 분출물과 개구부의 마찰 이외에도 분출물의 입자 상호간의 충돌로 인한 미립자의 생성으로 정전기가 발생하기도 한다.
충돌대전	분체류에 의한 입자끼리 또는 입자와 고정된 고체의 충돌, 접촉, 분리 등에 의해 정전기가 발생
유도대전	접지되지 않은 도체가 대전물체 가까이 있을 경우 전하의 분리가 일어나 가까운 쪽은 반대극성의 전하가 먼 쪽은 같은 극성의 전하로 대전되는 현상
비말대전	액체류가 공간으로 분출할 경우 미세하게 비산하여 분리되면서 새로운 표면을 형성하게 되어 정전기가 발생 (액체의 분열)

예제

정전기의 대전현상이 아닌 것은?

① 교반대전
② 충돌대전
③ 박리대전
④ 망상대전

정답 ④

예제

다음 중 정전기의 발생에 영향을 주는 요인과 가장 관계가 먼 것은?

① 물질의 표면상태
② 물질의 분리속도
③ 물질의 표면온도
④ 물질의 접촉면적

정답 ③

3) 정전기 발생의 영향 요인

물체의 특성	① 접촉 분리하는 두 가지 물체의 상호특성에 의해 결정 ② 대전열 : ㉠ 물체를 마찰시킬 때 전자를 잃기 쉬운 순서대로 나열한 것. ㉡ 대전열에서 멀리 있는 두 물체를 마찰할 수록 대전이 잘된다. (+) 털가죽-유리-명주-나무-고무-플라스틱-에보나이트 (−)
물체의 표면상태	① 표면이 매끄러운 것보다 거칠수록 정전기가 크게 발생한다. ② 표면이 수분, 기름 등에 오염되거나 산화(부식)되어 있으면 정전기가 크게 발생한다.
물체의 이력	물체가 이미 대전된 이력이 있을 경우 정전기 발생의 영향이 작아지는 경향이 있다(처음접촉, 분리 때가 최고이며 반복될수록 감소)
접촉면적 및 압력	접촉 면적과 압력이 클수록 정전기 발생량이 증가하는 경향이 있다.
분리 속도	분리속도가 클수록 주어지는 에너지가 크게 되므로 정전기 발생량도 증가하는 경향이 있다.
완화시간	완화시간이 길면 길수록 정전기 발생량은 증가한다.

3 방전의 형태 및 영향

1) 방전 현상

① 정전기의 전기적 작용에 의해 일어나는 전기작용
② 방전이 일어나면 대전체에 축적된 에너지는 공간으로 방출되면서 열, 발광, 전자파 등으로 변환, 소멸
③ 방전되는 에너지가 클 경우 화재, 폭발 등으로 여러 가지 장애 및 재해의 원인
④ 방전은 대기중으로 발생하는 기중방전, 대전체 표면을 따라 발생하는 연면방전이 있다.

2) 방전(discharge)의 형태

코로나 (corona) 방전	① 일반적으로 대기중에서 발생하는 방전으로 방전 물체에 날카로운 돌기 부분이 있는 경우 이 선단 부근에서 "쉿"하는 소리와 함께 미약한 발광이 일어나는 방전현상으로 공기중에서 오존을 생성한다. ② 방전에너지의 밀도가 작아서 장해나 재해의 원인이 될 가능성이 비교적 작다.
스트리머 (streamer) 방전	① 비교적 대전량이 큰 대전물체(부도체)와 비교적 평활한 형상을 가진 접지도체와의 사이에서 강한 파괴음과 수지상의 발광을 동반하는 방전현상 ② 코로나 방전에 비해 방전에너지 밀도가 높기 때문에 착화원으로 될 확률과 장해 및 재해의 원인이 될 가능성이 크다.
불꽃 (spark) 방전	① 대전 물체와 접지도체의 형태가 비교적 평활하고 간격이 좁은 경우 강한 발광과 파괴음을 동반하여 발생하는 방전현상(오존생성) ② 접지불량으로 절연된 대전물체 또는 인체에서 발생하는 불꽃방전은 방전에너지밀도가 높아 장해 및 재해의 원인이 되기 쉽다.

연면 (surface) 방전	① 정전기가 대전된 부도체에 접지도체가 접근 할 경우 대전물체와 접지도체 사이에서 발생하는 방전과 동시에 부도체의 표면을 따라 수지상의 발광을 동반하여 발생하는 방전현상(star-check mark) ② 부도체의 대전량이 매우 클 경우와 대전된 부도체의 표면과 접지체가 매우 가까울 경우 발생(접지된 도체상에 대전 가능한 물체가 엷은층을 형성할 경우) ③ 연면 방전은 방전에너지 밀도가 높아 불꽃방전처럼 착화원이 되거나 장해 및 재해의 원인이 될 확률이 높다
브러쉬 (brush) 방전	① 비교적 평활한 대전물체가 만드는 불평등전계 중에서 발생하는 나뭇가지모양의 방전 ② 코로나 방전의 일종으로 부분적인 절연파괴이지만 방전 에너지는 통상의 코로나 방전보다 크고, 가연성 가스나 증기 등의 착화원이 될 확률이 높다.

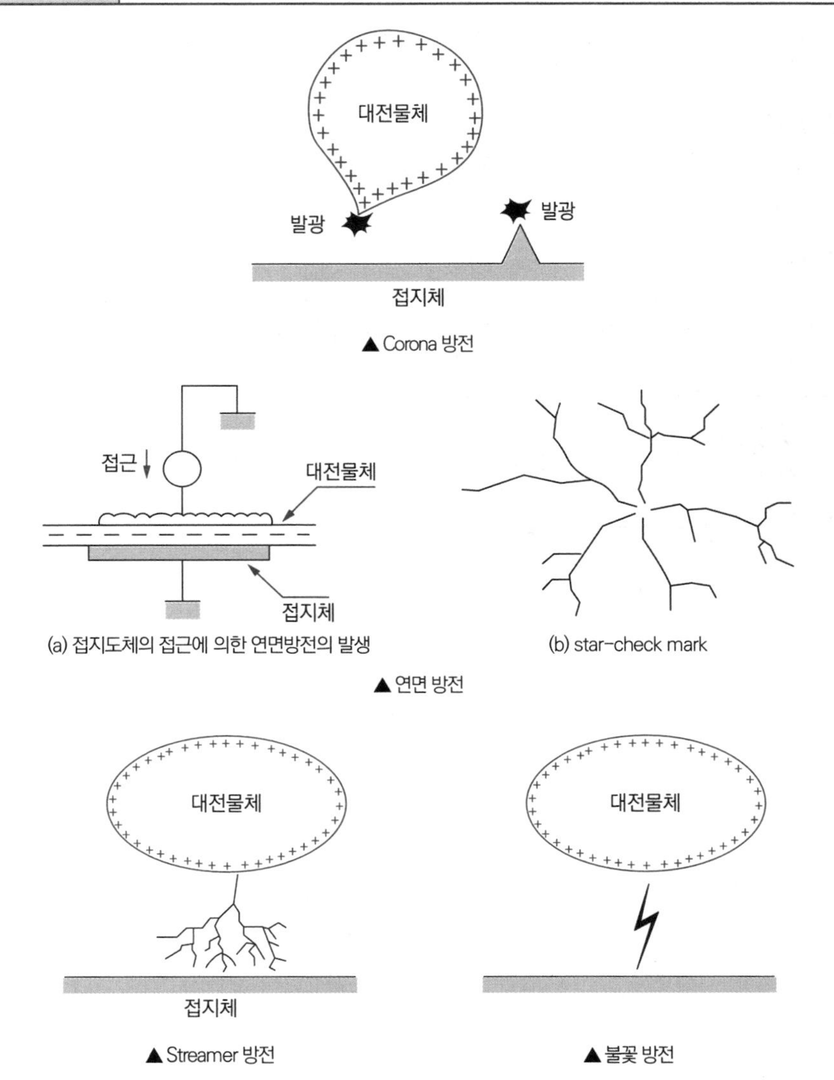

▲ Streamer 방전

▲ 불꽃 방전

3) 완화시간(relaxation time)

대전한 전하를 소멸하는 완화가 시간과 함께 지수함수적으로 발생하는 경우 대전물체의 전하량이 초기값의 1/e(약 37%)이 될 때까지의 시간

예제

대전이 큰 엷은 층상의 부도체를 박리할 때 또는 엷은 층상의 대전된 부도체의 뒷면에 밀접한 접지체가 있을 때 표면에 연한 수지상의 발광을 수반하여 발생하는 방전은?

① 불꽃 방전
② 스트리머 방전
③ 코로나 방전
④ 연면 방전

정답 ④

예제

착화에너지가 0.1mJ인 가스가 있는 사업장의 전기 설비의 정전용량이 0.6nF일 때 방전시 착화 가능한 최소 대전 전위는 약 몇 V인가?

① 289
② 385
③ 577
④ 1154

정답 ③

4 정전기의 장해

1) 화재·폭발 ★

① 정전기로 인한 방전 현상의 결과로 가연성 물질이 연소되어 일어나는 현상
② 정전기 방전현상이 발생해도 방전에너지가 가연성 물질의 최소착화 에너지보다 작으면 안전
③ 대전물체가 도체인 경우 방전 발생시 대부분의 전하가 모두 방출하게 되어 정전기 에너지가 최소착화에너지가 될 경우 화재 및 폭발이 발생할 수 있다.

$$W=\frac{1}{2}QV=\frac{1}{2}CV^2=\frac{1}{2}\frac{Q^2}{C}(J)$$

W : 정전기 에너지(J) C : 도체의 정전용량(F)
V : 대전 전위(V) Q : 대전전하량 (C)

④ 최소착화 에너지가 낮은 물질일수록 화재 및 폭발의 위험이 높으므로 정전기 예방 대책을 철저히 수립하여야 한다.

2) 전격

대전물체에서 인체로 또는 대전된 인체에서 도체로 방전되어 인체내로 전류가 흘러 나타나는 현상

3) 생산장해

역학현상에 의한 생산장해	① 정전기의 흡인력 또는 반발력에 의해 발생 ② 분진의 막힘, 실의 엉킴, 인쇄의 얼룩 등
방전현상에 의한 생산장해	① 방전전류 : 반도체 소자 등의 전자부품의 파괴 및 오동작 현상 ② 전자파 : 전자기기, 장치 등의 오동작 또는 잡음 현상 ③ 발광 : 사진 필름의 감광 현상

02 정전기 위험요소 제거

1 접지

1) 정전기로 인한 화재 폭발 등 방지

(1) 접지, 도전성 재료사용, 가습 및 점화원이 될 우려가 없는 제전장치사용 등 대상 설비 ★★★

① 위험물을 탱크로리·탱크차 및 드럼 등에 주입하는 설비
② 탱크로리·탱크차 및 드럼 등 위험물저장설비
③ 인화성 액체를 함유하는 도료 및 접착제등을 제조·저장·취급 또는 도포하는 설비
④ 위험물 건조설비 또는 그 부속설비
⑤ 인화성 고체를 저장하거나 취급하는 설비
⑥ 드라이클리닝설비, 염색가공설비 또는 모피류 등을 씻는 설비 등 인화성 유기용제를 사용하는 설비
⑦ 유압, 압축공기 또는 고전위정전기 등을 이용하여 인화성 액체나 인화성 고체를 분무하거나 이송하는 설비
⑧ 고압가스를 이송하거나 저장·취급하는 설비
⑨ 화약류 제조설비
⑩ 발파공에 장전된 화약류를 점화시키는 경우에 사용하는 발파기

(2) 인체에 대전된 정전기에 의한 화재 또는 폭발 위험이 있는 경우 ★★★

정전기 대전방지용 안전화착용, 제전복 착용, 정전기 제전용구 사용, 작업장 바닥에 도전성을 갖추도록 하는 등의 조치

(3) 접지 저항

정전기 방지를 위한 저항은 $1\times10^6\Omega$ 이하이면 충분하나 일반적으로 안전을 고려하여 $1\times10^3\Omega$ 미만으로 하되, 전동기 등의 전기기계기구인 경우 감전위험을 고려하여 100Ω 이하의 낮은 값으로 접지를 한다.
[접지에 의한 정전기 완화가 가능한 표면저항 : $10^4\sim10^8\Omega$]

2) 부도체의 대전방지 ★

(1) 간접적인 대책 실시

부도체는 전하의 이동이 쉽게 일어나지 않기 때문에 접지로는 효과를 기대하기 어렵다. 그러므로 정전기 발생 억제가 기본이며 정전기를 중화시켜 제거하여야 한다.

(2) 대전방지 방법

① 가급적 도전성 재료 사용
② 유체, 분체 등에는 대전방지제 첨가
③ 대전방지 처리된 대전방지용품 사용
④ 유속의 저하, 및 정치시간 확보
⑤ 제전기 사용

예제

다음 중 사업장의 정전기 발생에 대한 재해방지 대책으로 적합하지 못한 것은?

① 습도를 높인다.
② 실내 온도를 높인다.
③ 도체부분에 접지를 실시한다.
④ 적절한 도전성 재료를 사용한다.

정답 ②

예제

정전기 방지대책 중 적합하지 않는 것은?

① 대전서열이 가급적 먼 것으로 구성한다.
② 카본 블랙을 도포하여 도전성을 부여한다.
③ 유속을 저감시킨다.
④ 도전성 재료를 도포하여 대전을 감소시킨다.

정답 ①

2 유속의 제한

1) 액체 취급 시 공통 대책

① 폭발성 분위기 형성 및 확산의 방지
② 탱크, 용기, 배관, 노즐 등의 도체부분 접지

2) 배관 이송, 충전 ★★

① 액체의 비산 방지
② 초기 배관 내 유속 제한
　㉠ 도전성 위험물로써 저항률이 $10^{10}\Omega cm$ 미만의 배관유속을 7m/s 이하
　㉡ 이황화탄소, 에테르 등과 같이 폭발위험성이 높고 유동대전이 심한 액체는 1m/s 이하
　㉢ 비수용성이면서 물기가 기체를 혼합한 위험물은 1m/s 이하
　㉣ 저항률 $10^{10}\Omega cm$ 이상 위험물의 배관 내 유속은 관경에 따른 유속제한값 이하
　[단, 주입구가 액면 아래 충분히 침하할 때까지 배관 내 유속은 1m/s 이하]
③ 최대 유속 제한
　어떠한 경우라도 최대유속은 10m/s 이하로 제한한다.

3 보호구의 착용

1) 대전 방지 작업화 (정전화)

작업화의 바닥 저항을 $10^{8}\Omega \sim 10^{5}\Omega$ 정도로 하여 인체의 누설저항을 저하시켜 대전방지
(보통작업화의 바닥저항은 $10^{12}\Omega$)

2) 정전 작업복 착용

전도성 섬유를 첨가하여 코로나 방전을 유도, 대전된 전기에너지를 열에너지로 변화하여 정전기 제거

3) 손목띠(wrist strap) 착용 등

4 대전 방지제

① 섬유 등에 흡습성과 이온성을 부여하여 도전성을 증가하여 대전방지
② 대전방지제로 많이 사용되는 계면 활성제는 친수성기 및 배수성기와 극성기 및 무극성기가 있어 친화성이 강하게 작용
③ 부도체의 대전방지제 사용
　㉠ 도전율 10^{-12}s/m 이상, 표면고유저항 $10^{12}\Omega$ 이하로 조절(도전성이 향상된 부도체는 접지)
　㉡ 대전 방지제는 습도의 영향을 받으므로 상대습도 50% 이상 유지

예제

유류저장 탱크에서 배관을 통해 드럼으로 기름을 이송하고 있다. 이때 유동전류에 의한 정전대전 및 정전기 방전에 의한 피해를 방지하기 위한 조치와 관련이 먼 것은?

① 유체가 흘러가는 배관을 접지시킨다.
② 배관 내 유류의 유속은 가능한 느리게 한다.
③ 유류저장 탱크와 배관, 드럼 간에 본딩(Bonding)을 시킨다.
④ 유류를 취급하고 있으므로 화기 등을 가까이 하지 않도록 점화원 관리를 한다.

정답 ④

5 가습

(1) 플라스틱 섬유 및 제품은 습도의 증가로 표면 저항이 감소하므로 대전방지

(2) 공기중의 상대습도를 60~70%정도 유지하기 위해 가습 방법을 사용

(3) 가습방법 : 물의 분무법, 증발법, 습기분무법 등

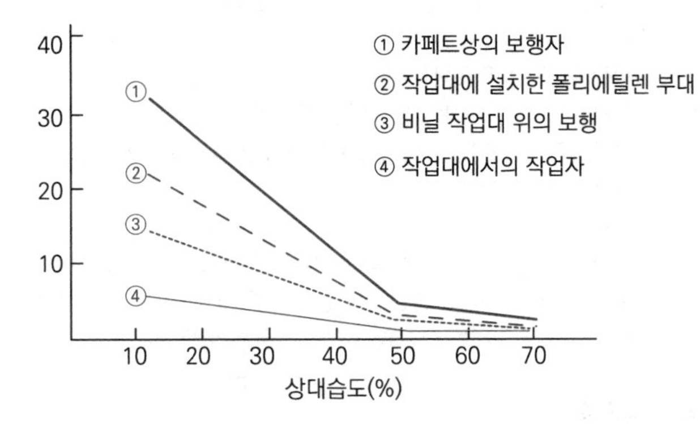

▲ 정전기의 발생과 습도의 관계

다음 중 제전기의 종류에 해당하지 않는 것은?

① 전류제어식
② 전압인가식
③ 자기방전식
④ 방사선식

정답 ①

6 제전기

1) 제전기의 종류 ★★★

전압 인가식 제전기	7000V 정도의 고전압으로 코로나 방전을 일으켜 발생하는 이온으로 대전체 전하를 중화시키는 방법 (고압 전원은 교류방식이 많이 사용)
자기 방전식 제전기	제전 대상물체의 정전 에너지를 이용하여 제전에 필요한 이온을 발생시키는 장치로 50kV 정도의 높은 대전을 제거할 수 있으나 2kV 정도의 대전이 남는 단점이 있다. 전원이 필요하지 않아 구조와 취급이 간단하며 점화원이 될 염려가 없어 안전성이 높은 장점이 있다.
방사선식 제전기	방사선 동위원소의 전리작용을 이용하여 제전에 필요한 이온을 만드는 장치로서 방사선 장해로 인한 사용상의 주의가 요구되며 제전능력이 작아 제전시간이 오래 걸리는 단점과 움직이는 물체의 제전에는 적합하지 못하다.

2) 제전기의 선정기준

전압인가식	① 제전능력이 크고 적용범위가 넓어서 많이 사용 ② 방폭지역에서는 방폭형으로 사용 ③ 대전 물체의 극성이 일정하며 대전량이 크고 빠른 속도로 움직이는 물체에는 직류형 전압인가식 제전기가 효과적
자기방전식	① 제전능력은 보통이며, 적용범위가 좁다. ② 상대습도 80% 이상인 곳에 적합 ③ 플라스틱, 섬유, 고무, 필름공장 등에 적합
방사선식	① 제전능력이 작고, 적용범위도 좁다. ② 상대습도 80% 이상인 곳에 적합 ③ 이동하지 않는 가연성 물질의 제전에 적합

7 본딩 ★

개요	① 정전기 방전으로 인한 화재 및 폭발을 방지하는 방법으로 본딩과 접지는 좋은 수단이 될 수 있다. ② 정전기 전하의 축적이 우려되는 도전성장치와 물체를 본딩 및 접지하고 정기적으로 검사
목적	2개 이상의 도체를 서로 연결함으로 각 도체의 전위를 같게하여 정전기로 인한 점화의 위험을 제거
본딩과 접지	본딩은 도전성 물체사이의 전위차를 줄이기 위한 방법이며, 접지는 물체와 대지사이의 전위차를 같게하는 방법

예제

금속도체 상호간 혹은 대지에 대하여 전기적으로 절연되어 있는 2개 이상의 금속도체를 전기적으로 접속하여 서로 같은 전위를 형성하여 정전기 사고를 예방하는 기법을 무엇이라 하는가?

① 본딩
② 1종접지
③ 대전분리
④ 특별접지

정답 ①

PART 04

CHAPTER 04

전기 방폭 관리

01 전기 방폭 설비

1 방폭구조의 종류 및 특징

1) 내압 방폭구조(d) ★★★

(1) 용기내부에서 폭발성 가스 또는 증기가 폭발하였을 때 용기가 그 압력에 견디며 또한 접합면, 개구부 등을 통하여 외부의 폭발성 가스증기에 인화되지 않도록 한 구조
(2) 전폐형으로 내부에서의 가스등의 폭발압력에 견디고 그 주위의 폭발 분위기하의 가스등에 점화되지 않도록 하는 방폭구조
(3) 폭발 후에는 크레아런스가 있어 고온의 가스를 서서히 방출시킴으로 냉각
(4) 최대실험안전틈새(MESG) : 규정한 조건에 따라 시험을 10회 실시했을 때 화염이 전파되지 않고, 접합면의 길이가 25mm인 접합의 최대틈새.

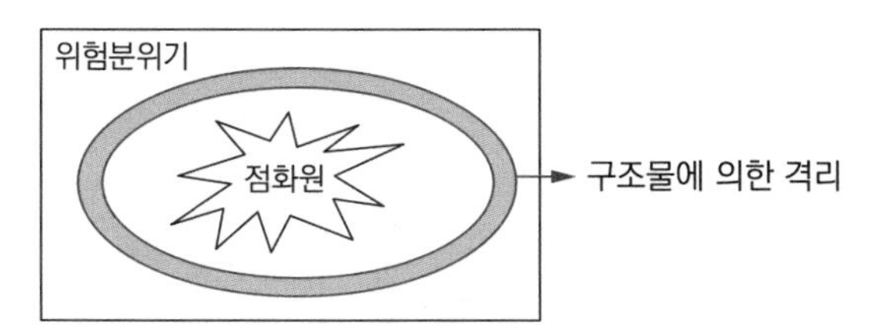

▲ 내압 방폭 구조의 원리

2) 압력 방폭구조(p) ★★★

(1) 용기내부에 보호가스(신선한 공기 또는 질소, 탄산가스등의 불연성 가스)를 압입하여 내부 압력을 외부 환경보다 높게 유지함으로서 폭발성 가스 또는 증기가 용기내부로 유입되지 않도록 한 구조(전폐형의 구조)

(2) 종류

봉입식	용기내부에서 외부로 보호가스의 누설양에 따라서 보호가스를 보충하여 압력을 유지하는 방식(밀봉식)
통풍식	용기내부에 연속적으로 보호가스를 공급하여, 압력을 유지하는 방식
연속희석식	가연성가스, 증기의 내부방출원이 있는 용기에 존재할 가능성이 있는 가연성가스나 증기를 희석할 목적으로 보호기체를 연속적으로 공급하는 방식

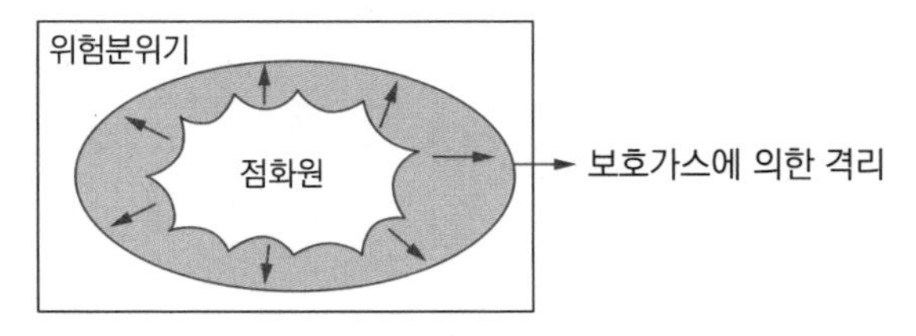

▲ 압력 방폭 구조의 원리

예제

내압방폭구조의 필요충분조건에 대한 사항으로 틀린 것은?

① 폭발화염이 외부로 유출되지 않을 것
② 습기 침투에 대한 보호를 충분히 할 것
③ 내부에서 폭발할 경우 그 압력에 견딜 것
④ 외함의 표면온도가 외부의 폭발성 가스를 점화하지 않을 것

정답 ②

예제

점화원이 될 우려가 있는 부분을 용기 내에 넣고 신선한 공기 또는 불연성가스 등의 보호기체를 용기의 내부에 압입함으로써 내부의 압력을 유지하여 폭발성 가스가 침입하지 못하도록 한 구조의 방폭구조는 무엇인가?

① 압력방폭구조(p)
② 내압방폭구조(d)
③ 유입방폭구조(O)
④ 안전증방폭구조(e)

정답 ①

3) 유입 방폭구조(o) ★★★

① 전기불꽃, 아크 또는 고온이 발생하는 부분을 기름속에 넣고, 기름면 위에 존재하는 폭발성 가스 또는 증기에 인화되지 않도록 한 구조(보호액에 함침시키는 방폭구조 : 전폐형)
② 보호 액체로는 광유 또는 특수요건에 적합한 기타 액체

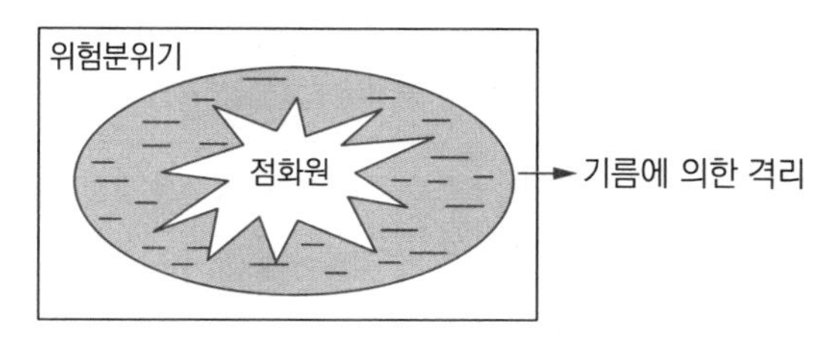

▲ 유입 방폭 구조의 원리

4) 안전증 방폭구조(e) ★★★

① 정상 운전중에 폭발성 가스 또는 증기에 점화원이 될 전기불꽃, 아크 또는 고온부분 등의 발생을 방지하기 위하여 기계적, 전기적 구조상 또는 온도상승에 대해서 특히 안전도를 증가시킨 구조
② 코일의 절연성능 강화 및 표면온도상승을 더욱 낮게 설계하거나 공극 및 연면거리를 크게 하여 안전도 증가

5) 특수 방폭구조(s)

① 여기서 기술한 구조 이외의 방폭구조로서 폭발성 가스 또는 증기에 점화를 또는 위험분위기로 인화를 방지할 수 있는 것이 시험, 기타에 의하여 확인된 구조
② 예로서 단락불꽃이 폭발성 가스에 점화되지 않게 하는 기기로 이것은 계측제어, 통신관계 등의 미소한 전력회로의 기기에 많이 이용될 전망.
③ 용기내부에 모래 등의 입자를 채워서 안전을 유지하는 사입 방폭구조 등도 특수 방폭구조의 종류

6) 본질 안전 방폭구조(i) ★★

① 정상시 및 사고시(단선, 단락, 지락 등)에 발생하는 전기불꽃, 아크 또는 고온에 의하여 폭발성 가스 또는 증기에 점화되지 않는 것이 점화시험, 기타에 의하여 확인된 구조
② 열전대의 지락, 단선 등으로 발생한 불꽃이나 과열로 인하여 생기는 열에너지가 충분히 작아 폭발성 가스에 착화하지 않는 것이 확인된 구조

7) 분진 방폭의 종류

(1) 분진의 발화도

발화도	발화 온도
11	270℃를 넘을 것
12	200℃를 넘고 270℃이하일 것
13	150℃를 넘고 200℃이하일 것

예제

전기기기의 과도한 온도 상승, 아크 또는 불꽃 발생의 위험을 방지하기 위하여 추가적인 안전조치를 통한 안전도를 증가시킨 방폭구조를 무엇이라 하는가?

① 충전방폭구조
② 안전증방폭구조
③ 비점화방폭구조
④ 본질안전방폭구조

정답 ②

예제

전기기기의 케이스를 전폐구조로 하며 접합면에는 일정치 이상의 깊이를 갖는 패킹을 사용하여 분진이 용기 내로 침입하지 못하도록 한 방폭구조는?

① 보통방진 방폭구조
② 분진특수 방폭구조
③ 특수방진 방폭구조
④ 밀폐방진 방폭구조

정답 ③

예제

다음 중 전기기기의 불꽃 또는 열로 인해 폭발성 위험분위기에 점화되지 않도록 컴파운드를 충전해서 보호한 방폭구조는?

① 몰드 방폭구조
② 비점화 방폭구조
③ 안전증 방폭구조
④ 본질안전 방폭구조

정답 ①

(2) 분진 방폭구조의 종류 ★

특수방진 방폭구조 (SDP)	전폐구조로서 틈새깊이를 일정치 이상으로 하거나 또는 접합면에 일정치 이상의 깊이가 있는 패킹을 사용하여 분진이 용기내부로 침입하지 않도록 한 구조
보통방진 방폭구조 (DP)	전폐구조로서 틈새깊이를 일정치 이상으로 하거나 또는 접합면에 패킹을 사용하여 분진이 용기내부로 침입하기 어렵게 한 구조
방진특수 방폭구조 (XDP)	위의 두가지 구조 이외의 방폭구조로서 방진방폭성능을 시험, 기타에 의하여 확인된 구조

▼ 분진 방폭구조(KSCIEC 61241)

밀폐방진 용기 (Dust-tight enclosure)	관찰할 수 있는 모든 분진입자의 침투를 방지할 수 있는 용기
일반방진 용기 (Dust-protected enclosure)	분진의 침투를 완전히 방지할 수 없으나 장비의 안전운전을 저해할 정도의 양이 침투할 수 없는 용기

보충강의 **방폭구조의 정의(그 밖의 구조는 본문내용 참고) ★**

명칭	기호	정의
내압 방폭구조	d (Flameproof enclosure)	점화원에 의해 용기 내부에서 폭발이 발생할 경우, 용기가 폭발압력에 견딜 수 있고, 화염이 용기 외부의 폭발성 분위기로 전파되지 않도록 한 방폭구조
안전증 방폭구조	e	전기기기의 과도한 온도 상승, 아크 또는 스파크 발생의 위험을 방지하기 위해 추가적인 안전조치를 통한 안전도를 증가시킨 방폭구조(정상운전 중에 아크나 스파크를 발생시키는 전기기기는 안전증방폭구조의 전기기기 범위에서 제외)
유입 방폭구조	o (Oil immersion)	유체 상부 또는 용기 외부에 존재할 수 있는 폭발성 분위기가 발화할 수 없도록 전기설비 또는 전기설비의 부품을 보호액에 함침시키는 방폭구조의 형식
본질안전 회로	Intrinsically safe circuit	정상작동 및 고장상태에서 발생한 불꽃이나 고온부분이 해당 폭발성가스분위기에 점화를 발생시킬 수 없는 회로(본안 회로)
비점화 방폭구조	Type of protection "n"	전기기기가 정상작동과 규정된 특정한 비정상상태에서 주위의 폭발성 가스 분위기를 점화시키지 못하도록 만든 방폭구조로서 nA(스파크를 발생하지 않는 장치), nC(장치와 부품), nL(에너지 제한기기) 등에 해당하는 것
몰드 방폭구조	Encapsulation "m"	전기기기의 스파크 또는 열로 인해 폭발성 위험분위기에 점화되지 않도록 컴파운드를 충전해서 보호한 방폭구조를 말한다.)
충전 방폭구조	Powder filling "q"	폭발성 가스 분위기를 점화시킬 수 있는 부품을 고정하여 설치하고, 그 주위를 충전재로 완전히 둘러쌈으로서 외부의 폭발성 가스 분위기를 점화시키지 않도록 하는 방폭 구조

2 방폭구조 선정 및 유의사항

1) 폭발위험장소 전기설비 선정 시 필요한 정보

① 폭발위험장소 구분도(기기보호등급 요구사항 포함)
② 전기기기 그룹 또는 세부그룹에 적용되는 가스, 증기 등급 구분
③ 가스나 증기의 온도등급 또는 최저발화온도
④ 분진운의 최저발화온도, 분진층의 최저발화온도
⑤ 기기의 용도
⑥ 외부 영향 및 주위온도

2) 발화도 ★★★

발화도	G_1	G_2	G_3	G_4	G_5	G_6
발화점범위(℃)	450 초과	300~450	200~300	135~200	100~135	85~100

참고 **폭발성 가스의 분류**

폭발등급 \ 발화도	G_1	G_2	G_3	G_4	G_5	G_6
IIA	아세톤 암모니아 일산화탄소 에탄 초산 초산에틸 톨루엔 프로판 벤젠 메탄올 메탄	에탄올 초산인펜틸 1―부탄올 부탄 무수초산	가솔린 핵산 옥탄	아세트알데히드 디에틸에테르 디부틸에테르		아질산에틸
IIB	석탄가스 1.2-디클로로 에틸렌	에틸렌. 옥시드 1.3-부타디엔	이소프렌 황화수소			
IIC	수성가스. 수소	아세틸렌			이황화탄소	질산에틸

3) 최고표면온도의 분류 ★★★

온도등급	T_1	T_2	T_3	T_4	T_5	T_6
최고표면온도(℃)	450	300	200	135	100	85

「최고표면온도」라 함은 방폭기기가 사양 범위내의 최악의 조건에서 사용된 경우에 주위의 폭발성 분위기에 점화될 우려가 있는 해당 전기기기의 구성부품이 도달하는 표면온도 중 가장 높은 온도

예제

방폭전기기기의 발화도의 온도등급과 최고 표면온도에 의한 폭발성 가스의 분류 표기를 가장 올바르게 나타낸 것은?

① T_1 : 450[℃] 이하
② T_2 : 350[℃] 이하
③ T_4 : 125[℃] 이하
④ T_6 : 100[℃] 이하

정답 ①

예제

방폭구조 전기기계·기구의 선정기준에 있어 가스폭발 위험장소의 제1종 장소에 사용할 수 없는 방폭구조는?

① 내압방폭구조
② 안전증방폭구조
③ 본질안전방폭구조
④ 비점화방폭구조

정답 ④

4) 방폭구조 선정기준 ★★★

폭발위험장소의 분류		방폭구조 전기기계기구의 선정기준
가스폭발 위험장소	0종 장소	본질안전방폭구조(ia) 그 밖에 관련 공인 인증기관이 0종 장소에서 사용이 가능한 방폭구조로 인증한 방폭구조
	1종 장소	내압방폭구조(d) 압력방폭구조(p) 충전방폭구조(q) 유입방폭구조(o) 안전증방폭구조(e) 본질안전방폭구조(ia, ib) 몰드방폭구조(m) 그 밖에 관련 공인 인증기관이 1종 장소에서 사용이 가능한 방폭구조로 인증한 방폭구조
	2종 장소	0종 장소 및 1종 장소에 사용가능한 방폭구조 비점화방폭구조(n) 그 밖에 2종 장소에서 사용하도록 특별히 고안된 비방폭형 구조
분진폭발 위험장소	20종 장소	밀폐방진방폭구조(DIP A20 또는 DIP B20) 그 밖에 관련 공인 인증기관이 20종 장소에서 사용이 가능한 방폭구조로 인증한 방폭구조
	21종 장소	밀폐방진방폭구조(DIP A20 또는 A21, DIP B20 또는 B21) 특수방진방폭구조(SDP) 그 밖에 관련 공인 인증기관이 21종 장소에서 사용이 가능한 방폭구조로 인증한 방폭구조
	22종 장소	20종 장소 및 21종 장소에서 사용가능한 방폭구조 일반방진방폭구조(DIP A22 또는 DIP B22) 보통방진방폭구조(DP) 그 밖에 22종 장소에서 사용하도록 특별히 고안된 비방폭형 구조

3 방폭형 전기기기

1) 인화성 액체 등을 수시로 취급하는 장소 ★

수시로 밀폐된 공간에서 스프레이 건을 사용하여 인화성 액체로 세척·도장 등의 작업을 하는 경우에는 다음 각 호의 조치를 하고 전기기계·기구를 작동시켜야 한다.

(1) 인화성 액체, 인화성 가스 등으로 폭발위험 분위기가 조성되지 않도록 해당 물질의 공기 중 농도가 인화하한계값의 25%를 넘지 않도록 충분히 환기를 유지할 것
(2) 조명 등은 고무, 실리콘 등의 패킹이나 실링재료를 사용하여 완전히 밀봉할 것
(3) 가열성 전기기계·기구를 사용하는 경우에는 세척 또는 도장용 스프레이 건과 동시에 작동되지 않도록 연동장치 등의 조치를 할 것
(4) 방폭구조 외의 스위치와 콘센트 등의 전기기기는 밀폐 공간 외부에 설치되어 있을 것

2) 전기설비의 점화원 억제

(1) 전기설비의 점화원 ★

구분	현재적 점화원	잠재적 점화원
개념	정상적인 운전상태에서 점화원이 될 수 있는 것	정상적인 상태에서는 안전하지만 이상 상태에서 점화원이 될 수 있는 것
종류	① 직류전동기의 정류자 ② 개폐기, 차단기의 접점 ③ 유도전동기의 슬립링 ④ 이동형 전열기 등	① 전기적 광원 ② 케이블, 배선 ③ 전동기의 권선 ④ 마그네트 코일 등

(2) 전기 설비의 방폭의 기본 ★★

점화원의 방폭적 격리	압력. 유입 방폭구조	점화원을 가연성 물질과 격리
	내압 방폭구조	설비 내부 폭발이 주변 가연성물질로 파급되지 않도록 격리
전기설비의안전도 증강	안전증 방폭구조	안전도를 증가시켜 고장발생확률을 zero에 접근
점화능력의 본질적 억제	본질안전 방폭구조	본질적으로 점화능력이 없는 상태로써 사고가 발생하여도 착화위험이 없어야 한다.

3) 기기보호등급(Equipment Protection Level) ★★

EPL	점화원이 될 수 있는 가능성에 기초하여 기기에 부여된 보호등급
EPL Ga	폭발성 가스분위기에 설치되는 기기로 정상작동, 예상된 오작동 또는 드문오작동 중에 점화원이 될 수 없는 "매우 높은" 보호등급의 기기
EPL Gb	폭발성 가스 분위기에 설치되는 기기로 정상작동 또는 예상된 오작동 중에 점화원이 될 수 없는 "높은" 보호등급의 기기
EPL Gc	폭발성 가스 분위기에 설치되는 기기로 정상작동 중에 점화원이 될 수 없고 정기적인 고장발생 시 점화원으로서 비활성 상태의 유지를 보장하기 위하여 추가적인 보호장치가 있을수 있는 "강화된(enhanced)" 보호등급의 기기

예제

전기설비의 점화원 중 잠재적 점화원에 속하지 않는 것은?

① 전동기 권선
② 마그네트 코일
③ 케이블
④ 릴레이 전기접점

정답 ④

예제

전기기기 방폭의 기본개념과 이를 이용한 방폭 구조로 볼 수 없는 것은?

① 점화원의 격리 : 내압(耐壓) 방폭구조
② 폭발성 위험분위기 해소 : 유입 방폭구조
③ 전기기기 안전도의 증강 : 안전증 방폭구조
④ 점화능력의 본질적 억제 : 본질안전 방폭구조

정답 ②

Key point

폭발성 분진분위기 : Da, Db, Dc 로 구분.

예제

기기보호등급(Explosion Protection Level)에서 폭발성 가스 분위기에 설치되는 기기로 예상된 오작동 또는 오작동 중에 점화원이 될 수 없는 "매우높은" 보호등급의 기기에 해당하는 것은?

① EPL Ga
② EPL Gb
③ EPL Gc
④ EPL Gd

정답 ①

예제

방폭 전기기기의 성능을 나타내는 기호 표시 Ex p IIA T_5 를 나타내었을 때 관계가 없는 표시 내용은?

① 온도등급
② 폭발성능
③ 방폭구조
④ 폭발등급

정답 ②

4) 방폭설비의 보호등급(IP) ★

IP코드	위험 부분으로의 접근, 외부 분진의 침투 또는 물의 침투에 대한 외함의 방진 보호 및 방수보호 등급을 표시하는 정보
코드문자(IP)	① 제1특성숫자(0~6의 수 또는 문자X) ② 제2특성숫자((0~9의 수 또는 문자X)

5) 방폭구조의 표시방법 ★★

Ex	d	IIA	T3
Explosion proof	방폭구조	가스그룹	최고표면온도(온도등급)

02 전기방폭 사고예방 및 대응

1 전기 폭발등급 ★★★

폭발등급	IIA	IIB	IIC
최대안전틈새(mm)	0.9이상	0.5초과 0.9미만	0.5이하
최소점화전류비	0.8이상	0.45초과 0.8미만	0.45이하

* 「최대안전틈새」라 함은 대상으로 한 가스 또는 증기와 공기와의 혼합가스에 대하여 화염일주가 일어나지 않는 틈새의 최대치

2 위험장소 선정 ★★★

분류		적요	예
가스 폭발 위험 장소	0종 장소	인화성 액체의 증기 또는 가연성 가스에 의한 폭발위험이 지속적으로 또는 장기간 존재하는 장소	용기·장치·배관 등의 내부 등 (Zone 0)
	1종 장소	정상 작동상태에서 인화성 액체의 증기 또는 가연성 가스에 의한 폭발위험분위기가 존재하기 쉬운 장소	맨홀·벤트·피트 등의 주위 (Zone 1)
	2종 장소	정상작동상태에서 인화성 액체의 증기 또는 가연성 가스에 의한 폭발위험분위기가 존재할 우려가 없으나, 존재할 경우 그 빈도가 아주 적고 단기간만 존재할 수 있는 장소	개스킷·패킹 등의 주위 (Zone 2)
분진 폭발 위험 장소	20종 장소	분진운 형태의 가연성 분진이 폭발농도를 형성할 정도로 충분한 양이 정상작동 중에 연속적으로 또는 자주 존재하거나, 제어할 수 없을 정도의 양 및 두께의 분진층이 형성될 수 있는 장소	호퍼·분진저장소·집진장치·필터 등의 내부
	21종 장소	20종 장소 외의 장소로서, 분진운 형태의 가연성 분진이 폭발농도를 형성할 정도의 충분한 양이 정상작동 중에 존재할 수 있는 장소	집진장치·백필터·배기구 등의 주위, 이송벨트 샘플링 지역 등
	22종 장소	21종 장소 외의 장소로서, 가연성 분진운 형태가 드물게 발생 또는 단기간 존재할 우려가 있거나, 이상작동 상태하에서 가연성 분진층이 형성될 수 있는 장소	21종 장소에서 예방조치가 취하여진 지역, 환기설비 등과 같은 안전장치 배출구 주위 등

예제

화염일주한계에 대한 설명으로 옳은 것은?

① 폭발성 가스와 공기의 혼합기에 온도를 높인 경우 화염이 발생 할 때까지의 시간 한계치
② 폭발성 분위기에 있는 용기의 접합면 틈새를 통해 화염이 내부에서 외부로 전파되는 것을 저지할 수 있는 틈새의 최대간격치
③ 폭발성 분위기 속에서 전기불꽃에 의하여 폭발을 일으킬 수 있는 화염을 발생시키기에 충분한 교류파형의 1주기치
④ 방폭설비에서 이상이 발생하여 불꽃이 생성된 경우에 그것이 점화원으로 작용하지 않도록 화염의 에너지를 억제하여 폭발 하한계로 되도록 화염 크기를 조정하는 한계치

정답 ②

예제

내압(耐壓)방폭구조에서 방폭전기기기의 폭발등급에 따른 최대안전틈새의 범위(mm)기준으로 옳은 것은?

① II A – 0.65 이상
② II A – 0.5 초과 0.9 미만
③ II C – 0.25 미만
④ II C – 0.5 이하

정답 ④

예제

가연성가스가 저장된 탱크의 릴리프밸브가 가끔 작동하여 가연성 가스나 증기가 방출되는 부근의 위험장소 분류는?

① 0종
② 1종
③ 2종
④ 준위험장소

정답 ②

3 정전기 방지대책

설비	① 접지 ③ 가습(65~70% 이상)	② 도전성 재료 사용 ④ 점화원의 우려가 없는 제전장치사용
인체	① 제전복 착용 ③ 작업장 바닥 도전성	② 대전방지용 안전화 ④ 정전기 제전용구 사용
기타	① 대전방지제 사용	② 유속의 저하 및 정치시간 확보 등

4 절연저항, 접지저항, 정전용량 측정

1) 절연저항

(1) 측정방법

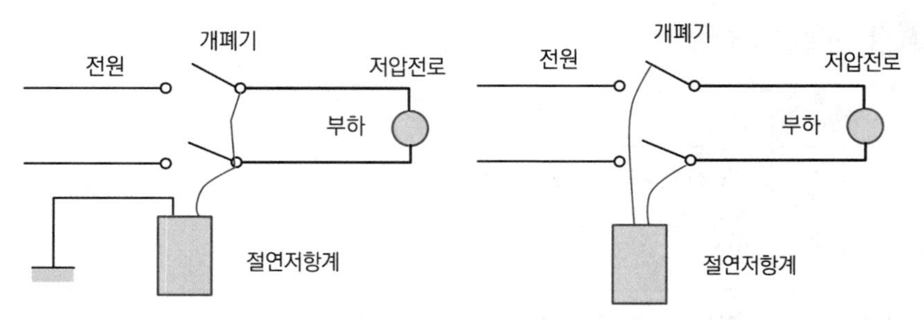

(2) 사용전압이 저압인 전로에서 정전이 어려운 경우 등 절연저항 측정이 곤란한 경우에는 누설전류를 1 mA 이하로 유지하여야 한다.

(3) 저압전로의 절연성능 ★★★

① 절연저항

전로의 사용전압(V)	DC 시험전압(V)	절연저항 (MΩ 이상)
SELV 및 PELV	250	0.5
FELV, 500V 이하	500	1.0
500V 초과	1,000	1.0

[주] 특별저압(Extra Low Voltage : 2차 전압이 AC 50V, DC 120V 이하)으로 SELV(비접지회로구성) 및 PELV(접지회로 구성)은 1차와 2차가 전기적으로 절연된 회로, FELV는 1차와 2차가 전기적으로 절연되지 않은 회로

② 측정시 영향을 주거나 손상을 받을 수 있는 SPD 또는 기타 기기 등은 측정 전에 분리시켜야 하고 부득이하게 분리가 어려운 경우에는 시험전압을 250V DC로 낮추어 측정할 수 있지만 절연저항 값은 1MΩ 이상이어야 한다.

③ SELV, PELV, FELV

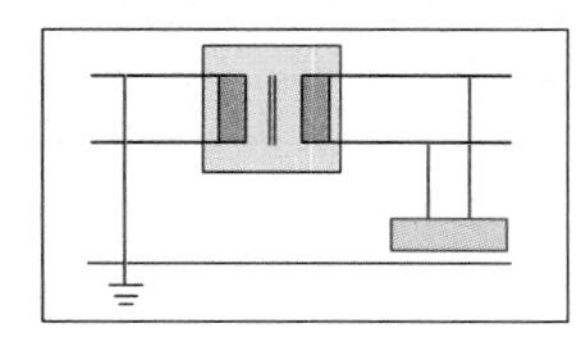
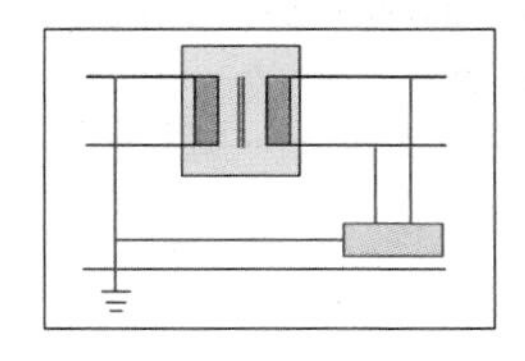
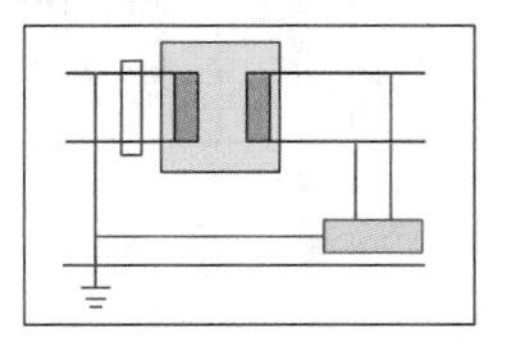

예제

저압 전로의 사용전압이 220V인 경우 절연저항 값은 몇 MΩ 이상이어야 하는가?

① 0.1
② 0.2
③ 0.5
④ 1.0

정답 ④

2) 접지저항

(1) 접지저항의 개요

① 전류가 접지극에 유입되면 대지전위가 상승하게 되는데 이때 상승한 전위값과 접지전류의 비를 접지저항이라 한다.
② 접지저항은 함수율, 토양의 종류, 접지극의 형상, 접지극의 크기 등의 여러 가지 요인에 따라 달라진다.

(2) 접지저항 측정법

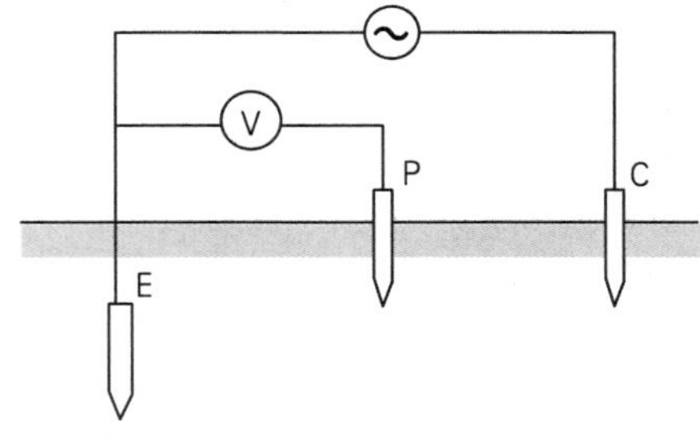

▲ 전위강하법

(3) 접지저항 감소시키는 방법 ★★

① 약품법 : 도전성 물질을 접지극 주변토양에 주입
② 병렬법 : 접지 수를 증가하여 병렬접속
③ 접지전극을 대지에 깊이 박는 방법(75cm 이상 깊이)

3) 정전용량

(1) 정전용량

① 콘텐서 등에서 전하를 얼마나 축적할 수 있는지 그 능력을 나타내는 양을 정전용량이라 한다.
② 대전체의 전위와 대전량의 관계

$$Q = CV\,[\mathrm{C}]$$

Q : 전하량[C] V : 전압[V] C : 정전용량[F]

(2) 커패시터

① 커패시터의 원리

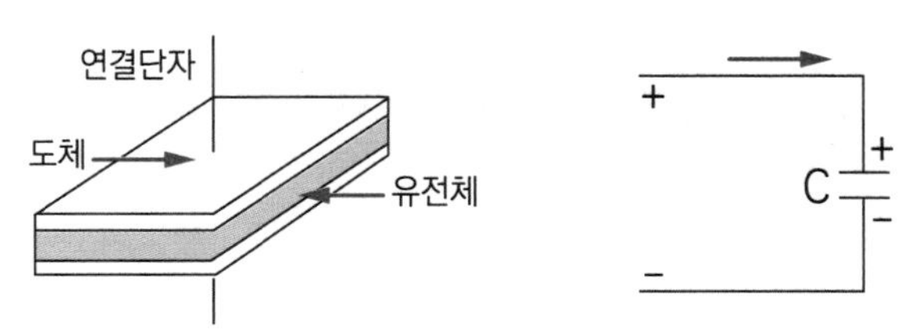

② 커패시터에 고장이 발생할 경우 정전용량의 변화가 발생하므로, 계측기를 이용한 정전용량 측정으로 커패시터의 고장유무를 판단할 수 있다.

PART 04

CHAPTER 05

전기설비 위험요인 관리

01 전기설비 위험요인 파악

1 단락 ★★★

원인	① 전기 기기 내부나 배선 회로상에서 절연체가 전기 또는 기계적 원인으로 노화 또는 파괴되어 합선에 의해 발화 ② 충전부 회로가 금속체 등에 의해 합선되면 단락전류가 순간적으로 흘러 매우 많은 열이 발생되어 화재로 이어짐 ③ 과전류에 의해 단락점이 용융되어 단선 되었을 경우 발생하는 불꽃으로 절연피복 또는 주위의 가연물에 착화의 가능성
대책	① 규격에 맞는 적당한 퓨즈 및 배선용 차단기 설치하여 단속예방 ② 고압 또는 특고압전로와 저압전로를 결합하는 변압기의 저압측 중성점에 접지공사를 하여 혼촉방지

2 누전

1) 원인 및 대책 ★★

원인	① 전기기기 또는 전선의 절연이 파괴되어 규정된 전로를 이탈하여 전기가 흐르는 것 ② 누전 전류가 장시간 흐르면 이로 인한 발열이 주위 인화물에 대한 착화원이 되어 발화 ③ 허용 누설 전류 ≤ 최대공급전류/ 2000
대책	① 절연 열화 및 파괴의 원인이 되는 습기, 과열, 부식 등의 사전 예방 ② 금속체인 구조재, 수도관, 가스관 등과 충전부 및 절연물을 이격 ③ 확실한 접지 조치 및 누전차단기 설치

2) 전기누전으로 인한 화재의 조사사항 ★

① 누전점 : 전류가 유입된 것으로 예상되는 곳
② 발화점 : 발화된 곳으로 예상되는 장소
③ 접지점 : 접지의 위치 및 저항값의 적정성

3) 발화단계에 이르는 누전전류의 최소한계 : 300~500mA

참고

전기화재의 분류

(1) 발화원(기기별) :
① 전열기
② 전등 등의 배선(코드)
③ 전기기기
④ 전기장치
⑤ 기타(누전, 정전기, 충격마찰, 단열압축, 낙뢰 등)

(2) 화재의 경과
(원인 또는 경로별) :
① 단락
② 스파크
③ 누전
④ 접촉부 과열 등

(3) 착화물(연소물질)

예제

200A의 전류가 흐르는 단상 전로의 한 선에서 누전되는 최소 전류(mA)의 기준은?

① 100
② 200
③ 10
④ 20

정답 ①

3 과전류

1) 원인 ★

① 전선에 전류가 흐르면서 발생한 열이 전선에서의 방열보다 커져, 과부하가 발생하면 불량한 전선에 발화 (줄의 법칙 $Q=I^2RT$)
② 전선 피복의 변질 또는 탈락, 발연, 발화 등의 현상
③ 과전류에 의한 전선의 발화단계 (전선의 연소 과정)

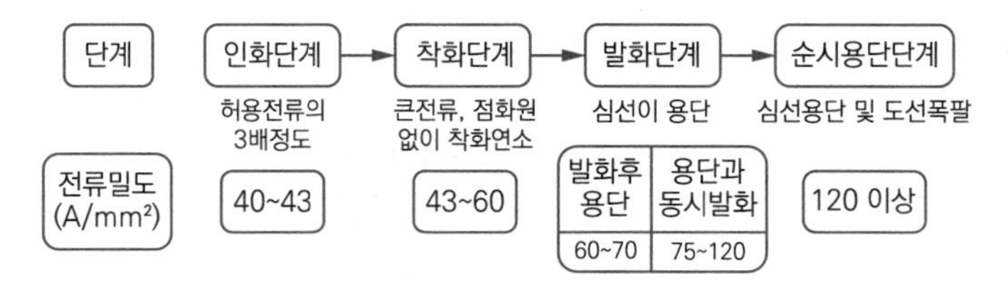

2) 과전류 차단장치

(1) 설치기준

① 과전류차단장치는 반드시 접지선이 아닌 전로에 직렬로 연결하여 과전류 발생 시 전로를 자동으로 차단하도록 설치할 것
② 차단기·퓨즈는 계통에서 발생하는 최대 과전류에 대하여 충분하게 차단할 수 있는 성능을 가질 것
③ 과전류차단장치가 전기계통상에서 상호 협조·보완되어 과전류를 효과적으로 차단하도록 할 것

(2) 과전류 차단기

① 저압전로에 사용하는 범용의 퓨즈

• 퓨즈(gG)의 용단특성

정격전류의 구분	시간	정격전류의 배수	
		불용단전류	용단전류
4 A 이하	60분	1.5배	2.1배
4 A 초과 16 A 미만	60분	1.5배	1.9배
16 A 이상 63 A 이하	60분	1.25배	1.6배
63 A 초과 160 A 이하	120분	1.25배	1.6배
160 A 초과 400 A 이하	180분	1.25배	1.6배
400 A 초과	240분	1.25배	1.6배

② 저압전로에 사용하는 산업용 배선차단기

• 과전류트립 동작시간 및 특성(산업용 배선차단기)

정격전류의 구분	시 간	정격전류의 배수(모든 극에 통전)	
		부동작 전류	동작 전류
63 A 이하	60분	1.05배	1.3배
63 A 초과	120분	1.05배	1.3배

PART 04

예제

한국전기설비규정에 따라 과전류차단기로 저압전로에 사용하는 범용 퓨즈(gG)의 용단전류는 정격전류의 몇 배인가? (단, 정격전류가 4A 이하인 경우이다.)

① 1.5배
② 1.6배
③ 1.9배
④ 2.1배

정답 ④

예제

주택용 배선차단기 B타입의 경우 순시 동작범위는? (단, I_n는 차단기 정격전류이다.)

① $3I_n$초과 ~ $5I_n$ 이하
② $5I_n$초과 ~ $10I_n$ 이하
③ $10I_n$초과 ~ $15I_n$ 이하
④ $10I_n$초과 ~ $20I_n$ 이하

정답 ①

• 순시트립에 따른 구분(주택용 배선차단기) ★

형	순시트립범위
B	$3I_n$ 초과 ~ $5I_n$ 이하
C	$5I_n$ 초과 ~ $10I_n$ 이하
D	$10I_n$ 초과 ~ $20I_n$ 이하

[비고] 1. B, C, D : 순시트립전류에 따른 차단기 분류
2. I_n : 차단기 정격전류

• 과전류트립 동작시간 및 특성(주택용 배선차단기)

정격전류의 구분	시 간	정격전류의 배수(모든 극에 통전)	
		부동작 전류	동작 전류
63 A 이하	60분	1.13배	1.45배
63 A 초과	120분	1.13배	1.45배

③ 저압전로 중의 전동기 보호용 단락보호전용 퓨즈(aM)의 용단특성

정격전류의 배수	불용단시간	용단시간
4 배	60초 이내	-
6.3 배	-	60초 이내
8 배	0.5초 이내	-
10 배	0.2초 이내	-
12.5 배	-	0.5초 이내
19 배	-	0.1초 이내

④ 고압전로에 사용하는 퓨즈

포장 퓨즈	비포장 퓨즈
㉠ 정격전류의 1.3배의 전류에 견딜 것 ㉡ 2배의 전류로 120분 안에 용단되는 것	㉠ 정격전류의 1.25배의 전류에 견딜 것 ㉡ 2배의 전류로 2분 안에 용단되는 것

4 스파크

원인	① 스위치의 개폐시에 발생되는 스파크가 주위 가연성 물질에 인화 ② 콘센트에 플러그를 꽂거나 뽑을 경우 스파크로 인하여 주위 가연물에 착화될 가능성
대책	① 개폐기, 차단기, 피뢰기 등 아크를 발생하는 기구의 시설 ㉠ 고압용 : 목재의 벽 또는 천정 기타 가연성 물체로부터 1m 이상 격리 ㉡ 특고압용 : 목재의 벽 또는 천정 기타 가연성 물체로부터 2m 이상 격리 ② 개폐기를 불연성의 외함내에 내장 하거나 통형퓨즈 사용 ③ 접촉부분의 산화, 변형, 퓨즈의 나사풀림으로 인한 접촉저항의 증가 방지 ④ 가연성, 증기, 분진 등 위험한 물질이 있는 곳은 방폭형 개폐기 사용 ⑤ 유입 개폐기는 절연유의 열화강도 유량에 주의하고 내화벽 설치

5 접촉부 과열

원인	① 전선에 규정된 허용전류를 초과한 전류가 발생하여 생기는 과열로 인한 위험 ② 전선로의 전류가 흘러서 발생하는 전열은 대기중으로 방열하게 되는데 이 열이 평형을 이루지 못하고 과전류로 인하여 발열량이 커지면 피복부가 변질하거나 발화현상 발생 ③ 전선 등의 접속상태가 불완전할 경우 접촉저항이 커져 발열하게 되며 주위가연성 물질에 착화
대책	① 정격용량에 맞는 퓨즈 및 규격에 맞는 전선의 사용 ② 가연성 물질의 전열기구 부근 방치 금지 ③ 하나의 콘센트에 여러 가지 전기기구 사용금지 ④ 과전류 차단기를 사용하고 차단기의 정격전류는 전선의 허용전류이하의 것으로 선택

6 절연열화에 의한 발열

1) 절연열화 개요 ★

(1) 유기절연체인 배선기구는 시간의 경과에 따라 습기, 오염물질 등으로 인한 절연열화와 아크로 인한 발열과 탄화현상의 누적으로 가연물을 착화시켜 화재로 진행

(2) 절연체 표면에 탄화도전로가 형성되어 발화하는 트래킹(tracking)이나 가네하라 현상이 대표적인 절연열화에 의한 화재

2) 절연열화의 원인

(1) 옥내배선이나 배선기구의 절연피복이 노화되어 절연성이 저하되면 부분적으로 탄화현상이 발생하고 이것이 촉진되면 전기 화재를 유발

(2) 탄화시 착화온도

① 보통목재의 착화온도 : 220~270℃ ② 탄화목재의 착화온도 : 180℃

예제

다음 설명이 나타내는 현상은?

> 전압이 인가된 이극 도체간의 고체 절연물 표면에 이물질이 부착되면 미소방전이 일어난다. 이 미소 방전이 반복되면서 절연물 표면에 도전성 통로가 형성되는 현상이다.

① 흑연화현상
② 트래킹현상
③ 반단선현상
④ 절연이동현상

정답 ②

PART 04

7 지락 ★

1) 원인

① 전기 회로를 통하여 전류가 대지로 흐르는 현상
② 금속체 등에 지락될 때의 스파크 또는 목재 등에 전류가 흐를 때의 발화현상

2) 지락차단장치 설치 장소

① 특고압 전로 또는 고압 전로에 변압기에 의하여 결합되는 사용전압 400볼트 초과의 저압전로 또는 발전기에서 공급하는 사용전압 400볼트 초과의 저압전로
② 고압 및 특고압 전로중 다음의 장소
㉠ 발전소·변전소 또는 이에 준하는 곳의 인출구
㉡ 다른 전기사업자로부터 공급받는 수전점
㉢ 배전용 변압기(단권변압기를 제외)의 시설장소

8 낙뢰

1) 개요 및 대책

개요	① 낙뢰는 구름과 대지간의 정전기에 의한 방전현상으로 큰 전류가 순간적으로 흘러 절연파괴 및 화재의 요인이 된다. ② 낙뢰로 인한 뇌 서지는 다양한 경로로 침입하며, 감전이나 교류전원계통에 연결된 전기설비의 손상이나 장해를 유발한다.
대책	① 수뢰부시스템 ② 인하도선시스템 ③ 접지 시스템 ④ 전기적 이격 또는 절연 ⑤ 등전위본딩 ⑥ 서지보호장치 ⑦ 차폐 등

2) 뇌 전압의 침입경로 및 인체에 미치는 영향

침입경로	① 피뢰설비의 수뢰부 시스템 ② 고압 또는 저압배전선 등의 전원선 ③ 전화선 등 통신선 ④ TV 안테나 ⑤ 전원계통 및 설비의 접지 등
인체에 미치는 영향	① 직격뢰 ② 측면방전 ③ 접촉전압 ④ 보폭전압 ⑤ 충격파 등

9 정전기 ★

1) 개요

(1) 대전된 물체 사이에서 방전으로 인한 스파크에 의해 가연성 가스에 점화되어 발화
(2) 가연성 물질에 의한 가연성분위기 형성과 방전으로 인한 점화원에 의해 발화
(3) 정전기에 의한 발화 조건
① 폭발한계내에 있을 것
② 최소착화에너지 이상일 것
③ 방전이 가능한 충분한 전위차

2) 정전기 발생 방지방법

설비	① 접지 ③ 가습(65~70%이상)	② 도전성 재료 사용 ④ 점화원의 우려가 없는 제전장치사용
인체	① 제전복 착용 ③ 작업장 바닥 도전성	② 대전방지용 안전화 ④ 정전기 제전용구 사용
기타	① 대전방지제 사용	② 유속의 저하 및 정치시간 확보 등

02 전기설비 위험요인 점검 및 개선

1 유해위험기계기구 종류 및 특성

1) 교류아크 용접기

(1) 방호장치 : 자동전격방지기 ★★★

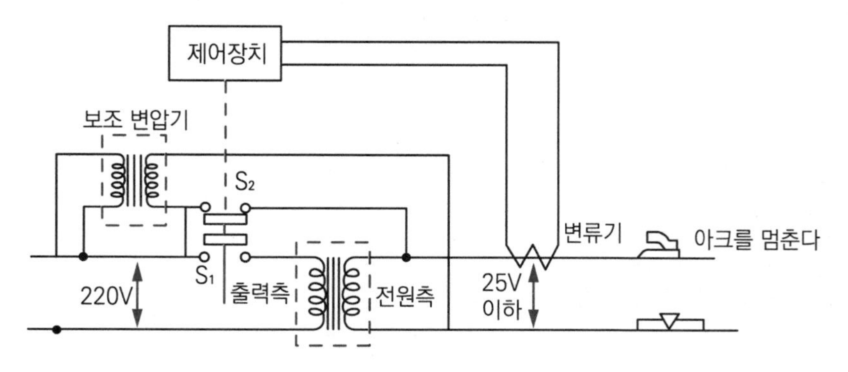

▲ 전격 방지 장치의 구조

용접기의 주회로를 제어하는 장치를 가지고 있어, 용접봉의 조작에 따라 용접할 때에만 용접기의 주회로를 형성하고, 그 외에는 용접기의 출력측의 무부하전압을 25V 이하로 저하시키도록 동작하는 장치이며 내장형과 외장형으로 구분한다.

(2) 방호장치의 성능조건 ★★★

① 교류아크 용접기는 안정성 있는 아크발생을 위해 구조상 65~90V의 2차 무부하 전압이 부과되어 충전부에 접촉함으로 인하여 감전사고가 일어나기 쉽다. 따라서 자동전격방지기는 아크발생을 중지하였을 때 지동시간이 1.0초 이내에 2차 무부하 전압을 25V 이하로 감압시켜 안전을 유지할 수 있어야 한다.

② 시동시간은 0.04초 이내에서 또한 전격방지기를 시동시키는데 필요한 용접봉의 접촉소요시간은 0.03초 이내일 것

③ 일정장소에 설치의무가 있는 자동전격방지기의 시동감도기준은 200Ω 이하로 한다.

(3) 자동전격 방지기의 종류

① 종류는 외장형과 내장형, 저저항시동형(L형) 및 고저항시동형(H형)으로 구분

② 외장형 : 용접기 외함에 부착하여 사용(SP)

③ 내장형 : 용접기함 안에 설치하여 사용(SPB)

예제

교류아크 용접 작업 시 감전을 예방하기 위하여 사용하는 자동전격방지기의 2차 전압은 몇 V이하로 유지하여야 하는가?

① 25
② 35
③ 50
④ 40

정답 ①

참고

• 지동시간 : 용접봉 홀더에 용접기 출력측의 무부하 전압이 발생한 후 주접점이 개방될 때까지의 시간

• 시동시간 : 용접봉을 피용접물에 접촉시켜서 전격방지기의 주접점이 폐로 될 때까지의 시간

예제

교류 아크 용접기의 자동전격방지장치란 용접기의 2차 전압을 25[V] 이하로 자동조절하여 안전을 도모하려는 것이다. 다음 사항 중 어떤 시점에서 그 기능이 발휘되어야 하는가?

① 전체 작업시간 동안
② 아크를 발생시킬 때만
③ 용접작업을 진행하고 있는 동안만
④ 용접작업 중단 직후부터 다음 아크 발생 시까지

정답 ④

예제

교류아크 용접기에 전격 방지기를 설치하는 요령 중 틀린 것은?

① 이완 방지 조치를 한다.
② 직각으로만 부착해야 한다.
③ 동작 상태를 알기 쉬운 곳에 설치한다.
④ 테스트 스위치는 조작이 용이한 곳에 위치시킨다.

정답 ②

(4) 자동전격방지기의 설치 ★

설치 방법	① 직각으로 부착할 것(부득이할 경우 직각에서 20°를 넘지 않을 것) ② 용접기의 이동·진동·충격으로 이완되지 않도록 이완 방지 조치를 취할 것 ③ 전방 장치의 작동 상태를 알기 위한 표시등은 보기 쉬운 곳에 설치할 것 ④ 전방 장치의 작동 상태를 실험하기 위한 테스트 스위치는 조작하기 쉬운 곳에 설치할 것
설치 장소	① 선박의 이중 선체 내부, 밸러스트(Ballast) 탱크, 보일러 내부 등 도전체에 둘러싸인 장소 ② 추락할 위험이 있는 높이 2m 이상의 장소로 철골 등 도전성이 높은 물체에 근로자가 접촉할 우려가 있는 장소 ③ 근로자가 물·땀 등으로 인하여 도전성이 높은 습윤 상태에서 작업하는 장소
외함	외함이 금속제인 경우는 이것에 적당한 접지단자를 설치하여야 한다.

2 안전보건표지 설치기준

1) 안전보건표지 개요 및 설치

개요	유해하거나 위험한 장소·시설·물질에 대한 경고, 비상시에 대처하기 위한 지시·안내 또는 그 밖에 근로자의 안전 및 보건 의식을 고취하기 위한 사항 등을 그림, 기호 및 글자 등으로 나타낸 표지
설치	① 근로자가 쉽게 알아볼 수 있는 장소·시설 또는 물체에 설치하거나 부착 ② 흔들리거나 쉽게 파손되지 않도록 견고하게 설치하거나 부착 ③ 안전보건표지의 성질상 설치하거나 부착하는 것이 곤란한 경우에는 해당 물체에 직접 도색할 수 있다.

2) 안전색의 일반적인 의미

빨강	① 방화 ② 금지 ③ 정지 ④ 고도위험
주황	① 위험 ② 항해, 항공 보안시설
노랑	① 주의
녹색	① 안전 ② 피난 ③ 구호 ④ 진행
파랑	① 의무적 행동 ② 지시
자주	① 방사능

3 접지 및 피뢰설비 점검

1) 접지 시스템

(1) 구분 및 종류 ★★★

구분	① 계통접지(TN, TT, IT계통) ② 보호접지 ③ 피뢰시스템 접지
종류	① 단독접지 ② 공통접지 ③ 통합접지

보충강의 TN 계통의 분류

TN-S 계통	계통 전체에 대해 별도의 중성선 또는 PE 도체를 사용. 배전계통에서 PE 도체를 추가로 접지할 수 있다.
TN-C 계통	계통 전체에 대해 중성선과 보호도체의 기능을 동일도체로 겸용한 PEN 도체를 사용. 배전계통에서 PEN 도체를 추가로 접지할 수 있다.
TN-C-S 계통	계통의 일부분에서 PEN 도체를 사용하거나, 중성선과 별도의 PE 도체를 사용하는 방식. 배전계통에서 PEN 도체와 PE 도체를 추가로 접지할 수 있다.

(2) 구성요소 및 연결방법 ★★

구성요소	① 접지극 ② 접지도체 ③ 보호도체 및 기타 설비
연결방법	접지극은 접지도체를 사용하여 주 접지단자에 연결

(3) 주접지단자의 접속도체 ★

① 등전위본딩 도체
② 접지도체
③ 보호도체
④ 기능성 접지도체

2) 접지의 목적 ★★★

① 설비의 절연물이 열화, 손상되었을 경우 발생할 수 있는 누설전류에 의한 감전방지
② 고압 및 저압의 혼촉사고 발생 시 인간에 위험을 줄 수 있는 전류를 대지로 흘려보냄으로 감전방지
③ 낙뢰에 의한 감전 및 피해방지
④ 송배전선, 고전압모선 등에서 지락사고의 발생 시 보호계전기를 신속하게 동작
⑤ 송배전 선로의 지락사고 발생 시 대지전위의 상승억제 및 절연강도 경감

3) 접지를 해야 하는 대상부분 ★

① 전기기계·기구의 금속제 외함, 금속제 외피 및 철대
② 고정 설치되거나 고정배선에 접속된 전기기계·기구의 노출된 비충전 금속체중 충전될 우려가 있는 다음에 해당하는 비충전 금속체
  ㉠ 지면이나 접지된 금속체로부터 수직거리 2.4m, 수평거리 1.5m 이내의 것
  ㉡ 물기 또는 습기가 있는 장소에 설치되어 있는 것
  ㉢ 금속으로 되어있는 기기접지용 전선의 피복·외장 또는 배선관 등
  ㉣ 사용전압이 대지전압 150V를 넘는 것

예제

계통접지로 적합하지 않는 것은?

① TN계통
② TT계통
③ IN계통
④ IT계통

정답 ③

예제

전기설비에 접지를 하는 목적으로 틀린 것은?

① 누설전류에 의한 감전방지
② 낙뢰에 의한 피해방지
③ 지락사고 시 대지전위 상승유도 및 절연강도 증가
④ 지락사고 시 보호계전기 신속동작

정답 ③

PART 04

③ 전기를 사용하지 아니하는 설비 중 다음에 해당하는 금속체
   ㉠ 전동식 양중기의 프레임과 궤도
   ㉡ 전선이 붙어있는 비전동식 양중기의 프레임
   ㉢ 고압(1.5천볼트 초과 7천볼트 이하의 직류전압 또는 1천볼트 초과 7천볼트 이하의 교류전압) 이상의 전기를 사용하는 전기기계·기구 주변의 금속제 칸막이·망 및 이와 유사한 장치
④ 코드와 플러그를 접속하여 사용하는 전기기계·기구 중 다음에 해당하는 노출된 비충전 금속체
   ㉠ 사용전압이 대지전압 150V를 넘는 것
   ㉡ 냉장고·세탁기·컴퓨터 및 주변기기 등과 같은 고정형 전기기계·기구
   ㉢ 고정형·이동형 또는 휴대형 전동기계·기구
   ㉣ 물 또는 도전성이 높은 곳에서 사용하는 전기기계·기구, 비접지형 콘센트
   ㉤ 휴대형 손전등
⑤ 수중펌프를 금속제 물탱크 등의 내부에 설치하여 사용하는 경우 그 탱크(이 경우 탱크를 수중펌프의 접지선과 접속)

4) 접지를 하지 않아도 되는 안전한 부분 ★★★

① 「전기용품 및 생활용품 안전관리법」이 적용되는 이중절연 또는 이와 같은 수준 이상으로 보호되는 구조로 된 전기기계·기구
② 절연대 위 등과 같이 감전 위험이 없는 장소에서 사용하는 전기기계·기구
③ 비접지방식의 전로(그 전기기계·기구의 전원측의 전로에 설치한 절연변압기의 2차 전압이 300V 이하, 정격용량이 3kVA 이하이고 그 절연변압기의 부하측의 전로가 접지되어 있지 아니한 것)에 접속하여 사용되는 전기기계·기구

예제

산업안전보건법에 따라 사업주는 누전에 의한 감전의 위험을 방지하기 위하여 접지를 하여야 하는데 다음 중 접지하지 아니할 수 있는 부분은?

① 관련법에 따른 이중절연구조로 보호되는 전기 기계, 기구
② 전기 기계, 기구의 금속제 외함, 금속제 외피 및 철대
③ 전기를 사용하지 아니하는 설비 중 전동식 양중기의 프레임과 궤도에 해당하는 금속체
④ 코드와 플러그를 접속하여 사용하는 고정형, 이동형 또는 휴대형 전동기계, 기구의 노출된 비충전 금속체

정답 ①

5) 접지도체 및 보호도체

(1) 접지도체 ★

① 접지도체의 단면적

접지도체의 단면적은 보호도체의 단면적에 의하며,	
큰 고장전류가 접지도체를 통하여 흐르지 않을 경우	① 구리는 $6mm^2$ 이상 ② 철제는 $50mm^2$ 이상
접지도체에 피뢰시스템이 접속되는 경우	구리 $16mm^2$ 또는 철 $50mm^2$ 이상

② 접지도체는 지하 0.75m부터 지표 상 2m까지 부분은 합성수지관(두께 2mm 미만의 합성수지제 전선관 및 가연성 콤바인덕트관은 제외) 또는 이와 동등 이상의 절연효과와 강도를 가지는 몰드로 덮어야 한다.

(2) 보호도체

① 보호도체의 최소 단면적

상도체의 단면적 S (mm^2, 구리)	보호도체의 최소 단면적 (mm^2, 구리)	
	보호도체의 재질	
	상도체와 같은 경우	상도체와 다른 경우
$S \leq 16$	S	$(k_1/k_2) \times S$
$16 < S \leq 35$	16	$(k_1/k_2) \times 16$
$S > 35$	$S/2$	$(k_1/k_2) \times (S/2)$

여기서, k_1 : 도체 및 절연의 재질에 따라 KS C IEC에서 선정된 상도체에 대한 k값
k_2 : KS C IEC에서 선정된 보호도체에 대한 k값

② 차단시간이 5초 이하인 경우에만 다음 계산식 적용.

$$S = \frac{\sqrt{I^2 t}}{k}$$

여기서, S : 단면적(mm^2)
I : 보호장치를 통해 흐를 수 있는 예상 고장전류 실효값(A)
t : 자동차단을 위한 보호장치의 동작시간(s)
k : 보호도체, 절연, 기타 부위의 재질 및 초기온도와 최종온도에 따라 정해지는 계수

(3) 보호등전위본딩 도체

주접지단자에 접속하기 위한 등전위본딩 도체는 설비 내에 있는 가장 큰 보호접지도체 단면적의 1/2 이상의 단면적을 가져야 하고 다음의 단면적 이상이어야 한다.
① 구리도체 6 mm^2 ② 알루미늄 도체 16 mm^2 ③ 강철 도체 50 mm^2

PART 04

예제

한국전기설비규정에 따라 보호등전위본딩 도체로서 주접지단자에 접속하기 위한 등전위본딩 도체(구리도체)의 단면적은 몇 mm^2 이상이어야 하는가? (단, 등전위본딩 도체는 설비 내에 있는 가장 큰 보호접지 도체 단면적의 $\frac{1}{2}$ 이상의 단면적을 가지고 있다.)

① 2.5
② 6
③ 16
④ 50

정답 ②

예제

외부피뢰시스템에서 접지극은 지표면에서 몇 m 이상 깊이로 매설하여야 하는가? (단, 동결심도는 고려하지 않는 경우이다.)

① 0.5 ② 0.75
③ 1 ④ 1.25

정답 ②

예제

지락사고 시 1초를 초과하고 2초 이내에 고압전로를 자동차단하는 장치가 설치되어 있는 고압전로에 제2종 접지공사를 하였다. 접지저항은 몇Ω 이하로 유지해야 하는가? (단, 변압기의 고압측 전로의 1선 지락전류는 10A이다.)

① 10Ω ② 20Ω
③ 30Ω ④ 40Ω

정답 ③

예제

고압 및 특고압 전로에 시설하는 피뢰기의 설치장소로 잘못된 곳은?

① 가공전선로와 지중전선로가 접속되는 곳
② 발전소, 변전소의 가공전선 인입구 및 인출구
③ 고압 가공전선로에 접속하는 배전용 변압기의 저압측
④ 고압 가공전선로로부터 공급을 받는 수용장소의 인입구

정답 ③

예제

한국전기설비규정에 따라 피뢰설비에서 외부피뢰시스템의 수뢰부시스템으로 적합하지 않는 것은?

① 돌침 ② 수평도체
③ 메시도체 ④ 환상도체

정답 ④

6) 접지극 및 중성점 접지

(1) 접지극 매설방법 ★

① 접지극은 매설하는 토양을 오염시키지 않아야 하며, 가능한 다습한 부분에 설치한다.
② 접지극은 지표면으로부터 지하 0.75m 이상으로 하되 동결 깊이를 감안하여 매설 깊이를 정해야 한다.
③ 접지도체를 철주 기타의 금속체를 따라서 시설하는 경우에는 접지극을 철주의 밑면으로부터 0.3m 이상의 깊이에 매설하는 경우 이외에는 접지극을 지중에서 그 금속체로부터 1m 이상 떼어 매설하여야 한다.

(2) 변압기 중성점 접지 저항값 ★★

① 일반적으로 변압기의 고압·특고압 전로 1선 지락전류로 150을 나눈 값과 같은 저항값 이하
② 변압기의 고압·특고압측 전로 또는 사용전압이 35kV 이하의 특고압전로가 저압측 전로와 혼촉하고 저압전로의 대지전압이 150V를 초과하는 경우
- 1초 초과 2초 이내에 고압·특고압 전로를 자동으로 차단하는 장치를 설치할 때는 300을 나눈 값 이하
- 1초 이내에 고압·특고압 전로를 자동으로 차단하는 장치를 설치할 때는 600을 나눈 값 이하

7) 피뢰기의 설치장소 (고압 및 특고압의 전로 중) ★★★

① 발전소, 변전소 또는 이에 준하는 장소의 가공전선 인입구 및 인출구
② 가공전선로에 접속하는 배전용 변압기의 고압측 및 특고압측
③ 고압 또는 특고압의 가공전선로로부터 공급을 받는 수용장소의 인입구
④ 가공전선로와 지중전선로가 접속되는 곳

8) 수뢰부 시스템

(1) 수뢰부 시스템 선정 ★★★

돌침	• 뇌격을 선단으로 흡입하여 선단과 대지사이를 연결한 도체를 이용 뇌격전류를 안전하게 대지로 방류 • 돌침이 길어질 경우 보호효과가 불확실해지는 부분이 생겨 차폐가 실패할 수 있으므로 주의가 필요 • 보호하려는 대상물의 면적이 좁을수록 유리
수평도체	• 건축물 상부에 수평도체를 가설하여 뇌격을 흡입하여 대지 사이를 연결하는 도체를 이용 대지로 방류하는 방식(송전선의 가공지선)
그물망(메시) 도체	• 피보호물 주위를 적당한 간격의 망상도체로 감싸는 방식 • 철골조 또는 철근 콘크리트조 빌딩(자체가 케이지 형성)에서는 전등, 전화선 등에 대한 별도의 보호 필요 • 내부의 사람이나 물체만 보호할 목적이라면 접지 불필요

(2) 수뢰부 시스템의 배치방법 ★★

회전구체법	복합모양의 구조물에 적합(회전구체법은 보호각법의 사용이 제외된 구조물의 일부와 영역의 보호공간을 확인하는데 사용)
보호각법	단순한 구조물이나 큰 구조물의 작은 일부분에 적합(간단한 형상의 건물). 이 방법은 선정된 피뢰시스템의 보호레벨에 따라 회전구체의 반경보다 높은 건축물에는 적합하지 않다.
그물망(메시)법	보호대상 구조물의 표면이 평평한 경우에 적합

(3) 피뢰시스템의 레벨별 회전구체 반경, 메시치수와 보호각의 최대값 ★

피뢰시스템의 레벨	보호법		
	회전구체 반경 γ(m)	그물망(메시)치수W(m)	보호각 $\alpha°$
I	20	5×5	(아래그림 참고)
II	30	10×10	
III	45	15×15	
IV	60	20×20	

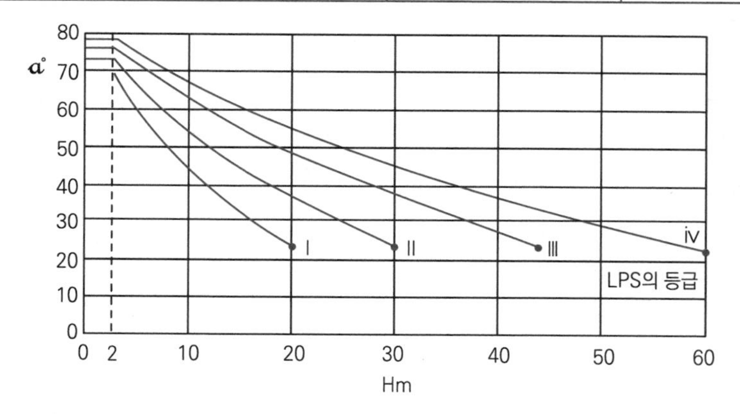

- ● 표를 넘는 범위에는 적용할 수 없으며, 단지 회전구체법과 그물망(메시)법만 적용할 수 있다.
- H는 보호대상 지역 기준평면으로 부터의 높이이다.
- 높이 H가 2m 이하인 경우 보호각은 불변이다.

9) 피뢰기의 보호 여유도

(1) 보호범위

뇌격의 직격 위험으로부터 보호받을 수 있는 범위

(2) 보호 여유도 ★★

$$\text{여유도}(\%) = \frac{\text{충격절연강도} - \text{제한전압}}{\text{제한전압}} \times 100$$

예제

피뢰설비에서 수뢰부시스템의 배치방법에 해당되지 않는 것은?

① 계통법
② 회전구체법
③ 보호각법
④ 그물망(메시)법

정답 ①

예제

피뢰기의 제한전압이 800kV, 충격절연강도가 1000kV라 할 때, 보호여유도는 몇 %인가?

① 25
② 33
③ 47
④ 63

정답 ①

PART 04

예제

고압 및 특고압의 전로에 시설하는 피뢰기 접지저항 값은 몇Ω 이하로 하여야 하는가?

① 5Ω
② 10Ω
③ 15Ω
④ 20Ω

정답 ②

예제

다음 중 이상적인 피뢰기가 가져야 할 성능이 아닌 것은?

① 제한전압이 높을 것
② 방전개시전압이 낮을 것
③ 뇌전류 방전능력이 높을 것
④ 속류차단을 빠르게 할 것

정답 ①

(3) 피뢰설비 4등급

완전보호	어떠한 뇌격에 대해서도 완벽하게 건물과 사람을 보호하는 구조(케이지 방식으로 시공)
증강보호	뇌격을 받을 것으로 예상되는 부분에 수평도체를 설치하여 피뢰설비를 증강한 구조
보통보호	일반건축물 및 위험물 저장고에 대하여 기본으로 설치하는 구조
간이보호	우뢰가 많은 지역에서 높이 20m 이하 건물에 대한 피뢰설비 설치를 고려한 경우

10) 피뢰기의 접지저항

(1) 고압 및 특고압의 전로에 시설하는 피뢰기 접지저항 값은 10Ω 이하로 하여야 한다.★★

(2) 인하도선 시스템

① 인하도선 시스템의 설치
㉠ 여러 개의 병렬 전류통로를 형성할 것
㉡ 전류통로의 길이는 최소로 유지할 것
㉢ 구조물의 도전성 부분에 등전위 본딩을 실시할 것
② 피뢰시스템의 레벨별 인하도선 상호간 거리★

피뢰시스템의 레벨	I	II	III	IV
간격(m)	10	10	15	20

(3) 피뢰기의 구비 성능 ★★★

① 충격방전 개시전압과 제한전압이 낮을 것
② 반복동작이 가능할 것
③ 속류차단능력과 방전내량이 충분할 것
④ 점검, 보수가 간단할 것
⑤ 구조가 견고하며 특성이 변화하지 않을 것

CHAPTER 06

화재 · 폭발 검토

01 화재·폭발 이론 및 발생 이해

1 연소의 정의 및 요소 ★★★

1) 연소의 정의

① 물질이 산소와 반응하면서 빛과 열을 발생하는 현상
② 가연성 물질＋조연성 물질＋점화원＝연소(빛과 열 수반)
③ 산화반응으로 그 반응이 급격하여 열과 빛을 동반하는 발열반응

2) 가연성 가스의 연소

가연성가스의 연소에서는 공기 또는 조연성 가스와 혼합한 상태에서 점화원이 가해질 때 폭발적으로 연소하며 점화에너지는 약 $10^{-4} \sim 10^{-6}$J이 필요하다.

3) 연소의 3요소

가연물	가연물의 구비조건	① 산소와 친화력이 좋고 표면적이 넓을 것 ② 반응열(발열량)이 클 것 ③ 열전도율이 작을 것 ④ 활성화 에너지가 작을 것
	가연물이 될 수 없는 조건	① 흡열반응 물질 $N_2+O_2 \rightarrow 2NO-43.2Kcal$ ② 불활성 기체 (He, Ne, Ar 등) ③ 산소와 더 이상 반응할 수 없는 완전산화물 (CO_2, H_2O 등)
산소 공급원	① 공기중의 산소(약 21%) ② 자기연소성 물질(5류 위험물) ③ 할로겐 원소 및 KNO_3 등의 산화제	
점화원	① 연소반응을 일으킬 수 있는 최소의 에너지(활성화 에너지) ② 불꽃, 단열압축, 산화열의 축적, 정전기 불꽃, 아크불꽃 등 ③ 전기 불꽃 에너지 식 $E=\frac{1}{2}CV^2=\frac{1}{2}QV$ 여기서, E : 전기불꽃에너지 C : 전기용량 Q : 전기량 V : 방전전압	

예제

다음 중 점화원에 해당하지 않는 것은?

① 기화열
② 충격·마찰
③ 복사열
④ 고온물질표면

정답 ①

예제

다음 중 가연성 물질이 연소하기 쉬운 조건으로 옳지 않은 것은?

① 연소 발열량이 클 것
② 점화에너지가 작을 것
③ 열전도율이 작을 것
④ 입자의 표면적이 작을 것

정답 ④

2 인화점 및 발화점

1) 인화점 ★★

정의	① 점화원에 의하여 인화될 수 있는 최저온도 ② 연소가능한 가연성 증기를 발생시킬 수 있는 최저온도
가연성 액체의 인화점	① 가연성 액체의 인화에 대한 위험성을 결정하는 요소로 인화점을 사용 ② 가연성 액체의 경우 인화점 이상에서 점화원의 접촉에 의해 인화 ③ 인화점이 낮을수록 위험한 물질

2) 발화점

(1) 정의 ★★

외부에서의 직접적인 점화원 없이 열의 축적에 의하여 발화되는 최저의 온도

(2) 발화점의 조건 및 영향인자

발화점이 낮아지는 조건	① 분자의 구조가 복잡할수록 ③ 반응 활성도가 클수록 ⑤ 산소와의 친화력이 좋을수록	② 발열량이 높을수록 ④ 열전도율이 낮을수록 ⑥ 압력이 클수록
발화점에 영향을 주는 인자	① 가연성가스와 공기와의 혼합비 ③ 기벽의 재질 ⑤ 압력 ⑦ 유속 등	② 용기의 크기와 형태 ④ 가열속도와 지속시간 ⑥ 산소농도

(3) 자연발화 ★★★

물질이 서서히 산화되면서 축적된 열로 인하여 온도가 상승하고 발화온도에 도달하여 점화원 없이 발화하는 현상(열의 발생속도가 일산속도를 상회)

자연발화의 형태	① 산화열에 의한 발열(석탄, 건성유) ② 분해열에 의한 발열(셀룰로이드, 니트로셀룰로오스) ③ 흡착열에 의한 발열(활성탄, 목탄분말) ④ 미생물에 의한 발열(퇴비, 먼지)
자연발화의 조건	① 표면적이 넓을 것 ② 열전도율이 작을 것 ③ 발열량이 클 것 ④ 주위의 온도가 높을 것(분자운동 활발)
자연발화의 인자	① 열의축적 ② 발열량 ③ 열전도율 ④ 수분 ⑤ 퇴적방법 ⑥ 공기의 유동
자연발화 방지법	① 통풍이 잘되게 할 것 ② 저장실 온도를 낮출 것 ③ 열이 축적되지 않는 퇴적방법을 선택할 것 ④ 습도가 높지 않도록 할 것

PART 04

예제

다음 중 자연발화에 대한 설명으로 가장 적절한 것은?

① 습도를 높게 하면 자연발화를 방지할 수 있다.
② 점화원을 잘 관리하면 자연발화를 방지할 수 있다.
③ 저장실을 밀폐하여 내부온도를 높이면 자연발화를 방지할 수 있다.
④ 자연발화는 외부로 방출하는 열보다 내부에서 발생하는 열의 양이 많은 경우에 발생한다.

정답 ④

예제

연소에 관한 설명으로 틀린 것은?

① 인화점이 상온보다 낮은 가연성 액체는 상온에서 인화의 위험이 있다.
② 가연성 액체를 발화점 이상으로 공기 중에서 가열하면 별도의 점화원이 없어도 발화할 수 있다.
③ 가연성 액체는 가열되어 완전 열분해되지 않으면 착화원이 있어도 연소하지 않는다.
④ 열전도도가 클수록 연소하기 어렵다.

정답 ③

예제

고체 가연물의 일반적인 4가지 연소 방식에 해당하지 않는 것은?

① 분해연소
② 표면연소
③ 확산연소
④ 증발연소

정답 ③

3 연소·폭발의 형태 및 종류

1) 연소의 형태 및 종류 ★★★

(1) 연소의 형태

확산 연소	연료가스와 공기가 확산에 의해 혼합되어 연소 범위 농도에 이르러 연소하는 현상
증발 연소	알코올, 에테르 등의 인화성 액체가 증발하여 증기를 형성한 후 공기와 혼합하여 연소하게 되는 현상
분해 연소	목재, 석탄 등의 고체 가연물이 열분해로 인하여 가연성가스가 방출되어 착화되는 현상
표면 연소	목재의 연소에서 열분해로 인해 탄화작용이 생겨 탄소의 고체 표면에 공기와 접촉하는 부분에서 착화하는 현상으로 고체 표면에서 반응을 일으키는 연소

(2) 연소의 종류

기체 연소	확산 (발염)연소	연소버너 주변에서 일어나는 연소로 가연성가스를 확산시켜 연소범위에 도달했을 때 연소하는 현상으로 기체의 일반적인 연소 형태(아세틸렌-산소, LPG-공기, LNG-공기 등)
	예혼합 연소	연소되기 전에 미리 연소 가능한 연소범위의 혼합가스를 만들어 연소시키는 형태
액체 연소	증발 연소	액체의 가장 일반적인 연소형태로 점화원에 의해 액체에서 가연성 증기가 발생하여 공기와 혼합, 연소범위를 형성하게 되어 연소하는 형태로 액체가 연소하는 것이 아니라 가연성 증기가 연소하는 현상(석유류, 에테르, 알콜류, 아세톤 등)
	분무 연소	중유와 같이 점도가 높고 비휘발성인 액체의 경우 분무기를 사용하여 액체 입자를 안개상으로 분무하여 연소하게 되는데 이것은 액체의 표면적을 넓혀 공기와의 접촉면을 넓게 하기 위함이다. [중유, 벙커C유 등] 액적 연소
	분해연소	액체가 비휘발성인 경우에 열 분해해서 그 분해가스가 공기와 혼합하여 연소
고체 연소	표면 연소	연소물 표면에서 산소와 급격한 산화반응으로 열과 빛을 발생하는 현상으로 가연성가스 발생이나 열분해 반응이 없어 불꽃이 없는 것이 특징 (코크스, 금속분, 목탄 등)
	분해 연소	고체 가연물이 점화원에 의해 복잡한 경로의 열분해 반응으로 가연성 증기가 발생하여 공기와 연소범위를 형성하게 되어 연소하는 형태 (목재, 종이, 플라스틱, 석탄 등)
	증발 연소	고체 가연물이 점화원에 의해 상태변화(융해)를 일으켜 액체가 되고 일정 온도에서 가연성 증기가 발생, 공기와 혼합하여 연소하는 형태. (나프탈렌, 황, 파라핀 등)
	자기 연소	분자내에 산소를 함유하고 있는 고체 가연물이 외부의 산소 공급원 없이 점화원에 의해 연소하는 형태 (제5류 위험물, 니트로 글리세린, 니트로 셀룰로우스, 트리 니트로 톨루엔, 질산 에틸등)

2) 폭발의 종류 및 분류

(1) 폭발의 종류

화학적 폭발	폭발성 혼합가스에 점화할 경우 또는 화약의 폭발
압력 폭발	보일러의 폭발, 고압가스 용기 등 내압에 의한 폭발
분해 폭발	가압하에서 아세틸렌가스 분해 등에 의한 단일가스의 폭발
중합 폭발	시안화수소 등의 중합열에 의한 폭발
촉매 폭발	수소 및 염소 등에 직사광선이 촉매로 작용하여 폭발

(2) 폭발의 분류 ★

공정별 분류	핵 폭발	원자핵의 분열이나 융합에 의한 강열한 에너지의 방출
	물리적 폭발	화학적 변화없이 물리 변화를 주체로 한 폭발의 형태
	화학적 폭발	화학반응이 관여하는 화학적 특성 변화에 의한 폭발
물리적 상태	기상 폭발	가스폭발, 분무폭발, 분진폭발, 가스분해폭발
	응상 폭발	수증기폭발, 증기폭발

예제

폭발원인물질의 물리적 상태에 따라 구분할 때 기상폭발(gas explosion)에 해당되지 않는 것은?

① 분진폭발
② 응상폭발
③ 분무폭발
④ 가스폭발

정답 ②

3) 분진 폭발

(1) 정의 ★

① 금속분진(알루미늄, 마그네슘 등) 소맥분, 황분말 등 $100\mu m$ 이하의 가연성 고체를 미분으로 공기 중에 부유시켜 연소 폭발하는 현상
② 불휘발성 액체 또는 고체가 미립자 상태로 공기 중에서 폭발 범위 내로 존재할 경우 착화 에너지에 의해 일어나는 현상

(2) 대상 물질

광물질	농산물	폭발 입경	폭발범위	착화 에너지
마그네슘, 알루미늄,아연, 철분 등	밀가루, 전분, 솜, 담배가루 등	① 고체 : $100\mu m$ ② 액체 : $20\mu m$	① 하한 $25mg/l \sim 45mg/l$ ② 상한 $80mg/l$	① 분진 $10^{-3} \sim 10^{-2} J$ ② 화약 $10^{-6} \sim 10^{-4} J$

(3) 분진 폭발의 성립조건 ★

① 입자들이 주어진 최소크기 이하이어야 한다.
② 부유된 입자 농도가 어떤 한계범위에 존재해야 한다.
③ 부유된 분진은 거의 균일하게 분포해야 한다.

(4) 분진 폭발의 과정 ★★

(분진의 퇴적 → 비산하여 분진운 생성 → 분산 → 점화원 → 폭발)

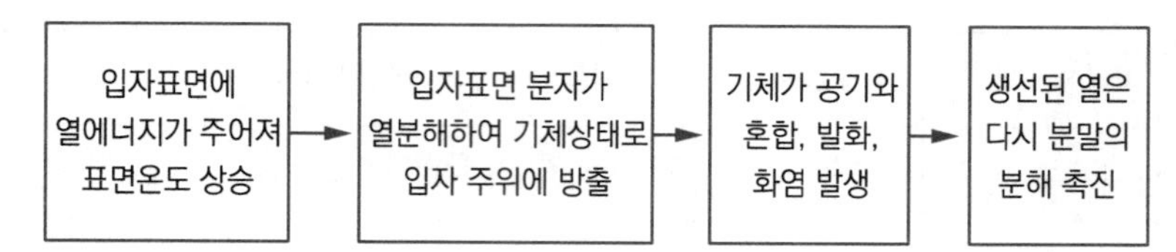
입자표면에
열에너지가 주어져
표면온도 상승
입자표면 분자가
열분해하여 기체상태로
입자 주위에 방출
기체가 공기와
혼합, 발화,
화염 발생
생선된 열은
다시 분말의
분해 촉진

(5) 분진 폭발의 영향인자 ★★★

분진의 화학적 성질과 조성	예를 들어 발열량이 클수록 폭발성이 크다.
입도와 입도분포	① 평균 입자의 직경이 작고 밀도가 작은 것일수록 비표면적은 크게 되고 표면에너지도 크게 된다. ② 보다 작은 입경의 입자를 함유하는 분진이 폭발성이 높다.
입자의 형상과 표면의 상태	산소에 의한 신선한 표면을 갖고 폭로시간이 짧은 경우 폭발성은 높게 된다.
수분	① 수분은 분진의 부유성을 억제 ② 마그네슘, 알루미늄등은 물과 반응하여 수소기체 발생

(6) 분진 폭발의 특징 ★★★

연소속도 및 폭발압력	가스폭발과 비교하여 작지만 연소시간이 길고, 발생에너지가 크기 때문에 파괴력과 타는 정도가 크며, 발화에너지도 상대적으로 크다.
화염의 파급 속도	폭발압력 후 1/10~2/10초 후에 화염이 전파되며 속도는 초기에 2~3m/s 정도이며, 압력상승으로 가속도적으로 빨라진다.
압력의 속도	압력속도는 300m/s 정도이며, 화염속도보다는 압력속도가 훨씬 빠르다.
화상의 위험	가연물의 탄화로 인하여 인체에 닿을 경우 심한 화상을 입는다.
연속폭발	폭발에 의한 폭풍이 주위분진을 날려 2차, 3차 폭발로 인한 피해가 확산된다.
불완전연소	가스에 비해 불완전연소의 가능성이 커서 일산화탄소의 존재로 인한 가스중독의 위험이 있다.
불균일한 상태의 반응	가스폭발처럼 균일한 상태의 반응이 아니라 불균일한 상태의 반응이라서 가스폭발과 화약폭발의 중간상태에 해당하는 폭발이다.

예제

다음 중 분진의 폭발위험성을 증대시키는 조건에 해당하는 것은?

① 분진의 발열량이 작을수록
② 분위기 중 산소 농도가 작을수록
③ 분진 내의 수분 농도가 작을수록
④ 표면적이 입자체적에 비교하여 작을 수록

정답 ③

예제

분진 폭발의 특징에 관한 설명으로 옳은 것은?

① 가스폭발보다 발생에너지가 작다.
② 폭발압력과 연소속도는 가스폭발보다 크다.
③ 화염의 파급속도보다 압력의 파급속도가 크다.
④ 불완전연소로 인한 가스중독의 위험성은 적다.

정답 ③

4) 증기 폭발

(1) 정의 ★

액화가스, 용융된금속 또는 비등점이 낮은 액체가 과열상태가 되면 액체가 급격히 증발하여 대량의 증기가 형성되면서 그 쇼크로 인해 장치의 파괴와 폭발 현상이 발생하는 것

(2) 증기 폭발의 단계

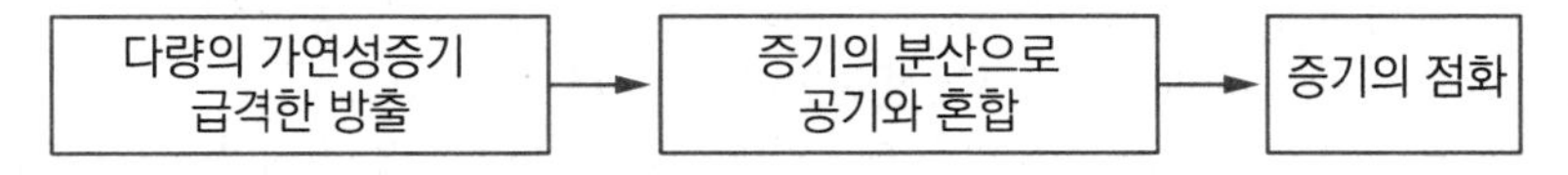

(3) 증기 폭발의 형태와 특징 ★★

① 보일러 동체의 일부분이 파손될 경우 내부압력의 감소로 인한 급격한 기화로 폭발
② 물 속에 고온의 용융금속을 투입하거나 접촉시킬 경우 물의 급격한 기화로 폭발
③ LNG 등의 저온액화가스가 상온의 물 위에 유출될 경우 급격한 기화로 폭발
④ 착화원이나 가연물을 필요로 하지 않는 상(Phase) 변화에 기인하는 폭발

5) 분해 폭발 ★★

(1) 아세틸렌(C_2H_2)

> 분해반응 : $C_2H_2 \rightarrow 2C + H_2$

① 발열량(54kcal/mol)이 크므로 화염의 온도가 3100℃ 정도로 된다.
② 배관중에서 아세틸렌의 분해폭발이 일어나면 화염은 가속되어 폭굉으로 되기 쉽다.
③ 동, 은 등의 금속과 반응하여 폭발성 acetylide를 생성하며 이것은 작은 충격으로도 폭발하여 발화할 수 있으므로 아세틸렌을 취급하는 장치에 동이나 동합금 등을 사용하여서는 아니된다(수은은 금속상의 것은 아세틸렌과 반응하지 않으므로 안전하다).

(2) 산화 에틸렌(C_2H_4O)

$$C_2H_4O \rightarrow CH_4 + CO$$
$$2C_2H_4O \rightarrow C_2H_4 + 2CO + 2H_2$$

① C_2H_4O은 폭발한계가 3.0~80vol%(spark를 점화원으로 측정)인 가연성 액체이다.
② 충분한 에너지일 경우 공기 중에서도 화염전파가 확인되었으므로 폭발한계는 3.0~ 100vol%로 보는 것이 타당하다.

(3) 에틸렌(C_2H_4)

아세틸렌 등에 비해 비교적 큰 발화에너지가 필요하므로 저압에서는 큰 위험이 없으나 고압인 폴리에틸렌의 제조공정 등에서의 폭발사례가 있다.

(4) 질소산화물

① 아산화 질소(N_2O) ② 산화질소(NO) ③ 이산화 질소(NO_2)

예제

다음 중 분해폭발을 일으키기 가장 어려운 물질은?

① 아세틸렌
② 에틸렌
③ 이산화질소
④ 암모니아

정답 ④

예제

가연성가스의 폭발범위에 관한 설명으로 틀린 것은?

① 압력 증가에 따라 폭발 상한계와 하한계가 모두 현저히 증가한다.
② 불활성가스를 주입하면 폭발범위는 좁아진다.
③ 온도의 상승과 함께 폭발범위는 넓어진다.
④ 산소 중에서의 폭발범위는 공기 중에서 보다 넓어진다.

정답 ①

예제

아세틸렌 40vol%, 메탄 40vol%, 에탄 20vol%인 혼합가스의 공기 중 폭발하한계는 약 얼마인가? (단, 아세틸렌, 메탄, 에탄의 폭발하한계는 각각 2.5vol%, 5vol%, 3vol%이다.)

① 3.26vol%
② 2.95vol%
③ 4.15vol%
④ 3.55vol%

정답 ①

6) 가스 폭발

(1) 가스 폭발의 정의

가연성가스가 공기 중에서 혼합되어 폭발범위 내에 존재할 때 착화 에너지에 의해 폭발하는 현상

(2) 가스 폭발 범위의 영향 요소 ★★

① 가스의 온도가 높을수록 폭발범위도 일반적으로 넓어진다.
② 가스의 압력이 높아지면 하한값은 큰 변화가 없으나 상한값은 높아진다.
③ 폭발 한계 농도 이하에서는 폭발성 혼합가스의 생성이 어렵다.
④ 압력이 상압인 1atm보다 낮아질 때 폭발범위는 큰 변화가 없다(저압일 경우 발화온도에는 영향이 있을 수 있다).
⑤ 일산화탄소는 압력이 높을수록 폭발 범위가 좁아지고, 수소는 10atm까지는 좁아지지만 그 이상의 압력에서는 넓어진다.
⑥ 산소 중에서의 폭발범위는 공기 중에서 보다 넓어지며, 발화점과 인화점은 낮아지고 연소 속도도 빠르게 진행된다.
⑦ 불활성 기체가 첨가될 경우 혼합가스의 농도가 희석되어 폭발범위가 좁아진다.
* 최소발화에너지는 화학양론농도보다 조금 높은 농도일 때 극소값이 된다.

4 연소(폭발)범위 및 위험도

1) 연소(폭발) 범위의 정의 ★

(1) 가연성의 기체 또는 액체의 증기와 공기와의 혼합물에 점화를 했을 때 화염이 전파하여 폭발로 이어지는 가스의 농도한계
(2) 가연성가스의 농도가 너무 높거나 낮을 경우 화염의 전파가 일어나지 않는 농도한계가 존재하게 되며 이때 농도의 낮은 쪽을 폭발 하한계, 높은 쪽을 폭발 상한계 그리고 그 사이를 폭발범위라고 부른다.

2) 연소범위와 관련된 계산식

(1) 르샤틀리에의 법칙(혼합가스의 폭발범위 계산) ★★★

$$\frac{100}{L}=\frac{V_1}{L_1}+\frac{V_2}{L_2}+\frac{V_3}{L_3}\cdots\cdots$$

여기서, L_1, L_2, L_3 : 각 성분 단일의 연소한계 (상한 또는 하한)
V_1, V_2, V_3: 각 성분 기체의 체적%
L : 혼합 기체의 연소 범위(상한 또는 하한)

(2) 최소산소농도(MOC) ★

① 연소하한값(LFL)은 공기중 연료를 기준으로 하지만 연소에 있어 화염의 전파를 위해서는 최소한의 산소농도가 필요하다. (MOC는 공기와 연료중 산소의 %단위)

② MOC 구하는 공식

$$MOC=\left(\frac{\text{산소의 몰수}}{\text{연료의 몰수}}\right)\times\left(\frac{\text{연료의 몰수}}{\text{연료의 몰수}+\text{공기의 몰수}}\right)$$

③ 실험데이터가 불충분할 경우(대부분의 탄화수소)
$LFL\times$산소의 화학양론계수(연소반응식)

④ 부탄(C_4H_{10})의 MOC
$C_4H_{10}+6.5O_2\rightarrow 4CO_2+5H_2O$
부탄의 LFL이 1.6(vol%)일 경우
$1.6\times6.5 = 10.4\%$

(3) 최소 발화에너지(MIE) ★

① 처음 연소에 필요한 최소한의 에너지

② MIE의 변화 요인
㉠ 압력이나 온도의 증가에 따라 감소하며, 공기 중에서 보다 산소 중에서 더 감소함
㉡ 분진의 MIE는 일반적으로 가연성가스보다 큰 에너지 준위를 가짐
㉢ 질소 농도 증가는 MIE를 증가시킴

3) 주요 가연성가스의 연소범위

가연성 가스	폭발하한 값(%)	폭발상한 값(%)
아세틸렌(C_2H_2)	2.5	81
산화에틸렌(C_2H_4O)	3	80
수소(H_2)	4	75
일산화탄소(CO)	12.5	74
프로판(C_3H_8)	2.1	9.5
에탄(C_2H_6)	3	12.5
메탄(CH_4)	5	15
부탄(C_4H_{10})	1.8	8.4

4) 위험도 ★★★

폭발 범위를 이용한 가연성가스 및 증기의 위험성 판단 방법으로 위험도 값이 클수록 위험성이 높은 물질이다.

$$H=\frac{UFL-LFL}{LFL}$$

여기서, UFL : 연소 상한값, LFL : 연소 하한값, H : 위험도

예제

다음 중 최소발화에너지에 관한 설명으로 틀린 것은?

① 압력이 상승하면 작아진다.
② 온도가 상승하면 작아진다.
③ 산소농도가 높아지면 작아진다.
④ 유체의 유속이 높아지면 작아진다.

정답 ④

예제

다음 중 폭발한계의 범위가 가장 넓은 가스는?

① 수소
② 메탄
③ 프로판
④ 아세틸렌

정답 ④

예제

각 물질(A~D)의 폭발상한계와 하한계가 다음 [표]와 같을 때 다음 중 위험도가 가장 큰 물질은?

구분	A	B	C	D
폭발 상한계	9.5	8.4	15.0	13
폭발 하한계	2.1	1.8	5.0	2.6

① A
② B
③ C
④ D

정답 ④

5 완전연소 조성농도 ★★

1) 계산식

$$Cst = \frac{100}{1 + 4.773(n + \frac{m - f - 2\lambda}{4})}$$

여기서, n : 탄소, m : 수소

f : 할로겐 원소의 원자 수, λ : 산소의 원자 수

2) 발열량이 최대이고 폭발 파괴력이 가장 강한 농도를 말한다.

예제

프로판(C_3H_8) 가스의 공기 중 완전연소 조성농도는 약 몇 vol%인가?

① 2.02
② 3.02
③ 4.02
④ 5.02

정답 ③

6 화재의 종류 및 예방대책

1) 화재의 종류 ★★★

화재 급수	정의
A급 화재	일반화재, 물을 사용하는 냉각효과가 제일 우선하는 것으로, 목재, 섬유류, 나무, 종이, 플라스틱처럼 타고난 후 재를 남기는 보통화재
B급 화재	유류화재, 가연성액체인 에테르, 가솔린, 등유, 경유 등(고체 유지류 포함)과 프로판가스와 같은 가연성가스 등에서 발생하는 것으로 연소 후 아무것도 남기지 않는 유류, 가스화재
C급 화재	전기화재, 소화시 전기절연성을 갖는 소화제를 사용하여야 하는 변압기, 전기 다리미 등 전기기구에 전기가 통하고 있는 기계, 기구 등에서 발생하는 화재
D급 화재	금속화재, 금속의 열전도에 따른 화재나 금속 분에 의한 분진의 폭발 등 철분, 마그네슘, 금속분류에 의한 화재로 일반적으로 건조사에 의한 소화방법 사용

2) 화재의 예방대책 및 화재감시자

(1) 화재 예방대책 ★

<table>
<tr><td>예방대책</td><td colspan="2">가장 근본적인 방화대책</td><td>① 화재 예방에 관한 안전교육의 주기적인 실시
② 점화원의 적정한 관리
③ 가연성 가스의 연소범위 조성 방지
④ 페일세이프의 원칙 적용
⑤ 스파크발생 작업장의 방폭 설비화
⑥ 정전기 발생 작업장의 정전기발생 방지 대책</td></tr>
<tr><td rowspan="2">국소대책</td><td rowspan="2">연소 확대 방지</td><td>국한 대책</td><td>① 방화벽, 방화문 등 방화시설 설치
② 불연성 재료의 사용
③ 초기 화재 진압이 효율적으로 이루어질 수 있도록 조치
④ 가연성 물질의 집적 방지 및 공지의 확보
⑤ 위험물 시설의 지하매설 등</td></tr>
<tr><td>경보 설비</td><td>① 비상벨설비 ② 누전경보기
③ 자동화재탐지설비 ④ 비상방송설비 등</td></tr>
</table>

예제

다음 중 화재의 종류와 그 화재급수가 올바르게 연결된 것은?

① 목재에 의한 화재-A급 화재
② 전기에 의한 화재-D급 화재
③ 유류에 의한 화재-C급 화재
④ 금속에 의한 화재-B급 화재

정답 ①

소화 대책	소화설비 활용	① 화재진압 및 인명구조활동을 위한 소화 활동설비 : 제연설비, 연결살수설비 등 ② 화재진압을 위한 소화용수 설비 : 상수도, 저수조 등 ③ 물 또는 소화약제를 사용하여 소화하는 소화설비 : 소화기구, 옥내소화전설비, 스프링클러 설비 등
피난 대책	피난기구 및 설비	① 유도등 및 유도표지 설치 ② 방열복, 공기호흡기 등 인명구조기구 비치 ③ 미끄럼대, 피난사다리, 구조대, 완강기, 피난밧줄 등 피난기구 구비 ④ 비상조명등, 휴대용 비상 조명등 설치

(2) 화재예방을 위한 준수사항(가연성물질이 있는 장소)

① 작업 준비 및 작업 절차 수립
② 작업장 내 위험물의사용·보관 현황 파악
③ 화기작업에 따른 인근 가연성물질에 대한 방호조치 및 소화기구 비치
④ 용접불티 비산방지덮개, 용접방화포 등 불꽃, 불티 등 비산방지조치
⑤ 인화성 액체의 증기 및 인화성 가스가 남아 있지 않도록 환기 등의 조치
⑥ 작업근로자에 대한 화재예방 및 피난교육 등 비상조치

(3) 화재감시자 ★

배치해야 할 용접·용단 작업 장소	① 작업반경 11미터 이내에 건물구조 자체나 내부(개구부 등으로 개방된 부분을 포함한다)에 가연성물질이 있는 장소 ② 작업반경 11미터 이내의 바닥 하부에 가연성물질이 11미터 이상 떨어져 있지만 불꽃에 의해 쉽게 발화될 우려가 있는 장소 ③ 가연성물질이 금속으로 된 칸막이·벽·천장 또는 지붕의 반대쪽 면에 인접해 있어 열전도나 열복사에 의해 발화될 우려가 있는 장소
업무내용	① 화재감시자 배치 장소에 가연성물질이 있는지 여부의 확인 ② 폭발 또는 화재등의 예방에 따른 가스 검지, 경보 성능을 갖춘 가스 검지 및 경보장치의 작동 여부의 확인 ③ 화재 발생 시 사업장 내 근로자의 대피 유도
방연장비	지급해야 할 대피용 방연장비 ① 확성기 ② 휴대용 조명기구 및 화재 대피용 마스크(한국산업표준 제품이거나 「소방산업의 진흥에 관한 법률」에 따른 한국소방산업 기술원이 정하는 기준을 충족하는 것) 등

3) 화재경보기의 구성요소

(1) 누전 경보기 ★

① 변류기 : 경계전로의 누설전류를 자동적으로 검출하여 이를 누전경보기의 수신부에 송신하는 장치
② 수신기 : 변류기로부터 검출된 신호를 수신하여 누전의 발생을 경보하여 주는 장치
* 공칭작동 전류치 : 200mA 이하
* 감도 조정 장치 : 조정 범위는 최대치가 1A

예제

다음 중 화재 예방에 있어 화재의 확대 방지를 위한 방법으로 적절하지 않은 것은?

① 가연물량의 제한
② 공간의 통합과 대형화
③ 화재의 조기발견 및 초기 소화
④ 난연화 및 불연화

정답 ②

예제

화재 감시자에 관한 사항 중 틀린 것은?

① 화재 감시자는 통풍이나 환기가 충분하지 않은 장소에서 화재위험작업을 하는 경우 통풍 또는 환기를 위하여 산소를 사용해서 작업해야 한다.
② 작업반경 11미터 이내에 건물구조 자체나 내부에 가연성물질이 있는 장소에서 용접·용단 작업을 하도록 하는 경우 화재감시자를 지정하여 배치해야 한다.
③ 화재 감시자는 화재 발생 시 사업장 내 근로자의 대피 유도등의 업무를 수행해야 한다.
④ 사업주는 화재 감시자에게 업무수행에 필요한 확성기, 휴대용 조명기구 및 화재 대피용 마스크 등 대피용 방연장비를 지급해야 한다.

정답 ①

예제

건물의 전기설비로부터 누설전류를 탐지하여 경보를 발하는 누전경보기의 구성으로 옳은 것은?

① 축전기, 변류기, 경보장치
② 변류기, 수신기, 경보장치
③ 수신기, 발신기, 경보장치
④ 비상전원, 수신기, 경보장치

정답 ②

(2) 자동화재 탐지 설비

① 감지기 : 화재 발생 시 발생하는 열, 연기, 불꽃 또는 연소 생성물을 자동적으로 감지하여 수신기에 발신하는 장치 ★★★

열 감지기	차동식 감지기	온도상승율이 일정치를 넘는 경우에 동작하는 것으로 특정위치의 온도변화를 감지하는 spot형과 실내전체의 온도변화를 감지하는 분포형으로 분류 ① 공기식 spot형 ② 공기관식 분포형 ③ 열전대식 분포형(두 접점 사이의 온도차로 열기전력이 발생하면 전위차를 측정하는 제베크 효과를 이용) ④ 열반도체식(반도체 열센서를 이용)
	정온식 감지기	일정온도 이상이 될 때 동작하는 것으로 spot형과 감지선형으로 분류
	보상식 감지기	주변의 온도변화에 의한 감도가 변화하는 것으로 차동식과 정온식의 기능을 갖는 것이 있다.
연기 감지기	광전식	연기에 의한 빛의 양 변화를 광전기 같은 전기적 변화에 의해 화재발생을 검지하는 방법
	이온화식	연기에 의한 이온화 전류가 변화되는 것을 이용하는 것으로 연기의 혼입으로 이온화 전류가 감소되어 전압변화가 일어나 연기를 감지하는 방법

② 발신기 : 화재발생 신호를 수신기에 수동으로 발신하는 장치

③ 중계기 : 감지기, 발신기 등의 작동에 따른 신호를 받아 수신기의 제어반에 전송하는 장치

④ 수신기 : 감지기나 발신기에서 발하는 화재신호를 직접 수신하거나 중계기를 통하여 수신하여 화재의 발생을 표시 및 경보하여 주는 장치

예제

화재감지기의 종류 중 연기감지기의 작동방식에 해당되는 것은?

① 차동식
② 보상식
③ 정온식
④ 이온화식

정답 ④

7 연소파와 폭굉파

1) 폭굉의 정의

폭발 범위내의 특정 농도 범위에서 연소속도가 폭발에 비해 수백 내지 수천 배에 달하는 현상

▼ 혼합가스의 폭굉범위

가연성 가스	공기 또는 산소	폭발연소 하한계(%)	폭굉범위		폭발연소 상한계(%)
			폭굉하한계(%)	폭굉상한계(%)	
수소	공기	4.0	18.3	59.0	75.0
수소	산소	4.7	15.0	90.0	93.9
일산화탄소	공기	12.5	15.0	70.0	74.0
일산화탄소	산소	15.5	38.0	90.0	94.0
암모니아	공기	15	–	–	28.0
암모니아	산소	13.5	25.4	75.0	79.0
아세틸렌	공기	2.5	4.2	50.0	81.0
아세틸렌	산소	2.5	3.5	92.0	–
프로판	공기	2.1	–	–	9.5
프로판	산소	2.3	3.2	37.0	55.0

2) 연소파와 폭굉파 ★

연소파	진행속도가 0.1~10m/sec 정도로 정상적인 연소속도
폭굉파	① 진행속도가 1,000~3,500m/s에 달하는 경우 ② 폭굉파의 전파속도는 음속을 앞지르기 때문에 그 진행전면에 충격파가 형성되어 파괴 작용을 동반 ③ 충격파 파장이 아주 짧은 단일 압축파로 직진하는 성질로 인하여 파면선단에 물체가 있을 경우 심한 파괴작용 동반

3) 폭굉 유도거리(DID) ★★

(1) 최초의 완만한 연소에서 폭굉까지 발달하는데 유도되는 거리

(2) DID가 짧아지는 요건

① 정상의 연소속도가 큰 혼합가스일 경우
② 관속에 방해물이 있거나 관경이 가늘수록
③ 압력이 높을수록
④ 점화원의 에너지가 강할수록

예제

어떤 물질 내에서 반응전파속도가 음속보다 빠르게 진행되고 이로 인해 발생된 충격파가 반응을 일으키고 유지하는 발열반응을 무엇이라 하는가?

① 점화(Ignition)
② 폭연(Deflagration)
③ 폭발(Explosion)
④ 폭굉(Detonation)

정답 ④

예제

다음 중 폭굉유도거리에 대한 설명으로 틀린 것은?

① 압력이 높을수록 짧다.
② 점화원의 에너지가 강할수록 짧다.
③ 정상연소속도가 큰 혼합가스일수록 짧다.
④ 관속에 방해물이 없거나 관의 지름이 클수록 짧다.

정답 ④

8 폭발의 원리

1) 폭발의 정의

가연성 기체 또는 액체에서 열의 발생속도가 열의 일산속도를 상회하는 경우 발생하는 현상

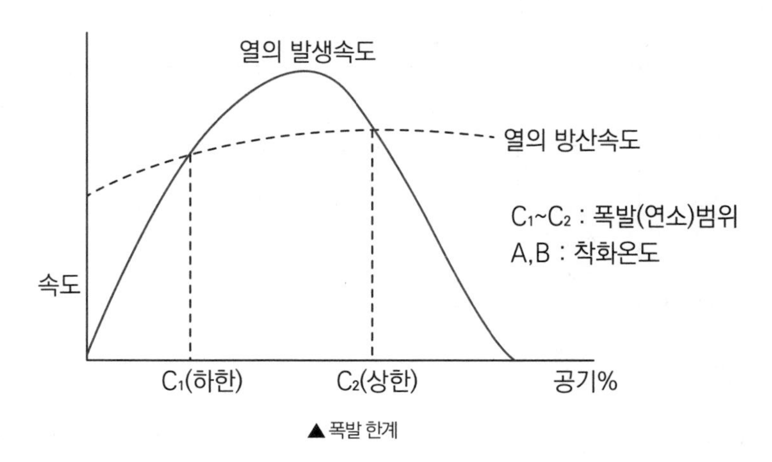

▲ 폭발 한계

2) 폭발의 성립조건 및 영향인자

(1) 폭발의 성립조건 ★

① 가연성 가스, 증기, 분진 등이 공기 또는 산소와 접촉, 혼합되어 있을 경우
② 혼합되어 있는 가스 및 분진이 어떤 구획된 공간이나 용기 등의 공간에 존재하고 있는 경우
③ 혼합된 물질의 일부에 점화원이 존재하고 그것이 매개체가 되어 최소 착화에너지 이상의 에너지를 줄 경우

(2) 폭발에 영향을 주는 인자

① 온도 ② 초기압력
③ 용기의 모양과 크기 ④ 초기농도 및 조성(폭발범위%)

(3) BLEVE와 UVCE ★★★

① BLEVE(Boiling Liquid Expanding Vapor Explosion)
비등점이 낮은 인화성액체 저장탱크가 화재로 인한 화염에 장시간 노출되어 탱크내 액체가 급격히 증발하여 비등하고 증기가 팽창하면서 탱크내 압력이 설계압력을 초과하여 폭발을 일으키는 현상으로 BLEVE를 방지하기 위해서는 용기의 압력상승을 방지하여 용기내 압력이 대기압 근처에서 유지되도록 하고, 살수설비 등으로 용기를 냉각하여 온도상승을 방지하는 조치를 하여야 한다.

② UVCE(증기운폭발, Unconfined Vapor Cloud Explosion)
가연성 가스 또는 기화하기 쉬운 가연성 액체 등이 저장된 고압가스 용기(저장탱크)의 파괴로 인하여 대기중으로 유출된 가연성 증기가 구름을 형성(증기운)한 상태에서 점화원이 증기운에 접촉하여 폭발(가스폭발)하는 현상으로, 이를 예방하기 위해서는 물질의 방출을 방지해야 하며, 누설을 감지할 수 있는 검지기 등을 설치하여야 한다.

예제

비점이 낮은 액체 저장탱크 주위에 화재가 발생했을 때 저장탱크 내부의 비등현상으로 인한 압력 상승으로 탱크가 파열되어 그 내용물이 증발, 팽창하면서 발생되는 폭발현상은?

① Back Draft
② BLEVE
③ Flash Over
④ UVCE

정답 ②

3) 폭발등급과 안전간격

(1) 안전간격(화염일주 한계) ★

화염이 틈새를 통하여 바깥쪽의 폭발성 가스에 전달되지 않는 한계

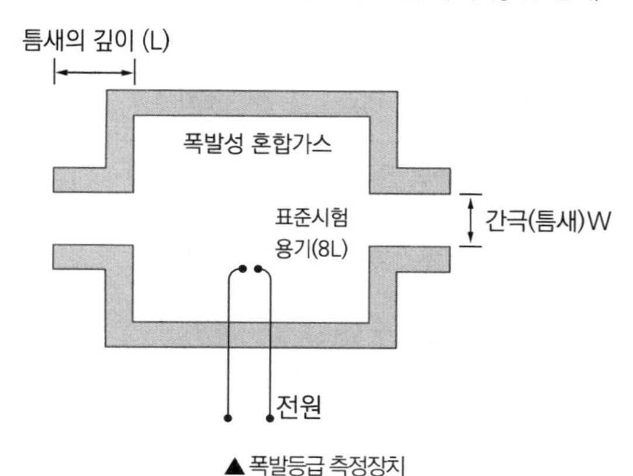

▲ 폭발등급 측정장치

(2) 폭발등급 ★★

폭발등급	안전간격(mm)	대상가스
ⅡA	0.9이상	일산화탄소, 메탄, 암모니아, 프로판, 가솔린, 벤젠 등
ⅡB	0.5초과 0.9미만	에틸렌, 석탄가스
ⅡC	0.5이하	수소, 수성가스, 아세틸렌, 이황화탄소

02 소화 원리 이해

1 소화의 정의

1) 소화의 정의 및 방법 ★★★

정의	소화란 연소의 3요소(가연물, 산소공급원, 점화원) 또는 4요소(연쇄반응 포함)중에서 한가지 이상을 제거하여 연소를 중단
방법	가연물을 제거하거나 산소공급의 차단 또는 연소온도를 낮추거나 연쇄반응을 억제하는 등의 방법으로 연소를 중단

2 소화의 종류 ★★★

1) 제거소화

정의	가연물을 연소하고 있는 구역에서 제거하거나 공급을 중단시켜 소화하는 방법
대상	① 촛불 : 입김으로 불어서 가연성 증기를 제거하여 소화 ② 유전의 화재 : 폭탄을 투하하여 순간적인 폭풍을 이용한 소화 ③ 가스의 화재 : 주밸브를 차단하여 가스의 공급을 중단시켜 소화 ④ 산불화재 : 화재가 진행하고 있는 방향의 나무를 제거하여 소화

예제

다음 중 화염일주한계와 폭발등급에 대한 설명으로 틀린 것은?

① 수소와 메탄은 상호 다른 등급에 해당한다.
② 폭발등급은 화염일주한계에 따라 등급을 구분한다.
③ 폭발등급 1등급 가스는 폭발등급 3등급 가스보다 폭발점화 파급위험이 크다.
④ 폭발성 혼합가스에서 화염일주 한계값이 작은 가스일수록 외부로 폭발점화 파급위험이 커진다.

정답 ③

예제

다음 중 질식소화에 해당하는 것은?

① 가연성 기체의 분출화재시 주 밸브를 닫는다.
② 가연성 기체의 연쇄반응을 차단하여 소화한다.
③ 연료 탱크를 냉각하여 가연성 가스의 발생속도를 작게 한다.
④ 연소하고 있는 가연물이 존재하는 장소를 기계적으로 폐쇄하여 공기의 공급을 차단한다.

정답 ④

예제

다음 중 소화설비와 주된 소화적용방법의 연결이 옳은 것은?

① 포소화설비 – 질식소화
② 스프링클러설비 – 억제소화
③ 이산화탄소소화설비 – 제거소화
④ 할로겐화합물소화설비 – 냉각소화

정답 ①

예제

다음 중 물을 소화제로 사용하는 주된 이유로 가장 적절한 것은?

① 기화되기 쉬우므로
② 증발 잠열이 크므로
③ 환원성이므로
④ 부촉매 효과가 있으므로

정답 ②

예제

다음 중 F, Cl, Br 등 산화력이 큰 할로겐 원소의 반응을 이용하여 소화(消火)시키는 방식을 무엇이라 하는가?

① 희석식 소화
② 냉각에 의한 소화
③ 연료 제거에 의한 소화
④ 연소 억제에 의한 소화

정답 ④

2) 질식소화

정의	① 공기 중의 산소농도(21%)를 15% 이하로 낮추어 연소를 중단시키는 방법 ② B급 화재인 4류 위험물의 소화에 가장 적당
대상 소화기 종류	① 포말소화기(A급, B급) ② 분말소화기(BC급, ABC급) ③ 탄산가스 소화기(B급, C급) ④ 간이 소화제
질식소화 방법	① 포(거품)를 사용하여 연소물을 덮는 방법 ② 소화 분말로 연소물을 덮는 방법 ③ 할로겐 화합물의 증기로 연소물을 덮는 방법 ④ 이산화탄소로 연소물을 덮는 방법 ⑤ 불연성 고체로 연소물을 덮는 방법

3) 냉각소화

정의	① 액체 또는 고체화재에 물 등을 사용하여 가연물을 냉각시켜 인화점 및 발화점 이하로 낮추어 소화시키는 방법 ② 주로 물이 사용되는 데 이는 물의 기화잠열이 크기 때문
대상소화기	① 물소화기 (A급) ② 강화액 소화기 (ABC급) ③ 산·알칼리 소화기(A급)

4) 억제소화

정의	연소의 연속적인 관계를 억제하는 부촉매 효과와 상승효과인 질식 및 냉각 효과
대상 소화기	① 사염화탄소(C.T.C)소화기 (B.C급) ② 일염화 일취화 메탄(C.B)소화기(B.C급) ③ 이취화 사불화 에탄(F.B)소화기(B.C급) ④ 일취화 삼불화 메탄 소화기(B.C급) ⑤ 일취화 일염화 이불화메탄(B.C.F) 소화기(A.B.C급)
원리	할로겐화 탄화수소는 연소를 진행하는데 필요한 OH, O 및 H 등의 활성라디칼이나 원자와 반응함으로 연소를 억제시키는 효과를 가져온다.

참고 화재의 분류 및 적응 소화기

종류	분류	소화기 표시색	주된 소화방법	적응소화기	비고
A급	일반화재	백색	냉각소화	산·알카리, 포, 주수(물)	목재, 섬유, 종이류 등
B급	유류화재	황색	질식소화	CO_2, 증발성 액체, 분말, 포말	가연성액체, 유성페인트, 가연성 가스(연소 후 재가 없는 특징)
C급	전기화재	청색	질식소화	CO_2, 증발성 액체, 분말	전기가 흐르는 상태의 전기기구 화재
D급	금속화재	-	피복에 의한 질식	마른 모래	가연성 금속(Mg, Na, Ti, K등)

3 소화기의 종류

1) 소화기의 종류

(1) 포 소화기 ★

① 구조상 분류
  ㉠ 보통 전도식　　㉡ 내통 밀폐식　　㉢ 내통 밀봉식
② 소화약제의 화학반응식

$$6NaHCO_3 + Al_2(SO_4)_3 \cdot 18H_2O \rightarrow 3Na_2SO_4 + 2Al(OH)_3 + 6CO_2 + 18H_2O$$

③ 화학 반응 중 생긴 CO_2가스의 압력에 의해 거품이 방출
④ 소화 약제의 구성 혼합비

구분	약제	비율(%)
A제 (외통) (중조수용액+기포안정제)	$NaHCO_3$ 카세인 젤라틴 샤포닝 소다회, 기타	88% 8% 1% 1% 2%
B제 (내통)	황산 알루미늄	100%

⑤ 포말의 조건
  ㉠ 부착성　㉡ 응집성　㉢ 유동성

(2) 분말 소화기 ★★

구조상 분류	① 축압식　② 가스가압식
화학 반응식	① $2NaHCO_3 \rightarrow Na_2CO_3 + CO_2$ (질식)$+H_2O$ (냉각) ② $2KHCO_3 \rightarrow K_2CO_3 + CO_2$ (질식)$+H_2O$ (냉각) ③ $NH_4H_2PO_4 \rightarrow HPO_3$ (질식)$+NH_3+H_2O$ (냉각)
특징	① 인산 암모늄은 ABC소화제라 하며 부착성이 좋은 메타인산을 만들어 다른 소화 분말 보다 30% 이상 소화능력이 향상 ② 전기에 대한 절연성이 우수 ③ 금속화재용으로 염화바륨($BaCl_2$), 염화나트륨($NaCl$), 염화칼슘($CaCl_2$) 등이 사용

PART 04

예제

다음 중 분말 소화약제로 가장 적절한 것은?

① 사염화탄소
② 브롬화메탄
③ 수산화암모늄
④ 제1인산암모늄

정답 ④

(3) 탄산가스 소화기 ★★

탄산가스의 상태	① 기체 CO_2 ② 액체 CO_2 ③ 고체 CO_2
특징	① 이음매 없는 고압가스 용기 사용 ② 용기 내의 액화탄산가스를 줄 톰슨 효과에 의해 드라이 아이스로 방출 ③ 질식 및 냉각 효과이며 전기화재에 가장 적당. 유류 화재에도 사용 ④ 소화 후 증거 보존이 용이하나 방사거리가 짧은 단점 ⑤ 반도체 및 컴퓨터 설비 등에 사용가능
탄산가스의 성질	① 더 이상 산소와 반응하지 않는 안전한 가스이며 공기보다 무겁다. ② 전기에 대한 절연성이 우수하다.

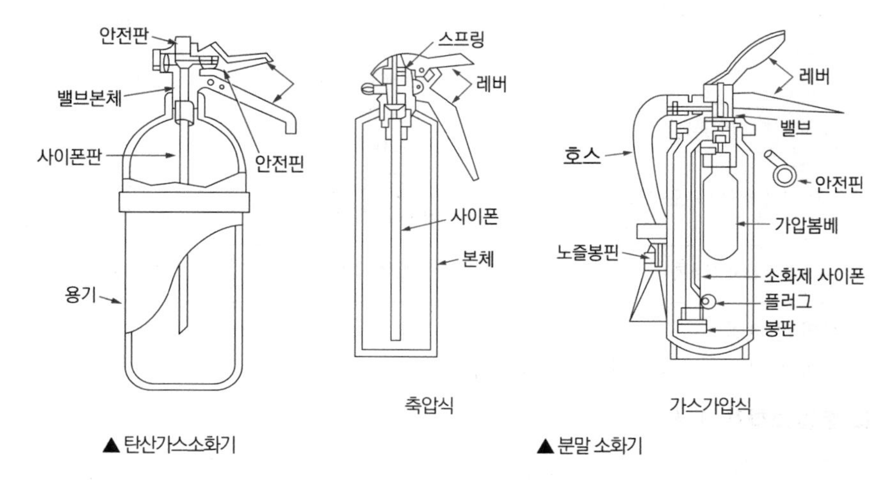

▲ 탄산가스소화기 ▲ 분말 소화기

(4) 증발성 액체 소화기(할로겐 화합물 소화기) ★★

① 소화 원리
㉠ 증발성이 강한 액체가 연소물에 뿌려지면 화재의 열을 흡수하여 액체가 증발 → 증발된 증기는 불연성이고 공기보다 무거워서 공기침투 못하고 질식소화
㉡ 증기는 화재의 불꽃에 의해 할로겐 원소가 유리되어 가연물이 산소와 결합 하기 전 가연성 유리기와 결합 → 부촉매 효과

② 사염화탄소(CCl_4)의 반응
㉠ 건조 공기 : $2CCl_4+O_2 \rightarrow 2COCl_2+2Cl_2$
㉡ 습한 상태 : $CCl_4+H_2O \rightarrow COCl_2+2HCl$
㉢ 탄산 가스 : $CCl_4+CO_2 \rightarrow 2COCl_2$
㉣ 철제와 반응 : $3CCl_4+Fe_2O_3 \rightarrow 3COCl_2+2FeCl_3$

③ 할로겐 화합물 소화제의 사용금지장소
㉠ 지하층
㉡ 무창층
㉢ 거실 또는 사무실로서 바닥면적이 $20m^2$ 미만

④ 소화효과의 크기
$CCl_4<1011<2402<1211<1301$

예제

다음 중 CO_2 소화기의 주된 소화효과는?

① 희석소화
② 제거소화
③ 억제소화
④ 질식소화

정답 ④

예제

다음 중 전기설비 화재의 소화에 가장 적합한 것은?

① 건조사
② 포 소화기
③ CO_2 소화기
④ 봉상 강화액 소화기

정답 ③

Key point

할론 넘버 : C, F, Cl, Br의 개수로 표시

- 일염화 일취화 메탄 : 1011
- 일취화 일염화 이불화 메탄 : 1211
- 이취화 사불화 에탄 : 2402
- 일취화 삼불화 메탄 : 1301

예제

다음 중 CF_3Br 소화약제를 가장 적절하게 표현한 것은?

① 하론 1031
② 하론 1211
③ 하론 1301
④ 하론 2402

정답 ③

(5) 강화액 소화기 ★

① 물에 탄산칼륨을 보강시킨 소화기
② 방출 방식
 ㉠ 반응식(파병식)
 ㉡ 가스가압식
 ㉢ 축압식
③ 탄산칼륨으로 빙점을 −30∼−25℃까지 낮춘 한냉지 또는 겨울철 사용 소화기
④ 화학 반응식 : $K_2CO_3+H_2SO_4 \rightarrow K_2SO_4+H_2O+CO_2$

(6) 산 알칼리 소화기

$$2NaHCO_3+H_2SO_4 \rightarrow Na_2SO_4+2CO_2+2H_2O$$

(7) 간이 소화제

① 마른 모래
 ㉠ 모래는 반드시 건조되어 있을 것
 ㉡ 가연물이 함유되어 있지 않을 것
 ㉢ 모래는 반절된 드럼 또는 벽돌담 안에 저장하며, 양동이, 삽 등의 부속기구를 상비할 것
② 팽창 질석, 팽창 진주암 : 질석을 고온처리(약 1,000℃∼1,400℃)에서 10∼15배 팽창시킨 비중이 아주 적은 것으로 발화점이 낮은 알킬알미늄류 화재에 적합

2) 소화기의 유지관리

소화기의 공통된 사항	① 바닥면에서 높이가 1.5m이하가 되는 지점에 설치할 것 ② 통행, 피난에 지장이 없고 사용시에 쉽게 반출할 수 있는 지점에 설치할 것 ③ 물 기타 소화약제가 동결, 변질 또는 분출할 염려가 없는 지점에 설치할 것
소화기 사용시 일반적인 주의 사항	① 소화기는 적응 화재에만 사용할 것 ② 성능에 따라서 불에 가까이 접근 사용할 것 ③ 소화 작업은 바람을 등지고 바람이 부는 위쪽에서 바람이 불어가는 아래쪽을 향해 방사할 것 ④ 소화기는 양옆으로 쓸 듯이 골고루 방사할 것

물의 소화력을 높이기 위하여 물에 탄산칼륨(K_2CO_3)과 같은 염류를 첨가한 소화약제를 일반적으로 무엇이라 하는가?

① 포 소화약제
② 분말 소화약제
③ 강화액 소화약제
④ 산알칼리 소화약제

정답 ③

3) 소화기의 종류별 적응화재 ★★

소화기명	적응화재	소화효과	형식
분말 소화기	B, C급 (단, 인산염 ABC)	질식(냉각)	축압식, 가스가압식
할로겐화물 (증발성액체) 소화기	B, C급	부촉매(억제)효과, 질식효과, 냉각효과	축압식 자기증기압식
CO_2소화기	B, C급	질식(냉각)	고압가스용기
포말소화기	A, B급	질식(냉각)	전도식 파병식(반응식)
강화액 소화기	A급 (분무상 : A, C)	냉각	가스가압식 축압식, 반응식
산·알칼리 소화기	A급	냉각	파병식, 전도식(반응식)

4) 소화약제

(1) 포 소화약제의 종류

① 중탄산나트륨($NaHCO_3$)
② 황산알루미늄[$Al_2(SO_4)_3$]
③ 기포 안정제(가수분해단백질, 사포닝, 계면활성제, 소다회)

(2) 분말 소화약제의 종별 및 용기의 내용적 ★

소화약제의 종별	소화약제 1㎏당 저장용기의 내용적
제1종 분말(탄산수소나트륨을 주성분으로 한 분말)	0.8 l
제2종 분말(탄산수소칼륨을 주성분으로 한 분말)	1 l
제3종 분말(인산염을 주성분으로 한 분말)	1 l
제4종 분말(탄산수소칼륨과 요소가 복합된 분말)	1.25 l

예제

제1종 분말소화약제의 주성분에 해당하는 것은?

① 사염화탄소
② 브롬화메탄
③ 수산화암모늄
④ 탄산수소나트륨

정답 ④

5) 포 소화약제 혼합장치

(1) 관로(line) 혼합장치

(2) 차압(pressure) 혼합장치

(3) 펌프(pump) 혼합장치

(4) 압입(pressure side) 혼합장치

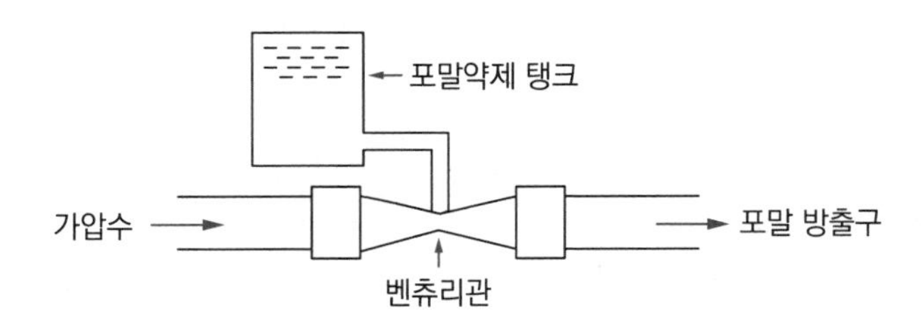

▲ 관로(Line) 혼합장치

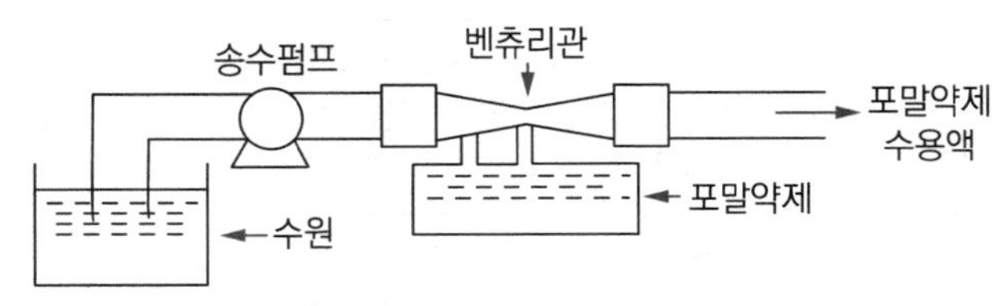

▲ 차압(pressure)혼합장치

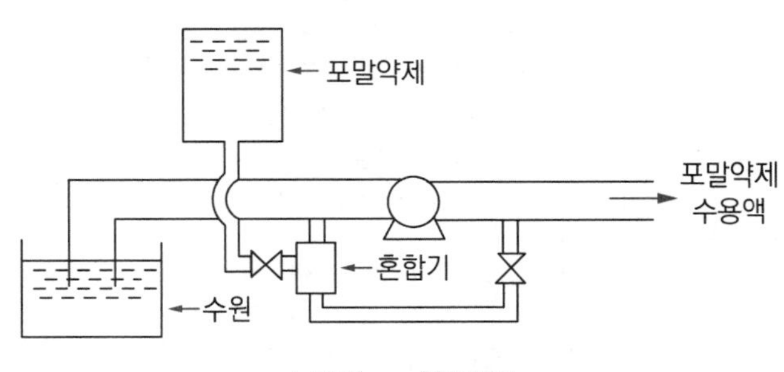

▲ 펌프(pump)혼합장치

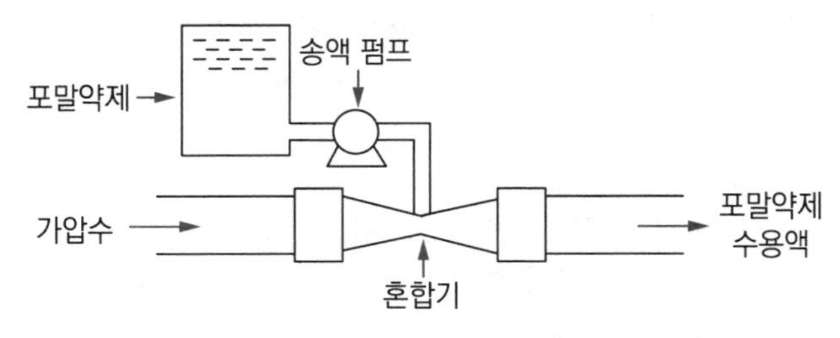

▲ 압입(pressure side)혼합장치

예제

다음 중 포소화약제 혼합장치로써 정하여진 농도로 물과 혼합하여 거품 수용액을 만드는 장치가 아닌 것은?

① 관로혼합장치
② 낙하혼합장치
③ 차압혼합장치
④ 펌프혼합장치

정답 ②

03 폭발방지대책 수립

1 폭발방지대책

1) 불활성화 및 퍼지 ★

(1) 불활성화

① 가연성 혼합가스에 불활성 가스를 주입, 산소의 농도를 최소산소농도 이하로 하여 연소를 방지하는 공정
② 불활성 가스
  ㉠ 질소 ㉡ 이산화탄소 ㉢ 수증기
③ 최소 산소 농도(MOC)
  ㉠ 대부분의 가스는 10% 정도
  ㉡ 분진인 경우 약 8% 정도

(2) 퍼지의 종류

진공퍼지 (Vacuum purging)	① 용기에 대한 가장 일반화된 인너팅장치 ② 용기를 진공으로 한 후 불활성가스 주입 ③ 저압에만 견딜 수 있도록 설계된 큰 저장용기에서는 사용될 수 없다.
압력퍼지 (Pressure purging)	① 가압하에서 인너트가스 주입하여 퍼지(압력용기에 주로 사용) ② 주입한 가스가 용기내에 충분히 확산된 후 대기중으로 방출 ③ 진공퍼지 보다 시간이 크게 감소하나 대량의 인너트가스 소모
스위프 퍼지 (Sweep-Through Purging)	① 용기의 한쪽 개구부로 퍼지가스 가하고 다른 개구부로 혼합가스 방출 ② 용기나 장치에 가압하거나 진공으로 할 수 없는 경우 사용 ③ 대형 저장용기를 치환할 경우 많은 양의 불활성가스를 필요로 하여 경비가 많이 소요되므로 액체를 용기 내에 채운 다음 용기 상부의 잔류산소를 제거하는 스위프치환 방법의 사용이 바람직
사이폰치환 (Siphon purging)	① 용기에 물 또는 비가연성, 비반응성의 적합한 액체를 채운 후 액체를 뽑아내면서 증기층에 불활성가스를 주입하는 방법 ② 산소의 농도를 매우 낮은 수준으로 줄일 수 있음

2) 인화성 가스에 의한 폭발 화재 방지 조치(지하작업장, 가스도관부근 굴착 작업) ★

(1) 가스의 농도를 측정하는 사람을 지명하고 다음의 경우에 해당 가스의 농도측정
  ① 매일 작업을 시작하기 전
  ② 가스의 누출이 의심되는 경우
  ③ 가스가 발생하거나 정체할 위험이 있는 장소가 있는 경우
  ④ 장시간 작업을 계속하는 경우(이 경우 4시간마다 가스 농도측정)

(2) 가스의 농도가 인화하한계 값의 25% 이상으로 밝혀진 때에는 즉시 근로자를 안전한 장소에 대피시키고 화기나 그 밖에 점화원이 될 우려가 있는 기계·기구 등의 사용을 중지하며 통풍·환기 등을 할 것

예제

다음 중 분해 폭발하는 가스의 폭발방지를 위하여 첨가하는 불활성가스로 가장 적합한 것은?

① 산소
② 질소
③ 수소
④ 프로판

정답 ②

예제

다음 중 불활성화(퍼지)에 관한 설명으로 틀린 것은?

① 압력퍼지가 진공퍼지에 비해 퍼지시간이 길다.
② 사이폰 퍼지가스의 부피는 용기의 부피와 같다.
③ 진공퍼지는 압력퍼지보다 인너트가스 소모가 적다.
④ 스위프 퍼지는 용기나 장치에 압력을 가하거나 진공으로 할 수 없을 때 사용된다.

정답 ①

3) 분진폭발의 방지대책

(1) 분진의 농도가 폭발하한 농도 이하가 되도록 철저한 관리
(2) 분진이 존재하는 매체, 즉 공기 등을 질소, 이산화탄소 등으로 치환
(3) 착화원의 제거 및 격리

2 폭발하한계 및 폭발상한계의 계산

(1) 가연성 액체의 인화점과 증기압곡선을 이용하여 인화점에서의 증기압 값에서 구하는 방법 (액체의 증기에만 적용가능)
(2) 가연성 가스의 공기중 완전 연소식에서 화학양론 농도 x(%)를 이용하여 폭발 하한계의 농도 L(%)을 근사적으로 계산하는 방법

$$L \fallingdotseq 0.55x$$

(3) 연쇄반응 이론에 의한 폭발하한계
① 반응열 Q, 활성화 에너지 E, 가연성 가스의 농도를 x라 하면(k는 상수) 다음 식에서 폭발하한을 나타내는 x는 Q, E와 관련이 있음을 알 수 있다(이식을 탄화수소계의 가스에 적용할 경우 Burgess-Wheeler의 법칙이라 함).

$$\frac{1}{x}=k\left(1+\frac{Q}{E}\right) \fallingdotseq \frac{kQ}{E}$$

② 활성화 에너지 E가 대체로 같은 값을 가지고 있는 가연성가스 사이에서는 다음식이 근사적으로 성립한다

$$x \cdot Q=\text{constant}$$

(이 식에서 하한 x는 Q와 반비례하며, 따라서 분자 연소열이 클수록 하한계가 낮다)
③ 탄화수소계에서의 적용

$$x \cdot Q/100 \fallingdotseq 11{,}000\text{cal}$$

(하한계의 폭발성 혼합가스 22.4L의 연소열)

예제

분진폭발 방지대책으로 거리가 먼 것은?

① 작업장 등은 분진이 퇴적하지 않는 형상으로 한다.
② 분진 취급 장치에는 유효한 집진 장치를 설치한다.
③ 분체 프로세스의 장치는 밀폐화하고 누설이 없도록 한다.
④ 분진 폭발의 우려가 있는 작업장에는 감독자를 상주시킨다.

정답 ④

CHAPTER 07

화학물질안전관리 실행

01 화학물질(위험물, 유해화학물질) 확인

1 위험물의 기초화학

1) 화학식

실험식(조성식)	① 화합물 중에 포함되어 있는 원소의 종류와 원자 수를 가장 간단한 정수 비로 나타낸 식 ② H_2O_2의 실험식은 HO이고 C_2H_2, C_6H_6의 실험식은 CH
분자식	① 한 개의 분자 중에 들어있는 원자의 종류와 그 수를 원소기호로 표시한 식 ② $C_6H_{12}O_6$(포도당), H_2O(물) 등
시성식	① 분자의 성질을 표시할 수 있는 라디칼을 표시하여 그 결합상태를 나타낸 식 ② CH_3COOH(초산), C_2H_5OH(에틸 알코올) 등
구조식	분자내의 원자와 원자의 결합상태를 원자가와 같은 수의 결합선으로 연결하여 나타낸 식

CH_4 CO_2

```
        H
        |
  H  —  C  —  H          O = C = O
        |
        H
```

▲ 구조식

2) 화합물의 조성

몰(mole)의 개념	물질을 구성하는 기초적인 입자 6.02×1023개의 모임을 몰이라 하며, 물질을 양적으로 취급할 때의 단위, 일반적으로 몰이라면 g분자(분자 6×1023개)를 의미하지만, 원자나 이온 또는 원자단에도 적용된다.
원자량	질량수 12인 탄소원자(C)의 질량을 12.000이라 정하고, 이것을 기준하여 비교한 다른 원자의 상대적인 질량의 값
분자량	질량수 12인 탄소원자(C)의 질량의 값을 12라 정하고, 이것과 비교한 각 분자의 상대적인 질량의 값으로 분자량은 그 분자에 들어있는 성분 원소의 원자량의 합과 같다.

3) 압력

게이지 압력 (gauge pressure)	① 압력계에 지시되는 압력으로 표준 대기압을 0으로 하고 그 이상의 압력을 나타낸다. ② 단위는 kg/cm^2 또는 kg/cm^2(*g*를 붙이지 않고 그대로 사용하기도 한다)
절대압력	① 가스의 실제 압력으로 완전 진공일 때를 0으로, 표준대기압을 1.033으로 한다. ② 단위는 kg/cm^{2}a (절대압력에는 반드시 *a*를 붙여서 사용한다)
표준대기압	① 대기권에서부터 지구의 평균표면(해면)까지 공기가 누르는 힘 ② 760mmHg, 1.033kg/cm^{2}a, 1atm, 14.7lb/in^{2}a(psia)
압력에 관한 계산	① 절대압력＝게이지 압력＋대기압 ② 게이지 압력＝절대압력－대기압

4) 온도

섭씨 온도 (degree Celsius)	표준대기압에서 물의 어는점을 0, 끓는 점을 100으로 하여 그 사이를 100등분한 1/100에 해당하는 눈금을 1℃로 정한 것
화씨온도 (degree Fahrenheit)	표준대기압에서 물의 어는점을 32, 끓는 점을 212로 하여 그 사이를 180등분한 1/180에 해당하는 눈금을 1℉로 정한 것
섭씨와 화씨의 관계식	℃$=\frac{5}{9}$(℉-32). ℉$=\frac{9}{5}$℃$+32$
절대온도	분자운동이 완전히 정지되어 분자의 운동에너지가 0이 되는 온도로써 열이 전혀 없는 상태를 0으로 정하고 그 이상의 온도를 나타낸 것 [켈빈온도(K), 랭킨온도(R)]

5) 물질의 상태 변화와 열량

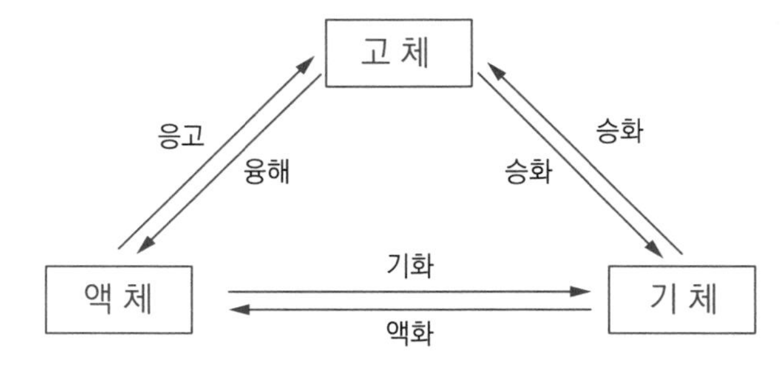

6) 이상기체 상태방정식

$$PV = nRT = \frac{W}{M}RT$$

여기서, P : 절대압력(atm), V : 부피(ℓ), R : 0.082(ℓ • atm/molℓ °K)
T : 절대온도, n : 몰수(mol), M : 분자량, W : 질량(g)

예제

다음 중 액체 표면에서 발생한 증기농도가 공기 중에서 연소하한농도가 될 수 있는 가장 낮은 액체온도를 무엇이라 하는가?

① 인화점
② 비등점
③ 연소점
④ 발화온도

정답 ①

2 위험물의 정의

1) 정의

인화성 또는 발화성 등의 성질을 가지는 것으로서 대통령령이 정하는 물품

2) 인화성과 발화성 ★★

인화성	① 가연성 액체의 인화에 대한 위험성은 인화점으로 결정 ② 인화점이란 액체가 공기중에서 인화하는데 충분한 농도의 증기를 발생하는 최저온도
발화성	① 발화에 관한 기준도 발화점 또는 발화온도를 기준으로 그 위험성을 규정 ② 발화온도란 외부에서 화염. 전기불꽃 등의 착화원 없이 물질을 공기중 또는 산소중에서 가열한 경우 발화·폭발하는 최저온도

3) 위험물의 취급 시 방호조치 없이는 금지해야 할 행위

① 폭발성 물질, 유기과산화물을 화기나 그 밖에 점화원이 될 우려가 있는 것에 접근시키거나 가열하거나 마찰시키거나 충격을 가하는 행위
② 물반응성 물질, 인화성 고체를 각각 그 특성에 따라 화기나 그 밖에 점화원이 될 우려가 있는 것에 접근시키거나 발화를 촉진하는 물질 또는 물에 접촉시키거나 가열하거나 마찰시키거나 충격을 가하는 행위
③ 산화성 액체·산화성 고체를 분해가 촉진될 우려가 있는 물질에 접촉시키거나 가열하거나 마찰시키거나 충격을 가하는 행위
④ 인화성 액체를 화기나 그 밖에 점화원이 될 우려가 있는 것에 접근시키거나 주입 또는 가열하거나 증발시키는 행위
⑤ 인화성 가스를 화기나 그 밖에 점화원이 될 우려가 있는 것에 접근시키거나 압축·가열 또는 주입하는 행위
⑥ 부식성 물질 또는 급성 독성물질을 누출시키는 등으로 인체에 접촉시키는 행위
⑦ 위험물을 제조하거나 취급하는 설비가 있는 장소에 인화성 가스 또는 산화성 액체 및 산화성 고체를 방치하는 행위

3 위험물의 종류 ★★★

1) 산업안전 보건법

구분	종류 및 기준량
폭발성 물질 및 유기과산화물	가. 질산에스테르류 나. 니트로화합물 다. 니트로소화합물 라. 아조화합물 마. 디아조화합물 바. 하이드라진 유도체 사. 유기과산화물 아. 그 밖에 가목부터 사목의 물질과 같은 정도의 폭발 위험이 있는 물질 자. 가목부터 아목까지의 물질을 함유한 물질
물반응성 물질 및 인화성 고체	가. 리튬 나. 칼륨·나트륨 다. 황 라. 황린 마. 황화인·적린 바. 셀룰로이드류 사. 알킬알루미늄·알킬리튬 아. 마그네슘 분말 자. 금속 분말(마그네슘 분말은 제외한다) 차. 알칼리금속(리튬칼륨 및 나트륨은 제외한다) 카. 유기금속화합물(알킬알루미늄 및 알킬리튬은 제외) 타. 금속의 수소화물 파. 금속의 인화물 하. 칼슘탄화물, 알루미늄탄화물 거. 그 밖에 가목부터 하목까지의 물질과 같은 정도의 발화성 또는 인화성이 있는 물질 너. 가목부터 거목까지의 물질을 함유한 물질
산화성 액체 및 산화성 고체	가. 차아염소산 및 그 염류 나. 아염소산 및 그 염류 다. 염소산 및 그 염류 라. 과염소산 및 그 염류 마. 브롬산 및 그 염류 바. 요오드산 및 그 염류 사. 과산화수소 및 무기 과산화물 아. 질산 및 그 염류 자. 과망간산 및 그 염류 차. 중크롬산 및 그 염류 카. 그 밖에 가목부터 차목까지의 물질과 같은 정도의 산화성이 있는 물질 타. 가목부터 카목까지의 물질을 함유한 물질

예제

산업안전보건법령상 위험물질의 종류에서 "폭발성 물질 및 유기과산화물"에 해당하는 것은?

① 디아조화합물
② 황린
③ 알킬알루미늄
④ 마그네슘 분말

정답 ①

예제

산업안전보건기준에 관한 규칙에서 정한 위험물질의 종류에서 "물반응성 물질 및 인화성 고체"에 해당하는 것은?

① 질산에스테르류
② 니트로화합물
③ 칼륨·나트륨
④ 니트로소화합물

정답 ③

예제

다음 중 산업안전보건법령상의 위험물질의 종류에 있어 산화성 액체 및 산화성 고체에 해당하지 않는 것은?

① 요오드산
② 브롬산 및 그 염류
③ 유기과산화물
④ 염소산 및 그 염류

정답 ③

구분	종류 및 기준량
인화성 액체	가. 에틸에테르, 가솔린, 아세트알데히드, 산화프로필렌, 그 밖에 인화점이 23℃ 미만이고 초기 끓는 점이 35℃ 이하인 물질 나. 노르말헥산, 아세톤, 메틸에틸케톤, 메틸알코올, 에틸알코올, 이황화탄소, 그 밖에 인화점이 23℃ 미만이고 초기 끓는점이 35℃를 초과하는 물질 다. 크렌실, 아세트산아밀, 등유, 경유, 테레핀유, 이소아밀알코올, 아세트산, 하이드라진, 그 밖에 인화점이 23℃ 이상 60℃ 이하인 물질
인화성 가스	가. 수소 나. 아세틸렌 다. 에틸렌 라. 메탄 마. 에탄 바. 프로판 사. 부탄 아. 유해·위험물질 규정량에 따른 인화성 가스
부식성 물질	가. 부식성 산류 (1) 농도가 20% 이상인 염산, 황산, 질산, 그 밖에 이와 같은 정도 이상의 부식성을 가지는 물질 (2) 농도가 60% 이상인 인산, 아세트산, 불산, 그 밖에 이와 같은 정도 이상의 부식성을 가지는 물질 나. 부식성 염기류 : 농도가 40% 이상인 수산화나트륨, 수산화칼륨, 그 밖에 이와 같은 정도 이상의 부식성을 가지는 염기류
급성 독성 물질	가. 쥐에 대한 경구투입실험에 의하여 실험동물의 50%를 사망시킬 수 있는 물질의 양, 즉 LD50(경구, 쥐)이 kg당 300mg(체중) 이하인 화학물질 나. 쥐 또는 토끼에 대한 경피흡수실험에 의하여 실험동물의 50%를 사망시킬 수 있는 물질의 양, 즉 LD50(경피, 토끼 또는 쥐)이 kg당 1000mg(체중) 이하인 화학물질 다. 쥐에 대한 4시간 동안의 흡입실험에 의하여 실험동물의 50%를 사망시킬 수 있는 물질의 농도, 즉 가스 LC50(쥐, 4시간 흡입)이 2,500ppm 이하인 화학물질, 증기 LC50(쥐, 4시간 흡입)이 10mg/L 이하인 화학물질, 분진 또는 미스트 1mg/L 이하인 화학물질

예제

환풍기가 고장난 장소에서 인화성 액체를 취급하는 과정에 부주의로 마개를 막지 않았다. 이 장소에서 작업자가 담배를 피우기 위해 불은 켜는 순간 인화성 액체에서 불꽃이 일어나는 사고가 발생하였다면 다음 중 이와 같은 사고의 발생 가능성이 가장 높은 물질은?

① 아세트산
② 등유
③ 에틸에테르
④ 경유

정답 ③

예제

산업안전보건기준에 관한 규칙에서 규정하고 있는 급성독성물질의 정의에 해당되지 않는 것은?

① 가스 LC50(쥐, 4시간 흡입)이 2,500ppm 이하인 화학물질
② LD50(경구, 쥐)이 kg 당 300밀리그램-(체중) 이하인 화학물질
③ LD50(경피, 쥐)이 kg 당 1,000밀리그램-(체중) 이하인 화학물질
④ LD50(경피, 토끼)이 kg 당 2,000밀리그램-(체중) 이하인 화학물질

정답 ④

4 노출기준

1) 유해물질의 노출기준

(1) 노출기준 ★

시간가중 평균 노출기준 (TWA)	1일 8시간 작업기준으로 유해 요인의 측정치에 발생시간을 곱하여 8시간으로 나눈 값 $TWA\text{환산값}=\frac{C_1 \cdot T_1+C_2 \cdot T_2+\cdots\cdots+C_n \cdot T_n}{8}$ 주) C : 유해요인의 측정치(단위 : ppm 또는 mg/m^3) T : 유해요인의 발생시간(단위 : 시간)
단시간노출 기준 (STEL)	① 근로자가 1회에 15분간 유해인자에 노출되는 경우의 기준 ② 1회 노출 간격이 1시간 이상인 경우 1일 작업시간 동안 4회까지 노출이 허용
최고 노출기준 (Ceiling, C)	① 근로자가 1일 작업시간동안 잠시라도 노출되어서는 안되는 기준 ② 노출기준 앞에 "C"를 붙여 표시

(2) 혼합물의 노출기준 ★

오염원이 여러 개인 경우(다음의 식으로 산출한 값이 1 이상인 경우 기준량 초과)

$$\frac{C_1}{T_1}+\frac{C_2}{T_2}+\cdots\cdots+\frac{C_n}{T_n}$$

주) C_n : 위험물질 각각의 제조 또는 취급량
T_n : 위험물질 각각의 기준량

예제

공기 중 아세톤의 농도가 200ppm(TLV 500ppm), 메틸에틸케톤(MEK)의 농도가 100ppm(TLV 200ppm)일 때 혼합물질의 허용농도는 약 몇 ppm인가?

① 150 ② 200 ③ 270 ④ 333

풀이 **혼합물의 노출기준 및 허용농도**

① 노출기준(허용기준) 계산

$$\frac{C_1}{T_1}+\frac{C_2}{T_2}=\frac{200}{500}+\frac{100}{200}=0.9$$

② 1을 초과하지 않았으므로 허용기준 이내이며, 혼합물의 허용농도는

$$\frac{300}{0.9}=333.33\text{ppm}$$

정답 ④

예제

다음 중 가장 짧은 기간에도 노출되어서는 안되는 노출기준은?

① TLV-S
② TLV-C
③ TLV-TWA
④ TLV-STEL

정답 ②

PART 04

예제

태양광이 내리쬐지 않는 옥내의 습구 흑구 온도지수(WBGT) 산출식은?

① 0.6 x 자연습구온도 + 0.3 x 흑구온도
② 0.7 x 자연습구온도 + 0.3 x 흑구온도
③ 0.6 x 자연습구온도 + 0.4 x 흑구온도
④ 0.7 x 자연습구온도 + 0.4 x 흑구온도

정답 ②

(3) 노출기준의 표시단위 ★★★

가스 및 증기	피피엠(ppm)
분진 및 미스트 등 에어로졸	세제곱미터당 밀리그램(mg/m^3) 다만, 석면 및 내화성세라믹섬유는 세제곱센티미터당 개수(개/cm^3)
고온	습구 흑구 온도지수(WBGT) 옥외(태양광선이 내리쬐는 장소) : =WBGT(℃)=0.7×자연습구온도+0.2×흑구온도+0.1×건구온도 옥내 또는 옥외 (태양광선이 내리쬐지 않는 장소) : WBGT(℃)=0.7×자연습구온도+0.3×흑구온도

2) LC_{50} (lethal concentration 50) ★

실험 동물의 50%를 사망하게 하는 공기 중의 가스농도 및 액체 중의 물질의 농도이며, 50%의 치사농도로 반수치사농도라고도 한다. LD50(50% 치사량)과 비슷한 개념으로 쓰이기도 한다.

5 유해화학물질의 유해요인

1) 유해화학물질의 유해 위험성

물리적 위험성	폭발성물질, 인화성가스, 에어로졸, 산화성가스, 고압가스, 인화성액체, 인화성고체, 자기반응성물질 및 혼합물, 자연발화성 액체, 자연발화성 고체, 자기발열성 물질 및 혼합물, 물반응성 물질 및 혼합물, 산화성액체, 산화성고체, 유기과산화물, 금속부식성물질
건강 유해성	급성독성, 피부부식성 또는 자극성, 심한 눈 손상성 또는 자극성, 호흡기 또는 피부 과민성, 발암성, 생식세포 변이원성, 생식독성, 특정표적장기 독성, 흡인유해성
환경 유해성	급성 수생환경 유해성, 만성 수생환경 유해성

2) 유해성·위험성 평가

평가내용	① 평가대상 화학물질의 고유한 물리적 · 화학적 특성, 독성 등의 종류 및 그 정도 ② 평가대상 화학물질을 취급하는 근로자가 해당 화학물질에 노출되어 발생할 수 있는 건강 장해의 가능성 및 그 정도
평가절차	① 유해성 확인 ② 용량-반응 평가 ③ 노출 평가 ④ 위험성 결정
유해성확인 (평가항목)	① 급성 독성 ② 생식세포 변이원성 ③ 발암성 ④ 생식독성 ⑤ 특정표적장기 독성(1회 노출) ⑥ 특정표적장기 독성(반복 노출) ⑦ 흡인 유해성

02 화학물질(위험물, 유해화학물질) 유해 위험성 확인

1 위험물의 성질 및 위험성

1) 위험물 안전관리법 ★

1류 위험물 (산화성 고체)	① 상온에서 고체상태. 마찰 충격 등으로 많은 산소를 방출 ② 가연물의 연소를 돕는 조연성 물질이며, 강산화성 물질이다.
2류 위험물 (가연성 고체)	① 비교적 낮은 온도에서 착화하기 쉬운 가연물로써 연소 속도가 매우 빠른 고체의 환원성 물질 ② 철분, 마그네슘, 금속분류는 물과 산의 접촉으로 발열
3류 위험물 (자연 발화성 및 금수성 물질)	① 고체 및 액체이며 공기 중에서 발열·발화 또는 물과의 접촉으로 가연성 가스를 발생하거나 급격히 발화하는 경우도 있다. ② 점화원 또는 공기와의 접촉을 피하고 금수성 물질은 물과의 접촉을 피해야 한다.
4류 위험물 (인화성 액체)	① 가연성 물질로 인화성 증기를 발생하는 액체위험물, 인화되기 매우 쉽고 착화온도가 낮은 것은 위험(증기는 공기와 약간만 혼합해도 연소의 우려) ② 점화원이나 고온체의 접근을 피하고, 증기발생을 억제해야 한다. ③ 증기는 공기보다 무겁고, 물보다 가벼우며, 물에 녹기 어렵다.
5류 위험물 (자기반응성 물질)	① 자기연소성 물질이라 하며, 가연성인 동시에 산소공급원을 함께 가지고 있어 위험 ② 연소의 속도가 매우 빨라 폭발적이며 화약의 원료로 많이 사용
6류 위험물 (산화성 액체)	① 부식성 및 유독성이 강한 강산화제로써 산소를 많이 함유하고 있어 조연성 물질 ② 가연물과의 접촉이나 분해를 촉진하는 물품과의 접근금지

2) NFPA에 의한 위험물의 등급 및 표시

(1) 위험물의 위험성 분류

① 화재 위험성　② 반응 위험성　③ 건강 위험성

(2) 위험 등급(5단계 구분)

각각에 대하여 위험이 없는 것을 0, 가장 큰 위험을 4로 하여 5단계로 구분

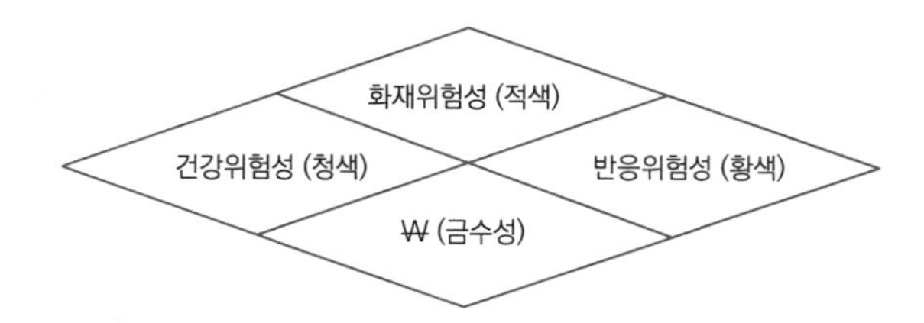

예제

다음 중 인화성 액체의 취급시 주의사항으로 가장 적절하지 않은 것은?

① 소포성의 인화성액체의 화재 시에는 내알콜포를 사용한다.
② 소화작업 시에는 공기호흡기 등 적합한 보호구를 착용하여야 한다.
③ 일반적으로 비중이 물보다 무거워서 물 아래로 가라앉으므로, 주수소화를 이용하면 효과적이다.
④ 화기, 충격, 마찰 등의 열원을 피하고, 밀폐용기를 사용하며, 사용상 불가능할 경우 환기장치를 이용한다.

정답 ③

2 위험물의 저장 및 취급방법

1) 위험물의 저장 ★

1류 위험물	① 조해성이 있으므로 습기에 주의하며, 용기는 밀폐하여 저장 ② 산화되기 쉬운 물질과 열원, 산 또는 화재 위험의 장소로부터 격리
2류 위험물	① 용기파손으로 인한 누설에 주의하고, 산화제와의 접촉금지 ② 점화원으로부터 격리시킬 것 ③ 마그네슘, 금속분류는 산 또는 물과의 접촉금지
3류 위험물	① 공기 또는 수분의 접촉을 방지하고 용기의 파손 및 부식 방지 ② 다량 저장 시 희석제 혼합 및 수분 침입 방지
4류 위험물	① 용기는 밀전하고 통풍이 잘되는 곳에 저장하고, 증기는 높은 곳으로 배출 ② 증기 및 액체의 누설을 방지하고 화기나 점화원으로부터 격리
5류 위험물	① 점화원 또는 분해를 촉진시키는 물질로부터 격리 ② 포장외부에 충격주의, 화기엄금 등 표시
6류 위험물	① 내산성 용기를 사용하고, 밀전하여 누설 방지 ② 가연물, 물, 유기물 및 고체 산화제와의 접촉금지

2) 위험물의 취급방법

(1) 물과의 접촉 금지 ★★

대상(금수성 물질)	발화성 물질중 물과 접촉하여 쉽게 발화되고 가연성가스를 발생할 수 있는 물질
석유(등유)속에 저장	금속나트륨(Na), 금속칼륨(K)
발화성 물질인 황린(P_4)	물에 녹지 않으므로 pH9 정도의 물 속에 저장

(2) 가솔린이 남아 있는 설비에 등유 등의 주입 시 조치사항 ★

① 미리 그 내부를 깨끗하게 씻어내고 가솔린의 증기를 불활성 가스로 바꾸는 등 안전한 상태로 되어 있는지를 확인한 후에 그 작업을 하여야 한다.

② 다만, 다음의 조치를 하는 경우에는 그러하지 아니하다.

㉠ 등유나 경유를 주입하기 전에 탱크·드럼 등과 주입설비 사이에 접속선이나 접지선을 연결하여 전위차를 줄이도록 할 것

㉡ 등유나 경유를 주입하는 경우에는 그 액표면의 높이가 주입관의 선단의 높이를 넘을 때까지 주입속도를 초당 1m 이하로 할 것

(3) 폭발, 화재 등의 예방조치

① 인화성 물질의 증기, 가연성가스, 가연성 분진으로 인한 폭발 화재 예방

㉠ 통풍 및 환기 ㉡ 제진 조치

② 폭발 화재의 사전 감지 위한 조치 : 가스검지 및 경보장치 설치

예제

공기 중 산화성이 높아 반드시 석유, 경유 등의 보호액에 저장해야 하는 것은?

① Ca
② P_4
③ K
④ S

정답 ③

예제

휘발유를 저장하던 이동저장탱크에 등유나 경유를 이동 저장탱크의 밑 부분으로부터 주입할 때에 액표면의 높이가 주입관의 선단의 높이를 넘을 때까지 주입속도는 몇 m/s 이하여야 하는가?

① 0.5
② 1.0
③ 1.5
④ 2.0

정답 ②

(4) 위험물 저장 취급 화학설비

① 안전거리 ★★

구분	안전거리
1. 단위공정시설 및 설비로부터 다른 단위공정시설 및 설비의 사이	설비의 바깥면으로부터 10m 이상
2. 플레어스택으로부터 단위공정시설 및 설비, 위험물질 저장탱크 또는 위험물질 하역설비의 사이	플레어스택으로부터 반경 20m 이상
3. 위험물질 저장탱크로부터 단위공정시설 및 설비, 보일러 또는 가열로의 사이	저장탱크의 바깥면으로부터 20m 이상
4. 사무실·연구실·실험실·정비실 또는 식당으로부터 단위공정시설 및 설비, 위험물질 저장탱크, 위험물질 하역설비, 보일러 또는 가열로의 사이	사무실 등의 바깥면으로부터 20m 이상

② 위험물질을 액체 상태로 저장하는 저장탱크 설치시 누출확산방지를 위한 방유제 설치

3 인화성 가스 취급 시 주의사항

1) 인화성 가스의 정의 ★

인화한계 농도의 최저한도가 13% 이하 또는 최고한도와 최저한도의 차가 12% 이상인 것으로서 표준압력(101.3kPa) 하의 20℃에서 가스상태인 물질

2) 인화성 가스의 누출에 대한 안전조치

(1) 인화성 가스의 누출을 감지하기 위한 가스누출 감지 경보설비설치
(2) 가스 누출 감지 경보기의 설치기준

설치위치	① 가능한 한 가스의 누출이 우려되는 누출 부위 가까이 설치 ② 가스누출은 예상되지 않으나 누출가스가 체류하기 쉬운 곳은 가스의 비중 등을 고려하여 규정에서 정하는 지점에 설치
경보설정치 및 정밀도	① 설정치 : 가연성 가스는 감지대상 가스의 폭발하한계 25% 이하(독성가스는 허용농도 이하) ② 정밀도 : 경보설정치에 대하여 ±25% 이하(독성가스는 ±30% 이하)
성능	① 가연성 가스누출감지경보기는 담배연기 등에, 독성가스 누출감지경보기는 담배연기, 기계세척유가스, 등유의 증발가스, 배기가스 및 탄화수소계 가스와 그 밖의 가스에는 경보가 울리지 않아야 한다. ② 가스누출감지경보기의 가스 감지에서 경보발신까지 걸리는 시간은 경보농도의 1.6배시 보통 30초 이내일 것. 다만, 암모니아, 일산화탄소 또는 이와 유사한 가스등을 감지하는 가스누출감지경보기는 1분 이내로 한다. ③ 경보정밀도는 전원의 전압 등의 변동률이 ±10%까지 저하되지 않아야 한다. ④ 지시계 눈금의 범위는 가연성가스용은 0에서 폭발하한계값, 독성가스는 0에서 허용농도의 3배값(암모니아를 실내에서 사용하는 경우에는 150)이어야 한다. ⑤ 경보를 발신한 후에는 가스농도가 변화하여도 계속 경보를 울려야 하며, 그 확인 또는 대책을 조치할 때에는 경보가 정지되어야 한다.

예제

단위공정시설 및 설비로부터 다른 단위공정 시설 및 설비 사이의 안전거리는 설비의 바깥면부터 얼마 이상이 되어야 하는가?

① 5m
② 10m
③ 15m
④ 20m

정답 ②

예제

산업안전보건법령상 다음 인화성 가스의 정의에서 ( ) 안에 알맞은 값은?

> "인화성 가스"란 인화한계 농도의 최저한도가 (㉠)% 이하 또는 최고한도와 최저한도의 차가 (㉡)% 이상인 것으로서 표준압력(101.3kPa), 20℃에서 가스 상태인 물질을 말한다.

① ㉠ 13, ㉡ 12
② ㉠ 13, ㉡ 15
③ ㉠ 12, ㉡ 13
④ ㉠ 12, ㉡ 15

정답 ①

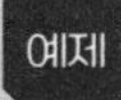

다음 중 스프링식 안전밸브를 대체할 수 있는 안전장치는?

① 캡(cap)
② 파열판(rupture disk)
③ 게이트밸브(gate valve)
④ 벤트스텍(vent stack)

정답 ②

예제

다음 중 공업용 고압가스 용기의 도색방법으로 틀린 것은?

① 산소 - 녹색
② 액화암모니아 - 백색
③ 아세틸렌 - 황색
④ 액화염소 -주황색

정답 ④

3) 인화성 가스(고압가스) 압력 용기

(1) 안전밸브의 종류 및 특징 ★

구분	특징
스프링식	① 일반적으로 가장 널리 사용 ② 용기 내의 압력이 설정된 값을 초과하면 스프링을 밀어내어 가스를 분출시켜 폭발을 방지
파열판식	① 용기 내의 압력이 급격히 상승할 경우 용기 내의 가스 배출(한번 작동 후 교체) ② 스프링식보다 토출 용량이 많아 압력상승이 급격히 변하는 곳에 적당
중추식	밸브 장치에 무게가 있는 추를 달아서 설정 압력이 되면 추를 밀어 올려 가스 분출
가용전식	설정온도에서 용기내 온도가 규정온도 이상이면 녹아서 용기 내의 전체가스를 배출(일반용 : 75℃ 이하, 아세틸렌용 : 105℃±5℃, 긴급차단용 : 110℃)

(2) 용기의 도색 및 표시(인화성, 독성 및 그 밖의 가스용기) ★

가스의 종류	도색 구분	가스의 종류	도색 구분
액화 석유가스	회색	액화암모니아	백색
수소	주황색	액화염소	갈색
아세틸렌	황색	산소	녹색
액화탄산가스	청색	질소	회색
소방용 용기	소방법에 의한 도색	그 밖의 가스	회색

(3) 고압가스 용기에 의한 운반기준

충전용기는 자전거 또는 오토바이에 적재하여 운반하지 아니할 것. 다만, 차량이 통행하기 곤란한 지역이나 그밖에 시·도지사가 지정하는 경우에는 다음의 기준에 적합한 경우에 한하여 액화석유가스충전용기를 오토바이에 적재하여 운반할 수 있다.

① 넘어질 경우 용기에 손상이 가지 아니하도록 제작된 용기 운반전용적재함이 장착된 것인 경우
② 적재하는 충전용기는 충전량이 20kg 이하이고, 적재수가 2개를 초과하지 아니한 경우

4 유해화학물질 취급 시 주의사항

1) 유해화학물질 취급작업장의 게시사항

관리(허가) 대상 유해물질	① 관리대상(허가대상) 유해물질의 명칭 ② 인체에 미치는 영향 ③ 취급상의 주의사항 ④ 착용하여야 할 보호구 ⑤ 응급조치(처치)와 긴급 방재 요령
금지유해물질	① 금지유해물질의 명칭 ② 인체에 미치는 영향 ③ 위급상황시의 대처방법과 응급처치방법

2) 국소배기장치의 후드 및 닥트 설치 요령 ★

후드	① 유해물질이 발생하는 곳마다 설치할 것 ② 유해인자의 발생형태와 비중, 작업방법 등을 고려하여 당해 분진 등의 발산원을 제어할 수 있는 구조로 설치할 것 ③ 후드형식은 가능하면 포위식 또는 부스식 후드를 설치할 것 ④ 외부식 또는 리시버식 후드는 해당 분진 등의 발산원에 가장 가까운 위치에 설치할 것
덕트	① 가능하면 길이는 짧게 하고 굴곡부의 수는 적게 할 것 ② 접속부의 안쪽은 돌출된 부분이 없도록 할 것 ③ 청소구를 설치하는 등 청소하기 쉬운 구조로 할 것 ④ 덕트내부에 오염물질이 쌓이지 않도록 이송속도를 유지할 것 ⑤ 연결부위 등은 외부공기가 들어오지 않도록 할 것

5 물질안전보건자료(MSDS) ★

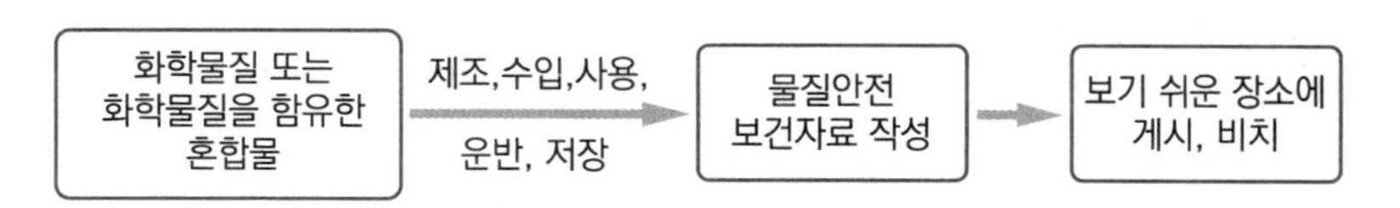

1) 작성내용

① 제품명
② 물질안전보건자료대상물질을 구성하는 화학물질 중 유해인자의 분류기준에 해당하는 화학물질의 명칭 및 함유량
③ 안전 및 보건상의 취급주의 사항
④ 건강 및 환경에 대한 유해성, 물리적 위험성
⑤ 물리·화학적 특성 등 고용노동부령으로 정하는 사항
㉠ 물리·화학적 특성
㉡ 독성에 관한 정보
㉢ 폭발·화재 시의 대처 방법
㉣ 응급조치 요령
㉤ 그 밖에 고용노동부장관이 정하는 사항

예제

다음 중 국소배기시설에서 후드(hood)에 의한 제작 및 설치 요령으로 적절하지 않은 것은?

① 유해물질이 발생하는 곳마다 설치한다.
② 후드의 개구부 면적은 가능한 한 크게 한다.
③ 후드를 가능한 한 발생원에 접근시킨다.
④ 후드(hood) 형식은 가능하면 포위식 또는 부스식후드를 설치한다.

정답 ②

Key point

MSDS 작성 시 포함되어야 할 항목

① 화학제품과 회사에 관한 정보
② 유해성·위험성
③ 구성성분의 명칭 및 함유량
④ 응급조치요령
⑤ 폭발·화재시 대처방법
⑥ 누출사고시 대처방법
⑦ 취급 및 저장방법
⑧ 노출방지 및 개인보호구
⑨ 물리화학적 특성
⑩ 안정성 및 반응성
⑪ 독성에 관한 정보
⑫ 환경에 미치는 영향
⑬ 폐기 시 주의사항
⑭ 운송에 필요한 정보
⑮ 법적규제 현황
⑯ 그 밖의 참고사항(자료의 출처, 작성일자 등)

산업안전보건법상 물질안전보건자료 작성 시 포함되어야 하는 항목이 아닌 것은?

① 화학제품과 회사에 관한 정보
② 제조일자 및 유효기간
③ 운송에 필요한 정보
④ 환경에 미치는 영향

정답 ②

2) 작성요령 및 방법

① 작성 시 인용된 자료 출처 기재 : 신뢰성 확보 방안
② 경고표지 부착
㉠ 물질을 담은 용기 또는 포장에 부착하거나 인쇄
㉡ 경고표지에 포함해야 할 사항

명칭	제품명
그림문자	화학물질의 분류에 따라 유해위험의 내용을 나타내는 그림
신호어	유해위험의 심각성 정도에 따라 표시하는 "위험" 또는 "경고" 문구
유해위험 문구	화학물질의 분류에 따라 유해위험을 알리는 문구
예방조치 문구	화학물질에 노출되거나 부적절한 저장취급 등으로 발생하는 유해위험을 방지하기 위하여 알리는 주요 유의사항
공급자 정보	물질안전보건자료대상물질의 제조자 또는 공급자의 이름 및 전화번호 등

③ 물질안전보건자료에 관한 교육의 시기·내용

시기	㉠ 물질안전보건자료대상물질을 제조·사용·운반 또는 저장하는 작업에 근로자를 배치하게 된 경우 ㉡ 새로운 물질안전보건자료대상물질이 도입된 경우 ㉢ 유해성·위험성 정보가 변경된 경우
내용	㉠ 대상화학물질의 명칭(또는 제품명) ㉡ 물리적 위험성 및 건강 유해성 ㉢ 취급상의 주의사항 ㉣ 적절한 보호구 ㉤ 응급조치 요령 및 사고시 대처방법 ㉥ 물질안전보건자료 및 경고표지를 이해하는 방법

④ 작업공정별 관리요령 게시
㉠ 제품명
㉡ 건강 및 환경에 대한 유해성, 물리적 위험성
㉢ 안전 및 보건상의 취급주의 사항
㉣ 적절한 보호구
㉤ 응급조치 요령 및 사고 시 대처방법
⑤ 물질안전보건자료의 제공
㉠ 대상물질을 양도하거나 제공하는 자는 이를 양도받거나 제공받는 자에게 물질안전보건자료를 제공하여야 한다.(제조하거나 수입한 자는 변경이 필요한 경우 변경된 자료 제공)
㉡ 대상물질을 양도하거나 제공한 자는 변경된 물질안전보건자료를 제공받은 경우 이를 물질안전보건자료대상물질을 양도받거나 제공받은 자에게 제공하여야 한다.
㉢ 동일한 상대방에게 같은 대상물질을 2회 이상 계속하여 양도 또는 제공하는 경우에는 해당 대상물질에 대한 물질안전보건자료의 변경이 없는 한 추가로 물질안전보건자료를 제공하지 않을 수 있다. 다만, 상대방이 물질안전보건자료의 제공을 요청한 경우에는 그렇지 않다.

03 화학물질 취급설비 개념 확인

1 각종장치(고정, 회전 및 안전장치 등) 종류

1) 패킹(packing)과 개스킷(gasket)

목적	화학설비 또는 배관의 덮개 플랜지 등의 접속 부분에서 위험물(가스)누설을 방지하는 목적으로 사용
사용되는 부분	① packing : 운동 부분에 삽입하여 사용 ② gasket : 정지 부분에 삽입하여 사용

2) 밸브의 종류

글로브(globe) 밸브, (스톱밸브)	① 유체의 흐름방향과 평행하게 밸브가 개폐 ② 마찰 저항이 크고 섬세한 유량 조절에 사용
슬루스(sluice)밸브	① 밸브가 유체의 흐름에 직각으로 개폐 ② 마찰저항이 작고 개폐용으로 사용
체크(check)밸브	① 역류방지를 목적으로 사용 ② 스윙형(수직, 수평, 저항이 적다) 리프트형(수평배관)
콕(coke)	90° 회전하면서 가스의 흐름을 조절
볼(ball) 밸브	밸브디스크가 공모양이고 콕과 유사한 밸브
버터플라이 밸브 (butter fly)	밸브 몸통 속에서 밸브대를 축으로 하여 원판모양의 밸브 디스크가 회전하는 밸브
대기밸브 (통기밸브, breather valve)	인화성 물질을 저장한 탱크내의 압력과 대기압 사이에 차가 발생할 경우 대기를 탱크내에 흡입하기도 하고, 탱크내 압력을 밖으로 방출하여 탱크내의 압력을 대기압과 평형한 상태로 유지하게 하는 밸브

3) 펌프 ★

(1) 캐비테이션(공동현상)

정의	물이 관속을 유동하고 있을 때 물속의 어느 부분의 정압이 그때 물의 온도에 해당하는 증기압 이하로 되면서 증기가 발생하는 현상
방지 대책	① 펌프의 설치높이를 낮추어 흡입양정을 짧게 ② 펌프의 임펠러를 수중에 완전히 잠기게 ③ 흡입배관의 관지름을 굵게 하거나 굽힘을 적게 ④ 펌프회전수를 낮추어 속도를 느리게 ⑤ 양 흡입 펌프사용 또는 두 대 이상의 펌프사용 ⑥ 펌프 흡입관의 마찰손실 및 저항을 작게 ⑦ 유효흡입 헤드를 크게

예제

물질의 누출방지용으로써 접합면을 상호 밀착시키기 위하여 사용하는 것은?

① 개스킷
② 체크밸브
③ 플러그
④ 콕크

정답 ①

예제

물이 관 속을 흐를 때 유동하는 물속의 어느 부분의 정압이 그 때의 물의 증기압보다 낮을 경우 물이 증발하여 부분적으로 증기가 발생되어 배관의 부식을 초래하는 경우가 있다. 이러한 현상을 무엇이라 하는가?

① 수격작용(water hammering)
② 공동현상(cavitation)
③ 서어징(surging)
④ 비말동반(entrainment)

정답 ②

(2) 수격현상(워터해머)

정의	펌프에서 물을 압송하고 있을 때 정전 등으로 급히 펌프가 멈추거나 수량조절밸브를 급히 폐쇄할 때 관속의 유속이 급속히 변화하면서 압력의 변화가 생기는 현상.
방지대책	① 유속을 낮게 하며, 관경을 크게 ② Fly wheel을 설치하여 급격한 속도변화 억제 ③ 조압수조를 관선에 설치 ④ 밸브는 펌프 송출구 가까이에 설치하고 적당히 제어

(3) 서어징(맥동현상)

송출압력과 송출유량사이에 주기적인 변동으로 입구와 출구의 진공계, 압력계의 침이 흔들리고 동시에 송출유량이 변화하는 현상

(4) 상사의 법칙

토출량(유량)	$Q' = Q \times \left(\frac{N'}{N}\right)$
양정	$H' = H \times \left(\frac{N'}{N}\right)^2$
동력	$P' = P \times \left(\frac{N'}{N}\right)^3$

4) 안전장치의 종류

(1) 안전밸브 ★

① 화학변화에 의한 에너지 증가 및 물리적 상태 변화에 의한 압력증가를 제어하기 위해 사용하는 안전장치

② 구분

safety valve	스팀, 공기	순간적으로 개방
relief valve	액체	압력증가에 의해 천천히 개방
safety-relief valve	가스, 증기 및 액체	중간정도의 속도로 개방

(2) 파열판 ★★

① 압력용기, 배관, 덕트 등의 밀폐장치가 압력의 과다 또는 진공에 의해 파손될 위험 발생 시 이를 예방하기 위한 안전장치

② 설치방법

㉠ 운전압력, 압력의 변화, 운전온도 등에 의해 크리프 및 피로가 발생하며, 장기간 운전 시 파열 가능성이 있으므로 정기적 교체 필요

㉡ 신뢰성 확보가 곤란할 경우 안전밸브와 병행하거나 두 개의 파열판 장착

파열판 및 안전밸브의 직렬 설치	급성 독성물질이 지속적으로 외부에 유출될 수 있는 화학설비 및 그 부속설비에 직렬로 설치하고 그 사이에는 압력지시계 또는 자동경보장치 설치
파열판과 안전밸브를 병렬로 반응기 상부에 설치	반응폭주 현상이 발생했을 때 반응기내부 과압을 분출하고자 할 경우

예제

송풍기의 상사법칙에 관한 설명으로 옳지 않은 것은?

① 송풍량은 회전수와 비례한다.
② 정압은 회전수의 제곱에 비례한다.
③ 축동력은 회전수의 세제곱에 비례한다.
④ 정압은 임펠러 직경의 네제곱에 비례한다.

정답 ④

예제

산업안전보건법령에 따라 정변위 압축기 등에 대해서 과압에 따른 폭발을 방지하기 위하여 설치하여야 하는 것은?

① 역화방지기
② 안전밸브
③ 감지기
④ 체크밸브

정답 ②

참고	안전밸브와 파열판의 일반적인 비교
안전밸브	① 압력상승의 우려가 있는 경우 ② 반응생성물의 성상에 따라 안전밸브 설치가 적절한 경우 ③ 액체의 열팽창에 의한 압력상승방지를 위한 경우
파열판	① 급격한 압력상승의 우려가 있는 경우 ② 순간적으로 많은 방출이 필요한 경우 ③ 반응생성물의 성상에 따라 안전밸브를 설치하는 것이 부적당한 경우 ㉠ 내부 물질이 액체와 분말의 혼합상태이거나 비교적 점성이 큰물질 ㉡ 중합을 일으키기 쉬운 물질 ㉢ 심한 침전물이나 응착물 등 ④ 적은량의 유체라도 누설이 허용되지 않을 때
안전밸브·파열판병용	① 압력변동이 심하고 부식성이 심한 물질을 취급하거나 저장하는 경우 ② 독성물질을 취급하거나 저장하는 경우

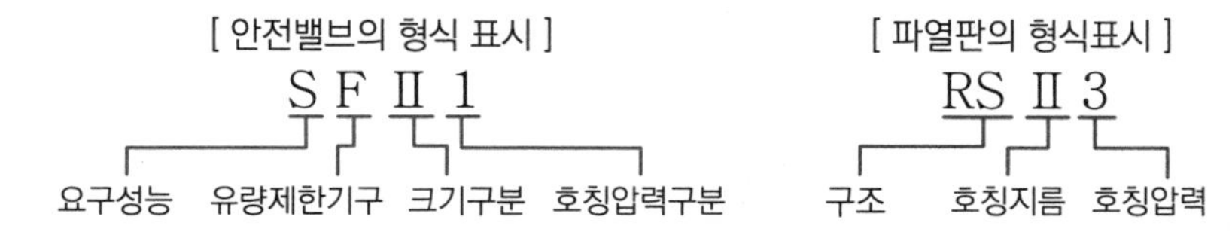

(3) Flame arrester ★★

가연성 증기가 발생하는 유류저장 탱크에서 증기를 방출하거나 외기를 흡입하는 부분에 설치하는 안전장치로서 화염의 차단을 목적으로 하며 40mesh이상의 가는 눈금의 금망이 여러 개 겹쳐져 있다.

(4) Ventstack

① 탱크내의 압력을 정상적인 상태로 유지하기 위한 안전장치
② 상압탱크에서 직사광선으로 온도 상승시 탱크 내 공기를 대기로 방출하여 내압상승 방지
③ 가연성가스나 증기 등을 직접방출 할 경우 그 선단은 지상보다 높고 안전한 장소에 설치

예제

반응기의 이상압력 상승으로부터 반응기를 보호하기 위해 동일한 용량의 파열판과 안전밸브를 설치하고자 한다. 다음 중 반응폭주현상이 일어났을 때 반응기 내부의 과압을 가장 잘 분출할 수 있는 방법은?

① 파열판과 안전밸브를 병렬로 반응기 상부에 설치한다.
② 안전밸브, 파열판의 순서로 반응기 상부에 직렬로 설치한다.
③ 파열판, 안전밸브의 순서로 반응기 상부에 직렬로 설치한다.
④ 반응기 내부의 압력이 낮을 때는 직렬연결이 좋고, 압력이 높을 때는 병렬연결이 좋다.

정답 ①

예제

비교적 저압 또는 상압에서 가연성의 증기를 발생하는 유류를 저장하는 탱크에서 외부에 그 증기를 방출하기도 하고, 탱크 내에 외기를 흡입하기도 하는 부분에 설치하며, 가는 눈금의 금망이 여러개 겹쳐진 구조로 된 안전장치는?

① check valve
② flame arrester
③ ventstack
④ rupture disk

정답 ②

2 화학장치(반응기, 정류탑, 열교환기 등) 특성

1) 반응기

(1) 조작방식에 의한 분류 ★★

회분식(batch) 균일상 반응기	여러 물질을 반응하는 교반을 통하여 새로운 생성물을 회수하는 방식으로 1회로 조작이 완성되는 반응기(소량 다품종 생산에 적합)
반회분식(semi-batch) 반응기	① 반응물질의 1회 성분을 넣은 다음, 다른 성분을 연속적으로 보내 반응을 진행한 후 내용물을 취하는 형식 ② 처음부터 반응성분을 전부 넣어서, 반응에 의한 생성물 한 가지를 연속적으로 빼내면서 종료 후 내용물을 취하는 형식
연속식(continuous) 반응기	원료액체를 연속적으로 투입하면서 다른 쪽에서 반응 생성물인 액체를 취하는 형식(농도·온도·압력의 시간적인 변화는 없다)

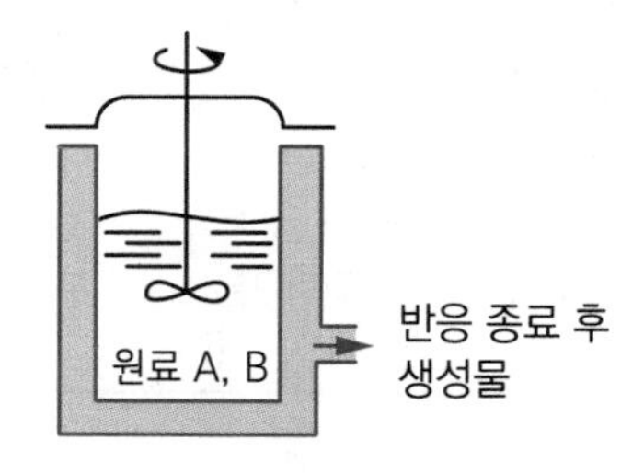

▲ 회분식 반응기

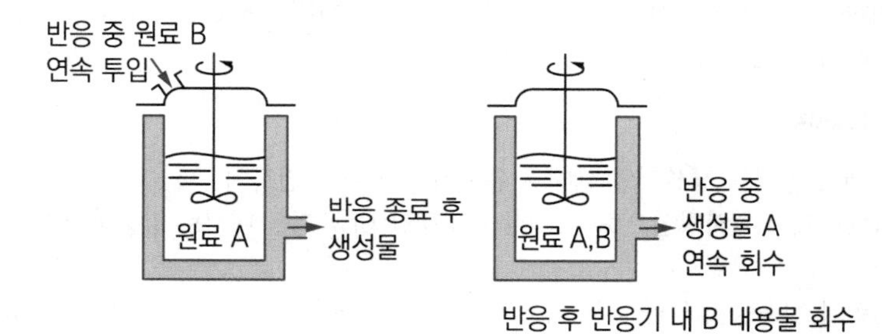

▲ 반회분식 반응기

(2) 구조방식에 의한 분류 ★

관형 반응기 (tubular reactor, plug flow)	반응기의 한쪽으로 원료를 연속적으로 보내어 반응을 진행시키면서 다른 쪽에서 생성물을 연속적으로 취하는 형식(대규모 생산에 사용)
탑형반응기 (tower type reactor)	직립 원통형으로 탑의 위나 아래쪽에서 원료를 보내고 다른 쪽에서 생성물을 연속적으로 취하는 형식(불완전 혼합류에서 사용)
교반조형 반응기 (stirred reactor)	교반기를 부착한 것으로 회분식, 반회분식, 연속식이 있으며 반응물 및 생성물의 농도가 일정하며, 단점으로는 반응물 일부가 그대로 유출

예제

다음 중 반응기의 구조 방식에 의한 분류에 해당하는 것은?

① 유동층형 반응기
② 연속식 반응기
③ 반회분식 반응기
④ 회분식 균일상반응기

정답 ①

2) 증류탑

(1) 증류탑의 정의

증기압이 다른 액체 혼합물에서 끓는점 차이와 기액 접촉에 의해 특정성분을 분리해내는 장치

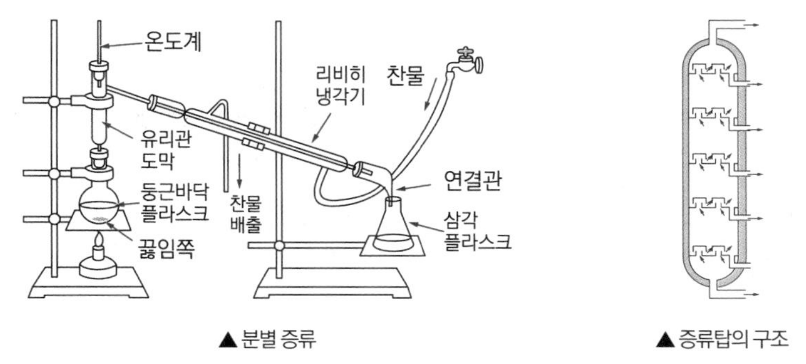

▲ 분별 증류 ▲ 증류탑의 구조

(2) 증류탑의 종류

충전탑	① 고체의 충전물을 탑 내에 충전하고 증기와 액체와의 접촉면적을 크게 하는 것 ② 탑 지름이 작은 증류 탑이나 부식성이 심한 물질의 증류에 사용 ③ 충전물의 종류 : 가장 일반적으로 사용되는 라시히링(Raschig ring)은 직경 1/2~3(inch). 높이 1~1/2(inch)정도의 원통형으로 카본제, 철제 등이 있다.
단탑	① 특정한 구조로된 수개 또는 수십개의 단으로 세워져 있음 ② 각각의 단을 단위로 하여 증기와 액체가 접촉하도록 된 구조
포종탑	① 포종이 단상에 다수 배열되어 증기는 상승하여 포종의 내측에서 하향되고 포종내의 액면을 slot높이 이하로 눌러서 slot에서 분출하여 기액이 혼합 ② 액체는 상단에서 강하관으로 흘러들어 하단에서 유출 ③ 액체가 강하관에 유입하는 곳에 넘쳐흐르는 둑이 설치되어 선반 위에는 이 높이 이상에 액체가 체류
다공판 탑	작은 구멍을 여러개 뚫은 선반으로 포종을 작은 구멍으로 대치한 것으로 강하관이나 넘쳐흐르는 둑은 같은 구조로 구성.
닛플트레이 (nipple tray)	① 다공판을 좌형으로 하여 1단 마다 방향을 변화시켜 탑내에 매단 것 ② 다공판탑과 차이점은 강하관이 없고 구부러진 사이에서 액체가 강하하고 탑의 전면에서 증기가 상승

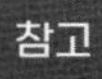
참고

1. 증류탑
① 공장에서 대량의 액체 화합물을 분리하는 데 사용하며, 내부의 칸막이에서 여러 번 분별 증류가 일어나도록 설계되어 있다.
② 끓는점이 낮은 물질이 위쪽에서 분리되고 끓는점이 높은 물질이 아래쪽에서 분리된다.

2. 분별증류
① 서로 잘 섞이는 두 가지 이상의 액체가 섞여 있는 혼합물을 각 성분 물질로 분리하는 방법
② 혼합물을 가열하면 끓는점이 낮은 액체가 먼저 분리되어 나오고, 끓는점이 높은 액체는 나중에 분리되어 나온다.
③ 성분 물질의 끓는점 차이가 클수록 분리하기 쉽다.

예제

다음 중 증류탑의 원리로 거리가 먼 것은?

① 끓는점(휘발성) 차이를 이용하여 목적 성분을 분리한다.
② 열이동은 도모하지만 물질이동은 관계하지 않는다.
③ 기-액 두 상의 접촉이 충분히 일어날 수 있는 접촉 면적이 필요하다.
④ 여러 개의 단을 사용하는 다단탑이 사용될 수 있다.

정답 ②

수분을 함유하는 에탄올에서 순수한 에탄올을 얻기 위해 벤젠과 같은 물질을 첨가하여 수분을 제거하는 증류 방법은?

① 공비증류
② 추출증류
③ 가압증류
④ 감압증류기

정답 ①

예제

열교환기의 열교환 능률을 향상시키기 위한 방법으로 거리가 먼 것은?

① 유체의 유속을 적절하게 조절한다.
② 유체의 흐르는 방향을 병류로 한다.
③ 열교환기 입구와 출구의 온도차를 크게 한다.
④ 열전도율이 좋은 재료를 사용한다.

정답 ②

(3) 특수한 증류방법 ★

감압증류 (진공증류)	상압하에서 끓는점까지 가열 할 경우 분해 할 우려가 있는 물질의 증류를 감압하여 물질의 끓는점을 내려서 증류하는 방법
추출증류	① 분리하여야 하는 물질의 끓는점이 비슷한 경우 ② 용매를 사용하여 혼합물로부터 어떤 성분을 뽑아냄으로 특정 성분을 분리
공비증류	① 일반적인 증류로 순수한 성분을 분리시킬 수 없는 혼합물의 경우 ② 제3의 성분을 첨가하여 별개의 공비 혼합물을 만들어 끓는점이 원용액의 끓는 점보다 충분히 낮아지도록 하여 증류함으로 증류잔류물이 순수한 성분이 되게 하는 증류 방법
수증기증류	물에 용해되지 않는 휘발성 액체에 수증기를 직접 불어넣어 가열하면 액체는 원래의 끓는점보다 낮은 온도에서 유출

3) 열교환기 ★

(1) 정의

① 고온의 유체와 저온의 유체와의 사이에서 열을 이동시키는 장치.
② 보유한 열에너지가 서로 다른 두 유체가 경계면 사이를 흐르면서 두 유체사이에서 열에너지를 교환하는 장치

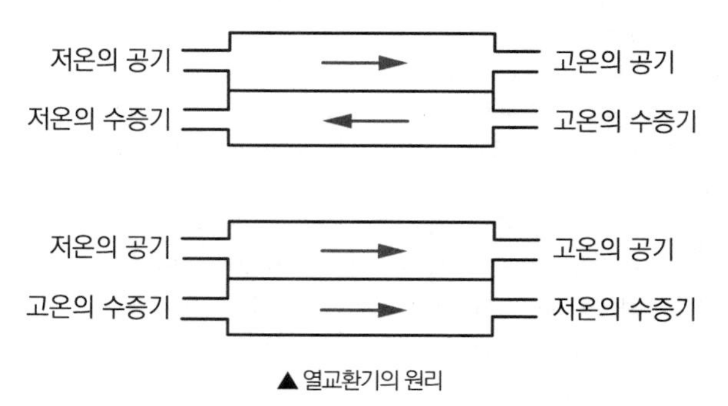

▲ 열교환기의 원리

(2) 열 교환기의 종류

① 사용 목적에 의한 분류

열 교환기	폐열의 회수를 목적으로 하는 경우
냉각기	고온측 유체의 냉각을 목적으로 하는 경우
가열기	저온측 유체의 가열을 목적으로 하는 경우
응축기	증기의 응축을 목적으로 하는 경우
증발기	저온측 유체의 증발을 목적으로 하는 경우

② 구조에 의한 분류
㉠ 다관식 열 교환기
㉡ 이중관식 열 교환기
㉢ coil식 열 교환기

(3) 열 교환기의 보수

일상점검 항목	① 보온재 및 보냉재의 파손상황 ② 도장의 노후 상황 ③ 플랜지부나 용접부에서의 누출여부 ④ 기초볼트의 체결 상태
정기적 개방점검 항목	① 부식 및 고분자 등 생성물, 부착물에 의한 오염 상황 ② 부식의 형태, 정도, 범위 ③ 누출의 원인이 되는 비율, 결점 ④ 칠의 두께 감소 정도 ⑤ 용접선의 상황 ⑥ Lining 또는 코팅의 상태

3 화학설비(건조설비 등)의 취급시 주의사항

1) 건조설비의 구조

구조부분	몸체(철골부, 보온판, shell부 등), 내부구조, 내부에 있는 구동장치 등
가열장치	열원장치, 순환용 송풍기 등
부속설비	환기장치, 온도조절장치, 안전장치, 소화장치, 전기설비 등

(1) 위험물 건조설비를 설치하는 건축물의 구조 ★★★

다음에 해당하는 위험물 건조설비 중 건조실을 설치하는 건축물의 구조는 독립된 단층건물로 하여야 한다.(다만, 건조실을 건축물의 최상층에 설치하거나 건축물이 내화구조인 경우에는 그러하지 아니하다.)

① 위험물 또는 위험물이 발생하는 물질을 가열·건조하는 경우 내용적이 $1m^3$ 이상인 건조설비
② 위험물이 아닌 물질을 가열·건조하는 경우로서 다음에 해당하는 건조설비
  ㉠ 고체 또는 액체연료의 최대사용량이 시간당 10kg 이상
  ㉡ 기체연료의 최대사용량이 시간당 $1m^3$ 이상
  ㉢ 전기사용 정격용량이 10kW 이상

(2) 건조설비의 구조 ★

① 건조설비의 바깥면은 불연성 재료로 만들 것
② 건조설비의 내면과 내부의 선반이나 틀은 불연성 재료로 만들 것
③ 위험물 건조설비의 측벽이나 바닥은 견고한 구조로 할 것
④ 위험물 건조설비는 그 상부를 가벼운 재료로 만들고 주위상황을 고려하여 폭발구를 설치할 것
⑤ 위험물 건조설비는 건조하는 경우에 발생하는 가스·증기 또는 분진을 안전한 장소로 배출시킬 수 있는 구조로 할 것
⑥ 액체연료 또는 인화성가스를 열원의 연료로 사용하는 건조설비는 점화하는 경우에는 폭발이나 화재를 예방하기 위하여 연소실이나 그 밖에 점화하는 부분을 환기시킬 수 있는 구조로 할 것
⑦ 건조설비의 내부는 청소하기 쉬운 구조로 할 것

PART 04

예제

산업안전보건법령에 따라 위험물 건조설비 중 건조실을 설치하는 건축물의 구조를 독립된 단층 건물로 하여야 하는 건조설비가 아닌 것은?

① 위험물 또는 위험물이 발생하는 물질을 가열·건조하는 경우 내용적이 $2m^3$인 건조설비
② 위험물이 아닌 물질을 가열·건조하는 경우 액체연료의 최대사용량이 5kg/h 인 건조설비
③ 위험물이 아닌 물질을 가열·건조하는 경우 기체연료의 최대사용량이 $2m^3/h$ 인 건조설비
④ 위험물이 아닌 물질을 가열·건조하는 경우 전기사용 정격용량이 20kW 인 건조설비

정답 ②

예제

다음 중 산업안전보건법상 건조설비의 구조에 관한 설명으로 틀린 것은?

① 건조설비의 바깥 면은 불연성 재료로 만들 것
② 건조설비의 내부는 청소하기 쉬운 구조로 할 것
③ 건조설비는 내부의 온도가 부분적으로 상승하지 아니하는 구조로 설치할 것
④ 위험물 건조설비의 열원으로서 직화를 사용할 것

정답 ④

예제

건조설비를 사용하여 작업을 하는 경우에 폭발이나 화재를 예방하기 위하여 준수하여야 하는 사항으로 틀린 것은?

① 위험물 건조설비를 사용하는 경우에는 미리 내부를 청소하거나 환기할 것
② 위험물 건조설비를 사용하여 가열건조하는 건조물은 쉽게 이탈되도록 할 것
③ 고온으로 가열 건조한 인화성 액체는 발화의 위험이 없는 온도로 냉각한 후에 격납시킬 것
④ 바깥 면이 현저히 고온이 되는 건조설비에 가까운 장소에는 인화성 액체를 두지 않도록 할 것

정답 ②

⑧ 건조설비의 감시창·출입구 및 배기구 등과 같은 개구부는 발화시에 불이 다른 곳으로 번지지 아니하는 위치에 설치하고 필요한 경우에는 즉시 밀폐할 수 있는 구조로 할 것
⑨ 건조설비는 내부의 온도가 부분적으로 상승하지 아니하는 구조로 설치할 것
⑩ 위험물 건조설비의 열원으로서 직화를 사용하지 아니할 것
⑪ 위험물 건조설비가 아닌 건조설비의 열원으로서 직화를 사용하는 경우에는 불꽃 등에 의한 화재를 예방하기 위하여 덮개를 설치하거나 격벽을 설치할 것

2) 건조설비 취급 시 주의사항

(1) 건조 설비의 부속 전기 설비

① 당해 건조 설비 전용의 것으로 사용
② 전기 불꽃 등으로 점화원 우려가 있는 전기기계기구 또는 배선 설치금지

(2) 위험물 건조설비 사용 시 준수사항 ★★★

① 위험물 건조설비를 사용하는 경우에는 미리 내부를 청소하거나 환기할 것
② 위험물 건조설비를 사용하는 경우에는 건조로 인하여 발생하는 가스·증기 또는 분진에 의하여 폭발·화재의 위험이 있는 물질을 안전한 장소로 배출시킬 것
③ 위험물 건조설비를 사용하여 가열건조하는 건조물은 쉽게 이탈되지 않도록 할 것
④ 고온으로 가열건조한 인화성 액체는 발화의 위험이 없는 온도로 냉각한 후에 격납시킬 것
⑤ 건조설비에 가까운 장소에는 인화성 액체를 두지 않도록 할 것

보충강의

1) 화학설비의 종류

가. 반응기·혼합조 등 화학물질 반응 또는 혼합장치
나. 증류탑·흡수탑·추출탑·감압탑 등 화학물질 분리장치
다. 저장탱크·계량탱크·호퍼·사일로 등 화학물질 저장설비 또는 계량설비
라. 응축기·냉축기·가열기·증발기 등 열교환기류
마. 고로등 점화기를 직접 사용하는 열교환기류
바. 캘린더·혼합기·발포기·인쇄기·압출기 등 화학제품 가공설비
사. 분쇄기·분체분리기·용융기 등 분체화학물질 분리장치
아. 결정조·유동탑·탈습기·건조기 등 분체화학물질 분리장치
자. 펌프류·압축기·이젝터 등의 화학물질 이송 또는 압축설비

2) 화학설비의 부속설비

가. 배관·밸브·관·부속류 등 화학물질 이송관련 설비
나. 온도·압력·유량 등을 지시·기록 등을 하는 자동제어 관련설비
다. 안전밸브·안전판·긴급차단 또는 방출밸브 등 비상조치 관련설비
라. 가스누출감지 및 경보관련 설비
마. 세정기·응축기·벤트스택·플레어스택 등 폐가스처리설비
바. 사이클론·백필터·전기집진기 등 분진처리 설비
사. 가목부터 바목까지의 설비를 운전하기 위하여 부속된 전기관련설비
아. 정전기 제거장치, 긴급 샤워설비 등 안전관련 설비

4 전기설비(계측설비 포함)

1) 화학설비에서의 정전기

대전 크기 결정인자	① 물질의 종류 및 불순물 혼입 ② 접촉면적 및 접촉압력 ③ 분리속도 ④ 입자크기 및 표면의 거칠기 ⑤ 상대습도 ⑥ 기타
정전기로 인한 영향	① 화재 및 폭발 ② 생산성 및 품질저하 ③ 전기적 충격

2) 최소점화 에너지

(1) 최소점화에너지는 일반적으로 온도가 높을수록, 압력이 높을수록, 입자가 작을수록 그리고 수분이 적을수록 최소점화에너지는 작아진다.

(2) 최소점화에너지 영향인자

① 입자크기와 형상 ② 농도 ③ 온도 ④ 압력 ⑤ 수분농도 및 주변환경

3) 정전기 관리방법

접 지	접지와 본딩은 정전기 완화를 위한 기본적인 방법
습도조절	습도가 증가하면 부도체의 표면 전기저항이 낮아진다(상대습도 65% 이상 유지)
불활성 가스	불활성가스를 주입하여 산소와의 접촉 차단
유체의 속도제어	인화성액체를 탱크 등에 초기에 주입하는 경우 1m/s이하
계측·제어에 의한 방법	공정내의 정전기를 연속적으로 계측·제어하거나 휴대용 측정기를 사용하여 지속적인 모니터링

4) 계측장치의 설치 ★★

목적	화학설비의 안전한 작업을 위해 온도, 압력, 유량 등의 화학설비 내부에 관한 자료 또는 정보를 정확히 파악하는 것
설치대상 특수화학설비	① 발열반응이 일어나는 반응장치 ② 증류·정류·증발·추출 등 분리를 하는 장치 ③ 가열시켜 주는 물질의 온도가 가열되는 위험물질의 분해온도 또는 발화점보다 높은 상태에서 운전되는 설비 ④ 반응폭주 등 이상 화학반응에 의하여 위험물질이 발생할 우려가 있는 설비 ⑤ 온도가 350℃ 이상이거나 게이지압력이 980kPa 이상인 상태에서 운전되는 설비 ⑥ 가열로 또는 가열기

PART 04

예제

산업안전보건법에서 정한 위험물질을 기준량 이상 제조하거나 취급하는 화학설비로서 내부의 이상상태를 조기에 파악하기 위하여 필요한 온도계·유량계·압력계 등의 계측장치를 설치하여야 하는 대상이 아닌 것은?

① 가열로 또는 가열기
② 증류·정류·증발·추출 등 분리를 하는 장치
③ 반응폭주 등 이상 화학반응에 의하여 위험물질이 발생할 우려가 있는 설비
④ 흡열반응이 일어나는 반응장치

정답 ④

CHAPTER 08

화공안전 비상조치 계획 · 대응

01 비상조치 계획 및 평가

1 비상조치 계획

1) 비상조치계획의 검토

(1) 비상조치계획을 검토해야 하는 경우
① 처음 비상조치계획 수립 시
② 각 비상조치요원의 임무가 변경된 경우
③ 비상조치계획 자체가 변경된 경우
(2) 근로자 및 근로자 대표의 의견을 청취하여 자발적인 참여가 이루어지도록 함
(3) 비상사태의 종류 및 전개에 따라 신속한 결정과 조치가 가능한지 검토

2) 운전정지 절차

운전정지 절차의 수립	공정별로 비상사태시의 정지순서 등을 포함한 비상운전정지 절차를 작성하여 각 생산공정단위별로 비치
비상운전 절차 연습	비상운전 절차에 대한 연습을 월 1회 이상 시행
숙지 및 훈련	새로운 원료의 도입이나 장치 및 설비의 변경, 공정의 변경 또는 운전절차의 변경시에는 반드시 작업자들에게 숙지시키고 비상운전정지 등 적절한 훈련 실시

2 비상대응 교육 훈련

비상훈련의 실시	비상 및 재난대책은 비상운전 절차에서부터 피난, 소방계획에 이르기까지 전반적인 비상훈련을 월 1회 이상 각급 교대조 및 생산공정 단위로 실시(행동요령 숙지)
비상훈련 평가	① 평가회를 실시하고 그 결과를 기록으로 비치 ② 문제점 보완 및 계획을 수정하여 현실적으로 적합한 계획 수립 실행
합동훈련 및 지원체제 확립	정부관계자의 참관에 의한 감사 훈련 및 소방지원단 합동훈련을 분기별 1회 실시하고 그 기록을 유지 보관

3 자체 매뉴얼 개발

1) 비상사태의 구분

조업상의 비상사태	① 중대한 화재사고가 발생한 경우 ② 중대한 폭발사고가 발생한 경우 ③ 독성화학물질의 누출사고 또는 환경오염 사고가 발생한 경우 ④ 인근지역의 비상사태 영향이 사업장으로 파급될 우려가 있는 경우
자연재해	태풍, 폭우 및 지진 등 천재지변이 발생한 경우

2) 비상대피 계획

비상대피 계획의 목적은 비상사태의 통제와 억제에 있으며 비상사태의 발생은 물론 비상사태의 확대 전파를 저지하고 이로 인한 인명피해 최소화

3) 비상사태의 발령

비상사태 발생 신고 및 신고사항	비상경보 발신기의 작동이나 통신망 이용 → 조정실 또는 방재센터로 신고	① 비상사태 발생지역 ② 비상사태의 내용 ③ 신고자의 소속과 성명
비상사태의 발신 및 방송내용	조정실(방재센터) → 비상방송 및 경보 취명 → 비상통제 조직에 의한 필요한 조치 지시	① 비상사태의 종류 ② 비상사태 발생 장소 ③ 비상출동 소방대 동원사항 ④ 방송자의 소속과 성명

4) 비상경보체계

경보시설의 설치	① 설비규모에 따라 적절한 수의 경보시설 확보 ② 소음수준이 높은 곳에서는 시각적 경보시설 고려 ③ 각종 비상경보는 주 1회 작동 테스트
비상경보의 종류	① 경계경보 : 비상사이렌으로 3분간 장음으로 취명 ② 가스누출경보 : 고·저음의 파상음을 연속적으로 취명 ③ 대피경보 : 단음으로 연속 취명되며 비상사태 종료 시까지 계속 취명 ④ 화재경보 : 5초 간격 중단음으로 계속 취명 ⑤ 해제경보 : 1분간 장음으로 취명

CHAPTER 09

화공 안전운전 · 점검

01 공정안전 기술

1 공정안전의 개요

1) 공정안전보고서의 개요 및 포함사항

개요	① 유해하거나 위험한 설비가 있는 경우 그 설비로부터의 위험물질 누출, 화재 및 폭발 등으로 인하여 사업장 내의 근로자에게 즉시 피해를 주거나 사업장 인근 지역에 피해를 줄 수 있는 사고를 예방하기 위하여 작성하고 고용노동부장관에게 제출하여 심사를 받아야 한다. ② 공정안전보고서의 내용이 중대산업사고를 예방하기 위하여 적합하다고 통보받기 전에는 관련된 유해하거나 위험한 설비를 가동해서는 아니 된다.
포함사항	① 공정안전자료 ② 공정위험성 평가서 ③ 안전운전계획 ④ 비상조치계획

2) 화학설비의 안전성평가 ★★★

단계		평가항목
1	관계자료의 작성준비	① 입지조건 ② 화학설비 배치도 ③ 건조물의 평면도와 단면도 및 입면도 ④ 원재료, 중간체, 제품등의 물리적, 화학적 성질 및 인체에 미치는 영향 ⑤ 제조공정 개요 ⑥ 공정 계통도 등
2	정성적평가	① 설계관계 : 입지조건, 공장내의 배치, 건조물, 소방용 설비 등 ② 운전관계 : 원재료, 중간제품 등의 위험성, 프로세스의 운전조건 수송, 저장 등에 대한 안전대책, 프로세스기기의 선정요건
3	정량적평가	항목: ① 각 구성요소의 물질 ② 화학설비의 용량 ③ 온도 ④ 압력 ⑤ 조작 평점: A(10점), B(5점), C(2점), D(0점) 등급 구분: 위험등급 / I등급 / II등급 / III등급 — 점수 / 16점 이상 / 11~15점 / 0~10점
4	안전대책	① 평가의 결과에 따라 I등급에서 III등급으로 구분 ② 설비에 대한 대책 : 필요 최소한의 것이 법규에서 규제되고 있으므로 이것을 종합적으로 취합해서 대책으로 하고 있으나 플랜트의 특성 등을 감안하여 필요한 대책 강구 ③ 관리적인 대책 ㉮ 적정한 인원배치와 교육훈련이 중요한 과제 ㉯ 교육의 효과 : 즉흥성이 있는 반면 연속성이 결여(새로운 교육방법 채택, 반복 교육)
5	재해정보로부터의 재평가	안전대책강구 후 그 설계에 동종 플랜트 또는 동종장치에서 파악한 재해정보를 적용시켜 재평가(재해사례의 상호교환)
6	FTA에 의한 재평가	① 위험도의 등급이I에 해당하는 플랜트에 대해 FTA에 의한 재평가 실시 ② 개선할 부분 발견시 설계내용에다 필요한 수정

예제

다음 중 안전성 평가의 기본원칙 6단계에 해당되지 않는 것은?

① 정성적 평가
② 관계 자료의 정비검토
③ 안전대책
④ 작업 조건의 평가

정답 ④

예제

화학설비에 대한 안전성 평가 시 '정량적 평가'의 5가지 항목에 해당하지 않는 것은?

① 전원
② 취급물질
③ 온도
④ 화학설비용량

정답 ①

2 각종장치(제어장치, 송풍기, 압축기, 배관 및 피팅류)

1) 제어장치

(1) 자동제어 System

① Feed back 제어계

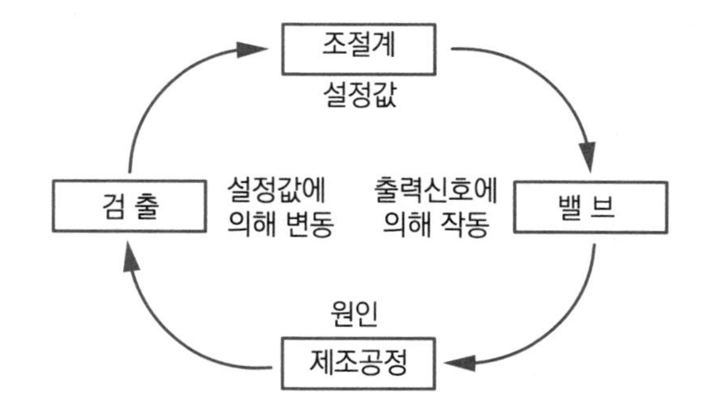

② 용어 설명

검출부	온도, 압력, 유량 등의 공정을 계기로 검출 한 것을 공기압, 전기 등으로 전환하여 신호를 조절부로 전하는 부분
조절부	검출부에서 전해온 신호를 설정값으로 적절하게 조절하여, 이것을 조절용 밸브에 전달하는 부분
조작부	조절부의 신호에 의해 개폐동작을 하는 control valve

(2) 제어 동작

위치동작 (On-off control)	2위치동작과 다위치 동작이 있으며, 2위치동작은 단계적인 2종의 조작기호를 보내는 동작을 말하고, 다위치 동작은 단계적인 다종의 조작기호를 보내는 동작을 말한다.
비례동작 (Proportional control)	설정값에서 벗어남에 비례된 조작신호를 보내는 동작으로 비례대를 좁게하면 같은 벗어남이라도 조작신호 변화가 크게 되고 밸브의 개도는 민감하게 된다.
적분 동작(리셋트) (Integral control)	비례동작만으로는 오프-셋(offset)이라 하는 현상을 일으키고, 제어값이 목표값에 완전히 일치하지 않으므로 이것을 일치시키기 위해 설정값에서의 벗어남이 생기면, 이 벗어남에 비례된 속도로서 조작신호가 변화하는 동작을 말한다. 여기서 리셋트 시간을 짧게하면 같은 벗어남이라도 밸브의 개도 변화가 빠르게 된다.
미분 동작 (differential control)	설정값에서 검출값이 벗어나는 속도(100℃에 설정되어 있을 때는 2분간에 95℃로 내려가면 5℃÷2분=2.5℃/분)에 비례된 조작신호를 보내는 동작으로 이 시간을 길게하면 설정값에서의 벗어나는 속도가 같아도 밸브개도의 변화는 크게 된다.

예제

일반적인 자동 제어 시스템의 작동 순서를 바르게 나열한 것은?

① 검출 → 조절계 → 공정상황 → 밸브
② 공정상황 → 검출 → 조절계 → 밸브
③ 조절계 → 공정상황 → 검출 → 밸브
④ 밸브 → 조절계 → 공정상황 → 검출

정답 ②

2) 송풍기

(1) 정의

공기 또는 기체를 수송하는 장치로서 토출 압력이 1(kg/cm²) 이하의 저압 공기를 다량으로 요구하는 경우에 송풍기가 사용된다.

(2) 송풍기의 종류

① 송풍기의 분류 ★

구분	터보형(회전형)	용적형
개념	기계적 에너지를 회전에 의하여 기체의 압력과 속도에너지로 변환	일정 용적의 실린더 내에 기체를 흡입한 후 흡입구를 닫아서 기체의 용적을 줄임으로 승압
종류	원심식(다익, 레이디얼 등), 축류식	회전식(루우츠)

② 회전식 송풍기
1개 또는 여러 개의 특수피스톤을 Casing내에 설치하여 이것을 회전시킬 때 Casing과 피스톤 사이의 체적이 감소해서 기체를 압축하는 방식

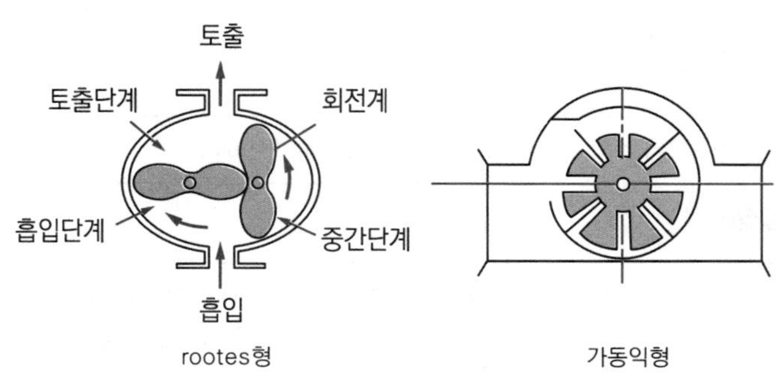

▲ 회전식 송풍기의 작동

③ 원심식 송풍기
케이싱 내의 임펠러가 회전하면 기체가 원심력의 작용에 의해 임펠러의 중심부에서 흡입되어 외부에 토출되고 그때 압력과 속도에너지를 얻게 되는 방식

3) 압축기

(1) 정의

토출 압력이 1(kg/cm²) 이상의 공기 또는 기체를 수송하는 장치로서 기체의 온도가 압축에 의해 상승하므로 냉각을 고려할 필요가 있다.

(2) 압축기의 종류 ★

구분	용 적 형	터 보 형
정의	일정한 용적의 실린더내에 기체를 흡입하고, 흡입구를 닫아 기체 용적을 줄여서 압력을 높이고 토출구로 압출	기계적인 에너지를 회전에 의해 기체의 압력과 속도에너지로 전환하여 압력을 높이는 방식
종류	회전식, 왕복식, 다이어프램형	원심식, 축류식

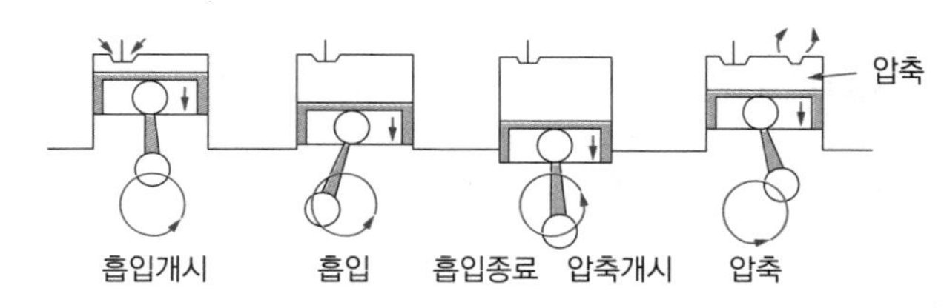

▲ 왕복동압축기

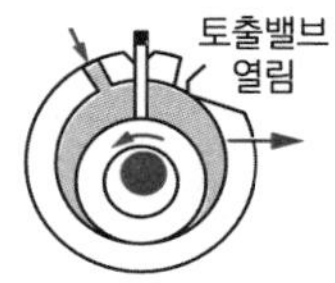

토출 종료, 흡입 종료 압축 개시, 흡입 개시 토출 개시, 흡입 중 토출 중, 흡입 중

▲ 회전압축기(고정날개형)

4) 배관 및 피팅류

(1) 배관의 종류

① 강관의 종류

배관용 탄소 강관	SPP	수도용 아연 도금 강관	SPPW
압력배관용 탄소 강관	SPPS	배관용 합금 강관	SPA
고압배관용 탄소 강관	SPPH	저온 배관용 강관	SPLT
배관용 스텐레스 강관	STS	고온 배관용 탄소강관	SPHT

② 스케쥴 번호 (Sch No)
관의 두께를 나타내는 번호로 숫자가 클수록 두껍고 내압 성능이 우수하다.

$$SchNo = 10 \times P/S$$

여기서, P : 사용압력(kg/cm²)
S : 허용응력(kg/mm²)

예제

다음 중 관로의 방향을 변경하는 데 가장 적합한 것은?

① 소켓
② 엘보우
③ 유니온
④ 플러그

정답 ②

(2) 배관이음

나사 이음	관의 직경이 5cm 이하일 경우 나사이음을 하고 5cm이상일 경우 플랜지를 사용하거나 용접이음을 한다.
플랜지 이음	기밀을 유지하도록 특별히 가공된 면을 가진 2개의 플랜지와 가스켓 및 볼트, 너트를 사용하여 접합한 것
용접 이음	용접, 납땜 등에 의해 접합하는 것으로 독성가스의 배관이나 시료가스 채취용 배관에 사용한다.

(3) 피팅류(Fittings) ★

두 개의 관을 연결할 때	플랜지(flange), 유니온(union), 카플링(coupling), 니플(nipple), 소켓(socket)
관로의 방향을 바꿀 때	엘보우(elbow), Y지관(Y-branch), 티(tee), 십자(cross)
관로의 크기를 바꿀 때	축소관(reducer), 부싱(bushing)
가지관을 설치할 때	티(T), Y지관(Y-branch), 십자(cross)
유로를 차단할 때	플러그(plug), 캡(cap), 밸브(valve)
유량 조절	밸브(valve)

명칭	형	명칭	형
Socket		Nipple	
Elbow		Plug	
Tee		Bushing	
Cross		Union	
Cap			

(4) 배관 설계 시 배관의 특성을 결정하는 요인

설계압력과 온도가 가장 중요한 요소이며, 이것은 정상운전 상태에서의 (1) 압력 (2) 온도 (3) 유량에 의해 결정된다.

3 안전장치의 종류

1) 각종 차단 및 경보장치 ★★

(1) 자동 경보 장치

① 미리 설정된 운전조건의 범위를 벗어날 경우 계기류의 검출단에서 신호를 받아 경보기를 울리거나 램프를 점멸하는 기능을 갖춘 장치
② 운전자의 주의를 환기시키고, 필요한 제어장치를 조작하도록 도와주는 역할

(2) 긴급 차단 장치

대형의 반응기, 탱크 등에서 원료의 누출 등으로, 화재 등의 이상사태가 발생한 경우 그 피해 확대를 방지하기 위해 기기에서의 원재료 출입을 긴급히 차단시키는 안전장치

(3) 긴급 방출 장치

① 반응기, 탑, 탱크 등에 누설, 화재 등의 이상사태 발생 시 피해 확대를 방지하기 위해 내용물을 외부로 신속하게 방출하여 안전을 유지하기 위한 안전장치
② 종류
㉠ Flarestack 계 : 고 휘발성 액체의 증기 또는 가스를 연소하여 대기중으로 방출하는 방식
㉡ Blow-down 계 : 응축성 증기, 열액 등의 공정 액체를 빼내서 안전하게 보전 또는 처리하기 위한 장치

(4) Steam trap

증기 배관 내에 발생하는 응축수는 송기상 지상을 주므로 제거할 필요가 있다. Steam trap는 증기가 빠져나가지 않도록 응축수를 자동으로 배출하기 위한 장치

2) 설비의 안전설계(안전밸브 등)

(1) 안전밸브, 파열판 설치대상 설비(최고사용압력 이전에 작동되도록 설정) ★★★

① 압력용기(안지름이 150mm 이하인 압력용기는 제외, 관형 열교환기는 관의 파열로 인하여 상승한 압력이 압력용기의 최고사용압력을 초과할 우려가 있는 경우)
② 정변위 압축기
③ 정변위 펌프(토출측에 차단밸브가 설치된 것)
④ 배관(2개 이상의 밸브에 의하여 차단되어 대기온도에서 액체의 열팽창에 의하여 파열될것이 우려되는 것)
⑤ 그 밖의 화학설비 및 그 부속설비로서 해당 설비의 최고사용압력을 초과할 우려가 있는 것

(2) 설치대상 설비 중 파열판을 설치해야 하는 경우 ★★★

① 반응폭주등 급격한 압력상승의 우려가 있는 경우
② 급성 독성물질의 누출로 인하여 주위의 작업환경을 오염시킬 우려가 있는 경우
③ 운전중 안전밸브에 이상 물질이 누적되어 안전밸브가 작동되지 아니할 우려가 있는 경우

(3) 차단밸브 설치금지 ★

① 안전 밸브 등의 전단·후단에는 차단밸브 설치 금지
② 다음의 경우 자물쇠형 또는 이에 준하는 형식의 차단밸브 설치
  ㉠ 인접한 화학설비 및 그 부속설비에 안전밸브등이 각각 설치되어 있고 해당 화학설비 및 그 부속설비의 연결배관에 차단밸브가 없는 경우
  ㉡ 안전밸브 등의 배출용량의 2분의 1 이상에 해당하는 용량의 자동압력조절밸브와 안전밸브 등이 병렬로 연결된 경우
  ㉢ 화학설비 및 그 부속설비에 안전밸브 등이 복수방식으로 설치되어 있는 경우
  ㉣ 예비용설비를 설치하고 각각의 설비에 안전밸브 등이 설치되어 있는 경우
  ㉤ 열팽창에 의하여 상승된 압력을 낮추기 위한 목적으로 안전밸브가 설치된 경우
  ㉥ 하나의 플레어스택(flare stack)에 둘 이상의 단위공정의 플레어헤더(flare header)를 연결하여 사용하는 경우로서 각각의 단위공정의 플레어헤더에 설치된 차단밸브의 열림·닫힘상태를 중앙제어실에서 알 수 있도록 조치한 경우

(4) 통기설비 및 화염방지기 설치 ★

① 인화성 액체를 저장·취급하는 대기압 탱크에는 통기관 또는 통기밸브(breather valve) 설치
② 인화성 액체 및 인화성 가스를 저장 취급하는 화학설비에서 증기나 가스를 대기로 방출하는 경우에는 외부로부터의 화염을 방지하기 위하여 그 설비상단에 화염방지기 설치(다만, 통기관에 화염방지기능이 있는 통기밸브가 설치되어 있거나 인화점이 섭씨 38도 이상 60도 이하인 인화성 액체를 저장·취급할 때에 화염방지 기능을 가지는 인화방지망을 설치한 경우에는 그렇지 않다.)

3) 특수화학설비의 안전조치 사항 ★★★

계측장치의 설치	내부의 이상상태 조기파악 : ① 온도계 ② 유량계 ③ 압력계
자동경보장치 설치	내부의 이상상태 조기파악
긴급차단장치	이상 상태의 발생에 따른 폭발, 화재 또는 위험물 누출 방지 ① 원재료 공급의 긴급차단 ② 제품 등의 방출 ③ 불활성 가스의 주입이나 냉각 용수 등의 공급 등의 장치 설치
예비동력원의 준수사항	① 동력원의 이상에 의한 폭발이나 화재를 방지하기 위하여 즉시 사용할 수 있는 예비동력원을 갖추어 둘 것 ② 밸브·콕·스위치 등에 대해서는 오조작을 방지하기 위하여 잠금장치를 하고 색채표시 등으로 구분할 것

안전밸브 전단·후단에 자물쇠형 또는 이에 준하는 형식의 차단밸브 설치를 할 수 있는 경우에 해당하지 않는 것은?

① 화학설비 및 그 부속설비에 안전밸브 등이 복수방식으로 설치되어 있는 경우
② 자동압력조절밸브와 안전밸브 등이 직렬로 연결된 경우
③ 열팽창에 의하여 상승된 압력을 낮추기 위한 목적으로 안전밸브가 설치된 경우
④ 인접한 화학설비 및 그 부속설비에 안전밸브 등이 각각 설치되어 있고, 해당 화학설비 및 그 부속설비의 연결배관에 차단밸브가 없는 경우

정답 ②

예제

산업안전보건법령상 특수화학설비 설치 시 반드시 필요한 장치가 아닌 것은?

① 원재료 공급의 긴급차단장치
② 즉시 사용할 수 있는 예비동력원
③ 화재시 긴급대응을 위한 물분무소화장치
④ 온도계·유량계·유압계 등의 계측장치

정답 ③

02 안전점검 계획 수립

1 안전운전 계획

안전운전 지침서	① 최초의 시운전 ② 정상운전 ③ 비상시 운전 ④ 정상적인 운전 정지 ⑤ 비상정지 ⑥ 운전범위를 벗어났을 경우 조치 절차 ⑦ 개인보호구 착용방법 등
설비점검·검사 및 보수계획, 유지계획 및 지침서	① 목적 ② 적용범위 ③ 구성 기기의 우선순위 등급 ④ 기기의 점검 ⑤ 기기의 결함관리 ⑥ 기기의 정비 등
안전작업허가	① 목적 ② 적용범위 ③ 안전작업허가의 일반사항 ④ 안전작업 준비 ⑤ 화기작업 허가 ⑥ 일반위험작업 허가 ⑦ 밀폐공간 출입작업 허가 ⑧ 정전작업 허가 등
도급업체 안전 관리계획	① 목적 ② 적용범위 ③ 적용대상 ④ 사업주의 의무 ⑤ 도급업체사업주의 의무 ⑥ 계획서 작성 및 승인 등
근로자 등 교육계획	① 목적 ② 적용범위 ③ 교육대상 ④ 교육의 종류 ⑤ 교육계획의 수립 ⑥ 교육의 실시 ⑦ 교육의 평가 및 사후관리
가동전 점검지침	① 목적 ② 적용범위 ③ 점검팀의 구성 ④ 점검시기 ⑤ 점검표의 작성 ⑥ 점검보고서 ⑦ 점검결과의 처리
변경요소 관리계획	① 목적 ② 적용범위 ③ 변경요소 관리의 원칙 ④ 정상변경 관리절차 ⑤ 비상변경 관리절차 ⑥ 변경관리위원회의 구성 ⑦ 변경시의 검토항목 등
자체감사 계획	① 목적 ② 적용범위 ③ 감사계획 ④ 감사팀의 구성 ⑤ 감사 시행 ⑥ 평가 및 시정 ⑦ 문서화 등
공정사고 조사 계획	① 목적 ② 적용범위 ③ 공정사고 조사팀의 구성 ④ 공정사고 조사 보고서의 작성 ⑤ 공정사고 조사 결과의 처리

03 공정안전보고서 작성심사 · 확인

1 공정안전자료

심사 기준	① 보고서에 포함되어야 할 필수적 기술자료의 분류 여부 ② 기술적 사항을 포함한 화학물질 안전보건자료의 체계적 정리 여부 ③ 제조공정 기술자료·도면의 정리 여부 ④ 공정설비 기술자료·도면의 체계적 정리 여부 ⑤ 장치 및 설비의 설계·제작·설치에 관련된 기준의 적정 여부 ⑥ 안전밸브 및 플레어스택을 포함하는 압력방출설비 및 환경오염을 야기하는 배출물의 설계기준 및 명세의 적정 여부 등
확인 시기	① 신규로 설치될 유해하거나 위험한 설비에 대해서는 설치 과정 및 설치 완료 후 시운전 단계에서 각 1회 ② 기존에 설치되어 사용 중인 유해하거나 위험한 설비에 대해서는 심사 완료 후 3개월 이내 ③ 유해하거나 위험한 설비와 관련한 공정의 중대한 변경이 있는 경우에는 변경 완료 후 1개월 이내 ④ 유해하거나 위험한 설비 또는 이와 관련된 공정에 중대한 사고 또는 결함이 발생한 경우에는 1개월 이내.
확인 결과	① 적합 : 현장과 일치하는 경우 ② 부적합 : 다음의 어느 하나에 해당하는 경우 ㉮ 확인 결과 현장과 일치하지 않은 사항이 10개 이상인 경우 ㉯ 안전보건규칙에서 규정한 조항 중 어느 하나를 준수하지 않은 경우 ③ 조건부 적합 : 현장과 일치하지 않은 사항이 일부 있으나 부적합에까지는 이르지 않은 경우

2 위험성 평가

작성시 포함사항	① 위험성 평가의 목적 ② 공정 위험특성 ③ 위험성 평가결과에 따른 잠재위험의 종류 등 ④ 위험성 평가결과에 따른 사고빈도 최소화 및 사고시의 피해 최소화 대책 등 ⑤ 기법을 이용한 위험성 평가 보고서 ⑥ 위험성 평가 수행자 등
심사	유해·위험 화학물질을 취급하는 제조공정 및 설비를 대상으로 화재·폭발·위험물 누출 등과 같은 잠재적 위험을 도출하고 잠재적 위험이 실제 사고로 연결될 가능성에 따라 공정 및 설비의 개선 방안을 강구하고 있는지를 심사

산업안전 산업기사

과목별 기출경향

- 다양한 용어와 개념에 대한 이해가 부족할 경우 수험생들이 많이 힘들어하는 과목
- 각종 공사, 기계, 기구 등의 용도와 사용방법 등에 대해 쉽게 이해하면 고득점 할 수 있는 과목이므로 이해 위주의 학습이 필요함
- 추락 및 낙하, 가설공사 등 현장에서 재해위험이 높은 내용들 중심으로 출제비중이 높기 때문에 개념을 이해하는 방법으로 실기에도 미리 대비하는 자세가 필요함

과목별 예상 출제비율

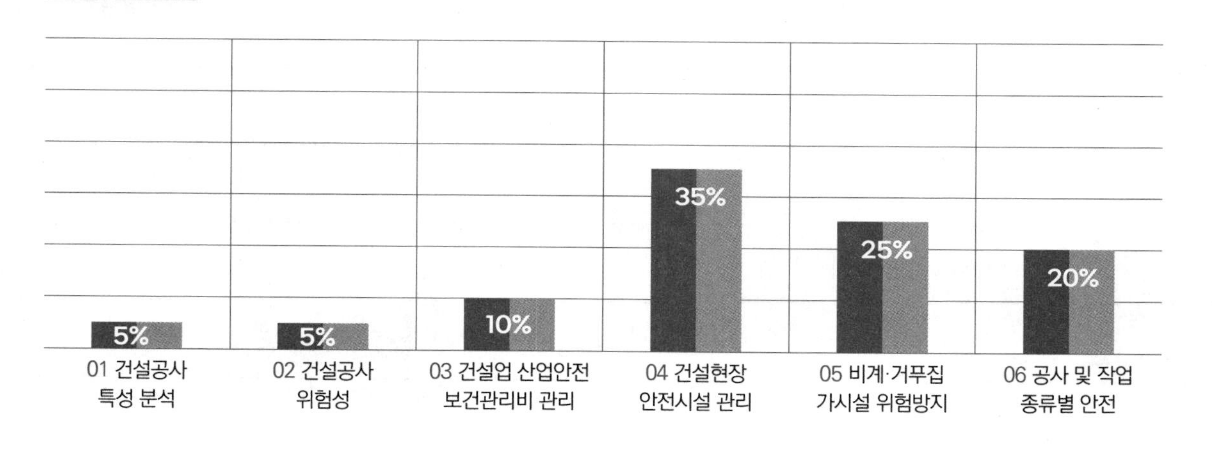

05

건설공사 안전관리

CHAPTER 01

건설공사 특성 분석

01 건설공사 특수성 분석

1 안전관리 계획 수립

1) 목적

건설공사 착공 전에 건설사업자 등이 시공과정의 위험요소를 사전에 발견하고, 현장에 적합한 안전관리계획을 수립함으로 공사진행 과정에서 발생하는 안전사고를 예방하기 위한 목적

예제

건설사업자와 주택건설등록업자가 건설공사를 시행하는 경우 안전점검 및 안전관리조직 등 건설공사의 안전관리계획을 수립하고, 착공 전에 이를 발주자에게 제출하여 승인을 받아야 하는 대상 건설공사에 해당하지 않는 것은?

① 폭발물을 사용하는 건설공사로서 20미터 안에 시설물이 있거나 50미터 안에 사육하는 가축이 있어 해당 건설공사로 인한 영향을 받을 것이 예상되는 건설공사
② 10층 이상 16층 미만인 건축물의 건설공사
③ 10층 이상인 건축물의 리모델링 또는 해체공사
④ 천공기(높이가 10미터 이상인 것만 해당), 항타 및 항발기, 타워크레인 중 어느 하나에 해당하는 건설기계가 사용되는 건설공사

정답 ①

2) 안전관리계획 수립대상 및 검토결과 판정 ★

대상	① 「시설물의 안전 및 유지관리에 관한 특별법」에 따른 1종시설물 및 2종시설물의 건설공사 ② 지하 10미터 이상을 굴착하는 건설공사(굴착 깊이 산정 시 집수정(물저장고), 엘리베이터 피트 및 정화조 등의 굴착 부분은 제외) ③ 폭발물을 사용하는 건설공사로서 20미터 안에 시설물이 있거나 100미터 안에 사육하는 가축이 있어 해당 건설공사로 인한 영향을 받을 것이 예상되는 건설공사 ④ 10층 이상 16층 미만인 건축물의 건설공사 ⑤ 다음 각 목의 리모델링 또는 해체공사 ㉮ 10층 이상인 건축물의 리모델링 또는 해체공사 ㉯ 「주택법」에 따른 수직증축형 리모델링 ⑥ 다음에 해당하는 건설기계가 사용되는 건설공사 ㉮ 천공기(높이가 10미터 이상인 것만 해당) ㉯ 항타 및 항발기 ㉰ 타워크레인 ⑦ 구조적 안전성을 확인받아야 하는 가설구조물을 사용하는 건설공사 ⑧ 그 밖의 건설공사로서 다음 각 목의 어느 하나에 해당하는 공사 ㉮ 발주자가 안전관리가 특히 필요하다고 인정하는 건설공사 ㉯ 해당 지방자치단체의 조례로 정하는 건설공사 중에서 인·허가기관의 장이 안전관리가 특히 필요하다고 인정하는 건설공사
판정 구분	① 적정 : 안전에 필요한 조치가 구체적이고 명료하게 계획되어 건설공사의 시공상 안전성이 충분히 확보되어 있다고 인정될 때 ② 조건부 적정 : 안전성 확보에 치명적인 영향을 미치지는 아니하지만 일부 보완이 필요하다고 인정될 때 ③ 부적정 : 시공 시 안전사고가 발생할 우려가 있거나 계획에 근본적인 결함이 있다고 인정될 때

2 공사장 작업환경 특수성

1) 건설공사의 특수성 ★

재해형태의 다양성	1~2가지의 재해 형태를 가지는 제조업과 비교해 건설공사는 추락, 낙하, 비래 등 다양한 재해형태가 발생한다.
작업자체의 위험성	굴착작업, 고소작업 등 다양한 공사종류가 동시복합적으로 진행되는 경우가 많고, 작업도구나 위치가 이동성을 갖고 있어 다양한 유해위험요인과 재해 위험성이 복합적으로 발생되며, 중대재해 발생 가능성이 높다.
작업환경의 특수성	대부분 옥외에서 진행되어 기후와 지질, 지형 등의 영향과 다양한 작업환경 및 종류가 수시로 바뀌기 때문에 위험에 대한 예측과 대응이 어렵다.
고용의 불안정과 유동성	건설공사의 특성상 여러 분야에 종사하는 일용직, 계약직 근로자에 대한 교육 및 관리가 힘들어 안전의식이 결여되기 쉽다.
공사계약의 일방성	무리한 수주 또는 공사비용 및 공사기간 등의 계약조건 등에 발주자의 무리한 요구로 인한 수급업체의 불안전성과, 안전의식 부족으로 인한 안전관리비의 사용이나 보호구, 안전시설 등의 조치가 불량하여 재해 발생률을 증가시킬 수 있다.
신기술·신공법에 따른 불안전성	신공법, 신기술에 따른 새로운 안전에 관한 기술의 부족으로 사고예방을 위한 대책이 미흡할수 있다.
규제와 처벌위주 정책의 한계	재해율 감소를 위한 각종 규제와 처벌위주의 정부 정책이 자율적인 안전관리 체제와 근로자의 안전에 관한 인식변화로 바뀌고 있으며, 위험성 평가와 같은 제도가 활성화되면 재해율 감소뿐만 아니라 효율적인 안전관리가 정착되는 계기가 될 것이다.
도급업체와 수급업체의 관계	대규모 건설공사일수록 도급과 하도급으로 이어지는 복잡한 관계로 인해 안전관리체제의 어려움과 미흡한 부분이 발생하게 되고, 재해 발생시 책임한계가 명확하지 못하게 되는 경우가 발생한다.
안전의식 부족	건설업의 특수성으로 인한 일용직 근로자와 계약직 근로자의 근무시간의 다양화와 근로자의 피로누적, 안전교육 및 관리감독 등의 미흡한 부분으로 인하여 안전의식이 부족해지는 위험이 증가된다.

2) 공사장 주변 및 공사현장의 특수성

공사장 주변 안전	① 지하매설물 보호조치 : 가스 배관, 통신 선로, 전기 선로, 상하수도, 송유관, 지역 난방 관로 등 주요 매설물 ② 인접시설 보호조치 : 지반의 진동, 침하 및 기타 위험 요소로 인해 인접한 구조물에 영향을 줄 우려가 있는 경우
공사현장의 특수성	① 동시에 진행되는 복잡한 작업과정과 다양한 기계·기구 사용 ② 건설기계 등 중장비에 의한 작업 ③ 다양한 공사가 연계적으로 진행되어 안전성 확보 곤란 ④ 높은 재해강도를 가진 재해가 한번에 큰 규모로 발생할 가능성

PART 05

3 계약조건의 특수성

1) 공사계약의 편무성 및 도급계약의 원칙

편무성	① 공사발주시기, 공사기간, 작업방법 등의 무리한 요구의 가능성 ② 시공자의 안전의식 부족으로 안전관리비가 누락될 가능성 ③ 보호구, 안전시설 등의 안전조치가 미흡하게 진행될 가능성 ④ 여러 가지 안전조치 미비로 재해발생 가능성이 높아질 위험
계약의 원칙	① 도급계약의 당사자는 대등한 입장에서 합의에 따라 공정하게 계약을 체결하고 신의를 지켜 성실하게 계약을 이행 ② 계약을 체결할 때 도급금액, 공사기간, 그 밖에 법령으로 정하는 사항을 계약서에 분명하게 적어야 하고, 서명 또는 기명날인한 계약서를 서로 주고받아 보관

02 안전관리 고려사항 확인

1 설계도서 검토

1) 작성 방법 및 검토사항

작성 방법	① 설계도서는 누락된 부분이 없고 현장기술인들이 쉽게 이해하여 안전하고 정확하게 시공할 수 있도록 상세히 작성할 것 ② 설계도서에는 시설물별 내진설계기준에 따라 내진설계 내용을 구체적으로 밝힐 것 ③ 공사시방서는 표준시방서 및 전문시방서를 기본으로 하여 작성하되, 공사의 특수성, 지역여건, 공사방법 등을 고려하여 기본설계 및 실시설계 도면에 구체적으로 표시할 수 없는 내용과 공사 수행을 위한 시공방법, 자재의 성능·규격 및 공법, 품질관리, 안전관리, 환경관리 등에 관한 사항을 기술할 것 ④ 교량 등 구조물을 설계하는 경우에는 설계방법을 구체적으로 밝힐 것 ⑤ 설계보고서에는 신기술과 기존 공법에 대하여 시공성, 경제성, 안전성, 유지관리성, 환경성 등을 종합적으로 비교·분석하여 해당 건설공사에 적용할 수 있는지를 검토한 내용을 포함시킬 것
검토 사항	① 설계도서의 내용이 현장 조건과 일치하는지 여부 ② 설계도서대로 시공할 수 있는지 여부 ③ 그 밖에 시공과 관련된 사항

2) 시방서

표준 시방서	시설물의 안전 및 공사 시행의 적정성과 품질확보 등을 위하여 시설물별로 정한 표준적인 시공기준
전문 시방서	시설물별로 정한 표준시방서를 기본으로 모든 공종을 대상으로 특정한 공사의 시공 또는 공사시방서의 작성에 활용하기 위한 종합적인 시공기준

2 안전관리조직

1) 조직 및 협의체 구성

조직의 구성	① 해당 건설공사의 시공 및 안전에 관한 업무를 총괄하여 관리하는 안전총괄책임자 ② 토목, 건축, 전기, 기계, 설비 등 건설공사의 각 분야별 시공 및 안전관리를 지휘하는 분야별 안전관리책임자 ③ 건설공사 현장에서 직접 시공 및 안전관리를 담당하는 안전관리담당자 ④ 수급인과 하수급인으로 구성된 협의체의 구성원
협의체 구성 및 회의	① 수급인 대표자 및 하수급인 대표자로 구성 ② 협의체는 매월 1회 이상 회의 개최 ③ 안전관리계획의 이행에 관한 사항과 안전사고 발생 시 대책 등에 관한 사항 협의

2) 조직의 기본역할 및 사고예방

조직의 기본역할	① 시공중인 구축물 등 공사장 및 공사장 주변의 안전 확보 ② 안전관리계획서에 따른 안전시공 여부 확인 ③ 안전교육의 실시
사고예방 및 긴급조치	① 제반 위험요소의 제거 ② 비상사태 시 응급조치 및 복구

3 시공 및 재해사례 검토

1) 시공사례 검토

거푸집 동바리의 시공	① 콘크리트 시공 중 거푸집 및 동바리가 시공 허용오차를 초과하는 변형이 발생하는지 검토 ② 시스템 동바리의 경우, 설치·해체 방법과 안전수칙 및 시공상세도를 검토 ③ 클라이밍 폼의 인양 및 상승 작업에 대한 사항 검토 ④ 거푸집 및 동바리의 재사용 시 손상, 변형, 작동 가능 여부 및 설계 조건을 만족하는지 검토
콘크리트 공사	① 콘크리트 치기, 다짐, 양생, 사용 장비 등 단위 공정별 작업 방법에 대한 안전 시공 계획 및 주의사항 확인 ② 콘크리트 타설 중 추락에 따른 안전 난간 설치 등 유해·위험 요인 및 재해 예방 계획 검토 ③ 콘크리트 타설 중 거푸집 동바리 붕괴를 예방하기 위한 사전 구조검토 실시, 콘크리트 타설 중 거푸집 동바리 변형 여부 점검, 콘크리트 타설 순서 준수, 확인자 배치 등의 재해 예방 계획 확인
강구조물 공사	① 운반재가 공장에서 운반되어 목적한 시공 위치에 완전히 설치될 때까지 부재의 손상 및 불리한 하중의 발생을 방지하기 위한 받침대 설치 위치, 적치 방법 등에 관한 주의사항 검토 ② 조립 작업시 인양 장비 및 기계 배치, 부재 위치, 가 용접 방법 및 위치 등 안전 시공 계획의 전반적인 주의사항 검토 ③ 철골 조립 작업 중 추락에 따른 안전대 부착 설비 설치 및 안전대 착용, 높이 10m 이내마다 추락 방지망 설치 등의 재해예방 계획 검토
성토 및 절토 공사	① 표토 제거, 기존 구조물 및 지장물 철거, 규준틀 설치 및 표면수 및 용수의 처리 대책 확인 ② 지층 분류에 따른 비탈면 기울기 확인 ③ 여굴 시의 조치 확인 ④ 발파 작업이나 무진동 파쇄 시 주변 안전대책 확인 ⑤ 비탈면의 변화 상태를 관측할 수 있는 계측대책 확인 ⑥ 비탈면 상부의 토사 유실 방지대책 확인 ⑦ 장비의 안전 주행성 확보 대책 확인

▲ 거푸집 및 동바리

2) 재해사례 검토

(1) 재해사례 수집 및 문서화

① 국토교통부 건설안전정보시스템 홈페이지
② 안전보건공단 홈페이지(www.kosha.or.kr)
③ 국민안전처 홈페이지(www.mpss.go.kr)
④ 한국시설안전공단 홈페이지(www.kistec.or.kr) 등

(2) 재해 사례

시스템비계 작업발판 위에서 추락	개요	신축공사 현장에서 재해자가 6층 시스템비계 작업발판 위에서 건물 외벽 작업상태를 확인하는 중 외벽과 시스템비계 틈 사이로 신체가 빠지면서 약 15m 아래 콘크리트 바닥으로 추락하여 사망한 재해
	원인	① 시스템비계 내측에 안전난간 미설치 ② 시스템비계와 건물외벽의 틈 사이에 추락방호망 미설치 ③ 안전난간 미설치 ④ 안전대 미착용
운반작업중 떨어지는 낙하물에 맞음	개요	신축공사현장에서 타워크레인으로 목재 파레트에 적재된 벽돌을 옥상으로 운반하던 중 벽돌이 쏟아지면서 아래로 떨어져 재해자가 벽돌에 맞아 사망한 재해
	원인	① 양중기 운반작업 중 낙하물로 인한 위험구간에 대한 출입금지 조치 미실시 ② 중량물 취급 작업시 작업계획서 미작성 ③ 낙하위험작업시 안전모 미착용 ④ 양중기 인양 작업시 물체 고정방법 불량
철골구조물 위에서 작업 중 추락	개요	신축공사 현장 철골구조물 최상부에서 형강 고정작업을 하던 근로자가 10m 아래 지상 바닥으로 추락하여 사망한 재해
	원인	① 추락 위험이 있는 철골구조물의 고소작업에 추락방호망 미설치 ② 안전대 부착설비 미설치 및 안전대 미착용 ③ 관리감독자 미배치 상태에서 단독작업

예제

시스템비계 작업발판 위에서 외벽 작업 상태를 확인하던 근로자가 외벽과 시스템 비계 틈 사이로 추락하는 재해가 발생하였다. 재해 발생원인과 가장 거리가 먼 것은?

① 안전난간 미설치
② 추락방호망 미설치
③ 안전대 미착용
④ 투하설비 미설치

정답 ④

PART 05

CHAPTER 02

건설공사 위험성

01 건설공사 유해·위험요인 파악

1 유해·위험요인 선정

1) 유해·위험요인 정의

건설공사 수행 중 근로자의 안전·보건을 저해할 수 있는 물질, 환경, 작업방법 등의 잠재요소를 말한다.

2) 유해·위험요인 파악

작업공종 흐름에 따른 위험요인 파악	① 가설공사의 위험요인 파악 ② 토목 및 기초공사의 위험요인 파악 ③ 거푸집 동바리 공사의 위험요인 파악 ④ 골조공사의 위험요인 파악 ⑤ 마감공사의 위험요인 파악
법령에 의한 위험요인 파악	① 유해·위험 방지 계획서 검토 ② 안전관리계획서 검토 ③ 산업안전보건기준에 관한 규칙 검토

3) 유해·위험요인에 대한 대책

위험요인의 분류	① 인간적 요인 : 심리상태에 의한 요인, 생리적 상태에 의한 요인, 직장내 인간관계에 의한 요인 등 ② 작업적 요인 : 부적절한 작업정보, 작업방법 불량, 공간배치 불량 등 작업장이나 작업공간내에서 발생하는 요인 ③ 시설적 요인 : 표준화의 미비, 방호장치의 부적절, 원재료의 불량, 인간공학적 배려 부족, 안전시스템 미비 등으로 발생하는 요인 ④ 관리적 요인 : 안전규정이나 수칙의 미비, 관리조직의 결함, 관리감독 부족, 적성배치 미비, 교육훈련의 부족 등의 관리시스템의 결함으로 발생하는 요인
안전관리 방법	① 제거 : 계획 또는 시공법 변경을 통한 유해·위험요인의 제거 ② 차단 : 유해·위험요인과 근로자와 차단 ③ 격리 : 유해·위험요인을 근로자로부터 격리, 공종 간 간섭 회피 ④ 방호 : 유해·위험요인에 대한 방호조치 ⑤ 보호 : 유해·위험요인에 대한 조치 곤란시 근로자에 대한 예방조치

2 안전보건자료

1) 자료 및 유의사항

관련공사 자료	① 안전보건경영시스템(KOSHA 18001) ② 설계기준 및 시방서 ③ 설계도서 ④ 안전관리계획서, 유해·위험방지계획서, 안전관리계획서 통합 작성 지침서 등
안전 유의사항	관련 공사자료들을 충분히 활용하여 건설공사 공종별로 예상되는 위험 요인을 사전에 파악
관련 법령자료	① 산업안전보건법 ② 건설기술진흥법 ③ 시설물의 안전관리에 관한 특별법 등
관련 설계기준 및 시방서	① 설계기준 ② 표준시방서 ③ 전문시방서 등

2) 안전점검 ★

자체 안전점검	공사기간 동안 매일 실시
정기 안전점검	① 공사목적물의 안전시공을 위한 임시시설 및 가설공법의 안전성 ② 공사 목적물의 품질, 시공상태 등의 적정성 ③ 인접 건축물 또는 구조물의 안정성 등 공사장 주변 안전조치의 적정성 ④ 건설기계의 설치·해체 등 작업절차 및 작업 중 건설기계의 전도·붕괴 등을 예방하기 위한 안전조치의 적정성
정밀 안전점검	① 정기안전점검 결과 건설공사의 물리적·기능적 결함 등이 발견되어 보수·보강 등의 조치를 위하여 필요한 경우 ② 시설물의 물리적·기능적 결함에 대한 구조적 안전성 및 결함의 원인 등을 조사·측정·평가하여 보수·보강 등의 방법 제시

예제

건설기술 진흥법상 공사 목적물의 안전시공을 위한 임시시설 및 가설공법의 안전성, 공사목적물의 품질, 시공상태 등의 적정성 등에 관한 사항을 점검하여야 하는 점검의 종류에 해당하는 것은?

① 자체 안전점검
② 정기 안전점검
③ 정밀 안전점검
④ 초기 점검

정답 ②

예제

유해·위험방지계획서 제출대상 공사의 규모 기준으로 옳지 않은 것은?

① 최대지간 길이가 50m 이상인 교량 건설 등 공사
② 다목적댐, 발전용 댐, 및 저수용량 2천만 톤 이상의 용수 전용 댐, 지방 상수도 전용 댐 건설 등의 공사
③ 깊이 12m 이상인 굴착공사
④ 터널 건설 등의 공사

정답 ③

예제

유해·위험 방지계획서 제출 시 첨부서류가 아닌 것은?

① 공사개요서
② 전체공정표
③ 산업안전보건관리비 사용계획
④ 보호장비 폐기계획

정답 ④

3 유해위험방지 계획서

1) 유해위험방지 계획서 제출 사업장(건설업) ★★★

① 다음 각목의 어느 하나에 해당하는 건축물 또는 시설 등의 건설, 개조 또는 해체공사
  ㉠ 지상 높이가 31미터 이상인 건축물 또는 인공구조물
  ㉡ 연면적 3만 제곱미터 이상인 건축물
  ㉢ 연면적 5천 제곱미터 이상인 시설로서 다음의 어느 하나에 해당하는 시설
    ㉮ 문화 및 집회시설
    ㉯ 판매시설, 운수시설
    ㉰ 종교시설
    ㉱ 의료시설 중 종합병원
    ㉲ 숙박시설 중 관광숙박시설
    ㉳ 지하도 상가
    ㉴ 냉동, 냉장 창고시설
② 최대 지간 길이가 50미터 이상인 다리의 건설 등 공사
③ 연면적 5천 제곱미터 이상인 냉동, 냉장창고 시설의 설비공사 및 단열공사
④ 다목적댐, 발전용댐, 저수용량 2천만톤 이상의 용수전용댐 및 지방 상수도 전용댐의 건설 등 공사
⑤ 터널의 건설등 공사
⑥ 깊이 10미터 이상인 굴착공사

2) 유해위험 방지 계획서의 확인사항 ★

공단의 확인시기	① 건설업을 제외한 사업 : 해당 건설물·기계·기구 및 설비의 시운전단계 ② 건설업 : 건설공사 중 6개월 이내마다
공단의 확인사항	① 유해·위험방지계획서의 내용과 실제공사 내용이 부합하는지 여부 ② 유해·위험방지계획서 변경내용의 적정성 ③ 추가적인 유해·위험요인의 존재여부

3) 제출 시 첨부서류

(1) 공사개요 및 안전보건관리계획 ★★

① 공사개요서
② 공사현장의 주변현황 및 주변과의 관계를 나타내는 도면(매설물 현황 포함)
③ 전체공정표
④ 산업안전보건관리비 사용계획서
⑤ 안전관리 조직표
⑥ 재해발생 위험 시 연락 및 대피방법

(2) 작업공사 종류별 유해·위험방지계획 ★

대상공사	작업공종
건축물 또는 시설 등의 건설·개조 또는 해체(이하 "건설 등"이라 한다)공사	1. 가설공사 2. 구조물 공사 3. 마감공사 4. 기계 설비공사 5. 해체공사
냉동·냉장창고시설의 설비공사 및 단열공사	1. 가설공사 2. 단열공사 3. 기계 설비공사
다리 건설 등의 공사	1. 가설공사 2. 다리 하부(하부공) 공사 3. 다리 상부(상부공) 공사
터널 건설 등의 공사	1. 가설공사 2. 굴착 및 발파공사 3. 구조물 공사
댐 건설 등의 공사	1. 가설공사 2. 굴착 및 발파공사 3. 댐 축조공사
굴착공사	1. 가설공사 2. 굴착 및 발파공사 3. 흙막이 지보공(支保工)공사

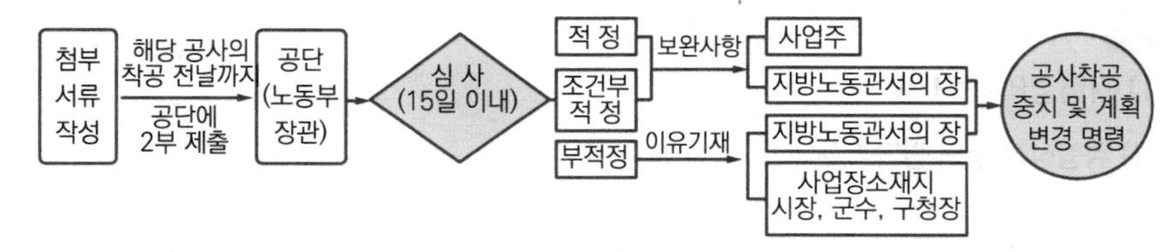

▲ 제출절차

예제

건설공사의 유해위험방지계획서 제출 기준일로 옳은 것은?

① 해당공사 착공 1개월 전까지
② 해당공사 착공 15일 전까지
③ 해당공사 착공 전날까지
④ 해당공사 착공 15일 후까지

정답 ③

예제

위험성 평가에서 유해·위험요인 파악 방법 중 특별한 사정이 없을 경우 반드시 포함하여야 하는 방법은?

① 사업장 순회점검에 의한 방법
② 근로자들의 상시적 제안에 의한 방법
③ 설문조사·인터뷰 등 청취조사에 의한 방법
④ 안전보건 체크리스트에 의한 방법

정답 ①

02 건설공사 위험성 추정·결정

1 위험성 추정 및 평가방법

1) 유해·위험요인 파악 및 평가방법 ★★★

유해·위험요인 파악 (①호 포함, 하나 이상의 방법 사용)	① 사업장 순회점검에 의한 방법 ② 근로자들의 상시적 제안에 의한 방법 ③ 설문조사·인터뷰 등 청취조사에 의한 방법 ④ 물질안전보건자료, 작업환경측정결과, 특수건강진단결과 등 안전보건 자료에 의한 방법 ⑤ 안전보건 체크리스트에 의한 방법 ⑥ 그 밖에 사업장의 특성에 적합한 방법
위험성평가 방법 (한 가지 이상 선정)	① 위험 가능성과 중대성을 조합한 빈도·강도법 ② 체크리스트(Checklist)법 ③ 위험성 수준 3단계(저·중·고) 판단법 ④ 핵심요인 기술(One Point Sheet)법 ⑤ 그 외 공정안전보고서 위험성평가 기법[위험과운전분석(HAZOP), 결함수분석(FTA), 사건수분석(ETA) 등]

2 위험성 결정 관련 지침 활용

1) 위험성의 판단 ★

(1) 위험성 수준의 판단기준

상	근로자가 사망하거나 영구적인 장애를 입을 수 있는 재해가 발생할 가능성이 있는 경우
중	근로자가 연속하여 일정기간 이상의 휴업을 해야 하는 재해가 발생할 가능성이 있는 경우
하	근로자가 경미한 질병 또는 부상이 발생할 가능성이 있는 경우

(2) 위험수준 3단계 판단법

단계	구분	내용
1단계	유해·위험요인 파악	유해·위험요인으로 인한 위험 상황과 결과를 파악하는 단계
2단계	위험성 결정	위험성이 "상·중·하" 어디에 해당하는지 판단하고 허용가능 여부를 결정하는 단계
3단계	위험성 감소대책 수립 및 실행	위험성을 감소시키기 위한 안전조치를 실시하는 단계

2) 허용 가능한 위험성의 수준인지 결정 ★★

수용 가능한 위험성	문제가 되지 않는 상태의 위험성으로 위험성이 매우 적어 안전한 상태라 할 수 있는 상태의 위험성(이상적인 상태)
허용 가능한 위험성	기계·설비·비용 등 현실적인 요소를 반영하여 위험성을 통제, 관리하여 합리적으로 실행 가능한 수준까지 낮추어 대다수가 받아들이는 상태의 위험성
허용 불가능한 위험성	사고 및 재해 발생의 위험성이 있어 허용할 수 없는 상태의 위험성으로 위험성 감소대책을 수립·시행해야 함

3) 위험성평가 방법 및 근로자 참여

위험성평가의 방법	① 안전보건관리책임자 등 해당 사업장에서 사업의 실시를 총괄 관리하는 사람에게 위험성평가의 실시를 총괄 관리하게 할 것 ② 사업장의 안전관리자, 보건관리자 등이 위험성평가의 실시에 관하여 안전보건관리책임자를 보좌하고 지도·조언하게 할 것 ③ 유해·위험요인을 파악하고 그 결과에 따른 개선조치를 시행할 것 ④ 기계·기구, 설비 등과 관련된 위험성평가에는 해당 기계·기구, 설비 등에 전문 지식을 갖춘 사람을 참여하게 할 것 ⑤ 안전·보건관리자의 선임의무가 없는 경우에는 제2호에 따른 업무를 수행할 사람을 지정하는 등 그 밖에 위험성평가를 위한 체제를 구축할 것
근로자 참여	① 유해·위험요인의 위험성 수준을 판단하는 기준을 마련하고, 유해·위험요인별로 허용 가능한 위험성 수준을 정하거나 변경하는 경우 ② 해당 사업장의 유해·위험요인을 파악하는 경우 ③ 유해·위험요인의 위험성이 허용 가능한 수준인지 여부를 결정하는 경우 ④ 위험성 감소대책을 수립하여 실행하는 경우 ⑤ 위험성 감소대책 실행 여부를 확인하는 경우

예제

위험성평가에서 기계·설비·비용 등 현실적인 요소를 반영하여 위험성을 통제, 관리하여 합리적으로 실행 가능한 수준까지 낮추어 대다수가 받아들이는 상태에 해당하는 위험성 수준은?

① 수용가능한 위험성
② 수용불가능한 위험성
③ 허용가능한 위험성
④ 허용불가능한 위험성

정답 ③

건설업 산업안전보건관리비 관리

01 건설업 산업안전보건관리비 규정

1 건설업 산업안전보건관리비의 계상 및 사용기준

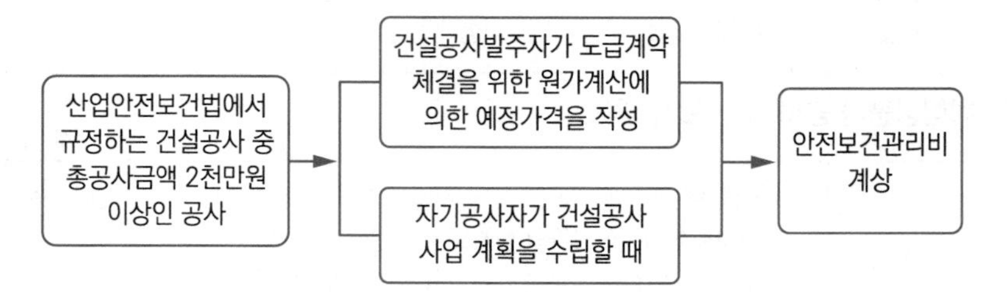

1) 공사종류 및 규모별 안전보건관리비 계상기준표(단위 : 원) ★

구분 / 공사종류	대상액 5억원 미만 적용비율(%)	대상액 5억원 이상 50억원 미만인 경우		대상액 50억원 이상 적용비율(%)	보건관리자 선임 대상 건설공사의 적용비율(%)
		적용비율(%)	기초액		
건축공사	2.93%	1.86%	5,349,000원	1.97%	2.15%
토목공사	3.09%	1.99%	5,499,000원	2.10%	2.29%
중건설공사	3.43%	2.35%	5,400,000원	2.44%	2.66%
특수건설공사	1.85%	1.20%	3,250,000원	1.27%	1.38%

안전관리비 대상액＝(공사원가계산서 구성항목 중) 직접재료비, 간접재료비와 직접노무비를 합한 금액

예제

사급자재비가 30억, 직접노무비가 35억, 관급자재비가 20억인 빌딩 신축공사를 할 경우 계상해야 할 산업안전보건관리비는 얼마인가? (단, 공사종류는 건축공사 임)

① 122,000,000원 ② 146,640,000원
③ 153,660,000원 ④ 159,800,000원

풀이 **산업안전보건관리비**

① {20억(관급자재비)＋30억(사급자재비)＋35억(직접노무비)}×0.0197 ＝167,450,000
② {30억(사급자재비)＋35억(직접노무비)}×0.0197×1.2＝153,660,000
③ 1.2배를 초과할 수 없으므로 153,660,000원

정답 ③

예제

건설업 산업안전보건관리비 계상 및 사용기준은 산업안전보건법에서 규정하는 건설공사 중 총공사금액이 얼마 이상인 공사에 적용하는가?

① 4천만원
② 3천만원
③ 2천만원
④ 1천만원

정답 ③

예제

공사종류 및 규모별 안전관리비 계상기준표에서 공사종류의 명칭에 해당되지 않는 것은?

① 건축공사
② 일반건설공사(갑)
③ 토목공사
④ 중건설공사

정답 ②

2) 안전관리비의 계상 및 사용 ★

(1) 계상기준

① 대상액이 5억원 미만 또는 50억원 이상인 경우

> 대상액×계상기준표의 비율

② 대상액이 5억원 이상 50억원 미만인 경우

> 대상액×계상기준표의 비율＋기초액

③ 대상액이 명확하지 않은 경우 : 도급계약 또는 자체사업계획상 책정된 총공사금액의 10분의 7에 해당하는 금액을 대상액으로 하고 제①호 및 제②호에서 정한 기준에 따라 계상

④ 발주자가 재료를 제공하거나 일부 물품이 완제품의 형태로 제작·납품되는 경우 해당 재료비 또는 완제품 가액을 대상액에 포함하여 산출한 산업안전보건관리비와 해당 재료비 또는 완제품 가액을 대상액에서 제외하고 산출한 산업안전보건관리비의 1.2배에 해당하는 값을 비교하여 그 중 작은 값 이상의 금액으로 계상한다.

(2) 계상의무 및 사용내역 확인

① 건설공사발주자가 도급계약 체결을 위한 원가계산에 의한 예정가격을 작성하거나, 자기공사자가 건설공사 사업 계획을 수립할 때에는 다음 각 호와 같이 안전보건관리비를 계상하여야 한다.

② 도급인은 안전보건관리비 사용내역에 대하여 공사 시작 후 6개월마다 1회 이상 발주자 또는 감리자의 확인을 받아야 한다. 다만, 6개월 이내에 공사가 종료되는 경우에는 종료 시 확인을 받아야 한다.

(3) 사용명세서 작성 및 보존

건설공사도급인은 산업안전보건관리비를 사용하는 해당 건설공사의 금액이 4천만원 이상인 때에는 매월(건설공사가 1개월 이내에 종료되는 사업의 경우에는 해당 건설공사가 끝나는 날이 속하는 달)사용명세서를 작성하고, 건설공사 종료 후 1년 동안 보존해야 한다.

2 건설업 산업안전보건관리비 대상액 작성요령

「예정가격 작성기준」(기획재정부 계약예규) 및 「지방자치단체 입찰 및 계약집행기준」(행정안전부 예규) 등 관련 규정에서 정하는 공사원가계산서 구성항목 중 직접재료비, 간접재료비와 직접노무비를 합한 금액(발주자가 재료를 제공할 경우에는 해당 재료비를 포함)

예제

건설업 산업안전 보건관리비의 사용내역에 대하여 수급인 또는 자기공사자는 공사 시작 후 몇개월마다 1회 이상 발주자 또는 감리원의 확인을 받아야 하는가?

① 3개월
② 4개월
③ 5개월
④ 6개월

정답 ④

참고

1. 공사진척에 따른 안전보건관리비 사용기준 ★★

공정율	50% 이상 70% 미만	70%이상 90% 미만	90% 이상
사용기준	50% 이상	70% 이상	90% 이상

※ 공정율은 기성공정율을 기준으로 한다.

2. 건설재해예방전문지도기관과 지도계약을 체결해야하는 공사

공사금액 1억원 이상 120억원(토목공사업에 속하는 공사는 150억원) 미만인 공사와 「건축법」에 따른 건축허가의 대상이 되는 공사

예제

공정율이 65%인 건설현장의 경우 공사진척에 따른 산업안전보건관리비의 최소 사용기준으로 옳은 것은?

① 40% 이상
② 50% 이상
③ 60% 이상
④ 70% 이상

정답 ②

예제

건설업의 산업안전보건관리비 사용기준에 해당되지 않는 것은?

① 안전시설비
② 안전관리자·보건관리자의 임금
③ 환경보전비
④ 안전보건교육비

정답 ③

3 건설업 산업안전보건관리비의 항목별 사용내역 ★★

항목	사용기준
안전관리자 보건관리자의 임금 등	① 안전관리 또는 보건관리 업무만을 전담하는 안전관리자 또는 보건관리자의 임금과 출장비 전액 ② 안전관리 또는 보건관리 업무를 전담하지 않는 안전관리자 또는 보건관리자의 임금과 출장비의 각각 2분의 1에 해당하는 비용 ③ 안전관리자를 선임한 건설공사 현장에서 산업재해 예방 업무만을 수행하는 작업지휘자, 유도자, 신호자 등의 임금 전액 ④ 관리감독자 안전보건업무 수행시 수당지급 작업을 직접 지휘·감독하는 직·조·반장 등 관리감독자의 직위에 있는 자가 관리감독자의 업무를 수행하는 경우에 지급하는 업무수당(임금의 10분의 1 이내)
안전시설비 등	① 산업재해 예방을 위한 안전난간, 추락방호망, 안전대 부착설비, 방호장치(기계·기구와 방호장치가 일체로 제작된 경우, 방호장치 부분의 가액에 한함) 등 안전시설의 구입·임대 및 설치를 위해 소요되는 비용 ② 「산업재해예방시설자금 융자금 지원사업 및 보조금 지급사업 운영규정」(고용노동부고시) "스마트안전장비 지원사업" 및 「건설기술진흥법」 스마트 안전장비 구입·임대 비용의 5분의 2에 해당하는 비용. 다만, 계상된 산업안전보건관리비 총액의 10분의 1을 초과할 수 없다. ③ 용접 작업 등 화재 위험작업 시 사용하는 소화기의 구입·임대비용
보호구 등	① 안전인증대상 보호구의 구입·수리·관리 등에 소요되는 비용 ② 근로자가 ①목에 따른 보호구를 직접 구매·사용하여 합리적인 범위 내에서 보전하는 비용 ③ 안전관리자 보건관리자 임금 등 항목의 ①목부터 ③목까지의 규정에 따른 안전관리자 등의 업무용 피복, 기기 등을 구입하기 위한 비용 ④ 안전관리자 보건관리자 임금 등 항목의 ①목에 따른 안전관리자 및 보건관리자가 안전보건 점검 등을 목적으로 건설공사 현장에서 사용하는 차량의 유류비·수리비·보험료
안전보건 진단비 등	① 유해위험방지계획서의 작성 등에 소요되는 비용 ② 안전보건진단에 소요되는 비용 ③ 작업환경 측정에 소요되는 비용 ④ 그 밖에 산업재해예방을 위해 법에서 지정한 전문기관 등에서 실시하는 진단, 검사, 지도 등에 소요되는 비용
안전보건 교육비 등	① 근로자 등 안전보건교육 규정에 따라 실시하는 의무교육이나 이에 준하여 실시하는 교육을 위해 건설공사 현장의 교육 장소 설치·운영 등에 소요되는 비용 ② ①목 이외 산업재해 예방 목적을 가진 다른 법령상 의무교육을 실시하기 위해 소요되는 비용 ③ 「응급의료에 관한 법률」에 따른 안전보건교육 대상자 등에게 구조 및 응급처치에 관한 교육을 실시하기 위해 소요되는 비용 ④ 안전보건관리책임자, 안전관리자, 보건관리자가 업무수행을 위해 필요한 정보를 취득하기 위한 목적으로 도서, 정기간행물을 구입하는 데 소요되는 비용 ⑤ 건설공사 현장에서 안전기원제 등 산업재해 예방을 기원하는 행사를 개최하기 위해 소요되는 비용. 다만, 행사의 방법, 소요된 비용 등을 고려하여 사회통념에 적합한 행사에 한한다. ⑥ 건설공사 현장의 유해·위험요인을 제보하거나 개선방안을 제안한 근로자를 격려하기 위해 지급하는 비용

<table>
<tr><td>근로자 건강장해 예방비 등</td><td>① 법·영·규칙에서 규정하거나 그에 준하여 필요로 하는 각종 근로자의 건강장해 예방에 필요한 비용
② 중대재해 목격으로 발생한 정신질환을 치료하기 위해 소요되는 비용
③ 「감염병의 예방 및 관리에 관한 법률」에 따른 감염병의 확산 방지를 위한 마스크, 손소독제, 체온계 구입비용 및 감염병병원체 검사를 위해 소요되는 비용
④ 법령에 의해 휴게시설을 갖춘 경우 온도, 조명 설치·관리기준을 준수하기 위해 소요되는 비용
⑤ 건설공사 현장에서 근로자 심폐소생을 위해 사용되는 자동심장충격기(AED) 구입에 소요되는 비용</td></tr>
<tr><td colspan="2">법령에 따른 건설재해예방전문지도기관의 지도에 대한 대가로 자기공사자가 지급하는 비용</td></tr>
<tr><td colspan="2">「중대재해 처벌 등에 관한 법률 시행령」에 해당하는 건설사업자가 아닌 자가 운영하는 사업에서 안전보건 업무를 총괄·관리하는 3명 이상으로 구성된 본사 전담조직에 소속된 근로자의 임금 및 업무수행 출장비 전액. 다만, 계상된 산업안전보건관리비 총액의 20분의 1을 초과할 수 없다.</td></tr>
<tr><td colspan="2">법령에 따른 위험성평가 또는 「중대재해 처벌 등에 관한 법률 시행령」에 따라 유해·위험요인 개선을 위해 필요하다고 판단하여 산업안전보건위원회 또는 노사협의체에서 사용하기로 결정한 사항을 이행하기 위한 비용. 다만, 계상된 산업안전보건관리비 총액의 10분의 1을 초과할 수 없다.</td></tr>
</table>

예제

건설업의 산업안전보건관리비 사용기준에 해당되지 않는 것은?

① 안전시설비
② 근로자 건강장해예방비
③ 기계기구의 운송비
④ 안전보건진단비

정답 ③

CHAPTER 04

건설현장 안전시설 관리

01 안전시설 설치 및 관리

예제

추락재해 방지를 위한 방망의 그물코 규격 기준으로 옳은 것은?

① 사각 또는 마름모로서 크기가 5센티미터 이하
② 사각 또는 마름모로서 크기가 10센티미터 이하
③ 사각 또는 마름모로서 크기가 15센티미터 이하
④ 사각 또는 마름모로서 크기가 20센티미터 이하

정답 ②

1 추락 방지용 안전시설

1) 추락 방망 설치

(1) 방망의 구조 및 치수

소재	합성 섬유 또는 그 이상의 물리적 성질을 갖는 것
그물코	사각 또는 마름모로서 그 크기는 10cm 이하
방망의 종류	매듭 방망, 단매듭 원칙
달기로프 결속	3회 이상 엮어 묶는 방법
시험용사	방망 폐기시 방망사의 강도 점검을 위해 테두리로프에 연하여 방망에 재봉한 방망사

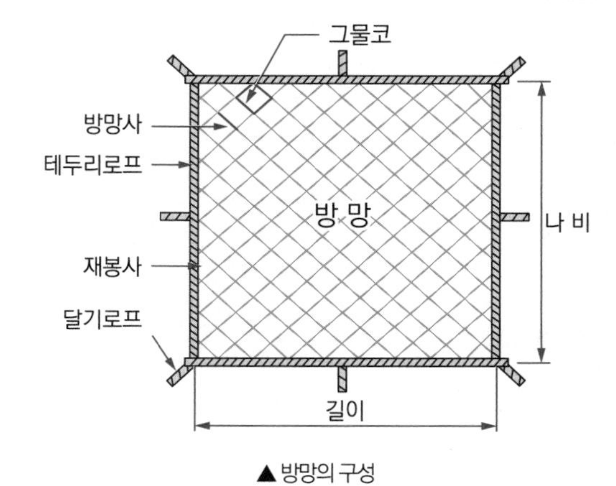

▲ 방망의 구성

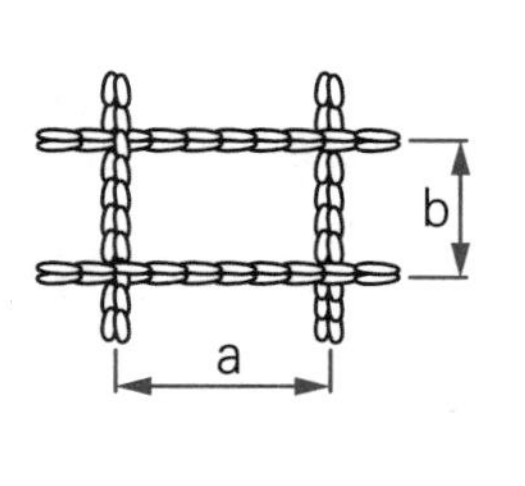

무매듭방망

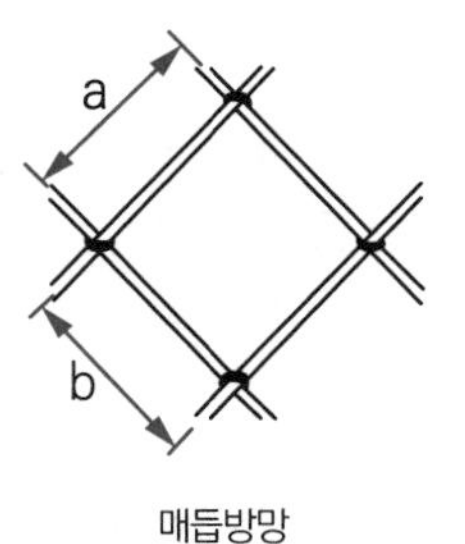

매듭방망

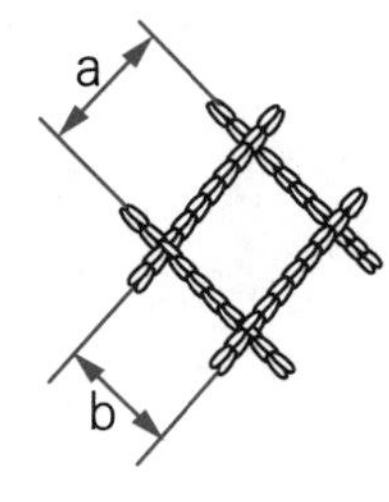

라셀방망

▲ 방망의 종류

(2) 방망사의 인장강도 ★★

그물코의 크기 (단위 : cm)	방망의 종류(단위 : 킬로그램)			
	매듭 없는 방망		매듭 방망	
	신품	폐기시	신품	폐기시
10	240	150	200	135
5			110	60

(3) 지지점 등의 강도 ★

600kg의 외력에 견딜 수 있는 강도 보유(다만, 연속적인 구조물이 방망 지지점인 경우의 외력이 다음식에 계산한 값에 견딜 수 있는 것은 제외)

$$F=200B$$

여기서, F : 외력(킬로그램)
B : 지지점 간격(미터)

(4) 방망의 사용방법

① 방망의 허용 낙하높이

높이 종류 조건	낙하높이(H_1)		방망과 바닥면 높이(H_2)		방망의 처짐길이 (S)
	단일방망	복합방망	10cm 그물코	5cm 그물코	
$L<A$	$\frac{1}{4}(L+2A)$	$\frac{1}{5}(L+2A)$	$\frac{0.85}{4}(L+3A)$	$\frac{0.95}{4}(L+3A)$	$\frac{3}{4}(L+2A)\times\frac{1}{3}$
$L\geq A$	$\frac{3}{4}L$	$\frac{3}{5}L$	$0.85L$	$0.95L$	$\frac{3}{4}L\times\frac{1}{3}$

② L과 A의 관계

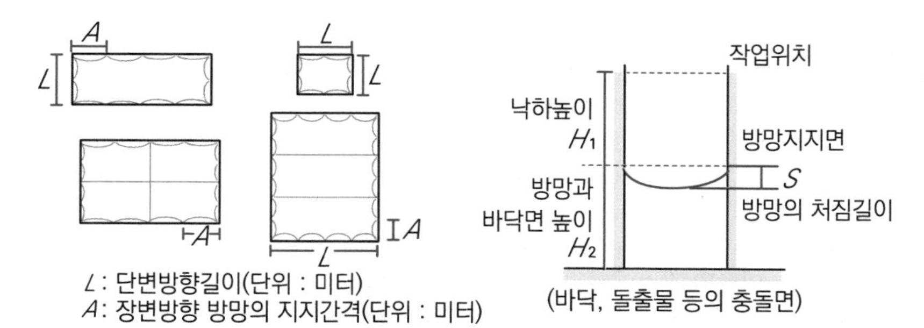

(5) 방망의 정기시험

① 기간 : 사용 개시 후 1년 이내 그후 6개월마다 1회씩
② 시험방법 : 시험용사에 대한 등속인장시험

예제

신품의 추락방지망 중 그물코의 크기 10cm인 매듭방망의 인장강도 기준으로 옳은 것은?

① 110kgf 이상
② 200kgf 이상
③ 360kgf 이상
④ 400kgf 이상

정답 ②

예제

추락방지망의 달기로프를 지지점에 부착할 때 지지점의 간격이 1.5[m]인 경우 지지점의 강도는 최소 얼마 이상이어야 하는가? (단, 연속적인 구조물이 방망지지점인 경우임)

① 200[kg]
② 300[kg]
③ 400[kg]
④ 500[kg]

정답 ②

2) 추락재해 예방대책 ★★★

(1) 추락의 방지(작업발판의 끝, 개구부 등 제외)

① 추락하거나 넘어질 위험이 있는 장소 또는 기계·설비·선박블록 등에서 작업할 때
㉠ 비계를 조립하는 등의 방법으로 작업발판 설치
㉡ 발판설치가 곤란한 경우 추락방호망 설치
㉢ 추락방호망 설치가 곤란한 경우 안전대 착용 등 추락위험방지 조치

추락 방호망의 설치기준	① 추락방호망의 설치위치는 가능하면 작업면으로부터 가까운 지점에 설치하여야 하며, 작업면으로부터 망의 설치지점까지의 수직거리는 10미터를 초과하지 아니할 것 ② 추락방호망은 수평으로 설치하고, 망의 처짐은 짧은 변 길이의 12퍼센트 이상이 되도록 할 것 ③ 건축물 등의 바깥쪽으로 설치하는 경우 망의 내민 길이는 벽면으로부터 3미터 이상 되도록 할 것. 다만, 그물코가 20밀리미터 이하인 망을 사용한 경우에는 낙하물에 의한 위험 방지에 따른 낙하물방지망을 설치한 것으로 본다.

㉣ 작업발판 및 추락방호망 설치가 곤란한 경우(이동식사다리의 구조)
3개 이상의 버팀대를 가지고 지면으로부터 안정적으로 세울 수 있는 구조를 갖춘 이동식 사다리를 사용하여 작업

이동식 사다리 작업시 준수사항	① 평탄하고 견고하며 미끄럽지 않은 바닥에 이동식 사다리를 설치할 것 ② 이동식 사다리의 넘어짐을 방지하기 위해 다음 각 목의 어느 하나 이상에 해당하는 조치를 할 것 ㉮ 이동식 사다리를 견고한 시설물에 연결하여 고정할 것 ㉯ 아웃트리거(outrigger, 전도방지용 지지대)를 설치하거나 아웃트리거가 붙어있는 이동식 사다리를 설치할 것 ㉰ 이동식 사다리를 다른 근로자가 지지하여 넘어지지 않도록 할 것 ③ 이동식 사다리의 제조사가 정하여 표시한 이동식 사다리의 최대사용하중을 초과하지 않는 범위 내에서만 사용할 것 ④ 이동식 사다리를 설치한 바닥면에서 높이 3.5미터 이하의 장소에서만 작업할 것 ⑤ 이동식 사다리의 최상부 발판 및 그 하단 디딤대에 올라서서 작업하지 않을 것. 다만, 높이 1미터 이하의 사다리는 제외한다. ⑥ 안전모를 착용하되, 작업 높이가 2미터 이상인 경우에는 안전모와 안전대를 함께 착용할 것 ⑦ 이동식 사다리 사용 전 변형 및 이상 유무 등을 점검하여 이상이 발견되면 즉시 수리하거나 그 밖에 필요한 조치를 할 것

② 높이가 2m 이상인 장소에서의 위험방지 조치사항
㉠ 안전대의 부착설비 : 지지로프 설치시 처지거나 풀리는 것을 방지하기 위한 조치
㉡ 조명의 유지 : 당해 작업을 안전하게 수행하는데 필요한 조명 유지
㉢ 승강설비(건설용 리프트 등) 설치 : 높이 또는 깊이가 2m 초과하는 장소에서의 안전한 작업을 위한 승강설비 설치

예제

추락에 의한 위험을 방지하기 위한 추락방호망의 설치기준으로 옳지 않은 것은?

① 추락방호망의 설치위치는 가능하면 작업면으로부터 가까운 지점에 설치할 것
② 건축물 등의 바깥쪽으로 설치하는 경우 망의 내민길이는 벽면으로부터 2m 이상이 되도록 할 것
③ 추락방호망은 수평으로 설치하고, 망의 처짐은 짧은변 길이의 12% 이상이 되도록 할 것
④ 작업면으로부터 망의 설치지점까지의 수직거리는 10m를 초과하지 아니할 것

정답 ②

예제

추락에 의한 위험방지 조치사항으로 거리가 먼 것은?

① 투하설비 설치
② 작업발판 설치
③ 추락방지망 설치
④ 근로자에게 안전대 착용

정답 ①

예제

작업발판 및 추락방호망 설치가 곤란한 경우 이동식 사다리를 사용하여 작업시 준수사항으로 옳지 않은 것은?

① 이동식 사다리의 넘어짐을 방지하기 위해 다른 근로자가 지지하여 넘어지지 않도록 할 것
② 이동식 사다리를 설치한 바닥면에서 높이 3.5미터 이하의 장소에서만 작업 할 것
③ 높이 1미터 이하의 이동식 사다리에서는 최상부 발판 및 그 하단 디딤대에 올라서서 작업하지 않을 것
④ 안전모를 착용하되, 작업 높이가 2미터 이상인 경우에는 안전모와 안전대를 함께 착용할 것

정답 ③

(2) 지붕 위에서 작업 시 추락하거나 넘어질 위험이 있는 경우 조치사항

① 지붕의 가장자리에 안전난간을 설치할 것
- 안전난간 설치가 곤란한 경우 추락방호망 설치
- 추락방호망 설치가 곤란한 경우 안전대 착용 등의 추락 위험 방지조치

② 채광창(skylight)에는 견고한 구조의 덮개를 설치할 것
③ 슬레이트 등 강도가 약한 재료로 덮은 지붕에는 폭 30센티미터 이상의 발판을 설치할 것

(3) 울타리의 설치

① 대상 : 작업 중 또는 통행시 굴러 떨어짐(전락)으로 인한 화상, 질식 등의 위험에 처할 우려가 있는 케틀, 호퍼, 피트 등
② 조치사항 : 높이 90cm 이상의 울타리 설치

3) 안전대 부착설비

(1) 안전대 부착설비의 종류

① 비계
② 지지로프
③ 건립중인 구조체(철골 등)
④ 전용 철물
⑤ 수평지지로프
⑥ 수직 지지로프

(2) 부착설비의 안전기준

① 높이 2m 이상 장소에서 안전대 착용 시 안전대 부착설비 설치
② 지지로프 등의 처짐 또는 풀림 방지를 위해 필요한 조치
③ 작업 시작 전 이상유무 점검
④ 철골 작업 시에는 전용지주나 지지로프 반드시 설치(작업발판미설치)
⑤ 지지로프는 1인 1가닥 사용이 원칙

4) 개구부 등의 방호조치 ★★★

(1) 작업발판 및 통로의 끝이나 개구부로 추락위험장소

① 안전난간, 울타리, 수직형 추락방망 또는 덮개 등의 방호조치를 충분한 강도를 가진 구조로 튼튼하게 설치하고, 덮개 설치 시 뒤집히거나 떨어지지 않도록 설치(어두운 장소에서도 알아볼 수 있도록 개구부임을 표시)
② 안전난간 등의 설치가 매우 곤란하거나 작업의 필요상 임시로 난간 등을 해체하는 경우 추락방호망 설치(추락방호망 설치가 곤란한 경우 안전대 착용 등의 추락위험 방지조치)

예제

지붕 위에서 작업 시 추락하거나 넘어질 위험이 있는 경우 조치사항으로 옳지 않은 것은?

① 지붕의 가장자리에 안전난간을 설치할 것
② 추락방호망 설치가 곤란할 경우 안전대 착용 등의 추락위험 방지조치를 할 것
③ 채광창에는 견고한 구조의 덮개를 설치할 것
④ 슬레이트 지붕에서 발이 빠지는 등 추락위험이 있을 경우 폭 20cm 이상의 발판을 설치한다.

정답 ④

예제

작업발판 및 통로의 끝이나 개구부로서 근로자가 추락할 위험이 있는 장소에 설치하는 것과 거리가 먼 것은?

① 교차가새
② 안전난간
③ 울타리
④ 수직형 추락방망

정답 ①

예제

근로자의 추락 등의 위험을 방지하기 위하여 설치하는 안전난간의 구조 및 설치기준으로 옳지 않은 것은?

① 상부난간대는 바닥면·발판 또는 경사로의 표면으로부터 90cm 이상 지점에 설치할 것
② 발끝막이판은 바닥면 등으로부터 10cm 이상의 높이를 유지할 것
③ 안전난간은 구조적으로 가장 취약한 지점에서 가장 취약한 방향으로 작용하는 80kg 이상의 하중에 견딜 수 있는 튼튼한 구조일 것
④ 난간대는 지름 2.7cm 이상의 금속제 파이프나 그 이상의 강도가 있는 재료일 것

정답 ③

예제

건립 중 강풍에 의한 풍압 등 외압에 대한 내력이 설계에 고려되었는지 확인하여야 하는 철골구조물의 기준으로 옳지 않은 것은?

① 높이 20m 이상의 구조물
② 구조물의 폭과 높이의 비가 1:4 이상인 구조물
③ 이음부가 공장 제작인 구조물
④ 연면적당 철골량이 50kg/m² 이하인 구조물

정답 ③

(2) 안전난간의 설치기준

구성	상부난간대·중간난간대·발끝막이판 및 난간기둥으로 구성(중간난간대·발끝막이판 및 난간기둥은 이와 비슷한 구조 및 성능을 가진 것으로 대체가능)
상부난간대	바닥면·발판 또는 경사로의 표면으로부터 90cm 이상 지점에 설치하고, 상부난간대를 120cm 이하에 설치하는 경우에는 중간난간대는 상부난간대와 바닥면 등의 중간에 설치해야 하며, 120cm 이상 지점에 설치하는 경우에는 중간난간대를 2단 이상으로 균등하게 설치하고 난간의 상하 간격은 60cm 이하가 되도록 할 것(다만, 난간기둥간의 간격이 25cm 이하인 경우 중간난간대를 설치하지 않을 수 있다.)
발끝막이판	바닥면 등으로부터 10cm 이상의 높이를 유지할 것(물체가 떨어지거나 날아올 위험이 없거나 그 위험을 방지할 수 있는 망을 설치하는 등 필요한 예방조치를 한 장소 제외)
난간기둥	상부난간대와 중간난간대를 견고하게 떠받칠 수 있도록 적정간격을 유지할 것
상부난간대와 중간난간대	난간길이 전체에 걸쳐 바닥면 등과 평행을 유지할 것
난간대	지름 2.7cm 이상의 금속제파이프나 그 이상의 강도가 있는 재료일 것
하중	안전난간은 구조적으로 가장 취약한 지점에서 가장 취약한 방법으로 작용하는 100kg 이상의 하중에 견딜 수 있는 튼튼한 구조일 것

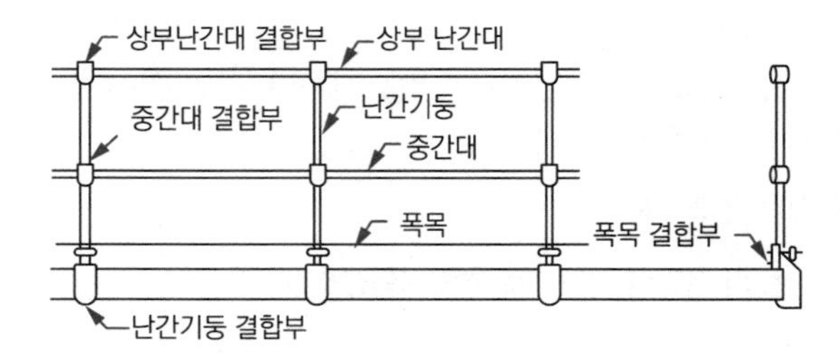

▲ 안전난간의 설치기준

5) 철골 공사 안전대책

(1) 외압(강풍에 의한 풍압)에 대한 내력 설계 확인 구조물(구조안전의 위험이 큰 구조물) ★

① 높이 20m 이상 구조물
② 구조물 폭과 높이의 비가 1 : 4 이상인 구조물
③ 연면적당 철골량이 50kg/m² 이하인 구조물
④ 단면 구조에 현저한 차이가 있는 구조물
⑤ 기둥이 타이 플래이트 형인 구조물
⑥ 이음부가 현장 용접인 구조물

(2) 용도, 사용장소, 조건에 따른 재해방지 설비 ★

구분	기능	용도, 사용장소, 조건	설비
추락방지	안전한 작업이 가능한 작업대	높이 2미터 이상의 장소로서 추락의 우려가 있는 작업	비계, 달비계, 수평통로, 안전난간대
	추락자를 보호할 수 있는 것	작업대 설치가 어렵거나 개구부 주위로 난간설치가 어려운 곳	추락방지용 방망
	추락의 우려가 있는 위험장소에서 작업자의 행동을 제한하는 것	개구부 및 작업대의 끝	난간, 울타리
	작업자의 신체를 유지시키는 것	안전한 작업대나 난간 설비를 할 수 없는 곳	안전대 부착설비, 안전대, 구명줄
비래 낙하 및 비산 방지	위에서 낙하된 것을 막는 것	철골 건립. 볼트 체결 및 기타 상하작업	방호철망, 방호울타리, 가설앵커설비
	제3자의 위해방지	볼트, 콘크리트덩어리, 형틀재, 일반자재, 먼저 등이 낙하 비산할 우려가 있는 작업	방호철망, 방호시트, 방호울타리, 방호선반, 안전망
	불꽃의 비산방지	용접, 용단을 수반하는 작업	석면포

(3) 승강 설비 설치

(기둥승강용 트랩은 16mm 철근으로 30cm 이내 간격 30cm 이상 폭)

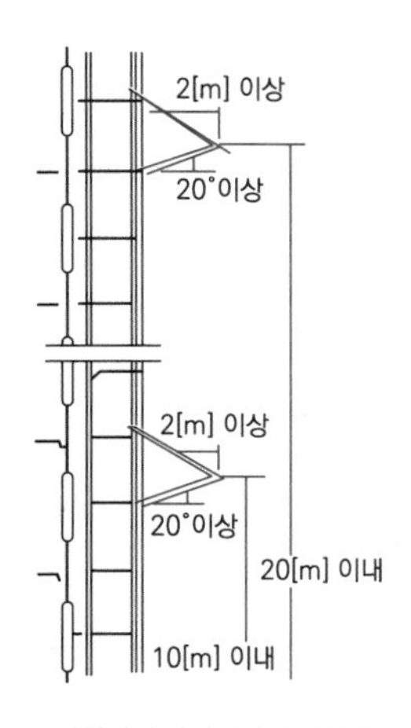

▲ 낙하비래 방지시설의 설치기준

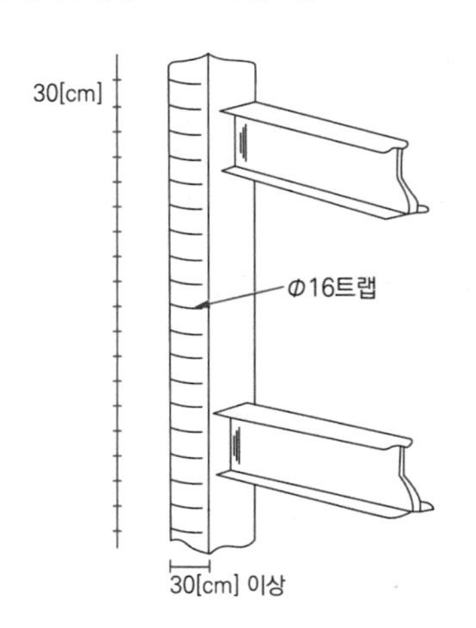

▲ 기둥승강용 트랩

예제

철골 조립작업에서 작업발판과 안전난간을 설치하기가 곤란한 경우 안전대책으로 가장 타당한 것은?

① 안전벨트 착용
② 달줄, 달포대의 사용
③ 투하설비 설치
④ 사다리 사용

정답 ①

예제

철골작업에서의 승강로 설치기준 중 ( ) 안에 알맞은 숫자는?

> 사업주는 근로자가 수직방향으로 이동하는 철골부재에는 답단간격이 ( )cm 이내인 고정된 승강로를 설치하여야 한다.

① 20
② 30
③ 40
④ 50

정답 ②

예제

철골작업을 중지하여야 하는 기준으로 옳은 것은?

① 1시간당 강설량이 1cm 이상인 경우
② 풍속이 초당 15미터 이상인 경우
③ 진도 3 이상의 지진이 발생한 경우
④ 1시간당 강우량이 1cm 이상인 경우

정답 ①

예제

다음의 토사붕괴 원인 중 외부의 힘이 작용하여 토사붕괴가 발생되는 외적 요인이 아닌 것은?

① 사면, 법면의 경사 및 기울기의 증가
② 공사에 의한 진동 및 반복하중의 증가
③ 지표수 및 지하수의 침투에 의한 토사중량의 증가
④ 토석의 강도 저하

정답 ④

예제

사면의 붕괴형태의 종류에 해당되지 않는 것은?

① 사면의 측면부 파괴
② 사면선 파괴
③ 사면 내 파괴
④ 바닥면 파괴

정답 ①

(4) 철골작업 안전기준

철골 조립시 위험 방지	① 철골의 접합부가 충분히 지지되도록 볼트 체결 ② 견고한 구조가 되기 전에는 들어올린 철골을 걸이로프로부터 분리금지
승강로 설치★	① 수직 방향으로 이동하는 철골부재 : 답단간격이 30cm 이내인 고정된 승강로 설치 ② 수평방향 철골과 수직방향 철골 연결 부분 : 연결 작업을 위한 작업 발판 설치
가설 통로 설치	철골작업 중 근로자의 주요 이동통로에는 고정된 가설통로 설치 또는 안전대 부착설비 설치
작업의 제한(작업중지) ★★★	① 풍속이 초당 10미터 이상인 경우 ② 강우량이 시간당 1밀리미터 이상인 경우 ③ 강설량이 시간당 1cm 이상인 경우

2 붕괴 방지용 안전시설

1) 토석붕괴의 원인 및 형태

(1) 붕괴 원인 ★★

외적 원인	① 사면, 법면의 경사 및 기울기의 증가 ② 절토 및 성토 높이의 증가 ③ 공사에 의한 진동 및 반복 하중의 증가 ④ 지표수 및 지하수의 침투에 의한 토사 중량의 증가 ⑤ 지진, 차량, 구조물의 하중작용 ⑥ 토사 및 암석의 혼합층 두께
내적 원인	① 절토 사면의 토질·암질 ② 성토 사면의 토질구성 및 분포 ③ 토석의 강도 저하

(2) 붕괴 형태(원호 활동) ★

형태	내용
사면선(선단)파괴 (toe failure)	경사가 급하고 비점착성 토질
사면저부(바닥면)파괴 (base failure)	경사가 완만하고 점착성인 경우, 사면의 하부에 암반 또는 굳은 지층이 있을 경우
사면 내 파괴 (slope failure)	견고한 지층이 얕게 있는 경우

(3) 토사, 구축물 등에 의한 붕괴 또는 낙하 방지 ★

① 지반은 안전한 경사로 하고 낙하의 위험이 있는 토석을 제거하거나 옹벽, 흙막이 지보공 등을 설치할 것
② 토사등의 붕괴 또는 낙하 원인이 되는 빗물이나 지하수 등을 배제할 것
③ 갱내의 낙반·측벽 붕괴의 위험이 있는 경우에는 지보공을 설치하고 부석을 제거하는 등 필요한 조치를 할 것

2) 굴착작업 시 붕괴방지

(1) 굴착작업 및 굴착면의 기울기 등

<table>
<tr><td>굴착작업 사전조사
(토사등 붕괴, 낙하방지)</td><td>① 작업장소 및 그 주변의 부석·균열의 유무
② 함수·용수 및 동결의 유무 또는 상태의 변화</td></tr>
<tr><td>굴착면 붕괴
위험방지★★★</td><td>① 굴착면의 기울기 기준
<table><tr><td>지반의 종류</td><td>모래</td><td>연암 및 풍화암</td><td>경암</td><td>그 밖의 흙</td></tr><tr><td>굴착면의 기울기</td><td>1 : 1.8</td><td>1 : 1.0</td><td>1 : 0.5</td><td>1 : 1.2</td></tr></table>② 비가 올 경우를 대비하여 측구를 설치하거나 굴착경사면에 비닐을 덮는 등 빗물 등의 침투에 의한 붕괴재해를 예방하기 위하여 필요한 조치</td></tr>
<tr><td>굴착작업시
위험방지★</td><td>토사등의 붕괴 또는 낙하에 의하여 근로자에게 위험을 미칠 우려가 있는 경우에는 미리 흙막이 지보공의 설치, 방호망의 설치 및 근로자의 출입 금지 등 그 위험을 방지하기 위하여 필요한 조치</td></tr>
<tr><td>매설물 등 파손에 의한
위험방지</td><td>① 매설물·조적벽·콘크리트벽 또는 옹벽 등의 건설물에 근접한 장소에서 굴착작업을 할 때에 해당 가설물의 파손 등에 의하여 근로자가 위험해질 우려가 있는 경우에는 해당 건설물을 보강하거나 이설하는 등 해당 위험을 방지하기 위한 조치
② 굴착작업에 의하여 노출된 매설물 등이 파손됨으로써 근로자가 위험해질 우려가 있는 경우에는 해당 매설물 등에 대한 방호조치를 하거나 이설하는 등 필요한 조치
③ 제②항의 매설물 등의 방호작업에 대하여 관리감독자에게 해당 작업을 지휘</td></tr>
<tr><td>굴착기계등에 의한
위험방지</td><td>① 굴착기계등의 사용으로 가스도관, 지중전선로, 그 밖에 지하에 위치한 공작물이 파손되어 그 결과 근로자가 위험해질 우려가 있는 경우에는 그 기계를 사용한 굴착작업을 중지할 것
② 굴착기계등의 운행경로 및 토석 적재장소의 출입방법을 정하여 관계 근로자에게 주지시킬 것</td></tr>
<tr><td>굴착기계등의 유도</td><td>① 굴착기계등이 근로자의 작업장소로 후진하여 근로자에게 접근하거나 굴러 떨어질 우려가 있는 경우에는 유도자를 배치하여 굴착기계등을 유도
② 운반기계등의 운전자는 유도자의 유도에 따라야 한다.</td></tr>
</table>

(2) 굴착면의 높이가 2m 이상 되는 지반의 굴착작업

사전조사 내용★★	작업계획서 내용
① 형상·지질 및 지층의 상태 ② 균열·함수(含水) ·용수 및 동결의 유무 또는 상태 ③ 매설물 등의 유무 또는 상태 ④ 지반의 지하수위 상태	① 굴착방법 및 순서, 토사 등 반출 방법 ② 필요한 인원 및 장비 사용계획 ③ 매설물 등에 대한 이설·보호대책 ④ 사업장 내 연락방법 및 신호방법 ⑤ 흙막이 지보공 설치방법 및 계측계획 ⑥ 작업지휘자의 배치계획 ⑦ 그 밖에 안전·보건에 관련된 사항

예제

토사붕괴를 예방하기 위한 굴착면의 기울기 기준으로 옳은 것은?

① 연암 1 : 0.5
② 풍화암 1 : 1.0
③ 모래 1 : 1.5
④ 그 밖의 흙 1 : 0.5

정답 ②

예제

연암지반을 인력으로 굴착할 때, 연직높이가 2m일 때, 수평길이는 최소 얼마 이상이 필요한가?

① 2.0m 이상
② 1.5m 이상
③ 1.0m 이상
④ 0.5m 이상

정답 ①

예제

굴착작업에서 지반의 붕괴 또는 매설물, 기타 지하공작물의 손괴 등에 의하여 근로자에게 위험을 미칠 우려가 있을 때 작업장소 및 그 주변에 대한 사전 지반조사사항으로 가장 거리가 먼 것은?

① 형상·지질 및 지층의 상태
② 매설물 등의 유무 또는 상태
③ 지표수의 흐름 상태
④ 균열·함수·용수 및 동결의 유무 또는 상태

정답 ③

예제

표준관입시험에 대한 내용으로 옳지 않은 것은?

① N치(N-value)는 지반을 30cm 굴진하는데 필요한 타격횟수를 의미한다.
② 50/3의 표기에서 50은 굴진수치, 3은 타격횟수를 의미한다.
③ 63.5kg 무게의 추를 76cm 높이에서 자유낙하하여 타격하는 시험이다.
④ 사질지반에 적용하며, 점토지반에서는 편차가 커서 신뢰성이 떨어진다.

정답 ②

(3) Sounding ★★★

표준관입 시험 (S.P.T)	① 질량 63.5±0.5kg의 드라이브 해머를 760±10mm 높이에서 자유낙하 시키고 보링로드 머리부에 부착한 노킹블록을 타격하여 보링로드 앞 끝에 부착한 표준관입 시험용 샘플러를 지반에 300mm 박아 넣는데 필요한 타격횟수 N값을 측정(타격횟수/누계관입량 으로 표시) ② 흙의 지내력 판단, 사질토 적용
Vane test	① 연약점토 지반에 십자형날개 달린 rod를 흙속에 관입 ② rod에 회전 Moment 측정

(4) 지반의 이상현상 및 안전대책 ★★

사질토 연약 지반 개량 공법	진동 다짐 공법 (vibro floatation)		수평방향으로 진동하는 vibro float를 이용 사수와 진동을 동시에 일으켜 느슨한 모래지반 개량
	다짐 모래 말뚝 공법 (vibro composer, sand compaction pile)		충격, 진동, 타입에 의해서 지반에 모래를 삽입하여 모래 말뚝을 만드는 방법
	폭파 다짐 공법		다이너마이트를 이용, 인공지진을 일으켜 느슨한 사질 지반을 다지는 공법
	전기 충격 공법		지반 속에 방전 전극을 삽입한 후 대전류를 흘려 지반속에서 고압방전을 일으켜 발생하는 충격력으로 다지는 공법
	약액 주입 공법		지반내에 주입관을 삽입, 화학약액을 지중에 충진하여 gel time이 경과한 후 지반을 고결하는 공법
	동다짐 공법		무거운 추를 자유낙하 시켜 연약 지반을 다지는 공법
점성토 연약지반 개량공법	치환 공법	굴착 치환	굴착기계로 연약층 제거 후 양질의 흙으로 치환
		미끄럼 치환	양질토를 연약지반에 재하하여 미끄럼 활동으로 치환
		폭파 치환	연약지반이 넓게 분포할 경우 폭파에너지 이용, 치환
	압밀 (재하) 공법	Preloading 공법	연약지반에 하중을 가하여 압밀시키는 공법(샌드드레인 공법 병용)
		사면선단 재하공법	성토한 비탈면 옆 부분을 더돋움하여 전단강도 증가후 제거하는 공법
		압성토 공법 (sur charge)	토사의 측방에 압성토 하거나 법면 구배를 작게 하여 활동에 저항하는 모멘트 증가
	탈수 공법	sand drain 공법	지반에 sand pile을 형성한 후 성토하중을 가하여 간극수를 단시간내 탈수하는 공법
		paper drain 공법	드레인 paper를 특수기계로 타입하여 설치하는 공법
		pack drain 공법	sand drain의 결점인 절단, 잘록함을 보완. 개량형인 포대에 모래를 채워 말뚝을 만드는 공법
	배수 공법	Deep well 공법	우물관을 설치하여 수중 펌프로 배수하는 공법
		Well point 공법	투수성이 좋은 사질지반에 well point를 설치하여 배수하는 공법
	기타공법		고결공법(생석회말뚝, 동결, 소결), 동치환공법, 전기 침투 공법 등

예제

점토질 지반의 침하 및 압밀 재해를 막기 위하여 실시하는 지반개량 탈수공법으로 적당하지 않은 것은?

① 샌드드레인 공법
② 생석회 공법
③ 진동 공법
④ 페이퍼드레인 공법

정답 ③

예제

다음 중 지하수위를 저하시키는 공법은?

① 동결 공법
② 웰포인트 공법
③ 뉴매틱케이슨 공법
④ 치환 공법

정답 ②

예제

흙막이 가시설 공사 시 사용되는 각 계측기 설치목적으로 옳지 않은 것은?

① 지표침하계-지표면 침하량 측정
② 수위계-지반 내 지하수위의 변화 측정
③ 하중계-상부 적재하중 변화 측정
④ 지중경사계-지중의 수평 변위량 측정

정답 ③

예제

잠함, 우물통, 수직갱, 그 밖에 이와 유사한 건설물 또는 설비의 내부에서 굴착작업을 하는 경우에 준수해야 할 기준으로 옳지 않은 것은?

① 산소 결핍 우려가 있는 경우에는 산소의 농도를 측정하는 사람을 지명하여 측정하도록 할 것
② 근로자가 안전하게 오르내리기 위한 설비를 설치할 것
③ 굴착 깊이가 10m를 초과하는 경우에는 해당 작업장소와 외부와의 연락을 위한 통신설비 등을 설치할 것
④ 굴착 깊이가 20m를 초과하는 경우에는 송기를 위한 설비를 설치하여 필요한 양의 공기를 공급할 것

정답 ③

3) 계측장치

(1) 계측장치의 설치

① 건설공사에 대한 유해위험방지계획서 심사 시 계측시공을 지시받은 경우
② 건설공사에서 토사나 구축물등의 붕괴로 근로자가 위험해질 우려가 있는 경우
③ 설계도서에서 계측장치를 설치하도록 하고 있는 경우

(2) 계측장치의 종류 ★

계측장치	내용
건물 경사계 (tilt meter)	지상 인접구조물의 기울기를 측정하는 기기
지표면 침하계 (level and staff)	주위 지반에 대한 지표면의 침하량을 측정하는 기기
지중 경사계 (inclino meter)	지중수평변위를 측정하여 흙막이의 기울어진 정도를 파악하는 기기
지중 침하계 (extension meter)	지중수직변위를 측정하여 지반의 침하정도를 파악하는 기기
변형계 (strain gauge)	흙막이 버팀대의 변형 정도를 파악하는 기기
하중계 (load cell)	흙막이 버팀대에 작용하는 토압, 어스 앵커의 인장력 등을 측정하는 기기
토압계 (earth pressure meter)	흙막이에 작용하는 토압의 변화를 파악하는 기기
간극 수압계 (piezo meter)	굴착으로 인한 지하의 간극수압을 측정하는 기기
지하수위계 (water level meter)	지하수의 수위변화를 측정하는 기기

4) 잠함 내 굴착작업 ★★★

급격한 침하로 인한 위험방지 (잠함 또는 우물통 내부 굴착작업)		① 침하 관계도에 따라 굴착방법 및 재하량 등을 정할 것 ② 바닥으로부터 천장 또는 보까지의 높이는 1.8m 이상으로 할 것
잠함 등 내부굴착 작업의 안전	준수사항	① 산소결핍의 우려가 있는 때에는 산소의 농도를 측정하는 자를 지명하여 측정하도록 할 것 ② 근로자가 안전하게 승강하기 위한 설비를 설치할 것 ③ 굴착깊이가 20m를 초과하는 때에는 당해 작업장소와 외부와의 연락을 위한 통신설비 등을 설치할 것
	송기 설비 설치	산소결핍이 인정되거나 굴착깊이가 20m를 초과하는 경우 송기설비 설치(공기 송급)
잠함내 굴착작업을 금지해야 하는 경우		① 승강설비, 통신설비, 송기설비에 고장이 있는 경우 ② 잠함 등의 내부에 다량의 물 등이 침투할 우려가 있는 경우

3 낙하, 비래 방지용 안전시설

1) 낙하위험방지 ★★★

낙하물에 의한 위험방지	① 낙하물 방지망 설치 ② 수직 보호망 설치 ③ 방호선반 설치 ④ 출입금지구역 설정 ⑤ 보호구 착용 등
낙하물방지망 또는 방호선반 설치시 준수사항	① 높이 10미터 이내마다 설치하고, 내민 길이는 벽면으로부터 2미터 이상으로 할 것 ② 수평면과의 각도는 20도 이상 30도 이하를 유지할 것
투하설비 설치	높이가 3미터 이상인 장소로부터 물체를 투하하는 경우 적당한 투하설비를 설치하거나 감시인을 배치하는 등 위험을 방지하기 위하여 필요한 조치

2) 수직보호망

(1) 현장에서 비계 등 가설구조물 외 측면에 수직으로 설치하여 외부로 물체가 낙하하는 것을 방지하기 위한 설비

(2) 설치 방법

강관비계	비계기둥과 띠장 간격에 맞추어 제작 설치
강관틀비계	수평 지지대 설치간격을 5.5m 이하로 설치
철골구조물	수직 지지대 설치간격을 4m 이하로 설치

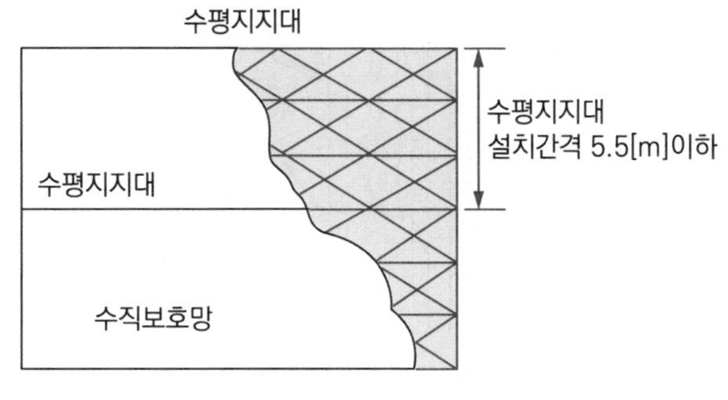

▲ 강관틀 비계에 설치하는 경우

예제

낙하물에 의한 위험방지 조치의 기준으로 옳은 것은?

① 높이가 최소 2m 이상인 곳에서 물체를 투하할 때는 적당한 투하설비를 갖춰야 한다.
② 낙하물방지망은 높이 10m 이내마다 설치한다.
③ 방호선반 설치 시 내민 길이는 벽면으로부터 3m 이상으로 한다.
④ 낙하물방지망의 설치각도는 수평면과 30~40°를 유지한다.

정답 ②

예제

다음 중 낙하위험 방지대책으로 가장 거리가 먼 것은?

① 낙하물 방지망 설치
② 방호선반 설치
③ 출입금지 구역 설정
④ 안전난간 설치

정답 ④

예제

낙하물 방지망 설치기준으로 옳지 않은 것은?

① 높이 10m 이내마다 설치한다.
② 내민 길이는 벽면으로부터 3m 이상으로 한다.
③ 수평면과의 각도는 20° 이상, 30° 이하를 유지한다.
④ 방호선반의 설치기준과 동일하다.

정답 ②

3) 낙하물 방지망

(1) 작업 중 재료나 공구 등의 낙하로 인하여 근로자, 통행인 및 통행차량 등에 발생할 수 있는 재해를 예방하기 위하여 설치하는 설비

(2) 설치기준

① 그물코는 사각 또는 마름모로서 크기는 가로, 세로 각 2cm 이하
② 방지망의 설치 간격은 매 10m 이내(첫단의 설치높이는 근로자를 방호할 수 있는 가능한 낮은 위치에 설치)
③ 방망이 수평면과 이루는 각도는 20도 이상 30도 이하 유지
④ 내민 길이는 비계 외측으로부터 수평거리 2.0m 이상
⑤ 방망을 지지하는 긴결재의 강도는 15kN 이상의 인장력에 견딜 수 있는 로프 사용
⑥ 방지망의 겹침폭은 30cm 이상
⑦ 최하단의 방지망은 작은 못, 볼트 등의 낙하물이 떨어지지 못하도록 방망의 그물코 크기가 0.3cm 이하인 망을 설치(낙하물 방호선반 설치 시 예외)

(3) 설치 후 3개월 이내마다 정기점검 실시

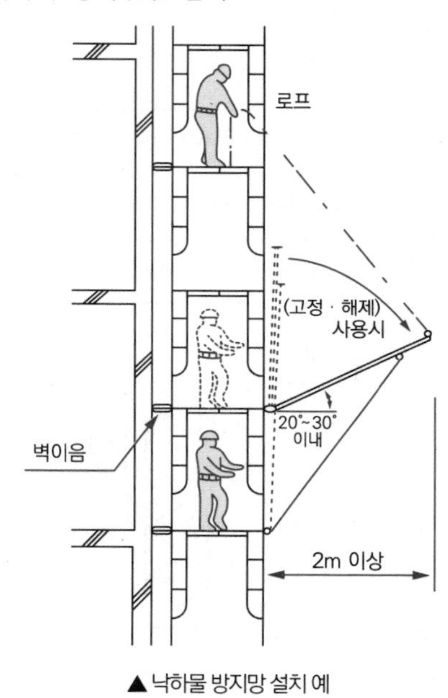

▲ 낙하물 방지망 설치 예

4) 낙하물 방호선반

(1) 작업 중 재료나 공구 등 낙하물의 위험이 있는 장소에서 근로자 통행인 및 통행차량 등에 낙하물로 인한 재해를 예방하기 위해 설치하는 설비

(2) 설치기준

① 풍압, 진동, 충격 등으로 탈락하지 않도록 견고하게 설치
② 방호선반의 바닥판은 틈새가 없도록 설치
③ 내민 길이는 비계의 외측으로부터 수평거리 2m 이상 돌출되도록 설치
④ 수평으로 설치하는 방호선반의 끝단에는 수평면으로부터 높이 60cm 이상의 난간 설치(낙하한 낙하물이 외부로 튕겨 나감을 방지)
⑤ 수평면과 이루는 각도는 방호선반의 최외측이 구조물 쪽보다 20° 이상 30° 이내
⑥ 설치 높이는 근로자를 낙하물에 의한 위험으로부터 방호할 수 있도록 가능한 낮은 위치에 설치하여야 하며 8m를 초과하여 설치할 수 없다.

02 건설공구 및 장비 안전수칙

1 건설공구의 종류 및 안전수칙

1) 석재 가공 수공구

(1) 석재가공

석재 가공에 있어서 가장 기본적으로 쓰는 공구는 정과 망치이다. 정은 돌을 다듬는데 쓰는 연장으로 타격용 도구인 망치와 함께 사용되며, 망치도 평날 망치와 양날 망치 등 용도에 따라 그 모양이 다르다.

(2) 석재 가공 순서

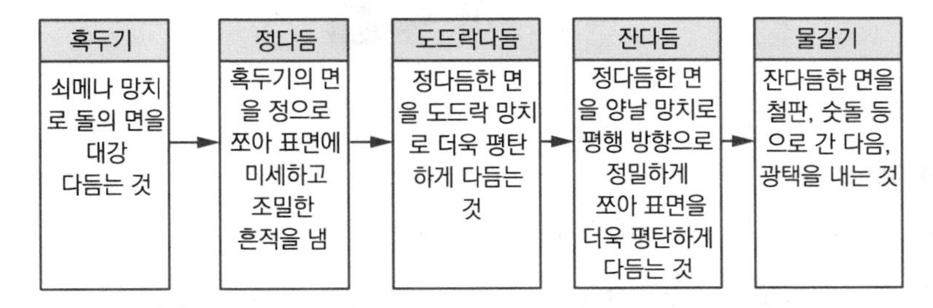

혹두기
쇠메나 망치로 돌의 면을 대강 다듬는 것
정다듬
혹두기의 면을 정으로 쪼아 표면에 미세하고 조밀한 흔적을 냄
도드락다듬
정다듬한 면을 도드락 망치로 더욱 평탄하게 다듬는 것
잔다듬
정다듬한 면을 양날 망치로 평행 방향으로 정밀하게 쪼아 표면을 더욱 평탄하게 다듬는 것
물갈기
잔다듬한 면을 철판, 숫돌 등으로 간 다음, 광택을 내는 것

2) 철근 가공 수공구

(1) 철선 작두

철선 (steel wire)	① 연강철을 늘려서 실 모양으로 가늘게 만든 것 ② 보통철선과 고강도 철선으로 구분하며, 보통철선에 아연도금을 한 것을 철사 또는 아연도금 철선이라 한다.
강선	강제의 선재, 연강 또는 경강을 선 모양으로 가공해서 만들며, 비계 등의 긴결, pc강재 등에 사용
철선 작두	철선을 필요로 하는 길이나 크기로 사용하기 위해 철선을 끊는 기구

(2) 철선 가위

철선 작두와 같이 철선을 필요한 치수로 절단하는 것으로 철선을 자르는 기구

(3) 철근 절단기

① 콘크리트는 압축력에 강하지만 인장력에는 약하므로 이것을 보강하기 위하여 콘크리트 속에 넣는 봉강을 말하며, 일반적으로 환봉이 사용된다.
② 보통철근, 이형철근, 특수철근으로 분류하며, 사용목적에 따라 인장철근, 압축철근, 전단철근, 보조철근으로 구분한다.
③ 철근 절단기(bar cutter) : 지레의 힘 또는 동력을 이용하여 철근을 필요한 치수로 절단하는 기계

▲ 철근 절단기

(4) 철근 굽히기

철근을 필요한 치수 또는 형태로 굽힐 때 사용하는 기계

소경의 철근 동시 절곡작업

직각절곡용 롤라

▲ 철근 굽히기

2 건설장비의 종류 및 안전수칙

1) 셔블계 굴착기계 ★★★

파워 셔블 (Power shovel)	① 굴착공사와 싣기에 많이 사용 ② 기계가 위치한 지반보다 높은 굴착에 유리 ③ 작업대가 견고하여 굳은 토질의 굴착에도 용이
드래그 셔블 (Back Hoe)	① 기계가 위치한 지반보다 낮은 굴착에 사용 ② power shovel의 몸체에 앞을 긁어낼 수 있는 arm과 bucket을 달고 굴착 ③ 기초 굴착 수중굴착 좁은 도랑 및 비탈면 절취 등의 작업
드래그라인 (Drag Line)	① 연한토질을 광범위하게 굴착 할 때 사용되며 굳은 지반의 굴착에는 부적합 ② 골재 채취 등에 사용되며 기계의 위치보다 낮은 곳 또는 높은 곳 작업도 가능
클램쉘 (Clam Shell)	① 지반아래 협소하고 깊은 수직굴착에 주로 사용(수중굴착 및 구조물 기초 바닥, 우물통 기초의 내부굴착 등) ② Bucket 이 양쪽으로 개폐되며 Bucket을 열어서 굴삭 ③ 모래, 자갈 등을 채취하여 트럭에 적재

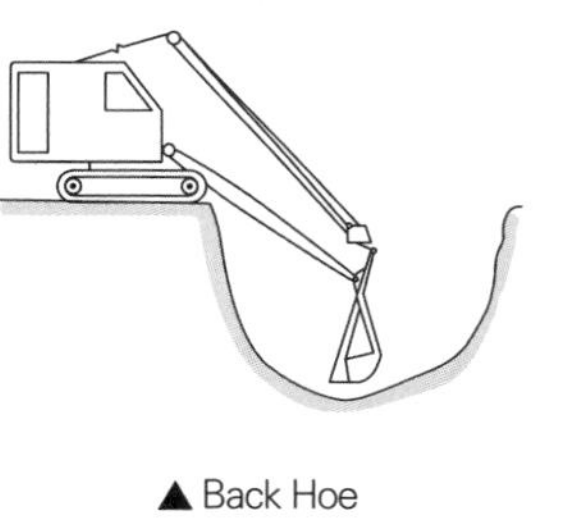

▲ Back Hoe

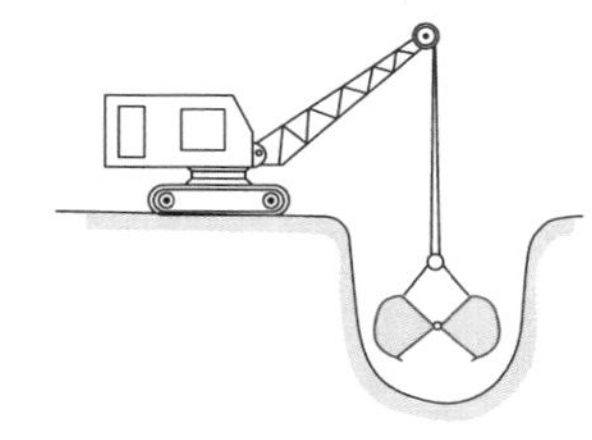

▲ Clamshell

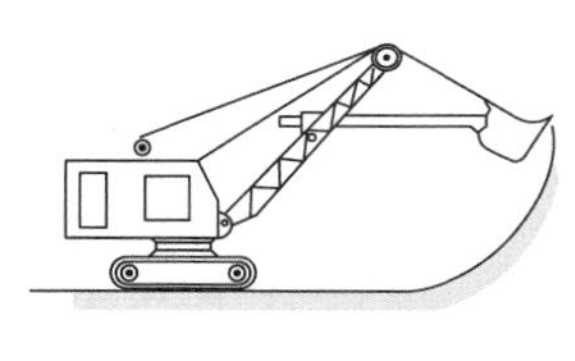

▲ Power Shovel

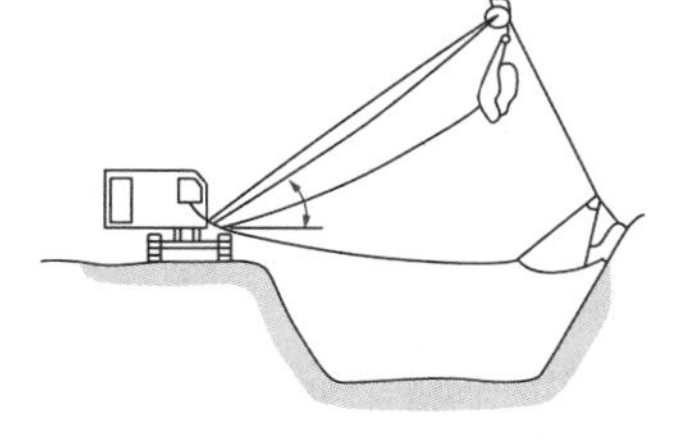

▲ Drag Line

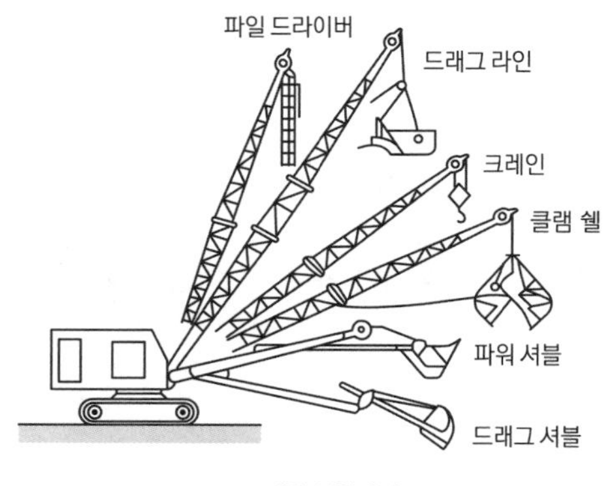

▲ 크레인 부착장비

예제

장비가 위치한 지면보다 낮은 장소를 굴착하는데 적합한 장비는?

① 백호우
② 파워셔블
③ 트럭크레인
④ 진폴

정답 ①

예제

클램쉘(Clam shell)의 용도로 옳지 않은 것은?

① 잠함안의 굴착에 사용된다.
② 수면아래의 자갈, 모래를 굴착하고 준설선에 많이 사용된다.
③ 건축구조물의 기초 등 정해진 범위의 깊은 굴착에 적합하다.
④ 단단한 지반의 작업도 가능하며 작업 속도가 빠르고 특히 암반굴착에 적합하다.

정답 ④

2) 도저계 굴착기계

(1) Bull Dozer(불도저)

① 굴착, 절토, 운반 정지작업 등을 할 수 있는 만능토공기계
② 크기는 전 장비의 중량으로 표시

(2) Blade(배토판)의 형태 및 작동방법에 의한 분류 ★

Straight Dozer	트랙터의 종방향 중심축에 배토판을 직각으로 설치하여 직선적인 굴착 및 압토작업에 효율적
Angle Dozer	배토판을 20°~30°의 수평방향으로 돌릴 수 있도록 만든 장치, 측면굴착에 유리
Tilt Dozer	배토판 좌우를 상하 25~30°까지 기울일 수 있어 도랑파기, 경사면 굴착에 유리
Hinge dozer	배토판 중앙에 힌지를 붙여 안팎으로 V자형으로 꺽을 수 있으며, 삽을 밖으로 꺽으면 흙을 옆으로 밀어내면서 전진하므로 제토·제설작업 및 다량의 흙을 앞으로 밀고 가는데 적합

(3) 주행 방법에 의한 분류 ★

① 무한궤도식 : 경사지 또는 연약 지반에 유리
② 차륜식 : 속도개선 효과가 증대

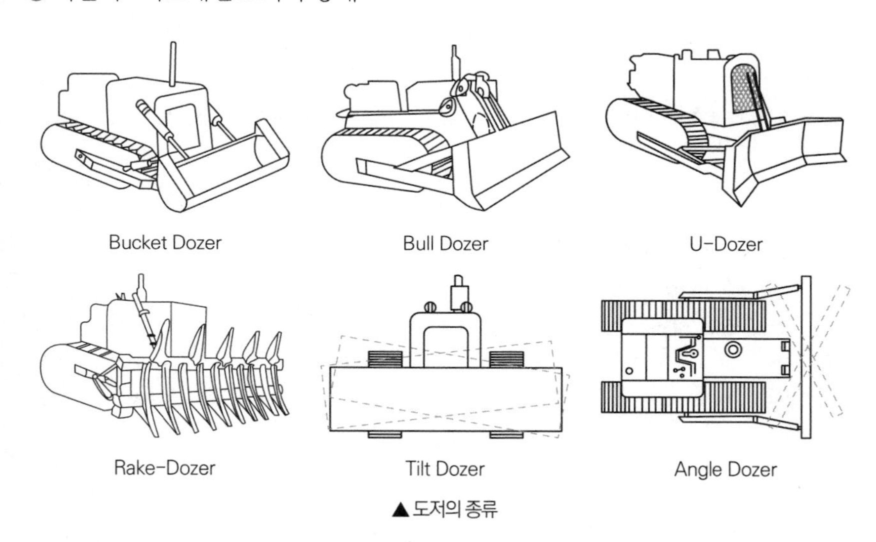

▲ 도저의 종류

(4) Scraper(스크레이퍼) 특징 ★★

① 굴착, 운반, 하역, 적재, 사토, 정지 등의 작업을 연속적으로 할 수 있는 중거리 토공기계
② 불도저보다 중량이 크고 고속운전이 가능

▲ 모터 스크레이퍼

예제

블레이드를 레버로 조정할 수 있으며, 좌우를 상하 25~30°까지 기울일 수 있는 불도저는?

① 틸트 도저
② 스트레이트 도저
③ 앵글 도저
④ 터나 도저

정답 ①

예제

굴착, 싣기, 운반, 흙깔기 등의 작업을 하나의 기계로서 연속적으로 행할 수 있으며 비행장과 같이 대규모 정지작업에 적합하고 피견인식과 자주식으로 구분할 수 있는 차량계 건설기계는?

① 크램쉘(clamshell)
② 로더(loader)
③ 불도저(buldozer)
④ 스크레이퍼(scraper)

정답 ④

(5) Motor Grader(자주식 그레이더) ★★

① 끝마무리 작업, 정지작업에 유효 : 전륜을 기울게 할 수 있어 비탈면 고르기 작업도 가능
② 상하작동, 좌우회전 및 경사, 수평선회가 가능

3) 다짐기계

(1) 전압식 ★★★

머캐덤 롤러 (MacadamRoller)	3륜으로 구성, 쇄석기층 및 자갈층 다짐에 효과적
탠덤 롤러 (Tandem Roller)	도로용 롤러이며, 2륜으로 구성되어 있고, 아스팔트 포장의 끝손질, 점성토 다짐에 사용
타이어 롤러 (Tire Roller)	① Ballast 아래에 다수의 고무타이어를 달아서 다짐 ② 사질토, 소성이 낮은 흙에 적합하며 주행속도 개선
탬핑 롤러 (Tamping Roller)	① 롤러 표면에 돌기를 만들어 부착, 땅 깊숙이 다짐 가능 ② 토립자를 이동 혼합하여 함수비 조절 용이(간극수압제거) ③ 고함수비의 점성토 지반에 효과적, 유효다짐 깊이가 깊다. ④ 흙덩어리(풍화암 등)의 파쇄 효과 및 맞물림 효과가 크다.

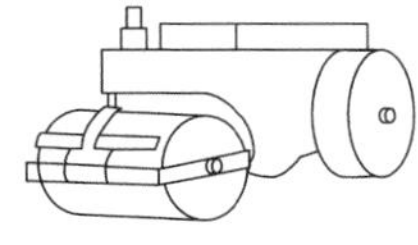
▲ 머캐덤 롤러

▲ 탠덤 롤러

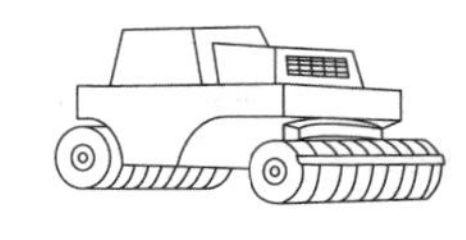
▲ 타이어 롤러

(2) 충격식 다짐기계

사질토의 다짐에 효과적인 기계

(3) 진동식 Compactor

점토질이 함유되지 않은 사질토의 다짐에 적합하며 도로, 제방, 활주로 등의 보수공사

예제

철륜 표면에 다수의 돌기를 붙여 접지면적을 작게 하여 접지압을 증가시킨 롤러로서 고함수비의 점성토 지반의 다짐 작업에 적합한 롤러는?

① 탠덤롤러
② 로드롤러
③ 타이어롤러
④ 탬핑롤러

정답 ④

PART 05

예제

항타기 및 항발기에 관한 설명으로 옳지 않은 것은?

① 도괴방지를 위해 시설 또는 가설물 등에 설치하는 때에는 그 내력을 확인하고 내력이 부족하면 그 내력을 보강해야 한다.
② 와이어로프의 한 꼬임에서 끊어진 소선(필러선을 제외한다)의 수가 10% 이상인 것은 권상용 와이어로프로 사용을 금한다.
③ 지름 감소가 공칭지름의 7%를 초과하는 것은 권상용 와이어로프로 사용을 금한다.
④ 권상용 와이어로프의 안전계수가 4이상이 아니면 이를 사용하여서는 아니 된다.

정답 ④

4) 항타기 항발기의 안전수칙

<table>
<tr><td colspan="2">무너짐 방지 준수사항</td><td>① 연약한 지반에 설치하는 경우에는 아웃트리거·받침 등 지지구조물의 침하를 방지하기 위하여 깔판·받침목 등을 사용할 것
② 시설 또는 가설물 등에 설치하는 경우에는 그 내력을 확인하고 내력이 부족하면 그 내력을 보강할 것
③ 아웃트리거·받침 등 지지구조물이 미끄러질 우려가 있는 경우에는 말뚝 또는 쐐기 등을 사용하여 해당 지지구조물을 고정시킬 것
④ 궤도 또는 차로 이동하는 항타기 또는 항발기에 대해서는 불시에 이동하는 것을 방지하기 위하여 레일 클램프(rail clamp) 및 쐐기 등으로 고정시킬 것
⑤ 상단 부분은 버팀대·버팀줄로 고정하여 안정시키고, 그 하단 부분은 견고한 버팀·말뚝 또는 철골 등으로 고정시킬 것</td></tr>
<tr><td rowspan="3">권상용 와이어로프</td><td>사용제한 조건★★★</td><td>① 이음매가 있는 것
② 와이어로프의 한 꼬임(스트랜드)에서 끊어진 소선(필러선 제외)의 수가 10% 이상(비자전로프의 경우에는 끊어진 소선의 수가 와이어로프 호칭지름의 6배 길이 이내에서 4개 이상이거나 호칭지름 30배 길이 이내에서 8개 이상)인 것
③ 지름의 감소가 공칭지름의 7%를 초과하는 것
④ 꼬인 것
⑤ 심하게 변형되거나 부식된 것
⑥ 열과 전기충격에 의해 손상된 것</td></tr>
<tr><td>안전계수★★</td><td>항타기 또는 항발기의 권상용 와이어로프의 안전계수는 5 이상</td></tr>
<tr><td>사용시 준수사항</td><td>① 권상용 와이어로프는 추 또는 해머가 최저의 위치에 있을 때 또는 널말뚝을 빼내기 시작할 때를 기준으로 권상장치의 드럼에 적어도 2회 감기고 남을 수 있는 충분한 길이일 것
② 권상용 와이어로프는 권상장치의 드럼에 클램프·클립 등을 사용하여 견고하게 고정할 것
③ 권상용 와이어로프에서 추·해머 등과의 연결은 클램프·클립 등을 사용하여 견고하게 할 것
④ 제②호 및 제③호의 클램프·클립 등은 한국산업표준 제품이거나 한국산업표준이 없는 제품의 경우에는 이에 준하는 규격을 갖춘 제품을 사용할 것</td></tr>
<tr><td rowspan="3">사용시 조치</td><td>사용시 준수사항 (동력원이 압축공기인 경우)</td><td>① 해머의 운동에 의하여 공기호스와 해머의 접속부가 파손되거나 벗겨지는 것을 방지하기 위하여 그 접속부가 아닌 부위를 선정하여 공기호스를 해머에 고정시킬 것
② 공기를 차단하는 장치를 해머의 운전자가 쉽게 조작할 수 있는 위치에 설치할 것</td></tr>
<tr><td colspan="2">권상장치의 드럼에 권상용 와이어로프가 꼬인 경우에는 와이어로프에 하중을 걸어서는 아니 된다.</td></tr>
<tr><td colspan="2">권상장치에 하중을 건 상태로 정지하여 두는 경우에는 쐐기장치 또는 역회전방지용 브레이크를 사용하여 제동하는 등 확실하게 정지시켜 두어야 한다.</td></tr>
</table>

5) 차량계 건설기계의 안전수칙 ★★★

전조등 설치	차량계 건설기계에 전조등을 갖추어야 한다. 다만, 작업을 안전하게 수행하기 위하여 필요한 조명이 있는 장소에서 사용하는 경우에는 그러하지 아니하다.
낙하물 보호구조	토사 등이 떨어질 우려가 있는 등 위험한 장소에서 차량계 건설기계를 사용하는 경우 견고한 낙하물 보호구조를 갖춰야할 대상 ① 불도저 ② 트랙터 ③ 굴착기 ④ 로더(loader : 흙 따위를 퍼올리는 데 쓰는 기계) ⑤ 스크레이퍼(scraper : 흙을 절삭·운반하거나 펴 고르는 등의 작업을 하는 토공기계) ⑥ 덤프트럭 ⑦ 모터그레이더(motor grader : 땅 고르는 기계) ⑧ 롤러(roller : 지반 다짐용 건설기계) ⑨ 천공기 ⑩ 항타기 및 항발기로 한정한다
차량계 건설기계 이송시 준수사항	자주 또는 견인에 의해 화물자동차 등에 싣거나 내리는 작업을 할 때에 발판·성토 등을 사용하는 경우 전도 또는 굴러 떨어짐에 의한 위험을 방지하기 위한 준수사항 ① 싣거나 내리는 작업은 평탄하고 견고한 장소에 할 것 ② 발판을 사용하는 경우에는 충분한 길이·폭 및 강도를 가진 것을 사용하고 적당한 경사를 유지하기 위하여 견고하게 설치할 것 ③ 자루·가설대 등을 사용하는 경우에는 충분한 폭 및 강도와 적당한 경사를 확보할 것
작업 계획서 내용	① 사용하는 차량계 건설기계의 종류 및 성능 ② 차량계 건설기계의 운행경로 ③ 차량계 건설기계에 의한 작업방법
전도 등의 방지 조치	① 유도하는 사람 배치 ② 지반의 부동침하방지 ③ 갓길의 붕괴방지 ④ 도로 폭의 유지
운전위치이탈시 조치사항	① 포크, 버킷, 디퍼 등의 장치를 가장 낮은 위치 또는 지면에 내려 둘 것 ② 원동기를 정지시키고 브레이크를 확실히 거는 등 차량계 하역운반기계 등, 차량계 건설기계의 갑작스러운 이동을 방지하기 위한 조치를 할 것 ③ 운전석을 이탈하는 경우에는 시동키를 운전대에서 분리시킬 것. 다만, 운전석에 잠금장치를 하는 등 운전자가 아닌 사람이 운전하지 못하도록 조치한 경우는 그러하지 아니하다.

예제

차량계 건설기계를 사용하는 작업 시 작업계획서 내용에 포함되는 사항이 아닌 것은?

① 사용하는 차량계 건설기계의 종류 및 성능
② 차량계 건설기계의 운행 경로
③ 차량계 건설기계에 의한 작업방법
④ 차량계 건설기계의 유도자 배치 관련 사항

정답 ④

예제

차량계 건설기계를 사용하여 작업을 하는 때에 건설기계의 전도 또는 전락에 의한 근로자의 위험을 방지하기 위하여 사업주가 취하여야 할 조치사항으로 적당하지 않은 것은?

① 도로폭의 유지
② 지반의 부동침하방지
③ 울, 손잡이 설치
④ 갓길의 붕괴방지

정답 ③

CHAPTER 05

비계·거푸집 가시설 위험방지

예제

비계를 조립, 해체하거나 또는 변경한 후 그 비계에서 작업을 할 때 당해 작업 시작 전에 점검하여야 하는 사항으로 옳지 않은 것은?

① 최대 적재하중으로 재하시험을 한다.
② 발판 재료의 손상 여부 및 부착 또는 걸림 상태를 점검한다.
③ 연결재료 및 연결철물의 손상 또는 부식 상태를 점검한다.
④ 당해 비계의 연결부 또는 접속부의 풀림 상태를 확인한다.

정답 ①

01 건설 가시설물 설치 및 관리

1 비계

1) 비계의 점검보수 ★★★

점검 보수 시기	① 비, 눈 그 밖의 기상 상태의 악화로 작업을 중지시킨 후 그 비계에서 작업할 경우 ② 비계를 조립, 해체하거나 변경한 후에 그 비계에서 작업을 하는 경우
작업 시작전 점검사항	① 발판재료의 손상여부 및 부착 또는 걸림상태 ② 당해 비계의 연결부 또는 접속부의 풀림상태 ③ 연결재료 및 연결철물의 손상 또는 부식상태 ④ 손잡이의 탈락여부 ⑤ 기둥의 침하·변형·변위 또는 흔들림 상태 ⑥ 로프의 부착상태 및 매단장치의 흔들림 상태

2) 비계의 종류

(1) 강관비계

① 조립시 준수사항

㉠ 비계기둥에는 미끄러지거나 침하하는 것을 방지하기 위하여 밑받침철물을 사용하거나 깔판·받침목 등을 사용하여 밑둥잡이를 설치하는 등의 조치를 할 것

㉡ 강관의 접속부 또는 교차부는 적합한 부속철물을 사용하여 접속하거나 단단히 묶을 것

㉢ 교차가새로 보강할 것

㉣ 외줄비계·쌍줄비계 또는 돌출비계에 대하여는 다음에 정하는 바에 따라 벽이음 및 버팀을 설치할 것

㉮ 강관비계의 조립간격은 다음의 기준에 적합하도록 정해진 기준 이내로 할 것★★

강관비계의 종류	조립간격(단위 : m 이내)	
	수직방향	수평방향
단관비계	5	5
틀비계(높이가 5m 미만의 것 제외)	6	8

㉯ 강관·통나무 등의 재료를 사용하여 견고한 것으로 할 것

㉰ 인장재와 압축재로 구성되어 있는 때에는 인장재와 압축재의 간격을 1미터 이내로 할 것

㉤ 가공전로에 근접하여 비계를 설치하는 때에는 가공전로를 이설하거나 가공전로에 절연용 방호구를 장착하는 등 가공전로와의 접촉을 방지하기 위한 조치를 할 것

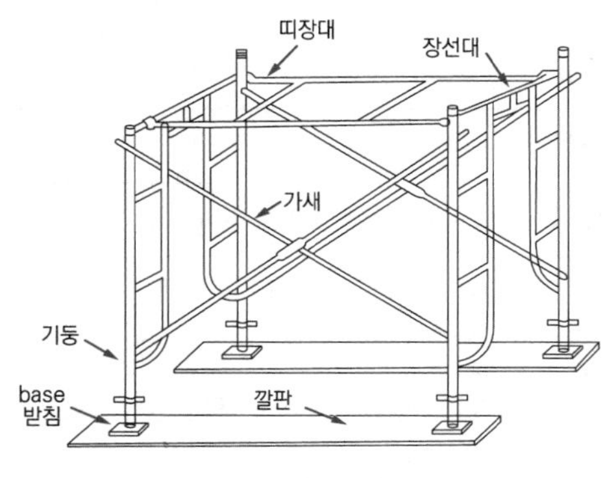

▲ 강관틀 비계

② 강관(단관)비계의 구조 ★★★

구분		내용(준수사항)	
비계기둥	띠장방향	1.85m 이하	다만, 선박 및 보트 건조작업 및 그 밖에 장비 반입·반출을 위하여 공간 등을 확보할 필요가 있는 등 작업의 성질상 비계기둥 간격에 관한 기준을 준수하기 곤란한 작업의 경우 안전성에 대한 구조검토를 실시하고 조립도를 작성하면 띠장 방향 및 장선 방향으로 각각 2.7미터 이하로 할 수 있다.
	장선방향	1.5m 이하	
띠장 간격		2.0m 이하로 설치할 것. 다만, 작업의 성질상 이를 준수하기가 곤란하여 쌍기둥틀 등에 의하여 해당 부분을 보강한 경우에는 그러하지 아니하다.	
벽 연결		수직으로 5m, 수평으로 5m 이내마다 연결	
높이 제한		비계기둥의 제일 윗부분부터 31미터되는 지점 밑부분의 비계기둥은 2개의 강관으로 묶어세울 것. 다만, 브라켓(bracket, 까치발) 등으로 보강하여 2개의 강관으로 묶을 경우 이상의 강도가 유지되는 경우에는 그러하지 아니하다.	
가 새		기둥간격 10m마다 45°각도. 처마방향 가새	
작업대		안전난간 설치	
하단부		깔판, 받침목등 사용. 밑둥잡이 설치	
적재 하중		비계 기둥간 적재 하중은 400kg을 초과하지 않도록 할 것	

예제

52m 높이로 강관비계를 세우려면 지상에서 몇 미터까지 2개의 강관으로 묶어 세워야 하는가?

① 11m
② 16m
③ 21m
④ 26m

정답 ③

예제

강관을 사용하여 비계를 구성하는 경우 준수하여야 하는 사항으로 옳지 않은 것은?

① 비계기둥의 간격은 장선 방향에서는 1.5m 이하로 할 것
② 비계기둥 간의 적재하중은 400kg을 초과하지 않도록 할 것
③ 강관(단관)비계의 벽이음 및 버팀 설치시 벽연결은 수직방향 6m, 수평방향 8m 이내로 할 것
④ 비계기둥의 제일 윗부분부터 31미터 되는 지점 밑부분의 비계기둥은 2개의 강관으로 묶어세울 것

정답 ③

예제

강관틀비계를 조립하여 사용하는 경우 준수해야할 기준으로 옳지 않은 것은?

① 수직방향으로 6m, 수평방향으로 8m 이내마다 벽이음을 할 것
② 높이가 20m를 초과하거나 중량물의 적재를 수반하는 작업을 할 경우에는 주틀 간의 간격을 2.4m 이하로 할 것
③ 길이가 띠장 방향으로 4m 이하이고 높이가 10m를 초과하는 경우에는 10m 이내마다 띠장 방향으로 버팀 기둥을 설치할 것
④ 주틀 간에 교차 가새를 설치하고 최상층 및 5층 이내마다 수평재를 설치할 것

정답 ②

예제

달비계 와이어로프의 사용금지 기준에 해당하지 않는 것은?

① 와이어로프의 한 꼬임에서 끊어진 소선의 수가 10% 이상인 것
② 지름의 감소가 공칭지름의 7%를 초과하는 것
③ 심하게 변형되거나 부식된 것
④ 균열이 있는 것

정답 ④

(2) 강관틀비계 조립 시 준수사항 ★★

구분	준수 사항
벽이음	수직방향 6미터, 수평방향 8미터 이내마다
높이 제한	전체 높이 40미터 초과금지
가새 및 수평재	주틀 간 교차가새. 최상층 및 5층 이내마다 수평재 설치
주틀 간 간격	높이 20미터를 초과하거나 중량물의 적재를 수반하는 작업을 할 경우 주틀 간의 간격 1.8미터 이하로 할 것
비계기둥 밑둥	밑받침 철물사용(밑받침에 고저차가 있는 경우에는 조절형 밑받침 철물 사용) 수평 수직 유지
버팀 기둥	길이가 띠장 방향으로 4미터 이하이고 높이가 10미터를 초과하는 경우에는 10미터 이내마다 띠장 방향으로 버팀 기둥설치

(3) 곤돌라형 달비계의 구조 ★★★

① 달비계 등의 사용금지 조건

달비계의 와이어로프	㉠ 이음매가 있는 것 ㉡ 와이어로프의 한 꼬임(스트랜드)에서 끊어진 소선(필러선 제외)의 수가 10% 이상(비자전로프의 경우에는 끊어진 소선의 수가 와이어로프 호칭지름의 6배 길이 이내에서 4개 이상이거나 호칭지름 30배 길이 이내에서 8개 이상)인 것 ㉢ 지름의 감소가 공칭지름의 7%를 초과하는 것 ㉣ 꼬인 것 ㉤ 심하게 변형되거나 부식된 것 ㉥ 열과 전기충격에 의해 손상된 것
달비계의 달기체인	㉠ 달기체인의 길이가 달기체인이 제조된 때의 길이의 5퍼센트를 초과한 것 ㉡ 링의 단면지름이 달기체인이 제조된 때의 해당 링의 지름의 10퍼센트를 초과하여 감소한 것 ㉢ 균열이 있거나 심하게 변형된 것
달기강선 및 달기강대	심하게 손상·변형 또는 부식된 것을 사용하지 않도록 할 것.

② 달기 와이어로프·달기체인·달기강선·달기강대는 한쪽 끝을 비계의 보 등에, 다른쪽 끝을 내민 보·앵커볼트 또는 건축물의 보 등에 각각 풀리지 않도록 설치할 것
③ 작업발판은 폭을 40cm 이상으로 하고 틈새가 없도록 할 것
④ 작업발판의 재료는 뒤집히거나 떨어지지 않도록 비계의 보 등에 연결하거나 고정시킬 것
⑤ 비계가 흔들리거나 뒤집히는 것을 방지하기 위하여 비계의 보·작업발판 등에 버팀을 설치하는 등 필요한 조치를 할 것
⑥ 선반비계에서는 보의 접속부 및 교차부를 철선·이음철물 등을 사용하여 확실하게 접속시키거나 단단하게 연결시킬 것

⑦ 근로자의 추락 위험을 방지하기 위하여 다음의 조치를 할 것
   ㉠ 달비계에 구명줄을 설치할 것
   ㉡ 근로자에게 안전대를 착용하도록 하고 근로자가 착용한 안전줄을 달비계의 구명줄에 체결하도록 할 것
   ㉢ 달비계에 안전난간을 설치할 수 있는 구조인 경우에는 안전난간을 설치할 것

(4) 작업의자형 달비계 설치 시 준수사항 ★★★

작업대	① 달비계의 작업대는 나무 등 근로자의 하중을 견딜 수 있는 강도의 재료를 사용하여 견고한 구조로 제작할 것 ② 작업대의 4개 모서리에 로프를 매달아 작업대가 뒤집히거나 떨어지지 않도록 연결할 것
작업용 섬유로프	① 작업용 섬유로프는 콘크리트에 매립된 고리, 건축물의 콘크리트 또는 철재 구조물 등 2개 이상의 견고한 고정점에 풀리지 않도록 결속(結束)할 것 ② 근로자가 작업용 섬유로프에 작업대를 연결하여 하강하는 방법으로 작업을 하는 경우 근로자의 조종 없이는 작업대가 하강하지 않도록 할 것
작업용 섬유로프와 구명줄	① 작업용 섬유로프와 구명줄은 다른 고정점에 결속되도록 할 것 ② 작업하는 근로자의 하중을 견딜 수 있을 정도의 강도를 가진 작업용 섬유로프, 구명줄 및 고정점을 사용할 것 ③ 작업용 섬유로프 또는 구명줄이 결속된 고정점의 로프는 다른 사람이 풀지 못하게 하고 작업 중임을 알리는 경고표지를 부착할 것 ④ 작업용 섬유로프와 구명줄이 건물이나 구조물의 끝부분, 날카로운 물체 등에 의하여 절단되거나 마모될 우려가 있는 경우에는 로프에 이를 방지할 수 있는 보호 덮개를 씌우는 등의 조치를 할 것
작업용 섬유로프 또는 안전대의 섬유벨트 사용금지	① 꼬임이 끊어진 것 ② 심하게 손상되거나 부식된 것 ③ 2개 이상의 작업용 섬유로프 또는 섬유벨트를 연결한 것 ④ 작업높이보다 길이가 짧은 것
근로자 추락위험 방지조치	① 달비계에 구명줄을 설치할 것 ② 근로자에게 안전대를 착용하도록 하고 근로자가 착용한 안전줄을 달비계의 구명줄에 체결하도록 할 것

(5) 달대비계 ★

설치 목적	철골공사의 리벳치기 작업이나 볼트작업을 위해 작업발판을 철골에 매달아 사용하는 것으로 바닥에 외부비계의 설치가 부적절한 높은곳의 작업공간을 확보하기 위한 목적으로 설치
조립시 준수사항	① 달대비계를 매다는 철선은 #8소성철선을 사용하며 4가닥정도로 꼬아서 하중에 대한 안전계수가 8 이상 확보되어야 한다. ② 철근을 사용할 경우 19mm 이상을 쓰며 작업자는 반드시 안전모와 안전대를 착용해야 한다.

예제

작업의자형 달비계를 설치하는 경우 준수해야 할 사항으로 옳지 않은 것은?

① 작업대의 4개 모서리에 로프를 매달아 작업대가 뒤집히거나 떨어지지 않도록 연결할 것
② 작업용 섬유로프는 콘크리트에 매립된 고리, 건축물의 콘크리트 또는 철재 구조물 등 2개 이상의 견고한 고정점에 풀리지 않도록 결속할 것
③ 작업용 섬유로프와 구명줄은 같은 고정점에 견고하게 결속되도록 할 것
④ 작업하는 근로자의 하중을 견딜 수 있을 정도의 강도를 가진 작업용 섬유로프, 구명줄 및 고정점을 사용할 것

정답 ③

예제

철골조립 공사 중에 볼트작업을 하기 위해 주체인 철골에 매달아서 작업발판으로 이용하는 비계는?

① 달비계
② 말비계
③ 선반비계
④ 달대비계

정답 ④

예제

말비계를 조립하여 사용할 때의 준수사항으로 옳지 않은 것은?

① 지주부재의 하단에는 미끄럼 방지 장치를 한다.
② 양측 끝부분에 올라서서 작업하여야 한다.
③ 지주부재와 수평면과의 기울기를 75° 이하로 한다.
④ 말비계의 높이가 2m를 초과할 경우에는 작업발판의 폭을 40cm 이상으로 한다.

정답 ②

예제

이동식 비계를 조립하여 작업을 하는 경우의 준수사항으로 틀린 것은?

① 승강용사다리는 견고하게 설치할 것
② 작업발판의 최대적재하중은 250kg을 초과하지 않도록 할 것
③ 비계의 최상부에서 작업을 하는 경우에는 안전난간을 설치할 것
④ 작업발판은 항상 수평을 유지하고 작업발판 위에서 안전난간을 딛고 작업을 하거나 받침대 또는 사다리를 사용하여 작업하도록 할 것

정답 ④

(6) 말비계의 조립 시 준수사항 ★★★

① 지주부재의 하단에는 미끄럼 방지장치를 하고, 양측 끝부분에 올라서서 작업하지 않도록 할 것
② 지주부재와 수평면과의 기울기를 75도 이하로 하고, 지주부재와 지주부재 사이를 고정시키는 보조부재를 설치할 것
③ 말비계의 높이가 2m를 초과할 경우에는 작업발판의 폭을 40cm 이상으로 할 것

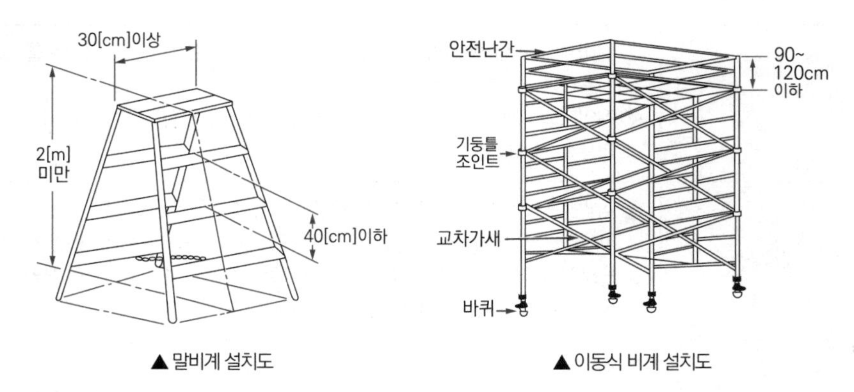

▲ 말비계 설치도 ▲ 이동식 비계 설치도

(7) 이동식 비계 ★★

조립하여 작업하는 경우 준수사항	① 이동식비계의 바퀴에는 뜻밖의 갑작스러운 이동 또는 전도를 방지하기 위하여 브레이크·쐐기 등으로 바퀴를 고정시킨 다음 비계의 일부를 견고한 시설물에 고정하거나 아웃트리거를 설치하는 등 필요한 조치를 할 것 ② 승강용 사다리는 견고하게 설치할 것 ③ 비계의 최상부에서 작업을 하는 경우에는 안전난간을 설치할 것 ④ 작업발판은 항상 수평을 유지하고 작업발판 위에서 안전난간을 딛고 작업을 하거나 받침대 또는 사다리를 사용하여 작업하지 않도록 할 것 ⑤ 작업발판의 최대적재하중은 250킬로그램을 초과하지 않도록 할 것
사용상 준수사항	① 승강용 사다리는 견고하게 부착 ② 비계의 최대높이는 밑변 최소 폭의 4배 이하 ③ 최대 적재 하중 표시 ④ 안전모 착용 및 지지로프 설치 ⑤ 상하 동시 작업시에는 충분한 연락을 취하면서 작업 ⑥ 재료, 공구의 오르내리기에는 포대, 로프 등 이용

(8) 시스템 비계

구조	① 수직재·수평재·가새재를 견고하게 연결하는 구조가 되도록 할 것 ② 비계 밑단의 수직재와 받침철물은 밀착되도록 설치하고, 수직재와 받침철물의 연결부의 겹침길이는 받침철물 전체길이의 3분의 1 이상이 되도록 할 것 ③ 수평재는 수직재와 직각으로 설치하여야 하며, 체결 후 흔들림이 없도록 견고하게 설치할 것 ④ 수직재와 수직재의 연결철물은 이탈되지 않도록 견고한 구조로 할 것 ⑤ 벽 연결재의 설치간격은 제조사가 정한 기준에 따라 설치할 것
조립 작업시 준수사항	① 비계 기둥의 밑둥에는 밑받침 철물을 사용하여야 하며, 밑받침에 고저차가 있는 경우에는 조절형 밑받침 철물을 사용하여 시스템 비계가 항상 수평 및 수직을 유지하도록 할 것 ② 경사진 바닥에 설치하는 경우에는 피벗형 받침 철물 또는 쐐기 등을 사용하여 밑받침 철물의 바닥면이 수평을 유지하도록 할 것 ③ 가공전로에 근접하여 비계를 설치하는 경우에는 가공전로를 이설하거나 가공전로에 절연용 방호구를 설치하는 등 가공전로와의 접촉을 방지하기 위하여 필요한 조치를 할 것 ④ 비계 내에서 근로자가 상하 또는 좌우로 이동하는 경우에는 반드시 지정된 통로를 이용하도록 주지시킬 것 ⑤ 비계 작업 근로자는 같은 수직면상의 위와 아래 동시 작업을 금지할 것 ⑥ 작업발판에는 제조사가 정한 최대적재하중을 초과하여 적재해서는 아니되며, 최대적재하중이 표기된 표지판을 부착하고 근로자에게 주지시키도록 할 것

3) 비계 조립 시 안전조치

(1) 비계 조립 해체 및 변경 ★

① 근로자가 관리감독자의 지휘에 따라 작업하도록 할 것
② 조립·해체 또는 변경의 시기·범위 및 절차를 그 작업에 종사하는 근로자에게 교육할 것
③ 조립·해체 또는 변경작업구역 내에는 해당 작업에 종사하는 근로자가 아닌 사람의 출입을 금지하고 그 내용을 보기 쉬운 장소에 게시할 것
④ 비·눈 그 밖의 기상상태의 불안정으로 날씨가 몹시 나쁜 경우에는 그 작업을 중지시킬 것
⑤ 비계재료의 연결·해체작업을 하는 때에는 폭 20cm 이상의 발판을 설치하고 근로자로 하여금 안전대를 사용하도록 하는 등 추락을 방지하기 위한 조치를 할 것
⑥ 재료·기구 또는 공구 등을 올리거나 내리는 경우에는 근로자가 달줄 또는 달포대 등을 사용하게 할 것

예제

다음은 산업안전보건법령에 따른 시스템 비계의 구조에 관한 사항이다. ( )안에 들어갈 내용으로 옳은 것은?

> 비계 밑단의 수직재와 받침철물은 밀착되도록 설치하고, 수직재와 받침철물의 연결부의 겹침길이는 받침철물 전체길이의 ( ) 이상이 되도록 할 것

① 2분의 1
② 3분의 1
③ 4분의 1
④ 5분의 1

정답 ②

예제

다음은 달비계 또는 높이 5m 이상의 비계를 조립·해체하거나 변경하는 작업을 하는 경우에 대한 내용이다. ( )에 알맞은 숫자는?

> 비계재료의 연결·해체작업을 하는 경우에는 폭 ( )cm 이상의 발판을 설치하고 근로자로 하여금 안전대를 사용하도록 하는 등 추락을 방지하기 위한 조치를 할 것

① 15
② 20
③ 25
④ 30

정답 ②

가설구조물의 문제점으로 옳지 않은 것은?

① 도괴재해의 가능성이 크다.
② 추락재해 가능성이 크다.
③ 부재의 결합이 간단하나 연결부가 견고하다.
④ 구조물이라는 통상의 개념이 확고하지 않으며 조립의 정밀도가 낮다.

정답 ③

예제

산업안전기준에 관한 규칙에 따른 작업장의 안전기준에 대한 설명으로 옳지 않은 것은?

① 작업장 비상구의 문은 피난방향으로 열리도록 할 것
② 작업장의 통로는 90럭스(lux) 이상의 채광 또는 조명시설을 할 것
③ 작업장의 옥내통로는 통로면 으로부터 높이 2m 이내에는 장애물이 없도록 할 것
④ 작업장의 연면적이 400m² 이상이거나 상시 50인 이상의 근로자가 작업하는 옥내작업장에는 경보용 설비 또는 기구를 설치할 것

정답 ②

4) 가설구조물의 안전

(1) 가설구조물의 특성 및 구비조건 ★

구조적인 특성	구조물개념(정밀도)	구조물에 대한 개념이 확고하지 않아 조립정밀도가 낮다.
	연결재	연결재가 적은 구조가 되기 쉽다.
	부재의 결합	부재의 결합이 간략하여 불완전 결합이 되기 쉽다.
	부재의 상태	부재가 과소단면 이거나 결함이 있는 재료를 사용하기 쉽다.
	구조계산 기준	구조계산의 기준이 부족하여 구조적인 문제점이 많다.
구비요건 (가설재의 3요소)	안전성	파괴 및 도괴 등에 대한 충분한 강도를 가질 것
	작업성(시공성)	넓은 작업발판 및 공간확보. 안전한 작업자세 유지
	경제성	가설, 철거비 및 가공비 등

(2) 가설구조물의 좌굴 현상

① 단면적에 비해 상대적으로 길이가 긴 부재가 압축력에 의해 하중방향과 직각방향으로 변위가 생기는 현상(가늘고 긴 기둥 등이 압축력에 의해 휘어지는 현상)
② 좌굴을 일으키기 시작하는 한계의 압력을 좌굴 하중이라 하며, 좌굴하중을 물체의 단면적으로 나눈 값을 좌굴 응력이라 한다.
③ 좌굴발생 요인
㉠ 압축력
㉡ 단면보다 상대적으로 긴 부재
④ 좌굴방지 : 부재의 끝을 회전하지 않도록 구속하거나, 중간에 보를 연결하는 등 부재에 작용하는 하중을 경감시켜야 한다.

2 작업통로 및 발판

1) 통로의 안전

(1) 설치 및 조명기준 ★

통로의 설치	① 작업장으로 통하는 장소 또는 작업장 내에 근로자가 사용할 안전한 통로를 설치하고 항상 사용할 수 있는 상태로 유지하여야 한다. ② 통로의 주요부분에는 통로 표시를 하고 근로자가 안전하게 통행할 수 있도록 하여야 한다. ③ 통로면으로부터 높이 2m 이내에는 장애물이 없도록 하여야 한다.(부득이 할 경우 안전조치)
통로의 조명	근로자가 안전하게 통행할 수 있도록 통로에 75럭스 이상의 채광 또는 조명시설

(2) 위험물질 제조·취급 작업장의 비상구 ★★

설치기준	① 출입구와 같은 방향에 있지 아니하고, 출입구로부터 3m 이상 떨어져 있을 것 ② 작업장의 각 부분으로부터 하나의 비상구 또는 출입구까지의 수평거리가 50m 이하가 되도록 할 것. 다만, 작업장이 있는 층에 피난층 또는 지상으로 통하는 직통계단(경사로 포함)을 설치한 경우에는 그 부분에 한정하여 본문에 따른 기준을 충족한 것으로 본다. ③ 비상구의 너비는 0.75m 이상으로 하고, 높이는 1.5m 이상으로 할 것 ④ 비상구의 문은 피난방향으로 열리도록 하고, 실내에서 항상 열 수 있는 구조로 할 것
상태유지	① 비상구에 문을 설치하는 경우 항상 사용할 수 있는 상태로 유지 ② 출입구외 1개 이상 설치. 다만, 작업장 바닥면의 가로 및 세로가 3미터 미만인 경우는 제외

(3) 가설통로 및 사다리식 통로 ★★★

가설 통로	① 견고한 구조로 할 것 ② 경사는 30도 이하로 할 것(계단을 설치하거나 높이 2미터 미만의 가설통로로서 튼튼한 손잡이를 설치한 경우에는 그러하지 아니하다) ③ 경사가 15도를 초과하는 경우에는 미끄러지지 아니하는 구조로 할 것 ④ 추락할 위험이 있는 장소에는 안전난간을 설치할 것(작업상 부득이한 경우에는 필요한 부분만 임시로 해체할 수 있다) ⑤ 수직갱에 가설된 통로의 길이가 15미터 이상인 경우에는 10미터 이내마다 계단참을 설치할 것 ⑥ 건설공사에 사용하는 높이 8미터 이상인 비계다리에는 7미터 이내마다 계단참을 설치할 것
사다리식 통로	① 견고한 구조로 할 것 ② 심한 손상·부식 등이 없는 재료를 사용할 것 ③ 발판의 간격은 일정하게 할 것 ④ 발판과 벽과의 사이는 15cm 이상의 간격을 유지할 것 ⑤ 폭은 30cm 이상으로 할 것 ⑥ 사다리가 넘어지거나 미끄러지는 것을 방지하기 위한 조치를 할 것 ⑦ 사다리의 상단은 걸쳐놓은 지점으로부터 60cm 이상 올라가도록 할 것 ⑧ 사다리식 통로의 길이가 10미터 이상인 경우에는 5미터 이내마다 계단참을 설치할 것 ⑨ 사다리식 통로의 기울기는 75도 이하로 할 것. 다만, 고정식 사다리식 통로의 기울기는 90도 이하로 하고, 그 높이가 7미터 이상인 경우에는 다음 각 목의 구분에 따른 조치를 할 것 ㉮ 등받이울이 있어도 근로자 이동에 지장이 없는 경우 : 바닥으로부터 높이가 2.5미터 되는 지점부터 등받이울을 설치할 것 ㉯ 등받이울이 있으면 근로자가 이동이 곤란한 경우 : 한국산업표준에서 정하는 기준에 적합한 개인용 추락방지 시스템을 설치하고 근로자로 하여금 한국산업표준에서 정하는 기준에 적합한 전신안전대를 사용하도록 할 것 ⑩ 접이식 사다리 기둥은 사용시 접혀지거나 펼쳐지지 않도록 철물 등을 사용하여 견고하게 조치할 것

※ 잠함 내 사다리식 통로와 건조·수리 중인 선박의 구명줄이 설치된 사다리식 통로(건조·수리작업을 위하여 임시로 설치한 사다리식 통로는 제외)에 대해서는 사다리식 통로구조의 제⑤호부터 제⑩호까지의 규정을 적용하지 아니한다.

예제

현장에서 가설통로의 설치 시 준수사항으로 옳지 않은 것은?

① 건설공사에 사용하는 높이 8m 이상인 비계다리에는 10m 이내마다 계단참을 설치할 것
② 수직갱에 가설된 통로의 길이가 15m 이상인 때에는 10m 이내마다 계단참을 설치할 것
③ 경사가 15°를 초과하는 때에는 미끄러지지 아니하는 구조로 할 것
④ 경사는 30° 이하로 할 것

정답 ①

예제

사다리식 통로 등을 설치하는 경우 준수해야 할 기준으로 옳지 않은 것은?

① 발판과 벽과의 사이는 15cm 이상을 유지할 것
② 폭은 20cm 이상의 간격을 유지할 것
③ 사다리식 통로의 기울기는 75도 이하로 할 것
④ 사다리의 상단은 걸쳐놓은 지점으로부터 60cm 이상 올라가도록 할 것

정답 ②

예제

가설통로 중 경사로를 설치, 사용함에 있어 준수해야 할 사항으로 옳지 않은 것은?

① 경사로의 폭은 최소 90cm 이상이어야 한다.
② 비탈면의 경사각을 45도 내외로 한다.
③ 높이 7미터 이내마다 계단참을 설치하여야 한다.
④ 추락방지용 안전난간을 설치하여야 한다.

정답 ②

예제

작업장 계단 및 계단참의 설치기준으로 옳지 않은 것은?

① 계단 및 계단참을 설치할 때 안전율은 4이상으로 할 것
② 계단을 설치하는 경우 그 폭을 1m 이상으로 할 것
③ 높이가 3m를 초과하는 계단에 높이 3m 이내마다 진행방향으로 길이 1.5m 이상의 계단참을 설치할 것
④ 높이 1m 이상인 계단의 개방된 측면에는 안전난간을 설치할 것

정답 ③

(4) 경사로 설치 및 사용 시 준수사항 ★

① 시공 하중 또는 폭풍, 진동 등 외력에 대하여 안전한 설계

㉠ 목재 경사로 ㉡ 철재 경사로

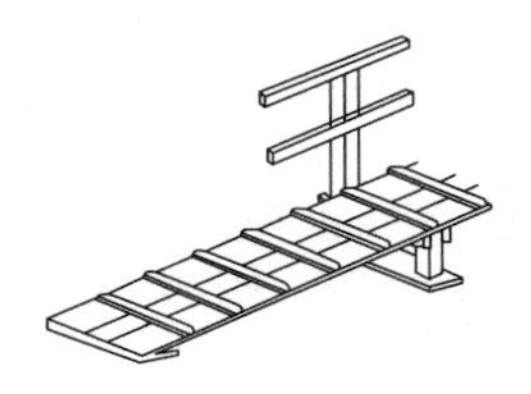

② 경사로는 항상 정비하고 안전통로를 확보하여야 한다.
③ 비탈면의 경사각은 30도 이내로 하고 미끄럼막이 간격은 정해진 기준에 의한다.
④ 경사로의 폭은 최소 90cm 이상
⑤ 높이 7m 이내마다 계단참 설치
⑥ 추락방지용 안전난간 설치
⑦ 경사로 지지기둥은 3m 이내마다 설치
⑧ 발판은 폭 40cm 이상으로 하고, 틈은 3cm 이내로 설치 등

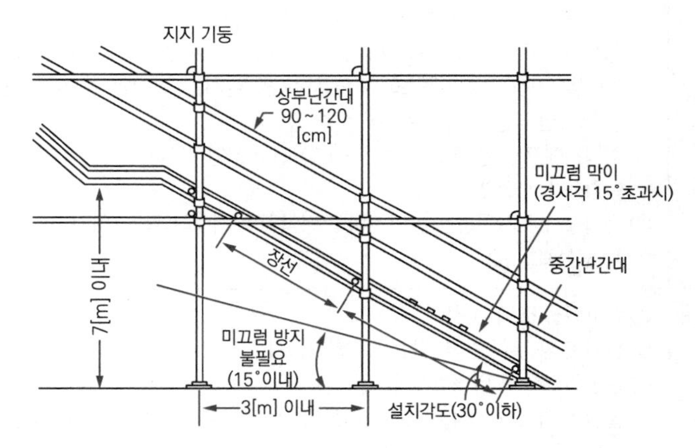

▲ 가설통로(경사로)

(5) 계단의 안전기준 ★★★

계단 및 계단참의 강도	① 매제곱미터당 500킬로그램 이상의 하중에 견딜 수 있는 강도를 가진 구조로 설치 ② 안전율(재료의 파괴응력도와 허용응력도의 비율을 말한다)은 4 이상 ③ 계단 및 승강구 바닥을 구멍이 있는 재료로 만드는 경우 렌치나 그 밖의 공구 등이 낙하할 위험이 없는 구조
계단의 폭	폭은 1미터 이상(급유용·보수용·비상용 계단 및 나선형 계단이거나 높이 1미터 미만의 이동식 계단은 제외)이며 손잡이 외 다른 물건 설치, 적재금지
계단참의 높이	높이가 3미터를 초과하는 계단에 높이 3미터 이내마다 진행방향으로 길이 1.2미터 이상의 계단참 설치
천장의 높이	바닥면으로부터 높이 2미터 이내의 공간에 장애물이 없을 것(급유용·보수용·비상용 계단 및 나선형 계단은 제외)
계단의 난간	높이 1미터 이상인 계단의 개방된 측면에는 안전난간설치

(6) 가설도로 및 우회로의 설치시 준수사항

① 도로는 장비 및 차량이 안전하게 운행할 수 있도록 견고하게 설치할 것
② 도로와 작업장이 접하여 있을 경우에는 울타리(방책) 등을 설치할 것
③ 도로는 배수를 위하여 경사지게 설치하거나 배수시설을 설치할 것
④ 차량의 속도제한 표지를 부착할 것

2) 작업발판의 안전

(1) 비계높이 2m 이상 장소의 작업발판 설치기준(달비계, 달대비계, 말비계 제외) ★

① 발판재료는 작업할 때의 하중을 견딜 수 있도록 견고한 것으로 할 것
② 작업발판의 폭은 40cm 이상으로 하고, 발판재료 간의 틈은 3cm 이하로 할 것
③ 제②호에도 불구하고 선박 및 보트 건조작업의 경우 선박블록 또는 엔진실 등의 좁은 작업공간에 작업발판을 설치하기 위하여 필요하면 작업발판의 폭을 30cm 이상으로 할 수 있고, 걸침비계의 경우 강관기둥 때문에 발판재료 간의 틈을 3cm 이하로 유지하기 곤란하면 5cm 이하로 할 수 있다. 이 경우 그 틈 사이로 물체 등이 떨어질 우려가 있는 곳에는 출입금지 등의 조치를 할 것
④ 추락의 위험성이 있는 장소에는 안전난간을 설치할 것(안전난간설치가 곤란한 경우, 작업의 필요상 임시로 안전난간 해체시 추락방호망 또는 안전대 사용 등 추락에 의한 위험방지조치)
⑤ 작업발판의 지지물은 하중에 의하여 파괴될 우려가 없는 것을 사용할 것
⑥ 작업발판재료는 뒤집히거나 떨어지지 않도록 둘 이상의 지지물에 연결하거나 고정시킬 것
⑦ 작업발판을 작업에 따라 이동시킬 경우에는 위험방지에 필요한 조치를 할 것

Key point

※ 가설도로의 최고허용 경사도는 부득이한 경우를 제외하고는 10퍼센트를 넘어서는 안 된다.

예제

비계(달비계, 달대비계 및 말비계는 제외)의 높이가 2m 이상인 작업장소에 설치하는 작업발판의 구조 및 설비에 관한 기준으로 옳지 않은 것은?

① 작업발판의 폭이 40cm 이상이 되도록 한다.
② 발판재료 간의 틈은 3cm 이하로 한다.
③ 작업발판을 작업에 따라 이동시킬 경우에는 위험방지에 필요한 조치를 한다.
④ 작업발판재료는 뒤집히거나 떨어지지 않도록 하나 이상의 지지물에 연결하거나 고정시킨다.

정답 ④

3 거푸집 및 동바리

1) 거푸집의 필요조건

(1) 목적

타설기간, 양생기간 동안 콘크리트의 위치, 치수, 모양을 정확하게 확보하기 위한 가설물로서 하중, 진동, 기상변화로부터 콘크리트를 보호

(2) 필요조건

① 가공용이, 치수정확
② 수밀성 확보, 내수성유지
③ 경제성
④ 외력에 강하고, 청소, 보수용이

2) 거푸집 및 동바리의 조립 시 안전조치 사항

(1) 조립도

① 구조를 검토한 후 조립도를 작성하여 조립도에 의해 조립
② 조립도에 명시해야 할 사항
 ㉠ 부재의 재질
 ㉡ 단면규격
 ㉢ 설치간격 및 이음방법 등

3) 조립 시 안전조치 ★★★

거푸집 조립 시의 안전조치	① 거푸집이 콘크리트 하중이나 그 밖의 외력에 견딜 수 있거나, 넘어지지 않도록 견고한 구조의 긴결재, 버팀대 또는 지지대를 설치하는 등 필요한 조치를 할 것 ② 거푸집이 곡면인 경우에는 버팀대의 부착 등 그 거푸집의 부상을 방지하기 위한 조치를 할 것
동바리 조립 시의 안전조치	① 받침목이나 깔판의 사용, 콘크리트 타설, 말뚝박기 등 동바리의 침하를 방지하기 위한 조치를 할 것 ② 동바리의 상하 고정 및 미끄러짐 방지 조치를 할 것 ③ 상부·하부의 동바리가 동일 수직선상에 위치하도록 하여 깔판·받침목에 고정시킬 것 ④ 개구부 상부에 동바리를 설치하는 경우에는 상부하중을 견딜 수 있는 견고한 받침대를 설치할 것 ⑤ U헤드 등의 단판이 없는 동바리의 상단에 멍에 등을 올릴 경우에는 해당 상단에 U헤드 등의 단판을 설치하고, 멍에 등이 전도되거나 이탈되지 않도록 고정시킬 것 ⑥ 동바리의 이음은 같은 품질의 재료를 사용할 것 ⑦ 강재의 접속부 및 교차부는 볼트·클램프 등 전용철물을 사용하여 단단히 연결할 것 ⑧ 거푸집의 형상에 따른 부득이한 경우를 제외하고는 깔판이나 받침목은 2단 이상 끼우지 않도록 할 것 ⑨ 깔판이나 받침목을 이어서 사용하는 경우에는 그 깔판·받침목을 단단히 연결할 것

거푸집동바리 조립도에 명시해야 할 사항과 거리가 가장 먼 것은?

① 작업환경 조건
② 부재의 재질
③ 단면규격
④ 설치간격

정답 ①

동바리 유형에 따른 동바리 조립 시의 안전조치	① 동바리로 사용하는 파이프 서포트의 경우 ㉮ 파이프 서포트를 3개 이상 이어서 사용하지 않도록 할 것 ㉯ 파이프 서포트를 이어서 사용하는 경우에는 4개 이상의 볼트 또는 전용철물을 사용하여 이을 것 ㉰ 높이가 3.5미터를 초과하는 경우에는 높이 2미터 이내마다 수평연결재를 2개 방향으로 만들고 수평연결재의 변위를 방지할 것 ② 동바리로 사용하는 강관틀의 경우 ㉮ 강관틀과 강관틀 사이에 교차가새를 설치할 것 ㉯ 최상단 및 5단 이내마다 동바리의 측면과 틀면의 방향 및 교차가새의 방향에서 5개 이내마다 수평연결재를 설치하고 수평연결재의 변위를 방지할 것 ㉰ 최상단 및 5단 이내마다 동바리의 틀면의 방향에서 양단 및 5개틀 이내마다 교차가새의 방향으로 띠장틀을 설치할 것 ③ 동바리로 사용하는 조립강주의 경우 : 조립강주의 높이가 4미터를 초과하는 경우에는 높이 4미터 이내마다 수평연결재를 2개 방향으로 설치하고 수평연결재의 변위를 방지할 것 ④ 시스템 동바리의 경우 ㉮ 수평재는 수직재와 직각으로 설치해야 하며, 흔들리지 않도록 견고하게 설치할 것 ㉯ 연결철물을 사용하여 수직재를 견고하게 연결하고, 연결부위가 탈락 또는 꺾어지지 않도록 할 것 ㉰ 수직 및 수평하중에 대해 동바리의 구조적 안정성이 확보되도록 조립도에 따라 수직재 및 수평재에는 가새재를 견고하게 설치할 것 ㉱ 동바리 최상단과 최하단의 수직재와 받침철물은 서로 밀착되도록 설치하고 수직재와 받침철물의 연결부의 겹침길이는 받침철물 전체길이의 3분의 1 이상 되도록 할 것 ⑤ 보 형식의 동바리[강제 갑판(steel deck), 철재트러스 조립 보 등 수평으로 설치하여 거푸집을 지지하는 동바리]의 경우 ㉮ 접합부는 충분한 걸침 길이를 확보하고 못, 용접 등으로 양끝을 지지물에 고정시켜 미끄러짐 및 탈락을 방지할 것 ㉯ 양끝에 설치된 보 거푸집을 지지하는 동바리 사이에는 수평연결재를 설치하거나 동바리를 추가로 설치하는 등 보 거푸집이 옆으로 넘어지지 않도록 견고하게 할 것 ㉰ 설계도면, 시방서 등 설계도서를 준수하여 설치할 것

예제

거푸집동바리 등을 조립하는 경우에 준수해야 할 기준으로 옳지 않은 것은?

① 동바리의 이음은 같은 품질의 재료를 사용할 것
② 강재의 접속부 및 교차부는 볼트·클램프 등 전용철물을 사용하여 단단히 연결할 것
③ 동바리로 사용하는 파이프 서포트의 높이가 3.5미터를 초과하는 경우에는 높이 2미터 이내마다 수평연결재를 2개 방향으로 만들고 수평연결재의 변위를 방지할 것
④ 동바리로 사용하는 파이프서포트는 4개 이상 이어서 사용하지 않도록 할 것

정답 ④

4 흙막이

1) 공법의 종류

(1) Open-cut 공법

경사면 Open cut 공법		① 지반의 자립성에 의존하는 공법 ② 토질이 양호하고 부지에 여유가 충분할 경우 ③ 굴착 단면을 안정경사각으로 하며 지하수가 낮아야 함 ④ 지보공 불필요
흙막이 Open cut 공법	자립식	① 흙막이 벽체의 강성에만 의존 ② 근입 깊이가 충분해야 하며 얕은 굴착에 가능
	타이로드 앵커식	① 어스앵커를 설치하여 일반저항에 의해 지지 ② 굴착 면적이 넓고 굴착깊이를 깊게 해야 할 경우
	버팀대식	① 띠장, 버팀대, 지지말뚝을 설치하여 토압, 수압에 저항 ② 지반 종류에 무관하나 지보공에 의한 작업에 제약

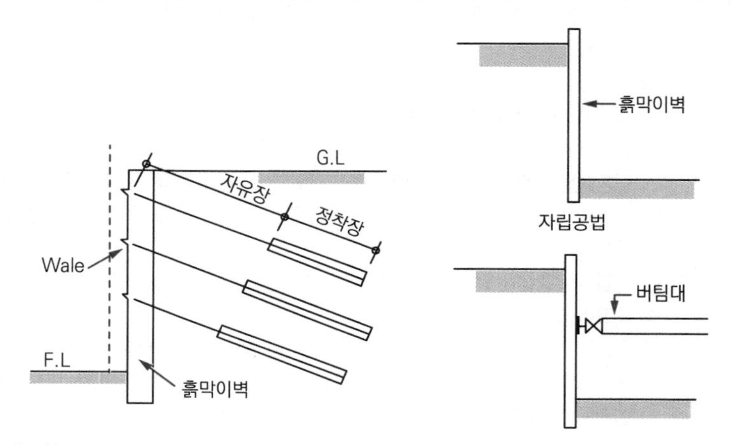

(2) 부분 굴착 공법

아일랜드 (Island)공법	① 흙막이 open cut 공법과 경사면 open cut 공법의 절충 ② 1단계 중앙부를 굴착하여 기초를 구축한 후 주변부로 굴착해 나가는 공법
트랜치 컷 (Trench Cut) 공법	아일랜드 공법과 반대로 주변부를 먼저 시공한 후 나중에 중앙부를 굴착하는 공법

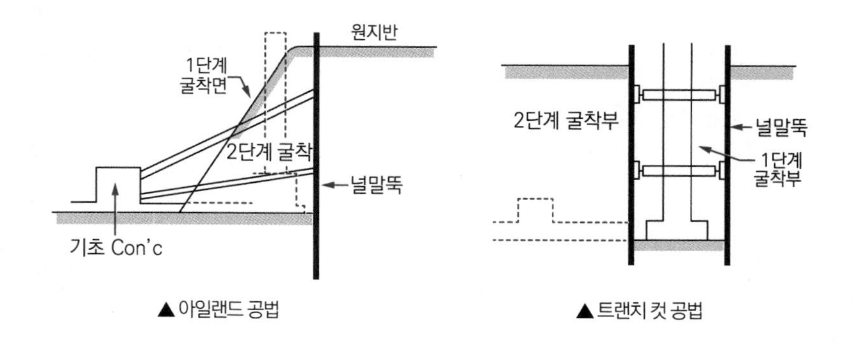

▲ 아일랜드 공법　　▲ 트랜치 컷 공법

예제

흙막이 공법을 흙막이 지지방식에 의한 분류와 구조 방식에 의한 분류로 나눌 때 다음 중 지지방식에 의한 분류에 해당하는 것은?

① 수평 버팀대식 흙막이 공법
② H-Pile 공법
③ 지하연속벽 공법
④ Top down method 공법

해설 흙막이 공법의 분류
① 지지방식: 자립식, 버팀대식, Earth anchor(지반정착)식
② 구조방식: H-pile 공법, 시트파일, 연속벽(slurry wall), 탑다운 공법

정답 ①

(3) 기타 흙막이 공법

역타공법 (Top-Down)	지하연속벽과 기둥을 시공한 후 영구바닥 슬래브를 형성시켜 벽체를 지지하면서 위에서 지하로 굴착해 가면서 지상층을 동시에 시공하는 공법
지중 연속벽 (Slurry wall) 공법	① 굴착면의 붕괴를 막고 지하수의 침입 차단을 위해 벤토나이트 현탁액주입 ② 지중에 연속된 철근 콘크리트 벽체를 형성하는 공법 ③ 진동과 소음이 적어서 도심지 공사에 적합 ④ 대부분의 지반조건에 적용가능하며, 높은 차수성 및 벽체의 강성이 크다 ⑤ 영구구조물로 이용가능하며, 임의의 형상이나 치수의 시공가능
Earth anchor식	① 버팀대를 대신하여 지중에 anchor체를 설치하여 인장력을 주어 지지하는 공법 ② 버팀대가 없어 굴착공간 확보가 용이 ③ 인접한 구조물의 기초나 매설물이 있는 경우 부적합 ④ 사질토 지반과 굴착심도가 깊을 경우 부적합

도심지에서 주변에 주요 시설물이 있을 때 침하와 변위를 적게 할 수 있는 가장 적당한 흙막이 공법은?

① 동결공법
② 샌드드레인공법
③ 지하연속벽공법
④ 뉴매틱케이슨공법

정답 ③

PART 05

예제

히빙(Heaving) 현상 방지 대책으로 틀린 것은?

① 소단굴착을 실시하여 소단부 흙의 중량이 바닥을 누르게 한다.
② 흙막이 벽체 배면의 지반을 개량하여 흙의 전단강도를 높인다.
③ 부풀어 솟아오르는 바닥면의 토사를 제거한다.
④ 흙막이 벽체의 근입깊이를 깊게 한다.

정답 ③

예제

흙막이벽의 근입 깊이를 깊게 하고, 전면의 굴착 부분을 남겨두어 흙의 중량으로 대항하게 하거나, 굴착 예정부분의 일부를 미리 굴착하여 기초 콘크리트를 타설하는 등의 대책과 가장 관계 깊은 것은?

① 히빙현상이 있을 때
② 파이핑현상이 있을 때
③ 지하수위가 높을 때
④ 굴착깊이가 깊을 때

정답 ①

예제

보일링(Boiling) 현상에 관한 설명으로 옳지 않은 것은?

① 지하수위가 높은 모래 지반을 굴착할 때 발생하는 현상이다.
② 보일링 현상에 대한 대책의 일환으로 공사기간 중 지하수위를 일정하게 유지시켜야 한다.
③ 보일링 현상이 발생하는 경우 흙막이 보는 지지력이 저하된다.
④ 아랫부분의 토사가 수압을 받아 굴착한 곳으로 밀려나와 굴착부분을 다시 메우는 현상이다.

정답 ②

2) 흙막이 굴착 시 주의사항 ★★★

구분	정의	방지대책
히빙 (Heaving)현상	연약성 점토지반 굴착시 굴착외측 흙의 중량에 의해 굴착저면의 흙이 활동 전단 파괴되어 굴착내측으로 부풀어 오르는 현상	① 흙막이 근입깊이를 깊게 ② 표토제거 하중감소 ③ 지반개량 ④ 굴착면 하중증가 ⑤ 어스앵커설치 등
보일링 (Boiling)현상	투수성이 좋은 사질지반의 흙막이 저면에서 수두차로 인한 상향의 침투압이 발생 유효응력이 감소하여 전단강도가 상실되는 현상으로 지하수가 모래와 같이 솟아오르는 현상	① Filter 및 차수벽설치 ② 흙막이 근입깊이를 깊게 (불투수층까지) ③ 약액주입 등의 굴착면 고결 ④ 지하수위저하 ⑤ 압성토 공법 등
파이핑 (Piping)현상	사질 지반의 지하수위 이하 굴착시 수위차로 인해 상향의 침투류가 발생하여 전단강도 상실, 흙이 물과 함께 분출하는 Quick sand의 진전된 현상	
액화 또는 액상화 (Liguefaction) 현상	느슨하고 포화된 사질토가 진동에 의해 간극수압이 발생하여 유효응력이 감소하고 전단강도가 상실되는 현상	① 간극수압제거 ② well point등의 배수공법 ③ 치환 및 다짐공법 ④ 지중연속벽 설치 등

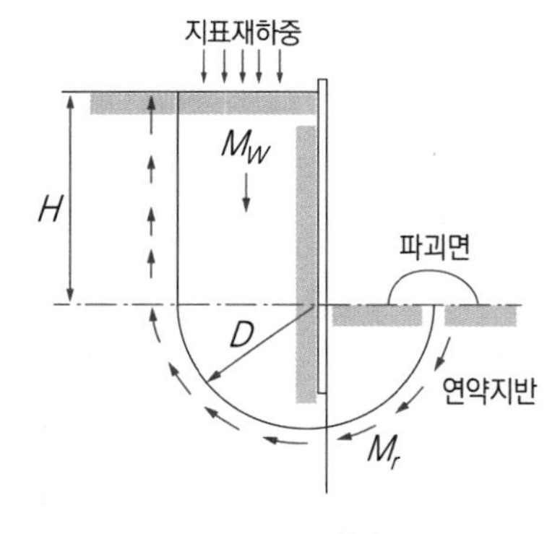

▲ Heaving 현상

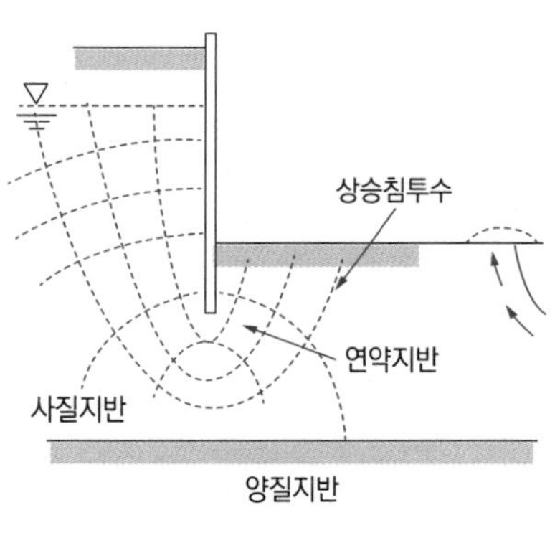

▲ Boiling 현상

PART 05

CHAPTER 06

공사 및 작업종류별 안전

예제

다음 중 산업안전보건법령상 양중기에 해당하지 않는 것은?

① 곤돌라
② 이동식크레인
③ 에스컬레이터
④ 적재하중 0.05톤의 이삿짐운반용 리프트

정답 ④

예제

건설작업용 타워크레인의 안전장치가 아닌 것은?

① 권과 방지장치
② 과부하 방지장치
③ 브레이크 장치
④ 호이스트 스위치

정답 ④

01 양중 및 해체공사

1 양중공사시 안전수칙

1) 양중기 방호장치의 종류 ★★★

(1) 양중기의 종류

① 크레인(호이스트 포함)
② 이동식 크레인
③ 리프트(이삿짐운반용 리프트의 경우 적재하중 0.1톤 이상인 것)
④ 곤돌라
⑤ 승강기

(2) 양중기의 방호장치

방호장치의 조정 대상	① 크레인 ② 이동식 크레인 ③ 리프트 ④ 곤돌라 ⑤ 승강기
방호장치의 종류	① 과부하방지장치 ② 권과방지장치 ③ 비상정지장치 및 제동장치 ④ 그 밖의 방호장치(승강기의 파이널 리미트 스위치, 속도조절기, 출입문 인터록 등)

2) 양중기의 안전대책

(1) 건설용 리프트

정 의	동력을 사용하여 가이드레일을 따라 상하로 움직이는 운반구를 매달아 화물을 운반할 수 있는 설비 또는 이와 유사한 구조 및 성능을 가진 것으로서 건설현장에서 사용하는 것
방호장치	① 권과방지장치 : 운반구의 이탈등의 위험방지 ② 과부하 방지장치 : 적재하중 초과 사용금지 ③ 비상정지장치·조작스위치 등 탑승 조작장치
적재하중 (Movable Load)	리프트의 구조나 재료에 따라 운반구에 화물을 적재하고 상승할 수 있는 최대하중
시험하중 (Test Load)	제작된 리프트의 안전성 시험시 적용되는 하중으로 적재정량의 1.1배의 하중
정격속도 (Rated Speed)	운반구에 적재하중을 싣고 상승할 수 있는 최고속도

(2) 크레인의 방호장치

권과방지 장치	양중기의 권상용 와이어로프 또는 지브 등의 붐 권상용 와이어로프의 권과방지 ㉠ 나사형 제동개폐기 ㉡ 롤러형 제동개폐기 ㉢ 캠형 제동개폐기
과부하 방지 장치	정격하중 이상의 하중 부하시 자동으로 상승정지되면서 경보음이나 경보등 발생
비상 정지장치	돌발사태 발생시 안전유지 위한 전원차단 및 크레인 급정지시키는 장치
제동 장치	운동체와 정지체의 기계적 접촉에 의해 운동체를 감속 하거나 정지 상태로 유지하는 기능을 가진 장치
기타 방호장치	① 해지장치 ② 스토퍼(Stopper) ③ 이탈방지장치 ④ 안전밸브 등

3) 종류별 재해방지 대책

(1) 타워크레인의 안전작업

강풍시 작업 제한 ★★★	순간풍속이 매초당 10미터 초과	타워크레인의 설치·수리·점검 또는 해체작업 중지
	순간풍속이 매초당 15미터 초과	타워크레인의 운전작업 중지
작업 계획서의 작성	설치·조립·해체작업	① 타워크레인의 종류 및 형식 ② 설치·조립 및 해체순서 ③ 작업도구·장비·가설설비 및 방호 설비 ④ 작업인원의 구성 및 작업근로자의 역할 범위 ⑤ 타워크레인의 지지 규정에 의한 지지방법
타워크레인의 지지	자립고 이상의 높이로 설치	건축물 등의 벽체에 지지하거나 와이어로프에 의하여 지지(다만, 지지할 벽체가 없는 등 부득이한 경우에는 와이어로프에 의해 지지할 수 있다)
	벽체에 지지	① 서면심사에 관한 서류 또는 제조사의 설치작업설명서 등에 따라 설치할 것 ② 제①호의 서면심사 서류 등이 없거나 명확하지 아니한 경우에는 「국가기술자격법」에 의한 건축구조·건설기계·기계안전·건설안전기술사 또는 건설안전분야 산업안전지도사의 확인을 받아 설치하거나 기종별·모델별 공인된 표준방법으로 설치할 것 ③ 콘크리트구조물에 고정시키는 경우에는 매립이나 관통 또는 이와 동등 이상의 방법으로 충분히 지지되도록 할 것 ④ 건축중인 시설물에 지지하는 경우에는 동 시설물의 구조적 안정성에 영향이 없도록 할 것

예제

강풍 시 타워크레인의 운전작업을 중지해야 하는 순간풍속기준은?

① 순간풍속이 초당 10m 초과
② 순간풍속이 초당 20m 초과
③ 순간풍속이 초당 15m 초과
④ 순간풍속이 초당 30m 초과

정답 ③

예제

타워크레인을 자립고(自立高) 이상의 높이로 설치할 때 지지벽체가 없어 와이어로프로 지지하는 경우의 준수사항으로 옳지 않은 것은?

① 와이어로프를 고정하기 위한 전용 지지프레임을 사용할 것
② 와이어로프 설치각도는 수평면에서 60° 이내로 하되, 지지점은 4개소 이상으로 하고, 같은 각도로 설치할 것
③ 와이어로프와 그 고정부위는 충분한 강도와 장력을 갖도록 설치하되, 와이어로프를 클립·샤클(Shackle) 등의 기구를 사용하여 고정하지 않도록 유의할 것
④ 와이어로프가 가공전선(加供電線)에 근접하지 않도록 할 것

정답 ③

타워크레인의 지지	와이어로프로 지지	① 벽체에 지지하는 경우의 ①호 또는 ②호의 조치를 할 것 ② 와이어로프를 고정하기 위한 전용 지지프레임을 사용할 것 ③ 와이어로프 설치각도는 수평면에서 60도 이내로 하되, 지지점은 4개소 이상으로 하고, 같은 각도로 설치할 것 ④ 와이어로프와 그 고정부위는 충분한 강도와 장력을 갖도록 설치하고, 와이어로프를 클립·샤클 등의 고정기구를 사용하여 견고하게 고정시켜 풀리지 아니하도록 하며, 사용 중에는 충분한 강도와 장력을 유지하도록 할 것 ⑤ 와이어로프가 가공전선에 근접하지 아니하도록 할 것

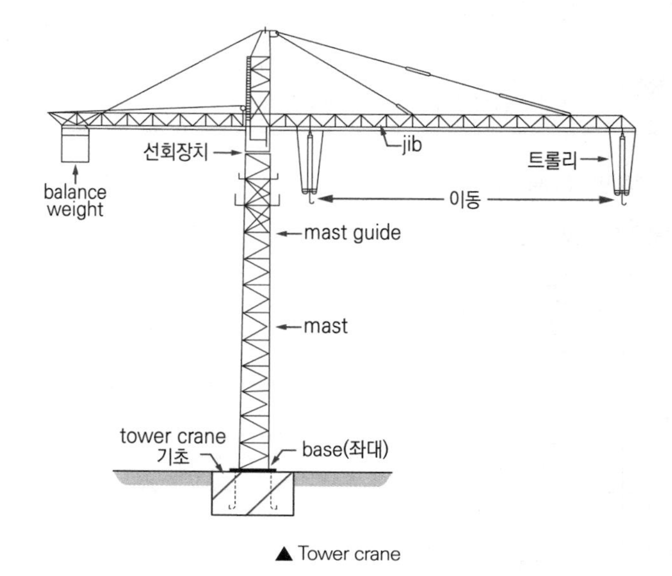

▲ Tower crane

(2) 데릭

구조	동력을 이용하여 물건을 달아 올리는 기계장치로써 마스트 또는 붐, 달아 올리는 기구와 기타 부속물로 구성
종류	① 가이데릭 ② 진포올데릭 ③ 스티프레그데릭(삼각데릭) 등
재해유형	① 매단 짐의 낙하 ② 본체의 도괴

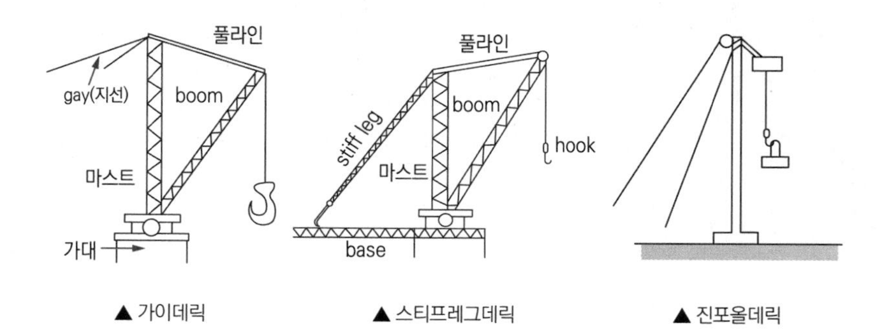

▲ 가이데릭 ▲ 스티프레그데릭 ▲ 진포올데릭

(3) 승강기의 방호장치 ★

파이널 리미트 스위치	카가 승강로의 최상단보 또는 승강로 바닥에 충돌하기 전 동력을 차단하는 장치
완충기	카가 어떠한 원인으로 최하층을 통과하여 피트에 급속 강하할 때 충격을 완화시키기 위함(스프링 완충기, 유압완충기)
속도조절기 (governor)	전동기 고장 또는 적재하중의 초과로 인한 과속 제어계의 이상 등으로 과속 발생 시 정격속도의 1.3배가 되면 속도조절기 스위치가 동작하여 1차 전동기 입력을 차단하고 2차로 브레이크 작동시켜 카를 비상 정지시키는 이상속도 감지장치
출입문 인터록 장치	카가 정지하고 있지 않은 곳에서의 승강 도어가 열리는 것을 방지하기 위해 인터록 기능

2 해체공사 시 안전수칙

1) 해체용 기구의 종류 ★

압쇄기	셔블에 설치하며 유압조작에 의해 콘크리트 등에 강력한 압축력을 가해 파쇄하는 것으로, 압쇄기의 중량, 작업충격을 사전에 고려하고, 차체 지지력을 초과하는 중량의 압쇄기 부착 금지
대형 브레이커	통상 셔블에 설치하여 사용하며, 브레이크의 중량, 작업 충격력을 고려, 차체 지지력을 초과하는 중량의 브레이커부착 금지.
철제 햄머	햄머를 크레인 등에 부착하여 구조물에 충격을 주어 파쇄하는 것으로, 해체대상물에 적합한 형상과 중량의 것을 선정
핸드 브레이커	압축공기, 유압의 급속한 충격력에 의거 콘크리트 등을 해체할 때 사용하는 것으로, 끌의 부러짐을 방지하기 위하여 작업자세는 하향 수직방향으로 유지할 것
팽창제	광물의 수화반응에 의한 팽창압을 이용하여 파쇄하는 공법으로, 천공직경이 너무 작거나 크면 팽창력이 작아 비효율적이므로, 천공 직경은 30 내지 50 mm 정도를 유지할 것
절단기(톱)	회전날 끝에 다이아몬드 입자를 혼합 경화하여 제조된 절단톱으로 기둥, 보, 바닥, 벽체를 적당한 크기로 절단하여 해체하는 공법
쐐기 타입기	직경 30내지 40mm 정도의 구멍 속에 쐐기를 박아 넣어 구멍을 확대하여 해체하는 것
화염 방사기	구조체를 고온으로 용융시키면서 해체하는 것(용기내 압력은 온도에 의해 상승하기 때문에 항상 섭씨 40도 이하로 보존)

예제

철근콘크리트 구조물의 해체를 위한 장비가 아닌 것은?

① 스크레이퍼
② 압쇄기
③ 철제 해머
④ 핸드 브레이커(Hand Breaker)

정답 ①

예제

구조물의 해체작업 시 해체 작업계획서에 포함하여야 할 사항으로 틀린 것은?

① 해체의 방법 및 해체순서 도면
② 해체물의 처분 계획
③ 주변 민원 처리 계획
④ 현장 안전 조치 계획

정답 ③

2) 구축물 등의 해체작업의 안전

(1) 작업계획서 내용 ★★

① 해체의 방법 및 해체순서도면
② 가설설비·방호설비·환기설비 및 살수·방화설비 등의 방법
③ 사업장내 연락방법
④ 해체물의 처분계획
⑤ 해체작업용 기계·기구 등의 작업계획서
⑥ 해체작업용 화약류 등의 사용계획서
⑦ 그 밖에 안전·보건에 관련된 사항

(2) 해체작업 시 위험방지를 위한 준수사항

① 구축물등의 해체작업 시 구축물등을 무너뜨리는 작업을 하기 전에 구축물등이 넘어지는 위치, 파편의 비산거리 등을 고려하여 해당 작업 반경 내에 사람이 없는지 미리 확인한 후 작업을 실시
② 무너뜨리는 작업 중에는 해당 작업 반경 내에 관계 근로자가 아닌 사람의 출입을 금지
③ 건축물 해체공법 및 해체공사 구조 안전성을 검토한 결과 해체계획서대로 해체되지 못하고 건축물이 붕괴할 우려가 있는 경우에는 구조보강계획을 작성

02 콘크리트 및 PC공사

1 콘크리트 공사 시 안전수칙

1) 콘크리트 구조물 붕괴안전 대책 ★

(1) 콘크리트 구조물의 비파괴검사

① schumit hammer법(반발 경도법, 타격법) : hammer를 콘크리트 표면에 밀어붙여 spring힘에 의해 추를 밀어내는 스프링의 반발하는 힘을 눈금으로 읽어내는 방법
② 인발법 : 철근과 콘크리트 부착효과를 조사하여, 철근의 지름이나 표면상태가 미치는 영향을 시험
③ 기타 : 초음파법, 복합법, 진동법, 방사선법, 철근탐사법, 내시경법, 전자유도법 등

(2) 옹벽의 안정 ★★

안정조건	안전율을 높이는 방법
전도(over turning)에 대한 안정	① Fs(저항모멘트/전도모멘트) ≥ 2.0 ② 옹벽높이를 낮게 ③ 뒵굽길이를 길게(하중합력의 작용점이 저판의 중앙 1/3 이내에 위치하는 것이 바람직)
활동(sliding)에 대한 안정	① Fs(수평저항력/토압의수평력) ≥ 1.5 ② 저판의 폭을 크게 ③ 활동방지벽(shear key)설치
지반지지력 [침하(settlement)]에 대한 안정	① 저판폭을 크게 ② 양질의 재료로 치환 ③ 말뚝기초시공 최대지반 반력이 허용지지력 이하가 되면 안전. Fs(허용지지력/최대지반반력) ≥ 1.0

2) 터널굴착 공사 안전기준

(1) 사전조사

작업계획서 내용	① 굴착의 방법 ② 터널지보공 및 복공의 시공방법과 용수의 처리방법 ③ 환기 또는 조명시설을 설치할 때에는 그 방법
자동경보 장치의 작업 시작전 점검사항★	① 계기의 이상유무 ② 검지부의 이상유무 ③ 경보장치의 작동상태

예제

옹벽 안정조건의 검토사항이 아닌 것은?

① 활동(sliding)에 대한 안전검토
② 전도(overturing)에 대한 안전검토
③ 보일링(boiling)에 대한 안전검토
④ 지반 지지력(settlement)에 대한 안전검토

정답 ③

예제

옹벽의 안정조건에서 활동에 대한 저항력은 옹벽에 작용하는 수평력보다 최소 몇 배 이상 되어야 하는가?

① 1.0배
② 1.5배
③ 2.0배
④ 3.0배

정답 ②

(2) 터널의 뿜어 붙이기 콘크리트 효과(Shotcrete) ★

① 원 지반의 이완방지
② 요철부를 채워 응력집중 방지
③ Arch를 형성 전단저항력 증대
④ 지반 침식 및 붕괴 방지
⑤ 암반의 이동 및 crack 보강
⑥ Rock Blot의 힘 지반에 분산

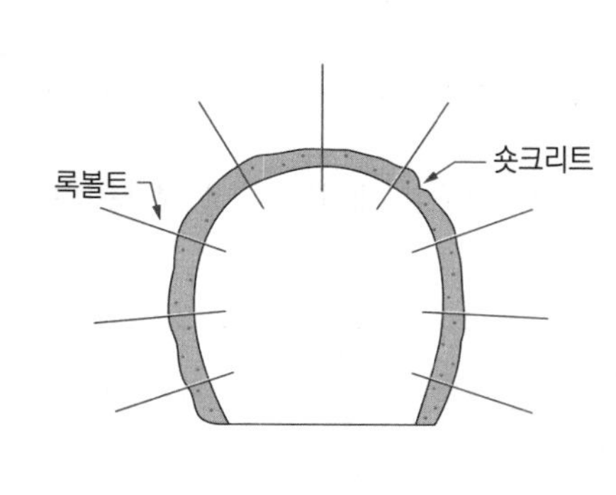

▲ shotcrete 및 rock bolt

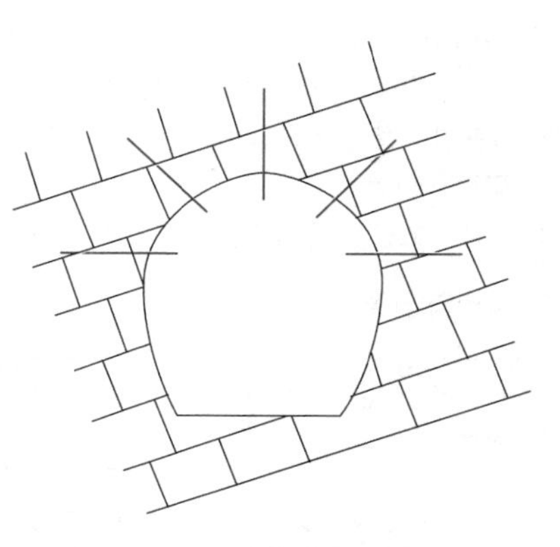

▲ rock bolt의 일체 및 보강효과

(3) 계측의 종류 ★

구분	항목	내용
일상 관리 계측	내공변위 측정	변위량, 변위속도등을 파악하여 주변지반 안전성 확인 2차 복공의 실시 시기등의 판단
	천단침하측정	터널 천정부의 침하측정으로 안정성여부 판단
	지표침하측정	터널 굴착에 따른 지표면의 영향 및 안정성 파악 침하 방지대책 수립 등
	Rock Bolt 인발시험. 갱내관찰조사 등	
대표 위치 계측	지중침하측정	지중 매설물의 안정성 및 터널의 이완범위 등 파악
	지중변위 측정	터널내부에 설치하여 터널 주변의 이완정도 및 지반의 안정성 파악
	지하수위 측정	굴착으로 인한 지하수위의 변화량 파악(차수효과의 판단 등)
	간극수압 측정	지중에 작용하는 수압의 측정(차수공법으로 인한 압력 판단)
	Shotcrete 응력측정, Rock Bolt 축력측정, 지중수평 변위측정 등	

예제

터널 지보공을 조립하거나 변경하는 경우에 조치하여야 하는 사항으로 옳지 않은 것은?

① 목재의 터널 지보공은 조립시 각 부재에 작용하는 긴압 정도를 체크하여 그 정도가 최대한 차이나도록 한다.
② 강(鋼)아치 지보공의 조립은 연결볼트 및 띠장 등을 사용하여 주재 상호간을 튼튼하게 연결할 것
③ 기둥에는 침하를 방지하기 위하여 받침목을 사용하는 등의 조치를 할 것
④ 주재(主材)를 구성하는 1세트의 부재는 동일 평면 내에 배치할 것

정답 ①

예제

터널 굴착공사에서 뿜어 붙이기 콘크리트의 효과를 설명한 것으로 옳지 않은 것은?

① 암반의 크랙(crack)을 보강한다.
② 굴착면의 요철을 늘리고 응력집중을 최대한 증대시킨다.
③ Rock Bolt의 힘을 지반에 분산시켜 전달한다.
④ 굴착면을 덮음으로써 지반의 침식을 방지한다.

정답 ②

예제

개착식 굴착공사(Open cut)에서 설치하는 계측기기와 거리가 먼 것은?

① 수위계
② 경사계
③ 응력계
④ 내공변위계

정답 ④

(4) 터널 굴착 공법 ★

구분	개념	특징
NATM 공법	터널 굴착시 재래의 지보공 대신 rock bolt, shotcrete, wire mesh 등의 지보재 를 사용, 암반자체의 강도를 이용하여 이완 방지, 지반과 지보재가 평형을 이루도록 하는 공법(산악터널)	① 암반이완을 최소로 억제 ② 지반자체가 터널의 주지보재 ③ 지보재 조기폐합으로 지표면 침하 억제 ④ 지반을 평형상태로 응력 재분배
TBM 공법	종래의 발파공법과 달리 자동화된 TBM으로 전단면을 동시에 굴착하고 뒤따라 가면서 shotcrete를 하여 원지반의 변형을 최소화하는 기계굴착방식(암반터널)	① 굴착속도가 빠르고 안정성이 높다 ② 여굴이 작고 복공작업량 감소 ③ 지질에 따라 적용범위가 제한적이며 초기투자비가 크다
Shield 공법	터널 외형보다 약간 큰 Shield라는 강재통을 추진시켜 선단부지반의 붕괴를 막으면 서 굴착하고 후방에서 조립된 아치를 1차 라이닝으로 하는 터널굴진 방법(토사구간)	① 용수를 동반하는 연약지반에 적합 ② 도시터널에 많이 사용 ③ 초기투자비 크고, 전문기능공 필요 ④ 굴착단면 변경이 곤란
Pilot 터널공법	본터널 굴착전에 여러 가지 다양한 조사를 목적으로 Pilot터널을 선시공(선진도갱공법)	① 연속적인 지질 및 성상에 관한 조사 ② 지하수 배출을 위한 수로 및 환기구 역할

3) 콘크리트 타설 작업의 안전

(1) 콘크리트 타설 작업 시 준수사항 ★★

① 당일의 작업을 시작하기 전에 해당 작업에 관한 거푸집 및 동바리의 변형·변위 및 지반의 침하유무 등을 점검하고 이상이 있으면 보수할 것
② 작업 중에는 감시자를 배치하는 등의 방법으로 거푸집 및 동바리의 변형·변위 및 침하유무 등을 확인해야 하며, 이상이 있으면 작업을 중지하고 근로자를 대피시킬 것
③ 콘크리트 타설작업시 거푸집 붕괴의 위험이 발생할 우려가 있으면 충분한 보강조치를 할 것
④ 설계도서상의 콘크리트 양생기간을 준수하여 거푸집 및 동바리 등을 해체할 것
⑤ 콘크리트를 타설하는 경우에는 편심이 발생하지 않도록 골고루 분산하여 타설할 것

예제

다음 터널 공법 중 전단면 기계 굴착에 의한 공법에 속하는 것은?

① ASSM(American Steel Supported Method)
② NATM(New Austrian Tunneling Method)
③ TBM(Tunnel Boring Machine)
④ 개착식 공법

정답 ③

예제

본 터널(main tunnel)을 시공하기 전에 터널에서 약간 떨어진 곳에 지질조사, 환기, 배수, 운반 등의 상태를 알아보기 위하여 설치하는 터널은?

① 프리패브(prefab) 터널
② 사이드(side) 터널
③ 쉴드(shield) 터널
④ 파일럿(pilot) 터널

정답 ④

콘크리트를 타설할 때 안전상 유의하여야 할 사항으로 옳은 것은?

① 콘크리트를 타설하는 경우에는 편심이 발생하지 않도록 골고루 분산하여 타설할 것
② 진동기를 가능한 한 많이 사용할수록 거푸집에 작용하는 측압상 안전하다.
③ 최상부의 슬래브는 되도록 이어붓기를 하고, 여러 번에 나누어 콘크리트를 타설한다.
④ 콘크리트 다짐효과를 위하여 최대한 높은 곳에서 타설한다.

정답 ①

PART 05

예제

콘크리트 타설 작업 시 준수사항으로 옳지 않은 것은?

① 콘크리트를 한 곳에만 치우쳐서 타설하지 않도록 주의한다.
② 가능한 높은 곳으로부터 자연 낙하시켜 콘크리트를 타설한다.
③ 지나친 진동기 사용은 재료분리를 일으킬 수 있으므로 금해야 한다.
④ 최상부의 슬래브는 이어붓기를 되도록 피하고 일시에 전체를 타설하도록 한다.

정답 ②

(2) 콘크리트 타설

타설 시 점검사항	① 거푸집의 부상 및 이동방지 조치 ② 건물의 보, 요철부분, 내민부분의 조립상태 및 콘크리트 타설시 이탈방지 장치 ③ 청소구의 유무 확인 및 콘크리트 타설시 청소구 폐쇄조치 ④ 거푸집의 흔들림을 방지하기 위한 턴 버클, 가새 등의 필요한 조치
타설 시 주의사항★	① 친 콘크리트를 거푸집 안에서 횡방향으로 이동금지 ② 한 구획 내의 콘크리트는 치기가 완료될 때까지 연속해서 타설 ③ 최상부의 슬래브는 이어붓기를 피하고 동시에 전체를 타설 ④ 콘크리트는 그 표면이 한 구획 내에서는 거의 수평이 되도록 치는 것이 원칙 ⑤ 콘크리트를 2층 이상 나누어 칠 경우, 하층 Con'c가 경화되기 전에 쳐서 상층과 하층이 일체화 되도록 타설 ⑥ 주입높이는 될 수 있는 대로 낮은 곳에서 주입(보통 1.5m, 최대 2m, 2m 이상 높은 곳은 깔대기 등을 사용) ⑦ 콘크리트 부어넣기는 낮은 곳에서부터 기둥, 벽, 계단, 보, 바닥판의 순서로 실시 ⑧ 콘크리트를 비비는 곳에서 먼 곳으로부터 부어넣기 시작 ⑨ 신속하게 운반하여 즉시 타설(외기온도 25℃ 이상 : 1.5시간 이하, 외기온도 25℃ 미만 : 2시간 이하)

(3) 콘크리트 타설 시 발생하는 현상

블리딩 (Bleeding)	콘크리트 타설 후 혼합수가 시멘트 입자와 골재의 침강에 의해 윗방향으로 떠오르는 현상
레이턴스 (Laitance)	블리딩 수의 증발에 따라 콘크리트 표면에 가라앉아 얇은 막을 형성하는 미세한 물질
콜드조인트 (cold joint)	콘크리트 타설시간의 지연으로 응결하기 시작한 콘크리트에 이어치기를 한 경우 발생하는 줄눈

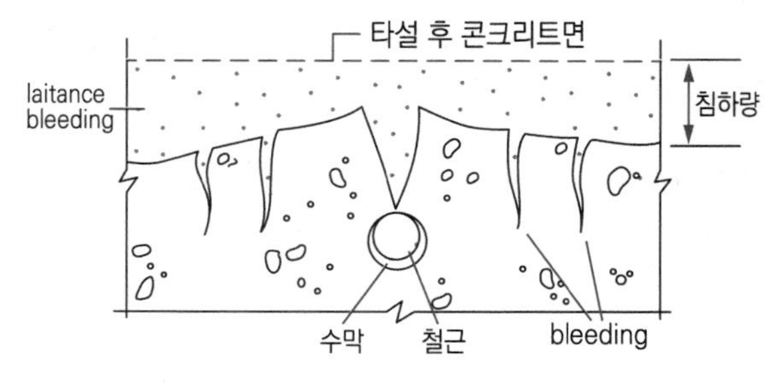

▲ Bleeding 현상

(4) 다지기(진동기 사용)

① 콘크리트 다지기에는 내부 진동기 사용을 원칙으로 한다.(얇은 벽 등 내부 진동기의 사용이 곤란한 장소에서는 거푸집 진동기사용)
② 콘크리트는 친 직후 바로 충분히 다져서 밀실한 콘크리트가 되도록 해야 한다.
③ 2층 이상 진동다짐일 경우 진동기(vibrator)를 아래층 콘크리트에 10cm 정도 찔러 넣는다.
④ 가능한 수직으로 사용하고 철근에 닿지 않도록 한다.
⑤ 콘크리트를 횡방향으로 이동시킬 목적으로 사용해서는 안된다.

4) 콘크리트 양생

(1) 종류 ★

습윤양생	스프링 클러 또는 살수 등을 이용하여 습윤 상태유지, 3일간 보행금지, 충격 및 중량물 적재 금지
증기양생	거푸집을 제거하고 단시일내에 소요강도를 발현하기 위해 고온의 증기를 이용하는 방법
전기양생	콘크리트 중에 저압교류를 통하게 하여 전기 저항에 의해 생기는 열을 이용하는 방법
피막양생	콘크리트 표면에 피막 양생제를 뿌려 콘크리트중의 수분 증발을 방지하는 방법

(2) 양생 시 주의사항

① 콘크리트를 친 후 경화를 시작할 때까지 직사광선이나 바람에 의해 수분이 증발하지 않도록 보호
② 콘크리트가 충분히 경화될 때까지 충격 및 하중으로부터 보호
③ 콘크리트를 치기 시작한 후 5일 이상 습윤양생(조강 포틀랜드시멘트는 3일 이상)
④ 적정한 양생을 위해 최소한 2℃ 이상 온도 유지

5) 슬럼프 테스트 ★

개요	① 콘크리트의 시공 연도를 측정하는 방법 ② 슬럼프는 운반, 치기, 다짐 등의 작업에 알맞은 범위내에서 가능한 작은 값으로 정한다.
시험방법 및 순서	① 시험용 몰드 : 밑지름 20cm, 윗지름 10cm, 높이 30cm ② 시험용 몰드에 콘크리트를 3회 나누어 넣고 25회씩 다짐 ③ 몰드를 들어 올렸을 때 콘크리트가 가라앉은 높이를 측정
Workability (시공연도)	① 반죽질기 정도에 따른 작업의 난이도 및 재료분리에 저항하는 정도를 나타내는 굳지 않은 콘크리트의 성질 ② 측정방법 : Slump Test, Flow Test(흐름시험) 등

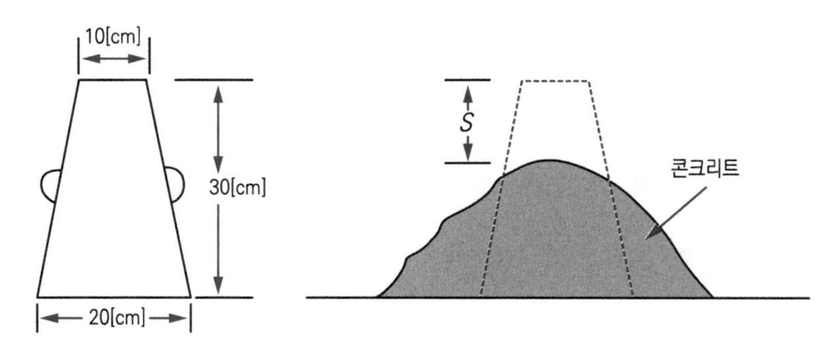

▲ 슬럼프 테스트

예제

콘크리트의 양생 방법이 아닌 것은?

① 습윤 양생
② 건조 양생
③ 증기 양생
④ 전기 양생

정답 ②

예제

콘크리트 양생작업에 관한 설명 중 옳지 않은 것은?

① 콘크리트 타설 후 소요기간까지 경화에 필요한 조건을 유지시켜주는 작업이다.
② 양생 기간 중에 예상되는 진동, 충격, 하중 등의 유해한 작용으로부터 보호하여야 한다.
③ 습윤양생 시 일광을 최대한 도입하여 수화작용을 촉진하도록 한다.
④ 습윤양생 시 거푸집판이 건조될 우려가 있는 경우에는 살수하여야 한다.

정답 ③

예제

콘크리트의 재료분리현상 없이 거푸집 내부에 쉽게 타설 할 수 있는 정도를 나타내는 것은?

① Workability
② Bleeding
③ Consistency
④ Finishability

정답 ①

예제

콘크리트의 유동성과 묽기를 시험하는 방법은?

① 다짐시험
② 슬럼프시험
③ 압축강도시험
④ 평판시험

정답 ②

예제

콘크리트 타설 시 거푸집 측압에 대한 설명 중 틀린 것은?

① 타설 속도가 빠를수록 측압이 커진다.
② 거푸집의 투수성이 낮을수록 측압은 커진다.
③ 타설 높이가 높을수록 측압이 커진다.
④ 콘크리트의 온도가 높을수록 측압이 커진다.

정답 ④

6) 콘크리트 측압을 구하는 요소 ★★★

(1) 개요

① 콘크리트가 유동하는 동안 중량의 유체압으로서 수직재 거푸집에 작용하는 압력
② 거푸집은 측압에 견딜 수 있도록 설계되어야 하므로 거푸집 설계에 중요한 의미
③ 측압은 콘크리트의 윗면에서의 거리와 단위용적 중량의 곱으로 표시

(2) 측압이 커지는 조건(측압의 영향요소)

① 거푸집 수평단면이 클수록
② 콘크리트 슬럼프치가 클수록
③ 거푸집 표면이 평탄할수록
④ 철골, 철근량이 적을수록
⑤ 콘크리트 시공연도가 좋을수록
⑥ 외기의 온도가 낮을수록
⑦ 타설 속도가 빠를수록
⑧ 다짐이 충분할수록
⑨ 타설 시 상부에서 직접 낙하할 경우
⑩ 부배합 일수록
⑪ 콘크리트의 비중(단위중량)이 클수록
⑫ 거푸집의 강성이 클수록

2 PC공사 시 안전수칙

1) 프리캐스트 콘크리트(Precast concrete)

개요	공사의 건식화와 공기단축을 도모하여 공장이나 건설현장 내에서 제작하고 현장에서 조립하여 사용
작업계획	PC공사에서 현장 작업은 운반, 조립, 접합을 주된 공정(Process)으로 하며 PC작업을 수행할 때에는 작업계획을 검토

2) PC부재 하역 및 조립

(1) PC부재 하역

양중장비 결정	① 부재의 종류 ② 부재의 무게 ③ 작업반경 ④ 크레인의 양중용량 및 양중속도 ⑤ 지형, 현장접근 가능성 등 입지적 조건
신호	① 작업 전에 통일된 신호를 확인하고 작업자에게 교육 실시 ② 신호는 장비운전원이 잘 볼 수 있는 곳에서 하여야 한다. ③ 신호수는 미리 예측해서 신호를 해서는 안 되며 상대 작업자의 동작을 확인하면서 인양 신호를 하여야 한다
하역작업 안전	① 하역 작업 장소에는 출입금지 구역을 설정하여야하며 관리감독자의 지휘 하에 작업 ② 차량의 적재함 위에는 작업자의 대피 공간 확보 ③ 차량의 적재함 위에서의 슬링(Sling)작업 시에는 단독작업 금지 ④ 부재를 인양할 때 사용하는 와이어로프의 각도는 수평면에 대하여 60° 이상으로 하고 안전계수는 5 이상 ⑤ 인양 전에 와이어로프의 긴장 정도, 샤클의 벗겨짐이나 다른 곳에 부재가 걸리지 않았는지 등을 확인 ⑥ 부재를 매단 채 급선회를 해서는 안 된다. ⑦ 부재를 받침목 위에 수직으로 올려놓은 후 서서히 옆으로 뉘어 놓아야 한다. ⑧ 매달린 부재 하부에는 모든 사람의 출입금지 등

예제

PC(Precast Concrete)부재 하역 및 조립 시 안전대책으로 틀린 것은?

① 신호를 지정한다.
② 인양 PC부재 아래에 근로자 출입을 금지한다.
③ 크레인에 PC부재를 달아 올린채 주행한다.
④ 운전자는 PC부재를 달아 올린채 운전대에서 이탈을 금지한다.

정답 ③

(2) PC부재 조립작업

① 부재 조립은 현장조립도 및 작업계획서에 따라 차례대로 한다.
② 부재 조립 시 아래층에서의 작업을 금지하여 상하 동시 작업이 되지 않도록 한다.
③ 조립작업 중 강풍, 우천 등 악천후 시에는 작업 중지
④ 부재 조립장소에는 반드시 작업자들만 출입하여야 하며 작업자들도 부재의 낙하나 크레인의 전도 가능성이 있는 지점에는 접근하지 않아야 한다.
⑤ 조립작업장 주위에 작업자 이외 사람들의 출입을 금지하기 위한 출입금지 구역 설정
⑥ 슬래브 단부 등 추락위험이 있는 곳에서의 작업 시에는 안전대 착용 등

03 운반 및 하역작업

1 운반작업 시 안전수칙

1) 준수사항 ★

작업시 준수사항	① 화물의 운반은 수평거리 운반원칙, 여러 번 들어 움직이거나 중계 운반 및 반복운반 금지 ② 운반 시의 시선은 진행방향을 향하고 뒷걸음 운반금지 ③ 어깨높이보다 높은 위치에서 화물을 들고 운반금지 ④ 쌓여 있는 화물을 운반할 경우 중간 또는 하부에서 뽑아내기 금지
길이가 긴 장척물 운반시 준수사항	① 단독으로 어깨에 메고 운반할 때에는 화물 앞부분 끝을 근로자 신장보다 약간 높게하여 모서리, 곡선 등에 충돌하지 않도록 주의할 것 ② 공동으로 운반할 때에는 근로자 모두 동일한 어깨에 메고 지휘자의 지시에 따라 작업할 것 ③ 하역할 때에는 튀어오름, 굴러내림 등의 돌발사태에 주의할 것 ④ 2개 이상을 어깨에 맬 경우 양끝부분을 끈으로 묶고 운반할 것

2) 운반기계 선정의 기준

종류	선정 기준
컨베이어 방식	두 점간의 계속적 운반
크레인 방식	일정지역 내에서의 계속적인 운반
트럭 방식	불특정 지역을 계속적으로 운반

예제

인력운반 작업에 대한 안전 준수사항으로 가장 거리가 먼 것은?

① 보조기구를 효과적으로 사용한다.
② 물건을 들어 올릴 때는 팔과 무릎을 이용하며 척추는 곧게 한다.
③ 긴 물건은 뒤쪽으로 높이고, 원통인 물건은 굴려서 운반한다.
④ 운반의 일반적 하중 기준은 체중의 40(%)의 중량을 유지한다.

정답 ③

예제

취급·운반의 원칙으로 옳지 않은 것은?

① 연속운반을 할 것
② 생산을 최고로 하는 운반을 생각할 것
③ 운반작업을 집중하여 시킬 것
④ 곡선운반을 할 것

정답 ④

예제

인력으로 하물을 인양할 때의 몸의 자세와 관련하여 준수하여야 할 사항으로 옳지 않은 것은?

① 한쪽 발은 들어올리는 물체를 향하여 안전하게 고정시키고 다른 발은 그 뒤에 안전하게 고정시킬 것
② 등은 항상 직립한 상태와 90도 각도를 유지하여 가능한 한 지면과 수평이 되도록 할 것
③ 팔은 몸에 밀착시키고 끌어당기는 자세를 취하며 가능한 한 수평거리를 짧게 할 것
④ 손가락으로만 인양물을 잡아서는 아니 되며 손바닥으로 인양물 전체를 잡을 것

정답 ②

3) 취급운반의 원칙 ★★

구분	조건 및 원칙
3조건	① 운반거리를 단축할 것 ② 운반 하역을 기계화 할 것 ③ 손이 많이 가지 않는(힘들이지 않는) 운반 하역 방식으로 할 것
5원칙	① 운반은 직선으로 할 것 ② 계속적으로 (연속)운반을 할 것 ③ 운반 하역 작업을 집중화 할 것 ④ 생산을 향상시킬 수 있는 운반 하역 방법을 고려할 것 ⑤ 최대한 수작업을 생략하여 힘들이지 않는 방법을 고려할 것

4) 인력운반작업 준수사항 ★

(1) 인양물체의 무게는 실측을 원칙으로 하며 인양물체의 무게가 일정하지 않을 때에는 평균무게와 최대무게를 실측

(2) 인양물체의 무게를 목측한 때에는 가볍게 들어 개인의 인양능력에 충분한가의 여부를 판단하여 인양

(3) 인양할 때 몸의 자세

① 한쪽 발은 들어올리는 물체를 향하여 안전하게 고정시키고 다른 발은 그 뒤에 안전하게 고정시킬 것
② 등은 항상 직립 유지(등을 굽히지 말 것), 가능한 한 지면과 수직이 되도록 할 것
③ 무릎은 직각자세를 취하고 몸은 가능한 한 인양물에 근접하여 정면에서 인양할 것
④ 턱은 안으로 당겨 척추와 일직선이 되도록 할 것
⑤ 팔은 몸에 밀착시키고 끌어당기는 자세를 취하며 가능한 한 수평거리를 짧게 할 것
⑥ 손가락으로만 인양물을 잡아서는 아니되며 손바닥으로 인양물 전체를 잡을 것
⑦ 체중의 중심은 항상 양다리 중심에 있게 하여 균형을 유지할 것
⑧ 인양하는 최초의 힘은 뒷발 쪽에 두고 인양할 것
⑨ 대퇴부에 부하를 주는 상태에서 무릎을 굽히고 필요한 경우 무릎을 펴서 인양할 것

5) 인간의 운반능력(일반적 하중 기준)

일반적 중량	체중의 40%의 중량 유지
연속작업	남자 20~25kg, 여자는 약 15kg 한도
단독작업	30kg 이하
공동운반	55kg 이상이면 2인 이상 공동운반

2 하역작업 시 안전수칙

1) 하역작업 안전수칙 ★★

섬유로프의 사용금지	① 꼬임이 끊어진 것 ② 심하게 손상 또는 부식된 것
부두등 하역작업장 조치사항	① 작업장 및 통로의 위험한 부분에는 안전하게 작업할 수 있는 조명을 유지할 것 ② 부두 또는 안벽의 선을 따라 통로를 설치하는 때에는 폭을 90cm 이상으로 할 것 ③ 육상에서의 통로 및 작업장소로서 다리 또는 선거의 갑문을 넘는 보도 등의 위험한 부분에는 안전난간 또는 울타리 등을 설치할 것
하적단의 간격	바닥으로부터 높이 2m 이상 하적단(포대, 가마니 등)은 인접 하적단과 간격을 하적단 밑부분에서 10cm 이상 유지
기계화해야 될 인력 작업	① 3~4인이 오랜 시간 계속되어야 하는 운반 작업 ② 발 밑에서 머리 위까지 들어올리는 작업 ③ 발 밑에서 어깨까지 25kg 이상의 물건을 들어올리는 작업 ④ 발 밑에서 허리까지 50kg 이상의 물건을 들어올리는 작업 ⑤ 발 밑에서 무릎까지 75kg 이상의 물건을 들어올리는 작업 ⑥ 두 걸음 이상 가로로 운반하는 작업이 연속되는 경우 ⑦ 3m 이상 연속하여 운반 작업을 하는 경우 ⑧ 1시간에 10ton 이상의 운반량이 있는 작업인 경우

2) 항만하역 작업 시 안전수칙 ★★★

통행설비 설치	갑판의 윗면에서 선창 밑바닥까지 깊이가 1.5m 초과하는 선창내부에서 화물취급작업 할 경우	
동시 작업의 금지	같은 선창 내부의 다른 층에서 동시에 작업금지. 다만, 방망 및 방포 등 화물의 낙하를 방지하기 위한 설비를 설치한 경우에는 그러하지 아니하다.	
로프 탈락 등에 의한 위험방지	양화장치등을 사용하여 로프로 화물을 잡아당기는 경우에 로프나 도르래가 떨어져 나감으로써 근로자가 위험해질 우려가 있는 장소에 근로자 출입금지	
선박의 승강 설비 설치	300톤급 이상의 선박에서 하역작업시	현문사다리(승강설비) 설치 및 안전망 설치
	현문 사다리 구조	견고한 재료로써 너비 55cm 이상 양측에 82cm 이상의 높이로 울타리(방책) 설치 및 바닥은 미끄러지지 아니하는 재료로 처리

예제

화물취급작업과 관련한 위험방지를 위해 조치하여야 할 사항으로 옳지 않은 것은?

① 바닥으로부터 높이가 2m 이상 되는 하적단은 인접하적단과의 간격을 하적단 밑부분에서 10cm 이상으로 할 것
② 차량 등에서 화물을 내리는 작업을 하는 경우에 해당 작업에 종사하는 근로자에게 쌓여 있는 화물 중간에서 화물을 빼내도록 하지 말 것
③ 육상에서의 통로 및 작업장소로서 다리 또는 선거 갑문을 넘는 보도 등의 위험한 부분에는 안전난간 또는 울타리 등을 설치할 것
④ 부두 또는 안벽의 선을 따라 통로를 설치하는 경우에는 폭을 50cm 이상으로 할 것

정답 ④

예제

항만하역작업에서의 통행설비 및 승강설비 설치기준으로 옳지 않은 것은?

① 200톤급 이상의 선박에서 하역작업을 하는 때에는 근로자들이 안전하게 승강할 수 있는 현문사다리를 설치하여야 한다.
② 현문사다리는 견고한 재료로 제작된 것으로 너비는 55cm 이상이어야 한다.
③ 현문사다리의 양측에는 82cm 이상의 높이로 울타리(방책)를 설치하여야 한다.
④ 갑판의 윗면에서 선창 밑바닥까지 깊이가 1.5m 초과하는 선창내부에서 화물취급작업 할 경우에는 통행설비를 설치한다.

정답 ①

2025 산업안전산업기사 필기 이론

초판인쇄 2025년 1월 15일
초판발행 2025년 1월 31일

저자와의 협의하에 인지 생략

발 행 인 박용
출판총괄 김세라
개발책임 이성준
책임편집 윤혜진
마 케 팅 김치환, 최지희, 이혜진, 손정민, 정재윤, 최선희, 오유진
일러스트 ㈜ 유미지

발 행 처 ㈜ 박문각출판
출판등록 등록번호 제2019-000137호
주 소 06654 서울시 서초구 효령로 283 서경B/D 5층
전 화 (02) 6466-7202
팩 스 (02) 584-2927
홈페이지 www.pmgbooks.co.kr

ISBN 979-11-7262-373-9
979-11-7262-372-2(세트)
정가 37,000원

박문각 취밥러 시리즈

산업안전 산업기사

이 책의 구성과 특징

이론 본문 구성

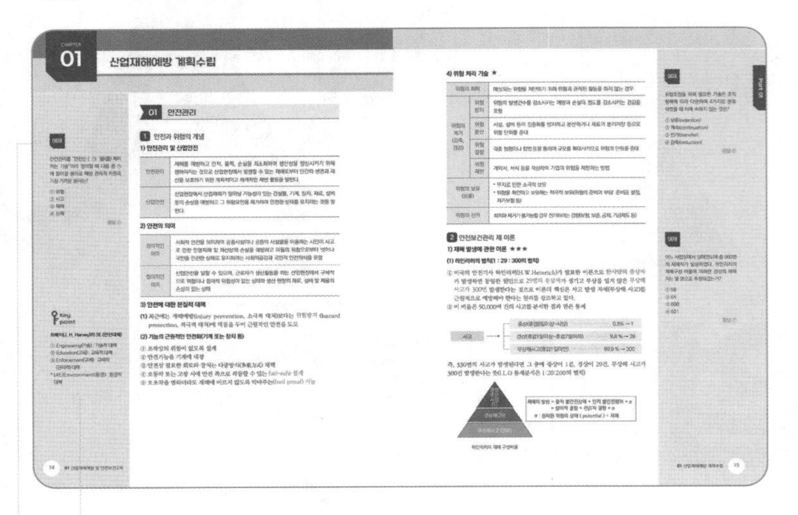

핵심이론

전문 교수진이 최신 시험에 출제된 핵심적인 내용을 엄선하였습니다. 복잡하고 방대한 이론을 간략화, 도식화하여 쉽게 이해할 수 있고, 중요 내용을 중심으로 효과적으로 학습할 수 있습니다.

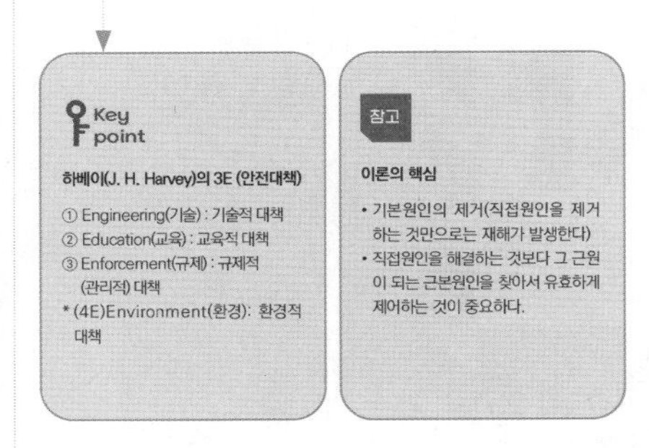

예제

안전관리를 "안전은 (㉠)을(를) 제어하는 기술"이라 정의할 때 다음 중 ㉠에 들어갈 용어로 예방 관리적 차원과 가장 가까운 용어는?

① 위험
② 사고
③ 재해
④ 상해

정답 ①

1 안전과 위험의 개

1) 안전관리 및 산업안전

안전관리	재해를 예방 행하여지는 산을 보호하
산업안전	산업현장에 등의 손상을 한다.

2) 안전의 의미

날개 구성

보충 및 심화개념은 'key point'와 '참고'로 따로 분리해서 정리하였습니다.

일러스트 삽화

학습 내용을 쉽게 이해할 수 있도록 일러스트 삽화를 수록하였습니다.

예제

이론과 연계된 문제를 바로 풀어볼 수 있도록 이론과 함께 예제를 수록하였습니다. 예제 풀이를 통해 이론 내용을 잘 학습하였는지 수험생 스스로 점검할 수 있습니다.

중요도 표시

시험 전에 꼭 확인해야 하는 주요단어와 문장은 색깔로 표시하였으며, 별표로 중요한 단원을 표시하여 수험생들이 효과적으로 학습할 수 있도록 구성하였습니다.

문제 본문 구성

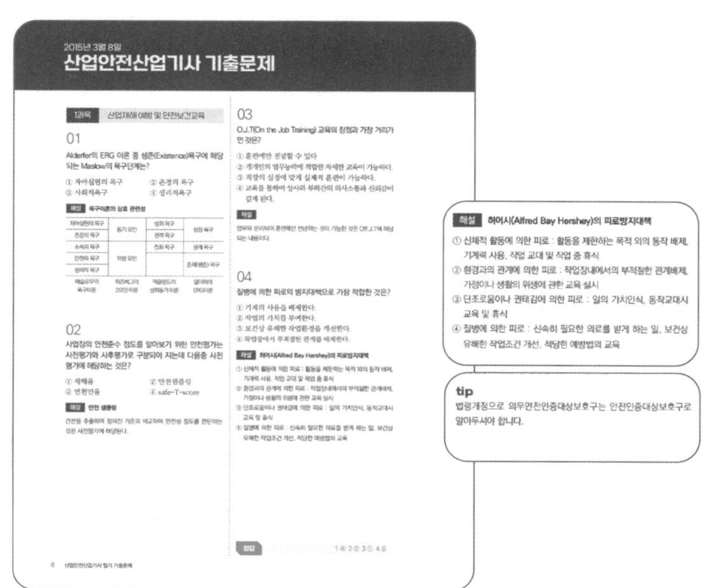

2015년 3월 8일
산업안전산업기사 기출문제

해설 허어시(Alfred Bay Hershey)의 피로방지대책

① 신체적 활동에 의한 피로 : 활동을 제한하는 목적 외의 동작 배제, 기계력 사용, 작업 교대 및 작업 중 휴식
② 환경과의 관계에 의한 피로 : 작업장내에서의 부적절한 관계배제, 가정이나 생활의 위생에 관한 교육 실시
③ 단조로움이나 권태감에 의한 피로 : 일의 가치인식, 동작교대시 교육 및 휴식
④ 질병에 의한 피로 : 신속히 필요한 의료를 받게 하는 일, 보건상 유해한 작업조건 개선, 적당한 예방법의 교육

tip
법령개정으로 의무안전인증대상보호구는 안전인증대상보호구로 알아두시야 합니다.

10개년 기출문제

기출 유형의 문제로 학습 내용을 복습하며 출제 경향과 문제 유형을 파악함으로써 실전에 대비할 수 있습니다.

자세한 해설

맞춤형 해설로 문제와 답을 쉽게 이해할 수 있으며, 부족한 부분이 무엇인지 확인할 수 있습니다.

해설 속 tip

해설 외에도 해당 문항에서 학습하면 좋을 추가 내용을 수록하여 문제에 대한 이해도를 높이고, 관련 개념을 학습할 수 있도록 하였습니다.

부록 구성

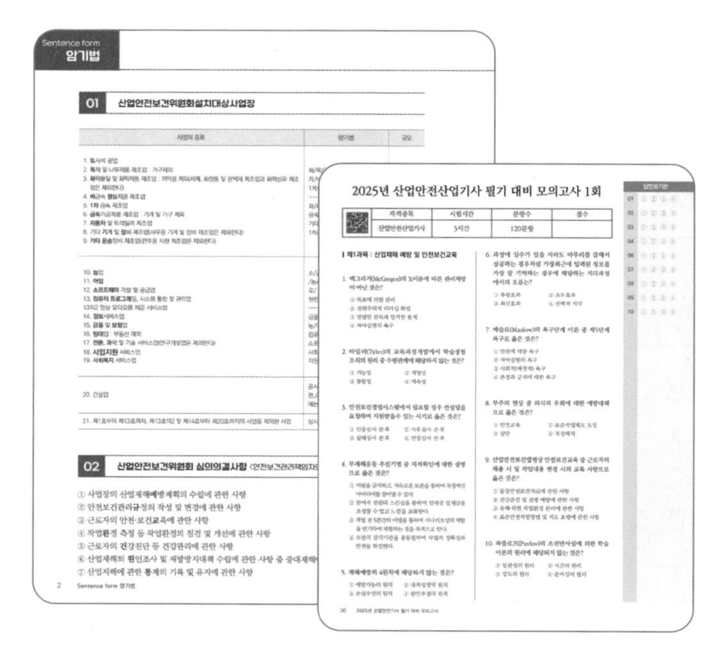

Sentence form
암기법

01 산업안전보건위원회설치대상사업장

02 산업안전보건위원회 심의의결사항

2025년 산업안전산업기사 필기 대비 모의고사 1회

핵심내용100선 (sentence form 암기법)

핵심내용 100선을 엄선하여 문장을 읽기만 해도 암기 내용이 머리에 쏙쏙 들어오는 "Sentence form 암기법"을 수록하였습니다.

Final 모의고사

수험생들이 스스로 역량을 확인할 수 있도록 최신 경향의 실전 모의고사로 최신 기출 유형을 파악하며 실전 시험에 대비할 수 있습니다.

Study check 표 활용법

스스로 학습 계획을 세워서 체크하는 과정을 통해 학습자의 학습능률을 향상시키기 위해 구성하였습니다.
각 단원의 학습을 완료할 때마다 날짜를 기입하고 체크하여, 자신만의 3회독 플래너를 완성시켜보세요.

산업안전산업기사 기출문제

1과목 산업재해 예방 및 안전보건교육

01

Alderfer의 ERG 이론 중 생존(Existence)욕구에 해당되는 Maslow의 욕구단계는?

① 자아실현의 욕구 ② 존경의 욕구
③ 사회적욕구 ④ 생리적욕구

해설 **욕구이론의 상호 관련성**

매슬로우의 욕구이론	허즈버그의 2요인 이론	맥클랜드의 성취동기 이론	알더퍼의 ERG이론
자아실현의 욕구	동기 요인	성취 욕구	성장 욕구
존중의 욕구		권력 욕구	
소속의 욕구	위생 요인	친화 욕구	관계 욕구
안전의 욕구			존재(생존) 욕구
생리적 욕구			

02

사업장의 안전준수 정도를 알아보기 위한 안전평가는 사전평가와 사후평가로 구분되어 지는데 다음중 사전평가에 해당하는 것은?

① 재해율 ② 안전샘플링
③ 연천인율 ④ safe-T-score

해설 **안전 샘플링**

견본을 추출하여 정해진 기준과 비교하여 안전성 정도를 판단하는 것은 사전평가에 해당된다.

03

O.J.T(On the Job Training) 교육의 장점과 가장 거리가 먼 것은?

① 훈련에만 전념할 수 있다
② 개개인의 업무능력에 적합한 자세한 교육이 가능하다.
③ 직장의 실정에 맞게 실제적 훈련이 가능하다.
④ 교육을 통하여 상사와 부하간의 의사소통과 신뢰감이 깊게 된다.

해설

업무와 분리되어 훈련에만 전념하는 것이 가능한 것은 Off.J.T에 해당되는 내용이다.

04

질병에 의한 피로의 방지대책으로 가장 적합한 것은?

① 기계의 사용을 배제한다.
② 작업의 가치를 부여한다.
③ 보건상 유해한 작업환경을 개선한다.
④ 작업장에서 부적절한 관계를 배제한다.

해설 **허어시(Alfred Bay Hershey)의 피로방지대책**

① 신체적 활동에 의한 피로 : 활동을 제한하는 목적 외의 동작 배제, 기계력 사용, 작업 교대 및 작업 중 휴식
② 환경과의 관계에 의한 피로 : 작업장내에서의 부적절한 관계배제, 가정이나 생활의 위생에 관한 교육 실시
③ 단조로움이나 권태감에 의한 피로 : 일의 가치인식, 동작교대시 교육 및 휴식
④ 질병에 의한 피로 : 신속히 필요한 의료를 받게 하는 일, 보건상 유해한 작업조건 개선, 적당한 예방법의 교육

정답 1④ 2② 3① 4③

05

산업안전보건법령상 의무안전인증 대상 보호구에 해당하지 않는 것은?

① 보호복 ② 안전장갑 ③ 방독마스크 ④ 보안면

해설 안전인증 대상 보호구

① 추락 및 감전 위험방지용 안전모 ② 안전화 ③ 안전장갑
④ 방진마스크 ⑤ 방독마스크 ⑥ 송기마스크 ⑦ 전동식 호흡보호구
⑧ 보호복 ⑨ 안전대 ⑩ 차광 및 비산물 위험방지용 보안경
⑪ 용접용 보안면 ⑫ 방음용 귀마개 또는 귀덮개

tip
법령개정으로 의무안전인증대상보호구는 안전인증대상보호구로 알아두셔야 합니다.

06

안전관리의 4M 가운데 Media에 관한 내용으로 가장 올바른 것은?

① 인간과 기계를 연결하는 매개체
② 인간과 관리를 연결하는 매개체
③ 기계과 관리를 연결하는 매개체
④ 인간과 작업환경을 연결하는 매개체

해설 안전관리의 4M(재해의 기본원인)

인간관계요인(Man)	인간관계 불량으로 작업의욕침체, 능률저하, 안전의식저하 등을 초래
설비적(물적)요인 (Machine)	기계설비 등의 물적조건, 인간공학적 배려 및 작업성, 보전성, 신뢰성 등을 고려
작업적 요인(Media)	① 작업의 내용, 방법, 정보 등의 작업방법적 요인 ② 작업을 실시하는 장소에 관한 작업환경적 요인
관리적 요인 (Management)	안전법규의 철저, 안전기준, 지휘감독 등의 안전관리 ① 교육훈련 부족 ② 감독지도 불충분 ③ 적성배치 불충분

07

안전태도교육의 기본과정을 가장 올바르게 나열한 것은?

① 청취한다. → 이해하고 납득한다. → 시범을 보인다. → 평가한다.
② 이해하고 납득한다. → 들어본다 → 시범을 보인다. → 평가한다.
③ 청취한다. → 시범을 보인다. → 이해하고 납득한다. → 평가한다.
④ 시범을 보인다. → 이해하고 납득한다. → 들어본다. → 평가한다.

해설 태도교육의 기본과정

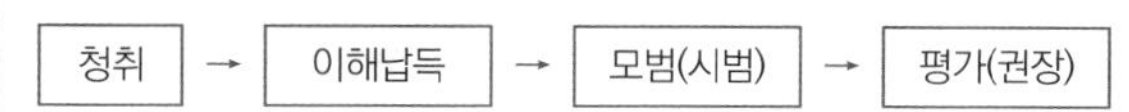

08

안전·보건교육 및 훈련은 인간행동 변화를 안전하게 유지하는 것이 목적이다. 이러한 행동변화의 전개과정 순서가 알맞은 것은?

① 자극-욕구-판단-행동 ② 욕구-자극-판단-행동
③ 판단-자극-욕구-행동 ④ 행동-욕구-자극-판단

해설 인간행동 변화(변용)

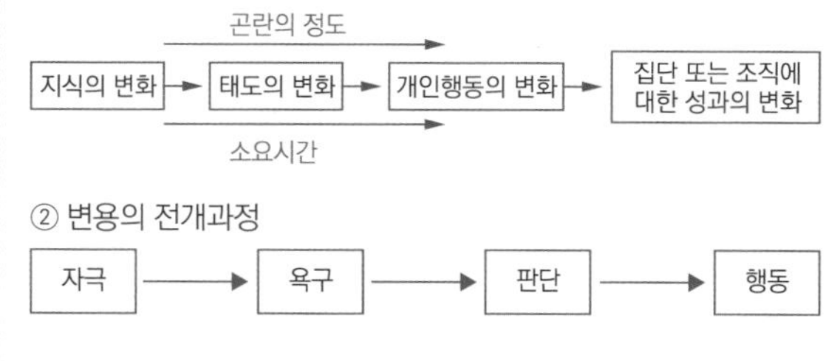

09

위험예지훈련 기본 4라운드(4R)에 관한 내용으로 옳은 것은?

① 1R : 목표설정 ② 2R : 현상파악
③ 3R : 대책수립 ④ 4R : 본질추구

해설 위험예지훈련의 4라운드 진행법

① 1라운드 : 현상파악 ② 2라운드 : 본질추구
③ 3라운드 : 대책수립 ④ 4라운드 : 목표설정

정답 5 ④ 6 ① 7 ① 8 ① 9 ③

10

산업안전보건법령상 사업 내 안전·보건교육의 교육과정에 해당하지 않는 것은?

① 특별안전·보건교육
② 근자로 정기안전·보건교육
③ 관리감독자 정기안전·보건교육
④ 안전관리자 신규 및 보수교육

해설 **근로자 안전·보건 교육과정의 종류**

① 정기교육 ② 채용 시의 교육
③ 작업내용 변경 시의 교육 ④ 특별교육
⑤ 건설업 기초안전·보건교육

tip
안전관리자 신규 및 보수교육은 안전보건관리책임자 등에 대한 교육에 해당된다.

11

안전관리 조직 중 대규모 사업장에서 가장 이상적인 조직 형태는?

① 직계형 조직
② 직능전문화 조직
③ 라인스태프(line-staff)형 조직
④ 테스크포스(task-force)조직

해설 **조직형태**

① 라인형 : 100명 미만의 소규모 사업장
② 스태프형 : 100~1,000명 정도의 중규모 사업장
③ 라인스태프형 : 1,000명 이상의 대규모 사업장

12

강의식 교육지도에서 가장 많은 시간이 할당되는 단계는?

① 도입 ② 제시 ③ 적용 ④ 확인

해설 **단계별 시간 배분(단위시간 1시간일 경우)**

구분	도입	제시	적용	확인
강의식	5분	40분	10분	5분
토의식	5분	10분	40분	5분

13

산업안전보건법령상 안전검사대상 유해·위험기계에 해당하지 않는 것은?

① 곤돌라 ② 전기용접기
③ 리프트 ④ 산업용원심기

해설 **안전검사 대상 유해·위험기계**

① 프레스 ② 전단기
③ 크레인(정격하중 2톤 미만 제외) ④ 리프트
⑤ 압력용기 ⑥ 곤돌라
⑦ 국소배기장치(이동식 제외) ⑧ 원심기(산업용에 한정)
⑨ 롤러기(밀폐형 구조제외)
⑩ 사출성형기[형 체결력 294킬로뉴튼(kN) 미만 제외]
⑪ 고소작업대(화물자동차 또는 특수자동차에 탑재한 것으로 한정)
⑫ 컨베이어 ⑬ 산업용 로봇
⑭ 혼합기 ⑮ 파쇄기 또는 분쇄기

tip
법령개정으로 ⑭, ⑮ 내용이 추가되었으며, 2026년 6월 26일부터 시행

14

적성검사의 유형 중 체력검사에 포함되지 않는 것은?

① 감각기능검사 ② 근력검사
③ 신경기능검사 ④ 크루즈 지수(Kruse's index)

해설

크루즈 지수(Kruse's index)는 체격 판정 지수로서 가슴둘레의 제곱과 신장의 비로 나타낸다.

정답 10 ④ 11 ③ 12 ② 13 ② 14 ④

15

기업조직의 원리가운데 지시 일원화의 원리를 가장 잘 설명하고 있는 것은?

① 지시에 따라 최선을 다해서 주어진 임무나 기능을 수행하는 것
② 책임을 완수하는데 필요한 수단을 상사로부터 위임 받는것
③ 언제나 직속 상사에게만 지시를 받고 특정 부하 직원들에게만 지시하는 것
④ 조직의 각 구성원이 가능한 한 가지 특수 직무만을 담당하도록 하는 것

해설 **명령(지시) 일원화의 원리**

모든 지시나 명령 등이 공식적으로 정해진 계통으로만 수행되는 것으로 오직 한사람의 상관으로부터 명령을 받고 보고를 하며, 특정한 부하 직원들에게만 명령한다는 이론이다.

16

산업재해 발생의 직접원인에 해당되지 않는 것은?

① 안전수칙의 오해　② 물(物) 자체의 결함
③ 위험 장소의 접근　④ 불안전한 속도 조작

해설 **간접원인 중 교육적 원인**

① 안전지식 및 경험의 부족　② 작업방법의 교육 불충분
③ 경험 훈련의 미숙　④ 안전수칙의 오해
⑤ 유해위험 작업의 교육 불충분

tip
간접원인 : ① 기술적 원인　② 교육적 원인　③ 작업관리상의 원인

17

무재해운동의 기본이념 3가지에 해당하지 않는 것은?

① 무의 원칙　② 자주 활동의 원칙
③ 참가의 원칙　④ 선취 해결의 원칙

해설 **무재해 운동의 3대 원칙**

무의 원칙	무재해란 단순히 사망재해나 휴업재해만 없으면 된다는 소극적인 사고가 아닌, 사업장 내의 모든 잠재위험요인을 적극적으로 사전에 발견하고 파악·해결함으로써 산업재해의 근원적인 요소들을 없앤다는 것을 의미한다.
선취해결의 원칙	안전한 사업장을 조성하기 위한 궁극의 목표로서 사업장 내에서 행동하기 전에 잠재위험요인을 발견하고 파악·해결하여 재해를 예방하는 것을 의미한다.
참가의 원칙	작업에 따르는 잠재위험요인을 발견하고 파악·해결하기 위하여 전원이 일치 협력하여 각자의 위치에서 적극적으로 문제해결을 하겠다는 것을 의미한다.

18

과거에 경험하였던 것과 비슷한 상태에 부딪혔을 때 떠오르는 것을 무엇이라 하는가?

① 재생　② 기명　③ 파지　④ 재인

해설 **기억의 과정**

① 기명 : 어떠한 자극을 받아들여 그 흔적을 대뇌에 기억시키는 첫 번째 단계
② 파지 : 기명으로 인해 발생한 흔적을 재생이 가능하도록 유지시키는 기억의 단계
③ 재생 : 과거의 경험이 파지된 상태로 존재하다가 어떠한 필요에 의해 의식의 상태로 떠오르는 단계
④ 재인 : 과거에 경험했던 상황과 비슷한 상태에 부딪치거나, 지금 나타난 현상이 과거에 경험한 것과 같은 것을 알아내는 단계

정답 15 ③ 16 ① 17 ② 18 ④

19

산업안전보건법령상 안전·보건표지의 색채별 색도 기준이 올바르게 연결된 것은? (단, 순서는 색상 명도/채도이며, 색도기준은 KS에 따른 색의 3속성에 의한 표시방법에 따른다.)

① 빨간색-5R 4/13　　② 노란색-2.5Y 8/12
③ 파란색-7.5PB 2.5/7.5　　④ 녹색-2.5G 4/10

해설 **안전표지의 색채 및 색도기준**

<table>
<tr><th>색채</th><th>색도기준</th><th>용도</th><th>형태별 색채기준</th></tr>
<tr><td rowspan="2">빨간색</td><td rowspan="2">7.5R /14</td><td>금지</td><td>바탕은 흰색, 기본모형은 빨간색, 관련 부호 및 그림은 검은색</td></tr>
<tr><td>경고</td><td rowspan="2">바탕은 노란색, 기본모형·관련부호 및 그림은 검은색 (주1)</td></tr>
<tr><td>노란색</td><td>5Y 8.5/12</td><td>경고</td></tr>
<tr><td>파란색</td><td>2.5PB 4/10</td><td>지시</td><td>바탕은 파란색, 관련 그림은 흰색</td></tr>
<tr><td>녹색</td><td>2.5G /10</td><td>안내</td><td>바탕은 흰색, 기본모형 및 관련부호는 녹색, 바탕은 녹색, 관련부호 및 그림은 흰색</td></tr>
</table>

20

1,000명의 근로자가 주당 45시간씩 연간 50주를 근무하는 A 기업에서 질병 및 기타 사유로 인하여 5%의 결근율을 나타내고 있다. 이 기업에서 연간 60건의 재해가 발생하였다면 이 기업의 도수율은 약 얼마인가?

① 25.12　② 26.67　③ 28.07　④ 51.64

해설 **도수율 계산**

① $\text{도수율(F·R)} = \dfrac{\text{재해건수}}{\text{연간총근로시간수}} \times 1{,}000{,}000$

② 5% 결근으로, 95% 출근하였으므로

$$\text{도수율} = \frac{60}{(1000 \times 45 \times 50) \times 0.95} \times 1{,}000{,}000 = 28.07$$

2과목 인간공학 및 위험성 평가관리

21

근골격계 질환을 예방하기 위한 관리적 대책으로 옳은 것은?

① 작업공간 배치　　② 작업재료 변경
③ 작업순환 배치　　④ 작업공구 설계

해설 **근골격계 질환**

반복적인 동작, 부적절한 작업자세, 무리한 힘의 사용, 날카로운 면과의 신체접촉, 진동 및 온도 등의 요인에 의하여 발생하는 건강장해로서 작업자세 또는 작업방법 등을 개선하거나 작업의 순환배치 등의 관리적인 대책이 필요하다.

22

청각신호의 위치를 식별할 때 사용하는 척도는?

① AI(Articulation indax)
② JND(Just Noticeable Difference)
③ MAMA(Minimum Audible Movement Angle)
④ PNC(Preferred Noise Criteria)

해설

① AI : 통화 이해도를 추정하는 근거로 명료도 지수라고 한다.
② JND : 특정 감각의 감지능력은 두 자극 사이의 차이를 알아낼 수 있는 변화감지역(JND)으로 표현한다.
③ MAMA : 청각신호의 위치를 식별할 때 사용하는 척도이다.
④ PNC : 실내 암소음 평가방법으로 사용하는 기준이다.

정답 19 ④ 20 ③ 21 ③ 22 ③

23

인체측정치 응용원칙 중 가장 우선적으로 고려해야 하는 원칙은?

① 조절식 설계　② 최대치 설계
③ 최소치 설계　④ 평균치 설계

해설 **인체계측자료의 응용원칙**

① 극단적인 사람을 위한 설계 : 최대집단치, 최소집단치
② 조절식 설계 : 사무실 의자의 높낮이 조절, 자동차 좌석의 전후조절 등 여러 사람이 사용 가능하도록 조절해야 하는 경우
③ 평균치를 기준으로 한 설계 : 가게나 은행의 계산대 등 최대집단치나 최소 집단치 또는 조절식으로 설계하기가 부적절하거나 불가능할 경우

tip
가장 이상적인 형태가 조절식이므로 우선적으로 고려해야할 원칙은 조절식 설계이다.

24

일반적으로 연구조사에 사용되는 기준 중 기준척도의 신뢰성이 의미하는 것은?

① 보편성　② 적절성　③ 반복성　④ 객관성

해설 **기준의 요건**

① 적절성 : 기준이 의도된 목적에 적합하다고 판단되는 정도
② 무오염성 : 측정하고자 하는 변수외의 영향이 없도록
③ 기준척도의 신뢰성 : 척도의 신뢰성 즉 반복성

25

정보를 유리나 차양판에 중첩시켜 나타내는 표시장치는?

① CRT　② LCD　③ HUD　④ LED

해설 **헤드업 표시(HUD : Head-up display)**

정보를 방풍유리나 헬멧의 차양판 등을 통하여 외부와 중첩시켜서 표시하는 장치

26

40세 이후 노화에 의한 인체의 시지각 능력 변화로 틀린 것은?

① 근시력 저하
② 휘광에 대한 민감도 저하
③ 망막에 이르는 조명량 감소
④ 수정체 변색

해설

노화에 따라 가장 먼저 기능이 저하되는 감각기관이 시각이지만 휘광에 대한 민감도를 저하시키지는 않는다.

27

조종장치를 3cm 움직였을 때 표시장치의 지침이 5cm 움직였다면 C/R비는?

① 0.25　② 0.6　③ 1.5　④ 1.7

해설 **조종-표시장치 이동비율(C/D비)**

$$C/D\text{비} = \frac{\text{조종장치의 이동거리}}{\text{표시장치의 반응거리}} = \frac{3}{5} = 0.6$$

정답 23 ① 24 ③ 25 ③ 26 ② 27 ②

28

고열환경에서 심한 육체노동 후에 탈수와 체내 염분 농도 부족으로 근육의 수축이 격렬하게 일어나는 장해는?

① 열경련(heat cramp)
② 열사병(heat stroke)
③ 열쇠약(heat prostration)
④ 열피로(heat exhaustion)

해설 **열에 의한 손상**

열경련 (Heat Cramp)	고온 환경에서 심한 육체적 노동이나 운동을 함으로써 과다한 땀의 배출로 전해질이 고갈되어 발생하는 근육의 경련현상을 말한다.
열피로 (heat Exhaustion)	고온에서 장시간 힘든 일을 하거나, 심한 운동으로 땀을 다량 흘렸을 때 흔히 나타나는 현상으로 땀을 통해 손실하는 염분을 충분히 보충하지 못했을 때 주로 발생한다.
열사병 (Heat Stroke)	고온, 다습한 환경에 노출될 때 갑자기 발생해 심각한 체온조절장애를 일으키며, 땀이 배출되지 않음으로 인해 체온상승(직장온도 40도 이상) 등이 나타나 심할 경우 혼수상태에 빠지거나 때로는 생명을 앗아간다.
열쇠약 (Heat Prostration)	이상 고온 환경에서 격심한 육체노동으로 인하여 체온 조절 중추의 기능장애와 만성적인 체력소모가 나타나는 현상을 말한다.

29

인간-기계 시스템 평가에 사용되는 인간기준 척도 중에서 유형이 다른 것은?

① 심박수 ② 안락감
③ 산소소비량 ④ 뇌전위(EEG)

해설 **인간기준의 척도**

① 인간성능척도 ② 생리학적 지표 ③ 주관적 반응 ④ 사고빈도

tip

심박수, 산소소비량, 뇌전위 등은 생리학적 지표에 해당되며 안락감은 주관적 반응에 해당되는 사항이다.

30

인체의 피부와 허파로부터 하루에 600g의 수분이 증발될 때 열손실율은 약 얼마인가? (단, 37℃의 물 1g을 증발시키는데 필요한 에너지는 2410J/g이다.)

① 약 15Watt ② 약 17Watt
③ 약 19Watt ④ 약 21Watt

해설 **열손실율**

$R=\frac{Q}{t}$ [여기서, R : 열손실율 Q : 증발에너지 t : 증발시간(sec)]

$R=\frac{600\times 2410}{24\times 60\times 60}=16.7\text{Watt}$

31

톱사상 T를 일으키는 컷셋에 해당하는 것은?

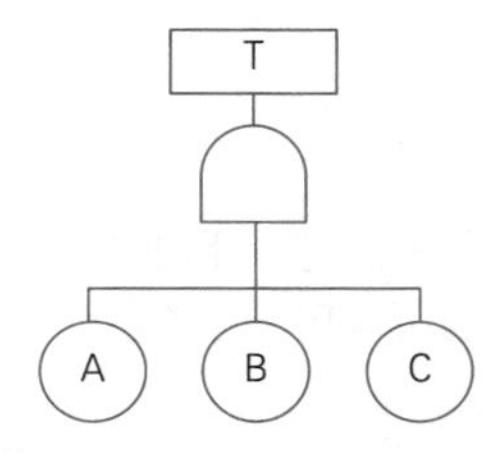

① {A}
② {A, B}
③ {B, C}
④ {A, B, C}

해설 **FT도의 컷셋(cut sets)**

AND게이트는 컷의 크기를 증가시키므로 컷셋은 {A, B, C}이다.

32

시스템 수명주기에서 FMEA가 적용되는 단계는?

① 개발단계 ② 구상단계
③ 생산단계 ④ 운전단계

해설 **시스템의 수명주기**

① 단계 : 구상-정의-개발-생산-배치 및 운용-폐기
② 개발단계 : 시스템개발의 시작단계, 제품생산을 위한 구체적인 설계사항 결정 및 검토, FMEA 진행 및 신뢰성공학과의 연계성 검토, 시스템의 안전성 평가, 생산계획추진의 최종결정 등

정답 28 ① 29 ② 30 ② 31 ④ 32 ①

33

시스템에 영향을 미치는 모든 요소의 고장을 형태별로 분석하여 그 영향을 검토하는 시스템안전 분석기법은?

① FMEA ② PHA ③ HAZOP ④ FTA

해설 **고장형과 영향 분석(Failure Mode and Effect Analysis)**

시스템 안전 분석에 이용되는 전형적인 정성적 귀납적 분석방법으로 시스템에 영향을 미치는 전체요소의 고장을 형별로 분석하여 그 영향을 검토하는 것(각 요소의 1형식 고장이 시스템의 1영향에 대응)

34

표와 관련된 시스템위험분석 기법으로 가장 적합한 것은?

프로그램 :

#1 구성요소 명치	#2 구성요소 위험방식	#3 시스템 작동방식	#4 서브시스템에서 위험영향	#5 서스시스템, 대표적 시스템 위험영향

시스템 :

#6 환경적 요인	#7 위험영향을 받을 수 있는 2차요인	#8 위험 수준	#9 위험 관리

① 예비위험분석(PHA) ② 결함위험분석(FHA)
③ 운용위험분석(OHA) ④ 사상수분석(ETA)

해설 **결함위험분석(FHA)**

① 복잡한 시스템에서는 몇 개의 공동 계약자가 서브 시스템을 분담하고 통합 계약업자가 그것을 통합하는 경우가 있는데 FHA는 이런 경우의 서브 시스템의 분석에 사용되는 분석법이다.
② 내용적으로는 FMEA를 간소화한 것으로 생각할 수 있으나 FMEA와 비교하면 통상 대상으로 하는 요소는 그것이 고장난 경우에 직접 재해 발생으로 연결되는 것 밖에 없다.

35

동작경제의 원칙에 해당하지 않는 것은?

① 가능하다면 낙하식 운반방법을 사용한다.
② 양손을 동시에 반대 방향으로 움직인다.
③ 자연스러운 리듬이 생기지 않도록 동작을 배치한다.
④ 양손으로 동시에 작업을 시작하고, 동시에 끝낸다.

해설 **동작경제의 원칙**

신체사용에 관한 원칙에서 가능하다면 쉽고 자연스러운 리듬이 작업동작에 생기도록 작업을 배치한다.

36

FT도에서 입력현상이 발생하여 어떤 일정 시간이 지속된 후 출력이 발생하는 것을 나타내는 게이트나 기호로 옳은 것은?

① 위험 지속 기호 ② 조합 AND 게이트
③ 시간 단축 기호 ④ 억제 게이트

해설 **수정 게이트**

① 우선적 AND 게이트 : 입력사상중 어떤 사상이 다른 사상보다 앞에 일어났을 때 출력사상이 발생한다.
② 조합 AND 게이트 : 3개 이상의 입력사상 중 어느 것이나 2개가 일어나면 출력이 발생한다.
③ 배타적 OR 게이트 : OR게이트인데 2개 또는 그 이상의 입력이 존재하는 경우에는 출력이 발생하지 않는다.
④ 위험지속기호 : 입력사상이 생겨 어떤 일정한 시간이 지속했을 때 출력이 발생한다. 만약 지속되지 않으면 출력은 발생하지 않는다.

정답 33 ① 34 ② 35 ③ 36 ①

37

FT도상에서 정상 사상 T의 발생 확률은?
(단, 기본사상 ①, ②의 발생 확률은 각각 1×10^{-2}과 2×10^{-2}이다.)

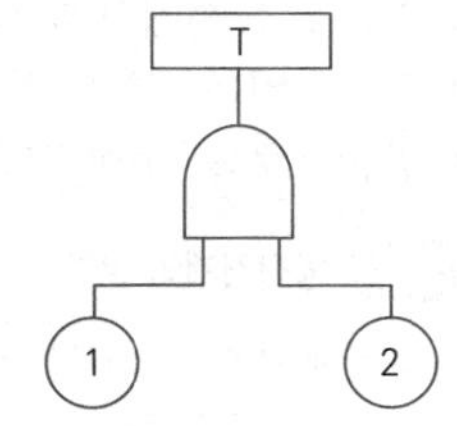

① 2×10^{-2}
② 2×10^{-4}
③ 2.98×10^{-2}
④ 2.98×10^{-4}

해설

AND 게이트이므로
발생확률$=(1\times10^{-2})\times(2\times10^{-2})=2\times10^{-4}$

38

사후보전에 필요한 수리시간의 평균치를 나타내는 것은?

① MTTF ② MTBF ③ MDT ④ MTTR

해설 **보전성(maintainability)**

① 평균수리시간(mean time to repair : MTTR)

$$MTTR=\frac{1}{\text{평균수리율}(\mu)}$$

② 평균정지시간(MDT) : 설비의 보전을 위해 설비가 정지된 시간의 평균

$$MDT=\frac{\text{총보전작업시간}}{\text{총보전작업건수}}$$

39

안전 설계방법 중 페일세이프 설계(fail-safe design)에 대한 설명으로 가장 적절한 것은?

① 오류가 전혀 발생하지 않도록 설계
② 오류가 발생하기 어렵게 설계
③ 오류의 위험을 표시하는 설계
④ 오류가 발생하였더라도 피해를 최소화 하는 설계

해설 **페일세이프**

조작상의 과오로 기기의 일부에 고장이 발생해도 다른 부분의 고장이 발생하는 것을 방지하거나 또는 어떤 사고를 사전에 방지하고 안전측으로 작동하도록 설계하는 방법

40

다음 중 음성 인식에서 이해도가 가장 좋은 것은?

① 음소 ② 음절 ③ 단어 ④ 문장

해설 **전달 확률이 높은 전언의 방법**

① 사용어휘 : 어휘 수가 적을수록 유리
② 전언의 문맥 : 문장이 독립된 음절보다 유리
③ 전언의 음성학적 국면 : 음성 출력이 높은 음 선택

정답 37 ② 38 ④ 39 ④ 40 ④

3과목 기계·기구 및 설비 안전관리

41

프레스 양수 조작식 안전거리(D) 계산식으로 적합한 것은? (단, T_L는 누름버턴에서 손을 떼는 순간부터 급정지기구가 작동개시하기까지의 시간, T_S는 급정지기구가 작동을 개시할 때부터 슬라이드가 정지할 때까지의 시간이다.)

① $D=1.6(T_L-T_S)$ ② $D=1.6(T_L+T_S)$

③ $D=1.6(T_L \div T_S)$ ④ $D=1.6(T_L \times T_S)$

해설 **안전거리 계산식**

① 시간의 단위가 ms일 경우 : $D=1.6(T_L+T_S)$
② 시간의 단위가 s일 경우 : $D=1600(T_L+T_S)$

42

기계설비의 안전조건 중 외관의 안전화에 해당하는 조치는?

① 고장발생을 최소화하기 위해 정기점검을 실시하였다.
② 전압강하, 정전시의 오동작을 방지하기 위하여 제어장치를 설치하였다
③ 기계의 예리한 돌출부 등에 안전 덮개를 설치하였다.
④ 강도를 고려하여 안전율을 최대로 고려하여 설비를 설계하였다.

해설 **외관상의 안전화**

① 가드 또는 덮개 설치(기계 외형 부분 및 회전체 돌출 부분)
② 별실 또는 구획된 장소에 격리(원동기 및 동력 전도 장치)
③ 안전색채 조절(기계 장비 및 부수되는 배관)

43

프레스의 위험방지조치로써 안전블록을 사용하는 경우가 아닌 것은?

① 금형 부착 시 ② 금형 파기 시
③ 금형 해체 시 ④ 금형 조정 시

해설

안전블록은 금형의 부착, 해체 및 조정작업 시 슬라이드의 불시하강을 방지하기 위한 조치

44

2개의 회전체가 화전운동을 할 때에 물림점이 발생 될 수 있는 조건은?

① 두 개의 회전체 모두 시계방향으로 회전
② 두 개의 회전체 모두 시계 반대방향으로 회전
③ 하나는 시계방향으로 회전하고 다른 하나는 시계 반대방향으로 회전
④ 하나는 시계방향으로 회전하고 다른 하나는 정지

해설 **물림점(Nip-point)**

회전하는 두 개의 회전축에 의해 형성(회전체가 서로 반대방향으로 회전하는 경우)

45

밀링 작업시 안전수칙 중 잘못된 것은?

① 작업시 보안경을 착용한다.
② 칩의 처리는 칩 브레이커로 한다.
③ 가공물의 치수는 기계 정지 후 확인한다.
④ 절삭속도는 재료에 따라 달리 적용한다.

해설

선반 작업시 유의사항에서 바이트에는 칩 브레이커를 설치하고 보안경을 착용한다.

정답 41 ② 42 ③ 43 ② 44 ③ 45 ②

46

플레이너에 대한 설명으로 옳은 것은?

① 곡면을 절삭하는 기계이다.
② 가공재가 수평 왕복운동을 한다.
③ 이송운동은 절삭운동의 2왕복에 대하여 1회의 단속 운동으로 이루어진다.
④ 절삭운동 중 귀환행정은 저속으로 이루어져 "저속 귀환행정"이라 한다.

해설 **플레이너 작업**

① 이송운동은 절삭운동의 1왕복에 대하여 1회의 단속운동으로 이루어진다.
② 공작물을 테이블에 설치하여 왕복 운동시키고 바이트를 이송시켜 공작물의 수평면, 수직면, 경사면, 홈곡면 등을 절삭하는 공작기계이다.
③ 절삭행정과 귀환행정이 있으며, 가공효율을 높이기 위하여 귀환행정을 빠르게 할 수 있다.
④ 플레이너의 크기는 테이블의 최대행정과 절삭할 수 있는 최대폭 및 최대 높이로 표시한다.

47

밀링작업 시 절삭가공에 관한 설명으로 틀린 것은?

① 하향절삭은 커터의 절삭방향과 이송방향이 같으므로 백래시 제거장치가 없으면 곤란하다.
② 상향절삭은 밀링커터의 날이 가공재를 들어 올리는 방향으로 작용한다.
③ 하향절삭은 칩이 가공한 면 위에 쌓이므로 시야가 좋지 않다
④ 상향절삭은 칩이 날을 방해하지 않고, 절삭열에 의한 치수정밀도의 변화가 적다.

해설 **밀링작업**

상향절삭일 경우 칩이 가공하는 윗방향으로 몰려 시야를 제한하며, 하향절삭의 경우 칩이 가공한면에 쌓여 가공면을 잘 볼 수 있다.

48

아세틸렌 용접시 화재가 발생하였을 때 제일 먼저 해야 할 일은?

① 메인 밸브를 잠근다.
② 용기를 실외로 끌어낸다.
③ 관리자에게 보고한다.
④ 젖은 천으로 용기를 덮는다.

해설

메인 밸브를 차단하여 화재의 불티가 가스에 점화되지 않도록 신속히 조치해야 한다.

49

가스 용접 작업을 위한 압력조정기 및 토치의 취급방법으로 틀린 것은?

① 압력조정기를 설치하기 전에 용기의 안전밸브를 가볍게 2~3회 개폐하여 내부 구멍의 먼지를 불어낸다
② 압력조정기 체결 전에 조정 핸들을 풀고, 신속히 용기의 밸브를 연다.
③ 우선 조정기의 밸브를 열고 토치의 콕 및 조정 밸브를 열어서 호스 및 토치 중의 공기를 제거한 후에 사용한다.
④ 장시간 사용하지 않을 때는 용기 밸브를 잠그고, 조정 핸들을 풀어둔다.

해설

압력조정기를 설치하기 전 반드시 내부의 먼지를 불어내고, 용기의 밸브는 서서히 열어야 한다.

50

연삭숫돌과 작업대, 교반기의 교반날개와 몸체 사이에서 형성되는 위험점은?

① 협착점(squeeze point) ② 끼임점(shear point)
③ 절단점(cutting point) ④ 물림점(nip point)

해설 **끼임점(Shear-point): 고정부분과 회전 또는 직선운동부분에 의해 형성**

① 연삭 숫돌과 작업대 ② 반복동작되는 링크기구
③ 교반기의 교반날개와 몸체사이

정답 46 ② 47 ③ 48 ① 49 ② 50 ②

51

기계설비의 수명곡선에서 고장의 유형에 관한 설명으로 틀린 것은?

① 초기 고장은 불량 제조나 생산과정에서 품질관리의 미비로부터 생기는 고장을 말한다.
② 우발고장은 사용 중 예측할 수 없을 때에 발생하는 고장을 말한다.
③ 마모고장은 장치의 일부가 수명을 다해서 생기는 고장을 말한다.
④ 반복고장은 반복 또는 주기적으로 생기는 고장을 말한다.

해설 **시스템 수명곡선(욕조곡선)**

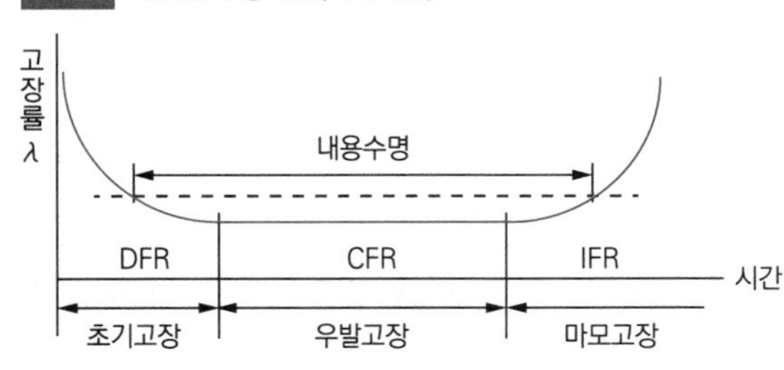

52

안전계수 6인 로프의 파단 하중이 1116kgf이라면, 이 로프는 몇 kgf 이하로 물건을 매달아야 하는가?

① 186 ② 279 ③ 1116 ④ 6696

해설 **와이어로프의 안전하중**

① $\text{안전계수} = \frac{\text{파단하중}}{\text{안전하중}}$ ② $\text{안전하중} = \frac{1116}{6} = 186\text{kgf}$

53

보일러의 압력방출장치가 2개 이상 설치된 경우, 최고사용압력 이하에서 1개가 작동되고, 남은 1개의 작동 압력은?

① 최고사용압력의 1.05배 이하
② 최고사용압력의 1.1배 이하
③ 최고사용압력의 1.25배 이하
④ 최고사용압력의 1.5배 이하

해설 **압력방출장치(보일러의 안전장치)**

① 보일러 규격에 맞는 압력방출장치를 1개 또는 2개 이상 설치하고 최고사용압력(설계압력 또는 최고허용압력)이하에서 작동되도록 한다.
② 압력방출장치가 2개 이상 설치된 경우 최고사용압력 이하에서 1개가 작동되고, 다른 압력방출장치는 최고사용압력 1.05배 이하에서 작동되도록 부착

54

선반의 크기를 표시하는 것으로 틀린 것은?

① 주축에 물릴 수 있는 공작물의 최대 지름
② 주축과 심압축의 센터 사이의 최대거리
③ 왕복대 위의 스윙
④ 베드 위의 스윙

해설 **선반의 크기 표시**

일반적으로 베드 위의 스윙, 왕복대 위의 스윙, 두 센터 사이의 최대거리로 나타내며, 관습상 베드의 길이로 나타내기도 한다.

정답 51 ④ 52 ① 53 ① 54 ①

55

크레인의 작업시 그 작업에 종사하는 관계 근로자로 하여금 조치하여야 할 사항으로 적절하지 않은 것은?

① 고정된 물체를 직접 분리 제거하는 작업을 하지 아니할 것
② 신호하는 사람이 없는 경우 인양할 하물(荷物)이 보이지 아니하는 때에는 어떠한 동작도 하지 아니할 것
③ 미리 근로자의 출입을 통제하여 인양 중인 하물이 작업자 머리 위로 통과하지 않도록 할 것
④ 인양할 하물은 바닥에서 끌어당기거나 밀어내는 작업으로 유도할 것

해설 **크레인 작업시 조치 및 준수사항**

보기의 내용이외에 다음의 사항
① 인양할 하물(荷物)을 바닥에서 끌어당기거나 밀어 작업하지 아니할 것
② 유류드럼이나 가스통 등 운반 도중에 떨어져 폭발하거나 누출될 가능성이 있는 위험물용기는 보관함(또는 보관고)에 담아 안전하게 매달아 운반할 것

56

프레스의 본질적 안전화(no-hand in die 방식) 추진 대책이 아닌 것은?

① 안전금형을 설치
② 전용프레스의 사용
③ 방호울이 부착된 프레스 사용
④ 감응식 방호장치 사용

해설 **프레스의 방호장치**

금형 안에 손이 들어가지 않는 구조 (No-Hand-in-Die Type)	금형 안에 손이 들어가는 구조 (Hand-in-Die Type)
1. 안전울이 부착된 프레스 2. 안전 금형을 부착한 프레스 3. 전용 프레스 4. 자동 송급, 배출기구가 있는 프레스 5. 자동 송급, 배출장치를 부착한 프레스	1. 프레스기의 종류, 압력능력, SPM, 행정길이,작업방법에 상응하는 방호 장치 가. 가드식 나. 수인식 다. 손쳐내기식 2. 정지 성능에 상응하는 방호장치 가. 양수조작식 나. 감응식, 광전자식

57

작업점에 대한 가드의 기본방향이 아닌 것은?

① 조작할 때 위험점에 접근하지 않도록 한다.
② 작업자가 위험구역에서 벗어나 움직이게 한다.
③ 손을 작업점에 접근시킬 필요성을 배제한다.
④ 방음, 방진 등을 목적으로 설치하지 않는다.

해설 **작업점에 대한 방호방법**

① 작업부분에 대한 작업자의 신체접촉 방지: 덮개
② 위험지역을 벗어난 안전거리에서의 기계조작: 감응식 방호장치
③ 조작시 위험부분에 대한 접근금지 조치: 양수조작식 방호장치, 원격조작 등
④ 작업점에 손을 넣을 필요가 없도록 한 조치: 자동송급배출장치, 보조공구 등

58

반복하중을 받는 기계 구조물 설계 시 우선 고려해야 할 설계 인자는?

① 극한강도　　② 크리프강도
③ 피로한도　　④ 항복점

해설 **기초강도의 결정인자**

고온에서 정하중이 작용할 경우 크리프 강도이며, 반복응력이 작용할 경우에는 피로한도가 기초강도가 된다.

59

가스용접작업 시 충전가스 용기 색깔 중에서 틀린 것은?

① 프로판가스 용기 : 회색
② 아르곤가스 용기 : 회색
③ 산소가스 용기 : 녹색
④ 아세틸렌가스 용기 : 백색

해설

아세틸렌가스 용기는 황색이고, 백색은 액화암모니아의 용기색깔에 해당된다.

정답 55 ④ 56 ④ 57 ④ 58 ③ 59 ④

60

목재가공용 기계의 방호장치가 아닌 것은?

① 덮개 ② 반발예방장치
③ 톱날접촉예방장치 ④ 과부하방지장치

해설

과부하방지장치는 양중기의 방호장치에 해당된다.

4과목 전기 및 화학설비 안전관리

61

전기화재에서 출화의 경과에 대한 화재예방대책에 해당하지 않는 것은?

① 단락 및 혼촉을 방지한다.
② 누전사고의 요인을 제거한다.
③ 접촉불량방지와 안전점검을 철저히 한다.
④ 단일 인입구에 여러 개의 전기코드를 연결한다.

해설 **출화의 경과(원인 또는 경로별)**

① 단락 ② 스파크 ③ 누전 ④ 접촉부 과열 등

62

다음 중 고압활선작업에 필요한 보호구에 해당하지 않는 것은?

① 절연대 ② 절연장갑
③ 절연장화 ④ AE형 안전모

해설

절연대는 감전재해방지를 위하여 대지와 전기적으로 절연을 시킨 작업대를 말한다.

63

감전사고의 사망경로에 해당되지 않는 것은?

① 전류가 뇌의 호흡중추부로 흘러 발생한 호흡기능 마비
② 전류가 흉부에 흘러 발생한 흉부근육수축으로 인한 질식
③ 전류가 심장부로 흘러 심실세동에 의한 혈액순환기능 장애
④ 전류가 인체에 흐를 때 인체에 저항으로 발생한 주울열에 의한 화상

해설 **감전에 의해 사망에 이르는 주요현상**

① 전류가 심장부위로 흘러 심장마비에 의한 혈액순환 기능장애 발생
② 전류가 뇌의 호흡 중추부로 흘러 호흡기능 장애발생
③ 전류가 가슴부위에 흘러 흉부수축으로 인한 질식

tip

감전에 의한 부상에는 전류가 인체내부로 흘러 인체 내부조직의 저항에 의한 줄(Joule's heat)열에 의한 화상 및 전도, 추락에 의한 2차재해 발생 등이 있다.

정답 60 ④ 61 ④ 62 ① 63 ④

64

저압전선로 중 절연부분의 전선과 대지간 및 전선의 심선 상호간의 절연저항은 사용전압에 대한 누설전류가 최대 공급전류의 얼마를 넘지 않도록 규정하고 하는가?

① $\frac{1}{1000}$ ② $\frac{1}{1500}$ ③ $\frac{1}{2000}$ ④ $\frac{1}{2500}$

해설 **허용누설전류**

허용누설전류 ≤ 최대공급전류 / 2000

65

절연용 기구의 작업시작 전 점검사항으로 옳지 않은 것은?

① 고무소매의 육안점검
② 활선접근 경보기의 동작시험
③ 고무장화에 대한 절연내력시험
④ 고무장갑에 대한 공기점검 실시

해설 **절연용 보호구의 작업시작전 점검사항**

① 고무장갑이나 고무장화에 대해서는 공기점검을 실시할 것
② 고무소매 또는 절연의 등은 육안으로 점검할 것
③ 활선접근 경보기는 시험단추를 눌러 소리가 나는지 점검할 것

66

위험분위기가 존재하는 장소의 전기기기에 방폭성을 갖추기 위한 일반적 방법으로 적절하지 않은 것은?

① 점화원의 격리
② 전기기기 언전도 증강
③ 점화능력의 본질적 억제
④ 점화원으로 되는 확률을 0으로 낮춤

해설 **전기 설비의 방폭의 기본**

점화원의 방폭적 격리	압력·유입 방폭구조	점화원을 가연성 물질과 격리
	내압 방폭구조	설비 내부 폭발이 주변 가연성물질로 파급되지 않도록 격리
전기설비의 안전도 증강	안전증 방폭구조	안전도를 증가시켜 고장발생확률을 zero에 접근
점화능력의 본질적 억제	본질안전 방폭구조	본질적으로 점화능력이 없는 상태로써 사고가 발생하여도 착화위험이 없어야 한다.

67

절연된 컨베이어 벨트 시스템에서 발생하는 정전기의 전압이 10kV이고 이때 정전용량이 5pF일 때 이 시스템에서 1회의 정전기 방전으로 생성될 수 있는 에너지는 얼마인가?

① 0.2mJ ② 0.25mJ ③ 0.5mJ ④ 0.25J

해설 **방전에너지**

$$W = \frac{1}{2}CV^2(\mathrm{J}) = \frac{1}{2} \times 5 \times 10^{-12} \times 10{,}000^2$$
$$= 2.5 \times 10^{-4}(\mathrm{J}) = 0.25\mathrm{mJ}$$

68

인체가 현저히 젖어있는 상태이거나 금속성의 전기·기계 장치의 구조물에 인체의 일부가 상시 접촉되어 있는 상태에서의 허용접촉전압으로 옳은 것은?

① 2.5V 이하 ② 25V 이하
③ 50V 이하 ④ 75V 이하

해설 **허용 접촉전압**

종별	접촉 상태	허용접촉 전압
제1종	• 인체의 대부분이 수중에 있는 경우	2.5V 이하
제2종	• 인체가 현저하게 젖어있는 경우 • 금속성의 전기기계장치나 구조물에 인체의 일부가 상시 접촉되어 있는 경우	25V 이하
제3종	• 제1종, 제2종 이외의 경우로 통상의 인체상태에 있어서 접촉전압이 가해지면 위험성이 높은 경우	50V 이하
제4종	• 제1종, 제2종 이외의 경우로 통상의 인체상태에 있어서 접촉전압이 가해지더라도 위험성이 낮은 경우 • 접촉전압이 가해질 우려가 없는 경우	제한없음

정답 64 ③ 65 ③ 66 ④ 67 ② 68 ②

69

방폭전기기기를 선정할 경우 고려할 사항으로 가장 거리가 먼 것은?

① 접지공사의 종류
② 가스 등의 발화온도
③ 설치될 지역의 방폭지역 등급
④ 내압방폭구조의 경우 최대 안전틈새

해설

방폭전기설비의 선정시 요건으로는 전기기기의 종류, 전기배선 방법, 방폭구조의 종류, 설치될 지역의 방폭지역 등급구분, 최대안전틈새, 설치될 장소의 환경조건, 가스 등의 발화온도 등이 있다.

70

인화성 액체에 의한 정전기 재해를 방지하기 위해서는 관내의 유속을 몇 m/s 이하로 유지하여야 하는가?

① 1　② 2　③ 3　④ 4

해설 **초기 배관 내 유속 제한**

① 도전성 위험물로써 저항률이 $10^{10}\Omega cm$ 미만의 배관유속을 7m/s 이하
② 이황화탄소, 에테르 등과 같이 폭발위험성이 높고 유동대전이 심한 액체는 1m/s 이하

71

다음 중 착화열에 대한 정의로 가장 적절한 것은?

① 연료가 착화해서 발생하는 전열량
② 연료 1kg이 착화해서 연소하여 나오는 총발열량
③ 외부로부터 열을 받지 않아도 스스로 연소하여 발생하는 열량
④ 연료를 최초의 온도로부터 착화온도까지 가열하는데 드는 열량

해설

외부에서의 직접적인 점화원 없이 열의 축적에 의하여 발화되는 최저의 온도를 발화점(착화점, 착화온도)이라 하며 발화점에 도달하기까지 드는 열량을 착화열이라 한다.

72

다음중 산업안전보건법에 따른 관리대상 유해물질의 운반 및 저장 방법으로 적절하지 않은 것은?

① 저장장소에는 관계 근로자가 아닌 사람의 출입을 금지하는 표시를 한다.
② 관리대상 유해물질의 증기는 실외로 배출되지 않도록 적절한 조치를 한다.
③ 관리대상 유해물질을 저장할 때 일정한 장소를 지정하여 저장하여야 한다.
④ 물질이 새거나 발산될 우려가 없는 뚜껑 또는 마개가 있는 튼튼한 용기를 사용한다.

해설 **관리대상 유해물질의 운반 및 저장**

(1) 사업주는 관리대상 유해물질을 운반하거나 저장하는 경우에 그 물질이 새거나 발산될 우려가 없는 뚜껑 또는 마개가 있는 튼튼한 용기를 사용하거나 단단하게 포장을 하여야 하며, 그 저장장소에는 다음 각 호의 조치를 하여야 한다.
① 관계 근로자가 아닌 사람의 출입을 금지하는 표시를 할 것
② 관리대상 유해물질의 증기를 실외로 배출시키는 설비를 설치할 것
(2) 사업주는 관리대상 유해물질을 저장할 경우에 일정한 장소를 지정하여 저장하여야 한다.

73

소화기의 몸통에 "A급 화재 10단위"라고 기재되어 있는 소화기에 관한 설명으로 적절한 것은?

① 이 소화기의 소화능력시험시 소화기 조작자는 반드시 방화복을 착용하고 실시하여야 한다.
② 이 소화기의 A급 화재 소화능력 단위가 10단위이면, B급화재에 대해서도 같은 단위가 적용된다
③ 어떤 A급 화재 소방대상물의 능력단위가 21일 경우 이 소방대상물에 위의 소화기를 비치할 경우 2개면 충분하다.
④ 이 소화기의 소화능력 단위는 소화능력시험에 배치되어 완전소화한 모형의 수에 해당하는 능력단위의 합계가 10단위라는 뜻이다.

해설 **능력단위 및 소화시험**

① "능력단위"란 소화기 및 소화약제에 따른 간이소화용구에 있어서 법에 따라 형식승인 된 수치를 말한다.
② 소화시험은 불을 붙인 1분후부터 시작하되 잔염이 있으면 다음 모형으로 계속할 수 없고, 무풍상태에서 방화복을 착용하지 아니하고 소화를 하여 1분후 다시 불타지 아니하여야 한다.

정답 69 ① 70 ① 71 ④ 72 ② 73 ④

74

건조설비구조에 관한 설명으로 옳지 않은 것은?

① 건조설비의 외면은 불연성 재료로 한다.
② 위험물 건조설비의 측벽이나 바닥은 견고한 구조로 한다.
③ 건조설비의 내부는 청소할 수 있는 구조로 되어서는 안 된다.
④ 건조설비의 내부온도는 국부적으로 상승되는 구조로 되어서는 안 된다.

해설 **위험물 건조설비의 구조**

① 외면은 불연성 재료로 만들 것
② 내면과 내부의 선반이나 틀은 불연성 재료로 만들 것
③ 측벽이나 바닥은 견고한 구조로 할 것
④ 상부는 가벼운 재료로 만들고 주위상황을 고려하여 폭발구를 설치할 것
⑤ 건조할 때에 발생하는 가스·증기 또는 분진을 안전한 장소로 배출시킬 수 있는 구조로 할 것
⑥ 내부의 온도가 부분적으로 상승되지 아니하는 구조로 설치할 것
⑦ 내부는 청소가 쉬운 구조로 할 것 등

75

최소착화에너지가 0.25mJ, 극간 정전용량이 10pF인 부탄가스 버너를 점화시키기 위해서 최소 얼마 이상의 전압을 인가하여야 하는가?

① $0.52 \times 10^2 V$　② $0.74 \times 10^3 V$
③ $7.07 \times 10^3 V$　④ $5.03 \times 10^5 V$

해설 **정전기 에너지**

$W = \frac{1}{2}QV = \frac{1}{2}CV^2 = \frac{1}{2}\frac{Q^2}{C}$(J)이므로

$V = \sqrt{\frac{0.25 \times 10^{-3} \times 2}{10 \times 10^{-12}}} = 7071.06 = 7.07 \times 10^3(\text{V})$

76

산업안전보건법령에 따라 사업주는 공정안전보고서의 심사결과를 송부 받은 경우 몇 년간 보존하여야 하는가?

① 2년　② 3년　③ 5년　④ 10년

해설

공정안전보고서의 심사결과를 송부 받은 사업주는 5년간 보존하여야 한다.

77

다음 중 가연성 가스로만 구성된 것은?

① 메탄, 에틸렌　② 헬륨, 염소
③ 오존, 암모니아　④ 산소, 아황산가스

해설

공기, 산소, 오존 등은 조연성가스 이며, 헬륨, 아르곤 등은 불활성 기체로 연소반응이 일어나지 않는다.

78

방폭용 공구류의 제작에 많이 쓰이는 재료는?

① 철제　② 강철합금제
③ 카본제　④ 베릴륨 동합금제

해설 **방폭용 공구류**

① 방폭공구는 일반적으로 알루미늄, 베릴륨, 망간, 니켈 등의 재질을 사용하며, 손잡이 부분을 붉은색으로 칠해 다른 공구와 구별하는 경우도 있다.
② 합금제 방폭구조로는 베릴륨 동 및 알루미늄 청동제가 우수한 것으로 알려져 있다.

79

유해·위험설비의 설치·이전 시 공정안전보고서의 제출 시기로 옳은 것은?

① 공사완료 전까지
② 공사 후 시운전 익일까지
③ 설비 가동 후 30일 이내에
④ 공사의 착공일 30일 전까지

해설

유해·위험설비의 설치·이전 및 주요구조 부분 변경 시 공사의 착공 30일 전까지 공정안전보고서를 작성하여 2부를 공단에 제출

정답 74 ③ 75 ③ 76 ③ 77 ① 78 ④ 79 ④

80

다음 중 산업안전보건기준에 관한 규칙에서 규정하는 급성 독성물질에 해당되지 않는 것은?

① 쥐에 대한 경구투입실험에 의하여 실험동물의 50%를 사망시킬 수 있는 물질의 양이 kg당 300mg - (체중) 이하인 화학물질
② 쥐에 대한 경구흡수실험에 의하여 실험동물의 50%를 사망시킬 수 있는 물질의 양이 kg당 1000mg - (체중) 이하인 화학물질
③ 토끼에 대한 경피흡수실험 의하여 실험동물의 50%를 사망시킬 수 있는 물질의 양이 kg당 1000mg(체중) 이하인 화학물질
④ 쥐에 대한 4시간 동안의 흡입실험에 의하여 실험동물의 50%를 사망시킬 수 있는 가스의 농도가 3000ppm 이상인 화학물질

해설 급성 독성물질

쥐에 대한 4시간동안의 흡입실험에 의하여 실험동물의 50퍼센트를 사망시킬 수 있는 물질의 농도, 즉 가스 LC50(쥐, 4시간 흡입)이 2,500ppm 이하인 화학물질, 증기 LC50(쥐, 4시간 흡입)이 10mg/l 이하인 화학물질, 분진 또는 미스트 1mg/l 이하인 화학물질

5과목 건설공사 안전관리

81

낙하·비래 재해 방지설비에 대한 설명으로 틀린 것은?

① 투하설비는 높이 10m 이상 되는 장소에서만 사용한다.
② 투하설비의 이음부는 충분히 겹쳐 설치한다.
③ 투하입구 부근에는 적정한 낙하방지설비를 설치한다.
④ 물체를 투하시에는 감시인을 배치한다.

해설 물체낙하에 의한 위험방지

① 대상 : 높이 3m 이상인 장소에서 물체 투하 시
② 조치사항 : ㉠ 투하설비설치 ㉡ 감시인배치

82

안전난간 설치시 발끝막이판은 바닥면으로부터 최소 얼마 이상의 높이를 유지해야 하는가?

① 5cm 이상
② 10cm 이상
③ 15cm 이상
④ 20cm 이상

해설 발끝막이판

바닥면등으로부터 10센티미터 이상의 높이를 유지할 것(물체가 떨어지거나 날아올 위험이 없거나 그 위험을 방지할 수 있는 망을 설치하는 등 필요한 예방조치를 한 장소 제외)

83

PC(Precast Concrete) 조립 시 안전대책으로 틀린 것은?

① 신호를 지정한다.
② 인양 PC부재 아래에 근로자 출입을 금지한다.
③ 크레인에 PC부재를 달아 올린 채 주행한다.
④ 운전자는 PC부재를 달아 올린 채 운전대에서 이탈을 금지한다.

해설 PC 조립 시 안전대책

① 크레인에 PC부재를 달아 올린 상태에서 주행을 금지한다.
② 달아 올린 부재 위에 사람을 태워서는 안되고, 사람이 타고 있는 부재를 인양해서도 안 된다.

정답 80 ④ 81 ① 82 ② 83 ③

84

시스템 비계를 사용하여 비계를 구성하는 경우에 준수하여야 할 기준으로 틀린 것은?

① 수직재·수평재·가새재를 견고하게 연결하는 구조가 되도록 할 것
② 비계 밑단의 수직재와 받침철물은 밀착되도록 설치하고, 수직재와 받침철물의 연결부의 겹침길이는 받침철물 전체길이의 4분의 1 이상이 되도록 할 것
③ 수평재는 수직재와 직각으로 설치하여야 하며, 체결 후 흔들림이 없도록 견고하게 설치할 것
④ 수직재와 수직재의 연결철물은 이탈되지 않도록 견고한 구조로 할 것

해설 **시스템 비계의 구조(보기외의 사항)**

① 비계 밑단의 수직재와 받침철물은 밀착되도록 설치하고, 수직재와 받침철물의 연결부의 겹침길이는 받침철물 전체길이의 3분의 1 이상이 되도록 할 것
② 벽 연결재의 설치간격은 제조사가 정한 기준에 따라 설치할 것

85

굴착작업에 있어서 지반의 붕괴 또는 토석의 낙하에 의하여 근로자에게 위험을 미칠 우려가 있는 경우에 사전에 필요한 조치로 거리가 먼 것은?

① 인화성 가스의 농도 측정 ② 방호망의 설치
③ 흙막이 지보공의 설치 ④ 근로자의 출입금지

해설 **붕괴·낙하에 의한 위험방지**

① 지반은 안전한 경사로 하고 낙하의 위험이 있는 토석을 제거하거나 옹벽·흙막이지보공 등을 설치할 것
② 지반의 붕괴 또는 토석의 낙하원인이 되는 빗물이나 지하수 등을 배제할 것
③ 갱내의 낙반·측벽(側壁) 붕괴의 위험이 있는 경우에는 지보공을 설치하고 부석을 제거하는 등 필요한 조치를 할 것

86

콘크리트 타설작업을 하는 경우의 준수사항으로 틀린 것은?

① 콘크리트 타설작업 중 이상이 있으면 작업을 중지하고 근로자를 대피시킬 것
② 콘크리트를 타설하는 경우에는 편심을 유발하여 콘크리트를 거푸집 내에 밀실하게 채울 것
③ 설계도서상의 콘크리트 양생기간을 준수하여 거푸집 동바리 등을 해체할 것
④ 콘크리트 타설작업 시 거푸집 붕괴의 위험이 발생할 우려가 있으면 충분한 보강조치를 할 것

해설 **콘크리트 타설작업시 준수사항**

① 당일의 작업을 시작하기 전에 해당 작업에 관한 거푸집 및 동바리의 변형·변위 및 지반의 침하 유무 등을 점검하고 이상이 있으면 보수할 것
② 작업 중에는 감시자를 배치하는 등의 방법으로 거푸집 및 동바리의 변형·변위 및 침하 유무 등을 확인해야 하며, 이상이 있으면 작업을 중지하고 근로자를 대피시킬 것
③ 콘크리트 타설작업 시 거푸집 붕괴의 위험이 발생할 우려가 있으면 충분한 보강조치를 할 것
④ 설계도서상의 콘크리트 양생기간을 준수하여 거푸집 및 동바리를 해체할 것
⑤ 콘크리트를 타설하는 경우에는 편심이 발생하지 않도록 골고루 분산하여 타설할 것

tip
2023년 법령개정. 문제와 해설은 개정된 내용 적용

87

재해발생과 관련된 건설공사의 주요 특징으로 틀린 것은?

① 재해 강도가 높다.
② 추락재해의 비중이 높다.
③ 근로자의 직종이 매우 단순하다.
④ 작업 환경이 다양하다.

해설

건설공사는 여러 종류의 일들이 종합적으로 이루어지기 때문에 근로자들의 직종이 매우 다양하다.

정답 84 ② 85 ① 86 ② 87 ③

88

암반사면의 파괴 형태가 아닌 것은?

① 평면파괴 ② 압축파괴
③ 쐐기파괴 ④ 전도파괴

해설 **암반 사면의 파괴형태**

원형파괴 (Circular Failure)	불연속면이 불규칙하게 발달된 사면에서 발생하는 파괴형태
평면파괴 (Plane Failure)	불연속면이 한방향으로 발달된 사면에서 발생하는 파괴형태
쐐기파괴 (Wedge Failure)	불연속면이 두방향으로 발달하여 서로 교차되는 사면에서 발생하는 파괴형태
전도파괴 (Toppling Failure)	절개면의 경사면과 불연속면의 경사방향이 반대인 사면에서 발생하는 파괴형태

89

철근 콘크리트 공사에서 슬래브에 대하여 거푸집동바리를 설치할 때 고려해야 할 사항으로 가장 거리가 먼 것은?

① 철근콘크리트의 고정하중
② 타설시의 충격하중
③ 콘크리트의 측압에 의한 하중
④ 작업인원과 장비에 의한 하중

해설 **거푸집 동바리의 연직방향 하중**

① 고정하중 : 철근콘크리트의 중량
② 충격하중 : 타설이나 중기작업의 경우
③ 작업하중 : 근로자와 소도구의 하중

tip
측압은 콘크리트 타설시, 거푸집의 수직부재가 받는 유동성을 가진 콘크리트의 수평방향 압력을 말한다.

90

강관비계를 설치하는 경우 첫 번째 띠장의 설치 기준은?

① 지상으로부터 1m 이하 ② 지상으로부터 2m 이하
③ 지상으로부터 3m 이하 ④ 지상으로부터 4m 이하

해설

띠장간격은 1.5m 이하로 설치하되, 첫 번째 띠장은 지상으로부터 2m 이하의 위치에 설치할 것

91

비계의 높이가 2m 이상인 작업장소에 설치하는 작업발판의 최소폭 기준은? (단, 달비계, 달대비계 및 말비계는 제외)

① 30cm 이상 ② 40cm 이상
③ 50cm 이상 ④ 60cm 이상

해설

작업발판의 폭은 40센티미터 이상으로 하고, 발판재료 간의 틈은 3센티미터 이하로 할 것

92

철골구조물의 건립 순서를 계획할 때 일반적인 주의사항으로 틀린 것은?

① 현장건립 순서와 공장제작 순서를 일치 시킨다.
② 건립기계의 작업반경과 진행방향을 고려하여 조립순서를 결정한다.
③ 건립중 가볼트 체결 기간을 가급적 길게하여 안정을 기한다.
④ 연속기둥 설치 시 기둥을 2개 세우면 기둥 사이의 보도 동시에 설치하도록 한다.

해설 **건립순서 계획 시 검토사항(보기 외의 사항)**

① 어느 한면만을 2절점 이상 동시에 세우는 것은 피해야 하며 1스팬 이상 수평방향으로도 조립이 진행되도록 계획
② 가볼트 체결기간을 단축시킬 수 있도록 후속공사 계획

정답 88 ② 89 ③ 90 ② 91 ② 92 ③

93

흙의 동상방지 대책으로 틀린 것은?

① 동결되지 않는 흙으로 치환하는 방법
② 흙속의 단열재료를 매입하는 방법
③ 지표의 흙을 화학약품으로 처리하는 방법
④ 세립토층을 설치하여 모관수의 상승을 촉진시키는 방법

해설 **흙의 동상 방지 대책(보기외의 사항)**

① 배수구 등을 설치하여 지하수위를 저하시킨다.
② 지하수 상승을 방지하기 위해 차단층(콘크리트, 모래 등)을 설치한다.

tip

세립토

① 세립토는 조립토보다 함수량이 크고, 함수량이 클수록 동상의 위험이 크다.
② 동상위험이 가장 큰 흙은 세립토에 해당하는 silt질 흙이다.

94

강관비계의 구조에서 비계기둥 간의 적재하중 기준으로 옳은 것은?

① 200kg 이하 ② 300kg 이하
③ 400kg 이하 ④ 500kg 이하

해설

비계기둥간의 적재하중은 400kg을 초과하지 아니하도록 한다.

95

철골공사 작업 중 작업을 중지해야 하는 기후조건의 기준으로 옳은 것은?

① 풍속 : 10m/sec 이상, 강우량 : 1mm/h 이상
② 풍속 : 5m/sec 이상, 강우량 : 1mm/h 이상
③ 풍속 : 10m/sec 이상, 강우량 : 2mm/h 이상
④ 풍속 : 5m/sec 이상, 강우량 : 2mm/h 이상

해설 **철골작업 안전기준(작업의 제한)**

① 풍속 : 초당 10m 이상인 경우
② 강우량 : 시간당 1mm 이상인 경우
③ 강설량 : 시간당 1cm 이상인 경우

96

개착식 굴착공사(Open cut)에서 설치하는 계측기기와 거리가 먼 것은?

① 수위계 ② 경사계 ③ 응력계 ④ 내공변위계

해설

내공변위 측정, 천단침하 측정 등은 터널굴착작업에 해당하는 계측기기이다.

97

달비계 또는 높이 5m 이상의 비계를 조립·해체하거나 변경하는 작업 시 준수사항으로 틀린 것은?

① 근로자가 관리감독자의 지휘에 따라 작업하도록 할 것
② 비, 눈, 그 밖의 기상상태의 불안정으로 날씨가 몹시 나쁜 경우에는 그 작업을 중지시킬 것
③ 비계재료의 연결·해체작업을 하는 경우에는 폭 20cm 이상의 발판을 설치할 것
④ 강관비계 또는 통나무비계를 조립하는 경우 외줄로 구성하는 것을 원칙으로 할 것

해설 **강관비계 또는 통나무비계**

쌍줄로 하여야 하되, 외줄로 하는 때에는 별도의 작업발판을 설치할 수 있는 시설구비

98

양중기의 와이어로프 등 달기구의 안전계수 기준으로 옳은 것은? (단, 화물의 하중을 직접 지지하는 달기와이어로프 또는 달기체인의 경우)

① 3 이상 ② 4 이상 ③ 5 이상 ④ 6 이상

해설 **와이어로프의 안전계수**

구분	안전계수
근로자가 탑승하는 운반구를 지지하는 달기와이어로프 또는 달기체인의 경우	10 이상
화물의 하중을 직접 지지하는 경우 달기와이어로프 또는 달기체인의 경우	5 이상
훅, 샤클, 클램프, 리프팅 빔의 경우	3 이상
그 밖의 경우	4 이상

정답 93 ④ 94 ③ 95 ① 96 ④ 97 ④ 98 ③

99

토사붕괴의 내적 원인에 해당하는 것은?

① 토석의 강도 저하
② 절토 및 성토 높이의 증가
③ 사면법면의 경사 및 기울기 증가
④ 지표수 및 지하수의 침투에 의한 토사 중량 증가

해설 **토석붕괴의 내적원인**

① 절토 사면의 토질·암질
② 성토 사면의 토질구성 및 분포
③ 토석의 강도 저하

100

다음 건설기계의 명칭과 각 용도가 옳게 연결된 것은?

① 드래그라인 - 암반굴착
② 드래그셔블 - 흙 운반작업
③ 클램쉘 - 정지작업
④ 파워셔블 - 지면반보다 높은 곳의 흙파기

해설 **셔블계 굴착기계**

① 기계가 위치한 지반보다 높은 굴착은 파워셔블이며, 낮은 굴착은 드래그 셔블, 크램셀 등이 사용된다.
② 드래그라인은 연한토질을 굴착할 때 사용되며, 굳은 지반굴착은 부적합하고, 기계의 위치보다 낮은곳 또는 높은곳 작업이 가능하다.

정답 99 ① 100 ④

2015년 5월 31일

산업안전산업기사 기출문제

1과목 산업재해 예방 및 안전보건교육

01

다음 중 산업안전보건법령상 안전인증대상 보호구의 안전인증제품에 안전인증 표시 외에 표시하여야 할 사항과 가장 거리가 먼 것은?

① 안전인증 번호 ② 형식 또는 모델명
③ 제조번호 및 제조연월 ④ 물리적, 화학적 성능기준

해설 안전인증 제품의 표시

① 형식 또는 모델명 ② 규격 또는 등급 등 ③ 제조자명
④ 제조번호 및 제조연월 ⑤ 안전인증 번호

02

도수율이 13.0, 강도율 1.20인 사업장이 있다. 이 사업장의 환산도수율은 얼마인가?(단, 이 사업장 근로자의 평생근로시간은 10만 시간으로 가정한다.)

① 1.3 ② 10.8 ③ 12.0 ④ 92.3

해설 환산 도수율

$$\text{환산도수율}=\text{도수율}\times\frac{100,000}{1,000,000}=13\times\frac{100,000}{1,000,000}=1.3$$

03

다음 중 사고예방대책 제5단계의 "시정책의 적용"에서 3E와 관계가 없는 것은?

① 교육(Education) ② 재정(Economics)
③ 기술(Engineering) ④ 관리(Enforcement)

해설 J. H. Harvey의 3E

① Engineering(기술) : 기술적 대책
② Education(교육) : 교육적 대책
③ Enforcement(규제) : 규제적(관리적)대책

04

다음 중 조건반사설에 의거한 학습이론의 원리가 아닌 것은?

① 강도의 원리 ② 일관성의 원리
③ 계속성의 원리 ④ 시행착오의 원리

해설 조건반사설 학습이론

① 일관성의 원리 ② 강도의 원리 ③ 시간의 원리 ④ 계속성의 원리

tip

시행 착오설(Thorndike)
① 효과의 법칙 ② 연습의 법칙 ③ 준비성의 법칙

05

[illegible] 상황의 판단 능력과 사실의 분석 및 문제의 해결능력을 키우기 위하여 먼저 사례를 조사하고, 문제적 사실들과 그의 상호 관계에 대하여 검토하고, 대책을 토의하도록 하는 교육기법은 무엇인가?

① 심포지엄(symposium)
② 롤 플레잉(role playing)
③ 케이스 메소드(case method)
④ 패널 디스커션(panel discussion)

해설 case method(사례연구법)

사례 해결에 직접 참가하여 해결해 가는 과정에서 판단력을 개발하고 관련사실의 분석 방법이나 종합적인 상황 판단 및 대책 입안 등에 효과적인 방법

정답 1④ 2① 3② 4④ 5③

06

다음 중 재해예방의 4원칙에 해당하지 않는 것은?

① 예방 가능의 원칙 ② 손실 우연의 원칙
③ 원인 계기의 원칙 ④ 선취 해결의 원칙

해설 재해예방의 4원칙

① 손실우연의 원칙 ② 예방가능의 원칙
③ 원인계기의 원칙 ④ 대책선정의 원칙

tip

무재해운동의 3원칙

① 무의 원칙 ② 선취(해결)의 원칙 ③ 참가의 원칙

07

다음 중 안전교육의 종류에 포함되지 않는 것은?

① 태도교육 ② 지식교육
③ 직무교육 ④ 기능교육

08

다음 중 산업안전보건법령상 자율안전확인 대상에 해당하는 방호장치는?

① 압력용기 압력방출용 파열판
② 보일러 압력방출용 안전밸브
③ 교류 아크용접기용 자동전격방지기
④ 방폭구조(防爆構造) 전기기계·기구 및 부품

해설 자율안전확인대상 기계의 방호장치

① 아세틸렌 용접장치용 또는 가스집합 용접장치용 안전기
② 교류아크 용접기용 자동전격 방지기
③ 롤러기 급정지장치
④ 연삭기 덮개
⑤ 목재가공용 둥근톱 반발예방장치와 날접촉 예방장치
⑥ 동력식 수동대패용 칼날 접촉방지장치
⑦ 추락·낙하 및 붕괴 등의 위험방지 및 보호에 필요한 가설기자재(안전인증대상기계기구에 해당되는 사항 제외)로서 고용노동부 장관이 정하여 고시하는 것

tip

2020년 시행. 관련법령 전부개정으로 변경된 내용입니다. 해설은 개정된 내용에 맞게 수정했으니 착오없으시기 바랍니다.

09

인간의 특성에 관한 측정검사에 대한 과학적 타당성을 갖기 위하여 반드시 구비해야 할 조건에 해당되지 않는 것은?

① 주관성 ② 신뢰도 ③ 타당도 ④ 표준화

해설 심리검사의 구비조건(직무적성 검사)

① 표준화 ② 객관성 ③ 규준 ④ 신뢰성 ⑤ 타당성

10

다음 중 산업안전보건법령상 특별안전·보건 교육의 대상 작업에 해당하지 않는 것은?

① 석면해체·제거작업
② 밀폐된 장소에서 하는 용접작업
③ 화학설비 취급품의 검수·확인 작업
④ 2m 이상의 콘크리트 인공구조물의 해체 작업

해설

화학설비에 관련한 사항으로는 화학설비의 탱크 내 작업, 화학설비 중 반응기, 교반기, 추출기의 사용 및 세척작업 등에 관한 사항이 특별안전·보건 교육의 대상 작업에 해당된다.

11

다음 중 산업안전보건법령상 안전보건개선 계획서에 반드시 포함되어야 할 사항과 가장 거리가 먼 것은?

① 안전·보건교육
② 안전·보건관리체제
③ 근로자 채용 및 배치에 관한 사항
④ 산업재해예방 및 작업환경의 개선을 위하여 필요한 사항

해설 안전보건개선계획에 포함되어야 할 사항

① 시설 ② 안전·보건관리체제 ③ 안전·보건교육
④ 산업재해예방 및 작업환경 개선을 위하여 필요한 사항

정답 6 ④ 7 ③ 8 ③ 9 ① 10 ③ 11 ③

12

다음 중 인간의 행동 변화에 있어 가장 변화시키기 어려운 것은?

① 지식의 변화 ② 집단의 행동 변화
③ 개인의 태도 변화 ④ 개인의 행동 변화

해설 **인간행동 변화(변용)**

① 지식의 변화 → ② 태도의 변화 → ③ 개인행동의 변화 → ④ 집단 또는 조직에 대한 행동의 변화

13

다음 중 타박, 충돌, 추락 등으로 피부 표면보다는 피하조직 등 근육부를 다친 상해를 무엇이라 하는가?

① 골절 ② 자상 ③ 부종 ④ 좌상

해설 **상해 종류별 분류**

분류항목	세부항목
골절	뼈가 부러진 상해
부종	국부의 혈액순환의 이상으로 몸이 퉁퉁부어 오르는 상해
찔림(자상)	칼날 등 날카로운 물건에 찔린 상해
타박상(좌상)	타박·충돌·추락 등으로 피부표면 보다는 피하조직 또는 근육부를 다친 상해(삐임)
찰과상	스치거나 문질러서 벗겨진 상해
베임(창상)	창, 칼등에 베인 상해

14

산업안전보건법령상 안전·보건표지에 사용하는 색채 가운데 비상구 및 피난소, 사람 또는 차량의 통행표지 등에 사용하는 색체는?

① 흰색 ② 녹색 ③ 노란색 ④ 파란색

해설 **안전·보건표지**

색채	용도	사용례
빨간색	금지	정지신호, 소화설비 및 그 장소, 유해행위의 금지
	경고	화학물질 취급장소에서의 유해·위험 경고
노란색	경고	화학물질 취급장소에서의 유해·위험 경고 이외의 위험경고, 주의표지 또는 기계 방호물
파란색	지시	특정행위의 지시 및 사실의 고지
녹색	안내	비상구 및 피난소, 사람 또는 차량의 통행표지

15

앞에 실시한 학습의 효과는 뒤에 실시하는 새로운 학습에 직접 또는 간접으로 영향을 주는데 이러한 현상을 전이(轉移, transfer)라 한다. 다음 중 전이의 조건이 아닌 것은?

① 학습자료의 유사성 요인
② 학습 평가자의 지식 요인
③ 선행학습 정도의 요인
④ 학습자의 태도 요인

해설 **학습전이의 조건(영향요소)**

① 과거의 경험 ② 학습방법
③ 학습의 정도 ④ 학습태도
⑤ 학습자료의 유사성 ⑥ 학습자료의 제시방법
⑦ 학습자의 지능요인 ⑧ 시간적인 간격의 요인 등

16

다음 중 매슬로우(Maslow)의 욕구위계이론 5단계를 올바르게 나열한 것은?

① 생리적 욕구 → 안전의 욕구 → 사회적 욕구 → 존경의 욕구 → 자아실현의 욕구
② 생리적 욕구 → 안전의 욕구 → 사회적 욕구 → 자아실현의 욕구 → 존경의 욕구
③ 안전의 욕구 → 생리적 욕구 → 사회적 욕구 → 자아실현의 욕구 → 존경의 욕구
④ 안전의 욕구 → 생리적 욕구 → 사회적 욕구 → 존경의 욕구 → 자아실현의 욕구

정답 12 ② 13 ④ 14 ② 15 ② 16 ①

17

다음 중 리더십(leadership)의 특성으로 볼 수 없는 것은?

① 민주주의적 지휘 형태
② 부하와의 넓은 사회적 간격
③ 밑으로부터의 동의에 의한 권한 부여
④ 개인적 영향에 의한 부하와의 관계 유지

해설 **헤드십과 리더십의 구분**

구분	권한부여 및 행사	권한 근거	상관과 부하와의 관계 및 책임귀속	부하와의 사회적 간격	지휘 형태
헤드십	위에서 위임하여 임명. 임명된 헤드	법적 또는 공식적	지배적 상사	넓다	권위 주의적
리더십	아래로부터의 동의에 의한 선출. 선출된 리더	개인 능력	개인적인 영향 상사와 부하	좁다	민주 주의적

18

다음 중 리스크 테이킹(risk taking)의 빈도가 가장 높은 사람은?

① 안전지식이 부족한 사람
② 안전기능이 미숙한 사람
③ 안전태도가 불량한 사람
④ 신체적 결함이 있는 사람

해설 **리스크 테이킹(risk taking)**

① 객관적인 위험을 자기 편리한 대로 판단하여 의지결정을 하고 행동에 옮기는 현상
② 안전태도가 양호한 자는 risk taking정도가 적다.

19

무재해운동의 추진기법 중 "지적·확인"이 불안전 행동 방지에 효과가 있는 이유와 가장 거리가 먼 것은?

① 긴장된 의식의 이완
② 대상에 대한 집중력의 향상
③ 자신과 대상의 결합도 증대
④ 인지(cognition)확률의 향상

해설 **지적확인**

인간의 감각기관을 최대한 활용함으로 위험 요소에 대한 긴장을 유발하고 불안전 행동이나 상태를 사전에 방지하는 효과가 있다. 작업자 상호간의 연락이나 신호를 위한 동작과 지적도 지적확인이라고 한다.

20

다음 중 기업의 산업재해에 대한 과거와 현재의 안전성적을 비교, 평가한 점수로 안전관리의 수행도를 평가하는데 유용한 것은?

① safe-T-score
② 평균강도율
③ 종합재해지수
④ 안전활동률

해설 **Safe-T-Score**

① 과거의 안전성적과 현재의 안전성적을 비교 평가하는 방식
② 안전에 관한 중대성의 차이를 비교하고자 사용하는 방식

정답 17 ② 18 ③ 19 ① 20 ①

2과목 인간공학 및 위험성 평가관리

21

다음 중 작업장에서 구성요소를 배치하는 인간공학적 원칙과 가장 거리가 먼 것은?

① 선입선출의 원칙 ② 사용빈도의 원칙
③ 중요도의 원칙 ④ 기능성의 원칙

해설 부품배치의 원칙

① 중요성의 원칙 ② 사용빈도의 원칙
③ 기능별 배치의 원칙 ④ 사용순서의 원칙

22

크기가 다른 복수의 조종장치를 촉감으로 구별할 수 있도록 설계할 때 구별이 가능한 최소의 직경 차이와 최소의 두께 차이로 가장 적합한 것은?

① 직경 차이 : 0.95cm, 두께 차이 : 0.95cm
② 직경 차이 : 1.3cm, 두께 차이 : 0.95cm
③ 직경 차이 : 0.95cm, 두께 차이 : 1.3cm
④ 직경 차이 : 1.3cm, 두께 차이 : 1.3cm

해설 조정장치의 촉각적 암호화

(1) 표면 촉감을 이용한 조정장치
① 매끄러운면 ② 세로홈(flute) ③ 깔쭉면(knurl)
(2) 크기의 차이를 쉽게 구별할 수 있도록 설계
① 직경 : 1.3cm(1/2") 차이 ② 두께 : 0.95cm(3/8") 차이

23

다음 중 시각적 표시장치에 있어 성격이 다른 것은?

① 디지털 온도계
② 자동차 속도계기판
③ 교통신호등의 좌회전 신호
④ 은행의 대기인원 표시등

해설

온도계, 속도계기판 등은 정량적 표시장치에 해당되며, 교통신호등은 상태표시기에 해당된다.

24

서서하는 작업의 작업대 높이에 대한 설명으로 틀린 것은?

① 경작업의 경우 팔꿈치 높이보다 5~10cm 낮게 한다.
② 중작업의 경우 팔꿈치 높이보다 10~20cm 낮게 한다.
③ 정밀작업의 경우 팔꿈치 높이보다 약간 높게 한다.
④ 부피가 큰 작업물을 취급하는 경우 최대치 설계를 기본으로 한다.

해설 입식 작업대 높이

① 경조립 또는 이와 유사한 조작작업 : 팔꿈치 높이보다 5~10cm 낮게(重작업 : 10~20cm 낮게)
② 섬세한 작업일수록 높아야 하며, 거친작업은 약간 낮게 설치

25

인간공학의 주된 연구 목적과 가장 거리가 먼 것은?

① 제품품질 향상 ② 작업의 안전성 향상
③ 작업환경의 쾌적성 향상 ④ 기계조작의 능률성 향상

해설 인간공학의 목적

① 안전성 향상 및 사고예방
② 작업능률 및 생산성 증대
③ 작업환경의 쾌적성

26

동전던지기에서 앞면이 나올 확률 P(앞) = 0.9이고, 뒷면이 나올 확률 P(뒤) = 0.1일 때, 앞면과 뒷면이 나올 사건 각각의 정보량은?

① 앞면 : 0.10bit, 뒷면 : 3.32bit
② 앞면 : 0.15bit, 뒷면 : 3.32bit
③ 앞면 : 0.10bit, 뒷면 : 3.52bit
④ 앞면 : 0.15bit, 뒷면 : 3.52bit

해설

정보량(실현확률을 P라고 하면) $H=\log_2\frac{1}{P}$

① 앞면 : $\log_2\frac{1}{0.9}=0.15\text{bit}$

② 뒷면 : $\log_2\frac{1}{0.1}=3.32\text{bit}$

정답 21 ① 22 ② 23 ③ 24 ④ 25 ① 26 ②

27

소음을 측정하는 단위는?

① 데시벨(dB) ② 지멘스(S)
③ 루멘(lumen) ④ 거스트(Gust)

해설 **각종 단위**

① 지멘스 : 전도율(conductance 컨덕턴스)의 단위
② 루멘(lumen) : 광속의 단위
③ 거스트(Gust) : 맛의 강도를 나타내는 단위
④ 데시벨(dB) : 벨(bel)의 1/10이며, 음압수준을 나타내는 단위

28

FTA에서 사용되는 논리게이트 중 여러 개의 입력 사상이 정해진 순서에 따라 순차적으로 발생해야만 결과가 출력되는 것은?

① 억제 게이트 ② 우선적 AND 게이트
③ 배타적 OR 게이트 ④ 조합 AND 게이트

해설 **수정게이트**

① 우선적 AND 게이트 : 입력사상 중 어떤 사상이 다른 사상보다 앞에 일어났을 때 출력사상이 발생한다.
② 조합 AND 게이트 : 3개 이상의 입력사상 중 어느 것이나 2개가 일어나면 출력이 발생한다.
③ 배타적 OR 게이트 : OR게이트인데 2개 또는 그 이상의 입력이 존재하는 경우에는 출력이 발생하지 않는다.
④ 억제 게이트 : 수정기호를 병용해서 게이트 역할

29

인체의 동작 유형 중 굽혔던 팔꿈치를 펴는 동작을 나타내는 용어는?

① 내전(adduction) ② 회내(pronation)
③ 굴곡(flexion) ④ 신전(extension)

해설 **신체부위의 운동(기본동작)**

굴곡(flexion) -- 관절에서의 각도가 감소 신전(extension) -- 관절에서의 각도가 증가
내전(內轉)(adduction) -- 몸 중심선으로 향하는 이동 외전(外轉)(abduction) -- 몸 중심선으로부터 멀어지는 이동
내선(內旋)(medial rotation) -- 몸 중심선으로 향하는 회전 외선(外旋)(lateral rotation) -- 몸 중심선으로부터 회전
회내(pronation) -- 몸 또는 손바닥을 아래로 향하는 회외(supination) -- 몸 또는 손바닥을 위로 향하는

30

다음 중 시스템 내의 위험요소가 어떤 상태에 있는가를 정성적으로 분석·평가하는 가장 첫 번째 단계에 실시하는 위험분석기법은?

① 결함수분석 ② 예비위험분석
③ 결함위험분석 ④ 운용위험분석

해설 **PHA(예비 위험 분석)**

① 시스템 안전 프로그램에 있어서 최초단계(구상단계)의 분석으로, 시스템 내의 위험한 요소가 얼마나 위험한 상태에 있는가를 정성적으로 평가하는 방법
② 가급적 빠른 시기 즉 시스템 개발 단계에 실시하는 것이 불필요한 설계변경 등을 회피하고 보다 효과적으로 경제적인 시스템의 안전성을 확보

31

FT도에서 정상사상 A의 발생확률은? (단, 기본 사상 ①과 ②의 발생확률은 각각 2×10^{-3}/h, 3×10^{-2}/h이다.)

① $5\times10^{-5}/h$
② $6\times10^{-5}/h$
③ $5\times10^{-6}/h$
④ $6\times10^{-6}/h$

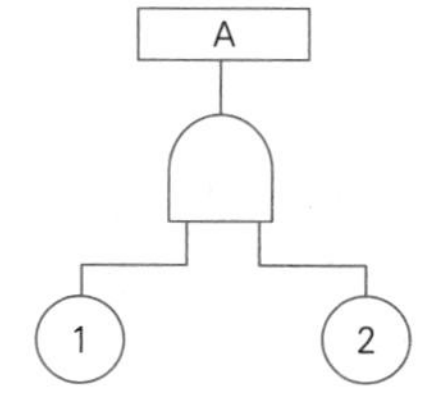

해설

AND 게이트이므로
$(2\times10^{-3}/h)\times(3\times10^{-2}/h)=6\times10^{-5}/h$

32

종이의 반사율이 50%이고, 종이상의 글자반사율이 10%일 때 종이에 의한 글자의 대비는 얼마인가?

① 10% ② 40% ③ 60% ④ 80%

해설 **글자의 대비**

$$\text{대비}=\frac{Lb-Lt}{Lb}\times100=\frac{50-10}{50}\times100=80\%$$

정답 27 ① 28 ② 29 ④ 30 ② 31 ② 32 ④

33

다음 중 인간-기계 인터페이스(human-machine interface)의 조화성과 가장 거리가 먼 것은?

① 인지적 조화성 ② 신체적 조화성
③ 통계적 조화성 ④ 감성적 조화성

해설 **인간 interface(계면)의 조화성**

신체적(형태적) 인터페이스	인간의 신체적 또는 형태적 특성의 적합성여부(필요조건)
지적 인터페이스	인간의 인지능력, 정신적 부담의 정도(편리 수준)
감성적 인터페이스	인간의 감정 및 정서의 적합성여부(쾌적 수준)

34

눈의 피로를 줄이기 위해 VDT 화면과 종이문서 간의 밝기의 비는 최대 얼마를 넘지 않도록 하는가?

① 1 : 20 ② 1 : 5 ③ 1 : 10 ④ 1 : 30

35

시스템의 성능 저하가 인원의 부상이나 시스템 전체에 중대한 손해를 입히지 않고 제어가 가능한 상태의 위험 강도는?

① 범주 1 : 파국적 ② 범주 2 : 위기적
③ 범주 3 : 한계적 ④ 범주 4 : 무시

해설 **위험성의 분류**

범주	분류	내용
범주 I	파국적 (catastrophic : 대재앙)	인원의 사망 또는 중상, 또는 완전한 시스템 손실
범주 II	위기적 (critical : 심각한)	인원의 상해 또는 중대한 시스템의 손상으로 인원이나 시스템 생존을 위해 즉시 시정조치 필요
범주 III	한계적 (marginal : 경미한)	인원의 상해 또는 중대한 시스템의 손상 없이 배제 또는 제어 가능
범주 IV	무시 (negligible : 무시할만한)	인원의 손상이나 시스템의 손상은 초래하지 않는다.

36

다음 중 귀의 구조에서 고막에 가해지는 미세한 압력의 변화를 증폭하는 곳은?

① 외이(Outer Ear) ② 중이(Middle Ear)
③ 내이(Inner Ear) ④ 달팽이관(Cochlea)

해설 **귀의 구조(중이)**

고막	소리에 의해 최초로 진동하는 얇은 막
청소골	고막의 소리를 증폭시켜 내이(난원창)로 전달(22배 증폭)
유스타키오관	외이와 중이의 압력 조절

37

다음 중 단순반복 작업으로 인한 질환의 발생부위가 다른 것은?

① 요부염좌 ② 수완진동증후군
③ 수근관증후군 ④ 결절종

해설 **근골격계 질환 유형**

허리부위	① 요부염좌 ② 근막통 증후군 ③ 추간판 탈출증 ④ 척추분리증 등
손과 목부위	① 수근관 증후군(손목터널 증후군) ② 방아쇠 손가락 ③ 결절종 ④ 척골관 증후군 ⑤ 수완진동 증후군

38

어떤 공장에서 10,000시간 동안 15,000개의 부품을 생산하였을 때 설비고장으로 인하여 15개의 불량품이 발생하였다면 평균고장간격(MTBF)은 얼마인가?

① 1×10^6시간 ② 2×10^6시간
③ 1×10^7시간 ④ 2×10^7시간

해설 **평균고장간격(MTBF)**

$$MTBF=\frac{1}{\text{고장률}(\lambda)}=\frac{\text{총가동시간}}{\text{고장건수}}$$

$$=\frac{10{,}000\times15{,}000}{15}=1\times10^7$$

정답 33 ③ 34 ③ 35 ③ 36 ② 37 ① 38 ③

39

다음 중 FTA 분석을 위한 기본적인 가정에 해당하지 않는 것은?

① 중복사상은 없어야 한다.
② 기본사상들의 발생은 독립적이다.
③ 모든 기본사상은 정상사상과 관련되어 있다.
④ 기본사상의 조건부 발생확률은 이미 알고 있다.

해설

중복사상은 발생할 수 있으며, 미니멀 컷을 구할 경우 중복사상은 제거한다.

40

신기술, 신공법을 도입함에 있어서 설계, 제조, 사용의 전 과정에 걸쳐서 위험성의 여부를 사전에 검토하는 관리기술은?

① 예비위험 분석　② 위험성 평가
③ 안전분석　④ 안전성 평가

해설 **안전성평가**

설비나 제품의 설계, 제조, 사용에 있어서 기술적, 관리적 측면에 대하여 종합적인 안전성을 사전에 평가하여 개선책을 제시하는 것을 말한다.

3과목 기계·기구 및 설비 안전관리

41

다음 중 보일러의 폭발사고 예방을 위한 장치에 해당하지 않는 것은?

① 압력발생기　② 압력제한스위치
③ 압력방출장치　④ 고저수위 조절장치

해설 **보일러 안전장치의 종류**

① 고저수위 조절장치　② 압력방출장치
③ 압력제한스위치　④ 화염검출기

42

다음 중 산업안전보건법령에 따른 아세틸렌 용접장치에 관한 설명으로 옳은 것은?

① 아세틸렌 용접장치의 안전기는 취관마다 설치하여야 한다.
② 아세틸렌 용접장치의 아세틸렌 전용 발생기실은 건물의 지하에 위치하여야 한다.
③ 아세틸렌 전용의 발생기실은 화기를 사용하는 설비로부터 1.5m를 초과하는 장소에 설치하여야한다.
④ 아세틸렌 용접장치를 사용하여 금속의 용접·용단하는 경우에는 게이지 압력이 250kPa을 초과하는 압력의 아세틸렌을 발생시켜 사용해서는 아니 된다.

해설 **아세틸렌 용접장치**

① 발생기실은 건물의 최상층에 위치, 화기를 사용하는 설비로부터 3m를 초과하는 장소에 설치
② 발생기실을 옥외에 설치할 경우 그 개구부를 다른 건축물로부터 1.5m 이상 떨어지도록 할 것
③ 금속의 용접용단 또는 가열작업을 하는 경우에는 게이지 압력이 127 킬로파스칼을 초과하는 압력의 아세틸렌을 발생시켜 사용해서는 아니된다.

정답 39 ① 40 ④ 41 ① 42 ①

43

다음 중 목재가공용 둥근톱 기계의 방호장치인 반발예방장치가 아닌 것은?

① 반발방지발톱(finger) ② 분할날(spreader)
③ 반발방지롤(roll) ④ 가동식 접촉예방장치

해설 **목재가공용 둥근톱의 방호장치**

가동식 접촉예방장치는 가공재를 절단하고 있지 않을 때는 덮개가 테이블면까지 내려가 어떠한 경우에도 근로자의 손 등이 톱날에 접촉하는 것을 방지하도록 된 날 접촉예방장치

44

다음 중 컨베이어의 안전장치가 아닌 것은?

① 이탈 및 역주행방지장치 ② 비상정지장치
③ 덮개 또는 울 ④ 비상난간

해설 **컨베이어의 안전장치**

① 비상정치장치 ② 역주행방지장치
③ 브레이크 ④ 이탈방지장치
⑤ 덮개 또는 낙하방지용 울 ⑥ 건널다리 등

45

다음 중 연삭 작업 중 숫돌의 파괴원인과 가장 거리가 먼 것은?

① 숫돌의 회전속도가 너무 느릴 때
② 숫돌의 회전 중심이 잡히지 않았을 때
③ 숫돌에 과대한 충격을 가할 때
④ 플랜지의 직경이 현저히 작을 때

해설 **연삭숫돌의 파괴 원인(보기외의 사항)**

① 숫돌의 회전 속도가 너무 빠를 때
② 숫돌 자체에 균열이 있을 때
③ 숫돌의 측면을 사용하여 작업할 때
④ 숫돌의 치수가 부적당할 때 등

46

4.2ton의 화물을 그림과 같이 60°의 각을 갖는 와이어로프로 매달아 올릴 때 와이어로프 A에 걸리는 장력 W_1은 약 얼마인가?

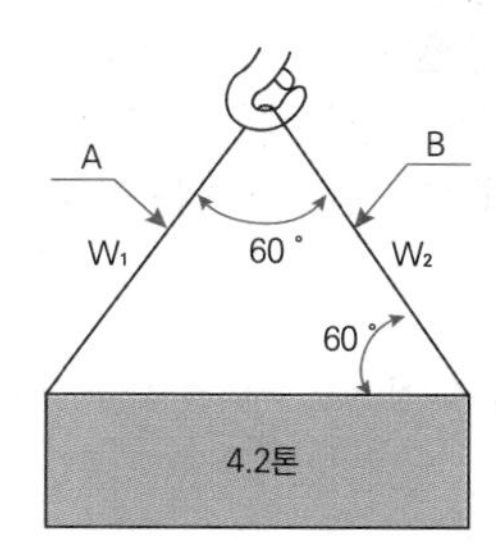

① 2.10ton ② 2.42ton ③ 4.20ton ④ 4.82ton

해설 **슬링와이어 로프의 한 가닥에 걸리는 하중**

$$하중 = \frac{화물의\ 무게(W_1)}{2} \div \cos\frac{\theta}{2}$$

$$= \frac{4.2}{2} \div \cos\frac{60}{2} = 2.4248(ton)$$

47

기계의 동작 상태가 설정한 순서, 조건에 따라 진행되어, 한 가지 상태의 종료가 다음 상태를 생성하는 제어 시스템을 가진 로봇은?

① 플레이백 로봇 ② 학습 제어 로봇
③ 시퀀스 로봇 ④ 수치 제어 로봇

해설 **입력 정보 교시에 의한 분류**

종류	특성
고정시퀀스 로봇	미리 설정된 순서와 조건 그리고 위치에 따라 동작이 각 단계를 차례로 거쳐나가는 매니플레이터이며 설정한 정보의 변경을 쉽게 할 수 없는 로봇
가변시퀀스 로봇	미리 설정된 순서와 조건 그리고 위치에 따라 동작이 각 단계를 차례로 거쳐나가는 매니플레이터이며 설정한 정보의 변경을 쉽게 할 수 있는 로봇
플레이백형 로봇	인간이 매니플레이터를 움직여서 미리 작업을 지시하여 그 작업의 순서, 위치 및 기타의 정보를 기억시키고 이를 재생함으로써 그 작업을 수행하는 로봇
수치제어용 로봇	순서, 위치 기타의 정보가 수치화 되어 있어, 그 정보에 의해 지령 받은 작업을 할 수 있는 로봇
학습제어 로봇	작업의 경험 등을 바탕으로 하여 필요한 작업을 행하는 학습제어기능을 갖는 로봇

정답 43 ④ 44 ④ 45 ① 46 ② 47 ③

48

다음 중 금형의 설계 및 제작시 안전화 조치와 가장 거리가 먼 것은?

① 펀치의 세장비가 맞지 않으면 길이를 짧게 조정한다.
② 강도 부족으로 파손되는 경우 충분한 강도를 갖는 재료로 교체한다.
③ 열처리 불량으로 인한 파손을 막기 위해 담금질(Quenching)을 실시한다.
④ 캠 및 기타 충격이 반복해서 가해지는 부분에는 완충장치를 한다.

해설 **금형의 파손에 따른 위험방지방법**

① 금형의 조립에 이용하는 볼트 및 너트는 스프링워셔, 조립너트 등에 의해 이완방지를 할 것
② 금형은 그 하중중심이 원칙적으로 프레스 기계의 하중중심에 맞는 것으로 할 것
③ 캠 기타 충격이 반복해서 가해지는 부품에는 완충장치를 할 것
④ 금형에서 사용하는 스프링은 압축형으로 할 것
⑤ 스프링의 파손에 의해 부품이 튀어나올 우려가 있는 장소에는 덮개 등을 설치할 것

49

기초강도를 사용조건 및 하중의 종류에 따라 극한강도, 항복점, 크리프강도, 피로한도 등으로 적용할 때 허용응력과 안전율(>1)의 관계를 올바르게 표현한 것은?

① 허용응력 = 기초강도×안전율
② 허용응력 = 안전율/기초강도
③ 허용응력 = 기초강도/안전율
④ 허용응력 = (안전율×기초강도)/2

해설 **안전율의 산정 방법**

$$\text{안전율} = \frac{\text{기초강도}}{\text{허용응력}} = \frac{\text{최대응력}}{\text{허용응력}} = \frac{\text{파괴하중}}{\text{최대사용하중}} = \frac{\text{극한강도}}{\text{최대설계응력}} = \frac{\text{파단하중}}{\text{안전하중}}$$

50

다음 중 기계설비에서 이상 발생시 기계를 급정지시키거나 안정장치가 작동되도록 하는 안전화를 무엇이라 하는가?

① 기능상의 안전화　② 외관상의 안전화
③ 구조부분의 안전화　④ 본질적 안전화

해설 **기능상의 안전화**

(1) 적절한 조치가 필요한 이상상태 : 전압의 강하, 정전 시 오동작, 단락스위치나 릴레이 고장 시 오동작, 사용압력 고장 시 오동작, 밸브계통의 고장에 의한 오동작 등
(2) 소극적 대책
① 이상시 기계 급정지
② 안전장치 작동
(3) 적극적 대책
① 전기회로 개선 오동작 방지
② 정상기능 찾도록 완전한 회로 설계
③ 페일 세이프

51

다음 중 프레스기가 작동 후 작업점까지의 도달시간이 0.2초 걸렸다면, 양수기동식 방호장치의 설치거리는 최소한 얼마나 되어야 하는가?

① 3.2cm　② 32cm　③ 6.4cm　④ 64cm

해설 **양수기동식의 안전거리**

$D_m(\text{mm}) = 1.6T_m(\text{ms}) = 1.6(0.2\times1000) = 320\text{mm} = 32\text{cm}$

52

프레스기에 사용되는 방호장치의 종류 중 방호판을 가지고 있는 것은?

① 수인식 방호장치　② 광전자식 방호장치
③ 손쳐내기식 방호장치　④ 양수조작식 방호장치

해설 **손쳐내기식**

① 방호판과 손쳐내기봉은 경량이면서 충분한 강도를 가져야 한다.
② 방호판의 폭은 금형폭의 1/2 이상이어야 하고, 행정길이가 300mm 이상의 프레스기계에는 방호판 폭을 300mm로 해야 한다.

정답 48 ③ 49 ③ 50 ① 51 ② 52 ③

53

기계고장률의 기본 모형 중 우발고장에 관한 사항으로 옳은 것은?

① 고장률이 시간에 따라 일정한 형태를 이룬다.
② 고장률이 시간이 갈수록 감소하는 형태이다.
③ 시스템의 일부가 수명을 다하여 발생하는 고장이다.
④ 마모나 노화에 의하여 어느 시점에 집중적으로 고장이 발생한다.

해설 **기계의 고장률(욕조 곡선)**

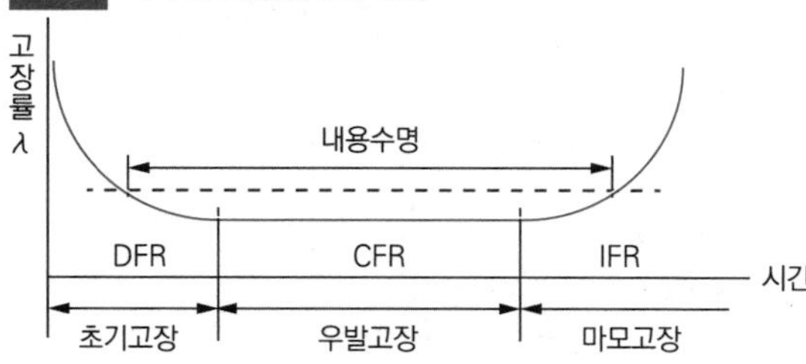

초기고장	품질관리의 미비로 발생할 수 있는 고장으로 작업시작전 점검, 시운전 등으로 사전예방이 가능한 고장
우발고장	예측할 수 없을 경우 발생하는 고장으로 시운전이나 점검으로 예방불가 (낮은 안전계수, 사용자의 과오 등)
마모고장	장치의 일부분이 수명을 다하여 발생하는 고장(부식 또는 마모, 불충분한 정비 등)

54

롤러의 맞물림점 전방에 개구 간격 30mm의 가드를 설치하고자 한다. 개구면에서 위험점까지의 최단거리(mm)는 얼마인가? (단, I.L.O.기준에 의해 계산한다.)

① 80 ② 100 ③ 120 ④ 160

해설 **롤러기 가드의 개구부 간격**

거리$(X)=\frac{Y-6}{0.15}=\frac{30-6}{0.15}=160\text{mm}$

55

다음 중 기계설비 사용 시 일반적인 안전수칙으로 잘못된 것은?

① 기계·기구 또는 설비에 설치한 방호장치는 해체하거나 사용을 정지해서는 안 된다.
② 절삭편이 날아오는 작업에서는 보호구보다 덮개 설치가 우선적으로 이루어져야 한다.
③ 기계의 운전을 정지한 후 정비할 때에는 해당 기계의 기동장치에 잠금장치를 하고 그 열쇠는 공개된 장소에 보관하여야 한다.
④ 기계 또는 방호장치의 결함이 발견된 경우 반드시 정비한 후에 근로자가 사용하도록 하여야 한다.

해설

기동장치에 잠금장치를 했을 경우 열쇠는 작업자가 직접 보관해야 다른 작업자에 의한 오동작을 방지할 수 있다.

56

다음 중 드릴링 작업에서 반복적 위치에서의 작업과 대량생산 및 정밀도를 요구할 때 사용하는 고정 장치로 가장 적합한 것은?

① 바이스(vise) ② 지그(jig)
③ 클램프(clamp) ④ 렌치(wrench)

해설 **일감 고정 방법**

① 바이스-일감이 작을 때
② 볼트와 고정구-일감이 크고 복잡할 때
③ 지그(jig)-대량생산과 정밀도를 요구할 때

57

아세틸렌은 특정 물질과 결합 시 폭발을 쉽게 일으킬 수 있는데 다음 중 이에 해당하지 않는 물질은?

① 은 ② 철 ③ 수은 ④ 구리

해설 **아세틸렌 가스의 위험성**

① 아세틸렌은 압축하면 폭발하는 성질 때문에 아세톤에 용해시켜 보관한다.
② 아세틸렌 15%, 산소 85% 정도에서 폭발성이 크다.
③ 구리, 은, 수은 등과 접촉하면 폭발성 화합물을 만든다.

정답 53 ① 54 ④ 55 ③ 56 ② 57 ②

58

산업안전보건기준에 관한 규칙상 지게차의 헤드가드 설치 기준에 대한 설명으로 옳은 것은?

① 강도는 지게차의 최대하중의 2배 값(4톤을 넘는 값에 대해서는 4톤으로 한다.)의 등분포정하중에 견딜 수 있을 것
② 상부틀의 각 개구의 폭 또는 길이가 20cm 미만일 것
③ 운전자가 앉아서 조작하는 방식의 지게차의 경우에는 운전자의 좌석 윗면에서 헤드가드의 상부틀 아랫면까지의 높이가 1.2m 이상일 것
④ 운전자가 서서 조작하는 방식의 지게차의 경우에는 운전석의 바닥면에서 헤드가드의 상부틀 하면까지의 높이가 2.5m 이상일 것

해설

① 상부틀의 각 개구의 폭 또는 길이가 16cm 미만일 것
② 운전자가 앉아서 조작하거나 서서 조작하는 지게차의 헤드가드는 「산업표준화법」에 따른 한국산업표준에서 정하는 높이 기준 이상일 것

tip

2019년 법개정으로 내용이 수정되어 개정법에 맞도록 문제를 수정하였습니다.

59

다음 중 연삭기 덮개의 각도에 관한 설명으로 틀린 것은?

① 평면연삭기, 절단연삭기 덮개의 최대노출 각도는 150도 이내이다.
② 스윙연삭기, 스라브연삭기 덮개의 최대노출 각도는 180도 이내이다.
③ 연삭숫돌의 상부를 사용하는 것을 목적으로 하는 탁상용 연삭기 덮개의 최대노출각도는 60도 이내이다.
④ 일반연삭작업 등에 사용하는 것을 목적으로 하는 탁상용 연삭기 덮개의 최대노출각도는 180도 이내이다.

해설 **연삭기 덮개의 설치방법**

탁상용 연삭기의 노출각도는 80° 이내로 하되, 숫돌의 주축에서 수평면 위로 이루는 원주 각도는 65° 이상이 되지 않도록 하여야한다. (일반연삭작업 등에 사용하는 것을 목적으로 하는 탁상용 연삭기의 노출각도는 125° 이내)

60

다음 중 밀링 작업 시 안전사항과 거리가 먼 것은?

① 커터를 끼울 때는 아버를 깨끗이 닦는다.
② 강력 절삭을 할 때는 일감을 바이스에 깊게 물린다.
③ 상하, 좌우 이동장치 핸들은 사용 후 풀어 놓는다.
④ 절삭 중 발생하는 칩의 제거는 칩브레이커를 사용한다.

해설 **밀링 작업시 안전대책**

① 상하이송장치의 핸들은 사용 후 반드시 빼둘 것
② 가공중 손으로 가공면 점검금지 및 장갑 착용금지
③ 밀링작업의 칩은 가장 가늘고 예리하므로 보안경 착용 및 기계정지 후 브러시로 제거

tip

칩브레이커는 선반의 안전장치에 해당된다.

정답 58 ① 59 ④ 60 ④

4과목 전기 및 화학설비 안전관리

61

전기기기의 절연의 종류와 최고허용온도가 바르게 연결된 것은?

① A-90℃t ② E-105℃
③ F-140℃ ④ H-180℃

해설 **절연계급**

① Y종 : 90℃ 이내 ② A종 : 105℃ 이내
③ E종 : 120℃ 이내 ④ B종 : 130℃ 이내
⑤ F종 : 155℃ 이내 ⑥ H종 : 180℃ 이내
⑦ C종 : 180℃ 이상

62

물체의 마찰로 인하여 정전기가 발생할 때 정전기를 제거할 수 있는 방법은?

① 가열을 한다. ② 가습을 한다.
③ 건조하게 한다. ④ 마찰을 세게 한다.

해설 **정전기 재해 예방**

① 정전기의 발생 방지
② 대전하기 쉬운 금속 부분 접지
③ 공기 중의 습도유지를 위한 가습(60~70%)
④ 공기를 이온화하여 전하를 중화

63

고저압 혼촉방지를 위해 변압기의 2차측(저압측)에 시설하는 접지공사의 종류와 접지저항의 최대값으로 옳은 것은? (단, 최대 1선 지락전류는 2A이다.)

① 제1종 접지공사, 10Ω
② 제2종 접지공사, 75Ω
③ 제3종 접지공사, 100Ω
④ 특별 제3종 접지공사, 10Ω

해설 **제2종 접지공사**

① 고압전로 또는 특별고압전로와 저압 전로를 결합하는 변압기의 저압측의 중성점
② 접지저항은 1선지락 전류(A)수로 150을 나눈 값과 같은 Ω 이하

tip
2021년 적용되는 법 제정으로 종별접지공사 및 저항값 등은 삭제된 내용이니 본문내용을 참고하세요.

64

다음 중 통전 경로별 위험도가 가장 높은 경로는?

① 왼손-등 ② 오른손-가슴
③ 왼손-가슴 ④ 오른손-양발

해설 **통전 경로별 위험도**

통전경로	위험도	통전경로	위험도
왼손 - 가슴	1.5	왼손 - 등	0.7
오른손 - 가슴	1.3	한손 또는 양손 - 앉아 있는 자리	0.7
왼손 - 한발 또는 양발	1.0	왼손 - 오른손	0.4
양손 - 양발	1.0	오른손 - 등	0.3
오른손 - 한발 또는 양발	0.8		

65

점화원이 될 우려가 있는 부분을 용기 내에 넣고 신선한 공기 또는 불연성가스 등의 보호기체를 용기의 내부에 압입함으로써 내부의 압력을 유지하여 폭발성 가스가 침입하지 못하도록 한 구조의 방폭구조는 무엇인가?

① 압력방폭구조(p) ② 내압방폭구조(d)
③ 유입방폭구조(O) ④ 안전증방폭구조(e)

해설 **압력 방폭구조(p)**

용기내부에 보호가스(신선한 공기 또는 질소, 탄산가스등의 불연성가스)를 압입하여 내부 압력을 외부 환경보다 높게 유지함으로서 폭발성 가스 또는 증기가 용기내부로 유입되지 않도록 한 구조(전폐형의 구조)

66

누전차단기의 설치에 관한 설명으로 적절하지 않은 것은?

① 진동 또는 충격을 받지 않도록 한다.
② 전원전압의 변동에 유의하여야 한다.
③ 비나 이슬에 젖지 않은 장소에 설치한다.
④ 누전차단기의 설치는 고도와 관계가 없다.

해설

누전차단기는 고도 2,000m 이하의 환경조건에서 설치하여야 한다.

정답 61 ④ 62 ② 63 ② 64 ③ 65 ① 66 ④

67

액체가 관내를 이동할 때에 정전기가 발생하는 현상은?

① 마찰대전 ② 박리대전
③ 분출대전 ④ 유동대전

해설 **유동 대전**

① 액체류를 파이프 등으로 수송할 때 액체류가 파이프 등과 접촉하여 두 물질의 경계에 전기 2중층이 형성되어 정전기가 발생
② 액체류의 유동속도가 정전기 발생에 큰 영향을 준다.

68

다음 중 폭발 위험이 가장 높은 물질은?

① 수소 ② 벤젠
③ 산화에틸렌 ④ 이소프로필렌 알코올

해설 **산화에틸렌**

① 폭발범위는 3%~80%
② 산화폭발로 이산화탄소가 발생하고 분해폭발로 메탄, 일산화탄소, 에틸렌, 수소 등 발생

69

사용전압이 154kV인 변압기 설비를 지상에 설치할 때 감전사고 방지대책으로 울타리의 높이와 울타리로부터 충전부분까지의 거리의 합계의 최소값은?

① 3m ② 5m ③ 6m ④ 8m

해설 **울타리, 담 등의 시설(고압 및 특고압 충전부분)**

① 울타리·담 등의 높이는 2m 이상으로 하고 지표면과 울타리·담 등의 하단사이의 간격은 15cm 이하로 할 것
② 울타리·담 등과 고압 및 특고압의 충전부분이 접근하는 경우에는 울타리·담 등의 높이와 울타리·담 등으로부터 충전부분까지 거리의 합계는 35kV 이하일 경우 5m 이상, 35kV 초과 할 경우 6m 이상으로 하되, 전압의 크기에 따라 정해진 거리가 증가한다.

tip
전압의 크기에 따른 구체적인 거리는 본문내용을 참고

70

인체가 전격을 받았을 때 가장 위험한 경우는 심실세동이 발생하는 경우이다. 정현파 교류에 있어 인체의 전기저항이 500Ω일 경우 다음 중 심실세동을 일으키는 전기에너지의 한계로 가장 적합한 것은?

① 2.5~8.0J ② 6.5~17.0J
③ 15.0~27.0J ④ 25.0~35.5J

해설 **전기에너지의 한계**

$$Q=\left(\frac{165}{\sqrt{T}}\times 10^{-3}\right)^2\times 500\times 1=13.612\text{J}$$

71

다음 중 연소의 3요소에 해당되지 않는 것은?

① 가연물 ② 점화원
③ 연쇄반응 ④ 산소공급원

해설 **연소의 3요소**

가연물	① 산소와 친화력이 좋고 표면적이 넓을 것 ② 반응열(발열량)이 클 것 ③ 열전도율이 작을 것 ④ 활성화 에너지가 작을 것
산소 공급원	① 공기 중의 산소(약 21%) ② 자기연소성 물질(5류 위험물) ③ 할로겐 원소 및 KNO_3 등의 산화제
점화원	① 연소반응을 일으킬 수 있는 최소의 에너지(활성화 에너지) ② 불꽃, 단열압축, 산화열의 축적, 정전기 불꽃, 아크불꽃 등

72

다음 중 개방형 스프링식 안전밸브의 장점이 아닌 것은?

① 구조가 비교적 간단하다.
② 증기용에 어큐뮬레이션을 3% 이내로 할 수 있다.
③ 스프링, 밸브봉 등이 외기의 영향을 받지 않는다.
④ 밸브시트와 밸브스템 사이에서 누설을 확인하기 쉽다.

해설

개방형은 스프링, 밸브봉 등이 외기의 영향을 받기 쉬운 단점이 있으며, 밀폐형은 영향을 받지 않는 장점이 있다.

정답 67 ④ 68 ③ 69 ③ 70 ② 71 ③ 72 ③

73

반응기의 이상압력 상승으로부터 반응기를 보호하기 위해 동일한 용량의 파열판과 안전밸브를 설치하고자 한다. 다음 중 반응폭주현상이 일어났을 때 반응기 내부의 과압을 가장 잘 분출할 수 있는 방법은?

① 파열판과 안전밸브를 병렬로 반응기 상부에 설치한다.
② 안전밸브, 파열판의 순서로 반응기 상부에 직렬로 설치한다.
③ 파열판, 안전밸브의 순서로 반응기 상부에 직렬로 설치한다.
④ 반응기 내부의 압력이 낮을 때는 직렬연결이 좋고, 압력이 높을 때는 병렬연결이 좋다.

해설 안전밸브의 설치방법

파열판 및 안전밸브의 직렬 설치	① 대량의 독성물질이 지속적으로 외부에 유출 될 수 있는 화학설비 및 부속설비 ② 압력 지시계 또는 자동경보장치 설치
파열판과 안전밸브를 병렬로 반응기 상부에 설치	반응폭주 현상이 발생했을 때 반응기내부 과압을 분출하고자 할 경우

74

산업안전보건기준에 관한 규칙에서 규정하고 있는 위험물질의 종류 중 '물반응성 물질 및 인화성고체'에 해당되지 않는 것은?

① 리튬 ② 칼슘탄화물
③ 아세틸렌 ④ 셀룰로이드류

해설 위험물의 종류(인화성가스)

① 수소 ② 아세틸렌 ③ 에틸렌 ④ 메탄 ⑤ 에탄 ⑥ 프로판
⑦ 부탄 ⑧ 유해·위험물질 규정량에 따른 인화성 가스

75

다음 중 B급 화재에 해당되는 것은?

① 유류에 의한 화재
② 전기장치에 의한 화재
③ 일반 가연물에 의한 화재
④ 마그네슘 등에 의한 금속화재

해설 화재의 종류

① A급화재 : 일반화재 ② B급화재 : 유류화재
③ C급화재 : 전기화재 ④ D급화재 : 금속화재

76

염소산칼륨($KClO_3$)에 관한 설명으로 옳은 것은?

① 탄소, 유기물과 접촉시에도 분해폭발 위험은 거의 없다.
② 200℃ 부근에서 분해되기 시작하여 KCl, $CKIO_4$를 생성한다.
③ 400℃ 부근에서 분해반응을 하여 염화칼륨과 산소를 방출한다.
④ 중성 및 알칼리성 용액에서는 산화작용이 없으나, 산성용액에서는 강한 산화제가 된다.

해설 염소산칼륨($KClO_3$)

① 강한 산화제이며 유기물, 탄소, 황화물, 황, 붉은 인 등과 혼합하여 가열하거나 타격을 가하면 폭발한다.
② 충격에 예민하므로 폭약으로 인정되지 않는다.
③ 중성, 알칼리성 용액은 산화 작용이 없으나 산성으로 하면 강한 산화제로 된다.

77

이산화탄소 소화기의 사용에 관한 설명으로 옳지 않은 것은?

① B급 화재 및 C급 화재의 적용에 적절하다.
② 이산화탄소의 주된 소화작용은 질식작용이므로 산소의 농도가 15% 이하가 되도록 약제를 살포한다.
③ 액화탄산가스가 공기 중에서 이산화탄소로 기화하면 체적이 급격하게 팽창하므로 질식에 주의한다.
④ 이산화탄소는 반도체설비와 반응을 일으키므로 통신기기나 컴퓨터설비에 사용을 해서는 아니 된다.

해설 이산화탄소 소화기의 특징

① 반도체 및 컴퓨터 설비 등에 사용 가능
② 용기 내의 액화탄산가스를 줄 톰슨 효과에 의해 드라이아이스로 방출
③ 질식 및 냉각 효과이며 전기화재에 가장 적당. 유류 화재에도 사용

정답 73 ① 74 ③ 75 ① 76 ④ 77 ④

78

가연성가스의 조성과 연소하한값이 표와 같을 때 혼합가스의 연소하한값은 약 몇 vol%인가?

	조성(vol%)	연소하한값(vol%)
C_1 가스	2.0	1.1
C_2 가스	3.0	5.0
C_3 가스	2.0	15.0
공기	93.0	-

① 1.74　② 2.16　③ 2.74　④ 3.16

해설 **혼합가스의 연소하한값 계산**

(1) 혼합가스의 용적비율 계산

① C_1 가스$=\frac{2}{7}\times 100=28.57$

② C_2 가스$=\frac{3}{7}\times 100=42.86$

③ C_3가스$=\frac{2}{7}\times 100=28.57$

(2) 르샤틀리에의 법칙

$$\frac{100}{L}=\frac{V_1}{L_1}+\frac{V_2}{L_2}+\frac{V_3}{L_3}=\frac{28.57}{1.1}+\frac{42.86}{5.0}+\frac{28.57}{15.0}=36.449$$

그러므로 $L=2.744$

79

산업안전보건기준에 관한 규칙에서는 인화성 액체를 수시로 사용하는 밀폐된 공간에서 해당 가스등으로 폭발위험 분위기가 조성되지 않도록 하기 위해서 해당 물질의 공기 중 농도를 인화하한계값의 얼마를 넘지 않도록 규정하고 있는가?

① 10%　② 15%　③ 20%　④ 25%

해설

밀폐된 공간에서 스프레이 건을 사용하여 인화성 액체로 세척·도장 등의 작업을 하는 경우에는 인화성 액체, 인화성 가스 등으로 폭발위험 분위기가 조성되지 않도록 해당 물질의 공기 중 농도가 인화하한계값의 25퍼센트를 넘지 않도록 충분히 환기를 유지해야 한다.

80

다음 중 열교환기의 가열 열원으로 사용되는 것은?

① 다우섬　② 염화칼슘
③ 프레온　④ 암모니아

해설 **다우섬(dowtherm)**

고온으로 열을 운반할 수 있는 액상의 매체로서 고온에서도 압력이 낮은 것이 특징이다.

정답　78 ③ 79 ④ 80 ①

5과목 건설공사 안전관리

81

일반 거푸집 설계 시 강도상 고려해야 할 사항이 아닌 것은?

① 고정하중 ② 풍압
③ 콘크리트 강도 ④ 측압

해설

거푸집 설계 시 고려해야할 사항은 연직방향 하중, 고정하중, 충격하중, 횡방향 하중(풍압, 진동 등), 콘크리트 측압 등

82

토사 붕괴의 내적 요인이 아닌 것은?

① 절토 사면의 토질구성 이상
② 성토 사면의 토질구성 이상
③ 토석의 강도 저하
④ 사면, 법면의 경사 증가

해설 토석붕괴의 원인

외적요인	내적요인
① 사면·법면의 경사 및 기울기의 증가 ② 절토 및 성토 높이의 증가 ③ 진동 및 반복하중의 증가 ④ 지하수 침투에 의한 토사중량의 증가 ⑤ 구조물의 하중 증가	① 절토사면의 토질·암질 ② 성토사면의 토질 ③ 토석의 강도 저하

83

지반의 침하에 따른 구조물의 안전성에 중대한 영향을 미치는 흙의 간극비의 정의로 옳은 것은?

① $\frac{\text{공기의 부피}}{\text{흙입자의 부피}}$ ② $\frac{\text{공기와 물의 부피}}{\text{흙입자의 부피}}$

③ $\frac{\text{공기와 물의 부피}}{\text{흙입자에 포함된 물의 부피}}$ ④ $\frac{\text{공기의 부피}}{\text{흙입자에 포함된 물의 부피}}$

해설 간극비

흙 속에서 공기와 물에 의해 차지되고 있는 입자간의 간격(흙 입자의 체적에 대한 간극의 체적의 비)

84

추락재해 방지설비의 종류가 아닌 것은?

① 추락방망 ② 안전난간
③ 개구부 덮개 ④ 수직보호망

해설 낙하위험 방지대책

① 낙하물 방지망 설치 ② 수직 보호망 설치 ③ 방호선반 설치
④ 출입금지구역 설정 ⑤ 보호구(안전모)착용

85

옹벽이 외력에 대하여 안정하기 위한 검토조건이 아닌 것은?

① 전도 ② 활동 ③ 좌굴 ④ 지반 지지력

해설 옹벽의 안정

① 전도(over turning)에 대한 안정 : F_s(저항모멘트/전도모멘트)≥ 2.0
② 활동(sliding)에 대한 안정 : F_s(수평저항력/토압의수평력)≥1.5
③ 지반지지력 [침하(settlement)]에 대한 안정
: F_s(허용지지력/최대지반반력)≥1.0

86

감전재해의 방지대책에서 직접접촉에 대한 방지대책에 해당하는 것은?

① 충전부에 방호망 또는 절연덮개 설치
② 보호접지(기기외함의 접지)
③ 보호절연
④ 안전전압 이하의 전기기기 사용

해설 감전사고에 대한 사고대책

① 직접접촉에 의한 방지대책 : 충전부에 폐쇄형 외함, 방호망 또는 절연덮개를 설치, 절연물로 완전히 덮기 등
② 간접접촉에 의한 방지대책 : 보호절연, 안전 전압 이하의 기기 사용, 접지, 누전차단기의 설치, 비접지식 전로의 채용, 이중절연구조 등

정답 81 ③ 82 ④ 83 ② 84 ④ 85 ③ 86 ①

87

흙파기 공사용 기계에 관한 설명 중 틀린 것은?

① 불도저는 일반적으로 거리 60m 이하의 배토작업에 사용된다.
② 클램쉘은 좁은 곳의 수직파기를 할 때 사용한다.
③ 파워셔블은 기계가 위치한 면보다 낮은 곳을 파낼 때 유용하다.
④ 백호우는 토질의 구멍파기나 도랑파기에 이용된다.

해설 **파워셔블(Power shovel)**

① 굴착공사와 싣기에 많이 사용
② 기계가 위치한 지반보다 높은 굴착에 유리

tip
기계가 위치한 지반보다 높은 굴착은 파워셔블이며, 낮은 굴착은 드래그셔블, 크램셀 등이 사용된다.

88

콘크리트 측압에 관한 설명 중 옳지 않은 것은?

① 슬럼프가 클수록 측압은 커진다.
② 벽 두께가 두꺼울수록 측압은 커진다.
③ 부어 넣는 속도가 빠를수록 측압은 커진다.
④ 대기 온도가 높을수록 측압은 커진다.

해설 **측압이 커지는 조건**

① 타설 속도가 빠를수록 ② 콘크리트 슬럼프치가 클수록
③ 다짐이 충분할수록 ④ 철골, 철근량이 적을수록
⑤ 콘크리트 시공연도가 좋을수록 ⑥ 외기의 온도가 낮을수록 등

89

차량계 하역운반기계에 화물을 적재할 때의 준수사항과 거리가 먼 것은?

① 하중이 한쪽으로 치우치지 않도록 적재할 것
② 구내운반차 또는 화물자동차의 경우 화물의 붕괴 또는 낙하에 의한 위험을 방지하기 위하여 화물에 로프를 거는 등 필요한 조치를 할 것
③ 운전자의 시야를 가리지 않도록 화물을 적재할 것
④ 제동장치 및 조정장치 기능의 이상 유무를 점검할 것

해설

제동장치 및 조정장치 기능의 이상 유무를 점검하는 것은 작업전 점검사항에 해당되는 내용이다.

90

건설업의 산업안전보건관리비 사용기준에 해당되지 않는 것은?

① 근로자 건강장해예방비
② 안전관리자·보건관리자의 임금
③ 기계기구의 운송비
④ 안전보건진단비

해설 **산업안전보건관리비의 사용기준**

① 안전관리자·보건관리자의 임금 등 ② 안전시설비 등
③ 보호구 등 ④ 안전보건진단비 등 ⑤ 안전보건교육비 등
⑥ 근로자 건강장해예방비 등
⑦ 건설재해예방전문지도기관의 지도에 대한 대가로 지급하는 비용
⑧ 「중대재해 처벌 등에 관한 법률」에 해당하는 건설사업자가 아닌 자가 운영하는 사업에서 안전보건 업무를 총괄·관리하는 3명 이상으로 구성된 본사 전담조직에 소속된 근로자의 임금 및 업무수행 출장비 전액. 다만, 계상된 안전보건관리비 총액의 20분의 1을 초과할 수 없다.
⑨ 위험성평가 또는 「중대재해 처벌 등에 관한 법률 시행령」에 따라 유해·위험요인 개선을 위해 필요하다고 판단하여 산업안전보건위원회 또는 노사협의체에서 사용하기로 결정한 사항을 이행하기 위한 비용. 다만, 계상된 안전보건관리비 총액의 10분의 1을 초과할 수 없다.

91

철골공사 시 도괴의 위험이 있어 강풍에 대한 안전 여부를 확인해야 할 필요성이 가장 높은 경우는?

① 연면적당 철골량이 일반건물보다 많은 경우
② 기둥에 H형강을 사용하는 경우
③ 이음부가 공장용접인 경우
④ 호텔과 같이 단면구조가 현저한 차이가 있으며 높이가 20m 이상인 건물

해설 **외압(강풍에 의한 풍압)에 대한 내력설계 확인 구조물**

① 높이 20m 이상 구조물
② 구조물 폭과 높이의 비가 1 : 4 이상인 구조물
③ 연면적당 철골량이 50kg/m² 이하인 구조물
④ 단면 구조에 현저한 차이가 있는 구조물
⑤ 기둥이 타이 플레이트 형인 구조물
⑥ 이음부가 현장 용접인 구조물

정답 87 ③ 88 ④ 89 ④ 90 ③ 91 ④

92

철골작업시 추락재해를 방지하기 위한 설비가 아닌 것은?

① 안전대 및 구명줄　② 트렌치박스
③ 안전난간　④ 추락방지용 방망

해설 **철골작업 재해방지**

① 추락방지 : 비계, 안전난간대, 추락방지용 방망, 울타리, 안전대 및 울타리 등
② 비래 낙하 및 비산방지 : 방호철망, 방호시트, 방호울타리, 방호선반, 석면포 등

93

공사현장에서 낙하물방지망 또는 방호선반을 설치할 때 설치높이 및 벽면으로부터 내민 길이 기준으로 옳은 것은?

① 설치높이 : 10m 이내마다, 내민 길이 2m 이상
② 설치높이 : 15m 이내마다, 내민 길이 2m 이상
③ 설치높이 : 10m 이내마다, 내민 길이 3m 이상
④ 설치높이 : 15m 이내마다, 내민 길이 3m 이상

해설 **낙하물방지망 또는 방호선반**

① 설치높이는 10m 이내마다 설치하고, 내민 길이는 벽면으로부터 2m 이상으로 할 것
② 수평면과의 각도는 20도 이상 30도 이하를 유지할 것

tip

추락방호망

① 작업면으로부터 망의 설치지점까지의 수직거리는 10미터를 초과하지 아니할 것
② 수평으로 설치하고, 망의 처짐은 짧은 변 길이의 12퍼센트 이상
③ 내민 길이는 벽면으로부터 3미터 이상 되도록 할 것

94

작업의자형 달비계에 사용하는 작업용 섬유로프 또는 안전대의 섬유벨트에 관한 사항으로 옳지 않은 것은?

① 작업용 섬유로프는 필요할 경우 2개이상 연결하여 사용해야 한다.
② 작업높이보다 길이가 긴 것을 사용해야 한다.
③ 꼬임이 끊어진 것을 사용해서는 아니된다.
④ 심하게 손상되거나 부식된 것을 사용해서는 아니된다.

해설 **작업용 섬유로프 또는 안전대의 섬유벨트를 사용하지 않아야 할 경우**

① 꼬임이 끊어진 것
② 심하게 손상되거나 부식된 것
③ 2개 이상의 작업용 섬유로프 또는 섬유벨트를 연결한 것
④ 작업높이보다 길이가 짧은 것

95

달비계 설치 시 달기체인의 사용 금지 기준과 거리가 먼 것은?

① 달기체인의 길이가 달기체인이 제조된 때의 길이의 5%를 초과한 것
② 균열이 있거나 심하게 변형된 것
③ 이음매가 있는 것
④ 링의 단면지름이 달기체인이 제조된 때의 해당 링의 지름의 10%를 초과하여 감소한 것

해설 **달기체인의 사용제한 조건**

① 달기체인의 길이가 달기체인이 제조된 때의 길이의 5퍼센트를 초과한 것
② 링의 단면지름이 달기체인이 제조된 때의 해당 링의 지름의 10퍼센트를 초과하여 감소한 것
③ 균열이 있거나 심하게 변형된 것

tip

2021년 법령개정으로 달비계는 곤돌라형 달비계와 작업의자형 달비계로 구분하여 정리해야 하니 본문내용을 참고하시기 바랍니다.

정답 92 ② 93 ① 94 ① 95 ③

96

차량계 건설기계의 작업 시 작업시작 전 점검사항에 해당되는 것은?

① 권과방지장치의 이상유무
② 브레이크 및 클러치의 기능
③ 슬링·와이어 슬링의 매달린 상태
④ 언로드밸브의 이상유무

해설

차량건설기계를 사용하여 작업을 할 때 작업시작전 점검사항은 브레이크 및 클러치 등의 기능

97

차량계 하역운반기계의 운전자가 운전위치를 이탈하는 경우 조치해야 할 내용 중 틀린 것은?

① 포크 및 버킷을 가장 높은 위치에 두어 근로자 통행을 방해하지 않도록 하였다.
② 원동기를 정지시켰다.
③ 브레이크를 걸어두고 확인하였다.
④ 경사지에서 갑작스런 주행이 되지 않도록 바퀴에 블록 등을 놓았다.

해설 운전위치 이탈시의 조치

① 포크, 버킷, 디퍼 등의 장치를 가장 낮은 위치 또는 지면에 내려둘 것
② 원동기를 정지시키고 브레이크를 확실히 거는 등 차량계 하역운반기계등, 차량계 건설기계의 갑작스러운 이동을 방지하기 위한 조치를 할 것
③ 운전석을 이탈하는 경우에는 시동키를 운전대에서 분리시킬 것

98

채석작업을 하는 경우 지반의 붕괴 또는 토석의 낙하로 인하여 근로자에게 발생할 우려가 있는 위험을 방지하기 위하여 취하여야 할 조치와 가장 거리가 먼 것은?

① 작업 시작 전 작업장소 및 그 주변 지반의 부석과 균열의 유무와 상태 점검
② 함수·용수 및 동결상태의 변화 점검
③ 진동치 속도 점검
④ 발파 후 발파장소 점검

해설 채석작업 시 지반붕괴 위험방지

① 점검자를 지명하고 당일 작업 시작 전에 작업장소 및 그 주변 지반의 부석과 균열의 유무와 상태, 함수·용수 및 동결상태의 변화를 점검할 것
② 점검자는 발파 후 그 발파 장소와 그 주변의 부석 및 균열의 유무와 상태를 점검할 것

99

산업안전보건기준에 관한 규칙에 따른 굴착면의 기울기 기준으로 틀린 것은?

① 연암 1:1.0
② 풍화암-1:1.8
③ 그 밖의 흙-1:1.2
④ 경암-1:0.5

해설 굴착면 기울기 기준

지반의 종류	모래	연암 및 풍화암	경암	그 밖의 흙
굴착면의 기울기	1 : 1.8	1 : 1.0	1 : 0.5	1 : 1.2

tip
2023년 법령개정. 문제와 해설은 개정된 내용 적용

100

다음은 이음매가 있는 권상용 와이어로프의 사용금지 규정이다. ( )안에 알맞은 숫자는?

> 와이어로프의 한 꼬임에서 소선의 수가 ( )% 이상 절단된 것을 사용하면 안 된다.

① 5 ② 7 ③ 10 ④ 15

해설 와이어로프의 사용금지 기준

① 이음매가 있는 것
② 와이어로프의 한 꼬임에서 끊어진 소선의 수가 10% 이상인 것
③ 지름의 감소가 공칭지름의 7%를 초과하는 것
④ 꼬인 것
⑤ 심하게 변형되거나 부식된 것
⑥ 열과 전기충격에 의해 손상된 것

정답 96 ② 97 ① 98 ③ 99 ② 100 ③

2015년 8월 16일

산업안전산업기사 기출문제

1과목 산업재해 예방 및 안전보건교육

01

다음 중 창조성·문제해결능력의 개발을 위한 교육기법으로 가장 적절하지 않은 것은?

① 역할연기법 ② In-Basket법
③ 사례연구법 ④ 브레인스토밍 법

해설 교육기법의 종류

① 창조성·문제해결 능력의 개발 : 브레인스토밍, Case Study, Incident Process, In-Basket 법, 교육게임, QC 기법 등
② 태도·행동 변화 : 역할연기(Role Playing), 매니지리얼 그리드, 각종 체험학습 등

02

Fail-safe의 정의를 가장 올바르게 나타낸 것은?

① 인적 불안전 행위의 통제방법을 말한다.
② 인력으로 예방할 수 없는 불가항력의 사고이다.
③ 인간-기계 시스템의 최적정 설계방안이다.
④ 인간의 실수 또는 기계·설비의 결함으로 인하여 사고가 발생하지 않도록 설계 시부터 안전하게 하는 것이다.

해설 fail safe와 fool proof

① fail safe : 기계 또는 설비에 이상이나 오동작이 발생하여도 안전사고를 발생시키지 않도록 2중 또는 3중으로 통제를 가하도록 한 체계
② fool proof : 사용자가 비록 잘못된 조작을 하더라도 이로 인해 전체의 고장이 발생되지 아니하도록 하는 설계방법

03

산업안전보건 법령상 안전·보건표지 중 '산화성 물질 경고'의 색채에 관한 설명으로 옳은 것은?

① 바탕은 파란색, 관련 그림은 흰색
② 바탕은 무색, 기본모형은 빨간색
③ 바탕은 흰색, 기본모형 및 관련 부호는 녹색
④ 바탕은 노란색, 기본모형, 관련 부호 및 그림은 검은색

해설 경고표지

① 바탕은 노란색, 기본모형·관련부호 및 그림은 검은색
② 다만, 인화성물질경고·산화성물질경고·폭발성물질경고·급성독성물질경고·부식성물질경고 및 발암성·변이원성·생식독성·전신독성·호흡기과민성물질경고의 경우 바탕은 무색, 기본모형은 빨간색(검은색도 가능)

04

산업안전보건법령에 따른 산업안전보건위원회의 회의결과를 주지시키는 방법으로 가장 적절하지 않은 것은?

① 사보에 게재한다.
② 회의에 참석하여 파악하도록 한다.
③ 사업장 내의 게시판에 부착한다.
④ 정례 조회 시 집합교육을 통하여 전달한다.

해설 회의결과 주지 방법

① 사내방송이나 사내보 ② 게시판 ③ 자체정례조회
④ 기타 적절한 방법

정답 1 ① 2 ④ 3 ② 4 ②

05

위험예지훈련 중 TBM(Tool Box Meeting)에 관한 설명으로 옳지 않은 것은?

① 작업 장소에서 원형의 형태를 만들어 실시한다.
② 통상 작업시작 전, 후 10분 정도 시간으로 미팅한다.
③ 토의는 10인 이상에서 20인 단위의 중규모가 모여서 한다.
④ 근로자 모두가 말하고 스스로 생각하고 "이렇게 하자"라고 합의한 내용이 되어야 한다.

해설 **T.B.M(위험예지훈련)**

(1) 즉시 즉응법이라고도 하며 현장에서 그때그때 주어진 상황에 즉응하여 실시하는 위험예지활동으로 단시간 미팅훈련이다.
(2) 진행과정
① 시기-조회, 오전, 정오, 오후, 작업교체 및 종료시에 시행한다.
② 10분 정도의 시간으로 10명 이하의 소수인원으로 편성한다. (5~7인 최적인원)
③ 주제를 정해두고 자료를 준비하는 등 리더는 사전에 진행과정에 대해 연구해둔다.

06

누전차단장치 등과 같은 안전장치를 정해진 순서에 따라 동작시키고 동작 상황의 양부를 확인하는 점검을 무슨 점검이라고 하는가?

① 외관점검　② 작동점검
③ 기술점검　④ 종합점검

해설 **안전점검(점검방법에 의한)**

외관점검 (육안 검사)	기기의 적정한 배치, 부착상태, 변형, 균열, 손상, 부식, 마모, 볼트의 풀림 등의 유무를 외관의 감각기관인 시각 및 촉감 등으로 조사하고 점검기준에 의해 양부를 확인
기능점검	간단한 조작을 행하여 봄으로 대상기기에 대한 기능의 양부확인
작동점검	방호장치나 누전차단기 등을 정하여진 순서에 의해 작동시켜 그 결과를 관찰하여 상황의 양부 확인
종합점검	정해진 기준에 따라서 측정검사를 실시하고 정해진 조건 하에서 운전시험을 실시하여 기계설비의 종합적인 기능 판단

07

국제노동통계회의에서 결의된 재해통계의 국제적 통일안을 설명한 것으로 틀린 것은?

① 국제적 통일안의 결의로서 모든 국가가 이 방법을 적용하고 있다.
② 강도율은 근로손실일수(1,000배)를 총 인원의 연근로시간수로 나누어 산정한다.
③ 도수율은 재해의 발생건수(100만 배)를 총 인원의 연근로시간수로 나누어 산정한다.
④ 국가별, 시기별, 산업별 비교를 위해 산업재해통계를 도수율이나 강도율의 비율로 나타낸다.

08

하인리히의 재해구성비율에 따라 경상사고가 87건 발생하였다면 무상해사고는 몇 건이 발생하였겠는가?

① 300건　② 600건　③ 900건　④ 1,200건

해설 **하인리히의 재해구성비율(1 : 29 : 300)**

① 한사람의 중상자가 발생하면 동일한 원인으로 29명의 경상자가 생기고 부상을 입지 않은 무상해사고가 300번 발생한다.는 이론
② 무상해 사고 = $\frac{87}{29} \times 300 = 900$(건)

09

기억과정에 있어 '파지(retention)'에 대한 설명으로 가장 적절한 것은?

① 사물의 인상을 마음속에 간직하는 것
② 사물의 보존된 인상을 다시 의식으로 떠올리는 것
③ 과거의 경험이 어떤 형태로 미래의 행동에 영향을 주는 작용
④ 과거의 학습 경험을 통하여 학습된 행동이나 내용이 지속되는 것

해설 **파지**

① 기명으로 인해 발생한 흔적을 재생이 가능하도록 유지시키는 기억의 단계
② 기명에 의해 생긴 지각이나 표상의 흔적을 재생이 가능한 형태로 보존시키는 것을 말한다. 우리가 흔히 말하는 기억은 파지에 해당한다.

정답 5③ 6② 7① 8③ 9④

10

의식의 상태에서 작업 중 걱정, 고민, 욕구불만 등에 의하여 정신을 빼앗기는 것을 무엇이라 하는가?

① 의식의 과잉　② 의식의 파동
③ 의식의 우회　④ 의식수준의 저하

해설 **부주의 현상**

의식의 단절(중단)	의식수준 제0단계(phase0)의 상태 (특수한 질병의 경우)
의식의 우회	의식수준 제0단계(phase0)의 상태 (걱정, 고뇌, 욕구불만 등)
의식수준의 저하	의식수준 제1단계(phase Ⅰ) 이하의 상태 (심신 피로 또는 단조로운 작업 시)
의식의 혼란	외적조건의 문제로 의식이 혼란되고 분산되어 작업에 잠재된 위험요인에 대응할 수 없는 상태
의식의 과잉	의식수준이 제4단계(phaseⅣ)인 상태 (돌발사태 및 긴급이상사태로 주의의 일점 집중현상 발생)

11

주의(Attention)의 특징 중 여러 종류의 자극을 자각할 때, 소수의 특정한 것에 한하여 주의가 집중되는 것을 무엇이라 하는가?

① 선택성　② 방향성
③ 변동성　④ 검출성

해설 **주의의 특성**

선택성	동시에 두 개 이상의 방향에 집중하지 못하고 소수의 특정한 것에 한하여 선택한다.
변동성	고도의 주의는 장시간 지속할 수 없고 주기적으로 부주의 리듬이 존재한다.
방향성	한 지점에 주의를 집중하면 주변 다른 곳의 주의는 약해진다. (주시점만 인지)

12

스트레스의 요인 중 직무특성에 대한 설명으로 가장 옳은 것은?

① 과업의 과소는 스트레스를 경감시킨다.
② 과업의 과중은 스트레스를 경감시킨다.
③ 시간의 압박은 스트레스와 관계없다.
④ 직무로 인한 스트레스는 동기부여의 저하, 정신적 긴장, 그리고 자신감 상실과 같은 부정적 반응을 초래한다.

해설 **산업스트레스의 요인**

① 직무특성 : 작업속도, 근무시간, 업무의 반복성, 복잡성, 위험성, 단조로움 등
② 스트레스는 신체적, 정신적 건강뿐만 아니라 결근, 전직, 직무불만족, 직무 성과와도 관련되어 직무몰입 및 생산성 감소 등의 부정적인 반응을 초래

13

적응기제(Adjustment Mechanism) 중 방어적 기제(Defence Mechanism)에 해당하는 것은?

① 고립(Isolation)　② 퇴행(Regression)
③ 억압(Suppression)　④ 보상(Compensation)

해설 **적응기제의 기본유형**

공격적 행동	책임전가, 폭행, 폭언 등
도피적 행동	퇴행, 억압, 고립, 백일몽 등
방어적 행동	승화, 보상, 합리화, 동일시, 반동형성, 투사 등

정답 10 ③ 11 ① 12 ④ 13 ④

14

산업안전보건 법령상 안전보건교육에 있어 근로자 채용 시 교육내용에 해당하는 것은?

① 유해·위험 작업환경 관리에 관한 사항
② 표준안전 작업방법 및 지도 요령에 관한 사항
③ 작업공정의 유해·위험과 재해 예방대책에 관한 사항
④ 기계·기구의 위험성과 작업의 순서 및 동선에 관한 사항

해설 **근로자 채용시 교육 및 작업내용 변경시 교육내용**

① 물질안전보건자료에 관한 사항
② 기계·기구의 위험성과 작업의 순서 및 동선에 관한 사항
③ 정리정돈 및 청소에 관한 사항
④ 작업 개시 전 점검에 관한 사항
⑤ 사고 발생 시 긴급조치에 관한 사항
⑥ 산업보건 및 직업병 예방에 관한 사항
⑦ 직무스트레스 예방 및 관리에 관한 사항
⑧ 산업안전보건법령 및 산업재해보상보험 제도에 관한 사항
⑨ 산업안전 및 사고 예방에 관한 사항
⑩ 직장내 괴롭힘, 고객의 폭언 등으로 인한 건강장해 예방 및 관리에 관한 사항
⑪ 위험성 평가에 관한 사항

tip
2023년 법령개정. 문제와 해설은 개정된 내용 적용

15

보호구 관련 규정에 따른 안전모의 착장체 구성요소에 해당되지 않는 것은?

① 머리턱 끈　② 머리받침 끈
③ 머리 고정대　④ 머리받침 고리

해설 **안전모의 구조**

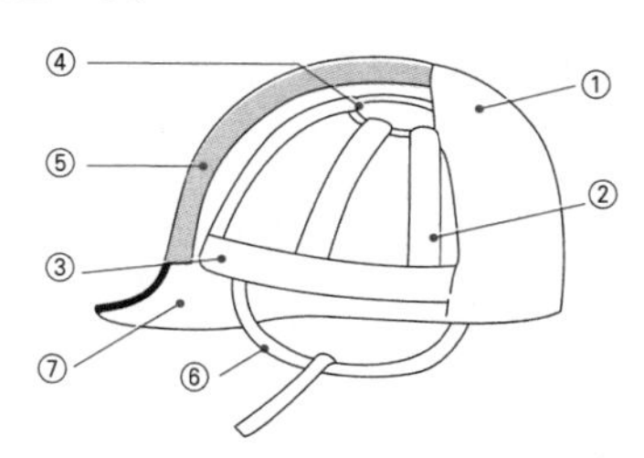

번호	명칭	
1	모체	
2	착장체	머리받침끈
3		머리고정대
4		머리받침고리
5	충격흡수재 (자율안전확인에서는 제외)	
6	턱끈	
7	모자챙(차양)	

16

허츠버그(Herzberg)의 2요인 이론에 있어서 다음 중 동기요인에 해당하는 것은?

① 임금　② 지위　③ 도전　④ 작업조건

해설 **허즈버그의 두 요인이론**

위생요인 (직무환경, 저차적욕구)	동기유발요인 (직무내용, 고차적욕구)
① 조직의 정책과 방침 ② 작업조건 ③ 대인관계 ④ 임금, 신분, 지위 ⑤ 감독 ⑥ 직무환경 등 (생산 능력의 향상 불가)	① 직무상의 성취 ② 인정 ③ 성장 또는 발전 ④ 책임의 증대 ⑤ 도전 ⑥ 직무내용자체(보람된직무) 등 (생산 능력 향상 가능)

정답 14 ④ 15 ① 16 ③

17

다음 중 아담스(Edward Adams)의 관리구조 이론에 대한 사고발생 메커니즘(mechanism)을 가장 올바르게 설명한 것은?

① 사람의 불안전한 행동에서만 발생한다.
② 불안전한 상태에 의해서만 발생한다.
③ 불안전한 행동과 불안전한 상태가 복합되어 발생한다.
④ 불안전한 상태와 불안전한 행동은 상호 독립적으로 작용한다.

해설 **아담스(Adams)의 사고 요인과 관리 시스템**

① 재해의 직접원인을 관리 시스템내의 불안전 행동과 불안전 상태에 두고 이것을 강조하기 위하여 전술적 에러로 설명
② 전술적 에러는 작전적 에러의 영향으로 발생하며, 이것은 감독자 및 관리자의 관리적인 잘못에 기인한 것으로 아담스는 관리상 잘못으로 인한 개념을 강조하고 있다.

18

무재해운동 이념의 3원칙에 해당되는 것은?

① 포상의 원칙 ② 참가의 원칙
③ 예방의 원칙 ④ 팀 활동의 원칙

해설 **무재해 운동의 3대 원칙**

① 무의 원칙 ② 선취(해결)[안전제일]의 원칙
③ 참가[참여]의 원칙

19

관료주의에 대한 설명으로 틀린 것은?

① 의사결정에는 작업자의 참여가 필수적이다.
② 인간을 조직 내의 한 구성원으로 취급한다.
③ 개인의 성장이나 자아실현의 기회가 주어지기 어렵다.
④ 사회적 여건이나 기술의 변화에 신속하게 대응하기 어렵다.

해설 **관료주의의 단점**

① 인간의 가치, 욕구, 동기와 같은 인적 요소를 무시
② 인간을 기계와 같은 부품으로 생각하기 때문에 개인의 성장이나 자아실현기회가 주어지지 않는다.
③ 종업원이 자기문제를 스스로 결정할 능력이 없다고 보기 때문에 참여의 기회가 부족
④ 새로운 사회와 기술적 변화에 효과적으로 적응하기 어렵다.

20

안전·보건교육 강사로서 교육진행자의 자세로 가장 적절하지 않은 것은?

① 중요한 것은 반복해서 교육할 것
② 상대방의 입장이 되어서 교육할 것
③ 쉬운 것에서 어려운 것으로 교육할 것
④ 가능한 한 전문용어를 사용하여 교육할 것

해설 **안전보건교육의 기본 지도원리(지도8원칙)**

① 피교육자 중심 교육(상대방의 입장에서)
② 동기부여를 중요하게
③ 쉬운 부분에서 어려운 부분으로 진행
④ 반복에 의한 습관화 진행
⑤ 인상의 강화(사실적 구체적인 진행)
⑥ 오관(감각기관)의 활용
⑦ 기능적인 이해(Functional understanding)
⑧ 한 번에 한 가지씩 교육(교육의 성과는 양보다 질을 중시)

정답 17 ③ 18 ② 19 ① 20 ④

2과목 인간공학 및 위험성 평가관리

21

휴먼에러에 있어 작업자가 수행해야 할 작업을 잘못 수행하였을 경우의 오류를 무엇이라 하는가?

① omission error ② sequence error
③ timing error ④ commission error

해설 스웨인(A.D.Swain)의 휴먼에러 분류

Omission error	필요한 직무나 단계를 수행하지 않은(생략) 에러
Commission error	직무나 순서 등을 착각하여 잘못 수행(불확실한 수행)한 에러
Sequential error	직무 수행과정에서 순서를 잘못 지켜(순서착오) 발생한 에러
Time error	정해진 시간내 직무를 수행하지 못하여(수행 지연)발생한 에러
Extraneous error	불필요한 직무 또는 절차를 수행하여 발생한 에러

22

결함수분석(FTA)에서 지면 부족 등으로 인하여 다른 페이지 또는 부분에 연결시키기 위해 사용되는 기호는?

① 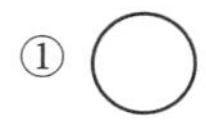 ② 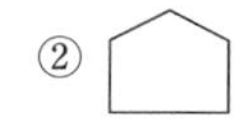 ③ 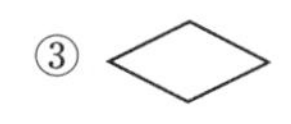 ④ 

해설 FTA의 논리기호

번호	기호	명칭	설명
1		결함사상 (사상기호)	개별적인 결함사상
2		기본사상 (사상기호)	더 이상 전개되지 않는 기본인 사상 또는 발생 확률이 단독으로 얻어지는 낮은 레벨의 기본적인 사상
3		통상사상 (사상기호)	통상발생이 예상되는 사상(예상되는 원인)
4	(IN)	이행(전이) 기호	FT도상에서 다른 부분에의 이행 또는 연결을 나타냄. 삼각형 정상의 선은 정보의 전입 루트를 나타낸다.

23

다음 중 인체에서 뼈의 기능에 해당하지 않는 것은?

① 대사 기능 ② 장기 보호
③ 조혈 기능 ④ 인체의 지주

해설 신체 골격구조(뼈의 주요 기능)

① 신체 중요부분의 보호 ② 신체의지지 및 형상유지
③ 신체활동 수행 ④ 골수에서 혈구세포를 만드는 조혈기능
⑤ 칼슘, 인 등의 무기질 저장 및 공급기능

24

다음 중 시스템에 영향을 미칠 우려가 있는 모든 요소의 고장을 형태별로 해석하여 그 영향을 검토하는 분석 방법은?

① FTA ② ETA ③ MORT ④ FMEA

해설 고장형과 영향 분석(FMEA)

① 시스템 안전 분석에 이용되는 전형적인 정성적 귀납적 분석방법으로 시스템에 영향을 미치는 전체요소의 고장을 형별로 분석하여 그 영향을 검토하는 것
② FTA보다 서식이 간단하고 적은 노력으로 특별한 훈련 없이 분석이 가능하다.
③ 논리성이 부족하고 각 요소간의 영향 분석이 어려워 동시에 두 가지 이상의 요소가 고장날 경우 분석이 곤란하다.

25

다음 중 교체 주기와 가장 밀접한 관련성이 있는 보전 방식은?

① 보전예방 ② 생산보전
③ 품질보전 ④ 예방보전

해설 설비의 보전

사후보전	설비가 고장이 난 후에 보전활동을 하는 것을 의미하며, 고장개소의 파악, 수리시간의 단축 및 재발방지책 강구.
예방보전	계획적으로 일정한 사용기간마다 정기적인 점검 등을 실시하는 보전으로 PM에 대하여 항상 사용 가능한 상태로 유지.

정답 21 ④ 22 ④ 23 ① 24 ④ 25 ④

26

화학설비에 대한 안전성 평가 시 '정량적 평가'의 5가지 항목에 해당하지 않는 것은?

① 전원　② 취급물질
③ 온도　④ 화학설비용량

해설 **정량적 평가 항목**

① 각 구성요소의 물질 ② 화학설비의 용량 ③ 온도 ④ 압력 ⑤ 조작

27

다음 중 양립성(compatibility)의 종류가 아닌 것은?

① 개념양립성　② 감성양립성
③ 운동양립성　④ 공간양립성

해설 **양립성의 종류**

공간적(spatial) 양립성	표시장치나 조정장치에서 물리적 형태 및 공간적 배치
운동(movement) 양립성	표시장치의 움직이는 방향과 조정장치의 방향이 사용자의 기대와 일치
개념적(conceptual) 양립성	이미 사람들이 학습을 통해 알고있는 개념적 연상
양식(modality) 양립성	직무에 알맞은 자극과 응답의 양식의 존재에 대한 양립성.

28

다음 중 부품배치의 원칙에 해당되지 않는 것은?

① 중요성의 원칙　② 사용빈도의 원칙
③ 다각능률의 원칙　④ 기능별 배치 원칙

해설 **부품배치의 원칙**

① 중요성의 원칙　② 사용빈도의 원칙
③ 기능별 배치의 원칙　④ 사용순서의 원칙

29

[그림]과 같은 FT도의 컷셋(cut set)에 속하는 것은?

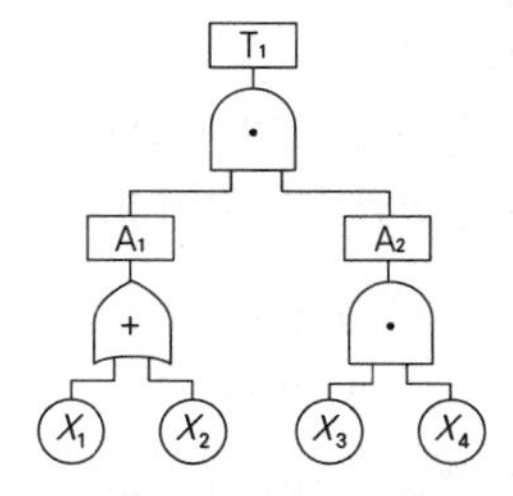

① $\{X_1, X_2, X_3\}$
② $\{X_1, X_2, X_4\}$
③ $\{X_1, X_3, X_4\}$
④ $\{X_1, X_2\}, \{X_3, X_4\}$

해설 **FT도의 컷셋(cut sets)**

$$T \rightarrow A_1A_2 \rightarrow \begin{matrix} X_1A_2 \\ X_2A_2 \end{matrix} \rightarrow \begin{matrix} X_1X_3X_4 \\ X_2X_3X_4 \end{matrix}$$

30

인간-기계 시스템에 대한 평가에서 평가 척도나 기준(criteria)으로서 관심의 대상이 되는 변수를 무엇이라 하는가?

① 독립변수　② 확률변수　③ 통제변수　④ 종속변수

해설 **연구에 사용되는 변수**

독립변수	관찰하고자 하는 현상의 원인에 해당하는 변수(실험변수)
종속변수	평가척도나 기준으로서 관심의 대상이 되는 변수(기준)
통제변수	종속변수에 영향을 미칠 수 있지만 독립변수에 포함되지 않는 변수

31

다음 중 눈이 식별할 수 있는 과녁(target)의 최소 특징이나 과녁 부분들 간의 최소공간을 의미하는 것은?

① 최소분간시력(minimum separable acuity)
② 최소지각시력(minimum perceptible acuity)
③ 입체시력(stereoscopic acuity)
④ 동시력(dynamic visual separable acuity)

해설 **최소가분시력(minimum separable acuity)**

① 가장 보편적으로 사용되는 시력으로 눈이 파악할 수 있는 표적의 최소 특징(모양) 또는 표적 사이의 최소 공간을 말함
② 시각 $= L/D(\text{rad}) = L \times 57.3 \times 60/D$(분), 시력 $= 1/$시각

정답 26 ① 27 ② 28 ③ 29 ③ 30 ④ 31 ①

32

다음 중 청각적 표시에 대한 설명으로 틀린 것은?

① JND(Just Noticeable Difference)는 인간이 신호의 50%를 검출할 수 있는 자극차원(강도 또는 진동수)의 최소 차이이다.
② 장애물이나 칸막이를 넘어가야 하는 신호는 1,000Hz 이상의 진동수를 갖는 신호를 사용한다.
③ 다차원 코드 시스템을 사용할 경우, 일반적으로 차원의 수가 많고 수준의 수가 적은 것이 차원의 적고 수준의 수가 많은 것보다 좋다.
④ 배경 소음과 다른 진동수를 갖는 신호를 사용하는 것이 바람직하다.

해설 **경계 및 경보신호 선택 시 지침**

① 고음은 멀리가지 못하므로 300m 이상 장거리용으로는 1,000Hz 이하의 진동수 사용
② 신호가 장애물을 돌아가거나 칸막이를 통과해야 할 때는 500Hz 이하의 진동수 사용
③ 주변 소음에 대한 은폐효과를 막기위해 500~1,000Hz 신호를 사용하여, 적어도 30dB 이상 차이가 나야 함
④ 배경소음의 진동수와 다른 신호를 사용하고 신호는 최소한 0.5~1초 동안 지속 등

33

다음 FT도에서 각 사상이 발생할 확률이 B_1은 0.1, B_2는 0.2, B_3는 0.3일 때 사상 A가 발생할 확률은 약 얼마인가?

① 0.006
② 0.496
③ 0.604
④ 0.804

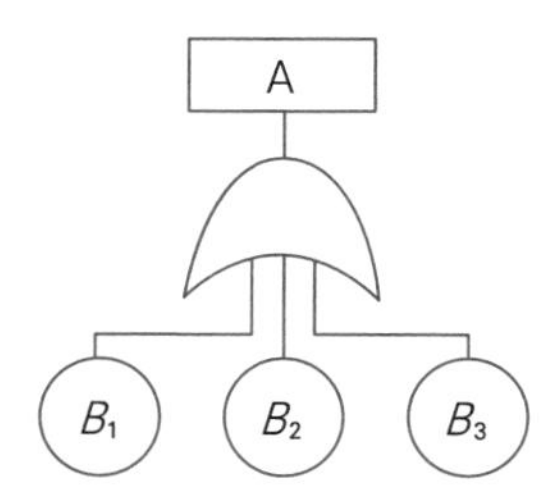

해설 **FT도의 발생확률**

$T=1-(1-B_1)(1-B_2)(1-B_3)$

$T=1-(1-0.1)(1-0.2)(1-0.3)=0.496$

34

자동생산라인의 오류 경보음을 3단계로 설계하였다. 1단계 경보음이 1,000Hz, 60dB이라 할 때 3단계 오류 경보음이 1단계 경보음보다 4배 더 크게 들리도록 하려면, 다음 중 경보음의 주파수와 음압수준으로 가장 적절한 것은?

① 1,000Hz, 80dB　② 1,000Hz, 120dB
③ 2,000Hz, 60dB　④ 2,000Hz, 80dB

해설

소음이 10dB 높아지면 사람이 느끼는 소음도는 2배 정도 커진다.

35

다음 중 조정표시비(C/D비, Control-Display Ratio)를 설계할 때의 고려할 사항과 가장 거리가 먼 것은?

① 공차　② 계기의 크기
③ 운동성　④ 조작시간

해설 **조종-반응비율(통제표시비) 설계 시 고려사항**

① 계기의 크기 ② 공차 ③ 목측거리 ④ 조작시간 ⑤ 방향성

36

5,000개의 베어링을 품질 검사하여 400개의 불량품을 처리하였으나 실제로는 1,000개의 불량 베어링이 있었다면 이러한 상황의 HEP(Human Error Probability)는 얼마인가?

① 0.04　② 0.08　③ 0.12　④ 0.16

해설 **휴먼에러확률(HEP)**

$$\text{HEP}=\frac{\text{인간오류의 수}}{\text{전체오류발생 기회의 수}}=\frac{600}{5000}=0.12$$

정답 32 ② 33 ② 34 ① 35 ③ 36 ③

37

S에어컨 제조회사는 올해 경영슬로건으로 '소비자가 가장 선호하는 바람을 제공할 때까지'를 선정하였다. 목표 달성을 위하여 에어컨 가동 상태를 테스트하는 실험실을 설계하고자 한다. 다음 중 실험실의 실효온도에 영향을 주는 인자와 가장 관계가 먼 것은?

① 온도 ② 습도 ③ 체온 ④ 공기유동

해설 **실효온도[체감온도, 감각온도(Effective Temperature)]**

① 영향인자 : ㉠ 온도 ㉡ 습도 ㉢ 공기의 유동(기류)
② 상대 습도 100%일 때 건구온도에서 느끼는 것과 동일한 온감

38

조도가 250럭스인 책상 위에 짙은 색 종이 A와 B가 있다. 종이 A의 반사율은 20%이고, 종이 B의 반사율은 15%이다. 종이 A에는 반사율 80%의 색으로, 종이 B에는 반사율 60%의 색으로 같은 글자를 각각 썼을 때 다음 설명 중 옳은 것은? (단, 두 글자의 크기, 색, 재질 등은 동일하다.)

① A 종이에 쓰인 글자가 B 종이에 쓰인 글자보다 눈에 더 잘 보인다.
② B 종이에 쓰인 글자가 A 종이에 쓰인 글자보다 눈에 더 잘 보인다.
③ 두 종이에 쓴 글자는 동일한 수준으로 보인다.
④ 어느 종이에 쓰인 글자가 더 잘 보이는지 알 수 없다.

해설 **대비**

① 대비 $= \dfrac{L_b - L_t}{L_b} \times 100$
② 대비가 같은 값으로 나오므로 동일한 수준으로 보인다.

39

위험조정을 위해 필요한 기술은 조직형태에 따라 다양하며 4가지로 분류하였을 때 이에 속하지 않는 것은?

① 보류(retention) ② 계속(continuation)
③ 전가(transfer) ④ 감축(reduction)

해설 **위험의 처리기술**

① 회피(avoidance) ② 감축(reduction)
③ 보류(retention) ④ 전가(transfer)

40

다음 중 시스템의 정의와 관련한 설명으로 틀린 것은?

① 구성요소들이 모인 집합체다.
② 구성요소들이 정보를 주고받는다.
③ 구성요소들은 공통의 목적을 갖고 있다.
④ 개회로(open loop) 시스템은 피드백(feedback) 정보를 필요로 한다.

해설 **체계의 성격**

① 개회로(Open loop control, Sequence control)
지시대로 동작, 수정불가능, 정해진 순서에 따라 제어를 차례로 행하는 것
② 폐회로(Closed loop control, feed back control, 궤환작업)
제어결과를 측정하여 목표로하는 동작이나 상태와 비교하여 잘못된 점을 수정하여 나가는 제어방식

정답 37 ③ 38 ③ 39 ② 40 ④

3과목 기계·기구 및 설비 안전관리

41

다음 중 연삭숫돌의 지름이 100mm이고, 회전수가 1,000rpm이면 숫돌의 원주 속도(mm/min)는 약 얼마인가?

① 314 ② 628
③ 314,000 ④ 628,000

해설 **연삭숫돌의 원주속도**

$$원주속도=\frac{\pi \times D \times n}{1,000}=\frac{\pi \times 100 \times 1,000}{1,000}$$

$$=314.16(m/min)=314,160(mm/min)$$

42

산업안전보건 법령상 양중기의 달기체인에 대한 사용금지 사항으로 틀린 것은?

① 달기체인의 한 꼬임에서 끊어진 소선의 수가 10% 이상인 것
② 링의 단면지름이 달기 체인이 제조된 때의 해당 링의 지름의 10%를 초과하여 감소한 것
③ 달기 체인의 길이가 달기 체인이 제조된 때의 길이의 5%를 초과한 것
④ 균열이 있거나 심하게 변형된 것

해설 **달기체인의 사용금지**

① 달기체인의 길이가 달기체인이 제조된 때의 길이의 5퍼센트를 초과한 것
② 링의 단면지름이 달기체인이 제조된 때의 해당 링의 지름의 10퍼센트를 초과하여 감소한 것
③ 균열이 있거나 심하게 변형된 것

43

산업용 로봇의 동작 형태별 분류에 속하지 않는 것은?

① 원통좌표 로봇 ② 수평좌표 로봇
③ 극좌표 로봇 ④ 관절 로봇

해설 **동작 형태에 의한 분류**

종류	특성
원통좌표 로봇	팔의 자유도가 주로 원통좌표 형식인 매니 플레이터
직각좌표 로봇	팔의 자유도가 주로 직각좌표 형식인 매니 플레이터
다관절 로봇	팔의 자유도가 주로 다관절인 매니 플레이터
극좌표 로봇	팔의 자유도가 주로 극좌표 형식인 매니 플레이터

44

산업안전보건 법령상 프레스기의 방호장치에 표시해야 할 사항이 아닌 것은?

① 제조자명 ② 규격 또는 등급
③ 프레스의 사용 범위 ④ 제조번호 및 제조연월

해설 **방호장치 표시사항**

① 형식 또는 모델명 ② 규격 또는 등급 등 ③ 제조자명
④ 제조번호 및 제조연월 ⑤ 안전인증 번호

45

가스용접용 산소 용기에 각인된 'TP50'에서 'TP'의 의미로 옳은 것은?

① 내압시험압력 ② 인장응력
③ 최고 충전압력 ④ 검사용적

해설 **각인 또는 표시방법**

① 내압시험압력(기호 : TP, 단위 : kg/cm^2)
② 최고충전압력(기호 : FP, 단위 : kg/cm^2)

정답 41 ③ 42 ① 43 ② 44 ③ 45 ①

46

다음 중 보일러의 증기관 내에서 수격작용(water hammering) 현상이 발생하는 가장 큰 원인은?

① 프라이밍(priming) ② 워터링(watering)
③ 캐리오버(carry over) ④ 서징(surging)

해설 **워터햄머(water hammer)**

증기관 내에서 증기를 보내기 시작할 때 해머로 치는 듯한 소리를 내며 관이 진동하는 현상. 워터햄머는 캐리오버에 기인한다.

47

다음 중 산업용 로봇에 사용되는 안전매트에 관한 설명으로 틀린 것은?

① 일반적으로 단선경보장치가 부착되어 있어야 한다.
② 일반적으로 감응시간을 조절하는 장치는 부착되어 있지 않아야 한다.
③ 자율안전 확인의 표시 외에 작동하중, 감응시간 등을 추가로 표시하여야 한다.
④ 안전매트의 종류는 연결사용 가능 여부에 따라 1선 감지기와 복선감지기로 구분할 수 있다.

해설

안전매트의 종류는 연결사용 가능여부에 따라 다음과 같다

종류	형태	용도
단일 감지기	A	감지기를 단독으로 사용
복합 감지기	B	여러 개의 감지기를 연결하여 사용

tip

일반구조
① 단선경보장치가 부착되어 있어야 한다.
② 감응시간을 조절하는 장치는 부착되어 있지 않아야 한다.
③ 감응도 조절장치가 있는 경우 봉인되어 있어야 한다.

48

산업안전보건기준에 관한 규칙에 따라 회전축, 기어, 풀리, 플라이휠 등에 사용되는 기계요소인 키, 핀 등의 형태로 적합한 것은?

① 돌출형 ② 개방형 ③ 폐쇄형 ④ 묻힘형

해설 **원동기·회전축 등의 위험방지**

기계의 원동기·회전축·기어·풀리·플라이휠·벨트 및 체인 등의 위험부위	① 덮개 ② 울 ③ 슬리이브 ④ 건널다리
회전축·기어·풀리 등에 부속하는 키·핀등의 기계요소	① 묻힘형 ② 해당부위 덮개

49

일반적인 연삭기로 작업 중 발생할 수 있는 재해가 아닌 것은?

① 연삭 분진이 눈에 튀어 들어가는 것
② 숫돌 파괴로 인한 파편의 비래
③ 가공 중 공작물의 반발
④ 글레이징(glazing) 현상에 의한 입자의 탈락

해설 **글레이징(glazing)**

숫돌차의 입자가 탈락되지 않고 마모에 의해 납작하게 된 상태에서 연삭되는 현상

50

동력전달부분의 전방 50cm 위치에 설치한 일방 평행 보호망에서 가드용 재료의 최대 구멍크기는 얼마인가?

① 45mm ② 56mm ③ 68mm ④ 81mm

해설 **가드의 개구부 간격(동력전달부분)**

$Y=\frac{X}{10}+6\text{mm}$ (단, $X<760\text{mm}$에서 유효)

$\therefore\ Y=\frac{500}{10}+6=56(\text{mm})$

tip

위험점이 전동체가 아닌 경우 : $Y=6+0.15X$

정답 46 ③ 47 ④ 48 ④ 49 ④ 50 ②

51

다음 중 연삭기 및 덮개에 관한 설명으로 틀린 것은?

① '탁상용 연삭기'란 일가공물을 손에 들고 연삭숫돌에 접촉시켜 가공하는 연삭기를 말한다.
② '워크레스트(workrest)'란 탁상용 연삭기에 사용하는 것으로서 공작물을 연삭할 때 가공물의 지지점이 되도록 받쳐주는 것을 말한다.
③ 워크레스트는 연삭숫돌과의 간격을 5mm 이상 조정할 수 있는 구조이어야 한다.
④ 자율안전 확인 연삭기 덮개에는 자율안전 확인의 표시 외에 숫돌사용 주속도와 숫돌회전방향을 추가로 표시하여야 한다.

해설 연삭기 덮개의 성능

탁상용 연삭기의 덮개에는 워크레스트 및 조정편을 구비해야 하며 워크레스트는 연삭숫돌과의 간격을 3mm 이하로 조정할 수 있는 구조이어야 한다.

52

다음 중 곤돌라의 방호장치에 관한 설명으로 틀린 것은?

① 비상정지창치 작동 시 동력은 차단되고, 누름 버튼의 복귀를 통해 비상정지 조작 직전의 작동이 자동으로 복귀될 것
② 권과방지장치는 권과를 방지하기 위하여 자동적으로 동력을 차단하고 작동을 제동하는 기능을 가질 것
③ 기어·축·커플링 등의 회전부분에는 덮개나 울이 설치되어 있을 것
④ 과부하 방지장치는 적재하중을 초과하여 적재 시 주 와이어로프에 걸리는 과부하를 감지하여 경보와 함께 승강되지 않는 구조일 것

해설 비상정지장치의 기능

① 당해 크레인의 비상정지스위치를 작동한 경우에는 작동중인 동력이 차단되도록 할 것
② 스위치의 복귀로 비상정지 조작 직전의 작동이 자동으로 되어서는 아니되며 반드시 운전조작을 처음의 시동상태에서 시작하도록 할 것
③ 비상정지용 누름버튼은 적색으로 머리부분이 돌출되고 수동복귀되는 형식일 것

53

다음 중 기계운동 형태에 따른 위험점의 분류에 해당되지 않는 것은?

① 끼임점　② 회전물림점
③ 협착점　④ 절단점

해설 위험점의 분류

① 협착점(Squeeze-point)　② 끼임점(Shear-point)
③ 절단점(Cutting-point)　④ 물림점(Nip-point)
⑤ 접선 물림점(Tangential Nip-point)
⑥ 회전 말림점(Trapping-point)

54

프레스기에 설치하는 방호장치의 특징에 관한 설명으로 틀린 것은?

① 양수조작식의 경우 기계적 고장에 의한 2차 낙하에는 효과가 없다.
② 광전자식의 경우 핀클러치방식에는 사용할 수 없다.
③ 손쳐내기식은 측면방호가 불가능하다.
④ 가드식은 금형교환 빈도수가 많을 때 사용하기에 적합하다.

해설 가드식

① 금형의 교환빈도수가 적은 프레스에 적합하다
② 게이트 가드 방호장치는 가드가 열린 상태에서 슬라이드를 동작시킬 수 없고 또한 슬라이드 작동 중에는 게이트 가드를 열 수 없어야 한다.

55

산업안전보건법령상 프레스를 사용하여 작업을 할 때 작업시작 전 점검항목에 해당하지 않는 것은?

① 전선 및 접속부 상태
② 클러치 및 브레이크의 기능
③ 프레스의 금형 및 고정볼트 상태
④ 1행정 1정지기구·급정지장치 및 비상정지 장치의 기능

해설 프레스의 작업시작전 점검사항(보기외의 사항)

① 슬라이드 또는 칼날에 의한 위험방지 기구의 기능
② 크랭크축·플라이휠·슬라이드·연결봉 및 연결나사의 풀림유무
③ 방호장치의 기능
④ 전단기의 칼날 및 테이블의 상태

정답 51 ③ 52 ① 53 ② 54 ④ 55 ①

56

다음 중 외형의 안전화를 위한 대상기계·기구·장치별 색채의 연결이 잘못된 것은?

① 시동용 단추스위치 - 녹색
② 고열을 내는 기계 - 노란색
③ 대형기계 - 밝은 연녹색
④ 급정지용 단추 스위치 - 간색

해설 외형의 안전화(색체)

급정지 스위치	적색	대형 기계	밝은 연녹색	기름 배관	암황적색
시동 스위치	녹색	증기 배관	암적색	물 배관	청 색
고열을 내는 기계	청녹색, 회청색	가스 배관	황색	공기 배관	백 색

57

프레스에 사용하는 양수조작식 방호장치의 누름버튼 상호간 최소 내측 거리는 얼마인가?

① 300mm 이상 ② 350mm 이상
③ 400mm 이상 ④ 500mm 이상

해설 양수조작식

① 누름버튼의 상호간 내측거리는 300mm 이상
② 누름버튼(레버 포함)은 매립형의 구조(다만, 개구부에서 조작되지 않는 구조의 개방형 누름버튼(레버 포함)은 매립형으로 본다.)

58

선반작업 시 사용되는 방호장치는?

① 풀 아웃(full out)
② 게이트 가드(gate guard)
③ 스위프 가드(sweep guard)
④ 쉴드(shield)

해설 선반의 방호 장치

실드 (Shield)	공작물의 칩이 비산 되어 발생하는 위험을 방지하는 덮개
척 커버 (Chuck Cover)	척에 고정시킨 가공물의 돌출부에 작업자가 접촉하여 발생하는 위험을 방지하기 위하여 설치하는 것으로 인터록 시스템으로 연결
칩 브레이커	길게 형성되는 절삭 칩을 바이트를 사용하여 절단해주는 장치
브레이크	작업중인 선반에 위험 발생 시 급정지시키는 장치

59

컨베이어(conveyor)의 방호장치로 가장 적절하지 않은 것은?

① 비상정지장치 ② 덮개 또는 울
③ 권과방지장치 ④ 역주행방지장치

해설 컨베이어의 안전장치

① 비상정치장치 ② 역주행방지장치 ③ 브레이크 ④ 이탈방지장치
⑤ 덮개 또는 낙하방지용 울 ⑥ 건널다리 등

tip
권과방지장치는 양중기의 방호장치에 해당된다.

60

산업안전보건법령에 따라 양중기에서 절단하중이 100톤인 와이어로프를 사용하여 근로자가 탑승하는 운반구를 지지하는 경우, 달기와이어로프에 걸 수 있는 최대 사용하중은 얼마인가?

① 10톤 ② 20톤 ③ 25톤 ④ 50톤

해설 와이어로프의 안전계수

① 근로자가 탑승하는 운반구를 지지하는 달기와이어로프 또는 달기체인의 경우의 안전계수는 10 이상
② 최대사용하중 $= \frac{\text{절단하중}}{\text{안전계수}} = \frac{100}{10} = 10\text{톤}$

정답 56 ② 57 ① 58 ④ 59 ③ 60 ①

4과목 전기 및 화학설비 안전관리

61

산업안전보건 법령상 방폭 전기설비의 위험장소 분류에 있어 보통 상태에서 위험 분위기를 발생할 염려가 있는 장소로서 폭발성 가스가 보통 상태에서 집적되어 위험 농도로 될 염려가 있는 장소를 몇 종 장소라 하는가?

① 0종 장소 ② 1종 장소
③ 2종 장소 ④ 3종 장소

해설 **위험장소의 분류**

분류	적요	예
0종 장소	인화성 액체의 증기 또는 가연성 가스에 의한 폭발위험이 지속적으로 또는 장기간 존재하는 장소	용기·장치·배관 등의 내부 등 (Zone 0)
1종 장소	정상 작동상태에서 인화성 액체의 증기 또는 가연성 가스에 의한 폭발위험분위기가 존재하기 쉬운 장소	맨홀·벤트·피트 등의 주위 (Zone 1)
2종 장소	정상작동상태에서 인화성 액체의 증기 또는 가연성 가스에 의한 폭발위험분위기가 존재할 우려가 없으나, 존재할 경우 그 빈도가 아주 적고 단기간만 존재할 수 있는 장소	개스킷·패킹 등의 주위 (Zone 2)

62

산업안전보건법에 따라 누전에 의한 감전위험을 방지하기 위하여 대지전압이 몇 V를 초과하는 이동형 또는 휴대형 전기기계·기구에는 감전 방지용 누전차단기를 설치하여야 하는가?

① 50V ② 75V ③ 110V ④ 150V

해설 **누전 차단기 설치장소**

① 전기기계기구중 대지전압이 150볼트를 초과하는 이동형 또는 휴대형의 것
② 다음에 해당하는 장소에서 사용하는 이동형 또는 휴대형의 것
 ㉠ 물 등 도전성이 높은 액체에 의한 습윤장소
 ㉡ 철판·철골 위 등 도전성이 높은 장소
 ㉢ 임시배선의 전로가 설치되는 장소

63

감전 사고의 요인과 관계가 없는 것은?

① 전기기기의 절연파괴
② 콘덴서의 방전 미실시
③ 전기기기의 24시간 계속 운전
④ 정전 작업 시 단락접지를 하지 않아 유도전압 발생

해설

전기기기를 24시간 연속으로 운전하는 것이 감전사고의 요인이 될 수는 없다.

64

금속도체 상호간 혹은 대지에 대하여 전기적으로 절연되어 있는 2개 이상의 금속도체를 전기적으로 접속하여 서로 같은 전위를 형성하여 정전기 사고를 예방하는 기법을 무엇이라 하는가?

① 본딩 ② 1종 접지 ③ 대전 분리 ④ 특별 접지

65

전기화재의 발생 원인이 아닌 것은?

① 합선 ② 절연저항 ③ 과전류 ④ 누전 또는 지락

해설 **전기화재의 원인**

① 누전 ② 단락 ③ 과전류 ④ 스파크 ⑤ 접촉부 과열
⑥ 절연열화에 의한 발열 ⑦ 지락 ⑧ 낙뢰 ⑨ 정전기 스파크 등

66

콘덴서 및 전력 케이블 등을 고압 또는 특별고압 전기회로에 접촉하여 사용할 때 전원을 끊은 뒤에도 감전될 위험성이 있는 주된 이유로 볼 수 있는 것은?

① 잔류전하 ② 접지선 불량
③ 접속기구 손상 ④ 절연 보호구 미사용

해설

개로된 전로가 전력케이블·전력콘덴서 등을 가진 것으로서 잔류전하에 의하여 위험이 발생할 우려가 있는 것에 대하여는 당해 잔류전하를 확실시 방전시켜야 한다.

정답 61 ② 62 ④ 63 ③ 64 ① 65 ② 66 ①

67

다음 중 방폭 전기설비가 설치되는 표준 환경조건에 해당되지 않는 것은?

① 표고는 1,000m 이하
② 상대습도는 30~95% 범위
③ 주변온도는 -20℃~+40℃ 범위
④ 전기설비에 특별한 고려를 필요로 하는 정도의 공해, 부식성 가스, 진동 등이 존재하지 않는 장소

해설 **표준환경조건**

주변온도	-20℃~40℃
표고	1000m 이하
상대습도	45~85%
공해, 부식성 가스 등	전기설비에 특별한 고려를 필요로 하는 정도의 공해, 부식성가스, 진동 등이 존재하지 않는 환경

68

착화에너지가 0.1mJ이고, 가스를 사용하는 사업장 전기설비의 정전용량이 0.6nF일 때 방전 시 착화 가능한 최소 대전 전위는 약 얼마인가?

① 289V　② 385V　③ 577V　④ 1,154V

해설 **정전기 에너지**

$W=\frac{1}{2}QV=\frac{1}{2}CV^2=\frac{1}{2}\frac{Q^2}{C}$J 이므로

$V=\sqrt{\frac{1\times10^{-4}\times2}{6\times10^{-10}}}=577.4$V

69

건물의 전기설비로부터 누설전류를 탐지하여 경보를 발하는 누전경보기의 구성으로 옳은 것은?

① 축전기, 변류기, 경보장치
② 변류기, 수신기, 경보장치
③ 수신기, 발신기, 경보장치
④ 비상전원, 수신기, 경보장치

해설 **누전경보기의 구성요소**

① 변류기 : 경계전로의 누설전류를 자동적으로 검출하여 이를 누전경보기의 수신부에 송신하는 장치
② 수신기 : 변류기로부터 검출된 신호를 수신하여 누전의 발생을 경보하여 주는 장치
③ 경보장치

70

이동전선에 접속하여 임시로 사용하는 전등이나 가설의 배선 또는 이동전선에 접속하는 가공 매달기식 전등 등을 접촉함으로 인한 감전 및 전구의 파손에 의한 위험을 방지하기 위하여 보호망을 부착하도록 하고 있다. 이들을 설치 시 준수하여야 할 사항이 아닌 것은?

① 보호망은 쉽게 파손되지 않을 것
② 재료는 용이하게 변형되지 아니하는 것으로 할 것
③ 전구의 밝기를 고려하여 유리로 된 것을 사용할 것
④ 전구의 노출된 금속부분에 쉽게 접촉되지 아니하는 구조로 할 것

해설 **보호망을 설치시 준수사항**

① 전구의 노출된 금속 부분에 근로자가 쉽게 접촉되지 아니하는 구조로 할 것
② 재료는 쉽게 파손되거나 변형되지 아니하는 것으로 할 것

tip

이동전선에 접속하여 임시로 사용하는 전등이나 가설의 배선 또는 이동전선에 접속하는 가공매달기식 전등 등을 접촉함으로 인한 감전 및 전구의 파손에 의한 위험을 방지하기 위하여 보호망을 부착하여야 한다.

정답 67 ② 68 ③ 69 ② 70 ③

71

아세톤에 관한 설명으로 옳은 것은?

① 인화점은 557.8℃이다.
② 무색의 휘발성 액체이며 유독하지 않다.
③ 20% 이하의 수용액에서는 인화 위험이 없다.
④ 일광이나 공기에 노출되면 과산화물을 생성하여 폭발성으로 된다.

해설 **아세톤**

① 일광이나 공기에 노출되면 과산화물을 생성하여 폭발성으로 된다.
② 플라스틱 제품은 부식시키므로 금속제 용기에 저장한다. 환기가 잘 되는 건냉한 장소에 밀폐 가능한 가연성 액체 저장용기에 저장함
③ 정전기에 의해 인화될 수 있으므로 규정된 접지 기준에 맞는 용기에 보관할 것

72

산업안전보건 법령상 공정안전보고서에 포함되어야 하는 사항 중 공정안전자료의 세부내용에 해당하는 것은?

① 주민홍보계획
② 안전운전지침서
③ 각종 건물·설비의 배치도
④ 위험과 운전 분석(HAZOP)

해설 **공정안전 자료의 세부내용**

① 취급·저장하고 있거나 취급·저장하고자 하는 유해·위험물질의 종류 및 수량
② 유해·위험물질에 대한 물질안전보건자료
③ 유해하거나 위험한 설비의 목록 및 사양
④ 유해하거나 위험한 설비의 운전방법을 알 수 있는 공정도면
⑤ 각종 건물·설비의 배치도
⑥ 폭발위험장소 구분도 및 전기단선도
⑦ 위험설비의 안전설계·제작 및 설치관련 지침서

tip

공정안전보고서 포함사항
① 공정안전 자료
② 공정위험성 평가서
③ 안전운전 계획
④ 비상조치 계획

73

다음 중 폭발의 위험성이 가장 높은 것은?

① 폭발 상한농도
② 완전연소 조성농도
③ 폭발 상한선과 하한선의 중간점 농도
④ 폭굉 상한선과 하한선의 중간점 농도

해설

가연성 가스의 완전연소에 필요한 농도 비율을 상온, 상압의 공기 중 가연성 가스의 농도로 표현하는 것으로 화학 양론비 또는 완전연소 조성이라 한다.

74

다음 중 산업안전보건법상 화학설비 또는 그 배관의 덮개·플랜지·밸브 및 콕의 접합부에 대하여 당해 접합부에서의 위험물질 등의 누출로 인한 폭발·화재 또는 위험물의 누출을 방지하기 위한 가장 적절한 조치는?

① 개스킷의 사용　　② 코르크의 사용
③ 호스 밴드의 사용　　④ 호스 스크립의 사용

해설 **덮개 또는 밸브 등의 조치 사항**

① 접합부에서의 위험물 누출로 인한 폭발·화재 방지를 위한 개스킷(gasket) 사용 및 접합면 상호 밀착 조치.
② 밸브 등의 스위치, 누름 버튼 등에 대한 오조작 방지를 위한 개폐 방향의 표시(색채 등)
③ 밸브 등은 개폐의 빈도, 위험물질의 종류, 온도, 농도 등에 따라 내구성 재료 사용

75

다음 중 분진폭발의 가능성이 가장 낮은 물질은?

① 소맥분　　② 마그네슘
③ 질석가루　　④ 스텔라이트

해설

팽창질석은 금속화재의 소화에 사용된다.

정답 71 ④ 72 ③ 73 ② 74 ① 75 ③

76

건조설비의 사용에 있어 500~800℃ 범위의 온도에 가열된 스테인리스강에서 주로 일어나며, 탄화크롬이 형성되어 결정 경계면의 크롬 함유량이 감소하여 발생되는 부식 형태는?

① 전면 부식　② 층상 부식
③ 입계 부식　④ 격간 부식

해설 **입계부식**

부식이 결정립계에 따라 진행하는 형태의 국부부식으로 내부로 깊게 진행되면서 결정립자가 떨어지게 된다. 용접가공 시 열영향부, 부적정한 열처리 과정, 고온에서의 노출 시 주로 발생된다.

77

다음 중 액체의 증발잠열을 이용하여 소화시키는 것으로 물을 이용하는 방법은 주로 어떤 소화 방법에 해당되는가?

① 냉각소화법　② 연소억제법
③ 제거소화법　④ 질식소화법

해설 **냉각소화**

① 액체 또는 고체화재에 물 등을 사용하여 가연물을 냉각시켜 인화점 및 발화점 이하로 낮추어 소화시키는 방법이 냉각소화이다.
② 주로 물이 사용되는데 이는 물이 열에너지를 흡수하는 기화잠열(539cal/g)이 크기 때문이다.

78

공기 중에 3ppm의 디메틸아민(dymethylamine, TLV-TWA:10ppm)과 20ppm의 시클로헥산올(cyclohexanol, TLV-TWA:50ppm)이 있고, 10ppm의 산화프로필렌(propylene oxide, TLV-TWA:20ppm)이 존재한다면 혼합 TLV-TWA는 몇 ppm인가?

① 12.5　② 22.5　③ 27.5　④ 32.5

79

유해·위험물질 취급에 대한 작업별 안전한 작업이 아닌 것은?

① 자연발화의 방지조치
② 인화성 물질의 주입 시 호스를 사용
③ 가솔린이 남아 있는 설비에 중유의 주입
④ 서로 다른 물질의 접촉에 의한 발화의 방지

해설 **가솔린이 남아 있는 설비에 등유 등의 주입**

(1) 미리 그 내부를 깨끗하게 씻어내고 가솔린의 증기를 불활성 가스로 바꾸는 등 안전한 상태로 되어 있는지를 확인한 후에 그 작업을 하여야 한다.
(2) 다만, 다음의 조치를 하는 경우에는 그러하지 아니하다.
　① 등유나 경유를 주입하기 전에 탱크·드럼 등과 주입설비 사이에 접속선이나 접지선을 연결하여 전위차를 줄이도록 할 것
　② 등유나 경유를 주입하는 경우에는 그 액표면의 높이가 주입관의 선단의 높이를 넘을 때까지 주입속도를 초당 1미터 이하로 할 것

80

최대운전압력이 게이지 압력으로 200kgf/cm²인 열교환기의 안전밸브 작동압력(kgf/cm²)으로 가장 적절한 것은?

① 210　② 220　③ 230　④ 240

해설 **안전밸브의 작동요건**

① 안전밸브 등을 통하여 보호하려는 설비의 최고사용압력 이하에서 작동
② 다만, 안전밸브 등이 2개 이상 설치된 경우에 1개는 최고사용압력의 1.05배 (외부 화재를 대비한 경우 1.1배) 이하에서 작동 되도록 설치

정답 76 ③ 77 ① 78 ③ 79 ③ 80 ①

5과목 건설공사 안전관리

81

흙을 크게 분류하면 사질토와 점성토로 나눌 수 있는데 그 차이점으로 옳지 않은 것은?

① 흙의 내부 마찰각은 사질토가 점성토보다 크다.
② 지지력은 사질토가 점성토보다 크다.
③ 점착력은 사질토가 점성토보다 크다.
④ 장기침하량은 사질토가 점성토보다 크다.

해설

장기침하량은 점성토가 사질토보다 크다.

82

산업안전보건기준에 관한 규칙에 따라 중량물을 취급하는 작업을 하는 경우에 작업계획서 내용에 포함되는 사항은?

① 해체의 방법 및 해체 순서도면
② 낙하위험을 예방할 수 있는 안전대책
③ 사용하는 차량계 건설기계의 종류 및 성능
④ 작업지휘자 배치 계획

해설 **중량물 취급 작업 시 작업계획서**

① 추락위험을 예방할 수 있는 안전대책
② 낙하위험을 예방할 수 있는 안전대책
③ 전도위험을 예방할 수 있는 안전대책
④ 협착위험을 예방할 수 있는 안전대책
⑤ 붕괴위험을 예방할 수 있는 안전대책

83

콘크리트를 타설할 때 안전상 유의하여야 할 사항으로 옳지 않은 것은?

① 콘크리트를 치는 도중에는 거푸집, 지보공 등의 이상 유무를 확인한다.
② 진동기 사용 시 지나친 진동은 거푸집 도괴의 원인이 될 수 있으므로 적절히 사용해야 한다.
③ 최상부의 슬래브는 되도록 이어붓기를 하고, 여러 번에 나누어 콘크리트를 타설한다.
④ 타워에 연결되어 있는 슈트의 접속은 확실한지 확인한다.

해설

최상부의 슬래브는 이어붓기를 피하고 동시에 전체를 타설한다.

84

수중굴착 공사에 가장 적합한 건설장비는?

① 백호 ② 어스드릴 ③ 항타기 ④ 클램쉘

해설 **클램쉘(Clam Shell)**

① 지반아래 협소하고 깊은 수직굴착에 주로 사용(수중굴착 및 구조물 기초바닥, 우물통 기초의 내부굴착 등)
② Bucket 이 양쪽으로 개폐되며 Bucket을 열어서 굴삭

85

산업안전보건기준에 관한 규칙에 따라 계단 및 계단참을 설치하는 경우 매 m^2당 최소 얼마 이상의 하중에 견딜 수 있는 강도를 가진 구조로 설치하여야 하는가?

① 500kg ② 600kg ③ 700kg ④ 800kg

해설 **계단 및 계단참의 강도**

① 매제곱미터당 500킬로그램 이상의 하중에 견딜 수 있는 강도를 가진 구조로 설치
② 안전율[재료의 파괴응력도와 허용응력도의 비율을 말한다.]은 4 이상
③ 계단 및 승강구 바닥을 구멍이 있는 재료로 만드는 경우 렌치나 그 밖의 공구 등이 낙하할 위험이 없는 구조

정답 81 ④ 82 ② 83 ③ 84 ④ 85 ①

86

콘크리트 거푸집을 설계할 때 고려해야 하는 연직하중으로 거리가 먼 것은?

① 작업하중 ② 콘크리트자중
③ 충격하중 ④ 풍하중

해설 **연직방향 하중의 계산식**

W = 고정하중(철근 콘크리트의 중량) + 충격하중 + 작업하중

87

토사붕괴 시의 조치사항으로 거리가 먼 것은?

① 대피통로 및 공간의 확보 ② 동시작업의 금지
③ 2차 재해의 방지 ④ 굴착공법의 선정

해설 **붕괴 조치사항**

① 동시 작업 금지 : 붕괴 토석의 최대 도달거리 범위 내
② 대피 공간 확보 : 붕괴 속도는 높이에 비례하므로 수평방향 활동에 대비, 작업장 좌우에 피난통로 확보
③ 2차 재해 방지 : 주변 상황 확인 및 2중 안전조치 강구 후 복구작업

88

건설용 양중기에 대한 설명으로 옳은 것은?

① 삼각데릭은 인접시설에 장해가 없는 상태에서 360° 회전이 가능하다.
② 이동식 크레인(crane)에는 트럭 크레인, 크롤러 크레인 등이 있다.
③ 휠 크레인에는 무한궤도식과 타이어식이 있으며 장거리 이동에 적당하다.
④ 크롤러 크레인은 휠 크레인보다 기동성이 뛰어나다.

해설 **건설용 양중기**

① 삼각데릭의 회전범위는 270°, 작업범위는 180°이고, 가이데릭의 붐 회전범위는 360°이다.
② 휠 크레인은 기계식과 유압식이 있으며, 크레인 부분은 360° 회전할 수 있게 되어 있다.
③ 휠크레인이 크롤러 크레인보다 기동성이 뛰어나다.

tip

이동식 크레인의 종류
① 트럭 크레인 ② 크롤러 크레인
③ 휠 크레인 ④ 플로팅 크레인 등

89

건설공사 중 작업으로 인하여 물체가 떨어지거나 날아올 위험이 있을 때 조치할 사항으로 옳지 않은 것은?

① 안전난간 설치 ② 보호구의 착용
③ 출입금지구역의 설정 ④ 낙하물 방지망의 설치

해설 **일반적인 낙하위험 방지대책**

① 낙하물 방지망 설치 ② 수직 보호망 설치 ③ 방호선반 설치
④ 출입금지구역 설정 ⑤ 보호구착용

tip

안전난간은 추락을 방지하기 위한 조치사항에 해당된다.

90

낙하추나 화약의 폭발 등으로 인공진동을 일으켜 지반의 종류, 지층, 강성도 등을 알아내는데 활용되는 지반조사 방법은?

① 탄성파탐사 ② 전기저항탐사
③ 방사능탐사 ④ 유량검층탐사

해설 **물리적 지하탐사법**

① 탄성파식 : 무거운 낙하추 또는 화약의 폭발로써 지반에 인공진동을 일으켜 계측기로 그 진동을 측정하여 지반을 조사하는 방법
② 전기저항식 : 지중에 전류를 통하여 각 지점의 전위를 측정하고, 거리와 전기저항의 관계를 파악함으로써 지반의 성질, 암반, 지하수의 깊이 등을 조사하는 방법

91

철골작업을 중지하여야 하는 악천후의 조건이다. ( ) 안에 알맞은 숫자를 순서대로 옳게 나열한 것은?

1. 풍속이 초당 ( )미터 이상인 경우
2. 강우량이 시간당 ( )밀리미터 이상인 경우
3. 강설량이 시간당 ( )센티미터 이상인 경우

① 10, 10, 10 ② 1, 1, 10 ③ 1, 10, 1 ④ 10, 1, 1

해설 **철골작업 안전기준(작업의 제한)**

① 풍속 : 초당 10m 이상인 경우
② 강우량 : 시간당 1mm 이상인 경우
③ 강설량 : 시간당 1cm 이상인 경우

정답 86 ④ 87 ④ 88 ② 89 ① 90 ① 91 ④

92

고소작업대 구조에서 작업대를 상승 또는 하강시킬 때 사용하는 체인의 안전율은 최소 얼마 이상인가?

① 2 ② 5 ③ 10 ④ 12

해설 고소 작업대 설치 및 이동시 준수사항

① 작업대를 와이어로프 또는 체인으로 올리거나 내릴 경우에는 와이어로프 또는 체인이 끊어져 작업대가 떨어지지 아니하는 구조여야 하며, 와이어로프 또는 체인의 안전율은 5 이상일 것
② 작업자를 태우고 이동하지 말 것
③ 붐의 최대 지면경사각을 초과 운전하여 전도되지 않도록 할 것 등

93

사다리식 통로 등을 설치하는 경우 준수해야 할 기준으로 옳지 않은 것은?

① 견고한 구조로 할 것
② 폭은 20cm 이상의 간격을 유지할 것
③ 심한 손상·부식 등이 없는 재료를 사용할 것
④ 발판과 벽과의 사이는 15cm 이상을 유지할 것

해설 사다리식 통로의 구조(보기 외 중요사항)

① 폭은 30센티미터 이상으로 할 것
② 사다리의 상단은 걸쳐놓은 지점으로부터 60센티미터 이상 올라가도록 할 것
③ 사다리식 통로의 길이가 10미터 이상인 경우에는 5미터 이내마다 계단참을 설치할 것
④ 사다리식 통로의 기울기는 75도 이하로 할 것. 다만, 고정식 사다리식 통로의 기울기는 90도 이하로 하고, 그 높이가 7미터 이상인 경우에는 다음 각 목의 구분에 따른 조치를 할 것
  가. 등받이울이 있어도 근로자 이동에 지장이 없는 경우: 바닥으로부터 높이가 2.5미터 되는 지점부터 등받이울을 설치할 것
  나. 등받이울이 있으면 근로자가 이동이 곤란한 경우: 한국산업표준에서 정하는 기준에 적합한 개인용 추락 방지 시스템을 설치하고 근로자로 하여금 한국산업표준에서 정하는 기준에 적합한 전신안전대를 사용하도록 할 것

tip
2024년 개정된 법령 적용

94

조강포틀랜드 시멘트를 사용한 콘크리트의 압축강도를 시험하지 않을 경우 거푸집널의 해체시기로 옳은 것은? (단, 평균기온이 20℃ 이상이면서 기둥의 경우)

① 1일 ② 2일 ③ 3일 ④ 4일

해설 압축강도를 시험하지 않을 경우

평균기온 \ 시멘트의 종류		조강 포틀랜드 시멘트	보통 포틀랜드 시멘트, 고로슬래그 시멘트 특급, 포틀랜드 포졸란 시멘트 A종, 플라이애시 시멘트 A종	고로 슬래그 시멘트 1급, 포틀랜드 포졸란 시멘트 B종, 플라이애시 시멘트 B종
콘크리트의 재령(일)	20℃ 이상	2	4	5
	20℃ 미만 10℃ 이상	3	6	8
압축강도		5 N/mm²이상		

95

잠함, 우물통, 수직갱, 그 밖에 이와 유사한 건설물 또는 설비의 내부에서 굴착작업을 하는 경우에 준수해야 할 기준으로 옳지 않은 것은?

① 산소 결핍 우려가 있는 경우에는 산소의 농도를 측정하는 사람을 지명하여 측정하도록 할 것
② 근로자가 안전하게 오르내리기 위한 설비를 설치할 것
③ 굴착 깊이가 10m를 초과하는 경우에는 해당 작업장소와 외부와의 연락을 위한 통신설비 등을 설치할 것
④ 굴착 깊이가 20m를 초과하는 경우에는 송기를 위한 설비를 설치하여 필요한 양의 공기를 공급할 것

해설

굴착 깊이가 20미터를 초과하는 때에는 당해 작업장소와 외부와의 연락을 위한 통신설비 등을 설치할 것

정답 92 ② 93 ② 94 ② 95 ③

96

터널 건설작업 시 터널 내부에서 화기나 아크를 사용하는 장소에 필히 설치하도록 법으로 규정하고 있는 설비는?

① 소화설비　② 대피설비
③ 충전설비　④ 차단설비

해설

사업주는 터널건설작업에 있어서 당해 터널 내부의 화기나 아크를 사용하는 장소 또는 배전반·변압기·차단기 등을 설치하는 장소에는 소화설비를 설치하여야 한다.

97

보통 흙의 굴착공사에서 굴착 깊이가 5m, 굴착기초면의 폭이 5m인 경우 양단면 굴착을 할 때 상부 단면의 폭은? (단, 굴착구배는 1:1로 한다.)

① 10m　② 15m
③ 20m　④ 25m

해설 **상부단면의 폭**

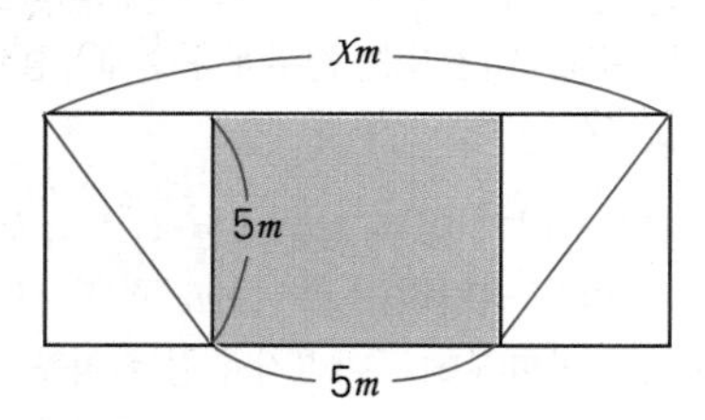

구배가 1 : 1이므로
x=5m(폭)+[1×5m(높이)×2개소]=15m

98

작업발판 및 통로의 끝이나 개구부로서 근로자가 추락할 위험이 있는 장소에 대한 방호조치와 거리가 먼 것은?

① 안전난간 설치　② 울타리 설치
③ 투하설비 설치　④ 수직형 추락방망 설치

해설 **물체의 낙하에 의한 위험방지**

높이 3m 이상인 장소에서 물체 투하 시에는 투하설비를 설치하거나 감시인을 배치

99

다음은 가설통로를 설치하는 경우의 준수사항이다. 빈칸에 들어갈 수치를 순서대로 옳게 나타낸 것은?

> 수직갱에 가설된 통로의 길이가 ( )m 이상인 경우에는 ( )m 이내마다 계단참을 설치해야 한다.

① 8, 7　② 7, 8
③ 10, 15　④ 15, 10

해설 **가설 통로의 설치 시 준수사항**

① 경사는 30도 이하로 할 것
② 경사가 15도를 초과하는 때에는 미끄러지지 아니하는 구조로 할 것
③ 추락의 위험이 있는 장소에는 안전난간을 설치할 것
④ 수직갱에 가설된 통로의 길이가 15m 이상인 때에는 10m 이내마다 계단참을 설치할 것
⑤ 건설공사에 사용하는 높이 8m 이상인 비계다리에는 7m 이내마다 계단참을 설치할 것

정답 96 ① 97 ② 98 ③ 99 ④

100

유해·위험방지계획서 제출대상 공사의 규모 기준으로 옳지 않은 것은?

① 최대지간 길이가 50m 이상인 교량건설 등 공사
② 다목적댐, 발전용 댐, 및 저수용량 2천만 톤 이상의 용수 전용 댐, 지방상수도 전용 댐 건설 등의 공사
③ 깊이 12m 이상인 굴착공사
④ 터널 건설 등의 공사

해설

① 다음 각목의 어느 하나에 해당하는 건축물 또는 시설 등의 건설, 개조 또는 해체공사
　㉠ 지상 높이가 31미터 이상인 건축물 또는 인공구조물
　㉡ 연면적 3만 제곱미터 이상인 건축물
　㉢ 연면적 5천 제곱미터 이상인 시설로서 다음의 어느 하나에 해당하는 시설
　　㉮ 문화 및 집회시설 ㉯ 판매시설, 운수시설 ㉰ 종교시설
　　㉱ 의료시설 중 종합병원 ㉲ 숙박시설 중 관광숙박시설
　　㉳ 지하도 상가 ㉴ 냉동, 냉장 창고시설
② 최대 지간 길이가 50미터 이상인 다리의 건설 등 공사
③ 연면적 5천 제곱미터 이상인 냉동, 냉장창고 시설의 설비공사 및 단열공사
④ 다목적댐, 발전용댐, 저수용량 2천만톤 이상의 용수전용댐 및 지방상수도 전용댐의 건설 등 공사
⑤ 터널의 건설등 공사
⑥ 깊이 10미터 이상인 굴착공사

정답 100 ③

2016년 3월 6일

산업안전산업기사 기출문제

1과목 산업재해 예방 및 안전보건교육

01

일선 관리감독자를 대상으로 작업지도기법, 작업개선기법, 인간관계 관리기법 등을 교육하는 방법은?

① ATT(American Telephone & Telegram Co.)
② MTP(Management Training Program)
③ CCS(Civil Communication Section)
④ TWI(Training Within Industry)

해설 TWI(관리감독자 교육) 교육과정

① Job Method Training(J. M. T) : 작업방법훈련
② Job Instruction Training(J. I. T) : 작업지도훈련
③ Job Relations Training(J. R. T) : 인간관계훈련
④ Job Safety Training(J. S. T) : 작업안전훈련

02

다음 ( ) 안에 알맞은 것은?

> 사업주는 산업재해로 사망자가 발생하거나 ( )일 이상의 휴업이 필요한 부상을 입거나 질병에 걸린 사람이 발생한 경우 해당 산업재해가 발생한 날부터 1개월 이내에 산업재해조사표를 작성하여 관할 지방 고용노동청장 또는 지청장에게 제출하여야 한다.

① 3 ② 4 ③ 5 ④ 7

해설 산업재해 보고방법 및 내용

대상재해	산업재해로 사망자가 발생하거나 3일 이상의 휴업이 필요한 부상을 입거나 질병에 걸린 사람이 발생한 경우
보고방법	재해가 발생한 날부터 1개월 이내에 산업재해조사표를 작성하여 관할지방 고용노동관서의 장에게 제출

03

레빈(Lewin)의 법칙 중 환경조건(E)이 의미하는 것은?

① 지능 ② 소질 ③ 적성 ④ 인간관계

해설 레빈(K. Lewin)의 행동법칙

① B : Behavior(인간의 행동)
② f : function(함수관계) P • E에 영향을 줄 수 있는 조건
③ P : person(연령, 경험, 심신상태, 성격, 지능 등)
④ E : Environment(심리적 환경-인간관계, 작업환경, 설비적 결함 등)

04

피로의 예방과 회복대책에 대한 설명이 아닌 것은?

① 작업부하를 크게 할 것
② 정적 동작을 피할 것
③ 작업 속도를 적절하게 할 것
④ 근로시간과 휴식을 적정하게 할 것

해설

피로를 예방하기 위해서는 작업부하를 작게해야 한다.

05

TBM(Tool Box Meeting)의 의미를 가장 잘 설명한 것은?

① 지시나 명령의 전달 회의
② 공구함을 준비한 후 작업하라는 뜻
③ 작업원 전원의 상호대화로 스스로 생각하고 납득하는 작업장 안전회의
④ 상사의 지시된 작업내용에 따른 공구를 하나하나 준비해야 한다는 뜻

해설 T.B.M(위험예지훈련)

즉시 즉응법이라고도 하며 현장에서 그때그때 주어진 상황에 즉응하여 실시하는 위험예지활동으로 단시간 미팅훈련이다.

정답 1 ④ 2 ① 3 ④ 4 ① 5 ③

06

연간 총 근로시간 중에 발생하는 근로손실일수를 1,000시간당 발생하는 근로손실일수로 나타내는 식은?

① 강도율 ② 도수율 ③ 연천인율 ④ 종합재해지수

해설 **강도율**

① 강도율(S.R) $= \frac{\text{근로 손실 일수}}{\text{연간 총근로 시간수}} \times 1,000$

② 강도율은 근로시간 1,000시간 당 재해에 의해 잃어버린 근로손실일수

07

교육 대상자수가 많고 교육 대상자의 학습능력의 차이가 큰 경우 집단안전교육방법으로서 가장 효과적인 방법은?

① 문답식 교육 ② 토의식 교육
③ 시청각 교육 ④ 상담식 교육

해설 **시청각 교육의 필요성**

① 교수의 효율성 향상 및 교수의 개인차로 인한 평준화 유지
② 대규모 인원에 대한 대량 수업 체제 확립 가능
③ 현실적인 지각 경험이 있을 경우 높은 이해력 향상
④ 사물에 대한 정확한 이해는 사고력 향상 및 올바른 태도형성에 도움

08

안전관리에 관한 계획에서 실시에 이르기까지 모든 권한이 포괄적이며 하향적으로 행사되며, 전문 안전담당 부서가 없는 안전관리조직은?

① 직계식 조직 ② 참모식 조직
③ 직계 - 참모식 조직 ④ 안전보건 조직

해설 **라인형(직계식) 조직**

① 명령과 보고가 상하관계 뿐이므로 간단명료(모든 권한이 포괄적이고 직선적으로 행사)
② 명령이나 지시가 신속정확하게 전달되어 개선조치가 빠르게 진행

09

성공적인 리더가 갖추어야 할 특성으로 가장 거리가 먼 것은?

① 강한 출세 욕구
② 강력한 조직 능력
③ 미래지향적 사고 능력
④ 상사에 대한 부정적인 태도

해설

리더는 부하에 대한 신뢰와 긍정적인 태도 등이 필요하다.

10

매슬로우(A.H Maslow)의 인간욕구 5단계 이론에서 각 단계별 내용이 잘못 연결된 것은?

① 1단계 : 자아실현의 욕구
② 2단계 : 안전에 대한 욕구
③ 3단계 : 사회적 욕
④ 4단계 : 존경에 대한 욕구

해설 **매슬로우의 욕구 5단계**

생리적 욕구 → 안전의 욕구 → 사회적 욕구 → 인정받으려는 욕구 → 자아실현의 욕구

11

재해손실 코스트 방식 중 하인리히의 방식에 있어 1 : 4의 원칙 중 1에 해당하지 않는 것은?

① 재해예방을 위한 교육비 ② 치료비
③ 재해자에게 지급된 급료 ④ 재해보상 보험금

해설 **직접비와 간접비**

직접비 (법적으로 지급되는 산재보상비)	간접비 (직접비 제외한 모든 비용)
요양급여, 휴업급여, 장해급여, 간병급여, 유족급여, 직업재활급여, 장례비 등	인적손실, 물적손실, 생산손실, 임금손실,시간손실, 신규채용비용, 기타손실 등

정답 6 ① 7 ③ 8 ① 9 ④ 10 ① 11 ①

12

산업안전보건법상 중대재해에 해당하지 않는 것은?

① 추락으로 인하여 1명이 사망한 재해
② 건물의 붕괴로 인하여 15명의 부상자가 동시에 발생한 재해
③ 화재로 인하여 4개월의 요양이 필요한 부상자가 동시에 3명 발생한 재해
④ 근로환경으로 인하여 직업성질병자가 동시에 5명 발생한 재해

해설 **중대재해**

① 사망자가 1명 이상 발생한 재해
② 3개월 이상의 요양이 필요한 부상자가 동시에 2명 이상 발생한 재해
③ 부상자 또는 직업성 질병자가 동시에 10명 이상 발생한 재해

13

방독마스크의 흡수관의 종류와 사용 조건이 옳게 연결된 것은?

① 보통가스용 – 산화금속
② 유기가스용 – 활성탄
③ 일산화탄소용 – 알칼리제제
④ 암모니아용 – 산화금속

해설 **방독마스크의 흡수관의 종류**

① 산성 가스용 : 소다라임, 알카리제제
② 일산화탄소용 : 호프카라이트
③ 암모니아용 : 큐프라마이트
④ 보통가스용 : 활성탄, 소다라임

14

산업안전보건법상 프레스 작업 시 작업시작 전 점검사항에 해당하지 않는 것은?

① 클러치 및 브레이크의 기능
② 매니퓰레이터(manipulator) 작동의 이상 유무
③ 프레스의 금형 및 고정볼트 상태
④ 1행정 1정지기구·급정지장치 및 비상정지 장치의 기능

해설 **프레스의 작업시작 전 점검사항(보기 ①,③,④ 외에)**

① 크랭크축·플라이휠·슬라이드·연결봉 및 연결나사의 풀림유무
② 슬라이드 또는 칼날에 의한 위험방지 기구의 기능
③ 방호장치의 기능
④ 전단기의 칼날 및 테이블의 상태

15

산업안전보건법상 아세틸렌 용접장치 또는 가스집합 용접장치를 사용하여 행하는 금속의 용접·용단 또는 가열작업자에게 특별안전·보건교육을 시키고자 할 때의 교육 내용이 아닌 것은?

① 용접흄·분진 및 유해광선 등의 유해성에 관한 사항
② 작업방법·작업순서 및 응급처치에 관한 사항
③ 안전밸브의 취급 및 주의에 관한 사항
④ 안전기 및 보호구 취급에 관한 사항

해설 **특별안전·보건교육(보기 ①,②,④ 외에)**

① 가스용접기, 압력 조정기, 호스 및 취관두 등의 기기점검에 관한 사항
② 그 밖에 안전·보건 관리에 필요한 사항

16

하버드 학파의 5단계 교수법에 해당되지 않는 것은?

① 교시(Presentation) ② 연합(Association)
③ 추론(Reasoning) ④ 총괄(Generalization)

해설 **하버드 학파의 5단계 교수법**

준비→교시→연합→총괄→응용

tip

추론은 존 듀이(J. Dewey)의 사고과정에 해당되는 내용

정답 12 ④ 13 ② 14 ② 15 ③ 16 ③

17

산업안전보건법상 바탕은 흰색, 기본모형은 빨간색, 관련 부호 및 그림은 검은색을 사용하는 안전·보건표지는?

① 안전복 착용　② 출입금지
③ 고온 경고　④ 비상구

해설 **안전표지의 색채기준**

색채	용도	형태별 색채기준
빨간색	금지	바탕은 흰색, 기본모형은 빨간색, 관련부호 및 그림은 검은색
	경고	바탕은 노란색, 기본모형·관련부호 및 그림은 검은색 (일부의 경우, 바탕은 무색, 기본모형은 빨간색(검은색도 가능))
노란색	경고	
파란색	지시	바탕은 파란색, 관련 그림은 흰색
녹색	안내	바탕은 흰색, 기본모형 및 관련부호는 녹색, 바탕은 녹색, 관련부호 및 그림은 흰색

18

다음과 같은 착시현상에 해당하는 것은?

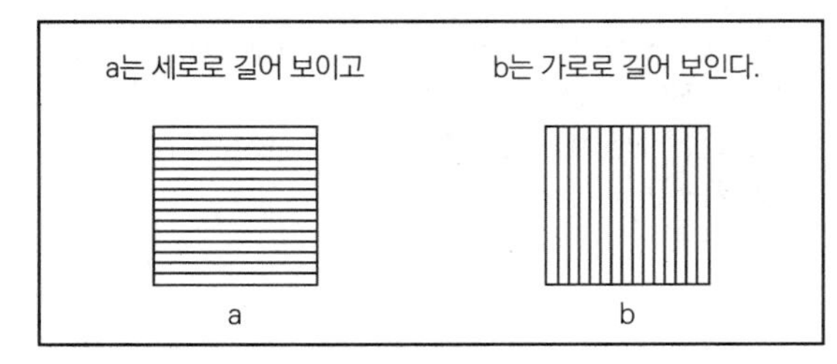

① 뮬러-라이어(Müller-Lyer)의 착시
② 헬호츠(Helmhotz)의 착시
③ 헤링(Hering)의 착시
④ 포겐도프(Poggendorf)의 착시

19

교육훈련의 효과는 5관을 최대한 활용하여야 하는데 다음 중 효과가 가장 큰 것은?

① 청각　② 시각　③ 촉각　④ 후각

해설 **5관의 효과치**

① 시각 : 60%　② 청각 : 20%　③ 촉각 : 15%
④ 미각 : 3%　⑤ 후각 : 2%

20

재해원인을 직접원인과 간접원인으로 나눌 때, 직접원인에 해당하는 것은?

① 기술적 원인　② 관리적 원인
③ 교육적 원인　④ 물적 원인

해설

직접원인에는 불안전한 행동(인적원인)과 불안전한 상태(물적원인)가 해당된다.

2016년 1회

정답 17 ② 18 ② 19 ② 20 ④

21

중량물을 반복적으로 드는 작업의 부하를 평가하기 위한 방법인 NIOSH 들기지수를 적용할 때 고려되지 않는 항목은?

① 들기빈도 ② 수평이동거리
③ 손잡이 조건 ④ 허리 비틀림

해설

수평위치와 수직이동거리가 해당된다.

22

다음 중 일반적으로 가장 신뢰도가 높은 시스템의 구조는?

① 직렬연결구조 ② 병렬연결구조
③ 단일부품구조 ④ 직·병렬 혼합구조

해설

각 부품이 동일한 신뢰도를 가질 경우 병렬 구조의 신뢰도는 직렬 구조에 비해 신뢰도가 높다.

23

동전던지기에서 앞면이 나올 확률이 0.7이고, 뒷면이 나올 확률이 0.3일 때 앞면이 나올 사건의 정보량 (A)과 뒷면이 나올 사건의 정보량(B)은 각각 얼마인가?

① A : 0.88bit, B : 1.74bit
② A : 0.51bit, B : 1.74bit
③ A : 0.88bit, B : 2.25bit
④ A : 0.51bit, B : 2.25bit

해설

정보량(실현확률을 P라고 하면) $H=\log_2\frac{1}{P}$

① 앞면 : $\log_2\frac{1}{0.7}=0.514\text{bit}$

② 뒷면 : $\log_2\frac{1}{0.3}=1.736\text{bit}$

24

페일 세이프(fail-safe)의 원리에 해당되지 않는 것은?

① 교대 구조 ② 다경로하중 구조
③ 배타설계 구조 ④ 하중경감 구조

해설 구조적 Fail safe

① 다경로하중 구조 ② 분할구조 ③ 교대구조 ④ 하중경감 구조

25

청각적 표시장치 지침에 관한 설명으로 틀린 것은?

① 신호는 최소한 0.5~1초 동안 지속한다.
② 신호는 배경소음과 다른 주파수를 이용한다.
③ 소음은 양쪽 귀에, 신호는 한쪽 귀에 들리게 한다.
④ 300m 이상 멀리 보내는 신호는 2,000Hz 이상의 주파수를 사용한다.

해설 경계 및 경보신호 선택시 지침

① 귀는 중음역에 가장 민감하므로 500~3,000Hz의 진동수를 사용
② 고음은 멀리가지 못하므로 300m 이상 장거리용으로는 1,000Hz 이하의 진동수 사용
③ 신호가 장애물을 돌아가거나 칸막이를 통과해야 할 때는 500Hz 이하의 진동수 사용
④ 배경소음의 진동수와 다른 신호를 사용하고 신호는 최소한 0.5~1초 동안 지속 등

26

그림의 FT도에서 최소 컷셋(minimal cut set)으로 옳은 것은?

① {1, 2, 3, 4}
② {1, 2, 3}, {1, 2, 4}
③ {1, 3, 4}, {2, 3, 4}
④ {1, 3}, {1, 4}, {2, 3}, {2, 4}

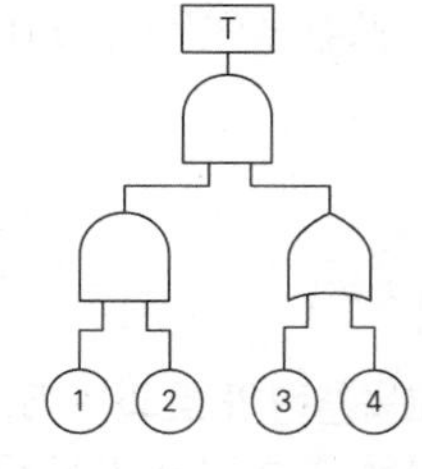

해설 Minimal cut set

① 먼저, cut set을 구하면

T → AB → 1,2,B → 1,2,3 / 1,2,4

② 그러므로, Minimal cut set은 (1, 2, 3)(1, 2, 4)

정답 21 ② 22 ② 23 ② 24 ③ 25 ④ 26 ②

27

인간-기계 시스템 설계 과정의 주요 6단계를 올바른 순서로 나열한 것은?

ⓐ 기본설계
ⓑ 시스템 정의
ⓒ 목표 및 성능 명세 결정
ⓓ 인간-기계 인터페이스 (human-machine interface) 설계
ⓔ 매뉴얼 및 성능보조자료 작성
ⓕ 시험 및 평가

① ⓒ → ⓑ → ⓐ → ⓓ → ⓔ → ⓕ

② ⓐ → ⓑ → ⓒ → ⓓ → ⓔ → ⓕ

③ ⓑ → ⓒ → ⓐ → ⓔ → ⓓ → ⓕ

④ ⓒ → ⓐ → ⓑ → ⓔ → ⓓ → ⓕ

해설

매뉴얼 및 성능보조자료 작성은 촉진물 설계에 해당되는 내용

28

FMEA의 위험성 분류 중 '카테고리 2"에 해당되는 것은?

① 영향 없음 ② 활동의 지연
③ 사명 수행의 실패 ④ 생명 또는 가옥의 상실

해설 FMEA 위험성 분류의 표시

① 카테고리 1 : 생명 또는 가옥의 손실
② 카테고리 2 : 사명수행의 실패
③ 카테고리 3 : 활동의 지연
④ 카테고리 4 : 영향 없음

29

작업자가 소음 작업환경에 장기간 노출되어 소음성 난청이 발병하였다면 일반적으로 청력손실이 가장 크게 나타나는 주파수는?

① 1,000Hz ② 2,000Hz
③ 4,000Hz ④ 6,000Hz

해설 청력 손실의 성격

① 청력 손실의 정도는 노출되는 소음 수준에 따라 증가한다.
② 청력 손실은 4,000Hz에서 가장 크게 나타난다.
③ 강한 소음은 노출기간에 따라 청력손실을 증가시키지만 약한 소음의 경우에는 관계없다.

30

설비의 보전과 가동에 있어 시스템의 고장과 고장 사이의 시간 간격을 의미하는 용어는?

① MTTR ② MDT ③ MTBF ④ MTBR

해설 MTBF(Mean time between failure)

시스템을 수리해 가면서 사용하는 경우의 고장에서 다음고장까지의 간격(평균수명)을 의미하며, 시스템을 수리하여 사용할 수 없는 경우 MTTF(mean time to failure)라고 한다.

31

조종반응비율(C/R비)에 관한 설명으로 틀린 것은?

① 조종장치와 표시장치의 물리적 크기와 성질에 따라 달라진다.
② 표시장치의 이동거리를 조종장치의 이동거리로 나눈 값이다.
③ 조종반응비율이 낮다는 것은 민감도가 높다는 의미이다.
④ 최적의 조종반응비율은 조종장치의 조종시간과 표시장치의 이동시간이 교차하

해설 조종-표시장치 이동비율(control display ratio)

조정장치의 움직인 거리(회전수)와 표시 장치상의 지침이 움직인 거리의 비(C/D비 또는 C/R비)

정답 27 ① 28 ③ 29 ③ 30 ③ 31 ②

32

음량 수준이 50phon일 때 sone 값은?

① 2 ② 5 ③ 10 ④ 100

해설 **Phon과 Sone의 관계**

$sone\text{치}=2^{(phon\text{치}-40)/10}=2^{(50-40)/10}=2$

33

관측하고자 하는 측정값을 가장 정확하게 읽을 수 있는 표시장치는?

① 계수형 ② 동침형 ③ 동목형 ④ 묘사형

해설 **동적 표시장치의 기본형(정량적 동적)**

정목동침형	정량적인 눈금이 정성적으로 사용되어 대략적인 값을 알고자 할때
정침동목형	나타내고자 하는 값의 범위가 클 때
계수형	수치를 정확하게 충분히 읽어야 할 경우(숫자로 표시)

34

FT도에 사용되는 논리기호 중 AND 게이트에 해당하는 것은?

①  ②  ③ 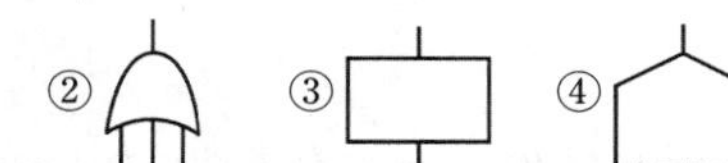 ④ 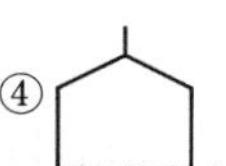

해설 **논리기호**

AND게이트	OR 게이트	결함사상	통상사상

35

옥내 조명에서 최적 반사율의 크기가 작은 것부터 큰 순서대로 나열된 것은?

① 벽<천장<가구<바닥 ② 바닥<가구<천장<벽
③ 가구<바닥<천장<벽 ④ 바닥<가구<벽<천장

해설 **추천반사율**

바닥	가구, 사무용기기, 책상	창문 발(blind), 벽	천정
20 ~ 40%	25 ~ 45%	40 ~ 60%	80 ~ 90%

36

고온 작업자의 고온 스트레스로 인해 발생하는 생리적 영향이 아닌 것은?

① 피부와 직장온도의 상승
② 발한(sweating)의 증가
③ 심박출량(cardiac output)의 증가
④ 근육에서의 젖산 감소로 인한 근육통과 근육 피로 증가

해설

운동 후에 생기는 근육통과 피로는 혈액과 근육에 젖산이 축적되기 때문에 발생한다.

37

다음 중 시스템 안전성 평가의 순서를 가장 올바르게 나열한 것은?

① 자료의 정리→정량적 평가→정성적 평가→대책 수립→재평가
② 자료의 정리→정성적 평가→정량적 평가→재평가→대책 수립
③ 자료의 정리→정량적 평가→정성적 평가→재평가→대책 수립
④ 자료의 정리→정성적 평가→정량적 평가→대책 수립→재평가

해설 **안전성 평가의 순서**

재평가는 재해 정보에 의한 재평가와 FTA에 의한 재평가로 구분하여 6단계로 정의하기도 한다.

정답 32 ① 33 ① 34 ① 35 ④ 36 ④ 37 ④

38

에너지 대사율(Relative Metabolic Rate)에 관한 설명으로 틀린 것은?

① 작업대사량은 작업 시 소비에너지와 안정 시 소비에너지의 차로 나타낸다.
② RMR은 작업대사량을 기초대사량으로 나눈 값이다.
③ 산소소비량을 측정할 때 더글라스백(Douglas bag)을 이용한다.
④ 기초대사량은 의자에 앉아서 호흡하는 동안에 측정한 산소소비량으로 구한다.

해설 에너지 대사율

① 안정시 소비 에너지 : 의자에 앉아서 호흡하는 동안 소비한 산소의 소모량
② 기초대사량(BMR) : 체표면적 산출식과 기초대사량 표에 의해 산출

39

결함수분석법에 있어 정상사상(top event)이 발생하지 않게 하는 기본사상들의 집합을 무엇이라고 하는가?

① 컷셋(cut set) ② 페일셋(fail set)
③ 트루셋(truth set) ④ 패스셋(path set)

해설 패스셋(path set)

그 안에 포함되는 모든 기본사상이 일어나지 않을때 처음으로 정상사상이 일어나지 않는 기본사상의 집합으로 필요 최소한의 것을 미니멀 패스셋이라 한다. (시스템의 기능을 살리는 신뢰성을 나타낸다.)

40

인체측정치를 이용한 설계에 관한 설명으로 옳은 것은?

① 평균치를 기준으로 한 설계를 제일 먼저 고려한다.
② 자세와 동작에 따라 고려해야 할 인체측정치수가 달라진다.
③ 의자의 깊이와 너비는 작은 사람을 기준으로 설계한다.
④ 큰 사람을 기준으로 한 설계는 인체측정치의 5%tile을 사용한다.

해설 인체계측자료의 응용원칙

① 가장 이상적인 형태가 조절식 이므로 우선적으로 고려해야할 원칙은 조절식 설계이다.
② 폭은 큰 사람에게 맞도록, 깊이는 대퇴를 압박하지 않도록 작은 사람에게 맞도록 설계한다.
③ 큰 사람을 기준으로 한 설계는 인체측정치의 95%tile을 사용한다.

정답 38 ④ 39 ④ 40 ②

3과목 기계·기구 및 설비 안전관리

41

기계설비의 안전조건에서 구조적 안전화로 틀린 것은?

① 가공결함 ② 재료의 결함
③ 설계상의 결함 ④ 방호장치의 작동결함

해설 구조부분의 안전화

설계상의 안전화	① 가장 큰 원인은 강도산정(부하예측, 강도계산)상의 오류
재료선정의 안전화	① 재료의 필요한 강도 확보 ② 양질의 재료 설정
가공시의 안전화	① 재료부품의 적절한 열처리 ② 용접구조물의 미세균열이나 잔류응력에 의한 파괴 방지 ③ 기계 가공시 응력 집중 방지

42

소성가공의 종류가 아닌 것은?

① 단조 ② 압인 ③ 인발 ④ 연삭

해설 소성가공의 종류

단조가공(forging), 압인가공 (coining), 인발가공(drawing), 압연가공(rolling), 압출가공(extruding), 프레스가공(press working), 전조가공(form rolling) 등

43

위험한 작업점과 작업자 사이에 서로 접근되어 일어날 수 있는 재해를 방지하는 격리형 방호장치가 아닌 것은?

① 완전 차단형 방호장치 ② 덮개형 방호장치
③ 안전 방책 ④ 양수조작식 방호장치

해설 위험장소에 대한 방호장치

① 격리형(완전 차단형, 덮개형, 안전울타리(방책))
② 위치제한형(양수조작식) ③ 접근반응형 ④ 접근거부형

44

프레스에 적용되는 방호장치의 유형이 아닌 것은?

① 접근거부형 ② 접근반응형
③ 위치제한형 ④ 포집형

해설 포집형 방호장치

위험원에 대한 방호장치로서 연삭숫돌이나 목재가공기계의 칩이 비산할 경우 이를 방지하고 안전하게 칩을 포집하는 방법

45

밀링머신(milling machine)의 작업 시 안전수칙에 대한 설명으로 틀린 것은?

① 커터의 교환 시는 테이블 위에 목재를 받쳐 놓는다.
② 강력 절삭 시에는 일감을 바이스에 깊게 물린다.
③ 작업 중 면장갑은 끼지 않는다.
④ 커터는 가능한 칼럼(column)으로부터 멀리 설치한다.

해설

밀링머신은 원주 위에 절삭날이 등 간격으로 배치되어 있는 밀링커터를 회전시켜 공작물이 고정된 테이블을 이송하면서 가공하는 공작기계이며, 커터는 가능하면 컬럼 가까이 위치하게 한다.

46

컨베이어의 종류가 아닌 것은?

① 체인 컨베이어 ② 스크류 컨베이어
③ 슬라이딩 컨베이어 ④ 유체 컨베이어

해설 컨베이어의 종류

종류	구조
롤러 컨베이어	롤러 또는 휠을 많이 배열한 후 이것을 이용하여 화물을 운반하는 컨베이어
벨트 컨베이어	프레임의 양끝에 설치한 풀리에 벨트를 엔드리스로 설치하여 그 위로 화물을 싣고 운반하는 컨베이어
스크류 컨베이어	스크류에 의해 관속의 화물을 운반하도록 되어있는 컨베이어
체인 컨베이어	엔드리스(Endless)로 감아서 걸은 체인에 의하거나 또는 체인에 슬래트(Slat), 버켓(Bucket) 등을 부착하여 화물을 운반하는 컨베이어
유체 컨베이어	관속의 유체를 매체로 하여, 화물을 운반하게 되어있는 컨베이어

정답 41 ④ 42 ④ 43 ④ 44 ④ 45 ④ 46 ③

47

프레스 광전자식 방호장치의 광선에 신체의 일부가 감지된 후로부터 급정지기구 작동 시까지의 시간이 30ms이고, 급정지기구의 작동 직후로부터 프레스기가 정지될 때까지의 시간이 20ms라면 광축의 최소 설치거리는?

① 75mm ② 80mm ③ 100mm ④ 150mm

해설 **광축의 최소설치거리**

설치거리(mm)$=1.6(T_L+T_S)=1.6(30+20)$

∴ 설치거리=80mm

48

공기압축기의 작업시작 전 점검사항이 아닌 것은?

① 윤활유의 상태 ② 언로드 밸브의 기능
③ 비상정지장치의 기능 ④ 압력방출장치의 기능

해설 **공기압축기 작업시작전 점검사항(보기 ①,②,④ 외에)**

① 공기저장 압력용기의 외관 상태
② 드레인밸브(drain valve)의 조작 및 배수
③ 회전부의 덮개 또는 울
④ 그 밖의 연결 부위의 이상 유무

49

아세틸렌 용접장치의 발생기실을 옥외에 설치한 경우에는 그 개구부는 다른 건축물로부터 몇 m 이상 떨어져야 하는가?

① 1 ② 1.5 ③ 2.5 ④ 3

해설 **발생기실의 설치장소**

① 전용의 발생기 실내에 설치
② 건물의 최상층에 위치, 화기를 사용하는 설비로부터 3m를 초과하는 장소에 설치
③ 옥외에 설치할 경우 그 개구부를 다른 건축물로부터 1.5m 이상 떨어지도록 할 것

50

불순물이 포함된 물을 보일러수로 사용하여 보일러의 관벽과 드럼 내면에 발생한 관석(Scale)으로 인한 영향이 아닌 것은?

① 과열 ② 불완전 연소
③ 보일러의 효율 저하 ④ 보일러 수의 순환 저하

해설

관석(Scale)으로 인해 불완전 연소가 발생하지는 않는다.

51

롤러기 방호장치의 무부하 동작시험 시 앞면 롤러의 지름이 150mm이고, 회전수가 30rpm인 롤러기의 급정지거리는 몇 mm 이내이어야 하는가?

① 157 ② 188 ③ 207 ④ 237

해설 **롤러의 급정지 거리**

① 표면속도(V)$=\dfrac{\pi\times150\times30}{1,000}=14.13$m/분

따라서 30m/분 미만이므로 급정지 거리는 앞면 롤러 원주의 1/3 이내에 해당된다.

② 앞면 롤러 원주 : $150\times3.14=471$mm

③ 급정지 거리 : $471\times\dfrac{1}{3}=157$mm

52

연삭기 덮개에 관한 설명으로 틀린 것은?

① 탁상용 연삭기의 워크레스트는 연삭숫돌과의 간격을 3mm 이하로 조정할 수 있는 구조이어야 한다.
② 연삭숫돌의 상부를 사용하는 것을 목적으로 하는 탁상용 연삭기의 덮개의 노출 각도는 90° 이내로 제한하고 있다.
③ 덮개의 두께는 연삭숫돌의 최고사용속도, 연삭숫돌의 두께 및 직경에 따라 달라진다.
④ 덮개 재료는 인장강도 274.5MPa 이상이고 신장도가 14% 이상이어야 한다.

해설

연삭숫돌의 상부를 사용하는 것을 목적으로 하는 탁상용 연삭기의 덮개의 노출 각도는 60° 이내로 제한하고 있다.

정답 47 ② 48 ③ 49 ② 50 ② 51 ① 52 ②

53

프레스 방호장치의 공통일반구조에 대한 설명으로 틀린 것은?

① 방호장치의 표면은 벗겨짐 현상이 없어야 하며, 날카로운 모서리 등이 없어야 한다.
② 위험기계·기구 등에 장착이 용이하고 견고하게 고정될 수 있어야 한다.
③ 외부충격으로부터 방호장치의 성능이 유지될 수 있도록 보호덮개가 설치되어야 한다.
④ 각종 스위치, 표시램프는 돌출형으로 쉽게 근로자가 볼 수 있는 곳에 설치해야 한다.

해설

각종 스위치, 표시램프는 매립형으로 쉽게 근로자가 볼 수 있는 곳에 설치해야 한다.

54

풀 푸르프(fool proof)에 해당되지 않는 것은?

① 각종 기구의 인터록 기구
② 크레인의 권과방지장치
③ 카메라의 이중 촬영 방지기구
④ 항공기의 엔진

해설

항공기의 엔진은 Fail safe의 구조에 해당된다.

55

그림과 같은 지게차에서 W를 화물 중량, G를 지게차 자체 중량, a를 앞바퀴 중심부터 화물의 중심까지의 최단거리, b를 앞바퀴 중심에서 지게차의 중심까지의 최단거리라고 할 때 지게차의 안정조건은?

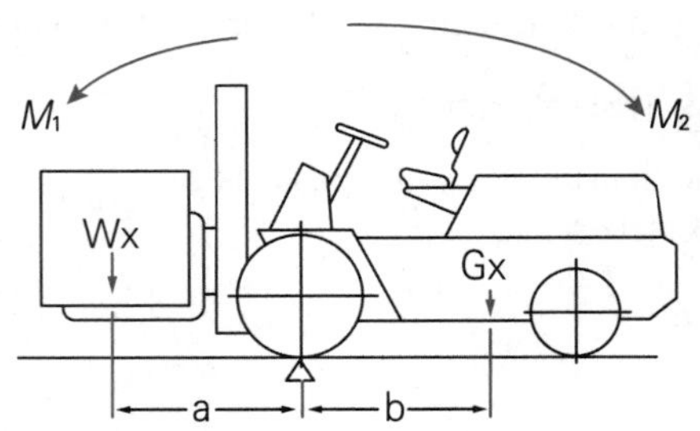

M_1 : 화물의 모멘트, M_2 : 차의 모멘트

① $W \cdot a < G \cdot b$
② $W-1 < G \cdot \frac{b}{a}$
③ $W \cdot a > G \cdot (b-1)$
④ $W > G \cdot \frac{b}{a}$

해설

지게차의 안정성을 유지하기 위해서는 $W \cdot a < G \cdot b$가 되어야 한다.

56

운전자가 서서 조정하는 방식의 지게차의 경우 운전석의 바닥면에서 헤드가드의 상부틀의 하면까지의 높이가 몇 m 이상이 되어야 하는가?

① 0.3 ② 0.5 ③ 1.0 ④ 2.0

해설

운전자가 앉아서 조작하거나 서서 조작하는 지게차의 헤드가드는 「산업표준화법」에 따른 한국산업표준에서 정하는 높이 기준 이상일 것

tip

2019년 법개정으로 내용이 수정되었습니다. 해설내용 및 본문내용을 참고하세요.

정답 53 ④ 54 ④ 55 ① 56 ④

57

프레스 금형의 설치 및 조정 시 슬라이드 불시 하강을 방지하기 위하여 설치해야 하는 것은?

① 인터록 ② 클러치 ③ 게이트 가드 ④ 안전블럭

해설

안전블록은 금형의 부착 및 해체작업시 슬라이드의 불시하강을 방지하기 위한 조치

58

산업안전보건법상 양중기가 아닌 것은?

① 곤돌라
② 이동식 크레인
③ 컨베이어
④ 적재하중이 0.1톤인 이삿짐 운반용 리프트

해설 양중기의 종류

① 크레인[호이스트(hoist)를 포함] ② 이동식 크레인
③ 리프트(이삿짐운반용리프트는 적재하중이 0.1톤 이상)
④ 곤돌라 ⑤ 승강기

tip
2019년 법개정으로 내용이 수정되어 개정내용에 맞도록 문제를 수정하였습니다.

59

연강의 인장강도가 420MPa이고, 허용응력이 140MPa이라면 안전율은?

① 0.3 ② 0.4 ③ 3 ④ 4

해설 안전율

$$\text{안전율} = \frac{\text{인장강도}}{\text{허용응력}} = \frac{420}{140} = 3$$

60

기계나 그 부품에 고장이나 기능 불량이 생겨도 항상 안전하게 작동하는 안전화 대책은?

① 진단 ② 예방정비
③ 페일 세이프(fail safe) ④ 풀 프루프(fool proof)

해설 페일세이프(fail safe)

조작상의 과오로 기기의 일부에 고장이 발생해도 다른부분의 고장이 발생하는 것을 방지하거나 또는 어떤 사고를 사전에 방지하고 안전측으로 작동하도록 설계하는 방법

정답 57 ④ 58 ③ 59 ③ 60 ③

61

저압 전로의 사용전압이 220V인 경우 절연저항 값은 몇 MΩ 이상이어야 하는가?

① 0.1 ② 0.2 ③ 0.3 ④ 0.4

해설 저압전로의 절연성능

전로의 사용전압(V)	DC 시험전압 (V)	절연저항(MΩ 이상)
SELV 및 PELV	250	0.5
FELV, 500V 이하	500	1.0
500V 초과	1,000	1.0

[주] 특별저압(Extra Low Voltage : 2차 전압이 AC 50V, DC 120V 이하)으로 SELV(비접지회로구성) 및 PELV(접지회로 구성)은 1차와 2차가 전기적으로 절연된 회로, FELV는 1차와 2차가 전기적으로 절연되지 않은 회로

tip

본 문제는 2021년 적용되는 법 개정으로 맞지않는 내용입니다. 수정된 해설내용을 참고하세요.

62

전류밀도, 통전전류, 접촉면적과 피부저항과의 관계를 올바르게 표현한 것은?

① 전류밀도와 통전전류는 반비례 관계이다.
② 통전전류와 접촉면적에 관계없이 피부저항은 항상 일정하다.
③ 같은 크기의 통전전류가 흘러도 접촉면적이 커지면 전류밀도는 커진다.
④ 같은 크기의 통전전류가 흘러도 접촉면적이 커지면 피부저항은 작게 된다.

해설

같은 조건에서 물질의 저항을 생각하면, 길이에 비례하고 단면적에 반비례한다.

63

사람이 전기에 접촉하는 경우에는 접촉하는 상태에 따라 인체저항과 통전전류가 달라지므로 인체의 접촉상태에 따라 접촉전압을 제한할 필요가 있다. 다음의 경우 일반 허용접촉전압으로 옳은 것은?

- 인체가 현저하게 젖어있는 상태
- 금속성의 전기기계장치나 구조물에 인체의 일부가 상시 접촉되어 있는 상태

① 2.5V 이하 ② 25V 이하
③ 50V 이하 ④ 제한 없음

해설 허용 접촉전압

종별	접촉 상태	허용접촉 전압
제1종	• 인체의 대부분이 수중에 있는 경우	2.5V 이하
제2종	• 인체가 현저하게 젖어있는 경우 • 금속성의 전기기계장치나 구조물에 인체의 일부가 상시 접촉되어 있는 경우	25V 이하
제3종	• 제1종, 제2종 이외의 경우로 통상의 인체상태에 있어서 접촉전압이 가해지면 위험성이 높은 경우	50V 이하
제4종	• 제1종, 제2종 이외의 경우로 통상의 인체상태에 있어서 접촉전압이 가해지더라도 위험성이 낮은 경우 • 접촉전압이 가해질 우려가 없는 경우	제한없음

64

정전기 방전의 종류 중 부도체의 표면을 따라서 star-check 마크를 가지는 나뭇가지 형태의 발광을 수반하는 것은?

① 기중방전 ② 불꽃방전 ③ 연면방전 ④ 고압방전

해설 방전의 형태(연면방전)

① 정전기가 대전된 부도체에 접지도체가 접근 할 경우 대전물체와 접지도체 사이에서 발생하는 방전과 동시에 부도체의 표면을 따라 수지상의 발광을 동반하여 발생하는 방전현상
② 부도체의 대전량이 매우 클 경우와 대전된 부도체의 표면과 접지체가 매우 가까울 경우 발생

정답 61 ② 62 ④ 63 ② 64 ③

65

전기불꽃이나 과열에 대해서 회로특성상 폭발의 위험을 방지할 수 있는 방폭구조는?

① 내압 방폭구조 ② 유입 방폭구조
③ 안전증 방폭구조 ④ 압력 방폭구조

해설 **안전증 방폭구조(e)**

① 정상 운전중에 폭발성 가스 또는 증기에 점화원이 될 전기불꽃, 아크 또는 고온부분 등의 발생을 방지하기 위하여 기계적, 전기적 구조상 또는 온도상승에 대해서 특히 안전도를 증가시킨 구조
② 코일의 절연성능 강화 및 표면온도상승을 더욱 낮게 설계하거나 공극 및 연면거리를 크게 하여 안전도 증가

66

전기기계·기구의 누전에 의한 감전위험을 방지하기 위하여 해당 전로에는 정격에 적합하고 감도가 양호한 감전방지용 누전차단기를 설치하여야 한다. 이 누전차단기의 기준은 정격감도전류가 30mA 이하이고 작동시간은 몇 초 이내이어야 하는가? (단, 정격부하전류가 50A 미만의 전기기계·기구에 접속되는 누전차단기이다.)

① 0.03초 ② 0.1초 ③ 0.3초 ④ 0.5초

해설 **누전차단기 접속시 준수사항**

① 전기기계·기구에 접속되어 있는 누전차단기는 정격감도전류가 30밀리암페어 이하이고 작동시간은 0.03초 이내일 것
② 다만, 정격전부하전류가 50암페어 이상인 전기기계·기구에 접속되는 누전차단기는 오작동을 방지하기 위하여 정격감도전류는 200밀리암페어 이하로, 작동시간은 0.1초 이내로 할 수 있다.

67

인화성 액체의 증기 또는 가연성 가스에 의한 가스 폭발 위험장소의 분류에 해당되지 않는 것은?

① 0종 장소 ② 1종 장소 ③ 2종 장소 ④ 3종 장소

해설 **위험장소의 분류**

분류	적요
0종 장소	인화성 액체의 증기 또는 가연성 가스에 의한 폭발위험이 지속적으로 또는 장기간 존재하는 장소
1종 장소	정상 작동상태에서 인화성 액체의 증기 또는 가연성 가스에 의한 폭발위험분위기가 존재하기 쉬운 장소
2종 장소	정상작동상태에서 인화성 액체의 증기 또는 가연성 가스에 의한 폭발위험분위기가 존재할 우려가 없으나, 존재할 경우 그 빈도가 아주 적고 단기간만 존재할 수 있는 장소

68

다음과 같은 특성이 있으며 제한전압이 낮기 때문에 접지저항을 낮게 하기 어려운 배전선로에 적합한 피뢰기는?

> 피뢰기의 특성요소가 화이버관으로 되어 있고 방전은 직렬 캡을 이용하여 화이버관 내부의 상부와 하부 전극 간에서 행하여지며, 속류 차단은 화이버관 내부 벽면에서 아크열에 의한 하이버질의 분해로 발생하는 고압가스의 소호작용에 의한다.

① 변형 피뢰기 ② 방출형 피뢰기
③ 갭레스형 피뢰기 ④ 변저항형 피뢰기

69

저항 값이 0.1Ω인 도체에 10A의 전류가 1분간 흘렀을 경우 발생하는 열량은 몇 cal인가?

① 124 ② 144 ③ 166 ④ 250

해설 **전기에너지에 의한 발열**

$Q = I^2RT = 10^2 \times 0.1 \times 60 = 600J = 144\text{cal}$

정답 65 ③ 66 ① 67 ④ 68 ② 69 ②

70

유류저장 탱크에서 배관을 통해 드럼으로 기름을 이송하고 있다. 이때 유동전류에 의한 정전대전 및 정전기 방전에 의한 피해를 방지하기 위한 조치와 관련이 먼 것은?

① 유체가 흘러가는 배관을 접지시킨다.
② 배관 내 유류의 유속은 가능한 느리게 한다.
③ 유류저장 탱크와 배관, 드럼 간에 본딩(Bonding)을 시킨다.
④ 유류를 취급하고 있으므로 화기 등을 가까이 하지 않도록 점화원 관리를 한다.

해설 **정전기 발생 방지책**

① 접지(도체의 대전방지)
② 가습(공기중의 상대습도를 60~70%정도 유지)
③ 대전방지제 사용
④ 배관 내에 액체의 유속제한 및 정체시간 확보
⑤ 제전장치(제전기) 사용
⑥ 도전성 재료 사용
⑦ 보호구 착용

71

다음 중 화학장치에서 반응기의 유해·위험요인(hazard)으로 화학반응이 있을 때 특히 유의해야 할 사항은?

① 낙하, 절단　② 감전, 협착
③ 비래, 붕괴　④ 반응폭주, 과압

해설

냉각수의 공급이 원활하지 못할 경우 냉각기능이 상실되어 온도와 압력이 상승하면서 반응폭주현상이 발생할 수 있다.

72

황린에 대한 설명으로 옳은 것은?

① 연소 시 인화수소가스를 발생한다.
② 황린은 자연발화하므로 물속에 보관한다.
③ 황린은 황과 인의 화합물이다.
④ 독성 및 부식성이 없다.

해설

발화성 물질인 황린(P_4)은 물에 녹지 않으므로 pH9 정도의 물 속에 저장

73

소화방법에 대한 주된 소화원리로 틀린 것은?

① 물을 살포한다 : 냉각소화
② 모래를 뿌린다 : 질식소화
③ 초를 불어서 끈다. : 억제소화
④ 담요로 덮는다. : 질식소화

해설

증발연소에 해당하는 초를 불어서 끄는것은 초의 가연물에 해당하는 증기를 불어서 제거하는 것으로 제거소화에 해당된다.

74

최소점화에너지(MIE)의 온도, 압력의 관계를 옳게 설명한 것은?

① 압력, 온도에 모두 비례한다.
② 압력, 온도에 모두 반비례한다.
③ 압력에 비례하고, 온도에 반비례한다.
④ 압력에 반비례하고, 온도에 비례한다.

해설 **최소발화에너지(MIE)의 변화 요인**

① 압력이나 온도의 증가에 따라 감소하며, 공기 중에서 보다 산소 중에서 더 감소함
② 분진의 MIE는 일반적으로 가연성가스보다 큰 에너지 준위를 가짐

75

다음 중 절연성 액체를 운반하는 관에 있어서 정전기로 인한 화재 및 폭발을 예방하기 위한 방법으로 가장 거리가 먼 것은?

① 유속을 줄인다.
② 관을 접지시킨다.
③ 도전성이 큰 재료의 관을 사용한다.
④ 관의 안지름을 작게 한다.

해설 **정전기 발생 방지**

① 접지(도체의 대전방지)
② 가습(공기중의 상대습도를 60~70%정도 유지)
③ 대전방지제 사용
④ 배관 내에 액체의 유속제한 및 정체시간 확보
⑤ 제전장치(제전기) 사용
⑥ 도전성 재료 사용
⑦ 보호구 착용

정답 70 ④ 71 ④ 72 ② 73 ③ 74 ② 75 ④

76

물과의 접촉을 금지하여야 하는 물질은?

① 적린 ② 칼슘
③ 히드라진 ④ 니트로셀룰로오스

해설

칼륨, 나트륨, 칼슘 등은 물과 접촉하여 발화가 용이한 물질이므로 물과의 접촉을 금지하여야 하는 금수성 물질에 해당된다.

77

다음 가스 중 위험도가 가장 큰 것은?

① 수소 ② 아세틸렌 ③ 프로판 ④ 암모니아

해설 **위험도**

① 수소 : $H=\frac{75.0-4.0}{4.0}=17.75$

② 아세틸렌 : $H=\frac{81-2.5}{2.5}=31.4$

③ 프로판 : $H=\frac{9.5-2.1}{2.1}=3.524$

④ 암모니아 : $H=\frac{28-15}{15}=0.87$

78

산업안전보건기준에 관한 규칙에서 정한 위험물질 종류 중 부식성 물질에서 부식성 염기류에 해당하는 것은?

① 농도 40% 이상인 염산
② 농도 40% 이상인 불산
③ 농도 40% 이상인 아세트산
④ 농도 40% 이상인 수산화칼륨

해설 **부식성 물질**

산류	① 농도가 20퍼센트 이상인 염산, 황산, 질산, 기타 이와 동등 이상의 부식성을 가지는 물질 ② 농도가 60퍼센트 이상인 인산아세트산, 불산, 기타 이와 동등 이상의 부식성을 가지는 물질
염기류	농도가 40퍼센트 이상인 수산화나트륨, 수산화칼륨, 기타 이와 동등 이상의 부식성을 가지는 염기류

79

다음 물질 중 가연성 가스가 아닌 것은?

① 수소 ② 메탄 ③ 프로판 ④ 염소

해설

수소, 아세틸렌, 에틸렌, 메탄, 에탄, 프로판, 부탄 등은 인화성(가연성) 가스에 해당되며, 염소가스는 독성가스에 해당된다.

80

액체계의 과도한 상승 압력의 방출에 이용되고 설정압력이 되었을 때 압력상승에 비례하여 서서히 개방되는 밸브는?

① 릴리프밸브 ② 체크밸브
③ 안전밸브 ④ 통기밸브

해설

안전밸브를 구분할 경우 스팀, 공기는 safety valve로, 액체는 relief valve로 분류한다.

정답 76 ② 77 ② 78 ④ 79 ④ 80 ①

5과목 건설공사 안전관리

81

철골공사의 용접, 용단작업에 사용되는 가스의 용기는 최대 몇 ℃ 이하로 보존해야 하는가?

① 25℃ ② 36℃ ③ 40℃ ④ 48℃

해설 **용접·용단에 사용되는 가스 용기취급**

① 용기의 온도를 섭씨 40도 이하로 유지할 것
② 전도의 위험이 없도록 할 것
③ 충격을 가하지 아니하도록 할 것 등

82

철골조립 공사 중에 볼트작업을 하기 위해 주체인 철골에 매달아서 작업발판으로 이용하는 비계는?

① 달비계 ② 말비계 ③ 달대비계 ④ 선반비계

해설 **달대비계의 설치목적**

철골공사의 리벳치기 작업이나 볼트작업을 위해 작업발판을 철골에 매달아 사용하는 것으로 바닥에 외부비계의 설치가 부적절한 높은곳의 작업공간을 확보하기 위한 목적으로 설치

83

기계가 서있는 지면보다 높은 곳을 파는 작업에 가장 적합한 굴착기계는?

① 파워셔블 ② 드래그라인
③ 백호우 ④ 클램쉘

해설 **파워셔블(Power shovel)**

기계가 위치한 지반보다 높은 굴착은 파워셔블이며, 낮은 굴착은 드래그 셔블, 크램셀 등이 사용된다.

84

옥외에 설치되어 있는 주행크레인에 대하여 이탈방지장치를 작동시키는 등 이탈방지를 위한 조치를 하여야 하는 순간 풍속 기준은?

① 초당 10m 초과 ② 초당 20m 초과
③ 초당 30m 초과 ④ 초당 40m 초과

해설 **폭풍 등에 의한 안전조치사항**

풍속의 기준	조치사항
순간풍속이 매 초당 30미터 초과	주행크레인의 이탈방지 장치 작동
	작업전 크레인 및 건설용리프트의 이상유무 점검
순간풍속이 매 초당 35미터 초과	건설용 리프트의 받침의 수를 증가시키는 등 붕괴방지조치
	옥외에 설치된 승강기의 받침의 수를 증가시키는 등 무너지는 것을 방지하기 위한 조치

85

사다리를 설치하여 사용함에 있어 사다리 지주 끝에 사용하는 미끄럼 방지재료로 적당하지 않은 것은?

① 고무 ② 코르크 ③ 가죽 ④ 비닐

해설 **미끄럼방지 장치**

사다리 지주의 끝에 고무, 코르크, 가죽, 강스파이크 등을 부착시켜 바닥과의 미끄럼을 방지하는 안전장치가 있어야 한다.

86

다음 중 건설공사관리의 주요 기능이라 볼 수 없는 것은?

① 안전관리 ② 공정관리
③ 품질관리 ④ 재고관리

해설 **건설 공사관리의 5대요소**

① 공정관리 ② 품질관리 ③ 원가관리 ④ 안전관리 ⑤ 환경관리

정답 81 ③ 82 ③ 83 ① 84 ③ 85 ④ 86 ④

87

다음은 지붕 위에서의 위험방지를 위한 내용이다. 빈칸에 알맞은 수치로 옳은 것은?

> 슬레이트, 선라이트(sunlight) 등 강도가 약한 재료로 덮은 지붕 위에서 작업을 할 때에 발이 빠지는 등 근로자가 위험해질 우려가 있는 경우 폭 ( ) 이상의 발판을 설치하거나 안전방망을 치는 등 위험을 방지하기 위하여 필요한 조치를 하여야 한다.

① 20cm ② 25cm ③ 30cm ④ 40cm

해설 **지붕 위에서 작업시 추락하거나 넘어질 위험이 있는 경우 조치사항**

① 지붕의 가장자리에 안전난간을 설치할 것
- 안전난간 설치가 곤란한 경우 추락방호망 설치
- 추락방호망 설치가 곤란한 경우 안전대 착용 등의 추락 위험 방지조치

② 채광창(skylight)에는 견고한 구조의 덮개를 설치할 것
③ 슬레이트 등 강도가 약한 재료로 덮은 지붕에는 폭 30센티미터 이상의 발판을 설치할 것

tip
본 문제는 2021년 법령개정으로 수정된 내용입니다.(해설은 개정된 내용 적용)

88

철골 작업을 중지해야 할 강설량 기준으로 옳은 것은?

① 강설량이 시간당 1mm 이상인 경우
② 강설량이 시간당 5mm 이상인 경우
③ 강설량이 시간당 1cm 이상인 경우
④ 강설량이 시간당 5cm 이상인 경우

해설

① 풍속 : 초당 10m 이상인 경우
② 강우량 : 시간당 1mm 이상인 경우
③ 강설량 : 시간당 1cm 이상인 경우

89

공사종류 및 규모별 안전관리비 계상기준표에서 공사종류의 명칭에 해당되지 않는 것은?

① 토목공사 ② 일반건설공사(갑)
③ 중건설공사 ④ 특수건설공사

해설 **계상기준표의 공사종류**

① 건축공사 ② 토목공사 ③ 중건설공사 ④ 특수건설공사

tip
2023년 법령개정. 문제와 해설은 개정된 내용 적용

90

추락재해를 방지하기 위하여 10cm 그물코인 방망을 설치할 때 방망과 바닥면 사이의 최소 높이로 옳은 것은? (단, 설치된 방망의 단변 방향 길이 L=2m, 장변 방향 방망의 지지간격 A=3m이다.)

① 2.0m ② 2.4m ③ 3.0m ④ 3.4m

해설 **안전망 설치방법**

① 허용낙하높이

높이	낙하높이(H_1)		방망과 바닥면 높이(H_2)	
조건 \ 종류	단일 방망	복합 방망	10센티미터 그물코	5센티미터 그물코
$L<A$	$\frac{1}{4}(L+2A)$	$\frac{1}{5}(L+2A)$	$\frac{0.85}{4}(L+3A)$	$\frac{0.95}{4}(L+3A)$
$L\geq A$	$\frac{3}{4}L$	$\frac{3}{5}L$	$0.85L$	$0.95L$
조건	방망의 처짐길이(S)			
$L<A$	$\frac{1}{4}(L+2A)\times\frac{1}{3}$			
$L\geq A$	$\frac{3}{4}L\times\frac{1}{3}$			

② 방망과 바닥면사이의 높이(H_1) 계산

$$H_2=\frac{0.85}{4}(L+3A)=0.2125(2+9)=2.34$$

정답 87 ③ 88 ③ 89 ② 90 ②

91

철골공사에서 기둥의 건립작업 시 앵커볼트를 매립할 때 요구되는 정밀도에서 기둥 중심은 기준선 및 인접 기둥의 중심으로부터 얼마 이상 벗어나지 않아야 하는가?

① 3mm ② 5mm ③ 7mm ④ 10mm

해설 **앵커 볼트 매립 정밀도 범위**

① 기둥 중심은 기준선 및 인접기둥의 중심에서 5mm 이상 벗어나지 않을 것

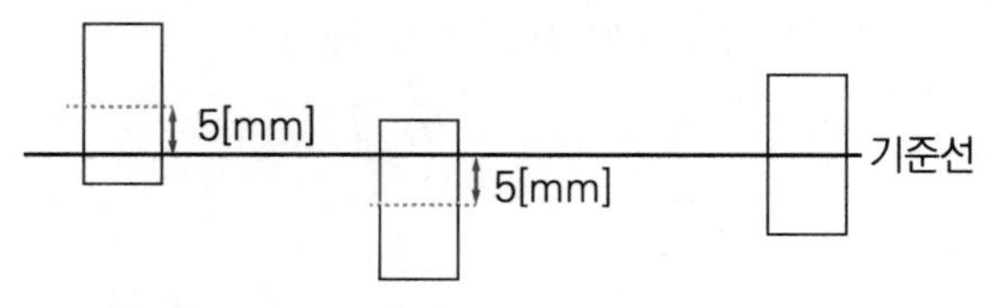

② 인접 기둥간 중심거리의 오차는 3mm 이하일 것
③ 앵커 볼트는 기둥중심에서 2mm 이상 벗어나지 않을 것
④ Base Plate 의 하단은 기준높이 및 인접기둥의 높이에서 3mm 이상 벗어나지 않을 것

92

토석붕괴의 요인 중 외적요인이 아닌 것은?

① 토석의 강도 저하
② 사면, 법면의 경사 및 기울기의 증가
③ 절토 및 성토 높이의 증가
④ 공사에 의한 진동 및 반복하중의 증가

해설 **토석붕괴의 원인**

외적요인	내적요인
① 사면·법면의 경사 및 기울기의 증가 ② 절토 및 성토 높이의 증가 ③ 진동 및 반복하중의 증가 ④ 지하수 침투에 의한 토사중량의 증가 ⑤ 구조물의 하중 증가	① 절토사면의 토질·암질 ② 성토사면의 토질 ③ 토석의 강도 저하

93

말뚝박기 해머(hammer) 중 연약지반에 적합하고 상대적으로 소음이 적은 것은?

① 드롭 해머(drop hammer)
② 디젤 해머(diesel hammer)
③ 스팀 해머(steam hammer)
④ 바이브로 해머(vibro hammer)

해설 **vibro hammer**

① 상하진동으로 말뚝을 타입하는 방법이며, 강관말뚝, H형강 말뚝 등의 타입, 인발에 사용된다.
② 연약지반에 적합하고, 폭발, 타격의 큰 음은 없지만(타입식 기계에 비해 소음이 작다) 높은 주파수의 진동이 있다.

94

이동식 사다리의 넘어짐을 방지하기 위한 조치사항에 해당하지 않는 것은?

① 이동식 사다리를 견고한 시설물에 연결하여 고정할 것
② 아웃트리거를 설치하거나 아웃트리거가 붙어있는 이동식 사다리를 설치할 것
③ 이동식 사다리를 다른 근로자가 지지하여 넘어지지 않도록 할 것
④ 이동식 사다리를 설치한 바닥면에서 높이 4.5미터 이하의 장소에서만 작업할 것

해설

이동식 사다리를 설치한 바닥면에서 높이 3.5미터 이하의 장소에서만 작업할 것은 이동식사다리 작업시 준수해야할 사항에 해당한다.

정답 91 ② 92 ① 93 ④ 94 ④

95

현장에서 가설통로의 설치 시 준수사항으로 옳지 않은 것은?

① 건설공사에 사용하는 높이 8m 이상인 비계다리에는 10m 이내마다 계단참을 설치할 것
② 수직갱에 가설된 통로의 길이가 15m 이상인 때에는 10m 이내마다 계단참을 설치할 것
③ 경사가 15°를 초과하는 때에는 미끄러지지 아니하는 구조로 할 것
④ 경사는 30° 이하로 할 것

해설 **가설 통로의 구조(보기 ②,③,④ 외에)**

① 견고한 구조로 할 것
② 추락의 위험이 있는 장소에는 안전난간을 설치할 것
③ 건설공사에 사용하는 높이 8m 이상인 비계다리에는 7m 이내마다 계단참을 설치할 것

96

콘크리트의 양생 방법이 아닌 것은?

① 습윤 양생 ② 건조 양생 ③ 증기 양생 ④ 전기 양생

해설 **양생의 종류**

① 습윤 양생 ② 증기 양생 ③ 전기 양생 ④ 피막 양생

97

다음은 작업으로 인하여 물체가 떨어지거나 날아올 위험이 있는 경우에 조치하여야 하는 사항이다. 빈 칸에 알맞은 내용으로 옳은 것은?

> 낙하물 방지망 또는 방호선반을 설치하는 경우 높이 10m 이내마다 설치하고, 내민 길이는 벽면으로부터 ( ) 이상으로 할 것

① 2m ② 2.5m ③ 3m ④ 3.5m

해설 **낙하물방지망(방호선반) 설치시 준수사항**

① 설치높이는 10m 이내마다 설치하고, 내민 길이는 벽면으로부터 2m 이상으로 할 것
② 수평면과의 각도는 20도 이상 30도 이하를 유지할 것

98

강재 거푸집과 비교한 합판 거푸집의 특성이 아닌 것은?

① 외기 온도의 영향이 적다.
② 녹이 슬지 않음으로 보관하기가 쉽다.
③ 중량이 무겁다.
④ 보수가 간단하다.

해설

강재 거푸집은 작업의 속도 및 재활용성 등은 우수하나, 중량이 무거운 단점이 있다.

99

안전 난간의 구조 및 설치기준으로 옳지 않은 것은?

① 안전난간은 상부난간대, 중간난간대, 발끝막이판, 난간기둥으로 구성할 것
② 상부난간대와 중간난간대는 난간 길이 전체에 걸쳐 바닥면 등과 평행을 유지할 것
③ 발끝막이판은 바닥면 등으로부터 10cm 이상의 높이를 유지할 것
④ 안전난간은 구조적으로 가장 취약한 지점에서 가장 취약한 방향으로 작용하는 80kg 이상의 하중에 견딜 수 있는 튼튼한 구조일 것

해설 **안전난간의 설치기준(①,②,③ 외에)**

① 상부난간대는 바닥면·발판 또는 경사로의 표면으로부터 90센티미터 이상 지점에 설치
② 난간대는 지름 2.7센티미터 이상의 금속제파이프나 그 이상의 강도가 있는 재료일 것
③ 안전난간은 구조적으로 가장 취약한 지점에서 가장 취약한 방향으로 작용하는 100킬로그램 이상의 하중에 견딜 수 있는 튼튼한 구조일 것

100

화물용 승강기를 설계하면서 와이어로프의 안전하중은 10ton이라면 로프의 가닥수를 얼마로 하여야 하는가?(단, 와이어로프 한 가닥의 파단강도는 4ton이며, 화물용 승강기 와이어로프의 안전율은 6으로 한다.)

① 10가닥 ② 15가닥 ③ 20가닥 ④ 30가닥

해설 **와이어로프의 안전율**

① 안전율$(S)=\dfrac{\text{로프의 가닥수}(N)\times\text{로프의 파단하중}(P)}{\text{안전하중(최대사용하중, }W)}$

② $6=\dfrac{\text{가닥수}\times 4}{10}$ ③ 가닥수$=15$

정답 95 ① 96 ② 97 ① 98 ③ 99 ④ 100 ②

2016년 5월 8일

산업안전산업기사 기출문제

1과목 산업재해 예방 및 안전보건교육

01

적응기제에서 방어기제가 아닌 것은?

① 보상 ② 고립 ③ 합리화 ④ 동일화

해설 **적응기제의 기본유형**

공격적 행동	책임전가, 폭행, 폭언 등
도피적 행동	퇴행, 억압, 고립, 백일몽 등
방어적 행동	승화, 보상, 합리화, 동일시, 반동형성, 투사 등

02

자율검사프로그램을 인정받으려는 자가 한국산업안전보건공단에 제출해야 하는 서류가 아닌 것은?

① 안전검사대상 유해·위험기계 등의 보유 현황
② 유해·위험기계 등의 검사 주기 및 검사기준
③ 안전검사대상 유해·위험기계의 사용 실적
④ 향후 2년간 검사대상 유해·위험기계 등의 검사 수행 계획

해설 **공단에 제출해야할 서류(보기 ①,②,④ 외에)**

① 검사원 보유 현황과 검사를 할 수 있는 장비 및 장비 관리방법
② 과거 2년간 자율검사프로그램 수행 실적(재신청의 경우만 해당)

03

ERG(Existence Relation Growth) 이론을 주장한 사람은?

① 매슬로우(Maslow) ② 맥그리거(McGregor)
③ 테일러(Taylor) ④ 알더퍼(Alderfer)

해설 **Alderfer의 ERG 이론**

① 생존(존재)욕구(existence needs)
② 관계욕구(relatedness needs)
③ 성장욕구(growth needs)

04

인지과정 착오의 요인이 아닌 것은?

① 정서 불안정 ② 감각차단 현상
③ 작업자의 기능미숙 ④ 생리·심리적 능력의 한계

해설 **착오요인**

작업자의 기능미숙이나 경험부족에서 발생하는 것은 조작과정의 착오이다.

05

도수율이 12.57, 강도율이 17.45인 사업장에서 1명의 근로자가 평생 근무한다면 며칠의 근로 손실이 발생하겠는가? (단, 1인 근로자의 평생근로시간은 10^5시간이다.)

① 1257일 ② 126일 ③ 1745일 ④ 175일

해설 **환산 강도율**

환산 강도율(S) = 강도율 × 100 = 17.45 × 100 = 1745(일)

06

안전관리의 중요성과 가장 거리가 먼 것은?

① 인간존중이라는 인도적인 신념의 실현
② 경영 경제상의 제품의 품질 향상과 생산성 향상
③ 재해로부터 인적·물적 손실 예방
④ 작업환경 개선을 통한 투자비용 증대

해설 **안전관리**

안전관리는 재해를 예방하고 인적, 물적, 손실을 최소화하여 생산성을 향상시키기 위해 행하여지는 것으로 산업현장에서 발생할 수 있는 재해로부터 인간의 생명(인간존중)과 재산을 보호하기 위한 계획적이고 체계적인 제반 활동을 말한다.

정답 1② 2③ 3④ 4③ 5③ 6④

07

재해예방의 4원칙에 해당되지 않는 것은?

① 손실발생의 원칙 ② 원인계기의 원칙
③ 예방가능의 원칙 ④ 대책선정의 원칙

해설 **재해예방의 4원칙**

보기 ②,③,④ 외에 손실우연의 원칙이 포함된다.

08

산업안전보건법상 사업 내 안전·보건교육의 교육과정에 해당하지 않는 것은?

① 검사원 정기점검교육
② 특별안전·보건교육
③ 근로자 정기안전·보건교육
④ 작업내용 변경 시의 교육

해설 **근로자 안전·보건 교육과정**

① 정기교육 ② 채용 시의 교육 ③ 작업내용 변경 시의 교육
④ 특별교육 ⑤ 건설업 기초안전·보건교육

tip

사업 내 안전·보건교육은 법 개정(2016년)으로 근로자 안전·보건교육으로 수정되었으니 착오 없으시기 바랍니다.

09

토의식 교육지도에 있어서 가장 시간이 많이 소요되는 단계는?

① 도입 ② 제시 ③ 적용 ④ 확인

해설 **토의식 교육(단위시간 1시간일 경우)**

도입	제시	적용	확인
5분	10분	40분	5분

10

공장 내에 안전·보건표지를 부착하는 주된 이유는?

① 안전의식 고취 ② 인간 행동의 변화 통제
③ 공장 내의 환경 정비 목적 ④ 능률적인 작업을 유도

해설 **안전보건 표지**

근로자의 안전보건 의식을 고취하고 유해위험한 기계기구나 취급장소에 대한 위험성을 사전에 표시로 경고하여 예상되는 재해를 사전에 예방하고자 설치함

11

OJT(On the Job Training)에 관한 설명으로 옳은 것은?

① 집합교육형태의 훈련이다.
② 다수의 근로자에게 조직적 훈련이 가능하다.
③ 직장의 실정에 맞게 실제적 훈련이 가능하다.
④ 전문가를 강사로 활용할 수 있다.

해설 **OJT의 특징**

① 직장의 현장실정에 맞는 구체적이고 실질적인 교육이 가능하다.
② 교육의 효과가 업무에 신속하게 반영된다.
③ 교육의 이해도가 빠르고 동기부여가 쉽다.
④ 개인의 능력과 적성에 알맞은 맞춤교육이 가능하다.
⑤ 교육으로 인해 업무가 중단되는 업무손실이 적다.

12

인간의 실수 및 과오의 요인과 직접적인 관계가 가장 먼 것은?

① 관리의 부적당 ② 능력의 부족
③ 주의의 부족 ④ 환경조건의 부적당

해설 **실수 및 과오의 원인**

① 능력 부족 ② 주의 부족 ③ 환경조건부적당

정답 7 ① 8 ① 9 ③ 10 ① 11 ③ 12 ①

13

하인리히(Heinrich)의 이론에 의한 재해 발생의 주요 원인에 있어 다음 중 불안전한 행동에 의한 요인이 아닌 것은?

① 권한 없이 행한 조작
② 전문지식의 결여 및 기술, 숙련도 부족
③ 보호구 미착용 및 위험한 장비에서 작업
④ 결함 있는 장비 및 공구의 사용

해설

전문지식의 결여 및 기술, 숙련도 부족, 안전수칙의 오해 등은 교육적 원인으로 간접원인에 해당된다.

14

피로를 측정하는 방법 중 동작분석, 연속반응시간 등을 통하여 피로를 측정하는 방법은?

① 생리학적 측정 ② 생화학적 측정
③ 심리학적 측정 ④ 생역학적 측정

해설 **피로의 측정 방법(심리학적 방법)**

피부(전위)저항, 동작 분석, 행동 기록, 연속 반응 시간, 집중 유지 기능, 전신 자각 증상 등

15

안전모의 종류 중 머리 부위의 감전에 대한 위험을 방지할 수 있는 것은?

① A형 ② B형 ③ AC형 ④ AE형

해설 **추락 및 감전 위험방지용 안전모의 종류**

종류(기호)	사용구분
AB	물체의 낙하 또는 비래 및 추락(주1)에 의한 위험을 방지 또는 경감시키기 위한 것
AE	물체의 낙하 또는 비래에 의한 위험을 방지 또는 경감하고, 머리부위 감전에 의한 위험을 방지하기 위한 것
ABE	물체의 낙하 또는 비래 및 추락에 의한 위험을 방지 또는 경감하고, 머리부위 감전에 의한 위험을 방지하기 위한 것

16

산업안전보건법상 안전보건관리규정을 작성하여야 할 사업 중에 정보서비스업의 상시근로자 수는 몇 명 이상인가?

① 50 ② 100 ③ 300 ④ 500

해설 **안전보건관리규정을 작성하여야 할 사업의 종류 및 규모**

사업의 종류	규모
1. 농업 2. 어업 3. 소프트웨어 개발 및 공급업 4. 컴퓨터 프로그래밍, 시스템 통합 및 관리업 4의2. 영상·오디오물 제공 서비스업 5. 정보서비스업 6. 금융 및 보험업 7. 임대업;부동산 제외 8. 전문, 과학 및 기술 서비스업 (연구개발업은 제외한다) 9. 사업지원 서비스업 10. 사회복지 서비스업	상시 근로자 300명 이상을 사용하는 사업장
11. 제1호부터 제4호까지, 제4호의2 및 제5호부터 제10호까지의 사업을 제외한 사업	상시 근로자 100명 이상을 사용하는 사업장

17

자신의 약점이나 무능력, 열등감을 위장하여 유리하게 보호함으로써 안정감을 찾으려는 방어적 적응기제에 해당하는 것은?

① 보상 ② 고립 ③ 퇴행 ④ 억압

해설 **보상**

자신의 결함으로 욕구충족에 방해를 받을 때 그 결함을 다른 것으로 대치하여 욕구를 충족하고 자신의 열등감에서 벗어나려는 행위

18

위험예지훈련 기초 4라운드(4R)에서 라운드별 내용이 바르게 연결된 것은?

① 1라운드 : 현상파악 ② 2라운드 : 대책수립
③ 3라운드 : 목표설정 ④ 4라운드 : 본질추구

해설 **위험예지훈련의 4라운드 진행법**

① 1라운드 : 현상파악 ② 2라운드 : 본질추구
③ 3라운드 : 대책수립 ④ 4라운드 : 목표설정

정답 13 ② 14 ③ 15 ④ 16 ③ 17 ① 18 ①

19

재해손실비용 중 직접비에 해당되는 것은?

① 인적손실 ② 생산손실
③ 산재보상비 ④ 특수손실

해설 직접비와 간접비

직접비 (법적으로 지급되는 산재보상비)	간접비 (직접비 제외한 모든 비용)
요양급여, 휴업급여, 장해급여, 간병급여, 유족급여, 직업재활급여, 장례비 등	인적손실, 물적손실, 생산손실, 임금손실,시간손실, 신규채용비용, 기타손실 등

20

모랄 서베이(Morale Survey)의 주요 방법 중 태도조사법에 해당하는 것은?

① 사례연구법 ② 관찰법
③ 실험연구법 ④ 문답법

해설 모랄 서베이의 주요방법

① 통계에 의한 방법(결근, 지각, 사고율 등) ② 사례 연구법 ③ 관찰법
④ 실험연구법 ⑤ 태도조사법(의견조사-질문지법, 면접법, 집단토의법, 문답법) 등

2과목 인간공학 및 위험성 평가관리

21

실효온도(ET)의 결정요소가 아닌 것은?

① 온도 ② 습도 ③ 대류 ④ 복사

해설 실효온도(체감온도, 감각온도)

영향인자 : ① 온도 ② 습도 ③ 공기의 유동(기류)

22

FT도에서 정상사상 A의 발생확률은? (단, 사상 B_1의 발생확률은 0.3, B_2의 발생확률은 0.2이다.)

① 0.06
② 0.44
③ 0.56
④ 0.94

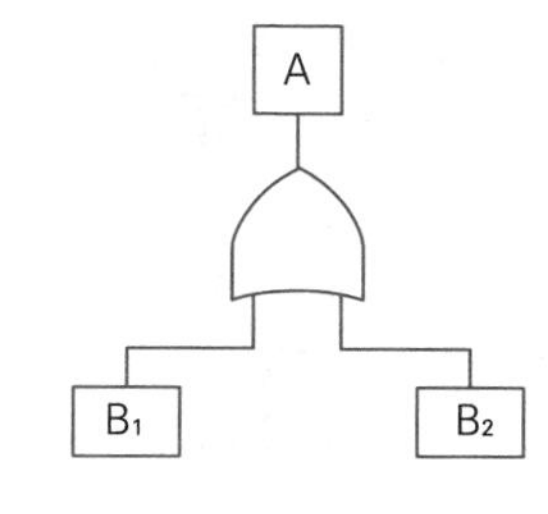

해설 FT도의 발생확률

$T=1-(1-B_1)(1-B_2)$
$T=1-(1-0.3)(1-0.2)=0.44$

23

녹색과 적색의 두 신호가 있는 신호등에서 1시간 동안 적색과 녹색이 각각 30분씩 켜진다면 이 신호등의 정보량은?

① 0.5bit ② 1bit ③ 2bit ④ 4bit

해설 정보량 계산

정보량$(H)=0.5\times\log_2(1/0.5)+0.5\times\log_2(1/0.5)=1\text{bit}$

정답 19 ③ 20 ④ 21 ④ 22 ② 23 ②

24

조종장치의 저항 중 갑작스런 속도의 변화를 막고 부드러운 제어동작을 유지하게 해주는 저항을 무엇이라 하는가?

① 점성저항 ② 관성저항
③ 마찰저항 ④ 탄성저항

해설 **점성저항(viscous damping)**

① 출력과 반대방향으로 속도에 비례해서 작용하는 힘 때문에 생기는 항력
② 원활한 제어를 도우며, 규정된 변위 속도 유지 효과
③ 우발적인 조정장치의 동작을 감소시키는 효과

25

창문을 통해 들어오는 직사 휘광을 처리하는 방법으로 가장 거리가 먼 것은?

① 창문을 높이 단다.
② 간접 조명 수준을 높인다.
③ 차양이나 발(blind)을 사용한다.
④ 옥외 창 위에 드리우개(overhang)를 설치한다.

해설

간접조명수준을 높이는 것은 반사휘광의 처리방법에 해당된다.

26

인간공학적 수공구의 설계에 관한 설명으로 맞는 것은?

① 손잡이 크기를 수공구 크기에 맞추어 설계한다.
② 수공구 사용 시 무게 균형이 유지되도록 설계한다.
③ 정밀 작업용 수공구의 손잡이는 직경을 5mm 이하로 한다.
④ 힘을 요하는 수공구의 손잡이는 직경을 60mm 이상으로 한다.

해설 **수공구의 설계**

① 수공구의 손잡이 지름은 일반적으로 정밀작업용일 경우 0.7~1.3cm이고, 힘을 요하는 경우 5.1cm를 넘지 않도록 한다.
② 손잡이의 크기는 작업자에게 적합해야 한다

27

일반적으로 의자설계의 원칙에서 고려해야 할 사항과 거리가 먼 것은?

① 체중분포에 관한 사항
② 상반신의 안정에 관한 사항
③ 개인차의 반영에 관한 사항
④ 의자 좌판의 높이에 관한 사항

해설 **의자의 설계원칙**

① 체중 분포 ② 의자 좌판의 높이 ③ 의자 좌판의 깊이와 폭
④ 몸통의 안정

28

청각신호의 수신과 관련된 인간의 기능으로 볼 수 없는 것은?

① 검출(detection)
② 순응(adaptation)
③ 위치판별(directional judgement)
④ 절대적 식별(absolute judgement)

해설

순응(adaptation)이란 청각피로현상으로 감각 지각의 능력이 감소되면서 인지를 못하게 되는 현상을 말한다.

29

과전압이 걸리면 전기를 차단하는 차단기, 퓨즈 등을 설치하여 오류가 재해로 이어지지 않도록 사고를 예방하는 설계원칙은?

① 에러복구 설계
② 풀 - 프루프(fool-proof) 설계
③ 페일 - 세이프(fail-safe) 설계
④ 템퍼 - 프루프(tamper proof) 설계

해설 **페일세이프(fail-safe)**

조작상의 과오로 기기의 일부에 고장이 발생해도 다른부분의 고장이 발생하는 것을 방지하거나 또는 어떤 사고를 사전에 방지하고 안전측으로 작동하도록 설계하는 방법

정답 24 ① 25 ② 26 ② 27 ③ 28 ② 29 ③

30

사고의 발단이 되는 초기 사상이 발생할 경우 그 영향이 시스템에서 어떤 결과(정상 또는 고장)로 진전해 가는지를 나뭇가지가 갈라지는 형태로 분석하는 방법은?

① FTA ② PHA ③ FHA ④ ETA

해설 **ETA(Event Tree Analysis)**

① 사상의 안전도를 사용한 시스템의 안전도를 나타내는 시스템 모델의 하나로 귀납적이기는 하나 정량적인 해석 기법
② 종래의 지나치기 쉬웠던 재해의 확대요인의 분석 등에 적합
③ 각 요소를 나타내는 시점에 있어서 통상 성공사상은 상방에, 실패사상은 하방에 분기하여 그 발생확률을 표시

31

음의 세기인 데시벨(dB)을 측정할 때 기준 음압의 주파수는?

① 10Hz ② 100Hz
③ 1000Hz ④ 10000Hz

해설 **음의 강도 척도 : bel의 1/10인 decibel(dB)**

dB 수준 $=20\log_{10}\left(\frac{P_1}{P_0}\right)$

P_1 : 음압으로 표시된 주어진 음의 강도,
P_0 : 표준치(1000Hz 순음의 가청 최소음압)

32

그림의 부품 A, B, C로 구성된 시스템의 신뢰도는? (단, 부품 A의 신뢰도는 0.85, 부품 B와 C의 신뢰도는 각각 0.90이다.)

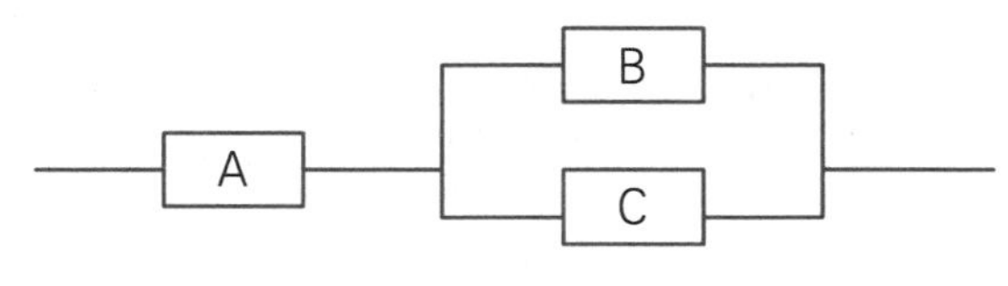

① 0.8415 ② 0.8425 ③ 0.8515 ④ 0.8525

해설 **신뢰도 계산**

$R_s=0.85\times\{1-(1-0.9)(1-0.9)\}=0.8415$

33

FTA의 논리게이트 중에서 3개 이상의 입력사상 중 2개가 일어나면 출력이 나오는 것은?

① 억제 게이트 ② 조합 AND 게이트
③ 배타적 OR 게이트 ④ 우선적 AND 게이트

해설 **수정게이트**

① 우선적 AND게이트 : 입력사상중 어떤 사상이 다른 사상보다 앞에 일어났을 때 출력사상이 발생한다.
② 조합 AND게이트 : 3개 이상의 입력사상 중 어느 것이나 2개가 일어나면 출력이 발생한다.
③ 배타적 OR게이트 : OR게이트인데 2개 또는 그 이상의 입력이 존재하는 경우에는 출력이 발생하지 않는다.
④ 억제 게이트 : 수정기호를 병용해서 게이트 역할

34

설비보전 방식의 유형 중 궁극적으로는 설비의 설계, 제작 단계에서 보전 활동이 불필요한 체계를 목표로 하는 것은?

① 개량보전(corrective maintenance)
② 예방보전(preventive maintenance)
③ 사후보전(break-down maintenance)
④ 보전예방(maintenance precention)

해설 **보전예방(Maintenance Prevention : MP)**

정의	설비의 계획·설계 단계에서 보전에 관한 정보와 신기술을 활용하여 신뢰성, 안전성, 조작성, 보전성, 경제성 등이 우수한 설비를 설계하고, 정상가동 중 발생하는 열화 손실 등을 사전에 방지하기 위한 활동
목표	사용 중 불량을 발생시키지 않는 설비를 설계하기 위해 설비의 설계, 제작 단계에서 연구하고 검토하여 궁극적으로 보전 활동이 불필요한 설비를 설계하는 것을 목표로 한다.

정답 30 ④ 31 ③ 32 ① 33 ② 34 ④

35

인간이 현존하는 기계를 능가하는 기능으로 거리가 먼 것은?

① 완전히 새로운 해결책을 도출할 수 있다.
② 원칙을 적용하여 다양한 문제를 해결할 수 있다.
③ 여러개의 프로그램된 활동을 동시에 수행할 수 있다.
④ 상황에 따라 변하는 복잡한 자극 형태를 식별할 수 있다.

해설

인간은 과부하 상태에서 중요한 일에만 전념하지만, 기계는 여러개의 프로그램된 활동을 동시에 수행하며 과부하 상태에서도 효율적으로 작동한다.

36

결함수 분석의 컷셋(cut set)과 패스셋(path set)에 관한 설명으로 틀린 것은?

① 최소 컷셋은 시스템의 위험성을 나타낸다.
② 최소 패스셋은 시스템의 신뢰도를 나타낸다.
③ 최소 패스셋은 정상사상을 일으키는 최소한의 사상 집합을 의미한다.
④ 최소 컷셋은 반복사상이 없는 경우 일반적으로 퍼셀(Fussell)알고리즘을 이용하여 구한다.

해설 컷셋과 패스셋

① 컷셋 : 정상사상을 발생시키는 기본사상의 집합으로 그 안에 포함되는 모든 기본사상이 발생할 때 정상사상을 발생시킬 수 있는 기본사상의 집합을 컷셋이라하며, 컷셋의 집합중에서 정상사상을 일으키기 위하여 필요한 최소한의 컷셋을 미니멀 컷셋이라 한다. (시스템의 위험성 또는 안전성을 나타낸다.)
② 패스셋 : 그 안에 포함되는 모든 기본사상이 일어나지 않을 때 처음으로 정상사상이 일어나지 않는 기본사상의 집합인 패스셋에서 필요 최소한의 것을 미니멀 패스셋이라 한다.(시스템의 신뢰성을 나타낸다.)

37

인적 오류로 인한 사고를 예방하기 위한 대책 중 성격이 다른 것은?

① 작업의 모의훈련　② 정보의 피드백 개선
③ 설비의 위험요인 개선　④ 적합한 인체측정치 적용

해설

작업의 모의훈련, 작업에 관한 교육훈련과 작업 전 회의 등은 인적 요인에 대한 대책에 해당된다.

38

시스템 수명주기에서 예비위험분석을 적용하는 단계는?

① 구상단계　② 개발단계
③ 생산단계　④ 운전단계

해설 시스템 수명주기

① 시스템 수명주기 제1단계인 구상단계에서 PHA(예비위험분석) 기법이 최초로 사용된다.
② PHA는 시스템 안전 프로그램에 있어서 최초단계(구상단계)의 분석으로, 시스템 내의 위험한 요소가 얼마나 위험한 상태에 있는가를 정성적으로 평가하는 방법이다.

39

건강한 남성이 8시간 동안 특정 작업을 실시하고, 산소소비량이 1.2L/분으로 나타났다면 8시간 총 작업시간에 포함되어야 할 최소 휴식 시간은? (단, 남성의 권장 평균에너지소비량은 5kcal/분, 안정시 에너지소비량은 1.5kcal/분으로 가정한다.)

① 107분　② 117분　③ 127분　④ 137분

해설 휴식시간

① 작업시 평균에너지 소비량 $=5\text{kcal}/\ell \times 1.2\ell/\text{min}=6\text{kcal/min}$
② 휴식시간(R) $=\dfrac{480(E-5)}{E-1.5}=\dfrac{480(6-5)}{6-1.5}=106.67$(분)

정답 35 ③ 36 ③ 37 ① 38 ① 39 ①

40

표시 값의 변화 방향이나 변화 속도를 관찰할 필요가 있는 경우에 가장 적합한 표시장치는?

① 동목형 표시장치 ② 계수형 표시장치
③ 묘사형 표시장치 ④ 동침형 표시장치

해설 **동적 표시장치의 기본형**

정목동침형(지침이동형)	정량적인 눈금이 정성적으로 사용되어 원하는 값으로부터의 대략적인 편차나, 고도를 읽을 때 그 변화방향과 율등을 알고자 할 때
정침동목형(지침고정형)	나타내고자 하는 값의 범위가 클 때, 비교적 작은 눈금판에 모두 나타 내고자 할 때
계수형(숫자로 표시)	• 수치를 정확하게 충분히 읽어야 할 경우 • 원형 표시 장치보다 판독오차가 적고 판독시간도 짧다.

3과목 **기계·기구 및 설비 안전관리**

41

선반의 안전작업방법 중 틀린 것은?

① 절삭칩의 제거는 반드시 브러시를 사용할 것
② 기계운전 중에는 백기어(back gear)의 사용을 금할 것
③ 공작물의 길이가 직경의 6배 이상일 때는 반드시 방진구를 사용할 것
④ 시동 전에 척 핸들을 빼둘 것

해설

바이트는 짧게 장치하고 일감의 길이가 직경의 12배 이상일 때 방진구 사용

42

기계의 안전조건 중 구조의 안전화가 아닌 것은?

① 기계재료의 선정 시 재료 자체에 결함이 없는지 철저히 확인한다.
② 사용 중 재료의 강도가 열화될 것을 감안하여 설계 시 안전율을 고려한다.
③ 기계작동 시 기계의 오동작을 방지하기 위하여 오동작 방지 회로를 적용한다.
④ 가공경화와 같은 가공결함이 생길 우려가 있는 경우는 열처리 등으로 결함을 방지한다.

해설 **구조부분의 안전화**

① 설계상의 안전화 ② 재료선정의 안전화 ③ 가공시의 안전화

tip

오동작 방지를 위한 장치는 기능상의 안전화에 해당된다.

43

가드(guard)의 종류가 아닌 것은?

① 고정식 ② 조정식 ③ 자동식 ④ 반자동식

해설 **가드의 종류**

① 고정형 가드 : 완전 밀폐형, 작업점용
② 자동형(연동형) : inter Lock 장치가 부착된 가드
③ 조절형 : 날 접촉예방장치 등

정답 40 ④ 41 ③ 42 ③ 43 ④

44

지게차가 무부하 상태로 구내 최고속도 25km/h로 주행시 좌우안정도는 몇%이내인가?

① 16.5% ② 25.0% ③ 37.5% ④ 42.5%

해설 **주행시 좌우 안정도**

(15 + 1.1V)% = 15+(1.1 × 25) = 42.5%

45

근로자가 탑승하는 운반구를 지지하는 달기체인의 안전계수는 몇 이상이어야 하는가?

① 3 ② 4 ③ 5 ④ 10

해설 **와이어로프의 안전계수**

근로자가 탑승하는 운반구를 지지하는 달기와이어로프 또는 달기체인의 경우	10 이상
화물의 하중을 직접 지지하는 경우 달기와이어로프 또는 달기체인의 경우	5 이상
훅, 샤클, 클램프, 리프팅 빔의 경우	3 이상
그 밖의 경우	4 이상

46

산업용 로봇의 방호장치로 옳은 것은?

① 압력방출 장치 ② 안전매트
③ 과부하 방지장치 ④ 자동전격 방지장치

해설 **산업용로봇의 위험방지**

① 높이 1.8미터 이상의 울타리 설치
② 컨베이어 시스템의 설치 등으로 울타리를 설치할 수 없는 일부 구간 – 안전매트 또는 광전자식 방호장치 등 감응형(感應形) 방호장치 설치

47

수공구 작업시 재해방지를 위한 일반적인 유의사항이 아닌 것은?

① 사용 전 이상 유무를 점검한다.
② 작업자에게 필요한 보호구를 착용시킨다.
③ 적합한 수공구가 없을 경우 유사한 것을 선택하여 사용한다.
④ 사용 전 충분한 사용법을 숙지한다.

해설

수공구는 반드시 작업에 적합한 수공구를 선택하여 사용해야 한다.

48

체인과 스프로킷, 랙과 피니언, 풀리와 V벨트 등에서 형성되는 위험점은?

① 끼임점 ② 회전말림점
③ 접선물림점 ④ 협착점

해설 **접선 물림점(Tangential Nip-point)**

회전하는 부분이 접선방향으로 물려 들어가면서 형성	① V벨트와 풀리 ② 기어와 랙 ③ 롤러와 평벨트 등

49

가스집합용접장치에서 가스장치실에 대한 안전조치로 틀린 것은?

① 가스가 누출될 때에는 해당 가스가 정체되지 않도록 한다.
② 지붕 및 천장은 콘크리트 등의 재료로 폭발을 대비하여 견고히 한다.
③ 벽에는 불연성 재료를 사용한다.
④ 가스장치실에는 관계근로자가 아닌 사람의 출입을 금지시킨다.

해설 **용접작업의 안전관리**

가스장치실의 지붕과 천장에는 가벼운 불연성 재료를 사용해야 한다.

정답 44 ④ 45 ④ 46 ② 47 ③ 48 ③ 49 ②

50

그림과 같이 2줄 걸이 인양작업에서 와이어로프 1줄의 파단하중이 10000N, 인양화물의 무게가 2000N이라면 이 작업에서 확보된 안전율은?

① 2
② 5
③ 10
④ 20

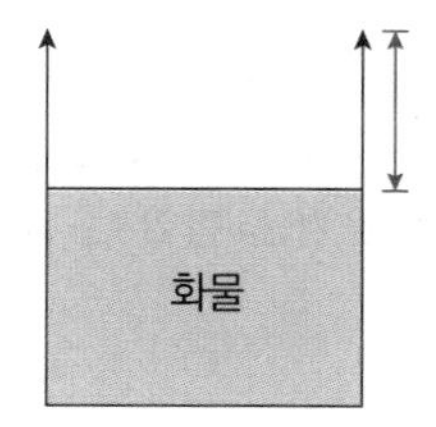

해설 **안전율**

$$안전율=\frac{파단하중}{최대사용하중}=\frac{10000}{1000}=10$$

51

목재 가공용 둥근톱의 목재반발 예방장치가 아닌 것은?

① 반발방지 발톱(finger) ② 분할날(spreader)
③ 덮개(cover) ④ 반발방지 롤(roll)

해설

덮개는 날 접촉예방장치에 해당된다.

52

공작기계 중 플레이너 작업 시 안전대책이 아닌 것은?

① 베드 위에는 다른 물건을 올려 놓지 않는다.
② 절삭행정 중 일감에 손을 대지 말아야 한다.
③ 프레임내의 피트(pit)에는 뚜껑을 설치하여야 한다.
④ 바이트는 되도록 길게 나오도록 설치한다.

해설

바이트는 되도록 짧게 나오도록 설치한다.

53

프레스의 양수조작식 방호장치에서 양쪽버튼의 작동시간 차이는 최대 몇 초 이내 일 때 프레스가 동작되도록 해야 하는가?

① 0.1 ② 0.5 ③ 1.0 ④ 1.5

해설

누름버튼을 양손으로 동시에 조작하지 않으면 작동시킬 수 없는 구조이어야 하며, 양쪽버튼의 작동시간 차이는 최대 0.5초 이내일 때 프레스가 동작되도록 해야한다.

54

보일러의 안전한 기동을 위해 압력방출장치가 2개 이상 설치된 경우 최고사용압력 이하에서 1개가 작동되었다면, 다른 압력방출장치의 작동압력의 범위는?

① 최고사용압력 1.05배 이하
② 최고사용압력 1.1배 이하
③ 최고사용압력 1.15배 이하
④ 최고사용압력 1.2배 이하

해설 **보일러의 압력방출장치**

① 2개 이상 설치된 경우 최고사용압력 이하에서 1개가 작동되고, 다른 압력방출장치는 최고사용압력 1.05배 이하에서 작동되도록 부착
② 1년에 1회 이상 토출 압력 시험 후 납으로 봉인(공정 안전관리 이행수준 평가결과가 우수한 사업장은 4년에 1회 이상 토출 압력 시험 실시)

55

연삭숫돌의 파괴원인이 아닌 것은?

① 숫돌 작업 시 측면 사용이 원인이 된다.
② 숫돌 작업 시 드레싱을 실시했을 때 원인이 된다.
③ 숫돌의 회전속도가 너무 빠를 때 원인이 된다.
④ 숫돌의 회전 중심이 잡히지 않았거나 베어링의 마모에 의한 진동이 원인이 된다.

해설 **드레싱(dressing)**

숫돌면의 표면층을 깎아서 절삭성이 불량한 숫돌면에 새롭고 날카로운 날이 생기도록 하는 방법으로 숫돌 파괴와는 아무런 연관성이 없다.

정답 50 ③ 51 ③ 52 ④ 53 ② 54 ① 55 ②

56

산업안전보건 기준에 관한 규칙상 안전난간의 구조 및 설치요건 중 상부 난간대는 바닥면·발판 또는 경사로의 표면으로부터 몇cm이상 지점에 설치해야 하는가?

① 30cm ② 60cm ③ 90cm ④ 120cm

해설 **상부난간대**

바닥면·발판 또는 경사로의 표면으로부터 90센티미터 이상 지점에 설치하고, 상부 난간대를 120센티미터 이하에 설치하는 경우에는 중간 난간대는 상부 난간대와 바닥면 등의 중간에 설치하여야 하며, 120센티미터 이상 지점에 설치하는 경우에는 중간 난간대를 2단 이상으로 균등하게 설치하고 난간의 상하 간격은 60센티미터 이하가 되도록 할 것

57

기계설비에 있어서 방호의 기본 원리가 아닌 것은?

① 위험제거 ② 덮어씌움
③ 위험도 분석 ④ 위험에 적응

해설 **기계설비의 방호원리**

① 위험제거 ② 위험차단 ③ 덮어씌움 ④ 위험에 적응 등

58

화물의 하중을 직접 지지하는 달기 와이어로프의 안전계수 기준은?

① 3 이상 ② 4 이상 ③ 5 이상 ④ 10 이상

해설 **와이어로프의 안전계수**

근로자가 탑승하는 운반구를 지지하는 달기와이어로프 또는 달기체인의 경우	10 이상
화물의 하중을 직접 지지하는 경우 달기와이어로프 또는 달기체인의 경우	5 이상
훅, 샤클, 클램프, 리프팅 빔의 경우	3 이상
그 밖의 경우	4 이상

59

프레스작업의 안전을 위한 방호장치 중 투광부와 수광부를 구비하는 방호장치는?

① 양수조작식 ② 가드식 ③ 광전자식 ④ 수인식

해설 **광전자식**

투광부, 수광부, 컨트롤 부분으로 구성된 것으로서 신체의 일부가 광선을 차단하면 기계를 급정지시키는 방호장치

60

플레이너와 세이퍼의 방호장치가 아닌 것은?

① 칩 브레이커 ② 칩받이 ③ 칸막이 ④ 방책

해설

칩 브레이커는 선반의 방호장치에 해당된다.

정답 56 ③ 57 ③ 58 ③ 59 ③ 60 ①

4과목 전기 및 화학설비 안전관리

61

22.9kV 특별고압 활선작업 시 충전전로에 대한 접근 한계거리는 몇 cm인가?

① 30 ② 60 ③ 90 ④ 110

해설 **충전전로에서의 전기작업**

충전전로의 선간전압 (단위 : 킬로볼트)	충전전로에 대한 접근한계거리 (단위 : 센티미터)
0.3 이하	접촉금지
0.3 초과 0.75 이하	30
0.75 초과 2 이하	45
2 초과 15 이하	60
15 초과 37 이하	90
37 초과 88 이하	110
이하생략	이하생략

62

대전된 물체가 방전을 일으킬 때의 에너지 E(J)를 구하는 식으로 옳은 것은?

① $E=\sqrt{2CQ}$ ② $E=\frac{1}{2}CV$

③ $E=\frac{Q^2}{2C}$ ④ $E=\sqrt{\frac{2V}{C}}$

해설 **방전 에너지**

$W=\frac{1}{2}QV=\frac{1}{2}CV^2=\frac{1}{2}\frac{Q^2}{C}(J)$

63

전기기기의 불꽃 또는 열로 인해 폭발성 위험분위기에 점화되지 않도록 컴파운드를 충전해서 보호한 방폭구조는?

① 몰드 방폭구조 ② 비점화 방폭구조
③ 안전증 방폭구조 ④ 본질안전 방폭구조

해설 **방폭구조**

명칭	정의
본질안전 회로	정상작동 및 고장상태에서 발생한 불꽃이나 고온부분이 해당 폭발성가스분위기에 점화를 발생시킬 수 없는 회로
비점화 방폭구조	전기기기가 정상작동과 규정된 특정한 비정상상태에서 주위의 폭발성 가스 분위기를 점화시키지 못하도록 만든 방폭구조
몰드 방폭구조	전기기기의 스파크 또는 열로 인해 폭발성 위험분위기에 점화되지 않도록 컴파운드를 충전해서 보호한 방폭구조를 말한다.
안전증 방폭구조	전기기기의 과도한 온도 상승, 아크 또는 스파크 발생의 위험을 방지하기 위해 추가적인 안전조치를 통한 안전도를 증가시킨 방폭구조

64

전로에 시설하는 기계기구의 철대 및 금속제 외함에는 규정에 따른 접지공사를 실시하여야 하나 시설하지 않아도 되는 경우가 있다. 예외 규정으로 틀린 것은?

① 사용전압이 교류 대지전압 150V이하인 기계 기구를 습한 곳에 시설하는 경우
② 철대 또는 외함 주위에 적당한 절연대를 설치하는 경우
③ 저압용 기계기구를 건조한 마루나 절연성 물질 위에서 취급하도록 시설하는 경우
④ 2중 절연구조로 되어있는 기계기구를 시설하는 경우

해설 **접지를 하지 않아도 되는 안전한 부분**

① 「전기용품 및 생활용품 안전관리법」이 적용되는 이중절연 또는 이와 같은 수준 이상으로 보호되는 구조로 된 전기기계·기구
② 절연대 위 등과 같이 감전 위험이 없는 장소에서 사용하는 전기기계·기구
③ 비접지방식의 전로에 접속하여 사용되는 전기기계·기구

정답 61 ③ 62 ③ 63 ① 64 ①

65

누전차단기의 선정 및 설치에 관한 설명으로 틀린 것은?

① 차단기를 설치한 전로에 과부하 보호장치를 설치하는 경우는 서로 협조가 잘 이루어지도록 한다.
② 정격부동작전류와 정격감도전류와의 차는 가능한 큰 차단기로 선정한다.
③ 휴대용, 이동용 전기기기에 설치하는 차단기는 정격감도전류가 낮고, 동작시간이 짧은 것을 선정한다.
④ 전로의 대지정전용량이 크면 차단기가 오동작하는 경우가 있으므로 각 분기회로마다 차단기를 설치한다.

해설

정격 부동작 전류가 정격 감도전류의 50[%] 이상이고 또한 이들의 차가 가능한 한 작은 값을 사용해야 한다.

66

교류아크 용접 작업시 감전을 예방하기 위하여 사용하는 자동전격방지기의 2차 전압은 몇 V이하로 유지하여야 하는가?

① 25 ② 35 ③ 50 ④ 40

해설 **자동전격 방지기**

교류아크 용접기의 방호장치로 용접기의 주회로를 제어하는 장치를 가지고 있어 용접봉의 조작에 따라 용접할 때에만 용접기의 주회로를 형성하고, 그 외에는 용접기의 출력측의 무부하 전압을 25V 이하로 저하시키도록 동작하는 장치이며 내장형과 외장형으로 구분한다.

67

저항이 0.2Ω인 도체에 10A의 전류가 1분간 흘렀을 경우 발생하는 열량은 몇 cal인가?

① 64 ② 144 ③ 288 ④ 386

해설 **전기에너지에 의한 발열**

$Q = I^2RT = 10^2 \times 0.2 \times 60 = 1200J = 288\text{cal}$

68

일반적인 방전형태의 종류가 아닌 것은?

① 스트리머(streamer) 방전
② 적외선(infrared-ray) 방전
③ 코로나(corona) 방전
④ 연면(surface) 방전

해설 **방전의 형태**

① 스트리머(streamer) 방전 ② 불꽃(spark) 방전
③ 코로나(corona) 방전 ④ 연면(surface) 방전
⑤ 브러쉬(brush)방전

69

감전에 영향을 미치는 요인으로 통전경로별 위험도가 가장 높은 것은?

① 왼손-등 ② 오른손-등
③ 오른손-왼발 ④ 왼손-가슴

해설 **통전 경로별 위험도**

① 왼손 – 가슴 : 1.5 ② 오른손 – 한발 또는 양발 : 0.8
③ 왼손 – 등 : 0.7 ④ 오른손 – 등 : 0.3

정답 65 ② 66 ① 67 ③ 68 ② 69 ④

70

가스 또는 분진폭발위험장소에는 변전실·배전반실·제어실 등을 설치하여서는 아니 된다. 다만, 실내기압이 항상 양압을 유지하도록 하고, 별도의 조치를 한 경우에는 그러하지 않은데 이 때 요구되는 조치사항으로 틀린 것은?

① 양압을 유지하기 위한 환기설비의 고장 등으로 양압이 유지되지 아니한 때 경보를 할 수 있는 조치를 한 경우
② 환기설비가 정지된 후 재가동하는 경우 변전실 등에 가스 등이 있는지를 확인할 수 있는 가스검지기 등의 장비를 비치한 경우
③ 환기설비에 의하여 변전실 등에 공급되는 공기는 가스 또는 분진폭발위험장소가 아닌 곳으로부터 공급되도록 하는 조치를 한 경우
④ 항상 유지해야 하는 실내기압 항상 양압10Pa이상이 되도록 장치를 한 경우

해설

변전실 등의 실내기압이 항상 양압(25파스칼 이상의 압력)을 유지하도록 장치를 한 경우

71

다음 중 물분무소화설비의 주된 소화효과에 해당하는 것으로만 나열하는 것은?

① 냉각효과, 질식효과 ② 희석효과, 제거효과
③ 제거효과, 억제효과 ④ 억제효과, 희석효과

해설

물분무소화설비는 냉각, 질식 및 유화 효과를 나타낸다.

72

가열·마찰·충격 또는 다른 화학물질과의 접촉 등으로 인하여 산소나 산화제의 공급이 없더라도 폭발 등 격렬한 반응을 일으킬 수 있는 물질은?

① 알코올류 ② 무기과산화물
③ 니트로화합물 ④ 과망간산칼륨

해설

니트로 화합물은 폭발성 물질 (가열·마찰·충격 또는 다른 화학물질과의 접촉 등으로 인하여 산소나 산화제의 공급이 없더라도 폭발 등 격렬한 반응을 일으킬 수 있는 고체나 액체)에 해당된다.

73

다음 중 아세틸렌의 취급·관리시 주의사항으로 옳지 않은 것은?

① 용기는 폭발할 수 있으므로 전도·낙하되지 않도록 한다.
② 폭발할 수 있으므로 필요이상 고압으로 충전하지 않는다.
③ 용기는 밀폐된 장소에 보관하고, 누출시에는 누출원에 직접 주수하도록 한다.
④ 폭발성 물질을 생성할 수 있으므로 구리나 일정 함량 이상의 구리합금과 접촉하지 않도록 한다.

해설

용기 보관방법은 단단히 밀봉하여 서늘하고 통풍이 잘되는 곳에 보관하여야 하며, 유출시에는 가스를 차단시키고 용기를 안전한 장소로 이동시켜야 한다.

74

폭발범위에 있는 가연성 가스 혼합물에 전압을 변화시키며 전기 불꽃을 주었더니 1000V가 되는 순간 폭발이 일어났다. 이 때 사용한 전기 불꽃의 콘덴서 용량은 0.1μF을 사용하였다면 이 가스에 대한 최소 발화에너지는 몇 mJ인가?

① 5 ② 10 ③ 50 ④ 100

해설 최소착화에너지(W)

$$W=\frac{1}{2}CV^2=\frac{1}{2}\times 0.1\times 10^{-6}\times 1{,}000^2=0.05J=50\text{mJ}$$

75

반응기가 이상과열인 경우 반응폭주를 방지하기 위하여 작동하는 장치로 가장 거리가 먼 것은?

① 고온경보장치 ② 블로우다운 시스템
③ 긴급차단장치 ④ 자동 shutdown장치

해설 Blow-down 계

응축성 증기, 열액 등의 공정 액체를 빼내서 안전하게 보전 또는 처리하기 위한 장치

정답 70 ④ 71 ① 72 ③ 73 ③ 74 ③ 75 ②

76

공정 중에서 발생하는 미연소 가스를 연소하여 안전하게 밖으로 배출시키기 위하여 사용하는 설비는 무엇인가?

① 증류탑 ② 플레어스택
③ 흡수탑 ④ 인화방지망

해설 **플레어스택(Flarestack 계)**

① 고 휘발성 액체의 증기 또는 가스를 연소하여 대기중으로 방출하는 방식
② 가스를 동반한 분진이나 응축수를 원심력을 이용 제거하고 seal drum을 통해 Flarestack에 도입, 항상 연소하고 있는 Pilot burner에 의해 착화 연소함으로 가연성, 독성 및 냄새를 제거하여 대기중으로 방산된다.

77

다음 중 분진 폭발의 발생 위험성을 낮추는 방법으로 적절하지 않은 것은?

① 주변의 점화원을 제거한다.
② 분진이 날리지 않도록 한다.
③ 분진과 그 주변의 온도를 낮춘다.
④ 분진 입자의 표면적을 크게 한다.

해설 **분진 폭발**

① 분진 폭발의 과정 : 분진의 퇴적→비산하여 분진운 생성→분산→점화원→폭발
② 방지대책으로는 폭발하한 농도 이하로 관리하고 착화원의 제거 및 격리 등
③ 입자의 표면적이 클수록 폭발의 위험성은 높아진다.

78

산업안전보건법령상 안전밸브 전단, 후단에 자물쇠형 차단밸브를 설치할 수 없는 경우는?

① 화학설비 및 그 부속설비에 안전밸브 등이 복수방식으로 설치되어 있는 경우
② 예비용 설비를 설치하고 각각의 설비에 안전 밸브 등이 설치되어 있는 경우
③ 열팽창에 의하여 상승된 압력을 낮추기 위한 목적으로 안전 밸브가 설치된 경우
④ 안전밸브 등의 배출용량의 2분의 1 이상에 해당하는 용량의 자동압력 조절 밸브와 안전밸브가 직렬로 연결된 경우

해설 **자물쇠형 또는 이에 준하는 차단밸브 설치할수 있는 경우 (보기 ①,②,③ 외에)**

① 인접한 화학설비 및 그 부속설비에 안전밸브 등이 각각 설치되어 있고 해당 화학설비 및 그 부속설비의 연결배관에 차단밸브가 없는 경우
② 안전밸브 등의 배출용량의 2분의 1 이상에 해당하는 용량의 자동압력조절밸브와 안전밸브 등이 병렬로 연결된 경우
③ 하나의 플레어스택(flare stack)에 둘 이상의 단위공정의 플레어헤더(flare header)를 연결하여 사용하는 경우로서 각각의 단위공정의 플레어헤더에 설치된 차단밸브의 열림·닫힘상태를 중앙제어실에서 알 수 있도록 조치한 경우

79

폭발범위에 관한 설명으로 옳은 것은?

① 공기밀도에 대한 폭발성 가스 및 증기의 폭발 가능 밀도 범위
② 가연성 액체의 액면 근방에 생기는 증기가 착화할 수 있는 온도 범위
③ 폭발화염이 내부에서 외부로 전파될 수 있는 용기의 틈새 간격 범위
④ 가연성 가스와 공기와의 혼합가스에 점화원을 주었을 때 폭발이 일어나는 혼합가스의 농도 범위

해설 **폭발범위(연소범위)**

① 가연성의 기체 또는 액체의 증기와 공기와의 혼합물에 점화를 했을 때 화염이 전파하여 폭발로 이어지는 가스의 농도한계
② 가연성가스의 농도가 너무 높거나 낮을 경우 화염의 전파가 일어나지 않는 농도한계가 존재하게 되며 이때 농도의 낮은 쪽을 폭발 하한계, 높은 쪽을 폭발 상한계 그리고 그 사이를 폭발범위(연소범위)라고 부른다.

정답 76 ② 77 ④ 78 ④ 79 ④

80

유해·위험물질 취급시 보호구의 구비조건으로 가장 거리가 먼 것은?

① 방호성능이 충분할 것
② 재료의 품질이 양호할 것
③ 작업에 방해가 되지 않을 것
④ 착용감이 뛰어나고 외관이 화려할 것

해설 **보호구의 구비조건(보기 ①,②,③ 외에)**

① 착용시 작업이 용이할 것
② 구조와 끝마무리가 양호할 것(충분한 강도와 내구성 및 표면 가공이 우수)
③ 외관 및 전체적인 디자인이 양호할 것

5과목 건설공사 안전관리

81

콘크리트 타설시 안전에 유의해야 할 사항으로 옳지 않은 것은?

① 콘크리트 다짐효과를 위하여 최대한 높은 곳에서 타설한다.
② 타설순서는 계획에 의하여 실시한다.
③ 콘크리트를 치는 도중에는 거푸집, 동바리 등의 이상 유무를 확인하여야 한다.
④ 타설시 비어있는 공간이 발생되지 않도록 밀실하게 부어 넣는다.

해설

타설높이가 높을수록 측압이 커지는 요인이 된다.

82

다음 그림은 산업안전보건기준에 관한 규칙에 따른 경암에서 토사붕괴를 예방하기 위한 기울기를 나타낸 것이다. x의 값은?

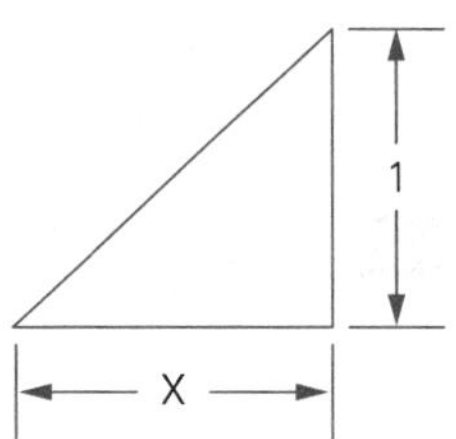

① 1.0
② 0.8
③ 0.5
④ 0.3

해설 **굴착면 기울기 기준**

지반의 종류	모래	연암 및 풍화암	경암	그 밖의 흙
굴착면의 기울기	1 :1.8	1 : 1.0	1 : 0.5	1 : 1.2

tip
2023년 법령개정. 문제와 해설은 개정된 내용 적용

2016년 2회

정답 80 ④ 81 ① 82 ③

83

산업안전보건기준에 관한 규칙에서 규정하는 현장에서 고소작업대 사용 시 준수사항이 아닌 것은?

① 작업자가 안전모·안전대 등의 보호구를 착용하도록 할 것
② 관계자가 아닌 사람이 작업구역 내에 들어오는 것을 방지하기 위하여 필요한 조치를 할 것
③ 작업을 지휘하는 자를 선임하여 그 자의 지휘하에 작업을 실시할 것
④ 안전한 작업을 위하여 적정수준의 조도를 유지할 것

해설

전로(電路)에 근접하여 작업을 하는 경우에는 작업감시자를 배치하는 등 감전사고를 방지하기 위하여 필요한 조치를 할 것

84

차량계 건설기계의 운전자가 운전위치를 이탈하는 경우 준수해야 할 사항으로 옳지 않은 것은?

① 버킷은 지상에서 1m 정도의 위치에 둔다.
② 브레이크를 걸어둔다.
③ 디퍼는 지면에 내려둔다.
④ 원동기를 정지시킨다.

해설 **운전위치 이탈시 조치사항**

① 포크, 버킷, 디퍼 등의 장치를 가장 낮은 위치 또는 지면에 내려 둘 것
② 원동기를 정지시키고 브레이크를 확실히 거는 등 차량계 하역운반기계등, 차량계 건설기계의 갑작스러운 이동을 방지하기 위한 조치를 할 것
③ 운전석을 이탈하는 경우에는 시동키를 운전대에서 분리시킬 것

85

다음 중 굴착기의 전부장치와 거리가 먼 것은?

① 붐(Boom) ② 암(Arm)
③ 버킷(Bucket) ④ 블레이드(Blade)

해설 **굴착기의 전부장치**

전부장치는 상부 회전체의 앞부분에 위치하고 작업을 직접수행하는 부분을 말한다.

86

터널 작업 중 낙반 등에 의한 위험방지를 위해 취할 수 있는 조치사항이 아닌 것은?

① 터널지보공 설치 ② 록볼트 설치
③ 부석의 제거 ④ 산소의 측정

해설 **갱내에서의 낙반 방지**

① 터널지보공 설치 ② 부석 제거 ③ 록볼트 설치

87

가설공사와 관련된 안전율에 대한 정의로 옳은 것은?

① 재료의 파괴응력도와 허용응력도의 비율이다.
② 재료가 받을 수 있는 허용능력도이다.
③ 재료의 변형이 일어나는 한계응력도이다.
④ 재료가 받을 수 있는 허용하중을 나타내는 것이다.

해설

안전율이란 재료의 파괴응력도와 허용응력도의 비율을 말한다.

88

콘크리트의 비파괴 검사방법이 아닌 것은?

① 반발경도법 ② 자기법 ③ 음파법 ④ 침지법

해설

콘크리트 비파괴 검사에는 반발경도법, 음파법, 자기법, 공진법, 인발법 등이 있다.

89

콘크리트를 타설할 때 거푸집에 작용하는 콘크리트 측압에 영향을 미치는 요인과 가장 거리가 먼 것은?

① 콘크리트 타설 속도 ② 콘크리트 타설 높이
③ 콘크리트의 강도 ④ 기온

해설 **측압이 커지는 조건**

① 거푸집 수평단면이 클수록 ② 철골, 철근량이 적을수록
③ 타설속도가 빠를수록 ④ 외기의 온도가 낮을수록
⑤ 다짐이 충분할수록 ⑥ 슬럼프치가 클수록
⑦ 타설높이가 높을수록 등

정답 83 ③ 84 ① 85 ④ 86 ④ 87 ① 88 ④ 89 ③

90

흙의 액성한계 W_L=48%, 소성한계 W_P=26%일 때 소성지수 (I_P)는 얼마인가?

① 18% ② 22% ③ 26% ④ 32%

해설 **소성 지수(I_P)란**

흙이 소성상태로 존재할 수 있는 함수비의 범위를 말한다.
$I_P = W_L - W_P = 48 - 26 = 22\%$

91

철골기둥 건립 작업시 붕괴·도괴 방지를 위하여 베이스 플레이트의 하단은 기준 높이 및 인접기둥의 높이에서 얼마 이상 벗어나지 않아야 하는가?

① 2mm ② 3mm ③ 4mm ④ 5mm

해설 **앵커 볼트 매립 정밀도 범위**

① 기둥 중심은 기준선 및 인접기둥의 중심에서 5mm 이상 벗어나지 않을 것
② 인접 기둥간 중심거리의 오차는 3mm 이하일 것
③ 앵커 볼트는 기둥중심에서 2mm 이상 벗어나지 않을 것
④ Base Plate의 하단은 기준높이 및 인접기둥의 높이에서 3mm 이상 벗어나지 않을 것

92

달비계에 설치되는 작업발판의 폭에 대한 기준으로 옳은 것은?

① 20cm 이상 ② 40cm 이상
③ 60cm 이상 ④ 80cm 이상

해설 **달비계의 구조**

① 작업발판은 폭을 40cm 이상으로 하고 틈새가 없도록 할 것
② 선반비계에서는 보의 접속부 및 교차부를 철선·이음철물 등을 사용하여 확실하게 접속시키거나 단단하게 연결시킬 것 등

tip
2021년 법령개정으로 달비계는 곤돌라형 달비계와 작업의자형 달비계로 구분하여 정리해야 하니 본문내용을 참고하시기 바랍니다.

93

강관을 사용하여 비계를 구성하는 경우 비계기둥간의 적재하중은 얼마를 초과하지 않도록 하여야 하는가?

① 200kg ② 300kg ③ 400kg ④ 500kg

해설

비계기둥간의 적재하중은 400kg을 초과하지 아니하도록 한다.

94

가설통로 중 경사로를 설치, 사용함에 있어 준수해야 할 사항으로 옳지 않은 것은?

① 경사로의 폭은 최소 90센티미터 이상이어야 한다.
② 비탈면의 경사각을 45도 내외로 한다.
③ 높이 7미터 이내마다 계단참을 설치하여야 한다.
④ 추락방지용 안전난간을 설치하여야 한다.

해설 **경사로 설치시 준수사항**

① 경사로의 폭은 최소 90cm 이상
② 높이 7m 이내마다 계단참 설치
③ 추락방지용 안전난간 설치
④ 경사로 지지기둥은 3m 이내마다 설치
⑤ 발판은 폭 40cm 이상으로 하고, 틈은 3cm 이내로 설치
⑥ 비탈면의 경사각은 30도 이내 등

95

토사붕괴를 방지하기 위한 대책으로 붕괴방지공법에 해당되지 않는 것은?

① 배토공법 ② 압성토공법
③ 집수정공법 ④ 공작물의 설치

해설 **붕괴예방대책**

① 적절한 경사면 기울기 계획
② 경사면 기울기가 초기계획과 차이 발생 시 즉시 재검토 및 계획 변경
③ 비탈면 상부의 토사(활동성 토석)의 제거
④ 경사면 하단부 : 압성토 등 보강공법으로 활동에 대한 저항대책 강구
⑤ 말뚝(강관, H형강, 철근 콘크리트)을 타입 하여 지반강화
⑥ 지표수 또는 지하수위의 관리를 위한 표면 배수공 및 수평배수공 설치

정답 90 ② 91 ② 92 ② 93 ③ 94 ② 95 ③

96

토석붕괴의 내적요인으로 옳은 것은?

① 사면의 경사 증가
② 공사에 의한 진동, 하중의 증가
③ 절토 및 성토 높이의 증가
④ 토석의 강도 저하

해설 **내적원인**

① 절토 사면의 토질·암질
② 성토 사면의 토질구성 및 분포
③ 토석의 강도 저하

97

철골작업에서 작업을 중지해야 하는 규정에 해당되지 않는 경우는?

① 풍속이 초당 10m이상인 경우
② 강우량이 시간당 1mm이상인 경우
③ 강설량이 시간당 1cm이상인 경우
④ 겨울철 기온이 영상 4℃이상인 경우

해설 **철골작업 안전기준(작업의 제한)**

① 풍속 : 초당 10m 이상인 경우
② 강우량 : 시간당 1mm 이상인 경우
③ 강설량 : 시간당 1cm 이상인 경우

98

수중굴착 및 구조물의 기초바닥 등과 같은 협소하고 상당히 깊은 범위의 굴착과 호퍼작업에 가장 적당한 굴착기계는?

① 파워셔블
② 항타기
③ 클램쉘
④ 리버스서큘레이션드릴

해설 **클램쉘(Clam Shell)**

① 지반아래 협소하고 깊은 수직굴착에 주로 사용(수중굴착 및 구조물 기초바닥, 우물통 기초의 내부굴착 등)
② Bucket 이 양쪽으로 개폐되며 Bucket을 열어서 굴삭(모래, 자갈 등을 채취)

99

지반의 투수계수에 영향을 주는 인자에 해당하지 않는 것은?

① 토립자의 단위중량
② 유체의 점성계수
③ 토립자의 공극비
④ 유체의 밀도

해설 **투수계수**

① 이 값이 작을수록 물이 토양층을 통과하기 어렵다는 것을 나타낸다.
② 토양의 투수계수는 토양입자의 크기, 공극률, 입자크기 분포 등과 같이 토양 자체의 영향과 액체의 점성계수, 비중량과 같은 액체의 성질에 영향을 받는다.
③ 공극비가 클수록 투수계수는 크다.

100

거푸집에 작용하는 연직방향 하중에 해당하지 않는 것은?

① 고정하중
② 작업하중
③ 충격하중
④ 콘크리트측압

해설 **연직방향 하중**

① 고정하중 : 철근콘크리트의 중량
② 충격하중 : 타설이나 중기작업의 경우
③ 작업하중 : 근로자와 소도구의 하중

정답 96 ④ 97 ④ 98 ③ 99 ① 100 ④

2016년 8월 21일

산업안전산업기사 기출문제

1과목 산업재해 예방 및 안전보건교육

01

주요 구조 부분을 변경하는 경우 안전인증을 받아야 하는 기계·기구가 아닌 것은?

① 원심기 ② 사출성형기
③ 압력용기 ④ 고소작업대

해설 안전인증을 받아야 하는 기계·기구

① 프레스 ② 전단기 및 절곡기 ③ 크레인
④ 리프트 ⑤ 압력용기 ⑥ 롤러기
⑦ 사출성형기 ⑧ 고소 작업대 ⑨ 곤돌라

tip
2020년 시행. 관련법령 전부개정으로 변경된 내용입니다. 해설은 개정된 내용에 맞게 수정했으니 착오없으시기 바랍니다.

02

관리감독자를 대상으로, 작업지도방법, 작업개선방법, 대인관계능력 등을 가르치는 교육은?

① TWI(Training Within Industry)
② ATT(American Telephone & Telegram co.)
③ MTP(Management Training Program)
④ CSS(Civil Communication Section)

해설 TWI(관리감독자 교육) 교육과정

① Job Method Training(J. M. T) : 작업방법훈련
② Job Instruction Training(J. I. T) : 작업지도훈련
③ Job Relations Training(J. R. T) : 인간관계훈련
④ Job Safety Training(J. S. T) : 작업안전훈련

03

국제노동기구(ILO)에서 구분한 "일시 전노동 불능"에 관한 설명으로 옳은 것은?

① 부상의 결과로 근로기능을 완전히 잃은 부상
② 부상의 결과로 신체의 일부가 근로기능을 완전히 상실한 부상
③ 의사의 소견에 따라 일정 기간 동안 노동에 종사할 수 없는 상해
④ 의사의 소견에 따라 일시적으로 근로시간 중 치료를 받는 정도의 상해

해설

일시 전노동 불능이란 신체장해가 남지 않는 일반적 휴업재해로 일정 기간 동안 노동에 종사할 수 없는 상해를 말한다.

04

교육훈련 평가의 4단계를 올바르게 나열한 것은?

① 학습 → 반응 → 행동 → 결과
② 학습 → 행동 → 반응 → 결과
③ 행동 → 반응 → 학습 → 결과
④ 반응 → 학습 → 행동 → 결과

해설

본 교재 제1과목 07. Ⅱ. 8. 교육훈련의 평가방법 단원에서 평가방법에 내용확인

05

매슬로우(Maslow)의 욕구 5단계 이론에 해당되지 않는 것은?

① 생리적 욕구 ② 안전의 욕구
③ 사회적 욕구 ④ 심리적 욕구

해설 Maslow의 욕구 5단계

① 1단계 : 생리적 욕구 ② 2단계 : 안전의 욕구
③ 3단계 : 사회적 욕구 ④ 4단계 : 인정받으려는 욕구
⑤ 5단계 : 자아실현의 욕구

정답 1 ① 2 ① 3 ③ 4 ④ 5 ④

06

안전교육의 3요소가 아닌 것은?

① 지식교육 ② 기능교육 ③ 태도교육 ④ 실습교육

해설

안전보건교육의 단계별 교육과정이라고도 한다.

07

다음에 설명하는 착시 현상과 관계가 깊은 것은?

그림에서 선 ab와 선 cd는 그 길이가 동일한 것이지만, 시각적으로는 선 ab가 선 cd보다 길어보인다.

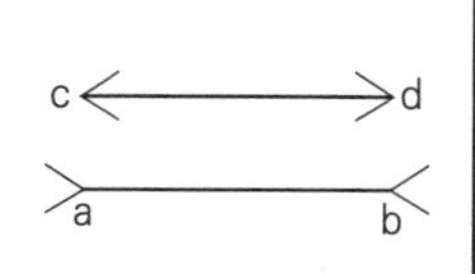

① 헬몰쯔의 착시 ② 쾰러의 착시
③ 뮬러-라이어의착시 ④ 포겐 도르프의 착시

08

인간의 안전교육 형태에서 행위의 난이도가 점차적으로 높아지는 순서를 올바르게 표현한 것은?

① 지식 → 태도변형 → 개인행위 → 집단행위
② 태도변형 → 지식 → 집단행위 → 개인행위
③ 개인행위 → 태도변형 → 집단행위 → 지식
④ 개인행위 → 집단행위 → 지식 → 태도변형

해설 **인간행동 변용(변화)의 메카니즘**

① 지식의 변화→ ② 태도의 변화→ ③ 개인행동의 변화→
④ 집단 또는 조직에 대한 성과의 변화

09

산업안전보건법상 사업 내 안전·보건교육 교육과정이 아닌 것은?

① 특별교육
② 양성교육
③ 작업내용 변경 시의 교육
④ 건설업 기초 안전·보건교육

해설 **사업 내 안전보건 교육의 종류**

① 정기교육 ② 채용 시의 교육 ③ 작업내용 변경 시의 교육
④ 특별교육 ⑤ 건설업 기초안전·보건교육

10

학습의 전개 단계에서 주제를 논리적으로 체계화하는 방법이 아닌 것은?

① 간단한 것에서 복잡한 것으로
② 부분적인 것에서 전체적인 것으로
③ 미리 알려져 있는 것에서 미지의 것으로
④ 많이 사용하는 것에서 적게 사용하는 것으로

해설

전체적인 것에서 부분적인 것으로

11

산업재해 손실액 산정 시 직접비가 2000만원일 때 하인리히 방식을 적용하면 총 손실액은?

① 2000만원 ② 8000만원
③ 1억원 ④ 1억 2000만원

해설 **직접손실비용 : 간접손실비용=1 : 4**

① 공식 : 재해손실비용 = 직접비 + 간접비 = 직접비 × 5
② 계산식 : 총손실비용 = 2천만원 × 5 = 1억원

정답 6 ④ 7 ③ 8 ① 9 ② 10 ② 11 ③

12

무재해 운동의 3대 원칙에 대한 설명이 아닌 것은?

① 사람이 죽거나 다쳐서 일을 못하게 되는 일 및 모든 잠재요소를 제거한다.
② 잠재위험 요인을 발굴·제기로 안전 확보 및 사고를 예방한다.
③ 작업환경을 개선하고 이상을 발견하면 정비 및 수리를 통해 사고를 예방한다.
④ 무재해를 지향하고 안전과 건강을 성취하기 위해 전원 참가한다.

해설 **무재해 운동의 3대 원칙**

무의 원칙	무재해란 단순히 사망재해나 휴업재해만 없으면 된다는 소극적인 사고가 아닌, 사업장 내의 모든 잠재위험요인을 적극적으로 사전에 발견하고 파악·해결함으로써 산업재해의 근원적인 요소들을 없앤다는 것을 의미한다.
선취해결의 원칙	안전한 사업장을 조성하기 위한 궁극의 목표로서 사업장 내에서 행동하기 전에 잠재위험요인을 발견하고 파악·해결하여 재해를 예방하는 것을 의미한다.
참가의 원칙	작업에 따르는 잠재위험요인을 발견하고 파악·해결하기 위하여 전원이 일치 협력하여 각자의 위치에서 적극적으로 문제해결을 하겠다는 것을 의미한다.

13

부주의에 대한 설명 중 틀린 것은?

① 부주의는 거의 모든 사고의 직접 원인이 된다.
② 부주의라는 말은 불안전한 행위뿐만 아니라 불안정한 상태에도 통용된다.
③ 부주의라는 말은 결과를 표현한다.
④ 부주의는 무의식적 행위나 의식의 주변에서 행해지는 행위에 나타난다.

해설 **부주의**

① 부주의는 착각이나 의식의 우회에 기인한다.
② 불안전한 행동에 기인된 사고의 대부분은 부주의가 차지하고 있으나, 거의 모든 사고의 직접 원인이 되는 것은 아니다.

14

벨트식, 안전그네식 안전대의 사용구분에 따른 분류에 해당되지 않는 것은?

① U자 걸이용　② D링 걸이용
③ 안전블록　④ 추락방지대

해설 **안전대의 종류**

사용구분	종류
벨트식 안전그네식	1개 걸이용
	U자 걸이용
	추락방지대(안전그네식에만 적용)
	안전블록(안전그네식에만 적용)

15

재해예방 4원칙 중 대책선정의 원칙의 충족 조건이 아닌 것은?

① 문제해결 능력 고취
② 적합한 기준 설정
③ 경영자 및 관리자의 솔선수범
④ 부단한 동기부여와 사기 향상

해설 **하인리히의 재해예방의 4원칙**

손실우연의 원칙	사고에 의해서 생기는 상해의 종류 및 정도는 우연적이라는 원칙
예방가능의 원칙	재해는 원칙적으로 예방이 가능하다는 원칙
원인계기의 원칙	재해의 발생은 직접원인으로만 일어나는 것이 아니라 간접원인이 연계되어 일어난다는 원칙
대책선정의 원칙	원인의 정확한 분석에 의해 가장 타당한 재해예방 대책이 선정되어야 한다는 원칙

정답 12 ③ 13 ① 14 ② 15 ①

16

위험예지훈련 기초 4라운드법의 진행에서 전원이 토의를 통하여 위험요인을 발견하는 단계로 가장 적절한 것은?

① 제1라운드 : 현상파악 ② 제2라운드 : 본질추구
③ 제3라운드 : 대책수립 ④ 제4라운드 : 목표설정

해설 **위험예지훈련의 4라운드 진행법**

1R	현상파악 〈어떤 위험이 잠재하고 있는가?〉	잠재위험 요인과 현상발견(B.S실시) (5~7 항목으로 정리) (~해서, 때문에 ~ ㄴ다)
2R	본질 추구 〈이것이 위험의 포인트 이다!〉	가장 중요한 위험의 포인트 합의 결정(1 ~2항목) 지적확인 및 제창(~해서~ㄴ다. 좋아!)
3R	대책 수립 〈당신이라면 어떻게 하겠는가?〉	본질 추구에서 선정된 항목의 구체적인 대책 수립 (항목당 3~4지 정도)(BS실시)
4R	목표설정 〈우리들은 이렇게 하자!〉	대책수립의 항목중 1~2가지 등 중점 실시 항목으로 합의 결정 팀의 행동목표→지적확인 및 제창(~을 ~하여~하자 좋아!)

17

산업안전보건법상 안전·보건표지의 종류 중 지시표지에 해당되지 않는 것은?

① 안전모 착용 ② 안전화 착용
③ 방호복 착용 ④ 방독마스크 착용

해설 **안전보건표지(지시표시)**

보호구 착용에관한 사항(보안경, 방독마스크, 방진마스크, 보안면, 안전모, 귀마개, 안전화, 안전장갑, 안전복 착용)

18

집단에 있어서의 인간관계를 하나의 단면(斷面)에서 포착하였을 때 이러한 단면적(斷面的)인 인간관계가 생기는 기제(mechamnism)와 가장 거리가 먼 것은?

① 모방 ② 암시 ③ 습관 ④ 커뮤니케이션

해설 **인간관계의 메카니즘**

① 동일화 ② 투사 ③ 커뮤니케이션 ④ 모방 ⑤ 암시

19

리더십에 있어서 권한의 역할 중 조직이 지도자에게 부여한 권한이 아닌 것은?

① 보상적 권한 ② 강합적 권한
③ 합법적 권한 ④ 전문성의 권한

해설 **지도자에게 주어진 세력(권한)의 유형**

조직이 지도자에게 부여하는 세력	보상 세력(reward power)
	강압 세력(coercive power)
	합법 세력(legitimate power)
지도자자신이 자신에게 부여하는 세력	준거 세력(referent power)
	전문 세력(expert power)

20

다음 ( ) 안에 들어갈 내용으로 알맞은 것은?

> 산업안전보건법상 사업주는 안전보건관리 규정을 작성 또는 변경할 때에는 (㉠)의 심의·의결을 거쳐야 한다. 다만, (㉠)가 설치되어 있지 아니한 사업장에 있어서는 (㉡)의 동의를 받아야 한다.

① ㉠ 안전보건관리규정위원회 ㉡ 노사대표
② ㉠ 안전보건관리규정위원회 ㉡ 근로자대표
③ ㉠ 산업안전보건위원회 ㉡ 노사대표
④ ㉠ 산업안전보건위원회 ㉡ 근로자대표

정답 16 ① 17 ③ 18 ③ 19 ④ 20 ④

2과목 인간공학 및 위험성 평가관리

21

인간공학의 연구방법에서 인간-기계 시스템을 평가하는 척도로서 인간기준이 아닌 것은?

① 사고빈도　　② 인간성능 척도
③ 객관적 반응　　④ 생리학적 지표

해설 **체계 개발에 있어서의 인간기준**

① 인간성능 척도 ② 주관적 반응 ③ 생리학적 지표 ④ 사고빈도

22

인간오류의 확률을 이용하여 시스템의 위험성을 평가하는 기법은?

① PHA　　② THERP
③ OHA　　④ HAZOP

해설 **THERP**

① 시스템에 있어서 인간의 과오를 정량적으로 평가하기 위해 개발된 기법(Swain 등에 의해 개발된 인간실수 예측기법)
② 인간의 과오율의 추정법 등 5개의 스텝으로 구성

23

"음의 높이, 무게 등 물리적 자극을 상대적으로 판단하는데 있어 특정 감각기관의 변화감지역은 표준자극에 비례한다" 라는 법칙을 발견한 사람은?

① 핏츠(Fitts)　　② 드루리(Drury)
③ 웨버(Weber)　　④ 호프만

해설 **웨버의 법칙**

① 감각기관의 기준자극과 변화감지역의 연관관계
② Weber비 $= \dfrac{\text{변화감지역}}{\text{기준자극 크기}}$

24

설비의 이상상태 여부를 감시하여 열화의 정도가 사용한도에 이른 시점에서 부품교환 및 수리하는 설비보전 방법은?

① 예지보전　　② 계량보전
③ 사후보전　　④ 일상보전

해설 **예지보전**

각각의 설비에 대하여 현재의 상태를 진동, 온도, 전류 등의 진단을 통하여 나타난 열화의 정도를 진단하고 문제점을 찾아내어 필요한 부분에 대해서만 사전에 예방정비를 하는 보전을 말한다.

25

신뢰도가 동일한 부품4개로 구성된 시스템 전체의 신뢰도가 가장 높은 것은?

①
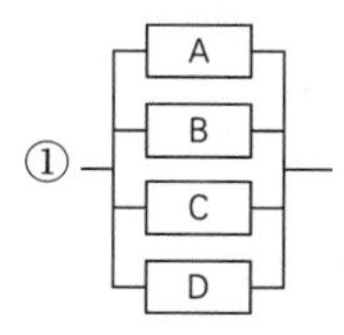

②
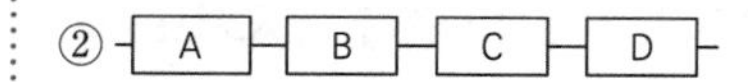

③ ④
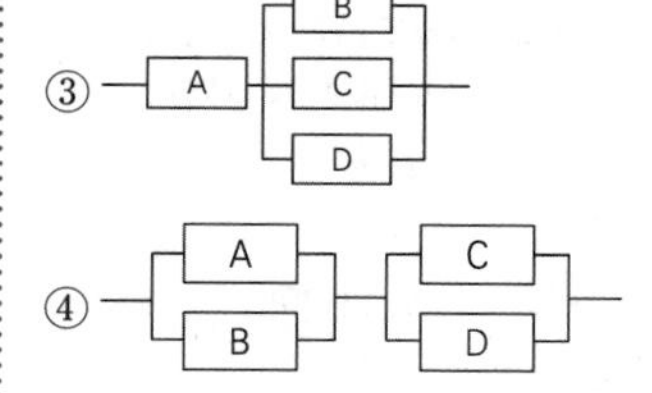

해설

신뢰도는 병렬 시스템이 가장 높게 나타난다.

정답 21 ③ 22 ② 23 ③ 24 ① 25 ①

26

FT에서 두 입력사상 A와 B가 AND 게이트로 결합되어 있을 때 출력사상의 고장발생확률은?(단, A의 고장률은 0.6, B의 고장률은 0.2 이다.)

① 0.12 ② 0.40 ③ 0.68 ④ 0.80

해설 **FT도의 발생확률**

발생확률 : A × B = 0.6 × 0.2 = 0.12

27

인간 – 기계 시스템의 신뢰도를 향상시킬 수 있는 방법으로 가장 적절하지 않은 것은?

① 중복설계 ② 고가재료 사용
③ 부품개선 ④ 충분한 여유용량

해설 **고유 신뢰성 설계기술(신뢰성 증가방법)**

① 리던던시 설계(중복설계)
② 디레이팅(표준부품이 제품의 구성부품으로 사용될 경우 부하의 정격값에 여유를 두는 설계)
③ 부품의 단순화와 표준화
④ 최적재료의 선정
⑤ 내환경성 설계
⑥ 인간공학적 설계와 보전성 설계(Fail safe와 Fool proof)

28

그림의 FT도에서 최소 패스셋(minimal path set)은?

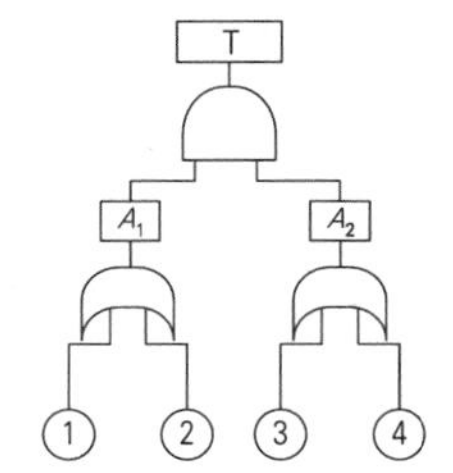

① {1,3}, {1,4}
② {1,2}, {3,4}
③ {1, 2, 3}, {1, 2, 4}
④ {1, 3, 4}, {2, 3, 4}

해설 **FT도의 Minimal path set**

$$T \rightarrow \begin{matrix} A_1 \\ A_2 \end{matrix} \rightarrow \begin{matrix} 1,\ 2 \\ 3,\ 4 \end{matrix}$$

그러므로, 미니멀 패스셋은 (1, 2), (3, 4)

29

광원으로부터 직사휘광을 처리하기 위한 방법으로 틀린 것은?

① 광원의 휘도를 줄인다.
② 가리개나 차양을 사용한다.
③ 광원을 시선에서 멀리 한다.
④ 광원의 주위를 어둡게 한다.

해설 **광원으로부터의 직사휘광 처리**

① 광원의 휘도를 줄이고 수를 늘린다.
② 광원을 시선에서 멀리위치 시킨다.
③ 휘광원 주위를 밝게하여 광도비를 줄인다.
④ 가리개(shield), 갓(hood), 혹은 차양(visor)을 사용한다.

30

그림의 선형 표시장치를 움직이기 위해 길이가 L인 레버(Lever)를 움직일 때 조종반응(C/R)비율을 계산하는 식은?

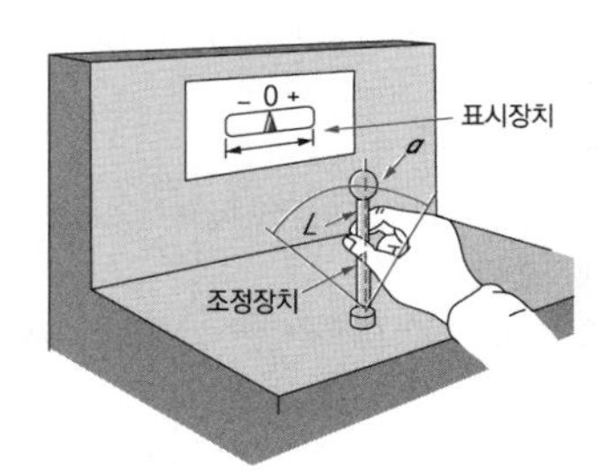

① $\dfrac{(a/360)\times 2\pi L}{\text{표시장치이동거리}}$ ② $\dfrac{\text{표시장치이동거리}}{(a/360)\times 2\pi L}$

① $\dfrac{(a/360)\times 4\pi L}{\text{표시장치이동거리}}$ ② $\dfrac{\text{표시장치이동거리}}{(a/360)\times 4\pi L}$

tip

선형 조정장치가 선형 표시장치를 움직일 경우에는

$$C/D\text{비} = \frac{\text{조종장치(제어기기)의 이동거리}}{\text{표시장치(표시기기)의 반응거리}}$$

정답 26 ① 27 ② 28 ② 29 ④ 30 ①

31

설비에 부착된 안전장치를 제거하면 설비가 작동되지 않도록 하는 안전설계는?

① Fail safe ② Fool proof
③ Lock out ④ Temper proof

해설 **temper proof**

안전장치를 고의로 제거할 경우의 위험방지를 위해 안전장치를 제거하는 경우 제품이 작동되지 않도록 설계하는 개념.

32

VDT(visual display terminal) 작업을 위한 조명의 일반 원칙으로 적절하지 않은 것은?

① 화면반사를 줄이기 위해 산란식 간접조명을 사용한다.
② 화면과 화면에서 먼 주위의 휘도비는 1 : 10으로 한다.
③ 작업영역을 조명기구들 사이보다는 조명기구 바로 아래에 둔다.
④ 조명의 수준이 높으면 자주 주위를 둘러봄으로써 수정체의 근육을 이완시키는 것이 좋다.

해설 **안전한 VDT작업**

① 가능하면 조명등은 작업자의 양 측면에서 작업자와 화면축과 평행하게 설치해야 한다.
② 작업면에 도달되는 빛의 각도가 수직으로부터 45도 이상 되지 않도록 해야 한다.
③ 가장 좋은 방법은 간접조명 방법을 채택하는 것이다.

33

인간의 반응체계에서 이미 시작된 반응을 수정하지 못하는 저항시간(refractory period)은?

① 0.1 초 ② 0.5 초 ③ 1 초 ④ 2 초

해설

저항기간(Refractory period, 0.5초) : 이미 시작된 반응은 조작자가 수정하지 못한다.

34

60폰(phon)의 소리에 해당하는 손(sone)의 값은?

① 1 ② 2 ③ 4 ④ 8

해설 **Phon과 Sone의 관계**

sone치$=2^{(\text{phon치}-40)/10}=2^{(60-40)/10}=4$

35

의자 좌판의 높이 결정 시 사용할 수 있는 인체측정치는?

① 앉은 키 ② 앉은 무릎 높이
③ 앉은 팔꿈치 높이 ④ 앉은 오금 높이

해설 **의자의 설계원칙(좌판의 높이)**

① 대퇴부의 압박 방지를 위해 좌판 앞부분은 오금 높이 보다 높지 않게 설계(치수는 5%치 사용)
② 좌판의 높이는 개인별로 조절할 수 있도록 하는 것이 바람직
③ 사무실 의자의 좌판과 등판 각도 : ㉠ 좌판각도 : 3°
㉡ 등판각도 : 100°

36

다음의 인체측정자료의 응용원리를 설계에 적용하는 순서로 가장 적절한 것은?

㉠ 극단치 설계 ㉡ 평균치 설계 ㉢ 조절식 설계

① ㉠ → ㉡ → ㉢ ② ㉢ → ㉡ → ㉠
③ ㉡ → ㉠ → ㉢ ④ ㉢ → ㉠ → ㉡

해설

개인별로 조절이 가능한 조절식 설계가 가장 우선이며, 그 다음 극단치 설계, 이상의 것이 불가능할 경우 평균치 설계를 한다.

정답 31 ④ 32 ③ 33 ② 34 ③ 35 ④ 36 ④

37

후각적 표시장치에 대한 설명으로 틀린 것은?

① 냄새의 확산을 통제하기 힘들다.
② 코가 막히면 민감도가 떨어진다.
③ 복잡한 정보를 전달하는데 유용하다.
④ 냄새에 대한 민감도의 개인차가 있다.

해설 **후각의 특징**

사람의 감각기관중 가장 예민하고 빨리 피로해 지기 쉬운 기관으로 표시장치로서의 활용은 저조하다.

38

측정값의 변화방향이나 변화속도를 나타내는데 가장 유리한 표시장치는?

① 동침형 ② 동목형 ③ 계수형 ④ 묘사형

해설 **동적 표시장치의 기본형**

아날로그 (Analog)	정목동침형 (지침이동형)	정량적인 눈금이 정성적으로 사용되어 원하는 값으로부터의 대략적인 편차나, 고도를 읽을 때 그 변화방향과 율등을 알고자 할 때
	정침동목형 (지침고정형)	나타내고자 하는 값의 범위가 클 때, 비교적 작은 눈금판에 모두 나타 내고자 할 때
디지털 (Digital)	계수형 (숫자로 표시)	• 수치를 정확하게 충분히 읽어야 할 경우 • 원형 표시 장치보다 판독오차가 적고 판독 시간도 짧다.

39

FT에서 사용되는 사상기호에 대한 설명으로 맞는 것은?

① 위험지속기호 : 정해진 횟수 이상 입력이 될 때 출력이 발생한다.
② 억제게이트 : 조건부 사건이 일어났다는 조건하에 출력이 발생한다.
③ 우선적 AND 게이트 : 입력이 될 때 정해진 순서대로 복수의 출력이 발생한다.
④ 배타적 OR 게이트 : 2개 이상 입력이 동시에 존재하는 경우에 출력이 발생한다.

해설 **수정게이트**

① 우선적 AND게이트 : 입력사상중 어떤 사상이 다른 사상보다 앞에 일어났을 때 출력사상이 발생한다.
② 배타적 OR게이트 : OR게이트인데 2개 또는 그 이상의 입력이 존재하는 경우에는 출력이 발생하지 않는다.
③ 억제게이트 : 입력사상이 수정기호안의 조건을 만족하면 출력사상이 생기고, 조건이 만족하지 않으면 출력은 생기지 않는다.
④ 위험지속기호 : 입력사상이 생겨 어떤 일정한 시간이 지속했을 때 출력이 발생한다. 만약 지속되지 않으면 출력은 발생하지 않는다.

40

다음 설명에 해당하는 시스템 위험분석방법은?

- 시스템의 정의 및 개발 단계에서 실행한다.
- 시스템의 기능, 과업, 활동으로부터 발생되는 위험에 초점을 둔다.

① 모트(MORT) ② 결함수분석(FTA)
③ 예비위험분석(PHA) ④ 운용위험분석(OHA)

해설 **운용 위험요인 분석 (OHA)**

대상시스템을 사용하는 도중에 발생할 수 있는 생산, 유지보수, 시험, 운반, 저장, 운전, 구조, 훈련 및 폐기 등에 관련된 인원, 순서, 설비에 관한 유해위험요인을 평가하기 위하여 실시하는 분석 방법을 말한다.

정답 37 ③ 38 ① 39 ② 40 ④

3과목 기계·기구 및 설비 안전관리

41

프레스 등의 금형을 부착·해체 또는 조정 작업 중 슬라이드가 갑자기 작동하여 발생할 수 있는 위험을 방지하기 위하여 설치하는 것은?

① 방호 울 ② 안전블록
③ 시건장치 ④ 게이트 가드

해설

안전블록은 금형의 부착, 해체 및 조정작업시 슬라이드의 불시하강을 방지하기 위한 조치

42

롤러의 맞물림점 전방 60mm의 거리에 가드를 설치하고자 할 때 가드 개구부의 간격은? (단, 위험점이 전동체가 아닌 경우이다.)

① 12mm ② 15mm ③ 18mm ④ 20mm

해설 **롤러기 가드의 개구부 간격**

$Y = 6 + 0.15X = 6 + (0.15 \times 60) = 15\text{mm}$

43

밀링작업에 관한 설명으로 틀린 것은?

① 하향절삭은 날의 마모가 적고, 가공면이 깨끗하다.
② 상향절삭은 절삭열에 의한 치수정밀도의 변화가 적다.
③ 커터의 회전방향과 반대방향으로 가공재를 이송하는 것을 상향절삭이라고 한다.
④ 하향절삭은 커터의 회전방향과 같은 방향으로 일감을 이송하므로 백래시 제거장치가 필요없다.

해설

상향절삭은 백래시가 제거되지만, 하향절삭은 백래시 제거장치가 필요하다.

44

컨베이어 작업 시 준수해야 할 사항이 아닌 것은?

① 운전 중인 컨베이어등의 위로 근로자를 넘어가도록 하는 경우에는 위험을 방지하기 위하여 건널다리를 설치하는 등 필요한 조치를 하여야 한다.
② 근로자를 운반 할 수 있는 구조가 아닌 운전중인 컨베이어에 근로자를 탑승시켜서는 안된다.
③ 작업 중 급정지를 방지하기 위하여 비상정지장치는 해체해야 한다.
④ 트롤리 컨베이어에 트롤리와 체인·행거가 쉽게 벗겨지지 않도록 확실하게 연결시켜야 한다.

해설 **비상정지장치**

컨베이어에 근로자의 신체의 일부가 말려드는 등 근로자가 위험해질 우려가 있는 경우 및 비상시에 즉시 정지할 수 있는 장치로서 반드시 설치되어 있어야 한다.

45

기계운동 형태에 따른 위험점 분류 중 다음에서 설명하는 것은?

고정부분과 회전하는 동작부분이 함께 만드는 위험점으로 연삭숫돌과 작업받침대, 교반기의 날개와 하우스, 반복왕복운동을 하는 기계부분 등이다.

① 끼임점 ② 접선물림점
③ 협착점 ④ 절단점

해설

끼임점은 고정부분과 회전 또는 직선운동부분에 의해 형성되는 위험점이다.

정답 41 ② 42 ② 43 ④ 44 ③ 45 ①

46

위험기계·기구와 이에 해당하는 방호장치의 연결이 틀린 것은?

① 연삭기 - 급정지장치
② 프레스 - 광전자식 방호장치
③ 아세틸렌 용접장치 - 안전기
④ 압력용기 - 압력방출용 안전밸브

해설

연삭기의 방호장치는 덮개이고, 급정지장치는 롤러기의 방호장치이다.

47

기계설비의 일반적인 안전조건에 해당되지 않는 것은?

① 설비의 안전화　② 기능의 안전화
③ 구조의 안전화　④ 작업의 안전화

해설 **기계설비의 안전조건**

① 외관상의 안전화　② 작업의 안전화
③ 작업점의 안전화　④ 기능상의 안전화
⑤ 구조부분의 안전화　⑥ 보전작업의 안전화

48

보일러수에 유지류, 고형물 등에 의한 거품이 생겨 수위를 판단하지 못하는 현상은?

① 역화　② 포밍
③ 프라이밍　④ 캐리오버

해설 **포밍(foaming)**

보일러수에 불순물이 많이 포함되었을 경우, 보일러수의 비등과 함께 수면부위에 거품층을 형성하여 수위가 불안정하게 되는 현상

49

프레스기에 사용하는 양수조작식 방호장치의 일반구조에 관한 설명 중 틀린 것은?

① 1행정 1정지 기구에 사용할 수 있어야 한다.
② 누름버튼을 양 손으로 동시에 조작하지 않으면 작동시킬 수 없는 구조이어야 한다.
③ 양쪽버튼의 작동시간 차이는 최대 0.5초 이내일 때 프레스가 동작되도록 해야 한다.
④ 방호장치는 사용전원전압의 ±50%의 변동에 대하여 정상적으로 작동되어야 한다.

해설 **양수조작식 방호장치**

방호장치는 릴레이, 리미트스위치 등의 전기부품의 고장, 전원전압의 변동 및 정전에 의해 슬라이드가 불시에 동작하지 않아야 하며, 사용전원전압의 ±(100분의 20)의 변동에 대하여 정상으로 작동되어야 한다.

50

기준 무부하상태에서 구내최고속도가 20km/h인 지게차의 주행 시 좌우안정도 기준은 몇 % 이내인가?

① 4%　② 20%　③ 37%　④ 40%

해설 **지게차의 주행시 좌우 안정도**

주행시 좌우 안정도 : (15 + 1.1V)% = 15 + (1.1 × 20) = 37%

tip

주행시 전후 안정도 : 18%

51

세이퍼 작업시의 안전대책으로 틀린 것은?

① 바이트는 가급적 짧게 물리도록 한다.
② 가공 중 다듬질 면을 손으로 만지지 않는다.
③ 시동하기 전에 행정 조정용 핸들을 끼워둔다.
④ 가공 중에는 바이트의 운동방향에 서지 않도록 한다.

해설

시동하기 전에 행정 조정용 핸들을 빼 놓도록 한다.

정답 46 ① 47 ① 48 ② 49 ④ 50 ③ 51 ③

52

드릴작업 시 가공재를 고정하기 위한 방법으로 적합하지 않은 것은?

① 가공재가 길 때는 방진구를 이용한다.
② 가공재가 작을 때는 바이스로 고정한다.
③ 가공재가 크고 복잡할 때는 볼트와 고정구로 고정한다.
④ 대량생산과 정밀도가 요구될 때는 지그로 고정한다.

해설

바이트는 짧게 장치하고 일감의 길이가 직경의 12배 이상일 때 방진구를 사용하는것은 선반작업에 해당된다.

53

산업용 로봇의 작동범위에서 그 로봇에 관하여 교시 등의 작업을 하는 때의 작업시작 전 점검사항에 해당하지 않는 것은? (단, 로봇의 동력원을 차단하고 행하는 것을 제외한다.)

① 회전부의 덮개 또는 울
② 제동장치 및 비상정지장치의 기능
③ 외부전선의 피복 또는 외장의 손상유무
④ 매니퓰레이터(manipulator) 작동의 이상유무

해설 **교시 등의 작업을 하는 경우 작업시작전 점검사항**

① 외부전선의 피복 또는 외장의 손상유무
② 매니퓰레이터(manipulator)작동의 이상유무
③ 제동장치 및 비상정지장치의 기능

54

보일러에서 과열이 발생하는 직접적인 원인과 가장 거리가 먼 것은?

① 수관의 청소 불량
② 관수 부족시 보일러의 가동
③ 안전밸브의 기능이 부정확 할 때
④ 수면계의 고장으로 드럼내의 물의 감소

해설

안전밸브는 보일러의 압력상승으로 인한 폭발사고를 방지하기 위하여 설치되는 압력방출장치이므로, 과열발생의 원인과는 거리가 멀다.

55

기계설비의 안전조건 중 외관의 안전화에 해당되는 조치는?

① 고장 발생을 최소화 하기 위해 정기점검을 실시하였다.
② 강도의 열화를 생각하여 안전율을 최대로 고려하여 설계하였다.
③ 전압강하, 정전시의 오작동을 방지하기 위하여 자동제어 장치를 설치하였다.
④ 작업자가 접촉할 우려가 있는 기계의 회전부를 덮개로 씌우고 안전색채를 사용하였다.

해설 **외관상의 안전화**

① 가드 설치(기계 외형 부분 및 회전체 돌출 부분)
② 별실 또는 구획된 장소에 격리(원동기 및 동력 전도 장치)
③ 안전 색채 조절(기계 장비 및 부수되는 배관)

56

기계설비의 본질적 안전화를 위한 방식 중 성격이 다른 것은?

① 고정 가드　② 인터록 기구
③ 압력용기 안전밸브　④ 양수조작식 조작기구

해설

안전밸브는 과다한 압력으로 인한 사고를 방지하기 위한 압력방출장치이므로 페일세이프(fail safe)에 해당되며, 나머지는 풀프루프(fool proof)에 해당되는 사항이다.

57

기계설비의 방호장치 분류 중 위험원에 대한 방호장치는?

① 감지형 방호장치　② 접근반응형 방호장치
③ 위치제한형 방호장치　④ 접근거부형 방호장치

해설

포집형과 감지형은 위험원에 대한 방호장치이고, 접근반응형, 위치제한형, 접근거부형 은 위험장소에 대한 방호장치이다.

정답 52 ① 53 ① 54 ③ 55 ④ 56 ③ 57 ①

58

프레스기에서 사용하는 손쳐내기식 방호장치의 방호판에 관한 기준으로 옳은 것은?

① 방호판의 폭은 금형폭의 1/2 이상이어야 하고, 행정길이가 300mm 이상의 프레스 기계에서는 방호판의 폭을 200mm로 해야 한다.
② 방호판의 폭은 금형폭의 1/2 이상이어야 하고, 행정길이가 300mm 이상의 프레스 기계에서는 방호판의 폭을 300mm로 해야 한다.
③ 방호판의 폭은 금형폭의 1/3 이상이어야 하고, 행정길이가 300mm 이상의 프레스 기계에서는 방호판의 폭을 200mm로 해야 한다.
④ 방호판의 폭은 금형폭의 1/3 이상이어야 하고, 행정길이가 300mm 이상의 프레스 기계에서는 방호판의 폭을 300mm로 해야 한다.

해설 **손쳐내기식(push away, sweep guard)**

① 슬라이드 하행정거리의 3/4 위치에서 손을 완전히 밀어내어야 한다.
② 방호판의 폭은 금형폭의 1/2 이상이어야 하고, 행정길이가 300mm 이상의 프레스기계에는 방호판 폭을 300mm로 해야 한다.

59

작업장에서 사용하는 로프의 최대사용하중이 200kgf 이고, 절단하중이 600kgf일 때 이 로프의 안전율은?

① 0.33 ② 3 ③ 200 ④ 300

해설 **로프의 안전율**

$$안전율 = \frac{절단하중}{최대사용하중} = \frac{600}{200} = 3$$

60

연삭기에서 연삭숫돌차의 바깥지름의 250mm일 경우 평형플랜지의 바깥지름은 약 몇 mm이상이어야 하는가?

① 62 ② 84 ③ 93 ④ 114

해설 **플랜지의 직경**

① 플랜지의 직경은 숫돌직경의 1/3이상인 것을 사용한다.
② $250 \times \frac{1}{3} = 83.33(\mathrm{mm})$

4과목 전기 및 화학설비 안전관리

61

정전작업 시 주의할 사항으로 틀린 것은?

① 감독자를 배치시켜 스위치의 조작을 통제한다.
② 퓨즈가 있는 개폐기의 경우는 퓨즈를 제거한다.
③ 정전 작업전에 작업내용을 충분히 작업원에게 주지시킨다.
④ 단시간에 끝나는 작업일 경우 작업원의 판단에 의해 작업한다.

해설

근로자가 노출된 충전부 또는 그 부분에서 작업함으로써 감전될 우려가 있는 경우에는 작업지휘자의 지시를 받아 작업전 전로차단 절차에 따라 해당 전로를 차단하고 유자격자가 작업하여야 한다.

62

근로자가 충전전로를 취급하거나 그 인근에서 작업하는 경우 조치하여야 하는 사항으로 틀린 것은?

① 충전전로를 취급하는 근로자에게 그 작업에 적합한 절연용 보호구를 착용시킬 것
② 충전전로를 정전시키는 경우 차단장치나 단로기 등의 잠금장치 확인 없이 빠른 시간 내에 작업을 완료할 것
③ 충전전로에 근접한 장소에서 전기작업을 하는 경우에는 해당 전압에 적합한 절연용 방호구를 설치할 것
④ 고압 및 특별고압의 전로에서 전기작업을 하는 근로자에게 활선작업용 기구 및 장치를 사용하도록 할 것

해설

전원을 차단한 후 각 단로기 등을 개방하고 확인해야 하며, 차단장치나 단로기에는 잠금장치 및 꼬리표를 부착하여야 한다.

정답 58 ② 59 ② 60 ② 61 ④ 62 ②

63

전기설비의 점화원 중 잠재적 점화원에 속하지 않는 것은?

① 전동기 권선　　② 마그네트 코일
③ 케이블　　④ 릴레이 전기접점

해설 전기설비의 점화원

구분	현재적 점화원	잠재적 점화원
개념	정상적인 운전상태에서 점화원이 될 수 있는 것	정상적인 상태에서는 안전하지만 이상 상태에서 점화원이 될 수 있는 것
종류	① 직류전동기의 정류자 ② 개폐기, 차단기의 접점 ③ 유도전동기의 슬립링 ④ 이동형 전열기 등	① 전기적 광원 ② 케이블, 배선 ③ 전동기의 권선 ④ 마그네트 코일 등

64

접지에 관한 설명으로 틀린 것은?

① 접지저항이 크면 클수록 좋다.
② 접지공사의 접지선은 과전류차단기를 시설하여서는 안 된다.
③ 접지극의 시설은 동판, 동봉 등이 부식될 우려가 없는 장소를 선정하여 지중에 매설 또는 타입한다.
④ 고압전로와 저압전로를 결합하는 변압기의 저압전로 사용전압이 300V 이하로 중성점 접지가 어려운 경우 저압측 임의의 한 단자에 제2종 접지공사를 실시한다.

해설

접지저항은 접지공사의 종별에 맞도록 하여야 하며, 1종과 특별3종은 10Ω 이하, 2종은 1선지락 전류(A)수로 150을 나눈 값과 같은 Ω 이하, 3종은 100Ω 이하이다.

tip

2021년 적용되는 법 제정으로 종별접지공사 및 저항값 등은 삭제된 내용이니 본문내용을 참고하세요.

65

방폭구조의 명칭과 표기기호가 잘못 연결된 것은?

① 안전증방폭구조 : e
② 유입(油入) 방폭구조 : o
③ 내압(耐壓) 방폭구조 : p
④ 본질안전방폭구조 : ia 또는 ib

tip

방폭구조의 기호

종류	내압	압력	유입	안전증	몰드	충전	비점화	본질안전	특수
기호	d	p	o	e	m	q	n	i	s

66

인체의 대부분이 수중에 있는 상태에서의 허용 접촉 전압으로 옳은 것은?

① 2.5V 이하　　② 25V 이하
③ 50V 이하　　④ 100V 이하

tip

허용 접촉전압

종별	접촉 상태	허용접촉 전압
제1종	• 인체의 대부분이 수중에 있는 경우	2.5V 이하
제2종	• 인체가 현저하게 젖어있는 경우 • 금속성의 전기기계장치나 구조물에 인체의 일부가 상시 접촉되어 있는 경우	25V 이하
제3종	• 제1종, 제2종 이외의 경우로 통상의 인체상태에 있어서 접촉전압이 가해지면 위험성이 높은 경우	50V 이하
제4종	• 제1종, 제2종 이외의 경우로 통상의 인체상태에 있어서 접촉전압이 가해지더라도 위험성이 낮은 경우 • 접촉전압이 가해질 우려가 없는 경우	제한없음

정답 63 ④ 64 ① 65 ③ 66 ①

67

전기기계·기구의 조작부분을 점검하거나 보수하는 경우에는 근로자가 안전하게 작업할 수 있도록 전기기계·기구로부터 몇 m 이상의 작업 공간을 확보하여야 하는지 그 기준으로 옳은 것은?

① 0.5 ② 0.7 ③ 0.9 ④ 1.2

tip

전기기계·기구의 조작시 등의 안전조치

① 전기기계·기구의 조작부분에 대한 점검 또는 보수를 하는 때에 근로자가 안전하게 작업할 수 있도록 전기기계·기구로부터 폭 70센티미터 이상의 작업공간을 확보하여야 한다.

② 다만, 작업공간을 확보하는 것이 곤란하여 근로자에게 절연용 보호구를 착용하도록 한 경우에는 그러하지 아니하다.

68

정전기의 대전현상이 아닌 것은?

① 교반대전 ② 충돌대전
③ 박리대전 ④ 망상대전

tip

대전현상의 종류

① 마찰대전 ② 박리대전 ③ 유동대전
④ 분출대전 ⑤ 충돌대전 ⑥ 교반대전 ⑦ 파괴대전 등

69

인체가 전격(감전)으로 인한 사고 시 통전전류에 의한 인체반응으로 틀린 것은?

① 교류가 직류보다 일반적으로 더 위험하다.
② 주파수가 높아지면 감지전류는 작아진다.
③ 심장을 관통하는 경로가 가장 사망률이 높다.
④ 가수전류는 불수전류보다 값이 대체적으로 작다.

tip

주파수를 증가시키면 감지전류도 증가한다.

70

400V를 넘는 저압 전로의 절연저항 값은 몇 MΩ 이상으로 하여야 하는가?

① 0.2 ② 0.4 ③ 0.8 ④ 1.0

tip

저압전로의 절연성능

전로의 사용전압(V)	DC 시험전압 (V)	절연저항(MΩ 이상)
SELV 및 PELV	250	0.5
FELV, 500V 이하	500	1.0
500V 초과	1,000	1.0

[주] 특별저압(Extra Low Voltage : 2차 전압이 AC 50V, DC 120V 이하)으로 SELV(비접지회로구성) 및 PELV(접지회로 구성)은 1차와 2차가 전기적으로 절연된 회로, FELV는 1차와 2차가 전기적으로 절연되지 않은 회로

tip

본 문제는 2021년 적용되는 법 개정으로 맞지않는 내용입니다. 수정된 해설내용을 참고하세요.

71

25℃, 1기압에서 공기 중 벤젠(C_6H_6)의 허용농도가 10ppm일 때 이를 mg/m³의 단위로 환산하면 약 얼마인가? (단, C, H의 원자량은 각각 12, 1이다.)

① 28.7 ② 31.9 ③ 34.8 ④ 45.9

해설 **단위 환산**

$$\text{mg/m}^3 = \frac{\text{ppm} \times \text{분자량(g)}}{24.45 \times (25℃ \cdot 1\text{기압})} = \frac{10 \times 78}{24.45} = 31.902(\text{mg/m}^3)$$

72

다음 중 점화원에 해당하지 않는 것은?

① 기화열 ② 충격·마찰
③ 복사열 ④ 고온물질표면

해설

기화열은 액체가 기체로 상태변화할 때 발생하는 잠열로, 온도는 관계없이 상태만 변화시키는 열이므로 점화원이 될 수 없다.

정답 67 ② 68 ④ 69 ② 70 ② 71 ② 72 ①

73

리튬(Li)에 관한 설명으로 틀린 것은?

① 연소시 산소와는 반응하지 않는 특성이 있다.
② 염산과 반응하여 수소를 발생한다.
③ 물과 반응하여 수소를 발생한다.
④ 화재발생시 소화방법으로는 건조된 마른 모래 등을 이용한다.

해설 **리튬**

① 물반응성 물질 및 인화성 고체에 해당되는 위험물로 건조한 실온의 공기 중에서는 반응하지 않지만 가열하면 연소한다
② 물과 상온에서는 서서히, 고온에서는 격렬하게 반응하여 수소를 발생한다.

74

다음 중 화재의 종류가 옳게 연결된 것은?

① A급 화재-유류화재　② B급 화재-유류화재
③ C급 화재-일반화재　④ D급 화재-일반화재

해설 **화재의 종류**

① A급화재 : 일반화재　② B급화재 : 유류화재
③ C급화재 : 전기화재　④ D급화재 : 금속화재

75

위험물안전관리법상 자기반응성 물질은 제 몇 류 위험물로 분류하는가?

① 제1류 위험물　② 제3류 위험물
③ 제4류 위험물　④ 제5류 위험물

해설 **자기반응성 물질(5류 위험물)**

분자내 연소를 하는 물질로서 외부로부터 산소의 공급 없이도 연소, 폭발할 수 있는 물질을 말하며, 산업안전보건법에서는 폭발성 물질 및 유기과산화물로 분류되어 있다.

76

프로판(C_3H_8) 1몰이 완전연소하기 위한 산소의 화학양론계수는 얼마인가?

① 2　② 3　③ 4　④ 5

해설 **프로판(C_3H_8)의 완전연소 반응식**

$C_3H_8 + 5O_2 \rightarrow 3CO_2 + 4H_2O$ ∴ 산소의 화학양론 계수는 5

77

다음 중 분해 폭발하는 가스의 폭발방지를 위하여 첨가하는 불활성가스로 가장 적합한 것은?

① 산소　② 질소　③ 수소　④ 프로판

해설

불활성 가스는 질소, 이산화탄소, 수증기 등이 있다.

78

다음 중 물 속에 저장이 가능한 물질은?

① 칼륨　② 황린
③ 인화칼슘　④ 탄화알루미늄

해설

황린은 물에 녹지 않으며, 자연발화성 물질로 공기중에서 발화의 위험이 있으므로 물속에 저장한다.

79

다음 중 건조설비의 사용상 주의사항으로 적절하지 않은 것은?

① 건조설비 가까이 가연성 물질을 두지 말 것
② 고온으로 가열 건조한 물질은 즉시 격리 저장할 것
③ 위험물 건조설비를 사용할 때는 미리 내부를 청소하거나 환기시킨 후 사용할 것
④ 건조시 발생하는 가스·증기 또는 분진에 의한 화재·폭발의 위험이 있는 물질은 안전한 장소로 배출할 것

해설

고온으로 가열건조한 가연성 물질은 발화의 위험이 없는 온도로 냉각한 후에 격납시킬 것

정답 73 ① 74 ② 75 ④ 76 ④ 77 ② 78 ② 79 ②

80

할로겐화합물 소화약제의 소화작용과 같이 연소의 연속적인 연쇄 반응을 차단, 억제 또는 방해하여 연소현상이 일어나지 않도록 하는 소화 작용은?

① 부촉매 소화작용 ② 냉각 소화작용
③ 질식 소화작용 ④ 제거 소화작용

해설 **부촉매(억제) 소화**

연소의 연속적인 관계를 억제하는 부촉매 효과와 상승효과인 질식 및 냉각 효과.

tip
할로겐화 탄화수소는 연소를 진행하는데 필요한 OH, O 및 H 등의 활성라디칼이나 원자와 반응함으로 연소를 억제시키는 효과를 가져온다.

5과목 건설공사 안전관리

81

굴착면 붕괴의 원인과 가장 관계가 먼 것은?

① 사면경사의 증가
② 성토 높이의 감소
③ 공사에 의한 진동하중의 증가
④ 굴착높이의 증가

해설

성토높이의 감소가 아니라 성토높이의 증가가 붕괴의 원인이 된다.

82

물체를 투하할 때 투하설비를 설치하거나 감시인을 배치하는 등의 위험방지를 위한 조치를 하여야 하는 기준 높이는?

① 3m 이상 ② 5m 이상
③ 7m 이상 ④ 10m 이상

해설 **물체의 낙하에 의한 위험방지**

① 대상 : 높이 3m 이상인 장소에서 물체 투하시
② 조치사항 : 투하설비설치, 감시인배치

83

공사금액이 500억원인 건설업 공사에서 선임해야 할 최소 안전관리자 수는?

① 1명 ② 2명 ③ 3명 ④ 4명

해설 **건설업 안전관리자 선임**

120억원 이상(토목공사업의 경우 150억원 이상)~800억원 미만 : 1명

tip
2020년 시행. 법령 전부개정으로 내용이 수정되었으니 자세한 사항은 본문내용을 참고하세요.

정답 80 ① 81 ② 82 ① 83 ①

84

채석작업을 하는 때 채석작업계획에 포함되어야 하는 사항에 해당되지 않는 것은?

① 굴착면의 높이와 기울기
② 기둥침하의 유무 및 상태 확인
③ 암석의 분할방법
④ 표토 또는 용수의 처리방법

해설 채석작업 작업계획에 포함사항(문제의 보기 ①,③,④ 외에)

① 노천굴착과 갱내굴착의 구별 및 채석방법
② 굴착면의 소단(소단)의 위치와 넓이
③ 갱내에서의 낙반 및 붕괴방지의 방법
④ 발파방법
⑤ 암석의 가공장소
⑥ 사용하는 굴착기계·분할기계·적재기계 또는 운반기계의 종류 및 능력
⑦ 토석 또는 암석의 적재 및 운반방법과 운반경로

85

슬레이트, 선라이트 등 강도가 약한 재료로 덮은 지붕 위에서의 작업 중 위험방지를 위하여 필요한 발판의 폭 기준은?

① 10cm 이상　② 20cm 이상
③ 25cm 이상　④ 30cm 이상

해설 **지붕 위에서 작업시 추락하거나 넘어질 위험이 있는 경우 조치 사항**

① 지붕의 가장자리에 안전난간을 설치할 것
- 안전난간 설치가 곤란한 경우 추락방호망 설치
- 추락방호망 설치가 곤란한 경우 안전대 착용 등의 추락 위험 방지조치

② 채광창(skylight)에는 견고한 구조의 덮개를 설치할 것
③ 슬레이트 등 강도가 약한 재료로 덮은 지붕에는 폭 30센티미터 이상의 발판을 설치할 것

tip
본 문제는 2021년 법령개정으로 수정된 내용입니다.(해설은 개정된 내용 적용)

86

가설구조물의 특징으로 옳지 않은 것은?

① 연결재가 적은 구조로 되기 쉽다.
② 부재의 결합이 매우 복잡하다.
③ 구조상의 결함이 있는 경우 중대재해로 이어질 수 있다.
④ 사용부재가 과소단면이거나 결함재료를 사용하기 쉽다.

해설 **가설구조물 특징(보기의 ①, ③, ④ 외에)**

① 부재의 결합이 간략하여 불완전 결합이 되기 쉽다.
② 구조물에 대한 개념이 확고하지 않아 조립정밀도가 낮다.
③ 구조계산의 기준이 부족하여 구조적인 문제점이 많다.

87

철골보 인양작업 시 준수사항으로 옳지 않은 것은?

① 인양용 와이어로프의 체결지점은 수평부재의 1/4 지점을 기준으로 한다.
② 인양용 와이어로프를 매달기 각도는 양변 60°를 기준으로 한다.
③ 흔들리거나 선회하지 않도록 유도 로프로 유도한다.
④ 후크는 용접의 경우 용접규격을 반드시 확인한다.

해설 **보의 인양**

인양 와이어로프의 매달기 각도는 양변 60°를 기준으로 2열로 매달고 와이어 체결지점은 수평부재의 1/3 지점을 기준하여야 한다.

88

강관틀비계를 조립하여 사용하는 경우 벽이음의 수직방향 조립간격은?

① 2m 이내마다　② 3m 이내마다
③ 6m 이내마다　④ 8m 이내마다

해설 **강관비계의 조립 간격**

종류	수직방향	수평방향
단관비계	5m	5m
틀비계(높이 5m 미만 제외)	6m	8m

정답 84 ② 85 ④ 86 ② 87 ① 88 ③

89

흙의 함수비 측정시험을 하였다. 먼저 용기의 무게를 잰 결과 10g이었다. 시료를 용기에 넣은 후에 총 무게는 40g, 그대로 건조 시킨 후 무게는 30g이었다. 이 흙의 함수비는?

① 25% ② 30% ③ 50% ④ 75%

해설

함수비(w): 흙만의 중량에 대한 물의 중량을 백분율로 표시

$w = \frac{w_w}{w_s} \times 100(\%)$ w_w : 물의중량, w_s : 흙입자의 중량

① 물의 중량 = 40 - 30 = 10g
② 흙입자와 물의 중량 = 40 - 10 = 30g
③ 흙입자의 중량 = 30 - 10 = 20
④ $w = \frac{10}{20} \times 100 = 50(\%)$

90

일반적인 안전수칙에 따른 수공구와 관련된 행동으로 옳지 않은 것은?

① 작업에 맞는 공구의 선택과 올바른 취급을 하여야 한다.
② 결함이 없는 완전한 공구를 사용하여야 한다.
③ 작업중인 공구는 작업이 편리한 반경내의 작업대나 기계위에 올려놓고 사용하여야 한다.
④ 공구는 사용 후 안전한 장소에 보관하여야 한다.

해설 **수공구의 안전관리**

공구를 작업대나 기계위에 올려놓을 경우 보행자에게 안전사고의 원인이 되기도 하고 공구를 떨어뜨릴 경우 재해의 원인이 될수도 있으므로 반드시 안전한 공구함에 보관하도록 해야 한다.

91

낙하물 방지망 설치기준으로 옳지 않은 것은?

① 높이 10m 이내마다 설치한다.
② 내민 길이는 벽면으로부터 3m 이상으로 한다.
③ 수평면과의 각도는 20° 이상, 30° 이하를 유지한다.
④ 방호선반의 설치기준과 동일하다.

해설

내민 길이는 벽면으로부터 2m 이상으로 할 것

tip

추락방호망을 설치할 경우 망의 내민 길이는 벽면으로부터 3미터 이상되도록 할 것

92

추락방지망의 달기로프를 지지점에 부착할 때 지지점의 간격이 1.5m인 경우 지지점의 강도는 최소 얼마 이상이어야 하는가?

① 200kg ② 300kg
③ 400kg ④ 500kg

해설 **추락방지망의 지지점 강도**

① F = 200B 여기서, F : 외력(킬로그램), B : 지지점간격(미터)
② 지지점의 간격이 1.5m인 경우
F = 200 × 1.5 = 300kg

93

히빙현상에 대한 안전대책과 가장 거리가 먼 것은?

① 어스앵커 설치
② 흙막이벽의 근입심도 확보
③ 양질의 재료로 지반개량 실시
④ 굴착주변에 상재하중을 증대

해설 **히빙 방지대책**

① 흙막이 근입깊이를 깊게 ② 표토제거(굴착주변) 하중감소
③ 지반개량 ④ 굴착저면 하중증가 ⑤ 어스앵커설치 등

정답 89 ③ 90 ③ 91 ② 92 ② 93 ④

94

철골작업 시 폭우와 같은 악천후에 작업을 중지하여야 하는 강우량 기준은?

① 1시간당 1mm 이상일 때
② 2시간당 1mm 이상일 때
③ 3시간당 2mm 이상일 때
④ 4시간당 2mm 이상일 때

해설 **철골작업 안전기준(작업의 제한)**

① 풍속 : 초당 10m 이상인 경우
② 강우량 : 시간당 1mm 이상인 경우
③ 강설량 : 시간당 1cm 이상인 경우

95

철골공사에서 부재의 건립용 기계로 거리가 먼 것은?

① 타워크레인 ② 가이데릭
③ 삼각데릭 ④ 항타기

해설 **철골 세우기용 기계의 종류**

① 가이데릭 ② 스티프레그(삼각) 데릭
③ 진폴데릭 ④ 타워크레인

96

콘크리트 양생작업에 관한 설명 중 옳지 않은 것은?

① 콘크리트 타설 후 소요기간까지 경화에 필요한 조건을 유지시켜주는 작업이다.
② 양생 기간 중에 예상되는 진동, 충격, 하중 등의 유해한 작용으로부터 보호하여야 한다.
③ 습윤양생 시 일광을 최대한 도입하여 수화작용을 촉진하도록 한다.
④ 습윤양생 시 거푸집판이 건조될 우려가 있는 경우에는 살수하여야 한다.

해설 **양생시 주의 사항**

① 콘크리트를 친 후 경화를 시작할 때까지 직사광선이나 바람에 의해 수분이 증발하지 않도록 보호
② 콘크리트가 충분히 경화될 때까지 충격 및 하중으로부터 보호
③ 콘크리트를 치기 시작한 후 5일 이상 습윤양생(조강 포틀랜드시멘트는 3일 이상)
④ 적정한 양생을 위해 최소한 2℃이상 온도 유지

97

양중기에서 화물을 직접 지지하는 달기 와이어로프의 안전계수는 최소 얼마 이상으로 하여야 하는가?

① 2 ② 3 ③ 5 ④ 10

해설 **와이어로프의 안전계수**

구분	안전계수
근로자가 탑승하는 운반구를 지지하는 달기와이어로프 또는 달기체인의 경우	10 이상
화물의 하중을 직접 지지하는 경우 달기와이어로프 또는 달기체인의 경우	5 이상
훅, 샤클, 클램프, 리프팅 빔의 경우	3 이상
그 밖의 경우	4 이상

98

다음은 산업안전보건기준에 관한 규칙 중 조립도에 관한 사항이다. ( ) 안에 알맞은 것은?

> 거푸집동바리 등을 조립하는 때에는 그 구조를 검토한 후 조립도를 작성하여야 한다. 조립도에는 부재의 재질·단면규격·( ) 및 이음방법 등을 명시하여야 한다.

① 부재강도 ② 기울기
③ 안전대책 ④ 설치간격

해설 **조립도에 명시해야할 사항**

① 부재의 재질 ② 단면규격 ③ 설치간격 ④ 이음방법

tip
2023년 법령개정. 문제와 해설은 개정된 내용 적용

정답 94 ① 95 ④ 96 ③ 97 ③ 98 ④

99

건설공사 유해·위험방지계획서를 제출하는 경우 자격을 갖춘 자의 의견을 들은 후 제출하여야 하는데 이 자격에 해당하지 않는 자는?

① 건설안전기사로서 건설안전관련 실무경력이 4년인 자
② 건설안전기술사
③ 토목시공기술사
④ 건설안전분야 산업안전지도사

해설 **유해위험방지 계획서 작성시 의견청취 해야 할 대상**

① 건설안전분야 산업안전지도사
② 건설안전기술사 또는 토목·건축분야 기술사
③ 건설안전산업기사 이상으로서 건설안전관련 실무경력 7년(기사는 5년) 이상인 자

100

흙의 안식각과 동일한 의미를 가진 용어는?

① 자연 경사각 ② 비탈면각
③ 시공 경사각 ④ 계획 경사각

해설 **흙의 안식각(Angle of Repose)**

① 흙을 쌓아올릴 때 시간의 흐름에 따라 급경사면이 붕괴되어 자연적으로 안정된 사면을 이루어 가는데 이때 자연경사면이 수평면과 이루는 각도를 안식각이라 하며, 이 구배를 자연구배 또는 자연 경사라고 한다.
② 안식각으로 굴착한다는 것은 안전한 상태이므로 붕괴재해를 예방하는 방법이라 할 수 있다.

정답 99 ① 100 ①

2017년 3월 5일 산업안전산업기사 기출문제

1과목 산업재해 예방 및 안전보건교육

01

산업안전보건법령상 안전·보건표지에 관한 설명으로 틀린 것은?

① 안전·보건표지 속의 그림 또는 부호의 크기는 안전·보건표지의 크기와 비례하여야 하며, 안전·보건표지 전체 규격의 30% 이상이 되어야 한다.
② 안전·보건표지 색채의 물감은 변질되지 아니하는 것에 색채 고정원료를 배합하여 사용하여야 한다.
③ 안전·보건표지는 그 표시내용을 근로자가 빠르고 쉽게 알아볼 수 있는 크기로 제작하여야 한다.
④ 안전·보건표지에는 야광물질을 사용하여서는 아니 된다.

해설 **안전보건 표지의 제작 기준(보기 외에)**

① 기본모형에 형태와 색체 등이 기준에 맞도록 제작
② 야간 식별을 위해 야광 물질 사용
③ 재료는 쉽게 파손되거나 변질되지 아니하는 것으로 제작

02

무재해운동의 추진을 위한 3요소에 해당하지 않는 것은?

① 모든 위험잠재요인의 해결
② 최고 경영자의 경영자세
③ 관리감독자(Line)의 적극적 추진
④ 직장 소집단의 자주활동 활성화

해설

모든 위험잠재요인을 발견하여 해결하는 것은 무재해운동의 3원칙의 내용

03

억측판단의 배경이 아닌 것은?

① 생략 행위 ② 초조한 심정
③ 희망적 관측 ④ 과거의 성공한 경험

해설

억측판단은 자기 멋대로 하는 주관적인 판단을 말하는 것으로 불안전한 행동의 배후요인에 해당된다.

04

재해의 기본원인 4M에 해당하지 않은 것은?

① Man ② Machine
③ Media ④ Measurement

해설

관리적 요인(Management)이 해당된다.

05

다음과 같은 스트레스에 대한 반응은 무엇에 해당하는가?

> 여동생이나 남동생을 얻게 되면서 손가락을 빠는 것과 같이 어린 시절의 버릇을 나타낸다.

① 투사 ② 억압 ③ 승화 ④ 퇴행

해설

퇴행이란 처리하기 곤란한 문제 발생 시 어릴 때 좋았던 방식으로 되돌아가 해결하고자 하는 것으로 현재의 심리적 갈등을 피하기 위해 발달 이전 단계로 후퇴하는 방어의 기제

정답 1 ④ 2 ① 3 ① 4 ④ 5 ④

06

산업안전보건법령상 사업주가 근로자에 대하여 실시하여야 하는 교육 중 특별안전·보건교육의 대상이 되는 작업이 아닌 것은?

① 화학설비의 탱크 내 작업
② 전압이 30V인 정전 및 활선작업
③ 건설용 리프트·곤돌라를 이용한 작업
④ 동력에 의하여 작동되는 프레스기계를 5대 이상 보유한 사업장에서 해당 기계로 하는 작업

해설

전압이 75V 이상의 정전 및 활선작업이 특별안전보건교육 대상작업에 해당된다.

07

인간의 행동 특성에 관한 레빈(Lewin)의 법칙에서 각 인자에 대한 내용으로 틀린 것은?

$$B=f(P \cdot E)$$

① B : 행동 ② f : 함수관계 ③ P : 개체 ④ E : 기술

해설 **레윈(K. Lewin)의 행동법칙**

E : Environment(심리적 환경 – 인간관계, 작업환경, 설비적 결함 등)

08

개인 카운슬링(Counseling) 방법으로 가장 거리가 먼 것은?

① 직접적 충고 ② 설득적 방법
③ 설명적 방법 ④ 반복적 충고

09

교육의 효과를 높이기 위하여 시청각 교재를 최대한으로 활용하는 시청각적 방법의 필요성이 아닌 것은?

① 교재의 구조화를 기할 수 있다.
② 대량 수업체제가 확립될 수 있다.
③ 교수의 평준화를 기할 수 있다.
④ 개인차를 최대한으로 고려할 수 있다.

해설

개인차를 최대한 고려할 수 있는 것은 프로그램학습법에 해당되는 내용

10

재해의 원인과 결과를 연계하여 상호 관계를 파악하기 위해 도표화하는 분석방법은?

① 특성요인도 ② 파레토도
③ 크로스분류도 ④ 관리도

해설 **특성요인도**

특성과 요인관계를 어골상으로 세분하여 연쇄관계를 나타내는 방법(원인요소와의 관계를 상호의 인과관계만으로 결부)

11

보호구 안전인증 고시에 따른 안전모의 일반구조 중 턱끈의 최소 폭 기준은?

① 5mm 이상 ② 7mm 이상
③ 10mm 이상 ④ 12mm 이상

해설 **안전모의 구비조건**

① 안전모의 내부수직거리는 25mm 이상 50mm 미만일 것
② 안전모의 수평간격은 5mm 이상일 것
③ 머리받침끈이 섬유인 경우에는 각각의 폭은 15mm 이상이어야 하며, 교차되는 끈의 폭의 합은 72mm 이상일 것
④ 턱끈의 폭은 10mm 이상일 것 등

정답 6② 7④ 8④ 9④ 10① 11③

12

허츠버그(Herzberg)의 동기·위생 이론에 대한 설명으로 옳은 것은?

① 위생요인은 직무내용에 관련된 요인이다.
② 동기요인은 직무에 만족을 느끼는 주요인이다.
③ 위생요인은 매슬로우 욕구단계 중 존경, 자아실현의 욕구와 유사하다.
④ 동기요인은 매슬로우 욕구단계 중 생리적 욕구와 유사하다.

해설 **허즈버그의 두 요인이론**

위생요인 (직무환경, 저차적욕구)	동기유발요인 (직무내용, 고차적욕구)
① 조직의 정책과 방침 ② 작업조건 ③ 대인관계 ④ 임금, 신분, 지위 ⑤ 감독 ⑥ 직무환경 등 (생산 능력의 향상 불가)	① 직무상의 성취 ② 인정 ③ 성장 또는 발전 ④ 책임의 증대 ⑤ 도전 ⑥ 직무내용자체(보람된직무) 등 (생산 능력 향상 가능)

13

연평균 근로자수가 1000명인 사업장에서 연간 6건의 재해가 발생한 경우, 이 때의 도수율은? (단, 1일 근로시간수는 4시간, 연평균 근로일수는 150일이다.)

① 1 ② 10 ③ 100 ④ 1000

해설 **도수율(빈도율)**

$$\text{도수율}(F \cdot R) = \frac{\text{재해건수}}{\text{연간총근로시간수}} \times 1,000,000$$

$$= \frac{6}{1000 \times 4 \times 150} \times 1,000,000 = 10$$

14

산업안전보건법령상 일용근로자 및 근로계약기간이 1주일 이하인 기간제근로자의 안전보건교육과정별 교육시간으로 틀린 것은?

① 채용 시의 교육 : 1시간 이상
② 작업내용 변경 시의 교육 : 2시간 이상
③ 건설업 기초안전·보건교육(건설 일용근로자) : 4시간
④ 특별교육 : 2시간 이상(흙막이 지보공의 보강 또는 동바리를 설치하거나 해체하는 작업)

해설

작업내용 변경시의 교육 시간은 1시간 이상

tip

2023년 법령개정. 문제와 해설은 개정된 내용 적용

15

산업안전보건법령상 고용노동부장관이 산업재해 예방을 위하여 종합적인 개선조치를 할 필요가 있다고 인정할 때에 안전보건개선계획의 수립·시행을 명할 수 있는 대상 사업장이 아닌 것은?

① 산업재해율이 같은 업종의 규모별 평균 산업재해율보다 높은 사업장
② 사업주가 안전보건조치의무를 이행하지 아니하여 중대재해가 발생한 사업장
③ 고용노동부장관이 관보 등에 고시한 유해인자의 노출기준을 초과한 사업장
④ 경미한 재해가 다발로 발생한 사업장

해설 **안전보건 개선계획수립 대상 사업장**

① 산업 재해율이 같은 업종의 규모별 평균 산업 재해율보다 높은 사업장
② 사업주가 필요한 안전조치 또는 보건조치를 이행하지 아니하여 중대재해가 발생한 사업장
③ 직업성 질병자가 연간 2명 이상 발생한 사업장
④ 유해인자의 노출기준을 초과한 사업장

tip

2020년 시행. 관련법령 전부개정으로 변경된 내용입니다. 해설은 개정된 내용에 맞게 수정했으니 착오없으시기 바랍니다.

정답 12 ② 13 ② 14 ② 15 ④

16

산업안전보건법령상 안전인증대상 기계·기구 등이 아닌 것은?

① 프레스　② 전단기
③ 롤러기　④ 산업용 원심기

해설

산업용 원심기는 안전검사 대상 유해위험 기계에 해당되는 내용

17

적응기제(Adjustment Mechanism)의 도피적 행동인 고립에 해당하는 것은?

① 운동시합에서 진 선수가 컨디션이 좋지 않았다고 말한다.
② 키가 작은 사람이 키 큰 친구들과 같이 사진을 찍으려 하지 않는다.
③ 자녀가 없는 여교사가 아동교육에 전념하게 되었다.
④ 동생이 태어나자 형이 된 아이가 말을 더듬는다.

해설

① 합리화 ③ 승화 ④ 퇴행

18

조직이 리더에게 부여하는 권한으로 볼 수 없는 것은?

① 보상적 권한　② 강압적 권한
③ 합법적 권한　④ 위임된 권한

해설 지도자에게 주어진 세력(권한)의 유형

구분	세력
조직이 지도자에게 부여하는 세력	① 보상 세력(reward power) ② 강압 세력(coercive power) ③ 합법 세력(legitimate power)
지도자자신이 자신에게 부여하는 세력	① 준거 세력(referent power) ② 전문 세력(expert power)

19

안전교육 훈련기법에 있어 태도 개발 측면에서 가장 적합한 기본교육 훈련방식은?

① 실습방식　② 제시방식
③ 참가방식　④ 시뮬레이션방식

해설

지식형성 측면에서 가장 적합한 기본교육 훈련방식은 제시방식

20

무재해운동의 추진기법 중 위험예지훈련의 4라운드 중 2라운드 진행방법에 해당하는 것은?

① 본질추구　② 목표설정
③ 현상파악　④ 대책수립

해설 위험예지 훈련의 4라운드 진행법

① 현상파악(사실을 파악한다) ② 본질추구(요인을 찾아낸다)
③ 대책수립(대책을 선정한다) ④ 목표설정(행동계획을 정한다)

정답 16 ④ 17 ② 18 ④ 19 ③ 20 ①

2과목 인간공학 및 위험성 평가관리

21

반복되는 사건이 많이 있는 경우에 FTA의 최소 컷셋을 구하는 알고리즘이 아닌 것은?

① Fussel Algorithm
② Boolean Algorithm
③ Monte Carlo Algorithm
④ Limnios & Ziani Algorithm

해설 Monte Carlo Algorithm

시뮬레이션 테크닉의 일종으로, 구하고자 하는 수치의 확률적 분포를 반복 가능한 실험의 통계로부터 구하는 방법

22

1cd의 점광원에서 1m 떨어진 곳에서의 조도가 3lux이었다. 동일한 조건에서 5m 떨어진 곳에서의 조도는 약 몇 lux인가?

① 0.12 ② 0.22 ③ 0.36 ④ 0.56

해설 조도

공식 $= 조도 = \frac{광도}{(거리)^2}$

① $광도 = 3 \times 1^2 = 3cd$

② $조도 = \frac{3}{5^2} = 0.12Lux$

23

지게차 인장벨트의 수명은 평균이 100000시간, 표준편차가 500 시간인 정규분포를 따른다. 이 인장벨트의 수명이 101000시간 이상일 확률은 약 얼마인가? (단, $P(Z \le 1) = 0.8413$, $P(Z \le 2) = 0.9772$, $P(Z \le 3) = 0.9987$이다.)

① 1.60% ② 2.28% ③ 3.28% ④ 4.28%

해설 정규분포

$$p(x \ge 101000) = p\left(Z \ge \frac{x-\mu}{\sigma}\right) = p(Z \ge 2.0)$$

$$= 1 - Z_2 = 1 - 0.9772 = 0.0228 = 2.28(\%)$$

24

산업안전보건법령에서 정한 물리적 인자의 분류 기준에 있어서 소음은 소음성난청을 유발할 수 있는 몇 dB(A) 이상의 시끄러운 소리로 규정하고 있는가?

① 70 ② 85 ③ 100 ④ 115

해설 소음작업의 기준

1일 8시간 작업을 기준으로 85데시벨 이상의 소음이 발생하는 작업

25

모든 시스템 안전 프로그램 중 최초 단계의 분석으로 시스템 내의 위험요소가 어떤 상태에 있는지를 정성적으로 평가하는 방법은?

① CA ② FHA ③ PHA ④ FMEA

해설 PHA

① PHA는 모든 시스템 안전 프로그램의 최초단계의 분석으로서 시스템 내의 위험요소가 얼마나 위험한 상태에 있는가를 정성적으로 평가하는 것이다.
② PHA의 목적 : 시스템 개발 단계에 있어서 시스템 고유의 위험상태를 식별하고 예상되는 재해의 위험수준을 결정하는 것이다.

26

인터페이스 설계 시 고려해야 하는 인간과 기계와의 조화성에 해당되지 않는 것은?

① 지적 조화성 ② 신체적 조화성
③ 감성적 조화성 ④ 심미적 조화성

해설 인간 interface(계면)의 조화성

신체적(형태적) 인터페이스	인간의 신체적 또는 형태적 특성의 적합성여부(필요조건)
지적 인터페이스	인간의 인지능력, 정신적 부담의 정도(편리 수준)
감성적 인터페이스	인간의 감정 및 정서의 적합성여부(쾌적 수준)

정답 21 ③ 22 ① 23 ② 24 ② 25 ③ 26 ④

27

FTA에 의한 재해사례 연구의 순서를 올바르게 나열한 것은?

A. 목표사상 선정	B. FT도의 작성
C. 사상마다 재해원인 규명	D. 개선계획 작성

① A → B → C → D ② A → C → B → D
③ B → C → A → D ④ B → A → C → D

28

청각적 표시장치에서 300m 이상의 장거리용 경보기에 사용하는 진동수로 가장 적절한 것은?

① 800Hz 전후 ② 2200Hz 전후
③ 3500Hz 전후 ④ 4000Hz 전후

해설 경계 및 경보신호 선택시 지침

① 귀는 중음역에 가장 민감하므로 500~3,000Hz의 진동수를 사용
② 고음은 멀리가지 못하므로 300m 이상 장거리용으로는 1,000Hz 이하의 진동수 사용
③ 신호가 장애물을 돌아가거나 칸막이를 통과해야 할 때는 500Hz 이하의 진동수 사용
④ 주의를 끌기 위해서는 변조된 신호를 사용
⑤ 배경소음의 진동수와 다른 신호를 사용하고 신호는 최소한 0.5~1초 동안 지속

29

FT도에 사용되는 다음 기호의 명칭으로 맞는 것은?

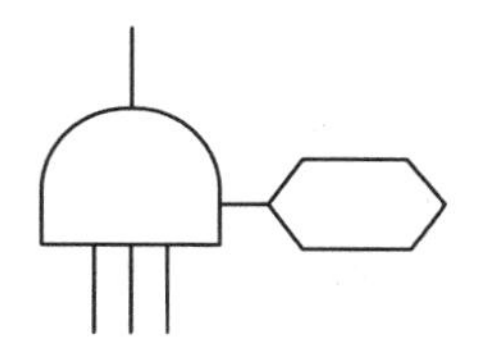

① 억제 게이트
② 부정 게이트
③ 배타적 OR 게이트
④ 우선적 AND 게이트

해설 우선적 AND게이트

입력사상중 어떤 사상이 다른 사상보다 앞에 일어났을 때 출력사상이 발생한다.

30

작업장 내의 색채조절이 적합하지 못한 경우에 나타나는 상황이 아닌 것은?

① 안전표지가 너무 많아 눈에 거슬린다.
② 현란한 색배합으로 물체 식별이 어렵다.
③ 무채색으로만 구성되어 중압감을 느낀다.
④ 다양한 색채를 사용하면 작업의 집중도가 높아진다.

해설

다양한 색채를 사용하면 작업의 집중도가 떨어진다.

31

위험처리 방법에 관한 설명으로 틀린 것은?

① 위험처리 대책 수립 시 비용문제는 제외된다.
② 재정적으로 처리하는 방법에는 보류와 전가방법이 있다.
③ 위험의 제어 방법에는 회피, 손실제어, 위험분리, 책임 전가 등이 있다.
④ 위험처리 방법에는 위험을 제어하는 방법과 재정적으로 처리하는 방법이 있다.

해설 위험 처리기술

위험의 회피		예상되는 위험을 차단하기 위해 위험과 관계된 활동을 하지 않는 경우
위험의 제거(감축,경감)	위험 방지	위험의 발생건수를 감소시키는 예방과, 손실의 정도를 감소시키는 경감을 포함
	위험 분산	시설, 설비 등의 집중화를 방지하고 분산하거나 재료의 분리저장 등으로 위험 단위를 증대
	위험 결합	각종 협정이나 합병 등을 통하여 규모를 확대시키므로 위험의 단위를 증대
	위험 제한	계약서, 서식 등을 작성하여 기업의 위험을 제한하는 방법
위험의 보유(보류)		• 무지로 인한 소극적 보유 • 위험을 확인하고 보유하는 적극적 보유(위험의 준비와 부담 : 준비금설정, 자가보험 등)
위험의 전가		회피와 제거가 불가능할 경우 전가하려는 경향(보험, 보증, 공제, 기금제도 등)

정답 27 ② 28 ① 29 ④ 30 ④ 31 ①

32

인간의 가청주파수 범위는?

① 2~10000Hz ② 20~20000Hz
③ 200~30000Hz ④ 200~40000Hz

해설

인간의 가청 주파수는 20~20,000Hz

33

산업안전보건법에서 규정하는 근골격계 부담작업의 범위에 해당하지 않는 것은?

① 단기간작업 또는 간헐적인 작업
② 하루에 10회 이상 25kg 이상의 물체를 드는 작업
③ 하루에 총 2시간 이상 쪼그리고 앉거나 무릎을 굽힌 자세에서 이루어지는 작업
④ 하루에 4시간 이상 집중적으로 자료입력 등을 위해 키보드 또는 마우스를 조작하는 작업

해설 **근골격계 부담작업**
(다만, 단기간작업 또는 간헐적인 작업은 제외).(보기외에)

① 하루에 총 2시간 이상 지지되지 않은 상태에서 1kg 이상의 물건을 한 손의 손가락으로 집어 옮기거나, 2kg 이상에 상응하는 힘을 가하여 한손의 손가락으로 물건을 쥐는 작업
② 하루에 총 2시간 이상 지지되지 않은 상태에서 4.5kg 이상의 물건을 한 손으로 들거나 동일한 힘으로 쥐는 작업
③ 하루에 25회 이상 10kg 이상의 물체를 무릎 아래에서 들거나, 어깨 위에서 들거나, 팔을 뻗은 상태에서 드는 작업
④ 하루에 총 2시간 이상, 분당 2회 이상 4.5kg 이상의 물체를 드는 작업
⑤ 하루에 총 2시간 이상 시간당 10회 이상 손 또는 무릎을 사용하여 반복적으로 충격을 가하는 작업
⑥ 하루에 총 2시간 이상 목, 어깨, 팔꿈치, 손목 또는 손을 사용하여 같은 동작을 반복하는 작업
⑦ 하루에 총 2시간 이상 머리 위에 손이 있거나, 팔꿈치가 어깨위에 있거나, 팔꿈치를 몸통으로부터 들거나, 팔꿈치를 몸통뒤쪽에 위치하도록 하는 상태에서 이루어지는 작업
⑧ 지지되지 않은 상태이거나 임의로 자세를 바꿀 수 없는 조건에서, 하루에 총 2시간 이상 목이나 허리를 구부리거나 트는 상태에서 이루어지는 작업

34

기능식 생산에서 유연생산 시스템 설비의 가장 적합한 배치는?

① 합류(Y)형 배치 ② 유자(U)형 배치
③ 일자(__)형 배치 ④ 복수라인(=)형 배치

해설 **유연생산 시스템(flexible manufacturing system)**

다품종 소량생산을 필요로 하는 시대에 다양한 제품을 높은 생산성으로 유연하게 제조하도록 하는 자동화된 생산시스템을 말한다.

35

인간-기계 체계에서 인간의 과오에 기인된 원인 확률을 분석하여 위험성의 예측과 개선을 위한 평가 기법은?

① PHA ② FMEA ③ THERP ④ MORT

해설 **THERP**

① 시스템에 있어서 인간의 과오를 정량적으로 평가하기 위해 개발된 기법(Swain 등에 의해 개발된 인간실수 예측기법)
② 인간의 과오율의 추정법 등 5개의 스텝으로 구성

36

인체계측 자료에서 주로 사용하는 변수가 아닌 것은?

① 평균 ② 5백분위수
③ 최빈값 ④ 95백분위수

해설 **인체 계측 자료의 응용 원칙**

① 극단적인 사람을 위한 설계(최대치수와 최소치수의 설정)
극단치 설계(인체 측정 특성의 극단에 속하는 사람을 대상으로 설계하면 거의 모든 사람을 수용가능)
② 조절 범위
장비나 설비의 설계에 있어 때로는 여러 사람이 사용 가능하도록 조절식으로 하는 것이 바람직한 경우도 있다.
③ 평균치를 기준으로 한 설계
특정 장비나 설비의 경우, 최대 집단치나 최소 집단치 또는 조절식으로 설계하기가 부적절하거나 불가능할 때

tip
최빈값이란 자료분포중에서 가장 빈번하게 관측되는 자료값을 말한다.

정답 32 ② 33 ① 34 ② 35 ③ 36 ③

37

다음 그림은 C/R비와 시간과의 관계를 나타낸 그림이다. ㉠~㉣에 들어갈 내용이 맞는 것은?

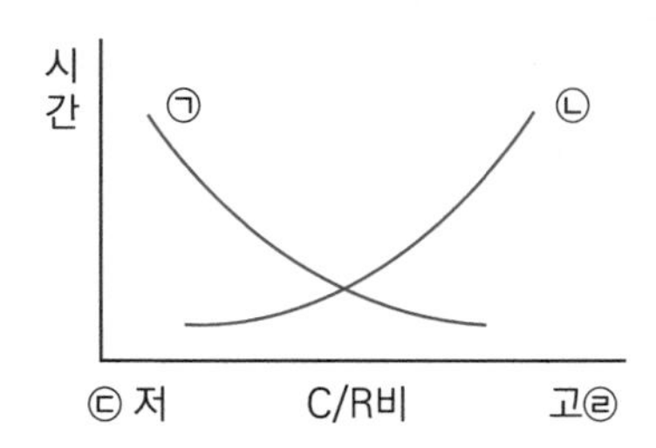

① ㉠ 이동시간 ㉡ 조정시간 ㉢ 민감 ㉣ 둔감
② ㉠ 이동시간 ㉡ 조정시간 ㉢ 둔감 ㉣ 민감
③ ㉠ 조정시간 ㉡ 이동시간 ㉢ 민감 ㉣ 둔감
④ ㉠ 조정시간 ㉡ 이동시간 ㉢ 둔감 ㉣ 민감

해설 **최적 C/D 비**

① 이동 동작과 조종 동작을 절충하는 동작이 수반
② 최적치는 두 곡선의 교점 부근
③ C/D비가 작을수록 이동시간은 짧고, 조종은 어려워서 민감한 조정 장치이다.

38

어떤 작업자의 배기량을 측정하였더니, 10분간 200L 이었고, 배기량을 분석한 결과 O_2 : 16%, CO_2 : 4% 였다. 분당 산소 소비량은 약 얼마인가?

① 1.05L/분　② 2.05L/분
③ 3.05L/분　④ 4.05L/분

해설 **작업시 평균에너지 소비량**

① 분당배기량$=\frac{200}{10}=20\text{L}$이므로,

흡기량$(V1)=\frac{(100-16\%-4\%)}{79}\times 20=20.25$

② 산소소비량$=(0.21\times 20.25)-(0.16\times 20)=1.0525$

39

인간공학에 관련된 설명으로 틀린 것은?

① 편리성, 쾌적성, 효율성을 높일 수 있다.
② 사고를 방지하고 안전성과 능률성을 높일 수 있다.
③ 인간의 특성과 한계점을 고려하여 제품을 설계한다.
④ 생산성을 높이기 위해 인간을 작업 특성에 맞추는 것이다.

해설 **인간공학의 정의**

인간이 편리하게 사용할 수 있도록 기계 설비 및 환경을 인간에 맞추어 설계하는 과정을 인간공학이라 한다(인간의 편리성을 위한 설계)

40

설비나 공법 등에서 나타날 위험에 대하여 정성적 또는 정량적인 평가를 행하고 그 평가에 따른 대책을 강구하는 것은?

① 설비보전　② 동작분석
③ 안전계획　④ 안전성 평가

해설 **안전성 평가**

자료의 정리 → 정성적 평가 → 정량적 평가 → 대책 수립 → 재평가

tip
재평가를 재해정도에 의한 재평가와 FTA에 의한 재평가로 분류하여 6단계로 구분하기도 한다.

2017년 1회

정답 37 ③ 38 ① 39 ④ 40 ④

3과목 기계·기구 및 설비 안전관리

41

방호장치의 안전기준상 평면연삭기 또는 절단연삭기에서 덮개의 노출각도 기준으로 옳은 것은?

① 80° 이내 ② 125° 이내
③ 150° 이내 ④ 180° 이내

해설

절단 및 평면 연삭기는 150° 이내로 하되, 숫돌의 주축에서 수평면 밑으로 이루는 덮개의 각도는 15° 이상이 되도록 하여야 한다.

42

롤러기의 방호장치 중 복부조작식 급정지 장치의 설치위치 기준에 해당하는 것은? (단, 위치는 급정지장치의 조작부의 중심점을 기준으로 한다.)

① 밑면에서 1.8m 이상
② 밑면에서 0.8m 미만
③ 민면에서 0.8m 이상 1.1m 이내
④ 밑면에서 0.4m 이상 0.8m 이내

해설 **롤러기 방호장치의 설치거리**

조작부의 종류	설치위치	비고
손조작식	밑면에서 1.8m 이내	위치는 급정지 장치의 조작부의 중심점을 기준으로 함
복부조작식	밑면에서 0.8m 이상 1.1m 이내	
무릎조작식	밑면에서 0.4m 이상 0.6m 이내	

43

광전자식 방호장치가 설치된 프레스에서 손이 광선을 차단했을 때부터 급정지기구가 작동을 개시할 때까지의 시간은 0.3초, 급정지기구가 작동을 개시했을 때부터 슬라이드가 정지할 때까지의 시간이 0.4초 걸린다고 할 때 최소 안전거리는 약 몇 mm인가?

① 540 ② 760 ③ 980 ④ 1120

해설 **광전자식의 안전거리**

$D(\text{mm})=1600\times(T_C+T_S)$

T_C : 방호장치의 작동시간[즉 손이 광선을 차단했을 때부터 급정지기구가 작동을 개시할 때까지의 시간 (초)]

T_S : 프레스의 최대정지시간[즉 급정지기구가 작동을 개시했을 때부터 슬라이드가 정지할 때까지의 시간 (초)]

② $D=1600\times(0.3+0.4)=1120\text{mm}$

44

드릴링 머신의 드릴지름이 10mm이고, 드릴 회전수가 1000rpm일 때 원주속도는 약 얼마인가?

① 3.14m/min ② 6.28m/min
③ 31.4m/min ④ 62.8m/min

해설 **연삭기의 원주속도**

$$\text{원주속도}(\text{m/min})=\frac{\pi D(\text{mm})N(\text{rpm})}{1000}=\frac{\pi\times10\times1000}{1000}$$

$$=31.42(\text{m/min})$$

정답 41 ③ 42 ③ 43 ④ 44 ③

45

금형 운반에 대한 안전수칙에 관한 설명으로 옳지 않은 것은?

① 상부금형과 하부금형이 닿을 위험이 있을 때는 고정 패드를 이용한 스트랩, 금속재질이나 우레탄 고무의 블록 등을 사용한다.
② 금형을 안전하게 취급하기 위해 아이볼트를 사용할 때는 숄더형으로 사용하는 것이 좋다.
③ 관통 아이볼트가 사용될 때는 조립이 쉽도록 구멍 틈새를 크게 한다.
④ 운반하기 위해 꼭 들어 올려야 할 때는 필요한 높이 이상으로 들어 올려서는 안된다.

해설

관통 아이볼트가 사용될 때는 구멍 틈새가 최소화 되도록 한다.

46

기계설비 구조의 안전을 위해 설계 시 고려하여야 할 안전계수(safety factor)의 산출 공식으로 틀린 것은?

① 파괴강도 ÷ 허용응력 ② 안전하중 ÷ 파단하중
③ 파괴강도 ÷ 허용하중 ④ 극한강도 ÷ 최대설계응력

해설 **안전율(안전계수)의 산정 방법**

$$\text{안전율} = \frac{\text{기초강도}}{\text{허용응력}} = \frac{\text{최대응력}}{\text{허용응력}} = \frac{\text{파괴하중}}{\text{최대사용하중}} = \frac{\text{극한강도}}{\text{최대설계응력}} = \frac{\text{파단하중}}{\text{안전하중}}$$

47

지게차의 안정도 기준으로 틀린 것은?

① 기준부하상태에서 주행시의 전후 안정도는 8% 이내이다.
② 하역작업시의 좌우안정도는 최대하중상태에서 포크를 가장 높이 올리고 마스트를 가장 뒤로 기울인 상태에서 6% 이내이다.
③ 하역작업시의 전후안정도는 최대하중상태에서 포크를 가장 높이 올린 경우 4% 이내이며, 5톤 이상은 3.5% 이내이다.
④ 기준무부하상태에서 주행시의 좌우안정도는 $(15+1.1\times V)$%이내이고, V는 구내최고속도(km/h)를 의미한다.

해설 **지게차의 안정도**

① 주행시 전후 안정도 : 18%
② 주행시 좌우 안정도 : (15+1.1V)%
③ 하역작업 시 전후 안정도 4%(5톤 이상은 3.5%)
④ 하역작업시의 좌우안정도 6%

48

선반 등으로부터 돌출하여 회전하고 있는 가공물이 근로자에게 위험을 미칠 우려가 있는 경우 설치할 방호 장치로 가장 적합한 것은?

① 덮개 또는 울 ② 슬리브
③ 건널다리 ④ 체인 블록

해설 **덮개 또는 울 등을 설치해야 하는 경우**

① 연삭기 또는 평삭기의 테이블, 형삭기램 등의 행정끝이 위험을 미칠 경우
② 선반 등으로부터 돌출하여 회전하고 있는 가공물이 위험을 미칠 경우
③ 띠톱기계(목재가공용 띠톱기계제외)의 절단에 필요한 톱날부위 외의 위험한 톱날부위

정답 45 ③ 46 ② 47 ① 48 ①

49

원심기의 안전대책에 관한 사항에 해당되지 않는 것은?

① 최고사용회전수를 초과하여 사용해서는 아니 된다.
② 내용물이 튀어나오는 것을 방지하도록 덮개를 설치하여야 한다.
③ 폭발을 방지하도록 압력방출장치를 2개 이상 설치하여야 한다.
④ 청소, 검사, 수리 등의 작업 시에는 기계의 운전을 정지하여야 한다.

해설 **방호장치의 종류 및 안전기준**

① 법적인 방호장치 : 덮개
② 최고 사용회전수를 초과하여 사용금지
③ 내용물을 꺼내거나 정비, 청소, 수리 등의 작업시 기계의 운전정지
④ 내용물을 자동으로 꺼내거나 운전중 정비, 청소, 수리 등을 할 경우에는 안전한 보조기구 사용 및 위험한 부위 방호조치

50

탁상용 연삭기의 평형 플랜지 바깥지름이 150mm일 때, 숫돌의 바깥지름은 몇 mm 이내이어야 하는가?

① 300mm ② 450mm ③ 600mm ④ 750mm

해설 **플랜지의 직경**

① 숫돌 직경 × 1/3 = 150
② 그러므로, 플랜지 직경 = 150 ÷ 1/3 = 450mm

51

산업안전보건법령상 고속회전체의 회전시험을 하는 경우 미리 회전축의 재질 및 형상 등에 상응하는 종류의 비파괴검사를 해서 결함유무(有無)를 확인하여야 하는 고속회전체 대상은?

① 회전축의 중량이 0.5톤을 초과하고, 원주속도가 15m/s 이상인 것
② 회전축의 중량이 1톤을 초과하고, 원주속도가 30m/s 이상인 것
③ 회전축의 중량이 0.5톤을 초과하고, 원주속도가 60m/s 이상인 것
④ 회전축의 중량이 1톤을 초과하고, 원주속도가 120m/s 이상인 것

해설 **고속 회전체의 위험방지**

고속회전체(원심분리기 등의 회전체로 원주속도가 매초당 25m 초과)의 회전시험시 파괴로 인한 위험방지	전용의 견고한 시설물내부 또는 견고한 장벽 등으로 격리된 장소에서 실시
고속회전체의 회전시험 시 미리 비파괴검사실시 하는 대상	회전축의 중량이 1톤 초과하고 원주속도가 매초당 120m 이상인 것

52

기계운동 형태에 따른 위험점 분류에 해당되지 않는 것은?

① 접선끼임점 ② 회전말림점
③ 물림점 ④ 절단점

해설 **기계 설비에 의해 형성되는 위험점**

협착점	왕복 운동하는 운동부와 고정부 사이에 형성(작업점이라 부르기도 함)
끼임점	고정부분과 회전 또는 직선운동부분에 의해 형성
절단점	회전운동부분 자체와 운동하는 기계 자체에 의해 형성
물림점	회전하는 두 개의 회전축에 의해 형성(회전체가 서로 반대 방향으로 회전하는 경우)
접선 물림점	회전하는 부분이 접선방향으로 물려 들어가면서 형성
회전 말림점	회전체의 불규칙 부위와 돌기 회전 부위에 의해 형성

정답 49 ③ 50 ② 51 ④ 52 ①

53

기계를 구성하는 요소에서 피로현상은 안전과 밀접한 관련이 있다. 다음 중 기계요소의 피로파괴현상과 가장 관련이 적은 것은?

① 소음(noise) ② 노치(notch)
③ 부식(corrosion) ④ 치수 효과(size effect)

해설 **피로파괴 현상**

① notch ② corrosion ③ size effect ④ 온도 ⑤ 표면상태 등

54

위험기계·기구 자율안전 확인고시에 의하면 탁상용 연삭기에서 연삭숫돌의 외주면과 가공물 받침대 사이 거리는 몇 mm를 초과하지 않아야 하는가?

① 1 ② 2 ③ 4 ④ 8

해설

탁상용 연삭기의 덮개에는 워크레스트 및 조정편을 구비해야 하며 워크레스트는 연삭숫돌과의 간격을 3mm 이하로 조정할 수 있는 구조이어야 한다.

55

지게차의 헤드가드 상부틀에 있어서 각 개구부의 폭 또는 길이의 크기는?

① 8cm 미만 ② 10cm 미만
③ 16cm 미만 ④ 20cm 미만

해설 **지게차의 헤드가드 설치기준**

① 강도는 지게차의 최대하중의 2배의 값(그 값이 4톤을 넘는 것에 대하여서는 4톤으로 한다)의 등분포정하중에 견딜 수 있는 것일 것
② 상부틀의 각 개구의 폭 또는 길이가 16cm 미만일 것
③ 운전자가 앉아서 조작하거나 서서 조작하는 지게차의 헤드가드는 「산업표준화법」에 따른 한국산업표준에서 정하는 높이 기준 이상일 것

tip
2019년 법개정으로 수정된 내용입니다. 해설은 수정된 내용이니 참고하세요.

56

안전한 상태를 확보할 수 있도록 기계의 작동부분 상호간을 기계적, 전기적인 방법으로 연결하여 기계가 정상 작동을 하기 위한 모든 조건이 충족되어야지만 작동하며, 그 중 하나라도 충족이 되지 않으면 자동적으로 정지시키는 방호장치 형식은?

① 자동식 방호장치 ② 가변식 방호장치
③ 고정식 방호장치 ④ 인터록식 방호장치

해설 **인터록(Interlock) 장치**

기계식, 전기식, 유공압입식 또는 이들의 조합으로 2개 이상의 부분이 상호 구속되는 형태로, 가드가 완전히 닫히기 전에는 기계가 작동되어서는 안되며, 가드가 열리는 순간 기계의 작동은 반드시 정지되어야 한다.

57

다음 중 목재가공용 둥근톱에 설치해야 하는 분할날의 두께에 관한 설명으로 옳은 것은?

① 톱날 두께의 1.1배 이상이고, 톱날의 치진폭보다 커야 한다.
② 톱날 두께의 1.1배 이상이고, 톱날의 치진폭보다 작아야 한다.
③ 톱날 두께의 1.1배 이내이고, 톱날의 치진폭보다 커야 한다.
④ 톱날 두께의 1.1배 이내이고, 톱날의 치진폭보다 작아야 한다.

해설 **분할날의 설치기준**

① 분할 날의 두께는 둥근톱 두께의 1.1배 이상이어야 한다.
$1.1t_1 \leq t_2 < b$ (t_1 : 톱두께, t_2 : 분할날두께, b : 치진폭)
② 견고히 고정할 수 있으며 분할날과 톱날 원주면과의 거리는 12mm 이내로 조정, 유지할 수 있어야 하고 표준 테이블면 상의 톱 뒷날의 2/3 이상을 덮도록 하여야 한다.

정답 53 ① 54 ② 55 ③ 56 ④ 57 ②

58

롤러기의 급정지장치를 작동시켰을 경우에 무부하 운전 시 앞면 롤러의 표면속도가 30m/min 미만일 때의 급정지거리로 적합한 것은?

① 앞면 롤러 원주의 1/1.5 이내
② 앞면 롤러 원주의 1/2 이내
③ 앞면 롤러 원주의 1/2.5 이내
④ 앞면 롤러 원주의 1/3 이내

해설 **급정지 거리**

① 30m/분 미만 : 앞면 롤러 원주의 1/3 이내
② 30m/분 이상 : 앞면 롤러 원주의 1/2.5 이내

59

산업용 로봇의 재해 발생에 대한 주된 원인이며, 본체의 외부에 조립되어 인간의 팔에 해당되는 기능을 하는 것은?

① 센서(sensor)
② 제어로직(control logic)
③ 제동장치(break system)
④ 머니퓰레이터(manipulator)

해설 **매니 퓰레이터(manipulator)**

사람의 팔에 해당하는 기능을 가진 것으로, 작업의 대상물을 이동시키는 것을 가리키며 각종 로봇에 공통되는 기본개념이다.

60

산업안전보건법령상 크레인의 직동식 권과 방지장치는 훅·버킷 등 달기구의 윗면이 드럼, 상부 도르래 등 권상장치의 아랫면과 접촉할 우려가 있을 때 그 간격이 얼마 이상이어야 하는가?

① 0.01m 이상　　② 0.02m 이상
③ 0.03m 이상　　④ 0.05m 이상

해설 **방호장치의 조정**

권과방지장치는 훅·버킷 등 달기구의 윗면[그 달기구에 권상용 도르래가 설치된 경우에는 권상용 도르래의 윗면]이 드럼·상부도르래·트롤리프레임 등 권상장치의 아랫면과 접촉할 우려가 있는 때에는 그 간격이 0.25미터 이상[직동식 권과방지장치는 0.05미터 이상]이 되도록 조정하여야 한다.

4과목 전기 및 화학설비 안전관리

61

교류아크 용접기의 재해방지를 위해 쓰이는 것은?

① 자동전격방지 장치　　② 리미트 스위치
③ 정전압 장치　　④ 정전류 장치

해설 **자동전격방지기의 성능**

① 아크발생을 정지시킬 때 주접점이 개로 될 때까지의 시간(지동시간)은 1.0초 이내일 것
② 2차 무부하전압은 25V 이내일 것

62

방폭구조의 종류와 기호가 잘못 연결된 것은?

① 유입방폭구조 - o　　② 압력방폭구조 - p
③ 내압방폭구조 - d　　④ 본질안전방폭구조 - e

해설 **방폭구조의 기호**

종류	내압	압력	유입	안전증	몰드	충전	비점화	본질안전	특수
기호	d	p	o	e	m	q	n	i	s

63

누전에 의한 감전위험을 방지하기 위하여 누전차단기를 설치하여야 하는데 다음 중 누전차단기를 설치하지 않아도 되는 것은?

① 절연대 위에서 사용하는 이중 절연구조의 전동기기
② 임시배선의 전로가 설치되는 장소에서 사용하는 이동형 전기기구
③ 철판 위와 같이 도전성이 높은 장소에서 사용하는 이동형 전기기구
④ 물과 같이 도전성이 높은 액체에 의한 습윤 장소에서 사용하는 이동형 전기기구

해설 **누전차단기 적용제외**

① 「전기용품 및 생활용품 안전관리법」이 적용되는 이중절연 또는 이와 같은 수준 이상으로 보호되는 구조로 된 전기기계·기구
② 절연대 위 등과 같이 감전 위험이 없는 장소에서 사용하는 전기기계·기구
③ 비접지방식의 전로

정답 58 ④ 59 ④ 60 ④ 61 ① 62 ④ 63 ①

64

누전차단기의 설치 환경조건에 관한 설명으로 틀린 것은?

① 전원전압은 정격전압의 85~110% 범위로 한다.
② 설치장소가 직사광선을 받을 경우 차폐시설을 설치한다.
③ 정격부동작 전류가 정격감도 전류의 30% 이상이어야 하고, 이들의 차가 가능한 큰 것이 좋다.
④ 정격전부하전류가 30A인 이동형 전기기계·기구에 접속되어 있는 경우 일반적으로 정격감도 전류는 30mA 이하인 것을 사용한다.

해설

정격 부동작 전류가 정격 감도전류의 50[%]이상이고 또한 이들의 차가 가능한 한 작은 값을 사용해야 한다.

65

위험장소의 분류에 있어 다음 설명에 해당되는 것은?

> 분진운 형태의 가연성 분진이 폭발농도를 형성할 정도로 충분한 양이 정상작동 중에 연속적으로 또는 자주 존재하거나, 제어할 수 없을 정도의 양 및 두께의 분진층이 형성될 수 있는 장소

① 20종 장소　　② 21종 장소
③ 22종 장소　　④ 23종 장소

해설 분진폭발 위험장소

① 문제의 설명은 20종 장소에 관한 내용
② 21종 장소 : 20종 장소 외의 장소로서 분진운 형태의 가연성 분진이 폭발농도를 형성할 정도의 충분한 양이 정상작동 중에 존재할 수 있는 장소
③ 22종 장소 : 21종 장소 외의 장소로서 가연성 분진운 형태가 드물게 발생 또는 단기간 존재할 우려가 있거나 이상작동 상태하에서 가연성 분진층이 형성될 수 있는 장소

66

전기화재의 직접적인 발생요인과 가장 거리가 먼 것은?

① 피뢰기의 손상
② 누전, 열의 축적
③ 과전류 및 절연의 손상
④ 지락 및 접속불량으로 인한 과열

해설 전기화재의 분류

(1) 발화원 (기기별)
① 전열기 ② 전등 등의 배선(코드) ③ 전기기기 ④ 전기장치
⑤ 기타(누전, 정전기, 충격마찰, 접속불량, 단열압축, 지락, 낙뢰 등)
(2) 화재의 경과(원인 또는 경로별)
① 단락 ② 스파크 ③ 누전 ④ 과전류 ⑤ 접촉부 과열 등

67

이온생성 방법에 따라 정전기 제전기의 종류가 아닌 것은?

① 고전압인가식　　② 접지제어식
③ 자기방전식　　④ 방사선식

해설 제전기의 종류

① 전압 인가식 제전기 : 7000V 정도의 고전압으로 코로나 방전을 일으켜 발생하는 이온으로 대전체 전하를 중화시키는 방법
② 자기 방전식 제전기 : 제전 대상물체의 정전 에너지를 이용하여 제전에 필요한 이온을 발생시키는 장치로 50kV정도의 높은 대전을 제거할 수 있으나 2kV 정도의 대전이 남는 단점이 있다.
③ 방사선식 제전기 : 방사선 동위원소의 전리작용을 이용하여 제전에 필요한 이온을 만드는 장치로서 방사선 장해로 인한 사용상의 주의가 요구되며 제전능력이 작아 제전 시간이 오래 걸리는 단점과 움직이는 물체의 제전에는 적합하지 못하다.

68

피뢰설비 기본 용어에 있어 외부 뇌보호 시스템에 해당되지 않는 구성요소는?

① 수뢰부　　② 인하도선
③ 접지시스템　　④ 등전위 본딩

해설

등전위 본딩은 내부피뢰시스템에 해당되는 요소이다.

정답 64 ③ 65 ① 66 ① 67 ② 68 ④

69

콘덴서의 단자전압이 1kV, 정전용량이 740pF일 경우 방전에너지는 약 몇 mJ 인가?

① 370　② 37　③ 3.7　④ 0.37

해설 **방전에너지**

$W=\frac{1}{2}CV^2(J)=\frac{1}{2}\times 740\times 10^{-12}\times 1{,}000^2=3.7\times 10^{-4}(\mathrm{J})$

그러므로 $3.7\times 10^{-4}(\mathrm{J})\times 10^3=0.37(\mathrm{mJ})$

70

송전선의 경우 복도체 방식으로 송전하는데 이는 어떤 방전 손실을 줄이기 위한 것인가?

① 코로나방전　② 평등방전
③ 불꽃방전　④ 자기방전

해설 **단도체 및 복도체**

① 단도체 방식 : 각각의 상에 사용하는 전선을 한 가닥 – 저전압 송전선로
② 복도체 방식 : 한상당 두 가닥 이상의 전선을 사용 – 코로나 발생의 방지

71

다음 중 화학물질 및 물리적 인자의 노출기준에 따른 TWA 노출기준이 가장 낮은 물질은?

① 불소　② 아세톤
③ 니트로벤젠　④ 사염화탄소

해설 **유해물질의 노출기준**

① 불소 : 0.1ppm　② 아세톤 : 500ppm
③ 니트로벤젠 : 1ppm　④ 사염화탄소 : 5ppm

72

대기 중에 대량의 가연성 가스가 유출되거나 대량의 가연성 액체가 유출하여 그것으로부터 발생하는 증기가 공기와 혼합해서 가연성 혼합기체를 형성하고, 점화원에 의하여 발생하는 폭발을 무엇이라 하는가?

① UVCE　② BLEVE
③ Detonation　④ Boil over

해설 **BLEVE와 UVCE**

① BLEVE : 비등점이 낮은 인화성액체 저장탱크가 화재로 인한 화염에 장시간 노출되어 탱크내 액체가 급격히 증발하여 비등하고 증기가 팽창하면서 탱크내 압력이 설계압력을 초과하여 폭발을 일으키는 현상
② UVCE : 가연성 가스 또는 기화하기 쉬운 가연성 액체등이 저장된 고압가스 용기의 파괴로 인하여 대기중으로 유출된 가연성 증기가 구름을 형성한 상태에서 점화원이 증기운에 접촉하여 폭발하는 현상

73

화재 발생 시 알코올포(내알코올포) 소화약제의 소화 효과가 큰 대상물은?

① 특수인화물
② 물과 친화력이 있는 수용성 용매
③ 인화점이 영하 이하의 인화성 물질
④ 발생하는 증기가 공기보다 무거운 인화성 액체

해설

알코올포 소화약제는 물에 녹지 않기 때문에 여기에 물을 혼합하여 사용하며, 알코올, 에테르 등과 같은 가연성인 수용성 액체의 화재에 유효하다.

74

산업안전보건법령에서 정한 위험물질의 종류에서 "물반응성 물질 및 인화성 고체"에 해당하는 것은?

① 니트로화합물　② 과염소산
③ 아조화합물　④ 칼륨

해설 **위험물의 종류**

니트로화합물, 아조화합물은 폭발성 물질 및 유기과산화물에 해당되며, 과염소산 및 그 염류는 산화성 액체 및 산화성 고체에 해당하는 위험물

정답 69 ④ 70 ① 71 ① 72 ① 73 ② 74 ④

75

다음 중 폭발한계의 범위가 가장 넓은 가스는?

① 수소 ② 메탄
③ 프로판 ④ 아세틸렌

해설 **폭발한계**

① 수소(4 ~ 75) ② 메탄(5 ~ 15)
③ 프로판(2.1 ~ 9.5) ④ 아세틸렌(2.5 ~ 81)

76

20℃, 1기압의 공기를 압축비 3으로 단열 압축하였을 때 온도는 약 몇 ℃가 되겠는가? (단, 공기의 비열비는 1.4이다.)

① 84 ② 128 ③ 182 ④ 1091

77

산업안전보건법령에서 정한 안전검사의 주기에 따르면 건조설비 및 그 부속설비는 사업장에 설치가 끝난 날부터 몇 년 이내에 최초 안전검사를 실시하여야 하는가?

① 1 ② 2 ③ 3 ④ 4

해설 **안전검사의 주기**

크레인, 리프트 및 곤돌라	사업장에 설치가 끝난 날부터 3년 이내에 최초 안전검사 실시, 그 이후부터 매 2년마다(건설현장에서 사용하는 것은 최초로 설치한 날부터 매 6개월마다)
그 밖의 유해·위험기계 등	사업장에 설치가 끝난 날부터 3년 이내에 최초 안전검사 실시, 그 이후부터 매 2년마다(공정안전보고서를 제출하여 확인을 받은 압력용기는 4년마다)

tip

2020년 시행. 법개정으로 내용이 수정되었으니 본문내용을 참고하세요.(건조설비는 제외됨)

78

여러 가지 성분의 액체 혼합물을 각 성분별로 분리하고자 할 때 비점의 차이를 이용하여 분리하는 화학설비를 무엇이라 하는가?

① 건조기 ② 반응기
③ 진공관 ④ 증류탑

해설

증류탑은 액체혼합물을 끓는점(비점) 차이에 의해 분리하는 방법인 분별증류의 원리를 이용한 장치를 말한다.

79

프로판(C_3H_8) 가스의 공기 중 완전연소 조성농도는 약 몇 vol%인가?

① 2.02 ② 3.02 ③ 4.02 ④ 5.02

해설 **프로판(C_3H_8)의 화학양론 농도**

$$Cst = \frac{1}{1+4.773\left(n+\frac{m-f-2\lambda}{4}\right)} \times 100\%$$

$$= \frac{1}{1+4.773\left(3+\frac{8}{4}\right)} \times 100 = 4.02\%$$

80

가스를 저장하는 가스용기의 색상이 틀린 것은? (단, 의료용 가스는 제외한다.)

① 암모니아-백색 ② 이산화탄소-황색
③ 산소-녹색 ④ 수소-주황색

해설

이산화탄소는 청색, 황색은 아세틸렌가스에 해당된다.

정답 75 ④ 76 ② 77 ③ 78 ④ 79 ③ 80 ②

5과목 건설공사 안전관리

81

콘크리트 타설작업을 하는 경우에 준수해야 할 사항으로 옳지 않은 것은?

① 당일의 작업을 시작하기 전에 해당 작업에 관한 거푸집동바리등의 변형·변위 및 지반의 침하 유무 등을 점검하고 이상이 있으면 보수할 것
② 작업 중에는 거푸집동바리등의 변형·변위 및 침하 유무 등을 감시할 수 있는 감시자를 배치하여 이상이 있으면 작업을 중지하고 근로자를 대피시킬 것
③ 설계도서상의 콘크리트 양생기간을 준수하여 거추집동바리등을 해체할 것
④ 콘크리트를 타설하는 경우에는 편심을 유발하여 한쪽 부분부터 밀실하게 타설되도록 유도할 것

해설

콘크리트를 타설하는 경우에는 편심이 발생하지 않도록 골고루 분산하여 타설할 것

82

철골공사에서 나타나는 용접결함의 종류에 해당하지 않는 것은?

① 가우징(gouging) ② 오버랩(overlap)
③ 언더 컷(under cut) ④ 블로우 홀(blow hole)

해설

가우징은 용접한 부위의 결함을 제거하거나 가스 와 산소 불꽃 또는 아크열에 의해 금속면에 깊은 홈을 파는 것을 말한다.

83

이동식비계를 조립하여 작업을 하는 경우의 준수사항으로 옳지 않은 것은?

① 이동식비계의 바퀴에는 뜻밖의 갑작스러운 이동 또는 전도를 방지하기 위하여 브레이크·쐐기 등으로 바퀴를 고정시킨 다음 비계의 일부를 견고한 시설물에 고정하거나 아웃트리거(outrigger)를 설치하는 등 필요한 조치를 할 것
② 작업발판은 항상 수평을 유지하고 작업발판 위에서 안전난간을 딛고 작업을 하지 않도록 하며, 대신 받침대 또는 사다리를 사용하여 작업할 것
③ 비계의 최상부에서 작업을 하는 경우에는 안전난간을 설치할 것
④ 작업발판의 최대적재하중은 250kg을 초과하지 않도록 할 것

해설

작업발판은 항상 수평을 유지하고 작업발판 위에서 안전난간을 딛고 작업을 하거나 받침대 또는 사다리를 사용하여 작업하지 않도록 할 것

84

버팀대(Strut)의 축하중 변화상태를 측정하는 계측기는?

① 경사계(Inclino meter)
② 수위계(Water level meter)
③ 침하계(Extension)
④ 하중계(Load cell)

해설

하중계는 흙막이 버팀대에 작용하는 토압, 어스 앵커의 인장력 등을 측정하는 기기

정답 81 ④ 82 ① 83 ② 84 ④

85

건설업에서 사업주의 유해·위험 방지 계획서 제출 대상 사업장이 아닌 것은?

① 지상 높이가 31m 이상인 건축물의 건설, 개조 또는 해체공사
② 연면적 5000m² 이상 관광숙박시설의 해체공사
③ 저수용량 5000톤 이하의 지방상수도 전용 댐 건설 등의 공사
④ 깊이 10m 이상인 굴착공사

해설

다목적댐·발전용댐 및 저수용량 2천만톤 이상의 용수전용댐·지방상수도 전용댐 건설 등의 공사

86

굴착작업을 하는 경우 지반의 붕괴 또는 토석의 낙하에 의한 근로자의 위험을 방지하기 위하여 관리감독자로 하여금 작업시작 전에 점검하도록 해야 하는 사항과 가장 거리가 먼 것은?

① 부석·균열의 유무 ② 함수·용수
③ 동결상태의 변화 ④ 시계의 상태

해설

지반의 붕괴를 방지하기 위해서는 부석, 균열 및 함수, 용수, 동결상태의 변화 등에 대한 점검을 철저히 하여야 한다.

87

다음은 산업안전보건법령에 따른 지붕 위에서의 위험 방지에 관한 사항이다. ( )안에 알맞은 것은?

> 슬레이트, 선라이트 등 강도가 약한 재료로 덮은 지붕 위에서 작업을 할 때에 발이 빠지는 등 근로자가 위험해질 우려가 있는 경우 폭 ( )센터미터 이상의 발판을 설치하거나 안전방망을 치는 등 근로자의 위험을 방지하기 위하여 필요한 조치를 하여야 한다.

① 20 ② 25 ③ 30 ④ 40

해설 **지붕 위에서 작업시 추락하거나 넘어질 위험이 있는 경우 조치 사항**

① 지붕의 가장자리에 안전난간을 설치할 것
- 안전난간 설치가 곤란한 경우 추락방호망 설치
- 추락방호망 설치가 곤란한 경우 안전대 착용 등의 추락 위험 방지조치

② 채광창(skylight)에는 견고한 구조의 덮개를 설치할 것
③ 슬레이트 등 강도가 약한 재료로 덮은 지붕에는 폭 30센티미터 이상의 발판을 설치할 것

tip
본 문제는 2021년 법령개정으로 수정된 내용입니다.(해설은 개정된 내용 적용)

88

안전방망을 건축물의 바깥쪽으로 설치하는 경우 벽면으로부터 망의 내민 길이는 최소 얼마 이상이어야 하는가?

① 2m ② 3m ③ 5m ④ 10m

해설

내민길이는 안전방망의 경우 3m 이상, 낙하물방지망의 경우 2m 이상으로 한다.

tip
문제의 안전방망은 법개정으로 추락방호망으로 명칭 변경

정답 85 ③ 86 ④ 87 ③ 88 ②

89

다음에서 설명하고 있는 건설장비의 종류는?

> 앞뒤 두 개의 차륜이 있으며(2축 2륜), 각각의 차축이 평행으로 배치된 것으로 찰흙, 점성토 등의 두꺼운 흙을 다짐하는데 적당하나 단단한 각재를 다지는 데는 부적당하며 머캐덤 롤러 다짐 후의 아스팔트 포장에 사용된다.

① 클램쉘 ② 탠덤 롤러
③ 트랙터 셔블 ④ 드래그라인

해설 **다짐기계(전압식)**

머캐덤 롤러 (MacadamRoller)	3륜으로 구성, 쇄석기층 및 자갈층 다짐에 효과적
탠덤 롤러 (Tandem Roller)	도로용 롤러이며, 2륜으로 구성되어 있고, 아스팔트 포장의 끝손질, 점성토 다짐에 사용
탬핑 롤러 (Tamping Roller)	① 롤러 표면에 돌기를 만들어 부착, 땅 깊숙이 다짐 가능 ② 토립자를 이동 혼합하여 함수비 조절 용이(간극 수압제거) ③ 고함수비의 점성토 지반에 효과적, 유효다짐 깊이가 깊다. ④ 흙덩어리(풍화암 등)의 파쇄 효과 및 맞물림 효과가 크다.

90

작업으로 인하여 물체가 떨어지거나 날아올 위험이 있는 경우 설치하는 낙하물 방지망의 수평면과의 각도 기준으로 옳은 것은?

① 10° 이상 20° 이하를 유지
② 20° 이상 30° 이하를 유지
③ 30° 이상 40° 이하를 유지
④ 40° 이상 45° 이하를 유지

해설 **낙하물방지망 설치시 준수사항**

① 설치높이는 10m 이내마다 설치하고, 내민길이는 벽면으로부터 2m 이상으로 할 것
② 수평면과의 각도는 20도 이상 30도 이하를 유지할 것

91

건설업 산업안전보건관리비의 안전시설비로 사용가능하지 않은 항목은?

① 비계·통로·계단에 추가 설치하는 추락방지용 안전난간
② 공사수해에 필요한 안전통로
③ 틀비계에 별도로 설치하는 안전난간·사다리
④ 통로의 낙하물 방호선반

해설

안전발판, 안전통로, 안전계단 등과 같이 명칭에 관계없이 공사 수행에 필요한 가시설들은 사용 불가

92

다음은 산업안전보건법령에 따른 말비계를 조립하여 사용하는 경우에 관한 준수사항이다. ( )안에 알맞은 숫자는?

> 말비계의 높이가 2m를 초과할 경우에는 작업발판의 폭을 ( )cm 이상으로 할 것

① 10 ② 20 ③ 30 ④ 40

해설 **말비계의 조립시 준수사항**

① 지주부재의 하단에는 미끄럼 방지장치를 하고, 양측 끝부분에 올라서서 작업하지 아니하도록 할 것
② 지주부재와 수평면과의 기울기를 75도 이하로 하고, 지주부재와 지주부재 사이를 고정시키는 보조부재를 설치할 것
③ 말비계의 높이가 2미터를 초과할 경우에는 작업발판의 폭을 40cm 이상으로 할 것

93

터널 지보공을 설치한 경우에 수시로 점검하여야 할 사항에 해당하지 않는 것은?

① 기둥침하의 유무 및 상태
② 부재의 긴압 정도
③ 매설물 등의 유무 또는 상태
④ 부재의 접속부 및 교차부의 상태

해설

보기 외에 부재의 손상·변형·부식·변위 탈락의 유무 및 상태가 포함된다.

정답 89 ② 90 ② 91 ② 92 ④ 93 ③

94

작업의자형 달비계를 설치하는 경우 준수해야 할 사항으로 옳지 않은 것은?

① 작업대의 4개 모서리에 로프를 매달아 작업대가 뒤집히거나 떨어지지 않도록 연결할 것
② 작업용 섬유로프는 콘크리트에 매립된 고리, 건축물의 콘크리트 또는 철재 구조물 등 2개 이상의 견고한 고정점에 풀리지 않도록 결속할 것
③ 작업용 섬유로프와 구명줄은 같은 고정점에 견고하게 결속되도록 할 것
④ 작업하는 근로자의 하중을 견딜 수 있을 정도의 강도를 가진 작업용 섬유로프, 구명줄 및 고정점을 사용할 것

해설

작업용 섬유로프와 구명줄은 다른 고정점에 결속되도록 할 것

95

굴착공사 중 암질변화구간 및 이상암질 출현 시에는 암질판별시험을 수행하는데 이 시험의 기준과 거리가 먼 것은?

① 함수비　② R.Q.D
③ 탄성파속도　④ 일축압축강도

해설 **암질판별기준**

① R.Q.D(%)　② 탄성파 속도(m/sec)
③ R.M.R　④ 일축압축강도(kg/cm^2)
⑤ 진동치속도(cm/sec=Kine)

96

거푸집동바리 등을 조립하거나 해체하는 작업을 하는 경우 준수사항으로 옳지 않은 것은?

① 해당 작업을 하는 구역에는 관계 근로자가 아닌 사람의 출입을 금지할 것
② 비, 눈, 그 밖의 기상상태의 불안정으로 날씨가 몹시 나쁜 경우에는 그 작업을 중지할 것
③ 낙하·충격에 의한 돌발적 재해를 방지하기 위하여 버팀목을 설치하고 거추집동바리 등을 인양장비에 매단 후에 작업을 하도록 하는 등 필요한 조치를 할 것
④ 재료, 기구 또는 공구 등을 올리거나 내리는 경우에는 근로자로 하여금 달줄·달포대 등의 사용을 금지하도록 할 것

해설

재료·기구 또는 공구 등을 올리거나 내릴 때에는 근로자로 하여금 달줄·달포대 등을 사용하여 안전하게 작업해야 한다.

97

크레인을 사용하여 작업을 하는 경우 준수해야 할 사항으로 옳지 않은 것은?

① 인양할 하물(荷物)을 바닥에서 끌어당기거나 밀어 정위치 작업을 할 것
② 유류드럼이나 가스통 등 운반 도중에 떨어져 폭발하거나 누출될 가능성이 있는 위험물용기는 보관함(또는 보관고)에 담아 안전하게 매달아 운반할 것
③ 미리 근로자의 출입을 통제하여 인양 중인 하물이 작업자의 머리 위로 통과하지 않도록 할 것
④ 인양할 하물이 보이지 아니하는 경우에는 어떠한 동작도 하지 아니할 것(신호하는 사람에 의하여 작업을 하는 경우는 제외한다.)

해설 **크레인 작업시 조치 및 준수사항(문제의 보기 외에)**

① 인양할 하물(荷物)을 바닥에서 끌어당기거나 밀어 작업하지 아니할 것
② 고정된 물체를 직접 분리·제거하는 작업을 하지 아니할 것

정답 94 ③ 95 ① 96 ④ 97 ①

98

고소작업대가 갖추어야 할 설치조건으로 옳지 않은 것은?

① 작업대를 와이어로프 또는 체인으로 올리거나 내릴 경우에는 와이어로프 또는 체인이 끊어져 작업대가 떨어지지 아니하는 구조여야 하며, 와이어로프 또는 체인의 안전율은 3 이상일 것
② 작업대를 유압에 의해 올리거나 내릴 경우에는 작업대를 일정한 위치에 유지할 수 있는 장치를 갖추고 압력의 이상저하를 방지할 수 있는 구조일 것
③ 작업대에 정격하중(안전율 5 이상)을 표시할 것
④ 작업대에 끼임·충돌 등 재해를 예방하기 위한 가드 또는 과상승방지장치를 설치할 것

해설 고소작업대 설치기준(문제의 보기외에)

① 와이어로프 또는 체인의 안전율은 5 이상일 것
② 권과방지장치를 갖추거나 압력의 이상상승을 방지할 수 있는 구조일 것
③ 붐의 최대 지면경사각을 초과 운전하여 전도되지 않도록 할 것
④ 조작반의 스위치는 눈으로 확인할 수 있도록 명칭 및 방향표시를 유지할 것

99

추락방지망의 방망 지지점은 최소 얼마 이상의 외력에 견딜 수 있는 강도를 보유하여야 하는가?

① 500kg ② 600kg ③ 700kg ④ 800kg

해설 지지점의 강도

① 600kg의 외력에 견딜 수 있는 강도 보유
② 연속적인 구조물이 방망 지지점인 경우
F=200B 여기서, F : 외력(킬로그램), B : 지지점간격(미터)

100

아스팔트 포장도로의 노반의 파쇄 또는 토사 중에 있는 암석제거에 가장 적당한 장비는?

① 스크레이퍼(Scraper) ② 롤러(Roller)
③ 리퍼(Ripper) ④ 드래그라인(Dragline)

해설 리퍼도저(ripper dozer)

후미에 ripper를 장착하여 연암, 풍화암, 포장도로의 노반 파쇄, 제거 및 압토작업 등에 사용한다.

정답 98 ① 99 ② 100 ③

메모

2017년 5월 7일

산업안전산업기사 기출문제

1과목 산업재해 예방 및 안전보건교육

01

기업 내 정형교육 중 TWI의 훈련내용이 아닌 것은?

① 작업방법훈련
② 작업지도훈련
③ 사례연구훈련
④ 인간관계훈련

해설 **TWI(Training with industry)**

① Job Method Training(J. M. T) : 작업방법훈련
② Job Instruction Training(J. I. T) : 작업지도훈련
③ Job Relations Training(J. R. T) : 인간관계훈련
④ Job Safety Training(J. S. T) : 작업안전훈련

02

강의계획에 있어 학습목적의 3요소가 아닌 것은?

① 목표 ② 주제
③ 학습 내용 ④ 학습 정도

해설 **학습목적의 3요소**

① 목표(학습목적의 핵심, 달성하려는 지표)
② 주제(목표달성을 위한 테마)
③ 학습정도(주제를 학습시킬 범위와 내용의 정도)

03

비통제의 집단행동 중 폭동과 같은 것을 말하며, 군중보다 합의성이 없고, 감정에 의해서만 행동하는 특성은?

① 패닉(Panic)
② 모브(Mob)
③ 모방(Imitation)
④ 심리적 전염(Mental Epidemic)

해설 **비통제의 집단행동**

① 군중(crowd) : 구성원사이에 지위나 역할의 분화가 없고, 구성원 각자는 책임감을 가지지 않고 비판력도 가지지 않는다.
② 모브(mob) : 폭동과 같은 것으로 군중보다 한층 합의성이 없고 감정에 의해서 행동한다.
③ 패닉(panic) : 이상적인 상황에서 모브가 공격적인데 대하여, 패닉은 방어적인 것이 특징이다.
④ 심리적 전염 : 유행과 비슷하면서 행동양식이 이상적이며 비합리성이 강한 것으로 어떤 사상이 상당한 기간을 걸쳐서 광범위하게 생각이나 비판없이 받아들여지는 것을 의미한다.

정답 1 ③ 2 ③ 3 ②

04

부주의의 발생원인과 그 대책이 옳게 연결된 것은?

① 의식의 우회-상담
② 소질적 조건-교육
③ 작업환경 조건 불량-작업순서 정비
④ 작업순서의 부적당-작업자 재배치

해설 **부주의의 원인 및 대책**

구분	원인	대책
외적 원인	① 작업, 환경조건 불량	환경정비
	② 작업 순서 부적당	작업순서조절
	③ 작업 강도	작업량, 시간, 속도 등의 조절
	④ 기상 조건	온도, 습도 등의 조절
내적 원인	① 소질적 요인	적성배치
	② 의식의 우회	상담
	③ 경험 부족 및 미숙련	교육
	④ 피로도	충분한 휴식
	⑤ 정서 불안정 등	심리적 안정 및 치료

05

산업안전보건법령상 안전검사 대상 유해·위험 기계 등이 아닌 것은?

① 곤돌라
② 이동식 국소 배기장치
③ 산업용 원심기
④ 건조설비 및 그 부속설비

해설 **안전검사 대상 유해·위험기계**

① 프레스
② 전단기
③ 크레인(정격하중 2톤 미만 제외)
④ 리프트
⑤ 압력용기
⑥ 곤돌라
⑦ 국소배기장치(이동식 제외)
⑧ 원심기(산업용에 한정)
⑨ 롤러기(밀폐형 구조제외)
⑩ 사출성형기[형 체결력 294킬로뉴튼(kN) 미만 제외]
⑪ 고소작업대(화물자동차 또는 특수자동차에 탑재한 것으로 한정)
⑫ 컨베이어
⑬ 산업용 로봇
⑭ 혼합기
⑮ 파쇄기 또는 분쇄기

tip

법령개정으로 ⑭, ⑮ 내용이 추가되었으며, 2026년 6월 26일부터 시행

06

재해발생의 주요원인 중 불안전한 상태에 해당하지 않는 것은?

① 기계설비 및 장비의 결함
② 부적절한 조명 및 환기
③ 작업장소의 정리·정돈 불량
④ 보호구 미착용

해설 **불안전한 행동과 상태의 분류**

불안전한 상태	물 자체의 결함, 안전방호장치의 결함, 복장·보호구의 결함, 물의 배치 및 작업장소 불량, 작업환경의 결함, 생산공정의 결함, 경계표시·설비의 결함, 기타
불안전한 행동	위험장소의 접근, 안전방호장치의 기능제거, 복장·보호구의 잘못 사용, 기계·기구의 잘못 사용, 운전중인 기계장치의 손질, 불안전한 속도조작, 위험물 취급 부주의, 불안전 상태 방치, 불안전한 자세동작, 감독 및 연락 불충분, 기타

정답 4 ① 5 ② 6 ④

07

산업안전보건법령상 근로자 안전·보건 교육의 기준으로 틀린 것은?

① 사무직 종사 근로자의 정기교육 : 매분기 3시간 이상
② 일용근로자의 작업내용 변경시의 교육: 1시간 이상
③ 관리감독자의 지위에 있는 사람의 정기교육: 연간 16시간 이상
④ 건설 일용 근로자의 건설업 기초안전·보건교육: 2시간 이상

해설 **근로자(사업 내) 안전보건 교육**

<table>
<tr><th>교육 과정</th><th colspan="2">교육대상</th><th>교육시간</th></tr>
<tr><td rowspan="3">가. 정기 교육</td><td colspan="2">사무직 종사 근로자</td><td>매반기 6시간 이상</td></tr>
<tr><td rowspan="2">그 밖의 근로자</td><td>판매업무에 직접 종사하는 근로자</td><td>매반기 6시간 이상</td></tr>
<tr><td>판매업무에 직접 종사하는 근로자 외의 근로자</td><td>매반기 12시간 이상</td></tr>
<tr><td rowspan="3">나. 채용 시 교육</td><td colspan="2">일용근로자 및 근로계약기간이 1주일 이하인 기간제근로자</td><td>1시간 이상</td></tr>
<tr><td colspan="2">근로계약기간이 1주일 초과 1개월 이하인 기간제근로자</td><td>4시간 이상</td></tr>
<tr><td colspan="2">그 밖의 근로자</td><td>8시간 이상</td></tr>
<tr><td rowspan="2">다. 작업 내용 변경 시 교육</td><td colspan="2">일용근로자 및 근로계약기간이 1주일 이하인 기간제근로자</td><td>1시간 이상</td></tr>
<tr><td colspan="2">그 밖의 근로자</td><td>2시간 이상</td></tr>
<tr><td rowspan="3">라. 특별 교육</td><td rowspan="2">일용근로자 및 근로계약기간이 1주일 이하인 기간제근로자 : 특별교육대상 작업별 교육에 해당하는 작업 종사 근로자</td><td>타워크레인 작업 시 신호 업무 작업에 종사하는 근로자 제외</td><td>2시간 이상</td></tr>
<tr><td>타워크레인 작업 시 신호업무 작업에 종사하는 근로자 에 한정</td><td>8시간 이상</td></tr>
<tr><td colspan="2">일용근로자 및 근로계약기간이 1주일 이하인 기간제근로자를 제외한 근로자: 특별교육대상 작업별 교육에 해당하는 작업 종사 근로자에 한정</td><td>- 16시간 이상 (최초 작업에 종사하기 전 4시간 이상 실시하고 12시간은 3개월 이내에서 분할하여 실시가능)
- 단기간 작업 또는 간헐적 작업인 경우에는 2시간 이상</td></tr>
<tr><td>마. 건설업 기초 안전·보건 교육</td><td colspan="2">건설 일용근로자</td><td>4시간 이상</td></tr>
</table>

tip

2023년 법령개정. 문제는 개정 전 내용이며, 해설은 개정된 내용 적용

정답 7 ④

08

토의법의 유형 중 다음에서 설명하는 것은?

> 교육과제에 정통한 전문가 4~5명이 피교육자 앞에서 자유로이 토의를 실시한 다음에 피교육자 전원이 참가하여 사회자의 사회에 따라 토의하는 방법

① 포럼(forum)
② 패널 디스커션(panel discussion)
③ 심포지엄(symposium)
④ 버즈 세션(buzz session)

해설 **패널 디스커션(panel discussion)**

한 두명의 발제자가 주제에 대한 발표 → 4-5명의 패널이 참석자 앞에서 자유로운 논의 → 사회자에 의해 참가자의 의견을 들으면서 상호 토의

tip

symposium
발제자 없이 몇 사람의 전문가가 과제에 대한 견해를 발표한 뒤 참석자들로부터 질문이나 의견을 제시토록 하는 방법

09

학습정도(level of learning)의 4단계 요소가 아닌 것은?

① 지각 ② 적용 ③ 인지 ④ 정리

해설 **학습의 목적**

구성 3요소	① 목표 ② 주제 ③ 학습정도
진행 4단계	① 인지 → ② 지각 → ③ 이해 → ④ 적용

10

안전관리조직의 형태 중 라인·스탭형에 대한 설명으로 틀린 것은?

① 안전스탭은 안전에 관한 기획·입안·조사·검토 및 연구를 행한다.
② 안전업무를 전문적으로 담당하는 스탭 및 생산라인의 각 계층에도 겸임 또는 전임의 안전담당자를 둔다.
③ 모든 안전관리업무를 생산라인을 통하여 직선적으로 이루어지도록 편성된 조직이다.
④ 대규모 사업장(1000명 이상)에 효율적이다.

해설 **라인형 조직**

① 계획에서부터 실시까지의 안전관리를 생산라인을 통하여 이루어지도록 편성된 조직으로 50인 미만의 소규모 사업장에 적합한 조직으로 명령계통이 직선적으로 이루어져 안전대책의 실시가 신속하다.
② 안전에 관한 전문지식이 부족하고 안전에 관한 정보가 불충분하여 형식적인 안전관리가 이루어질 우려가 있다.

11

X이론에 따른 관리처방이 아닌 것은?

① 목표에 의한 관리
② 권위주의적 리더십 확립
③ 경제적 보상체제의 강화
④ 면밀한 감독과 엄격한 통제

해설 **X, Y이론의 관리처방**

X 이론의 관리처방 (독재적 리더십)	Y이론의 관리처방 (민주적 리더십)
① 권위주의적 리더십의 확보 ② 경제적 보상체계의 강화 ③ 세밀한 감독과 엄격한 통제 ④ 상부책임제도의 강화(경영자의 간섭) ⑤ 설득, 보상, 벌, 통제에 의한 관리	① 분권화와 권한의 위임 ② 민주적 리더십의 확립 ③ 직무확장 ④ 비공식적 조직의 활용 ⑤ 목표에 의한 관리 ⑥ 자체 평가제도의 활성화 ⑦ 조직목표달성을 위한 자율적인 통제

정답 8 ② 9 ④ 10 ③ 11 ①

12

어느 공장의 재해율을 조사한 결과 도수율이 20이고, 강도율이 1.2로 나타났다. 이 공장에서 근무하는 근로자가 입사부터 정년퇴직할 때까지 예상되는 재해건수(a)와 이로 인한 근로손실 일수(b)는?

① a = 20, b = 1.2　② a = 2, b = 120
③ a = 20, b = 20　④ a = 120, b = 2

해설 환산강도율과 환산 빈도율(도수율)

① 환산 빈도율 $= 20 \times \frac{100,000}{1,000,000} = 2$(건)

② 환산 강도율 $= 1.2 \times \frac{100,000}{1,000} = 120$(일)

13

재해손실비의 평가방식 중 시몬즈(R.H. Simonds) 방식에 의한 계산방법으로 옳은 것은?

① 직접비 + 간접비
② 공동비용 + 개별비용
③ 보험코스트 + 비보험코스트
④ (휴업상해건수 × 관련비용 평균치) + (통원상해건수 × 관련비용 평균치)

해설 Simonds and Grimaldi 방식

총 재해 비용 산출방식 = 보험 Cost + 비 보험 Cost
= 산재보험료 + A × (휴업상해건수)
+ B × (통원상해건수) + C × (응급처치건수)
+ D × (무상해사고건수)

14

무재해운동 추진기법 중 지적확인에 대한 설명으로 옳은 것은?

① 비평을 금지하고, 자유로운 토론을 통하여 독창적인 아이디어를 끌어낼 수 있다.
② 참여자 전원의 스킨십을 통하여 연대감 일체감을 조성할 수 있고 느낌을 교류한다.
③ 작업 전 5분간의 미팅을 통하여 시나리오상의 역할을 연기하여 체험하는 것을 목적으로 한다.
④ 오관의 감각기관을 총동원하여 작업의 정확성과 안전을 확인한다.

해설 지적확인

인간의 감각기관을 최대한 활용함으로 위험 요소에 대한 긴장을 유발하고 불안전 행동이나 상태를 사전에 방지하는 효과가 있다. 작업자 상호간의 연락이나 신호를 위한 동작과 지적도 지적확인이라고 한다.

15

재해예방의 4원칙에 해당하지 않는 것은?

① 예방가능의 원칙　② 대책성정의 원칙
③ 손실우연의 원칙　④ 원인추정의 원칙

해설

원인추정이 아니라 원인계기의 원칙이 해당된다.

16

인간의 착각현상 중 버스나 전동차의 움직임으로 인하여 자신이 승차하고 있는 정지된 차량이 움직이는 것 같은 느낌을 받는 현상은?

① 자동운동　② 유도운동
③ 가현운동　④ 플리커현상

해설 유도운동

① 실제로는 정지한 물체가 어느 기준물체의 이동에 유도되어 움직이는 것처럼 느끼는 현상
② 출발하는 자동차의 창문으로 길가의 가로수를 볼 때 가로수가 움직이는 것처럼 보이는 현상

tip

착각현상의 종류에는 자동운동(암실내에 정지된 작은 광점이나 밤하늘의 별), 유도운동, 가현운동(정지하고 있는 대상물이 빠르게 나타나거나 사라지는 것)이 있다.

정답 12 ② 13 ③ 14 ④ 15 ④ 16 ②

17

안전·보건표지의 기본모형 중 다음 그림의 기본모형의 표시사항으로 옳은 것은?

① 지시
② 안내
③ 경고
④ 금지

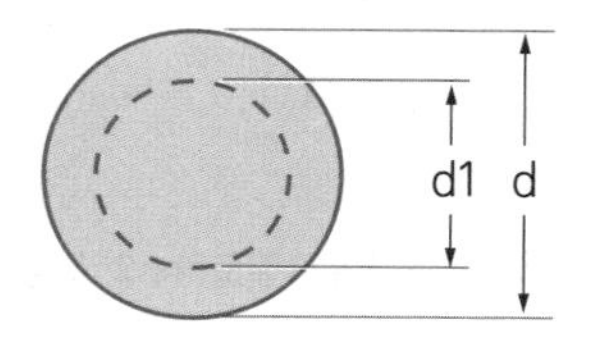

해설 **기본모형**

금지표지	안내표지
d_3, 45°, d_2, d_1, d	b_2, b

경고표지	
60°, a_2, a_1, a, 60°	45°, a_2, a_1, a, 45°, a

18

지도자가 추구하는 계획과 목표를 부하직원이 자신의 것으로 받아들여 자발적으로 참여하게 하는 리더십의 권한은?

① 보상적 권한　② 강압적 권한
③ 위임된 권한　④ 합법적 권한

해설 **지도자에게 주어진 세력(권한)의 유형**

조직이 지도자에게 부여하는 세력	① 보상 세력(reward power) ② 강압 세력(coercive power) ③ 합법 세력(legitimate power)
지도자자신이 자신에게 부여하는 세력	① 준거 세력(referent power) ② 전문 세력(expert power)

19

하인리히의 사고방지 5단계 중 제1단계 안전조직의 내용이 아닌 것은?

① 경영자의 안전목표 설정
② 안전관리자의 선임
③ 안전활동의 방침 및 계획수립
④ 안전회의 및 토의

해설 **1단계 안전조직의 내용**

① 경영자의 안전목표 설정　② 안전관리자 등의 선임
③ 안전의 라인 및 스텝조직　④ 조직을 통한 안전활동 전개
⑤ 안전활동 방침 및 계획수립

tip
안전회의 및 토의는 제2단계 사실의 발견내용에 해당된다.

20

보호구 자율안전확인 고시상 사용구분에 따른 보안경의 종류가 아닌 것은?

① 차광보안경　② 유리보안경
③ 프라스틱보안경　④ 도수렌즈보안경

해설 **보안경의 종류 및 사용구분**

① 자율안전확인 : 유리보안경, 프라스틱보안경, 도수렌즈보안경
② 안전인증(차광보안경) : 자외선용, 적외선용, 복합용, 용접용

정답 17 ① 18 ③ 19 ④ 20 ①

2과목 인간공학 및 위험성 평가관리

21

휘도(luminance)가 $10cd/m^2$이고, 조도(illuminance)가 100 lx일 때 반사율(reflectance) (%)는?

① 0.1π ② 10π ③ 100π ④ 1000π

해설

$$\text{반사율(\%)}=\frac{\text{광도}}{\text{조명}}=\frac{cd/m^2\times\pi}{lux}=\frac{10cd/m^2\times\pi}{100lux}=0.1\pi$$

22

사람의 감각기관 중 반응속도가 가장 느린 것은?

① 청각 ② 시각 ③ 미각 ④ 촉각

해설 **감각기관별 반응시간**

① 청각 : 0.17초 ② 촉각 : 0.18초 ③ 시각 : 0.20초
④ 미각 : 0.29초 ⑤ 통각 : 0.70초

23

한 사무실에서 타자기의 소리 때문에 말소리가 묻히는 현상을 무엇이라 하는가?

① dBA ② CAS ③ phone ④ masking

해설 **Masking(차폐) 효과**

음의 한 성분이 다른 성분에 대한 귀의 감수성을 감소시키는 상황으로 한쪽음의 강도가 약할 때 강한음에 가로막혀 들리지 않게 되는 현상

24

1에서 15까지 수의 집합에서 무작위로 선택할 때, 어떤 숫자가 나올지 알려주는 경우의 정보량은 몇 bit인가?

① 2.91bit ② 3.91bit ③ 4.51bit ④ 4.91bit

해설 **정보량**

정보량(bit) $H=\log_2 15=3.907\text{bit}$

25

어떤 전자기기의 수명은 지수분포를 따르며, 그 평균수명이 1000시간 이라고 할 때, 500시간 동안 고장 없이 작동할 확률은 약 얼마인가?

① 0.1353 ② 0.3935
③ 0.6065 ④ 0.8647

해설 **고장확률 밀도함수와 고장율 함수**

$$R(t)=e^{-\lambda t}=e^{-\left(\frac{1}{MTBF}\right)t}=e^{-\left(\frac{1}{1000}\right)\times 500}=0.6065$$

26

체계 분석 및 설계에 있어서 인간공학의 가치와 가장 거리가 먼 것은?

① 성능의 향상
② 훈련비용의 증가
③ 사용자의 수용도 향상
④ 생산 및 보전의 경제성 증대

해설 **인간공학의 가치(보기 외에)**

① 훈련 비용의 절감 ② 인력의 이용율의 향상
③ 사고 및 오용으로 부터의 손실 감소

27

작업기억과 관련된 설명으로 틀린 것은?

① 단기기억이라고도 한다.
② 오랜 기간 정보를 기억하는 것이다.
③ 작업기억 내의 정보는 시간이 흐름에 따라 쇠퇴할 수 있다.
④ 리허설(rehearsal)은 정보를 작업기억 내에 유지하는 유일한 방법이다.

해설 **작업기억**

현재 주의를 기울여 의식하고 있는 기억으로 감각기관을 통해 입력된 정보를 단기적으로 기억하며 능동적으로 이해하고 조작하는 과정을 말한다.

정답 21 ① 22 ③ 23 ④ 24 ② 25 ③ 26 ② 27 ②

28

의자의 등받이 설계에 관한 설명으로 가장 적절하지 않은 것은?

① 등받이 폭은 최소 30.5cm가 되게 한다.
② 등받이 높이는 최소 50cm가 되게 한다.
③ 의자의 좌판과 등받이 각도는 90 ~ 105°를 유지한다.
④ 요부받침의 높이는 25 ~ 35cm로 하고 폭은 30.5cm로 한다.

해설

요부받침의 높이는 15.2 ~ 22.9cm로 하고 폭은 30.5cm로 한다.

29

FT도에 의한 컷셋(cut set)이 다음과 같이 구해졌을 때 최소 컷셋(mimimal cut set)으로 맞는 것은?

- (X_1, X_3) - (X_1, X_2, X_3) - (X_1, X_3, X_4)

① (X_1, X_3)
② (X_1, X_2, X_3)
③ (X_1, X_3, X_4)
④ (X_1, X_2, X_3, X_4)

해설 미니멀 컷셋

컷셋의 집합중에서 정상사상을 일으키기 위하여 필요한 최소한의 컷셋으로 정상사상인 결함을 발생시키므로 시스템이 고장나는 상황을 나타낸다.(중복된 사상과 중복된 컷을 제거)

30

단일 차원의 시각적 암호 중 구성암호, 영문자 암호, 숫자 암호에 대하여 암호로서의 성능이 가장 좋은 것부터 배열한 것은?

① 숫자암호 - 영문자암호 - 구성암호
② 구성암호 - 숫자암호 - 영문자암호
③ 영문자암호 - 숫자암호 - 구성암호
④ 영문자암호 - 구성암호- 숫자암호

해설 숫자, 영자, 기하적 형상 등의 비교실험

숫자, 색 암호의 성능 우수 → 다음으로 영자 → 형상암호 → 구성암호의 순

31

정보 전달용 표시장치에서 청각적 표현이 좋은 경우가 아닌 것은?

① 메시지가 복잡하다.
② 시각장치가 지나치게 많다.
③ 즉각적인 행동이 요구된다.
④ 메시지가 그 때의 사건을 다룬다.

해설 청각 장치와 시각 장치의 비교

청각 장치 사용	시각 장치 사용
① 전언이 간단하다. ② 전언이 짧다. ③ 전언이 후에 재참조되지 않는다. ④ 수신자가 시각계통이 과부하 상태일 때 ⑤ 전언이 즉각적인 행동을 요구한다(긴급할 때)	① 전언이 복잡하다. ② 전언이 길다. ③ 전언이 후에 재참조된다. ④ 수신자의 청각 계통이 과부하 상태일 때 ⑤ 전언이 즉각적인 행동을 요구하지 않는다.

32

FTA의 용도와 거리가 먼 것은?

① 고장의 원인을 연역적으로 찾을 수 있다.
② 시스템의 전체적인 구조를 그림으로 나타낼 수 있다.
③ 시스템에서 고장이 발생할 수 있는 부분을 쉽게 찾을 수 있다.
④ 구체적인 초기사건에 대하여 상향식(bottom-up) 접근 방식으로 재해경로를 분석하는 정량적 기법이다.

해설

Bottom up 방식은 상향식, Topdown 방식은 하향식을 의미하는 것으로 FTA는 Top사상으로부터 아래로 결함원인을 분석해 가는 Topdown 방식에 해당된다.

33

안전가치분석의 특징으로 틀린 것은?

① 기능위주로 분석한다.
② 왜 비용이 드는가를 분석한다.
③ 특정 위험의 분석을 위주로 한다.
④ 그룹 활동은 전원의 중지를 모은다.

해설

가치분석은 설계는 그대로 두고 부품의 가격과 기능을 분석하여 부품 변경의 가능성을 탐색하는 원가분석기법이다.

정답 28 ④ 29 ① 30 ① 31 ① 32 ④ 33 ③

34

일반적인 인간 – 기계 시스템의 형태 중 인간이 사용자나 동력원으로 기능하는 것은?

① 수동체계 ② 기계화제계
③ 자동체계 ④ 반자동체계

해설 **인간 기계 시스템의 유형**

수동 시스템	인간의 신체적인 힘을 동력원으로 사용하여 작업통제(동력원 및 제어 : 인간, 수공구나 기타 보조물로 구성) : 다양성 있는 체계로 역할 할 수 있는 능력을 최대한 활용하는 시스템
기계 시스템	① 반자동시스템, 변화가 적은 기능들을 수행하도록 설계(고도로 통합된 부품들로 구성되며 융통성이 없는 체계) ② 동력은 기계가 제공, 조정장치를 사용한 통제는 인간이 담당
자동 시스템	① 감지, 정보처리 및 의사결정 행동을 포함한 모든 임무 수행(완전하게 프로그램 되어야 함) ② 대부분 폐회로 체계이며, 신뢰성이 완전하지 못하여 감시, 프로그램 작성 및 수정 정비유지 등은 인간이 담당

35

산업안전보건법에 따라 상시 작업에 종사하는 장소에서 보통작업을 하고자 할 때 작업면의 최소 조도(lux)로 맞는 것은?

① 75 ② 150 ③ 300 ④ 750

해설 **작업장의 조도기준**

① 초정밀 작업 : 750 lux 이상 ② 정밀작업 : 300 lux 이상
③ 보통작업 : 150 lux 이상 ④ 그밖의 작업 : 75 lux 이상

36

보전효과 측정을 위해 사용하는 설비고장 강도율의 식으로 맞는 것은?

① 부하시간÷설비가동시간
② 총 수리시간÷설비가동시간
③ 설비고장건수÷설비가동시간
④ 설비고장 정지시간÷설비가동시간

해설 **고장 강도율**

안전관리에서 사용하는 강도율을 설비관리에서 응용한 것으로, 고장으로 인해 설비가 정지한 시간의 비율을 나타낸다.

tip

고장 도수율
안전관리에서 사용하는 도수율을 설비관리에서 응용한 것으로, 고장으로 인해 설비가 정지한 횟수의 비율을 나타낸다.

37

정보처리기능 중 정보보관에 해당되는 것과 관계가 깊은 것은?

① 감지 ② 정보처리 ③ 출력 ④ 기억

해설 **정보보관**

① 인간-기억
② 기계-펀치카드, 자기테이프, 기록, 자료표, 녹음테이프
③ 저장방법-부호화, 암호화

38

인체 측정치 중 기능적 인체치수에 해당되는 것은?

① 표준자세
② 특정작업에 국한
③ 움직이지 않는 피측정자
④ 각 지체는 독립적으로 움직임

해설 **기능적 인체 치수(동적인체 계측)**

① 동적 치수는 운전을 위해 핸들을 조작하거나 브레이크를 밟는 행위 또는 물체를 잡기위해 손을 뻗는 행위 등 특정작업에 국한된 움직이는 신체의 자세로부터 측정
② 신체적 기능 수행시 각 신체부위는 독립적으로 움직이는 것이 아니라, 부위별 특성이 조합되어 나타나기 때문에 정적 치수와 차별화

39

FT 작성 시 논리게이트에 속하지 않는 것은 무엇인가?

① OR 게이트 ② 억제 게이트
③ AND 게이트 ④ 동등 게이트

해설 **논리 게이트 기호**

(a) AND 게이트

(b) OR 게이트

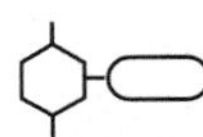
(c) 억제 게이트

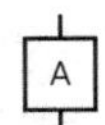

(d) 부정 게이트

① AND 게이트에는 「·」를 OR 게이트에는 「+」를 표기하는 경우도 있다.
② 억제(제어) 게이트 : 수정기호를 병용해서 게이트 역할
③ 부정 게이트 : 입력사상의 반대사상이 출력

정답 34 ① 35 ② 36 ④ 37 ④ 38 ② 39 ④

40

시스템 안전 분석기법 중 인적오류와 그로인한 위험성의 예측과 개선을 위한 기법은 무엇인가?

① FTA ② ETBA ③ THERP ④ MORT

해설 THERP

시스템에 있어서 인간의 과오를 정량적으로 평가하기 위해 개발된 기법(Swain 등에 의해 개발된 인간실수 예측기법)

3과목 기계·기구 및 설비 안전관리

41

산업안전보건법령상 양중기에 사용하지 않아야 하는 달기체인의 기준으로 틀린 것은?

① 변형이 심한 것
② 균열이 있는 것
③ 길이의 증가가 제조시보다 3%를 초과한 것
④ 링의 단면지름의 감소가 제조시 링 지름의 10%를 초과한 것

해설 달기체인의 사용제한

① 달기체인의 길이가 달기체인이 제조된 때의 길이의 5퍼센트를 초과한 것
② 링의 단면지름이 달기체인이 제조된 때의 해당 링의 지름의 10퍼센트를 초과하여 감소한 것
③ 균열이 있거나 심하게 변형된 것

42

아세틸렌 용접장치의 안전기준과 관련하여 다음 빈칸에 들어갈 용어로 옳은 것은?

> 사업주는 가스용기가 발생기와 분리되어 있는 아세틸렌 용접장치에 대하여는 발생기와 가스용기 사이에 ( )을(를) 설치하여야 한다.

① 격납실 ② 안전기
③ 안전밸브 ④ 소화설비

해설 아세틸렌 용접장치 안전기 설치방법

① 취관마다 안전기설치
② 주관 및 취관에 가장 가까운 분기관마다 안전기부착
③ 가스용기가 발생기와 분리되어 있는 아세틸렌 용접장치는 발생기와 가스용기 사이(흡입관)에 안전기 설치

정답 40 ③ 41 ③ 42 ②

43

기계설비의 안전조건 중 외관의 안전화에 해당되지 않는 것은?

① 오동작 방지 회로 적용 ② 안전색채 조절
③ 덮개의 설치 ④ 구획된 장소에 격리

해설 **외관상의 안전화**

① 가드 설치(기계 외형 부분 및 회전체 돌출 부분)
② 별실 또는 구획된 장소에 격리(원동기 및 동력 전도 장치)
③ 안전 색채 조절(기계 장비 및 부수되는 배관)

44

산업용 로봇 작업 시 안전조치 방법이 아닌 것은?

① 높이 1.8m 이상의 방책을 설치한다.
② 로봇의 조작방법 및 순서의 지침에 따라 작업한다.
③ 로봇 작업 중 이상상황의 대처를 위해 근로자 이외에도 로봇의 기동스위치를 조작할 수 있도록 한다.
④ 2인 이상의 근로자에게 작업을 시킬 때는 신호 방법의 지침을 정하고 그 지침에 따라 작업한다.

해설 **산업용로봇의 운전 중 위험 방지 조치**

① 높이 1.8미터 이상의 울타리 설치 (컨베이어 시스템의 설치 등으로 울타리를 설치할 수 없는 일부 구간 – 안전매트 또는 광전자식 방호장치 등 감응형(感應形) 방호장치 설치)
② 작업에 종사하고 있는 근로자 또는 그 근로자를 감시하는 사람은 이상을 발견하면 즉시 로봇의 운전을 정지시키기 위한 조치를 할 것
③ 작업을 하고 있는 동안 로봇의 기동스위치 등에 작업 중이라는 표시를 하는 등 작업에 종사하고 있는 근로자가 아닌 사람이 그 스위치 등을 조작할 수 없도록 필요한 조치를 할 것

45

다음 중 연삭기의 종류가 아닌 것은?

① 다두 연삭기 ② 원통 연삭기
③ 센터리스 연삭기 ④ 만능 연삭기

해설 **연삭기의 종류**

① 탁상용 연삭기 ② 휴대용 연삭기 ③ 원통형 연삭기
④ 절단 및 평면 연삭기 ⑤ 센트리스 연삭기 ⑥ 만능 연삭기 등

46

프레스의 제작 및 안전기준에 따라 프레스의 각 항목이 표시된 이름판을 부착해야 하는데 이 이름판에 나타내어야 하는 항목이 아닌 것은?

① 압력능력 또는 전단능력 ② 제조연월
③ 안전인증의 표시 ④ 정격하중

해설 **프레스의 제작 및 안전기준(압력능력의 표시)**

① 압력능력(전단기는 전단능력) ② 사용전기설비의 정격
③ 제조자명 ④ 제조연월 ⑤ 안전인증의 표시
⑥ 형식 또는 모델번호 ⑦ 제조번호

47

동력식 수동대패기계의 덮개와 송급 테이블면과의 간격기준은 몇 mm 이하여야 하는가?

① 3 ② 5 ③ 8 ④ 12

해설 **동력식 수동대패기의 안전**

① 가동식 방호장치는 스프링의 복원력상태 및 날과 덮개와의 접촉 유무를 확인한다.
② 가동부의 고정상태 및 작업자의 접촉으로 인한 위험성 유무를 확인한다.
③ 날접촉 예방장치인 덮개와 송급테이블면과의 간격이 8mm 이하이어야 한다.

48

기계나 그 부품에 고장이나 기능 불량이 생겨도 항상 안전하게 작동하는 안전화 대책은?

① fool proof ② fail safe
③ risk management ④ hazard diagnosis

해설 **페일세이프(fail safe)**

조작상의 과오로 기기의 일부에 고장이 발생해도 다른부분의 고장이 발생하는 것을 방지하거나 또는 어떤 사고를 사전에 방지하고 안전측으로 작동하도록 설계하는 방법

tip

풀 프루프(fool proof)
바보 같은 행동을 방지한다는 뜻으로 사용자가 비록 잘못된 조작을 하더라도 이로 인해 전체의 고장이 발생되지 아니하도록 하는 설계방법

정답 43 ① 44 ③ 45 ① 46 ④ 47 ③ 48 ②

49

다음 중 연삭기의 원주속도 V(m/s)를 구하는 식으로 옳은 것은? (단, D는 숫돌의 지름(m), n은 회전수(rpm))

① $V=\frac{\pi Dn}{16}$ ② $V=\frac{\pi Dn}{32}$

③ $V=\frac{\pi Dn}{60}$ ④ $V=\frac{\pi Dn}{1000}$

해설 **연삭기의 원주속도**

원주속도$=\pi D(\text{mm})N(\text{rpm})(\text{m/min})=\frac{\pi Dn}{60}(\text{m/s})$

50

산업안전보건법령에 따라 다음 중 덮개 혹은 울을 설치하여야 하는 경우나 부위에 속하지 않는 것은?

① 목재가공용 띠톱기계를 제외한 띠톱기계에서 절단에 필요한 톱날 부위 외의 위험한 톱날 부위
② 선반으로부터 돌출하여 회전하고 있는 가공물이 근로자에게 위험을 미칠 우려가 있는 경우
③ 보일러에서 과열에 의한 압력상승으로 인해 사용자에게 위험을 미칠 우려가 있는 경우
④ 연삭기 또는 평삭기의 테이블, 형삭기 램 등의 행정끝이 근로자에게 위험을 미칠 우려가 있는 경우

해설 **덮개 또는 울등을 설치해야 하는 경우**

① 연삭기 또는 평삭기의 테이블, 형삭기램 등의 행정끝이 위험을 미칠 경우
② 선반 등으로부터 돌출하여 회전하고 있는 가공물이 위험을 미칠 경우
③ 띠톱기계(목재가공용 띠톱기계제외)의 절단에 필요한 톱날부위 외의 위험한 톱날부위

51

다음 중 컨베이어(conveyor)의 방호장치로 볼 수 없는 것은?

① 반발예방장치 ② 이탈방지장치
③ 비상정지장치 ④ 덮개 또는 울

해설 **컨베이어의 안전장치**

① 비상정지장치 ② 역주행방지장치 ③ 브레이크 ④ 이탈방지장치
⑤ 덮개 또는 낙하방지용 울 ⑥ 건널다리 등

tip
반발예방장치는 목재가공용 둥근톱의 방호장치에 해당된다.

52

클러치 프레스에 부착된 양수기동식 방호장치에 있어서 확동 클러치의 봉합개소의 수가 4, 분당 행정수가 300spm 일 때 양수기동식 조작부의 최소 안전거리는? (단, 인간의 손의 기준 속도는 1.6m/s로 한다.)

① 240mm ② 260mm ③ 340mm ④ 360mm

해설 **양수기동식의 안전거리**

① $D_m=1.6T_m$
② $T_m=\left(\frac{1}{\text{클러치 맞물림 개소수}}+\frac{1}{2}\right)\times\frac{60{,}000}{\text{매분행정수}}(\text{ms})$
$=\left(\frac{1}{4}+\frac{1}{2}\right)\times\frac{60{,}000}{300}=150(\text{ms})$
③ $D_m=1.6\times150=240(\text{mm})$

53

프레스의 본질적 안전화(no-hand in die 방식) 추진대책이 아닌 것은?

① 안전금형을 설치
② 전용프레스의 사용
③ 방호울이 부착된 프레스 사용
④ 감응식 방호장치 설치

해설 **프레스의 본질적 안전화(no-hand in die 방식)**

① 안전울이 부착된 프레스 ② 안전 금형을 부착한 프레스
③ 전용 프레스 ④ 자동 송급, 배출기구가 있는 프레스
⑤ 자동 송급, 배출장치를 부착한 프레스

정답 49 ③ 50 ③ 51 ① 52 ① 53 ④

2017년 2회

54

산업안전보건법령상 크레인의 방호장치에 해당하지 않는 것은?

① 권과방지장치 ② 낙하방지장치
③ 비상정지장치 ④ 과부하방지장치

해설 **양중기의 방호장치의 종류**

① 과부하방지장치 ② 권과방지장치 ③ 비상정지장치 및 제동장치
④ 그 밖의 방호장치(승강기의 파이널 리미트 스위치, 속도조절기, 출입문 인터록 등)

55

양수조작식 방호장치에서 누름버튼 상호간의 내측거리는 얼마 이상이어야 하는가?

① 250mm 이상 ② 300mm 이상
③ 350mm 이상 ④ 400mm 이상

해설

누름버튼 또는 조작 레버의 간격은 300mm 이상이어야 한다.

56

구내운반차를 사용하는 경우 준수해야 할 사항으로 옳지 않은 것은?

① 주행을 제동하거나 정지상태를 유지하기 위하여 유효한 제동장치를 갖출 것
② 경음기를 갖출 것
③ 작업을 안전하게 하기 위하여 필요한 조명이 있는 장소에서 사용하는 구내운반차에는 반드시 전조등과 후미등을 갖출 것.
④ 운전석이 차 실내에 있는 것은 좌우에 한개씩 방향지시기를 갖출 것

해설 **구내 운반차를 사용하는 경우 준수사항**

① 주행을 제동하거나 정지상태를 유지하기 위하여 유효한 제동장치를 갖출 것
② 경음기를 갖출 것
③ 운전석이 차 실내에 있는 것은 좌우에 한개씩 방향지시기를 갖출 것
④ 전조등과 후미등을 갖출 것. 다만, 작업을 안전하게 하기 위하여 필요한 조명이 있는 장소에서 사용하는 구내운반차에 대해서는 그러하지 아니하다.
⑤ 구내운반차가 후진 중에 주변의 근로자 또는 차량계하역운반기계 등과 충돌할 위험이 있는 경우에는 구내운반차에 후진경보기와 경광등을 설치할 것

tip

2024년 법령개정 내용 적용

57

기계운동의 형태에 따른 위험점 분류에 해당되지 않는 것은?

① 끼임점 ② 회전물림점 ③ 협착점 ④ 절단점

해설 **위험점의 분류**

① 협착점(Squeeze-point) ② 끼임점(Shear-point)
③ 절단점(Cutting-point) ④ 물림점(Nip-point)
⑤ 접선 물림점(Tangential Nip-point)
⑥ 회전 말림점(Trapping-point)

정답 54 ② 55 ② 56 ③ 57 ②

58

연삭기에서 숫돌의 바깥지름이 180mm라면, 평형 플랜지의 바깥지름은 몇 mm 이상이어야 하는가?

① 30 ② 36 ③ 45 ④ 60

해설 **플랜지의 직경**

① 플랜지의 직경은 숫돌직경의 1/3이상인 것을 사용한다.

② $180 \times \frac{1}{3} = 60(mm)$

59

롤러기에 사용되는 급정지장치의 종류가 아닌 것은?

① 손 조작식 ② 발 조작식
③ 무릎 조작식 ④ 복부 조작식

해설 **급정지 장치의 종류**

조작부의 종류	설치위치
손조작식	밑면에서 1.8m 이내
복부조작식	밑면에서 0.8m 이상 1.1m 이내
무릎조작식	밑면에서 0.4m 이상 0.6m 이내

60

드릴링 머신을 이용한 작업 시 안전 수칙에 관한 설명으로 옳지 않은 것은?

① 일감을 손으로 견고하게 쥐고 작업한다.
② 장갑을 끼고 작업을 하지 않는다.
③ 칩은 기계를 정지시킨 다음에 와이어브러시로 제거한다.
④ 드릴을 끼운 후에는 척 렌치를 반드시 탈거한다.

해설 **드릴 작업시 안전대책**

① 일감은 견고히 고정, 손으로 잡고 하는 작업금지
② 드릴 끼운 후 척 렌치는 반드시 빼둘 것
③ 장갑 착용 금지 및 칩은 브러시로 제거
④ 구멍 뚫기 작업시 손으로 관통확인 금지
⑤ 구멍이 관통된 후에는 기계정지후 손으로 돌려서 드릴을 뺄 것

4과목 전기 및 화학설비 안전관리

61

다음 중 접지공사의 종류에 해당되지 않는 것은?

① 특별 제1종 접지공사 ② 특별 제3종 접지공사
③ 제1종 접지공사 ④ 제2종 접지공사

해설 **접지공사의 종류**

접지종별	접지저항	접지선의굵기
제1종	10Ω 이하	공칭단면적 $6mm^2$ 이상의 연동선
제2종	(150/1선지락전류) Ω 이하	공칭단면적 $16mm^2$ 이상의 연동선
제3종	100Ω 이하	공칭단면적 $2.5mm^2$ 이상의 연동선
특별제3종	10Ω 이하	공칭단면적 $2.5mm^2$ 이상의 연동선

tip

2021년 적용되는 법 제정으로 종별접지공사 및 저항값 등은 삭제된 내용이니 본문내용을 참고하세요.

62

전기스파크의 최소발화에너지를 구하는 공식은?

① $W = \frac{1}{2}CV^2$ ② $W = \frac{1}{2}CV$

③ $W = 2CV^2$ ④ $W = 2C^2V$

해설 **최소 발화에너지**

$$W(J) = \frac{1}{2}QV = \frac{1}{2}CV^2$$

정답 58 ④ 59 ② 60 ① 61 ① 62 ①

63

허용접촉전압이 종별 기준과 서로 다른 것은?

① 제1종 – 2.5V 이하　　② 제2종 – 25V 이하
③ 제3종 – 75V 이하　　④ 제4종 – 제한없음

해설 **허용 접촉전압**

종별	접촉 상태	허용접촉 전압
제1종	• 인체의 대부분이 수중에 있는 경우	2.5V 이하
제2종	• 인체가 현저하게 젖어있는 경우 • 금속성의 전기기계장치나 구조물에 인체의 일부가 상시 접촉되어 있는 경우	25V 이하
제3종	• 제1종, 제2종 이외의 경우로 통상의 인체상태에 있어서 접촉전압이 가해지면 위험성이 높은 경우	50V 이하
제4종	• 제1종, 제2종 이외의 경우로 통상의 인체상태에 있어서 접촉전압이 가해지더라도 위험성이 낮은 경우 • 접촉전압이 가해질 우려가 없는 경우	제한없음

64

감전을 방지하기 위하여 정전작업 요령을 관계근로자에 주지시킬 필요가 없는 것은?

① 전원설비 효율에 관한 사항
② 단락접지 실시에 관한 사항
③ 전원 재투입 순서에 관한 사항
④ 작업 책임자의 임명, 정전범위 및 절연용 보호구 작업 등 필요한 사항

해설 **정전 작업요령 포함사항(보기 외에)**

① 교대 근무시 근무인계에 필요한 사항
② 전로 또는 설비의 정전순서에 관한사항
③ 개폐기 관리 및 표지판 부착에 관한사항
④ 정전 확인순서에 관한사항
⑤ 점검 또는 시운전을 위한 일시운전에 관한사항

65

누전에 의한 감전위험을 방지하기 위하여 감전방지용 누전차단기의 접속에 관한 일반사항으로 틀린 것은?

① 분기회로마다 누전차단기를 설치한다.
② 동작시간은 0.03초 이내이어야 한다.
③ 전기기계·기구에 설치되어 있는 누전차단기는 정격감도전류가 30mA 이하이어야 한다.
④ 누전차단기는 배전반 또는 분전반 내에 접속하지 않고 별도로 설치한다.

해설 **누전차단기 접속시 준수사항(보기 외에)**

① 누전차단기는 배전반 또는 분전반내에 접속하거나 꽂음접속기형 누전차단기를 콘센트에 연결하는 등 파손 또는 감전사고를 방지할 수 있는 장소에 접속할 것
② 지락보호전용 누전차단기는 과전류를 차단하는 퓨즈 또는 차단기 등과 조합하여 접속할 것

66

방폭전기설비의 설치시 고려하여야 할 환경조건으로 가장 거리가 먼 것은?

① 열　② 진동　③ 산소량　④ 수분 및 습기

해설 **설치위치 선정시 고려사항**

① 보수가 용이한 위치에 설치하고 점검 또는 정비에 필요한 공간을 확보하여야 한다.
② 가능하면 수분이나 습기에 노출되지 않는 위치를 선정하고, 상시 습기가 많은 장소에 설치하는 것을 피하여야 한다.
③ 부식성가스 발산구의 주변 및 부식성 액체가 비산하는 위치에 설치하는 것을 피하여야 한다.
④ 열유관, 증기관 등의 고온 발열체에 근접한 위치에는 가능하면 설치를 피하여야 한다.
⑤ 기계장치 등으로부터 현저한 진동의 영향을 받을 수 있는 위치에 설치하는 것을 피하여야 한다.

정답 63 ③ 64 ① 65 ④ 66 ③

67

다음 중 방폭구조의 종류와 기호가 올바르게 연결된 것은?

① 압력방폭구조: q　② 유입방폭구조: m
③ 비점화방폭구조: n　④ 본질안전방폭구조: e

해설 **방폭구조의 기호**

종류	내압	압력	유입	안전증	몰드	충전	비점화	본질안전	특수
기호	d	p	o	e	m	q	n	i	s

68

페인트를 스프레이로 뿌려 도장작업을 하는 작업 중 발생할 수 있는 정전기 대전으로만 이루어진 것은?

① 분출대전, 충돌대전　② 충돌대전, 마찰대전
③ 유동대전, 충돌대전　④ 분출대전, 유동대전

해설 **대전의 종류**

① 충돌대전: 분체류와 같은 입자 상호간이나 입자와 고체와의 충돌에 의해 빠른 접촉 또는 분리가 행하여짐으로써 정전기가 발생되는 현상
② 분출대전: 분체류, 액체류, 기체류가 단면적이 작은 분출구를 통해 공기 중으로 분출될 때 분출하는 물질과 분출구의 마찰로 인해 정전기가 발생되는 현상

69

제3종 접지 공사 시 접지선에 흐르는 전류가 0.1A 일 때 전압강하로 인한 대지 전압의 최대값은 몇 V 이하이어야 하는가?

① 10V　② 20V　③ 30V　④ 50V

해설 **전압강하**

① 3종접지공사의 저항값 : 100Ω 이하
② 대지전압의 최대값 : 0.1A ×100Ω = 10V

tip
2021년 적용되는 법 제정으로 종별접지공사 및 저항값 등은 삭제된 내용이니 본문내용을 참고하세요.

70

다음 중 대전된 정전기의 제거방법으로 적당하지 않은 것은?

① 작업장 내에서의 습도를 가능한 낮춘다.
② 제전기를 이용해 물체에 대전된 정전기를 제거한다.
③ 도전성을 부여하여 대전된 전하를 누설시킨다.
④ 금속 도체와 대지 사이의 전위를 최소화하기 위하여 접지한다.

해설 **정전기 발생 방지책**

① 접지(도체의 대전방지)
② 가습(공기중의 상대습도를 60~70%정도 유지)
③ 대전방지제 사용
④ 배관 내에 액체의 유속제한 및 정체시간 확보
⑤ 제전장치(제전기) 사용
⑥ 도전성 재료 사용
⑦ 보호구 착용 등

71

휘발유를 저장하던 이동저장탱크에 등유나 경유를 이동저장탱크의 및 부분으로부터 주입할 때에 액표면의 높이가 주입관의 선단의 높이를 넘을 때까지 주입속도는 몇 m/s 이하로 하여야 하는가?

① 0.5　② 1　③ 1.5　④ 2.0

해설 **가솔린이 남아 있는 설비에 등유 등의 주입**

(1) 미리 그 내부를 깨끗하게 씻어내고 가솔린의 증기를 불활성 가스로 바꾸는 등 안전한 상태로 되어 있는지를 확인한 후에 그 작업을 하여야 한다.
(2) 다만, 다음의 조치를 하는 경우에는 그러하지 아니하다.
　① 등유나 경유를 주입하기 전에 탱크·드럼 등과 주입설비 사이에 접속선이나 접지선을 연결하여 전위차를 줄이도록 할 것
　② 등유나 경유를 주입하는 경우에는 그 액표면의 높이가 주입관의 선단의 높이를 넘을 때까지 주입속도를 초당 1미터 이하로 할 것

정답 67 ③ 68 ① 69 ① 70 ① 71 ②

72

다음 중 증류탑의 원리로 거리가 먼 것은?

① 끓는점(휘발성) 차이를 이용하여 목적 성분을 분리한다.
② 열이동은 도모하지만 물질이동은 관계하지 않는다.
③ 기-액 두 상의 접촉이 충분히 일어날 수 있는 접촉면적이 필요하다.
④ 여러 개의 단을 사용하는 다단탑이 사용될 수 있다.

해설 증류탑

증기압이 다른 액체 혼합물에서 끓는점 차이를 이용해서 특정성분을 분리해내는 장치로 끓는점이 낮은 물질이 위쪽에서 분리되고 끓는점이 높은 물질이 아래쪽에서 분리된다.

73

화염의 전파속도가 음속보다 빨라 파면 선단에 충격파가 형성되며 보통 그 속도가 1000 ~3500m/s에 이르는 현상을 무엇이라 하는가?

① 폭발현상 ② 폭굉현상 ③ 파괴현상 ④ 발화현상

해설 폭굉과 폭굉파

① 폭굉이란 폭발 범위내의 특정 농도 범위에서 연소속도가 폭발에 비해 수백 내지 수천 배에 달하는 현상
② 폭굉파는 진행속도가 1,000~3,500m/s에 달하는 경우
③ 폭굉파의 전파속도는 음속을 앞지르기 때문에 그 진행전면에 충격파가 형성되어 파괴 작용을 동반

74

SO_2, 20ppm은 약 몇 g/m³인가? (단, SO_2의 분자량은 64이고, 온도는 21℃, 압력은 1기압으로 한다.)

① 0.571 ② 0.531 ③ 0.0571 ④ 0.0531

해설 환산식

$$mg/m^3 = \frac{ppm \times 분자량(g)}{22.4} \times \frac{273}{273+℃} = \frac{20 \times 64}{22.4} \times \frac{273}{273+21}$$

$$= 53.06(mg/m^3)$$

그러므로 $53.06mg/m^3 \times 10^{-3} = 0.0531g/m^3$

75

다음 중 유해·위험물질이 유출되는 사고가 발생했을 때의 대처요령으로 가장 적절하지 않은 것은?

① 중화 또는 희석을 시킨다.
② 유해·위험물질을 즉시 모두 소각시킨다.
③ 유출부분을 억제 또는 폐쇄시킨다.
④ 유출된 지역의 인원을 대피시킨다.

해설 유해·위험물질의 유출 시 조치사항

유출지역의 인원을 대피시키고, 위험물질의 농도를 희석하여 안전하게 하거나 유출부분은 폐쇄하여 완전히 격리하도록 한다.

76

다음 중 가연성 분진의 폭발 메커니즘으로 옳은 것은?

① 퇴적분진 → 비산 → 분산 → 발화원 발생 → 폭발
② 발화원 발생 → 퇴적분진 → 비산 → 분산 → 폭발
③ 퇴적분진 → 발화원 발생 → 분산 → 비산 → 폭발
④ 발화원 발생 → 비산 → 분산 → 퇴적분진 → 폭발

해설 분진 폭발의 과정

분진의 퇴적 → 비산하여 분진운 생성 → 분산 → 점화원 → 폭발 → 2차폭발

77

다음 중 물질의 위험성과 그 시험방법이 올바르게 연결된 것은?

① 인화점 - 태그 밀폐식
② 발화온도 - 산소지수법
③ 연소시험 - 가스크로마토그래피법
④ 최소발화에너지 - 클리브랜드 개방식

해설 인화점 측정장치

① 에벨펜스키 밀폐식 실험기 ② 태그 밀폐식 시험기
③ 펜스키·마르텐스 밀폐식 시험기 ④ 크리브란드 개방식 시험기

정답 72 ② 73 ② 74 ④ 75 ② 76 ① 77 ①

78

메탄(CH_4) 100mol이 산소 중에서 완전 연소하였다면 이 때 소비된 산소량 몇 mol인가?

① 50 ② 100 ③ 150 ④ 200

해설 **메탄의 연소 반응식**

$CH_4 + 2O_2 \rightarrow CO_2 + 2H_2O$

79

물반응성 물질에 해당하는 것은?

① 니트로화합물 ② 칼륨
③ 염소산나트륨 ④ 부탄

해설 **물반응성 물질 및 인화성고체**

① 리튬 ③ 칼륨·나트륨 ② 황 ③ 황린
④ 알킬알루미늄·알킬리튬 ⑤ 마그네슘 분말 등

80

가정에서 요리를 할 때 사용하는 가스렌지에서 일어나는 가스의 연소형태에 해당되는 것은?

① 자기연소 ② 분해연소
③ 표면연소 ④ 확산연소

해설 **기체의 연소**

① 확산연소 : 연료가스와 공기가 확산에 의해 혼합되어 연소 범위 농도에 이르러 연소하는 현상
② 예혼합연소 : 기체연료에 연소에 필요한 공기 또는 산소를 미리 혼합하여 연소하는 현상

5과목 건설공사 안전관리

81

건설업의 산업안전보건관리비 사용기준에 해당되지 않는 것은?

① 안전시설비 ② 안전관리자·보건관리자의 임금
③ 환경보전비 ④ 안전보건교육비

해설 **산업안전보건관리비의 사용기준**

① 안전관리자·보건관리자의 임금 등 ② 안전시설비 등
③ 보호구 등 ④ 안전보건진단비 등 ⑤ 안전보건교육비 등
⑥ 근로자 건강장해예방비 등
⑦ 건설재해예방전문지도기관의 지도에 대한 대가로 지급하는 비용
⑧ 「중대재해 처벌 등에 관한 법률」에 해당하는 건설사업자가 아닌 자가 운영하는 사업에서 안전보건 업무를 총괄·관리하는 3명 이상으로 구성된 본사 전담조직에 소속된 근로자의 임금 및 업무수행 출장비 전액. 다만, 계상된 안전보건관리비 총액의 20분의 1을 초과할 수 없다.
⑨ 위험성평가 또는 「중대재해 처벌 등에 관한 법률 시행령」에 따라 유해·위험요인 개선을 위해 필요하다고 판단하여 산업안전보건위원회 또는 노사협의체에서 사용하기로 결정한 사항을 이행하기 위한 비용. 다만, 계상된 안전보건관리비 총액의 10분의 1을 초과할 수 없다.

82

달비계에 사용하는 와이어로프는 지름의 감소가 공칭지름의 몇 %를 초과하는 경우에 사용할 수 없도록 규정되어 있는가?

① 5% ② 7% ③ 9% ④ 10%

해설 **달비계 와이어로프의 사용제한**

① 이음매가 있는 것
② 와이어로프의 한 꼬임(스트랜드)에서 끊어진 소선(필러선 제외)의 수가 10% 이상인 것
③ 지름의 감소가 공칭지름의 7%를 초과하는 것
④ 꼬인 것
⑤ 심하게 변형되거나 부식된 것
⑥ 열과 전기충격에 의해 손상된 것

tip

2021년 법령개정으로 달비계는 곤돌라형 달비계와 작업의자형 달비계로 구분하여 정리해야 하니 본문내용을 참고하시기 바랍니다.

정답 78 ④ 79 ② 80 ④ 81 ③ 82 ②

83

건설작업용 리프트에 대하여 바람에 의한 붕괴를 방지하는 조치를 한다고 할 때 그 기준이 되는 풍속은?

① 순간풍속 30m/sec 초과
② 순간풍속 35m/sec 초과
③ 순간풍속 40m/sec 초과
④ 순간풍속 45m/sec 초과

해설 **폭풍 등에 의한 안전조치사항**

풍속의 기준	조치사항
순간풍속이 매 초당 30미터 초과	주행크레인의 이탈방지 장치 작동
	작업전 크레인 및 건설용리프트의 이상유무 점검
순간풍속이 매 초당 35미터 초과	건설용 리프트의 받침의 수를 증가시키는 등 붕괴방지조치
	옥외에 설치된 승강기의 받침의 수를 증가시키는 등 무너지는 것을 방지하기 위한 조치

84

추락에 의한 위험방지와 관련된 승강설비의 설치에 관한 사항이다. ( )에 들어갈 내용으로 옳은 것은?

> 사업주는 높이 또는 깊이가 (　　)를 초과하는 장소에서 작업하는 경우 해당 작업에 종사하는 근로자가 안전하게 승강하기 위한 건설작업용 리프트 등의 설비를 설치하여야 한다.

① 1.0m　② 1.5m　③ 2.0m　④ 2.5m

해설 **높이가 2m 이상인 장소에서의 위험방지 조치사항**

① 추락방지조치
　㉠ 비계조립에 의한 작업발판 설치 ㉡ 추락방호망 설치
　㉢ 안전대 착용 등
② 승강설비(건설용 리프트 등) 설치 : 높이 또는 깊이가 2m를 초과하는 장소에서의 안전한 작업을 위한 승강설비 설치

85

지반의 조사방법 중 지질의 상태를 가장 정확히 파악할 수 있는 보링방법은?

① 충격식 보링(percussion boring)
② 수세식 보링(wash boring)
③ 회전식 보링(rotary boring)
④ 오거 보링(auger boring)

해설 **보링(Boring)의 종류**

종류	특징
오거(Auger)보링	연약점성토 및 중간정도의 점성토, 깊이 10m 이내
수세식 보링	충격을 가하며, 펌프로 압송한 물의 수압에 의해 물과 함께 배출. 깊이 30m 내외
충격식 보링	Bit 끝에 천공구를 부착하여 상하 충격에 의해 천공, 토사암반에도 가능
회전식 보링	Bit를 회전시켜 천공하며, 비교적 자연상태 그대로 채취가능

86

철근의 인력 운반 방법에 관한 설명으로 옳지 않은 것은?

① 긴 철근은 두 사람이 1조가 되어 같은 쪽의 어깨에 메고 운반한다.
② 양끝은 묶어서 운반한다.
③ 1회 운반 시 1인당 무게는 50kg 정도로 한다.
④ 공동작업 시 신호에 따라 작업한다.

해설 **철근의 운반(보기 외에)**

① 1인당 무게는 25킬로그램 정도가 적절하며 무리한 운반은 삼가
② 내려놓을 때는 천천히 내려놓고 던지지 않을 것
③ 긴 철근을 부득이 한 사람이 운반할 때에는 한쪽을 어깨에 메고 한쪽 끝을 끌면서 운반

정답 83 ② 84 ③ 85 ③ 86 ③

87

사다리식 통로를 설치할 때 사다리의 상단은 걸쳐 놓은 지점으로부터 최소 얼마 이상 올라가도록 하여야 하는가?

① 45cm 이상　② 60cm 이상
③ 75cm 이상　④ 90cm 이상

해설 **사다리식 통로의 구조(주요내용)**

① 발판과 벽과의 사이는 15센티미터 이상의 간격을 유지할 것
② 폭은 30센티미터 이상으로 할 것
③ 사다리의 상단은 걸쳐놓은 지점으로부터 60센티미터 이상 올라가도록 할 것
④ 사다리식 통로의 길이가 10미터 이상인 경우에는 5미터 이내마다 계단참을 설치할 것
⑤ 사다리식 통로의 기울기는 75도 이하로 할 것

88

차량계 건설기계의 작업계획서 작성 시 그 내용에 포함되어야 할 사항이 아닌 것은?

① 사용하는 차량계 건설기계의 종류 및 성능
② 차량계 건설기계의 운행 경로
③ 차량계 건설기계에 의한 작업방법
④ 브레이크 및 클러치 등의 기능 점검

해설 **작업계획서 내용**

① 사용하는 차량계 건설기계의 종류 및 성능
② 차량계 건설기계의 운행경로
③ 차량계 건설기계에 의한 작업방법

89

개착식 굴착공사(Open cut)에서 설치하는 계측기기와 거리가 먼 것은?

① 수위계　② 경사계　③ 응력계　④ 내공변위계

해설

내공변위 측정, 천단침하 측정 등은 터널굴착작업에 해당하는 계측기기이다.

90

콘크리트 측압에 관한 설명으로 옳지 않은 것은?

① 대기의 온도가 높을수록 크다.
② 콘크리트의 타설속도가 빠를수록 크다.
③ 콘크리트의 타설높이가 높을수록 크다.
④ 배근된 철근량이 적을수록 크다.

해설 **측압이 커지는 조건**

① 타설 속도가 빠를수록　② 콘크리트 슬럼프치가 클수록
③ 다짐이 충분할수록　④ 철골, 철근량이 적을수록
⑤ 콘크리트 시공연도가 좋을수록　⑥ 외기의 온도가 낮을수록 등

91

차량계 하역운반기계 등을 이송하기 위하여 자주(自走) 또는 견인에 의하여 화물자동차에 싣거나 내리는 작업을 할 때 발판·성토 등을 사용하는 경우 기계의 전도 또는 전락에 의한 위험을 방지하기 위하여 준수하여야 할 사항으로 옳지 않은 것은?

① 싣거나 내리는 작업은 견고한 경사지에서 실시할 것
② 가설대 등을 사용하는 경우에는 충분한 폭 및 강도와 적당한 경사를 확보할 것
③ 발판을 사용하는 경우에는 충분한 길이·폭 및 강도를 가진 것을 사용할 것
④ 지정운전자의 성명·연락처 등을 보기 쉬운 곳에 표시하고 지정운전자 외에는 운전하지 않도록 할 것

해설 **차량계 하역운반기계의 이송(보기 외에)**

① 싣거나 내리는 작업은 평탄하고 견고한 장소에서 할 것
② 발판을 사용하는 경우에는 충분한 길이·폭 및 강도를 가진 것을 사용하고 적당한 경사를 유지하기 위하여 견고하게 설치할 것

92

다음 중 차량계 건설기계에 속하지 않는 것은?

① 배쳐플랜트　② 모터그레이더
③ 크롤러드릴　④ 탠덤롤러

해설 **배처 플랜트[batcher plant]**

재료를 정해진 비율로 계량하는 장치를 배쳐라 하며 배쳐에 재료를 넣는 설비, 계량한 재료를 믹서에 투입하는 설비를 합하여 배쳐플랜트라 한다.

정답 87 ② 88 ④ 89 ④ 90 ① 91 ① 92 ①

93

거푸집 해체 시 작업자가 이행해야 할 안전수칙으로 옳지 않은 것은?

① 거푸집 해체는 순서에 입각하여 실시한다.
② 상하에서 동시작업을 할 때는 상하의 작업자가 긴밀하게 연락을 취해야 한다.
③ 거푸집 해체가 용이하지 않을 때에는 큰 힘을 줄 수 있는 지렛대를 사용해야 한다.
④ 해체된 거푸집, 각목 등을 올리거나 내릴 때는 달줄, 달포대 등을 사용한다.

해설 **거푸집 해체 작업시 안전수칙(보기 외에)**

① 거푸집동바리를 해체할 때에는 작업책임자 선임
② 관계자를 제외하고는 출입금지 조치
③ 재사용 가능한 것과 보수하여야 할 것을 선별 분리하여 적치하고 정리정돈
④ 거푸집 해체 때 구조체에 무리한 충격이나 큰 힘에 의한 지렛대 사용은 금지
⑤ 보 또는 스라브 거푸집을 제거할 때에는 거푸집의 낙하 충격으로 인한 작업자의 돌발적 재해를 방지

94

강관비계의 구조에서 비계기둥 간의 최대 허용 적재 하중으로 옳은 것은?

① 500kg ② 400kg ③ 300kg ④ 200kg

해설

비계기둥간의 적재하중은 400kg을 초과하지 아니하도록 한다.

95

다음 셔블계 굴착장비 중 좁고 깊은 굴착에 가장 적합한 장비는?

① 드래그라인(dragline) ② 파워셔블(power shovel)
③ 백호(back hoe) ④ 클램쉘(clam shell)

해설 **클램쉘(Clam Shell)**

① 지반아래 협소하고 깊은 수직굴착에 주로 사용(수중굴착 및 구조물 기초바닥, 우물통 기초의 내부굴착 등)
② Bucket이 양쪽으로 개폐되며 Bucket을 열어서 굴삭
③ 모래, 자갈 등을 채취하여 트럭에 적재

96

추락방지망의 달기로프를 지지점에 부착할 때 지지점의 간격이 1.5m 인 경우 지지점의 강도는 최소 얼마 이상이어야 하는가?(단, 연속적인 구조물이 방망 지지점인 경우)

① 200kg ② 300kg ③ 400kg ④ 500kg

해설 **추락방지망의 지지점 강도**

① F = 200B 여기서, F : 외력(킬로그램), B : 지지점간격(미터)
② 지지점의 간격이 1.5m인 경우
F = 200 × 1.5 = 300kg

97

토류벽에 거치된 어스 앵커의 인장력을 측정하기 위한 계측기는?

① 하중계(Load cell)
② 변형계(Strain gauge)
③ 지하수위계(Piezometer)
④ 지중경사계(Inclinometer)

해설

하중계는 흙막이 버팀대에 작용하는 토압, 어스 앵커의 인장력 등을 측정하는 기기

98

작업에서의 위험요인과 재해형태가 가장 관련이 적은 것은?

① 무리한 자재적재 및 통로 미확보 → 전도
② 개구부 안전난간 미설치 → 추락
③ 벽돌 등 중량물 취급 작업 → 협착
④ 항만 하역 작업 → 질식

해설

항만 하역작업은 화물로 인한 낙하 및 충돌재해와 고소작업으로 인한 추락재해 등이 발생할 수 있다.

정답 93 ③ 94 ② 95 ④ 96 ② 97 ① 98 ④

99

건설공사현장에 가설통로를 설치하는 경우 경사는 몇 도 이내를 원칙으로 하는가?

① 15° ② 20° ③ 25° ④ 30°

해설 **가설 통로의 구조**

① 견고한 구조로 할 것
② 경사는 30도 이하로 할 것
③ 경사가 15도를 초과하는 경우에는 미끄러지지 아니하는 구조로 할 것
④ 추락할 위험이 있는 장소에는 안전난간을 설치할 것
⑤ 수직갱에 가설된 통로의 길이가 15m이상인 경우에는 10m 이내마다 계단참을 설치할 것
⑥ 건설공사에 사용하는 높이 8m 이상인 비계다리에는 7m 이내마다 계단참을 설치할 것

100

건설업 산업안전보건관리비 계상 및 사용기준을 적용하는 공사금액 기준을 적용하는 공사금액 기준으로 옳은 것은?(단, 「산업재해보상보험법」 제6조에 따라 「산업재해보상보험법」의 적용을 받는 공사)

① 총공사금액 2천만원 이상인 공사
② 총공사금액 4천만원 이상인 공사
③ 총공사금액 6천만원 이상인 공사
④ 총공사금액 1억원 이상인 공사

해설 **산업안전보건관리비**

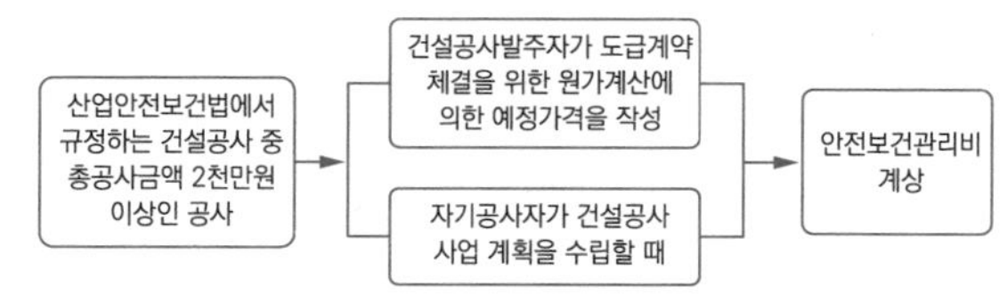

tip
관련법령 개정으로 2천만원으로 수정되었으며, 해설과 답안은 개정내용에 맞게 수정하였습니다.

2017년 2회

정답 99 ④ 100 ①

2017년 8월 26일

산업안전산업기사 기출문제

1과목 산업재해 예방 및 안전보건교육

01

의사결정 과정에 따른 리더십의 행동유형 중 전제형에 속하는 것은?

① 집단 구성원에게 자유를 준다.
② 지도자가 모든 정책을 결정한다.
③ 집단토론이나 집단결정을 통해서 정책을 결정한다.
④ 명목적인 리더의 자리를 지키고 부하직원들의 의견에 따른다.

해설 리더십의 유형

유형	개념
독재적(권위주의적) 리더십 (맥그리거의 X이론 중심)	① 부하직원의 정책 결정에 참여거부 ② 리더의 의사에 복종 강요(리더중심) ③ 집단성원의 행위는 공격적 아니면 무관심 ④ 집단구성원 간의 불신과 적대감
민주적 리더십 (맥그리거의 Y이론 중심)	① 집단토론이나 집단결정을 통하여 정책결정(집단중심) ② 리더나 집단에 대하여 적극적인 자세로 행동
자유방임형(개방적) 리더십	① 집단 구성원(종업원)에게 완전한 자유를 주고 리더의 권한 행사는 없음 ② 집단 성원간의 합의가 안될 경우 혼란야기(종업원 중심)

02

안전보건관리조직의 형태 중 라인(Line)형 조직의 특성이 아닌 것은?

① 소규모 사업장(100명 이하)에 적합하다.
② 라인에 과중한 책임을 지우기가 쉽다.
③ 안전관리 전담요원을 별도로 지정한다.
④ 모든 명령은 생산계통을 따라 이루어진다.

해설 라인형(직계식) 조직

① 명령과 보고가 상하관계 뿐이므로 간단명료(모든 권한이 포괄적이고 직선적으로 행사)
② 명령이나 지시가 신속정확하게 전달되어 개선조치가 빠르게 진행
③ 안전관리 전담요원을 별도로 지정하지 않음

03

조건반사설에 의한 학습이론의 원리에 해당하지 않는 것은?

① 강도의 원리　② 시간의 원리
③ 효과의 원리　④ 계속성의 원리

해설 pavlov의 조건반사설

(1) 내용 : 행동의 성립을 조건화에 의해 설명. 즉, 일정한 훈련을 통하여 반응이나 새로운 행동의 변용을 가져올 수 있다.
(2) 학습이론의 원리
① 일관성의 원리　② 강도의 원리　③ 시간의 원리
③ 시간의 원리　④ 계속성의 원리

04

안전·보건표지의 색채 및 색도 기준 중 다음 ( ) 안에 알맞은 것은?

색채	색도 기준	용도
(㉠)	5Y 8.5/12	경고
(㉡)	2.5PB 4/10	지시

① ㉠ 빨간색, ㉡ 흰색　② ㉠ 검은색, ㉡ 노란색
③ ㉠ 흰색, ㉡ 녹색　④ ㉠ 노란색, ㉡ 파란색

해설 안전표지의 색채 및 색도기준

색채	색도기준	용도
빨간색	7.5R 4/14	금지
		경고
노란색	5Y 8.5/12	경고
파란색	2.5PB 4/10	지시
녹색	2.5G 4/10	안내

정답 1 ② 2 ③ 3 ③ 4 ④

05

안전교육방법 중 사례연구법의 장점이 아닌 것은?

① 흥미가 있고, 학습동기를 유발할 수 있다.
② 현실적인 문제의 학습이 가능하다.
③ 관찰력과 분석력을 높일 수 있다.
④ 원칙과 규정의 체계적 습득이 용이하다.

해설 case method(사례연구법)의 장단점

장점	① 흥미가 있어 학습동기유발 ② 사물에 대한 관찰력 및 분석력 향상 ③ 판단력과 응용력 향상
단점	① 발표를 할 때나 발표하지 않을 때 원칙과 규칙의 체계적인 습득 필요 ② 적극적인 참여와 의견의 교환을 위한 리더의 역할필요 ③ 적절한 사례의 확보곤란 및 진행방법에 대한 철저한 연구필요

06

착시현상 중 그림과 같이 우선 평행의 호를 보고 이어 직선을 본 경우에 직선은 호와의 반대방향에 보이는 현상은?

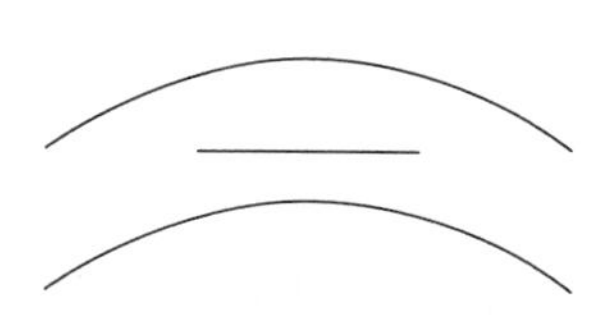

① 동화착오 ② 분할착오 ③ 윤곽착오 ④ 방향착오

해설 윤곽착오

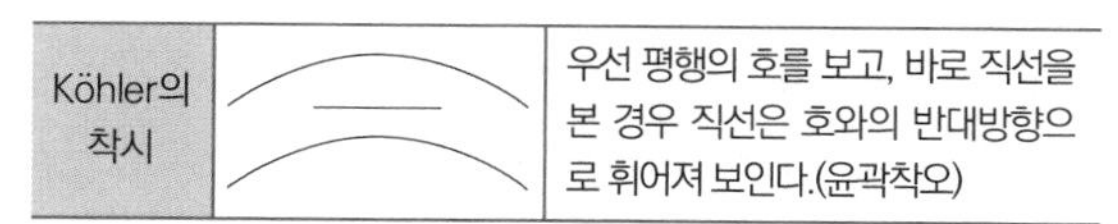

Köhler의 착시	(그림)	우선 평행의 호를 보고, 바로 직선을 본 경우 직선은 호와의 반대방향으로 휘어져 보인다.(윤곽착오)

07

무재해운동 추진기법 중 다음에서 설명하는 것은?

> 작업을 오조작 없이 안전하게 하기 위하여 작업공정의 요소에서 자신의 행동을 하고 대상을 가리킨 후 큰 소리로 확인하는 것

① 지적확인 ② T.B.M
③ 터치 앤드 콜 ④ 삼각 위험예지훈련

해설 지적 확인

작업 공정이나 상황 가운데 위험요인이나 작업의 중요 포인트에 대해 자신의 행동을 「…좋아!」라고 큰 소리로 제창하여 확인하는 방법으로 인간의 감각기관을 최대한 활용함으로 위험 요소에 대한 긴장을 유발하고 불안전 행동이나 상태를 사전에 방지하는 효과가 있다. 작업자 상호간의 연락이나 신호를 위한 동작과 지적도 지적확인이라고 한다.

08

하인리히(Heinrich)의 사고발생의 연쇄성 5단계 중 2단계에 해당되는 것은?

① 유전과 환경 ② 개인적인 결함
③ 불안전한 행동 ④ 사고

해설 하인리히의 사고연쇄반응이론(도미노 이론)

사회적 환경 및 유전적 요인 → 개인적 결함 → 불안전 행동 및 불안전 상태 → 사고 → 재해

09

T.W.I(Training Within Industry)의 교육내용이 아닌 것은?

① Job Support Training
② Job Method Training
③ Job Relation Training
④ Job Instruction Training

해설 TWI(Training with industry)

① Job Method Training(J. M. T) : 작업방법훈련(작업개선법)
② Job Instruction Training(J. I. T) : 작업지도훈련(작업지도법)
③ Job Relations Training(J. R. T) : 인간관계훈련(부하통솔법)
④ Job Safety Training(J. S. T) : 작업안전훈련(안전관리법)

정답 5④ 6③ 7① 8② 9①

10

무재해 운동의 기본이념 3대원칙이 아닌 것은?

① 무의 원칙 ② 참가의 원칙
③ 선취의 원칙 ④ 자주활동의 원칙

해설 **무재해 운동의 3대 원칙**

무의 원칙	모든 잠재위험요인을 적극적으로 사전에 발견하고 파악·해결함으로써 산업재해의 근원적인 요소들을 없앤다는 것을 의미한다.
선취의 원칙	사업장 내에서 행동하기 전에 잠재위험요인을 발견하고 파악·해결하여 재해를 예방하는 것을 의미한다.
참가의 원칙	잠재위험요인을 발견하고 파악·해결하기 위하여 전원이 일치 협력하여 각자의 위치에서 적극적으로 문제해결을 하겠다는 것을 의미한다.

11

허즈버그(Herzberg)의 동기·위생이론 중 위생요인에 해당하지 않는 것은?

① 보수 ② 책임감 ③ 작업조건 ④ 감독

해설 **허츠버그의 위생요인(직무환경, 저차적욕구)**

① 조직의 정책과 방침 ② 작업조건 ③ 대인관계
④ 임금, 신분, 지위 ⑤ 감독 등

tip

동기유발요인(직무내용, 고차적 욕구)
① 직무상의 성취 ② 인정 ③ 성장 또는 발전 ④ 책임의 증대
⑤ 직무내용자체(보람된 직무) 등

12

산업안전보건법령상 안전보건교육 중 근로자 정기교육 내용에 해당하지 않는 것은?

① 산업재해보상보험 제도에 관한 사항
② 산업안전 및 사고 예방에 관한 사항
③ 산업보건 및 직업병 예방에 관한 사항
④ 기계·기구의 위험성과 작업의 순서 및 동선에 관한 사항

해설 **근로자 정기교육 내용**

① 건강증진 및 질병 예방에 관한 사항
② 유해·위험 작업환경 관리에 관한 사항
③ 산업안전 및 사고 예방에 관한 사항
④ 산업보건 및 직업병 예방에 관한 사항
⑤ 직무스트레스 예방 및 관리에 관한 사항
⑥ 산업안전보건법령 및 산업재해보상보험 제도에 관한 사항
⑦ 직장내 괴롭힘, 고객의 폭언 등으로 인한 건강장해 예방 및 관리에 관한 사항
⑧ 위험성 평가에 관한 사항

tip

2023년 법령개정. 문제와 해설은 개정된 내용 적용 ④

13

교육의 3요소 중 교육의 주체에 해당하는 것은?

① 강사 ② 교재 ③ 수강자 ④ 교육방법

해설 **교육의 3대 요소**

① 교육의 주체 : 강사
② 교육의 객체 : 학습자, 수강자(교육대상)
③ 교육의 매개체 : 교재(교육내용)

14

인간의 사회적 행동의 기본 형태가 아닌 것은?

① 대립 ② 도피 ③ 모방 ④ 협력

해설 **사회행동의 기본형태**

① 협력 - 조력, 분업 ② 대립 - 공격, 경쟁 ③ 도피 - 자살 등

정답 10 ④ 11 ② 12 ④ 13 ① 14 ③

15

재해원인 분석방법의 통계적 원인분석 중 다음에서 설명하는 것은?

사고의 유형, 기인물 등 분류항목을 큰 순서대로 도표화한다.

① 파레토도 ② 특성요인도
③ 크로스도 ④ 관리도

해설 **재해 통계 도표**

① 파레토도(Pareto diagram) : 관리 대상이 많은 경우 최소의 노력으로 최대의 효과를 얻을 수 있는 방법(분류항목을 큰 값에서 작은 값의 순서로 도표화 하는데 편리)
② 특성요인도 : 특성과 요인관계를 어골상으로 세분하여 연쇄관계를 나타내는 방법 (원인요소와의 관계를 상호의 인과관계만으로 결부)
③ 크로스(Cross)분석 : 두가지 또는 그 이상의 요인이 서로 밀접한 상호관계를 유지할 때 사용되는 방법
④ 관리도 : 재해 발생건수 등의 추이파악 → 목표관리 행하는데 필요한 월별재해 발생 수의 그래프화 → 관리 구역 설정 → 관리하는 방법

16

산업안전보건법령상 안전검사 대상 유해·위험 기계가 아닌 것은?

① 선반 ② 리프트 ③ 압력용기 ④ 곤돌라

해설 **안전검사 대상 유해·위험기계**

① 프레스 ② 전단기
③ 크레인(정격하중 2톤 미만 제외) ④ 리프트
⑤ 압력용기 ⑥ 곤돌라
⑦ 국소배기장치(이동식 제외) ⑧ 원심기(산업용에 한정)
⑨ 롤러기(밀폐형 구조제외)
⑩ 사출성형기[형 체결력 294킬로뉴튼(kN) 미만 제외]
⑪ 고소작업대(화물자동차 또는 특수자동차에 탑재한 것으로 한정)
⑫ 컨베이어 ⑬ 산업용 로봇
⑭ 혼합기 ⑮ 파쇄기 또는 분쇄기

tip
법령개정으로 ⑭, ⑮ 내용이 추가되었으며, 2026년 6월 26일부터 시행

17

추락 및 감전 위험방지용 안전모의 난연성 시험 성능기준 중 모체가 불꽃을 내며 최소 몇 초 이상 연소되지 않아야 하는가?

① 3 ② 5 ③ 7 ④ 10

해설

난연성 시험에서 최소 5초 이상 연소하지 않아야 한다.

18

상황성 누발자의 재해유발원인과 거리가 먼 것은?

① 작업의 어려움 ② 기계설비의 결함
③ 심신의 근심 ④ 주의력의 산만

해설 **상황성 누발자**

① 작업자체가 어렵기 때문 ② 기계설비의 결함 존재
③ 주위 환경 상 주의력 집중 곤란 ④ 심신에 근심 걱정이 있기 때문

tip
재해누발자의 유형
① 미숙성누발자 ② 상황성누발자 ③ 습관성누발자 ④ 소질성누발자

19

재해손실비의 평가방식 중 하인리히(Heinrich) 계산방식으로 옳은 것은?

① 총재해비용 = 보험비용 + 비보험비용
② 총재해비용 = 직접손실비용 + 간접손실비용
③ 총재해비용 = 공동비용 + 개별비용
④ 총재해비용 = 노동손실비용 + 설비손실비용

해설 **하인리히(H.W.Heinrich) 방식 (1 : 4 원칙)**

① 직접손실비용 : 간접손실비용=1 : 4 (1대 4의 경험법칙)
② 재해손실비용 = 직접비 + 간접비 = 직접비 × 5

정답 15 ① 16 ① 17 ② 18 ④ 19 ②

20

50인의 상시 근로자를 가지고 있는 어느 사업장에 1년간 3건의 부상자를 내고 그 휴업일수가 219일이라면 강도율은?

① 1.37　② 1.50　③ 1.86　④ 2.21

해설 강도율

$$강도율(S.R)=\frac{근로손실일수}{연간총근로시간수}\times 1,000$$

$$=\frac{219\times\left(\frac{300}{365}\right)}{50\times 8\times 300}\times 1,000=1.50$$

2과목 인간공학 및 위험성 평가관리

21

A 요업공장의 근로자 최씨는 작업일 3월 15일에 다음과 같은 소음에 노출되었다. 총 소음 투여량([%])은 약 얼마인가?

> [다음]
> 80[dB]-A : 2시간 30분,
> 90[dB]-A : 4시간 30분,
> 100[dB]-A : 1시간

① 114.1　② 124.1　③ 134.1　④ 144.1

해설 소음 투여량(noise dose)

① $부분투여(\%)=\frac{실제노출시간}{최대허용시간}\times 100$

② 허용 소음노출

음압수준 (dB-A)	80	85	90	95	100	105	110	115	120	125	130
허용시간	32	16	8	4	2	1	0.5	0.25	0.125	0.063	0.031

③ $TND=\left(\frac{2.5}{32}+\frac{4.5}{8}+\frac{1}{2}\right)\times 100=114.06[\%]$

22

작업장에서 광원으로부터의 직사휘광을 처리하는 방법으로 맞는 것은?

① 광원의 휘도를 늘인다.
② 가리개, 차양을 설치한다.
③ 광원을 시선에서 가까이 위치시킨다.
④ 휘광원 주위를 밝게 하여 광도비를 늘린다.

해설 광원으로부터의 직사휘광 처리

① 광원의 휘도를 줄이고 수를 늘린다.
② 광원을 시선에서 멀리위치 시킨다.
③ 휘광원 주위를 밝게하여 광도비를 줄인다.
④ 가리개(shield), 갓(hood), 혹은 차양(visor)을 사용한다.

정답 20 ② 21 ① 22 ②

23

FT도에서 사용되는 다음 기호의 의미로 맞는 것은?

① 결함사상
② 통상사상
③ 기본사상
④ 제외사상

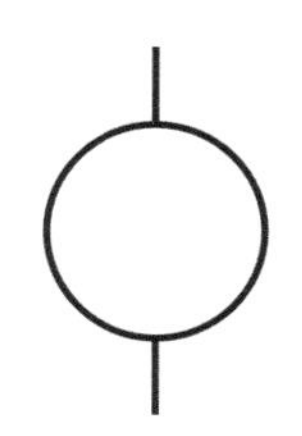

해설 **논리기호 및 사상기호**

결함사상	기본사상	생략사상	통상사상

24

신호검출 이론의 응용분야가 아닌 것은?

① 품질검사　② 의료진단
③ 교통통제　④ 시뮬레이션

해설 **신호검출이론의 응용**

① 소리의 파형, 빛, 레이다영상 등의 시각신호 및 다른 종류의 신호에도 청각과 동일하게 적용
② 응용분야 : 음파탐지, 품질검사 임무, 증인증언, 의료진단, 항공교통통제 등 광범위하게 적용

25

현장에서 인간공학의 적용분야로 가장 거리가 먼 것은?

① 설비관리　② 제품설계
③ 재해·질병 예방　④ 장비·공구·설비의 설계

해설 **인간공학의 적용분야**

① 작업설계와 조직의 변경　② 작업관련 근골격계 질환 예방
③ 제품의 사용성 평가　④ 육체작업 환경의 설계
⑤ 핵발전소 제어실 설계　⑥ 고기술 제품의 인터페이스 디자인 등

26

고장의 발생상황 중 부적합품 제조, 생산과정에서의 품질관리 미비, 설계미숙 등으로 일어나는 고장은?

① 초기고장　② 마모고장
③ 우발고장　④ 품질관리고장

해설 **시스템의 수명곡선**

① 초기고장 : 품질관리 미비, 빈약한 제조기술, 설계미숙 등
② 우발고장 : 낮은 안전계수, 사용자의 과오 등
③ 마모고장 : 부식 또는 마모, 불충분한 정비 등

27

기계의 고장률이 일정한 지수분포를 가지며, 고장률이 0.04/시간일 때, 이 기계가 10시간 동안 고장이 나지 않고 작동할 확률은 약 얼마인가?

① 0.40　② 0.67　③ 0.84　④ 0.96

해설 **신뢰도**

$R(t)=e^{-\lambda t}=e^{-0.04\times 10}=0.67$

28

청각적 표시의 원리로 조작자에 대한 입력신호는 꼭 필요한 정보만을 제공한다는 원리는?

① 양립성　② 분리성
③ 근사성　④ 검약성

해설 **청각적 표시장치의 설계원리**

① 근사성이란 복잡한 정보를 나타내고자 할 때 2단계의 신호를 고려하는 것을 말한다.
② 분리성이란 두 가지 이상의 채널을 듣고 있다면 각 채널의 주파수가 분리되어 있어야 한다는 의미이다.
③ 검약성이란 조작자에 대한 입력신호는 꼭 필요한 정보만을 제공하는 것이다.

정답 23 ③ 24 ④ 25 ① 26 ① 27 ② 28 ④

29

불대수(Boolean algebra)의 관계식으로 맞는 것은?

① A(A · B) = B
② A + B = A · B
③ A + A · B = A · B
④ A + B · C = (A + B)(A+C)

해설 **불 대수의 대수법칙**

동정법칙	A + A = A,	AA = A
교환법칙	AB = BA,	A + B = B + A
흡수법칙	A(AB) = (AA)B = AB A + AB = A∪(A∩B) = (A∪A)∩(A∪B) = A∩(A∪B) = A A(A + B) = (AA) + AB = A + AB = A	
분배법칙	A(B + C) = AB + AC,	A + (BC) = (A + B) · (A + C)
결합법칙	A(BC) = (AB)C,	A + (B + C) = (A + B) + C

30

반복되는 사건이 많이 있는 경우, FTA의 최소 컷셋과 관련이 없는 것은?

① Fussel Algorithm
② Boolean Algorithm
③ Monte Carlo Algorithm
④ Limnios & Ziani Algorithm

해설 **Monte Carlo Algorithm**

시뮬레이션 테크닉의 일종으로, 구하고자 하는 수치의 확률적 분포를 반복 가능한 실험의 통계로부터 구하는 방법

31

출력과 반대 방향으로 그 속도에 비례해서 작용하는 힘 때문에 생기는 항력으로, 원활한 제어를 도우며 특히 규정된 변위속도를 유지하는 효과를 가진 조종장치의 저항력은?

① 관성 ② 탄성저항
③ 점성저항 ④ 정지 및 미끄럼 마찰

해설 **점성저항(viscous damping)**

① 출력과 반대방향으로 속도에 비례해서 작용하는 힘 때문에 생기는 항력
② 원활한 제어를 도우며, 규정된 변위 속도 유지 효과
③ 우발적인 조정장치의 동작을 감소시키는 효과

32

정신적 작업 부하 척도와 가장 거리가 먼 것은?

① 부정맥 ② 혈액성분
③ 점멸융합주파수 ④ 눈 깜빡임률(blink rate)

해설 **정신적 작업부하에 관한 생리적 측정치**

① 부정맥지수 ② 점멸융합주파수
③ 기타 정신부하에 관한 생리적 측정치(눈꺼풀의 깜박임율, 동공지름, 뇌파도 등)

33

MIL-STD-882B에서 시스템 안전 필요사항을 충족시키고 확인된 위험을 해결하기 위한 우선권을 정하는 순서로 맞는 것은?

[다음] ㉠ 경보장치 설치
㉡ 안전장치 설치
㉢ 절차 및 교육훈련 개발
㉣ 최소 리스크를 위한 설계

① ㉣ → ㉡ → ㉠ → ㉢ ② ㉣ → ㉠ → ㉡ → ㉢
③ ㉢ → ㉣ → ㉠ → ㉡ ④ ㉢ → ㉣ → ㉡ → ㉠

해설 **시스템 안전 달성 단계**

① 위험상태의 존재 최소화 ② 안전장치의 채용
③ 경보장치의 채용 ④ 특수한 수단 개발

정답 29 ④ 30 ③ 31 ③ 32 ② 33 ①

34

계수형(digital) 표시장치를 사용하는 것이 부적합한 것은?

① 수치를 정확히 읽어야 할 경우
② 짧은 판독 시간을 필요로 할 경우
③ 판독 오차가 적은 것을 필요로 할 경우
④ 표시장치에 나타나는 값들이 계속 변하는 경우

해설 **동적 표시 장치의 기본형(정량적 동적)**

아날로그 (Analog)	정목동침형 (지침이동형)	정량적인 눈금이 정성적으로 사용되어 원하는 값으로부터의 대략적인 편차나, 고도를 읽을 때 그 변화방향과 율등을 알고자 할 때
	정침동목형 (지침고정형)	나타내고자 하는 값의 범위가 클 때, 비교적 작은 눈금판에 모두 나타 내고자 할 때
디지털 (Digital)	계수형 (숫자로 표시)	• 수치를 정확하게 충분히 읽어야 할 경우 • 원형 표시 장치보다 판독오차가 적고 판독 시간도 짧다. (원형 : 3.54초, 계수형 : 0.94초)

35

누적손상장애(CTDs)의 원인이 아닌 것은?

① 과도한 힘의 사용
② 높은 장소에서의 작업
③ 장시간 진동공구의 사용
④ 부적절한 자세에서의 작업

해설 **누적 외상병(cumulative trauma disorders : CTD)**

① 외부의 스트레스에 의해 장기간 동안 반복적인 작업이 누적되어 발생하는 부상 또는 질병
② 종류
　㉠ 손목관 증후군　㉡ 건염　㉢ 건피염
　㉣ 테니스 팔꿈치(tennis elbow)
　㉤ 방아쇠 손가락(trigger finger) 등
③ 원인
　㉠ 부적절한 자세　㉡ 무리한 힘의 사용　㉢ 과도한 반복작업
　㉣ 연속작업(비휴식)　㉤ 장시간 진동 등

36

인간-기계 시스템을 설계하기 위해 고려해야 할 사항으로 틀린 것은?

① 시스템 설계 시 동작 경제의 원칙이 만족되도록 고려하여야 한다.
② 인간과 기계가 모두 복수인 경우, 종합적인 효과보다 기계를 우선적으로 고려한다.
③ 대상이 되는 시스템이 위치할 환경조건이 인간에 대한 한계치를 만족하는가의 여부를 조사한다.
④ 인간이 수행해야 할 조작이 연속적인가 불연속적인가를 알아보기 위해 특성조사를 실시한다.

해설 **인간-기계 시스템 설계**

① 일과 일상생활에서 사용하는 도구, 기구 등의 설계에 있어서 인간을 우선적으로 고려한다.
② 인간의 능력, 한계, 특성 등을 고려하면서 전체 인간-기계 시스템의 효율을 증가시킨다.

37

좌식 평면 작업대에서의 최대작업영역에 관한 설명으로 맞는 것은?

① 각 손의 정상작업영역 경계선이 작업자의 정면에서 교차되는 공통영역
② 위팔과 손목을 중립자세로 유지한 채 손으로 원을 그릴 때, 부채꼴 원호의 내부 영역
③ 어깨로부터 팔을 펴서 어깨를 축으로 하여 수평면상에 원을 그릴 때 부채꼴 원호의 내부지역
④ 자연스러운 자세로 위팔을 몸통에 붙인 채 손으로 수평면상에 원을 그릴 때, 부채꼴 원호의 내부지역

해설 **수평작업대**

정상작업역 (표준영역)	위팔을 자연스럽게 수직으로 늘어뜨리고, 아래팔만으로 편하게 뻗어 파악할 수 있는 영역
최대작업역 (최대영역)	아래팔과 위팔을 모두 곧게 펴서 파악할 수 있는 영역

정답 34 ④ 35 ② 36 ② 37 ③

38

일반적인 조종장치의 경우, 어떤 것을 켤 때 기대되는 운동방향이 아닌 것은?

① 레버를 앞으로 민다.
② 버튼을 우측으로 민다.
③ 스위치를 위로 올린다.
④ 다이얼을 반시계 방향으로 돌린다.

해설

어떤 것을 켤 때 기대되는 운동방향은 다이얼을 시계방향으로 돌릴 경우이다.

39

안전성 향상을 위한 시설배치의 예로 적절하지 않은 것은?

① 기계배치는 작업의 흐름을 따른다.
② 작업자가 통로 쪽으로 등(背)을 향하여 일하도록 한다.
③ 기계설비 주위에 운전공간, 보수점검 공간을 확보한다.
④ 통로는 선을 그어 작업장과 명확히 구별하도록 한다.

해설 **기계설비의 배치(layout)**

① 작업의 흐름에 따라 기계배치
② 기계설비 주위에 충분한 운전공간, 보수점검 공간확보
③ 공장 내외는 안전한 통로를 두고, 통로는 선을 그어 작업장과 명확히 구별
④ 기계설비를 통로측에 설치할 수 없을 경우에는 작업자가 통로쪽으로 등을 향하여 일하지 않도록 배치
⑤ 기계설비의 설치에 있어서 기계설비의 사용 중 필요한 보수, 점검이 용이하도록 배치

40

IES(Illuminating Engineering Society)의 권고에 따른 작업장 내부의 추천 반사율이 가장 높아야 하는 곳은?

① 벽 ② 바닥 ③ 천장 ④ 가구

해설 **추천반사율**

바닥	가구, 사무용기기, 책상	창문 발(blind), 벽	천정
20 ~ 40%	25 ~ 45%	40 ~ 60%	80 ~ 90%

3과목 기계·기구 및 설비 안전관리

41

왕복운동을 하는 기계의 동작부분과 고정부분 사이에 형성되는 위험점으로 프레스, 절단기 등에서 주로 나타나는 것은?

① 끼임점 ② 절단점
③ 협착점 ④ 접선 물림점

해설 **기계 설비에 의해 형성되는 위험점**

협착점	왕복 운동하는 운동부와 고정부 사이에 형성(작업점이라 부르기도 함)
끼임점	고정부분과 회전 또는 직선운동부분에 의해 형성
절단점	회전운동부분 자체와 운동하는 기계 자체에 의해 형성
물림점	회전하는 두 개의 회전축에 의해 형성(회전체가 서로 반대 방향으로 회전하는 경우)
접선 물림점	회전하는 부분이 접선방향으로 물려 들어가면서 형성
회전 말림점	회전체의 불규칙 부위와 돌기 회전 부위에 의해 형성

42

크레인 작업 시 2,000[N]의 화물을 걸어 25[m/s²]의 가속도로 감아올릴 때 로프에 걸리는 총 하중은 약 몇 [kN]인가? (단, 중력가속도는 9.81[m/s²]이다.)

① 3.1 ② 5.1 ③ 7.1 ④ 9.1

해설 **로프에 걸리는 총하중**

(W)=정하중(W_1)+동하중(W_2)

$(W_2)=\dfrac{W_1}{g}\times a$

$\therefore\ W=2000+\dfrac{2000}{9.81}\times 25=7096.84\text{N}=7.090\text{kN}$

정답 38 ④ 39 ② 40 ③ 41 ③ 42 ③

43

지름이 60[cm]이고, 20[rpm]으로 회전하는 롤러기의 무부하 동작에서 급정지 거리기준으로 옳은 것은?

① 앞면 롤러 원주의 1/1.5 이내 거리에서 급정지
② 앞면 롤러 원주의 1/2 이내 거리에서 급정지
③ 앞면 롤러 원주의 1/2.5 이내 거리에서 급정지
④ 앞면 롤러 원주의 1/3 이내 거리에서 급정지

해설 **롤러의 급정지 거리**

① 표면속도(V) $= \frac{\pi \times 600 \times 20}{1,000} = 37.68\text{m/분}$

② 성능조건

앞면 롤러의 표면 속도(m/분)	급정지 거리
30 미만	앞면 롤러 원주의 1/3 이내
30 이상	앞면 롤러 원주의 1/2.5 이내

44

다음 중 원통 보일러의 종류가 아닌 것은?

① 입형 보일러　② 노통 보일러
③ 연관 보일러　④ 관류 보일러

해설 **보일러의 종류**

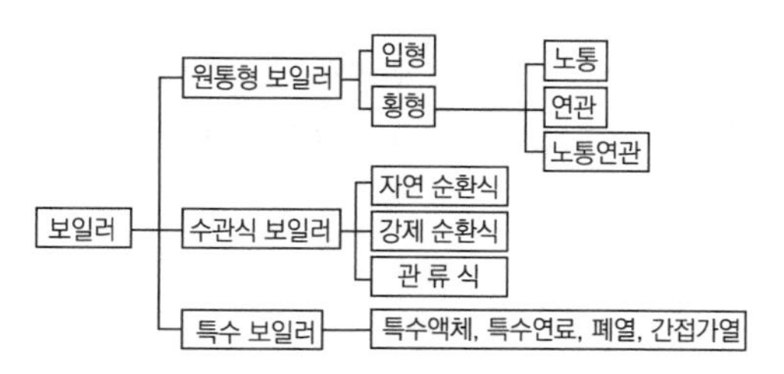

45

숫돌의 지름이 D[mm], 회전수 N[rpm]이라 할 경우 숫돌의 원주속도 V[m/min]를 구하는 식으로 옳은 것은?

① $D \cdot N$　② $\pi \cdot D \cdot N$　③ $\frac{D \cdot N}{1,000}$　④ $\frac{\pi \cdot D \cdot N}{1,000}$

해설 **원주속도**

원주속도(m/min) $= \frac{\pi D(\text{mm}) N(\text{rpm})}{1000}$

46

기계 고장률의 기본 모형에 해당하지 않는 것은?

① 예측 고장　② 초기 고장
③ 우발 고장　④ 마모 고장

해설 **기계의 고장율**

① 초기고장 : 품질관리 미비, 빈약한 제조기술 등
② 우발고장 : 낮은 안전계수, 사용자의 과오 등
③ 마모고장 : 부식 또는 마모, 불충분한 정비 등

47

크레인에 사용하는 방호장치가 아닌 것은?

① 과부하방지장치　② 가스집합장치
③ 권과방지장치　④ 제동장치

해설 **양중기의 방호장치**

① 과부하방지장치 ② 권과방지장치 ③ 비상정지장치 및 제동장치
④ 그 밖의 방호장치(승강기의 파이널 리미트 스위치, 속도조절기, 출입문 인터록 등)

48

통로의 설치기준 중 ( ) 안에 공통적으로 들어갈 숫자로 옳은 것은?

> 사업주는 통로면으로부터 높이 ( )미터 이내에는 장애물이 없도록 하여야 한다. 다만 부득이하게 통로면으로부터 높이 ( )미터 이내에 장애물을 설치할 수밖에 없거나 통로면으로부터 높이 ( )미터 이내의 장애물을 제거하는 것이 곤란하다고 고용노동부장관이 인정하는 경우에는 근로자에게 발생할 수 있는 부상 등의 위험을 방지하기 위한 안전조치를 하여야 한다.

① 1　② 2　③ 1.5　④ 2.5

해설 **통로의 설치**

① 작업장으로 통하는 장소 또는 작업장 내에 근로자가 사용할 안전한 통로를 설치하고 항상 사용할 수 있는 상태로 유지하여야 한다.
② 통로의 주요부분에는 통로 표시를 하고 근로자가 안전하게 통행할 수 있도록 하여야 한다.
③ 통로면으로부터 높이 2미터 이내에는 장애물이 없도록 하여야 한다.

정답 43 ③ 44 ④ 45 ④ 46 ① 47 ② 48 ②

49

프레스기에 사용되는 손쳐내기식 방호장치의 일반 구조에 대한 설명으로 틀린 것은?

① 슬라이드 하행정거리의 1/4 위치에서 손을 완전히 밀어내야 한다.
② 방호판의 폭은 금형폭의 1/2 이상이어야 하고, 행정길이가 300[mm] 이상의 프레스 기계에는 방호판 폭을 300[mm]로 해야 한다.
③ 부착볼트 등의 고정금속부분은 예리하게 돌출되지 않아야 한다.
④ 손쳐내기봉의 행정(Stroke) 길이를 금형의 높이에 따라 조정할 수 있고, 진동폭은 금형폭 이상이어야 한다.

해설 **손쳐내기식(push away, sweep guard)**

① 슬라이드 하행정거리의 3/4 위치에서 손을 완전히 밀어내어야 한다.
② 손쳐내기봉의 행정(Stroke) 길이를 금형의 높이에 따라 조정할 수 있고 진동폭은 금형폭 이상이어야 한다.
③ 방호판과 손쳐내기봉은 경량이면서 충분한 강도를 가져야 한다.
④ 방호판의 폭은 금형폭의 1/2 이상이어야 하고, 행정길이가 300mm 이상의 프레스기계에는 방호판 폭을 300mm로 해야 한다.

50

다음 중 원심기에 적용하는 방호장치는?

① 덮개　② 권과방지장치
③ 리미트 스위치　④ 과부하 방지장치

해설 **원심기의 안전기준**

① 원심기 또는 분쇄기 등으로부터 내용물을 꺼내거나 원심기 또는 분쇄기 등의 정비·청소·검사·수리 또는 그 밖에 이와 유사한 작업을 하는 경우에 그 기계의 운전을 정지하여야 한다.
② 원심기의 최고사용회전수를 초과하여 사용해서는 아니된다.
③ 내용물이 튀어나오는 것을 방지하도록 덮개를 설치하여야 한다.

51

지게차의 작업과정에서 작업 대상물의 팔레트 폭이 b라고 할 때 적절한 포크 간격은? (단, 포크의 중심과 팔레트의 중심은 일치한다고 가정한다.)

① $\frac{1}{4}b \sim \frac{1}{2}b$　② $\frac{1}{4}b \sim \frac{3}{4}b$　③ $\frac{1}{2}b \sim \frac{3}{4}b$　④ $\frac{3}{4}b \sim \frac{7}{8}b$

해설

지게차 포크 간격은 파레트 폭의 1/2 ~ 3/4으로 한다.

52

롤러에 설치하는 급정지장치 조작부의 종류와 그 위치로 옳은 것은? (단, 위치는 조작부의 중심점을 기준으로 함)

① 발조작식은 밑면으로부터 0.2[m] 이내
② 손조작식은 밑면으로부터 1.8[m] 이내
③ 복부조작식은 밑면으로부터 0.6[m] 이상 1[m] 이내
④ 무릎조작식은 밑면으로부터 0.2[m] 이상 0.4[m] 이내

해설 **조작부의 종류별 설치위치**

조작부의 종류	설치위치
손조작식	밑면에서 1.8m 이내
복부조작식	밑면에서 0.8m 이상 1.1m 이내
무릎조작식	밑면에서 0.4m 이상 0.6m 이내

53

프레스의 분류 중 동력 프레스에 해당하지 않는 것은?

① 크랭크 프레스　② 토글 프레스
③ 마찰 프레스　④ 아버 프레스

해설

프레스는 구동 동력에 의한 분류 방법으로 인력프레스와 동력프레스로 구분하며, 아버 프레스는 인력(핸드)프레스에 해당된다.

정답　49 ①　50 ①　51 ③　52 ②　53 ④

54

선반 등으로부터 돌출하여 회전하고 있는 가공물에 설치할 방호장치는?

① 클러치　② 울　③ 슬리브　④ 베드

해설 **덮개 또는 울 등을 설치해야 하는 경우**

① 연삭기 또는 평삭기의 테이블, 형삭기램 등의 행정끝이 위험을 미칠 경우
② 선반 등으로부터 돌출하여 회전하고 있는 가공물이 위험을 미칠 경우
③ 띠톱기계(목재가공용 띠톱기계제외)의 절단에 필요한 톱날부위 외의 위험한 톱날부위

55

화물 적재 시에 지게차의 안정조건을 옳게 나타낸 것은? (단, W는 화물의 중량, L_w는 앞바퀴에서 화물 중심까지의 최단거리, G는 지게차의 중량, L_G는 앞바퀴에서 지게차 중심까지의 최단거리이다.)

① $G \times L_G \geqq W \times L_w$　② $W \times L_w \geqq G \times L_G$
③ $G \times L_w \geqq W \times L_G$　④ $W \times L_G \geqq G \times L_w$

해설 **지게차의 안전성**

$Wa \leqq Gb$
W : 화물의 중량, G : 지게차의 중량,
a : 앞바퀴부터 하물의 중심까지의 거리
b : 앞바퀴부터 차의 중심까지의 거리

56

작업자의 신체 움직임을 감지하여 프레스의 작동을 급정지시키는 광전자식 안전장치를 부착한 프레스가 있다. 안전거리가 48[cm]인 경우 급정지에 소요되는 시간은 최대 몇 초 이내일 때 안전한가? (단, 급정지에 소요되는 시간은 손이 광선을 차단한 순간부터 급정지기구가 작동하여 슬라이드가 정지할 때까지의 시간을 의미한다.)

① 0.1초　② 0.2초　③ 0.3초　④ 0.5초

해설 **광전자식 안전장치의 안전거리(단위에 주의)**

① 안전거리(D) = 1600 × 급정지 소요시간
　D : 안전거리(mm). 급정지 소요시간(초)
② 그러므로, 480mm = 1600 × 급정지소요시간

$$급정지소요시간 = \frac{480}{1600} = 0.3(초)$$

57

프레스 및 전단기에서 양수조작식 방호장치의 일반 구조에 대한 설명으로 옳지 않은 것은?

① 누름버튼(레버 포함)은 돌출형 구조로 설치할 것
② 누름버튼의 상호 간 내측거리는 300[mm] 이상일 것
③ 누름버튼을 양손으로 동시에 조작하지 않으면 작동시킬 수 없는 구조일 것
④ 정상동작표시등은 녹색, 위험표시등은 붉은색으로 하며, 쉽게 근로자가 볼 수 있는 곳에 설치할 것

해설 **양수조작식**

① 누름버튼의 상호간 내측거리는 300mm 이상
② 누름버튼(레버 포함)은 매립형의 구조

58

연삭숫돌을 사용하는 작업 시 해당 기계의 이상 유·무를 확인하기 위한 시험운전 시간으로 옳은 것은?

① 작업시작 전 30초 이상, 연삭숫돌 교체 후 5분 이상
② 작업시작 전 30초 이상, 연삭숫돌 교체 후 3분 이상
③ 작업시작 전 1분 이상, 연삭숫돌 교체 후 5분 이상
④ 작업시작 전 1분 이상, 연삭숫돌 교체 후 3분 이상

해설 **연삭숫돌의 안전기준**

① 덮개의 설치 기준 : 직경이 50mm 이상인 연삭숫돌
② 작업 시작하기 전 1분 이상, 연삭 숫돌을 교체한 후 3분 이상 시운전 (숫돌파열이 가장많이 발생하는 경우는 스위치를 넣는 순간)
③ 연삭숫돌의 최고 사용회전속도 초과 사용금지
④ 측면을 사용하는 것을 목적으로 하는 연삭숫돌 이외의 연삭숫돌은 측면 사용금지

정답 54 ② 55 ① 56 ③ 57 ① 58 ④

59

연삭숫돌의 상부를 사용하는 것을 목적으로 하는 탁상용 연삭기 덮개의 노출각도는?

① 60° 이내 ② 65° 이내 ③ 80° 이내 ④ 125° 이내

해설 **연삭기 덮개의 설치방법**

① 탁상용 연삭기의 노출각도는 80° 이내로 하되, 숫돌의 주축에서 수평면 위로 이루는 원주 각도는 65° 이상이 되지 않도록 하여야 한다.
② 연삭숫돌의 상부를 사용하는 것을 목적으로 하는 연삭기는 60° 이내로 한다.
③ 휴대용 연삭기는 180° 이내로 한다.
④ 원통형 연삭기는 180° 이내로 하되, 숫돌의 주축에서 수평면 위로 이루는 원주각도는 65° 이상이 되지 않도록 하여야한다
⑤ 절단 및 평면 연삭기는 150° 이내로 하되, 숫돌의 주축에서 수평면 밑으로 이루는 덮개의 각도는 15° 이상이 되도록 하여야 한다.

60

드릴 작업 시 유의사항 중 틀린 것은?

① 균열이 심한 드릴은 사용해서는 안 된다.
② 드릴을 장치에서 제거할 경우에는 회전을 완전히 멈추고 한다.
③ 드릴이 밑면에 나왔는지 확인을 위해 가공물 밑면을 손으로 만지면서 확인한다.
④ 가공 중에는 소리에 주의하여 드릴의 날에 이상한 소리가 나면 즉시 드릴을 연마하거나 다른 드릴과 교환한다.

해설 **드릴 작업시 안전대책**

① 일감은 견고히 고정, 손으로 잡고 하는 작업금지
② 드릴 끼운 후 척 렌치는 반드시 빼둘 것
③ 장갑 착용 금지 및 칩은 브러시로 제거
④ 구멍 뚫기 작업시 손으로 관통확인 금지
⑤ 구멍이 관통된 후에는 기계정지후 손으로 돌려서 드릴을 뺄 것
⑥ 보안경 착용 및 안전덮개(shield)설치 등

4과목 전기 및 화학설비 안전관리

61

절연물은 여러 가지 원인으로 전기저항이 저하되어 이른바 절연불량을 일으켜 위험한 상태가 되는데, 절연불량의 주요 원인이 아닌 것은?

① 정전에 의한 전기적 원인
② 온도상승에 의한 열적 요인
③ 진동, 충격 등에 의한 기계적 요인
④ 높은 이상전압 등에 의한 전기적 요인

해설 **절연불량의 주요원인**

① 진동, 충격 등에 의한 기계적 요인
② 산화 등에 의한 화학적 요인
③ 온도상승에 의한 열적 요인
④ 높은 이상전압 등에 의한 전기적 요인 등

62

작업장 내 시설하는 저압전선에는 감전 등의 위험으로 나전선을 사용하지 않고 있지만, 특별한 이유에 의하여 사용할 수 있도록 규정된 곳이 있는데 이에 해당되지 않는 것은?

① 버스 덕트 작업에 의한 시설 작업
② 애자 사용 작업에 의한 전기로용 전선
③ 유희용 전차시설의 규정에 준하는 접촉전선을 시설하는 경우
④ 애자사용 작업에 의한 전선의 피복 절연물이 부식되지 않는 장소에 시설하는 전선

해설 **나전선의 사용 제한의 예외**

① 애자사용공사에 의하여 전개된 곳에 다음의 전선을 시설하는 경우
　㉠ 전기로용 전선
　㉡ 전선의 피복 절연물이 부식하는 장소에 시설하는 전선
　㉢ 취급자 이외의 자가 출입할 수 없도록 설비한 장소에 시설하는 전선
② 버스덕트공사에 의하여 시설하는 경우
③ 라이팅덕트공사에 의하여 시설하는 경우
④ 옥내에 시설하는 저압 접촉 전선을 시설하는 경우
⑤ 유희용 전차에 전기를 공급하기 위하여 사용하는 접촉전선을 시설하는 경우

정답 59 ① 60 ③ 61 ① 62 ④

63

다음 설명에 해당하는 위험장소의 종류로 옳은 것은?

> 공기 중에서 가연성 분진운의 형태가 연속적, 또는 장기적 또는 단기적 자주폭발성 분위기가 존재하는 장소

① 0종 장소　② 1종 장소
③ 20종 장소　④ 21종 장소

해설 위험장소의 분류

분류		적요
분진 폭발 위험 장소	20종 장소	분진운 형태의 가연성 분진이 폭발농도를 형성할 정도로 충분한 양이 정상작동 중에 연속적으로 또는 자주 존재하거나, 제어할 수 없을 정도의 양 및 두께의 분진층이 형성될 수 있는 장소
	21종 장소	20종 장소 외의 장소로서, 분진운 형태의 가연성 분진이 폭발농도를 형성할 정도의 충분한 양이 정상작동 중에 존재할 수 있는 장소
	22종 장소	21종 장소 외의 장소로서, 가연성 분진운 형태가 드물게 발생 또는 단기간 존재할 우려가 있거나, 이상작동 상태 하에서 가연성 분진층이 형성될 수 있는 장소

64

제1종, 제2종 접지공사에서 사람이 접촉할 우려가 있는 경우에 시설하는 방법이 아닌 것은?

① 접지극은 지하 50[cm] 이상의 깊이로 매설할 것
② 접지극은 금속체로부터 1[m] 이상 이격시켜 매설할 것
③ 접지선은 절연전선, 케이블, 캡타이어케이블 등을 사용할 것
④ 접지선은 지하 75[cm]에서 지표상 2[m]까지의 합성수지관 또는 몰드로 덮을 것

해설 제1종, 제2종 접지공사의 접지선 시설기준

① 접지극은 지하 75cm 이상으로 하되 동결 깊이를 감안하여 매설할 것
② 접지선을 철주 기타의 금속체를 따라서 시설하는 경우에는 접지극을 철주의 밑면(底面)으로부터 30cm 이상의 깊이에 매설하는 경우 이외에는 접지극을 지중에서 그 금속체로부터 1m 이상 떼어 매설할 것
③ 접지선에는 절연전선(옥외용 비닐절연전선 제외), 캡타이어케이블 또는 케이블(통신용케이블 제외)을 사용할 것
④ 접지선의 지하 75cm로부터 지표상 2m까지의 부분을 합성수지관 또는 이와 동등 이상의 절연효력 및 강도를 가지는 몰드로 덮을 것

tip

2021년 적용되는 법 제정으로 종별접지공사는 삭제된 내용이니 본문 내용을 참고하세요.

65

전기기기의 과도한 온도 상승, 아크 또는 불꽃 발생의 위험을 방지하기 위하여 추가적인 안전조치를 통한 안전도를 증가시킨 방폭구조를 무엇이라 하는가?

① 충전방폭구조　② 안전증방폭구조
③ 비점화방폭구조　④ 본질안전방폭구조

해설 안전증 방폭구조(e)

① 정상 운전중에 폭발성 가스 또는 증기에 점화원이 될 전기불꽃, 아크 또는 고온부분 등의 발생을 방지하기 위하여 기계적, 전기적 구조상 또는 온도상승에 대해서 특히 안전도를 증가시킨 구조
② 코일의 절연성능 강화 및 표면온도상승을 더욱 낮게 설계하거나 공극 및 연면거리를 크게 하여 안전도 증가

66

다음 중 전선이 연소될 때의 단계별 순서로 가장 적절한 것은?

① 착화단계 → 순시용단 단계 → 발화단계 → 인화단계
② 인화단계 → 착화단계 → 발화단계 → 순시용단 단계
③ 순시용단 단계 → 착화단계 → 인화단계 → 발화단계
④ 발화단계 → 순시용단 단계 → 착화단계 → 인화단계

해설 전선의 발화단계

단계	인화단계	착화단계	발화단계	순시용단 단계
상태	허용전류의 3배 정도	큰전류, 점화원 없이 착화연소	심선이 용단	심선용단 및 도선폭발

67

10[Ω]의 저항에 10[A]의 전류를 1분간 흘렸을 때의 발열량은 몇 [cal]인가?

① 1,800　② 3,600　③ 7,200　④ 14,400

해설 전기에너지에 의한 발열

$Q = I^2RT = 10^2 \times 10 \times 60 = 60{,}000\text{J} = 14{,}400[\text{cal}]$

정답 63 ③ 64 ① 65 ② 66 ② 67 ④

2017년 3회

68

다음 중 정전기의 발생요인으로 적절하지 않은 것은?

① 도전성 재료에 의한 발생　② 박리에 의한 발생
③ 유동에 의한 발생　④ 마찰에 의한 발생

해설 **대전의 종류**

① 마찰대전　② 박리대전　③ 유동대전　④ 분출대전
⑤ 충돌대전　⑥ 교반대전　⑦ 파괴대전 등

69

정전기 제전기의 분류방식으로 틀린 것은?

① 고전압인가형　② 자기방전형
③ 연X선형　④ 접지형

70

다음 중 인입용 비닐 절연전선에 해당하는 약어로 옳은 것은?

① RB　② IV　③ DV　④ OW

해설 **절연전선**

① RB : 고무 절연전선　② IV : 450/750V 비닐절연전선
③ OW : 옥외용 비닐절연전선

71

어떤 혼합가스의 구성성분이 공기는 50[vol%], 수소는 20[vol%], 아세틸렌은 30[vol%]인 경우 이 혼합가스의 폭발하한계는? (단, 폭발하한값이 수소는 4[vol%], 아세틸렌은 2.5[vol%]이다.)

① 2.50[%]　② 2.94[%]　③ 4.76[%]　④ 5.88[%]

해설 **르샤틀리에의 법칙**

$$\frac{100}{L} = \frac{V_1}{L_1} + \frac{V_2}{L_2} + \frac{V_3}{L_3} + \cdots$$

$$\therefore\ L = \frac{100}{\frac{40}{4} + \frac{60}{2.5}} = 2.94(\%)$$

72

응상폭발에 해당되지 않는 것은?

① 수증기폭발　② 전선폭발
③ 증기폭발　④ 분진폭발

해설 **폭발의 분류(물리적 상태)**

① 기상 폭발 : 가스폭발, 분무폭발, 분진폭발, 가스분해폭발
② 응상 폭발 : 수증기폭발, 증기폭발, 전선폭발

73

LPG에 대한 설명으로 옳지 않은 것은?

① 강한 독성 가스로 분류된다.
② 질식의 우려가 있다.
③ 누설 시 인화, 폭발성이 있다.
④ 가스의 비중은 공기보다 크다.

해설 **LPG의 특성**

① 액화, 기화가 용이하다.
② 기체상태에서는 공기보다 무겁고, 액체상태에서는 물보다 가볍다.
③ 연소 범위가 좁으며, 누설시 인화, 폭발할수 있다.
④ 무색, 무취이며, 질식의 우려가 있다.
⑤ 연소시 다량의 공기가 필요하다.

74

산업안전보건법령에서 규정한 위험물질을 기준량 이상으로 제조 또는 취급하는 특수화학설비에 설치하여야 할 계측장치가 아닌 것은?

① 온도계　② 유량계　③ 압력계　④ 경보계

해설 **계측장치의 설치(내부이상상태의 조기파악)**

① 온도계　② 유량계　③ 압력계

정답　68 ①　69 ④　70 ③　71 ②　72 ④　73 ①　74 ④

75

다음은 산업안전보건법령에 따른 위험물질의 종류 중 부식성 염기류에 관한 내용이다. ( ) 안에 알맞은 수치는?

농도가 ( )퍼센트 이상인 수산화나트륨, 수산화칼륨, 그 밖에 이와 같은 정도 이상의 부식성을 가지는 염기류

① 20 ② 40 ③ 60 ④ 80

해설 **부식성 물질**

① 부식성 산류(300kg)
　㉠ 농도가 20퍼센트 이상인 염산, 황산, 질산, 기타 이와 동등 이상의 부식성을 가지는 물질
　㉡ 농도가 60퍼센트 이상인 인산, 아세트산, 불산, 기타 이와 동등 이상의 부식성을 가지는 물질
② 부식성 염기류(300kg) : 농도가 40퍼센트 이상인 수산화나트륨, 수산화칼륨, 기타 이와 동등 이상의 부식성을 가지는 염기류

76

부탄의 연소하한값이 1.6[vol%]일 경우 연소에 필요한 최소산소농도는 약 몇 [vol%] 인가?

① 9.4 ② 10.4 ③ 11.4 ④ 12.4

해설 **MOC(최소산소농도)**

① 실험 데이터가 불충분할 경우(대부분의 탄화수소)
　LFL × 산소의 양론계수(연소반응식)
② 부탄의 MOC(탄화수소이므로)
$C_4H_{10} + 6.5O_2 \rightarrow 4CO_2 + 5H_2O$ ∴ 1.6 × 6.5 = 10.4%

77

인화점에 대한 설명으로 옳은 것은?

① 인화점이 높을수록 위험하다.
② 인화점이 낮을수록 위험하다.
③ 인화점과 위험성은 관계없다.
④ 인화점이 0℃ 이상인 경우만 위험하다.

해설 **인화점**

① 점화원에 의하여 인화될 수 있는 최저온도
② 연소 가능한 가연성 증기를 발생시켜 연소하한농도가 될 수 있는 최저온도
③ 인화점이 낮을수록 위험한 물질

78

다음 중 독성이 강한 순서로 옳게 나열된 것은?

① 일산화탄소 〉 염소 〉 아세톤
② 일산화탄소 〉 아세톤 〉 염소
③ 염소 〉 일산화탄소 〉 아세톤
④ 염소 〉 아세톤 〉 일산화탄소

해설 **노출기준(TWA)**

① 염소 0.5ppm ② 일산화탄소 30ppm ③ 아세톤 500ppm

79

고압가스 용기에 사용되며, 화재 등으로 용기의 온도가 상승하였을 때 금속의 일부분을 녹여 가스의 배출구를 만들어 압력을 분출시켜 용기의 폭발을 방지하는 안전장치는?

① 가용합금 안전밸브 ② 방유제
③ 폭압방산공 ④ 폭발억제장치

해설 **안전밸브의 종류 및 특징**

스프링식	① 일반적으로 가장 널리 사용 ② 용기내의 압력이 설정된 값을 초과하면 스프링을 밀어내어 가스를 분출시켜 폭발을 방지
파열판식	① 용기내의 압력이 급격히 상승할 경우 용기내의 가스 배출(한번 작동후 교체) ② 스프링식보다 토출 용량이 많아 압력상승이 급격히 변하는 곳에 적당
중추식	밸브 장치에 무게가 있는 추를 달아서 설정 압력이 되면 추를 밀어 올려 가스 분출
가용전식 (가용합금식)	설정온도에서 용기내 온도가 규정온도 이상이면 녹아서 용기내의 전체가스를 배출

80

배관설비 중 유체의 역류를 방지하기 위하여 설치하는 밸브는?

① 글로브밸브 ② 체크밸브
③ 게이트밸브 ④ 시퀀스밸브

해설

체크밸브는 유체의 역류를 방지하기 위한 밸브이며, 리프트형과 스윙형이 있다.

정답 75 ② 76 ② 77 ② 78 ③ 79 ① 80 ②

5과목 건설공사 안전관리

81

다음 공사규모를 가진 사업장 중 유해위험방지계획서를 제출해야 할 대상 사업장은?

① 최대 지간길이가 40[m]인 교량 건설 공사
② 연면적 4,000[m²]인 종합병원 공사
③ 연면적 3,000[m²]인 종교시설 공사
④ 연면적 6,000[m²]인 지하도상가 공사

해설 **유해위험 방지계획서를 제출해야 될 대상 건설업**

① 다음 각목의 어느 하나에 해당하는 건축물 또는 시설 등의 건설, 개조 또는 해체공사
  ㉠ 지상 높이가 31미터 이상인 건축물 또는 인공구조물
  ㉡ 연면적 3만 제곱미터 이상인 건축물
  ㉢ 연면적 5천 제곱미터 이상인 시설로서 다음의 어느 하나에 해당하는 시설
    ㉮ 문화 및 집회시설 ㉯ 판매시설, 운수시설 ㉰ 종교시설
    ㉱ 의료시설 중 종합병원 ㉲ 숙박시설 중 관광숙박시설
    ㉳ 지하도 상가 ㉴ 냉동, 냉장 창고시설
② 최대 지간 길이가 50미터 이상인 다리의 건설 등 공사
③ 연면적 5천 제곱미터 이상인 냉동, 냉장창고 시설의 설비공사 및 단열공사
④ 다목적댐, 발전용댐, 저수용량 2천만톤 이상의 용수전용댐 및 지방상수도 전용댐의 건설 등 공사
⑤ 터널의 건설등 공사
⑥ 깊이 10미터 이상인 굴착공사

82

다음은 건설업 산업안전보건관리비 계상 및 사용기준의 적용에 관한 사항이다. 빈칸에 들어갈 내용으로 옳은 것은?

이 고시는 「산업재해보상보험법」 제6조에 따라 「산업재해보상보험법」의 적용을 받는 공사 중 총 공사금액 ( ) 이상인 공사에 적용한다.

① 2천만 원 ② 4천만 원 ③ 8천만 원 ④ 1억 원

해설 **산업안전보건관리비**

건설업은 총공사금액 2천만원이상 공사에 적용되며, 원가계산에 의한 예정가격 작성시 산업안전관리비를 계상한다.

tip
관련법령 개정으로 2천만원으로 수정되었으며, 해설과 답안은 개정내용에 맞게 수정하였습니다.

83

굴착공사표준안전작업지침에 따른 인력굴착 작업 시 굴착면이 높이 계단식 굴착을 할 때 소단의 폭은 수평거리로 얼마 정도 하여야 하는가?

① 1[m] ② 1.5[m] ③ 2[m] ④ 2.5[m]

해설 **굴착(절토)시 준수사항**

① 굴착면이 높은 경우 계단식으로 굴착하고, 소단의 폭은 수평거리 2m 정도
② 사면경사 1 : 1이하이며 굴착면이 2m 이상일 경우는 안전대 착용
③ 흙막이 지보공을 설치하지 않는 경우 굴착깊이는 1.5m 이하로 굴착

84

방망의 정기시험은 사용 개시 후 몇 년 이내에 실시하는가?

① 1년 이내 ② 2년 이내 ③ 3년 이내 ④ 4년 이내

해설 **방망의 정기시험**

① 기간 : 사용 개시 후 1년 이내 그후 6개월마다 1회씩
② 시험방법 : 시험용사에 대한 등속인장시험

85

지내력 시험을 통하여 다음과 같은 하중-침하량 곡선을 얻었을 때 장기하중에 대한 허용 지내력도로 옳은 것은? (단, 장기하중에 대한 허용지내력도＝단기하중에 대한 허용지내력도 × $\frac{1}{2}$)

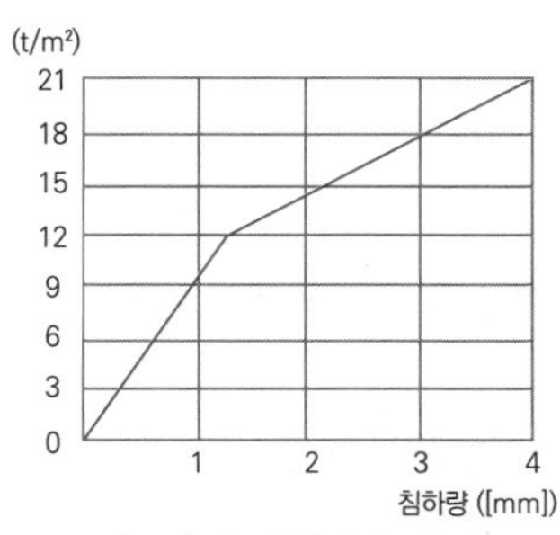

[그림] 하중침하량 곡선도

① 6[t/m²] ② 7[t/m²] ③ 12[t/m²] ④ 14[t/m²]

해설 **허용지내력도**

① 단기하중에 대한 허용지내력도가 12[t/m²]이므로,
② 장기하중에 대한 허용지내력도는 12[t/m²] × 1/2 = 6[t/m²]

정답 81 ④ 82 ① 83 ③ 84 ① 85 ①

86

하루의 평균기온이 4℃ 이하로 될 것이 예상되는 기상 조건에서 낮에도 콘크리트가 동결의 우려가 있는 경우에 사용되는 콘크리트는?

① 고강도 콘크리트　② 경량 콘크리트
③ 서중 콘크리트　④ 한중 콘크리트

해설 **한중 콘크리트**

하루의 평균기온이 4℃ 이하일 경우 시공(초기동해방지)하는 콘크리트

87

거푸집 해체작업 시 일반적인 안전수칙과 거리가 먼 것은?

① 거푸집동바리를 해체할 때는 작업책임자를 선임한다.
② 해체된 거푸집 재료를 올리거나 내릴 때는 달줄이나 달포대를 사용한다.
③ 보 밑 또는 슬래브 거푸집을 해체할 때는 동시에 해체하여야 한다.
④ 거푸집의 해체가 곤란한 경우 구조체에 무리한 충격이나 지렛대 사용은 금하여야 한다.

해설

보밑 또는 슬래브 거푸집을 제거할 때에는 한쪽을 먼저 해체한 다음 밧줄들을 이용하여 묶어두고 다른 한쪽을 서서히 해체한 다음 천천히 달아내려 거푸집 보호는 물론 거푸집의 낙하 충격으로 인한 작업원의 돌발적 재해를 방지해야 한다.

88

동바리 유형에 따른 동바리 조립시의 안전조치 사항에서 동바리로 사용하는 파이프 서포트의 경우에 해당하지 않는 것은?

① 파이프 서포트를 3개 이상 이어서 사용하지 않도록 할 것
② 파이프 서포트를 이어서 사용하는 경우에는 4개 이상의 볼트 또는 전용철물을 사용하여 이을 것
③ 높이가 3.5미터를 초과하는 경우에는 높이 2미터 이내마다 수평연결재를 2개 방향으로 만들고 수평연결재의 변위를 방지할 것
④ 강관틀과 강관틀 사이에 교차가새를 설치할 것

해설

강관틀과 강관틀 사이에 교차가새를 설치하는 것은 동바리로 사용하는 강관틀의 경우에 해당한다.

89

화물취급작업 중 화물 적재 시 준수하여야 할 사항으로 옳지 않은 것은?

① 침하 우려가 없는 튼튼한 기반 위에 적재할 것
② 중량의 화물은 공간의 효율성을 고려하여 건물의 칸막이나 벽에 기대어 적재할 것
③ 불안정할 정도로 높이 쌓아 올리지 말 것
④ 하중이 한쪽으로 치우치지 않도록 쌓을 것

해설 **화물 적재시 준수사항**

① 침하의 우려가 없는 튼튼한 기반위에 적재할 것
② 건물의 칸막이나 벽 등이 화물의 압력에 견딜 만큼의 강도를 지니지 아니한 때에는 칸막이나 벽에 기대어 적재하지 아니하도록 할 것
③ 불안정할 정도로 높이 쌓아 올리지 말 것
④ 편하중이 생기지 아니하도록 적재할 것

정답 86 ④ 87 ③ 88 ④ 89 ②

90

다음 건설기계 중 360° 회전작업이 불가능한 것은?

① 타워 크레인 ② 크롤러 크레인
③ 가이 데릭 ④ 삼각 데릭

해설 **삼각데릭(Stiffleg derrick)**

① 층수가 낮은 긴 평면의 건물에 유리(수평이동 가능)
② 회전범위는 270°, 작업범위는 180°
③ 붐의 길이는 마스트보다 길다.

91

다음 빈 칸에 알맞은 숫자를 순서대로 옳게 나타낸 것은?

> 강관비계의 경우 띠장 간격은 ( )[m] 이하로 설치하되, 첫 번째 띠장은 지상으로부터 ( )[m] 이하의 위치에 설치한다.

① 2, 2 ② 2.5, 3 ③ 1.5, 2 ④ 1, 3

해설 **강관비계의 구조**

구분		내용(준수사항)
비계기둥	띠장방향	1.85m 이하
	장선방향	1.5m 이하
띠장 간격		2.0m 이하로 설치할 것
벽 연결		수직으로 5m, 수평으로 5m 이내마다 연결

tip

2020년 시행. 관련법령 개정으로 변경된 내용이며, 해설은 개정된 내용에 맞게 적용했으니 착오없으시기 바랍니다.

92

다음은 건설현장의 추락재해를 방지하기 위한 사항이다. 빈 칸에 들어갈 내용으로 옳은 것은?

> 사업주는 높이 또는 깊이가 ( )를 초과하는 장소에서 작업하는 경우 해당 작업에 종사하는 근로자가 안전하게 승강하기 위한 건설작업용 리프트 등의 설비를 설치하여야 한다. 다만, 승강설비를 설치하는 것이 작업의 성질상 곤란한 경우에는 그러하지 아니하다.

① 2[m] ② 3[m] ③ 4[m] ④ 5[m]

해설 **높이가 2m 이상인 장소에서의 위험방지 조치사항**

① 추락방지조치 : ㉠ 비계조립에 의한 작업발판 설치
㉡ 추락방호망 설치 ㉢ 안전대 착용 등
② 승강설비(건설용 리프트 등) 설치 : 높이 또는 깊이가 2m를 초과하는 장소에서의 안전한 작업을 위한 승강설비 설치

93

비계(달비계, 달대비계 및 말비계 제외)의 높이가 2[m] 이상인 작업장소에 적합한 작업발판의 폭은 최소 얼마 이상이어야 하는가?

① 10[cm] ② 20[cm] ③ 30[cm] ④ 40[cm]

해설 **비계높이 2m 이상 장소의 작업발판 설치기준**

① 발판재료는 작업할 때의 하중을 견딜 수 있도록 견고한 것으로 할 것
② 작업발판의 폭은 40센티미터 이상으로 하고, 발판재료 간의 틈은 3센티미터 이하로 할 것
③ 추락의 위험성이 있는 장소에는 안전난간을 설치할 것
④ 작업발판재료는 뒤집히거나 떨어지지 않도록 둘 이상의 지지물에 연결하거나 고정시킬 것 등

정답 90 ④ 91 ③ 92 ① 93 ④

94

다음과 같은 조건에서 방망사의 신품에 대한 최소 인장 강도로 옳은 것은? (단, 그물코의 크기는 10[cm], 매듭 방망)

① 240[kg] ② 200[kg] ③ 150[kg] ④ 110[kg]

해설 안전망 인장강도

그물코의 크기 (단위 : 센티미터)	방망의 종류(단위 : 킬로그램)			
	매듭 없는 방망		매듭 방망	
	신품	폐기시	신품	폐기시
10	240	150	200	135
5			110	60

95

거푸집동바리 등을 조립하는 때 동바리로 사용하는 파이프서포트에 대하여는 다음 각 목에서 정하는 바에 의해 설치하여야 한다. 빈 칸에 들어갈 내용으로 옳은 것은?

> 가. 파이프서포트를 ( )개 이상 이어서 사용하지 않도록 할 것
> 나. 파이프서포트를 이어서 사용하는 경우에는 ( )개 이상의 볼트 또는 전용 철물을 사용하여 이을 것

① 가 : 1, 나 : 2 ② 가 : 2, 나 : 3
③ 가 : 3, 나 : 4 ④ 가 : 4, 나 : 5

해설 동바리로 사용하는 파이프서포트

① 파이프서포트를 3개 이상이어서 사용하지 아니하도록 할 것
② 파이프서포트를 이어서 사용할 때에는 4개 이상의 볼트 또는 전용 철물을 사용하여 이을 것
③ 높이가 3.5미터를 초과할 때에는 높이 2미터 이내마다 수평연결재를 2개 방향으로 만들고 수평연결재의 변위를 방지할 것

96

터널 계측관리 및 이상발견 시 조치에 관한 설명으로 옳지 않은 것은?

① 숏크리트가 벗겨지면 두께를 감소시키고 뿜어 붙이기를 금한다.
② 터널의 계측관리는 일상계측과 대표계측으로 나뉜다.
③ 록볼트의 축력이 증가하여 지압판이 휘게 되면 추가볼트를 시공한다.
④ 지중변위가 크게 되고 이완영역이 이상하게 넓어지면 추가볼트를 시공한다.

해설

불량한 뿜어붙이기 콘크리트가 발견되었을시 신속히 양호한 뿜어붙이기 콘크리트로 대체하여 콘크리트 덩어리의 분리 낙하로 인한 재해를 예방하여야 한다.

97

작업장의 바닥, 도로 및 통로 등에서 낙하물이 근로자에게 위험을 미칠 우려가 있는 경우의 필요한 조치 및 준수사항으로 옳지 않은 것은?

① 수직 보호망 또는 방호 선반 설치
② 출입금지구역의 설정
③ 낙하물 방지망의 수평면과의 각도는 20° 이상 30° 이하 유지
④ 낙하물 방지망을 높이 15[m] 이내마다 설치

해설 낙하물방지망 또는 방호선반 설치시 준수사항

① 설치높이는 10m 이내마다 설치하고, 내민 길이는 벽면으로부터 2m 이상으로 할 것
② 수평면과의 각도는 20도 이상 30도 이하를 유지할 것

정답 94 ② 95 ③ 96 ① 97 ④

98

앞 뒤 두 개의 차륜이 있으며(2축 2륜), 각각의 차축이 평행으로 배치된 것으로 찰흙, 점성토 등의 두꺼운 흙을 다짐하는 데는 적당하나 단단한 각재를 다지는 데는 부적당한 기계는?

① 머캐덤 롤러(M Roller)
② 탠덤 롤러(Tandem Roller)
③ 래머(rammer)
④ 진동 롤러(Vibrating Roller)

해설 **다짐기계(전압식)**

머캐덤 롤러 (MacadamRoller)	3륜으로 구성, 쇄석기층 및 자갈층 다짐에 효과적
탠덤 롤러 (Tandem Roller)	도로용 롤러이며, 2륜으로 구성되어 있고, 아스팔트 포장의 끝손질, 점성토 다짐에 사용
탬핑 롤러 (Tamping Roller)	① 롤러 표면에 돌기를 만들어 부착, 땅 깊숙이 다짐 가능 ② 토립자를 이동 혼합하여 함수비 조절 용이(간극수압제거) ③ 고함수비의 점성토 지반에 효과적, 유효다짐 깊이가 깊다. ④ 흙덩어리(풍화암 등)의 파쇄 효과 및 맞물림 효과가 크다.

99

리프트(Lift)의 안전장치에 해당하지 않는 것은?

① 권과방지장치　　② 비상정지장치
③ 과부하방지장치　　④ 속도조절기

해설 **리프트의 방호장치**

① 과부하방지장치 ② 권과방지장치 ③ 비상정지장치 및 제동장치

tip

승강기의 방호장치 : 파이널 리미트 스위치, 속도조절기, 출입문 인터록 등

100

건설현장에서 근로자가 안전하게 통행할 수 있도록 통로에 설치하는 조명의 조도 기준은?

① 65[lux] 이상　　② 75[lux] 이상
③ 85[lux] 이상　　④ 95[lux] 이상

해설 **통로의 조명**

① 75룩스 이상의 채광 또는 조명시설
② 다만 갱도 또는 상시통행을 하지 않는 지하실 등 : 휴대용 조명기구 사용 가능

정답 98 ② 99 ④ 100 ②

메모

2018년 3월 4일

산업안전산업기사 기출문제

1과목 산업재해 예방 및 안전보건교육

01

산업안전보건법령상 근로자 안전·보건교육 기준 중 다음 ( ) 안에 알맞은 것은?

교육과정	교육대상	교육시간
작업내용 변경 시 교육	일용근로자 및 근로계약기간이 1주일 이하인 기간제근로자	(㉠)시간 이상
	그 밖의 근로자	(㉡)시간 이상

① ㉠ 1, ㉡ 8
② ㉠ 2, ㉡ 8
③ ㉠ 1, ㉡ 2
④ ㉠ 3, ㉡ 6

해설 **근로자 안전보건 교육 시간(특별교육은 생략)**

교육과정	교육대상		교육시간
가. 정기교육	사무직 종사 근로자		매반기 6시간 이상
	그 밖의 근로자	판매업무에 직접 종사하는 근로자	매반기 6시간 이상
		판매업무에 직접 종사하는 근로자 외의 근로자	매반기 12시간 이상
나. 채용 시 교육	일용근로자 및 근로계약기간이 1주일 이하인 기간제근로자		1시간 이상
	근로계약기간이 1주일 초과 1개월 이하인 기간제근로자		4시간 이상
	그 밖의 근로자		8시간 이상
다. 작업내용 변경 시 교육	일용근로자 및 근로계약기간이 1주일 이하인 기간제근로자		1시간 이상
	그 밖의 근로자		2시간 이상
마. 건설업 기초안전·보건교육	건설 일용근로자		4시간 이상

tip
2023년 법령개정. 문제와 해설은 개정된 내용 적용

02

안전심리의 5대 요소에 해당하는 것은?

① 기질(temper)
② 지능(intelligence)
③ 감각(sense)
④ 환경(environment)

해설 **산업안전 심리의 5대 요소**

: 기질, 동기, 습관, 습성, 감정

03

학습을 자극에 의한 반응으로 보는 이론에 해당하는 것은?

① 손다이크(Thorndike)의 시행착오설
② 쾰러(Kohler)의 통찰설
③ 톨만(Tolman)의 기호형태설
④ 레빈(Lewin)의 장이론

해설 **시행 착오설(Thorndike)**

학습이란 시행착오의 과정을 통하여 선택되고 결합되는 것(성공한 행동은 각인되고 실패한 행동은 배제)

04

학생이 마음속에 생각하고 있는 것을 외부에 구체적으로 실현하고 형상화하기 위하여 자기 스스로 계획을 세워 수행하는 학습활동으로 이루어지는 학습지도의 형태는?

① 케이스 메소드(Case method)
② 패널 디스커션(Panel discussion)
③ 구안법(Project method)
④ 문제법(Problem method)

해설 **구안법(Project method)**

참가자 스스로가 계획을 수립하고 활동하는 실천적인 학습활동

정답 1③ 2① 3① 4③

05

헤드십(Headship)에 관한 설명으로 틀린 것은?

① 구성원과 사회적 간격이 좁다.
② 지휘의 형태는 권위주의적이다.
③ 권한의 부여는 조직으로부터 위임받는다.
④ 권한귀속은 공식화된 규정에 의한다.

해설 **헤드십과 리더십의 구분**

구분	권한부여 및 행사	권한 근거	상관과 부하와의 관계 및 책임귀속	부하와의 사회적 간격	지휘 형태
헤드십	위에서 위임하여 임명, 임명된 헤드	법적 또는 공식적	지배적 상사	넓다	권위주의적
리더십	아래로부터의 동의에 의한 선출, 선출된 리더	개인 능력	개인적인 영향 상사와 부하	좁다	민주주의적

06

추락 및 감전 위험방지용 안전모의 일반구조가 아닌 것은?

① 착장체 ② 충격흡수재 ③ 선심 ④ 모체

해설 안전모의 구조

번호	명칭	
1	모체	
2	착장체	머리받침끈
3		머리고정대
4		머리받침고리
5	충격흡수재(자율안전확인에서는 제외)	
6	턱끈	
7	모자챙(차양)	

07

Safe-T-Score에 대한 설명으로 틀린 것은?

① 안전관리의 수행도를 평가하는 데 유용하다.
② 기업의 산업재해에 대한 과거와 현재의 안전성적을 비교 평가한 점수로 단위가 없다.
③ Safe-T-Score가 +2.0 이상인 경우는 안전관리가 과거보다 좋아졌음을 나타낸다.
④ Safe-T-Score가 +2.0~-2.0 사이인 경우는 안전관리가 과거에 비해 심각한 차이가 없음을 나타낸다.

해설 **Safe-T-Score 결과**

- +2.00 이상 : 과거보다 심각하게 나쁨
- +2.00에서 -2.00 사이 : 과거에 비해 심각한 차이 없음
- -2.00 이하 : 과거보다 좋아짐

08

매슬로(Maslow)의 욕구단계 이론의 요소가 아닌 것은?

① 생리적 욕구 ② 안전에 대한 욕구
③ 사회적 욕구 ④ 심리적 욕구

해설 **매슬로우의 욕구 5단계**

생리적 욕구 → 안전의 욕구 → 사회적 욕구 → 인정받으려는 욕구 → 자아실현의 욕구

09

산업안전보건법령상 안전·보건표지 중 지시표지 사항의 기본모형은?

① 사각형 ② 원형 ③ 삼각형 ④ 마름모형

해설 **지시표시**

특정행위의 지시 및 사실의 고지를 나타내며, 원형모양에 바탕은 파란색, 관련그림은 흰색

정답 5① 6③ 7③ 8④ 9②

10

재해 발생 시 조치사항 중 대책수립의 목적은?

① 재해발생 관련자 문책 및 처벌
② 재해 손실비 산정
③ 재해발생 원인 분석
④ 동종 및 유사재해 방지

해설 **재해조사의 목적**

재해의 원인을 분석하여 대책을 수립하는 목적은 동종재해 및 유사재해의 재발방지

11

기업 내 정형교육 중 대상으로 하는 계층이 한정되어 있지 않고, 한 번 훈련을 받은 관리자는 그 부하인 감독자에 대해 지도원이 될 수 있는 교육방법은?

① TWI(Training Within Industry)
② MTP(Management Training Program)
③ CCS(Civil Communication Section)
④ ATT(American Telephone & Telegram Co)

해설 **ATT(American Telephone & Telegram Co)**

① 교육대상자 : 대상계층이 한정되어 있지 않다.
② 훈련을 먼저 받은 자는 직급에 관계 없이 훈련을 받지 않은 자에 대해 지도원이 될 수 있다.

12

부하의 행동에 영향을 주는 리더십 중 조언, 설명, 보상조건 등의 제시를 통한 적극적인 방법은?

① 강요　② 모범　③ 제언　④ 설득

해설

조언, 설명, 보상조건 등을 제시함으로 행동에 영향을 주는 리더십 방법은 설득에 해당된다.

13

사고예방대책의 기본원리 5단계 중 제4단계의 내용으로 틀린 것은?

① 인사조정　② 작업분석
③ 기술의 개선　④ 교육 및 훈련의 개선

해설 **4단계 시정책의 선정**

시정책의 선정	• 인사 및 배치조정 • 교육 및 훈련의 개선 • 규정 및 수칙의 개선	• 기술적인 개선 • 안전행정의 개선 • 이행독려의 체제 강화

14

주의(Attention)의 특성 중 여러 종류의 자극을 받을 때 소수의 특정한 것에만 반응하는 것은?

① 선택성　② 방향성
③ 단속성　④ 변동성

해설 **주의의 특성**

선택성	동시에 두 개 이상의 방향에 집중하지 못하고 소수의 특정한 것에 한하여 선택한다.
변동성	고도의 주의는 장시간 지속할 수 없고 주기적으로 부주의 리듬이 존재한다.
방향성	한 지점에 주의를 집중하면 주변 다른 곳의 주의는 약해진다(주시점만 인지)

15

재해예방의 4원칙이 아닌 것은?

① 원인계기의 원칙　② 예방가능의 원칙
③ 사실보존의 원칙　④ 손실우연의 원칙

해설 **하인리히의 재해예방의 4원칙**

손실우연의 원칙	사고에 의해서 생기는 상해의 종류 및 정도는 우연적이라는 원칙
예방가능의 원칙	재해는 원칙적으로 예방이 가능하다는 원칙
원인계기의 원칙	재해의 발생은 직접원인으로만 일어나는 것이 아니라 간접원인이 연계되어 일어난다는 원칙
대책선정의 원칙	원인의 정확한 분석에 의해 가장 타당한 재해예방 대책이 선정되어야 한다는 원칙

정답 10 ④ 11 ④ 12 ④ 13 ② 14 ① 15 ③

16

산업안전보건법령상 관리감독자의 업무의 내용이 아닌 것은?

① 해당 작업에 관련되는 기계·기구 또는 설비의 안전·보건점검 및 이상유무의 확인
② 해당 사업장 산업보건의 지도·조언에 대한 협조
③ 위험성평가를 위한 업무에 기인하는 유해·위험요인의 파악 및 그 결과에 따라 개선조치의 시행
④ 작성된 물질안전보건자료의 게시 또는 비치에 관한 보좌 및 조언·지도

해설 **관리감독자의 업무내용**

① 사업장내 관리감독자가 지휘·감독하는 작업과 관련된 기계·기구 또는 설비의 안전·보건점검 및 이상유무의 확인
② 관리감독자에게 소속된 근로자의 작업복·보호구 및 방호장치의 점검과 그 착용·사용에 관한 교육·지도
③ 해당 작업에서 발생한 산업재해에 관한 보고 및 이에 대한 응급조치
④ 해당 작업의 작업장 정리·정돈 및 통로확보에 대한 확인·감독
⑤ 사업장의 다음 각 목의 어느 하나에 해당하는 사람의 지도·조언에 대한 협조
  ㉠ 안전관리자 또는 안전관리자의 업무를 안전관리전문기관에 위탁한 사업장의 경우에는 그 안전관리전문기관의 해당 사업장 담당자
  ㉡ 보건관리자 또는 보건관리자의 업무를 보건관리전문기관에 위탁한 사업장의 경우에는 그 보건관리전문기관의 해당 사업장 담당자
  ㉢ 안전보건관리담당자 또는 안전보건관리담당자의 업무를 안전관리전문기관 또는 보건관리전문기관에 위탁한 사업장의 경우에는 그 안전관리전문기관 또는 보건관리전문기관의 해당 사업장 담당자
  ㉣ 산업보건의
⑥ 위험성평가에 관한 다음 각 목의 업무
  ㉠ 유해·위험요인의 파악에 대한 참여
  ㉡ 개선조치의 시행에 대한 참여
⑦ 그 밖에 해당 작업의 안전보건에 관한 사항으로서 고용노동부령으로 정하는 사항

17

400명의 근로자가 종사하는 공장에서 휴업일수 127일, 중대재해 1건이 발생한 경우 강도율은? (단, 1일 8시간으로 연 300일 근무조건으로 한다.)

① 10　② 0.1　③ 1.0　④ 0.01

해설

① 강도율 $= \dfrac{\text{근로손실일수}}{\text{연간총근로시간수}} \times 1{,}000$

$$= \frac{127 \times \frac{300}{365}}{400 \times 8 \times 300} \times 1{,}000 = 0.1$$

18

시행 착오설에 의한 학습법칙이 아닌 것은?

① 효과의 법칙　② 준비성의 법칙
③ 연습의 법칙　④ 일관성의 법칙

해설 **시행 착오설에 의한 학습법칙**

① 연습의 법칙 ② 효과의 법칙 ③ 준비성의 법칙

19

산업안전보건법령상 건설현장에서 사용하는 크레인, 리프트 및 곤돌라의 안전검사의 주기로 옳은 것은? (단, 이동식 크레인, 이삿짐 운반용 리프트는 제외한다.)

① 최초로 설치한 날부터 6개월마다
② 최초로 설치한 날부터 1년마다
③ 최초로 설치한 날부터 2년마다
④ 최초로 설치한 날부터 3년마다

해설 **크레인, 리프트 및 곤돌라의 검사주기**

사업장에 설치가 끝난 날부터 3년 이내에 최초 안전검사를 실시하되, 그 이후부터 2년마다(건설현장에서 사용하는 것은 최초로 설치한 날부터 6개월마다)

정답 16 ④ 17 ② 18 ④ 19 ①

20

위험예지훈련 4R 방식 중 각 라운드(Round)별 내용 연결이 옳은 것은?

① 1R - 목표설정　② 2R - 본질추구
③ 3R - 현상파악　④ 4R - 대책수립

해설 **위험예지훈련의 4라운드 진행법**

① 1라운드 : 현상파악　② 2라운드 : 본질추구
③ 3라운드 : 대책수립　④ 4라운드 : 목표설정

2과목　인간공학 및 위험성 평가관리

21

시각적 표시장치를 사용하는 것이 청각적 표시장치를 사용하는 것보다 좋은 경우는?

① 메시지가 후에 참고되지 않을 때
② 메시지가 공간적인 위치를 다룰 때
③ 메시지가 시간적인 사건을 다룰 때
④ 사람의 일이 연속적인 움직임을 요구할 때

해설 **시각적 표시장치와 청각적 표시장치의 비교**

시각장치 사용	청각장치 사용
1. 메시지가 복잡하다. 2. 메시지가 길다. 3. 메시지가 후에 재참조된다. 4. 메시지가 공간적인 위치를 다룬다. 5. 메시지가 즉각적인 행동을 요구하지 않는다. 6. 수신자의 청각 계통이 과부하 상태일 때 7. 직무상 수신자가 한곳에 머무르는 경우	1. 메시지가 간단하다. 2. 메시지가 짧다. 3. 메시지가 후에 재참조되지 않는다. 4. 메시지가 시간적인 사상을 다룬다. 5. 메시지가 즉각적인 행동을 요구한다. 6. 수신자의 시각 계통이 과부하 상태일 때 7. 직무상 수신자가 자주 움직이는 경우

22

체계분석 및 설계에 있어서 인간공학의 가치와 가장 거리가 먼 것은?

① 성능의 향상
② 인력 이용률의 감소
③ 사용자의 수용도 향상
④ 사고 및 오용으로부터의 손실 감소

해설 **체계 설계과정에서의 인간공학의 가치**

① 성능의 향상
② 생산 및 정비유지의 경제성 증대
③ 훈련 비용의 절감
④ 인력의 이용율의 향상
⑤ 사용자의 수용도 향상
⑥ 사고 및 오용으로 부터의 손실 감소

정답　20 ②　21 ②　22 ②

23

휘도(luminance)의 척도 단위(unit)가 아닌 것은?

① fc ② fL ③ mL ④ cd/m²

해설 **휘도의 단위**

Lambert(L)	완전발산 또는 반사하는 표면이 1cm 거리에서 표준 촛불로 조명될 때의 조도와 같은 휘도
millilambert(mL)	1L의 1/1,000로서, 1foot-Lambert와 비슷한 값을 갖는다.
foot-Lambert(fL)	완전발산 또는 반사하는 표면이 1fc로 조명될 때의 조도와 같은 휘도
nit(cd/m²)	완전 발산 또는 반사하는 평면이 πlux로 조명될 때의 조도와 같은 휘도

24

신체 반응의 척도 중 생리적 스트레스의 척도로 신체적 변화의 측정 대상에 해당하지 않는 것은?

① 혈압 ② 부정맥
③ 혈액성분 ④ 심박수

해설

신체적 변화의 측정대상은 혈압, 부정맥, 심박수의 변화 등이 있다.

25

안전성의 관점에서 시스템을 분석 평가하는 접근방법과 거리가 먼 것은?

① "이런 일은 금지한다."의 개인 판단에 따른 주관적인 방법
② "어떻게 하면 무슨 일이 발생할 것인가?"의 연역적인 방법
③ "어떤 일은 하면 안 된다."라는 점검표를 사용하는 직관적인 방법
④ "어떤 일이 발생하였을 때 어떻게 처리하여야 안전한가?"의 귀납적인 방법

해설

개인차가 발생할 수 있는 주관적인 방법은 시스템 분석평가 방법으로 적절하지 못하다.

26

다음의 연산표에 해당하는 논리연산은?

입력		출력
X_1	X_2	
0	0	0
0	1	1
1	0	1
1	1	0

① XOR ② AND ③ NOT ④ OR

해설 **XOR 게이트 회로**

① 배타적 OR 게이트라고도 부르며, 2입력 중 어느 하나가 1일 때 출력이 1이 되는 게이트
② 입력이 같으면 출력은 0이고 입력이 다르면 1이 된다.

27

항공기 위치 표시장치의 설계원칙에 있어, 다음 보기의 설명에 해당하는 것은?

> [보기] 항공기의 경우 일반적으로 이동 부분의 영상은 고정된 눈금이나 좌표계에 나타내는 것이 바람직하다.

① 통합 ② 양립적 이동
③ 추종표시 ④ 표시의 현실성

해설 **양립적 이동(Principle of Compatibility Motion)**

항공기의 경우, 일반적으로 이동 부분의 영상은 고정된 눈금이나 좌표계에 나타내는 것이 바람직함

28

근골격계 질환의 인간공학적 주요 위험요인과 가장 거리가 먼 것은?

① 과도한 힘 ② 부적절한 자세
③ 고온의 환경 ④ 단순 반복작업

해설 **근골격계 질환의 원인**

① 부적절한 작업자세 ② 무리한 반복작업 ③ 과도한 힘
④ 부족한 휴식시간 ⑤ 신체적 압박

정답 23 ① 24 ③ 25 ① 26 ① 27 ② 28 ③

29

산업현장에서 사용하는 생산설비의 경우 안전장치가 부착되어 있으나 생산성을 위해 제거하고 사용하는 경우가 있다. 이러한 경우를 대비하여 설계 시 안전장치를 제거하면 작동이 안 되는 구조를 채택하고 있다. 이러한 구조는 무엇인가?

① Fail Safe ② Fool Proof
③ Lock Out ④ Tamper Proof

해설 **tamper proof**

부정하게 조작하거나 안전장치를 고의로 제거하는데 따른 위험을 예방하도록 설계하는 개념을 말한다.

30

FTA의 활용 및 기대효과가 아닌 것은?

① 시스템의 결함 진단
② 사고원인 규명의 간편화
③ 사고원인 분석의 정량화
④ 시스템의 결함 비용 분석

해설 **결함수 분석법의 활용 및 기대효과**

① 사고원인 규명의 간편화 ② 사고원인 분석의 일반화
③ 사고 원인 분석의 정량화 ④ 노력, 시간의 절감
⑤ 시스템의 결함 진단 ⑥ 안전점검표 작성

31

인간공학적 부품배치의 원칙에 해당하지 않는 것은?

① 신뢰성의 원칙 ② 사용순서의 원칙
③ 중요성의 원칙 ④ 사용빈도의 원칙

해설 **부품배치의 원칙**

중요성의 원칙	목표달성에 긴요한 정도에 따른 우선순위	위치결정
사용빈도의 원칙	사용되는 빈도에 따른 우선순위	
기능별배치의 원칙	기능적으로 관련된 부품들을 모아서 배치	배치결정
사용순서의 원칙	순서적으로 사용되는 장치들을 순서에 맞게 배치	

32

시스템안전프로그램계획(SSPP)에서 "완성해야 할 시스템 안전업무"에 속하지 않는 것은?

① 정성 해석 ② 운용 해석
③ 경제성 분석 ④ 프로그램 심사의 참가

해설 **수행해야하는 시스템 안전 업무활동**

① 정성적분석 ② 정량적 분석
③ 운용해석 ④ 설계심사의 참가 등

33

선형 조정장치를 16cm 옮겼을 때, 선형 표시장치가 4cm 움직였다면, C/R비는 얼마인가?

① 0.2 ② 2.5 ③ 4.0 ④ 5.3

해설 **통제표시비(선형 조정장치)**

$$\frac{C}{D} = \frac{\text{통제기기의 변위량}}{\text{표시계기 지침의 변위량}} = \frac{16\text{cm}}{4\text{cm}} = 4$$

34

자연습구온도가 20℃ 이고, 흑구온도가 30℃일 때, 실내의 습구흑구온도지수(WBGT ; Wet Bulb Globe Temperature)는 얼마인가?

① 20℃ ② 23℃ ③ 25℃ ④ 30℃

해설 **습구흑구온도지수(옥내)**

WBGT(℃) = 0.7 × 자연습구온도 + 0.3 × 흑구온도
= (0.7 × 20) + (0.3 × 30) = 23℃

정답 29 ④ 30 ④ 31 ① 32 ③ 33 ③ 34 ②

35

소음을 방지하기 위한 대책으로 틀린 것은?

① 소음원 통제 ② 차폐장치 사용
③ 소음원 격리 ④ 연속 소음 노출

해설 **소음관리(소음통제 방법)**

① 소음원의 제거 – 가장 적극적인 대책
② 소음원의 통제 – 안전설계, 정비 및 주유, 고무 받침대 부착, 소음기 사용 등
③ 소음의 격리 – 씌우개(enclosure), 방이나 장벽을 이용
④ 차음 장치 및 흡음재 사용
⑤ 보호구 착용 등

36

산업안전 분야에서의 인간공학을 위한 제반 언급사항으로 관계가 먼 것은?

① 안전관리자와의 의사소통 원활화
② 인간과오 방지를 위한 구체적 대책
③ 인간행동특성 자료의 정량화 및 축적
④ 인간 – 기계 체계의 설계 개선을 위한 기금의 축적

해설

재정과 관련된 기금의 축적은 인간공학을 위한 제반 언급사항과는 관련성이 적다.

37

시스템 안전을 위한 업무 수행 요건이 아닌 것은?

① 안전활동의 계획 및 관리
② 다른 시스템 프로그램과 분리 및 배제
③ 시스템 안전에 필요한 사람의 동일성 식별
④ 시스템 안전에 대한 프로그램 해석 및 평가

해설 **시스템 안전을 위한 업무의 수행 요건**

① 시스템 안전에 필요한 사항의 식별
② 안전활동의 계획·조직 및 구성
③ 다른 시스템프로그램과의 조정 및 협의
④ 시스템안전에 대한 프로그램의 해석 검토 및 평가

38

컷셋과 최소 패스셋을 정의한 것으로 맞는 것은?

① 컷셋은 시스템 고장을 유발시키는 필요 최소한의 고장들의 집합이며, 최소 패스셋은 시스템의 신뢰성을 표시한다.
② 컷셋은 시스템 고장을 유발시키는 필요 최소한의 고장들의 집합이며, 최소 패스셋은 시스템의 불신뢰도를 표시한다.
③ 컷셋은 그 속에 포함되어 있는 모든 기본사상이 일어났을 때 톱 사상을 일으키는 기본사상의 집합이며, 최소 패스셋은 시스템의 신뢰성을 표시한다.
④ 컷셋은 그 속에 포함되어 있는 모든 기본사상이 일어났을 때 톱 사상을 일으키는 기본사상의 집합이며, 최소 패스셋은 시스템의 성공을 유발하는 기본사상의 집합이다.

해설 **미니멀 컷셋과 미니멀 패스셋**

① 미니멀 컷셋 : 정상사상을 발생시키는 기본사상의 집합으로 그 안에 포함되는 모든 기본사상이 발생할 때 정상사상을 발생시킬 수 있는 기본사상의 집합을 컷셋이라하며, 컷셋의 집합중에서 정상사상을 일으키기 위하여 필요한 최소한의 컷셋을 미니멀 컷셋이라 한다. (시스템의 위험성 또는 안전성을 나타냄).
② 미니멀 패스셋 : 그 안에 포함되는 모든 기본사상이 일어나지 않을 때 처음으로 정상사상이 일어나지 않는 기본사상의 집합인 패스셋에서 필요 최소한의 것을 미니멀 패스셋이라 한다(시스템의 신뢰성을 나타냄).

정답 35 ④ 36 ④ 37 ② 38 ③

39

인체 측정치의 응용원칙과 거리가 먼 것은?

① 극단치를 고려한 설계
② 조절 범위를 고려한 설계
③ 평균치를 기준으로 한 설계
④ 기능적 치수를 이용한 설계

해설 **인체 계측 자료의 응용 원칙**

① 극단적인 사람을 위한 설계(최대치수와 최소치수의 설정) : 극단치 설계(인체 측정 특성의 극단에 속하는 사람을 대상으로 설계하면 거의 모든 사람을 수용가능)
② 조절 범위 : 장비나 설비의 설계에 있어 때로는 여러 사람이 사용 가능하도록 조절식으로 하는 것이 바람직한 경우도 있다.
③ 평균치를 기준으로 한 설계 : 특정 장비나 설비의 경우, 최대 집단치나 최소 집단치 또는 조절식으로 설계하기가 부적절하거나 불가능할 때

40

10시간 설비 가동 시 설비 고장으로 1시간 정지하였다면 설비고장 강도율은 얼마인가?

① 0.1% ② 9% ③ 10% ④ 11%

해설

$$\text{설비고장강도율} = \frac{\text{설비고장정지시간}}{\text{설비가동시간(부하시간)}} \times 100$$

$$= \frac{1}{10} \times 100 = 10\%$$

3과목 기계·기구 및 설비 안전관리

41

500rpm으로 회전하는 연삭기의 숫돌지름이 200mm일 때 원주속도(m/min)는?

① 628 ② 62.8 ③ 314 ④ 31.4

해설 **숫돌의 원주속도**

$$\text{원주속도} = \frac{\pi DN}{1000} = \frac{\pi \times 200 \times 500}{1000} = 314(\text{m/min})$$

42

기계의 운동 형태에 따른 위험점의 분류에서 고정부분과 회전하는 동작부분이 함께 만드는 위험점으로 교반기의 날개와 하우스 등에서 발생하는 위험점을 무엇이라 하는가?

① 끼임점 ② 절단점
③ 물림점 ④ 회전말림점

해설 **끼임점(Shear-point): 고정부분과 회전 또는 직선운동 부분에 의해 형성**

① 연삭 숫돌과 작업대
② 반복동작되는 링크기구
③ 교반기의 교반날개와 몸체 사이 .

43

컨베이어 작업시작 전 점검해야 할 사항으로 거리가 먼 것은?

① 원동기 및 풀리 기능의 이상 유무
② 이탈 등의 방지장치 기능의 이상 유무
③ 비상정지장치의 이상 유무
④ 자동전격방지장치의 이상 유무

해설 **컨베이어의 작업시작 전 점검사항**

① 원동기 및 풀리 기능의 이상유무
② 이탈 등의 방지장치기능의 이상유무
③ 비상정지장치 기능의 이상유무
④ 원동기·회전축·기어 및 풀리 등의 덮개 또는 울 등의 이상유무

정답 39 ④ 40 ③ 41 ③ 42 ① 43 ④

44

아세틸렌 용접장치에서 아세틸렌 발생기실 설치 위치 기준으로 옳은 것은?

① 건물 지하층에 설치하고 화기 사용설비로부터 3미터 초과 장소에 설치
② 건물 지하층에 설치하고 화기 사용설비로부터 1.5미터 초과 장소에 설치
③ 건물 최상층에 설치하고 화기 사용설비로부터 3미터 초과 장소에 설치
④ 건물 최상층에 설치하고 화기 사용설비로부터 1.5미터 초과 장소에 설치

해설 **발생기실의 설치장소**

① 전용의 발생기 실내에 설치
② 건물의 최상층에 위치, 화기를 사용하는 설비로부터 3m를 초과하는 장소에 설치
③ 옥외에 설치할 경우 그 개구부를 다른 건축물로부터 1.5m 이상 떨어지도록 할 것

45

기계설비 방호에서 가드의 설치조건으로 옳지 않은 것은?

① 충분한 강도를 유지할 것
② 구조가 단순하고 위험점 방호가 확실할 것
③ 개구부(틈새)의 간격은 임의로 조정이 가능할 것
④ 작업, 점검, 주유 시 장애가 없을 것

해설 **가드의 설치기준**

① 충분한 강도를 유지할 것
② 구조가 단순하고 조정이 용이 할 것
③ 작업, 점검, 주유시 등 장애가 없을 것
④ 위험점 방호가 확실할 것
⑤ 개구부등 간격(틈새)이 적정할 것

46

완전 회전식 클러치 기구가 있는 양수 조작식 방호장치에서 확동 클러치의 봉합개소가 4개, 분당 행정수가 200SPM일 때, 방호장치의 최소 안전거리는 몇 mm 이상이어야 하는가?

① 80 ② 120 ③ 240 ④ 360

해설 **양수기동식의 안전거리**

$D_m = 1.6T_m$

$$T_m = \left(\frac{1}{\text{클러치 맞물림 개소수}} + \frac{1}{2}\right) \times \frac{60{,}000}{\text{매분행정수}} (\text{ms})$$

$$= \left(\frac{1}{4} + \frac{1}{2}\right) \times \frac{60{,}000}{200} = 225(ms)$$

$D_m = 1.6 \times 225 = 360(\text{mm})$

47

목재가공용 둥근톱의 두께가 3mm일 때, 분할날의 두께는 몇 mm 이상이어야 하는가?

① 3.3mm 이상 ② 3.6mm 이상
③ 4.5mm 이상 ④ 4.8mm 이상

해설 **분할날의 두께**

① 톱날 두께의 1.1배 이상이고, 톱날의 치진폭 이하이어야 한다.
② 3mm × 1.1 = 3.3mm 이상

48

산업안전보건법령에 따라 타워크레인의 운전 작업을 중지해야 되는 순간풍속의 기준은?

① 초당 10m를 초과하는 경우
② 초당 15m를 초과하는 경우
③ 초당 30m를 초과하는 경우
④ 초당 35m를 초과하는 경우

해설 **강풍시 타워크레인의 작업제한**

① 순간풍속이 매초당 10미터 초과 : 타워크레인의 설치·수리·점검 또는 해체작업 중지
② 순간풍속이 매초당 15미터 초과 : 타워크레인의 운전작업 중지

정답 44 ③ 45 ③ 46 ④ 47 ① 48 ②

49

탁상용 연삭기에서 숫돌을 안전하게 설치하기 위한 방법으로 옳지 않은 것은?

① 숫돌바퀴 구멍은 축 지름보다 0.1mm 정도 작은 것을 선정하여 설치한다.
② 설치 전에는 육안 및 목재 해머로 숫돌의 흠, 균열을 점검한 후 설치한다.
③ 축의 턱에 내측 플랜지, 압지 또는 고무판, 숫돌 순으로 끼운 후 외측에 압지 또는 고무판, 플랜지, 너트 순으로 조인다.
④ 가공물 받침대는 숫돌의 중심에 맞추어 연삭기에 견고히 고정한다.

해설

숫돌바퀴 구멍은 축 지름 보다 0.1 mm정도 큰 것을 선정하여 설치한다.

50

다음 중 근로자에게 위험을 미칠 우려가 있을 때 덮개 또는 울을 설치해야 하는 위치와 가장 거리가 먼 것은?

① 연삭기 또는 평삭기의 테이블, 형삭기 램 등의 행정 끝
② 선반으로부터 돌출하여 회전하고 있는 가공물 부근
③ 과열에 따른 과열이 예상되는 보일러의 버너 연소실
④ 띠톱기계의 위험한 톱날(절단부분 제외) 부위

해설 **덮개 또는 울 등을 설치해야 하는 경우**

① 연삭기 또는 평삭기의 테이블, 형삭기램 등의 행정끝이 위험을 미칠 경우
② 선반 등으로부터 돌출하여 회전하고 있는 가공물이 위험을 미칠 경우
③ 띠톱기계(목재가공용 띠톱기계제외)의 절단에 필요한 톱날부위 외의 위험한 톱날부위

51

산업안전보건법령상 차량계 하역운반기계를 이용한 화물적재 시의 준수해야 할 사항으로 틀린 것은?

① 최대적재량의 10% 이상 초과하지 않도록 적재한다.
② 운전자의 시야를 가리지 않도록 적재한다.
③ 붕괴, 낙하 방지를 위해 화물에 로프를 거는 등 필요 조치를 한다.
④ 편하중이 생기지 않도록 적재한다.

해설 **차량계하역 운반기계의 화물적재시 조치**

① 하중이 한쪽으로 치우치지 않도록 적재할 것
② 구내운반차 또는 화물자동차의 경우 화물의 붕괴 또는 낙하에 의한 위험을 방지하기 위하여 화물에 로프를 거는 등 필요한 조치를 할 것
③ 운전자의 시야를 가리지 않도록 화물을 적재할 것

52

롤러기의 급정지장치 중 복부 조작식과 무릎 조작식의 조작부 위치 기준은? (단, 밑면과의 상대거리를 나타낸다.)

	복부 조작식	무릎 조작식		복부 조작식	무릎 조작식
①	0.5~0.7[m]	0.2~0.4[m]	②	0.8~1.1[m]	0.4~0.6[m]
③	0.8~1.1[m]	0.6~0.8[m]	④	1.1~1.4[m]	0.8~1.0[m]

해설 **조작부의 종류별 설치위치**

조작부의 종류	설치 위치
손조작식	밑면에서 1.8m 이내
복부조작식	밑면에서 0.8m 이상 1.1m 이내
무릎조작식	밑면에서 0.4m 이상 0.6m 이내

정답 49 ① 50 ③ 51 ① 52 ②

53

양수 조작식 방호장치에서 2개의 누름버튼 간의 거리는 300mm 이상으로 정하고 있는데 이 거리의 기준은?

① 2개의 누름버튼 간의 중심거리
② 2개의 누름버튼 간의 외측거리
③ 2개의 누름버튼 간의 내측거리
④ 2개의 누름버튼 간의 평균 이동거리.

해설

양수 조작식 방호장치는 각 누름버튼 상호 간 내측거리는 300mm 이상이어야 한다.

54

다음 중 프레스에 사용되는 광전자식 방호장치의 일반구조에 관한 설명으로 틀린 것은?

① 방호장치의 감지기능은 규정한 검출영역 전체에 걸쳐 유효하여야 한다.
② 슬라이드 하강 중 정전 또는 방호장치의 이상 시에는 1회 동작 후 정지할 수 있는 구조이어야 한다.
③ 정상동작표시램프는 녹색, 위험표시램프는 붉은색으로 하며, 쉽게 근로자가 볼 수 있는 곳에 설치해야 한다.
④ 방호장치의 정상작동 중에 감지가 이루어지거나 전원공급이 중단되는 경우 적어도 두 개 이상의 독립된 출력신호 개폐장치가 꺼진 상태로 돼야 한다.

해설 **광전자식 방호장치의 일반구조**

슬라이드 하강 중 정전 또는 방호장치의 이상 시에 정지할 수 있는 구조이어야 한다.

55

보일러수에 불순물이 많이 포함되어 있을 경우, 보일러수의 비등과 함께 수면부위에 거품을 형성하여 수위가 불안정하게 되는 현상은?

① 프라이밍(Priming)
② 포밍(Foaming)
③ 캐리오버(Carry over)
④ 워터해머(Water hammer)

해설 **포밍(Foaming)**

보일러수에 불순물이 많이 포함되었을 경우 보일러수의 비등과 함께 수면부위에 거품층이 형성되어 수위가 불안정하게 되는 현상

56

다음 중 연삭기의 사용상 안전대책으로 적절하지 않은 것은?

① 방호장치로 덮개를 설치한다.
② 숫돌 교체 후 1분 정도 시운전을 실시한다.
③ 숫돌의 최고사용회전속도를 초과하여 사용하지 않는다.
④ 숫돌 측면을 사용하는 것을 목적으로 하는 연삭숫돌을 제외하고는 측면 연삭을 하지 않도록 한다.

해설

작업 시작하기 전 1분 이상, 연삭숫돌을 교체한 후 3분 이상 시운전

정답 53 ③ 54 ② 55 ② 56 ②

57

다음 중 드릴 작업 시 가장 안전한 행동에 해당하는 것은?

① 장갑을 끼고 옷소매가 긴 작업복을 입고 작업한다.
② 작업 중에 브러시로 칩을 털어낸다.
③ 가공할 구멍 지름이 클 경우 작은 구멍을 먼저 뚫고 그 위에 큰 구멍을 뚫는다.
④ 드릴을 먼저 회전시킨 상태에서 공작물을 고정한다.

해설 **드릴 작업 시 안전대책**

① 일감은 견고히 고정, 손으로 잡고 하는 작업금지
② 드릴 끼운 후 척 렌치는 반드시 빼둘 것
③ 장갑 착용 금지 및 칩은 브러시로 제거
④ 이동식 전기 드릴은 반드시 접지해야 하며, 회전 중 이동금지
⑤ 큰 구멍은 작은 구멍을 뚫은 후 작업
⑥ 구멍이 거의 다 뚫렸을 때 일감이 드릴과 함께 회전하기 쉬우므 로 주의

58

다음 중 산업안전보건법령에 따라 비파괴 검사를 실시해야 하는 고속회전체의 기준은?

① 회전축 중량 1톤 초과, 원주속도 120m/s 이상
② 회전축 중량 1톤 초과, 원주속도 100m/s 이상
③ 회전축 중량 0.7톤 초과, 원주속도 120m/s 이상
④ 회전축 중량 0.7톤 초과, 원주속도 100m/s 이상

해설 **고속 회전체의 위험방지**

고속회전체(원심분리기 등의 회전체로 원주속도가 매초당 25m 초과)의 회전시험시 파괴로 인한 위험방지	전용의 견고한 시설물내부 또는 견고한 장벽 등으로 격리된 장소에서 실시
고속회전체의 회전시험 시 미리 비파괴검사실시 하는 대상	회전축의 중량이 1톤 초과하고 원주속도가 매초당 120m 이상인 것

59

지게차의 안전장치에 해당하지 않는 것은?

① 후사경　② 헤드가드
③ 백레스트　④ 권과방지장치

해설 **지게차의 안전장치**

① 헤드가드 ② 백레스트 ③ 전조등 ④ 후미등 ⑤ 안전벨트

60

다음 중 접근반응형 방호장치에 해당되는 것은?

① 양수조작식 방호장치　② 손쳐내기식 방호장치
③ 덮개식 방호장치　④ 광전자식 방호장치

해설 **접근 반응형 방호장치**

① 위험 범위 내로 신체가 접근할 경우 이를 감지하여 즉시 기계의 작동을 정지시키거나 전원이 차단되도록 하는 방법
② 프레스의 광 전자식

정답 57 ③ 58 ① 59 ④ 60 ④

4과목 전기 및 화학설비 위험방지기술

61

저압 옥내직류 전기설비를 전로보호장치의 확실한 동작의 확보와 이상전압 및 대지전압의 억제를 위하여 접지를 하여야 하나 직류 2선식으로 시설할 때, 접지를 생략할 수 있는 경우로 옳지 않은 것은?

① 접지 검출기를 설치하고, 특정구역 내의 산업용 기계 기구에만 공급하는 경우
② 사용전압이 110V 이상인 경우
③ 최대전류 30mA 이하의 직류화재경보회로
④ 교류계통으로부터 공급을 받는 정류기에서 인출되는 직류계통

해설 **저압 옥내직류 전기설비의 접지 중 직류2선식 시설시 접지 생략 가능한 경우**

① 사용전압이 60V 이하인 경우
② 접지검출기를 설치하고 특정 구역 내의 산업용 기계 기구에만 공급하는 경우
③ 교류계통으로부터 공급을 받는 정류기에서 인출되는 직류계통
④ 최대전류 30mA 이하의 직류화재경보회로

62

감전에 의한 전격위험을 결정하는 주된 인자와 거리가 먼 것은?

① 통전저항 ② 통전전류의 크기
③ 통전경로 ④ 통전시간

해설 **감전위험 인자**

1차적 위험요소	① 통전전류의 크기 ② 통전시간 ③ 통전경로 ④ 전원의 종류
2차적 위험요소	① 인체의 조건 ② 통전전압 ③ 계절

63

폭발위험장소를 분류할 때 가스폭발위험장소의 종류에 해당하지 않는 것은?

① 0종 장소 ② 1종 장소
③ 2종 장소 ④ 3종 장소

해설 **가스 폭발 위험장소의 분류**

분류	적요
0종 장소	인화성 액체의 증기 또는 가연성 가스에 의한 폭발위험이 지속적으로 또는 장기간 존재하는 장소
1종 장소	정상 작동상태에서 인화성 액체의 증기 또는 가연성 가스에 의한 폭발위험분위기가 존재하기 쉬운 장소
2종 장소	정상작동상태에서 인화성 액체의 증기 또는 가연성 가스에 의한 폭발위험분위기가 존재할 우려가 없으나, 존재할 경우 그 빈도가 아주 적고 단기간만 존재할 수 있는 장소

64

다음 중 정전기 재해의 방지대책으로 가장 적절한 것은?

① 절연도가 높은 플라스틱을 사용한다.
② 대전하기 쉬운 금속은 접지를 실시한다.
③ 작업장 내의 온도를 낮게 해서 방전을 촉진시킨다.
④ (+), (-)전하의 이동을 방해하기 위하여 주위의 습도를 낮춘다.

해설 **정전기 발생 방지책**

① 접지(도체의 대전방지)
② 가습(공기 중의 상대습도를 60~70% 정도 유지)
③ 대전방지제 사용
④ 배관 내에 액체의 유속제한 및 정체시간 확보
⑤ 제전장치(제전기) 사용
⑥ 도전성 재료 사용
⑦ 보호구 착용 등

정답 61 ② 62 ① 63 ④ 64 ②

65

전로의 과전류로 인한 재해를 방지하기 위한 방법으로 과전류 차단장치를 설치할 때에 대한 설명으로 틀린 것은?

① 과전류 차단장치로는 차단기·퓨즈 또는 보호계전기 등이 있다.
② 차단기·퓨즈는 계통에서 발생하는 최대 과전류에 대하여 충분하게 차단할 수 있는 성능을 가져야 한다.
③ 과전류 차단장치는 반드시 접지선에 병렬로 연결하여 과전류 발생 시 전로를 자동으로 차단하도록 설치하여야 한다.
④ 과전류 차단장치가 전기계통상에서 상호 협조·보완되어 과전류를 효과적으로 차단하도록 하여야 한다.

해설 **과전류 차단장치의 설치기준**

① 과전류차단장치는 반드시 접지선이 아닌 전로에 직렬로 연결하여 과전류 발생시 전로를 자동으로 차단하도록 설치할 것
② 차단기·퓨즈는 계통에서 발생하는 최대 과전류에 대하여 충분하게 차단할 수 있는 성능을 가질 것
③ 과전류차단장치가 전기계통상에서 상호 협조·보완되어 과전류를 효과적으로 차단하도록 할 것

66

인체의 저항이 500Ω 이고, 440V 회로에 누전차단기(ELB)를 설치 할 경우 다음 중 가장 적당한 누전차단기는?

① 30mA 이하, 0.1초 이하에 작동
② 30mA 이하, 0.03초 이하에 작동
③ 15mA 이하, 0.1초 이하에 작동
④ 15mA 이하, 0.03초 이하에 작동

해설 **누전차단기 접속시 준수사항**

① 전기기계·기구에 접속되어 있는 누전차단기는 정격감도전류가 30밀리암페어 이하이고 작동시간은 0.03초 이내일 것
② 다만, 정격전부하전류가 50암페어 이상인 전기기계·기구에 접속되는 누전차단기는 오작동을 방지하기 위하여 정격감도전류는 200밀리암페어 이하로, 작동시간은 0.1초 이내로 할 수 있다.

67

다음 중 통전경로별 위험도가 가장 높은 경로는?

① 왼손 - 등　② 오른손 - 가슴
③ 왼손 - 가슴　④ 오른손 - 양발

해설 **통전 경로별 위험도**

통전경로	위험도	통전경로	위험도
왼손 - 가슴	1.5	왼손 - 등	0.7
오른손 - 가슴	1.3	한손 또는 양손 - 앉아 있는 자리	0.7
왼손 - 한발 또는 양발	1.0	왼손 - 오른손	0.4
양손 - 양발	1.0	오른손 - 등	0.3
오른손 - 한발 또는 양발	0.8		

68

정전기 발생 종류가 아닌 것은?

① 박리　② 마찰　③ 분출　④ 방전

해설 **대전의 종류**

① 마찰대전　② 박리대전　③ 유동대전　④ 분출대전
⑤ 충돌대전　⑥ 교반대전　⑦ 파괴대전 등

69

다음 중 방폭구조의 종류와 기호를 올바르게 나타낸 것은?

① 안전증방폭구조 : e　② 몰드방폭구조 : n
③ 충전방폭구조 : p　④ 압력방폭구조 : o

해설 **방폭구조의 기호**

종류	내압	압력	유입	안전증	몰드	충전	비점화	본질안전	특수
기호	d	p	o	e	m	q	n	i	s

정답 65 ③ 66 ② 67 ③ 68 ④ 69 ①

70

전기설비에서 일반적인 제2종 접지공사는 접지저항 값을 몇 [Ω] 이하로 하여야 하는가?

① 10 ② 100 ③ $\frac{150}{1선지락전류}$ ④ $\frac{400}{1선지락전류}$

해설 **접지 시스템**

구분	① 계통접지(TN, TT, IT 계통) ② 보호접지 ③ 피뢰시스템 접지
종류	① 단독접지 ② 공통접지 ③ 통합접지
구성요소	① 접지극 ② 접지도체 ③ 보호도체 및 기타 설비
연결방법	접지극은 접지도체를 사용하여 주 접지단자에 연결

tip

본 문제는 2021년 적용되는 법 제정으로 변경된 내용입니다. 수정된 해설과 본문내용을 참고하세요.

71

다음 중 분진폭발의 가능성이 가장 낮은 물질은?

① 소맥분 ② 마그네슘
③ 질석가루 ④ 석탄

해설

팽창질석은 금속화재의 소화에 사용된다.

72

인화성 가스, 불활성 가스 및 산소를 사용하여 금속의 용접·용단 또는 가열작업을 하는 경우 가스 등의 누출 또는 방출로 인한 폭발·화재 또는 화상을 예방하기 위하여 준수해야 할 사항으로 옳지 않은 것은?

① 가스 등의 호스와 취관(吹管)은 손상·마모 등에 의하여 가스 등이 누출할 우려가 없는 것을 사용할 것
② 비상상황을 제외하고는 가스 등의 공급구의 밸브나 콕을 절대 잠그지 말 것
③ 용단작업을 하는 경우에는 취관으로부터 산소의 과잉 방출로 인한 화상을 예방하기 위하여 근로자가 조절 밸브를 서서히 조작하도록 주지시킬 것
④ 가스 등의 취관 및 호스의 상호 접촉부분은 호스밴드, 호스클립 등 조임기구를 사용하여 가스 등이 누출되지 않도록 할 것

해설

작업을 중단하거나 마치고 작업장소를 떠날 경우에는 가스등의 공급구의 밸브나 콕을 잠글 것

73

산업안전보건기준에 관한 규칙상 섭씨 몇 ℃ 이상인 상태에서 운전되는 설비는 특수화학설비에 해당하는가? (단, 규칙에서 정한 위험물질의 기준량 이상을 제조하거나 취급하는 설비인 경우이다.)

① 150℃ ② 250℃ ③ 350℃ ④ 450℃

해설 **계측장치 설치 대상 특수화학설비**

① 발열반응이 일어나는 반응장치
② 증류·정류·증발·추출 등 분리를 행하는 장치
③ 가열시켜 주는 물질의 온도가 가열되는 위험물질의 분해온도 또는 발화점 보다 높은 상태에서 운전되는 설비
④ 반응폭주 등 이상화학반응에 의하여 위험물질이 발생할 우려가 있는 설비
⑤ 온도가 섭씨 350° 이상이거나 게이지압력이 10㎏/cm2 이상인 상태에서 운전되는 설비
⑥ 가열로 또는 가열기

정답 70 ③ 71 ③ 72 ② 73 ③

74

점화원 없이 발화를 일으키는 최저온도를 무엇이라 하는가?

① 착화점 ② 연소점 ③ 용융점 ④ 기화점

해설 **착화점의 정의**

외부에서의 직접적인 점화원 없이 열의 축적에 의하여 발화되는 최저의 온도

75

배관용 부품에 있어 사용되는 용도가 다른 것은?

① 엘보(elbow) ② 티이(T)
③ 크로스(cross) ④ 밸브(valve)

해설 **피팅류(Fittings)**

관로의 방향을 바꿀 때	엘보우(elbow), Y지관(Y-branch), 티(tee), 십자(cross)
유로를 차단할 때	플러그(plug), 캡(cap), 밸브(valve)
유량 조절	밸브(valve)

76

에틸에테르(폭발하한값 1.9vol%)와 에틸알코올(폭발하한값 4.3vol%)이 4 : 1로 혼합된 증기의 폭발하한계(vol%)는 약 얼마인가?(단, 혼합증기는 에틸에테르가 80%, 에틸알코올이 20%로 구성되고, 르샤틀리에 법칙을 이용한다.)

① 2.14vol% ② 3.14vol%
③ 4.14vol% ④ 5.14vol%

해설 **르샤틀리에의 법칙(혼합가스의 폭발범위 계산)**

$$\frac{100}{L}=\frac{V_1}{L_1}+\frac{V_2}{L_2}=\frac{80}{1.9}+\frac{20}{4.3}=46.76$$

그러므로 L=2.138vol%

77

다음 중 산업안전보건기준에 관한 규칙에서 규정하는 급성 독성물질에 해당되지 않는 것은?

① 쥐에 대한 경구투입실험에 의하여 실험동물의 50%를 사망시킬 수 있는 물질의 양이 kg당 300mg-(체중) 이하인 화학물질
② 쥐에 대한 경피흡수실험에 의하여 실험동물의 50%를 사망시킬 수 있는 물질의 양이 kg당 1,000mg-(체중) 이하인 화학물질
③ 토끼에 대한 경피흡수실험에 의하여 실험동물의 50%를 사망시킬 수 있는 물질의 양이 kg당 1,000mg-(체중) 이하인 화학물질
④ 쥐에 대한 4시간 동안의 흡입실험에 의하여 실험동물의 50%를 사망시킬 수 있는 가스의 농도가 3,000ppm 이상인 화학물질

해설 **급성 독성물질**

쥐에 대한 4시간 동안의 흡입실험에 의하여 실험동물의 50퍼센트를 사망시킬 수 있는 물질의 농도, 즉 가스 LC50(쥐, 4시간 흡입)이 2,500ppm 이하인 화학물질, 증기 LC50(쥐, 4시간 흡입)이 10 이하인 화학물질, 분진 또는 미스트 1 이하인 화학물질

78

연소의 3요소 중 1가지에 해당하는 요소가 아닌 것은?

① 메탄 ② 공기
③ 정전기 방전 ④ 이산화탄소

해설 **연소의 3요소**

① 가연물(메탄) ② 점화원(정전기 방전) ③ 산소 공급원(공기)

정답 74 ① 75 ④ 76 ① 77 ④ 78 ④

79

다음 물질이 물과 반응하였을 때 가스가 발생한다. 위험도 값이 가장 큰 가스를 발생하는 물질은?

① 칼륨 ② 수소화나트륨
③ 탄화칼슘 ④ 트리에틸알루미늄

해설 **탄화칼슘(CaC_2)**

① 탄화칼슘(CaC_2)은 칼슘카바이드라고도 불리며, 물과 반응하여 아세틸렌 기체를 생성한다.
② $CaC_2 + 2H_2O \rightarrow Ca(OH)_2 + C_2H_2$

80

다음 중 화재의 분류에서 전기화재에 해당하는 것은?

① A급 화재 ② B급 화재
③ C급 화재 ④ D급 화재

해설 **화재의 분류**

① A급 : 일반화재 ② B급 : 유류화재
③ C급 : 전기화재 ④ D급 : 금속화재

5과목 건설공사 안전관리

81

작업의자형 달비계를 설치하는 경우 근로자 추락위험을 방지하기 위한 조치사항에 해당하는 것은?

① 달비계에 안전난간을 설치할 것
② 근로자에게 안전대를 착용하도록 하고 근로자가 착용한 안전줄을 달비계의 구명줄에 체결하도록 할 것
③ 근로자의 추락을 방지하기 위한 수직보호망을 설치할 것
④ 달비계에 추락방지를 위한 방호선반을 설치할 것

해설 **작업의자형 달비계의 추락위험을 방지하기 위한 조치**

① 달비계에 구명줄을 설치할 것
② 근로자에게 안전대를 착용하도록 하고 근로자가 착용한 안전줄을 달비계의 구명줄에 체결하도록 할 것

82

다음은 비계발판용 목재재료의 강도상의 결점에 대한 조사기준이다. ( ) 안에 들어갈 내용으로 옳은 것은?

발판의 폭과 동일한 길이 내에 있는 결점치수의 총합이 발판폭의 ( )를 초과하지 않을 것

① 1/2 ② 1/3 ③ 1/4 ④ 1/6

해설 **재료의 강도상 결점기준**

발판의 폭과 동일한 길이 내에 있는 결점 치수 총합이 발판폭의 1/4 초과금지

정답 79 ③ 80 ③ 81 ② 82 ③

83

사질토 지반에서 보일링(boiling) 현상에 의한 위험성이 예상될 경우의 대책으로 옳지 않은 것은?

① 흙막이 말뚝의 밑둥넣기를 깊게 한다.
② 굴착 저면보다 깊은 지반을 불투수로 개량한다.
③ 굴착 밑 투수층에 만든 피트(pit)를 제거한다.
④ 흙막이벽 주위에서 배수시설을 통해 수두차를 적게 한다.

해설 **보일링(Boiling)현상**

정의	방지대책
투수성이 좋은 사질지반의 흙막이 저면에서 수두차로 인한 상향의 침투압이 발생 유효응력이 감소하여 전단강도가 상실되는 현상으로 지하수가 모래와 같이 솟아오르는 현상	① Filter 및 차수벽설치 ② 흙막이 근입깊이를 깊게(불투수층까지) ③ 약액주입등의 굴착면 고결 ④ 지하수위저하(웰포인트공법 등) ⑤ 압성토 공법 등

84

유해·위험 방지계획서 제출 시 첨부서류의 항목이 아닌 것은?

① 보호장비 폐기계획
② 공사개요서
③ 산업안전보건관리비 사용계획
④ 전체공정표

해설 **제출시 첨부서류**

(1) 공사개요 및 안전보건관리계획
① 공사개요서
② 공사현장의 주변현황 및 주변과의 관계를 나타내는 도면(매설물 현황 포함)
③ 전체공정표
④ 산업안전보건관리비 사용계획서
⑤ 안전관리 조직표
⑥ 재해발생 위험 시 연락 및 대피방법
(2) 작업공사 종류별 유해·위험방지계획

tip
본 문제는 2021년 법령개정으로 수정된 내용입니다.(해설은 개정된 내용 적용)

85

다음 중 쇼벨계 굴착기계에 속하지 않는 것은?

① 파워쇼벨(power shovel) ② 크램쉘(clam shell)
③ 스크레이퍼(scraper) ④ 드래그라인(dragline)

해설 **스크레이퍼**

① 굴착기계로서 굴착, 적재·운반·사토·고르기 작업을 일관되게 연속으로 작업
② 운동장이나 활주로와 같이 넓은 구역의 토공작업에 적당
③ 스크레이퍼(scraper)는 Dozer(도저)계 굴착기계에 해당된다.

86

잠함 또는 우물통의 내부에서 근로자가 굴착작업을 하는 경우의 준수사항으로 옳지 않은 것은?

① 산소결핍 우려가 있는 경우에는 산소의 농도를 측정하는 사람을 지명하여 측정하도록 할 것
② 근로자가 안전하게 오르내리기 위한 설비를 설치할 것
③ 굴착깊이가 20m를 초과하는 경우에는 해당 작업장소와 외부와의 연락을 위한 통신설비 등을 설치할 것
④ 잠함 또는 우물통의 급격한 침하에 의한 위험을 방지하기 위하여 바닥으로부터 천장 또는 보까지의 높이는 2m 이내로 할 것

해설 **잠함 또는 우물통의 급격한 침하로 인한 위험방지**

① 침하관계도에 따라 굴착방법 및 재하량 등을 정할 것
② 바닥으로부터 천장 또는 보까지의 높이는 1.8미터 이상으로 할 것

정답 83 ③ 84 ① 85 ③ 86 ④

87

재료비가 30억 원, 직접노무비가 50억 원인 건설공사의 예정가격상 안전관리비로 옳은 것은? (단, 건축공사에 해당되며 계상기준은 1.97%임)

① 56,400,000원 ② 94,000,000원
③ 150,400,000원 ④ 157,600,000원

해설 **대상액이 5억원 미만 또는 50억원 이상일 경우**

① 계상기준 = 대상액 × 계상기준표의 비율
② 대상액이 80억원(30억 + 50억)이므로,
③ 안전관리비 = 80억원 × 1.97% = 157,600,000원

tip
2023년 법령개정. 문제와 해설은 개정된 내용 적용

88

철골용접 작업자의 전격 방지를 위한 주의사항으로 옳지 않은 것은?

① 보호구와 복장을 구비하고, 기름기가 묻었거나 젖은 것은 착용하지 않을 것
② 작업 중지의 경우에는 스위치를 떼어 놓을 것
③ 개로 전압이 높은 교류 용접기를 사용할 것
④ 좁은 장소에서의 작업에서는 신체를 노출시키지 않을 것

해설 **교류아크 용접기**

교류아크용접기의 자동전격방지기는 아크발생을 중지하였을 때 지동시간이 1.0초 이내에 2차 무부하 전압을 25V 이하로 감압시켜 안전을 유지할 수 있어야 한다. 따라서 개로전압이 낮은 용접기를 사용하여야 안전하다.

89

근로자의 추락 등의 위험을 방지하기 위하여 안전난간을 설치하는 경우 안전난간은 구조적으로 가장 취약한 지점에서 가장 취약한 방향으로 작용하는 얼마 이상의 하중에 견딜 수 있는 튼튼한 구조이어야 하는가?

① 50kg ② 100kg ③ 150kg ④ 200kg

해설

안전난간은 구조적으로 가장 취약한 지점에서 가장 취약한 방향으로 작용하는 100킬로그램 이상의 하중에 견딜 수 있는 튼튼한 구조일 것

90

흙의 연경도(Consistency)에서 반고체 상태와 소성 상태의 한계를 무엇이라 하는가?

① 액성한계 ② 소성한계
③ 수축한계 ④ 반수축한계

해설 **흙의 연경도**

① 수축한계 : 고체상태에서 반고체상태로 넘어가는 순간의 함수비
② 소성한계 : 반고체 상태에서 소성상태로 넘어갈 때의 함수비
③ 액성한계 : 소성상태에서 액체상태로 넘어가는 순간의 함수비

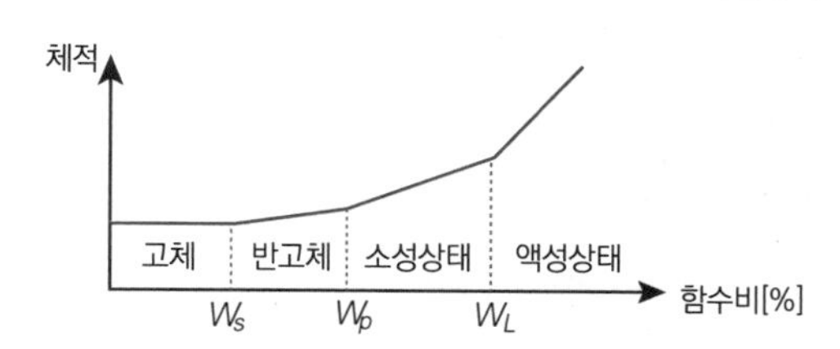

여기서, W_S : 수축한계, W_P : 소성한계, W_L : 액성한계
〈atterberg 한계〉

91

철골작업을 중지하여야 하는 풍속과 강우량 기준으로 옳은 것은?

① 풍속 : 10m/sec 이상, 강우량 1mm/h 이상
② 풍속 5m/sec 이상, 강우량 1mm/h 이상
③ 풍속 10m/sec 이상, 강우량 2mm/h 이상
④ 풍속 5m/sec 이상, 강우량 2mm/h 이상

해설 **철골작업 안전기준(작업의 제한)**

① 풍속 : 초당 10m 이상인 경우
② 강우량 : 시간당 1mm 이상인 경우
③ 강설량 : 시간당 1cm 이상인 경우

정답 87 ④ 88 ③ 89 ② 90 ② 91 ①

92

굴착작업 시 근로자의 위험을 방지하기 위하여 해당 작업, 작업장에 대한 사전 조사를 실시하여야 하는데 이 사전 조사 항목에 포함되지 않는 것은?

① 지반의 지하수위 상태
② 형상·지질 및 지층의 상태
③ 굴착기의 이상 유무
④ 매설물 등의 유무 또는 상태

해설 **굴착작업시 지반 조사사항**

목적	지반붕괴 또는 매설물의 손괴로 위험 예상시 굴착시기 및 작업순서의 결정을 위하여 실시하는 사전조사
조사사항	① 형상·지질 및 지층의 상태 ② 균열·함수·용수 및 동결의 유무 또는 상태 ③ 매설물 등의 유무 또는 상태 ④ 지반의 지하수위 상태

93

발파공사 암질 변화구간 및 이상 암질 출현 시 적용하는 암질 판별방법과 거리가 먼 것은?

① RQD ② RMR 분류
③ 탄성파 속도 ④ 하중계(Load cell)

해설 **발파시 암질 판별 기준**

① R.Q.D(%) ② 탄성파속도(m/sec) ③ R.M.R
④ 일축압축강도(kgf/cm^2) ⑤ 진동치속도(cm/sec)

94

화물을 적재하는 경우 준수하여야 할 사항으로 옳지 않은 것은?

① 침하 우려가 없는 튼튼한 기반 위에 적재할 것
② 화물의 압력 정도와 관계없이 건물의 벽이나 칸막이 등을 이용하여 화물을 기대어 적재할 것
③ 하중이 한쪽으로 치우치지 않도록 쌓을 것
④ 불안정할 정도로 높이 쌓아 올리지 말 것

해설 **화물의 적재 시 준수사항(안전보건규칙 제393조)**

1. 침하의 우려가 없는 튼튼한 기반 위에 적재할 것
2. 건물의 칸막이나 벽 등이 화물의 압력에 견딜 만큼의 강도를 지니지 아니한 경우에는 칸막이나 벽에 기대어 적재하지 않도록 할 것
3. 불안정할 정도로 높이 쌓아 올리지 말 것
4. 하중이 한쪽으로 치우치지 않도록 쌓을 것

95

지반 종류에 따른 굴착면의 기울기 기준으로 옳지 않은 것은?

① 모래 – 1 : 1.8 ② 연암 - 1 : 0.5
③ 풍화암 - 1 : 1.0 ④ 그 밖의 흙 - 1 : 1.2

해설 **굴착면 기울기 기준**

지반의 종류	모래	연암 및 풍화암	경암	그 밖의 흙
굴착면의 기울기	1 :1.8	1 : 1.0	1 : 0.5	1 : 1.2

tip
2023년 법령개정. 문제와 해설은 개정된 내용 적용

96

다음 ( ) 안에 알맞은 수치는?

> 슬레이트, 선라이트(sunlight) 등 강도가 약한 재료로 덮은 지붕 위에서 작업을 할 때에 발이 빠지는 등 근로자가 위험해질 우려가 있는 경우 폭 ( ) 이상의 발판을 설치하거나 안전방망을 치는 등 위험을 방지하기 위하여 필요한 조치를 하여야 한다.

① 30cm ② 40cm ③ 50cm ④ 60cm

해설 **지붕 위에서 작업시 추락하거나 넘어질 위험이 있는 경우 조치 사항**

① 지붕의 가장자리에 안전난간을 설치할 것
- 안전난간 설치가 곤란한 경우 추락방호망 설치
- 추락방호망 설치가 곤란한 경우 안전대 착용 등의 추락 위험 방지조치

② 채광창(skylight)에는 견고한 구조의 덮개를 설치할 것
③ 슬레이트 등 강도가 약한 재료로 덮은 지붕에는 폭 30센티미터 이상의 발판을 설치할 것

tip
본 문제는 2021년 법령개정으로 수정된 내용입니다.(해설은 개정된 내용 적용)

정답 92 ③ 93 ④ 94 ② 95 ② 96 ①

97

층고가 높은 슬래브 거푸집 하부에 적용하는 무지주 공법이 아닌 것은?

① 보우빔(bow beam)
② 철근 일체형 데크플레이트(deck plate)
③ 페코빔(peco beam)
④ 솔저시스템(soldier system)

해설

솔저시스템은 긴결재를 사용하지 않고 바닥에 선매립된 앙카볼트를 이용하여 합벽거푸집을 지지하는 트러스형 강재 지지대이다

98

도심지에서 주변에 주요 시설물이 있을 때 침하와 변위를 적게 할 수 있는 가장 적당한 흙막이 공법은?

① 동결공법 ② 샌드드레인공법
③ 지하연속벽공법 ④ 뉴매틱케이슨공법

해설 지중 연속벽(Slurry wall)공법

① 굴착면의 붕괴를 막고 지하수의 침입 차단을 위해 벤토나이트 현탁액 주입
② 지중에 연속된 철근 콘크리트 벽체를 형성하는 공법
③ 진동과 소음이 적어서 도심지 공사에 적합
④ 대부분의 지반조건에 적용가능하며, 높은 차수성 및 벽체의 강성이 크다
⑤ 영구구조물로 이용가능하며, 임의의 형상이나 치수의 시공가능

99

다음은 산업안전보건법령에 따른 작업장에서의 투하설비 등에 관한 사항이다. 빈칸에 들어갈 내용으로 옳은 것은?

> 사업주는 높이가 ( ) 이상인 장소로부터 물체를 투하하는 경우 적당한 투하설비를 설치하거나 감시인을 배치하는3 등 위험을 방지하기 위하여 필요한 조치를 하여야 한다.

① 2m ② 3m ③ 5m ④ 10m

해설 물체의 낙하에 의한 위험방지

① 대상 : 높이 3m 이상인 장소에서 물체 투하시
② 조치사항 : 투하설비설치, 감시인배치

100

토사 붕괴의 내적 요인이 아닌 것은?

① 사면, 법면의 경사 증가
② 절토 사면의 토질구성 이상
③ 성토 사면의 토질구성 이상
④ 토석의 강도 저하

해설 토석붕괴의 원인

외적요인	내적요인
① 사면·법면의 경사 및 기울기의 증가 ② 절토 및 성토 높이의 증가 ③ 진동 및 반복하중의 증가 ④ 지하수 침투에 의한 토사중량의 증가 ⑤ 구조물의 하중 증가	① 절토사면의 토질·암질 ② 성토사면의 토질 ③ 토석의 강도 저하

정답 97 ④ 98 ③ 99 ② 100 ①

2018년 4월 28일

산업안전산업기사 기출문제

1과목 산업재해 예방 및 안전보건교육

01

안전모의 시험성능기준 항목이 아닌 것은?

① 내관통성 ② 충격흡수성
③ 내구성 ④ 난연성

해설 안전모의 성능기준

항목	시험성능기준
내관통성	AE, ABE종 안전모는 관통거리가 9.5mm 이하이고, AB종 안전모는 관통거리가 11.1mm 이하이어야 한다.
충격 흡수성	최고전달충격력이 4,450N을 초과해서는 안되며, 모체와 착장체의 기능이 상실되지 않아야 한다.
내전압성	AE, ABE종 안전모는 교류 20kW에서 1분간 절연파괴 없이 견뎌야 하고, 이때 누설되는 충전전류는 10mA 이하이어야 한다.
내수성	AE, ABE종 안전모는 질량증가율이 1% 미만이어야 한다.
난연성	모체가 불꽃을 내며 5초 이상 연소되지 않아야 한다.
턱끈풀림	150N 이상 250N 이하에서 턱끈이 풀려야 한다.

02

안전교육 방법 중 TWI의 교육과정이 아닌 것은?

① 작업지도 훈련 ② 인간관계 훈련
③ 정책수립 훈련 ④ 작업방법 훈련

해설 TWI(Training with industry)교육과정

① Job Method Training(J. M. T) : 작업방법훈련(작업개선법)
② Job Instruction Training(J. I. T) : 작업지도훈련(작업지도법)
③ Job Relations Training(J. R. T) : 인간관계훈련(부하통솔법)
④ Job Safety Training(J. S. T) : 작업안전훈련(안전관리법)

03

재해율 중 재직 근로자 1,000명당 1년간 발생하는 재해자 수를 나타내는 것은?

① 연천인율 ② 도수율
③ 강도율 ④ 종합재해지수

해설 연천인율

① 근로자 1,000명당 년간 발생하는 재해자수를 나타낸다.

② 공식 : $연천인율 = \frac{연간재해자수}{연평균근로자수} \times 1000$

04

모랄 서베이(Morale Survey)의 효용이 아닌 것은?

① 조직 또는 구성원의 성과를 비교·분석한다.
② 종업원의 정화(Catharsis)작용을 촉진시킨다.
③ 경영관리를 개선하는 자료를 얻는다.
④ 근로자의 심리 또는 욕구를 파악하여 불만을 해소하고, 노동의욕을 높인다.

해설 모랄 서베이의 기대효과

① 경영관리 개선의 자료수집
② 근로자의 심리, 욕구파악 → 불만해소 → 근로의욕향상
③ 근로자의 정화작용 촉진

정답 1③ 2③ 3① 4①

05

내전압용 절연장갑의 성능기준상 최대 사용전압에 따른 절연장갑의 구분 중 00등급의 색상으로 옳은 것은?

① 노란색 ② 흰색 ③ 녹색 ④ 갈색

해설 **내전압용 절연장갑의 등급 및 표시**

등급	최대사용전압		등급별 색상
	교류(V, 실효값)	직류(V)	
00	500	750	갈색
0	1,000	1,500	빨강색
1	7,500	11,250	흰색
2	17,000	25,500	노랑색
3	26,500	39,750	녹색
4	36,000	54,000	등색

06

착오의 요인 중 인지과정의 착오에 해당하지 않는 것은?

① 정서불안정 ② 감각차단현상
③ 정보부족 ④ 생리·심리적 능력의 한계

해설 **인지과정 착오**

① 생리적, 심리적 능력의 한계 (정보수용능력의 한계)	착시현상 등
② 정보량 저장의 한계	처리가능한 정보량 : 6bits/sec
③ 감각차단 현상(감성 차단)	정보량 부족으로 유사한 자극 반복 (계기비행, 단독비행 등)
④ 심리적 요인	정서불안정, 불안, 공포 등

07

산업안전보건법령상 안전·보건표지의 색채, 색도기준 및 용도 중 다음 ( ) 안에 들어갈 알맞은 것은?

색채	색도기준	용도	사용례
( )	5Y 8.5/12	경고	화학물질 취급 장소에서의 유해·위험 경고 이외의 위험 경고, 주의표지 또는 기계방호물

① 파란색 ② 노란색 ③ 빨간색 ④ 검은색

해설 **안전·보건표지의 색도기준 및 사용례**

색채	색도기준	용도	사용 례
빨간색	7.5R /14	금지	정지신호, 소화설비 및 그 장소, 유해행위의 금지
		경고	화학물질 취급장소에서의 유해·위험 경고
노란색	5Y 8.5/12	경고	화학물질 취급장소에서의 유해·위험 경고 이외의 위험경고, 주의표지 또는 기계 방호물
파란색	2.5PB 4/10	지시	특정행위의 지시 및 사실의 고지
녹색	2.5G /10	안내	비상구 및 피난소, 사람 또는 차량의 통행표지

08

안전교육 훈련의 기법 중 하버드 학파의 5단계 교수법을 순서대로 나열한 것으로 옳은 것은?

① 총괄 → 연합 → 준비 → 교시 → 응용
② 준비 → 교시 → 연합 → 총괄 → 응용
③ 교시 → 준비 → 연합 → 응용 → 총괄
④ 응용 → 연합 → 교시 → 준비 → 총괄

해설 **하버드 학파의 5단계 교수법**

1단계	2단계	3단계	4단계	5단계
준비시킨다 preparation	교시한다 presentation	연합한다 association	총괄시킨다 generalization	응용시킨다 application

정답 5 ④ 6 ③ 7 ② 8 ②

09

보호구 안전인증 고시에 따른 안전화의 정의 중 다음 ( ) 안에 들어갈 내용으로 알맞은 것은?

> 경작업용 안전화란 (㉠)[mm]의 낙하높이에서 시험했을 때 충격과 (㉡ ±0.1)[kN]의 압축하중에서 시험했을 때 압박에 대하여 보호해 줄 수 있는 선심을 부착하여, 착용자를 보호하기 위한 안전화를 말한다.

① ㉠ 500, ㉡ 10.0　② ㉠ 250, ㉡ 10.0
③ ㉠ 500, ㉡ 4.4　④ ㉠ 250, ㉡ 4.4

해설 **안전화의 등급**

작업 구분	내충격성 및 내압박성 시험방법
중작업용	1,000mm의 낙하높이, (15.0±0.1)kN의 압축하중 시험
보통작업용	500mm의 낙하높이, (10.0±0.1)kN의 압축하중 시험
경작업용	250mm의 낙하높이, (4.4±0.1)kN의 압축하중 시험

10

산업재해에 있어 인명이나 물적 등 일체의 피해가 없는 사고를 무엇이라고 하는가?

① Near Accident　② Good Accident
③ True Accident　④ Original Accident

해설 **용어설명**

① 재해 (loss, injury) : 사고의 결과로 발생하는 인명의 상해나 재산상의 손실을 가져올 수 있는 계획되지 않거나 예상하지 못한 사건
② 앗차사고(무재해사고, near miss, near accident) : 인명상해나 물적손실 등 일체의 피해가 없는 사고

11

산업안전보건법령상 안전관리자가 수행하여야 할 업무가 아닌 것은? (단, 그 밖에 안전에 관한 사항으로서 고용노동부장관이 정하는 사항은 제외한다.)

① 위험성 평가에 관한 보좌 및 조언·지도
② 물질안전보건자료의 게시 또는 비치에 관한 보좌 및 조언·지도
③ 사업장 순회점검·지도 및 조치의 건의
④ 산업재해에 관한 통계의 유지·관리·분석을 위한 보좌 및 조언·지도

해설

물질안전보건자료의 게시 또는 비치에 관한 보좌 및 조언·지도는 보건관리자의 업무

12

근로자가 작업대 위에서 전기공사 작업 중 감전에 의하여 지면으로 떨어져 다리에 골절상해를 입은 경우의 기인물과 가해물로 옳은 것은?

① 기인물 - 작업대, 가해물 - 지면
② 기인물 - 전기, 가해물 - 지면
③ 기인물 - 지면, 가해물 - 전기
④ 기인물 - 작업대, 가해물 - 전기

해설 **기인물과 가해물**

① 기인물 : 재해발생의 주원인이며 재해를 가져오게 한 근원이 되는 기계, 장치, 물(物) 또는 환경 등(불안전상태)
② 가해물 : 직접 사람에게 접촉하여 피해를 주는 기계, 장치, 물(物) 또는 환경 등

13

지난 한 해 동안 산업재해로 인하여 직접손실비용이 3조 1,600억 원이 발생한 경우의 총 재해코스트는? (단, 하인리히의 재해 손실비 평가방식을 적용한다.)

① 6조 3,200억 원　② 9조 4,800억 원
③ 12조 6,400억 원　④ 15조 8,000억 원

해설 **하인리히(H.W.Heinrich) 방식 (1:4원칙)**

① 직접손실비용 : 간접손실비용=1 : 4 (1대4의 경험법칙)
② 총재해손실비용=직접비+간접비=직접비×5
③ 총재해손실비용 = 3조1,600억×5 = 15조8,000억

정답　9 ④　10 ①　11 ②　12 ②　13 ④

14

산업안전보건법령상 특별안전·보건교육 대상 작업별 교육내용 중 밀폐공간에서의 작업별 교육내용이 아닌 것은? (단, 그 밖에 안전·보건관리에 필요한 사항은 제외한다.)

① 산소농도 측정 및 작업환경에 관한 사항
② 유해물질이 인체에 미치는 영향
③ 보호구 착용 및 사용방법에 관한 사항
④ 사고 시의 응급처치 및 비상시 구출에 관한 사항

해설 밀폐공간에서의 작업시 특별안전보건교육의 내용

① 산소농도 측정 및 작업환경에 관한 사항
② 사고시의 응급처치 및 비상시 구출에 관한 사항
③ 보호구 착용 및 보호 장비 사용에 관한 사항
④ 작업내용·안전작업방법 및 절차에 관한 사항
⑤ 장비·설비 및 시설 등의 안전점검에 관한 사항
⑥ 그 밖에 안전·보건 관리에 필요한 사항

tip
본 문제는 2021년 법령개정으로 수정된 내용입니다. (해설은 개정된 내용 적용)

15

인간관계의 메커니즘 중 다른 사람으로부터의 판단이나 행동을 무비판적으로 논리적, 사실적 근거 없이 받아들이는 것은?

① 모방(imitation) ② 투사(projection)
③ 동일화(identification) ④ 암시(suggestion)

해설 암시(suggestion)

다른 사람으로부터의 판단이나 행동을 무비판적으로 논리적, 사실적 근거 없이 받아들이는 것(다수 의견이나 전문가, 권위자, 존경하는 자 등의 행동이나 판단 등)

16

점검시기에 의한 안전점검의 분류에 해당하지 않는 것은?

① 성능점검 ② 정기점검 ③ 임시점검 ④ 특별점검

해설 점검주기(시기)에 의한 구분

① 수시점검(일상점검) ② 정기점검 ③ 임시점검 ④ 특별점검

17

매슬로(Maslow)의 욕구단계 이론 중 제5단계 욕구로 옳은 것은?

① 안전에 대한 욕구
② 자아실현의 욕구
③ 사회적(애정적) 욕구
④ 존경과 긍지에 대한 욕구

해설 매슬로(Maslow)의 욕구단계 이론

생리적 욕구 → 안전욕구 → 사회적 욕구 → 존경의 욕구 → 자아실현의 욕구

18

부주의 현상 중 의식의 우회에 대한 예방대책으로 옳은 것은?

① 안전교육 ② 표준작업제도 도입
③ 상담 ④ 적성배치

해설 부주의 발생원인 및 대책

① 경험부족 및 미숙련 – 안전교육
② 소질적 조건 – 적성배치
③ 작업환경조건 불량 – 환경정비
④ 작업강도 – 작업량, 시간, 속도 등의 조절

정답 14 ② 15 ④ 16 ① 17 ② 18 ③

19

산업안전보건법령상 근로자 안전보건교육 중 채용 시 교육 및 작업내용 변경 시 교육 사항으로 옳은 것은?

① 물질안전보건자료에 관한 사항
② 건강증진 및 질병 예방에 관한 사항
③ 유해·위험 작업환경 관리에 관한 사항
④ 표준안전작업방법 및 지도 요령에 관한 사항

해설 근로자 채용시 교육 및 작업내용 변경시 교육내용

① 물질안전보건자료에 관한 사항
② 기계·기구의 위험성과 작업의 순서 및 동선에 관한 사항
③ 정리정돈 및 청소에 관한 사항
④ 작업 개시 전 점검에 관한 사항
⑤ 사고 발생 시 긴급조치에 관한 사항
⑥ 산업보건 및 직업병 예방에 관한 사항
⑦ 직무스트레스 예방 및 관리에 관한 사항
⑧ 위험성 평가에 관한 사항
⑨ 산업안전보건법령 및 산업재해보상보험 제도에 관한 사항
⑩ 산업안전 및 사고 예방에 관한 사항
⑪ 직장내 괴롭힘, 고객의 폭언 등으로 인한 건강장해 예방 및 관리에 관한 사항

tip
2023년 법령개정. 문제와 해설은 개정된 내용 적용

20

파블로프(Pavlov)의 조건반사설에 의한 학습이론의 원리에 해당되지 않는 것은?

① 일관성의 원리 ② 시간의 원리
③ 강도의 원리 ④ 준비성의 원리

해설 조건반사(반응)설(pavlov)

① 일관성의 원리 ② 강도의 원리 ③ 시간의 원리 ④ 계속성의 원리

2과목 인간공학 및 시스템 안전공학

21

그림과 같은 시스템에서 전체 시스템의 신뢰도는 얼마인가? (단, 네모 안의 숫자는 각 부품의 신뢰도이다.)

① 0.4104
② 0.4617
③ 0.6314
④ 0.6804

0.6 — 0.9 — [0.5 / 0.9 병렬] — 0.9

해설 신뢰도 계산

$R_s = 0.6 \times 0.9\{1-(1-0.5)(1-0.9)\} \times 0.9 = 0.4617$

22

건습지수로서 습구온도와 건구온도의 가중평균치를 나타내는 Oxford 지수의 공식으로 맞는 것은?

① WD = 0.65WB + 0.35DB
② WD = 0.75WB + 0.25DB
③ WD = 0.85WB + 0.15DB
④ WD = 0.95WB + 0.05DB

해설 Oxford 지수

① 습건(WD) 지수라고도 부르며, 습구온도(W)와 건구온도(D)의 가중 평균치로 정의
② WD = 85W + 0.15D

23

시스템의 정의에 포함되는 조건 중 틀린 것은?

① 제약된 조건 없이 수행
② 요소의 집합에 의해 구성
③ 시스템 상호 간에 관계를 유지
④ 어떤 목적을 위하여 작용하는 집합체

해설 시스템이란(체계의 특성)

① 여러 개의 요소, 또는 요소의 집합에 의해 구성되고(집합성)
② 그것이 서로 상호관계를 가지면서 (관련성)
③ 정해진 조건하에서
④ 어떤 목적을 달성하기 위해 작용하는 집합체(목적 추구성)

정답 19 ① 20 ④ 21 ② 22 ③ 23 ①

24

체계분석 및 설계에 있어서 인간공학적 노력의 효능을 산정하는 척도의 기준에 포함되지 않는 것은?

① 성능의 향상
② 훈련비용의 절감
③ 인력 이용률의 저하
④ 생산 및 보전의 경제성 향상

해설 체계 설계과정에서의 인간공학의 가치

① 성능의 향상 ② 생산 및 정비유지의 경제성 증대
③ 훈련비용의 절감 ④ 인력의 이용율의 향상
⑤ 사용자의 수용도 향상 ⑥ 사고 및 오용으로 부터의 손실 감소

25

인간의 기대하는 바와 자극 또는 반응들이 일치하는 관계를 무엇이라 하는가?

① 관련성 ② 반응성
③ 양립성 ④ 자극성

해설 양립성(Compatibility)

인간의 기대와 모순되지 않아야 하는 것을 말하며, 공간적, 운동, 개념적, 양식 양립성이 있다.

26

FTA에서 어떤 고장이나 실수를 일으키지 않으면 정상사상(Top event)은 일어나지 않는다고 하는 것으로 시스템의 신뢰성을 표시하는 것은?

① Cut set ② Minimal cut set
③ Free event ④ Minimal path set

해설 패스셋과 미니멀 패스셋

① 그 안에 포함되는 모든 기본사상이 일어나지 않을 때 처음으로 정상사상이 일어나지 않는 기본사상의 집합인 패스셋에서 필요 최소한의 것을 미니멀 패스셋이라 한다(시스템의 신뢰성을 나타냄)
② 패스셋은 정상사상이 발생하지 않는 즉, 시스템이 고장나지 않는 사상의 집합이다.

27

반경 10cm인 조종구(ball control)를 30° 움직였을 때, 표시장치가 2cm 이동하였다면 통제표시비(C/R비)는 약 얼마인가?

① 1.3 ② 2.6 ③ 5.2 ④ 7.8

해설 통제 표시비(조종-반응 비율)

$$C/D\text{비}=\frac{(30/360)\times 2\pi\times 10}{2}=2.618$$

28

결함수 분석법에서 일정 조합 안에 포함되어 있는 기본사상들이 모두 발생하지 않으면 틀림없이 정상사상(top event)이 발생되지 않는 조합을 무엇이라고 하는가?

① 컷셋(cut set)
② 패스셋(path set)
③ 결함수셋(fault tree set)
④ 부울대수(boolean algebra)

해설 패스셋과 미니멀 패스셋

그 안에 포함되는 모든 기본사상이 일어나지 않을 때 처음으로 정상사상이 일어나지 않는 기본사상의 집합인 패스셋에서 필요 최소한의 것을 미니멀 패스셋이라 한다(시스템의 신뢰성을 나타냄)

29

인간의 눈에서 빛이 가장 먼저 접촉하는 부분은?

① 각막 ② 망막 ③ 초자체 ④ 수정체

해설 눈의 구조 및 기능

구분	기능
각막	최초로 빛이 통과하는 곳, 눈을 보호
홍채	동공의 크기를 조절해 빛의 양 조절
모양체	수정체의 두께를 변화시켜 원근 조절

정답 24 ③ 25 ③ 26 ④ 27 ② 28 ② 29 ①

30

FT도에 사용되는 기호 중 "전이기호"를 나타내는 기호는?

① 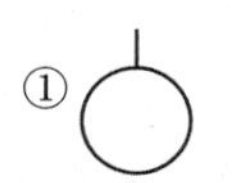 ② 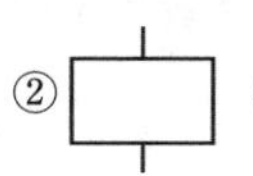 ③ 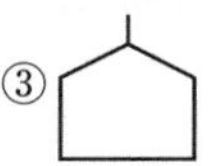 ④ 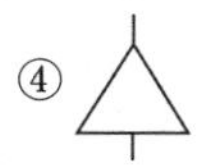

해설 **전이기호**

기호	명칭	설명
(IN)	이행(전이) 기호	FT도상에서 다른 부분에의 이행 또는 연결을 나타냄. 삼각형 정상의 선은 정보의 전입 루-트를 뜻한다.
(OUT)	이행(전이) 기호	위와 같다. 삼각형의 옆선은 정보의 전출을 뜻한다.

31

인체에서 뼈의 주요 기능으로 볼 수 없는 것은?

① 대사작용 ② 신체의 지지
③ 조혈작용 ④ 장기의 보호

해설 **신체 골격구조(뼈의 주요 기능)**

① 신체 중요부분의 보호
② 신체의지지 및 형상유지
③ 신체활동 수행
④ 골수에서 혈구세포를 만드는 조혈기능
⑤ 칼슘, 인 등의 무기질 저장 및 공급기능

32

작업기억(Working memory)에서 일어나는 정보 코드화에 속하지 않는 것은?

① 의미 코드화 ② 음성 코드화
③ 시각 코드화 ④ 다차원 코드화

해설 **작업기억**

현재 주의를 기울여 의식하고 있는 기억으로 감각기관을 통해 입력된 정보를 단기적으로 기억하며 능동적으로 이해하고 조작하는 과정을 말한다.

33

휴먼 에러의 배후 요소 중 작업방법, 작업순서, 작업정보, 작업환경과 가장 관련이 깊은 것은?

① Man ② Machine
③ Media ④ Management

해설 **산업재해의 기본원인 4M 중 작업적 요인(Media)**

① 작업의 내용, 방법, 정보 등의 작업방법적 요인
② 작업을 실시하는 장소에 관한 작업환경적 요인

34

소음성 난청 유소견자로 판정하는 구분을 나타내는 것은?

① A ② C ③ D_1 ④ D_2

해설 **소음성 난청 판정기준**

① A : 정상청력, 경미한 이상소견이 있는자
② C : 요관찰자
③ D_1 : 직업병 유소견자
④ D_2 : 일반질병 유소견자

35

설비의 위험을 예방하기 위한 안전성 평가 단계 중 가장 마지막에 해당하는 것은?

① 재평가 ② 정성적 평가
③ 안전대책 ④ 정량적 평가

해설 **안전성 평가의 기본원칙(5단계)**

① 제1단계 : 관계자료의 작성준비 ② 제2단계 : 정성적 평가
③ 제3단계 : 정량적 평가 ④ 제4단계 : 안전대책
⑤ 제5단계 : 재평가

tip
재평가를 재해정도에 의한 재평가와 FTA에 의한 재평가로 분류하여 6단계로 구분하는 경우도 있음

정답 30 ④ 31 ① 32 ④ 33 ③ 34 ③ 35 ①

36

Chapanis의 위험수준에 의한 위험발생률 분석에 대한 설명으로 옳은 것은?

① 자주 발생하는(frequent)>10^{-3}/day
② 자주 발생하는(frequent)>10^{-5}/day
③ 거의 발생하지 않는(remote)>10^{-6}/day
④ 극히 발생하지 않는(impossible)>10^{-8}/day

해설

발생이 불가능하거나 전혀 발생하지 않는(impossible)>10^{-8}/day.

37

윤활관리시스템에서 준수해야 하는 4가지 원칙이 아닌 것은?

① 적정량 준수　② 다양한 윤활제의 혼합
③ 올바른 윤활법의 선택　④ 윤활기간의 올바른 준수

해설 **윤활의 4원칙**

① 적량의 규정　② 기계가 필요로 하는 윤활유를 선정
③ 올바른 윤활법의 채용　④ 윤활기간의 올바른 준수

38

인간공학적인 의자설계를 위한 일반적 원칙으로 적절하지 않은 것은?

① 척추의 허리 부분은 요부전만을 유지한다.
② 허리 강화를 위하여 쿠션은 설치하지 않는다.
③ 좌판의 앞 모서리 부분은 5cm 정도 낮아야 한다.
④ 좌판과 등받이 사이의 각도는 90~105°를 유지하도록 한다.

해설

의자 쿠션의 두께는 4~5cm 정도로 하고 탄력성과 통기성이 좋은 것을 사용

39

단위 면적당 표면을 떠나는 빛의 양을 설명한 것으로 맞는 것은?

① 휘도　② 조도　③ 광도　④ 반사율

해설

휘도(luminance)는 단위 면적당 표면에서 반사 또는 방출되는 광량

40

정보를 전송하기 위해 청각적 표시장치를 사용해야 효과적인 경우는?

① 전언이 복잡할 경우
② 전언이 후에 재참조될 경우
③ 전언이 공간적인 위치를 다룰 경우
④ 전언이 즉각적인 행동을 요구할 경우

해설 **청각 장치와 시각 장치의 비교**

청각 장치 사용	시각 장치 사용
① 전언이 간단하다.	① 전언이 복잡하다.
② 전언이 짧다.	② 전언이 길다.
③ 전언이 후에 재참조되지 않는다.	③ 전언이 후에 재참조된다.
④ 수신자가 시각계통이 과부하 상태일 때	④ 수신자의 청각 계통이 과부하 상태일 때
⑤ 전언이 즉각적인 행동을 요구한다(긴급할 때)	⑤ 전언이 즉각적인 행동을 요구하지 않는다.
⑥ 전언이 시간적 사상을 다룬다.	⑥ 전언이 공간적인 위치를 다룬다.

정답 36 ④ 37 ② 38 ② 39 ① 40 ④

41

산업안전보건법령에서 규정하는 양중기에 속하지 않는 것은?

① 호이스트 ② 이동식 크레인
③ 곤돌라 ④ 체인블록

해설 **양중기의 종류**

① 크레인(호이스트 포함)
② 이동식 크레인
③ 리프트(이삿짐운반용리프트는 적재하중이 0.1톤 이상인 것으로 한정)
④ 곤돌라
⑤ 승강기

tip
2019년 법개정으로 내용이 수정되었으니 해설내용과 본문내용을 참고하세요.

42

산업용 로봇에 사용되는 안전매트에 요구되는 일반 구조 및 표시에 관한 설명으로 옳지 않은 것은?

① 단선경보장치가 부착되어 있어야 한다.
② 감응시간을 조절하는 장치는 부착되어 있지 않아야 한다.
③ 자율 안전 확인의 표시 외에 작동하중, 감응시간, 복귀신호의 자동 또는 수동여부, 대소인공용 여부를 추가로 표시해야 한다.
④ 감응도 조절장치가 있는 경우 봉인되어 있지 않아야 한다.

해설 **안전매트의 일반구조**

① 단선경보장치가 부착되어 있어야 한다.
② 감응시간을 조절하는 장치는 부착되어 있지 않아야 한다.
③ 감응도 조절장치가 있는 경우 봉인되어 있어야 한다.

43

금형 작업의 안전과 관련하여 금형 부품 조립 시의 주의사항으로 틀린 것은?

① 맞춤 핀을 조립할 때에는 헐거운 끼워 맞춤으로 한다.
② 파일럿 핀, 직경이 작은 펀치, 핀 게이지 등의 삽입부품은 빠질 위험이 있으므로 플랜지를 설치하는 등 이탈 방지대책을 세워둔다.
③ 쿠션 핀을 사용할 경우에는 상승 시 누름판의 이탈방지를 위하여 단붙임한 나사로 견고히 조여야 한다.
④ 가이드 포스트, 샹크는 확실하게 고정한다.

해설

맞춤 핀을 사용할 때에는 억지 끼워 맞춤으로 한다. 상형에 사용할 때에는 낙하방지의 대책을 세워둔다.

44

선반 작업 시 주의사항으로 틀린 것은?

① 회전 중에 가공품을 직접 만지지 않는다.
② 공작물의 설치가 끝나면 척에서 렌치류는 곧바로 제거한다.
③ 칩(chip)이 비산할 때는 보안경을 쓰고 방호판을 설치하여 사용한다.
④ 돌리개는 적정 크기의 것을 선택하고, 심압대 스핀들은 가능한 길게 나오도록 한다.

해설 **선반 작업시 안전기준**

① 가공물 조립시 반드시 스위치 차단 후 바이트 충분히 연 다음 실시
② 가공물장착 후에는 척 렌치를 바로 벗겨 놓는다.
③ 무게가 편중된 가공물은 균형추 부착
④ 바이트 설치는 반드시 기계 정지 후 실시
⑤ 돌리개는 적당한 것을 선택하고, 심압대 스핀들은 지나치게 길게 나오지 않도록 한다.

정답 41 ④ 42 ④ 43 ① 44 ④

45

다음 중 기계 고장률의 기본 모형이 아닌 것은?

① 초기 고장 ② 우발 고장
③ 영구 고장 ④ 마모 고장

해설 **기계 고장률의 기본모형**

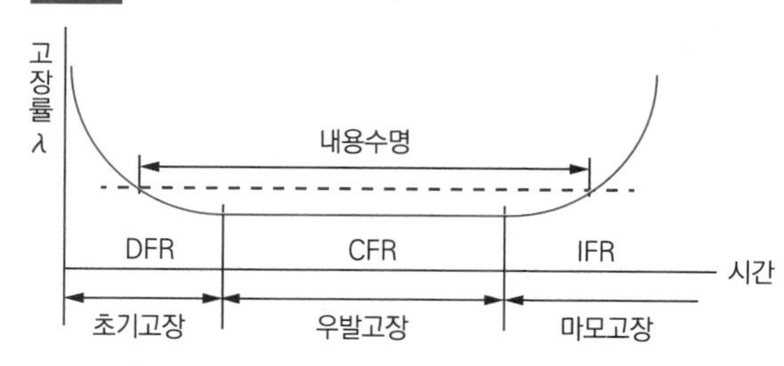

46

연삭숫돌의 덮개 재료 선정 시 최고속도에 따라 허용되는 덮개 두께가 달라지는데, 동일한 최고속도에서 가장 얇은 판을 쓸 수 있는 덮개의 재료로 다음 중 가장 적절한 것은?

① 회주철 ② 압연강판
③ 가단주철 ④ 탄소강주강품

해설 **연삭숫돌의 덮개재료**

① 회주철은 압연강판 두께의 값에 4를 곱한 값 이상
② 가단주철은 압연강판 두께의 값에 2를 곱한 값 이상
③ 탄소강주강품은 압연강판 두께에 1.6을 곱한 값 이상

47

프레스의 양수조작식 방호장치에서 누름버튼의 상호 간 내측거리는 몇 mm 이상이어야 하는가?

① 200 ② 300 ③ 400 ④ 500

해설

누름버튼의 상호간 내측거리는 300mm 이상이어야 하며, 누름버튼을 양손으로 동시에 조작하지 않으면 작동시킬 수 없는 구조이어야 한다.

48

와이어로프의 절단하중이 11,160[N]이고, 한 줄로 물건을 매달고자 할 때 안전계수를 6으로 하면 몇 [N] 이하의 물건을 매달 수 있는가?

① 1,860 ② 3,720 ③ 5,580 ④ 66,960

해설 **와이어로프의 안전하중**

① $\text{안전계수} = \dfrac{\text{파단하중}}{\text{안전하중}}$ ② $\text{안전하중} = \dfrac{11,160}{6} = 1,860[\text{N}]$

49

지게차의 헤드가드가 갖추어야 할 조건에 대한 설명으로 옳은 것은?

① 강도는 지게차 최대하중의 2배 값(4톤을 넘는 값에 대해서는 4톤으로 한다.)의 등분포정하중에 견딜 수 있을 것
② 상부틀의 각 개구의 폭 또는 길이가 26cm 미만일 것
③ 운전자가 앉아서 조작하는 방식인 지게차는 운전자 좌석의 윗면에서 헤드가드의 상부틀의 아랫면까지의 높이가 1.2m 이상일 것
④ 운전자가 서서 조작하는 방식인 지게차는 운전석의 바닥면에서 헤드가드 상부틀의 하면까지의 높이가 2m 이상일 것

해설 **지게차의 헤드가드**

① 상부틀의 각 개구의 폭 또는 길이가 16cm 미만일 것
② 운전자가 앉아서 조작하거나 서서 조작하는 지게차의 헤드가드는 「산업표준화법」에 따른 한국산업표준에서 정하는 높이 기준 이상일 것

tip
2019년 법개정으로 내용이 수정되어 개정법에 맞도록 문제를 수정하였습니다

정답 45 ③ 46 ② 47 ② 48 ① 49 ①

50

작업자의 신체 움직임을 감지하여 프레스의 작동을 급정지시키는 광전자식 안전장치를 부착한 프레스가 있다. 안전거리가 32cm라면 급정지에 소요되는 시간은 최대 몇 초 이내이어야 하는가?(단, 급정지에 소요되는 시간은 손이 광선을 차단한 순간부터 급정지기구가 작동하여 하강하는 슬라이드가 정지할 때까지의 시간을 의미한다.)

① 0.1초 ② 0.2초 ③ 0.5초 ④ 1초

해설 **광전자식 안전장치의 안전거리(단위에 주의)**

① 안전거리(mm) = 1600 × 급정지 소요시간
② 그러므로, 320mm = 1600 × 급정지소요시간

급정지소요시간 = $\frac{320}{1600}$ = 0.2(초)

51

위험한 작업점과 작업자 사이의 위험을 차단시키는 격리형 방호장치가 아닌 것은?

① 접촉 반응형 방호장치 ② 완전 차단형 방호장치
③ 덮개형 방호장치 ④ 안전방책

해설 **격리형 방호장치**

① 완전 차단형 ② 덮개형 ③ 안전울타리(방책)

52

동력 프레스를 분류하는 데 있어서 그 종류에 속하지 않는 것은?

① 크랭크 프레스 ② 토글 프레스
③ 마찰 프레스 ④ 터릿 프레스

해설 **동력프레스의 종류**

① 크랭크 프레스(crank press)
② 토글 프레스(toggle press)
③ 마찰 프레스(friction press)
④ 액압 프레스(hydraulic press)

53

선반에서 절삭가공 중 발생하는 연속적인 칩을 자동적으로 끊어 주는 역할을 하는 것은?

① 칩 브레이커 ② 방진구
③ 보안경 ④ 커버

해설 **칩 브레이커**

선반작업에서 길게 형성되는 절삭 칩을 바이트를 사용하여 절단해 주는 장치

54

구멍이 있거나 노치(notch) 등이 있는 재료에 외력이 작용할 때 가장 현저하게 나타나는 현상은?

① 가공경화 ② 피로
③ 응력집중 ④ 크리프(creep)

해설 **응력집중**

응력의 국부적인 집중현상으로 인하여 물체에 외력을 가할때 재료에 구멍이나 노치 등이 있을 경우, 예리하게 도려진 밑부분에는 평활한 부분에 비해 국부적으로 매우 큰 응력이 발생한다.

55

근로자의 추락 등에 의한 위험을 방지하기 위하여 안전난간을 설치하는 경우, 이에 관한 구조 및 설치요건으로 틀린 것은?

① 상부난간대, 중간난간대, 발끝막이판 및 난간기둥으로 구성할 것
② 발끝막이판은 바닥면 등으로부터 5[cm] 이상의 높이를 유지할 것
③ 난간대는 지름 2.7[cm] 이상의 금속제 파이프나 그 이상의 강도를 가진 재료일 것
④ 안전난간은 구조적으로 가장 취약한 지점에서 가장 취약한 방향으로 작용하는 100[kg] 이상의 하중에 견딜 수 있을 것

해설 **발끝막이판**

바닥면 등으로부터 10센티미터 이상의 높이를 유지할 것(물체가 떨어지거나 날아올 위험이 없거나 그 위험을 방지할 수 있는 망을 설치하는 등 필요한 예방조치를 한 장소 제외)

정답 50 ② 51 ① 52 ④ 53 ① 54 ③ 55 ②

56

휴대용 연삭기 덮개의 노출각도 기준은?

① 60° 이내　② 90° 이내
③ 150° 이내　④ 180° 이내

해설 **연삭기 덮개의 설치방법**

① 탁상용 연삭기의 노출각도는 80° 이내로 하되, 숫돌의 주축에서 수평면 위로 이루는 원주 각도는 65° 이상이 되지 않도록 하여야 한다.
② 연삭숫돌의 상부를 사용하는 것을 목적으로 하는 연삭기는 60° 이내로 한다.
③ 휴대용 연삭기는 180° 이내로 한다.
④ 원통형 연삭기는 180° 이내로 하되, 숫돌의 주축에서 수평면위로 이루는 원주각도는 65° 이상이 되지 않도록 하여야한다
⑤ 절단 및 평면 연삭기는 150° 이내로 하되, 숫돌의 주축에서 수평면 밑으로 이루는 덮개의 각도는 15°이상이 되도록 하여야 한다.

57

제철공장에서는 주괴(ingot)를 운반하는 데 주로 컨베이어를 사용하고 있다. 이 컨베이어에 대한 방호조치의 설명으로 옳지 않은 것은?

① 근로자의 신체 일부가 말려드는 등 근로자에게 위험을 미칠 우려가 있을 때 및 비상시에는 즉시컨베이어의 운전을 정지시킬 수 있는 장치를 설치하여야 한다.
② 화물의 낙하로 인하여 근로자에게 위험을 미칠 우려가 있는 때에는 컨베이어에 덮개 또는 울을 설치하는 등 낙하방지를 위한 조치를 하여야 한다.
③ 수평상태로만 사용하는 컨베이어의 경우 정전, 전압강하 등에 의한 화물 또는 운반구의 이탈 및 역주행을 방지하는 장치를 갖추어야 한다.
④ 운전 중인 컨베이어 위로 근로자를 넘어가도록 하는 때에는 근로자의 위험을 방지하기 위하여 건널다리를 설치하는 등 필요한 조치를 하여야 한다.

해설 **역전방지장치**

컨베이어·이송용 롤러 등을 사용하는 경우에 정전·전압강하 등에 의한 화물 또는 운반구의 이탈 및 역주행을 방지하는 장치로 경사부가 있는 컨베이어에서 사용

58

목재가공용 둥근톱에서 둥근톱의 두께가 4mm일 때 분할날의 두께는 몇 mm 이상이어야 하는가?

① 4.0　② 4.2　③ 4.4　④ 4.8

해설 **분할날의 두께**

① 톱날 두께의 1.1배 이상이고, 톱날의 치진폭 이하이어야 한다.
② 4mm×1.1=4.4mm 이상

59

롤러기에서 손조작식 급정지장치의 조작부 설치위치로 옳은 것은?(단, 위치는 급정지장치의 조작부의 중심점을 기준으로 한다.)

① 밑면으로부터 0.4[m] 이상, 0.6[m] 이내
② 밑면으로부터 0.8[m] 이상, 1.1[m] 이내
③ 밑면으로부터 0.8[m] 이내
④ 밑면으로부터 1.8[m] 이내

급정지장치 조작부의 위치

급정지장치 조작부의 종류	위치	비고
손조작식	밑면에서 1.8m 이내	위치는 급정지장치 조작부의 중심점을 기준으로 한다.
복부조작식	밑면에서 0.8m 이상 1.1m 이내	
무릎조작식	밑면에서 0.4m 이상 0.6m 이내	

60

보일러수에 유지류, 고형물 등의 부유물로 인한 거품이 발생하여 수위를 판단하지 못하는 현상은?

① 프라이밍(Priming)
② 캐리오버(Carry over)
③ 포밍(Foaming)
④ 워터해머(Water hammer)

해설 **포밍(foaming)**

보일러수에 불순물이 많이 포함되었을 경우, 보일러수의 비등과 함께 수면부위에 거품층을 형성하여 수위가 불안정하게 되는 현상

정답 56 ④ 57 ③ 58 ③ 59 ④ 60 ③

61

폭발위험장소의 분류 중 1종 장소에 해당하는 것은?

① 폭발성 가스 분위기가 연속적, 장기간 또는 빈번하게 존재하는 장소
② 폭발성 가스 분위기가 정상작동 중 조성되지 않거나 조성된다 하더라도 짧은 기간에만 존재할 수 있는 장소
③ 폭발성 가스 분위기가 정상작동 중 주기적 또는 빈번하게 생성되는 장소
④ 폭발성 가스 분위기가 장기간 또는 거의 조성되지 않는 장소

해설 **1종 장소**

정상 작동상태에서 인화성 액체의 증기 또는 가연성 가스에 의한 폭발위험분위기가 존재하기 쉬운 장소(맨홀·벤트·피트 등의 주위)

62

인체저항을 5,000[Ω]으로 가정하면 심실세동을 일으키는 전류에서의 전기에너지는? (단, 심실세동전류는 $I=\frac{165}{\sqrt{T}}$ [mA]이며 통전시간 T는 1초이고 전원은 교류정현파이다.)

① 33[J] ② 130[J] ③ 136[J] ④ 142[J]

해설 **전기에너지의 계산**

$$Q=\left(\frac{165}{\sqrt{T}}\times10^{-3}\right)^2\times5000\times1=136.125(\mathrm{J})$$

63

전선 간에 가해지는 전압이 어떤 값 이상으로 되면 전선 주위의 전기장이 강하게 되어 전선 표면의 공기가 국부적으로 절연이 파괴되어 빛과 소리를 내는 것은?

① 표피 작용 ② 페란티 효과
③ 코로나 현상 ④ 근접 현상

해설 **코로나의 현상 및 영향**

① 코로나 현상 : 전선에 가해지는 전압이 어떤 값 이상으로 되면 전선 표면의 공기 절연이 부분적으로 파괴되어 엷은 빛이나 소리를 내는 현상
② 코로나의 영향 : 통신선의 유도 장애, 라디오나 텔레비전의 잡음 등에 나쁜 영향을 줌

64

누전에 의한 감전 위험을 방지하기 위하여 반드시 접지를 하여야만 하는 부분에 해당되지 않는 것은?

① 절연대 위 등과 같이 감전 위험이 없는 장소에서 사용하는 전기 기계·기구의 금속체
② 전기 기계·기구의 금속제 외함, 금속제 외피 및 철대
③ 전기를 사용하지 아니하는 설비 중 전동식 양중기의 프레임과 궤도에 해당하는 금속체
④ 코드와 플러그를 접속하여 사용하는 휴대형 전동 기계·기구의 노출된 비충전 금속제

해설 **접지를 하지 않아도 되는 안전한 부분**

① 「전기용품 및 생활용품 안전관리법」이 적용되는 이중절연 또는 이와 같은 수준 이상으로 보호되는 구조로 된 전기기계·기구
② 절연대 위 등과 같이 감전 위험이 없는 장소에서 사용하는 전기기계·기구
③ 비접지방식의 전로에 접속하여 사용되는 전기기계·기구

65

정전기 발생에 영향을 주는 요인이 아닌 것은?

① 물체의 특성 ② 물체의 표면상태
③ 접촉면적 및 압력 ④ 응집속도

해설 **정전기 발생의 영향 요인**

① 물체의 특성 ② 물체의 표면상태 ③ 물체의 이력
④ 접촉면적 및 압력 ⑤ 분리속도 등

정답 61 ③ 62 ③ 63 ③ 64 ① 65 ④

66

전기기계·기구에 대하여 누전에 의한 감전위험을 방지하기 위하여 누전차단기를 전기기계·기구에 접속할 때 준수하여야 할 사항으로 옳은 것은?

① 누전차단기는 정격감도전류가 60[mA] 이하이고 작동시간은 0.1초 이내일 것
② 누전차단기는 정격감도전류가 50[mA] 이하이고 작동시간은 0.08초 이내일 것
③ 누전차단기는 정격감도전류가 40[mA] 이하이고 작동시간은 0.06초 이내일 것
④ 누전차단기는 정격감도전류가 30[mA] 이하이고 작동시간은 0.03초 이내일 것

해설 **누전차단기**

전기기계·기구에 접속되는 경우 정격감도전류가 30mA 이하이고, 작동시간은 0.03초 이내이어야 한다.

67

방폭구조의 종류 중 방진방폭구조를 나타내는 표시로 옳은 것은?

① DDP ② tD ③ XDP ④ DP

해설

"방진방폭구조 tD"란 분진층이나 분진운의 점화를 방지하기 위하여 용기로 보호하는 전기기기에 적용되는 분진침투방지, 표면온도제한 등의 방법을 말한다.

68

고압 또는 특고압의 기계기구·모선 등을 옥외에 시설하는 발전소·변전소·개폐소 또는 이에 준하는 곳에는 구내에 취급자 이외의 자가 들어가지 못하도록 하기 위한 시설의 기준에 대한 설명으로 틀린 것은?

① 울타리·담 등의 높이는 1.5m 이상으로 시설하여야 한다.
② 출입구에는 출입금지의 표시를 하여야 한다.
③ 출입구에는 자물쇠장치 기타 적당한 장치를 하여야 한다.
④ 지표면과 울타리·담 등의 하단 사이의 간격은 15cm 이하로 하여야 한다.

해설 **울타리, 담등의 시설(고압 및 특고압 충전부분)**

울타리·담 등의 높이는 2m 이상으로 하고 지표면과 울타리·담 등의 하단사이의 간격은 15cm 이하로 할 것

69

전기기계·기구의 조작 부분을 점검하거나 보수하는 경우에는 근로자가 안전하게 작업할 수 있도록 전기기계·기구로부터 최소 몇 cm 이상의 작업공간 폭을 확보하여야 하는가? (단, 작업공간을 확보하는 것이 곤란하여 절연용 보호구를 착용하도록 한 경우 제외)

① 60cm ② 70cm ③ 80cm ④ 90cm

해설 **전기기계·기구의 조작시 등의 안전조치**

① 전기기계·기구의 조작부분에 대한 점검 또는 보수를 하는 때에 근로자가 안전하게 작업할 수 있도록 전기기계·기구로부터 폭 70센티미터 이상의 작업공간을 확보하여야 한다.
② 다만, 작업공간을 확보하는 것이 곤란하여 근로자에게 절연용 보호구를 착용하도록 한 경우에는 그러하지 아니하다.

정답 66 ④ 67 ② 68 ① 69 ②

70

과전류차단기로 시설하는 퓨즈 중 고압전로에 사용하는 비포장 퓨즈에 대한 설명으로 옳은 것은?

① 정격전류의 1.25배의 전류에 견디고 또한 2배의 전류로 2분 안에 용단되는 것이어야 한다.
② 정격전류의 1.25배의 전류에 견디고 또한 2배의 전류로 4분 안에 용단되는 것이어야 한다.
③ 정격전류의 2배의 전류에 견디고 또한 2배의 전류로 2분 안에 용단되는 것이어야 한다.
④ 정격전류의 2배의 전류에 견디고 또한 2배의 전류로 4분 안에 용단되는 것이어야 한다.

해설 **과전류 차단기용 퓨즈(고압 전로에 사용하는 퓨즈)**

포장 퓨즈	비포장 퓨즈
㉠ 정격전류의 1.3배의 전류에 견딜 것 ㉡ 2배의 전류로 120분 안에 용단되는 것	㉠ 정격전류의 1.25배의 전류에 견딜 것 ㉡ 2배의 전류로 2분 안에 용단되는 것 *비포장 퓨즈는 고리퓨즈를 사용.

71

다음 중 물리적 공정에 해당되는 것은?

① 유화중합　② 축합중합
③ 산화　④ 증류

해설

용액을 가열하여 얻고자 하는 물질의 끓는점에 도달하면 기체가 발생하는데 이를 다시 냉각하여 액체로 분리해 내는 조작을 증류라 하며, 증류는 물리적 공정에 해당된다.

72

산화성 액체 중 질산의 성질에 관한 설명으로 옳지 않은 것은?

① 피부 및 의복을 부식하는 성질이 있다.
② 쉽게 연소하는 가연성 물질이므로 화기에 극도로 주의한다.
③ 위험물 유출 시 건조사를 뿌리거나 중화제로 중화한다.
④ 물과 반응하면 발열반응을 일으키므로 물과의 접촉을 피한다.

해설

질산은 산화성 액체에 해당하는 위험물로 조연성 물질에 해당된다.

73

최소 착화에너지가 0.25[mJ], 극간 정전용량이 10[pF]인 부탄가스 버너를 점화시키기 위해서 최소 얼마 이상의 전압을 인가하여야 하는가?

① 0.52×10^2[V]　② 0.74×10^3[V]
③ 7.07×10^3[V]　④ 5.03×10^5[V]

해설 **정전기 에너지**

$W=\frac{1}{2}QV=\frac{1}{2}CV^2=\frac{1}{2}\frac{Q^2}{C}(\mathrm{J})$ 이므로

$V=\sqrt{\frac{0.25\times10^{-3}\times2}{10\times10^{-12}}}=7071.06=7.07\times10^3(\mathrm{V})$

74

다음 중 유류화재의 종류에 해당하는 것은?

① A급　② B급　③ C급　④ D급

해설 **화재의 종류**

① A급화재 : 일반화재　② B급화재 : 유류화재
③ C급화재 : 전기화재　④ D급화재 : 금속화재

정답　70 ①　71 ④　72 ②　73 ③　74 ③

75

다음 중 가연성 가스의 폭발범위에 관한 설명으로 틀린 것은?

① 상한과 하한이 있다.
② 압력과 무관하다.
③ 공기와 혼합된 가연성 가스의 체적 농도로 표시된다.
④ 가연성 가스의 종류에 따라 다른 값을 갖는다.

해설

가스의 압력이 높아지면 하한값은 큰 변화가 없으나 상한값은 높아진다.

76

산업안전보건법령상 관리대상 유해물질의 운반 및 저장 방법으로 적절하지 않은 것은?

① 저장장소에는 관계 근로자가 아닌 사람의 출입을 금지하는 표시를 한다.
② 저장장소에서 관리대상 유해물질의 증기가 실외로 배출되지 않도록 적절한 조치를 한다.
③ 관리대상 유해물질을 저장할 때 일정한 장소를 지정하여 저장하여야 한다.
④ 물질이 새거나 발산될 우려가 없는 뚜껑 또는 마개가 있는 튼튼한 용기를 사용한다.

해설 **관리대상 유해물질의 운반 및 저장**

(1) 사업주는 관리대상 유해물질을 운반하거나 저장하는 경우에 그 물질이 새거나 발산될 우려가 없는 뚜껑 또는 마개가 있는 튼튼한 용기를 사용하거나 단단하게 포장을 하여야 하며, 그 저장장소에는 다음 각 호의 조치를 하여야 한다.
 ① 관계 근로자가 아닌 사람의 출입을 금지하는 표시를 할 것
 ② 관리대상 유해물질의 증기를 실외로 배출시키는 설비를 설치할 것
(2) 사업주는 관리대상 유해물질을 저장할 경우에 일정한 장소를 지정하여 저장하여야 한다.

77

어떤 물질 내에서 반응전파속도가 음속보다 빠르게 진행되고 이로 인해 발생된 충격파가 반응을 일으키고 유지하는 발열반응을 무엇이라 하는가?

① 점화(Ignition)　② 폭연(Deflagration)
③ 폭발(Explosion)　④ 폭굉(Detonation)

해설 **폭굉과 폭굉파**

① 폭굉이란 폭발 범위내의 특정 농도 범위에서 연소속도가 폭발에 비해 수백 내지 수천 배에 달하는 현상
② 폭굉파는 진행속도가 1,000~3,500m/s에 달하는 경우
③ 폭굉파의 전파속도는 음속을 앞지르기 때문에 그 진행전면에 충격파가 형성되어 파괴 작용을 동반

78

산업안전보건법령상의 위험물을 저장·취급하는 화학설비 및 그 부속설비를 설치하는 경우 폭발이나 화재에 따른 피해를 줄이기 위하여 단위공정시설 및 설비로부터 다른 단위공정시설 및 설비 사이의 안전거리는 얼마로 하여야 하는가?

① 설비의 안쪽 면으로부터 10[m] 이상
② 설비의 바깥쪽 면으로부터 10[m] 이상
③ 설비의 안쪽 면으로부터 5[m] 이상
④ 설비의 바깥 면으로부터 5[m] 이상

해설 **위험물 저장 취급 화학설비의 안전거리**

구분	안전 거리
단위공정시설 및 설비로부터 다른 단위공정시설 및 설비의 사이	설비의 외면으로부터 10미터 이상
플레어스택으로부터 단위공정시설 및 설비, 위험물질 저장탱크 또는 위험물질 하역설비의 사이	플레어스택으로부터 반경 20미터 이상
위험물질 저장탱크로부터 단위공정시설 및 설비, 보일러 또는 가열로의 사이	저장탱크의 외면으로부터 20미터 이상
사무실·연구실·실험실·정비실 또는 식당으로부터 단위공정시설 및 설비, 위험물질 저장탱크, 위험물질 하역설비, 보일러 또는 가열로의 사이	사무실 등의 외면으로부터 20미터 이상

정답 75 ② 76 ② 77 ④ 78 ②

79

다음 중 산업안전보건법령상 위험물의 종류에서 인화성 가스에 해당하지 않는 것은?

① 수소 ② 질산에스테르
③ 아세틸렌 ④ 메탄

해설

질산에스테르는 위험물의 종류 중 폭발성 물질 및 유기과산화물에 해당한다.

80

산소용기의 압력계가 100kgf/cm²일 때 약 몇 psia인가?(단, 대기압은 표준대기압이다.)

① 1,465 ② 1,455 ③ 1,438 ④ 1,423

해설

1kgf/cm²=14.223393psi
100kgf/cm²×14.223393=1,422.339+14.7=1437.039psia

5과목 건설공사 안전관리

81

달비계에 사용이 불가한 와이어로프의 기준으로 옳지 않은 것은?

① 이음매가 없는 것
② 지름의 감소가 공칭지름의 7%를 초과하는 것
③ 심하게 변형되거나 부식된 것
④ 와이어로프의 한 꼬임에서 끊어진 소선(素線)의 수가 10% 이상인 것

해설 **와이어로프의 사용제한 조건**

① 이음매가 있는 것
② 와이어로프의 한 꼬임(스트랜드)에서 끊어진 소선(필러선 제외)의 수가 10% 이상인 것
③ 지름의 감소가 공칭지름의 7%를 초과하는 것
④ 꼬인 것
⑤ 심하게 변형되거나 부식된 것
⑥ 열과 전기충격에 의해 손상된 것

tip
2021년 법령개정으로 달비계는 곤돌라형 달비계와 작업의자형 달비계로 구분하여 정리해야 하니 본문내용을 참고하시기 바랍니다.

82

다음은 산업안전보건기준에 관한 규칙 중 가설통로의 구조에 관한 사항이다. ( ) 안에 들어갈 내용으로 옳은 것은?

> 수직갱에 가설된 통로의 길이가 15m 이상인 경우에는 10[m] 이내마다 ( )을/를 설치할 것

① 손잡이 ② 계단참 ③ 클램프 ④ 버팀대

해설

수직갱에 가설된 통로의 길이가 15m이상인 경우에는 10m 이내마다 계단참을 설치할 것

정답 79 ② 80 ③ 81 ① 82 ②

83

다음 중 구조물의 해체작업을 위한 기계·기구가 아닌 것은?

① 쇄석기 ② 데릭 ③ 압쇄기 ④ 철제 해머

해설 **데릭**

(1) 구조 : 동력을 이용하여 물건을 달아 올리는 기계장치로써 마스트 또는 붐, 달아 올리는 기구와 기타 부속물로 구성

(2) 종류 : ① 가이데릭 ② 진폴데릭 ③ 스티프레그 데릭 등

84

강풍 시 타워크레인의 설치·수리·점검 또는 해체작업을 중지하여야 하는 순간풍속 기준으로 옳은 것은?

① 순간풍속이 초당 10m를 초과하는 경우
② 순간풍속이 초당 15m를 초과하는 경우
③ 순간풍속이 초당 20m를 초과하는 경우
④ 순간풍속이 초당 30m를 초과하는 경우

해설 **강풍시 타워크레인의 작업제한**

① 순간풍속이 매초당 10미터 초과 : 타워크레인의 설치·수리·점검 또는 해체작업 중지

② 순간풍속이 매초당 15미터 초과 : 타워크레인의 운전작업 중지

85

근로자의 추락 위험이 있는 장소에서 발생하는 추락재해의 원인으로 볼 수 없는 것은?

① 안전대를 부착하지 않았다.
② 덮개를 설치하지 않았다.
③ 투하설비를 설치하지 않았다.
④ 안전난간을 설치하지 않았다.

해설 **물체낙하에 의한 위험방지**

① 대상 : 높이 3m 이상인 장소에서 물체 투하시

② 조치사항 : ㉠ 투하설비설치 ㉡ 감시인배치

86

기상상태의 악화로 비계에서의 작업을 중지시킨 후 그 비계에서 작업을 다시 시작하기 전에 점검해야 할 사항에 해당하지 않는 것은?

① 기둥의 침하·변형·변위 또는 흔들림 상태
② 손잡이의 탈락 여부
③ 격벽의 설치여부
④ 발판재료의 손상 여부 및 부착 또는 걸림 상태

해설 **비계의 점검 보수**

점검 보수 시기	① 비, 눈 등 기상상태 불안정으로 작업 중지 시킨 후 그 비계에서 작업할 경우 ② 비계를 조립, 해체, 변경한 후 그 비계에서 작업할 경우
비계공사의 작업 시작전 점검사항	① 발판재료의 손상여부 및 부착 또는 걸림상태 ② 해당 비계의 연결부 또는 접속부의 풀림상태 ③ 연결재료 및 연결철물의 손상 또는 부식상태 ④ 손잡이의 탈락여부 ⑤ 기둥의 침하·변형·변위 또는 흔들림 상태 ⑥ 로프의 부착상태 및 매단장치의 흔들림 상태

87

사다리식 통로 등을 설치하는 경우 발판과 벽과의 사이는 최소 얼마 이상의 간격을 유지하여야 하는가?

① 5cm ② 10cm ③ 15cm ④ 20cm

해설 **사다리식 통로의 구조**

① 발판과 벽과의 사이는 15센티미터 이상의 간격을 유지할 것

② 폭은 30센티미터 이상으로 할 것

③ 사다리의 상단은 걸쳐놓은 지점으로부터 60센티미터 이상 올라가도록 할 것

④ 사다리식 통로의 길이가 10미터 이상인 경우에는 5미터 이내마다 계단참을 설치할 것

⑤ 사다리식 통로의 기울기는 75도 이하로 할 것. 다만, 고정식 사다리식 통로의 기울기는 90도 이하로 하고, 그 높이가 7미터 이상인 경우에는 다음 각 목의 구분에 따른 조치를 할 것
  가. 등받이울이 있어도 근로자 이동에 지장이 없는 경우: 바닥으로부터 높이가 2.5미터 되는 지점부터 등받이울을 설치할 것
  나. 등받이울이 있으면 근로자가 이동이 곤란한 경우: 한국산업표준에서 정하는 기준에 적합한 개인용 추락 방지 시스템을 설치하고 근로자로 하여금 한국산업표준에서 정하는 기준에 적합한 전신안전대를 사용하도록 할 것

tip

2024년 개정된 법령 적용

정답 83 ② 84 ① 85 ③ 86 ③ 87 ③

88

드럼에 다수의 돌기를 붙여 놓은 기계로 점토층의 내부를 다지는 데 적합한 것은?

① 탠덤 롤러 ② 타이어 롤러
③ 진동 롤러 ④ 탬핑 롤러

해설 **탬핑 롤러(Tamping Roller)**

① 롤러 표면에 돌기를 만들어 부착, 땅 깊숙이 다짐 가능
② 토립자를 이동 혼합하여 함수비 조절용이(간극수압제거)
③ 고함수비의 점성토 지반에 효과적, 유효다짐 깊이가 깊다.
④ 흙덩어리(풍화암 등)의 파쇄 효과 및 맞물림 효과가 크다.

89

산업안전보건법령에 따른 중량물을 취급하는 작업을 하는 경우의 작업계획서 내용에 포함되지 않는 사항은?

① 추락위험을 예방할 수 있는 안전대책
② 낙하위험을 예방할 수 있는 안전대책
③ 전도위험을 예방할 수 있는 안전대책
④ 위험물 누출위험을 예방할 수 있는 안전대책

해설 **중량물 취급작업시 작업계획서**

① 추락위험을 예방할 수 있는 안전대책
② 낙하위험을 예방할 수 있는 안전대책
③ 전도위험을 예방할 수 있는 안전대책
④ 협착위험을 예방할 수 있는 안전대책
⑤ 붕괴위험을 예방할 수 있는 안전대책

90

산업안전보건관리비 계상을 위한 대상액이 56억 원인 교량공사의 산업안전보건관리비는 얼마인가?(단, 건축공사에 해당)

① 104,160천 원 ② 110,320천 원
③ 144,800천 원 ④ 150,400천 원

해설

건축공사 : 50억원 이상 : 1.97%
56억×0.0197=110,320천원

tip
2023년 법령개정. 문제와 해설은 개정된 내용 적용

91

콘크리트 구조물에 적용하는 해체작업 공법의 종류가 아닌 것은?

① 연삭 공법 ② 발파 공법
③ 오픈 컷 공법 ④ 유압 공법

해설 **개착식 굴착공법(open cut 공법)**

① 경사면 open cut 공법
② 흙막이 open cut 공법 : 자립식, 타이로드 앵커식(어스앵커), 버팀대식

92

콘크리트 타설작업 시 거푸집에 작용하는 연직하중이 아닌 것은?

① 콘크리트의 측압
② 거푸집의 중량
③ 굳지 않은 콘크리트의 중량
④ 작업원의 작업하중

해설 **거푸집 동바리의 하중(설계기준)**

구분	내용
연직방향하중	거푸집, 동바리, 콘크리트, 철근, 작업원, 타설용기계기구, 가설설비 등의 중량 및 충격하중
횡방향 하중	작업할때의 진동, 충격, 시공차 등에 기인되는 횡방향하중 이외에 필요에 따라 풍압, 유수압, 지진 등
콘크리트측압	굳지 않은 콘크리트의 측압

93

거푸집 공사에 관한 설명으로 옳지 않은 것은?

① 거푸집 조립 시 거푸집이 이동하지 않도록 비계 또는 기타 공작물과 직접 연결한다.
② 거푸집 치수를 정확하게 하여 시멘트 모르타르가 새지 않도록 한다.
③ 거푸집 해체가 쉽게 가능하도록 박리제 사용 등의 조치를 한다.
④ 측압에 대한 안전성을 고려한다.

해설

거푸집은 긴결철물 등 연결재를 사용하여 견고하게 고정해야 하며, 비계 등 가설구조물과 직접 연결해서는 안 된다.

정답 88 ④ 89 ④ 90 ② 91 ③ 92 ① 93 ①

94

개착식 굴착공사에서 버팀보공법을 적용하여 굴착할 때 지반붕괴를 방지하기 위하여 사용하는 계측장치로 거리가 먼 것은?

① 지하수위계 ② 경사계
③ 변형률계 ④ 록볼트 응력계

해설

록볼트 응력계는 터널굴착에 사용되는 계측장치

95

다음 중 유해·위험방지 계획서 제출 대상 공사에 해당하는 것은?

① 지상높이가 25m인 건축물 건설공사
② 최대 지간길이가 45m인 교량건설공사
③ 깊이가 8m인 굴착공사
④ 제방 높이가 50m인 다목적댐 건설공사

해설 **유해위험 방지계획서를 제출해야 될 대상 건설업**

① 다음 각목의 어느 하나에 해당하는 건축물 또는 시설 등의 건설, 개조 또는 해체공사
  ㉠ 지상 높이가 31미터 이상인 건축물 또는 인공구조물
  ㉡ 연면적 3만 제곱미터 이상인 건축물
  ㉢ 연면적 5천 제곱미터 이상인 시설로서 다음의 어느 하나에 해당하는 시설
    ㉮ 문화 및 집회시설 ㉯ 판매시설, 운수시설
    ㉰ 종교시설 ㉱ 의료시설 중 종합병원
    ㉲ 숙박시설 중 관광숙박시설 ㉳ 지하도 상가
    ㉴ 냉동, 냉장 창고시설
② 최대 지간 길이가 50미터 이상인 다리의 건설 등 공사
③ 연면적 5천 제곱미터 이상인 냉동, 냉장창고 시설의 설비공사 및 단열공사
④ 다목적댐, 발전용댐, 저수용량 2천만톤 이상의 용수전용댐 및 지방상수도 전용댐의 건설 등 공사
⑤ 터널의 건설등 공사
⑥ 깊이 10미터 이상인 굴착공사

96

차량계 하역운반기계 등을 사용하는 작업을 할 때, 그 기계가 넘어지거나 굴러떨어짐으로써 근로자에게 위험을 미칠 우려가 있는 경우에 이를 방지하기 위한 조치사항과 거리가 먼 것은?

① 유도자 배치
② 지반의 부동침하 방지
③ 상단 부분의 안정을 위하여 버팀줄 설치
④ 갓길 붕괴 방지

해설 **차량계하역 운반기계의 전도등의 방지조치**

① 유도자 배치 ② 부동침하 방지조치 ③ 갓길의 붕괴방지조치

97

추락재해 방지용 방망의 신품에 대한 인장강도는 얼마인가? (단, 그물코의 크기가 10cm이며, 매듭 없는 방망)

① 220kg ② 240kg ③ 260kg ④ 280kg

해설 **안전망 인장강도**

그물코의 크기 (단위 : 센티미터)	방망의 종류(단위 : 킬로그램)			
	매듭 없는 방망		매듭 방망	
	신품	폐기시	신품	폐기시
10	240	150	200	135
5			110	60

정답 94 ④ 95 ④ 96 ③ 97 ②

98

발파작업에 종사하는 근로자가 준수하여야 할 사항으로 옳지 않은 것은?

① 장전구는 마찰·충격·정전기 등에 의한 폭발의 위험이 없는 안전한 것을 사용할 것
② 발파공의 충진재료는 점토·모래 등 발화성 또는 인화성의 위험이 없는 재료를 사용할 것
③ 얼어붙은 다이너마이트는 화기에 접근시키거나 그 밖의 고열물에 직접 접촉시켜 단시간 안에 융해시킬 수 있도록 할 것
④ 전기뇌관에 의한 발파의 경우 점화하기 전에 화약류를 장전한 장소로부터 30[m] 이상 떨어진 안전한 장소에서 전선에 대하여 저항측정 및 도통시험을 할 것

해설

얼어서 굳어진 다이나마이트는 섭씨 50도이하의 온탕을 바깥통으로 사용한 융해기 또는 섭씨 30도이하의 온도를 유지하는 실내에서 누그러뜨려야 하며 직접 난로·증기관 그 밖의 높은 열원에 접근시키지 아니하도록 할 것

99

다음은 산업안전보건법령에 따른 근로자의 추락위험 방지를 위한 추락방호망의 설치기준이다. ( ) 안에 들어갈 내용으로 옳은 것은?

추락방호망은 수평으로 설치하고, 망의 처짐은 짧은 변 길이의 ( ) 이상이 되도록 할 것

① 10% ② 12% ③ 15% ④ 18%

해설 **추락방호망의 설치기준**

① 추락방호망의 설치위치는 가능하면 작업면으로부터 가까운 지점에 설치하여야 하며, 작업면으로부터 망의 설치지점까지의 수직거리는 10미터를 초과하지 아니할 것
② 추락방호망은 수평으로 설치하고, 망의 처짐은 짧은 변 길이의 12퍼센트 이상이 되도록 할 것
③ 건축물 등의 바깥쪽으로 설치하는 경우 망의 내민 길이는 벽면으로부터 3미터 이상 되도록 할 것. 다만, 그물코가 20밀리미터 이하인 망을 사용한 경우에는 낙하물에 의한 위험방지에 따른 낙하물방지망을 설치한 것으로 본다.

100

동바리 유형에 따른 동바리 조립시의 안전조치 사항으로 옳지 않은 것은?

① 동바리로 사용하는 강관틀의 경우 강관틀과 강관틀 사이에 교차가새를 설치할 것
② 동바리로 사용하는 파이프 서포트를 이어서 사용하는 경우에는 3개 이상의 볼트 또는 전용철물을 사용하여 이을 것
③ 시스템 동바리의 경우 수평재는 수직재와 직각으로 설치해야 하며, 흔들리지 않도록 견고하게 설치할 것
④ 동바리로 사용하는 조립강주의 경우 높이가 4미터를 초과하는 경우에는 높이 4미터 이내마다 수평연결재를 2개 방향으로 설치하고 수평연결재의 변위를 방지할 것

해설

동바리로 사용하는 파이프 서포트를 이어서 사용하는 경우에는 4개 이상의 볼트 또는 전용철물을 사용하여 이을 것

정답 98 ③ 99 ② 100 ②

2018년 8월 19일

산업안전산업기사 기출문제

1과목 산업재해 예방 및 안전보건교육

01

사고예방대책의 기본원리 5단계 중 사실의 발견 단계에 해당하는 것은?

① 작업환경 측정 ② 안전성 진단, 평가
③ 점검, 검사 및 조사실시 ④ 안전관리 계획수립

해설 **2단계 사실의 확인**

① 안전사고 및 활동기록의 검토 ② 작업분석 및 불안전요소 발견
③ 안전점검 및 사고조사 ④ 관찰 및 보고서의 연구
⑤ 안전토의 및 회의 ⑥ 근로자의 건의 및 여론조사

02

재해예방의 4원칙에 해당하지 않는 것은?

① 손실연계의 원칙 ② 대책선정의 원칙
③ 예방가능의 원칙 ④ 원인계기의 원칙

해설 **재해예방의 4원칙**

① 손실우연의 원칙 ② 예방가능의 원칙 ③ 원인계기의 원칙
④ 대책선정의 원칙

03

산업스트레스의 요인 중 직무특성과 관련된 요인으로 볼 수 없는 것은?

① 조직구조 ② 작업속도
③ 근무시간 ④ 업무의 반복성

해설 **산업스트레스의 요인**

① 직무특성 : 작업속도, 근무시간, 업무의 반복성, 복잡성, 위험성, 단조로움 등
② 스트레스는 신체적, 정신적 건강뿐만 아니라 결근, 전직, 직무불만족, 직무 성과와도 관련되어 직무몰입 및 생산성 감소 등의 부정적인 반응을 초래

04

산업심리의 5대 요소에 해당되지 않는 것은?

① 동기 ② 지능 ③ 감정 ④ 습관

해설 **산업안전 심리의 5대요소**

① 기질 ② 동기 ③ 습관 ④ 습성 ⑤ 감정

05

사업장의 도수율이 10.83이고, 강도율 7.92일 경우 종합재해지수(FSI)는?

① 4.63 ② 6.42 ③ 9.26 ④ 12.84

해설 **종합재해지수(FSI)**

① 재해의 빈도의 다소와 상해의 정도의 강약을 종합하여 나타내는 방식으로 직장과 기업의 성적지표로 사용
② $\text{FSI} = \sqrt{\text{도수율}(FR) \times \text{강도율}(SR)} = \sqrt{10.83 \times 7.92} = 9.26$

06

리더십(Leadership)의 특성으로 볼 수 없는 것은?

① 민주주의적 지휘 형태
② 부하와의 넓은 사회적 간격
③ 밑으로부터의 동의에 의한 권한 부여
④ 개인적 영향에 의한 부하와의 관계 유지

해설

부하와의 사회적 간격은 헤드십은 넓고 리더십은 좁다.

정답 1③ 2① 3① 4② 5③ 6②

07

매슬로(A.H.Maslow) 욕구단계 이론의 각 단계별 내용으로 틀린 것은?

① 1단계 : 자아실현의 욕구
② 2단계 : 안전에 대한 욕구
③ 3단계 : 사회적(애정적) 욕구
④ 4단계 : 존경과 긍지에 대한 욕구

해설 **매슬로우의 욕구 5단계**

생리적 욕구 → 안전의 욕구 → 사회적 욕구 → 인정받으려는 욕구 → 자아실현의 욕구

08

산업안전보건법령에 따른 근로자 안전보건교육 중 채용 시 교육내용이 아닌 것은?

① 사고 발생 시 긴급조치에 관한 사항
② 유해·위험 작업환경 관리에 관한 사항
③ 산업보건 및 직업병 예방에 관한 사항
④ 기계·기구의 위험성과 작업의 순서 및 동선에 관한 사항

해설 **근로자 채용 시 교육 및 작업내용 변경 시 교육내용**

② 기계·기구의 위험성과 작업의 순서 및 동선에 관한 사항
③ 정리정돈 및 청소에 관한 사항
④ 작업 개시 전 점검에 관한 사항
⑤ 사고 발생 시 긴급조치에 관한 사항
⑥ 산업보건 및 직업병 예방에 관한 사항
⑦ 직무스트레스 예방 및 관리에 관한 사항
⑧ 위험성 평가에 관한 사항
⑨ 산업안전보건법령 및 산업재해보상보험 제도에 관한 사항
⑩ 산업안전 및 사고 예방에 관한 사항
⑪ 직장내 괴롭힘, 고객의 폭언 등으로 인한 건강장해 예방 및 관리에 관한 사항

tip

2023년 법령개정. 문제와 해설은 개정된 내용 적용

09

피로에 의한 정신적 증상과 가장 관련이 깊은 것은?

① 주의력이 감소 또는 경감된다.
② 작업의 효과나 작업량이 감퇴 및 저하된다.
③ 작업에 대한 몸의 자세가 흐트러지고 지치게 된다.
④ 작업에 대하여 무감각·무표정·경련 등이 일어난다.

해설

주의력 감소 또는 경감은 피로에 의한 정신적 증상과 관련된 사항

10

산업안전보건법령에 따른 안전·보건표지에 사용하는 색채기준 중 비상구 및 피난소, 사람 또는 차량의 통행표지의 안내용도로 사용하는 색채는?

① 빨간색 ② 녹색 ③ 노란색 ④ 파란색

해설 **녹색 표지**

녹색	2.5G 4/10	안내	비상구 및 피난소, 사람 또는 차량의 통행표지	바탕은 흰색, 기본모형 및 관련부호는 녹색, 바탕은 녹색, 관련부호 및 그림은 흰색

11

일반적으로 교육이란 "인간행동의 계획적 변화"로 정의할 수 있다. 여기서 "인간의 행동"이 의미하는 것은?

① 신념과 태도
② 외현적 행동만 포함
③ 내현적 행동만 포함
④ 내현적, 외현적 행동 모두 포함

해설

"인간행동의 계획적 변화"란 정의에서'행동'은 바깥으로 드러나는 외현적 행동뿐만 아니라 사고력, 태도, 가치관, 자아개념 등과 같은 내면적 특성도 포함한다.

정답 7 ① 8 ② 9 ① 10 ② 11 ④

12

OFF JT의 설명으로 틀린 것은?

① 다수의 근로자에게 조직적 훈련이 가능하다.
② 훈련에만 전념하게 된다.
③ 효과가 곧 업무에 나타나며 훈련의 좋고 나쁨에 따라 개선이 쉽다.
④ 교육훈련목표에 대해 집단적 노력이 흐트러질 수 있다.

해설 **Off. J. T의 특징**

① 한 번에 다수의 대상자를 일괄적, 조직적으로 교육할 수 있다.
② 전문분야의 우수한 강사진을 초빙할 수 있다.
③ 교육기자재 및 특별교재 또는 시설을 유효하게 활용할 수 있다.
④ 다른 분야 및 타 직장의 사람들과 지식이나 경험의 교환이 가능하다.
⑤ 업무와 분리되어 면학에 전념하는 것이 가능하다.
⑥ 법규, 원리, 원칙, 개념, 이론 등의 교육에 적합하다.

13

산업안전보건법령에 따른 안전검사 대상 유해·위험 기계등의 검사 주기 기준 중 다음 ( ) 안에 들어갈 내용으로 알맞은 것은?

> 크레인(이동식 크레인은 제외), 리프트(이삿짐 운반용 리프트는 제외) 및 곤돌라는 사업장에 설치가 끝난 날부터 3년 이내에 최초 안전검사를 실시하되, 그 이후부터 (㉠)년마다(건설현장에서 사용하는 것은 최초로 설치한 날부터 (㉡)개월마다)

① ㉠ 1, ㉡ 4　　② ㉠ 1, ㉡ 6
③ ㉠ 2, ㉡ 4　　④ ㉠ 2, ㉡ 6

해설 **크레인, 리프트, 곤돌라의 안전검사의 주기**

사업장에 설치가 끝난 날부터 3년 이내에 최초 안전검사를 실시하되, 그 이후부터 2년마다(건설현장에서 사용하는 것은 최초로 설치한 날부터 6개월마다)

14

보호구 안전인증 고시에 따른 방독마스크 중 할로겐용 정화통 외부 측면의 표시 색으로 옳은 것은?

① 갈색　② 회색　③ 녹색　④ 노랑색

해설 **방독 마스크 종류**

종류	시험가스	정화통외부측면 표시색
유기화합물용	시클로헥산(C_6H_{12})	갈색
	디메틸에테르(CH_3OCH_3)	
	이소부탄(C_4H_{10})	
할로겐용	염소가스 또는 증기(Cl_2)	회색
황화수소용	황화수소가스(H_2S)	회색
시안화수소용	시안화수소가스(HCN)	회색
아황산용	아황산가스(SO_2)	노란색
암모니아용	암모니아가스(NH_3)	녹색

15

직접 사람에게 접촉되어 위해를 가한 물체를 무엇이라 하는가?

① 낙하물　② 비래물　③ 기인물　④ 가해물

해설 **기인물과 가해물**

① 기인물 : 재해 발생의 주원인이며 재해를 가져오게 한 근원이 되는 기계, 장치, 물(物) 또는 환경등 (불안전상태)
② 가해물 : 직접 사람에게 접촉하여 피해를 주는 기계, 장치, 물(物) 또는 환경 등

16

산업재해보상보험법에 따른 산업재해로 인한 보상비가 아닌 것은?

① 교통비　② 장례비　③ 휴업급여　④ 유족급여

해설 **산업재해로 인한 보상비**

요양급여, 휴업급여, 장해급여, 간병급여, 유족급여, 직업재활급여, 장례비 등

정답 12 ③ 13 ④ 14 ② 15 ④ 16 ①

17

기업 내 교육방법 중 작업의 개선 방법 및 사람을 다루는 방법, 작업을 가르치는 방법 등을 주된 교육내용으로 하는 것은?

① CCS(Civil Comminication Section)
② MTP(Management Training Program)
③ TWI(Traning Within Industry)
④ ATT(American Telephone & Telegram Co)

해설 **TWI(관리감독자 교육) 교육과정**

① Job Method Training(J. M. T) : 작업방법훈련(작업개선법)
② Job Instruction Training(J. I. T) : 작업지도훈련(작업지도법)
③ Job Relations Training(J. R. T) : 인간관계훈련(부하통솔법)
④ Job Safety Training(J. S. T) : 작업안전훈련(안전관리법)

18

다음 중 교육의 3요소에 해당되지 않는 것은?

① 교육의 주체 ② 교육의 기간
③ 교육의 매개체 ④ 교육의 객채

해설 **교육의 3대 요소**

① 교육의 주체 : 강사
② 교육의 객체 : 학습자, 수강자(교육대상)
③ 교육의 매개체 : 교재(교육내용)

19

산업안전보건법령에 따른 최소 상시 근로자 50명 이상 규모에 산업안전보건위원회를 설치·운영하여야 할 사업의 종류가 아닌 것은?

① 토사석 광업 ② 1차 금속 제조업
③ 자동차 및 트레일러 제조업 ④ 정보서비스업

해설 **상시근로자 50명이상 규모 대상사업**

① 토사석 광업
② 목재 및 나무제품 제조업 ; 가구 제외
③ 화학물질 및 화학제품 제조업 ; 의약품 제외
④ 비금속 광물제품 제조업
⑤ 1차 금속 제조업
⑥ 금속가공제품 제조업 ; 기계 및 가구 제외
⑦ 자동차 및 트레일러 제조업
⑧ 기타 및 장비 제조업
⑨ 기타 운송장비 제조업

20

위험예지훈련의 방법으로 적절하지 않은 것은?

① 반복 훈련한다.
② 사전에 준비한다.
③ 자신의 작업으로 실시한다.
④ 단위 인원수를 많게 한다.

해설 **위험 예지 훈련의 진행**

직장이나 작업상황 속의 잠재위험요인을 → 상황을 묘사한 도해나 현물을 이용 → 직접재현 해 봄으로서 → 직장 소집단 별로 생각하고 토론하여 합의 한 뒤 → 위험 포인트나 주된 실시 항목을 지적 확인하여 → 행동하기 전에 위험요인을 제거하고 해결하는 훈련 → 이것을 습관화하기 위해 매일 실시

정답 17 ③ 18 ② 19 ④ 20 ④

2과목 인간공학 및 시스템 안전공학

21

체계 설계 과정 중 기본설계 단계의 주요활동으로 볼 수 없는 것은?

① 작업설계　② 체계의 정의
③ 기능의 할당　④ 인간 성능 요건 명세

해설 기본 설계

① 기능할당(인간, 하드웨어, 소프트웨어)
② 인간 성능 요건 명세
③ 직무분석(job analysis)
④ 작업설계(인간의 가치기준)시 고려할 사항

22

정보입력에 사용되는 표시장치 중 청각장치보다 시각장치를 사용하는 것이 더 유리한 경우는?

① 정보의 내용이 긴 경우
② 수신자가 직무상 자주 이동하는 경우
③ 정보의 내용이 즉각적인 행동을 요구하는 경우
④ 정보를 나중에 다시 확인하지 않아도 되는 경우

해설 청각장치와 시각장치의 비교

청각장치 사용	시각장치 사용
① 전언이 간단하다 ② 전언이 짧다 ③ 전언이 후에 재참조되지 않는다. ④ 전언이 시간적 사상을 다룬다 ⑤ 전언이 즉각적인 행동을 요구한다(긴급할 때) ⑥ 수신장소가 너무 밝거나 암조응 유지가 필요시 ⑦ 직무상 수신자가 자주 움직일 때	① 전언이 복잡하다 ② 전언이 길다 ③ 전언이 후에 재참조된다. ④ 전언이 공간적인 위치를 다룬다. ⑤ 전언이 즉각적인 행동을 요구하지 않는다. ⑥ 수신장소가 너무 시끄러울 때 ⑦ 직무상 수신자가 한곳에 머물 때

23

FTA 도표에서 사용하는 논리기호 중 기본사상을 나타내는 기호는?

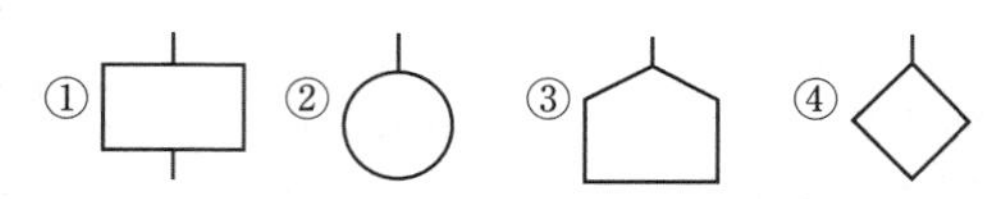

해설 논리기호 및 사상기호

번호	기호	명칭	설명
1		결함사상 (사상기호)	개별적인 결함사상
2		기본사상 (사상기호)	더 이상 전개되지 않는 기본인 사상 또는 발생 확률이 단독으로 얻어지는 낮은 레벨의 기본적인 사상
3		생략사상 (최후사상)	정보부족 해석기술의 불충분 등으로 더 이상 전개할 수 없는 사상. 작업진행에 따라 해석이 가능할 때는 다시 속행한다.
4		통상사상 (사상기호)	통상발생이 예상되는 사상(예상되는 원인)

24

조도가 250럭스인 책상 위에 짙은 색 종이 A와 B가 있다. 종이 A의 반사율은 20%이고, 종이 B의 반사율은 15%이다. 종이 A에는 반사율 80%의 색으로, 종이 B에는 반사율 60%의 색으로 같은 글자를 각각 썼을 때의 설명으로 맞는 것은? (단, 두 글자의 크기, 색, 재질 등은 동일하다.)

① 두 종이에 쓴 글자는 동일한 수준으로 보인다.
② 어느 종이에 쓰인 글자가 더 잘 보이는지 알 수 없다.
③ A 종이에 쓴 글자가 B 종이에 쓴 글자보다 눈에 더 잘 보인다.
④ B 종이에 쓴 글자가 A 종이에 쓴 글자보다 더 잘 보인다.

해설 대비

① 대비(%)$=\dfrac{\text{배경의광도}(L_b)-\text{표적의광도}(L_t)}{\text{배경의광도}(L_b)}\times 100$

② A종이의 대비$=\dfrac{20-80}{20}\times 100=-300\%$

③ B종이의 대비$=\dfrac{15-60}{15}\times 100=-300\%$

④ 대비값이 같으므로 두 종이에 쓴 글자는 동일한 수준으로 보인다.

정답 21 ② 22 ① 23 ② 24 ①

25

검사공정의 작업자가 제품의 완성도에 대한 검사를 하고 있다. 어느 날 10,000개의 제품에 대한 검사를 실시하여 200개의 부적합품을 발견하였으나, 이 로트에는 실제로 500개의 부적합품이 있었다. 이때 인간과오 확률(Human Error Probability)은 얼마인가?

① 0.02　② 0.03　③ 0.04　④ 0.05

해설　휴먼에러확률(HEP)

$$HEP = \frac{\text{인간오류의 수}}{\text{전체오류발생 기회의수}} = \frac{300}{10,000} = 0.03$$

26

제품의 설계단계에서 고유 신뢰성을 증대시키기 위하여 일반적으로 많이 사용되는 방법이 아닌 것은?

① 병렬 및 대기 리던던시의 활용
② 부품과 조립품의 단순화 및 표준화
③ 제조부문과 납품업자에 대한 부품규격의 명세제시
④ 부품의 전기적, 기계적, 열적 및 기타 작동조건의 경감

해설　고유 신뢰성 설계기술(신뢰성 증가방법)

① 리던던시 설계(중복설계)
② 디레이팅(표준부품이 제품의 구성부품으로 사용될 경우 부하의 정격값에 여유를 두는 설계)
③ 부품의 단순화와 표준화
④ 최적재료의 선정
⑤ 내환경성 설계
⑥ 인간공학적 설계와 보전성 설계(Fail safe와 Fool proof)

27

작업장의 실효온도에 영향을 주는 인자 중 가장 관계가 먼 것은?

① 온도　② 체온　③ 습도　④ 공기유동

해설　실효온도[체감온도, 감각온도(Effective Temperature)]

① 영향인자 : ㉠ 온도　㉡ 습도　㉢ 공기의 유동(기류)
② ET는 영향인자들이 인체에 미치는 열효과를 하나의 수치로 통합한 경험적 감각지수

28

인간 – 기계 시스템에 관련된 정의로 틀린 것은?

① 시스템이란 전체 목표를 달성하기 위한 유기적인 결합체이다.
② 인간 - 기계 시스템이란 인간과 물리적 요소가 주어진 입력에 대해 원하는 출력을 내도록 결합되어 상호작용하는 집합체이다.
③ 수동 시스템은 입력된 정보를 근거로 자신의 신체적 에너지를 사용하여 수공구나 보조기구에 힘을 가하여 작업을 제어하는 시스템이다.
④ 자동화 시스템은 기계에 의해 동력과 몇몇 다른 기능들이 제공되며, 인간이 원하는 반응을 얻기 위해 기계의 제어장치를 사용하여 제어기능을 수행하는 시스템이다.

해설　자동화 시스템

① 감지, 정보처리 및 의사결정 행동을 포함한 모든 임무 수행(완전하게 프로그램 되어야 함)
② 대부분 폐회로 체계이며, 신뢰성이 완전하지 못하여 감시, 경계, 프로그램 작성 및 수정, 계획수립, 정비유지 등의 보전은 인간이 담당

29

통제표시비를 설계할 때 고려해야 할 5가지 요소에 해당하지 않는 것은?

① 공차　② 조작시간　③ 일치성　④ 목측거리

해설　조종 – 반응비율(통제표시비) 설계시 고려사항

계기의 크기	계기의 조절시간이 짧게 소요되는 사이즈 선택, 너무 작으면 오차발생 증대되므로 상대적으로 고려
공차	짧은 주행시간 내에 공차의 인정범위를 초과하지 않는 계기 마련
목측거리	눈의 가시거리가 길면 길수록 조절의 정확도는 감소하며 시간이 증가
조작시간	조작시간의 지연은 직접적으로 조종반응비가 가장 크게 작용(필요할 경우 통제비 감소조치)
방향성	조종기기의 조작방향과 표시기기의 운동방향이 일치하지 않으면 작업자의 혼란초래(조작의 정확성 감소)

정답　25 ②　26 ③　27 ②　28 ④　29 ③

30

결함수 분석(FTA) 결과 다음과 같은 패스셋을 구하였다. X4가 중복사상인 경우 최소 패스셋(Minimal path sets)으로 맞는 것은?

{X2, X3, X4}, {X1, X3, X4}, {X3, X4}

① {X3, X4} ② {X1, X3, X4}
③ {X2, X3, X4} ④ {X2, X3, X4}와 {X3, X4}

해설

최소 패스셋(Minimal path sets)은 중복된 사상과 중복된 것을 제거하면 {X3, X4}가 된다.

31

인간실수의 주원인에 해당하는 것은?

① 기술수준 ② 경험수준
③ 훈련수준 ④ 인간 고유의 변화성

해설

인간은 실수를 일으키는 사고(Accident) 발생의 잠재요인을 내재하고 있으며, 기능적 특성에 해당하는 인간 변화성(Human Variability)으로 인해 실수하는 원인이 되며 산업 재해에 영향을 미치게된다.

32

통신에서 잡음 중의 일부를 제거하기 위해 필터(Filter)를 사용하였다면 어느 것의 성능을 향상시키는 것은?

① 신호의 양립성 ② 신호의 산란성
③ 신호의 표준성 ④ 신호의 검출성

해설 **신호의 검출**

통신계통에서는 잡음중의 일부를 여파해 버림으로 신호의 검출성(detectability)을 높일 수 있다. 이는 여파기(filter)를 사용함으로 신호와 나머지 잡음을 증폭함으로 신호 대 잡음비를 높일 수 있고 따라서 신호를 좀더 쉽게 파악할 수 있다.

33

청각적 자극제시와 이에 대한 음성응답과업에서 갖는 양립성에 해당하는 것은?

① 개념적 양립성 ② 운동 양립성
③ 공간적 양립성 ④ 양식 양립성

해설 **양식 양립성**

음성과업에서는 청각제시와 음성응답, 공간과업에서는 시각제시와 수동응답이 일반적인 연구결과이다.

34

작업공간에서 부품배치의 원칙에 따라 레이아웃을 개선하려 할 때, 부품배치의 원칙에 해당하지 않는 것은?

① 편리성의 원칙 ② 사용 빈도의 원칙
③ 사용 순서의 원칙 ④ 기능별 배치의 원칙

해설 **부품배치의 원칙**

① 중요성의 원칙 ② 사용빈도의 원칙 ③ 기능별 배치의 원칙
④ 사용순서의 원칙

35

시스템에 영향을 미치는 모든 요소의 고장을 형태별로 분석하여 그 영향을 검토하는 분석기법은?

① FTA ② CHECK LIST
③ FMEA ④ DECISION TREE

해설 **고장형과 영향 분석 (Failure Mode and Effect Analysis)**

시스템 안전 분석에 이용되는 전형적인 정성적 귀납적 분석방법으로 시스템에 영향을 미치는 전체요소의 고장을 형별로 분석하여 그 영향을 검토하는 것(각 요소의 1형식 고장이 시스템의 1영향에 대응)

정답 30 ① 31 ④ 32 ④ 33 ④ 34 ① 35 ③

36

시력 손상에 가장 크게 영향을 미치는 전신진동의 주파수는?

① 5Hz 미만　② 5~10Hz
③ 10~25Hz　④ 25Hz 초과

해설 전신진동이 성능에 끼치는 영향

① 진동은 진폭에 비례하여 시력 손상 (10-25Hz의 경우 가장 극심)
② 진동은 진폭에 비례하여 추적능력을 손상(5Hz이하의 낮은 진동수에서 가장 극심)

37

화학 설비의 안전성을 평가하는 방법 5단계 중 제 3단계에 해당하는 것은?

① 안전대책　② 정량적 평가
③ 관계자료 검토　④ 정성적 평가

해설 안전성 평가의 기본원칙(5단계)

① 제1단계 관계자료의 정비검토　② 제2단계 정성적 평가
③ 제3단계 정량적 평가　④ 제4단계 안전대책
⑤ 제5단계 재평가

tip

재평가를 재해 정보에 의한 재평가와 FTA에 의한 재평가로 구분하여 6단계로 분류하기도 함.

38

사후 보전에 필요한 평균 수리시간을 나타내는 것은?

① MDT　② MTTF　③ MTBF　④ MTTR

해설 평균수리시간(mean time to repair : MTTR)

기기 또는 시스템의 장애가 발생한 시점부터 수리가 끝나 가동이 가능하게 된 시점까지의 평균 시간.

$MTTR = \frac{1}{\text{평균수리율}(\mu)}$ 이므로,

$MTTR = \frac{\sum_{i=1}^{n} t_i}{n}$

39

러닝벨트 위를 일정한 속도로 걷는 사람의 배기가스를 5분간 수집한 표본을 가스성분분석기로 조사한 결과, 산소 16%, 이산화탄소 4%로 나타났다. 배기가스 전량을 가스미터에 통과시킨 결과, 배기량이 90리터였다면 분당 산소소비량과 에너지(에너지소비량)는 약 얼마인가?

① 0.95리터/분 - 4.75kcal/분
② 0.96리터/분 - 4.80kcal/분
③ 0.97리터/분 - 4.85kcal/분
④ 0.98리터/분 - 4.90kcal/분

해설 작업시 평균에너지 소비량

① $V1 = \frac{(100-16\%-4\%)}{79} \times 18 = 18.23$

② 산소소비량$=(21\% \times 18.23)-(16\% \times 18)=0.948$

③ 1 liter의 산소소비=5kcal이므로

④ 에너지 가(價)$=5 \times 0.95 = 4.75$kcal/분

40

톱사상 T를 일으키는 컷셋에 해당하는 것은?

① {A}
② {A, B}
③ {A, B, C}
④ {B, C}

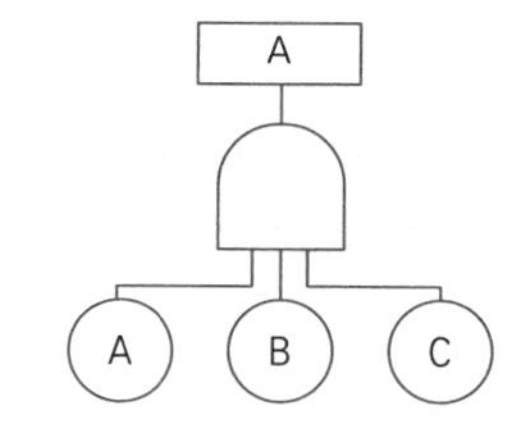

해설 미니멀 컷셋

정상사상을 발생시키는 기본사상의 집합으로 그 안에 포함되는 모든 기본사상이 발생할 때 정상사상을 발생시킬 수 있는 기본사상의 집합을 컷셋이라 하며, 컷셋의 집합중에서 정상사상을 일으키기 위하여 필요한 최소한의 컷셋을 미니멀 컷셋이라 한다.(시스템의 위험성 또는 안전성을 나타냄)

정답 36 ③ 37 ② 38 ④ 39 ① 40 ③

3과목 기계·기구 및 설비 안전관리

41

〈보기〉는 기계설비의 안전화 중 기능의 안전화와 구조의 안전화를 위해 고려해야 할 사항을 열거한 것이다. 〈보기〉 중 기능의 안전화를 위해 고려해야 할 사항에 속하는 것은?

㉠ 재료의 결함	㉡ 가공상의 잘못
㉢ 정전 시의 오동작	㉣ 설계의 잘못

① ㉠ ② ㉡ ③ ㉢ ④ ㉣

해설 기능상의 안전화

(1) 적절한 조치가 필요한 이상상태 : 전압의 강하, 정전시 오동작, 단락스위치나 릴레이 고장시 오동작, 사용압력 고장시 오동작, 밸브계통의 고장에 의한 오동작 등
(2) 소극적 대책 : ① 이상시 기계 급정지 ② 안전 장치 작동
(3) 적극적 대책 : ① 전기회로 개선 오동작 방지
② 정상기능 찾도록 완전한 회로 설계
③ 페일 세이프

42

탁상용 연삭기에서 일반적으로 플랜지의 지름은 숫돌 지름의 얼마 이상이 적정한가?

① $\frac{1}{2}$ ② $\frac{1}{3}$ ③ $\frac{1}{5}$ ④ $\frac{1}{10}$

해설 플랜지의 직경

플랜지의 직경은 숫돌직경의 1/3 이상인 것을 사용하며, 양쪽을 모두 같은 크기로 할 것

43

공작기계인 밀링작업의 안전사항이 아닌 것은?

① 사용 전에는 기계 기구를 점검하고 시운전을 한다.
② 칩을 제거할 때는 칩 브레이커로 제거한다.
③ 회전하는 커터에 손을 대지 않는다.
④ 커터의 제거·설치 시에는 반드시 스위치를 차단하고 한다.

해설 칩 브레이커

길게 형성되는 절삭 칩을 바이트를 사용하여 절단해주는 선반의 방호장치

44

다음 중 욕조 형태를 갖는 일반적인 기계 고장 곡선에서의 기본적인 3가지 고장 유형에 해당하지 않는 것은?

① 피로고장 ② 우발고장
③ 초기고장 ④ 마모고장

해설 기계 고장율의 기본모형

① 초기 고장	감소형(DFR : Decreasing Failure Rate) 디버깅기간, 번인 기간
② 우발 고장	일정형(CFR : Constant Failure Rate) 내용 수명
③ 마모 고장	증가형(IFR : Increasing Failure Rate) 정기진단(검사)

정답 41 ③ 42 ② 43 ② 44 ①

45

산업안전보건법령에 따른 안전난간의 구조 및 설치요건에 대한 설명으로 옳은 것은?

① 상부 난간대, 중간 난간대, 발끝막이판 및 난간기둥으로 구성하여야 한다.
② 발끝막이판은 바닥면 등으로부터 5cm이하의 높이를 유지하여야 한다.
③ 난간대는 지름 1.5cm 이상의 금속제 파이프를 사용하여야 한다.
④ 안전난간은 가장 취약한 지점에서 가장 취약한 방향으로 작용하는 70킬로그램 이상의 하중에 견딜 수 있어야 한다.

해설 **안전난간의 설치기준**

구성	상부난간대·중간난간대·발끝막이판 및 난간기둥으로 구성
상부난간대	바닥면·발판 또는 경사로의 표면으로부터 90센티미터 이상 지점에 설치하고, 상부 난간대를 120센티미터 이하에 설치하는 경우에는 중간 난간대는 상부 난간대와 바닥면 등의 중간에 설치하여야 하며, 120센티미터 이상 지점에 설치하는 경우에는 중간 난간대를 2단 이상으로 균등하게 설치하고 난간의 상하 간격은 60센티미터 이하가 되도록 할 것
발끝막이판	바닥면등으로부터 10센티미터 이상의 높이를 유지할 것
난간대	지름 2.7센티미터 이상의 금속제파이프나 그 이상의 강도가 있는 재료일 것
하중	안전난간은 구조적으로 가장 취약한 지점에서 가장 취약한 방향으로 작용하는 100킬로그램 이상의 하중에 견딜 수 있는 튼튼한 구조일 것

46

보일러의 안전한 가동을 위하여 압력방출장치를 2개 설치한 경우에 작동방법으로 옳은 것은?

① 최고 사용압력 이하에서 2개가 동시 작동
② 최고 사용압력 이하에서 1개가 작동되고 다른 것은 최고 사용압력 1.05배 이하에서 작동
③ 최고 사용압력 이하에서 1개가 작동되고 다른 것은 최고 사용압력 1.1배 이하에서 작동
④ 최고 사용압력의 1.1배 이하에서 2개가 동시 작동

해설 **압력방출장치**

① 보일러 규격에 맞는 압력방출장치를 최고사용압력이하에서 작동되도록 1개 또는 2개 이상 설치
② 2개 이상 설치된 경우 최고사용압력 이하에서 1개가 작동되고, 다른 압력방출장치는 최고사용압력 1.05배 이하에서 작동되도록 부착

47

크레인에서 훅걸이용 와이어로프 등이 훅으로부터 벗겨지는 것을 방지하기 위해 사용하는 방호장치는?

① 덮개 ② 권과방지장치
③ 비상정지장치 ④ 해지장치

해설 **해지장치**

훅 걸이용 와이어로프 등이 훅으로 부터 벗겨지는 것을 방지하기 위한 장치

48

프레스 및 전단기에서 양수조작식 방호장치 누름버튼의 상호 간 최소 내측거리로 옳은 것은?

① 100mm ② 150mm ③ 250mm ④ 300mm

해설 **양수조작식**

① 누름버튼의 상호간 내측거리는 300mm 이상
② 누름버튼(레버 포함)은 매립형의 구조

49

다음 중 드릴링 작업에 있어서 공작물을 고정하는 방법으로 가장 적절하지 않은 것은?

① 작은 공작물은 바이스로 고정한다.
② 작고 길쭉한 공작물은 플라이어로 고정한다.
③ 대량 생산과 정밀도를 요구할 때는 지그로 고정한다.
④ 공작물이 크고 복잡할 때는 볼트와 고정구로 고정한다.

해설 **일감 고정 방법**

① 바이스 – 일감이 작을 때
② 볼트와 고정구 – 일감이 크고 복잡할 때
③ 지그(jig) – 대량생산과 정밀도를 요구할 때

정답 45 ① 46 ② 47 ④ 48 ④ 49 ②

50

이동식 크레인과 관련된 용어의 설명 중 옳지 않는 것은?

① "정격하중"이라 함은 이동식크레인의 지브나 붐의 경사각 및 길이에 따라 부하할 수 있는 최대 하중에서 인양기구(훅, 그래브 등)의 무게를 뺀 하중을 말한다.
② "정격 총하중"이라 함은 최대 하중(붐 길이 및 작업 반경에 따라 결정)과 부가하중(훅과 그 이외의 인양 도구들의 무게)를 합한 하중을 말한다.
③ "작업반경"이라 함은 이동식크레인의 선회 중심선으로부터 훅의 중심선까지의 수평거리를 말하며, 최대 작업반경은 이동식크레인으로 작업이 가능한 최대치를 말한다.
④ "파단하중"이라 함은 줄걸이 용구 1개를 가지고 안전율을 고려하여 수직으로 매달 수 있는 최대 무게를 말한다.

해설

"파단하중"이란 1줄의 와이어로프슬링에 대한 인장시험 시 와이어로프슬링이 파단 될 때까지의 최대하중을 말한다.

51

프레스 금형의 설치 및 조정 시 슬라이드 불시하강을 방지하기 위하여 설치해야 하는 것은?

① 인터록 ② 클러치 ③ 게이트 가드 ④ 안전블록

해설 **안전블록**

프레스 등의 금형을 부착, 해체, 조정작업시 슬라이드의 불시하강 방지를 위해 설치

52

프레스 방호장치 중 가드식 방호장치의 구조 및 선정 조건에 대한 설명으로 옳지 않은 것은?

① 미동(Inching) 행정에서는 작업자 안전을 위해 가드를 개방할 수 없는 구조로 한다.
② 1행정, 1정지 기구를 갖춘 프레스에 사용한다.
③ 가드 폭이 400mm 이하일 때는 가드 측면을 방호하는 가드를 부착하여 사용한다.
④ 가드 높이는 프레스에 부착되는 금형 높이 이상(최소 180mm)으로 한다.

해설 **가드식 방호장치**

미동(Inching) 행정에서는 가드를 개방할 수 있는 것이 작업성에 좋다.

53

다음은 지게차의 헤드가드에 관한 기준이다. ( ) 안에 들어갈 내용으로 옳은 것은?

> 지게차 사용 시 화물 낙하 위험의 방호조치 사항으로 헤드가드를 갖추어야 한다. 그 강도는 지게차 최대하중의 ( ) 값의 등분포정하중(等分布靜荷重)에 견딜 수 있어야 한다. 단, 그 값이 4톤을 넘는 것에 대하여서는 4톤으로 한다.

① 2배 ② 3배 ③ 4배 ④ 5배

해설

강도는 지게차의 최대하중의 2배의 값(그 값이 4톤을 넘는 것에 대하여서는 4톤으로 한다)의 등분포정하중에 견딜 수 있는 것일 것

54

다음 중 보일러의 폭발사고 예방을 위한 장치로 가장 거리가 먼 것은?

① 압력제한 스위치 ② 압력방출장치
③ 고저수위 조정장치 ④ 화염검출기

해설 **보일러 안전장치의 종류**

① 고저 수위 지점을 알리는 경보등·경보음 장치 등을 설치 – 동작 상태 쉽게 감시
② 자동으로 급수 또는 단수 되도록 설치
③ 플로우트식, 전극식, 차압식 등

정답 50 ④ 51 ④ 52 ① 53 ① 54 ③

55

산업안전보건법령상 회전 중인 연삭숫돌 지름이 최소 얼마 이상인 경우로서 근로자에게 위험을 미칠 우려가 있는 경우 해당 부위에 덮개를 설치하여야 하는가?

① 3cm 이상 ② 5cm 이상
③ 10cm 이상 ④ 20cm 이상

해설 **연삭숫돌의 안전기준**

① 덮개의 설치 기준 : 직경이 5cm 이상인 연삭숫돌
② 작업 시작하기 전 1분 이상, 연삭 숫돌을 교체한 후 3분 이상 시운전
③ 연삭숫돌의 최고 사용회전속도 초과 사용금지

56

프레스 작업 시 금형의 파손을 방지하기 위한 조치 내용 중 틀린 것은?

① 금형 맞춤핀은 억지 끼워맞춤으로 한다.
② 쿠션 핀을 사용할 경우에는 상승 시 누름판의 이탈 방지를 위하여 단붙임한 나사로 견고히 조여야 한다.
③ 금형에 사용하는 스프링은 인장형을 사용한다.
④ 스프링 등의 파손에 의해 부품이 비산될 우려가 있는 부분에는 덮개를 설치한다.

해설 **금형의 파손에 따른 위험방지방법**

① 금형의 조립에 이용하는 볼트 및 너트는 스프링워셔, 조립너트 등에 의해 이완방지를 할 것
② 금형은 그 하중중심이 원칙적으로 프레스 기계의 하중중심에 맞는 것으로 할 것
③ 캠 기타 충격이 반복해서 가해지는 부품에는 완충장치를 할 것
④ 금형에서 사용하는 스프링은 압축형으로 할 것
⑤ 스프링의 파손에 의해 부품이 튀어나올 우려가 있는 장소에는 덮개 등을 설치할 것

57

산업용 로봇에 지워지지 않는 방법으로 반드시 표시해야 하는 항목이 있는데 다음 중 이에 속하지 않는 것은?

① 제조자의 이름과 주소, 모델 번호 및 제조일련번호, 제조연월
② 머니퓰레이터 회전반경
③ 중량
④ 이동 및 설치를 위한 인양 지점

해설 **산업용 로봇 표시사항**

① 제조자의 이름과 주소, 모델 번호 및 제조일련번호, 제조연월
② 중량
③ 전기 또는 유·공압시스템에 대한 공급사양
④ 이동 및 설치를 위한 인양 지점
⑤ 부하 능력

58

급정지기구가 있는 1행정 프레스의 광전자식 방호장치에서 광선에 신체의 일부가 감지된 후로부터 급정지 기구의 작동 시까지의 시간이 40ms이고, 급정지기구의 작동 직후로부터 프레스기가 정지될 때까지의 시간이 20ms라면 안전거리는 몇 mm 이상이어야 하는가?

① 60 ② 76 ③ 80 ④ 96

해설 **광전자식 방호장치의 안전거리**

설치거리(mm) $= 1.6(T_l + T_s) = 1.6(40+20) = 96$mm

2018년 3회

정답 55 ② 56 ③ 57 ② 58 ④

59

롤러의 위험점 전방에 개구 간격 16.5mm인 가드를 설치하고자 한다면, 개구부에서 위험점까지의 거리는 몇 mm 이상이어야 하는가? (단, 위험점이 전동체는 아니다.)

① 70 ② 80 ③ 90 ④ 100

해설 **롤러기 가드의 개구부 간격**

① 공식 : ILO 기준(프레스 및 전단기의 작업점이나 롤러기의 맞물림 점)
$Y=6+0.15X$
X : 가드와 위험점간의 거리(안전 거리)[mm] 단, $X<160$
Y : 가드 개구부 간격(안전 거리)[mm] 단, $X\geq160$이면 $Y=30$

② 계산 : 거리$(X)=\frac{16.5-6}{0.15}=70(mm)$

60

산업안전보건법령에 따라 컨베이어의 작업 시작 전 점검 사항 중 틀린 것은?

① 원동기 및 풀리 기능의 이상 유무
② 이탈 등의 방지 장치 기능의 이상 유무
③ 과부하 방지장치 기능의 이상 유무
④ 원동기, 회전축, 기어 및 풀리 등의 덮개 또는 울 등의 이상 유무

해설 **컨베이어의 작업시작 전 점검사항**

① 원동기 및 풀리기능의 이상유무
② 이탈 등의 방지장치기능의 이상유무
③ 비상정지장치 기능의 이상유무
④ 원동기·회전축·기어 및 풀리 등의 덮개 또는 울 등의 이상유무

정답 59 ① 60 ③

4과목 전기 및 화학설비 안전관리

61

작업장에서 꽂음 접속기를 설치 또는 사용하는 때에 작업자의 감전 위험을 방지하기 위하여 필요한 준수사항으로 틀린 것은?

① 서로 다른 전압의 꽂음 접속기는 상호 접속되는 구조의 것을 사용할 것
② 습윤한 장소에 사용되는 꽂음 접속기는 방수형 등 해당 장소에 적합한 것을 사용할 것
③ 꽂음 접속기를 접속시킬 경우 땀 등으로 젖은 손으로 취급하지 않도록 할 것
④ 꽂음 접속기에 잠금장치가 있는 때에는 접속 후 잠그고 사용할 것

해설 **꽂음 접속기의 설치 및 사용 시 준수사항**

① 서로 다른 전압의 꽂음 접속기는 서로 접속되지 아니한 구조의 것을 사용할 것
② 습윤한 장소에 사용되는 꽂음 접속기는 방수형 등 그 장소에 적합한 것을 사용할 것
③ 근로자가 해당 꽂음 접속기를 접속시킬 경우에는 땀 등으로 젖은 손으로 취급하지 않도록 할 것
④ 해당 꽂음 접속기에 잠금장치가 있는 경우에는 접속 후 잠그고 사용할 것

62

전기 기계·기구에 누전에 의한 감전 위험을 방지하기 위하여 설치한 누전차단기에 의한 감전방지의 사항으로 틀린 것은?

① 정격감도전류가 30mA 이하이고 작동시간은 3초 이내일 것
② 분기회로 또는 전기기계·기구마다 누전차단기를 접속할 것
③ 파손이나 감전 사고를 방지할 수 있는 장소에 접속할 것
④ 지락보호전용 기능만 있는 누전차단기는 과전류를 차단하는 퓨즈나 차단기 등과 조합하여 접속할 것

해설 **누전차단기 접속 시 준수사항**

① 전기기계·기구에 접속되어 있는 누전차단기는 정격감도전류가 30밀리암페어 이하이고 작동시간은 0.03초 이내일 것
② 다만, 정격전부하전류가 50암페어 이상인 전기기계·기구에 접속되는 누전차단기는 오작동을 방지하기 위하여 정격감도전류는 200밀리암페어 이하로, 작동시간은 0.1초 이내로 할 수 있다.

63

페인트를 스프레이로 뿌려 도장작업을 하는 작업 중 발생할 수 있는 정전기 대전으로만 이루어 진 것은?

① 유동대전, 충돌대전　　② 유동대전, 마찰대전
③ 분출대전, 충돌대전　　④ 분출대전, 유동대전

해설 **정전기 대전현상**

① 충돌대전 : 분체류와 같은 입자 상호간이나 입자와 고체와의 충돌에 의해 빠른 접촉 또는 분리가 행하여짐으로써 정전기가 발생되는 현상
② 분출대전 : 분체류, 액체류, 기체류가 단면적이 작은 분출구를 통해 공기 중으로 분출될 때 분출하는 물질과 분출구의 마찰로 인해 정전기가 발생되는 현상

정답 61 ① 62 ① 63 ③

64

정전기에 의한 재해 방지대책으로 틀린 것은?

① 대전방지제 등을 사용한다.
② 공기 중의 습기를 제거한다.
③ 금속 등의 도체를 접지시킨다.
④ 배관 내 액체가 흐를 경우 유속을 제한한다.

해설 **정전기 발생 방지책**

① 접지(도체의 대전방지)
② 가습(공기 중의 상대습도를 60~70% 정도 유지)
③ 대전방지제 사용
④ 배관 내에 액체의 유속제한 및 정체시간 확보
⑤ 제전장치(제전기) 사용
⑥ 도전성 재료 사용
⑦ 보호구 착용 등

65

폭발위험장소 중 1종 장소에 해당하는 것은?

① 폭발성 가스 분위기가 연속적, 장기간 또는 빈번하게 존재하는 장소
② 폭발성 가스 분위기가 정상작동 중 주기적 또는 빈번하게 생성되는 장소
③ 폭발성 가스 분위기가 정상작동 중 조성되지 않거나 조성된다 하더라도 짧은 기간에만 존재할 수 있는 장소
④ 전기설비를 제조, 설치 및 사용함에 있어 특별한 주의를 요하는 정도의 폭발성 가스 분위기가 조성될 우려가 없는 장소

해설 **가스폭발위험장소의 위험장소의 분류**

분류	적요	예
0종 장소	인화성 액체의 증기 또는 가연성 가스에 의한 폭발위험이 지속적으로 또는 장기간 존재하는 장소	용기·장치·배관 등의 내부 등(Zone 0)
1종 장소	정상 작동상태에서 인화성 액체의 증기 또는 가연성 가스에 의한 폭발위험분위기가 존재하기 쉬운 장소	맨홀·벤트·피트 등의 주위(Zone 1)
2종 장소	정상작동상태에서 인화성 액체의 증기 또는 가연성 가스에 의한 폭발위험분위기가 존재할 우려가 없으나, 존재할 경우 그 빈도가 아주 적고 단기간만 존재할 수 있는 장소	개스킷·패킹 등의 주위 (Zone 2)

66

누설전류로 인해 화재가 발생될 수 있는 누전화재의 3요소에 해당하지 않는 것은?

① 누전점 ② 인입점 ③ 접지점 ④ 출화점

해설 **전기누전으로 인한 화재의 조사사항**

① 누전점 : 전류가 유입된 것으로 예상되는 곳
② 발화점 : 발화된 곳으로 예상되는 장소
③ 접지점 : 접지의 위치 및 저항값의 적정성

67

전기사용장소 사용전압 440인 저압전로의 전선 상호간 및 전로와 대지 사이의 절연저항은 얼마 이상이어야 하는가?

① 0.1MΩ ② 0.2MΩ ③ 0.3MΩ ④ 0.4MΩ

해설 **저압전로의 절연성능**

전로의 사용전압(V)	DC 시험전압 (V)	절연저항(MΩ 이상)
SELV 및 PELV	250	0.5
FELV, 500V 이하	500	1.0
500V 초과	1,000	1.0

[주] 특별저압(Extra Low Voltage : 2차 전압이 AC 50V, DC 120V 이하)으로 SELV(비접지회로구성) 및 PELV(접지회로 구성)은 1차와 2차가 전기적으로 절연된 회로, FELV는 1차와 2차가 전기적으로 절연되지 않은 회로

tip

본 문제는 2021년 적용되는 법 개정으로 맞지않는 내용입니다. 수정된 해설내용을 참고하세요.

정답 64 ② 65 ② 66 ② 67 ④

68

다음 중 전압의 분류가 잘못된 것은?

① 600V 이하인 교류전압 : 저압
② 750V 이하인 직류전압 : 저압
③ 600V 초과 7kV 이하인 교류전압 : 고압
④ 10kV를 초과하는 직류전압 : 초고압

해설 **전압의 구분**

전원의 종류	저압	고압	특고압
교류[AC]	1,000V 이하	1,000V 초과 7,000V 이하	7,000V 초과
직류[DC]	1,500V 이하	1,500V 초과 7,000V 이하	

tip

본 문제는 2021년 적용되는 법 제정으로 맞지않는 내용입니다. 수정된 해설내용을 참고하세요.

69

방폭구조 중 전폐구조를 하고 있으며, 외부의 폭발성 가스가 내부로 침입하여 내부에서 폭발하더라도 용기는 그 압력에 견디고, 내부의 폭발로 인하여 외부의 폭발성 가스에 착화될 우려가 없도록 만들어진 구조는?

① 안전증방폭구조 ② 본질안전방폭구조
③ 유입방폭구조 ④ 내압방폭구조

해설 **내압 방폭구조(d)**

① 용기내부에서 폭발성 가스 또는 증기가 폭발하였을 때 용기가 그 압력에 견디며 또한 접합면, 개구부 등을 통하여 외부의 폭발성 가스증기에 인화되지 않도록 한 구조
② 전폐형으로 내부에서의 가스등의 폭발압력에 견디고 그 주위의 폭발 분위기하의 가스등에 점화되지 않도록 하는 방폭구조
③ 폭발 후에는 크레아런스가 있어 고온의 가스를 서서히 방출시킴으로 냉각

70

피뢰기의 제한전압이 800kV이고, 충격절연강도가 1,000kV라면, 보호여유도는?

① 12% ② 25% ③ 39% ④ 43%

해설 **피뢰침의 보호 여유도**

$$\text{여유도}(\%)=\frac{1000-800}{800}\times 100=25(\%)$$

71

최소 점화에너지(MIE)와 온도, 압력 관계를 옳게 설명한 것은?

① 압력, 온도에 모두 비례한다.
② 압력, 온도에 모두 반비례한다.
③ 압력에 비례하고, 온도에 반비례한다.
④ 압력에 반비례하고, 온도에 비례한다.

해설 **최소발화에너지(MIE)의 변화 요인**

① 압력이나 온도의 증가에 따라 감소하며, 공기 중에서 보다 산소 중에서 더 감소함
② 분진의 MIE는 일반적으로 가연성가스보다 큰 에너지 준위를 가짐

72

폭발범위가 1.8~8.5vol%인 가스의 위험도를 구하면 얼마인가?

① 0.8 ② 3.7 ③ 5.7 ④ 6.7

해설

$$\text{위험도}(H)=\frac{UFL(\text{연소상한값})-LFL(\text{연소하한값})}{LFL(\text{연소하한값})}$$

$$=\frac{8.5-1.8}{1.8}=3.72$$

73

공정별로 폭발을 분류할 때 물리적 폭발이 아닌 것은?

① 분해폭발 ② 탱크의 감압폭발
③ 수증기 폭발 ④ 고압용기의 폭발

해설

분해폭발은 화학반응이 관여하는 화학적 특성 변화에 의한 화학적 폭발에 해당된다.

정답 68 ④ 69 ④ 70 ② 71 ② 72 ② 73 ①

74

사업주가 금속의 용접·용단 또는 가열에 사용되는 가스 등의 용기를 취급하는 경우에 준수하여야 하는 사항으로 틀린 것은?

① 용기의 온도를 섭씨 40도 이하로 유지할 것
② 전도의 위험이 없도록 할 것
③ 밸브의 개폐는 빠르게 할 것
④ 용해아세틸렌의 용기는 세워 둘 것

해설

밸브의 개폐는 서서히 해야 한다.

75

관로의 크기를 변경하고자 할 때 사용하는 관부속품은?

① 밸브(Valve) ② 엘보(Elbow)
③ 부싱(Bushing) ④ 플랜지(Flange)

해설 **피팅류(Fittings)의 종류**

두 개의 관을 연결할 때	플랜지(flange), 유니온(union), 카플링(coupling), 니플(nipple), 소켓(socket)
관로의 방향을 바꿀 때	엘보우(elbow), Y지관(Y-branch), 티(tee), 십자(cross)
관로의 크기를 바꿀 때	축소관(reducer), 부싱(bushing)

76

산업안전보건기준에 관한 규칙상 ( ) 안에 들어갈 내용으로 알맞은 것은?

> 사업주는 급성 독성물질이 지속적으로 외부에 유출될 수 있는 화학설비 및 그 부속설비에 파열판과 안전밸브를 직렬로 설치하고 그 사이에는 ( )를 설치하여야 한다.

① 온도지시계 또는 과열방지장치
② 압력지시계 또는 자동경보장치
③ 유량지시계 또는 유속지시계
④ 액위지시계 또는 과압방지장치

해설 **안전밸브의 설치방법**

파열판 및 안전밸브의 직렬 설치	급성 독성물질이 지속적으로 외부에 유출될 수 있는 화학설비 및 그 부속설비에 직렬로 설치하고 그 사이에는 압력지시계 또는 자동경보장치 설치
파열판과 안전밸브를 병렬로 반응기 상부에 설치	반응폭주 현상이 발생했을 때 반응기내부 과압을 분출하고자 할 경우

77

다음 물질 중 가연성 가스가 아닌 것은?

① 수소 ② 메탄 ③ 프로판 ④ 염소

해설

수소, 아세틸렌, 에틸렌, 메탄, 에탄, 프로판, 부탄 등은 인화성(가연성) 가스에 해당되며, 염소가스는 독성가스에 해당된다.

78

산업안전보건기준에 관한 규칙에서 정한 위험물질의 종류에서 인화성 액체에 해당하지 않는 것은?

① 적린 ② 에틸에테르
③ 산화프로필렌 ④ 아세톤

해설

에틸에테르, 산화프로필렌, 아세톤은 인화성 액체이며, 적린은 칼륨, 나트륨 등과 함께 인화성 고체에 해당되는 위험물

정답 74 ③ 75 ③ 76 ② 77 ④ 78 ①

79

산업안전보건법령상 공정안전보고서의 내용 중 공정안전자료에 포함되지 않는 것은?

① 유해·위험설비의 목록 및 사양
② 폭발위험장소 구분도 및 전기단선도
③ 안전운전지침서
④ 각종 건물·설비의 배치도

해설 **공정안전자료의 세부내용**

① 취급·저장하고 있거나 취급·저장하고자 하는 유해·위험물질의 종류 및 수량
② 유해·위험물질에 대한 물질안전보건자료
③ 유해하거나 위험한 설비의 목록 및 사양
④ 유해하거나 위험한 설비의 운전방법을 알 수 있는 공정도면
⑤ 각종 건물·설비의 배치도
⑥ 폭발위험장소 구분도 및 전기단선도
⑦ 위험설비의 안전설계·제작 및 설치관련 지침서

80

황린의 저장 및 취급방법으로 옳은 것은?

① 강산화제를 첨가하여 중화된 상태로 저장한다.
② 물속에 저장한다.
③ 자연 발화하므로 건조한 상태로 저장한다.
④ 강알칼리 용액 속에 저장한다.

해설

자연 발화성 물질인 황린(P_4)은 물에 녹지 않으므로 pH9 정도의 물속에 저장

5과목 건설공사 안전관리

81

콘크리트 타설 시 거푸집의 측압에 영향을 미치는 인자들에 관한 설명으로 옳지 않은 것은?

① 슬럼프가 클수록 측압은 크다.
② 거푸집의 강성이 클수록 측압은 크다.
③ 철근량이 많을수록 측압은 작다.
④ 타설 속도가 느릴수록 측압은 크다.

해설 **측압이 커지는 조건**

① 타설 속도가 빠를수록
② 콘크리트 슬럼프치가 클수록
③ 다짐이 충분할수록
④ 철골, 철근량이 적을수록
⑤ 콘크리트 시공연도가 좋을수록
⑥ 외기의 온도가 낮을수록 등

82

굴착면의 기울기 기준으로 옳지 않은 것은?

① 풍화암 - 1 : 1.0
② 경암 - 1 : 0.5
③ 연암 - 1 : 0.3
④ 모래 - 1 : 1.8

해설 **굴착면 기울기 기준**

지반의 종류	모래	연암 및 풍화암	경암	그 밖의 흙
굴착면의 기울기	1 :1.8	1 : 1.0	1 : 0.5	1 : 1.2

tip
2023년 법령개정. 문제와 해설은 개정된 내용 적용

정답 79 ③ 80 ② 81 ④ 82 ③

83

차량계 하역운반기계의 운전자가 운전위치를 이탈하는 경우의 조치사항으로 부적절한 것은?

① 포크 및 버킷을 가장 높은 위치에 두어 근로자 통행을 방해하지 않도록 하였다.
② 원동기를 정지시키고 브레이크를 걸었다.
③ 시동키를 운전대에서 분리시켰다.
④ 경사지에서 갑작스런 주행이 되지 않도록 하였다.

해설 **운전위치 이탈시의 조치**

① 포크, 버킷, 디퍼 등의 장치를 가장 낮은 위치 또는 지면에 내려둘 것
② 원동기를 정지시키고 브레이크를 확실히 거는 등 차량계 하역운반 기계등, 차량계 건설기계의 갑작스러운 이동을 방지하기 위한 조치를 할 것
③ 운전석을 이탈하는 경우에는 시동키를 운전대에서 분리시킬 것

84

작업으로 인하여 물체가 떨어지거나 날아올 위험이 있는 경우에 조치 및 준수하여야 할 사항으로 옳지 않은 것은?

① 낙하물 방지망, 수직보호망 또는 방호선반 등을 설치한다.
② 낙하물 방지망의 내민 길이는 벽면으로부터 2m 이상으로 한다.
③ 낙하물 방지망의 수평면과의 각도는 20° 이상 30° 이하를 유지한다.
④ 낙하물 방지망의 높이는 15m 이내마다 설치한다.

해설 **낙하물방지망 또는 방호선반 설치시 준수사항**

① 설치높이는 10m 이내마다 설치하고, 내민 길이는 벽면으로부터 2m 이상으로 할 것
② 수평면과의 각도는 20도 이상 30도 이하를 유지할 것

85

건설업 산업안전보건관리비 항목으로 사용가능한 내역은?

① 경비원, 청소원 및 폐자재처리원의 인건비
② 외부인 출입금지, 공사장 경계표시를 위한 가설울타리 설치 및 해체비용
③ 원활한 공사수행을 위하여 사업장 주변 교통정리를 하는 신호자의 인건비
④ 해열제, 소화제 등 구급약품 및 구급용구 등의 구입비용

해설

법에서 규정하거나 그에 준하여 필요로 하는 각종 근로자의 건강관리에 소요되는 비용 및 작업의 특성에 따라 근로자 건강보호를 위해 소요되는 비용은 근로자의 건강관리비 등에 해당하는 산업안전보건관리비로 사용가능하다.

86

산업안전보건법령에 따라 안전관리자와 보건관리자의 직무를 분류할 때 안전관리자의 직무에 해당되지 않는 것은?

① 산업재해에 관한 통계의 유지·관리·분석을 위한 보좌 및 조언·지도
② 산업재해 발생의 원인 조사·분석 및 재발방지를 위한 기술적 보좌 및 조언·지도
③ 해당 사업장 안전교육계획의 수립 및 안전교육 실시에 관한 보좌 및 조언·지도
④ 국소 배기장치 등에 관한 설비의 점검과 작업방법의 공학적 개선에 관한 보좌 및 조언·지도

해설

작업장 내에서 사용되는 전체 환기 장치 및 국소 배기장치 등에 관한 설비의 점검과 작업방법의 공학적 개선에 관한 보좌 및 조언·지도는 보건관리자의 업무에 해당되는 내용

정답 83 ① 84 ④ 85 ④ 86 ④

87

추락에 의한 위험방지를 위해 해당 장소에서 조치해야 할 사항과 거리가 먼 것은?

① 추락방호망 설치 ② 안전난간 설치
③ 덮개 설치 ④ 투하설비 설치

해설 **물체낙하에 의한 위험방지**

① 대상 : 높이 3m 이상인 장소에서 물체 투하시
② 조치사항 : ㉠ 투하설비설치 ㉡ 감시인배치

88

산업안전보건법령에서는 터널건설작업을 하는 경우에 해당 터널 내부의 화기와 아크를 사용하는 장소에는 필히 무엇을 설치하도록 규정하고 있는가?

① 소화설비 ② 대피설비
③ 충전설비 ④ 차단설비

해설

사업주는 터널건설작업을 하는 경우에는 해당 터널 내부의 화기나 아크를 사용하는 장소 또는 배전반, 변압기, 차단기 등을 설치하는 장소에 소화설비를 설치하여야 한다.

89

항타기 또는 항발기의 권상용 와이어로프의 안전계수 기준으로 옳은 것은?

① 3 이상 ② 5 이상 ③ 8 이상 ④ 10 이상

해설 **권상용 와이어로프의 안전계수**

항타기 또는 항발기의 권상용 와이어로프의 안전계수는 5 이상

90

높이 2m를 초과하는 말비계를 조립하여 사용하는 경우 작업발판의 최소 폭 기준으로 옳은 것은?

① 20cm 이상 ② 30cm 이상
③ 40cm 이상 ④ 50cm 이상

해설 **말비계의 조립시 준수사항**

① 지주부재의 하단에는 미끄럼 방지장치를 하고, 양측 끝부분에 올라서서 작업하지 아니하도록 할 것
② 지주부재와 수평면과의 기울기를 75도 이하로 하고, 지주부재와 지주부재 사이를 고정시키는 보조부재를 설치할 것
③ 말비계의 높이가 2미터를 초과할 경우에는 작업발판의 폭을 40cm 이상으로 할 것

91

산업안전보건법령에 따른 가설통로의 구조에 관한 설치 기준으로 옳지 않은 것은?

① 경사가 25°를 초과하는 경우에는 미끄러지지 아니하는 구조로 할 것
② 경사는 30° 이하로 할 것
③ 수직갱에 가설된 통로의 길이가 15m 이상인 경우에는 10m 이내마다 계단참을 설치할 것
④ 건설공사에 사용하는 높이 8m 이상인 비계다리에는 7m 이내마다 계단참을 설치할 것

해설

경사가 15도를 초과하는 경우에는 미끄러지지 아니하는 구조로 할 것

92

비탈면 붕괴를 방지하기 위한 방법으로 옳지 않은 것은?

① 비탈면 상부의 토사 제거
② 지하 배수공 시공
③ 비탈면 하부의 성토
④ 비탈면 내부 수압의 증가 유도

해설 **붕괴 예방대책**

① 적절한 경사면 기울기 계획
② 지표수 또는 지하수위의 관리를 위한 표면 배수공 및 수평배수공 설치
③ 비탈면 상부의 토사(활동성 토석)의 제거 및 하단 성토
④ 경사면 하단부 : 압성토 등 보강공법으로 활동에 대한 저항대책 강구 등

정답 87 ④ 88 ① 89 ② 90 ③ 91 ① 92 ④

93

철골 작업 시 위험방지를 위하여 철골 작업을 중지하여야 하는 기준으로 옳은 것은?

① 강설량이 시간당 1mm 이상인 경우
② 강우량이 시간당 1mm 이상인 경우
③ 풍속이 초당 20m 이상인 경우
④ 풍속이 시간당 200m 이상인 경우

해설 **철골작업 안전기준(작업의 제한)**

① 풍속 : 초당 10m 이상인 경우
② 강우량 : 시간당 1mm 이상인 경우
③ 강설량 : 시간당 1cm 이상인 경우

94

발파작업에 종사하는 근로자가 준수해야 할 사항으로 옳지 않은 것은?

① 얼어 붙은 다이너마이트는 화기에 접근시키거나 그 밖의 고열물에 직접 접촉시키는 등 위험한 방법으로 융해되지 않도록 할 것
② 발파공의 충진재료는 점토·모래 등의 사용을 금할 것
③ 장전구(裝塡具)는 마찰·충격·정전기 등에 의한 폭발의 위험이 없는 안전한 것을 사용할 것
④ 전기뇌관에 의한 발파의 경우 점화하기 전에 화약류를 장전한 장소로부터 30m 이상 떨어진 안전한 장소에서 전선에 대하여 저항측정 및 도통(導通)시험을 할 것

해설

발파공의 충진재료는 점토·모래등 발화성 또는 인화성의 위험이 없는 재료를 사용할 것

95

유해·위험 방지계획서 작성 대상 공사의 기준으로 옳지 않은 것은?

① 지상높이 31m 이상인 건축물 공사
② 저수용량 1천만 톤 이상인 용수 전용 댐
③ 최대 지간길이 50m 이상인 교량 건설 등 공사
④ 깊이 10m 이상인 굴착공사

해설

다목적댐·발전용댐 및 저수용량 2천만톤 이상의 용수전용댐·지방상수도 전용댐 건설 등의 공사

96

앞쪽에 한 개의 조향륜 롤러와 뒤축에 두 개의 롤러가 배치된 것으로(2축 3륜), 하층 노반다지기, 아스팔트 포장에 주로 쓰이는 장비의 이름은?

① 머캐덤 롤러
② 탬핑 롤러
③ 페이 로더
④ 래머

해설

머캐덤 롤러(MacadamRoller)는 3륜으로 구성, 쇄석기층 및 자갈층 다짐에 효과적

97

거푸집 동바리에 작용하는 횡하중이 아닌 것은?

① 콘크리트 측압
② 풍하중
③ 자중
④ 지진하중

해설 **거푸집 동바리의 하중**

① 연직방향하중 : 거푸집, 동바리, 콘크리트, 철근, 작업원, 타설용 기계기구, 가설설비 등의 중량(자중) 및 충격하중
② 횡방향 하중 : 작업할때의 진동, 충격, 시공차 등에 기인되는 횡방향 하중 이외에 필요에 따라 풍압, 유수압, 지진 등

정답 93 ② 94 ② 95 ② 96 ① 97 ③

98

점토공사 중 발생하는 비탈면 붕괴의 원인과 거리가 먼 것은?

① 함수비 고정으로 인한 균일한 흙의 단위중량
② 건조로 인하여 점성토의 점착력 상실
③ 점성토의 수축이나 팽창으로 균열 발생
④ 공사진행으로 비탈면의 높이와 기울기 증가

해설

함수비 고정으로 인한 균일한 흙의 단위중량은 붕괴위험이 감소한다.

99

달비계의 최대 적재하중을 정하는 경우 달기 와이어로프의 최대하중이 50kg일 때 안전계수에 의한 와이어로프의 절단하중은 얼마인가?

① 1,000kg ② 700kg ③ 500kg ④ 300kg

해설 **와이어로프의 절단하중**

① 안전계수 $= \dfrac{\text{절단하중}}{\text{최대하중}}$

② 달기와이어로프의 안전계수는 10이므로
절단하중=최대하중 × 안전계수 = 50kg × 10 = 500kg

100

안전난간의 구조 및 설치요건과 관련하여 발끝막이판은 바닥면으로부터 얼마 이상의 높이를 유지하여야 하는가?

① 10cm 이상 ② 15cm 이상
③ 20cm 이상 ④ 30cm 이상

해설 **발끝막이판(폭목)**

바닥면등으로부터 10센티미터 이상의 높이를 유지할 것

정답 98 ① 99 ③ 100 ①

2019년 3월 3일

산업안전산업기사 기출문제

1과목 산업재해 예방 및 안전보건교육

01

다음 중 스트레스(Stress)에 관한 설명으로 가장 적절한 것은?

① 스트레스는 나쁜 일에서만 발생한다.
② 스트레스는 부정적인 측면만 가지고 있다.
③ 스트레스는 직무몰입과 생산성 감소의 직접적인 원인이 된다.
④ 스트레스 상황에 직면하는 기회가 많을수록 스트레스 발생 가능성은 낮아진다.

해설 산업스트레스의 요인

① 직무특성 : 작업속도, 근무시간, 업무의 반복성, 복잡성, 위험성, 단조로움 등
② 스트레스는 신체적, 정신적 건강 분만 아니라 결근, 전직, 직무불만족, 직무 성과와도 관련되어 직무몰입 및 생산성 감소 등의 부정적인 반응을 초래

02

누전차단장치 등과 같은 안전장치를 정해진 순서에 따라 작동시키고 동작상황의 양부를 확인하는 점검은?

① 외관점검　② 작동점검
③ 기술점검　④ 종합점검

해설 안전점검(점검방법에 의한)

외관점검 (육안 검사)	기기의 적정한 배치, 부착상태, 변형, 균열, 손상, 부식, 마모, 볼트의 풀림 등의 유무를 외관의 감각기관인 시각 및 촉감 등으로 조사하고 점검기준에 의해 양부를 확인
기능점검	간단한 조작을 행하여 봄으로 대상기기에 대한 기능의 양부확인
작동점검	방호장치나 누전차단기 등을 정하여진 순서에 의해 작동시켜 그 결과를 관찰하여 상황의 양부 확인
종합점검	정해진 기준에 따라서 측정검사를 실시하고 정해진 조건 하에서 운전시험을 실시하여 기계설비의 종합적인 기능 판단

03

재해사례연구에 관한 설명으로 틀린 것은?

① 재해 사례 연구는 주관적이며 정확성이 있어야 한다.
② 문제점과 재해요인의 분석은 과학적이고, 신뢰성이 있어야 한다.
③ 재해 사례를 과제로 하여 그 사고와 배경을 체계적으로 파악한다.
④ 재해요인을 규명하여 분석하고 그에 대한 대책을 세운다.

해설

주관적이 아니라 객관적이어야 하며, 육하원칙에 의해 표현한다.

04

객관적인 위험을 자기 나름대로 판정해서 의지결정을 하고 행동에 옮기는 인간의 심리특성은?

① 세이프 테이킹(safe taking)
② 액션 테이킹(action taking)
③ 리스크 테이킹(risk taking)
④ 휴먼 테이킹(human taking)

해설 리스크 테이킹(risk taking)

① 객관적인 위험을 자기 편리한 대로 판단하여 의지결정을 하고 행동에 옮기는 현상
② 안전태도가 양호한 자는 risk taking 정도가 적다.
③ 안전태도 수준이 같은 경우 작업의 달성 동기, 성격, 일의 능률, 적성 배치, 심리상태 등 각종요인의 영향으로 risk taking의 정도는 변한다.

정답 1③ 2② 3① 4③

05

안전교육의 3단계에서 생활지도, 작업동작지도 등을 통한 안전의 습관화를 위한 교육은?

① 지식교육　② 기능교육
③ 태도교육　④ 인성교육

해설 **태도교육의 특징**

① 생활지도, 작업동작지도, 안전의 습관화 및 일체감
② 자아실현욕구의 충족기회 제공
③ 상사와 부하의 목표설정을 위한 대화(대인관계)
④ 작업자의 능력을 약간 초월하는 구체적이고 정량적인 목표설정
⑤ 신규 채용 시에도 태도교육에 중점

06

모랄 서베이(Morale Survey)의 효용이 아닌 것은?

① 조직 또는 구성원의 성과를 비교·분석한다.
② 종업원의 정화(Catharsis)작용을 촉진시킨다.
③ 경영관리를 개선하는 데에 대한 자료를 얻는다.
④ 근로자의 심리 또는 욕구를 파악하여 불만을 해소하고, 노동의욕을 높인다.

해설 **모랄 서베이의 기대효과**

① 경영관리 개선의 자료수집
② 근로자의 심리, 욕구파악 → 불만해소 → 근로의욕향상
③ 근로자의 정화작용 촉진

07

산업안전보건법상 안전·보건 표지에서 기본모형의 색상이 빨강이 아닌 것은?

① 산화성물질 경고　② 화기금지
③ 탑승금지　④ 고온 경고

해설 **안전표지의 색채 및 색도기준**

색채	색도기준	용도	형태별 색채기준
빨간색	7.5R /14	금지	바탕은 흰색, 기본모형은 빨간색, 관련 부호 및 그림은 검은색
		경고	바탕은 노란색, 기본모형·관련부호 및 그림은 검은색 (주1)
노란색	5Y 8.5/12	경고	
파란색	2.5PB 4/10	지시	바탕은 파란색, 관련 그림은 흰색
녹색	2.5G /10	안내	바탕은 흰색, 기본모형 및 관련부호는 녹색, 바탕은 녹색, 관련부호 및 그림은 흰색

tip
고온경고는 바탕은 노란색, 기본모형·관련부호 및 그림은 검은색에 해당된다.

08

인간의 적응기제(適應機制)에 포함되지 않는 것은?

① 갈등(conflict)　② 억압(repression)
③ 공격(aggression)　④ 합리화(rationalization)

해설 **대표적인 적응의 기제**

① 억압 : 현실적으로 받아들이기 곤란한 충동이나 욕망 등(사회적으로 승인되지 않는 성적욕구나 공격적인 욕구 등)을 무의식적으로 억누르는 기제(예 : 근친상간)
② 반동 형성 : 억압된 욕구나 충동에 대처하기 위해 정반대의 행동을 하는 기제
③ 공격 : 욕구를 저지하거나 방해하는 장애물에 대하여 공격(욕설, 비난, 야유 등)
④ 합리화 : 자신이 무의식적으로 저지른 일관성 있는 행동에 대해 그럴듯한 이유를 붙여 설명하는 일종의 자기변명으로 자신의 행동을 정당화하여 자신이 받을 수 있는 상처를 완화시킴
⑤ 투사 : 받아들일 수 없는 충동이나 욕망 또는 실패 등을 타인의 탓으로 돌리는 행위

정답 5③ 6① 7④ 8①

09

OJT(On the Job Training)의 특징이 아닌 것은?

① 훈련에 필요한 업무의 계속성이 끊어지지 않는다.
② 교육효과가 업무에 신속히 반영된다.
③ 다수의 근로자들을 대상으로 동시에 조직적 훈련이 가능하다.
④ 개개인에게 적절한 지도훈련이 가능하다.

해설 OJT의 특징

① 직장의 현장실정에 맞는 구체적이고 실질적인 교육이 가능하다.
② 교육의 효과가 업무에 신속하게 반영된다.
③ 교육의 이해도가 빠르고 동기부여가 쉽다.
④ 개인의 능력과 적성에 알맞은 맞춤교육이 가능하다.
⑤ 교육으로 인해 업무가 중단되는 업무손실이 적다.

tip
다수의 근로자에게 조직적 훈련을 행하는 것은 현장을 떠난 집체교육(Off.J.T)의 장점이다.

10

하인리히의 재해구성비율에 따라 경상사고가 87건 발생하였다면 무상해 사고는 몇 건이 발생하였겠는가?

① 300건 ② 600건 ③ 900건 ④ 1200건

해설 하인리히의 재해구성비율(1 : 29 : 300)

① 한 사람의 중상자가 발생하면 동일한 원인으로 29명의 경상자가 생기고 부상을 입지 않은 무상해사고가 300번 발생한다는 이론
② 무상해 사고 $= \frac{87}{29} \times 300 = 900$건

11

안전을 위한 동기부여로 틀린 것은?

① 기능을 숙달시킨다.
② 경쟁과 협동을 유도한다.
③ 상벌제도를 합리적으로 시행한다.
④ 안전 목표를 명확히 설정하여 주지시킨다.

해설 동기부여(Motivation)방법

① 안전의 근본이념을 인식시킨다.
② 안전 목표를 명확히 설정한다.
③ 결과의 가치를 알려준다.
④ 상과 벌을 준다.
⑤ 경쟁과 협동을 유도한다.
⑥ 동기 유발의 최적수준을 유지하도록 한다.

12

재해예방의 4원칙에 해당하지 않는 것은?

① 예방 가능의 원칙 ② 손실 우연의 원칙
③ 원인 계기의 원칙 ④ 선취 해결의 원칙

해설 재해예방의 4원칙

① 손실우연의 원칙 ② 예방가능의 원칙 ③ 원인계기의 원칙
④ 대책선정의 원칙

13

산업안전보건법상 직업병 유소견자가 발생하거나 다수 발생할 우려가 있는 경우에 실시하는 건강진단은?

① 특별 건강진단 ② 일반 건강진단
③ 임시 건강진단 ④ 채용 시 건강진단

해설 임시 건강진단

다음에 해당하는 경우 특수건강진단대상유해인자 또는 그 밖의 유해인자에 의한 중독 여부, 질병에 걸렸는지의 여부, 또는 질병의 발생원인 등을 확인하기 위하여 실시하는 진단
① 같은 부서에 근무하는 근로자 또는 같은 유해인자에 노출되는 근로자에게 유사한 질병의 자각 및 타각증상이 발생한 경우
② 직업병유소견자가 발생하거나 여러 명이 발생할 우려가 있는 경우
③ 그 밖에 지방노동관서의 장이 필요하다고 판단하는 경우

정답 09 ③ 10 ③ 11 ① 12 ④ 13 ③

14

재해발생 형태별 분류 중 물건이 주체가 되어 사람이 상해를 입는 경우에 해당되는 것은?

① 추락 ② 전도 ③ 충돌 ④ 낙하·비래

해설 **재해발생 형태별 분류**

① 추락 : 사람이 건축물, 비계, 기계, 사다리, 계단, 경사면, 나무 등에서 떨어지는 것
② 전도 : 사람이 평면상으로 넘어졌을 때를 말함(미끄러짐 포함)
③ 낙하·비례 : 물건이 주체가 되어 사람이 맞은 경우
④ 붕괴·도괴 : 적재물, 비계, 건축물이 무너진 경우
⑤ 협착 : 물건에 끼워진 상태·말려든 상태

15

위험예지훈련 중 TBM(Tool Box Meeting)에 관한 설명으로 틀린 것은?

① 작업 장소에서 원형의 형태를 만들어 실시한다.
② 통상 작업시작 전·후 10분 정도 시간으로 미팅한다.
③ 토의는 다수인(30인)이 함께 수행한다.
④ 근로자 모두가 말하고 스스로 생각하고 "이렇게 하자" 라고 합의한 내용이 되어야 한다.

해설 **T.B.M(Tool Box Meeting)**

(1) 즉시 즉응법이라고도 하며 현장에서 그때그때 주어진 상황에 즉응하여 실시하는 위험예지활동으로 단시간 미팅훈련이다.
(2) 진행과정
① 시기-조회, 오전, 정오, 오후, 작업교체 및 종료 시에 시행한다.
② 10분 정도의 시간으로 10명 이하의 소수인원으로 편성한다. (5~7인 최적인원)
③ 주제를 정해두고 자료를 준비하는 등 리더는 사전에 진행과정에 대해 연구해둔다.

16

하버드 학파의 5단계 교수법에 해당되지 않는 것은?

① 교시(Presentation) ② 연합(Association)
③ 추론(Reasoning) ④ 총괄(Generalization)

해설 **하버드 학파의 5단계 교수법**

준비 → 교시 → 연합 → 총괄 → 응용

tip

추론은 존 듀이(J. Dewey)의 사고과정에 해당되는 내용

17

산업안전보건법령상 특별안전·보건 교육의 대상 작업에 해당하지 않는 것은?

① 석면해체·제거작업
② 밀폐된 장소에서 하는 용접작업
③ 화학설비 취급품의 검수·확인 작업
④ 2m 이상의 콘크리트 인공구조물의 해체 작업

해설

화학설비에 관한 사항으로는 화학설비의 탱크 내 작업, 화학설비 중 반응기, 교반기, 추출기의 사용 및 세척작업 등에 관한 사항이 특별안전·보건 교육의 대상 작업에 해당된다.

18

주의(Attention)의 특징 중 여러 종류의 자극을 자각할 때, 소수의 특정한 것에 한하여 주의가 집중되는 것은?

① 선택성 ② 방향성 ③ 변동성 ④ 검출성

해설 **주의의 특성**

선택성	동시에 두 개 이상의 방향에 집중하지 못하고 소수의 특정한 것에 한하여 선택한다.
변동성	고도의 주의는 장시간 지속할 수 없고 주기적으로 부주의 리듬이 존재한다.
방향성	한 지점에 주의를 집중하면 주변 다른 곳의 주의는 약해진다(주시점만 인지).

19

제조업자는 제조물의 결함으로 인하여 생명·신체 또는 재산에 손해를 입은 자에게 그 손해를 배상하여야 하는데 이를 무엇이라 하는가? (단, 당해 제조물에 대해서만 발생한 손해는 제외한다.)

① 입증 책임 ② 담보 책임
③ 연대 책임 ④ 제조물 책임

해설 **제조물 책임법의 목적**

제조물 결함으로 인한 손해 → 제조업자 등의 손해배상 책임규정 → 피해자 보호 도모 → 국민생활 안전 향상 → 국민경제의 건전한 발전에 기여

정답 14 ④ 15 ③ 16 ③ 17 ③ 18 ① 19 ④

20

방독마스크의 정화통 색상으로 틀린 것은?

① 유기화합물용-갈색 ② 할로겐용-회색
③ 황화수소용-회색 ④ 암모니아용-노란색

해설

암모니아용은 녹색이며, 노란색은 아황산용에 해당된다.

2과목 인간공학 및 시스템 안전공학

21

인간-기계 시스템에서의 신뢰도 유지 방안으로 가장 거리가 먼 것은?

① lock system ② fail-safe system
③ fool-proof system ④ risk assessment system

해설 **Risk Assessment (Safety Assessment)**

손실방지를 위한 관리활동으로 기업경영은 생산 활동을 둘러싸고 있는 모든 Risk를 제거하여 이익을 얻는 것을 말하며 이러한 활동을 Risk Assessment라 한다.

22

작업장에서 구성요소를 배치하는 인간공학적 원칙과 가장 거리가 먼 것은?

① 중요도의 원칙 ② 선입선출의 원칙
③ 기능성의 원칙 ④ 사용빈도의 원칙

해설 **부품배치의 원칙**

① 중요성의 원칙 ② 사용빈도의 원칙 ③ 기능별 배치의 원칙
④ 사용 순서의 원칙

23

다음 중 연마작업장의 가장 소극적인 소음대책은?

① 음향 처리제를 사용할 것
② 방음 보호 용구를 착용할 것
③ 덮개를 씌우거나 창문을 닫을 것
④ 소음원으로부터 적절하게 배치할 것

해설 **소음관리(소음통제 방법)**

①소음원의 제거 - 가장 적극적인 대책 ②소음원의 통제
③소음의 격리 ④차음 장치 및 흡음재 사용
⑤ 음향 처리제 사용 ⑥ 적절한 배치(lay out)

tip

보호구 착용은 가장 소극적인 대책이며 최후의 수단에 해당된다.

정답 20 ④ 21 ④ 22 ② 23 ②

24

통제표시비(control/display ratio)를 설계할 때 고려하는 요소에 관한 설명으로 틀린 것은?

① 통제표시비가 낮다는 것은 민감한 장치라는 것을 의미한다.
② 목시거리(目示距離)가 길면 길수록 조절의 정확도는 떨어진다.
③ 짧은 주행 시간 내에 공차의 인정범위를 초과하지 않는 계기를 마련한다.
④ 계기의 조절시간이 짧게 소요되도록 계기의 크기(size)는 항상 작게 설계한다.

해설

계기의 크기는 계기의 조절시간이 짧게 소요되는 사이즈 선택하되, 너무 작으면 오차발생이 증대되므로 상대적으로 고려하여야한다.

25

전통적인 인간-기계(Man-Machine) 체계의 대표적 유형과 거리가 먼 것은?

① 수동체계 ② 기계화체계
③ 자동체계 ④ 인공지능체계

해설 **인간 기계 시스템의 유형 및 기능**

수동 시스템	인간의 신체적인 힘을 동력원으로 사용하여 작업통제
기계 시스템	반자동시스템, 동력은 기계가 제공, 조정장치를 사용한 통제는 인간이 담당
자동 시스템	감지, 정보처리 및 의사결정 행동을 포함한 모든 임무 수행. 신뢰성이 완전하지 못하여 감시, 프로그램 작성 및 수정 정비 유지 등은 인간이 담당

26

어떤 결함수의 쌍대결함수를 구하고 컷셋을 찾아내어 결함(사고)을 예방할 수 있는 최소의 조합을 의미하는 것은?

① 최대 컷셋 ② 최소 컷셋
③ 최대 패스셋 ④ 최소 패스셋

해설 **미니멀 패스셋**

① 쌍대 FT란 원래 FT의 이론곱은 이론합으로 이론합은 이론곱으로 치환해 모든 사상은 그것들이 일어나지 않는 경우에 대해 생각한 FT이다.
② 쌍대 FT에서 미니멀 컷을 구하면 그것은 원래 FT의 미니멀 패스가 된다.

27

자동차나 항공기의 앞 유리 혹은 차양판 등에 정보를 중첩 투사하는 표시장치는?

① CRT ② LCD ③ HUD ④ LED

해설 **헤드업 표시(HUD : Head-up display)**

정보를 방풍유리나 헬멧의 차양판 등을 통하여 외부와 중첩시켜서 표시하는 장치

28

FT도에 사용되는 기호 중 입력신호가 생긴 후, 일정시간이 지속된 후에 출력이 생기는 것을 나타내는 것은?

① OR 게이트 ② 위험 지속 기호
③ 억제 게이트 ④ 배타적 OR 게이트

해설 **위험지속기호**

입력사상이 생겨 어떤 일정한 시간이 지속했을 때 출력이 발생한다. 만약 지속되지 않으면 출력은 발생하지 않는다.

정답 24 ④ 25 ④ 26 ④ 27 ③ 28 ②

29

동전 던지기에서 앞면이 나올 확률 P(앞)=0.6이고, 뒷면이 나올 확률 P(뒤)=0.4일 때, 앞면과 뒷면이 나올 사건의 정보량을 각각 맞게 나타낸 것은?

① 앞면 : 0.10bit, 뒷면 : 1.00bit
② 앞면 : 0.74bit, 뒷면 : 1.32bit
③ 앞면 : 1.32bit, 뒷면 : 0.74bit
④ 앞면 : 2.00bit, 뒷면 : 1.00bit

해설

정보량(실현확률을 P라고 하면) $H=\log_2\frac{1}{P}$

① 앞면 : $\log_2\frac{1}{0.6}=0.737\text{bit}$

② 뒷면 : $\log_2\frac{1}{0.4}=1.322\text{bit}$

30

다음 그림 중 형상 암호화된 조정장치에서 단회전용 조종 장치로 가장 적절한 것은?

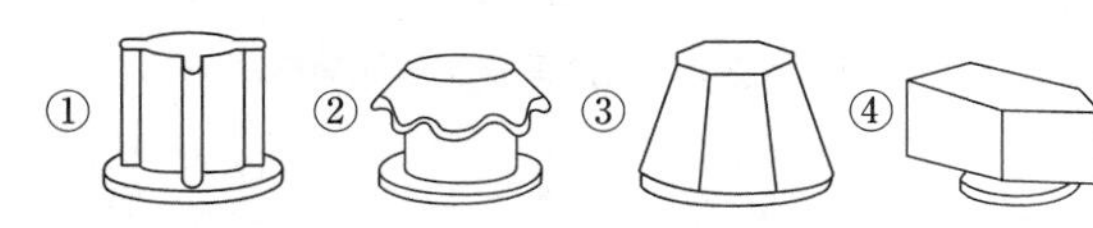

해설 **형상 암호화된 조정장치(만져봐서 식별되는 손잡이)**

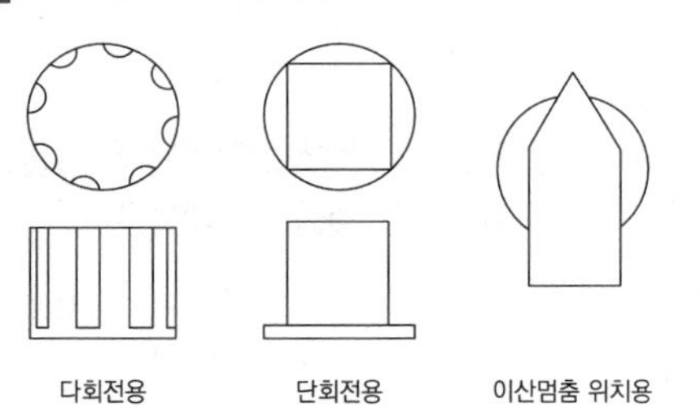

31

다음 FTA 그림에서 a, b, c의 부품 고장률이 각각 0.01일 때, 최소 컷셋(minimal cut sets)과 신뢰도로 옳은 것은?

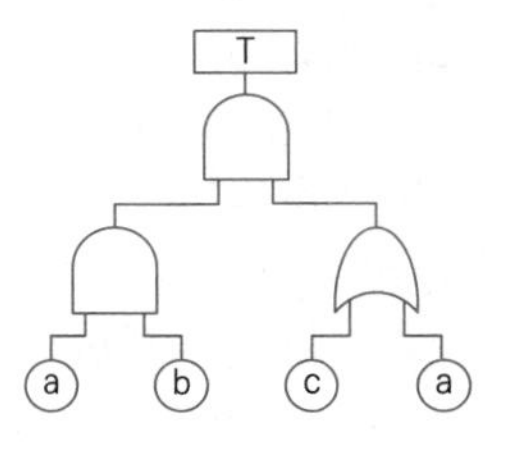

① {a, b}, R(t) = 99.99%
② {a, b, c}, R(t) = 98.99%
③ {a, c} {a, b}, R(t) = 96.99%
④ {a, c} {a, b, c}, R(t) = 96.99%

해설 **최소 컷셋과 신뢰도**

(1) FT도에서 최소 컷셋을 구하면,

T → (a, b, c) (a, b, a) → (a, b)

(2) T의 발생확률 T = (0.01×0.01) = 0.0001
(3) 시스템의 신뢰도는 1 − 0.0001 = 0.9999 = 99.99%

32

화학설비의 안전성 평가 과정에서 제 3단계인 정량적 평가 항목에 해당되는 것은?

① 목록
② 공정계통도
③ 화학설비용량
④ 건조물의 도면

해설 **정량적 평가 항목**

① 각 구성요소의 물질 ② 화학설비의 용량
③ 온도 ④ 압력 ⑤ 조작

33

신뢰성과 보전성을 효과적으로 개선하기 위해 작성하는 보전기록 자료로서 가장 거리가 먼 것은?

① 자재관리표
② MTBF 분석표
③ 설비이력카드
④ 고장 원인 대책표

해설

MTBF분석표, 설비이력카드, 고장원인 대책표 등이 있다.

정답 29 ② 30 ① 31 ① 32 ③ 33 ①

34

체내에서 유기물을 합성하거나 분해하는 데는 반드시 에너지의 전환이 뒤따른다. 이것을 무엇이라 하는가?

① 에너지 변환 ② 에너지 합성
③ 에너지 대사 ④ 에너지 소비

해설 **에너지 대사**

체내에서 유기물을 합성하거나 분해하기 위해서는 반드시 에너지의 전환이 필요한데 이것을 에너지 대사라 하며, 생물체 내에서 일어나고 있는 에너지의 방출, 전환, 저장 및 이용의 모든 과정을 말한다.

35

일반적인 수공구의 설계원칙으로 볼 수 없는 것은?

① 손목을 곧게 유지한다.
② 반복적인 손가락 동작을 피한다.
③ 사용이 용이한 검지만 주로 사용한다.
④ 손잡이는 접촉면적을 가능하면 크게 한다.

해설 **수공구 설계원칙**

① 손목을 곧게 펼 수 있도록 : 손목이 팔과 일직선일 때 가장 이상적
② 손가락으로 지나친 반복 동작을 하지 않도록 : 검지의 지나친 사용은 「방아쇠 손가락」증세 유발
③ 손바닥 면에 압력이 가해지지 않도록(접촉면적을 크게) : 신경과 혈관에 장애(무감각증, 떨림 현상)

36

인간-기계시스템에 대한 평가에서 평가 척도나 기준(criteria)으로서 관심의 대상이 되는 변수는?

① 독립변수 ② 종속변수
③ 확률변수 ④ 통제변수

해설 **연구에 사용되는 변수**

독립변수	관찰하고자 하는 현상의 원인에 해당하는 변수(실험변수)
종속변수	평가척도나 기준으로서 관심의 대상이 되는 변수(기준)
통제변수	종속변수에 영향을 미칠 수 있지만 독립변수에 포함되지 않는 변수

37

암호체계 사용상의 일반적인 지침에 해당하지 않는 것은?

① 암호의 검출성 ② 부호의 양립성
③ 암호의 표준화 ④ 암호의 단일 차원화

해설 **암호체계 사용상의 일반적 지침**

① 암호의 검출성 ② 암호의 변별성
③ 부호의 양립성 ④ 부호의 의미
⑤ 암호의 표준화 ⑥ 다차원 암호의 사용

38

위험조정을 위해 필요한 기술은 조직형태에 따라 다양하며 4가지로 분류하였을 때 이에 속하지 않는 것은?

① 전가(transfer) ② 보류(retention)
③ 계속(continuation) ④ 감축(reducation)

해설 **위험의 처리기술**

① 회피(avoidance) ② 감축(reduction)
③ 보류(retention) ④ 전가(transfer)

39

광원으로부터의 직사 휘광을 줄이기 위한 방법으로 적절하지 않은 것은?

① 휘광원 주위를 어둡게 한다.
② 가리개, 갓, 차양 등을 사용한다.
③ 광원을 시선에서 멀리 위치시킨다.
④ 광원의 수는 늘리고 휘도는 줄인다.

해설 **광원으로부터의 직사휘광 처리**

① 광원의 휘도를 줄이고 수를 늘린다.
② 광원을 시선에서 멀리위치 시킨다.
③ 휘광원 주위를 밝게 하여 광도비를 줄인다.
④ 가리개(shield), 갓(hood), 혹은 차양(visor)을 사용한다

정답 34 ③ 35 ③ 36 ② 37 ④ 38 ③ 39 ①

40

다음의 설명에서 ( ) 안의 내용을 맞게 나열한 것은?

> 40phon은 (㉠)sone을 나타내며, 이는 (㉡) dB의 (㉢)Hz 순음의 크기를 나타낸다.

① ㉠ 1, ㉡ 40, ㉢ 1000
② ㉠ 1, ㉡ 32, ㉢ 1000
③ ㉠ 2, ㉡ 40, ㉢ 2000
④ ㉠ 2, ㉡ 32, ㉢ 2000

해설 Sone에 의한 음량

① 다른 음의 상대적인 주관적 크기 비교
② 40dB의 1000Hz 순음의 크기(=40Phon)를 1sone
③ 기준음보다 10배 크게 들리는 음은 10sone의 음량

3과목 기계·기구 및 설비 안전관리

41

다음과 같은 작업조건일 경우 와이어로프의 안전율은?

> 작업대에서 사용된 와이어로프 1줄의 파단 하중이 100kN, 인양하중이 40kN, 로프의 줄 수가 2줄

① 2 ② 2.5 ③ 4 ④ 5

해설 와이어로프의 안전율

$$\text{안전율}(S)=\frac{\text{로프의 가닥수}(N)\times\text{로프의 파단하중}(P)}{\text{안전하중(최대사용하중, }W)}$$

$$=\frac{2\times 100}{40}=5$$

42

프레스기에 사용하는 양수조작식 방호장치의 일반구조에 관한 설명 중 틀린 것은?

① 1행정 1정지 기구에 사용할 수 있어야 한다.
② 누름버튼을 양 손으로 동시에 조작하지 않으면 작동시킬 수 없는 구조이어야 한다.
③ 양쪽 버튼의 작동시간 차이는 최대 0.5초 이내일 때 프레스가 동작되도록 해야 한다.
④ 방호장치는 사용전원전압의 ±50%의 변동에 대하여 정상적으로 작동되어야 한다.

해설 양수조작식 방호장치

방호장치는 릴레이, 리미트 스위치 등의 전기부품의 고장, 전원전압의 변동 및 정전에 의해 슬라이드가 불시에 동작하지 않아야 하며, 사용전원전압의 ±(100분의 20)의 변동에 대하여 정상으로 작동되어야 한다.

정답 40 ① 41 ④ 42 ④

43

산업안전보건법령에 따라 아세틸렌 발생기실에 설치해야 할 배기통은 얼마 이상의 단면적을 가져야 하는가?

① 바닥면적의 $\frac{1}{16}$
② 바닥면적의 $\frac{1}{20}$
③ 바닥면적의 $\frac{1}{24}$
④ 바닥면적의 $\frac{1}{30}$

해설 **발생기실의 구조**

① 벽은 불연성의 재료로 하고 철근콘크리트 기타 이와 동등 이상의 강도를 가진 구조로 할 것
② 지붕 및 천정에는 얇은 철판이나 가벼운 불연성 재료를 사용할 것
③ 바닥면적의 16분의 1 이상의 단면적을 가진 배기통을 옥상으로 돌출시키고 그 개구부를 창 또는 출입구로부터 1.5m 이상 떨어지도록 할 것
④ 출입구의 문은 불연성 재료로 하고 두께 1.5mm 이상의 철판 기타 이와 동등 이상의 강도를 가진 구조로 할 것
⑤ 벽과 발생기 사이에는 발생기의 조정 또는 카바이드 공급 등의 작업을 방해하지 아니하도록 간격을 확보할 것

44

피복 아크 용접 작업 시 생기는 결함에 대한 설명 중 틀린 것은?

① 스패터(spatter) : 용융된 금속의 작은 입자가 튀어나와 모재에 묻어있는 것
② 언더컷(under cut) : 전류가 과대하고 용접속도가 너무 빠르며, 아크를 짧게 유지하기 어려운 경우 모재 및 용접부의 일부가 녹아서 발생하는 홈 또는 오목하게 생긴 부분
③ 크레이터(crater) : 용착금속 속에 남아있는 가스로 인하여 생긴 구멍
④ 오버랩(overlap) : 용접봉의 운행이 불량하거나 용접봉의 용융 온도가 모재보다 낮을 때 과잉 용착금속이 남아있는 부분

해설 **용접부의 결함**

종류	상태
언더컷(under cut)	용착금속이 채워지지 않고 홈으로 남게 된 부분
오버랩(over lap)	용융된 금속이 모재위에 겹쳐지는 상태
블로홀(blow hole)	용착금속에 방출가스로 인해 생긴 기포나 작은 틈
피트(pit)	용접부위에 생기는 작은 구멍이나 미세한 갈라짐
크레이터(crater)	용접 중에 아크를 중단시키면 중단된 부분이 오목하거나 납작하게 파진 모습으로 남게 되는 것
스패터(spatter)	용융된 금속의 작은 입자가 튀어나와 모재에 묻어있는 것

정답 43 ① 44 ③

45

프레스 작업 중 작업자의 신체일부가 위험한 작업점으로 들어가면 자동적으로 정지되는 기능이 있는데, 이러한 안전 대책을 무엇이라 하는가?

① 풀 프루프(fool proof)
② 페일 세이프(fail safe)
③ 인터록(inter lock)
④ 리미트 스위치(limit switch)

해설 **fail safe와 fool proof**

① fail safe : 기계 또는 설비에 이상이나 오동작이 발생하여도 안전사고를 발생시키지 않도록 2중 또는 3중으로 통제를 가하도록 한 체계
② fool proof : 사용자가 비록 잘못된 조작을 하더라도 이로 인해 전체의 고장이 발생되지 아니하도록 하는 설계방법

46

다음 중 기계설비에 의해 형성되는 위험점이 아닌 것은?

① 회전 말림점　② 접선 분리점
③ 협착점　④ 끼임점

해설 **기계 설비에 의해 형성되는 위험점**

협착점	왕복 운동하는 운동부와 고정부 사이에 형성(작업점이라 부르기도 함)
끼임점	고정부분과 회전 또는 직선운동부분에 의해 형성
절단점	회전운동부분 자체와 운동하는 기계 자체에 의해 형성
물림점	회전하는 두 개의 회전축에 의해 형성(회전체가 서로 반대 방향으로 회전하는 경우)
접선 물림점	회전하는 부분이 접선방향으로 물려 들어가면서 형성
회전 말림점	회전체의 불규칙 부위와 돌기 회전 부위에 의해 형성

47

안전계수 5인 로프의 절단하중이 4000N이라면 이 로프는 몇 N 이하의 하중을 매달아야 하는가?

① 50　② 800　③ 1000　④ 1600

해설 **와이어로프의 안전율**

① $안전율(S) = \frac{로프의\ 파단하중}{최대사용하중} = 5$

② $최대사용하중 = \frac{4,000}{5} = 800$

48

프레스의 방호장치 중 확동식 클러치가 적용된 프레스에 한해서만 적용 가능한 방호장치로만 나열된 것은? (단, 방호장치는 한 가지 종류만 사용한다고 가정한다.)

① 광전자식, 수인식
② 양수조작식, 손쳐내기식
③ 광전자식, 양수조작식
④ 손쳐내기식, 수인식

해설 **손쳐내기식, 수인식**

① 확동식 클러치를 갖는 크랭크 프레스기에 적합
② SPM 100 이하 프레스에 사용가능

49

선반 작업에 대한 안전수칙으로 틀린 것은?

① 척 핸들은 항상 척에 끼워 둔다.
② 베드 위에 공구를 올려놓지 않아야 한다.
③ 바이트를 교환할 때는 기계를 정지시키고 한다.
④ 일감의 길이가 외경과 비교하여 매우 길 때는 방진구를 사용한다

해설 **선반 작업 시 안전기준**

① 가공물 조립 시 반드시 스위치 차단 후 바이트를 충분히 연 다음 실시
② 가공물 장착 후에는 척 렌치를 바로 벗겨 놓는다.
③ 무게가 편중된 가공물은 균형추 부착
④ 바이트 설치는 반드시 기계 정지 후 실시
⑤ 바이트는 짧게 장치하고 일감의 길이가 직경의 12배 이상일 때 방진구 사용

정답 45 ① 46 ② 47 ② 48 ④ 49 ①

50

컨베이어 역전방지장치의 형식 중 전기식 장치에 해당하는 것은?

① 라쳇 브레이크 ② 밴드 브레이크
③ 롤러 브레이크 ④ 슬러스트 브레이크

해설 역전 방지장치 및 브레이크

① 기계적인 것 : 라쳇식, 롤러식, 밴드식, 웜기어 등
② 전기적인 것 : 전기 브레이크, 슬러스트 브레이크 등

51

가스 용접에서 역화의 원인으로 볼 수 없는 것은?

① 토치 성능이 부실한 경우
② 취관이 작업 소재에 너무 가까이 있는 경우
② 산소 공급량이 부족한 경우
④ 토치 팁에 이물질이 묻은 경우

해설 아세틸렌 용접장치의 역화원인

① 압력 조정기 고장 ② 산소공급이 과다할 경우
③ 토치 팁에 이물질이 묻었을 때 ④ 과열되었을 경우
⑤ 토치의 성능이 불량할 때

52

양중기에 사용 가능한 와이어로프에 해당하는 것은?

① 와이어로프의 한 꼬임에서 끊어진 소선의 수가 10% 초과한 것
② 심하게 변형 또는 부식된 것
③ 지름의 감소가 공칭지름의 7% 이내인 것
④ 이음매가 있는 것

해설 와이어로프의 사용제한 조건

① 이음매가 있는 것
② 와이어로프의 한 꼬임(스트랜드)에서 끊어진 소선(필러선 제외)의 수가 10% 이상인 것
③ 지름의 감소가 공칭지름의 7%를 초과하는 것
④ 꼬인 것
⑤ 심하게 변형되거나 부식된 것
⑥ 열과 전기충격에 의해 손상된 것

53

롤러기에서 앞면 롤러의 지름이 200mm, 회전속도가 30rpm인 롤러의 무부하 동작에서의 급정지거리로 옳은 것은?

① 66mm 이내 ② 84mm 이내
③ 209mm 이내 ④ 248mm 이내

해설 롤러의 급정지 거리

① 표면속도(V) $=\frac{\pi \times 200 \times 30}{1,000} \times 18.84$m/분

따라서 30m/분 미만이므로 급정지 거리는 앞면 롤러 원주의 1/3 이내에 해당된다.

② 앞면 롤러 원주 : $200 \times 3.14 = 628$mm

③ 급정지 거리 : $628 \times \frac{1}{3} = 209.333$mm

54

다음 중 선반(lathe)의 방호장치에 해당하는 것은?

① 슬라이드(slide)
② 심압대(tail stock)
③ 주축대(head stock)
④ 척 가드(chuck guard)

해설 선반의 방호장치

① 실드(Shield) ② 척 커버(Chuck Cover)
③ 칩 브레이커 ④ 급정지 브레이크

55

위험기계에 조작자의 신체부위가 의도적으로 위험점 밖에 있도록 하는 방호장치는?

① 덮개형 방호장치 ② 차단형 방호장치
③ 위치제한형 방호장치 ④ 접근반응형 방호장치

해설 위치제한형 방호장치

기계의 조작장치를 일정거리 이상 떨어지게 설치하여 작업자의 신체 부위가 위험 범위 밖에 있도록 하는 방법(프레스의 양수조작식 방호장치)

정답 50 ④ 51 ③ 52 ③ 53 ③ 54 ④ 55 ③

56

공장설비의 배치 계획에서 고려할 사항이 아닌 것은?

① 작업의 흐름에 따라 기계 배치
② 기계설비의 주변 공간 최소화
③ 공장 내 안전통로 설정
④ 기계설비의 보수점검 용이성을 고려한 배치

해설 **기계설비의 배치(layout)**

① 작업의 흐름에 따라 기계배치
② 기계설비 주위에 충분한 운전 공간, 보수점검 공간 확보
③ 공장 내외는 안전한 통로를 두고, 통로는 선을 그어 작업장과 명확히 구별
④ 기계 설비를 통로 측에 설치할 수 없을 경우에는 작업자가 통로 쪽으로 등을 향하여 일하지 않도록 배치
⑤ 기계설비의 설치에 있어서 기계설비의 사용 중 필요한 보수, 점검이 용이하도록 배치

57

정(chisel) 작업의 일반적인 안전수칙으로 틀린 것은?

① 따내기 및 칩이 튀는 가공에서는 보안경을 착용하여야 한다.
② 절단 작업 시 절단된 끝이 튀는 것을 조심하여야 한다.
③ 작업을 시작할 때는 가급적 정을 세게 타격하고 점차 힘을 줄여간다.
④ 담금질 된 철강 재료는 정 가공을 하지 않는 것이 좋다

해설 **정 작업 안전수칙**

① 정 작업을 할 때에는 반드시 보안경을 착용해야 한다.
② 정으로는 담금질 된 재료를 절대로 가공할 수 없다.
③ 자르기 시작할 때와 끝날 무렵에는 되도록 세게 치지 않도록 한다.
④ 철강재를 정으로 절단할 때는 철편이 튀는 것에 주의한다.

58

다음 중 취급운반 시 준수해야 할 원칙으로 틀린 것은?

① 연속 운반으로 할 것
② 직선 운반으로 할 것
③ 운반 작업을 집중화시킬 것
④ 생산을 최소로 하도록 운반할 것

해설 **취급운반의 원칙**

구분	조건 및 원칙
3조건	① 운반거리를 단축할 것 ② 운반 하역을 기계화 할 것 ③ 손이 많이 가지 않는(힘들이지 않는) 운반 하역 방식으로 할 것
5원칙	① 운반은 직선으로 할 것 ② 계속적으로(연속) 운반을 할 것 ③ 운반 하역 작업을 집중화 할 것 ④ 생산을 향상시킬 수 있는(최대로 하는) 운반 하역 방법을 고려할 것 ⑤ 최대한 수작업을 생략하여 힘들이지 않는 방법을 고려할 것

정답 56 ② 57 ③ 58 ④

59

산업안전보건법령에 따라 압력용기에 설치하는 안전밸브의 설치 및 작동에 관한 설명으로 틀린 것은?

① 다단형 압축기에는 각 단별로 안전밸브 등을 설치하여야 한다.
② 안전밸브는 이를 통하여 보호하려는 설비의 최저사용압력 이하에서 작동되도록 설정하여야 한다.
③ 화학공정 유체와 안전밸브의 디스크 또는 시트가 직접 접촉될 수 있도록 설치된 경우에는 2년마다 1회 이상 국가교정기관에서 교정을 받은 압력계를 이용하여 검사한 후 납으로 봉인하여 사용한다.
④ 공정안전보고서 이행상태 평가결과가 우수한 사업자의 안전밸브의 경우 검사주기는 4년마다 1회 이상이다.

해설 **압력용기의 방호장치(안전밸브 설치)**

① 과압으로 인한 폭발 방지를 위해 설치
② 다단형 압축기 또는 직렬로 접속된 공기압축기 – 각 단 또는 각 공기압축기별로 안전밸브 등을 설치
③ 안전밸브는 설비의 최고사용압력 이전에 작동되도록 설정
④ 안전밸브의 검사주기(압력계를 이용하여 설정압력에서 안전밸브가 적정하게 작동하는지 검사 후 납으로 봉인하여 사용)
　㉮ 화학공정 유체와 안전밸브의 디스크 또는 시트가 직접접촉이 가능하도록 설치된 경우 : 2년마다 1회 이상
　㉯ 안전밸브 전단에 파열판이 설치된 경우 : 3년마다 1회 이상
　㉰ 공정안전보고서 이행상태 평가결과가 우수한 사업장의 안전밸브의 경우 : 4년마다 1회 이상

tip
2024년 법령개정 내용 적용

60

금형 조정 작업 시 슬라이드가 갑자기 작동하는 것으로부터 근로자를 보호하기 위하여 가장 필요한 안전장치는?

① 안전블록　　② 클러치
③ 안전 1행정 스위치　　④ 광전자식 방호장치

해설 **안전블록**

프레스 등의 금형을 부착·해체 또는 조정작업을 하는 때에는 근로자의 신체의 일부가 위험 한계 내에 들어갈 때에 슬라이드가 갑자기 작동함으로써 발생하는 근로자의 위험을 방지하기 위하여 안전블록을 사용하는 등 필요한 조치를 하여야 한다.

4과목 전기 및 화학설비 안전관리

61

인체가 전격을 당했을 경우 통전시간이 1초라면 심실세동을 일으키는 전류값(mA)은? (단, 심실 세동 전류값은 Dalziel의 관계식을 이용한다.)

① 100　　② 165　　③ 180　　④ 215

해설 **심실 세동 전류**

$$I=\frac{165}{\sqrt{T}}(\text{mA})=\frac{165}{\sqrt{1}}=165(\text{mA})$$

62

활선작업 시 사용하는 안전장구가 아닌 것은?

① 절연용 보호구　　② 절연용 방호구
③ 활선작업용 기구　　④ 절연저항 측정기구

해설 **고압 활선 작업 시 안전장구**

① 절연용 보호구 착용　　② 절연용 방호구 설치
③ 활선 작업용 기구 사용　　④ 활선 작업용 장치 사용

정답 59 ② 60 ① 61 ② 62 ④

63

제1종 또는 제2종 접지공사에 사용하는 접지선에 사람이 접촉할 우려가 있는 경우 접지공사 방법으로 틀린 것은?

① 접지극은 지하 75cm 이상 깊이에 묻을 것
② 접지선을 시설한 지지물에는 피뢰침용 지선을 시설하지 않을 것
③ 접지선은 캡타이어케이블, 절연전선 또는 통신용 케이블 이외의 케이블을 사용할 것
④ 지하 60cm부터 지표 위 1.5m까지의 부분은 접지선은 합성수지관 또는 몰드로 덮을 것

해설 제1종, 제2종 접지공사의 접지선 시설기준

① 접지극은 지하 75cm 이상으로 하되 동결 깊이를 감안하여 매설할 것
② 접지선을 철주 기타의 금속체를 따라서 시설하는 경우에는 접지극을 철주의 밑면으로부터 30cm 이상의 깊이에 매설하는 경우 이외에는 접지극을 지중에서 그 금속체로부터 1m 이상 떼어 매설할 것
③ 접지선에는 절연전선(옥외용 비닐절연전선 제외), 캡타이어케이블 또는 케이블(통신용케이블 제외)을 사용할 것
④ 접지선의 지하 75cm로부터 지표상 2m까지의 부분을 합성수지관 또는 이와 동등 이상의 절연효력 및 강도를 가지는 몰드로 덮을 것

tip
2021년 적용되는 법 제정으로 종별접지공사는 삭제된 내용이니 본문내용을 참고하세요

64

다음 정의에 해당하는 방폭구조는?

> 전기기기의 과도한 온도 상승, 아크 또는 불꽃 발생의 위험을 방지하기 위하여 추가적인 안전조치를 통한 안전도를 증가시킨 방폭구조를 말한다.

① 내압방폭구조　② 유입방폭구조
③ 안전증방폭구조　④ 본질안전방폭구조

해설 안전증 방폭구조(e)

① 정상 운전중에 폭발성 가스 또는 증기에 점화원이 될 전기 불꽃, 아크 또는 고온부분 등의 발생을 방지하기 위하여 기계적, 전기적 구조상 또는 온도상승에 대해서 특히 안전도를 증가시킨 구조
② 코일의 절연성능 강화 및 표면온도상승을 더욱 낮게 설계하거나 공극 및 연면거리를 크게 하여 안전도 증가

65

건설현장에서 사용하는 임시배선의 안전대책으로 거리가 먼 것은?

① 모든 전기기기의 외함은 접지시켜야 한다.
② 임시 배선은 다심케이블을 사용하지 않아도 된다.
③ 배선은 반드시 분전반 또는 배전반에서 인출해야 한다.
④ 지상 등에서 금속관으로 방호할 때는 그 금속관을 접지해야 한다.

해설 임시배선에 대한 안전대책

① 모든 배선은 반드시 분전반, 배전반에서 인출
② 전기 사용 용량에 적합한 전선, 케이블 선정
③ 임시배선은 다심 케이블 사용
④ 전선, 케이블은 피복이 손상되지 않도록 배선 또는 보호조치 등

66

전기화재의 원인을 직접원인과 간접원인으로 구분할 때, 직접원인과 거리가 먼 것은?

① 애자의 오손　② 과전류
③ 누전　④ 절연열화

해설 전기화재의 원인

① 누전　② 단락　③ 과전류　④ 스파크　⑤ 접촉부 과열
⑥ 절연열화에 의한 발열　⑦ 지락　⑧ 낙뢰　⑨ 정전기 스파크 등

67

정상운전 중의 전기설비가 점화원으로 작용하지 않는 것은?

① 변압기 권선　② 개폐기 접점
③ 직류 전동기의 정류자　③ 권선형 전동기의 슬립링

해설 전기설비의 점화원

구분	현재적 점화원	잠재적 점화원
개념	정상적인 운전 상태에서 점화원이 될 수 있는 것	정상적인 상태에서는 안전하지만 이상 상태에서 점화원이 될 수 있는 것
종류	① 직류전동기의 정류자 ② 개폐기, 차단기의 접점 ③ 유도전동기의 슬립링 ④ 이동형 전열기 등	① 전기적 광원 ② 케이블, 배선 ③ 전동기의 권선 ④ 마그네트 코일 등

정답 63 ④ 64 ③ 65 ② 66 ① 67 ①

68

정전기 제거방법으로 가장 거리가 먼 것은?

① 설비 주위를 가습한다.
② 설비의 금속 부분을 접지한다.
③ 설비의 주변에 적외선을 조사한다.
④ 정전기 발생 방지 도장을 실시한다.

해설 **정전기에 의한 재해 방지대책**

① 접지 : 접지에 의한 정전기 완화가 가능한 표면저항은 ~(Ω)
② 유속의 제한 : 액체의 비산 방지 및 초기 배관 내 유속 제한
③ 보호구 착용 : 대전 방지 작업화 (정전화), 정전작업복 착용, 손목 띠 착용 등
④ 대전방지제 : 섬유 등에 흡습성과 이온성을 부여하여 도전성을 증가하여 대전 방지
⑤ 가습 : 공기 중의 상대습도를 60~70% 정도 유지하기 위해 가습 방법을 사용
⑥ 제전기의 사용 등

69

근로자가 활선작업용 기구를 사용하여 작업할 경우 근로자의 신체 등과 충전전로 사이의 사용전압별 접근한계거리가 틀린 것은?

① 15kV 초과 37kV 이하 : 80cm
② 37kV 초과 88kV 이하 : 110cm
③ 121kV 초과 145kV 이하 : 150cm
④ 242kV 초과 362kV 이하 : 380cm

해설 **충전전로에서의 전기 작업**

충전전로의 선간전압 (단위 : 킬로볼트)	충전전로에 대한 접근한계거리 (단위 : 센티미터)
…	…
15 초과 37 이하	90
37 초과 88 이하	110
88 초과 121 이하	130
121 초과 145 이하	150
145 초과 169 이하	170
169 초과 242 이하	230
242 초과 362 이하	380
362 초과 550 이하	550
550 초과 800 이하	790

70

정전기의 발생에 영향을 주는 요인과 가장 거리가 먼 것은?

① 박리속도 ② 물체의 표면상태
③ 접촉면적 및 압력 ④ 외부공기의 풍속

해설 **정전기 발생의 영향 요인**

① 물체의 특성 ② 물체의 표면상태 ③ 물체의 이력
④ 접촉면적 및 압력 ⑤ 분리(박리)속도 등

71

건조설비의 사용에 있어 500~ 800℃ 범위의 온도에 가열된 스테인리스강에서 주로 일어나며, 탄화크롬이 형성되었을 때 결정경계면의 크롬함유량이 감소하여 발생되는 부식형태는?

① 전면부식 ② 층상부식
③ 입계부식 ④ 격간부식

해설 **입계부식**

부식이 결정립계에 따라 진행하는 형태의 국부부식으로 내부로 깊게 진행되면서 결정립자가 떨어지게 된다. 용접가공 시 열영향부, 부적정한 열처리 과정, 고온에서의 노출 시 주로 발생된다.

72

다음 중 분진 폭발의 발생 위험성을 낮추는 방법으로 적절하지 않은 것은?

① 주변의 점화원을 제거한다.
② 분진이 날리지 않도록 한다.
③ 분진과 그 주변의 온도를 낮춘다.
④ 분진 입자의 표면적을 크게 한다.

해설 **분진 폭발**

① 분진 폭발의 과정 : 분진의 퇴적 → 비산하여 분진운 생성 →분산 → 점화원 → 폭발
② 방지대책으로는 폭발하한 농도 이하로 관리하고 착화원의 제거 및 격리 등
③ 입자의 표면적이 클수록 폭발의 위험성은 높아진다.

정답 68 ③ 69 ① 70 ④ 71 ③ 72 ④

73

다음 중 가연성가스가 아닌 것은?

① 이산화탄소 ② 수소
③ 메탄 ④ 아세틸렌

해설

수소, 아세틸렌, 에틸렌, 메탄, 에탄, 프로판, 부탄 등은 인화성(가연성) 가스에 해당되며, 이산화탄소는 불활성기체로 더 이상 산소와 반응하지 않는다.

74

유해·위험물질 취급 시 보호구로서 구비조건이 아닌 것은?

① 방호성능이 충분할 것
② 재료의 품질이 양호할 것
③ 작업에 방해가 되지 않을 것
④ 외관이 화려할 것

해설 **보호구의 구비조건(보기 ①, ②, ③ 외에)**

① 착용 시 작업이 용이할 것
② 구조와 끝마무리가 양호할 것(충분한 강도와 내구성 및 표면 가공이 우수)
③ 외관 및 전체적인 디자인이 양호할 것

75

다음 중 벤젠(C_6H_6)이 공기 중에서 연소될 때의 이론 혼합비(화학양론조성)는?

① 0.72vol% ② 1.22vol%
③ 2.72vol% ④ 3.22vol%

해설 **완전연소 조성농도(화학양론농도)**

$$Cst=\frac{100}{1+4.773\left(n+\frac{m-f-2\lambda}{4}\right)}=\frac{100}{1+4.773\left(6+\frac{6}{4}\right)}$$

$$=2.72\text{vol\%}$$

여기서 n : 탄소, m : 수소, f : 할로겐 원소의 원자 수, λ : 산소의 원자 수

76

알루미늄 금속분말에 대한 설명으로 틀린 것은?

① 분진폭발의 위험성이 있다.
② 연소 시 열을 발생한다.
③ 분진폭발을 방지하기 위해 물속에 저장한다.
④ 염산과 반응하여 수소가스를 발생한다.

해설

수분은 분진폭발의 영향인자로 분진의 부유성을 억제하며, 마그네슘, 알루미늄 등은 물과 반응하여 수소기체를 발생하여 위험성을 증대시킨다.

77

공기 중에 3ppm의 디메틸아민(demethylamine, TLV-TWA : 10ppm)과 20ppm의 시클로헥산올(cyclohexanol, TLV-TWA : 50ppm)이 있고, 10ppm의 산화프로필렌(propyleneoxide, TLV-TWA : 20ppm)이 존재한다면 혼합 TLV-TWA는 몇 ppm인가?

① 12.5 ② 22.5 ③ 27.5 ④ 32.5

해설 **혼합물의 노출기준 및 허용농도**

① 노출기준(허용기준)

$$\frac{C_1}{T_1}+\frac{C_2}{T_2}+\frac{C_3}{T_3}=\frac{3}{10}+\frac{20}{50}+\frac{10}{20}=1.2$$

② 혼합물의 허용농도는

$$\frac{33}{1.2}=27.5\text{ppm}$$

정답 73 ① 74 ④ 75 ③ 76 ③ 77 ③

78

다음은 산업안전보건법령상 파열판 및 안전밸브의 직렬설치에 관한 내용이다. (   )에 알맞은 용어는?

> 사업주는 급성 독성물질이 지속적으로 외부에 유출될 수 있는 화학설비 및 그 부속설비에 파열판과 안전밸브를 직렬로 설치하고 그 사이에는 압력지시계 또는 (   )을(를) 설치하여야 한다.

① 자동경보장치　② 차단장치
③ 플레어헤드　④ 콕

해설 안전밸브의 설치방법

파열판 및 안전밸브의 직렬 설치	급성 독성물질이 지속적으로 외부에 유출될 수 있는 화학설비 및 그 부속설비에 직렬로 설치하고 그 사이에는 압력지시계 또는 자동경보장치 설치
파열판과 안전밸브를 병렬로 반응기 상부에 설치	반응폭주 현상이 발생했을 때 반응기내부 과압을 분출하고자 할 경우

79

위험물안전관리법령상 칼륨에 의한 화재에 적응성이 있는 것은?

① 건조사(마른모래)　② 포소화기
③ 이산화탄소소화기　④ 할로겐 화합물소화기

해설 금속화재(D급화재)

① 금속화재는 금속의 열전도에 따른 화재나 금속분에 의한 분진의 폭발 등
② 철분, 마그네슘, 칼륨, 금속분류에 의한 화재로 일반적으로 건조사(피복에 의한 질식효과)에 의한 소화방법 사용

80

산업안전보건법령상 용해아세틸렌의 가스집합용접장치의 배관 및 부속기구에는 구리나 구리 함유량이 몇 퍼센트 이상인 합금을 사용할 수 없는가?

① 40　② 50　③ 60　④ 70

해설

용해 아세틸렌을 사용하는 가스집합 용접장치의 배관 및 부속기구는 구리나 구리 함유량이 70퍼센트 이상인 합금을 사용해서는 아니 된다.

5과목 건설공사 안전관리

81

지반조사의 방법 중 지반을 강관으로 천공하고 토사를 채취 후 여러 가지 시험을 시행하여 지반의 토질 분포, 흙의 층상과 구성 등을 알 수 있는 것은?

① 보링　② 표준관입시험
③ 베인테스트　④ 평판재하시험

해설 보링(Boring)

강관을 이용하여 지반을 천공한 후 토사를 채취하여 토층의 구성 상태를 분석하기 위한 지반조사 방법으로, 로터리(회전)식 보링, 충격식 보링, 수세식 보링, 오거식 보링 등이 있다

82

핸드 브레이커 취급 시 안전에 관한 유의사항으로 옳지 않은 것은?

① 기본적으로 현장 정리가 잘되어 있어야 한다.
② 작업 자세는 항상 하향 45° 방향으로 유지하여야 한다.
③ 작업 전 기계에 대한 점검을 철저히 한다.
④ 호스의 교차 및 꼬임여부를 점검하여야 한다.

해설 핸드브레이커 준수사항

① 끌의 부러짐을 방지하기 위하여 작업 자세는 하향 수직방향으로 유지하도록 하여야 한다.
② 기계는 항상 점검하고, 호스의 꼬임·교차 및 손상 여부를 점검하여야 한다

정답 78 ① 79 ① 80 ④ 81 ① 82 ②

83

강관틀비계의 높이가 20m를 초과하는 경우 주틀 간의 간격은 최대 얼마 이하로 사용해야 하는가?

① 1.0m ② 1.5m ③ 1.8m ④ 2.0m

해설 **강관틀비계**

① 전체높이 40m초과 금지 및 주틀 간 교차 가새. 최상층 및 5층 이내마다 수평재 설치
② 높이 20m 초과하거나 중량물의 적재를 수반하는 작업의 경우 주틀 간의 간격 1.8m 이하
③ 길이가 띠장 방향으로 4m 이하이고 높이가 10m를 초과하는 경우 10m 이내마다 띠장 방향으로 버팀기둥 설치

84

흙막이 가시설의 버팀대(Strut)의 변형을 측정하는 계측기에 해당하는 것은?

① Water level meter ② Strain gauge
③ Piezometer ④ Load cell

해설 **계측장치**

① 변형계(strain gauge) : 흙막이 버팀대의 변형 정도를 파악하는 기기
② 하중계(load cell) : 흙막이 버팀대에 작용하는 토압, 어스 앵커의 인장력 등을 측정하는 기기

85

사다리식 통로 등을 설치하는 경우 준수해야 할 기준으로 옳지 않은 것은?

① 접이식 사다리 기둥은 사용 시 접혀지거나 펼쳐지지 않도록 철물 등을 사용하여 견고하게 조치할 것
② 발판과 벽과의 사이는 25cm 이상의 간격을 유지할 것
③ 폭은 30cm 이상으로 할 것
④ 사다리식 통로의 길이가 10m 이상인 경우에는 5m 이내마다 계단참을 설치할 것

해설

발판과 벽과의 사이는 15센티미터 이상의 간격을 유지할 것

86

굴착이 곤란한 경우 발파가 어려운 암석의 파쇄굴착 또는 암석 제거에 적합한 장비는?

① 리퍼 ② 스크레이퍼 ③ 롤러 ④ 드래그라인

해설 **ripper(리퍼) dozer**

후미에 ripper 장착, 연암, 풍화암, 포장도로의 노반 파쇄, 제거 및 압토 작업

87

철골공사에서 용접작업을 실시함에 있어 전격예방을 위한 안전조치 중 옳지 않은 것은?

① 전격방지를 위해 자동전격방지기를 설치한다.
② 우천, 강설 시에는 야외작업을 중단한다.
③ 개로 전압이 낮은 교류 용접기는 사용하지 않는다.
④ 절연 홀더(Holder)를 사용한다.

해설 **교류아크 용접기**

교류아크용접기의 자동전격방지기는 아크발생을 중지하였을 때 지동시간이 1.0초 이내에 2차 무부하 전압을 25V 이하로 감압시켜 안전을 유지할 수 있어야 한다. 따라서 개로전압이 낮은 용접기를 사용하여야 안전하다.

88

타워크레인의 운전 작업을 중지하여야 하는 순간풍속 기준으로 옳은 것은?

① 초당 10m 초과 ② 초당 12m 초과
③ 초당 15m 초과 ④ 초당 20m 초과

해설 **타워크레인의 작업제한**

① 순간풍속이 매초당 10미터 초과 : 타워크레인의 설치·수리·점검 또는 해체작업 중지
② 순간풍속이 매초당 15미터 초과 : 타워크레인의 운전작업 중지

정답 83 ③ 84 ② 85 ② 86 ① 87 ③ 88 ③

89

유한사면에서 사면기울기가 비교적 완만한 점성토에서 주로 발생되는 사면파괴의 형태는?

① 저부파괴 ② 사면선단파괴
③ 사면내파괴 ④ 국부전단파괴

해설 **유한사면의 원호활동의 종류**

사면선(선단)파괴	경사가 급하고 비점착성 토질
사면저부(바닥면)파괴	경사가 완만하고 점착성인 경우, 사면의 하부에 암반 또는 굳은 지층이 있을 경우
사면 내 파괴	견고한 지층이 얕게 있는 경우

90

말비계를 조립하여 사용하는 경우의 준수사항으로 옳지 않은 것은?

① 지주부재의 하단에는 미끄럼 방지장치를 할 것
② 지주부재와 수평면과의 기울기는 85°이하로 할 것
③ 말비계의 높이가 2m를 초과할 경우에는 작업발판의 폭을 40cm 이상으로 할 것
④ 지주부재와 지주부재 사이를 고정시키는 보조부재를 설치할 것

해설 **말비계의 조립 시 준수사항**

① 지주부재의 하단에는 미끄럼 방지장치를 하고, 양측 끝부분에 올라서서 작업하지 아니하도록 할 것
② 지주부재와 수평면과의 기울기를 75도 이하로 하고, 지주부재와 지주부재 사이를 고정시키는 보조부재를 설치할 것
③ 말비계의 높이가 2미터를 초과할 경우에는 작업발판의 폭을 40cm 이상으로 할 것

91

화물을 적재하는 경우에 준수하여야 하는 사항으로 옳지 않은 것은?

① 침하 우려가 없는 튼튼한 기반 위에 적재할 것
② 건물의 칸막이나 벽 등이 화물의 압력에 견딜 만큼의 강도를 지니지 아니한 경우에는 칸막이나 벽에 기대어 적재하지 않도록 할 것
③ 불안정할 정도로 높이 쌓아 올리지 말 것
④ 편하중이 발생하도록 쌓아 적재효율을 높일 것

해설 **화물 적재 시 준수사항(보기 ①, ②, ③ 외에)**

편하중이 생기지 아니하도록 적재할 것

92

흙막이 지보공을 설치하였을 때 정기적으로 점검하고 이상을 발견하면 즉시 보수하여야 하는 사항으로 거리가 먼 것은?

① 부재의 손상 변형, 부식, 변위 및 탈락의 유무와 상태
② 부재의 접속부, 부착부 및 교차부의 상태
③ 침하의 정도
④ 발판의 지지 상태

해설 **흙막이 지보공 조립 및 설치 시 점검사항**

① 부재의 손상·변형·부식·변위 및 탈락의 유무와 상태
② 버팀대의 긴압의 정도
③ 부재의 접속부·부착부 및 교차부의 상태
④ 침하의 정도

정답 89 ① 90 ② 91 ④ 92 ④

93

중량물의 취급작업 시 근로자의 위험을 방지하기 위하여 사전에 작성하여야 하는 작업계획서 내용에 해당되지 않는 것은?

① 추락 위험을 예방할 수 있는 안전대책
② 낙하 위험을 예방할 수 있는 안전대책
③ 전도 위험을 예방할 수 있는 안전대책
④ 침수 위험을 예방할 수 있는 안전대책

해설 **중량물 취급작업 시 작업계획서(보기 ①, ②, ③ 외에)**

① 협착위험을 예방할 수 있는 안전대책
② 붕괴위험을 예방할 수 있는 안전대책

94

산업안전보건관리비 중 안전시설비 등의 항목에서 사용 가능한 내역은?

① 외부인 출입금지, 공사장 경계표시를 위한 가설울타리
② 비계·통로·계단에 추가 설치하는 추락방지용 안전난간
③ 절토부 및 성토부 등의 토사유실 방지를 위한 설비
④ 공사 목적물의 품질 확보 또는 건설장비 자체의 운행 감시, 공사 진척상황 확인, 방범 등의 목적을 가진 CCTV 등 감시용 장비

해설

비계·통로·계단에 추가 설치하는 추락방지용 안전 난간, 사다리 전도방지장치, 틀비계에 별도로 설치하는 안전난간·사다리, 통로의 낙하물방호선반 등은 사용 가능함

tip
법령개정으로 내용이 수정되었으니 본 문제는 참고만 하시기 바랍니다.

95

추락방지용 방망을 구성하는 그물코의 모양과 크기로 옳은 것은?

① 원형 또는 사각으로서 그 크기는 10cm 이하이어야 한다.
② 원형 또는 사각으로서 그 크기는 20cm 이하이어야 한다.
③ 사각 또는 마름모로서 그 크기는 10cm 이하이어야 한다.
④ 사각 또는 마름모로서 그 크기는 20cm 이하이어야 한다.

해설 **방망의 구조 및 치수(추락재해 방지설비)**

구성	방망사, 테두리로프, 달기로프, 재봉사 (필요에 따라 생략가능)
방망사	그물코는 사각 또는 마름모 형상, 한 변의 길이 (매듭의 중심 간 거리)는 10cm 이하
달기로프	길이는 2m 이상(다만, 1개의 지지점에 2개의 달기로프로 체결하는 경우 각각의 길이는 1m 이상)

96

추락방지망의 달기로프를 지지점에 부착할 때 지지점의 간격이 1.5m인 경우 지지점의 강도는 최소 얼마 이상이어야 하는가?

① 200kg ② 300kg ③ 400kg ④ 500kg

해설 **추락방지망의 지지점 강도**

① $F = 200B$ 여기서, F : 외력(킬로그램), B : 지지점 간격(미터)
② 지지점의 간격이 1.5m인 경우
$F = 200 \times 1.5 = 300$kg

정답 93 ④ 94 ② 95 ③ 96 ②

97

가설통로를 설치하는 경우 준수해야 할 기준으로 옳지 않은 것은?

① 경사는 45° 이하로 할 것
② 경사가 15°를 초과하는 경우에는 미끄러지지 아니하는 구조로 할 것
③ 추락할 위험이 있는 장소에는 안전난간을 설치할 것
④ 수직갱에 가설된 통로의 길이가 15m 이상인 경우에는 10m 이내마다 계단참을 설치할 것

해설 **가설 통로의 구조(보기 ②, ③, ④ 외에)**

① 견고한 구조로 할 것
② 경사는 30도 이하로 할 것
③ 건설공사에 사용하는 높이 8m 이상인 비계다리에는 7m 이내마다 계단참을 설치할 것

98

철골작업을 중지하여야 하는 제한 기준에 해당되지 않는 것은?

① 풍속이 초당 10m 이상인 경우
② 강우량이 시간당 1mm 이상인 경우
③ 강설량이 시간당 1cm 이상인 경우
④ 소음이 65dB 이상인 경우

해설 **철골작업 안전기준(작업의 제한)**

① 풍속 : 초당 10m 이상인 경우
② 강우량 : 시간당 1mm 이상인 경우
③ 강설량 : 시간당 1cm 이상인 경우

99

유해위험방지계획서를 제출해야 하는 공사의 기준으로 옳지 않은 것은?

① 최대 지간길이 30m 이상인 교량 건설 등 공사
② 깊이 10m 이상인 굴착공사
③ 터널 건설 등의 공사
④ 다목적댐, 발전용 댐 및 저수용량 2천만 톤 이상의 용수 전용 댐, 지방상수도 전용 댐 건설 등의 공사

해설 **유해위험 방지계획서 제출 대상**

① 다음 각목의 어느 하나에 해당하는 건축물 또는 시설 등의 건설, 개조 또는 해체공사
 ㉠ 지상 높이가 31미터 이상인 건축물 또는 인공구조물
 ㉡ 연면적 3만 제곱미터 이상인 건축물
 ㉢ 연면적 5천 제곱미터 이상인 시설로서 다음의 어느 하나에 해당하는 시설
  ㉮ 문화 및 집회시설 ㉯ 판매시설, 운수시설 ㉰ 종교시설
  ㉱ 의료시설 중 종합병원 ㉲ 숙박시설 중 관광숙박시설
  ㉳ 지하도 상가 ㉴ 냉동, 냉장 창고시설
② 최대 지간 길이가 50미터 이상인 다리의 건설 등 공사
③ 연면적 5천 제곱미터 이상인 냉동, 냉장창고 시설의 설비공사 및 단열공사
④ 다목적댐, 발전용댐, 저수용량 2천만톤 이상의 용수전용댐 및 지방상수도 전용댐의 건설 등 공사
⑤ 터널의 건설등 공사
⑥ 깊이 10미터 이상인 굴착공사

100

콘크리트 타설용 거푸집에 작용하는 외력 중 연직방향 하중이 아닌 것은?

① 고정하중 ② 충격하중
③ 작업하중 ④ 풍하중

해설 **거푸집 동바리의 하중**

① 연직방향하중 : 거푸집, 동바리, 콘크리트, 철근, 작업원, 타설용 기계 기구, 가설 설비 등의 중량(자중) 및 충격하중
② 횡방향 하중 : 작업할 때의 진동, 충격, 시공차 등에 기인되는 횡방향 하중 이외에 필요에 따라 풍압, 유수압, 지진 등
③ 그 밖의 콘크리트 측압, 특수하중, 기타 하중 등

정답 97 ① 98 ④ 99 ① 100 ④

2019년 4월 27일

산업안전산업기사 기출문제

1과목 산업재해 예방 및 안전보건교육

01

산업안전보건법령상 산업재해 조사표에 기록되어야 할 내용으로 옳지 않은 것은?

① 사업장 정보 ② 재해정보
③ 재해발생개요 및 원인 ④ 안전교육 계획

해설

안전교육 계획이 아니라 재발방지계획이 포함되어야 한다.

02

다음 중 작업표준의 구비조건으로 옳지 않은 것은?

① 작업의 실정에 적합할 것
② 생산성과 품질의 특성에 적합할 것
③ 표현은 추상적으로 나타낼 것
④ 다른 규정 등에 위배되지 않을 것

해설 **작업표준의 구비조건**

① 작업의 표준설정은 실정에 적합할 것
② 무리, 불균형, 낭비가 없는 좋은 작업의 표준일 것
③ 표현은 구체적으로 나타낼 것
④ 생산성과 품질의 특성에 적합할 것
⑤ 이상시 조치기준에 관하여 설정할 것
⑥ 다른 규정 등에 위배되지 않을 것

03

French와 Raven이 제시한 리더가 가지고 있는 세력의 유형이 아닌 것은?

① 전문세력 (expert power)
② 보상세력 (reward power)
③ 위임세력(entrust power)
④ 합법세력 (legitimate power)

해설 **지도자에게 주어진 세력(권한)의 유형**

조직이 지도자에게 부여하는 세력	보상 세력(reward power) 강압 세력(coercive power) 합법 세력(legitimate power)
지도자자신이 자신에게 부여하는 세력	준거 세력(referent power) 전문 세력(expert power)

04

레빈(Lewin)은 인간행동과 인간의 조건 및 환경조건의 관계를 다음과 같이 표시하였다. 이 때 'f'의 의미는?

$$B=f(P \cdot E)$$

① 행동 ② 조명 ③ 지능 ④ 함수

해설 **레윈(K. Lewin)의 행동법칙**

$B=f(P \cdot E)$
B : Behavior(인간의 행동)
f : function(함수관계) $P \cdot E$에 영향을 줄 수 있는 조건
P : person(개체 : 연령, 경험, 심신상태, 성격, 지능 등)
E : Environment(심리적 환경-인간관계, 작업환경, 설비적 결함 등)

정답 1 ④ 2 ③ 3 ③ 4 ④

05

다음 중 산업재해 통계에 관한 설명으로 적절하지 않은 것은?

① 산업재해 통계는 구체적으로 표시되어야 한다.
② 산업재해 통계는 안전 활동을 추진하기 위한 기초 자료이다.
③ 산업재해 통계만을 기반으로 해당 사업장의 안전 수준을 추측한다.
④ 산업재해 통계의 목적은 기업에서 발생한 산업재해에 대하여 효과적인 대책을 강구하기 위함이다.

해설 **산업재해 통계(보기 외에)**

① 이용 및 활용가치가 없는 산업재해 통계는 그 작성에 따른 시간과 경비의 낭비임을 인지하여야 한다.
② 산업재해 통계를 기반으로 안전조건이나, 상태를 추측해서는 안 된다
③ 산업재해 통계 그 자체보다는 재해 통계에 나타난 경향과 성질의 활용을 중요시해야 된다.

06

매슬로우(Maslow)의 욕구단계 이론 중 제2단계의 욕구에 해당하는 것은?

① 사회적 욕구
② 안전에 대한 욕구
③ 자아실현의 욕구
④ 존경과 긍지에 대한 욕구

해설 **매슬로우(Abraham Maslow)의 욕구(위계이론)**

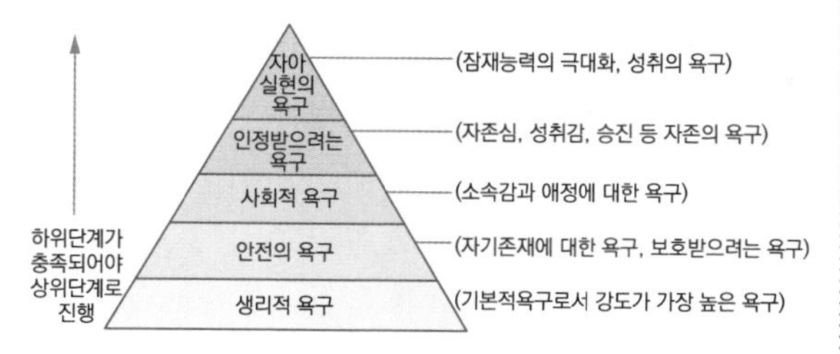

07

특성에 따른 안전교육의 3단계에 포함되지 않는 것은?

① 태도교육 ② 지식교육
③ 직무교육 ④ 기능교육

해설 **데이비스의 동기 부여 이론**

① 제 1단계 : 지식교육 ② 제 2단계 : 기능교육
③ 제 3단계 : 태도교육

08

안전지식교육 실시 4단계에서 지식을 실제의 상황에 맞추어 문제를 해결해 보고 그 수법을 이해시키는 단계로 옳은 것은?

① 도입 ② 제시 ③ 적용 ④ 확인

해설 **지식교육의 4단계(기본모델)**

단계	구분	내용
제1단계	도입	학습자의 동기부여 및 마음의 안정
제2단계	제시	강의순서대로 진행하며 설명. 교재를 통해 듣고 말하는 단계(확실한 이해)
제3단계	적용	지식을 실제상황에 맞추어 문제해결. 상호학습 및 토의 등으로 이해력 향상
제4단계	확인	잘못된 이해를 수정하고, 요점을 정리하여 복습

정답 5 ③ 6 ② 7 ③ 8 ③

09

산업안전보건법령상 다음 그림에 해당하는 안전·보건 표지의 종류로 옳은 것은?

① 부식성물질경고
② 산화성물질경고
③ 인화성물질경고
④ 폭발성물질경고

해설 **경고표지**

인화성물질 경고	산화성물질 경고	폭발성물질 경고	부식성물질 경고

10

산업안전보건법령상 안전검사 대상 유해·위험기계의 종류에 포함되지 않는 것은?

① 전단기
② 리프트
③ 곤돌라
④ 교류아크용접기

해설 **안전검사 대상 유해·위험기계**

① 프레스
② 전단기
③ 크레인(정격하중 2톤 미만 제외)
④ 리프트
⑤ 압력용기
⑥ 곤돌라
⑦ 국소배기장치(이동식 제외)
⑧ 원심기(산업용에 한정)
⑨ 롤러기(밀폐형 구조제외)
⑩ 사출성형기[형 체결력 294킬로뉴튼(kN) 미만 제외]
⑪ 고소작업대(화물자동차 또는 특수자동차에 탑재한 것으로 한정)
⑫ 컨베이어
⑬ 산업용 로봇
⑭ 혼합기
⑮ 파쇄기 또는 분쇄기

tip

법령개정으로 ⑭, ⑮ 내용이 추가되었으며, 2026년 6월 26일부터 시행

11

산업안전보건법령상 특별안전·보건교육 대상 작업별 교육내용 중 밀폐공간에서의 작업 시 교육내용에 포함되지 않는 것은? (단, 그 밖에 안전·보건관리에 필요한 사항은 제외한다.)

① 산소농도측정 및 작업환경에 관한 사항
② 유해물질이 인체에 미치는 영향
③ 보호구 착용 및 사용방법에 관한 사항
④ 사고 시의 응급처치 및 비상 시 구출에 관한 사항

해설 **밀폐공간에서의 작업 시 특별안전보건교육의 내용**

① 산소농도 측정 및 작업환경에 관한 사항
② 사고시의 응급처치 및 비상시 구출에 관한 사항
③ 보호구 착용 및 보호 장비 사용에 관한 사항
④ 작업내용·안전작업방법 및 절차에 관한 사항
⑤ 장비·설비 및 시설 등의 안전점검에 관한 사항
⑥ 그 밖에 안전·보건 관리에 필요한 사항

tip

본 문제는 2021년 법령개정으로 수정된 내용입니다. (해설은 개정된 내용 적용)

12

다음 중 안전 태도 교육의 원칙으로 적절하지 않은 것은?

① 청취위주의 대화를 한다.
② 이해하고 납득한다.
③ 항상 모범을 보인다.
④ 지적과 처벌 위주로 한다.

해설 **태도교육의 기본 과정**

청취 → 이해납득 → 모범(시범) → 평가(권장)

정답 9 ③ 10 ④ 11 ② 12 ④

13

주의의 수준에서 중간 수준에 포함되지 않는 것은?

① 다른 곳에 주의를 기울이고 있을 때
② 가시 시야 내 부분
③ 수면 중
④ 일상과 같은 조건일 경우

해설 **의식 수준의 단계**

단계 (phase)	의식 상태	생리적 상태
제 0 단계	무의식, 실신	수면, 뇌발작
제 I 단계	의식 흐림(subnormal), 의식 몽롱함	단조로움, 피로, 졸음, 술취함
제 II 단계	이완상태(relaxed) 정상(normal), 느긋한 기분	안정 기거, 휴식시, 정례 작업시(정상작업시) 일반적으로 일을 시작할 때 안정된 행동
제 III 단계	상쾌한 상태(clear) 정상(normal), 분명한 의식	판단을 동반한 행동, 적극활동 시 가장 좋은 의식수준상태. 긴급 이상 사태를 의식할 때
제IV단계	과긴장 상태 (hypernormal, excited)	긴급방위반응. 당황해서 panic (감정흥분시 당황한 상태)

14

다음 중 위험예지훈련 4라운드의 순서가 올바르게 나열된 것은?

① 현상파악 → 본질추구 → 대책수립 → 목표설정
② 현상파악 → 대책수립 → 본질추구 → 목표설정
③ 현상파악 → 본질추구 → 목표설정 → 대책수립
④ 현상파악 → 목표설정 → 본질추구 → 대책수립

해설 **위험예지훈련의 4라운드 진행법**

① 1라운드 : 현상파악
② 2라운드 : 본질추구
③ 3라운드 : 대책수립
④ 4라운드 : 목표설정

15

산업안전보건법령상 안전모의 종류(기호) 중 사용 구분에서 "물체의 낙하 또는 비래 및 추락에 의한 위험을 방지 또는 경감하고, 머리부위 감전에 의한 위험을 방지하기 위한 것"으로 옳은 것은?

① A ② AB ③ AE ④ ABE

해설 **추락 및 감전 위험방지용 안전모의 종류**

종류(기호)	사용구분
AB	물체의 낙하 또는 비래 및 추락에 의한 위험을 방지 또는 경감시키기 위한 것
AE	물체의 낙하 또는 비래에 의한 위험을 방지 또는 경감하고, 머리부위 감전에 의한 위험을 방지하기 위한 것
ABE	물체의 낙하 또는 비래 및 추락에 의한 위험을 방지 또는 경감하고, 머리부위 감전에 의한 위험을 방지하기 위한 것

16

산업안전보건법령상 상시 근로자수의 산출내역에 따라, 연간 국내공사 실적액이 50억 원이고 건설업평균임금이 250만원이며, 노무비율은 0.06인 사업장의 상시 근로자 수는?

① 10인 ② 30인 ③ 33인 ④ 75인

해설 **건설업체의 환산 재해율**

$$상시근로자수 = \frac{연간국내공사실적액 \times 노무비율}{건설업월평균임금 \times 12}$$

$$= \frac{50억 \times 0.06}{250만 \times 12} = 10인$$

2019년 2회

정답 13 ③ 14 ① 15 ④ 16 ①

17

다음 중 무재해운동의 기본이념 3원칙에 포함되지 않는 것은?

① 무의 원칙 ② 선취의 원칙
③ 참가의 원칙 ④ 라인화의 원칙

해설 **무재해 운동의 3대 원칙**

무의 원칙	모든 잠재위험요인을 적극적으로 사전에 발견하고 파악·해결함으로써 산업재해의 근원적인 요소들을 없앤다는 것을 의미한다.
선취의 원칙	사업장 내에서 행동하기 전에 잠재위험요인을 발견하고 파악·해결하여 재해를 예방하는 것을 의미한다.
참가의 원칙	잠재위험요인을 발견하고 파악·해결하기 위하여 전원이 일치 협력하여 각자의 위치에서 적극적으로 문제해결을 하겠다는 것을 의미한다.

18

다음 중 산업심리의 5대 요소에 해당하지 않는 것은?

① 적성 ② 감정 ③ 기질 ④ 동기

해설

산업안전 심리의 5대 요소 : 기질, 동기, 습관, 습성, 감정

19

적응기제(Adjustment Mechanism)의 유형에서 "동일화(identification)"의 사례에 해당하는 것은?

① 운동시합에 진 선수가 컨디션이 좋지 않았다고 한다.
② 결혼에 실패한 사람이 고아들에게 정열을 쏟고 있다.
③ 아버지의 성공을 자신의 성공인 것처럼 자랑하며 거만한 태도를 보인다.
④ 동생이 태어난 후 초등학교에 입학한 큰 아이가 손가락을 빨기 시작했다.

해설 **동일화**

무의식적으로 다른 사람을 닮아가는 현상으로 특히 자신에게 위협적인 대상이나 자신의 이상형과 자신을 동일시함으로 열등감을 이겨내고 만족감을 느낌

20

하인리히의 재해발생 원인 도미노이론에서 사고의 직접 원인으로 옳은 것은?

① 통제의 부족 ② 관리 구조의 부적절
③ 불안전한 행동과 상태 ④ 유전과 환경적 영향

해설 **하인리히의 사고연쇄반응이론(도미노 이론)**

사회적 환경 및 유전적 요인 → 개인적 결함 → 불안전 행동 및 불안전 상태 → 사고 → 재해

정답 17 ④ 18 ① 19 ③ 20 ③

2과목 인간공학 및 시스템 안전공학

21

다음의 FT도에서 몇 개의 미니멀패스셋(minimal path sets)이 존재하는가?

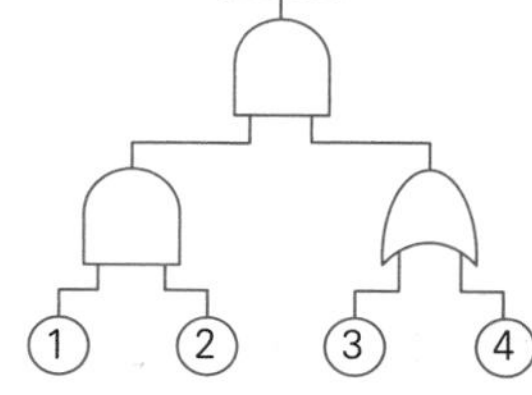

① 1개
② 2개
③ 3개
④ 4개

해설 **미니멀 패스셋(minimal path sets)**

$$T \rightarrow \begin{matrix} T_1 \\ T_2 \end{matrix} \rightarrow \begin{matrix} ① \\ ② \\ T_2 \end{matrix} \rightarrow \begin{matrix} (①) \\ (②) \\ (③④) \end{matrix}$$

22

다음 중 생리적 스트레스를 전기적으로 측정하는 방법으로 옳지 않은 것은?

① 뇌전도(EEG) ② 근전도(EMG)
③ 전기 피부 반응(GSR) ④ 안구반응(EOG)

해설 **안구 반응(EOG)**

안구 주변에 전극을 부착하여 안구운동에 의한 전위차를 측정하는 것으로 눈의 움직임을 통하여 상태를 파악하는 방법.

23

FTA에서 모든 기본사상이 일어났을 때 톱(top)사상을 일으키는 기본사상의 집합을 무엇이라 하는가?

① 컷셋 (Cut set)
② 최소 컷셋(Minimal Cut set)
③ 패스셋 (Path set)
④ 최소 패스셋(Minimal Path set)

해설 **컷셋과 미니멀 컷셋**

정상사상을 발생시키는 기본사상의 집합으로 그 안에 포함되는 모든 기본사상이 발생할 때 정상사상을 발생시킬 수 있는 기본사상의 집합을 컷셋이라 하며, 컷셋의 집합 중에서 정상사상을 일으키기 위하여 필요한 최소한의 컷셋을 미니멀 컷셋이라 한다.

24

정보를 전송하기 위해 청각적 표시장치를 이용하는 것이 바람직한 경우로 적합한 것은?

① 전언이 복잡한 경우
② 전언이 이후에 재참조되는 경우
③ 전언이 공간적인 사건을 다루는 경우
④ 전언이 즉각적인 행동을 요구하는 경우

해설 **청각 장치와 시각 장치의 비교**

청각 장치 사용	시각 장치 사용
① 전언이 간단하다. ② 전언이 짧다. ③ 전언이 후에 재참조되지 않는다. ④ 수신자가 시각계통이 과부하 상태일 때 ⑤ 전언이 즉각적인 행동을 요구한다(긴급할 때)	① 전언이 복잡하다. ② 전언이 길다. ③ 전언이 후에 재참조된다. ④ 수신자의 청각 계통이 과부하 상태일 때 ⑤ 전언이 즉각적인 행동을 요구하지 않는다.

25

위팔은 자연스럽게 수직으로 늘어뜨린 채 아래팔만을 편하게 뻗어 작업할 수 있는 범위는?

① 정상작업역 ② 최대작업역
③ 최소작업역 ④ 작업포락면

해설 **수평작업대**

① 정상작업역 : 위팔을 자연스럽게 수직으로 늘어뜨리고, 아래팔만으로 편하게 뻗어 파악할 수 있는 영역
② 최대작업역 : 아래팔과 위팔을 모두 곧게 펴서 파악할 수 있는 영역

정답 21 ③ 22 ④ 23 ① 24 ④ 25 ①

26

고장형태 및 영향분석 (FMEA : Failure Mode and Effect Analysis)에서 치명도 해석을 포함시킨 분석 방법으로 옳은 것은?

① CA ② ETA
③ FMETA ④ FMECA

해설 **FMECA**

FMEA를 실시한 결과 고장 등급이 높은 고장모드가 시스템이나 기기의 고장에 어느 정도로 기여하는가를 정량적으로 계산하고, 고장모드가 시스템이나 기기에 미치는 영향을 정량적으로 평가하는 방법 (FMEA에 치명도 해석을 포함시킨 것을 FMECA라고 한다.)

27

조종장치를 통한 인간의 통제 아래 기계가 동력원을 제공하는 시스템의 형태로 옳은 것은?

① 기계화 시스템 ② 수동 시스템
③ 자동화 시스템 ④ 컴퓨터 시스템

해설 **인간 기계 시스템의 유형**

수동 시스템	인간의 신체적인 힘을 동력원으로 사용하여 작업통제(동력원 및 제어 : 인간, 수공구나 기타 보조물로 구성) : 다양성 있는 체계로 역할 할 수 있는 능력을 최대한 활용하는 시스템
기계 시스템	① 반자동시스템, 변화가 적은 기능들을 수행하도록 설계 (고도로 통합된 부품들로 구성되며 융통성이 없는 체계) ② 동력은 기계가 제공, 조정장치를 사용한 통제는 인간이 담당
자동 시스템	① 감지, 정보처리 및 의사결정 행동을 포함한 모든 임무 수행 (완전하게 프로그램 되어야 함) ② 대부분 폐회로 체계이며, 신뢰성이 완전하지 못하여 감시, 프로그램 작성 및 수정 정비유지 등은 인간이 담당

28

일반적으로 인체에 가해지는 온·습도 및 기류 등의 외적변수를 종합적으로 평가하는 데에는 "불쾌지수"라는 지표가 이용된다. 불쾌지수의 계산식이 다음과 같은 경우, 건구온도와 습구온도의 단위로 옳은 것은?

불쾌지수 = 0.72 × (건구온도 + 습구온도) + 40.6

① 실효온도 ② 화씨온도
③ 절대온도 ④ 섭씨온도

해설 **불쾌지수에 관련된 사항**

① 섭씨 = (건구온도 + 습구온도) × 0.72 + 40.6
② 화씨 = (건구온도 + 습구온도) × 0.4 + 15

29

음의 강약을 나타내는 기본 단위는?

① dB ② pont
③ hertz ④ diopter

해설

데시벨(dB) : 벨(bel)의 1/10이며, 음압수준을 나타내는 단위

30

FT도에 사용되는 논리기호 중 AND 게이트에 해당하는 것은?

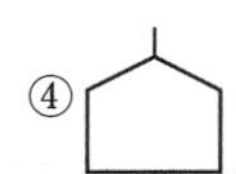

해설 **논리기호**

AND게이트	OR 게이트	결함사상	통상사상

정답 26 ④ 27 ① 28 ④ 29 ① 30 ③

31

서서 하는 작업의 작업대 높이에 대한 설명으로 옳지 않은 것은?

① 정밀작업의 경우 팔꿈치 높이보다 약간 높게 한다.
② 경작업의 경우 팔꿈치 높이보다 약간 낮게 한다.
③ 중작업의 경우 경작업의 작업대 높이보다 약간 낮게 한다.
④ 작업대의 높이는 기준을 지켜야 하므로 높낮이가 조절되어서는 안 된다.

해설 **작업대 높이**

작업대 높이는 팔꿈치 각도가 90도를 이루는 자세로 작업할 수 있도록 조절하고 근로자와 작업면의 각도 등을 적절히 조절할 수 있도록 한다.

32

체계 설계 과정의 주요 단계 중 가장 먼저 실시되어야 하는 것은?

① 기본설계 ② 계면설계
③ 체계의 정의 ④ 목표 및 성능 명세 결정

해설 **체계 설계 과정의 주요단계**

① 1단계 : 목표 및 성능 명세 결정
② 2단계 : 시스템(체계)의 정의
③ 3단계 : 기본설계
④ 4단계 : 인터페이스(계면)설계
⑤ 5단계 : 촉진물 설계
⑥ 6단계 : 시험 및 평가

33

작업장 내부의 추천반사율이 가장 낮아야 하는 곳은?

① 벽 ② 천장 ③ 바닥 ④ 가구

해설 **추천반사율**

바닥	가구, 사무용기기, 책상	창문 발(blind), 벽	천정
20 ~ 40%	25 ~ 45%	40 ~ 60%	80 ~ 90%

34

인간의 정보처리 기능 중 그 용량이 7개 내외로 작아, 순간적 망각 등 인적 오류의 원인이 되는 것은?

① 지각 ② 작업 기억 ③ 주의력 ④ 감각보관

해설 **작업기억**

① 현재 주의를 기울여 의식하고 있는 기억으로 감각기관을 통해 입력된 정보를 단기적으로 기억하며 능동적으로 이해하고 조작하는 과정을 말한다.
② 밀러(Miller)는 작업 기억의 용량에 대해 어느 한 순간에 오직 7개(±2)의 항목만이 즉시 기억으로 유지된다는 매직넘버를 제시하였다.

35

예비위험분석(PHA)에 대한 설명으로 옳은 것은?

① 관련된 과거 안전점검결과의 조사에 적절하다.
② 안전관련 법규 조항의 준수를 위한 조사방법이다.
③ 시스템 고유의 위험성을 파악하고 예상되는 재해의 위험 수준을 결정한다.
④ 초기 단계에서 시스템 내의 위험요소가 어떠한 위험 상태에 있는가를 정성적으로 평가하는 것이다.

해설 **PHA(예비 위험 분석)**

시스템 안전 프로그램에 있어서 최초단계(구상단계)의 분석으로, 시스템 내의 위험한 요소가 얼마나 위험한 상태에 있는가를 정성적으로 평가하는 방법

36

그림과 같은 시스템의 신뢰도로 옳은 것은? (단, 그림의 숫자는 각 부품의 신뢰도이다.)

0.9 — [0.7 ∥ 0.7] — 0.9

① 0.6261 ② 0.7371 ③ 0.8481 ④ 0.9591

해설 **신뢰도 계산**

$(R)=0.9\times[1-(1-0.7)(1-0.7)]\times0.9=0.7371$

정답 31 ④ 32 ④ 33 ③ 34 ② 35 ④ 36 ②

37

인간오류의 분류 중 원인에 의한 분류의 하나로 작업자 자신으로부터 발생하는 에러로 옳은 것은?

① Command error ② Secondary error
③ Primary error ④ Third error

해설 **원인의 레벨적 분류**

Primary error	작업자 자신으로부터 발생한 에러 (안전교육으로 예방)
Secondary error	작업형태, 작업조건 중에서 다른 문제가 발생하여 필요한 직무나 절차를 수행 할 수 없는 에러
Command error	작업자가 움직이려 해도 필요한 물건, 정보, 에너지 등이 공급되지 않아서 작업자가 움직일 수 없는 상황에서 발생한 에러

38

신뢰성과 보전성 개선을 목적으로 하는 효과적인 보전 기록 자료에 해당하지 않는 것은?

① 설비이력카드 ② 자재관리표
③ MTBF분석표 ④ 고장원인대책표

해설

자재관리표는 효과적인 자재의 관리와 사용을 위해 필요한 것이므로 보전성 개선과는 거리가 멀다.

39

인간의 시각특성을 설명한 것으로 옳은 것은?

① 적응은 수정체의 두께가 얇아져 근거리의 물체를 볼 수 있게 되는 것이다.
② 시야는 수정체의 두께 조절로 이루어진다.
③ 망막은 카메라의 렌즈에 해당된다.
④ 암조응에 걸리는 시간은 명조응보다 길다.

해설 **암조응(Dark Adaptation)**

① 밝은 곳에서 어두운 곳으로 갈 때 → 원추세포의 감수성상실, 간상세포에 의해 물체 식별
② 완전 암조응 – 보통 30~40분 소요(명조응은 수초 내지 1~2분)

40

레버를 10 움직이면 표시장치는 1cm 이동하는 조종장치가 있다. 레버의 길이가 20cm라고 하면 이 조종장치의 통제표시비(C/D 비)는 약 얼마인가?

① 1.27 ② 2.38 ③ 3.49 ④ 4.51

해설 **조종 – 표시장치 이동비율(C/D비)**

$$C/D\text{비} = \frac{(a/360)\times 2\pi L}{\text{표시장치의이동거리}} = \frac{(10/360)\times 2\times \pi \times 20}{1} = 3.491$$

정답 37 ③ 38 ② 39 ④ 40 ③

3과목 기계·기구 및 설비 안전관리

41

지게차 헤드가드의 안전기준에 관한 설명으로 맞는 것은?

① 상부 틀의 각 개구의 폭 또는 길이가 20cm 이상일 것
② 강도는 지게차의 최대하중의 2배 값(4톤을 넘는 값에 대해서는 4톤으로 한다.)의 등분포정하중에 견딜 수 있을 것
③ 운전자가 서서 조작하는 방식의 지게차의 경우에는 운전석의 바닥면에서 헤드가드의 상부틀 하면까지의 높이가 2.5m 이상일 것
④ 운전자가 앉아서 조작하는 방식의 지게차의 경우에는 운전자의 좌석 윗면에서 헤드가드의 상부틀 아랫면까지의 높이가 1.8m 이상일 것

해설 **지게차의 헤드가드 설치기준**

① 강도는 지게차의 최대하중의 2배의 값(그 값이 4톤을 넘는 것에 대하여서는 4톤으로 한다)의 등분포정하중에 견딜 수 있는 것일 것
② 상부 틀의 각 개구의 폭 또는 길이가 16cm 미만일 것
③ 운전자가 앉아서 조작하거나 서서 조작하는 지게차의 헤드가드는 한국산업표준에서 정하는 높이 기준 이상일 것

tip
2019년 법령개정으로 수정된 내용입니다. 문제와 해설은 수정된 내용으로 작성했으니 착오없으시기 바랍니다.

42

프레스에 금형 조정 작업 시 슬라이드가 갑자기 작동함으로써 근로자에게 발생할 우려가 있는 위험을 방지하기 위하여 사용하는 것은?

① 안전 블록　② 비상정지장치
③ 감응식 안전장치　④ 양수조작식 안전장치

해설 **안전블록**

프레스 등의 금형을 부착·해체 또는 조정작업을 하는 때에는 근로자의 신체의 일부가 위험 한계 내에 들어갈 때에 슬라이드가 갑자기 작동함으로써 발생하는 근로자의 위험을 방지하기 위하여 안전블록을 사용하는 등 필요한 조치를 하여야 한다.

43

양수 조작식 방호장치에서 양쪽 누름버튼 간의 내측 거리는 몇 mm 이상이어야 하는가?

① 100　② 200　③ 300　④ 400

해설 **양수 조작식 방호장치 설치방법**

① 정상동작표시등은 녹색, 위험표시등은 붉은색으로 하며, 쉽게 근로자가 볼 수 있는 곳에 설치
② 누름버튼을 양손으로 동시에 조작하지 않으면 작동시킬 수 없는 구조이어야 하며, 양쪽버튼의 작동시간 차이는 최대 0.5초 이내일 때 프레스가 동작
③ 누름버튼의 상호간 내측거리는 300mm 이상

44

프레스 작업 시 왕복 운동하는 부분과 고정 부분 사이에서 형성되는 위험점은?

① 물림점　② 협착점　③ 절단점　④ 회전말림점

해설 **협착점(Squeeze-point)**

(1) 정의
왕복 운동하는 운동부와 고정부 사이에 형성
(2) 종류
① 프레스 금형 조립부위
② 전단기의 누름판 및 칼날부위
③ 선반 및 평삭기의 베드 끝 부위

정답 41 ② 42 ① 43 ③ 44 ②

45

선반에서 냉각재 등에 의한 생물학적 위험을 방지하기 위한 방법으로 틀린 것은?

① 냉각재가 기계에 잔류되지 않고 중력에 의해 수집탱크로 배유되도록 해야 한다.
② 냉각재 저장탱크에는 외부 이물질의 유입을 방지하기 위한 덮개를 설치해야 한다.
③ 특별한 경우를 제외하고는 정상 운전 시 전체 냉각재가 계통 내에서 순환되고 냉각재 탱크에 체류하지 않아야 한다.
④ 배출용 배관의 지름은 대형 이물질이 들어가지 않도록 작아야 하고, 지면과 수평이 되도록 제작해야 한다.

해설 **냉각재 등에 의한 생물학적 위험 방지**

① 정상 운전 시 전체 냉각재가 계통 내에서 순환되고 냉각재 탱크에 체류하지 않을 것
② 냉각재가 기계에 잔류되지 않고 중력에 의해 수집탱크로 배유되도록 할 것
③ 배출용 배관의 직경은 슬러지의 체류를 최소화할 수 있을 정도의 충분한 크기이고 적정한 기울기를 부여할 것
④ 냉각재 저장탱크에는 외부 이물질의 유입을 방지하기 위한 덮개를 설치할 것
⑤ 필터장치가 구비되어 있을 것. 등

46

"가"와 "나"에 들어갈 내용으로 옳은 것은?

> 순간풍속이 (가)를 초과하는 경우에는 타워크레인의 설치, 수리, 점검 또는 해체작업을 중지하여야 하며, 순간풍속이 (나)를 초과하는 경우에는 타워크레인의 운전 작업을 중지하여야 한다.

① 가. 10m/s, 나. 15m/s ② 가. 10m/s, 나. 25m/s
③ 가. 20m/s, 나. 35m/s ④ 가. 20m/s, 나. 45m/s

해설 **강풍 시 타워크레인의 작업제한**

① 순간풍속이 매초당 10미터 초과 : 타워크레인의 설치·수리·점검 또는 해체 작업 중지
② 순간풍속이 매초당 15미터 초과 : 타워크레인의 운전 작업 중지

47

크레인 작업 시 300kg의 질량을 10m/s²의 가속도로 감아올릴 때 로프에 걸리는 총 하중은 약 몇 N인가? (단, 중력가속도는 9.81m/s²로 한다.)

① 2943 ② 3000 ③ 5943 ④ 8886

해설 **와이어로프에 걸리는 총 하중 계산**

① 동하중$(W_2)=\dfrac{W_1}{g}\times a=\dfrac{300}{9.81}\times 10=305.81\text{kg}$

② 총하중(W)=정하중(W_1)+동하중$(W_2)=300+305.81=605.81$

③ $605.81\text{kgf}\times 9.81\text{m/s}^2=5942.99\text{N}$

48

롤러기의 급정지를 위한 방호장치를 설치하고자 한다. 앞면 롤러의 지름이 30cm이고, 회전수가 30rpm일 때 요구되는 급정지 거리의 기준은?

① 급정지 거리가 앞면 롤러 원주의 1/3 이상일 것
② 급정지 거리가 앞면 롤러 원주의 1/3 이내일 것
③ 급정지 거리가 앞면 롤러 원주의 1/2.5 이상일 것
④ 급정지 거리가 앞면 롤러 원주의 1/2.5 이내일 것

해설 **롤러의 급정지 거리**

① 표면속도$(V)=\dfrac{\pi\times 300\times 30}{1,000}=28.27\text{m/분}$

② 30m/분 미만이므로 급정지 거리는 앞면 롤러 원주의 1/3 이내에 해당된다.

정답 45 ④ 46 ① 47 ③ 48 ②

49

프레스의 작업 시작 전 점검사항으로 거리가 먼 것은?

① 클러치 및 브레이크의 기능
② 금형 및 고정 볼트 상태
③ 전단기(剪斷機)의 칼날 및 테이블의 상태
④ 언로드 밸브의 기능

해설 **프레스의 작업 시작 전 점검사항**

① 클러치 및 브레이크의 기능
② 크랭크축·플라이휠·슬라이드·연결봉 및 연결 나사의 풀림 유무
③ 1행정 1정지 기구·급정지장치 및 비상정지장치의 기능
④ 슬라이드 또는 칼날에 의한 위험방지 기구의 기능
⑤ 프레스의 금형 및 고정 볼트 상태
⑥ 방호장치의 기능
⑦ 전단기의 칼날 및 테이블의 상태

50

드릴 작업 시 올바른 작업안전수칙이 아닌 것은?

① 구멍을 뚫을 때 관통된 것을 확인하기 위해 손으로 만져서는 안 된다.
② 드릴을 끼운 후에 척 렌치(chuck wrench)를 부착한 상태에서 드릴 작업을 한다.
③ 작업모를 착용하고 옷소매가 긴 작업복은 입지 않는다.
④ 보호 안경을 쓰거나 안전덮개를 설치한다.

해설 **드릴 작업 시 안전대책**

① 일감은 견고히 고정, 손으로 잡고 하는 작업금지
② 드릴을 끼운 후 척 렌치는 반드시 빼둘 것
③ 장갑 착용 금지 및 칩은 브러시로 제거
④ 구멍 뚫기 작업 시 손으로 관통 확인 금지
⑤ 구멍이 관통된 후에는 기계 정지 후 손으로 돌려서 드릴을 뺄 것

51

근로자에게 위험을 미칠 우려가 있는 원동기, 축이음, 풀리 등에 설치하여야 하는 것은?

① 덮개 ② 압력계 ③ 통풍장치 ④ 과압방지기

해설 **회전부의 덮개 또는 울 설치**

원동기, 축이음, 벨트, 풀리의 회전부위 등 근로자에게 위험을 미칠 우려가 있는 부위

52

다음 중 연삭기를 이용한 작업의 안전대책으로 가장 옳은 것은?

① 연삭숫돌의 최고 원주 속도 이상으로 사용하여야 한다.
② 운전 중 연삭숫돌의 균열 확인을 위해 수시로 충격을 가해 본다.
③ 정밀한 작업을 위해서는 연삭기의 덮개를 벗기고 숫돌의 정면에 서서 작업한다.
④ 작업시작 전에는 1분 이상 시운전을 하고 숫돌의 교체 시에는 3분 이상 시운전을 한다.

해설 **연삭숫돌의 안전기준**

① 덮개의 설치 기준 : 직경이 5cm 이상인 연삭숫돌
② 작업 시작하기 전 1분 이상, 연삭숫돌을 교체한 후 3분 이상 시운전
③ 시운전에 사용하는 연삭숫돌은 작업 시작 전 결함유무 확인 후 사용
④ 연삭숫돌의 최고 사용회전속도 초과 사용금지
⑤ 측면을 사용하는 것을 목적으로 하는 연삭숫돌 이외의 연삭숫돌은 측면 사용금지

53

산업용 로봇의 작동범위에서 그 로봇에 관하여 교시 등의 작업을 하는 경우 작업시작 전 점검사항에 해당하지 않는 것은? (단, 로봇의 동력원을 차단하고 행하는 것을 제외한다.)

① 회전부의 덮개 또는 울 부착여부
② 제동장치 및 비상정지장치의 기능
③ 외부전선의 피복 또는 외장의 손상유무
④ 매니퓰레이터(manipulator) 작동의 이상 유무

해설 **산업용 로봇의 작업시작 전 점검사항**

① 외부전선의 피복 또는 외장의 손상 유무
② 매니퓰레이터(manipulator)작동의 이상 유무
③ 제동장치 및 비상정지장치의 기능

정답 49 ④ 50 ② 51 ① 52 ④ 53 ①

54

기계설비의 안전화를 크게 외관의 안전화, 기능의 안전화, 구조적 안전화로 구분할 때, 기능의 안전화에 해당되는 것은?

① 안전율의 확보
② 위험부위 덮개 설치
③ 기계 외관에 안전 색채 사용
④ 전압 강하 시 기계의 자동 정지

해설 **기능상의 안전화**

(1) 적절한 조치가 필요한 이상상태 : 전압의 강하, 정전 시 오동작, 단락 스위치나 릴레이 고장 시 오동작, 사용압력 고장 시 오동작, 밸브 계통의 고장에 의한 오동작 등
(2) 소극적 대책
　① 이상 시 기계 급정지
　② 안전장치 작동
(3) 적극적 대책
　① 전기회로 개선 오동작 방지
　② 정상기능 찾도록 완전한 회로 설계
　③ 페일 세이프

55

기계장치의 안전설계를 위해 적용하는 안전율 계산식은?

① 안전하중 ÷ 설계하중
② 최대사용하중 ÷ 극한강도
③ 극한강도 ÷ 최대설계응력
④ 극한강도 ÷ 파단하중

해설 **안전율의 산정 방법**

$$\text{안전율} = \frac{\text{기초강도}}{\text{허용응력}} = \frac{\text{최대응력}}{\text{허용응력}} = \frac{\text{파괴하중}}{\text{최대사용하중}} = \frac{\text{극한강도}}{\text{최대설계응력}} = \frac{\text{파단하중}}{\text{안전하중}}$$

56

컨베이어(conveyer)의 역전방지장치 형식이 아닌 것은?

① 램식　② 라쳇식
③ 롤러식　④ 전기 브레이크식

해설 **역전방지장치 및 브레이크**

① 기계적인 것 : 라쳇식, 롤러식, 밴드식, 웜기어 등
② 전기적인 것 : 전기 브레이크, 슬러스트 브레이크 등

57

프레스 가공품의 이송방법으로 2차 가공용 송급배출 장치가 아닌 것은?

① 다이얼 피더(dial feeder)
② 롤 피더(roll feeder)
③ 푸셔 피더(pusher feeder)
④ 트랜스퍼 피더(transfer feeder)

해설 **송급장치**

① 1차 가공용 송급장치 : 롤 피더(Roll feeder)
② 2차 가공용 송급장치 : 슈트, 푸셔 피더(Pusher feeder), 다이얼 피더(Dial feeder), 트랜스퍼 피더(Transfer feeder) 등
③ 슬라이딩 다이(Sliding die)

58

압력용기에서 안전밸브를 2개 설치한 경우 그 설치방법으로 옳은 것은? (단, 해당하는 압력용기가 외부화재에 대한 대비가 필요한 경우로 한정한다.)

① 1개는 최고사용압력 이하에서 작동하고 다른 1개는 최고사용압력의 1.1 배 이하에서 작동하도록 한다.
② 1개는 최고사용압력 이하에서 작동하고 다른 1개는 최고사용압력의 1.2배 이하에서 작동하도록 한다.
③ 1개는 최고사용압력의 1.05배 이하에서 작동하고 다른 1개는 최고사용압력의 1.1 배 이하에서 작동하도록 한다.
④ 1개는 최고사용압력의 1.05배 이하에서 작동하고 다른 1개는 최고사용압력의 1.2배 이하에서 작동하도록 한다.

해설

안전밸브는 보호하려는 설비의 최고사용압력 이하에서 작동되도록 하여야 한다. 다만, 안전밸브 등이 2개 이상 설치된 경우에 1개는 최고사용압력의 1.05배(외부화재를 대비한 경우에는 1.1배) 이하에서 작동되도록 설치할 수 있다.

정답 54 ④ 55 ③ 56 ① 57 ② 58 ①

59

사고 체인의 5요소에 해당하지 않는 것은?

① 함정 (trap) ② 충격 (impact)
③ 접촉 (contact) ④ 결함 (flaw)

해설

위험의 5요소 : 함정(trap), 충격, 접촉, 얽힘 또는 말림, 튀어나옴

60

범용 수동 선반의 방호조치에 대한 설명으로 틀린 것은?

① 대형 선반의 후면 칩 가드는 새들의 전체 길이를 방호할 수 있어야 한다.
② 척 가드의 폭은 공작물의 가공작업에 방해되지 않는 범위에서 척 전체 길이를 방호해야 한다.
③ 수동조작을 위한 제어장치는 정확한 제어를 위해 조작 스위치를 돌출형으로 제작해야 한다.
④ 스핀들 부위를 통한 기어박스에 접촉될 위험이 있는 경우에는 해당부위에 잠금장치가 구비된 가드를 설치하고 스핀들 회전과 연동회로를 구성해야 한다.

해설 **범용 수동 선반의 방호조치(보기 외에)**

① 수동조작을 위한 제어장치에는 매입형 스위치의 사용 등 불시접촉에 의한 기동을 방지하기 위한 조치를 해야 한다.
② 척 가드의 개방 시 스핀들의 작동이 정지되도록 연동회로를 구성할 것
③ 가드의 폭은 새들 폭 이상일 것
④ 전면 칩 가드는 심압대가 베드 끝단부에 위치하고 있고 공작물 고정 장치에서 심압대까지 가드를 연장시킬 수 없는 경우에는 부착위치를 조정할 수 있을 것
⑤ 심압대에는 베드 끝단부에서의 이탈을 방지하기 위한 조치를 해야 한다.

4과목 전기 및 화학설비 안전관리

61

전폐형 방폭구조가 아닌 것은?

① 압력방폭구조 ② 내압방폭구조
③ 유입방폭구조 ④ 안전증방폭구조

해설 **안전증 방폭구조**

기계적, 전기적 구조상 또는 온도상승에 대해서 특히 안전도를 증가시킨 구조로 전폐형과는 개념이 다른 구조

62

혼촉방지판이 부착된 변압기를 설치하고 혼촉방지판을 접지시켰다. 이러한 변압기를 사용하는 주요 이유는?

① 2차 측의 전류를 감소시킬 수 있기 때문에
② 누전전류를 감소시킬 수 있기 때문에
③ 2차 측에 비접지 방식을 채택하면 감전 시 위험을 감소시킬 수 있기 때문에
④ 전력의 손실을 감소시킬 수 있기 때문에

해설

고압 또는 특고압과 저압을 결합한 변압기의 저압측 중성점에서는 고저압의 혼촉에 의한 위험을 예방하기 위하여 접지공사를 한다. 그러나 저압을 비접지로 하는 것이 감전 시 위험을 감소시킬 수 있는 등 유리한 경우가 있으므로 고압 또는 특고압과 저압의 권선사이에 혼촉방지판을 마련하여 이것을 접지하면 저압측을 비접지식으로 사용할 수 있다.

정답 59 ④ 60 ③ 61 ④ 62 ③

63

산업안전보건법상 전기기계·기구의 누전에 의한 감전 위험을 방지하기 위하여 접지를 하여야 하는 사항으로 틀린 것은?

① 전기기계·기구의 금속제 내부 충전부
② 전기기계·기구의 금속제 외함
③ 전기기계·기구의 금속제 외피
④ 전기기계·기구의 금속제 철대

해설 **접지를 해야 하는 대상 부분**

① 전기기계·기구의 금속제 외함, 금속제 외피 및 철대
② 고정 설치되거나 고정배선에 접속된 전기기계·기구의 노출된 비충전 금속체 중 충전될 우려가 있는 해당하는 비충전 금속체
③ 전기를 사용하지 아니하는 설비 중 해당하는 금속체

64

인체가 현저히 젖어있는 상태 또는 금속성의 전기·기계 장치나 구조물에 인체의 일부가 상시 접촉되어 있는 상태에서의 허용접촉전압으로 옳은 것은?

① 2.5V 이하　② 25V 이하
③ 50V 이하　④ 75V 이하

해설 **허용 접촉전압**

종별	접촉 상태	허용접촉 전압
제1종	• 인체의 대부분이 수중에 있는 경우	2.5V 이하
제2종	• 인체가 현저하게 젖어있는 경우 • 금속성의 전기기계장치나 구조물에 인체의 일부가 상시 접촉되어 있는 경우	25V 이하
제3종	• 제1종, 제2종 이외의 경우로 통상의 인체상태에 있어서 접촉전압이 가해지면 위험성이 높은 경우	50V 이하
제4종	• 제1종, 제2종 이외의 경우로 통상의 인체상태에 있어서 접촉전압이 가해지더라도 위험성이 낮은 경우 • 접촉전압이 가해질 우려가 없는 경우	제한없음

65

방폭구조의 명칭과 표기기호가 잘못 연결된 것은?

① 안전증방폭구조 : e
② 유입(油入)방폭구조 : o
③ 내압(耐壓)방폭구조 : p
④ 본질안전방폭구조 : ia 또는 ib

해설 **방폭구조의 기호**

종류	내압	압력	유입	안전증	몰드	충전	비점화	본질안전	특수
기호	d	p	o	e	m	q	n	i	s

66

변압기 전로의 1선 지락 전류가 6A일 때 제2종 접지공사의 접지저항 값은? (단, 자동전로차단장치는 설치되지 않았다.)

① 10Ω　② 15Ω　③ 20Ω　④ 25Ω

해설 **제2종 접지공사의 접지저항**

$$\text{접지저항} = \frac{150}{\text{1선지락전류}(A)}(\Omega) = \frac{150}{6} = 25(\Omega)$$

tip

2021년 적용되는 법 제정으로 2종접지공사는 중성점 접지로 변경되었으니 본문내용을 참고하세요.

67

아크 용접 작업 시 감전재해 방지에 쓰이지 않는 것은?

① 보호면　② 절연장갑
③ 절연용접봉 홀더　④ 자동전격방지장치

해설 **아크 용접작업 시 감전방지대책**

① 자동전격방지기 설치
② 용접봉 절연홀더를 규격품으로 사용
③ 아크에 견디는 적정 케이블 사용
④ 용접기 외함을 접지하고 누전차단기 설치
⑤ 절연장갑 착용 등

정답 63 ① 64 ② 65 ③ 66 ④ 67 ①

68

파이프 등에 유체가 흐를 때 발생하는 유동대전에 가장 큰 영향을 미치는 요인은?

① 유체의 이동거리 ② 유체의 점도
③ 유체의 속도 ④ 유체의 양

해설 **유동대전**

① 액체류를 파이프 등으로 수송할 때 액체류가 파이프 등과 접촉하여 두 물질의 경계에 전기 2중층이 형성되어 정전기가 발생
② 액체류의 유동속도가 정전기 발생에 큰 영향을 준다.

69

정전기 발생의 원인에 해당되지 않는 것은?

① 마찰 ② 냉장 ③ 박리 ④ 충돌

해설 **정전기 발생현상**

마찰대전	두 물질이 접촉과 분리과정이 반복되면서 마찰을 일으킬 때 전하분리가 생기면서 정전기가 발생
박리대전	상호 밀착해 있던 물체가 떨어지면서 전하 분리가 생겨 정전기가 발생
유동대전	액체류를 파이프 등으로 수송할 때 액체류가 파이프 등과 접촉하여 두 물질의 경계에 전기 2중층이 형성되어 정전기가 발생
분출대전	분체류, 액체류, 기체류가 단면적이 작은 개구부를 통해 분출할 때 분출물질과 개구부의 마찰로 인하여 정전기가 발생
충돌대전	분체류에 의한 입자끼리 또는 입자와 고정된 고체의 충돌, 접촉, 분리 등에 의해 정전기가 발생

70

충전전로의 선간전압이 121kV 초과 145kV 이하의 활선 작업 시 충전전로에 대한 접근한계거리(cm)는?

① 130 ② 150 ③ 170 ④ 230

해설 **충전전로에서의 전기 작업**

충전전로의 선간전압 (단위 : 킬로볼트)	충전전로에 대한 접근한계거리 (단위 : 센티미터)
0.3 이하	접촉금지
0.3 초과 0.75 이하	30
0.75 초과 2 이하	45
2 초과 15 이하	60
15 초과 37 이하	90
37 초과 88 이하	110
88 초과 121 이하	130
121 초과 145 이하	150
145 초과 169 이하	170
169 초과 242 이하	230

71

아세틸렌(C_2H_2)의 공기 중 완전연소 조성농도(C_{st})는 약 얼마인가?

① 6.7vol% ② 7.0vol% ③ 7.4vol% ④ 7.7vol%

해설

$$Cst=\frac{100}{1+4.773\left(n+\frac{m-f-2\lambda}{4}\right)}=\frac{100}{1+4.773\left(2+\frac{2}{4}\right)}$$

$$=7.73\text{vol\%}$$

72

다음 중 폭굉(detonation) 현상에 있어서 폭굉파의 진행 전면에 형성되는 것은?

① 증발열 ② 충격파 ③ 역화 ④ 화염의 대류

해설 **폭굉과 폭굉파**

① 폭굉이란 폭발 범위 내의 특정 농도 범위에서 연소 속도가 폭발에 비해 수백 내지 수천 배에 달하는 현상
② 폭굉파는 진행 속도가 1,000~3,500m/s에 달하는 경우
③ 폭굉파의 전파 속도는 음속을 앞지르기 때문에 그 진행전면에 충격파가 형성되어 파괴 작용을 동반

정답 68 ③ 69 ② 70 ② 71 ④ 72 ②

73

위험물안전관리법령상 제4류 위험물(인화성 액체)이 갖는 일반 성질로 가장 거리가 먼 것은?

① 증기는 대부분 공기보다 무겁다.
② 대부분 물보다 가볍고 물에 잘 녹는다.
③ 대부분 유기화합물이다.
④ 발생증기는 연소하기 쉽다.

해설 **제4류 위험물(인화성 액체)**

① 가연성 물질로 인화성 증기를 발생하는 액체위험물, 인화되기 매우 쉽고 착화온도가 낮은 것은 위험(증기는 공기와 약간만 혼합해도 연소의 우려)
② 점화원이나 고온체의 접근을 피하고, 증기발생을 억제해야 한다.
③ 증기는 공기보다 무겁고, 물보다 가벼우며, 물에 녹기 어렵다.

74

다음 중 분진폭발에 대한 설명으로 틀린 것은?

① 일반적으로 입자의 크기가 클수록 위험이 더 크다.
② 산소의 농도는 분진폭발 위험에 영향을 주는 요인이다.
③ 주위 공기의 난류확산은 위험을 증가시킨다.
④ 가스폭발에 비하여 불완전 연소를 일으키기 쉽다.

해설 **입자의 직경**

평균 입자의 직경이 작고 밀도가 작은 것일수록 비표면적은 크게 되고 표면에너지도 크게 되어 위험성이 크다.

75

산업안전보건기준에 관한 규칙에 따라 폭발성 물질을 저장·취급하는 화학설비 및 그 부속설비를 설치할 때 단위공정시설 및 설비로부터 다른 단위공정시설 및 설비 사이의 안전거리는 설비 바깥 면으로부터 몇 m 이상 두어야 하는가? (단, 원칙적인 경우에 한한다.)

① 3　② 5　③ 10　④ 20

해설 **위험물 저장 취급 화학설비(안전거리)**

구분	안전거리
단위공정시설 및 설비로부터 다른 단위공정시설 및 설비의 사이	설비의 외면으로부터 10미터 이상
플레어스택으로부터 단위공정시설 및 설비, 위험물질 저장탱크 또는 위험물질 하역설비의 사이	플레어스택으로부터 반경 20미터 이상
위험물질 저장탱크로부터 단위공정시설 및 설비, 보일러 또는 가열로의 사이	저장탱크의 외면으로부터 20미터 이상
사무실·연구실·실험실·정비실 또는 식당으로부터 단위공정시설 및 설비, 위험물질 저장탱크, 위험물질 하역설비, 보일러 또는 가열로의 사이	사무실 등의 외면으로부터 20미터 이상

76

다음 중 가연성 가스가 아닌 것으로만 나열된 것은?

① 일산화탄소, 프로판　② 이산화탄소, 프로판
③ 일산화탄소, 산소　④ 산소, 이산화탄소

해설

수소, 아세틸렌, 에틸렌, 메탄, 에탄, 프로판, 부탄 등은 인화성(가연성) 가스에 해당되며, 이산화탄소는 불활성기체, 산소는 조연성 가스에 해당된다.

정답 73 ② 74 ① 75 ③ 76 ④

77

산업안전보건기준에 관한 규칙에서 부식성 염기류에 해당하는 것은?

① 농도 30퍼센트인 과염소산
② 농도 30퍼센트인 아세틸렌
③ 농도 40퍼센트인 디아조화합물
④ 농도 40퍼센트인 수산화나트륨

해설 **부식성 물질**

산류	① 농도가 20퍼센트 이상인 염산, 황산, 질산, 기타 이와 동등 이상의 부식성을 가지는 물질 ② 농도가 60퍼센트 이상인 인산, 아세트산, 불산, 기타 이와 동등 이상의 부식성을 가지는 물질
염기류	농도가 40퍼센트 이상인 수산화나트륨, 수산화칼륨, 기타 이와 동등 이상의 부식성을 가지는 염기류

78

다음은 산업안전보건기준에 관한 규칙에서 정한 부식 방지와 관련한 내용이다. ( )에 해당하지 않는 것은?

> 사업주는 화학설비 또는 그 배관(화학설비 또는 그 배관의 밸브나 콕은 제외한다) 중 위험물 또는 인화점이 섭씨 60도 이상인 물질이 접촉하는 부분에 대해서는 위험물질 등에 의하여 그 부분이 부식되어 폭발·화재 또는 누출되는 것을 방지하기 위하여 위험물질 등의 ( )·( )·( ) 등에 따라 부식이 잘 되지 않는 재료를 사용하거나 도장(塗裝) 등의 조치를 하여야 한다.

① 종류 ② 온도 ③ 농도 ④ 색상

해설 **화학설비 또는 그 배관의 부식방지**

위험물 또는 인화점이 섭씨 60도 이상인 물질이 접촉하는 부분에 대해서는 위험물질 등에 의하여 그 부분이 부식되어 폭발·화재 또는 누출되는 것을 방지하기 위하여 위험물질 등의 종류·온도·농도 등에 따라 부식이 잘 되지 않는 재료를 사용하거나 도장(塗裝) 등의 조치를 하여야 한다.

79

나트륨은 물과 반응할 때 위험성이 매우 크다. 그 이유로 적합한 것은?

① 물과 반응하여 지연성 가스 및 산소를 발생시키기 때문이다.
② 물과 반응하여 맹독성 가스를 발생시키기 때문이다.
③ 물과 발열반응을 일으키면서 가연성 가스를 발생시키기 때문이다.
④ 물과 반응하여 격렬한 흡열반응을 일으키기 때문이다.

해설

칼륨(K), 나트륨(Na) 등은 금수성 물질에 해당되는 위험물(알칼리금속)로 물과 반응하면 수소가 발생한다. 이때 많은 반응열이 발생하며, 발생한 수소와 공기 중의 산소가 반응해서 폭발이 일어나게 된다.

80

메탄올의 연소반응이 다음과 같을 때 최소산소농도(MOC)는 약 얼마인가? (단, 메탄올의 연소하한값(L)은 6.7vol%이다.)

$$CH_3OH + 1.5O_2 \rightarrow CO_2 + 2H_2O$$

① 1.5vol% ② 6.7vol% ③ 10vol% ④ 15vol%

해설 **MOC(최소산소농도)**

① 실험 데이터가 불충분할 경우(대부분의 탄화수소)
LFL × 산소의 양론계수(연소반응식)
② 6.7 × 1.5 = 10.05%

정답 77 ④ 78 ④ 79 ③ 80 ③

5과목 건설공사 안전관리

81

가설구조물이 갖추어야 할 구비요건과 가장 거리가 먼 것은?

① 영구성 ② 경제성 ③ 작업성 ④ 안전성

해설 가설구조물의 구비요건

안전성	파괴 및 도괴 등에 대한 충분한 강도를 가질 것
작업성(시공성)	넓은 작업발판 및 공간 확보. 안전한 작업 자세 유지
경제성	가설, 철거비 및 가공비 등

82

말비계를 조립하여 사용하는 경우에 준수해야 하는 사항으로 옳지 않은 것은?

① 지주부재의 하단에는 미끄럼 방지장치를 한다.
② 근로자는 양측 끝부분에 올라서서 작업하도록 한다.
③ 지주부재와 수평면의 기울기를 75° 이하로 한다.
④ 말비계의 높이가 2m를 초과하는 경우에는 작업발판의 폭을 40cm 이상으로 한다.

해설 말비계의 조립 시 준수사항

① 지주부재의 하단에는 미끄럼 방지장치를 하고, 양측 끝부분에 올라서서 작업하지 아니하도록 할 것
② 지주부재와 수평면과의 기울기를 75도 이하로 하고, 지주부재와 지주부재 사이를 고정시키는 보조부재를 설치할 것
③ 말비계의 높이가 2미터를 초과할 경우에는 작업발판의 폭을 40cm 이상으로 할 것

83

차량계 하역 운반기계에 화물을 적재할 때의 준수사항과 거리가 먼 것은?

① 하중이 한쪽으로 치우치지 않도록 적재할 것
② 구내운반차 또는 화물자동차의 경우 화물의 붕괴 또는 낙하에 의한 위험을 방지하기 위하여 화물에 로프를 거는 등 필요한 조치를 할 것
③ 운전자의 시야를 가리지 않도록 화물을 적재할 것
④ 제동장치 및 조정장치 기능의 이상 유무를 점검할 것

해설 차량계 하역 운반기계의 화물적재 시 조치

① 하중이 한쪽으로 치우치지 않도록 적재할 것
② 구내운반차 또는 화물자동차의 경우 화물의 붕괴 또는 낙하에 의한 위험을 방지하기 위하여 화물에 로프를 거는 등 필요한 조치를 할 것
③ 운전자의 시야를 가리지 않도록 화물을 적재할 것

84

콘크리트를 타설할 때 안전상 유의하여야 할 사항으로 옳지 않은 것은?

① 콘크리트를 치는 도중에는 거푸집, 지보공 등의 이상 유무를 확인한다.
② 진동기 사용 시 지나친 진동은 거푸집 도괴의 원인이 될 수 있으므로 적절히 사용해야 한다.
③ 최상부의 슬래브는 되도록 이어붓기를 하고 여러 번에 나누어 콘크리트를 타설한다.
④ 타워에 연결되어 있는 슈트의 접속이 확실한지 확인한다.

해설 콘크리트 타설시 주의사항

① 친 콘크리트를 거푸집 안에서 횡방향으로 이동금지
② 한 구획 내의 콘크리트는 치기가 완료될 때까지 연속해서 타설
③ 최상부의 슬래브는 이어붓기를 피하고 동시에 전체를 타설 등

정답 81 ① 82 ② 83 ④ 84 ③

85

무한궤도식 장비와 타이어식(차륜식) 장비의 차이점에 관한 설명으로 옳은 것은?

① 무한궤도식은 기동성이 좋다.
② 타이어식은 승차감과 주행성이 좋다.
③ 무한궤도식은 경사지반에서의 작업에 부적당하다.
④ 타이어식은 땅을 다지는 데 효과적이다.

해설 **주행 방법에 의한 분류**

① 무한궤도식 : 경사지 또는 연약 지반에 유리
② 차륜식 : 속도 개선 효과가 증대

86

철근콘크리트 공사 시 활용되는 거푸집의 필요조건이 아닌 것은?

① 콘크리트의 하중에 대해 뒤틀림이 없는 강도를 갖출 것
② 콘크리트 내 수분 등에 대한 물 빠짐이 원활한 구조를 갖출 것
③ 최소한의 재료로 여러 번 사용할 수 있는 전용성을 가질 것
④ 거푸집은 조립·해체·운반이 용이하도록 할 것

해설 **거푸집의 필요조건**

① 가공용이, 치수정확
② 수밀성 확보, 내수성유지
③ 경제성, 전용성
④ 외력에 강하고, 청소, 보수용이 등

87

근로자가 추락하거나 넘어질 위험이 있는 장소에서 추락방호망의 설치 기준으로 옳지 않은 것은?

① 망의 처짐은 짧은 변 길이의 10% 이상이 되도록 할 것
② 추락방호망은 수평으로 설치할 것
③ 건축물 등의 바깥쪽으로 설치하는 경우 추락 방호망의 내민 길이는 벽면으로부터 3m 이상 되도록 할 것
④ 추락방호망의 설치위치는 가능하면 작업면으로부터 가까운 지점에 설치하여야 하며, 작업면으로부터 망의 설치지점까지의 수직거리는 10m를 초과하지 아니할 것

해설 **추락 방호망의 설치기준**

① 추락 방호망의 설치위치는 가능하면 작업면으로부터 가까운 지점에 설치하여야 하며, 작업면으로부터 망의 설치지점까지의 수직거리는 10미터를 초과하지 아니할 것
② 추락 방호망은 수평으로 설치하고, 망의 처짐은 짧은 변 길이의 12퍼센트 이상이 되도록 할 것
③ 건축물 등의 바깥쪽으로 설치하는 경우 망의 내민 길이는 벽면으로부터 3미터 이상 되도록 할 것

88

공사현장에서 낙하물방지망 또는 방호선반을 설치할 때 설치높이 및 벽면으로부터 내민 길이 기준으로 옳은 것은?

① 설치높이 : 10m 이내마다, 내민 길이 2m 이상
② 설치높이 : 15m 이내마다, 내민 길이 2m 이상
③ 설치높이 : 10m 이내마다, 내민 길이 3m 이상
④ 설치높이 : 15m 이내마다, 내민 길이 3m 이상

해설 **낙하물방지망 또는 방호선반**

① 설치높이는 10m 이내마다 설치하고, 내민 길이는 벽면으로부터 2m 이상으로 할 것
② 수평면과의 각도는 20도 이상 30도 이하를 유지할 것

정답 85 ② 86 ② 87 ① 88 ①

89

다음 중 유해·위험방지계획서 작성 및 제출 대상에 해당되는 공사는?

① 지상높이가 20m인 건축물의 해체공사
② 깊이 9.5m인 굴착공사
③ 최대 지간거리가 50m인 교량건설공사
④ 저수용량 1천만 톤인 용수전용 댐

해설 **유해위험 방지계획서를 제출해야 될 건설공사**

① 다음 각목의 어느 하나에 해당하는 건축물 또는 시설 등의 건설, 개조 또는 해체공사
㉠ 지상 높이가 31미터 이상인 건축물 또는 인공구조물
㉡ 연면적 3만 제곱미터 이상인 건축물
㉢ 연면적 5천 제곱미터 이상인 시설로서 다음의 어느 하나에 해당하는 시설
㉮ 문화 및 집회시설 ㉯ 판매시설, 운수시설 ㉰ 종교시설
㉱ 의료시설 중 종합병원 ㉲ 숙박시설 중 관광숙박시설
㉳ 지하도 상가 ㉴ 냉동, 냉장 창고시설
② 최대 지간 길이가 50미터 이상인 다리의 건설 등 공사
③ 연면적 5천 제곱미터 이상인 냉동, 냉장창고 시설의 설비공사 및 단열공사
④ 다목적댐, 발전용댐, 저수용량 2천만톤 이상의 용수전용댐 및 지방상수도 전용댐의 건설 등 공사
⑤ 터널의 건설등 공사
⑥ 깊이 10미터 이상인 굴착공사

90

굴착면 붕괴의 원인과 가장 거리가 먼 것은?

① 사면경사의 증가
② 성토 높이의 감소
③ 공사에 의한 진동하중의 증가
④ 굴착높이의 증가

해설 **토석붕괴의 원인**

외적요인	내적요인
① 사면·법면의 경사 및 기울기의 증가 ② 절토 및 성토 높이의 증가 ③ 진동 및 반복하중의 증가 ④ 지하수 침투에 의한 토사중량의 증가 ⑤ 구조물의 하중 증가	① 절토사면의 토질·암질 ② 성토사면의 토질 ③ 토석의 강도 저하

91

시스템 비계를 사용하여 비계를 구성하는 경우에 준수하여야 할 사항으로 옳지 않은 것은?

① 수직재와 수직재의 연결철물은 이탈되지 않도록 견고한 구조로 할 것
② 수직재·수평재·가새재를 견고하게 연결하는 구조가 되도록 할 것
③ 수직재와 받침철물의 연결부 겹침 길이는 받침철물 전체길이의 4분의 1 이상이 되도록 할 것
④ 수평재는 수직재와 직각으로 설치하여야 하며, 체결 후 흔들림이 없도록 견고하게 설치할 것

해설 **시스템 비계의 구조**

비계 밑단의 수직재와 받침 철물은 밀착되도록 설치하고, 수직재와 받침 철물의 연결부의 겹침 길이는 받침 철물 전체길이의 3분의 1 이상이 되도록 할 것

92

사다리식 통로 등을 설치하는 경우 발판과 벽과의 사이는 최소 얼마 이상의 간격을 유지하여야 하는가?

① 10cm 이상 ② 15cm 이상
③ 20cm 이상 ④ 25cm 이상

해설 **사다리식 통로의 구조(주요내용)**

① 발판과 벽과의 사이는 15센티미터 이상의 간격을 유지할 것
② 폭은 30센티미터 이상으로 할 것
③ 사다리의 상단은 걸쳐놓은 지점으로부터 60센티미터 이상 올라가도록 할 것
④ 사다리식 통로의 길이가 10미터 이상인 경우에는 5미터 이내마다 계단참을 설치할 것
⑤ 사다리식 통로의 기울기는 75도 이하로 할 것

정답 89 ③ 90 ② 91 ③ 92 ②

93

산업안전보건기준에 관한 규칙에 따른 토사 굴착 시 굴착면의 기울기 기준으로 옳지 않은 것은?

① 모래 - 1 : 1.8 ② 풍화암 - 1 : 1.0
③ 경암 - 1 : 0.5 ④ 연암 - 1 : 1.2

해설 **굴착면 기울기 기준**

지반의 종류	모래	연암 및 풍화암	경암	그 밖의 흙
굴착면의 기울기	1 :1.8	1 : 1.0	1 : 0.5	1 : 1.2

tip
2023년 법령개정. 문제와 해설은 개정된 내용 적용

94

가설통로를 설치하는 경우 준수하여야 할 기준으로 옳지 않은 것은?

① 견고한 구조로 할 것
② 경사는 30도 이하로 할 것
③ 경사가 30도를 초과하는 경우에는 미끄러지지 아니하는 구조로 할 것
④ 수직갱에 가설된 통로의 길이가 15m 이상인 경우에는 10m 이내마다 계단참을 설치할 것

해설

경사는 30도 이하로 하며, 경사가 15도를 초과하는 경우에는 미끄러지지 아니하는 구조로 할 것

95

산업안전보건관리비에 관한 설명으로 옳지 않은 것은?

① 발주자는 수급인이 안전관리비를 다른 목적으로 사용한 금액에 대해서는 계약금액에서 감액 조정할 수 있다.
② 발주자는 수급인이 안전관리비를 사용하지 아니한 금액에 대하여는 반환을 요구할 수 있다.
③ 자기공사자는 원가계산에 의한 예정가격 작성 시 안전관리비를 계상한다.
④ 발주자는 설계변경 등으로 대상액의 변동이 있는 경우 공사 완료 후 정산하여야 한다.

해설 **산업안전보건관리비 계상방법 및 계상시기 등**

① 발주자는 원가계산에 의한 예정가격 작성 시 안전관리비를 계상하여야 한다.
② 자기공사자는 원가계산에 의한 예정가격을 작성하거나 자체 사업계획을 수립하는 경우에 안전관리비를 계상하여야 한다.
③ 발주자는 수급인이 다른 목적으로 사용하거나 사용하지 않은 안전관리비에 대하여 이를 계약금액에서 감액조정하거나 반환을 요구할 수 있다.
④ 발주자 또는 자기공사자는 설계변경 등으로 대상액의 변동이 있는 경우에 안전관리비를 조정 계상하여야 한다.

96

정기안전점검 결과 건설공사의 물리적·기능적 결함 등이 발견되어 보수·보강 등의 조치를 하기 위하여 필요한 경우에 실시하는 것은?

① 자체안전점검 ② 정밀안전점검
③ 상시안전점검 ④ 품질관리점검

해설 **건설공사 안전점검**

자체 안전점검	건설공사의 공사기간 동안 매일 실시
정기 안전점검	건설공사의 종류 및 규모 등을 고려하여 국토교통부장관이 정하여 고시하는 시기와 횟수에 따라 실시
정밀 안전점검	정기안전점검 결과 건설공사의 물리적·기능적 결함 등이 발견되어 보수·보강 등의 조치를 하기 위하여 필요한 경우 실시
1종 시설물 및 2종 시설물의 건설공사	해당 건설공사를 준공하기 직전에 정기안전점검 수준 이상의 안전점검 실시
	해당 건설공사가 시행 도중에 중단되어 1년 이상 방치된 시설물이 있는 경우에는 그 공사를 다시 시작하기 전에 그 시설물에 대한 안전점검 실시

정답 93 ④ 94 ③ 95 ④ 96 ②

97

철근콘크리트 슬래브에 발생하는 응력에 관한 설명으로 옳지 않은 것은?

① 전단력은 일반적으로 단부보다 중앙부에서 크게 작용한다.
② 중앙부 하부에는 인장응력이 발생한다.
③ 단부 하부에는 압축응력이 발생한다.
④ 휨응력은 일반적으로 슬래브의 중앙부에서 크게 작용한다.

해설

전단력은 단면에 평행하게 접하여 일어나며, 일반적으로 중앙부보다 단부에서 크게 작용한다.

98

연약지반을 굴착할 때 흙막이 벽 뒷쪽 흙의 중량이 바닥의 지지력보다 커지면 굴착저면에서 흙이 부풀어 오르는 현상은?

① 슬라이딩(Sliding)
② 보일링(Boiling)
③ 파이핑 (Piping)
④ 히빙 (Heaving)

해설 **히빙(Heaving)현상**

연약성 점토지반 굴착 시 굴착 외측 흙의 중량에 의해 굴착저면의 흙이 활동 전단 파괴되어 굴착내측으로 부풀어 오르는 현상

tip

보일링(Boiling)현상
투수성이 좋은 사질지반의 흙막이 저면에서 수두차로 인한 상향의 침투압이 발생 유효응력이 감소하여 전단강도가 상실되는 현상으로 지하수가 모래와 같이 솟아오르는 현상

99

슬레이트, 선라이트 등 강도가 약한 재료로 덮은 지붕 위에서 작업을 할 때 발이 빠지는 등 근로자의 위험을 방지하기 위하여 필요한 발판의 폭 기준은?

① 10cm 이상
② 20cm 이상
③ 25cm 이상
④ 30cm 이상

해설

지붕 위에서 작업시 추락하거나 넘어질 위험이 있는 경우 조치 사항
① 지붕의 가장자리에 안전난간을 설치할 것
- 안전난간 설치가 곤란한 경우 추락방호망 설치
- 추락방호망 설치가 곤란한 경우 안전대 착용 등의 추락 위험 방지조치

② 채광창(skylight)에는 견고한 구조의 덮개를 설치할 것
③ 슬레이트 등 강도가 약한 재료로 덮은 지붕에는 폭 30센티미터 이상의 발판을 설치할 것

tip

본 문제는 2021년 법령개정으로 수정된 내용입니다.(해설은 개정된 내용 적용)

정답 97 ① 98 ④ 99 ④

100

추락 방지용 방망 그물코의 모양 및 크기의 기준으로 옳은 것은?

① 원형 또는 사각으로서 그 크기는 5cm 이하이어야 한다.
② 원형 또는 사각으로서 그 크기는 10cm 이하이어야 한다.
③ 사각 또는 마름모로서 그 크기는 5cm 이하이어야 한다.
④ 사각 또는 마름모로서 그 크기는 10cm 이하이어야 한다.

해설

추락 방지망의 그물코는 사각 또는 마름모로서 그 크기는 10cm 이하

정답 100 ④

2019년 8월 4일

산업안전산업기사 기출문제

1과목 산업재해 예방 및 안전보건교육

01

토의(회의)방식 중 참가자가 다수인 경우에 전원을 토의에 참가시키기 위하여 소집단으로 구분하고, 각각 자유토의를 행하여 의견을 종합하는 방식은?

① 포럼(forum)
② 심포지엄(symposium)
③ 버즈 세션(buzz session)
④ 패널 디스커션(panel discussion)

해설 buzz session(버즈 세션)

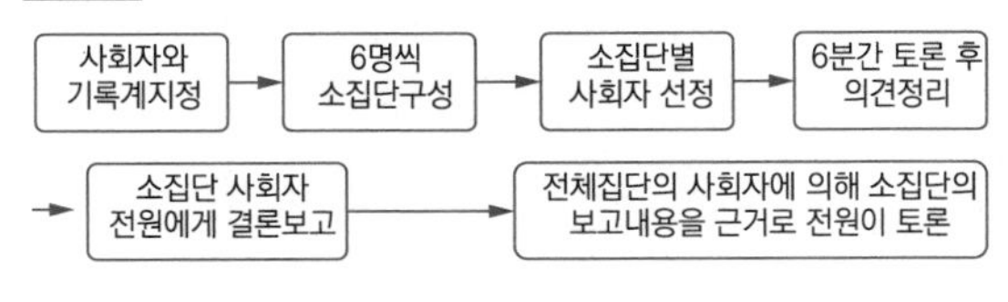

tip
6-6회의라고 하며, 다수의 참가자를 전원 토의에 참여시키기 위한 방법

02

안전교육 방법 중 TWI(Training Within Industry)의 교육과정이 아닌 것은?

① 작업지도 훈련 ② 인간관계 훈련
③ 정책수립 훈련 ④ 작업방법 훈련

해설 TWI(Training with industry)교육과정

① Job Method Training(J. M. T) : 작업방법훈련(작업개선법)
② Job Instruction Training(J. I. T) : 작업지도훈련(작업지도법)
③ Job Relations Training(J. R. T) : 인간관계훈련(부하통솔법)
④ Job Safety Training(J. S. T) : 작업안전훈련(안전관리법)

03

안전모에 관한 내용으로 옳은 것은?

① 안전모의 종류는 안전모의 형태로 구분한다.
② 안전모의 종류는 안전모의 색상으로 구분한다.
③ A형 안전모 : 물체의 낙하, 비래에 의한 위험을 방지, 경감시키는 것으로 내전압성이다.
④ AE형 안전모 : 물체의 낙하, 비래에 의한 위험을 방지 또는 경감하고 머리 부위의 감전에 의한 위험을 방지하기 위한 것으로 내전압성이다.

해설 추락 및 감전 위험방지용 안전모의 종류

종류(기호)	사용구분	비고
AB	물체의 낙하 또는 비래 및 추락에 의한 위험을 방지 또는 경감시키기 위한 것	
AE	물체의 낙하 또는 비래에 의한 위험을 방지 또는 경감하고, 머리부위 감전에 의한 위험을 방지하기 위한 것	내전압성(주1)
ABE	물체의 낙하 또는 비래 및 추락에 의한 위험을 방지 또는 경감하고, 머리부위 감전에 의한 위험을 방지하기 위한 것	내전압성

(주1) 내전압성이란 7,000볼트 이하의 전압에 견디는 것을 말한다

정답 1 ③ 2 ③ 3 ④

04

재해 누발자의 유형 중 작업이 어렵고, 기계설비에 결함이 있기 때문에 재해를 일으키는 유형은?

① 상황성 누발자 ② 습관성 누발자
③ 소질성 누발자 ④ 미숙성 누발자

해설 **재해 누발자 유형**

미숙성 누발자	① 기능 미숙 ② 작업환경 부적응
상황성 누발자	① 작업자체가 어렵기 때문 ② 기계설비의 결함 존재 ③ 주위 환경 상 주의력 집중 곤란 ④ 심신에 근심 걱정이 있기 때문
습관성 누발자	① 경험한 재해로 인하여 대응능력약화(겁쟁이, 신경과민) ② 여러 가지 원인으로 슬럼프(slump)상태
소질성 누발자	① 개인의 소질 중 재해원인 요소를 가진 자 (주의력 부족, 소심한 성격, 저 지능, 흥분, 감각운동부적합 등) ② 특수성격소유자로써 재해발생 소질 소유자

05

매슬로우(Maslow)의 욕구위계이론 5단계를 올바르게 나열한 것은?

① 생리적 욕구 → 안전의 욕구 → 사회적 욕구 → 존경의 욕구 → 자아실현의 욕구
② 생리적 욕구 → 안전의 욕구 → 사회적 욕구 → 자아실현의 욕구 → 존경의 욕구
③ 안전의 욕구 → 생리적 욕구 → 사회적 욕구 → 자아실현의 욕구 → 존경의 욕구
④ 안전의 욕구 → 생리적 욕구 → 사회적 욕구 → 존경의 욕구 → 자아실현의 욕구

해설 **매슬로우(Abraham Maslow)의 욕구(위계이론)**

① 생리적욕구 ② 안전의 욕구 ③ 사회적 욕구
④ 인정받으려는 욕구 ⑤ 자아실현의 욕구

06

적응기제(Adjustment Mechanism) 중 방어적 기제(Defence Mechanism)에 해당하는 것은?

① 고립(Isolation)
② 퇴행(Regression)
③ 억압(Suppression)
④ 합리화(Rationalization)

해설 **적응기제의 기본유형**

공격적 행동	책임전가, 폭행, 폭언 등
도피적 행동	퇴행, 억압, 고립, 백일몽 등
방어적 행동	승화, 보상, 합리화, 동일시, 반동형성, 투사 등

07

안전심리의 5대 요소 중 능동적인 감각에 의한 자극에서 일어난 사고의 결과로서, 사람의 마음을 움직이는 원동력이 되는 것은?

① 기질(temper) ② 동기(motive)
③ 감정(emotion) ④ 습관(custom)

해설 **동기**

① 능동적인 감각에 의한 자극에서 일어나는 사고의 결과로 사람의 마음을 움직여 어떤 행동을 하게 하는 원동력
② 동기는 어떤 현상에 대한 긍정적 또는 부정적 방향으로 작용할 수 있으므로 안전교육을 통한 긍정적인 동기부여가 필요

08

지적 확인이란 사람의 눈이나 귀 등 오감의 감각기관을 총동원해서 작업의 정확성과 안전을 확인하는 것이다. 지적 확인과 정확도가 올바르게 짝지어진 것은?

① 지적 확인한 경우 – 0.3%
② 확인만 하는 경우 – 1.25%
③ 지적만 하는 경우 – 1.0%
④ 아무 것도 하지 않은 경우 1.8%

해설 **지적확인**

① 지적 확인한 경우 – 0.8%
② 확인만 하는 경우 – 1.25%이는 것처럼 보이는 현상
③ 지적만 하는 경우 – 1.5%
④ 아무 것도 하지 않은 경우 2.85%

정답 4 ① 5 ① 6 ④ 7 ② 8 ②

09

산업안전보건법령상 안전·보건표지의 종류에 있어 "안전모 착용"은 어떤 표지에 해당하는가?

① 경고 표지　② 지시 표지
③ 안내 표지　④ 관계자 외 출입 금지

해설

지시표시는 특정행위의 지시 및 사실의 고지를 나타내며, 원형모양에 바탕은 파란색, 관련그림은 흰색

10

안전관리 조직의 형태 중 참모식(Staff) 조직에 대한 설명으로 틀린 것은?

① 이 조직은 분업의 원칙을 고도로 이용한 것이며, 책임 및 권한이 직능적으로 분담되어 있다.
② 생산 및 안전에 관한 명령이 각각 별개의 계통에서 나오는 결함이 있어, 응급처치 및 통제수속이 복잡하다.
③ 참모(Staff)의 특성상 업무관장은 계획안의 작성, 조사, 점검결과에 따른 조언, 보고에 머무는 것이다.
④ 참모(Staff)는 각 생산라인의 안전 업무를 직접 관장하고 통제한다.

해설 **참모식(Staff) 조직**

① 근로자 100~1,000명 정도의 중규모 사업장에 적합
② 안전에 관한 계획안의 작성, 조사, 점검 결과에 의한 조언, 보고의 역할(스스로생산 라인의 안전업무를 행할 수 없음)
③ F.W.Taylor의 기능형(functional) 조직에서 발전 → 분업의 원칙을 고도로 이용 → 책임과 권한이 직능적으로 분담

11

어느 공장의 연평균근로자가 180명이고, 1년간 사상자가 6명이 발생했다면 연천인율은 약 얼마인가? (단, 근로자는 하루 8시간씩 연간 300일을 근무한다.)

① 12.79　② 13.89　③ 33.33　④ 43.69

해설 **연천인율**

$$\text{연천인율} = \frac{\text{연간재해자수}}{\text{연평균근로자수}} \times 1{,}000 = \frac{6}{180} \times 1{,}000 = 33.333$$

12

사고의 간접원인이 아닌 것은?

① 물적 원인　② 정신적 원인
③ 관리적 원인　④ 신체적 원인

해설

직접 원인에는 불안전한 행동(인적원인)과 불안전한 상태(물적 원인)가 해당된다.

13

무재해운동의 3원칙에 해당되지 않은 것은?

① 참가의 원칙　② 무의 원칙
③ 예방의 원칙　④ 선취의 원칙

해설 **무재해 운동의 3대 원칙**

무의 원칙	무재해란 단순히 사망재해나 휴업재해만 없으면 된다는 소극적인 사고가 아닌, 사업장 내의 모든 잠재위험요인을 적극적으로 사전에 발견하고 파악·해결함으로써 산업재해의 근원적인 요소들을 없앤다는 것을 의미한다.
선취해결의 원칙	안전한 사업장을 조성하기 위한 궁극의 목표로서 사업장 내에서 행동하기 전에 잠재위험요인을 발견하고 파악·해결하여 재해를 예방하는 것을 의미한다.
참가의 원칙	작업에 따르는 잠재위험요인을 발견하고 파악·해결하기 위하여 전원이 일치 협력하여 각자의 위치에서 적극적으로 문제해결을 하겠다는 것을 의미한다.

14

기업조직의 원리 중 지시 일원화의 원리에 대한 설명으로 가장 적절한 것은?

① 지시에 따라 최선을 다해서 주어진 임무나 기능을 수행하는 것
② 책임을 완수하는 데 필요한 수단을 상사로부터 위임 받은 것
③ 언제나 직속 상사에게서만 지시를 받고 특정 부하 직원들에게만 지시하는 것
④ 가능한 조직의 각 구성원이 한 가지 특수 직무만을 담당하도록 하는 것

해설 **명령(지시) 일원화의 원리**

모든 지시나 명령 등이 공식적으로 정해진 계통으로만 수행되는 것으로 오직 한사람의 상관으로부터 명령을 받고 보고를 하며, 특정한 부하 직원들에게만 명령한다는 이론이다

정답 9 ② 10 ④ 11 ③ 12 ① 13 ③ 14 ③

15

다음 재해손실 비용 중 직접 손실비에 해당하는 것은?

① 진료비
② 입원 중의 잡비
③ 당일 손실 시간 손비
④ 구원, 연락으로 인한 부동 임금

해설 **직접 손실비**

법적으로 지급되는 산재보상비에 해당되며 요양급여, 휴업급여, 유족급여, 장례비, 진료비 등

16

레빈(Lewin)의 법칙에서 환경조건(E)에 포함되는 것은?

$$B=f(P \cdot TE)$$

① 지능　② 소질　③ 적성　④ 인간관계

해설 **레윈(K. Lewin)의 행동법칙**

$B=f(P \cdot TE)$
B : Behavior(인간의 행동)
f : function(함수관계) $P \cdot E$에 영향을 줄 수 있는 조건
P : person(개체 : 연령, 경험, 심신상태, 성격, 지능 등)
E : Environment(심리적 환경-인간관계, 작업환경, 설비적 결함 등)

17

교육의 기본 3요소에 해당하지 않는 것은?

① 교육의 형태　② 교육의 주체
③ 교육의 객체　④ 교육의 매개체

해설 **교육의 3요소**

교육의 주체	① 형식적인 교육에 있어서의 주체는 강사, 비형식적으로는 부모, 선배, 사회지식인 등 ② 수강자가 자율적으로 학습할 수 있도록 자극과 협조 ③ 강사로서의 전문적인 자질과 능력을 구비
교육의 객체	① 형식적인 교육에 있어서 수강자가 객체이나, 비형식적으로는 미성숙자 및 모든 학습 대상자 ② 수강자의 잠재능력을 개발하기 위한 차별화된 교육이 필요
교육의 매개체	① 매개체인 교육내용은 교육의 수단으로 역사적인 기록 및 경험적 요소를 포함 ② 비형식적인 교육에서는 교육환경, 인간관계 등

18

기기의 적정한 배치, 변형, 균열, 손상, 부식 등의 유무를 육안, 촉수 등으로 조사 후 그 설비별로 정해진 점검기준에 따라 양부를 확인하는 점검은?

① 외관점검　② 작동점검
③ 기능점검　④ 종합점검

해설 **안전점검(점검방법에 의한)**

외관점검 (육안 검사)	기기의 적정한 배치, 부착상태, 변형, 균열, 손상, 부식, 마모, 볼트의 풀림 등의 유무를 외관의 감각기관인 시각 및 촉감 등으로 조사하고 점검기준에 의해 양부를 확인
기능점검	간단한 조작을 행하여 봄으로 대상기기에 대한 기능의 양부확인
작동점검	방호장치나 누전차단기 등을 정하여진 순서에 의해 작동시켜 그 결과를 관찰하여 상황의 양부 확인
종합점검	정해진 기준에 따라서 측정검사를 실시하고 정해진 조건 하에서 운전시험을 실시하여 기계설비의 종합적인 기능 판단

정답 15 ① 16 ④ 17 ① 18 ①

19

산업안전보건법상 특별안전·보건교육 대상 작업이 아닌 것은?

① 건설용 리프트·곤돌라를 이용한 작업
② 전압이 50볼트(V)인 정전 및 활선작업
③ 화학설비 중 반응기, 교반기·추출기의 사용 및 세척 방법
④ 액화석유가스·수소가스 등 인화성 가스 또는 폭발성 물질 중 가스의 발생장치 취급 작업

해설

전압이 75V 이상의 정전 및 활선작업이 특별안전보건교육 대상 작업에 해당된다

20

재해의 근원이 되는 기계장치나 기타의 물(物) 또는 환경을 뜻하는 것은?

① 상해　② 가해물
② 기인물　④ 사고의 형태

해설 기인물과 가해물

① 기인물 : 재해 발생의 주원인이며 재해를 가져오게 한 근원이 되는 기계, 장치, 물(物) 또는 환경 등 (불안전상태)
② 가해물 : 직접 사람에게 접촉하여 피해를 주는 기계, 장치, 물(物) 또는 환경 등

2과목 인간공학 및 시스템 안전공학

21

FMEA 기법의 장점에 해당하는 것은?

① 서식이 간단하다.
② 논리적으로 완벽하다.
③ 해석의 초점이 인간에 맞추어져 있다.
④ 동시에 복수의 요소가 고장 나는 경우의 해석이 용이하다.

해설 FMEA의 특징

① CA(criticality analysis) 와 병행하는 일이 많다.
② FTA보다 서식이 간단하고 적은 노력으로 특별한 훈련 없이 분석이 가능하다.
③ 논리성이 부족하고 각 요소간의 영향 분석이 어려워 동시에 두 가지 이상의 요소가 고장 날 경우 분석이 곤란하다.
④ 요소가 통상 물체로 한정되어 있어 인적원인의 규명이 어렵다.
⑤ 시스템 안전 해석 시에는 시스템에서 단계나 평가의 필요성 등에 의해 FTA 등을 병용해 가는 것이 실재적인 방법이다.

22

Fussell의 알고리즘으로 최소 컷셋을 구하는 방법에 대한 설명으로 틀린 것은?

① OR 게이트는 항상 컷셋의 수를 증가시킨다.
② AND 게이트는 항상 컷셋의 크기를 증가시킨다.
③ 중복 및 반복되는 사건이 많은 경우에 적용하기 적합하고 매우 간편하다.
④ 톱(top)사상을 일으키기 위해 필요한 최소한의 컷셋이 최소 컷셋이다.

해설

Fussell의 알고리즘에 의해 구한 BICS(Boolean Indicated Cut Sets)는 진정한 미니멀 컷이라 할 수 없으며 이들 컷 속의 중복사상이나 컷을 제거해야 진정한 미니멀 컷이 된다.

정답 19 ② 20 ③ 21 ① 22 ③

23

FT에서 사용되는 사상기호에 대한 설명으로 맞는 것은?

① 위험지속기호 : 정해진 횟수 이상 입력이 될 때 출력이 발생한다.
② 억제 게이트 : 조건부 사건이 일어나는 상황 하에서 입력이 발생할 때 출력이 발생한다.
③ 우선적 AND 게이트 : 사건이 발생할 때 정해진 순서대로 복수의 출력이 발생한다.
④ 배타적 OR 게이트 : 동시에 2개 이상의 입력이 존재하는 경우에 출력이 발생한다.

해설 **사상기호**

① 우선적 AND 게이트 : 입력사상 중 어떤 사상이 다른 사상보다 앞에 일어났을 때 출력사상이 발생한다.
② 조합 AND 게이트 : 3개 이상의 입력사상 중 어느 것이나 2개가 일어나면 출력이 발생한다.
③ 배타적 OR 게이트 : OR 게이트인데 2개 또는 그 이상의 입력이 존재하는 경우에는 출력이 발생하지 않는다.
④ 위험지속기호 : 입력사상이 생겨 어떤 일정한 시간이 지속했을 때 출력이 발생한다. 만약 지속되지 않으면 출력은 발생하지 않는다.
⑤ 억제 게이트 : 입력사상이 수정기호안의 조건을 만족하면 출력사상이 생기고, 조건이 만족하지 않으면 출력은 생기지 않는다.

24

일반적인 FTA 기법의 순서로 맞는 것은?

㉠ FT의 작성	㉡ 시스템의 정의
㉢ 정량적 평가	㉣ 정성적 평가

① ㉠ → ㉡ → ㉢ → ㉣　　② ㉠ → ㉡ → ㉣ → ㉢
③ ㉡ → ㉠ → ㉢ → ㉣　　④ ㉡ → ㉠ → ㉣ → ㉢

해설 **FTA 기법의 순서**

① 시스템의 정의　② FT의 작성　③ 정성적 평가　④ 정량적 평가

25

작업장에서 발생하는 소음에 대한 대책으로 가장 먼저 고려하여야 할 적극적인 방법은?

① 소음원의 통제
② 소음원의 격리
③ 귀마개 등 보호구의 착용
④ 덮개 등 방호장치의 설치

해설 **소음관리(소음 통제 방법)**

가장 적극적인 대책은 소음원을 제거하는 것이며, 그 다음으로 소음원의 통제, 소음의 격리, 차음장치 및 흡음재 사용, 보호구 착용 등의 대책이 있다.

26

인간공학의 연구 방법에서 인간-기계 시스템을 평가하는 척도의 요건으로 적합하지 않은 것은?

① 적절성, 타당성　　② 무오염성
③ 주관성　　④ 신뢰성

해설 **척도의 요건**

① 적절성 : 기준이 의도된 목적에 적합하다고 판단되는 정도
② 무오염성 : 측정하고자 하는 변수 외의 영향이 없도록
③ 기준 척도의 신뢰성 : 척도의 신뢰성 즉 반복성
④ 민감도 : 피실험자 사이에서 볼 수 있는 예상 차이점에 비례하는 단위로 측정가능

정답 23 ② 24 ④ 25 ① 26 ③

27

정적자세 유지 시, 진전(tremor)을 감소시킬 수 있는 방법으로 틀린 것은?

① 시각적인 참조가 있도록 한다.
② 손이 심장 높이에 있도록 유지한다.
③ 작업 대상물에 기계적 마찰이 있도록 한다.
④ 손을 떨지 않으려고 힘을 주어 노력한다.

해설 **진전을 감소시키는 방법**

① 시각적 참조 (reference)
② 몸과 작업에 관계되는 부위를 잘 받친다.
③ 손이 심장 높이에 있을 때 손 떨림 현상이 적다.
④ 작업 대상물에 기계적인 마찰(friction)이 있을 경우

tip

진전의 특징은 떨지 않으려고 노력하면 할수록 더 심한 진전이 일어난다.

28

온도가 적정 온도에서 낮은 온도로 내려갈 때의 인체 반응으로 옳지 않은 것은?

① 발한을 시작
② 직장온도가 상승
③ 피부온도가 하강
④ 혈액은 많은 양이 몸의 중심부를 순환

해설 **온도변화에 대한 신체의 조절작용**

적정온도에서 고온환경으로 변화	① 많은양의 혈액이 피부를 경유하여 온도 상승 ② 직장 온도가 내려간다. ③ 발한이 시작 된다.
적정온도에서 한랭환경으로 변화	① 피부를 경유하는 혈액의 순환량이 감소하고 많은양의 혈액이 몸의 중심부를 순환 ② 피부 온도는 내려간다. ③ 직장 온도가 약간 올라간다. ④ 소름이 돋고 몸이 떨리는 오한을 느낀다.

29

시력과 대비감도에 영향을 미치는 인자에 해당하지 않는 것은?

① 노출시간 ② 연령
③ 주파수 ④ 휘도 수준

해설 **시력과 대비감도 영향인자**

① 노출시간의 증가는 대비감도를 일정량 증가시키며, 그 이후로는 일정하게 유지된다.
② 높은 연령대에서 대비감도는 저하되는 경향이 있으며, 휘도의 감소는 시력 저하와 대비감도에 영향을 준다.

30

반복적 노출에 따라 민감성이 가장 쉽게 떨어지는 표시장치는?

① 시각 표시장치 ② 청각 표시장치
③ 촉각 표시장치 ④ 후각 표시장치

해설 **후각의 특징**

후각은 사람의 감각기관 중 가장 예민하고 빨리 피로해지기 쉬운 기관으로 반복적 노출에 의해 민감성이 가장 쉽게 떨어지는 표시장치이다.

31

조종장치를 3cm 움직였을 때 표시장치의 지침이 5cm 움직였다면 C/R비는 얼마인가?

① 0.25 ② 0.6 ③ 1.6 ④ 1.7

해설

조종-표시장치 이동비율(C/D비)

$$C/D\text{비} = \frac{\text{조종장치의이동거리}}{\text{표시장치의반응거리}} = \frac{3}{5} = 0.6$$

정답 27 ④ 28 ① 29 ③ 30 ④ 31 ②

32

NIOSH의 연구에 기초하여, 목과 어깨 부위의 근골격계 질환 발생과 인과관계가 가장 적은 위험요인은?

① 진동　② 반복작업
③ 과도한 힘　④ 작업자세

해설 **근골격계 질환의 원인**

① 부적절한 작업 자세 ② 무리한 반복작업 ③ 과도한 힘
④ 부족한 휴식시간 ⑤ 신체적 압박 등

33

시스템의 수명곡선에서 고장의 발생형태가 일정하게 나타나는 기간은?

① 초기고장기간　② 우발고장기간
③ 마모고장기간　④ 피로고장기간

해설 **기계 고장률의 기본모형**

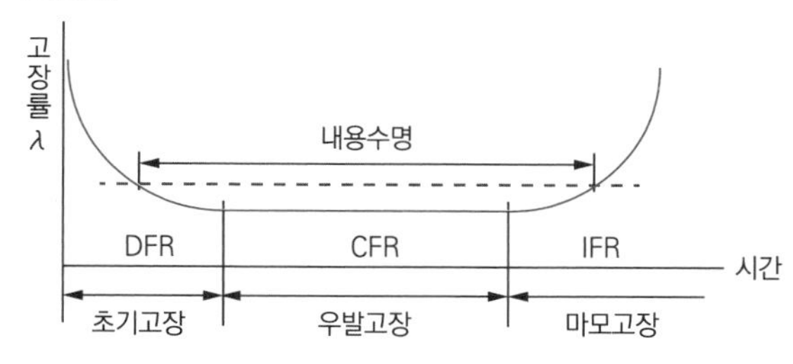

34

인체측정치를 이용한 설계에 관한 설명으로 옳은 것은?

① 평균치를 기준으로 한 설계를 제일 먼저 고려한다.
② 의자의 깊이와 너비는 모두 작은 사람을 기준으로 설계한다.
③ 자세와 동작에 따라 고려해야 할 인체측정치수가 달라진다.
④ 큰 사람을 기준으로 한 설계는 인체측정치의 5% tile을 사용한다.

해설 **인체측정치를 이용한 설계**

① 가장 이상적인 형태가 조절식이므로 우선적으로 고려해야 할 원칙은 조절식 설계이다.
② 의자의 폭은 큰 사람에게 맞도록 깊이는 대퇴를 압박하지 않도록 작은 사람에게 맞도록 설계한다.
③ 큰 사람을 기준으로 한 설계는 인체측정치의 95% tile을 사용한다.

35

60fL의 광도를 요하는 시각 표시장치의 반사율이 75%일 때 소요조명은 몇 fc인가?

① 75　② 80　③ 85　④ 90

해설 **소요조명**

$$\text{소요조명(fc)} = \frac{\text{소요광도(fL)}}{\text{반사율(\%)}} \times 100 = \frac{60}{75} \times 100 = 80$$

36

필요한 작업 또는 절차의 잘못된 수행으로 발생하는 과오는?

① 시간적 과오(time error)
② 생략적 과오(omission error)
③ 순서적 과오(sequential error)
④ 수행적 과오(commission error)

해설 **스웨인(A.D.Swain)의 독립행동에 의한 휴먼에러 분류**

누락에러 (Omission error)	필요한 직무나 단계를 수행하지 않은(생략) 에러
수행적에러 (Commission error)	직무나 순서 등을 착각하여 잘못 수행(불확실한 수행)한 에러
순서에러 (Sequential error)	직무 수행과정에서 순서를 잘못 지켜(순서착오) 발생한 에러
지연에러 (Time error)	정해진 시간 내 직무를 수행하지 못하여(수행지연)발생한 에러
불필요한 수행에러 (Extraneous error)	불필요한 직무 또는 절차를 수행하여 발생한 에러(과잉행동에러)

정답 32 ① 33 ② 34 ③ 35 ② 36 ④

37

인간의 과오를 정량적으로 평가하기 위한 기법으로, 인간과오의 분류 시스템과 확률을 계산하는 안전성 평가기법은?

① THERP ② FTA ③ ETA ④ HAZOP

해설 **THERP**

① 시스템에 있어서 인간의 과오를 정량적으로 평가하기 위해 개발된 기법(Swain 등에 의해 개발된 인간실수 예측기법)
② 인간의 과오율의 추정법 등 5개의 스텝으로 구성
③ 기본적으로 ETA의 변형으로 루프, 바이패스를 가질 수 있고 맨머신 시스템의 부분적인 상세한 분석에 적합

38

제어장치와 표시장치에 있어 물리적 형태나 배열을 유사하게 설계하는 것은 어떤 양립성(compatibility)의 원칙에 해당하는가?

① 시각적 양립성(visual compatibility)
② 양식 양립성(modality compatibility)
③ 공간적 양립성(spatial compatibility)
④ 개념적 양립성(conceptual compatibility

해설 **양립성의 종류**

공간적(spatial) 양립성	표시장치나 조종장치에서 물리적 형태 및 공간적 배치
운동(movement) 양립성	표시장치의 움직이는 방향과 조종장치의 방향이 사용자의 기대와 일치
개념적(conceptual) 양립성	이미 사람들이 학습을 통해 알고 있는 개념적 연상

39

인간 – 기계 시스템에서의 기본적인 기능에 해당하지 않는 것은?

① 행동 기능 ② 정보의 설계
③ 정보의 수용 ④ 정보의 저장

해설 **체계의 기본기능 및 업무**

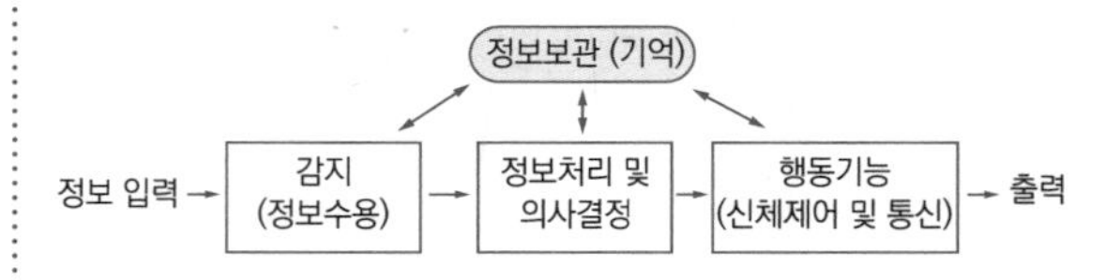

40

어떤 기기의 고장률이 시간당 0.002로 일정하다고 한다. 이 기기를 100시간 사용했을 때 고장이 발생할 확률은?

① 0.1813 ② 0.2214 ③ 0.6253 ④ 0.8187

해설 **고장 발생 확률**

F(t) : 불신뢰도$=1-R(t)=1-e^{-\lambda t}=e^{-0.002\times 100}=0.1813$

정답 37 ① 38 ③ 39 ② 40 ①

3과목 기계·기구 및 설비 안전관리

41

연삭기에서 숫돌의 바깥지름이 180mm라면 평형 플랜지의 바깥지름은 몇 mm 이상이어야 하는가?

① 30 ② 36 ③ 45 ④ 60

해설 **연삭숫돌 플랜지의 크기**

① 플랜지의 직경은 숫돌 직경의 1/3 이상인 것을 사용하며 양쪽을 모두 같은 크기로 할 것.

② $180 \times \frac{1}{3} = 60(\text{mm})$

42

연삭기의 방호장치에 해당하는 것은?

① 주수 장치 ② 덮개 장치
③ 제동 장치 ④ 소화 장치

해설

직경이 50mm 이상인 연삭숫돌에는 방호장치인 덮개를 설치하여야 한다.

43

기계의 왕복운동을 하는 동작 부분과 움직임이 없는 고정 부분 사이에 형성되는 위험점으로 프레스 등에서 주로 나타나는 것은?

① 물림점 ② 협착점 ③ 절단점 ④ 회전말림점

해설 **협착점(Squeeze-point)**

왕복 운동하는 운동부와 고정부 사이에 형성되는 위험점으로 프레스의 금형조립부위 등

44

프레스의 손쳐내기식 방호장치에서 방호판의 기준에 대한 설명이다. ( )에 들어갈 내용으로 맞는 것은?

> 방호판의 폭은 금형 폭의 (㉠) 이상이어야 하고, 행정길이가 (㉡)mm 이상인 프레스 기계에서는 방호판의 폭을 (㉢)mm로 해야 한다.

① ㉠ 1/2, ㉡ 300, ㉢ 200
② ㉠ 1/2, ㉡ 300, ㉢ 300
③ ㉠ 1/3, ㉡ 300, ㉢ 200
④ ㉠ 1/3, ㉡ 300, ㉢ 300

해설 **손쳐내기식(push away, sweep guard)**

① 슬라이드 하행정 거리의 3/4 위치에서 손을 완전히 밀어내어야 한다.
② 손쳐내기봉의 행정(Stroke) 길이를 금형의 높이에 따라 조정할 수 있고 진동폭은 금형폭 이상이어야 한다.
③ 방호판의 폭은 금형폭의 1/2 이상이어야 하고, 행정길이가 300mm 이상의 프레스기계에는 방호판 폭을 300mm로 해야 한다.

45

2개의 회전체가 회전운동을 할 때에 물림점이 발생할 수 있는 조건은?

① 두 개의 회전체 모두 시계 방향으로 회전
② 두 개의 회전체 모두 시계 반대 방향으로 회전
③ 하나는 시계 방향으로 회전하고 다른 하나는 정지
④ 하나는 시계 방향으로 회전하고 다른 하나는 시계 반대 방향으로 회전

해설 **물림점(Nip-point)**

회전하는 두 개의 회전축에 의해 형성(회전체가 서로 반대방향으로 회전하는 경우)

정답 41 ④ 42 ② 43 ② 44 ② 45 ④

46

산업안전보건법령에 따라 달기 체인을 달비계에 사용해서는 안 되는 경우가 아닌 것은?

① 균열이 있거나 심하게 변형된 것
② 달기 체인의 한 꼬임에서 끊어진 소선의 수가 10% 이상인 것
③ 달기 체인의 길이가 달기 체인이 제조된 때의 길이의 5%를 초과한 것
④ 링의 단면지름이 달기 체인이 제조된 때의 해당 링의 지름의 10%를 초과하여 감소한 것

해설 **달기 체인의 사용제한 조건**

① 달기 체인의 길이가 달기체인이 제조된 때의 길이의 5퍼센트를 초과한 것
② 링의 단면지름이 달기체인이 제조된 때의 해당 링의 지름의 10퍼센트를 초과하여 감소한 것
③ 균열이 있거나 심하게 변형된 것

tip
2021년 법령개정으로 달비계는 곤돌라형 달비계와 작업의자형 달비계로 구분하여 정리해야 하니 본문내용을 참고하시기 바랍니다

47

산업안전보건법령에 따라 컨베이어에 부착해야 할 방호장치로 적합하지 않은 것은?

① 비상정지장치　② 과부하방지장치
③ 역주행방지장치　④ 덮개 도는 낙하방지용 울

해설 **컨베이어의 안전장치**

① 비상정치장치　② 역주행방지장치　③ 브레이크
④ 이탈방지장치　⑤ 덮개 또는 낙하방지용 울　⑥ 건널다리 등

48

보일러의 방호장치로 적절하지 않은 것은?

① 압력방출장치　② 과부하방지장치
② 압력제한 스위치　④ 고저수위 조절장치

해설 **보일러 안전장치의 종류**

① 고저수위 조절장치　② 압력방출장치
③ 압력제한스위치　④ 화염검출기

49

산업안전보건법령에 따라 목재가공용 기계에 설치하여야 하는 방호장치에 대한 내용으로 틀린 것은?

① 목재가공용 둥근톱기계에는 분할 날 등 반발예방장치를 설치하여야 한다.
② 목재가공용 둥근톱기계에는 톱날접촉예방장치를 설치하여야 한다.
③ 모 떼기 기계에는 가공 중 목재의 회전을 방지하는 회전방지장치를 설치하여야 한다.
④ 작업 대상물이 수동으로 공급되는 동력식 수동대패기계에 날 접촉예방장치를 설치하여야 한다.

해설

모 떼기 기계에는 날 접촉 예방장치를 설치하여야 한다. 다만, 작업의 성질상 날 접촉 예방장치를 설치하는 것이 곤란하여 해당 근로자에게 적절한 작업공구 등을 사용하도록 한 경우에는 그러하지 아니하다.

50

연삭기의 원주 속도 V(m/s)를 구하는 식은? (단, D는 숫돌의 지름(m), n은 회전수(rpm)이다.)

① $V=\frac{\pi Dn}{16}$　② $V=\frac{\pi Dn}{32}$
③ $V=\frac{\pi Dn}{60}$　④ $V=\frac{\pi Dn}{1000}$

해설 **연삭기의 원주 속도**

원주 속도$=\pi Dn(\text{m/min})=\frac{\pi Dn}{60}(\text{m/s})$

51

다음 중 산소-아세틸렌 가스용접 시 역화의 원인과 가장 거리가 먼 것은?

① 토치의 과열　② 토치 팁의 이물질
③ 산소 공급의 부족　④ 압력조정기의 고장

해설 **아세틸렌 용접장치의 역화원인**

① 압력 조정기 고장　② 산소공급이 과다할 경우
③ 토치 팁에 이물질이 묻었을 때　④ 과열되었을 경우
⑤ 토치의 성능이 불량할 때

정답 46 ② 47 ② 48 ② 49 ③ 50 ③ 51 ③

52

다음 중 프레스의 안전작업을 위하여 활용하는 수공구로 가장 거리가 먼 것은?

① 브러시 ② 진공 컵
③ 마그넷 공구 ④ 플라이어(집게)

해설 **프레스의 수공구**

① 누름봉, 갈고리류
② 핀셋트류
③ 플라이어류
④ 마그넷 공구류
⑤ 진공컵류

53

그림과 같은 지게차가 안정적으로 작업할 수 있는 상태의 조건으로 적합한 것은?

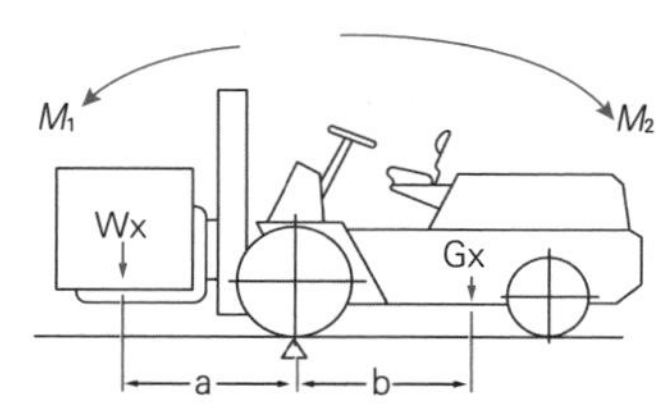

M_1 : 화물의 모멘트, M_2 : 차의 모멘트

① $M_1 < M_2$ ② $M_1 > M_2$
③ $M_1 \geq M_2$ ④ $M_1 > M_2$

해설 **지게차의 안전성**

$Wa \leq Gb$

W : 화물의 중량, G : 지게차의 중량,

a : 앞바퀴부터 하물의 중심까지의 거리

b : 앞바퀴부터 차의 중심까지의 거리

그러므로 지게차의 안정성을 유지하기 위해서는 $M_1 < M_2$가 되어야 한다.

54

그림과 같이 2줄의 와이어로프로 중량물을 달아 올릴 때, 로프에 가장 힘이 적게 걸리는 각도 (θ)는?

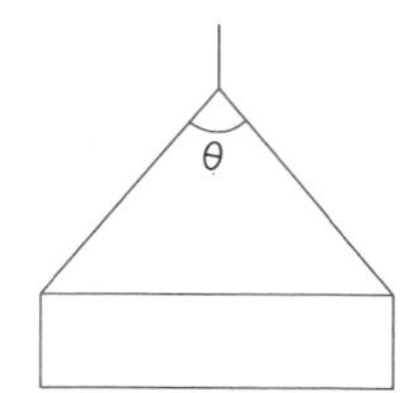

① 30°
② 60°
③ 90°
④ 120°

해설 **와이어로프의 하중**

① 슬링 와이어 한 가닥에 걸리는 하중 $= \frac{w_1}{2} \div \cos\frac{\theta}{2}$

② 각도 θ가 작을수록 힘은 작게 걸린다.

55

기계 설비의 안전조건에서 구조적 안전화에 해당하지 않는 것은?

① 가공결함 ② 재료결함
③ 설계상의 결함 ④ 방호장치의 작동결함

해설 **구조부분의 안전화**

설계상의 안전화	① 가장 큰 원인은 강도산정(부하예측, 강도계산)상의 오류
재료선정의 안전화	① 재료의 필요한 강도 확보 ② 양질의 재료 설정
가공시의 안전화	① 재료부품의 적절한 열처리 ② 용접구조물의 미세균열이나 잔류응력에 의한 파괴 방지 ③ 기계 가공시 응력 집중 방지

정답 52 ① 53 ① 54 ① 55 ④

56

산업용 로봇의 동작 형태별 분류에 해당하지 않는 것은?

① 관절 로봇　　② 극좌표 로봇
③ 수치제어 로봇　　④ 원통좌표 로봇

해설 **동작 형태에 의한 분류**

종류	특성
원통좌표 로봇	팔의 자유도가 주로 원통좌표 형식인 매니 플레이터
직각좌표 로봇	팔의 자유도가 주로 직각좌표 형식인 매니 플레이터
다관절 로봇	팔의 자유도가 주로 다관절인 매니 플레이터
극좌표 로봇	팔의 자유도가 주로 극좌표 형식인 매니 플레이터

57

프레스기의 방호장치의 종류가 아닌 것은?

① 가드식　　② 초음파식
③ 광전자식　　④ 양수조작식

해설 **프레스의 방호장치**

① 게이트가드식(가드식)　　② 양수조작식
③ 손쳐내기식　　④ 수인식(Pull out)
⑤ 광전자식(감응식)

58

선반작업에서 가공물의 길이가 외경에 비하여 과도하게 길 때 절삭저항에 의한 떨림을 방지하기 위한 장치는?

① 센터　② 심봉　③ 방진구　③ 돌리개

해설 **방진구**

공작물이 단면의 지름에 비해 길이가 너무 길 경우 자중 또는 절삭저항에 의해 굽어지거나 가공 중 발생하는 진동을 방지하기 위해 사용하는 지지구(고정식, 이동식)

59

양수조작식 방호장치에서 누름 버튼 상호간의 내측 거리는 몇 mm 이상이어야 하는가?

① 250　② 300　③ 350　④ 400

해설 **양수조작식**

① 누름버튼의 상호간 내측거리는 300mm 이상
② 누름버튼(레버 포함)은 매립형의 구조

60

기계설비 외형의 안전화 방법이 아닌 것은?

① 덮개　　② 안전색채 조절
③ 가드(guard)의 설치　　④ 페일세이프(fail safe)

해설 **외관상의 안전화**

① 가드 설치(기계 외형 부분 및 회전체 돌출 부분)
② 별실 또는 구획된 장소에 격리(원동기 및 동력 전도 장치)
③ 안전색채 조절(기계 장비 및 부수되는 배관)

정답 56 ③ 57 ② 58 ③ 59 ② 60 ④

4과목 전기 및 화학설비 안전관리

61

도체의 정전용량 C=20μF, 대전전위(방전 시전압) V=3kV일 때 정전 에너지(J)는?

① 45 ② 90 ③ 180 ④ 360

해설 **정전 에너지**

$E=\frac{1}{2}CV^2=\frac{1}{2}\times 20\times 10^{-6}\times 3000^2=90(J)$

62

사람이 접촉될 우려가 있는 장소에서 제1종 접지공사의 접지선을 시설할 때 접지극의 최소 매설깊이는?

① 지하 30cm 이상 ② 지하 50cm 이상
③ 지하 75cm 이상 ④ 지하 90cm 이상

해설 **제1종, 제2종 접지공사의 접지선 시설기준**

① 접지극은 지하 75cm 이상으로 하되 동결 깊이를 감안하여 매설할 것
② 접지선을 철주 기타의 금속체를 따라서 시설하는 경우에는 접지극을 철주의 밑면으로부터 30cm 이상의 깊이에 매설하는 경우 이외에는 접지극을 지중에서 그 금속체로부터 1m 이상 떼어 매설할 것
③ 접지선에는 절연전선(옥외용 비닐절연전선 제외), 캡타이어케이블 또는 케이블(통신용케이블 제외)을 사용할 것
④ 접지선의 지하 75cm로부터 지표상 2m까지의 부분을 합성수지관 또는 이와 동등 이상의 절연효력 및 강도를 가지는 몰드로 덮을 것

tip
2021년 적용되는 법 제정으로 종별접지공사는 삭제된 내용이니 본문내용을 참고하세요.

63

접지공사의 종류별로 접지선의 굵기 기준이 바르게 연결된 것은?

① 제1종 접지공사 – 공칭단면적 1.6mm² 이상의 연동선
② 제2종 접지공사 – 공칭단면적 2.6mm² 이상의 연동선
③ 제3종 접지공사 – 공칭단면적 2mm² 이상의 연동선
④ 특별 제3종 접지공사 – 공칭단면적 2.5mm² 이상의 연동선

해설 **접지 시스템**

구분	① 계통접지(TN, TT, IT 계통) ② 보호접지 ③ 피뢰시스템 접지
종류	① 단독접지 ② 공통접지 ③ 통합접지
구성요소	① 접지극 ② 접지도체 ③ 보호도체 및 기타 설비
연결방법	접지극은 접지도체를 사용하여 주 접지단자에 연결

tip
본 문제는 2021년 적용되는 법 제정으로 삭제된 내용입니다. 수정된 해설과 본문내용을 참고하세요.

64

인체가 현저히 젖어 있거나 인체의 일부가 금속성의 전기기구 또는 구조물에 상시 접촉되어 있는 상태의 허용접촉전압(V)은?

① 2.5V 이하 ② 25V 이하
③ 50V 이하 ④ 제한 없음

해설 **허용 접촉전압**

종별	접촉 상태	허용접촉 전압
제1종	• 인체의 대부분이 수중에 있는 경우	2.5V 이하
제2종	• 인체가 현저하게 젖어있는 경우 • 금속성의 전기기계장치나 구조물에 인체의 일부가 상시 접촉되어 있는 경우	25V 이하
제3종	• 제1종, 제2종 이외의 경우로 통상의 인체상태에 있어서 접촉전압이 가해지면 위험성이 높은 경우	50V 이하
제4종	• 제1종, 제2종 이외의 경우로 통상의 인체상태에 있어서 접촉전압이 가해지더라도 위험성이 낮은 경우 • 접촉전압이 가해질 우려가 없는 경우	제한없음

정답 61 ② 62 ③ 63 ④ 64 ②

65

신선한 공기 또는 불연성가스 등의 보호기체를 용기의 내부에 압입함으로써 내부의 압력을 유지하여 폭발성 가스가 침입하지 않도록 하는 방폭구조는?

① 내압 방폭구조 ② 압력 방폭구조
③ 안전증 방폭구조 ④ 특수 방진 방폭구조

해설 **압력 방폭구조(p)**

용기내부에 보호가스(신선한 공기 또는 질소, 탄산가스 등의 불연성 가스)를 압입하여 내부 압력을 외부 환경보다 높게 유지함으로서 폭발성 가스 또는 증기가 용기내부로 유입되지 않도록 한 구조(전폐형의 구조)

66

과전류차단기로 시설하는 퓨즈 중 고압전로에 사용하는 포장 퓨즈는 정격전류의 몇 배를 견딜 수 있어야 하는가?

① 1.1배 ② 1.3배 ③ 1.6배 ④ 2.0배

해설 **고압 전로에 사용하는 퓨즈**

포장 퓨즈	비포장 퓨즈
㉠ 정격전류의 1.3배의 전류에 견딜 것 ㉡ 2배의 전류로 120분 안에 용단되는 것	㉠ 정격전류의 1.25배의 전류에 견딜 것 ㉡ 2배의 전류로 2분 안에 용단되는 것 *비포장 퓨즈는 고리퓨즈를 사용

67

산업안전보건기준에 관한 규칙에 따라 꽂음 접속기를 설치 또는 사용하는 경우 준수하여야 할 사항으로 틀린 것은?

① 서로 다른 전압의 꽂음 접속기는 서로 접속되지 아니한 구조의 것을 사용할 것
② 습윤한 장소에 사용되는 꽂음 접속기는 방수형 등 그 장소에 적합한 것을 사용할 것
③ 근로자가 해당 꽂음 접속기를 접속시킬 경우에는 땀 등으로 젖은 손으로 취급하지 않도록 할 것
④ 꽂음 접속기에 잠금장치가 있을 때에는 접속 후 개방하여 사용할 것

해설 **꽂음 접속기의 설치 및 사용 시 준수사항**

① 서로 다른 전압의 꽂음 접속기는 서로 접속되지 아니한 구조의 것을 사용할 것
② 습윤한 장소에 사용되는 꽂음 접속기는 방수형 등 그 장소에 적합한 것을 사용할 것
③ 근로자가 해당 꽂음 접속기를 접속시킬 경우에는 땀 등으로 젖은 손으로 취급하지 않도록 할 것
④ 해당 꽂음 접속기에 잠금장치가 있는 경우에는 접속 후 잠그고 사용할 것

68

방폭 전기설비에서 1종 위험장소에 해당하는 것은?

① 이상상태에서 위험 분위기를 발생할 염려가 있는 장소
② 보통장소에서 위험 분위기를 발생할 염려가 있는 장소
③ 위험분위기가 보통의 상태에서 계속해서 발생하는 장소
④ 위험분위기가 장기간 또는 거의 조성되지 않는 장소

해설 **위험장소의 분류**

분류	적요	예
0종 장소	인화성 액체의 증기 또는 가연성 가스에 의한 폭발위험이 지속적으로 또는 장기간 존재하는 장소	용기·장치·배관 등의 내부 등 (Zone 0)
1종 장소	정상 작동상태에서 인화성 액체의 증기 또는 가연성 가스에 의한 폭발위험분위기가 존재하기 쉬운 장소	맨홀·벤트·피트 등의 주위 (Zone 1)
2종 장소	정상작동상태에서 인화성 액체의 증기 또는 가연성 가스에 의한 폭발위험분위기가 존재할 우려가 없으나, 존재할 경우 그 빈도가 아주 적고 단기간만 존재할 수 있는 장소	개스킷·패킹 등의 주위 (Zone 2)

정답 65 ② 66 ② 67 ④ 68 ②

69

전기기계·기구의 누전에 의한 감전의 위험을 방지하기 위하여 코드 및 플러그를 접속하여 사용하는 전기기계·기구 중 노출된 비충전 금속체에 접지를 실시하여야 하는 것이 아닌 것은?

① 사용전압이 대지전압 110V인 기구
② 냉장고·세탁기·컴퓨터 및 주변기기 등과 같은 고정형 전기기계·기구
③ 고정형·이동형 또는 휴대형 전동기계·기구
④ 휴대형 손전등

해설 코드와 플러그를 접속하여 사용하는 전기기계·기구 중 접지를 해야 하는 노출된 비충전 금속체

① 사용전압이 대지전압 150볼트를 넘는 것
② 냉장고·세탁기·컴퓨터 및 주변기기 등과 같은 고정형 전기기계·기구
③ 고정형·이동형 또는 휴대형 전동기계·기구
④ 물 또는 도전성이 높은 곳에서 사용하는 전기기계·기구, 비접지형 콘센트
⑤ 휴대형 손전등

70

액체가 관내를 이동할 때에 정전기가 발생하는 현상은?

① 마찰대전 ② 박리대전
③ 분출대전 ④ 유동대전

해설 유동대전

① 액체류를 파이프 등으로 수송할 때 액체류가 파이프 등과 접촉하여 두 물질의 경계에 전기 2중층이 형성되어 정전기가 발생
② 액체류의 유동속도가 정전기 발생에 큰 영향을 준다.

71

물과의 반응 또는 열에 의해 분해되어 산소를 발생하는 것은?

① 적린 ② 과산화나트륨
③ 유황 ④ 이황화탄소

해설 과산화나트륨(Na_2O_2)

과산화칼륨(K_2O_2) 등과 함께 제1류 위험물에 해당하는 강산화제로 물과 반응하거나 가열, 충격 등에 의해 산소를 발생시킨다.

72

위험물안전관리법령상 제3류 위험물이 아닌 것은?

① 황화린 ② 금속나트륨
③ 황린 ④ 금속칼륨

해설 제3류 위험물

① 자연발화성 물질 및 금수성 물질에 해당하며, 칼륨, 나트륨, 알킬알루미늄, 황린 등
② 황화린은 2류 위험물인 가연성 고체에 해당된다.

73

산업안전보건법령에서 정한 위험물을 기준량 이상으로 제조하거나 취급하는 설비 중 특수화학설비에 해당하지 않는 것은?

① 발열반응이 일어나는 반응장치
② 증류·정류·증발·추출 등 분리를 하는 장치
③ 가열로 또는 가열기
④ 고로 등 점화기를 직접 사용하는 열교환기류

해설 특수화학설비

① 발열반응이 일어나는 반응장치
② 증류·정류·증발·추출 등 분리를 행하는 장치
③ 가열시켜 주는 물질의 온도가 가열되는 위험물질의 분해온도 또는 발화점 보다 높은 상태에서 운전되는 설비
④ 반응폭주 등 이상 화학반응에 의하여 위험물질이 발생할 우려가 있는 설비
⑤ 온도가 섭씨 350° 이상이거나 게이지 압력이 980킬로파스칼 이상인 상태에서 운전되는 설비
⑥ 가열로 또는 가열기

정답 69 ① 70 ④ 71 ② 72 ① 73 ④

74

환풍기가 고장 난 장소에서 인화성 액체를 취급할 때, 부주의로 마개를 막지 않았다. 여기서 작업자가 담배를 피우기 위해 불을 켜는 순간 인화성 액체에서 불꽃이 일어나는 사고가 발생하였다. 이와 같은 사고의 발생 가능성이 가장 높은 물질은? (단, 작업현장의 온도는 20℃이다.)

① 글리세린 ② 중유 ③ 디에틸에테르 ④ 경유

해설 디에틸에테르

제4류 위험물중 특수 인화물에 해당되며, 인화점이 -45℃로 낮은 온도에서도 인화 가능성이 매우 높다.

75

연소의 3요소에 해당되지 않는 것은?

① 가연물 ② 점화원
③ 연쇄반응 ④ 산소공급원

해설

연소의 3요소는 가연물, 점화원, 산소공급원이며, 연쇄반응은 4요소에 포함된다.

76

유해물질의 농도를 c, 노출 시간을 t라 할 때 유해물지수(k)와의 관계인 Haber의 법칙을 바르게 나타낸 것은?

① $k=c+t$ ② $k=\frac{c}{k}$
③ $k=c\times t$ ④ $k=c-t$

해설 유해성을 좌우하는 인자

① 농도가 증가할수록 유해도는 증가한다.
② 노출 시간(Haber 법칙)
$k=c\times t$(k : 유해물 지수, c : 유해물질의 농도, t : 노출 시간)

77

분진폭발에 대한 안전대책으로 적절하지 않은 것은?

① 분진의 퇴적을 방지한다.
② 점화원을 제거한다.
③ 입자의 크기를 최소화한다.
④ 불활성 분위기를 조성한다.

해설 분진 폭발

(1) 분진폭발의 방지대책
　① 분진의 농도가 폭발하한 농도 이하가 되도록 철저한 관리
　② 분진이 존재하는 매체, 즉 공기 등을 질소, 이산화탄소 등으로 치환
　③ 착화원의 제거 및 격리
(2) 분진 폭발의 과정 : 분진의 퇴적 → 비산하여 분진운 생성 → 분산 → 점화원 → 폭발
(3) 입자의 표면적이 클수록 폭발의 위험성이 높아진다.

78

프로판(C_3H_8)의 완전연소 조성농도는 약 몇 vol%인가?

① 4.02 ② 4.19 ③ 5.05 ④ 5.19

해설 프로판(C_3H_8)의 화학양론 농도

$$Cst=\frac{1}{1+4.773\left(n+\frac{m-f-2\lambda}{4}\right)}\times 100\%$$

$$\therefore \frac{1}{1+4.773\left(3+\frac{8}{4}\right)}\times 100=4.022\%$$

정답 74 ③ 75 ③ 76 ③ 77 ③ 78 ①

79

절연성 액체를 운반하는 관에서 정전기로 인해 일어나는 화재 및 폭발을 예방하기 위한 방법으로 가장 거리가 먼 것은?

① 유속을 줄인다.
② 관을 접지시킨다.
③ 도전성이 큰 재료의 관을 사용한다.
④ 관의 안지름을 작게 한다.

해설 **정전기 발생 방지**

① 접지(도체의 대전방지)
② 가습(공기 중의 상대습도를 60~70% 정도 유지)
③ 대전방지제 사용
④ 배관 내에 액체의 유속제한 및 정체시간 확보
⑤ 제전장치(제전기) 사용
⑥ 도전성 재료 사용
⑦ 보호구 착용

80

20℃인 1기압의 공기를 압축비 3으로 단열 압축하였을 때, 온도는 약 몇 ℃가 되겠는가? (단, 공기의 비열비는 1.4이다.)

① 84　② 128　③ 182　④ 1091

해설 **단열압축이란**

외부와 열교환 없이 압력을 높게 하여 온도가 올라가는 현상

$$\frac{T_2}{293}=\left(\frac{3}{1}\right)^{\frac{1.4-1}{1.4}}$$

그러므로, $T_2=401.04-273=128.04$℃

5과목　건설공사 안전관리

81

거푸집 동바리 조립도에 명시해야 할 사항과 거리가 가장 먼 것은?

① 작업 환경 조건　② 부재의 재질
③ 단면규격　④ 설치 간격

해설 **조립도에 명시해야 할 사항**

① 부재의 재질
② 단면규격
③ 설치간격
④ 이음방법

82

강관을 사용하여 비계를 구성하는 경우 준수해야 할 기준으로 옳지 않은 것은?

① 비계기둥의 간격은 띠장 방향에서는 1.5m 이상 1.8m 이하, 장선(長線) 방향에서는 1.5m 이하로 할 것
② 띠장 간격은 1.5m 이하로 설치하되 첫 번째 띠장은 지상으로부터 2.5m 이하의 위치에 설치할 것
③ 비계기둥의 제일 윗부분으로부터 31m 되는 지점 밑 부분의 비계기둥은 2개의 강관으로 묶어세울 것
④ 비계기둥 간의 적재하중은 400kg을 초과하지 않도록 할 것

해설 **강관(단관)비계의 구조**

구분		내용 (준수사항)
비계기둥	띠장방향	1.85m 이하
	장선방향	1.5m 이하
띠장 간격		2.0m 이하로 설치할 것
벽 연결		수직으로 5m, 수평으로 5m이내마다 연결
높이 제한		비계기둥 최고부로부터 (아래 방향으로) 31m되는 지점 밑부분의 비계기둥은 2본의 강관으로 묶어세울 것
적재 하중		비계기둥 간 적재 하중은 400kg을 초과하지 아니하도록 할 것

tip

2020년 시행되는 법령개정으로 수정된 내용이니 해설 및 본문내용을 참고하세요.

정답　79 ④　80 ②　81 ①　82 ②

83

굴착공사 시 안전한 작업을 위한 사질 지반(점토질을 포함하지 않은 것)의 굴착면 기울기와 높이 기준으로 옳은 것은?

① 1 : 1.5 이상, 5m 미만 ② 1 : 0.5 이상, 5m 미만
③ 1 : 1.5 이상, 2m 미만 ④ 1 : 0.5 이상, 2m 미만

해설 **기울기 및 높이의 기준**

① 사질의 지반(점토질을 포함하지 않은 것)은 굴착면의 기울기를 1 : 1.5 이상으로 하고 높이는 5미터 미만으로 하여야 한다.
② 발파 등에 의해서 붕괴하기 쉬운 상태의 지반 및 매립하거나 반출시켜야 할 지반의 굴착면의 기울기는 1 : 1 이하 또는 높이는 2미터 미만으로 하여야 한다.

84

철골작업 시의 위험방지와 관련하여 철골작업을 중지하여야 하는 강설량의 기준은?

① 시간당 1mm 이상인 경우
② 시간당 3mm 이상인 경우
③ 시간당 1cm 이상인 경우
④ 시간당 3cm 이상인 경우

해설 **철골작업을 중지해야 하는 악천후**

① 풍속 : 초당 10m 이상인 경우
② 강우량 : 시간당 1mm 이상인 경우
③ 강설량 : 시간당 1cm 이상인 경우

85

옥내작업장에는 비상시에 근로자에게 신속하게 알리기 위한 경보용 설비 또는 기구를 설치하여야 한다. 그 설치 대상 기준으로 옳은 것은?

① 연면적이 $400m^2$ 이상이거나 상시 40명 이상의 근로자가 작업하는 옥내작업장
② 연면적이 $400m^2$ 이상이거나 상시 50명 이상의 근로자가 작업하는 옥내작업장
③ 연면적이 $500m^2$ 이상이거나 상시 40명 이상의 근로자가 작업하는 옥내작업장
④ 연면적이 $500m^2$ 이상이거나 상시 50명 이상의 근로자가 작업하는 옥내작업장

해설 **통로 및 작업장의 안전**

① 통로의 조명은 75 럭스 이상의 채광 또는 조명시설
② 경보용 설비 또는 기구 설치 : 작업장의 연면적이 $400m^2$ 이상이거나 상시 50인 이상의 근로자가 작업하는 옥내작업장

86

토석이 붕괴되는 원인을 외적요인과 내적요인으로 나눌 때 외적요인으로 볼 수 없는 것은?

① 사면, 법면의 경사 및 기울기의 증가
② 지진발생, 차량 또는 구조물의 중량
③ 공사에 의한 진동 및 반복하중의 증가
④ 절토 사면의 토질, 암질

해설 **토석붕괴의 원인**

외적요인	내적요인
① 사면·법면의 경사 및 기울기의 증가 ② 절토 및 성토 높이의 증가 ③ 진동 및 반복하중의 증가 ④ 지하수 침투에 의한 토사중량의 증가 ⑤ 구조물의 하중 증가	① 절토사면의 토질·암질 ② 성토사면의 토질 ③ 토석의 강도 저하

정답 83 ① 84 ③ 85 ② 86 ④

87

양중기의 와이어로프 등 달기구의 안전계수 기준으로 옳은 것은? (단, 화물의 하중을 직접 지지하는 달기와이어로프 또는 달기체인의 경우)

① 3 이상 ② 4 이상 ③ 5 이상 ④ 6 이상

해설 와이어로프의 안전계수

구분	안전계수
근로자가 탑승하는 운반구를 지지하는 달기와이어로프 또는 달기체인의 경우	10 이상
화물의 하중을 직접 지지하는 경우 달기와이어로프 또는 달기체인의 경우	5 이상
훅, 샤클, 클램프, 리프팅 빔의 경우	3 이상
그 밖의 경우	4 이상

88

건설용 양중기에 관한 설명으로 옳은 것은?

① 삼각데릭은 인접시설에 장해가 없는 상태에서 360° 회전이 가능하다.
② 이동식 크레인(crane)에는 트럭 크레인, 크롤러 크레인 등이 있다.
③ 휠 크레인에는 무한궤도식과 타이어식이 있으며 장거리 이동에 적당하다.
④ 크롤러 크레인은 휠 크레인보다 기동성이 뛰어나다.

해설 건설용 양중기

① 삼각 데릭의 회전범위는 270°, 작업범위는 180°이고, 가이데릭의 붐 회전범위는 360°이다.
② 휠 크레인은 기계식과 유압식이 있으며, 크레인 부분은 360도 회전할 수 있게 되어 있다.
③ 휠 크레인이 크롤러 크레인보다 기동성이 뛰어나다

tip

이동식 크레인의 종류

①트럭 크레인 ②크롤러 크레인 ③휠 크레인 ④플로팅 크레인 등

89

터널 등의 건설작업을 하는 경우에 낙반 등에 의하여 근로자가 위험해질 우려가 있는 경우, 그 위험을 방지하기 위하여 취해야 할 조치와 거리가 먼 것은?

① 터널 지보공 설치 ② 록볼트 설치
③ 부석의 제거 ④ 산소의 측정

해설 갱 내에서의 낙반 방지

① 터널지보공 설치 ② 부석 제거 ③ 록볼트 설치

90

비계의 높이가 2m 이상인 작업 장소에 설치되는 작업발판의 구조에 관한 기준으로 옳지 않은 것은?

① 작업발판의 폭은 40cm 이상으로 할 것
② 발판재료 간의 틈은 5cm 이하로 할 것
③ 작업발판재료는 뒤집히거나 떨어지지 않도록 둘 이상의 지지물에 연결하거나 고정시킬 것
④ 작업발판을 작업에 따라 이동시킬 경우에는 위험방지에 필요한 조치를 할 것

해설 비계높이 2m 이상 장소의 작업발판 설치기준

① 발판재료는 작업할 때의 하중을 견딜 수 있도록 견고한 것으로 할 것
② 작업발판의 폭은 40센티미터 이상으로 하고, 발판재료 간의 틈은 3센티미터 이하로 할 것
③ 추락의 위험성이 있는 장소에는 안전난간을 설치할 것
④ 작업발판재료는 뒤집히거나 떨어지지 않도록 둘 이상의 지지물에 연결하거나 고정시킬 것

정답 87 ③ 88 ② 89 ④ 90 ②

91

철근의 가스절단 작업 시 안전상 유의해야 할 사항으로 옳지 않은 것은?

① 작업장에는 소화기를 비치하도록 한다.
② 호스, 전선 등은 다른 작업장을 거치는 곡선상의 배선이어야 한다.
③ 전선의 경우 피복이 손상되어 있는지를 확인하여야 한다.
④ 호스는 작업 중에 겹치거나 밟히지 않도록 한다.

해설 **가스절단작업 시 유의 사항(보기 외에)**

① 호스, 전선 등은 다른 작업장을 거치지 않는 직선상의 배선이어야 하며, 길이가 짧아야 한다.
② 가스절단 및 용접자는 해당자격 소지자라야 하며, 작업 중에는 보호구를 착용하여야 한다.

92

비탈면 붕괴 방지를 위한 붕괴방지공법과 가장 거리가 먼 것은?

① 배토공법 ② 압성토공법
③ 공작물의 설치 ④ 언더피닝 공법

해설 **비탈면 보호공법**

① 식생공법
② 구조물 보호공
③ 응급대책(배수공법, 배토공법, 압성토공법)
④ 항구대책(옹벽공법 등)

93

계단의 개방된 측면에 근로자의 추락 위험을 방지하기 위하여 안전난간을 설치하고자 할 때 그 설치기준으로 옳지 않은 것은?

① 안전난간은 상부 난간대, 중간 난간대, 발끝막이판 및 난간기둥으로 구성할 것
② 발끝막이판은 바닥면 등으로부터 10cm 이상의 높이를 유지할 것
③ 난간기둥은 상부 난간대와 중간 난간대를 견고하게 떠받칠 수 있도록 적정한 간격을 유지할 것
④ 난간대는 지름 3.8cm 이상의 금속제 파이프나 그 이상의 강도가 있는 재료일 것

해설

난간대는 지름 2.7센티미터 이상의 금속제파이프나 그 이상의 강도가 있는 재료일 것

94

철골공사 중 트랩을 이용해 승강할 때 안전과 관련된 항목이 아닌 것은?

① 수평구명줄 ② 수직구명줄
③ 죔줄 ④ 추락 방지대

해설

철골공사의 트랩은 아래위로 오르내리기 위한 승강설비로 추락방지를 위해 수직구명줄과 죔줄을 갖춘 추락 방지대를 사용하여야 한다.

정답 91 ② 92 ④ 93 ④ 94 ①

95

철골공사 시 도괴의 위험이 있어 강풍에 대한 안전 여부를 확인해야 할 필요성이 가장 높은 경우는?

① 연면적당 철골량이 일반 건물보다 많은 경우
② 기둥에 H형강을 사용하는 경우
③ 이음부가 공장용접인 경우
④ 단면구조가 현저한 차이가 있으며 높이가 20m 이상인 건물

해설 **외압(강풍에 의한 풍압)에 대한 내력 설계 확인 구조물**

① 높이 20m 이상의 구조물
② 구조물 폭과 높이의 비가 1 : 4 이상인 구조물
③ 연면적당 철골량이 50kg/m² 이하인 구조물
④ 단면구조에 현저한 차이가 있는 구조물
⑤ 기둥이 타이 플레이트형인 구조물
⑥ 이음부가 현장 용접인 구조물

96

굴착공사의 경우 유해·위험방지계획서 제출대상의 기준으로 옳은 것은?

① 깊이 5m 이상인 굴착공사
② 깊이 8m 이상인 굴착공사
③ 깊이 10m 이상인 굴착공사
④ 깊이 15m 이상인 굴착공사

해설 **유해위험 방지계획서를 제출해야 될 대상 건설업**

① 다음 각목의 어느 하나에 해당하는 건축물 또는 시설 등의 건설, 개조 또는 해체공사
  ㉠ 지상 높이가 31미터 이상인 건축물 또는 인공구조물
  ㉡ 연면적 3만 제곱미터 이상인 건축물
  ㉢ 연면적 5천 제곱미터 이상인 시설로서 다음의 어느 하나에 해당하는 시설
    ㉮ 문화 및 집회시설　㉯ 판매시설, 운수시설
    ㉰ 종교시설　㉱ 의료시설 중 종합병원
    ㉲ 숙박시설 중 관광숙박시설　㉳ 지하도 상가
    ㉴ 냉동, 냉장 창고시설
② 최대 지간 길이가 50미터 이상인 다리의 건설 등 공사
③ 연면적 5천 제곱미터 이상인 냉동, 냉장창고 시설의 설비공사 및 단열공사
④ 다목적댐, 발전용댐, 저수용량 2천만톤 이상의 용수전용댐 및 지방상수도 전용댐의 건설 등 공사
⑤ 터널의 건설등 공사
⑥ 깊이 10미터 이상인 굴착공사

97

거푸집 동바리 등을 조립하거나 해체하는 작업을 하는 경우에 준수해야 할 사항으로 옳지 않은 것은?

① 해당 작업을 하는 구역에는 관계 근로자가 아닌 사람의 출입을 금지할 것
② 비, 눈, 그 밖의 기상상태의 불안정으로 날씨가 몹시 나쁜 경우에는 그 작업을 중지할 것
③ 재료, 기구 또는 공구 등을 올리거나 내리는 경우에는 근로자 간 서로 직접 전달하도록 하고 달줄·달포대 등의 사용을 금할 것
④ 낙하·충격에 의한 돌발적 재해를 방지하기 위하여 버팀목을 설치하고 거푸집 동바리 등을 인양장비에 매단 후에 작업을 하도록 하는 등 필요한 조치를 할 것

해설

재료·기구 또는 공구 등을 올리거나 내릴 때에는 근로자로 하여금 달줄·달포대 등을 사용하여 안전하게 작업해야 한다.

98

거푸집 및 동바리 설계 시 적용하는 연직방향하중에 해당되지 않는 것은?

① 콘크리트의 측압　② 철근 콘크리트의 자중
③ 작업하중　④ 충격하중

해설 **연직방향 하중**

거푸집, 동바리, 콘크리트, 철근, 작업원, 타설용 기계 기구, 가설설비 등의 중량 및 작업하중, 충격 하중 등

정답 95 ④ 96 ③ 97 ③ 98 ①

99

다음은 공사 진척에 따른 안전관리비의 사용기준이다. ( )에 들어갈 내용으로 옳은 것은?

공정률	50% 이상 70% 미만	70% 이상 90% 미만	90% 이상
사용 기준	( )	70% 이상	90% 이상

① 30% 이상
② 40% 이상
③ 50% 이상
④ 60% 이상

해설 **공사 진척에 따른 안전관리비 사용기준**

공정률	50% 이상 70% 미만	70% 이상 90% 미만	90% 이상
사용 기준	50% 이상	70% 이상	90% 이상

100

고소작업대를 사용하는 경우 준수해야 할 사항으로 옳지 않은 것은?

① 안전한 작업을 위하여 적정수준의 조도를 유지할 것
② 전로(電路)에 근접하여 작업을 하는 경우에는 작업 감시자를 배치하는 등 감전 사고를 방지하기 위하여 필요한 조치를 할 것
③ 작업대의 붐대를 상승시킨 상태에서 탑승자는 작업대를 벗어나지 말 것
④ 전환 스위치는 다른 물체를 이용하여 고정할 것

해설 **고소작업대 사용 시 준수사항(문제의 보기 외)**

① 작업자가 안전모·안전대 등의 보호구를 착용하도록 할 것
② 관계자가 아닌 사람이 작업구역에 들어오는 것을 방지하기 위하여 필요한 조치를 할 것
③ 전환스위치는 다른 물체를 이용하여 고정하지 말 것
④ 작업대를 정기적으로 점검하고 붐·작업대 등 각 부위의 이상 유무를 확인할 것
⑤ 작업대는 정격하중을 초과하여 물건을 싣거나 탑승하지 말 것

정답 99 ③ 100 ④

산업안전산업기사 기출문제

1과목 산업재해 예방 및 안전보건교육

01

상시 근로자수가 75명인 사업장에서 1일 8시간씩 연간 320일을 작업하는 동안에 4건의 재해가 발생하였다면 이 사업장의 도수율은 약 얼마인가?

① 17.68　② 19.67　③ 20.83　④ 22.83

해설 도수율 계산

① $\text{도수율(F·R)} = \dfrac{\text{재해건수}}{\text{연간총근로시간수}} \times 1{,}000{,}000$

② $\text{도수율} = \dfrac{4}{(75 \times 8 \times 320)} \times 1{,}000{,}000 = 20.83$

02

보호구 안전인증 고시에 따른 안전화의 정의 중 ( )안에 알맞은 것은?

> 경작업용 안전화란 (㉠)mm의 낙하높이에서 시험했을 때 충격과 (㉡±0.1)kN의 압축하중에서 시험했을 때 압박에 대하여 보호해 줄 수 있는 선심을 부착하여, 착용자를 보호하기 위한 안전화를 말한다.

① ㉠ 500, ㉡ 10.0　② ㉠ 250, ㉡ 10.0
③ ㉠ 500, ㉡ 4.4　④ ㉠ 250, ㉡ 4.4

해설 안전화의 등급

작업 구분	내충격성 및 내압박성 시험방법
중작업용	1,000mm의 낙하높이, (15.0±0.1)kN의 압축하중 시험
보통작업용	500mm의 낙하높이, (10.0±0.1)kN의 압축하중 시험
경작업용	250mm의 낙하높이, (4.4±0.1)kN의 압축하중 시험

03

산업안전보건법령상 안전보건표지의 종류와 형태 중 그림과 같은 경고표지는? (단, 바탕은 무색, 기본모형은 빨간색, 그림은 검은색이다.)

① 부식성물질 경고
② 폭발성물질 경고
③ 산화성물질 경고
④ 인화성물질 경고

해설 경고표지

인화성물질 경고	산화성물질 경고	폭발성물질 경고	부식성물질 경고

04

일반적으로 사업장에서 안전관리조직을 구성할 때 고려할 사항과 가장 거리가 먼 것은?

① 조직 구성원의 책임과 권한을 명확하게 한다.
② 회사의 특성과 규모에 부합되게 조직되어야 한다.
③ 생산조직과는 동떨어진 독특한 조직이 되도록 하여 효율성을 높인다.
④ 조직의 기능이 충분히 발휘될 수 있는 제도적 체계가 갖추어야 한다.

해설 조직의 구비 조건

① 회사의 특성과 규모에 부합되게 조직화될 것
② 조직의 기능이 충분히 발휘될 수 있는 제도적 체계를 갖출 것
③ 조직을 구성하는 관리자의 책임과 권한을 분명히 할 것
④ 생산라인과 밀착된 조직이 될 것

정답 1③ 2④ 3④ 4③

05

주의의 특성으로 볼 수 없는 것은?

① 변동성 ② 선택성
③ 방향성 ④ 통합성

해설 주의의 특징

선택성	동시에 두 개 이상의 방향에 집중하지 못하고 소수의 특정한 것에 한하여 선택한다.
변동성	고도의 주의는 장시간 지속할 수 없고 주기적으로 부주의 리듬이 존재한다.
방향성	한 지점에 주의를 집중하면 주변 다른 곳의 주의는 약해진다(주시점만 인지)

06

테크니컬 스킬즈(technical skills)에 관한 설명으로 옳은 것은?

① 모럴(morale)을 앙양시키는 능력
② 인간을 사물에게 적응시키는 능력
③ 사물을 인간에게 유리하게 처리하는 능력
④ 인간과 인간의 의사소통을 원활히 처리하는 능력

해설 인간관계 관리방식(메이요의 이론)

① 테크니컬 스킬즈(technical skills)
사물을 처리함에 있어 인간의 목적에 유익하도록 처리하는 능력
② 소시얼 스킬즈(social skills)
사람과 사람 사이의 커뮤니케이션을 양호하게 하고 사람들의 요구를 충족시키면서 모랄을 앙양시키는 능력

tip
근대산업사회에서는 테크니컬스킬즈가 중시되고 소시얼스킬즈가 경시되었다.

07

산업재해 예방의 4원칙 중 "재해발생에는 반드시 원인이 있다."라는 원칙은?

① 대책 선정의 원칙 ② 원인 계기의 원칙
③ 손실 우연의 원칙 ④ 예방 가능의 원칙

해설 하인리히의 재해예방의 4원칙

손실우연의 원칙	사고에 의해서 생기는 상해의 종류 및 정도는 우연적이라는 원칙
예방가능의 원칙	재해는 원칙적으로 예방이 가능하다는 원칙
원인계기의 원칙	재해의 발생에는 반드시 원인이 있으며, 직접 원인뿐만 아니라 간접원인이 연계되어 일어난다는 원칙
대책선정의 원칙	원인의 정확한 분석에 의해 가장 타당한 재해 예방 대책이 선정되어야 한다는 원칙

08

심리검사의 특징 중 "검사의 관리를 위한 조건과 절차의 일관성과 통일성"을 의미하는 것은?

① 규준 ② 표준화 ③ 객관성 ④ 신뢰성

해설 심리검사의 구비조건(기준)

표준화	검사관리를 위한 절차가 동일하고 검사조건이 같아야 한다.
객관성	검사결과의 채점에 있어 공정한 평가가 이루어져야 한다.
규 준	검사결과의 해석에 있어 상대적 위치를 결정하기 위한 척도
신뢰성	검사 결과의 일관성을 의미하는 것으로 동일한 문항을 재측정할 경우 오차값이 적어야 한다.
타당성	검사에 있어 가장 중요한 요소로 측정하고자 하는 것을 실제로 측정하고 있는가를 나타내는 것

정답 5④ 6③ 7② 8②

09

조직이 리더에게 부여하는 권한으로 볼 수 없는 것은?

① 보상적 권한　　② 강압적 권한
③ 합법적 권한　　④ 위임된 권한

해설 **지도자에게 주어진 세력(권한)의 유형**

구분	세력
조직이 지도자에게 부여하는 세력	① 보상 세력(reward power) ② 강압 세력(coercive power) ③ 합법 세력(legitimate power)
지도자자신이 자신에게 부여하는 세력	① 준거 세력(referent power) ② 전문 세력(expert power)

10

기억의 과정 중 과거의 학습경험을 통해서 학습된 행동이 현재와 미래에 지속되는 것을 무엇이라 하는가?

① 기명(memorizing)　　② 파지(retention)
③ 재생(recall)　　④ 재인(recognition)

해설 **파지**

① 기명으로 인해 발생한 흔적을 재생이 가능하도록 유지시키는 기억의 단계
② 기명에 의해 생긴 지각이나 표상의 흔적을 재생이 가능한 형태로 보존시키는 것을 말한다. 우리가 흔히 말하는 기억은 파지에 해당한다.

11

하인리히 재해 발생 5단계 중 3단계에 해당하는 것은?

① 불안전한 행동 또는 불안전한 상태
② 사회적 환경 및 유전적 요소
③ 관리의 부재
④ 사고

해설 **하인리히의 사고연쇄반응이론(도미노 이론)**

사회적 환경 및 유전적 요인 → 개인적 결함 → 불안전 행동 또는 불안전 상태 → 사고 → 재해

12

산업안전보건법령상 특별교육 대상 작업별 교육 작업 기준으로 틀린 것은?

① 전압이 75V 이상인 정전 및 활선작업
② 굴착면의 높이가 2m 이상이 되는 암석의 굴착작업
③ 동력에 의하여 작동되는 프레스기계를 3대 이상 보유한 사업장에서 해당 기계로 하는 작업
④ 1톤 미만의 크레인 또는 호이스트를 5대 이상 보유한 사업장에서 해당 기계로 하는 작업

해설

동력에 의하여 작동되는 프레스기계를 5대 이상 보유한 사업장에서 해당 기계로 하는 작업

13

기계·기구 또는 설비의 신설, 변경 또는 고장수리 등 부정기적인 점검을 말하며, 기술적 책임자가 시행하는 점검은?

① 정기 점검　　② 수시 점검
③ 특별 점검　　④ 임시 점검

해설 **특별점검**

① 기계, 기구, 설비의 신설변경 또는 고장, 수리 등을 할 경우
② 정기점검기간을 초과하여 사용하지 않던 기계설비를 다시 사용하고자 할 경우
③ 강풍(순간풍속 30m/s초과) 또는 지진(중진 이상 지진) 등의 천재지변 후

정답 9 ④ 10 ② 11 ① 12 ③ 13 ③

14

재해의 원인 분석법 중 사고의 유형, 기인물 등 분류항목을 큰 순서대로 도표화하여 문제나 목표의 이해가 편리한 것은?

① 관리도(control chart)
② 파렛토도(pareto diagram)
③ 클로즈분석(close analysis)
④ 특성요인도(cause-reason diagram)

해설 **재해 통계 도표**

파레토도 (Pareto diagram)	관리 대상이 많은 경우 최소의 노력으로 최대의 효과를 얻을 수 있는 방법(분류항목을 큰 값에서 작은 값의 순서로 도표화 하는데 편리)
특성요인도	특성과 요인관계를 어골상으로 세분하여 연쇄관계를 나타내는 방법(원인요소와의 관계를 상호의 인과관계만으로 결부)
크로스(Cross)분석	두 가지 또는 그 이상의 요인이 서로 밀접한 상호관계를 유지할 때 사용되는 방법
관리도	재해 발생건수 등의 추이파악 → 목표관리 행하는데 필요한 월별재해 발생 수의 그래프화 → 관리 구역 설정 → 관리하는 방법

15

다음 중 매슬로우(Maslow)가 제창한 인간의 욕구 5단계 이론을 단계별로 옳게 나열한 것은?

① 생리적 욕구 → 안전 욕구 → 사회적 욕구 → 존경의 욕구 → 자아실현의 욕구
② 안전 욕구 → 생리적 욕구 → 사회적 욕구 → 존경의 욕구 → 자아실현의 욕구
③ 사회적 욕구 → 생리적 욕구 → 안전 욕구 → 존경의 욕구 → 자아실현의 욕구
④ 사회적 욕구 → 안전 욕구 → 생리적 욕구 → 존경의 욕구 → 자아실현의 욕구

해설 **매슬로우(Abraham Maslow)의 욕구 5단계**

생리적 욕구 → 안전의 욕구 → 사회적 욕구 → 인정, 존경받으려는 욕구 → 자아실현의 욕구

16

교육의 3요소 중 교육의 주체에 해당하는 것은?

① 강사 ② 교재 ③ 수강자 ④ 교육방법

해설 **교육의 3요소**

① 교육의 주체 : 강사
② 교육의 객체 : 학습자(교육대상)
③ 교육의 매개체 : 교재(교육내용)

17

O.J.T(On the Job Training) 교육의 장점과 가장 거리가 먼 것은?

① 훈련에만 전념할 수 있다.
② 직장의 실정에 맞게 실제적 훈련이 가능하다.
③ 개개인의 업무능력에 적합하고 자세한 교육이 가능하다.
④ 교육을 통하여 상사와 부하간의 의사소통과 신뢰감이 깊게 된다.

해설

업무와 분리되어 훈련에만 전념하는 것이 가능한 것은 Off.J.T에 해당되는 내용이다.

18

위험예지훈련 기초 4라운드(4R)에서 라운드별 내용이 바르게 연결된 것은?

① 1라운드 : 현상파악 ② 2라운드 : 대책수립
③ 3라운드 : 목표설정 ④ 4라운드 : 본질추구

해설 **위험예지훈련의 4라운드 진행법**

① 1라운드 : 현상파악 ② 2라운드 : 본질추구
③ 3라운드 : 대책수립 ④ 4라운드 : 목표설정

정답 14 ② 15 ① 16 ① 17 ① 18 ①

19

산업안전보건법령상 근로자 안전보건교육 중 채용 시 교육 및 작업내용 변경 시 교육 사항으로 옳은 것은?

① 물질안전보건자료에 관한 사항
② 건강증진 및 질병 예방에 관한 사항
③ 유해·위험 작업환경 관리에 관한 사항
④ 표준안전작업방법 및 지도 요령에 관한 사항

해설 **근로자 채용시 교육 및 작업내용 변경시 교육내용**

① 물질안전보건자료에 관한 사항
② 기계·기구의 위험성과 작업의 순서 및 동선에 관한 사항
③ 정리정돈 및 청소에 관한 사항
④ 작업 개시 전 점검에 관한 사항
⑤ 사고 발생 시 긴급조치에 관한 사항
⑥ 산업보건 및 직업병 예방에 관한 사항
⑦ 직무스트레스 예방 및 관리에 관한 사항
⑧ 위험성 평가에 관한 사항
⑨ 산업안전보건법령 및 산업재해보상보험 제도에 관한 사항
⑩ 산업안전 및 사고 예방에 관한 사항
⑪ 직장내 괴롭힘, 고객의 폭언 등으로 인한 건강장해 예방 및 관리에 관한 사항

tip
2023년 법령개정. 문제와 해설은 개정된 내용 적용

20

산업 재해의 발생 유형으로 볼 수 없는 것은?

① 지그재그형　② 집중형
③ 연쇄형　④ 복합형

해설 **재해의 발생형태(등치성 이론)**

구분	내용
단순자극형	상호 자극에 의하여 순간적으로 재해가 발생하는 유형으로 재해가 일어난 장소와 그 시기에 일시적으로 요인이 집중(집중형이라고도 함)
연쇄형	하나의 사고 요인이 또 다른 사고 요인을 일으키면서 재해를 발생시키는 유형 (단순 연쇄형과 복합 연쇄형)
복합형	단순 자극형과 연쇄형의 복합적인 발생유형

2과목 인간공학 및 위험성 평가관리

21

모든 시스템 안전 프로그램 중 최초 단계의 분석으로 시스템 내의 위험요소가 어떤 상태에 있는지를 정성적으로 평가하는 방법은?

① CA　② FHA　③ PHA　④ FMEA

해설 **PHA**

① PHA는 모든 시스템 안전 프로그램의 최초단계의 분석으로서 시스템내의 위험요소가 얼마나 위험한 상태에 있는가를 정성적으로 평가하는 것이다.
② PHA의 목적 : 시스템 개발 단계에 있어서 시스템 고유의 위험상태를 식별하고 예상되는 재해의 위험수준을 결정하는 것이다.

22

시스템의 성능 저하가 인원의 부상이나 시스템 전체에 중대한 손해를 입히지 않고 제어가 가능한 상태의 위험 강도는?

① 범주 Ⅰ : 파국적　② 범주 Ⅱ : 위기적
③ 범주 Ⅲ : 한계적　④ 범주 Ⅳ : 무시

해설 **위험성의 분류**

범주 I	파국적 (catastrophic : 대재앙)	인원의 사망 또는 중상, 또는 완전한 시스템 손실
범주 II	위기적(critica : 심각한)	인원의 상해 또는 중대한 시스템의 손상으로 인원이나 시스템 생존을 위해 즉시 시정조치 필요
범주 III	한계적 (margina : 경미한)	인원의 상해 또는 중대한 시스템의 손상 없이 배제 또는 제어 가능
범주 IV	무시 (negligible : 무시할만한)	인원의 손상이나 시스템의 손상은 초래하지 않는다.

정답 19 ① 20 ① 21 ③ 22 ③

23

결함수 분석법에서 일정 조합 안에 포함되는 기본사상들이 동시에 발생할 때 반드시 목표사상을 발생시키는 조합을 무엇이라 하는가?

① Cut set ② Decision tree
③ Path set ④ 불대수

해설 미니멀 컷셋

정상사상을 발생시키는 기본사상의 집합으로 그 안에 포함되는 모든 기본사상이 발생할 때 정상사상을 발생시킬 수 있는 기본사상의 집합을 컷셋이라 하며, 컷셋의 집합중에서 정상사상을 일으키기 위하여 필요한 최소한의 컷셋을 미니멀 컷셋이라 한다.

24

통제표시비(C/D비)를 설계할 때의 고려할 사항으로 가장 거리가 먼 것은?

① 공차 ② 운동성 ③ 조작시간 ④ 계기의 크기

해설 통제표시비 설계시 고려사항

① 계기의 크기 ② 공차 ③ 목측거리 ④ 조작시간 ⑤ 방향성

25

건구온도 38℃, 습구온도 32℃일 때의 Oxford 지수는 몇 ℃ 인가?

① 30.2 ② 32.9 ③ 35.3 ④ 37.1

해설 Oxford 지수

① 습건(WD) 지수라고도 부르며, 습구온도(W)와 건구온도(D)의 가중 평균치로 정의
② WD = 0.85W + 0.15D = (0.85 × 32) + (0.15 × 38) = 32.9

26

건강한 남성이 8시간 동안 특정 작업을 실시하고, 분당 산소 소비량이 1.1L/분으로 나타났다면 8시간 총 작업시간에 포함될 휴식시간은 약 몇 분인가? (단, Murrell의 방법을 적용하며, 휴식 중 에너지소비율은 1.5kcal/min이다.)

① 30분 ② 54분 ③ 60분 ④ 75분

해설 작업시 평균에너지 소비량 및 휴식시간

① 작업 시 평균에너지 소비량
= 5kcal/L ×1.1L/min = 5.5kcal/min

② 휴식시간(R)$=\dfrac{480(E-5)}{E-1.5}=\dfrac{480(5.5-5)}{5.5-1.5}=60$(분)

27

점광원(point source)에서 표면에 비추는 조도(lux)의 크기를 나타내는 식으로 옳은 것은? (단, D는 광원으로부터의 거리를 말한다.)

① $\dfrac{광도[fc]}{D^2[m^2]}$ ② $\dfrac{광도[lm]}{D[m]}$

③ $\dfrac{광도[cd]}{D^2[m^2]}$ ④ $\dfrac{광도[fL]}{D[m]}$

해설 조도

조도$=\dfrac{광도(cd)}{(거리)^2}$

2020년 1회

정답 23 ① 24 ② 25 ② 26 ③ 27 ③

28

인간공학적 수공구의 설계에 관한 설명으로 옳은 것은?

① 수공구 사용 시 무게 균형이 유지되도록 설계한다.
② 손잡이 크기를 수공구 크기에 맞추어 설계한다.
③ 힘을 요하는 수공구의 손잡이는 직경을 60mm 이상으로 한다.
④ 정밀 작업용 수공구의 손잡이는 직경을 5mm 이하로 한다.

해설 **수공구의 설계**

① 수공구의 손잡이 지름은 일반적으로 정밀작업용일 경우 0.7~1.3cm이고, 힘을 요하는 경우 3.2~5.1cm를 넘지 않도록 한다.
② 손잡이의 크기는 작업자에게 적합해야 한다.

29

인간 – 기계 시스템에서 기계와 비교한 인간의 장점으로 볼 수 없는 것은? (단, 인공지능과 관련된 사항은 제외한다.)

① 완전히 새로운 해결책을 찾아낸다.
② 여러 개의 프로그램된 활동을 동시에 수행한다.
③ 다양한 경험을 토대로 하여 의사결정을 한다.
④ 상황에 따라 변화하는 복잡한 자극 형태를 식별한다.

해설

인간은 과부하 상태에서 중요한 일에만 전념하지만, 기계는 여러 개의 프로그램된 활동을 동시에 수행하며 과부하 상태에서도 효율적으로 작동한다.

30

인터페이스 설계 시 고려해야 하는 인간과 기계와의 조화성에 해당되지 않는 것은?

① 지적 조화성　② 신체적 조화성
③ 감성적 조화성　④ 심미적 조화성

해설 **인간 interface(계면)의 조화성**

신체적(형태적) 인터페이스	인간의 신체적 또는 형태적 특성의 적합성여부(필요조건)
지적 인터페이스	인간의 인지능력, 정신적 부담의 정도(편리 수준)
감성적 인터페이스	인간의 감정 및 정서의 적합성여부(쾌적 수준)

31

반복되는 사건이 많이 있는 경우, FTA의 최소 컷셋과 관련이 없는 것은?

① Fussel Algorithm
② Boolean Algorithm
③ Monte Carlo Algorithm
④ Limnios & Ziani Algorithm

해설 **Monte Carlo Algorithm**

시뮬레이션 테크닉의 일종으로, 구하고자 하는 수치의 확률적 분포를 반복 가능한 실험의 통계로부터 구하는 방법.

32

다음 중 설비보전관리에서 설비이력카드, MTBF분석표, 고장원인대책표와 관련이 깊은 관리는?

① 보전기록관리　② 보전자재관리
③ 보전작업관리　④ 예방보전관리

해설

신뢰성과 보전성 개선을 목적으로 한 효과적인 보전기록자료에는 MTBF분석표, 설비이력카드, 고장원인 대책표 등이 있다.

33

공간 배치의 원칙에 해당되지 않는 것은?

① 중요성의 원칙　② 다양성의 원칙
③ 사용빈도의 원칙　④ 기능별 배치의 원칙

해설 **부품배치의 원칙**

① 중요성의 원칙　② 사용빈도의 원칙
③ 기능별 배치의 원칙　④ 사용순서의 원칙

정답 28 ① 29 ② 30 ④ 31 ③ 32 ① 33 ②

34

화학공장(석유화학사업장 등)에서 가동문제를 파악하는 데 널리 사용되며, 위험요소를 예측하고, 새로운 공정에 대한 가동문제를 예측하는 데 사용되는 위험성평가방법은?

① SHA ② EVP ③ CCFA ④ HAZOP

해설 HAZOP 검토의 원리 및 개념

① 5~7명의 각 분야별 전문가와 안전기사로 구성된 팀원들이 상상력을 동원하여 유인어(guide-word)로서 위험요소를 점검
② 설계의 각 부분의 완전성을 검토(test)하기 위해 만들어진 질문들이 설계의도로부터 설계가 벗어날 수 있는 모든 경우를 검토해 볼 수 있도록 하기 위한 것
③ 원하지 않는 결과를 초래할 수 있는 공정(화학공장)상의 문제여부를 확인하기 위해 체계적인 방법으로 공정이나 운전방법을 상세하게 검토해 보기 위하여 실시

35

다음은 1/100초 동안 발생한 3개의 음파를 나타낸 것이다. 음의 세기가 가장 큰 것과 가장 높은 음은 무엇인가?

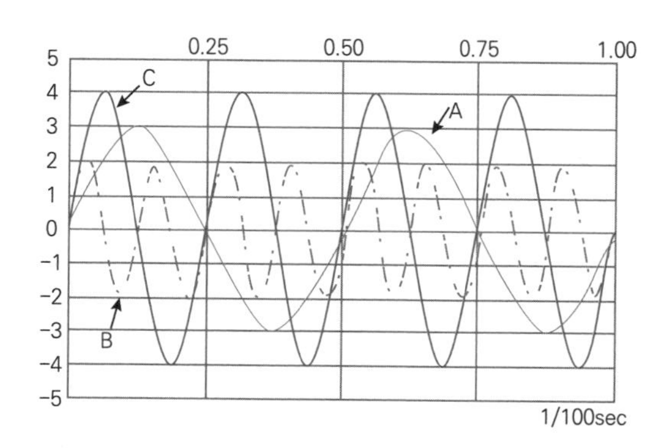

① 가장 큰 음의 세기 : A, 가장 높은 음 : B
② 가장 큰 음의 세기 : C, 가장 높은 음 : B
③ 가장 큰 음의 세기 : C, 가장 높은 음 : A
④ 가장 큰 음의 세기 : B, 가장 높은 음 : C

해설 소리의 3요소

① 소리의 높낮이(고저): 진동수가 클수록 고음이 난다.
② 소리의 세기(강약): 진동수가 같을 때, 진폭이 클수록 강하다.
③ 소리 맵시(음색): 음파의 모양(파형)에 따라 다르게 들린다.

36

글자의 설계 요소 중 검은 바탕에 쓰여진 흰 글자가 번져 보이는 현상과 가장 관련있는 것은?

① 획폭비 ② 글자체
③ 종이 크기 ④ 글자 두께

해설 획폭비(높이에 대한 획굵기의 비)

① 흰 바탕에 검은글씨(양각)는 1:6~1:8 권장 (1:8 정도)
② 검은 바탕에 흰글씨(음각)는 1:8~1:10 권장(1:13.3 정도) → 광삼현상으로 더 가늘어도 된다(검은바탕의 흰글자가 번져보이는 현상)

37

FTA에 사용되는 기호 중 다음 기호에 해당하는 것은?

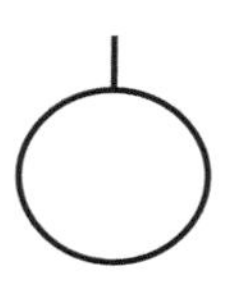

① 생략사상
② 부정사상
③ 결함사상
④ 기본사상

해설 FTA의 논리기호 및 사상기호

번호	기호	명칭	설명
1		결함사상(사상기호)	기본 고장의 결함으로 이루어진 고장상태를 나타내는 사상(개별적인 결함사상)
2		기본사상(사상기호)	더 이상 전개되지 않는 기본인 사상 또는 발생 확률이 단독으로 얻어지는 낮은 레벨의 기본적인 사상
3		생략사상(최후사상)	정보부족 해석기술의 불충분 등으로 더 이상 전개할 수 없는 사상. 작업진행에 따라 해석이 가능할 때는 다시 속행한다.
4		통상사상(사상기호)	통상의 작업이나 기계의 상태에서 재해의 발생원인이 되는 사상(통상발생이 예상되는 사상)

정답 34 ④ 35 ② 36 ① 37 ④

38

휴먼 에러(human error)의 분류 중 필요한 임무나 절차의 순서 착오로 인하여 발생하는 오류는?

① omission error ② sequential error
③ commission error ④ extraneous error

해설 **스웨인(A.D.Swain)의 독립행동에 의한 휴먼에러 분류**

누락에러(Omission error)	필요한 직무나 단계를 수행하지 않은(생략) 에러
작위에러(Commission error)	직무나 순서 등을 착각하여 잘못 수행(불확실한 수행)한 에러
순서에러(Sequential error)	직무 수행과정에서 순서를 잘못 지켜(순서착오) 발생한 에러
지연에러(Time error)	정해진 시간내 직무를 수행하지 못하여(수행지연)발생한 에러
불필요한수행에러(Extraneous error)	불필요한 직무 또는 절차를 수행하여 발생한 에러(과잉행동에러)

39

가청 주파수 내에서 사람의 귀가 가장 민감하게 반응하는 주파수 대역은?

① 20~20000 Hz ② 50~15000 Hz
③ 100~10000 Hz ④ 500~3000 Hz

해설 **경계 및 경보신호 선택시 지침**

① 귀는 중음역에 가장 민감하므로 500~3,000Hz의 진동수를 사용
② 고음은 멀리가지 못하므로 300m 이상 장거리용으로는 1,000Hz 이하의 진동수 사용
③ 신호가 장애물을 돌아가거나 칸막이를 통과해야 할 때는 500Hz 이하의 진동수 사용

40

작업자가 100개의 부품을 육안 검사하여 20개의 불량품을 발견하였다. 실제 불량품이 40개라면 인간 에러(human error) 확률은 약 얼마인가?

① 0.2 ② 0.3 ③ 0.4 ④ 0.5

해설

$$휴먼에러확률(HEP) = \frac{인간오류의\ 수}{전체오류발생\ 기회의수} = \frac{20}{100} = 0.2$$

3과목 기계·기구 및 설비 안전관리

41

구내운반차를 사용하는 경우 준수해야 할 사항으로 옳지 않은 것은?

① 주행을 제동하거나 정지상태를 유지하기 위하여 유효한 제동장치를 갖출 것
② 경음기를 갖출 것
③ 작업을 안전하게 하기 위하여 필요한 조명이 있는 장소에서 사용하는 구내운반차에는 반드시 전조등과 후미등을 갖출 것
④ 운전석이 차 실내에 있는 것은 좌우에 한개씩 방향지시기를 갖출 것

해설

① 주행을 제동하거나 정지상태를 유지하기 위하여 유효한 제동장치를 갖출 것
② 경음기를 갖출 것
③ 운전석이 차 실내에 있는 것은 좌우에 한개씩 방향지시기를 갖출 것
④ 전조등과 후미등을 갖출 것. 다만, 작업을 안전하게 하기 위하여 필요한 조명이 있는 장소에서 사용하는 구내운반차에 대해서는 그러하지 아니하다.
⑤ 구내운반차가 후진 중에 주변의 근로자 또는 차량계하역운반기계 등과 충돌할 위험이 있는 경우에는 구내운반차에 후진경보기와 경광등을 설치할 것

tip

2024년 법령개정 내용 적용

42

다음 중 연삭기를 이용한 작업을 할 경우 연삭숫돌을 교체한 후에는 얼마동안 시험운전을 하여야 하는가?

① 1분 이상 ② 3분 이상
③ 10분 이상 ④ 15분 이상

해설 **연삭숫돌의 안전기준**

① 덮개의 설치 기준 : 직경이 50mm 이상인 연삭숫돌
② 작업 시작하기 전 1분 이상, 연삭숫돌을 교체한 후 3분 이상 시운전

정답 38 ② 39 ④ 40 ① 41 ③ 42 ②

43

프레스기가 작동 후 작업점까지의 도달시간이 0.2초 걸렸다면, 양수기동식 방호장치의 설치거리는 최소 얼마인가?

① 3.2cm ② 32cm ③ 6.4cm ④ 64cm

해설 **양수기동식의 안전거리**

$D_m(\text{mm}) = 1.6T_m(\text{ms}) = 1.6(0.2 \times 1000) = 320\text{mm} = 32\text{cm}$

44

대패기계용 덮개의 시험 방법에서 날접촉 예방장치인 덮개와 송급 테이블 면과의 간격기준은 몇 mm 이하여야 하는가?

① 3 ② 5 ③ 8 ④ 12

해설 **회전 말림점**

날접촉 예방장치인 덮개와 송급테이블면과의 간격이 8mm 이하이어야 한다.

45

프레스 등의 금형을 부착·해체 또는 조정작업 중 슬라이드가 갑자기 작동하여 근로자에게 발생할 수 있는 위험을 방지하기 위하여 설치하는 것은?

① 방호 울 ② 안전블록
③ 시건장치 ④ 게이트 가드

해설

안전블록은 금형의 부착, 해체 및 조정작업시 슬라이드의 불시하강을 방지하기 위한 조치이다.

46

산업안전보건법령상 프레스를 사용하여 작업을 할 때 작업시작 전 점검 항목에 해당하지 않는 것은?

① 전선 및 접속부 상태
② 클러치 및 브레이크의 기능
③ 프레스의 금형 및 고정볼트 상태
④ 1행정 1정지기구·급정지장치 및 비상정지장치의 기능

해설 **프레스 작업시작 전 점검사항**

① 클러치 및 브레이크의 기능
② 크랭크축·플라이휠·슬라이드·연결봉 및 연결나사의 풀림유무
③ 1행정 1정지기구·급정지장치 및 비상정지장치의 기능
④ 슬라이드 또는 칼날에 의한 위험방지 기구의 기능
⑤ 프레스의 금형 및 고정볼트 상태
⑥ 방호장치의 기능
⑦ 전단기의 칼날 및 테이블의 상태

47

선반 작업의 안전사항으로 틀린 것은?

① 베드 위에 공구를 올려놓지 않아야 한다.
② 바이트를 교환할 때는 기계를 정지시키고 한다.
③ 바이트는 끝을 길게 장치한다.
④ 반드시 보안경을 착용한다.

해설 **선반 작업시 유의사항**

① 바이트는 짧게 장치하고 일감의 길이가 직경의 12배 이상일 때 방진구 사용
② 절삭 칩 제거는 반드시 브러시 사용
③ 바이트에는 칩 브레이커를 설치하고 보안경착용
④ 치수 측정 시 및 주유, 청소시 반드시 기계정지

정답 43 ② 44 ③ 45 ② 46 ① 47 ③

48

연삭기 숫돌의 파괴 원인으로 볼 수 없는 것은?

① 숫돌의 회전속도가 너무 빠를 때
② 숫돌 자체에 균열이 있을 때
③ 숫돌의 정면을 사용할 때
④ 숫돌에 과대한 충격을 주게 되는 때

해설 **숫돌의 파괴 원인(보기외에)**

① 숫돌의 측면을 사용하여 작업할 때
② 숫돌의 불균형이나 베어링 마모에 의한 진동이 있을 때
③ 플랜지가 현저히 작을 때
④ 작업에 부적당한 숫돌을 사용할 때
⑤ 숫돌의 치수가 부적당할 때

49

기계설비의 방호는 위험장소에 대한 방호와 위험원에 대한 방호로 분류할 때, 다음 위험원에 대한 방호장치에 해당하는 것은?

① 격리형 방호장치
② 포집형 방호장치
③ 접근거부형 방호장치
④ 위치제한형 방호장치

해설 **포집형 방호장치**

위험원에 대한 방호장치로서 연삭숫돌이나 목재가공기계의 칩이 비산할 경우 이를 방지하고 안전하게 칩을 포집하는 방법

50

산업용 로봇 작업 시 안전조치 방법으로 틀린 것은?

① 작업 중의 매니퓰레이터의 속도의 지침에 따라 작업한다.
② 로봇의 조작방법 및 순서의 지침에 따라 작업한다.
③ 작업을 하고 있는 동안 해당 작업 근로자 이외에도 로봇의 기동스위치를 조작할 수 있도록 한다.
④ 2명 이상의 근로자에게 작업을 시킬 때는 신호 방법의 지침을 정하고 그 지침에 따라 작업한다.

해설 **산업용로봇의 운전중 위험 방지 조치**

① 높이 1.8m 이상의 울타리 설치(울타리를 설치할 수 없는 일부 구간 – 안전매트 또는 광전자식 방호장치 등 감응형 방호장치 설치)
② 작업에 종사하고 있는 근로자 또는 그 근로자를 감시하는 사람은 이상을 발견하면 즉시 로봇의 운전을 정지시키기 위한 조치를 할 것
③ 작업을 하고 있는 동안 로봇의 기동스위치 등에 작업중이라는 표시를 하는 등 작업에 종사하고 있는 근로자가 아닌 사람이 그 스위치 등을 조작할 수 없도록 필요한 조치를 할 것

51

크레인 작업 시 조치사항 중 틀린 것은?

① 인양할 하물은 바닥에서 끌어당기거나, 밀어내는 작업을 하지 아니할 것
② 유류드럼이나 가스통 등의 위험물 용기는 보관함에 담아 안전하게 매달아 운반할 것
③ 고정된 물체는 직접 분리, 제거하는 작업을 할 것
④ 근로자의 출입을 통제하여 하물이 작업자의 머리 위로 통과하지 않게 할 것

해설 **크레인 작업시 조치 및 준수사항(보기외에)**

① 고정된 물체는 직접 분리·제거하는 작업을 하지 아니할 것
② 인양할 하물이 보이지 아니하는 경우에는 어떠한 동작도 하지 아니할 것(신호하는 자에 의하여 작업을 하는 경우 제외)

정답 48 ③ 49 ② 50 ③ 51 ③

52

산업안전보건법령상 양중기에 사용하지 않아야 하는 달기 체인의 기준으로 틀린 것은?

① 심하게 변형된 것
② 균열이 있는 것
③ 달기 체인의 길이가 달기 체인이 제조된 때의 길이의 3%를 초과한 것
④ 링의 단면지름이 달기 체인이 제조된 때의 해당 링의 지름의 10%를 초과하여 감소한 것

해설 **양중기의 달기체인 사용제한**

① 달기체인의 길이가 달기체인이 제조된 때의 길이의 5퍼센트를 초과한 것
② 링의 단면지름이 달기체인이 제조된 때의 해당 링의 지름의 10퍼센트를 초과하여 감소한 것
③ 균열이 있거나 심하게 변형된 것

53

롤러기에 사용되는 급정지장치의 종류가 아닌 것은?

① 손 조작식　② 발 조작식
③ 무릎 조작식　④ 복부 조작식

해설 **롤러 급정지장치의 종류**

조작부의 종류	설치위치
손조작식	밑면에서 1.8m 이내
복부조작식	밑면에서 0.8m 이상 1.1m 이내
무릎조작식	밑면에서 0.4m 이상 0.6m 이내

54

드릴 작업의 안전조치 사항으로 틀린 것은?

① 칩은 와이어 브러시로 제거한다.
② 드릴 작업에서는 보안경을 쓰거나 안전덮개를 설치한다.
③ 칩에 의한 자상을 방지하기 위해 면장갑을 착용한다.
④ 바이스 등을 사용하여 작업 중 공작물의 유동을 방지한다.

해설 **드릴 작업시 안전대책**

① 일감은 견고히 고정, 손으로 잡고 하는 작업금지
② 드릴 끼운 후 척 렌치는 반드시 빼둘 것
③ 면장갑 등 착용 금지 및 칩은 브러시로 제거
④ 구멍 뚫기 작업시 손으로 관통확인 금지
⑤ 보안경 착용 및 안전덮개(shield)설치 등

55

개구부에서 회전하는 롤러의 위험점까지 최단거리가 60mm일 때 개구부 간격은?

① 10mm　② 12mm
③ 13mm　④ 15mm

해설 **롤러기 가드의 개구부 간격(ILO 기준)**

$Y = 6 + 0.15X$

$\therefore\ Y = 6 + (0.15 \times 60) = 15\text{mm}$

정답 52 ③ 53 ② 54 ③ 55 ④

2020년 1회

56

연삭 숫돌과 작업받침대, 교반기의 날개, 하우스 등 기계의 회전 운동하는 부분과 고정부분 사이에 위험이 형성되는 위험점은?

① 물림점 ② 끼임점
③ 절단점 ④ 접선물림점

해설 **기계설비에 의해 형성되는 위험점**

협착점	왕복 운동하는 운동부와 고정부 사이에 형성 (작업점이라 부르기도 함)	① 프레스 금형 조립부위 ② 전단기의 누름판 및 칼날부위 ③ 선반 및 평삭기의 베드 끝 부위
끼임점	고정부분과 회전 또는 직선운동 부분에 의해 형성	① 연삭 숫돌과 작업대 ② 반복동작되는 링크기구 ③ 교반기의 교반날개와 몸체사이
절단점	회전운동부분 자체와 운동하는 기계 자체에 의해 형성	① 밀링컷터 ② 둥근톱 날 ③ 목공용 띠톱 날 부분
물림점	회전하는 두 개의 회전축에 의해 형성(회전체가 서로 반대방향으로 회전하는 경우)	① 기어와 피니언 ② 롤러의 회전 등
접선 물림점	회전하는 부분이 접선방향으로 물려 들어가면서 형성	① V벨트와 풀리 ② 기어와 랙 ③ 롤러와 평벨트 등
회전 말림점	회전체의 불규칙 부위와 돌기 회전 부위에 의해 형성	① 회전축 ② 드릴축 등

57

보일러의 연도(굴뚝)에서 버려지는 여열을 이용하여 보일러에 공급되는 급수를 예열하는 부속장치는?

① 과열기 ② 절탄기
③ 공기예열기 ④ 연소장치

해설 **절탄기(economizer)**

보일러 본체에 넣어진 물을 가열하기 위하여 연도에서 버려지는 배기 연소가스의 여열을 이용하기 위한 장치

58

다음 중 컨베이어의 안전장치가 아닌 것은?

① 이탈 및 역주행방지장치 ② 비상정지장치
③ 덮개 또는 울 ④ 비상난간

해설 **컨베이어의 안전조치사항**

① 이탈 등의 방지(정전, 전압강하 등에 의한 화물 또는 운반구의 이탈 및 역주행 방지장치)
② 화물의 낙하위험시에는 덮개 또는 낙하방지용 울 등의 설치
③ 근로자의 신체의 일부가 말려드는 등 근로자에게 위험을 미칠 우려가 있을 때 및 비상시에 정지할 수 있는 비상정지장치 부착

59

밀링 머신의 작업 시 안전수칙에 대한 설명으로 틀린 것은?

① 커터의 교환 시는 테이블 위에 목재를 받쳐 놓는다.
② 강력 절삭 시에는 일감을 바이스에 깊게 물린다.
③ 작업 중 면장갑은 착용하지 않는다.
④ 커터는 가능한 컬럼(column)으로부터 멀리 설치한다.

해설

밀링의 커터는 될 수 있는 한 컬럼에 가깝게 설치해야 한다.

60

선반의 크기를 표시하는 것으로 틀린 것은?

① 양쪽 센터 사이의 최대 거리
② 왕복대 위의 스윙
③ 베드 위의 스윙
④ 주축에 물릴 수 있는 공작물의 최대 지름

해설 **선반의 크기 표시**

일반적으로 베드 위의 스윙, 왕복대 위의 스윙, 두 센터 사이의 최대 거리로 나타낸다.

정답 56 ② 57 ② 58 ④ 59 ④ 60 ④

4과목 전기 및 화학설비 안전관리

61

최대안전틈새(MESG)의 특성을 적용한 방폭구조는?

① 내압 방폭구조
② 유입 방폭구조
③ 안전증 방폭구조
④ 압력 방폭구조

해설 **내압 방폭구조(d)**

① 용기내부에서 폭발성 가스 또는 증기가 폭발하였을 때 용기가 그 압력에 견디며 또한 접합면, 개구부 등을 통하여 외부의 폭발성 가스증기에 인화되지 않도록 한 구조
② 전폐형으로 내부에서의 가스등의 폭발압력에 견디고 그 주위의 폭발 분위기하의 가스등에 점화되지 않도록 하는 방폭구조
③ 폭발 후에는 최대안전틈새가 있어 고온의 가스를 서서히 방출시킴으로 냉각

62

내전압용절연장갑의 등급에 따른 최대사용전압이 올바르게 연결된 것은?

① 00 등급 : 직류 750V
② 00 등급 : 교류 650V
③ 0 등급 : 직류 1000V
④ 0 등급 : 교류 800V

해설 **내전압용 절연장갑의 등급 및 표시**

등급	최대사용전압		등급별 색상
	교류(V, 실효값)	직류(V)	
00	500	750	갈색
0	1,000	1,500	빨강색
1	7,500	11,250	흰색
2	17,000	25,500	노랑색
3	26,500	39,750	녹색
4	36,000	54,000	등색

63

선간전압이 6.6kV인 충전전로 인근에서 유자격자가 작업하는 경우, 충전전로에 대한 최소 접근한계거리(cm)는? (단, 충전부에 절연 조치가 되어있지 않고, 작업자는 절연장갑을 착용하지 않았다.)

① 20
② 30
③ 50
④ 60

해설 **충전전로에서의 접근한계거리**

충전전로의 선간전압 (단위 : 킬로볼트)	충전전로에 대한 접근한계거리 (단위 : 센티미터)
0.3 이하	접촉금지
0.3 초과 0.75 이하	30
0.75 초과 2 이하	45
2 초과 15 이하	60
15 초과 37 이하	90
37 초과 88 이하	110
88 초과 121 이하	130
-이하생략-	-이하생략-

64

어떤 도체에 20초 동안에 100C의 전하량이 이동하면 이때 흐르는 전류(A)는?

① 200
② 50
③ 10
④ 5

해설 **전류 : 단위 [A]**

단위 시간[sec]동안 이동한 전하량[C]

$$I=\frac{Q}{t}(\mathrm{A})=\frac{100}{20}=5(\mathrm{A})$$

정답 61 ① 62 ① 63 ④ 64 ④

65

피뢰기가 반드시 가져야 할 성능 중 틀린 것은?

① 방전개시 전압이 높을 것
② 뇌전류 방전능력이 클 것
③ 속류 차단을 확실하게 할 수 있을 것
④ 반복 동작이 가능할 것

해설 **피뢰기의 구비성능**

① 충격방전개시전압과 제한전압이 낮을 것
② 반복동작이 가능할 것
③ 뇌전류의 방전능력이 크고 속류차단이 확실할 것
④ 점검, 보수가 간단할 것
⑤ 구조가 견고하며 특성이 변화하지 않을 것

66

가스 또는 분진폭발위험장소에는 변전실·배전반실·제어실 등을 설치하여서는 아니된다. 다만, 실내기압이 항상 양압을 유지하도록 하고, 별도의 조치를 한 경우에는 그러하지 않은데 이때 요구되는 조치사항으로 틀린 것은?

① 양압을 유지하기 위한 환기설비의 고장 등으로 양압이 유지되지 아니한 때 경보를 할 수 있는 조치를 한 경우
② 환기설비가 정지된 후 재가동하는 경우 변전실 등에 가스 등이 있는지를 확인할 수 있는 가스검지기 등의 장비를 비치한 경우
③ 환기설비에 의하여 변전실 등에 공급되는 공기는 가스폭발위험장소 또는 분진폭발위험장소가 아닌 곳으로부터 공급되도록 하는 조치를 한 경우
④ 실내기압이 항상 양압 10Pa 이상이 되도록 장치를 한 경우

해설

가스 또는 분진폭발위험장소에는 변전실·배전반실·제어실 기타 이와 유사한 시설을 설치하여서는 아니된다. 다만, 변전실등의 실내기압이 항상 양압(25파스칼 이상의 압력)을 유지하도록 하고 다음 각호의 조치를 하거나, 그 장소에 적합한 방폭성능을 갖는 전기기계·기구를 변전실등에 설치·사용한 때에는 그러하지 아니하다.

① 양압을 유지하기 위한 환기설비의 고장 등으로 양압이 유지되지 아니한 때 경보를 할 수 있는 조치
② 환기설비가 정지된 후 재가동할 때 변전실등 내의 가스등의 유무를 확인할 수 있는 가스검지기등 장비의 비치
③ 환기설비에 의하여 변전실등에 공급되는 공기는 가스 또는 분진폭발위험장소외의 장소로부터 공급되도록 하는 조치

67

절연체에 발생한 정전기는 일정 장소에 축적되었다가 점차 소멸되는데 처음 값의 몇 %로 감소되는 시간을 그 물체의 "시정수" 또는 "완화시간"이라고 하는가?

① 25.8　② 36.8　③ 45.8　④ 67.8

해설 **시정수(time constant)**

완화가 시간과 함께 지수함수적으로 일어나는 경우, 대전물체의 전하량이 초기값의 36.8(%)될 때까지의 시간을 말한다.

68

누전차단기의 선정 및 설치에 대한 설명으로 틀린 것은?

① 차단기를 설치한 전로에 과부하 보호장치를 설치하는 경우는 서로 협조가 잘 이루어지도록 한다.
② 정격부동작전류와 정격감도전류와의 차는 가능한 큰 차단기로 선정한다.
③ 감전방지 목적으로 시설하는 누전차단기는 고감도 고속형을 선정한다.
④ 전로의 대지정전용량이 크면 차단기가 오작동하는 경우가 있으므로 각 분기회로 마다 차단기를 설치한다.

해설 **누전차단기의 선정시 주의사항**

① 누전차단기는 접속된 각각의 휴대용, 이동용 전동기기에 대해 정격 감도전류가 30[mA]이하의 것을 사용해야 한다.
② 누전차단기는 정격 부동작 전류가 정격 감도전류의 50[%] 이상이고 또한 이들의 차가 가능한 한 작은 값을 사용해야 한다.
③ 누전차단기는 동작시간이 0.1초 이하의 가능한 한 짧은 시간의 것을 사용 하는 것을 사용해야 한다.
④ 누전차단기는 절연저항이 5[MΩ] 이상이 되어야 한다.
⑤ 누전차단기를 사용하고 또한 해당 차단기에 과부하보호장치 또는 단락보호장치를 설치하는 경우에는 이들 장치와 차단기의 차단기능이 서로 조화되도록 해야 한다.
⑥ 분기회로 또는 전기기계·기구마다 누전차단기를 접속해야 한다.

정답 65 ① 66 ④ 67 ② 68 ②

69

정전기 발생량과 관련된 내용으로 옳지 않은 것은?

① 분리속도가 빠를수록 정전기 발생량이 많아진다.
② 두 물질간의 대전서열이 가까울수록 정전기 발생량이 많아진다.
③ 접촉면적이 넓을수록, 접촉압력이 증가할수록 정전기 발생량이 많아진다.
④ 물질의 표면이 수분이나 기름 등에 오염되어 있으면 정전기 발생량이 많아진다.

해설 **대전서열**

① 물체를 마찰시킬 때 전자를 잃기 쉬운 순서대로 나열한 것.
② 대전서열에서 멀리 있는 두 물체를 마찰할수록 대전이 잘된다.

70

전기설비 등에는 누전에 의한 감전의 위험을 방지하기 위하여 전기기계·기구에 접지를 실시하도록 하고 있다. 전기기계·기구의 접지에 대한 설명 중 틀린 것은?

① 특별고압의 전기를 취급하는 변전소·개폐소 그 밖에 이와 유사한 장소에서는 지락(地絡)사고가 발생할 경우 접지극의 전위상승에 의한 감전위험을 감소시키기 위한 조치를 하여야 한다.
② 코드 및 플러그를 접속하여 사용하는 전압이 대지전압 110V를 넘는 전기기계·기구가 노출된 비충전 금속체에는 접지를 반드시 실시하여야 한다.
③ 접지설비에 대하여는 상시 적정상태 유지여부를 점검하고 이상을 발견한 때에는 즉시 보수하거나 재설치하여야 한다.
④ 전기기계·기구의 금속제 외함·금속제 외피 및 철대에는 접지를 실시하여야 한다.

해설 **코드와 플러그를 접속하여 사용하는 전기기계·기구중 접지를 해야하는 노출된 비충전 금속체**

① 사용전압이 대지전압 150볼트를 넘는 것
② 냉장고·세탁기·컴퓨터 및 주변기기 등과 같은 고정형 전기기계·기구
③ 고정형·이동형 또는 휴대형 전동기계·기구
④ 물 또는 도전성이 높은 곳에서 사용하는 전기기계·기구, 비접지형 콘센트
⑤ 휴대형 손전등

71

다음 가스 중 공기 중에서 폭발범위가 넓은 순서로 옳은 것은?

① 아세틸렌 > 프로판 > 수소 > 일산화탄소
② 수소 > 아세틸렌 > 프로판 > 일산화탄소
③ 아세틸렌 > 수소 > 일산화탄소 > 프로판
④ 수소 > 프로판 > 일산화탄소 > 아세틸렌

해설 **가연성가스의 폭발범위**

가연성 가스	폭발하한 값(%)	폭발상한 값(%)
아세틸렌(C_2H_2)	2.5	81
메탄(CH_4)	5	15
수소(H_2)	4	75
일산화탄소(CO)	12.5	74
프로판(C_3H_8)	2.1	9.5

72

산업안전보건법상 물질안전보건자료 작성 시 포함되어야 하는 항목이 아닌 것은? (단, 참고사항은 제외한다.)

① 화학제품과 회사에 관한 정보
② 제조일자 및 유효기간
③ 운송에 필요한 정보
④ 환경에 미치는 영향

해설 **물질안전보건자료(MSDS) 작성 시 포함되어야 할 항목 및 순서**

① 화학제품과 회사에 관한 정보
② 유해·위험성
③ 구성성분의 명칭 및 함유량
④ 응급조치요령
⑤ 폭발·화재시 대처방법
⑥ 누출사고시 대처방법
⑦ 취급 및 저장방법
⑧ 노출방지 및 개인보호구
⑨ 물리화학적 특성
⑩ 안정성 및 반응성
⑪ 독성에 관한 정보
⑫ 환경에 미치는 영향
⑬ 폐기 시 주의사항
⑭ 운송에 필요한 정보
⑮ 법적규제 현황
⑯ 기타 참고사항

정답 69 ② 70 ② 71 ③ 72 ②

73

물반응성 물질에 해당하는 것은?

① 니트로화합물　　② 칼륨
③ 염소산나트륨　　④ 부탄

해설 **물반응성 물질 및 인화성고체**

① 리튬 ② 칼륨·나트륨 ③ 황 ④ 황린
⑤ 알킬알루미늄·알킬리튬 등

tip

니트로 화합물은 폭발성물질 및 유기과산화물. 염소산 나트륨은 산화성액체 및 산화성고체. 부탄은 인화성 가스에 해당된다.

74

위험물을 건조하는 경우 내용적이 몇 m^3 이상인 건조설비일 때 위험물 건조설비 중 건조실을 설치하는 건축물의 구조를 독립된 단층으로 해야 하는가? (단, 건축물은 내화구조가 아니며, 건조실을 건축물의 최상층에 설치한 경우가 아니다.)

① 0.1　② 1　③ 10　④ 100

해설 **위험물 건조설비를 설치하는 건축물의 구조**

위험물 건조설비를 설치하는 건축물의 구조	독립된 단층건물 또는 건축물의 최상층에 건조실 설치 하거나 내화구조
독립된 단층건물로 해야 하는 건조설비	① 위험물 또는 위험물이 발생하는 물질을 가열·건조하는 경우 내용적이 1세제곱미터 이상인 건조설비 ② 위험물이 아닌 물질을 가열·건조하는 경우로서 다음에 해당하는 건조설비 ㉠ 고체 또는 액체연료의 최대사용량이 시간당 10킬로그램 이상 ㉡ 기체연료의 최대사용량이 시간당 1세제곱미터 이상 ㉢ 전기사용 정격용량이 10킬로와트 이상

75

다음 중 반응기의 운전을 중지할 때 필요한 주의사항으로 가장 적절하지 않은 것은?

① 급격한 유량 변화를 피한다.
② 가연성 물질이 새거나 흘러나올 때의 대책을 사전에 세운다.
③ 급격한 압력 변화 또는 온도 변화를 피한다.
④ 80~90℃의 염산으로 세정을 하면서 수소가스로 잔류가스를 제거한 후 잔류물을 처리한다.

해설 **반응기의 잔류물 제거**

반응기의 잔류물을 확인한 경우에는 스팀 세정과 화학세정의 실시, 그리고 각 첨가제를 투입하여 물질의 변성 및 물질 치환을 통하여 제거하도록 한다.

76

어떤 물질 내에서 반응전파속도가 음속보다 빠르게 진행되며 이로 인해 발생된 충격파가 반응을 일으키고 유지하는 발열반응을 무엇이라 하는가?

① 점화(Ignition)　　② 폭연(Deflagration)
③ 폭발(Explosion)　　④ 폭굉(Detonation)

해설 **폭굉과 폭굉파**

① 폭굉이란 폭발 범위내의 특정 농도 범위에서 연소속도가 폭발에 비해 수백 내지 수천 배에 달하는 현상
② 폭굉파는 진행속도가 1,000~3,500m/s 에 달하는 경우
③ 폭굉파의 전파속도는 음속을 앞지르기 때문에 그 진행전면에 충격파가 형성되어 파괴작용을 동반

77

A 가스의 폭발하한계가 4.1vol%, 폭발상한계가 62vol% 일 때 이 가스의 위험도는 약 얼마인가?

① 8.94　② 12.75　③ 14.12　④ 16.12

해설 **위험도**

$$위험도(H)=\frac{UFL(연소상한값)-LFL(연소하한값)}{LFL(연소하한값)}$$

$$\therefore\ H=\frac{62-4.1}{4.1}=14.122$$

정답 73 ② 74 ② 75 ④ 76 ④ 77 ③

78

사업장에서 유해·위험물질의 일반적인 보관방법으로 적합하지 않는 것은?

① 질소와 격리하여 저장
② 서늘한 장소에 저장
③ 부식성이 없는 용기에 저장
④ 차광막이 있는 곳에 저장

해설

질소는 공기 중에서 가장 많은 비중을 차지하며, 불연성가스에 해당된다.

79

다음 중 분진폭발의 가능성이 가장 낮은 물질은?

① 소맥분 ② 마그네슘분 ③ 질석가루 ④ 석탄가루

해설

팽창질석은 금속화재의 소화에 사용된다.

80

산업안전보건기준에 관한 규칙에서 규정하는 급성 독성물질의 기준으로 틀린 것은?

① 쥐에 대한 경구투입실험에 의하여 실험동물의 50%를 사망시킬 수 있는 물질의 양이 kg당 300mg-(체중) 이하인 화학물질
② 쥐에 대한 경피흡수실험에 의하여 실험동물의 50%를 사망시킬 수 있는 물질의 양이 kg당 1000mg-(체중) 이하인 화학물질
③ 토끼에 대한 경피흡수실험에 의하여 실험동물의 50%를 사망시킬 수 있는 물질의 양이 kg당 1000mg-(체중) 이하인 화학물질
④ 쥐에 대한 4시간 동안의 흡입실험에 의하여 실험동물의 50%를 사망시킬 수 있는 가스의 농도가 3000ppm 이상인 화학물질

해설 **급성 독성물질**

쥐에 대한 4시간동안의 흡입실험에 의하여 실험동물의 50퍼센트를 사망시킬 수 있는 물질의 농도, 즉 가스 LC50(쥐, 4시간 흡입)이 2,500ppm 이하인 화학물질, 증기 LC50(쥐, 4시간 흡입)이 10mg/ℓ 이하인 화학물질, 분진 또는 미스트 1mg/ℓ 이하인 화학물질

5과목 건설공사 안전관리

81

건설현장에서 계단을 설치하는 경우 계단의 높이가 최소 몇 미터 이상일 때 계단의 개방된 측면에 안전난간을 설치하여야 하는가?

① 0.8m ② 1.0m ③ 1.2m ④ 1.5m

해설 **계단의 안전**

계단 및 계단참의 강도	① 매제곱미터당 500킬로그램 이상의 하중에 견딜 수 있는 강도를 가진 구조로 설치 ② 안전율은 4 이상
계단의 폭	폭은 1미터 이상이며 손잡이 외 다른 물건 설치, 적재금지
계단참의 높이	높이가 3미터를 초과하는 계단에 높이 3미터 이내마다 진행방향으로 길이 1.2미터 이상의 계단참설치
천장의 높이	바닥면으로부터 높이 2미터 이내의 공간에 장애물 없을 것
계단의 난간	높이 1미터 이상인 계단의 개방된 측면에 안전난간 설치

tip

2023년 법령개정. 문제와 해설은 개정된 내용 적용

정답 78 ① 79 ③ 80 ④ 81 ②

82

건설업의 산업안전보건관리비 사용기준에 해당되지 않는 것은?

① 안전시설비
② 안전관리자·보건관리자의 임금
③ 환경보전비
④ 안전보건교육비

해설 **산업안전보건관리비의 사용기준**

① 안전관리자·보건관리자의 임금 등
② 안전시설비 등
③ 보호구 등
④ 안전보건진단비 등
⑤ 안전보건교육비 등
⑥ 근로자 건강장해예방비 등
⑦ 건설재해예방전문지도기관의 지도에 대한 대가로 지급하는 비용
⑧ 「중대재해 처벌 등에 관한 법률」에 해당하는 건설사업자가 아닌 자가 운영하는 사업에서 안전보건 업무를 총괄·관리하는 3명 이상으로 구성된 본사 전담조직에 소속된 근로자의 임금 및 업무수행 출장비 전액. 다만, 계상된 안전보건관리비 총액의 20분의 1을 초과할 수 없다.
⑨ 위험성평가 또는 「중대재해 처벌 등에 관한 법률 시행령」에 따라 유해·위험요인 개선을 위해 필요하다고 판단하여 산업안전보건위원회 또는 노사협의체에서 사용하기로 결정한 사항을 이행하기 위한 비용. 다만, 계상된 안전보건관리비 총액의 10분의 1을 초과할 수 없다.

83

포화도 80%, 함수비 28%, 흙 입자의 비중 2.7일 때 공극비를 구하면?

① 0.940　② 0.945　③ 0.950　④ 0.955

해설 **흙의 공극비**

$$\text{공극비}(e)=\frac{w \cdot G_s}{s}=\frac{0.28\times 2.7}{0.8}=0.945$$

[S : 포화도, e : 공극비, w : 함수비, G_s : 흙의 비중]

84

다음 터널 공법 중 전단면 기계 굴착에 의한 공법에 속하는 것은?

① ASSM(American Steel Supported Method)
② NATM(New Austrian Tunneling Method)
③ TBM(Tunnel Boring Machine)
④ 개착식 공법

해설 **TBM 공법**

종래의 발파공법과 달리 자동화된 TBM으로 전단면을 동시에 굴착하고 뒤따라가면서 shotcrete를 하여 원지반의 변형을 최소화하는 기계굴착방식

85

크레인의 운전실을 통하는 통로의 끝과 건설물 등의 벽체와의 간격은 최대 얼마 이하로 하여야 하는가?

① 0.3m　② 0.4m　③ 0.5m　④ 0.6m

해설 **건설물 등의 벽체와 통로의 간격**

다음 각 호의 간격을 0.3미터 이하로 하여야 한다.(다만, 근로자가 추락할 위험이 없는 경우에는 그 간격을 0.3미터 이하로 유지하지 아니할 수 있다.)

① 크레인의 운전실 또는 운전대를 통하는 통로의 끝과 건설물 등의 벽체의 간격
② 크레인 거더(girder)의 통로 끝과 크레인 거더의 간격
③ 크레인 거더의 통로로 통하는 통로의 끝과 건설물 등의 벽체의 간격

86

부두 등의 하역작업장에서 부두 또는 안벽의 선을 따라 설치하는 통로의 최소폭 기준은?

① 30cm 이상　② 50cm 이상
③ 70cm 이상　④ 90cm 이상

해설 **부두등 하역작업장 조치사항(보기 외에)**

① 부두 또는 안벽의 선을 따라 통로를 설치하는 때에는 폭을 90cm 이상으로 할 것
② 바닥으로부터 높이 2m 이상 하적단(포대, 가마니 등)은 인접 하적단과 간격을 하적단 밑부분에서 10cm 이상 유지

정답 82 ③ 83 ② 84 ③ 85 ① 86 ④

87

옹벽 축조를 위한 굴착작업에 관한 설명으로 옳지 않은 것은?

① 수평 방향으로 연속적으로 시공한다.
② 하나의 구간을 굴착하면 방치하지 말고 기초 및 본체 구조물 축조를 마무리 한다.
③ 절취경사면에 전석, 낙석의 우려가 있고 혹은 장기간 방치할 경우에는 숏크리트, 록볼트, 캔버스 및 모르타르 등으로 방호한다.
④ 작업위치의 좌우에 만일의 경우에 대비한 대피통로를 확보하여 둔다.

해설

수평방향의 연속시공을 금하며, 브럭으로 나누어 단위시공 단면적을 최소화하여 분단시공을 한다.

88

가설통로 설치 시 경사가 몇 도를 초과하면 미끄러지지 않는 구조로 설치하여야 하는가?

① 15° ② 20° ③ 25° ④ 30°

해설 가설 통로의 구조

① 견고한 구조로 할 것
② 경사는 30도 이하로 할 것
③ 경사가 15도를 초과하는 경우에는 미끄러지지 아니하는 구조로 할 것
④ 추락할 위험이 있는 장소에는 안전난간을 설치할 것
⑤ 수직갱에 가설된 통로의 길이가 15미터 이상인 경우에는 10미터 이내마다 계단참을 설치할 것
⑥ 건설공사에 사용하는 높이 8미터 이상인 비계다리에는 7미터 이내마다 계단참을 설치할 것

89

이동식 비계 작업 시 주의사항으로 옳지 않은 것은?

① 비계의 최상부에서 작업을 하는 경우에는 안전난간을 설치한다.
② 이동 시 작업지휘자가 이동식 비계에 탑승하여 이동하며 안전여부를 확인하여야 한다.
③ 비계를 이동시키고자 할 때는 바닥의 구멍이나 머리 위의 장애물을 사전에 점검한다.
④ 작업발판은 항상 수평을 유지하고 작업발판 위에서 안전난간을 딛고 작업을 하거나 받침대 또는 사다리를 사용하여 작업하지 않도록 한다.

해설 이동식 비계사용상 주의사항

① 작업발판은 항상 수평을 유지하고 작업발판 위에서 안전난간을 딛고 작업을 하거나 받침대 또는 사다리를 사용하여 작업하지 않아야 한다.
② 작업발판에는 3인 이상이 탑승하여 작업하지 않도록 하여야 한다.
③ 근로자가 탑승한 상태에서 이동식 비계를 이동시키지 말아야 한다.

90

가설구조물의 특징이 아닌 것은?

① 연결재가 적은 구조로 되기 쉽다.
② 부재결합이 불완전 할 수 있다.
③ 영구적인 구조설계의 개념이 확실하게 적용된다.
④ 단면에 결함이 있기 쉽다.

해설 가설구조물 특징(보기외에)

① 구조물에 대한 개념이 확고하지 않아 조립정밀도가 낮다.
② 구조계산의 기준이 부족하여 구조적인 문제점이 많다.

91

물체가 떨어지거나 날아올 위험 또는 근로자가 추락할 위험이 있는 작업 시 착용하여야 할 보호구는?

① 보안경 ② 안전모 ③ 방열복 ④ 방한복

해설 보호구

① 안전모 : 물체가 떨어지거나 날아올 위험 또는 근로자가 감전되거나 추락할 위험
② 안전대 : 높이 또는 깊이 2m 이상의 추락할 위험

정답 87 ① 88 ① 89 ② 90 ③ 91 ②

92

건설현장에서 사용하는 공구 중 토공용이 아닌 것은?

① 착암기 ② 포장 파괴기
③ 연마기 ④ 점토 굴착기

해설

연마기는 연마공구등을 이용하여 금속이나 가공물의 표면을 정리하거나 매끄럽게하여 곱게 다듬는 기계

93

운반작업 중 요통을 일으키는 인자와 가장 거리가 먼 것은?

① 물건의 중량 ② 작업 자세
③ 작업 시간 ④ 물건의 표면마감 종류

해설

요통을 일으키는 인자로는 물건의 중량, 작업자세, 작업시간과 그 강도 등이 있다.

94

콘크리트용 거푸집의 재료에 해당되지 않는 것은?

① 철재 ② 목재 ③ 석면 ④ 경금속

해설

거푸집의 재료에는 철재, 목재, 합판, 경금속 등이 있으며, 석면은 단열, 절연성 등이 우수하여 건축자재 등으로 사용되어 왔으나 체내로 흡입되면 폐암 및 악성중피종 등을 유발하는 발암성 물질로 현재 우리나라에서는 사용금지된 물질이다.

95

공사종류 및 규모별 안전관리비 계상기준표에서 공사종류의 명칭에 해당되지 않는 것은?

① 토목공사 ② 일반건설공사(갑)
③ 중건설공사 ④ 특수건설공사

해설 **계상기준표의 공사종류**

① 건축공사 ② 토목공사 ③ 중건설공사 ④ 특수건설공사

tip

2023년 법령개정. 문제와 해설은 개정된 내용 적용

96

콘크리트 타설작업을 하는 경우에 준수해야 할 사항으로 옳지 않은 것은?

① 콘크리트를 타설하는 경우에는 편심을 유발하여 한쪽 부분부터 밀실하게 타설되도록 유도할 것
② 당일의 작업을 시작하기 전에 해당 작업에 관한 거푸집동바리등의 변형·변위 및 지반의 침하 유무 등을 점검하고 이상이 있으면 보수할 것
③ 작업 중에는 거푸집동바리등의 변형·변위 및 침하 유무 등을 감시할 수 있는 감시자를 배치하여 이상이 있으면 작업을 중지하고 근로자를 대피시킬 것
④ 설계도서상의 콘크리트 양생기간을 준수하여 거푸집동바리등을 해체할 것

해설

콘크리트를 타설하는 경우에는 편심이 발생하지 않도록 골고루 분산하여 타설할 것

정답 92 ③ 93 ④ 94 ③ 95 ② 96 ①

97

다음 그림은 경암에서 토사붕괴를 예방하기 위한 기울기를 나타낸 것이다. x의 값은?

① 1.0
② 0.8
③ 0.5
④ 0.3

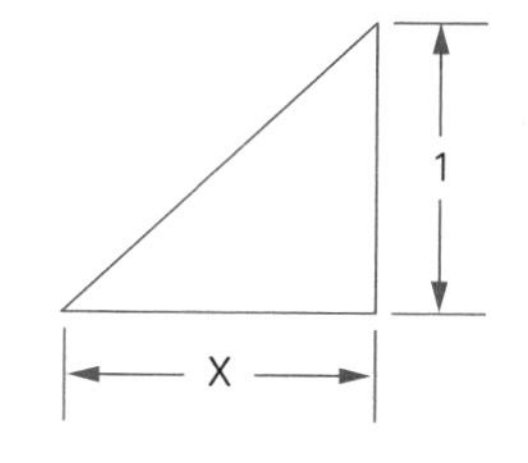

해설 **굴착면 기울기 기준**

지반의 종류	모래	연암 및 풍화암	경암	그 밖의 흙
굴착면의 기울기	1 :1.8	1 : 1.0	1 : 0.5	1 : 1.2

tip
2023년 법령개정. 문제와 해설은 개정된 내용 적용

98

지반의 사면파괴 유형 중 유한사면의 종류가 아닌 것은?

① 사면내파괴　② 사면선단파괴
③ 사면저부파괴　④ 직립사면파괴

해설 **유한사면의 원호활동의 종류**

사면선단파괴	경사가 급하고 비점착성 토질
사면저부파괴	경사가 완만하고 점착성인 경우, 사면의 하부에 암반 또는 굳은 지층이 있을 경우
사면내파괴	견고한 지층이 얕게 있는 경우

99

철근 콘크리트 공사에서 거푸집동바리의 해체 시기를 결정하는 요인으로 가장 거리가 먼 것은?

① 시방서 상의 거푸집 존치기간의 경과
② 콘크리트 강도시험 결과
③ 동절기일 경우 적산온도
④ 후속공정의 착수시기

해설

거푸집 및 동바리의 해체 시기 및 순서는 존치기간의 경과, 압축강도시험, 동절기인 경우 적산온도 및 시멘트의 성질, 콘크리트의 배합, 구조물의 종류와 중요도, 부재의 종류 및 크기, 부재가 받는 하중, 콘크리트 내부의 온도와 표면온도의 차이 등의 요인을 고려하여 결정해야 하며, 사전에 책임기술자의 승인을 받아야 한다.

100

건설현장에서의 PC(Precast Concrete) 조립 시 안전대책으로 옳지 않은 것은?

① 달아 올린 부재의 아래에서 정확한 상황을 파악하고 전달하여 작업한다.
② 운전자는 부재를 달아 올린 채 운전대를 이탈해서는 안된다.
③ 신호는 사전 정해진 방법에 의해서만 실시한다.
④ 크레인 사용 시 PC판의 중량을 고려하여 아우트리거를 사용한다.

해설 **PC조립시 안전대책**

① 부재 조립 시 아래층에서의 작업을 금지하여 상하 동시 작업이 되지 않도록 하여야 한다.
② 부재 조립장소에는 반드시 작업자들만 출입하여야 하며 작업자들도 부재의 낙하나 크레인의 전도 가능성이 있는 지점에는 접근하지 않아야 한다.

정답 97 ③ 98 ④ 99 ④ 100 ①

2020년 8월 22일

산업안전산업기사 기출문제

1과목 산업재해 예방 및 안전보건교육

01

재해 원인을 통상적으로 직접원인과 간접원인으로 나눌 때 직접원인에 해당되는 것은?

① 기술적원인 ② 물적원인
③ 교육적원인 ④ 관리적원인

해설

불안전한 행동(인적원인)과 불안전한 상태(물적원인)는 직접원인에 해당된다.

02

산업안전보건법령상 안전보건표지의 종류 중 인화성물질에 관한 표지에 해당하는 것은?

① 금지표시 ② 경고표시
③ 지시표시 ④ 안내표시

해설 경고표지

① 경고표지 중 인화성물질경고·산화성물질경고·폭발성물질경고·급성독성물질경고·부식성물질경고 및 발암성·변이원성·생식독성·전신독성·호흡기과민성물질경고는 기본모형이 마름모 형태이고 바탕은 무색, 기본모형은 빨간색(검은색도 가능)
② 그 외의 경고표지는 기본모형이 삼각형이고 검은색이며 바탕은 노란색 관련부호 및 그림은 검은색

03

안전관리조직의 형태 중 라인스탭형에 대한 설명으로 틀린 것은?

① 대규모 사업장(1000명 이상)에 효율적이다.
② 안전과 생산업무가 분리될 우려가 없기 때문에 균형을 유지할 수 있다.
③ 모든 안전관리 업무를 생산라인을 통하여 직선적으로 이루어지도록 편성된 조직이다.
④ 안전업무를 전문적으로 담당하는 스탭 및 생산라인의 각 계층에도 겸임 또는 전임의 안전담당자를 둔다.

해설 라인형의 특징

① 안전보건관리와 생산을 동시에 수행
② 명령과 보고가 상하관계 뿐이므로 간단명료(모든 권한이 포괄적이고 직선적으로 행사)
③ 명령이나 지시가 신속정확하게 전달되어 개선조치가 빠르게 진행
④ 안전보건에 관한 전문지식이나 기술이 결여되어 안전보건관리가 원만하게 이루어지지 못함

04

상황성 누발자의 재해유발원인과 거리가 먼 것은?

① 작업의 어려움 ② 기계설비의 결함
③ 심신의 근심 ④ 주의력의 산만

해설 상황성 누발자

① 작업자체가 어렵기 때문
② 기계설비의 결함 존재
③ 주위 환경 상 주의력 집중 곤란
④ 심신에 근심 걱정이 있기 때문

정답 1 ② 2 ② 3 ③ 4 ④

05

인간관계의 메커니즘 중 다른 사람의 행동 양식이나 태도를 투입시키거나, 다른 사람 가운데서 자기와 비슷한 것을 발견하는 것을 무엇이라고 하는가?

① 투사(Projection)
② 모방(Imitation)
③ 암시(Suggestion)
④ 동일화(Identification)

해설 **동일화**

무의식적으로 다른 사람을 닮아가는 현상으로 특히 자신에게 위협적인 대상이나 자신의 이상형과 자신을 동일시함으로 열등감을 이겨내고 만족감을 느낌

06

안전교육 계획 수립 시 고려하여야 할 사항과 관계가 가장 먼 것은?

① 필요한 정보를 수집한다.
② 현장의 의견을 충분히 반영한다.
③ 법 규정에 의한 교육에 한정한다.
④ 안전교육 시행 체계와의 관련을 고려한다.

해설

법의 규정된 사항 이외에도 현장 감독자·근로자의 의견을 충분히 반영한 교육이 실시되도록 한다.

07

산업안전보건법령상 근로자 안전보건교육대상과 교육시간으로 옳은 것은?

① 정기교육인 경우 : 사무직 종사근로자 – 매분기 3시간 이상
② 정기교육인 경우 : 관리감독자 지위에 있는 사람 – 연간 10시간 이상
③ 채용 시 교육인 경우 : 일용근로자 – 4시간 이상
④ 작업내용 변경 시 교육인 경우 : 일용근로자를 제외한 근로자 – 1시간 이상

해설 **근로자 안전보건 교육 시간(특별교육은 생략)**

교육과정	교육대상		교육시간
가. 정기교육	사무직 종사 근로자		매반기 6시간 이상
	그 밖의 근로자	판매업무에 직접 종사하는 근로자	매반기 6시간 이상
		판매업무에 직접 종사하는 근로자 외의 근로자	매반기 12시간 이상
나. 채용 시 교육	일용근로자 및 근로계약기간이 1주일 이하인 기간제근로자		1시간 이상
	근로계약기간이 1주일 초과 1개월 이하인 기간제근로자		4시간 이상
	그 밖의 근로자		8시간 이상
다. 작업내용 변경 시 교육	일용근로자 및 근로계약기간이 1주일 이하인 기간제근로자		1시간 이상
	그 밖의 근로자		2시간 이상
마. 건설업 기초안전·보건교육	건설 일용근로자		4시간 이상

tip

2023년 법령개정. 문제와 해설은 개정된 내용 적용

정답 5④ 6③ 7①

08

무재해 운동의 이념 가운데 직장의 위험요인을 행동하기 전에 예지하여 발견, 파악, 해결하는 것을 의미하는 것은?

① 무의 원칙 ② 선취의 원칙
③ 참가의 원칙 ④ 인간 존중의 원칙

해설 **무재해 운동의 3대 원칙**

무의 원칙	모든 잠재위험요인을 적극적으로 사전에 발견하고 파악·해결함으로써 산업재해의 근원적인 요소들을 없앤다는 것을 의미한다.
선취의 원칙	사업장 내에서 행동하기 전에 잠재위험요인을 발견하고 파악·해결하여 재해를 예방하는 것을 의미한다.
참가의 원칙	잠재위험요인을 발견하고 파악·해결하기 위하여 전원이 일치 협력하여 각자의 위치에서 적극적으로 문제해결을 하겠다는 것을 의미한다.

09

알더퍼의 ERG(Existence Relation Growth) 이론에서 생리적 욕구, 물리적 측면의 안전욕구 등 저차원적 욕구에 해당하는 것은?

① 관계욕구 ② 성장욕구
③ 존재욕구 ④ 사회적욕구

해설 **알더퍼(Alderfer)의 ERG 이론**

① 생존(존재)욕구(E) : 유기체의 생존과 유지에 관련, 의식주와 같은 기본욕구 포함(임금 등)
② 관계욕구(R) : 타인과의 상호작용을 통하여 만족을 얻으려는 대인욕구(개인간 관계, 소속감 등)
③ 성장욕구(G) : 개인의 발전과 증진에 관한 욕구, 주어진 능력이나 잠재능력을 발전시킴으로 충족

10

O.J.T(On the Job Training)의 특징 중 틀린 것은?

① 훈련과 업무의 계속성이 끊어지지 않는다.
② 직장의 실정에 맞게 실제적 훈련이 가능하다.
③ 훈련의 효과가 곧 업무에 나타나며, 훈련의 개선이 용이하다.
④ 다수의 근로자들에게 조직적 훈련이 가능하다.

해설 **OJT의 특징**

① 직장의 현장실정에 맞는 구체적이고 실질적인 교육이 가능하다.
② 교육의 효과가 업무에 신속하게 반영된다.
③ 교육의 이해도가 빠르고 동기부여가 쉽다.
④ 개인의 능력과 적성에 알맞은 맞춤교육이 가능하다.
⑤ 교육으로 인해 업무가 중단되는 업무손실이 적다.

tip
다수의 근로자들에게 조직적 훈련이 가능한 것은 Off.J.T에 해당하는 내용

11

인지과정 착오의 요인이 아닌 것은?

① 정서 불안정
② 감각차단 현상
③ 작업자의 기능미숙
④ 생리·심리적 능력의 한계

해설 **인지과정 착오**

① 생리적, 심리적 능력의 한계(정보수용능력의 한계)
② 정보량 저장의 한계
③ 감각차단 현상(감성 차단)
④ 심리적 요인(정서불안정, 불안 등)

tip
작업자의 기술능력이 미숙하거나 경험 부족에서 발생하는 것은 조작과정 착오에 해당

정답 8 ② 9 ③ 10 ④ 11 ③

12

태풍, 지진 등의 천재지변이 발생한 경우나 이상상태 발생 시 기능상 이상 유·무에 대한 안전점검의 종류는?

① 일상점검 ② 정기점검
③ 수시점검 ④ 특별점검

해설 **특별점검**

① 기계, 기구, 설비의 신설변경 또는 고장, 수리 등을 할 경우.
② 정기점검기간을 초과하여 사용하지 않던 기계설비를 다시 사용하고자 할 경우.
③ 강풍 또는 지진 등의 천재지변 후

13

기능(기술)교육의 진행방법 중 하버드 학파의 5단계 교수법의 순서로 옳은 것은?

① 준비 → 연합 → 교시 → 응용 → 총괄
② 준비 → 교시 → 연합 → 총괄 → 응용
③ 준비 → 총괄 → 연합 → 응용 → 교시
④ 준비 → 응용 → 총괄 → 교시 → 연합

해설 **하버드학파의 교수법 5단계**

① 1단계 : 준비시킨다. ② 2단계 : 교시한다.
③ 3단계 : 연합한다. ④ 4단계 : 총괄시킨다.
⑤ 5단계 : 응용시킨다.

14

산업안전보건법령상 안전모의 시험성능기준 항목이 아닌 것은?

① 난연성 ② 인장성
③ 내관통성 ④ 충격흡수성

해설 **안전모의 시험 성능 기준항목**

① 내관통성 ② 충격흡수성 ③ 내전압성
④ 내수성 ⑤ 난연성 ⑥ 턱끈풀림

15

재해예방의 4원칙에 해당하는 내용이 아닌 것은?

① 예방가능의 원칙 ② 원인계기의 원칙
③ 손실우연의 원칙 ④ 사고조사의 원칙

해설 **하인리히의 재해예방의 4원칙**

손실우연의 원칙	사고에 의해서 생기는 상해의 종류 및 정도는 우연적이라는 원칙
예방가능의 원칙	재해는 원칙적으로 예방이 가능하다는 원칙
원인계기의 원칙	재해의 발생은 직접원인으로만 일어나는 것이 아니라 간접원인이 연계되어 일어난다는 원칙
대책선정의 원칙	원인의 정확한 분석에 의해 가장 타당한 재해예방 대책이 선정되어야 한다는 원칙

16

리더십(leadership)의 특성에 대한 설명으로 옳은 것은?

① 지휘형태는 민주적이다.
② 권한부여는 위에서 위임된다.
③ 구성원과의 관계는 지배적 구조이다.
④ 권한근거는 법적 또는 공식적으로 부여된다.

해설 **헤드십과 리더십의 구분**

구분	권한부여 및 행사	권한 근거	상관과 부하와의 관계 및 책임귀속	부하와의 사회적 간격	지휘 형태
헤드십	위에서 위임하여 임명. 임명된 헤드	법적 또는 공식적	지배적 상사	넓다	권위 주의적
리더십	아래로부터의 동의에 의한 선출. 선출된 리더	개인 능력	개인적인 영향 상사와 부하	좁다	민주 주의적

정답 12 ④ 13 ② 14 ② 15 ④ 16 ①

17

연간 근로자수가 300명인 A 공장에서 지난 1년간 1명의 재해자(신체장해등급:1급)가 발생하였다면 이 공장의 강도율은? (단, 근로자 1인당 1일 8시간씩 연간 300일을 근무하였다.)

① 4.27 ② 6.42 ③ 10.05 ④ 10.42

해설 **강도율**

$$강도율(S.R) = \frac{근로\ 손실\ 일수}{연간\ 총근로\ 시간수} \times 1,000$$

$$= \frac{7500}{300 \times 8 \times 300} \times 1,000 = 10.416$$

18

재해의 원인과 결과를 연계하여 상호 관계를 파악하기 위해 도표화하는 분석방법은?

① 관리도 ② 파레토도
③ 특성요인도 ④ 크로스분류도

해설 **특성요인도**

특성과 요인관계를 어골상으로 세분하여 연쇄관계를 나타내는 방법(원인요소와의 관계를 상호의 인과관계만으로 결부)

19

위험예지훈련 4라운드 기법의 진행방법에 있어 문제점 발견 및 중요 문제를 결정하는 단계는?

① 대책수립 단계 ② 현상파악 단계
③ 본질추구 단계 ④ 행동목표설정 단계

해설 **위험예지훈련 4라운드 진행법**

1라운드	현상파악 〈어떤 위험이 잠재하고 있는가?〉	잠재위험 요인과 현상발견 (B.S실시)
2라운드	본질 추구 〈이것이 위험의 포인트이다!〉	가장 중요한 위험의 포인트 합의 결정(1~2항목) 지적확인 및 제창
3라운드	대책 수립 〈당신이라면 어떻게 하겠는가?〉	본질 추구에서 선정된 항목의 구체적인 대책 수립
4라운드	목표설정 〈우리들은 이렇게 하자!〉	대책수립의 항목중 1~2가지 등 중점 실시 항목으로 합의 결정 팀의 행동목표→지적확인 및 제창

20

학습 성취에 직접적인 영향을 미치는 요인과 가장 거리가 먼 것은?

① 적성 ② 준비도 ③ 개인차 ④ 동기유발

해설

적성은 교육이나 훈련을 통해 변화되거나, 인위적으로 조절하기 힘든 요인으로 학습성취에 영향을 주는 직접적인 요인으로 볼수 없다.

정답 17 ④ 18 ③ 19 ③ 20 ①

2과목 인간공학 및 위험성 평가관리

21

조종장치의 촉각적 암호화를 위하여 고려하는 특성으로 볼 수 없는 것은?

① 형상 ② 무게 ③ 크기 ④ 표면 촉감

해설 **조정장치의 촉각적 암호화**

① 형상을 구별하여 사용하는 경우
② 표면촉감을 사용하는 경우
③ 크기를 구별하여 사용하는 경우

22

환경요소의 조합에 의해서 부과되는 스트레스나 노출로 인해서 개인에 유발되는 긴장(strain)을 나타내는 환경요소 복합지수가 아닌 것은?

① 카타온도(kata temperature)
② Oxford 지수(wet-dry index)
③ 실효온도(effective temperature)
④ 열 스트레스 지수(heat stress index)

해설 **카타온도계**

체감을 바탕으로 측정하는 온도로 체온에 가까운 35℃와 38℃ 두 개의 눈금으로 되어 있으며, 38℃에서 35℃로 내려가는 시간을 측정하여 체감을 나타내는 온도이다.

23

반복되는 사건이 많이 있는 경우에 FTA의 최소 컷셋을 구하는 알고리즘이 아닌 것은?

① Fussel Algorithm
② Boolean Algorithm
③ Monte Carlo Algorithm
④ Limnios & Ziani Algorithm

해설 **Monte Carlo Algorithm**

시뮬레이션 테크닉의 일종으로, 구하고자 하는 수치의 확률적 분포를 반복 가능한 실험의 통계로부터 구하는 방법.

24

인간 – 기계 시스템을 설계하기 위해 고려해야 할 사항과 거리가 먼 것은?

① 시스템 설계 시 동작 경제의 원칙이 만족되도록 고려한다.
② 인간과 기계가 모두 복수인 경우, 종합적인 효과보다 기계를 우선적으로 고려한다.
③ 대상이 되는 시스템이 위치할 환경 조건이 인간에 대한 한계치를 만족하는가의 여부를 조사한다.
④ 인간이 수행해야 할 조작이 연속적인가 불연속적인가를 알아보기 위해 특성조사를 실시한다.

해설 **인간-기계 시스템**

인간-기계 시스템 설계시 사람의 심리, 생리, 체격 등에 맞추어 기계를 인간에게 접합시키는 인간공학적인 방법을 고려하여야 한다.

25

작업기억(working memory)과 관련된 설명으로 옳지 않은 것은?

① 오랜 기간 정보를 기억하는 것이다.
② 작업기억 내의 정보는 시간이 흐름에 따라 쇠퇴할 수 있다.
③ 작업기억의 정보는 일반적으로 시각, 음성, 의미코드의 3가지로 코드화된다.
④ 리허설(rehearsal)은 정보를 작업기억 내에 유지하는 유일한 방법이다.

해설 **작업기억**

현재 주의를 기울여 의식하고 있는 기억으로 감각기관을 통해 입력된 정보를 단기적으로 기억하며 능동적으로 이해하고 조작하는 과정을 말한다.

정답 21 ② 22 ① 23 ③ 24 ② 25 ①

26

표시 값의 변화 방향이나 변화 속도를 나타내어 전반적인 추이의 변화를 관측할 필요가 있는 경우에 가장 적합한 표시장치 유형은?

① 계수형(digital)
② 묘사형(descriptive)
③ 동목형(moving scale)
④ 동침형(moving pointer)

해설 **동적 표시장치의 기본형**

정목동침형 (지침이동형)	정량적인 눈금이 정성적으로 사용되어 원하는 값으로부터의 대략적인 편차나, 고도를 읽을 때 그 변화방향과 율등을 알고자 할 때
정침동목형 (지침고정형)	나타내고자 하는 값의 범위가 클 때, 비교적 작은 눈금판에 모두 나타 내고자 할 때
계수형 (숫자로 표시)	• 수치를 정확하게 충분히 읽어야 할 경우 • 원형 표시 장치보다 판독오차가 적고 판독시간도 짧다.

27

MIL-STD-882E에서 분류한 심각도(severity) 카테고리 범주에 해당하지 않는 것은?

① 재앙수준(catastrophic)
② 임계수준(critical)
③ 경계수준(precautionary)
④ 무시가능수준(negligible)

해설 **MIL-STD-882E 심각도 카테고리**

범주	분 류
I	재앙수준(catastrophic)
II	임계수준(critical)
III	미미한 수준(marginal)
IV	무시가능수준(negligible

28

FTA에 의한 재해사례 연구의 순서를 올바르게 나열한 것은?

A. 목표사상 선정	B. FT도 작성
C. 사상마다 재해원인 규명	D. 개선계획 작성

① A → B → C → D
② A → C → B → D
③ B → C → A → D
④ B → A → C → D

해설 **FTA에 의한 재해사례 연구순서**

① 정상(TOP)사상의 선정 ② 각 사상의 재해원인 규명
③ FT도 작성 및 분석 ④ 개선 계획의 작성

29

주물공장 A작업자의 작업지속시간과 휴식시간을 열압박지수(HSI)를 활용하여 계산하니 각각 45분, 15분이었다. A작업자의 1일 작업량(TW)은 얼마인가? (단, 휴식시간은 포함하지 않으며, 1일 근무시간은 8시간이다.)

① 4.5시간 ② 5시간 ③ 5.5시간 ④ 6시간

해설 **작업량**

$$1일\ 작업량 = \frac{작업지속시간}{작업지속시간+휴식시간} \times 8 = \frac{45}{45+15} \times 8 = 6시간$$

정답 26 ④ 27 ③ 28 ② 29 ④

30

다수의 표시장치(디스플레이)를 수평으로 배열할 경우 해당 제어장치를 각각의 표시장치 아래에 배치하면 좋아지는 양립성의 종류는?

① 공간 양립성 ② 운동 양립성
③ 개념 양립성 ④ 양식 양립성

해설 **양립성의 종류**

공간적(spatial) 양립성	표시장치나 조정장치에서 물리적 형태 및 공간적 배치
운동(movement) 양립성	표시장치의 움직이는 방향과 조정장치의 방향이 사용자의 기대와 일치
개념적(conceptual) 양립성	이미 사람들이 학습을 통해 알고있는 개념적 연상
양식(modality) 양립성	직무에 알맞은 자극과 응답의 양식의 존재에 대한 양립성.

31

다음 형상 암호화 조종장치 중 이산 멈춤 위치용 조종장치는?

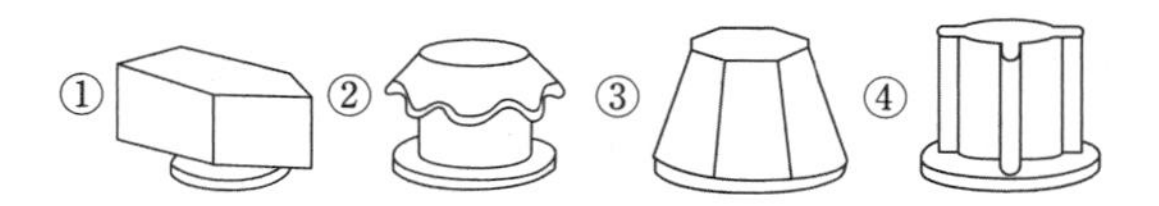

해설 **형상 암호화된 조정장치(만져봐서 식별되는 손잡이)**

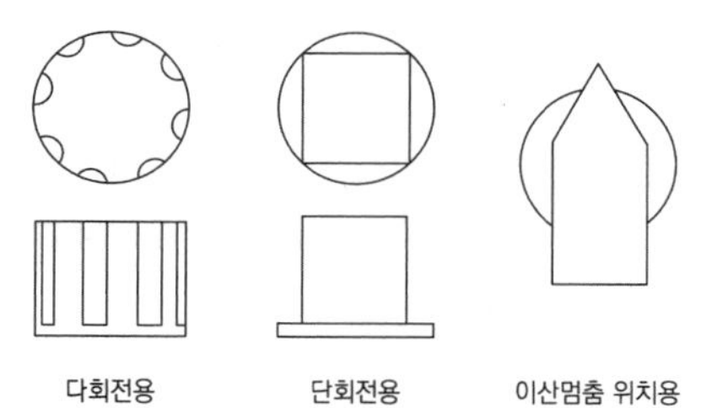

Tip

이산 멈춤 위치용 조종장치는 비연속 제어에 사용되며, 전 제어작용에서 볼 때 정보의 중요한 부분을 차지하는 사항의 위치지정을 할 때 사용된다.

32

작업자의 작업공간과 관련된 내용으로 옳지 않은 것은?

① 서서 작업하는 작업공간에서 발바닥을 높이면 뻗침 길이가 늘어난다.
② 서서 작업하는 작업공간에서 신체의 균형에 제한을 받으면 뻗침길이가 늘어난다.
③ 앉아서 작업하는 작업공간은 동적 팔뻗침에 의해 포락면(reach envelope)의 한계가 결정된다.
④ 앉아서 작업하는 작업공간에서 기능적 팔뻗침에 영향을 주는 제약이 적을수록 뻗침 길이가 늘어난다.

해설 **작업공간**

① 작업대는 작업자의 신체에 불필요한 긴장을 주지 않으며, 균형잡힌 상태로 작업이 가능하도록 설계되어야 한다.
② 서서 작업하는 작업공간에서 신체의 균형에 제한을 받게되면 뻗침 길이는 줄어든다.

33

활동의 내용마다 “우·양·가·불가”로 평가하고 이 평가 내용을 합하여 다시 종합적으로 정규화하여 평가하는 안정성 평가기법은?

① 평점척도법 ② 쌍대비교법
③ 계층적 기법 ④ 일관성 검정법

해설 **평점척도법**

학습결과나 태도 등을 평가할 때 숫자, 기호, 문자 등을 사용하여 해당되는 범주를 구분하거나 일정한 수치를 부여하여 평점하는 방법으로 일반적으로 3점, 5점, 7점 척도를 주로 사용한다.

정답 30 ① 31 ① 32 ② 33 ①

34

시스템 수명주기 단계 중 이전 단계들에서 발생되었던 사고 또는 사건으로부터 축적된 자료에 대해 실증을 통한 문제를 규명하고 이를 최소화하기 위한조치를 마련하는 단계는?

① 구상단계 ② 정의단계
③ 생산단계 ④ 운전단계

해설 시스템의 수명주기

단계	안전관련활동
구상 (concept)	시작단계로 시스템의 사용목적과 기능, 기초적인 설계 사항의 구상, 시스템과 관련된 기본적 사항 검토 등
정의 (definition)	시스템개발의 가능성과 타당성 확인, SSPP 수행, 위험성 분석의 종류 결정 및 분석, 생산물의 적합성 검토, 시스템 안전 요구사양 결정 등
개발 (development)	시스템개발의 시작단계, 제품생산을 위한 구체적인 설계사항 결정 및 검토, FMEA진행 및 신뢰성공학과의 연계성 검토, 시스템의 안전성 평가, 생산계획추진의 최종결정 등
생산 (production)	품질관리 부서와의 상호협력, 안전교육의 시작, 설계변경에 따른 수정작업, 이전 단계의 안전수준이 유지되는지 확인 등
배치 및 운용 (deployment)	시스템 운용 및 보전과 관련된 교육 실행, 발생한 사고, 고장, 사건 등의 자료수집 및 조사, 운용활동 및 프로그램 절차의 평가, 안전점검기준에 따른 평가 등
폐기 (disposal)	정상적 시스템 수명후의 폐기절차와 긴급 폐기절차의 검토 및 감시 등 (시스템의 유해위험성이 있는 부분의 폐기절차는 개발단계에서 검토)

35

사용자의 잘못된 조작 또는 실수로 인해 기계의 고장이 발생하지 않도록 설계하는 방법은?

① FMEA ② HAZOP
③ fail safe ④ fool proof

해설 Fool-proof

① 해당 기계 설비에 대하여 사전지식이 없는 작업자가 기계를 취급하거나 오조작을 하여도 위험이나 실수가 발생하지 않도록 설계된 구조를 말하며 본질적인 안전화를 의미한다.
② 인간의 실수가 있어도 안전장치가 설치되어 사고나 재해로 연결되지 않는 안전한 구조를 말한다.

36

한국산업표준상 결함 나무 분석(FTA) 시 다음과 같이 사용되는 사상기호가 나타내는 사상은?

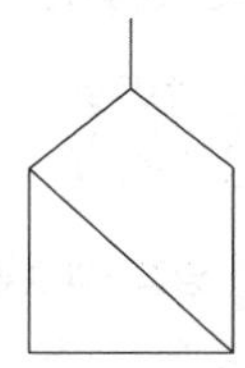

① 공사상
② 기본사상
③ 통상사상
④ 심층분석사상

해설 사상기호

① 통상사상 : 확실히 발생하였거나, 발생할 사상
② 공사상(zero event) : 발생할 수 없는 사상

37

다음 중 육체적 활동에 대한 생리학적 측정방법과 가장 거리가 먼 것은?

① EMG ② EEG ③ 심박수 ④ 에너지소비량

해설 뇌전도(EEG;Electroencephalogram)

뇌의 전기적인 활동을 머리 표면에 부착한 전극에 의해 측정한 전기신호로 뇌파신호의 주파수 성분을 분석하여 뇌종양, 뇌혈관장애, 두부외상을 동반한 중추신경계의 기능상태를 알 수 있다.

38

산업안전보건법령상 정밀작업 시 갖추어져야 할 작업면의 조도 기준은? (단, 갱내 작업장과 감광재료를 취급하는 작업장은 제외한다.)

① 75럭스 이상 ② 150럭스 이상
③ 300럭스 이상 ④ 750럭스 이상

해설 작업장의 조도기준

초정밀 작업	정밀 작업	보통 작업	그 밖의 작업
750 럭스 이상	300 럭스 이상	150 럭스 이상	75 럭스 이상

정답 34 ④ 35 ④ 36 ① 37 ② 38 ③

39

신뢰도가 0.4인 부품 5개가 병렬결합 모델로 구성된 제품이 있을 때 이 제품의 신뢰도는?

① 0.90　② 0.91　③ 0.92　④ 0.93

해설 **신뢰도(병렬연결)**

$R=1-(1-0.4)^5=0.922$

40

조작자 한 사람의 신뢰도가 0.9일 때 요원을 중복하여 2인 1조가 되어 작업을 진행하는 공정이 있다. 작업 기간 중 항상 요원 지원을 한다면 이 조의 인간 신뢰도는?

① 0.93　② 0.94　③ 0.96　④ 0.99

해설 **신뢰도**

인간신뢰도 = 1 – (1 – 0.9)(1 – 0.9)=0.99

3과목 기계·기구 및 설비 안전관리

41

기계설비의 안전조건 중 구조의 안전화에 대한 설명으로 가장 거리가 먼 것은?

① 기계재료의 선정 시 재료 자체에 결함이 없는지 철저히 확인한다.
② 사용 중 재료의 강도가 열화될 것을 감안하여 설계 시 안전율을 고려한다.
③ 기계작동 시 기계의 오동작을 방지하기 위하여 오동작 방지 회로를 적용한다.
④ 가공 경화와 같은 가공결함이 생길 우려가 있는 경우는 열처리 등으로 결함을 방지한다.

해설 **구조부분의 안전화**

① 설계상의 안전화
② 재료선정의 안전화
③ 가공시의 안전화

Tip
오동작 방지 회로는 기능상의 안전화에 해당된다.

42

산업안전보건법령상 롤러기의 무릎조작식 급정지장치의 설치 위치 기준은? (단, 위치는 급정지장치 조작부의 중심점을 기준)

① 밑면에서 0.7~0.8m 이내
② 밑면에서 0.6m 이내
③ 밑면에서 0.8~1.2m 이내
④ 밑면에서 1.5m 이상

해설 **조작부의 종류별 설치위치**

조작부의 종류	설치위치
손조작식	밑면에서 1.8m 이내
복부조작식	밑면에서 0.8m 이상 1.1m 이내
무릎조작식	밑면에서 0.6m 이내

정답 39 ③ 40 ④ 41 ③ 42 ②

43

크레인 작업 시 로프에 1톤의 중량을 걸어 20m/s²의 가속도로 감아올릴 때, 로프에 걸리는 총하중(kgf)은 약 얼마인가? (단, 중력가속도는 10m/s²이다.)

① 1000　② 2000　③ 3000　④ 3500

해설 **로프에 걸리는 총하중 계산**

① 동하중$(W_2)=\frac{W_1}{g}\times a=\frac{1000}{10}\times 20=2000\text{kgf}$

② 총하중(W)
$=$정하중$(W_1)+$동하중$(W_2)=1000+2000=3000\text{kgf}$

44

밀링작업 시 안전수칙에 해당되지 않는 것은?

① 칩이나 부스러기는 반드시 브러시를 사용하여 제거한다.
② 가공 중에는 가공면을 손으로 점검하지 않는다.
③ 급속이송은 백래시 제거장치가 동작하지 않고 있음을 확인한 다음 행한다.
④ 절삭중의 칩 제거는 칩 브레이커로 한다.

해설

칩브레이커는 선반의 방호장치이며, 밀링의 칩은 가장 가늘고 예리하므로 반드시 브러시로 제거해야 한다.

45

산업안전보건법령상 프레스를 사용하여 작업을 할 때 작업시작 전 점검 항목에 해당하지 않는 것은?

① 전선 및 접속부 상태
② 클러치 및 브레이크의 기능
③ 프레스의 금형 및 고정볼트 상태
④ 1행정 1정지기구·급정지장치 및 비상정지장치의 기능

해설 **프레스 작업시작 전 점검사항 (문제의 보기외에)**

① 크랭크축·플라이휠·슬라이드·연결봉 및 연결나사의 풀림유무
② 슬라이드 또는 칼날에 의한 위험방지 기구의 기능
③ 방호장치의 기능
④ 전단기의 칼날 및 테이블의 상태

46

프레스의 분류 중 동력 프레스에 해당하지 않는 것은?

① 크랭크 프레스　② 토글 프레스
③ 마찰 프레스　④ 아버 프레스

해설

프레스는 구동 동력에 의한 분류 방법으로 인력프레스와 동력프레스로 구분하며, 아버 프레스는 인력(핸드)프레스에 해당된다.

47

컨베이어의 종류가 아닌 것은?

① 체인 컨베이어　② 스크류 컨베이어
③ 슬라이딩 컨베이어　④ 유체 컨베이어

해설 **컨베이어의 종류**

종 류	구 조
롤러 컨베이어	롤러 또는 휠을 많이 배열한후 이것을 이용하여 화물을 운반하는 컨베이어
벨트 컨베이어	프레임의 양끝에 설치한 풀리에 벨트를 엔드리스로 설치하여 그 위로 화물을 싣고 운반하는 컨베이어
스크류 컨베이어	스크류에 의해 관속의 화물을 운반하도록 되어 있는 컨베이어
체인 컨베이어	엔드리스(Endless)로 감아서 걸은 체인에 의하거나 또는 체인에 슬래트(Slat), 버켓(Bucket)등을 부착하여 화물을 운반하는 컨베이어
유체 컨베이어	관속의 유체를 매체로 하여, 화물을 운반하게 되어 있는 컨베이어

48

산업안전보건법령상 양중기에서 절단하중이 100톤인 와이어로프를 사용하여 화물을 직접적으로 지지하는 경우, 화물의 최대허용하중(톤)은?

① 20　② 30　③ 40　④ 50

해설 **와이어로프의 안전계수**

① 화물의 하중을 직접 지지하는 경우 달기와이어로프 또는 달기체인의 경우 안전계수는 5

② 최대허용하중$=\frac{\text{절단하중}}{\text{안전계수}}=\frac{100}{5}=20$톤

정답 43 ③ 44 ④ 45 ① 46 ④ 47 ③ 48 ①

49

가드(guard)의 종류가 아닌 것은?

① 고정식 ② 조정식 ③ 자동식 ④ 반자동식

해설 **가드의종류**

① 고정형 가드 : 완전 밀폐형, 작업점용
② 자동형(연동형) : inter Lock 장치가 부착된 가드
③ 조절형 : 날 접촉예방장치 등

50

산업안전보건법령상 리프트의 종류로 틀린 것은?

① 건설작업용 리프트 ② 자동차정비용 리프트
③ 이삿짐운반용 리프트 ④ 간이 리프트

해설 **리프트의 종류**

① 건설용 리프트 ② 산업용 리프트 ③ 자동차정비용리프트
④ 이삿짐운반용 리프트

Tip
본 문제는 2021년 법령개정으로 수정된 내용입니다. (해설은 개정된 내용 적용)

51

산업안전보건법령상 연삭숫돌의 시운전에 관한 설명으로 옳은 것은?

① 연삭숫돌의 교체 시에는 바로 사용할 수 있다.
② 연삭숫돌의 교체 시 1분 이상 시운전을 하여야 한다.
③ 연삭숫돌의 교체 시 2분 이상 시운전을 하여야 한다.
④ 연삭숫돌의 교체 시 3분 이상 시운전을 하여야 한다.

해설 **연삭기의 안전작업**

직경이 5cm이상인 연삭숫돌에는 덮개를 설치해야 하며, 작업시작 전 1분이상, 연삭숫돌 교체시 3분이상 시운전해야한다.

52

보일러수 속에 불순물 농도가 높아지면서 수면에 거품이 형성되어 수위가 불안정하게 되는 현상은?

① 포밍 ② 서징 ③ 수격현상 ④ 공동현상

해설 **포밍(foaming)**

보일러수에 불순물이 많이 포함되었을 경우, 보일러수의 비등과 함께 수면부위에 거품층을 형성하여 수위가 불안정하게 되는 현상

53

산업안전보건법령상 컨베이어를 사용하여 작업을 할 때 작업시작 전 점검사항으로 가장 거리가 먼 것은?

① 60° 이내 ② 65° 이내
③ 80° 이내 ④ 125° 이내

해설 **연삭기 덮개의 설치방법**

① 탁상용 연삭기의 노출각도는 80° 이내로 하되, 숫돌의 주축에서 수평면 위로 이루는 원주 각도는 65° 이상이 되지 않도록 하여야 한다.
② 연삭숫돌의 상부를 사용하는 것을 목적으로 하는 연삭기는 60° 이내로 한다.

54

산업안전보건법령상 위험기계·기구별 방호조치로 가장 적절하지 않은 것은?

① 산업용 로봇 – 안전매트
② 보일러 – 급정지장치
③ 목재가공용 둥근톱기계 – 반발예방장치
④ 산업용 로봇 – 광전자식 방호장치

해설 **보일러 방호장치**

① 고저수위 조절장치 ② 압력방출장치 ③ 압력제한스위치
④ 화염검출기

2020년 2회

정답 49 ④ 50 ④ 51 ④ 52 ① 53 ① 54 ②

55

산업안전보건법령상 기계 기구의 방호조치에 대한 사업주·근로자 준수사항으로 가장 적절하지 않은 것은?

① 방호 조치의 기능상실에 대한 신고가 있을 시 사업주는 수리, 보수 및 작업중지 등 적절한 조치를 할 것
② 방호조치 해체 사유가 소멸된 경우 근로자는 즉시 원상회복 시킬 것
③ 방호조치의 기능상실을 발견 시 사업주에게 신고할 것
④ 방호조치 해체 시 해당 근로자가 판단하여 해체할 것

해설 **방호조치를 해체하려는 경우 안전조치 및 보건조치**

1. 방호조치를 해체하려는 경우	사업주의 허가를 받아 해체할 것
2. 방호조치를 해체한 후 그 사유가 소멸된 경우	지체없이 원상으로 회복시킬 것
3. 방호조치의 기능이 상실된 것을 발견한 경우	지체없이 사업주에게 신고할 것

56

프레스의 방호장치에 해당되지 않는 것은?

① 가드식 방호장치 ② 수인식 방호장치
③ 롤 피드식 방호장치 ④ 손쳐내기식 방호장치

해설 **프레스의 방호장치**

① 게이트가드식 ② 양수조작식 ③ 손쳐내기식
④ 수인식 ⑤ 광전자식(감응식)

57

다음 중 선반 작업 시 준수하여야 하는 안전사항으로 틀린 것은?

① 작업 중 면장갑 착용을 금한다.
② 작업 시 공구는 항상 정리해 둔다.
③ 운전 중에 백기어를 사용한다.
④ 주유 및 청소를 할 때에는 반드시 기계를 정지시키고 한다.

해설 **선반 작업시 유의사항**

① 바이트는 짧게 장치하고 일감의 길이가 직경의 12배 이상일 때 방진구 사용
② 절삭 칩 제거는 반드시 브러시 사용
③ 기계 운전 중 백기어 사용금지
④ 바이트에는 칩 브레이커를 설치하고 보안경착용
⑤ 치수 측정 시 및 주유, 청소시 반드시 기계정지

58

산업안전보건법령상 지게차 방호장치에 해당하는 것은?

① 포크 ② 헤드가드
③ 호이스트 ④ 힌지드 버킷

해설 **지게차의 방호장치**

① 헤드가드 ② 백레스트 ③ 전조등
④ 후미등 ⑤ 안전밸트

59

산소-아세틸렌가스 용접에서 산소 용기의 취급 시 주의사항으로 틀린 것은?

① 산소 용기의 운반 시 밸브를 닫고 캡을 씌워서 이동할 것
② 기름이 묻은 손이나 장갑을 끼고 취급하지 말 것
③ 원활한 산소 공급을 위하여 산소 용기는 눕혀서 사용할 것
④ 통풍이 잘되고 직사광선이 없는 곳에 보관할 것

해설

가스 용기 취급 시 준수사항에서 용기의 온도를 섭씨 40도 이하로 유지해야 하며, 용기는 세워서 사용해야 한다.

정답 55 ④ 56 ③ 57 ③ 58 ② 59 ③

60

산업안전보건법령상 형삭기(slotter, shaper)의 주요 구조부로 가장 거리가 먼 것은? (단, 수치제어식은 제외)

① 금형의 틈새는 8mm 이상 충분하게 확보한다.
② 금형 사이에 신체일부가 들어가지 않도록 한다.
③ 충격이 반복되어 부가되는 부분에는 완충장치를 설치한다.
④ 금형설치용 홈은 설치된 프레스의 홈에 적합한 형상의 것으로 한다.

해설 **금형의 안전화 방법**

다음 부분의 빈틈이 8mm 이하 되도록 금형을 설치할 것
① 상사점에 있어서 상형과 하형과의 간격
② 가이드 포스트와 부쉬의 간격

4과목 전기 및 화학설비 위험방지기술

61

제전기의 설치 장소로 가장 적절한 것은?

① 대전물체의 뒷면에 접지물체가 있는 경우
② 정전기의 발생원으로부터 5~20cm 정도 떨어진 장소
③ 오물과 이물질이 자주 발생하고 묻기 쉬운 장소
④ 온도가 150℃, 상대습도가 80% 이상인 장소

해설 **제전기의 설치장소**

① 정전기의 발생원에서 최소거리 이상 떨어져 있으면서 발생원에 가까운 위치로 정전기 발생원에서 5~20cm 이상 떨어진 위치
② 대전물체 후면의 접지체 또는 다른 제전기가 있는 위치, 정전기의 발생원 및 제전기에 오물이 묻기 쉬운 장소는 피하고 온도 150℃, 상대습도 80% 이상의 환경은 피하는 것이 바람직하다.

62

옥내배선에서 누전으로 인한 화재방지의 대책이 아닌 것은?

① 배선불량 시 재시공할 것
② 배선에 단로기를 설치할 것
③ 정기적으로 절연저항을 측정할 것
④ 정기적으로 배선시공 상태를 확인할 것

해설 **단로기**

고압 또는 특고압 회로로부터 기기를 분리하거나 변경할 때 사용하는 개폐장치로써 단지 충전된 전로(무부하)를 개폐하기 위해 사용하며, 부하전류의 개폐는 원칙적으로 할 수 없는 개폐장치

정답 60 ① 61 ② 62 ②

63

전기설비에서 제1종 접지공사는 접지저항을 몇 Ω 이하로 해야 하는가?

① 5 ② 10 ③ 50 ④ 100

해설 **접지공사의 접지저항**

① 제1종 접지공사 : 10Ω 이하
② 제2종 접지공사 : $\frac{150}{1\text{선지락전류}(A)}$Ω 이하
③ 제3종 접지공사 : 100Ω 이하
④ 특별 제3종 접지공사 : 10Ω 이하

Tip
2021년 적용되는 법 제정으로 종별접지공사 및 저항값 등은 삭제된 내용이니 본문내용을 참고하세요.

64

인체의 대부분이 수중에 있는 상태에서의 허용접촉전압으로 옳은 것은?

① 2.5V 이하 ② 25V 이하
③ 50V 이하 ④ 100V 이하

해설 **허용 접촉전압**

종별	접촉 상태	허용접촉 전압
제1종	• 인체의 대부분이 수중에 있는 경우	2.5V 이하
제2종	• 인체가 현저하게 젖어있는 경우 • 금속성의 전기기계장치나 구조물에 인체의 일부가 상시 접촉되어 있는 경우	25V 이하
제3종	• 제1종, 제2종 이외의 경우로 통상의 인체상태에 있어서 접촉전압이 가해지면 위험성이 높은 경우	50V 이하
제4종	• 제1종, 제2종 이외의 경우로 통상의 인체상태에 있어서 접촉전압이 가해지더라도 위험성이 낮은 경우 • 접촉전압이 가해질 우려가 없는 경우	제한없음

65

폭발성 가스가 전기기기 내부로 침입하지 못하도록 전기기기의 내부에 불활성가스를 압입하는 방식의 방폭구조는?

① 내압방폭구조 ② 압력방폭구조
③ 본질안전방폭구조 ④ 유입방폭구조

해설 **압력 방폭구조(p)**

용기내부에 보호가스(신선한 공기 또는 질소, 탄산가스등의 불연성 가스)를 압입하여 내부 압력을 외부 환경보다 높게 유지함으로서 폭발성 가스 또는 증기가 용기내부로 유입되지 않도록 한 구조

66

방폭구조 전기기계·기구의 선정기준에 있어 가스폭발 위험장소의 제1종 장소에 사용할 수 없는 방폭구조는?

① 내압방폭구조 ② 안전증방폭구조
③ 본질안전방폭구조 ④ 비점화방폭구조

해설 **방폭구조의 선정기준(가스폭발위험장소)**

폭발위험장소의 분류	방폭구조 전기기계기구의 선정기준
0종 장소	본질안전방폭구조(ia)
1종 장소	내압방폭구조(d) 압력방폭구조(p) 충전방폭구조(q) 유입방폭구조(o) 안전증방폭구조(e) 본질안전방폭구조(ia, ib) 몰드방폭구조(m)
2종 장소	0종 장소 및 1종 장소에 사용가능한 방폭구조 비점화방폭구조(n)

Tip
본질안전방폭구조(ia)는 0종, 1종, 2종 장소에 모두 사용가능하며, 비점화방폭구조(n)는 유일하게 2종 장소에만 사용 가능

정답 63 ② 64 ① 65 ② 66 ④

67

감전을 방지하기 위해 관계근로자에게 반드시 주지시켜야 하는 정전작업 사항으로 가장 거리가 먼 것은?

① 전원설비 효율에 관한 사항
② 단락접지 실시에 관한 사항
③ 전원 재투입 순서에 관한 사항
④ 작업 책임자의 임명, 정전범위 및 절연용 보호구 작업 등 필요한 사항

해설 **정전 작업요령 포함사항(보기 외에)**

① 교대 근무시 근무인계에 필요한 사항
② 전로 또는 설비의 정전순서에 관한사항
③ 개폐기 관리 및 표지판 부착에 관한사항
④ 정전 확인순서에 관한사항
⑤ 점검 또는 시운전을 위한 일시운전에 관한사항

68

대전된 물체가 방전을 일으킬 때의 에너지E(J)를 구하는 식으로 옳은 것은? (단, 도체의 정전용량을 C(F), 대전전위를 V(V), 대전전하량을 Q(C)라 한다.)

① $E=\sqrt{2CQ}$　② $E=\frac{1}{2}CV$

③ $E=\frac{Q^2}{2C}$　④ $E=\sqrt{\frac{2V}{C}}$

해설 **방전 에너지**

$$W=\frac{1}{2}QV=\frac{1}{2}CV^2=\frac{1}{2}\frac{Q^2}{C}(J)$$

69

전기적 불꽃 또는 아크에 의한 화상의 우려가 높은 고압 이상의 충전전로작업에 근로자를 종사시키는 경우에는 어떠한 성능을 가진 작업복을 착용시켜야 하는가?

① 방충처리 또는 방수성능을 갖춘 작업복
② 방염처리 또는 난연성능을 갖춘 작업복
③ 방청처리 또는 난연성능을 갖춘 작업복
④ 방수처리 또는 방청성능을 갖춘 작업복

해설 **전기기계·기구의 조작시 등의 안전조치**

사업주는 전기적 불꽃 또는 아크에 의한 화상의 우려가 있는 고압 이상의 충전전로 작업에 근로자를 종사시키는 경우에는 방염처리된 작업복 또는 난연성능을 가진 작업복을 착용시켜야 한다.

70

저압전선로 중 절연 부분의 전선과 대지 간 및 전선의 심선 상호간의 절연저항은 사용전압에 대한 누설전류가 최대 공급전류의 얼마를 넘지 않도록 규정하고 있는가?

① $\frac{1}{1000}$　② $\frac{1}{1500}$　③ $\frac{1}{2000}$　④ $\frac{1}{2500}$

해설 **허용누설전류**

허용 누설 전류 ≤ 최대공급전류/2000

정답 67 ① 68 ③ 69 ② 70 ③

71

염소산칼륨에 관한 설명으로 옳은 것은?

① 탄소, 유기물과 접촉 시에도 분해폭발 위험은 거의 없다.
② 열에 강한 성질이 있어서 500℃의 고온에서도 안정적이다.
③ 찬물이나 에탄올에도 매우 잘 녹는다.
④ 산화성 고체물질이다.

해설 **염소산칼륨($KClO_3$)**

① 강한 산화제이며 유기물, 탄소, 황화물, 황, 붉은 인 등과 혼합하여 가열하거나 타격을 가하면 폭발한다.
② 충격에 예민하므로 폭약으로 인정되지 않는다.
③ 중성, 알칼리성 용액은 산화 작용이 없으나 산성으로 하면 강한 산화제로 된다.

72

메탄 20vol%, 에탄 25vol%, 프로판 55vol%의 조성을 가진 혼합가스의 폭발하한계값(vol%)은 약 얼마인가? (단, 메탄, 에탄 및 프로판가스의 폭발하한값은 각각 5vol%, 3vol%, 2vol%이다.)

① 2.51　② 3.12　③ 4.26　④ 5.22

해설 **르샤틀리에의 법칙(혼합가스의 폭발범위 계산)**

$$\frac{100}{L}=\frac{V_1}{L_1}+\frac{V_2}{L_2}+\frac{V_3}{L_3}=\frac{20}{5}+\frac{25}{3}+\frac{55}{2}=39.8$$

그러므로 $L=2.51$

73

위험물안전관리법령상 제3류 위험물의 금수성 물질이 아닌 것은?

① 과염소산염　② 금속나트륨
③ 탄화칼슘　④ 탄화알루미늄

해설

칼륨, 나트륨, 탄화칼슘, 탄화알루미늄 등은 금수성 물질에 해당되는 위험물(알칼리금속)로 물과 반응하면 수소가 발생한다. 이때 많은 반응열이 발생하며 발생한 수소와 공기중의 산소가 반응해서 폭발이 일어난다.

Tip

과염소산염은 1류 위험물인 산화성고체에 해당된다.

74

물과 접촉할 경우 화재나 폭발의 위험성이 더욱 증가하는 것은?

① 칼륨　② 트리니트로톨루엔
③ 황린　④ 니트로셀룰로오스

해설

칼륨, 나트륨, 탄화칼슘, 등은 금수성 물질에 해당되는 위험물로 물과 반응하면 수소가 발생하며, 많은 반응열로 인해 화재나 폭발의 위험성이 더욱 증가된다.

75

다음 중 화재의 종류가 옳게 연결된 것은?

① A급화재 – 유류화재　② B급화재 – 유류화재
③ C급화재 – 일반화재　④ D급화재 – 일반화재

해설 **화재의 분류**

① A급 화재 : 일반화재
② B급 화재 : 유류화재
③ C급 화재 : 전기화재
④ D급 화재 : 금속화재

정답 71 ④ 72 ① 73 ① 74 ① 75 ②

76

다음 중 폭발하한농도(vol%)가 가장 높은 것은?

① 일산화탄소 ② 아세틸렌
③ 디에틸에테르 ④ 아세톤

해설 **폭발하한농도 (vol%)**

① 일산화탄소(12.5~74)
② 아세틸렌(2.5~81)
③ 디에틸에테르(1.9~48)
④ 아세톤(2.5~13)

77

이산화탄소 소화기에 관한 설명으로 옳지 않은 것은?

① 전기화재에 사용할 수 있다.
② 주된 소화 작용은 질식작용이다.
③ 소화약제 자체 압력으로 방출이 가능하다.
④ 전기전도성이 높아 사용 시 감전에 유의해야 한다.

해설 **이산화탄소 소화기**

① 질식 및 냉각 효과이며 전기화재에 가장 적당. 유류 화재에도 사용
② 소화 후 증거 보존이 용이하나 방사거리가 짧은 단점
③ 반도체 및 컴퓨터 설비 등에 사용가능
④ 전기에 대한 절연성이 우수하다.

78

낮은 압력에서 물질의 끓는점이 내려가는 현상을 이용하여 시행하는 분리법으로 온도를 높여서 가열할 경우 원료가 분해될 우려가 있는 물질을 증류할 때 사용하는 방법을 무엇이라 하는가?

① 진공증류 ② 추출증류
③ 공비증류 ④ 수증기증류

해설 **특수한 증류방법**

감압증류 (진공증류)	상압하에서 끓는점까지 가열 할 경우 분해 할 우려가 있는 물질의 증류를 감압하여 물질의 끓는점을 내려서 증류하는 방법
추출증류	① 분리하여야 하는 물질의 끓는점이 비슷한 경우 ② 용매를 사용하여 혼합물로부터 어떤 성분을 뽑아 냄으로 특정 성분을 분리
공비증류	① 일반적인 증류로 순수한 성분을 분리시킬 수 없는 혼합물의 경우 ② 제3의 성분을 첨가하여 별개의 공비 혼합물을 만들어 끓는점이 원용액의 끓는점보다 충분히 낮아지도록 하여 증류함으로 증류잔류물이 순수한 성분이 되게 하는 증류 방법
수증기증류	물에 용해되지 않는 휘발성 액체에 수증기를 직접 불어넣어 가열하면 액체는 원래의 끓는점보다 낮은 온도에서 유출

79

다음 중 증류탑의 원리로 거리가 먼 것은?

① 끓는점(휘발성) 차이를 이용하여 목적 성분을 분리한다.
② 열이동은 도모하지만 물질이동은 관계하지 않는다.
③ 기-액 두 상의 접촉이 충분히 일어날 수 있는 접촉면적이 필요하다.
④ 여러 개의 단을 사용하는 다단탑이 사용될 수 있다.

해설 **증류탑**

증기압이 다른 액체 혼합물에서 끓는점 차이를 이용해서 특정성분을 분리해내는 장치로 끓는점이 낮은 물질이 위쪽에서 분리되고 끓는점이 높은 물질이 아래쪽에서 분리된다.

정답 76 ① 77 ④ 78 ① 79 ②

80

다음 중 불연성 가스에 해당하는 것은?

① 프로판 ② 탄산가스
③ 아세틸렌 ④ 암모니아

해설 **탄산가스의 특징**

① 더 이상 산소와 반응하지 않는 불연성 가스이며 공기보다 무겁다.
② 전기에 대한 절연성이 우수하다.

5과목 건설공사 안전관리

81

블레이드의 길이가 길고 낮으며 블레이드의 좌우를 전후 25~30° 각도로 회전시킬 수 있어 흙의 측면으로 보낼 수 있는 도저는?

① 레이크 도저 ② 스트레이트 도저
③ 앵글도저 ④ 틸트도저

해설 **Blade(배토판)의 형태 및 작동방법에 의한 분류**

Straight Dozer	트랙터의 종방향 중심축에 배토판을 직각으로 설치하여 직선적인 굴착 및 압토작업에 효율적
Angle Dozer	배토판을 20°~30°의 수평방향으로 돌릴 수 있도록 만든 장치, 측면굴착에 유리
Tilt Dozer	배토판 좌우를 상하 25~30° 까지 기울일 수 있어 도랑파기, 경사면 굴착에 유리

82

건물외부에 낙하물 방지망을 설치할 경우 벽면으로부터 돌출되는 거리의 기준은?

① 1m 이상 ② 1.5m 이상
③ 1.8m 이상 ④ 2m 이상

해설 **낙하물방지망 또는 방호선반 설치시 준수사항**

① 설치높이는 10m이내마다 설치하고, 내민길이는 벽면으로부터 2m이상으로 할 것
② 수평면과의 각도는 20도 이상 30도 이하를 유지할 것

정답 80 ② 81 ③ 82 ④

83

부두·안벽 등 하역작업을 하는 장소에서 부두 또는 안벽의 선을 따라 통로를 설치하는 경우 그 폭을 최소 얼마 이상으로 하여야 하는가?

① 60cm ② 90cm ③ 120cm ④ 150cm

해설 **부두등 하역작업장 조치사항**

① 작업장 및 통로의 위험한 부분에는 안전하게 작업할 수 있는 조명을 유지할 것
② 부두 또는 안벽의 선을 따라 통로를 설치하는 때에는 폭을 90cm 이상으로 할 것
③ 육상에서의 통로 및 작업장소로서 다리 또는 선거의 갑문을 넘는 보도 등의 위험한 부분에는 안전난간 또는 울타리 등을 설치할 것

84

히빙(heaving) 현상이 가장 쉽게 발생하는 토질지반은?

① 연약한 점토 지반 ② 연약한 사질토 지반
③ 견고한 점토 지반 ④ 견고한 사질토 지반

해설 **히빙(Heaving)**

연약성 점토지반 굴착시 굴착외측 흙의 중량에 의해 굴착저면의 흙이 활동 전단 파괴되어 굴착내측으로 부풀어 오르는 현상

Tip
보일링(Boiling)현상 : 투수성이 좋은 사질지반의 흙막이 저면에서 수두차로 인한 상향의 침투압이 발생 유효응력이 감소하여 전단강도가 상실되는 현상으로 지하수가 모래와 같이 솟아오르는 현상

85

다음과 같은 조건에서 추락 시 로프의 지지점에서 최하단까지의 거리 h를 구하면 얼마인가?

•로프 길이 150cm	•로프 신율 30%
•근로자 신장 170cm	

① 2.8m ② 3.0m ③ 3.2m ④ 3.4m

해설 **최하사점**

① $H > h$=로프길이(l)+로프의 신장(율)길이($l \times a$) +작업자의 키$\times \frac{1}{2}$

② $H > h = 1.5 + (1.5 \times 0.3) + (1.7 \times \frac{1}{2}) = 2.8$

86

신축공사 현장에서 강관으로 외부비계를 설치할 때 비계기둥의 최고 높이가 45m라면 관련 법령에 따라 비계기둥을 2개의 강관으로 보강하여야 하는 높이는 지상으로부터 얼마까지인가?

① 14m ② 20m ③ 25m ④ 31m

해설 **강관비계의 구조(높이제한)**

① 비계기둥 최고부로부터(아랫 방향으로) 31m되는 지점 밑부분의 비계기둥은 2본의 강관으로 묶어세울 것
② 45m−31m=14m

87

동바리로 사용하는 파이프 서포트에 관한 설치 기준으로 옳지 않은 것은?

① 파이프 서포트를 3개 이상 이어서 사용하지 않도록 할 것
② 파이프 서포트를 이어서 사용하는 경우에는 4개 이상의 볼트 또는 전용철물을 사용하여 이을 것
③ 높이가 3.5m를 초과하는 경우에는 높이 2m 이내마다 수평연결재를 2개 방향으로 만들고 수평연결재의 변위를 방지할 것
④ 파이프서포트 사이에 교차가새를 설치하여 수평력에 대하여 보강 조치할 것

해설 **동바리로 사용하는 파이프서포트의 준수사항**

① 파이프서포트를 3개 이상이어서 사용하지 아니하도록 할 것
② 파이프서포트를 이어서 사용할 때에는 4개 이상의 볼트 또는 전용철물을 사용하여 이을 것
③ 높이가 3.5미터를 초과할 때에는 높이 2미터 이내마다 수평연결재를 2개 방향으로 만들고 수평연결재의 변위를 방지할 것

Tip
동바리로 사용하는 강관틀에 대하여 강관틀과 강관틀과의 사이에 교차가새를 설치할 것

2020년 2회

정답 83 ② 84 ① 85 ① 86 ① 87 ④

88

다음은 비계를 조립하여 사용하는 경우 작업발판 설치에 관한 기준이다. ( )에 들어갈 내용으로 옳은 것은?

> 사업주는 비계(달비계, 달대비계 및 말비계는 제외한다)의 높이가 ( ) 이상인 작업장소에 다음 각 호의 기준에 맞는 작업발판을 설치하여야 한다.
>
> 1. 발판재료는 작업할 때의 하중을 견딜 수 있도록 견고한 것으로 할 것
> 2. 작업발판의 폭은 40센티미터 이상으로 하고, 발판재료 간의 틈은 3센티미터 이하로 할 것

① 1m　② 2m
③ 3m　④ 4m

해설 비계높이 2m 이상 장소의 작업발판 설치기준

① 발판재료는 작업할 때의 하중을 견딜 수 있도록 견고한 것으로 할 것
② 작업발판의 폭은 40센티미터 이상으로 하고, 발판재료 간의 틈은 3센티미터 이하로 할 것
③ 추락의 위험성이 있는 장소에는 안전난간을 설치할 것
④ 작업발판재료는 뒤집히거나 떨어지지 않도록 둘 이상의 지지물에 연결하거나 고정시킬 것

89

건설공사 유해위험방지계획서 제출 시 공통적으로 제출하여야 할 첨부서류가 아닌 것은?

① 공사개요서
② 전체 공정표
③ 산업안전보건관리비 사용계획서
④ 가설도로계획서

해설 첨부서류(공사 개요 및 안전보건관리계획)

① 공사 개요서
② 공사현장의 주변 현황 및 주변과의 관계를 나타내는 도면(매설물 현황 포함)
③ 전체 공정표
④ 산업안전보건관리비 사용계획서
⑤ 안전관리 조직표
⑥ 재해 발생 위험 시 연락 및 대피방법

Tip

본 문제는 2021년 법령개정으로 수정된 내용입니다. (해설은 개정된 내용 적용)

90

리프트(Lift)의 방호장치에 해당하지 않는 것은?

① 권과방지장치　② 비상정지장치
③ 과부하방지장치　④ 자동경보장치

해설 리프트의 방호장치

① 과부하방지장치
② 권과방지장치
③ 비상정지장치 및 제동장치

91

흙막이 지보공을 설치하였을 때 붕괴 등의 위험방지를 위하여 정기적으로 점검하고, 이상 발견 시 즉시 보수하여야 하는 사항이 아닌 것은?

① 침하의 정도
② 버팀대의 긴압의 정도
③ 지형·지질 및 지층상태
④ 부재의 손상·변형·변위 및 탈락의 유무와 상태

해설 흙막이 지보공 설치시 점검사항

① 부재의 손상·변형·부식·변위 및 탈락의 유무와 상태
② 버팀대의 긴압의 정도
③ 침하의 정도
④ 부재의 접속부·부착부 및 교차부의 상태

92

다음 중 아세틸렌을 용해가스로 만들 때 사용되는 용제로 가장 적합한 것은?

① R.Q.D　② R.M.R
③ 지표침하량　④ 탄성파 속도

해설 암질판별기준

① R.Q.D(%)　② 탄성파 속도(m/sec)
③ R.M.R　④ 일축압축강도(kg/cm^2)
⑤ 진동치속도(cm/sec=Kine)

정답 88 ② 89 ④ 90 ④ 91 ③ 92 ③

93

강관을 사용하여 비계를 구성하는 경우의 준수사항으로 옳지 않은 것은?

① 비계기둥의 간격은 띠장 방향에서는 1.85m 이하로 할 것
② 비계기둥의 간격은 장선(長線) 방향에서는 1.0m 이하로 할 것
③ 띠장 간격은 2.0m 이하로 할 것
④ 비계기둥 간의 적재하중은 400kg을 초과하지 않도록 할 것

해설 **강관(단관)비계의 구조**

구분		내용(준수사항)
비계기둥	띠장방향	1.85m 이하
	장선방향	1.5m 이하
띠장 간격		2.0m 이하로 설치할 것
벽 연결		수직으로 5m, 수평으로 5m 이내마다 연결
높이 제한		비계기둥의 제일 윗부분부터 31미터 되는 지점 밑부분의 비계기둥은 2개의 강관으로 묶어세울 것
가 새		기둥간격 10m마다 45°각도. 처마방향 가새
적재 하중		비계 기둥간 적재 하중은 400kg을 초과하지 않도록 할 것

94

산업안전보건법령에 따른 크레인을 사용하여 작업을 하는 때 작업시작 전 점검사항에 해당되지 않는 것은?

① 권과방지장치·브레이크·클러치 및 운전장치의 기능
② 주행로의 상측 및 트롤리(trolley)가 횡행하는 레일의 상태
③ 원동기 및 풀리(pulley) 기능의 이상 유무
④ 와이어로프가 통하고 있는 곳의 상태

해설 **크레인을 사용하는 경우 작업시작 전 점검사항**

① 권과방지장치·브레이크·클러치 및 운전장치의 기능
② 주행로의 상측 및 트롤리가 횡행하는 레일의 상태
③ 와이어로프가 통하고 있는 곳의 상태

95

철근콘크리트 현장타설공법과 비교한 PC(precast concrete) 공법의 장점으로 볼 수 없는 것은?

① 기후의 영향을 받지 않아 동절기 시공이 가능하고, 공기를 단축할 수 있다.
② 현장작업이 감소되고, 생산성이 향상되어 인력절감이 가능하다.
③ 공사비가 매우 저렴하다.
④ 공장 제작이므로 콘크리트 양생 시 최적조건에 의한 양질의 제품생산이 가능하다.

해설

PC공법의 경우 날씨의 영향을 받지 않고 진행할수 있어 공기를 단축하고, 필요한 인원을 줄일수 있는 등 비용을 절감할수 있는 부분도 있지만, 공사의 성격과 특성에 따라 다를수 있어 매우 저렴하다고 볼 수는 없다.

96

다음은 산업안전보건법령에 따른 승강설비의 설치에 관한 내용이다. ( )에 들어갈 내용으로 옳은 것은?

> 사업주는 높이 또는 깊이가 ( )를 초과하는 장소에서 작업하는 경우 해당 작업에 종사하는 근로자가 안전하게 승강하기 위한 건설작업용 리프트 등의 설비를 설치하여야 한다. 다만, 승강설비를 설치하는 것이 작업의 성질상 곤란한 경우에는 그러하지 아니하다.

① 2m ② 3m ③ 4m ④ 5m

해설 **높이가 2m 이상인 장소에서의 위험방지 조치사항**

① 추락방지조치 : ㉠ 비계조립에 의한 작업발판 설치
㉡ 안전 방망 설치
㉢ 안전대 착용 등
② 악천후시 작업금지 : 비, 눈 등으로 기상상태 악화시 작업중지
③ 조명의 유지 : 당해 작업을 안전하게 수행하는데 필요한 조명 유지
④ 승강설비(건설용 리프트 등) 설치 : 높이 또는 깊이가 2m를 초과하는 장소에서의 안전한 작업을 위한 승강설비 설치

정답 93 ② 94 ③ 95 ③ 96 ①

97

콘크리트를 타설할 때 거푸집에 작용하는 콘크리트 측압에 영향을 미치는 요인과 가장 거리가 먼 것은?

① 콘크리트 타설 속도
② 콘크리트 타설 높이
③ 콘크리트의 강도
④ 기온

해설 **측압이 커지는 조건(측압의 영향요소)**

① 거푸집 수평단면이 클수록
② 콘크리트 슬럼프치가 클수록
③ 거푸집의 강성이 클수록
④ 철골, 철근량이 적을수록
⑤ 콘크리트 시공연도가 좋을수록
⑥ 외기의 온도가 낮을수록
⑦ 타설 속도가 빠를수록
⑧ 다짐이 충분할수록 등

98

작업발판 및 통로의 끝이나 개구부로서 근로자가 추락할 위험이 있는 장소에서의 방호조치로 옳지 않은 것은?

① 안전난간 설치
② 와이어로프 설치
③ 울타리 설치
④ 수직형 추락방망 설치

해설 **개구부 등의 방호조치**

① 안전난간, 울타리, 수직형 추락방망 또는 덮개 등의 방호조치를 충분한 강도를 가진 구조로 튼튼하게 설치하고, 덮개 설치 시 뒤집히거나 떨어지지 않도록 설치
② 안전난간 등의 설치가 매우 곤란하거나 작업의 필요상 임시로 난간 등을 해체하는 경우 추락방호망 설치(추락방호망 설치가 곤란한 경우 안전대 착용 등의 추락위험 방지조치)

99

건설업의 산업안전보건관리비 사용기준에 해당되지 않는 것은?

① 안전시설비
② 안전관리자·보건관리자의 임금
③ 기계기구의 운송비
④ 안전보건교육비

해설 **산업안전보건관리비의 사용기준**

① 안전관리자·보건관리자의 임금 등
② 안전시설비 등
③ 보호구 등
④ 안전보건진단비 등
⑤ 안전보건교육비 등
⑥ 근로자 건강장해예방비 등
⑦ 건설재해예방전문지도기관의 지도에 대한 대가로 지급하는 비용
⑧ 「중대재해 처벌 등에 관한 법률」에 해당하는 건설사업자가 아닌 자가 운영하는 사업에서 안전보건 업무를 총괄·관리하는 3명 이상으로 구성된 본사 전담조직에 소속된 근로자의 임금 및 업무수행 출장비 전액. 다만, 계상된 안전보건관리비 총액의 20분의 1을 초과할 수 없다.
⑨ 위험성평가 또는 「중대재해 처벌 등에 관한 법률 시행령」에 따라 유해·위험요인 개선을 위해 필요하다고 판단하여 산업안전보건위원회 또는 노사협의체에서 사용하기로 결정한 사항을 이행하기 위한 비용. 다만, 계상된 안전보건관리비 총액의 10분의 1을 초과할 수 없다.

정답 97 ③ 98 ② 99 ③

100

항타기 및 항발기를 조립하는 경우 점검하여야 할 사항이 아닌 것은?

① 과부하장치 및 제동장치의 이상 유무
② 권상장치의 브레이크 및 쐐기장치 기능의 이상 유무
③ 본체 연결부의 풀림 또는 손상의 유무
④ 권상기의 설치상태의 이상 유무

해설 **항타기 항발기 조립·해체 시 점검사항**

① 본체 연결부의 풀림 또는 손상의 유무
② 권상용 와이어로프·드럼 및 도르래의 부착상태의 이상유무
③ 권상장치의 브레이크 및 쐐기장치 기능의 이상유무
④ 권상기의 설치상태의 이상유무
⑤ 리더(leader)의 버팀 방법 및 고정상태의 이상 유무
⑥ 본체·부속장치 및 부속품의 강도가 적합한지 여부
⑦ 본체·부속장치 및 부속품에 심한 손상·마모·변형 또는 부식이 있는지 여부

정답 100 ①

2021년 3월 2일~3월 12일

산업안전산업기사 CBT 기출 복원문제

1과목 산업재해 예방 및 안전보건교육

01

다음 중 맥그리거(Douglas McGregor)의 X이론과 Y이론에 관한 관리 처방으로 가장 적절한 것은?

① 목표에 의한 관리는 Y이론의 관리 처방에 해당된다.
② 직무의 확장은 X이론의 관리 처방에 해당된다.
③ 상부책임제도의 강화는 Y이론의 관리 처방에 해당된다.
④ 분권화 및 권한의 위임은 X이론의 관리 처방에 해당된다.

해설 맥그리거의 X이론과 Y이론

① 직무의 확장은 Y이론의 관리 처방에 해당된다.
② 상부책임제도의 강화는 X이론의 관리 처방에 해당된다.
③ 분권화 및 권한의 위임은 Y이론의 관리 처방에 해당된다.

02

헤드십(headship)의 특성에 관한 설명으로 틀린 것은?

① 상사와 부하의 사회적 간격은 넓다.
② 지휘형태는 권위주의적이다.
③ 상사와 부하의 관계는 지배적이다.
④ 상사의 권한 근거는 비공식적이다.

해설 헤드십과 리더십의 구분

구분	권한부여 및 행사	권한 근거	상관과 부하와의 관계 및 책임귀속	부하와의 사회적 간격	지휘 형태
헤드십	위에서 위임하여 임명. 임명된 헤드	법적 또는 공식적	지배적 상사	넓다	권위 주의적
리더십	아래로부터의 동의에 의한 선출. 선출된 리더	개인 능력	개인적인 영향 상사와 부하	좁다	민주 주의적

03

산업안전보건법령상 안전보건교육에서 근로자 정기교육의 내용에 해당하지 않는 것은?

① 건강증진 및 질병 예방에 관한 사항
② 산업보건 및 직업병 예방에 관한 사항
③ 유해·위험 작업환경 관리에 관한 사항
④ 작업공정의 유해·위험과 재해 예방대책에 관한 사항

해설 근로자 정기교육 내용

① 건강증진 및 질병예방에 관한 사항
② 유해·위험 작업환경 관리에 관한 사항
③ 산업안전 및 사고예방에 관한 사항
④ 산업보건 및 직업병 예방에 관한 사항
⑤ 직무스트레스 예방 및 관리에 관한 사항
⑥ 산업안전보건법령 및 산업재해보상보험 제도에 관한 사항
⑦ 직장내 괴롭힘, 고객의 폭언 등으로 인한 건강장해 예방 및 관리에 관한 사항
⑧ 위험성 평가에 관한 사항

Tip

2023년 법령개정. 문제와 해설은 개정된 내용 적용

정답 1① 2④ 3④

04

산업안전보건법령상 근로자 안전·보건교육의 교육시간에 관한 설명으로 옳은 것은?

① 사무직에 종사하는 근로자의 정기교육은 매분기 3시간 이상이다.
② 관리감독자의 지위에 있는 사람의 정기교육은 연간 8시간 이상이다.
③ 일용근로자의 작업내용 변경시의 교육은 2시간 이상이다.
④ 일용근로자를 제외한 근로자의 채용 시의 교육은 4시간 이상이다.

해설 **근로자 안전보건 교육 시간(특별교육은 생략)**

교육과정	교육대상		교육시간
가. 정기교육	사무직 종사 근로자		매반기 6시간 이상
	그 밖의 근로자	판매업무에 직접 종사하는 근로자	매반기 6시간 이상
		판매업무에 직접 종사하는 근로자 외의 근로자	매반기 12시간 이상
나. 채용 시 교육	일용근로자 및 근로계약기간이 1주일 이하인 기간제근로자		1시간 이상
	근로계약기간이 1주일 초과 1개월 이하인 기간제근로자		4시간 이상
	그 밖의 근로자		8시간 이상
다. 작업내용 변경 시 교육	일용근로자 및 근로계약기간이 1주일 이하인 기간제근로자		1시간 이상
	그 밖의 근로자		2시간 이상
마. 건설업 기초안전·보건교육	건설 일용근로자		4시간 이상

Tip
2023년 법령개정. 문제와 해설은 개정된 내용 적용

05

무재해운동 추진의 3요소에 관한 설명이 아닌 것은?

① 모든 재해는 잠재요인을 사전에 발견·파악·해결함으로써 근원적으로 산업재해를 없애야 한다.
② 안전보건은 최고경영자의 무재해 및 무질병에 대한 확고한 경영자세로 시작된다.
③ 안전보건을 추진하는 데에는 관리감독자들의 생산활동 속에 안전보건을 실천하는 것이 중요하다.
④ 안전보건은 각자 자신의 문제이며, 동시에 동료의 문제로서 직장의 팀 멤버와 협동 노력하여 자주적으로 추진하는 것이 필요하다.

해설 **무재해 운동의 3요소(기둥)**

① 최고경영자의 경영자세
② 관리감독자의 안전보건의 추진(라인화의 철저)
③ 직장 소집단의 자율활동의 활성화

06

인간관계 관리기법에 있어 구성원 상호 간의 선호도를 기초로 집단 내부의 동태적 상호관계를 분석하는 방법으로 가장 적절한 것은?

① 소시오매트리(sociometry)
② 그리드 훈련(grid training)
③ 집단역학(group dynamic)
④ 감수성 훈련(sensitivity training)

해설 **소시오메트리**

사회 측정법으로 집단에 있어 각 구성원 사이의 견인과 배척관계를 조사하여 어떤 개인의 집단 내에서의 관계나 위치를 발견하고 평가하는 방법(집단의 인간관계를 조사하는 방법)

정답 4 ① 5 ① 6 ①

07

암실에서 정지된 소광점을 응시하면 광점이 움직이는 것 같이 보이는 현상을 운동의 착각현상 중 '자동운동'이라 한다. 다음 중 자동운동이 생기기 쉬운 조건에 해당되지 않는 것은?

① 광점이 작은 것
② 대상이 단순한 것
③ 광의 강도가 큰 것
④ 시야의 다른 부분이 어두운 것

해설 자동운동

① 암실내에 정지된 작은 광점이나 밤하늘의 별들을 응시하면 움직이는 것처럼 보이는 현상
② 발생하기 쉬운 조건 : ㉠ 광점이 작을수록
㉡ 시야의 다른 부분이 어두울수록
㉢ 광의 강도가 작을수록
㉣ 대상이 단순할수록

Tip
착각현상의 종류에는 자동운동, 유도운동, 가현운동이 있다.

08

크레인, 리프트 및 곤돌라는 사업장에 설치가 끝난 날부터 몇 년 이내에 최초의 안전검사를 실시해야 하는가?

① 1년 ② 2년 ③ 3년 ④ 4년

해설 안전검사의 주기

크레인, 리프트 및 곤돌라	사업장에 설치가 끝난 날부터 3년 이내에 최초 안전검사를 실시하되, 그 이후부터 매 2년마다(건설현장에서 사용하는 것은 최초로 설치한 날부터 매 6개월마다)
그 밖의 유해·위험 기계 등	사업장에 설치가 끝난 날부터 3년 이내에 최초 안전검사를 실시하되, 그 이후부터 매 2년마다(공정안전보고서를 제출하여 확인을 받은 압력용기는 4년마다)

09

다음 중 산업안전보건법령상 안전인증 대상 기계 및 설비에 해당하지 않는 것은?

① 컨베이어 ② 압력용기
③ 롤러기 ④ 고소(高所) 작업대

해설 안전인증 대상 위험기계·기구

① 프레스 ② 전단기 및 절곡기 ③ 크레인 ④ 리프트
⑤ 압력용기 ⑥ 롤러기 ⑦ 사출성형기 ⑧ 고소 작업대
⑨ 곤돌라

Tip
컨베이어는 자율안전확인 대상 기계 및 설비에 해당되는 내용

10

다음 중 안전모의 성능시험에 있어서 AE, ABE종에만 한하여 실시하는 시험은?

① 내관통성시험, 충격흡수성시험
② 난연성시험, 내수성시험
③ 내관통성시험, 내전압성시험
④ 내전압성시험, 내수성시험

해설 안전모의 성능기준

항목	시험성능기준
내관통성	AE, ABE종 안전모는 관통거리가 9.5mm 이하이고, AB종 안전모는 관통거리가 11.1mm 이하이어야 한다.
충격 흡수성	최고전달충격력이 4,450N 을 초과해서는 안되며, 모체와 착장체의 기능이 상실되지 않아야 한다.
내전압성	AE, ABE종 안전모는 교류 20kV에서 1분간 절연파괴 없이 견뎌야 하고, 이때 누설되는 충전전류는 10mA 이하이어야 한다.
내수성	AE, ABE종 안전모는 질량증가율이 1% 미만이어야 한다.
난연성	모체가 불꽃을 내며 5초 이상 연소되지 않아야 한다.
턱끈풀림	150N 이상 250N 이하에서 턱끈이 풀려야 한다.

정답 7 ③ 8 ③ 9 ① 10 ④

11

다음 중 산소결핍이 예상되는 맨홀 내에서 작업을 실시할 때 사고 방지 대책으로 적절하지 않은 것은?

① 작업 시작 전 및 작업 중 충분한 환기 실시
② 작업 장소의 입장 및 퇴장시 인원점검
③ 방독마스크의 보급과 착용 철저
④ 작업장과 외부와의 상시 연락을 위한 설비 설치

해설 **보호구의 사용기준**

① 방독마스크의 사용제한 : 산소농도가 18% 이상인 장소에서 사용하여야 하고, 고농도와 중농도에서 사용하는 방독마스크는 전면형(격리식, 직결식)을 사용해야 한다.
② 산소결핍장소에서는 송기마스크 및 호흡용 보호구를 착용해야 한다.

12

다음의 재해사례에서 기인물에 해당하는 것은?

> 기계작업에 배치된 작업자가 반장의 지시를 받기 전에 정지된 선반을 운전시키면서 변속치차의 덮개를 벗겨 내고 치차를 저속으로 운전하면서 급유하려고 할 때 오른손이 변속치차에 맞물려 손가락이 절단되었다.

① 덮개 ② 급유
③ 변속치차 ④ 선반

해설 **기인물과 가해물**

① 기인물 : 재해발생의 주원인이며 재해를 가져오게 한 근원이 되는 기계, 장치, 물(物) 또는 환경등 (불안전상태)
② 가해물 : 직접 사람에게 접촉하여 피해를 주는 기계, 장치, 물(物) 또는 환경 등

13

OFF.J.T(off the job Training) 교육방법의 장점으로 옳은 것은?

① 개개인에게 적절한 지도훈련이 가능하다.
② 훈련에 필요한 업무의 계속성이 끊어지지 않는다.
③ 다수의 대상자를 일괄적, 조직적으로 교육할 수 있다.
④ 효과가 곧 업무에 나타나며, 훈련의 좋고 나쁨에 따라 개선이 용이하다.

해설 **Off. J. T의 특징**

① 한번에 다수의 대상자를 일괄적, 조직적으로 교육할 수 있다.
② 전문분야의 우수한 강사진을 초빙할 수 있다.
③ 교육기자재 및 특별교재 또는 시설을 유효하게 활용할 수 있다.
④ 다른 분야 및 타 직장의 사람들과 지식이나 경험의 교환이 가능하다.
⑤ 업무와 분리되어 면학에 전념하는 것이 가능하다.

14

버드(Bird)의 재해발생이론에 따를 경우 15건의 경상(물적 또는 인적 상황)사고가 발생하였다면 무상해, 무사고(위험순간)는 몇 건이 발생하겠는가?

① 300 ② 450 ③ 600 ④ 900

해설 **재해발생에 관한 이론**

① 버드의 법칙
1[중상 또는 폐질]: 10[경상(물적,인적상해)]:
30[무상해사고(물적손실)]: 600[무상해, 무사고고장(위험순간)]

② 무상해, 무사고(위험순간)$=\frac{15}{10}\times 600=900$

정답 11 ③ 12 ④ 13 ③ 14 ④

15

안전교육 중 제2단계로 시행되며 같은 것을 반복하여 개인의 시행착오에 의해서만 점차 그 사람에게 형성되는 교육은?

① 안전기술의 교육 ② 안전지식의 교육
③ 안전기능의 교육 ④ 안전태도의 교육

해설 기능교육

특징	① 시범, 견학, 현장실습 통한 경험체득과 이해(표준작업방법사용) ② 작업능력 및 기술능력 부여 ③ 작업동작의 표준화 ④ 교육기간의 장기화 ⑤ 다수인원 교육 곤란
기능교육의 3원칙	① 준비 ② 위험작업의 규제 ③ 안전작업의 표준화

16

다음 중 하인리히 방식의 재해코스트 산정에 있어 직접비에 해당되지 않는 것은?

① 간병급여 ② 생산손실 급여
③ 직업재활급여 ④ 상병(傷病)보상연금

해설 직접비와 간접비

직접비 (법적으로 지급되는 산재보상비)	간접비 (직접비 제외한 모든 비용)
요양급여, 휴업급여, 장해급여, 간병급여, 유족급여, 직업재활급여, 장례비 등	인적손실, 물적손실, 생산손실, 임금손실,시간손실, 신규채용비용, 기타손실 등

17

안전표지의 종류와 분류가 올바르게 연결된 것은?

① 금연 - 금지표지
② 낙하물 경고 - 지시표지
③ 안전모 착용 - 안내표지
④ 세안장치 - 경고표지

해설 금지표지의 종류

① 출입금지 ② 보행금지 ③ 차량통행금지 ④ 사용금지
⑤ 탑승금지 ⑥ 금연 ⑦ 화기금지 ⑧ 물체이동금지

Tip

① 낙하물 경고 – 경고표지 ② 안전모 착용 – 지시표지
③ 세안장치 – 안내표지

18

500명의 근로자가 근무하는 사업장에서 연간 30건의 재해가 발생하여 35명의 재해자로 인해 250일의 근로손실이 발생한 경우 이 사업장의 재해 통계에 관한 설명으로 틀린 것은?

① 이 사업장의 도수율은 약 25이다.
② 이 사업장의 강도율은 약 0.21이다.
③ 이 사업장의 연천인율은 7이다.
④ 근로시간이 명시되지 않을 경우에는 연간 1인당 2,400시간을 적용한다.

해설

$$\text{연천인율} = \frac{\text{연간재해자수}}{\text{연평균근로자수}} \times 1000 = \frac{35}{500} \times 1000 = 70$$

19

경보기가 울려도 기차가 오기까지 아직 시간이 있다고 판단하여 건널목을 건너다가 사고를 당했다. 다음 중 이 재해자의 행동성향으로 옳은 것은?

① 착오·착각 ② 무의식행동
③ 억측판단 ④ 지름길반응

해설

억측판단은 자기멋대로 하는 주관적인 판단을 말하는 것으로 불안전한 행동의 배후요인에 해당된다.

정답 15 ③ 16 ② 17 ① 18 ③ 19 ③

20

산업안전보건법상 중대재해에 해당하지 않는 것은?

① 사망자가 2명 발생한 재해
② 6개월 요양을 요하는 부상자가 동시에 4명 발생한 재해
③ 부상자 또는 직업성 질병자가 동시에 12명 발생한 재해
④ 3개월 요양을 요하는 부상자가 1명, 2개월 요양을 요하는 부상자가 4명 발생한 재해

해설 **중대재해**

① 사망자가 1명 이상 발생한 재해
② 3개월 이상의 요양이 필요한 부상자가 동시에 2명 이상 발생한 재해
③ 부상자 또는 직업성 질병자가 동시에 10명 이상 발생한 재해

2과목 **인간공학 및 위험성 평가관리**

21

다음 중 화학설비의 안정성 평가에서 정량적 평가의 항목에 해당되지 않는 것은?

① 조작 ② 취급물질 ③ 훈련 ④ 설비용량

해설 **화학설비의 안전성 평가에서 정량적 평가 항목**

① 각 구성요소의 물질 ② 화학설비의 용량 ③ 온도 ④ 압력 ⑤ 조작

22

다음 중 의자 설계의 일반 원리로 가장 적합하지 않은 것은?

① 디스크 압력을 줄인다.
② 등근육의 정적 부하를 줄인다.
③ 자세고정을 줄인다.
④ 요부측만을 촉진한다.

해설 **의자 설계 시 고려해야할 사항**

① 등받이의 굴곡은 요추의 굴곡(전만곡)과 일치해야 한다.
② 좌면의 높이는 사람의 신장에 따라 조절 가능해야 한다.
③ 정적인 부하와 고정된 작업자세를 피해야 한다.
④ 의자의 높이는 오금의 높이보다 같거나 낮아야 한다.

23

다음 설명은 어떤 설계 응용 원칙을 적용한 사례인가?

> 제어 버튼의 설계에서 조작자와의 거리를 여성의 5백분위수를 이용하여 설계하였다.

① 극단적 설계원칙 ② 가변적 설계원칙
③ 평균적 설계원칙 ④ 양립적 설계원칙

해설 **극단적인 사람을 위한 설계(극단치 설계)**

인체 측정 특성의 극단에 속하는 사람을 대상으로 설계하면 거의 모든 사람을 수용할수 있다는 인체계측자료의 응용원칙에 해당되는 내용

정답 20 ④ 21 ③ 22 ④ 23 ①

24

다음 중 결함수분석법(FTA)에서의 미니멀 컷셋과 미니멀 패스셋에 관한 설명으로 옳은 것은?

① 미니멀 컷셋은 정상사상(top event)을 일으키기 위한 최소한의 컷셋이다.
② 미니멀 컷셋은 시스템의 신뢰성을 표시하는 것이다.
③ 미니멀 패스셋은 시스템의 위험성을 표시하는 것이다.
④ 미니멀 패스셋은 시스템의 고장을 발생시키는 최소의 패스셋이다.

해설 미니멀 컷셋과 미니멀 패스셋

① 정상사상을 발생시키는 기본사상의 집합으로 그 안에 포함되는 모든 기본사상이 발생할 때 정상사상을 발생시킬 수 있는 기본사상의 집합을 컷셋이라하며, 컷셋의 집합중에서 정상사상을 일으키기 위하여 필요한 최소한의 컷셋을 미니멀 컷셋이라 한다(시스템의 위험성 또는 안전성을 나타냄)
② 미니멀 컷셋은 시스템의 기능을 마비시키는 사고요인의 최소집합이다.
③ 그 안에 포함되는 모든 기본사상이 일어나지 않을 때 처음으로 정상사상이 일어나지 않는 기본사상의 집합인 패스셋에서 필요 최소한의 것을 미니멀 패스셋이라 한다(시스템의 신뢰성을 나타냄)
④ 패스셋은 정상사상이 발생하지 않는 즉, 시스템이 고장나지 않는 사상의 집합이다.

25

다음의 FT도에서 정상 사상 T의 발생확률은 얼마인가? (단, X1, X2, X3의 발생확률은 모두 0.1이다.)

① 0.0019
② 0.01
③ 0.019
④ 0.0361

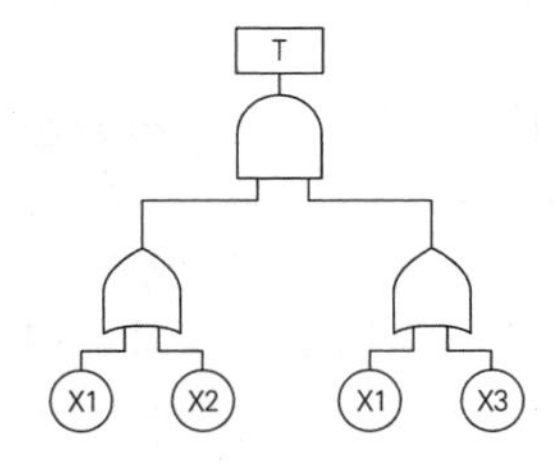

해설 발생확률

① FT도에서 최소컷셋을 구하면,

$$T \rightarrow \begin{matrix}(X1\ X2)\\(X1\ X2\ X3)\end{matrix} \rightarrow (X1\ X2)$$

② T의 발생확률
T = (0.1 × 0.1) = 0.01

26

다음 중 아날로그 표시장치를 선택하는 일반적인 요구사항으로 틀린 것은?

① 일반적으로 동침형보다 동목형을 선호한다.
② 일반적으로 동침과 동목은 혼용하여 사용하지 않는다.
③ 움직이는 요소에 대한 수동 조절을 설계할 때는 바늘(pointer)을 조정하는 것이 눈금을 조정하는 것보다 좋다.
④ 중요한 미세한 움직임이나 변화에 대한 정보를 표시할 때는 동침형을 사용한다.

해설 아날로그 표시장치

정목동침형 (지침이동형)	정량적인 눈금이 정성적으로 사용되어 원하는 값으로부터의 대략적인 편차나, 고도를 읽을 때 그 변화방향과 율등을 알고자 할 때
정침동목형 (지침고정형)	나타내고자 하는 값의 범위가 클 때, 비교적 작은 눈금판에 모두 나타 내고자 할 때

27

FTA에 사용되는 논리게이트 중 조건부 사건이 발생하는 상황 하에서 입력현상이 발생할 때 출력현상이 발생하는 것은?

① 억제 게이트
② AND 게이트
③ 배타적 OR 게이트
④ 우선적 AND 게이트

해설 억제 게이트

① 억제게이트 : 수정기호를 병용해서 게이트 역할
② 입력사상이 수정기호안의 조건을 만족하면 출력사상이 생기고, 조건이 만족하지 않으면 출력은 생기지 않는다.

정답 24 ① 25 ② 26 ① 27 ①

28

재해예방 측면에서 시스템의 FT에서 상부 측 정상사상의 가장 가까운 쪽에 OR게이트를 인터록이나 안전장치 등을 활용하여 AND 게이트로 바꿔주면 이 시스템의 재해율에는 어떠한 현상이 나타나겠는가?

① 재해율에는 변화가 없다.
② 재해율의 급격한 증가가 발생한다.
③ 재해율의 급격한 감소가 발생한다.
④ 재해율의 점진적인 증가가 발생한다.

해설

AND게이트는 모든 입력사상이 공존할 때만이 출력사상이 발생하며, OR게이트는 입력사상 중 어느 것이나 존재할 때 출력사상이 발생하므로 재해율이 감소하는 효과를 볼 수 있다.

29

시스템의 수명주기 중 PHA기법이 최초로 사용되는 단계는?

① 구상단계
② 정의단계
③ 개발단계
④ 생산단계

해설 **PHA(예비 위험 분석)**

시스템 안전 프로그램에 있어서 최초단계(구상단계)의 분석으로, 시스템 내의 위험한 요소가 얼마나 위험한 상태에 있는가를 정성적으로 평가하는 방법

30

산업안전보건 법령상 유해·위험방지계획서의 심사 결과에 따른 구분·판정에 해당하지 않는 것은?

① 적정
② 일부 적정
③ 부적정
④ 조건부 적정

해설 **심사결과 구분**

① 적정 : 근로자의 안전과 보건을 위하여 필요한 조치가 구체적으로 확보되었다고 인정되는 경우
② 조건부 적정 : 근로자의 안전과 보건을 확보하기 위하여 일부 개선이 필요하다고 인정되는 경우
③ 부적정 : 기계·설비 또는 건설물이 심사기준에 위반되어 공사착공 시 중대한 위험발생의 우려가 있거나 계획에 근본적 결함이 있다고 인정되는 경우

31

다음 중 동작경제의 원칙에 있어 '신체 사용에 관한 원칙'에 해당하지 않는 것은?

① 두 손의 동작은 동시에 시작해서 동시에 끝나야 한다.
② 손의 동작은 유연하고 연속적인 동작이어야 한다.
③ 공구, 재료 및 제어장치는 사용하기 가까운 곳에 배치해야 한다.
④ 동작이 급작스럽게 크게 바뀌는 직선 동작은 피해야 한다.

해설

공구, 재료 및 제어장치는 사용하기 가까운 곳에 배치해야 하는것은 '작업장 배치에 관한 법칙'에 해당된다.

32

다음 중 정보를 전송하기 위해 청각적 표시장치보다 시각적 표시장치를 사용하는 것이 더 효과적인 경우는?

① 정보의 내용이 간단한 경우
② 정보가 후에 재참조되는 경우
③ 정보가 즉각적인 행동을 요구하는 경우
④ 정보의 내용이 시간적인 사건을 다루는 경우

해설 **청각장치와 시각장치의 비교**

청각 장치 사용	시각 장치 사용
① 전언이 간단하다. ② 전언이 짧다. ③ 전언이 후에 재참조되지 않는다. ④ 전언이 시간적 사상을 다룬다. ⑤ 전언이 즉각적인 행동을 요구한다(긴급할 때)	① 전언이 복잡하다. ② 전언이 길다. ③ 전언이 후에 재참조된다. ④ 전언이 공간적인 위치를 다룬다. ⑤ 전언이 즉각적인 행동을 요구하지 않는다.

정답 28 ③ 29 ① 30 ② 31 ③ 32 ②

33

국내 규정상 1일 노출회수가 100일 때 최대 음압수준이 몇 dB(A)를 초과하는 충격소음에 노출되어서는 아니 되는가?

① 110　② 120　③ 130　④ 140

해설 **충격소음작업**

소음이 1초 이상의 간격으로 발생하는 작업으로서 다음에 해당하는 작업

① 120데시벨을 초과하는 소음이 1일 1만회 이상 발생되는 작업
② 130데시벨을 초과하는 소음이 1일 1천회 이상 발생되는 작업
③ 140데시벨을 초과하는 소음이 1일 1백회 이상 발생되는 작업

34

안전·보건표지에서 경고표지는 삼각형, 안내표지는 사각형, 지시표지는 원형 등으로 부호가 고안되어 있다. 이처럼 부호가 이미 고안되어 이를 사용자가 배워야 하는 부호를 무엇이라 하는가?

① 묘사적 부호　② 추상적 부호
③ 임의적 부호　④ 사실적 부호

해설 **부호의 유형**

묘사적 부호	사물이나 행동을 단순하고 정확하게 묘사(위험표지판의 걷는사람, 해골과 뼈 등)
추상적 부호	전언의 기본요소를 도식적으로 압축한 부호 (원개념과 약간의 유사성)
임의적 부호	이미 고안되어 있는 부호이므로 학습해야 하는 부호 (표지판의 삼각형 : 주의표지, 사각형 : 안내표지 등)

35

다음 중 인간-기계 시스템을 3가지로 분류한 설명으로 틀린 것은?

① 자동 시스템에서는 인간요소를 고려하여야 한다.
② 자동 시스템에서 인간은 감시, 정비유지, 프로그램 등의 작업을 담당한다.
③ 수동 시스템에서 기계는 동력원을 제공하고 인간의 통제하에서 제품을 생산한다.
④ 기계 시스템에서는 동력기계화 체계와 고도로 통합된 부품으로 구성된다.

해설 **인간 기계 시스템의 유형**

수동 시스템	인간의 신체적인 힘을 동력원으로 사용하여 작업통제(동력원 및 제어 : 인간, 수공구나 기타 보조물로 구성) : 다양성 있는 체계로 역할 할 수 있는 능력을 최대한 활용하는 시스템
기계 시스템	① 반자동시스템, 변화가 적은 기능들을 수행하도록 설계(고도로 통합된 부품들로 구성되며 융통성이 없는 체계) ② 동력은 기계가 제공, 조정장치를 사용한 통제는 인간이 담당
자동 시스템	① 감지, 정보처리 및 의사결정 행동을 포함한 모든 임무 수행(완전하게 프로그램 되어야 함) ② 대부분 폐회로 체계이며, 신뢰성이 완전하지 못하여 감시, 프로그램 작성 및 수정 정비유지 등은 인간이 담당

36

다음 중 작동 중인 전자레인지의 문을 열면 작동이 자동으로 멈추는 기능과 가장 관련이 깊은 오류 방지 기능은?

① lock-in　② lock-out
③ inter-lock　④ shift-lock

해설 **인터록(Interlock) 장치**

기계식, 전기식, 유공압입식 또는 이들의 조합으로 2개 이상의 부분이 상호 구속되는 형태

정답 33 ④ 34 ③ 35 ③ 36 ③

37

란돌트(Landolt) 고리에 있는 1.5[mm]의 틈을 5[m]의 거리에서 겨우 구분할 수 있는 사람의 최소분간시력은 약 얼마인가?

① 0.1 ② 0.3 ③ 0.7 ④ 1.0

해설 **최소 가분 시력(간격해상력)**

① 시각$=L/D(\text{rad})=L\times 57.3\times 60/D$(분)

$$=\frac{1.5\times 57.3\times 60}{5000}=1.0314$$

② 시력=1/시각=1/1.0314=0.9=1.0

38

다음 중 적정온도에서 추운 환경으로 바뀔 때의 현상으로 틀린 것은?

① 피부 온도는 내려간다.
② 직장 온도가 약간 올라간다.
③ 몸이 떨리고 소름이 돋는다.
④ 피부를 경유하는 혈액 순환량이 증가한다.

해설 **온도변화에 대한 신체의 조절작용**

적정온도에서 고온환경으로 변화	① 많은양의 혈액이 피부를 경유하여 온도 상승 ② 직장 온도가 내려간다. ③ 발한이 시작 된다.
적정온도에서 한랭환경으로 변화	① 피부를 경유하는 혈액의 순환량이 감소하고 많은 양의 혈액이 몸의 중심부를 순환 ② 피부 온도는 내려간다. ③ 직장 온도가 약간 올라간다. ④ 소름이 돋고 몸이 떨리는 오한을 느낀다.

39

다음 중 광원의 밝기에 비례하고, 거리의 제곱에 반비례하며, 반사체의 반사율과는 상관없이 일정한 값을 갖는 것은?

① 광도 ② 휘도 ③ 조도 ④ 휘광

해설 **조도**

① 물체의 표면에 도달하는 빛의 밀도(표면밝기의 정도)로 단위는 lux(meter candle)를 사용하며, 거리가 멀수록 역자승 법칙에 의해 감소한다.
② 조도는 거리의 제곱에 반비례하고 광도에 비례한다.

$$\text{조도}=\frac{\text{광도}}{(\text{거리})^2}$$

40

정보가 촉각적 암호화 방법으로만 구성된 것은?

① 점자, 진동, 온도
② 초인종, 점멸등, 점자
③ 신호등, 정보음, 점멸등
④ 연기, 온도, 모스(Morse)부호

해설 **촉각적 암호화**

① 피부에는 압력을 수용하거나, 고통, 온도변화에 반응하는 감각계통이 있어 만짐, 접촉, 간지럼, 누름 등을 느낄수 있다.(기계적 진동이나 전기적 자극을 이용)
② 표면 촉감을 이용한 조정장치에는 매끄러운면, 세로홈(flute), 깔쭉면(knurl) 등이 있다.

정답 37 ④ 38 ④ 39 ③ 40 ①

3과목 기계·기구 및 설비 안전관리

41

다음 중 설비의 내부에 균열 결함을 확인할 수 있는 가장 적절한 검사방법은?

① 육안검사 ② 초음파탐상검사
③ 피로검사 ④ 액체침투탐상검사

해설 **초음파검사(U.T)의 원리**

높은 주파수의 음파, 즉 초음파의 펄스(pulse)를 탐촉자로부터 시험체에 투입시켜 내부 결함을 반사에 의해 탐촉자에 수신되는 현상을 이용하여, 결함의 소재나 결함의 위치 및 크기를 비파괴적으로 알아내는 방법

42

산업안전보건법령상 비파괴검사를 해서 결함 유무를 확인하여야 하는 고속회전체의 기준으로 옳은 것은?

① 회전축의 중량이 100킬로그램을 초과하고 원주속도가 초당 120미터 이상인 고속회전체
② 회전축의 중량이 500킬로그램을 초과하고 원주속도가 초당 100미터 이상인 고속회전체
③ 회전축의 중량이 1톤을 초과하고 원주 속도가 초당 120미터 이상인 고속회전체
④ 회전축의 중량이 3톤을 초과하고 원주 속도가 초당 100미터 이상인 고속회전체

해설 **고속 회전체의 위험방지**

고속회전체(원심분리기 등의 회전체로 원주속도가 매초당 25m 초과)의 회전시험시 파괴로 인한 위험방지	전용의 견고한 시설물내부 또는 견고한 장벽 등으로 격리된 장소에서 실시
고속회전체의 회전시험 시 미리 비파괴검사실시 하는 대상	회전축의 중량이 1톤 초과하고 원주속도가 매초당 120m 이상인 것

43

다음 중 산업안전보건법령상 승강기의 종류에 해당하지 않는 것은?

① 리프트 ② 에스컬레이터
③ 승객용엘리베이터 ④ 소형화물용엘리베이터

해설 **양중기의 종류**

① 크레인[호이스트(hoist)를 포함]
② 이동식 크레인
③ 리프트[이삿짐운반용리프트(적재하중이 0.1톤 이상인 것으로 한정)]
④ 곤돌라
⑤ 승강기[승객용엘리베이터, 화물용엘리베이터, 승객화물용엘리베이터, 소형화물용엘리베이터, 에스컬레이터]

44

크레인의 사용 중 하중이 정격을 초과하였을 때 자동적으로 상승이 정지되는 장치는?

① 해지장치 ② 비상정지장치
③ 권과방지장치 ④ 과부하방지장치

해설 **크레인의 방호장치**

권과방지 장치	와이어로프를 감아서 물건을 들어올리는 기계장치에서 로프가 너무 많이 과도하게 감기는 것을 방지하는 장치
과부하 방지 장치	정격하중 이상의 하중 부하시 자동으로 상승정지되면서 경보음이나 경보등 발생
비상 정지장치	돌발사태 발생시 안전유지 위한 전원차단 및 크레인 급정지시키는 장치
해지장치	훅 걸이용 와이어로프 등이 훅으로 부터 벗겨지는 것을 방지하기 위한 장치

정답 41 ② 42 ③ 43 ① 44 ④

45

수공구 취급 시의 안전수칙으로 적절하지 않은 것은?

① 해머는 처음부터 힘을 주어 치지 않는다.
② 렌치는 올바르게 끼우고 몸 쪽으로 당기지 않는다.
③ 줄의 눈이 막힌 것은 반드시 와이어브러시로 제거한다.
④ 정으로는 담금질 된 재료를 가공하여서는 안 된다.

해설

스패너, 렌치는 바르게 끼워야하며, 몸쪽으로 당겨서 사용한다.

46

다음 중 산업안전보건법령상 안전인증대상 방호장치에 해당하지 않는 것은?

① 롤러기 급정지장치
② 압력용기 압력방출용 파열판
③ 압력용기 압력방출용 안전밸브
④ 방폭구조 전기기계·기구 및 부품

해설 **안전인증 대상 방호장치**

① 프레스 및 전단기 방호장치
② 양중기용 과부하방지장치
③ 보일러 압력방출용 안전밸브
④ 압력용기 압력방출용 안전밸브
⑤ 압력용기 압력방출용 파열판
⑥ 절연용 방호구 및 활선작업용 기구
⑦ 방폭구조 전기기계·기구 및 부품
⑧ 추락·낙하 및 붕괴 등의 위험방호에 필요한 가설기자재로서 노동부장관이 정하여 고시하는 것
⑨ 충돌·협착등의 위험방지에 필요한 산업용 로봇 방호장치로서 고용노동부장관이 정하여 고시하는 것

47

다음 중 드릴링 작업에 있어서 공작물을 고정하는 방법으로 가장 적절하지 않은 것은?

① 작은 공작물은 바이스로 고정한다.
② 작고 길쭉한 공작물은 플라이어로 고정한다.
③ 대량 생산과 정밀도를 요구할 때는 지그로 고정한다.
④ 공작물이 크고 복잡할 때는 볼트와 고정구로 고정한다.

해설 **일감 고정 방법**

① 바이스 – 일감이 작을 때
② 볼트와 고정구 – 일감이 크고 복잡할 때
③ 지그(jig) – 대량생산과 정밀도를 요구할 때

48

다음 중 연삭기 작업시 안전상의 유의사항으로 옳지 않은 것은?

① 연삭숫돌을 교체한 때에는 1분 이내로 시운전하고 이상 여부를 확인한다.
② 연삭숫돌의 최고사용 원주속도를 초과해서 사용하지 않는다.
③ 탁상용연삭기에는 작업받침대와 조정편을 설치한다.
④ 평면연삭기의 경우 덮개의 노출각도는 150°를 넘지 않아야 한다.

해설 **연삭기의 안전작업**

① 직경이 5cm 이상인 연삭숫돌에는 덮개를 설치해야 하며, 작업 시작 전 1분 이상, 연삭숫돌 교체시 3분 이상 시운전해야한다.
② 일반연삭작업 등에 사용하는 것을 목적으로 하는 탁상용 연삭기의 덮개 각도는 125° 이내로 한다.

정답 45 ② 46 ① 47 ② 48 ①

49

지게차로 중량물 운반시 차량의 중량은 30kN, 전차륜에서 하물 중심까지의 거리는 2m, 전차륜에서 차량중심까지의 최단거리를 3m 라고 할 때, 적재 가능한 하물의 최대중량은 얼마인가?

① 15kN ② 25kN ③ 35kN ④ 45kN

해설 **지게차의 안전성**

$$W \cdot a < G \cdot b$$

W : 화물의 중량, G : 지게차의 중량

a : 앞바퀴부터 하물의 중심까지의 거리

b : 앞바퀴부터 차의 중심까지의 거리

$\therefore W \times 2 < 30 \times 3,\ W < 45$

50

다음 중 프레스기에 사용되는 방호장치에 있어 급정지 기구가 부착되어야만 유효한 것은?

① 양수조작식 ② 손쳐내기식
③ 가드식 ④ 수인식

해설 **급정지 기구에 따른 방호장치**

급정지 기구가 부착되어 있어야만 유효한 방호장치	① 양수 조작식 방호장치 ② 감응식 방호장치
급정지 기구가 부착되어 있지 않아도 유효한 방호장치	① 양수 기동식 방호장치 ② 게이트 가아드식 방호장치 ③ 수인식 방호장치 ④ 손쳐 내기식 방호장치

51

아세틸렌용접장치에 관한 설명 중 틀린 것은?

① 아세틸렌 발생기로부터 5m 이내, 발생기실로부터 3m 이내에는 흡연 및 화기사용을 금지한다.
② 역화가 일어나면 산소밸브를 즉시 잠그고 아세틸렌 밸브를 잠근다.
③ 아세틸렌 용기는 뉘어서 사용한다.
④ 건식안전기에는 차단방법에 따라 소결금속식과 우회로식이 있다.

해설

가스 용기 취급 시 준수사항에서 용기의 온도를 섭씨 40도 이하로 유지해야 하며, 용해아세틸렌의 용기는 세워서 사용해야 한다.

52

다음 중 자동화설비를 사용하고자 할 때 기능의 안전화를 위하여 검토할 사항과 가장 거리가 먼 것은?

① 부품변형에 의한 오동작
② 사용압력 변동시의 오동작
③ 전압강하 및 정전에 따른 오동작
④ 단락 또는 스위치 고장시의 오동작

해설 **기능의 안전화 검토사항**

전압의 강하, 정전시 오동작, 단락스위치나 릴레이 고장시 오동작, 상용압력 고장시 오동작, 밸브계통의 고장에 의한 오동작 등

53

다음 중 산업안전보건법령상 보일러 및 압력용기에 관한 사항으로 틀린 것은?

① 보일러의 안전한 가동을 위하여 보일러 규격에 맞는 압력방출장치를 1개 또는 2개 이상 설치하고 최고사용압력 이하에서 작동되도록 하여야 한다.
② 공정안전보고서 제출 대상으로서 이행수준 평가결과가 우수한 사업장의 경우 보일러의 압력방출장치에 대하여 5년에 1회 이상으로 설정압력에서 압력방출장치가 적정하게 작동하는지를 검사할 수 있다.
③ 보일러의 과열을 방지하기 위하여 최고사용압력과 상용압력 사이에서 보일러의 버너 연소를 차단할 수 있도록 압력제한스위치를 부착하여 사용하여야 한다.
④ 압력용기 등을 식별할 수 있도록 하기 위하여 그 압력용기 등의 최고사용압력, 제조연월일, 제조회사명 등이 지워지지 않도록 각인(刻印) 표시된 것을 사용하여야 한다.

해설 **압력방출장치**

매년 1회 이상 교정을 받은 압력계를 이용하여 설정압력에서 압력방출장치가 적정하게 작동하는지 검사후 납으로 봉인(공정안전보고서 이행상태 평가결과가 우수한 사업장은 4년마다 1회 이상 설정압력에서 압력방출장치가 적정하게 작동하는지 검사할 수 있다.)

정답 49 ④ 50 ① 51 ③ 52 ① 53 ②

54

다음 중 기계설비에서 반대로 회전하는 두 개의 회전체가 맞닿는 사이에 발생하는 위험점을 무엇이라 하는가?

① 물림점(nip point)
② 협착점(squeeze point)
③ 접선물림점(tangential point)
④ 회전말림점(trapping point)

해설 **물림점**

① 회전하는 두 개의 회전축에 의해 형성(회전체가 서로 반대방향으로 회전하는 경우)
② 대표적인 예로는 기어와 피니언, 롤러의 회전 등

55

인터록(Interlock)장치에 해당하지 않는 것은?

① 연삭기의 워크레스트
② 사출기의 도어잠금장치
③ 자동화라인의 출입시스템
④ 리프트의 출입문 안전장치

해설 **인터록(Interlock) 장치**

(1) 기계식, 전기식, 유공압입식 또는 이들의 조합으로 2개 이상의 부분이 상호 구속되는 형태
(2) 인터록 장치의 요건
① 가드가 완전히 닫히기 전에는 기계가 작동되어서는 안된다.
② 가드가 열리는 순간 기계의 작동은 반드시 정지되어야 한다.

56

다음 중 밀링 작업시 안전수칙으로 옳지 않는 것은?

① 테이블 위에 공구나 기타 물건 등을 올려 놓지 않는다.
② 제품 치수를 측정할 때는 절삭 공구의 회전을 정지한다.
③ 강력 절삭을 할 때는 일감을 바이스에 얇게 물린다.
④ 상하 좌우 이송장치의 핸들은 사용 후 풀어 둔다.

해설

강력절삭시에는 일감을 바이스에 깊게 물려야 한다.

57

이상온도, 이상기압, 과부하 등 기계의 부하가 안전 한계치를 초과하는 경우에 이를 감지하고 자동으로 안전 상태가 되도록 조정하거나 기계의 작동을 중지시키는 방호장치는?

① 접근반응형 방호장치 ② 접근거부형 방호장치
③ 위치제한형 방호장치 ④ 감지형 방호장치

해설 **작업점의 방호**

위치 제한형 방호장치	기계의 조작장치를 일정거리 이상 떨어지게 설치하여 작업자의 신체 부위가 위험 범위 밖에 있도록 하는 방법(양수조작식)
접근 거부형 방호장치	위험 범위 내로 신체가 접근할 경우 방호장치가 신체부위를 밀거나 당겨서 위험한 범위 밖으로 이동시키는 방법(수인식 및 손쳐내기식)
접근 반응형 방호장치	위험 범위 내로 신체가 접근할 경우 이를 감지하여 즉시 기계의 작동을 정지시키거나 전원이 차단되도록 하는 방법(광전자식)

58

다음 중 와이어로프의 꼬임에 관한 설명으로 틀린 것은?

① 보통꼬임에는 S꼬임이나 Z꼬임이 있다.
② 보통꼬임은 스트랜드의 꼬임방향과 로프의 꼬임방향이 반대로 된 것을 말한다.
③ 랭꼬임은 로프의 끝이 자유로이 회전하는 경우나 킹크가 생기기 쉬운 곳에 적당하다.
④ 랭꼬임은 보통꼬임에 비하여 마모에 대한 저항성이 우수하다.

해설 **와이어로프의 꼬임**

구분	보통꼬임(Ordinary lay)	랭꼬임(Lang's lay)
특성	① 소선의 외부길이가 짧아 쉽게 마모 ② 킹크가 잘 생기지 않으며 로프 자체변형이 적음 ③ 하중에 대한 큰 저항성 ④ 선박, 육상 등에 많이 사용되며, 취급이 용이	① 소선과 외부의 접촉 길이가 보통꼬임에 비해 길다 ② 꼬임이 풀리기 쉽고, 킹크가 생기기 쉽다 ③ 내마모성, 유연성, 내피로성이 우수

정답 54 ① 55 ① 56 ③ 57 ④ 58 ③

59

동력식 수동대패에서 손이 끼지 않도록 하기 위해서 덮개 하단과 가공재를 송급하는 측의 테이블 면과의 틈새는 최대 몇 mm 이하로 조절해야 하는가?

① 8mm 이하 ② 10mm 이하
③ 12mm 이하 ④ 15mm 이하

해설 **방호장치의 성능시험**

① 가동식 방호장치는 스프링의 복원력상태 및 날과 덮개와의 접촉 유무를 확인한다.
② 가동부의 고정상태 및 작업자의 접촉으로 인한 위험성 유무를 확인한다.
③ 칼날접촉 예방장치인 덮개와 송급테이블면과의 간격이 8mm 이하이어야 한다.

60

건설용 리프트에 대하여 바람에 의한 붕괴를 방지하는 조치를 한다고 할 때 그 기준이 되는 최소 풍속은?

① 순간 풍속 30m/sec 초과
② 순간 풍속 35m/sec 초과
③ 순간 풍속 40m/sec 초과
④ 순간 풍속 45m/sec 초과

해설 **폭풍 등에 의한 안전조치사항**

① 순간풍속이 초당 30미터 초과 : 폭풍에 의한 이탈방지, 폭풍 등으로 인한 이상유무 점검
② 순간풍속이 초당 35미터 초과 : 붕괴 등의 방지, 폭풍에 의한 무너짐 방지

4과목 전기 및 화학설비 안전관리

61

누전경보기는 사용전압이 600V 이하인 경계전로의 누설전류를 검출하여 당해 소방대상물의 관계자에게 경보를 발하는 설비를 말한다. 다음 중 누전경보기의 구성으로 옳은 것은?

① 감지기 – 발신기 ② 변류기 – 수신부
③ 중계기 – 감지기 ④ 차단기 – 증폭기

해설 **누전경보기의 구성요소**

① 변류기 : 경계전로의 누설전류를 자동적으로 검출하여 이를 누전경보기의 수신부에 송신하는 장치
② 수신기 : 변류기로부터 검출된 신호를 수신하여 누전의 발생을 경보하여 주는 장치

62

폭발위험장소에서의 본질안전 방폭구조에 대한 설명으로 틀린 것은?

① 본질안전 방폭구조의 기본적 개념은 점화능력의 본질적 억제이다.
② 온도, 압력, 액면유량 등의 검출용 측정기는 대표적인 본질안전 방폭구조의 예이다.
③ 본질안전 방폭구조의 적용은 에너지가 1.3W, 30V 및 250mA 이하인 개소에 가능하다.
④ 본질안전 방폭구조의 Exib는 fault에 대한 2중 안전 보장으로 0종~2종 장소에 사용할 수 있다.

해설

방폭구조의 선정기준에서 0종 장소는 본질 안전방폭구조 중에서 ia만 가능하다.

정답 59 ① 60 ② 61 ② 62 ④

63

인체의 표면적이 $0.5m^2$이고 정전용량은 $0.02pF/cm^2$이다. 3300V의 전압이 인가되어 있는 전선에 접근하여 작업을 할 때 인체에 축적되는 정전기 에너지(J)는?

① 5.445×10^{-2}　② 5.445×10^{-4}
③ 2.723×10^{-2}　④ 2.723×10^{-4}

해설 **정전기 에너지**

$$W = \frac{1}{2}QV = \frac{1}{2}CV^2(\mathrm{J})$$

$$W = \frac{1}{2} \times (0.02 \times 10^{-12}) \times 0.5 \times 10^4 \times 3300^2$$

64

접지계통 분류에서 TN접지방식이 아닌 것은?

① TN-T 방식　② TN-C 방식
③ TN-S 방식　④ TN-C-S 방식

해설 **TN 계통의 분류**

TN-S 계통	계통 전체에 대해 별도의 중성선 또는 PE 도체를 사용. 배전계통에서 PE 도체를 추가로 접지할 수 있다.
TN-C 계통	계통 전체에 대해 중성선과 보호도체의 기능을 동일도체로 겸용한 PEN 도체를 사용. 배전계통에서 PEN 도체를 추가로 접지할 수 있다.
TN-C-S계통	계통의 일부분에서 PEN 도체를 사용하거나, 중성선과 별도의 PE 도체를 사용하는 방식. 배전계통에서 PEN 도체와 PE 도체를 추가로 접지할 수 있다.

65

정전기 발생에 영향을 주는 요인으로 볼 수 없는 것은?

① 물체의 특성　② 물체의 표면상태
③ 물체의 분리력　④ 접촉 시간

해설 **정전기 발생의 영향 요인**

① 물체의 특성　② 물체의 표면상태　③ 물체의 이력
④ 접촉면적 및 압력　⑤ 분리속도 등

66

특별저압(Extra Low Voltage)에 관한 설명으로 틀린 것은?

① 특별저압(Extra Low Voltage)은 2차 전압이 AC 50V, DC 120V 이하이다.
② SELV(비접지회로구성)은 1차와 2차가 전기적으로 절연된 회로이다.
③ FELV는 1차와 2차가 전기적으로 절연되지 않은 회로이다.
④ PELV(접지회로 구성)은 1차와 2차가 전기적으로 절연되지 않은 회로이다.

해설 **특별저압(Extra Low Voltage)**

2차 전압이 AC 50V, DC 120V 이하로 SELV(비접지회로구성) 및 PELV(접지회로 구성)은 1차와 2차가 전기적으로 절연된 회로, FELV는 1차와 2차가 전기적으로 절연되지 않은 회로

67

전동기계, 기구에 설치하는 작업자의 감전방지용 누전차단기의 ㉮ 정격감도전류(mA) 및 ㉯ 동작시간(초)의 최대 값은?

① ㉮ 10 ㉯ 0.03　② ㉮ 20 ㉯ 0.01
③ ㉮ 30 ㉯ 0.03　④ ㉮ 50 ㉯ 0.1

해설 **누전차단기 접속시 준수사항**

① 전기기계·기구에 접속되어 있는 누전차단기는 정격감도전류가 30밀리암페어 이하이고 작동시간은 0.03초 이내일 것
② 다만, 정격전부하전류가 50암페어 이상인 전기기계·기구에 접속되는 누전차단기는 오작동을 방지하기 위하여 정격감도전류는 200밀리암페어 이하로, 작동시간은 0.1초 이내로 할 수 있다.

정답 63 ② 64 ① 65 ④ 66 ④ 67 ③

68

정전작업을 하기 위한 작업전 조치사항이 아닌 것은?

① 단락접지 상태를 수시로 확인
② 전로의 충전 여부를 검전기로 확인
③ 전력용 커패시터, 전력케이블 등 잔류전하방전
④ 개로개폐기의 잠금장치 및 통전금지 표지판 설치

해설 **정전전로에서의 전로차단**

① 전원을 차단한 후 각 단로기 등을 개방하고 확인할 것
② 차단장치나 단로기 등에 잠금장치 및 꼬리표를 부착할 것
③ 개로된 전로에서 유도전압 또는 전기에너지가 축적되어 근로자에게 전기위험을 끼칠 수 있는 전기기기 등은 접촉하기 전에 잔류전하를 완전히 방전시킬 것
④ 검전기를 이용하여 작업 대상 기기가 충전되었는지를 확인할 것
⑤ 단락 접지기구를 이용하여 접지할 것

69

피뢰침의 제한전압이 800kV, 충격절연강도가 1260kV라 할 때, 보호여유도는 몇 % 인가?

① 33.3 ② 47.3 ③ 57.5 ④ 63.5

해설 피뢰침의 보호 여유도

① 여유도(%)$=\frac{\text{충격절연강도} - \text{제한전압}}{\text{제한전압}}\times 100$

② 여유도(%)$=\frac{1260-800}{800}\times 100=57.5$(%)

70

감전사고가 발생 했을 때 피해자를 구출하는 방법으로 옳지 않은 것은?

① 피해자가 계속하여 전기설비에 접촉되어 있다면 우선 그 설비의 전원을 신속히 차단한다.
② 충전부에 감전되어 있으면 몸이나 손을 잡고 피해자를 곧바로 이탈시켜야 한다.
③ 순간적으로 감전 상황을 판단하고 피해자의 몸과 충전부가 접촉되어 있는지를 확인한다.
④ 절연 고무장갑, 고무장화 등을 착용한 후에 구원해 준다.

해설 **감전사고 피해자 구조**

① 충전부에 감전된 경우 몸이나 손을 잡고 피해자를 구출할 경우 구조자도 감전되므로 위험하다.
② 반드시 기기의 전원을 차단하고 구조자는 절연용보호구를 착용한후 구조작업을 해야한다.

71

다음 중 질식소화에 해당하는 것은?

① 가연성 기체의 분출화재시 주 밸브를 닫는다.
② 가연성 기체의 연쇄반응을 차단하여 소화한다.
③ 연료 탱크를 냉각하여 가연성 가스의 발생속도를 작게 한다.
④ 연소하고 있는 가연물이 존재하는 장소를 기계적으로 폐쇄하여 공기의 공급을 차단한다.

해설 **질식소화**

연소하고 있는 가연물이 들어 있는 용기 또는 장소를 기계적으로 밀폐하여 공기의 공급을 차단하거나 타고 있는 액체나 고체의 표면을 거품 또는 불연성 액체로 피복하여 연소에 필요한 공기의 공급을 차단시키는 소화방법

정답 68 ① 69 ③ 70 ② 71 ④

72

다음 중 CF_3Br 소화약제를 가장 적절하게 표현한 것은?

① 하론 1031 ② 하론 1211
③ 하론 1301 ④ 하론 2402

해설 하론(Halon) 넘버 : C, F, Cl, Br의 개수로 표시

① 일염화 일취화 메탄 : 1011
② 일취화 일염화 이불화 메탄 : 1211
③ 이취화 사불화 에탄 : 2402
④ 일취화 삼불화 메탄 : 1301

73

폭발압력과 가연성가스의 농도와의 관계에 대한 설명으로 가장 적절한 것은?

① 가연성가스의 농도와 폭발압력은 반비례 관계이다.
② 가연성가스의 농도가 너무 희박하거나 너무 진하여도 폭발 압력은 최대로 높아진다.
③ 폭발압력은 화학양론 농도보다 약간 높은 농도에서 최대 폭발압력이 된다.
④ 최대 폭발압력의 크기는 공기와의 혼합기체에서보다 산소의 농도가 큰 혼합기체에서 더 낮아진다.

해설

폭발 한계 농도 이하에서는 폭발성 혼합가스의 생성이 어려우며, 산소 중에서의 폭발범위는 공기 중에서 보다 넓어지고 연소 속도도 빠르게 진행된다.

74

메탄 20%, 에탄 40%, 프로판 40%로 구성된 혼합가스가 공기 중에서 연소할 때 이 혼합가스의 이론적 화학양론 조성은 약 몇 %인가? (단, 메탄, 에탄, 프로판의 양론농도(Cst)는 각각 9.5%, 5.6%, 4.0% 이다)

① 5.2% ② 7.7% ③ 9.5% ④ 12.1%

해설 르샤틀리에의 법칙

$$\frac{100}{L}=\frac{V_1}{L_1}+\frac{V_2}{L_2}+\frac{V_3}{L_3}=\frac{20}{9.5}+\frac{40}{5.6}+\frac{40}{4.0}=19.248$$

그러므로 $L=\frac{100}{19.248}=5.195(\%)$

75

폭발원인물질의 물리적 상태에 따라 구분할 때 기상폭발(gas explosion)에 해당되지 않는 것은?

① 분진폭발 ② 응상폭발
③ 분무폭발 ④ 가스폭발

해설 발의 분류(물리적 상태)

① 기상 폭발 : 가스폭발, 분무폭발, 분진폭발, 가스분해폭발
② 응상 폭발 : 수증기폭발, 증기폭발

76

다음 중 고체연소의 종류에 해당하지 않는 것은?

① 표면연소 ② 증발연소
③ 분해연소 ④ 혼합연소

해설 고체연소의 종류

① 표면 연소 ② 분해 연소 ③ 증발 연소 ④ 자기 연소

Tip

혼합연소는 기체의 연소에 해당된다.

77

다음 중 공업용 가연성 가스 및 독성가스의 저장용기 도색에 관한 설명으로 옳은 것은?

① 아세틸렌가스는 적색으로 도색한 용기를 사용한다.
② 액화 염소가스는 갈색으로 도색한 용기를 사용한다.
③ 액화석유가스는 주황색으로 도색한 용기를 사용한다.
④ 액화 암모니아 가스는 황색으로 도색한 용기를 사용한다.

해설 용기의 도색 및 표시

① 액화염소가스 – 갈색 ② 액화석유가스 – 회색
③ 액화탄산가스 – 청색 ④ 아세틸렌 – 황색
⑤ 액화암모니아 – 백색 등

정답 72 ③ 73 ③ 74 ① 75 ② 76 ④ 77 ②

78

다음 관(pipe) 부속품 중 관로의 방향을 변경하기 위하여 사용하는 부속품은?

① 니플(nipple) ② 유니온(union)
③플랜지(flange) ④ 엘보(elbow)

해설 **피팅류(Fittings)의 종류**

두 개의 관을 연결할 때	플랜지(flange), 유니온(union), 카플링(coupling), 니플(nipple), 소켓(socket)
관로의 방향을 바꿀 때	엘보우(elbow), Y지관(Y-branch), 티(tee), 십자(cross)
관로의 크기를 바꿀 때	축소관(reducer), 부싱(bushing)

79

다음 중 산업안전보건기준에 관한 규칙에서 규정한 위험물질의 종류에서 "물반응성 물질 및 인화성 고체"에 해당하는 것은?

① 질산에스테르류 ② 니트로화합물
③ 칼륨·나트륨 ④ 니트로소화합물

해설 **위험물의 종류**

질산에스테르류, 니트로화합물, 니트로소화합물은 폭발성 물질 및 유기과산화물에 해당된다.

80

가연성 가스 및 증기의 위험도에 따른 방폭전기기기의 분류로 폭발등급을 사용하는데, 이러한 폭발등급을 결정하는 것은?

① 발화도 ② 화염일주한계
③ 폭발한계 ④ 최소발화에너지

해설 **안전간격(화염일주한계)**

화염이 틈새를 통하여 바깥쪽의 폭발성 가스에 전달되지 않는 한계의 틈새를 화염일주한계라 하며, 이 틈새의 크기에 따라 폭발등급이 정해진다.

5과목 건설공사 안전관리

81

산업안전보건기준에 관한 규칙에 따른 철골공사 작업시 작업을 중지해야 할 경우는?

① 강우량 1.5mm/hr ② 풍속 8m/sec
③ 강설량 5mm/hr ④ 지진 진도 1.0

해설 **철골작업 안전기준(작업의 제한)**

① 풍속 : 초당 10m 이상인 경우
② 강우량 : 시간당 1mm 이상인 경우
③ 강설량 : 시간당 1cm 이상인 경우

82

터널붕괴를 방지하기 위한 지보공 점검사항과 가장 거리가 먼 것은?

① 부재의 긴압의 정도
② 부재의 손상·변형·부식·변위 탈락의 유무 및 상태
③ 기둥침하의 유무 및 상태
④ 경보장치의 작동상태

해설 **터널 지보공의 설치시 점검사항**

① 부재의 손상·변형·부식·변위 탈락의 유무 및 상태
② 부재의 긴압의 정도
③ 기둥침하의 유무 및 상태
④ 부재의 접속부 및 교차부의 상태

정답 78 ④ 79 ③ 80 ② 81 ① 82 ④

83

콘크리트 타설작업을 하는 경우에 준수해야 할 사항으로 옳지 않은 것은?

① 당일의 작업을 시작하기 전에 해당 작업에 관한 거푸집동바리 등의 변형·변위 및 지반의 침하 유무 등을 점검하고 이상이 있으면 보수할 것
② 작업 중에는 거푸집동바리등의 변형·변위 및 침하 유무 등을 감시할 수 있는 감시자를 배치하여 이상이 있으면 작업을 빠른 시간내 우선 완료하고 근로자를 대피시킬 것
③ 콘크리트 타설작업 시 거푸집붕괴의 위험이 발생할 우려가 있으면 충분한 보강조치를 할 것
④ 콘크리트를 타설하는 경우에는 편심이 발생하지 않도록 골고루 분산하여 타설할 것

해설 **콘크리트 타설작업시 준수사항**

① 당일의 작업을 시작하기 전에 해당 작업에 관한 거푸집 및 동바리의 변형·변위 및 지반의 침하 유무 등을 점검하고 이상이 있으면 보수할 것
② 작업 중에는 감시자를 배치하는 등의 방법으로 거푸집 및 동바리의 변형·변위 및 침하 유무 등을 확인해야 하며, 이상이 있으면 작업을 중지하고 근로자를 대피시킬 것
③ 콘크리트 타설작업 시 거푸집 붕괴의 위험이 발생할 우려가 있으면 충분한 보강조치를 할 것
④ 설계도서상의 콘크리트 양생기간을 준수하여 거푸집 및 동바리를 해체할 것
⑤ 콘크리트를 타설하는 경우에는 편심이 발생하지 않도록 골고루 분산하여 타설할 것

Tip
2023년 법령개정. 문제는 개정 전 내용이며, 해설은 개정된 내용 적용

84

콘크리트용 거푸집의 재료에 해당되지 않는 것은?

① 철재 ② 목재 ③ 석면 ④ 경금속

해설

거푸집의 재료에는 철재, 목재, 합판, 경금속 등이 있으며, 석면은 단열, 절연성 등이 우수하여 건축자재 등으로 사용되어 왔으나 체내로 흡입되면 폐암 및 악성중피종 등을 유발하는 발암성 물질로 현재 사용 금지된 물질이다.

85

히빙(Heaving) 현상 방지 대책으로 틀린 것은?

① 소단굴착을 실시하여 소단부 흙의 중량이 바닥을 누르게 한다.
② 흙막이 벽체 배면의 지반을 개량하여 흙의 전단강도를 높인다.
③ 흙막이 벽체의 근입깊이를 깊게 한다.
④ 부풀어 솟아오르는 바닥면의 토사를 제거한다.

해설 **히빙(heaving)현상 방지대책**

① 흙막이 근입깊이를 깊게
② 표토제거 하중 감소
③ 지반개량
④ 굴착면 하중 증가
⑤ 어스앵커설치 등

Tip
히빙현상의 정의 : 연약성 점토지반 굴착시 굴착외측 흙의 중량에 의해 굴착저면의 흙이 활동 전단 파괴되어 굴착내측으로 부풀어 오르는 현상

86

건축물의 해체공사에 대한 설명으로 틀린 것은?

① 압쇄기와 대형 브레이커(Breaker)는 파워셔블 등에 설치하여 사용한다.
② 철제 햄머(Hammer)는 크레인 등에 설치하여 사용한다.
③ 핸드 브레이커(Hand breaker) 사용 시 수직보다는 경사를 주어 파쇄하는 것이 좋다.
④ 절단톱의 회전날에는 접촉방지 커버를 설치하여야 한다.

해설 **핸드 브레이크**

① 압축공기, 유압의 급속한 충격력에 의거 콘크리트 등을 해체할 때 사용하는 것으로 작은 부재의 파쇄에 유리하고 소음, 진동 및 분진이 발생한다.
② 끌의 부러짐을 방지하기 위하여 작업자세는 하향 수직방향으로 유지하도록 하여야 한다.
③ 기계는 항상 점검하고, 호오스의 꼬임·교차 및 손상여부를 점검하여야 한다.

정답 83 ② 84 ③ 85 ④ 86 ③

87

이동식 비계를 조립하여 작업을 하는 경우의 준수기준으로 옳지 않은 것은?

① 비계의 최상부에서 작업을 할 때에는 안전난간을 설치하여야 한다.
② 작업발판 최대적재하중은 400[kg]을 초과하지 않도록 한다.
③ 승강용 사다리는 견고하게 설치하여야 한다.
④ 작업발판은 항상 수평을 유지하고 작업발판 위에서 안전난간을 딛고 작업을 하거나 받침대 또는 사다리를 사용하여 작업하지 않도록 한다.

해설 이동식비계 조립시 준수사항

① 이동식비계의 바퀴에는 뜻밖의 갑작스러운 이동 또는 전도를 방지하기 위하여 브레이크·쐐기 등으로 바퀴를 고정시킨 다음 비계의 일부를 견고한 시설물에 고정하거나 아웃트리거를 설치하는 등 필요한 조치를 할 것
② 승강용 사다리는 견고하게 설치할 것
③ 비계의 최상부에서 작업을 하는 경우에는 안전난간을 설치할 것
④ 작업발판은 항상 수평을 유지하고 작업발판 위에서 안전난간을 딛고 작업을 하거나 받침대 또는 사다리를 사용하여 작업하지 않도록 할 것
⑤ 작업발판의 최대적재하중은 250킬로그램을 초과하지 않도록 할 것

88

화물의 하중을 직접 지지하는 달기 와이어로프의 안전계수 기준은?

① 2 이상　② 3 이상　③ 5 이상　④ 10 이상

해설 와이어로프의 안전계수

근로자가 탑승하는 운반구를 지지하는 달기와이어로프 또는 달기체인의 경우	10 이상
화물의 하중을 직접 지지하는 경우 달기와이어로프 또는 달기체인의 경우	5 이상
훅, 샤클, 클램프, 리프팅 빔의 경우	3 이상
그 밖의 경우	4 이상

89

강풍시 타워크레인의 작업제한과 관련된 사항으로 타워크레인의 운전 작업을 중지해야 하는 순간풍속기준으로 옳은 것은?

① 순간풍속이 매초 당 15 미터 초과
② 순간풍속이 매초 당 20 미터 초과
③ 순간풍속이 매초 당 30 미터 초과
④ 순간풍속이 매초 당 35 미터 초과

해설 강풍시 타워크레인의 작업제한

① 순간풍속이 매초당 10미터 초과 : 타워크레인의 설치·수리·점검 또는 해체작업 중지
② 순간풍속이 매초당 15미터 초과 : 타워크레인의 운전작업 중지

90

추락방호망 설치 시 그물코의 크기가 10cm인 매듭 있는 방망의 신품에 대한 인장강도 기준으로 옳은 것은?

① 100kgf 이상　② 200kgf 이상
③ 300kgf 이상　④ 400kgf 이상

해설 안전망 인장강도

그물코의 크기 (단위 : 센티미터)	방망의 종류(단위 : 킬로그램)			
	매듭 없는 방망		매듭 방망	
	신품	폐기시	신품	폐기시
10	240	150	200	135
5			110	60

정답 87 ② 88 ③ 89 ① 90 ②

91

낙하물에 의한 위험방지 조치의 기준으로서 옳은 것은?

① 높이가 최소 2m 이상인 곳에서 물체를 투하할 때는 적당한 투하설비를 갖춰야 한다.
② 낙하물방지망은 높이 12m 이내마다 설치한다.
③ 낙하물방지망의 설치각도는 수평면과 30~40°를 유지한다.
④ 방호선반 설치 시 내민 길이는 벽면으로부터 2m 이상으로 한다.

해설 **낙하물에 의한 위험방지**

(1) 높이 3m 이상인 장소에서 물체 투하시 :
① 투하설비설치 ② 감시인배치
(2) 낙하물방지망 또는 방호선반 설치시 준수사항
① 설치높이는 10m이내마다 설치하고, 내민길이는 벽면으로부터 2m이상으로 할 것
② 수평면과의 각도는 20도 내지 30도를 유지할 것

92

기계가 위치한 지면보다 높은 장소의 땅을 굴착하는데 적합하며 산지에서의 토공사 및 암반으로부터의 점토질까지 굴착할 수 있는 건설장비의 명칭은?

① 파워셔블 ② 불도저
③ 파일드라이버 ④ 크레인

해설 **건설기계**

파워셔블	기계가 위치한 지반보다 높은 굴착에 유리
드레그 셔블 (Back Hoe)	기계가 위치한 지반보다 낮은 굴착에 사용. 기초 굴착 수중굴착 좁은 도랑 및 비탈면 절취 등의 작업

93

표준관입시험에 대한 내용으로 옳지 않은 것은?

① N치(N-value)는 지반을 30cm 굴진하는데 필요한 타격횟수를 의미한다.
② 50/3의 표기에서 50은 굴진수치, 3은 타격횟수를 의미한다.
③ 63.5kg 무게의 추를 76cm 높이에서 자유낙하하여 타격하는 시험이다.
④ 사질지반에 적용하며, 점토지반에서는 편차가 커서 신뢰성이 떨어진다.

해설 **표준 관입 시험(S. P. T)**

① 질량 63.5±0.5kg의 드라이브 해머를 760±10mm 자유낙하 시키고 보링로드 머리부에 부착한 노킹블록을 타격하여 보링로드 앞 끝에 부착한 표준관입 시험용 샘플러를 지반에 300mm 박아 넣는데 필요한 타격횟수 N값을 측정
② 흙의 지내력 판단, 사질토 적용

Tip
50/3의 표기에서 50은 타격횟수, 3은 누계 관입량을 의미한다.

94

말비계를 조립하여 사용하는 경우에 준수해야 하는 사항으로 옳지 않은 것은?

① 지주부재의 하단에는 미끄럼 방지장치를 한다.
② 근로자는 양측 끝부분에 올라서서 작업하도록 한다.
③ 지주부재와 수평면의 기울기를 75° 이하로 한다.
④ 말비계의 높이가 2m를 초과하는 경우에는 작업발판의 폭을 40cm 이상으로 한다.

해설 **말비계의 조립시 준수사항**

① 지주부재의 하단에는 미끄럼 방지장치를 하고, 양측 끝부분에 올라서서 작업하지 아니하도록 할 것
② 지주부재와 수평면과의 기울기를 75도 이하로 하고, 지주부재와 지주부재 사이를 고정시키는 보조부재를 설치할 것
③ 말비계의 높이가 2미터를 초과할 경우에는 작업발판의 폭을 40cm 이상으로 할 것

정답 91 ④ 92 ① 93 ② 94 ②

95

다음 중 토사붕괴의 내적원인인 것은?

① 절토 및 성토 높이 증가
② 사면법면의 기울기 증가
③ 토석의 강도 저하
④ 공사에 의한 진동 및 반복 하중 증가

해설 **토석붕괴의 내적원인**

① 절토 사면의 토질·암질
② 성토 사면의 토질구성 및 분포
③ 토석의 강도 저하

96

점토질 지반의 침하 및 압밀 재해를 막기 위하여 실시하는 지반개량 탈수공법으로 적당하지 않은 것은?

① 샌드드레인 공법 ② 생석회 공법
③ 진동 공법 ④ 페이퍼드레인 공법

해설 **성토 연약지반개량 공법**

① 치환공법(굴착치환·미끄럼치환·폭파치환)
② 압밀공법(사면선단재하공법, 압성토공법 등)
③ 탈수공법(sand drain공법, paper drain공법, pack drain공법)
④ 배수공법
⑤ 동치환공법 등
⑥ 기타 : 고결공법(생석회말뚝, 동결, 소결), 동치환공법, 전기침투 공법 등

Tip
진동다짐공법은 사질토 지반개량공법에 해당된다.

97

다음 기계 중 양중기에 포함되지 않는 것은?

① 리프트 ② 곤돌라
③ 크레인 ④ 트롤리 컨베이어

해설 **양중기의 종류**

① 크레인[호이스트(hoist)를 포함]
② 이동식 크레인
③ 리프트(이삿짐운반용리프트의 경우에는 적재하중이 0.1톤 이상)
④ 곤돌라
⑤ 승강기

98

훅걸이용 와이어로프 등이 훅으로부터 벗겨지는 것을 방지하기 위한 장치는?

① 해지장치 ② 권과방지장치
③ 과부하방지장치 ④ 턴버클

해설 **해지장치**

훅 걸이용 와이어로프 등이 훅으로부터 벗겨지는 것을 방지하기 위한 장치이다.

정답 95 ③ 96 ③ 97 ④ 98 ①

99

추락재해 방지를 위한 방망의 그물코 규격 기준으로 옳은 것은?

① 사각 또는 마름모로서 크기가 5센티미터 이하
② 사각 또는 마름모로서 크기가 10센티미터 이하
③ 사각 또는 마름모로서 크기가 15센티미터 이하
④ 사각 또는 마름모로서 크기가 20센티미터 이하

해설 **방망의 구조 및 치수**

구성	방망사, 테두리로프, 달기로프, 재봉사(필요따라 생략가능)
방망사	그물코는 사각 또는 마름모 형상, 한변의 길이(매듭의 중심 간거리)는 10cm 이하
달기로프	길이는 2m 이상(다만, 1개의 지지점에 2개의 달기로프로 체결하는 경우 각각의 길이는 1m 이상)

100

철륜 표면에 다수의 돌기를 붙여 접지면적을 작게 하여 접지압을 증가시킨 롤러로서 고함수비 점성토 지반의 다짐작업에 적합한 롤러는?

① 탠덤 롤러
② 로드 롤러
③ 타이어 롤러
④ 탬핑 롤러

해설 **탬핑 롤러(tamping roller)**

① 롤러 표면에 돌기를 만들어 부착, 땅 깊숙이 다짐 가능
② 토립자를 이동 혼합하여 함수비 조절 용이(간극수압 제거)
③ 고함수비의 점성토 지반에 효과적, 유효다짐 깊이가 깊다.

정답 99 ② 100 ④

2021년 5월 9일~5월 19일

산업안전산업기사 CBT 기출 복원문제

1과목 산업재해 예방 및 안전보건교육

01

매슬로우의 욕구단계이론에서 편견 없이 받아들이는 성향, 타인과의 거리를 유지하며 사생활을 즐기거나 창의적 성격으로 봉사, 특별히 좋아하는 사람과 긴밀한 관계를 유지하려는 인간의 욕구에 해당하는 것은?

① 생리적 욕구　② 사회적 욕구
③ 자아실현의 욕구　④ 안전에 대한 욕구

해설 자아실현의 욕구(5단계)

편견 없이 받아들이는 성향, 타인과의 거리를 유지하며 사생활을 즐기거나 창의적 성격으로 봉사, 특별히 좋아하는 사람과 긴밀한 관계를 유지하려는 인간의 욕구에 해당된다.

02

리더십의 행동이론 중 관리그리드(managerial grid)이론에서 리더의 행동유형과 경향을 올바르게 연결한 것은?

① (1.1)형-무관심형　② (1.9)형-과업형
③ (9.1)형-인기형　④ (5.5)형-이상형

해설 관리그리드(managerial grid)이론

① (1.1) 무관심형(무책임·방임형)　② (9.1) 생산지향형(과업형)
③ (1.9) 인간중심지향형(인기형)　④ (5.5) 중용형(절충형)
⑤ (9.9) 이상형

03

산업안전보건법령상 안전보건교육에서 관리감독자 정기교육의 교육내용에 해당하지 않는 것은?

① 건강증진 및 질병 예방에 관한 사항
② 산업보건 및 직업병 예방에 관한 사항
③ 유해·위험 작업환경 관리에 관한 사항
④ 작업공정의 유해·위험과 재해 예방대책에 관한 사항

해설 관리감독자 정기교육

① 산업안전 및 사고 예방에 관한 사항
② 산업보건 및 직업병 예방에 관한 사항
③ 위험성평가에 관한 사항
④ 유해·위험 작업환경 관리에 관한 사항
⑤ 산업안전보건법령 및 산업재해보상보험 제도에 관한 사항
⑥ 직무스트레스 예방 및 관리에 관한 사항
⑦ 직장 내 괴롭힘, 고객의 폭언 등으로 인한 건강장해 예방 및 관리에 관한 사항
⑧ 작업공정의 유해·위험과 재해 예방대책에 관한 사항
⑨ 사업장 내 안전보건관리체제 및 안전·보건조치 현황에 관한 사항
⑩ 표준안전 작업방법 결정 및 지도·감독 요령에 관한 사항
⑪ 현장근로자와의 의사소통능력 및 강의능력 등 안전보건교육 능력 배양에 관한 사항
⑫ 비상시 또는 재해 발생 시 긴급조치에 관한 사항
⑬ 그 밖의 관리감독자의 직무에 관한 사항

Tip

2023년 법령개정. 문제와 해설은 개정된 내용 적용

정답 1 ③ 2 ① 3 ①

04

산업안전보건법령상 근로자 안전보건교육과정 중 일용근로자 및 근로계약기간이 1주일 이하인 기간제근로자의 작업내용 변경시 교육시간은?

① 매반기 1시간 이상　② 1시간 이상
③ 2시간 이상　④ 3시간 이상

해설 근로자 안전보건 교육 시간(특별교육은 생략)

교육과정	교육대상		교육시간
가. 정기교육	사무직 종사 근로자		매반기 6시간 이상
	그 밖의 근로자	판매업무에 직접 종사하는 근로자	매반기 6시간 이상
		판매업무에 직접 종사하는 근로자 외의 근로자	매반기 12시간 이상
나. 채용 시 교육	일용근로자 및 근로계약기간이 1주일 이하인 기간제근로자		1시간 이상
	근로계약기간이 1주일 초과 1개월 이하인 기간제근로자		4시간 이상
	그 밖의 근로자		8시간 이상
다. 작업내용 변경 시 교육	일용근로자 및 근로계약기간이 1주일 이하인 기간제근로자		1시간 이상
	그 밖의 근로자		2시간 이상
마. 건설업 기초안전·보건교육	건설 일용근로자		4시간 이상

Tip

2023년 법령개정. 문제와 해설은 개정된 내용 적용

05

다음 중 무재해운동의 기본이념 3원칙에 해당되지 않는 것은?

① 모든 재해에는 손실이 발생함으로 사업주는 근로자의 안전을 보장하여야 한다는 것을 전제로 한다.
② 위험을 발견, 제거하기 위하여 전원이 참가, 협력하여 각자의 위치에서 의욕적으로 문제해결을 실천하는 것을 뜻한다.
③ 직장 내의 모든 잠재위험요인을 적극적으로 사전에 발견, 파악, 해결함으로써 뿌리에서부터 산업재해를 제거하는 것을 말한다.
④ 무재해, 무질병의 직장을 실현하기 위하여 직장의 위험요인을 행동하기 전에 예지하여 발견, 파악, 해결함으로써 재해발생을 예방하거나 방지하는 것을 말한다.

해설 무재해 운동의 3대 원칙

무의 원칙	무재해란 단순히 사망재해나 휴업재해만 없으면 된다는 소극적인 사고가 아닌, 사업장 내의 모든 잠재위험요인을 적극적으로 사전에 발견하고 파악·해결함으로써 산업재해의 근원적인 요소들을 없앤다는 것을 의미한다.
선취의 원칙	무재해 운동에 있어서 안전제일이란 안전한 사업장을 조성하기 위한 궁극의 목표로서 사업장 내에서 행동하기 전에 잠재위험요인을 발견하고 파악·해결하여 재해를 예방하는 것을 의미한다.
참가의 원칙	무재해 운동에서 참여란 작업에 따르는 잠재위험요인을 발견하고 파악·해결하기 위하여 전원이 일치 협력하여 각자의 위치에서 적극적으로 문제해결을 하겠다는 것을 의미한다.

정답　4 ②　5 ①

06

집단의 기능에 관한 설명으로 틀린 것은?

① 집단의 규범은 변화하기 어려운 것으로 불변적이다.
② 집단 내에 머물도록 하는 내부의 힘을 응집력이라 한다.
③ 규범은 집단을 유지하고 집단의 목표를 달성하기 위해 만들어진 것이다.
④ 집단이 하나의 집단으로서 역할을 수행하기 위해서는 집단 목표가 있어야 한다.

해설 **집단역학에서의 개념**

집단 규범(집단 표준)	집단의 행동을 규제하는 틀을 의미하며 자연발생적으로 성립
집단 목표	공식적인 집단은 집단이 지향하고 이룩해야 할 목표를 설정해야 한다.
집단의 응집력	집단에 머무르게 하고 집단 활동의 목표달성을 위한 효율을 극대화하는 것
집단 결정	구성원의 행동사항이나 구조 및 시설의 변경을 필요로 할 때 실시하는 의사결정(집단 결정을 통하여 구성원의 저항심을 제거하고 목표 지향적 행동 유지)

07

산업안전보건법상 관리감독자의 업무에 해당하는 것은?

① 근로자의 안전·보건교육에 관한 사항
② 해당 작업의 작업장 정리·정돈 및 통로 확보에 대한 확인·감독
③ 안전보건관리규정의 작성 및 변경에 관한 사항
④ 산업재해의 원인조사 및 재발방지대책 수립에 관한 사항

해설 **관리감독자의 업무**

① 사업장 내 관리감독자가 지휘·감독하는 작업과 관련된 기계·기구 또는 설비의 안전·보건 점검 및 이상 유무의 확인
② 관리감독자에게 소속된 근로자의 작업복·보호구 및 방호장치의 점검과 그 착용·사용에 관한 교육·지도
③ 해당작업에서 발생한 산업재해에 관한 보고 및 이에 대한 응급조치
④ 해당작업의 작업장 정리·정돈 및 통로 확보에 대한 확인·감독
⑤ 사업장의 안전관리자, 보건관리자, 산업보건의 등에 해당하는 사람의 지도·조언에 대한 협조
⑥ 위험성평가에 관한 다음 각 목의 업무
㉠ 유해·위험요인의 파악에 대한 참여
㉡ 개선조치의 시행에 대한 참여
⑦ 그 밖에 해당작업의 안전 및 보건에 관한 사항으로서 고용노동부령으로 정하는 사항

08

다음 중 안전검사 대상 유해·위험 기계의 종류가 아닌 것은?

① 압력용기 ② 곤돌라
③ 컨베이어 ④ 교류아크용접기

해설 **안전검사 대상 유해·위험기계**

① 프레스 ② 전단기
③ 크레인(정격하중 2톤 미만 제외) ④ 리프트
⑤ 압력용기 ⑥ 곤돌라
⑦ 국소배기장치(이동식 제외) ⑧ 원심기(산업용만 해당)
⑨ 롤러기(밀폐형 구조제외)
⑩ 사출성형기[형 체결력 294킬로뉴튼(kN) 미만 제외]
⑪ 고소작업대(화물자동차 또는 특수자동차에 탑재한 것으로 한정)
⑫ 컨베이어 ⑬ 산업용 로봇

09

안전인증대상 방음용 귀마개의 일반구조에 대한 설명으로 틀린 것은?

① 귀의 구조상 내이도에 잘 맞을 것
② 귀마개를 착용할 때 귀마개의 모든 부분이 착용자에게 물리적인 손상을 유발시키지 않을 것
③ 사용 중에 쉽게 빠지지 않을 것
④ 귀마개는 사용수명 동안 피부자극, 피부질환, 알레르기 반응 또는 그 밖에 다른 건강상의 부작용을 일으키지 않을 것

해설 **귀마개의 일반구조**

① 귀마개는 사용수명 동안 피부자극, 피부질환, 알레르기 반응 혹은 그 밖에 다른 건강상의 부작용을 일으키지 않을 것
② 귀마개 사용 중 재료에 변형이 생기지 않을 것
③ 귀마개를 착용할 때 귀마개의 모든 부분이 착용자에게 물리적인 손상을 유발시키지 않을 것
④ 귀마개를 착용할 때 밖으로 돌출되는 부분이 외부의 접촉에 의하여 귀에 손상이 발생하지 않을 것
⑤ 귀(외이도)에 잘 맞을 것
⑥ 사용 중 심한 불쾌함이 없을 것
⑦ 사용 중에 쉽게 빠지지 않을 것

정답 6① 7② 8④ 9①

10

OJT(On Job Training)의 특징에 대한 설명으로 옳은 것은?

① 특별한 교재·교구·설비 등을 이용하는 것이 가능하다.
② 외부의 전문가를 위촉하여 전문교육을 실시할 수 있다.
③ 직장의 실정에 맞는 구체적이고 실제적인 지도 교육이 가능하다.
④ 다수의 근로자들에게 조직적 훈련이 가능하다.

해설 **OJT의 특징**

① 직장의 현장실정에 맞는 구체적이고 실질적인 교육이 가능하다.
② 교육의 효과가 업무에 신속하게 반영된다.
③ 교육의 이해도가 빠르고 동기부여가 쉽다.
④ 교육으로 인해 업무가 중단되는 업무손실이 적다.

11

토의식 교육방법 중 새로운 교재를 제시하고 거기에서의 문제점을 피교육자로 하여금 제기하게 하거나, 의견을 여러 가지 방법으로 발표하게 하고, 다시 깊이 파고 들어서 토의하는 방법은?

① 포럼(Forum)
② 심포지엄(Symposium)
③ 패널 디스커션(Panel discussion)
④ 버즈세션(Buzz session)

해설 **forum(공개 토론회)**

① 사회자의 진행으로 몇사람이 주제에 대하여 발표한 후 참석자가 질문을 하고 토론해 나가는 방법
② 새로운 자료나 주제를 내보이거나 발표한 후 참석자로 하여금 문제나 의견을 제시하게 하고 다시 깊이 있게 토론해 나가는 방법

12

재해로 인한 직접비용으로 8000만원이 산재보상비로 지급되었다면 하인리히 방식에 따를 때 총 손실비용은 얼마인가?

① 16000만원 ② 24000만원
③ 32000만원 ④ 40000만원

해설 **하인리히(H.W.Heinrich) 방식 (1:4원칙)**

① 직접손실비용 : 간접손실비용 = 1 : 4 (1대4의 경험법칙)
② 총재해손실비용 = 직접비 + 간접비 = 직접비 × 5
③ 총재해손실비용 = 8000만원 × 5 = 40000만원

13

산업안전보건법령상 안전·보건표지에 있어 경고표지의 종류 중 기본모형이 다른 것은?

① 매달린물체경고 ② 폭발성물질경고
③ 고압전기경고 ④ 방사성물질경고

해설

폭발성 물질 경고는 마름모 형태이며, 나머지 보기는 삼각형 형태의 기본모형이다.

14

베어링을 생산하는 사업장에 300명의 근로자가 근무하고 있다. 1년에 21건의 재해가 발생하였다면 이 사업장에서 근로자 1명이 평생 작업 시 약 몇 건의 재해를 당할 수 있겠는가? (단, 1일 8시간씩 1년에 300일을 근무하며, 평생근로시간은 10만 시간으로 가정한다.)

① 1건 ② 3건 ③ 5건 ④ 6건

해설 환산 빈도율 계산

① 빈도율 $= \frac{21}{300 \times 8 \times 300} \times 1{,}000{,}000 = 29.17$

② 환산 빈도율(S) = 빈도율 $\times \frac{1}{10} = 29.17 \times \frac{1}{10} = 2.92$

정답 10 ③ 11 ① 12 ④ 13 ② 14 ②

15

다음 중 브레인스토밍(Brainstorming)기법에 관한 설명으로 옳은 것은?

① 지정된 표현방식을 벗어나 자유롭게 의견을 제시한다.
② 주제와 내용이 다르거나 잘못된 의견은 지적하여 조정한다.
③ 참여자에게는 동일한 회수의 의견제시 기회가 부여된다.
④ 타인의 의견을 수정하거나 동의하여 다시 제시하지 않는다.

해설 **브레인스토밍(Brain-storming)**

(1) 자유분방하게 진행하는 토의식 아이디어 창출법
(2) B·S 4원칙 : ① 비판금지 ② 자유분방 ③ 대량발언 ④ 수정발언

16

다음 중 산업재해의 원인으로 간접적 원인에 해당되지 않는 것은?

① 기술적 원인　② 물적 원인
③ 관리적 원인　④ 교육적 원인

해설

직접원인에는 불안전한 행동(인적원인)과 불안전한 상태(물적원인)가 해당된다.

17

다음 중 하인리히가 제시한 1:29:300의 재해구성비율에 관한 설명으로 틀린 것은?

① 총 사고발생건수는 300건이다.
② 중상 또는 사망은 1회 발생된다.
③ 고장이 포함되는 무상해사고는 300건 발생된다.
④ 인적, 물적 손실이 수반되는 경상이 29건 발생된다.

해설 **하인리히의 법칙(1 : 29 : 300의 법칙)**

330번의 사고가 발생된다면 그 중에 중상이 1건, 경상이 29건, 무상해 사고가 300건 발생한다는 뜻

18

산업안전보건법령상 산업안전보건위원회의 구성원 중 사용자 위원에 해당되지 않는 것은? (단, 해당 위원이 사업장에 선임이 되어 있는 경우에 한한다.)

① 안전관리자　② 보건관리자
③ 산업보건의　④ 명예산업안전감독관

해설

명예산업안전감독관은 근로자 위원에 해당된다.

19

다음 중 인간의 행동특성에 관한 레빈(Lewin)의 법칙 "$B=f(P \cdot E)$"에서 P에 해당되는 것은?

① 행동　② 소질　③ 환경　④ 함수

20

다음 중 산업안전보건법령에 따라 사업주가 안전, 보건 조치의무를 이행하지 아니하여 발생한 중대재해가 연간 1건이 발생하였을 경우 조치하여야 하는 사항에 해당하는 것은?

① 보건관리자 선임
② 안전보건개선계획의 수립
③ 안전관리자의 증원
④ 물질안전보건자료의 작성

해설 **안전보건 개선계획수립 대상 사업장**

① 산업 재해율이 같은 업종의 규모별 평균 산업 재해율보다 높은 사업장
② 사업주가 안전보건조치의무를 이행하지 아니하여 중대재해가 발생한 사업장
③ 직업성질병자가 연간 2명이상 발생한 사업장
④ 유해인자의 노출기준을 초과한 사업장

정답 15 ① 16 ② 17 ① 18 ④ 19 ② 20 ②

2과목 인간공학 및 위험성 평가관리

21

화학설비에 대한 안전성 평가 중 정성적 평가방법의 주요 진단 항목으로 볼 수 없는 것은?

① 건조물 ② 취급물질
③ 입지 조건 ④ 공장 내 배치

해설 **정성적 평가**

① 설계관계 : 입지조건, 공장내의배치, 건조물, 소방용 설비 등
② 운전관계 : 원재료, 중간제품 등의 위험성, 프로세스의 운전조건 수송, 저장 등에 대한 안전대책, 프로세스기기의 선정요건

22

여러 사람이 사용하는 의자의 좌면높이는 어떤 기준으로 설계하는 것이 가장 적절한가?

① 5% 오금높이 ② 50% 오금높이
③ 75% 오금높이 ④ 95% 오금높이

해설 **의자의 설계원칙(좌판의 높이)**

① 대퇴부의 압박 방지를 위해 좌판 앞부분은 오금 높이 보다 높지 않게 설계(치수는 5%치 사용)
② 좌판의 높이는 개인별로 조절할 수 있도록 하는 것이 바람직
③ 사무실 의자의 좌판과 등판 각도 : ㉠ 좌판각도 : 3°
㉡ 등판각도 : 100°

23

다음 FT도에서 최소컷셋(Minimal cutset)으로만 올바르게 나열한 것은?

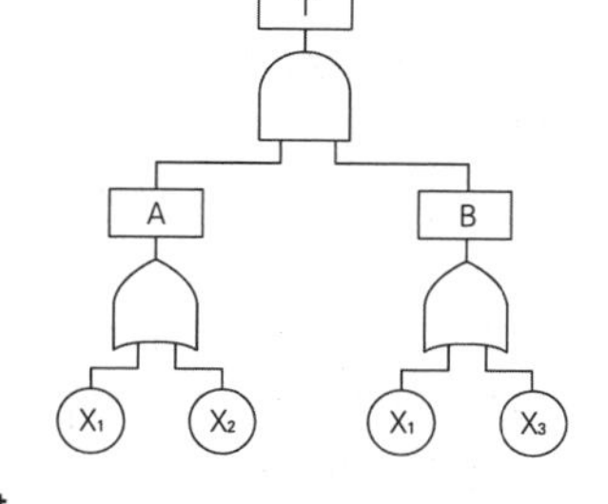

① $[X_1]$
② $[X_1]$,$[X_2]$
③ $[X_1, X_2, X_3]$
④ $[X_1, X_2]$,$[X_1, X_3]$

해설 **Minimal cut set**

① 먼저, cut set을 구하면

$$T \rightarrow AB \rightarrow \begin{matrix} X_1B \\ X_2B \end{matrix} \rightarrow \begin{matrix} X_1X_1 \\ X_1X_3 \\ X_2X_1 \\ X_2X_3 \end{matrix}$$

② 그러므로, Minimal cut set은 $[X_1]$, $[X_2, X_3]$

24

한 대의 기계를 120시간 동안 연속 사용한 경우 9회의 고장이 발생하였고, 이때의 총고장수리시간이 18시간이었다. 이 기계의 MTBF(Mean time between failure)는 약 몇 시간인가?

① 10.22 ② 11.33
③ 14.27 ④ 18.54

해설 평균고장간격(MTBF)

$$MTBF = \frac{1}{\text{고장률}(\lambda)} = \frac{\text{총가동시간}}{\text{고장건수}} = \frac{120-18}{9} = 11.33$$

정답 21 ② 22 ① 23 ① 24 ②

25

다음 중 정성적 표시장치를 설명한 것으로 적절하지 않은 것은?

① 연속적으로 변하는 변수의 대략적인 값이나 변화추세, 변화율 등을 알고자 할 때 사용된다.
② 정성적 표시장치의 근본 자료 자체는 정량적인 것이다.
③ 색채 부호가 부적합한 경우에는 계기판 표시 구간을 형상 부호화하여 나타낸다.
④ 전력계에서와 같이 기계적 또는 전자적으로 숫자가 표시된다.

해설 **정량적 디지털 표시장치**

수치를 정확하게 충분히 읽어야 할 경우 기계적 또는 전자적으로 숫자가 표시되는 계수형을 사용한다.

26

FT도 작성에 사용되는 사상 중 시스템의 정상적인 가동상태에서 일어날 것이 기대되는 사상은?

① 통상사상 ② 기본사상
③ 생략사상 ④ 결함사상

해설 **FTA의 논리기호 및 사상기호**

명칭	설명
결함사상(사상기호)	기본 고장의 결함으로 이루어진 고장상태를 나타내는 사상(개별적인 결함사상)
기본사상(사상기호)	더 이상 전개되지 않는 기본인 사상 또는 발생 확률이 단독으로 얻어지는 낮은레벨의 기본적인 사상
생략사상(최후사상)	정보부족 해석기술의 불충분 등으로 더 이상 전개할 수 없는 사상. 작업진행에 따라 해석이 가능할 때는 다시 속행한다.
통상사상(사상기호)	통상의 작업이나 기계의 상태에서 재해의 발생 원인이 되는 사상(통상발생이 예상되는 사상)

27

다음 설명 중 ㉠과 ㉡에 해당하는 내용이 올바르게 연결된 것은?

> 예비위험분석(PHA)의 식별된 4가지 사고 카테고리 중 작업자의 부상 및 시스템의 중대한 손해를 초래하거나 작업자의 생존 및 시스템의 유지를 위하여 즉시 수정 조치를 필요로 하는 상태를 (㉠), 작업자의 부상 및 시스템의 중대한 손해를 초래하지 않고 대처 또는 제어할 수 있는 상태를 (㉡)(이)라 한다.

① ㉠ - 파국적, ㉡ - 중대 ② ㉠ - 중대, ㉡ - 파국적
③ ㉠ - 한계적, ㉡ - 중대 ④ ㉠ - 중대, ㉡ - 한계적

해설 **식별된 사고를 4가지 범주(카테고리)로 분류**

파국적	인원의 사망 또는 중상, 또는 완전한 시스템 손실
중대	인원의 상해 또는 중대한 시스템의 손상으로 인원이나 시스템 생존을 위해 즉시 시정조치 필요
한계적	인원의 상해 또는 중대한 시스템의 손상 없이 배제 또는 제어 가능
무시가능	인원의 손상이나 시스템의 손상은 초래하지 않는다.

28

다음은 유해·위험방지계획서의 제출에 관한 설명이다. ( )안의 내용으로 옳은 것은?

> 산업안전보건 법령상 제출대상 사업으로 제조업의 경우 유해·위험방지계획서를 제출하려면 관련 서류를 첨부하여 해당 작업 시작 (㉠)까지, 건설업의 경우 해당 공사의 착공 (㉡)까지 관련 기관에 제출하여야 한다.

① ㉠ : 15일 전, ㉡ : 전날
② ㉠ : 15일 전, ㉡ : 7일 전
③ ㉠ : 7일 전, ㉡ : 전날
④ ㉠ : 7일 전, ㉡ : 3일 전

해설 **유해·위험방지계획서**

제조업의 경우 제출서류는 작업시작 15일 전까지 공단에 2부를 제출하고, 건설업에 해당하는 대상 사업장일 경우 공사착공 전날까지 공단에 2부를 제출한다.

정답 25 ④ 26 ① 27 ④ 28 ①

29

주어진 자극에 대해 인간이 갖는 변화감지역을 표현하는 데에는 웨버(Weber)의 법칙을 이용한다. 이 때 웨버(Weber) 비의 관계식으로 옳은 것은? (단, 변화감지역을 ΔI, 표준자극을 I라 한다.)

① 웨버(Weber) 비 $=\dfrac{\Delta I}{I}$

② 웨버(Weber) 비 $=\dfrac{I}{\Delta I}$

③ 웨버(Weber) 비 $=\Delta I \times I$

④ 웨버(Weber) 비 $=\dfrac{\Delta I - I}{\Delta I}$

해설 **Weber의 법칙**

① 감각기관의 기준자극과 변화감지역의 연관관계
② 변화감지역은 사용되는 기준자극의 크기에 비례

$$\text{Weber비} = \frac{\text{변화감지역}}{\text{기준자극 크기}}$$

③ Weber 비가 작을수록 분별력이 뛰어난 감각이다.

30

시각적 부호의 유형과 내용으로 틀린 것은?

① 임의적 부호 – 주의를 나타내는 삼각형
② 명시적 부호 – 위험표지판의 해골과 뼈
③ 묘사적 부호 – 보도 표지판의 걷는 사람
④ 추상적 부호 – 별자리를 나타내는 12궁도

해설 **부호의 유형**

유형	내용
묘사적 부호	사물이나 행동을 단순하고 정확하게 묘사(위험표지판의 걷는사람, 해골과 뼈 등)
추상적 부호	전언의 기본요소를 도식적으로 압축한 부호 (원개념과 약간의 유사성)
임의적 부호	이미 고안되어 있는 부호이므로 학습해야 하는 부호 (표지판의 삼각형 : 주의표지, 사각형 : 안내표지 등)

31

감각저장으로부터 정보를 작업기억으로 전달하기 위한 코드화 분류에 해당되지 않는 것은?

① 시각코드　② 촉각코드
③ 음성코드　④ 의미코드

해설 **작업기억**

① 현재 주의를 기울여 의식하고 있는 기억으로 감각기관을 통해 입력된 정보를 단기적으로 기억하며 능동적으로 이해하고 조작하는 과정을 말한다.
② 작업기억의 정보는 일반적으로 시각, 음성, 의미코드의 3가지로 코드화된다.

32

다음 중 몸의 중심선으로부터 밖으로 이동하는 신체부위의 동작을 무엇이라 하는가?

① 외전　② 외선　③ 내전　④ 내선

해설 **신체부위의 운동(기본동작)**

① 내전(內轉)(adduction) : 몸 중심선으로 향하는 이동
② 외전(外轉)(abduction) : 몸 중심선으로부터 멀어지는 이동
③ 내선(內旋)(medial rotation) : 몸 중심선으로 향하는 회전
④ 외선(外旋)(lateral rotation) : 몸 중심선으로부터 회전

정답 29 ① 30 ② 31 ② 32 ①

33

다음 중 인간 에러(human error)에 관한 설명으로 틀린 것은?

① omission error : 필요한 작업 또는 절차를 수행하지 않는데 기인한 에러
② commission error : 필요한 작업 또는 절차의 수행 지연으로 인한 에러
③ extraneous error : 불필요한 작업 또는 절차를 수행함으로써 기인한 에러
④ sequential error : 필요한 작업 또는 절차의 순서 착오로 인한 에러

해설 **스웨인(A.D.Swain)의 휴먼에러 분류**

Omission error	필요한 직무나 단계를 수행하지 않은(생략) 에러
Commission error	직무나 순서 등을 착각하여 잘못 수행(불확실한 수행)한 에러
Sequential error	직무 수행과정에서 순서를 잘못 지켜(순서착오) 발생한 에러
Time error	정해진 시간내 직무를 수행하지 못하여(수행 지연)발생한 에러
Extraneous error	불필요한 직무 또는 절차를 수행하여 발생한 에러

34

다음 중 실효온도(Effective Temperature)에 관한 설명으로 틀린 것은?

① 체온계로 입안의 온도를 측정한 값을 기준으로 한다.
② 실제로 감각되는 온도로서 실감온도라고 한다.
③ 온도, 습도 및 공기 유동이 인체에 미치는 열효과를 나타낸 것이다.
④ 상대습도 100%일 때의 건구온도에서 느끼는 것과 동일한 온감이다.

해설 **실효온도[체감온도, 감각온도(Effective Temperature)]**

① 영향인자 : ㉠ 온도 ㉡ 습도 ㉢ 공기의 유동(기류)
② ET는 영향인자들이 인체에 미치는 열효과를 하나의 수치로 통합한 경험적 감각지수
③ 상대 습도 100% 일 때 건구온도에서 느끼는 것과 동일한 온감

35

다음 중 감각적으로 물리현상을 왜곡하는 지각현상에 해당되는 것은?

① 주의산만 ② 착각 ③ 피로 ④ 무관심

해설

물리현상을 왜곡하는 지각현상을 착각이라 한다.

36

휴식 중 에너지소비량은 1.5kcal/min이고, 어떤 작업의 평균 에너지 소비량이 6kcal/min이라고 할 때, 60분간 총 작업시간 내에 포함되어야 하는 휴식시간은 약 몇 분인가? (단, 기초대사를 포함한 작업에 대한 평균 에너지 소비량의 상한은 5kcal/min이다.)

① 10.3 ② 11.3 ③ 12.3 ④ 13. 3

해설 휴식시간

$$R(\text{분}) = \frac{60(E-5)}{E-1.5} = \frac{60(6-5)}{6-1.5} = 13.3(\text{분})$$

37

다음 중 중(重)작업의 경우 작업대의 높이로 가장 적절한 것은?

① 허리 높이보다 0~10cm 정도 낮게
② 팔꿈치 높이보다 10~20cm 정도 높게
③ 팔꿈치 높이보다 15~20cm 정도 낮게
④ 어깨 높이보다 30~40 정도 높게

해설 **입식 작업대의 높이**

경조립 또는 이와 유사한 조작작업은 팔꿈치 높이보다 5~10cm 낮게하고, 중작업의 경우 15~25cm 정도 낮게 한다.

정답 33 ② 34 ① 35 ② 36 ④ 37 ③

38

조종장치를 촉각적으로 식별하기 위하여 사용되는 촉각적 코드화의 방법으로 옳지 않은 것은?

① 색감을 활용한 코드화
② 크기를 이용한 코드화
③ 조종장치의 형상 코드화
④ 표면 촉감을 이용한 코드화

해설 **조정장치의 촉각적 암호화의 종류**

① 형상 암호화된 조정장치
② 표면 촉감을 이용한 조정장치
③ 크기를 이용한 조정장치

39

5000개의 베어링을 품질검사하여 400개의 불량품을 처리 하였으나 실제로는 1000개의 불량 베어링이 있었다면 이러한 상황의 HEP(Human error probability)는?

① 0.04 ② 0.08 ③ 0.12 ④ 0.16

해설

$$휴먼에러확률(HEP) = \frac{인간오류의\ 수}{전체오류발생\ 기회의수}$$

$$= \frac{600}{5000} = 0.12$$

40

집단으로부터 얻은 자료를 선택하여 사용할 때에 특정한 설계 문제에 따라 대상 자료를 선택하는 인체 계측자료의 응용원칙 3가지와 거리가 먼 것은?

① 사용빈도에 따른 설계
② 조절범위식 설계
③ 극단치에 속한 사람을 위한 설계
④ 평균치를 기준으로 한 설계

해설 **인체 계측자료의 응용원칙**

① 극단적인 사람을 위한 설계(극단치 설계)

구분	최대 집단치	최소 집단치
개념	대상 집단에 대한 인체 측정 변수의 상위 백분위수(percentile)를 기준으로 90, 95, 99%치가 사용	관련 인체 측정 변수 분포의 하위 백분위수를 기준으로 1, 5, 10%치가 사용
사용 예	① 출입문, 통로, 의자사이의 간격 등의 공간 여유의 결정 ② 줄사다리, 그네 등의 지지물의 최소 지지중량	선반의 높이 또는 조종장치까지의 거리, 버스나 전철의 손잡이 등의 결정

② 조절범위 : 장비나 설비의 설계에 있어 때로는 여러사람이 사용 가능하도록 조절식으로 하는것이 바람직한 경우도 있다(사무실 의자의 높낮이 조절, 자동차 좌석의 전후조절 등)
③ 평균치를 기준으로 한 설계 : 특정 장비나 설비의 경우, 최대집단치나 최소집단치 또는 조절식으로 설계하기가 부적절하거나 불가능할 때(가게나 은행의 계산대 등)

정답 38 ① 39 ③ 40 ①

3과목 기계·기구 및 설비 안전관리

41

비파괴 검사 방법 중 육안으로 결함을 검출하는 시험법은?

① 방사선 투과시험 ② 와류 탐상시험
③ 초음파 탐상시험 ④ 자분 탐상시험

해설 **자분 탐상시험**

① 결함을 가지고 있는 시험에 적절한 자장을 가해 자속을 흐르게 하여, 결함부에 의해 누설된 누설자속에 의해 생긴 자장에 자분을 흡착시켜 큰 자분 모양으로 나타내어 육안으로 결함을 검출하는 방법
② 시험물체가 강자성체가 아니면 적용할 수 없지만 시험물체의 표면에 존재하는 균열과 같은 결함의 검출에 가장 우수한 비파괴 시험방법

42

산업안전보건법령상 양중기의 과부하방지장치에서 요구하는 일반적인 성능기준으로 가장 적절하지 않은 것은?

① 과부하방지장치 작동 시 경보음과 경보램프가 작동되어야 하며 양중기는 작동이 되지 않아야 한다.
② 외함의 전선 접촉부분은 고무 등으로 밀폐되어 물과 먼지 등이 들어가지 않도록 한다.
③ 과부하방지장치와 타 방호장치는 기능에 서로 장애를 주지 않도록 부착할 수 있는 구조이어야 한다.
④ 방호장치의 기능을 정지 및 제거할 때 양중기의 기능이 동시에 원활하게 작동하는 구조이며 정지해서는 안 된다.

해설

방호장치의 기능을 제거 또는 정지할 때 양중기의 기능도 동시에 정지할 수 있는 구조이어야 한다.

43

크레인 로프에 질량 2000kg의 물건을 $10m/s^2$의 가속도로 감아올릴 때, 로프에 걸리는 총 하중은 약 몇 kN인가?

① 39.6 ② 29.6 ③ 19.6 ④ 9.6

해설 와이어 로프에 걸리는 총하중 계산

① 동하중$(W_2)=\frac{W_1}{g}\times a=\frac{2,000}{9.8}\times 10=2040.82$

② 총하중(W)=정하중(W_1)+동하중(W_2)
$=2000+2040.82=4040.82kgf$

③ $4040.82kgf\times 9.8=39,600N=39.6kN$

44

정 작업시의 작업안전수칙으로 틀린 것은?

① 정 작업시에는 보안경을 착용하여야 한다.
② 정 작업시에는 담금질된 재료를 가공해서는 안된다.
③ 정 작업을 시작할 때와 끝날 무렵에는 세게 친다.
④ 철강재를 정으로 절단시에는 철편이 날아 튀는 것에 주의한다.

해설 **정작업 안전수칙**

① 정 작업을 할 때에는 반드시 보안경을 착용해야 한다.
② 정으로는 담금질 된 재료를 절대로 가공할 수 없다.
③ 자르기 시작할 때와 끝날 무렵에는 되도록 세게 치지 않도록 한다.
④ 철강재를 정으로 절단할 때는 철편이 튀는 것에 주의한다.

45

산업안전보건 법령에 따라 산업용 로봇의 작동범위에서 그 로봇에 관하여 교시 등의 작업을 할 때 작업 시작 전 점검사항이 아닌 것은?

① 외부 전선의 피복 또는 외장의 손상 유무
② 매니퓰레이터(manipulator) 작동의 이상 유무
③ 제동장치 및 비상정지장치의 기능
④ 윤활유의 상태

해설 **교시 등의 작업을 하는 경우 작업시작전 점검사항**

① 외부전선의 피복 또는 외장의 손상유무
② 매니퓰레이터(manipulator)작동의 이상유무
③ 제동장치 및 비상정지장치의 기능

정답 41 ④ 42 ④ 43 ① 44 ③ 45 ④

46

다음 중 휴대용 동력 드릴 작업시 안전사항에 관한 설명으로 틀린 것은?

① 드릴의 손잡이를 견고하게 잡고 작업하여 드릴손잡이 부위가 회전하지 않고 확실하게 제어 가능하도록 한다.
② 절삭하기 위하여 구멍에 드릴날을 넣거나 뺄 때 반발에 의하여 손잡이 부분이 튀거나 회전하여 위험을 초래하지 않도록 팔을 드릴과 직선으로 유지한다.
③ 드릴이나 리머를 고정시키거나 제거하고자 할 때 금속성 망치 등을 사용하여 확실히 고정 또는 제거한다.
④ 드릴을 구멍에 맞추거나 스핀들의 속도를 낮추기 위해서 드릴날을 손으로 잡아서는 안 된다.

해설 **드릴이나 리머의 고정 및 제거**

드릴이나 리머를 고정시키거나 제거하고자 할 때는 금속성물질로 두드리면 변형 및 파손될 우려가 있으므로 고무망치 등을 사용하거나 나무블록 등을 사이에 두고 두드려야 한다.

47

연삭기에서 숫돌의 바깥지름이 150mm일 경우 평형플랜지 지름은 몇 mm 이상이어야 하는가?

① 30 ② 50 ③ 60 ④ 90

해설 **플랜지의 직경**

① 플랜지의 직경은 숫돌직경의 1/3 이상인 것을 사용하며 양쪽을 모두 같은 크기로 할 것
② $150 \times \frac{1}{3} = 50(\mathrm{mm})$

48

다음 중 수평거리 20[m], 높이가 5[m]인 경우 지게차의 안정도는 얼마인가?

① 10[%] ② 20[%] ③ 25[%] ④ 40[%]

해설 **지게차의 안정도**

안정도 $= \frac{h}{l} \times 100(\%) = \frac{5}{20} \times 100 = 25[\%]$

49

클러치 맞물림 개소수가 4개, 양수기동식 안전장치의 안전거리가 360mm일 때 양손으로 누름단추를 조작하고 슬라이드가 하사점에 도달하기까지의 소요 최대시간은 얼마인가?

① 90ms ② 125ms
③ 225ms ④ 576ms

해설 **양수기동식의 안전거리**

$D_m = 1.6T_m$이므로, $T_m = \frac{D_m}{1.6} = \frac{360}{1.6} = 225(\mathrm{ms})$

50

산업안전보건법령상 아세틸렌 용접장치에 관한 설명이다. ( ) 안에 공통으로 들어갈 내용으로 옳은 것은?

- 사업주는 아세틸렌 용접장치의 취관마다 ( )를 설치하여야 한다.
- 사업주는 가스용기가 발생기와 분리되어 있는 아세틸렌 용접장치에 대하여 발생기와 가스용기 사이에 ( )를 설치하여야 한다.

① 분기장치 ② 자동발생 확인장치
③ 유수 분리장치 ④ 안전기

해설 **아세틸렌 용접장치의 안전기 설치방법**

① 취관마다 안전기설치
② 주관 및 취관에 가장 가까운 분기관마다 안전기부착
③ 가스용기가 발생기와 분리되어 있는 아세틸렌 용접장치는 발생기와 가스용기 사이에 안전기 설치

정답 46 ③ 47 ② 48 ③ 49 ③ 50 ④

51

다음 중 설비의 일반적인 고장형태에 있어 마모고장과 가장 거리가 먼 것은?

① 부품, 부재의 마모
② 열화에 생기는 고장
③ 부품, 부재의 반복피로
④ 순간적 외력에 의한 파손

해설

순간적 외력에 의한 파손은 예측할 수 없는 경우에 발생하는 고장으로 우발고장에 해당된다.

52

롤러기의 방호장치 설치 시 유의해야 할 사항으로 거리가 먼 것은?

① 손으로 조작하는 급정지장치의 조작부는 롤러기의 전면 및 후면에 각각 1개씩 수평으로 설치하여야 한다.
② 앞면 롤러의 표면 속도가 30m/min 미만인 경우 급정지 거리는 앞면 롤러 원주의 1/2.5 이하로 한다.
③ 작업자의 복부로 조작하는 급정지장치는 높이가 밑면으로부터 0.8m 이상 1.1m 이내에 설치되어야 한다.
④ 급정지장치의 조작부에 사용하는 줄은 사용 중 늘어져서는 안되며, 충분한 인장강도를 가져야 한다.

해설 **앞면 롤러의 표면속도에 따른 급정지거리**

① 30m/분 미만 : 앞면 롤러 원주의 1/3
② 30m/분 이상 : 앞면 롤러 원주의 1/2.5

53

회전하는 부분의 접선방향으로 물려 들어갈 위험이 존재하는 점으로 주로 체인, 풀리, 벨트, 기어와 랙 등에서 형성되는 위험점은?

① 끼임점　② 협착점
③ 절단점　④ 접선물림점

해설 **접선 물림점(Tangential Nip-point)**

① 회전하는 부분이 접선방향으로 물려 들어가면서 형성
② V벨트와 풀리, 기어와 랙, 롤러와 평벨트 등

54

목재가공용 둥근톱의 톱날 지름이 500mm일 경우 분할날의 최소길이는 약 몇 mm인가?

① 462　② 362　③ 262　④ 162

해설 **분할날의 최소길이**

① 분할날은 톱 뒷날의 2/3 이상을 덮도록 하여야 한다.

② $(\pi \times 500) \times \frac{1}{4} \times \frac{2}{3} = 261.799 = 262[\text{mm}]$

55

다음 중 선반의 안전장치 및 작업 시 주의사항으로 잘못된 것은?

① 선반의 바이트는 되도록 짧게 물린다.
② 방진구는 공작물의 길이가 지름의 5배 이상일 때 사용한다.
③ 선반의 베드 위에는 공구를 올려놓지 않는다.
④ 칩 브레이커는 바이트에 직접 설치한다.

해설 **선반 작업시 안전기준**

① 바이트 설치는 반드시 기계 정지 후 실시
② 가공물장착 후에는 척 렌치를 바로 벗겨 놓는다.
③ 바이트는 짧게 장치하고 일감의 길이가 직경의 12배 이상일 때 방진구 사용

정답 51 ④ 52 ② 53 ④ 54 ③ 55 ②

56

방호장치를 분류할 때는 크게 위험장소에 대한 방호장치와 위험원에 대한 방호장치로 구분할 수 있는데, 다음 중 위험장소에 대한 방호장치가 아닌 것은?

① 격리형 방호장치 ② 접근거부형 방호장치
③ 접근반응형 방호장치 ④ 포집형 방호장치

해설 포집형 방호장치

위험원에 대한 방호장치로서 연삭숫돌이나 목재가공기계의 칩이 비산할 경우 이를 방지하고 안전하게 칩을 포집하는 방법

57

산업안전보건법령상 지게차의 최대하중의 2배 값이 6톤일 경우 헤드가드의 강도는 몇 톤의 등분포정하중에 견딜 수 있어야 하는가?

① 4 ② 6 ③ 8 ④ 12

해설 헤드가드

강도는 지게차의 최대하중의 2배의 값(4톤을 넘는 값에 대해서는 4톤으로 한다)의 등분포정하중에 견딜 수 있는 것일 것

58

산업안전보건법상 유해·위험방지를 위한 방호조치를 하지 아니하고는 양도, 대여,설치 또는 사용에 제공하거나, 양도·대여를 목적으로 진열해서는 아니 되는 기계·기구가 아닌 것은?

① 예초기 ② 진공포장기
③ 원심기 ④ 롤러기

해설 유해위험방지를 위하여 방호조치가 필요한 기계기구 등

① 예초기 ② 원심기 ③ 공기압축기 ④ 금속절단기
⑤ 지게차 ⑥ 포장기계(진공포장기,랩핑기로 한정)

59

공사현장에서 가설계단을 설치하는 경우 높이가 3[m]를 초과하는 계단에는 높이 3[m] 이내마다 진행방향으로 길이가 최소 얼마 이상의 계단참을 설치하여야 하는가?

① 3.5[m] ② 2.5[m] ③ 1.2[m] ④ 1.0[m]

해설 계단의 안전

① 매제곱미터당 500킬로그램 이상의 하중에 견딜 수 있는 강도를 가진 구조로 설치
② 안전율[재료의 파괴응력도와 허용응력도의 비율을 말한다)]은 4 이상
③ 폭은 1미터 이상이며 손잡이 외 다른 물건 설치, 적재금지
④ 높이가 3미터를 초과하는 계단에 높이 3미터 이내마다 진행방향으로 길이 1.2미터 이상의 계단참설치
⑤ 바닥면으로부터 높이 2미터 이내의 공간에 장애물 없을 것
⑥ 높이 1미터 이상인 계단의 개방된 측면에 안전난간 설치

Tip
2023년 법령개정. 문제와 해설은 개정된 내용 적용

60

페일 세이프(fail safe)의 기능적인 면에서 분류할 때 거리가 가장 먼 것은?

① Fool proof ② Fail passive
③ Fail active ④ Fail operational

해설 Fail safe의 기능면에서의 분류

Fail-passive	부품이 고장났을 경우 통상기계는 정지하는 방향으로 이동(일반적인 산업기계)
Fail-active	부품이 고장났을 경우 기계는 경보를 울리는 가운데 짧은 시간동안 운전 가능
Fail-operational	부품의 고장이 있더라도 기계는 추후 보수가 이루어 질 때까지 안전한 기능 유지(병렬구조 등으로 되어 있으며 운전상 가장 선호하는 방법)

정답 56 ④ 57 ① 58 ④ 59 ③ 60 ①

4과목 전기 및 화학설비 안전관리

61

방폭전기기기의 발화도의 온도등급과 최고 표면온도에 의한 폭발성 가스의 분류표기를 가장 올바르게 나타낸 것은?

① T1 : 450[℃] 이하 ② T2 : 350[℃] 이하
③ T4 : 125[℃] 이하 ④ T6 : 100[℃] 이하

해설 **전기기기의 최고 표면온도의 분류**

온도등급	T1	T2	T3	T4	T5	T6
최고표면 온도(℃)	450	300	200	135	100	85

62

화염일주한계에 대한 설명으로 옳은 것은?

① 폭발성 가스와 공기의 혼합기에 온도를 높인 경우 화염이 발생 할 때까지의 시간 한계치
② 폭발성 분위기에 있는 용기의 접합면 틈새를 통해 화염이 내부에서 외부로 전파되는 것을 저지할 수 있는 틈새의 최대간격치
③ 폭발성 분위기 속에서 전기불꽃에 의하여 폭발을 일으킬 수 있는 화염을 발생시키기에 충분한 교류파형의 1주기치
④ 방폭설비에서 이상이 발생하여 불꽃이 생성된 경우에 그것이 점화원으로 작용하지 않도록 화염의 에너지를 억제하여 폭발 하한계로 되도록 화염 크기를 조정하는 한계치

해설 **안전간격(화염일주 한계)**

화염이 틈새를 통하여 바깥쪽의 폭발성 가스에 전달되지 않도록하는 한계의 틈새로 최소점화에너지 이하로 열을 식혀 안전을 유지하기 위함

63

전격현상의 위험도를 결정하는 인자에 대한 설명으로 틀린 것은?

① 통전전류의 크기가 클수록 위험하다.
② 전원의 종류가 통전시간보다 더욱 위험하다.
③ 전원의 크기가 동일한 경우 교류가 직류보다 위험하다.
④ 통전전류의 크기는 인체의 저항이 일정할 때 접촉전압에 비례한다.

해설 **감전(전격)의 위험요소**

1차적 요소	① 통전전류의 크기 ② 통전시간 ③ 통전경로 ④ 전원의 종류
2차적 요소	① 인체의 조건 ② 통전전압 ③ 계절

64

대지를 접지로 이용하는 이유 중 가장 옳은 것은?

① 대지는 토양의 주성분이 규소(SiO_2)이므로 저항이 영(0)에 가깝다.
② 대지는 토양의 주성분이 산화알미늄(Al_2O_3)이므로 저항이 영(0)에 가깝다.
③ 대지는 철분을 많이 포함하고 있기 때문에 전류를 잘 흘릴 수 있다.
④ 대지는 넓어서 무수한 전류통로가 있기 때문에 저항이 영(0)에 가깝다.

해설

대지를 접지로 이용하는 것은 지구의 표면적이 대단히 넓어 거기에 대단히 많은 전하를 충전할 수 있으며 저항이 작기 때문이다.

정답 61 ① 62 ② 63 ② 64 ④

65

정전기 발생 원인에 대한 설명으로 옳은 것은?

① 분리속도가 느리면 정전기 발생이 커진다.
② 정전기 발생은 처음 접촉, 분리 시 최소가 된다.
③ 물질 표면이 오염된 표면일 경우 정전기 발생이 커진다.
④ 접촉 면적이 작고 압력이 감소할수록 정전기 발생량이 크다.

해설 **정전기 발생의 영향 요인**

물체의 표면상태	① 표면이 매끄러운 것보다 거칠수록 정전기가 크게 발생한다. ② 표면이 수분, 기름 등에 오염되거나 산화(부식)되어 있으면 정전기가 크게 발생한다.
물체의 이력	물체가 이미 대전된 이력이 있을 경우 정전기 발생의 영향이 작아지는 경향이 있다(처음접촉, 분리 때가 최고이며 반복될수록 감소)
접촉면적 및 압력	접촉 면적과 압력이 클수록 정전기 발생량이 증가하는 경향이 있다.
분리 속도	분리속도가 클수록 주어지는 에너지가 크게 되므로 정전기 발생량도 증가하는 경향이 있다.

66

저압전로의 절연 성능에 관한 사항 중 옳은 것은?

① 전로의 사용전압이 PELV인 경우 DC시험전압은 250V로 하며, 절연저항은 1.0[MΩ] 이상이어야 한다.
② 전로의 사용전압이 500V이하인 경우 DC시험전압은 500V로 하며, 절연저항은 0.5[MΩ]이상이어야 한다.
③ 전로의 사용전압이 FELV인 경우 DC시험전압은 500V로 하며, 절연저항은 1.0[MΩ] 이상이어야 한다.
④ 전로의 사용전압이 500V초과인 경우 DC시험전압은 500V로 하며, 절연저항은 1.0[MΩ] 이상이어야 한다.

해설 **저압전로의 절연 성능**

전로의 사용전압(V)	DC 시험전압 (V)	절연저항(MΩ 이상)
SELV 및 PELV	250	0.5
FELV, 500V 이하	500	1.0
500V 초과	1,000	1.0

[주] 특별저압(Extra Low Voltage : 2차 전압이 AC 50V, DC 120V 이하)으로 SELV(비접지회로구성) 및 PELV(접지회로 구성)은 1차와 2차가 전기적으로 절연된 회로, FELV는 1차와 2차가 전기적으로 절연되지 않은 회로

67

감전 사고를 일으키는 주된 형태가 아닌 것은?

① 충전전로에 인체가 접촉되는 경우
② 이중절연 구조로 된 전기 기계·기구를 사용하는 경우
③ 고전압의 전선로에 인체가 근접하여 섬락이 발생된 경우
④ 충전 전기회로에 인체가 단락회로의 일부를 형성하는 경우

해설 **누전차단기 적용 제외**

① 이중절연구조 또는 이와 동등 이상으로 보호되는 전기기계·기구
② 절연대 위 등과 같이 감전 위험이 없는 장소에서 사용하는 전기기계·기구
③ 비접지방식의 전로에 접속하여 사용되는 전기기계·기구

68

피뢰기가 갖추어야 할 이상적인 성능 중 잘못된 것은?

① 제한전압이 낮아야 한다.
② 반복동작이 가능하여야 한다.
③ 충격방전 개시전압이 높아야 한다.
④ 뇌전류의 방전능력이 크고 속류의 차단이 확실하여야 한다.

해설 **피뢰기의 구비성능**

① 충격방전 개시전압과 제한전압이 낮을 것
② 반복동작이 가능할 것
③ 뇌전류의 방전능력이 크고 속류차단이 확실할 것
④ 점검, 보수가 간단할 것
⑤ 구조가 견고하며 특성이 변화하지 않을 것

정답 65 ③ 66 ③ 67 ② 68 ③

69

Dalziel에 의하여 동물실험을 통해 얻어진 전류값을 인체에 적용했을 때 심실세동을 일으키는 전기에너지 (J)는? (단, 인체 전기저항은 500Ω으로 보며, 흐르는 전류 $I=\frac{165}{\sqrt{T}}$mA로 한다.)

① 9.8 ② 13.6 ③ 19.6 ④ 27

해설 **심실 세동 전류**

$$Q=I^2RT[J/S]=\left(\frac{165}{\sqrt{T}}\times10^{-3}\right)^2\times500\times1=13.6$$

70

인체가 현저하게 젖어있는 상태 또는 금속성의 전기기계 장치나 구조물에 인체의 일부가 상시 접촉되어 있는 상태에서의 허용접촉전압은 일반적으로 몇 V 이하로 하고 있는가?

① 2.5V 이하 ② 25V 이하
③ 50V 이하 ④ 75V 이하

해설 **허용 접촉전압**

종 별	접촉 상태	허용접촉 전압
제1종	• 인체의 대부분이 수중에 있는 경우	2.5V 이하
제2종	• 인체가 현저하게 젖어있는 경우 • 금속성의 전기기계장치나 구조물에 인체의 일부가 상시 접촉되어 있는 경우	25V 이하
제3종	• 제1종, 제2종 이외의 경우로 통상의 인체상태에 있어서 접촉전압이 가해지면 위험성이 높은 경우	50V 이하
제4종	• 제1종, 제2종 이외의 경우로 통상의 인체상태에 있어서 접촉전압이 가해지더라도 위험성이 낮은 경우 • 접촉전압이 가해질 우려가 없는 경우	제한 없음

71

소화설비의 주된 소화적용방법의 연결이 옳은 것은?

① 포소화설비 - 질식소화
② 스프링클러소화설비 - 억제소화
③ 이산화탄소소화설비 - 제거소화
④ 할로겐화합물소화설비 - 냉각소화

해설 **소화 적용방법**

① 스프링클러소화설비 – 냉각소화
② 이산화탄소소화설비 – 질식, 냉각소화
③ 할로겐화합물소화설비 – 연소억제소화

72

화재감지기의 종류 중 연기감지기의 작동방식에 해당되는 것은?

① 차동식 ② 보상식
③ 정온식 ④ 이온화식

해설 **자동화재 탐지 설비(감지기)**

① 열감지기 : 차동식 감지기, 정온식 감지기, 보상식 감지기
② 연기감지기 : 광전식, 이온화식

Tip
감지기란 화재 발생시 발생하는 열, 연기, 불꽃 또는 연소 생성물을 자동적으로 감지하여 수신기에 발신하는 장치를 말한다.

73

다음 중 폭발범위에 관한 설명으로 틀린 것은?

① 상한값과 하한값이 존재한다.
② 온도에는 비례하지만 압력과는 무관하다.
③ 가연성 가스의 종류에 따라 각각 다른 값을 갖는다.
④ 공기와 혼합된 가연성 가스의 체적 농도로 나타낸다.

해설 **가스 폭발 범위의 영향 요소**

① 가스의 온도가 높을수록 폭발범위도 일반적으로 넓어진다.
② 가스의 압력이 높아지면 하한값은 큰 변화가 없으나 상한값은 높아진다.

정답 69 ② 70 ② 71 ① 72 ④ 73 ②

74

다음 중 두 종류 가스가 혼합될 때 폭발 위험이 가장 높은 것은?

① 염소, 아세틸렌 ② CO_2, 염소
③ 암모니아, 질소 ④ 질소, CO_2

해설 **불활성화(inerting)**

혼합가스의 폭발을 방지하기 위한 불활성화(inerting)작업을 할 때 질소, 이산화탄소 및 수증기 등을 불활성가스로 사용한다.

75

다음 중 분진의 폭발위험성을 증대시키는 조건에 해당하는 것은?

① 분진의 발열량이 작을수록
② 분위기 중 산소 농도가 작을수록
③ 분진 내의 수분 농도가 작을수록
④ 표면적이 입자체적에 비교하여 작을수록

해설

분진내의 수분은 분진의 부유성을 억제하므로 농도가 작을수록 폭발 위험성은 증대된다.

76

다음 중 가연성 물질이 연소하기 쉬운 조건으로 옳지 않은 것은?

① 연소 발열량이 클 것
② 점화에너지가 작을 것
③ 산소와 친화력이 클 것
④ 입자의 표면적이 작을 것

해설 **가연물의 구비조건**

① 산소와 친화력이 좋고 표면적이 넓을 것
② 반응열(발열량)이 클 것
③ 열전도율이 작을 것
④ 활성화 에너지가 작을 것

77

가연성 가스 A의 연소범위를 2.2~9.5vol%라고 할 때 가스 A의 위험도는 약 얼마인가?

① 2.52 ② 3.32 ③ 4.91 ④ 5.64

해설 **위험도(H)**

$$H=\frac{UFL-LFL}{LFL}=\frac{9.5-2.2}{2.2}=3.318$$

78

다음 중 스프링식 안전밸브를 대체할 수 있는 안전장치는?

① 캡(cap)
② 파열판(rupture disk)
③ 게이트밸브(gate valve)
④ 벤트스텍(vent stack)

해설 **안전밸브의 종류**

① 스프링식 ② 파열판식
③ 중추식 ④ 가용전식(가용합금식)

79

산업안전보건법령상 특수화학설비 설치시 반드시 필요한 장치가 아닌 것은?

① 원재료 공급의 긴급차단장치
② 즉시 사용할 수 있는 예비동력원
③ 화재시 긴급대응을 위한 물분무소화장치
④ 온도계·유량계·유압계 등의 계측장치

해설 **특수화학설비의 안전조치 사항**

(1) 계측장치의 설치(내부이상상태의 조기파악)
 : ① 온도계 ② 유량계 ③ 압력계 등
(2) 자동경보장치의 설치 : 내부이상상태의 조기파악
(3) 긴급차단장치의 설치 : 폭발, 화재 또는 위험물 누출 방지
(4) 예비동력원의 준수사항

정답 74 ① 75 ③ 76 ④ 77 ② 78 ② 79 ③

80

단위공정시설 및 설비로부터 다른 단위공정 시설 및 설비 사이의 안전거리는 설비의 바깥면부터 얼마 이상이 되어야 하는가?

① 5m ② 10m ③ 15m ④ 20m

해설 **안전거리**

구분	안전거리
단위공정시설 및 설비로부터 다른 단위공정 시설 및 설비의 사이	설비의 외면으로부터 10미터 이상
플레어스택으로부터 단위공정시설 및 설비, 위험물질 저장탱크 또는 위험물질 하역설비의 사이	플레어스택으로부터 반경 20미터 이상
위험물질 저장탱크로부터 단위공정시설 및 설비, 보일러 또는 가열로의 사이	저장탱크의 외면으로부터 20미터 이상
사무실·연구실·실험실·정비실 또는 식당으로부터 단위공정시설 및 설비, 위험물질 저장탱크, 위험물질 하역설비, 보일러 또는 가열로의 사이	사무실 등의 외면으로부터 20미터 이상

5과목 건설공사 안전관리

81

위험방지를 위해 철골작업을 중지하여야 하는 기준으로 옳은 것은?

① 풍속이 초당 1[m] 이상인 경우
② 강우량이 시간당 1[cm] 이상인 경우
③ 강설량이 시간당 1[cm] 이상인 경우
④ 10분간 평균풍속이 초당 5[m] 이상인 경우

해설 **철골작업 안전기준(작업의 제한)**

① 풍속 : 초당 10m 이상인 경우
② 강우량 : 시간당 1mm 이상인 경우
③ 강설량 : 시간당 1cm 이상인 경우

82

중량물을 운반할 때의 바른 자세로 옳은 것은?

① 허리를 구부리고 양손으로 들어올린다.
② 중량은 보통 체중의 60%가 적당하다.
③ 물건은 최대한 몸에서 멀리 떼어서 들어올린다.
④ 길이가 긴 물건은 앞쪽을 높게 하여 운반한다.

해설 **인력운반작업 준수사항(인양)**

① 등은 항상 직립 유지(등을 굽히지 말것), 가능한 한 지면과 수직이 되도록 할 것
② 운반의 일반적 하중 기준은 체중의 40(%)의 중량을 유지 할 것
③ 무릎은 직각자세를 취하고 몸은 가능한 한 인양물에 근접하여 정면에서 인양할 것
④ 길이가 긴 물건을 단독으로 어깨에 메고 운반할 때에는 화물 앞부분 끝을 근로자 신장보다 약간 높게하여 모서리, 곡선 등에 충돌하지 않도록 주의 할 것

정답 80 ② 81 ③ 82 ④

83

콘크리트 타설시 거푸집 측압에 대한 설명으로 옳지 않은 것은?

① 기온이 높을수록 측압은 크다.
② 타설속도가 클수록 측압은 크다.
③ 슬럼프가 클수록 측압은 크다.
④ 다짐이 과할수록 측압은 크다.

해설 **측압이 커지는 조건(보기 ②,③,④ 외에)**

① 거푸집 수평단면이 클수록　② 외기의 온도가 낮을수록
③ 거푸집 표면이 평탄할수록　④ 철골, 철근량이 적을수록
⑤ 콘크리트 시공연도가 좋을수록

84

히빙(heaving) 현상이 가장 쉽게 발생하는 토질지반은?

① 연약한 점토 지반　② 연약한 사질토 지반
③ 견고한 점토 지반　④ 견고한 사질토 지반

해설 **히빙(Heaving)**

연약성 점토지반 굴착시 굴착외측 흙의 중량에 의해 굴착저면의 흙이 활동 전단 파괴되어 굴착내측으로 부풀어 오르는 현상

85

강관을 사용하여 비계를 구성하는 경우 준수하여야 하는 사항으로 옳지 않은 것은?

① 비계기둥의 간격은 띠장 방향에서 1.85m 이하로 할 것
② 비계기둥 간의 적재하중은 300kg을 초과하지 않도록 할 것
③ 비계기둥의 제일 윗부분으로부터 31m 되는 지점 밑부분의 비계기둥은 2개의 강관으로 묶어 세울 것
④ 띠장간격은 2.0m 이하로 설치할 것

해설

비계 기둥간 적재 하중은 400kg을 초과하지 아니하도록 할 것

86

안전계수가 4이고 2,000kg/cm²의 인장강도를 갖는 강선의 최대허용응력은?

① 500kg/cm²　② 1,000kg/cm²
③ 1,500kg/cm²　④ 2,000kg/cm²

해설 **안전계수**

$$\text{안전계수} = \frac{\text{인장강도}}{\text{최대허용응력}}$$

$$\therefore\ \text{최대허용응력} = \frac{2000}{4} = 500\text{kg/cm}^2$$

87

달비계 설치 시 와이어로프를 사용할 때 사용가능한 와이어로프의 조건은?

① 지름의 감소가 공칭지름의 8[%]인 것
② 이음매가 없는 것
③ 심하게 변형되거나 부식된 것
④ 와이어로프의 한 꼬임에서 끊어진 소선의 수가 10[%]인 것

해설 **와이어로프의 사용제한 조건**

① 이음매가 있는 것
② 와이어로프의 한 꼬임(스트랜드)에서 끊어진 소선(필러선 제외)의 수가 10% 이상인 것
③ 지름의 감소가 공칭지름의 7%를 초과하는 것
④ 꼬인 것
⑤ 심하게 변형되거나 부식된 것
⑥ 열과 전기충격에 의해 손상된 것

정답 83 ① 84 ① 85 ② 86 ① 87 ②

88

사다리식 통로에 대한 설치기준으로 틀린 것은?

① 발판의 간격은 일정하게 할 것
② 발판과 벽과의 사이는 15[cm] 이상의 간격을 유지할 것
③ 사다리식 통로의 길이가 10[m] 이상인 때에는 3[m] 이내마다 계단참을 설치할 것
④ 사다리의 상단은 걸쳐놓은 지점으로부터 60[cm] 이상 올라가도록 할 것

해설

사다리식 통로의 길이가 10미터 이상인 경우에는 5미터 이내마다 계단참을 설치할 것

89

근로자가 추락하거나 넘어질 위험이 있는 장소에서 추락방호망의 설치 기준으로 옳지 않은 것은?

① 망의 처짐은 짧은 변 길이의 10% 이상이 되도록 할 것
② 추락방호망은 수평으로 설치할 것
③ 건축물 등의 바깥쪽으로 설치하는 경우 추락방호망의 내민 길이는 벽면으로부터 3m 이상 되도록 할 것
④ 추락방호망의 설치위치는 가능하면 작업면으로부터 가까운 지점에 설치하여야 하며, 작업면으로부터 망의 설치지점까지의 수직거리는 10m를 초과하지 아니할 것

해설 **추락방호망의 설치기준**

① 추락방호망의 설치위치는 가능하면 작업면으로부터 가까운 지점에 설치하여야 하며, 작업면으로부터 망의 설치지점까지의 수직거리는 10미터를 초과하지 아니할 것
② 추락방호망은 수평으로 설치하고, 망의 처짐은 짧은 변 길이의 12퍼센트 이상이 되도록 할 것
③ 건축물 등의 바깥쪽으로 설치하는 경우 망의 내민 길이는 벽면으로부터 3미터 이상 되도록 할 것

90

토공기계 중 클램쉘(clam shell)의 용도에 대해 가장 잘 설명한 것은?

① 단단한 지반에 작업하기 쉽고 작업속도가 빠르며 특히 암반굴착에 적합하다.
② 수면하의 자갈, 실트 혹은 모래를 굴착하고 준설선에 많이 사용된다.
③ 상당히 넓고 얕은 범위의 점토질 지반 굴착에 적합하다.
④ 기계위치보다 높은 곳의 굴착, 비탈면 절취에 적합하다.

해설 **클램쉘(Clam Shell)**

① 지반아래 협소하고 깊은 수직굴착에 주로 사용(수중굴착 및 구조물 기초바닥, 우물통 기초의 내부굴착 등)
② Bucket 이 양쪽으로 개폐되며 Bucket을 열어서 굴삭
③ 모래, 자갈 등을 채취하여 트럭에 적재

91

차량계 건설기계 작업 시 기계의 전도, 전락 등에 의한 근로자의 위험을 방지하기 위한 유의사항과 거리가 먼 것은?

① 지반의 부동침하방지　② 갓길의 붕괴방지
③ 도로의 폭 유지　④ 변속기능의 유지

해설 **차량계 건설기계 전도 등의 방지 조치**

① 유도하는 사람 배치　② 지반의 부동침하방지
③ 갓길의 붕괴방지　④ 도로 폭의 유지

92

가설구조물이 갖추어야 할 구비요건과 가장 거리가 먼 것은?

① 영구성　② 경제성　③ 작업성　④ 안전성

해설 **가설구조물의 구비요건**

안전성	파괴 및 도괴 등에 대한 충분한 강도를 가질 것
작업성(시공성)	넓은 작업발판 및 공간확보. 안전한 작업자세 유지
경제성	가설, 철거비 및 가공비 등

정답 88 ③ 89 ① 90 ② 91 ④ 92 ①

93

굴착공사에 있어서 비탈면붕괴를 방지하기 위하여 행하는 대책이 아닌 것은?

① 지표수의 침투를 막기 위해 표면배수공을 한다.
② 지하수위를 내리기 위해 수평배수공을 설치한다.
③ 비탈면 하단을 성토한다.
④ 비탈면 상부에 토사를 적재한다.

해설 **붕괴 예방대책**

① 적절한 경사면 기울기 계획
② 지표수 또는 지하수위의 관리를 위한 표면 배수공 및 수평배수공 설치
③ 비탈면 상부의 토사(활동성 토석)의 제거 및 하단 성토
④ 경사면 하단부 : 압성토 등 보강공법으로 활동에 대한 저항대책 강구 등

94

터널작업 시 자동경보장치에 대하여 당일의 작업 시작 전 점검하여야 할 사항으로 틀린 것은?

① 검지부의 이상 유무
② 조명시설의 이상 유무
③ 경보장치의 작동 상태
④ 계기의 이상 유무

해설 **자동경보 장치의 작업시작전 점검사항**

① 계기의 이상유무
② 검지부의 이상유무
③ 경보장치의 작동상태

95

유해·위험방지계획서를 제출해야 할 대상 공사의 조건으로 옳지 않은 것은?

① 터널 건설등의 공사
② 최대지간 길이가 50m 이상인 교량건설등 공사
③ 다목적댐·발전용댐 및 저수용량 2천만톤 이상의 용수전용댐, 지방상수도 전용 댐 건설등의 공사
④ 깊이가 5m 이상인 굴착공사

해설 **유해위험 방지계획서 제출 대상(보기 ①,②,③ 외에)**

① 지상높이가 31미터 이상인 건축물 또는 인공구조물, 연면적 3만 제곱미터 이상인 건축물 또는 연면적 5천제곱미터 이상의 문화 및 집회시설, 판매시설, 운수시설, 종교시설, 의료시설 중 종합병원, 숙박시설 중 관광숙박시설 또는 지하도 상가의 건설·개조 또는 해체
② 연면적 5천제곱미터 이상의 냉동·냉장창고시설의 설비공사 및 단열공사
③ 깊이 10미터 이상인 굴착공사

96

근로자의 추락 등의 위험을 방지하기 위한 안전난간의 설치기준으로 옳지 않은 것은?

① 상부 난간대와 중간 난간대는 난간 길이 전체에 걸쳐 바닥면 등과 평행을 유지할 것
② 발끝막이판은 바닥면 등으로부터 20cm 이하의 높이를 유지할 것
③ 난간대는 지름 2.7cm 이상의 금속제 파이프나 그 이상의 강도가 있는 재료일 것
④ 안전난간은 구조적으로 가장 취약한 지점에서 가장 취약한 방향으로 작용하는 100kg 이상의 하중에 견딜 수 있는 튼튼한 구조일 것

해설

발끝막이판은 바닥면 등으로부터 10센티미터 이상의 높이를 유지할 것

정답 93 ④ 94 ② 95 ④ 96 ②

97

산업안전보건기준에 관한 규칙에 따른 암반 중 풍화암 굴착 시 굴착면의 기울기 기준으로 옳은 것은?

① 1 : 1.5　② 1 : 0.3　③ 1 : 1.0　④ 1 : 0.5

해설 **굴착면 기울기 기준**

지반의 종류	모래	연암 및 풍화암	경암	그 밖의 흙
굴착면의 기울기	1 :1.8	1 : 1.0	1 : 0.5	1 : 1.2

tip
2023년 법령개정. 문제와 해설은 개정된 내용 적용

98

흙막이공의 파괴 원인 중 하나인 보일링(boiling) 현상에 관한 설명으로 틀린 것은?

① 지하수위가 높은 지반을 굴착할 때 주로 발생한다.
② 연약 사질토 지반에서 주로 발생한다.
③ 시트파일(sheet pile) 등의 지면에 분사현상이 발생한다.
④ 연약 점토지반에서 굴착면의 융기로 발생한다.

해설

연약성 점토지반 굴착시 굴착외측 흙의 중량에 의해 굴착저면의 흙이 활동 전단 파괴되어 굴착내측으로 부풀어 오르는 현상은 히빙현상에 해당된다.

99

산업안전보건법상 차량계 하역운반기계 등에 단위화물의 무게가 100kg 이상인 화물을 싣는 작업 또는 내리는 작업을 하는 경우에 해당 작업 지휘자가 준수하여야 할 사항과 가장 거리가 먼 것은?

① 작업순서 및 그 순서마다의 작업방법을 정하고 작업을 지휘할 것
② 기구와 공구를 점검하고 불량품을 제거할 것
③ 대피방법을 미리 교육할 것
④ 로프 풀기 작업 또는 덮개 벗기기 작업은 적재함의 화물이 떨어질 위험이 없음을 확인한 후에 하도록 할 것

해설 **중량물 취급 시 작업지휘자 준수사항(보기 ①,②,④ 외에)**

해당 작업을 하는 장소에 관계 근로자가 아닌 사람이 출입하는 것을 금지시킬 것

정답　97 ③　98 ④　99 ③

100

다음 중 인력운반 작업시 안전수칙으로 적절하지 않은 것은?

① 물건을 들어 올릴 때는 팔과 무릎을 사용하고 허리를 구부린다.
② 운반 대상물의 특성에 따라 필요한 보호구를 확인, 착용한다.
③ 화물에 가능한 한 접근하여 화물의 무게중심을 몸에 가까이 밀착시킨다.
④ 무거운 물건을 공동 작업으로 하고 보조기구를 이용한다.

해설 **인력운반작업 준수사항(인양)**

① 운반의 일반적 하중 기준은 체중의 40(%)의 중량을 유지 할 것
② 등은 항상 직립 유지(허리를 굽히지 말 것), 가능한 한 지면과 수직이 되도록 할 것
③ 무릎은 직각자세를 취하고 몸은 가능한 한 인양물에 근접하여 정면에서 인양할 것
④ 팔은 몸에 밀착시키고 끌어당기는 자세를 취하며 가능한 한 수평거리를 짧게 할 것
⑤ 길이가 긴 물건을 단독으로 어깨에 메고 운반할 때에는 화물 앞부분 끝을 근로자 신장보다 약간 높게하여 모서리, 곡선 등에 충돌하지 않도록 주의 할 것

정답 100 ①

2021년 8월 8일~8월 18일

산업안전산업기사 CBT 기출 복원문제

1과목 산업재해 예방 및 안전보건교육

01

데이비스(K. Davis)의 동기부여이론 등식으로 옳은 것은?

① 지식 × 기능 = 태도
② 지식 × 상황 = 동기유발
③ 능력 × 상황 = 인간의 성과
④ 능력 × 동기유발 = 인간의 성과

해설 데이비스의 동기 부여 이론

① 인간의 성과×물적인 성과=경영의 성과
② 지식(knowledge)×기능(skill)=능력(ability)
③ 상황(situation)×태도(attitude)=동기유발(motivation)
④ 능력(ability)×동기유발(motivation)=인간의 성과(human performance)

02

리더십의 유형에 해당되지 않는 것은?

① 권위형 ② 민주형
③ 자유방임형 ④ 혼합형

해설 리더십의 유형

① 독재적(권위주의적) 리더십(맥그리거의 X이론 중심)
② 민주적 리더십 (맥그리거의 Y이론 중심)
③ 자유방임형(개방적) 리더십

03

산업안전보건법령상 근로자 안전보건교육에서 채용시 교육 및 작업내용 변경시 교육내용에 해당하지 않는 것은?

① 산업안전 및 사고 예방에 관한 사항
② 산업보건 및 직업병 예방에 관한 사항
③ 물질안전보건자료에 관한 사항
④ 작업공정의 유해·위험과 재해 예방대책에 관한 사항

해설 근로자 채용시 교육 및 작업내용변경시 교육내용

① 물질안전보건자료에 관한 사항
② 기계·기구의 위험성과 작업의 순서 및 동선에 관한 사항
③ 정리정돈 및 청소에 관한 사항
④ 작업 개시 전 점검에 관한 사항
⑤ 사고발생 시 긴급조치에 관한 사항
⑥ 산업보건 및 직업병 예방에 관한 사항
⑦ 직무스트레스 예방 및 관리에 관한 사항
⑧ 산업안전보건법령 및 산업재해보상보험 제도에 관한 사항
⑨ 산업안전 및 사고 예방에 관한 사항
⑩ 직장내 괴롭힘, 고객의 폭언 등으로 인한 건강장해 예방 및 관리에 관한 사항
⑪ 위험성 평가에 관한 사항

Tip

2023년 법령개정. 문제와 해설은 개정된 내용 적용

정답 1④ 2④ 3④

04

산업안전보건법령상 근로자 안전·보건교육의 교육시간에 관한 설명으로 옳지 않은 것은?

① 사무직에 종사하는 근로자의 정기교육은 매분기 3시간 이상이다.
② 관리감독자의 지위에 있는 사람의 정기교육은 연간 16시간 이상이다.
③ 일용근로자의 작업내용 변경시의 교육은 2시간 이상이다.
④ 일용근로자를 제외한 근로자의 채용 시의 교육은 8시간 이상이다.

해설 **근로자 안전보건 교육 시간(특별교육은 생략)**

교육과정	교육대상		교육시간
가. 정기교육	사무직 종사 근로자		매반기 6시간 이상
	그 밖의 근로자	판매업무에 직접 종사하는 근로자	매반기 6시간 이상
		판매업무에 직접 종사하는 근로자 외의 근로자	매반기 12시간 이상
나. 채용 시 교육	일용근로자 및 근로계약기간이 1주일 이하인 기간제근로자		1시간 이상
	근로계약기간이 1주일 초과 1개월 이하인 기간제근로자		4시간 이상
	그 밖의 근로자		8시간 이상
다. 작업내용 변경 시 교육	일용근로자 및 근로계약기간이 1주일 이하인 기간제근로자		1시간 이상
	그 밖의 근로자		2시간 이상
마. 건설업 기초안전·보건교육	건설 일용근로자		4시간 이상

Tip

2023년 법령개정. 문제는 개정 전 내용이며, 해설은 개정된 내용 적용

05

다음 중 무재해운동의 기본이념 3원칙 중 '선취의 원칙'을 가장 적절하게 설명한 것은?

① 모든 재해에는 손실이 발생함으로 사업주는 근로자의 안전을 보장하여야 한다는 것을 전제로 한다.
② 위험을 발견, 제거하기 위하여 전원이 참가, 협력하여 각자의 위치에서 의욕적으로 문제해결을 실천하는 것을 뜻한다.
③ 직장 내의 모든 잠재위험요인을 적극적으로 사전에 발견, 파악, 해결함으로써 뿌리에서부터 산업재해를 제거하는 것을 말한다.
④ 무재해, 무질병의 직장을 실현하기 위하여 직장의 위험요인을 행동하기 전에 예지하여 발견, 파악, 해결함으로써 재해발생을 예방하거나 방지하는 것을 말한다.

해설 **무재해 운동의 3대 원칙**

무의 원칙	무재해란 단순히 사망재해나 휴업재해만 없으면 된다는 소극적인 사고가 아닌, 사업장 내의 모든 잠재위험요인을 적극적으로 사전에 발견하고 파악·해결함으로써 산업재해의 근원적인 요소들을 없앤다는 것을 의미한다.
선취의 원칙	무재해 운동에 있어서 안전제일이란 안전한 사업장을 조성하기 위한 궁극의 목표로서 사업장 내에서 행동하기 전에 잠재위험요인을 발견하고 파악·해결하여 재해를 예방하는 것을 의미한다.
참가의 원칙	무재해 운동에서 참여란 작업에 따르는 잠재위험요인을 발견하고 파악·해결하기 위하여 전원이 일치 협력하여 각자의 위치에서 적극적으로 문제해결을 하겠다는 것을 의미한다.

06

다음 중 안전관리조직의 참모식(staff형) 장점이 아닌 것은?

① 경영자의 조언과 자문역할을 한다.
② 안전정보 수집이 용이하고 빠르다.
③ 안전에 관한 명령과 지시는 생산라인을 통해 신속하게 전달한다.
④ 안전전문가가 안전계획을 세워 문제해결 방안을 모색하고 조치한다.

해설

안전보건관리업무를 생산라인을 통하여 이루어지도록 편성된 조직은 라인형 조직이다.

정답 4③ 5④ 6③

07

다음 중 산업안전보건법령상 안전관리자의 업무에 해당되지 않은 것은?

① 업무수행 내용의 기록·유지
② 해당 사업장 보건교육계획의 수립 및 보건교육 실시에 관한 보좌 및 지도·조언
③ 산업재해에 관한 통계의 유지·관리·분석을 위한 보좌 및 지도·조언
④ 법 또는 법에 따른 명령으로 정한 안전에 관한 사항의 이행에 관한 보좌 및 지도·조언

해설

해당 사업장 보건교육계획의 수립 및 보건교육 실시에 관한 보좌 및 지도·조언은 보건관리자의 업무에 해당되는 내용

08

산업안전보건 법령에 따라 자율검사프로그램을 인정받기 위한 충족 요건으로 틀린 것은?

① 관련법에 따른 검사원을 고용하고 있을 것
② 관련법에 따른 검사주기마다 검사를 할 것
③ 자율검사프로그램의 검사기준이 안전검사 기준에 충족할 것
④ 검사를 할 수 있는 장비를 갖추고 이를 유지·관리할 수 있을 것

해설 **자율검사프로그램의 인정 요건**

① 자격을 갖춘 검사원을 고용하고 있을 것
② 검사를 실시할 수 있는 장비를 갖추고 이를 유지·관리할 수 있을 것
③ 안전검사 주기에 따른 검사주기의 2분의 1에 해당하는 주기(크레인 중 건설현장 외에서 사용하는 크레인의 경우에는 6개월)마다 검사를 실시할 것
④ 자율검사프로그램의 검사 기준이 안전검사기준을 충족할 것

09

안전모의 시험성능기준 항목이 아닌 것은?

① 내관통성　② 충격흡수성
③ 내구성　④ 난연성

해설 **안전모의 성능기준**

① 내관통성　② 충격흡수성　③ 내전압성
④ 내수성　⑤ 난연성　⑥ 턱끈풀림

10

다음 중 방진마스크의 구비 조건으로 적절하지 않은 것은?

① 흡기밸브는 미약한 호흡에 대하여 확실하고 예민하게 작동하도록 할 것
② 쉽게 착용되어야 하고, 착용하였을 때 안면부가 안면에 밀착되어 공기가 새지 않을 것
③ 여과재는 여과성능이 우수하고 인체에 장해를 주지 않을 것
④ 흡·배기 밸브는 외부의 힘에 의하여 손상되지 않도록 흡·배기 저항이 높을 것

해설 **방진마스크의 구비조건(선정기준)**

① 여과 효율이 좋을 것
② 흡배기 저항이 낮을 것
③ 사용적이 적을 것
④ 중량이 가벼울 것
⑤ 시야가 넓을 것
⑥ 안면 밀착성이 좋을 것
⑦ 피부 접촉 부위의 고무질이 좋을 것

정답 7 ② 8 ② 9 ③ 10 ④

11

교육훈련 방법 중 OJT(On the Job Training)의 특징으로 옳지 않은 것은?

① 동시에 다수의 근로자들을 조직적으로 훈련이 가능하다.
② 개개인에게 적절한 지도 훈련이 가능하다.
③ 훈련 효과에 의해 상호 신뢰 및 이해도가 높아진다,
④ 직장의 실정에 맞게 실제적 훈련이 가능하다.

해설 **OJT의 특징**

① 직장의 현장실정에 맞는 구체적이고 실질적인 교육이 가능하다.
② 교육의 효과가 업무에 신속하게 반영된다.
③ 교육으로 인해 업무가 중단되는 업무손실이 적다.
④ 개인의 능력과 적성에 알맞은 맞춤교육이 가능하다.

12

기업 내 정형교육 중 TWI(Training Within Industry)의 교육 내용에 있어 직장 내 부하 직원에 대하여 가르치는 기술과 관련이 가장 깊은 기법은?

① JIT(Job Instruction Training)
② JMT(Job Method Training)
③ JRT(Job Relation Training)
④ JST(Job Safety Training)

해설 **TWI(Training with industry)교육과정**

① Job Method Training(J.M.T): 작업방법훈련(작업개선법)
② Job Instruction Training(J.I.T): 작업지도훈련(작업지도법)
③ Job Relations Training(J.R.T): 인간관계훈련(부하통솔법)
④ Job Safety Training(J.S.T): 작업안전훈련(안전관리법)

13

다음 중 참가자에 일정한 역할을 주어 실제적으로 연기를 시켜봄으로써 자기의 역할을 보다 확실히 인식할 수 있도록 체험학습을 시키는 교육방법은?

① Role playing
② Brain storming
③ Action playing
④ Fish Bowl playing

해설 **role playing(역할 연기법)**

① 참석자가 정해진 역할을 직접 연기해 본 후 함께 토론해보는 방법
② 흥미유발, 태도변용에 도움

14

안전보건교육의 교육지도 원칙에 해당되지 않은 것은?

① 피교육자 중심의 교육을 실시한다.
② 동기부여를 한다.
③ 5관을 활용한다.
④ 어려운 것부터 쉬운 것으로 시작한다.

해설 **안전보건교육의 기본적인 지도원리(지도8원칙)**

① 피교육자 중심 교육(상대방의 입장에서)
② 동기부여를 중요하게
③ 쉬운부분에서 어려운 부분으로 진행
④ 반복에 의한 습관화 진행
⑤ 인상의 강화(사실적 구체적인 진행)
⑥ 오관(감각기관)의 활용
⑦ 기능적인 이해(Functional understanding)(요점위주로 교육)
⑧ 한 번에 한 가지씩 교육(교육의 성과는 양보다 질을 중시)

정답 11 ① 12 ① 13 ① 14 ④

15

재해손실비의 평가방식 중 시몬즈(R.H. Simonds)방식에 의한 계산방법으로 옳은 것은?

① 직접비 + 간접비
② 공동비용 + 개별비용
③ 보험코스트 + 비보험코스트
④ (휴업상해건수 × 관련비용 평균치) + (통원상해건수 × 관련비용 평균치)

해설 **Simonds and Grimaldi 방식**

① 총 재해 비용 산출방식
= 보험 Cost + 비 보험 Cost
= 산재보험료 + A × (휴업상해건수) + B × (통원상해건수) + C × (응급처치건수) + D × (무상해사고건수)

16

산업안전보건법령상 안전보건표지의 종류 중 경고표지에 해당하지 않는 것은?

① 레이저광선 경고
② 급성독성물질 경고
③ 매달린 물체 경고
④ 차량통행 경고

해설 **금지표지의 종류**

① 출입금지	② 보행금지	③ 차량통행금지
④ 사용금지	⑤ 탑승금지	⑥ 금연
⑦ 화기금지	⑧ 물체이동금지	

17

연평균 500명의 근로자가 근무하는 사업장에서 지난 한 해 동안 20명의 재해자가 발생하였다. 만약 이 사업장에서 한 근로자가 평생 동안 작업을 한다면 약 몇 건의 재해를 당할 수 있겠는가? (단, 1인당 평생근로시간은 120,000시간으로 한다.)

① 1건 ② 2건 ③ 4건 ④ 6건

해설 **환산 도수율(F)**

① 연천인율＝도수율×2.4

② $F = \text{도수율} \times \dfrac{120,000}{1,000,000} = \dfrac{40}{2.4} \times \dfrac{120,000}{1,000,000} = 2(\text{건})$

18

각자가 위험에 대한 감수성 향상을 도모하기 위하여 삼각 및 원포인트 위험예지훈련을 실시하는 것은?

① 1인 위험예지훈련
② 자문자답 위험예지훈련
③ TBM 위험예지훈련
④ 시나리오 역할연기훈련

해설 **1인 위험 예지 훈련**

① 위험요인에 대한 감수성을 향상시키기 위해 원포인트 및 삼각 위험예지 훈련을 통합한 활용기법
② 한사람 한사람이 같은 도해로 4라운드까지 1인 위험 예지훈련을 실시한 후 리더의 사회로 결과에 대하여 서로 발표하고 토론함으로 위험요소를 발견 파악한 후 해결능력을 향상시키는 훈련

정답 15 ③ 16 ④ 17 ② 18 ①

19

다음 중 점검 시기에 따른 안전점검의 종류로 볼 수 없는 것은?

① 수시점검　② 외관점검
③ 정기점검　④ 일상점검

해설 **안전점검의 종류(점검주기에 의한 종류)**

일상점검 (수시점검)	작업 시작 전이나 사용 전 또는 작업중에 일상적으로 실시하는 점검. 작업담당자, 감독자가 실시하고 결과를 담당책임자가 확인
정기점검 (계획점검)	1개월, 6개월, 1년 단위로 일정기간마다 정기적으로 점검 (외관, 구조, 기능의 점검 및 분해검사)
임시점검	정기점검 실시후 다음 점검시기 이전에 임시로 실시하는 점검 (기계, 기구, 설비의 갑작스런 이상 발생시)
특별점검	· 기계, 기구, 설비의 신설변경 또는 고장, 수리 등을 할 경우 · 정기점검기간을 초과하여 사용하지 않던 기계설비를 다시 사용하고자 할 경우 · 강풍(순간풍속 30m/s초과) 또는 지진(중진 이상 지진) 등의 천재지변 후

Tip

외관점검은 점검방법에 의한 구분에 해당된다.

20

산업안전보건법령상 사업주에게 안전관리자·보건관리자 또는 안전보건관리담당자를 정수 이상으로 증원하게 하거나 교체하여 임명할 것을 명할 수 있는 경우의 기준 중 다음 ( )안에 알맞은 것은?

> · 중대재해가 연간 (㉠)건 이상 발생한 경우
> · 해당 사업장의 연간재해율이 같은 업종의 평균재해율의 (㉡)배 이상인 경우

① ㉠ 3, ㉡ 2　② ㉠ 2, ㉡ 3
③ ㉠ 2, ㉡ 2　④ ㉠ 3, ㉡ 3

해설 **안전관리자 증원 교체임명 대상사업장**

① 해당 사업장의 연간재해율이 같은 업종의 평균재해율의 2배 이상인 경우
② 중대재해가 연간 2건 이상 발생한 경우.(해당 사업장의 전년도 사망만인율이 같은 업종의 평균 사망만인율 이하인 경우는 제외)
③ 관리자가 질병이나 그 밖의 사유로 3개월 이상 직무를 수행할 수 없게 된 경우
④ 화학적 인자로 인한 직업성질병자가 연간 3명 이상 발생한 경우

2과목 **인간공학 및 위험성 평가관리**

21

일반적인 화학설비에 대한 안전성 평가(safety assessment) 절차에 있어 안전대책 단계에 해당되지 않는 것은?

① 보전　② 위험도 평가
③ 설비적 대책　④ 관리적 대책

해설 **안전성 평가**

① 잠재적인 위험성을 평가하는 것은 2단계에서 이루어지며 3단계에서 위험의 등급을 구분한다.
② 안전대책단계에서는 설비 및 관리적인 대책이 이루어지며, 관리적인 대책에는 보전도 포함된다.

22

강의용 책걸상을 설계할 때 고려해야 할 변수와 적용할 인체측정자료 응용원칙이 적절하게 연결된 것은?

① 의자 높이 – 최대 집단치 설계
② 의자 깊이 – 최대 집단치 설계
③ 의자 너비 – 최대 집단치 설계
④ 책상 높이 – 최대 집단치 설계

해설 **책걸상의 설계원칙**

책상 및 의자의 높이는 개인별로 조절할수 있는 조절범위, 의자의 깊이는 최소집단치 설계가 바람직하다.

정답 19 ② 20 ③ 21 ② 22 ③

23

다음 중 FTA에서 활용하는 최소 컷셋(Minimal cut sets)에 관한 설명으로 옳은 것은?

① 해당 시스템에 대한 신뢰도를 나타낸다.
② 컷셋 중에 타 컷셋을 포함하고 있는 것을 배제하고 남은 컷셋들을 의미한다.
③ 어느 고장이나 에러를 일으키지 않으면 재해가 일어나지 않는 시스템의 신뢰성이다.
④ 기본사상이 일어나지 않을 때 정상사상(Top event)이 일어나지 않는 기본사상의 집합이다.

해설 **미니멀 컷셋**

컷셋의 집합중에서 정상사상을 일으키기 위하여 필요한 최소한의 컷셋으로 정상사상인 결함을 발생시키므로 시스템이 고장나는 상황을 나타낸다.

24

FT도에서 ①~⑤사상의 발생확률이 모두 0.06일 경우 T사상의 발생 확률은 약 얼마인가?

① 0.00036
② 0.00061
③ 0.142625
④ 0.2262

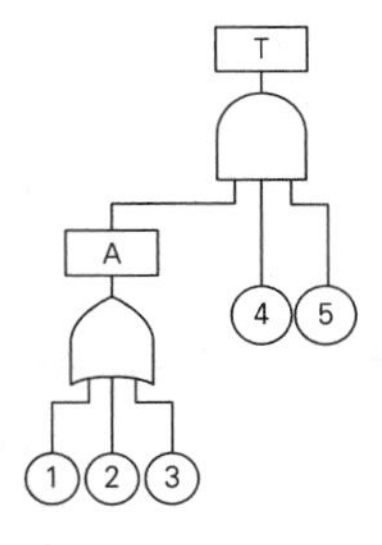

해설 **정상사상 발생확률**

T = A × ④ × ⑤
A = 1−(1−①)(1−②)(1−③)
T = {1−(1−0.06)(1−0.06)(1−0.06)}×0.06×0.06=0.00060989
= 0.00061

25

날개가 2개인 비행기의 양 날개에 엔진이 각각 2개씩 있다. 이 비행기는 양 날개에서 각각 최소한 1개의 엔진은 작동을 해야 추락하지 않고 비행할 수 있다. 각 엔진의 신뢰도가 각각 0.9이며, 각 엔진은 독립적으로 작동한다고 할 때, 이 비행기가 정상적으로 비행할 신뢰도는 약 얼마인가?

① 0.89 ② 0.91 ③ 0.94 ④ 0.98

해설

신뢰도(Rs) = 1 − (1 − 0.9)(1 − 0.9) × 1 − (1 − 0.9)(1 − 0.9)
= 0.9801

26

FT도에 사용하는 기호에서 3개의 입력현상 중 임의의 시간에 2개가 발생하면 출력이 생기는 기호의 명칭은?

① 억제 게이트 ② 조합 AND 게이트
③ 배타적 OR 게이트 ④ 우선적 AND 게이트

해설 **수정게이트**

① 우선적 AND게이트 : 입력사상중 어떤 사상이 다른 사상보다 앞에 일어났을 때 출력사상이 발생한다.
② 조합 AND게이트 : 3개 이상의 입력사상 중 어느 것이나 2개가 일어나면 출력이 발생한다.
③ 배타적 OR게이트 : OR게이트인데 2개 또는 그 이상의 입력이 존재하는 경우에는 출력이 발생하지 않는다.

정답 23 ② 24 ② 25 ④ 26 ②

27

다음 중 HAZOP 기법에서 사용하는 가이드워드와 그 의미가 잘못 연결된 것은?

① As well as : 성질상의 증가
② More/Less : 정량적인 증가 또는 감소
③ Part of : 성질상의 감소
④ Other than : 기타 환경적인 요인

해설 **유인어의 의미**

GUIDE WORD	의 미
NO 혹은 NOT	설계의도의 완전한 부정
REVERSE	설계의도의 논리적인 역(설계의도와 반대 현상)
OTHER THAN	완전한 대체의 필요

28

산업안전보건법령상 해당 사업주가 유해위험방지계획서를 작성하여 제출해야하는 대상은?

① 시·도지사 ② 관할 구청장
③ 고용노동부장관 ④ 행정안전부장관

해설

사업주는 유해·위험 방지에 관한 사항을 적은 계획서를 작성하여 고용노동부령으로 정하는 바에 따라 고용노동부장관에게 제출하고 심사를 받아야 한다.

29

동작경제의 원칙에 해당하지 않는 것은?

① 공구의 기능을 각각 분리하여 사용하도록 한다.
② 두 팔의 동작은 동시에 서로 반대방향으로 대칭적으로 움직이도록 한다.
③ 공구나 재료는 작업동작이 원활하게 수행되도록 그 위치를 정해준다.
④ 가능하다면 쉽고도 자연스러운 리듬이 작업동작에 생기도록 작업을 배치한다.

해설

공구의 기능을 결합하여 사용하도록 한다.

30

3개 공정의 소음수준 측정 결과 1공정은 100dB에서 1시간, 2공정은 95dB에서 1시간, 3공정은 90dB에서 1시간이 소요될 때 총 소음량(TND)과 소음설계의 적합성을 올바르게 나열한 것은? (단, 90dB에 8시간 노출될 때를 허용기준으로 하며, 5dB 증가할 때 허용시간은 1/2로 감소되는 법칙을 적용한다.)

① TND = 0.78, 적합 ② TND = 0.88, 적합
③ TND = 0.98, 적합 ④ TND = 1.08, 부적합

해설 **소음 투여량(noise dose)**

① OSHA(미 노동부 직업안전 위생국)의 소음의 부분 투여 (80dB-A이하 무시)

$$\text{부분투여(\%)} = \frac{\text{실제노출시간}}{\text{최대허용시간}} \times 100$$

② 허용노출수준 : 100%의 소음 투여량 (총 소음 투여량은 부분투여의 합)

③ $\text{TND} = \left(\frac{1}{2} + \frac{1}{4} + \frac{1}{8}\right) = 0.88$, 적합성은 1 미만이므로 적합

31

다음 중 인간공학에 대한 설명으로 틀린 것은?

① 인간이 사용하는 물건, 설비, 환경의 설계에 적용된다.
② 인간의 생리적, 심리적인 면에서의 특성이나 한계점을 고려한다.
③ 인간을 작업과 기계에 맞추는 설계 철학이 바탕이 된다.
④ 인간-기계 시스템의 안전성과 편리성, 효율성을 높인다.

해설 **인간공학의 정의**

인간이 편리하게 사용할 수 있도록 기계 설비 및 환경을 인간에 맞추어 설계하는 과정을 인간공학이라 한다(인간의 편리성을 위한 설계)

정답 27 ④ 28 ③ 29 ① 30 ② 31 ③

32

청각적 자극제시와 이에 대한 음성응답과업에서 갖는 양립성에 해당하는 것은?

① 개념적 양립성
② 운동 양립성
③ 공간적 양립성
④ 양식 양립성

해설 **양식 양립성**

음성과업에서는 청각제시와 음성응답, 공간과업에서는 시각제시와 수동응답이 일반적인 연구결과이다.

33

다음 중 진동의 영향을 가장 많이 받는 인간의 성능은?

① 추적(tracking) 능력
② 감시(monitoring) 작업
③ 반응시간(reaction time)
④ 형태 식별(pattern recognition)

해설

진동은 진폭에 비례하여 추적능력이 손상되며, 반응시간, 감시, 형태 식별 등 주로 중앙 신경 처리에 달린 임무는 진동의 영향이 미약하다.

34

신체 부위의 운동에 대한 설명으로 틀린 것은?

① 굴곡(flexion)은 부위간의 각도가 증가하는 신체의 움직임을 의미한다.
② 외전(abduction)은 신체 중심선으로부터 이동하는 신체의 움직임을 의미한다.
③ 내전(adduction)은 신체의 외부에서 중심선으로 이동하는 신체의 움직임을 의미한다.
④ 외선(lateral rotation)은 신체의 중심선으로부터 회전하는 신체의 움직임을 의미한다.

해설

관절에서의 각도가 감소하는 것은 굴곡이고, 관절에서의 각도가 증가하는 것은 신전이다.

35

인간의 실수 중 수행해야 할 작업 및 단계를 생략하여 발생하는 오류는?

① omission error
② commission error
③ sequence error
④ timing error

해설 **스웨인(A.D.Swain)의 독립행동에 의한 휴먼에러 분류**

누락에러 (Omission error)	필요한 직무나 단계를 수행하지 않은(생략) 에러
작위에러 (Commission error)	직무나 순서 등을 착각하여 잘못 수행(불확실한 수행)한 에러
순서에러 (Sequential error)	직무 수행과정에서 순서를 잘못 지켜(순서착오) 발생한 에러
지연에러 (Time error)	정해진 시간내 직무를 수행하지 못하여(수행지연)발생한 에러
불필요한수행에러 (Extraneous error)	불필요한 직무 또는 절차를 수행하여 발생한 에러(과잉행동에러)

36

매직넘버라고도 하며 인간이 절대식별 시 작업 기억 중에 유지할 수 있는 항목의 최대수를 나타낸 것은?

① 3 ± 1
② 7 ± 2
③ 10 ± 1
④ 20 ± 2

해설

Miller는 사람이 절대적 기준으로 확인할 수 있는 단일 차원확인의 전형적 범위로서 "매직 넘버(magic number) 7±2"를 제시하였다.

정답 32 ④ 33 ① 34 ① 35 ① 36 ②

37

다음 중 인체측정과 작업공간의 설계에 관한 설명으로 옳은 것은?

① 구조적 인체 치수는 움직이는 몸의 자세로부터 측정한 것이다.
② 선반의 높이, 조작에 필요한 힘 등을 정할 때에는 인체 측정치의 최대집단치를 적용한다.
③ 수평 작업대에서의 정상작업영역은 상완을 자연스럽게 늘어뜨린 상태에서 전완을 뻗어 파악할 수 있는 영역을 말한다.
④ 수평 작업대에서의 최대작업영역은 다리를 고정시킨 후 최대한으로 파악할 수 있는 영역을 말한다.

해설 **수평작업대**

정상작업역(표준영역)	위팔을 자연스럽게 수직으로 늘어뜨리고, 아래팔만으로 편하게 뻗어 파악할 수 있는 영역
최대작업역(최대영역)	아래팔과 위팔을 모두 곧게 펴서 파악할 수 있는 영역

38

다음 중 작위적 오류(commission error) 에 해당되지 않는것은?

① 전선이 바뀌었다.
② 틀린 부품을 사용하였다.
③ 부품이 거꾸로 조립되었다.
④ 부품을 빠뜨리고 조립하였다.

해설 **Swain의 인간실수 분류**

① 부작위 실수(omission error) : 직무의 한 단계 또는 전체직무를 누락시킬때 발생
② 작위 실수(commission error) : 직무를 수행하지만 잘못 수행할 때 발생(넓은 의미로 선택착오, 순서착오, 시간착오, 정성적 착오 포함)

39

다음 중 조종장치의 종류에 있어 연속적인 조절에 가장 적합한 형태는?

① 토글 스위치(Toggle switch)
② 푸시 버튼(Push button)
③ 로터리 스위치(Rotary switch)
④ 레버(Lever)

해설 **조종장치(통제기)의 특성**

연속적인 조절이 필요한 형태	① knob ② crank ③ handle ④ lever ⑤ pedal
불연속적인 조절이 필요한 상태	① hand push button ② foot push button ③ toggle switch ④ rotary switch
안전장치와 통제장치	① push button의 오목면이용 ② toggle switch의 커버설치 ③ 안전장치와 통제장치는 겸하여 설치하는 것이 효율적

40

다음 중 인간-기계 시스템에서 기계에 비교한 인간의 장점과 가장 거리가 먼 것은?

① 완전히 새로운 해결책을 찾아낸다.
② 여러 개의 프로그램된 활동을 동시에 수행한다.
③ 다양한 경험을 토대로 하여 의사결정을 한다.
④ 상황에 따라 변화하는 복잡한 자극 형태를 식별한다.

해설 **인간과 기계의 기능비교**

기계는 과부하 상태에서도 효율적으로 작동하고, 동시에 여러 가지 작업이 가능하지만, 인간은 과부하 상태에서 중요한 일에만 전념한다.

정답 37 ③ 38 ④ 39 ④ 40 ②

3과목 기계·기구 및 설비 안전관리

41

현장에서 사용 중인 크레인의 거더 밑면에 균열이 발생되어 이를 확인하려고 하는 경우 비파괴검사방법 중 가장 편리한 검사 방법은?

① 초음파탐상검사 ② 방사선투과검사
③ 자분탐상검사 ④ 액체침투탐상검사

해설 **액체침투검사(P.T)**

① 철강이나 비철을 포함한 모든 재료와 비금속재료의 표면에 열려 있는 결함이 존재할 경우
② 침투액에 형광물질을 첨가하여 더욱 정확하게 검출할 수도 있다. (형광시험법)

42

기계의 방호장치 중 과도하게 한계를 벗어나 계속적으로 감아올리는 일이 없도록 제한하는 장치는?

① 일렉트로닉 아이 ② 권과방지장치
③ 과부하방지장치 ④ 해지장치

해설 **권과방지장치**

와이어로프를 감아서 물건을 들어올리는 기계장치(호이스트, 리프트, 크레인 등)에서 로프가 너무 많이 과도하게 감기는 것을 방지하는 장치

43

산업안전보건법상 자율안전확인 대상 보호구 중 사용 구분에 따른 보안경의 종류에 해당하지 않는 것은?

① 차광보안경 ② 유리보안경
③ 프라스틱보안경 ④ 도수렌즈보안경

해설 **보안경(자율안전확인)의 종류 및 사용구분**

종류	사용구분
유리보안경	비산물로부터 눈을 보호하기 위한 것으로 렌즈의 재질이 유리인 것
프라스틱보안경	비산물로부터 눈을 보호하기 위한 것으로 렌즈의 재질이 프라스틱인 것
도수렌즈보안경	비산물로부터 눈을 보호하기 위한 것으로 도수가 있는 것

44

드릴링 머신에서 축의 회전수가 1,000rpm이고, 드릴 지름이 10mm일 때 드릴의 원주 속도는 약 얼마인가?

① 6.28m/min ② 31.4m/min
③ 62.8m/min ④ 314m/min

해설 **원주속도**

$$원주속도(m/min)=\frac{\pi D(mm)N(rpm)}{1000}=\frac{\pi\times10\times1000}{1000}$$
$$=31.42(m/min)$$

45

연삭숫돌의 파괴원인이 아닌 것은?

① 외부의 충격을 받았을 때
② 플랜지가 현저히 작을 때
③ 회전력이 결합력보다 클 때
④ 내·외면의 플랜지 지름이 동일할 때

해설 **연삭숫돌의 파괴원인**

① 숫돌의 회전 속도가 너무 빠를 때
② 숫돌 자체에 균열이 있을 때
③ 숫돌에 과대한 충격을 가할 때
④ 숫돌의 측면을 사용하여 작업할 때
⑤ 플랜지가 현저히 작을 때
⑥ 숫돌의 치수가 부적당할 때 등

정답 41 ④ 42 ② 43 ① 44 ② 45 ④

46

다음 중 산업안전보건법령에 따라 산업용 로봇의 사용 및 수리 등에 관한 사항으로 틀린 것은?

① 작업을 하고 있는 동안 로봇의 기동스위치 등에 "작업 중"이라는 표시를 하여야 한다.
② 해당 작업에 종사하고 있는 근로자의 안전한 작업을 위하여 작업종사자 외의 사람이 기동스위치를 조작할 수 있도록 하여야 한다.
③ 로봇을 운전하는 경우에 근로자가 로봇에 부딪칠 위험이 있을 때에는 높이 1.8[m] 이상의 울타리를 설치하거나 안전매트 또는 광전자식 방호장치 등 감응형 방호장치를 설치하는 등의 조치를 하여야 한다.
④ 로봇의 작동범위에서 해당 로봇의 수리·검사·조정·청소·급유 또는 결과에 대한 확인작업을 하는 경우에는 해당 로봇의 운전을 정지함과 동시에 그 작업을 하고 있는 동안 로봇의 기동스위치를 열쇠로 잠근 후 열쇠를 별도 관리하여야 한다.

해설 산업용로봇의 안전관리

① 작업에 종사하고 있는 근로자 또는 그 근로자를 감시하는 사람은 이상을 발견하면 즉시 로봇의 운전을 정지시키기 위한 조치를 할 것
② 작업을 하고 있는 동안 로봇의 기동스위치 등에 작업중이라는 표시를 하는 등 작업에 종사하고 있는 근로자가 아닌 사람이 그 스위치 등을 조작할 수 없도록 필요한 조치를 할 것

47

다음 중 지게차의 작업 상태별 안정도에 관한 설명으로 틀린 것은? (단, V는 최고속도(km/h) 이다.)

① 기준 부하상태에서 하역작업 시의 좌우 안정도는 6%이다.
② 기준 부하상태에서 하역작업 시의 전후 안정도는 20%이다.
③ 기준 무부하상태에서 주행 시의 전후 안정도는 18%이다.
④ 기준 무부하상태에서 주행 시의 좌우 안정도는 (15+1.1V)%이다.

해설 지게차의 안정도

① 주행시 전후 안정도 : 18%
② 주행시 좌우 안정도 : (15+1.1V)%
③ 하역작업 시 전후 안정도 4%(5톤 이상은 3.5%)
④ 하역작업시의 좌우안정도 6%

48

광전자식 방호장치의 광선에 신체의 일부가 감지된 후로부터 급정지기구가 작동개시 하기까지의 시간이 40ms이고, 광축의 설치거리가 96mm일 때 급정지기구가 작동개시한 때로부터 프레스기의 슬라이드가 정지될 때까지의 시간은 얼마인가?

① 15ms ② 20ms ③ 25ms ④ 30ms

해설 슬라이드 정지시간

설치거리(mm) $= 1.6(T_L + T_S)$

$96 = 1.6(40 + T_s)$

∴ 시간 $T_S = 20\text{ms}$

정답 46 ② 47 ② 48 ②

49

허용응력이 100kgf/mm²이고, 단면적이 2mm²인 강판의 극한하중이 400kgf이라면 안전율은 얼마인가?

① 2 ② 4 ③ 5 ④ 50

해설 안전율

① 극한강도$=\frac{400}{2}=200[\mathrm{kgf/mm^2}]$

② 안전율$=\frac{\text{극한강도}}{\text{허용응력}}=\frac{200}{100}=2$

50

다음 중 아세틸렌 가스용접장치에 관한 기준으로 틀린 것은?

① 전용의 발생기실을 옥외에 설치한 경우에는 그 개구부를 다른 건축물로부터 1.5m 이상 떨어지도록 하여야 한다.
② 아세틸렌 용접장치를 사용하여 금속의 용접·용단 또는 가열작업을 하는 경우에는 게이지 압력이 127kPa을 초과하는 압력의 아세틸렌을 발생시켜 사용해서는 아니 된다.
③ 전용의 발생기실을 설치하는 경우 벽은 불연성 재료로 하고, 철근 콘크리트 또는 그 밖에 이와 동등하거나 그 이상의 강도를 가진 구조로 하여야 한다.
④ 전용의 발생기실은 건물의 최상층에 위치하여야 하며, 화기를 사용하는 설비로부터 1m를 초과하는 장소에 설치하여야 한다.

해설 발생기실의 설치장소

① 전용의 발생기 실내에 설치
② 건물의 최상층에 위치, 화기를 사용하는 설비로부터 3m를 초과하는 장소에 설치
③ 옥외에 설치할 경우 그 개구부를 다른 건축물로부터 1.5m 이상 떨어지도록 할 것

51

기계설비의 안전조건 중 외관의 안전성을 향상시키는 조치에 해당하는 것은?

① 전압강하, 정전시의 오동작을 방지하기 위하여 자동제어장치를 하였다.
② 고장 발생을 최소화하기 위해 정기점검을 실시하였다.
③ 강도의 열화를 생각하여 안전율을 최대로 고려하여 설계하였다.
④ 작업자가 접촉할 우려가 있는 기계의 회전부를 덮개로 씌우고 안전색채를 적용하였다.

해설 외관상의 안전화

① 가드 설치(기계 외형 부분 및 회전체 돌출 부분)
② 별실 또는 구획된 장소에 격리(원동기 및 동력 전도 장치)
③ 안전 색채 조절(기계 장비 및 부수되는 배관)

52

다음 설명은 보일러의 장해 원인 중 어느 것에 해당되는가?

> 보일러 수중에 용해고형분이나 수분이 발생, 증기 중에 다량 함유되어 증기의 순도를 저하시킴으로써 관내 응축수가 생겨 워터햄머의 원인이 되고, 증기과열기나 터빈 등의 고장 원인이 된다.

① 프라이밍(priming) ② 포밍(forming)
③ 캐리오버(carry over) ④ 역화(back fire)

해설 캐리오버(carry over)

보일러에서 증기관 쪽에 보내는 증기에 대량의 물방울이 포함되는 경우로 프라이밍이나 포밍이 생기면 필연적으로 발생. 캐리오버는 과열기 또는 터빈 날개에 불순물을 퇴적시켜 부식 또는 과열의 원인이 된다.

정답 49 ① 50 ④ 51 ④ 52 ③

53

기계의 고정부분과 회전하는 동작부분이 함께 만드는 위험점의 예로 옳은 것은?

① 굽힘기계
② 기어와 랙
③ 교반기의 날개와 하우스
④ 회전하는 보링머신의 천공공구

해설 **끼임점(Shear-point) : 고정부분과 회전 또는 직선운동부분에 의해 형성**

① 연삭 숫돌과 작업대
② 반복동작되는 링크기구
③ 교반기의 교반날개와 몸체사이

54

개구면에서 위험점까지의 거리가 50mm 위치에 풀리(pully)가 회전하고 있다. 가드(Guard)의 개구부 간격으로 설정할 수 있는 최댓값은?

① 9.0mm　　② 13.5mm
③ 15.5mm　　④ 25mm

해설 **가드의 개구부 간격**

$Y = 6 + 0.15X = 6 + (0.15 \times 50) = 13.5(\text{mm})$

55

선반작업 시 발생되는 칩(chip)으로 인한 재해를 예방하기 위하여 칩을 짧게 끊어지게 하는 것은?

① 칩 브레이커　　② 브레이크
③ 방진구　　④ 덮개

해설 **칩 브레이커**

길게 형성되는 절삭 칩을 바이트를 사용하여 절단해주는 선반의 방호장치

56

산업안전보건기준에 관한 규칙에 따라 기계·기구 및 설비의 위험예방을 위하여 사업주는 회전축·기어·풀리 및 플라이휠 등에 부속되는 키·핀 등의 기계요소는 어떠한 형태로 설치하여야 하는가?

① 개방형　　② 돌출형
③ 묻힘형　　④ 고정형

해설 **원동기·회전축 등의 위험방지**

기계의 원동기·회전축·기어·풀리 플라이휠·벨트 및 체인 등의 위험부위	① 덮개 ② 울 ③ 슬리이브 ④ 건널다리
회전축·기어·풀리 등에 부속하는 키·핀 등의 기계요소	① 묻힘형　② 해당부위 덮개

57

제철공장에서는 주괴(ingot)를 운반하는 데 주로 컨베이어를 사용하고 있다. 컨베이어에 대한 방호조치로 틀린 것은?

① 근로자의 신체의 일부가 말려드는 등 근로자에게 위험을 미칠 우려가 있는 때 및 비상시에는 즉시 컨베이어 등의 운전을 정지시킬 수 있는 장치를 설치하여야 한다.
② 화물의 낙하로 인하여 근로자에게 위험을 미칠 우려가 있는 때에는 당해 컨베이어 등에 덮개 또는 울을 설치하는 등 낙하방지를 위한 조치를 하여야 한다.
③ 운전 중인 컨베이어 등의 위로 근로자를 넘어가도록 하는 때에는 근로자의 위험을 방지하기 위하여 건널다리를 설치하는 등 필요한 조치를 하여야 한다.
④ 수평상태로만 사용하는 컨베이어의 경우 정전, 전압강하 등에 의한 화물 또는 운반구의 이탈 및 역주행을 방지하는 장치를 갖추어야 한다.

해설 **안전조치사항**

이탈 등의 방지	정전, 전압강하 등에 의한 화물 또는 운반구의 이탈 및 역주행 방지장치
비상정지장치부착	근로자의 신체의 일부가 말려드는 등 근로자에게 위험을 미칠 우려가 있을 때 및 비상시에 정지할 수 있는 장치
낙하물에 의한 위험방지	덮개 또는 울 설치
탑승 및 통행의 제한	건널다리 설치

정답 53 ③ 54 ② 55 ① 56 ③ 57 ④

58

산업안전보건법상 양중기에서 하중을 직접 지지하는 와이어로프 또는 달기체인의 안전계수로 옳은 것은?

① 1 이상　② 3 이상　③ 5 이상　④ 7 이상

해설 **와이어로프의 안전계수**

근로자가 탑승하는 운반구를 지지하는 달기와이어로프 또는 달기체인의 경우	10 이상
화물의 하중을 직접 지지하는 경우 달기와이어로프 또는 달기체인의 경우	5 이상
훅, 샤클, 클램프, 리프팅 빔의 경우	3 이상
그 밖의 경우	4 이상

59

인간이 기계 등의 취급을 잘못해도 그것이 바로 사고나 재해와 연결되는 일이 없는 기능을 의미하는 것은?

① fail safe　② fail active
③ fail operational　④ fool proof

해설 **풀 프루프(fool proof)**

바보 같은 행동을 방지한다는 뜻으로 사용자가 비록 잘못된 조작을 하더라도 이로 인해 전체의 고장이 발생되지 아니하도록 하는 설계방법

Tip

페일세이프(fail safe) : 조작상의 과오로 기기의 일부에 고장이 발생해도 다른부분의 고장이 발생하는 것을 방지하거나 또는 어떤 사고를 사전에 방지하고 안전측으로 작동하도록 설계하는 방법

60

프레스기의 금형을 부착·해체 또는 조정하는 작업을 할 때, 슬라이드가 갑자기 작동함으로써 발생하는 근로자의 위험을 방지하기 위해 사용해야 하는 것은?

① 방호울　② 안전블록
③ 시건장치　④ 날접촉예방장치

해설

안전블록은 금형의 부착 및 해체작업시 슬라이드의 불시하강을 방지하기 위한 조치이므로 반드시 설치하여야 한다.

4과목 전기 및 화학설비 안전관리

61

방폭형 기기에 폭발성 가스가 내부로 침입하여 내부에서 폭발이 발생하여도 이 압력에 견디도록 제작한 방폭 구조는?

① 내압(d) 방폭구조　② 압력(p) 방폭구조
③ 안전증(e) 방폭구조　④ 본질안전(i) 방폭구조

해설 **내압 방폭 구조(d)**

① 용기가 폭발압력에 견디고 외부의 폭발성 분위기에 불꽃의 전파를 방지하도록 한 방폭 구조
② 기기의 케이스는 전폐구조로 폭발 후 고열가스가 용기의 틈으로부터 누설되어도 틈의 냉각 효과로 외부의 폭발성 가스에 착화될 우려가 없도록 제작
③ 안전간격(화염일주 한계) : 화염이 틈새를 통하여 바깥쪽의 폭발성 가스에 전달되지 않도록하는 한계의 틈새로 최소점화에너지 이하로 열을 식혀 안전을 유지하기 위함

62

근로자가 노출된 충전부 또는 그 부근에서 작업함으로써 감전될 우려가 있는 경우에는 작업에 들어가기 전에 해당 전로를 차단하여야 하나 전로를 차단하지 않아도 되는 예외기준이 있다. 그 예외기준이 아닌 것은?

① 생명유지장치, 비상경보설비, 폭발위험장소의 환기설비, 비상조명설비 등의 장치·설비의 가동이 중지되어 사고의 위험이 증가되는 경우
② 관리감독자를 배치하여 짧은 시간 내에 작업을 완료할 수 있는 경우
③ 기기의 설계상 또는 작동상 제한으로 전로 차단이 불가능한 경우
④ 감전, 아크 등으로 인한 화상, 화재·폭발의 위험이 없는 것으로 확인된 경우

해설 **전로차단의 예외**

① 생명유지장치, 비상경보설비, 폭발위험장소의 환기설비, 비상조명설비등의 장치·설비의 가동이 중지되어 사고의 위험이 증가되는 경우
② 기기의 설계상 또는 작동상 제한으로 전로차단이 불가능한 경우
③ 감전, 아크 등으로 인한 화상, 화재·폭발의 위험이 없는 것으로 확인된 경우

정답 58 ③ 59 ④ 60 ② 61 ① 62 ②

63

전기설비에 접지를 하는 목적에 대하여 틀린 것은?

① 누설전류에 의한 감전방지
② 낙뢰에 의한 피해방지
③ 지락사고 시 대지전위 상승유도 및 절연강도 증가
④ 지락사고 시 보호계전기 신속동작

해설 **접지의 목적**

① 설비의 절연물이 열화, 손상되었을 경우 발생할 수 있는 누설전류에 의한 감전방지
② 고압 및 저압의 혼촉사고 발생시 인간에 위험을 줄 수 있는 전류를 대지로 흘려보냄으로 감전방지
③ 낙뢰에 의한 감전 및 피해방지
④ 송배전선, 고전압모선 등에서 지락사고의 발생시 보호계전기를 신속하게 동작
⑤ 송배전 선로의 지락사고 발생시 대지전위의 상승억제 및 절연강도 경감

64

대전이 큰 엷은 층상의 부도체를 박리할 때 또는 엷은 층상의 대전된 부도체의 뒷면에 밀접한 접지체가 있을 때 표면에 연한 수지상의 발광을 수반하여 발생하는 방전은?

① 불꽃 방전　② 스트리머 방전
③ 코로나 방전　④ 연면 방전

해설 **방전의 형태(연면방전)**

① 정전기가 대전된 부도체에 접지도체가 접근 할 경우 대전물체와 접지도체 사이에서 발생하는 방전과 동시에 부도체의 표면을 따라 수지상의 발광을 동반하여 발생하는 방전현상(star- check mark)
② 부도체의 대전량이 매우 클 경우와 대전된 부도체의 표면과 접지체가 매우 가까울 경우 발생(접지된 도체상에 대전 가능한 물체가 엷은층을 형성할 경우)

65

정전기 화재폭발 원인인 인체대전에 대한 예방대책으로 옳지 않은 것은?

① 대전물체를 금속판 등으로 차폐한다.
② 바닥 재료는 고유저항이 큰 물질을 사용한다.
③ 대전방지 성능이 있는 안전화를 착용한다.
④ 대전방지제를 넣은 제전복을 착용한다.

해설

인체에 대전된 정전기에 의한 화재 또는 폭발 위험이 있는 경우 정전기 대전방지용 안전화착용, 제전복 착용, 정전기 제전용구 사용, 작업장 바닥에 도전성을 갖추도록 하는 등의 조치가 필요하다.

66

절연열화가 진행되어 누설전류가 증가하면 여러 가지 사고를 유발하게 되는 경우로서 거리가 먼 것은?

① 감전사고
② 누전화재
③ 정전기 증가
④ 아크 지락에 의한 기기의 손상

해설

절연열화에 의한 누설전류는 감전 및 누전의 원인이 되며 아크를 발생시키기도 하지만, 2가지 물체의 접촉으로 물체의 경계면에서 전하의 이동이 생겨 정 또는 부의 전하가 나란하게 형성되었다가 분리되면서 전하분리가 일어나서 발생하는 정전기와는 거리가 멀다.

정답 63 ③ 64 ④ 65 ② 66 ③

67

전기에 의한 감전사고를 방지하기 위한 대책이 아닌 것은?

① 전기기기에 대한 정격표시
② 전기설비에 대한 보호 접지
③ 전기설비에 대한 누전차단기 설치
④ 충전부가 노출된 부분은 절연방호구 사용

해설 **감전재해 방지조치**

① 보호절연
② 안전전압이하의 기기 사용
③ 접지
④ 누전차단기 설치
⑤ 비접지식 전로의 채용
⑥ 절연열화의 방지
⑦ 충전부와 접촉부의 철저한 이격
⑧ 절연용보호구 및 절연용방호구 등

68

교류 아크 용접기의 자동전격방지장치는 전격의 위험을 방지하기 위하여 아크 발생이 중단된 후 약 1초 이내에 출력 측 무부하 전압을 자동적으로 몇 V 이하로 저하시켜야 하는가?

① 25 ② 50 ③ 75 ④ 85

해설 **교류아크 용접기**

교류아크용접기의 자동전격방지기는 아크발생을 중지하였을 때 지동시간이 1.0초 이내에 2차 무부하 전압을 25V 이하로 감압시켜 안전을 유지할 수 있어야 한다.

69

통전 경로별 위험도를 나타낼 경우 위험도가 큰 순서대로 나열한 것은?

ⓐ 왼손 - 오른손 ⓑ 왼손 - 등
ⓒ 양손 - 양발 ⓓ 오른손 - 가슴

① ⓐ-ⓒ-ⓑ-ⓓ ② ⓐ-ⓓ-ⓒ-ⓑ
③ ⓓ-ⓒ-ⓑ-ⓐ ④ ⓓ-ⓐ-ⓒ-ⓑ

해설 **통전 경로별 위험도**

통전경로	위험도	통전경로	위험도
왼손-가슴	1.5	왼손-등	0.7
오른손-가슴	1.3	한손 또는 양손-앉아 있는 자리	0.7
왼손-한발 또는 양발	1.0	왼손-오른손	0.4
양손-양발	1.0	오른손-등	0.3
오른손-한발 또는 양발	0.8		

70

절연 안전모의 사용 시 주의사항으로 틀린 것은?

① 특고압 작업에서도 안전도가 충분하므로 전격을 방지하는 목적으로 사용할 수 있다.
② 절연모를 착용할 때에는 턱걸이 끈을 안전하게 죄어야 한다.
③ 머리 윗부분과 안전모와의 간격은 1cm 이상이 되도록 끈을 조정하여야 한다.
④ 내장포(충격흡수라이너) 및 턱 끈이 파손되면 즉시 대체하여야 하고, 대용품을 사용하여서는 안 된다.

해설

감전위험방지용 안전모인 AE와 ABE형은 7,000볼트 이하의 전압에 견디는 내전압성을 갖춰야 한다.

정답 67 ① 68 ① 69 ③ 70 ①

71

다음 중 연소시 발생하는 열에너지를 흡수하는 매체를 화염 속에 투입하여 소화하는 방법은?

① 냉각소화 ② 희석소화
③ 질식소화 ④ 억제소화

해설 **냉각소화**

① 액체 또는 고체화재에 물 등을 사용하여 가연물을 냉각시켜 인화점 및 발화점 이하로 낮추어 소화시키는 방법이 냉각소화이다.
② 주로 물이 사용되는데 이는 물이 열에너지를 흡수하는 기화잠열(539cal/g)이 크기 때문이다.

72

다음 중 화재 예방에 있어 화재의 확대 방지를 위한 방법으로 적절하지 않은 것은?

① 가연물량의 제한
② 난연화 및 불연화
③ 화재의 조기 발견 및 초기소화
④ 공간의 통합과 대형화

해설 **화재의 확대 방지**

① 건물·설비의 불연화(내화 구조 및 불연성 재료)
② 출화점 부근 가연물 집적 방지
③ 방화벽, 방유제 등의 설치로 누출물 확대 방지
④ 공한지의 확보로 화재 확대 방지 등

Tip
초기소화는 출화직후의 응급조치로 연소가 확대되기 전 효과적인 방법이며, 가연물량을 제한하는 것은 기본적인 예방방법에 해당된다.

73

메탄 1vol%, 헥산 2vol%, 에틸렌 2vol%, 공기 95vol%로 된 혼합가스의 폭발하한계 값(vol%)은 약 얼마인가? (단, 메탄, 헥산, 에틸렌의 폭발하한계 값은 각각 5.0, 1.1, 2.7vol%이다.)

① 2.4 ② 3.5 ③ 12.8 ④ 1.8

해설 **르샤틀리에의 법칙(혼합가스의 폭발범위 계산)**

① 각 성분기체의 체적

메탄 : $\frac{1}{5}\times100=20\%$, 헥산 : $\frac{2}{5}\times100=40\%$,

에틸렌 : $\frac{2}{5}\times100=40\%$

② 혼합가스의 폭발하한계 값

$$\frac{100}{L}=\frac{V_1}{L_1}+\frac{V_2}{L_2}+\frac{V_3}{L_3}=\frac{20}{5.0}+\frac{40}{1.1}+\frac{40}{2.7}=55.18$$

그러므로 $L=\frac{100}{55.18}=1.81$

74

다음 중 분진 폭발에 관한 설명으로 틀린 것은?

① 폭발한계 내에서 분진의 휘발성분이 많을수록 폭발하기 쉽다.
② 분진이 발화 폭발하기 위한 조건은 가연성, 미분상태, 공기 중에서의 교반과 유동 및 점화원의 존재이다.
③ 가스폭발과 비교하여 연소의 속도나 폭발의 압력이 크고, 연소시간이 짧으며, 발생에너지가 크다.
④ 폭발한계는 입자의 크기, 입도분포, 산소농도, 함유수분, 가연성가스의 혼입 등에 의해 같은 물질의 분진에서도 달라진다.

해설 **분진 폭발의 특징**

연소속도 및 폭발압력은 가스폭발과 비교하여 작지만 연소시간이 길고, 발생에너지가 크기 때문에 파괴력과 타는 정도가 크다.

정답 71 ① 72 ④ 73 ④ 74 ③

75

비점이나 인화점이 낮은 액체가 들어있는 용기 주위에 화재 등으로 인하여 가열되면, 내부의 비등현상으로 인한 압력 상승으로 용기의 벽면이 파열되면서 그 내용물이 폭발적으로 증발, 팽창하면서 폭발을 일으키는 현상을 무엇이라 하는가?

① BLEVE　② UVCE
③ 개방계 폭발　④ 밀폐계 폭발

해설 BLEVE

비등점이 낮은 인화성액체 저장탱크가 화재로 인한 화염에 장시간 노출되어 탱크내 액체가 급격히 증발하여 비등하고 증기가 팽창하면서 탱크내 압력이 설계압력을 초과하여 폭발을 일으키는 현상

76

프로판(C_3H_8) 가스가 공기 중 연소할 때의 화학양론농도는 약 얼마인가? (단, 공기 중의 산소농도는 21[vol%]이다.)

① 2.5[vol%]　② 4.0[vol%]
③ 5.6[vol%]　④ 9.5[vol%]

해설 프로판(C_3H_8)의 화학양론 농도

$$Cst=\frac{1}{1+4.773\left(n+\frac{m-f-2\lambda}{4}\right)}\times 100\%$$

$$\therefore \frac{1}{1+4.773\left(3+\frac{8}{4}\right)}\times 100=4.03\%$$

77

다음 중 자연 발화의 방지법에 관계가 없는 것은?

① 점화원을 제거한다.
② 저장소 등의 주의 온도를 낮게 한다.
③ 습기가 많은 곳에는 저장하지 않는다.
④ 통풍이나 저장법을 고려하여 열의 축적을 방지한다.

해설 자연발화 방지법

① 통풍이 잘되게 할 것
② 저장실 온도를 낮출 것
③ 열이 축적되지 않는 퇴적방법을 선택할 것
④ 습도가 높지 않도록 할 것
자연발화는 점화원없이 축적된 열에의해 발화하는 것이므로 점화원을 제거하는 것은 방지법이 될 수 없다.

78

산업안전보건기준에 관한 규칙에서 규정하고 있는 급성 독성물질의 정의에 해당되지 않는 것은?

① 가스 LC50(쥐, 4시간 흡입)이 2,500ppm 이하인 화학물질
② LD50(경구, 쥐)이 킬로그램 당 300밀리그램-(체중) 이하인 화학물질
③ LD50(경피, 쥐)이 킬로그램 당 1,000밀리그램-(체중) 이하인 화학물질
④ LD50(경피, 토끼)이 킬로그램 당 2,000밀리그램-(체중) 이하인 화학물질

해설 급성 독성물질

쥐 또는 토끼에 대한 경피흡수실험에 의하여 실험동물의 50퍼센트를 사망시킬 수 있는 물질의 양, 즉 LD50(경피, 토끼 또는 쥐)이 킬로그램당 1000밀리그램(체중) 이하인 화학물질

정답 75 ① 76 ② 77 ① 78 ④

79

물이 관 속을 흐를 때 유동하는 물속의 어느 부분의 정압이 그 때의 물의 증기압보다 낮을 경우 물이 증발하여 부분적으로 증기가 발생되어 배관의 부식을 초래하는 경우가 있다. 이러한 현상을 무엇이라 하는가?

① 서징(surging)
② 공동현상(cavitation)
③ 비말동반(entrainment)
④ 수격작용(water hammering)

해설 **펌프의 현상**

① 캐비테이션(공동현상) : 물이 관속을 유동하고 있을 때 물속의 어느 부분의 정압이 그때 물의 온도에 해당하는 증기압 이하로 되면서 증기가 발생하는 현상
② 수격 현상(워터해머) : 펌프에서 물을 압송하고 있을 때 정전 등으로 급히 펌프가 멈추거나 수량조절밸브를 급히 폐쇄할 때 관속의 유속이 급속히 변화하면서 압력의 변화가 생기는 현상
③ 서어징(맥동현상) : 송출압력과 송출유량사이에 주기적인 변동으로 입구와 출구의 진공계, 압력계의 침이 흔들리고 동시에 송출유량이 변화하는 현상

80

다음 중 산업안전보건법상 공정안전보고서에 포함되어야 할 사항으로 가장 거리가 먼 것은?

① 평균안전율　　② 공정안전자료
③ 비상조치계획　　④ 공정위험성 평가서

해설 **공정안전 보고서 내용**

① 공정안전 자료　② 공정위험성 평가서
③ 안전운전 계획　④ 비상조치 계획

5과목 건설공사 안전관리

81

철골조립작업에서 안전한 작업발판과 안전난간을 설치하기가 곤란한 경우 작업원에 대한 안전대책으로 가장 알맞은 것은?

① 안전대 및 구명로프 사용
② 안전모 및 안전화 사용
③ 출입금지 조치
④ 작업중지 조치

해설 **철골조립작업 재해방지(추락방지)**

기능	용도. 사용장소. 조건	설비
안전한 작업이 가능한 작업대	높이 2미터 이상의 장소로서 추락의 우려가 있는 작업	비계, 달비계, 수평통로, 안전난간대
추락자를 보호할 수 있는 것	작업대 설치가 어렵거나 개구부주위로 난간설치가 어려운 곳	추락방지용 방망
추락의 우려가 있는 위험장소에서 작업자의 행동을 제한하는 것	개구부 및 작업대의 끝	난간, 울타리
작업자의 신체를 유지시키는 것	안전한 작업대나 난간 설비를 할 수 없는 곳	안전대 부착설비, 안전대, 구명줄

82

철골작업 시 철골부재에서 근로자가 수직방향으로 이동하는 경우에 설치하여야 하는 고정된 승강로의 최소 답단 간격은 얼마 이내인가?

① 20cm　② 25cm　③ 30cm　④ 40cm

해설 **철골작업 안전기준(승강로 설치)**

① 수직 방향으로 이동하는 철골부재 : 답단간격이 30cm 이내인 고정된 승강로 설치
② 수평방향 철골과 수직방향 철골 연결 부분 : 연결작업을 위한 작업 발판 설치

정답 79 ② 80 ① 81 ① 82 ③

83

작업발판 일체형 거푸집에 해당되지 않는 것은?

① 갱폼(Gang Form)
② 슬립폼(Slip Form)
③ 유로폼(Euro Form)
④ 클라이밍폼(Climbing Form)

해설 **작업발판 일체형 거푸집**

① 갱폼(gang form)
② 슬립폼(slip form)
③ 클라이밍폼(climbing form)
④ 터널 라이닝폼(tunnel lining form)
⑤ 그 밖에 거푸집과 작업발판이 일체로 제작된 거푸집 등

84

강변 옆에서 아파트 공사를 하기 위해 흙막이를 설치하고 지하공사 중에 바닥에서 물이 솟아오르면서 모래 등이 부풀어 올라 흙막이가 무너졌다. 어떤 현상에 의해 사고가 발생하였는가?

① 보일링(boiling) 파괴 ② 히빙(heaving) 파괴
③ 파이핑(piping) ④ 지하수 침하 파괴

해설 **히빙과 보일링 현상**

구분	정의
히빙 (Heaving)현상	연약성 점토지반 굴착시 굴착외측 흙의 중량에 의해 굴착저면의 흙이 활동 전단 파괴되어 굴착 내측으로 부풀어 오르는 현상
보일링 (Boiling)현상	투수성이 좋은 사질지반의 흙막이 저면에서 수두차로 인한 상향의 침투압이 발생 유효응력이 감소하여 전단강도가 상실되는 현상으로 지하수가 모래와 같이 솟아오르는 현상

85

강관틀비계의 벽이음에 대한 조립간격 기준으로 옳은 것은? (단, 높이가 5m 미만인 경우 제외)

① 수직방향 5m, 수평방향 5m 이내
② 수직방향 6m, 수평방향 6m 이내
③ 수직방향 6m, 수평방향 8m 이내
④ 수직방향 8m, 수평방향 6m 이내

해설 **강관비계의 조립 간격**

종류	수직방향	수평방향
단관비계	5m	5m
틀비계(높이 5m 미만 제외)	6m	8m

86

곤돌라형 달비계를 설치하는 경우 준수해야 할 사항으로 옳지 않은 것은?

① 지름의 감소가 공칭지름의 7퍼센트를 초과하는 와이어로프를 사용해서는 아니된다.
② 달기 체인의 길이가 달기 체인이 제조된 때의 길이의 5퍼센트를 초과한 것을 사용해서는 아니된다.
③ 작업발판의 재료는 뒤집히거나 떨어지지 않도록 비계의 보 등에 연결하거나 고정시켜야 한다.
④ 작업발판은 폭을 30센티미터 이상으로 하고 틈새가 없도록 하여야 한다.

해설

작업발판은 폭을 40센티미터 이상으로 하고 틈새가 없도록 할 것

정답 83 ③ 84 ① 85 ③ 86 ④

87

가설통로를 설치하는 경우의 준수해야 할 기준으로 틀린 것은?

① 건설공사에 사용하는 높이 8m 이상인 비계다리에는 5m 이내마다 계단참을 설치할 것
② 수직갱에 가설된 통로의 길이가 15m 이상인 경우에는 10m 이내마다 계단참을 설치할 것
③ 경사가 15°를 초과하는 경우에는 미끄러지지 아니하는 구조로 할 것
④ 추락할 위험이 있는 장소에는 안전난간을 설치할 것

해설 **가설통로의 구조(보기외의 사항)**

① 견고한 구조로 할 것
② 경사는 30도 이하로 할 것(계단을 설치하거나 높이2m 미만의 가설통로로서 튼튼한 손잡이를 설치한 때에는 그러하지 아니하다)
③ 건설공사에 사용하는 높이 8m 이상인 비계다리에는 7m 이내마다 계단참을 설치할 것

88

추락재해 방지용 방망의 신품에 대한 인장강도는 얼마인가? (단, 그물코의 크기가 10cm이며, 매듭 없는 방망)

① 220kg ② 240kg ③ 260kg ④ 280kg

해설 **방망의 인장강도**

그물코의 크기 (단위 : 센티미터)	방망의 종류(단위 : 킬로그램)			
	매듭 없는 방망		매듭 방망	
	신품	폐기시	신품	폐기시
10	240	150	200	135
5			110	60

89

물체를 투하할 때 투하설비를 설치하거나 감시인을 배치하는 등의 위험방지를 위한 조치를 하여야 하는 기준 높이는?

① 3m 이상 ② 5m 이상 ③ 7m 이상 ④ 10m 이상

해설 **물체의 낙하에 의한 위험방지**

① 대상 : 높이 3m 이상인 장소에서 물체 투하시
② 조치사항 : 투하설비설치, 감시인배치

90

다음 중 셔블계 굴착기계에 속하지 않는 것은?

① 파워셔블(power shovel) ② 크램쉘(clamshell)
③ 스크레이퍼(scraper) ④ 드래그라인(dragline)

해설

스크레이퍼(scraper)는 Dozer(도저)계 굴착기계에 해당된다.

91

차량계 건설기계의 운전자가 운전위치를 이탈하는 경우 준수해야 할 사항으로 옳지 않은 것은?

① 원동기를 정지시킨다.
② 브레이크를 걸어둔다.
③ 디퍼는 지면에 내려둔다.
④ 버킷은 지상에서 1m 정도의 위치에 둔다.

해설 **운전위치 이탈시 조치사항**

① 포크, 버킷, 디퍼 등의 장치를 가장 낮은 위치 또는 지면에 내려 둘 것
② 원동기를 정지시키고 브레이크를 확실히 거는 등 차량계 하역운반기계등, 차량계 건설기계의 갑작스러운 이동을 방지하기 위한 조치를 할 것
③ 운전석을 이탈하는 경우에는 시동키를 운전대에서 분리시킬 것

92

흙막이 가시설 공사시 사용되는 각 계측기 설치 목적으로 옳지 않은 것은?

① 지표침하계 – 지표면 침하량 측정
② 수위계 – 지반 내 지하수위의 변화 측정
③ 하중계 – 상부 적재하중 변화 측정
④ 지중경사계 – 지중의 수평 변위량 측정

해설 **계측기**

① 간극수압계 : 지중에 작용하는 수압 측정
② 지하수위계 : 굴착에 따른 지하수위 변동 파악
③ 하중계 : 흙막이 버팀대에 작용하는 토압, 어스 앵커의 인장력 등을 측정하는 기기
④ 변형계 : 흙막이 버팀대의 변형 정도를 파악하는 기기

정답 87 ① 88 ② 89 ① 90 ③ 91 ④ 92 ③

93

폭풍시 옥외에 설치되어 있는 주행크레인에 대하여 이탈방지를 위한 조치가 필요한 풍속 기준은?

① 순간풍속이 20m/sec 초과할 때
② 순간풍속이 25m/sec 초과할 때
③ 순간풍속이 30m/sec 초과할 때
④ 순간풍속이 35m/sec 초과할 때

해설 **폭풍 등에 의한 안전조치사항**

풍속의 기준	내 용	조치사항
순간풍속이 초당 30미터 초과	폭풍에 의한 이탈방지	옥외에 설치된 주행크레인의 이탈방지 장치 작동 등 이탈방지를 위한 조치
	폭풍 등으로 인한 이상 유무 점검	옥외에 설치된 양중기를 사용하여 작업하는 경우 미리 기계 각 부위에 이상이 있는지 점검
순간풍속이 초당 35미터 초과	붕괴 등의 방지	건설 작업용 리프트의 받침수를 증가시키는 등 붕괴방지조치
	폭풍에 의한 도괴방지	옥외에 설치된 승강기의 받침수를 증가시키는 등 도괴방지조치

94

물로 포화된 점토에 다지기를 하면 압축하중으로 지반이 침하하는데 이로 인하여 간극수압이 높아져 물이 배출되면서 흙의 간극이 감소하는 현상을 무엇이라고 하는가?

① 액상화 ② 압밀 ③ 예민비 ④ 동상현상

해설 **압밀**

① 압밀(壓密, consolidation)이란 포화된 점토층이 하중을 받아 오랜 시간에 걸쳐 간극수가 빠져나감으로 침하가 발생하는 현상을 말한다.
② 점토의 투수 계수는 사질토에 비해 훨씬 작기 때문에 재하로 인하여 생겨난 과잉 간극 수압은 오랜시간에 걸쳐 점진적으로 소실된다. (압밀 완료시 과잉간극수압은 0이 된다.)

95

다음은 타워크레인을 와이어로프로 지지하는 경우의 준수해야 할 기준이다. 빈칸에 들어갈 알맞은 내용을 순서대로 옳게 나타낸 것은?

> 와이어로프 설치각도는 수평면에서 ( )도 이내로 하되, 지지점은 ( )개소 이상으로 하고, 같은 각도로 설치할 것.

① 45, 4 ② 45, 5 ③ 60, 4 ④ 60, 5

해설 **와이어로프로 지지하는 경우 준수사항**

① 와이어로프가 가공전선에 근접하지 아니하도록 할 것
② 와이어로프를 고정하기 위한 전용 지지프레임을 사용할 것
③ 와이어로프 설치각도는 수평면에서 60도 이내로 하되, 지지점은 4개소 이상으로 하고, 같은 각도로 설치할 것 등

96

차량계 하역운반기계에 화물을 적재할 때의 준수사항과 거리가 먼 것은?

① 하중이 한쪽으로 치우치지 않도록 적재할 것
② 구내운반차 또는 화물자동차의 경우 화물의 붕괴 또는 낙하에 의한 위험을 방지하기 위하여 화물에 로프를 거는 등 필요한 조치를 할 것
③ 운전자의 시야를 가리지 않도록 화물을 적재할 것
④ 제동장치 및 조정장치 기능의 이상 유무를 점검할 것

해설 **차량계하역 운반기계의 화물적재시 조치**

① 하중이 한쪽으로 치우치지 않도록 적재할 것
② 구내운반차 또는 화물자동차의 경우 화물의 붕괴 또는 낙하에 의한 위험을 방지하기 위하여 화물에 로프를거는 등 필요한 조치를 할 것
③ 운전자의 시야를 가리지 않도록 화물을 적재할 것

정답 93 ③ 94 ② 95 ③ 96 ④

97

계단의 개방된 측면에 근로자의 추락 위험을 방지하기 위하여 안전난간을 설치하고자 할 때 그 설치기준으로 옳지 않은 것은?

① 안전난간은 상부 난간대, 중간 난간대, 발끝막이판 및 난간기둥으로 구성할 것
② 발끝막이판은 바닥면 등으로부터 10cm 이상의 높이를 유지할 것
③ 난간기둥은 상부 난간대와 중간 난간대를 견고하게 떠받칠 수 있도록 적정한 간격을 유지할 것
④ 난간대는 지름 3.8cm 이상의 금속제 파이프나 그 이상의 강도가 있는 재료일 것

해설

난간대는 지름 2.7센티미터 이상의 금속제파이프나 그 이상의 강도가 있는 재료일 것

98

흙막이 벽을 설치하여 기초 굴착작업 중 굴착부 바닥이 솟아올랐다. 이에 대한 대책으로 옳지 않은 것은?

① 굴착주변의 상재하중을 증가시킨다.
② 흙막이 벽의 근입 깊이를 깊게 한다.
③ 토류벽의 배면토압을 경감시킨다.
④ 지하수 유입을 막는다.

해설 **흙막이 굴착시 주의사항**

구분	방지대책
히빙 (Heaving) 현상	① 흙막이 근입깊이를 깊게 ② 표토제거 하중감소(상재하중감소) ③ 지반개량 ④ 굴착면 하중증가 ⑤ 어스앵커설치 등
보일링 (Boiling) 현상	① Filter 및 차수벽설치 ② 흙막이 근입깊이를 깊게(불투수층까지) ③ 약액주입등의 굴착면 고결 ④ 지하수위저하 ⑤ 압성토 공법 등

99

비계의 높이가 2[m] 이상인 작업장소에 작업발판을 설치할 때 그 폭은 최소 얼마 이상이어야 하는가?

① 30[cm] ② 40[cm] ③ 50[cm] ④ 60[cm]

해설 **비계높이 2m 이상 장소의 작업발판 설치기준**

① 발판재료는 작업할 때의 하중을 견딜 수 있도록 견고한 것으로 할 것
② 작업발판의 폭은 40센티미터 이상으로 하고, 발판재료 간의 틈은 3센티미터 이하로 할 것
③ 추락의 위험성이 있는 장소에는 안전난간을 설치할 것
④ 작업발판재료는 뒤집히거나 떨어지지 않도록 둘 이상의 지지물에 연결하거나 고정시킬 것

100

건립 중 강풍에 의한 풍압 등 외압에 대한 내력이 설계에 고려되었는지 확인하여야 하는 철골구조물에 해당하지 않는 것은?

① 이음부가 현장용접인 건물
② 높이 15m인 건물
③ 기둥이 타이플레이트(tie plate)형인 구조물
④ 구조물의 폭과 높이의 비가 1:5인 건물

해설 **외압에 대한 내력 설계 확인 구조물**

① 높이 20m 이상 구조물
② 구조물 폭과 높이의 비가 1 : 4 이상인 구조물
③ 연면적당 철골량이 50kg/m² 이하인 구조물
④ 단면 구조에 현저한 차이가 있는 구조물
⑤ 기둥이 타이 플래이트 형인 구조물
⑥ 이음부가 현장 용접인 구조물

정답 97 ④ 98 ① 99 ② 100 ②

2022년 3월 2일~3월 17일

산업안전산업기사 CBT 기출 복원문제

1과목 산업재해 예방 및 안전보건교육

01

다음과 같은 스트레스에 대한 반응은 무엇에 해당하는가?

> 여동생이나 남동생을 얻게 되면서 손가락을 빠는 것과 같이 어린 시절의 버릇을 나타낸다.

① 투사 ② 억압 ③ 승화 ④ 퇴행

해설

퇴행이란 처리하기 곤란한 문제 발생 시 어릴 때 좋았던 방식으로 되돌아가 해결하고자 하는 것으로 현재의 심리적 갈등을 피하기 위해 발달 이전 단계로 후퇴하는 방어의 기제)

02

억측판단의 배경이 아닌 것은?

① 생략 행위 ② 초조한 심정
③ 희망적 관측 ④ 과거의 성공한 경험

해설

억측판단은 자기멋대로 하는 주관적인 판단을 말하는 것으로 불안전한 행동의 배후요인에 해당된다.

03

재해의 기본원인 4M에 해당하지 않은 것은?

① Man ② Machine
③ Media ④ Measurement

해설

관리적 요인(Management)이 해당된다.

04

산업안전보건법령상 안전·보건표지에 관한 설명으로 틀린 것은?

① 안전·보건표지 속의 그림 또는 부호의 크기는 안전·보건표지의 크기와 비례하여야 하며, 안전·보건표지 전체 규격의 30%이상이 되어야 한다.
② 안전·보건표지 색채의 물감은 변질되지 아니하는 것에 색채 고정원료를 배합하여 사용하여야 한다.
③ 안전·보건표지는 그 표시내용을 근로자가 빠르고 쉽게 알아볼 수 있는 크기로 제작하여야 한다.
④ 안전·보건표지에는 야광물질을 사용하여서는 아니 된다.

해설 **안전보건 표지의 제작 기준**

① 종류별로 기본모형에 의하여 용도, 형태 및 색채 등의 구분에 따라 제작하여야 한다.
② 표시내용을 근로자가 빠르고 쉽게 알아볼 수 있는 크기로 제작하여야 한다.
③ 안전보건표지 속의 그림 또는 부호의 크기는 안전보건표지의 크기와 비례하여야 하며, 안전보건표지 전체 규격의 30퍼센트 이상이 되어야 한다.
④ 쉽게 파손되거나 변형되지 아니하는 재료로 제작하여야 한다.
⑤ 야간에 필요한 안전보건표지는 야광물질을 사용하는 등 쉽게 알아볼 수 있도록 제작하여야 한다.

05

무재해운동의 추진을 위한 3요소에 해당하지 않는 것은?

① 모든 위험잠재요인의 해결
② 최고 경영자의 경영자세
③ 관리감독자(Line)의 적극적 추진
④ 직장 소집단의 자주활동 활성화

해설

모든 위험잠재요인을 발견하여 해결하는 것은 무재해운동의 3원칙의 내용

정답 1④ 2① 3④ 4④ 5①

06

추락 및 감전 위험방지용 안전모의 일반구조가 아닌 것은?

① 착장체 ② 충격흡수재 ③ 선심 ④ 모체

해설 안전모의 구조

번호	명칭	
1	모체	
2	착장체	머리받침끈
3		머리고정대
4		머리받침고리
5	충격흡수재(자율안전확인에서는 제외)	
6	턱끈	
7	모자챙(차양)	

07

Safe-T-Score에 대한 설명으로 틀린 것은?

① 안전관리의 수행도를 평가하는 데 유용하다.
② 기업의 산업재해에 대한 과거와 현재의 안전성적을 비교 평가한 점수로 단위가 없다.
③ Safe-T-Score가 +2.0 이상인 경우는 안전관리가 과거보다 좋아졌음을 나타낸다.
④ Safe-T-Score가 +2.0~-2.0 사이인 경우는 안전관리가 과거에 비해 심각한 차이가 없음을 나타낸다.

해설 Safe-T-Score 결과

- +2.00 이상 : 과거보다 심각하게 나쁨
- +2.00에서 -2.00 사이 : 과거에 비해 심각한 차이없음
- -2.00 이하 : 과거보다 좋아짐

08

매슬로(Maslow)의 욕구단계 이론의 요소가 아닌 것은?

① 생리적 욕구 ② 안전에 대한 욕구
③ 사회적 욕구 ④ 심리적 욕구

해설 매슬로우의 욕구 5단계

생리적 욕구 → 안전의 욕구 → 사회적 욕구 → 인정받으려는 욕구 → 자아실현의 욕구

09

산업안전보건법령상 안전·보건표지 중 지시표지 사항의 기본모형은?

① 사각형 ② 원형 ③ 삼각형 ④ 마름모형

해설 지시표시

특정행위의 지시 및 사실의 고지를 나타내며, 원형모양에 바탕은 파란색, 관련그림은 흰색

10

재해 발생 시 조치사항 중 대책수립의 목적은?

① 재해발생 관련자 문책 및 처벌
② 재해 손실비 산정
③ 재해발생 원인 분석
④ 동종 및 유사재해 방지

해설 재해조사의 목적

재해의 원인을 분석하여 대책을 수립하는 목적은 동종재해 및 유사재해의 재발방지

11

산업안전보건법령상 특별안전보건교육 대상 작업별 교육내용 중 밀폐공간에서의 작업 시 교육내용에 포함되지 않는 것은? (단, 그 밖에 안전보건관리에 필요한 사항은 제외한다.)

① 산소농도측정 및 작업환경에 관한 사항
② 유해물질이 인체에 미치는 영향
③ 보호구 착용 및 보호장비 사용에 관한 사항
④ 사고 시의 응급처치 및 비상 시 구출에 관한 사항

해설 밀폐공간에서의 작업시 특별안전보건교육의 내용

① 산소농도 측정 및 작업환경에 관한 사항
② 사고 시의 응급처치 및 비상 시 구출에 관한 사항
③ 보호구 착용 및 보호 장비 사용에 관한 사항
④ 작업내용·안전작업방법 및 절차에 관한 사항
⑤ 장비·설비 및 시설 등의 안전점검에 관한 사항
⑥ 그 밖에 안전·보건관리에 필요한 사항

정답 6 ③ 7 ③ 8 ④ 9 ② 10 ④ 11 ②

12

다음 중 안전 태도 교육의 원칙으로 적절하지 않은 것은?

① 청취위주의 대화를 한다.
② 이해하고 납득한다.
③ 항상 모범을 보인다.
④ 지적과 처벌 위주로 한다.

해설 **태도교육의 기본과정**

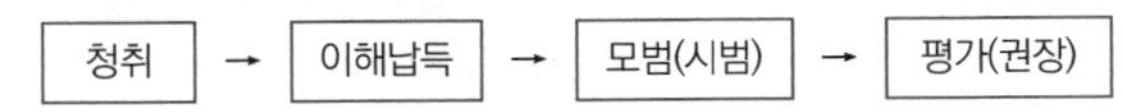

13

주의의 수준에서 중간 수준에 포함되지 않는 것은?

① 다른 곳에 주의를 기울이고 있을 때
② 가시시야 내 부분
③ 수면 중
④ 일상과 같은 조건일 경우

해설 **의식 수준의 단계**

단계(phase)	의식 상태	생리적 상태
제0단계	무의식, 실신	수면, 뇌발작
제Ⅰ단계	의식 흐림(subnormal), 의식 몽롱함	단조로움, 피로, 졸음, 술취함
제Ⅱ단계	이완상태(relaxed) 정상(normal), 느긋한 기분	안정 기거, 휴식시, 정례 작업시(정상작업시) 일반적으로 일을 시작할 때 안정된 행동
제Ⅲ단계	상쾌한 상태(clear) 정상(normal), 분명한 의식	판단을 동반한 행동, 적극활동 시 가장 좋은 의식수준상태. 긴급 이상 사태를 의식할 때
제Ⅳ단계	과긴장 상태(hypernormal, excited)	긴급방위반응. 당황해서 panic(감정흥분시 당황한 상태)

14

다음 중 위험예지훈련 4라운드의 순서가 올바르게 나열된 것은?

① 현상파악 → 본질추구 → 대책수립 → 목표설정
② 현상파악 → 대책수립 → 본질추구 → 목표설정
③ 현상파악 → 본질추구 → 목표설정 → 대책수립
④ 현상파악 → 목표설정 → 본질추구 → 대책수립

해설 **위험예지훈련의 4라운드 진행법**

① 1라운드 : 현상파악
② 2라운드 : 본질추구
③ 3라운드 : 대책수립
④ 4라운드 : 목표설정

15

산업안전보건법령상 안전모의 종류(기호) 중 사용 구분에서 "물체의 낙하 또는 비래 및 추락에 의한 위험을 방지 또는 경감하고, 머리부위 감전에 의한 위험을 방지하기 위한 것"으로 옳은 것은?

① A ② AB ③ AE ④ ABE

해설 **추락 및 감전 위험방지용 안전모의 종류**

종류(기호)	사용구분
AB	물체의 낙하 또는 비래 및 추락에 의한 위험을 방지 또는 경감시키기 위한 것
AE	물체의 낙하 또는 비래에 의한 위험을 방지 또는 경감하고, 머리부위 감전에 의한 위험을 방지하기 위한 것
ABE	물체의 낙하 또는 비래 및 추락에 의한 위험을 방지 또는 경감하고, 머리부위 감전에 의한 위험을 방지하기 위한 것

16

교육의 3요소 중 교육의 주체에 해당하는 것은?

① 강사 ② 교재 ③ 수강자 ④ 교육방법

해설 **교육의 3요소**

① 교육의 주체 : 강사
② 교육의 객체 : 학습자(교육대상)
③ 교육의 매개체 : 교재(교육내용)

정답 12 ④ 13 ③ 14 ① 15 ④ 16 ①

17

O.J.T(On the Job Training) 교육의 장점과 가장 거리가 먼 것은?

① 훈련에만 전념할 수 있다.
② 직장의 실정에 맞게 실제적 훈련이 가능하다.
③ 개개인의 업무능력에 적합하고 자세한 교육이 가능하다.
④ 교육을 통하여 상사와 부하간의 의사소통과 신뢰감이 깊게 된다.

해설

업무와 분리되어 훈련에만 전념하는 것이 가능한 것은 Off.J.T에 해당되는 내용이다.

18

위험예지훈련 기초 4라운드(4R)에서 라운드별 내용이 바르게 연결된 것은?

① 1라운드 : 현상파악 ② 2라운드 : 대책수립
③ 3라운드 : 목표설정 ④ 4라운드 : 본질추구

해설 **위험예지훈련의 4라운드 진행법**

① 1라운드 : 현상파악 ② 2라운드 : 본질추구
③ 3라운드 : 대책수립 ④ 4라운드 : 목표설정

19

산업안전보건법령상 근로자 안전보건교육 중 채용 시 교육 및 작업내용 변경 시 교육 사항으로 옳은 것은?

① 물질안전보건자료에 관한 사항
② 건강증진 및 질병 예방에 관한 사항
③ 유해·위험 작업환경 관리에 관한 사항
④ 표준안전작업방법 및 지도 요령에 관한 사항

해설 **근로자 채용시 및 작업내용 변경시의 교육내용**

① 물질안전보건자료에 관한 사항
② 기계·기구의 위험성과 작업의 순서 및 동선에 관한 사항
③ 정리정돈 및 청소에 관한 사항
④ 작업 개시 전 점검에 관한 사항
⑤ 사고 발생 시 긴급조치에 관한 사항
⑥ 산업보건 및 직업병 예방에 관한 사항
⑦ 직무스트레스 예방 및 관리에 관한 사항
⑧ 산업안전보건법령 및 산업재해보상보험 제도에 관한 사항
⑨ 산업안전 및 사고 예방에 관한 사항
⑩ 직장내 괴롭힘, 고객의 폭언 등으로 인한 건강장해 예방 및 관리에 관한 사항
⑪ 위험성 평가에 관한 사항

Tip
2023년 법령개정. 문제와 해설은 개정된 내용 적용

20

산업 재해의 발생 유형으로 볼 수 없는 것은?

① 지그재그형 ② 집중형
③ 연쇄형 ④ 복합형

해설 **재해의 발생형태(등치성 이론)**

구분	내용
단순자극형	상호 자극에 의하여 순간적으로 재해가 발생하는 유형으로 재해가 일어난 장소와 그 시기에 일시적으로 요인이 집중(집중형이라고도 함)
연쇄형	하나의 사고 요인이 또 다른 사고 요인을 일으키면서 재해를 발생시키는 유형 (단순 연쇄형과 복합 연쇄형)
복합형	단순 자극형과 연쇄형의 복합적인 발생유형

정답 17 ① 18 ① 19 ① 20 ①

21

반복되는 사건이 많이 있는 경우에 FTA의 최소 컷셋을 구하는 알고리즘이 아닌 것은?

① Fussel Algorithm
② Boolean Algorithm
③ Monte Carlo Algorithm
④ Limnios & Ziani Algorithm

해설 **Monte Carlo Algorithm**

시뮬레이션 테크닉의 일종으로, 구하고자 하는 수치의 확률적 분포를 반복 가능한 실험의 통계로부터 구하는 방법.

22

1 cd 의 점광원에서 1 m 떨어진 곳에서의 조도가 3 lux 이었다. 동일한 조건에서 5 m 떨어진 곳에서의 조도는 약 몇 lux 인가?

① 0.12 ② 0.22 ③ 0.36 ④ 0.56

해설 **조도**

① 공식 : $조도=\frac{광도}{(거리)^2}$

② $광도=3\times1^2=3cd$

③ $조도=\frac{3}{5^2}=0.12Lux$

23

지게차 인장벨트의 수명은 평균이 100000시간, 표준편차가 500 시간인 정규분포를 따른다. 이 인장벨트의 수명이 101000시간 이상일 확률은 약 얼마인가? (단, P(Z≤1)=0.8413, P(Z≤2)=0.9772, P(Z≤3)=0.9987 이다.)

① 1.60% ② 2.28% ③ 3.28% ④ 4.28%

해설 **정규분포**

$$p(x\geq101000)=p\left(Z\geq\frac{x-\mu}{\sigma}\right)=p(Z\geq2.0)$$

$$=1-Z_2=1-0.9772=0.0228=2.28(\%)$$

24

산업안전보건법령에서 정한 물리적 인자의 분류 기준에 있어서 소음은 소음성난청을 유발할 수 있는 몇 dB(A) 이상의 시끄러운 소리로 규정하고 있는가?

① 70 ② 85 ③ 100 ④ 115

해설 **소음작업의 기준**

1일 8시간 작업을 기준으로 85데시벨 이상의 소음이 발생하는 작업

25

모든 시스템 안전 프로그램 중 최초 단계의 분석으로 시스템 내의 위험요소가 어떤 상태에 있는지를 정성적으로 평가하는 방법은?

① CA ② FHA ③ PHA ④ FMEA

해설 **PHA**

① PHA는 모든 시스템 안전 프로그램의 최초단계의 분석으로서 시스템내의 위험요소가 얼마나 위험한 상태에 있는가를 정성적으로 평가하는 것이다.
② PHA의 목적 : 시스템 개발 단계에 있어서 시스템 고유의 위험상태를 식별하고 예상되는 재해의 위험수준을 결정하는 것이다.

26

다음의 연산표에 해당하는 논리연산은?

입력		출력
X_1	X_2	
0	0	0
0	1	1
1	0	1
1	1	0

① XOR ② AND ③ NOT ④ OR

해설 **XOR 게이트 회로**

① 배타적 OR 게이트 라고도 부르며, 2입력중 어느 하나가 1일때 출력이 1이 되는 게이트
② 입력이 같으면 출력은 0 이고 입력이 다르면 1 이된다.

정답 21 ③ 22 ① 23 ② 24 ② 25 ③ 26 ①

27

항공기 위치 표시장치의 설계원칙에 있어, 다음 보기의 설명에 해당하는 것은?

항공기의 경우 일반적으로 이동 부분의 영상은 고정된 눈금이나 좌표계에 나타내는 것이 바람직하다.

① 통합 ② 양립적 이동
③ 추종표시 ④ 표시의 현실성

해설 **양립적 이동(Principle of Compatibility Motion)**

항공기의 경우, 일반적으로 이동 부분의 영상은 고정된 눈금이나 좌표계에 나타내는 것이 바람직함

28

근골격계 질환의 인간공학적 주요 위험요인과 가장 거리가 먼 것은?

① 과도한 힘 ② 부적절한 자세
③ 고온의 환경 ④ 단순 반복작업

해설 **근골격계 질환의 원인**

① 부적절한 작업자세 ② 무리한 반복작업 ③ 과도한 힘
④ 부족한 휴식시간 ⑤ 신체적 압박

29

산업현장에서 사용하는 생산설비의 경우 안전장치가 부착되어 있으나 생산성을 위해 제거하고 사용하는 경우가 있다. 이러한 경우를 대비하여 설계 시 안전장치를 제거하면 작동이 안 되는 구조를 채택하고 있다. 이러한 구조는 무엇인가?

① Fail Safe ② Fool Proof
③ Lock Out ④ Tamper Proof

해설 **tamper proof**

부정하게 조작하거나 안전장치를 고의로 제거하는데 따른 위험을 예방하도록 설계하는 개념을 말한다.

30

FTA의 활용 및 기대효과가 아닌 것은?

① 시스템의 결함 진단
② 사고원인 규명의 간편화
③ 사고원인 분석의 정량화
④ 시스템의 결함 비용 분석

해설 **결함수 분석법의 활용 및 기대효과**

① 사고원인 규명의 간편화 ② 사고원인 분석의 일반화
③ 사고 원인 분석의 정량화 ④ 노력, 시간의 절감
⑤ 시스템의 결함 진단 ⑥ 안전점검표 작성

31

서서 하는 작업의 작업대 높이에 대한 설명으로 옳지 않은 것은?

① 정밀작업의 경우 팔꿈치 높이보다 약간 높게 한다.
② 경작업의 경우 팔꿈치 높이보다 약간 낮게 한다.
③ 중작업의 경우 경작업의 작업대 높이보다 약간 낮게 한다.
④ 작업대의 높이는 기준을 지켜야 하므로 높낮이가 조절되어서는 안된다.

해설 **작업대 높이**

작업대 높이는 팔꿈치 각도가 90도를 이루는 자세로 작업할 수 있도록 조절하고 근로자와 작업면의 각도 등을 적절히 조절할 수 있도록 한다.

32

체계 설계 과정의 주요 단계 중 가장 먼저 실시되어야 하는 것은?

① 기본설계 ② 계면설계
③ 체계의 정의 ④ 목표 및 성능 명세 결정

해설 **체계 설계 과정의 주요단계**

① 1단계 : 목표 및 성능 명세 결정
② 2단계 : 시스템(체계)의 정의
③ 3단계 : 기본설계
④ 4단계 : 인터페이스(계면)설계
⑤ 5단계 : 촉진물 설계
⑥ 6단계 : 시험 및 평가

정답 27 ② 28 ③ 29 ④ 30 ④ 31 ④ 32 ④

33

작업장 내부의 추천반사율이 가장 낮아야 하는 곳은?

① 벽 ② 천장 ③ 바닥 ④ 가구

해설 **추천반사율**

바닥	가구, 사무용기기, 책상	창문 발(blind), 벽	천정
20 ~ 40%	25 ~ 45%	40 ~ 60%	80 ~ 90%

34

인간의 정보처리 기능 중 그 용량이 7개 내외로 작아, 순간적 망각 등 인적 오류의 원인이 되는 것은?

① 지각 ② 작업기억
③ 주의력 ④ 감각보관

해설 **작업기억**

① 현재 주의를 기울여 의식하고 있는 기억으로 감각기관을 통해 입력된 정보를 단기적으로 기억하며 능동적으로 이해하고 조작하는 과정을 말한다.
② 밀러(Miller)는 작업기억의 용량에 대해 어느 한 순간에 오직 7개(±2)의 항목만이 즉시 기억으로 유지된다는 매직넘버를 제시하였다.

35

예비위험분석(PHA)에 대한 설명으로 옳은 것은?

① 관련된 과거 안전점검결과의 조사에 적절하다.
② 안전관련 법규 조항의 준수를 위한 조사방법이다.
③ 시스템 고유의 위험성을 파악하고 예상되는 재해의 위험 수준을 결정한다.
④ 초기 단계에서 시스템 내의 위험요소가 어떠한 위험 상태에 있는가를 정성적으로 평가하는 것이다.

해설 **PHA(예비 위험 분석)**

시스템 안전 프로그램에 있어서 최초단계(구상단계)의 분석으로, 시스템 내의 위험한 요소가 얼마나 위험한 상태에 있는가를 정성적으로 평가하는 방법

36

글자의 설계 요소 중 검은 바탕에 쓰여진 흰 글자가 번져 보이는 현상과 가장 관련있는 것은?

① 획폭비 ② 글자체
③ 종이 크기 ④ 글자 두께

해설 **획폭비(높이에 대한 획굵기의 비)**

① 흰 바탕에 검은글씨(양각)는 1:6~1:8 권장 (1:8 정도)
② 검은 바탕에 흰글씨(음각)는 1:8~1:10 권장(1:13.3 정도) → 광삼현상으로 더 가늘어도 된다(검은바탕의 흰글자가 번져보이는 현상)

37

FTA에 사용되는 기호 중 다음 기호에 해당하는 것은?

① 생략사상
② 부정사상
③ 결합사상
④ 기본사상

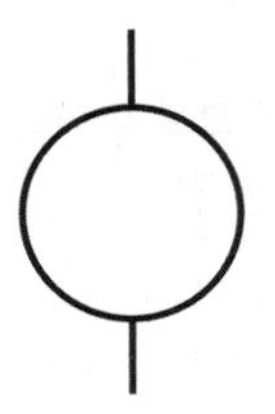

해설 **논리기호**

번호	기호	명칭	설명
1		결함사상 (사상기호)	기본 고장의 결함으로 이루어진 고장상태를 나타내는 사상(개별적인 결함사상)
2		기본사상 (사상기호)	더 이상 전개되지 않는 기본인 사상 또는 발생 확률이 단독으로 얻어지는 낮은레벨의 기본적인 사상
3		생략사상 (최후사상)	정보부족 해석기술의 불충분 등으로 더 이상 전개할 수 없는 사상. 작업진행에 따라 해석이 가능할 때는 다시 속행한다.
4		통상사상 (사상기호)	통상의 작업이나 기계의 상태에서 재해의 발생원인이 되는 사상(통상발생이 예상되는 사상)

정답 33 ③ 34 ② 35 ④ 36 ① 37 ④

38

휴먼 에러(human error)의 분류 중 필요한 임무나 절차의 순서 착오로 인하여 발생하는 오류는?

① omission error ② sequential error
③ commission error ④ extraneous error

해설 스웨인(A.D.Swain)의 독립행동에 의한 휴먼에러 분류

누락에러 (Omission error)	필요한 직무나 단계를 수행하지 않은(생략) 에러
작위에러 (Commission error)	직무나 순서 등을 착각하여 잘못 수행(불확실한 수행)한 에러
순서에러 (Sequential error)	직무 수행과정에서 순서를 잘못 지켜(순서착오) 발생한 에러
지연에러 (Time error)	정해진 시간내 직무를 수행하지 못하여(수행지연)발생한 에러
불필요한수행에러 (Extraneous error)	불필요한 직무 또는 절차를 수행하여 발생한 에러(과잉행동에러)

39

가청 주파수 내에서 사람의 귀가 가장 민감하게 반응하는 주파수 대역은?

① 20~20000 Hz ② 50~15000 Hz
③ 100~10000 Hz ④ 500~3000 Hz

해설 경계 및 경보신호 선택시 지침

① 귀는 중음역에 가장 민감하므로 500~3,000Hz의 진동수를 사용
② 고음은 멀리가지 못하므로 300m 이상 장거리용으로는 1,000Hz 이하의 진동수 사용
③ 신호가 장애물을 돌아가거나 칸막이를 통과해야 할 때는 500Hz 이하의 진동수 사용

40

작업자가 100개의 부품을 육안 검사하여 20개의 불량품을 발견하였다. 실제 불량품이 40개라면 인간 에러(human error) 확률은 약 얼마인가?

① 0.2 ② 0.3 ③ 0.4 ④ 0.5

해설

$$휴먼에러확률(HEP) = \frac{인간오류의\ 수}{전체오류발생\ 기회의수}$$

$$= \frac{20}{100} = 0.2$$

3과목 기계·기구 및 설비 안전관리

41

방호장치의 안전기준상 평면연삭기 또는 절단연삭기에서 덮개의 노출각도 기준으로 옳은 것은?

① 80° 이내 ② 125° 이내
③ 150° 이내 ④ 180° 이내

해설

절단 및 평면 연삭기는 150° 이내로 하되, 숫돌의 주축에서 수평면 밑으로 이루는 덮개의 각도는 15°이상이 되도록 하여야 한다.

42

롤러기의 방호장치 중 복부조작식 급정지 장치의 설치 위치 기준에 해당하는 것은? (단, 위치는 급정지장치의 조작부의 중심점을 기준으로 한다.)

① 밑면에서 1.8m 이상
② 밑면에서 0.8m 미만
③ 민면에서 0.8m 이상 1.1m 이내
④ 밑면에서 0.4m 이상 0.8m 이내

해설 롤러기 방호장치의 설치거리

조작부의 종류	설치위치	비고
손조작식	밑면에서 1.8m 이내	위치는 급정지 장치의 조작부의 중심점을 기준으로 함
복부조작식	밑면에서 0.8m 이상 1.1m 이내	
무릎조작식	밑면에서 0.4m 이상 0.6m 이내	

정답 38 ② 39 ④ 40 ① 41 ③ 42 ③

43

광전자식 방호장치가 설치된 프레스에서 손이 광선을 차단했을 때부터 급정지기구가 작동을 개시할 때까지의 시간은 0.3초, 급정지기구가 작동을 개시했을 때부터 슬라이드가 정지할 때까지의 시간이 0.4초 걸린다고 할 때 최소 안전거리는 약 몇 mm 인가?

① 540 ② 760 ③ 980 ④ 1120

해설 **광전자식의 안전거리**

① $D(\text{mm}) = 1600 \times (T_C + T_S)$

T_C : 방호장치의 작동시간[즉 손이 광선을 차단했을 때부터 급정지기구가 작동을 개시할 때까지의 시간 (초)]

T_S : 프레스의 최대정지시간[즉 급정지기구가 작동을 개시했을 때부터 슬라이드가 정지할 때까지의 시간 (초)]

② $D = 1600 \times (0.3 + 0.4) = 1120\text{mm}$

44

드릴링 머신의 드릴지름이 10mm이고, 드릴 회전수가 1000rpm일 때 원주속도는 약 얼마인가?

① 3.14 m/min ② 6.28 m/min
③ 31.4 m/min ④ 62.8 m/min

해설 **연삭기의 원주속도**

$$\text{원주속도}(\text{m/min}) = \frac{\pi D(\text{mm}) N(\text{rpm})}{1000} = \frac{\pi \times 10 \times 1000}{1000}$$

$$= 31.42(\text{m/min})$$

45

금형 운반에 대한 안전수칙에 관한 설명으로 옳지 않은 것은?

① 상부금형과 하부금형이 닿을 위험이 있을 때는 고정 패드를 이용한 스트랩, 금속재질이나 우레탄 고무의 블록 등을 사용한다.
② 금형을 안전하게 취급하기 위해 아이볼트를 사용할 때는 숄더형으로 사용하는 것이 좋다.
③ 관통 아이볼트가 사용될 때는 조립이 쉽도록 구멍 틈새를 크게 한다.
④ 운반하기 위해 꼭 들어 올려야 할 때는 필요한 높이 이상으로 들어 올려서는 안된다.

해설

관통 아이볼트가 사용될 때는 구멍 틈새가 최소화 되도록 한다.

46

산업안전보건법령상 프레스를 사용하여 작업을 할 때 작업시작 전 점검 항목에 해당하지 않는 것은?

① 전선 및 접속부 상태
② 클러치 및 브레이크의 기능
③ 프레스의 금형 및 고정볼트 상태
④ 1행정 1정지기구 · 급정지장치 및 비상정지장치의 기능

해설 **프레스 작업시작 전 점검사항**

① 클러치 및 브레이크의 기능
② 크랭크축·플라이휠·슬라이드·연결봉 및 연결나사의 풀림유무
③ 1행정 1정지기구·급정지장치 및 비상정지장치의 기능
④ 슬라이드 또는 칼날에 의한 위험방지 기구의 기능
⑤ 프레스의 금형 및 고정볼트 상태
⑥ 방호장치의 기능
⑦ 전단기의 칼날 및 테이블의 상태

47

선반 작업의 안전사항으로 틀린 것은?

① 베드 위에 공구를 올려놓지 않아야 한다.
② 바이트를 교환할 때는 기계를 정지시키고 한다.
③ 바이트는 끝을 길게 장치한다.
④ 반드시 보안경을 착용한다.

해설 **선반 작업시 유의사항**

① 바이트는 짧게 장치하고 일감의 길이가 직경의 12배 이상일 때 방진구 사용
② 절삭 칩 제거는 반드시 브러시 사용
③ 바이트에는 칩 브레이커를 설치하고 보안경착용
④ 치수 측정 시 및 주유, 청소시 반드시 기계정지

정답 43 ④ 44 ③ 45 ③ 46 ① 47 ③

48

연삭기 숫돌의 파괴 원인으로 볼 수 없는 것은?

① 숫돌의 회전속도가 너무 빠를 때
② 숫돌 자체에 균열이 있을 때
③ 숫돌의 정면을 사용할 때
④ 숫돌에 과대한 충격을 주게 되는 때

해설 **숫돌의 파괴 원인(보기외에)**

① 숫돌의 측면을 사용하여 작업할 때
② 숫돌의 불균형이나 베어링 마모에 의한 진동이 있을 때
③ 플랜지가 현저히 작을 때
④ 작업에 부적당한 숫돌을 사용할 때
⑤ 숫돌의 치수가 부적당할 때

49

기계설비의 방호는 위험장소에 대한 방호와 위험원에 대한 방호로 분류할 때, 다음 위험원에 대한 방호장치에 해당하는 것은?

① 격리형 방호장치
② 포집형 방호장치
③ 접근거부형 방호장치
④ 위치제한형 방호장치

해설 **포집형 방호장치**

위험원에 대한 방호장치로서 연삭숫돌이나 목재가공기계의 칩이 비산할 경우 이를 방지하고 안전하게 칩을 포집하는 방법

50

산업용 로봇 작업 시 안전조치 방법으로 틀린 것은?

① 작업 중의 매니퓰레이터의 속도의 지침에 따라 작업한다.
② 로봇의 조작방법 및 순서의 지침에 따라 작업한다.
③ 작업을 하고 있는 동안 해당 작업 근로자 이외에도 로봇의 기동스위치를 조작할 수 있도록 한다.
④ 2명 이상의 근로자에게 작업을 시킬 때는 신호 방법의 지침을 정하고 그 지침에 따라 작업한다.

해설 **산업용로봇의 운전중 위험 방지 조치**

① 높이 1.8m 이상의 울타리 설치(울타리를 설치할 수 없는 일부 구간 – 안전매트 또는 광전자식 방호장치 등 감응형 방호장치 설치)
② 작업에 종사하고 있는 근로자 또는 그 근로자를 감시하는 사람은 이상을 발견하면 즉시 로봇의 운전을 정지시키기 위한 조치를 할 것
③ 작업을 하고 있는 동안 로봇의 기동스위치 등에 작업중이라는 표시를 하는 등 작업에 종사하고 있는 근로자가 아닌 사람이 그 스위치 등을 조작할 수 없도록 필요한 조치를 할 것

51

근로자에게 위험을 미칠 우려가 있는 원동기, 축이음, 풀리 등에 설치하여야 하는 것은?

① 덮개 ② 압력계
③ 통풍장치 ④ 과압방지기

해설 **회전부의 덮개 또는 울 설치**

원동기, 축이음, 벨트, 풀리의 회전부위 등 근로자에게 위험을 미칠 우려가 있는 부위

정답 48 ③ 49 ② 50 ③ 51 ①

52

다음 중 연삭기를 이용한 작업의 안전대책으로 가장 옳은 것은?

① 연삭숫돌의 최고 원주 속도 이상으로 사용하여야 한다.
② 운전 중 연삭숫돌의 균열 확인을 위해 수시로 충격을 가해 본다.
③ 정밀한 작업을 위해서는 연삭기의 덮개를 벗기고 숫돌의 정면에 서서 작업한다.
④ 작업시작 전에는 1분 이상 시운전을 하고 숫돌의 교체 시에는 3분 이상 시운전을 한다.

해설 **연삭숫돌의 안전기준**

① 덮개의 설치 기준 : 직경이 5cm 이상인 연삭숫돌
② 작업 시작하기 전 1분 이상, 연삭 숫돌을 교체한 후 3분 이상 시운전
③ 시운전에 사용하는 연삭 숫돌은 작업시작 전 결함유무 확인후 사용
④ 연삭숫돌의 최고 사용회전속도 초과 사용금지
⑤ 측면을 사용하는 것을 목적으로 하는 연삭숫돌 이외의 연삭숫돌은 측면 사용금지

53

산업용 로봇의 작동범위에서 그 로봇에 관하여 교시 등의 작업을 하는 경우 작업시작 전 점검사항에 해당하지 않는 것은? (단, 로봇의 동력원을 차단하고 행하는 것을 제외한다.)

① 회전부의 덮개 또는 울 부착여부
② 제동장치 및 비상정지장치의 기능
③ 외부전선의 피복 또는 외장의 손상유무
④ 매니퓰레이터(manipulator) 작동의 이상유무

해설 **산업용 로봇의 작업시작 전 점검사항**

① 외부전선의 피복 또는 외장의 손상유무
② 매니퓰레이터(manipulator)작동의 이상유무
③ 제동장치 및 비상정지장치의 기능

54

기계설비의 안전화를 크게 외관의 안전화, 기능의 안전화, 구조적 안전화로 구분할 때, 기능의 안전화에 해당되는 것은?

① 안전율의 확보
② 위험부위 덮개 설치
③ 기계 외관에 안전 색채 사용
④ 전압 강하 시 기계의 자동정지

해설 **기능상의 안전화**

(1) 적절한 조치가 필요한 이상상태 : 전압의 강하, 정전시 오동작, 단락스위치나 릴레이 고장시 오동작, 사용압력 고장시 오동작, 밸브계통의 고장에 의한 오동작 등
(2) 소극적 대책 : ① 이상시 기계 급정지 ② 안전 장치 작동
(3) 적극적 대책 : ① 전기회로 개선 오동작 방지
② 정상기능 찾도록 완전한 회로 설계
③ 페일 세이프

55

기계장치의 안전설계를 위해 적용하는 안전율 계산식은?

① 안전하중 ÷ 설계하중
② 최대사용하중 ÷ 극한강도
③ 극한강도 ÷ 최대설계응력
④ 극한강도 ÷ 파단하중

해설 **안전율의 산정 방법**

$$\text{안전율} = \frac{\text{기초강도}}{\text{허용응력}} = \frac{\text{최대응력}}{\text{허용응력}} = \frac{\text{파괴하중}}{\text{최대사용하중}}$$

$$= \frac{\text{극한강도}}{\text{최대설계응력}} = \frac{\text{파단하중}}{\text{안전하중}}$$

정답 52 ④ 53 ① 54 ④ 55 ③

56

연삭 숫돌과 작업받침대, 교반기의 날개, 하우스 등 기계의 회전 운동하는 부분과 고정부분 사이에 위험이 형성되는 위험점은?

① 물림점 ② 끼임점
③ 절단점 ④ 접선물림점

해설 기계설비에 의해 형성되는 위험점

협착점	① 프레스 금형 조립부위 ② 전단기의 누름판 및 칼날부위 ③ 선반 및 평삭기의 베드 끝 부위
끼임점	① 연삭 숫돌과 작업대 ② 반복동작되는 링크기구 ③ 교반기의 교반날개와 몸체사이
절단점	① 밀링컷터 ② 둥근톱 날 ③ 목공용 띠톱 날 부분
물림점	① 기어와 피니언 ② 롤러의 회전 등
접선물림점	① V벨트와 풀리 ② 기어와 랙 ③ 롤러와 평벨트 등
회전말림점	① 회전축 ② 드릴축 등

57

보일러의 연도(굴뚝)에서 버려지는 여열을 이용하여 보일러에 공급되는 급수를 예열하는 부속장치는?

① 과열기 ② 절탄기
③ 공기예열기 ④ 연소장치

해설 절탄기(economizer)

보일러 본체에 넣어진 물을 가열하기 위하여 연도에서 버려지는 배기 연소가스의 여열을 이용하기 위한 장치

58

다음 중 컨베이어의 안전장치가 아닌 것은?

① 이탈 및 역주행방지장치 ② 비상정지장치
③ 덮개 또는 울 ④ 비상난간

해설 컨베이어의 안전조치사항

① 이탈 등의 방지(정전, 전압강하 등에 의한 화물 또는 운반구의 이탈 및 역주행 방지장치)
② 화물의 낙하위험시에는 덮개 또는 낙하방지용 울 등의 설치
③ 근로자의 신체의 일부가 말려드는 등 근로자에게 위험을 미칠 우려가 있을 때 및 비상시에 정지할 수 있는 비상정지장치 부착

59

밀링 머신의 작업 시 안전수칙에 대한 설명으로 틀린 것은?

① 커터의 교환 시는 테이블 위에 목재를 받쳐 놓는다.
② 강력 절삭 시에는 일감을 바이스에 깊게 물린다.
③ 작업 중 면장갑은 착용하지 않는다.
④ 커터는 가능한 컬럼(column)으로부터 멀리 설치한다.

해설

밀링의 커터는 될 수 있는 한 컬럼에 가깝게 설치해야 한다.

60

선반의 크기를 표시하는 것으로 틀린 것은?

① 양쪽 센터 사이의 최대 거리
② 왕복대 위의 스윙
③ 베드 위의 스윙
④ 주축에 물릴 수 있는 공작물의 최대 지름

해설 선반의 크기 표시

일반적으로 베드 위의 스윙, 왕복대 위의 스윙, 두 센터 사이의 최대 거리로 나타낸다.

정답 56 ② 57 ② 58 ④ 59 ④ 60 ④

4과목 전기 및 화학설비 안전관리

61

교류아크 용접기의 재해방지를 위해 쓰이는 것은?

① 자동전격방지 장치 ② 리미트 스위치
③ 정전압 장치 ④ 정전류 장치

해설 자동전격방지기의 성능

① 아크발생을 정지시킬 때 주접점이 개로 될 때까지의 시간(지동시간)은 1.0초 이내일 것
② 2차 무부하전압은 25V 이내일 것

62

방폭구조의 종류와 기호가 잘못 연결된 것은?

① 유입방폭구조 - o ② 압력방폭구조 - p
③ 내압방폭구조 - d ④ 본질안전방폭구조 - e

해설 방폭구조의 기호

종류	내압	압력	유입	안전증	몰드	충전	비점화	본질안전	특수
기호	d	p	o	e	m	q	n	i	s

63

누전에 의한 감전위험을 방지하기 위하여 누전차단기를 설치하여야 하는데 다음 중 누전차단기를 설치하지 않아도 되는 것은?

① 절연대 위에서 사용하는 이중 절연구조의 전동기기
② 임시배선의 전로가 설치되는 장소에서 사용하는 이동형 전기기구
③ 철판 위와 같이 도전성이 높은 장소에서 사용하는 이동형 전기기구
④ 물과 같이 도전성이 높은 액체에 의한 습윤 장소에서 사용하는 이동형 전기기구

해설 누전차단기 적용제외

① 「전기용품 및 생활용품 안전관리법」이 적용되는 이중절연 또는 이와 같은 수준 이상으로 보호되는 구조로 된 전기기계·기구
② 절연대 위 등과 같이 감전 위험이 없는 장소에서 사용하는 전기기계·기구
③ 비접지방식의 전로

64

누전차단기의 설치 환경조건에 관한 설명으로 틀린 것은?

① 전원전압은 정격전압의 85~110% 범위로 한다.
② 설치장소가 직사광선을 받을 경우 차폐시설을 설치한다.
③ 정격부동작 전류가 정격감도 전류의 30% 이상이어야 하고, 이들의 차가 가능한 큰 것이 좋다.
④ 정격전부하전류가 30A인 이동형 전기기계·기구에 접속되어 있는 경우 일반적으로 정격 감도 전류는 30mA 이하인 것을 사용한다.

해설

정격 부동작 전류가 정격 감도전류의 50[%]이상이고 또한 이들의 차가 가능한 한 작은 값을 사용해야 한다.

정답 61 ① 62 ④ 63 ① 64 ③

65

위험장소의 분류에 있어 다음 설명에 해당되는 것은?

> 분진운 형태의 가연성 분진이 폭발농도를 형성할 정도로 충분한 양이 정상작동 중에 연속적으로 또는 자주 존재하거나, 제어할 수 없을 정도의 양 및 두께의 분진층이 형성될 수 있는 장소

① 20종 장소　② 21종 장소
③ 22종 장소　④ 23종 장소

해설 **분진폭발 위험장소**

① 문제의 설명은 20종 장소에 관한 내용
② 21종 장소 : 20종 장소 외의 장소로서 분진운 형태의 가연성 분진이 폭발농도를 형성할 정도의 충분한 양이 정상작동 중에 존재할수 있는 장소
③ 22종 장소 : 21종 장소 외의 장소로서 가연성 분진운 형태가 드물게 발생 또는 단기간 존재할 우려가 있거나 이상작동 상태하에서 가연성 분진층이 형성될 수 있는 장소

66

인체의 저항이 500Ω이고, 440V 회로에 누전차단기(ELB)를 설치 할 경우 다음 중 가장 적당한 누전차단기는?

① 30mA 이하, 0.1초 이하에 작동
② 30mA 이하, 0.03초 이하에 작동
③ 15mA 이하, 0.1초 이하에 작동
④ 15mA 이하, 0.03초 이하에 작동

해설 **누전차단기 접속시 준수사항**

① 전기기계·기구에 접속되어 있는 누전차단기는 정격감도전류가 30밀리암페어 이하이고 작동시간은 0.03초 이내일 것
② 다만, 정격전부하전류가 50암페어 이상인 전기기계·기구에 접속되는 누전차단기는 오작동을 방지하기 위하여 정격감도전류는 200밀리암페어 이하로, 작동시간은 0.1초 이내로 할 수 있다.

67

다음 중 통전경로별 위험도가 가장 높은 경로는?

① 왼손 - 등　② 오른손 - 가슴
③ 왼손 - 가슴　④ 오른손 - 양발

해설 **통전 경로별 위험도**

통전경로	위험도	통전경로	위험도
왼손-가슴	1.5	왼손-등	0.7
오른손-가슴	1.3	한손 또는 양손-앉아 있는 자리	0.7
왼손-한발 또는 양발	1.0	왼손-오른손	0.4
양손-양발	1.0	오른손-등	0.3
오른손-한발 또는 양발	0.8		

68

정전기 발생 종류가 아닌 것은?

① 박리　② 마찰　③ 분출　④ 방전

해설 **대전의 종류**

① 마찰대전　② 박리대전　③ 유동대전　④ 분출대전
⑤ 충돌대전　⑥ 교반대전　⑦ 파괴대전 등

69

다음 중 방폭구조의 종류와 기호를 올바르게 나타낸 것은?

① 안전증방폭구조 : e　② 몰드방폭구조 : n
③ 충전방폭구조 : p　④ 압력방폭구조 : o

해설 **방폭구조의 기호**

종류	내압	압력	유입	안전증	몰드	충전	비점화	본질안전	특수
기호	d	p	o	e	m	q	n	i	s

정답 65 ① 66 ② 67 ③ 68 ④ 69 ①

70

접지 시스템에서 계통접지에 해당하지 않는 것은?

① TN ② TT ③ IN ④ IT

해설 접지 시스템

구분	① 계통접지(TN,TT, IT계통) ② 보호접지 ③ 피뢰시스템 접지
종류	① 단독접지 ② 공통접지 ③ 통합접지
구성요소	① 접지극 ② 접지도체 ③ 보호도체 및 기타 설비
연결방법	접지극은 접지도체를 사용하여 주 접지단자에 연결

71

아세틸렌(C_2H_2)의 공기 중 완전연소 조성농도(Cst)는 약 얼마인가?

① 6.7 vol% ② 7.0 vol%
③ 7.4 vol% ④ 7.7 vol%

해설 완전연소 조성농도

$$Cst=\frac{100}{1+4.773\left(n+\frac{m-f-2\lambda}{4}\right)}=\frac{100}{1+4.773\left(2+\frac{2}{4}\right)}$$

$$=7.73\text{vol\%}$$

72

다음 중 폭굉(detonation) 현상에 있어서 폭굉파의 진행 전면에 형성되는 것은?

① 증발열 ② 충격파
③ 역화 ④ 화염의 대류

해설 폭굉과 폭굉파

① 폭굉이란 폭발 범위내의 특정 농도 범위에서 연소속도가 폭발에 비해 수백 내지 수천 배에 달하는 현상
② 폭굉파는 진행속도가 1,000~3,500m/s 에 달하는 경우
③ 폭굉파의 전파속도는 음속을 앞지르기 때문에 그 진행전면에 충격파가 형성되어 파괴 작용을 동반

73

위험물안전관리법령상 제4류 위험물(인화성 액체)이 갖는 일반성질로 가장 거리가 먼 것은?

① 증기는 대부분 공기보다 무겁다.
② 대부분 물보다 가볍고 물에 잘 녹는다.
③ 대부분 유기화합물이다.
④ 발생증기는 연소하기 쉽다.

해설 제4류 위험물(인화성 액체)

① 가연성 물질로 인화성 증기를 발생하는 액체위험물, 인화되기 매우 쉽고 착화온도가 낮은 것은 위험(증기는 공기와 약간만 혼합해도 연소의 우려)
② 점화원이나 고온체의 접근을 피하고, 증기발생을 억제해야 한다.
③ 증기는 공기보다 무겁고, 물보다 가벼우며, 물에 녹기 어렵다.

74

다음 중 분진폭발에 대한 설명으로 틀린 것은?

① 일반적으로 입자의 크기가 클수록 위험이 더 크다.
② 산소의 농도는 분진폭발 위험에 영향을 주는 요인이다.
③ 주위 공기의 난류확산은 위험을 증가시킨다.
④ 가스폭발에 비하여 불완전 연소를 일으키기 쉽다.

해설 입자의 직경

평균 입자의 직경이 작고 밀도가 작은 것일수록 비표면적은 크게 되고 표면에너지도 크게 되어 위험성이 크다.

정답 70 ③ 71 ④ 72 ② 73 ② 74 ①

75

산업안전보건기준에 관한 규칙에 따라 폭발성 물질을 저장·취급하는 화학설비 및 그 부속설비를 설치할 때, 단위공정시설 및 설비로부터 다른 단위공정시설 및 설비 사이의 안전거리는 설비 바깥 면으로부터 몇 m 이상 두어야 하는가? (단, 원칙적인 경우에 한한다.)

① 3 ② 5 ③ 10 ④ 20

해설 **위험물 저장 취급 화학설비(안전거리)**

구분	안전거리
단위공정시설 및 설비로부터 다른 단위공정시설 및 설비의 사이	설비의 외면으로부터 10미터 이상
플레어스택으로부터 단위공정시설 및 설비, 위험물질 저장탱크 또는 위험물질 하역설비의 사이	플레어스택으로부터 반경 20미터 이상
위험물질 저장탱크로부터 단위공정시설 및 설비, 보일러 또는 가열로의 사이	저장탱크의 외면으로부터 20미터 이상
사무실·연구실·실험실·정비실 또는 식당으로부터 단위공정시설 및 설비, 위험물질 저장탱크, 위험물질 하역설비, 보일러 또는 가열로의 사이	사무실 등의 외면으로부터 20미터 이상

76

어떤 물질 내에서 반응전파속도가 음속보다 빠르게 진행되며 이로 인해 발생된 충격파가 반응을 일으키고 유지하는 발열반응을 무엇이라 하는가?

① 점화(Ignition) ② 폭연(Deflagration)
③ 폭발(Explosion) ④ 폭굉(Detonation)

해설 **폭굉과 폭굉파**

① 폭굉이란 폭발 범위내의 특정 농도 범위에서 연소속도가 폭발에 비해 수백 내지 수천 배에 달하는 현상
② 폭굉파는 진행속도가 1,000~3,500m/s 에 달하는 경우
③ 폭굉파의 전파속도는 음속을 앞지르기 때문에 그 진행전면에 충격파가 형성되어 파괴작용을 동반

77

A 가스의 폭발하한계가 4.1vol%, 폭발상한계가 62vol% 일 때 이 가스의 위험도는 약 얼마인가?

① 8.94 ② 12.75 ③ 14.12 ④ 16.12

해설 **위험도**

$$\text{위험도(H)} = \frac{UFL(\text{연소상한값}) - LFL(\text{연소하한값})}{LFL(\text{연소하한값})}$$

$$\therefore\ H = \frac{62-4.1}{4.1} = 14.122$$

78

사업장에서 유해·위험물질의 일반적인 보관방법으로 적합하지 않는 것은?

① 질소와 격리하여 저장
② 서늘한 장소에 저장
③ 부식성이 없는 용기에 저장
④ 차광막이 있는 곳에 저장

해설

질소는 공기 중에서 가장 많은 비중을 차지하며, 불연성가스에 해당된다.

79

다음 중 분진폭발의 가능성이 가장 낮은 물질은?

① 소맥분 ② 마그네슘분 ③ 질석가루 ④ 석탄가루

해설

팽창질석은 금속화재의 소화에 사용된다.

정답 75 ③ 76 ④ 77 ③ 78 ① 79 ③

80

산업안전보건기준에 관한 규칙에서 규정하는 급성 독성물질의 기준으로 틀린 것은?

① 쥐에 대한 경구투입실험에 의하여 실험동물의 50%를 사망시킬 수 있는 물질의 양이 kg당 300mg-(체중) 이하인 화학물질
② 쥐에 대한 경피흡수실험에 의하여 실험동물의 50%를 사망시킬 수 있는 물질의 양이 kg당 1000mg-(체중) 이하인 화학물질
③ 토끼에 대한 경피흡수실험에 의하여 실험동물의 50%를 사망시킬 수 있는 물질의 양이 kg당 1000mg-(체중) 이하인 화학물질
④ 쥐에 대한 4시간 동안의 흡입실험에 의하여 실험동물의 50%를 사망시킬 수 있는 가스의 농도가 3000ppm 이상인 화학물질

해설 **급성 독성물질**

쥐에 대한 4시간동안의 흡입실험에 의하여 실험동물의 50퍼센트를 사망시킬 수 있는 물질의 농도, 즉 가스 LC50(쥐, 4시간 흡입)이 2,500ppm 이하인 화학물질, 증기 LC50(쥐, 4시간 흡입)이 10mg/ℓ 이하인 화학물질, 분진 또는 미스트 1mg/ℓ 이하인 화학물질

5과목 건설공사 안전관리

81

콘크리트 타설작업을 하는 경우에 준수해야 할 사항으로 옳지 않은 것은?

① 당일의 작업을 시작하기 전에 해당 작업에 관한 거푸집동바리등의 변형·변위 및 지반의 침하 유무 등을 점검하고 이상이 있으면 보수할 것
② 작업 중에는 거푸집동바리등의 변형·변위 및 침하 유무 등을 감시할 수 있는 감시자를 배치하여 이상이 있으면 작업을 중지하고 근로자를 대피시킬 것
③ 설계도서상의 콘크리트 양생기간을 준수하여 거푸집동바리등을 해체할 것
④ 콘크리트를 타설하는 경우에는 편심을 유발하여 한쪽 부분부터 밀실하게 타설되도록 유도할 것

해설

콘크리트를 타설하는 경우에는 편심이 발생하지 않도록 골고루 분산하여 타설할 것

82

철골공사에서 나타나는 용접결함의 종류에 해당하지 않는 것은?

① 가우징(gouging) ② 오버랩(overlap)
③ 언더 컷(under cut) ④ 블로우 홀(blow hole)

해설

가우징은 용접한 부위의 결함을 제거하거나 가스 와 산소 불꽃 또는 아크열에 의해 금속면에 깊은 홈을 파는 것을 말한다.

정답 80 ④ 81 ④ 82 ①

83

이동식비계를 조립하여 작업을 하는 경우의 준수사항으로 옳지 않은 것은?

① 이동식비계의 바퀴에는 뜻밖의 갑작스러운 이동 또는 전도를 방지하기 위하여 브레이크·쐐기 등으로 바퀴를 고정시킨 다음 비계의 일부를 견고한 시설물에 고정하거나 아웃트리거(outrigger)를 설치하는 등 필요한 조치를 할 것
② 작업발판은 항상 수평을 유지하고 작업발판 위에서 안전난간을 딛고 작업을 하지 않도록하며, 대신 받침대 또는 사다리를 사용하여 작업할 것
③ 비계의 최상부에서 작업을 하는 경우에는 안전난간을 설치할 것
④ 작업발판의 최대적재하중은 250kg을 초과하지 않도록 할 것

해설

작업발판은 항상 수평을 유지하고 작업발판 위에서 안전난간을 딛고 작업을 하거나 받침대 또는 사다리를 사용하여 작업하지 않도록 할 것

84

버팀대(Strut)의 축하중 변화상태를 측정하는 계측기는?

① 경사계(Inclino meter)
② 수위계(Water level meter)
③ 침하계(Extension)
④ 하중계(Load cell)

해설

하중계는 흙막이 버팀대에 작용하는 토압, 어스 앵커의 인장력 등을 측정하는 기기

85

건설업에서 사업주의 유해·위험 방지 계획서 제출 대상 사업장이 아닌 것은?

① 지상 높이가 31m 이상인 건축물의 건설, 개조 또는 해체공사
② 연면적 5000m2 이상 관광숙박시설의 해체공사
③ 저수용량 5000톤 이하의 지방상수도 전용 댐 건설 등의 공사
④ 깊이 10m 이상인 굴착공사

해설

다목적댐·발전용댐 및 저수용량 2천만톤 이상의 용수전용댐·지방상수도 전용댐 건설 등의 공사

86

부두 등의 하역작업장에서 부두 또는 안벽의 선을 따라 설치하는 통로의 최소폭 기준은?

① 30cm 이상 ② 50cm 이상
③ 70cm 이상 ④ 90cm 이상

해설 **부두등 하역작업장 조치사항(보기 외에)**

① 부두 또는 안벽의 선을 따라 통로를 설치하는 때에는 폭을 90cm 이상으로 할 것
② 바닥으로부터 높이 2m 이상 하적단(포대, 가마니 등)은 인접 하적단과 간격을 하적단 밑부분에서 10cm 이상 유지

정답 83 ② 84 ④ 85 ③ 86 ④

87

옹벽 축조를 위한 굴착작업에 관한 설명으로 옳지 않은 것은?

① 수평 방향으로 연속적으로 시공한다.
② 하나의 구간을 굴착하면 방치하지 말고 기초 및 본체 구조물 축조를 마무리 한다.
③ 절취경사면에 전석, 낙석의 우려가 있고 혹은 장기간 방치할 경우에는 숏크리트, 록볼트, 캔버스 및 모르타르 등으로 방호한다.
④ 작업위치의 좌우에 만일의 경우에 대비한 대피통로를 확보하여 둔다.

해설

수평방향의 연속시공을 금하며, 브럭으로 나누어 단위시공 단면적을 최소화하여 분단시공을 한다

88

가설통로 설치 시 경사가 몇 도를 초과하면 미끄러지지 않는 구조로 설치하여야 하는가?

① 15°　② 20°　③ 25°　④ 30°

해설 **가설 통로의 구조**

① 견고한 구조로 할 것
② 경사는 30도 이하로 할 것
③ 경사가 15도를 초과하는 경우에는 미끄러지지 아니하는 구조로 할 것
④ 추락할 위험이 있는 장소에는 안전난간을 설치할 것
⑤ 수직갱에 가설된 통로의 길이가 15미터 이상인 경우에는 10미터 이내마다 계단참을 설치할 것
⑥ 건설공사에 사용하는 높이 8미터 이상인 비계다리에는 7미터 이내마다 계단참을 설치할 것

89

이동식 비계 작업 시 주의사항으로 옳지 않은 것은?

① 비계의 최상부에서 작업을 하는 경우에는 안전난간을 설치한다.
② 이동 시 작업지휘자가 이동식 비계에 탑승하여 이동하며 안전여부를 확인하여야 한다.
③ 비계를 이동시키고자 할 때는 바닥의 구멍이나 머리 위의 장애물을 사전에 점검한다.
④ 작업발판은 항상 수평을 유지하고 작업발판 위에서 안전난간을 딛고 작업을 하거나 받침대 또는 사다리를 사용하여 작업하지 않도록 한다.

해설 **이동식비계 사용상 주의사항**

① 작업발판은 항상 수평을 유지하고 작업발판 위에서 안전난간을 딛고 작업을 하거나 받침대 또는 사다리를 사용하여 작업하지 않아야 한다.
② 작업발판에는 3인 이상이 탑승하여 작업하지 않도록 하여야 한다.
③ 근로자가 탑승한 상태에서 이동식 비계를 이동시키지 말아야 한다.

90

가설구조물의 특징이 아닌 것은?

① 연결재가 적은 구조로 되기 쉽다.
② 부재결합이 불완전 할 수 있다.
③ 영구적인 구조설계의 개념이 확실하게 적용된다.
④ 단면에 결함이 있기 쉽다.

해설 **가설구조물 특징(보기외에)**

① 구조물에 대한 개념이 확고하지 않아 조립정밀도가 낮다.
② 구조계산의 기준이 부족하여 구조적인 문제점이 많다.

정답 87 ① 88 ① 89 ② 90 ③

91

시스템 비계를 사용하여 비계를 구성하는 경우에 준수하여야 할 사항으로 옳지 않은 것은?

① 수직재와 수직재의 연결철물은 이탈되지 않도록 견고한 구조로 할 것
② 수직재·수평재·가새재를 견고하게 연결하는 구조가 되도록 할 것
③ 수직재와 받침철물의 연결부 겹침길이는 받침철물 전체길이의 4분의 1 이상이 되도록 할 것
④ 수평재는 수직재와 직각으로 설치하여야 하며, 체결 후 흔들림이 없도록 견고하게 설치할 것

해설 **시스템 비계의 구조**

비계 밑단의 수직재와 받침철물은 밀착되도록 설치하고, 수직재와 받침철물의 연결부의 겹침길이는 받침철물 전체길이의 3분의 1 이상이 되도록 할 것

92

사다리식 통로 등을 설치하는 경우 발판과 벽과의 사이는 최소 얼마 이상의 간격을 유지하여야 하는가?

① 10 cm 이상 ② 15 cm 이상
③ 20 cm 이상 ④ 25 cm 이상

해설 **사다리식 통로의 구조**

① 발판과 벽과의 사이는 15센티미터 이상의 간격을 유지할 것
② 폭은 30센티미터 이상으로 할 것
③ 사다리의 상단은 걸쳐놓은 지점으로부터 60센티미터 이상 올라가도록 할 것
④ 사다리식 통로의 길이가 10미터 이상인 경우에는 5미터 이내마다 계단참을 설치할 것
⑤ 사다리식 통로의 기울기는 75도 이하로 할 것

93

산업안전보건기준에 관한 규칙에 따른 토사 굴착 시 굴착면의 기울기 기준으로 옳지 않은 것은?

① 모래 – 1 : 1.8 ② 풍화암 – 1 : 1.0
③ 경암 – 1 : 0.5 ④ 연암 – 1 : 1.2

해설 **굴착면 기울기 기준**

지반의 종류	모래	연암 및 풍화암	경암	그 밖의 흙
굴착면의 기울기	1 :1.8	1 : 1.0	1 : 0.5	1 : 1.2

tip
2023년 법령개정. 문제와 해설은 개정된 내용 적용

94

가설통로를 설치하는 경우 준수하여야 할 기준으로 옳지 않은 것은?

① 견고한 구조로 할 것
② 경사는 30도 이하로 할 것
③ 경사가 30도를 초과하는 경우에는 미끄러지지 아니하는 구조로 할 것
④ 수직갱에 가설된 통로의 길이가 15m 이상인 경우에는 10m 이내마다 계단참을 설치할 것

해설

경사는 30도 이하로 하며, 경사가 15도를 초과하는 경우에는 미끄러지지 아니하는 구조로 할 것

2022년 1회

정답 91 ③ 92 ② 93 ④ 94 ③

95

산업안전보건관리비에 관한 설명으로 옳지 않은 것은?

① 발주자는 도급인이 안전보건관리비를 다른 목적으로 사용한 안전보건관리비에 대하여 이를 계약금액에서 감액조정할 수 있다.
② 발주자는 도급인이 안전관리비를 사용하지 않은 금액에 대하여는 반환을 요구할 수 있다.
③ 자기공사자가 건설공사 사업계획을 수립할 때에는 안전보건관리비를 계상하여야 한다.
④ 발주자는 설계변경 등으로 대상액의 변동이 있는 경우 공사 완료 후 정산하여야 한다.

해설

발주자 또는 자기공사자는 설계변경 등으로 대상액의 변동이 있는 경우 지체 없이 안전보건관리비를 조정 계상하여야 한다.

96

지붕위에서 작업시 추락하거나 넘어질 위험이 있는 경우 조치사항으로 옳지 않은 것은?

① 슬레이트 등 강도가 약한 재료로 덮은 지붕에는 폭 20센티미터 이상의 발판을 설치할 것
② 채광창(skylight)에는 견고한 구조의 덮개를 설치할 것
③ 지붕의 가장자리에 안전난간을 설치할 것
④ 안전난간 설치가 곤란한 경우 추락방호망 설치

해설

슬레이트 등 강도가 약한 재료로 덮은 지붕에는 폭 30센티미터 이상의 발판을 설치할 것

97

층고가 높은 슬래브 거푸집 하부에 적용하는 무지주 공법이 아닌 것은?

① 보우빔(bow beam)
② 철근 일체형 데크플레이트(deck plate)
③ 페코빔(peco beam)
④ 솔저시스템(soldier system)

해설

솔저시스템은 긴결재를 사용하지 않고 바닥에 선매립된 앙카볼트를 이용하여 합벽거푸집을 지지하는 트러스형 강재 지지대이다.

98

도심지에서 주변에 주요 시설물이 있을 때 침하와 변위를 적게 할 수 있는 가장 적당한 흙막이 공법은?

① 동결공법　　② 샌드드레인공법
③ 지하연속벽공법　　④ 뉴매틱케이슨공법

해설 **지중 연속벽(Slurry wall)공법**

① 굴착면의 붕괴를 막고 지하수의 침입 차단을 위해 벤토나이트 현탁액주입
② 지중에 연속된 철근 콘크리트 벽체를 형성하는 공법
③ 진동과 소음이 적어서 도심지 공사에 적합
④ 대부분의 지반조건에 적용가능하며, 높은 차수성 및 벽체의 강성이 크다.
⑤ 영구구조물로 이용가능하며, 임의의 형상이나 치수의 시공가능

정답 95 ④ 96 ① 97 ④ 98 ③

99

다음은 산업안전보건법령에 따른 작업장에서의 투하설비 등에 관한 사항이다. 빈칸에 들어갈 내용으로 옳은 것은?

> 사업주는 높이가 (　　) 이상인 장소로부터 물체를 투하하는 경우 적당한 투하설비를 설치하거나 감시인을 배치하는 등 위험을 방지하기 위하여 필요한 조치를 하여야 한다.

① 2m　② 3m　③ 5m　④ 10m

해설 **물체의 낙하에 의한 위험방지**

① 대상 : 높이 3m 이상인 장소에서 물체 투하시
② 조치사항 : 투하설비설치, 감시인배치

100

토사 붕괴의 내적 요인이 아닌 것은?

① 사면, 법면의 경사 증가
② 절토 사면의 토질구성 이상
③ 성토 사면의 토질구성 이상
④ 토석의 강도 저하

해설 **토석붕괴의 원인**

외적요인	내적요인
① 사면·법면의 경사 및 기울기의 증가 ② 절토 및 성토 높이의 증가 ③ 진동 및 반복하중의 증가 ④ 지하수 침투에 의한 토사중량의 증가 ⑤ 구조물의 하중 증가	① 절토사면의 토질·암질 ② 성토사면의 토질 ③ 토석의 강도 저하

정답　99 ②　100 ①

2022년 4월 17일~4월 30일

산업안전산업기사 CBT 기출 복원문제

1과목 산업재해 예방 및 안전보건교육

01

학습을 자극에 의한 반응으로 보는 이론에 해당하는 것은?

① 손다이크(Thorndike)의 시행착오설
② 퀠러(Kohler)의 통찰설
③ 톨만(Tolman)의 기호형태설
④ 레빈(Lewin)의 장이론

해설 시행 착오설(Thorndike)

학습이란 시행착오의 과정을 통하여 선택되고 결합되는 것(성공한 행동은 각인되고 실패한 행동은 배제)

02

학생이 마음속에 생각하고 있는 것을 외부에 구체적으로 실현하고 형상화하기 위하여 자기 스스로 계획을 세워 수행하는 학습활동으로 이루어지는 학습지도의 형태는?

① 케이스 메소드(Case method)
② 패널 디스커션(Panel discussion)
③ 구안법(Project method)
④ 문제법(Problem method)

해설 구안법(Project method)

참가자 스스로가 계획을 수립하고 활동하는 실천적인 학습활동

03

헤드십(Headship)에 관한 설명으로 틀린 것은?

① 구성원과 사회적 간격이 좁다.
② 지휘의 형태는 권위주의적이다.
③ 권한의 부여는 조직으로부터 위임받는다.
④ 권한귀속은 공식화된 규정에 의한다.

해설 헤드십과 리더십의 구분

구분	권한부여 및 행사	권한 근거	상관과 부하와의 관계 및 책임귀속	부하와의 사회적 간격	지휘 형태
헤드십	위에서 위임하여 임명. 임명된 헤드	법적 또는 공식적	지배적 상사	넓다	권위주의적
리더십	아래로부터의 동의에 의한 선출. 선출된 리더	개인 능력	개인적인 영향 상사와 부하	좁다	민주주의적

정답 1 ① 2 ③ 3 ①

04

산업안전보건법령상 근로자 안전·보건교육 기준 중 다음 ( ) 안에 알맞은 것은?

<table>
<tr><th>교육과정</th><th>교육대상</th><th>교육시간</th></tr>
<tr><td rowspan="2">작업내용 변경 시 교육</td><td>일용근로자 및 근로계약기간이 1주일 이하인 기간제근로자</td><td>(㉠)시간 이상</td></tr>
<tr><td>그 밖의 근로자</td><td>(㉡)시간 이상</td></tr>
</table>

① ㉠ 1, ㉡ 8　② ㉠ 2, ㉡ 8
③ ㉠ 1, ㉡ 2　④ ㉠ 3, ㉡ 6

해설 **근로자 안전보건 교육 시간(특별교육은 생략)**

<table>
<tr><th>교육과정</th><th colspan="2">교육대상</th><th>교육시간</th></tr>
<tr><td rowspan="3">가. 정기교육</td><td colspan="2">사무직 종사 근로자</td><td>매반기 6시간 이상</td></tr>
<tr><td rowspan="2">그 밖의 근로자</td><td>판매업무에 직접 종사하는 근로자</td><td>매반기 6시간 이상</td></tr>
<tr><td>판매업무에 직접 종사하는 근로자 외의 근로자</td><td>매반기 12시간 이상</td></tr>
<tr><td rowspan="3">나. 채용 시 교육</td><td colspan="2">일용근로자 및 근로계약기간이 1주일 이하인 기간제근로자</td><td>1시간 이상</td></tr>
<tr><td colspan="2">근로계약기간이 1주일 초과 1개월 이하인 기간제근로자</td><td>4시간 이상</td></tr>
<tr><td colspan="2">그 밖의 근로자</td><td>8시간 이상</td></tr>
<tr><td rowspan="2">다. 작업내용 변경 시 교육</td><td colspan="2">일용근로자 및 근로계약기간이 1주일 이하인 기간제근로자</td><td>1시간 이상</td></tr>
<tr><td colspan="2">그 밖의 근로자</td><td>2시간 이상</td></tr>
<tr><td>마. 건설업 기초안전·보건교육</td><td colspan="2">건설 일용근로자</td><td>4시간 이상</td></tr>
</table>

Tip
2023년 법령개정. 문제와 해설은 개정된 내용 적용

05

안전심리의 5대 요소에 해당하는 것은?

① 기질(temper)　② 지능(intelligence)
③ 감각(sense)　④ 환경(environment)

해설

산업안전 심리의 5대요소 : 기질, 동기, 습관, 습성, 감정

06

산업안전보건법령상 사업주가 근로자에 대하여 실시하여야 하는 교육 중 특별안전·보건교육의 대상이 되는 작업이 아닌 것은?

① 화학설비의 탱크 내 작업
② 전압이 30V인 정전 및 활선작업
③ 건설용 리프트·곤돌라를 이용한 작업
④ 동력에 의하여 작동되는 프레스기계를 5대 이상 보유한 사업장에서 해당 기계로 하는 작업

해설

전압이 75V 이상의 정전 및 활선작업이 특별안전보건교육 대상작업에 해당된다

07

인간의 행동 특성에 관한 레빈(Lewin)의 법칙에서 각 인자에 대한 내용으로 틀린 것은?

$$B=f(P \cdot E)$$

① B : 행동　② f : 함수관계　③ P : 개체　④ E : 기술

해설 **레윈(K. Lewin)의 행동법칙**

E : Environment(심리적 환경 – 인간관계, 작업환경, 설비적 결함 등)

08

개인 카운슬링(Counseling) 방법으로 가장 거리가 먼 것은?

① 직접적 충고　② 설득적 방법
③ 설명적 방법　④ 반복적 충고

해설

개인적 상담기술에는 직접충고, 설득적방법, 설명적 방법이 있다.

정답 4 ③ 5 ① 6 ② 7 ④ 8 ④

09

교육의 효과를 높이기 위하여 시청각 교재를 최대한으로 활용하는 시청각적 방법의 필요성이 아닌 것은?

① 교재의 구조화를 기할 수 있다.
② 대량 수업체제가 확립될 수 있다.
③ 교수의 평준화를 기할 수 있다.
④ 개인차를 최대한으로 고려할 수 있다.

해설

개인차를 최대한 고려할 수 있는 것은 프로그램학습법에 해당되는 내용

10

재해의 원인과 결과를 연계하여 상호 관계를 파악하기 위해 도표화하는 분석방법은?

① 특성요인도 ② 파레토도
③ 크로스분류도 ④ 관리도

해설 **특성요인도**

특성과 요인관계를 어골상으로 세분하여 연쇄관계를 나타내는 방법(원인요소와의 관계를 상호의 인과관계만으로 결부)

11

하인리히 재해 발생 5단계 중 3단계에 해당하는 것은?

① 불안전한 행동 또는 불안전한 상태
② 사회적 환경 및 유전적 요소
③ 관리의 부재
④ 사고

해설 **하인리히의 사고연쇄반응이론(도미노 이론)**

사회적 환경 및 유전적 요인 → 개인적 결함 → 불안전 행동 또는 불안전 상태 → 사고 → 재해

12

산업안전보건법령상 특별교육 대상 작업별 교육 작업 기준으로 틀린 것은?

① 전압이 75V 이상인 정전 및 활선작업
② 굴착면의 높이가 2m 이상이 되는 암석의 굴착작업
③ 동력에 의하여 작동되는 프레스기계를 3대 이상 보유한 사업장에서 해당 기계로 하는 작업
④ 1톤 미만의 크레인 또는 호이스트를 5대 이상 보유한 사업장에서 해당 기계로 하는 작업

해설

동력에 의하여 작동되는 프레스기계를 5대 이상 보유한 사업장에서 해당 기계로 하는 작업

13

기계·기구 또는 설비의 신설, 변경 또는 고장수리 등 부정기적인 점검을 말하며, 기술적 책임자가 시행하는 점검은?

① 정기 점검 ② 수시 점검
③ 특별 점검 ④ 임시 점검

해설 **특별점검**

① 기계, 기구, 설비의 신설변경 또는 고장, 수리 등을 할 경우
② 정기점검기간을 초과하여 사용하지 않던 기계설비를 다시 사용하고자 할 경우
③ 강풍(순간풍속 30m/s초과) 또는 지진(중진 이상 지진) 등의 천재지변 후

정답 9 ④ 10 ① 11 ① 12 ③ 13 ③

14

재해의 원인 분석법 중 사고의 유형, 기인물 등 분류 항목을 큰 순서대로 도표화하여 문제나 목표의 이해가 편리한 것은?

① 관리도(control chart)
② 파렛토도(pareto diagram)
③ 클로즈분석(close analysis)
④ 특성요인도(cause-reason diagram)

해설 **재해 통계 도표**

파레토도 (Pareto diagram)	관리 대상이 많은 경우 최소의 노력으로 최대의 효과를 얻을 수 있는 방법(분류항목을 큰 값에서 작은 값의 순서로 도표화 하는데 편리)
특성요인도	특성과 요인관계를 어골상으로 세분하여 연쇄 관계를 나타내는 방법(원인요소와의 관계를 상호의 인과관계만으로 결부)
크로스(Cross)분석	두 가지 또는 그 이상의 요인이 서로 밀접한 상호관계를 유지할 때 사용되는 방법
관리도	재해 발생건수 등의 추이파악 → 목표관리 행하는데 필요한 월별재해 발생 수의 그래프화 → 관리 구역 설정 → 관리하는 방법

15

다음 중 매슬로우(Maslow)가 제창한 인간의 욕구 5단계 이론을 단계별로 옳게 나열한 것은?

① 생리적 욕구 → 안전 욕구 → 사회적 욕구 → 존경의 욕구 → 자아실현의 욕구
② 안전 욕구 → 생리적 욕구 → 사회적 욕구 → 존경의 욕구 → 자아실현의 욕구
③ 사회적 욕구 → 생리적 욕구 → 안전 욕구 → 존경의 욕구 → 자아실현의 욕구
④ 사회적 욕구 → 안전 욕구 → 생리적 욕구 → 존경의 욕구 → 자아실현의 욕구

해설 **매슬로우(Abraham Maslow)의 욕구 5단계**

생리적 욕구 → 안전의 욕구 → 사회적 욕구 → 인정, 존경받으려는 욕구 → 자아실현의 욕구

16

산업안전보건법령상 상시 근로자수의 산출내역에 따라, 연간 국내공사 실적액이 50억원이고 건설업평균임금이 250만원이며, 노무비율은 0.06인 사업장의 상시 근로자수는?

① 10인 ② 30인 ③ 33인 ④ 75인

해설 **건설업체의 환산 재해율**

$$상시근로자수 = \frac{연간국내공사실적액 \times 노무비율}{건설업월평균임금 \times 12}$$

$$= \frac{50억 \times 0.06}{250만 \times 12} = 10인$$

17

다음 중 무재해운동의 기본이념 3원칙에 포함되지 않는 것은?

① 무의 원칙 ② 선취의 원칙
③ 참가의 원칙 ④ 라인화의 원칙

해설 **무재해 운동의 3대 원칙**

무의 원칙	모든 잠재위험요인을 적극적으로 사전에 발견하고 파악·해결함으로써 산업재해의 근원적인 요소들을 없앤다는 것을 의미한다.
선취의 원칙	사업장 내에서 행동하기 전에 잠재위험요인을 발견하고 파악·해결하여 재해를 예방하는 것을 의미한다.
참가의 원칙	잠재위험요인을 발견하고 파악·해결하기 위하여 전원이 일치 협력하여 각자의 위치에서 적극적으로 문제해결을 하겠다는 것을 의미한다.

18

다음 중 산업심리의 5대 요소에 해당하지 않는 것은?

① 적성 ② 감정 ③ 기질 ④ 동기

해설

산업안전 심리의 5대요소 : 기질, 동기, 습관, 습성, 감정

정답 14 ② 15 ① 16 ① 17 ④ 18 ①

19

적응기제(Adjustment Mechanism)의 유형에서 "동일화(identification)"의 사례에 해당하는 것은?

① 운동시합에 진 선수가 컨디션이 좋지 않았다고 한다.
② 결혼에 실패한 사람이 고아들에게 정열을 쏟고 있다.
③ 아버지의 성공을 자신의 성공인 것처럼 자랑하며 거만한 태도를 보인다.
④ 동생이 태어난 후 초등학교에 입학한 큰 아이가 손가락을 빨기 시작했다.

해설 **동일화**

무의식적으로 다른 사람을 닮아가는 현상으로 특히 자신에게 위협적인 대상이나 자신의 이상형과 자신을 동일시함으로 열등감을 이겨내고 만족감을 느낌

20

하인리히의 재해발생 원인 도미노이론에서 사고의 직접 원인으로 옳은 것은?

① 통제의 부족
② 관리 구조의 부적절
③ 불안전한 행동과 상태
④ 유전과 환경적 영향

해설 **하인리히의 사고연쇄반응이론(도미노 이론)**

사회적 환경 및 유전적 요인 → 개인적 결함 → 불안전 행동 및 불안전 상태 → 사고 → 재해

2과목 인간공학 및 위험성 평가관리

21

시각적 표시장치를 사용하는 것이 청각적 표시장치를 사용하는 것보다 좋은 경우는?

① 메시지가 후에 참고되지 않을 때
② 메시지가 공간적인 위치를 다룰 때
③ 메시지가 시간적인 사건을 다룰 때
④ 사람의 일이 연속적인 움직임을 요구할 때

해설 **시각적 표시장치와 청각적 표시장치의 비교**

시각장치 사용	청각장치 사용
1. 메시지가 복잡하다. 2. 메시지가 길다. 3. 메시지가 후에 재참조된다. 4. 메시지가 공간적인 위치를 다룬다. 5. 메시지가 즉각적인 행동을 요구하지 않는다. 6. 수신자의 청각 계통이 과부하 상태일 때 7. 직무상 수신자가 한곳에 머무르는 경우	1. 메시지가 간단하다. 2. 메시지가 짧다. 3. 메시지가 후에 재참조되지 않는다. 4. 메시지가 시간적인 사상을 다룬다. 5. 메시지가 즉각적인 행동을 요구한다. 6. 수신자의 시각 계통이 과부하 상태일 때 7. 직무상 수신자가 자주 움직이는 경우

22

체계분석 및 설계에 있어서 인간공학의 가치와 가장 거리가 먼 것은?

① 성능의 향상
② 인력 이용률의 감소
③ 사용자의 수용도 향상
④ 사고 및 오용으로부터의 손실 감소

해설 **체계 설계과정에서의 인간공학의 가치**

① 성능의 향상
② 생산 및 정비유지의 경제성 증대
③ 훈련 비용의 절감
④ 인력의 이용율의 향상
⑤ 사용자의 수용도 향상
⑥ 사고 및 오용으로 부터의 손실 감소

정답 19 ③ 20 ③ 21 ② 22 ②

23

휘도(luminance)의 척도 단위(unit)가 아닌 것은?

① fc ② fL ③ mL ④ cd/m²

해설 휘도의 단위

Lambert(L)	완전발산 또는 반사하는 표면이 1cm거리에서 표준 촛불로 조명될 때의 조도와 같은 휘도
millilambert(mL)	1L의 1/1,000로서, 1foot-Lambert와 비슷한 값을 갖는다.
foot-Lambert(fL)	완전발산 또는 반사하는 표면이 1fc로 조명될 때의 조도와 같은 휘도
nit(cd/m²)	완전 발산 또는 반사하는 평면이 πlux로 조명될때의 조도와 같은 휘도

24

신체 반응의 척도 중 생리적 스트레스의 척도로 신체적 변화의 측정 대상에 해당하지 않는 것은?

① 혈압 ② 부정맥 ③ 혈액성분 ④ 심박수

해설

신체적 변화의 측정대상은 혈압, 부정맥, 심박수의 변화 등이 있다.

25

안전성의 관점에서 시스템을 분석 평가하는 접근방법과 거리가 먼 것은?

① "이런 일은 금지한다."의 개인 판단에 따른 주관적인 방법
② "어떻게 하면 무슨 일이 발생할 것인가?"의 연역적인 방법
③ "어떤 일은 하면 안 된다."라는 점검표를 사용하는 직관적인 방법
④ "어떤 일이 발생하였을 때 어떻게 처리하여야 안전한가?"의 귀납적인 방법

해설

개인차가 발생할수 있는 주관적인 방법은 시스템 분석평가 방법으로 적절하지 못하다.

26

인터페이스 설계 시 고려해야 하는 인간과 기계와의 조화성에 해당되지 않는 것은?

① 지적 조화성 ② 신체적 조화성
③ 감성적 조화성 ④ 심미적 조화성

해설 인간 interface(계면)의 조화성

신체적(형태적) 인터페이스	인간의 신체적 또는 형태적 특성의 적합성여부(필요조건)
지적 인터페이스	인간의 인지능력, 정신적 부담의 정도(편리 수준)
감성적 인터페이스	인간의 감정 및 정서의 적합성여부(쾌적 수준)

27

FTA에 의한 재해사례 연구의 순서를 올바르게 나열한 것은?

A. 목표사상 선정 B. FT도의 작성
C. 사상마다 재해원인 규명 D. 개선계획 작성

① A → B → C → D ② A → C → B → D
③ B → C → A → D ④ B → A → C → D

28

청각적 표시장치에서 300m 이상의 장거리용 경보기에 사용하는 진동수로 가장 적절한 것은?

① 800Hz 전후 ② 2200Hz 전후
③ 3500Hz 전후 ④ 4000Hz 전후

해설 경계 및 경보신호 선택시 지침

① 귀는 중음역에 가장 민감하므로 500~3,000Hz의 진동수를 사용
② 고음은 멀리가지 못하므로 300m 이상 장거리용으로는 1,000Hz 이하의 진동수 사용
③ 신호가 장애물을 돌아가거나 칸막이를 통과해야 할 때는 500Hz 이하의 진동수 사용
④ 주의를 끌기 위해서는 변조된 신호를 사용
⑤ 배경소음의 진동수와 다른 신호를 사용하고 신호는 최소한 0.5~1초 동안 지속

정답 23 ① 24 ③ 25 ① 26 ④ 27 ② 28 ①

29

FT도에 사용되는 다음 기호의 명칭으로 맞는 것은?

① 억제 게이트
② 부정 게이트
③ 배타적 OR 게이트
④ 우선적 AND 게이트

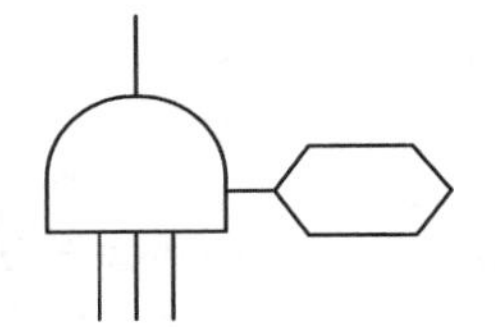

해설 **우선적 AND게이트**

입력사상중 어떤 사상이 다른 사상보다 앞에 일어났을 때 출력사상이 발생한다.

30

작업장 내의 색채조절이 적합하지 못한 경우에 나타나는 상황이 아닌 것은?

① 안전표지가 너무 많아 눈에 거슬린다.
② 현란한 색배합으로 물체 식별이 어렵다.
③ 무채색으로만 구성되어 중압감을 느낀다.
④ 다양한 색채를 사용하면 작업의 집중도가 높아진다.

해설

다양한 색채를 사용하면 작업의 집중도가 떨어진다.

31

인간공학적 부품배치의 원칙에 해당하지 않는 것은?

① 신뢰성의 원칙 ② 사용순서의 원칙
③ 중요성의 원칙 ④ 사용빈도의 원칙

해설 **부품배치의 원칙**

원칙	내용	구분
중요성의 원칙	목표달성에 긴요한 정도에 따른 우선순위	위치결정
사용빈도의 원칙	사용되는 빈도에 따른 우선순위	
기능별배치의 원칙	기능적으로 관련된 부품들을 모아서 배치	배치결정
사용순서의 원칙	순서적으로 사용되는 장치들을 순서에 맞게 배치	

32

시스템안전프로그램계획(SSPP)에서 "완성해야 할 시스템 안전업무"에 속하지 않는 것은?

① 정성 해석 ② 운용 해석
③ 경제성 분석 ④ 프로그램 심사의 참가

해설 **수행해야하는 시스템 안전 업무활동**

① 정성적분석 ② 정량적 분석
③ 운용해석 ④ 설계심사의 참가 등

33

선형 조정장치를 16cm 옮겼을 때, 선형 표시장치가 4cm 움직였다면, C/R 비는 얼마인가?

① 0.2 ② 2.5 ③ 4.0 ④ 5.3

해설 **통제표시비(선형 조정장치)**

$$\frac{C}{D} = \frac{\text{통제기기의 변위량}}{\text{표시계기 지침의 변위량}} = \frac{16\text{cm}}{4\text{cm}} = 4.0$$

34

자연습구온도가 20℃ 이고, 흑구온도가 30℃일 때, 실내의 습구흑구온도지수(WBGT ; Wet Bulb Globe Temperature)는 얼마인가?

① 20℃ ② 23℃ ③ 25℃ ④ 30℃

해설 **습구흑구온도지수(옥내)**

WBGT(℃) = 0.7 × 자연습구온도 + 0.3 × 흑구온도
(0.7 × 20) + (0.3 × 30) = 23℃

정답 29 ④ 30 ④ 31 ① 32 ③ 33 ③ 34 ②

35

소음을 방지하기 위한 대책으로 틀린 것은?

① 소음원 통제　② 차폐장치 사용
③ 소음원 격리　④ 연속 소음 노출

해설 **소음관리(소음통제 방법)**

① 소음원의 제거 – 가장 적극적인 대책
② 소음원의 통제 – 안전설계, 정비 및 주유, 고무 받침대 부착, 소음기 사용 등
③ 소음의 격리 – 씌우개(enclosure), 방이나 장벽을 이용
④ 차음 장치 및 흡음재 사용
⑤ 보호구 착용 등

36

그림과 같은 시스템의 신뢰도로 옳은 것은? (단, 그림의 숫자는 각 부품의 신뢰도이다.)

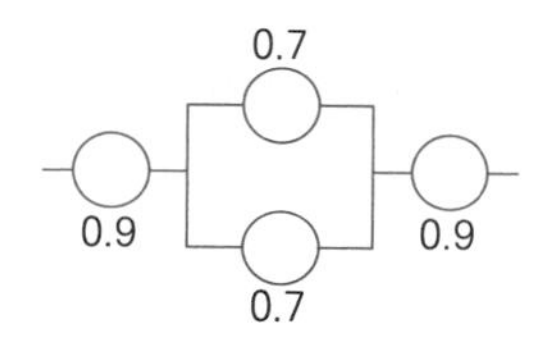

① 0.6261　② 0.7371　③ 0.8481　④ 0.9591

해설 **신뢰도 계산**

$(R)=0.9\times[1-(1-0.7)(1-0.7)]\times0.9=0.7371$

37

인간오류의 분류 중 원인에 의한 분류의 하나로, 작업자 자신으로부터 발생하는 에러로 옳은 것은?

① Command error　② Secondary error
③ Primary error　④ Third error

해설 **원인의 레벨적 분류**

Primary error	작업자 자신으로부터 발생한 에러(안전교육으로 예방)
Secondary error	작업형태, 작업조건 중에서 다른 문제가 발생하여 필요한 직무나 절차를 수행 할 수 없는 에러
Command error	작업자가 움직이려 해도 필요한 물건, 정보, 에너지 등이 공급되지 않아서 작업자가 움직일 수 없는 상황에서 발생한 에러

38

신뢰성과 보전성 개선을 목적으로 하는 효과적인 보전 기록 자료에 해당하지 않는 것은?

① 설비이력카드　② 자재관리표
③ MTBF분석표　④ 고장원인대책표

해설

자재관리표는 효과적인 자재의 관리와 사용을 위해 필요한 것이므로 보전성 개선과는 거리가 멀다.

39

인간의 시각특성을 설명한 것으로 옳은 것은?

① 적응은 수정체의 두께가 얇아져 근거리의 물체를 볼 수 있게 되는 것이다.
② 시야는 수정체의 두께 조절로 이루어진다.
③ 망막은 카메라의 렌즈에 해당된다.
④ 암조응에 걸리는 시간은 명조응보다 길다.

해설 **암조응(Dark Adaptation)**

① 밝은곳에서 어두운곳으로 갈 때 → 원추세포의 감수성상실, 간상세포에 의해 물체 식별
② 완전 암조응 – 보통 30~40분 소요(명조응은 수초 내지 1~2분)

40

레버를 10°움직이면 표시장치는 1cm 이동하는 조종장치가 있다. 레버의 길이가 20cm 라고 하면 이 조종장치의 통제표시비 (C/D 비)는 약 얼마인가?

① 1.27　② 2.38　③ 3.49　④ 4.51

해설 **조종–표시장치 이동비율(C/D비)**

$C/D\text{비}=\dfrac{(a/360)\times2\pi L}{\text{표시장치의이동거리}}=\dfrac{(10/360)\times2\times\pi\times20}{1}=3.491$

정답 35 ④ 36 ② 37 ③ 38 ② 39 ④ 40 ③

3과목 기계·기구 및 설비 안전관리

41

500rpm으로 회전하는 연삭기의 숫돌지름이 200mm일 때 원주속도(m/min)는?

① 628　② 62.8
③ 314　④ 31.4

해설 숫돌의 원주속도

원주속도 $= \frac{\pi DN}{1000} = \frac{\pi \times 200 \times 500}{1000} = 314(\mathrm{m/min})$

42

기계의 운동 형태에 따른 위험점의 분류에서 고정부분과 회전하는 동작부분이 함께 만드는 위험점으로 교반기의 날개와 하우스 등에서 발생하는 위험점을 무엇이라 하는가?

① 끼임점　② 절단점
③ 물림점　④ 회전말림점

해설 끼임점(Shear-point)

: 고정부분과 회전 또는 직선운동부분에 의해 형성
① 연삭 숫돌과 작업대
② 반복동작되는 링크기구
③ 교반기의 교반날개와 몸체 사이

43

컨베이어 작업시작 전 점검해야 할 사항으로 거리가 먼 것은?

① 원동기 및 풀리 기능의 이상 유무
② 이탈 등의 방지장치 기능의 이상 유무
③ 비상정지장치의 이상 유무
④ 자동전격방지장치의 이상 유무

해설 컨베이어의 작업시작 전 점검사항

① 원동기 및 풀리 기능의 이상유무
② 이탈 등의 방지장치기능의 이상유무
③ 비상정지장치 기능의 이상유무
④ 원동기·회전축·기어 및 풀리 등의 덮개 또는 울 등의 이상유무
⑤ 급속이송은 백래시(backlash)제거장치가 작동하지 않음을 확인한 후 실시

44

아세틸렌 용접장치에서 아세틸렌 발생기실 설치 위치 기준으로 옳은 것은?

① 건물 지하층에 설치하고 화기 사용설비로부터 3미터 초과 장소에 설치
② 건물 지하층에 설치하고 화기 사용설비로부터 1.5미터 초과 장소에 설치
③ 건물 최상층에 설치하고 화기 사용설비로부터 3미터 초과 장소에 설치
④ 건물 최상층에 설치하고 화기 사용설비로부터 1.5미터 초과 장소에 설치

해설 발생기실의 설치장소

① 전용의 발생기 실내에 설치
② 건물의 최상층에 위치, 화기를 사용하는 설비로부터 3m를 초과하는 장소에 설치
③ 옥외에 설치할 경우 그 개구부를 다른 건축물로부터 1.5m 이상 떨어지도록 할 것

정답 41 ③ 42 ① 43 ④ 44 ③

45

기계설비 방호에서 가드의 설치조건으로 옳지 않은 것은?

① 충분한 강도를 유지할 것
② 구조가 단순하고 위험점 방호가 확실할 것
③ 개구부(틈새)의 간격은 임의로 조정이 가능할 것
④ 작업, 점검, 주유 시 장애가 없을 것

해설 **가드의 설치기준**

① 충분한 강도를 유지할 것
② 구조가 단순하고 조정이 용이할 것
③ 작업, 점검, 주유시 등 장애가 없을 것
④ 위험점 방호가 확실할 것
⑤ 개구부등 간격(틈새)이 적정할 것

46

기계설비 구조의 안전을 위해 설계 시 고려하여야 할 안전계수(safety factor)의 산출 공식으로 틀린 것은?

① 파괴강도 ÷ 허용응력
② 안전하중 ÷ 파단하중
③ 파괴강도 ÷ 허용하중
④ 극한강도 ÷ 최대설계응력

해설 **안전율(안전계수)의 산정 방법**

$$안전율=\frac{기초강도}{허용응력}=\frac{최대응력}{허용응력}=\frac{파괴하중}{최대사용하중}=\frac{극한강도}{최대설계응력}=\frac{파단하중}{안전하중}$$

47

지게차의 안정도 기준으로 틀린 것은?

① 기준부하상태에서 주행시의 전후 안정도는 8% 이내이다.
② 하역작업시의 좌우안정도는 최대하중상태에서 포크를 가장 높이 올리고 마스트를 가장 뒤로 기울인 상태에서 6% 이내이다.
③ 하역작업시의 전후안정도는 최대하중상태에서 포크를 가장 높이 올린 경우 4% 이내이며, 5톤 이상은 3.5% 이내이다.
④ 기준무부하상태에서 주행시의 좌우안정도는 (15+1.1×V)%이내이고, V는 구내최고속도(km/h)를 의미한다.

해설 **지게차의 안정도**

① 주행시 전후 안정도 : 18% 이내
② 주행시 좌우 안정도 : (15+1.1V)% 이내
③ 하역작업 시 전후 안정도 4%(5톤 이상은 3.5%) 이내
④ 하역작업시의 좌우안정도 6% 이내

48

선반 등으로부터 돌출하여 회전하고 있는 가공물이 근로자에게 위험을 미칠 우려가 있는 경우 설치할 방호장치로 가장 적합한 것은?

① 덮개 또는 울 ② 슬리브
③ 건널다리 ④ 체인 블록

해설 **덮개 또는 울 등을 설치해야 하는 경우**

① 연삭기 또는 평삭기의 테이블, 형삭기램 등의 행정끝이 위험을 미칠 경우
② 선반 등으로부터 돌출하여 회전하고 있는 가공물이 위험을 미칠 경우
③ 띠톱기계(목재가공용 띠톱기계제외)의 절단에 필요한 톱날부위 외의 위험한 톱날부위

정답 45 ③ 46 ② 47 ① 48 ①

49

원심기의 안전대책에 관한 사항에 해당되지 않는 것은?

① 최고사용회전수를 초과하여 사용해서는 아니 된다.
② 내용물이 튀어나오는 것을 방지하도록 덮개를 설치하여야 한다.
③ 폭발을 방지하도록 압력방출장치를 2개 이상 설치하여야 한다.
④ 청소, 검사, 수리 등의 작업 시에는 기계의 운전을 정지하여야 한다.

해설 **방호장치의 종류 및 안전기준**

① 법적인 방호장치 : 덮개
② 최고 사용회전수를 초과하여 사용금지
③ 내용물을 꺼내거나 정비, 청소, 수리 등의 작업시 기계의 운전정지
④ 내용물을 자동으로 꺼내거나 운전중 정비, 청소, 수리 등을 할 경우에는 안전한 보조기구 사용 및 위험한 부위 방호조치

50

탁상용 연삭기의 평형 플랜지 바깥지름이 150mm일 때, 숫돌의 바깥지름은 몇 mm 이내 이어야 하는가?

① 300mm ② 450mm
③ 600mm ④ 750mm

해설 **플랜지의 직경**

① 숫돌 직경 × 1/3 = 150
② 그러므로, 숫돌 직경 = 150÷ 1/3 = 450mm

51

크레인 작업 시 조치사항 중 틀린 것은?

① 인양할 하물은 바닥에서 끌어당기거나, 밀어내는 작업을 하지 아니할 것
② 유류드럼이나 가스통 등의 위험물 용기는 보관함에 담아 안전하게 매달아 운반할 것
③ 고정된 물체는 직접 분리, 제거하는 작업을 할 것
④ 근로자의 출입을 통제하여 하물이 작업자의 머리 위로 통과하지 않게 할 것

해설 **크레인 작업시 조치 및 준수사항(보기외에)**

① 고정된 물체는 직접 분리·제거하는 작업을 하지 아니할 것
② 인양할 하물이 보이지 아니하는 경우에는 어떠한 동작도 하지 아니할 것(신호하는 자에 의하여 작업을 하는 경우 제외)

52

산업안전보건법령상 양중기에 사용하지 않아야 하는 달기 체인의 기준으로 틀린 것은?

① 심하게 변형된 것
② 균열이 있는 것
③ 달기 체인의 길이가 달기 체인이 제조된 때의 길이의 3%를 초과한 것
④ 링의 단면지름이 달기 체인이 제조된 때의 해당 링의 지름의 10%를 초과하여 감소한 것

해설 **양중기의 달기체인 사용제한**

① 달기체인의 길이가 달기체인이 제조된 때의 길이의 5퍼센트를 초과한 것
② 링의 단면지름이 달기체인이 제조된 때의 해당 링의 지름의 10퍼센트를 초과하여 감소한 것
③ 균열이 있거나 심하게 변형된 것

정답 49 ③ 50 ② 51 ③ 52 ③

53

롤러기에 사용되는 급정지장치의 종류가 아닌 것은?

① 손 조작식 ② 발 조작식
③ 무릎 조작식 ④ 복부 조작식

해설 **롤러 급정지장치의 종류**

조작부의 종류	설치위치
손조작식	밑면에서 1.8m 이내
복부조작식	밑면에서 0.8m 이상 1.1m 이내
무릎조작식	밑면에서 0.4m 이상 0.6m 이내

54

드릴 작업의 안전조치 사항으로 틀린 것은?

① 칩은 와이어 브러시로 제거한다.
② 드릴 작업에서는 보안경을 쓰거나 안전덮개를 설치한다.
③ 칩에 의한 자상을 방지하기 위해 면장갑을 착용한다.
④ 바이스 등을 사용하여 작업 중 공작물의 유동을 방지한다.

해설 **드릴 작업시 안전대책**

① 일감은 견고히 고정, 손으로 잡고 하는 작업금지
② 드릴 끼운 후 척 렌치는 반드시 빼둘 것
③ 면장갑 등 착용 금지 및 칩은 브러시로 제거
④ 구멍 뚫기 작업시 손으로 관통확인 금지
⑤ 보안경 착용 및 안전덮개(shield)설치 등

55

개구부에서 회전하는 롤러의 위험점까지 최단거리가 60mm일 때 개구부 간격은?

① 10mm ② 12mm
③ 13mm ④ 15mm

해설 **롤러기 가드의 개구부 간격(ILO 기준)**

$Y=6+0.15X$

$\therefore Y=6+(0.15\times 60)=15\text{mm}$

56

컨베이어 (conveyer) 의 역전방지장치 형식이 아닌 것은?

① 램식 ② 라쳇식
③ 롤러식 ④ 전기브레이크식

해설 **역전방지장치 및 브레이크**

① 기계적인 것 : 라쳇식, 롤러식, 밴드식, 웜기어 등
② 전기적인 것 : 전기브레이크, 슬러스트브레이크 등

57

프레스 가공품의 이송방법으로 2차 가공용 송급배출 장치가 아닌 것은?

① 다이얼 피더(dial feeder)
② 롤 피더 (roll feeder)
③ 푸셔 피더(pusher feeder)
④ 트랜스퍼 피더 (transfer feeder)

해설 **송급장치**

① 1차 가공용 송급장치 : 로울 피더(Roll feeder)
② 2차 가공용 송급장치 : 슈트, 푸셔 피더(Pusher feeder), 다이얼 피더(Dial feeder), 트랜스퍼 피더(Transfer feeder) 등
③ 슬라이딩 다이(Sliding die)

2022년 2회

정답 53 ② 54 ③ 55 ④ 56 ① 57 ②

58

압력용기에서 안전밸브를 2개 설치한 경우 그 설치방법으로 옳은 것은? (단, 해당하는 압력용기가 외부화재에 대한 대비가 필요한 경우로 한정한다.)

① 1개는 최고사용압력 이하에서 작동하고 다른 1개는 최고사용압력의 1.1 배 이하에서 작동하도록 한다.
② 1개는 최고사용압력 이하에서 작동하고 다른 1개는 최고사용압력의 1.2배 이하에서 작동하도록 한다.
③ 1개는 최고사용압력의 1.05배 이하에서 작동하고 다른 1개는 최고사용압력의 1.1 배 이하에서 작동하도록 한다.
④ 1개는 최고사용압력의 1.05배 이하에서 작동하고 다른 1개는 최고사용압력의 1.2배 이하에서 작동하도록 한다.

해설

안전밸브는 보호하려는 설비의 최고사용압력 이하에서 작동되도록 하여야 한다. 다만, 안전밸브등이 2개 이상 설치된 경우에 1개는 최고사용압력의 1.05배(외부화재를 대비한 경우에는 1.1배) 이하에서 작동되도록 설치할 수 있다.

59

사고 체인의 5요소에 해당하지 않는 것은?

① 함정 (trap)　② 충격 (impact)
③ 접촉 (contact)　④ 결함 (flaw)

해설 **위험의 5요소**

: 함정(trap), 충격, 접촉, 얽힘 또는 말림, 튀어나옴

60

범용 수동 선반의 방호조치에 대한 설명으로 틀린 것은?

① 대형 선반의 후면 칩 가드는 새들의 전체 길이를 방호할 수 있어야 한다.
② 척 가드의 폭은 공작물의 가공작업에 방해되지 않는 범위에서 척 전체 길이를 방호해야 한다.
③ 수동조작을 위한 제어장치는 정확한 제어를 위해 조작 스위치를 돌출형으로 제작해야 한다.
④ 스핀들 부위를 통한 기어박스에 접촉될 위험이 있는 경우에는 해당부위에 잠금장치가 구비된 가드를 설치하고 스핀들 회전과 연동회로를 구성해야 한다.

해설 **범용 수동 선반의 방호조치(보기 외에)**

① 수동조작을 위한 제어장치에는 매입형 스위치의 사용 등 불시접촉에 의한 기동을 방지하기 위한 조치를 해야 한다.
② 척 가드의 개방 시 스핀들의 작동이 정지되도록 연동회로를 구성할 것
③ 가드의 폭은 새들 폭 이상일 것
④ 전면 칩 가드는 심압대가 베드 끝단부에 위치하고 있고 공작물 고정 장치에서 심압대까지 가드를 연장시킬 수 없는 경우에는 부착위치를 조정할 수 있을 것
⑤ 심압대에는 베드 끝단부에서의 이탈을 방지하기 위한 조치를 해야 한다.

정답 58 ① 59 ④ 60 ③

4과목 전기 및 화학설비 안전관리

61

저압 옥내직류 전기설비를 전로보호장치의 확실한 동작의 확보와 이상전압 및 대지전압의 억제를 위하여 접지를 하여야 하나 직류 2선식으로 시설할 때, 접지를 생략할 수 있는 경우로 옳지 않은 것은?

① 접지 검출기를 설치하고, 특정구역 내의 산업용 기계기구에만 공급하는 경우
② 사용전압이 110V 이상인 경우
③ 최대전류 30mA 이하의 직류화재경보회로
④ 교류계통으로부터 공급을 받는 정류기에서 인출되는 직류계통

해설 **저압 옥내직류 전기설비의 접지중 직류2선식 시설시 접지 생략 가능한 경우**

① 사용전압이 60V 이하인 경우
② 접지검출기를 설치하고 특정 구역 내의 산업용 기계 기구에만 공급하는 경우
③ 교류계통으로부터 공급을 받는 정류기에서 인출되는 직류계통
④ 최대전류 30mA 이하의 직류화재경보회로

62

감전에 의한 전격위험을 결정하는 주된 인자와 거리가 먼 것은?

① 통전저항 ② 통전전류의 크기
③ 통전경로 ④ 통전시간

해설 **감전위험 인자**

1차적 위험요소	① 통전전류의 크기 ② 통전시간 ③ 통전경로 ④ 전원의 종류
2차적 위험요소	① 인체의 조건 ② 통전전압 ③ 계절

63

폭발위험장소를 분류할 때 가스폭발위험장소의 종류에 해당하지 않는 것은?

① 0종 장소 ② 1종 장소
③ 2종 장소 ④ 3종 장소

해설 **가스 폭발 위험장소의 분류**

분류	적요
0종 장소	인화성 액체의 증기 또는 가연성 가스에 의한 폭발위험이 지속적으로 또는 장기간 존재하는 장소
1종 장소	정상 작동상태에서 인화성 액체의 증기 또는 가연성 가스에 의한 폭발위험분위기가 존재하기 쉬운 장소
2종 장소	정상작동상태에서 인화성 액체의 증기 또는 가연성 가스에 의한 폭발위험분위기가 존재할 우려가 없으나, 존재할 경우 그 빈도가 아주 적고 단기간만 존재할 수 있는 장소

64

다음 중 정전기 재해의 방지대책으로 가장 적절한 것은?

① 절연도가 높은 플라스틱을 사용한다.
② 대전하기 쉬운 금속은 접지를 실시한다.
③ 작업장 내의 온도를 낮게 해서 방전을 촉진시킨다.
④ (+), (-)전하의 이동을 방해하기 위하여 주위의 습도를 낮춘다.

해설 **정전기 발생 방지책**

① 접지(도체의 대전방지)
② 가습(공기중의 상대습도를 60~70% 정도 유지)
③ 대전방지제 사용
④ 배관 내에 액체의 유속제한 및 정체시간 확보
⑤ 제전장치(제전기) 사용
⑥ 도전성 재료 사용
⑦ 보호구 착용 등

정답 61 ② 62 ① 63 ④ 64 ②

65

전로의 과전류로 인한 재해를 방지하기 위한 방법으로 과전류 차단장치를 설치할 때에 대한 설명으로 틀린 것은?

① 과전류 차단장치로는 차단기·퓨즈 또는 보호계전기 등이 있다.
② 차단기·퓨즈는 계통에서 발생하는 최대 과전류에 대하여 충분하게 차단할 수 있는 성능을 가져야 한다.
③ 과전류 차단장치는 반드시 접지선에 병렬로 연결하여 과전류 발생 시 전로를 자동으로 차단하도록 설치하여야 한다.
④ 과전류 차단장치가 전기계통상에서 상호 협조·보완되어 과전류를 효과적으로 차단하도록 하여야 한다.

해설 **과전류 차단장치의 설치기준**

① 과전류차단장치는 반드시 접지선이 아닌 전로에 직렬로 연결하여 과전류 발생시 전로를 자동으로 차단하도록 설치할 것
② 차단기·퓨즈는 계통에서 발생하는 최대 과전류에 대하여 충분하게 차단할 수 있는 성능을 가질 것
③ 과전류차단장치가 전기계통상에서 상호 협조·보완되어 과전류를 효과적으로 차단하도록 할 것

66

전기화재의 직접적인 발생요인과 가장 거리가 먼 것은?

① 피뢰기의 손상
② 누전, 열의 축적
③ 과전류 및 절연의 손상
④ 지락 및 접속불량으로 인한 과열

해설 **전기화재의 분류**

(1) 발화원 (기기별)
① 전열기 ② 전등 등의 배선(코드) ③ 전기기기 ④ 전기장치 ⑤ 기타(누전, 정전기, 충격마찰, 접속불량, 단열압축, 지락, 낙뢰 등)
(2) 화재의 경과(원인 또는 경로별)
① 단락 ② 스파크 ③ 누전 ④ 과전류 ⑤ 접촉부 과열 등

67

이온생성 방법에 따라 정전기 제전기의 종류가 아닌 것은?

① 고전압인가식 ② 접지제어식
③ 자기방전식 ④ 방사선식

해설 **제전기의 종류**

① 전압 인가식 제전기 : 7000V 정도의 고전압으로 코로나 방전을 일으켜 발생하는 이온으로 대전체 전하를 중화시키는 방법
② 자기 방전식 제전기 : 제전 대상물체의 정전 에너지를 이용하여 제전에 필요한 이온을 발생시키는 장치로 50kV정도의 높은 대전을 제거할 수 있으나 2kV 정도의 대전이 남는 단점이 있다.
③ 방사선식 제전기 : 방사선 동위원소의 전리작용을 이용하여 제전에 필요한 이온을 만드는 장치로서 방사선 장해로 인한 사용상의 주의가 요구되며 제전능력이 작아 제전 시간이 오래 걸리는 단점과 움직이는 물체의 제전에는 적합하지 못하다.

68

피뢰설비 기본 용어에 있어 외부 뇌보호 시스템에 해당되지 않는 구성요소는?

① 수뢰부 ② 인하도선
③ 접지시스템 ④ 등전위 본딩

해설

등전위 본딩은 내부피뢰시스템에 해당되는 요소이다.

69

콘덴서의 단자전압이 1kV, 정전용량이 740pF일 경우 방전에너지는 약 몇 mJ 인가?

① 370 ② 37 ③ 3.7 ④ 0.37

해설 **방전에너지**

$W = \frac{1}{2}CV^2(J) = \frac{1}{2} \times 740 \times 10^{-12} \times 1{,}000^2 = 3.7 \times 10^{-4}(J)$
그러므로 $3.7 \times 10^{-4}(J) \times 10^3 = 0.37(mJ)$

정답 65 ③ 66 ① 67 ② 68 ④ 69 ④

70

송전선의 경우 복도체 방식으로 송전하는데 이는 어떤 방전 손실을 줄이기 위한 것인가?

① 코로나방전　② 평등방전
③ 불꽃방전　④ 자기방전

해설 **단도체 및 복도체**

① 단도체 방식 : 각각의 상에 사용하는 전선을 한 가닥 – 저전압 송전선로
② 복도체 방식 : 한상당 두 가닥 이상의 전선을 사용 – 코로나 발생의 방지

71

다음 가스 중 공기 중에서 폭발범위가 넓은 순서로 옳은 것은?

① 아세틸렌 > 프로판 > 수소 > 일산화탄소
② 수소 > 아세틸렌 > 프로판 > 일산화탄소
③ 아세틸렌 > 수소 > 일산화탄소 > 프로판
④ 수소 > 프로판 > 일산화탄소 > 아세틸렌

해설 **가연성가스의 폭발범위**

가연성 가스	폭발하한 값(%)	폭발상한 값(%)
아세틸렌(C_2H_2)	2.5	81
메탄(CH_4)	5	15
수소(H_2)	4	75
일산화탄소(CO)	12.5	74
프로판(C_3H_8)	2.1	9.5

72

산업안전보건법상 물질안전보건자료 작성 시 포함되어야 하는 항목이 아닌 것은? (단, 참고사항은 제외한다.)

① 화학제품과 회사에 관한 정보
② 제조일자 및 유효기간
③ 운송에 필요한 정보
④ 환경에 미치는 영향

해설 **물질안전보건자료(MSDS) 작성 시 포함되어야 할 항목 및 순서**

① 화학제품과 회사에 관한 정보　② 유해·위험성
③ 구성성분의 명칭 및 함유량　④ 응급조치요령
⑤ 폭발·화재시 대처방법　⑥ 누출사고시 대처방법
⑦ 취급 및 저장방법　⑧ 노출방지 및 개인보호구
⑨ 물리화학적 특성　⑩ 안정성 및 반응성
⑪ 독성에 관한 정보　⑫ 환경에 미치는 영향
⑬ 폐기 시 주의사항　⑭ 운송에 필요한 정보
⑮ 법적규제 현황　⑯ 기타 참고사항

73

물반응성 물질에 해당하는 것은?

① 니트로화합물　② 칼륨
③ 염소산나트륨　④ 부탄

해설 **물반응성 물질 및 인화성고체**

① 리튬　② 칼륨·나트륨　③ 황　④ 황린
⑤ 알킬알루미늄·알킬리튬 등

Tip

니트로 화합물은 폭발성물질 및 유기과산화물. 염소산 나트륨은 산화성 액체 및 산화성고체. 부탄은 인화성 가스에 해당된다.

정답 70 ① 71 ③ 72 ② 73 ②

74

위험물을 건조하는 경우 내용적이 몇 m^3 이상인 건조설비일 때 위험물 건조설비 중 건조실을 설치하는 건축물의 구조를 독립된 단층으로 해야 하는가? (단, 건축물은 내화구조가 아니며, 건조실을 건축물의 최상층에 설치한 경우가 아니다.)

① 0.1 ② 1 ③ 10 ④ 100

해설 **위험물 건조설비를 설치하는 건축물의 구조**

다음에 해당하는 위험물 건조설비중 건조실을 설치하는 건축물의 구조는 독립된 단층건물로 하여야 한다.(다만, 건조실을 건축물의 최상층에 설치하거나 건축물이 내화구조인 경우에는 그러하지 아니하다)

① 위험물을 가열·건조하는 경우 내용적이 1세제곱미터 이상인 건조설비

② 위험물이 아닌 물질을 가열·건조하는 경우로서 다음에 해당하는 건조설비

㉠ 고체 또는 액체연료의 최대사용량이 시간당 10킬로그램 이상

㉡ 기체연료의 최대사용량이 시간당 1세제곱미터 이상

㉢ 전기사용 정격용량이 10킬로와트 이상

75

다음 중 반응기의 운전을 중지할 때 필요한 주의사항으로 가장 적절하지 않은 것은?

① 급격한 유량 변화를 피한다.

② 가연성 물질이 새거나 흘러나올 때의 대책을 사전에 세운다.

③ 급격한 압력 변화 또는 온도 변화를 피한다.

④ 80~90℃의 염산으로 세정을 하면서 수소가스로 잔류가스를 제거한 후 잔류물을 처리한다.

해설 **반응기의 잔류물 제거**

반응기의 잔류물을 확인한 경우에는 스팀 세정과 화학세정의 실시, 그리고 각 첨가제를 투입하여 물질의 변성 및 물질 치환을 통하여 제거하도록 한다.

76

다음 중 가연성 가스가 아닌 것으로만 나열된 것은?

① 일산화탄소, 프로판

② 이산화탄소, 프로판

③ 일산화탄소, 산소

④ 산소, 이산화탄소

해설

수소, 아세틸렌, 에틸렌, 메탄, 에탄, 프로판, 부탄 등은 인화성(가연성) 가스에 해당되며, 이산화 탄소는 불활성기체, 산소는 조연성 가스에 해당된다.

77

산업안전보건기준에 관한 규칙에서 부식성 염기류에 해당하는 것은?

① 농도 30퍼센트인 과염소산

② 농도 30퍼센트인 아세틸렌

③ 농도 40퍼센트인 디아조화합물

④ 농도 40퍼센트인 수산화나트륨

해설 **부식성 물질**

산류	① 농도가 20퍼센트 이상인 염산, 황산, 질산, 기타 이와 동등 이상의 부식성을 가지는 물질 ② 농도가 60퍼센트 이상인 인산, 아세트산, 불산, 기타 이와 동등 이상의 부식성을 가지는 물질
염기류	농도가 40퍼센트 이상인 수산화나트륨, 수산화칼륨, 기타 이와 동등 이상의 부식성을 가지는 염기류

정답 74 ② 75 ④ 76 ④ 77 ④

78

다음은 산업안전보건기준에 관한 규칙에서 정한 부식 방지와 관련한 내용이다. ( )에 해당하지 않는 것은?

> 사업주는 화학설비 또는 그 배관(화학설비 또는 그 배관의 밸브나 콕은 제외한다) 중 위험물 또는 인화점이 섭씨 60도 이상인 물질이 접촉하는 부분에 대해서는 위험물질 등에 의하여 그 부분이 부식되어 폭발·화재 또는 누출되는 것을 방지하기 위하여 위험물질등의 ( )·( )·( ) 등에 따라 부식이 잘 되지 않는 재료를 사용하거나 도장(塗裝) 등의 조치를 하여야 한다.

① 종류 ② 온도 ③ 농도 ④ 색상

해설 **화학설비 또는 그 배관의 부식방지**

위험물 또는 인화점이 섭씨 60도 이상인 물질이 접촉하는 부분에 대해서는 위험물질등에 의하여 그 부분이 부식되어 폭발·화재 또는 누출되는 것을 방지하기 위하여 위험물질등의 종류·온도·농도 등에 따라 부식이 잘 되지 않는 재료를 사용하거나 도장(塗裝) 등의 조치를 하여야 한다.

79

나트륨은 물과 반응할 때 위험성이 매우 크다. 그 이유로 적합한 것은?

① 물과 반응하여 지연성 가스 및 산소를 발생시키기 때문이다.
② 물과 반응하여 맹독성 가스를 발생시키기 때문이다.
③ 물과 발열반응을 일으키면서 가연성 가스를 발생시키기 때문이다.
④ 물과 반응하여 격렬한 흡열반응을 일으키기 때문이다.

해설

칼륨(K), 나트륨(Na) 등은 금수성 물질에 해당되는 위험물(알칼리금속)로 물과 반응하면 수소가 발생한다. 이때 많은 반응열이 발생며 발생한 수소와 공기중의 산소가 반응해서 폭발이 일어나게 된다.

80

메탄올의 연소반응이 다음과 같을 때 최소산소농도(MOC)는 약 얼마인가? (단 , 메탄올의 연소하한값(L)은 6.7vol% 이다.)

$$CH_3OH + 1.5O_2 \rightarrow CO_2 + 2H_2O$$

① 1.5 vol% ② 6.7 vol%
③ 10 vol% ④ 15 vol%

해설 **MOC(최소산소농도)**

① 실험데이터가 불충분할 경우(대부분의 탄화수소)
LFL × 산소의 화학양론계수(연소반응식)
② 6.7 × 1.5 = 10.05%

정답 78 ④ 79 ③ 80 ③

5과목 건설공사 안전관리

81

곤돌라형 달비계를 설치하는 경우 근로자 추락위험을 방지하기 위한 조치사항으로 옳지 않은 것은?

① 달비계에 구명줄을 설치할 것
② 근로자의 추락을 방지하기 위한 수직보호망을 설치할 것
③ 근로자에게 안전대를 착용하도록 하고 근로자가 착용한 안전줄을 달비계의 구명줄에 체결하도록 할 것
④ 달비계에 안전난간을 설치할 수 있는 구조인 경우에는 달비계에 안전난간을 설치할 것

해설

작업으로 인하여 물체가 떨어지거나 날아올 위험이 있는 경우 낙하물 방지망, 수직보호망 또는 방호선반의 설치, 출입금지구역의 설정, 보호구의 착용 등 위험을 방지하기 위하여 필요한 조치를 하여야 한다.

82

다음은 비계발판용 목재재료의 강도상의 결점에 대한 조사기준이다. ( ) 안에 들어갈 내용으로 옳은 것은?

> 발판의 폭과 동일한 길이 내에 있는 결점치수의 총합이 발판폭의 ( )를 초과하지 않을 것

① 1/2 ② 1/3 ③ 1/4 ④ 1/6

해설 재료의 강도상 결점기준

발판의 폭과 동일한 길이 내에 있는 결점 치수 총합이 발판폭의 1/4 초과금지

83

사질토 지반에서 보일링(boiling) 현상에 의한 위험성이 예상될 경우의 대책으로 옳지 않은 것은?

① 흙막이 말뚝의 밑둥넣기를 깊게 한다.
② 굴착 저면보다 깊은 지반을 불투수로 개량한다.
③ 굴착 밑 투수층에 만든 피트(pit)를 제거한다.
④ 흙막이벽 주위에서 배수시설을 통해 수두차를 적게 한다.

해설 보일링(Boiling)현상

정의	방지대책
투수성이 좋은 사질지반의 흙막이 저면에서 수두차로 인한 상향의 침투압이 발생 유효응력이 감소하여 전단강도가 상실되는 현상으로 지하수가 모래와 같이 솟아오르는 현상	① Filter 및 차수벽설치 ② 흙막이 근입깊이를 깊게(불투수층까지) ③ 약액주입등의 굴착면 고결 ④ 지하수위저하(웰포인트공법 등) ⑤ 압성토 공법 등

84

유해·위험 방지계획서 제출 시 첨부서류의 항목이 아닌 것은?

① 보호장비 폐기계획
② 공사개요서
③ 산업안전보건관리비 사용계획서
④ 전체공정표

해설 제출시 첨부서류(공사개요 및 안전보건관리계획)

① 공사개요서
② 공사현장의 주변현황 및 주변과의 관계를 나타내는 도면(매설물 현황 포함)
③ 전체공정표
④ 산업안전보건관리비 사용계획서
⑤ 안전관리 조직표
⑥ 재해발생 위험 시 연락 및 대피방법

정답 81 ② 82 ③ 83 ③ 84 ①

85

다음 중 쇼벨계 굴착기계에 속하지 않는 것은?

① 파워쇼벨(power shovel)
② 크램쉘(clam shell)
③ 스크레이퍼(scraper)
④ 드래그라인(dragline)

해설 **스크레이퍼**

① 굴착기계로서 굴착, 적재·운반·사토·고르기 작업을 일관되게 연속으로 작업
② 운동장이나 활주로와 같이 넓은 구역의 토공작업에 적당
③ 스크레이퍼(scraper)는 Dozer(도저)계 굴착기계에 해당된다.

86

굴착작업을 하는 경우 지반의 붕괴 또는 토석의 낙하에 의한 근로자의 위험을 방지하기 위하여 관리감독자로 하여금 작업시작 전에 점검하도록 해야 하는 사항과 가장 거리가 먼 것은?

① 부석·균열의 유무　② 함수·용수
③ 동결상태의 변화　④ 시계의 상태

해설

지반의 붕괴를 방지하기 위해서는 부석, 균열 및 함수, 용수, 동결상태의 변화 등에 대한 점검을 철저히 하여야 한다.

87

다음은 산업안전보건법령에 따른 지붕 위에서 작업시 추락하거나 넘어질 위험이 있는 경우 조치 사항이다. ( )안에 알맞은 것은?

슬레이트 등 강도가 약한 재료로 덮은 지붕에는 폭 ( )센티미터 이상의 발판을 설치할 것

① 20　② 25　③ 30　④ 40

해설 **지붕 위에서 작업시 추락하거나 넘어질 위험이 있는 경우 조치 사항**

① 지붕의 가장자리에 안전난간을 설치할 것
- 안전난간 설치가 곤란한 경우 추락방호망 설치
- 추락방호망 설치가 곤란한 경우 안전대 착용 등의 추락 위험 방지조치

② 채광창(skylight)에는 견고한 구조의 덮개를 설치할 것
③ 슬레이트 등 강도가 약한 재료로 덮은 지붕에는 폭 30센티미터 이상의 발판을 설치할 것

88

추락방호망을 건축물의 바깥쪽으로 설치하는 경우 벽면으로부터 망의 내민 길이는 최소 얼마 이상이어야 하는가?

① 2m　② 3m　③ 5m　④ 10m

해설

내민길이는 추락방호망의 경우 3m 이상, 낙하물방지망의 경우 2m 이상으로 한다.

정답 85 ③ 86 ④ 87 ③ 88 ②

89

다음에서 설명하고 있는 건설장비의 종류는?

> 앞뒤 두 개의 차륜이 있으며(2축 2륜), 각각의 차축이 평행으로 배치된 것으로 찰흙, 점성토 등의 두꺼운 흙을 다짐하는데 적당하나 단단한 각재를 다지는 데는 부적당하며 머캐덤 롤러 다짐 후의 아스팔트 포장에 사용된다.

① 클램쉘　② 탠덤 롤러
③ 트랙터 셔블　④ 드래그라인

해설 **다짐기계(전압식)**

머캐덤 롤러 (Macadam Roller)	3륜으로 구성, 쇄석기층 및 자갈층 다짐에 효과적
탠덤 롤러 (Tandem Roller)	도로용 롤러이며, 2륜으로 구성되어 있고, 아스팔트 포장의 끝손질, 점성토 다짐에 사용
탬핑 롤러 (Tamping Roller)	① 롤러 표면에 돌기를 만들어 부착, 땅 깊숙이 다짐 가능 ② 고함수비의 점성토 지반에 효과적, 유효 다짐 깊이가 깊다. ③ 흙덩어리(풍화암 등)의 파쇄 효과 및 맞물림 효과가 크다.

90

작업으로 인하여 물체가 떨어지거나 날아올 위험이 있는 경우 설치하는 낙하물 방지망의 수평면과의 각도 기준으로 옳은 것은?

① 10° 이상 20° 이하를 유지
② 20° 이상 30° 이하를 유지
③ 30° 이상 40° 이하를 유지
④ 40° 이상 45° 이하를 유지

해설 **낙하물방지망 설치시 준수사항**

① 설치높이는 10m이내마다 설치하고, 내민길이는 벽면으로부터 2m 이상으로 할 것
② 수평면과의 각도는 20도 이상 30도 이하를 유지할 것

91

물체가 떨어지거나 날아올 위험 또는 근로자가 추락할 위험이 있는 작업 시 착용하여야 할 보호구는?

① 보안경　② 안전모　③ 방열복　④ 방한복

해설 **보호구**

① 안전모 : 물체가 떨어지거나 날아올 위험 또는 근로자가 감전되거나 추락할 위험
② 안전대 : 높이 또는 깊이 2m 이상의 추락할 위험

92

건설현장에서 사용하는 공구 중 토공용이 아닌 것은?

① 착암기　② 포장 파괴기　③ 연마기　④ 점토 굴착기

해설

연마기는 연마공구등을 이용하여 금속이나 가공물의 표면을 정리하거나 매끄럽게하여 곱게 다듬는 기계

93

운반작업 중 요통을 일으키는 인자와 가장 거리가 먼 것은?

① 물건의 중량　② 작업 자세
③ 작업 시간　④ 물건의 표면마감 종류

해설

요통을 일으키는 인자로는 물건의 중량, 작업자세, 작업시간과 그 강도 등이 있다.

정답　89 ②　90 ②　91 ②　92 ③　93 ④

94

콘크리트용 거푸집의 재료에 해당되지 않는 것은?

① 철재 ② 목재 ③ 석면 ④ 경금속

해설

거푸집의 재료에는 철재, 목재, 합판, 경금속 등이 있으며, 석면은 단열, 절연성 등이 우수하여 건축자재 등으로 사용되어 왔으나 체내로 흡입되면 폐암 및 악성중피종 등을 유발하는 발암성 물질로 현재 우리나라에서는 사용금지된 물질이다.

95

공사종류 및 규모별 안전관리비 계상기준표에서 공사종류의 명칭에 해당되지 않는 것은?

① 토목공사 ② 일반건설공사(갑)
③ 중건설공사 ④ 특수건설공사

해설 **계상기준표의 공사종류**

① 건축공사 ② 토목공사 ③ 중건설공사 ④ 특수건설공사

Tip

2023년 법령개정. 문제와 해설은 개정된 내용 적용

96

정기안전점검 결과 건설공사의 물리적·기능적 결함 등이 발견되어 보수·보강 등의 조치를 하기위해 필요한 경우에 실시하는 것은?

① 자체안전점검 ② 정밀안전점검
③ 상시안전점검 ④ 품질관리점검

해설 **건설공사 안전점검**

자체안전점검	건설공사의 공사기간 동안 매일 실시
정기안전점검	건설공사의 종류 및 규모 등을 고려하여 국토교통부장관이 정하여 고시하는 시기와 횟수에 따라 실시
정밀안전점검	정기안전점검 결과 건설공사의 물리적·기능적 결함 등이 발견되어 보수·보강 등의 조치를 하기 위하여 필요한 경우 실시
1종시설물 및 2종시설물의 건설공사	해당 건설공사를 준공하기 직전에 정기안전점검 수준 이상의 안전점검 실시
	해당 건설공사가 시행 도중에 중단되어 1년 이상 방치된 시설물이 있는 경우에는 그 공사를 다시 시작하기 전에 그 시설물에 대한 안전점검 실시

97

철근콘크리트 슬래브에 발생하는 응력에 관한 설명으로 옳지 않은 것은?

① 전단력은 일반적으로 단부보다 중앙부에서 크게 작용한다.
② 중앙부 하부에는 인장응력이 발생한다.
③ 단부 하부에는 압축응력이 발생한다.
④ 휨응력은 일반적으로 슬래브의 중앙부에서 크게 작용한다.

해설

전단력은 단면에 평행하게 접하여 일어나며, 일반적으로 중앙부보다 단부에서 크게 작용한다.

98

연약지반을 굴착할 때, 흙막이 벽 뒷쪽 흙의 중량이 바닥의 지지력보다 커지면, 굴착저면에서 흙이 부풀어 오르는 현상은?

① 슬라이딩(Sliding) ② 보일링(Boiling)
③ 파이핑 (Piping) ④ 히빙 (Heaving)

해설 **히빙(Heaving)현상**

연약성 점토지반 굴착시 굴착외측 흙의 중량에 의해 굴착저면의 흙이 활동 전단 파괴되어 굴착내측으로 부풀어 오르는 현상

Tip

보일링(Boiling)현상

투수성이 좋은 사질지반의 흙막이 저면에서 수두차로 인한 상향의 침투압이 발생 유효응력이 감소하여 전단강도가 상실되는 현상으로 지하수가 모래와 같이 솟아오르는 현상

정답 94 ③ 95 ② 96 ② 97 ① 98 ④

99

지붕위에서 작업시 추락하거나 넘어질 위험이 있는 경우 조치사항에서 슬레이트 등 강도가 약한 재료로 덮은 지붕에 설치해야 하는 발판의 폭 기준은?

① 10cm 이상 ② 20cm 이상
③ 25cm 이상 ④ 30cm 이상

해설

슬레이트 등 강도가 약한 재료로 덮은 지붕에는 폭 30센티미터 이상의 발판을 설치할 것

100

추락방지용 방망 그물코의 모양 및 크기의 기준으로 옳은 것은?

① 원형 또는 사각으로서 그 크기는 5cm 이하이어야 한다.
② 원형 또는 사각으로서 그 크기는 10cm 이하이어야 한다.
③ 사각 또는 마름모로서 그 크기는 5cm 이하이어야 한다.
④ 사각 또는 마름모로서 그 크기는 10cm 이하이어야 한다.

해설

추락방지망의 그물코는 사각 또는 마름모로서 그 크기는 10cm 이하

정답 99 ④ 100 ④

메모

2022년 7월 2일~7월 22일

산업안전산업기사 CBT 기출 복원문제

1과목 산업재해 예방 및 안전보건교육

01

레빈(Lewin)은 인간행동과 인간의 조건 및 환경조건의 관계를 다음과 같이 표시하였다. 이 때 'f'의 의미는?

$$B=f(\mathrm{P} \cdot \mathrm{E})$$

① 행동 ② 조명 ③ 지능 ④ 함수

해설 **레윈(K. Lewin)의 행동법칙**

$B=f(P \cdot E)$

B : Behavior(인간의 행동)

f : function(함수관계) $P \cdot E$에 영향을 줄 수 있는 조건

P : person(개체 : 연령, 경험, 심신상태, 성격, 지능 등)

E : Environment(심리적 환경-인간관계, 작업환경, 설비적 결함 등)

02

다음 중 산업재해 통계에 관한 설명으로 적절하지 않은 것은?

① 산업재해 통계는 구체적으로 표시되어야 한다.
② 산업재해 통계는 안전 활동을 추진하기 위한 기초 자료이다.
③ 산업재해 통계만을 기반으로 해당 사업장의 안전수준을 추측한다.
④ 산업재해 통계의 목적은 기업에서 발생한 산업재해에 대하여 효과적인 대책을 강구하기 위함이다.

해설 **산업재해 통계(보기 외에)**

① 이용 및 활용가치가 없는 산업재해 통계는 그 작성에 따른 시간과 경비의 낭비임을 인지하여야 한다.
② 산업재해 통계를 기반으로 안전조건이나, 상태를 추측해서는 안 된다.
③ 산업재해 통계 그 자체보다는 재해 통계에 나타난 경향과 성질의 활용을 중요시해야 된다

03

French와 Raven이 제시한, 리더가 가지고 있는 세력의 유형이 아닌 것은?

① 전문세력 (expert power)
② 보상세력 (reward power)
③ 위임세력(entrust power)
④ 합법세력 (legitimate power)

해설 **지도자에게 주어진 세력(권한)의 유형**

구분	세력
조직이 지도자에게 부여하는 세력	보상 세력(reward power)
	강압 세력(Coercive Power)
	합법 세력(legitimate power)
지도자 자신이 자신에게 부여하는 세력(부하직원들의 존경심)	준거 세력(Referent Power)
	전문 세력(expert power)

04

산업안전보건법령상 산업재해 조사표에 기록되어야 할 내용으로 옳지 않은 것은?

① 사업장 정보 ② 재해정보
③ 재해발생개요 및 원인 ④ 안전교육 계획

해설

안전교육 계획이 아니라 재발방지계획이 포함되어야 한다.

정답 1④ 2③ 3③ 4④

05

다음 중 작업표준의 구비조건으로 옳지 않은 것은?

① 작업의 실정에 적합할 것
② 생산성과 품질의 특성에 적합할 것
③ 표현은 추상적으로 나타낼 것
④ 다른 규정 등에 위배되지 않을 것

해설 **작업표준의 구비조건**

① 작업의 표준설정은 실정에 적합할 것
② 무리, 불균형, 낭비가 없는 좋은 작업의 표준일 것
③ 표현은 구체적으로 나타낼 것
④ 생산성과 품질의 특성에 적합할 것
⑤ 이상시 조치기준에 관하여 설정할 것
⑥ 다른 규정 등에 위배되지 않을 것

06

테크니컬 스킬즈(technical skills)에 관한 설명으로 옳은 것은?

① 모럴(morale)을 앙양시키는 능력
② 인간을 사물에게 적응시키는 능력
③ 사물을 인간에게 유리하게 처리하는 능력
④ 인간과 인간의 의사소통을 원활히 처리하는 능력

해설 **인간관계 관리방식(메이요의 이론)**

① 테크니컬 스킬즈(technical skills)
사물을 처리함에 있어 인간의 목적에 유익하도록 처리하는 능력
② 소시얼 스킬즈(social skills)
사람과 사람 사이의 커뮤니케이션을 양호하게 하고 사람들의 요구를 충족시키면서 모랄을 앙양시키는 능력

Tip
근대산업사회에서는 테크니컬스킬즈가 중시되고 소시얼스킬즈가 경시되었다.

07

산업재해 예방의 4원칙 중 "재해발생에는 반드시 원인이 있다."라는 원칙은?

① 대책 선정의 원칙　② 원인 계기의 원칙
③ 손실 우연의 원칙　④ 예방 가능의 원칙

해설 **하인리히의 재해예방의 4원칙**

원칙	내용
손실우연의 원칙	사고에 의해서 생기는 상해의 종류 및 정도는 우연적이라는 원칙
예방가능의 원칙	재해는 원칙적으로 예방이 가능하다는 원칙
원인계기의 원칙	재해의 발생에는 반드시 원인이 있으며, 직접원인뿐만 아니라 간접원인이 연계되어 일어난다는 원칙
대책선정의 원칙	원인의 정확한 분석에 의해 가장 타당한 재해예방대책이 선정되어야 한다는 원칙

08

심리검사의 특징 중 "검사의 관리를 위한 조건과 절차의 일관성과 통일성"을 의미하는 것은?

① 규준　② 표준화　③ 객관성　④ 신뢰성

해설 **심리검사의 구비조건(기준)**

기준	내용
표준화	검사관리를 위한 절차가 동일하고 검사조건이 같아야 한다.
객관성	검사결과의 채점에 있어 공정한 평가가 이루어져야 한다.
규준	검사결과의 해석에 있어 상대적 위치를 결정하기 위한 척도
신뢰성	검사 결과의 일관성을 의미하는 것으로 동일한 문항을 재측정할 경우 오차값이 적어야 한다.
타당성	검사에 있어 가장 중요한 요소로 측정하고자 하는 것을 실제로 측정하고 있는가를 나타내는 것

정답 5 ③ 6 ③ 7 ② 8 ②

09

조직이 리더에게 부여하는 권한으로 볼 수 없는 것은?

① 보상적 권한 ② 강압적 권한
③ 합법적 권한 ④ 위임된 권한

해설 **지도자에게 주어진 세력(권한)의 유형**

조직이 지도자에게 부여하는 세력	① 보상 세력(reward power) ② 강압 세력(coercive power) ③ 합법 세력(legitimate power)
지도자자신이 자신에게 부여하는 세력	① 준거 세력(referent power) ② 전문 세력(expert power)

10

기억의 과정 중 과거의 학습경험을 통해서 학습된 행동이 현재와 미래에 지속되는 것을 무엇이라 하는가?

① 기명(memorizing) ② 파지(retention)
③ 재생(recall) ④ 재인(recognition)

해설 **파지**

① 기명으로 인해 발생한 흔적을 재생이 가능하도록 유지시키는 기억의 단계
② 기명에 의해 생긴 지각이나 표상의 흔적을 재생이 가능한 형태로 보존시키는 것을 말한다. 우리가 흔히 말하는 기억은 파지에 해당한다.

11

보호구 안전인증 고시에 따른 안전모의 일반구조 중 턱끈의 최소 폭 기준은?

① 5mm 이상 ② 7mm 이상
③ 10mm 이상 ④ 12mm 이상

해설 **안전모의 구비조건**

① 안전모의 내부수직거리는 25mm 이상 50mm 미만일 것
② 안전모의 수평간격은 5mm 이상일 것
③ 머리받침끈이 섬유인 경우에는 각각의 폭은 15mm 이상이어야 하며, 교차되는 끈의 폭의 합은 72mm 이상일 것
④ 턱끈의 폭은 10mm 이상일 것 등.

12

허츠버그(Herzberg)의 동기·위생 이론에 대한 설명으로 옳은 것은?

① 위생요인은 직무내용에 관련된 요인이다.
② 동기요인은 직무에 만족을 느끼는 주요인이다.
③ 위생요인은 매슬로우 욕구단계 중 존경, 자아실현의 욕구와 유사하다.
④ 동기요인은 매슬로우 욕구단계 중 생리적 욕구와 유사하다.

해설 **허즈버그의 두 요인이론**

위생요인 (직무환경, 저차적욕구)	동기유발요인 (직무내용, 고차적욕구)
① 조직의 정책과 방침 ② 작업조건 ③ 대인관계 ④ 임금, 신분, 지위 ⑤ 감독 ⑥ 직무환경 등 (생산 능력의 향상 불가)	① 직무상의 성취 ② 인정 ③ 성장 또는 발전 ④ 책임의 증대 ⑤ 도전 ⑥ 직무내용자체(보람된직무) 등(생산 능력 향상 가능)

13

연평균 근로자수가 1000명인 사업장에서 연간 6건의 재해가 발생한 경우, 이 때의 도수율은? (단, 1일 근로시간 수는 4시간, 연평균 근로일수는 150일이다.)

① 1 ② 10 ③ 100 ④ 1000

해설 **도수율(빈도율)**

$$\text{도수율(F·R)} = \frac{\text{재해건수}}{\text{연간총근로시간수}} \times 1,000,000$$

$$= \frac{6}{1000 \times 4 \times 150} \times 1,000,000 = 10$$

정답 9 ④ 10 ② 11 ③ 12 ② 13 ②

14

산업안전보건법령상 일용근로자 및 근로계약기간이 1주일 이하인 기간제근로자의 안전보건교육과정별 교육 시간으로 틀린 것은?

① 채용 시의 교육 : 1시간 이상
② 작업내용 변경 시의 교육 : 2시간 이상
③ 건설업 기초안전·보건교육(건설 일용근로자) : 4시간
④ 특별교육 : 2시간 이상(흙막이 지보공의 보강 또는 동바리를 설치하거나 해체하는 작업)

해설

작업내용 변경시의 교육 시간은 1시간 이상

Tip
2023년 법령개정. 문제와 해설은 개정된 내용 적용

15

산업안전보건법령상 고용노동부장관이 산업재해 예방을 위하여 종합적인 개선조치를 할 필요가 있다고 인정할 때에 안전보건개선계획의 수립·시행을 명할 수 있는 대상 사업장이 아닌 것은?

① 산업재해율이 같은 업종의 규모별 평균 산업재해율보다 높은 사업장
② 사업주가 안전보건조치의무를 이행하지 아니하여 중대재해가 발생한 사업장
③ 고용노동부장관이 관보 등에 고시한 유해인자의 노출기준을 초과한 사업장
④ 경미한 재해가 다발로 발생한 사업장

해설 **안전보건 개선계획수립 대상 사업장**

① 산업 재해율이 같은 업종의 규모별 평균 산업 재해율보다 높은 사업장
② 사업주가 필요한 안전조치 또는 보건조치를 이행하지 아니하여 중대재해가 발생한 사업장
③ 직업성 질병자가 연간 2명 이상 발생한 사업장
④ 유해인자의 노출기준을 초과한 사업장

16

산업안전보건법령상 관리감독자의 업무의 내용이 아닌 것은?

① 해당 작업에 관련되는 기계·기구 또는 설비의 안전·보건점검 및 이상유무의 확인
② 해당 사업장 산업보건의의 지도·조언에 대한 협조
③ 위험성평가를 위한 업무에 기인하는 유해·위험요인의 파악 및 그 결과에 따라 개선조치의 시행
④ 작성된 물질안전보건자료의 게시 또는 비치에 관한 보좌 및 조언·지도

해설 **관리감독자의 업무내용**

① 사업장 내 관리감독자가 지휘·감독하는 작업과 관련된 기계·기구 또는 설비의 안전·보건 점검 및 이상 유무의 확인
② 관리감독자에게 소속된 근로자의 작업복·보호구 및 방호장치의 점검과 그 착용·사용에 관한 교육·지도
③ 해당작업에서 발생한 산업재해에 관한 보고 및 이에 대한 응급조치
④ 해당작업의 작업장 정리·정돈 및 통로 확보에 대한 확인·감독
⑤ 사업장의 다음 각 목의 어느 하나에 해당하는 사람의 지도·조언에 대한 협조
 ㉠ 안전관리자 또는 안전관리자의 업무를 안전관리전문기관에 위탁한 사업장의 경우에는 그 안전관리전문기관의 해당 사업장 담당자
 ㉡ 보건관리자 또는 보건관리자의 업무를 보건관리전문기관에 위탁한 사업장의 경우에는 그 보건관리전문기관의 해당 사업장 담당자
 ㉢ 안전보건관리담당자 또는 안전보건관리담당자의 업무를 안전관리전문기관 또는 보건관리전문기관에 위탁한 사업장의 경우에는 그 안전관리전문기관 또는 보건관리전문기관의 해당 사업장 담당자
 ㉣ 산업보건의
⑥ 위험성평가에 관한 다음 각 목의 업무
 ㉠ 유해·위험요인의 파악에 대한 참여
 ㉡ 개선조치의 시행에 대한 참여
⑦ 그 밖에 해당작업의 안전 및 보건에 관한 사항으로서 고용노동부령으로 정하는 사항

정답 14 ② 15 ④ 16 ④

17

400명의 근로자가 종사하는 공장에서 휴업일수 127일, 중대재해 1건이 발생한 경우 강도율은? (단, 1일 8시간으로 연 300일 근무조건으로 한다.)

① 10　② 0.1　③ 1.0　④ 0.01

해설

$$강도율 = \frac{근로손실일수}{연간총근로시간수} \times 1,000$$

$$= \frac{127 \times \frac{300}{365}}{400 \times 8 \times 300} \times 1,000 = 0.1$$

18

시행착오설에 의한 학습법칙이 아닌 것은?

① 효과의 법칙　② 준비성의 법칙
③ 연습의 법칙　④ 일관성의 법칙

해설 **시행착오설에 의한 학습법칙**

① 연습의 법칙
② 효과의 법칙
③ 준비성의 법칙

19

산업안전보건법령상 건설현장에서 사용하는 크레인, 리프트 및 곤돌라의 안전검사의 주기로 옳은 것은? (단, 이동식 크레인, 이삿짐 운반용 리프트는 제외한다.)

① 최초로 설치한 날부터 6개월마다
② 최초로 설치한 날부터 1년마다
③ 최초로 설치한 날부터 2년마다
④ 최초로 설치한 날부터 3년마다

해설 **크레인, 리프트 및 곤돌라의 검사주기**

사업장에 설치가 끝난 날부터 3년 이내에 최초 안전검사를 실시하되, 그 이후부터 2년마다(건설현장에서 사용하는 것은 최초로 설치한 날부터 6개월마다)

20

위험예지훈련 4R 방식 중 각 라운드(Round)별 내용 연결이 옳은 것은?

① 1R - 목표설정　② 2R - 본질추구
③ 3R - 현상파악　④ 4R - 대책수립

해설 **위험예지훈련의 4라운드 진행법**

① 1라운드 : 현상파악　② 2라운드 : 본질추구
③ 3라운드 : 대책수립　④ 4라운드 : 목표설정

정답 17 ② 18 ④ 19 ① 20 ②

2과목 인간공학 및 위험성 평가관리

21

다음의 FT 도에서 몇 개의 미니멀패스셋(minimal path sets)이 존재하는가?

① 1개
② 2개
③ 3개
④ 4개

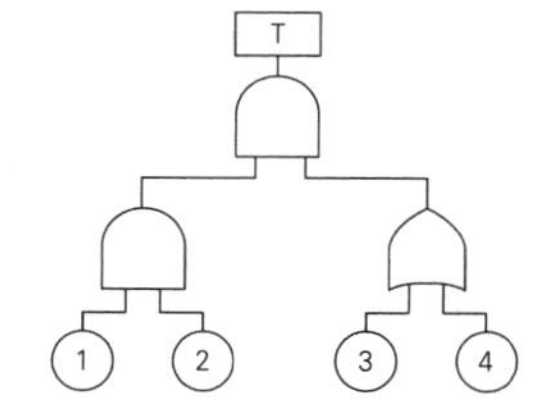

해설 미니멀 패스셋(minimal path sets)

T → T_1 T_2 → ① ② T_2 → (①) (②)

22

다음 중 생리적 스트레스를 전기적으로 측정하는 방법으로 옳지 않은 것은?

① 뇌전도(EEG)　② 근전도(EMG)
③ 전기 피부 반응(GSR)　④ 안구반응(EOG)

해설 안구 반응(EOG)

안구 주변에 전극을 부착하여 안구운동에 의한 전위차를 측정하는 것으로 눈의 움직임을 통하여 상태를 파악하는 방법

23

FTA 에서 모든 기본사상이 일어 났을 때 톱(top)사상을 일으키는 기본사상의 집합을 무엇이라 하는가?

① 컷셋 (Cut set)
② 최소 컷셋(Minimal Cut set)
③ 패스셋 (Path set)
④ 최소 패스셋(Minimal Path set)

해설 컷셋과 미니멀 컷셋

정상사상을 발생시키는 기본사상의 집합으로 그 안에 포함되는 모든 기본사상이 발생할 때 정상사상을 발생시킬 수 있는 기본사상의 집합을 컷셋이라하며, 컷셋의 집합중에서 정상사상을 일으키기 위하여 필요한 최소한의 컷셋을 미니멀 컷셋이라 한다.

24

정보를 전송하기 위해 청각적 표시장치를 이용하는 것이 바람직한 경우로 적합한 것은?

① 전언이 복잡한 경우
② 전언이 이후에 재참조되는 경우
③ 전언이 공간적인 사건을 다루는 경우
④ 전언이 즉각적인 행동을 요구하는 경우

해설 청각 장치와 시각 장치의 비교

청각 장치 사용	시각 장치 사용
① 전언이 간단하다.	① 전언이 복잡하다.
② 전언이 짧다.	② 전언이 길다.
③ 전언이 후에 재참조되지 않는다.	③ 전언이 후에 재참조된다.
④ 전언이 시간적 사상을 다룬다.	④ 전언이 공간적인 위치를 다룬다.
⑤ 전언이 즉각적인 행동을 요구한다(긴급할 때)	⑤ 전언이 즉각적인 행동을 요구하지 않는다.
⑥ 직무상 수신자가 자주 움직일 때	⑥ 직무상 수신자가 한곳에 머물 때

25

위팔은 자연스럽게 수직으로 늘어뜨린 채, 아래팔만을 편하게 뻗어 작업할 수 있는 범위는?

① 정상작업역　② 최대작업역
③ 최소작업역　④ 작업포락면

해설 수평작업대

① 정상작업역 : 위팔을 자연스럽게 수직으로 늘어뜨리고, 아래팔만으로 편하게 뻗어 파악할 수 있는 영역
② 최대작업역 : 아래팔과 위팔을 모두 곧게 펴서 파악할 수 있는 영역

정답 21 ③ 22 ④ 23 ① 24 ④ 25 ①

26

건강한 남성이 8시간 동안 특정 작업을 실시하고, 분당 산소 소비량이 1.1L/분으로 나타났다면 8시간 총 작업 시간에 포함될 휴식시간은 약 몇 분인가? (단, Murrell의 방법을 적용하며, 휴식 중 에너지소비율은 1.5kcal/min 이다.)

① 30분　② 54분　③ 60분　④ 75분

해설 작업시 평균에너지 소비량 및 휴식시간

① 작업시 평균에너지 소비량
$=5\text{kcal}/\ell \times 1.1\text{l/min}=5.5\text{kcal/min}$

② 휴식시간(R)$=\dfrac{480(E-5)}{E-1.5}=\dfrac{480(5.5-5)}{5.5-1.5}=60$(분)

27

점광원(point source)에서 표면에 비추는 조도(lux)의 크기를 나타내는 식으로 옳은 것은? (단, D는 광원으로부터의 거리를 말한다.)

① $\dfrac{\text{광도[fc]}}{D^2[\text{m}^2]}$　② $\dfrac{\text{광도[lm]}}{D[\text{m}]}$

③ $\dfrac{\text{광도[cd]}}{D^2[\text{m}^2]}$　④ $\dfrac{\text{광도[fL]}}{D[\text{m}]}$

해설 조도

조도$=\dfrac{\text{광도(cd)}}{(\text{거리})^2}$

28

인간공학적 수공구의 설계에 관한 설명으로 옳은 것은?

① 수공구 사용 시 무게 균형이 유지되도록 설계한다.
② 손잡이 크기를 수공구 크기에 맞추어 설계한다.
③ 힘을 요하는 수공구의 손잡이는 직경을 60mm 이상으로 한다.
④ 정밀 작업용 수공구의 손잡이는 직경을 5mm 이하로 한다.

해설 수공구의 설계

① 수공구의 손잡이 지름은 일반적으로 정밀작업용일 경우 0.7~1.3cm이고, 힘을 요하는 경우 3.2~5.1cm 를 넘지 않도록 한다.
② 손잡이의 크기는 작업자에게 적합해야 한다.

29

인간 – 기계 시스템에서 기계와 비교한 인간의 장점으로 볼 수 없는 것은? (단, 인공지능과 관련된 사항은 제외한다.)

① 완전히 새로운 해결책을 찾아낸다.
② 여러 개의 프로그램된 활동을 동시에 수행한다.
③ 다양한 경험을 토대로 하여 의사결정을 한다.
④ 상황에 따라 변화하는 복잡한 자극 형태를 식별한다.

해설

인간은 과부하 상태에서 중요한 일에만 전념하지만, 기계는 여러개의 프로그램된 활동을 동시에 수행하며 과부하 상태에서도 효율적으로 작동한다.

30

인터페이스 설계 시 고려해야 하는 인간과 기계와의 조화성에 해당되지 않는 것은?

① 지적 조화성　② 신체적 조화성
③ 감성적 조화성　④ 심미적 조화성

해설 인간 interface(계면)의 조화성

신체적(형태적) 인터페이스	인간의 신체적 또는 형태적 특성의 적합성여부(필요조건)
지적 인터페이스	인간의 인지능력, 정신적 부담의 정도(편리 수준)
감성적 인터페이스	인간의 감정 및 정서의 적합성여부(쾌적 수준)

정답 26 ③ 27 ③ 28 ① 29 ② 30 ④

31

위험처리 방법에 관한 설명으로 틀린 것은?

① 위험처리 대책 수립 시 비용문제는 제외된다.
② 재정적으로 처리하는 방법에는 보류와 전가방법이 있다.
③ 위험의 제어 방법에는 회피, 손실제어, 위험분리, 책임 전가 등이 있다.
④ 위험처리 방법에는 위험을 제어하는 방법과 재정적으로 처리하는 방법이 있다.

해설 **위험 처리기술**

위험의 회피		예상되는 위험을 차단하기 위해 위험과 관계된 활동을 하지 않는 경우
위험의 제거(감축,경감)	위험 방지	위험의 발생건수를 감소시키는 예방과, 손실의 정도를 감소시키는 경감을 포함
	위험 분산	시설, 설비 등의 집중화를 방지하고 분산하거나 재료의 분리저장 등으로 위험 단위를 증대
	위험 결합	각종 협정이나 합병 등을 통하여 규모를 확대시키므로 위험의 단위를 증대
	위험 제한	계약서, 서식 등을 작성하여 기업의 위험을 제한하는 방법
위험의 보유(보류)		·무지로 인한 소극적 보유 ·위험을 확인하고 보유하는 적극적 보유(위험의 준비와 부담 : 준비금 설정, 자가보험 등)
위험의 전가		회피와 제거가 불가능할 경우 전가하려는 경향(보험, 보증, 공제, 기금제도 등)

32

인간의 가청주파수 범위는?

① 2 ~ 10000 Hz ② 20 ~ 20000 Hz
③ 200 ~ 30000 Hz ④ 200 ~ 40000 Hz

해설

인간의 가청 주파수는 20~20,000Hz

33

산업안전보건법에서 규정하는 근골격계 부담작업의 범위에 해당하지 않는 것은?

① 단기간작업 또는 간헐적인 작업
② 하루에 10회 이상 25kg 이상의 물체를 드는 작업
③ 하루에 총 2시간 이상 쪼그리고 앉거나 무릎을 굽힌 자세에서 이루어지는 작업
④ 하루에 4시간 이상 집중적으로 자료입력 등을 위해 키보드 또는 마우스를 조작하는 작업

해설 **근골격계 부담작업(다만, 단기간작업 또는 간헐적인 작업은 제외).(보기외에)**

① 하루에 총 2시간 이상 지지되지 않은 상태에서 1kg 이상의 물건을 한손의 손가락으로 집어 옮기거나, 2kg 이상에 상응하는 힘을 가하여 한손의 손가락으로 물건을 쥐는 작업
② 하루에 총 2시간 이상 지지되지 않은 상태에서 4.5kg 이상의 물건을 한 손으로 들거나 동일한 힘으로 쥐는 작업
③ 하루에 25회 이상 10kg 이상의 물체를 무릎 아래에서 들거나, 어깨 위에서 들거나, 팔을 뻗은 상태에서 드는 작업
④ 하루에 총 2시간 이상, 분당 2회 이상 4.5kg 이상의 물체를 드는 작업
⑤ 하루에 총 2시간 이상 시간당 10회 이상 손 또는 무릎을 사용하여 반복적으로 충격을 가하는 작업
⑥ 하루에 총 2시간 이상 목, 어깨, 팔꿈치, 손목 또는 손을 사용하여 같은 동작을 반복하는 작업
⑦ 하루에 총 2시간 이상 머리 위에 손이 있거나, 팔꿈치가 어깨위에 있거나, 팔꿈치를 몸통으로부터 들거나, 팔꿈치를 몸통뒤쪽에 위치하도록 하는 상태에서 이루어지는 작업
⑧ 지지되지 않은 상태이거나 임의로 자세를 바꿀 수 없는 조건에서, 하루에 총 2시간 이상 목이나 허리를 구부리거나 트는 상태에서 이루어지는 작업

34

기능식 생산에서 유연생산 시스템 설비의 가장 적합한 배치는?

① 합류(Y)형 배치 ② 유자(U)형 배치
③ 일자(—)형 배치 ④ 복수라인(=)형 배치

해설 **유연생산 시스템(flexible manufacturing system)**

다품종 소량생산을 필요로 하는 시대에 다양한 제품을 높은 생산성으로 유연하게 제조하도록 하는 자동화된 생산시스템을 말한다.

정답 31 ① 32 ② 33 ① 34 ②

35

인간-기계 체계에서 인간의 과오에 기인된 원인 확률을 분석하여 위험성의 예측과 개선을 위한 평가 기법은?

① PHA ② FMEA
③ THERP ④ MORT

해설 **THERP**

① 시스템에 있어서 인간의 과오를 정량적으로 평가하기 위해 개발된 기법(Swain 등에 의해 개발된 인간실수 예측기법)
② 인간의 과오율의 추정법 등 5개의 스텝으로 구성

36

산업안전 분야에서의 인간공학을 위한 제반 언급사항으로 관계가 먼 것은?

① 안전관리자와의 의사소통 원활화
② 인간과오 방지를 위한 구체적 대책
③ 인간행동특성 자료의 정량화 및 축적
④ 인간 - 기계 체계의 설계 개선을 위한 기금의 축적

해설

재정과 관련된 기금의 축적은 인간공학을 위한 제반 언급사항과는 관련성이 적다.

37

시스템 안전을 위한 업무 수행 요건이 아닌 것은?

① 안전활동의 계획 및 관리
② 다른 시스템 프로그램과 분리 및 배제
③ 시스템 안전에 필요한 사람의 동일성 식별
④ 시스템 안전에 대한 프로그램 해석 및 평가

해설 **시스템 안전을 위한 업무의 수행 요건**

① 시스템 안전에 필요한 사항의 식별
② 안전활동의 계획·조직 및 구성
③ 다른 시스템프로그램과의 조정 및 협의
④ 시스템안전에 대한 프로그램의 해석 검토 및 평가

38

컷셋과 최소 패스셋을 정의한 것으로 맞는 것은?

① 컷셋은 시스템 고장을 유발시키는 필요 최소한의 고장들의 집합이며, 최소 패스셋은 시스템의 신뢰성을 표시한다.
② 컷셋은 시스템 고장을 유발시키는 필요 최소한의 고장들의 집합이며, 최소 패스셋은 시스템의 불신뢰도를 표시한다.
③ 컷셋은 그 속에 포함되어 있는 모든 기본사상이 일어났을 때 톱 사상을 일으키는 기본사상의 집합이며, 최소 패스셋은 시스템의 신뢰성을 표시한다.
④ 컷셋은 그 속에 포함되어 있는 모든 기본사상이 일어났을 때 톱 사상을 일으키는 기본사상의 집합이며, 최소 패스셋은 시스템의 성공을 유발하는 기본사상의 집합이다.

해설 **미니멀 컷셋과 미니멀 패스셋**

① 미니멀 컷셋 : 정상사상을 발생시키는 기본사상의 집합으로 그 안에 포함되는 모든 기본사상이 발생할 때 정상사상을 발생시킬 수 있는 기본사상의 집합을 컷셋이라하며, 컷셋의 집합중에서 정상사상을 일으키기 위하여 필요한 최소한의 컷셋을 미니멀 컷셋이라 한다(시스템의 위험성 또는 안전성을 나타냄).
② 미니멀 패스셋 : 그 안에 포함되는 모든 기본사상이 일어나지 않을 때 처음으로 정상사상이 일어나지 않는 기본사상의 집합인 패스셋에서 필요 최소한의 것을 미니멀 패스셋이라 한다.(시스템의 신뢰성을 나타냄)

정답 35 ③ 36 ④ 37 ② 38 ③

39

인체 측정치의 응용원칙과 거리가 먼 것은?

① 극단치를 고려한 설계
② 조절 범위를 고려한 설계
③ 평균치를 기준으로 한 설계
④ 기능적 치수를 이용한 설계

해설 **인체 계측 자료의 응용 원칙**

① 극단적인 사람을 위한 설계(최대치수와 최소치수의 설정)
극단치 설계(인체 측정 특성의 극단에 속하는 사람을 대상으로 설계하면 거의 모든 사람을 수용가능)
② 조절 범위
장비나 설비의 설계에 있어 때로는 여러 사람이 사용 가능하도록 조절식으로 하는 것이 바람직한 경우도 있다.
③ 평균치를 기준으로 한 설계
특정 장비나 설비의 경우, 최대 집단치나 최소 집단치 또는 조절식으로 설계하기가 부적절하거나 불가능할 때

40

10시간 설비 가동 시 설비 고장으로 1시간 정지하였다면 설비고장 강도율은 얼마인가?

① 0.1% ② 9% ③ 10% ④ 11%

해설 **설비고장 강도율**

$$\frac{\text{설비고장정지시간}}{\text{설비가동시간(부하시간)}} \times 100 = \frac{1}{10} \times 100 = 10\%$$

3과목 기계·기구 및 설비 안전관리

41

지게차 헤드가드의 안전기준에 관한 설명으로 맞는 것은?

① 상부틀의 각 개구의 폭 또는 길이가 20cm 이상일 것
② 강도는 지게차의 최대하중의 2배 값(4톤을 넘는 값에 대해서는 4톤으로 한다.)의 등분포정하중에 견딜 수 있을 것
③ 운전자가 서서 조작하는 방식의 지게차의 경우에는 운전석의 바닥면에서 헤드가드의 상부틀 하면까지의 높이가 2.5m 이상일 것
④ 운전자가 앉아서 조작하는 방식의 지게차의 경우에는 운전자의 좌석 윗면에서 헤드가드의 상부틀 아랫면까지의 높이가 1.8m 이상일 것

해설 **지게차의 헤드가드 설치기준**

① 강도는 지게차의 최대하중의 2배의 값(4톤을 넘는 값에 대해서는 4톤으로 한다)의 등분포정하중에 견딜 수 있는 것일 것
② 상부틀의 각 개구의 폭 또는 길이가 16cm 미만일 것
③ 운전자가 앉아서 조작하거나 서서 조작하는 지게차의 헤드가드는 한국산업표준에서 정하는 높이 기준 이상일 것

42

프레스에 금형 조정 작업 시 슬라이드가 갑자기 작동함으로써 근로자에게 발생할 우려가 있는 위험을 방지하기 위하여 사용하는 것은?

① 안전 블록 ② 비상정지장치
③ 감응식 안전장치 ④ 양수조작식 안전장치

해설 **안전블록**

프레스 등의 금형을 부착·해체 또는 조정작업을 하는 때에는 근로자의 신체의 일부가 위험 한계 내에 들어갈 때에 슬라이드가 갑자기 작동함으로써 발생하는 근로자의 위험을 방지하기 위하여 안전블록을 사용하는 등 필요한 조치를 하여야 한다.

정답 39 ④ 40 ③ 41 ② 42 ①

43

양수 조작식 방호장치에서 양쪽 누름버튼 간의 내측 거리는 몇 mm 이상이어야 하는가?

① 100 ② 200 ③ 300 ④ 400

해설 **양수 조작식 방호장치 설치방법**

① 정상동작표시등은 녹색, 위험표시등은 붉은색으로 하며, 쉽게 근로자가 볼 수 있는 곳에 설치
② 누름버튼을 양손으로 동시에 조작하지 않으면 작동시킬 수 없는 구조이어야 하며, 양쪽버튼의 작동시간 차이는 최대 0.5초 이내일 때 프레스가 동작
③ 누름버튼의 상호간 내측거리는 300mm 이상

44

프레스 작업 시 왕복운동하는 부분과 고정 부분 사이에서 형성되는 위험점은?

① 물림점 ② 협착점
③ 절단점 ④ 회전말림점

해설 **협착점(Squeeze-point)**

(1) 정의 : 왕복 운동하는 운동부와 고정부 사이에 형성
(2) 종류 : ① 프레스 금형 조립부위
② 전단기의 누름판 및 칼날부위
③ 선반 및 평삭기의 베드 끝 부위

45

선반에서 냉각재 등에 의한 생물학적 위험을 방지하기 위한 방법으로 틀린 것은?

① 냉각재가 기계에 잔류되지 않고 중력에 의해 수집 탱크로 배유되도록 해야 한다.
② 냉각재 저장탱크에는 외부 이물질의 유입을 방지하기 위한 덮개를 설치해야 한다.
③ 특별한 경우를 제외하고는 정상 운전 시 전체 냉각재가 계통 내에서 순환되고 냉각재 탱크에 체류하지 않아야 한다.
④ 배출용 배관의 지름은 대형 이물질이 들어가지 않도록 작아야 하고, 지면과 수평이 되도록 제작해야 한다.

해설 **냉각재 등에 의한 생물학적 위험 방지**

① 정상 운전 시 전체 냉각재가 계통내에서 순환되고 냉각재 탱크에 체류하지 않을 것
② 냉각재가 기계에 잔류되지 않고 중력에 의해 수집탱크로 배유되도록 할 것
③ 배출용 배관의 직경은 슬러지의 체류를 최소화할 수 있을 정도의 충분한 크기이고 적정한 기울기를 부여할 것
④ 냉각재 저장탱크에는 외부 이물질의 유입을 방지하기 위한 덮개를 설치할 것
⑤ 필터장치가 구비되어 있을 것. 등

46

완전 회전식 클러치 기구가 있는 양수조작식 방호장치에서 확동클러치의 봉합개소가 4개, 분당 행정수가 200SPM일 때, 방호장치의 최소 안전거리는 몇 mm 이상이어야 하는가?

① 80 ② 120 ③ 240 ④ 360

해설 **양수기동식의 안전거리**

① $D_m = 1.6T_m$

② $T_m = \left(\frac{1}{\text{클러치 맞물림 개소수}} + \frac{1}{2}\right) \times \frac{60{,}000}{\text{매분행정수}} (\text{ms})$

$= \left(\frac{1}{4} + \frac{1}{2}\right) \times \frac{60{,}000}{200} = 225(ms)$

③ $D_m = 1.6 \times 225 = 360(\text{mm})$

정답 43 ③ 44 ② 45 ④ 46 ④

47

목재가공용 둥근톱의 두께가 3mm일 때, 분할날의 두께는 몇 mm 이상이어야 하는가?

① 3.3mm 이상　② 3.6mm 이상
③ 4.5mm 이상　④ 4.8mm 이상

해설 **분할날의 두께**

① 톱날 두께의 1.1배 이상이고, 톱날의 치진폭 이하이어야 한다.
② 3mm × 1.1 = 3.3mm 이상

48

산업안전보건법령에 따라 타워크레인의 운전 작업을 중지해야 되는 순간풍속의 기준은?

① 초당 10m를 초과하는 경우
② 초당 15m를 초과하는 경우
③ 초당 30m를 초과하는 경우
④ 초당 35m를 초과하는 경우

해설 **강풍시 타워크레인의 작업제한**

① 순간풍속이 매초당 10미터 초과 : 타워크레인의 설치·수리·점검 또는 해체작업 중지
② 순간풍속이 매초당 15미터 초과 : 타워크레인의 운전작업 중지

49

탁상용 연삭기에서 숫돌을 안전하게 설치하기 위한 방법으로 옳지 않은 것은?

① 숫돌바퀴 구멍은 축 지름보다 0.1mm 정도 작은 것을 선정하여 설치한다.
② 설치 전에는 육안 및 목재 해머로 숫돌의 흠, 균열을 점검한 후 설치한다.
③ 축의 턱에 내측 플랜지, 압지 또는 고무판, 숫돌 순으로 끼운 후 외측에 압지 또는 고무판, 플랜지, 너트 순으로 조인다.
④ 가공물 받침대는 숫돌의 중심에 맞추어 연삭기에 견고히 고정한다.

해설

숫돌바퀴 구멍은 축 지름 보다 0.1 mm정도 큰 것을 선정하여 설치한다.

50

다음 중 근로자에게 위험을 미칠 우려가 있을 때 덮개 또는 울을 설치해야 하는 위치와 가장 거리가 먼 것은?

① 연삭기 또는 평삭기의 테이블, 형삭기 램 등의 행정 끝
② 선반으로부터 돌출하여 회전하고 있는 가공물 부근
③ 과열에 따른 과열이 예상되는 보일러의 버너 연소실
④ 띠톱기계의 위험한 톱날(절단부분 제외) 부위

해설 **덮개 또는 울 등을 설치해야 하는 경우**

① 연삭기 또는 평삭기의 테이블, 형삭기램 등의 행정끝이 위험을 미칠 경우
② 선반 등으로부터 돌출하여 회전하고 있는 가공물이 위험을 미칠 경우
③ 띠톱기계(목재가공용 띠톱기계제외)의 절단에 필요한 톱날부위 외의 위험한 톱날부위

51

산업안전보건법령상 고속회전체의 회전시험을 하는 경우 미리 회전축의 재질 및 형상 등에 상응하는 종류의 비파괴검사를 해서 결함유무(有無)를 확인하여야 하는 고속회전체 대상은?

① 회전축의 중량이 0.5톤을 초과하고, 원주속도가 15m/s 이상인 것
② 회전축의 중량이 1톤을 초과하고, 원주속도가 30m/s 이상인 것
③ 회전축의 중량이 0.5톤을 초과하고, 원주속도가 60m/s 이상인 것
④ 회전축의 중량이 1톤을 초과하고, 원주속도가 120m/s 이상인 것

해설 **고속 회전체의 위험방지**

고속회전체(원심분리기 등의 회전체로 원주속도가 매초당 25m 초과)의 회전시험시 파괴로 인한 위험방지	전용의 견고한 시설물내부 또는 견고한 장벽 등으로 격리된 장소에서 실시
고속회전체의 회전시험 시 미리 비파괴검사실시 하는 대상	회전축의 중량이 1톤 초과하고 원주속도가 매초당 120m 이상인 것

정답 47 ① 48 ② 49 ① 50 ③ 51 ④

52

기계운동 형태에 따른 위험점 분류에 해당되지 않는 것은?

① 접선끼임점 ② 회전말림점
③ 물림점 ④ 절단점

해설 기계 설비에 의해 형성되는 위험점

협착점	왕복 운동하는 운동부와 고정부 사이에 형성(작업점이라 부르기도 함)
끼임점	고정부분과 회전 또는 직선운동부분에 의해 형성
절단점	회전운동부분 자체와 운동하는 기계 자체에 의해 형성
물림점	회전하는 두 개의 회전축에 의해 형성(회전체가 서로 반대방향으로 회전하는 경우)
접선 물림점	회전하는 부분이 접선방향으로 물려 들어가면서 형성
회전 말림점	회전체의 불규칙 부위와 돌기 회전 부위에 의해 형성

53

기계를 구성하는 요소에서 피로현상은 안전과 밀접한 관련이 있다. 다음 중 기계요소의 피로파괴현상과 가장 관련이 적은 것은?

① 소음(noise) ② 노치(notch)
③ 부식(corrosion) ④ 치수 효과(size effect)

해설 피로파괴 현상

① notch ② corrosion
③ size effect ④ 온도 ⑤ 표면상태 등

54

위험기계·기구 자율안전 확인고시에 의하면 탁상용 연삭기에서 연삭숫돌의 외주면과 가공물 받침대 사이 거리는 몇 mm를 초과하지 않아야 하는가?

① 1 ② 2 ③ 4 ④ 8

해설

탁상용 연삭기의 덮개에는 워크레스트 및 조정편을 구비해야 하며 워크레스트는 연삭숫돌과의 간격을 3mm 이하로 조정할 수 있는 구조이어야 한다.

55

지게차의 헤드가드 상부틀에 있어서 각 개구부의 폭 또는 길이의 크기는?

① 8cm 미만 ② 10cm 미만
③ 16cm 미만 ④ 20cm 미만

해설 지게차의 헤드가드 설치기준

① 강도는 지게차의 최대하중의 2배의 값(4톤을 넘는 값에 대해서는 4톤으로 한다)의 등분포정하중에 견딜 수 있는 것일 것
② 상부틀의 각 개구의 폭 또는 길이가 16cm 미만일 것
③ 운전자가 앉아서 조작하거나 서서 조작하는 지게차의 헤드가드는 한국산업표준에서 정하는 높이 기준 이상일 것

56

다음 중 연삭기의 사용상 안전대책으로 적절하지 않은 것은?

① 방호장치로 덮개를 설치한다.
② 숫돌 교체 후 1분 정도 시운전을 실시한다.
③ 숫돌의 최고사용회전속도를 초과하여 사용하지 않는다.
④ 숫돌 측면을 사용하는 것을 목적으로 하는 연삭숫돌을 제외하고는 측면 연삭을 하지 않도록 한다.

해설

작업 시작하기 전 1분 이상, 연삭 숫돌을 교체한 후 3분 이상 시운전

정답 52 ① 53 ① 54 ② 55 ③ 56 ②

57

다음 중 드릴 작업 시 가장 안전한 행동에 해당하는 것은?

① 장갑을 끼고 옷 소매가 긴 작업복을 입고 작업한다.
② 작업 중에 브러시로 칩을 털어낸다.
③ 가공할 구멍 지름이 클 경우 작은 구멍을 먼저 뚫고 그 위에 큰 구멍을 뚫는다.
④ 드릴을 먼저 회전시킨 상태에서 공작물을 고정한다.

해설 **드릴 작업시 안전대책**

① 일감은 견고히 고정, 손으로 잡고 하는 작업금지
② 드릴 끼운 후 척 렌치는 반드시 빼둘 것
③ 장갑 착용 금지 및 칩은 브러시로 제거
④ 이동식 전기 드릴은 반드시 접지해야 하며, 회전 중 이동금지
⑤ 큰 구멍은 작은 구멍을 뚫은 후 작업
⑥ 구멍이 거의 다 뚫렸을 때 일감이 드릴과 함께 회전하기 쉬우므로 주의

58

다음 중 산업안전보건법령에 따라 비파괴 검사를 실시해야 하는 고속회전체의 기준은?

① 회전축 중량 1톤 초과, 원주속도 120m/s 이상
② 회전축 중량 1톤 초과, 원주속도 100m/s 이상
③ 회전축 중량 0.7톤 초과, 원주속도 120m/s 이상
④ 회전축 중량 0.7톤 초과, 원주속도 100m/s 이상

해설 **고속 회전체의 위험방지**

고속회전체(원심분리기 등의 회전체로 원주속도가 매초당 25m 초과)의 회전시험시 파괴로 인한 위험방지	전용의 견고한 시설물내부 또는 견고한 장벽 등으로 격리된 장소에서 실시
고속회전체의 회전시험 시 미리 비파괴검사실시 하는 대상	회전축의 중량이 1톤 초과하고 원주속도가 매초당 120m 이상인 것

59

지게차의 안전장치에 해당하지 않는 것은?

① 후사경 ② 헤드가드
③ 백레스트 ④ 권과방지장치

해설 **지게차의 안전장치**

① 헤드가드 ② 백레스트 ③ 전조등
④ 후미등 ⑤ 안전벨트

60

다음 중 접근반응형 방호장치에 해당되는 것은?

① 양수조작식 방호장치 ② 손쳐내기식 방호장치
③ 덮개식 방호장치 ④ 광전자식 방호장치

해설 **접근 반응형 방호장치**

① 위험 범위 내로 신체가 접근할 경우 이를 감지하여 즉시 기계의 작동을 정지시키거나 전원이 차단되도록 하는 방법
② 프레스의 광 전자식

정답 57 ③ 58 ① 59 ④ 60 ④

4과목 전기 및 화학설비 안전관리

61

전폐형 방폭구조가 아닌 것은?

① 압력방폭구조 ② 내압방폭구조
③ 유입방폭구조 ④ 안전증방폭구조

해설 **안전증 방폭구조**

기계적, 전기적 구조상 또는 온도상승에 대해서 특히 안전도를 증가시킨 구조로 전폐형과는 개념이 다른 구조

62

혼촉방지판이 부착된 변압기를 설치하고 혼촉방지판을 접지시켰다. 이러한 변압기를 사용하는 주요 이유는?

① 2차측의 전류를 감소시킬 수 있기 때문에
② 누전전류를 감소시킬 수 있기 때문에
③ 2차측에 비접지 방식을 채택하면 감전 시 위험을 감소시킬 수 있기 때문에
④ 전력의 손실을 감소시킬 수 있기 때문에

해설

고압 또는 특고압과 저압을 결합한 변압기의 저압측 중성점에서는 고저압의 혼촉에 의한 위험을 예방하기 위하여 접지공사를 한다. 그러나, 저압을 비접지로 하는 것이 감전시 위험을 감소시킬 수 있는 등 유리한 경우가 있으므로 고압 또는 특고압과 저압의 권선사이에 혼촉방지판을 마련하여 이것을 접지하면 저압측을 비접지식으로 사용할수 있다.

63

산업안전보건법상 전기기계·기구의 누전에 의한 감전 위험을 방지하기 위하여 접지를 하여야 하는 사항으로 틀린 것은?

① 전기기계·기구의 금속제 내부 충전부
② 전기기계·기구의 금속제 외함
③ 전기기계·기구의 금속제 외피
④ 전기기계·기구의 금속제 철대

해설 **접지를 해야하는 대상부분**

① 전기기계·기구의 금속제 외함, 금속제 외피 및 철대
② 고정 설치되거나 고정배선에 접속된 전기기계·기구의 노출된 비충전 금속체중 충전될 우려가 있는 해당하는 비충전 금속체
③ 전기를 사용하지 아니하는 설비중 해당하는 금속체

64

인체가 현저히 젖어있는 상태 또는 금속성의 전기·기계 장치나 구조물에 인체의 일부가 상시 접촉되어 있는 상태에서의 허용접촉전압으로 옳은 것은?

① 2.5V 이하 ② 25V 이하
③ 50V 이하 ④ 75V 이하

해설 **허용 접촉전압**

종 별	접촉 상태	허용접촉 전압
제1종	• 인체의 대부분이 수중에 있는 경우	2.5V 이하
제2종	• 인체가 현저하게 젖어있는 경우 • 금속성의 전기기계장치나 구조물에 인체의 일부가 상시 접촉되어 있는 경우	25V 이하
제3종	• 제1종, 제2종 이외의 경우로 통상의 인체상태에 있어서 접촉전압이 가해지면 위험성이 높은 경우	50V 이하
제4종	• 제1종, 제2종 이외의 경우로 통상의 인체상태에 있어서 접촉전압이 가해지더라도 위험성이 낮은 경우 • 접촉전압이 가해질 우려가 없는 경우	제한 없음

정답 61 ④ 62 ③ 63 ① 64 ②

65

방폭구조의 명칭과 표기기호가 잘못 연결된 것은?

① 안전증방폭구조 : e
② 유입(油入)방폭구조 : o
③ 내압(耐壓)방폭구조 : p
④ 본질안전방폭구조 : ia 또는 ib

해설 **방폭구조의 기호**

종류	내압	압력	유입	안전증	몰드	충전	비점화	본질안전	특수
기호	d	p	o	e	m	q	n	i	s

66

가스 또는 분진폭발위험장소에는 변전실·배전반실·제어실 등을 설치하여서는 아니된다. 다만, 실내기압이 항상 양압을 유지하도록 하고, 별도의 조치를 한 경우에는 그러하지 않은데 이때 요구되는 조치사항으로 틀린 것은?

① 양압을 유지하기 위한 환기설비의 고장 등으로 양압이 유지되지 아니한 때 경보를 할 수 있는 조치를 한 경우
② 환기설비가 정지된 후 재가동하는 경우 변전실 등에 가스 등이 있는지를 확인할 수 있는 가스검지기 등의 장비를 비치한 경우
③ 환기설비에 의하여 변전실 등에 공급되는 공기는 가스폭발위험장소 또는 분진폭발위험장소가 아닌 곳으로부터 공급되도록 하는 조치를 한 경우
④ 실내기압이 항상 양압 10Pa 이상이 되도록 장치를 한 경우

해설

가스 또는 분진폭발위험장소에는 변전실·배전반실·제어실 기타 이와 유사한 시설을 설치하여서는 아니된다. 다만, 변전실등의 실내기압이 항상 양압(25파스칼 이상의 압력)을 유지하도록 하고 다음 각호의 조치를 하거나, 그 장소에 적합한 방폭성능을 갖는 전기기계·기구를 변전실 등에 설치·사용한 때에는 그러하지 아니하다.

① 양압을 유지하기 위한 환기설비의 고장 등으로 양압이 유지되지 아니한 때 경보를 할 수 있는 조치
② 환기설비가 정지된 후 재가동할 때 변전실등 내의 가스등의 유무를 확인할 수 있는 가스검지기등 장비의 비치
③ 환기설비에 의하여 변전실등에 공급되는 공기는 가스 또는 분진폭발위험장소외의 장소로부터 공급되도록 하는 조치

67

절연체에 발생한 정전기는 일정 장소에 축적되었다가 점차 소멸되는데 처음 값의 몇 %로 감소되는 시간을 그 물체의 "시정수" 또는 "완화시간"이라고 하는가?

① 25.8 ② 36.8 ③ 45.8 ④ 67.8

해설 **시정수(time constant)**

완화가 시간과 함께 지수함수적으로 일어나는 경우, 대전물체의 전하량이 초기값의 36.8(%)될 때까지의 시간을 말한다.

정답 65 ③ 66 ④ 67 ②

68

누전차단기의 선정 및 설치에 대한 설명으로 틀린 것은?

① 차단기를 설치한 전로에 과부하 보호장치를 설치하는 경우는 서로 협조가 잘 이루어지도록 한다.
② 정격부동작전류와 정격감도전류와의 차는 가능한 큰 차단기로 선정한다.
③ 감전방지 목적으로 시설하는 누전차단기는 고감도 고속형을 선정한다.
④ 전로의 대지정전용량이 크면 차단기가 오작동하는 경우가 있으므로 각 분기회로마다 차단기를 설치한다.

해설 누전차단기의 선정시 주의사항

① 누전차단기는 접속된 각각의 휴대용, 이동용 전동기기에 대해 정격감도전류가 30[mA]이하의 것을 사용해야 한다.
② 누전차단기는 정격 부동작 전류가 정격 감도전류의 50[%]이상이고 또한 이들의 차가 가능한 한 작은 값을 사용해야 한다.
③ 누전차단기는 동작시간이 0.1초 이하의 가능한 한 짧은 시간의 것을 사용 하는 것을 사용해야 한다.
④ 누전차단기는 절연저항이 5[MΩ] 이상이 되어야 한다.
⑤ 누전차단기를 사용하고 또한 해당 차단기에 과부하보호장치 또는 단락보호장치를 설치하는 경우에는 이들 장치와 차단기의 차단기능이 서로 조화되도록 해야 한다.
⑥ 분기회로 또는 전기기계·기구마다 누전차단기를 접속해야 한다.

69

정전기 발생량과 관련된 내용으로 옳지 않은 것은?

① 분리속도가 빠를수록 정전기 발생량이 많아진다.
② 두 물질간의 대전서열이 가까울수록 정전기 발생량이 많아진다.
③ 접촉면적이 넓을수록, 접촉압력이 증가할수록 정전기 발생량이 많아진다.
④ 물질의 표면이 수분이나 기름 등에 오염되어 있으면 정전기 발생량이 많아진다.

해설 대전서열

① 물체를 마찰시킬 때 전자를 잃기 쉬운 순서대로 나열한 것.
② 대전서열에서 멀리 있는 두 물체를 마찰할수록 대전이 잘 된다.

70

전기설비 등에는 누전에 의한 감전의 위험을 방지하기 위하여 전기기계·기구에 접지를 실시하도록 하고 있다. 전기기계·기구의 접지에 대한 설명 중 틀린 것은?

① 특별고압의 전기를 취급하는 변전소˙개폐소 그 밖에 이와 유사한 장소에서는 지락(地絡)사고가 발생할 경우 접지극의 전위상승에 의한 감전위험을 감소시키기 위한 조치를 하여야 한다.
② 코드 및 플러그를 접속하여 사용하는 전압이 대지전압 110V를 넘는 전기기계˙기구가 노출된 비충전 금속체에는 접지를 반드시 실시하여야 한다.
③ 접지설비에 대하여는 상시 적정상태 유지여부를 점검하고 이상을 발견한 때에는 즉시 보수하거나 재설치하여야 한다.
④ 전기기계˙기구의 금속제 외함˙금속제 외피 및 철대에는 접지를 실시하여야 한다.

해설 코드와 플러그를 접속하여 사용하는 전기기계·기구중 접지를 해야하는 노출된 비충전 금속체

① 사용전압이 대지전압 150볼트를 넘는 것
② 냉장고·세탁기·컴퓨터 및 주변기기 등과 같은 고정형 전기기계·기구
③ 고정형·이동형 또는 휴대형 전동기계·기구
④ 물 또는 도전성이 높은 곳에서 사용하는 전기기계·기구, 비접지형 콘센트
⑤ 휴대형 손전등

71

다음 중 화학물질 및 물리적 인자의 노출기준에 따른 TWA 노출기준이 가장 낮은 물질은?

① 불소　② 아세톤
③ 니트로벤젠　④ 사염화탄소

해설 유해물질의 노출기준

① 불소 : 0.1ppm　② 아세톤 : 500ppm
③ 니트로벤젠 : 1ppm　④ 사염화탄소 : 5ppm

정답 68 ② 69 ② 70 ② 71 ①

72

대기 중에 대량의 가연성 가스가 유출되거나 대량의 가연성 액체가 유출하여 그것으로부터 발생하는 증기가 공기와 혼합해서 가연성 혼합기체를 형성하고, 점화원에 의하여 발생하는 폭발을 무엇이라 하는가?

① UVCE ② BLEVE
③ Detonation ④ Boil over

해설 **BLEVE와 UVCE**

① BLEVE : 비등점이 낮은 인화성액체 저장탱크가 화재로 인한 화염에 장시간 노출되어 탱크내 액체가 급격히 증발하여 비등하고 증기가 팽창하면서 탱크내 압력이 설계압력을 초과하여 폭발을 일으키는 현상
② UVCE : 가연성 가스 또는 기화하기 쉬운 가연성 액체등이 저장된 고압가스 용기의 파괴로 인하여 대기중으로 유출된 가연성 증기가 구름을 형성한 상태에서 점화원이 증기운에 접촉하여 폭발하는 현상

73

화재 발생 시 알코올포(내알코올포) 소화약제의 소화효과가 큰 대상물은?

① 특수인화물
② 물과 친화력이 있는 수용성 용매
③ 인화점이 영하 이하의 인화성 물질
④ 발생하는 증기가 공기보다 무거운 인화성 액체

해설

알코올포 소화약제는 물에 녹지 않기 때문에 여기에 물을 혼합하여 사용하며, 알코올, 에테르 등과 같은 가연성인 수용성 액체의 화재에 유효하다.

74

산업안전보건법령에서 정한 위험물질의 종류에서 "물반응성 물질 및 인화성 고체"에 해당하는 것은?

① 니트로화합물 ② 과염소산
③ 아조화합물 ④ 칼륨

해설 **위험물의 종류**

니트로화합물, 아조화합물은 폭발성 물질 및 유기과산화물에 해당되며, 과염소산 및 그 염류는 산화성 액체 및 산화성 고체에 해당하는 위험물

75

다음 중 폭발한계의 범위가 가장 넓은 가스는?

① 수소 ② 메탄
③ 프로판 ④ 아세틸렌

해설 **폭발한계**

① 수소(4~75) ② 메탄(5~15)
③ 프로판(2.1~9.5) ④ 아세틸렌(2.5~81)

76

에틸에테르(폭발하한값 1.9vol%)와 에틸알코올(폭발하한값 4.3vol%)이 4 : 1로 혼합된 증기의 폭발하한계(vol%)는 약 얼마인가? (단, 혼합증기는 에틸에테르가 80%, 에틸알코올이 20%로 구성되고, 르샤틀리에 법칙을 이용한다.)

① 2.14vol% ② 3.14vol%
③ 4.14vol% ④ 5.14vol%

해설 **르샤틀리에의 법칙(혼합가스의 폭발범위 계산)**

$$\frac{100}{L}=\frac{V_1}{L_1}+\frac{V_2}{L_2}=\frac{80}{1.9}+\frac{20}{4.3}=46.76$$

그러므로 L=2.138vol%

2022년 3회

정답 72 ① 73 ② 74 ④ 75 ④ 76 ①

77

다음 중 산업안전보건기준에 관한 규칙에서 규정하는 급성 독성물질에 해당되지 않는 것은?

① 쥐에 대한 경구투입실험에 의하여 실험동물의 50%를 사망시킬 수 있는 물질의 양이 kg당 300mg-(체중) 이하인 화학물질
② 쥐에 대한 경피흡수실험에 의하여 실험동물의 50%를 사망시킬 수 있는 물질의 양이 kg당 1,000mg-(체중) 이하인 화학물질
③ 토끼에 대한 경피흡수실험에 의하여 실험동물의 50%를 사망시킬 수 있는 물질의 양이 kg당 1,000mg-(체중) 이하인 화학물질
④ 쥐에 대한 4시간 동안의 흡입실험에 의하여 실험동물의 50%를 사망시킬 수 있는 가스의 농도가 3,000ppm 이상인 화학물질

해설 **급성 독성물질**

쥐에 대한 4시간동안의 흡입실험에 의하여 실험동물의 50퍼센트를 사망시킬 수 있는 물질의 농도, 즉 가스 LC50(쥐, 4시간 흡입)이 2,500ppm 이하인 화학물질, 증기 LC50(쥐, 4시간 흡입)이 10mg/ℓ 이하인 화학물질, 분진 또는 미스트 1mg/ℓ 이하인 화학물질

78

연소의 3요소 중 1가지에 해당하는 요소가 아닌 것은?

① 메탄　　② 공기
③ 정전기 방전　　④ 이산화탄소

해설 **연소의 3요소**

① 가연물(메탄)　② 점화원(정전기 방전)　③ 산소 공급원(공기)

79

다음 물질이 물과 반응하였을 때 가스가 발생한다. 위험도 값이 가장 큰 가스를 발생하는 물질은?

① 칼륨　　② 수소화나트륨
③ 탄화칼슘　　④ 트리에틸알루미늄

해설 **탄화칼슘(CaC_2)**

① 탄화칼슘(CaC_2)은 칼슘카바이드라고도 불리며, 물과 반응하여 아세틸렌 기체를 생성한다.
② $CaC_2 + 2H_2O \rightarrow Ca(OH)_2 + C_2H_2$

80

다음 중 화재의 분류에서 전기화재에 해당하는 것은?

① A급 화재　　② B급 화재
③ C급 화재　　④ D급 화재

해설 **화재의 분류**

① A급 : 일반화재　　② B급 : 유류화재
③ C급 : 전기화재　　④ D급 : 금속화재

정답 77 ④ 78 ④ 79 ③ 80 ③

5과목 건설공사 안전관리

81

가설구조물이 갖추어야 할 구비요건과 가장 거리가 먼 것은?

① 영구성 ② 경제성 ③ 작업성 ④ 안전성

해설 가설구조물의 구비요건

안전성	파괴 및 도괴 등에 대한 충분한 강도를 가질 것
작업성(시공성)	넓은 작업발판 및 공간확보, 안전한 작업자세 유지
경제성	가설, 철거비 및 가공비 등

82

말비계를 조립하여 사용하는 경우에 준수해야 하는 사항으로 옳지 않은 것은?

① 지주부재의 하단에는 미끄럼 방지장치를 한다.
② 근로자는 양측 끝부분에 올라서서 작업하도록 한다.
③ 지주부재와 수평면의 기울기를 75° 이하로 한다.
④ 말비계의 높이가 2m를 초과하는 경우에는 작업발판의 폭을 40cm 이상으로 한다.

해설 말비계의 조립시 준수사항

① 지주부재의 하단에는 미끄럼 방지장치를 하고, 양측 끝부분에 올라서서 작업하지 아니하도록 할 것
② 지주부재와 수평면과의 기울기를 75도 이하로 하고, 지주부재와 지주부재 사이를 고정시키는 보조부재를 설치할 것
③ 말비계의 높이가 2미터를 초과할 경우에는 작업발판의 폭을 40cm 이상으로 할 것

83

차량계 하역운반기계에 화물을 적재할 때의 준수사항과 거리가 먼 것은?

① 하중이 한쪽으로 치우치지 않도록 적재할 것
② 구내운반차 또는 화물자동차의 경우 화물의 붕괴 또는 낙하에 의한 위험을 방지하기 위하여 화물에 로프를 거는 등 필요한 조치를 할 것
③ 운전자의 시야를 가리지 않도록 화물을 적재할 것
④ 제동장치 및 조정장치 기능의 이상 유무를 점검할 것

해설 차량계하역 운반기계의 화물적재시 조치

① 하중이 한쪽으로 치우치지 않도록 적재할 것
② 구내운반차 또는 화물자동차의 경우 화물의 붕괴 또는 낙하에 의한 위험을 방지하기 위하여 화물에 로프를거는 등 필요한 조치를 할 것
③ 운전자의 시야를 가리지 않도록 화물을 적재할 것

84

콘크리트를 타설할 때 안전상 유의하여야 할 사항으로 옳지 않은 것은?

① 콘크리트를 치는 도중에는 거푸집, 지보공 등의 이상 유무를 확인한다.
② 진동기 사용 시 지나친 진동은 거푸집 도괴의 원인이 될 수 있으므로 적절히 사용해야 한다.
③ 최상부의 슬래브는 되도록 이어붓기를 하고 여러 번에 나누어 콘크리트를 타설한다.
④ 타워에 연결되어 있는 슈트의 접속이 확실한지 확인한다.

해설 콘크리트 타설시 주의사항

① 친 콘크리트를 거푸집 안에서 횡방향으로 이동금지
② 한 구획 내의 콘크리트는 치기가 완료될 때까지 연속해서 타설
③ 최상부의 슬래브는 이어붓기를 피하고 동시에 전체를 타설 등

정답 81 ① 82 ② 83 ④ 84 ③

85

무한궤도식 장비와 타이어식(차륜식) 장비의 차이점에 관한 설명으로 옳은 것은?

① 무한궤도식은 기동성이 좋다.
② 타이어식은 승차감과 주행성이 좋다.
③ 무한궤도식은 경사지반에서의 작업에 부적당하다.
④ 타이어식은 땅을 다지는 데 효과적이다.

해설 **주행 방법에 의한 분류**

① 무한궤도식 : 경사지 또는 연약 지반에 유리
② 차륜식 : 속도개선 효과가 증대

86

잠함 또는 우물통의 내부에서 근로자가 굴착작업을 하는 경우의 준수사항으로 옳지 않은 것은?

① 산소결핍 우려가 있는 경우에는 산소의 농도를 측정하는 사람을 지명하여 측정하도록 할 것
② 근로자가 안전하게 오르내리기 위한 설비를 설치할 것
③ 굴착깊이가 20m를 초과하는 경우에는 해당 작업장소와 외부와의 연락을 위한 통신설비 등을 설치할 것
④ 잠함 또는 우물통의 급격한 침하에 의한 위험을 방지하기 위하여 바닥으로부터 천장 또는 보까지의 높이는 2m 이내로 할 것

해설 **잠함 또는 우물통의 급격한 침하로 인한 위험방지**

① 침하관계도에 따라 굴착방법 및 재하량 등을 정할 것
② 바닥으로부터 천장 또는 보까지의 높이는 1.8미터 이상으로 할 것

87

재료비가 30억 원, 직접노무비가 50억 원인 건설공사의 예정가격상 안전관리비로 옳은 것은? [단, 건축공사에 해당되며 계상기준은 1.97%임]

① 56,400,000원 ② 94,000,000원
③ 150,400,000원 ④ 157,600,000원

해설 **대상액이 5억원 미만 또는 50억원 이상일 경우**

① 계상기준 = 대상액 × 계상기준표의 비율
② 대상액이 80억원(30억 + 50억) 이므로,
③ 안전관리비 = 80억 원×0.0197 = 157,600,000원

Tip

2023년 법령개정. 문제와 해설은 개정된 내용 적용

88

철골용접 작업자의 전격 방지를 위한 주의사항으로 옳지 않은 것은?

① 보호구와 복장을 구비하고, 기름기가 묻었거나 젖은 것은 착용하지 않을 것
② 작업 중지의 경우에는 스위치를 떼어 놓을 것
③ 개로 전압이 높은 교류 용접기를 사용할 것
④ 좁은 장소에서의 작업에서는 신체를 노출시키지 않을 것

해설 **교류아크 용접기**

교류아크용접기의 자동전격방지기는 아크발생을 중지하였을 때 지동시간이 1.0초 이내에 2차 무부하 전압을 25V 이하로 감압시켜 안전을 유지할 수 있어야 한다. 따라서 개로전압이 낮은 용접기를 사용하여야 안전하다.

정답 85 ② 86 ④ 87 ④ 88 ③

89

근로자의 추락 등의 위험을 방지하기 위하여 안전난간을 설치하는 경우 안전난간은 구조적으로 가장 취약한 지점에서 가장 취약한 방향으로 작용하는 얼마 이상의 하중에 견딜 수 있는 튼튼한 구조이어야 하는가?

① 50kg ② 100kg ③ 150kg ④ 200kg

해설

안전난간은 구조적으로 가장 취약한 지점에서 가장 취약한 방향으로 작용하는 100킬로그램 이상의 하중에 견딜 수 있는 튼튼한 구조일 것

90

흙의 연경도(Consistency)에서 반고체 상태와 소성 상태의 한계를 무엇이라 하는가?

① 액성한계 ② 소성한계
③ 수축한계 ④ 반수축한계

해설 **흙의 연경도**

① 수축한계 : 고체상태에서 반고체상태로 넘어가는 순간의 함수비
② 소성한계 : 반고체 상태에서 소성상태로 넘어갈 때의 함수비
③ 액성한계 : 소성상태에서 액체상태로 넘어가는 순간의 함수비

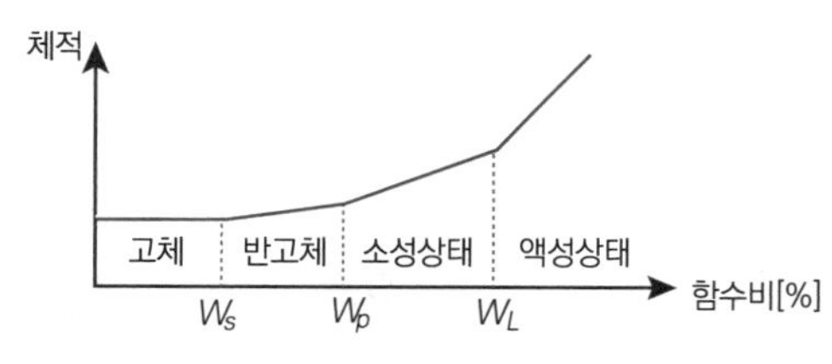

여기서, W_S : 수축한계, W_P : 소성한계, W_L : 액성한계
〈atterberg 한계〉

91

건설업 산업안전보건관리비의 사용기준에 해당하지 않는 것은?

① 안전관리자·보건관리자의 임금
② 폐기물처리비
③ 안전시설비
④ 안전보건진단비

해설 **안전보건관리비의 사용기준**

① 안전관리자·보건관리자의 임금 등
② 안전시설비 등
③ 보호구 등
④ 안전보건진단비 등
⑤ 안전보건교육비 등
⑥ 근로자 건강장해예방비 등
⑦ 건설재해예방전문지도기관의 지도에 대한 대가로 지급하는 비용
⑧ 「중대재해 처벌 등에 관한 법률」에 해당하는 건설사업자가 아닌 자가 운영하는 사업에서 안전보건 업무를 총괄·관리하는 3명 이상으로 구성된 본사 전담조직에 소속된 근로자의 임금 및 업무수행 출장비 전액
⑨ 위험성평가 또는 「중대재해 처벌 등에 관한 법률 시행령」에 따라 유해·위험요인 개선을 위해 필요하다고 판단하여 산업안전보건위원회 또는 노사협의체에서 사용하기로 결정한 사항을 이행하기 위한 비용

92

다음은 산업안전보건법령에 따른 말비계를 조립하여 사용하는 경우에 관한 준수사항이다. ( )안에 알맞은 숫자는?

> 말비계의 높이가 2m를 초과할 경우에는 작업발판의 폭을 ( )cm 이상으로 할 것

① 10 ② 20 ③ 30 ④ 40

해설 **말비계의 조립시 준수사항**

① 지주부재의 하단에는 미끄럼 방지장치를 하고, 양측 끝부분에 올라서서 작업하지 아니하도록 할 것
② 지주부재와 수평면과의 기울기를 75도 이하로 하고, 지주부재와 지주부재 사이를 고정시키는 보조부재를 설치할 것
③ 말비계의 높이가 2미터를 초과할 경우에는 작업발판의 폭을 40cm 이상으로 할 것

정답 89 ② 90 ② 91 ② 92 ④

93

터널 지보공을 설치한 경우에 수시로 점검하여야 할 사항에 해당하지 않는 것은?

① 기둥침하의 유무 및 상태
② 부재의 긴압 정도
③ 매설물 등의 유무 또는 상태
④ 부재의 접속부 및 교차부의 상태

해설

보기외에 부재의 손상·변형·부식·변위 탈락의 유무 및 상태가 포함된다.

94

작업의자형 달비계에 사용하는 작업용 섬유로프 또는 안전대의 섬유벨트에 관한 사항으로 옳지 않은 것은?

① 작업용 섬유로프는 필요할 경우 2개이상 연결하여 사용해야 한다.
② 작업높이보다 길이가 긴 것을 사용해야 한다.
③ 꼬임이 끊어진 것을 사용해서는 아니된다.
④ 심하게 손상되거나 부식된 것을 사용해서는 아니된다.

해설 **작업용 섬유로프 또는 안전대의 섬유벨트를 사용하지 않아야 할 경우**

① 꼬임이 끊어진 것
② 심하게 손상되거나 부식된 것
③ 2개 이상의 작업용 섬유로프 또는 섬유벨트를 연결한 것
④ 작업높이보다 길이가 짧은 것

95

굴착공사 중 암질변화구간 및 이상암질 출현 시에는 암질판별시험을 수행하는데 이 시험의 기준과 거리가 먼 것은?

① 함수비 ② R.Q.D
③ 탄성파속도 ④ 일축압축강도

해설 **암질판별기준**

① R.Q.D(%) ② 탄성파 속도(m/sec) ③ R.M.R
④ 일축압축강도(kg/cm²) ⑤ 진동치속도(cm/sec=Kine)

96

콘크리트 타설작업을 하는 경우에 준수해야 할 사항으로 옳지 않은 것은?

① 콘크리트를 타설하는 경우에는 편심을 유발하여 한쪽 부분부터 밀실하게 타설되도록 유도할 것
② 당일의 작업을 시작하기 전에 해당 작업에 관한 거푸집동바리등의 변형·변위 및 지반의 침하 유무 등을 점검하고 이상이 있으면 보수할 것
③ 작업 중에는 거푸집동바리등의 변형·변위 및 침하 유무 등을 감시할 수 있는 감시자를 배치하여 이상이 있으면 작업을 중지하고 근로자를 대피시킬 것
④ 설계도서상의 콘크리트 양생기간을 준수하여 거푸집 동바리등을 해체할 것

해설

콘크리트를 타설하는 경우에는 편심이 발생하지 않도록 골고루 분산하여 타설할 것

97

다음 그림은 경암에서 토사붕괴를 예방하기 위한 기울기를 나타낸 것이다. X의 값은?

① 1.0
② 0.8
③ 0.5
④ 0.3

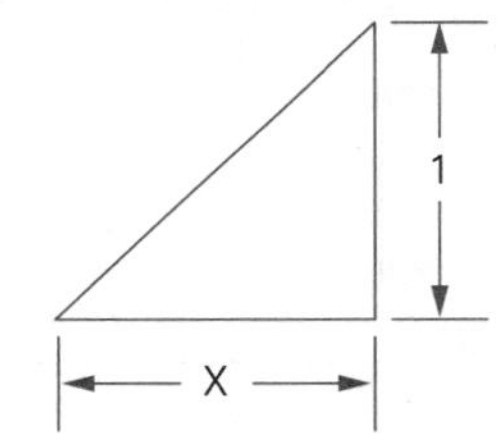

해설 **굴착면 기울기 기준**

지반의 종류	모래	연암 및 풍화암	경암	그 밖의 흙
굴착면의 기울기	1 :1.8	1 : 1.0	1 : 0.5	1 : 1.2

tip

2023년 법령개정. 문제와 해설은 개정된 내용 적용

정답 93 ③ 94 ① 95 ① 96 ① 97 ③

98

지반의 사면파괴 유형 중 유한사면의 종류가 아닌 것은?

① 사면내파괴 ② 사면선단파괴
③ 사면저부파괴 ④ 직립사면파괴

해설 **유한사면의 원호활동의 종류**

사면선단파괴	경사가 급하고 비점착성 토질
사면저부파괴	경사가 완만하고 점착성인 경우, 사면의 하부에 암반 또는 굳은 지층이 있을 경우
사면내파괴	견고한 지층이 얕게 있는 경우

99

철근 콘크리트 공사에서 거푸집동바리의 해체 시기를 결정하는 요인으로 가장 거리가 먼 것은?

① 시방서 상의 거푸집 존치기간의 경과
② 콘크리트 강도시험 결과
③ 동절기일 경우 적산온도
④ 후속공정의 착수시기

해설

거푸집 및 동바리의 해체 시기 및 순서는 존치기간의 경과, 압축강도 시험, 동절기인 경우 적산온도 및 시멘트의 성질, 콘크리트의 배합, 구조물의 종류와 중요도, 부재의 종류 및 크기, 부재가 받는 하중, 콘크리트 내부의 온도와 표면온도의 차이 등의 요인을 고려하여 결정해야 하며, 사전에 책임기술자의 승인을 받아야 한다.

100

건설현장에서의 PC(Precast Concrete) 조립 시 안전대책으로 옳지 않은 것은?

① 달아 올린 부재의 아래에서 정확한 상황을 파악하고 전달하여 작업한다.
② 운전자는 부재를 달아 올린 채 운전대를 이탈해서는 안된다.
③ 신호는 사전 정해진 방법에 의해서만 실시한다.
④ 크레인 사용 시 PC판의 중량을 고려하여 아우트리거를 사용한다.

해설 **PC조립시 안전대책**

① 부재 조립 시 아래층에서의 작업을 금지하여 상하 동시 작업이 되지 않도록 하여야 한다.
② 부재 조립장소에는 반드시 작업자들만 출입하여야 하며 작업자들도 부재의 낙하나 크레인의 전도 가능성이 있는 지점에는 접근하지 않아야 한다.

2022년 3회

정답 98 ④ 99 ④ 100 ①

2023년 3월 1일~3월 15일

산업안전산업기사 CBT 기출 복원문제

1과목 산업재해 예방 및 안전보건교육

01

사고 조사를 할 때 사고결과에 대한 원인요소 및 상호의 관계를 인과(因果)관계로 결부하여 나타내는 통계적 원인 분석방법은?

① 관리도 ② 특성요인도
③ 클로즈분석 ④ 파레토도

해설 **특성요인도**

특성과 요인관계를 어골상으로 세분하여 연쇄관계를 나타내는 방법(원인요소와의 관계를 상호의 인과관계만으로 결부)

02

일반적으로 사업장에서 안전관리조직을 구성할 때 고려할 사항과 가장 거리가 먼 것은?

① 조직 구성원의 책임과 권한을 명확하게 한다.
② 회사의 특성과 규모에 부합되게 조직되어야 한다.
③ 생산조직과는 동떨어진 독특한 조직이 되도록 하여 효율성을 높인다.
④ 조직의 기능이 충분히 발휘될 수 있는 제도적 체계가 갖추어야 한다.

해설 **조직의 구비 조건**

① 회사의 특성과 규모에 부합되게 조직화될 것
② 조직의 기능이 충분히 발휘될 수 있는 제도적 체계를 갖출 것
③ 조직을 구성하는 관리자의 책임과 권한을 분명히 할 것
④ 생산라인과 밀착된 조직이 될 것

03

산업안전보건법령상 안전보건표지의 종류와 형태 중 그림과 같은 경고표지는? (단, 바탕은 무색, 기본모형은 빨간색, 그림은 검은색이다.)

① 부식성물질 경고
② 폭발성물질 경고
③ 산화성물질 경고
④ 인화성물질 경고

해설 **경고표지**

인화성물질 경고	산화성물질 경고	폭발성물질 경고	부식성물질 경고

04

보호구 안전인증 고시에 따른 안전화의 정의 중 ( )안에 알맞은 것은?

> 경작업용 안전화란 (㉠)mm의 낙하높이에서 시험했을 때 충격과 (㉡±0.1)kN의 압축하중에서 시험했을 때 압박에 대하여 보호해 줄 수 있는 선심을 부착하여, 착용자를 보호하기 위한 안전화를 말한다.

① ㉠ 500, ㉡ 10.0 ② ㉠ 250, ㉡ 10.0
③ ㉠ 500, ㉡ 4.4 ④ ㉠ 250, ㉡ 4.4

해설 **안전화의 등급**

작업 구분	내충격성 및 내압박성 시험방법
중작업용	1,000mm의 낙하높이, (15.0±0.1)kN의 압축하중 시험
보통작업용	500mm의 낙하높이, (10.0±0.1)kN의 압축하중 시험
경작업용	250mm의 낙하높이, (4.4±0.1)kN의 압축하중 시험

정답 1 ② 2 ③ 3 ④ 4 ④

05

상시 근로자수가 75명인 사업장에서 1일 8시간씩 연간 320일을 작업하는 동안에 4건의 재해가 발생하였다면 이 사업장의 도수율은 약 얼마인가?

① 17.68 ② 19.67 ③ 20.83 ④ 22.83

해설 **도수율 계산**

① 도수율(F·R) $= \frac{\text{재해건수}}{\text{연간총근로시간수}} \times 1{,}000{,}000$

② 도수율 $= \frac{4}{(75 \times 8 \times 320)} \times 1{,}000{,}000 = 20.83$

06

매슬로우(Maslow)의 욕구단계 이론 중 제2단계의 욕구에 해당하는 것은?

① 사회적 욕구
② 안전에 대한 욕구
③ 자아실현의 욕구
④ 존경과 긍지에 대한 욕구

해설 **매슬로우(Abraham Maslow)의 욕구(위계이론)**

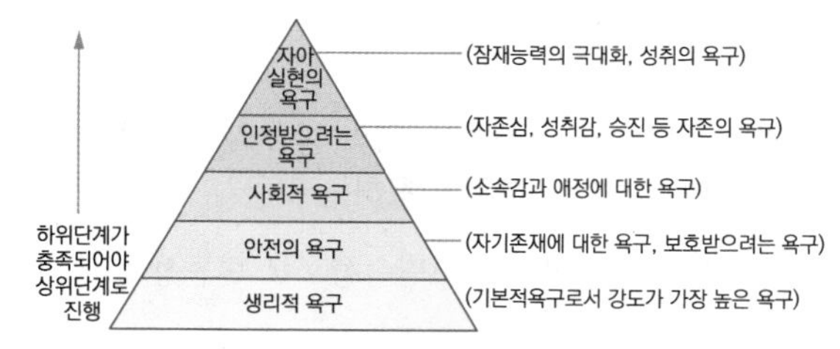

07

특성에 따른 안전교육의 3단계에 포함되지 않는 것은?

① 태도교육 ② 지식교육
③ 직무교육 ④ 기능교육

해설 **안전보건 교육의 단계별 교육과정**

① 제 1단계 : 지식교육
② 제 2단계 : 기능교육
③ 제 3단계 : 태도교육

08

안전지식교육 실시 4단계에서 지식을 실제의 상황에 맞추어 문제를 해결해 보고 그 수법을 이해시키는 단계로 옳은 것은?

① 도입 ② 제시 ③ 적용 ④ 확인

해설 **지식교육의 4단계**

단 계	구분	내 용
제1단계	도입	학습자의 동기부여 및 마음의 안정
제2단계	제시	강의순서대로 진행하며 설명. 교재를 통해 듣고 말하는 단계(확실한 이해)
제3단계	적용	지식을 실제상황에 맞추어 문제해결. 상호학습 및 토의 등으로 이해력 향상
제4단계	확인	잘못된 이해를 수정하고, 요점을 정리하여 복습

09

산업재해 손실액 산정 시 직접비가 2000만원일 때 하인리히 방식을 적용하면 총 손실액은?

① 2000만원 ② 8000만원
③ 1억원 ④ 1억 2000만원

해설 **하인리히의 재해 손실비용**

① 직접손실비용 : 간접손실비용=1 : 4 (1대4의 경험법칙)
② 재해손실비용 = 직접비 + 간접비 = 직접비 × 5
③ 2000만원 × 5 = 1억

정답 5③ 6② 7③ 8③ 9③

10

산업안전보건법령상 안전검사 대상 유해·위험기계의 종류에 포함되지 않는 것은?

① 전단기 ② 리프트
③ 곤돌라 ④ 교류아크용접기

해설 **안전검사 대상 유해·위험기계**

① 프레스
② 전단기
③ 크레인(정격하중 2톤 미만 제외)
④ 리프트
⑤ 압력용기
⑥ 곤돌라
⑦ 국소배기장치(이동식 제외)
⑧ 원심기(산업용만 해당)
⑨ 롤러기(밀폐형 구조제외)
⑩ 사출성형기[형 체결력 294킬로뉴튼(kN) 미만 제외]
⑪ 고소작업대(화물자동차 또는 특수자동차에 탑재한 것으로 한정)
⑫ 컨베이어
⑬ 산업용 로봇

11

기업 내 정형교육 중 대상으로 하는 계층이 한정되어 있지 않고, 한 번 훈련을 받은 관리자는 그 부하인 감독자에 대해 지도원이 될 수 있는 교육방법은?

① TWI(Training Within Industry)
② MTP(Management Training Program)
③ CCS(Civil Communication Section)
④ ATT(American Telephone & Telegram Co)

해설 **ATT(American Telephone & Telegram Co)**

① 교육대상자 : 대상계층이 한정되어 있지 않다.
② 훈련을 먼저 받은 자는 직급에 관계 없이 훈련을 받지 않은 자에 대해 지도원이 될 수 있다.

12

부하의 행동에 영향을 주는 리더십 중 조언, 설명, 보상조건 등의 제시를 통한 적극적인 방법은?

① 강요 ② 모범 ③ 제언 ④ 설득

해설

조언, 설명, 보상조건 등을 제시함으로 행동에 영향을 주는 리더십 방법은 설득에 해당된다.

13

사고예방대책의 기본원리 5단계 중 제4단계의 내용으로 틀린 것은?

① 인사조정 ② 작업분석
③ 기술의 개선 ④ 교육 및 훈련의 개선

해설 **4단계 시정책의 선정**

① 인사 및 배치조정 ② 기술적인 개선
③ 교육 및 훈련의 개선 ④ 안전행정의 개선
⑤ 규정 및 수칙의 개선 ⑥ 이행독려의 체제 강화

14

주의(Attention)의 특성 중 여러 종류의 자극을 받을 때 소수의 특정한 것에만 반응하는 것은?

① 선택성 ② 방향성 ③ 단속성 ④ 변동성

해설 **주의의 특성**

선택성	동시에 두 개 이상의 방향에 집중하지 못하고 소수의 특정한 것에 한하여 선택한다.
변동성	고도의 주의는 장시간 지속할 수 없고 주기적으로 부주의 리듬이 존재한다.
방향성	한 지점에 주의를 집중하면 주변 다른 곳의 주의는 약해진다.

정답 10 ④ 11 ④ 12 ④ 13 ② 14 ①

15

재해예방의 4원칙이 아닌 것은?

① 원인계기의 원칙 ② 예방가능의 원칙
③ 사실보존의 원칙 ④ 손실우연의 원칙

해설 **하인리히의 재해예방의 4원칙**

손실우연의 원칙	사고에 의해서 생기는 상해의 종류 및 정도는 우연적이라는 원칙
예방가능의 원칙	재해는 원칙적으로 예방이 가능하다는 원칙
원인계기의 원칙	재해의 발생은 직접원인으로만 일어나는 것이 아니라 간접원인이 연계되어 일어난다는 원칙
대책선정의 원칙	원인의 정확한 분석에 의해 가장 타당한 재해 예방 대책이 선정되어야 한다는 원칙

16

산업안전보건법령상 안전인증대상 기계·기구 등이 아닌 것은?

① 프레스 ② 전단기 ③ 롤러기 ④ 산업용 원심기

해설

산업용 원심기는 안전검사 대상 유해위험 기계에 해당되는 내용

17

적응기제(Adjustment Mechanism)의 도피적 행동인 고립에 해당하는 것은?

① 운동시합에서 진 선수가 컨디션이 좋지 않았다고 말한다.
② 키가 작은 사람이 키 큰 친구들과 같이 사진을 찍으려 하지 않는다.
③ 자녀가 없는 여교사가 아동교육에 전념하게 되었다.
④ 동생이 태어나자 형이 된 아이가 말을 더듬는다.

해설

① 합리화 ③ 승화 ④ 퇴행

18

조직이 리더에게 부여하는 권한으로 볼 수 없는 것은?

① 보상적 권한 ② 강압적 권한
③ 합법적 권한 ④ 위임된 권한

해설 **지도자에게 주어진 세력(권한)의 유형**

조직이 지도자에게 부여하는 세력	① 보상 세력(reward power) ② 강압 세력(Coercive Power) ③ 합법 세력(legitimate power)
지도자자신이 자신에게 부여하는 세력	① 준거 세력(Referent Power) ② 전문 세력(expert power)

19

안전교육 훈련기법에 있어 태도 개발 측면에서 가장 적합한 기본교육 훈련방식은?

① 실습방식 ② 제시방식
③ 참가방식 ④ 시뮬레이션방식

해설

지식형성 측면에서 가장 적합한 기본교육 훈련방식은 제시방식.

20

무재해운동의 추진기법 중 위험예지훈련의 4라운드 중 2라운드 진행방법에 해당하는 것은?

① 본질추구 ② 목표설정
③ 현상파악 ④ 대책수립

해설 **위험예지 훈련의 4라운드 진행법**

① 현상파악(사실을 파악한다.)
② 본질추구(요인을 찾아낸다.)
③ 대책수립(대책을 선정한다.)
④ 목표설정(행동계획을 정한다.)

정답 15 ③ 16 ④ 17 ② 18 ④ 19 ③ 20 ①

2과목 인간공학 및 위험성 평가관리

21

모든 시스템 안전 프로그램 중 최초 단계의 분석으로 시스템 내의 위험요소가 어떤 상태에 있는지를 정성적으로 평가하는 방법은?

① CA ② FHA ③ PHA ④ FMEA

해설 PHA

① PHA는 모든 시스템 안전 프로그램의 최초단계의 분석으로서 시스템내의 위험요소가 얼마나 위험한 상태에 있는가를 정성적으로 평가하는 것이다.
② PHA의 목적 : 시스템 개발 단계에 있어서 시스템 고유의 위험상태를 식별하고 예상되는 재해의 위험수준을 결정하는 것이다.

22

시스템의 성능 저하가 인원의 부상이나 시스템 전체에 중대한 손해를 입히지 않고 제어가 가능한 상태의 위험강도는?

① 범주 Ⅰ : 파국적 ② 범주 Ⅱ : 위기적
③ 범주 Ⅲ : 한계적 ④ 범주 Ⅳ : 무시

해설 위험성의 분류

범주 Ⅰ	파국적 (catastrophic : 대재앙)	인원의 사망 또는 중상, 또는 완전한 시스템 손실
범주 Ⅱ	위기적 (critical : 심각한)	인원의 상해 또는 중대한 시스템의 손상으로 인원이나 시스템 생존을 위해 즉시 시정조치 필요
범주 Ⅲ	한계적 (marginal : 경미한)	인원의 상해 또는 중대한 시스템의 손상 없이 배제 또는 제어 가능
범주 Ⅳ	무시 (negligible : 무시할만한)	인원의 손상이나 시스템의 손상은 초래하지 않는다.

23

결함수 분석법에서 일정 조합 안에 포함되는 기본사상들이 동시에 발생할 때 반드시 목표사상을 발생시키는 조합을 무엇이라 하는가?

① Cut set ② Decision tree
③ Path set ④ 불대수

해설 미니멀 컷셋

정상사상을 발생시키는 기본사상의 집합으로 그 안에 포함되는 모든 기본사상이 발생할 때 정상사상을 발생시킬 수 있는 기본사상의 집합을 컷셋이라 하며, 컷셋의 집합중에서 정상사상을 일으키기 위하여 필요한 최소한의 컷셋을 미니멀 컷셋이라 한다.

24

통제표시비(C/D비)를 설계할 때의 고려할 사항으로 가장 거리가 먼 것은?

① 공차 ② 운동성
③ 조작시간 ④ 계기의 크기

해설 통제표시비 설계시 고려사항

① 계기의 크기 ② 공차 ③ 목측거리
④ 조작시간 ⑤ 방향성

25

건구온도 38℃, 습구온도 32℃일 때의 Oxford 지수는 몇 ℃ 인가?

① 30.2 ② 32.9 ③ 35.3 ④ 37.1

해설 Oxford 지수

① 습건(WD) 지수라고도 부르며, 습구온도(W)와 건구온도(D)의 가중 평균치로 정의
② $WD = 0.85W + 0.15D = (0.85 \times 32) + (0.15 \times 38) = 32.9$

정답 21 ③ 22 ③ 23 ① 24 ② 25 ②

26

고장형태 및 영향분석 (FMEA: Failure Mode and Effect Analysis)에서 치명도 해석을 포함시킨 분석 방법으로 옳은 것은?

① CA ② ETA
③ FMETA ④ FMECA

해설 **FMECA**

FMEA를 실시한 결과 고장등급이 높은 고장모드가 시스템이나 기기의 고장에 어느정도로 기여하는가를 정량적으로 계산하고, 고장모드가 시스템이나 기기에 미치는 영향을 정량적으로 평가하는 방법(FMEA에다 치명도 해석을 포함시킨 것을 FMECA라고 한다.)

27

조종장치를 통한 인간의 통제 아래 기계가 동력원을 제공하는 시스템의 형태로 옳은 것은?

① 기계화 시스템 ② 수동 시스템
③ 자동화 시스템 ④ 컴퓨터 시스템

해설 **인간 기계 시스템의 유형**

수동 시스템	인간의 신체적인 힘을 동력원으로 사용하여 작업통제(동력원 및 제어 : 인간, 수공구나 기타 보조물로 구성) : 다양성 있는 체계로 역할 할 수 있는 능력을 최대한 활용하는 시스템
기계 시스템	① 반자동시스템, 변화가 적은 기능들을 수행하도록 설계(고도로 통합된 부품들로 구성되며 융통성이 없는 체계) ② 동력은 기계가 제공, 조정장치를 사용한 통제는 인간이 담당
자동 시스템	① 감지, 정보처리 및 의사결정 행동을 포함한 모든 임무 수행(완전하게 프로그램 되어야 함) ② 대부분 폐회로 체계이며, 신뢰성이 완전하지 못하여 감시, 프로그램 작성 및 수정 정비유지 등은 인간이 담당

28

일반적으로 인체에 가해지는 온·습도 및 기류 등의 외적 변수를 종합적으로 평가하는 데에는 "불쾌지수"라는 지표가 이용된다. 불쾌지수의 계산식이 다음과 같은 경우, 건구온도와 습구온도의 단위로 옳은 것은?

> 불쾌지수 = 0.72 × (건구온도 + 습구온도) + 40.6

① 실효온도 ② 화씨온도
③ 절대온도 ④ 섭씨온도

해설 **불쾌지수에 관련된 사항**

① 섭씨 = (건구온도 + 습구온도) × 0.72 + 40.6
② 화씨 = (건구온도 + 습구온도) × 0.4 + 15

29

음의 강약을 나타내는 기본 단위는?

① dB ② pont ③ hertz ④ diopter

해설

데시벨(dB) : 벨(bel)의 1/10이며, 음압수준을 나타내는 단위

30

FT도에 사용되는 논리기호 중 AND 게이트에 해당하는 것은?

① ② ③ ④

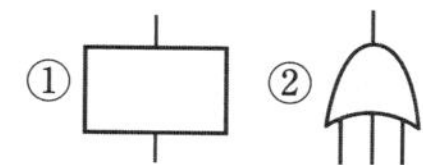
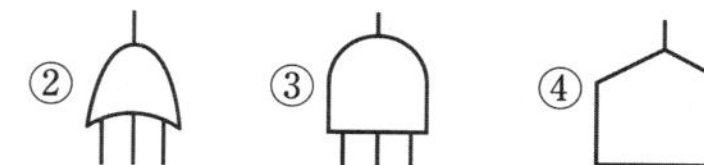
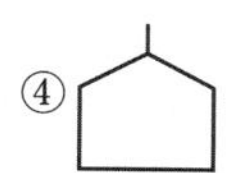

해설 **논리기호**

AND게이트	OR 게이트	결함사상	통상사상

정답 26 ④ 27 ① 28 ④ 29 ① 30 ③

31

반복되는 사건이 많이 있는 경우, FTA의 최소 컷셋과 관련이 없는 것은?

① Fussel Algorithm
② Boolean Algorithm
③ Monte Carlo Algorithm
④ Limnios & Ziani Algorithm

해설 **Monte Carlo Algorithm**

시뮬레이션 테크닉의 일종으로, 구하고자 하는 수치의 확률적 분포를 반복 가능한 실험의 통계로부터 구하는 방법

32

다음 중 설비보전관리에서 설비이력카드, MTBF분석표, 고장원인대책표와 관련이 깊은 관리는?

① 보전기록관리 ② 보전자재관리
③ 보전작업관리 ④ 예방보전관리

해설

신뢰성과 보전성 개선을 목적으로 한 효과적인 보전기록자료에는 MTBF분석표, 설비이력카드, 고장원인 대책표 등이 있다.

33

공간 배치의 원칙에 해당되지 않는 것은?

① 중요성의 원칙 ② 다양성의 원칙
③ 사용빈도의 원칙 ④ 기능별 배치의 원칙

해설 **부품배치의 원칙**

① 중요성의 원칙 ② 사용빈도의 원칙
③ 기능별 배치의 원칙 ④ 사용순서의 원칙

34

화학공장(석유화학사업장 등)에서 가동문제를 파악하는 데 널리 사용되며, 위험요소를 예측하고, 새로운 공정에 대한 가동문제를 예측하는 데 사용되는 위험성평가방법은?

① SHA ② EVP ③ CCFA ④ HAZOP

해설 **HAZOP 검토의 원리 및 개념**

① 5~7명의 각 분야별 전문가와 안전기사로 구성된 팀원들이 상상력을 동원하여 유인어(guide-word)로서 위험요소를 점검
② 설계의 각 부분의 완전성을 검토(test)하기 위해 만들어진 질문들이 설계의도로부터 설계가 벗어날 수 있는 모든 경우를 검토해 볼 수 있도록 하기 위한 것
③ 원하지 않는 결과를 초래할 수 있는 공정(화학공장)상의 문제여부를 확인하기 위해 체계적인 방법으로 공정이나 운전방법을 상세하게 검토해 보기 위하여 실시

35

다음은 1/100초 동안 발생한 3개의 음파를 나타낸 것이다. 음의 세기가 가장 큰 것과 가장 높은 음은 무엇인가?

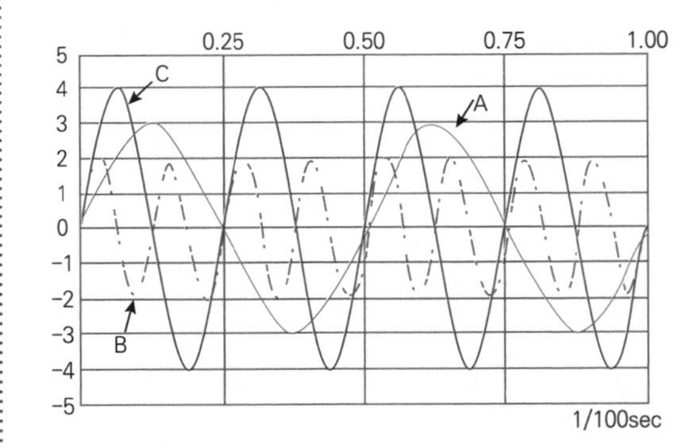

① 가장 큰 음의 세기 : A, 가장 높은 음 : B
② 가장 큰 음의 세기 : C, 가장 높은 음 : B
③ 가장 큰 음의 세기 : C, 가장 높은 음 : A
④ 가장 큰 음의 세기 : B, 가장 높은 음 : C

해설 **소리의 3요소**

① 소리의 높낮이(고저): 진동수가 클수록 고음이 난다.
② 소리의 세기(강약): 진동수가 같을 때, 진폭이 클수록 강하다.
③ 소리 맵시(음색): 음파의 모양(파형)에 따라 다르게 들린다.

정답 31 ③ 32 ① 33 ② 34 ④ 35 ②

36

인체계측 자료에서 주로 사용하는 변수가 아닌 것은?

① 평균 ② 5백분위수
③ 최빈값 ④ 95백분위수

해설 **인체 계측 자료의 응용 원칙**

① 극단적인 사람을 위한 설계(최대치수와 최소치수의 설정)
극단치 설계(인체 측정 특성의 극단에 속하는 사람을 대상으로 설계하면 거의 모든 사람을 수용가능)
② 조절 범위
장비나 설비의 설계에 있어 때로는 여러 사람이 사용 가능하도록 조절식으로 하는 것이 바람직한 경우도 있다.
③ 평균치를 기준으로 한 설계
특정 장비나 설비의 경우, 최대 집단치나 최소 집단치 또는 조절식으로 설계하기가 부적절하거나 불가능할 때

Tip
최빈값이란 자료분포중에서 가장 빈번하게 관측되는 자료값을 말한다.

37

다음 그림은 C/R비와 시간과의 관계를 나타낸 그림이다. ㉠~㉣에 들어갈 내용이 맞는 것은?

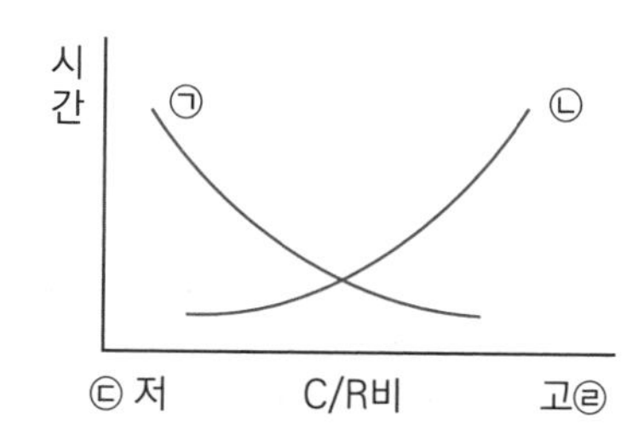

① ㉠이동시간 ㉡조정시간 ㉢민감 ㉣둔감
② ㉠이동시간 ㉡조정시간 ㉢둔감 ㉣민감
③ ㉠조정시간 ㉡이동시간 ㉢민감 ㉣둔감
④ ㉠조정시간 ㉡이동시간 ㉢둔감 ㉣민감

해설 **최적 C/D 비**

① 이동 동작과 조종 동작을 절충하는 동작이 수반
② 최적치는 두 곡선의 교점 부근
③ C/D비가 작을수록 이동시간은 짧고, 조종은 어려워서 민감한 조정장치이다.

38

어떤 작업자의 배기량을 측정하였더니, 10분간 200L이었고, 배기량을 분석한 결과 O_2 : 16%, CO_2 : 4%였다. 분당 산소 소비량은 약 얼마인가?

① 1.05 L/분 ② 2.05 L/분
③ 3.05 L/분 ④ 4.05 L/분

해설 **작업시 평균에너지 소비량**

① 분당배기량$=\frac{200}{10}=20$L이므로,
흡기량$(V1)=\frac{(100-16\%-4\%)}{79}\times 20=20.25$
② 산소소비량$=(0.21\times 20.25)-(0.16\times 20)=1.0525$

39

인간공학에 관련된 설명으로 틀린 것은?

① 편리성, 쾌적성, 효율성을 높일 수 있다.
② 사고를 방지하고 안전성과 능률성을 높일 수 있다.
③ 인간의 특성과 한계점을 고려하여 제품을 설계한다.
④ 생산성을 높이기 위해 인간을 작업 특성에 맞추는 것이다.

해설 **인간공학의 정의**

인간이 편리하게 사용할 수 있도록 기계 설비 및 환경을 인간에 맞추어 설계하는 과정을 인간공학이라 한다.(인간의 편리성을 위한 설계)

40

설비나 공법 등에서 나타날 위험에 대하여 정성적 또는 정량적인 평가를 행하고 그 평가에 따른 대책을 강구하는 것은?

① 설비보전 ② 동작분석
③ 안전계획 ④ 안전성 평가

해설 **안전성 평가**

자료의 정리 → 정성적 평가 → 정량적 평가 → 대책 수립 → 재평가

Tip
재평가를 재해정도에 의한 재평가와 FTA에 의한 재평가로 분류하여 6단계로 구분하기도 한다.

정답 36 ③ 37 ③ 38 ① 39 ④ 40 ④

3과목 기계·기구 및 설비 안전관리

41

작업장 내 운반을 주목적으로 하는 구내운반차가 준수해야 할 사항으로 옳지 않은 것은?

① 주행을 제동하거나 정지상태를 유지하기 위하여 유효한 제동장치를 갖출 것
② 경음기를 갖출 것
③ 작업을 안전하게 하기위하여 필요한 조명이 있는 장소에서 사용할 경우 반드시 전조등과 후미등을 갖출 것
④ 운전자석이 차 실내에 있는 것은 좌우에 한 개씩 방향지시기를 갖출 것

해설

전조등과 후미등을 갖출 것. 다만, 작업을 안전하게 하기 위하여 필요한 조명이 있는 장소에서 사용하는 구내운반차에 대해서는 그러하지 아니하다.

42

다음 중 연삭기를 이용한 작업을 할 경우 연삭숫돌을 교체한 후에는 얼마동안 시험운전을 하여야 하는가?

① 1분 이상 ② 3분 이상
③ 10분 이상 ④ 15분 이상

해설 **연삭숫돌의 안전기준**

① 덮개의 설치 기준 : 직경이 50mm 이상인 연삭숫돌
② 작업 시작하기 전 1분 이상, 연삭숫돌을 교체한 후 3분 이상 시운전

43

프레스기가 작동 후 작업점까지의 도달시간이 0.2초 걸렸다면, 양수기동식 방호장치의 설치거리는 최소 얼마인가?

① 3.2cm ② 32cm ③ 6.4cm ④ 64cm

해설 **양수기동식의 안전거리**

Dm(mm) = 1.6Tm(ms) = 1.6(0.2×1000) = 320mm = 32cm

44

대패기계용 덮개의 시험 방법에서 날접촉 예방장치인 덮개와 송급 테이블 면과의 간격기준은 몇 mm 이하여야 하는가?

① 3 ② 5 ③ 8 ④ 12

해설

날접촉 예방장치인 덮개와 송급테이블면과의 간격이 8mm 이하이어야 한다.

45

프레스 등의 금형을 부착·해체 또는 조정작업 중 슬라이드가 갑자기 작동하여 근로자에게 발생할 수 있는 위험을 방지하기 위하여 설치하는 것은?

① 방호 울 ② 안전블록
③ 시건장치 ④ 게이트 가드

해설

안전블록은 금형의 부착, 해체 및 조정작업시 슬라이드의 불시하강을 방지하기 위한 조치이다.

46

"가"와 "나"에 들어갈 내용으로 옳은 것은?

> 순간풍속이 (가)를 초과하는 경우에는 타워크레인의 설치, 수리, 점검 또는 해체작업을 중지하여야 하며, 순간풍속이 (나)를 초과하는 경우에는 타워크레인의 운전 작업을 중지하여야 한다.

① 가. 10 m/s, 나. 15 m/s
② 가. 10 m/s, 나. 25 m/s
③ 가. 20 m/s, 나. 35 m/s
④ 가. 20 m/s, 나. 45 m/s

해설 **강풍시 타워크레인의 작업제한**

① 순간풍속이 매초당 10미터 초과 : 타워크레인의 설치·수리·점검 또는 해체작업 중지
② 순간풍속이 매초당 15미터 초과 : 타워크레인의 운전작업 중지

정답 41 ③ 42 ② 43 ② 44 ③ 45 ② 46 ①

47

크레인 작업 시 300 kg의 질량을 10 m/s²의 가속도로 감아올릴 때 로프에 걸리는 총 하중은 약 몇 N인가? (단, 중력가속도는 9.81 m/s²로 한다.)

① 2943 ② 3000 ③ 5943 ④ 8886

해설 **와이어 로프에 걸리는 총하중 계산**

① 동하중$(W_2) = \frac{W_1}{g} \times a = \frac{300}{9.81} \times 10 = 305.81\text{kg}$

② 총하중(W) = 정하중(W_1) + 동하중(W_2)
$= 300 + 305.81 = 605.81$

③ $605.81\text{kgf} \times 9.81\text{m/s}^2 = 5942.99\text{N}$

48

롤러기의 급정지를 위한 방호장치를 설치하고자 한다. 앞면 롤러의 지름이 30cm이고, 회전수가 30rpm일 때 요구되는 급정지 거리의 기준은?

① 급정지 거리가 앞면 롤러 원주의 1/3 이상일 것
② 급정지 거리가 앞면 롤러 원주의 1/3 이내일 것
③ 급정지 거리가 앞면 롤러 원주의 1/2.5 이상일 것
④ 급정지 거리가 앞면 롤러 원주의 1/2.5 이내일 것

해설 **롤러의 급정지 거리**

① 표면속도(V) $= \frac{\pi \times 300 \times 30}{1,000} = 28.27\text{m/분}$

② 30 m/분 미만이므로 급정지거리는 앞면 롤러 원주의 1/3 이내에 해당된다.

49

프레스의 작업 시작 전 점검사항으로 거리가 먼 것은?

① 클러치 및 브레이크의 기능
② 금형 및 고정볼트 상태
③ 전단기(剪斷機)의 칼날 및 테이블의 상태
④ 언로드 밸브의 기능

해설 **프레스의 작업시작전 점검사항**

① 클러치 및 브레이크의 기능
② 크랭크축·플라이휠·슬라이드·연결봉 및 연결나사의 풀림유무
③ 1행정 1정지기구·급정지장치 및 비상정지장치의 기능
④ 슬라이드 또는 칼날에 의한 위험방지 기구의 기능
⑤ 프레스의 금형 및 고정볼트 상태
⑥ 방호장치의 기능
⑦ 전단기의 칼날 및 테이블의 상태

50

드릴 작업 시 올바른 작업안전수칙이 아닌 것은?

① 구멍을 뚫을 때 관통된 것을 확인하기 위해 손으로 만져서는 안 된다.
② 드릴을 끼운 후에 척 렌치(chuck wrench)를 부착한 상태에서 드릴 작업을 한다.
③ 작업모를 착용하고 옷소매가 긴 작업복은 입지 않는다.
④ 보호 안경을 쓰거나 안전덮개를 설치한다.

해설 **드릴 작업시 안전대책**

① 일감은 견고히 고정, 손으로 잡고 하는 작업금지
② 드릴 끼운 후 척 렌치는 반드시 빼둘 것
③ 장갑 착용 금지 및 칩은 브러시로 제거
④ 구멍 뚫기 작업시 손으로 관통확인 금지
⑤ 구멍이 관통된 후에는 기계정지후 손으로 돌려서 드릴을 뺄 것

정답 47 ③ 48 ② 49 ④ 50 ②

51

산업안전보건법령상 차량계 하역운반기계를 이용한 화물적재 시의 준수해야 할 사항으로 틀린 것은?

① 최대적재량의 10% 이상 초과하지 않도록 적재한다.
② 운전자의 시야를 가리지 않도록 적재한다.
③ 붕괴, 낙하 방지를 위해 화물에 로프를 거는 등 필요 조치를 한다.
④ 편하중이 생기지 않도록 적재한다.

해설 **차량계하역 운반기계의 화물적재시 조치**

① 하중이 한쪽으로 치우치지 않도록 적재할 것
② 구내운반차 또는 화물자동차의 경우 화물의 붕괴 또는 낙하에 의한 위험을 방지하기 위하여 화물에 로프를 거는 등 필요한 조치를 할 것
③ 운전자의 시야를 가리지 않도록 화물을 적재할 것

52

롤러기의 급정지장치 중 복부 조작식과 무릎 조작식의 조작부 위치 기준은? (단, 밑면과의 상대거리를 나타낸다.)

① 복부 조작식 : 0.5~0.7[m], 무릎 조작식 : 0.2~0.4[m]
② 복부 조작식 : 0.8~1.1[m], 무릎 조작식 : 0.4~0.6[m]
③ 복부 조작식 : 0.8~1.1[m], 무릎 조작식 : 0.6~0.8[m]
④ 복부 조작식 : 1.1~1.4[m], 무릎 조작식 : 0.8~1.0[m]

해설 **조작부의 종류별 설치위치**

조작부의 종류	설 치 위 치
손조작식	밑면에서 1.8m 이내
복부조작식	밑면에서 0.8m 이상 1.1m 이내
무릎조작식	밑면에서 0.4m 이상 0.6m 이내

53

양수조작식 방호장치에서 2개의 누름버튼 간의 거리는 300mm 이상으로 정하고 있는데 이 거리의 기준은?

① 2개의 누름버튼 간의 중심거리
② 2개의 누름버튼 간의 외측거리
③ 2개의 누름버튼 간의 내측거리
④ 2개의 누름버튼 간의 평균 이동거리

해설

양수조작식 방호장치는 각 누름버튼 상호 간 내측거리는 300 mm 이상이어야 한다.

54

다음 중 프레스에 사용되는 광전자식 방호장치의 일반 구조에 관한 설명으로 틀린 것은?

① 방호장치의 감지기능은 규정한 검출영역 전체에 걸쳐 유효하여야 한다.
② 슬라이드 하강 중 정전 또는 방호장치의 이상 시에는 1회 동작 후 정지할 수 있는 구조이어야 한다.
③ 정상동작표시램프는 녹색, 위험표시램프는 붉은색으로 하며, 쉽게 근로자가 볼 수 있는 곳에 설치해야 한다.
④ 방호장치의 정상작동 중에 감지가 이루어지거나 전원공급이 중단되는 경우 적어도 두 개 이상의 독립된 출력신호 개폐장치가 꺼진 상태로 돼야 한다.

해설 **광전자식 방호장치의 일반구조**

슬라이드 하강 중 정전 또는 방호장치의 이상 시에 정지할 수 있는 구조이어야 한다.

정답 51 ① 52 ② 53 ③ 54 ②

55

보일러수에 불순물이 많이 포함되어 있을 경우, 보일러수의 비등과 함께 수면부위에 거품을 형성하여 수위가 불안정하게 되는 현상은?

① 프라이밍(Priming)
② 포밍(Foaming)
③ 캐리오버(Carry over)
④ 워터해머(Water hammer)

해설 **포밍(Foaming)**

보일러수에 불순물이 많이 포함되었을 경우 보일러수의 비등과 함께 수면부위에 거품층이 형성되어 수위가 불안정하게 되는 현상

56

안전한 상태를 확보할 수 있도록 기계의 작동부분 상호간을 기계적, 전기적인 방법으로 연결하여 기계가 정상 작동을 하기 위한 모든 조건이 충족되어야지만 작동하며, 그 중 하나라도 충족이 되지 않으면 자동적으로 정지시키는 방호장치 형식은?

① 자동식 방호장치
② 가변식 방호장치
③ 고정식 방호장치
④ 인터록식 방호장치

해설 **인터록(Interlock) 장치**

기계식, 전기식, 유공압입식 또는 이들의 조합으로 2개 이상의 부분이 상호 구속되는 형태로, 가드가 완전히 닫히기 전에는 기계가 작동되어서는 안되며, 가드가 열리는 순간 기계의 작동은 반드시 정지되어야 한다.

57

다음 중 목재가공용 둥근톱에 설치해야 하는 분할날의 두께에 관한 설명으로 옳은 것은?

① 톱날 두께의 1.1배 이상이고, 톱날의 치진폭보다 커야 한다.
② 톱날 두께의 1.1배 이상이고, 톱날의 치진폭보다 작아야 한다.
③ 톱날 두께의 1.1배 이내이고, 톱날의 치진폭보다 커야 한다.
④ 톱날 두께의 1.1배 이내이고, 톱날의 치진폭보다 작아야 한다.

해설 **분할날의 설치기준**

① 분할 날의 두께는 둥근톱 두께의 1.1배 이상이어야 한다.
$1.1t_1 \leq t_2 < b$ (t_1 : 톱두께, t_2 : 분할날두께, b : 치진폭)
② 견고히 고정할 수 있으며 분할날과 톱날 원주면과의 거리는 12 mm 이내로 조정, 유지할 수 있어야 하고 표준 테이블면 상의 톱 뒷날의 2/3 이상을 덮도록 하여야 한다.

58

롤러기의 급정지장치를 작동시켰을 경우에 무부하 운전 시 앞면 롤러의 표면속도가 30m/min 미만일 때의 급정지 거리로 적합한 것은?

① 앞면 롤러 원주의 1/1.5 이내
② 앞면 롤러 원주의 1/2 이내
③ 앞면 롤러 원주의 1/2.5 이내
④ 앞면 롤러 원주의 1/3 이내

해설 **급정지 거리**

① 30m/분 미만 : 앞면 롤러 원주의 1/3 이내
② 30m/분 이상 : 앞면 롤러 원주의 1/2.5 이내

2023년 1회

정답 55 ② 56 ④ 57 ② 58 ④

59

산업용 로봇의 재해 발생에 대한 주된 원인이며, 본체의 외부에 조립되어 인간의 팔에 해당되는 기능을 하는 것은?

① 센서(sensor)
② 제어로직(control logic)
③ 제동장치(break system)
④ 머니퓰레이터(manipulator)

해설 **매니 퓰레이터(manipulator)**

사람의 팔에 해당하는 기능을 가진 것으로, 작업의 대상물을 이동시키는 것을 가리키며 각종 로봇에 공통되는 기본개념이다.

60

산업안전보건법령상 크레인의 직동식 권과 방지장치는 훅·버킷 등 달기구의 윗면이 드럼, 상부 도르래 등 권상장치의 아랫면과 접촉할 우려가 있을 때 그 간격이 얼마 이상이어야 하는가?

① 0.01 m 이상 ② 0.02 m 이상
③ 0.03 m 이상 ④ 0.05 m 이상

해설 **방호장치의 조정**

권과방지장치는 훅·버킷 등 달기구의 윗면[그 달기구에 권상용 도르래가 설치된 경우에는 권상용 도르래의 윗면]이 드럼·상부도르래·트롤리프레임 등 권상장치의 아랫면과 접촉할 우려가 있는 때에는 그 간격이 0.25미터 이상[직동식 권과방지장치는 0.05미터 이상]이 되도록 조정하여야 한다.

4과목 전기 및 화학설비 안전관리

61

최대안전틈새(MESG)의 특성을 적용한 방폭구조는?

① 내압 방폭구조 ② 유입 방폭구조
③ 안전증 방폭구조 ④ 압력 방폭구조

해설 **내압 방폭구조(d)**

① 용기내부에서 폭발성 가스 또는 증기가 폭발하였을 때 용기가 그 압력에 견디며 또한 접합면, 개구부 등을 통하여 외부의 폭발성 가스증기에 인화되지 않도록 한 구조
② 전폐형으로 내부에서의 가스등의 폭발압력에 견디고 그 주위의 폭발 분위기하의 가스등에 점화되지 않도록 하는 방폭구조
③ 폭발 후에는 최대안전틈새가 있어 고온의 가스를 서서히 방출시킴으로 냉각

62

내전압용절연장갑의 등급에 따른 최대사용전압이 올바르게 연결된 것은?

① 00 등급 : 직류 750 V ② 00 등급 : 교류 650 V
③ 0 등급 : 직류 1000 V ④ 0 등급 : 교류 800 V

해설 **내전압용 절연장갑의 등급 및 표시**

등 급	최대사용전압		등급별 색상
	교류 (V, 실효값)	직류(V)	
00	500	750	갈색
0	1,000	1,500	빨강색
1	7,500	11,250	흰색
2	17,000	25,500	노랑색
3	26,500	39,750	녹색
4	36,000	54,000	등색

정답 59 ④ 60 ④ 61 ① 62 ①

63

선간전압이 6.6kV인 충전전로 인근에서 유자격자가 작업하는 경우, 충전전로에 대한 최소 접근한계거리(cm)는? (단, 충전부에 절연 조치가 되어있지 않고, 작업자는 절연장갑을 착용하지 않았다.)

① 20　② 30　③ 50　④ 60

해설 **충전전로에서의 접근한계거리**

충전전로의 선간전압 (단위 : 킬로볼트)	충전전로에 대한 접근한계거리 (단위 : 센티미터)
0.3 이하	접촉금지
0.3 초과 0.75 이하	30
0.75 초과 2 이하	45
2 초과 15 이하	60
15 초과 37 이하	90
37 초과 88 이하	110
88 초과 121 이하	130
-이하생략-	-이하생략-

64

어떤 도체에 20초 동안에 100C의 전하량이 이동하면 이때 흐르는 전류(A)는?

① 200　② 50　③ 10　④ 5

해설 **전류 : 단위 [A]**

단위 시간[sec]동안 이동한 전하량[C]

$$I=\frac{Q}{t}[\mathrm{A}]=\frac{100}{20}=5[\mathrm{A}]$$

65

피뢰기가 반드시 가져야 할 성능 중 틀린 것은?

① 방전개시 전압이 높을 것
② 뇌전류 방전능력이 클 것
③ 속류 차단을 확실하게 할 수 있을 것
④ 반복 동작이 가능할 것

해설 **피뢰기의 구비성능**

① 충격방전개시전압과 제한전압이 낮을 것
② 반복동작이 가능할 것
③ 뇌전류의 방전능력이 크고 속류차단이 확실할 것
④ 점검, 보수가 간단할 것
⑤ 구조가 견고하며 특성이 변화하지 않을 것

66

접지극 매설방법으로 옳지 않은 것은?

① 접지극은 지표면으로부터 지하 0.75미터 이상으로 하되 동결깊이를 감안하여 매설깊이를 정해야 한다.
② 접지도체를 철주 기타의 금속체를 따라서 시설하는 경우에는 접지극을 철주의 밑면으로 부터 0.3미터 이상의 깊이에 매설하는 경우 이외에는 접지극을 지중에서 그 금속체로부터 1미터 이상 떼어 매설하여야 한다.
③ 접지극은 매설하는 토양을 오염시키지 않아야 한다.
④ 접지극은 가능한 건조한 부분에 설치하도록 한다.

해설

접지극은 매설하는 토양을 오염시키지 않아야 하며, 가능한 다습한 부분에 설치한다.

67

아크 용접 작업 시 감전재해 방지에 쓰이지 않는 것은?

① 보호면　② 절연장갑
③ 절연용접봉 홀더　④ 자동전격방지장치

해설 **아크 용접작업시 감전방지대책**

① 자동전격방지기 설치
② 용접봉 절연홀더를 규격품으로 사용
③ 아크에 견디는 적정 케이블 사용
④ 용접기 외함을 접지하고 누전차단기 설치
⑤ 절연장갑 착용 등

68

파이프 등에 유체가 흐를 때 발생하는 유동대전에 가장 큰 영향을 미치는 요인은?

① 유체의 이동거리　② 유체의 점도
③ 유체의 속도　④ 유체의 양

해설 **유동대전**

① 액체류를 파이프 등으로 수송할 때 액체류가 파이프 등과 접촉하여 두 물질의 경계에 전기 2중층이 형성되어 정전기가 발생
② 액체류의 유동속도가 정전기 발생에 큰 영향을 준다.

정답 63 ④ 64 ④ 65 ① 66 ④ 67 ① 68 ③

69

정전기 발생의 원인에 해당되지 않는 것은?

① 마찰 ② 냉장 ③ 박리 ④ 충돌

해설 정전기 발생현상

마찰대전	두 물질이 접촉과 분리과정이 반복되면서 마찰을 일으킬 때 전하분리가 생기면서 정전기가 발생
박리대전	상호 밀착해 있던 물체가 떨어지면서 전하 분리가 생겨 정전기가 발생
유동대전	액체류를 파이프 등으로 수송할 때 액체류가 파이프 등과 접촉하여 두 물질의 경계에 전기 2중층이 형성되어 정전기가 발생
분출대전	분체류, 액체류, 기체류가 단면적이 작은 개구부를 통해 분출할 때 분출물질과 개구부의 마찰로 인하여 정전기가 발생
충돌대전	분체류에 의한 입자끼리 또는 입자와 고정된 고체의 충돌, 접촉, 분리 등에 의해 정전기가 발생

70

충전전로의 선간전압이 121kV 초과 145kV 이하의 활선 작업시 충전전로에 대한 접근한계거리(cm) 는?

① 130 ② 150 ③ 170 ④ 230

해설 충전전로에서의 전기작업

충전전로의 선간전압 (단위 : 킬로볼트)	충전전로에 대한 접근한계거리 (단위 : 센티미터)
0.3 이하	접촉금지
0.3 초과 0.75 이하	30
0.75 초과 2 이하	45
2 초과 15 이하	60
15 초과 37 이하	90
37 초과 88 이하	110
88 초과 121 이하	130
121 초과 145 이하	150
145 초과 169 이하	170
169 초과 242 이하	230

71

다음 중 분진폭발의 가능성이 가장 낮은 물질은?

① 소맥분 ② 마그네슘
③ 질석가루 ④ 석탄

해설

팽창질석은 금속화재의 소화에 사용된다.

72

인화성 가스, 불활성 가스 및 산소를 사용하여 금속의 용접·용단 또는 가열작업을 하는 경우 가스 등의 누출 또는 방출로 인한 폭발·화재 또는 화상을 예방하기 위하여 준수해야 할 사항으로 옳지 않은 것은?

① 가스 등의 호스와 취관(吹管)은 손상·마모 등에 의하여 가스 등이 누출할 우려가 없는 것을 사용할 것
② 비상상황을 제외하고는 가스 등의 공급구의 밸브나 콕을 절대 잠그지 말 것
③ 용단작업을 하는 경우에는 취관으로부터 산소의 과잉 방출로 인한 화상을 예방하기 위하여 근로자가 조절 밸브를 서서히 조작하도록 주지시킬 것
④ 가스 등의 취관 및 호스의 상호 접촉부분은 호스밴드, 호스클립 등 조임기구를 사용하여 가스 등이 누출되지 않도록 할 것

해설

작업을 중단하거나 마치고 작업장소를 떠날 경우에는 가스등의 공급구의 밸브나 콕을 잠글 것

정답 69 ② 70 ② 71 ③ 72 ②

73

산업안전보건기준에 관한 규칙상 섭씨 몇 ℃ 이상인 상태에서 운전되는 설비는 특수화학설비에 해당하는가? (단, 규칙에서 정한 위험물질의 기준량 이상을 제조하거나 취급하는 설비인 경우이다.)

① 150℃　② 250℃　③ 350℃　④ 450℃

해설 **계측장치 설치 대상 특수화학설비**

① 발열반응이 일어나는 반응장치
② 증류·정류·증발·추출 등 분리를 행하는 장치
③ 가열시켜 주는 물질의 온도가 가열되는 위험물질의 분해온도 또는 발화점 보다 높은 상태에서 운전되는 설비
④ 반응폭주등 이상화학반응에 의하여 위험물질이 발생할 우려가 있는 설비
⑤ 온도가 섭씨 350°이상이거나 게이지압력이 980킬로파스칼 이상인 상태에서 운전되는 설비
⑥ 가열로 또는 가열기

74

점화원 없이 발화를 일으키는 최저온도를 무엇이라 하는가?

① 착화점　② 연소점　③ 용융점　④ 기화점

해설 **착화점의 정의**

외부에서의 직접적인 점화원 없이 열의 축적에 의하여 발화되는 최저의 온도

75

배관용 부품에 있어 사용되는 용도가 다른 것은?

① 엘보(elbow)　② 티이(T)
③ 크로스(cross)　④ 밸브(valve)

해설 **피팅류(Fittings)**

관로의 방향을 바꿀 때	엘보우(elbow), Y지관(Y-branch), 티(tee), 십자(cross)
유로를 차단할 때	플러그(plug), 캡(cap), 밸브(valve)
유량 조절	밸브(valve)

76

20℃, 1기압의 공기를 압축비 3으로 단열 압축하였을 때 온도는 약 몇 ℃가 되겠는가? (단, 공기의 비열비는 1.4이다.)

① 84　② 128　③ 182　④ 1091

해설 **단열압축이란**

외부와 열교환 없이 압력을 높게 하여 온도가 올라가는 현상

① $\frac{T_2}{293}=\left(\frac{3}{1}\right)^{\frac{1.4-1}{1.4}}$

② $T_2=401.04-273=128.04$℃

77

산업안전보건법령에서 정한 안전검사의 주기에 따르면 크레인은 사업장에 설치가 끝난 날부터 몇 년 이내에 최초 안전검사를 실시하여야 하는가?

① 1　② 2　③ 3　④ 4

해설 **안전검사의 주기**

크레인, 리프트 및 곤돌라	사업장에 설치가 끝난 날부터 3년 이내에 최초 안전검사를 실시하되, 그 이후부터 매 2년마다 (건설현장에서 사용하는 것은 최초로 설치한 날부터 매 6개월마다)
그 밖의 유해·위험기계 등	사업장에 설치가 끝난 날부터 3년 이내에 최초 안전검사를 실시하되, 그 이후부터 매 2년마다 (공정안전보고서를 제출하여 확인을 받은 압력용기는 4년마다)

정답 73 ③ 74 ① 75 ④ 76 ② 77 ③

78

여러 가지 성분의 액체 혼합물을 각 성분별로 분리하고자 할 때 비점의 차이를 이용하여 분리하는 화학설비를 무엇이라 하는가?

① 건조기 ② 반응기 ③ 진공관 ④ 증류탑

해설

증류탑은 액체혼합물을 끓는점(비점) 차이에 의해 분리하는 방법인 분별증류의 원리를 이용한 장치를 말한다.

79

프로판(C_3H_8) 가스의 공기 중 완전연소 조성농도는 약 몇 vol%인가?

① 2.02 ② 3.02 ③ 4.02 ④ 5.02

해설 **프로판의 화학양론 농도**

$$Cst=\frac{1}{1+4.773\left(n+\frac{m-f-2\lambda}{4}\right)}\times 100\%$$

$$\therefore \frac{1}{1+4.773\left(3+\frac{8}{4}\right)}\times 100=4.02\%$$

80

가스를 저장하는 가스용기의 색상이 틀린 것은?(단, 의료용 가스는 제외한다.)

① 암모니아 - 백색 ② 이산화탄소 - 황색
③ 산소 - 녹색 ④ 수소 - 주황색

해설

이산화탄소는 청색, 황색은 아세틸렌가스에 해당된다.

5과목 건설공사 안전관리

81

건설현장에서 계단을 설치하는 경우 계단의 높이가 최소 몇 미터 이상일 때 계단의 개방된 측면에 안전난간을 설치하여야 하는가?

① 0.8 m ② 1.0 m ③ 1.2 m ④ 1.5 m

해설 **계단의 안전**

계단 및 계단참의 강도	① 매제곱미터당 500킬로그램 이상의 하중에 견딜 수 있는 강도를 가진 구조로 설치 ② 안전율은 4 이상
계단의 폭	폭은 1미터 이상이며 손잡이 외 다른 물건 설치, 적재금지
계단참의 높이	높이가 3미터를 초과하는 계단에 높이 3미터 이내마다 진행방향으로 길이 1.2미터 이상의 계단참설치
천장의 높이	바닥면으로부터 높이 2미터 이내의 공간에 장애물 없을 것
계단의 난간	높이 1미터 이상인 계단의 개방된 측면에 안전난간 설치

82

안전보건관리비의 사용내역에 관한 다음 내용에서 ( )에 알맞은 것은?

> 도급인은 안전보건관리비 사용내역에 대하여 공사 시작 후 ( )마다 1회 이상 발주자 또는 감리자의 확인을 받아야 한다. 다만, ( ) 이내에 공사가 종료되는 경우에는 종료 시 확인을 받아야 한다.

① 1개월 ② 3개월 ③ 6개월 ④ 1년

해설

도급인은 안전보건관리비 사용내역에 대하여 공사 시작 후 6개월마다 1회 이상 발주자 또는 감리자의 확인을 받아야 한다. 다만, 6개월 이내에 공사가 종료되는 경우에는 종료 시 확인을 받아야 한다.

정답 78 ④ 79 ③ 80 ② 81 ② 82 ③

83

포화도 80%, 함수비 28%, 흙 입자의 비중 2.7일 때 공극비를 구하면?

① 0.940 ② 0.945 ③ 0.950 ④ 0.955

해설 **흙의 공극비**

공극비$(e)=\frac{w \cdot G_s}{s}=\frac{0.28\times 2.7}{0.8}=0.945$

[S : 포화도, e : 공극비, w : 함수비, G_s : 흙의 비중]

84

다음 터널 공법 중 전단면 기계 굴착에 의한 공법에 속하는 것은?

① ASSM(American Steel Supported Method)
② NATM(New Austrian Tunneling Method)
③ TBM(Tunnel Boring Machine)
④ 개착식 공법

해설 **TBM 공법**

종래의 발파공법과 달리 자동화된 TBM 으로 전단면을 동시에 굴착하고 뒤따라가면서 shotcrete를하여 원지반 의 변형을 최소화하는 기계굴착방식

85

크레인의 운전실을 통하는 통로의 끝과 건설물 등의 벽체와의 간격은 최대 얼마 이하로 하여야 하는가?

① 0.3m ② 0.4m ③ 0.5m ④ 0.6m

해설 **건설물 등의 벽체와 통로의 간격**

다음 각 호의 간격을 0.3미터 이하로 하여야 한다.(다만, 근로자가 추락할 위험이 없는 경우에는 그 간격을 0.3미터 이하로 유지하지 아니할 수 있다.)

① 크레인의 운전실 또는 운전대를 통하는 통로의 끝과 건설물 등의 벽체의 간격
② 크레인 거더(girder)의 통로 끝과 크레인 거더의 간격
③ 크레인 거더의 통로로 통하는 통로의 끝과 건설물 등의 벽체의 간격

86

철근콘크리트 공사 시 활용되는 거푸집의 필요조건이 아닌 것은?

① 콘크리트의 하중에 대해 뒤틀림이 없는 강도를 갖출 것
② 콘크리트 내 수분 등에 대한 물빠짐이 원활한 구조를 갖출 것
③ 최소한의 재료로 여러 번 사용할 수 있는 전용성을 가질 것
④ 거푸집은 조립·해체·운반이 용이하도록 할 것

해설 **거푸집의 필요조건**

① 가공용이, 치수정확
② 수밀성 확보, 내수성유지
③ 경제성, 전용성
④ 외력에 강하고, 청소, 보수용이 등

87

근로자가 추락하거나 넘어질 위험이 있는 장소에서 추락방호망의 설치 기준으로 옳지 않은 것은?

① 망의 처짐은 짧은 변 길이의 10% 이상이 되도록 할 것
② 추락방호망은 수평으로 설치할 것
③ 건축물 등의 바깥쪽으로 설치하는 경우 추락방호망의 내민 길이는 벽면으로부터 3m 이상 되도록 할 것
④ 추락방호망의 설치위치는 가능하면 작업면으로부터 가까운 지점에 설치하여야 하며, 작업면으로부터 망의 설치지점까지의 수직거리는 10m를 초과하지 아니할 것

해설 **추락방호망의 설치기준**

① 추락방호망의 설치위치는 가능하면 작업면으로부터 가까운 지점에 설치하여야 하며, 작업면으로부터 망의 설치지점까지의 수직거리는 10미터를 초과하지 아니할 것
② 추락방호망은 수평으로 설치하고, 망의 처짐은 짧은 변 길이의 12퍼센트 이상이 되도록 할 것
③ 건축물 등의 바깥쪽으로 설치하는 경우 망의 내민 길이는 벽면으로부터 3미터 이상 되도록 할 것

정답 83 ② 84 ③ 85 ① 86 ② 87 ①

88

공사현장에서 낙하물방지망 또는 방호선반을 설치할 때 설치높이 및 벽면으로부터 내민 길이 기준으로 옳은 것은?

① 설치높이 : 10m 이내마다, 내민 길이 2m 이상
② 설치높이 : 15m 이내마다, 내민 길이 2m 이상
③ 설치높이 : 10m 이내마다, 내민 길이 3m 이상
④ 설치높이 : 15m 이내마다, 내민 길이 3m 이상

해설 **낙하물방지망 또는 방호선반**

① 설치높이는 10m 이내마다 설치하고, 내민 길이는 벽면으로부터 2m 이상으로 할 것
② 수평면과의 각도는 20도 이상 30도 이하를 유지할 것

89

다음 중 유해·위험방지계획서 작성 및 제출대상에 해당되는 공사는?

① 지상높이가 20m인 건축물의 해체공사
② 깊이 9.5m인 굴착공사
③ 최대 지간거리가 50m인 교량건설공사
④ 저수용량 1천만톤인 용수전용 댐

해설 **유해위험 방지계획서를 제출해야 될 대상 건설업**

① 다음 각목의 어느하나에 해당하는 건축물 또는 시설 등의 건설, 개조 또는 해체공사
  ㉠ 지상 높이가 31미터 이상인 건축물 또는 인공구조물
  ㉡ 연면적 3만제곱미터 이상인 건축물
  ㉢ 연면적 5천제곱미터 이상인 시설로서 다음의 어느 하나에 해당하는 시설
    ㉮ 문화 및 집회시설　㉯ 판매시설, 운수시설
    ㉰ 종교시설　㉱ 의료시설 중 종합병원
    ㉲ 숙박시설 중 관광숙박시설　㉳ 지하도 상가
    ㉴ 냉동, 냉장 창고시설
② 최대 지간 길이가 50미터 이상인 다리의 건설 등 공사
③ 연면적 5천 제곱 미터 이상인 냉동, 냉장창고 시설의 설비공사 및 단열공사
④ 다목적댐, 발전용댐, 저수용량 2천만톤 이상의 용수전용댐 및 지방 상수도 전용댐의 건설 등 공사
⑤ 터널의 건설등 공사
⑥ 깊이 10미터 이상인 굴착 공사

90

굴착면 붕괴의 원인과 가장 거리가 먼 것은?

① 사면경사의 증가
② 성토 높이의 감소
③ 공사에 의한 진동하중의 증가
④ 굴착높이의 증가

해설 **토석붕괴의 원인**

외적 요인	내적 요인
① 사면·법면의 경사 및 기울기의 증가 ② 절토 및 성토 높이의 증가 ③ 진동 및 반복하중의 증가 ④ 지하수 침투에 의한 토사중량의 증가 ⑤ 구조물의 하중 증가	① 절토사면의 토질·암질 ② 성토사면의 토질 ③ 토석의 강도 저하

91

철골작업을 중지하여야 하는 풍속과 강우량 기준으로 옳은 것은?

① 풍속 10 m/sec 이상, 강우량 1 mm/h 이상
② 풍속 5 m/sec 이상, 강우량 1 mm/h 이상
③ 풍속 10 m/sec 이상, 강우량 2 mm/h 이상
④ 풍속 5 m/sec 이상, 강우량 2 mm/h 이상

해설 **철골작업 안전기준(작업의 제한)**

① 풍속 : 초당 10 m 이상인 경우
② 강우량 : 시간당 1 mm 이상인 경우
③ 강설량 : 시간당 1 cm 이상인 경우

정답 88 ① 89 ③ 90 ② 91 ①

92

굴착작업 시 근로자의 위험을 방지하기 위하여 해당 작업, 작업장에 대한 사전 조사를 실시하여야 하는데 이 사전 조사 항목에 포함되지 않는 것은?

① 지반의 지하수위 상태
② 형상·지질 및 지층의 상태
③ 굴착기의 이상 유무
④ 매설물 등의 유무 또는 상태

해설 굴착작업시 지반 조사사항

목적	지반붕괴 또는 매설물의 손괴로 위험 예상시 굴착시기 및 작업순서의 결정을 위하여 실시하는 사전조사
조사사항	① 형상·지질 및 지층의 상태 ② 균열·함수·용수 및 동결의 유무 또는 상태 ③ 매설물 등의 유무 또는 상태 ④ 지반의 지하수위 상태

93

발파공사 암질 변화구간 및 이상 암질 출현 시 적용하는 암질 판별방법과 거리가 먼 것은?

① RQD ② RMR 분류
③ 탄성파 속도 ④ 하중계(Load cell)

해설 발파시 암질 판별 기준

① R.Q.D(%) ② 탄성파속도(m/sec)
③ R.M.R ④ 일축압축강도(kgf/cm²)
⑤ 진동치속도(cm/sec)

94

화물을 적재하는 경우 준수하여야 할 사항으로 옳지 않은 것은?

① 침하 우려가 없는 튼튼한 기반 위에 적재할 것
② 화물의 압력 정도와 관계없이 건물의 벽이나 칸막이 등을 이용하여 화물을 기대어 적재할 것
③ 하중이 한쪽으로 치우치지 않도록 쌓을 것
④ 불안정할 정도로 높이 쌓아 올리지 말 것

해설 화물의 적재 시 준수사항

① 침하의 우려가 없는 튼튼한 기반 위에 적재할 것
② 건물의 칸막이나 벽 등이 화물의 압력에 견딜 만큼의 강도를 지니지 아니한 경우에는 칸막이나 벽에 기대어 적재하지 않도록 할 것
③ 불안정할 정도로 높이 쌓아 올리지 말 것
④ 하중이 한쪽으로 치우치지 않도록 쌓을 것

95

지반 종류에 따른 굴착면의 기울기 기준으로 옳지 않은 것은?

① 모래 - 1 : 1.8 ② 연암 - 1 : 0.5
③ 풍화암 - 1 : 1.0 ④ 그 밖의 흙 - 1 : 1.2

해설 굴착면의 기울기

지반의 종류	모래	연암 및 풍화암	경암	그 밖의 흙
굴착면의 기울기	1 :1.8	1 : 1.0	1 : 0.5	1 : 1.2

tip
2023년 법령개정. 문제와 해설은 개정된 내용 적용

정답 92 ③ 93 ④ 94 ② 95 ②

96

거푸집동바리 등을 조립하거나 해체하는 작업을 하는 경우 준수사항으로 옳지 않은 것은?

① 해당 작업을 하는 구역에는 관계 근로자가 아닌 사람의 출입을 금지할 것
② 비, 눈, 그 밖의 기상상태의 불안정으로 날씨가 몹시 나쁜 경우에는 그 작업을 중지할 것
③ 낙하·충격에 의한 돌발적 재해를 방지하기 위하여 버팀목을 설치하고 거추집동바리등을 인양장비에 매단 후에 작업을 하도록 하는 등 필요한 조치를 할 것
④ 재료, 기구 또는 공구 등을 올리거나 내리는 경우에는 근로자로 하여금 달줄·달포대 등의 사용을 금지하도록 할 것

해설

재료·기구 또는 공구 등을 올리거나 내릴 때에는 근로자로 하여금 달줄·달포대 등을 사용하여 안전하게 작업해야 한다.

97

크레인을 사용하여 작업을 하는 경우 준수해야 할 사항으로 옳지 않은 것은?

① 인양할 하물(荷物)을 바닥에서 끌어당기거나 밀어 정위치 작업을 할 것
② 유류드럼이나 가스통 등 운반 도중에 떨어져 폭발하거나 누출될 가능성이 있는 위험물용기는 보관함(또는 보관고)에 담아 안전하게 매달아 운반할 것
③ 미리 근로자의 출입을 통제하여 인양 중인 하물이 작업자의 머리 위로 통과하지 않도록 할 것
④ 인양할 하물이 보이지 아니하는 경우에는 어떠한 동작도 하지 아니할 것(신호하는 사람에 의하여 작업을 하는 경우는 제외한다.)

해설 크레인 작업시 조치 및 준수사항(문제의 보기 외에)

① 인양할 하물(荷物)을 바닥에서 끌어당기거나 밀어 작업하지 아니할 것
② 고정된 물체를 직접 분리·제거하는 작업을 하지 아니할 것

98

고소작업대가 갖추어야 할 설치조건으로 옳지 않은 것은?

① 작업대를 와이어로프 또는 체인으로 올리거나 내릴 경우에는 와이어로프 또는 체인이 끊어져 작업대가 떨어지지 아니하는 구조여야 하며, 와이어로프 또는 체인의 안전율은 3이상일 것
② 작업대를 유압에 의해 올리거나 내릴 경우에는 작업대를 일정한 위치에 유지할 수 있는 장치를 갖추고 압력의 이상저하를 방지할 수 있는 구조일 것
③ 작업대에 정격하중(안전율 5 이상)을 표시할 것
④ 작업대에 끼임·충돌 등 재해를 예방하기 위한 가드 또는 과상승방지장치를 설치할 것

해설 고소작업대 설치기준(문제의 보기외에)

① 와이어로프 또는 체인의 안전율은 5 이상일 것
② 권과방지장치를 갖추거나 압력의 이상상승을 방지할 수 있는 구조일 것
③ 붐의 최대 지면경사각을 초과 운전하여 전도되지 않도록 할 것
④ 조작반의 스위치는 눈으로 확인할 수 있도록 명칭 및 방향표시를 유지할 것

99

추락방지망의 방망 지지점은 최소 얼마 이상의 외력에 견딜 수 있는 강도를 보유하여야 하는가?

① 500 kg ② 600 kg ③ 700 kg ④ 800 kg

해설 지지점의 강도

① 600kg의 외력에 견딜 수 있는 강도 보유
② 연속적인 구조물이 방망 지지점인 경우
$F = 200B$
여기서, F : 외력(킬로그램), B : 지지점간격(미터)

정답 96 ④ 97 ① 98 ① 99 ②

100

아스팔트 포장도로의 노반의 파쇄 또는 토사 중에 있는 암석 제거에 가장 적당한 장비는?

① 스크레이퍼(Scraper)　② 롤러(Roller)
③ 리퍼(Ripper)　④ 드래그라인(Dragline)

해설 **리퍼도저(ripper dozer)**

후미에 ripper를 장착하여 연암, 풍화암, 포장도로의 노반 파쇄, 제거 및 압토작업 등에 사용한다.

정답 100 ③

2023년 5월 13일 ~ 6월 4일

산업안전산업기사 CBT 기출 복원문제

1과목 산업재해 예방 및 안전보건교육

01

기업 내 정형교육 중 TWI의 훈련내용이 아닌 것은?

① 작업방법훈련 ② 작업지도훈련
③ 사례연구훈련 ④ 인간관계훈련

해설 **TWI(Training with industry)**

① Job Method Training(J.M.T): 작업방법훈련(작업개선법)
② Job Instruction Training(J.I.T): 작업지도훈련(작업지도법)
③ Job Relations Training(J.R.T): 인간관계훈련(부하통솔법)
④ Job Safety Training(J.S.T): 작업안전훈련(안전관리법)

02

강의계획에 있어 학습목적의 3요소가 아닌 것은?

① 목표 ② 주제 ③ 학습 내용 ④ 학습 정도

해설 **학습목적의 3요소**

① 목표(학습목적의 핵심, 달성하려는 지표)
② 주제(목표달성을 위한 테마)
③ 학습정도(주제를 학습시킬 범위와 내용의 정도)

03

비통제의 집단행동 중 폭동과 같은 것을 말하며, 군중보다 합의성이 없고, 감정에 의해서만 행동하는 특성은?

① 패닉(Panic)
② 모브(Mob)
③ 모방(Imitation)
④ 심리적 전염(Mental Epidemic)

해설 **비통제의 집단행동**

① 군중(crowd) : 구성원사이에 지위나 역할의 분화가 없고, 구성원 각자는 책임감을 가지지 않고 비판력도 가지지 않는다.
② 모브(mob) : 폭동과 같은 것으로 군중보다 한층 합의성이 없고 감정에 의해서 행동한다.
③ 패닉(panic) : 이상적인 상황에서 모브가 공격적인데 대하여, 패닉은 방어적인 것이 특징이다.
④ 심리적 전염 : 유행과 비슷하면서 행동양식이 이상적이며 비합리성이 강한 것으로 어떤 사상이 상당한 기간을 걸쳐서 광범위하게 생각이나 비판없이 받아들여지는 것을 의미한다.

정답 1 ③ 2 ③ 3 ②

04

부주의의 발생원인과 그 대책이 옳게 연결된 것은?

① 의식의 우회 - 상담
② 소질적 조건 - 교육
③ 작업환경 조건 불량 - 작업순서 정비
④ 작업순서의 부적당 - 작업자 재배치

해설 **부주의의 원인 및 대책**

구분	원인	대책
외적 원인	① 작업, 환경조건 불량	환경정비
	② 작업 순서 부적당	작업순서조절
	③ 작업 강도	작업량, 시간, 속도 등의 조절
	④ 기상 조건	온도, 습도 등의 조절
내적 원인	① 소질적 요인	적성배치
	② 의식의 우회	상담
	③ 경험 부족 및 미숙련	교육
	④ 피로도	충분한 휴식
	⑤ 정서 불안정 등	심리적 안정 및 치료

05

산업안전보건법령상 안전검사 대상 유해・위험 기계 등이 아닌 것은?

① 곤돌라
② 이동식 국소 배기장치
③ 산업용 원심기
④ 건조설비 및 그 부속설비

해설 **안전검사 대상 유해·위험기계**

① 프레스
② 전단기
③ 크레인(정격하중 2톤 미만 제외)
④ 리프트
⑤ 압력용기
⑥ 곤돌라
⑦ 국소배기장치(이동식 제외)
⑧ 원심기(산업용만 해당)
⑨ 화학설비 및 그 부속설비
⑩ 건조설비 및 그 부속설비
⑪ 롤러기(밀폐형 구조제외)
⑫ 사출성형기[형 체결력 294킬로뉴튼(kN) 미만 제외]
⑬ 고소작업대(화물자동차 또는 특수자동차에 탑재한 것으로 한정)
⑭ 컨베이어
⑮ 산업용 로봇

06

착오의 요인 중 인지과정의 착오에 해당하지 않는 것은?

① 정서불안정
② 감각차단현상
③ 정보부족
④ 생리·심리적 능력의 한계

해설 **인지과정 착오**

① 생리적, 심리적 능력의 한계 (정보수용능력의 한계)	착시현상 등
② 정보량 저장의 한계	처리가능한 정보량 : 6bits/sec
③ 감각차단 현상(감성 차단)	정보량 부족으로 유사한 자극 반복 (계기비행, 단독비행 등)
④ 심리적 요인	정서불안정, 불안, 공포 등

07

산업안전보건법령상 안전·보건표지의 색채, 색도기준 및 용도 중 다음 ( ) 안에 들어갈 알맞은 것은?

색채	색도기준	용도	사용례
( )	5Y 8.5/12	경고	화학물질 취급 장소에서의 유해·위험 경고 이외의 위험 경고, 주의표지 또는 기계방호물

① 파란색 ② 노란색 ③ 빨간색 ④ 검은색

해설 **안전·보건표지의 색도기준 및 사용례**

색채	색도기준	용도	사용례
빨간색	7.5R 4/14	금지	정지신호, 소화설비 및 그 장소, 유해행위의 금지
		경고	화학물질 취급장소에서의 유해·위험 경고
노란색	5Y 8.5/12	경고	화학물질 취급장소에서의 유해·위험 경고 이외의 위험경고, 주의표지 또는 기계 방호물
파란색	2.5PB 4/10	지시	특정행위의 지시 및 사실의 고지
녹색	2.5G 4/10	안내	비상구 및 피난소, 사람 또는 차량의 통행표지

정답 4① 5② 6③ 7②

08

안전교육 훈련의 기법 중 하버드 학파의 5단계 교수법을 순서대로 나열한 것으로 옳은 것은?

① 총괄 → 연합 → 준비 → 교시 → 응용
② 준비 → 교시 → 연합 → 총괄 → 응용
③ 교시 → 준비 → 연합 → 응용 → 총괄
④ 응용 → 연합 → 교시 → 준비 → 총괄

해설 하버드 학파의 5단계 교수법

1단계	2단계	3단계	4단계	5단계
준비시킨다 preparation	교시한다 presentation	연합한다 association	총괄시킨다 generalization	응용시킨다 application

09

보호구 안전인증 고시에 따른 안전화의 정의 중 다음 ( ) 안에 들어갈 내용으로 알맞은 것은?

> 경작업용 안전화란 (㉠)[mm]의 낙하높이에서 시험했을 때 충격과 (㉡ ±0.1)[kN]의 압축하중에서 시험했을 때 압박에 대하여 보호해 줄 수 있는 선심을 부착하여, 착용자를 보호하기 위한 안전화를 말한다.

① ㉠ 500, ㉡ 10.0　② ㉠ 250, ㉡ 10.0
③ ㉠ 500, ㉡ 4.4　④ ㉠ 250, ㉡ 4.4

해설 안전화의 등급

작업 구분	내충격성 및 내압박성 시험방법
중작업용	1,000mm의 낙하높이, (15.0±0.1)kN의 압축하중 시험
보통작업용	500mm의 낙하높이, (10.0±0.1)kN의 압축하중 시험
경작업용	250mm의 낙하높이, (4.4±0.1)kN의 압축하중 시험

10

산업재해에 있어 인명이나 물적 등 일체의 피해가 없는 사고를 무엇이라고 하는가?

① Near Accident　② Good Accident
③ True Accident　④ Original Accident

해설 용어설명

① 재해(loss, injury) : 사고의 결과로 발생하는 인명의 상해나 재산상의 손실을 가져올 수 있는 계획되지 않거나 예상하지 못한 사건
② 앗차사고(무재해사고, near miss, near accident) : 인명상해나 물적손실 등 일체의 피해가 없는 사고

11

안전을 위한 동기부여로 틀린 것은?

① 기능을 숙달시킨다.
② 경쟁과 협동을 유도한다.
③ 상벌제도를 합리적으로 시행한다.
④ 안전목표를 명확히 설정하여 주지시킨다.

해설 동기부여(Motivation)방법

① 안전의 근본이념을 인식시킨다.
② 안전 목표를 명확히 설정한다.
③ 결과의 가치를 알려준다.
④ 상과 벌을 준다.
⑤ 경쟁과 협동을 유도한다.
⑥ 동기 유발의 최적수준을 유지하도록 한다.

12

재해예방의 4원칙에 해당하지 않는 것은?

① 예방 가능의 원칙　② 손실 우연의 원칙
③ 원인 계기의 원칙　④ 선취 해결의 원칙

해설 재해예방의 4원칙

① 손실우연의 원칙　② 예방가능의 원칙
③ 원인계기의 원칙　④ 대책선정의 원칙

정답 8 ② 9 ④ 10 ① 11 ① 12 ④

13

산업안전보건법상 직업병 유소견자가 발생하거나 다수 발생할 우려가 있는 경우에 실시하는 건강진단은?

① 특별 건강진단　② 일반 건강진단
③ 임시 건강진단　④ 채용시 건강진단

해설 **임시 건강진단**

다음에 해당하는 경우 특수건강진단대상유해인자 또는 그밖의 유해인자에 의한 중독 여부, 질병에 걸렸는지 여부 또는 질병의 발생원인 등을 확인하기 위하여 실시하는 진단

① 같은 부서에 근무하는 근로자 또는 같은 유해인자에 노출되는 근로자에게 유사한 질병의 자각 및 타각증상이 발생한 경우
② 직업병유소견자가 발생하거나 여러명이 발생할 우려가 있는 경우
③ 그밖에 지방노동관서의 장이 필요하다고 판단하는 경우

14

재해발생 형태별 분류 중 물건이 주체가 되어 사람이 상해를 입는 경우에 해당되는 것은?

① 추락　② 전도　③ 충돌　④ 낙하·비래

해설 **재해발생 형태별 분류**

① 추락 : 사람이 건축물, 비계, 기계, 사다리, 계단, 경사면, 나무 등에서 떨어지는 것
② 전도 : 사람이 평면상으로 넘어졌을 때를 말함(미끄러짐 포함)
③ 낙하·비례 : 물건이 주체가 되어 사람이 맞은 경우
④ 붕괴·도괴 : 적재물, 비계, 건축물이 무너진 경우
⑤ 협착 : 물건에 끼워진 상태·말려든 상태

15

위험예지훈련 중 TBM(Tool Box Meeting)에 관한 설명으로 틀린 것은?

① 작업 장소에서 원형의 형태를 만들어 실시한다.
② 통상 작업시작 전·후 10분 정도 시간으로 미팅한다.
③ 토의는 다수인(30인)이 함께 수행한다.
④ 근로자 모두가 말하고 스스로 생각하고 "이렇게 하자"라고 합의한 내용이 되어야 한다.

해설 **T.B.M(Tool Box Meeting)**

(1) 즉시 즉응법이라고도 하며 현장에서 그때그때 주어진 상황에 즉응하여 실시하는 위험예지활동으로 단시간 미팅훈련이다.
(2) 진행과정
　① 시기-조회, 오전, 정오, 오후, 작업교체 및 종료시에 시행한다.
　② 10분 정도의 시간으로 10명 이하의 소수인원으로 편성한다.(5~7인 최적인원)
　③ 주제를 정해두고 자료를 준비하는 등 리더는 사전에 진행과정에 대해 연구해둔다.

16

리더십(leadership)의 특성에 대한 설명으로 옳은 것은?

① 지휘형태는 민주적이다.
② 권한부여는 위에서 위임된다.
③ 구성원과의 관계는 지배적 구조이다.
④ 권한근거는 법적 또는 공식적으로 부여된다.

해설 **헤드십과 리더십의 구분**

구분	권한부여 및 행사	권한 근거	상관과 부하와의 관계 및 책임귀속	부하와의 사회적 간격	지휘 형태
헤드십	위에서 위임하여 임명. 임명된 헤드	법적 또는 공식적	지배적 상사	넓다	권위 주의적
리더십	아래로부터의 동의에 의한 선출. 선출된 리더	개인 능력	개인적인 영향 상사와 부하	좁다	민주 주의적

정답 13 ③　14 ④　15 ③　16 ①

17

연간 근로자수가 300명인 A 공장에서 지난 1년간 1명의 재해자(신체장해등급:1급)가 발생하였다면 이 공장의 강도율은? (단, 근로자 1인당 1일 8시간씩 연간 300일을 근무하였다.)

① 4.27 ② 6.42 ③ 10.05 ④ 10.42

해설 **강도율 분모에 연간총근로시간수로 수정**

$$강도율(S.R) = \frac{근로손실일수}{연근로시간수} \times 1,000$$

$$= \frac{7500}{300 \times 8 \times 300} \times 1,000 = 10.416$$

18

재해의 원인과 결과를 연계하여 상호 관계를 파악하기 위해 도표화하는 분석방법은?

① 관리도 ② 파레토도
③ 특성요인도 ④ 크로스분류도

해설 **특성요인도**

특성과 요인관계를 어골상으로 세분하여 연쇄관계를 나타내는 방법(원인요소와의 관계를 상호의 인과관계만으로 결부)

19

위험예지훈련 4라운드 기법의 진행방법에 있어 문제점 발견 및 중요 문제를 결정하는 단계는?

① 대책수립 단계 ② 현상파악 단계
③ 본질추구 단계 ④ 행동목표설정 단계

해설 **위험예지훈련 4라운드 진행법**

1R	현상파악 〈어떤 위험이 잠재하고 있는가?〉	잠재위험 요인과 현상발견(B.S실시)
2R	본질 추구 〈이것이 위험의 포인트이다!〉	가장 중요한 위험의 포인트 합의 결정 (1~2항목) 지적확인 및 제창
3R	대책 수립 〈당신이라면 어떻게 하겠는가?〉	본질 추구에서 선정된 항목의 구체적인 대책 수립
4R	목표설정 〈우리들은 이렇게 하자!〉	대책수립의 항목중 1~2가지 등 중점 실시 항목으로 합의 결정 팀의 행동목표 → 지적확인 및 제창

20

학습 성취에 직접적인 영향을 미치는 요인과 가장 거리가 먼 것은?

① 적성 ② 준비도 ③ 개인차 ④ 동기유발

해설

적성은 교육이나 훈련을 통해 변화되거나, 인위적으로 조절하기 힘든 요인으로 학습성취에 영향을 주는 직접적인 요인으로 볼수 없다.

정답 17 ④ 18 ③ 19 ③ 20 ①

2과목 인간공학 및 위험성 평가관리

21

휘도(luminance)가 10 cd/m²이고, 조도(illuminance)가 100 lx 일 때 반사율(reflectance) (%)는?

① 0.1π ② 10π ③ 100π ④ 1000π

해설

$$\text{반사율}(\%)=\frac{\text{광도}}{\text{조명}}=\frac{cd/m^2\times\pi}{lux}=\frac{10cd/m^2\times\pi}{100lux}=0.1\pi$$

22

사람의 감각기관 중 반응속도가 가장 느린 것은?

① 청각 ② 시각 ③ 미각 ④ 촉각

해설 **감각기관별 반응시간**

① 청각 : 0.17초 ② 촉각 : 0.18초 ③ 시각 : 0.20초
④ 미각 : 0.29초 ⑤ 통각 : 0.70초

23

한 사무실에서 타자기의 소리 때문에 말소리가 묻히는 현상을 무엇이라 하는가?

① dBA ② CAS
③ phone ④ masking

해설 **Masking(차폐) 효과**

음의 한 성분이 다른 성분에 대한 귀의 감수성을 감소시키는 상황으로 한쪽음의 강도가 약할 때 강한음에 가로막혀 들리지 않게 되는 현상

24

1에서 15까지 수의 집합에서 무작위로 선택할 때, 어떤 숫자가 나올지 알려주는 경우의 정보량은 몇 bit인가?

① 2.91 bit ② 3.91 bit
③ 4.51 bit ④ 4.91 bit

해설 **정보량**

정보량(bit) $H=\log_2 15=3.907\text{bit}$

25

어떤 전자기기의 수명은 지수분포를 따르며, 그 평균수명이 1000시간 이라고 할 때, 500시간 동안 고장 없이 작동할 확률은 약 얼마인가?

① 0.1353 ② 0.3935
③ 0.6065 ④ 0.8647

해설 **고장확률 밀도함수와 고장율 함수**

$$R(t)=e^{-\lambda t}=e^{-\left(\frac{1}{MTBF}\right)^t}=e^{-\left(\frac{1}{1000}\right)\times 500}=0.6065$$

26

FTA에서 어떤 고장이나 실수를 일으키지 않으면 정상사상(Top event)은 일어나지 않는다고 하는 것으로 시스템의 신뢰성을 표시하는 것은?

① Cut set ② Minimal cut set
③ Free event ④ Minimal path set

해설 **패스셋과 미니멀 패스셋**

① 그 안에 포함되는 모든 기본사상이 일어나지 않을 때 처음으로 정상사상이 일어나지 않는 기본사상의 집합인 패스셋에서 필요 최소한의 것을 미니멀 패스셋이라 한다(시스템의 신뢰성을 나타냄)
② 패스셋은 정상사상이 발생하지 않는 즉, 시스템이 고장나지 않는 사상의 집합이다.

정답 21 ① 22 ③ 23 ④ 24 ② 25 ③ 26 ④

27

반경 10[cm]인 조종구(ball control)를 30[°] 움직였을 때, 표시장치가 2[cm] 이동하였다면 통제표시비(C/R비)는 약 얼마인가?

① 1.3 ② 2.6 ③ 5.2 ④ 7.8

해설 **통제 표시비(조종-반응 비율)**

$$C/D\text{비} = \frac{(30/360)\times 2\pi \times 10}{2} = 2.618$$

28

결함수 분석법에서 일정 조합 안에 포함되어 있는 기본사상들이 모두 발생하지 않으면 틀림없이 정상사상(top event)이 발생되지 않는 조합을 무엇이라고 하는가?

① 컷셋(cut set)
② 패스셋(path set)
③ 결함수셋(fault tree set)
④ 부울대수(boolean algebra)

해설 **패스셋과 미니멀 패스셋**

그 안에 포함되는 모든 기본사상이 일어나지 않을 때 처음으로 정상사상이 일어나지 않는 기본사상의 집합인 패스셋에서 필요 최소한의 것을 미니멀 패스셋이라 한다.(시스템의 신뢰성을 나타냄)

29

인간의 눈에서 빛이 가장 먼저 접촉하는 부분은?

① 각막 ② 망막 ③ 초자체 ④ 수정체

해설 **눈의 구조 및 기능**

각막	최초로 빛이 통과하는 곳, 눈을 보호
홍채	동공의 크기를 조절해 빛의 양 조절
모양체	수정체의 두께를 변화시켜 원근 조절

30

FT도에 사용되는 기호 중 "전이기호"를 나타내는 기호는?

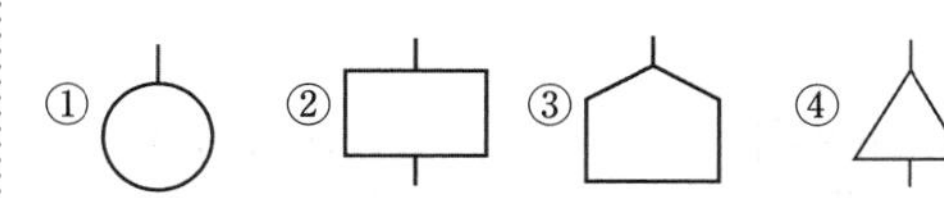

해설 **전이기호**

기호	명칭	설명
(IN)	이행(전이) 기호	FT도상에서 다른 부분에의 이행 또는 연결을 나타냄. 삼각형 정상의 선은 정보의 전입 루-트를 뜻한다.
(OUT)	이행(전이) 기호	위와 같다. 삼각형의 옆선은 정보의 전출을 뜻한다.

31

다음 FTA 그림에서 a, b, c의 부품고장률이 각각 0.01일 때, 최소 컷셋(minimal cut sets)과 신뢰도로 옳은 것은?

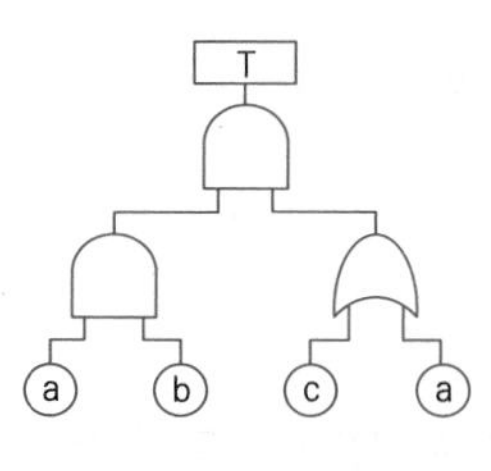

① {a, b}, R(t) = 99.99%
② {a, b, c}, R(t) = 98.99%
③ {a, c} {a, b}, R(t) = 96.99%
④ {a, c} {a, b, c}, R(t) = 96.99%

해설 **최소 컷셋과 신뢰도**

(1) FT도에서 최소 컷셋을 구하면,

T → (a, b, c) (a, b, a) → (a, b)

(2) T의 발생확률 T = (0.01×0.01) = 0.0001
(3) 시스템의 신뢰도는 1 − 0.0001 = 0.9999 = 99.99%

정답 27 ② 28 ② 29 ① 30 ④ 31 ①

32

화학설비의 안전성 평가 과정에서 제 3단계인 정량적 평가 항목에 해당되는 것은?

① 목록 ② 공정계통도
③ 화학설비용량 ④ 건조물의 도면

해설 **정량적 평가 항목**

① 각 구성요소의 물질 ② 화학설비의 용량
③ 온도 ④ 압력 ⑤ 조작

33

신뢰성과 보전성을 효과적으로 개선하기 위해 작성하는 보전기록 자료로서 가정 거리가 먼 것은?

① 자재관리표 ② MTBF 분석표
③ 설비이력카드 ④ 고장원인대책표

해설

MTBF분석표, 설비이력카드, 고장원인 대책표 등이 있다.

34

체내에서 유기물을 합성하거나 분해하는 데는 반드시 에너지의 전환이 뒤따른다. 이것을 무엇이라 하는가?

① 에너지 변환 ② 에너지 합성
③ 에너지 대사 ④ 에너지 소비

해설 **에너지 대사**

체내에서 유기물을 합성하거나 분해하기 위해서는 반드시 에너지의 전환이 필요한데 이것을 에너지 대사라 하며, 생물체내에서 일어나고 있는 에너지의 방출, 전환, 저장 및 이용의 모든 과정을 말한다.

35

일반적인 수공구의 설계원칙으로 볼 수 없는 것은?

① 손목을 곧게 유지한다.
② 반복적인 손가락 동작을 피한다.
③ 사용이 용이한 검지만 주로 사용한다.
④ 손잡이는 접촉면적을 가능하면 크게 한다.

해설 **수공구 설계원칙**

① 손목을 곧게 펼 수 있도록 : 손목이 팔과 일직선일 때 가장 이상적
② 손가락으로 지나친 반복동작을 하지 않도록 : 검지의 지나친 사용은·방아쇠 손가락·증세 유발
③ 손바닥면에 압력이 가해지지 않도록(접촉면적을 크게) : 신경과 혈관에 장애(무감각증, 떨림현상)

36

한국산업표준상 결함 나무 분석(FTA) 시 다음과 같이 사용되는 사상기호가 나타내는 사상은?

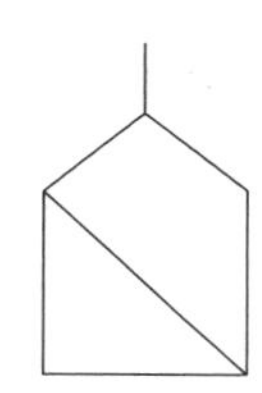

① 공사상
② 기본사상
③ 통상사상
④ 심층분석사상

해설 **사상기호**

① 통상사상 : 확실히 발생하였거나, 발생할 사상
② 공사상(zero event) : 발생할 수 없는 사상

정답 32 ③ 33 ① 34 ③ 35 ③ 36 ①

37

다음 중 육체적 활동에 대한 생리학적 측정방법과 가장 거리가 먼 것은?

① EMG　② EEG
③ 심박수　④ 에너지소비량

해설 **뇌전도(EEG;Electroencephalogram)**

뇌의 전기적인 활동을 머리 표면에 부착한 전극에 의해 측정한 전기신호로 뇌파신호의 주파수 성분을 분석하여 뇌종양, 뇌혈관장애, 두부외상을 동반한 중추신경계의 기능상태를 알 수 있다.

38

산업안전보건법령상 정밀작업 시 갖추어져야 할 작업면의 조도 기준은? (단, 갱내 작업장과 감광재료를 취급하는 작업장은 제외한다.)

① 75럭스 이상　② 150럭스 이상
③ 300럭스 이상　④ 750럭스 이상

해설 **작업장의 조도기준**

초정밀 작업	정밀 작업	보통 작업	그 밖의 작업
750 럭스 이상	300 럭스 이상	150 럭스 이상	75 럭스 이상

39

신뢰도가 0.4인 부품 5개가 병렬결합 모델로 구성된 제품이 있을 때 이 제품의 신뢰도는?

① 0.90　② 0.91　③ 0.92　④ 0.93

해설 **신뢰도(병렬연결)**

$R=1-(1-0.4)5=0.922$

40

조작자 한 사람의 신뢰도가 0.9일 때 요원을 중복하여 2인 1조가 되어 작업을 진행하는 공정이 있다. 작업 기간 중 항상 요원 지원을 한다면 이 조의 인간 신뢰도는?

① 0.93　② 0.94　③ 0.96　④ 0.99

해설 **신뢰도**

인간신뢰도 = 1 − (1 − 0.9)(1 − 0.9) = 0.99

정답 37 ② 38 ③ 39 ③ 40 ④

3과목 기계·기구 및 설비 안전관리

41

산업안전보건법령상 양중기에 사용하지 않아야 하는 달기체인의 기준으로 틀린 것은?

① 변형이 심한 것
② 균열이 있는 것
③ 길이의 증가가 제조시보다 3%를 초과한 것
④ 링의 단면지름의 감소가 제조시 링 지름의 10%를 초과한 것

해설 **달기체인의 사용제한**

① 달기체인의 길이가 달기체인이 제조된 때의 길이의 5퍼센트를 초과한 것
② 링의 단면지름이 달기체인이 제조된 때의 해당 링의 지름의 10퍼센트를 초과하여 감소한 것
③ 균열이 있거나 심하게 변형된 것

42

아세틸렌 용접장치의 안전기준과 관련하여 다음 빈칸에 들어갈 용어로 옳은 것은?

> 사업주는 가스용기가 발생기와 분리되어 있는 아세틸렌 용접장치에 대하여는 발생기와 가스용기 사이에(　)을(를) 설치하여야 한다.

① 격납실　② 안전기
③ 안전밸브　④ 소화설비

해설 **아세틸렌 용접장치 안전기 설치방법**

① 취관 마다 안전기설치
② 주관 및 취관에 가장 가까운 분기관 마다 안전기부착
③ 가스용기가 발생기와 분리되어 있는 아세틸렌 용접장치는 발생기와 가스용기 사이(흡입관)에 안전기 설치

43

기계설비의 안전조건 중 외관의 안전화에 해당되지 않는 것은?

① 오동작 방지 회로 적용　② 안전색채 조절
③ 덮개의 설치　④ 구획된 장소에 격리

해설 **외관상의 안전화**

① 가드 설치(기계 외형 부분 및 회전체 돌출 부분)
② 별실 또는 구획된 장소에 격리(원동기 및 동력 전도 장치)
③ 안전 색채 조절(기계 장비 및 부수되는 배관)

44

산업용 로봇 작업 시 안전조치 방법이 아닌 것은?

① 높이 1.8m 이상의 방책을 설치한다.
② 로봇의 조작방법 및 순서의 지침에 따라 작업한다.
③ 로봇 작업 중 이상상황의 대처를 위해 근로자 이외에도 로봇의 기동스위치를 조작할 수 있도록 한다.
④ 2인 이상의 근로자에게 작업을 시킬 때는 신호 방법의 지침을 정하고 그 지침에 따라 작업한다.

해설 **산업용로봇의 운전중 위험 방지 조치**

① 안전매트 및 높이 1.8미터 이상의 방책 설치
② 작업에 종사하고 있는 근로자 또는 그 근로자를 감시하는 사람은 이상을 발견하면 즉시 로봇의 운전을 정지시키기 위한 조치를 할 것
③ 작업을 하고 있는 동안 로봇의 기동스위치 등에 작업중이라는 표시를 하는 등 작업에 종사하고 있는 근로자가 아닌 사람이 그 스위치 등을 조작할 수 없도록 필요한 조치를 할 것

45

다음 중 연삭기의 종류가 아닌 것은?

① 다두 연삭기　② 원통 연삭기
③ 센터리스 연삭기　④ 만능 연삭기

해설 **연삭기의 종류**

① 탁상용 연삭기　② 휴대용 연삭기　③ 원통형 연삭기
④ 절단 및 평면 연삭기　⑤ 센트리스 연삭기　⑥ 만능 연삭기 등

정답 41 ③ 42 ② 43 ① 44 ③ 45 ①

46

연삭숫돌의 덮개 재료 선정 시 최고속도에 따라 허용되는 덮개 두께가 달라지는데, 동일한 최고속도에서 가장 얇은 판을 쓸 수 있는 덮개의 재료로 다음 중 가장 적절한 것은?

① 회주철　② 압연강판
③ 가단주철　④ 탄소강주강품

해설 **연삭숫돌의 덮개재료**

① 회주철은 압연강판 두께의 값에 4를 곱한 값 이상
② 가단주철은 압연강판 두께의 값에 2를 곱한 값 이상
③ 탄소강주강품은 압연강판 두께에 1.6을 곱한 값 이상

47

프레스의 양수조작식 방호장치에서 누름버튼의 상호 간 내측거리는 몇 [mm] 이상이어야 하는가?

① 200　② 300　③ 400　④ 500

해설

누름버튼의 상호간 내측거리는 300 mm 이상이어야 하며, 누름버튼을 양손으로 동시에 조작하지 않으면 작동시킬 수 없는 구조이어야 한다.

48

와이어로프의 절단하중이 11,160[N]이고, 한줄로 물건을 매달고자 할 때 안전계수를 6으로 하면 몇 [N] 이하의 물건을 매달 수 있는가?

① 1,860　② 3,720　③ 5,580　④ 66,960

해설 **와이어로프의 안전하중**

① $\text{안전계수} = \dfrac{\text{파단하중}}{\text{안전하중}}$

② $\text{안전하중} = \dfrac{11,160}{6} = 1,860[\text{N}]$

49

지게차의 헤드가드가 갖추어야 할 조건에 대한 설명으로 틀린 것은?

① 강도는 지게차 최대하중의 2배 값(4톤을 넘는 값에 대해서는 4톤으로 한다.)의 등분포정하중에 견딜 수 있을 것
② 상부틀의 각 개구의 폭 또는 길이가 26[cm] 미만일 것
③ 운전자가 앉아서 조작하는 방식인 지게차는 운전자 좌석의 윗면에서 헤드가드의 상부틀의 아랫면까지의 높이가 1[m] 이상일 것
④ 운전자가 서서 조작하는 방식인 지게차는 운전석의 바닥면에서 헤드가드 상부틀의 하면까지의 높이가 2[m] 이상일 것

해설

지게차의 헤드가드 설치기준에서 상부틀의 각 개구의 폭 또는 길이는 16cm 미만일 것

50

작업자의 신체 움직임을 감지하여 프레스의 작동을 급정지시키는 광전자식 안전장치를 부착한 프레스가 있다. 안전거리가 32[cm]라면 급정지에 소요되는 시간은 최대 몇 초 이내이어야 하는가? (단, 급정지에 소요되는 시간은 손이 광선을 차단한 순간부터 급정지기구가 작동하여 하강하는 슬라이드가 정지할 때까지의 시간을 의미한다.)

① 0.1초　② 0.2초　③ 0.5초　④ 1초

해설 **광전자식 안전장치의 안전거리**

① 안전거리(mm) = 1600 × 급정지 소요시간(초)
② 320mm = 1600 × 급정지소요시간

③ $\text{급정지소요시간} = \dfrac{320}{1600} = 0.2(\text{초})$

정답 46 ② 47 ② 48 ① 49 ② 50 ②

51

다음 중 기계설비에 의해 형성되는 위험점이 아닌 것은?

① 회전 말림점 ② 접선 분리점
③ 협착점 ④ 끼임점

해설 기계 설비에 의해 형성되는 위험점

협착점	왕복 운동하는 운동부와 고정부 사이에 형성 (작업점이라 부르기도 함)
끼임점	고정부분과 회전 또는 직선운동부분에 의해 형성
절단점	회전운동부분 자체와 운동하는 기계 자체에 의해 형성
물림점	회전하는 두 개의 회전축에 의해 형성 (회전체가 서로 반대방향으로 회전하는 경우)
접선 물림점	회전하는 부분이 접선방향으로 물려 들어가면서 형성
회전 말림점	회전체의 불규칙 부위와 돌기 회전 부위에 의해 형성

52

안전계수 5인 로프의 절단하중이 4000N이라면 이 로프는 몇 N 이하의 하중을 매달아야 하는가?

① 500 ② 800 ③ 1000 ④ 1600

해설 와이어로프의 안전율

① 안전율(S)$=\dfrac{\text{로프의 파단하중}}{\text{최대사용하중}}=5$

② 최대사용하중$=\dfrac{4,000}{5}=800$

53

프레스의 방호장치 중 확동식 클러치가 적용된 프레스에 한해서만 적용 가능한 방호장치로만 나열된 것은? (단, 방호장치는 한 가지 종류만 사용한다고 가정한다.)

① 광전자식, 수인식
② 양수조작식, 손쳐내기식
③ 광전자식, 양수조작식
④ 손쳐내기식, 수인식

해설 손쳐내기식, 수인식

① 확동식 클러치를 갖는 크랭크 프레스기에 적합
② SPM 100 이하 프레스에 사용가능

54

선반 작업에 대한 안전수칙으로 틀린 것은?

① 척 핸들은 항상 척에 끼워 둔다.
② 베드 위에 공구를 올려놓지 않아야 한다.
③ 바이트를 교환할 때는 기계를 정지시키고 한다.
④ 일감의 길이가 외경과 비교하여 매우 길 때는 방진구를 사용한다.

해설 선반 작업시 안전기준

① 가공물 조립시 반드시 스위치 차단 후 바이트 충분히 연 다음 실시
② 가공물장착 후에는 척 렌치를 바로 벗겨 놓는다.
③ 무게가 편중된 가공물은 균형추 부착
④ 바이트 설치는 반드시 기계 정지 후 실시
⑤ 바이트는 짧게 장치하고 일감의 길이가 직경의 12배 이상일 때 방진구 사용

55

컨베이어 역전방지장치의 형식 중 전기식 장치에 해당하는 것은?

① 라쳇 브레이크 ② 밴드 브레이크
③ 롤러 브레이크 ④ 슬러스트 브레이크

해설 역전 방지장치 및 브레이크

① 기계적인 것 : 라쳇식, 롤러식, 밴드식, 웜기어 등
② 전기적인 것 : 전기브레이크, 슬러스트브레이크 등

56

프레스의 방호장치에 해당되지 않는 것은?

① 가드식 방호장치 ② 수인식 방호장치
③ 롤 피드식 방호장치 ④ 손쳐내기식 방호장치

해설 프레스의 방호장치

① 게이트가드식 ② 양수조작식
③ 손쳐내기식 ④ 수인식
⑤ 광전자식(감응식)

정답 51 ② 52 ② 53 ④ 54 ① 55 ④ 56 ③

57

다음 중 선반 작업 시 준수하여야 하는 안전사항으로 틀린 것은?

① 작업 중 면장갑 착용을 금한다.
② 작업 시 공구는 항상 정리해 둔다.
③ 운전 중에 백기어를 사용한다.
④ 주유 및 청소를 할 때에는 반드시 기계를 정지시키고 한다.

해설 **선반 작업시 유의사항**

① 바이트는 짧게 장치하고 일감의 길이가 직경의 12배 이상일 때 방진구 사용
② 절삭 칩 제거는 반드시 브러시 사용
③ 기계 운전 중 백기어 사용금지
④ 바이트에는 칩 브레이커를 설치하고 보안경착용
⑤ 치수 측정 시 및 주유, 청소시 반드시 기계정지

58

산업안전보건법령상 지게차 방호장치에 해당하는 것은?

① 포크　② 헤드가드
③ 호이스트　④ 힌지드 버킷

해설 **지게차의 방호장치**

① 헤드가드　② 백레스트　③ 전조등
④ 후미등　⑤ 안전벨트

59

산소-아세틸렌가스 용접에서 산소 용기의 취급 시 주의사항으로 틀린 것은?

① 산소 용기의 운반 시 밸브를 닫고 캡을 씌워서 이동할 것
② 기름이 묻은 손이나 장갑을 끼고 취급하지 말 것
③ 원활한 산소 공급을 위하여 산소 용기는 눕혀서 사용할 것
④ 통풍이 잘되고 직사광선이 없는 곳에 보관할 것

해설

가스 용기 취급 시 준수사항에서 용기의 온도를 섭씨 40도 이하로 유지해야 하며, 용기는 세워서 사용해야 한다.

60

금형의 안전화에 대한 설명 중 틀린 것은?

① 금형의 틈새는 8mm 이상 충분하게 확보한다.
② 금형 사이에 신체일부가 들어가지 않도록 한다.
③ 충격이 반복되어 부가되는 부분에는 완충장치를 설치한다.
④ 금형설치용 홈은 설치된 프레스의 홈에 적합한 형상의 것으로 한다.

해설 **금형의 안전화 방법**

다음 부분의 빈틈이 8mm 이하 되도록 금형을 설치할 것
① 상사점에 있어서 상형과 하형과의 간격
② 가이드 포스트와 부쉬의 간격

정답 57 ③ 58 ② 59 ③ 60 ①

4과목 전기 및 화학설비 안전관리

61

저압 전로의 사용전압이 220V인 경우 절연저항 값은 몇 MΩ 이상이어야 하는가?

① 0.1 ② 0.2 ③ 0.5 ④ 1.0

해설 저압전로의 절연 성능

전로의 사용전압(V)	DC 시험전압(V)	절연저항 (MΩ 이상)
SELV 및 PELV	250	0.5
FELV, 500V 이하	500	1.0
500V 초과	1,000	1.0

[주] 특별저압(Extra Low Voltage : 2차 전압이 AC 50V, DC 120V 이하)으로 SELV(비접지회로구성) 및 PELV(접지회로 구성)은 1차와 2차가 전기적으로 절연된 회로, FELV는 1차와 2차가 전기적으로 절연되지 않은 회로

62

전기스파크의 최소발화에너지를 구하는 공식은?

① $W=\frac{1}{2}CV^2$ ② $W=\frac{1}{2}CV$

③ $W=2CV^2$ ④ $W=2C^2V$

해설 최소 발화에너지

$W[J]=\frac{1}{2}QV=\frac{1}{2}CV^2$

63

허용접촉전압이 종별 기준과 서로 다른 것은?

① 제1종 – 2.5V 이하 ② 제2종 – 25V 이하
③ 제3종 – 75V 이하 ④ 제4종 – 제한없음

해설 허용 접촉전압

종별	접촉 상태	허용접촉 전압
제1종	• 인체의 대부분이 수중에 있는 경우	2.5V 이하
제2종	• 인체가 현저하게 젖어있는 경우 • 금속성의 전기기계장치나 구조물에 인체의 일부가 상시 접촉되어 있는 경우	25V 이하
제3종	• 제1종, 제2종 이외의 경우로 통상의 인체상태에 있어서 접촉전압이 가해지면 위험성이 높은 경우	50V 이하
제4종	• 제1종, 제2종 이외의 경우로 통상의 인체상태에 있어서 접촉전압이 가해지더라도 위험성이 낮은 경우 • 접촉전압이 가해질 우려가 없는 경우	제한 없음

64

감전을 방지하기 위하여 정전작업 요령을 관계근로자에 주지시킬 필요가 없는 것은?

① 전원설비 효율에 관한 사항
② 단락접지 실시에 관한 사항
③ 전원 재투입 순서에 관한 사항
④ 작업 책임자의 임명, 정전범위 및 절연용 보호구 작업 등 필요한 사항

해설 정전 작업요령 포함사항(보기 외에)

① 교대 근무시 근무인계에 필요한 사항
② 전로 또는 설비의 정전순서에 관한사항
③ 개폐기 관리 및 표지판 부착에 관한사항
④ 정전 확인순서에 관한사항
⑤ 점검 또는 시운전을 위한 일시운전에 관한사항

정답 61 ④ 62 ① 63 ③ 64 ①

65

누전에 의한 감전위험을 방지하기 위하여 감전방지용 누전차단기의 접속에 관한 일반사항으로 틀린 것은?

① 분기회로마다 누전차단기를 설치한다.
② 동작시간은 0.03초 이내이어야 한다.
③ 전기기계·기구에 설치되어 있는 누전차단기는 정격감도전류가 30mA 이하이어야 한다.
④ 누전차단기는 배전반 또는 분전반 내에 접속하지 않고 별도로 설치한다.

해설 **누전차단기 접속시 준수사항(보기 외에)**

① 누전차단기는 배전반 또는 분전반내에 접속하거나 꽂음접속기형 누전차단기를 콘센트에 연결하는 등 파손 또는 감전사고를 방지할 수 있는 장소에 접속할 것
② 지락보호전용 누전차단기는 과전류를 차단하는 퓨즈 또는 차단기 등과 조합하여 접속할 것

66

전기기계·기구에 대하여 누전에 의한 감전위험을 방지하기 위하여 누전차단기를 전기기계·기구에 접속할 때 준수하여야 할 사항으로 옳은 것은?

① 누전차단기는 정격감도전류가 60[mA] 이하이고 작동시간은 0.1초 이내일 것
② 누전차단기는 정격감도전류가 50[mA] 이하이고 작동시간은 0.08초 이내일 것
③ 누전차단기는 정격감도전류가 40[mA] 이하이고 작동시간은 0.06초 이내일 것
④ 누전차단기는 정격감도전류가 30[mA] 이하이고 작동시간은 0.03초 이내일 것

해설 **누전차단기**

전기기계·기구에 접속되는 경우 정격감도전류가 30 mA 이하이고, 작동시간은 0.03초 이내이어야 한다

67

방폭구조의 종류 중 방진방폭구조를 나타내는 표시로 옳은 것은?

① DDP ② tD ③ XDP ④ DP

해설

"방진방폭구조 tD"란 분진층이나 분진운의 점화를 방지하기 위하여 용기로 보호하는 전기기기에 적용되는 분진침투방지, 표면온도제한 등의 방법을 말한다.

68

고압 또는 특고압의 기계기구·모선 등을 옥외에 시설하는 발전소·변전소·개폐소 또는 이에 준하는 곳에는 구내에 취급자 이외의 자가 들어가지 못하도록 하기 위한 시설의 기준에 대한 설명으로 틀린 것은?

① 울타리·담 등의 높이는 1.5[m] 이상으로 시설하여야 한다.
② 출입구에는 출입금지의 표시를 하여야 한다.
③ 출입구에는 자물쇠장치 기타 적당한 장치를 하여야 한다.
④ 지표면과 울타리·담 등의 하단 사이의 간격은 15[cm] 이하로 하여야 한다.

해설 **울타리, 담등의 시설(고압 및 특고압 충전부분)**

울타리·담 등의 높이는 2m 이상으로 하고 지표면과 울타리·담 등의 하단사이의 간격은 15cm 이하로 할 것

정답 65 ④ 66 ④ 67 ② 68 ①

69

전기기계·기구의 조작 부분을 점검하거나 보수하는 경우에는 근로자가 안전하게 작업할 수 있도록 전기기계·기구로부터 최소 몇 [cm] 이상의 작업공간 폭을 확보하여야 하는가? (단, 작업공간을 확보하는 것이 곤란하여 절연용 보호구를 착용하도록 한 경우 제외)

① 60[cm] ② 70[cm] ③ 80[cm] ④ 90[cm]

해설 **전기기계·기구의 조작시 등의 안전조치**

① 전기기계·기구의 조작부분에 대한 점검 또는 보수를 하는 때에 근로자가 안전하게 작업할 수 있도록 전기기계·기구로부터 폭 70센티미터 이상의 작업공간을 확보하여야 한다.
② 다만, 작업공간을 확보하는 것이 곤란하여 근로자에게 절연용 보호구를 착용하도록 한 경우에는 그러하지 아니하다.

70

과전류차단기로 시설하는 퓨즈 중 고압전로에 사용하는 비포장 퓨즈에 대한 설명으로 옳은 것은?

① 정격전류의 1.25배의 전류에 견디고 또한 2배의 전류로 2분 안에 용단되는 것이어야 한다.
② 정격전류의 1.25배의 전류에 견디고 또한 2배의 전류로 4분 안에 용단되는 것이어야 한다.
③ 정격전류의 2배의 전류에 견디고 또한 2배의 전류로 2분 안에 용단되는 것이어야 한다.
④ 정격전류의 2배의 전류에 견디고 또한 2배의 전류로 4분 안에 용단되는 것이어야 한다.

해설 **과전류 차단기용 퓨즈(고압 전로에 사용하는 퓨즈)**

포장 퓨즈	비포장 퓨즈
㉠ 정격전류의 1.3배의 전류에 견딜 것 ㉡ 2배의 전류로 120분 안에 용단되는 것	㉠ 정격전류의 1.25배의 전류에 견딜 것 ㉡ 2배의 전류로 2분 안에 용단되는 것 *비포장 퓨즈는 고리퓨즈를 사용

71

건조설비의 사용에 있어 500~800℃ 범위의 온도에 가열된 스테인리스강에서 주로 일어나며, 탄화크롬이 형성되었을 때 결정경계면의 크롬함유량이 감소하여 발생되는 부식형태는?

① 전면부식 ② 층상부식 ③ 입계부식 ④ 격간부식

해설 **입계부식**

부식이 결정립계에 따라 진행하는 형태의 국부부식으로 내부로 깊게 진행되면서 결정립자가 떨어지게된다. 용접가공시 열영향부, 부적정한 열처리 과정, 고온에서의 노출시 주로 발생된다.

72

다음 중 분진 폭발의 발생 위험성을 낮추는 방법으로 적절하지 않은 것은?

① 주변의 점화원을 제거한다.
② 분진이 날리지 않도록 한다.
③ 분진과 그 주변의 온도를 낮춘다.
④ 분진 입자의 표면적을 크게 한다.

해설 **분진 폭발**

① 분진 폭발의 과정 : 분진의 퇴적 → 비산하여 분진운 생성 → 분산 → 점화원 → 폭발
② 방지대책으로는 폭발하한 농도 이하로 관리하고 착화원의 제거 및 격리 등
③ 입자의 표면적이 클수록 폭발의 위험성은 높아진다.

73

다음 중 가연성가스가 아닌 것은?

① 이산화탄소 ② 수소 ③ 메탄 ④ 아세틸렌

해설

수소, 아세틸렌, 에틸렌, 메탄, 에탄, 프로판, 부탄 등은 인화성(가연성) 가스에 해당되며, 이산화 탄소는 불활성기체로 더 이상 산소와 반응하지 않는다.

정답 69 ② 70 ① 71 ③ 72 ④ 73 ①

74

유해·위험물질 취급 시 보호구로서 구비조건이 아닌 것은?

① 방호성능이 충분할 것
② 재료의 품질이 양호할 것
③ 작업에 방해가 되지 않을 것
④ 외관이 화려할 것

해설 보호구의 구비조건(보기 ①,②,③ 외에)

① 착용시 작업이 용이할 것
② 구조와 끝마무리가 양호할 것(충분한 강도와 내구성 및 표면 가공이 우수)
③ 외관 및 전체적인 디자인이 양호할 것

75

다음 중 벤젠(C_6H_6)이 공기 중에서 연소될 때의 이론 혼합비(화학양론조성)는?

① 0.72vol% ② 1.22vol%
③ 2.72vol% ④ 3.22vol%

해설 완전연소 조성농도(화학양론농도)

$$Cst=\frac{100}{1+4.773\left(n+\frac{m-f-2\lambda}{4}\right)}=\frac{100}{1+4.773\left(6+\frac{6}{4}\right)}$$

$=2.72\text{vol\%}$

여기서 n : 탄소, m : 수소, f : 할로겐 원소의 원자 수, λ : 산소의 원자 수

76

다음 중 폭발하한농도(vol%)가 가장 높은 것은?

① 일산화탄소 ② 아세틸렌
③ 디에틸에테르 ④ 아세톤

해설 폭발하한농도(vol%)

① 일산화탄소(12.5~74) ② 아세틸렌(2.5~81)
③ 디에틸에테르(1.9~48) ④ 아세톤(2.5~13)

77

이산화탄소 소화기에 관한 설명으로 옳지 않은 것은?

① 전기화재에 사용할 수 있다.
② 주된 소화 작용은 질식작용이다.
③ 소화약제 자체 압력으로 방출이 가능하다.
④ 전기전도성이 높아 사용 시 감전에 유의해야 한다.

해설 이산화탄소 소화기

① 질식 및 냉각 효과이며 전기화재에 가장 적당. 유류 화재에도 사용
② 소화 후 증거 보존이 용이하나 방사거리가 짧은 단점
③ 반도체 및 컴퓨터 설비 등에 사용가능
④ 전기에 대한 절연성이 우수하다.

78

낮은 압력에서 물질의 끓는점이 내려가는 현상을 이용하여 시행하는 분리법으로 온도를 높여서 가열할 경우 원료가 분해될 우려가 있는 물질을 증류할 때 사용하는 방법을 무엇이라 하는가?

① 진공증류 ② 추출증류
③ 공비증류 ④ 수증기증류

해설 특수한 증류방법

감압증류 (진공증류)	상압하에서 끓는점까지 가열 할 경우 분해 할 우려가 있는 물질의 증류를 감압하여 물질의 끓는점을 내려서 증류하는 방법
추출증류	① 분리하여야 하는 물질의 끓는점이 비슷한 경우 ② 용매를 사용하여 혼합물로부터 어떤 성분을 뽑아냄으로 특정 성분을 분리
공비증류	① 일반적인 증류로 순수한 성분을 분리시킬 수 없는 혼합물의 경우 ② 제3의 성분을 첨가하여 별개의 공비 혼합물을 만들어 끓는점이 원용액의 끓는점보다 충분히 낮아지도록 하여 증류함으로 증류잔류물이 순수한 성분이 되게 하는 증류 방법
수증기증류	물에 용해되지 않는 휘발성 액체에 수증기를 직접 불어넣어 가열하면 액체는 원래의 끓는점보다 낮은 온도에서 유출

정답 74 ④ 75 ③ 76 ① 77 ④ 78 ①

79

다음 중 증류탑의 원리로 거리가 먼 것은?

① 끓는점(휘발성) 차이를 이용하여 목적 성분을 분리한다.
② 열이동은 도모하지만 물질이동은 관계하지 않는다.
③ 기-액 두 상의 접촉이 충분히 일어날 수 있는 접촉면적이 필요하다.
④ 여러 개의 단을 사용하는 다단탑이 사용될 수 있다.

해설 **증류탑**

증기압이 다른 액체 혼합물에서 끓는점 차이를 이용해서 특정성분을 분리해내는 장치로 끓는점이 낮은 물질이 위쪽에서 분리되고 끓는점이 높은 물질이 아래쪽에서 분리된다.

80

다음 중 불연성 가스에 해당하는 것은?

① 프로판 ② 탄산가스
③ 아세틸렌 ④ 암모니아

해설 **탄산가스의 특징**

① 더 이상 산소와 반응하지 않는 불연성 가스이며 공기보다 무겁다.
② 전기에 대한 절연성이 우수하다.

5과목 건설공사 안전관리

81

산업안전보건관리비 중 안전관리비를 사용할수 없는 항목에 해당하는 것은?

① 안전보건 교육비 등
② 안전보건진단비 등
③ 근로자 건강장해예방비 등
④ 환경관리를 위한 시설비 등

해설

환경관리, 민원 또는 수방대비 등 다른 목적이 포함된 경우

82

달비계에 사용하는 와이어로프는 지름의 감소가 공칭지름의 몇 %를 초과하는 경우에 사용할 수 없도록 규정되어 있는가?

① 5% ② 7% ③ 9% ④ 10%

해설 달비계 와이어로프의 사용제한

① 이음매가 있는 것
② 와이어로프의 한 꼬임(스트랜드)에서 끊어진 소선(필러선 제외)의 수가 10% 이상인 것
③ 지름의 감소가 공칭지름의 7%를 초과하는 것
④ 꼬인 것
⑤ 심하게 변형되거나 부식된 것
⑥ 열과 전기충격에 의해 손상된 것

정답 79 ② 80 ② 81 ④ 82 ②

83

건설작업용 리프트에 대하여 바람에 의한 붕괴를 방지하는 조치를 한다고 할 때 그 기준이 되는 풍속은?

① 순간풍속 30m/sec 초과
② 순간풍속 35m/sec 초과
③ 순간풍속 40m/sec 초과
④ 순간풍속 45m/sec 초과

해설 **폭풍 등에 의한 안전조치사항**

풍속의 기준	조치사항
순간풍속이 매 초당 30미터 초과	옥외에 설치된 주행크레인의 이탈방지 장치 작동 등 이탈방지를 위한 조치
	옥외에 설치된 양중기를 사용하여 작업하는 경우 미리 기계 각 부위에 이상이 있는지 점검
순간풍속이 매 초당 35미터 초과	건설 작업용 리프트의 받침수를 증가시키는 등 붕괴방지조치
	옥외에 설치된 승강기의 받침수를 증가시키는 등 도괴방지조치

84

추락에 의한 위험방지와 관련된 승강설비의 설치에 관한 사항이다. ( )에 들어갈 내용으로 옳은 것은?

> 사업주는 높이 또는 깊이가 ( )를 초과하는 장소에서 작업하는 경우 해당 작업에 종사하는 근로자가 안전하게 승강하기 위한 건설용 리프트 등의 설비를 설치하여야 한다.

① 1.0m ② 1.5m ③ 2.0m ④ 2.5m

해설 **높이가 2m 이상인 장소에서의 위험방지 조치사항**

① 추락방지조치 : ㉠ 비계조립에 의한 작업발판 설치
㉡ 추락방호망 설치
㉢ 안전대 착용 등
② 승강설비(건설용 리프트 등) 설치 : 높이 또는 깊이가 2m를 초과하는 장소에서의 안전한 작업을 위한 승강설비 설치

85

지반의 조사방법 중 지질의 상태를 가장 정확히 파악할 수 있는 보링방법은?

① 충격식 보링(percussion boring)
② 수세식 보링(wash boring)
③ 회전식 보링(rotary boring)
④ 오거 보링(auger boring)

해설 **보링(Boring)의 종류**

종류	특징
오거(Auger)보링	연약점성토 및 중간정도의 점성토, 깊이 10m 이내
수세식 보링	충격을 가하며, 펌프로 압송한 물의 수압에 의해 물과 함께 배출. 깊이 30m 내외
충격식 보링	Bit 끝에 천공구를 부착하여 상하 충격에 의해 천공, 토사암반에도 가능
회전식 보링	Bit를 회전시켜 천공하며, 비교적 자연상태 그대로 채취가능

86

기상상태의 악화로 비계에서의 작업을 중지시킨 후 그 비계에서 작업을 다시 시작하기 전에 점검해야 할 사항에 해당하지 않는 것은?

① 기둥의 침하·변형·변위 또는 흔들림 상태
② 손잡이의 탈락 여부
③ 격벽의 설치여부
④ 발판재료의 손상 여부 및 부착 또는 걸림 상태

해설 **비계의 점검 보수**

점검 보수 시기	① 비, 눈 등 기상상태 불안정으로 작업 중지 시킨 후 그 비계에서 작업할 경우 ② 비계를 조립, 해체, 변경한 후 그 비계에서 작업할 경우
비계공사의 작업 시작전 점검사항	① 발판재료의 손상여부 및 부착 또는 걸림상태 ② 해당 비계의 연결부 또는 접속부의 풀림상태 ③ 연결재료 및 연결철물의 손상 또는 부식상태 ④ 손잡이의 탈락여부 ⑤ 기둥의 침하·변형·변위 또는 흔들림 상태 ⑥ 로프의 부착상태 및 매단장치의 흔들림 상태

정답 83 ② 84 ③ 85 ③ 86 ③

87

사다리식 통로 등을 설치하는 경우 발판과 벽과의 사이는 최소 얼마 이상의 간격을 유지하여야 하는가?

① 5[cm] ② 10[cm] ③ 15[cm ④ 20[cm]

해설 **사다리식 통로의 구조**

① 발판과 벽과의 사이는 15센티미터 이상의 간격을 유지할 것
② 폭은 30센티미터 이상으로 할 것
③ 사다리의 상단은 걸쳐놓은 지점으로부터 60센티미터 이상 올라가도록 할 것
④ 사다리식 통로의 길이가 10미터 이상인 경우에는 5미터 이내마다 계단참을 설치할 것
⑤ 사다리식 통로의 기울기는 75도 이하로 할 것. 다만, 고정식 사다리식 통로의 기울기는 90도 이하로 하고, 그 높이가 7미터 이상인 경우에는 다음 각 목의 구분에 따른 조치를 할 것
가. 등받이울이 있어도 근로자 이동에 지장이 없는 경우: 바닥으로부터 높이가 2.5미터 되는 지점부터 등받이울을 설치할 것
나. 등받이울이 있으면 근로자가 이동이 곤란한 경우: 한국산업표준에서 정하는 기준에 적합한 개인용 추락 방지 시스템을 설치하고 근로자로 하여금 한국산업표준에서 정하는 기준에 적합한 전신안전대를 사용하도록 할 것

Tip
2024년 개정된 법령 적용

88

드럼에 다수의 돌기를 붙여 놓은 기계로 점토층의 내부를 다지는 데 적합한 것은?

① 탠덤 롤러 ② 타이어 롤러
③ 진동 롤러 ④ 탬핑 롤러

해설 **탬핑 롤러 (Tamping Roller)**

① 롤러 표면에 돌기를 만들어 부착, 땅 깊숙이 다짐 가능
② 토립자를 이동 혼합하여 함수비 조절 용이(간극수압제거)
③ 고함수비의 점성토 지반에 효과적, 유효다짐 깊이가 깊다.
④ 흙덩어리(풍화암 등)의 파쇄 효과 및 맞물림 효과가 크다.

89

강관을 사용하여 비계를 구성하는 경우 준수하여야 하는 사항으로 옳지 않은 것은?

① 비계기둥의 간격은 장선 방향에서는 1.5m 이하로 할 것
② 비계기둥 간의 적재하중은 400kg을 초과하지 않도록 할 것
③ 강관(단관)비계의 벽이음 및 버팀 설치시 벽연결은 수직방향 6m, 수평방향 8m 이내로 할 것
④ 비계기둥의 제일 윗부분부터 31미터되는 지점 밑부분의 비계기둥은 2개의 강관으로 묶어세울 것

해설

단관비계는 수직 5m, 수평 5m 이내이고, 틀비계는 수직 6m 수평 8m 이내로 한다.

90

산업안전보건관리비 계상을 위한 대상액이 56억 원인 건축공사의 산업안전보건관리비는 얼마인가?

① 104,160천 원 ② 110,320천 원
③ 144,800천 원 ④ 150,400천 원

해설

건축공사 : 50억원이상 : 1.97%
56억 × 0.0197 = 110,320천원

Tip
2023년 법령 개정. 문제와 해설은 개정된 내용 적용

정답 87 ③ 88 ④ 89 ③ 90 ②

91

화물을 적재하는 경우에 준수하여야 하는 사항으로 옳지 않은 것은?

① 침하 우려가 없는 튼튼한 기반 위에 적재할 것
② 건물의 칸막이나 벽 등이 화물의 압력에 견딜 만큼의 강도를 지니지 아니한 경우에는 칸막이나 벽에 기대어 적재하지 않도록 할 것
③ 불안정할 정도로 높이 쌓아 올리지 말 것
④ 편하중이 발생하도록 쌓아 적재효율을 높일 것

해설 **화물 적재시 준수사항(보기 ①②③ 외에**

편하중이 생기지 아니하도록 적재할 것

92

흙막이지보공을 설치하였을 때 정기적으로 점검하고 이상을 발견하면 즉시 보수하여야 하는 사항으로 거리가 먼 것은?

① 부재의 손상 변형, 부식, 변위 및 탈락의 유무와 상태
② 부재의 접속부, 부착부 및 교차부의 상태
③ 침하의 정도
④ 발판의 지지 상태

해설 **흙막이 지보공 조립 및 설치시 점검사항**

① 부재의 손상·변형·부식·변위 및 탈락의 유무와 상태
② 버팀대의 긴압의 정도
③ 부재의 접속부·부착부 및 교차부의 상태
④ 침하의 정도

93

중량물의 취급작업 시 근로자의 위험을 방지하기 위하여 사전에 작성하여야 하는 작업계획서 내용에 해당되지 않는 것은?

① 추락위험을 예방할 수 있는 안전대책
② 낙하위험을 예방할 수 있는 안전대책
③ 전도위험을 예방할 수 있는 안전대책
④ 침수위험을 예방할 수 있는 안전대책

해설 **중량물 취급작업시 작업계획서(보기 ①②③ 외에)**

① 협착위험을 예방할 수 있는 안전대책
② 붕괴위험을 예방할 수 있는 안전대책

94

다음 중 낙하위험 방지대책으로 가장 거리가 먼 것은?

① 낙하물 방지망 설치 ② 방호선반 설치
③ 출입금지 구역 설정 ④ 안전난간 설치

해설 **낙하위험 방지대책**

① 낙하물 방지망 설치 ② 수직 보호망 설치 ③ 방호선반 설치
④ 출입금지구역 설정 ⑤ 보호구 착용

95

추락방지용 방망을 구성하는 그물코의 모양과 크기로 옳은 것은?

① 원형 또는 사각으로서 그 크기는 10cm 이하이어야 한다.
② 원형 또는 사각으로서 그 크기는 20cm 이하이어야 한다.
③ 사각 또는 마름모로서 그 크기는 10cm 이하이어야 한다.
④ 사각 또는 마름모로서 그 크기는 20cm 이하이어야 한다.

해설 **방망의 구조 및 치수(추락재해 방지설비)**

구성	방망사, 테두리로프, 달기로프, 재봉사(필요에 따라 생략 가능)
방망사	그물코는 사각 또는 마름모 형상, 한 변의 길이(매듭의 중심 간 거리)는 10cm 이하
달기로프	길이는 2m 이상(다만, 1개의 지지점에 2개의 달기로프로 체결하는 경우 각각의 길이는 1m 이상)

정답 91 ④ 92 ④ 93 ④ 94 ④ 95 ③

96

다음은 산업안전보건법령에 따른 승강설비의 설치에 관한 내용이다. ( )에 들어갈 내용으로 옳은 것은

> 사업주는 높이 또는 깊이가 ( )를 초과하는 장소에서 작업하는 경우 해당 작업에 종사하는 근로자가 안전하게 승강하기 위한 건설용 리프트 등의 설비를 설치하여야 한다. 다만, 승강설비를 설치하는 것이 작업의 성질상 곤란한 경우에는 그러하지 아니하다.

① 2m ② 3m ③ 4m ④ 5m

해설 **높이가 2m 이상인 장소에서의 위험방지 조치사항**

① 추락방지조치 : ㉠ 비계조립에 의한 작업발판 설치
㉡ 안전 방망 설치
㉢ 안전대 착용 등
② 악천후시 작업금지 : 비, 눈 등으로 기상상태 악화시 작업중지
③ 조명의 유지 : 당해 작업을 안전하게 수행하는데 필요한 조명 유지
④ 승강설비(건설용 리프트 등) 설치 : 높이 또는 깊이가 2m를 초과하는 장소에서의 안전한 작업을 위한 승강설비 설치

97

콘크리트를 타설할 때 거푸집에 작용하는 콘크리트 측압에 영향을 미치는 요인과 가장 거리가 먼 것은?

① 콘크리트 타설 속도 ② 콘크리트 타설 높이
③ 콘크리트의 강도 ④ 기온

해설 **측압이 커지는 조건(측압의 영향요소)**

① 거푸집 수평단면이 클수록
② 콘크리트 슬럼프치가 클수록
③ 거푸집의 강성이 클수록
④ 철골, 철근량이 적을수록
⑤ 콘크리트 시공연도가 좋을수록
⑥ 외기의 온도가 낮을수록
⑦ 타설 속도가 빠를수록
⑧ 다짐이 충분할수록 등

98

작업발판 및 통로의 끝이나 개구부로서 근로자가 추락할 위험이 있는 장소에서의 방호조치로 옳지 않은 것은?

① 안전난간 설치 ② 와이어로프 설치
③ 울타리 설치 ④ 수직형 추락방망 설치

해설 **개구부 등의 방호조치**

① 안전난간, 울타리, 수직형 추락방망 또는 덮개 등의 방호조치를 충분한 강도를 가진 구조로 튼튼하게 설치하고, 덮개 설치시 뒤집히거나 떨어지지 않도록 설치
② 안전난간 등의 설치가 매우 곤란하거나 작업의 필요상 임시로 난간 등을 해체하는 경우 추락방호망 설치(추락방호망 설치가 곤란한 경우 안전대 착용 등의 추락위험 방지조치)

99

추락에 의한 위험방지 조치사항으로 거리가 먼 것은?

① 투하설비 설치 ② 작업발판설치
③ 추락방지망 설치 ④ 안전대 착용

해설

투하설비는 높이 3m 이상인 장소에서 물체를 안전하게 투하할 때 사용하는 설비로 낙하위험방지설에 해당한다.

100

항타기 및 항발기를 조립하는 경우 점검하여야 할 사항이 아닌 것은?

① 과부하장치 및 제동장치의 이상 유무
② 권상장치의 브레이크 및 쐐기장치 기능의 이상 유무
③ 본체 연결부의 풀림 또는 손상의 유무
④ 권상기의 설치상태의 이상 유무

해설 **항타기 항발기 조립시 점검해야할 사항**

① 본체 연결부의 풀림 또는 손상의 유무
② 권상용 와이어로프·드럼 및 도르래의 부착상태의 이상유무
③ 권상장치의 브레이크 및 쐐기장치 기능의 이상유무
④ 권상기의 설치상태의 이상유무
⑤ 리더(leader)의 버팀 방법 및 고정상태의 이상 유무
⑥ 본체·부속장치 및 부속품의 강도가 적합한지 여부
⑦ 본체·부속장치 및 부속품에 심한 손상·마모·변형 또는 부식이 있는지 여부

정답 96 ① 97 ③ 98 ② 99 ① 100 ①

2023년 7월 8일~7월 23일

산업안전산업기사 CBT 기출 복원문제

1과목 산업재해 예방 및 안전보건교육

01

재해발생의 주요원인 중 불안전한 상태에 해당하지 않는 것은?

① 기계설비 및 장비의 결함
② 부적절한 조명 및 환기
③ 작업장소의 정리·정돈 불량
④ 보호구 미착용

해설 **불안전한 행동과 상태의 분류**

불안전한 상태	물 자체의 결함, 안전방호장치의 결함, 복장·보호구의 결함, 물의 배치 및 작업장소 불량, 작업환경의 결함, 생산공정의 결함, 경계표시·설비의 결함, 기타
불안전한 행동	위험장소의 접근, 안전방호장치의 기능제거, 복장·보호구의 잘못 사용, 기계·기구의 잘못 사용, 운전중인 기계장치의 손질, 불안전한 속도조작, 위험물 취급 부주의, 불안전 상태 방치, 불안전한 자세동작, 감독 및 연락 불충분, 기타

02

산업안전보건법령상 근로자 안전·보건 교육의 기준으로 틀린 것은?

① 사무직 종사 근로자의 정기교육 : 매반기 6시간 이상
② 일용근로자의 채용시의 교육: 1시간 이상
③ 근로계약기간이 1주일 이하인 기간제 근로자의 작업내용변경시 교육: 1시간 이상
④ 건설 일용 근로자의 건설업 기초안전·보건교육: 2시간 이상

해설 **근로자 안전보건 교육**

교육과정	교육대상		교육시간
가.정기교육	사무직 종사 근로자		매반기 6시간 이상
	그 밖의 근로자	판매업무에 직접 종사하는 근로자	매반기 6시간 이상
		판매업무에 직접 종사하는 근로자 외의 근로자	매반기 12시간 이상
나. 채용 시 교육	일용근로자 및 근로계약기간이 1주일 이하인 기간제근로자		1시간 이상
	근로계약기간이 1주일 초과 1개월 이하인 기간제근로자		4시간 이상
	그 밖의 근로자		8시간 이상
다. 작업내용 변경 시 교육	일용근로자 및 근로계약기간이 1주일 이하인 기간제근로자		1시간 이상
	그 밖의 근로자		2시간 이상
라. 특별교육	일용근로자 및 근로계약기간이 1주일 이하인 기간제근로자: 특별교육대상 작업별 교육에 해당하는 작업 종사 근로자	타워크레인 작업시 신호업무 작업에 종사하는 근로자 제외	2시간 이상
		타워크레인 작업 시 신호업무 작업에 종사하는 근로자에 한정	8시간 이상
	일용근로자 및 근로계약기간이 1주일 이하인 기간제근로자를 제외한 근로자: 특별교육대상 작업별 교육에 해당하는 작업 종사 근로자에 한정		-16시간 이상 (최초 작업에 종사하기 전 4시간 이상 실시하고 12시간은 3개월 이내에서 분할하여 실시가능) -단기간 작업 또는 간헐적 작업인 경우에는 2시간 이상
마. 건설업 기초안전·보건교육	건설 일용근로자		4시간 이상

Tip

2023년 법령개정. 문제 및 해설은 개정된 내용 적용

정답 1 ④ 2 ④

03

토의법의 유형 중 다음에서 설명하는 것은?

> 교육과제에 정통한 전문가 4~5명이 피교육자 앞에서 자유로이 토의를 실시한 다음에 피교육자 전원이 참가하여 사회자의 사회에 따라 토의하는 방법

① 포럼(forum)
② 패널 디스커션(panel discussion)
③ 심포지엄(symposium)
④ 버즈 세션(buzz session)

해설 **패널 디스커션(panel discussion)**

한 두명의 발제자가 주제에 대한 발표 → 4~5명의 패널이 참석자 앞에서 자유로운 논의 → 사회자에 의해 참가자의 의견을 들으면서 상호 토의

04

학습정도(level of learning)의 4단계 요소가 아닌 것은?

① 지각 ② 적용 ③ 인지 ④ 정리

해설 **학습의 목적**

구성 3요소	① 목표 ② 주제 ③ 학습정도
진행 4단계	① 인지 → ② 지각 → ③ 이해 → ④ 적용

05

안전관리조직의 형태 중 라인·스탭형에 대한 설명으로 틀린 것은?

① 안전스탭은 안전에 관한 기획·입안·조사·검토 및 연구를 행한다.
② 안전업무를 전문적으로 담당하는 스탭 및 생산라인의 각 계층에도 겸임 또는 전임의 안전담당자를 둔다.
③ 모든 안전관리업무를 생산라인을 통하여 직선적으로 이루어지도록 편성된 조직이다.
④ 대규모 사업장(1000명 이상)에 효율적이다.

해설 **라인형 조직**

① 계획에서부터 실시까지의 안전관리를 생산라인을 통하여 이루어지도록 편성된 조직으로 50인 미만의 소규모 사업장에 적합한 조직으로 명령계통이 직선적으로 이루어져 안전대책의 실시가 신속하다.
② 안전에 관한 전문지식이 부족하고 안전에 관한 정보가 불충분하여 형식적인 안전관리가 이루어질 우려가 있다.

06

안전모의 시험성능기준 항목이 아닌 것은?

① 내관통성 ② 충격흡수성
③ 내구성 ④ 난연성

해설 **안전모의 성능기준**

항목	시험성능기준
내관통성	AE, ABE종 안전모는 관통거리가 9.5mm 이하이고, AB종 안전모는 관통거리가 11.1mm 이하이어야 한다.
충격 흡수성	최고전달충격력이 4,450N 을 초과해서는 안되며, 모체와 착장체의 기능이 상실되지 않아야 한다.
내전압성	AE, ABE종 안전모는 교류 20kW에서 1분간 절연파괴 없이 견뎌야 하고, 이때 누설되는 충전전류는 10mA 이하이어야 한다.
내수성	AE, ABE종 안전모는 질량증가율이 1% 미만이어야 한다.
난연성	모체가 불꽃을 내며 5초 이상 연소되지 않아야 한다.
턱끈풀림	150N 이상 250N 이하에서 턱끈이 풀려야 한다.

정답 3 ② 4 ④ 5 ③ 6 ③

07

안전교육 방법 중 TWI의 교육과정이 아닌 것은?

① 작업지도 훈련 ② 인간관계 훈련
③ 정책수립 훈련 ④ 작업방법 훈련

해설 **TWI(Training with industry)교육과정)**

① Job Method Training(J.M.T): 작업방법훈련(작업개선법)
② Job Instruction Training(J.I.T): 작업지도훈련(작업지도법)
③ Job Relations Training(J.R.T): 인간관계훈련(부하통솔법)
④ Job Safety Training(J.S.T): 작업안전훈련(안전관리법)

08

재해율 중 재직 근로자 1,000명당 1년간 발생하는 재해자 수를 나타내는 것은?

① 연천인율 ② 도수율
③ 강도율 ④ 종합재해지수

해설 **연천인율**

① 근로자 1,000명당 년간 발생하는 재해자수를 나타낸다.
② 공식 : $\text{연천인율} = \frac{\text{연간재해자수}}{\text{연평균근로자수}} \times 1{,}000$

09

모랄 서베이(Morale Survey)의 효용이 아닌 것은?

① 조직 또는 구성원의 성과를 비교·분석한다.
② 종업원의 정화(Catharsis)작용을 촉진시킨다.
③ 경영관리를 개선하는 자료를 얻는다.
④ 근로자의 심리 또는 욕구를 파악하여 불만을 해소하고, 노동의욕을 높인다.

해설 **모랄 서베이의 기대효과**

① 경영관리 개선의 자료수집
② 근로자의 심리, 욕구파악 → 불만해소 → 근로의욕향상
③ 근로자의 정화작용 촉진

10

내전압용 절연장갑의 성능기준상 최대 사용전압에 따른 절연장갑의 구분 중 00등급의 색상으로 옳은 것은?

① 노란색 ② 흰색 ③ 녹색 ④ 갈색

해설 **내전압용 절연장갑의 등급 및 표시**

등 급	최대사용전압		등급별 색상
	교류(V, 실효값)	직류(V)	
00	500	750	갈색
0	1,000	1,500	빨강색
1	7,500	11,250	흰색
2	17,000	25,500	노랑색
3	26,500	39,750	녹색
4	36,000	54,000	등색

11

산업안전보건법상 중대재해에 해당하지 않는 것은?

① 사망자가 2명 발생한 재해
② 6개월 요양을 요하는 부상자가 동시에 4명 발생한 재해
③ 부상자 또는 직업성 질병자가 동시에 12명 발생한 재해
④ 3개월 요양을 요하는 부상자가 1명, 2개월 요양을 요하는 부상자가 4명 발생한 재해

해설 **중대재해**

① 사망자가 1명 이상 발생한 재해
② 3개월 이상의 요양이 필요한 부상자가 동시에 2명 이상 발생한 재해
③ 부상자 또는 직업성 질병자가 동시에 10명 이상 발생한 재해

정답 7③ 8① 9① 10④ 11④

12

산업안전보건법령상 특별안전·보건 교육의 대상 작업에 해당하지 않는 것은?

① 석면해체·제거작업
② 밀폐된 장소에서 하는 용접작업
③ 화학설비 취급품의 검수·확인 작업
④ 2m 이상의 콘크리트 인공구조물의 해체 작업

해설

화학설비에 관한 사항으로는 화학설비의 탱크 내 작업, 화학설비 중 반응기, 교반기, 추출기의 사용 및 세척작업 등에 관한 사항이 특별안전·보건 교육의 대상 작업에 해당된다.

13

주의(Attention)의 특징 중 여러 종류의 자극을 자각할 때, 소수의 특정한 것에 한하여 주의가 집중되는 것은?

① 선택성　② 방향성
③ 변동성　④ 검출성

해설 **주의의 특성**

선택성	동시에 두 개 이상의 방향에 집중하지 못하고 소수의 특정한 것에 한하여 선택한다.
변동성	고도의 주의는 장시간 지속할 수 없고 주기적으로 부주의 리듬이 존재한다.
방향성	한 지점에 주의를 집중하면 주변 다른 곳의 주의는 약해진다.(주시점만 인지)

14

제조업자는 제조물의 결함으로 인하여 생명·신체 또는 재산에 손해를 입은 자에게 그 손해를 배상하여야 하는데 이를 무엇이라 하는가? (단, 당해 제조물에 대해서만 발생한 손해는 제외한다.)

① 입증 책임　② 담보 책임
③ 연대 책임　④ 제조물 책임

해설 **제조물 책임법의 목적**

제조물 결함으로 인한 손해 → 제조업자등의 손해배상 책임규정 → 피해자 보호도모 → 국민생활 안전 향상 → 국민경제의 건전한 발전에 기여

15

방독마스크의 정화통 색상으로 틀린 것은?

① 유기화합물용 - 갈색　② 할로겐용 - 회색
③ 황화수소용 - 회색　④ 암모니아용 - 노란색

해설

암모니아용은 녹색이며, 노란색은 아황산용에 해당된다.

16

인지과정 착오의 요인이 아닌 것은?

① 정서 불안정
② 감각차단 현상
③ 작업자의 기능미숙
④ 생리·심리적 능력의 한계

해설 **인지과정 착오**

① 생리적,심리적 능력의 한계(정보수용능력의 한계)
② 정보량 저장의 한계
③ 감각차단 현상(감성 차단)
④ 심리적 요인(정서불안정, 불안 등)

Tip

작업자의 기술능력이 미숙하거나 경험 부족에서 발생하는 것은 조작과정 착오에 해당

17

태풍, 지진 등의 천재지변이 발생한 경우나 이상상태 발생 시 기능상 이상 유·무에 대한 안전점검의 종류는?

① 일상점검　② 정기점검
③ 수시점검　④ 특별점검

해설 **특별점검**

① 기계, 기구, 설비의 신설변경 또는 고장, 수리 등을 할 경우.
② 정기점검기간을 초과하여 사용하지 않던 기계설비를 다시 사용하고자 할 경우.
③ 강풍 또는 지진 등의 천재지변 후

정답 12 ③ 13 ① 14 ④ 15 ④ 16 ③ 17 ④

18

기능(기술)교육의 진행방법 중 하버드 학파의 5단계 교수법의 순서로 옳은 것은?

① 준비 → 연합 → 교시 → 응용 → 총괄
② 준비 → 교시 → 연합 → 총괄 → 응용
③ 준비 → 총괄 → 연합 → 응용 → 교시
④ 준비 → 응용 → 총괄 → 교시 → 연합

해설 **하버드학파의 교수법 5단계**

① 1단계 : 준비시킨다. ② 2단계 : 교시한다.
③ 3단계 : 연합한다. ④ 4단계 : 총괄시킨다.
⑤ 5단계 : 응용시킨다.

19

산업안전보건법령상 안전모의 시험성능기준 항목이 아닌 것은?

① 난연성 ② 인장성
③ 내관통성 ④ 충격흡수성

해설 **안전모의 시험 성능 기준항목**

① 내관통성 ② 충격흡수성 ③ 내전압성
④ 내수성 ⑤ 난연성 ⑥ 턱끈풀림

20

재해예방의 4원칙에 해당하는 내용이 아닌 것은?

① 예방가능의 원칙 ② 원인계기의 원칙
③ 손실우연의 원칙 ④ 사고조사의 원칙

해설 **하인리히의 재해예방의 4원칙**

원칙	내용
손실우연의 원칙	사고에 의해서 생기는 상해의 종류 및 정도는 우연적이라는 원칙
예방가능의 원칙	재해는 원칙적으로 예방이 가능하다는 원칙
원인계기의 원칙	재해의 발생은 직접원인으로만 일어나는 것이 아니라 간접원인이 연계되어 일어난다는 원칙
대책선정의 원칙	원인의 정확한 분석에 의해 가장 타당한 재해예방 대책이 선정되어야 한다는 원칙

2과목 인간공학 및 위험성 평가관리

21

체계 분석 및 설계에 있어서 인간공학의 가치와 가장 거리가 먼 것은?

① 성능의 향상
② 훈련비용의 증가
③ 사용자의 수용도 향상
④ 생산 및 보전의 경제성 증대

해설 **인간공학의 가치(보기 외에)**

① 훈련 비용의 절감
② 인력의 이용율의 향상
③ 사고 및 오용으로 부터의 손실 감소

22

작업기억과 관련된 설명으로 틀린 것은?

① 단기기억이라고도 한다.
② 오랜 기간 정보를 기억하는 것이다.
③ 작업기억 내의 정보는 시간이 흐름에 따라 쇠퇴할 수 있다.
④ 리허설(rehearsal)은 정보를 작업기억 내에 유지하는 유일한 방법이다.

해설 **작업기억**

현재 주의를 기울여 의식하고 있는 기억으로 감각기관을 통해 입력된 정보를 단기적으로 기억하며 능동적으로 이해하고 조작하는 과정을 말한다.

정답 18 ② 19 ② 20 ④ 21 ② 22 ②

23

의자의 등받이 설계에 관한 설명으로 가장 적절하지 않은 것은?

① 등받이 폭은 최소 30.5cm가 되게 한다.
② 등받이 높이는 최소 50cm가 되게 한다.
③ 의자의 좌판과 등받이 각도는 90~105°를 유지한다.
④ 요부받침의 높이는 25~35cm로 하고 폭은 30.5cm로 한다.

해설

요부받침의 높이는 15.2~22.9cm로 하고 폭은 30.5cm로 한다.

24

FT도에 의한 컷셋(cut set)이 다음과 같이 구해졌을 때 최소 컷셋(mimimal cut set)으로 맞는 것은?

(X_1, X_3), (X_1, X_2, X_3), (X_1, X_3, X_4)

① (X_1, X_3)
② (X_1, X_2, X_3)
③ (X_1, X_3, X_4)
④ (X_1, X_2, X_3, X_4)

해설 **미니멀 컷셋**

컷셋의 집합중에서 정상사상을 일으키기 위하여 필요한 최소한의 컷셋으로 정상사상인 결함을 발생시키므로 시스템이 고장나는 상황을 나타낸다.(중복된 사상과 중복된 컷을 제거)

25

단일 차원의 시각적 암호 중 구성암호, 영문자 암호, 숫자암호에 대하여 암호로서의 성능이 가장 좋은 것부터 배열한 것은?

① 숫자암호 - 영문자암호 - 구성암호
② 구성암호 - 숫자암호 - 영문자암호
③ 영문자암호 - 숫자암호 - 구성암호
④ 영문자암호 - 구성암호- 숫자암호

해설 **숫자, 영자, 기하적 형상 등의 비교실험**

숫자, 색 암호의 성능 우수 → 다음으로 영자 → 형상암호 → 구성암호의 순

26

그림과 같은 시스템에서 전체 시스템의 신뢰도는 얼마인가? (단, 네모 안의 숫자는 각 부품의 신뢰도이다.)

① 0.4104
② 0.4617
③ 0.6314
④ 0.6804

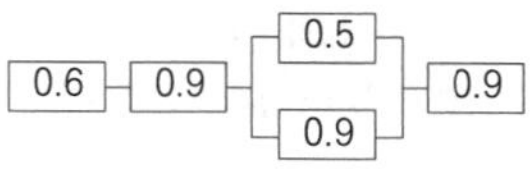

[0.6] — [0.9] — ([0.5] ∥ [0.9]) — [0.9]

해설 **신뢰도 계산**

$R_s = 0.6 \times 0.9\{1-(1-0.5)(1-0.9)\} \times 0.9 = 0.4617$

27

건습지수로서 습구온도와 건구온도의 가중평균치를 나타내는 Oxford 지수의 공식으로 맞는 것은?

① WD = 0.65WB + 0.35DB
② WD = 0.75WB + 0.25DB
③ WD = 0.85WB + 0.15DB
④ WD = 0.95WB + 0.05DB

해설 **Oxford 지수**

① 습건(WD) 지수라고도 부르며, 습구온도(W)와 건구온도(D)의 가중 평균치로 정의
② WD = 85W + 0.15D

28

시스템의 정의에 포함되는 조건 중 틀린 것은?

① 제약된 조건 없이 수행
② 요소의 집합에 의해 구성
③ 시스템 상호 간에 관계를 유지
④ 어떤 목적을 위하여 작용하는 집합체

해설 **시스템이란(체계의 특성)**

① 여러 개의 요소, 또는 요소의 집합에 의해 구성되고(집합성)
② 그것이 서로 상호관계를 가지면서 (관련성)
③ 정해진 조건하에서
④ 어떤 목적을 달성하기 위해 작용하는 집합체(목적 추구성)

정답 23 ④ 24 ① 25 ① 26 ② 27 ③ 28 ①

29

체계분석 및 설계에 있어서 인간공학적 노력의 효능을 산정하는 척도의 기준에 포함되지 않는 것은?

① 성능의 향상
② 훈련비용의 절감
③ 인력 이용률의 저하
④ 생산 및 보전의 경제성 향상

해설 **체계 설계과정에서의 인간공학의 가치**

① 성능의 향상
② 생산 및 정비유지의 경제성 증대
③ 훈련비용의 절감
④ 인력의 이용율의 향상
⑤ 사용자의 수용도 향상
⑥ 사고 및 오용으로부터의 손실 감소

30

인간의 기대하는 바와 자극 또는 반응들이 일치하는 관계를 무엇이라 하는가?

① 관련성 ② 반응성 ③ 양립성 ④ 자극성

해설 **양립성(Compatibility)**

인간의 기대와 모순되지 않아야 하는 것을 말하며, 공간적, 운동, 개념적, 양식 양립성이 있다.

31

인간-기계시스템에 대한 평가에서 평가 척도나 기준(criteria)으로서 관심의 대상이 되는 변수는?

① 독립변수 ② 종속변수
③ 확률변수 ④ 통제변수

해설 **연구에 사용되는 변수**

독립변수	관찰하고자 하는 현상의 원인에 해당하는 변수(실험변수)
종속변수	평가척도나 기준으로서 관심의 대상이 되는 변수(기준)
통제변수	종속변수에 영향을 미칠 수 있지만 독립변수에 포함되지 않는 변수

32

암호체계 사용상의 일반적인 지침에 해당하지 않는 것은?

① 암호의 검출성 ② 부호의 양립성
③ 암호의 표준화 ④ 암호의 단일 차원화

해설 **암호체계 사용상의 일반적 지침**

① 암호의 검출성 ② 암호의 변별성
③ 부호의 양립성 ④ 부호의 의미
⑤ 암호의 표준화 ⑥ 다차원 암호의 사용

33

위험조정을 위해 필요한 기술은 조직형태에 따라 다양하며 4가지로 분류하였을 때 이에 속하지 않는 것은?

① 전가(transfer) ② 보류(retention)
③ 계속(continuation) ④ 감축(reducation)

해설 **위험의 처리기술**

① 회피(avoidance) ② 감축(reduction)
③ 보류(retention) ④ 전가(transfer)

34

광원으로부터의 직사 휘광을 줄이기 위한 방법으로 적절하지 않은 것은?

① 휘광원 주위를 어둡게 한다.
② 가리개, 갓, 차양 등을 사용한다.
③ 광원을 시선에서 멀리 위치시킨다.
④ 광원의 수는 늘리고 휘도는 줄인다.

해설 **광원으로부터의 직사휘광 처리**

① 광원의 휘도를 줄이고 수를 늘린다.
② 광원을 시선에서 멀리위치 시킨다.
③ 휘광원 주위를 밝게하여 광도비를 줄인다.
④ 가리개(shield), 갓(hood), 혹은 차양(visor)을 사용한다.

정답 29 ③ 30 ③ 31 ② 32 ④ 33 ③ 34 ①

35

다음의 설명에서 ( ) 안의 내용을 맞게 나열한 것은?

> 40 phon은 (㉠) sone을 나타내며, 이는 (㉡) dB의 (㉢) Hz 순음의 크기를 나타낸다.

① ㉠ 1, ㉡ 40, ㉢ 1000 ② ㉠ 1, ㉡ 32, ㉢ 1000
③ ㉠ 2, ㉡ 40, ㉢ 2000 ④ ㉠ 2, ㉡ 32, ㉢ 2000

해설 **Sone에 의한 음량**

① 다른 음의 상대적인 주관적 크기 비교
② 40dB의 1000Hz 순음의 크기(=40Phon)를 1sone
③ 기준음보다 10배 크게 들리는 음은 10sone의 음량

36

다음 형상 암호화 조종장치 중 이산 멈춤 위치용 조종장치는?

해설 **형상 암호화된 조정장치**

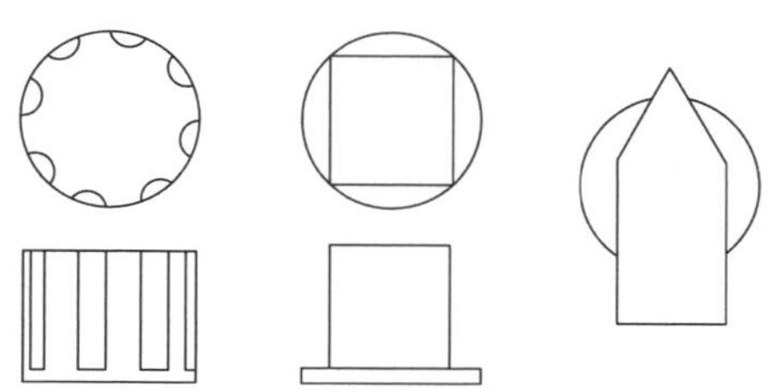

37

작업자의 작업공간과 관련된 내용으로 옳지 않은 것은?

① 서서 작업하는 작업공간에서 발바닥을 높이면 뻗침길이가 늘어난다.
② 서서 작업하는 작업공간에서 신체의 균형에 제한을 받으면 뻗침길이가 늘어난다.
③ 앉아서 작업하는 작업공간은 동적 팔뻗침에 의해 포락면(reach envelope)의 한계가 결정된다.
④ 앉아서 작업하는 작업공간에서 기능적 팔뻗침에 영향을 주는 제약이 적을수록 뻗침 길이가 늘어난다.

해설 **작업공간**

① 작업대는 작업자의 신체에 불필요한 긴장을 주지 않으며, 균형잡힌 상태로 작업이 가능하도록 설계되어야 한다.
② 서서 작업하는 작업공간에서 신체의 균형에 제한을 받게되면 뻗침 길이는 줄어든다.

38

활동의 내용마다 "우·양·가·불가"로 평가하고 이 평가 내용을 합하여 다시 종합적으로 정규화하여 평가하는 안정성 평가기법은?

① 평점척도법 ② 쌍대비교법
③ 계층적 기법 ④ 일관성 검정법

해설 **평점척도법**

학습결과나 태도 등을 평가할 때 숫자, 기호, 문자 등을 사용하여 해당되는 범주를 구분하거나 일정한 수치를 부여하여 평점하는 방법으로 일반적으로 3점, 5점, 7점 척도를 주로 사용한다.

정답 35 ① 36 ① 37 ② 38 ①

39

시스템 수명주기 단계 중 이전 단계들에서 발생되었던 사고 또는 사건으로부터 축적된 자료에 대해 실증을 통한 문제를 규명하고 이를 최소화하기 위한조치를 마련하는 단계는?

① 구상단계 ② 정의단계
③ 생산단계 ④ 운전단계

해설 **시스템의 수명주기**

단계	안전관련활동
구상 (concept)	시작단계로 시스템의 사용목적과 기능, 기초적인 설계사항의 구상, 시스템과 관련된 기본적 사항 검토 등
정의 (definition)	시스템개발의 가능성과 타당성 확인, SSPP 수행, 위험성 분석의 종류 결정 및 분석, 생산물의 적합성 검토, 시스템 안전 요구사양 결정 등
개발 (development)	시스템개발의 시작단계, 제품생산을 위한 구체적인 설계사항 결정 및 검토, FMEA진행 및 신뢰성공학과의 연계성 검토, 시스템의 안전성 평가, 생산계획 추진의 최종결정 등
생산 (production)	품질관리 부서와의 상호협력, 안전교육의 시작, 설계변경에 따른 수정작업, 이전 단계의 안전수준이 유지되는지 확인 등
배치 및 운용 (deployment)	시스템 운용 및 보전과 관련된 교육 실행, 발생한 사고, 고장, 사건 등의 자료수집 및 조사, 운용활동 및 프로그램 절차의 평가, 안전점검기준에 따른 평가 등
폐기 (disposal)	정상적 시스템 수명후의 폐기절차와 긴급 폐기절차의 검토 및 감시 등 (시스템의 유해위험성이 있는 부분의 폐기절차는 개발단계에서 검토)

40

사용자의 잘못된 조작 또는 실수로 인해 기계의 고장이 발생하지 않도록 설계하는 방법은?

① FMEA ② HAZOP
③ fail safe ④ fool proof

해설 **Fool-proof**

① 해당 기계 설비에 대하여 사전지식이 없는 작업자가 기계를 취급하거나 오조작을 하여도 위험이나 실수가 발생하지 않도록 설계된 구조를 말하며 본질적인 안전화를 의미한다.
② 인간의 실수가 있어도 안전장치가 설치되어 사고나 재해로 연결되지 않는 안전한 구조를 말한다.

3과목 기계·기구 및 설비 안전관리

41

프레스의 제작 및 안전기준에 따라 프레스의 각 항목이 표시된 이름판을 부착해야 하는데 이 이름판에 나타내어야 하는 항목이 아닌 것은?

① 압력능력 또는 전단능력 ② 제조연월
③ 안전인증의 표시 ④ 정격하중

해설 **프레스의 제작 및 안전기준(압력능력의 표시)**

① 압력능력(전단기는 전단능력) ② 사용전기설비의 정격
③ 제조자명 ④ 제조연월
⑤ 안전인증의 표시 ⑥ 형식 또는 모델번호
⑦ 제조번호

42

동력식 수동대패기계의 덮개와 송급 테이블면과의 간격기준은 몇 mm이하여야 하는가?

① 3 ② 5 ③ 8 ④ 12

해설 **동력식 수동대패기의 안전**

① 가동식 방호장치는 스프링의 복원력상태 및 날과 덮개와의 접촉 유무를 확인한다.
② 가동부의 고정상태 및 작업자의 접촉으로 인한 위험성 유무를 확인한다.
③ 날접촉 예방장치인 덮개와 송급테이블면과의 간격이 8mm 이하이어야 한다.

43

기계나 그 부품에 고장이나 기능 불량이 생겨도 항상 안전하게 작동하는 안전화 대책은?

① fool proof ② fail safe
③ risk management ④ hazard diagnosis

해설 **페일세이프(fail safe)**

조작상의 과오로 기기의 일부에 고장이 발생해도 다른부분의 고장이 발생하는 것을 방지하거나 또는 어떤 사고를 사전에 방지하고 안전측으로 작동하도록 설계하는 방법

정답 39 ④ 40 ④ 41 ④ 42 ③ 43 ②

44

다음 중 연삭기의 원주속도 V(m/s)를 구하는 식으로 옳은 것은? (단, D는 숫돌의 지름(m), n은 회전수(rpm))

① $V=\frac{\pi Dn}{16}$　② $V=\frac{\pi Dn}{32}$
③ $V=\frac{\pi Dn}{60}$　④ $V=\frac{\pi Dn}{1000}$

해설 연삭기의 원주속도

원주속도$=\pi D(\text{mm})N(\text{rpm})(\text{m/min})=\frac{\pi Dn}{60}(\text{m/s})$

45

산업안전보건법령에 따라 다음 중 덮개 혹은 울을 설치하여야 하는 경우나 부위에 속하지 않는 것은?

① 목재가공용 띠톱기계를 제외한 띠톱기계에서 절단에 필요한 톱날 부위 외의 위험한 톱날 부위
② 선반으로부터 돌출하여 회전하고 있는 가공물이 근로자에게 위험을 미칠 우려가 있는 경우
③ 보일러에서 과열에 의한 압력상승으로 인해 사용자에게 위험을 미칠 우려가 있는 경우
④ 연삭기 또는 평삭기의 테이블, 형삭기 램 등의 행정끝이 근로자에게 위험을 미칠 우려가 있는 경우

해설 덮개 또는 울등을 설치해야 하는 경우

① 연삭기 또는 평삭기의 테이블, 형삭기램 등의 행정끝이 위험을 미칠 경우
② 선반 등으로부터 돌출하여 회전하고 있는 가공물이 위험을 미칠 경우
③ 띠톱기계(목재가공용 띠톱기계 제외)의 절단에 필요한 톱날부위 외의 위험한 톱날부위

46

산업안전보건법령에서 규정하는 양중기에 속하지 않는 것은?

① 호이스트　② 이동식 크레인
③ 곤돌라　④ 체인블록

해설 양중기의 종류

① 크레인(호이스트 포함)
② 이동식 크레인
③ 리프트(이삿짐운반용리프트는 적재하중이 0.1톤 이상인 것으로 한정)
④ 곤돌라
⑤ 승강기(최대하중이 0.25톤 이상인 것으로 한정)

47

산업용 로봇에 사용되는 안전매트에 요구되는 일반 구조 및 표시에 관한 설명으로 옳지 않은 것은?

① 단선경보장치가 부착되어 있어야 한다.
② 감응시간을 조절하는 장치는 부착되어 있지 않아야 한다.
③ 자율안전확인의 표시 외에 작동하중, 감응시간, 복귀신호의 자동 또는 수동여부, 대소인공용 여부를 추가로 표시해야 한다.
④ 감응도 조절장치가 있는 경우 봉인되어 있지 않아야 한다.

해설 안전매트의 일반구조

① 단선경보장치가 부착되어 있어야 한다.
② 감응시간을 조절하는 장치는 부착되어 있지 않아야 한다.
③ 감응도 조절장치가 있는 경우 봉인되어 있어야 한다.

정답 44 ③ 45 ③ 46 ④ 47 ④

48

금형 작업의 안전과 관련하여 금형 부품 조립 시의 주의사항으로 틀린 것은?

① 맞춤 핀을 조립할 때에는 헐거운 끼워맞춤으로 한다.
② 파일럿 핀, 직경이 작은 펀치, 핀 게이지 등의 삽입부품은 빠질 위험이 있으므로 플랜지를 설치하는 등 이탈 방지대책을 세워둔다.
③ 쿠션 핀을 사용할 경우에는 상승 시 누름판의 이탈방지를 위하여 단붙임한 나사로 견고히 조여야 한다.
④ 가이드 포스트, 샹크는 확실하게 고정한다.

해설

맞춤 핀을 사용할 때에는 억지끼워맞춤으로 한다. 상형에 사용할 때에는 낙하방지의 대책을 세워둔다.

49

선반 작업 시 주의사항으로 틀린 것은?

① 회전 중에 가공품을 직접 만지지 않는다.
② 공작물의 설치가 끝나면 척에서 렌치류는 곧바로 제거한다.
③ 칩(chip)이 비산할 때는 보안경을 쓰고 방호판을 설치하여 사용한다.
④ 돌리개는 적정 크기의 것을 선택하고, 심압대 스핀들은 가능한 길게 나오도록 한다.

해설 **선반 작업시 안전기준**

① 가공물 조립시 반드시 스위치 차단 후 바이트 충분히 연 다음 실시
② 가공물장착 후에는 척 렌치를 바로 벗겨 놓는다.
③ 무게가 편중된 가공물은 균형추 부착
④ 바이트 설치는 반드시 기계 정지 후 실시
⑤ 돌리개는 적당한 것을 선택하고, 심압대 스핀들은 지나치게 길게 나오지 않도록 한다.

50

다음 중 기계 고장률의 기본 모형이 아닌 것은?

① 초기 고장　② 우발 고장
③ 영구 고장　④ 마모 고장

해설 **기계 고장률의 기본모형**

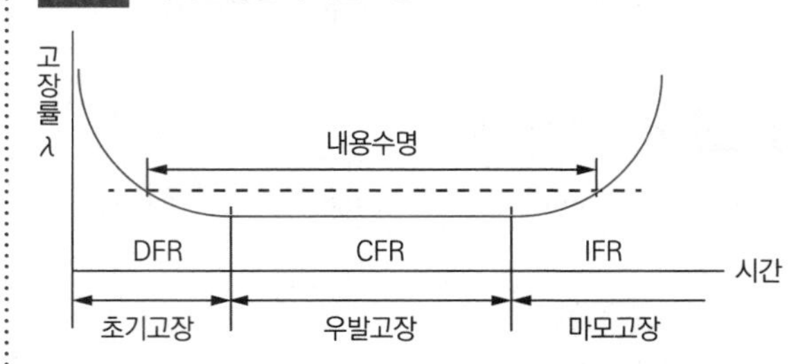

51

다음과 같은 작업조건일 경우 와이어로프의 안전율은?

작업대에서 사용된 와이어로프 1줄의 파단 하중이 100kN, 인양하중이 40kN, 로프의 줄 수가 2줄

① 2　② 2.5　③ 4　④ 5

해설 **와이어로프의 안전율**

$$\text{안전율}(S)=\frac{\text{로프의 가닥수}(N)\times\text{로프의 파단하중}(P)}{\text{안전하중(최대사용하중, }W)}$$

$$=\frac{2\times100}{40}=5$$

정답 48 ① 49 ④ 50 ③ 51 ④

52

프레스기에 사용하는 양수조작식 방호장치의 일반구조에 관한 설명 중 틀린 것은?

① 1행정 1정지 기구에 사용할 수 있어야 한다.
② 누름버튼을 양 손으로 동시에 조작하지 않으면 작동시킬 수 없는 구조이어야 한다.
③ 양쪽버튼의 작동시간 차이는 최대 0.5초 이내일 때 프레스가 동작되도록 해야 한다.
④ 방호장치는 사용전원전압의 ±50%의 변동에 대하여 정상적으로 작동되어야 한다.

해설 **양수조작식 방호장치**

방호장치는 릴레이, 리미트스위치 등의 전기부품의 고장, 전원전압의 변동 및 정전에 의해 슬라이드가 불시에 동작하지 않아야 하며, 사용전원 전압의 ±(100분의 20)의 변동에 대하여 정상으로 작동되어야 한다.

53

산업안전보건법령에 따라 아세틸렌 발생기실에 설치해야 할 배기통은 얼마 이상의 단면적을 가져야 하는가?

① 바닥면적의 $\frac{1}{16}$
② 바닥면적의 $\frac{1}{20}$
③ 바닥면적의 $\frac{1}{24}$
④ 바닥면적의 $\frac{1}{30}$

해설 **발생기실의 구조**

① 벽은 불연성의 재료로 하고 철근콘크리트 기타 이와 동등 이상의 강도를 가진 구조로 할 것
② 지붕 및 천정에는 얇은 철판이나 가벼운 불연성 재료를 사용할 것
③ 바닥면적의 16분의 1 이상의 단면적을 가진 배기통을 옥상으로 돌출시키고 그 개구부를 창 또는 출입구로부터 1.5m 이상 떨어지도록 할 것
④ 출입구의 문은 불연성 재료로 하고 두께 1.5mm 이상의 철판 기타 이와 동등 이상의 강도를 가진 구조로 할 것
⑤ 벽과 발생기 사이에는 발생기의 조정 또는 카바이드 공급 등의 작업을 방해하지 아니하도록 간격을 확보할 것

54

피복 아크 용접 작업 시 생기는 결함에 대한 설명 중 틀린 것은?

① 스패터(spatter) : 용융된 금속의 작은 입자가 튀어나와 모재에 묻어있는 것
② 언더컷(under cut) : 전류가 과대하고 용접속도가 너무 빠르며, 아크를 짧게 유지하기 어려운 경우 모재 및 용접부의 일부가 녹아서 발생하는 홈 또는 오목하게 생긴 부분
③ 크레이터(crater) : 용착금속 속에 남아있는 가스로 인하여 생긴 구멍
④ 오버랩(overlap) : 용접봉의 운행이 불량하거나 용접봉의 용융 온도가 모재보다 낮을 때 과잉 용착금속이 남아있는 부분

해설 **용접부의 결함**

종류	상태
언더컷(under cut)	용착금속이 채워지지 않고 홈으로 남게 된 부분
오버랩(over lap)	용융된 금속이 모재위에 겹쳐지는 상태
블로홀(blow hole)	용착금속에 방출가스로 인해 생긴 기포나 작은 틈
피트(pit)	용접부위에 생기는 작은 구멍이나 미세한 갈라짐
크레이터(crater)	용접 중에 아크를 중단시키면 중단된 부분이 오목하거나 납작하게 파진 모습으로 남게 되는 것
스패터(spatter)	용융된 금속의 작은 입자가 튀어나와 모재에 묻어있는 것

정답 52 ④ 53 ① 54 ③

55

프레스 작업 중 작업자의 신체일부가 위험한 작업점으로 들어가면 자동적으로 정지되는 기능이 있는데, 이러한 안전 대책을 무엇이라 하는가?

① 풀 프루프(fool proof)
② 페일 세이프(fail safe)
③ 인터록(inter lock)
④ 리미트 스위치(limit switch)

해설 **fail safe와 fool proof**

① fail safe: 기계 또는 설비에 이상이나 오동작이 발생하여도 안전사고를 발생시키지 않도록 2중 또는 3중으로 통제를 가하도록 한 체계
② fool proof: 사용자가 비록 잘못된 조작을 하더라도 이로 인해 전체의 고장이 발생되지 아니하도록 하는 설계방법

56

산업안전보건법령상 연삭숫돌의 시운전에 관한 설명으로 옳은 것은?

① 연삭숫돌의 교체 시에는 바로 사용할 수 있다.
② 연삭숫돌의 교체 시 1분 이상 시운전을 하여야 한다.
③ 연삭숫돌의 교체 시 2분 이상 시운전을 하여야 한다.
④ 연삭숫돌의 교체 시 3분 이상 시운전을 하여야 한다.

해설 **연삭기의 안전작업**

직경이 5cm 이상인 연삭숫돌에는 덮개를 설치해야 하며, 작업시작전 1분 이상, 연삭숫돌 교체시 3분 이상 시운전해야 한다.

57

보일러수 속에 불순물 농도가 높아지면서 수면에 거품이 형성되어 수위가 불안정하게 되는 현상은?

① 포밍　② 서징
③ 수격현상　④ 공동현상

해설 **포밍(foaming)**

보일러수에 불순물이 많이 포함되었을 경우, 보일러수의 비등과 함께 수면부위에 거품층을 형성하여 수위가 불안정하게 되는 현상

58

산업안전보건법령상 연삭숫돌의 상부를 사용하는 것을 목적으로 하는 탁상용 연삭기 덮개의 노출각도는?

① 60° 이내　② 65° 이내
③ 80° 이내　④ 125° 이내

해설 **연삭기 덮개의 설치방법**

① 탁상용 연삭기의 노출각도는 80° 이내로 하되, 숫돌의 주축에서 수평면 위로 이루는 원주 각도는 65° 이상이 되지 않도록 하여야 한다.
② 연삭숫돌의 상부를 사용하는 것을 목적으로 하는 연삭기는 60° 이내로 한다.

59

산업안전보건법령상 위험기계·기구별 방호조치로 가장 적절하지 않은 것은?

① 산업용 로봇 – 안전매트
② 보일러 – 급정지장치
③ 목재가공용 둥근톱기계 – 반발예방장치
④ 산업용 로봇 – 광전자식 방호장치

해설 **보일러 방호장치**

① 고저수위 조절장치　② 압력방출장치
③ 압력제한스위치　④ 화염검출기

정답 55 ① 56 ④ 57 ① 58 ① 59 ②

60

산업안전보건법령상 기계 기구의 방호조치에 대한 사업주·근로자 준수사항으로 가장 적절하지 않은 것은?

① 방호 조치의 기능상실에 대한 신고가 있을 시 사업주는 수리, 보수 및 작업중지 등 적절한 조치를 할 것
② 방호조치 해체 사유가 소멸된 경우 근로자는 즉시 원상회복 시킬 것
③ 방호조치의 기능상실을 발견 시 사업주에게 신고할 것
④ 방호조치 해체 시 해당 근로자가 판단하여 해체할 것

해설 **방호조치를 해체 하려는 경우 안전조치 및 보건조치**

1. 방호조치를 해체하려는 경우	사업주의 허가를 받아 해체할 것
2. 방호조치를 해체한 후 그 사유가 소멸된 경우	지체없이 원상으로 회복시킬 것
3. 방호조치의 기능이 상실된 것을 발견한 경우	지체없이 사업주에게 신고할 것

4과목 전기 및 화학설비 안전관리

61

방폭전기설비의 설치시 고려하여야 할 환경조건으로 가장 거리가 먼 것은?

① 열 ② 진동 ③ 산소량 ④ 수분 및 습기

해설 **설치위치 선정시 고려사항**

① 보수가 용이한 위치에 설치하고 점검 또는 정비에 필요한 공간을 확보하여야 한다.
② 가능하면 수분이나 습기에 노출되지 않는 위치를 선정하고, 상시 습기가 많은 장소에 설치하는 것을 피하여야 한다.
③ 부식성가스 발산구의 주변 및 부식성 액체가 비산하는 위치에 설치하는 것을 피하여야 한다.
④ 열유관, 증기관 등의 고온 발열체에 근접한 위치에는 가능하면 설치를 피하여야 한다.
⑤ 기계장치 등으로부터 현저한 진동의 영향을 받을 수 있는 위치에 설치하는 것을 피하여야 한다.

62

다음 중 방폭구조의 종류와 기호가 올바르게 연결된 것은?

① 압력방폭구조: q ② 유입방폭구조: m
③ 비점화방폭구조: n ④ 본질안전방폭구조: e

해설 **방폭구조의 기호**

종류	내압	압력	유입	안전증	몰드	충전	비점화	본질안전	특수
기호	d	p	o	e	m	q	n	i	s

정답 60 ④ 61 ③ 62 ③

63

페인트를 스프레이로 뿌려 도장작업을 하는 작업 중 발생할 수 있는 정전기 대전으로만 이루어진 것은?

① 분출대전, 충돌대전
② 충돌대전, 마찰대전
③ 유동대전, 충돌대전
④ 분출대전, 유동대전

해설 **대전의 종류**

① 충돌대전: 분체류와 같은 입자 상호간이나 입자와 고체와의 충돌에 의해 빠른 접촉 또는 분리가 행하여짐으로써 정전기가 발생되는 현상
② 분출대전: 분체류, 액체류, 기체류가 단면적이 작은 분출구를 통해 공기 중으로 분출될 때 분출하는 물질과 분출구의 마찰로 인해 정전기가 발생되는 현상

64

제3종 접지 공사 시 접지선에 흐르는 전류가 0.1 A일 때 전압강하로 인한 대지 전압의 최대값은 몇 V 이하이어야 하는가?

① 10 V ② 20 V ③ 30 V ④ 50 V

해설 **전압강하**

① 3종접지공사의 저항값 : 100Ω 이하
② 대지전압의 최대값 : 0.1A ×100Ω = 10V

65

다음 중 대전된 정전기의 제거방법으로 적당하지 않은 것은?

① 작업장 내에서의 습도를 가능한 낮춘다.
② 제전기를 이용해 물체에 대전된 정전기를 제거한다.
③ 도전성을 부여하여 대전된 전하를 누설시킨다.
④ 금속 도체와 대지 사이의 전위를 최소화하기 위하여 접지한다.

해설 **정전기 발생 방지책**

① 접지(도체의 대전방지)
② 가습(공기중의 상대습도를 60~70%정도 유지)
③ 대전방지제 사용
④ 배관 내에 액체의 유속제한 및 정체시간 확보
⑤ 제전장치(제전기) 사용
⑥ 도전성 재료 사용
⑦ 보호구 착용 등

66

폭발위험장소의 분류 중 1종 장소에 해당하는 것은?

① 폭발성 가스 분위기가 연속적, 장기간 또는 빈번하게 존재하는 장소
② 폭발성 가스 분위기가 정상작동 중 조성되지 않거나 조성된다 하더라도 짧은 기간에만 존재할 수 있는 장소
③ 폭발성 가스 분위기가 정상작동 중 주기적 또는 빈번하게 생성되는 장소
④ 폭발성 가스 분위기가 장기간 또는 거의 조성되지 않는 장소

해설 **1종 장소**

정상 작동상태에서 인화성 액체의 증기 또는 가연성 가스에 의한 폭발위험분위기가 존재하기 쉬운 장소(맨홀·벤트·피트 등의 주위)

정답 63 ① 64 ① 65 ① 66 ③

67

인체저항을 5,000[Ω]으로 가정하면 심실세동을 일으키는 전류에서의 전기에너지는? (단, 심실세동전류는 $I=\frac{165}{\sqrt{T}}$[mA]이며 통전시간 T는 1초이고 전원은 교류정현파이다.)

① 33[J] ② 130[J] ③ 136[J] ④ 142[J]

해설 **전기에너지의 계산**

$$Q=\left(\frac{165}{\sqrt{T}}\times 10^{-3}\right)^2\times 5000\times 1=136.125[\text{J}]$$

68

전선 간에 가해지는 전압이 어떤 값 이상으로 되면 전선 주위의 전기장이 강하게 되어 전선 표면의 공기가 국부적으로 절연이 파괴되어 빛과 소리를 내는 것은?

① 표피 작용 ② 페란티 효과
③ 코로나 현상 ④ 근접 현상

해설 **코로나의 현상 및 영향**

① 코로나 현상 : 전선에 가해지는 전압이 어떤 값 이상으로 되면 전선 표면의 공기 절연이 국부적으로 파괴되어 엷은 빛이나 소리를 내는 현상
② 코로나의 영향 : 통신선의 유도 장애, 라디오나 텔레비젼의 잡음 등에 나쁜 영향을 줌

69

누전에 의한 감전 위험을 방지하기 위하여 반드시 접지를 하여야만 하는 부분에 해당되지 않는 것은?

① 절연대 위 등과 같이 감전 위험이 없는 장소에서 사용하는 전기 기계·기구의 금속체
② 전기 기계·기구의 금속제 외함, 금속제 외피 및 철대
③ 전기를 사용하지 아니하는 설비 중 전동식 양중기의 프레임과 궤도에 해당하는 금속체
④ 코드와 플러그를 접속하여 사용하는 휴대형 전동 기계·기구의 노출된 비충전 금속체

해설 **접지를 하지 않아도 되는 안전한 부분**

① 「전기용품 및 생활용품 안전관리법」이 적용되는 이중절연 또는 이와 같은 수준 이상으로 보호되는 구조로 된 전기기계·기구
② 절연대 위 등과 같이 감전 위험이 없는 장소에서 사용하는 전기 기계·기구
③ 비접지방식의 전로에 접속하여 사용되는 전기기계·기구

70

정전기 발생에 영향을 주는 요인이 아닌 것은?

① 물체의 특성 ② 물체의 표면상태
③ 접촉면적 및 압력 ④ 응집속도

해설 **정전기 발생의 영향 요인**

① 물체의 특성 ② 물체의 표면상태 ③ 물체의 이력
④ 접촉면적 및 압력 ⑤ 분리속도 등

정답 67 ③ 68 ③ 69 ① 70 ④

71

알루미늄 금속분말에 대한 설명으로 틀린 것은?

① 분진폭발의 위험성이 있다.
② 연소 시 열을 발생한다.
③ 분진폭발을 방지하기 위해 물속에 저장한다.
④ 염산과 반응하여 수소가스를 발생한다.

해설

수분은 분진폭발의 영향인자로 분진의 부유성을 억제하며, 마그네슘, 알루미늄등은 물과 반응하여 수소기체를 발생하여 위험성을 증대시킨다.

72

공기 중에 3ppm의 디메틸아민(demethylamine, TLV-TWA : 10ppm)과 20ppm의 시클로헥산올(cyclohexanol, TLV-TWA : 50ppm)이 있고, 10ppm의 산화프로필렌(propyleneoxide, TLV-TWA : 20ppm)이 존재한다면 혼합 TLV-TWA는 몇 ppm 인가?

① 12.5 ② 22.5 ③ 27.5 ④ 32.5

해설 **혼합물의 노출기준 및 허용농도**

① 노출기준(허용기준) 계산

$$\frac{C_1}{T_1}+\frac{C_2}{T_2}+\frac{C_3}{T_3}=\frac{3}{10}+\frac{20}{50}+\frac{10}{20}=1.2$$

② 혼합물의 허용농도는 $\frac{33}{1.2}=27.5\text{ppm}$

73

다음은 산업안전보건법령상 파열판 및 안전밸브의 직렬 설치에 관한 내용이다. ( )에 알맞은 용어는?

> 사업주는 급성 독성물질이 지속적으로 외부에 유출될 수 있는 화학설비 및 그 부속설비에 파열판과 안전밸브를 직렬로 설치하고 그 사이에는 압력지시계 또는 ( )을(를) 설치하여야 한다.

① 자동경보장치 ② 차단장치
③ 플레어헤드 ④ 콕

해설 **안전밸브의 설치방법**

파열판 및 안전밸브의 직렬 설치	급성 독성물질이 지속적으로 외부에 유출될 수 있는 화학설비 및 그 부속설비에 직렬로 설치하고 그 사이에는 압력지시계 또는 자동경보장치 설치
파열판과 안전밸브를 병렬로 반응기 상부에 설치	반응폭주 현상이 발생했을 때 반응기 내부 과압을 분출하고자 할 경우

74

위험물안전관리법령상 칼륨에 의한 화재에 적응성이 있는 것은?

① 건조사(마른모래) ② 포소화기
③ 이산화탄소소화기 ④ 할로겐화합물소화기

해설 **금속화재(D급화재)**

① 금속화재는 금속의 열전도에 따른 화재나 금속 분에 의한 분진의 폭발 등
② 철분, 마그네슘, 칼륨, 금속분류에 의한 화재로 일반적으로 건조사(피복에 의한 질식효과)에 의한 소화방법 사용

정답 71 ③ 72 ③ 73 ① 74 ①

75

산업안전보건법령상 용해아세틸렌의 가스집합용접장치의 배관 및 부속기구에는 구리나 구리 함유량이 몇 퍼센트 이상인 합금을 사용할 수 없는가?

① 40 ② 50 ③ 60 ④ 70

해설

용해아세틸렌을 사용하는 가스집합 용접장치의 배관 및 부속기구는 구리나 구리 함유량이 70퍼센트 이상인 합금을 사용해서는 아니 된다.

76

염소산칼륨에 관한 설명으로 옳은 것은?

① 탄소, 유기물과 접촉 시에도 분해폭발 위험은 거의 없다.
② 열에 강한 성질이 있어서 500℃의 고온에서도 안정적이다.
③ 찬물이나 에탄올에도 매우 잘 녹는다.
④ 산화성 고체물질이다.

해설 **염소산칼륨($KClO_3$)**

① 강한 산화제이며 유기물, 탄소, 황화물, 황, 붉은 인 등과 혼합하여 가열하거나 타격을 가하면 폭발한다.
② 충격에 예민하므로 폭약으로 인정되지 않는다.
③ 중성, 알칼리성 용액은 산화 작용이 없으나 산성으로 하면 강한 산화제로 된다.

77

메탄 20vol%, 에탄 25vol%, 프로판 55vol%의 조성을 가진 혼합가스의 폭발하한계값(vol%)은 약 얼마인가? (단, 메탄, 에탄 및 프로판가스의 폭발하한값은 각각 5vol%, 3vol%, 2vol%이다.)

① 2.51 ② 3.12 ③ 4.26 ④ 5.22

해설 **르샤틀리에의 법칙(혼합가스의 폭발범위 계산)**

$$\frac{100}{L}=\frac{V_1}{L_1}+\frac{V_2}{L_2}+\frac{V_3}{L_3}=\frac{20}{5}+\frac{25}{3}+\frac{55}{2}=39.8$$

그러므로 $L=2.51\%$

78

위험물안전관리법령상 제3류 위험물의 금수성 물질이 아닌 것은?

① 과염소산염 ② 금속나트륨
③ 탄화칼슘 ④ 탄화알루미늄

해설

칼륨, 나트륨, 탄화칼슘, 탄화알루미늄 등은 금수성 물질에 해당되는 위험물(알칼리금속)로 물과 반응하면 수소가 발생한다. 이때 많은 반응열이 발생하며 발생한 수소와 공기중의 산소가 반응해서 폭발이 일어난다.

Tip

과염소산염은 1류 위험물인 산화성고체에 해당된다.

79

물과 접촉할 경우 화재나 폭발의 위험성이 더욱 증가하는 것은?

① 칼륨 ② 트리니트로톨루엔
③ 황린 ④ 니트로셀룰로오스

해설

칼륨, 나트륨, 탄화칼슘, 등은 금수성 물질에 해당되는 위험물로 물과 반응하면 수소가 발생하며, 많은 반응열로 인해 화재나 폭발의 위험성이 더욱 증가된다.

80

다음 중 화재의 종류가 옳게 연결된 것은?

① A급화재 – 유류화재 ② B급화재 – 유류화재
③ C급화재 – 일반화재 ④ D급화재 – 일반화재

해설 **화재의 분류**

① A급 화재 : 일반화재
② B급 화재 : 유류화재
③ C급 화재 : 전기화재
④ D급 화재 : 금속화재

정답 75 ④ 76 ④ 77 ① 78 ① 79 ① 80 ②

5과목 건설공사 안전관리

81

철근의 인력 운반 방법에 관한 설명으로 옳지 않는 것은?

① 긴 철근은 두 사람이 1조가 되어 같은 쪽의 어깨에 메고 운반한다.
② 양끝은 묶어서 운반한다.
③ 1회 운반 시 1인당 무게는 50kg 정도로 한다.
④ 공동작업 시 신호에 따라 작업한다.

해설 **철근의 운반(보기 외에)**

① 1인당 무게는 25킬로그램 정도가 적절하며 무리한 운반은 삼가
② 내려놓을 때는 천천히 내려놓고 던지지 않을 것
③ 긴 철근을 부득이 한 사람이 운반할 때에는 한쪽을 어깨에 메고 한쪽 끝을 끌면서 운반

82

사다리식 통로를 설치할 때 사다리의 상단은 걸쳐 놓은 지점으로부터 최소 얼마 이상 올라가도록 하여야 하는가?

① 45cm 이상 ② 60cm 이상
③ 75cm 이상 ④ 90cm 이상

해설 **사다리식 통로의 구조(주요내용)**

① 발판과 벽과의 사이는 15센티미터 이상의 간격을 유지할 것
② 폭은 30센티미터 이상으로 할 것
③ 사다리의 상단은 걸쳐놓은 지점으로부터 60센티미터 이상 올라가도록 할 것
④ 사다리식 통로의 길이가 10미터 이상인 경우에는 5미터 이내마다 계단참을 설치할 것
⑤ 사다리식 통로의 기울기는 75도 이하로 할 것

83

차량계 건설기계의 작업계획서 작성 시 그 내용에 포함되어야 할 사항이 아닌 것은?

① 사용하는 차량계 건설기계의 종류 및 성능
② 차량계 건설기계의 운행 경로
③ 차량계 건설기계에 의한 작업방법
④ 브레이크 및 클러치 등의 기능 점검

해설 **작업계획서 내용**

① 사용하는 차량계 건설기계의 종류 및 성능
② 차량계 건설기계의 운행경로
③ 차량계 건설기계에 의한 작업방법

84

개착식 굴착공사(Open cut)에서 설치하는 계측기기와 거리가 먼 것은?

① 수위계 ② 경사계
③ 응력계 ④ 내공변위계

해설

내공변위 측정, 천단침하 측정 등은 터널굴착작업에 해당하는 계측기기이다.

85

콘크리트 측압에 관한 설명으로 옳지 않은 것은?

① 대기의 온도가 높을수록 크다.
② 콘크리트의 타설속도가 빠를수록 크다.
③ 콘크리트의 타설높이가 높을수록 크다.
④ 배근된 철근량이 적을수록 크다.

해설 **측압이 커지는 조건**

① 타설 속도가 빠를수록
② 콘크리트 슬럼프치가 클수록
③ 다짐이 충분할수록
④ 철골, 철근량이 적을수록
⑤ 콘크리트 시공연도가 좋을수록
⑥ 외기의 온도가 낮을수록 등

정답 81 ③ 82 ② 83 ④ 84 ④ 85 ①

86

달비계에 사용이 불가한 와이어로프의 기준으로 옳지 않은 것은?

① 이음매가 없는 것
② 지름의 감소가 공칭지름의 7[%]를 초과하는 것
③ 심하게 변형되거나 부식된 것
④ 와이어로프의 한 꼬임에서 끊어진 소선(素線)의 수가 10[%] 이상인 것

해설 **와이어로프의 사용제한 조건**

① 이음매가 있는 것
② 와이어로프의 한 꼬임(스트랜드)에서 끊어진 소선(필러선 제외)의 수가 10% 이상인 것
③ 지름의 감소가 공칭지름의 7%를 초과하는 것
④ 꼬인 것
⑤ 심하게 변형되거나 부식된 것
⑥ 열과 전기충격에 의해 손상된 것

87

다음은 산업안전보건기준에 관한 규칙 중 가설통로의 구조에 관한 사항이다. ( ) 안에 들어갈 내용으로 옳은 것은?

수직갱에 가설된 통로의 길이가 15[m] 이상인 경우에는 10[m] 이내마다 ( )을/를 설치할 것

① 손잡이　　② 계단참
③ 클램프　　④ 버팀대

해설

수직갱에 가설된 통로의 길이가 15m 이상인 경우에는 10m 이내마다 계단참을 설치할 것

88

다음 중 구조물의 해체작업을 위한 기계·기구가 아닌 것은?

① 쇄석기　　② 데릭
③ 압쇄기　　④ 철제 해머

해설 **데릭**

(1) 구조 : 동력을 이용하여 물건을 달아 올리는 기계장치로써 마스트 또는 붐, 달아 올리는 기구와 기타 부속물로 구성
(2) 종류 : ① 가이데릭 ② 진폴데릭 ③ 스티프레그 데릭 등

89

강풍 시 타워크레인의 설치·수리·점검 또는 해체작업을 중지하여야 하는 순간풍속 기준으로 옳은 것은?

① 순간풍속이 초당 10[m]를 초과하는 경우
② 순간풍속이 초당 15[m]를 초과하는 경우
③ 순간풍속이 초당 20[m]를 초과하는 경우
④ 순간풍속이 초당 30[m]를 초과하는 경우

해설 **강풍시 타워크레인의 작업제한**

① 순간풍속이 매 초당 10미터 초과 : 타워크레인의 설치·수리·점검 또는 해체작업 중지
② 순간풍속이 매 초당 15미터 초과 : 타워크레인의 운전작업 중지

90

근로자의 추락 위험이 있는 장소에서 발생하는 추락재해의 원인으로 볼 수 없는 것은?

① 안전대를 부착하지 않았다.
② 덮개를 설치하지 않았다.
③ 투하설비를 설치하지 않았다.
④ 안전난간을 설치하지 않았다.

해설 **물체낙하에 의한 위험방지**

① 대상 : 높이 3m 이상인 장소에서 물체 투하시
② 조치사항 : ㉠ 투하설비설치 ㉡ 감시인배치

정답 86 ① 87 ② 88 ② 89 ① 90 ③

91

추락방지망의 달기로프를 지지점에 부착할 때 지지점의 간격이 1.5 m인 경우 지지점의 강도는 최소 얼마 이상이어야 하는가?

① 200kg ② 300kg ③ 400kg ④ 500kg

해설 **추락방지망의 지지점 강도**

① $F=200B$
여기서, F : 외력(킬로그램), B : 지지점간격(미터)
② 지지점의 간격이 1.5m인 경우
$F=200\times1.5=300$kg

92

가설통로를 설치하는 경우 준수해야 할 기준으로 옳지 않은 것은?

① 경사는 45° 이하로 할 것
② 경사가 15°를 초과하는 경우에는 미끄러지지 아니하는 구조로 할 것
③ 추락할 위험이 있는 장소에는 안전난간을 설치할 것
④ 수직갱에 가설된 통로의 길이가 15 m 이상인 경우에는 10 m 이내마다 계단참을 설치할 것

해설 **가설 통로의 구조(보기 ②③④ 외에)**

① 견고한 구조로 할 것
② 경사는 30도 이하로 할 것
③ 건설공사에 사용하는 높이 8m 이상인 비계다리에는 7m 이내마다 계단참을 설치할 것

93

철골작업을 중지하여야 하는 제한 기준에 해당되지 않는 것은?

① 풍속이 초당 10 m 이상인 경우
② 강우량이 시간당 1 mm 이상인 경우
③ 강설량이 시간당 1 cm 이상인 경우
④ 소음이 65 dB 이상인 경우

해설 **철골작업 안전기준(작업의 제한))**

① 풍속 : 초당 10m 이상인 경우
② 강우량 : 시간당 1mm 이상인 경우
③ 강설량 : 시간당 1cm 이상인 경우

94

유해위험방지계획서를 제출해야 하는 공사의 기준으로 옳지 않은 것은?

① 최대 지간길이 30m 이상인 교량 건설등 공사
② 깊이 10m 이상인 굴착공사
③ 터널 건설등의 공사
④ 다목적댐, 발전용댐 및 저수용량 2천만톤 이상의 용수 전용 댐, 지방상수도 전용 댐 건설 등의 공사

해설 **유해위험 방지계획서를 제출해야 될 대상 건설업(2021년 법령개정 내용 적용)**

① 다음 각목의 어느하나에 해당하는 건축물 또는 시설 등의 건설, 개조 또는 해체공사
㉠ 지상 높이가 31미터 이상인 건축물 또는 인공구조물
㉡ 연면적 3만제곱미터 이상인 건축물
㉢ 연면적 5천제곱미터 이상인 시설로서 다음의 어느 하나에 해당하는 시설
㉮ 문화 및 집회시설 ㉯ 판매시설, 운수시설
㉰ 종교시설 ㉱ 의료시설 중 종합병원
㉲ 숙박시설 중 관광숙박시설 ㉳ 지하도 상가
㉴ 냉동, 냉장 창고시설
② 최대 지간 길이가 50미터 이상인 다리의 건설 등 공사
③ 연면적 5천 제곱 미터 이상인 냉동, 냉장창고 시설의 설비공사 및 단열공사
④ 다목적댐, 발전용댐, 저수용량 2천만톤 이상의 용수전용댐 및 지방상수도 전용댐의 건설 등 공사
⑤ 터널의 건설등 공사
⑥ 깊이 10미터 이상인 굴착 공사

95

콘크리트 타설용 거푸집에 작용하는 외력 중 연직방향 하중이 아닌 것은?

① 고정하중 ② 충격하중
③ 작업하중 ④ 풍하중

해설 **거푸집 동바리의 하중**

① 연직방향하중 : 거푸집, 동바리, 콘크리트, 철근, 작업원, 타설용 기계기구, 가설설비 등의 중량(자중) 및 충격하중
② 횡방향 하중 : 작업할때의 진동, 충격, 시공차 등에 기인되는 횡방향 하중 이외에 필요에 따라 풍압, 유수압, 지진 등
③ 그 밖의 콘크리트 측압, 특수하중, 기타 하중 등

정답 91 ② 92 ① 93 ④ 94 ① 95 ④

96

흙막이 지보공을 설치하였을 때 붕괴 등의 위험방지를 위하여 정기적으로 점검하고, 이상 발견 시 즉시 보수하여야 하는 사항이 아닌 것은?

① 침하의 정도
② 버팀대의 긴압의 정도
③ 지형·지질 및 지층상태
④ 부재의 손상·변형·변위 및 탈락의 유무와 상태

해설 **흙막이 지보공 설치시 점검사항**

① 부재의 손상·변형·부식·변위 및 탈락의 유무와 상태
② 버팀대의 긴압의 정도
③ 침하의 정도
④ 부재의 접속부·부착부 및 교차부의 상태

97

암질 변화구간 및 이상 암질 출현 시 판별 방법과 가장 거리가 먼 것은?

① R.Q.D ② R.M.R
③ 지표침하량 ④ 탄성파 속도

해설 **암질판별기준**

① R·Q·D(%) ② 탄성파 속도(m/sec)
③ R·M·R ④ 일축압축강도(kg/cm²)
⑤ 진동치속도(cm/sec=Kine)

98

강관을 사용하여 비계를 구성하는 경우의 준수사항으로 옳지 않은 것은?

① 비계기둥의 간격은 띠장 방향에서는 1.85m 이하로 할 것
② 비계기둥의 간격은 장선(長線) 방향에서는 1.0m 이하로 할 것
③ 띠장 간격은 2.0m 이하로 할 것
④ 비계기둥 간의 적재하중은 400kg을 초과하지 않도록 할 것

해설 **강관비계의 구조**

구분		내용(준수사항)
비계기둥	띠장방향	1.85 m 이하
	장선방향	1.5 m 이하
띠장 간격		2.0 m 이하로 설치할 것
벽 연결		수직으로 5 m, 수평으로 5 m 이내마다 연결
높이 제한		비계기둥의 제일 윗부분부터 31미터 되는 지점 밑부분의 비계기둥은 2개의 강관으로 묶어세울 것
가 새		기둥간격 10m마다 45°각도, 처마방향 가새
적재 하중		비계 기둥간 적재 하중은 400kg을 초과하지 않도록 할 것

99

산업안전보건법령에 따른 크레인을 사용하여 작업을 하는 때 작업시작 전 점검사항에 해당되지 않는 것은?

① 권과방지장치·브레이크·클러치 및 운전장치의 기능
② 주행로의 상측 및 트롤리(trolley)가 횡행하는 레일의 상태
③ 원동기 및 풀리(pulley) 기능의 이상 유무
④ 와이어로프가 통하고 있는 곳의 상태

해설 **크레인을 사용하는 경우 작업시작 전 점검사항**

① 권과방지장치·브레이크·클러치 및 운전장치의 기능
② 주행로의 상측 및 트롤리가 횡행하는 레일의 상태
③ 와이어로프가 통하고 있는 곳의 상태

정답 96 ③ 97 ③ 98 ② 99 ③

100

철근콘크리트 현장타설공법과 비교한 PC(precast concrete) 공법의 장점으로 볼 수 없는 것은?

① 기후의 영향을 받지 않아 동절기 시공이 가능하고, 공기를 단축할 수 있다.
② 현장작업이 감소되고, 생산성이 향상되어 인력절감이 가능하다.
③ 공사비가 매우 저렴하다.
④ 공장 제작이므로 콘크리트 양생 시 최적조건에 의한 양질의 제품생산이 가능하다.

해설 **분진폭발의 특징**

PC공법의 경우 날씨의 영향을 받지 않고 진행할수 있어 공기를 단축하고, 필요한 인원을 줄일수 있는 등 비용을 절감할수 있는 부분도 있지만, 공사의 성격과 특성에 따라 다를수 있어 매우 저렴하다고 볼 수는 없다.

정답 100 ③

2024년 2월 15일~3월 7일

산업안전산업기사 CBT 기출 복원문제

1과목 산업재해 예방 및 안전보건교육

01

버드(Bird)는 사고가 5개의 연쇄반응에 의하여 발생되는 것으로 보았다. 다음 중 재해 발생의 첫 단계에 해당하는 것은?

① 개인적 결함
② 사회적 환경
③ 전문적 관리의 부족
④ 불안전한 행동 및 불안전한 상태

해설 **버드(Bird)의 연쇄성 이론**

제어의 부족(관리) → 기본원인(기원) → 직접원인(징후) → 사고(접촉) → 상해(손실)

02

무재해운동의 추진에 있어 무재해운동을 개시한 날로부터 며칠 이내에 무재해운동 개시신청서를 관련 기관에 제출하여야 하는가?

① 4일 ② 7일 ③ 14일 ④ 30일

해설 **무재해운동 개시**

① 무재해운동의 개시를 선포하고 조회 또는 교육 시 등 적당한 방법으로 관련내용을 근로자들에게 공표 할 것
② 무재해 운동을 개시한 날로부터 14일 이내에 무재해운동 개시신청서와 상시근로자 수 산정표를 지도원장등에게 제출할 것

03

산업안전보건법령에 따라 건설현장에서 사용하는 크레인, 리프트 및 곤돌라는 최초로 설치한 날부터 얼마마다 안전검사를 실시하여야 하는가?

① 6개월 ② 1년 ③ 2년 ④ 3년

해설 **안전검사의 주기**

크레인 (이동식크레인 제외), 리프트 (이삿짐운반용리프트 제외) 및 곤돌라	사업장에 설치가 끝난 날부터 3년 이내에 최초 안전검사를 실시하되, 그 이후부터 매 2년마다(건설현장에서 사용하는 것은 최초로 설치한 날부터 매 6개월마다)
이동식크레인, 이삿짐운반용리프트, 고소작업대	자동차 관리법에 따른 신규 등록 이후 3년 이내에 최초 안전검사를 실시하되, 그 이후부터 2년마다
프레스, 전단기, 압력용기, 국소배기장치, 원심기, 롤러기, 사출성형기, 컨베이어, 산업용 로봇, 혼합기, 파쇄기 또는 분쇄기	사업장에 설치가 끝난 날부터 3년 이내에 최초 안전검사를 실시하되, 그 이후부터 매 2년마다(공정안전보고서를 제출하여 확인을 받은 압력용기는 4년마다)

tip

법령개정으로 혼합기, 파쇄기 또는 분쇄기가 추가되었으며, 2026년 6월 26일부터 시행

정답 1 ③ 2 ③ 3 ①

04

다음 중 부주의 현상을 그림으로 표시한 것으로 의식의 우회를 나타낸 것은?

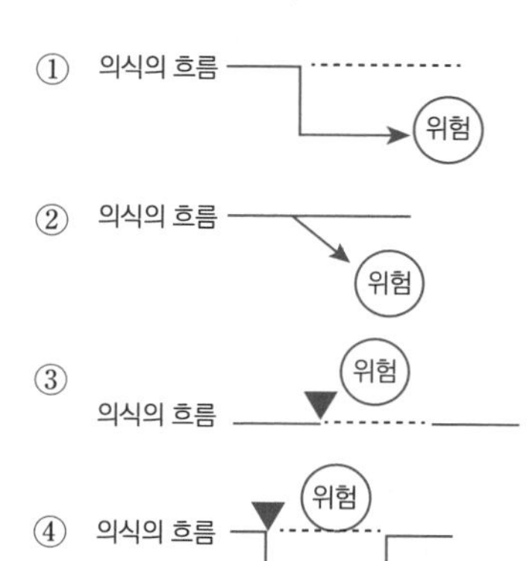

해설 **부주의 현상**

의식의 단절(중단)	의식수준 제0단계(phase0)의 상태(특수한 질병의 경우)
의식의 우회	의식수준 제0단계(phase0)의 상태(걱정, 고뇌, 욕구불만 등)
의식수준의 저하	의식수준 제1단계(phase Ⅰ) 이하의 상태(심신 피로 또는 단조로운 작업시)
의식의 혼란	외적조건의 문제로 의식이 혼란되고 분산되어 작업에 잠재된 위험요인에 대응할 수 없는 상태(자극이 애매 모호하거나, 너무 강하거나 약할 때)
의식의 과잉	의식수준이 제4단계(phaseⅣ)인 상태(돌발사태 및 긴급이상사태로 주의의 일점 집중현상 발생)

05

재해손실비 중 직접 손실비에 해당하지 않는 것은?

① 요양급여 ② 휴업급여
③ 간병급여 ④ 생산손실급여

해설 **직접비와 간접비**

직접비 (법적으로 지급되는 산재보상비)	간접비 (직접비 제외한 모든 비용)
요양급여, 휴업급여, 장해급여, 간병급여, 유족급여, 직업재활급여, 장례비 등	인적손실, 물적손실, 생산손실, 임금손실,시간손실, 신규채용비용, 기타손실 등

06

산업안전보건법령상 안전·보건표지의 종류에 있어 “안전모 착용”은 어떤 표지에 해당하는가?

① 경고 표지 ② 지시 표지
③ 안내 표지 ④ 관계자외 출입금지

해설 **안전보건표지(지시표시)**

① 지시표시는 특정행위의 지시 및 사실의 고지를 나타내며, 원형모양에 바탕은 파란색, 관련그림은 흰색
② 지시표시는 보호구 착용에관한 사항(보안경, 방독마스크, 방진마스크, 보안면, 안전모, 귀마개, 안전화, 안전장갑, 안전복 착용)

07

어떤 사업장의 종합재해지수가 16.95이고, 도수율이 20.83이라면 강도율은 약 얼마인가?

① 20.45 ② 15.92 ③ 13.79 ④ 10.54

해설 **종합재해지수(FSI)**

① 재해의 빈도의 다소와 상해의 정도의 강약을 종합하여 나타내는 방식으로 직장과 기업의 성적지표로 사용
② 공식 : $FSI=\sqrt{도수율(FR)\times 강도율(SR)}$
③ 강도율을 x라하면, $\sqrt{x}=\frac{16.95}{\sqrt{20.83}}$
④ 그러므로, $x=13.79$

정답 4④ 5④ 6② 7③

08

인간관계 메커니즘 중에서 다른 사람으로부터의 판단이나 행동을 무비판적으로 논리적, 사실적 근거 없이 받아들이는 것을 무엇이라 하는가?

① 모방(imitation) ② 암시(suggestion)
③ 투사(projection) ④ 동일화(identification)

해설 인간관계 메커니즘

동일화	다른 사람의 행동양식이나 태도를 투입하거나 다른 사람 가운데서 자기와 비슷한 것을 발견하게 되는 것(자녀가 부모의 행동양식을 자연스럽게 배우는 것 등)
투사	자기 마음속의 억압된 것을 다른 사람의 것으로 생각하게 되는 것(대부분 증오, 비난 같은 정서나 감정이 표현되는 경우가 많다)
모방	다른 사람의 행동이나 판단을 표본으로 하여 그것과 같거나 비슷한 행위로 재현하거나 실행하려는 것(어린아이가 부모의 행동을 흉내 내는 것 등)
암시	다른 사람으로부터의 판단이나 행동을 무비판적으로 논리적, 사실적 근거 없이 받아들이는 것(다수 의견이나 전문가, 권위자, 존경하는 자 등의 행동이나 판단 등)

09

다음 중 산업안전보건법령에서 정한 안전보건관리규정의 세부내용으로 가장 적절하지 않은 것은?

① 산업안전보건위원회의 설치·운영에 관한 사항
② 사업주 및 근로자의 재해 예방 책임 및 의무 등에 관한 사항
③ 근로자 건강진단, 작업환경측정의 실시 및 조치절차 등에 관한 사항
④ 산업재해 및 중대산업사고의 발생시 손실비용 산정 및 보상에 관한 사항

해설 안전보건관리규정의 세부내용(사고 조사 및 대책 수립)

① 산업재해 및 중대산업사고의 발생 시 처리 절차 및 긴급조치에 관한 사항
② 산업재해 및 중대산업사고의 발생원인에 대한 조사 및 분석, 대책 수립에 관한 사항
③ 산업재해 및 중대산업사고 발생의 기록·관리 등에 관한 사항

10

다음 중 교육훈련의 학습을 극대화시키고, 개인의 능력개발을 극대화시켜 주는 평가방법이 아닌 것은?

① 관찰법 ② 배제법
③ 자료분석법 ④ 상호평가법

11

다음 중 안전심리의 5대 요소에 해당하는 것은?

① 기질(temper) ② 지능(intelligence)
③ 감각(sense) ④ 환경(environment)

해설 산업안전 심리의 5대요소

① 기질 ② 동기 ③ 습관 ④ 습성 ⑤ 감정

12

다음 중 시행착오설에 의한 학습법칙에 해당하지 않은 것은?

① 효과의 법칙 ② 준비성의 법칙
③ 연습의 법칙 ④ 일관성의 법칙

해설 학습이론(S-R이론)

종류	학습의 원리 및 법칙
조건반사(반응)설 (pavlov)	① 일관성의 원리 ② 강도의 원리 ③ 시간의 원리 ④ 계속성의 원리
시행 착오설 (Thorndike)	① 효과의 법칙 ② 연습의 법칙 ③ 준비성의 법칙
조작적 조건 형성 이론(skinner)	① 강화의 원리 ② 소거의 원리 ③ 조형의 원리 ④ 자발적 회복의 원리 ⑤ 변별의 원리

정답 8 ② 9 ④ 10 ② 11 ① 12 ④

13

다음 중 재해조사시의 유의사항으로 가장 적절하지 않은 것은?

① 사실을 수집한다.
② 사람, 기계설비, 양면의 재해요인을 모두 도출한다.
③ 객관적인 입장에서 공정하게 조사하며, 조사는 2인 이상이 한다.
④ 목격자의 증언과 추측의 말은 모두 반영하여 분석하고, 결과를 도출한다.

해설 **재해 조사시 유의사항**

① 사실을 수집한다. 그 이유는 뒤로 미룬다.
② 목격자가 발언하는 사실 이외의 추측의 말은 참고로 한다.
③ 조사는 신속히 행하고 2차 재해의 방지를 도모한다.
④ 사람, 설비, 환경의 측면에서 재해요인을 도출한다.
⑤ 제3자의 입장에서 공정하게 조사하며, 그러기 위해 조사는 2인 이상이 한다.
⑥ 책임추궁보다 재발방지를 우선하는 기본태도를 견지한다.

14

산업안전보건법령상 특별안전·보건교육에 있어 대상 작업별 교육내용 중 밀폐공간에서의 작업에 대한 교육내용과 가장 거리가 먼 것은? (단, 기타 안전·보건관리에 필요한 사항은 제외한다.)

① 산소농도측정 및 작업환경에 관한 사항
② 유해물질의 인체에 미치는 영향
③ 보호구 착용 및 사용방법에 관한 사항
④ 사고시의 응급처치 및 비상시 구출에 관한 사항

해설 **밀폐공간에서의 작업시 특별안전보건교육의 내용**

① 산소농도 측정 및 작업환경에 관한 사항
② 사고시의 응급처치 및 비상시 구출에 관한 사항
③ 보호구 착용 및 보호 장비 사용에 관한 사항
④ 작업내용·안전작업방법 및 절차에 관한 사항
⑤ 장비·설비 및 시설 등의 안전점검에 관한 사항
⑥ 그 밖에 안전·보건 관리에 필요한 사항

tip
본 문제는 2021년 법령개정으로 수정된 내용입니다.(해설은 개정된 내용 적용)

15

다음 중 안전대의 각 부품(용어)에 관한 설명으로 틀린 것은?

① "안전그네"란 신체지지의 목적으로 전신에 착용하는 띠 모양의 것으로서 상체 등 신체 일부분만 지지하는 것은 제외한다.
② "버클"이란 벨트 또는 안전그네와 신축조절기를 연결하기 위한 사각형의 금속 고리를 말한다.
③ "U자걸이"란 안전대의 죔줄을 구조물 등에 U자 모양으로 돌린 뒤 훅 또는 카라비너를 D링에, 신축조절기를 각링 등에 연결하는 걸이 방법을 말한다.
④ "1개걸이"란 죔줄의 한쪽 끝을 D링에 고정시키고 훅 또는 카라비너를 구조물 또는 구명줄에 고정시키는 걸이 방법을 말한다.

해설 **안전대의 부품**

① "각링"이란 벨트 또는 안전그네와 신축조절기를 연결하기 위한 사각형의 금속 고리
② "버클"이란 벨트 또는 안전그네를 신체에 착용하기 위해 그 끝에 부착한 금속장치
③ "추락방지대"란 신체의 추락을 방지하기 위해 자동잠김장치를 갖추고 죔줄과 수직구명줄에 연결된 금속장치
④ "안전블록"이란 안전그네와 연결하여 추락발생시 추락을 억제할 수 있는 자동잠김장치가 갖추어져 있고 죔줄이 자동적으로 수축되는 장치

정답 13 ④ 14 ② 15 ②

16

다음 중 무재해운동 추진기법에 있어 지적확인의 특성을 가장 적절하게 설명한 것은?

① 오관의 감각기관을 총동원하여 작업의 정확성과 안전을 확인한다.
② 참여자 전원의 스킨십을 통하여 연대감, 일체감을 조성할 수 있고 느낌을 교류한다.
③ 비평을 금지하고, 자유로운 토론을 통하여 독창적인 아이디어를 끌어낼 수 있다.
④ 작업 전 5분간의 미팅을 통하여 시나리오상의 역할을 연기하여 체험하는 것을 목적으로 한다.

해설 **지적 확인의 정의**

① 작업 공정이나 상황 가운데 위험요인이나 작업의 중요 포인트에 대해 자신의 행동을 「…좋아!」라고 큰 소리로 제창하여 확인하는 방법으로 인간의 감각기관을 최대한 활용함으로 위험 요소에 대한 긴장을 유발하고 불안전 행동이나 상태를 사전에 방지하는 효과가 있다. 작업자 상호간의 연락이나 신호를 위한 동작과 지적도 지적 확인이라고 한다.
② 작업자 상호간의 연락이나 신호를 위한 동작과 지적도 지적확인이라고 한다.

17

다음 중 학습의 목적의 3요소에 해당하지 않는 것은?

① 주제 ② 대상 ③ 목표 ④ 학습정도

해설 **학습의 목적(구성 3요소)**

① 목표(학습목적의 핵심, 달성하려는 지표)
② 주제(목표달성을 위한 테마)
③ 학습정도(주제를 학습시킬 범위와 내용의 정도)

18

다음 중 매슬로우의 욕구 5단계 이론에서 최종 단계에 해당하는 것은?

① 존경의 욕구 ② 성장의 욕구
③ 자아실현 욕구 ④ 생리적 욕구

해설 **매슬로우(Maslow)의 욕구위계이론 5단계**

생리적 욕구 → 안전의 욕구 → 사회적 욕구 → 존경의 욕구 → 자아실현의 욕구

19

다음 중 안전교육의 3단계에서 생활지도, 작업동작지도 등을 통한 안전의 습관화를 위한 교육을 무엇이라 하는가?

① 지식교육 ② 기능교육 ③ 태도교육 ④ 인성교육

해설 **태도교육의 특징**

① 생활지도, 작업동작지도, 안전의 습관화 및 일체감
② 자아실현욕구의 충족기회 제공
③ 상사와 부하의 목표설정을 위한 대화(대인관계)
④ 작업자의 능력을 약간 초월하는 구체적이고 정량적인 목표설정
⑤ 신규 채용시에도 태도교육에 중점

20

다음 중 헤드십에 관한 내용으로 볼 수 없는 것은?

① 부하와의 사회적 간격이 좁다.
② 지휘의 형태는 권위주의적이다.
③ 권한의 부여는 조직으로부터 위임받는다.
④ 권한에 대한 근거는 법적 또는 규정에 의한다.

해설 **헤드십과 리더십의 구분**

구분	권한부여 및 행사	권한 근거	상관과 부하와의 관계 및 책임귀속	부하와의 사회적 간격	지휘 형태
헤드십	위에서 위임하여 임명. 임명된 헤드	법적 또는 공식적	지배적 상사	넓다	권위 주의적
리더십	아래로부터의 동의에 의한 선출. 선출된 리더	개인 능력	개인적인 영향 상사와 부하	좁다	민주 주의적

정답 16 ① 17 ② 18 ③ 19 ③ 20 ①

2과목 인간공학 및 위험성 평가관리

21

다음 중 음(音)의 크기를 나타내는 단위로만 나열된 것은?

① dB, nit ② phon, lb ③ dB, psi ④ phon, dB

해설 단위의 정의

① lb(파운드) : 무게를 나타내는 단위
② nit(cd/m²) : 광도의 단위
③ psi : 압력의 단위

tip
데시벨(dB), phon, Sone 등은 음의 크기를 나타내는 단위

22

다음 중 결함수분석법(FTA)에 관한 설명으로 틀린 것은?

① 최초 Watson이 군용으로 고안하였다.
② 미니멀 패스(Minimal path sets)를 구하기 위해서는 미니멀 컷(Minimal cut sets)의 상대성을 이용한다.
③ 정상사상의 발생확률을 구한 다음 FT를 작성한다.
④ AND 게이트의 확률 계산은 각 입력사상의 곱으로 한다.

해설 FT 작성순서

FT를 작성하고 수식화 하여 불대수를 이용 간소화한 후 정상사상에 대한 확률을 산출한다.

23

다음 통제용 조종장치의 형태 중 그 성격이 다른 것은?

① 노브(knob)
② 푸시 버튼(push button)
③ 토글 스위치(toggle switch)
④ 로터리선택스위치(rotary select switch)

해설 통제기의 특성

① 연속적인 조절이 필요한 형태 : knob, crank, handle, lever, pedal 등
② 불연속적인 조절이 필요한 형태 : push button, toggle switch, rotary switch 등

24

다음 중 공간 배치의 원칙에 해당되지 않는 것은?

① 중요성의 원칙 ② 다양성의 원칙
③ 기능별 배치의 원칙 ④ 사용빈도의 원칙

해설 공간배치의 원칙

원칙	내용	구분
중요성의 원칙	목표달성에 긴요한 정도에 따른 우선순위	부품의 위치결정
사용빈도의 원칙	사용되는 빈도에 따른 우선순위	
기능별배치의 원칙	기능적으로 관련된 부품들을 모아서 배치	부품의 배치결정
사용순서의 원칙	순서적으로 사용되는 장치들을 순서에 맞게 배치	

25

다음 중 위험 및 운전성 분석(HAZOP) 수행에 가장 좋은 시점은 어느 단계인가?

① 구상단계 ② 생산단계
③ 설치단계 ④ 개발단계

해설 HAZOP의 분석 시기

HAZOP는 시스템의 설계가 상당부분 완성되었을 때 실시하는 것이 좋다. 시스템수명주기에서, 개발단계는 제품생산을 위한 구체적인 설계사항들이 결정되고, 최종적인 검토가 이루어지는 단계이므로 이때가 HAZOP의 수행에 가장 좋은시점이라 할 수 있다.

26

1cd의 점광원에서 1m 떨어진 곳에서의 조도가 3 lux이었다. 동일한 조건에서 5m 떨어진 곳에서의 조도는 약 몇 lux인가?

① 0.12 ② 0.22 ③ 0.36 ④ 0.56

해설 조도

① 공식 : $조도 = \frac{광도}{(거리)^2}$
② $광도 = 3 \times 1^2 = 3cd$
③ $조도 = \frac{3}{5^2} = 0.12Lux$

정답 21 ④ 22 ③ 23 ① 24 ② 25 ④ 26 ①

27

다음 중 신체와 환경간의 열교환 과정을 가장 올바르게 나타낸 식은? (단, W는 일, M은 대사, S는 열 축적, R은 복사, C는 대류, E는 증발, Clo는 의복의 단열률이다.)

① $W=(M+S)\pm R\pm C-E$
② $S=(M-W)\pm R\pm C-E$
③ $W=Clo\times(M-S)\pm R\pm C-E$
④ $S=Clo\times(M-W)\pm R\pm C-E$

해설 **열교환**

$S=M-E\pm R\pm C-W$

S : 열축적, M : 대사열, E : 증발열, C : 대류열, R : 복사열, W : 한일

28

다음 중 위험을 통제하는데 있어 취해야 할 첫 단계 조사는?

① 작업원을 선발하여 훈련한다.
② 덮개나 격리 등으로 위험을 방호한다.
③ 설계 및 공정계획시에 위험을 제거토록 한다.
④ 점검과 필요한 안전보호구를 사용하도록 한다.

해설 **위험의 통제**

위험통제의 첫단계는 설계 및 공정계획시에 위험의 잠재요인을 원천적으로 제거하는 것이며, 그 다음으로 방호장치 및 안전보호구 그리고 훈련 등을 하게 된다.

29

FT도에서 사용되는 다음 기호의 의미로 옳은 것은?

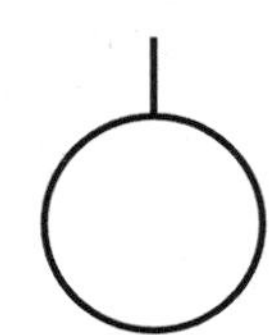

① 결함사상
② 기본사상
③ 통상사상
④ 제외사상

해설 **논리기호 및 사상기호**

결함사상 (사상기호)	기본사상 (사상기호)	생략사상 (최후사상)	통상사상 (사상기호)

30

System 요소 간의 link 중 인간 커뮤니케이션 link에 해당되지 않는 것은?

① 방향성 link
② 통신계 link
③ 시각 link
④ 컨트롤 link

31

다음 중 일반적인 수공구의 설계원칙으로 볼 수 없는 것은?

① 손목을 곧게 유지한다.
② 반복적인 손가락 동작을 피한다.
③ 사용이 용이한 검지만을 주로 사용한다.
④ 손잡이는 접촉면적을 가능하면 크게 한다.

해설 **수공구의 설계원칙**

① 손목을 곧게 펼 수 있도록
② 손가락으로 지나친 반복동작을 하지 않도록
③ 손 바닥면에 압력이 가해지지 않도록(접촉면적을 크게)
④ 적절한 장갑을 사용
⑤ 공구의 무게를 줄이고 균형을 유지 하도록 등

32

인간 오류의 분류에 있어 원인에 의한 분류 중 작업자가 기능을 움직이려 해도 필요한 물건, 정보, 에너지 등의 공급이 없는 것처럼 작업자가 움직이려 해도 움직일 수 없어서 발생하는 오류는?

① primary error
② secondary error
③ command error
④ omission error

해설 **원인의 레벨적 분류**

Primary error	작업자 자신으로부터 발생한 에러(안전교육으로 예방)
Secondary error	작업형태, 작업조건 중에서 다른 문제가 발생하여 필요한 직무나 절차를 수행할 수 없는 에러
Command error	작업자가 움직이려 해도 필요한 물건, 정보, 에너지 등이 공급되지 않아서 작업자가 움직일 수 없는 상황에서 발생한 에러

정답 27 ② 28 ③ 29 ② 30 ④ 31 ③ 32 ③

33

다음 중 신호의 강도, 진동수에 의한 신호의 상대식별 등 물리적 자극의 변화여부를 감지할 수 있는 최소의 자극 범위를 의미하는 것은?

① Chunking
② Stimulus Range
③ SDT(Signal Detection Theory)
④ JND(Just Noticeable Difference)

해설 **변화감지역(최소의 자극범위)**

① 특정 감각의 감지능력은 두 자극 사이의 차이를 알아낼 수 있는 변화감지역(JND : Just Noticeable Difference)으로 표현
② 변화 감지역이 작을수록 변화를 검출하기 쉽다.

34

조도가 400럭스인 위치에 놓인 흰색 종이 위에 짙은 회색의 글자가 씌어져 있다. 종이의 반사율은 80%이고, 글자의 반사율은 40%라 할 때 종이와 글자의 대비는 얼마인가?

① -100% ② -50% ③ 50% ④ 100%

해설 **대비**

① 대비(%)$=\frac{\text{배경의광도}(L_b)-\text{표적의광도}(L_t)}{\text{배경의광도}(L_b)}\times 100$

② 대비(%)$=\frac{80-40}{80}\times 100=50(\%)$

35

다음 중 인간-기계 시스템에서 기계에 비교한 인간의 장점과 가장 거리가 먼 것은?

① 완전히 새로운 해결책을 찾아낸다.
② 여러 개의 프로그램된 활동을 동시에 수행한다.
③ 다양한 경험을 토대로 하여 의사결정을 한다.
④ 상황에 따라 변화하는 복잡한 자극 형태를 식별한다.

해설 **인간과 기계의 기능비교**

기계는 과부하 상태에서도 효율적으로 작동하고, 동시에 여러 가지 작업이 가능하지만, 인간은 과부하 상태에서 중요한 일에만 전념한다.

36

성인이 하루에 섭취하는 음식물의 열량 중 일부는 생명을 유지하기 위한 신체기능에 소비되고, 나머지는 일을 한다거나 여가를 즐기는데 사용될 수 있다. 이 중 생명을 유지하기 위한 최소한의 대사량을 무엇이라 하는가?

① BMR ② RMR ③ GSR ④ EMG

해설 **기초대사량(basal metabolic rate)**

① 생명을 유지하는데 필요로하는 최소한의 에너지량을 기초대사량이라 한다.
② 운동이나 활동하지 않는 안정된 상태에서 신체 기능을 유지하는데 필요한 대사량이다.

37

Chapanis의 위험분석에서 발생이 불가능한(Impossible) 경우의 위험발생률은?

① 10^{-2}/day ② 10^{-4}/day
③ 10^{-6}/day ④ 10^{-8}/day

38

세발자전거에서 각 바퀴의 신뢰도가 0.9일 때 이 자전거의 신뢰도는 얼마인가?

① 0.729 ② 0.810 ③ 0.891 ④ 0.999

해설 **신뢰도(직렬연결)**

R = 0.9 × 0.9 × 0.9 = 0.729

정답 33 ④ 34 ③ 35 ② 36 ① 37 ④ 38 ①

39

다음 중 형상 암호화된 조종장치에서 "이산 멈춤 위치용" 조종장치로 가장 적절한 것은?

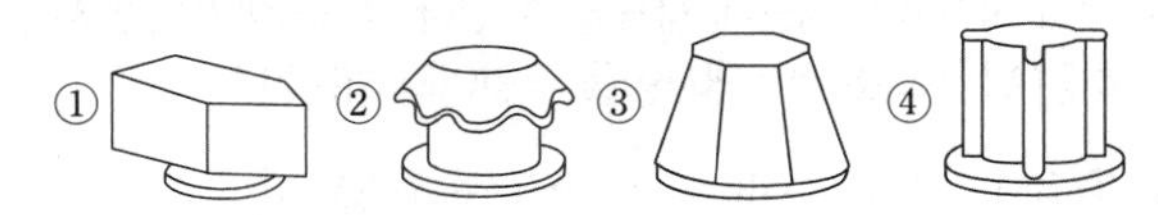

해설 **이산 멈춤 위치용 조종장치**

이산 멈춤 위치용 조종장치는 비연속 제어에 사용되며, 전 제어작용에서 볼 때 정보의 중요한 부분을 차지하는 사항의 위치지정을 할 때 사용된다.

40

다음 중 보전용 자재에 관한 설명으로 가장 적절하지 않은 것은?

① 소비속도가 느려 순환사용이 불가능하므로 폐기시켜야 한다.
② 휴지손실이 적은 자재는 원자재나 부품의 형태로 재고를 유지한다.
③ 열화상태를 경향검사로 예측이 가능한 품목은 적시 발주법을 적용한다.
④ 보전의 기술수준, 관리수준이 재고량을 좌우한다.

3과목 기계·기구 및 설비 안전관리

41

선반에서 절삭가공 중 발생하는 연속적인 칩을 자동적으로 끊어 주는 역할을 하는 것은?

① 커버 ② 방진구 ③ 보안경 ④ 칩 브레이커

해설 **선반의 방호 장치**

실드 (Shield)	공작물의 칩이 비산 되어 발생하는 위험을 방지하는 덮개
척 커버 (Chuck Cover)	척에 고정시킨 가공물의 돌출부에 작업자가 접촉하여 발생하는 위험을 방지하기 위하여 설치
칩 브레이커	길게 형성되는 절삭 칩을 바이트를 사용하여 절단해주는 장치

42

다음 중 연삭기를 이용한 작업을 할 경우 연삭숫돌을 교체한 후에는 얼마 동안 시험운전을 하여야 하는가?

① 1분 이상 ② 3분 이상
③ 10분 이상 ④ 15분 이상

해설 **연삭기의 시운전**

작업 시작하기 전 1분 이상, 연삭 숫돌을 교체한 후 3분 이상 시운전

43

다음 중 와이어로프 구성기호 "6×19"의 표기에서 "6"의 의미에 해당하는 것은?

① 소선 수 ② 소선의 직경(mm)
③ 스트랜드 수 ④ 로프의 인장강도

해설 **와이어로프의 구성 표시 방법**

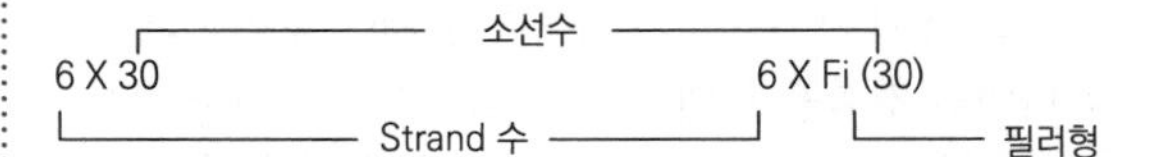

정답 39 ① 40 ① 41 ④ 42 ② 43 ③

44

다음 중 산업안전보건법령상 안전난간의 구조 및 설치 요건에서 상부난간대의 높이는 바닥면으로부터 얼마 지점에 설치하여야 하는가?

① 30cm 이상
② 60cm 이상
③ 90cm 이상
④ 120cm 이상

해설 **안전난간의 설치기준(상부난간대)**

① 바닥면·발판 또는 경사로의 표면으로부터 90cm 이상 지점에 설치
② 상부 난간대를 120cm 이하에 설치하는 경우에는 중간 난간대는 상부 난간대와 바닥면 등의 중간에 설치
③ 120cm 이상 지점에 설치하는 경우에는 중간 난간대를 2단 이상으로 균등하게 설치하고 난간의 상하 간격은 60cm 이하가 되도록 할 것

45

기계의 안전조건 중 외형의 안전화로 가장 적합한 것은?

① 기계의 회전부에 덮개를 설치하였다.
② 강도의 열화를 고려해 안전율을 최대로 설계하였다.
③ 정전시 오동작을 방지하기 위하여 자동제어장치를 설치하였다.
④ 사용압력 변동시의 오동작 방지를 위하여 자동제어장치를 설치하였다.

해설 **외형의 안전화**

① 가드 설치(기계 외형 부분 및 회전체 돌출 부분)
② 별실 또는 구획된 장소에 격리(원동기 및 동력 전도 장치)
③ 안전 색채 조절(기계 장비 및 부수되는 배관)

46

드릴로 구멍을 뚫는 작업 중 공작물이 드릴과 함께 회전할 우려가 가장 큰 경우는?

① 처음 구멍을 뚫을 때
② 중간쯤 뚫렸을 때
③ 거의 구멍이 뚫렸을 때
④ 구멍이 완전히 뚫렸을 때

해설 **드릴 작업시 안전대책**

① 드릴 끼운 후 척 렌치는 반드시 빼둘 것
② 장갑 착용 금지 및 칩은 브러시로 제거
③ 얇은 재료는 흔들리기 쉬우므로 나무판을 받치고 작업
④ 구멍이 거의 다 뚫렸을 때 일감이 드릴과 함께 회전하기 쉬우므로 주의

tip
나머지 안전대책에 대한내용을 본문내용에서 꼭 확인하세요.

47

다음 중 톱의 후면날 가까이에 설치되어 목재의 켜진 틈 사이에 끼어서 쐐기작용을 하여 목재가 압박을 가하지 않도록 하는 장치를 무엇이라 하는가?

① 분할날
② 반발방지장치
③ 날접촉예방장치
④ 가동식 접촉예방장치

해설 **분할날의 설치기준**

① 분할 날의 두께는 둥근톱 두께의 1.1배 이상이어야 한다.
$1.1t_1 \leq t_2 < b$ (t_1 : 톱두께, t_2 : 분할날두께, b : 치진폭)
② 견고히 고정할 수 있으며 분할날과 톱날 원주면과의 거리는 12mm 이내로 조정, 유지할 수 있어야 하고 표준 테이블면 상의 톱 뒷날의 2/3 이상을 덮도록 하여야 한다.

정답 44 ③ 45 ① 46 ③ 47 ①

48

다음 중 원심기의 방호장치로 가장 적합한 것은?

① 덮개 ② 반발방지장치
③ 릴리프밸브 ④ 수인식 가드

해설 원심기의 안전기준

① 원심기 또는 분쇄기 등으로부터 내용물을 꺼내거나 원심기 또는 분쇄기등의 정비·청소·검사·수리 또는 그 밖에 이와 유사한 작업을 하는 경우에 그 기계의 운전을 정지하여야 한다.
② 원심기의 최고사용회전수를 초과하여 사용해서는 아니 된다.
③ 내용물이 튀어나오는 것을 방지하도록 덮개를 설치하여야 한다.

49

다음 중 기계설비 안전화의 기본 개념으로서 적절하지 않은 것은?

① fail-safe의 기능을 갖추도록 한다.
② fool proof의 기능을 갖추도록 한다.
③ 안전상 필요한 장치는 단일 구조로 한다.
④ 안전 기능은 기계 장치에 내장되도록 한다.

해설 기계설비의 본질 안전 조건

① 안전기능이 기계 내에 내장되어 있을 것
② 풀 프루프(fool proof)의 기능을 가질 것
③ 페일 세이프(fail safe)의 기능을 가질 것

50

다음 중 산업안전보건법령상 이동식 크레인을 사용하여 작업할 때의 작업시작 전 점검사항으로 틀린 것은?

① 브레이크·클러치 및 조정장치의 기능
② 권과방지방치나 그 밖의 경보장치의 기능
③ 와이어로프가 통하고 있는 곳 및 작업장소의 지반상태
④ 원동기·회전축·기어 및 풀리 등의 덮개 또는 울 등의 이상 유무

해설 이동식크레인을 사용하여 작업할 때 작업시작전 점검사항

① 권과방지장치나 그 밖의 경보장치의 기능
② 브레이크·클러치 및 조정장치의 기능
③ 와이어로프가 통하고 있는 곳 및 작업장소의 지반상태

51

다음 중 산업안전보건법령에 따른 압력용기에 설치하는 안전밸브의 설치 및 작동에 관한 설명으로 틀린 것은?

① 다단형 압축기에는 각 단 또는 각 공기압축기별로 안전밸브 등을 설치하여야 한다.
② 안전밸브는 이를 통하여 보호하려는 설비의 최저사용압력 이하에서 작동되도록 설정하여야 한다.
③ 화학공정 유체와 안전밸브의 디스크 또는 시트가 직접 접촉될 수 있도록 설치된 경우에는 2년마다 1회 이상 국가 교정기관에서 검사한 후 납으로 봉인하여 사용한다.
④ 공정안전보고서 이행상태 평가결과가 우수한 사업장의 안전밸브의 경우 검사주기는 4년마다 1회 이상이다.

해설 압력용기의 압력방출장치(안전밸브)

① 과압으로 인한 폭발 방지를 위해 설치
② 다단형 압축기 또는 직렬로 접속된 공기압축기는 과압 방지 압력방출장치를 각단마다 설치
③ 압력방출장치는 압력용기의 최고사용압력 이전에 작동되도록 설정

52

클러치 프레스에 부착된 양수조작식 방호장치에 있어서 클러치 맞물림 개소수가 4군데, 매분 행정수가 300 SPM일 때 양수조작식 조작부의 최소 안전거리는? (단, 인간의 손의 기준 속도는 1.6 m/s로 한다.)

① 240mm ② 260mm ③ 340mm ④ 360mm

해설 양수기동식의 안전거리

① $D_m = 1.6T_m$
② $T_m = \left(\frac{1}{\text{클러치 맞물림 개소수}} + \frac{1}{2}\right) \times \frac{60,000}{\text{매분행정수}}(\text{ms})$
$= \left(\frac{1}{4} + \frac{1}{2}\right) \times \frac{60,000}{300} = 150(\text{ms})$
③ $D_m = 1.6 \times 150 = 240(\text{mm})$

정답 48 ① 49 ③ 50 ④ 51 ② 52 ①

53

다음 중 벨트 컨베이어의 특징에 해당되지 않는 것은?

① 무인화 작업이 가능하다.
② 연속적으로 물건을 운반할 수 있다.
③ 운반과 동시에 하역작업이 가능하다.
④ 경사각이 클수록 물건을 쉽게 운반할 수 있다.

해설 **벨트 컨베이어의 특징**

① 파쇄물, 부스러기에 대하여 큰 수송능력을 가지며 동력소비량도 적다.
② 운반물의 종류에 따라 다소 차이는 있으나 운반 경사각은 보통 최대 20° 정도이다.
③ 연속적인 작업과 무인화작업 그리고 운반과 동시에 물건을 승하역 할 수 있다.

54

프레스의 광전자식 방호장치에서 손이 광선을 차단한 직후부터 급정지장치가 작동을 개시한 시간이 0.03초이고, 급정지장치가 작동을 시작하여 슬라이드가 정지한 때까지의 시간이 0.2초라면 광축의 설치위치는 위험점에서 얼마 이상 유지해야 하는가?

① 153mm ② 279mm ③ 368mm ④ 451mm

해설 **광전자식의 안전거리**

① $D(\text{mm})=1600\times(T_C+T_S)$
T_C : 방호장치의 작동시간[즉 손이 광선을 차단했을 때부터 급정지기구가 작동을 개시할 때까지의 시간 (초)]
T_S : 프레스의 최대정지시간[즉 급정지기구가 작동을 개시했을 때부터 슬라이드가 정지할 때까지의 시간 (초)]
② $D=1600\times(0.03+0.2)=368\text{mm}$

55

다음 중 슬로터(slotter)의 방호장치로 적합하지 않은 것은?

① 칩받이 ② 방책 ③ 칸막이 ④ 인발블록

해설 **슬로터(slotter)**

① 슬로터는 셰이퍼의 램 운동을 수평에서 수직으로 바꾸어 직립형으로 한 공작 기계로, 방호장치는 셰이퍼와 같다.
② 방호장치 : ㉠ 울타리(방책, 방호울) ㉡ 칩 받이 ㉢ 칸막이 ㉣ 가드

56

원래 길이가 150mm인 슬링체인을 점검한 결과 길이에 변형이 발생하였다. 다음 중 폐기대상에 해당되는 측정값(길이)으로 옳은 것은?

① 151.5mm 초과 ② 153.5mm 초과
③ 155.5mm 초과 ④ 157.5mm 초과

해설 **달기체인**

① 사용제한 조건
㉠ 달기체인의 길이가 달기체인이 제조된 때의 길이의 5퍼센트를 초과한 것
㉡ 링의 단면지름이 달기체인이 제조된 때의 해당 링의 지름의 10퍼센트를 초과하여 감소한 것
㉢ 균열이 있거나 심하게 변형된 것
② 150mm×0.05=7.5
그러므로, 150+7.5=157.5mm

57

다음 중 보일러의 부식원인과 가장 거리가 먼 것은?

① 증기발생이 과다할 때
② 급수처리를 하지 않은 물을 사용할 때
③ 급수에 해로운 불순물이 혼입되었을 때
④ 불순물을 사용하여 수관이 부식되었을 때

해설 **보일러의 부식원인**

① 불순물로 인한 수관부식
② 급수에 불순물 혼입
③ 급수처리 하지 않은 물 사용(pH 10~11정도의 약알칼리성이 적당)

정답 53 ④ 54 ③ 55 ④ 56 ④ 57 ①

58

산업안전보건법령상 가스집합장치로부터 얼마 이내의 장소에서는 흡연, 화기의 사용 또는 불꽃을 발생할 우려가 있는 행위를 금지하여야 하는가?

① 5m ② 7m ③ 10m ④ 25m

해설 **가스집합 용접장치의 관리**

① 사용하는 가스의 명칭 및 최대가스저장량을 가스장치실의 보기 쉬운 장소에 게시할 것
② 가스장치실에는 관계 근로자가 아닌 사람의 출입을 금지할 것
③ 가스집합장치로부터 5미터 이내의 장소에서는 흡연, 화기의 사용 또는 불꽃을 발생할 우려가 있는 행위를 금지할 것
④ 해당 작업을 행하는 근로자에게 보안경과 안전장갑을 착용시킬 것

59

다음 중 선반의 안전장치로 볼 수 없는 것은?

① 울 ② 급정지브레이크
③ 안전블럭 ④ 칩비산방지 투명판

해설 **선반의 방호장치**

① 실드(Shield) ② 척 커버(Chuck Cover)
③ 칩 브레이커 ④ 급정지 브레이크

tip
선반 등으로부터 돌출하여 회전하고 있는 가공물이 위험을 미칠 경우 덮개 또는 울 등을 설치하여야 한다.

60

다음 중 지게차 헤드가드에 관한 설명으로 옳은 것은?

① 상부틀의 각 개구의 폭 또는 길이가 16cm 미만일 것
② 강도는 지게차 최대하중의 등분포정하중에 견딜 것
③ 운전자가 서서 조작하는 방식의 지게차의 경우에는 운전석의 바닥면에서 헤드가드의 상부틀 하면까지의 높이가 2.5m 이상일 것
④ 운전자가 앉아서 조작하는 방식의 지게차의 경우에는 운전자의 좌석 윗면에서 헤드가드의 상부틀 아랫면까지의 높이가 1.2m 이상일 것

해설 **지게차 헤드가드**

① 강도는 지게차의 최대하중의 2배의 값(그 값이 4톤을 넘는 것에 대하여서는 4톤으로 한다)의 등분포정하중에 견딜 수 있는 것일 것
② 상부틀의 각 개구의 폭 또는 길이가 16cm 미만일 것
③ 운전자가 앉아서 조작하거나 서서 조작하는 지게차의 헤드가드는 「산업표준화법」에 따른 한국산업표준에서 정하는 높이 기준 이상일 것

tip
2019년 법령개정으로 내용이 수정되었으며, 문제와 해설내용은 수정된 내용으로 작성하였으니 착오없으시기 바랍니다.

정답 58 ① 59 ③ 60 ①

4과목 전기 및 화학설비 안전관리

61

다음 중 인체 접촉상태에 따른 허용접촉전압과 해당 종별의 연결이 틀린 것은?

① 2.5V 이하 – 제1종
② 25V 이하 – 제2종
③ 50V 이하 – 제3종
④ 100V 이하 – 제4종

해설 허용 접촉전압

종별	접촉 상태	허용접촉전압
제1종	• 인체의 대부분이 수중에 있는 경우	2.5V 이하
제2종	• 인체가 현저하게 젖어있는 경우 • 금속성의 전기기계장치나 구조물에 인체의 일부가 상시 접촉되어 있는 경우	25V 이하
제3종	• 제1종, 제2종 이외의 경우로 통상의 인체상태에 있어서 접촉전압이 가해지면 위험성이 높은 경우	50V 이하
제4종	• 제1종, 제2종 이외의 경우로 통상의 인체상태에 있어서 접촉전압이 가해지더라도 위험성이 낮은 경우 • 접촉전압이 가해질 우려가 없는 경우	제한없음

tip

2019년 법령개정으로 내용이 수정되었으며, 문제와 해설내용은 수정된 내용으로 작성하였으니 착오없으시기 바랍니다.

62

다음 중 내압 방폭구조인 전기기기의 성능시험에 관한 설명으로 틀린 것은?

① 성능시험은 모든 내용물이 용기에 장착한 상태로 시험한다.
② 성능시험은 충격시험을 실시한 시료 중 하나를 사용해서 실시한다.
③ 부품의 일부가 용기에 포함되지 않은 상태에서 사용할 수 있도록 설계된 경우, 최적의 조건에서 시험을 실시해야 한다.
④ 제조자가 제시한 자세한 부품 배열방법이 있고, 빈 용기가 최악의 폭발압력을 발생시키는 조건인 경우에는 빈 용기 상태로 시험을 할 수 있다.

해설 내압방폭구조의 성능시험

① 성능시험은 충격시험을 실시한 시료 중 하나를 사용해서 다음의 순서에 따라 실시한다.
  ㉠ 폭발압력(기준압력) 측정
  ㉡ 폭발강도(정적 및 동적)시험
  ㉢ 폭발인화시험
② 성능시험은 모든 내용물이 용기에 장착한 상태로 시험한다. 다만, 이와 동등한 부품을 내용물로 대신 사용할 수도 있다.
③ 제조자가 제시한 자세한 부품 배열방법이 있고, 빈 용기가 최악의 폭발압력을 발생시키는 조건인 경우에는 빈 용기 상태로 시험을 할 수 있다.
④ 부품의 일부가 용기에 포함되지 않은 상태에서 사용할 수 있도록 설계된 경우, 가장 가혹한 조건에서 시험을 실시해야 한다.
⑤ ③ 및 ④인 경우에는 인증기관은 제조자가 제시한 내용을 근거로 허용되는 용기의 종류 및 부품 배열방법을 인증서에 명시해야 한다.
⑥ 부품이 용기 내부에서 이동하여 사용할 수 있는 경우, 부품의 배열은 최악의 조립조건에서 시험해야 한다.

정답 61 ① 62 ③

63

다음 중 사업장의 정전기 발생에 대한 재해방지 대책으로 적합하지 못한 것은?

① 습도를 높인다.
② 실내 온도를 높인다.
③ 도체부분에 접지를 실시한다.
④ 적절한 도전성 재료를 사용한다.

해설 정전기 발생 방지책

① 접지(도체의 대전방지)
② 가습(공기중의 상대습도를 60~70%정도 유지)
③ 대전방지제 사용
④ 배관 내에 액체의 유속제한 및 정체시간 확보
⑤ 제전장치(제전기) 사용
⑥ 도전성 재료 사용
⑦ 보호구 착용

64

다음 중 교류 아크 용접에서 자동전격방지장치의 기능으로 틀린 것은?

① 감전위험방지
② 전력손실 감소
③ 정전기 위험방지
④ 무부하시 안전전압 이하로 저하

해설 자동전격방지기

용접기 출력측의 무부하전압을 25V 이하로 저하시켜 감전을 방지하는 목적으로 사용하는 것으로 정전기방지와는 무관한 장치이다.

65

옥내배선 중 누전으로 인한 화재방지를 위해 별도로 실시할 필요가 없는 것은?

① 배선불량시 재시공 할 것
② 배선로 상에 단로기를 설치할 것
③ 정기적으로 절연저항을 측정할 것
④ 정기적으로 배선시공 상태를 확인할 것

해설 단로기

고압 또는 특고압 회로로부터 기기를 분리하거나 변경할 때 사용하는 개폐장치로써 단지 충전된 전로(무부하)를 개폐하기 위해 사용하며, 부하전류의 개폐는 원칙적으로 할 수 없는 개폐장치

66

다음 중 전기기기의 절연의 종류와 최고허용온도가 잘못 연결된 것은?

① Y : 90℃　　② A : 105℃
③ B : 130℃　　④ F : 180℃

해설 절연계급

① Y종 : 90℃ 이내　② A종 : 105℃ 이내　③ E종 : 120℃ 이내
④ B종 : 130℃ 이내　⑤ F종 : 155℃ 이내　⑥ H종 : 180℃ 이내
⑦ C종 : 180℃ 이상

67

Dalziel의 심실세동전류와 통전시간과의 관계식에 의하면 인체 전격시의 통전시간이 4초이었다고 했을 때 심실세동전류의 크기는 약 몇 mA인가?

① 42　② 83　③ 165　④ 185

해설 심실 세동 전류

$$I=\frac{165}{\sqrt{T}}(\mathrm{mA})=\frac{165}{\sqrt{4}}=82.5(\mathrm{mA})$$

68

다음 중 전기화재의 직접적인 원인이 아닌 것은?

① 절연 열화
② 애자의 기계적 강도 저하
③ 과전류에 의한 단락
④ 접촉 불량에 의한 과열

해설 전기화재의 원인

① 단락　② 스파크　③ 누전　④ 과전류　⑤ 접촉부 과열
⑥ 절연열화 등

정답 63 ② 64 ③ 65 ② 66 ④ 67 ② 68 ②

69

다음 중 방폭전기기기의 선정시 고려하여야 할 사항과 가장 거리가 먼 것은?

① 압력 방폭구조의 경우 최고표면온도
② 내압 방폭구조의 경우 최대안전틈새
③ 안전증 방폭구조의 경우 최대안전틈새
④ 본질안전 방폭구조의 경우 최소점화전류

해설 **안전증 방폭구조(e)**

정상 운전중에 폭발성 가스 또는 증기에 점화원이 될 전기불꽃, 아크 또는 고온부분 등의 발생을 방지하기 위하여 기계적, 전기적 구조상 또는 온도상승에 대해서 특히 안전도를 증가시킨 구조이므로 최대안전틈새와는 무관하다.

70

다음 중 전기화재시 부적합한 소화기는?

① 분말 소화기 ② CO_2 소화기
③ 할론 소화기 ④ 산알칼리 소화기

해설 **전기화재 소화기**

전기화재에는 일반적으로 분말소화기, 할로겐화물 소화기, CO_2 소화기를 사용할수 있으며, 무상수 및 무상강화액 소화기도 사용가능하나, 산알카리 소화기는 사용할수 없다.

71

페인트를 스프레이로 뿌려 도장작업을 하는 작업 중 발생할 수 있는 정전기 대전으로만 이루어진 것은?

① 분출대전, 충돌대전 ② 충돌대전, 마찰대전
③ 유동대전, 충돌대전 ④ 분출대전, 유동대전

해설 **정전기 발생현상**

분출대전	① 분체류, 액체류, 기체류가 단면적이 작은 개구부를 통해 분출할 때 분출물질과 개구부의 마찰로 인하여 정전기가 발생 ② 분출물과 개구부의 마찰 이외에도 분출물의 입자 상호간의 충돌로 인한 미립자의 생성으로 정전기가 발생하기도 한다.
충돌대전	분체류에 의한 입자끼리 또는 입자와 고정된 고체의 충돌, 접촉, 분리 등에 의해 정전기가 발생

72

전기설비로 인한 화재폭발의 위험분위기를 생성하지 않도록 하기 위해 필요한 대책으로 가장 거리가 먼 것은?

① 폭발성 가스의 사용 방지
② 폭발성 분진의 생성 방지
③ 폭발성 가스의 체류 방지
④ 폭발성 가스 누설 및 방출 방지

해설 **위험 분위기 생성방지**

현실적으로 가스의 사용을 방지하는 것은 불가능하기 때문에 분진 생성 및 가스의 체류, 누설, 방출을 방지하는 대책을 세워야 한다.

73

다음 중 위험물에 대한 일반적 개념으로 옳지 않은 것은?

① 반응속도가 급격히 진행된다.
② 화학적 구조 및 결합력이 불안정하다.
③ 대부분 화학적 구조가 복잡한 고분자 물질이다.
④ 그 자체가 위험하다든가 또는 환경 조건에 따라 쉽게 위험성을 나타내는 물질을 말한다.

해설 **위험물**

인화성 또는 발화성의 성질을 갖고 있어 산소와의 격렬한 반응으로 위험을 줄 수 있는 물질이므로 화학적 구조는 여러 가지 형태로 나타날 수 있다.

74

아세틸렌(C_2H_2)의 공기 중의 완전연소 조성농도(C_{st})는 약 얼마인가?

① 6.7vol% ② 7.0vol%
③ 7.4vol% ④ 7.7vol%

해설 **완전연소 조성농도**

$$Cst=\frac{100}{1+4.773\left(n+\frac{m-f-2\lambda}{4}\right)}=\frac{100}{1+4.773\left(2+\frac{2}{4}\right)}$$

$$=7.73\text{vol\%}$$

정답 69 ③ 70 ④ 71 ① 72 ① 73 ③ 74 ④

75

가스용기 파열사고의 주요 원인으로 가장 거리가 먼 것은?

① 용기 밸브의 이탈
② 용기의 내압력 부족
③ 용기 내압의 이상 상승
④ 용기 내 폭발성 혼합가스 발화

해설 고압가스 용기 파열사고의 주요원인

① 용기의 내압력부족 : 강재의 피로, 용기내벽의 부식, 용접불량, 용기자체에 결함이 있는경우 등
② 용기내압의 이상 상승 : 과잉충전의 경우, 가열, 내용물의 중합반응 또는 분해반응 등
③ 용기내에서의 폭발성 혼합가스의 발화 : 가스의 혼합충전 등

76

반응기를 조작방법에 따라 분류할 때 반응기의 한 쪽에서는 원료를 계속적으로 유입하는 동시에 다른 쪽에서는 반응생성 물질을 유출시키는 형식의 반응기를 무엇이라 하는가?

① 관형 반응기　② 연속식 반응기
③ 회분식 반응기　④ 교반조형 반응기

해설 조작방식에 의한 분류

회분식(batch) 균일상 반응기	여러물질을 반응하는 교반을 통하여 새로운 생성물을 회수하는 방식으로 1회로 조작이 완성되는 반응기(소량 다품종 생산에 적합)
반회분식(semi-batch) 반응기	① 반응물질의 1회성분을 넣은 다음, 다른 성분을 연속적으로 보내 반응을 진행한 후 내용물을 취하는 형식 ② 처음부터 반응성분을 전부 넣어서, 반응에 의한 생성물 한가지를 연속적으로 빼내면서 종료 후 내용물을 취하는 형식
연속식(continuous) 반응기	원료액체를 연속적으로 투입하면서 다른 쪽에서 반응 생성물인 액체를 취하는 형식(농도·온도·압력의 시간적인 변화는 없다)

77

물질안전보건자료(MSDS)의 작성항목이 아닌 것은?

① 물리화학적 특성　② 유해물질의 제조법
③ 환경에 미치는 영향　④ 누출사고시 대처방법

해설 물질안전보건자료 작성 시 포함 항목

① 화학제품과 회사에 관한 정보　② 유해·위험성
③ 구성성분의 명칭 및 함유량　④ 응급조치요령
⑤ 폭발·화재시 대처방법　⑥ 누출사고시 대처방법
⑦ 취급 및 저장방법　⑧ 노출방지 및 개인보호구
⑨ 물리화학적 특성　⑩ 안정성 및 반응성
⑪ 독성에 관한 정보　⑫ 환경에 미치는 영향
⑬ 폐기 시 주의사항　⑭ 운송에 필요한 정보
⑮ 법적규제 현황　⑯ 기타 참고사항

78

윤활유를 닦은 기름걸레를 햇빛이 잘 드는 작업장의 구석에 모아 두었을 때 가장 발생가능성이 높은 재해는?

① 분진폭발
② 자연발화에 의한 화재
③ 정전기 불꽃에 의한 화재
④ 기계의 마찰열에 의한 화재

해설 자연발화

물질이 서서히 산화되면서 축적된 열로 인하여 온도가 상승하고 발화온도에 도달하여 점화원 없이 발화하는 현상(열의 발생속도가 일산속도를 상회)

자연발화의 형태	① 산화열에 의한 발열(석탄, 건성유) ② 분해열에 의한 발열(셀룰로이드, 니트로셀룰로오스) ③ 흡착열에 의한 발열(활성탄, 목탄분말) ④ 미생물에 의한 발열(퇴비, 먼지)

79

다음 중 "공기 중의 발화온도"가 가장 높은 물질은?

① CH_4　② C_2H_2　③ C_2H_6　④ H_2S

해설 발화온도

① CH_4 : 537℃　② C_2H_2 : 335℃
③ C_2H_6 : 510℃　④ H_2S : 260℃

정답 75 ① 76 ② 77 ② 78 ② 79 ①

80

공정안전보고서에 포함되어야 할 세부 내용 중 공정안전자료에 해당하는 것은?

① 결함수분석(FTA)
② 도급업체 안전관리계획
③ 각종 건물·설비의 배치도
④ 비상조치계획에 따른 교육계획

해설 **공정 안전 자료의 내용**

① 취급·저장하고 있거나 취급·저장하고자 하는 유해·위험물질의 종류 및 수량
② 유해·위험물질에 대한 물질안전보건자료
③ 유해하거나 위험한 설비의 목록 및 사양
④ 유해하거나 위험한 설비의 운전방법을 알 수 있는 공정도면
⑤ 각종 건물·설비의 배치도
⑥ 폭발위험장소 구분도 및 전기단선도
⑦ 위험설비의 안전설계·제작 및 설치관련 지침서

5과목 건설공사 안전관리

81

리프트(Lift)의 안전장치에 해당하지 않는 것은?

① 권과방지장치　② 비상정지장치
③ 과부하방지장치　④ 속도조절기

해설 **리프트의 방호장치**

① 과부하방지장치 ② 권과방지장치 ③ 비상정지장치 및 제동장치

tip

승강기의 방호장치 : 파이널 리미트 스위치, 속도조절기, 출입문 인터록 등

82

벽체 콘크리트 타설시 거푸집이 터져서 콘크리트가 쏟아진 사고가 발생하였다. 다음 중 이 사고의 주요원인으로 추정할 수 있는 것은?

① 콘크리트를 부어 넣는 속도가 빨랐다.
② 거푸집에 박리제를 다량 도포했다.
③ 대기 온도가 매우 높았다.
④ 시멘트 사용량이 많았다.

해설 **거푸집 측압**

타설속도가 빠를수록 측압이 커지는 원인이 되므로, 거푸집이 터지는 사고가 발생할 수 있다.

83

비계발판의 크기를 결정하는 기준은?

① 비계의 제조회사
② 재료의 부식 및 손상정도
③ 지점의 간격 및 작업시 하중
④ 비계의 높이

해설 **비계 작업발판**

작업발판은 하중과 간격에 따라서 응력의 상태가 달라지므로 정해진 허용응력을 초과하지 않도록 해야 한다.

정답 80 ③ 81 ④ 82 ① 83 ③

84

산업안전보건기준에 관한 규칙에 따른 굴착면의 기울기 기준으로 옳은 것은?

① 연암=1:0.3　② 경암=1:0.5
③ 풍화암=1:0.8　④ 그 밖의 흙=1:1.8

해설 굴착면의 기울기

지반의 종류	모래	연암 및 풍화암	경암	그 밖의 흙
굴착면의 기울기	1 :1.8	1 : 1.0	1 : 0.5	1 : 1.2

tip
2023년 법령개정. 문제와 해설은 개정된 내용 적용

85

작업발판 및 통로의 끝이나 개구부로서 근로자가 추락할 위험이 있는 장소에 설치하는 것과 거리가 먼 것은?

① 교차가새　② 안전난간
③ 울타리　④ 수직형 추락방망

해설 개구부 등의 방호조치

① 안전난간, 울타리, 수직형 추락방망 또는 덮개 등의 방호조치를 충분한 강도를 가진 구조로 튼튼하게 설치하고, 덮개 설치시 뒤집히거나 떨어지지 않도록 설치(어두운 장소에서도 알아볼 수 있도록 개구부임을 표시)
② 안전난간 등의 설치가 매우 곤란하거나 작업의 필요상 임시로 난간 등을 해체하는 경우 추락방호망 설치(추락방호망 설치가 곤란한 경우 안전대 착용 등의 추락위험 방지조치)

86

콘크리트를 타설할 때 거푸집에 작용하는 콘크리트 측압에 영향을 미치는 요인과 가장 거리가 먼 것은?

① 콘크리트 타설 속도　② 콘크리트 타설 높이
③ 콘크리트의 강도　④ 콘크리트 단위용적질량

해설 측압이 커지는 조건

① 거푸집 수평단면이 클수록　② 콘크리트 슬럼프치가 클수록
③ 거푸집 표면이 평탄할수록　④ 철골, 철근량이 적을수록
⑤ 콘크리트 시공연도가 좋을수록　⑥ 외기의 온도가 낮을수록
⑦ 타설시 상부에서(높이)직접 낙하할 경우
⑧ 다짐이 충분할수록
⑨ 타설 속도가 빠를수록
⑩ 콘크리트의 비중(단위중량)이 클수록

87

토사붕괴 재해의 발생 원인으로 보기 어려운 것은?

① 부석의 점검을 소홀히 했다.
② 지질조사를 충분히 하지 않았다.
③ 굴착면 상하에서 동시작업을 했다.
④ 안식각으로 굴착했다.

해설 흙의 안식각(Angle of Repose)

① 흙을 쌓아올릴 때 시간의 흐름에 따라 급경사면이 붕괴되어 자연적으로 안정된 사면을 이루어 가는데 이때 자연경사면이 수평면과 이루는 각도를 안식각이라 하며, 이 구배를 자연구배 또는 자연 경사라고 한다.
② 안식각으로 굴착한다는 것은 안전한 상태이므로 붕괴재해를 예방하는 방법이라 할수 있다.

88

추락에 의한 위험방지를 위해 조치해야 할 사항과 거리가 먼 것은?

① 추락방지망 설치　② 안전난간 설치
③ 안전모 착용　④ 투하설비 설치

해설 물체낙하에 의한 위험방지

① 대상 : 높이 3m 이상인 장소에서 물체 투하시
② 조치사항 : ㉠ 투하설비설치 ㉡ 감시인배치

정답 84 ② 85 ① 86 ③ 87 ④ 88 ④

89

가설계단 및 계단참의 하중에 대한 지지력은 최소 얼마 이상이어야 하는가?

① 300kg/m² ② 400kg/m²
③ 500kg/m² ④ 600kg/m²

해설 **계단 및 계단참의 강도**

① 매제곱미터당 500킬로그램 이상의 하중에 견딜 수 있는 강도를 가진 구조로 설치
② 안전율[재료의 파괴응력도와 허용응력도의 비율을 말한다)]은 4 이상
③ 계단 및 승강구 바닥을 구멍이 있는 재료로 만드는 경우 렌치나 그 밖의 공구 등이 낙하할 위험이 없는 구조

90

강관비계 중 단관비계의 조립간격(벽체와의 연결간격)으로 옳은 것은?

① 수직방향 : 6m, 수평방향 : 8m
② 수직방향 : 5m, 수평방향 : 5m
③ 수직방향 : 4m, 수평방향 : 6m
④ 수직방향 : 8m, 수평방향 : 6m

해설 **강관비계의 조립 간격(벽 이음)**

종류	수직방향	수평방향
단관비계	5m	5m
틀비계(높이 5m 미만 제외)	6m	8m

91

철골구조에서 강풍에 대한 내력이 설계에 고려되었는지 검토를 실시하지 않아도 되는 건물은?

① 높이 30m인 건물
② 연면적당 철골량이 45kg인 건물
③ 단면구조가 일정한 구조물
④ 이음부가 현장용접인 건물

해설 **외압(강풍에 의한 풍압)에 대한 내력 설계 확인 구조물**

① 높이 20m 이상 구조물
② 구조물 폭과 높이의 비가 1 : 4 이상인 구조물
③ 연면적당 철골량이 50kg/m² 이하인 구조물
④ 단면구조에 현저한 차이가 있는 구조물
⑤ 기둥이 타이 플레이트 형인 구조물
⑥ 이음부가 현장 용접인 구조물

92

콘크리트의 재료분리현상 없이 거푸집 내부에 쉽게 타설할 수 있는 정도를 나타내는 것은?

① Workability ② Bleeding
③ Consistency ④ Finishability

해설 **Workability(시공연도)**

반죽질기 정도에 따른 작업의 난이도 및 재료분리에 저항하는 정도를 나타내는 굳지않은 콘크리트의 성질

93

화물을 적재하는 경우에 준수하여야 하는 사항으로 옳지 않은 것은?

① 침하 우려가 없는 튼튼한 기반 위에 적재할 것
② 건물의 칸막이나 벽 등이 화물의 압력에 견딜 만큼의 강도를 지니지 아니한 경우에는 칸막이나 벽에 기대어 적재하지 않도록 할 것
③ 불안정할 정도로 높이 쌓아 올리지 말 것
④ 편하중이 발생하도록 쌓을 것

해설 **화물 적재시 준수사항**

문제의 보기 ①, ②, ③ 내용 외에 ④ 편하중이 생기지 아니하도록 적재할 것

정답 89 ③ 90 ② 91 ③ 92 ① 93 ④

94

거푸집의 일반적인 조립순서를 옳게 나열한 것은?

① 기둥 → 보받이 내력벽 → 큰보 → 작은보 → 바닥판 → 내벽 → 외벽
② 외벽 → 보받이 내력벽 → 큰보 → 작은보 → 바닥판 → 내벽 → 기둥
③ 기둥 → 보받이 내력벽 → 작은보 → 큰보 → 바닥판 → 내벽 → 외벽
④ 기둥 → 보받이 내력벽 → 바닥판 → 큰보 → 작은보 → 내벽 → 외벽

해설 **거푸집 조립순서**

① 기둥철근 배근 → 기둥과 벽의 내측 거푸집 → 벽체 철근배근 → 벽의 외측조립 → 보 및 바닥판 거푸집조립 → 보철근배근 → 바닥판철근배근 → 콘크리트 타설
② 기둥 → 보받이 내력벽 → 큰보 → 작은보 → 바닥판 → 내벽 → 외벽

95

굴착공사에서 굴착 깊이가 5m, 굴착 저면의 폭이 5m인 경우 양단면 굴착을 할 때 굴착부 상단면의 폭은? (단, 굴착면의 기울기는 1 : 1로 한다.)

① 10m ② 15m ③ 20m ④ 25m

해설 **상부단면의 폭**

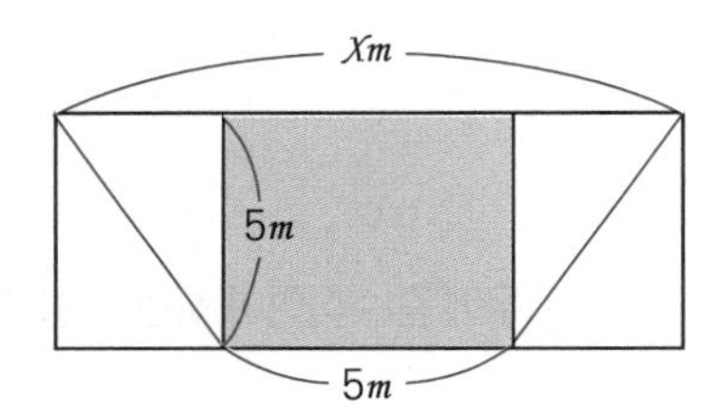

1 : 1 이므로 x=5m(폭)+[1×5m(높이)]×2=15m

96

일반적으로 사면이 가장 위험한 경우는 어느 때인가?

① 사면이 완전 건조 상태일 때
② 사면의 수위가 서서히 상승할 때
③ 사면이 완전 포화 상태일 때
④ 사면의 수위가 급격히 하강할 때

해설 **사면이 위험한 경우**

① 수위 급격히 하강시 ② 시공직후

97

산업안전보건기준에 관한 규칙에 따른 작업장 근로자의 안전한 통행을 위하여 통로에 설치하여야 하는 조명시설의 조도기준(Lux)은?

① 30 Lux 이상 ② 75 Lux 이상
③ 150 Lux 이상 ④ 300 Lux 이상

해설 **통로의 조명**

① 75룩스 이상의 채광 또는 조명시설
② 다만 갱도 또는 상시통행을 하지 않는 지하실 등 : 휴대용 조명기구 사용 가능

정답 94 ① 95 ② 96 ④ 97 ②

98

건설기계에 관한 설명 중 옳은 것은?

① 백호는 장비가 위치한 지면보다 높은 곳의 땅을 파는 데에 적합하다.
② 바이브레이션 롤러는 노반 및 소일시멘트 등의 다지기에 사용된다.
③ 파워셔블은 지면에 구멍을 뚫어 낙하해머 또는 디젤해머에 의해 강관말뚝, 널말뚝 등을 박는데 이용된다.
④ 가이데릭은 지면을 일정한 두께로 깎는 데에 이용된다.

해설 **건설기계**

파워셔블	기계가 위치한 지반보다 높은 굴착에 유리
드레그 셔블 (Back Hoe)	기계가 위치한 지반보다 낮은 굴착에 사용. 기초 굴착 수중굴착 좁은 도랑 및 비탈면 절취 등의 작업
데릭	동력을 이용하여 물건을 달아 올리는 기계장치로써 마스트 또는 붐, 달아 올리는 기구와 기타 부속물로 구성

99

정기안전점검 결과 건설공사의 물리적·기능적 결함 등이 발견되어 보수·보강 등의 조치를 하기 위하여 필요한 경우에 실시하는 것은?

① 자체안전점검 ② 정밀안전점검
③ 상시안전점검 ④ 품질관리점검

해설 **건설공사 안전점검**

자체 안전점검	건설공사의 공사기간 동안 매일 실시
정기 안전점검	건설공사의 종류 및 규모 등을 고려하여 국토교통부장관이 정하여 고시하는 시기와 횟수에 따라 실시
정밀 안전점검	정기안전점검 결과 건설공사의 물리적·기능적 결함 등이 발견되어 보수·보강 등의 조치를 하기 위하여 필요한 경우 실시
1종 시설물 및 2종 시설물의 건설공사	해당 건설공사를 준공하기 직전에 정기안전점검 수준 이상의 안전점검 실시
	해당 건설공사가 시행 도중에 중단되어 1년 이상 방치된 시설물이 있는 경우에는 그 공사를 다시 시작하기 전에 그 시설물에 대한 안전점검 실시

100

건설작업용 리프트에 대하여 바람에 의한 붕괴를 방지하는 조치를 한다고 할 때 그 기준이 되는 최소 풍속은?

① 순간 풍속 30m/sec 초과
② 순간 풍속 35m/sec 초과
③ 순간 풍속 40m/sec 초과
④ 순간 풍속 45m/sec 초과

해설 **폭풍 등에 의한 안전조치사항**

① 순간풍속이 초당 30미터 초과 : 폭풍에 의한 이탈방지, 폭풍 등으로 인한 이상유무 점검
② 순간풍속이 초당 35미터 초과 : 붕괴 등의 방지, 폭풍에 의한 무너지는 것을 방지하기위한 조치

정답 98 ② 99 ② 100 ②

2024년 5월 9일~5월 28일

산업안전산업기사 CBT 기출 복원문제

1과목 산업재해 예방 및 안전보건교육

01

다음 중 일반적인 안전관리 조직의 기본 유형으로 볼 수 없는 것은?

① line system ② staff system
③ safety system ④ line-staff system

해설 **안전관리 조직의 유형**

① Line형(직계식 直系式)
② Staff형 조직(참모식 參謀式)
③ Line-Staff형 조직(직계 참모식)

02

다음 중 적성배치시 작업자의 특성과 가장 관계가 적은 것은?

① 연령 ② 작업조건 ③ 태도 ④ 업무능력

해설

작업자의 특성에는 연령, 태도, 업무능력, 병력, 개인능력 등이 해당된다.

03

다음 중 안전 태도 교육의 원칙으로 적절하지 않은 것은?

① 적성 배치를 한다.
② 이해하고 납득한다.
③ 항상 모범을 보인다.
④ 지적과 처벌 위주로 한다.

해설

지적과 처벌은 가급적 지양해야할 사항이다.

04

연평균 1000명의 근로자를 채용하고 있는 사업장에서 연간 24명의 재해자가 발생하였다면 이 사업장의 연천인율은 얼마인가? (단, 근로자는 1일 8시간씩 연간 300일을 근무한다.)

① 10 ② 12 ③ 24 ④ 48

해설 **연천인율**

① 근로자 1,000명당 년간 발생하는 재해자수

$$연천인율 = \frac{연간재해자수}{연평균근로자수} \times 1,000$$

② $연천인율 = \frac{24}{1,000} \times 1,000 = 24$

05

다음 중 산업재해로 인한 재해손실비 산정에 있어 하인리히의 평가방식에서 직접비에 해당하지 않는 것은?

① 통신급여 ② 유족급여
③ 간병급여 ④ 직업재활급여

해설 **직접비와 간접비**

직접비 (법적으로 지급되는 산재보상비)	간접비 (직접비 제외한 모든 비용)
요양급여, 휴업급여, 장해급여, 간병급여, 유족급여, 직업재활급여, 장례비 등	인적손실, 물적손실, 생산손실, 임금손실,시간손실, 신규채용비용, 기타손실 등

정답 1 ③ 2 ② 3 ④ 4 ③ 5 ①

06

다음 중 산업안전보건법령상 안전·보건표지의 용도 및 사용 장소에 대한 표지의 분류가 가장 올바른 것은?

① 폭발성 물질이 있는 장소 : 안내표지
② 비상구가 좌측에 있음을 알려야 하는 장소 : 지시표지
③ 보안경을 착용해야만 작업 또는 출입을 할 수 있는 장소 : 안내표지
④ 정리·정돈 상태의 물체나 움직여서는 안 될 물체를 보존하기 위하여 필요한 장소 : 금지표지

해설 **안전표지**

① 폭발성 물질이 있는 장소 : 경고표지
② 비상구가 좌측에 있음을 알려야 하는 장소 : 안내표지
③ 보안경을 착용해야만 작업 또는 출입을 할 수 있는 장소 : 지시표지
④ 정리·정돈 상태의 물체나 움직여서는 안 될 물체를 보존하기 위하여 필요한 장소 : 금지표지(물체이동금지)

07

하인리히의 재해발생 5단계 이론 중 재해 국소화 대책은 어느 단계에 대비한 대책인가?

① 제1단계 → 제2단계 ② 제2단계 → 제3단계
③ 제3단계 → 제4단계 ④ 제4단계 → 제5단계

해설 **하인리히의 사고연쇄반응이론(도미노 이론)**

사회적 환경 및 유전적 요인 → 개인적 결함 → 불안전 행동 및 불안전 상태 → 사고 → 재해

tip
버드(Frank Bird)의 도미노 이론
제어의 부족 → 기본원인 → 직접원인 → 사고 → 상해

08

다음 중 [그림]에 나타난 보호구의 명칭으로 옳은 것은?

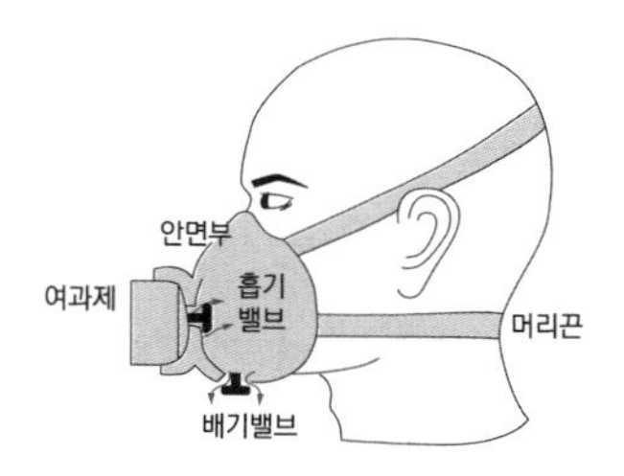

① 격리식 반면형 방독마스크
② 직결식 반면형 방진마스크
③ 격리식 전면형 방독마스크
④ 안면부 여과식 방진마스크

09

다음 중 매슬로우의 욕구위계 5단계 이론을 올바르게 나열한 것은?

① 생리적 욕구 → 사회적 욕구 → 안전의 욕구 → 존경의 욕구 → 자아실현의 욕구
② 안전의 욕구 → 생리적 욕구 → 사회적 욕구 → 존경의 욕구 → 자아실현의 욕구
③ 생리적 욕구 → 안전의 욕구 → 사회적 욕구 → 존경의 욕구 → 자아실현의 욕구
④ 사회적 욕구 → 생리적 욕구 → 안전의 욕구 → 자아실현의 욕구 → 존경의 욕구

10

안전교육의 방법 중 TWI(Training Within Industry for supervisor)의 교육내용에 해당하지 않는 것은?

① 작업지도기법(JIT)
② 작업개선기법(JMT)
③ 작업환경 개선기법(JET)
④ 인간관계 관리기법(JRT)

해설 **TWI(Training with industry)**

① Job Method Training(J. M. T) : 작업방법훈련
② Job Instruction Training(J. I. T) : 작업지도훈련
③ Job Relations Training(J. R. T) : 인간관계훈련
④ Job Safety Training(J. S. T) : 작업안전훈련

정답 6④ 7④ 8② 9③ 10③

11

작업장에서 매일 작업자가 작업 전, 중, 후에 시설과 작업 동작 등에 대하여 실시하는 안전점검의 종류를 무엇이라 하는가?

① 정기점검 ② 일상점검
③ 암시점검 ④ 특별점검

해설 **안전점검의 종류(점검주기에 의한 구분)**

일상점검	작업 시작 전이나 사용 전 또는 작업중에 일상적으로 실시하는 점검. 작업담당자, 감독자가 실시하고 결과를 담당책임자가 확인
정기점검 (계획점검)	1개월, 6개월, 1년 단위로 일정기간마다 정기적으로 점검 (외관, 구조, 기능의 점검 및 분해검사)
임시점검	정기점검 실시후 다음 점검시기 이전에 임시로 실시하는 점검 (기계, 기구, 설비의 갑작스런 이상 발생시)
특별점검	• 기계, 기구, 설비의 신설변경 또는 고장, 수리 등을 할 경우 • 정기점검기간을 초과하여 사용하지 않던 기계설비를 다시 사용하고자 할 경우 • 강풍(순간풍속 30m/s 초과) 또는 지진(중진 이상 지진) 등의 천재지변 후

12

다음 중 재해조사시 유의사항으로 가장 적절하지 않은 것은?

① 가급적 재해 현장이 변형되지 않은 상태에서 실시한다.
② 목격자가 제시한 사실 이외의 추측되는 말은 정밀 분석한다.
③ 과거 사고 발생 경향 등을 참고하여 조사한다.
④ 객관적 입장에서 재해방지에 우선을 두고 조사한다.

해설 **재해 조사시 유의사항**

① 사실을 수집한다. 그 이유는 뒤로 미룬다.
② 목격자가 발언하는 사실 이외의 추측의 말은 참고로 한다.
③ 조사는 신속히 행하고 2차 재해의 방지를 도모한다.
④ 사람, 설비, 환경의 측면에서 재해요인을 도출한다.
⑤ 제3자의 입장에서 공정하게 조사하며, 그러기 위해 조사는 2인 이상이 한다.
⑥ 책임추궁보다 재발방지를 우선하는 기본태도를 견지한다.

13

산업안전보건법령상 근로자 안전보건교육에 있어 "채용 시 교육 및 작업내용 변경 시 교육 내용"에 해당하지 않는 것은?

① 물질안전보건자료에 관한 사항
② 사고 발생시 긴급조치에 관한 사항
③ 작업 개시 전 점검에 관한 사항
④ 표준안전작업방법 및 지도 요령에 관한 사항

해설 **근로자 채용시 교육 및 작업내용 변경시 교육내용**

① 물질안전보건자료에 관한 사항
② 기계·기구의 위험성과 작업의 순서 및 동선에 관한 사항
③ 정리정돈 및 청소에 관한 사항
④ 작업 개시 전 점검에 관한 사항
⑤ 사고 발생 시 긴급조치에 관한 사항
⑥ 산업보건 및 직업병 예방에 관한 사항
⑦ 직무스트레스 예방 및 관리에 관한 사항
⑧ 위험성 평가에 관한 사항
⑨ 산업안전보건법령 및 산업재해보상보험 제도에 관한 사항
⑩ 산업안전 및 사고 예방에 관한 사항
⑪ 직장내 괴롭힘, 고객의 폭언 등으로 인한 건강장해 예방 및 관리에 관한 사항

tip
2023년 법령개정. 문제와 해설은 개정된 내용 적용

14

적응기제(Adjustment Mechanism) 중 방어적 기제(Defence Mechanism)에 해당하는 것은?

① 고립(Isolation)
② 퇴행(Regression)
③ 억압(Suppression)
④ 합리화(Rationalization)

해설 **적응기제의 기본유형**

유형	내용
공격적 행동	책임전가, 폭행, 폭언 등
도피적 행동	퇴행, 억압, 고립, 백일몽 등
방어적 행동	승화, 보상, 합리화, 동일시, 반동형성, 투사 등

정답 11 ② 12 ② 13 ④ 14 ④

15

다음 중 사고의 위험이 불안전한 행위 외에 불안전한 상태에서도 적용된다는 것과 가장 관계가 있는 것은?

① 이념성 ② 개인차 ③ 부주의 ④ 지능성

해설 **부주의**

① 부주의는 불안전한 행위나 행동뿐만 아니라 불안전한 상태에서도 통용
② 부주의란 말은 결과를 표현
③ 부주의에는 발생원인이 있다.
④ 착각이나 인간능력의 한계를 초과하는 요인에 의한 동작실패는 부주의에서 제외

16

다음 중 기억과 망각에 관한 내용으로 틀린 것은?

① 학습된 내용은 학습 직후의 망각률이 가장 낮다.
② 의미없는 내용은 의미있는 내용보다 빨리 망각한다.
③ 사고력을 요하는 내용이 단순한 지식보다 기억, 파지의 효과가 높다.
④ 연습은 학습한 직후에 시키는 것이 효과가 있다.

해설 **에빙하우스(H. Ebbinghaus)의 망각 곡선**

기억한 내용은 급속하게 잊어버리게 되지만 시간의 경과와 함께 잊어버리는 비율은 완만해진다(오래되지 않은 기억은 잊어버리기 쉽고 오래된 기억은 잊어버리기 어렵다)

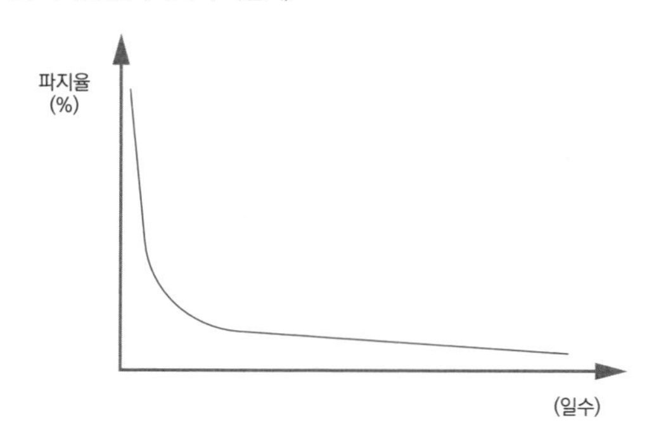

17

재해예방의 4원칙 중 대책선정의 원칙에서 관리적 대책에 해당되지 않는 것은?

① 안전교육 및 훈련
② 동기부여와 사기 향상
③ 각종 규정 및 수칙의 준수
④ 경영자 및 관리자의 솔선수범

해설 **대책선정의 원칙**

① 대책의 선정 : 기술적 대책, 교육적 대책, 정신적 대책, 관리적 대책 등
② 관리적 대책 : 관리적 원인에 대해 최고관리자의 책임의 자각, 안전관리 조직의 개선 등

tip

재해예방의 4원칙
① 손실우연의 원칙 ② 예방가능의 원칙 ③ 원인계기의 원칙
④ 대책선정의 원칙

18

다음 중 안전교육의 4단계를 올바르게 나열한 것은?

① 도입 → 확인 → 제시 → 적용
② 도입 → 제시 → 적용 → 확인
③ 확인 → 제시 → 도입 → 적용
④ 제시 → 확인 → 도입 → 적용

해설 **안전교육의 4단계**

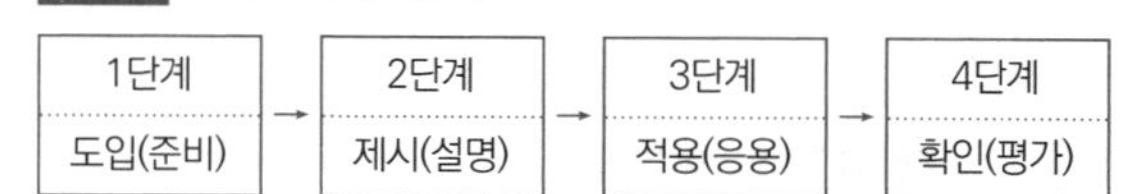

정답 15 ③ 16 ① 17 ① 18 ②

19

다음 중 리더가 가지고 있는 세력의 유형이 아닌 것은?

① 전문세력(expert power)
② 보상세력(reward power)
③ 위임세력(entrust power)
④ 합법세력(legitimate power)

해설 **지도자에게 주어진 세력(권한)의 유형**

조직이 지도자에게 부여하는 세력	보상 세력(reward power) 강압 세력(coercive power) 합법 세력(legitimate power)
지도자자신이 자신에게 부여하는 세력	준거 세력(referent power) 전문 세력(expert power)

20

다음 중 무재해운동에서 실시하는 위험예지훈련에 관한 설명으로 틀린 것은?

① 근로자 자신이 모르는 작업에 대한 것도 파악하기 위하여 참가집단의 대상범위를 가능한 넓혀 많은 인원이 참가토록 한다.
② 직장의 팀워크로 안전을 전원이 빨리 올바르게 선취하는 훈련이다.
③ 아무리 좋은 기법이라도 시간이 많이 소요되는 것은 현장에서 큰 효과가 없다.
④ 정해진 내용의 교육보다는 전원의 대화방식으로 진행한다.

해설 **위험 예지 훈련의 진행**

직장이나 작업상황 속의 잠재위험요인을
→ 상황을 묘사한 도해나 현물을 이용
→ 직접재현 해 봄으로서
→ 직장 소집단 별로 생각하고 토론하여 합의 한 뒤
→ 위험 포인트나 주된 실시 항목을 지적 확인하여
→ 행동하기 전에 위험요인을 제거하고 해결하는 훈련
→ 이것을 습관화하기 위해 매일 실시한다.

2과목 인간공학 및 위험성 평가관리

21

인간 오류의 분류에 있어 원인에 의한 분류 중 작업의 조건이나 작업의 형태 중에서 다른 문제가 생겨 그 때문에 필요한 사항을 실행할 수 없는 오류(error)를 무엇이라고 하는가?

① secondary error ② primary error
③ command error ④ commission error

해설 **원인의 레벨적 분류**

Primary error	작업자 자신으로부터 발생한 에러(안전교육으로 예방)
Secondary error	작업형태, 작업조건 중에서 다른 문제가 발생하여 필요한 직무나 절차를 수행 할 수 없는 에러
Command error	작업자가 움직이려 해도 필요한 물건, 정보, 에너지 등이 공급되지 않아서 작업자가 움직일 수 없는 상황에서 발생한 에러

22

일반적으로 스트레스로 인한 신체반응의 척도 가운데 정신적 작업의 스트레인 척도와 가장 거리가 먼 것은?

① 뇌전도 ② 부정맥지수
③ 근전도 ④ 심박수의 변화

해설

근전도(EMG)는 국부적 근육활동의 척도이다.

정답 19 ③ 20 ① 21 ① 22 ③

23

다음 중 인간공학에 관련된 설명으로 옳지 않은 것은?

① 인간의 특성과 한계점을 고려하여 제품을 변경한다.
② 생산성으로 높이기 위해 인간의 특성을 작업에 맞추는 것이다.
③ 사고를 방지하고 안전성과 능률성을 높일 수 있다.
④ 편리성, 쾌적성, 효율성을 높일 수 있다.

해설 **인간공학의 정의**

① 인간이 편리하게 사용할 수 있도록 기계 설비 및 환경을 설계하는 과정을 인간공학이라 한다(인간의 편리성을 위한 설계)
② 인간 공학이란 일을 인간에게 맞도록 연구하는 과학

24

다음과 같이 ①~④의 기본사상을 가진 FT도에서 minimal cut set으로 옳은 것은?

① {①, ②, ③, ④}
② {①, ③, ④}
③ {①, ②}
④ {③, ④}

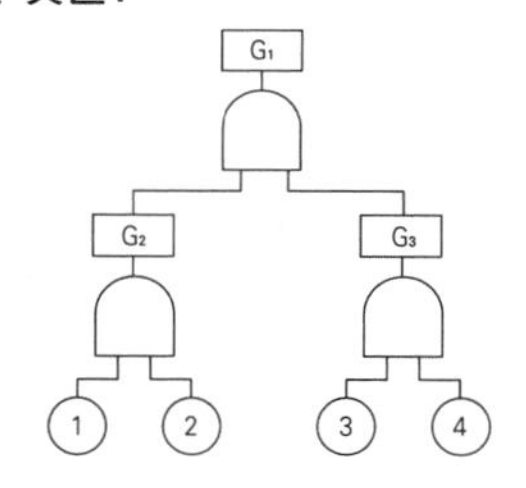

해설

FT도에서 최소컷셋을 구하면,
$G_1 \rightarrow G_2$, $G_3 \rightarrow$ ①, ②, $G_3 \rightarrow$ ①, ②, ③, ④

25

다음 중 조도의 단위에 해당하는 것은?

① fL ② diopter ③ lumen/m² ④ lumen

해설 **조도의 단위**

foot-candle(fc)	1cd의 점광원(1루멘의 빛)으로부터 1foot떨어진 구면에 비치는 빛의 양(밀도) 1lumen/ft² 미국에서 사용하는 단위
lux	1cd의 점광원(1루멘의 빛)으로부터 1m떨어진 구면에 비치는 빛의 양(밀도) 1lumen/m² 국제표준단위로 일반적으로 사용.

tip

fL은 광도의 단위, diopter는 렌즈의 굴절률 단위, lumen은 광속의 단위이다.

26

다음 중 불대수(Boolean algebra)의 관계식으로 옳은 것은?

① A(A · B)=B ② A+B = · B · B
③ A+A · B=A · B ④ (A+B)(A+C) = A+B · C

해설 **불 대수의 대수법칙**

동정법칙	A + A = A,	AA = A
교환법칙	AB = BA,	A + B = B + A
흡수법칙	A(AB) = (AA)B = AB A + AB = A∪(A∩B) = (A∪A)∩(A∪B) = A∩(A∪B) = A A(A + B) = (AA) + AB = A + AB = A	
분배법칙	A(B + C) = AB + AC,	A + (BC) = (A + B) · (A + C)
결합법칙	A(BC) = (AB)C,	A + (B + C) = (A + B) + C

27

2개 공정의 소음수준 측정 결과 1공정은 100[dB]에서 2시간, 2공정은 90[dB]에서 1시간 소요될 때 총 소음량(TND)과 소음설계의 적합성을 올바르게 나타낸 것은? (단, 우리나라는 90[dB]에 8시간 노출될 때를 허용기준으로 하며, 5[dB] 증가할 때 허용시간은 1/2로 감소되는 법칙을 적용한다.)

① TND=약 0.83, 적합 ② TND=약 0.93, 적합
③ TND=약 1.03, 부적합 ④ TND=약 1.13, 부적합

해설 **소음 투여량(noise dose)**

① OSHA(미 노동부 직업안전 위생국)의 소음의 부분 투여

$$부분투여 = \frac{실제노출시간}{최대허용시간}$$

② $TND = \left(\frac{2}{2} + \frac{1}{8}\right) = 1.125 = 1.13$

(적합성은 1을 초과하므로 부적합)

정답 23 ② 24 ① 25 ③ 26 ④ 27 ④

28

다음 중 시스템 안전의 최종분석 단계에서 위험을 고려하는 결정인자가 아닌 것은?

① 효율성 ② 피해가능성
③ 비용산정 ④ 시스템의 고장모드

해설 **위험고려 결정인자**

① 가능효율성 ② 피해가능성 ③ 폭발빈도 ④ 비용산정

29

시스템이 저장되고, 이동되고, 실행됨에 따라 발생하는 작동시스템의 기능이나 과업, 활동으로부터 발생되는 위험에 초점을 맞추어 진행하는 위험분석방법은?

① FHA ② OHA ③ PHA ④ SHA

해설 **OHA[Operating Hazard Analysis]**

시스템의 모든 사용단계 중에 발생할 수 있는 생산, 보전, 시험, 저장, 운전, 비상탈출, 구조, 훈련 및 폐기 등 다양한 업무활동에 대하여 이에 소요되는 인원, 순서, 설비에 관한 위험을 발굴하고 제어하며 그들의 안전요건을 결정하기 위하여 실시하는 해석으로 운용 및 지원 위험 해석[OSHA : Operation and Support(O & S) Hazard Analysis]이라 부르기도 한다.

30

다음 중 인체계측에 관한 설명으로 틀린 것은?

① 의자, 피복과 같이 신체모양과 치수와 관련성이 높은 설비의 설계에 중요하게 반영된다.
② 일반적으로 몸의 측정 치수는 구조적 치수(structural dimension)와 기능적 치수(functional dimension)로 나눌 수 있다.
③ 인체계측치의 활용시에는 문화적 차이를 고려하여야 한다.
④ 인체계측치를 활용한 설계는 인간의 신체적 안락에는 영향을 미치지만 성능수행과는 관련이 없다.

해설 **인체 계측**

일상 생활에서 사용하는 의자, 책상, 작업대, 작업 공간 등은 신체의 모양이나 치수와 관련이 있는 설비들이다. 따라서 이런 설비들은 얼마나 사람의 조건에 잘 맞는가에 따라 신체적인 편안함을 주는 것은 물론 인간의 성능에도 영향을 끼쳐 생산성 및 안전에도 중요한 영향 인자로 작용하게 된다.

31

품질 검사 작업자가 한 로트에서 검사 오류를 범할 확률이 0.1이고, 이 작업자가 하루에 5개의 로트를 검사한다면, 5개 로트에서 에러를 범하지 않을 확률은?

① 90[%] ② 75[%] ③ 59[%] ④ 40[%]

해설 **인간신뢰도(Rn)**

매 시행마다 휴먼에러확률이 p로 동일한 작업을 독립적으로 n번 반복하여 실행하는 직무에서 성공적으로 직무를 수행할 확률
$(R_n)=(1-p)^n=(1-0.1)^5=0.59=59\%$

32

다음 중 망막의 원추세포가 가장 낮은 민감성을 보이는 파장의 색은?

① 적색 ② 회색 ③ 청색 ④ 녹색

해설 **원추세포**

① 망막을 구성하고 있는 감광요소는 간상세포와 원추세포이다.
② 간상세포만으로는 색을 구별할 수 없으며 단지 여러 색조의 회색만을 느낄수 있으며, 원추세포로는 색을 구별한다.
③ 색을 구별할 수 있는 것은 원추세포의 작용에 의한 것으로 원추세포에 이상이 발생하면 빨강 녹색 파랑 중 하나 이상의 색깔을 느끼지 못하는 색맹이 나타나게 된다.

33

다음 중 작업방법의 개선원칙(ECRS)에 해당되지 않는 것은?

① 교육(Education) ② 결합 (Combine)
③ 재배치(Rearrange) ④ 단순화(Simplify)

해설 **작업분석(작업방법의 개선원칙)**

① Eliminate(제거) ② Combine(결합) ③ Rearrange(재조정)
④ Simplify(단순화)

정답 28 ④ 29 ② 30 ④ 31 ③ 32 ② 33 ①

34

다음 중 얼음과 드라이아이스 등을 취급하는 작업에 대한 대책으로 적절하지 않은 것은?

① 더운 물과 더운 음식을 섭취한다.
② 가능한 한 식염을 많이 섭취한다.
③ 혈액순환을 위해 틈틈이 운동을 한다.
④ 오랫동안 한 장소에 고정하여 작업하지 않는다.

해설

식염은 고열작업장에서 탈수 및 염분손실을 방지하기 위해 섭취한다.

35

다음 중 시스템 안전성 평가 기법에 관한 설명으로 틀린 것은?

① 가능성을 정략적으로 다룰 수 있다.
② 시각적 표현에 의해 정보전달이 용이하다.
③ 원인, 결과 및 모든 사상들의 관계가 명확해진다.
④ 연역적 추리를 통해 결함사상을 빠짐없이 도출하나, 귀납적 추리로는 불가능하다.

해설 **시스템 안전성 평가 기법**

귀납적 방법은 시간의 경과에 따라 원인으로부터 시작하여 결과를 추론해 가는 것으로 FMEA, ETA 등이 있으며, 연역적 방법은 결과로부터 원인으로 추론해 가는 것으로 대표적인 기법으로 FTA가 있다.

36

다음 중 시스템의 수명곡선(욕조곡선)에서 우발고장기간에 발생하는 고장의 원인으로 볼 수 없는 것은?

① 사용자의 과오 때문에
② 안전계수가 낮기 때문에
③ 부적절한 설치나 시동 때문에
④ 최선의 검사방법으로도 탐지되지 않는 결함 때문에

해설

부적절한 설치나 부적절한 시동은 초기고장기간에 발생하는 원인에 해당된다.

37

정보를 전송하기 위한 표시장치 중 시각장치보다 청각장치를 사용해야 더 좋은 경우는?

① 메세지가 나중에 재참조되는 경우
② 직무상 수신자가 자주 움직이는 경우
③ 메세지가 공간적인 위치를 다루는 경우
④ 수신자의 청각계통이 과부하상태인 경우

해설 **청각 장치와 시각 장치의 비교**

청각 장치 사용	시각 장치 사용
① 전언이 간단하다. ② 전언이 짧다. ③ 전언이 후에 재참조되지 않는다. ④ 전언이 시간적 사상을 다룬다. ⑤ 전언이 즉각적인 행동을 요구한다(긴급할 때) ⑥ 수신장소가 너무 밝거나 암조응 유지가 필요시 ⑦ 직무상 수신자가 자주 움직일 때 ⑧ 수신자가 시각계통이 과부하 상태일 때	① 전언이 복잡하다. ② 전언이 길다. ③ 전언이 후에 재참조된다. ④ 전언이 공간적인 위치를 다룬다. ⑤ 전언이 즉각적인 행동을 요구하지 않는다. ⑥ 수신장소가 너무 시끄러울 때 ⑦ 직무상 수신자가 한곳에 머물 때 ⑧ 수신자의 청각 계통이 과부하 상태일 때

38

인간공학의 중요한 연구과제인 계면(interface)설계에 있어서 다음 중 계면에 해당되지 않는 것은?

① 작업공간 ② 표시장치
③ 조종장치 ④ 조명시설

해설 **계면설계 요소**

① 인간·기계 계면
② 인간·소프트웨어 계면
③ 포함사항
㉠ 작업공간 ㉡ 표시장치 ㉢ 조정장치 ㉣ 제어(console)
㉤ 컴퓨터 대화(dialog) 등

정답 34 ② 35 ④ 36 ③ 37 ② 38 ④

39

FT도에 사용되는 기호 중 "시스템의 정상적인 가동상태에서 일어날 것이 기대되는 사상"을 나타내는 것은?

① 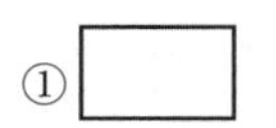 ② 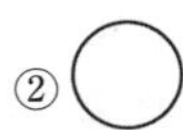 ③ 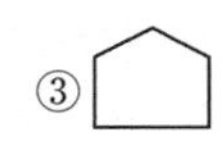 ④ 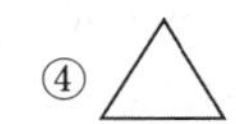

해설 **FTA의 논리기호 및 사상기호**

번호	기호	명칭	설명
1		결함사상 (사상기호)	개별적인 결함사상
2		기본사상 (사상기호)	더 이상 전개되지 않는 기본인 사상 또는 발생 확률이 단독으로 얻어지는 낮은 레벨의 기본적인 사상
3		생략사상 (최후사상)	정보부족 해석기술의 불충분 등으로 더 이상 전개할 수 없는 사상. 작업진행에 따라 해석이 가능할 때는 다시 속행한다.
4		통상사상 (사상기호)	통상발생이 예상되는 사상(예상되는 원인)

40

다음 중 통제표시비(control/display ratio)를 설계할 때 고려하는 요소에 관한 설명으로 틀린 것은?

① 계기의 조절시간이 짧게 소요되도록 계기의 크기(size)는 항상 작게 설계한다.
② 짧은 주행 시간 내에 공차의 인정범위를 초과하지 않는 계기를 마련한다.
③ 목시거리(目示距離)가 길면 길수록 조절의 정확도는 떨어진다.
④ 통제표시비가 낮다는 것은 민감한 장치라는 것을 의미한다.

해설 **조종-반응비율(통제표시비) 설계시 고려사항**

계기의 크기	계기의 조절시간이 짧게 소요되는 사이즈 선택, 너무 작으면 오차발생 증대되므로 상대적으로 고려
공차	짧은 주행시간내에 공차의 인정범위를 초과하지 않는 계기 마련
목측거리	눈의 가시거리가 길면 길수록 조절의 정확도는 감소하며 시간이 증가
조작시간	조작시간의 지연은 직접적으로 조종반응비가 가장 크게 작용(필요할 경우 통제비 감소조치)
방향성	조종기기의 조작방향과 표시기기의 운동방향이 일치하지 않으면 작업자의 혼란초래(조작의 정확성 감소)

3과목 기계·기구 및 설비 안전관리

41

다음 중 선반 작업시 준수하여야 하는 안전 사항으로 틀린 것은?

① 작업 중 장갑 착용을 금한다.
② 작업 시 공구는 항상 정리해 둔다.
③ 운전 중에 백기어(back gear)를 사용한다.
④ 주유 및 청소를 할 때에는 반드시 기계를 정지시키고 한다.

해설 **선반 작업시 유의사항**

① 긴 물건 가공시 주축대쪽으로 돌출된 회전가공물에는 덮개설치
② 바이트는 짧게 장치하고 일감의 길이가 직경의 12배 이상일 때 방진구 사용
③ 절삭중 일감에 손을 대서는 안되며 면장갑 착용금지
④ 바이트에는 칩 브레이커를 설치하고 보안경착용
⑤ 치수 측정 시 및 주유, 청소시 반드시 기계정지
⑥ 기계 운전 중 백기어 사용금지
⑦ 절삭 칩 제거는 반드시 브러시 사용

42

산업안전보건법령에 따라 다음 중 목재가공용으로 사용되는 모떼기기계의 방호장치는? (단, 자동이송장치를 부착한 것은 제외한다.)

① 분할날 ② 날접촉예방장치
③ 급정지장치 ④ 이탈방지장치

해설 **목재가공용기계의 방호장치**

분할날 등 반발예방장치	목재가공용 둥근톱 기계(가로절단용 둥근톱기계 및 반발에 의하여 근로자에게 위험을 미칠 우려가 없는것 제외)
톱날접촉 예방장치	목재가공용 둥근톱 기계(휴대용 둥근톱을 포함하되, 원목제재용 둥근톱기계 및 자동이송장치를 부착한 둥근톱기계 제외)
덮개 또는 울 등	목재가공용 띠톱기계
날접촉예방장치	모떼기 기계(단, 자동이송장치를 부착한 것은 제외)

tip

유해·위험한 기계·기구 등의 방호조치에 해당하는 목재가공용 둥근톱에는 반발예방장치 및 날접촉예방장치를 설치해야 한다(반드시 구분하여 정리해 두세요)

정답 39 ③ 40 ① 41 ③ 42 ②

43

다음 중 컨베이어(conveyor)에 반드시 부착해야 되는 방호장치로 가장 적당한 것은?

① 해지장치 ② 권과방지장치
③ 과부하방지장치 ④ 비상정지장치

해설 **컨베이어의 안전조치사항**

<table>
<tr><td rowspan="4">이탈 등의 방지
(정전, 전압강하 등에 의한 화물 또는 운반구의 이탈 및 역주행 방지장치)</td><td rowspan="2">역전방지장치 및 브레이크</td><td>기계적인 것 : 라쳇식, 롤러식, 밴드식, 웜기어 등</td></tr>
<tr><td>전기적인 것 : 전기브레이크, 슬러스트브레이크 등</td></tr>
<tr><td>화물 또는 운반구의 이탈 방지장치</td><td>컨베이어 구동부 측면에 롤러형 안내가이드 등 설치</td></tr>
<tr><td>화물 낙하 위험시</td><td>덮개 또는 낙하방지용 울 등 설치</td></tr>
<tr><td>비상정지장치부착</td><td colspan="2">근로자의 신체의 일부가 말려드는 등 근로자에게 위험을 미칠 우려가 있을 때 및 비상시에 정지할 수 있는 장치</td></tr>
<tr><td>낙하물에 의한 위험방지</td><td colspan="2">덮개 또는 울 설치</td></tr>
<tr><td>탑승 및 통행의 제한</td><td colspan="2">건널다리 설치</td></tr>
</table>

44

다음 중 정하중이 작용할 때 기계의 안전을 위해 일반적으로 안전율이 가장 크게 요구되는 재질은?

① 벽돌 ② 주철 ③ 구리 ④ 목재

해설 **정하중 작용시 안전율**

① 벽돌 : 20 ② 주철 : 4 ③ 구리 : 5 ④ 목재 : 7

45

다음 중 프레스에 사용되는 광전자식 방호장치의 일반 구조에 관한 설명으로 틀린 것은?

① 방호장치의 감지기능은 규정한 검출영역 전체에 걸쳐 유효하여야 한다.
② 슬라이드 하강 중 정전 또는 방호장치의 이상 시에는 1회 동작 후 정지할 수 있는 구조이어야 한다.
③ 정상동장표시램프는 녹색, 위험표시램프는 붉은색으로 하며, 쉽게 근로자가 볼 수 있는 곳에 설치해야 한다.
④ 방호장치의 정상작동 중에 감지가 이루어지거나 공급전원이 중단되는 경우 적어도 두 개 이상의 출력 신호 개폐장치가 꺼진 상태로 돼야 한다.

해설 **광전자식 방호장치 설치방법**

① 정상동작표시램프는 녹색, 위험표시램프는 붉은색으로 하며, 쉽게 근로자가 볼 수 있는 곳에 설치
② 슬라이드 하강 중 정전 또는 방호장치의 이상 시에 정지할 수 있는 구조
③ 방호장치는 릴레이, 리미트스위치 등의 전기부품의 고장, 전원전압의 변동 및 정전에 의해 슬라이드가 불시에 동작하지 않아야 하며, 사용전원전압의 ±(100분의 20)의 변동에 대하여 정상으로 작동
④ 방호장치의 정상작동 중에 감지가 이루어지거나 공급전원이 중단되는 경우 적어도 두개 이상의 출력신호개폐장치가 꺼진 상태로 돼야 한다.

46

다음 중 120[SPM] 이상의 소형 확동식 클러치 프레스에 가장 적합한 방호장치는?

① 양수조작식 ② 수인식
③ 손쳐내기식 ④ 초음파식

해설 **클러치별 방호장치**

클러치 / 방호장치	확동(positive)클러치		마찰(friction)클러치	
	120 SPM 미만	120 SPM 이상	120 SPM 미만	120 SPM 이상
양수조작식	사용불가	사용가능	사용가능	사용가능
광전자식	사용불가	사용불가	사용가능	사용가능
손쳐내기식	사용가능	사용불가	사용가능	사용불가
수인식	사용가능	사용불가	사용가능	사용불가

정답 43 ④ 44 ① 45 ② 46 ①

47

롤러기 조작부의 설치 위치에 따른 급정지장치의 종류에서 손조작식 급정지장치의 설치 위치로 옳은 것은?

① 밑면에서 0.5[m] 이내
② 밑면에서 0.6[m] 이상 1.0[m] 이내
③ 밑면에서 1.8[m] 이내
④ 밑면에서 1.0[m] 이상 2.0[m] 이내

해설 **조작부의 종류별 설치위치**

조작부의 종류	설 치 위 치
손조작식	밑면에서 1.8m 이내
복부조작식	밑면에서 0.8m 이상 1.1m 이내
무릎조작식	밑면에서 0.4m 이상 0.6m 이내

48

다음 중 탁상용 연삭기에 사용하는 것으로서 공작물을 연삭할 때 가공물 지지점이 되도록 받쳐주는 것을 무엇이라 하는가?

① 주판 ② 측판 ③ 심압대 ④ 워크레스트

해설 **연삭기의 안전대책**

① 구조 규격에 적당한 덮개를 설치할 것(설치 기준 : 직경이 50mm 이상)
② 플랜지의 직경은 숫돌직경의 1/3 이상인 것을 사용하며 양쪽을 모두 같은 크기로 할 것
③ 칩 비산 방지 투명판(shield), 국소배기장치를 설치할 것
④ 탁상용 연삭기는 워크레스트와 조정편을 설치할 것(워크레스트와 숫돌과의 간격은 : 3mm 이하)
⑤ 작업 시작하기 전 1분 이상, 연삭 숫돌을 교체한 후 3분 이상 시운전

49

다음 중 작업장 내의 안전을 확보하기 위한 행위로 볼 수 없는 것은?

① 통로의 주요 부분에는 통로표시를 하였다.
② 통로에는 50럭스 정도의 조명시설을 하였다.
③ 비상구의 너비는 1.0[m]로 하고, 높이는 2.0[m]로 하였다.
④ 통로면으로부터 높이 2[m] 이내에는 장애물이 없도록 하였다.

해설 **통로의 조명**

근로자가 안전하게 통행할 수 있도록 통로에 75럭스 이상의 채광 또는 조명시설을 하여야 한다. 다만, 갱도 또는 상시통행을 하지 아니하는 지하실 등을 통행하는 근로자로 하여금 휴대용 조명기구를 사용하도록 한 때에는 그러하지 아니하다.

50

산업안전보건법령에 따라 아세틸렌-산소 용접기의 아세틸렌 발생기실에 설치해야 할 배기통은 얼마 이상의 단면적을 가져야 하는가?

① 바닥면적의 $\frac{1}{16}$ ② 바닥면적의 $\frac{1}{20}$
③ 바닥면적의 $\frac{1}{24}$ ④ 바닥면적의 $\frac{1}{30}$

해설 **발생기실의 구조**

① 벽은 불연성의 재료로 하고 철근콘크리트 기타 이와 동등 이상의 강도를 가진 구조로 할 것
② 지붕 및 천정에는 얇은 철판이나 가벼운 불연성 재료를 사용할 것
③ 바닥면적의 16분의 1 이상의 단면적을 가진 배기통을 옥상으로 돌출시키고 그 개구부를 창 또는 출입구로부터 1.5m 이상 떨어지도록 할 것
④ 출입구의 문은 불연성 재료로 하고 두께 1.5mm 이상의 철판 기타 이와 동등 이상의 강도를 가진 구조로 할 것
⑤ 벽과 발생기 사이에는 발생기의 조정 또는 카바이드 공급 등의 작업을 방해하지 아니하도록 간격을 확보할 것

정답 47 ③ 48 ④ 49 ② 50 ①

51

설비에 사용되는 재질의 최대사용하중이 100[kg]이고, 파단하중이 300[kg] 이라면 안전율은 얼마인가?

① 0.3 ② 1 ③ 3 ④ 100

해설

$$안전율 = \frac{파단하중}{최대사용하중} = \frac{300}{100} = 3$$

52

다음 중 기계를 정지 상태에서 점검하여야 할 사항으로 틀린 것은?

① 급유 상태
② 이상음과 진동상태
③ 볼트·너트의 풀림 상태
④ 전동기 개폐기의 이상 유무

해설

이상음과 진동상태는 기계가 운전중일때 점검해야 상태파악이 가능하다.

53

다음 중 취급운반의 5원칙으로 틀린 것은?

① 연속 운반으로 할 것
② 직선 운반으로 할 것
③ 운반 작업을 집중화시킬 것
④ 생산을 최소로 하는 운반을 생각할 것

해설 **취급운반의 5원칙**

문제에서 주어진 보기 외에
① 생산을 향상시킬 수 있는(최대로하는) 운반 하역 방법을 고려할 것
② 운반 하역 작업을 집중화 할 것

54

연삭기에서 숫돌의 바깥지름이 180[mm]라면, 플랜지의 바깥지름은 몇 [mm] 이상이어야 하는가?

① 30 ② 36 ③ 45 ④ 60

해설 **연삭기의 플랜지**

① 플랜지의 직경은 숫돌직경의 1/3 이상인 것을 사용하며 양쪽을 모두 같은 크기로 할 것
② $180\text{mm} \times \frac{1}{3} = 60(\text{mm})$

55

크레인 작업시 로프에 1톤의 중량을 걸어, 20[m/s²]의 가속도로 감아올릴 때 로프에 걸리는 총 하중(kgf)은 약 얼마인가?

① 1040.34 ② 2040.53
③ 3040.82 ④ 3540.91

해설 **와이어 로프에 걸리는 총하중 계산**

① $동하중(W_2) = \frac{W_1}{g} \times a = \frac{1,000}{9.8} \times 20 = 2040.82$

② $총하중(W) = 정하중(W_1) + 동하중(W_2)$
$= 1000 + 2040.82 = 3040.82\text{kgf}$

56

아세틸렌 용접장치를 사용하여 금속의 용접·용단 또는 가열작업을 하는 경우 게이지 압력으로 얼마를 초과하는 압력의 아세틸렌을 발생시켜 사용해서는 아니 되는가?

① 85[kPa] ② 107[kPa]
③ 127[kPa] ④ 150[kPa]

해설 **용접장치에 관한 안전기준**

① 금속의 용접용단 또는 가열작업을 할 때에는 게이지 압력이 127 킬로파스칼 초과 사용금지
② 발생기에서 5미터 이내 또는 발생기실에서 3미터 이내의 장소에는 흡연, 화기의 사용 또는 불꽃이 발생할 위험한 행위를 금지시킬 것
③ 가스집합장치로부터 5미터 내의 장소에는 흡연, 화기의 사용 또는 불꽃을 발할 우려가 있는 행위를 금지시킬 것

정답 51 ③ 52 ② 53 ④ 54 ④ 55 ③ 56 ③

57

페일 세이프(Fail safe) 구조의 기능면에서 설비 및 기계장치의 일부가 고장이 난 경우 기능의 저하를 가져 오더라도 전체 기능은 정지하지 않고 다음 정기점검시까지 운전이 가능한 방법은?

① Fail-passive ② Fail-soft
③ Fail-active ④ Fail-operational

해설 **Fail safe의 기능면에서의 분류(3단계)**

Fail-passive	부품이 고장났을 경우 통상기계는 정지하는 방향으로 이동(일반적인 산업기계)
Fail-active	부품이 고장났을 경우 기계는 경보를 울리는 가운데 짧은 시간동안 운전 가능
Fail-operational	부품의 고장이 있더라도 기계는 추후 보수가 이루어 질 때까지 안전한 기능 유지 (병렬구조 등으로 되어 있으며 운전상 가장 선호하는 방법)

58

산업안전보건법령에 따른 다음 설명에 해당하는 기계 설비는?

> 동력을 사용하여 가이드레일을 따라 상하로 움직이는 운반구를 매달아 화물을 운반할 수 있는 설비 또는 이와 유사한 구조 및 성능을 가진 것으로 건설현장이 아닌 장소에서 사용하는 것

① 크레인 ② 일반작업용 리프트
③ 곤돌라 ④ 이삿짐운반용 리프트

해설 **리프트의 종류**

① 건설용리프트 ② 산업용리프트 ③ 자동차정비용리프트
④ 이삿짐운반용리프트(적재하중 0.1톤 이상)

tip
본 문제는 2021년 법령개정으로 수정된 내용입니다.(해설은 개정된 내용 적용)

59

다음 중 셰이퍼(shaper)의 크기를 표시하는 것은?

① 램의 행정 ② 새들의 크기
③ 테이블의 면적 ④ 바이트의 최대 크기

해설 **셰이퍼의 크기표시**

① 램의 최대 행정
② 테이블의 크기 및 테이블의 최대 이송거리

60

다음 중 산업용 로봇의 재해 발생에 대한 주된 원인이며, 본체의 외부에 조립되어 인간의 팔에 해당되는 기능을 하는 것은?

① 배관 ② 외부전선
③ 제동장치 ④ 매니퓰레이터

해설 **매니 퓰레이터(manipulator)**

사람의 팔에 해당하는 기능을 가진 것으로, 작업의 대상물을 이동시키는 것을 가리키며 각종 로봇에 공통되는 기본개념이다.

정답 57 ④ 58 ② 59 ① 60 ④

4과목 전기 및 화학설비 안전관리

61

다음은 정전기로 인한 재해를 방지하기 위한 조치 중 전기를 통하지 않는 부도체 물질에 적합하지 않는 조치는?

① 가습을 시킨다.
② 접지를 실시한다.
③ 도전성을 부여한다.
④ 자기방전식 제전기를 설치한다.

해설 **정전기 재해방지 대책**

① 도체의 대전방지를 위해서는 도체와 대지 사이를 접지하여 정전기 축적을 방지한다.
② 부도체의 대전방지는 전하의 이동이 쉽게 일어나지 않기 때문에 접지로는 효과를 기대하기 어렵다. 그러므로 정전기 발생 억제가 기본이며 정전기를 중화시켜 제거하여야 한다.(가습, 도전성 향상 및 제전기 사용 등)

62

충전전로의 선간전압이 121[kV] 초과 145[kV] 이하의 활선 작업시 충전전로에 대한 접근한계거리는?

① 130[cm] ② 150[cm]
③ 170[cm] ④ 230[cm]

해설 **충전전로에서의 전기작업**

충전전로의 선간전압 (단위 : 킬로볼트)	충전전로에 대한 접근한계거리 (단위 : 센티미터)
·	·
·	·
15 초과 37 이하	90
37 초과 88 이하	110
88 초과 121 이하	130
121 초과 145 이하	150
·	·
·	·

63

다음 중 방폭구조의 종류에 해당되지 않는 것은?

① 유출 방폭구조 ② 안전증 방폭구조
③ 압력 방폭구조 ④ 본질안전 방폭구조

해설 **방폭구조의 종류와 기호**

내압 방폭구조	압력 방폭구조	유입 방폭구조	안전증 방폭구조	특수 방폭구조
d	p	o	e	s
본질안전 방폭구조		몰드 방폭구조	충전 방폭구조	비점화 방폭구조
ia 또는 ib		m	q	n

64

전압과 인체저항과의 관계를 잘못 설명한 것은?

① 정(+)의 저항온도계수를 나타낸다.
② 내부조직의 저항은 전압에 관계없이 일정하다.
③ 1000[V] 부근에서 피부의 전기저항은 거의 사라진다.
④ 남자보다 여자가 일반적으로 전기저항이 작다.

해설

온도상승에 따라 저항이 감소하는 부(-)의 저항온도계수를 나타낸다.

정답 61 ② 62 ② 63 ① 64 ①

65

다음 중 누전차단기의 설치 환경조건에 관한 설명으로 틀린 것은?

① 전원전압은 정격전압의 85~110[%] 범위로 한다.
② 설치장소가 직사광선을 받을 경우 차폐시설을 설치한다.
③ 정격부동작 전류가 정격감도 전류의 30[%] 이상이어야 하고 이들의 차가 가능한 큰 것이 좋다.
④ 정격전부하전류가 30[A]인 이동형 전기기계·기구에 접속되어 있는 경우 일반적으로 정격감도전류는 30[mA] 이하인 것을 사용한다.

해설 누전차단기의 선정시 주의사항

① 누전차단기는 접속된 각각의 휴대용, 이동용 전동기기에 대해 정격감도전류가 30[mA]이하의 것을 사용해야 한다.
② 누전차단기는 정격 부동작 전류가 정격 감도전류의 50[%]이상이고 또한 이들의 차가 가능한 한 작은 값을 사용해야 한다.
③ 누전차단기는 동작시간이 0.1초 이하의 가능한 한 짧은 시간의 것을 사용 하는 것을 사용해야 한다.
④ 누전차단기는 절연저항이 5[MΩ] 이상이 되어야 한다.
⑤ 누전차단기(지락보호, 과부하보호 및 단락보호 겸용의 차단기는 제외)를 사용하고 또한 해당 차단기에 과부하보호장치 또는 단락보호장치를 설치하는 경우에는 이들 장치와 차단기의 차단기능이 서로 조화되도록 해야 한다.

66

정전기가 컴퓨터에 미치는 문제점으로 가장 거리가 먼 것은?

① 디스크 드라이브가 데이터를 읽고 기록한다.
② 메모리 변경이 에러나 프로그램의 분실을 발생시킨다.
③ 프린터가 오작동을 하여 너무 많이 찍히거나, 글자가 겹쳐서 찍힌다.
④ 터미널에서 컴퓨터에 잘못된 데이터를 입력시키거나 데이터를 분실한다.

해설

디스크 드라이브가 데이터를 읽고 기록하는 것은 정상적인 컴퓨터의 작동상황이다.

67

접지공사의 종류에 대한 접지선의 굵기 기준이 바르게 연결된 것은?

① 제1종 접지공사 – 공칭단면적 16mm² 이상의 연동선
② 제2종 접지공사 – 공칭단면적 6mm² 이상의 연동선
③ 제3종 접지공사 – 공칭단면적 1.5mm² 이상의 연동선
④ 특별 제3종 접지공사 – 공칭단면적 2.5mm² 이상의 연동선

해설 접지 시스템

구분	① 계통접지(TN, TT, IT 계통) ② 보호접지 ③ 피뢰시스템 접지
종류	① 단독접지 ② 공통접지 ③ 통합접지
구성요소	① 접지극 ② 접지도체 ③ 보호도체 및 기타 설비
연결방법	접지극은 접지도체를 사용하여 주 접지단자에 연결

tip

본 문제는 2021년 적용되는 법 제정으로 맞지않는 내용입니다. 수정된 해설과 본문내용을 참고하세요.

정답 65 ③ 66 ① 67 ④

68

작업장에서 근로자의 감전 위험을 방지하기 위하여 필요한 조치를 하여야 한다. 맞지 않는 것은?

① 작업장 통행 등으로 인하여 접촉하거나 접촉할 우려가 있는 배선 또는 이동전선에 대하여는 절연피복이 손상되거나 노화된 경우에는 교체하여 사용하는 것이 바람직하다.
② 전선을 서로 접속하는 때에는 해당 전선의 절연성능 이상으로 절연될 수 있는 것으로 충분히 피복하거나 적합한 접속기구를 사용하여야 한다.
③ 물 등의 도전성이 높은 액체가 있는 습윤한 장소에서 근로자의 통행 등으로 인하여 접촉할 우려가 있는 이동전선 및 이에 부속하는 접속기구는 그 도전성이 높은 액체에 대하여 충분한 절연효과가 있는 것을 사용하여야 한다.
④ 차량 기타 물체의 통과 등으로 인하여 전선의 절연피복이 손상될 우려가 없더라도 통로바닥에 전선 또는 이동전선을 설치하여 사용하여서는 아니 된다.

해설

통로바닥에 전선 또는 이동전선 등을 설치하여 사용해서는 아니 된다. 다만, 차량이나 그 밖의 물체의 통과 등으로 인하여 해당 전선의 절연피복이 손상될 우려가 없거나 손상되지 않도록 적절한 조치를 하여 사용하는 경우에는 그러하지 아니하다.

69

전기설비의 접지저항을 감소시킬 수 있는 방법으로 가장 거리가 먼 것은?

① 접지극을 깊이 묻는다.
② 접지극을 병렬로 접속한다.
③ 접지극의 길이를 길게 한다.
④ 접지극과 대지간의 접촉을 좋게 하기 위해서 모래를 사용한다.

해설 **접지저항을 감소시키는 방법**

① 약품법 : 도전성 물질을 접지극 주변토양에 주입
② 병렬법 : 접지 수를 증가하여 병렬접속
③ 접지전극을 대지에 깊이 박는 방법(75cm 이상 깊이)

70

다음 중 최대공급전류가 200[A]인 단상전로의 한 선에서 누전되는 최소전류는 몇 [A] 인가?

① 0.1 ② 0.2 ③ 0.5 ④ 1.0

해설 **허용누설전류**

허용 누설 전류 ≤ 최대공급전류/ 2000이므로

$$200 \times \frac{1}{2{,}000} = 0.1\text{A}$$

71

다음 중 소화(消火)방법에 있어 제거소화에 해당되지 않는 것은?

① 연료 탱크를 냉각하여 가연성 기체의 발생 속도를 작게 한다.
② 금속화재의 경우 불활성 물질로 가연물을 덮어 미연소부분과 분리한다.
③ 가연성 기체의 분출 화재시 주밸브를 잠그고 연료 공급을 중단시킨다.
④ 가연성 가스나 산소의 농도를 조절하여 혼합 기체의 농도를 연소 범위 밖으로 벗어나게 한다.

해설 **물리적 소화방법**

냉각에 의한 소화	연소시에 발생하는 열에너지를 흡수하는 매체를 화염속에 투입하여 소화하는 것으로 냉각은 반응속도를 늦추어 소화작용을 하게 된다
질식에 의한 소화	가연성가스와 지연성가스가 섞여 있는 혼합기체의 농도를 조절하여 혼합기체의 농도를 연소범위 밖으로 벗어나게 하여 소화한다.
제거에 의한 소화	기체나 액체의 대형화재에효과적인 소화방법으로 가연물을 생활 주변으로부터 완전히 제거, 격리시키는 것은 불가능하기 때문에 평상시 연소 위험성이 있는 곳으로부터 충분한 거리를 두거나 철저한 유지관리 등이 필요하다.

정답 68 ④ 69 ④ 70 ① 71 ④

72

환풍기가 고장난 장소에서 인화성 액체를 취급하는 과정에 부주의로 마개를 막지 않았다. 이 장소에서 작업자가 담배를 피우기 위해 불은 켜는 순간 인화성 액체에서 불꽃이 일어나는 사고가 발생하였다면 다음 중 이와 같은 사고의 발생 가능성이 가장 높은 물질은?

① 아세트산 ② 등유 ③ 에틸에테르 ④ 경유

해설 인화성 액체

① 에틸에테르, 가솔린, 아세트알데히드 등 그 밖에 인화점이 섭씨 23도 미만이고 초기 끓는점이 섭씨 35도 이하인 물질
② 크실렌, 아세트산아밀, 등유, 경유, 아세트산 등 그 밖에 인화점이 섭씨 23도 이상 섭씨 60도 이하인 물질

73

산업안전보건법에 따라 사업주는 공정안전보고서의 심사결과를 송부 받은 경우 몇 년간 보존하여야 하는가?

① 1년 ② 2년 ③ 3년 ④ 5년

해설 공정안전보고서의 제출절차

유해 위험 설비 설치 · 이전 주요구조 부분 변경 → (착공30일전까지 2부 제출) → 공단 → (접수후 30일이내) → 심사 및 사업주에게 송부 → 5년간 서류보존

74

다음 중 자연발화에 대한 설명으로 가장 적절한 것은?

① 습도를 높게 하면 자연발화를 방지할 수 있다.
② 점화원을 잘 관리하면 자연발화를 방지할 수 있다.
③ 윤활유를 닦은 걸레의 보관 용기로는 금속재보다는 플라스틱 제품이 더 좋다.
④ 자연발화는 외부로 방출하는 열보다 내부에서 발생하는 열의 양이 많은 경우에 발생한다.

해설 자연발화

물질이 서서히 산화되면서 축적된 열로 인하여 온도가 상승하고 발화온도에 도달하여 점화원 없이 발화하는 현상(열의 발생속도가 일산속도를 상회)

75

다음 중 폭발이나 화재 방지를 위하여 물과의 접촉을 방지하여야 하는 물질에 해당하는 것은?

① 칼륨 ② 트리니트로톨루엔
③ 황린 ④ 니트로셀룰로오스

해설

칼륨, 나트륨, 칼슘 등은 물과 접촉하여 발화하는 등 발화가 용이한 물질이므로 물과의 접촉을 금지하여야 하는 금수성 물질에 해당된다.

76

부피조성이 메탄 65[%], 에탄 20[%], 프로판 15[%]인 혼합 가스의 공기 중 폭발하한계는 약 몇 [vol%]인가? (단, 메탄, 에탄, 프로판의 폭발하한계는 각각 5.0[vol%], 3.0[vol%], 2.1[vol%]이다.)

① 2.63 ② 3.73 ③ 4.83 ④ 5.93

해설 르샤틀리에의 법칙(혼합가스의 폭발범위 계산)

$$\frac{100}{L}=\frac{V_1}{L_1}+\frac{V_2}{L_2}+\frac{V_3}{L_3}=\frac{65}{5.0}+\frac{20}{3.0}+\frac{15}{2.1}=26.809$$

그러므로 $L=\dfrac{100}{26.809}=3.73(\%)$

77

SO_2, 20[ppm]은 약 몇 [g/m³]인가? (단, SO_2의 분자량은 64이고, 온도는 21[℃] , 압력은 1기압으로 한다.)

① 0.571 ② 0.531 ③ 0.0571 ④ 0.0531

해설 환산식

$$\text{mg/m}^3=\frac{\text{ppm}\times\text{분자량(g)}}{22.4}\times\frac{273}{273+℃}=\frac{20\times64}{22.4}\times\frac{273}{273+21}$$

$$=53.06(\text{mg/m}^3)$$

그러므로 $53.06\text{mg/m}^3\times10^{-3}=0.0531\text{g/m}^3$

정답 72 ③ 73 ④ 74 ④ 75 ① 76 ② 77 ④

78

다음 중 화염일주한계와 폭발등급 최대안전 틈새의 한계에 대한 설명으로 틀린 것은?

① 수소와 메탄은 상호 다른 등급에 해당한다.
② 폭발등급은 화염일주한계에 따라 등급을 구분한다.
③ 폭발등급 1등급 가스는 폭발등급 3등급 가스보다 폭발점화 파급위험이 크다.
④ 폭발성 혼합가스에서 화염일주한계값이 작은 가스일수록 외부로 폭발점화 파급위험이 커진다.

해설

폭발등급 3등급 가스는 폭발등급 1등급 가스보다 폭발점화 파급위험이 크다.

79

다음 중 화염의 역화를 방지하기 위한 안전장치는?

① flame arrester ② flame stack
③ molecular seal ④ water seal

해설 **flame arrester(인화방지망)**

가연성 증기가 발생하는 유류저장 탱크에서 증기를 방출하거나 외기를 흡입하는 부분에 설치하는 안전장치로서 화염의 차단을 목적으로 하며 40mesh 이상의 가는 눈금의 금망이 여러개 겹쳐져 있다.

80

다음 중 증류탑의 일상 점검항목으로 볼 수 없는 것은?

① 도장의 상태
② 트레이(Tray)의 부식상태
③ 보온재, 보냉재의 파손여부
④ 접속부, 맨홀부 및 용접부에서의 외부 누출유무

해설 **증류탑의 일상점검항목**

① 보온재 및 보냉재의 파손상황
② 도장의 열화상황
③ 플랜지부, 맨홀부, 용접부에서 외부누출여부
④ 기초볼트의 헐거움 여부
⑤ 증기배관의 열팽창에 의한 무리한 힘이 가해지고 있는지의 여부와 부식등에 의해 두께가 얇아지고 있는지의 여부

5과목 건설공사 안전관리

81

다음 빈칸에 알맞은 숫자를 순서대로 옳게 나타낸 것은?

> 강관비계의 경우, 띠장간격은 ( )[m] 이하로 설치하되, 첫 번째 띠장은 지상으로부터 ( )[m] 이하의 위치에 설치한다.

① 2, 2 ② 2.5, 3 ③ 1.5, 2 ④ 1, 3

해설 **강관비계의 구조**

구분		내용(준수사항)
비계기둥	띠장방향	1.85 m 이하
	장선방향	1.5 m 이하
띠장 간격		2.0 m 이하로 설치할 것
벽 연결		수직으로 5 m, 수평으로 5 m 이내마다 연결

tip
2020년 시행. 관련법령 개정으로 변경된 내용이며, 해설은 개정된 내용에 맞게 적용했으니 착오없으시기 바랍니다.

82

흙막이 가시설 공사 중 발생할 수 있는 히빙(Heaving) 현상에 관한 설명으로 틀린 것은?

① 흙막이 벽체 내·외의 토사의 중량차에 의해 발생한다.
② 연약한 점토지반에서 굴착면의 융기로 발생한다.
③ 연역한 사질토 지반에서 주로 발생한다.
④ 흙막이벽의 근입장 깊이가 부족할 경우 발생한다.

해설 **히빙(Heaving)과 보일링(Boiling)**

① 히빙(Heaving)현상 : 연약성 점토지반 굴착시 굴착외측 흙의 중량에 의해 굴착저면의 흙이 활동 전단 파괴되어 굴착내측으로 부풀어 오르는 현상
② 보일링(Boiling)현상 : 투수성이 좋은 사질지반의 흙막이 저면에서 수두차로 인한 상향의 침투압이 발생 유효응력이 감소하여 전단강도가 상실되는 현상으로 지하수가 모래와 같이 솟아오르는 현상

정답 78 ③ 79 ① 80 ② 81 ③ 82 ③

83

굴착기계 중 주행기면 보다 하방의 굴착에 적합하지 않은 것은?

① 백호우 ② 클램쉘
③ 파워셔블 ④ 드래그라인

해설 **파워셔블(Power shovel)**

① 굴착공사와 신기에 많이 사용
② 기계가 위치한 지반보다 높은 굴착에 유리
③ 작업대가 견고하여 굳은 토질의 굴착에도 용이

tip
기계가 위치한 지반보다 높은 굴착은 파워셔블이며, 낮은 굴착은 드래그셔블, 크램셀 등이 사용된다.

84

크레인을 사용하여 양중작업을 하는 때에 안전한 작업을 위해 준수하여야 할 내용으로 틀린 것은?

① 인양할 하물(何物)을 바닥에서 끌어당기거나 밀어 정위치 작업을 할 것
② 가스통 등 운반 도중에 떨어져 폭발 가능성이 있는 위험물용기는 보관함에 담아 매달아 운반할 것
③ 인양 중인 하물이 작업자의 머리 위로 통과하지 않도록 할 것
④ 인양할 하물이 보이지 아니하는 경우에는 어떠한 동작도 하지 아니할 것

해설 **크레인 작업시 조치 및 준수사항**

① 인양할 하물(荷物)을 바닥에서 끌어당기거나 밀어 작업하지 아니할 것
② 유류드럼이나 가스통 등 운반 도중에 떨어져 폭발하거나 누출될 가능성이 있는 위험물용기는 보관함(또는 보관고)에 담아 안전하게 매달아 운반할 것
③ 고정된 물체를 직접 분리·제거하는 작업을 하지 아니할 것
④ 미리 근로자의 출입을 통제하여 인양중인 하물이 작업자의 머리 위로 통과하게 하지 아니할 것
⑤ 인양할 하물이 보이지 아니하는 경우에는 어떠한 동작도 하지 아니할 것(신호하는 자에 의하여 작업을 하는 경우 제외)

85

다음 ( )안에 들어갈 말로 옳은 것은?

> 콘크리트 측압은 콘크리트 타설속도, ( ), 단위용적 질량, 온도, 철근배근상태 등에 따라 달라진다.

① 타설높이 ② 골재의 형상
③ 콘크리트 강도 ④ 박리제

해설 **측압이 커지는 조건**

① 거푸집 수평단면이 클수록 ② 콘크리트 슬럼프치가 클수록
③ 타설 높이가 높을수록 ④ 철골, 철근량이 적을수록
⑤ 타설 속도가 빠를수록 ⑥ 외기의 온도가 낮을수록

86

주행크레인 및 선회크레인과 건설물 사이에 통로를 설치하는 경우, 그 폭은 최소 얼마 이상으로 하여야 하는가? (단, 건설물의 기둥에 접촉하지 않는 부분인 경우)

① 0.3[m] ② 0.4[m] ③ 0.5[m] ④ 0.6[m]

해설 **건설물 등과의 사이 통로**

주행 크레인 또는 선회 크레인과 건설물 또는 설비와의 사이에 통로를 설치하는 경우 그 폭을 0.6미터 이상으로 하여야 한다. 다만, 그 통로 중 건설물의 기둥에 접촉하는 부분에 대해서는 0.4미터 이상으로 할 수 있다.

정답 83 ③ 84 ① 85 ① 86 ④

87

철골공사에서 나타나는 용접결함의 종류에 해당되지 않는 것은?

① 오버랩(over lap) ② 언더 컷(under cut)
③ 블로우 홀(blow hole) ④ 가우징(gouging)

해설 용접부의 결함

종류	원인
슬래그(slag) 감싸들기	운봉방법불량, 용접전류 및 속도의 부적당, 피복제조성 불량
언더컷 (under cut)	과대전류, 운봉속도가 빠를 때, 부당한 용접봉 사용
오버랩 (over lap)	운봉속도가 느릴 때, 낮은전류
블로홀 (blow hole)	모재에 불순물(유황성분)이 많을 때, 융착부 급냉, 이음부에 유지 페인트 등 부착
피트(pit)	부식 또는 모재의 화학성분
용입부족	운봉속도과다, 낮은전류

88

와이어로프나 철선 등을 이용하여 상부지점에서 작업용 발판을 매다는 형식의 비계로서 건물 외벽도장이나 청소 등의 작업에서 사용되는 비계는?

① 브라켓 비계 ② 달비계
③ 이동식 비계 ④ 말비계

해설 달비계의 구조

① 달기 와이어로프·달기체인·달기강선·달기강대는 한쪽 끝을 비계의 보 등에, 다른쪽 끝을 내민 보·앵커볼트 또는 건축물의 보 등에 각각 풀리지 아니하도록 설치할 것
② 근로자의 추락 위험을 방지하기 위하여 다음의 조치를 할 것
㉠ 달비계에 구명줄을 설치할 것
㉡ 근로자에게 안전대를 착용하도록 하고 근로자가 착용한 안전줄을 달비계의 구명줄에 체결하도록 할 것
㉢ 달비계에 안전난간을 설치할 수 있는 구조인 경우에는 안전난간을 설치할 것

tip

1. 2021년 법령개정으로 달비계는 곤돌라형 달비계와 작업의자형 달비계로 구분하여 정리해야 하니 본문내용을 참고하시기 바랍니다.
2. 달대비계와 반드시 구분하여 알아둘 것
달대비계는 철골공사의 리벳치기 작업이나 볼트작업을 위해 작업발판을 철골에 매달아 사용하는 것으로 바닥에 외부비계의 설치가 부적절한 높은곳의 작업공간을 확보하기 위한 목적으로 설치

89

건설공사 시 계측관리의 목적이 아닌 것은?

① 지역의 특수성보다는 토질의 일반적인 특성파악을 목적으로 한다.
② 시공 중 위험에 대한 정보제공을 목적으로 한다.
③ 설계 시 예측치와 시공 시 측정치와의 비교를 목적으로 한다.
④ 향후 거동 파악 및 대책 수립을 목적으로 한다.

해설 공사 지역의 특수성 파악

도심지 굴착공사 또는 기타 공사에서 공사구조물 또는 주변 환경의 특수성에대한 설계기준을 확립하기 위한 것도 계측관리의 중요한 목적이다.

90

유해·위험방지계획서 검토자의 자격 요건에 해당되지 않는 것은?

① 건설안전분야 산업안전지도사
② 건설안전기사로서 실무경력 3년인 자
③ 건설안전산업기사 이상으로서 실무경력 7년인 자
④ 건설공사 안전기술사

해설 유해위험방지 계획서 작성시 의견청취 해야할 대상(작성 자격요건)

① 건설안전분야 산업안전지도사
② 건설공사 안전관리사 또는 토목·건축분야 기술사
③ 건설안전산업기사 이상으로서 건설안전관련 실무경력 7년(기사는 5년) 이상인 자

정답 87 ④ 88 ② 89 ① 90 ②

91

차량계 하역운반기계에서 화물을 싣거나 내리는 작업에서 작업지휘자가 준수해야할 사항과 가장 거리가 먼 것은?

① 작업순서 및 그 순서마다의 작업방법을 정하고 작업을 지휘하는 일
② 기구 및 공구를 점검하고 불량품을 제거하는 일
③ 당해 작업을 행하는 장소에 관계근로자외의 자의 출입을 금지하는 일
④ 총 화물량을 산출하는 일

해설 **차량계 하역운반기계에서 화물 취급시 작업지휘자 준수사항**

① 작업순서 및 그 순서마다의 작업방법을 정하고 작업을 지휘할 것
② 기구 및 공구를 점검하고 불량품을 제거할 것
③ 당해 작업을 행하는 장소에 관계근로자외의 자의 출입을 금지시킬 것
④ 로프를 풀거나 덮개를 벗기는 작업을 행하는 때에는 적재함의 화물이 낙하할 위험이 없음을 확인한 후에 당해 작업을 하도록 할 것

92

흙의 동상을 방지하기 위한 대책으로 틀린 것은?

① 물의 유통을 원활하게 하여 지하수위를 상승시킨다.
② 모관수의 상승을 차단하기 위하여 지하수위 상층에 조립토층을 설치한다.
③ 지표의 흙을 화학약품으로 처리한다.
④ 흙속에 단열재료를 매입한다.

해설 **흙의 동상 방지 대책**

① 배수구 등을 설치하여 지하수위를 저하시킨다.
② 지하수 상승을 방지하기 위해 차단층(콘크리트, 모래 등)을 설치한다.
③ 흙의 온도저하를 감소하기 위해 흙속에 단열재료를 넣는다.
④ 동상이 발생되지 않는 재료나 흙으로 치환한다.
⑤ 지표의 흙을 화학약품 처리하여 동결온도를 내린다.

93

타워크레인을 벽체에 지지하는 경우 서면심사 서류 등이 없거나 명확하지 아니할 때 설치를 위해서는 특정 기술자의 확인을 필요로 하는데, 그 기술자에 해당하지 않는 것은?

① 건설공사 안전관리사
② 기계안전기술사
③ 건축시공기술사
④ 건설안전분야 산업안전지도사

해설 **벽체에 지지**

① 서면심사에 관한 서류 또는 제조사의 설치작업설명서 등에 따라 설치할 것
② 제①호의 서면심사 서류 등이 없거나 명확하지 아니한 경우에는 「국가기술자격법」에 의한 건축구조·건설기계·기계안전·건설공사 안전관리사 또는 건설안전분야 산업안전지도사의 확인을 받아 설치하거나 기종별·모델별 공인된 표준방법으로 설치할 것 등

94

안전난간의 구조 및 설치요건과 관련하여 발끝막이판의 바닥으로부터 설치높이 기준으로 옳은 것은?

① 10[cm] 이상　② 15[cm] 이상
③ 20[cm] 이상　④ 30[cm] 이상

해설 **안전난간의 설치기준**

구분	기준
발끝막이판	바닥면 등으로부터 10센티미터 이상의 높이를 유지할 것
난간대	지름 2.7센티미터 이상의 금속제파이프나 그 이상의 강도가 있는 재료일 것
하중	안전난간은 구조적으로 가장 취약한 지점에서 가장 취약한 방향으로 작용하는 100킬로그램 이상의 하중에 견딜 수 있는 튼튼한 구조일 것

정답 91 ④ 92 ① 93 ③ 94 ①

95

산업안전보건기준에 관한 규칙에 따른 토사붕괴를 예방하기 위한 굴착면의 기울기 기준으로 틀린 것은?

① 모래 1:1.8
② 연암 1:1.0
③ 풍화암 1:0.8
④ 경암 1:0.5

해설 **굴착면의 기울기 기준**

지반의 종류	모래	연암 및 풍화암	경암	그 밖의 흙
굴착면의 기울기	1 : 1.8	1 : 1.0	1 : 0.5	1 : 1.2

tip
2023년 법령개정. 문제와 해설은 개정된 내용 적용

96

콘크리트 타설시 거푸집의 측압에 영향을 미치는 인자들에 대한 설명으로 틀린 것은?

① 슬럼프가 클수록 측압은 크다.
② 거푸집의 강성이 클수록 측압은 크다.
③ 철근량이 많을수록 측압은 작다.
④ 타설 속도가 느릴수록 측압은 크다.

해설 **측압이 커지는 조건**

① 거푸집 수평단면이 클수록
② 철골, 철근량이 적을수록
③ 타설속도가 빠를수록
④ 외기의 온도가 낮을수록
⑤ 다짐이 충분할수록
⑥ 콘크리트 슬럼프치가 클수록
⑦ 거푸집의 강성이 클수록

97

항타기·항발기의 권상용 와이어로프로 사용 가능한 것은?

① 이음매가 있는 것
② 와이어로프의 한 꼬임에서 끊어진 소선의 수가 5[%]인 것
③ 지름의 감소가 호칭지름의 8[%]인 것
④ 심하게 변형된 것

해설 **와이어로프의 사용제한 조건**

① 이음매가 있는 것
② 와이어로프의 한 꼬임(스트랜드)에서 끊어진 소선(필러선 제외)의 수가 10% 이상인 것
③ 지름의 감소가 공칭지름의 7%를 초과하는 것
④ 꼬인 것
⑤ 심하게 변형되거나 부식된 것
⑥ 열과 전기충격에 의해 손상된 것

98

철근가공작업에서 가스절단을 할 때의 유의사항으로 틀린 것은?

① 가스절단 작업 시 호스는 겹치거나 구부러지거나 밟히지 않도록 한다.
② 호스, 전선 등은 작업효율을 위하여 다른 작업장을 거치는 곡선상의 배선이어야 한다.
③ 작업장에서 가연성 물질에 인접하여 용접작업할 때에는 소화기를 비치하여야 한다.
④ 가스절단 작업 중에는 보호구를 착용하여야 한다.

해설

호스, 전선 등은 다른 작업장을 거치지 않는 직선상의 배선이어야 하며, 길이가 짧아야 한다.

정답 95 ③ 96 ④ 97 ② 98 ②

99

사다리식 통로의 설치기준으로 틀린 것은?

① 폭은 30[cm] 이상으로 할 것
② 발판과 벽과의 사이는 15[cm] 이상의 간격을 유지할 것
③ 사다리의 상단은 걸쳐놓은 지점으로부터 60[cm] 이상 올라가도록 할 것
④ 사다리 통로의 길이가 10[m] 이상인 경우에는 7[m] 이내마다 계단참을 설치할 것

해설 **사다리식 통로**

① 사다리식 통로의 길이가 10미터 이상인 경우에는 5미터 이내마다 계단참을 설치할 것
② 사다리식 통로의 기울기는 75도 이하로 할 것. 다만, 고정식 사다리식 통로의 기울기는 90도 이하로 하고, 그 높이가 7미터 이상인 경우에는 다음 각 목의 구분에 따른 조치를 할 것
가. 등받이울이 있어도 근로자 이동에 지장이 없는 경우: 바닥으로부터 높이가 2.5미터 되는 지점부터 등받이울을 설치할 것
나. 등받이울이 있으면 근로자가 이동이 곤란한 경우: 한국산업표준에서 정하는 기준에 적합한 개인용 추락 방지 시스템을 설치하고 근로자로 하여금 한국산업표준에서 정하는 기준에 적합한 전신안전대를 사용하도록 할 것

tip
2024년 개정된 법령 적용

100

추락방지망의 달기로프를 지지점에 부착할 때 지지점의 간격이 1.5[m]인 경우 지지점의 강도는 최소 얼마 이상이어야 하는가? (단, 연속적인 구도물이 방망지지점인 경우임)

① 200[kg] ② 300[kg]
③ 400[kg] ④ 500[kg]

해설 **추락방지망의 지지점 강도**

① 600kg의 외력에 견딜 수 있는 강도 보유
② 연속적인 구조물이 방망 지지점인 경우
$F=200B$
여기서, F : 외력(킬로그램), B : 지지점간격(미터)
③ 지지점의 간격이 1.5m인 경우
$F=200\times1.5=300\text{kg}$

정답 99 ④ 100 ②

2024년 7월 5일~7월 27일 산업안전산업기사 CBT 기출 복원문제

1과목 산업재해 예방 및 안전보건교육

01

산업안전보건법령상 근로자 안전보건교육과정 중 근로계약기간이 1주일 초과 1개월 이하인 기간제근로자의 채용시 교육시간으로 옳은 것은?

① 4시간 이상
② 3시간 이상
③ 2시간 이상
④ 1시간 이상

해설

근로계약기간이 1주일 초과 1개월 이하인 기간제근로자의 채용시 교육은 4시간 이상

tip

2023년 법령개정. 문제와 해설은 개정된 내용 적용

02

다음 중 학습의 연속에 있어 앞(前)의 학습이 뒤(後)의 학습을 방해하는 조건과 가장 관계가 적은 경우는?

① 앞의 학습이 불완전한 경우
② 앞과 뒤의 학습 내용이 다른 경우
③ 앞과 뒤의 학습 내용이 서로 반대인 경우
④ 앞의 학습 내용을 재생하기 직전에 실시하는 경우

해설 **전이현상**

학습결과가 다른 학습에 도움이 될 수도 있고 방해가 될 수도 있는 현상

정적전이(적극적) (Positive transfer)	부적 전이(소극적) (Negative transfer)
이전학습(선행)의 결과가 이후 학습(후행)에 촉진적 역할 (수평적, 수직적 전이로 구분)	선행학습 결과가 후행학습에 방해 역할

03

다음 중 안전·보건교육 계획수립에 반드시 포함하여야 할 사항이 아닌 것은?

① 교육 지도안
② 교육의 목표 및 목적
③ 교육장소 및 방법
④ 교육의 종류 및 대상

해설 **안전·보건교육 계획 수립시 포함되어야 할 사항**

① 교육목표
② 교육의 종류 및 교육대상
③ 교육과목 및 교육내용
④ 교육장소 및 교육방법
⑤ 교육기간 및 시간
⑥ 교육담당자 및 강사

04

리더십의 3가지 유형 중 지도자가 모든 정책을 단독으로 결정하기 때문에 부하 직원들은 오로지 따르기만 하면 된다는 유형을 무엇이라 하는가?

① 안주형 ② 자유방임형 ③ 권위형 ④ 경제형

해설 **권위주의적(독재적) 리더십**

① 부하직원의 정책 결정에 참여거부
② 리더의 의사에 복종 강요(리더중심)
③ 집단성원의 행위는 공격적 아니면 무관심
④ 집단구성원 간의 불신과 적대감

05

다음과 같은 재해 사례의 분석으로 옳은 것은?

> 어느 직장에서 메인스위치를 끄지 않고 퓨즈를 교체하는 작업 중 단락사고로 인하여 스파크가 발생하여 작업자가 화상을 입었다.

① 화상 : 상해의 형태
② 스파크의 발생 : 재해
③ 메인 스위치를 끄지 않음 : 간접원인
④ 스위치를 끄지 않고 퓨즈 교체 : 불안전한 상태

해설

스위치를 끄지 않고 퓨즈를 교체한 불안전한 행동으로 인해 화상이라는 상해를 당했다.

정답 1 ① 2 ② 3 ① 4 ③ 5 ①

06

다음 중 인간의 행동에 대한 레빈(K.Lewin)의 식 "B=f(P•E)"에서 인간관계 요인을 나타내는 변수에 해당하는 것은?

① B(Behavior) ② F(Function)
③ P(Person) ④ E(Environment)

해설 **레윈(K. Lewin)의 행동법칙**

B=f(P•E)
B : Behavior(인간의 행동)
f : function(함수관계) P·E에 영향을 줄 수 있는 조건
P : person(연령, 경험, 심신상태, 성격, 지능 등)
E : Environment(심리적 환경 - 인간관계, 작업환경, 설비적 결함

07

보호구의 의무안전인증기준에 있어 다음 설명에 해당하는 부품의 명칭으로 옳은 것은?

> 머리받침끈, 머리고정대 및 머리받침고리로 구성되어 추락 및 감전 위험방지용 안전모 머리부위에 고정시켜 주며, 안전모에 충격이 가해졌을 때 착용자의 머리부위에 전해지는 충격을 완화시켜주는 기능을 갖는 부품

① 챙 ② 착장체 ③ 모체 ④ 충격흡수재

해설 **안전모의 구조**

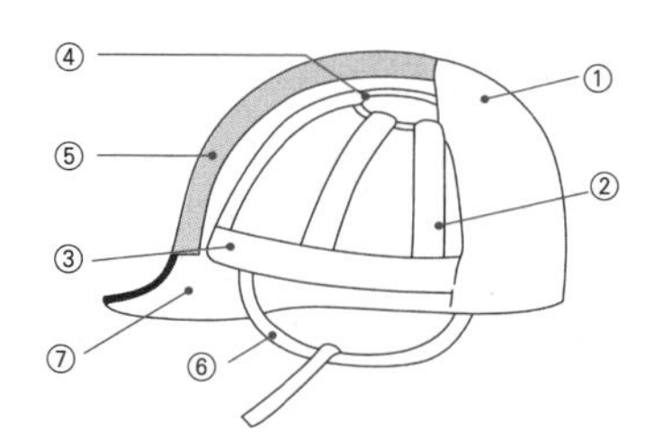

번호	명칭	
1	모체	
2	착장체	머리받침끈
3		머리고정대
4		머리받침고리
5	충격흡수재 (자율안전확인에서는 제외)	
6	턱끈	
7	모자챙(차양)	

08

산업안전보건법령에 따라 작업장 내에 사용하는 안전·보건표지의 종류에 관한 설명으로 옳은 것은?

① "위험장소"는 경고표지로서 바탕은 노란색, 기본모형은 검은색, 그림은 흰색으로 한다.
② "출입금지"는 금지표지로서 바탕은 흰색, 기본모형은 빨간색, 그림은 검은색으로 한다.
③ "녹십자표지"는 안내표지로서 바탕은 흰색, 기본모형과 관련 부호는 녹색, 그림은 검은색으로 한다.
④ "안전모착용"은 경고표지로서 바탕은 파란색, 관련 그림은 검은색으로 한다.

해설 **안전표지의 색채 및 색도기준**

색채	용도	형태별 색체기준
빨간색	금지	바탕은 흰색, 기본모형은 빨간색, 관련부호 및 그림은 검은색
	경고	바탕은 노란색, 기본모형·관련부호 및 그림은 검은색 (주1)
노란색	경고	
파란색	지시	바탕은 파란색, 관련 그림은 흰색
녹색	안내	바탕은 흰색, 기본모형 및 관련부호는 녹색, 바탕은 녹색, 관련부호 및 그림은 흰색

(주1) 다만, 부식성물질경고 및 발암성·변이원성·생식독성·전신독성·호흡기과민성물질경고 외 4가지 물질의 경우 바탕은 무색, 기본모형은 빨간색(검은색도 가능)

정답 6④ 7② 8②

09

다음 중 피로(fatigue)에 관한 설명으로 가장 적절하지 않은 것은?

① 피로는 신체의 변화, 스스로 느끼는 권태감 및 작업 능률의 저하 등을 총칭하는 말이다.
② 급성 피로란 보통의 휴식으로는 회복이 불가능한 피로를 말한다.
③ 정신 피로는 정신적 긴장에 의해 일어나는 중추신경계의 피로로 사고활동, 정서 등의 변화가 나타난다.
④ 만성 피로란 오랜 기간에 걸쳐 축적되어 일어나는 피로를 말한다.

해설 **급성, 만성피로**

급성피로	보통의 휴식에 의해 회복되는 것으로 지속기간이 6개월 미만
만성피로	특별한 질병없이 충분한 휴식에도 불구하고 6개월이상 피로감을 느끼게 되는 현상

10

다음 중 안전교육의 4단계를 올바르게 나열한 것은?

① 제시 → 확인 → 적용 → 도입
② 확인 → 도입 → 제시 → 적용
③ 도입 → 제시 → 적용 → 확인
④ 제시 → 도입 → 확인 → 적용

11

다음 중 안전점검의 목적과 가장 거리가 먼 것은?

① 기기 및 설비의 결함제거로 사전 안전성 확보
② 인적측면에서의 안전한 행동 유지
③ 기기 및 설비의 본래성능 유지
④ 생산제품의 품질관리

해설 **안전점검의 목적**

건설물 및 기계 설비 등의 제작기준이나 안전기준에 적합한가를 확인하고 작업현장 내의 불안전한 상태가 없는지를 확인하는 것으로 사고발생의 가능성 요인들을 제거하여 안전성을 확보하기 위함
① 결함이나 불안전한 조건제거
② 기계설비본래의 성능유지
③ 안전성유지 및 합리적인 생산관리

12

다음 중 재해예방의 4원칙에 해당되지 않는 것은?

① 대책 선정의 원칙　② 손실 우연의 원칙
③ 통계 방법의 원칙　④ 예방 가능의 원칙

해설 **재해예방의 4원칙**

① 손실우연의 원칙　② 예방가능의 원칙
③ 원인계기의 원칙　④ 대책선정의 원칙

13

다음 중 강의계획 수립 시 학습목적 3요소가 아닌 것은?

① 목표　② 주제　③ 학습정도　④ 교재내용

해설 **학습의 목적**

구성 3요소	① 목표(학습목적의 핵심, 달성하려는 지표) ② 주제(목표달성을 위한 테마) ③ 학습정도(주제를 학습시킬 범위와 내용의 정도)
진행 4단계	① 인지 → ② 지각 → ③ 이해 → ④ 적용

14

다음 중 산업안전보건법령상 안전관리자의 직무에 해당되지 않는 것은? (단, 기타 안전에 관한 사항으로서 고용노동부장관이 정하는 사항은 제외한다.)

① 안전·보건에 관한 노사협의체에서 심의·의결한 직무
② 작업장 내에서 사용되는 전체 환기장치 및 국소 배기장치 등에 관한 설비의 점검
③ 의무안전인증대상 기계·기구 등과 자율안전확인대상 기계·기구 등의 구입시 적격품의 선정
④ 해당 사업장의 안전보건관리규정 및 취업규칙에서 정한 직무

해설

작업장 내에서 사용되는 전체 환기장치 및 국소 배기장치 등에 관한 설비의 점검은 보건관리자의 업무내용에 해당되는 내용이다.

정답 9 ② 10 ③ 11 ④ 12 ③ 13 ④ 14 ②

15

다음 중 도미노이론에서 사고의 직접원인이 되는 것은?

① 통제의 부족 ② 유전과 환경적 영향
③ 불안전한 행동과 상태 ④ 관리 구조의 부적절

해설

직접원인에는 불안전한 행동(인적원인)과 불안전한 상태(물적원인)가 해당된다.

16

인간의 행동은 사람의 개성과 환경에 영향을 받는데 다음 중 환경적 요인이 아닌 것은?

① 책임 ② 작업조건 ③ 감독 ④ 직무의 안정

해설 **레윈의 이론**

인간의 행동(B)은 인간이 가진 능력과 자질(개성) 즉, 개체(P)와 주변의 심리적 환경(E)과의 상호함수관계에 있다.

17

연간 상시근로자수가 500명인 A 사업장에서 1일 8시간씩 연간 280일을 근무하는 동안 재해가 36건이 발생하였다면 이 사업장의 도수율은 약 얼마인가?

① 10 ② 10.14 ③ 30 ④ 32.14

해설 **도수율, 빈도율(FR)**

① 산업재해의 빈도를 나타내는 단위. 연간 근로시간 합계 100만 시간당 재해발생건수

② $\text{빈도율}(F \cdot R) = \frac{\text{재해건수}}{\text{연간총근로시간수}} \times 1,000,000$

$$\therefore \frac{36}{500 \times 8 \times 280} \times 10^6 = 32.14$$

18

다음 중 무재해운동의 실천 기법에 있어 브레인스토밍(Brain storming)의 4원칙에 해당하지 않는 것은?

① 수정발언 ② 비판금지 ③ 본질추구 ④ 대량발언

해설 **브레인스토밍(Brain-storming)의 4원칙**

① 비판금지 ② 자유분방 ③ 대량발언 ④ 수정발언

tip

브레인스토밍은 자유분방하게 진행하는 토의식 아이디어 창출법을 말한다.

19

다음 중 허즈버그의 2요인 이론에 있어 직무만족에 의한 생산능력의 증대를 가져올 수 있는 동기부여 요인은?

① 작업조건 ② 정책 및 관리
③ 대인관계 ④ 성취에 대한 인정

해설 **허즈버그의 두 요인이론**

위생요인 (직무환경, 저차적욕구)	동기유발요인 (직무내용, 고차적욕구)
① 조직의 정책과 방침 ② 작업조건 ③ 대인관계 ④ 임금, 신분, 지위 ⑤ 감독 (생산 능력의 향상 불가)	① 직무상의 성취 ② 인정 ③ 성장 또는 발전 ④ 책임의 증대 ⑤ 직무내용자체(보람된 직무) 등(생산 능력 향상 가능)

20

다음 중 칼날이나 뾰족한 물체 등 날카로운 물건에 찔릴 상해를 무엇이라 하는가?

① 자상 ② 창상 ③ 절상 ④ 찰과상

해설 **상해 종류별 분류**

분류항목	세부항목
찔림(자상)	칼날등 날카로운 물건에 찔린 상해
타박상(좌상)	타박·충돌·추락 등으로 피부표면 보다는 피하조직 또는 근육부를 다친 상해(삐임)
절단	신체부위가 절단된 상해
찰과상	스치거나 문질러서 벗겨진 상해
베임(창상)	창, 칼등에 베인 상해

정답 15 ③ 16 ① 17 ④ 18 ③ 19 ④ 20 ①

2과목 인간공학 및 위험성 평가관리

21

광원으로부터 2[m] 떨어진 곳에서 측정한 조도가 400럭스이고, 다른 곳에서 동일한 관원에 의한 밝기를 측정하였더니 100럭스이었다면, 두 번째로 측정한 지점은 광원으로부터 몇 [m] 떨어진 곳인가?

① 4 ② 6 ③ 8 ④ 10

해설 **조도**

① 조도는 거리의 제곱에 반비례하고 광도에 비례한다.

$조도 = \frac{광도}{(거리)^2}$

② $400Lux = \frac{광도}{2^2}$ 그러므로, 광도 = 1600cd

③ $100Lux = \frac{1600}{(거리)^2}$ 그러므로, $(거리)^2 = \frac{1600}{100} = 16$

따라서, $거리 = \sqrt{16} = 4[m]$

22

다음 중 위험과 운전성연구(HAZOP)에 대한 설명으로 틀린 것은?

① 전기설비의 위험성을 주로 평가하는 방법이다.
② 처음에는 과거의 경험이 부족한 새로운 기술을 적용한 공정설비에 대하여 실시할 목적으로 개발되었다.
③ 설비전체보다 단위별 또는 부분별로 나누어 검토하고 위험요소가 예상되는 부분에 상세하게 실시한다.
④ 장치 자체는 설계 및 제작사양에 맞게 제작된 것으로 간주하는 것이 전제 조건이다.

해설 **위험과 운전성연구(HAZOP)**

원하지 않는 결과를 초래할 수 있는 공정(화학공장)상의 문제여부를 확인하기 위해 체계적인 방법으로 공정이나 운전방법을 상세하게 검토해 보기 위하여 실시한다.

23

다음 중 영상표시단말기(VDT)를 취급하는 작업장에서 화면의 바탕 색상이 검정색 계통일 경우 추천되는 조명 수준으로 가장 적절한 것은?

① 100~200럭스(Lux) ② 300~500럭스(Lux)
③ 750~800럭스(Lux) ④ 850~950럭스(Lux)

해설 **VDT 작업의 안전(조명과 채광)**

화면의 바탕색상	검정색 계통	흰색 계통
조도기준	300~500Lux	500~700Lux

24

다음 중 예비위험분석(PHA)에 대한 설명으로 가장 적합한 것은?

① 관련된 과거 안전점검결과의 조사에 적절하다.
② 안전관련 법규 조항의 준수를 위한 조사방법이다.
③ 시스템 고유의 위험성을 파악하고 예상되는 재해의 위험 수준을 결정한다.
④ 초기의 단계에서 시스템 내의 위험요소가 어떠한 위험상태에 있는가를 정성적 평가하는 것이다.

해설 **예비 사고 분석 (Preliminary Hazards Analysis)**

① PHA는 모든 시스템 안전 프로그램의 최초단계의 분석으로서 시스템내의 위험요소가 얼마나 위험한 상태에 있는가를 정성적으로 평가하는 것이다.
② 공정 또는 설비 등에 관한 상세한 정보를 얻을 수 없는 상황에서 위험물질과 공정 요소에 초점을 맞추어 초기위험을 확인하는 방법이다.

정답 21 ① 22 ① 23 ② 24 ④

25

6개의 표시장치를 수평으로 배열할 경우 해당 제어장치를 각각의 그 아래에 배치하면 좋아지는 양립성의 종류는?

① 공간 양립성 ② 운동 양립성
③ 개념 양립성 ④ 양식 양립성

해설 양립성의 종류

공간적(spatial) 양립성	표시장치나 조정장치에서 물리적 형태 및 공간적 배치
운동(movement) 양립성	표시장치의 움직이는 방향과 조정장치의 방향이 사용자의 기대와 일치
개념적(conceptual) 양립성	이미 사람들이 학습을 통해 알고있는 개념적 연상
양식(modality) 양립성	직무에 알맞은 자극과 응답의 양식의 존재에 대한 양립성.

26

다음 중 체계분석 및 설계에 있어서 인간공학적 노력의 효능을 산정하는 척도의 기준에 포함하지 않는 것은?

① 성능의 향상
② 훈련비용의 절감
③ 인력 이용율의 저하
④ 생산 및 보전의 경제성 향상

해설 체계 설계과정에서의 인간공학의 가치

①성능의 향상 ②생산 및 정비유지의 경제성 증대
③훈련비용의 절감 ④인력의 이용율의 향상
⑤사용자의 수용도 향상 ⑥사고 및 오용으로 부터의 손실 감소

27

다음 중 기능식 생산에서 유연생산 시스템 설비의 가장 적합한 배치는?

① 유자(U)형 배치 ② 일자(—)형 배치
③ 합류(Y)형 배치 ④ 복수라인(=)형 배치

해설 유연생산 시스템(flexible manufacturing system)

다품종 소량생산을 필요로 하는 시대에 다양한 제품을 높은 생산성으로 유연하게 제조하도록 하는 자동화된 생산시스템을 말한다.

28

다음 중 눈의 구조 가운데 기능 결함이 발생할 경우 색맹 또는 색약이 되는 세포는?

① 간상세포 ② 원추세포
③ 수평세포 ④ 양극세포

해설 원추세포

① 망막을 구성하고 있는 감광요소는 간상세포와 원추세포이다.
② 간상세포만으로는 색을 구별할수 없으며 단지 여러 색조의 회색만을 느낄수 있으며, 원추세포로는 색을 구별한다.
③ 색을 구별할수 있는것은 원추세포의 작용에 의한 것으로 원추세포에 이상이 발생하면 빨강 녹색 파랑 중 하나 이상의 색깔을 느끼지 못하는 색맹이 나타나게 된다.

29

잡음 등의 개입되는 통신 악조건 하에서 전달 확률이 높아지도록 전언을 구성할 때 다음 중 가장 적절하지 않은 것은?

① 표준 문장의 구조를 사용한다.
② 문장보다 독립적인 음절을 사용한다.
③ 사용하는 어휘수를 가능한 적게 한다.
④ 수신자가 사용하는 단어와 문장구조에 친숙해지도록 한다.

해설 전달 확률이 높은 전언의 방법

① 사용어휘 : 어휘수가 적을수록 유리
② 전언의 문맥 : 문장이 독립된 음절보다 유리
③ 전언의 음성학적 국면 : 음성 출력이 높은 음 선택

정답 25 ① 26 ③ 27 ① 28 ② 29 ②

30

지게차 인장벨트의 수명은 평균이 100000시간, 표준편차가 500시간인 정규분포를 따른다. 이 인장벨트의 수명이 101000시간 이상일 확률은 약 얼마인가? (단, 표준정규분포표에서 $Z_1=0.8413$, $Z_2=0.9772$, $Z_3=0.9987$ 이다.)

① 1.60[%] ② 2.28[%] ③ 3.28[%] ④ 4.28[%]

해설

$$p(x \geq 101000) = p\left(Z \geq \frac{x-\mu}{\sigma}\right) = p(Z \geq 2.0)$$

$$= 1 - Z_2 = 1 - 0.9772 = 0.0228 = 2.28(\%)$$

31

다음 중 결함수 분석법에서 일정 조합 안에 포함되어있는 기본사상들이 모두 발생하지 않으면 틀림없이 정상사상(top event)이 발생되지 않는 조합을 무엇이라고 하는가?

① 컷셋(cut set)
② 패스셋(path set)
③ 부울대수(Boolean algebra)
④ 결함수셋(fault tree set)

해설

패스셋(path set) : 그 안에 포함되는 모든 기본사상이 일어나지 않을 때 처음으로 정상사상이 일어나지 않는 기본사상의 집합인 패스셋에서 필요 최소한의 것을 미니멀 패스셋이라 한다(시스템의 기능을 살리는 신뢰성을 나타낸다.)

32

다음 중 결함수분석법에 관한 설명으로 틀린 것은?

① 잠재위험을 효율적으로 분석한다.
② 연역적 방법으로 원인을 규명한다.
③ 복잡하고 대형화된 시스템의 분석에 사용한다.
④ 정성적 평가보다 정량적 평가를 먼저 실시한다.

해설 **FTA의 특징**

① 분석에는 게이트, 이벤트, 부호등의 그래픽 기호를 사용하여 결함 단계를 표현하며, 각각의 단계에 확률을 부여하여 어떤 상황의 실패 확률계산 가능
② 연역적이고 정량적인 해석방법
③ 정성적 평가를 먼저 실시하고 정량적 평가를 실시한다.

33

다음 중 선 자세와 앉은 자세의 비교에서 틀린 것은?

① 앉은 자세보다 서 있는 자세에서 혈액순환이 향상된다.
② 서 있는 자세보다 앉은 자세에서 균형감이 높다.
③ 서 있는 자세보다 앉은 자세에서 정확한 팔 움직임이 가능하다.
④ 앉은 자세보다 서 있는 자세에서 척추에 더 많은 해를 줄 수 있다.

해설

서 있는 자세보다 앉은 자세에서 척추에 더 많은 해를 줄 수 있다. 따라서 앉은 자세를 항상 바르게 하여야 요통을 예방할 수 있다.

34

다음 중 결함수분석법에서 사용하는 기호의 명칭으로 옳은 것은?

① 결함사상
② 기본사상
③ 생략사상
④ 통상사상

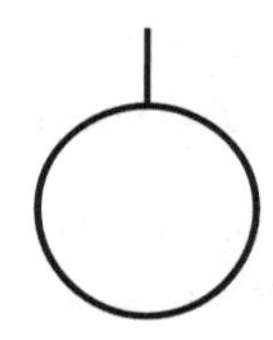

해설 **논리기호**

결함사상 (사상기호)	기본사상 (사상기호)	생략사상 (최후사상)	통상사상 (사상기호)

35

다음 중 초음파의 기준이 되는 주파수로 옳은 것은?

① 4000[Hz] 이상 ② 6000[Hz] 이상
③ 10000[Hz] 이상 ④ 20000[Hz] 이상

해설

사람의 귀가 들을 수 있는 음파의 주파수는 일반적으로 16[Hz] ~20000[Hz]의 범위에 해당된다. 초음파란 주파수가 20000[Hz]를 넘는 음파를 말한다.

정답 30 ② 31 ② 32 ④ 33 ④ 34 ② 35 ④

36

다음 중 설계강도 이상의 급격한 스트레스가 축적됨으로써 발생하는 고장에 해당하는 것은?

① 우발고장 ② 초기고장
③ 마모고장 ④ 열화고장

해설 기계의 고장율(욕조 곡선)

초기 고장	품질관리의 미비로 발생할 수 있는 고장으로 작업시작전 점검, 시운전 등으로 사전예방이 가능한 고장 ① debugging 기간 ② burn in 기간
우발 고장	예측할 수 없을 경우 발생하는 고장으로 시운전이나 점검으로 예방불가 (낮은 안전계수, 사용자의 과오 등)
마모 고장	장치의 일부분이 수명을 다하여 발생하는 고장(부식 또는 마모, 불충분한 정비 등)

37

반경 7[cm]의 조종구를 30° 움직일 때 계기판의 표시가 3[cm] 이동하였다면 이 조종장치의 C/R비는 약 얼마인가?

① 0.22 ② 0.38 ③ 1.22 ④ 1.83

해설 통제 표시비(조종-반응 비율)

$$C/D\text{비} = \frac{(a/360)\times 2\pi L}{\text{표시장치의이동거리}} = \frac{(30/360)\times 2\pi \times 7}{3} = 1.22$$

38

인간의 신뢰성 요인 중 경험연수, 지식수준, 기술수준에 의존하는 요인은?

① 주의력 ② 긴장수준 ③ 의식수준 ④ 감각수준

해설 인간이 갖는 신뢰성

① 주의력
② 의식수준(㉠ 경험연수 ㉡ 지식수준 ㉢ 기술수준)
③ 긴장수준(일반적으로 에너지 대사율, 체내수분 손실량 등 생리적 측정법으로 측정)

39

다음 중 인간공학(Ergonomics)의 기원에 대한 설명으로 가장 적합한 것은?

① 차패니스(Chapanis. A.)에 의해서 처음 사용되었다.
② 민간 기업에서 시작하여 군이나 군수회사로 전파되었다
③ "ergon(작업) + nomos(법칙) + ics(학문)"의 조합된 단어이다.
④ 관련 학회는 미국에서 처음 설립되었다.

해설 Ergonomics(그리스어의 ergon과 nomics의 합성어)

「ergon(노동 또는 작업, work) + nomos(법칙 또는 관리, laws) + ics(학문 또는 학술)」 인간의 특성에 맞게 일을 수행하도록 하는 학문

40

다음 설명에서 ( )안에 들어갈 단어를 순서적으로 올바르게 나타낸 것은?

> ㉠ : 필요한 직무 또는 절차를 수행하지 않는데 기인한 과오
> ㉡ : 필요한 직무 또는 절차를 수행하였으나 잘못 수행한 과오

① ㉠ Sequential Error ㉡ Extraneous Error
② ㉠ Extraneous Error ㉡ Omission Error
③ ㉠ Omission Error ㉡ Commission Error
④ ㉠ Commission Error ㉡ Omission Error

해설 Swain의 인간실수 분류

① 부작위 실수(omission error) : 직무의 한 단계 또는 전체직무를 누락시킬때 발생
② 작위 실수(commission error) : 직무를 수행하지만 잘못 수행할 때 발생(넓은 의미로 선택착오, 순서착오, 시간착오, 정성적 착오 포함)

정답 36 ① 37 ③ 38 ③ 39 ③ 40 ③

3과목 기계·기구 및 설비 안전관리

41

산업안전보건법령상 근로자가 위험해질 우려가 있는 경우 컨베이어에 부착, 조치하여야 할 방호장치가 아닌 것은?

① 안전매트 ② 비상정지장치
③ 덮개 또는 물 ④ 이탈 및 역주행 방지 장치

해설 **로봇에 접촉함으로 발생할 수 있는 위험방지**

① 높이 1.8미터 이상의 울타리 설치
② 컨베이어 시스템의 설치 등으로 울타리를 설치할 수 없는 일부 구간
- 안전매트 또는 광전자식 방호장치 등 감응형(感應形) 방호장치 설치

42

롤러기에서 가드의 개구부와 위험점 간의 거리가 200[mm]이면 개구부 간격은 얼마이어야 하는가? (단, 위험점이 전동체이다.)

① 30[mm] ② 26[mm] ③ 36[mm] ④ 20[mm]

해설 **롤러기 가드의 개구부 간격(전동체인 경우)**

$Y=\frac{X}{10}+6\text{mm}$ (단, $X<760\text{mm}$에서 유효)

$\therefore\ Y=\frac{200}{10}+6=26[\text{mm}]$

tip

위험점이 전동체가 아닌 경우(ILO 기준) $Y=6+0.15X$

43

기계의 운동 형태에 따른 위험점의 분류에서 고정부분과 회전하는 동작 부분이 함께 만드는 위험점으로 교반기의 날개와 하우스 등에서 발생하는 위험점을 무엇이라 하는가?

① 끼임점 ② 절단점 ③ 물림점 ④ 회전말림점

해설 **끼임점(Shear-point)**

고정부분과 회전 또는 직선운동부분에 의해 형성되는 위험점이다.
① 연삭 숫돌과 작업대
② 반복동작되는 링크기구
③ 교반기의 교반날개와 몸체 사이

44

다음 중 플레이너(planer)에 관한 설명으로 틀린 것은?

① 이송운동은 절삭운동의 1왕복에 대하여 2회의 연속 운동으로 이루어진다.
② 평면가공을 기준으로 하여 경사면, 홈파기 등의 가공을 할 수 있다.
③ 절삭행정과 귀환행정이 있으며, 가공효율을 높이기 위하여 귀환행정을 빠르게 할 수 있다.
④ 플레이너의 크기는 테이블의 최대행정과 절삭할 수 있는 최대폭 및 최대 높이로 표시한다.

해설

이송운동은 절삭운동의 1왕복에 대하여 1회의 단속운동으로 이루어진다.

45

다음 중 천장크레인의 방호장치와 가장 거리가 먼 것은?

① 과부하방지장치 ② 낙하방지장치
③ 권과방지장치 ④ 충돌방지장치

해설 **낙하 방지**

① 이삿짐 운반용 리프트 운반구로부터 화물이 빠지거나 떨어지지 않도록 낙하방지 조치를 하여야 한다.
② 컨베이어 등으로부터 화물이 떨어져 근로자가 위험해질 우려가 있는 경우에는 해당 컨베이어 등에 덮개 또는 울을 설치하는 등 낙하 방지를 위한 조치를 하여야 한다.

정답 41 ① 42 ② 43 ① 44 ① 45 ②

46

다음 중 밀링작업의 안전사항으로 적절하지 않은 것은?

① 측정시에는 반드시 기계를 정지시킨다.
② 절삭 중의 칩 제거는 칩브레이커로 한다.
③ 일감을 풀어내거나 고정할 때에는 기계를 정지시킨다.
④ 상하 이송장치의 핸들은 사용 후 반드시 빼 두어야 한다.

해설 **밀링 작업시 안전대책**

① 상하이송장치의 핸들은 사용 후 반드시 빼둘 것
② 가공물 측정 및 설치 시에는 반드시 기계정지 후 실시
③ 가공중 손으로 가공면 점검금지 및 장갑 착용금지
④ 급속이송은 백래시(backlash)제거장치가 작동하지 않음을 확인한 후 실시

tip
칩브레이커는 선반의 방호장치이며, 밀링의 칩은 가장 가늘고 예리하므로 반드시 브러시로 제거해야 한다.

47

산업안전보건법령상 롤러기 조작부의 설치 위치에 따른 급정지장치의 종류가 아닌 것은?

① 손조작식 ② 복부조작식
③ 무릎조작식 ④ 발조작식

해설 **롤러기의 방호장치**

조작부의 종류	설치위치
손 조작식	밑면에서 1.8m 이내
복부 조작식	밑면에서 0.8m 이상 1.1m 이내
무릎 조작식	밑면에서 0.4m 이상 0.6m 이내

48

산업안전보건법령에 따라 보일러의 과열을 방지하기 위하여 최고사용압력과 상용압력 사이에서 보일러의 버너 연소를 차단할 수 있도록 부착하여 사용하여야 하는 장치는?

① 경보음장치 ② 압력제한스위치
③ 압력방출장치 ④ 고저수위 조절장치

해설 **보일러의 안전장치의 종류**

고저수위 조절장치	① 고저 수위 지점을 알리는 경보등·경보음 장치 등을 설치 – 동작상태 쉽게 감시 ② 자동으로 급수 또는 단수 되도록 설치
압력방출 장치	① 보일러 규격에 적합한 압력방출장치를 최고사용압력 이하에서 작동되도록 1개 또는 2개 이상 설치 ② 2개 이상 설치된 경우 최고사용압력 이하에서 1개가 작동되고, 다른 압력방출장치는 최고사용압력 1.05배 이하에서 작동되도록 부착
압력제한 스위치	보일러의 과열방지를 위해 최고사용압력과 상용압력 사이에서 버너연소를 차단할 수 있도록 압력 제한 스위치 부착 사용

49

다음 중 욕조 형태를 갖는 일반적인 기계 고장 곡선에서의 기본적인 3가지 고장 유형이 아닌 것은?

① 우발고장 ② 피로고장
③ 초기고장 ④ 마모고장

해설 **기계의 고장률(욕조 곡선)**

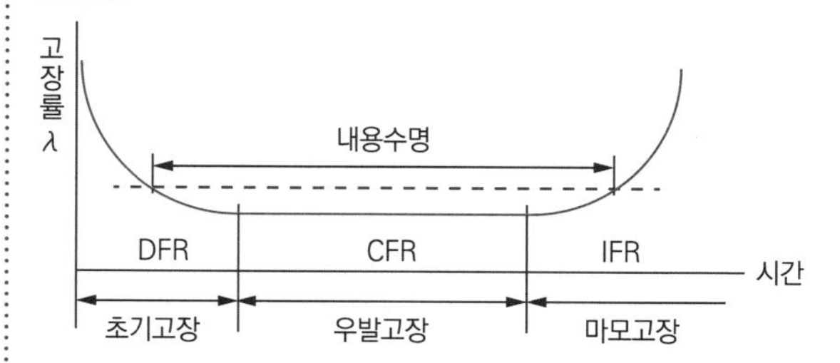

정답 46 ② 47 ④ 48 ② 49 ②

50

다음 중 드릴작업시 가장 안전한 행동에 해당하는 것은?

① 장갑을 끼고 작업한다.
② 작업 중에 브러시로 칩을 털어 낸다.
③ 작은 구멍을 뚫고 큰 구멍을 뚫는다.
④ 드릴을 먼저 회전시키고 공작물을 고정한다.

해설 **드릴 작업시 안전대책**

① 일감은 견고히 고정, 손으로 잡고 하는 작업금지
② 큰 구멍은 작은 구멍을 뚫은 후 작업
③ 장갑 착용 금지 및 칩은 브러시로 제거
④ 구멍이 관통된 후에는 기계정지 후 손으로 돌려서 드릴을 뺄 것
⑤ 일감설치, 테이블고정 및 조정은 기계 정지 후 실시 등

51

산업안전보건법령상 로봇의 작동 범위에서 그 로봇에 관하여 교시 등의 작업을 할 때 작업시작 전 점검사항에 해당하지 않는 것은?

① 제동장치 및 비상정지장치의 기능
② 외부 전선의 피복 또는 외방 손상 유무
③ 매니플레이터(manipulator) 작동의 이상 유무
④ 주행로의 상측 및 트롤리(trolley)가 횡행하는 레일의 상태

해설 **작업시작전 점검사항**

① 외부전선의 피복 또는 외장의 손상유무
② 매니퓰레이터(manipulator)작동의 이상유무
③ 제동장치 및 비상정지장치의 기능

52

다음 중 연삭작업에 관한 설명으로 옳은 것은?

① 일반적으로 연삭숫돌은 정면, 측면 모두를 사용할 수 있다.
② 평형 플랜지의 직경은 설치하는 숫돌 직경의 20[%] 이상의 것으로 숫돌바퀴에 균일하게 밀착시킨다.
③ 연삭숫돌을 사용하는 작업의 경우 작업 시작 전과 연삭숫돌을 교체 후에는 1분 이상 시험운전을 실시한다.
④ 탁상용 연삭기의 덮개에는 워크레스트 및 조정편을 구비하여야 하며, 워크레스트는 연삭숫돌과의 간격을 3[mm] 이하로 조정할 수 있는 구조이어야 한다.

해설 **연삭숫돌의 안전기준**

① 탁상용 연삭기의 덮개에는 워크레스트 및 조정편을 구비해야 하며 워크레스트는 연삭숫돌과의 간격을 3mm 이하로 조정할 수 있는 구조이어야 한다.
② 작업 시작하기 전 1분 이상, 연삭 숫돌을 교체한 후 3분 이상 시운전
③ 플랜지의 직경은 숫돌직경의 1/3이상인 것을 사용하며, 양쪽을 모두 같은 크기로 할 것
④ 측면을 사용하는 것을 목적으로 하는 연삭숫돌 이외의 연삭숫돌은 측면 사용금지

정답 50 ③ 51 ④ 52 ④

53

산업안전보건법령에 따른 안전난간의 구조를 올바르게 설명한 것은?

① 상부 난간대, 중간 난간대, 발끝막이판 및 난간기둥으로 구성하여야 한다.
② 발끝막이판은 바닥면 등으로부터 5[cm] 이하의 높이를 유지하여야 한다.
③ 난간대는 지름 1.5[cm] 이상의 금속제 파이프를 사용하여야 한다.
④ 상부 난간대, 난간기둥은 이와 비슷한 구조의 것으로 대체할 수 있다.

해설 **안전난간의 설치기준**

구성	상부난간대·중간난간대·발끝막이판 및 난간기둥으로 구성 (중간난간대·발끝막이판 및 난간기둥은 이와 비슷한 구조 및 성능을 가진 것으로 대체가능)
상부난간대	바닥면·발판 또는 경사로의 표면으로부터 90센티미터 이상 지점에 설치
발끝막이판	바닥면 등으로부터 10센티미터 이상의 높이를 유지할 것
난간대	지름 2.7센티미터 이상의 금속제파이프나 그 이상의 강도가 있는 재료일 것
하중	구조적으로 가장 취약한 지점에서 가장 취약한 방향으로 작용하는 100킬로그램 이상의 하중에 견딜 수 있는 튼튼한 구조일 것

54

양수조작식 방호장치의 누름버튼에서 손을 떼는 순간부터 급정기지구가 작동하여 슬라이드가 정지할 때까지의 시간이 0.2초 걸린다면, 양수조작식 방호장치의 안전거리는 최소한 몇 [mm] 이상이어야 하는가?

① 160 ② 320 ③ 480 ④ 560

해설 **양수조작식**

D[mm] = 1600 t [(t : 급정지소요시간(초)]
D[mm] = 1600 × 0.2(초) = 320[mm]

55

다음 중 세이퍼에 의한 연강 평면절삭 작업시 안전대책으로 적절하지 않은 것은?

① 공작물은 견고하게 고정하여야 한다.
② 바이트는 가급적 짧게 물리도록 한다.
③ 가공 중 가공면의 상태는 손으로 점검한다.
④ 작업 중에는 바이트의 운동방향에 서지 않도록 한다.

해설 **세이퍼 작업 시 안전대책**

① 바이트는 잘 갈아서 사용해야하며, 가급적 짧게 물리는 것이 좋다.
② 가공 중 다듬질 면을 손으로 만지는 것은 위험하다.
③ 작업 중에는 바이트의 운동 방향에 서지 않도록 한다(측면작업).
④ 보호 안경을 착용하여야 한다. 등

56

다음 중 선반작업의 안전수칙을 설명한 것으로 옳지 않은 것은?

① 운전 중에는 백기어(back gear)를 사용하지 않는다.
② 센터 작업시 심압 센터에 자주 절삭유를 준다.
③ 일감의 치수 측정, 주유 및 청소시에는 기계를 정지시켜야 한다.
④ 가공 중 발생하는 절삭칩에 의한 상해를 방지하기 위하여 면장갑을 착용한다.

해설 **선반 작업시 유의사항**

① 바이트는 짧게 장치하고 일감의 길이가 직경의 12배 이상일 때 방진구 사용
② 절삭중 일감에 손을 대서는 안되며 면장갑 착용금지
③ 바이트에는 칩 브레이커를 설치하고 보안경착용 등

정답 53 ① 54 ② 55 ③ 56 ④

57

산업안전보건법령에 따라 목재가공용 기계에 설치하여야 하는 방호장치의 내용으로 틀린 것은?

① 목재가공용 둥근톱기계에는 분할날 등 반발예방장치를 설치하여야 한다.
② 목재가공용 둥근톱기계에는 톱날접촉예방장치를 설치하여야 한다.
③ 모떼기기계에는 가공 중 목재의 회전을 방지하는 회전방지장치를 설치하여야 한다.
④ 작업대상물이 수동으로 공급되는 동력식 수동대패기계에 날접촉예방장치를 설치하여야 한다.

해설

모떼기기계(자동이송장치를 부착한 것은 제외)에는 날접촉예방장치를 설치하여야 한다. 다만, 작업의 성질상 날접촉예방장치를 설치하는 것이 곤란하여 해당 근로자에게 적절한 작업공구 등을 사용하도록 한 경우에는 그러하지 아니하다.

58

기계의 안전을 확보하기 위해서는 안전율을 고려하여야 하는데 다음 중 이에 관한 설명으로 틀린 것은?

① 기초강도와 허용응력과의 비를 안전율이라 한다.
② 안전율 계산에 사용되는 여유율은 연성재료에 비하여 취성재료를 크게 잡는다.
③ 안전율은 크면 클수록 안전하므로 안전율이 높은 기계는 우수한 기계라 할 수 있다.
④ 재료의 균질성, 응력계산의 정확성, 응력의 분포 등 각종 인자를 고려한 경험적 안전율도 사용된다.

해설

안전율은 크면 클수록 안전하다. 하지만, 안전율을 높이려면 그만큼 설비투자에 더 많은 비용이 필요할 것이며 여러 가지 비효율적인 면이 많으므로 기계설비에 알맞은 안전율을 선택해야한다.

59

그림과 같이 2개의 슬링 와이어로프로 무게 1000[N]의 화물을 인양하고 있다. 로프 T_{AB}에 발생하는 장력의 크기는 얼마인가?

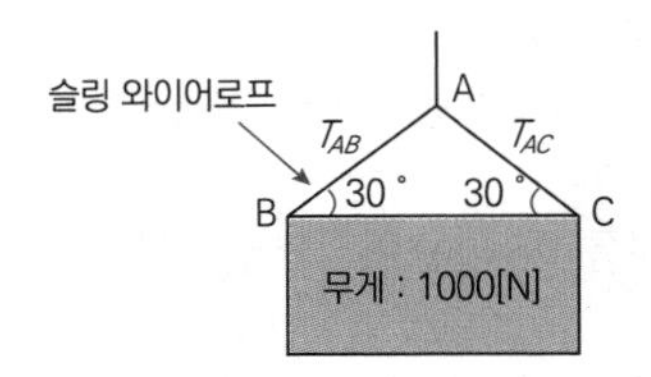

① 500[N] ② 707[N] ③ 1000[N] ④ 1414[N]

해설 **슬링와이어 로프의 한가닥에 걸리는 하중**

$$하중=\frac{화물의\ 무게(W_1)}{2}\div\cos\frac{\theta}{2}$$

$$=\frac{1000}{2}\div\cos\frac{120}{2}=1000(\mathrm{N})$$

60

다음 중 위험한 작업점에 대한 격리형 방호장치와 가장 거리가 먼 것은?

① 안전방책 ② 덮개형 방호장치
③ 포집형 방호장치 ④ 완전차단형 방호장치

해설 **격리형 방호장치**

① 작업점과 작업자 사이에 장애물을 설치하여 접근을 방지
② 완전 차단형, 덮개형, 안전울타리(방책) 등

tip

포집형 방호장치
연삭숫돌의 파괴 또는 가공재의 칩이 비산할 경우 이를 방지하고 안전하게 칩을 포집하는 방법

정답 57 ③ 58 ③ 59 ③ 60 ③

4과목 전기 및 화학설비 안전관리

61

다음 중 전자, 통신기기 등의 전자파장해(EMI)를 방지하기 위한 조치로 가장 거리가 먼 것은?

① 절연을 보강한다. ② 접지를 실시한다.
③ 필터를 설치한다. ④ 차폐재를 설치한다.

해설 **전자파 장해 방지방법**

① 필터의 구성 ② 차폐에 의한 대책 ③ 흡수에 의한 대책
④ 접지에 의한 대책 ⑤ 배선에 의한 대책

62

정전기 발생량과 관련된 내용으로 옳지 않은 것은?

① 분리속도가 빠를수록 정전기량이 많아진다.
② 두 물질간의 대전서열이 가까울수록 정전기의 발생량이 많다.
③ 접촉변적이 넓을수록, 접촉압력이 증가할수록 정전기 발생량이 많아진다.
④ 물질의 표면이 수분이나 기름 등에 오염되어 있으면 정전기 발생량이 많아진다.

해설 **대전서열**

① 물체를 마찰시킬 때 전자를 잃기 쉬운 순서대로 나열한 것
② 대전서열에서 멀리 있는 두 물체를 마찰할수록 대전이 잘된다.

63

전기설비의 화재에 사용되는 소화기의 소화제로 가장 적절한 것은?

① 물거품 ② 탄산가스
③ 염화칼슘 ④ 산 및 알칼리

해설

전기설비 화재의 소화에는 일반적으로 분말, 탄산가스, 할로겐화물 소화기가 사용된다.

64

이동전선에 접속하여 임시로 사용하는 전등이나 가설의 배선 또는 이동전선에 접속하는 가공매달기식 전등 등을 접촉함으로 인한 감전 및 전구의 파손에 의한 위험을 방지하기 위하여 부착하여야 하는 것은?

① 퓨즈 ② 누전차단기
③ 보호망 ④ 회로차단기

해설 **임시로 사용하는 전등의 위험방지**

이동전선에 접속하여 임시로 사용하는 전등이나 가설의 배선 또는 이동전선에 접속하는 가공매달기식 전등 등을 접촉함으로 인한 감전 및 전구의 파손에 의한 위험을 방지하기 위하여 보호망을 부착하여야 한다.

tip

보호망 설치시 준수사항
① 전구의 노출된 금속 부분에 근로자가 쉽게 접촉되지 아니하는 구조로 할 것
② 재료는 쉽게 파손되거나 변형되지 아니하는 것으로 할 것

65

정상운전 중의 전기설비가 점화원으로 작용하지 않는 것은?

① 변압기 권선
② 보호계전기 접점
③ 직류 전동기의 정류자
④ 권선형 전동기의 슬립링

해설 **전기설비의 점화원**

구분	현재적 점화원	잠재적 점화원
개념	정상적인 운전상태에서 점화원이 될 수 있는 것	정상적인 상태에서는 안전하지만 이상 상태에서 점화원이 될 수 있는 것
종류	① 직류전동기의 정류자 ② 개폐기, 차단기의 접점 ③ 유도전동기의 슬립링 ④ 이동형 전열기 등	① 전기적 광원 ② 케이블, 배선 ③ 전동기의 권선 ④ 마그네트 코일 등

정답 61 ① 62 ② 63 ② 64 ③ 65 ①

66

전기사용장소의 사용전압이 440[V]인 저압전로의 전선 상호간 및 전로와 대지 사이의 절연저항은 얼마 이상이어야 하는가?

① 0.1[MΩ] ② 0.4[MΩ] ③ 0.5[MΩ] ④ 1.0[MΩ]

해설 **저압전로의 절연성능**

전로의 사용전압(V)	DC 시험전압 (V)	절연저항(MΩ 이상)
SELV 및 PELV	250	0.5
FELV, 500V 이하	500	1.0
500V 초과	1,000	1.0

[주] 특별저압(Extra Low Voltage : 2차 전압이 AC 50V, DC 120V 이하)으로 SELV(비접지회로구성) 및 PELV(접지회로 구성)은 1차와 2차가 전기적으로 절연된 회로, FELV는 1차와 2차가 전기적으로 절연되지 않은 회로

tip

본 문제는 2021년 적용되는 법 개정으로 맞지않는 내용입니다. 수정된 해설내용을 참고하세요.

67

누전 경보기의 수신기는 옥내의 점검에 편리한 장소에 설치하여야 한다. 이 수신기의 설치장소로 옳지 않는 것은?

① 습도가 낮은 장소
② 온도의 변화가 거의 없는 장소
③ 화약류를 제조하거나 저장 또는 취급하는 장소
④ 부식성 증기와 가스는 발생되나 방식이 되어있는 곳

해설 **누전경보기의 수신부**

누전경보기의 수신부는 다음의 장소외의 장소에 설치하여야 한다. (다만, 해당 누전경보기에 대하여 방폭·방식·방습·방온·방진 및 정전기 차폐 등의 방호조치를 한 것은 그러하지 아니하다.)

① 가연성의 증기·먼지·가스 등이나 부식성의 증기·가스 등이 다량으로 체류하는 장소
② 화약류를 제조하거나 저장 또는 취급하는 장소
③ 습도가 높은 장소
④ 온도의 변화가 급격한 장소
⑤ 대전류회로·고주파 발생회로 등에 따른 영향을 받을 우려가 있는 장소

68

다음 중 교류 아크 용접작업시 작업자에게 발생할 수 있는 재해의 종류와 가장 거리가 먼 것은?

① 낙하·충돌 재해
② 피부 노출시 화상 재해
③ 폭발, 화재에 의한 재해
④ 안구(눈)의 조작손상 재해

해설 **교류 아크 용접시 재해유형**

① 감전 재해 ② 눈의 손상 ③ 피부의 손상
④ 흄, 가스에 의한 재해 ⑤ 화재, 폭발

69

변압기의 내부고장을 예방하려면 어떤 보호계전방식을 선택하는가?

① 차동계전방식 ② 과전류계전방식
③ 과전압계전방식 ④ 부흐홀쯔계전방식

해설 **계전방식**

① 차동 계전기(DFR) : 피보호 설비에 유입하는 입력의 크기와 유출되는 출력의 크기와의 차이가 일정한 값 이상이 되면 동작(변압기의 내부고장 보호용)
② 부흐홀쯔 계전기 : 변압기의 내부 고장시 발생하는 가스의 부력과 절연유의 유속을 이용하여 변압기 내부고장을 검출하는 계전기

70

방전에너지가 크지 않은 코로나 방전이 발생할 경우 공기 중에 발생할 수 있는 것은?

① O_2 ② O_3 ③ N_2 ④ N_3

해설 **코로나(corona) 방전**

일반적으로 대기 중에서 발생하는 방전으로 방전 물체에 날카로운 돌기 부분이 있는 경우 이 선단 부근에서 "쉿"하는 소리와 함께 미약한 발광이 일어나는 방전현상으로 공기 중에서 오존(O_3)을 생성한다.

정답 66 ② 67 ③ 68 ① 69 ①, ④ 70 ②

71

다음 각 물질의 저장방법에 관한 설명으로 옳은 것은?

① 황린은 저장용기 중에 물을 넣어 보관한다.
② 과산화수소는 장기 보존시 유리용기에 저장한다.
③ 피크린산은 철 또는 구리로 된 용기에 저장한다.
④ 마그네슘은 다습하고, 통풍이 잘 되는 장소에 보관한다.

해설

발화성 물질인 황린(P_4)은 물에 녹지 않으므로 pH9정도의 물속에 저장

72

헥산 5[vol%], 메탄 4[vol%], 에틸렌 1[vol%]로 구성된 혼합가스의 연소하한값[vol%]은 약 얼마인가? (단, 각 가스의 공기 중 연소하한값으로 헥산은 1.1[vol%], 메탄은 5.0[vol%], 에틸렌은 2.7[vol%]이다.)

① 0.58 ② 1.75 ③ 2.72 ④ 3.72

해설 **르샤틀리에의 법칙**

① 공식 : $\frac{10}{L}=\frac{V_1}{L_1}+\frac{V_2}{L_2}+\frac{V_3}{L_3}$

② 계산식 : $\frac{10}{L}=\frac{5}{1.1}+\frac{4}{5.0}+\frac{1}{2.7}=5.72$

③ 그러므로, $L=\frac{10}{5.72}=1.75$

73

다음 중 소화방법의 분류에 해당하지 않는 것은?

① 포소화 ② 질식소화
③ 희석소화 ④ 냉각소화

해설 **소화방법**

제거소화	연소의 3요소인 가연물을 제거함으로 소화하는 방법으로 가연물의 공급차단등의 방법
질식소화	공기 중의 산소농도(21%)를 15% 이하로 낮추어 산소공급을 차단함으로 연소를 중단시키는 방법
억제소화	연소의 연속적인 관계를 억제하는 부촉매 효과와 상승효과인 질식 및 냉각 효과.
냉각소화	액체 또는 고체화재에 물 등을 사용하여 가연물을 냉각시켜 인화점 및 발화점 이하로 낮추어 소화시키는 방법
희석소화	알코올, 에테르, 에스테르, 케톤류 등 수용성 물질에 다량의 물을 방사하여 가연물의 농도를 낮추어 소화하는 방법

74

다음 중 공정안전보고서에 관한 설명으로 틀린 것은?

① 사업주가 공정안전보고서를 작성한 후에는 별도의 심의 과정이 없다.
② 공정안전보고서를 제출한 사업주는 정하는 바에 따라 고용노동부장관의 확인을 받아야 한다.
③ 고용노동부장관은 공정안전보고서의 이행 상태를 평가하고 그 결과에 따라 공정안전보고서를 다시 제출하도록 명할 수 있다.
④ 고용노동부장관은 공정안전보고서를 심사한 후 필요하다고 인정하는 경우에는 그 공정안전보고서의 변경을 명할 수 있다.

해설

공정안전보고서의 심사결과를 통보받은 사업주는 공정안전보고서 내용의 실제이행 여부에 대한 고용노동부장관의 확인을 받아야 하며, 고용노동부장관은 공정안전보고서의 이행상태를 정기적으로 평가하여 불량한 사업장에 대해 다시 제출하도록 명할 수 있다.

75

공정별로 폭발물을 분류할 때 물리적 폭발이 아닌 것은?

① 분해폭발 ② 탱크의 강압폭발
③ 수증기 폭발 ④ 고압용기의 폭발

해설

분해폭발은 화학반응이 관여하는 화학적 특성 변화에 의한 화학적 폭발에 해당된다.

정답 71 ① 72 ② 73 ① 74 ① 75 ①

76

취급물질에 따라 여러 가지 증류 방법이 있는데, 다음 중 특수 증류방법이 아닌 것은?

① 감압 증류　② 추출 증류
③ 공비 증류　④ 기·액 증류

해설 **특수한 증류방법**

감압증류(진공증류)	상압하에서 끓는점까지 가열 할 경우 분해 할 우려가 있는 물질의 증류를 감압하여 물질의 끓는점을 내려서 증류하는 방법
추출증류	① 분리하여야 하는 물질의 끓는점이 비슷한 경우 ② 용매를 사용하여 혼합물로부터 어떤 성분을 뽑아 냄으로 특정 성분을 분리
공비증류	① 일반적인 증류로 순수한 성분을 분리시킬 수 없는 혼합물의 경우 ② 제3의 성분을 첨가하여 별개의 공비 혼합물을 만들어 끓는점이 원용액의 끓는점보다 충분히 낮아지도록 하여 증류함으로 증류잔류물이 순수한 성분이 되게 하는 증류 방법
수증기증류	물에 용해되지 않는 휘발성 액체에 수증기를 직접 불어넣어 가열하면 액체는 원래의 끓는점보다 낮은 온도에서 유출

77

후드의 설치 요령으로 옳지 않은 것은?

① 충분한 포집속도를 유지한다.
② 후드의 개구면적을 작게 한다.
③ 후드는 되도록 발생원에 접근시킨다.
④ 후드로부터 연결된 덕트는 곡선화 시킨다.

해설 **덕트의 설치기준**

① 가능한 한 길이는 짧게 하고 굴곡부의 수는 적게 할 것
② 접속부의 내면은 돌출된 부분이 없도록 할 것
③ 청소구를 설치하는 등 청소하기 쉬운 구조로 할 것
④ 덕트내 오염물질이 쌓이지 아니하도록 이송속도를 유지할 것
⑤ 연결부위 등은 외부공기가 들어오지 아니하도록 할 것

78

다음 중 만성중독과 가장 관계가 깊은 유독성 지표는?

① LD_{50}(Median Lethal dose)
② MLD(Minimum lethal dose)
③ TLV(Threshold limit value)
④ LC_{50}(Median lethal concentration)

해설 **TLV(허용농도)**

유해요인에 노출되는 경우, 노출기준이하 수준에서는 거의 모든 근로자에게 건강상 나쁜영향을 미치지 아니하는 기준을 말하며, 시간가중 평균노출기준(TWA), 단시간노출기준(STEL), 최고노출기준(Ceiling,C)으로 표시한다.

79

산화성 액체의 성질에 관한 설명으로 옳지 않은 것은?

① 피부 및 의복을 부식하는 성질이 있다.
② 가연성 물질이 많으므로 화기에 극도로 주의한다.
③ 위험물 유출시 건조사를 뿌리거나 중화제로 중화한다.
④ 물과 반응하면 발열반응을 일으키므로 물과의 접촉을 피한다.

해설 **산화성 액체(6류 위험물)**

① 부식성 및 유독성이 강한 강산화제로써 산소를 많이 함유하고 있어 조연성 물질
② 가연물과의 접촉이나 분해를 촉진하는 물품과의 접근금지

80

다음 중 화학반응에 의해 발생하는 열이 아닌 것은?

① 연소열　② 압축열　③ 반응열　④ 분해열

해설

공기에 압력을 가하거나 공기 또는 공기·연료의 혼합 가스를 압축했을 때 부피가 감소하면서 증가하는 열(온도)을 말한다.

정답 76 ④ 77 ④ 78 ③ 79 ② 80 ②

5과목 건설공사 안전관리

81

암질 변화 구간 및 이상 암질 출현시 판별 방법과 가장 거리가 먼 것은?

① R.Q.D ② R.M.R ③ 지표침하량 ④ 탄성파 속도

해설 **암질판별기준**

① R.Q.D(%) ② 탄성파 속도(m/sec) ③ R.M.R
④ 일축압축강도(kg/cm^2) ⑤ 진동치속도(cm/sec=Kine)

82

토공사용 건설장비 중 굴착기계가 아닌 것은?

① 파워 셔블 ② 드래그 셔블
③ 로더 ④ 드래그 라인

해설

로더[loader]는 굴삭된 토사, 암반 등을 운반기계에 싣고자 할때 사용하는 기계이다.

83

철근의 가스절단 작업 시 안전 상 유의해야 할 사항으로 틀린 것은?

① 작업장에는 소화기를 비치하도록 한다.
② 호스, 전선 등은 다른 작업장을 거치는 곡선상의 배선이어야 한다.
③ 전선의 경우 피복이 손상되어 있는지를 확인하여야 한다.
④ 호스는 작업중에 겹치거나 밟히지 않도록 한다.

해설 **가스 절단시 유의사항**

① 가스절단 및 용접자는 해당자격 소지자라야 하며, 작업 중에는 보호구를 착용하여야 한다.
② 가스절단 작업시 호스는 겹치거나 구부러지거나 또는 밟히지 않도록 하고 전선의 경우에는 피복이 손상되어 있는지를 확인하여야 한다.
③ 호스, 전선등은 다른 작업장을 거치지 않는 직선상의 배선이어야 하며, 길이가 짧아야 한다.
④ 작업장에서 가연성 물질에 인접하여 용접작업할 때에는 소화기를 비치하여야 한다.

84

거푸집 및 동바리 설계시 적용하는 연직방향하중에 해당되지 않는 것은?

① 철근콘크리트의 자중 ② 작업하중
③ 충격하중 ④ 콘크리트의 측압

해설 **거푸집 동바리의 연직방향 하중**

① 고정하중 : 철근콘크리트의 중량
② 충격하중 : 타설이나 중기작업의 경우
③ 작업하중 : 근로자와 소도구의 하중

85

추락시 로프의 지지점에서 최하단까지의 거리(h)를 구하는 식으로 옳은 것은?

① h = 로프의 길이 + 신장
② h = 로프의 길이 + 신장/2
③ h = 로프의 길이 + 로프의 늘어난 길이 + 신장
④ h=로프의 길이 + 로프의 늘어난 길이 + 신장/2

해설 **최하 사점**

① 추락방지용 보호구인 안전대는 적정길이의 로프를 사용하여야 추락시 근로자의 안전을 확보할 수 있다는 이론
② $H>h=$로프길이$(l)+$로프의 신장(율)길이$(l\times a)$ $+$작업자의 키$\times\frac{1}{2}$

86

철골공사 시 안전을 위한 사전 검토 또는 계획수립을 할 때 가장 거리가 먼 내용은?

① 추락방지망의 설치
② 사용기계의 용량 및 사용대수
③ 기상조건의 검토
④ 지하매설물 조사

해설

지하매설물 조사는 굴착공사 등에서 검토해야할 사항으로 지상 또는 고소작업으로 이루어지는 철골작업과는 거리가 멀다.

정답 81 ③ 82 ③ 83 ② 84 ④ 85 ④ 86 ④

87

차량계 건설기계를 사용하여 작업하고자 할 때 작업계획서에 포함되어야 할 사항으로 틀린 것은?

① 차량계 건설기계의 제동장치 이상유무
② 차량계 건설기계의 운행경로
③ 차량계 건설기계의 종류 및 성능
④ 차량계 건설기계에 의한 작업방법

해설 **차량계 건설기계의 작업계획서 내용**

① 사용하는 차량계 건설기계의 종류 및 성능
② 차량계 건설기계의 운행경로
③ 차량계 건설기계에 의한 작업방법

88

안전난간은 구조적으로 가장 취약한 지점에서 가장 취약한 방향으로 작용하는 최소 얼마 이상의 하중에 견딜 수 있어야 하는가?

① 50[kg] ② 100[kg] ③ 150[kg] ④ 200[kg]

해설 **안전난간의 설치기준**

구분	기준
상부난간대	바닥면·발판 또는 경사로의 표면으로부터 90센티미터 이상 지점에 설치
발끝막이판	바닥면 등으로부터 10센티미터 이상의 높이를 유지할 것
난간대	지름 2.7센티미터 이상의 금속제파이프나 그 이상의 강도가 있는 재료일 것
하중	구조적으로 가장 취약한 지점에서 가장 취약한 방향으로 작용하는 100킬로그램 이상의 하중에 견딜 수 있는 튼튼한 구조일 것

89

추락방지용 방망의 지지점은 최소 몇 [kgf] 이상의 외력에 견딜 수 있어야 하는가?

① 300[kgf] ② 500[kgf]
③ 600[kgf] ④ 1000[kgf]

해설 **추락방지용 방망의 지지점 강도**

① 600[kgf]의 외력에 견딜 수 있는 강도 보유
② 연속적인 구조물이 방망 지지점인 경우

$F=200B$

여기서, F : 외력(킬로그램), B : 지지점간격(미터)

90

프리캐스트 부재의 현장야적에 대한 설명으로 틀린 것은?

① 오물로 인한 부재의 변질을 방지한다.
② 벽 부재는 변형을 방지하기 위해 수평으로 포개 쌓아 놓는다.
③ 부재의 제조번호, 기호 등을 식별하기 쉽게 야적한다.
④ 받침대를 설치하여 휨, 균열 등이 생기지 않게 한다.

해설 **프리캐스트 부재의 현장야적**

벽 부재는 수직 받침대를 세워 수직으로 야적한다. 벽 부재를 수직 받침대 옆에 야적할 때에는 밑바닥에 수평으로 방호물을 설치하고 수직 받침대에 살짝 기대게 하여 안정된 상태로 야적한다. 부재와 부재 사이에는 보호 블록을 끼워 넣고 수직 받침대 양옆으로 대칭이 되게 야적하여 하중의 균형을 잡고 한쪽으로 기울어지지 않게 한다.

91

철근콘크리트 슬래브에 발생하는 응력에 대한 설명으로 틀린 것은?

① 전단력은 일반적으로 단부보다 중앙부에서 크게 작용한다.
② 중앙부 하부에는 인장응력이 발생한다.
③ 단부 하부에는 압축응력이 발생한다.
④ 휨응력은 일반적으로 슬래브의 중앙부에서 크게 작용한다.

해설

전단력은 단면에 평행하게 접하여 일어나며, 일반적으로 중앙부보다 단부에서 크게 작용한다.

정답 87 ① 88 ② 89 ③ 90 ② 91 ①

92

흙의 동상현상을 지배하는 인자가 아닌 것은?

① 흙의 마찰력 ② 동결지속시간
③ 모관 상승고의 크기 ④ 흙의 투수성

해설 **동상현상(frost heave) 주된원인**

① 모관상승고가 크다.
② 투수성이 크다.
③ 지하수위가 높아 동결선 위쪽에 있다.
④ 영하의 온도 지속기간이 길때(동결지수가 크다)

tip
동상현상이란 흙속의 공극수가 동결되어 부피가 약 9% 팽창되기 때문에 지표면이 부풀어 오르는 현상을 말한다.

93

단면적이 800[mm²]인 와이어로프에 의지하여 체중 800[N]인 작업자가 공중 작업을 하고 있다면 이 때 로프에 걸리는 인장응력은 얼마인가?

① 1[MPa] ② 2[MPa] ③ 3[MPa] ④ 4[MPa]

해설 **인장 응력**

$$\text{인장응력}(\sigma)=\frac{P(\text{외력})}{A(\text{단면적})}$$
$$=\frac{800}{800}=1[N/mm^2]=1{,}000{,}000[Pa]=1[MPa]$$

94

콘크리트의 유동성과 묽기를 시험하는 방법은?

① 다짐시험 ② 슬럼프시험
③ 압축강도시험 ④ 평판시험

해설 **슬럼프 테스트**

① 콘크리트의 시공 연도(반죽질기)를 측정하는 방법
② 슬럼프는 운반, 치기, 다짐 등의 작업에 알맞은 범위 내에서 가능한 작은 값으로 정한다.

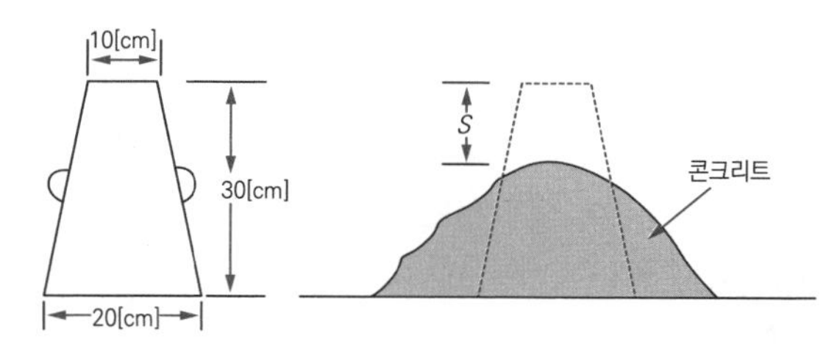

95

흙의 입도 분포와 관련한 삼각좌표에 나타나는 흙의 분류에 해당되지 않는 것은?

① 모래 ② 점토 ③ 자갈 ④ 실트

해설 **삼각좌표 분류법**

자갈을 제외한 점토분, 실트분, 모래분의 3성분으로 나누고 각 성분의 함유율로부터 흙을 분류하는 방법이다.

96

경화된 콘크리트의 각종 강도를 비교한 것 중 옳은 것은?

① 전단강도 〉 인장강도 〉 압축강도
② 압축강도 〉 인장강도 〉 전단강도
③ 인장강도 〉 압축강도 〉 전단강도
④ 압축강도 〉 전단강도 〉 인장강도

해설

콘크리트는 큰 압축강도를 가지고 있지만, 인장강도는 매우 작아 구조재로 사용하기 위해서는 인장측에 대한 보강이 반드시 필요하다.

tip
인장강도는 압축강도의 약 1/8~1/13 정도이고, 전단강도는 압축강도의 1/4~1/6 정도이다.

97

흙막이 가시설의 버팀대(Strut)의 변형을 측정하는 계측기에 해당하는 것은?

① Water level meter ② Strain gauge
③ Piezometer ④ Load cell

해설 **계측장치의 설치**

변형계 (strain gauge)	흙막이 버팀대의 변형 정도를 파악하는 기기
하중계 (load cell)	흙막이 버팀대에 작용하는 토압, 어스 앵커의 인장력 등을 측정하는 기기
토압계 (earth pressure meter)	흙막이에 작용하는 토압의 변화를 파악하는 기기
간극 수압계 (piezo meter)	굴착으로 인한 지하의 간극수압을 측정하는 기기
지하수위계 (water level meter)	지하수의 수위변화를 측정하는 기기

정답 92 ① 93 ① 94 ② 95 ③ 96 ④ 97 ②

98

철근을 인력으로 운반할 때의 주의사항으로 틀린 것은?

① 긴 철근은 2인 1조가 되어 어깨메기로 하여 운반한다.
② 긴 철근을 부득이 1인이 운반할 때는 철근의 한쪽을 어깨에 메고 다른 한쪽 끝을 땅에 끌면서 운반한다.
③ 1인이 1회에 운반할 수 있는 적당한 무게한도는 운반자의 몸무게 정도이다.
④ 운반시에는 항상 양끝을 묶어 운반한다.

해설 철근의 인력운반

① 1인당 무게는 25킬로그램 정도가 적절하며 무리한 운반은 삼가
② 2인 이상이 1조가 되어 어깨메기로 하여 운반하는 등의 안전 도모
③ 긴 철근을 부득이 한 사람이 운반할 때에는 한쪽을 어깨에 메고 한쪽끝을 끌면서 운반
④ 운반할 때에는 양끝을 묶어 운반
⑤ 내려놓을 때는 천천히 내려놓고 던지지 않을 것
⑥ 공동 작업을 할 때에는 신호에 따라 작업

99

건축물의 층고가 높아지면서, 현장에서 고소작업대의 사용이 증가하고 있다. 고소작업대의 사용 및 설치기준으로 옳은 것은?

① 작업대를 와이어로프 또는 체인으로 올리거나 내릴 경우에는 와이어로프 또는 체인의 안전율은 10 이상일 것
② 작업대를 올린 상태에서 항상 작업자를 태우고 이동할 것
③ 바닥과 고소작업대는 가능하면 수직을 유지하도록 할 것
④ 갑작스러운 이동을 방지하기 위하여 아웃트리거(outrigger) 또는 브레이크 등을 확실히 사용할 것

해설 고소 작업대 설치 및 이동시 준수사항

① 작업대를 와이어로프 또는 체인으로 올리거나 내릴 경우에는 와이어로프 또는 체인이 끊어져 작업대가 떨어지지 아니하는 구조여야 하며, 와이어로프 또는 체인의 안전율은 5 이상일 것
② 작업자를 태우고 이동하지 말 것(다만, 이동중 전도 등의 위험 예방을 위하여 유도하는 사람을 배치하고 짧은 구간을 이동하는 경우에는 작업대를 가장 낮게 내린 상태에서 작업자를 태우고 이동할 수 있다.)
③ 붐의 최대 지면경사각을 초과 운전하여 전도되지 않도록 할 것 등

tip
2023년 법령개정. 문제와 해설은 개정된 내용 적용

100

옹벽 안정조건의 검토사항이 아닌 것은?

① 활동(sliding)에 대한 안전검토
② 전도(overturing)에 대한 안전검토
③ 보일링(boiling)에 대한 안전검토
④ 지반 지지력(settlement)에 대한 안전검토

해설 옹벽의 안정

① 전도(over turning)에 대한 안정 : Fs(저항모멘트/전도모멘트) ≥ 2.0
② 활동(sliding)에 대한 안정 : Fs(수평저항력/토압의 수평력) ≥1.5
③ 지반지지력[침하(settlement)]에 대한 안정 : Fs(허용지지력/최대지반반력)≥1.0

정답 98 ③ 99 ④ 100 ③

2025 산업안전산업기사 필기 기출

초판인쇄 2025년 1월 15일
초판발행 2025년 1월 31일

저자와의 협의하에 인지 생략

발 행 인 박용
출판총괄 김세라
개발책임 이성준
책임편집 윤혜진
마 케 팅 김치환, 최지희, 이혜진, 손정민, 정재윤, 최선희, 오유진
일러스트 ㈜ 유미지

발 행 처 ㈜ 박문각출판
출판등록 등록번호 제2019-000137호
주 소 06654 서울시 서초구 효령로 283 서경B/D 5층
전 화 (02) 6466-7202
팩 스 (02) 584-2927
홈페이지 www.pmgbooks.co.kr

ISBN 979-11-7262-374-6
979-11-7262-372-2(세트)
정가 37,000원

산업안전 산업기사

Sentence form 암기법
주요 핵심내용 100선

  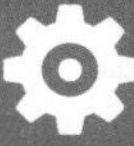   

01 산업안전보건위원회설치대상사업장

사업의 종류	암기법	규모
1. **토**사석 광업 2. **목**재 및 나무제품 제조업 : 가구제외 3. **화**학물질 및 화학제품 제조업 : 의약품 제외(세제, 화장품 및 광택제 제조업과 화학섬유 제조업은 제외한다) 4. **비**금속 **광**물제품 제조업 5. **1차** 금속 제조업 6. **금속**가공제품 제조업 : 기계 및 가구 제외 7. **자동차** 및 트레일러 제조업 8. 기타 **기**계 및 **장**비 제조업(사무용 기계 및 장비 제조업은 제외한다) 9. **기타 운송**장비 제조업(전투용 차량 제조업은 제외한다)	화/목/금/토에/ 자/비로 가는/ 기장은/ 1차로/ 기타 운송한다. ――――――― 화/목/토에/ 금속 /자동차로/ 기타운송하는/ 기장이/ 1차로/ 비광을 잡다.	상시 근로자 50 명 이상
10. **농**업 11. **어업** 12. **소프트웨어** 개발 및 공급업 13. **컴퓨터 프로그래**밍, 시스템 통합 및 관리업 13의2 영상·오디오물 제공 서비스업 14. **정보**서비스업 15. **금융** 및 **보험**업 16. **임대**업 : 부동산 제외 17. **전문, 과**학 및 기술 서비스업(연구개발업은 제외한다) 18. **사업지원** 서비스업 19. **사회복지** 서비스업	소/금/전과 /농/어업/임대는/ 컴퓨터/ 정보로/ 사업을 지원하여/ 복지를 실현한다. ――――――― 금융보험/전문과/ 농/어업/임대는/ 컴퓨터 프로그램/ 소프트웨어/정보로/ 사회복지/사업을 지원한다.	상시 근로자 300명 이상
20. 건설업	공사금액 120억원 이상(「건설산업기본법 시행령」에 따른 토목공사업에 해당하는 공사의 경우에는 150억원 이상)	
21. 제1호부터 제13호까지, 제13호의2 및 제14호부터 제20호까지의 사업을 제외한 사업	상시 근로자 100명 이상	

02 산업안전보건위원회 심의의결사항 〈안전보건관리책임자의 직무와 비교하여 암기〉

① 사업장의 산업재해**예**방계획의 수립에 관한 사항
② 안전보건관리**규**정의 작성 및 변경에 관한 사항
③ 근로자의 안전·보건**교**육에 관한 사항
④ 작업**환**경 측정 등 작업환경의 점검 및 개선에 관한 사항
⑤ 근로자의 **건**강진단 등 건강관리에 관한 사항
⑥ 산업재해의 **원**인조사 및 재발방지대책 수립에 관한 사항 중 중대재해에 관한사항
⑦ 산업지해에 관한 **통**계의 기록 및 유지에 관한 사항

⑧ 유해하거나 위험한 기계기구와 그 밖의 **설**비를 도입한 경우 안전 및 보건관련 조치에 관한 사항

암기법 예/규/교/환/건은/원/통하다는/설이 있다.

03 산업안전보건위원회 구성위원

구분	산업안전 보건위원회 구성위원	암기법
사용자 위원	㉠ 해당 사업의 **대표자** ㉡ **안전**관리자 1명 ㉢ **보건관리자** 1명 ㉣ **산**업**보**건의 (선임되어 있는 경우) ㉤ 해당 사업의 **대**표자가 **지**명하는 **9**명 이내의 해당 사업장 **부**서의 **장**	대표자와/ 대지구부장이/ 안전/보건관리자와/ 산보간다.
근로자 위원	㉠ **근**로자**대**표 ㉡ 근로자**대표**가 지명하는 **1명** 이상의 명예산업안전**감독관**(위촉되어 있는 사업장의 경우) ㉢ **근로자**대표가 지명하는 **9명** 이내의 해당 사업장의 근로자 (명예감독관이 근로자위원으로 지명되어 있는 경우 그 수를 제외)	근대(그런대)/ 대표 1명 감독하는데/ 근로자 9명이 필요해 ------------- 근대,/근~대지구에서/대표 1명을 감독한다.

04 안전보건관리책임자의 직무 〈산업안전보건위원회 심의 의결사항과 비교하여 암기〉

① 사업장의 산업재해**예**방계획의 수립에 관한 사항
② 안전보건관리**규**정의 작성 및 변경에 관한 사항
③ 근로자의 안전·보건**교**육에 관한 사항
④ 작업환경 측정 등 작업**환**경의 점검 및 개선에 관한 사항
⑤ 근로자의 **건**강진단 등 건강관리에 관한 사항
⑥ 산업재해의 **원**인조사 및 재발방지대책의 수립에 관한 사항
⑦ 산업재해에 관한 **통**계의 기록 및 유지에 관한 사항
⑧ 안전장치 및 보호구 구입시 **적**격품 여부 확인에 관한 사항
⑨ 그 밖에 근로자의 유해·위험방지조치에 관한 사항으로서 **고**용노동부령이 정하는 사항

암기법 예/규/교/환/건은/ 원/통하여/ 적절하지 못하다.

05 관리감독자 업무

① 사업장내 관리감독자가 지휘·감독하는 작업과 관련된 **기계**·기구 또는 **설비**의 안전·보건**점검** 및 이상유무의 확인
② 관리감독자에게 소속된 근로자의 작업복·**보호구** 및 **방호장치의 점검**과 그 착용·사용에 관한 교육·지도
③ 해당 작업에서 발생한 산업**재해**에 관한 **보고** 및 이에 대한 **응**급조치
④ 해당 작업의 작업장 **정**리·정돈 및 **통**로확보에 대한 확인·감독
⑤ 사업장의 다음 각 목의 어느 하나에 해당하는 사람의 **지도·조언**에 대한 협조
㉠ 안전관리자 또는 안전관리자의 업무를 안전관리전문기관에 위탁한 사업장의 경우에는 그 안전관리전문기관의 해당 사업장 담당자
㉡ 보건관리자 또는 보건관리자의 업무를 보건관리전문기관에 위탁한 사업장의 경우에는 그 보건관리전문기관의 해당 사업장 담당자
㉢ 안전보건관리담당자 또는 안전보건관리담당자의 업무를 안전관리전문기관 또는 보건관리전문기관에 위탁한 사업장의 경우에는 그 안전관리전문기관 또는 보건관리전문기관의 해당 사업장 담당자
㉣ 산업보건의
⑥ **위험성평가**에 관한 다음 각 목의 업무
㉠ 유해·위험요인의 파악에 대한 참여
㉡ 개선조치의 시행에 대한 참여
⑦ 그 밖에 해당 작업의 안전 및 보건에 관한 사항으로서 **고용**노동부령으로 정하는 사항

암기법 지도조언에/ 정통한자를/ 고용하여/ 기계설비 점검 및/ 보호구 방호장치 점검후/ 위험을 평가하여/ 재해보고에 응하라.

06 안전관리자의 업무

① 산업안전보건위원회 또는 안전·보건에 관한 **노사**협의체에서 심의·의결한 업무와 해당 사업장의 안전보건관리규정 및 취업규칙에서 정한 업무
② 안전**인**증대상 기계 등과 **자**율안전확인대상 기계 등 구입 시 적격품의 선정에 관한 보좌 및 지도·조언
③ **위험**성평가에 관한 보좌 및 지도·조언
④ 해당 사업장 안전**교육**계획의 수립 및 안전교육 실시에 관한 보좌 및 지도·조언
⑤ 사업장 **순**회점검·지도 및 **조**치의 건의
⑥ 산업재해 발생의 **원**인 조사·분석 및 재발 방지를 위한 기술적 보좌 및 지도·조언
⑦ 산업재해에 관한 **통**계의 유지·관리·분석을 위한 보좌 및 지도·조언

⑧ 법 또는 법에 따른 **명령**으로 정한 안전에 관한 사항의 이행에 관한 보좌 및 지도·조언
⑨ 업무수행 내용의 **기록**·유지
⑩ 그 밖에 안전에 관한 사항으로서 고용노동부장관이 정하는 사항

암기법 위험한/ 노사(안보)교육은/ 원/통하나/ 인자하게/ 명령하여/ 순조롭게/ (내용을)기록하였다.

07 안전관리자 증원 교체임명 대상사업장

① 해당 사업장의 **연**간재해율이 같은 업종의 **평균**재해율의 **2배** 이상인 경우
② **중**대재해가 연간 2건 이상 발생한 경우(해당사업장의 전년도 사망만인율이 같은 업종의 평균 사망만인율 이하인 경우는 제외)
③ **관리**자가 **질병**이나 그 밖의 사유로 3개월 이상 직무를 수행할 수 없게 된 경우
④ **화**학적 인자로 인한 직업성**질병**자가 연간 3명 이상 발생한 경우

암기법 중2들은/ 연평균 2배 이상/ 질병으로 삼/삼하다. (중2들의 연평균이 삼삼하다.)

08 안전보건총괄책임자 지정 대상 사업장

① 관계수급인에게 고용된 근로자를 포함한 상시 근로자가 100명(**선**박 및 **보**트 건조업, **1차** 금속제조업 및 **토**사석 **광**업의 경우에는 50명)이상인 사업
② 관계수급인의 공사금액을 포함한 해당 공사의 총공사금액이 20억원 이상인 **건설**업

암기법 (50명 이상과 건설업) 토요일 광내고/ 1차로/ 선보러가니/ 건설하는 이씨가 나왔더라.

09 안전보건총괄 책임자의 직무

① **위험성**평가의 실시에 관한 사항
② 산업재해가 발생할 급박한 위험이 있거나, 중대재해가 발생하였을 때에는 즉시 **작업의 중지**
③ 도급 시 **산업재해예방**조치
④ 안전보건**관리비**의 관계 수급인간의 사용에 관한 협의조정 및 그 집행의 감독
⑤ 안전 **인**증 대상 기계, 기구 등과 **자**율안전확인대상 기계, 기구 등의 사용 여부 확인

암기법 위험한/ 작업은중지하고/ 산재예방한후/ 관리비는/ 인자하게 사용하라

10 안전보건관리규정 작성 대상 사업장 〈산업안전보건위원회, 안전보건관리책임자와 동일〉

사업의 종류	규모
1. **농**업 2. **어업** 3. **소**프트웨어 개발 및 공급업 4. **컴퓨터** 프로그래밍, 시스템 통합 및 관리업 4의2 영상·오디오물 제공 서비스업 5. **정보**서비스업 6. **금**융 및 보험업 7. **임대**업 : 부동산 제외 8. **전**문, 과학 및 기술 서비스업(연구개발업은 제외한다) 9. **사업지원** 서비스업 10. 사회**복지** 서비스업	상시 근로자 300명 이상을 사용하는 사업장
11. 제1호부터 제4호까지, 제4호의2 및 제5호부터 제10호까지의 사업을 제외한 사업	상시 근로자 100명 이상을 사용하는 사업장

암기법1 소/금/전과 /농/어업/임대는/ 컴퓨터/ 정보로/ 사업을 지원하여/ 복지를 실현한다.

암기법2 금융보험/전문과/ 농/어업/임대는/ 컴퓨터 프로그램/ 소프트웨어/ 정보로/ 사회복지/사업을 지원한다.

11 안전보건 관리규정에 포함되어야 할 내용

① 안전 및 보건관리**조**직과 그 직무에 관한 사항
② 안전보건**교**육에 관한 사항
③ **안전** 및 **보건**에 관한 관리조직과 그 직무에 관한 사항
④ 사고조사 및 **대책수립**에 관한 사항
⑤ 그 밖에 안전·보건에 관한 사항

암기법 안전/보건은/ 조/교가/ 대책을 수립한다.

12 안전보건개선계획 수립 대상 사업장

① **산**업 재해율이 같은 업종의 규모별 **평**균 산업 **재**해율보다 **높은** 사업장
② 사업주가 **안전**조치 또는 보건조치를 이행하지 아니하여 **중대**재해가 발생한 사업장
③ **직**업성 질병자가 년간 2명 이상 발생한 사업장
④ **유해인자**의 **노출**기준을 초과한 사업장

암기법 산평재가 높은/ 안전중대는/ 유해인자를 / 직투한다.

13 안전보건개선계획 수립 대상 사업장

① **시**설
② **안전·보건관리**체제
③ 안전·보건**교**육
④ 산업재해예방 및 작업환경 **개**선을 위하여 필요한 사항

암기법1 교/관이/ 개/시
암기법2 안전보건관리를 위해서는/ 교육/시설의/ 개선이 필요하다.

14 안전보건개선계획서의 작성내용 중 개선계획의 중점개선계획 내용

중점 개선 계획 : **시**설, 기계**장**치, **원료 재료**, 작업방**법**, 작업**환**경

암기법 원료재료가 없어/ 시/방/ 환/장 하겠네.

15 안전보건진단을 받아 안전보건개선계획을 수립해야 하는 사업장

① **산**업재해율이 같은 업종 **평**균산업**재**해율의 2배 이상인 사업장
② 사업주가 필요한 **안전**조치 또는 보건조치를 이행하지 아니하여 **중대**재해가 발생한 사업장
③ **직**업성 질병자가 연간 2명 이상(상시근로자 1천명 이상 사업장의 경우 3명 이상)발생한 사업장
④ 그 밖에 작업환경불량, 화재·폭발 또는 누출사고 등으로 사업장주변까지 피해가 확산된 사업장으로서 고용노동부령으로 정하는 사업장

암기법 안전 중대는/ 산평재가 둘이(두배)라서/ 사주의 피를/ 직투하더라.

16 사업장의 산업재해 발생건수 등 공표대상 사업장

① 산업재해로 인한 **사망자**(사망재해자)가 연간 **2명** 이상 발생한 사업장
② 사망**만인**율(연간 상시근로자 1만명당 발생하는 사망재해자 수의 비율)이 규모별 같은 업종의 평균 사망만인율 이상인 사업장
③ **중대**산업**사고**가 발생한 사업장
④ 산업재해 발생 사실을 **은폐**한 사업장

⑤ 산업재해의 발생에 관한 **보**고를 최근 **3**년 이내 **2**회 이상 하지 않은 사업장

암기법 사망자가 둘인/ 중대사고를/ 은폐하면/ 만인이/ 보삼을 두 번한다.

17 산업재해발생시 기록보존해야 할 사항

① 사업장의 **개**요 및 근로자의 **인**적사항
② 재해발생의 일시 및 **장**소
③ 재해발생의 **원**인 및 과정
④ 재해 **재발**방지 계획

암기법 개인적으로/ 장/원은/ 재발 (하지마..)

18 중대재해 발생시 보고사항

① 발생**개**요 및 **피**해 상황
② **조**치 및 **전**망
③ 그 밖의 **중**요한 **사**항

암기법 개피 보고/ 조진/ 중사

19 재해발생시 조치사항

산업재해 **발**생 - **긴**급처리 - 재해**조**사 - **원**인강구 - 대책**수**립 - 대책**실**시계획 - **실**시 - **평**가

암기법 발이/긴~/ 조놈의/ 원/수가/ 실/실 거리며/ 평가한다.

20 하인리히의 도미노 이론(하인리히의 사고 연쇄성 이론)

사회적 환경 및 **유**전적 요인 - **개인**적 결함 - **불안**전한 행동 및 불안전 상태 - **사고** - **재**해

암기법 사유가/ 개인에게 있으면/ 불안하니/ 사고/나재

21 버드의 최신 도미노(연쇄성) 이론

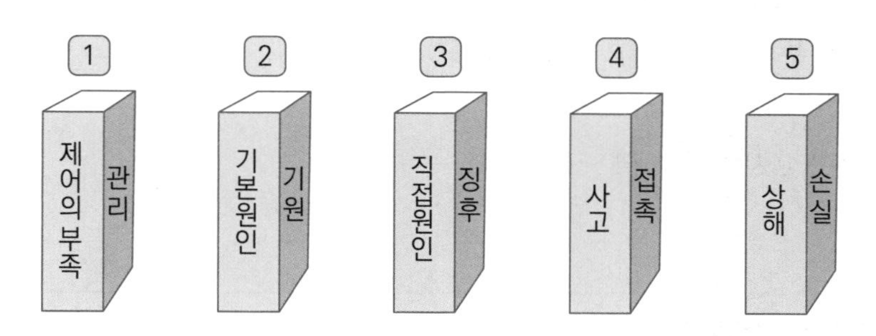

▲ 최신의 재해 연쇄(Frank E. Bird Jr)

암기법1 제/기를/ 직접/ 사면/ 상한다
암기법2 관/기의/ 징후는/ 접촉하는/ 손에 있다.

22 아담스의 사고요인과 관리 시스템(아담스의 도미노 이론)

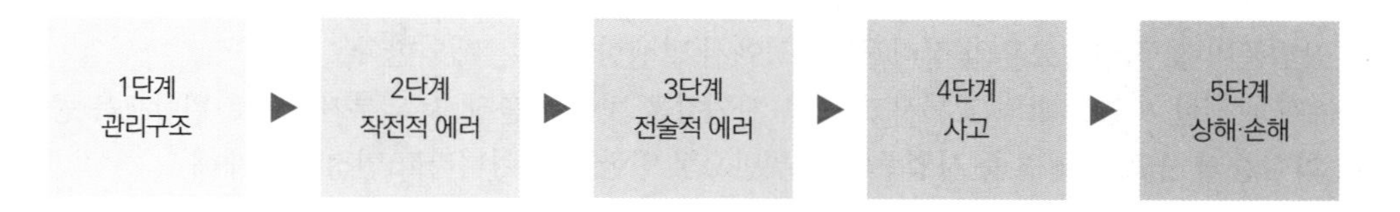

암기법1 관에서 하는/ 작/전은/ 사/상자가 많다
암기법2 관에서 하는/ 작/전은 술로인해/ 사/상자를 낸다.

23 재해의 본질적 특성(사고의 본질적 특성)

① **사**고의 시간성
② **우**연성 중의 법칙성
③ **필**연성 중의 우연성
④ 사고의 **재**현 불가능성

암기법1 사/필/우/재
암기법2 (사고의 본질을 따지다 보면) 필(히)/ 사/우/재

24 하인리히의 재해예방 5단계(하인리히의 사고예방의 기본원리)

① 제1단계 : 안전관리**조**직　② 제2단계 : **사**실의 발견
③ 제3단계 : 평가 및 **분**석　④ 제4단계 : **시**정책의 **선**정
⑤ 제5단계 : 시정책의 **적**용

암기법 조/사하는/ 분의/ 시선은/ 적에게

25 무재해로 인정되는 경우

① 업무수행 중의 사고 중 **천**재지변 또는 **돌**발적인 사고로 인한 **구**조행위 또는 **긴**급피난 중 발생한 사고
② **출·퇴근** 도중에 발생한 재해
③ **운동**경기 등 각종 행사 중 발생한 재해
④ 특수한 장소에서의 사고 중 **천**재지변 또는 돌발적인 사고 우려가 많은 장소에서 **사**회통념상 인정되는 업무수행 중 발생한 사고
⑤ **제3자**의 행위에 의한 업무상 재해
⑥ 업무상 질병에 대한 구체적인 인정기준 중 **뇌**혈관질환 또는 **심장**질환에 의한 재해
⑦ 업무**시간외**에 발생한 재해. 다만, 사업주가 제공한 사업장내의 시설물에서 발생한 재해 또는 작업개시 전의 작업준비 및 작업종료후의 정리정돈과정에서 발생한 재해는 제외한다.
⑧ **도로**에서 발생한 사업장 밖의 교통사고, 소속 사업장을 벗어난 출장 및 외부기관으로 위탁교육 중 발생한 사고, **회식**중의 사고, 전염병 등 사업주의 법 위반으로 인한 것이 아니라고 인정되는 재해

암기법 천돌을 구긴/ 천사가/ 출퇴근할 때/ 도로에서 회식한/ 제삼자는/ 시간외에/ 뇌와 심장/ 운동한다.

26 브레인 스토밍(BS 4원칙)

① **비**판금지　② **자**유분방　③ **대**량발언　④ **수**정발언

암기법 비/자(가)/ 대/수(냐)

27 STOP 기법 안전관찰 사이클

암기법1 결/정했으면/ 관에서/ 조치한 것을(하고)/ 보고하라
암기법2 결/정했으면/ 관찰하여/ 조치한 다음/ 보고하라

28 재해사례 연구순서

① 전제조건 : **재**해상황 파악
② 제1단계 : **사**실의 확인
③ 제2단계 : **문제**점 발견
④ 제3단계 : **근본적** 문제점의 결정
⑤ 제4단계 : **대책**의 수립

암기법 재/사에 관한/ 문제는/ 근본적인/ 대책이 필요해

29 안전인증 대상 기계 등(기계 또는 설비)

① **프**레스	② **전단기** 및 **절**곡기	③ **크**레인
④ **리**프트	⑤ **압**력용기	⑥ **롤**러기
⑦ **사**출성형기	⑧ **고소** 작업대	⑨ **곤**돌라

암기법1 전단기/로/ 절단하니/ 압/프(아퍼)!!/ 크/리/곤(그리곤)/ 사/고 발생
암기법2 전단하니 곡소리 나게/ 압/퍼/ 크/리/곤/ 사/고/로운다

30 안전인증 대상 기계 등(방호장치)

① **프**레스 및 **전**단기 **방**호장치
② **양**중기용 **과부**하방지장치
③ **보**일러 압력방출용 **안**전밸브
④ **압**력용기 압력방출용 **안**전밸브
⑤ **압**력용기 압력방출용 **파**열판
⑥ **절**연용 방호구 및 **활**선작업용 기구
⑦ **방**폭구조 **전**기기계·**기**구 및 부품
⑧ **추락·낙하** 및 붕괴 등의 위험방지 및 보호에 필요한 **(가)**설기자재로서 고용노동부장관이 정하여 고시하는 것
⑨ 충돌·협착 등의 위험방지에 필요한 **산**업용 로봇 방호장치로서 고용노동부 장관이 정하여 고시하는 것

암기법1 퓨(프)전방에서/ 추락(낙하)하는/ 양과부가/ 방에서 전기끄고/ 산에 있는/ 절에서 활동하니/ 보안/압에서는 안/압파
암기법2 가/방들고/ 산에 있는/ 절에서 활동하는/ 프전/양과부가/ 보안/압에서는 안/압파

31 안전인증 대상 기계 등(보호구)

① **추**락 및 **감**전 위험방지용 안전모
② 안전**화**
③ **안전장갑**
④ **방**진마스크
⑤ **방**독마스크
⑥ **송**기마스크
⑦ **전동**식 **호흡**보호구
⑧ **보호**복
⑨ 안전**대**
⑩ **차**광 및 **비**산물 위험방지용 보**안경**
⑪ **용**접용 보**안**면
⑫ **방**음용 **귀**마개 또는 귀덮개

암기법1 추감모쓴/ 용안을/ 보호하기위해/ 차광 안경끼고/ 화/장/대에서/ 전동호흡으로/ 방마다/ 방귀/ 방/송하더라
암기법2 추감모는/ 안전한 장갑 끼고/ 대/화해.../ 용안을/ 보호하기위해/ 차비로 안경끼고/ 전동호흡하라고/ 방마다/ 방귀/방/송 함

32 자율안전확인대상 기계 또는 설비

① **연**삭기 또는 연마기(휴대형은 제외)
② **산**업용 로봇
③ **혼**합기
④ **파**쇄기 또는 분쇄기
⑤ **식품**가공용기계(파쇄·절단·혼합·제면기만 해당)
⑥ **컨**베이어
⑦ **자**동차 정비용 리프트

⑧ **공**작기계(선반, 드릴기, 평삭·형삭기, 밀링만 해당)
⑨ **고**정형 **목재**가공용 기계(둥근톱, 대패, 루타기, 띠톱, 모떼기 기계만 해당)
⑩ **인**쇄기

암기법 산에 간/ 연/인이/ 컨/ 자/식/ 파/혼/공/고를 목재에 남김

33 자율안전확인대상 방호장치

① **아**세틸렌 용접장치용 또는 **가**스집합 용접장치용 안전기
② **교**류아크 용접기용 자동전격 방지기
③ **롤**러기 급정지장치
④ **연**삭기 덮개
⑤ **목**재가공용 둥근톱 반발예방장치와 날접촉 예방장치
⑥ **동**력식 수동대패용 칼날 접촉방지장치
⑦ 추락·낙하 및 붕괴 등의 위험방지 및 보호에 필요한 **가**설기자재(안전인증대상기계기구에 해당되는 사항 제외)로서 고용노동부장관이 정하여 고시하는 것

암기법1 (기계이름만) – 아가/목/동이/ 교/가/로/ 연을 날린다.
암기법2 (기계이름과 방호장치 함께) –교자동에서/ 연하게 덮은/ 동력칼을 /목을 향해 반듯하게 날린/ 아가의 안전을 위해 /추가로/ 롤러를 급정지했다.

34 자율안전확인대상 보호구

① **안**전모(안전인증대상기계기구에 해당되는 사항 제외)
② **보**안경(안전인증대상기계기구에 해당되는 사항 제외)
③ 보안**면**(안전인증대상기계기구에 해당되는 사항 제외)

암기법 안보면 자율이다.

35 프레스의 작업시작전 점검 사항

① **클**러치 및 브레이크의 기능
② **크**랭크축·플라이휠·슬라이드·연결봉 및 연결나사의 풀림유무

③ **1**행정 1정지기구·급정지장치 및 비상정지장치의 기능
④ **슬**라이드 또는 칼날에 의한 위험방지 기구의 기능
⑤ **프**레스의 금형 및 고정볼트 상태
⑥ **방**호장치의 기능
⑦ **전단**기의 칼날 및 테이블의 상태

암기법 방/일/ 전단지는/ 슬/프다/ 크/클

36 산업용로봇의 작업시작전 점검 사항

① **외**부전선의 피복 또는 외장의 손상유무
② **매니**퓰레이터(manipulator)작동의 이상유무
③ **제**동장치 및 비상정지장치의 기능

암기법 외/제/매니아

37 공기압축기의 작업시작전 점검 사항

① **공기**저장 압력용기의 외관상태
② **드레**인 밸브의 조작 및 배수
③ **압**력**방**출장치의 기능
④ **언**로드밸브의 기능
⑤ **윤**활유의 상태
⑥ **회전**부의 덮개 또는 울
⑦ 그 밖의 **연결**부위의 이상유무

암기법 드러운/ 공기는/ 언제/ 회전 하나/ 윤기나는/ (압)방으로/ 연결해

38 크레인 작업시 작업시작전 점검 사항

① **권**과방지장치·브레이크·클러치 및 운전장치의 기능
② **주행로**의 상측 및 트롤리가 횡행하는 레일의 상태
③ 와이어로**프가** 통하고 있는 곳의 상태

암기법 와이프가/ 권하는(운전은)/ (안전한)주행로로 가라

39 이동식크레인 작업시 작업시작전 점검 사항

① **권**과방지장치나 그 밖의 경보장치의 기능
② **브레이크**·클러치 및 조정장치의 기능
③ **와이**어로**프**가 통하고 있는 곳 및 작업장소의 **지반**상태

암기법1 와이프가 지발/ 권하는 (경보)/브레이크를 조정하라
암기법2 와이프가/ 권하는/ 브레이크

40 지게차 작업시 작업시작전 점검 사항

① 제동장치 및 **조**종장치 기능의 이상유무
② **하**역장치 및 유압장치 기능의 이상유무
③ **바퀴**의 이상유무
④ **전**조등·**후**미등·**방**향지시기 및 경보장치 기능의 이상유무

암기법 지게에는.. 전후방의/ 바퀴를/ 제조/하라
암기법 바퀴/ 제동/전/ 하역

41 구내운반차 작업시 작업시작전 점검 사항

① **제**동장치 및 **조**종장치 기능의 이상유무
② **하**역장치 및 유압장치 기능의 이상유무
③ **바퀴**의 이상유무
④ **전**조등·**후**미등·**방**향지시기 및 경음기 기능의 이상유무
⑤ **충전**장치를 포함한 홀더 등의 결합상태의 이상유무

암기법 구운(구내운반차)것은 전후방의/ 바퀴를/ 제조하여/ 충전/하라

42 고소작업대 작업시 작업시작전 점검 사항

① **비상**정지 및 비상하강방지장치 기능의 이상유무

② **과부**하방지장치의 작동유무(와이어로프 또는 체인구동방식의 경우)
③ **아웃**트리거 또는 바퀴의 이상유무
④ 작업면의 **기울기** 또는 요철유무
⑤ **활**선작업용 장치의 경우 홈·균열·파손 등 그 밖의 손상유무

암기법 활/ 기울기가/ 비상하면/ 과부는/ 아웃

43 컨베이어 작업시 작업시작전 점검 사항

① **원동기** 및 **풀리**기능의 이상유무
② **이탈** 등의 방지장치기능의 이상유무
③ **비상**정지장치 기능의 이상유무
④ **원동기**·회전축·기어 및 풀리 등의 덮개 또는 **울** 등의 이상유무

암기법 원동기가 풀려/ 이탈하면/ 비상/ 원동기를 울려라

44 중량물 취급 작업시 작업시작전 점검 사항

① **중량**물 취급의 올바른 자세 및 복장
② **위험물**이 날아 흩어짐에 따른 보호구의 착용
③ **카바**이드·생석회(산화칼슘) 등과 같이 온도상승이나 습기에 의하여 위험성이 존재하는 중량물의 취급방법
④ 그 밖에 **하**역운반기계 등의 적절한 사용방법

암기법 위험물의/ 중량을/ 카바/하라

45 안전검사 대상 유해 위험기계

① **프**레스
② **전**단기
③ **크**레인(정격하중 2톤 미만 제외)
④ **리**프트
⑤ **압**력용기
⑥ **곤**돌라
⑦ **국**소배기장치(이동식 제외)

⑧ **원**심기(산업용만 해당)
⑨ **롤**러기(밀폐형 구조제외)
⑩ **사**출성형기[형 체결력 294킬로뉴튼(kN) 미만 제외]
⑪ **고소**작업대(화물자동차 또는 특수자동차에 탑재한 것으로 한정)
⑫ **컨**베이어
⑬ **산**업용 로봇
⑭ **혼**합기
⑮ **파**쇄기 또는 분쇄기

암기법 전/국의/ 큰(컨)/ 산을/ 크/리/곤하니/ 압/픈/원/로들이/ 파/혼하는/ 사/고를 당한다.

46 안전교육의 지도원칙(안전교육의 지도 8원칙)

① 피교육자 중심 교육(**상**대방의 입장에서)
② **동**기부여를 중요하게
③ **쉬**운부분에서 어려운 부분으로 진행
④ **반**복에 의한 습관화 진행
⑤ **인**상의 강화(사실적 구체적인 진행)
⑥ **오**관(감각기관)의 활용
⑦ **기**능적인 이해(Functional understanding)
⑧ **한**번에 한가지씩 교육(교육의 성과는 양보다 질을 중시)

암기법 상/동(동상)에서/ 쉬하는거 보고/ 반/한/ 인/오/기

47 TWI 관리감독자 교육의 내용

① Job Method Training(J. **M**. T) : 작업**방**법훈련(작업개선법)
② Job Instruction Training(J. **I**. T) : 작업**지도**훈련(작업지도법)
③ Job Relations Training(J. **R**. T) : **인간**관계훈련(부하통솔법)
④ Job Safety Training(J. **S**. T) : 작업**안전훈련**(안전관리법)

암기법 MIRS(미러서) 방에서/ 지도그리는/ 인간은/ 안전훈련이 필요해

M	I	R	S
방에서	지도 그리는	인간은	안전훈련이 필요해

48 근로자 정기안전보건 교육 내용

① 산업**안**전 및 **사**고 예방에 관한 사항
② 산업**보**건 및 **직**업병 예방에 관한 사항
③ 위험성 평가에 관한 사항
④ **건**강증진 및 **질**병 예방에 관한 사항
⑤ 유해·위험 작업**환경** 관리에 관한 사항
⑥ 산업안전보건**법령** 및 산업재해**보상**보험 제도에 관한 사항
⑦ 직무**스트레스** 예방 및 관리에 관한 사항
⑧ 직장내 **괴롭힘**, 고객의 **폭언** 등으로 인한 건강장해 예방 및 관리에 관한 사항

암기법 위험하여/ 건질만한/ 환경이 아니라서/ 법으로 보상하는/ 보직도/ 안사는데/ 괴롭히고 폭언하니/ 스트레스다

49 관리감독자 정기안전보건 교육 내용

① 산업안전 및 사고 예방에 관한 사항
② 산업보건 및 직업병 예방에 관한 사항
③ 위험성평가에 관한 사항
④ 유해·위험 작업환경 관리에 관한 사항
⑤ 산업안전보건법령 및 산업재해보상보험 제도에 관한 사항
⑥ 직무스트레스 예방 및 관리에 관한 사항
⑦ 직장 내 괴롭힘, 고객의 폭언 등으로 인한 건강장해 예방 및 관리에 관한 사항
⑧ 작업공정의 유해·위험과 재해 예방대책에 관한 사항
⑨ 사업장 내 안전보건관리체제 및 안전·보건조치 현황에 관한 사항
⑩ 표준안전 작업방법 결정 및 지도·감독 요령에 관한 사항
⑪ 현장근로자와의 의사소통능력 및 강의능력 등 안전보건교육 능력 배양에 관한 사항
⑫ 비상시 또는 재해 발생 시 긴급조치에 관한 사항
⑬ 그 밖의 관리감독자의 직무에 관한 사항

암기법 법으로 보상하는/ 위험한/ 보직도/ 안사는데/ 괴롭히고 폭언하니/ 스트레스인데/ 표지환경이/ 감독직무이면/ 긴급조치/ 현황보고/ 교육은/ 공재해 달라/

50 근로자 채용시 및 작업내용 변경시 교육 내용

① 산업안전 및 사고 예방에 관한 사항
② 산업보건 및 직업병 예방에 관한 사항
③ 위험성 평가에 관한 사항
④ 산업안전보건법령 및 산업재해보상보험 제도에 관한 사항
⑤ 직무스트레스 예방 및 관리에 관한 사항
⑥ 직장 내 괴롭힘, 고객의 폭언 등으로 인한 건강장해 예방 및 관리에 관한 사항
⑦ 기계·기구의 위험성과 작업의 순서 및 동선에 관한 사항
⑧ 작업 개시 전 점검에 관한 사항
⑨ 정리정돈 및 청소에 관한 사항
⑩ 사고 발생 시 긴급조치에 관한 사항
⑪ 물질안전보건자료에 관한 사항

암기법 기계위의/ 위험한/ 물건을/ 긴급히/ 정리하고/ 개점했는데/ 법으로 보상하는/ 보직도/ 안산다고/ 괴롭히고 폭언하니/ 스트레스다.

51 시스템의 수명주기(단계)

구상(concept) → **정**의(definition) → **개발**(development) → **생산**(production) → **배**치 및 **운**용(deployment) → **폐기**(disposal)

암기법 구/정/개발은/ 생산에서/ 배운후/ 폐기한다

52 안전사고요인(정신적 요소)

① **안**전의식의 부족
② **주**의력의 부족
③ **방**심(放心) 및 공상(空想)
④ **개**성적 결함 요소
⑤ **판**단력의 부족 또는 그릇된 판단
⑥ **정**신력에 영향을 주는 생리적 현상

암기법 방/정맞은/ 안/주가/ 개/판이네

53 산업안전 심리의 5대요소

① **동**기 ② **기**질 ③ **감**정 ④ **습**성 ⑤ **습**관

암기법 동(겨울)절기의/ 감/기는/ 습/습한데서 생김

54 유해 위험한 기계기구 등의 방호조치(유해 위험한 기계기구 방호조치 기준)

예초기	**원**심기	**지**게차	**금**속절단기	**공**기압축기	**포**장기계
날접촉 예방장치	**회전**체접촉 예방장치	**헤드**가드, **백**레스트, 전조등, 후미등, 안전벨트	**날**접촉 예방장치	**압**력 **방**출장치	**구동**부 방호 연동장치

암기법 예/금으로/ 지/원한다고/ 공/포하니/ 날 /회전하면/ 헤드백이 (전후안전하게)/날 /압방으로/ 구동한데

암기법 예/금으로/ 지/원한다고/ 공/포하니/ 날 /회전하면/ 헤드백이 (전후 안전하게)/날 /압/구정으로 데려간데

55 프레스 등을 사용하는 작업의 관리감독자 유해위험 방지 업무

① 프레스 등 및 그 **방**호장치를 점검하는 일
② 프레스 등 및 그 방호장치에 **이상**이 발견되면 즉시 필요한 조치를 하는 일
③ 프레스 등 및 그 방호장치에 **전**환스위치를 설치했을 때 그 전환스위치의 열쇠를 관리하는 일
④ **금**형의 부착·해체 또는 조정작업을 직접 지휘하는 일

암기법 금/전 /방이/ 이상하다

56 크레인을 사용하는 작업의 관리감독자 유해위험 방지업무

① 작업**방**법과 근로자 **배**치를 결정하고 그 작업을 **지**휘하는 일
② **재**료의 결함유무 또는 **기**구 및 공구의 기능을 점검하고 **불량**품을 제거하는 일
③ 작업중 안전**대** 또는 안전**모**의 착용상황을 **감**시하는 일

암기법 방배지는/ 재기 불량으로/ 대모감이다

57 석면 해체 제거 작업(관리감독자 업무)

① 근로자가 석면분진을 들이마시거나 석면분진에 오염되지 않도록 **작업방법**을 **정하**고 지휘하는 업무
② 작업장에 설치되어 있는 석면분진 포집장치, 음압기 등의 **장비**의 이상 유무를 점검하고 필요한 조치를 하는 업무
③ 근로자의 **보호구** 착용 상황을 점검하는 업무

암기법 장비와/ 보호구에 대한/ 작업방법을 정하라

58 밀폐공간에서의 작업 특별안전보건교육 내용

① 산소농도 측정 및 작업환경에 관한 사항
② 사고 시의 응급처치 및 비상 시 구출에 관한 사항
③ 보호구 착용 및 보호 장비 사용에 관한 사항
④ 작업내용·안전작업방법 및 절차에 관한 사항
⑤ 장비·설비 및 시설 등의 안전점검에 관한 사항
⑥ 그 밖에 안전·보건관리에 필요한 사항

암기법 밀폐공간은/ 산소를/ 보/장하고/ 사고시/ 절차에 따라/ 보호구 착용하라

59 밀폐된 장소에서 하는 용접작업의 특별안전보건교육 내용

① 작업**순**서·안전작업 **방**법 및 수칙에 관한 사항
② **환기**설비에 관한 사항
③ **전격**방지 및 보호구 착용에 관한 사항
④ **질식**시 응급조치에 관한 사항
⑤ 작업**환경**점검에 관한 사항
⑥ 그 밖에 안전·보건 관리에 필요한 사항

암기법 밀폐된 장소에서 용접할 때는 : 질식/환경을/ 순방하고/ 전격적으로/ 환기하라

60 석면해체 제거작업 특별안전보건교육 내용

① 석면의 **특성**과 위험성
② 석면**해체**·제거의 **작업**방법에 관한 사항
③ **장비** 및 보호구 사용에 관한 사항
④ 그 밖에 안전·보건관리에 필요한 사항

암기법 장비의/ 특성에 따라/ 해체 작업하라

61 하버드 학파의 교수법 5단계

1단계 준비시킨다 preparation → 2단계 교시한다 presentation → 3단계 연합한다 association → 4단계 총괄시킨다 generalization → 5단계 응용시킨다 application

암기법 준비된/ 교사(교시)가/ 연합하면/ 총으로/ 응한다.

62 교시법 4단계

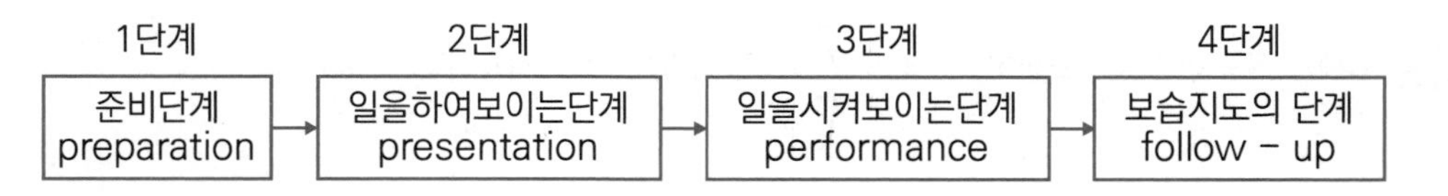

암기법1 준비/ 하여/ 시켜/ 보지(보습지도)
암기법2 준비/ 하여/ 시켜보이는/ 보습지도

63 맥그리거의 X 이론의 관리처방

① 권위주의적 리더십의 확보
② **경**제적 보상체계의 강화
③ 세밀(면밀)한 감독과 엄격한 통제
④ **상**부책임제도의 강화(경영자의 간섭)
⑤ 설득, 보상, 벌, 통제에 의한 관리

암기법 X라고 하면 상/경하여/ 권/세있는 자를/ 설득한다.

64 맥그리거의 Y 이론의 관리처방

① **분**권화와 권한의 위임
② **민**주적 리더십의 확립
③ **직**무확장
④ **비**공식적 조직의 활용
⑤ **목표**에 의한 관리
⑥ **자체** 평가제도의 활성화
⑦ **조직**목표달성을 위한 자율적인 통제

암기법1 자체/조직의/ 목표는/ 민/비의/ 직/분(을 되찾는것)
암기법2 민/비의/ 직/분을 위해/ 목숨걸고/ 자체/조직

65 허즈 버그의 두가지 요인이론(위생요인)

① **조직**의 정책과 방침 ② **작업**조건 ③ **대**인관계 ④ **임**금, **신**분, 지위
⑤ **감**독 등

암기법 조직/ 작업에 앞장선/ 대/감이/ 임신이라

66 허즈 버그의 두가지 요인이론(동기유발 요인)

① **직무**상의 성취 ② **인정** ③ **성장** 또는 발전 ④ **책임**의 증대
⑤ 직무**내용**자체(보람된직무) 등

암기법 책임있는(자가)/ 직무의/ 내용을/ 인정하면/ 성장한다

67 데이비스의 동기부여 이론

인간의 성과×**물**적인 성과=**경영**의 성과

① **지**식(knowledge)×**기**능(skill)=**능**력(ability)

② **상**황(situation)×**태**도(attitude)=**동**기유발(motivation)

③ **능**력(ability)×**동**기유발(motivation)=**인간**의 성과(human performance)

암기법 인/물/경영에서/.. 지/기/능 실코/.. 상/태가/ 동하면/.. 능/동적인/ 인간이 되라

68 운전위치 이탈 시 운전자 준수 사항(차량계 하역운반기계, 차량계 건설기계)

① **포**크, **버**킷, **디**퍼 등의 장치를 가장 **낮은** 위치 또는 **지면**에 내려 둘 것

② **원**동기를 **정**지시키고 브레이크를 확실히 거는 등 차량계 하역운반기계등, 차량계 건설기계의 갑작스러운 **이**동을 **방**지하기 위한 조치를 할 것

③ 운전석을 이탈하는 경우에는 **시동키**를 운전대에서 **분리**시킬 것. 다만, 운전석에 잠금장치를 하는 등 운전자가 아닌 사람이 운전하지 못하도록 조치한 경우에는 그러하지 아니하다.

암기법 포버디는 낮은 지면으로/ 원정가니 이방은 /시동키를 분리하라

69 재해 누발자 유형

① **미**숙성 누발자 ② **상**황성 누발자 ③ **습**관성 누발자 ④ **소**질성 누발자

암기법 상/습적인/ 미/소

70 재해 누발자 유형(상황성 누발자의 요인)

① 작업**자체**가 어렵기 때문

② 기계설비의 **결함** 존재

③ **주위** 환경 상 주의력 집중 곤란

④ 심신에 **근심** 걱정이 있기 때문

암기법1 자체/결함은/ 주위의/ 근심 때문...

암기법2 주위의/ 근심으로/ 자체/ 결함 발생

71 프레스 방호장치의 종류

① **양**수조작식 ② **수**인식 ③ 가드식(**게이**트가드식) ④ **손**쳐내기식 ⑤ **감**응형(광전자식)

암기법1 양/손잡는/ 게이는/ 수/감 된다.(광/수는/ 양/손잡이/ 게이)
암기법2 수/감되면/ 양/손을/ 가드로...

72 원동기 회전축 기어 풀리 플라이휠 등의 위험부위

① **덮**개 ② **울** ③ **슬**리이브 ④ **건널**다리

암기법 덮어서/ 울때/ 슬쩍/ 건너가라

73 직접접촉에 위한 감전방지 대책

① 충전부가 노출되지 않도록 **폐쇄**형 외함이 있는 구조로 할 것
② 충전부에 충분한 절연효과가 있는 방호망이나 **절연덮개**를 설치할 것
③ 충전부는 내구성이 있는 절연물로 **완전히 덮어** 감쌀 것
④ **발**전소·**변**전소 및 개폐소 등 구획되어 있는 장소로서 **관계**근**로**자가 아닌 사람의 출입이 금지되는 장소에 충전부를 설치하고, **위험**표시 등의 방법으로 방호를 강화할 것
⑤ **전**주 위 및 **철**탑 위 등 격리되어 있는 장소로서 **관계**근로**자**가 아닌 사람이 접근할 우려가 없는 장소에 충전부를 설치할 것

암기법 전철 관계자는/ 발이 변하는 관계로 위험하니/ 절연덮개로/ 완전히 덮어/ 폐쇄하라

74 간접접촉에 의한 감전방지 대책

① **보호**절연
② **안전전압** 이하의 기기 사용
③ **접지**
④ **누**전차단기의 설치
⑤ **비**접지식 전로의 채용
⑥ **이중**절연구조

암기법 안전전압을/ 이중으로/ 보호하기위해/ 비/누로/ 접지

75 안전인증 방독마스크에 안전인증의 표시에 따른 표시외에 추가로 표시해야할 사항

① **파**과**곡**선도
② **사**용시간 **기**록카드
③ 정화통의 **외**부**측**면의 표시 색
④ **사**용상의 **주**의사항

암기법 외측의/ 사주로/ 사기치면 (결국)/ 파국(곡)에 이른다.

76 안전모의 성능기준

시험성능 기준	부가 성능 기준
① 내**관**통성 ② **충**격흡수성 ③ 내**전압**성 ④ 내**수**성 ⑤ **난**연성 ⑥ **턱**끈풀림	① **측**면변형방호 ② **금**속용융물분사방호

암기법 금/수/ 전압에서/ **충/난의/ 턱을/ 관/측**하는건 자율이다.
Tip1 전체(밑줄포함)는 안전인증이고 밑줄친 부분은 자율안전확인에 해당됩니다.
Tip2 처음 금(**금**속용융물분사방호)과 마지막의 측(**측**면변형방호)은 부가 성능이라서 보기에서 제외되는 경우가 있으니 참고하시기 바랍니다.

77 공정안전보고서 제출대상(다음 사업장의 보유설비)

① **원**유정제 처리업
② **기**타 석유정제물 재처리업
③ **석**유화학계 기초화학물질 제조업 또는 합성수지 및 기타 플라스틱물질 제조업
④ 질소화합물, **질**소, 인산 및 칼리질 화학비료 제조업 중 질소질 비료 제조
⑤ **복**합비료 및 기타 화학비료 제조업 중 복합비료 제조(단순혼합 또는 배합에 의한 경우는 제외)
⑥ 화학살균 **살충제** 및 농업용 약제 제조업(**농약원제 제조만 해당**)
⑦ **화**약 및 불꽃제품 제조업

암기법 복을/ 기/원하는/ 화/석이/ 살충제먹고/ 질수없데

78 공정안전보고서 내용(포함사항)

① **공**정 안전 **자**료 ② 공정 위험성 **평가**서 ③ 안전 **운전** 계획 ④ **비상** 조치 계획

암기법1 비상/운전에 대한/ 공자의/ 평가
암기법2 운전/자/ 비/평

79 항타기 항발기의 조립·해체 시 점검사항

① **본체 연결부**의 **풀림** 또는 손상의 유무
② 권상용 **와이**어로**프**·**드**럼 및 도르래의 **부**착**상**태의 이상유무
③ 권상장치의 브레이크 및 **쐐기**장치 기능의 이상유무
④ 권상기의 **설치**상태의 이상유무
⑤ 리더(leader)의 **버팀** 방법 및 고정상태의 이상 유무
⑥ **본체**·부속장치 및 **부속품**의 **강도**가 적합한지 여부
⑦ 본체·부속장치 및 부속품에 심한 **손상**·**마모**·변형 또는 부식이 있는지 여부

암기법 본체 부속품 강도가/ 손상, 마모되어/ 본체 연결부가 풀려/ 권상하니 와이프도 드러누워 부상이라고/ 쐐기를 박아/ 버티도록/ 설치하였다.

80 양중기 와이어로프의 안전계수

근로자가 탑승하는 운반구를 지지하는 달기와이어로프 또는 달기체인의 경우	10 이상
화물의 하중을 직접 지지하는 경우 달기와이어로프 또는 달기체인의 경우	5 이상
훅, 샤클, 클램프, 리프팅 빔의 경우	3 이상
그 밖의 경우	4 이상

근로자	화물	밖으로	훅
10	5	4	3

암기법 근로자가 화물을 밖으로 훅~던지니 열받아 오 네 삼(샹)!!

81 와이어로프의 사용제한 조건

① **이음매**가 있는 것
② **와이**어로**프**의 한 꼬임(스트랜드)에서 끊어진 **소**선(필러선 제외)의 수가 10퍼센트 이상인 것
③ **지**름의 **감**소가 공칭지름의 7퍼센트를 초과하는 것
④ **꼬**인 것
⑤ **심**하게 변형되거나 부식된 것
⑥ **열**과 전기충격에 의해 손상된 것

암기법 이 음메하는/ 와이프의 소가 열받으면/ 지가 먼저 공치자고/ 열나게/ 꼬/심

82 달기체인의 사용제한 조건

① 달기체인의 길이가 달기체인이 제조된 때의 **길**이의 5퍼센트를 초과한 것
② 링의 단면지름이 달기체인이 제조된 때의 해당 링의 **지**름의 10퍼센트를 초과하여 감소한 것
③ 균열이 있거나 **심하게** 변형된 것

암기법 길로 오면/ 지열이/ 심하게 생김.

83 양중기 방호장치의 종류

① **과부**하방지장치
② **권**과방지장치
③ **비**상정지장치 및 **제**동장치
④ 그 밖의 방호장치(**승강**기의 **파**이널 **리**미트 스위치, **조속**기, **출입문** 인터록 등)

암기법 과부가/ 권하는/ 제/비는 만나지 말고,/ 승강하는(승강기)../ 파리는/ 출입문으로/ 조속히 오라

84 정전기 발생현상(대전의 종류)

마찰대전 **박**리대전 **유**동대전 **분**출대전 **충돌**대전 **유도**대전 **비**말대전

암기법 마/박을/ 충돌하여/ 분/유를/ 유도하니/ 비참하다

85 자동전격방지기의 설치 방법(교류아크 용접기)

① **직각**으로 부착할 것(부득이할 경우 직각에서 20°를 넘지 않을 것)
② 용접기의 이동·진동·충격으로 이완되지 않도록 **이**완 **방**지 조치를 취할 것
③ 전방 장치의 작동 상태를 알기 위한 **표시**등은 보기쉬운 곳에 설치할 것
④ 전방 장치의 작동 상태를 실험하기 위한 **테스트** 스위치는 조작하기 쉬운 곳에 설치할 것

암기법 이방에 대한/ 테스트는/ 직각으로(즉각)/ 표시하라

86 굴착면의 높이가 2미터 이상이 되는 지반의 굴착작업

사전조사 내용	작업계획서 내용
① **형**상·지질 및 지층의 상태 ② **균**열·함수(含水)·용수 및 동결의 유무 또는 상태 ③ **매**설물 등의 유무 또는 상태 ④ **지**반의 지하수위 상태	① **굴착**방법 및 순서, 토사 반출 방법 ② **필요**한 인원 및 장비 사용계획 ③ **매**설물 등에 대한 이설·보호대책 ④ **사**업장 내 연락방법 및 신호방법 ⑤ **흙**막이 지보공 설치방법 및 계측계획 ⑥ **작업**지휘자의 배치계획 ⑦ 그 밖에 안전·보건에 관련된 사항

암기법 (사전조사 내용) – 형/균/매/지.. (형상이 있는/ 균은/ 지반에/ 매설하라)
암기법 (작업계획서 내용) – 매/사에/ 흙으로된/ 굴착/ 작업이/ 필요해!

87 히빙 방지대책(흙막이 굴착시 주의사항에서)

① 흙막이 **근입**깊이를 깊게
② **표토제거** 하중감소
③ **지**반개량
④ 굴착면 **하**중증가
⑤ **어스**앵커설치 등

암기법 표토제거하고/ 어스/ 근입/하/지

88 보일링 방지대책(흙막이 굴착시 주의사항에서)

① Filter 및 **차**수벽설치
② 흙막이 **근**입깊이를 깊게(불투수층까지)
③ **약**액주입 등의 굴착면 고결
④ **지**하수위저하
⑤ **압**성토 공법 등

암기법 근육/지/압후에는/ 필히/ 약/차를 마시세요

89 토석붕괴의 외적원인

① 사면, 법면의 경사 및 **기**울기의 증가
② 절토 및 성토 **높**이의 증가
③ 공사에 의한 진동 및 **반**복 하중의 증가
④ 지표수 및 지하수의 침투에 의한 **토**사 중량의 증가
⑤ 지진, 차량, **구**조물의 하중작용
⑥ 토사 및 암석의 **혼**합층두께

암기법 혼/기 (놓치고)/ 구/토하는/ 높은/반
Tip 토석붕괴의 내적원인 ① **절**토 사면의 토질·암질 ② **성**토 사면의 토질구성 및 분포 ③ 토석의 **강도** 저하
암기법 성토(탄)/절/ 강도(저하)...

90 방독마스크의 종류 및 정화통외부측면 표시색(시험가스)

종류	정화통외부측면 표시색
유기화합물용	**갈**색
할로겐용	**회**색
황화수소용	회색
시안화수소용	**회**색
아황산용	**노**란색
암모**니**아용	**녹**색

암기법 아황이 노하니/ 유기로 갈아(서)/ 암니로 녹이고/ 할로황시는 몽땅 회쳐먹자

91 유해위험방지계획서 제출 대상사업장(건설업)

① 다음 각목의 어느 하나에 해당하는 건축물 또는 시설 등의 건설, 개조 또는 해체공사
　㉠ **지상** 높이가 31미터 이상인 건축물 또는 인공구조물
　㉡ 연면적 3만제곱미터 이상인 건축물
　㉢ 연면적 5천제곱미터 이상인 시설로서 다음의 어느 하나에 해당하는 시설
　　㉮ 문화 및 집회시설　㉯ 판매시설, 운수시설　㉰ 종교시설　㉱ 의료시설 중 종합병원
　　㉲ 숙박시설 중 관광숙박시설　㉳ 지하도 상가　㉴ 냉동, 냉장 창고시설
② 최대 지간 길이가 50미터 이상인 **다리**의 건설 등 공사
③ **연**면적 5천 제곱 미터 이상인 **냉**동, **냉**장창고 시설의 설비공사 및 단열공사
④ **다**목적댐, **발**전용댐, 저수용량 **2천만톤** 이상의 **용**수전용**댐** 및 지방 상수도 전용댐의 건설 등 공사
⑤ **터널**의 건설등 공사
⑥ 깊이 10미터 이상인 **굴**착 공사

암기법 지상에서 **삼일**절 집회를 하니(삼일운동하니)/ 다리로 **오십**시오/ 연**오천**은 냉냉하나/ 다발용**댐이** 있어 **천만**다행이니/ 터널의/ 굴이 **열**릴 것이요/

92 유해위험 방지 계획서 제출시 첨부서류(건설업)

① **공**사개요 및 **안**전**보**건 관리계획
② 작업**공**사종류별 **유**해·위험 방지계획

암기법 공개된/ 안보는/ 공유하자.

93 화재 종류(화재급수)별 소화기 표시색

① A급(일반화재) : **백**색
② B급(유류화재) : **황**색
③ C급(전기화재) : **청**색
④ D급(금속화재) : **없**음

암기법1 뱁새가/ 황새잡으러/ 청와대로 갔더니/ 없더라
암기법2 백수가/ 황금찾으러/ 청와대로 갔더니/ 없더라

94 보링(Boring)의 종류

① **오**거(Auger)보링
② **수**세식 보링
③ **회**전식 보링
④ **충**격식 보링

암기법 오/수에/ 회/충

95 연약지반 개량공법(사질토)

① **동**다짐 공법
② **전**기 충격 공법
③ **다**짐 모래 말뚝 공법(vibro composer,sand compaction pile)
④ **진**동 다짐 공법(vibro floatation)
⑤ **폭**파 다짐 공법
⑥ **약**액 주입 공법

암기법 모래에는....// 동/전으로/ 다/진/ 폭/약
Tip 점성토

①	**배**수공법		**탈**수공법			**압**밀(재하)공법			**치**환공법			기타공법	
②	**Deep** well 공법	**Well** point 공법	**sand** drain 공법	**pack** drain 공법	**pa**per drain 공법	**Pre**loading 공법	**압**성토 공법 (sur charge)	**사**면 선단 재하 공법	**굴**착 치환	**미끄**럼 치환	**폭파** 치환	**동치** 환공법	**고**결 공법 (생석회 말뚝, 동결, 소결) 등

암기법1 (동치미/ 먹고) 배/탈나서/ 압퍼니/ 치료해 → '동치미 먹고'는 기타공법
암기법2 디프/웰에서 // 샌드/팩으로/페니 // 프리하게/압/사하고 // 굴에서/ 미끄러져/폭발(굴미폭)

96 비계의 점검 보수(작업시작전 점검사항)

① 비, 눈 그 밖의 기상 상태의 악화로 작업을 중지시킨 후 그 비계에서 작업할 경우
② 비계를 조립, 해체하거나 변경한 후에 그 비계에서 작업을 하는 경우

[작업 시작전 점검사항]
① **발**판재료의 손상여부 및 부착 또는 **걸림**상태

② 당해 비계의 **연결부** 또는 접속부의 **풀림**상태
③ 연결재료 및 **연결철물**의 손상 또는 **부식**상태
④ **손잡이**의 **탈락**여부
⑤ **기둥**의 침하·변형·변위 또는 **흔들림** 상태
⑥ **로프**의 부착상태 및 매단장치의 **흔들림** 상태

암기법1 연결철물이 부식한 곳에/ 발이걸려 / 연결부가 풀리니 / 로프가 흔들리고/ 기둥이 흔들려/ 손잡이가 탈락

① **발**판재료의 손상여부 및 부착 또는 걸림상태
② 당해 비계의 **연**결부 또는 접속부의 풀림상태
③ 연결재료 및 연결**철**물의 손상 또는 **부**식상태
④ **손**잡이의 탈락여부
⑤ **기**둥의 침하·변형·변위 또는 흔들림 상태
⑥ **로**프의 부착상태 및 매단장치의 흔들림 상태

암기법2 손/발/로/ 연/기하는/ 철부지

97 방진 마스크의 구비조건

① **여**과 효율이 좋을 것
② **흡**배기 저항이 낮을 것
③ **사**용적이 적을 것
④ **중**량이 가벼울 것
⑤ **시**야가 넓을 것
⑥ **안**면 밀착성이 좋을 것
⑦ **피**부 접촉 부위의 고무질이 좋을 것

암기법 시/중/피/흡/안/사/여(시중에서 피흡입한건 안사여)

98 타워 크레인 작업계획서 작성(설치 조립 해체 작업)

① 타워크레인의 **종**류 및 형식
② **설**치·조립 및 해체순서
③ 작업도구·장비·가설설비 및 **방**호 설비
④ 작업인원의 구성 및 작업근로자의 **역**할 범위
⑤ 타워크레인의 지지 규정에 의한 **지**지방법

암기법1 지/역/ 종/방/설

① 타워크레인의 **종**류 및 **형**식
② **설치**·조립 및 **해**체순서
③ 작업**도**구·장비·가설설비 및 **방**호 설비
④ 작업인원의 **구**성 및 작업근로자의 역할 범위
⑤ 타워크레인의 **지**지 규정에 의한 **지**지방법

암기법2 종형의/ 구역을/ 지지할테니/ 도방을/ 설치해

99 지보공 조립 및 설치시 점검사항(붕괴 등의 방지를 위한 점검사항)

구분	점검사항
흙막이 지보공	① 부재의 손상·변형·부식·변위 및 **탈락**의 유무와 상태 ② 버팀대의 **긴**압의 정도 ③ 부재의 **접속**부·부착부 및 교차부의 상태 ④ **침하**의 정도
터널 지보공	① 부재의 손상·변형·부식·변위 **탈락**의 유무 및 상태 ② 부재의 **긴**압 정도 ③ 부재의 **접속**부 및 교차부의 상태 ④ 기둥**침하**의 유무 및 상태

암기법 접속에/ 탈락하니/ 긴급히/ 침하 하더라(접속 탈락 긴급 침하)

100 중량물 취급 시 작업지휘자 준수사항

차량계 하역 운반기계 등에 단위화물의 무게가 100킬로그램 이상인 화물을 싣는 작업 또는 내리는 작업을 하는 경우에 해당 작업의 지휘자가 준수하여야 하는 사항
① 작업순서 및 그 순서마다의 **작업방법**을 정하고 작업을 지휘할 것
② 기구와 공구를 점검하고 **불량**품을 제거할 것
③ 해당 작업을 하는 장소에 관계 근로자가 아닌 사람이 **출입**하는 것을 **금지**시킬 것
④ 로프 **풀기** 작업 또는 덮개 **벗기**기 작업은 적재함의 화물이 떨어질 위험이 없음을 확인한 후에 하도록 할 것

암기법 풀고 벗기는/ 작업방법이/ 불량하면/ 출입금지

2025년 산업안전산업기사 필기 대비 모의고사

2025년 산업안전산업기사 필기 대비 모의고사 1회

자격종목	시험시간	문항수	점수
산업안전산업기사	2시간 30분	100문항	

제1과목 : 산업재해 예방 및 안전보건교육

1. 맥그리거(McGregor)의 X이론에 따른 관리처방이 아닌 것은?
   ① 목표에 의한 관리
   ② 권위주의적 리더십 확립
   ③ 경제적 보상체제의 강화
   ④ 면밀한 감독과 엄격한 통제

2. 타일러(Tyler)의 교육과정개발에서 학습경험 조직의 원리 중 수평관계에 해당하지 않는 것은?
   ① 가능성 ② 계열성
   ③ 통합성 ④ 계속성

3. 안전보건경영시스템에서 필요할 경우 컨설팅을 요청하여 지원받을 수 있는 시기로 옳은 것은?
   ① 인증심사 전·후 ② 사후심사 전·후
   ③ 실태심사 전·후 ④ 연장심사 전·후

4. 무재해운동 추진기법 중 지적확인에 대한 설명으로 옳은 것은?
   ① 비평을 금지하고, 자유로운 토론을 통하여 독창적인 아이디어를 끌어낼 수 있다.
   ② 참여자 전원의 스킨십을 통하여 연대감 일체감을 조성할 수 있고 느낌을 교류한다.
   ③ 작업 전 5분간의 미팅을 통하여 시나리오상의 역할을 연기하여 체험하는 것을 목적으로 한다.
   ④ 오관의 감각기관을 총동원하여 작업의 정확성과 안전을 확인한다.

5. 재해예방의 4원칙에 해당하지 않는 것은?
   ① 예방가능의 원칙 ② 대책선정의 원칙
   ③ 손실우연의 원칙 ④ 원인추정의 원칙

6. 과정에 실수가 있을지라도 마무리를 잘해서 성공하는 경우처럼 가장최근에 입력된 정보를 가장 잘 기억하는 경우에 해당하는 지각과정에서의 오류는?
   ① 후광효과 ② 초두효과
   ③ 최신효과 ④ 선택적 지각

7. 매슬로(Maslow)의 욕구단계 이론 중 제5단계 욕구로 옳은 것은?
   ① 안전에 대한 욕구
   ② 자아실현의 욕구
   ③ 사회적(애정적) 욕구
   ④ 존경과 긍지에 대한 욕구

8. 부주의 현상 중 의식의 우회에 대한 예방대책으로 옳은 것은?
   ① 안전교육 ② 표준작업제도 도입
   ③ 상담 ④ 적성배치

9. 산업안전보건법령상 안전보건교육 중 근로자의 채용 시 및 작업내용 변경 시의 교육 사항으로 옳은 것은?
   ① 물질안전보건자료에 관한 사항
   ② 건강증진 및 질병 예방에 관한 사항
   ③ 유해·위험 작업환경 관리에 관한 사항
   ④ 표준안전작업방법 및 지도 요령에 관한 사항

10. 파블로프(Pavlov)의 조건반사설에 의한 학습 이론의 원리에 해당되지 않는 것은?
   ① 일관성의 원리 ② 시간의 원리
   ③ 강도의 원리 ④ 준비성의 원리

답안표기란

01	①	②	③	④
02	①	②	③	④
03	①	②	③	④
04	①	②	③	④
06	①	②	③	④
07	①	②	③	④
08	①	②	③	④
09	①	②	③	④
10	①	②	③	④

11. 다음 중 스트레스(Stress)에 관한 설명으로 가장 적절한 것은?

① 스트레스는 나쁜 일에서만 발생한다.
② 스트레스는 부정적인 측면만 가지고 있다.
③ 스트레스는 직무몰입과 생산성 감소의 직접적인 원인이 된다.
④ 스트레스 상황에 직면하는 기회가 많을수록 스트레스 발생 가능성은 낮아진다.

12. 원하는 것이나 목표로 하는 것을 얻지 못하거나, 어떤 일이나 목표달성이 실패했을 경우 느끼게 되는 분노와 불안 등의 불쾌한 감정에 해당하는 것은?

① 지각 ② 정서 ③ 동기 ④ 좌절

13. 알더퍼의 ERG(Existence Relation Growth) 이론에서 생리적 욕구, 물리적 측면의 안전욕구 등 저차원적 욕구에 해당하는 것은?

① 관계욕구 ② 성장욕구
③ 존재욕구 ④ 사회적욕구

14. 객관적인 위험을 자기 나름대로 판정해서 의지 결정을 하고 행동에 옮기는 인간의 심리특성은?

① 세이프 테이킹(safe taking)
② 액션 테이킹(action taking)
③ 리스크 테이킹(risk taking)
④ 휴먼 테이킹(human taking)

15. 안전교육의 3단계에서 생활지도, 작업동작지도 등을 통한 안전의 습관화를 위한 교육은?

① 지식교육 ② 기능교육
③ 태도교육 ④ 인성교육

16. 안전교육 계획 수립 시 고려하여야 할 사항과 관계가 가장 먼 것은?

① 필요한 정보를 수집한다.
② 현장의 의견을 충분히 반영한다.
③ 법 규정에 의한 교육에 한정한다.
④ 안전교육 시행 체계와의 관련을 고려한다.

17. 산업안전보건법령상 근로자 안전보건교육대상과 교육시간으로 옳은 것은?

① 정기교육인 경우 : 사무직 종사근로자 – 매반기 6시간 이상
② 정기교육인 경우 : 판매업무에 직접 종사하는 근로자 – 매반기 12시간 이상
③ 채용 시 교육인 경우 : 일용근로자 – 4시간 이상
④ 작업내용 변경 시 교육인 경우 : 그 밖의 근로자 – 1시간 이상

18. 무재해 운동의 이념 가운데 직장의 위험요인을 행동하기 전에 예지하여 발견, 파악, 해결하는 것을 의미하는 것은?

① 무의 원칙 ② 선취의 원칙
③ 참가의 원칙 ④ 인간 존중의 원칙

19. 불안과 스트레스에 관한 사항으로 틀린 것은?

① 불안은 직접적인 관찰이 쉽고 발생하는 원인이 단순하기 때문에 관점에 따라 주관적인 견해들이 있을수 없다.
② 외부에서 주어지는 압력이란 뜻의 스트레스는 일상생활에서 받게되는 다양한 자극에 대한 반응을 말하며, 여러 가지 현상을 동반하는 심리적, 신체적, 정서적 긴장상태를 의미한다.
③ 정서적 불안감 등 부정적인 영향을 주는 스트레스를 디스트레스(distress)라 한다.
④ 삶의 활력소 및 집중력 증가 등 긍정적인 영향을 주는 스트레스를 유스트레스(eustress)라 한다.

20. O.J.T(On the Job Training)의 특징 중 틀린 것은?

① 훈련과 업무의 계속성이 끊어지지 않는다.
② 직장의 실정에 맞게 실제적 훈련이 가능하다.
③ 훈련의 효과가 곧 업무에 나타나며, 훈련의 개선이 용이하다.
④ 다수의 근로자들에게 조직적 훈련이 가능하다.

답안표기란

11	①	②	③	④
12	①	②	③	④
13	①	②	③	④
14	①	②	③	④
15	①	②	③	④
16	①	②	③	④
17	①	②	③	④
18	①	②	③	④
19	①	②	③	④
20	①	②	③	④

제2과목 : 인간공학 및 위험성 평가·관리

21. 정보 전달용 표시장치에서 청각적 표현이 좋은 경우가 아닌 것은?

① 메시지가 복잡하다.
② 시각장치가 지나치게 많다.
③ 즉각적인 행동이 요구된다.
④ 메시지가 그 때의 사건을 다룬다.

22. FTA의 용도와 거리가 먼 것은?

① 고장의 원인을 연역적으로 찾을 수 있다.
② 시스템의 전체적인 구조를 그림으로 나타낼 수 있다.
③ 시스템에서 고장이 발생할 수 있는 부분을 쉽게 찾을 수 있다.
④ 구체적인 초기사건에 대하여 상향식(bottom-up) 접근방식으로 재해경로를 분석하는 정량적 기법이다.

23. 안전가치분석의 특징으로 틀린 것은?

① 기능위주로 분석한다.
② 왜 비용이 드는가를 분석한다.
③ 특정 위험의 분석을 위주로 한다.
④ 그룹 활동은 전원의 중지를 모은다.

24. 일반적인 인간－기계 시스템의 형태 중 인간이 사용자나 동력원으로 기능하는 것은?

① 수동체계 ② 기계화체계
③ 자동체계 ④ 반자동체계

25. 산업안전보건법에 따라 상시 작업에 종사하는 장소에서 보통작업을 하고자 할 때 작업면의 최소 조도(lux)로 맞는 것은?

① 75 ② 150 ③ 300 ④ 750

26. 위험성평가 절차에서 사전준비에 해당하는 사항이 아닌 것은?

① 사업장 순회점검 및 설문조사
② 위험성수준과 그 수준을 판단하는기준 확정
③ 허용가능한 위험성의 수준 확정
④ 사업장 안전보건정보 활용(재해사례, 재해통계, 작업환경 측정 등에 관한 정보)

27. 근골격계부담작업에 대한 인간공학적 유해요인 평가방법의 설명으로 가장 거리가 먼 것은?

① OWAS는 허리, 팔, 다리, 하중으로 작업자세를 구분하여 표현한다.
② OWAS는 들기작업에 대한 들기지수를 계산하여 작업의 위험성을 예측할 수 있다.
③ RULA는 어깨, 팔목, 손목, 목 등 상지에 초점을 맞추어서 작업자세로 인한 작업부하를 쉽고 빠르게 평가하기 위해 개발된 방법이다.
④ 다양한 자세가 필요한 간호사 등의 근골격계 부담작업에 대한 요해요인을 조사하는 도구로는 REBA가 가장 적절하다

28. 인간공학적인 의자설계를 위한 일반적 원칙으로 적절하지 않은 것은?

① 척추의 허리 부분은 요부전만을 유지한다.
② 허리 강화를 위하여 쿠션은 설치하지 않는다.
③ 좌판의 앞 모서리 부분은 5[cm] 정도 낮아야 한다.
④ 좌판과 등받이 사이의 각도는 90~105[°]를 유지하도록 한다.

29. 간헐적으로 랜덤한 시점에서 기계 및 작업자를 순간적으로 관측하여 가동상태를 파악하고 작업에 대한 시간 등의 비율을 추정하는 기법에 해당하는 것은?

① 워크 샘플링 ② 시간연구법
③ PTS ④ 표준자료법

30. 서블릭을 이용한 분석방법에서 비효율적인 동작에 해당하는 것은?

① 잡고있기(H) ② 조립(A)
③ 사용(U) ④ 빈손이동(TE)

답안표기란

21	①	②	③	④
22	①	②	③	④
23	①	②	③	④
24	①	②	③	④
25	①	②	③	④
26	①	②	③	④
27	①	②	③	④
28	①	②	③	④
29	①	②	③	④
30	①	②	③	④

31. 인간-기계 시스템에서의 신뢰도 유지 방안으로 가장 거리가 먼 것은?

① lock system
② fail-safe system
③ fool-proof system
④ risk assessment system

32. 작업장에서 구성요소를 배치하는 인간공학적 원칙과 가장 거리가 먼 것은?

① 중요도의 원칙 ② 선입선출의 원칙
③ 기능성의 원칙 ④ 사용빈도의 원칙

33. 다음 중 연마작업장의 가장 소극적인 소음 대책은?

① 음향 처리제를 사용할 것
② 방음 보호 용구를 착용할 것
③ 덮개를 씌우거나 창문을 닫을 것
④ 소음원으로부터 적절하게 배치할 것

34. 통제표시비(control/display ratio)를 설계할 때 고려하는 요소에 관한 설명으로 틀린 것은?

① 통제표시비가 낮다는 것은 민감한 장치라는 것을 의미한다.
② 목시거리(目示距離)가 길면 길수록 조절의 정확도는 떨어진다.
③ 짧은 주행 시간 내에 공차의 인정범위를 초과하지 않는 계기를 마련한다.
④ 계기의 조절시간이 짧게 소요되도록 계기의 크기(size)는 항상 작게 설계한다.

35. 전통적인 인간-기계(Man-Machine) 체계의 대표적 유형과 거리가 먼 것은?

① 수동체계 ② 기계화체계
③ 자동체계 ④ 인공지능체계

36. 표시 값의 변화 방향이나 변화 속도를 나타내어 전반적인 추이의 변화를 관측할 필요가 있는 경우에 가장 적합한 표시장치 유형은?

① 계수형(digital)
② 묘사형(descriptive)
③ 동목형(moving scale)
④ 동침형(moving pointer)

37. 근골격계 질환 예방을 위한 유해요인 평가방법 중에서 중량물의 권장무게한계(RWL)를 계산할수 있는 방법은?

① OWAS ② REBA
③ RULA ④ NIOSH Lifting Equation

38. FTA에 의한 재해사례 연구의 순서를 올바르게 나열한 것은?

A. 목표사상 선정
B. FT도 작성
C. 사상마다 재해원인 규명
D. 개선계획 작성

① A → B → C → D ② A → C → B → D
③ B → C → A → D ④ B → A → C → D

39. 주물공장 A작업자의 작업지속시간과 휴식시간을 열압박지수(HSI)를 활용하여 계산하니 각각 45분, 15분이었다. A작업자의 1일 작업량(TW)은 얼마인가? (단, 휴식시간은 포함하지 않으며, 1일 근무시간은 8시간이다.)

① 4.5시간 ② 5시간 ③ 5.5시간 ④ 6시간

40. 다수의 표시장치(디스플레이)를 수평으로 배열할 경우 해당 제어장치를 각각의 표시장치 아래에 배치하면 좋아지는 양립성의 종류는?

① 공간 양립성 ② 운동 양립성
③ 개념 양립성 ④ 양식 양립성

답안표기란

31	①	②	③	④
32	①	②	③	④
33	①	②	③	④
34	①	②	③	④
35	①	②	③	④
36	①	②	③	④
37	①	②	③	④
38	①	②	③	④
39	①	②	③	④
40	①	②	③	④

❙ 제3과목 : 기계·기구 및 설비 안전관리

41. 다음 중 컨베이어(conveyor)의 방호장치로 볼 수 없는 것은?

① 반발예방장치　② 이탈방지장치
③ 비상정지장치　④ 덮개 또는 울

42. 클러치 프레스에 부착된 양수기동식 방호장치에 있어서 확동 클러치의 봉합개소의 수가 4, 분당 행정수가 300spm 일 때 양수기동식 조작부의 최소 안전거리는? (단, 인간의 손의 기준 속도는 1.6m/s로 한다.)

① 240mm　② 260mm
③ 340mm　④ 360mm

43. 프레스의 본질적 안전화(no-hand in die 방식) 추진대책이 아닌 것은?

① 안전금형을 설치
② 전용프레스의 사용
③ 방호울이 부착된 프레스 사용
④ 감응형 방호장치 설치

44. 산업안전보건법령상 크레인의 방호장치에 해당하지 않는 것은?

① 권과방지장치　② 낙하방지장치
③ 비상정지장치　④ 과부하방지장치

45. 양수조작식 방호장치에서 누름버튼 상호간의 내측거리는 얼마 이상이어야 하는가?

① 250mm 이상　② 300mm 이상
③ 350mm 이상　④ 400mm 이상

46. 휴대용 연삭기 덮개의 노출각도 기준은?

① 60° 이내　② 90° 이내
③ 150° 이내　④ 180° 이내

47. 제철공장에서는 주괴(ingot)를 운반하는 데 주로 컨베이어를 사용하고 있다. 이 컨베이어에 대한 방호조치의 설명으로 옳지 않은 것은?

① 근로자의 신체 일부가 말려드는 등 근로자에게 위험을 미칠 우려가 있을 때 및 비상시에는 즉시 컨베이어의 운전을 정지시킬 수 있는 장치를 설치하여야 한다.
② 화물의 낙하로 인하여 근로자에게 위험을 미칠 우려가 있는 때에는 컨베이어에 덮개 또는 울을 설치하는 등 낙하방지를 위한 조치를 하여야 한다.
③ 수평상태로만 사용하는 컨베이어의 경우 정전, 전압 강하 등에 의한 화물 또는 운반구의 이탈 및 역주행을 방지하는 장치를 갖추어야 한다.
④ 운전 중인 컨베이어 위로 근로자를 넘어가도록 하는 때에는 근로자의 위험을 방지하기 위하여 건널다리를 설치하는 등 필요한 조치를 하여야 한다.

48. 목재가공용 둥근톱에서 둥근톱의 두께가 4[mm]일 때 분할날의 두께는 몇 [mm] 이상이어야 하는가?

① 4.0　② 4.2　③ 4.4　④ 4.8

49. 롤러기에서 손조작식 급정지장치의 조작부 설치위치로 옳은 것은?(단, 위치는 급정지장치의 조작부의 중심점을 기준으로 한다.)

① 밑면으로부터 0.4[m] 이상, 0.6[m] 이내
② 밑면으로부터 0.8[m] 이상, 1.1[m] 이내
③ 밑면으로부터 0.8[m] 이내
④ 밑면으로부터 1.8[m] 이내

50. 보일러수에 유지류, 고형물 등의 부유물로 인한 거품이 발생하여 수위를 판단하지 못하는 현상은?

① 프라이밍(Priming)
② 캐리오버(Carry over)
③ 포밍(Foaming)
④ 워터해머(Water hammer)

답안표기란

41	①	②	③	④
42	①	②	③	④
43	①	②	③	④
44	①	②	③	④
45	①	②	③	④
46	①	②	③	④
47	①	②	③	④
48	①	②	③	④
49	①	②	③	④
50	①	②	③	④

51. 어느 공장의 재해율을 조사한 결과 도수율이 20이고, 강도율이 1.2로 나타났다. 이 공장에서 근무하는 근로자가 입사부터 정년퇴직할 때까지 예상되는 재해건수(a)와 이로 인한 근로손실 일수(b)는?

① a = 20, b = 1.2　② a = 2, b = 120
③ a = 20, b = 20　④ a = 120, b = 2

52. 정(chisel) 작업의 일반적인 안전수칙으로 틀린 것은?

① 따내기 및 칩이 튀는 가공에서는 보안경을 착용하여야 한다.
② 절단 작업 시 절단된 끝이 튀는 것을 조심하여야 한다.
③ 작업을 시작할 때는 가급적 정을 세게 타격하고 점차 힘을 줄여간다.
④ 담금질 된 철강 재료는 정 가공을 하지 않는 것이 좋다.

53. 다음 중 취급운반 시 준수해야 할 원칙으로 틀린 것은?

① 연속 운반으로 할 것
② 직선 운반으로 할 것
③ 운반 작업을 집중화시킬 것
④ 생산을 최소로 하도록 운반할 것

54. 산업안전보건법령에 따라 압력용기에 설치하는 안전밸브의 설치 및 작동에 관한 설명으로 틀린 것은?

① 다단형 압축기에는 각 단별로 안전밸브 등을 설치하여야 한다.
② 안전밸브는 이를 통하여 보호하려는 설비의 최저사용압력 이하에서 작동되도록 설정하여야 한다.
③ 화학공정 유체와 안전밸브의 디스크 또는 시트가 직접 접촉될 수 있도록 설치된 경우에는 2년마다 1회 이상 검사한 후 납으로 봉인하여 사용한다.
④ 공정안전보고서 이행상태 평가결과가 우수한 사업자의 안전밸브의 경우 검사주기는 4년마다 1회 이상이다.

55. 금형 조정 작업 시 슬라이드가 갑자기 작동하는 것으로부터 근로자를 보호하기 위하여 가장 필요한 안전장치는?

① 안전블록　② 클러치
③ 안전 1행정 스위치　④ 광전자식 방호장치

56. 재해손실비의 평가방식 중 시몬즈(R.H. Simonds)방식에 의한 계산방법으로 옳은 것은?

① 직접비 + 간접비
② 공동비용 + 개별비용
③ 보험코스트 + 비보험코스트
④ (휴업상해건수 × 관련비용 평균치) + (통원상해건수 × 관련비용 평균치)

57. 재해사례연구에 관한 설명으로 틀린 것은?

① 재해사례연구는 주관적이며 정확성이 있어야 한다.
② 문제점과 재해요인의 분석은 과학적이고, 신뢰성이 있어야 한다.
③ 재해사례를 과제로 하여 그 사고와 배경을 체계적으로 파악한다.
④ 재해요인을 규명하여 분석하고 그에 대한 대책을 세운다.

58. 산업안전보건법령상 양중기에서 절단하중이 100톤인 와이어로프를 사용하여 화물을 직접적으로 지지하는 경우, 화물의 최대허용하중(톤)은?

① 20　② 30　③ 40　④ 50

59. 가드(guard)의 종류가 아닌 것은?

① 고정식　② 조정식　③ 자동식　④ 반자동식

60. 누전차단장치 등과 같은 안전장치를 정해진 순서에 따라 작동시키고 동작상황의 양부를 확인하는 점검은?

① 외관점검　② 작동점검
③ 기술점검　④ 종합점검

답안표기란

51	①	②	③	④
52	①	②	③	④
53	①	②	③	④
54	①	②	③	④
55	①	②	③	④
56	①	②	③	④
57	①	②	③	④
58	①	②	③	④
59	①	②	③	④
60	①	②	③	④

❙ 제4과목 : 전기 및 화학설비 안전관리

61. 휘발유를 저장하던 이동저장탱크에 등유나 경유를 이동저장탱크의 및 부분으로부터 주입할 때에 액표면의 높이가 주입관의 선단의 높이를 넘을 때까지 주입속도는 몇 m/s 이하로 하여야 하는가?)

① 0.5 ② 1 ③ 1.5 ④ 2.0

62. 다음 중 증류탑의 원리로 거리가 먼 것은?

① 끓는점(휘발성) 차이를 이용하여 목적 성분을 분리한다.
② 열이동은 도모하지만 물질이동은 관계하지 않는다.
③ 기-액 두 상의 접촉이 충분히 일어날 수 있는 접촉 면적이 필요하다.
④ 여러 개의 단을 사용하는 다단탑이 사용될 수 있다.

63. 화염의 전파속도가 음속보다 빨라 파면 선단에 충격파가 형성되며 보통 그 속도가 1000 ~ 3500m/s에 이르는 현상을 무엇이라 하는가?

① 폭발현상 ② 폭굉현상
③ 파괴현상 ④ 발화현상

64. 폭발을 기상폭발과 응상폭발로 분류할 때 다음 중 기상폭발에 해당되지 않는 것은?

① 분진 폭발 ② 혼합가스 폭발
③ 분무 폭발 ④ 수증기 폭발

65. 다음 중 유해·위험물질이 유출되는 사고가 발생했을 때의 대처요령으로 가장 적절하지 않은 것은?

① 중화 또는 희석을 시킨다.
② 유해·위험물질을 즉시 모두 소각시킨다.
③ 유출부분을 억제 또는 폐쇄시킨다.
④ 유출된 지역의 인원을 대피시킨다.

66. 산업안전보건법령상 관리대상 유해물질의 운반 및 저장 방법으로 적절하지 않은 것은?

① 저장장소에는 관계 근로자가 아닌 사람의 출입을 금지하는 표시를 한다.
② 저장장소에서 관리대상 유해물질의 증기가 실외로 배출되지 않도록 적절한 조치를 한다.
③ 관리대상 유해물질을 저장할 때 일정한 장소를 지정하여 저장하여야 한다.
④ 물질이 새거나 발산될 우려가 없는 뚜껑 또는 마개가 있는 튼튼한 용기를 사용한다.

67. 프로판과 메탄의 폭발하한계가 각각 2.5, 5.0vol%이라고 할 때 프로판과 메탄이 3:1의 체적비로 혼합되어 있다면 이 혼합가스의 폭발하한계는 약 몇 vol%인가? (단, 상온, 상압 상태이다.)

① 2.9 ② 3.3 ③ 3.8 ④ 4.0

68. 산업안전보건법령상의 위험물을 저장·취급하는 화학설비 및 그 부속설비를 설치하는 경우 폭발이나 화재에 따른 피해를 줄이기 위하여 단위공정시설 및 설비로부터 다른 단위공정시설 및 설비 사이의 안전거리는 얼마로 하여야 하는가?

① 설비의 안쪽 면으로부터 10[m] 이상
② 설비의 바깥쪽 면으로부터 10[m] 이상
③ 설비의 안쪽 면으로부터 5[m] 이상
④ 설비의 바깥 면으로부터 5[m] 이상

69. 다음 중 산업안전보건법령상 위험물의 종류에서 인화성 가스에 해당하지 않는 것은?

① 수소 ② 질산에스테르
③ 아세틸렌 ④ 메탄

70. 다음 설명이 의미하는 것은?

온도, 압력 등 제어상태가 규정의 조건을 벗어나는 것에 의해 반응속도가 지수함수적으로 증대되고, 반응용기 내의 온도, 압력이 급격히 이상 상승되어 규정 조건을 벗어나고, 반응이 과격화되는 현상

① 비등 ② 과열·과압 ③ 폭발 ④ 반응폭주

답안표기란

61	①	②	③	④
62	①	②	③	④
63	①	②	③	④
64	①	②	③	④
65	①	②	③	④
66	①	②	③	④
67	①	②	③	④
68	①	②	③	④
69	①	②	③	④
70	①	②	③	④

71. 인체가 전격을 당했을 경우 통전시간이 1초라면 심실세동을 일으키는 전류값(mA)은? (단, 심실세동전류값은 Dalziel의 관계식을 이용한다.)

① 100 ② 165 ③ 180 ④ 215

72. 활선작업 시 사용하는 안전장구가 아닌 것은?

① 절연용 보호구 ② 절연용 방호구
③ 활선작업용 기구 ④ 절연저항 측정기구

73. 기기보호등급(Equipment Protection Level)에서 폭발성 가스 분위기에 설치되는 기기로 예상된 오작동 또는 드문 오작동 중에 점화원이 될수 없는 "매우높은" 보호등급의 기기에 해당하는 것은?

① EPL Ga ② EPL Gb ③ EPL Gc ④ EPL Gd

74. 다음 정의에 해당하는 방폭구조는?

전기기기의 과도한 온도 상승, 아크 또는 불꽃 발생의 위험을 방지하기 위하여 추가적인 안전조치를 통한 안전도를 증가시킨 방폭구조를 말한다.

① 내압방폭구조 ② 유입방폭구조
③ 안전증방폭구조 ④ 본질안전방폭구조

75. 다음은 무슨 현상을 설명한 것인가?

전위차가 있는 2개의 대전체가 특정거리에 접근하게 되면 등전위가 되기 위하여 전하가 절연공간을 깨고 순간적으로 빛과 열을 발생하며 이동하는 현상

① 대전 ② 충전 ③ 방전 ④ 열전

76. 방폭구조 전기기계·기구의 선정기준에 있어 가스폭발 위험장소의 제1종 장소에 사용할 수 없는 방폭구조는?

① 내압방폭구조 ② 안전증방폭구조
③ 본질안전방폭구조 ④ 비점화방폭구조

77. 감전을 방지하기 위해 관계근로자에게 반드시 주지시켜야 하는 정전작업 사항으로 가장 거리가 먼 것은?

① 전원설비 효율에 관한 사항
② 단락접지 실시에 관한 사항
③ 전원 재투입 순서에 관한 사항
④ 작업 책임자의 임명, 정전범위 및 절연용 보호구 작업 등 필요한 사항

78. 접지저항 저감 방법으로 틀린 것은?

① 접지극의 병렬 접지를 실시한다.
② 접지극의 매설 깊이를 증가시킨다.
③ 접지극의 크기를 최대한 작게 한다.
④ 접지극 주변의 토양을 개량하여 대지 저항률을 떨어뜨린다.

79. 전기적 불꽃 또는 아크에 의한 화상의 우려가 높은 고압 이상의 충전전로작업에 근로자를 종사시키는 경우에는 어떠한 성능을 가진 작업복을 착용시켜야 하는가?

① 방충처리 또는 방수성능을 갖춘 작업복
② 방염처리 또는 난연성능을 갖춘 작업복
③ 방청처리 또는 난연성능을 갖춘 작업복
④ 방수처리 또는 방청성능을 갖춘 작업복

80. 저압전선로 중 절연 부분의 전선과 대지 간 및 전선의 심선 상호간의 절연저항은 사용전압에 대한 누설전류가 최대 공급전류의 얼마를 넘지 않도록 규정하고 있는가?

① $\frac{1}{1000}$ ② $\frac{1}{1500}$ ③ $\frac{1}{2000}$ ④ $\frac{1}{2500}$

답안표기란				
71	①	②	③	④
72	①	②	③	④
73	①	②	③	④
74	①	②	③	④
75	①	②	③	④
76	①	②	③	④
77	①	②	③	④
78	①	②	③	④
79	①	②	③	④
80	①	②	③	④

제5과목 : 건설공사 안전관리

81. 차량계 하역운반기계 등을 이송하기 위하여 자주(自走) 또는 견인에 의하여 화물자동차에 싣거나 내리는 작업을 할 때 발판·성토 등을 사용하는 경우 기계의 전도 또는 전락에 의한 위험을 방지하기 위하여 준수하여야 할 사항으로 옳지 않은 것은?

① 싣거나 내리는 작업은 견고한 경사지에서 실시할 것
② 가설대 등을 사용하는 경우에는 충분한 폭 및 강도와 적당한 경사를 확보할 것
③ 발판을 사용하는 경우에는 충분한 길이·폭 및 강도를 가진 것을 사용할 것
④ 지정운전자의 성명·연락처 등을 보기 쉬운 곳에 표시하고 지정운전자 외에는 운전하지 않도록 할 것

82. 다음 중 차량계 건설기계에 속하지 않는 것은?

① 고소작업대 ② 모터그레이더
③ 크롤러드릴 ④ 탠덤롤러

83. 거푸집 해체 시 작업자가 이행해야 할 안전수칙으로 옳지 않은 것은?

① 거푸집 해체는 순서에 입각하여 실시한다.
② 상하에서 동시작업을 할 때는 상하의 작업자가 긴밀하게 연락을 취해야 한다.
③ 거푸집 해체가 용이하지 않을 때에는 큰 힘을 줄 수 있는 지렛대를 사용해야 한다.
④ 해체된 거푸집, 각목 등을 올리거나 내릴 때는 달줄, 달포대 등을 사용한다.

84. 강관비계의 구조에서 비계기둥간의 최대 허용 적재 하중으로 옳은 것은?

① 500 kg ② 400 kg
③ 300 kg ④ 200 kg

85. 다음 셔블계 굴착장비 중 좁고 깊은 굴착에 가장 적합한 장비는?

① 드래그라인(dragline)
② 파워셔블(power shovel)
③ 백호(back hoe)
④ 클램쉘(clam shell)

86. 차량계 하역운반기계 등을 사용하는 작업을 할 때, 그 기계가 넘어지거나 굴러떨어짐으로써 근로자에게 위험을 미칠 우려가 있는 경우에 이를 방지하기 위한 조치사항과 거리가 먼 것은?

① 유도자 배치
② 지반의 부동침하 방지
③ 상단 부분의 안정을 위하여 버팀줄 설치
④ 갓길 붕괴 방지

87. 추락재해 방지용 방망의 신품에 대한 인장강도는 얼마인가?(단, 그물코의 크기가 10[cm]이며, 매듭 없는 방망)

① 220[kg] ② 240[kg] ③ 260[kg] ④ 280[kg]

88. 항만하역작업시 안전수칙으로 가장 거리가 먼 것은?

① 갑판의 윗면에서 선창 밑바닥까지 깊이가 1.5미터 초과하는 선창내부에서 화물취급작업을 할 경우 통행설비를 설치 할것
② 300톤급 이상의 선박에서 하역작업시 현문사다리 및 안전망을 설치할 것
③ 같은 선창 내부의 다른 층에서 동시에 작업하지 않도록 할 것
④ 현문 사다리는 견고한 재료로 제작된 것으로 너비는 82센티미터 이상이어야 하고, 양측에 55센티미터 이상의 높이로 울타리를 설치할 것

답안표기란				
81	①	②	③	④
82	①	②	③	④
83	①	②	③	④
84	①	②	③	④
85	①	②	③	④
86	①	②	③	④
87	①	②	③	④
88	①	②	③	④

89. 다음은 산업안전보건법령에 따른 근로자의 추락위험 방지를 위한 추락방호망의 설치기준이다. ( ) 안에 들어갈 내용으로 옳은 것은?

> 추락방호망은 수평으로 설치하고, 망의 처짐은 짧은 변 길이의 ( ) 이상이 되도록 할 것

① 10% ② 12% ③ 15% ④ 18%

90. 동바리 조립시의 안전조치 사항으로 옳지 않은 것은?

① 거푸집의 형상에 따른 부득이한 경우를 제외하고는 깔판이나 받침목은 2단이상 끼워서 사용할 것
② 동바리의 상하 고정 및 미끄러짐 방지 조치를 할 것
③ 동바리의 이음은 같은 품질의 재료를 사용할 것
④ 강재의 접속부 및 교차부는 볼트·클램프 등 전용 철물을 사용하여 단단히 연결할 것

91. 지반조사의 방법 중 지반을 강관으로 천공하고 토사를 채취 후 여러 가지 시험을 시행하여 지반의 토질 분포, 흙의 층상과 구성 등을 알 수 있는 것은?

① 보링 ② 표준관입시험
③ 베인테스트 ④ 평판재하시험

92. 핸드 브레이커 취급 시 안전에 관한 유의사항으로 옳지 않은 것은?

① 기본적으로 현장 정리가 잘되어 있어야 한다.
② 작업 자세는 항상 하향 45°방향으로 유지하여야 한다.
③ 작업 전 기계에 대한 점검을 철저히 한다.
④ 호스의 교차 및 꼬임여부를 점검하여야 한다.

93. 강관틀비계의 높이가 20m를 초과하는 경우 주틀간의 간격은 최대 얼마 이하로 사용해야 하는가?

① 1.0m ② 1.5m ③ 1.8m ④ 2.0m

94. 흙막이 가시설의 버팀대(Strut)의 변형을 측정하는 계측기에 해당하는 것은?

① Water level meter ② Strain gauge
③ Piezometer ④ Load cell

95. 사다리식 통로 등을 설치하는 경우 준수해야 할 기준으로 옳지 않은 것은?

① 접이식 사다리 기둥은 사용 시 접혀지거나 펼쳐지지 않도록 철물 등을 사용하여 견고하게 조치할 것
② 발판과 벽과의 사이는 25cm 이상의 간격을 유지할 것
③ 폭은 30cm 이상으로 할 것
④ 사다리식 통로의 길이가 10m 이상인 경우에는 5m 이내마다 계단참을 설치할 것

96. 신축공사 현장에서 강관으로 외부비계를 설치할 때 비계기둥의 최고 높이가 45m라면 관련 법령에 따라 비계기둥을 2개의 강관으로 보강하여야 하는 높이는 지상으로부터 얼마까지인가?

① 14m ② 20m ③ 25m ④ 31m

97. 동바리로 사용하는 파이프 서포트에 관한 설치 기준으로 옳지 않은 것은?

① 파이프 서포트를 3개 이상 이어서 사용하지 않도록 할 것
② 파이프 서포트를 이어서 사용하는 경우에는 4개 이상의 볼트 또는 전용철물을 사용하여 이을 것
③ 높이가 3.5m를 초과하는 경우에는 높이 2m 이내마다 수평연결재를 2개 방향으로 만들고 수평연결재의 변위를 방지할 것
④ 파이프서포트 사이에 교차가새를 설치하여 수평력에 대하여 보강 조치할 것

답안표기란

89	①	②	③	④
90	①	②	③	④
91	①	②	③	④
92	①	②	③	④
93	①	②	③	④
94	①	②	③	④
95	①	②	③	④
96	①	②	③	④
97	①	②	③	④

98. 다음은 비계를 조립하여 사용하는 경우 작업발판 설치에 관한 기준이다. ( )에 들어갈 내용으로 옳은 것은?

> 사업주는 비계(달비계, 달대비계 및 말비계는 제외한다)의 높이가 ( ) 이상인 작업장소에 다음 각 호의 기준에 맞는 작업발판을 설치하여야 한다.
>
> 1. 발판재료는 작업할 때의 하중을 견딜 수 있도록 견고한 것으로 할 것
> 2. 작업발판의 폭은 40센티미터 이상으로 하고, 발판재료 간의 틈은 3센티미터 이하로 할 것

① 1m ② 2m ③ 3m ④ 4m

99. 건설공사 유해위험방지계획서 제출 시 공통적으로 제출하여야 할 첨부서류가 아닌 것은?

① 공사개요서
② 전체 공정표
③ 산업안전보건관리비 사용계획서
④ 가설도로계획서

100. 리프트(Lift)의 방호장치에 해당하지 않는 것은?

① 권과방지장치 ② 비상정지장치
③ 과부하방지장치 ④ 자동경보장치

답안표기란

98	①	②	③	④
99	①	②	③	④
100	①	②	③	④

메모

2025년 산업안전산업기사 필기 대비 모의고사 2회

	자격종목	시험시간	문항수	점수
	산업안전산업기사	2시간 30분	100문항	

답안표기란	
01	① ② ③ ④
02	① ② ③ ④
03	① ② ③ ④
04	① ② ③ ④
05	① ② ③ ④
06	① ② ③ ④

제1과목 : 산업재해 예방 및 안전보건교육

1. 참가자가 다수인 경우에 전원을 토의에 참가시키기 위한 방법으로, 소집단을 구성하여 회의를 진행시키며 6-6회의라고도 하는 것은?

① 포럼(Forum)
② 심포지엄(Symposium)
③ 버즈 세션(Buzz session)
④ 패널 디스커션(Panel discussion)

2. 산업안전보건법령상 잠함 또는 잠수 작업 등 높은 기압에서 작업하는 근로자의 근로시간 기준은?

① 1일 6시간, 1주 32시간 초과금지
② 1일 6시간, 1주 34시간 초과금지
③ 1일 8시간, 1주 32시간 초과금지
④ 1일 8시간, 1주 34시간 초과금지

3. 안전보건경영시스템 인증을 받은 경우 인증유효기간은?(다만, 공동인증 등의 사유로 유효기간의 조정이 필요한 경우는 제외)

① 인증일로부터 1년　② 인증일로부터 2년
③ 인증일로부터 3년　④ 인증일로부터 4년

4. 지각과정에서의 오류에 관한 설명 중 틀린 것은?

① 상동적 태도는 사람을 평가할 때 그 사람이 가지고 있는 특성을 기초로 하지 않고 그 사람이 속해 있는 집단의 특성을 바탕으로 평가하려는 경향을 말한다.
② 후광효과는 어떤 사람의 한가지 특성이 그 사람의 다른분야 또는 전체적인 평가에도 영향을 미치는 현상을 말한다.
③ 최신효과는 나중에 입력된 정보보다 먼저 입력된 정보가 더 큰 영향을 미치게 되는 현상을 말한다.
④ 대조효과는 사람을 평가할 때 다른 사람과 비교하여 평가하는 것으로 면접 시 바로 앞의 면접자와 대조하여 평가하는 오류 현상을 말한다.

5. 안전·보건 교육계획 수립 시 고려사항 중 틀린 것은?

① 필요한 정보를 수집한다.
② 현장의 의견은 고려하지 않는다.
③ 지도안은 교육대상을 고려하여 작성한다.
④ 법령에 의한 교육에만 그치지 않아야 한다.

6. 산업안전보건법령상 산업안전보건위원회의 구성·운영에 관한 설명 중 틀린 것은?

① 정기회의는 분기마다 소집한다.
② 위원장은 위원 중에서 호선(互選)한다.
③ 근로자대표가 지명하는 명예산업안전 감독관은 근로자 위원에 속한다.
④ 공사금액 100억원 이상의 건설업의 경우 산업안전보건위원회를 구성·운영해야 한다.

7. 산업안전보건법령상 안전보건관리규정 작성 시 포함되어야 하는 사항을 모두 고른 것은? (단, 그 밖에 안전 및 보건에 관한 사항은 제외한다.)

> ㄱ. 안전보건교육에 관한 사항
> ㄴ. 재해사례 연구 · 토의결과에 관한 사항
> ㄷ. 사고조사 및 대책 수립에 관한 사항
> ㄹ. 작업장의 안전 및 보건 관리에 관한 사항
> ㅁ. 안전 및 보건에 관한 관리조직과 그 직무에 관한 사항

① ㄱ, ㄴ, ㄷ, ㄹ　② ㄱ, ㄴ, ㄹ, ㅁ
③ ㄱ, ㄷ, ㄹ, ㅁ　④ ㄴ, ㄷ, ㄹ, ㅁ

8. 억측판단이 발생하는 배경으로 볼 수 없는 것은?

① 정보가 불확실할 때
② 타인의 의견에 동조할 때
③ 희망적인 관측이 있을 때
④ 과거에 성공한 경험이 있을 때

9. 다음 작업조건에 적합한 보호구로 옳은 것은?

> 물체의 낙하 충격, 물체에의 끼임, 감전 또는 정전기의 대전에 의한 위험이 있는 작업

① 안전모　② 안전화　③ 방열복　④ 보안면

10. 재해예방의 4원칙에 대한 설명으로 틀린 것은?

① 재해발생은 반드시 원인이 있다.
② 손실과 사고와의 관계는 필연적이다.
③ 재해는 원인을 제거하면 예방이 가능하다.
④ 재해를 예방하기 위한 대책은 반드시 존재한다.

11. 인간관계 관리기법에 있어 구성원 상호 간의 선호도를 기초로 집단 내부의 동태적 상호관계를 분석하는 방법으로 가장 적절한 것은?

① 소시오메트리(sociometry)
② 그리드 훈련(grid training)
③ 집단역학(group dynamic)
④ 감수성 훈련(sensitivity training)

12. 산업안전보건법령상 안전보건표지의 종류 중 경고표지의 기본모형(형태)이 다른 것은?

① 고압전기 경고　② 방사성물질 경고
③ 폭발성 물질 경고　④ 매달린 물체 경고

13. 무재해운동 추진의 3요소에 관한 설명이 아닌 것은?

① 안전보건은 최고경영자의 무재해 및 무질병에 대한 확고한 경영자세로 시작된다.
② 안전보건을 추진하는 데에는 관리감독자들의 생산 활동 속에 안전보건을 실천하는 것이 중요하다.
③ 모든 재해는 잠재요인을 사전에 발견·파악·해결함으로써 근원적으로 산업재해를 없애야 한다.
④ 안전보건은 각자 자신의 문제이며, 동시에 동료의 문제로서 직장의 팀 멤버와 협동 노력하여 자주적으로 추진하는 것이 필요하다.

14. 헤링(Hering)의 착시현상에 해당하는 것은?

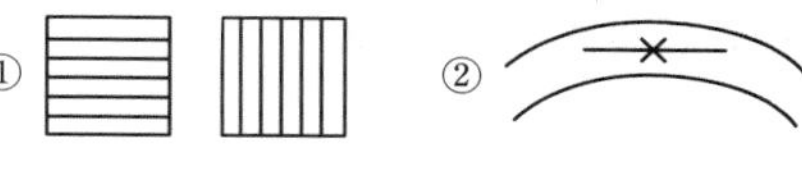
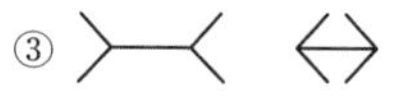

15. 하인리히의 사고예방원리 5단계 중 교육 및 훈련의 개선, 인사조정, 안전관리규정 및 수칙의 개선 등을 행하는 단계는?

① 사실의 발견　② 분석 평가
③ 시정방법의 선정　④ 시정책의 적용

16. 상황성 누발자의 재해유발원인이 아닌 것은?

① 심신의 근심　② 작업의 어려움
③ 도덕성의 결여　④ 기계설비의 결함

17. 인간의 의식수준을 5단계로 구분할 때 의식이 몽롱한 상태의 단계는?

① Phase Ⅰ　② Phase Ⅱ
③ Phase Ⅲ　④ Phase Ⅳ

답안표기란	
07	① ② ③ ④
08	① ② ③ ④
09	① ② ③ ④
10	① ② ③ ④
11	① ② ③ ④
12	① ② ③ ④
13	① ② ③ ④
14	① ② ③ ④
15	① ② ③ ④
16	① ② ③ ④
17	① ② ③ ④

18. 매슬로우(Maslow)의 욕구 5단계 이론에 해당하지 않는 것은?

① 생리적 욕구　② 안전의 욕구
③ 사회적 욕구　④ 심리적 욕구

19. 산업재해 손실액 산정 시 직접비가 2000만원일 때 하인리히 방식을 적용하면 총 손실액은?

① 2000만원　② 8000만원
③ 1억원　④ 1억 2000만원

20. 무재해운동의 이념 중 선취의 원칙에 대한 설명으로 옳은 것은?

① 사고의 잠재요인을 사후에 파악하는 것
② 근로자 전원이 일체감을 조성하여 참여하는 것
③ 위험요소를 사전에 발견, 파악하여 재해를 예방 또는 방지하는 것
④ 관리감독자 또는 경영층에서의 자발적 참여로 안전 활동을 촉진하는 것

제2과목 : 인간공학 및 위험성 평가·관리

21. 정신적 작업 부하에 관한 생리적 척도에 해당하지 않는 것은?

① 근전도　② 뇌파도
③ 부정맥 지수　④ 점멸융합주파수

22. 신뢰도가 동일한 부품 4개로 구성된 시스템 전체의 신뢰도가 가장 높은 것은?

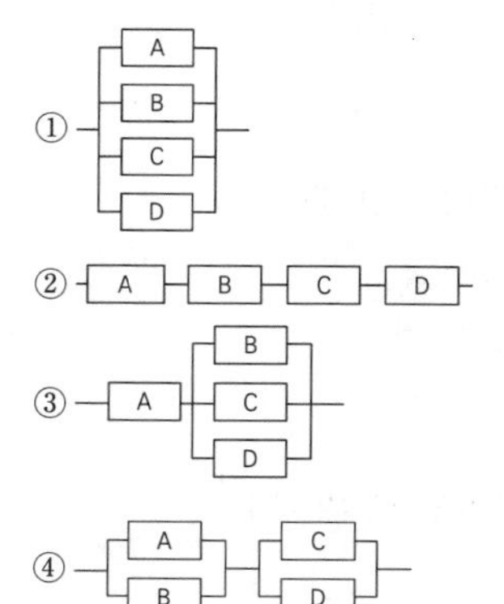

23. "음의 높이, 무게 등 물리적 자극을 상대적으로 판단하는데 있어 특정 감각기관의 변화감지역은 표준자극에 비례한다"라는 법칙을 발견한 사람은?

① 핏츠(Fitts)　② 드루리(Drury)
③ 웨버(Weber)　④ 호프만

24. 인간공학적 연구에 사용되는 기준 척도의 요건 중 다음 설명에 해당하는 것은?

기준 척도는 측정하고자 하는 변수 외의 다른 변수들의 영향을 받아서는 안 된다.

① 신뢰성　② 적절성　③ 검출성　④ 무오염성

25. A사의 안전관리자는 자사 화학 설비의 안전성 평가를 실시하고 있다. 그 중 제 2단계인 정성적 평가를 진행하기 위하여 평가항목을 설계관계 대상과 운전관계 대상으로 분류하였을 때 설계관계 항목이 아닌 것은?

① 건조물　② 공장 내 배치
③ 입지조건　④ 원재료, 중간제품

26. 인간공학에 대한 설명으로 틀린 것은?

① 인간 - 기계 시스템의 안전성, 편리성, 효율성을 높인다.
② 인간을 작업과 기계에 맞추는 설계 철학이 바탕이 된다.
③ 인간이 사용하는 물건, 설비, 환경의 설계에 적용된다.
④ 인간의 생리적, 심리적인 면에서의 특성이나 한계점을 고려한다.

27. HAZOP 기법에서 사용하는 가이드워드와 그 의미가 잘못 연결된 것은?

① Part of : 성질상의 감소
② As well as : 성질상의 증가
③ Other than : 기타 환경적인 요인
④ More/Less : 정량적인 증가 또는 감소

답안표기란				
18	①	②	③	④
19	①	②	③	④
20	①	②	③	④
21	①	②	③	④
22	①	②	③	④
23	①	②	③	④
24	①	②	③	④
25	①	②	③	④
26	①	②	③	④
27	①	②	③	④

28. 그림과 같은 FT도에 대한 최소 컷셋(minmal cut sets)으로 옳은 것은? (단, Fussell의 알고리즘을 따른다.)

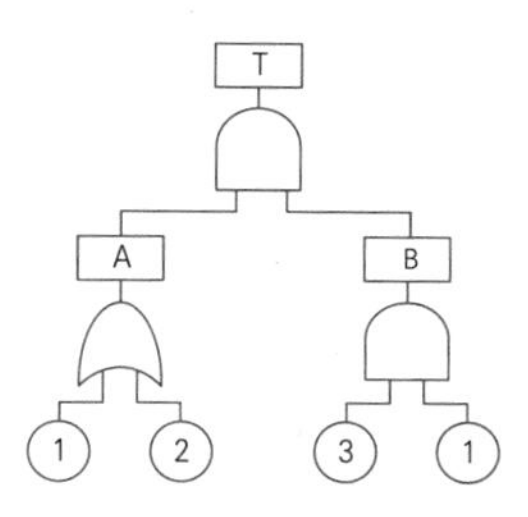

① {1, 2}　② {1, 3}　③ {2, 3}　④ {1, 2, 3}

29. 인간-기계시스템 설계과정 중 직무분석을 하는 단계는?

① 제1단계 : 시스템의 목표와 성능명세 결정
② 제2단계 : 시스템의 정의
③ 제3단계 : 기본 설계
④ 제4단계 : 인터페이스 설계

30. FTA(Fault Tree Analysis)에서 사용되는 사상기호 중 통상의 작업이나 기계의 상태에서 재해의 발생원인이 되는 요소가 있는 것은?

① 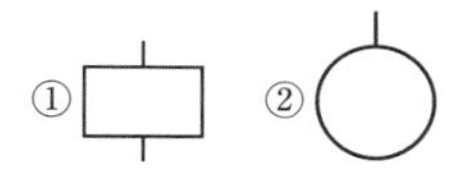 ② 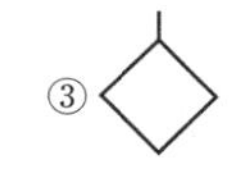 ③ 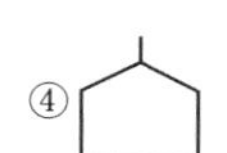 ④

31. 시스템 수명주기에 있어서 예비위험분석(PHA)이 이루어지는 단계에 해당하는 것은?

① 구상단계　② 점검단계
③ 운전단계　④ 생산단계

32. 다음의 인체측정자료의 응용원리를 설계에 적용하는 순서로 가장 적절한 것은?

㉠ 극단치 설계 ㉡ 평균치 설계 ㉢ 조절식 설계

① ㉠ → ㉡ → ㉢　② ㉢ → ㉡ → ㉠
③ ㉡ → ㉠ → ㉢　④ ㉢ → ㉠ → ㉡

33. 정보를 전송하기 위해 청각적 표시장치보다 시각적 표시장치를 사용하는 것이 더 효과적인 경우는?

① 정보의 내용이 간단한 경우
② 정보가 후에 재참조되는 경우
③ 정보가 즉각적인 행동을 요구하는 경우
④ 정보의 내용이 시간적인 사건을 다루는 경우

34. 감각저장으로부터 정보를 작업기억으로 전달하기 위한 코드화 분류에 해당하지 않는 것은?

① 시각코드　② 촉각코드
③ 음성코드　④ 의미코드

35. 경계 및 경보신호의 설계지침으로 틀린 것은?

① 주의를 환기시키기 위하여 변조된 신호를 사용한다.
② 배경소음의 진동수와 다른 진동수의 신호를 사용한다.
③ 귀는 중음역에 민감하므로 500~3000Hz의 진동수를 사용한다.
④ 300m 이상의 장거리용으로는 1000Hz를 초과하는 진동수를 사용한다.

36. 위험처리 방법에 관한 설명으로 틀린 것은?

① 위험처리 대책 수립 시 비용문제는 제외된다.
② 재정적으로 처리하는 방법에는 보류와 전가방법이 있다.
③ 위험의 제어 방법에는 회피, 손실제어, 위험분리, 책임 전가 등이 있다.
④ 위험처리 방법에는 위험을 제어하는 방법과 재정적으로 처리하는 방법이 있다.

37. 어떤 전자기기의 수명은 지수분포를 따르며, 그 평균수명이 1000시간이라고 할 때, 500시간 동안 고장 없이 작동할 확률은 약 얼마인가?

① 0.1353　② 0.3935　③ 0.6065　④ 0.8647

38. 산업안전보건법에 따라 상시 작업에 종사하는 장소에서 보통작업을 하고자 할 때 작업면의 최소 조도(lux)로 맞는 것은?

① 75　② 150　③ 300　④ 750

답안표기란				
28	①	②	③	④
29	①	②	③	④
30	①	②	③	④
31	①	②	③	④
32	①	②	③	④
33	①	②	③	④
34	①	②	③	④
35	①	②	③	④
36	①	②	③	④
37	①	②	③	④
38	①	②	③	④

39. 건구온도 30℃, 습구온도 35℃ 일 때의 옥스퍼드(Oxford) 지수는?

① 20.75 ② 24.58 ③ 30.75 ④ 34.25

40. 설비보전에서 평균수리시간을 나타내는 것은?

① MTBF ② MTTR ③ MTTF ④ MTBP

▎제3과목 : 기계·기구 및 설비 안전관리

41. 산업안전보건법령상 사업주가 진동 작업을 하는 근로자에게 충분히 알려야 할 사항과 거리가 가장 먼 것은?

① 인체에 미치는 영향과 증상
② 진동기계·기구 관리 및 사용방법
③ 보호구의 선정과 착용방법
④ 진동재해 시 비상연락체계

42. 산업안전보건법령상 크레인에 전용탑승설비를 설치하고 근로자를 달아 올린 상태에서 작업에 종사시킬 경우 근로자의 추락 위험을 방지하기 위하여 실시해야 할 조치 사항으로 적합하지 않은 것은?

① 승차석 외의 탑승 제한
② 안전대나 구명줄의 설치
③ 탑승설비의 하강시 동력하강방법을 사용
④ 탑승설비가 뒤집히거나 떨어지지 않도록 필요한 조치

43. 인장강도가 250 N/mm^2인 강판에서 안전율이 4라면 이 강판의 허용응력(N/mm^2)은 얼마인가?

① 42.5 ② 62.5 ③ 82.5 ④ 102.5

44. 연삭기에서 숫돌의 바깥지름이 150mm일 경우 평형플랜지 지름은 몇 mm 이상이어야 하는가?

① 30 ② 50 ③ 60 ④ 90

45. A사업장의 조건이 다음과 같을 때 A사업장에서 연간재해발생으로 인한 근로손실일수는?

- 강도율 : 0.4
- 근로자 수 : 1000명
- 연근로시간수 : 2400시간

① 480 ② 720 ③ 960 ④ 1440

46. 금형의 설치, 해체, 운반 시 안전사항에 관한 설명으로 틀린 것은?

① 운반을 통하여 관통 아이볼트가 사용될 때는 구멍 틈새가 최소화되도록 한다.
② 금형을 설치하는 프레스의 T홈 안길이는 설치 볼트 지름의 1/2 이하로 한다.
③ 고정볼트는 고정 후 가능하면 나사산을 3~4개 정도 짧게 남겨 설치 또는 해체 시 슬라이드 면과의 사이에 협착이 발생하지 않도록 해야 한다.
④ 운반 시 상부금형과 하부금형이 닿을 위험이 있을 때는 고정 패드를 이용한 스트랩, 금속재질이나 우레탄 고무의 블록 등을 사용한다.

47. 선반에서 절삭 가공 시 발생하는 칩을 짧게 끊어지도록 공구에 설치되어 있는 방호장치의 일종인 칩 제거 기구를 무엇이라 하는가?

① 칩 브레이커 ② 칩 받침
③ 칩 쉴드 ④ 칩 커터

48. 다음 중 산업안전보건법령상 안전인증대상 방호장치에 해당하지 않는 것은?

① 연삭기 덮개
② 압력용기 압력방출용 파열판
③ 압력용기 압력방출용 안전밸브
④ 방폭구조(防爆構造) 전기기계·기구 및 부품

49. 산업재해의 분석 및 평가를 위하여 재해발생 건수 등의 추이에 대해 한계선을 설정하여 목표 관리를 수행하는 재해통계 분석기법은?

① 관리도 ② 안전 T점수
③ 파레토도 ④ 특성 요인도

답안표기란				
39	①	②	③	④
40	①	②	③	④
41	①	②	③	④
42	①	②	③	④
43	①	②	③	④
44	①	②	③	④
45	①	②	③	④
46	①	②	③	④
47	①	②	③	④
48	①	②	③	④
49	①	②	③	④

50. 산업안전보건법령상 보일러 방호장치로 거리가 가장 먼 것은?

① 고저수위 조절장치 ② 아우트리거
③ 압력방출장치 ④ 압력제한스위치

51. 슬라이드가 내려옴에 따라 손을 쳐내는 막대가 좌우로 왕복하면서 위험점으로부터 손을 보호하여 주는 프레스의 안전장치는?

① 수인식 방호장치
② 양손조작식 방호장치
③ 손쳐내기식 방호장치
④ 게이트 가드식 방호장치

52. 페일 세이프(fail safe)의 기능적인 면에서 분류할 때 거리가 가장 먼 것은?

① Fool proof ② Fail passive
③ Fail active ④ Fail operational

53. 산업현장에서 재해 발생 시 조치 순서로 옳은 것은?

① 긴급처리 → 재해조사 → 원인분석 → 대책수립
② 긴급처리 → 원인분석 → 대책수립 → 재해조사
③ 재해조사 → 원인분석 → 대책수립 → 긴급처리
④ 재해조사 → 대책수립 → 원인분석 → 긴급처리

54. 기계설비의 안전조건인 구조의 안전화와 거리가 가장 먼 것은?

① 전압 강하에 따른 오동작 방지
② 재료의 결함 방지
③ 설계상의 결함 방지
④ 가공 결함 방지

55. 산업안전보건법령상 지게차에서 통상적으로 갖추고 있어야 하나, 마스트의 후방에서 화물이 낙하함으로써 근로자에게 위험을 미칠 우려가 없는 때에는 반드시 갖추지 않아도 되는 것은?

① 전조등 ② 헤드가드
③ 백레스트 ④ 포크

56. 프레스기의 안전대책 중 손을 금형 사이에 집어넣을 수 없도록 하는 본질적 안전화를 위한 방식(no-hand in die)에 해당하는 것은?

① 수인식 ② 광전자식
③ 방호울식 ④ 손쳐내기식

57. 회전하는 부분의 접선방향으로 물려 들어갈 위험이 존재하는 점으로 주로 체인, 풀리, 벨트, 기어와 랙 등에서 형성되는 위험점은?

① 끼임점 ② 협착점
③ 절단점 ④ 접선물림점

58. 다음 중 컨베이어(conveyor)의 방호장치로 볼 수 없는 것은?

① 반발예방장치 ② 이탈방지장치
③ 비상정지장치 ④ 덮개 또는 울

59. 다음 설명 중 (   )안에 알맞은 내용은?

산업안전보건법령상 롤러기의 급정지장치는 롤러를 무부하로 회전시킨 상태에서 앞면 롤러의 표면속도가 30m/min 미만일 때에는 급정지거리가 앞면 롤러 원주의 (   ) 이내에서 롤러를 정지시킬 수 있는 성능을 보유해야 한다.

① $\frac{1}{4}$ ② $\frac{1}{3}$ ③ $\frac{1}{2.5}$ ④ $\frac{1}{2}$

60. 공기압축기의 작업안전수칙으로 가장 적절하지 않은 것은?

① 공기압축기의 점검 및 청소는 반드시 전원을 차단한 후에 실시한다.
② 운전 중에 어떠한 부품도 건드려서는 안 된다.
③ 공기압축기 분해 시 내부의 압축공기를 이용하여 분해한다.
④ 최대공기압력을 초과한 공기압력으로는 절대로 운전하여서는 안 된다.

답안표기란

50	①	②	③	④
51	①	②	③	④
52	①	②	③	④
53	①	②	③	④
54	①	②	③	④
55	①	②	③	④
56	①	②	③	④
57	①	②	③	④
58	①	②	③	④
59	①	②	③	④
60	①	②	③	④

❙ 제4과목 : 전기 및 화학설비 안전관리

61. 피뢰시스템의 등급에 따른 회전구체의 반지름으로 틀린 것은?

① Ⅰ등급 : 20m ② Ⅱ등급 : 30m
③ Ⅲ등급 : 40m ④ Ⅳ등급 : 60m

62. 전격의 위험을 결정하는 주된 인자로 가장 거리가 먼 것은?

① 통전전류 ② 통전시간
③ 통전경로 ④ 통전전압

63. 노출된 충전부 또는 그 부근에서 작업함으로써 감전될 우려가 있는 경우에는 작업에 들어가기 전에 해당 전로를 차단하여야 한다. 전로 차단을 위한 시행 절차 중 틀린 것은?

① 전기기기 등에 공급되는 모든 전원을 관련 도면, 배선도 등으로 확인
② 각 단로기를 개방한 후 전원 차단
③ 단로기 개방 후 차단장치나 단로기 등에 잠금장치 및 꼬리표를 부착
④ 잔류전하 방전 후 검전기를 이용하여 작업 대상 기기가 충전되어 있는지 확인

64. 감전재해의 방지대책에서 직접접촉에 대한 방지대책에 해당하는 것은?

① 충전부에 방호망 또는 절연덮개 설치
② 보호접지(기기외함의 접지)
③ 보호절연
④ 안전전압 이하의 전기기기 사용

65. 다음 중 기기 보호등급(EPL)에 해당하지 않는 것은?

① EPL Ga ② EPL Ma
③ EPL Dc ④ EPL Mc

66. 다음 중 산업안전보건기준에 관한 규칙에 따라 누전차단기를 설치하지 않아도 되는 곳은?

① 철판·철골 위 등 도전성이 높은 장소에서 사용하는 이동형 전기기계·기구
② 대지전압이 220V인 휴대형 전기기계·기구
③ 임시배선이 전로가 설치되는 장소에서 사용하는 이동형 전기기계·기구
④ 절연대 위에서 사용하는 전기기계·기구

67. 정전기 발생에 영향을 주는 요인이 아닌 것은?

① 물체의 분리속도 ② 물체의 특성
③ 물체의 접촉시간 ④ 물체의 표면상태

68. 계통접지로 적합하지 않는 것은?

① TN계통 ② TT계통 ③ IN계통 ④ IT계통

69. 다음 중 방폭구조의 종류가 아닌 것은?

① 본질안전 방폭구조 ② 고압 방폭구조
③ 압력 방폭구조 ④ 내압 방폭구조

70. 저압전선로 중 절연부분의 전선과 대지간 및 전선의 심선 상호간의 절연저항은 사용전압에 대한 누설전류가 최대 공급전류의 얼마를 넘지 않도록 규정하고 하는가?

① $\frac{1}{1000}$ ② $\frac{1}{1500}$ ③ $\frac{1}{2000}$ ④ $\frac{1}{2500}$

71. 다음 중 분진폭발에 관한 설명으로 틀린 것은?

① 가스폭발에 비교하여 연소시간이 짧고, 발생에너지가 작다.
② 최초의 부분적인 폭발이 분진의 비산으로 2차, 3차 폭발로 파급되어 피해가 커진다.
③ 가스에 비하여 불완전 연소를 일으키기 쉬우므로 연소 후 가스에 의한 중독 위험이 있다.
④ 폭발 시 입자가 비산하므로 이것에 부딪히는 가연물은 국부적으로 탄화를 일으킬 수 있다.

답안표기란				
61	①	②	③	④
62	①	②	③	④
63	①	②	③	④
64	①	②	③	④
65	①	②	③	④
66	①	②	③	④
67	①	②	③	④
68	①	②	③	④
69	①	②	③	④
70	①	②	③	④
71	①	②	③	④

72. 자동화재탐지설비의 감지기 종류 중 열감지기가 아닌 것은?

① 차동식 ② 정온식 ③ 보상식 ④ 광전식

73. 산업안전보건법령상 위험물질의 종류에서 "폭발성 물질 및 유기과산화물"에 해당하는 것은?

① 리튬 ② 아조화합물
③ 아세틸렌 ④ 셀룰로이드류

74. 다음 중 소화약제로 사용되는 이산화탄소에 관한 설명으로 틀린 것은?

① 사용 후에 오염의 영향이 거의 없다.
② 장시간 저장하여도 변화가 없다.
③ 주된 소화효과는 억제소화이다.
④ 자체 압력으로 방사가 가능하다.

75. 산업안전보건법령상 다음 인화성 가스의 정의에서 ( ) 안에 알맞은 값은?

"인화성 가스"란 인화한계 농도의 최저한도가 (㉠)% 이하 또는 최고한도와 최저한도의 차가 (㉡)% 이상인 것으로서 표준압력(101.3kPa), 20℃에서 가스 상태인 물질을 말한다.

① ㉠ 13, ㉡ 12 ② ㉠ 13, ㉡ 15
③ ㉠ 12, ㉡ 13 ④ ㉠ 12, ㉡ 15

76. 액체 표면에서 발생한 증기농도가 공기 중에서 연소하한농도가 될 수 있는 가장 낮은 액체온도를 무엇이라 하는가?

① 인화점 ② 비등점 ③ 연소점 ④ 발화온도

77. 위험물의 저장방법으로 적절하지 않은 것은?

① 탄화칼슘은 물 속에 저장한다.
② 벤젠은 산화성 물질과 격리시킨다.
③ 금속나트륨은 석유 속에 저장한다.
④ 질산은 갈색병에 넣어 냉암소에 보관한다.

78. 다음 중 물질의 자연발화를 촉진시키는 요인으로 가장 거리가 먼 것은?

① 표면적이 넓고, 발열량이 클 것
② 열전도율이 클 것
③ 주위 온도가 높을 것
④ 적당한 수분을 보유할 것

79. 산업안전보건법령상 특수화학설비 설치시 반드시 필요한 장치가 아닌 것은?

① 원재료 공급의 긴급차단장치
② 즉시 사용할 수 있는 예비동력원
③ 화재시 긴급대응을 위한 물분무소화장치
④ 온도계·유량계·유압계 등의 계측장치

80. 공업용 가스의 용기가 주황색으로 도색되어 있을 때 용기 안에는 어떠한 가스가 들어있는가?

① 수소 ② 질소 ③ 암모니아 ④ 아세틸렌

❙ 제5과목 : 건설공사 안전관리

81. 유해·위험방지계획서 제출 시 첨부서류로 옳지 않은 것은?

① 공사현장의 주변 현황 및 주변과의 관계를 나타내는 도면
② 공사개요서
③ 전체공정표
④ 작업인부의 배치를 나타내는 도면 및 서류

답안표기란

72	①	②	③	④
73	①	②	③	④
74	①	②	③	④
75	①	②	③	④
76	①	②	③	④
77	①	②	③	④
78	①	②	③	④
79	①	②	③	④
80	①	②	③	④
81	①	②	③	④

82. 거푸집 해체작업 시 유의사항으로 옳지 않은 것은?

① 일반적으로 수평부재의 거푸집은 연직부재의 거푸집보다 빨리 떼어낸다.
② 해체된 거푸집이나 각목 등에 박혀있는 못 또는 날카로운 돌출물은 즉시 제거하여야 한다.
③ 상하 동시 작업은 원칙적으로 금지하여 부득이한 경우에는 긴밀히 연락을 취하며 작업을 하여야 한다.
④ 거푸집 해체작업장 주위에는 관계자를 제외하고는 출입을 금지시켜야 한다.

83. 사다리식 통로 등을 설치하는 경우 통로 구조로서 옳지 않은 것은?

① 발판의 간격은 일정하게 한다.
② 발판과 벽과의 사이는 15cm 이상의 간격을 유지한다.
③ 사다리의 상단은 걸쳐놓은 지점으로부터 60cm 이상 올라가도록 한다.
④ 폭은 40cm 이상으로 한다.

84. 추락 재해방지 설비 중 근로자의 추락재해를 방지할 수 있는 설비로 작업발판 설치가 곤란한 경우에 필요한 설비는?

① 경사로 ② 추락방호망
③ 고정사다리 ④ 달비계

85. 콘크리트 타설작업을 하는 경우 준수해야 할 사항으로 옳지 않은 것은?

① 당일의 작업을 시작하기 전에 해당 작업에 관한 거푸집 및 동바리 등의 변형·변위 및 지반의 침하 유무 등을 점검하고 이상이 있으면 보수한다.
② 작업 중에는 감시자를 배치하는 등의 방법으로 거푸집 및 동바리의 변형·변위 및 침하 유무 등을 확인해야 하며, 이상이 있으면 작업을 빠른 시간 내 우선 완료하고 근로자를 대피시킨다.
③ 콘크리트 타설작업 시 거푸집붕괴의 위험이 발생할 우려가 있으면 충분한 보강조치를 한다.
④ 콘크리트를 타설하는 경우에는 편심이 발생하지 않도록 골고루 분산하여 타설한다.

86. 사질토 지반에서 보일링(boiling) 현상에 의한 위험성이 예상될 경우의 대책으로 옳지 않은 것은?

① 흙막이 말뚝의 밑둥넣기를 깊게 한다.
② 굴착 저면보다 깊은 지반을 불투수로 개량한다.
③ 굴착 밑 투수층에 만든 피트(pit)를 제거한다.
④ 흙막이벽 주위에서 배수시설을 통해 수두차를 적게 한다.

87. 건설업 중 유해위험방지계획서 제출 대상 사업장으로 옳지 않은 것은?

① 지상높이가 31m 이상인 건축물 또는 인공구조물, 연면적 30000m² 이상인 건축물 또는 연면적 5000m² 이상의 문화 및 집회시설의 건설공사
② 연면적 3000m² 이상의 냉동 · 냉장 창고시설의 설비공사 및 단열공사
③ 깊이 10m 이상인 굴착공사
④ 최대 지간길이가 50m 이상인 다리의 건설공사

88. 건설작업용 타워크레인의 안전장치로 옳지 않은 것은?

① 권과 방지장치 ② 과부하 방지장치
③ 비상정지 장치 ④ 호이스트 스위치

89. 이동식 비계를 조립하여 작업을 하는 경우의 준수기준으로 옳지 않은 것은?

① 비계의 최상부에서 작업을 할 때는 안전난간을 설치하여야 한다.
② 작업발판의 최대적재하중은 400kg을 초과하지 않도록 한다.
③ 승강용 사다리는 견고하게 설치하여야 한다.
④ 작업발판은 항상 수평을 유지하고 작업발판 위에서 안전난간을 딛고 작업을 하거나 받침대 또는 사다리를 사용하여 작업하지 않도록 한다.

90. 토사붕괴 원인으로 옳지 않은 것은?

① 경사 및 기울기 증가 ② 성토높이의 증가
③ 건설기계 등 하중작용 ④ 토사중량의 감소

답안표기란				
82	①	②	③	④
83	①	②	③	④
84	①	②	③	④
85	①	②	③	④
86	①	②	③	④
87	①	②	③	④
88	①	②	③	④
89	①	②	③	④
90	①	②	③	④

91. 장비가 위치한 지면보다 낮은 장소를 굴착하는 데 적합한 장비는?

① 트럭크레인　② 파워셔블
③ 백호　④ 진폴

92. 지반의 종류에 따른 굴착면의 기울기 기준으로 옳지 않은 것은?

① 모래 - 1 : 1.8　② 연암 - 1 : 0.5
③ 풍화암 - 1 : 1.0　④ 그 밖의 흙 - 1 : 1.2

93. 강관틀비계(높이 5m 이상)의 넘어짐을 방지하기 위하여 사용하는 벽이음 및 버팀의 설치간격 기준으로 옳은 것은?

① 수직방향 5m, 수평방향 5m
② 수직방향 6m, 수평방향 7m
③ 수직방향 6m, 수평방향 8m
④ 수직방향 7m, 수평방향 8m

94. 산업안전보건법령에 따른 작업발판 일체형 거푸집에 해당하지 않는 것은?

① 갱 폼(Gang Form)
② 슬립 폼(Slip Form)
③ 유로 폼(Euro Form)
④ 클라이밍 폼(Climbing Form)

95. 터널 지보공을 조립하는 경우에는 미리 그 구조를 검토한 후 조립도를 작성하고, 그 조립도에 따라 조립하도록 하여야 하는데 이 조립도에 명시하여야 할 사항과 가장 거리가 먼 것은?

① 이음방법　② 단면규격
③ 재료의 재질　④ 재료의 구입처

96. 유한사면에서 원형활동면에 의해 발생하는 일반적인 사면 파괴의 종류에 해당하지 않는 것은?

① 사면내파괴(Slope failure)
② 사면선단파괴(Toe failure)
③ 사면인장파괴(Tension failure)
④ 사면저부파괴(Base failure)

97. 강관비계를 사용하여 비계를 구성하는 경우 준수해야 할 기준으로 옳지 않은 것은?

① 비계기둥의 간격은 띠장 방향에서는 1.85m 이하, 장선 방향에서는 1.5m 이하로 할 것
② 띠장 간격은 2.0m 이하로 할 것
③ 비계기둥의 제일 윗부분으로부터 31m 되는 지점 밑부분의 비계기둥은 2개의 강관으로 묶어 세울 것
④ 비계기둥 간의 적재하중은 600kg을 초과하지 않도록 할 것

98. 작업으로 인하여 물체가 떨어지거나 날아올 위험이 있는 경우 필요한 조치와 가장 거리가 먼 것은?

① 투하설비 설치　② 낙하물 방지망 설치
③ 수직보호망 설치　④ 출입금지구역 설정

99. 다음은 산업안전보건법령에 따른 산업안전보건관리비의 사용에 관한 규정이다. ( ) 안에 들어갈 내용을 순서대로 옳게 작성한 것은?

건설공사도급인은 고용노동부장관이 정하는 바에 따라 해당 건설공사를 위하여 계상된 산업안전보건관리비를 그가 사용하는 근로자와 그의 관계수급인이 사용하는 근로자의 산업재해 및 건강장해 예방에 사용하고, 그 사용명세서를 ( ) 작성하고 건설공사 종료 후 ( )간 보존해야 한다.

① 매월, 6개월　② 매월, 1년
③ 2개월마다, 6개월　④ 2개월마다, 1년

100. 콘크리트를 타설할 때 거푸집에 작용하는 콘크리트 측압에 영향을 미치는 요인과 가장 거리가 먼 것은?

① 콘크리트 타설 속도　② 콘크리트 타설 높이
③ 콘크리트의 강도　④ 기온

답안표기란

91	①	②	③	④
92	①	②	③	④
93	①	②	③	④
94	①	②	③	④
95	①	②	③	④
96	①	②	③	④
97	①	②	③	④
98	①	②	③	④
99	①	②	③	④
100	①	②	③	④

2025년 산업안전산업기사 필기 대비 모의고사 3회

	자격종목	시험시간	문항수	점수
	산업안전산업기사	2시간 30분	100문항	

▌제1과목 : 산업재해 예방 및 안전보건교육

1. 안전점검표(체크리스트)항목 작성 시 유의사항으로 틀린 것은?

① 정기적으로 검토하여 설비나 작업 방법이 타당성 있게 개조된 내용일 것
② 사업장에 적합한 독자적 내용을 가지고 작성할 것
③ 위험성이 낮은 순서 또는 긴급을 요하는 순서대로 작성할 것
④ 점검항목을 이해하기 쉽게 구체적으로 표현할 것

2. 안전교육에 있어서 동기부여 방법으로 가장 거리가 먼 것은?

① 책임감을 느끼게 한다.
② 관리감독을 철저히 한다.
③ 자기 보존본능을 자극한다.
④ 물질적 이해관계에 관심을 두도록 한다.

3. 버드(Bird)의 신 도미노이론 5단계에 해당하지 않는 것은?

① 제어부족(관리) ② 직접원인(징후)
③ 간접원인(평가) ④ 기본원인(기원)

4. 근로자 1000명 이상의 대규모 사업장에 적합한 안전관리 조직의 유형은??

① 직계식 조직 ② 참모식 조직
③ 병렬식 조직 ④ 직계참모식 조직

5. 산업안전보건법령상 안전보건표지의 종류와 형태 중 관계자 외 출입금지에 해당하지 않는 것은?

① 관리대상물질 작업장
② 허가대상물질 작업장
③ 석면취급·해체 작업장
④ 금지대상물질의 취급 실험실

6. 학습지도의 형태 중 몇 사람의 전문가가 주제에 대한 견해를 발표하고 참가자로 하여금 의견을 내거나 질문을 하게 하는 토의방식은?

① 포럼(Forum)
② 심포지엄(Symposium)
③ 버즈세션(Buzz session)
④ 자유토의법(Free discussion method)

7. 산업안전보건법령상 근로자 안전보건교육 대상에 따른 교육시간 기준 중 틀린 것은?

① 사무직 종사 근로자의 정기교육 – 매반기 6시간 이상
② 근로계약기간이 1주일 초과 1개월 이하인 기간제 근로자의 채용시 교육 – 4시간 이상
③ 건설 일용근로자의 건설업 기초안전·보건교육 – 4시간 이상
④ 일용근로자 및 근로계약기간이 1주일 이하인 기간제근로자의 작업내용 변경시 교육 – 2시간 이상

8. 교육과정 중 학습경험조직의 원리에 해당하지 않는 것은?

① 기회의 원리 ② 계속성의 원리
③ 계열성의 원리 ④ 통합성의 원리

9. 재해예방의 4원칙에 해당하지 않는 것은?

① 예방가능의 원칙 ② 손실우연의 원칙
③ 원인연계의 원칙 ④ 재해 연쇄성의 원칙

답안표기란

01	① ② ③ ④
02	① ② ③ ④
03	① ② ③ ④
04	① ② ③ ④
05	① ② ③ ④
06	① ② ③ ④
07	① ② ③ ④
08	① ② ③ ④
09	① ② ③ ④

10. 학습을 자극(Stimulus)에 의한 반응(Response)으로 보는 이론에 해당하는 것은?

① 장설(Field Theory)
② 통찰설(Insight Theory)
③ 기호형태설(Sign-gestalt Theory)
④ 시행착오설(Trial and Error Theory)

11. 산업안전보건법령상 안전보건진단을 받아 안전보건개선계획의 수립 및 명령을 할 수 있는 대상이 아닌 것은?

① 작업환경 불량, 화재 · 폭발 또는 누출 사고 등으로 사업장 주변까지 피해가 확산된 사업장
② 산업재해율이 같은 업종 평균 산업재해율의 2배 이상인 사업장
③ 사업주가 필요한 안전조치 또는 보건조치를 이행하지 아니하여 중대재해가 발생한 사업장
④ 상시근로자 1천명 이상인 사업장에서 직업성 질병자가 연간 2명 이상 발생한 사업장

12. 버드(Bird)의 재해분포에 따르면 20건의 경상(물적, 인적상해) 사고가 발생했을 때 무상해·무사고(위험순간) 고장 발생 건수는?

① 200 ② 600 ③ 1200 ④ 12000

13. 산업안전보건법령상 거푸집 동바리의 조립 또는 해체작업 시 특별교육 내용이 아닌 것은? (단, 그 밖에 안전·보건관리에 필요한 사항은 제외한다.)

① 비계의 조립순서 및 방법에 관한 사항
② 조립 해체 시의 사고 예방에 관한 사항
③ 동바리의 조립방법 및 작업 절차에 관한 사항
④ 조립재료의 취급방법 및 설치기준에 관한 사항

14. 산업안전보건법령상 다음의 안전보건표지 중 기본모형이 다른 것은?

① 위험장소 경고 ② 레이저 광선 경고
③ 방사성 물질 경고 ④ 부식성 물질 경고

15. 기업 내 정형교육 중 TWI(Training Within Industry)의 교육내용이 아닌 것은?

① Job Method Training
② Job Relation Training
③ Job Instruction Training
④ Job Standardization Training

16. 하인리히의 사고방지 기본원리 5단계 중 시정 방법의 선정 단계에 있어서 필요한 조치가 아닌 것은?

① 인사조정 ② 안전행정의 개선
③ 교육 및 훈련의 개선 ④ 안전점검 및 사고조사

17. 안전점검을 점검시기에 따라 구분할 때 다음에서 설명하는 안전점검은?

작업담당자 또는 해당 관리감독자가 맡고 있는 공정의 설비, 기계, 공구 등을 매일 작업 전 또는 작업 중에 일상적으로 실시하는 안전점검

① 정기점검 ② 수시점검
③ 특별점검 ④ 임시점검

18. 산업안전보건법령상 안전보건교육 교육대상별 교육내용 중 관리감독자 정기교육의 내용으로 틀린 것은?

① 정리정돈 및 청소에 관한 사항
② 유해·위험 작업환경 관리에 관한 사항
③ 위험성 평가에 관한 사항
④ 작업공정의 유해·위험과 재해 예방대책에 관한 사항

19. 산업안전보건법령상 협의체 구성 및 운영에 관한 사항으로 ( )에 알맞은 내용은?

도급인은 관계수급인 근로자가 도급인의 사업장에서 작업을 하는 경우 도급인과 수급인을 구성원으로 하는 안전 및 보건에 관한 협의체를 구성 및 운영하여야 한다. 이 협의체는 ( ) 정기적으로 회의를 개최하고 그 결과를 기록·보존해야 한다.

① 매월 1회 이상 ② 2개월마다 1회
③ 3개월마다 1회 ④ 6개월마다 1회

답안표기란				
10	①	②	③	④
11	①	②	③	④
12	①	②	③	④
13	①	②	③	④
14	①	②	③	④
15	①	②	③	④
16	①	②	③	④
17	①	②	③	④
18	①	②	③	④
19	①	②	③	④

20. 기쁨, 분노, 불안 등 내적 외적 자극에 대한 반응으로 신체적, 생리적 현상을 동반하며, 개인이 느끼는 주관적인 반응이 감정으로 표현되는 심리적 기제에 해당하는 것은?

① 지각 ② 정서 ③ 동기 ④ 갈등

❙ 제2과목 : 인간공학 및 위험성 평가·관리

21. 다음 상황은 인간실수의 분류 중 어느 것에 해당하는가?

전자기기 수리공이 어떤 제품의 분해·조립 과정을 거쳐서 수리를 마친 후 부품 하나가 남았다.

① time error ② omission error
③ command error ④ extraneous error

22. 다음 중 시스템 신뢰도에 관한 설명으로 옳지 않은 것은?

① 시스템의 성공적 퍼포먼스를 확률로 나타낸 것이다.
② 각 부품이 동일한 신뢰도를 가질 경우 직렬 구조의 신뢰도는 병렬 구조에 비해 신뢰도가 낮다.
③ 시스템의 병렬구조는 시스템의 어느 한 부품이 고장나면 시스템이 고장나는 구조이다.
④ n중 k구조는 n개의 부품으로 구성된 시스템에서 k개 이상의 부품이 작동하면 시스템이 정상적으로 가동되는 구조이다.

23. FTA에 대한 설명으로 가장 거리가 먼 것은?

① 정성적 분석만 가능
② 하향식(top-down) 방법
③ 복잡하고 대형화된 시스템에 활용
④ 논리게이트를 이용하여 도해적으로 표현하여 분석하는 방법

24. 청각적 표시장치의 설계 시 적용하는 일반 원리에 대한 설명으로 틀린 것은?

① 양립성이란 긴급용 신호일 때는 낮은 주파수를 사용하는 것을 의미한다.
② 검약성이란 조작자에 대한 입력신호는 꼭 필요한 정보만을 제공하는 것이다.
③ 근사성이란 복잡한 정보를 나타내고자 할 때 2단계의 신호를 고려하는 것이다.
④ 분리성이란 두 가지 이상의 채널을 듣고 있다면 각 채널의 주파수가 분리되어 있어야 한다는 의미이다.

25. 일반적인 시스템의 수명곡선(욕조곡선)에서 고장형태 중 증가형 고장률을 나타내는 기간으로 옳은 것은?

① 우발 고장기간 ② 마모 고장기간
③ 초기 고장기간 ④ Burn-in 고장기간

26. 불(Boole) 대수의 관계식으로 틀린 것은?

① $A + \bar{A} = 1$ ② $A + AB = A$
③ $A(A+B) = A+B$ ④ $A + \bar{A}B = A+B$

27. 인간공학의 목표와 거리가 가장 먼 것은?

① 사고 감소 ② 생산성 증대
③ 안전성 향상 ④ 근골격계질환 증가

28. 통화이해도 척도로서 통화이해도에 영향을 주는 잡음의 영향을 추정하는 지수는?

① 명료도 지수 ② 통화 간섭 수준
③ 이해도 점수 ④ 통화 공진 수준

29. 예비위험분석(PHA)에서 식별된 사고의 범주가 아닌 것은?

① 중대(critical)
② 한계적(marginal)
③ 파국적(catastrophic)
④ 수용가능(acceptable)

답안표기란				
20	①	②	③	④
21	①	②	③	④
22	①	②	③	④
23	①	②	③	④
24	①	②	③	④
25	①	②	③	④
26	①	②	③	④
27	①	②	③	④
28	①	②	③	④
29	①	②	③	④

30. 라스무센((Rasmussen)의 인간행동 분류에 기초한 휴먼에러의 유형이 아닌 것은?

① 숙련기반에러. (Skill-based error)
② 실행기반에러(Commission-based error)
③ 규칙기반에러(Rule-based error)
④ 지식기반에러(Knowledge-based error)

31. 위험성 평가 절차로 맞는 것은?

① 사전준비 → 위험성 결정 → 유해·위험요인 파악 → 위험성 감소대책 수립 및 실행 → 위험성 평가 실시내용 및 결과에 관한 기록 및 보존
② 사전준비 → 유해·위험요인 파악 → 위험성 결정 → 위험성 감소대책 수립 및 실행 → 위험성 평가 실시내용 및 결과에 관한 기록 및 보존
③ 사전준비 → 유해·위험요인 파악 → 위험성 결정 → 위험성 평가 실시내용 및 결과에 관한 기록 및 보존 → 위험성 감소대책 수립 및 실행
④ 사전준비 → 위험성 결정 → 유해·위험요인 파악 → 위험성 평가 실시내용 및 결과에 관한 기록 및 보존 → 위험성 감소대책 수립 및 실행

32. work sampling에 관한 장단점으로 가장 거리가 먼 것은?

① 순간적인 관측으로 작업에 대한 방해가 적다.
② 자료수집이나 분석 시간이 적게 소요된다
③ 작업방법이 바뀌는 경우 전체적인 연구를 다시 해야한다
④ 시간연구법보다 상세한 방법이다.

33. 다음 중 좌식작업이 가장 적합한 작업은?

① 정밀 조립 작업
② 4.5kg 이상의 중량물을 다루는 작업
③ 작업장이 서로 떨어져 있으며 작업장 간 이동이 잦은 작업
④ 작업자의 정면에서 매우 높거나 낮은 곳으로 손을 자주 뻗어야 하는 작업

34. n개의 요소를 가진 병렬 시스템에 있어 요소의 수명(MTTF)이 지수 분포를 따를 경우, 이 시스템의 수명으로 옳은 것은?

① $\mathrm{MTTF}\times n$
② $\mathrm{MTTF}\times \frac{1}{n}$
③ $\mathrm{MTTF}\times\left(1+\frac{1}{2}+\cdots\cdots+\frac{1}{n}\right)$
④ $\mathrm{MTTF}\times\left(1\times\frac{1}{2}\times\cdots\cdots\times\frac{1}{n}\right)$

35. 인간-기계 시스템에 관한 설명으로 틀린 것은?

① 자동 시스템에서는 인간요소를 고려하여야 한다.
② 자동차 운전이나 전기 드릴 작업은 반자동시스템의 예시이다.
③ 자동 시스템에서 인간은 감시, 정비유지, 프로그램 등의 작업을 담당한다.
④ 수동 시스템에서 기계는 동력원을 제공하고 인간의 통제하에서 제품을 생산한다.

36. 근골격계질환 작업분석 및 평가방법인 OWAS의 평가요소를 모두 고른 것은?

ㄱ. 상지 ㄴ. 무게(하중) ㄷ. 하지 ㄹ. 허리

① ㄱ, ㄴ ② ㄱ, ㄷ, ㄹ
③ ㄴ, ㄷ, ㄹ ④ ㄱ, ㄴ, ㄷ, ㄹ

37. 의도는 올바른 것이었지만, 행동이 의도한 것과는 다르게 나타나는 오류는?

① Slip ② Mistake ③ Lapse ④ Violation

38. 동작경제의 원칙과 가장 거리가 먼 것은?

① 급작스런 방향의 전환은 피하도록 할 것
② 가능한 관성을 이용하여 작업하도록 할 것
③ 두 손의 동작은 같이 시작하고 같이 끝나도록 할 것
④ 두 팔의 동작은 동시에 같은 방향으로 움직일 것

답안표기란

30	①	②	③	④
31	①	②	③	④
32	①	②	③	④
33	①	②	③	④
34	①	②	③	④
35	①	②	③	④
36	①	②	③	④
37	①	②	③	④
38	①	②	③	④

39. 서블릭을 이용한 분석에서 비효율적인 therblig에 해당하지 않는 것은?

① 찾기(Sh)　② 고르기(St)
③ 휴식(R)　④ 분해(DA)

40. 설비보전 방법 중 설비의 열화를 방지하고 그 진행을 지연시켜 수명을 연장하기 위한 점검, 청소, 주유 및 교체 등의 활동은?

① 사후 보전　② 개량 보전
③ 일상 보전　④ 보전 예방

제3과목 : 기계·기구 및 설비 안전관리

41. 산업안전보건법령상 사업장 내 근로자 작업환경 중 '강렬한 소음작업'에 해당하지 않는 것은?

① 85데시벨 이상의 소음이 1일 10시간 이상 발생하는 작업
② 90데시벨 이상의 소음이 1일 8시간 이상 발생하는 작업
③ 95데시벨 이상의 소음이 1일 4시간 이상 발생하는 작업
④ 100데시벨 이상의 소음이 1일 2시간 이상 발생하는 작업

42. 산업안전보건법령상 프레스의 작업 시작 전 점검 사항이 아닌 것은?

① 슬라이드 또는 칼날에 의한 위험방지 기구의 기능
② 프레스의 금형 및 고정볼트 상태
③ 전단기의 칼날 및 테이블의 상태
④ 권과방지장치 및 그 밖의 경보장치의 기능

43. 화물중량이 200kgf, 지게차의 중량이 400kgf, 앞바퀴에서 화물의 무게중심까지의 최단거리가 1m일 때 지게차가 안정되기 위하여 앞바퀴에서 지게차의 무게중심까지 최단거리는 최소 몇 m를 초과해야하는가?

① 0.2m　② 0.5m　③ 1m　④ 2m

44. 다음 연삭숫돌의 파괴원인 중 가장 적절하지 않은 것은?

① 숫돌의 회전속도가 너무 빠른 경우
② 플랜지의 직경이 숫돌 직경의 1/3 이상으로 고정된 경우
③ 숫돌 자체에 균열 및 파손이 있는 경우
④ 숫돌에 과대한 충격을 준 경우

45. 동력전달부분의 전방 35cm 위치에 일반 평형 보호망을 설치하고자 한다. 보호망의 최대 구멍의 크기는 몇 mm인가?

① 41　② 45　③ 51　④ 55

46. 산업재해보험적용근로자 1000명인 플라스틱 제조 사업장에서 작업 중 재해 5건이 발생하였고, 1명이 사망하였을 때 이 사업장의 사망만인율은?

① 2　② 5　③ 10　④ 20

47. 방호장치를 분류할 때는 크게 위험장소에 대한 방호장치와 위험원에 대한 방호장치로 구분할 수 있는데, 다음 중 위험장소에 대한 방호장치가 아닌 것은?

① 격리형 방호장치　② 접근거부형 방호장치
③ 접근반응형 방호장치　④ 포집형 방호장치

48. 산업안전보건법령상 목재가공용 기계에 사용되는 방호장치의 연결이 옳지 않은 것은?

① 둥근톱기계 : 톱날접촉예방장치
② 띠톱기계 : 날접촉예방장치
③ 모떼기기계 : 날접촉예방장치
④ 동력식 수동대패기계 : 반발예방장치

49. 다음 중 금속 등의 도체에 교류를 통한 코일을 접근시켰을 때, 결함이 존재하면 코일에 유기되는 전압이나 전류가 변하는 것을 이용한 검사방법은?

① 자분탐상검사　② 초음파탐상검사
③ 와류탐상검사　④ 침투형광탐상검사

답안표기란				
39	①	②	③	④
40	①	②	③	④
41	①	②	③	④
42	①	②	③	④
43	①	②	③	④
44	①	②	③	④
45	①	②	③	④
46	①	②	③	④
47	①	②	③	④
48	①	②	③	④
49	①	②	③	④

50. 양중작업에 사용되는 와이어로프의 안전계수에 관한 사항 중 옳지 않은 것은?

① 와이어로프의 안전계수는 그 절단하중의 값을 와이어로프에 걸리는 하중의 평균값으로 나눈 값이다.
② 근로자가 탑승하는 운반구를 지지하는 경우의 안전계수는 10 이상이어야 한다.
③ 화물의 하중을 직접 지지하는 경우의 안전계수는 5 이상이어야 한다.
④ 근로자가 탑승하는 운반구를 지지하거나 화물의 하중을 직접 지지하는 경우 외의 와이어로프 안전계수는 4 이상이어야 한다.

51. 방호장치 안전인증 고시에 따라 프레스 및 전단기에 사용되는 광전자식 방호장치의 일반구조에 대한 설명으로 가장 적절하지 않은 것은?

① 정상동작표시램프는 녹색, 위험표시램프는 붉은색으로 하며, 근로자가 쉽게 볼 수 있는 곳에 설치해야 한다.
② 슬라이드 하강 중 정전 또는 방호장치의 이상 시에 정지할 수 있는 구조이어야 한다.
③ 방호장치는 릴레이, 리미트 스위치 등의 전기부품의 고장, 전원전압의 변동 및 정전에 의해 슬라이드가 불시에 동작하지 않아야 하며, 사용전원 전압의 ±(100분의 10)의 변동에 대하여 정상으로 작동되어야 한다.
④ 방호장치의 감지기능은 규정한 검출영역 전체에 걸쳐 유효하여야 한다.(다만, 블랭킹 기능이 있는 경우 그렇지 않다.)

52. 사업장에서 산업재해 발생 시 사업주가 기록·보존하여야 하는 사항을 모두 고른 것은? (단, 산업재해조사표와 요양신청서의 사본은 보존하지 않았다.)

ㄱ. 사업장의 개요 및 근로자의 인적사항 ㄴ. 재해 발생의 일시 및 장소 ㄷ. 재해 발생의 원인 및 과정 ㄹ. 재해 재발방지 계획

① ㄱ, ㄹ　② ㄴ, ㄷ, ㄹ
③ ㄱ, ㄴ, ㄷ　④ ㄱ, ㄴ, ㄷ, ㄹ

53. 이동식 사다리의 넘어짐을 방지하기 위한 조치 사항에 해당하지 않는 것은?

① 이동식 사다리를 견고한 시설물에 연결하여 고정할 것
② 아웃트리거를 설치하거나 아웃트리거가 붙어있는 이동식 사다리를 설치할 것
③ 이동식 사다리를 다른 근로자가 지지하여 넘어지지 않도록 할 것
④ 이동식 사다리를 설치한 바닥면에서 높이 4.5미터 이하의 장소에서만 작업할 것

54. 옥외에 설치되어 있는 주행크레인에 대하여 이탈방지장치를 작동시키는 등 이탈방지를 위한 조치를 하여야 하는 순간 풍속 기준은?

① 초당 10m 초과　② 초당 20m 초과
③ 초당 30m 초과　④ 초당 40m 초과

55. 산업안전보건법령상 건설현장에서 사용하는 크레인, 리프트 및 곤돌라의 안전검사의 주기로 옳은 것은?(단, 이동식 크레인, 이삿짐 운반용 리프트는 제외한다.)

① 최초로 설치한 날부터 6개월마다
② 최초로 설치한 날부터 1년마다
③ 최초로 설치한 날부터 2년마다
④ 최초로 설치한 날부터 3년마다

56. 산업안전보건법령상 컨베이어, 이송용 롤러 등을 사용하는 경우 정전·전압강하 등에 의한 위험을 방지하기 위하여 설치하는 안전장치는?

① 권과방지장치
② 동력전달장치
③ 과부하방지장치
④ 화물의 이탈 및 역주행 방지장치

57. 회전하는 동작부분과 고정부분이 함께 만드는 위험점으로 주로 연삭숫돌과 작업대, 교반기의 교반날개와 몸체 사이에서 형성되는 위험점은?

① 협착점　② 절단점
③ 물림점　④ 끼임점

답안표기란

50	①	②	③	④
51	①	②	③	④
52	①	②	③	④
53	①	②	③	④
54	①	②	③	④
55	①	②	③	④
56	①	②	③	④
57	①	②	③	④

58. 다음 중 드릴 작업의 안전사항으로 틀린 것은?

① 옷소매가 길거나 찢어진 옷은 입지 않는다.
② 작고, 길이가 긴 물건은 손으로 잡고 뚫는다.
③ 회전하는 드릴에 걸레 등을 가까이 하지 않는다.
④ 스핀들에서 드릴을 뽑아낼 때에는 드릴 아래에 손을 내밀지 않는다.

59. 산업안전보건법령상 양중기의 과부하방지장치에서 요구하는 일반적인 성능기준으로 가장 적절하지 않은 것은?

① 과부하방지장치 작동 시 경보음과 경보램프가 작동되어야 하며 양중기는 작동이 되지 않아야 한다.
② 외함의 전선 접촉부분은 고무 등으로 밀폐되어 물과 먼지 등이 들어가지 않도록 한다.
③ 과부하방지장치와 타 방호장치는 기능에 서로 장애를 주지 않도록 부착할 수 있는 구조이어야 한다.
④ 방호장치의 기능을 정지 및 제거할 때 양중기의 기능이 동시에 원활하게 작동하는 구조이며 정지해서는 안 된다.

60. 프레스기의 SPM(stroke per minute)이 200이고, 클러치의 맞물림 개소수가 6인 경우 양수기동식 방호장치의 안전거리는?

① 120mm ② 200mm
③ 320mm ④ 400mm

❙ 제4과목 : 전기 및 화학설비 안전관리

61. 한국전기설비규정에 따라 보호등전위본딩 도체로서 주접지단자에 접속하기 위한 등전위본딩 도체(구리도체)의 단면적은 몇 mm^2 이상이어야 하는가? (단, 등전위본딩 도체는 설비 내에 있는 가장 큰 보호접지 도체 단면적의 $\frac{1}{2}$ 이상의 단면적을 가지고 있다.)

① 2.5 ② 6 ③ 16 ④ 50

62. 저압전로의 절연성능 시험에서 전로의 사용전압이 380 V인 경우 전로의 전선 상호간 및 전로와 대지 사이의 절연저항은 최소 몇 MΩ 이상이어야 하는가?

① 0.1 ② 0.3 ③ 0.5 ④ 1.0

63. 전격의 위험을 결정하는 주된 인자로 가장 거리가 먼 것은?

① 통전전류 ② 통전시간
③ 통전경로 ④ 접촉전압

64. 정전기 발생에 영향을 주는 요인에 대한 설명으로 틀린 것은?

① 물체의 분리속도가 빠를수록 발생량은 적어진다.
② 접촉면적이 크고 접촉압력이 높을수록 발생량이 많아진다.
③ 물체 표면이 수분이나 기름으로 오염되면 산화 및 부식에 의해 발생량이 많아진다.
④ 정전기의 발생은 처음 접촉, 분리할 때가 최대로 되고 접촉, 분리가 반복됨에 따라 발생량은 감소한다.

65. 전기기기, 설비 및 전선로 등의 충전유무 등을 확인하기 위한 장비는?

① 위상검출기 ② 디스콘 스위치
③ COS ④ 저압 및 고압용 검전기

66. 피뢰기로서 갖추어야 할 성능 중 틀린 것은?

① 충격 방전 개시전압이 낮을 것
② 뇌전류 방전 능력이 클 것
③ 제한전압이 높을 것
④ 속류 차단을 확실하게 할 수 있을 것

67. 배전선로에 정전작업 중 단락 접지기구를 사용하는 목적으로 가장 적합한 것은?

① 통신선 유도장해 방지
② 배전용 기계 기구의 보호
③ 배전선 통전 시 전위경도 저감
④ 혼촉 또는 오동작에 의한 감전방지

답안표기란				
58	①	②	③	④
59	①	②	③	④
60	①	②	③	④
61	①	②	③	④
62	①	②	③	④
63	①	②	③	④
64	①	②	③	④
65	①	②	③	④
66	①	②	③	④
67	①	②	③	④

68. 감전에 영향을 미치는 요인으로 통전경로별 위험도가 가장 높은 것은?

① 왼손-등　② 오른손-등
③ 오른손-왼발　④ 왼손-가슴

69. KS C IEC 60079-0의 정의에 따라 '두 도전부 사이의 고체 절연물 표면을 따른 최단거리'를 나타내는 명칭은?

① 전기적 간격　② 절연공간거리
③ 연면거리　④ 충전물 통과거리

70. 접지 목적에 따른 분류에서 병원설비의 의료용 전기전자(M.E)기기와 모든 금속부분 또는 도전 바닥에도 접지하여 전위를 동일하게 하기 위한 접지를 무엇이라 하는가?

① 계통 접지
② 등전위 접지
③ 노이즈방지용 접지
④ 정전기 장해방지 이용 접지

71. 다음 중 전기화재의 종류에 해당하는 것은?

① A급　② B급　③ C급　④ D급

72. 다음 중 폭발범위에 관한 설명으로 틀린 것은?

① 상한값과 하한값이 존재한다.
② 온도에는 비례하지만 압력과는 무관하다.
③ 가연성 가스의 종류에 따라 각각 다른 값을 갖는다.
④ 공기와 혼합된 가연성 가스의 체적 농도로 나타낸다.

73. 다음 [표]와 같은 혼합가스의 폭발범위(vol%)로 옳은 것은?

종류	용적비율(vol%)	폭발하한계(vol%)	폭발상한계(vol%)
CH_4	70	5	15
C_2H_6	15	3	12.5
C_3H_8	5	2.1	9.5
C_4H_{10}	10	1.9	8.5

① 3.75~13.21　② 4.33~13.21
③ 4.33~15.22　④ 3.75~15.22

74. 위험물을 저장·취급하는 화학설비 및 그 부속설비를 설치할 때 '단위공정시설 및 설비로부터 다른 단위공정시설 및 설비의 사이'의 안전거리는 설비의 바깥 면으로부터 몇 m 이상이 되어야 하는가?

① 5　② 10　③ 15　④ 20

75. 분진폭발의 특징으로 옳은 것은?

① 연소속도가 가스폭발보다 크다.
② 완전연소로 가스중독의 위험이 작다.
③ 화염의 파급속도보다 압력의 파급속도가 빠르다.
④ 가스폭발보다 연소시간은 짧고 발생에너지는 작다.

76. 공정 중에서 발생하는 미연소 가스를 연소하여 안전하게 밖으로 배출시키기 위하여 사용하는 설비는 무엇인가?

① 증류탑　② 플레어스택
③ 흡수탑　④ 인화방지망

77. 다음 중 아세틸렌을 용해가스로 만들 때 사용되는 용제로 가장 적합한 것은?

① 아세톤　② 메탄　③ 부탄　④ 프로판

78. 산업안전보건법령상 위험물질의 종류에서 "폭발성 물질 및 유기과산화물"에 해당하는 것은?

① 디아조화합물　② 황린
③ 알킬알루미늄　④ 마그네슘 분말

79. 비점이 낮은 액체 저장탱크 주위에 화재가 발생했을 때 저장탱크 내부의 비등 현상으로 인한 압력 상승으로 탱크가 파열되어 그 내용물이 증발, 팽창하면서 발생되는 폭발현상은?

① Back Draft　② BLEVE
③ Flash Over　④ UVCE

답안표기란

68	①	②	③	④
69	①	②	③	④
70	①	②	③	④
71	①	②	③	④
72	①	②	③	④
73	①	②	③	④
74	①	②	③	④
75	①	②	③	④
76	①	②	③	④
77	①	②	③	④
78	①	②	③	④
79	①	②	③	④

80. 다음 중 인화성 가스가 아닌 것은?

① 부탄 ② 메탄 ③ 수소 ④ 산소

❙ 제5과목 : 건설공사 안전관리

81. 건설현장에서 사용되는 작업발판 일체형 거푸집의 종류에 해당하지 않는 것은?

① 갱폼(gang form)
② 슬립폼(slip form)
③ 클라이밍 폼(climing form)
④ 유로폼(euro form)

82. 콘크리트 타설작업을 하는 경우 준수하여야 할 사항으로 옳지 않은 것은?

① 당일의 작업을 시작하기 전에 해당 작업에 관한 거푸집 동바리등의 변형·변위 및 지반의 침하유무 등을 점검하고 이상이 있으면 보수할 것
② 콘크리트를 타설하는 경우에는 편심이 발생하지 않도록 골고루 분산하여 타설할 것
③ 설계도서상의 콘크리트 양생기간을 준수하여 거푸집 및 동바리를 해체할 것
④ 작업 중에는 감시자를 배치하는 등의 방법으로 거푸집 및 동바리의 변형·변위 및 침하 유무 등을 확인해야 하며, 이상이 있으면 작업을 중지하지 아니하고, 즉시 충분한 보강조치를 실시할 것

83. 버팀보, 앵커 등의 축하중 변화상태를 측정하여 이들 부재의 지지효과 및 그 변화 추이를 파악하는데 사용되는 계측기기는?

① water level meter ② load cell
③ piezo meter ④ strain gauge

84. 차량계 건설기계를 사용하여 작업을 하는 경우 작업계획서 내용에 포함되지 않는 것은?

① 사용하는 차량계 건설기계의 종류 및 성능
② 차량계 건설기계의 운행경로
③ 차량계 건설기계에 의한 작업방법
④ 차량계 건설기계의 유지보수방법

85. 터널공사에서 발파작업 시 안전대책으로 옳지 않은 것은?

① 발파전 도화선 연결상태, 저항치 조사 등의 목적으로 도통시험 실시 및 발파기의 작동상태에 대한 사전점검 실시
② 모든 동력선은 발원점으로부터 최소한 15m 이상 후방으로 옮길 것
③ 지질, 암의 절리 등에 따라 화약량에 대한 검토 및 시방기준과 대비하여 안전조치 실시
④ 발파용 점화회선은 타동력선 및 조명회선과 한 곳으로 통합하여 관리

86. 작업장 출입구 설치 시 준수해야 할 사항으로 옳지 않은 것은?

① 출입구의 위치·수 및 크기가 작업장의 용도와 특성에 맞도록 한다.
② 출입구에 문을 설치하는 경우에는 근로자가 쉽게 열고 닫을 수 있도록 한다.
③ 주된 목적이 하역운반기계용인 출입구에는 보행자용 출입구를 따로 설치하지 않는다.
④ 계단이 출입구와 바로 연결된 경우에는 작업자의 안전한 통행을 위하여 그 사이에 1.2m 이상 거리를 두거나 안내표지 또는 비상벨 등을 설치한다.

87. 근로자의 추락 등에 의한 위험을 방지하기 위하여 안전난간을 설치하는 경우, 이에 관한 구조 및 설치요건으로 틀린 것은?

① 상부난간대, 중간난간대, 발끝막이판 및 난간기둥으로 구성할 것
② 발끝막이판은 바닥면 등으로부터 5[cm] 이상의 높이를 유지할 것
③ 난간대는 지름 2.7[cm] 이상의 금속제 파이프나 그 이상의 강도를 가진 재료일 것
④ 안전난간은 구조적으로 가장 취약한 지점에서 가장 취약한 방향으로 작용하는 100[kg] 이상의 하중에 견딜 수 있을 것

답안표기란				
80	①	②	③	④
81	①	②	③	④
82	①	②	③	④
83	①	②	③	④
84	①	②	③	④
85	①	②	③	④
86	①	②	③	④
87	①	②	③	④

88. 기상상태의 악화로 비계에서의 작업을 중지시킨 후 그 비계에서 작업을 다시 시작하기 전에 점검해야 할 사항에 해당하지 않는 것은?

① 기둥의 침하·변형·변위 또는 흔들림 상태
② 손잡이의 탈락 여부
③ 격벽의 설치여부
④ 발판재료의 손상 여부 및 부착 또는 걸림 상태

89. 잠함 또는 우물통의 내부에서 굴착작업을 할 때의 준수사항으로 옳지 않은 것은?

① 굴착 깊이가 10m를 초과하는 경우에는 해당 작업 장소와 외부와의 연락을 위한 통신설비 등을 설치하여야 한다.
② 산소 결핍의 우려가 있는 경우에는 산소의 농도를 측정하는 자를 지명하여 측정하도록 한다.
③ 근로자가 안전하게 승강하기 위한 설비를 설치한다.
④ 측정 결과 산소의 결핍이 인정될 경우에는 송기를 위한 설비를 설치하여 필요한 양의 공기를 공급하여야 한다.

90. 지반 등의 굴착작업 시 연암의 굴착면 기울기로 옳은 것은?

① 1 : 0.3 ② 1 : 0.5 ③ 1 : 0.8 ④ 1 : 1.0

91. 다음 중 운반작업 시 주의사항으로 옳지 않은 것은?

① 운반 시의 시선은 진행 방향을 향하고 뒷걸음 운반을 하여서는 안 된다.
② 무거운 물건을 운반할 때 무게 중심이 높은 화물은 인력으로 운반하지 않는다.
③ 어깨높이보다 높은 위치에서 화물을 들고 운반하여서는 안 된다.
④ 단독으로 긴 물건을 어깨에 메고 운반할 때에는 뒤쪽을 위로 올린 상태로 운반한다.

92. 토사붕괴에 따른 재해를 방지하기 위한 흙막이 지보공 부재로 옳지 않은 것은?

① 흙막이판 ② 말뚝
③ 턴버클 ④ 띠장

93. 가설구조물의 특징으로 옳지 않은 것은?

① 연결재가 적은 구조로 되기 쉽다.
② 부재 결합이 간략하여 불안전 결합이다.
③ 구조물이라는 개념이 확고하여 조립의 정밀도가 높다.
④ 사용부재는 과소단면이거나 결함재가 되기 쉽다.

94. 사다리식 통로 등의 구조에 대한 설치기준으로 옳지 않은 것은?

① 발판의 간격은 일정하게 할 것
② 발판과 벽과의 사이는 15cm 이상의 간격을 유지할 것
③ 사다리식 통로의 길이가 10m 이상인 때에는 7m 이내마다 계단참을 설치할 것
④ 사다리의 상단은 걸쳐놓은 지점으로부터 60cm 이상 올라가도록 할 것

95. 작업발판 및 통로의 끝이나 개구부로서 근로자가 추락할 위험이 있는 장소에서의 방호조치로 옳지 않은 것은?

① 안전난간 설치 ② 와이어로프 설치
③ 울타리 설치 ④ 수직형 추락방망 설치

96. 산업안전보건법령에 따른 건설공사 중 다리 건설공사의 경우 유해위험방지계획서를 제출하여야 하는 기준으로 옳은 것은?

① 최대 지간길이가 40m 이상인 다리의 건설등 공사
② 최대 지간길이가 50m 이상인 다리의 건설등 공사
③ 최대 지간길이가 60m 이상인 다리의 건설등 공사
④ 최대 지간길이가 70m 이상인 다리의 건설등 공사

답안표기란

88	①	②	③	④
89	①	②	③	④
90	①	②	③	④
91	①	②	③	④
92	①	②	③	④
93	①	②	③	④
94	①	②	③	④
95	①	②	③	④
96	①	②	③	④

97. 작업의자형 달비계를 설치하는 경우 근로자 추락위험을 방지하기 위한 조치사항에 해당하는 것은?

① 달비계에 안전난간을 설치할 것
② 근로자에게 안전대를 착용하도록 하고 근로자가 착용한 안전줄을 달비계의 구명줄에 체결하도록 할 것
③ 근로자의 추락을 방지하기 위한 수직보호망을 설치할 것
④ 달비계에 추락방지를 위한 방호선반을 설치할 것

98. 가설통로를 설치하는 경우 준수해야 할 기준으로 옳지 않은 것은?

① 경사는 30° 이하로 할 것
② 경사가 25°를 초과하는 경우에는 미끄러지지 아니하는 구조로 할 것
③ 건설공사에 사용하는 높이 8m 이상인 비계다리에는 7m 이내마다 계단참을 설치할 것
④ 수직갱에 가설된 통로의 길이가 15m 이상인 때에는 10m 이내마다 계단참을 설치할 것

99. 강관틀 비계를 조립하여 사용하는 경우 준수하여야 할 사항으로 옳지 않은 것은?

① 비계기둥의 밑둥에는 밑받침 철물을 사용할 것
② 높이가 20m를 초과하거나 중량물의 적재를 수반하는 작업을 할 경우에는 주틀 간의 간격을 1.8m 이하로 할 것
③ 주틀 간에 교차 가새를 설치하고 최하층 및 3층 이내마다 수평재를 설치할 것
④ 길이가 띠장 방향으로 4m 이하이고 높이가 10m를 초과하는 경우에는 10m 이내마다 띠장 방향으로 버팀기둥을 설치할 것

100. 철륜 표면에 다수의 돌기를 붙여 접지면적을 작게하여 접지압을 증가시킨 롤러로서 깊은 다짐이나 고함수비 지반의 다짐에 많이 이용되는 롤러는?

① 머캐덤롤러　　② 탠덤롤러
③ 탬핑롤러　　④ 타이어롤러

답안표기란				
97	①	②	③	④
98	①	②	③	④
99	①	②	③	④
100	①	②	③	④

2025년 산업안전산업기사 필기 대비 모의고사 정답과 해설

2025년 산업안전산업기사 필기 대비 모의고사 정답과 해설

2025년 산업안전산업기사 필기 대비 모의고사 1회 정답과 해설

01	02	03	04	05	06	07	08	09	10
①	③	③	④	④	③	②	③	①	④
11	12	13	14	15	16	17	18	19	20
③	④	③	③	③	③	①	②	①	④
21	22	23	24	25	26	27	28	29	30
①	④	③	①	②	①	②	②	①	①
31	32	33	34	35	36	37	38	39	40
④	②	②	④	④	④	④	②	④	①
41	42	43	44	45	46	47	48	49	50
①	①	④	②	②	④	③	③	④	③
51	52	53	54	55	56	57	58	59	60
②	③	④	②	①	③	①	①	④	②
61	62	63	64	65	66	67	68	69	70
②	②	②	④	②	②	①	②	②	④
71	72	73	74	75	76	77	78	79	80
②	④	①	③	③	④	①	③	②	③
81	82	83	84	85	86	87	88	89	90
①	①	③	②	④	③	②	④	②	①
91	92	93	94	95	96	97	98	99	100
①	②	③	②	②	①	④	②	④	④

제1과목 : 산업재해 예방 및 안전보건교육

01 X, Y이론의 관리처방

X 이론의 관리처방 (독재적 리더십)	Y이론의 관리처방 (민주적 리더십)
① 권위주의적 리더십의 확보 ② 경제적 보상체계의 강화 ③ 세밀한 감독과 엄격한 통제 ④ 상부책임제도의 강화(경영자의 간섭) ⑤ 설득, 보상, 벌, 통제에 의한 관리	① 분권화와 권한의 위임 ② 민주적 리더십의 확립 ③ 직무확장 ④ 비공식적 조직의 활용 ⑤ 목표에 의한 관리 ⑥ 자체 평가제도의 활성화 ⑦ 조직목표달성을 위한 자율적인 통제

02 학습경험 선정과 조직의 원리(Tyler의 교육과정개발)

학습경험 선정의 원리	① 기회의 원리 ② 만족의 원리 ③ 가능성의 원리 ④ 다활동의 원리(일목표 다경험) ⑤ 다성과의 원리(일경험 다목표) 등
학습경험 조직의 원리	① 수직관계(계속성, 계열성) ② 수평관계(통합성)

03 컨설팅지원

일선기관장은 사업장에서 안전보건 상의 문제점을 해결하기 위하여 실태심사 전·후에 컨설팅을 요청하는 경우 컨설턴트로 하여금 컨설팅을 하도록 할 수 있다.

04 지적확인

인간의 감각기관을 최대한 활용함으로 위험 요소에 대한 긴장을 유발하고 불안전 행동이나 상태를 사전에 방지하는 효과가 있다. 작업자 상호간의 연락이나 신호를 위한 동작과 지적도 지적확인이라고 한다.

05 원인추정이 아니라 원인계기의 원칙이 해당된다.

06 지각 과정에서의 오류

초두효과	나중에 입력된 정보보다 먼저 입력된 정보가 더 큰 영향을 미치게 되는 현상(첫인상이 중요한 이유)
최신효과	초두효과와 반대개념으로 가장최근에 입력된 정보를 가장 잘 기억하는 경우(과정에 실수가 있을지라도 마무리를 잘 해서 성공하는 경우)

07 매슬로(Maslow)의 욕구단계 이론

생리적 욕구 → 안전욕구 → 사회적 욕구 → 존경의 욕구 → 자아실현의 욕구

08 부주의 발생원인 및 대책

① 경험부족 및 미숙련 – 안전교육
② 소질적 조건 – 적성배치
③ 작업환경 조건 불량 – 환경정비
④ 작업강도 – 작업량, 시간, 속도 등의 조절

09 근로자 채용시 교육 및 작업내용 변경시의 교육내용

① 산업안전 및 사고 예방에 관한 사항
② 산업보건 및 직업병 예방에 관한 사항
③ 위험성 평가에 관한 사항
④ 산업안전보건법령 및 산업재해보상보험 제도에 관한 사항
⑤ 직무스트레스 예방 및 관리에 관한 사항
⑥ 직장 내 괴롭힘, 고객의 폭언 등으로 인한 건강장해 예방 및 관리에 관한 사항
⑦ 기계·기구의 위험성과 작업의 순서 및 동선에 관한 사항
⑧ 작업 개시 전 점검에 관한 사항
⑨ 정리정돈 및 청소에 관한 사항
⑩ 사고 발생 시 긴급조치에 관한 사항
⑪ 물질안전보건자료에 관한 사항

10 조건반사설(pavlov)

① 일관성의 원리 ② 강도의 원리 ③ 시간의 원리 ④ 계속성의 원리

11 산업스트레스의 요인

① 직무특성 : 작업속도, 근무시간, 업무의 반복성, 복잡성, 위험성, 단조로움 등
② 스트레스는 신체적, 정신적 건강뿐만 아니라 결근, 전직, 직무불만족, 직무 성과와도 관련되어 직무몰입 및 생산성 감소 등의 부정적인 반응을 초래

12 용어의 정의

① 지각 : 외부의 자극이나 정보를 주관적으로 분석하고 해석하는 과정
② 정서 : 내적 외적 자극에 대한 반응으로 신체적, 생리적 현상을 동반하며, 감정, 기분 등으로, 개인이 느끼는 주관적인 반응을 감정으로 표현되는 심리적 기제
③ 동기 : 어떤 행동을 시작하게 하는 내적인 요인으로, 행동을 일으키고, 행동의 방향을 결정하여, 행동을 지속하게 하는 요인
④ 좌절 : 원하는 것이나 목표로 하는 것을 얻지 못하거나, 어떤 일이나 목표달성이 실패했을 경우 느끼게 되는 분노와 불안 등의 불쾌한 감정

13 알더퍼(Alderfer)의 ERG 이론

① 생존(존재)욕구(E) : 유기체의 생존과 유지에 관련, 의식주와 같은 기본욕구 포함(임금 등)
② 관계욕구(R) : 타인과의 상호작용을 통하여 만족을 얻으려는 대인욕구(개인간 관계, 소속감 등)
③ 성장욕구(G) : 개인의 발전과 증진에 관한 욕구, 주어진 능력이나 잠재능력을 발전시킴으로 충족

14 리스크 테이킹(risk taking)

① 객관적인 위험을 자기 편리한 대로 판단하여 의지결정을 하고 행동에 옮기는 현상
② 안전태도가 양호한 자는 risk taking정도가 적다.
③ 안전태도 수준이 같은 경우 작업의 달성 동기, 성격, 일의 능률, 적성배치, 심리상태 등 각종요인의 영향으로 risk taking의 정도는 변한다.

15 태도교육의 특징

① 생활지도, 작업동작지도, 안전의 습관화 및 일체감
② 자아실현욕구의 충족기회 제공
③ 상사와 부하의 목표설정을 위한 대화(대인관계)
④ 작업자의 능력을 약간 초월하는 구체적이고 정량적인 목표설정
⑤ 신규 채용시에도 태도교육에 중점

16 법의 규정된 사항 이외에도 현장 감독자·근로자의 의견을 충분히 반영한 교육이 실시되도록 한다.

17 근로자 안전보건 교육

교육과정	교육대상		교육시간
가. 정기교육	사무직 종사 근로자		매반기 6시간 이상
	그 밖의 근로자	판매업무에 직접 종사하는 근로자	매반기 6시간 이상
		판매업무에 직접 종사하는 근로자 외의 근로자	매반기 12시간 이상
나. 채용 시 교육	일용근로자 및 근로계약기간이 1주일 이하인 기간제근로자		1시간 이상
	근로계약기간이 1주일 초과 1개월 이하인 기간제근로자		4시간 이상
	그 밖의 근로자		8시간 이상
다. 작업내용 변경 시 교육	일용근로자 및 근로계약기간이 1주일 이하인 기간제근로자		1시간 이상
	그 밖의 근로자		2시간 이상

18 무재해 운동의 3대 원칙

무의 원칙	모든 잠재위험요인을 적극적으로 사전에 발견하고 파악·해결함으로써 산업재해의 근원적인 요소들을 없앤다는 것을 의미한다.
선취의 원칙	사업장 내에서 행동하기 전에 잠재위험요인을 발견하고 파악·해결하여 재해를 예방하는 것을 의미한다.
참가의 원칙	잠재위험요인을 발견하고 파악·해결하기 위하여 전원이 일치 협력하여 각자의 위치에서 적극적으로 문제해결을 하겠다는 것을 의미한다.

19 불안과 스트레스

① 불안은 직접적인 관찰이 힘들고 발생하는 원인이 다양하기 때문에 관점에 따라 주관적인 견해들이 있을 수 있다.
② 스트레스의 이중성

디스트레스 (distress)	① 스스로 대처할수 있는 능력 초과 ② 부정적인 영향 ③ 저항력을 낮춰 질병유발 ④ 삶의 질 저하 ⑤ 분노, 우울 등 정서적 불안감 및 두통, 피로, 집중력 저하 등
유스트레스 (eustress)	① 기분 좋은 긴장감 ② 긍정적인 영향 ③ 저항력을 높여 건강증진 ④ 삶의 활력소 ⑤ 집중력 증가 및 동기부여

20 OJT의 특징

① 직장의 현장실정에 맞는 구체적이고 실질적인 교육이 가능하다.
② 교육의 효과가 업무에 신속하게 반영된다.
③ 교육의 이해도가 빠르고 동기부여가 쉽다.
④ 개인의 능력과 적성에 알맞은 맞춤교육이 가능하다.
⑤ 교육으로 인해 업무가 중단되는 업무손실이 적다.

tip

다수의 근로자들에게 조직적 훈련이 가능한 것은 Off.J.T에 해당하는 내용

제2과목 : 인간공학 및 위험성 평가·관리

21 청각 장치와 시각 장치의 비교

청각 장치 사용	시각 장치 사용
① 전언이 간단하다. ② 전언이 짧다. ③ 전언이 후에 재참조되지 않는다. ④ 수신자가 시각계통이 과부하 상태일 때 ⑤ 전언이 즉각적인 행동을 요구한다(긴급할 때)	① 전언이 복잡하다. ② 전언이 길다. ③ 전언이 후에 재참조된다. ④ 수신자의 청각 계통이 과부하 상태일 때 ⑤ 전언이 즉각적인 행동을 요구하지 않는다.

22 Bottom up 방식은 상향식, Topdown 방식은 하향식을 의미하는 것으로 FTA는 Top사상으로부터 아래로 결함원인을 분석해 가는 Topdown 방식에 해당된다.

23 가치분석은 설계는 그대로 두고 부품의 가격과 기능을 분석하여 부품 변경의 가능성을 탐색하는 원가분석기법이다.

24 인간 기계 시스템의 유형

수동 시스템	인간의 신체적인 힘을 동력원으로 사용하여 작업통제(동력원 및 제어 : 인간, 수공구나 기타 보조물로 구성) : 다양성 있는 체계로 역할 할 수 있는 능력을 최대한 활용하는 시스템
기계 시스템	① 반자동시스템, 변화가 적은 기능들을 수행하도록 설계(고도로 통합된 부품들로 구성되며 융통성이 없는 체계) ② 동력은 기계가 제공, 조정장치를 사용한 통제는 인간이 담당
자동 시스템	① 감지, 정보처리 및 의사결정 행동을 포함한 모든 임무 수행(완전하게 프로그램 되어야 함) ② 대부분 폐회로 체계이며, 신뢰성이 완전하지 못하여 감시, 프로그램 작성 및 수정 정비유지 등은 인간이 담당

25 작업장의 조도기준

① 초정밀 작업 : 750 lux 이상 ② 정밀작업 : 300 lux 이상
③ 보통작업 : 150 lux 이상 ④ 그밖의 작업 : 75 lux 이상

26 유해·위험요인 파악 방법

① 사업장 순회점검(특별한사정이 없으면 포함)
② 근로자들의 상시적 제안
③ 설문조사·인터뷰 등 청취조사
④ 안전보건 체크리스트
⑤ MSDS 등 안전보건자료에 의한 방법 등

27 들기지수(LI : Lifting Index)

① 들기지수는 NIOSH의 들기 작업지침(NIOSH Lifting Equation)에서 권장무게한계를 통해 계산할수 있다.
② 들기지수 : 실제작업무게/권장무게한도

28 의자 쿠션의 두께는 4~5cm 정도로 하고 탄력성과 통기성이 좋은 것을 사용

29 work sampling의 정의

간헐적으로 랜덤한 시점에서 기계 및 작업자를 순간적으로 관측하여 가동상태를 파악하고 축적된 자료를 토대로 특정 작업에 대한 시간 등의 비율을 추정하는 기법

30 서블릭의 분류

효율적인 therblig	기본적인 동작	빈손이동, 운반, 쥐기, 내려놓기, 미리놓기
	동작의 목적을 가지는 동작	사용, 조립, 분해
비효율적인 therblig	정신적 또는 반정신적 동작	찾기, 고르기, 바로놓기, 검사, 계획
	정체적인 부분의 동작	불가피한 지연, 피할 수 있는 지연, 휴식, 잡고있기

31 Risk Assessment (Safety Assessment)

손실방지를 위한 관리활동으로 기업경영은 생산활동을 둘러싸고 있는 모든 Risk를 제거하여 이익을 얻는 것을 말하며 이러한 활동을 Risk Assessment라 한다.

32 부품배치의 원칙

① 중요성의 원칙 ② 사용빈도의 원칙 ③ 기능별 배치의 원칙
④ 사용순서의 원칙

33 소음관리(소음통제 방법)

① 소음원의 제거 – 가장 적극적인 대책 ② 소음원의 통제
③ 소음의 격리 ④ 차음 장치 및 흡음재 사용
⑤ 음향 처리제 사용 ⑥ 적절한 배치(lay out)

tip
보호구 착용은 가장 소극적인 대책이며 최후의 수단에 해당된다.

34 계기의 크기는 계기의 조절시간이 짧게 소요되는 사이즈 선택하되, 너무 작으면 오차발생이 증대되므로 상대적으로 고려하여야 한다.

35 인간 기계 시스템의 유형 및 기능

수동 시스템	인간의 신체적인 힘을 동력원으로 사용하여 작업통제
기계 시스템	반자동시스템, 동력은 기계가 제공, 조정장치를 사용한 통제는 인간이 담당
자동 시스템	감지, 정보처리 및 의사결정 행동을 포함한 모든 임무 수행. 신뢰성이 완전하지 못하여 감시, 프로그램 작성 및 수정 정비유지 등은 인간이 담당

36 동적 표시장치의 기본형

정목동침형 (지침이동형)	정량적인 눈금이 정성적으로 사용되어 원하는 값으로부터의 대략적인 편차나, 고도를 읽을 때 그 변화방향과 율등을 알고자 할 때
정침동목형 (지침고정형)	나타내고자 하는 값의 범위가 클 때, 비교적 작은 눈금판에 모두 나타 내고자 할 때
계수형 (숫자로 표시)	• 수치를 정확하게 충분히 읽어야 할 경우 • 원형 표시 장치보다 판독오차가 적고 판독시간도 짧다.

37 NIOSH Lifting Equation(NIOSH의 들기 작업지침)

① 들기 작업에 대한 권장무게한계를 산출하여 작업의 위험성을 예측하고 인간공학적인 작업방법을 통해 작업자의 직업성 요통을 사전에 예방하기 위한 지침
② 들기 작업에만 적용되며, 반복, 밀기, 당기기 등과 같은 작업의 평가에 적용곤란

38 FTA에 의한 재해사례 연구순서

① 정상(TOP)사상의 선정
② 각 사상의 재해원인 규명
③ FT도 작성 및 분석
④ 개선 계획의 작성

39 작업량

$$1일\ 작업량=\frac{작업지속시간}{작업지속시간+휴식시간}\times 8=\frac{45}{45+15}\times 8=6시간$$

40 양립성의 종류

공간적(spatial) 양립성	표시장치나 조정장치에서 물리적 형태 및 공간적 배치
운동(movement) 양립성	표시장치의 움직이는 방향과 조정장치의 방향이 사용자의 기대와 일치
개념적(conceptual) 양립성	이미 사람들이 학습을 통해 알고있는 개념적 연상
양식(modality) 양립성	직무에 알맞은 자극과 응답의 양식의 존재에 대한 양립성.

| 제3과목 : 기계·기구 및 설비 안전관리

41 컨베이어의 안전장치

① 비상정치장치 ② 역주행방지장치 ③ 브레이크 ④ 이탈방지장치
⑤ 덮개 또는 낙하방지용 울 ⑥ 건널다리 등

tip
반발예방장치는 목재가공용 둥근톱의 방호장치에 해당된다.

42 양수기동식의 안전거리

① $D_m=1.6T_m$
② $T_m=\left(\frac{1}{클러치\ 맞물림\ 개소수}+\frac{1}{2}\right)\times\frac{60,000}{매분행정수}(\text{ms})$
$=\left(\frac{1}{4}+\frac{1}{2}\right)\times\frac{60,000}{300}=150(\text{ms})$
③ $D_m=1.6\times 150=240(\text{mm})$

43 프레스의 본질적 안전화(no-hand in die 방식)

① 안전울이 부착된 프레스
② 안전 금형을 부착한 프레스
③ 전용 프레스
④ 자동 송급, 배출기구가 있는 프레스
⑤ 자동 송급, 배출장치를 부착한 프레스

44 양중기의 방호장치의 종류

① 과부하방지장치 ② 권과방지장치 ③ 비상정지장치 및 제동장치
④ 그 밖의 방호장치(승강기의 파이널 리미트 스위치, 조속기, 출입문 인터록 등)

45 누름버튼 또는 조작 레버의 간격은 300mm이상이어야 한다.

46 연삭기 덮개의 설치방법

① 탁상용 연삭기의 노출각도는 80° 이내로 하되, 숫돌의 주축에서 수평면 위로 이루는 원주 각도는 65° 이상이 되지 않도록 하여야 한다.
② 연삭숫돌의 상부를 사용하는 것을 목적으로 하는 연삭기는 60° 이내로 한다.
③ 휴대용 연삭기는 180° 이내로 한다.
④ 원통형 연삭기는 180° 이내로 하되, 숫돌의 주축에서 수평면위로 이루는 원주각도는 65° 이상이 되지 않도록 하여야한다
⑤ 절단 및 평면 연삭기는 150° 이내로 하되, 숫돌의 주축에서 수평면 밑으로 이루는 덮개의 각도는 15°이상이 되도록 하여야 한다.

47 역전방지장치

컨베이어·이송용 롤러 등을 사용하는 경우에 정전·전압강하 등에 의한 화물 또는 운반구의 이탈 및 역주행을 방지하는 장치로 경사부가 있는 컨베이어에서 사용

48 분할날의 두께

① 톱날 두께의 1.1배 이상이고, 톱날의 치진폭 이하이어야 한다.
② 4mm × 1.1 = 4.4mm 이상

49 급정지장치 조작부의 위치

급정지장치 조작부의 종류	위치	비고
손조작식	밑면에서 1.8m 이내	위치는 급정지장치 조작부의 중심점을 기준으로 한다.
복부조작식	밑면에서 0.8m 이상 1.1m 이내	
무릎조작식	밑면에서 0.4m 이상 0.6m 이내	

50 포밍(foaming)

보일러수에 불순물이 많이 포함되었을 경우, 보일러수의 비등과 함께 수면부위에 거품층을 형성하여 수위가 불안정하게 되는 현상

51 환산강도율과 환산 빈도율(도수율)

① 환산 빈도율 $= 20 \times \frac{100,000}{1,000,000} = 2$(건)

② 환산 강도율 $= 1.2 \times \frac{100,000}{1,000} = 120$(일)

52 정작업 안전수칙

① 정 작업을 할 때에는 반드시 보안경을 착용해야 한다.
② 정으로는 담금질 된 재료를 절대로 가공할 수 없다.
③ 자르기 시작할 때와 끝날 무렵에는 되도록 세게 치지 않도록 한다.
④ 철강재를 정으로 절단할 때는 철편이 튀는 것에 주의한다.

53 취급운반의 원칙

구분	조건 및 원칙
3조건	① 운반거리를 단축할 것 ② 운반 하역을 기계화 할 것 ③ 손이 많이 가지 않는(힘들이지 않는) 운반 하역 방식으로 할 것
5원칙	① 운반은 직선으로 할 것 ② 계속적으로(연속) 운반을 할 것 ③ 운반 하역 작업을 집중화 할 것 ④ 생산을 향상시킬 수 있는(최대로 하는) 운반 하역 방법을 고려할 것 ⑤ 최대한 수작업을 생략하여 힘들이지 않는 방법을 고려할 것

54 압력용기의 방호장치(안전밸브 설치)

① 과압으로 인한 폭발 방지를 위해 설치
② 다단형 압축기 또는 직렬로 접속된 공기압축기 – 각 단 또는 각 공기압축기별로 안전밸브등을 설치
③ 안전밸브는 설비의 최고사용압력 이전에 작동되도록 설정
④ 안전밸브의 검사주기(압력계를 이용하여 설정압력에서 안전밸브가 적정하게 작동하는지 검사후 납으로 봉인하여 사용)
　㉮ 화학공정 유체와 안전밸브의 디스크 또는 시트가 직접접촉이 가능하도록 설치된 경우 : 2년마다 1회 이상
　㉯ 안전밸브 전단에 파열판이 설치된 경우 : 3년마다 1회이상
　㉰ 공정안전보고서 이행상태 평가결과가 우수한 사업장의 안전밸브의 경우 : 4년마다 1회 이상

55 안전블록

프레스 등의 금형을 부착·해체 또는 조정작업을 하는 때에는 근로자의 신체의 일부가 위험 한계 내에 들어갈 때에 슬라이드가 갑자기 작동함으로써 발생하는 근로자의 위험을 방지하기 위하여 안전블록을 사용하는 등 필요한 조치를 하여야 한다.

56 Simonds and Grimaldi 방식

① 총 재해 비용 산출방식 = 보험 Cost + 비 보험 Cost =
산재보험료 + A × (휴업상해건수) + B × (통원상해건수)
+ C × (응급처치건수)+D×(무상해사고건수)

57 주관적이 아니라 객관적이어야 하며 육하원칙에 의해 표현한다.

58 와이어로프의 안전계수

① 화물의 하중을 직접 지지하는 경우 달기와이어로프 또는 달기체인의 경우 안전계수는 5

② 최대허용하중 $= \frac{\text{절단하중}}{\text{안전계수}} = \frac{100}{5} = 20$톤

59 가드의 종류

① 고정형 가드 : 완전 밀폐형, 작업점용
② 자동형(연동형) : inter Lock 장치가 부착된 가드
③ 조절형 : 날 접촉예방장치 등

60 안전점검(점검방법에 의한)

외관점검 (육안 검사)	기기의 적정한 배치, 부착상태, 변형, 균열, 손상, 부식, 마모, 볼트의 풀림 등의 유무를 외관의 감각기관인 시각 및 촉감 등으로 조사하고 점검기준에 의해 양부를 확인
기능점검	간단한 조작을 행하여 봄으로 대상기기에 대한 기능의 양부 확인
작동점검	방호장치나 누전차단기 등을 정하여진 순서에 의해 작동시켜 그 결과를 관찰하여 상황의 양부 확인
종합점검	정해진 기준에 따라서 측정검사를 실시하고 정해진 조건 하에서 운전시험을 실시하여 기계설비의 종합적인 기능 판단

❙ 제4과목 : 전기 및 화학설비 안전관리

61 가솔린이 남아 있는 설비에 등유 등의 주입

(1) 미리 그 내부를 깨끗하게 씻어내고 가솔린의 증기를 불활성 가스로 바꾸는 등 안전한 상태로 되어 있는지를 확인한 후에 그 작업을 하여야 한다.
(2) 다만, 다음의 조치를 하는 경우에는 그러하지 아니하다.
　① 등유나 경유를 주입하기 전에 탱크·드럼 등과 주입설비 사이에 접속선이나 접지선을 연결하여 전위차를 줄이도록 할 것
　② 등유나 경유를 주입하는 경우에는 그 액표면의 높이가 주입관의 선단의 높이를 넘을 때까지 주입속도를 초당 1미터 이하로 할 것

62 증류탑

증기압이 다른 액체 혼합물에서 끓는점 차이를 이용해서 특정성분을 분리해내는 장치로 끓는점이 낮은 물질이 위쪽에서 분리되고 끓는점이 높은 물질이 아래쪽에서 분리된다.

63 폭굉과 폭굉파

① 폭굉이란 폭발 범위내의 특정 농도 범위에서 연소속도가 폭발에 비해 수백 내지 수천 배에 달하는 현상
② 폭굉파는 진행속도가 1,000~3,500m/s 에 달하는 경우
③ 폭굉파의 전파속도는 음속을 앞지르기 때문에 그 진행전면에 충격파가 형성되어 파괴 작용을 동반

64 폭발의 분류(물리적 상태)

물리적 상태	기상 폭발	가스폭발, 분무폭발, 분진폭발, 가스분해폭발
	응상 폭발	수증기폭발, 증기폭발

65 유해 · 위험물질의 유출 시 조치사항

유출지역의 인원을 대피시키고, 위험물질의 농도를 희석하여 안전하게 하거나 유출부분은 폐쇄하여 완전히 격리하도록 한다.

66 관리대상 유해물질의 운반 및 저장

(1) 사업주는 관리대상 유해물질을 운반하거나 저장하는 경우에 그 물질이 새거나 발산될 우려가 없는 뚜껑 또는 마개가 있는 튼튼한 용기를 사용하거나 단단하게 포장을 하여야 하며, 그 저장장소에는 다음 각 호의 조치를 하여야 한다.
① 관계 근로자가 아닌 사람의 출입을 금지하는 표시를 할 것
② 관리대상 유해물질의 증기를 실외로 배출시키는 설비를 설치할 것

(2) 사업주는 관리대상 유해물질을 저장할 경우에 일정한 장소를 지정하여 저장하여야 한다.

67 르샤틀리에의 법칙(혼합가스의 폭발범위 계산)

$$\frac{100}{L}=\frac{V_1}{L_1}+\frac{V_2}{L_2}=\frac{75}{2.5}+\frac{25}{5.0}=35$$

그러므로 $L=2.857$

68 위험물 저장 취급 화학설비의 안전거리

구분	안전거리
단위공정시설 및 설비로부터 다른 단위공정시설 및 설비의 사이	설비의 외면으로부터 10미터 이상
플레어스택으로부터 단위공정시설 및 설비, 위험물질 저장탱크 또는 위험물질 하역설비의 사이	플레어스택으로부터 반경 20미터 이상
위험물질 저장탱크로부터 단위공정시설 및 설비, 보일러 또는 가열로의 사이	저장탱크의 외면으로부터 20미터 이상
사무실·연구실·실험실·정비실 또는 식당으로부터 단위공정시설 및 설비, 위험물질 저장탱크, 위험물질 하역설비, 보일러 또는 가열로의 사이	사무실 등의 외면으로부터 20미터 이상

69 질산에스테르는 위험물의 종류 중 폭발성 물질 및 유기과산화물에 해당한다.

70 반응폭주

① 문제의 설명은 반응폭주에 대한 정의에 해당되며, 이러한 반응폭주에 대한 파열판 설치 등의 안전조치가 반드시 이루어져야 한다.
② 냉각수의 공급이 원활하지 못할 경우 냉각기능이 상실되어 온도와 압력이 상승하면서 반응폭주현상이 발생할 수 있다.

71 심실 세동 전류

$$I=\frac{165}{\sqrt{T}}(\mathrm{mA})=\frac{165}{\sqrt{1}}=165(\mathrm{mA})$$

72 고압 활선 작업시 안전장구

① 절연용 보호구 착용 ② 절연용 방호구 설치
③ 활선 작업용 기구 사용 ④ 활선 작업용 장치 사용

73 기기보호등급(Equipment Protection Level)

EPL	점화원이 될수 있는 가능성에 기초하여 기기에 부여된 보호등급
EPL Ga	폭발성 가스분위기에 설치되는 기기로 정상작동, 예상된 오작동 또는 드문오작동 중에 점화원이 될수 없는 "매우 높은" 보호등급의 기기
EPL Gb	폭발성 가스 분위기에 설치되는 기기로 정상작동 또는 예상된 오작동 중에 점화원이 될수 없는 "높은" 보호등급의 기기
EPL Gc	폭발성 가스 분위기에 설치되는 기기로 정상작동 중에 점화원이 될수 없고 정기적인 고장발생 시 점화원으로서 비활성 상태의 유지를 보장하기 위하여 추가적인 보호장치가 있을수 있는 "강화된(enhanced)" 보호등급의 기기

74 안전증 방폭구조(e)

① 정상 운전중에 폭발성 가스 또는 증기에 점화원이 될 전기불꽃, 아크 또는 고온부분 등의 발생을 방지하기 위하여 기계적, 전기적 구조상 또는 온도상승에 대해서 특히 안전도를 증가시킨 구조
② 코일의 절연성능 강화 및 표면온도상승을 더욱 낮게 설계하거나 공극 및 연면거리를 크게 하여 안전도 증가

75 방전이란 대전된 물체에서 전하가 방출되는 현상을 말하며, 대전체가 전기를 잃어 중성이 되는 현상을 의미한다. 대전체가 전하를 얻는 충전의 반대과정에 해당된다.

76 방폭구조의 선정기준(가스폭발위험장소)

폭발위험장소의 분류	방폭구조 전기기계기구의 선정기준	
0종 장소	본질안전방폭구조(ia)	
1종 장소	내압방폭구조(d) 충전방폭구조(q) 안전증방폭구조(e) 몰드방폭구조(m)	압력방폭구조(p) 유입방폭구조(o) 본질안전방폭구조(ia, ib)
2종 장소	0종 장소 및 1종 장소에 사용가능한 방폭구조 비점화방폭구조(n)	

77 정전 작업요령 포함사항(보기 외에)

① 교대 근무시 근무인계에 필요한 사항
② 전로 또는 설비의 정전순서에 관한사항
③ 개폐기 관리 및 표지판 부착에 관한사항
④ 정전 확인순서에 관한사항
⑤ 점검 또는 시운전을 위한 일시운전에 관한사항

78 접지저항을 감소시키는 방법

① 약품법 : 도전성 물질을 접지극 주변토양에 주입
② 병렬법 : 접지 수를 증가하여 병렬접속
③ 접지전극을 대지에 깊이 박는 방법(75cm 이상 깊이)

79 전기기계·기구의 조작시 등의 안전조치

사업주는 전기적 불꽃 또는 아크에 의한 화상의 우려가 있는 고압 이상의 충전전로 작업에 근로자를 종사시키는 경우에는 방염처리된 작업복 또는 난연성능을 가진 작업복을 착용시켜야 한다.

80 허용누설전류

허용 누설 전류 ≤ 최대공급전류/ 2000

❙ 제5과목 : 건설공사 안전관리

81 차량계 하역운반기계의 이송(보기 외에)

① 싣거나 내리는 작업은 평탄하고 견고한 장소에서 할 것
② 발판을 사용하는 경우에는 충분한 길이·폭 및 강도를 가진 것을 사용하고 적당한 경사를 유지하기 위하여 견고하게 설치할 것

82 고소작업대는 차량계 하역운반기계의 종류이다.

83 거푸집 해체 작업시 안전수칙(보기 외에)

① 거푸집동바리를 해체할 때에는 작업책임자 선임
② 관계자를 제외하고는 출입금지 조치
③ 재사용 가능한 것과 보수하여야 할 것을 선별 분리하여 적치하고 정리정돈
④ 거푸집 해체 때 구조체에 무리한 충격이나 큰 힘에 의한 지렛대 사용은 금지
⑤ 보 또는 스라브 거푸집을 제거할 때에는 거푸집의 낙하 충격으로 인한 작업자의 돌발적 재해를 방지

84 비계기둥간의 적재하중은 400kg을 초과하지 아니하도록 한다.

85 클램쉘(Clam Shell)

① 지반아래 협소하고 깊은 수직굴착에 주로 사용(수중굴착 및 구조물 기초바닥, 우물통 기초의 내부굴착 등)
② Bucket 이 양쪽으로 개폐되며 Bucket을 열어서 굴삭
③ 모래, 자갈 등을 채취하여 트럭에 적재

86 차량계하역 운반기계의 전도등의 방지조치

① 유도자 배치 ② 부동침하 방지조치 ③ 갓길의 붕괴방지조치

87 안전망 인장강도

그물코의 크기 (단위 : 센티미터)	방망의 종류(단위 : 킬로그램)			
	매듭 없는 방망		매듭 방망	
	신품	폐기시	신품	폐기시
10	240	150	200	135
5			110	60

88 현문 사다리는 견고한 재료로 제작된 것으로 너비는 55센티미터 이상이어야 하고, 양측에 82센티미터 이상의 높이로 울타리를 설치하여야 하며, 바닥은 미끄러지지 않도록 적합한 재질로 처리되어야 한다.

89 추락방호망의 설치기준

① 추락방호망의 설치위치는 가능하면 작업면으로부터 가까운 지점에 설치하여야 하며, 작업면으로부터 망의 설치지점까지의 수직거리는 10미터를 초과하지 아니할 것
② 추락방호망은 수평으로 설치하고, 망의 처짐은 짧은 변 길이의 12퍼센트 이상이 되도록 할 것
③ 건축물 등의 바깥쪽으로 설치하는 경우 망의 내민 길이는 벽면으로부터 3미터 이상 되도록 할 것. 다만, 그물코가 20밀리미터 이하인 망을 사용한 경우에는 낙하물에 의한 위험방지에 따른 낙하물방지망을 설치한 것으로 본다.

90 거푸집의 형상에 따른 부득이한 경우를 제외하고는 깔판이나 받침목은 2단이상 끼우지 않도록 할 것

91 보링(Boring)

강관을 이용하여 지반을 천공한후 토사를 채취하여 토층의 구성상태를 분석하기 위한 지반조사 방법으로, 로터리(회전)식 보링, 충격식 보링, 수세식 보링, 오거식 보링 등이 있다.

92 핸드브레이커 준수사항

① 끌의 부러짐을 방지하기 위하여 작업자세는 하향 수직방향으로 유지하도록 하여야 한다.
② 기계는 항상 점검하고, 호스의 꼬임 · 교차 및 손상여부를 점검하여야 한다.

93 강관틀비계

① 전체높이 40m 초과 금지 및 주틀 간 교차가새. 최상층 및 5층 이내마다 수평재 설치
② 높이 20m 초과하거나 중량물의 적재를 수반하는 작업의 경우 주틀 간의 간격 1.8m 이하
③ 길이가 띠장 방향으로 4m 이하이고 높이가 10m를 초과하는 경우 10m 이내마다 띠장 방향으로 버팀 기둥설치

94 계측장치

① 변형계(strain gauge) : 흙막이 버팀대의 변형 정도를 파악하는 기기
② 하중계(load cell) : 흙막이 버팀대에 작용하는 토압, 어스 앵커의 인장력 등을 측정하는 기기

95 발판과 벽과의 사이는 15센티미터 이상의 간격을 유지할 것

96 강관비계의 구조(높이제한)

① 비계기둥 최고부로부터(아랫 방향으로) 31m되는 지점 밑부분의 비계기둥은 2본의 강관으로 묶어세울 것
② 45m – 31m = 14m

97 동바리로 사용하는 파이프서포트의 준수사항

① 파이프서포트를 3개 이상이어서 사용하지 아니하도록 할 것
② 파이프서포트를 이어서 사용할 때에는 4개 이상의 볼트 또는 전용 철물을 사용하여 이을 것
③ 높이가 3.5미터를 초과할 때에는 높이 2미터 이내마다 수평연결재를 2개 방향으로 만들고 수평연결재의 변위를 방지할 것

tip

동바리로 사용하는 강관틀에 대하여 강관틀과 강관틀과의 사이에 교차가새를 설치할 것

98 비계높이 2m 이상 장소의 작업발판 설치기준

① 발판재료는 작업할 때의 하중을 견딜 수 있도록 견고한 것으로 할 것
② 작업발판의 폭은 40센티미터 이상으로 하고, 발판재료 간의 틈은 3센티미터 이하로 할 것
③ 추락의 위험성이 있는 장소에는 안전난간을 설치할 것
④ 작업발판재료는 뒤집히거나 떨어지지 않도록 둘 이상의 지지물에 연결하거나 고정시킬 것

99 첨부서류(공사 개요 및 안전보건관리계획)

① 공사 개요서
② 공사현장의 주변 현황 및 주변과의 관계를 나타내는 도면(매설물 현황 포함)
③ 건설물, 사용 기계설비 등의 배치를 나타내는 도면
④ 전체 공정표
⑤ 산업안전보건관리비 사용계획서
⑥ 안전관리 조직표
⑦ 재해 발생 위험 시 연락 및 대피방법

100 리프트의 방호장치

① 과부하방지장치 ② 권과방지장치 ③ 비상정지장치 및 제동장치

2025년 산업안전산업기사 필기 대비 모의고사 2회 정답과 해설

01	02	03	04	05	06	07	08	09	10
③	②	③	③	②	④	③	②	②	②
11	12	13	14	15	16	17	18	19	20
①	③	③	④	③	③	①	④	③	③
21	22	23	24	25	26	27	28	29	30
①	①	③	④	④	②	③	②	③	④
31	32	33	34	35	36	37	38	39	40
①	④	②	②	④	①	③	②	④	②
41	42	43	44	45	46	47	48	49	50
④	①	②	②	③	②	①	①	①	②
51	52	53	54	55	56	57	58	59	60
③	①	①	①	③	③	④	①	②	③
61	62	63	64	65	66	67	68	69	70
③	④	②	①	④	④	③	③	②	③
71	72	73	74	75	76	77	78	79	80
①	④	②	③	①	①	①	②	③	①
81	82	83	84	85	86	87	88	89	90
④	①	④	②	②	③	②	④	②	④
91	92	93	94	95	96	97	98	99	100
③	②	③	③	④	③	④	①	②	③

제1과목 : 산업재해 예방 및 안전보건교육

01 buzz session(버즈세션)

① 6명씩 소집단을 구성하여 6분간 토론한 후 의견을 정리하여 전체집단에서 전원이 토론하는 방식
② 6-6회의라고 하며, 다수의 참가자를 전원 토의에 참여시키기 위한 방법

02 높은 기압에서의 근로시간

유해하거나 위험한 작업으로서 근로시간이 제한되는 작업은 잠함 또는 잠수 작업 등 높은 기압에서 하는 작업으로, 1일 6시간, 1주 34시간을 초과하여 근로하게 해서는 안 된다.

03 인증의 유효기간은 인증일로부터 3년으로 한다. 다만, 공동인증 등의 사유로 유효기간의 조정이 필요한 경우에는 3년 이내의 범위에서 해당 인증사업장과 협의하여 조정할 수 있다.

04 지각과정에서의 오류

상동적 태도	사람을 평가할 때 그 사람이 가지고 있는 특성을 기초로 하지 않고 그 사람이 속해 있는 집단의 특성을 바탕으로 평가하려는 경향(고정관념이나 편견에 의한 판단)
후광효과	현혹효과라고도 하며, 어떤 사람의 한가지 특성이 그 사람의 다른분야 또는 전체적인 평가에도 영향을 미치는 현상(첫인상으로 그 사람의 전체를 평가하려는 경향)
대조효과	사람을 평가할 때 다른 사람과 비교하여 평가하는 것으로 면접 시 바로 앞의 면접자와 대조하여 평가하는 오류 현상
초두효과	나중에 입력된 정보보다 먼저 입력된 정보가 더 큰 영향을 미치게 되는 현상(첫인상이 중요한 이유)
최신효과	초두효과와 반대개념으로 가장최근에 입력된 정보를 가장 잘 기억하는 경우(과정에 실수가 있을지라도 마무리를 잘 해서 성공하는 경우)

05 안전보건교육 계획 수립

정부 규정에 의한 교육에만 한정하여 실시하지 않고 현장의 의견을 충분히 반영하여 분야별로 다양한 교육과 각종 위험에 대한 전문적인 대책들이 필요하다.

06 산업안전보건위원회를 설치·운영하여야 할 건설업은 공사금액 120억원 이상(토목공사업에 해당하는 공사의 경우에는 150억원 이상)

07 안전보건 관리규정에 포함되어야 할 내용

① 안전 및 보건에 관한 관리조직과 그 직무에 관한 사항
② 안전보건교육에 관한 사항
③ 작업장의 안전 및 보건관리에 관한 사항
④ 사고조사 및 대책수립에 관한 사항
⑤ 그 밖에 안전 및 보건에 관한 사항

08 억측판단이 발생하는 배경

① 희망적인 관측이 있을 경우
② 어떤 행위가 과거에 성공한 경험이 있을 경우
③ 정보나 지식이 불확실한 경우
④ 일을 빨리 끝내고 싶은 초조한 마음이 있는 경우

09 보호구에 따른 대상작업

① 안전모 : 물체가 떨어지거나 날아올 위험 또는 근로자가 감전되거나 추락할 위험
② 안전대 : 높이 또는 깊이 2m 이상의 추락할 위험
③ 안전화 : 물체의 낙하 · 충격, 물체의 끼임, 감전 또는 정전기의 대전에 의한 위험
④ 보안면 : 용접시 불꽃 또는 물체가 날아 흩어질 위험
⑤ 방열복 : 고열에 의한 화상 등의 위험

10 하인리히의 재해예방의 4원칙

손실우연의 원칙	사고에 의해서 생기는 상해의 종류 및 정도는 우연적이라는 원칙
예방가능의 원칙	재해는 원칙적으로 예방이 가능하다는 원칙
원인계기의 원칙	재해의 발생은 직접원인으로만 일어나는 것이 아니라 간접원인이 연계되어 일어난다는 원칙
대책선정의 원칙	원인의 정확한 분석에 의해 가장 타당한 재해예방 대책이 선정되어야 한다는 원칙

11 소시오메트리

사회 측정법으로 집단에 있어 각 구성원 사이의 견인과 배척관계를 조사하여 어떤 개인의 집단 내에서의 관계나 위치를 발견하고 평가하는 방법(집단의 인간관계를 조사하는 방법)

12 경고표지

① 경고표지 중 인화성물질경고·산화성물질경고·폭발성물질경고·급성독성물질경고·부식성물질경고 및 발암성·변이원성·생식독성·전신독성·호흡기과민성물질경고는 기본모형이 마름모 형태이고 바탕은 무색, 기본모형은 빨간색(검은색도 가능)
② 그 외의 경고표지는 기본모형이 삼각형이고 검은색이며 바탕은 노란색 관련부호 및 그림은 검은색

13 무재해운동 추진의 3요소(기둥)

① 최고경영자의 엄격한 경영자세
② 라인(관리감독자)화의 철저
③ 직장(소집단)의 자주활동의 활발화

tip

잠재요인을 사전에 발견, 파악, 해결함으로써 근원적으로 산업재해를 없애야 하는 것은 무재해운동의 3원칙 중 무의 원칙에 해당한다.

14 착시현상

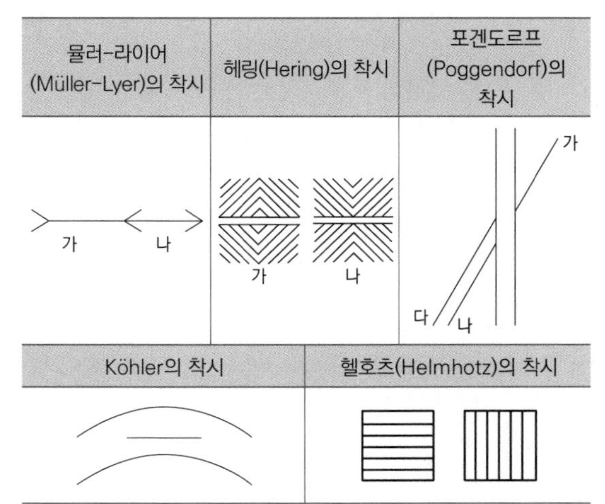

뮬러-라이어 (Müller-Lyer)의 착시
헤링(Hering)의 착시
포겐도르프 (Poggendorf)의 착시
가
나
가
나
가
다
나
Köhler의 착시
헬호츠(Helmhotz)의 착시

15 시정방법의 선정

① 인사 및 배치조정　② 기술적인 개선
③ 교육 및 훈련의 개선　④ 안전행정의 개선
⑤ 규정 및 수칙의 개선　⑥ 이행독려의 체제 강화

16 상황성 누발자

① 작업자체가 어렵기 때문
② 기계설비의 결함 존재
③ 주위 환경상 주의력 집중 곤란
④ 심신에 근심 걱정이 있기 때문

17 의식 수준의 단계

단계 (phase)	의식 상태	생리적 상태
제 0 단계	무의식, 실신	수면, 뇌발작
제 I 단계	의식 흐림(subnormal), 의식 몽롱함	단조로움, 피로, 졸음, 술취함
제 II 단계	이완상태(relaxed) 정상(normal), 느긋한 기분	안정 기거, 휴식시, 정례 작업 시(정상작업시) 일반적으로 일을 시작할 때 안정된 행동
제 III 단계	상쾌한 상태(clear) 정상(normal), 분명한 의식	판단을 동반한 행동, 적극활동 시 가장 좋은 의식수준상태 긴급 이상 사태를 의식할 때
제IV단계	과긴장 상태 (hypernormal, excited)	긴급방위반응 당황해서 panic (감정흥분시 당황한 상태)

18 Maslow의 욕구 5단계

① 1단계 : 생리적 욕구　② 2단계 : 안전의 욕구
③ 3단계 : 사회적 욕구　④ 4단계 : 인정받으려는 욕구
⑤ 5단계 : 자아실현의 욕구

19 직접손실비용 : 간접손실비용 = 1 : 4

① 공식 : 재해손실비용 = 직접비 + 간접비 = 직접비 × 5
② 계산식 : 총손실비용 = 2천만원 × 5 = 1억원

20 선취의 원칙

사업장 내에서 행동하기 전에 잠재위험요인을 발견하고 파악·해결하여 재해를 예방하는 것을 의미한다.

❙ 제2과목 : 인간공학 및 위험성 평가·관리

21 정신적 작업부하에 관한 생리적 측정치

① 부정맥지수
② 점멸융합주파수
③ 기타 정신부하에 관한 생리적 측정치(눈꺼풀의 깜박임율, 동공지름, 뇌파도 등)

22 신뢰도는 병렬 시스템이 가장 높게 나타난다.

23 웨버의 법칙

① 감각기관의 기준자극과 변화감지역의 연관관계
② Weber비 $= \frac{\text{변화감지역}}{\text{기준자극 크기}}$

24 기준척도의 요건

① 적절성 : 기준이 의도된 목적에 적합하다고 판단되는 정도
② 무오염성 : 측정하고자 하는 변수 외의 영향이 없도록
③ 기준척도의 신뢰성 : 척도의 신뢰성 즉 반복성
④ 민감도 : 피실험자 사이에서 볼수 있는 예상 차이점에 비례하는 단위로 측정가능

25 정성적 평가

① 설계관계 : 입지조건, 공장내의배치, 건조물, 소방용 설비 등
② 운전관계 : 원재료, 중간제품 등의 위험성, 프로세스의 운전조건 수송, 저장 등에 대한 안전대책, 프로세스

26 인간공학의 정의

인간이 편리하게 사용할 수 있도록 기계 설비 및 환경을 인간에 맞추어 설계하는 과정을 인간공학이라 한다. (인간의 편리성을 위한 설계)

27 HAZOP에서 유인어의 의미

GUIDE WORD	의미	GUIDE WORD	의미
NO 혹은 NOT	설계의도의 완전한 부정	PART OF	성질상의 감소 (정성적 감소)
MORE LESS	양의 증가 혹은 감소 (정량적)	REVERSE	설계의도의 논리적인 역 (설계의도와 반대 현상)
AS WELL AS	성질상의 증가 (정성적 증가)	OTHER THAN	완전한 대체의 필요

28 최소컷셋

T → AB → ① B / ② B → ①③① / ②③①

{ ①, ③, ① }, { ②, ③, ① } 이므로, 중복된 컷을 제거하면 진정한 미니멀 컷은 { ①, ③ }

29 기본 설계(주요 인간공학 활동)

① 기능할당(인간, 하드웨어, 소프트웨어) : 인간과 기계의 기능비교(상대적 재능)
② 인간 성능 요건 명세
③ 직무분석(job analysis)
④ 작업설계(인간의 가치기준)

30 FTA 사상기호

기호	명칭	설명
	결함사상 (사상기호)	기본 고장의 결함으로 이루어진 고장상태를 나타내는 사상(개별적인 결함사상)
	기본사상 (사상기호)	더 이상 전개되지 않는 기본인 사상 또는 발생 확률이 단독으로 얻어지는 낮은 레벨의 기본적인 사상
	생략사상 (최후사상)	정보부족 해석기술의 불충분 등으로 더 이상 전개할 수 없는 사상. 작업진행에 따라 해석이 가능할 때는 다시 속행한다.
	통상사상 (사상기호)	통상의 작업이나 기계의 상태에서 재해의 발생 원인이 되는 사상(통상발생이 예상되는 사상)

31 PHA(예비 위험 분석)

① 시스템 안전 프로그램에 있어서 최초단계(구상단계)의 분석으로, 시스템 내의 위험한 요소가 얼마나 위험한 상태에 있는가를 정성적으로 평가하는 방법

② 시스템 수명주기에서 첫 번째 단계는 구상단계이다.

32

개인별로 조절이 가능한 조절식 설계가 가장 우선이며, 그 다음 극단치 설계, 이상의 것이 불가능할 경우 평균치 설계를 한다.

33 시각적 표시장치와 청각적 표시장치의 비교

시각장치 사용	청각장치 사용
1. 정보가 복잡하다.	1. 정보가 간단하다.
2. 정보가 길다.	2. 정보가 짧다.
3. 정보가 후에 재참조된다.	3. 정보가 후에 재참조되지 않는다.
4. 정보의 내용이 공간적인 위치를 다룬다.	4. 정보의 내용이 시간적인 사상을 다룬다.
5. 정보가 즉각적인 행동을 요구하지 않는다.	5. 정보가 즉각적인 행동을 요구한다.
6. 수신자의 청각 계통이 과부하 상태일 때	6. 수신자의 시각 계통이 과부하 상태일 때
7. 직무상 수신자가 한곳에 머무르는 경우	7. 직무상 수신자가 자주 움직이는 경우

34 작업기억

① 현재 주의를 기울여 의식하고 있는 기억으로 감각기관을 통해 입력된 정보를 단기적으로 기억하며 능동적으로 이해하고 조작하는 과정을 말한다.

② 작업기억의 정보는 일반적으로 시각, 음성, 의미코드의 3가지로 코드화된다.

35 경계 및 경보신호 선택시 지침

① 귀는 중음역에 가장 민감하므로 500~3,000Hz의 진동수를 사용

② 고음은 멀리가지 못하므로 300m 이상 장거리용으로는 1,000Hz 이하의 진동수 사용

③ 신호가 장애물을 돌아가거나 칸막이를 통과해야 할 때는 500Hz 이하의 진동수 사용

④ 주의를 끌기 위해서는 변조된 신호를 사용

⑤ 배경소음의 진동수와 다른 신호를 사용하고 신호는 최소한 0.5~1초 동안 지속

36 위험 처리기술

위험의 회피		예상되는 위험을 차단하기 위해 위험과 관계된 활동을 하지 않는 경우
위험의 제거 (감축, 경감)	위험 방지	위험의 발생건수를 감소시키는 예방과, 손실의 정도를 감소시키는 경감을 포함
	위험 분산	시설, 설비 등의 집중화를 방지하고 분산하거나 재료의 분리저장 등으로 위험 단위를 증대
	위험 결합	각종 협정이나 합병 등을 통하여 규모를 확대시키므로 위험의 단위를 증대
	위험 제한	계약서, 서식 등을 작성하여 기업의 위험을 제한하는 방법
위험의 보유(보류)		• 무지로 인한 소극적 보유 • 위험을 확인하고 보유하는 적극적 보유(위험의 준비와 부담 : 준비금설정, 자가보험 등)
위험의 전가		회피와 제거가 불가능할 경우 전가하려는 경향(보험, 보증, 공제, 기금제도 등)

37 고장확률 밀도함수와 고장률 함수

$$R(t)=e^{-\lambda t}=e^{-\left(\frac{1}{MTBF}\right)t}=e^{-\left(\frac{1}{1000}\right)\times 500}=0.6065$$

38 작업장의 조도기준

① 초정밀 작업 : 750 lux 이상 ② 정밀작업 : 300 lux 이상

③ 보통작업 : 150 lux 이상 ④ 그밖의 작업 : 75 lux 이상

39 Oxford 지수

① 습건(WD)지수라고도 부르며, 습구온도(W)와 건구온도(D)의 가중 평균치로 정의

② WD = 0.85W + 0.15D = (0.85 × 35) + (0.15 × 30)
= 34.25℃

40 평균수리시간(mean time to repair : MTTR)

① 기기 또는 시스템의 장애가 발생한 시점부터 수리가 마무리되어 가동이 가능하게 된 시점까지의 평균시간

② $MTTR=\dfrac{1}{\text{평균수리율}(\mu)}$

③ $MTTR=\dfrac{\sum_{i=1}^{n} t_i}{n}$

제3과목 : 기계·기구 및 설비 안전관리

41 진동작업 유해성 등의 주지

① 인체에 미치는 영향과 증상
② 보호구의 선정과 착용방법
③ 진동 기계·기구 관리 및 사용방법
④ 진동 장해 예방방법

42 전용탑승설비 설치시 추락위험 방지

① 탑승설비가 뒤집히거나 떨어지지 않도록 필요한 조치를 할 것
② 안전대나 구명줄을 설치하고, 안전난간을 설치할 수 있는 구조이면 안전난간을 설치할 것
③ 탑승설비를 하강시킬 때에는 동력하강방법으로 할 것

43 허용응력

① $\text{안전계수} = \frac{\text{인장강도}}{\text{허용응력}}$

② $\text{허용응력} = \frac{250}{4} = 62.5\text{N/mm}^2$

44 플랜지의 직경

① 숫돌직경의 1/3 이상인 것을 사용하며 양쪽을 모두 같은 크기로 할 것
② $150 \times \frac{1}{3} = 50(\text{mm})$

45 강도율 계산

① $\text{강도율}(S.R) = \frac{\text{근로손실일수}}{\text{연간총근로시간수}} \times 1{,}000$

② $\text{근로손실일수} = \frac{\text{강도율} \times \text{연간총근로시간수}}{1{,}000} = \frac{0.4 \times (1000 \times 8 \times 300)}{1{,}000} = 960$

46 금형을 설치하는 프레스의 T홈 안길이는 설치 볼트 직경의 2배 이상으로 한다.

47 칩 브레이커

길게 형성되는 절삭 칩을 바이트를 사용하여 절단해주는 선반의 방호장치

48 안전인증 대상 방호장치

① 프레스 및 전단기 방호장치
② 양중기용 과부하방지장치
③ 보일러 압력방출용 안전밸브
④ 압력용기 압력방출용 안전밸브
⑤ 압력용기 압력방출용 파열판
⑥ 절연용 방호구 및 활선작업용 기구
⑦ 방폭구조 전기기계·기구 및 부품
⑧ 추락·낙하 및 붕괴 등의 위험 방지 및 보호에 필요한 가설기자재로서 고용노동부장관이 정하여 고시하는 것
⑨ 충돌·협착 등의 위험 방지에 필요한 산업용 로봇 방호장치로서 고용노동부장관이 정하여 고시하는 것

49 관리도

재해 발생건수 등의 추이파악 → 목표관리 행하는데 필요한 월별재해 발생 수의 그래프화 → 관리 구역 설정 → 관리하는 방법

50 보일러 방호장치

① 고저수위 조절장치　② 압력방출장치
③ 압력제한스위치　④ 화염검출기

51 손쳐내기식(push away, sweep guard)

① 슬라이드에 캠 등으로 연결된 손쳐내기식 봉에 의해 위험한계내의 손을 쳐내는 방식
② SPM 100 이하, 슬라이드 행정길이 약 40mm 이상의 프레스에 사용 가능

52 Fail safe의 기능면에서의 분류

Fail-passive	부품이 고장났을 경우 통상기계는 정지하는 방향으로 이동(일반적인 산업기계)
Fail-active	부품이 고장났을 경우 기계는 경보를 울리는 가운데 짧은 시간동안 운전 가능
Fail-operational	부품의 고장이 있더라도 기계는 추후 보수가 이루어 질 때까지 안전한 기능 유지(병렬구조 등으로 되어 있으며 운전상 가장 선호하는 방법)

53 재해발생시 조치순서

산업재해 발생 → 긴급처리 → 재해조사 → 원인강구 → 대책수립 → 대책실시계획 → 실시 → 평가

54 구조부분의 안전화

① 설계상의 안전화
② 재료선정의 안전화
③ 가공시의 안전화

tip
전압 강하에 따른 오동작 방지는 기능상의 안전화에 해당되는 내용

55 백레스트

마스트의 후방에서 화물이 낙하할 위험이 없는 경우를 제외하고는 백레스트를 갖추지 아니한 지게차 사용금지

56 프레스 방호장치의 분류

금형 안에 손이 들어가지 않는 구조 (No-Hand-in-Die Type)	금형 안에 손이 들어가는 구조 (Hand-in-Die Type)
1. 안전울(방호울)이 부착된 프레스 2. 안전 금형을 부착한 프레스 3. 전용 프레스 4. 자동 송급, 배출기구가 있는 프레스 5. 자동 송급, 배출장치를 부착한 프레스	1. 프레스기의 종류, 압력능력, SPM, 행정길이, 작업방법에 상응하는 방호 장치 가. 가드식 나. 수인식 다. 손쳐내기식 2. 정지 성능에 상응하는 방호장치 가. 양수조작식 나. 감응형, 광전자식

57 접선 물림점(Tangential Nip-point)

① 회전하는 부분이 접선방향으로 물려 들어가면서 형성
② V벨트와 풀리, 기어와 랙, 롤러와 평벨트 등

58 컨베이어의 안전장치

① 비상정지장치 ② 역주행방지장치
③ 브레이크 ④ 이탈방지장치
⑤ 덮개 또는 낙하방지용 울 ⑥ 건널다리 등

tip
반발예방장치는 목재가공용 둥근톱의 방호장치에 해당된다.

59 롤러의 급정지 거리

앞면 롤러의 표면 속도(m/분)	급정지 거리
30 미만	앞면 롤러 원주의 1/3 이내
30 이상	앞면 롤러 원주의 1/2.5 이내

60 분해시에는 공기압축기, 공기탱크 및 관로 안의 압축공기를 완전히 배출한 뒤에 실시한다.

제4과목 : 전기 및 화학설비 안전관리

61 피뢰시스템의 레벨별 회전구체 반경

피뢰시스템의 레벨	I	II	III	IV
회전구체 반경 γ (m)	20	30	45	60

62 감전(전격)의 위험요소

1차적 요소	① 통전전류의 크기 ② 통전시간 ③ 통전경로 ④ 전원의 종류
2차적 요소	① 인체의 조건 ② 통전전압 ③ 계절

63 정전전로에서의 전로차단(문제의 보기 외에)

① 전원을 차단한 후 각 단로기 등을 개방하고 확인할 것
② 개로된 전로에서 유도전압 또는 전기에너지가 축적되어 근로자에게 전기위험을 끼칠 수 있는 전기기기 등은 접촉하기 전에 잔류전하를 완전히 방전시킬 것
③ 전기기기 등이 다른 노출 충전부와의 접촉, 유도 또는 예비동력원의 역송전 등으로 전압이 발생할 우려가 있는 경우에는 충분한 용량을 가진 단락 접지기구를 이용하여 접지할 것

64 감전사고에 대한 사고대책

① 직접접촉에 의한 방지대책 : 충전부에 폐쇄형 외함, 방호망 또는 절연덮개를 설치, 절연물로 완전히 덮기 등
② 간접접촉에 의한 방지대책 : 보호절연, 안전 전압 이하의 기기 사용, 접지, 누전차단기의 설치, 비접지식 전로의 채용, 이중절연구조 등

65 EPL(기기보호등급)

① 기기에 점화원이 될 수 있는 가능성에 따라 부여하는 보호성능 등급
② 등급분류

폭발성가스	폭발성분진	광산폭발성분위기	보호수준
Ga	Da	Ma	매우높은 보호수준
Gb	Db	Mb	높은 보호수준
Gc	Dc	-	개선한 보호수준

66 누전 차단기의 적용범위

① 대지전압이 150 볼트를 초과하는 이동형 또는 휴대형 전기기계·기구
② 물 등 도전성이 높은 액체가 있는 습윤장소에서 사용하는 저압(1.5천볼트 이하 직류전압이나 1천볼트 이하의 교류전압)용 전기기계·기구
③ 철판·철골 위 등 도전성이 높은 장소에서 사용하는 이동형 또는 휴대형 전기기계·기구
④ 임시배선의 전로가 설치되는 장소에서 사용하는 이동형 또는 휴대형 전기기계·기구

67 정전기 발생의 영향 요인

① 물체의 특성 ② 물체의 표면상태
③ 물체의 이력 ④ 접촉면적 및 압력
⑤ 분리속도 ⑥ 완화시간 등

68 접지 시스템

구분	① 계통접지(TN,TT, IT계통) ② 보호접지 ③ 피뢰시스템 접지
종류	① 단독접지 ② 공통접지 ③ 통합접지
구성요소	① 접지극 ② 접지도체 ③ 보호도체 및 기타 설비
연결방법	접지극은 접지도체를 사용하여 주 접지단자에 연결

69 방폭구조의 종류와 기호

내압 방폭구조	압력 방폭구조	유입 방폭구조	안전증 방폭구조	특수 방폭구조
d	p	o	e	s
본질 안전 방폭 구조		몰드 방폭구조	충전 방폭구조	비점화 방폭구조
ia 또는 ib		m	q	n

70 허용누설전류

허용 누설 전류 ≤ 최대공급전류/ 2000

71 가스폭발과 비교하여 작지만 연소시간이 길고, 발생에너지가 크기 때문에 파괴력과 타는 정도가 크다.

72 자동화재 탐지 설비(감지기)

① 열감지기 : 차동식 감지기, 정온식 감지기, 보상식 감지기
② 연기감지기 : 광전식, 이온화식

73 폭발성 물질 및 유기과산화물

① 질산에스테르류 ② 니트로화합물 ③ 니트로소화합물
④ 아조화합물 ⑤ 디아조화합물 ⑥ 하이드라진 유도체
⑦ 유기과산화물

74 이산화탄소의 주된 소화효과는 공기 중의 산소농도(21%)를 15% 이하로 낮추어 연소를 중단시키는 질식소화이다.

75 인화성 가스의 정의

인화한계 농도의 최저한도가 13% 이하 또는 최고한도와 최저한도의 차가 12% 이상인 것으로서 표준압력(101.3kPa) 하의 20℃에서 가스 상태인 물질

76 인화점의 정의

① 점화원에 의하여 인화될 수 있는 최저온도
② 연소 가능한 가연성 증기를 발생시켜 연소하한농도가 될 수 있는 최저온도

77 탄화칼슘(CaC_2)

① 탄화칼슘(CaC_2)은 물과 반응하면 아세틸렌 기체를 생성하여 폭발의 위험이 있으므로 물속에 보관해서는 안된다.
② $CaC_2 + 2H_2O \rightarrow Ca(OH)_2 + C_2H_2$

78 가연물의 구비조건

① 산소와 친화력이 좋고 표면적이 넓을 것
② 반응열(발열량)이 클 것
③ 열전도율이 작을 것
④ 활성화 에너지가 작을 것

79 보기 ①, ②, ④ 외에 내부이상상태의 조기파악을 위한 자동경보장치를 설치해야한다.

80 용기의 도색 및 표시

① 산소 - 녹색 ② 질소 - 회색
③ 액화탄산가스 - 청색 ④ 아세틸렌 - 황색
⑤ 액화암모니아 - 백색 ⑥ 수소 - 주황색

제5과목 : 건설공사 안전관리

81 첨부서류

① 공사 개요서
② 공사현장의 주변 현황 및 주변과의 관계를 나타내는 도면 (매설물 현황 포함)
③ 전체 공정표
④ 산업안전보건관리비 사용계획서
⑤ 안전관리 조직표
⑥ 재해 발생 위험시 연락 및 대피방법

82 기둥, 벽 등의 연직 부재의 거푸집은 보 등의 수평부재의 거푸집보다도 빨리 떼어내는 것이 원칙이다.

83 폭은 30센티미터 이상으로 하고, 발판과 벽과의 사이는 15센티미터 이상의 간격을 유지할 것

84 추락의 방지

① 비계를 조립하는 등의 방법으로 작업발판 설치
② 발판설치가 곤란한 경우 추락방호망 설치
③ 추락방호망 설치가 곤란한 경우 안전대착용 등 추락위험방지 조치
④ 작업발판 및 추락방호망 설치가 곤란한 경우 3개 이상의 버팀대를 가지고 지면으로부터 안정적으로 세울 수 있는 구조를 갖춘 이동식 사다리를 사용하여 작업

85 콘크리트 타설작업 시 준수사항

① 당일의 작업을 시작하기 전에 해당 작업에 관한 거푸집 및 동바리의 변형·변위 및 지반의 침하 유무 등을 점검하고 이상이 있으면 보수할 것
② 작업 중에는 감시자를 배치하는 등의 방법으로 거푸집 및 동바리의 변형·변위 및 침하 유무 등을 확인해야 하며, 이상이 있으면 작업을 중지하고 근로자를 대피시킬 것
③ 콘크리트 타설작업 시 거푸집 붕괴의 위험이 발생할 우려가 있으면 충분한 보강조치를 할 것
④ 설계도서상의 콘크리트 양생기간을 준수하여 거푸집 및 동바리를 해체할 것
⑤ 콘크리트를 타설하는 경우에는 편심이 발생하지 않도록 골고루 분산하여 타설할 것

86 보일링(Boiling)현상

정의	방지대책
투수성이 좋은 사질지반의 흙막이 저면에서 수두차로 인한 상향의 침투압이 발생 유효응력이 감소하여 전단강도가 상실되는 현상으로 지하수가 모래와 같이 솟아 오르는 현상	① Filter 및 차수벽설치 ② 흙막이 근입깊이를 깊게 (불투수층까지) ③ 약액주입등의 굴착면 고결 ④ 지하수위저하 (웰포인트공법 등) ⑤ 압성토 공법 등

87 유해위험 방지계획서를 제출해야 하는 대상 건설업

① 다음 각목의 어느하나에 해당하는 건축물 또는 시설 등의 건설, 개조 또는 해체공사
㉠ 지상 높이가 31미터 이상인 건축물 또는 인공구조물
㉡ 연면적 3만 제곱미터 이상인 건축물
㉢ 연면적 5천 제곱미터 이상인 시설로서 다음의 어느 하나에 해당하는 시설
㉮ 문화 및 집회시설 ㉯ 판매시설, 운수시설
㉰ 종교시설 ㉱ 의료시설 중 종합병원
㉲ 숙박시설 중 관광숙박시설 ㉳ 지하도 상가
㉴ 냉동, 냉장 창고시설
② 최대 지간 길이가 50미터 이상인 다리의 건설 등 공사
③ 연면적 5천 제곱미터 이상인 냉동, 냉장창고 시설의 설비공사 및 단열공사
④ 다목적댐, 발전용댐, 저수용량 2천만톤 이상의 용수전용댐 및 지방상수도 전용댐의 건설 등 공사
⑤ 터널의 건설등 공사
⑥ 깊이 10미터 이상인 굴착 공사

88 타워 크레인의 방호장치

① 권과방지 장치 ② 과부하 방지 장치 ③ 비상 정지장치
④ 제동 장치 ⑤ 기타 방호장치

89 이동식비계 조립시 준수사항

① 이동식비계의 바퀴에는 뜻밖의 갑작스러운 이동 또는 전도를 방지하기 위하여 브레이크·쐐기 등으로 바퀴를 고정시킨 다음 비계의 일부를 견고한 시설물에 고정하거나 아웃트리거를 설치하는 등 필요한 조치를 할 것
② 승강용 사다리는 견고하게 설치할 것
③ 비계의 최상부에서 작업을 할 경우에는 안전난간을 설치할 것
④ 작업발판은 항상 수평을 유지하고 작업발판 위에서 안전난간을 딛고 작업을 하거나 받침대 또는 사다리를 사용하여 작업하지 않도록 할 것
⑤ 작업발판의 최대적재하중은 250킬로그램을 초과하지 않도록 할 것

90 토석붕괴의 원인

외적요인	내적요인
① 사면·법면의 경사 및 기울기의 증가 ② 절토 및 성토 높이의 증가 ③ 진동 및 반복하중의 증가 ④ 지하수 침투에 의한 토사중량의 증가 ⑤ 구조물의 하중 증가	① 절토사면의 토질·암질 ② 성토사면의 토질 ③ 토석의 강도 저하

91 백호(Back Hoe)

① 기계가 위치한 지반보다 낮은 굴착에 사용
② power shovel 의 몸체에 앞을 긁어낼 수 있는 arm과 bucket을 달고 굴착
③ 기초 굴착 수중굴착 좁은 도랑 및 비탈면 절취 등의 작업

92 굴착면 기울기 기준

지반의 종류	모래	연암 및 풍화암	경암	그 밖의 흙
굴착면의 기울기	1 :1.8	1 : 1.0	1 : 0.5	1 : 1.2

93 강관비계의 조립 간격

강관비계의 종류	조립간격(단위 : m)	
	수직방향	수평방향
단관비계	5m	5m
틀비계(높이 5m 미만 제외)	6m	8m

94 작업발판 일체형 거푸집

① 갱폼(gang form)
② 슬립폼(slip form)
③ 클라이밍폼(climbing form)
④ 터널 라이닝폼(tunnel lining form)
⑤ 그 밖에 거푸집과 작업발판이 일체로 제작된 거푸집 등

95 조립도에 명시해야 할 사항은 재료의 재질·단면규격·설치간격 및 이음방법 등

96 유한사면의 원호활동의 종류

사면선(선단)파괴	경사가 급하고 비점착성 토질
사면저부(바닥면)파괴	경사가 완만하고 점착성인 경우, 사면의 하부에 암반 또는 굳은 지층이 있을 경우
사면 내 파괴	견고한 지층이 얕게 있는 경우

97 비계기둥 간의 적재하중은 400kg을 초과하지 않도록 한다.

98 물체낙하에 의한 위험방지

① 대상 : 높이 3m 이상인 장소에서 물체 투하시
② 조치사항 : ㉠ 투하설비설치 ㉡ 감시인배치

99 건설공사도급인은 산업안전보건관리비를 사용하는 해당 건설공사의 금액이 4천만원 이상인 때에는 고용노동부장관이 정하는 바에 따라 매월 사용명세서를 작성하고, 건설공사 종료 후 1년 동안 보존해야 한다.

100 측압이 커지는 조건(측압의 영향요소)

① 거푸집 수평단면이 클수록
② 콘크리트 슬럼프치가 클수록
③ 거푸집의 강성이 클수록
④ 철골, 철근량이 적을수록
⑤ 콘크리트 시공연도가 좋을수록
⑥ 외기의 온도가 낮을수록
⑦ 타설 속도가 빠를수록
⑧ 다짐이 충분할수록 등

2025년 산업안전산업기사 필기 대비 모의고사 3회 정답과 해설

01	02	03	04	05	06	07	08	09	10
③	②	③	④	①	②	④	①	④	④
11	12	13	14	15	16	17	18	19	20
④	③	①	④	④	④	②	①	①	②
21	22	23	24	25	26	27	28	29	30
②	③	①	①	②	③	④	②	④	②
31	32	33	34	35	36	37	38	39	40
②	④	①	③	④	④	①	④	④	③
41	42	43	44	45	46	47	48	49	50
①	④	②	②	①	③	④	④	③	①
51	52	53	54	55	56	57	58	59	60
③	④	④	③	①	④	④	②	④	③
61	62	63	64	65	66	67	68	69	70
②	④	④	①	④	③	④	④	③	②
71	72	73	74	75	76	77	78	79	80
③	②	①	②	③	②	①	①	②	④
81	82	83	84	85	86	87	88	89	90
④	④	②	④	④	③	②	③	①	④
91	92	93	94	95	96	97	98	99	100
④	③	③	③	②	②	②	②	③	③

제1과목 : 산업재해 예방 및 안전보건교육

01 체크리스트(안전점검표) 작성 시 유의사항

① 사업장에 적합하고 쉽게 이해되도록 작성
② 위험성이 높고, 긴급을 요하는 순으로 작성
③ 내용은 구체적으로 표현하고 위험도가 높은 것부터 순차적으로 작성
④ 주관적 판단을 배제하기 위해 점검 방법과 결과에 대한 판단기준을 정하여 결과를 평가

02 관리감독을 철저히 하는 것보다 자율적인 경쟁과 협동을 유발한다.

03 버드(Bird)의 최신의 도미노(domino) 이론

① 제어의 부족(관리) → ② 기본원인(기원)
→ ③ 직접원인(징후) → ④ 사고(접촉) → ⑤ 상해(손실)

04 조직별 근로자 수

① 직계식 조직: 100명 미만　② 참모식 조직: 100~1000명
③ 직계참모식 조직: 1000명 이상

05 관계자 외 출입금지표지

① 허가대상물질 작업장　② 석면취급/해체 작업장
③ 금지대상물질의 취급 실험실 등

06 심포지엄(symposium)

발제자 없이 몇 사람의 전문가가 과제에 대한 견해를 발표한 뒤 참석자들로부터 질문이나 의견을 제시토록 하는 방법

07 일용근로자 및 근로계약기간이 1주일 이하인 기간제근로자의 작업내용 변경시 교육은 1시간 이상

08 학습경험 조직의 원리

① 계속성 : 중요한 교육과정을 반복적으로 연습할 수 있도록 기회를 주는 것
② 계열성 : 학습내용에 대하여 단계적으로 수준을 높여 가도록 조직하는 것
③ 통합성 : 교육과정의 요소들을 횡적으로 연결되도록 하는 것

09 재해예방의 4원칙

① 손실우연의 원칙 ② 예방가능의 원칙
③ 원인계기의 원칙 ④ 대책선정의 원칙

10 S-R이론은 학습을 자극에 대한 반응관계로 보려는 학설로, pavlov의 조건반사설, thorndike의 시행착오설, skinner의 조작적 조건형성이론 등이 있다.

11 안전보건 진단을 받아 개선계획을 수립해야 하는 사업장

① 산업재해율이 같은 업종 평균 산업재해율의 2배 이상인 사업장
② 사업주가 필요한 안전조치 또는 보건조치를 이행하지 아니하여 중대재해가 발생한 사업장
③ 직업성 질병자가 연간 2명 이상(상시근로자 1천명 이상 사업장의 경우 3명 이상) 발생한 사업장
④ 그 밖에 작업환경 불량, 화재·폭발 또는 누출사고 등으로 사업장 주변까지 피해가 확산된 사업장으로서 고용노동부령으로 정하는 사업장

12 재해발생에 관한 이론

① 버드의 법칙
1[중상 또는 폐질] : 10 [경상(물적,인적상해)] : 30 [무상해사고(물적손실)] : 600[무상해,무사고고장(위험순간)]

② 무상해, 무사고(위험순간) $=\frac{20}{10}\times 600=1200$

13 거푸집 동바리의 조립 또는 해체작업 시 특별교육 내용

① 동바리의 조립방법 및 작업 절차에 관한 사항
② 조립재료의 취급방법 및 설치기준에 관한 사항
③ 조립 해체 시의 사고 예방에 관한 사항
④ 보호구 착용 및 점검에 관한 사항
⑤ 그 밖에 안전·보건관리에 필요한 사항

14 경고표지

방사성물질 경고	위험장소 경고	레이저광선 경고	부식성물질 경고

15 TWI(Training with industry) 교육과정

① Job Method Training(J.M.T) : 작업방법훈련(작업개선법)
② Job Instruction Training(J.I.T) : 작업지도훈련(작업지도법)
③ Job Relations Training(J.R.T) : 인간관계훈련(부하통솔법)
④ Job Safety Training(J.S.T) : 작업안전훈련(안전관리법)

16 사고방지 기본원리(4단계 시정책의 선정)

① 인사 및 배치조정 ② 기술적인 개선
③ 교육 및 훈련의 개선 ④ 안전행정의 개선
⑤ 규정 및 수칙의 개선 ⑥ 이행독려의 체제 강화

tip
안전점검 및 사고조사는 2단계 사실의 발견에 해당하는 내용

17 수시점검(일상점검)

작업 시작 전이나 사용 전 또는 작업 중에 일상적으로 실시하는 점검. 작업담당자, 감독자가 실시하고 결과를 담당책임자가 확인

18 관리감독자 정기교육

① 산업안전 및 사고 예방에 관한 사항
② 산업보건 및 직업병 예방에 관한 사항
③ 위험성평가에 관한 사항
④ 유해·위험 작업환경 관리에 관한 사항
⑤ 산업안전보건법령 및 산업재해보상보험 제도에 관한 사항
⑥ 직무스트레스 예방 및 관리에 관한 사항
⑦ 직장 내 괴롭힘, 고객의 폭언 등으로 인한 건강장해 예방 및 관리에 관한 사항
⑧ 작업공정의 유해·위험과 재해 예방대책에 관한 사항
⑨ 사업장 내 안전보건관리체제 및 안전·보건조치 현황에 관한 사항
⑩ 표준안전 작업방법 결정 및 지도·감독 요령에 관한 사항
⑪ 현장근로자와의 의사소통능력 및 강의능력 등 안전보건교육 능력 배양에 관한 사항
⑫ 비상시 또는 재해 발생 시 긴급조치에 관한 사항
⑬ 그 밖의 관리감독자의 직무에 관한 사항

19 안전·보건에 관한 협의체의 구성 및 운영

① 도급인 및 그의 수급인 전원으로 구성
② 매월 1회 이상 정기적으로 회의 개최(결과기록 보존)

20 심리학 이론

① 지각 : 외부의 자극이나 정보를 주관적으로 분석하고 해석하는 과정
② 정서 : 내적 외적 자극에 대한 반응으로 신체적, 생리적 현상을 동반하며, 감정, 기분 등으로, 개인이 느끼는 주관적인 반응을 감정으로 표현되는 심리적 기제
③ 동기 : 어떤 행동을 시작하게 하는 내적인 요인으로, 행동을 일으키고, 행동의 방향을 결정하여, 행동을 지속하게 하는 요인
④ 좌절 : 원하는 것이나 목표로 하는 것을 얻지 못하거나, 어떤 일이나 목표달성이 실패했을 경우 느끼게 되는 분노와 불안 등의 불쾌한 감정
⑤ 갈등 : 개인이나 집단 또는 조직에서 추구하는 목표나 의사결정 과정에서 견해 차이로 인해 서로 대립하거나 충돌하는 현상

| 제2과목 : 인간공학 및 위험성 평가·관리

21 스웨인(A.D.Swain)의 휴먼에러(독립행동에 의한 분류)

Omission error	필요한 직무나 단계를 수행하지 않은(생략) 에러
Commission error	직무나 순서 등을 착각하여 잘못 수행(불확실한 수행)한 에러
Sequential error	직무 수행과정에서 순서를 잘못 지켜(순서 착오) 발생한 에러
Time error	정해진 시간 내 직무를 수행하지 못하여(수행 지연) 발생한 에러
Extraneous error	불필요한 직무 또는 절차를 수행하여 발생한 에러

tip
수리를 마친 후 부품하나가 남았다는 것은 필요한 과정에서 조립을 하지 않고 누락(생략)한 에러에 해당된다.

22 직렬구조는 어떤 한 요소의 고장으로 인해 전체 제어계의 기능이 상실되지만, 병렬구조는 한 부품이 고장나도 전체시스템에는 영향을 주지 않는다.

23 FTA의 특징

① 분석에는 게이트, 이벤트, 부호등의 그래픽 기호를 사용하여 결함단계를 표현하며, 각각의 단계에 확률을 부여하여 어떤 상황의 실패확률계산 가능
② 연역적이고 정량적인 해석방법
③ 상황에 따라 정성적 해석뿐만 아니라 재해의 직접원인 해석도 가능하며 복잡한 시스템의 상세해석 등 융통성이 풍부

24 청각적 표시장치의 일반원리

① 양립성 ② 근사성(주의신호, 지정신호) ③ 분리성
④ 검약성 ⑤ 불변성

tip
양립성이란 인간의 기대와 모순되지 않는 것으로 기계의 작동이나 표시가 작업자가 예상하는 바와 일치하는 관계를 말한다.

25 기계의 고장률(욕조곡선)

초기고장 (감소형)	품질관리의 미비로 발생할 수 있는 고장으로 작업시작전 점검, 시운전 등으로 사전예방이 가능한 고장 ① debugging 기간 : 초기고장의 결함을 찾아서 고장률을 안정시키는 기간 ② burn in 기간 : 제품을 실제로 장시간 사용해보고 결함의 원인을 찾아내는 방법
우발고장 (일정형)	예측할 수 없을 경우 발생하는 고장으로 시운전이나 점검으로 예방불가 (낮은 안전계수, 사용자의 과오 등)
마모고장 (증가형)	장치의 일부분이 수명을 다하여 발생하는 고장(부식 또는 마모, 불충분한 정비 등) - 예방보전

26 불 대수의 대수법칙

동정법칙	A + A = A,	AA = A
교환법칙	AB = BA,	A + B = B + A
흡수법칙	A(AB) = (AA)B = AB A + AB = A∪(A∩B) = (A∪A)∩(A∪B) = A∩(A∪B) = A A(A + B) = (AA) + AB = A + AB = A	
분배법칙	A(B + C) = AB + AC,	A + (BC) = (A + B)·(A + C)
결합법칙	A(BC) = (AB)C,	A + (B + C) = (A + B) + C

27 인간공학의 목표

① 안전성 향상 및 사고예방 ② 작업능률(에러감소) 및 생산성 증대
③ 작업환경의 쾌적성

28 통화 이해도 측정 방법

① 송화자료를 수화자에게 전송하는 실험
② 명료도지수의 사용 : 옥타브대의 음성과 잡음의 dB값에 가중치를 곱하여 합계를 구하는 방법
③ 이해도 점수 : 송화 내용중에서 알아듣고 인식한 비율(%)
④ 통화간섭수준(SIL) : 통화 이해도에 끼치는 잡음의 영향을 추정하는 지수

29 식별된 사고를 4가지 범주(카테고리)로 분류

파국적	인원의 사망 또는 중상, 또는 완전한 시스템 손실
중대 (위기)	인원의 상해 또는 중대한 시스템의 손상으로 인원이나 시스템 생존을 위해 즉시 시정조치 필요
한계적	인원의 상해 또는 중대한 시스템의 손상 없이 배제 또는 제어 가능
무시가능	인원의 손상이나 시스템의 손상은 초래하지 않는다.

30 라스무센((Rasmussen)의 인간행동 분류

① 숙련 기반 행동(Skill-based behavior)
② 규칙 기반 행동(Rule-based behavior)
③ 지식 기반 행동(Knowledge-based behavior)

31 위험성 평가 절차

사전준비 → 유해·위험요인 파악 → 위험성 결정
→ 위험성 감소대책 수립 및 실행 → 위험성 평가 실시내용 및 결과에 관한 기록 및 보존

32 work sampling의 장점 및 단점

장점	① 순간적인 관측으로 작업에 대한 방해가 적다. ② 작업상황이 평상시대로 반영될수 있다 ③ 한명 또는 여러명의 관측자가 여러명의 작업자나 기계 동시에 관측 가능하다 ④ 자료수집이나 분석 시간이 적게 소요된다 ⑤ 특별한 측정 장치를 필요로 하지 않는다
단점	① 시간연구법보다는 상세하지 않다 ② 짧은 주기나 반복작업인 경우 적합하지 않다 ③ 작업방법이 바뀌는 경우 전체적인 연구를 다시 해야한다

33 입식 작업 및 좌식작업의 종류

앉아서 하는 작업이 최적인 경우	① 확인, 검사등의 정밀한 작업이 필요한 경우 ② 큰 힘을 필요로 하지 않는 경우 (5kg이하의 물품 취급) ③ 사용하는 자재, 부품들을 작업공간 안에서 쉽게 공급 및 취급할 수 있는 경우
서서 하는 작업이 최적인 경우	① 앉아서 작업할 경우 무릎이나 발 부위에 여유 공간이 없는 경우 ② 5kg이상의 중량물을 취급하는 경우 ③ 몸을 높거나 낮게 또는 팔을 빈번하게 뻗쳐야 하는 경우 ④ 작업 중 이동이 많은 경우 ⑤ 바닥에 놓인 박스에 물품을 넣는 것과 같이 반드시 아래 방향으로 힘을 사용해야 하는 경우

34 계의 수명[요소의 수명(MTTF)이 지수분포를 따를 경우]

① 병렬계의 수명 $= MTTF\{1+\frac{1}{2}+\cdots+\frac{1}{n}\}$

② 직렬계의 수명 $= \frac{MTTF}{n}$

35 인간 기계 시스템의 유형

수동 시스템	인간의 신체적인 힘을 동력원으로 사용하여 작업통제 (동력원 및 제어 : 인간, 수공구나 기타 보조물로 구성) : 다양성 있는 체계로 역할 할 수 있는 능력을 최대한 활용하는 시스템
기계 시스템	① 반자동시스템, 변화가 적은 기능들을 수행하도록 설계 (고도로 통합된 부품들로 구성되며 융통성이 없는 체계) ② 동력은 기계가 제공, 조정장치를 사용한 통제는 인간이 담당
자동 시스템	① 감지, 정보처리 및 의사결정 행동을 포함한 모든 임무 수행(완전하게 프로그램 되어야 함) ② 대부분 폐회로 체계이며, 신뢰성이 완전하지 못하여 감시, 프로그램 작성 및 수정 정비유지 등은 인간이 담당

36 대표적인 작업자세 평가기법

① OWAS : 작업자의 부적절한 작업자세를 정의하고 평가하기 위해 개발한 방법으로 현장에 적용하기 쉬우나 팔목등에 대한 정보가 미반영.(허리, 팔, 다리, 하중 및 힘)

② RULA : 어깨, 팔목, 손목 등의 상지에 초점을 두고 작업자세로 인한 작업부하를 쉽고 빠르게 평가

37 인간의 오류 유형

착오 (Mistake)	상황에 대한 해석을 잘못하거나 목표에 대한 잘못된 이해로 착각하여 행하는 경우(주어진 정보가 불완전하거나 오해하는 경우에 발생하며 틀린줄 모르고 행하는 오류)
실수 (Slip)	상황이나 목표에 대한 해석은 제대로 하였으나 의도와는 다른 행동을 하는 경우(주의 산만이나 주의력 결핍에 의해 발생)
건망증 (Lapse)	여러 과정이 연계적으로 계속하여 일어나는 행동 중에서 일부를 잊어버리고 하지 않거나 또는 기억의 실패에 의해 발생
위반 (Violation)	정해져 있는 규칙을 알고 있으면서 고의로 따르지 않거나 무시하는 행위

38 두 팔의 동작은 동시에 서로 반대방향으로 대칭적으로 움직이도록 한다.

39 서블릭의 분류

효율적인 therblig	기본적인 동작	빈손이동, 운반, 쥐기, 내려놓기, 미리놓기
	동작의 목적을 가지는 동작	사용, 조립, 분해
비효율적인 therblig	정신적 또는 반정신적 동작	찾기, 고르기, 바로놓기, 검사, 계획
	정체적인 부분의 동작	불가피한 지연, 피할 수 있는 지연, 휴식, 잡고있기

40 일상보전

주로 고장과 열화의 발견 예방에 목적이 있으며, 청소, 급유, 조임, 일상 점검 등에 대하여 구체적인 체크리스트 등의 표준화가 필요

제3과목 : 기계·기구 및 설비 안전관리

41 소음작업의 기준

소음 작업	1일 8시간 작업을 기준으로 85데시벨 이상의 소음이 발생하는 작업
강렬한 소음작업	① 90데시벨 이상의 소음이 1일 8시간 이상 발생되는 작업 ② 95데시벨 이상의 소음이 1일 4시간 이상 발생되는 작업 ③ 100데시벨 이상의 소음이 1일 2시간 이상 발생되는 작업 ④ 105데시벨 이상의 소음이 1일 1시간 이상 발생되는 작업 ⑤ 110데시벨 이상의 소음이 1일 30분 이상 발생되는 작업 ⑥ 115데시벨 이상의 소음이 1일 15분 이상 발생되는 작업

42 프레스의 작업시작 전 점검사항

① 클러치 및 브레이크의 기능
② 크랭크축·플라이휠·슬라이드·연결봉 및 연결나사의 풀림유무
③ 1행정 1정지기구·급정지장치 및 비상정지장치의 기능
④ 슬라이드 또는 칼날에 의한 위험방지 기구의 기능
⑤ 프레스의 금형 및 고정볼트 상태
⑥ 방호장치의 기능
⑦ 전단기의 칼날 및 테이블의 상태

43 지게차의 안전성

① 지게차의 안정성을 유지하기 위해서는, $W \cdot a < G \cdot b$
② W : 화물의 중량, G : 지게차의 중량,
a : 앞바퀴부터 하물의 중심까지의 거리
b : 앞바퀴부터 차의 중심까지의 거리
③ $200 \times 1 < 400 \times b,\ b > 0.5(m)$

44 플랜지의 직경은 숫돌직경의 1/3 이상인 것을 사용해야 하는 것이 원칙이므로 숫돌의 파괴원인이 될 수 없다.

45 가드의 개구부 간격(동력전달부분)

① $Y = \frac{X}{10} + 6\text{mm}$ (단, $X < 760\text{mm}$에서 유효) 이므로,
② $Y = \frac{350}{10} + 6 = 41(\text{mm})$

46 사망만인율

$$\text{사망만인율} = \frac{\text{사망자수}}{\text{산재보험적용근로자수}} \times 10{,}000 = \frac{1}{1000} \times 10{,}000 = 10$$

47 포집형 방호장치

위험원에 대한 방호장치로서 연삭숫돌이나 목재가공기계의 칩이 비산할 경우 이를 방지하고 안전하게 칩을 포집하는 방법

48 동력식 수동대패기계의 방호장치는 날접촉 방지장치

49 와류 탐상검사

교류가 흐르는 코일을 전도체인 시험체에 가까이하여 시험체내에 와전류를 유도시키고 불연속부에 의한 와전류의 변화를 관찰함으로써 시험체에 존재하는 결함의 유무, 재질의 변화 등을 검출하는 방법

50 와이어로프의 안전계수

근로자가 탑승하는 운반구를 지지하는 달기와이어로프 또는 달기체인의 경우	10 이상
화물의 하중을 직접 지지하는 경우 달기와이어로프 또는 달기체인의 경우	5 이상
훅, 샤클, 클램프, 리프팅 빔의 경우	3 이상
그 밖의 경우	4 이상

51 방호장치는 릴레이, 리미트 스위치 등의 전기부품의 고장, 전원전압의 변동 및 정전에 의해 슬라이드가 불시에 동작하지 않아야 하며, 사용전원 전압의 ±(100분의 20)의 변동에 대하여 정상으로 작동되어야 한다.

52 산업재해 발생 시 산업재해의 기록 등에 관한 사항을 사업주는 기록보존해야 한다. 다만, 산업재해조사표의 사본을 보존하거나 요양신청서의 사본에 재해 재발방지 계획을 첨부하여 보존한 경우에는 그렇지 않다.

53 이동식 사다리를 설치한 바닥면에서 높이 3.5미터 이하의 장소에서만 작업할 것은 이동식사다리 작업시 준수해야 할 사항에 해당한다.

54 폭풍 등에 의한 안전조치사항

풍속의 기준	조치사항
순간풍속이 초당 30미터 초과	주행크레인의 이탈방지 장치 작동
	옥외에 설치된 양중기의 이상유무 점검
순간풍속이 초당 35미터 초과	건설용 리프트의 받침의 수 증가등 붕괴 방지조치
	옥외용 승강기의 받침의 수 증가등 무너짐 방지조치

55 크레인, 리프트 및 곤돌라의 검사주기

사업장에 설치가 끝난 날부터 3년 이내에 최초 안전검사를 실시하되, 그 이후부터 2년마다(건설현장에서 사용하는 것은 최초로 설치한 날부터 6개월마다)

56 컨베이어의 방호장치

① 이탈 등의 방지(정전, 전압강하 등에 의한 화물 또는 운반구의 이탈 및 역주행 방지장치)
② 낙하물에 의한 위험방지(덮개 또는 울설치)
③ 비상정지장치부착
④ 탑승 및 통행의 제한(건널다리 설치) 등

57 끼임점(Shear-point)

고정부분과 회전 또는 직선운동부분에 의해 형성되는 위험점으로
① 연삭 숫돌과 작업대
② 반복동작되는 링크기구
③ 교반기의 교반날개와 몸체 사이 등

58 드릴작업시 일감 고정 방법

① 바이스 - 일감이 작을 때
② 볼트와 고정구 - 일감이 크고 복잡할 때
③ 지그(jig) - 대량생산과 정밀도를 요구할 때

59 방호장치의 기능을 제거 또는 정지할 때 양중기의 기능도 동시에 정지할 수 있는 구조이어야 한다.

60 안전거리

$$D_m = 1.6T_m$$
$$T_m = \left(\frac{1}{\text{클러치 맞물림 개소수}} + \frac{1}{2}\right) \times \frac{60{,}000}{\text{매분행정수}}(\text{ms})$$
$$= \left(\frac{1}{6} + \frac{1}{2}\right) \times \frac{60{,}000}{200} = 200\text{ms}$$
$$D_m = 1.6 \times 200 = 320(\text{mm})$$

제4과목 : 전기 및 화학설비 안전관리

61 보호 등전위본딩 도체

주접지단자에 접속하기 위한 등전위본딩 도체는 설비 내에 있는 가장 큰 보호접지도체 단면적의 1/2 이상의 단면적을 가져야 하고 다음의 단면적 이상이어야 한다.

① 구리도체 6 mm^2 ② 알루미늄 도체 16 mm^2
③ 강철 도체 50 mm^2

62 저압전로의 절연성능

전로의 사용전압(V)	DC 시험전압 (V)	절연저항(MΩ 이상)
SELV 및 PELV	250	0.5
FELV, 500V 이하	500	1.0
500V 초과	1,000	1.0

[주] 특별저압(Extra Low Voltage : 2차 전압이 AC 50V, DC 120V 이하)으로 SELV(비접지회로구성) 및 PELV(접지회로 구성)은 1차와 2차가 전기적으로 절연된 회로, FELV는 1차와 2차가 전기적으로 절연되지 않은 회로

63 전격위험 인자

1차적 위험요소	① 통전전류의 크기 ③ 통전경로	② 통전시간 ④ 전원의 종류	
2차적 위험요소	① 인체의 조건	② 접촉전압	③ 계절

64 정전기 발생의 영향 요인

① 표면이 매끄러운 것보다 거칠수록 정전기가 크게 발생한다.
② 물체가 이미 대전된 이력이 있을 경우 정전기 발생이 작아지는 경향이 있다(처음접촉, 분리 때가 최고이며 반복될수록 감소)
③ 접촉 면적과 압력이 클수록 정전기 발생량이 증가하는 경향이 있다.
④ 분리속도가 클수록 주어지는 에너지가 크게 되므로 정전기 발생량도 증가하는 경향이 있다.

65 개로된 전로의 충전여부는 검전기로 확인한다.

66 피뢰기의 구비성능

① 충격방전 개시전압과 제한전압이 낮을 것
② 반복동작이 가능할 것
③ 뇌전류의 방전능력이 크고 속류차단이 확실할 것
④ 점검, 보수가 간단할 것
⑤ 구조가 견고하며 특성이 변화하지 않을 것

67 정전 전로에서의 전기작업(전로차단)

전기기기등이 다른 노출 충전부와의 접촉, 유도 또는 예비동력원의 역송전 등으로 전압이 발생할 우려가 있는 경우에는 충분한 용량을 가진 단락 접지기구를 이용하여 접지할 것

68 통전 경로별 위험도

① 왼손 – 가슴 : 1.5　② 오른손 – 한발 또는 양발 : 0.8
③ 왼손 – 등 : 0.7　④ 오른손 – 등 : 0.3

69 두 도체 사이에서 절연물의 표면을 따르는 최단 거리인 연면거리와 공기중에서 두 도체사이의 최단 거리인 공간거리는 절연종류 및 전압에 따라 기준 거리 이상이어야 한다.

70 등전위 접지

병원에 설치하는 접지계통의 대표적인 사례로 환자가 사용하는 침대 등 접촉할 수 있는 모든 금속기기에 전위차가 발생하는 것을 막기 위하여 금속부분을 모두 결합시켜 접지하는 것을 말한다.

71 화재의 분류

① A급 : 일반화재　② B급 : 유류화재
③ C급 : 전기화재　④ D급 : 금속화재

72 가스 폭발 범위의 영향 요소

① 가스의 온도가 높을수록 폭발범위도 일반적으로 넓어진다.
② 가스의 압력이 높아지면 하한값은 큰 변화가 없으나 상한값은 높아진다.

73 르샤틀리에의 법칙

① 폭발하한계 $= \dfrac{100}{\dfrac{70}{5}+\dfrac{15}{3}+\dfrac{5}{2.1}+\dfrac{10}{1.9}} = 3.753$

② 폭발상한계 $= \dfrac{100}{\dfrac{70}{15}+\dfrac{15}{12.5}+\dfrac{5}{9.5}+\dfrac{10}{8.5}} = 13.211$

74 위험물 저장 취급 화학설비(안전거리)

구분	안전거리
단위공정시설 및 설비로부터 다른 단위공정시설 및 설비의 사이	설비의 외면으로부터 10미터 이상
플레어스택으로부터 단위공정시설 및 설비, 위험물질 저장탱크 또는 위험물질 하역설비의 사이	플레어스택으로부터 반경 20미터 이상
위험물질 저장탱크로부터 단위공정시설 및 설비, 보일러 또는 가열로의 사이	저장탱크의 외면으로부터 20미터 이상
사무실·연구실·실험실·정비실 또는 식당으로부터 단위공정시설 및 설비, 위험물질 저장탱크, 위험물질 하역설비, 보일러 또는 가열로의 사이	사무실 등의 외면으로부터 20미터 이상

75 분진폭발의 특징

연소속도 및 폭발압력	가스폭발과 비교하여 작지만 연소시간이 길고, 발생에너지가 크기 때문에 파괴력과 타는 정도가 크며, 발화에너지도 상대적으로 크다.
화염의 파급속도	폭발압력 후 1/10~2/10초 후에 화염이 전파되며 속도는 초기에 2~3m/s 정도이며, 압력상승으로 가속도적으로 빨라진다.
압력의 속도	압력속도는 300m/s 정도이며, 화염속도보다는 압력속도가 훨씬 빠르다.
연속폭발	폭발에 의한 폭풍이 주위분진을 날려 2차, 3차 폭발로 인한 피해가 확산된다.
불완전연소	가스에 비해 불완전연소의 가능성이 커서 일산화탄소의 존재로 인한 가스중독의 위험이 있다.

76 플레어스택(Flarestack 계)

① 고 휘발성 액체의 증기 또는 가스를 연소하여 대기중으로 방출하는 방식
② 가스를 동반한 분진이나 응축수를 원심력을 이용 제거하고 seal drum을 통해 Flarestack에 도입, 항상 연소하고 있는 Pilot burner에 의해 착화 연소함으로 가연성, 독성 및 냄새를 제거하여 대기중으로 방산된다.

77 아세틸렌가스의 성질

① 탄소와 수소의 화합물로 불안정한 가스이며, 공기보다 가볍다.
② 석유(2배), 아세톤(25배) 등에 잘 용해된다.

tip
아세틸렌가스는 압축하면 폭발하는 성질이 있어 용해가 잘되는 아세톤에 용해시켜 보관한다.

78 폭발성 물질 및 유기과산화물

① 질산에스테르류 ② 니트로화합물 ③ 니트로소화합물
④ 아조화합물 ⑤ 디아조화합물 ⑥ 하이드라진 유도체
⑦ 유기과산화물

79 BLEVE(Boiling Liquid Expanding Vapor Explosion)

비등점이 낮은 인화성액체 저장탱크가 화재로 인한 화염에 장시간 노출되어 탱크 내 액체가 급격히 증발하여 비등하고 증기가 팽창하면서 탱크 내 압력이 설계압력을 초과하여 폭발을 일으키는 현상

80 위험물의 종류(인화성가스)

① 인화성 가스 : 수소, 아세틸렌, 에틸렌, 메탄, 에탄, 프로판, 부탄, 유해·위험물질 규정량에 따른 인화성 가스
② 산소는 조연성(지연성) 가스

| 제5과목 : 건설공사 안전관리

81 작업발판 일체형 거푸집

① 갱폼(gang form)
② 슬립폼(slip form)
③ 클라이밍폼(climbing form)
④ 터널 라이닝폼(tunnel lining form)
⑤ 그 밖에 거푸집과 작업발판이 일체로 제작된 거푸집 등

82 콘크리트 타설작업시 준수사항

① 당일의 작업을 시작하기 전에 해당 작업에 관한 거푸집 및 동바리의 변형·변위 및 지반의 침하 유무 등을 점검하고 이상이 있으면 보수할 것
② 작업 중에는 감시자를 배치하는 등의 방법으로 거푸집 및 동바리의 변형·변위 및 침하 유무 등을 확인해야 하며, 이상이 있으면 작업을 중지하고 근로자를 대피시킬 것
③ 콘크리트 타설작업 시 거푸집 붕괴의 위험이 발생할 우려가 있으면 충분한 보강조치를 할 것
④ 설계도서상의 콘크리트 양생기간을 준수하여 거푸집 및 동바리를 해체할 것
⑤ 콘크리트를 타설하는 경우에는 편심이 발생하지 않도록 골고루 분산하여 타설할 것

83 계측장치

변형계 (strain gauge)	흙막이 버팀대의 변형 정도를 파악하는 기기
하중계 (load cell)	흙막이 버팀대에 작용하는 토압, 어스 앵커의 인장력 등을 측정하는 기기
간극 수압계 (piezo meter)	굴착으로 인한 지하의 간극수압을 측정하는 기기
지하수위계 (water level meter)	지하수의 수위변화를 측정하는 기기

84 작업계획서 내용

① 사용하는 차량계 건설기계의 종류 및 성능
② 차량계 건설기계의 운행경로
③ 차량계 건설기계에 의한 작업방법

85 발파작업시 준수사항

① 발파용 점화회선은 타동력선 및 조명회선으로부터 분리되어야 한다.
② 지질, 암의 절리 등에 따라 화약량을 충분히 검토하여야 하며 시방기준과 대비하여 안전조치를 하여야 한다.
③ 화약류를 장진하기 전에 모든 동력선 및 활선은 장진기기로부터 분리시키고 조명회선을 포함한 모든 동력선은 발원점으로부터 최소한 15m 이상 후방으로 옮겨 놓도록 하여야 한다.
④ 발파전 도화선 연결상태, 저항치 조사 등의 목적으로 도통시험을 실시하여야 하며 발파기 작동상태를 사전 점검하여야 한다.
⑤ 발파시 안전한 거리 및 위치에서의 대피가 어려울 때에는 전면과 상부를 견고하게 방호한 임시대피장소를 설치하여야 한다.
⑤ 발파책임자는 모든 근로자의 대피를 확인하고 지보공 및 복공에 대하여 필요한 조치의 방호를 한 후 발파하도록 하여야 한다.

86 작업장의 출입구설치 시 준수사항(문제의 보기외에)

① 주된 목적이 하역운반기계용인 출입구에는 인접하여 보행자용 출입구를 따로 설치할 것
② 하역운반기계의 통로와 인접하여 있는 출입구에서 접촉에 의하여 근로자에게 위험을 미칠 우려가 있는 경우에는 비상등·비상벨 등 경보장치를 할 것

87 발끝막이판

바닥면등으로부터 10센티미터 이상의 높이를 유지할 것(물체가 떨어지거나 날아올 위험이 없거나 그 위험을 방지할 수 있는 망을 설치하는 등 필요한 예방조치를 한 장소 제외)

88 비계의 점검 보수

점검 보수 시기	① 비, 눈 등 기상상태 불안정으로 작업 중지시킨 후 그 비계에서 작업할 경우 ② 비계를 조립, 해체, 변경한 후 그 비계에서 작업할 경우
비계공사의 작업 시작전 점검사항	① 발판재료의 손상여부 및 부착 또는 걸림상태 ② 해당 비계의 연결부 또는 접속부의 풀림상태 ③ 연결재료 및 연결철물의 손상 또는 부식상태 ④ 손잡이의 탈락여부 ⑤ 기둥의 침하·변형·변위 또는 흔들림 상태 ⑥ 로프의 부착상태 및 매단장치의 흔들림 상태

89 잠함내 굴착작업 준수사항

① 산소결핍의 우려가 있는 때에는 산소의 농도를 측정하는 자를 지명하여 측정하도록 할 것
② 근로자가 안전하게 승강하기 위한 설비를 설치할 것
③ 굴착깊이가 20미터를 초과하는 때에는 당해 작업장소와 외부와의 연락을 위한 통신설비 등을 설치할 것

90 굴착면 기울기 기준

지반의 종류	모래	연암 및 풍화암	경암	그 밖의 흙
굴착면의 기울기	1 : 1.8	1 : 1.0	1 : 0.5	1 : 1.2

91 길이가 긴 장척물 운반시 단독으로 어깨에 메고 운반할 경우 화물 앞부분 끝을 근로자 신장보다 약간 높게 하여 모서리, 곡선 등에 충돌하지 않도록 주의해야 한다.

92 턴버클이란 콘크리트 타설시 거푸집의 흔들림을 방지하기 위해 지지용 로프 등을 잡아당겨 죄는 데 사용하는 기구

93 가설구조물의 특징

구조물개념(정밀도)	구조물에 대한 개념이 확고하지 않아 조립정밀도가 낮다.
연결재	연결재가 적은 구조가 되기 쉽다.
부재의 결합	부재의 결합이 간략하여 불완전 결합이 되기 쉽다.
부재의 상태	부재가 과소단면 이거나 결함이 있는 재료를 사용하기 쉽다.
구조계산 기준	구조계산의 기준이 부족하여 구조적인 문제점이 많다.

94 사다리식 통로의 구조(주요내용)

① 발판과 벽과의 사이는 15센티미터 이상의 간격을 유지할 것
② 폭은 30센티미터 이상으로 할 것
③ 사다리의 상단은 걸쳐놓은 지점으로부터 60센티미터 이상 올라가도록 할 것
④ 사다리식 통로의 길이가 10미터 이상인 경우에는 5미터 이내마다 계단참을 설치할 것
⑤ 사다리식 통로의 기울기는 75도 이하로 할 것

95 개구부 등의 방호조치

① 안전난간, 울타리, 수직형 추락방망 또는 덮개 등의 방호조치를 충분한 강도를 가진 구조로 튼튼하게 설치하고, 덮개 설치시 뒤집히거나 떨어지지 않도록 설치
② 안전난간 등의 설치가 매우 곤란하거나 작업의 필요상 임시로 난간 등을 해체하는 경우 추락방호망 설치(추락방호망 설치가 곤란한 경우 안전대 착용 등의 추락위험 방지조치)

96 최대 지간 길이가 50미터 이상인 다리의 건설 등 공사

97 작업의자형 달비계의 추락위험을 방지하기 위한 조치

① 달비계에 구명줄을 설치할 것
② 근로자에게 안전대를 착용하도록 하고 근로자가 착용한 안전줄을 달비계의 구명줄에 체결하도록 할 것

98 경사는 30도 이하로 하며, 경사가 15도를 초과하는 경우에는 미끄러지지 아니하는 구조로 할 것

99 전체높이 40m 초과 금지 및 주틀 간 교차가새, 최상층 및 5층 이내마다 수평재 설치

100 다짐기계(전압식)

머캐덤 롤러(Macadam Roller)	3륜으로 구성, 쇄석기층 및 자갈층 다짐에 효과적
탠덤 롤러(Tandem Roller)	도로용 롤러이며, 2륜으로 구성되어 있고, 아스팔트 포장의 끝손질, 점성토 다짐에 사용
타이어 롤러(Tire Roller)	① Ballast 아래에 다수의 고무타이어를 달아서 다짐 ② 사질토, 소성이 낮은 흙에 적합하며 주행속도 개선
탬핑 롤러(Tamping Roller)	① 롤러 표면에 돌기를 만들어 부착, 땅 깊숙이 다짐 가능 ② 토립자를 이동 혼합하여 함수비 조절 용이(간극수압제거) ③ 고함수비의 점성토 지반에 효과적, 유효다짐 깊이가 깊다. ④ 흙덩어리(풍화암 등)의 파쇄 효과 및 맞물림 효과가 크다.

Memo

2025 박문각
산업안전산업기사 필기 부록

2024 고객선호브랜드지수 1위
교육(교육서비스)부문

2023 고객선호브랜드지수 1위
교육(교육서비스)부문

2022 한국 브랜드 만족지수 1위
교육(교육서비스)부문 1위

2021 대한민국 소비자 선호도 1위
교육부문 1위

2020 한국 산업의 1등
브랜드 대상 수상

2019 한국 우수브랜드
평가대상 수상

2018 대한민국 교육산업 대상
교육서비스 부문 수상

펴낸곳 (주)박문각출판 **발행인** 박용 **출판총괄** 김세라
개발책임 이성준 **책임편집** 윤혜진
주소 06654 서울시 서초구 효령로 283 서경B/D 5층
등록번호 제2019-000137호